Handbuch der Gesetzgebung

in

Preußen und dem Deutschen Reiche.

Unter Mitwirkung

von

Geh. Oberregierungsrat **Altmann**, Geh. Oberpostrat **Aschenborn**, Geh. Oberregierungsrat **Bredow**, Geh. Oberregierungsrat **Fritsch**, Senatspräsident **Genzmer**, Geh. Oberregierungsrat **Hoffmann**, Landrichter Dr. **Hornemann**, Oberbergrat **Kreisel**, Geh. Oberregierungsrat **Küster**, Geh. Oberregierungsrat **Lusensky**, Geh. Oberregierungsrat Dr. **Traugott Müller**, Geh. Regierungsrat Dr. **Münchgesang**, Regierungsassessor Dr. **Rintelen**, Reichsmilitärgerichtsrat Dr. **Schlayer**, Landforstmeister a. D. **Schultz**, Regierungspräsident Freiherr **v. Scherr-Thoss**

herausgegeben

von

Graf Hue de Grais,

Wirkl. Geh. Oberregierungsrat, Regierungspräsidenten a. D.

XIX.

Die Eisenbahnen.

Springer-Verlag Berlin Heidelberg GmbH
1906

Die Eisenbahnen.

Allgemeine Bestimmungen — Verwaltung der Staatseisenbahnen, Staatsaufsicht über Privateisenbahnen — Beamte und Arbeiter — Finanzen, Steuern — Eisenbahnbau, Grunderwerb und Rechtsverhältnisse des Grundeigentums — Eisenbahnbetrieb — Eisenbahnverkehr — Verpflichtungen der Eisenbahnen im Interesse der Landesverteidigung — Post- und Telegraphenwesen — Zollwesen, Handelsverträge.

Von

H. Fritsch,

Geh. Oberregierungsrat und vortr. Rat im Reichsamt
für die Verwaltung der Reichseisenbahnen.

Springer-Verlag Berlin Heidelberg GmbH
1906

ISBN 978-3-642-50589-8   ISBN 978-3-642-50899-8 (eBook)
DOI 10.1007/978-3-642-50899-8
Softcover reprint of the hardcover 1st edition 1906

Vorwort.

Unsere Gesetze und die zu ihrer Ausführung erlassenen Vor=
schriften finden sich in zahlreichen Sammlungen zerstreut, deren jede
wieder eine lange Reihe von Bänden umfaßt. Wird schon dadurch
das Auffinden der einzelnen Bestimmungen erheblich erschwert, so bieten
diese, auch wenn sie gefunden, meist nicht die gewünschte Auskunft,
weil sie durch spätere Vorschriften ergänzt oder abgeändert sind, oder
erst durch besondere Ausführungsvorschriften verständlich und anwendbar
werden. Die Bestimmungen sind dadurch schon den Beamten schwer
zugänglich geworden; den Laien sind sie fast ganz verschlossen, obwohl
sie auch für die Laien erhebliche Bedeutung haben, zumal seitdem diese
sich in stets wachsendem Umfange zu den Geschäften des öffentlichen
Dienstes in Staat und Gemeinde herangezogen sehen. Hier möchte
das vorliegende Werk Abhilfe schaffen und die **Reichs= und die
Landesgesetzgebung allen Beteiligten näher bringen.**

Der umfangreiche Stoff ist zu diesem Zweck in eine Reihe
von Einzelgebieten zerlegt, wie sie den einzelnen Kreisen der
beteiligten Beamten und Laien entsprechen. Die Einteilung[1]) ist so
getroffen, daß mit dem Deutschen Reiche in seinen staatsrechtlichen
Verhältnissen begonnen wird, die zuerst allgemein (Teil I) und dann
bezüglich der auswärtigen Angelegenheiten (Teil II) und des Heeres
und der Kriegsflotte (Teil III in zwei Bänden für die allgemeinen
Verhältnisse und das Militärstrafrecht) dargestellt werden. — Daran
schließen sich der preußische Staat in seinen staatsrechtlichen Verhält=
nissen (Teil IV in drei Bänden für Verfassung und Behörden, für
Beamte und für Kommunalverbände) und die Finanzen (Teil V in

---

[1]) Die Einteilung folgt im allgemeinen
den Grundsätzen, die in des Herausgebers
Handbuch der Verfassung und Verwaltung
in Preußen und dem Deutschen Reiche
(17. Aufl. Berl. 06) und in dessen in
wesentlich kürzerer Fassung bearbeitetem
gleichnamigen Grundrisse (8. Aufl. Berl. 05)
beobachtet worden sind. Beide Werke ent=
halten systematische Darstellungen, wäh=
rend das vorliegende Werk die Gesetze
und Ausführungsbestimmungen in ihrem
Wortlaute darstellt und erläutert.

fünf Bänden für Finanzverwaltung, direkte Steuern, Stempel, Zölle und Verbrauchssteuern). — Die folgenden Teile behandeln die Aufgaben des Staates und betreffen den Schutz der Personen und des Eigentums und die Pflege der geistigen und wirtschaftlichen Interessen der Staatsangehörigen. — Schutz bietet die Rechtspflege (Teil VI), die in fünf Bänden das Bürgerliche Gesetzbuch, das Handels= und Gewerberecht, die Gerichtsverfassung und das Verfahren, die freiwillige Gerichtsbarkeit und das Strafrecht umfaßt, und die Polizei (Teil VII) nebst Gesundheitswesen (Teil VIII), Bauwesen (Teil IX), Personenstand und Armenwesen (Teil X). Die geistigen Interessen finden ihre Pflege in der Kirche (Teil XI) und dem Unterricht (Teil XII), der in vier Bände für das Volksschulwesen, die höheren Schulen, die Universitäten und für Kunst und Wissenschaft zerlegt ist. — Für die wirtschaftliche Pflege kommen die verschiedenen Gebiete des Erwerbslebens in Betracht, das Bergwesen (Teil XIII), die Land= und Forstwirtschaft im weiteren Sinne (Teil XIV), die in sechs Bänden für Landwirtschaft, Forstwirtschaft, Agrargesetzgebung, Viehzucht, Jagd und Fischerei zur Darstellung gelangt, der Handel und das Gewerbe (Teil XV) in zwei Bänden, die Arbeiterfürsorge und Arbeiterversicherung (Teil XVI) und die den Verkehr betreffenden Gebiete der Schiffahrt (Teil XVII), Wege (Teil XVIII), Eisenbahnen (Teil XIX), der Post und Telegraphie (Teil XX).

Die Einzelgebiete sind in Abschnitte geteilt, die mit römischen Zahlen bezeichnet sind und eine Mehrzahl zusammenhängender Gesetze umfassen. Die Hauptgesetze werden unter fortlaufenden deutschen Ziffern aufgeführt. Die den Abschnitten vorangestellten Einleitungen bieten eine Übersicht der aufgenommenen Gesetze. Die nur zu ihrer Ergänzung oder Ausführung ergangenen Bestimmungen (Nebengesetze, Verordnungen, Anweisungen) sind entweder in Anmerkungen — die minder wichtigen nur dem Inhalt nach — aufgeführt, oder bei größerem Umfange als Anlagen unter lateinischen Buchstaben den Hauptgesetzen in der Reihenfolge angefügt, in der in diesen auf sie hingewiesen wird²).

Die gesetzlichen Bestimmungen sind durch stärkeren Druck hervorgehoben und alle Bestimmungen streng nach dem Wortlaut ihrer

---

²) Örtliche Bestimmungen, die nicht mindestens für den Bezirk einer Provinz Geltung haben, sind in der Regel nicht aufgenommen, aber überall nachrichtlich angeführt.

amtlichen Veröffentlichung wiedergegeben³). Die späteren Änderungen sind zwar eingefügt, aber als solche deutlich bezeichnet. Veraltete oder aufgehobene Bestimmungen sind demgemäß fortgelassen, oder wo sie des Zusammenhangs wegen nicht zu entbehren waren, durch lateinischen Druck gekennzeichnet, während abgeänderte oder neu hinzugetretene Bestimmungen durch gesperrten Druck kenntlich gemacht sind. In beiden Fällen wird in den Anmerkungen nachgewiesen, wodurch die Aufhebung oder die Abänderung veranlaßt ist.

Die den Gesetzen angefügten Anmerkungen sollen außer diesen Angaben (Abs. 4) auch alle sonstigen für das Verständnis und die Handhabung erforderlichen Erläuterungen geben. Sie enthalten demgemäß neben der Darlegung der Entstehung, Bedeutung und Einteilung der Gesetze auch Hinweise auf andere Vorschriften, die mit den behandelten Bestimmungen in Zusammenhang stehen, ferner alle bezüglich ihrer ergangenen grundlegenden Entscheidungen der höchsten Gerichte und Verwaltungsbehörden, endlich die Hauptergebnisse, die Wissenschaft und praktische Handhabung darüber gefördert haben.

Jedem Teile oder Bande ist ein (chronologisches) Verzeichnis der Bestimmungen und ein (alphabetisches) Sachverzeichnis beigegeben.

Die Bedeutung des Werkes läßt sich hiernach dahin zusammenfassen, daß es:

1. die einzelnen zerstreuten Bestimmungen nach den Verwaltungsgebieten zusammenfaßt und nach ihrem inneren Zusammenhange übersichtlich ordnet;
2. die Bestimmungen nach dem amtlichen Texte, doch unter Hervorhebung aller Änderungen wiedergibt, die sie im Laufe der Zeit erfahren haben;

---

³) Fortgelassen sind die regelmäßig wiederkehrenden Eingangs- und Schlußformeln der Gesetze, erstere, soweit sie nicht mit gesetzlichen Bestimmungen verbunden sind. Die Eingangsformel lautet bei Reichsgesetzen: „Wir Wilhelm, von Gottes Gnaden, Deutscher Kaiser, König von Preußen ꝛc. verordnen im Namen des Reichs nach erfolgter Zustimmung des Bundesrats und des Reichstags was folgt:", bei Landesgesetzen: „Wir Wilhelm, von Gottes Gnaden König von Preußen ꝛc. verordnen unter Zustimmung beider Häuser des Landtags der Monarchie, was folgt:" Die Schlußformel lautet: „Urkundlich unter Unserer Höchsteigenhändigen Unterschrift und beigedrucktem Kaiserlichen (bei Landesgesetzen: Königlichen) Insiegel. Gegeben (Datum u. Unterschriften)." — Die in den Sammlungen enthaltenen laufenden Nummern der Gesetze sind fortgelassen; dafür sind die für das Auffinden in den Sammlungen wichtigeren Seitenzahlen der letzteren den Gesetzesüberschriften hinzugefügt. Fortgelassen sind ferner die den Bestimmungen beigefügten Formulare, die denen, die sie anzuwenden haben, in der Regel ohnehin zur Hand sein werden.

3. die Bestimmungen mit Erläuterungen versieht, wie sie für deren Verständnis und Anwendung erforderlich sind.

Die Verwendung des Werkes ist hiernach eine zwiefache. Das Gesamtwerk ersetzt im Handgebrauch die Gesetz- und sonstigen Sammlungen und empfiehlt sich damit nicht nur für die Büchereien aller größeren Behörden und Verwaltungen, sondern auch zur Aufstellung in deren zu Sitzungen und Vorträgen bestimmten Räumen. Dadurch kann das rasche Auffinden der nötigen Vorschriften ermöglicht und dem jetzt herrschenden Mißstande abgeholfen werden, daß diese Bestimmungen entweder im Drange der Geschäfte überhaupt nicht eingesehen werden können, oder daß ihr Aufsuchen empfindliche Störungen und Verzögerungen im Geschäftsbetriebe veranlaßt. Wenn dabei auf den Mangel hingewiesen ist, daß das Gesamtwerk bei seinem Umfange erst nach Verlauf mehrerer Jahre vollständig vorliegen werde, so wird sich dieser Mangel bei stetigem Fortschreiten des Werkes zusehends vermindern. Jedenfalls bietet das Gesamtwerk aber gegenüber dem bisherigen Zustande den wesentlichen Fortschritt, daß es ganze Gesetzgebungsgebiete in zusammenhängender einheitlicher Bearbeitung bringt, während die seitherigen Werke sich fast ausnahmslos auf die Bearbeitung einzelner herausgegriffener Gesetze beschränkten, manche Gesetze auch ganz unbearbeitet blieben. — Dann hat das Werk aber auch vor seiner endgültigen Fertigstellung dadurch eine selbständige Bedeutung, daß die **Einzelwerke** — unbeschadet der gleichmäßigen Bearbeitung — doch in jedem Teile und Bande in sich abgeschlossene Werke bilden und einzeln käuflich sind. Zahlreiche Beteiligte finden damit in einem Bande alle Vorschriften vereinigt, deren sie für das sie unmittelbar berührende Einzelgebiet bedürfen[4]). Ihnen bietet das Einzelwerk eine

---

[4]) In bezug auf die seither erschienenen und jetzt erscheinenden Einzelwerke sei bemerkt: In Teil I finden die Mitglieder der höheren Reichsbehörden und des Reichstags die grundlegenden Bestimmungen für ihre Tätigkeit und alle mit dem Reichsstaatsrecht sich Befassenden die Quellen für ihre Studien. Teil III ist für Militär- und Marinebehörden, Truppenstäbe, Offiziersbüchereien usw. von Bedeutung, Band 1 daneben für die mit den Ersatz- oder sonstigen Militär- und Marineangelegenheiten befaßten Behörden sowie für die Bezirkskommandos und Band 2 für Mitglieder und Beamte der Militärgerichte, für Offiziere, die als Beisitzer oder Untersuchungsführer, und für Rechtsanwälte, die als Verteidiger bei diesen Gerichten tätig sind. Von Teil IV, Band 1 gilt das zu Teil I Gesagte in bezug auf Mitglieder der Staatsbehörden und des Landtags und die sich mit dem preußischen Staatsrecht Befassenden, während Band 3 ebenso wie Teil VII besonders für alle Behörden und Beamte der allgemeinen, der Polizei- und der Kommunalverwaltung bestimmt ist. Teil IX ist zunächst für Baubeamte, die mit Bausachen befaßten Verwaltungsbeamten, Bauunternehmer und für das bauende Publikum bestimmt.

Sammlung, die nicht nur am Arbeitstische die Einsichtnahme aller maßgebenden Vorschriften ohne Zeitverlust und Mühe ermöglicht, sondern auch bei örtlichen Verhandlungen und Dienstreisen leicht mitgeführt und mit Vorteil benutzt werden kann.

Der vorliegende Teil XIX enthält die Bestimmungen, welche das Eisenbahnwesen betreffen, und ist in zehn Abschnitte gegliedert. Der erste Abschnitt bringt die grundlegenden Vorschriften, namentlich die Reichsverfassung, das Eisenbahn- und das Kleinbahngesetz. Hieran schließt sich in den Abschnitten zwei bis vier die Regelung der allgemeinen Verwaltungseinrichtungen: Behördenorganisation, Personalwesen, Finanzwesen (einschl. der Besteuerung). Der fünfte Abschnitt behandelt den Bau, der sechste den Betrieb, der siebente den Verkehr. Das Verhältnis zur Landesverteidigung und zur Post- und Telegraphenverwaltung sowie das Zollwesen bilden den Gegenstand der Abschnitte acht bis zehn.

Im Wortlaut aufgenommen sind die einschlägigen Gesetze und Verordnungen, meist unter Fortlassung der Bestimmungen, die nicht in besonderer Beziehung zu den Eisenbahnen stehen. Von den Ausführungserlassen konnten bei deren großer Anzahl nur diejenigen von besonderer rechtlicher Bedeutung abgedruckt werden. Möglichst vollständig ist die Rechtsprechung namentlich des Reichs- und des Oberverwaltungsgerichts in Eisenbahnsachen und die Rekurspraxis des Ministeriums der öffentlichen Arbeiten berücksichtigt.

Zur Erleichterung der Übersicht ist ein besonders ausführliches Sachregister beigegeben.

Abgeschlossen ist das Buch Mitte 1905, jedoch konnten noch die bis März 1906 veröffentlichten Vorschriften und Entscheidungen teils bei der Drucklegung, teils im Nachtrage verwertet werden.

Von Teil XIV, der in seiner Gesamtheit für Landwirtschaftskammern, landwirtschaftliche Vereine, Lehranstalten und Behörden in Betracht kommt, dient Band 2 insbesondere den Forstbesitzern und Forstbeamten, Band 5 den Jägern und Jagdfreunden. Teil XV, Band 1, der alle öffentlich rechtlichen Bestimmungen über den Handel enthält, hat für Handeltreibende, Handelskammern, Handelsschulen usw. besonderes Interesse. — Behörden und Beamte der allgemeinen, der Polizei- und der Kommunalverwaltung, für die nicht alle, aber doch mehrere der Einzelwerke in Frage kommen, werden nach der dem Werke zugrunde liegenden Einteilung leicht die geeignete Auswahl treffen können.

In seiner Gesamtheit soll Teil XIX zunächst dem Gebrauche
der Verwaltungen von Eisen= und Kleinbahnen in Preußen sowie
derjenigen Behörden und Personen dienen, die sich mit den Rechts=
verhältnissen dieser Unternehmen befassen. Da aber viele der mit=
geteilten Vorschriften im ganzen Deutschen Reiche gelten und das
Recht anderer Staaten großenteils mit dem preußischen sachlich mehr
oder weniger übereinstimmt, werden auch weitere Kreise das Buch
benutzen können.

Berlin, im März 1906.

Der Verfasser.

Inhaltsverzeichnis.

II. Verwaltung der Staatseisenbahnen, Staatsaufsicht über Privateisenbahnen.

III. Beamte und Arbeiter.

Abkürzungen.

Abf. = Absatz.

AE. = Allerhöchster Erlaß.

AG. = Ausführungsgesetz (dieses bezieht sich, wo kein anderer Hinweis gegeben ist, auf das vorangegangene Hauptgesetz, BGB., StGB. usw.).

AN. = Amtliche Nachrichten des Reichs-Versicherungsamts.

Anm. = Anmerkung.

Anw. = Anweisung (Instruktion).

Arch. = Archiv für Eisenbahnwesen.

Ausf. = Ausführung.

BahnO. = Bahnordnung für die Nebeneisenbahnen Deutschlands 5. Juli 92 (RGB. 764).

BB. = Bundesratsbeschluß.

Bearb. = Bearbeitung (Kommentar).

Begr. = Begründung (Motive).

BetrO. = Betriebsordnung für die Haupteisenbahnen Deutschlands 5. Juli 92 (RGB. 691).

BG. = Bundesgesetz.

BGB. = Bürgerliches Gesetzbuch 18. Aug. 96 (RGB. 195).

BGBl. = Bundesgesetzblatt.

Bek. = Bekanntmachung.

BO. = Eisenbahn-Bau und Betriebsordnung 4. Nov. 04 (RGB. 387, VI 3 b. W.).

BR. = Bundesrat.

Best. = Bestimmung.

Cauer. = Cauer, Betrieb und Verkehr der Preußischen Staatsbahnen. I. Teil 97, II. Teil: Personen- und Güterverkehr 03.

CB. = Centralblatt für das Deutsche Reich.

CPO. = Civilprozeßordnung (Neufassung 98 RGB. 410).

E. = Erlaß.

EEE. = Egers eisenbahnrechtliche Entscheidungen.

EG. = Einführungsgesetz (Beziehung wie bei AG.).

Eis. = Eisenbahn.

EisDir. = Königliche Eisenbahndirektion.

EisDirPräs. = Präsident der Kgl. Eisenbahndirektion.

EisG. = Gesetz über die Eisenbahn-Unternehmungen 3. Nov. 38 (GS. 505, I 3 b. W.).

EisR. = Eisenbahnrecht.

ElbS. = Die Rechts- und Dienstverhältnisse der Beamten und Arbeiter im Bereiche der StEB. (Elberfelder Sammlung; für den Dienstgebrauch).

ENB. = Eisenbahn-Nachrichtenblatt.

EntG. = Gesetz über die Enteignung von Grundeigentum 11. Juni 74 (GS. 221, V 2 b. W.).

Entsch. = Entscheidung, Entscheidungen.

EVB. = Eisenbahn-Verordnungsblatt.

FinanzO. = Finanzordnung der Preußischen Staatseisenbahnverwaltung.

G. = Gesetz.

GewO. = Gewerbeordnung (Neufassung 00 RGB. 871).

GS. = Gesetzsammlung.

GUBG. = Gewerbe-Unfallversicherungsgesetz (Bek. 5. Juli 00 RGB. 585, Auszug III 8 b. W.).

GBG. = Gerichtsverfassungsgesetz (Neufassung 98 RGB. 371).

HGB. = Handelsgesetzbuch 10. Mai 97 (RGB. 219, Auszug VII 2 b. W.).

HPfG. = Gesetz, betr. die Verbindlichkeit zum Schadenersatz für die bei dem Betriebe von Eisenbahnen usw. herbeigeführten Tötungen usw. 7. Juni 71 (RGB. 207, VI 6 b. W.).

JMB. = Justizministerialblatt.

Insp. = Inspektion.

IntUb. = Internationales Übereinkommen über den Eisenbahnfrachtverkehr 14. Okt. 90 (RGB. 92 S. 793, VII 4 b. W.).

IntZtschr. = Zeitschrift für den Internationalen Eisenbahntransport.

KGer. = Kammergericht.

KGH. = Gerichtshof zur Entscheidung der Kompetenzkonflikte.

Kleinb. = Kleinbahn.

KomB. = Kommissionsbericht.

LR. = Allgemeines Landrecht.

LBG. = Landesverwaltungsgesetz 30. Juli 83 (GS. 195).

MB. = Ministerialblatt für die innere Verwaltung.

Micke. = Micke, Verfassung und Geschäftskreis der StEB.Behörden. 2. Aufl. 87 (für den Dienstgebrauch).

Mil. = Militär.

Min. = Minister der öffentlichen Arbeiten.

MTrO. = Militär-Transport-Ordnung für Eisenbahnen 18. Jan. 99 (RGB. 15, VIII 3 Anl. B b. W.).

O. = Ordnung.

OLG. = Oberlandesgericht.

OT. = Obertribunal.

OB. = Oberverwaltungsgericht.

Prot. = Protokoll.

RBesch. = Rekursbescheid.

REBA. = Reichs-Eisenbahn-Amt.

Regl. = Reglement.

Regul. = Regulativ.

RG. = Reichsgesetz.

RGB. = Reichsgesetzblatt.

RGer. = Reichsgericht.

ROHG. = Reichsoberhandelsgericht.

RVA. = Reichs-Versicherungsamt.

RVerf. = Reichsverfassung 16. April 71 (RGB. 63, Auszug I 2 a b. W.).

StB. = Stenographische Berichte.

StEB. = Preußische Staatseisenbahnverwaltung.

StGB. = Strafgesetzbuch (Neufassung 76, RGB. 39, Auszug VI 1 b. W.).

StMB. = Staatsministerialbeschluß.

StPO. = Strafprozeßordnung 1. Feb. 77 (RGB. 253).

Tar. = Tarif.

Tel. = Telegraph, Telegraphen.

U. = Urteil (Erkenntnis, Entscheidung).

u. U. = unter Umständen.

V. = Verordnung.

VerkO. = Eisenbahn-Verkehrsordnung 26. Okt. 99 (RGB. 557, VII 3 b. W.).

Verw. = Verwaltung.

VerwO. = Verwaltungsordnung für die Staatseisenbahnen 17. Mai 02 (GS. 130, II 2 c b. W.).

VerZtg. = Zeitung des Vereins Deutscher Eisenbahnverwaltungen.

Vf. = Verfügung.

Vorschr. = Vorschrift, Vorschriften.

Vtr. = Vertrag.

VU. = Verfassungsurkunde 31. Jan. 50 (GS. 17).

VV. = Vorschriften für die Verwaltung der vereinigten preußischen und hessischen Staatseisenbahnen Ausgabe 02.

b. W. = des Werkes.

Witte. = Witte, die Ordnung der Rechts- und Dienstverhältnisse der Beamten und Arbeiter im Bereiche der StEB. (für den Dienstgebrauch).

Ziff. = Ziffer.

ZustG. = Zuständigkeitsgesetz 1. Aug. 83 (GS. 237).

Bemerkungen.

Die den Sammlungen (RGB., GS., MB. usw.) angefügte Ziffer bedeutet die Seitenzahl und bezieht sich, wo eine besondere Jahreszahl nicht hinzugefügt ist, auf den Jahrgang, aus dem das Gesetz usw. ist. Wo die Sammlungen nicht nach Jahrgängen, sondern nach Bänden eingeteilt sind, weist die römische Ziffer den Band, die arabische die Seite nach. Die Entscheidungen des RGer. sind, wo sie nicht durch den Zusatz Straff. als Entscheidungen in Strafsachen gekennzeichnet sind, Entscheidungen in Civilsachen.

I. Allgemeine Bestimmungen.

1. Einleitung.

Grundbegriffe[1]). Gegenstand der Darstellung ist das in Preußen geltende Eisenbahnrecht, d. h. die Gesamtheit der reichs= oder landesrechtlichen Vorschriften, die mit besonderer Beziehung auf die Eisenbahnen ergangen sind. Die eisenbahnrechtlichen Normen sind aber nicht durchweg auf jede Eisenbahn im weitesten Sinne des Worts, d. h. jede für Beförderungszwecke bestimmte Schienenbahn[2]) anwendbar, vielmehr bestehen unter den Eisenbahnen rechtlich erhebliche Verschiedenheiten, die in dem Zweck und der wirtschaftlichen Bedeutung des einzelnen Unternehmens ihre Grundlage haben. Von diesen Gesichtspunkten aus trennt das Recht zunächst Eisenbahnen, die dem öffentlichen Verkehr dienen, also jedermann zur Benutzung freigegeben sind, von den nur dem Gebrauch einzelner Personen gewidmeten. Erstere scheiden sich wiederum in solche, die nur einen Verkehr örtlichen Charakters (wenn auch nicht bloß innerhalb eines einzigen Orts) vermitteln, und solche von allgemeinerer wirtschaftlicher Bedeutung. So ergeben sich drei Hauptgruppen von Eisenbahnen:

a) Eisenbahnen im engeren Rechtssinne, d. h. dem öffentlichen Verkehr dienende Bahnen von einer über örtliche Interessen hinausgehenden wirtschaftlichen Bedeutung;

b) Kleinbahnen, d. h. dem öffentlichen Verkehr dienende Bahnen von nur örtlicher Bedeutung;

c) Schienenbahnen, die nicht dem öffentlichen Verkehr dienen.

Ob ein dem öffentlichen Verkehr dienendes Unternehmen rechtlich als eigent= liche Eisenbahn (a) oder als Kleinbahn (b) zu behandeln ist, hängt demnach von den Verhältnissen des Einzelfalles ab und muß durch das zuständige Staatsorgan festgesetzt werden.

Indessen auch unter den Eisenbahnen im engeren Sinne bestehen noch Unterschiede bezüglich der wirtschaftlichen Bedeutung, die zu einer Einteilung in Haupt= und Nebenbahnen geführt haben. Ferner ist bei ihnen die durch die Person des Eigentümers gegebene Trennung von Staats= und Privatbahnen von rechtlichem Belang.

Unter den Kleinbahnen treten diejenigen mit Maschinenbetrieb und unter diesen wieder die „nebenbahnähnlichen" hervor, die — im Gegensatze zu den „Straßenbahnen" — den Personen= und Güterverkehr von Ort zu Ort vermitteln und sich in ihrem Charakter den Nebenbahnen nähern.

---

[1]) Gleim, EisRecht § 1; Gleim, Kleinb= G. 3. Aufl. S. 18 ff.

[2]) Hierunter fallen nicht Anlagen, bei denen die Fahrzeuge einer festen Leitung elektrischen Strom entnehmen, ohne selbst in Gleisen zu laufen (gleislose Bahnen), wohl aber z. B. Schwebebahnen. K= Besch. 8. Okt. 04 (EEE. XXI 278). Versuch einer Begriffsbestimmung RGer. 17. März 80 (I 247).

Die nicht dem öffentlichen Verkehr dienenden Schienenbahnen erfahren als **Privatanschlußbahnen** eine besondere rechtliche Behandlung, wenn sie für den Maschinenbetrieb eingerichtet sind und mit Eisenbahnen i. e. S. oder Kleinbahnen in einer den Übergang der Betriebsmittel ermöglichenden Gleisverbindung stehen.

Der größte Teil der eisenbahnrechtlichen Normen gilt nur für einzelne Arten von Eisenbahnen. Nur auf Eisenbahnen i. e. S. beziehen sich z. B. die das Eisenbahnwesen betreffenden Vorschriften der Reichsverfassung sowie das preußische Eisenbahngesetz, und nur Klein= und Privatanschlußbahnen unterliegen dem Kleinbahngesetze, während das Haftpflichtgesetz auf Schienenbahnen jeder Art Anwendung finden kann.

Quellen, Literatur[3]). Die das geschriebene Recht enthaltenden Normen — Gesetze, Verordnungen, Staatsverträge — werden für Preußen durch das Eisenbahn=Verordnungsblatt (seit 78) bekannt gemacht, zu dem (seit 96) ergänzend das Eisenbahn=Nachrichtenblatt hinzutritt. Daneben hat sich in Anknüpfung an die Übung der Verwaltungsbehörden und die Rechtsprechung ein **Gewohnheitsrecht** entwickelt, das für den heutigen Stand des Eisenbahnrechts von Bedeutung ist. Grundsätzlich wichtige Entscheidungen der Gerichte wie der Verwaltungsbehörden werden im Archiv für Eisenbahnwesen (seit 78) und der Zeitschrift für Kleinbahnen (seit 94) — beide herausgegeben im Ministerium der öffentlichen Arbeiten —, in der Zeitung des Vereins deutscher Eisenbahnverwaltungen (früher Eisenbahnzeitung, seit 43) und in Egers Eisenbahnrechtlichen Entscheidungen (seit 85) abgedruckt. **Quellensammlungen** sind mehrfach von amtlicher Seite veranstaltet worden; über ein Einzelgebiet hinaus gehen die „Vorschriften für die Verwaltung der vereinigten preußischen und hessischen Staatseisenbahnen" (letzte Ausgabe 02).

Die einzige neuere **systematische Bearbeitung** des gesamten Stoffes enthält Endemann, das Recht der Eisenbahnen (86). Nicht vollendet sind: Gleim, das Recht der Eisenbahnen in Preußen (Band I, Eisenbahn=Baurecht, 93), und Eger, Handbuch des preußischen Eisenbahnrechts (Band I. 86, Band II. 90—96). Eine Reihe das Eisenbahnrecht behandelnder Artikel bringen Frh. von Stengels Wörterbuch des deutschen Verwaltungsrechts und Conrads Handwörterbuch der Staatswissenschaften sowie Rölls Enzyklopädie des gesamten Eisenbahnwesens; ferner erscheinen eisenbahnrechtliche Abhandlungen in den oben erwähnten Zeitschriften.

Inhalt des Abschnitts I. Bis zur Zeit der Begründung des Norddeutschen Bundes bildete das Eisenbahngesetz (Nr. 3) die Grundlage des preußischen Eisenbahnrechts. In der Folge hat die Bundes= und demnächst die Reichsverfassung (Nr. 2a) in weitem Umfang eine Zuständigkeit der Bundes= und Reichsgewalt auf dem Gebiete des Eisenbahnwesens begründet. Die auf der Reichsverfassung beruhende Reichsaufsicht über die Eisenbahnen wird durch das Reichs=Eisenbahnamt (Nr. 2b) ausgeübt. Die Rechtsverhältnisse der Kleinbahnen und der Privatanschlußbahnen ordnet für Preußen das Kleinbahngesetz (Nr. 4). Das Gesetz über die Bahneinheiten (Nr. 5) regelt für die nicht im Eigentum des preußischen Staates stehenden Eisenbahnen und für die Kleinbahnen die Veräußerung und Belastung des Bahneigentums und die Zwangsvollstreckung in solches.

---

[3]) Gleim, EisRecht § 9, 10.

2. Grundlagen des Reichsrechts.

a) Verfassung des Deutschen Reichs. Vom 16. April 1871 (RGB. 63)[1].
(Auszug)[2].

Art. 4. Der Beaufsichtigung[3] Seitens des Reichs und der Gesetz=
gebung[4] desselben unterliegen die nachstehenden Angelegenheiten:

1.—7. . . .

8[5]. das Eisenbahnwesen, in Bayern vorbehaltlich der Bestimmung im
Artikel 46., und die Herstellung von Land= und Wasserstraßen im
Interesse der Landesvertheidigung und des allgemeinen[6] Verkehrs;

9. . . .

---

[1] Die RVerf. unterstellt das EisWesen in weitgehendem Umfange der Reichs=
zuständigkeit, enthält aber nur ver=
einzelte Normen, die in das Landesrecht
unmittelbar eingreifen. Von seiner Zu=
ständigkeit hat das Reich dahin Gebrauch
gemacht, daß es eine Reihe einheitlicher
Vorschr. für alle Eis., namentlich bez.
der technischen Herstellung, des Betriebs
u. der Beförderungsbedingungen, er=
lassen hat; der 1874 begonnene Versuch,
ein allg. Reichs=Eisenbahn G. zu
schaffen, ist alsbald wieder aufgegeben
worden. Laband, deutsch. Staatsrecht,
4. Aufl., III S. 105 Anm. 1. Im übrigen
ist den Einzelstaaten ihre Selbständigkeit
auf dem Gebiete des EisWesens — nament=
lich das Recht, Eisenbahnen zu bauen
oder zu konzessionieren — erhalten ge=
blieben. Weitergehende Befugnisse be=
sitzt das Reich, unabhängig von der
RVerf., in Elsaß=Lothringen (Otto
Mayer im Archiv f. öff. Recht XV 540ff.).

[2] Von den hier abgedruckten Best.
der RVerf. stellt Art. 4 Ziff. 8 den allg.
Grundsatz auf, daß das EisWesen mit
gewissen örtl. u. sachl. Einschränkungen
(Anm. 5) der Reichszuständigkeit unter=
liegt, während Abschn. VII (Art. 41—47)
die sich hieraus im einzelnen ergebenden
Befugnisse der Reichsgewalt — nicht er=
schöpfend: Laband III S. 104, Gleim,
EisR. S. 56 — aufführt.

[3] Die Reichsaufsicht über das Eisen=
bahnwesen wird durch das Reichs=
Eisenbahn=Amt wahrgenommen RG.
27. Juni 73 (Nr. I 2 b).

[4] Von den zahlreichen eisenbahnrecht=
lichen Normen, welche die Reichsgesetz=
gebung aufgestellt hat, beruht ein
großer Teil nicht auf den das EisWesen
betreffenden, sondern auf anderen Best. der

RVerf., z. B. auf Art. 4 Ziff. 13 (HPfG.,
HGB. Buch 3 Abschn. 7, die Eis. be=
treffenden Vorschr. des StGB. u. a. m.)
oder Ziff. 1 (GewO. § 6). Zusammen=
stellung bei Pietsch, EisGesgbg. d. Deut=
schen Reichs, 02 S. 2 ff. Hier greifen
die in Anm. 5 bezeichneten örtlichen u.
sachlichen Beschränkungen nicht Platz. —
GewO. § 6: Anlage A.

[5] Die Worte „im Interesse der Lan=
desverteid. u. des allg. Verkehrs" sind
auch auf die Worte „das EisWesen" zu
beziehen (M. v. Seydel zu Art. 4 Ziff. 8).
Auf dem Gebiete des letzteren ist dem=
nach die Reichszuständigkeit nicht
nur örtlich (bez. Bayerns), sondern auch
sachlich, u. zwar dahin eingeschränkt,
daß sie sich nur auf Eis. im engeren
Rechtssinne (I 1 d. W.) erstreckt. Ob
eine Eisenbahn als Eisenbahn i. S. der
RVerf. zu gelten hat, ist also nach den
gleichen Gesichtspunkten zu beurteilen
wie für Preußen die Frage, ob sie dem
EisG. oder dem KleinbG. unterstellt
werden soll (I 3 Anm. 2 d. W.). Arndt,
Staatsr. d. deutsch. Reichs S. 305, auch
RGer. 19. Mai 85 (Straff. XII 205).
Da aber die unterscheidenden Merkmale
keine festen sind, so besteht die Mög=
lichkeit, daß das Reich eine Bahn seiner
Aufsicht unterwirft, die in Preußen als
Kleinb. behandelt wird. Gleim, Kleinb.=
G. Anm. 6 zu § 1. Alsdann würde
äußerstenfalls nach RVerf. Art. 7 Ziff. 3
der BR. zur Entsch. berufen sein. Arndt
a. a. O. S. 306.

[6] Nach v. Seydel S. 88 ist „allge=
mein" i. S. Art. 4 Ziff. 8 der über die
nächste Nähe eines Orts, „gemeinsam"
i. S. Art. 41 Abs. 1 der über das Ge=
biet eines Bundesstaats hinausgehende
Verkehr. Letzterem kann auch eine Eis.

Art. 8. Der Bundesrath bildet aus seiner Mitte dauernde Ausschüsse 1.—4. . . .

5. für Eisenbahnen, Post und Telegraphen;

6. u. 7.

In jedem dieser Ausschüsse werden außer dem Präsidium mindestens vier Bundesstaaten vertreten sein, und führt innerhalb derselben jeder Staat nur Eine Stimme. In dem Ausschuß für das Landheer und die Festungen hat Bayern einen ständigen Sitz, die übrigen Mitglieder desselben, sowie die Mitglieder des Ausschusses für das Seewesen werden vom Kaiser ernannt; die Mitglieder der anderen Ausschüsse werden von dem Bundesrathe gewählt. Die Zusammensetzung dieser Ausschüsse ist für jede Session des Bundesrathes resp. mit jedem Jahre zu erneuern, wobei die ausscheidenden Mitglieder wieder wählbar sind.

(Abs. 3, 4.)

VII. Eisenbahnwesen[2]).

Art. 41[7]). Eisenbahnen, welche im Interesse der Vertheidigung Deutschlands oder im Interesse des gemeinsamen[6]) Verkehrs für nothwendig erachtet werden, können kraft eines Reichsgesetzes[8]) auch gegen den Widerspruch der Bundesglieder, deren Gebiet die Eisenbahnen durchschneiden, unbeschadet der Landeshoheitsrechte[9]), für Rechnung des Reichs angelegt oder an Privatunternehmer zur Ausführung konzessionirt und mit dem Expropriationsrechte[10]) ausgestattet werden.

Jede bestehende Eisenbahnverwaltung ist verpflichtet, sich den Anschluß neu angelegter Eisenbahnen auf Kosten der letzteren gefallen zu lassen[11]).

---

dienen, die sich nicht über mehrere Bundesstaaten erstreckt.

[7]) Gilt auch für Bayern. — Gegen den Widerspruch eines Bundesstaats eine Eis. von Reichs wegen herzustellen, ist bisher nicht notwendig geworden. Reichseigene Eis. gibt es in Elsaß-Lothr. u. in Preußen (Abzweigungen der elsaß-lothr Eis. u. die MilEis. Berlin-Jüterbog). Das G. 4. Juni 76 (Anlage B), betr. Übertragung der preuß. Staatsbahnen auf das Reich, hat keine prakt. Bedeutung erlangt. Entstehung einer Reichseis. außerhalb des Falles des Abs. 1: Gleim EisR. S. 130 ff. — MilEis.: Gleim a. a. O. S. 134, Witte S. 24.

[8]) Auch das den Reichshaushalt feststellende G. Gleim EisR. S. 130; a. M. Seydel S. 269, Arndt S. 306.

[9]) Die Verkehrsinteressen zu wahren, ist ausschließl. Sache des Reichs. Gleim EisR. S. 56.

[10]) Wenn das ReichsG. nur die Verleihung des Enteignungsrechts ausspricht, ohne für dessen Ausübung Normen aufzustellen, so regelt sich letztere nach Landesrecht. Laband III S. 108. Das Reich könnte aber auch auf Grund Art. 4 Ziff. 8 ein allg. EisEntG. erlassen. Seydel S. 269, Arndt S. 307. Vorarbeiten für die nach Art. 41 anzulegenden Bahnen: Gleim EisR. S. 132, Laband a. a. O.

[11]) EisG. § 45; Gleim EisR. S. 190 ff. Eisenbahn ist Eis. im engeren Rechtssinne (Anm. 5), auch eine Staatsbahn (z. B. Anschluß der Staatsbahn eines an die eines andern Bundesstaats). Nur der älteren Eis. gegenüber kann verlangt werden, daß sie den Anschluß der jüngeren duldet, und zwar nur in zeitl. Verbind. mit der Herstellung der letzteren. Gleim EisR. S. 195, a. M. Eger EisR. II S. 353. Berechtigt, den Anschluß zu verlangen,

Die gesetzlichen Bestimmungen, welche bestehenden Eisenbahn-Unternehmungen ein Widerspruchsrecht gegen die Anlegung von Parallel- oder Konkurrenzbahnen einräumen[12]), werden, unbeschadet bereits erworbener Rechte[13]), für das ganze Reich hierdurch aufgehoben. Ein solches Widerspruchsrecht kann auch in den künftig zu ertheilenden Konzessionen nicht weiter verliehen werden.

Art. 42[14]). Die Bundesregierungen verpflichten sich, die Deutschen Eisenbahnen im Interesse des allgemeinen[6]) Verkehrs wie ein einheitliches Netz verwalten und zu diesem Behuf auch die neu herzustellenden Bahnen nach einheitlichen Normen anlegen und ausrüsten zu lassen[15]).

Art. 43. Es sollen demgemäß in thunlichster Beschleunigung übereinstimmende Betriebseinrichtungen[15]) getroffen, insbesondere gleiche Bahnpolizei-Reglements[16]) eingeführt werden. Das Reich hat dafür Sorge zu tragen[3]), daß die Eisenbahnverwaltungen die Bahnen jederzeit in einem die nöthige Sicherheit gewährenden baulichen Zustande erhalten und dieselben mit Betriebsmaterial so ausrüsten, wie das Verkehrsbedürfniß es erheischt[17]).

Art. 44. Die Eisenbahnverwaltungen sind verpflichtet, die für den durchgehenden Verkehr und zur Herstellung ineinander greifender Fahrpläne nöthigen Personenzüge mit entsprechender Fahrgeschwindigkeit, desgleichen die zur Bewältigung des Güterverkehrs nöthigen Güterzüge einzuführen, auch direkte Expeditionen im Personen- und Güterverkehr, unter Gestattung des Ueberganges der Transportmittel von einer Bahn auf die andere, gegen die übliche Vergütung einzurichten[18]).

---

ist das Reich; Vorauss. ist, daß eines der in Art. 4 Ziff. 8 bezeichneten Interessen vorliegt; zur Ausf. der Vorschr. ist das REBA. berufen I 2b d. W. § 4 Ziff. 2. Gegenstand der Verpflicht. ist nur Herstellung einer den Wagenübergang ermöglichenden Gleisverbindung, nicht auch Mitbenutzung der älteren Anlage (Gleim S. 196); Ausf. der Arbeiten ist Sache der neuen Bahn. — Die Vorschr. ist noch nicht praktisch geworden. — I 3 Anm. 66 d. W.

[12]) Z. B. EisG. § 44.

[13]) Auf Grund allg. Rechtssatzes oder besond. Titels (Konzession oder dgl.). Seydel S. 271; a. M. Laband III S. 109, der die Vorschr. nur auf die durch besond. Titel erworbenen Rechte bezieht.

[14]) Gilt nicht für Bayern Art. 46 Abs. 2.

[15]) Auf Grund Art. 42, 43 hat der BR. für alle deutschen Eis. (außer Bayern, das die Best. landesgesetzlich eingeführt hat) erlassen: die BO., die SignalO., die Best. über die Befähigung

der EisBetriebsbeamten (Abschn. VI d. W.), ferner Bek. betr. die technische Einheit im EisWesen (VI 2 d. W.). Unter Berufung auf den Wortlaut der Art. 42, 43 vertritt u. a. Laband (III S. 110 f.) die Auffassung, daß nur eine Verpflicht. der Bundesstaaten zur Einführung, nicht eine Zuständigkeit des Reichs zum unmitt. Erlasse solcher Verordnungen — mindestens soweit sie nicht auf Art. 43 Satz 2 beruhen — habe begründet werden sollen, daß daher die vorerwähnten Verordn. z. B. in ihren Strafbest. ungültig seien. A. M. Arndt S. 308 ff; ferner ROHG. 2. Juni 76 (XXI 60), RGer. 24. März 84 (Straff. X 326), OLG. Hamburg 1. Oft. 96 (EGE. XIV 23), RGer. 9. Dez. 01 (Arch. 02 S. 1132); auch RGer. 12. Feb. 03 (LIII 397) u. 5. Mai 03 (LV 145).

[16]) Jetzt BetriebsO. genannt.

[17]) EisG. § 24. — Art. 43 gilt nicht für Bayern Art. 46 Abs. 2.

[18]) Zur Ausübung der Fahrplankontrolle werden dem REBA. jeweils die

Art. 45[19]). Dem Reiche steht die Kontrole über das Tarifwesen zu[20]). Dasselbe wird namentlich dahin wirken:

1. daß baldigst auf allen Deutschen Eisenbahnen übereinstimmende Betriebsreglements eingeführt werden[21]);
2. daß die möglichste Gleichmäßigkeit und Herabsetzung der Tarife erzielt, insbesondere, daß bei größeren Entfernungen für den Transport von Kohlen, Koaks, Holz, Erzen, Steinen, Salz, Roheisen, Düngungsmitteln und ähnlichen Gegenständen ein dem Bedürfniß der Landwirthschaft und Industrie entsprechender ermäßigter Tarif, und zwar zunächst thunlichst der Einpfennig-Tarif[22]) eingeführt werde[23]).

Art. 46. Bei eintretenden Nothständen, insbesondere bei ungewöhnlicher Theuerung der Lebensmittel, sind die Eisenbahnverwaltungen verpflichtet,

Fahrplanentwürfe, sowie die genehmigten Fahrpläne eingereicht; auch sind Anträge auf gewisse wichtigere Fahrplanänderungen, die auf der Fahrplankonferenz der EisVerwaltungen gestellt werden sollen, vorher dem REBA. mitzuteilen. Fleck, Betr. Regl. (86) S. 16, 18, 24. Das REBA. hat Anleitungen zur Aufstellung der Aushangs- u. der graphischen Fahrpläne herausgegeben (März 92 u. Mai 01). Vorschr. über Fahrplanwesen für die StEB. II 2c Anm. 9 d. W., für Privatbahnen II 5 Anl. B a Ziff. 4; ferner VerkO. § 10, EisPostG. (IX 2) Art. 1 u. Vollzugsbest. (Anl. A dazu) I, EisZollregul. (X 2 Anl. A) § 3. — Weitere Anzeigen an das REBA. I 2b Anm. 6. — Direkte Abfertigung im Güterverkehr HGB. § 453, VerkO. § 49. — Anm. 14.

[19]) Anm. 14. — Verhandlung 25. Nov. 70 (BGBl. 657) Ziff. 2 lautet:

Zu Artikel 45 der Verfassung wurde anerkannt, daß auf den Württembergischen Eisenbahnen bei ihren Bau-, Betriebs- und Verkehrsverhältnissen nicht alle in diesem Artikel aufgeführten Transportgegenstände in allen Gattungen von Verkehren zum Einpfennigsatz befördert werden können.

[20]) Hiernach (aber Art. 46 Abs. 1, Art. 47) kann das Reich nicht ohne weiteres die Tarife unmittelbar festsetzen oder für ihre Festsetzung Normen aufstellen. Seydel S. 276. Die Tarifkontrolle, d. h. die Einsicht in die jeweils bestehenden Tarife und die Prüfung der Frage, ob bei deren Festsetzung und Verkündung die maßgebenden Vorschr. beachtet sind, u. ob sie den einschlägigen wirtschaftlichen u. sonstigen Rücksichten Rechnung tragen, wird vom REBA. auf Grund genau geregelter Berichterstattung der EisVerwaltungen ausgeübt. Näheres I 1b Anm. 6 d. W.

[21]) D. h. allgemeine Beförderungsbedingungen (mit Ausschluß der Beförderungspreise), heute Verkehrsordnung genannt. Auf Grund dieser Best. hat der BR. die (in Bayern landesgesetzlich eingeführte) Eisenbahn-Verkehrsordnung (VII 3 d. W.) erlassen; deren Rechtsgültigkeit wird von Laband III S. 120 ff. bestritten (Literatur über diese Frage das. S. 123 Anm. 4).

[22]) D. i. ein Silberpfennig für Zentner und Meile, gleich 2,22 Pf. für das Tonnenkilometer, also ungefähr der jetzige Streckensatz des Spezialtarifs III bei Entfernungen von mehr als 100 km.

[23]) Der BR. hat (Fleck, Betr. Regl. S. 192, 207)
a) durch Beschluß 14. Dez. 76 sein Einverständnis mit einem von den deutschen EisVerwaltungen ausgearbeiteten einheitlichen Gütertarifschema unter gewissen Vorbehalten,
b) durch Beschluß 6. April 77 die Erwartung ausgesprochen, daß tarifarische Begünstigungen ausländischer Produkte u. Fabrikate nicht ohne Genehmigung der Aufsichtsbehörde eingeführt würden.

Weiteres bei VII 1 d. W.

für den Transport, namentlich von Getreide, Mehl, Hülsenfrüchten und Kartoffeln, zeitweise einen dem Bedürfniß entsprechenden, von dem Kaiser auf Vorschlag des betreffenden Bundesraths=Ausschusses[24] festzustellenden, niedrigen Spezialtarif einzuführen, welcher jedoch nicht unter den niedrigsten auf der betreffenden Bahn für Rohprodukte geltenden Satz herabgehen darf[25].

Die vorstehend, sowie die in den Artikeln 42. bis 45. getroffenen Bestimmungen sind auf Bayern nicht anwendbar[26].

Dem Reiche steht jedoch auch Bayern gegenüber das Recht zu, im Wege der Gesetzgebung einheitliche Normen für die Konstruktion und Ausrüstung der für die Landesvertheidigung[27] wichtigen Eisenbahnen aufzustellen[28].

Art. 47[29]. Den Anforderungen der Behörden des Reichs in Betreff der Benutzung der Eisenbahnen zum Zweck der Vertheidigung[30] Deutschlands haben sämmtliche Eisenbahnverwaltungen unweigerlich Folge zu leisten. Insbesondere ist das Militair und alles Kriegsmaterial zu gleichen ermäßigten[31] Sätzen zu befördern[32].

Anlagen zur Reichsverfassung.

Anlage A (zu Anmerkung 4).

Reichs-Gewerbeordnung § 6 in der Fassung der Bekanntmachung des Reichskanzlers vom 26. Juli 1900 (RGB. 871).

§. 6. Das gegenwärtige Gesetz findet keine Anwendung auf die Fischerei, die Errichtung und Verlegung von Apotheken, die Erziehung von Kindern gegen Entgelt, das Unterrichtswesen, die advokatorische und Notariats=Praxis, den Gewerbebetrieb der Auswanderungsunternehmer und Auswanderungsagenten, der Versicherungsunternehmer und der Eisenbahnunternehmungen[1][2],

---

[24] Art. 8 Ziff. 5.

[25] Abs. 1 ist bisher nicht angewendet worden.

[26] Für Bayern gilt also Art. 4 Ziff. 8 (mit der Maßgabe, daß sich das Aufsichts= und Gesetzgebungsrecht des Reichs nicht auf die in Art. 42—45, Art. 46 Abs. 1 behandelten Gegenstände erstreckt), Art. 41, Art. 46 Abs. 3, Art. 47.

[27] Nicht nur für den allgemeinen Verkehr (Art. 42).

[28] Es kann also durch ReichsG. vorgeschrieben werden, daß die für das übrige Deutschland maßgebenden — nicht aber davon abweichende — Normen auch auf den für die Landesvertheidigung wichtigen bayerischen Eisenbahnen zu gelten haben. Laband III S. 115.

[29] Gilt auch für Bayern.

[30] Auch im Frieden.

[31] Vom Reiche festzustellenden.

[32] Abschn. VIII d. W.

[1] Witte § 57. — Eisenbahnen i. S. der GewO. sind sowohl Eisenbahnen im engeren Rechtssinne (I 1 d. W.) wie Kleinbahnen — Gleim KleinbahnG. (3. Aufl.) S. 23; Landmann GewO. (4. Aufl.) I S. 66, 325; E. 1. Mai 05 (EVB. 163) —, nicht aber Privatanschlußbahnen E. 22. April 93 (EVB. 183). EisBau=Unternehmungen fallen nicht unter § 6 RGer. 26. Sept. 82 (VIII 51).

[2] Von der herrschenden Meinung wird die Ausnahme des § 6 nur auf das eigentliche Transportgewerbe, nicht auch auf solche Nebenbetriebe der

die Befugniß zum Halten öffentlicher Fähren und die Rechtsverhältnisse der Schiffsmannschaften auf den Seeschiffen. — Auf das Bergwesen, die Aus=übung der Heilkunde, den Verkauf von Arzneimitteln, den Vertrieb von

Eisenbahnen bezogen, die — wie Repa=raturwerkstätten, Gas= und son=stige Lichterzeugungsanstalten, Schwellentränkungsanstalten — keinen selbständigen Gewerbebetrieb, son=dern ein Zubehör des Hauptbetriebs bilden. Dagegen (mit ausführlichen Ma=terialnachweisen) Osterlen in VerZtg. 01 S. 485, Nelken, die deutschen Arbeiter=schutzgesetze S. 770; neuerdings U. OLG. Frankfurt 4. Juli 02 (Arch. 1352) u. Stuttgart 26. Jan. 03 (VerZtg. 388; auch Ztschr. f. Kleinb. 04 S. 590, 754), KGer. 18. Okt. 04 (Blätter f. Rechtspflege 05 S. 67). Die StEB. hat bisher auf ihre Nebenbetriebe im allg. die Vor=schriften der GewO. inhaltlich ange=wendet. Nachdem jetzt mit E. 18. Feb. 05 (MinBl. d. Handels= u. Gewerbeverw. 44) der Handelsmin. angeordnet hat, daß die Gewerbeaufsichtsbeamten für solche Re=paraturwerkstätten, die lediglich dem Zweck u. der Förderung eines EisUnter=nehmens dienen, keine Zuständigkeit mehr in Anspruch nehmen sollen, daß es aber bez. der Reichs= u. Staatsverwalt. bei den bestehenden Best. (d) bewende, sind die in Unteranlage A 1 abgedruckten Erlasse ergangen. — Einzelheiten.

a) Die nach GewO. § 16 erforder=liche Genehmigung der nach den Landesgesetzen zuständigen Behörde — Preußen: Kreis= (Stadt=)Ausschuß, in den einem Landkreis angehörenden Städten mit mehr als 10 000 Einw. der Magistrat (ZustG. § 109) — zur Errichtung gewisser Anlagen pflegt von der StEB. für ihre Gasanstalten eingeholt zu werden; bez. der unter § 16 fallenden Werkstattsanlagen (z. B. Hammerwerke, Metallgießereien, Firnis=siedereien) besteht eine feste Praxis nicht. Gleim EisR. S. 379 fg. — E. 18. Jan. 96 (EBB. 44) betr. bau= u. gewerbe=polizeil. Vorschr. für gewerbl. Anlagen.

b) Die nach GewO. § 24 erforderliche Genehmigung der nach den Landes=gesetzen zuständigen Behörde — Preußen wie bei a — zur Anlegung von Dampf=kesseln ist nicht einzuholen bez. der Dampfkessel von Lokomotiven auf Haupt=, Neben= u. Klein=, sowie solchen Privat=anschlußbahnen, deren Lokomotiven auch auf der anschließenden Haupt=, Neben=oder Kleinbahn verkehren sollen — Allg. polizeil. Best. des Bundesrats über An=legung von Dampfkesseln 5. Aug. 90 (RBG. 163) § 23; ZustG. § 109; Anw. des Ministers f. Handel usw. betr. Ge=nehmigung u. Untersuchung der Dampf=kessel 9. März 00 (Unteranlage A 2) § 1 III —, wohl aber bez. aller sonstigen im Betriebe der Eisenbahnen usw. befindlichen Dampfkessel Anw. 9. März 00 § 2 I 2. — LokomKessel: BO. § 43, KleinbG. § 20.

c) Gegenüber einer gewerbepolizeilich genehmigten Anlage kann aus dem Nachbarrechte nicht ein Anspruch auf Einstellung des Betriebs hergeleitet werden. GewO. § 26. Ferner bestimmt BGB. EG. Art. 125:

Unberührt bleiben die landes=gesetzlichen Vorschriften, welche die Vorschrift des § 26. der Gewerbe=ordnung auf Eisenbahn=, Dampf=schiffahrts= und ähnliche Verkehrs=unternehmungen erstrecken.

Im preußischen Rechte gilt dieser Grund=satz für die gesamten Anlagen der Eisen=bahnen. Näheres I 3 Anm. 11 d. W.

d) Die die gewerblichen Arbeiter betreffenden materiellen Vorschriften in GewO. Tit. VII werden bei der StEB. auf die Nebenbetriebe angewendet. Die Vorstände der letzteren sollen ausdrück=lich zur Beachtung dieser Vorschr. ver=pflichtet werden, die Aufsichtsbeamten der EisDir. die Befolgung dieser An=ordnung überwachen. E. 26. Nov. 79 (EBB. 188). Besichtigung der unter GewO. fallenden Staatsbetriebe durch die GewAufsichtsbeamten: E. 29. Juni 92 (Elb. S. III 3 Nr. 2794 b). — Best. über Arbeitsordnungen bei der StEB.: E. 14. Dez. 91 u. 3. Juni 92 (Elb. S. III 3 Nr. 2773 a. c); über Ein=richtung u. Tätigkeit der Arbeiter=ausschüsse im Bereiche der StEB. E. 19. Jan. 92 (EBB. 17), 8. Mai 92 (Elb. S. III 3 Nr. 2803 d), 30. Mai 93 (EBB. 203), 11. Feb. 95 (Elb. S. IV 3584), 22. Mai 00 (EBB. 189), 28. Febr. 03

Lotterieloofen und die Viehzucht findet das gegenwärtige Gefetz nur infoweit Anwendung, als daffelbe ausdrückliche Beftimmungen darüber enthält.

Durch Kaiferliche Verordnung wird beftimmt, welche Apothekerwaaren dem freien Verkehre zu überlaffen find.

(EVB. 74); über das Lehrlings= wefen: Witte S. 269 a; Sonntags= ruhe: E. 5. April 95 (Elb. S. IV Nr. 3581). — Weiteres Witte § 57, auch III 7 Anm. 2 d. W. Neuerdings (E. 28. Feb. 05, EVB. 117) find auch für die Betriebsarbeiter der StEV. Arbeiterausfchüffe eingerichtet worden.

e) Die Koalitionsfreiheit (GewO. § 152) befteht für Eifenbahnarbeiter jedenfalls infoweit nicht, als der Eif.= Betrieb von der GewO. ausgenommen ift. Anwendbarkeit der preuß. GewO. 17. Jan. 45 (GS. 41) § 182: VerZtg. 03 S. 302. Auch Landmann II 16.

f) E. der Min. d. Inn. u. f. Handel ufw. 25 Mai 92 (EVB. 137): . (o§) wonden die den Polizeibehörden, unteren u höheren Verwaltungsbehörden durch die in § 155 Abf. 3 angeführten Beftimmungen übertragenen Befug= niffe u. Obliegenheiten . . übertragen: . . für die unter die GewO. fallenden Betriebe der StEV. (Werkftätten ufw.) auf die EifBetriebsämter u. die Eif.= Direktionen nach Maßgabe des diefen Behörden organifationsmäßig zugewie= nen Gefchäftsbereichs. Mit der Neu= organifation der StEV. (II 2 c d. W.) ift die Zuftändigkeit der BetrÄmter auf die EifDir. übergegangen E. 7. April 97 (EVB. 74). — Entfpr. Anordnung für Heffen: E. 25. Juni 97 (EVB. 206).

g) Gewerbegerichte: E. 27. Feb. 91, 21. Nov. 91, 23. Nov. 92, 16. Dez. 92 (Elb. S. III 3 Nr. 2797 a—d). Ztfchr. f. Kleinb. 04 S. 590, 754.

h) In immer weitergehendem Maße wird zu den Aufgaben der EifVerw. die Sorge dafür gerechnet, daß den Reifenden möglichft Gelegenheit gegeben wird, die unterwegs hervortretenden Bedürfniffe aller Art, z. B. nach körperlicher Stär= kung u. Erquickung, nach Unterhaltung (Reifelektüre) auch unterwegs zu be= friedigen. Veranftaltungen zu diefem Behufe, wie Bahnhofswirtfchaften, Speifewagen, Automaten, Wafch= einrichtungen, Bahnhofsbuch= handlungen — E. $\frac{2. \text{Aug.}}{25. \text{Okt.}}$ 94 (EVB.

238) —, Wechfelftuben, dienen hier= nach den Zwecken des eigentlichen Transportgewerbes und ftehen mit dem EifUnternehmen derart in örtlichem u. fachlichem Zufammenhange, daß fie fich als Beftandteile des Hauptbetriebs der Eif. darftellen. Hieran ändert der Um= ftand nichts, daß die EifVerw. ihre Bewirtfchaftung Dritten gegen Entgelt zu übertragen pflegt. Trotzdem herrfcht z. Z. noch die Anficht vor, daß jene Veranftaltungen den Vorfchr. der Gew.= O. — z. B. § 33, 43 (Konzeffion), 41 a (Sonntagsruhe), 139 e (Laden= fchluß) — unterworfen find. Diefe Auf= faffung kann u. U. dahin führen, daß über Bedürfniffe des Eifenbahnverkehrs, ja fogar über die Frage, ob Bahn= anlagen zweckmäßig u. ausreichend find, nicht von den zur Verwaltung u. Beauf= fichtigung des EifWefens, fondern von den in Gewerbeangelegenheiten zuftän= digen Behörden entfchieden wird. Bei= fpiele bez. der Bahnhofswirtfchaften: OVG. 22. Sept. 83 (X 251) u. 11. Juni 84 (EEE. III 356). Gegen die herr= fchende Anficht bez. der Automaten: OLG. Cöln 28. Dez. 01 (EEE. XIX 315), allgemein: OLG. Stuttgart 26. Jan. 03 (VerZtg. 388), KGer. 26. März 03 (EEE. XX 68, Arch. 04 S. 481); auch Landmann I 68, v. Rohrfcheidt, Nach= trag zum Kommentar, Anm. 4 zu § 6; bez. der Bahnhofswirtfchaften Seydel im Pr. VerwBl. XXV 559 (auch VerZtg. 04 S. 906, 1390 u. Arch. 04 S. 977). Anderf. OLG. Dresden in VerZtg. 05 S. 277. — Polizeiverordnungen, welche die Polizeiftunde feftfetzen, haben nach KGer. 1. Okt. 91 u. 1. Feb. 00 (EEE. IX 224 u. XVII 145) für Bahnhofswirtfchaften jedenfalls infoweit Gültigkeit, als das dafelbft verkehrende nichtreifende Publikum in Betracht kommt; ebenfo RGer. 22. Sept. 04 (Straff. XXXVII 260), wo auch in diefer Befchränkung Bahnhofswirtfchaften für Schankftuben i. S. StGB. § 365 Abf. 2 erklärt werden; dagegen Gerft= berger in VerZtg. 05 S. 455.

Unteranlage A1 (zu Anmerkung 2).
Erlasse des Ministers der öffentlichen Arbeiten vom 1. Mai 1905
(EVB. 162 u. 163).

a) Betr. Beaufsichtigung der Werkstätten und sonstigen Nebenbetriebe
der Privateisenbahnen (an die Eisenbahnkommissare, nachrichtlich
an die Kgl. Eisenbahndirektionen).

Durch neuere Urteile der Oberlandesgerichte ist mehrfach entschieden worden,
daß die Vorschrift des § 6 der Gewerbeordnung, wonach dies Gesetz auf den
Gewerbebetrieb der Eisenbahnunternehmungen keine Anwendung findet, auch auf
die den Zwecken dieser Unternehmungen dienenden Nebenbetriebe zu beziehen ist.
Der Herr Handelsminister hat infolgedessen durch Erlaß vom 18. Februar d. J.
— III a 196 — (Minist.-Blatt der Handels- und Gewerbeverwaltung S. 44)
darauf hingewiesen, daß die Gewerbeaufsichtsbeamten in den Reparaturwerkstätten
der Eisenbahnen, unbeschadet der für die Betriebe der Staats- und Reichsverwaltungen getroffenen besonderen Anordnungen, Aufsichtsbefugnisse nicht in Anspruch zu nehmen haben.   Die Herren Eisenbahnkommissare erinnere ich aus
diesem Anlaß daran, daß Sie die Ihnen obliegende Aufsicht über die Privateisenbahnen selbstverständlich auch auf die Werkstätten und sonstigen Nebenbetriebe
dieser Unternehmungen zu erstrecken und auf Abstellung der etwa vorgefundenen
Mißstände hinzuwirken haben.   In bezug auf die Handhabung des Arbeitsbetriebs
einschließlich der Unfallverhütung werden die für die Staatseisenbahnverwaltung
getroffenen Anordnungen sowie die Bestimmungen des Titels VII der Gewerbeordnung im allgemeinen zum Anhalt dienen.

b) Betr. Beaufsichtigung der Werkstätten und sonstigen fabrikartigen
Zubehörungen der Kleinbahnen (an die Regierungspräsidenten, den
Polizeipräsidenten in Berlin und die Kgl. Eisenbahndirektionen).

Im Sinne der Vorschrift des § 6 der Gewerbeordnung, wonach dies Gesetz
auf den Gewerbebetrieb der Eisenbahnunternehmungen keine Anwendung findet,
gehören zu den Eisenbahnunternehmungen auch die Kleinbahnen einschließlich der
einen Bestandteil derselben bildenden und ihren Zwecken dienenden Elektrizitäts-
werke, Werkstätten und ähnlichen Betriebe.   Nachdem diese Auffassung durch
neuere Erkenntnisse der Oberlandesgerichte mehrfach bestätigt worden ist, hat der
Herr Handelsminister durch Erlaß vom 18. Februar d. J. — III a 196 —
(Minist.-Blatt der Handels- und Gewerbeverwaltung S. 44) darauf aufmerksam
gemacht, daß die Gewerbeaufsichtsbeamten in den Reparaturwerkstätten der Eisenbahnunternehmungen Aufsichtsbefugnisse nicht in Anspruch zu nehmen haben.
Die Herren Regierungspräsidenten und die Königlichen Eisenbahndirektionen weise
ich aus diesem Anlaß darauf hin, daß Sie die Ihnen obliegende Aufsicht über
die Kleinbahnen auch auf die Werkstätten und sonstigen fabrikartigen Zubehörungen
dieser Unternehmungen zu erstrecken und auf Abstellung etwaiger Mißstände hinzuwirken haben.   In bezug auf die Handhabung des Arbeitsbetriebs einschließlich
der Unfallverhütung werden die für die Staatseisenbahnverwaltung getroffenen
Anordnungen sowie die Bestimmungen des Titels VII der Gewerbeordnung im
allgemeinen zum Anhalt dienen können.

Unteranlage A2 (zu Anmerkung 2b).
Anweisung des Ministers für Handel und Gewerbe betreffend die Genehmigung und Untersuchung der Dampfkessel. Vom 9. März 1900
(MB. 139, EBB. 255)[1].

(Auszug.)

In Ausführung der §§ 24 und 25 der Reichs=Gewerbeordnung sowie auf Grund des § 3 des Gesetzes vom 3. Mai 1872, den Betrieb der Dampfkessel be=treffend, (G.=S. S. 515) bestimme ich was folgt:

I. Allgemeine Bestimmungen.
§ 1. Begrenzung des Geltungskreises der Anweisung.

I. Der gegenwärtigen Anweisung unterliegen Dampfkessel aller Art (fest=stehende, bewegliche Dampfkessel, Dampfschiffskessel), auch wenn sie weder zum Maschinenbetriebe noch zu gewerbsmäßiger Verwendung bestimmt sind, Klein= oder Zwergkessel aber nur insoweit, als für sie besondere Aus=nahmen nicht zugelassen sind.

II. . . .

III. Zur Genehmigung, Inbetriebsetzung und ständigen Ueber=wachung bei Kessel von Lokomotiven auf Haupt= und Nebeneisen=bahnen, Kleinbahnen (§ 1 des Gesetzes über Kleinbahnen und Privatanschlußbahnen vom 28. Juli 1892), sowie solcher Privat=anschlußbahnen (§§ 43 und 51 des Kleinbahnengesetzes), deren Lokomotiven auch auf den Gleisen der Haupt=, Neben= oder Klein=bahn, an die der Anschluß stattfindet, verkehren sollen, sind die zur eisenbahntechnischen Aufsicht über die genannten Bahnen berufenen Königlichen Eisenbahn=Behörden zuständig. Die gegenwärtige An=weisung findet auf diese Lokomotiven keine Anwendung, soweit nicht durch den Minister der öffentlichen Arbeiten die Geltung gleicher Bestimmungen angeordnet wird[2].

IV. Auf die Kessel solcher Lokomotiven von Privatanschluß=bahnen (§ 43 des Kleinbahngesetzes), die ausschließlich auf deren Gleisen verkehren, findet nur der Abschnitt II der gegenwärtigen Anweisung „Anlegung der Dampfkessel" Anwendung. Zur Inbetrieb=setzung und ständigen Ueberwachung dieser Kessel ist die zur eisen=bahntechnischen Aufsicht über die Privatanschlußbahn berufene Be=

---

[1]) Die Abweichungen gegen die Anw. 15. März 97 (EBB. 94) sind durch gesperrten Druck hervorgehoben.

[2]) Dienstvorschr. der StEB. über die Behandlung der Dampfkesselanlagen u. Lokomotiven in sicherheits= und bau=polizeil. Beziehung (Berlin 01), in der auch das G. 3. Mai 72 (GS. 515) betr. den Betrieb der Dampfkessel, die von den verbündeten Regierungen in der Bundesratssitzung 3. Juli 90 verein=barten Best. über die Genehmigung, Prüfung u. Revision der Dampfkessel u. die Anw. zur Genehmigung u. Unter= suchung der Lokomotiven u. Tender mitgeteilt sind. — BO. § 43, Betriebs=vorschr. für Kleinb. (I 4 Anl. A Anl. 3) § 11, für Privatanschlußbahnen (EBB. 02 S. 213) § 13. GebührenO. für Kessel=untersuchungen der Betriebsmaschinen bei Privateis., Klein= u. Privatanschluß=bahnen: E. 4. März 01 (EBB. 83). Die Gebühren fallen der Staatskasse zu; die mit der Unterstützung betrauten Beamten der StEB. erhalten die be=stimmungsmäßigen Reisevergütungen aus Staatsfonds. E. 8. Juli 97 (EBB. 213), 26. Juli 99 (EBB. 243).

hörde zuständig (§§ 20 und 47 des Kleinbahnengesetzes). Hierbei
gilt wegen Einführung von Bestimmungen, die der vorliegenden Anweisung entsprechen, das unter Absatz III (letzter Satz) Gesagte.

V. Die übrigen Lokomotiven, insbesondere die ausschließlich
auf Anschlußgleisen von Betrieben, die der Aufsicht der Bergbehörden unterstehen (§ 51 des Kleinbahnengesetzes), verkehrenden
Lokomotiven, sowie Lokomotiven derjenigen nicht dem öffentlichen
Verkehr dienenden Bahnen, die keinen Anschluß an Eisenbahnen im
Sinne des Gesetzes vom 3. November 1838 oder an Kleinbahnen
haben, unterliegen der Anweisung in vollem Umfange. Das Gleiche
gilt von Lokomotiven der Privatunternehmer, die beim Bau von
Haupt-, Neben-, Klein- und Privatanschlußbahnen verwendet
werden.

VI. Insoweit die Anweisung hiernach auf Lokomotivkessel Anwendung findet,
werden diese den beweglichen Dampfkesseln gleich geachtet.

§ 2. Prüfung der Kessel durch staatliche Beamte und im staatlichen Auftrage.

I. Die Ausführung der auf Grund der nachstehenden Vorschriften vorzunehmenden Prüfungen, Druckproben und Untersuchungen der feststehenden, beweglichen und Dampfschiffskessel erfolgt:

1. soweit sie nicht besonders bestellten Beamten übertragen ist,
    bei Dampfkesseln auf den der Aufsicht der Bergbehörden unterstellten
    Betrieben durch die Königlichen Bergrevierbeamten,
    bei Dampfkesseln auf Hüttenwerken des Staates durch die Leiter dieser
    Werke oder deren Vertreter;
2. bei den Kesseln der Staatseisenbahnen durch die zuständigen technischen
    Beamten der Staatseisenbahnverwaltung, bei den Privateisenbahnen durch
    die von den zuständigen Königlichen Eisenbahndirektionspräsidenten damit
    beauftragten Sachverständigen, bei den Kesseln der allgemeinen
    Bauverwaltung, soweit hier besondere, für das Maschinen-
    baufach vorgebildete höhere Beamte bestellt sind, durch diese,
    anderenfalls durch die Königlichen Gewerbeaufsichtsbeamten;
    bei den übrigen preußischen fiskalischen Kesseln durch letztere
    Beamte;
3. bei den Dampfkesseln der Kaiserlichen Marine, der Postverwaltung, der
    Heeresverwaltung, soweit bei diesen Verwaltungen besondere, für das
    Maschinenbaufach vorgebildete höhere Beamte bestellt sind, durch diese,
    anderenfalls durch die Dampfkessel-Ueberwachungsvereine im
    staatlichen Auftrage, sofern die genannten Verwaltungen nicht
    Mitglieder eines solchen Vereins sind.
4. im Uebrigen, auch in Hohenzollern, durch staatlicherseits hierzu er-
    mächtigte Ingenieure der preußischen oder in Preußen aner-
    kannten Dampfkessel-Ueberwachungsvereine im staatlichen
    Auftrage.

II. Die vom Staate beauftragten Dampfkessel-Ueberwachungsvereine
haben die nach Maßgabe der nachstehenden Vorschriften vorzunehmenden Prüfungen
zu den durch die Gebührenordnung festgelegten Sätzen auszuführen. Für den
Uebergang der von ihnen im staatlichen Auftrage beaufsichtigten Dampfkessel zu
einem Ueberwachungsverein gelten die Bestimmungen des § 42.

II. Anlegung der Dampfkessel.

Fälle der Genehmigung.

§ 7. Zur Anlegung von Dampfkesseln bedarf es einer gewerbepolizeilichen Genehmigung, welche bei feststehenden Dampfkesseln für eine bestimmte Betriebs= stätte, bei Dampfschiffskesseln für ein bestimmtes Schiff, bei beweglichen Dampf= kesseln ohne Beziehung zu einer Betriebsstätte ertheilt wird. Ein neuer an die Stelle eines alten tretender Dampfkessel bedarf stets der gewerbepolizeilichen Genehmigung, auch wenn er von derselben Bauart wie der alte Kessel ist.

§ 8. I. Einer erneuten Genehmigung bedürfen[3]):

1. Dampfkessel, welche wesentliche Aenderungen in ihrer Bauart erfahren,
2. Dampfkessel, welche wieder in Betrieb genommen werden sollen, nachdem die früher ertheilte Genehmigung wegen unterlassenen Betriebs nach § 49 der Gewerbeordnung erloschen ist,
3. feststehende Dampfkessel, deren Betriebsstätten nach Lage oder Beschaffenheit wesentlichen Aenderungen unterworfen werden sollen,
4. Dampfschiffskessel, welche außerhalb des Schiffes, auf das die Genehmigung lautet — sei es in Verbindung mit einem anderen Schiffe, sei es auf dem Festlande — in Betrieb genommen werden sollen,
5. bewegliche Dampfkessel, welche an einem Betriebsorte zu dauernder Be= nutzung aufgestellt werden sollen,
6. Dampfkessel, bei denen eine Erhöhung der in der Genehmi= gungsurkunde festgesetzten höchsten zulässigen Dampfspannung stattfinden soll.

II. Einer Genehmigung der Beschlußbehörde bedarf es ferner, wenn eine Aenderung der in der Genehmigungsurkunde aufge= führten Bedingungen stattfinden soll oder eine wesentliche Aenderung der durch die allgemeinen polizeilichen Bestimmungen des Bundesraths über die Anlegung von Dampfkesseln vom 5. August 1890 vorgeschriebenen, in der Beschreibung zur Dampf= kesselanlage angegebenen Sicherheitsvorrichtungen beabsichtigt wird.

§ 9. Zuständigkeit.

I. Ueber die nach den §§ 7 und 8 vorgeschriebenen Genehmigungen be= schließt hinsichtlich der Dampfkessel in den der Aufsicht der Bergbehörden unter= stellten Betrieben das Oberbergamt, im Uebrigen der Kreisausschuß (in den Hohenzollernschen Landen der Amtsausschuß), in Stadtkreisen der Stadtausschuß, in den einem Landkreis angehörigen Städten mit mehr als 10 000 Einwohnern und in denjenigen Städten der Provinz Hannover, für welche die revidirte Städteordnung vom 24. Juni 1858 gilt — mit Ausnahme der im § 27 Absatz 2 der Kreisordnung für diese Provinz vom 6. Mai 1884 bezeichneten Städte — der Magistrat (kollegialische Gemeindevorstand).

II. Die örtliche Zuständigkeit bestimmt sich:

1. bei feststehenden Dampfkesseln nach dem Orte der Errichtung,
2. bei beweglichen Dampfkesseln nach dem Wohnsitze des Antragstellers,
3. bei Dampfschiffskesseln nach dem Heimathshafen des Schiffes, in Er= mangelung eines solchen nach dem Wohnsitze des Schiffseigners.

---

[3]) E. $\frac{9.\text{ Sept.}}{13.\text{ Okt.}}$ 02 (CBl. 511) betr. Nachlaß der inneren Untersuchung u. | Druckprobe bei Änderungen bestehender Kesselanlagen.

V. Regelmäßige technische Untersuchungen.

§ 29. I. Jeder zum Betriebe aufgestellte Dampfkessel, er mag unausgesetzt oder nur in bestimmten Zeitabschnitten oder unter gewissen Voraussetzungen (z. B. als Reservekessel) betrieben werden, ist von Zeit zu Zeit einer technischen Unter=suchung zu unterziehen.

II. Dieser Vorschrift unterliegen Dampfkessel dann nicht mehr, wenn ihre Genehmigung durch dreijährigen Nichtgebrauch (§ 19) oder durch ausdrücklichen der Polizeibehörde und dem zuständigen Kesselprüfer erklärten Verzicht erloschen ist. Endlich ruhen die Untersuchungen in dem durch § 32 Absatz VIII vor=gesehenen Falle.

III. Eine Entbindung von den wiederkehrenden Untersuchungen kann nur durch Verfügung des Ministers für Handel und Gewerbe erfolgen.

§ 30. Die technische Untersuchung bezweckt die Prüfung:

1. der fortdauernden Uebereinstimmung der Kesselanlage mit den bestehenden gesetzlichen und polizeilichen Vorschriften und mit dem Inhalte der Ge=nehmigungsurkunde,
2. ihres betriebsfähigen Zustandes,
3. ihrer sachgemäßen Wartung, insbesondere der bestimmungsmäßigen Benutzung der vorgeschriebenen Sicherheitsvorrichtungen.

§ 31. I. Die Untersuchung erfolgt, soweit nicht die im § 2 Absatz I Ziffer 1 bis 3 genannten staatlichen Prüfungsbeamten oder die nach den §§ 3 und 5 zugelassenen Sachverständigen zuständig sind, durch die nach § 2 Ab=satz I Ziffer 4 ermächtigten Ingenieure der Dampfkessel=Ueber=wachungsvereine im staatlichen Auftrag im Umfange der den einzel=nen Vereinen zugetheilten Aufsichtsbezirke, deren Abgrenzung öffentlich bekannt gemacht werden wird.

II. Bewegliche Kessel gehören zu demjenigen Bezirk, in welchem ihr Besitzer wohnt oder ein von demselben zu bezeichnender ständiger, mit Voll=macht ausgerüsteter Vertreter seinen dauernden Wohnsitz hat. Dampf=schiffskessel gehören zu demjenigen Bezirk, in welchem ihr Heimathshafen liegt, in Ermangelung eines solchen, in welchem sich der Wohnsitz des Schiffseigners oder eines von ihm zu bezeichnenden ständigen, mit Vollmacht ausgestatteten Vertreters befindet.

III. Auf Ersuchen des hiernach zuständigen Kesselprüfers oder auf Antrag des Kesselbesitzers müssen die technischen Untersuchungen von solchen beweglichen und Dampfschiffskesseln, die im staatlichen Auftrage zu untersuchen sind, von dem zuständigen Kesselprüfer ausgeführt werden, in dessen Bezirk sich der Kessel zur Zeit der Fälligkeit der Untersuchung befindet. Das Gleiche gilt von beweglichen und Dampfschiffskesseln von Vereinsmitgliedern. Der die Untersuchung ausführende Kesselprüfer hat in diesen Fällen Abschrift des Prüfungsbefundes dem nach Absatz II zuständigen Dampfkessel=Ueber=wachungsverein mitzutheilen.

IV. Die Untersuchung von beweglichen Dampfkesseln, die auf solchen Bergwerken, Aufbereitungsanstalten oder Salinen und anderen zugehörigen An=lagen vorübergehend verwendet werden, deren Kessel der Ueberwachung durch Bergrevierbeamte unterliegen, sind während der Dauer dieser Ver=wendung den letzteren vorbehalten.

Anlage B (zu Anmerkung 7).

Gesetz, betreffend die Uebertragung der Eigenthums- und sonstigen Rechte des Staates an Eisenbahnen auf das Deutsche Reich. Vom 4. Juni 1876.
(GS. 161)[1]).

§. 1. Die Staatsregierung ist ermächtigt, mit dem Deutschen Reiche Verträge abzuschließen, durch welche

1) die gesammten im Bau oder Betriebe befindlichen Staatseisenbahnen nebst allem Zubehör und allen hinsichtlich des Baues oder Betriebes von Staatseisenbahnen bestehenden Berechtigungen und Verpflichtungen des Staates gegen angemessene Entschädigung kaufweise dem Deutschen Reiche übertragen werden;

2) alle Befugnisse des Staates bezüglich der Verwaltung oder des Betriebes der nicht in seinem Eigenthum stehenden Eisenbahnen an das Deutsche Reich übertragen werden;

3) im gleichen Umfange alle sonstigen, dem Staate an Eisenbahnen zustehenden Antheils- und anderweiten Vermögensrechte — gegen angemessene Entschädigung — an das Deutsche Reich abgetreten werden;

4) ebenso alle Verpflichtungen des Staates bezüglich der nicht in seinem Eigenthum stehenden Eisenbahnen vom Deutschen Reiche gegen angemessene Vergütung übernommen werden.

§. 2. Bezüglich der im §. 1 unter 1. 3. und 4. erwähnten Vereinbarungen bleibt die Genehmigung der beiden Häuser des Landtages vorbehalten.

———

b) Gesetz, betreffend die Errichtung eines Reichs-Eisenbahn-Amtes. Vom 27. Juni 1873. (RGB. 164)[1]).

§. 1. Unter dem Namen „Reichs-Eisenbahn-Amt" wird eine ständige Centralbehörde[2]) eingerichtet, welche aus einem Vorsitzenden und der erforderlichen Zahl von Räthen besteht und ihren Sitz in Berlin hat.

Auch können nach Maßgabe des Bedürfnisses Reichs-Eisenbahn-Kommissare bestellt werden, welche vom Reichs-Eisenbahn-Amt ihre Instruktionen empfangen[3]).

§. 2. Der Vorsitzende und die Mitglieder des Reichs-Eisenbahn-Amtes, sowie die Reichs-Eisenbahn-Kommissare werden vom Kaiser, die Subaltern- und Unterbeamten werden vom Reichskanzler ernannt.

———

[1]) Von der durch das G. vorgesehenen Ermächtigung hat die Reg. keinen Gebrauch gemacht. Quellen: AH. 76 Druckf. 135 (Entw. u. Begr.); StB. 1020, 1097, 1134. HH. StB. 107, 163. — II 4 b. W. Anl. A Art. 23 u. Unteranl. A 1 Art. 12.

[1]) Hervorgegangen aus einem im Reichstage gestellten Antrage, dem eine Begr. nicht beigegeben ist. Quellen: Verh. RT. 73 Druckf. 62. 144, 175, 184. StB. S. 706, 866, 1120, 1136.

[2]) Oberste Reichsbehörde z. B. i. S. ReichsbeamtenG. (B. 27. Dez. 99 RGB. 730).

[3]) Bisher nicht geschehen.

Auf den Vorsitzenden finden die Vorschriften des §. 25 des Gesetzes, betreffend die Rechtsverhältnisse der Reichsbeamten, vom 31. März 1873, Anwendung[4]).

Personen, welche bei der Verwaltung einer deutschen Eisenbahn betheiligt sind, können keinerlei Thätigkeit bei dem Reichs-Eisenbahn-Amt oder als Reichs-Eisenbahn-Kommissare ausüben.

§. 3. Vorbehaltlich der Bestimmung im §. 5 Nr. 4 führt das Reichs-Eisenbahn-Amt seine Geschäfte unter Verantwortlichkeit und nach den Anweisungen des Reichskanzlers.

§. 4. Das Reichs-Eisenbahn-Amt hat innerhalb der durch die Verfassung bestimmten Zuständigkeit des Reichs[5]):

1) das Aufsichtsrecht über das Eisenbahnwesen wahrzunehmen;

2) für die Ausführung der in der Reichsverfassung enthaltenen Bestimmungen, sowie der sonstigen auf das Eisenbahnwesen bezüglichen Gesetze und verfassungsmäßigen Vorschriften Sorge zu tragen[5]);

3) auf Abstellung der in Hinsicht auf das Eisenbahnwesen hervortretenden Mängel und Mißstände hinzuwirken.

Dasselbe ist berechtigt, innerhalb seiner Zuständigkeit über alle Einrichtungen und Maßregeln von den Eisenbahnverwaltungen Auskunft zu erfordern[6]) oder nach Befinden durch persönliche Kenntnißnahme sich zu unterrichten und hiernach das Erforderliche zu veranlassen[7]).

---

[4]) D. h. er kann durch Kais. Verfügung jederzeit einstweilig in den Ruhestand versetzt werden.

[5]) Ferner u. a. BO., BefähVorschr., SignalO. (VI 3—5); VerkO. (VII 3); MilitärTransportO. (VIII 3 Anl. B); KriegsleistungsG. AusfB. (VIII 4 Anl. A) u. WehrO. (VIII 5 Anl. A). — Begriff Eisenbahn i. S. d. G.: I 2a Anm. 5.

[6]) Allgemein ist Berichterstattung an REBA. u. a. (Fahrpläne: I 2a Anm. 18) vorgeschrieben:

a) Bez. der Inbetriebnahme neuer Bahnstrecken, neuer Stationen u. neuer Hauptgleise Bf. 15. April 99 (EBB. 158).

b) Bez. der Tarife. REBA. führt je ein Tarifverzeichnis für Personen- (u. Gepäck-), Tier-, Güter- u. Kohlentarife. Jeder neue Tarif ist vor der Herausgabe einzureichen; zum 15. jedes Monats ist über die im Vormonat eingetretenen Änderungen — im allg. durch Sondernachweisungen für jeden Tarif nach vorgeschriebenem Muster — zu berichten. Bez. direkter u. Verbandstarife liegt diese Anzeigepflicht einer von den beteil. Verwaltungen zu wählenden Verw. ob Bf. 17. Juli 00 (Berl. Samml. — II 2c Anm. 10 d. W. — S. 52). Außerdem sind in jedem Einzelfalle Anzeigen an REBA. zu richten über Tariferhöhungen u. Aufhebung oder Einschränkung direkter Abfertigungen E. $\frac{12. \text{ Okt.}}{18. \text{ Nov.}}$ 00 (EBB. 548, BB. 744). Vollständigkeit der Tarife Bf. 31. Aug. 80 (EBB. 538).

c) Bez. wichtiger gerichtl. Entscheidungen (alljährliche Prozeßtabelle) E. 8. Mai 78 (EBB. 144).

d) Laufend bez. der Unfälle: Bf. des REBA. 26. Mai 98 Nr. 3480.

e) Bez. der monatlichen Betriebsergebnisse Bf. 2. Aug. 81 u. 18. Nov. 85 (Münstersche Sammlung — II 5 Anm. 1 d. W. — S. 177 ff.).

Ferner gibt das REBA. eine Statistik der im Betriebe befindlichen Eisenbahnen Deutschlands heraus.

[7]) E. 31. Okt. 73 u. 25. Okt. 98, Anlage A u. B.

§. 5. Bis zum Erlaß eines Reichs=Eisenbahngesetzes[8]) gelten folgende Vorschriften:

1) In Bezug auf die Privateisenbahnen stehen dem Reichs=Eisenbahn=Amte zur Durchführung seiner Verfügungen dieselben Befugnisse zu, welche den Aufsichtsbehörden der betreffenden Bundesstaaten beigelegt sind. Werden zu diesem Zwecke Zwangsmaßregeln erforderlich, so sind die Eisenbahn=Aufsichtsbehörden der einzelnen Bundesstaaten gehalten, den deshalb an sie ergehenden Requisitionen zu entsprechen[9]).

2) Staats=Eisenbahnverwaltungen sind nöthigenfalls zur Erfüllung der ihnen obliegenden Verpflichtungen im verfassungsmäßigen Wege (Art. 7 Nr. 3, Art. 17 und Art. 19 der Reichsverfassung) anzuhalten.

3) Den Reichseisenbahnen gegenüber wird der Reichskanzler die Verfügungen des Reichs=Eisenbahn=Amtes zum Vollzuge bringen.

4) Wird gegen eine von dem Reichs=Eisenbahn=Amte verfügte Maßregel Gegenvorstellung erhoben auf Grund der Behauptung, daß jene Maß=regel in den Gesetzen und rechtsgültigen Vorschriften nicht begründet sei, so hat das durch Zuziehung von richterlichen Beamten zu ver=stärkende Reichs=Eisenbahn=Amt über die Gegenvorstellung unter selbst=ständig und unter eigener Verantwortlichkeit in kollegialer Berathung und Beschlußfassung zu befinden. Zu diesem Zwecke wird der Bundes=rath ein Regulativ erlassen, welches den kollegialen Geschäftsgang ordnet und die hierbei dem Präsidenten zustehenden Befugnisse regelt[10]).

Anlagen zum Reichs=Eisenbahnamts=Gesetz.

Anlage A (zu Anmerkung 7).

Erlaß des Ministers der öffentlichen Arbeiten betr. die vom Reichs-Eisen-bahnamt erlassenen Verfügungen. Vom 31. Oktober 1873 (B.B. 743).

Der Königlichen Eisenbahndirektion übersende ich anliegend eine Abschrift des mir vom Reichs=Eisenbahnamte zugegangenen Schreibens vom 20. Oktober cr. zur Kenntnißnahme.

Ueber die vom Reichs=Eisenbahnamte erlassenen Verfügungen wird es hier=nach eines Berichtes der Königlichen Eisenbahndirektion an mich in der Regel nicht bedürfen.

* * *

Damit durch die vom Reichs=Eisenbahnamt an Reichs=, Staats= und Privateisenbahn=Verwaltungen in Gemäßheit des Schlußsatzes des § 4 des Gesetzes vom 27. Juni cr. zu erlassenden Verfügungen die Einheit der Verwaltung nicht gestört und widersprechende Anordnungen thunlichst vermieden werden, ist demselben vom Herrn Reichskanzler die nachfolgende Anweisung ertheilt:

---

[8]) I 2a Anm. 1.
[9]) II 5 Anm. 1 d. W.

[10]) Anlage C.

„Von allen an Staats= oder Privat=Eisenbahnverwaltungen Seitens des Reichs=Eisenbahnamtes gemäß § 4 in fine des Gesetzes vom 27. Juni cr., sei es auf Beschwerden oder in Folge eigener Wahrnehmung ex officio, erlassenen Ver= fügungen wird der betreffenden Bundesregierung gleichzeitig Abschrift mitgetheilt, wenn in den Verfügungen irgend eine Anordnung, wonach dieses oder jenes zu thun oder zu unterlassen, ertheilt oder auch nur dies oder jenes empfohlen oder anheim gestellt wird. Diese Mittheilung erfolgt mittelst besonderen Schreibens, wenn zu Erläuterungen der Verfügung Anlaß vorliegt, sonst per Couvert. Der Mittheilung einer Abschrift an die betreffende Bundesregierung bedarf es nicht:

a) bezüglich aller Verfügungen, welche nur die Einziehung von Informationen bezwecken,

b) bezüglich solcher Erlasse, Inhalts deren von der Zurückweisung einer un= begründet befundenen Beschwerde der betreffenden Eisenbahnverwaltung lediglich Nachricht gegeben wird.

Vor Erlaß der schließlichen Verfügungen an die betreffenden Eisenbahn= verwaltungen hat das Reichs=Eisenbahnamt, vorbehaltlich dringlicher Fälle, überall, wo sich dazu im Interesse der Aufklärung oder Förderung der Sache besonderer Anlaß darbietet, namentlich aber dann mit der der Verwaltung vorgesetzten Bundesregierung zu kommuniciren, wenn in dem konkreten Falle eine Verfügung der der Verwaltung vorgesetzten Behörde bereits vorliegt oder erhellt, daß in dem konkreten Falle in Gemäßheit einer solchen allgemeinen oder gelegentlichen Ver= fügung einer vorgesetzten Behörde verfahren sei, das Reichs=Eisenbahnamt aber mit dieser Verfügung nicht einverstanden ist. Dasselbe Verfahren ist als Regel festzuhalten, wenn es sich um Verfügungen handelt, die auf die Finanzen der Verwaltung oder auf die Betriebssicherheit von erheblicher Wirkung sein könnten, oder sonst von besonderer Wichtigkeit sind.

„Handelt es sich um Angelegenheiten der Reichs=Eisenbahnen, so ist in gleicher Art dem Reichskanzler=Amte[1]) gegenüber zu verfahren." ꝛc. ꝛc.

Anlage B (zu Anmerkung 7).

Erlaß des Ministers der öffentlichen Arbeiten betr. Berichterstattung an das Reichs-Eisenbahnamt. Vom 25. Oktober 1898 (BB. 744).

Im Anschluß an den Erlaß vom 31. Oktober 1873[2]) bestimme ich für die Berichterstattung an das Reichs=Eisenbahnamt Folgendes:

1. Die dem Reichs=Eisenbahnamt von den Königlichen Eisenbahndirektionen oder den ihnen nachgeordneten Organen auf Grund allgemeiner Anweisungen ein für alle Mal einzureichenden Berichte, periodischen Nachweisungen, Listen u. dergl. sind unmittelbar und ohne Weiteres bei der genannten Behörde zur Vorlage zu bringen, soweit nicht in bestimmten Angelegenheiten die Einreichung an mich an= geordnet ist oder angeordnet wird.

2. In gleicher Weise ist zu verfahren, wenn es sich lediglich um thatsächliche Berichtigungen, Ergänzungen, Erläuterungen ꝛc. zu den unter 1 erwähnten Vor= lagen handelt.

3. Auch sonstige Verfügungen des Reichs=Eisenbahnamtes, welche die Ein= ziehung von Erkundigungen über thatsächliche Vorkommnisse, getroffene Maßnahmen und bestehende Einrichtungen zum Gegenstande haben, sind unmittelbar und ohne

---

[1]) Jetzt Reichsamt f. d. Verwaltung der Reichseisenbahnen II 2 c Anm. 4 d. W.　　[2]) Anl. A.

vorgängige Berichterstattung an mich zu erledigen, sofern nicht gleichzeitig gut=
achtliche Aeußerungen, Mittheilungen und Erklärungen über Fragen der zu 4
gedachten Art erfordert sind, und über diese Fragen eine Entscheidung meinerseits
noch nicht getroffen ist.

4. Zur Erledigung von weitergehenden Aufträgen des Reichs=Eisenbahnamtes
ist meine vorgängige Genehmigung einzuholen. Hierher gehören insbesondere
gutachtliche Aeußerungen über die Einführung, Bewährung und Abänderung von
Vorschriften und Einrichtungen, Mittheilungen über Maßnahmen, welche hinsicht=
lich des Abfertigungs= und Beförderungsdienstes, der Tarifbildung, Fracht=
vertheilung, Fahrgeld= und Frachtberechnung, der Bahnunterhaltung, des Umbaues
von Strecken und Bahnhöfen, der Ergänzung und Erneuerung von baulichen
Anlagen, der Beschaffung und Einrichtung der Betriebsmittel, der dienstlichen
Jnanspruchnahme des Personals 2c. für zweckmäßig oder nothwendig erachtet
werden, wie überhaupt alle Erklärungen finanzieller Natur (vergl. Schreiben des
Reichs=Eisenbahnamtes vom 20. Oktober 1873)[3]). Jedoch bedarf es auch in
diesen Fällen meiner Zustimmung dann nicht, wenn ich zu den in Betracht
kommenden Fragen bereits endgültig Stellung genommen habe.

In dem behufs Herbeiführung meiner Genehmigung zu erstattenden Berichte
ist der Gegenstand des ertheilten Auftrages zu bezeichnen, auch anzugeben, was
in der Sache zu veranlassen und dem Reichs=Eisenbahnamt zu berichten beab=
sichtigt wird.

Der Erlaß vom 16. September 1882 — $\frac{HD}{IV}$ T 5167 — tritt hiermit außer
Kraft.

Anlage C (zu Anmerkung 10).

Regulativ zur Ordnung des Geschäftsganges bei dem durch Richter ver=stärkten Reichs-Eisenbahn-Amte. Vom 13. März 1876 (CB. 197).

§ 1. Wird gegen eine vom Reichs=Eisenbahn=Amte verfügte Maßregel
Gegenvorstellung auf Grund der Behauptung erhoben, daß die Maßregel in den
Gesetzen und rechtsgültigen Vorschriften nicht begründet sei, so überweist der
Reichskanzler die an ihn zu richtende Gegenvorstellung dem verstärkten Reichs=
Eisenbahn=Amte.

§ 2. Das verstärkte Reichs=Eisenbahn=Amt besteht aus dem Präsidenten des
Reichs=Eisenbahn=Amts oder dessen Stellvertreter als Vorsitzenden, zwei Räthen
des Reichs=Eisenbahn=Amts und drei richterlichen Beamten. Für letztere werden
für den Fall der Behinderung drei Stellvertreter ernannt.

Das bei der früheren Bearbeitung der Sache als Referent thätig gewesene
Mitglied des Reichs=Eisenbahn=Amts darf an der Berathung und Beschlußfassung
des verstärkten Reichs=Eisenbahn=Amts nicht theilnehmen.

§ 3. Ergiebt sich bei der Prüfung der angebrachten Gegenvorstellung, daß
zur Klarstellung des Sachverhältnisses zuvörderst thatsächliche Erhebungen erforder=
lich sind, so werden diese vom Präsidenten angeordnet.

§ 4. Sind die nach § 3 angeordneten Erhebungen erfolgt, oder hat der
Präsident weitere Erhebungen nicht für nöthig erachtet, so wird die Sache zur
kollegialen Berathung und Beschlußfassung gebracht.

Zu diesem Ende ernennt der Präsident einen ersten und einen zweiten
Berichterstatter.

---

[3]) Anl. A.

Einer dieser Berichterstatter muß aus den richterlichen Beamten gewählt werden.

§ 5. Zur Beschlußfähigkeit des verstärkten Reichs-Eisenbahn-Amts bedarf es der Anwesenheit sämmtlicher in § 2 aufgeführten Mitglieder oder deren Stellvertreter.

Der Vorsitzende leitet die Verhandlungen und die Berathung in den Sitzungen. Er stellt die Fragen und sammelt die Stimmen. Das Kollegium entscheidet nach Stimmenmehrheit. Bei Stimmengleichheit giebt die Stimme des Vorsitzenden den Ausschlag.

§ 6. Beschließt das Kollegium eine weitere Ermittelung oder Verhandlung, so werden die erforderlichen Anordnungen vom Präsidenten getroffen.

§ 7. Im Eingange des unter dem Siegel des Reichs-Eisenbahn-Amts mit Gründen auszufertigenden Beschlusses sind die Mitglieder des Kollegiums, welche an der Beschlußfassung theilgenommen haben, aufzuführen. Die Ausfertigung ist von dem Vorsitzenden zu unterschreiben.

---

3. Gesetz über die Eisenbahn-Unternehmungen. Vom 3. November 1838 (GS. 505)[1].

Wir Friedrich Wilhelm ꝛc. ꝛc. haben für nöthig erachtet, über die Eisenbahn-Unternehmungen[2]) und insbesondere über die Verhältnisse der

---

[1] Inhalt des „Eisenbahngesetzes": § 1—6 rechtliche u. finanzielle Begründung der Eis., § 7—22 Grunderwerb u. Bau, § 23—25 allg. Vorschr. über den Betrieb, § 26—35 Entgelt für Bahnbenutzung, § 36, 37 Verhältnis zur Postverwaltung, § 38—41 EisAbgabe, § 42 staatliches Erwerbsrecht, § 43—49 allg. Vorschr. — Geltungsbereich auch die 1866 einverleibten Landesteile B. 19. Aug. 67 (Anlage A), das Jadegebiet G. 23. März 73 (GS. 107) u. Waldeck G. 11. März 70 (Wald. RegBl. 29). Für Hohenzollern gilt ein besonderes EisG. 1. Mai 65 (GS. 317); von diesem haben heute noch Bedeutung: § 7 (entspricht EisG. 38 § 14, jedoch ohne Beschränk. auf Anlagen zur Sicherung der Nachbargrundstücke), § 9, 10 (entspr. EisG. 38 § 22, 23); ferner Staatsverträge mit Württemberg 3. März 65 (GS. 921) u. 15. Juni 87 (GS. 456), mit Baden 3. März 65 (GS. 930). — Entstehungsgeschichte Gleim Arch. 88 S. 797 u. EisR. § 6. Hervorgegangen aus den Erwägungen, welche die Staatsregierung bei der Entscheidung auf die ersten Konzessionsgesuche anstellte, regelte das G. die Verhältnisse der Eisenbahnen in Anlehnung an das Recht der Kunststraßen, denen es die Eis. auch insofern gleichstellte, als es jedermann die Möglichkeit eröffnete, diese gegen Entrichtung eines Wegegeldes — „Bahngeld" — mit eigenen Fahrzeugen zu befahren. Aus der Entstehungsgeschichte des G. erklärt es sich ferner, daß das G. als Unternehmer nur Aktiengesellschaften ins Auge faßte u. den Charakter eines Konzessionsschemas trägt. Trotzdem ist es in wichtigen Teilen seines Inhalts auch für den Staatsbetrieb maßgebend geworden u. noch heute die Grundlage des preuß. EisRechts.

[2] Eisenbahnen i. S. des G. (wie i. S. der RVerf.) sind nur die Eis. im engeren Rechtssinne, also nicht die Kleinbahnen u. die nicht dem öff. Verkehr dienenden Schienenbahnen (I 1, I 2a Anm. 5 b. W.). Kennzeichen für die Anwendbarkeit des G. ist die Genehmigung der Bahn durch landesherrl. Entschließung (Anm. 6); ist die Genehm. von einer Provinzial- oder Lokalbehörde ausgegangen, so folgt schon hieraus, daß die Bahn keine „Eisenbahn" ist RGer. 4. Mai 91 (XXVIII 207). Ob ein Unternehmen als Eisenbahn oder als Kleinbahn zu behandeln ist, muß

Eisenbahn=Gesellschaften³) zum Staate und zum Publikum, allgemeine Be=
stimmungen zu treffen, und verordnen demnach auf den Antrag Unseres
Staatsministeriums und nach erfordertem Gutachten Unseres Staats=Raths,
wie folgt:

§. 1. Jede Gesellschaft, welche die Anlegung einer Eisenbahn beab=
sichtigt, hat sich an den Minister der öffentlichen Arbeiten⁴) zu
wenden, und demselben die Hauptpunkte der Bahnlinie, sowie die Größe des
zu der Unternehmung bestimmten Aktien=Kapitals genau anzugeben. Findet
sich gegen die Unternehmung im Allgemeinen nichts zu erinnern, so ist der
Plan derselben, nach den bereits ertheilten und künftig etwa noch zu er=
lassenden Instruktionen⁵), einer sorgfältigen Prüfung zu unterwerfen. Wird
in Folge dieser Prüfung Unsere landesherrliche Genehmigung⁶) ertheilt, so

---

demnach bereits vor Erteilung der Ge=
nehmigung entschieden werden. Weiteres
KleinbG. § 1.

³) Das G. geht zwar von den Ver=
hältnissen der von Aktiengesellschaften
betriebenen Privatbahnen aus, gilt aber,
soweit sein Inhalt auf Staatsbahnen
anwendbar ist, auch für diese. Gleim
EisR. S. 85; RGer. 31. Jun. 89 (XXIII
221), OB. 25. Juni 79 (V 392). Eisen=
bahnen des Deutschen Reichs unter=
liegen grundsätzlich und vorbehaltlich
RVerf. Art. 41 gleichfalls dem G.
Gleim EisR. S. 66, 130 ff. Ebenso fallen
fremde Staatsbahnen unter das G.,
soweit nicht ihre Verhältnisse in Staats=
verträgen (Anm. 6) besonders geordnet
sind.

⁴) An Stelle des Handelsministers ge=
treten AE. 7. Aug. 78 (GS. 79 S. 25).
G. 13. März 79 (GS. 123) Art. II be=
stimmt:

Die gesetzlichen Bestimmungen
über die Zuständigkeiten des Mi=
nisters für Handel, Gewerbe und
öffentliche Arbeiten werden dahin
abgeändert, daß in Beziehung auf die
Handels= und Gewerbe=Angelegen=
heiten der Minister für Handel und
Gewerbe, im Übrigen der Minister
der öffentlichen Arbeiten an die
Stelle desselben tritt.

⁵) E. des StMin. 30. Nov. 38 betr.
Prüfung der Anträge auf die Kon=
zessionierung zu EisUnternehmungen
WB. 825) u. E. 26. April 97 (EMB.

376) betr. Vorschr. über allgemeine
Vorarbeiten für Eis. Der Unternehmer
hat die Nützlichkeit u. Ausführbarkeit des
Unternehmens durch „Vorarbeiten",
u. zwar die wirtschaftlichen und die
„allgemeinen" technischen („besondere":
Anm. 15) zu erweisen; zu diesem Zwecke
sind anzufertigen: eine Übersichtskarte,
Lage= u. Höhenpläne, ein Erläuterungs=
bericht, ein allg. Kostenanschlag, eine
Denkschrift, eine Ertragsberechnung nebst
Betriebsplan. Zur Vornahme der techn.
V. ist die Genehm. des Min. nötig
(Gleim S. 96), ferner die enteignungs=
rechtl. Gestattung durch den RegPräs.
(EntG. § 5). Zuziehung der Berg=
behörde E. 2. Mai 87 (EBB. 271), der
Forstbehörde E. 20. Juli 74 u. 10. Feb.
82 (Gleim S. 348), der Staats=Domänen=
verw. E. 28. Dez. 91 I 18846, der Kom=
mandantur usw. E. 6. Feb. 82 (Gleim
EisR S. 206), der Postbehörde EisPost=
G. Vollzugsbest. (IX 2 Anl. A d. W.)
Ziff. VI, der Zollbehörde X 2 Anm. 9
d. W. — Privatbahnen: Münstersche
Samml. (II 5 Anm. 1 b. W.) S. 300 ff.

⁶) Das Recht, eine Eis. zu bauen u. zu
betreiben (EisUnternehmungsrecht)
gehört zu den Staatshoheitsrechten.
Seine Ausübung durch den Staat selbst ist
ein Akt der Staatsverwaltung. Private
(z. B. Aktiengesellschaften, physische Per=
sonen, fremde Staaten) bedürfen dazu
der Erteilung eines Privilegs — Kon=
zession —, welche nach § 1 durch Ent=
schließung des Landesherrn erfolgt
(Bau oder Konzessionierung durch das
Reich RVerf. Art. 41). — An dem Er=
fordernis staatlicher Genehmigung ist
durch die neueren Regelungen des Aktien=

hat der Minister der öffentlichen Arbeiten⁴), unter Eröffnung der etwa nöthig befundenen besonderen Bedingungen und Maaßgaben, eine Frist festzusetzen, binnen welcher der Nachweis zu führen ist, daß das bestimmte Aktien=Kapital gezeichnet und die Gesellschaft, nach einem unter den Aktien= zeichnern vereinbarten Statute, wirklich zusammengetreten sey.

§. 2. Hinsichtlich der Aktien und der Verpflichtungen der Aktienzeichner finden folgende Grundsätze Anwendung:

1. die Aktien dürfen auf den Inhaber gestellt werden und sind stempelfrei⁷);

(2—6)⁸).

§. 3. Das Statut ist zu Unserer landesherrlichen Bestätigung ein= zureichen⁹); es muß jedoch zuvor der Bauplan im Wesentlichen festgestellt worden sehn.

---

rechts nichts geändert Anm. 9. — Als Muster ist in Anlage B die Kon= zessionsurkunde für die Brandenburg. Städtebahn abgedruckt. — Verfahren bei der Konzessionserteilung: Ist die Prüfung (Anm. 5) günstig ausgefallen, so werden durch den Min. die Konz.= Bedingungen (§ 49) entworfen u. dem Unternehmer, sowie dem REBA. mit= geteilt. Fällt sodann die Beschluß= fassung des StMin. zugunsten der Er= teilung aus, so wird die Urkunde dem König zur Vollziehung vorgelegt u. nach G. 10. April 72 (Anlage C) ver= öffentlicht. Das weitere ergibt Anl. B Ziff. XVIII. Fremden Staaten pflegt die Konzession durch Staatsvertrag er= teilt zu werden. — Die Rechtsfolge der Konzession ist die Erlangung eines Privilegs, kraft dessen der Beliehene befugt ist, auf Grund des staatlichen Hoheitsrechts, aber in eigenem Namen u. für eigene Rechnung die Bahn zu bauen u. zu betreiben. Gleim EisR. S. 75. Mit diesem Rechte geht die Verpflich= tung zum Bau u. Betrieb Hand in Hand. a. a. O. S. 155. Die Wirkung der Konzession tritt mit ihrer Aushän= digung u. Veröffentlichung ein. a. a. O. S. 109. Das Recht ist an die Person des Beliehenen gebunden, seine Über= tragung von landesherrlicher Genehmi= gung abhängig; zweifelhaft ist, ob es bei physischen Personen vererblich ist. a. a. O. S. 81. Weitere Streitfragen a. a. O. S. 76 (rechtl. Natur der Kon= zessionsverleihung), 78 (Widerruflichkeit), 109 (Rechtswirkung der bloßen Aus= händigung u. des Versprechens der Kon=

zessionserteilung). Die Konzession er= lischt u. a. durch Wegfall der Voraus= setzungen — z. B. durch Ablauf der Zeit, sofern sie (was in Preußen nicht üblich ist) auf eine bestimmte Dauer er= teilt ist oder durch Eintritt einer auf= lösenden Bedingung —, ferner durch Entziehung gemäß EisG. § 21 oder § 47, durch Aufhebung gegen Entschädigung gemäß LR. Einl. § 70, durch Staats= ankauf (EisG. § 42); s. auch Anl. B Ziff. VIII 6 u. XVII. — Stempel= pflicht StempelsteuerG. (IV 6 d. W.) Tarifstelle 22 m.

⁷) Jetzt ReichsstempelG. $\frac{27.\text{ April }94}{14.\text{ Juni }00}$ (RGBl. 00 S. 275) Tarifnr. 1.

⁸) Die weiteren Best. behandeln die Ausgabe der Aktien u. die Verpflichtun= gen der Aktienzeichner; hierfür ist jetzt HGB. (namentlich § 179, 218—221) maßgebend. — Anl. B Ziff. II.

⁹) Nach G. 11. Juni 70 (BGBl. 375) § 2, 3 bedarf die Aktiengesellschaft als solche zu ihrer Errichtung nicht mehr staatlicher Genehmigung, aber die Vorschr. der Landesgesetze, nach denen der Gegen= stand des Unternehmens dieser Genehmi= gung u. das Unternehmen der staatlichen Beaufsichtigung unterliegt, sind aufrecht erhalten geblieben. Die Staatsregierung überwacht daher die Übereinstimmung des Statuts und seiner späteren Ände= rungen mit den Konzessionsbedingungen E. 6. Sept. 71 u. 24. Mai 77 (EBB. 78 S. 4, 2) Anl. B Ziff. XVIII, VI. — Untergeordnete Statutänderungen können vom Min. genehmigt werden AE. 27. Mai 72 (BB. 843). — Erneuerungs= und

¹⁰) So lange die Bestätigung nicht erfolgt ist, bestimmen sich die Verhältnisse der Gesellschaft und ihrer Vertreter nach den allgemeinen gesetzlichen Vorschriften über Gesellschafts- und Mandats-Verträge. Mittelst der Bestätigung des Statuts, welches durch die Gesetzsammlung zu publizieren ist, werden der Gesellschaft die Rechte einer Korporation oder einer anonymen Gesellschaft ertheilt.

§. 4. Die Genehmigung¹¹) der Bahnlinie in ihrer vollständigen Durch-

---

Reservefonds Anl. B Ziff. IX 3. — Führung des Betriebs auf Kleinbahnen durch Privateisenbahnen E. 17. Sept. 98 (EMB. 578), auch E. 15. Jan. 03 (I 4 Anl. B d. W.).

¹⁰) HGB. § 200 in Verb. m. § 195 Abs. 1 Ziff. 6; § 210.

¹¹) § 4 Satz 1 — noch jetzt eine Hauptgrundlage des preuß. EisRechts — überträgt dem Min. für alle Eisenbahnen (Staats- u. Privatbahnen) die Planfeststellung, d. h. die rechtswirksame Bestimmung über Lage, Gestaltung u. Beschaffenheit der Bahnanlage in allen Bestandteilen u. darüber, ob, wo u. wie besondere Anlagen — Nebenanlagen — zum Schutze der durch die Bahnanlage berührten öffentlichen oder privaten Interessen (Anm. 12, 13) auszuführen sind. Gleim EisR. S. 341; E. 12. Okt. 92 (Anl. F). Zur Bahnanlage gehören nicht nur der Bahnkörper selbst nebst den Stationen, sondern auch diejenigen Anlagen, die zum Schutze des Bahnkörpers u. zum Schutz oder zur Ausführung des Betriebs nötig sind, wie Seitengräben, Schneeschutzanlagen, Einfriedigungen, Wasserstationen, Blockstationen; ferner Hilfsanlagen, die nicht unmittelbar dem Betrieb dienen, wie Werkstätten, Gasanstalten, Beamtenwohnhäuser Gleim S. 181. — Zust G. § 158 bestimmt:

Durch die den Behörden in diesem Gesetze beigelegten Befugnisse zur Entscheidung beziehungsweise Beschlußfassung in Wegebausachen und in wasserpolizeilichen Angelegenheiten werden die der Landespolizeibehörde und dem Minister der öffentlichen Arbeiten nach §§. 4 und 14 des Gesetzes über die Eisenbahnunternehmungen vom 3. November 1838 (Gesetz-Samml. S. 505) und nach §. 7 des Gesetzes vom 1. Mai 1865 (Gesetz-Samml. S. 317) zustehenden Befugnisse in Eisenbahnangelegenheiten nicht berührt.

Überhaupt ist die Ausgleichung der bei dem Bahnbau zu berücksichtigenden öffentlichen Interessen durch § 4 derart ausschließlich in die Hand des Min. gelegt, daß er allein zu allen durch die Planfeststellung erforderten Entscheidungen polizeilicher Art zuständig ist, auch wenn in den Gesetzen hierfür sonst eine andere Zuständigkeit oder ein besonderes Verfahren vorgesehen ist. Gleim S. 170ff. Anwendung dieses Grundsatzes auf Veränderungen an Bahndurchlässen für Entwässerungsgräben u. auf solche Veränderungen an den Gräben selbst, welche die Bahnanlage berühren, OB. 26. Sept. 04 (Arch. 05 S. 465). — KleinbG. § 8, 29. — Ausnahmen. Durch die Planfeststst. wird nicht ersetzt:

a) für Hochbauten die baupolizeiliche Genehmigung, jedoch nur bez. der Konstruktion, nicht auch bez. der Belegenheit der Gebäude. Gleim S.174ff., 370; OB. 5. Sept. 78 (V 324) u. 26. Juni 00 (EEE. XVII 274). Ferner OB. 18. Okt. 97 (Arch. 98 S. 146); E. 25. Mai 98 (EVB. 187).

b) für Wohnhäuser außerhalb einer im Zusammenhange gebauten Ortschaft die Ansiedelungsgenehmigung gemäß G. $\frac{\text{25. Aug. 76}}{\text{10. Aug. 04}}$ (GS. $\frac{405}{227}$) § 13, 4. Juli 87 (GS. 324) § 14, 13. Juni 88 (GS. 243) § 13, 11. Juni 90 (GS. 173) § 1. Gleim S. 372 ff.; OB. 25. Juni 79 (Entsch. V 392) u. 17. Feb. 87 (EEE. V 252).

c) für Feuerstellen in der Nähe von Waldungen die feuerpolizeiliche Genehmigung gemäß Feld- u. ForstpolizeiG. 1. April 80 (GS. 230) § 47

führung durch alle Zwischenpunkte[12]) wird dem Minister der öffentlichen Arbeiten[4]) vorbehalten[13]), eben so sind die Verhältnisse der Konstruktion,

bis 50. Gleim S. 377; OB. 17. Feb. 87 (a. a. O.).

d) Für gewisse gewerbliche Anlagen die gewerbepolizeiliche Genehmigung (I 2a Anl. A Anm. 2a d. W.). Die Entscheidung des Min. ist endgültig u. nicht durch Rechtsmittel anfechtbar. Sie wird als vorläufige Planfeststellung bezeichnet, weil sie i. S. EntG. § 15 eine solche bedeutet u. für den Fall einer Enteignung in den durch § 18ff. dieses G. vorgesehenen Formen wiederholt werden muß. In letzterem Verfahren — der endgültigen Planfeststellung — darf aber der in 1. Instanz zuständige Bezirksausschuß, soweit die eigentliche Bahnanlage in Betracht kommt, nicht ohne Genehmigung des Min. den vorläufig festgestellten Plan ändern — E. 5. März 75 u. 19. Nov. 98 (V 2 Anl. D u. E d. W.), 15. April 96 (EBB. 170, BB. 831, betr. Gleiskreuzungen), 8. Juni 99 (EBB. 191, BB. 834, betr. Brandschutzstreifen); RBesch. 20. April 98 u. 28. März 01 (Arch. 01 S. 699) — u. ist letzte Instanz wiederum der Min. (EntG. § 22). — Die Entsch. gemäß § 4 ist eine im Rechtswege anfechtbare polizeiliche Verfügung i. S. G. 11. Mai 42 (GS. 192); soweit die Bahnanlage gemäß § 4 genehmigt ist, müssen sich die benachbarten Grundeigentümer die unvermeidlichen Einwirkungen des Betriebs auf ihre Grundstücke gefallen lassen u. kann nicht Beseitigung oder Änderung der Anlage im Rechtswege verlangt werden; namentlich ist ein Anspruch auf Rückgabe des zur Anlage verwendeten Geländes auch dann nicht gegeben, wenn die Inbesitznahme durch den Unternehmer widerrechtlich erfolgt ist. Gleim S. 364; Stölzel, Rechtsweg u. Kompetenzkonflikte (01) S. 274 Anm. 17; RGer. 5. Dez. 81 (EEE. II 162), 20. Sept. 82 (Entsch. VII 266), 13. Juli 89 (EEE. VII 221, Arch. 915); KGH. 11. März 99 (Arch. 850, EEE. XVI 131); auch RGer. 12. Okt. 04 (I 4 Anm. 29 d. W.). Dieser Rechtszustand ist durch das BGB. aufrecht erhalten EG. BGB. Art. 125 (Art. 111?); E. 26. Nov. 99 (EBB. 331) C II. Auch darf der Nachbar einer genehmigten

EisAnlage innerhalb seines Grundstücks nichts vornehmen, was voraussichtlich den Bestand der EisAnlage u. die Sicherheit des EisBetriebs gefährdet RGer. 10. April 01 (Arch. 02 S. 202). Der polizeil. Schutz der Bahn gegen derartige Gefährdungen durch die Anwohner usw. ist — im Gegensatz zu dem Schutze der Anwohner gegen Gefährdung usw. durch die Eis. (§ 14, 22) — Sache der Orts-, nicht der Landespolizei OB. 5. April 93 (XXIV 401). Ferner V 2 Anm. 12, 82 d. W. Bez. der ohne Genehmigung ausgeführten Anlagen gelten die allg. Rechtsgrundsätze RGer. 13. Mai 93 (XXXI 285). — Eingriffe der Ortspolizei in die durch § 4 (u. § 14) festgesetzte Zuständigkeit E. 8. Nov. 97 u. 3. Dez. 02 (Anlage D). — Die Zuständigkeit des Min. endet nicht mit der erstmaligen Planfeststellung oder auch nur mit der Ausführung des erstmals festgestellten Bauplans, sondern wirkt auch für spätere Planänderungen fort. Gleim S. 366; Anm. 29; E. 8. Juni 99 (EBB. 191, BB. 834). — § 4 begründet ein für die Dauer des Betriebs fortgeltendes Hoheitsrecht des Staats; wenn dieses bei den Staatsbahnen mit der Rechtsstellung des Staats als Unternehmer zusammentrifft, so folgt daraus nicht, daß das Hoheitsrecht bei den Staatsbahnen beseitigt ist, sondern daß ihm das private Recht des Unternehmers weichen muß u. Ansprüche eines dritten aus einem mit dem Staat als Unternehmer geschlossenen Vertrag gegen den Staat als Inhaber des Hoheitsrechts höchstens in Gestalt von Entschädigungsforderungen geltend gemacht werden können; z. B. ist eine Klage auf Wiederherstellung eines von der EisDir. vertraglich gestatteten u. später beseitigten Gleisanschlusses nicht zulässig KGH. 26. März 04 (Arch. 1224).

[13]) Übersicht über die bei der Planfeststellung zu berücksichtigenden öffentlichen Interessen (Gleim § 42—54, Pannenberg im Arch. 93 S. 991 ff.):

a) Landesverteidigung: VIII 2 b. W.

b) Wegepolizei: Anlage E.

c) Strom- und Deichpolizei (Gleim § 47, 48). ZustG. § 158

sowohl der Bahn als der anzuwendenden Fahrzeuge[14]), an diese Genehmigung gebunden. Alle Vorarbeiten zur Begründung der Genehmigung hat die Ge= sellschaft auf ihre Kosten zu beschaffen[15]).

(Anm. 11). Bei der landespol. Prü= fung (Anm. 15) sollen in allen geeig= neten Fällen die beteil. Behörden u. Privatpersonen eingehend darüber be= fragt werden, ob die geplante Bahn= anlage Hochwassergefahr herbeiführen könne E. 26. Okt. 00 (EVB. 523, VB. 830). Alle Entwürfe für Brückenbauten über schiffbare Gewässer sind vor der land.Prüfung den Schiffahrts=Interessen= ten zugängig zu machen E. $\frac{26.\ \text{Mai }98}{16.\ \text{Juni }04}$ (EMB. 04 S. 219). Kommen nennens= werte deichpolizeil. Interessen in Frage, so sind die Wasser= u. Meliorations= Baubeamten bei der Aufstellung der Pläne wie bei der landespol. Prüfung zuzuziehen E. 16. Juni 02 (EVB 307, VB. 830); besondere deichpolizeil. Ge= nehmigung zur Anlegung usw. von Deichen — G. 28. Jan. 48 (GS. 54) § 1 — neben der Planfeststellung ist nicht erforderlich VB. 831 Anm. 1. Über Bahnbauten im Quell= u. Hochwasser= abflußgebiet in Schlesien sind die Wasser= polizeibehörde, die Interessenvertre= tung u. der Oberpräsident vor der Plan= feststellung zu hören G. 3. Juli 00 (GS. 171) § 47, ausgedehnt auf die Spree durch V. 16. Sept. 04 (GS. 251); in Brandenburg u. dem Havelgebiet, der Prov. Sachsen die Wasserpol.=Behörde u. der Oberpräs. G. 4. Aug. 04 (GS. 197) § 35. — Aus der Rechtspr. des RGer.: Hat die Eis. auf Anordnung der Regierung Deichanlagen an einem öff. Flusse zum Schutze des anliegenden Kulturlandes ge= macht, durch die den benachbarten Wiesen der Vorteil regelmäßig wiederkehrender Überschwemmungen entzogen worden ist, so ist die Eis. hierfür nach allg. Rechts= grundsätzen nicht ersatzpflichtig (Rhein. Recht) 28. Mai 80 (II 353). Ebenso= wenig, wenn auf Anordnung der Re= gierung eine Eisenbahn im Bett eines öffentlichen Flusses angelegt u. dadurch für die Nachbargrundstücke die Nutzung des Flusses z. B. als Verkehrsweg be= schränkt wird (LR.) 9. Mai 81 (Arch. 425, EEE. II 29) u. 26. Juni 82 (Arch. 442, EEE. II 312). Namentlich kann in letzterem Falle der Ersatzanspruch

nicht auf LR. Einl. § 75 gestützt werden. 2. Juli 84 (Arch. 567, EEE. III 364).

d) Baupolizei (Gleim § 49) V 3 Anl. A d. W.

e) Feuerpolizei (Gleim § 50) V 2 Anm. 60 d. W.

f) Post= und Telegraphenver= waltung (Gleim § 53) IX 2 d. W. Anm. 7 u. Anl. A. Ziff. VI.

g) Zollverwaltung (Gleim § 54) X 2 Anm. 9 d. W.

[12]) Private Interessen, die zu be= rücksichtigen sind, § 14; Bergwesen BergG. 24. Juni 65 (V 4 d. W.).

[14]) BO. § 27.

[15]) Die ausführlichen Vorarbei= ten (nur technischer Art) Vorschr. Mün= stersche Sammlung (II 5 Anm. 1 d. W.) S. 319; Gleim § 56. — Anm. 5; II 2c § 4 a b. W. Mitteilung an den Gemeinde= vorstand u. die Straßenbaupolizei E. 8. Mai 76 (V 3 Anl. A d. W.); an die Provinzialverwaltung E. 2. April 80 (Seydel, EntG. S. 117). — Nach Ab= schluß der ausf. Vorarb. erfolgt die der Planfeststellung vorangehende, vom Unternehmer zu beantragende landes= polizeiliche Prüfung des Entwurfs durch den RegPräs. als Landespolizei= behörde unter Zuziehung der EisAuf= sichtsbehörde (EisDir., bei Privatbahnen EisDirPräs.). Hierbei haben diese Be= hörden als Organe des Min. nach La= dung der Interessenten festzustellen, ob der Entwurf den durch ihn berührten polizeilichen u. privaten — E. 20. Okt. 96 (EVB. 307, VB. 831) u. 20. Mai 99 (V 2 Anl. C a d. W.) Ziff. 5 — In= teressen Rechnung trägt. Eine Entsch. hat die Landespolizeibehörde nicht zu treffen, nur darf sie dem Unternehmer die Herstellung von Nebenanlagen (§ 14) aufgeben, wenn dieser selbst zustimmt. Nach Beendigung des Prüfungsver= fahrens ist der Entwurf mit dem Prü= fungsvermerke zu versehen — Gleim § 57; E. 12. Okt. 92 (Anlage F). Bekanntmachung u. Abhaltung örtlicher Termine E. 24. Okt. 70 (Gleim S. 356); Verfahren bei Inanspruchnahme von Grundstücken, die staatshoheitlichen

§. 5. Die Anlage von Zweigbahnen[16]) kann eben so, wie die von neuen Eisenbahnen überhaupt nur mit Unserer landesherrlichen Genehmigung stattfinden.

§. 6. Zur Emission von Aktien über die ursprünglich festgesetzte Zahl hinaus, ist Unsere Genehmigung nothwendig. Die Aufnahme von Gelddar= lehnen (womit der Kauf auf Kredit nicht gleichgestellt werden soll) bedarf der Zustimmung des Ministers der öffentlichen Arbeiten[4]), welcher dieselbe an die Bedingung eines festzustellenden Zins= und Tilgungsfonds zu knüpfen befugt ist[17]).

§. 7. Die Gesellschaft ist befugt, die für das Unternehmen erforder= lichen Grundstücke ohne Genehmigung einer Staatsbehörde zu erwerben[18]); zur Gültigkeit der Veräußerung von Grundstücken ist jedoch die Genehmigung der Regierung[19]) nöthig[20]).

Zwecken dienen, E. 5. Dez. 75 (Gleim S. 206); Erneuerung der Prüfung für den Fall, daß sich die Ausführung des Entwurfs verzögert, E. 28. Nov. 77 (EBB. 78 S. 13); Vollziehung der Protokolle E. 23. Aug. 96 (EBB. 259, VB. 832). Anm. 12 u. 28. Privatbahnen E. 27. Mai 96 (EBB. 207, VB. 847) Ziff. 4 u. 3. Dez. 96 (V 2 Anl. G d. W.); II 5 Anm. 10 d. W. — Die Kosten der land. Prüfung u. Abnahme (§ 22) trägt der Staat E. 17. Okt. 00 (EBB. 509, VB. 863).

[16]) Für den öff. Verkehr; im übr. KleinbG. § 43.

[17]) Zur Ausgabe von Schuldver= schreibungen auf den Inhaber durch EisGesellschaften wird die Geneh= migung nicht mehr — wie nach G. 17. Juni 33 (GS. 75) — durch landes= herrl. Privileg, sondern durch die Minister der Finanzen u. der öff. Arb. auf Grund eingeholter Kgl. Ermächtigung erteilt BGB. § 795 u. EG. Art. 34 IV; V. 16. Nov. 99 (GS. 562) Art. 8; E. (mit Muster zu Genehmigungsurkunden) 8. Nov. 00 (EBB. 527). — Anl. C § 1 Ziff. 9, BahneinheitsG. (I 5 d. W.) § 17, 18.

[18]) Bei der StEB. ist die EisDir. dritten gegenüber zum selbständigen Abschlusse der Grunderwerbsverträge u. zur Entgegennahme der Auflassungs= erklärung ermächtigt AE. 30. März 86 u. E. 5. Mai 86 (EBB. 367). — Grund= erwerb durch jurist. Personen: AG. BGB. Art. 7, V. 16. Nov. 99 (GS. 562) Art. 6. — EntG. § 16, 17.

[19]) ZustG. § 159 Abs. 1 bestimmt:

Die in den §§. 7 und 22 des Gesetzes über die Eisenbahnunter= nehmungen vom 3. November 1838 und nach § 9 des Gesetzes vom 1. Mai 1865 (Gesetz=Samml. S. 317) der Bezirksregierung bei= gelegten Befugnisse gehen auf den Minister der öffentlichen Arbeiten über.

§ 7 Satz 2 bezieht sich nur auf die dem Betrieb bereits übergebene Anlage, bez. dieser aber auf Veräußerungen im weitesten Sinne, auch Zwangsvoll= streckungen — Gleim S. 390 — u. ist, als dem öffentl. Recht angehörig, durch das BGB. nicht berührt; mit der Betriebseröffnung ist also das für das Unternehmen erforderliche Grundeigen= tum dem freien Privatrechtsverkehr ent= zogen. Hierzu: Otto Mayer im Arch. f. öff. Recht XVI 65 ff.; Übersicht über die Rechtsprechung das. S. 79 Anm. 39. Ferner RGer. 20. Mai 87 (EEE. V 358, französ. Recht); Anm. 11; Bahneinheits= G. (I 5 d. W.) § 5—7.

[20]) Satz 2 (wie der ganze § 7) gilt auch für Staatsbahnen RGer. 10. Aug. 86 (EEE. IV 466). Verfahren für Ein= holung der Genehm. zur Veräußerung von Staatsbahngrundstücken E. 4. März 96 (EBB. 136) u. 17. Jan. 01 (EBB. 33). Die neuen G. über Erwerb von Privatbahnen für den Staat u.

§. 8[21]**.** Für den Fall, daß über den Erwerb der für die Bahn-Anlage nothwendigen Grundstücke eine Einigung mit den Grundbesitzern nicht zu Stande kommt, wird der Gesellschaft das Recht zur Expropriation, welchem auch die Nutzungsberechtigten unterworfen sind, verliehen[22].

[23]) Dasselbe erstreckt sich insonderheit:

1) auf den zu der Bahn selbst erforderlichen Grund und Boden;
2) auf den zu den nöthigen Ausweichungen erforderlichen Raum;
3) auf den Raum zur Unterbringung der Erde und des Schuttes usw., bei Einschnitten, Tunnels und Abtragungen;
4) auf den Raum für die Bahnhöfe, die Aufseher- und Wärterhäuser, die Wasserstationen und längs der Bahn zu errichtenden Kohlenbehältnisse zur Versorgung der Dampfmaschinen, und

---

über den Bau neuer Staatsbahnen (auch II 4 § 7 d. W.) enthalten durchweg folgende Bestimmung:

Jede Verfügung der Staatsregierung über die .. (vorbezeichneten) Eisenbahnen beziehungsweise Eisenbahntheile durch Veräußerung bedarf zu ihrer Rechtsgiltigkeit der Zustimmung beider Häuser des Landtages.

Diese Bestimmung bezieht sich nicht auf die beweglichen Bestandtheile und Zubehörungen dieser Eisenbahnen beziehungsweise Eisenbahntheile, und auf die unbeweglichen insoweit nicht, als dieselben nach der Erklärung des Ministers der öffentlichen Arbeiten für den Betrieb der betreffenden Eisenbahn entbehrlich sind.

In älteren Gesetzen jener Art fehlte der vorstehende Abf. 2; G. 1. April 87 (GS. 97) § 4 enthält in Abf. 1, 2 die vorstehenden Vorschriften und fährt in Abf. 3 fort:

Die Bestimmung in Absatz 2 gilt in gleicher Weise für die Verfügungen der Staatsregierung in Betreff derjenigen Eisenbahnen,

rücksichtlich deren in früheren Gesetzen eine dem Absatz 1 entsprechende Vorschrift gegeben ist.

Übernahme verfügbar werdender Dienstgrundstücke und anderen Zweigen der Staatsverwaltung durch die Domänen- oder Finanzverwaltung E. 22. April 04 (EVB. 138), Überweisung eisenbahnfiskal. Grundstücke an andere Verwalt.-Ressorts E. 21. Juni 88 (EVB. 169).

[21]) Durch EntG. § 57 sind alle den Vorschriften dieses Gesetzes entgegenstehenden Bestimmungen aufgehoben worden. Danach sind die auf das Enteignungsrecht bezüglichen Vorschriften in EisG. § 8—13 u. 15—19 als durch diejenigen des EntG. ersetzt anzusehen; in den neuen Landesteilen sind sie gar nicht eingeführt (Anl. A § 1).

[22]) Hiernach war das Enteignungsrecht ohne weiteres mit dem Eisenbahnunternehmungsrecht verbunden. Da aber EntG. § 2 ausnahmslos Verleihung des EntRechts durch Kgl. Verordnung fordert, ist anzunehmen, daß die nach Inkrafttreten des EntG. begründeten Eis.-Unternehmungsrechte nicht mehr das EntRecht ohne weiteres in sich schließen. Gleim S. 147 ff. (A. M. Eger Anm. 16 zu EntG. § 2). Nach der heutigen Übung geschieht die Verleihung des letzteren bei Privatbahnen mit dem Konzessionsurkunde (Anl. B Eingang), bei Staatsbahnen in derjenigen Kgl. V., in der die bauleitende Behörde bestimmt wird.

[23]) Jetzt EntG. § 23.

5) überhaupt auf den Grund und Boden für alle sonstigen Anlagen, welche zu dem Behufe, damit die Bahn als eine öffentliche Straße zur allgemeinen Benutzung dienen könne, nöthig
oder in Folge der Bahn-Anlage im öffentlichen Interesse erforderlich sind.

Die Entscheidung darüber, welche Grundstücke für die obigen
Zwecke (Nr. 1.—5.) in Anspruch zu nehmen sind, steht in jedem
einzelnen Falle der Regierung, mit Vorbehalt des Rekurses an das
Ministerium, zu. Dagegen ist das Expropriationsrecht auf solche
Anlagen nicht auszudehnen, welche, wie Waaren-Magazine und dergleichen, nicht den unter Nr. 5. gedachten allgemeinen Zweck,
sondern nur das Privat-Interesse der Gesellschaft angehen.

(§. 9.—13)[21]).

§. 14[24]). Außer der Geldentschädigung ist die Gesellschaft[25]) auch zur Ein=
richtung und Unterhaltung[26]) aller Anlagen[27]) verpflichtet, welche die Regierung[28])

---

[24]) Eine noch jetzt für Privat= wie für
Staatsbahnen giltige Vorschrift von
großer praktischer Bedeutung. Aus=
führlich: Gleim EisR. § 51, Seydel u.
Eger zu EntG. § 14, OB. 18. Nov. 82
(IX 186). § 14 ist nicht durch den
gleichartigen § 14 Enteignungs G.
aufgehoben, schon weil letzterer nur für
das Enteignungsverfahren gilt; in diesem
Verfahren kann allerdings EisG. § 14
nicht mehr angewendet werden. ZustG.
§ 158; E. 21. Juni 80 (EBB. 284);
OB. a. a. O.; Gleim S. 314 ff. Erörterung über das Verhältnis der beiden
Paragraphen zu einander in den Anm.
zu beiden in d. W.

[25]) Bezieht sich auch auf Staats=
bahnen. — Verpflichtet ist auch nach
EisG. § 14 die mit dem Enteignungs=
rechte beliehene Person, gleichviel ob sie
das Unternehmen in eigenem Interesse
oder für einen dritten betreibt RGer.
12. Juni 83 (Entsch. IX 276).

[26]) In EntG. § 14 ist die Unter=
haltung dem Unternehmer nur insoweit
auferlegt, als über den Umfang der
bestehenden Verpflichtungen zur Unter=
haltung vorhandener, demf. Zwecke die=
nender Anlagen hinausgeht. In gleichem
Sinne ist EisG. § 14 auszulegen.
Gleim S. 306; anscheinend a. M. RGer.
30. Nov. 98 (EEE. XV 333).

[27]) V 2 Anm. 57 b. W.

[28]) A. Zuständig ist der Min.; die
Regierung (jetzt d. RegPräsident) darf

nur solche Auflagen machen, mit denen
sich der Unternehmer einverstanden er=
klärt E. 12. Okt. 92 (Anl. F). Die
Ortspolizei ist überhaupt nicht zuständig
OB. 31. März 83 (IX 238). (Im Falle
EntG. § 14 ist die Enteignungsbehörde
zur Entsch. berufen.) Die Anordnung ist
eine polizeil. Bf. i. S. des G. 11. Mai 42
(Anm. 11). Gegen Entsch. des RegPräs.
gibt es nur Beschwerde beim Minister
OB. 3. März 83 (IX 393); ferner unten
B a. — Die zur Feststellung durch den
Min. bestimmten Baupläne müssen die
nach § 14 erford. Anlagen enthalten
E. 20. Okt. 96 (EBB. 307). — Anl. D.

B. Verhältnis des § 14 zum
Privatrecht. Nach seinem Wortlaut
begründet § 14 Abs. 1 eine Verpflichtung
des Unternehmers zur Einricht. usw. nicht
derjenigen Anlagen, die zur Sicherung
gegen Gefahren usw. nötig sind, son=
dern derjenigen, die zu diesem Zwecke
von der Regierung für nötig be=
funden werden. Rechtsgrundlage der
Verpflicht. ist also nicht das sachliche
Bedürfnis, sondern die formale Anord=
nung der Regierung. Daher wird —
ebenso bez. EntG. § 14 — fast all=
gemein angenommen, daß die Vorschr.
nur eine öffentlich=rechtliche An=
ordnungsbefugnis der Reg. festsetzt, in
das Privatrecht aber überhaupt nicht
eingreift. Einzelnes:
a) Zur Anordnung ist nur die Re=
gierung befugt, u. nur durch ihre Ver=

an Wegen, Ueberfahrten, Triften, Einfriedigungen, Bewässerungs= oder Vorfluths=Anlagen ꝛc. nöthig findet[29]), damit die benachbarten Grund=

mittlung kann der Anlieger den Unter=
nehmer zur Einricht. usw. nötigen; der
Rechtsweg ist bez. der Verpflicht. des
Unternehmers zur Herstellung u. Unter=
haltung der Anlagen unzulässig KGH.
11. Juni 81 (Arch. 427, EEE. II 57),
25. Juni 98 (Arch. 1083); RGer. 17. Jan.
81 (EEE. I 362), 30. Mai 85 (EEE.
IV 184). Ebensowenig dürfen im Rechts=
wege die für Herstellung von Anlagen
aufzuwendenden Kosten eingefordert
werden RGer. 19. Sept. 84 (EEE. III
375). Auch kann die Anordnung der
Reg. nicht im Rechtswege nachgeprüft
oder abgeändert werden RGer. 17. Jan.
81 (a. a. O.).

b) Die Reg. ist bei ihrer Anordnung
nicht auf Fälle, in denen ein zivilrecht=
licher Ersatzanspruch besteht, beschränkt
oder von Anträgen der Anlieger ab=
hängig RBesch. 10. Nov. 79 u. 26. April
84 (Seydel EntR. S. 89); RGer. 9. März
86 (Arch. 563, EEE. IV 490).

c) § 14 begründet nicht eine von den
Normen des Zivilrechts abweichende,
namentlich nicht eine über sie hinaus=
gehende Haftung des Unternehmers
RGer. 1. Okt. 81 (Arch. 82 S. 158,
EEE. II 116), 9. März 86 (Arch. 563,
EEE. IV 430). Es werden aber die
auf anderweiter Rechtsvorschr. beruhen=
den Schadensersatzansprüche der Anlieger
durch § 14 u. seine Handhabung seitens
der Reg. nicht berührt u. hat ihnen
gegenüber eine Berufung des Unter=
nehmers auf § 14 keine rechtliche Be=
deutung RGer. 20. Sept. 82 (Entsch.
VII 265), auch 17. Jan. 81 (EEE. I
362), 20. April 82 (EEE. II 263),
7. Dez. 96 (EEE. XIV 40).

d) Soweit infolge der Regierungs=
anordnung tatsächlich ein Schaden
nicht entstanden ist, entfällt ein an sich
begründeter Entschädigungsanspruch V 2
Anm. 66 B d. W.

e) Ob die EisVerwaltung für gänz=
liche Nichtbefolgung oder nicht ord=
nungsmäßige Befolgung der ihr gemäß
§ 14 gemachten Auflagen entschädigungs=
pflichtig ist, entscheidet sich nach den
allg. Rechtsgrundsätzen über Haftung für
außervertragliches Verschulden, jetzt nach
BGB. § 823. Für das Gebiet des LR.:
RGer. 1. Okt. 81 (Arch. 82 S. 158,

EEE. II 116), 2. Nov. 93 (Arch. 94
S. 380), 27. Nov. 93 (Entsch. XXXII
283). Die Ersatzpflicht greift nicht Platz,
wenn der Interessent dem Unternehmer
gegenüber die Herstellung der Anlage
vertraglich übernommen hat u. der
Schaden dadurch entsteht, daß ersterer
dieser Verpflichtung nicht nachkommt
RGer. 10. Nov. 90 (EEE. VIII 170).

f) In neueren Entsch. — übr. schon
RGer. 17. Jan. 81 (EEE. I 362) —
vertritt das RGer. eine abweichende
Auffassung: Im allg. könne sich der
Unternehmer Schadensersatzansprüchen
gegenüber darauf berufen, daß weitere
als die von ihm getroffenen Schutz=
maßregeln von der Reg. nicht angeord=
net seien; eine Ausnahme greife je=
doch Platz, wenn der Unt. die von der
Reg. nur allgemein angeordneten An=
lagen in einer dem Zwecke nicht ent=
sprechenden Weise ausführe u. so durch
sein Verschulden Schaden verursache;
ferner wenn er gewußt habe oder bei
gehöriger Aufmerksamkeit habe wissen
müssen, welche Anlagen oder Einrich=
tungen zum Schutze der Anlieger gegen
Gefahren usw. erforderlich, zugleich vom
technischen Standpunkt aus ausführbar
und mit den Zwecken des Unternehmens
verträglich gewesen seien, und diese
gleichwohl, weil nicht von der Reg. an=
angeordnet, unterlassen habe; stelle sich
in der Folge heraus, daß die Anord=
nungen der Reg. unzulänglich gewesen
seien, so mache sich der Unt. schadens=
ersatzpflichtig, wenn er nicht die nunmehr
als notwendig erkannten Maßregeln —
nicht aber auch Vorkehrungen für außer=
ordentliche, nicht vorhersehbare Verhält=
nisse (Hochwasser!) — rechtzeitig in An=
griff nehme und tunlichst schnell ausführe
RGer. 27. Nov. 93 (Entsch. XXXII 283),
18. Nov. 95 (Arch. 97 S. 534, EEE. XII
336), 1. April 96 (Entsch. XXXVII 269,
7. Dez. 96 (EEE. XIV 40), 2. Juli 98
(EEE. XV 310), 7. Nov. 02 (Entsch.
LIII 23: StEB. haftet auch f. d. früheren
Privatbahnen). A. M. von Schilgen
bei Gruchot XLI 497 (anders. Bering
das. XLII 38), Gleim in Ztschr. f.
Kleinb. 02 S. 603, Seydel Anm. 10 zu
EntG. § 14.

[29]) Die Befugnis der „Regierung"

besitzer[30]) gegen Gefahren und Nachtheile[31]) in Benutzung ihrer Grundstücke gesichert werden[32]).

[33]) Entsteht die Nothwendigkeit solcher Anlagen erst nach Eröffnung der Bahn durch eine mit den benachbarten Grundstücken vorgehende Veränderung, so ist die Gesellschaft zwar auch zu deren Einrichtung und Unterhaltung verpflichtet, jedoch nur auf Kosten der dabei interessirten Grundbesitzer, welche deshalb auf Verlangen der Gesellschaft Kaution zu bestellen haben.

(§. 15—19: Zahlung der Enteignungsentschädigung, Wieder= und Vorkaufsrecht bez. des enteigneten Grundstücks)[34]).

§. 20. Für alle Entschädigungs=Ansprüche, welche in Folge der Bahn= Anlage an den Staat gemacht, und entweder von der Gesellschaft selbst anerkannt, oder unter ihrer Zuziehung richterlich festgestellt werden, ist die Gesellschaft verpflichtet[35]).

§. 21. Der Minister der öffentlichen Arbeiten[4]) wird nach vorgängiger Vernehmung der Gesellschaft die Fristen bestimmen, in welchen die Anlage fortschreiten und vollendet werden soll, und kann für deren Einhaltung sich Bürgschaften stellen lassen. Im Falle der Nichtvollendung binnen der bestimmten Zeit bleibt vorbehalten, die Anlage, so wie sie liegt, für Rechnung der Gesellschaft unter der Bedingung zur öffentlichen Versteigerung zu bringen, daß dieselbe von den Ankäufern ausgeführt werde. Es muß jedoch dem Antrage auf Versteigerung die Bestimmung einer schließlichen Frist von sechs Monaten zur Vollendung der Bahn vorangehen[36]).

---

besteht auch nach der Betriebseröffnung fort OB. 3. März 83 (Entsch. IX 393), RGer. 30. Mai 85 (EEE. IV 184); Gleim S. 308. Fällt das Bedürfnis fort, so kann die Anordnung aufgehoben oder eingeschränkt werden Gleim S. 311, Seydel Anm. 2 zu § 14 EntG.

[30]) Im Gegensatze zu EisG. § 4 einerseits, EntG. § 14 anderseits gilt EisG. § 14 nur für Einrichtungen, die zum Schutze der Anlieger, nicht aber für solche, die ausschließlich dem öffentlichen Interesse dienen, z. B. nicht für öffentl. Wege als solche — OB. 18. Nov. 82 (IX 186), 14. März 83 (Arch. 546) — oder für Brandschutzstreifen OB. 4. Juni 97 (Arch. 1221); E. 8. Juni 99 (EVB. 191, VB. 834). Nachträgliche Umwandlung eines auf Grund des § 14 angelegten Privatweges in einen öffentlichen begründet nicht die privatrechtliche Wegebaupflicht der EisVerwaltung OB. 5. Dez. 01 (Arch. 02 S. 681).

[31]) V 2 Anm. 63 d. W.

[32]) Auf das zur Ausführ. d. Anlagen erford. Gelände erstreckt sich das Enteignungsrecht d. Unternehmers E. 8. Juni 99 (Anm. 30).

[33]) Ob im Falle Abs. 2 der Unternehmer oder der Anlieger die Kosten zu tragen hat, ist eine im Rechtswege zu entscheidende Privatrechtsfrage OB. 28. März 88 (Arch. 766, EEE. VI 273). EntG. § 14 enthält eine gleichart. Vorschr. nicht.

[34]) Anm. 21; EntG. § 57.

[35]) Die unmittelb. Haftung des Unternehmers gegenüber den durch die Ausführung des Unternehmens Geschädigten wird durch § 20 nicht berührt Gleim EisR. S. 166. — Anl. B Ziff. VIII 1, LR. Einl. § 75, BGB. EG. Art. 109, BGB. AG. Art. 89 Ziff. 1 a.

[36]) Gleim EisR § 37; Schmöckel in EEE. XI 287 ff., 362 ff. — § 47; Anl. B Ziff. VIII 4—6; Bahneinh. (I 5 d. W.) § 39. — KleinbG. § 23.

§. 22. Die Bahn darf dem Verkehr nicht eher eröffnet werden, als, nach vorgängiger Revision der Anlage[37]), von der Regierung[38]) die Genehmigung dazu ertheilt worden[39]).

§. 23. Die Handhabung der Bahnpolizei[40]) wird, nach einem darüber von dem Minister der öffentlichen Arbeiten[4]) zu erlassenden Reglement[41]), der Gesellschaft[42]) übertragen[43]). Das Reglement wird zugleich das Verhältniß der mit diesem Geschäft beauftragten Beamten der Gesellschaft näher festsetzen[42]).

---

[37]) Gleim EisR. § 65, 66. — BahneinheitsG. (I 5 d. W.) § 3. — Die Revision, „Abnahme", erfolgt gemeinsam durch EisBehörde (bei StEB.: Eis-Dir., bei Privatbahnen: EisDirPräs.) vom Standpunkte der EisInteressen u. durch Regierungspräs. vom landespolizeil. Standpunkt aus. Verfahren: Gleim S. 413 ff.; E. 12. Okt. 92 (Anl. F), 23. Aug. 96 (EVB. 259, VB. 832), 2. Juni 97 (EVB. 163, VB. 832), 16. Juli 98 (EVB. 192, VB. 849). Von der bevorstehenden Eröffnung ist dem RFRM Anzeige zu machen (E. 20. Nov. 75 (Eger EisR. I 571 Anm. 291). Ferner II 5 Anm. 10 d. W. Schreibt für Hochbauten, die besonderer baupolizeil. Genehm. bedürfen (Anm. 11), die BaupolizeiO. eine Abnahme durch die Baupolizeibehörde vor, so hat diese gleichfalls stattzufinden Gleim S. 416. Dampfkessel in Lokomotiven BO. § 43 u. Anw. 9. März 00 (Auszug I 2a Unteranl. A 2 d. W.) § 1 III, andere Dampfkessel Anw. 9. März 00 § 2 I 2 u. Abschn. II, III, Tender u. Wagen BO. § 44.

[38]) Min.: Anm. 19 u. VerwO. § 4d; zweite Gleise bei Privatbahnen II 5 Anl. B a b. W. Ziff. 2.

[39]) Die Genehm. ist polizeil. Vf. i. S. G. 11. Mai 42 (GS. 192). Erst mit der Betriebseröffnung wird die Bahn eine Eisenbahn im vollen Sinne des Eis.-Rechts, z. B. der BO., des HGB., des VerkO. (anders HPfG. u. StGB.). Übersicht im alphabet. Register unter „Betriebseröffnung".

[40]) Gleim in v. Stengels Wörterb. d. D. VerwaltRechts ErgänzBd. III 88. — Bahnpolizei ist die obrigkeitl. Fürsorge für Sicherheit u. Ordnung des EisBetriebs u. -Verkehrs, u. zwar sowohl dem Publikum wie den EisVerwaltungen gegenüber; ersteres wird in § 23, letzteres

in § 24 behandelt OV. 28. Sept. 92 (Entsch. XXIII 369).

[41]) Jetzt BO.

[42]) Anm. 3. — Zuständig sind (KGer. 9. Dez. 01, Arch. 02 S. 1132):

a) zum Erlasse von bahnpolizeil. Verordnungen für das Reich der BR. (RVerf. Art. 43, Art. 7 Ziff. 2), für Preußen der Min. (LVG. § 136);

b) zum Erlasse von allg. Anordnungen (deren Verletzung reichsrechtlich unter Strafe gestellt ist) zur Aufrechterhalt. der Ordnung innerh. des Bahngebiets u. bei d. Beförd. von Personen u. Sachen: die EisVerwaltungen BO. § 77, 82;

c) zum Erlasse von polizeil. Strafverfügungen wegen Bahnpol.-Übertretungen gemäß EisG. § 23 in Verbind. mit G. 23. April 83 (GS. 65) § 1 bei Staatsbahnen: die Vorstände der Betriebsinspektionen (VerwO. § 10 Abf. 1c), bei Privatbahnen die Behörden der allg. Polizei (VerZtg. 01 S. 946);

d) zur unmittelb. Ausübung der Bahnpolizei: die BahnpolBeamten (BO. § 74, 75).

Ferner II 2c Anm. 18 d. W. Vtr. m. Hessen u. betr. Main-Neckarb. II 4 d. W. Anl. A Art. 17 u. Unteranl. A 1 Art. 11.

[43]) Der Bereich der Bahnpolizei beschränkt sich — OV. 5. April 93 (XXIV 401) —:

a) örtlich auf das Bahngebiet (BO. § 75 Abf. 1), d. i. den dem Transportgeschäft der Eis. dienenden Teil ihrer Anlagen, unabhängig von den Eigentumsverhältnissen OV. 28. Sept. 92 (XXIII 369), 14. Nov. 00 (XXXVIII 261). Was hierunter fällt, z. B. Zufuhrwege, die Teile der Bahnanlage sind (Anl. E Ziff. II) OV. 12. April 90 (EEE. VII 421), u. bei Wegeüber-

§. 24. Die Gesellschaft ist verpflichtet, die Bahn nebst den Transport=Anstalten fortwährend in solchem Stande zu erhalten, daß die Beförderung mit Sicherheit und auf die der Bestimmung des Unternehmens entsprechende Weise erfolgen könne, sie kann hierzu im Verwaltungswege angehalten werden[44]).

§. 25[45]). Die Gesellschaft[46]) ist zum Ersatz verpflichtet für allen

---

gängen in Schienenhöhe die Kreuzungs=flächen OB. 5. Mai 99 (Arch. 1382), 14. Nov. 00 (oben), nicht aber Wege, die zwar im Bahneigentum stehen u. beim Bahnbau angelegt oder verändert sind, jedoch öffentliche Wege i. S. des allg. Wegerechts bilden OB. 24. Juni 97 (XXXII 219), sowie Wege u. sonstige Anlagen, die sich längs der Bahnanlage oder über oder unter ihr hinziehen OB. XXXVIII 261;

b) sachlich auf das, was zur Hand=habung der für den Bahnbetrieb gelten=den Polizeiverordnungen erforderlich ist (BO. § 75 Abs. 1) OB. XXIII 369.

Innerhalb dieser Grenzen ist in der Regel (aber: Anl. E Ziff. II) die Bahn=polizeibehörde allein zuständig u. ein Ein=greifen der Ortspolizei ausgeschlossen, unbeschadet des Rechts jeder Behörde, im Einzelfalle mitbetroffene polizeiliche Interessen anderer Art gleichzeitig zu ordnen, sofern die gesamte Angelegenheit nur einheitlich geregelt werden kann OB. XXIII 369, XXXII 219 u. 7. März 99 (Arch. 1378); KGer. 9. Dez. 01 (Arch. 02 S. 1132); RGer. 22. Sept. 04 (Straff. XXXVII 260). Namentlich darf sich die Ortspol. nicht in Maß=regeln einmischen, die sich ganz oder hauptsächlich auf dem Gebiet des Bahn=betriebs vollziehen sollen wie Rangieren auf Wegekreuzungen OB. 6. März 78 (III 191), Einrichtung u. Handhabung v. Schranken 9. März 99 (XXXVI 281), Freihaltung der Bahnstrecke von Hinder=nissen 5. Mai 99 (Arch. 1382). Die Tatsache, daß eine Maßnahme den Bahnbetrieb berührt, schließt an sich die Zuständigkeit der Ortspol. noch nicht aus; eb. liegt es in der Hand des Min., die Anordnung der Ortspol. aufzuheben OB. XXXII 219. Meinungsverschieden=heiten zwischen Ortspol. u. Bahnpol. werden durch die gemeinsame vorgesetzte Behörde entschieden OB. III 191; ein Verwaltungsstreitverfahren kommt nur in Frage, wenn die EisBehörde als Ver=

treterin des Unternehmers in Anspruch genommen wird OB. XXIII 369. Der Wirkungskreis der Bahnpol. kann nicht durch allgemeine Anordnungen gleich=gestellter Behörden (Straßenpolizei=reglements!) eingeschränkt werden OB. 12. April 90 (EEE. VII 421). — E. 6. Juni 99 (MB. 136, VB. 839) betr. Verhütung v. Kollisionen zw. Bahnpol.=Beamten u. Beamten der allg. Pol.; E. 16. April 85 (EBB. 93, VB. 840) betr. polizeil. Untersuchungen über EisUnfälle; E. 8. Nov. 97 u. 3. Dez. 02 (Anl. D).

[44]) RVerf. Art. 43, BO. § 27, 46 (1). — Über die Beachtung des § 24 haben lediglich die Organe der EisAufsicht zu wachen, nicht die Ortspol. OB. 31. März 83 (IX 238), 7. März 99 (Arch. 1378). Letztere darf nicht aus Gründen, die unter § 24 fallen, einen Baukonsens versagen OB. 18. Okt. 97 (Arch. 98 S. 146). — § 24 schafft nicht eine vom Eigentum unabhängige gemeine Last zur Unterhaltung einer polizeil. Anstalt, wie es die Unterhaltungspflicht bez. der öffentl. Wege ist OB. 1. Okt. 87 (XV 285). — Bez. der einen Teil der Bahnanlage bildenden Wege Anl. E Ziff. II. — Anl. B Ziff. VIII 2, XVI. Zwangsmittel gegen Privatbahnen E. 8. Aug. 94 (I 4 Anl. J d. W.). — Anm. 40.

[45]) § 25 gilt (wie das ganze EisG.) nur für Eisenbahnen im engeren Rechtssinne (I 1 d. W.), nicht aber unmittelbar für Straßen= und sonstige Kleinbahnen RGer. 4. Mai 91 (XXVIII 207, jedoch Anm. 49 a. E.), aber auch bez. der Eisenbahnen ist sein Geltungs=bereich durch die neuere Gesetzgebung wesentlich eingeschränkt worden:

a) Die Haftpflicht für Unfälle, von denen die im Betriebe beschäftigten Arbeiter, Reichs= u. Staatsbeam=ten im Dienste betroffen werden, richtet sich nach den Unfall=Versicherungs= u. Fürsorgegesetzen (Abschn. III d. W.).

b) Die auf dem Frachtvertrag

Schaden[47]), welcher bei der Beförderung auf der Bahn[48]), an den auf der=
selben beförderten Personen und Gütern, oder auch an anderen Personen und
deren Sachen[49]), entsteht und sie kann sich von dieser Verpflichtung nur durch

beruhende Haftpflicht für Beförde=
rungsgegenstände ist durch HGB.,
VerkO. u. IntÜb. (Abschn. VII d. W.)
neu geregelt. Diese Neuregelung erstreckt
sich nicht auf die in den Zügen laufenden
Bahnpostwagen IX 2 Anm. 5 d. W.

c) HPfG. u. BGB. Das HPfG.,
welches die Ersatzpflicht der Eis. für die
Fälle der Tötung usw. von Personen —
nicht auch für Sachbeschädigungen —
von Reichs wegen ordnete, enthielt in
seiner ursprünglichen Fassung einen Vor=
behalt zugunsten weitergehender Landes=
gesetze (§ 9 Abs. 1). EG. BGB. Art. 42
hat aber das HPfG. u. a. dahin ab=
geändert, daß jener Vorbehalt fort=
gefallen ist. Ferner regelt HPfG. die
Haftung der Eis. für Unfälle anderer
als der oben bei a bezeichneten Personen
erschöpfend und sind nach EG. BGB.
Art. 65 die privatrechtl. Vorschr. der
Landesgesetze außer Kraft getreten, so=
weit nicht im BGB. oder im EG. BGB.
ein anderes bestimmt ist. Hiernach ist
EG. BGB. Art. 105:

> Unberührt bleiben die landes=
> gesetzlichen Vorschriften, nach wel=
> chen der Unternehmer eines Eisen=
> bahnbetriebs oder eines anderen mit
> gemeiner Gefahr verbundenen Be=
> triebs für den aus dem Betrieb
> entstehenden Schaden in weiterem
> Umfang als nach den Vorschriften
> des Bürgerlichen Gesetzbuchs ver=
> antwortlich ist.

nicht auf Unfälle von Personen im
Bahnbetriebe zu beziehen, § 25 also
auf solche nicht mehr anwendbar. RGer.
8. Febr. 04 (LVII 52); a. M. Osterlen
in EEE. XV 367. Damit ist zugleich
das nur Personenunfälle betreffende G.
3. Mai 69 (GS. 665) gegenstandslos
geworden. Für Sachschäden steht
dagegen § 25 nach wie vor in Kraft
(abgesehen v. oben b). —
Der Anspruch aus § 25 kann über=
tragen werden, z. B. in Brandschadens=
fällen auf die Feuerversicherungsgesell=

schaft RGer. 15. Jan. 02 (EEE. XIX 22,
Arch. 03 S. 882).

[46]) Gilt auch für Staatsbahnen RGer.
31. Jan. 89 (XXIII 221).

[47]) Auch entgangener Gewinn ROHG.
7. Mai 72 (VI 9), a. M. OT. 24. April
54 (XXVIII 270).

[48]) VI 6 Anm. 3 d. W. Dahin z. B.
auch der Schaden, der durch Scheuen
der Pferde vor Eiszügen entsteht RGer.
2. Mai u. 1. Okt. 81 (EEE. II 23 u. 116).

[49]) RGer. 9. Dez. 81 (Arch. 82 S. 162,
EEE. II 164) wendet § 25 bei Be=
schädigung der auf einer benachbarten
Bleiche ausgebreiteten Wäsche durch Aus=
wurf von Asche aus der Eislokomotive
an; RGer. 10. Nov. 90 (EEE. VIII 170)
u. ~~22. Dez. 02~~
~~5. Jan. 03~~ (EEE. XX 128, 311, Arch.
04 S. 741) scheint Ansprüche aus § 25
auch bei einem durch Lokomotivfunken
verursachten Brande zuzulassen. Im
allg. behandelt aber das RGer. die Frage,
inwieweit der Eisunternehmer für den
durch Funkenflug u. andere Immissio=
nen, sowie durch Erschütterungen,
Lärm und sonstige Einwirkungen
auf Nachbargrundstücke verursachten
Schaden haftet, nur vom Gesichtspunkte
der negatorischen Klage aus (daß
dem Eigentümer gegen diese Einwirkun=
gen kein Widerspruchsrecht zusteht, ist
in Anm. 11 erwähnt, daß er nicht aus
EisG. § 14 oder EntG. § 14 auf Her=
stellung von Anlagen zur Milderung
oder Beseitigung der Störungen klagen
kann, in Anm. 28 Bau in V 2
Anm. 66 B d. W.). Im einzelnen ergibt
die Rechtsprechung des RGer. folgendes:

a) Nach Preußischem Landrecht
ist der Eisunternehmer für den durch
körperliche Immissionen, sowie durch
Erschütterungen verursachten Schaden
haftbar, wenn sie einen solchen Grad
erreichen, daß sie den Eigentümer in
der Ausschließlichkeit der Verfügung über
sein Grundstück ungebührlich beeinträch=
tigen oder bei dessen willkürlicher ver=
ständiger Benutzung wesentlich hindern
oder positiv beschädigen; die Haftung
beruht auf LR. Einl. § 93 u. I 8 § 26
und ist von einem Verschulden des Unter=

nehmers unabhängig 7. Feb. 83 (EEG.
III 1). Sie erstreckt sich auch auf die
durch die Einwirkung verursachte Ver=
minderung des Grundstückwerts 20. Sept.
82 (VII 265). Ferner 10. Juli 86
(EEG. V 67), 24. Juni 89 (EEG.
VII 208), 16. Juni 92 (EEG. IX 322).
13. Jan. 94 (EEG. X 257). Der An=
spruch besteht auch, wenn die schädigende
Einwirkung bewegliche Sachen traf;
der Unternehmer kann ihm mit der Ein=
rede begegnen, daß er die Möglich=
keit der Einwirkung nicht voraussehen
konnte 12. Feb. 94 (XXXII 337). —
Immissionen im besonderen 2. Juli
84 (Arch. 567, EEG. III 364); 3. Okt.
91 (EEG. IX 79). Immissionen, die
das Maß des nach örtlichen Ver=
hältnissen Üblichen nicht übersteigen,
verpflichten nicht zum Schadensersatz;
entscheidend ist hierbei aber nicht der
(gewerbliche) Ursprung, sondern nur der
Umfang der Immission 3. März 88
(EEG. VI 202); 8. Mai 89 (EEG. VII
189). Daraus, daß jemand in der
Nachbarschaft einer schon bestehenden
gewerblichen Anlage ein Haus erbaut,
folgt noch nicht, daß er sich schädigende
Immissionen unterwirft 25. Nov. 82
(EEG. III 267). Wer aber einen Teil
seines Grundstücks für ein bestimmtes
Unternehmen (Eisenbahn!) verkauft, be=
gibt sich im Zw. des Anspruchs auf
Entschädigung für die Nachteile (Im=
missionen!), die für das Restgrundstück
aus Anlage und Betrieb des Unter=
nehmens entstehen 27. April 92 (XXIX
268); 14. Feb. 95 (EEG. XII 55).
Ebenso, wenn umgekehrt ein Eisenb.=
Unternehmer ein der Bahnanlage be=
nachbartes Grundstück verkauft 22. Mai
95 (EEG. XIII 11). Es ist zulässig,
eine auf Dulden der Immissionen ge=
richtete Dienstbarkeit zu begründen
24. Feb. 96 (EEG. XIII 54). Über=
nimmt der Anlieger dem Unternehmer
gegenüber vertraglich die Herstellung von
Schutzanlagen (EisG. § 14, EntG. § 14),
so kann ersterer keinen Ersatz für Schaden
verlangen, der ihm aus der Nichterfüllung
seiner Verpflichtung erwächst 10. Nov. 90
(EEG. VIII 170). — Die den Funken=
auswurf behandelnde Entsch. 27. Juni
87 (EEG. V 423) betrifft Lokomotiven
von Arbeitsbahnen. — Erregung un=
gewöhnlichen Lärms 25. Nov. 82 u.
2. Dez. 85 (EEG. III 267 u. IV 384);

Einwirkungen auf Quell=, Grund=
und Bachwasser 9. Jan. 83 (EEG.
II 439), 10. Juli 86 (EEG. V 67),
24. April 89 (EEG. VII 184), 7. Dez.
96 (EEG. XIV 40).

b) Nach gemeinem Recht setzt zwar
die Negatorienklage, wenn mit ihr Er=
satz des vor der Klageerhebung ent=
standenen Schadens gefordert wird, im
allgemeinen ein Verschulden des Beklag=
ten voraus 9. März 82 (VI 217).
Gegenüber einer ihrer Natur nach das
Eigentum dritter gefährdenden Betriebs=
handlung, deren Einstellung nicht ver=
langt werden kann, ist dieser Anspruch
jedoch in allen Fällen begründet, sofern
der Unternehmer die schädigende Wir=
kung voraussehen konnte 7. Dez. 86
(XVII 103), 11. Okt. 92 (XXX 114).
Einwirkungen auf Quell= u. Grund=
wasser 7. Juli 96 (EEG. XIII 245). —
Ferner Österlen in EEG. XVI 168 ff.

c) In ähnlicher Weise wie bei b hat
das RGer. den negatorischen Ersatz=
anspruch für das Rheinische Recht
zugelassen: Einerseits 13. Dez. 83 (XI
345), andrerseits 9. Dez. 87 (EEG.
VI 100). Einzelnes: Erschütterungen
15. Okt. 86 (EEG. V 171); Schwärzen
der Häuser durch Maschinenrauch 20. Nov.
86 (EEG. V 288); Entzündung durch
eine aus dem EisZuge geworfene bren=
nende Zigarre 1. Nov. 89 (EEG. VII
248).

d) Das Bürgerliche Gesetzbuch
schließt jeden Anspruch des Eigentümers
wegen der von einem anderen Grund=
stück ausgehenden Einwirkungen auf sein
Grundstück insoweit aus, als die Ein=
wirkung die Benutzung des Grundstücks
nicht oder nur unwesentlich beeinträchtigt
oder durch eine Benutzung des anderen
Grundstücks herbeigeführt wird, die nach
den örtlichen Verhältnissen bei Grund=
stücken dieser Lage gewöhnlich ist § 906,
§ 1004 Abs. 2. Anderen Einwirkungen
gegenüber kann ein Schadensersatz=
anspruch nicht mit der negatorischen
Klage (Planck Anm. 8 zu § 1004), son=
dern nur mit dem Nachweise eines Ver=
schuldens (§ 823; II 2 c Anl. B d. W.).
begründet werden, soweit nicht etwa eine
durch EG. Art. 105 (Anm. 45 c) auf=
recht erhaltene landesrechtliche Best.,
z. B. EisG. § 25 anwendbar ist; wenn
aber — wie gegenüber dem Betriebe
von Eisen= und Kleinbahnen — im

den Beweis befreien, daß der Schade entweder durch die eigene Schuld des Beschädigten⁵⁰), oder durch einen unabwendbaren äußern Zufall⁵¹) bewirkt worden ist. Die gefährliche Natur der Unternehmung selbst ist als ein solcher, von dem Schadensersatz befreiender, Zufall nicht zu betrachten⁵¹).

§. 26⁵²). Für die ersten drei Jahre nach dem auf die Eröffnung der Bahn folgenden 1. Januar wird, vorbehaltlich der Bestimmungen des §. 45.,

Einzelfalle dem Grundeigentümer das in § 903, 1004 begründete Recht entzogen ist, Eingriffe in sein Eigentum abzuwehren, so steht ihm auch nach BGB. ein vom Verschuldungsnachweis unabhängiger Anspruch auf Schadensersatz zu; die Vorschr. des BGB. über unerlaubte Handlungen greifen bei den durch den Bahnbetrieb bedingten Eingriffen grundsätzlich nicht Platz RGer. 13. April 04 (Ztschr. f. Kleinb. 601) u. 11. Mai 04 (LVIII 130 in Anwendung auf Funkenflug aus Kleinbahnlokomotiven), 12. Okt. 04 (I 4 Anm. 29 b W.) — Anwendung des § 906 auf das Geräusch der Straßenbahn RGer. 30. März 04 (Entsch. LVII 224).

⁵⁰) Nicht ohne weiteres ist Verschulden das Unterlassen feuersicherer Eindeckung eines der Eis. benachbarten Hauses RGer. 5. Jan. 03 (EGE. XX 128). — Verschulden eines Beauftragten kann dem Beschädigten nur angerechnet werden, wenn eigenes Verschulden des letzteren (z. B. in der Auswahl) mitwirkt RGer. 11. Mai 81 (V 232), 22. April 97 (EGE. XIV 160). BGB. § 278 ist nicht anwendbar Landger. I Berlin 10. Dez. 00 (EGE. XVII 353). Aber BGB. § 254? Ja: Osterlen in EGE. XV 368; andrerf. Aron daf. XIV 190. Für Anwendbarkeit beider Paragraphen OLG. Breslau 27. Sept. 04 (Arch. 05 S. 469).

⁵¹) Gleichbedeutend mit „höhere Gewalt" i. S. von HPfG. § 1 (VI 6 Anm. 8 d. W.) RGer. 15. Jan. 81 (EGE. I 360); zweifelhaft RGer. 5. Jan. 03 (EGE. XX 127, Arch. 04 S. 209).

⁵²) Zu § 26—33 Gleim EiſR. S. 63, 71, 112, 128, 136; Fleck „Eisenbahntarife" in Stengels Wörterb. d. d. VerwRechts. — Das Eisenbahnunternehmungsrecht (Anm. 6) umfaßt:
 a) Die Herstellung u. Unterhaltung der Bahnanlage.
 b) den eigentlichen Bahnbetrieb (Fuhrgeschäft), d. i. die Bewegung der Züge;
 c) die Beförderung von Personen u. Sachen in den Zügen (Frachtgeschäft).

§ 26—33 gehen von der dem Landstraßen- u. Wasserverkehr entlehnten Anschauung aus, daß zwar die Tätigkeit a nur in der Hand eines einzigen Unternehmers liegen, aber die Ausübung der Tätigkeiten b u. c neben ihm (dem Hauptkonzessionär) als Mitbetrieb auch anderen konzessioniert werden könne. Das G. unterscheidet daher zwei Arten von Vergütung für Benutzung der Bahnanlage zur Beförderung:

I. Das Bahngeld, d. i. die Vergütung, die (mangels besonderer Vereinbarung) von dem Mitbetriebskonzessionär an den Hauptkonzessionär zu entrichten ist; es ist gemäß genauer Vorschr. des G. durch den Min. periodisch festzusetzen, u. zwar unter Zurückführung auf Personen- u. Zentner-Einheiten (§ 29—31).

II. Den Fuhrlohn, den der Unternehmer von dem Publikum für die Beförderung (c) erhebt (§ 32, 33). Seine Bemessung ist für die ersten 3 Jahre dem Unternehmer freigegeben; dann ist er von dem Reinertrage des Unternehmens abhängig u. jede Erhöhung nur mit Zustimmung des Min. zulässig; Erhöhungen des Tarifs sind 6 Wochen vor dem Inkrafttreten zu veröffentlichen; der Unternehmer muß für den tarifmäßigen Satz alle zur Beförderung aufgegebenen „Waren" ohne Unterschied des Interessenten befördern. Über die sonstigen Transportbedingungen trifft das EisG. keine Best.

Die Entwicklung des EisWesens ist aber dahin gegangen, daß Mitbetriebskonzessionen überhaupt nicht erteilt worden sind, die Festsetzung des Bahngeldes also keine unmittelbare praktische Bedeutung gewonnen hat. Wo tatsächlich (für kurze Strecken) ein gemeinsamer Betrieb derselben Bahnlinie durch den Konzessionär u. einen anderen Eis.-

der Gesellschaft das Recht zugestanden, ohne Zulassung eines Konkurrenten, den Transportbetrieb allein zu unternehmen und die Preise sowohl für den Personen= als für den Waarentransport nach ihrem Ermessen zu bestimmen. Die Gesellschaft muß jedoch

1) den angenommenen Tarif bei Beginn des Transportbetriebes und die späteren Aenderungen sofort bei deren Eintritt, im Falle der Erhöhung aber sechs Wochen vor Anwendung derselben, der Regierung anzeigen und öffentlich bekannt machen, und

2) für die angesetzten Preise alle zur Fortschaffung aufgegebene Waaren, ohne Unterschied der Interessenten, befördern, mit Ausnahme solcher Waaren, deren Transport auf der Bahn durch das Bahn=Reglement oder sonst polizeilich für unzulässig erklärt ist.

§. 27. Nach Ablauf der ersten drei Jahre können, zum Transport= betriebe auf der Bahn, außer[53]) der Gesellschaft selbst, auch Andere, gegen Entrichtung des Bahngeldes oder der zu regulirenden Vergütung (§§. 28— 31. vergl. mit §. 45.), die Befugniß erlangen, wenn der Minister der öffentlichen Arbeiten[4]), nach Prüfung aller Verhältnisse, angemessen findet, denselben eine Konzession zu ertheilen[52]).

§. 28. Auf solche Konkurrenten sind, in Ansehung der Bahn=Polizei, der guten Erhaltung ihrer Anstalten, sowie der Verpflichtung zum Schaden= Ersatz, dieselben Bestimmungen anzuwenden, welche in den §§. 23, 24, 25. für die ursprüngliche Gesellschaft gegeben sind[52]).

§. 29. Die Höhe des Bahngeldes[52]), zu dessen Forderung die Gesell= schaft, in Ermangelung gütlicher Einigung mit den Transport=Unternehmern, berechtigt ist, wird in der Art festgesetzt, daß durch dessen Entrichtung, unter Zugrundelegung der wirklichen Erträge aus den letztverflossenen Jahren,

1) die Kosten der Unterhaltung und Verwaltung der Bahn nebst Zubehör (mit Ausschluß der das Transport=Unternehmen angehenden Betriebs= und Verwaltungskosten) bestritten,

2) der statutenmäßige Beitrag zur Ansammlung eines Reservefonds für außergewöhnliche, die Bahn und Zubehör betreffende Ausgaben auf= gebracht,

---

Unternehmer eingerichtet worden ist, hat eine gütliche Einigung — unter Zu= stimmung des Min. — stattgefunden. — Heutiges Verfahren bez. der Tariffest= setzung bei der StEB. VerwO. § 3 c, bei Privat=Nebenbahnen (Hauptbahnen in Privatverwaltung gibt es kaum noch) Anl. B Ziff. IX 2. (Ein festes Verhältnis zwischen der Höhe der Tarife und dem Reinertrag besteht nicht mehr. — Die sonstigen Transportbedingungen sind jetzt in der Hauptsache durch HGB., VerkO.

und JntÜb., sowie durch Vereinbarungen der Verwaltungen einheitlich für alle deutschen Eisenbahnen geordnet. Näheres Abschn. VII d. W. — Ferner KBf. Art. 45—47.

[53]) Durch landesherrl. Anordnung kann auch das Betriebsrecht einem Dritten an Stelle des Hauptkonzessionärs ver= liehen werden; dann geht auch die Bahnunterhaltung (Anm. 52 a) auf den Dritten über. Gleim EisR. S. 72, 115, 129, 137.

3) die von der Gesellschaft zu übernehmenden Lasten (einschließlich der im §. 38. gedachten) gedeckt werden können; woneben außerdem

4) der Gesellschaft an Zinsen und Gewinn ein, der bisherigen Nutzung entsprechender, Reinertrag des auf die Bahn und Zubehör verwendeten Anlage=Kapitals, zu gewähren bleibt, mit der weiteren Maaßgabe jedoch, daß dieser Reinertrag, auch wenn die Erträge der verflossenen Jahre eine höhere Nutzung des Anlage=Kapitals gewährt hätten, nicht höher als zu 10 Prozent des letzteren, dagegen umgekehrt, auch wenn die Erträge der Vorjahre sich nicht so hoch belaufen hätten, nicht geringer als zu 6 Prozent des Anlage=Kapitals in Ansatz kommen soll. Zum Anlage=Kapital sind auch alle spätere wesentliche, von der Regierung als solche anerkannte, Meliorationen zu rechnen, in soweit dieselben durch Erweiterung des Grund=Kapitals bewirkt worden sind.

§. 30. Die Berechnung des Bahngeldes geschieht in folgender Weise[52]):

1) Aus den von der Gesellschaft im letzten Vierteljahr der ersten Betriebs=Periode vorzulegenden Rechnungen der verflossenen $2^3/_4$ Jahre ist zunächst der bis dahin durchschnittlich gewonnene Reinertrag eines Jahres zu ermitteln. Dieser Reinertrag wird nach Verhältniß der

auf die Bahn und deren Zubehör

und auf das Fuhr= und Transport=Unternehmen nebst dem dazu gehörigen Inventar

verwendeten Anlage=Kapitalien vertheilt, und der hiervon auf die Bahn und deren Zubehör fallende Antheil, mit Berücksichtigung der im §. 29. Nr. 4. gegebenen Vorschriften für den Reinertrag der Bahn angenommen. Der sonach festgestellte Reinertrag der Bahn und der jährliche Durchschnittsbetrag der in dem §. 29. Nr. 1—3. bezeichneten Ausgabe=Positionen zusammengenommen, bilden die Theilungssumme, welche der Festsetzung des Bahngeldes zum Grunde zu legen ist.

2) Die Frequenz der Bahn ist nach der Einnahme an Personen= und Frachtgeld zu berechnen und hierbei entweder die Zentnerzahl der Güterfracht nach Verhältniß des Personengeldes zum Frachtgelde auf Personen=Einheiten, oder auch die Personenzahl nach demselben Verhältniß auf Zentner=Einheiten zu reduziren.

3) Die zu 1. ermittelte Summe, durch die Zahl des auf Personen= oder Zentner=Einheiten reduzirten Fuhr= und Transportbetriebes zu 2. getheilt, ergiebt die Höhe des zu entrichtenden Bahngeldes für eine Person oder einen Zentner Waare.

Haben bei einer Bahn verschiedene Sätze des Personengeldes oder für den Güter=Transport stattgefunden, so soll bei der Reduktion zu 2.

hinsichtlich der Personengeldes überall nur der niedrigste Satz

hinsichtlich des Güter=Transports aber ein Durchschnittssatz

angenommen werden.

4) Die schließliche Feststellung des Bahngeldes für Personen und Güter erfolgt demnächst in dem bei der Reduktion auf Personen= oder Zentner=Einheiten zum Grunde gelegten Verhältnisse, mit Rücksicht anf die Verschiedenheit der bisherigen Sätze für den Güter=Transport.

§. 31. Das Bahngeld ist in bestimmten Perioden, welche der Minister der öffentlichen Arbeiten[4]) für jede Eisenbahn auf wenigstens drei und höchstens zehn Jahre festzusetzen hat, von Neuem zu reguliren[54]). Die Gesellschaft darf das festgesetzte Bahngeld nicht überschreiten, wohl aber vermindern. Sowohl der für die ganze Periode festgesetzte Tarif, als diese in der Zwischenzeit eintretende Veränderungen, sind öffentlich bekannt zu machen und auf alle Transporte ohne Unterschied der Unternehmer gleichmäßig anzuwenden. Enthält der neue Tarif eine Erhöhung des Bahngeldes, so kann diese erst sechs Wochen nach der Bekanntmachung zur Anwendung kommen[52]).

§. 32. Es bleibt der Gesellschaft überlassen, nachdem die Regulirung des Bahngeld=Tarifs nach §§. 29. und 30. erfolgt ist, die Preise, welche sie für die Beförderung an Fuhrlohn neben dem Bahngelde erheben will, nach ihrem Ermessen anzusetzen; es dürfen solche jedoch nicht auf einen höheren Reinertrag als 10 Prozent des in dem Transport=Unternehmen angelegten Kapitals berechnet werden[52]).

Die Gesellschaft ist hierbei verpflichtet:

1) den Fracht=Tarif (sowohl für den Waaren= als für den Personen=Transport), welcher nachher ohne Zustimmung des Ministers der öffentlichen Arbeiten[4]) nicht erhöhet werden darf, so wie demnächst die innerhalb der tarifmäßigen Sätze vorgenommenen Aenderungen, und zwar im Falle einer Erhöhung früher ermäßigter Sätze sechs Wochen vor Anwendung derselben[55]), der Regierung anzuzeigen und öffentlich bekannt zu machen; auch

2) für die angenommenen Sätze alle zur Fortschaffung aufgegebene Waaren, deren Transport polizeilich zulässig ist, ohne Unterschied der Interessenten zu befördern[56]).

§. 33. Sofern nach Abzug der das Transport=Unternehmen betreffenden Ausgaben, einschließlich des in dem Statute mit Genehmigung des Ministeriums festzusetzenden jährlichen Beitrags zur Ansammlung eines Reservefonds, für die zuletzt verlaufene Periode sich an Zinsen und Gewinn ein Reinertrag von mehr als zehn Prozent des in dem Unternehmen angelegten Kapitals ergiebt, müssen die Fuhrpreise in dem Maaße herabgesetzt werden, daß der Reinertrag diese zehn Prozent nicht überschreite. Wenn jedoch der Ertrag des Bahngeldes das dafür in §. 29. verstattete Maximum von zehn

---

⁵⁴) Geschieht seit 1863 nicht mehr. Gleim S. 115.

⁵⁵) Ebenso jetzt VerkO. § 7 (2).

⁵⁶) Jetzt HGB. § 453; BO. § 6, 7; IntUb. Art. 5, 11.

Prozent nicht erreicht, so soll der Ertrag des Transportgeldes zehn Prozent so lange übersteigen dürfen, bis beide Einnahmen zusammengerechnet einen Reinertrag von zehn Prozent der in dem gesammten Unternehmen angelegten Kapitale ergeben[52]).

§. 34. Um die Ausführung der in den §§. 29—33. gegebenen Vorschriften möglich zu machen, ist die Gesellschaft verpflichtet, über alle Theile ihrer Unternehmung genaue Rechnung zu führen und hierin die ihr von dem Minister der öffentlichen Arbeiten[4]) zu gebende Anweisung zu befolgen. Diese Rechnung ist jährlich bei der vorgesetzten Regierung einzureichen[57]).

§. 35. Wenn über die Anwendung des Bahngeld- oder des Fracht-Tarifs zwischen der Gesellschaft und Privatpersonen Streitigkeiten entstehen, so kommt die Entscheidung hierüber, mit Vorbehalt des Rekurses an das Handels-Ministerium, der Regierung zu[58]).

(§. 36, 37 regeln die Verpflichtungen der Eisenbahnen gegenüber der Postverwaltung)[59]).

§. 38. Von den Eisenbahnen ist eine Abgabe zu entrichten, welche im Verhältnisse des auf das gesammte Aktien-Kapital, nach Abzug aller Unterhaltungs- und Betriebskosten und des jährlich inne zu behaltenden Beitrags zum Reservefonds, treffenden Ertrags sich abstuft. . . . .[60])

Von der Entrichtung einer Gewerbesteuer bleiben die Eisenbahn-Gesellschaften befreit[61]).

(§. 39, 40 betreffen Verwendung des Ertrags der Eisenbahnabgabe)[62]).

§. 41. Sollte künftig eine Konkurrenz in der Transport-Unternehmung bewilligt werden (§. 27.), so wird den Konkurrenten gleichfalls eine angemessene Abgabe aufgelegt und darüber in der Konzession das Nöthige bestimmt werden[60]).

§. 42[63]). Dem Staate bleibt vorbehalten, das Eigenthum der Bahn mit allem Zubehör gegen vollständige Entschädigung anzukaufen.

---

[57]) Anl. B Ziff. X. E. 6. Sept. 71 (EVB. 78 S. 4); 14. Juni u. 24. Okt. 01, 15. Feb. 02 (VB. 858 f.).

[58]) ZustG. § 159 Abs. 2: In Streitsachen zwischen Eisenbahngesellschaften und Privatpersonen wegen Anwendung des Bahngeld- und des Frachttarifs . . . entscheidet fortan der ordentliche Richter.

[59]) Heutiges Recht Abschn. IX d. W.

[60]) Spätere Gesetze über die EisAbgabe IV 4 d. W. — § 38—41 sind in den 1866 hinzugetretenen Landestellen nicht eingeführt (Anl. A § 1). § 38 Abs. 1 Satz 2 ist als bloße Übergangsbest. hier nicht abgedruckt.

[61]) IV 5 a Anm. 7 b. W.

[62]) § 39, 40 aufgehoben durch G. 21. Mai 59 (GS. 243) § 1.

[63]) Die zahlreichen „Verstaatlichungen" von Privatbahnen, die in Preußen während der letzten Jahrzehnte vorgenommen worden sind, erfolgten ohne Anwendung des § 42 auf dem Wege gütlicher Einigung. — Anwendung des § 42 vor Ablauf der 30jährigen Frist Anl. B Ziff. XVII. — KleinbG. § 30 ff.

Hierbei ist, vorbehaltlich jeder anderweiten, hierüber durch gütliches Ein=
vernehmen zu treffenden Regulirung, nach folgenden Grundsätzen zu ver=
fahren:

1) Die Abtretung kann nicht eher als nach Verlauf von dreißig Jahren,
von dem Zeitpunkt der Transporteröffnung an, gefordert werden.

2) Sie kann ebenfalls nur von einem solchen Zeitpunkt an gefordert
werden, mit welchem, zufolge des §. 31., eine neue Festsetzung des
Bahngeldes würde eintreten müssen.

3) Es muß der Gesellschaft die auf Uebernahme der Bahn gerichtete
Absicht mindestens ein Jahr vor dem zur Uebernahme bestimmten Zeit=
punkte angekündigt werden.

4) Die Entschädigung der Gesellschaft erfolgt sodann nach folgenden
Grundsätzen:

   a) der Staat bezahlt an die Gesellschaft den fünf und zwanzigfachen
Betrag derjenigen jährlichen Dividende, welche an sämmtliche
Aktionaire im Durchschnitt der letzten fünf Jahre ausbezahlt
worden ist.

   b) Die Schulden der Gesellschaft werden ebenfalls vom Staate über=
nommen und in gleicher Weise, wie dies der Gesellschaft obgelegen
haben würde, aus der Staatskasse berichtigt, wogegen auch alle
etwa vorhandenen Aktiv=Forderungen auf die Staatskasse über=
gehen.

   c) Gegen Erfüllung obiger Bedingungen geht nicht nur das Eigen=
thum der Bahn und des zur Transport=Unternehmung gehörigen
Inventariums sammt allem Zubehör auf den Staat über, sondern
es wird demselben auch der von der Gesellschaft angesammelte
Reservefonds mit übereignet.

   d) Bis dahin, wo die Auseinandersetzung mit der Gesellschaft nach
vorstehenden Grundsätzen regulirt, die Einlösung der Aktien und
die Uebernahme der Schulden erfolgt ist, verbleibt die Gesellschaft
im Besitze und in der Benutzung der Bahn.

§. 43. Für Kriegsbeschädigungen und Demolirungen, es mögen solche
vom Feinde ausgehen, oder im Interesse der Landesvertheidigung veranlaßt
werden, kann die Gesellschaft vom Staat einen Ersatz nicht in Anspruch
nehmen[64]).

§. 44. Die Anlage einer zweiten Eisenbahn durch andere Unternehmer, welche neben der ersten in gleicher Richtung auf dieselben
Orte mit Berührung derselben Hauptpunkte fortlaufen würde, soll
binnen einem Zeitraum von dreißig Jahren nach Eröffnung der Bahn
nicht zugelassen werden, anderweite Verbesserungen der Kommuni-

---

[64]) Anl. B Ziff. XIII. Ferner Abschn. VIII d. W.

kation zwischen diesen Orten und in derselben Richtung sind jedoch hierdurch nicht beschränkt [65]).

§. 45 [66]). Die Gesellschaft ist verpflichtet, nach der Bestimmung des Ministers der öffentlichen Arbeiten [4]), den Anschluß anderer Eisenbahn=Unternehmungen an ihre Bahn, es möge die beabsichtigte neue Bahn in einer Fortsetzung, oder in einer Seiten=Verbindung bestehen, geschehen zu lassen und der sich anschließenden Gesellschaft den eigenen Transportbetrieb auf der früher angelegten Bahn, auch vor Ablauf des im §. 26. gedachten Zeitraums, zu gestatten. Sie muß sich gefallen lassen, daß die zu diesem Behuf erforder=lichen baulichen Einrichtungen, z. B. die Anlage eines zweiten Geleises, von der sich anschließenden Gesellschaft bewirkt werden. Der Minister der öffentlichen Arbeiten [4]) wird hierüber, so wie über die Verhältnisse beider Unternehmungen zu einander, und besonders wegen der vor Ablauf

---

[65]) § 44 ist durch Verfaff. d. Nord=deutsch. Bundes Art. 41 Abf. 3 (gleich=lautend mit RVerf. Art. 41 Abf. 3), also mit 1. Juli 67 „unbeschadet bereits erworbener Rechte" aufgehoben worden. Da § 44 die Ausschließlichkeit des Unternehmungsrechts nur für 30 Jahre festsetzt, ist er gegenstandslos gewor=den. — I 2 a Anm. 13, Gleim EisR. S. 153 ff. — In den neuen Landesteilen gilt § 44 nicht Anl. A § 1.

[66]) § 45 (Gleim EisR. S. 190 ff.) ist durch RVerf. Art. 41 Abf. 2 (I 2 a Anm. 11 d. W.) nicht beseitigt (a. M. Eger EisR. II S. 351 ff.). Vergleichung beider Bestimmungen:

A. Übereinstimmende Vorschr. des Reichs= u. des preuß. Rechts:

a) Die Anschlußpflicht besteht nur dem Staate (Preußen oder Reich), nicht der fremden EisVerwaltung gegen=über;

b) sie bezieht sich aktiv u. passiv nur auf Eisenbahnen im eng. Rechtssinne (I 1 d. W.), u. zwar auf Staats= wie auf Privatbahnen (Kleinbahnen usw. KleinbG. § 28, 29, 47);

c) sie betrifft nur bestehende Eisen=bahnen u. belastet diese zugunsten neuer (nicht schon bestehender) Linien (aber B e);

d) sie schließt nur ein Dulden in sich, nicht auch die Ausführung von An=lagen durch die Pflichtigen;

e) die Kosten fallen dem Unternehmer der neuen Bahn zur Last.

B. Unterschiede:

a) Das Recht des Reichs beschränkt sich auf den Fall, daß Interessen der Landesverteidigung oder des allg. Verkehrs den Anschluß fordern (RVerf. Art. 4 Ziff. 8), das Recht Preußens ist dieser Einschränkung nicht unterworfen;

b) Preußen kann den Anschluß nur für Fortsetzungs= oder seitliche, nicht auch für Parallelbahnen verlangen, anders RVerf.;

c) im Gegensatz zum Reichsrecht um=faßt nach preuß. Recht die Anschluß=pflicht auch die Mitbenutzung der eigenen Anlagen durch die neue Bahn, u. zwar, der allg. Regel in § 26 entgegen, schon vor dem Ab=laufe von 3 Jahren seit Eröffnung der alten Linie; die Mitbenutzung ist nicht davon abhängig, daß der neuen Bahn eine Mitbetriebskon=zession erteilt wird Gleim S. 196, a. M. Eger EisRecht II S. 356;

d) während nach preuß. Rechte der Min. die Anschlußbedingungen, in allen Einzelheiten, auch die zu leistende Vergütung, regelt, be=schränkt sich nach Reichsrecht die Regierung auf den Ausspruch der Anschlußpflicht; das Weitere bleibt ev. dem Enteignungsverfahren über=lassen Gleim S. 198;

e) in Preußen ermöglicht EisG. § 4, daß der Anschluß auch dem Unter=nehmer der neuen Bahn aufge=gegeben wird.

der erſten drei Jahre (§. 26.) ſtatt des Bahngeldes zu entrichtenden Ver=
gütung, das Nöthige bei der Konzeſſion des Anſchluſſes feſtſetzen[67]).

§. 46. Zur Ausübung des Aufſichtsrechts des Staates über das
Unternehmen wird, nach Ertheilung Unſerer Genehmigung (§. 1.), ein be=
ſtändiger Kommiſſarius ernannt werden, an welchen die Geſellſchaft ſich in
allen Beziehungen zur Staatsverwaltung zu wenden hat[68]). Derſelbe iſt
befugt, ihre Vorſtände zuſammen zu berufen und deren Zuſammenkünften
beizuwohnen[69]).

§. 47. Die ertheilte Konzeſſion wird verwirkt und die Bahn mit den
Transportmitteln und allem Zubehör für Rechnung der Geſellſchaft öffentlich
verſteigert, wenn dieſe eine der allgemeinen oder beſonderen Bedingungen nicht
erfüllt und eine Aufforderung zur Erfüllung binnen einer endlichen Friſt von
mindeſtens drei Monaten ohne Erfolg bleibt[70]).

§. 48. Die Beſtimmungen dieſes Geſetzes über die Verhältniſſe der
Eiſenbahn=Geſellſchaften zum Staate und zum Publikum, ſollen auch bei den
Unternehmungen derjenigen Eiſenbahn=Geſellſchaften, deren Statuten bereits
Unſere Genehmigung erhalten haben, zur Anwendung kommen.

§. 49. Wir behalten Uns vor, nach Maaßgabe der weiteren Erfahrung
und der ſich daraus ergebenden Bedürfniſſe, die im gegenwärtigen Geſetze
gegebenen Beſtimmungen, durch allgemeine Anordnungen oder durch künftig
zu ertheilende Konzeſſionen, zu ergänzen und abzuändern und nach Umſtänden
denſelben auch andere ganz neue Beſtimmungen hinzuzufügen. Sollten Wir
es für nothwendig erachten, auch den bereits konzeſſionirten oder in Gemäß=
heit dieſes Geſetzes zu konzeſſionirenden Geſellſchaften die Beobachtung dieſer
Ergänzungen, Abänderungen oder neuen Beſtimmungen aufzulegen, ſo müſſen
ſie ſich denſelben gleichfalls unterwerfen. Sollte jedoch durch neue, in dieſem
Geſetze weder feſtgeſetzte noch vorbehaltene (§. 38.) und, ſofern von künftig
zu konzeſſionirenden Geſellſchaften die Frage iſt, ſpäter als die ihnen er=
theilte Konzeſſion erlaſſene Beſtimmungen[71]), eine Beſchränkung ihrer Ein=

---

[67]) Die Feſtſetzung der Vergütung er=
folgt endgiltig unter Ausſchluß des
Rechtsweges durch den Min. Gleim
S. 198, a. M. Eger II S. 357 (auch
gegenüber Staatsbahnen? Gleim S. 199).
— Anl. B Ziff. XV.

[68]) Inhalt des ſtaatlichen Aufſichts=
rechts E. 24. Juli 70 (VB. 858) u.
6. Sept. 71 (EVB. 78 S. 4). Ferner
§ 34 u. Abſchn. II 5 d. W. Reichs=
aufſicht I 2 b d. W.

[69]) Anl. B Ziff. III—V. Anleitung
z. Aufſtellung d. Geſchäftsordnungen f.
d. Vorſtände u. Leiter v. Privateiſ. E.
2. Juni 00 (EVB. 202, VB. 854) u.

30. Sept. 00 (EVB. 485, VB. 857).
Recht der Staatsregierung, den Ver=
ſammlungen der Geſellſchaftsorgane bei=
zuwohnen, u. Anzeige v. ſolchen an den
Min. E. 6. Sept. 71 (EVB. 78 S. 4),
18. Juni 74 (VB. 860), 30. Juni 80
(VB. 860), 29. Juni 95 (EVB. 487,
VB. 860). Unübertragbarkeit der Ver=
antwortlichkeit des Vorſtandes (Anl. B
Ziff. III) E. 7. Mai 02 (EVB. 204,
VB. 853).

[70]) § 21. BahneinheitsG. (I 5 d. W.)
§ 3, 39. KleinbG. § 24.

[71]) Bezieht ſich nicht auf reichsrecht=
liche Vorſchr. u. auf preußiſche nur bez.

nahmen oder eine Vermehrung ihrer Ausgaben herbeigeführt werden, so ist ihnen eine angemessene Geldentschädigung dafür zu gewähren[72]).

Anlagen zum Eisenbahngesetze.

Anlage A (zu Anmerkung 1).

Königliche Verordnung, betreffend die Einführung des Gesetzes über die Eisenbahn-Unternehmungen vom 3. November 1838. und der Verordnung vom 21. Dezember 1846., betreffend die bei dem Bau von Eisenbahnen beschäftigten Handarbeiter, in den neuerworbenen Landestheilen. Vom 19. August 1867 (GS. 1426).

§. 1. In den durch das Gesetz vom 20. September 1866. (Gesetz=Samml. für 1866. S. 555.) und durch die Gesetze vom 24. Dezember 1866. (Gesetz=Samml. für 1866. S. 875. 876.) mit Unserer Monarchie vereinigten Gebiete treten fortan das Gesetz über die Eisenbahn=Unternehmungen vom 3. November 1838. (Gesetz=Samml. für 1838. S. 505.), jedoch mit Aus= schluß der §§. 11—10., 15 10., 00 11. und die §. 11., sowie die Ver= ordnung vom 21. Dezember 1846., betreffend die bei dem Bau von Eisen= bahnen beschäftigten Handarbeiter (Gesetz=Samml. für 1847. S. 21.)[1]), in Kraft.

Soweit die ertheilten Konzessions=Urkunden über das Verhältniß der bestehenden Eisenbahngesellschaften zum Staate und zum Publikum ab= weichende Bestimmungen enthalten, behält es bei denselben sein Bewenden. Ebenso verbleibt es bis auf Weiteres rücksichtlich des Expropriationsver= fahrens bei den bisherigen in den einzelnen Landestheilen hierüber geltenden Vorschriften[2]).

§. 2. Wegen Einführung der auf die Besteuerung der Eisenbahnen bezüglichen Gesetze:

1) vom 30. Mai 1853., betreffend die von den Eisenbahnen zu ent= richtende Abgabe (Gesetz=Samml. für 1853. S. 449.),

2) vom 21. Mai 1859., betreffend die Abänderung des Gesetzes vom 30. Mai 1853. (Gesetz=Samml. für 1859. S. 243.),

3) vom 16. März 1867., betreffend die Abgabe von allen nicht im Be= sitze des Staats oder inländischer Eisenbahn=Aktiengesellschaften befind= lichen Eisenbahnen (Gesetz=Samml. für 1867. S. 465.),

in den neuerworbenen Landestheilen bleibt besondere Verordnung vorbehalten[3]).

---

der im EifG. geordneten Verhältnisse. Gleim EifR. S. 79; OT. 27. Jan. 60 (XLII 280).

[72]) Der Anspruch ist im Rechtswege verfolgbar OT. 27. Jan. 60 (Anm. 71).

[1]) III 9 d. W.

[2]) Jetzt EntG. § 57.

[3]) V. 22. Sept. 67 (IV 4c d. W.).

§. 3. Alle dieser Verordnung entgegenstehenden Bestimmungen, insbesondere die Verordnung für das vormalige Königreich Hannover vom 29. März 1856., die Anlage von Eisenbahnen durch Privatunternehmer betreffend, werden aufgehoben.

§. 4. Der Handelsminister ist mit der Ausführung dieser Verordnung beauftragt.

Anlage B (zu Anmerkung 6).

Allerhöchste Konzessionsurkunde, betr. den Bau und Betrieb einer vollspurigen Nebeneisenbahn von Treuenbrietzen über Belzig, Brandenburg a. H. und Rathenow nach Neustadt a. D. durch die Brandenburgische Städtebahn-Aktiengesellschaft. Vom 11. Februar 1901. (EVB. 171)[1].

Nachdem von dem Komitee, welches sich zur Gründung einer Aktiengesellschaft unter der Firma: Brandenburgische Städtebahn-Aktiengesellschaft gebildet hat, darauf angetragen worden ist, dieser Gesellschaft die Konzession zum Baue und Betrieb einer für den Betrieb mittelst Dampfkraft und für die Beförderung von Personen und Gütern im öffentlichen Verkehre bestimmten, den Vorschriften der Bahnordnung für die Nebeneisenbahnen Deutschlands unterworfenen vollspurigen Nebeneisenbahn von Treuenbrietzen über Belzig, Brandenburg a. H. und Rathenow nach Neustadt a. D. zu ertheilen, wollen Wir diese Konzession, sowie das Recht zur Entziehung und Beschränkung des Grundeigenthums nach Maßgabe der gesetzlichen Bestimmungen unter den nachstehenden Bedingungen hierdurch ertheilen.

I. Die Gesellschaft bildet sich unter der Firma Brandenburgische Städtebahn-Aktiengesellschaft und nimmt ihren Sitz in Berlin oder unter Genehmigung des Ministers der öffentlichen Arbeiten an einem anderen, an der Bahn gelegenen Orte.

Die Gesellschaft ist den bestehenden, wie den künftig ergehenden Reichs- und Landesgesetzen ohne weiteres unterworfen.

II. Das zur plan- und anschlagsmäßigen Vollendung und Ausrüstung der Bahn erforderliche Grundkapital (Anlagekapital) wird auf den Betrag von 12954000 Mark festgesetzt.

Der Nennbetrag der von der Gesellschaft auszugebenden Aktien darf den Betrag des festgesetzten Grundkapitals nicht übersteigen. Das Aktienkapital ist baar und voll einzuzahlen und lediglich zur plan- und anschlagsmäßigen Vollendung und Ausrüstung der Bahn zu verwenden.

Es bleibt der Gesellschaft überlassen, einem Theile der auszugebenden Aktien (Vorzugsaktien) ein Vorzugsrecht vor den übrigen Aktien (Stammaktien) in Bezug auf die Vertheilung des Reinertrags des Unternehmens bis zu 4 Prozent des Nennbetrags dieser bevorzugten Aktien, sowie für den Fall der Auflösung der Gesellschaft in Bezug auf die Vertheilung des Gesellschaftsvermögens einzuräumen. Im Uebrigen dürfen deren Inhabern keine anderen Rechte als den Inhabern der übrigen Aktien eingeräumt werden.

Die Aktien dürfen erst nach der Betriebseröffnung der Bahn ausgegeben werden.

Den Aktionären kann nach der vollen Leistung des Nennbetrags der Aktien bis zum Ablaufe desjenigen Kalenderhalbjahrs, in welchem der Betrieb der Bahn eröffnet wird, jedenfalls aber nicht über dasjenige Kalenderhalbjahr hinaus, in welchem die im Artikel VIII Nr. 4 festgesetzte Baufrist abläuft, soweit die erübrigten

---

[1] Hier abgedruckt als Beispiel einer Nebenbahn-Konzession.

Mittel solches zulassen, die Gewährung von Bauzinsen bis zu 4 Prozent des Nennbetrags ihrer Aktien zugesichert werden.

III. Die gesammte Leitung der Bau= und Betriebsverwaltung ist einem Vorstande zu übertragen, welcher die Gesellschaft mit den gesetzlichen Befugnissen und Verpflichtungen des Vorstandes einer Aktiengesellschaft vertritt und für die Geschäftsführung, insoweit sie der staatlichen Beaufsichtigung unterliegt, der Aufsichtsbehörde verantwortlich ist.

Die Wahl des Vorstandes oder, falls derselbe aus mehreren Personen bestehen soll, die Wahl des Vorsitzenden und der technischen Mitglieder bedarf der Bestätigung des Ministers der öffentlichen Arbeiten.

Die Geschäftsordnung für den Vorstand unterliegt der Genehmigung des Ministers der öffentlichen Arbeiten.

Sofern die oberste Betriebsleitung nicht durch den Vorstand selbst erfolgt, finden die vorstehenden Bestimmungen auch auf die Wahl und die Geschäftsordnung des oder der obersten Betriebsleiter Anwendung.

IV. Die Mitglieder des Aufsichtsraths und des Vorstandes, sowie sämmtliche Beamten der Gesellschaft müssen Angehörige des Deutschen Reichs sein und, soweit nicht vom Minister der öffentlichen Arbeiten Ausnahmen zugelassen werden, im Inland ihren Wohnsitz haben.

V. Die Staatsregierung ist berechtigt, sich in den Fällen, wo sie das staatliche Interesse für betheiligt erachtet, bei den Versammlungen und den Verhandlungen des Aufsichtsraths und der Generalversammlung der Aktionäre durch einen Kommissar vertreten zu lassen. Um die Ausübung dieses Rechtes zu ermöglichen, ist der Staatsregierung von allen diesen Versammlungen und Zusammenkünften rechtzeitig unter Vorlage einer die vollständige Angabe der Berathungsgegenstände enthaltenden Tagesordnung Anzeige zu machen.

Der Minister der öffentlichen Arbeiten ist berechtigt, in den Fällen, in welchen er es für nöthig erachtet, die Berufung außerordentlicher Generalversammlungen zu verlangen.

VI. Alle die juristische Persönlichkeit der Gesellschaft, welcher die in Rede stehende Konzession als ein an ihre Person gebundenes Recht ertheilt ist, abändernden Beschlüsse der Gesellschaft, überhaupt alle Abänderungen ihres Gesellschaftsvertrags, welche nach dem in dieser Hinsicht lediglich und allein entscheidenden Ermessen der Staatsregierung den Voraussetzungen nicht entsprechen, unter denen die Konzession ertheilt ist, erlangen nur durch die Genehmigung der Staatsregierung Gültigkeit.

Die Gesellschaft hat alle ihren Gesellschaftsvertrag betreffenden Generalversammlungsbeschlüsse, bevor sie eine Abänderung des Gesellschaftsvertrags zur Eintragung in das Handelsregister anmeldet, der Staatsregierung mit dem Antrag auf die vorbezeichnete Prüfung und Genehmigung vorzulegen und die Entscheidung der Staatsregierung der Anmeldung zur Eintragung in das Handelsregister beizufügen.

Insbesondere bedürfen Beschlüsse der Gesellschaft, welche die Uebernahme des Betriebs auf anderen Eisenbahnen, die Uebertragung des Betriebs der eigenen Bahn an Andere, die Auflösung der Gesellschaft oder die Verschmelzung mit einer anderen Gesellschaft aussprechen, oder durch welche sonst die Bahnanlage oder deren Betrieb aufgegeben werden soll, zu ihrer Gültigkeit der Genehmigung der Königlichen Staatsregierung.

Diese Genehmigung ist auch zur Aufhebung derjenigen Beschlüsse früherer Generalversammlungen erforderlich, welche vom Staate genehmigt waren.

VII. Für den Bau und Betrieb der Bahn sind die Bahnordnung für die Nebeneisenbahnen Deutschlands vom 5. Juli 1892 (Reichs=Gesetzbl. Seite 764) mit den Aenderungen vom 24. März 1897 (Reichs=Gesetzbl. Seite 166) und vom 23. Mai 1898 (Reichs=Gesetzbl. Seite 355)[*]) sowie die dazu ergehenden ergänzenden und abändernden Bestimmungen (vergl. § 55 der Bahnordnung) maßgebend. Die Spurweite der Bahn soll 1,435 m betragen.

VIII. Für den Bau insbesondere gelten folgende Bestimmungen:

1. Der Staatsregierung bleibt vorbehalten:

> die Feststellung der Bahnlinie in ihrer vollständigen Durchführung durch alle Zwischenpunkte,
>
> die Bestimmung der Zahl und der Lage der Stationen,
>
> die Feststellung der Entwürfe aller für den Betrieb der Bahn bestimmten baulichen Anlagen und Einrichtungen, sowie die Feststellung der Entwürfe für die Betriebsmittel und ihrer Anzahl.

> Dem Staate bleibt für alle durch die Ausführung der genehmigten Entwürfe bedingten Benachtheiligungen seines Eigenthums oder seiner sonstigen Rechte der Anspruch auf vollständige Entschädigung nach Maßgabe der gesetzlichen Bestimmungen gegen den Konzessionar vorbehalten.

2. Die Bahn von Treuenbrietzen nach Neustadt a. D. muß so gebaut und ausgerüstet werden, daß die Ueberführung von Personenzügen mit 110 Achsen mittelst schwerer Lokomotiven in zweistündiger Aufeinanderfolge nach beiden Richtungen möglich ist und ihre Einführung in die Anschlußbahnhöfe selbständig erfolgt.

3. Der Konzessionar hat allen Anordnungen, welche wegen polizeilicher Beaufsichtigung der beim Bahnbau beschäftigten Arbeiter getroffen werden mögen, nachzukommen.

4. Die Vollendung und Inbetriebnahme der Bahn muß längstens binnen drei Jahren nach Eintragung der Gesellschaft in das Handelsregister gemäß Artikel XVIII dieser Urkunde erfolgen.

> Für die Vorlage der ausführlichen Bauentwürfe sowie für die Inangriffnahme, die Fortführung, die Vollendung und Inbetriebnahme der einzelnen Strecken und Bauwerke der Bahn können vom Minister der öffentlichen Arbeiten besondere Fristen festgesetzt werden.

5. Für den Fall, daß der Konzessionar mit der Erfüllung der ihm mit Bezug auf den Bahnbau obliegenden Verpflichtungen, insbesondere der rechtzeitigen plan= und anschlagsmäßigen Ausführung und Ausrüstung der Bahn in Verzug kommen sollte, ist er zur Zahlung einer Strafe von 5 Prozent des auf 12 954 000 Mark festgesetzten Baukapitals mit der Maßgabe verpflichtet, daß die Entscheidung darüber, ob und bis zu welchem Betrage die Strafe als verfallen anzusehen ist, mit Ausschluß des Rechtswegs dem Minister der öffentlichen Arbeiten zusteht.

> Zur Sicherstellung dieser Verpflichtungen hat der Konzessionar bei der General=Staatskasse den Betrag von 647 700 Mark, in Worten: „Sechshundertsiebenundvierzigtausend siebenhundert Mark", baar oder in preußischen Staats= oder vom Staate gewährleisteten Werthpapieren oder in inländischen Eisenbahn=Prioritäts=Obligationen — unter Berechnung aller dieser Werthpapiere nach dem Kurswerthe — nebst den noch nicht fälligen Zins= und Erneuerungsscheinen zu hinterlegen und in gerichtlicher oder notarieller Urkunde mit der Maßgabe zu verpfänden, daß dem Minister der öffentlichen Arbeiten die Befugniß zusteht, durch Verwendung der Baarbeträge oder

---

[*]) An Stelle dieser Vorschr. sind jetzt die für Nebenbahnen geltenden Best. der BO. getreten.

durch Veräußerung der verpfändeten Werthpapiere die verfallenen Straf=
beträge einzuziehen. — Die Rückgabe der zu den Papieren etwa gehörigen
Zinsſcheine erfolgt in deren Verfallterminen, kann jedoch von dem bezeich=
neten Miniſter unterſagt werden, wenn nach ſeinem allein entſcheidenden
Urtheile der Konzeſſionar den Bau verzögern ſollte. Auch iſt der bezeichnete
Miniſter ermächtigt, nach Maßgabe des Fortſchritts des Baues und der
Ausrüſtung der Bahn einen entſprechenden Theil der Baarbeträge oder
Werthpapiere ſchon vor völliger Vollendung des Baues und der Ausrüſtung
der Bahn zurückgeben zu laſſen.

6. Falls die feſtgeſetzte allgemeine Baufriſt oder eine der von dem Miniſter
der öffentlichen Arbeiten feſtgeſetzten beſonderen Baufriſten nicht innegehalten
wird, kann nicht nur die bezeichnete Strafe eingezogen, ſondern auch die
ertheilte Konzeſſion durch landesherrlichen Erlaß zurückgenommen, und die
im § 21 des Geſetzes vom 3. November 1838 vorbehaltene Verſteigerung
der vorhandenen Bahnanlagen eingeleitet werden. Sofern die Staats=
regierung von dem Vorbehalte der Verſteigerung der Bahnanlagen Gebrauch
zu machen beabſichtigt, ſoll jedoch die Zurücknahme der Konzeſſion nicht vor
Ablauf der in dem angezogenen § 21 feſtgeſetzten Schlußfriſt erfolgen.

IX. Für den Betrieb insbeſondere gelten folgende Beſtimmungen:

1 Die Feſtſtellung und die Abänderung des Fahrplans erfolgt unter den
nachfolgenden Beſchränkungen durch die ſtaatliche Aufſichtsbehörde[3]). Der
Konzeſſionar ſoll nicht verpflichtet ſein, zur Vermittlung des Perſonen=
verkehrs mehr als zwei Wagenklaſſen in ſeine Züge einzuſtellen. Auch ſoll
derſelbe, ſolange die Bahn nach dem hierfür allein maßgebenden Ermeſſen
der Aufſichtsbehörde vorwiegend von nur örtlicher Bedeutung iſt, nicht an=
gehalten werden können, mehr als täglich zwei der Perſonenbeförderung
dienende Züge in jeder Richtung zu fahren. Die Feſtſtellung des Fahr=
plans derjenigen Züge, welche der Konzeſſionar freiwillig über die Zahl 2
hinaus verkehren läßt, wird bei Wahrung der bahnpolizeilichen Vorſchriften
dem Ermeſſen des Konzeſſionars überlaſſen.

2. Für die erſten 5 Jahre nach dem auf die Eröffnung der Bahn folgenden
1. Januar bleibt dem Konzeſſionar die Beſtimmung der Preiſe ſowohl für
den Perſonen= als für den Güterverkehr überlaſſen. Für die Folgezeit
unterliegt die Feſtſtellung und die Abänderung des Tarifs der Genehmigung
der ſtaatlichen Aufſichtsbehörde. In Betreff des Güterverkehrs werden je=
doch nach Ablauf jenes 5jährigen Zeitraums, ſo lange die Bahn nach dem
hierfür allein entſcheidenden Ermeſſen der Aufſichtsbehörde vorwiegend von
nur örtlicher Bedeutung iſt, wiederkehrend von 5 zu 5 Jahren Höchſttarif=
ſätze für die einzelnen Güterklaſſen unter Berückſichtigung der finanziellen
Lage des Unternehmens von dem Miniſter der öffentlichen Arbeiten feſt=
geſtellt. Dem Unternehmer bleibt überlaſſen, nach Maßgabe der reichs= und
landesgeſetzlichen Vorſchriften innerhalb der Grenzen dieſer Höchſtſätze die
Sätze für die Tarifklaſſen nach eigenem Ermeſſen feſtzuſetzen und Erhöhungen
wie Ermäßigungen der Tarifklaſſenſätze ohne die Zuſtimmung der Aufſichts=
behörde vorzunehmen.

Auch iſt der Konzeſſionar verpflichtet, das jeweilig auf den preußiſchen
Staatseiſenbahnen beſtehende Tarifſyſtem anzunehmen und hinſichtlich der
Einrichtung direkter Tarife die für die preußiſchen Staatseiſenbahnen jeweilig

---

[3]) E. 2. Mai 04 (ENB. 178) betr. Vorlage der Fahrplanentwürfe der
Privatbahnen.

bestehenden allgemeinen Grundsätze zu befolgen, wenn und soweit solches von dem Minister der öffentlichen Arbeiten für erforderlich erachtet wird.

3. Der Konzessionar hat mit der Eröffnung des Betriebs der ganzen Bahn einen Erneuerungsfonds[^4]) und neben dem im § 262 des Handelsgesetzbuchs vom 10. Mai 1897 (Reichs=Gesetzbl. S. 219) vorgeschriebenen Reservefonds (Bilanz=Reservefonds) einen Spezial=Reservefonds nach den bestehenden Normativbestimmungen und dem zur Ausführung der letzteren unter Genehmigung des Ministers der öffentlichen Arbeiten aufzustellenden, von Zeit zu Zeit der Prüfung zu unterziehenden Regulative zu bilden.

Der Erneuerungs= und der Spezial=Reservefonds sind sowohl von einander, als auch von anderen Fonds der Gesellschaft getrennt zu halten.

Der Erneuerungsfonds dient zur Bestreitung der Kosten der regelmäßig wiederkehrenden Erneuerung des Oberbaues und der Betriebsmittel.

In den Erneuerungsfonds fließen:
a) der Erlös aus den entsprechenden abgängigen Materialien;
b) eine den Betriebseinnahmen alljährlich zu entnehmende Rücklage, deren Höhe durch das Regulativ festgesetzt wird;
c) die Zinsen des Erneuerungsfonds.

Der Spezial=Reservefonds dient zur Bestreitung von solchen durch außergewöhnliche Elementarereignisse und größere Unfälle hervorgerufenen Ausgaben, welche erforderlich werden, damit die Beförderung mit Sicherheit und in der, der Bestimmung des Unternehmens entsprechenden Weise erfolgen kann.

In den Spezial=Reservefonds fließen:
a) der Betrag der nach dem Gesellschaftsvertrage verfallenen, nicht abgehobenen Gewinnantheile und Zinsen;
b) eine im Regulative festzusetzende, alljährlich den Betriebseinnahmen zu entnehmende Rücklage;
c) die Zinsen des Spezial=Reservefonds.

Erreicht der Spezial=Reservefonds die Summe von 150 000 Mark, so können mit Genehmigung des Ministers der öffentlichen Arbeiten die Rücklagen so lange unterbleiben, als der Fonds nicht um eine volle Jahresrücklage wieder vermindert ist.

Die Werthpapiere, welche zur zinstragenden Anlage der vereinnahmten und nicht sofort zur Verwendung gelangenden Beträge zu beschaffen sind, werden durch das Regulativ bestimmt.

Läßt der Ueberschuß eines Jahres die Deckung der Rücklagen zum Erneuerungs= oder Spezial=Reservefonds nicht oder nicht vollständig zu, so ist das Fehlende aus den Ueberschüssen des oder der folgenden Betriebsjahre zu entnehmen. Abweichungen hiervon sind mit Genehmigung des Ministers der öffentlichen Arbeiten zulässig. Für die Rücklagen geht der Erneuerungsfonds dem Spezial=Reservefonds vor.

X. Der Konzessionar ist verpflichtet:
a) seine Betriebsrechnung nach den vom Minister der öffentlichen Arbeiten zu erlassenden Vorschriften einzurichten, der Regierung zu der von letzterer zu bestimmenden Zeit den jährlichen Betriebsrechnungsabschluß einzureichen und seine Kassenbücher vorzulegen,

---

[^4]) Hierzu E. 4. April 74 (Münstersche Samml. — II 5 Anm. 1 d. W. — S. 194).

b) der Aufstellung der Rechnung den Zeitraum vom Anfang April jedes
Jahres bis Ende März des folgenden Kalenderjahrs als Rechnungsjahr
zu Grunde zu legen,

c) die von den Aufsichtsbehörden zu statistischen Zwecken für nöthig erachteten
Nachweisungen, sowie deren Unterlagen auf seine Kosten zu beschaffen und
den Aufsichtsbehörden in den von ihnen festgesetzten Fristen einzureichen.

XI. Der Konzessionar ist verpflichtet, hinsichtlich der Besetzung der Subaltern=
und Unterbeamtenstellen mit Militäranwärtern, insoweit sie das 40. Lebensjahr
noch nicht zurückgelegt haben, die für die Staatseisenbahnverwaltung in dieser Be=
ziehung — und insbesondere mit Bezug auf die Ermittlung der Militäranwärter —
bestehenden und noch ergehenden Vorschriften[5]) zur Anwendung zu bringen.

Auf Verlangen des Ministers der öffentlichen Arbeiten hat der Konzessionar
einerseits für die Beamten des Bahnunternehmens — und zwar unter Heran=
ziehung derselben zu Beiträgen bis zu derjenigen Höhe, welche für die Staats=
eisenbahnen bis zum Erlaß des Gesetzes vom 27. März 1872, betreffend die
Pensionirung der unmittelbaren Staatsbeamten u. s. w. maßgebend gewesen ist —,
andererseits für die Arbeiter Pensions=, Wittwen= und Unterstützungskassen nach
den jetzt und künftig bei den Staatseisenbahnen für die Gewährung von Pensionen
und Unterstützungen bestehenden Grundsätzen einzurichten und zu diesen Kassen die
erforderlichen Zuschüsse zu leisten.

XII. Die Verpflichtungen des Konzessionars zu Leistungen für die Zwecke
des Postdienstes regeln sich nach dem Eisenbahn=Postgesetze vom 20. Dezember 1875
(Reichs=Gesetzbl. S. 318) und den dazu gehörigen Vollzugsbestimmungen, jedoch
mit der Erleichterung, daß für die Zeit bis zum Ablaufe von acht Jahren vom
Beginne des auf die Betriebseröffnung folgenden Kalenderjahrs an Stelle der
Artikel 2 bis 4 des Gesetzes die im Erlasse des Reichskanzlers vom 28. Mai 1879
(Centralblatt für das Deutsche Reich S. 380) getroffenen Bestimmungen treten[6]).

Sofern innerhalb der vorbezeichneten Zeiträume in den Verhältnissen der
Bahn in Folge von Erweiterungen des Unternehmens oder durch den Anschluß
an andere Bahnen oder aus anderen Gründen eine Aenderung eintreten sollte,
durch welche nach der Entscheidung der obersten Reichs=Aufsichtsbehörde die Bahn
die Eigenschaft als Nebeneisenbahn verliert, tritt das Eisenbahn=Postgesetz mit den
dazu gehörigen Vollzugsbestimmungen ohne Einschränkung in Anwendung.

XIII. Der Konzessionar ist verpflichtet, sich den bezüglich der Leistungen
für militärische Zwecke bereits erlassenen oder künftig für die Eisenbahnen im
Deutschen Reiche ergehenden gesetzlichen und reglementarischen Bestimmungen zu
unterwerfen.

XIV. Der Telegraphen=Verwaltung gegenüber hat der Konzessionar die=
jenigen Verpflichtungen zu übernehmen, welche für die preußischen Staatseisen=
bahnen jeweilig gelten[7]).

XV. Anderen Unternehmern bleibt sowohl der Anschluß an die Bahn mittelst
Zweigbahnen, als die Mitbenutzung der Bahn ganz oder theilweise gegen zu ver=
einbarende, nöthigenfalls vom Minister der öffentlichen Arbeiten festzusetzende
Fracht= oder Bahngeldsätze vorbehalten.

XVI. Nach Eröffnung des Betriebs ist der Konzessionar zur Aenderung und
Erweiterung der Bahnanlagen, sowie zur Vermehrung der Gleise auf den Bahn=
höfen und der freien Strecke verpflichtet, sofern und soweit der Minister der öffent=
lichen Arbeiten solches im Verkehrsinteresse oder im Interesse der Betriebssicherheit

---

[5]) Anstellungsgrundsätze 25. März 82
(EB. 123); II 5 Anm. 4 d. W.

[6]) IX 2 d. W. nebst Anl. A u. B.
[7]) IX 4 Unteranl. A 1 d. W.

oder im Interesse der Landesvertheidigung für erforderlich erachtet. Soweit diese Anforderungen lediglich im Interesse der Landesvertheidigung erfolgen, sind die desfallsigen Kosten dem Konzessionar zu erstatten, wenn nicht im Wege der Gesetzgebung andere, für den Konzessionar alsdann maßgebende Bestimmungen (vergl. Artikel I) getroffen werden. Im Uebrigen fallen die betreffenden Kosten dem Konzessionar zur Last.

XVII. Sollten nach dem Ermessen des Ministers der öffentlichen Arbeiten oder der obersten Reichs-Aufsichtsbehörde die Voraussetzungen wegfallen, unter denen auf die Bahn bei ihrer Konzessionirung die Anwendung der Bahnordnung für die Nebeneisenbahnen Deutschlands[2]) für statthaft erklärt ist (vergl. Artikel XII am Schlusse), so ist der Konzessionar verpflichtet, auf Erfordern des bezeichneten Ministers die baulichen Einrichtungen und den Betrieb der Bahn nach Maßgabe der für Haupteisenbahnen bestehenden Bestimmungen den desfallsigen Anordnungen des Ministers entsprechend umzuändern. Kommt der Konzessionar dieser Verpflichtung innerhalb der ihm dieserhalb gesetzten Frist nicht nach, so hat er auf Verlangen der Staatsregierung das Eigenthum der Bahn nebst allem Zubehör gegen Gewährung der in Nr. 4 unter a, b und c des § 42 des Eisenbahngesetzes vom 3. November 1838 bezeichneten Entschädigung, mindestens aber gegen Zahlung des auf den Bau der Bahn verwendeten Anlagekapitals an den Staat oder einen von der Staatsregierung zu bezeichnenden Dritten abzutreten.

XVIII. Die Aushändigung einer Ausfertigung dieser Konzessionsurkunde sowie ihre Veröffentlichung nach Vorschrift des Gesetzes vom 10. April 1872 (G.-S. S. 357)[3]) erfolgt erst, nachdem die Zeichnung sämmtlicher Aktien durch Vorlegung beglaubigter Zeichnungsscheine dem Minister der öffentlichen Arbeiten nachgewiesen, und zugleich die Kreditfähigkeit der Zeichner von ihm als genügend bescheinigt befunden ist, nachdem der Staatsregierung der mit den Konzessionsbedingungen in volle Uebereinstimmung zu setzende Gesellschaftsvertrag vorgelegt, und diese Uebereinstimmung nachgewiesen ist, nachdem ferner die unter Artikel VIII Nr. 5 geforderte Sicherheit geleistet und nachdem endlich die Gesellschaft rechtzeitig und rechtsgültig errichtet ist.

In letzterer Beziehung wird bestimmt, daß binnen einer von heute ab zu berechnenden sechsmonatigen Ausschlußfrist die Eintragung der Gesellschaft auf Grund des von der Staatsregierung als mit der Konzession übereinstimmend befundenen Gesellschaftsvertrags in das Handelsregister bewirkt werden muß, zu welchem Zwecke dem Gerichte bei der Anmeldung zur Eintragung eine beglaubigte Abschrift der Konzessionsurkunde und die Erklärung der Staatsregierung betreffs jener Uebereinstimmung vorzulegen sind.

Wird diese Eintragung binnen der vorbezeichneten Frist nicht herbeigeführt, so ist die gegenwärtig ertheilte Konzession ohne weiteres erloschen, in welchem Falle jedoch die hinterlegten Baarbeträge oder Werthpapiere zurückgegeben werden sollen.

Anlage C (zu Anmerkung 6).
Gesetz, betreffend die Bekanntmachung landesherrlicher Erlasse durch die Amtsblätter. Vom 10. April 1872 (GS. 357).
(Auszug.)

§. 1. Landesherrliche Erlasse und die durch dieselben bestätigten oder genehmigten Urkunden werden fortan durch die Amtsblätter, im Jadegebiet

---

[3]) Anl. C.

durch das Gesetzesblatt, mit rechtsverbindlicher Kraft bekannt gemacht, wenn sie betreffen:

1) die Verleihung des Expropriationsrechts;
5) die Ertheilung von Konzessionen zum Bau und Betriebe von Eisen= bahnen, sowie die Statuten der Unternehmer;
9) die Privilegien zur Ausgabe von Papieren auf den Inhaber.

Auf dieselbe Weise erfolgt die Bekanntmachung von Ergänzungen und Abänderungen der bezeichneten Erlasse und Urkunden, auch wenn diese selbst durch die Gesetz=Sammlung bekannt gemacht worden sind.

§ 2. Die Bekanntmachung erfolgt durch die Blätter derjenigen Bezirke, in welchen in den Fällen des §. 1. Nr. 1. bis 5. das betreffende Unter= nehmen ausgeführt werden soll oder ausgeführt worden ist, der Eisenbahn= Unternehmer (§. 1. Nr. 5.) und der Ausgeber der Papiere (§. 1. Nr. 9.) ihren Sitz oder Wohnsitz haben . . . .

§. 3. Die Kosten der Bekanntmachung trägt der Unternehmer . . . . oder der Ausgeber der Papiere.

§ 4. Ist in einem in Gemäßheit dieses Gesetzes verkündeten Erlasse der Zeitpunkt bestimmt, mit welchem derselbe in Kraft treten soll, so ist der Anfang seiner Wirksamkeit nach dieser Bestimmung zu beurtheilen; enthält aber der verkündete Erlaß eine solche Zeitbestimmung nicht, so beginnt dessen Wirksamkeit mit dem achten Tage nach dem Ablaufe desjenigen Tages, an welchem das betreffende Stück des Blattes, welches den Erlaß verkündet, ausgegeben worden ist.

§. 5. Eine Anzeige von jedem in Folge dieses Gesetzes verkündeten Erlasse ist in die Gesetz=Sammlung aufzunehmen.

Anlage D (zu Anmerkung 11).

Erlasse des Ministers der öffentlichen Arbeiten betr. Ausgleich von Meinungs= verschiedenheiten zwischen Ortspolizei- und Eisenbahnbehörden bei Wahrung öffentlicher Interessen.

a) Vom 8. November 1897 (EVB. 372, VV. 838).

Nach wiederholten Wahrnehmungen haben örtliche Polizeibehörden bei ihren an sich innerhalb ihrer Zuständigkeit getroffenen Anordnungen sich nicht darauf beschränkt, Eisenbahnunternehmern vermögensrechtliche Auflagen zu machen, z. B. ihnen die Unterhaltung öffentlicher Wege aufzugeben, sondern dabei zugleich in das Gebiet derjenigen öffentlichen Interessen eingegriffen, deren Wahrung ins= besondere auf Grund der §§ 4 und 14 des Eisenbahngesetzes vom 3. November 1838, der §§ 14 und 22 des Enteignungsgesetzes vom 11. Juni 1874 und der §§ 150 und 158 des Zuständigkeitsgesetzes vom 1. August 1883 der Landespolizei= behörde, der Eisenbahnaufsichtsbehörde und mir vorbehalten ist. Die in Folge Einspruchs des Eisenbahnunternehmers entstandenen Meinungsverschiedenheiten sind dann gewöhnlich ohne Weiteres zum Gegenstand der Verhandlung im

Verwaltungsstreitverfahren gemacht worden, obwohl es bei Eingriffen der Polizei in das Gebiet der von anderer Seite wahrzunehmenden öffentlichen Interessen für die Einleitung eines Verwaltungsstreitverfahrens an den nothwendigen gesetzlichen Voraussetzungen insofern fehlt, als in diesem Verfahren lediglich Fälle zu er= ledigen sind, bei denen es sich um einen Widerstreit zwischen öffentlichen Interessen einerseits und Einzelinteressen andererseits handelt.

Entsprechend der Einheit der vollziehenden Gewalt kann der Ausgleich ein= ander widerstreitender öffentlichen Interessen endgiltig vielmehr nur durch Ent= scheidung der den streitenden Behörden vorgesetzten Instanz erfolgen (vergl. die Endurtheile des Oberverwaltungsgerichts vom 5. Mai 1877, Band 2 S. 399, vom 12. Dezember 1877, Band 3 S. 345, vom 6. März 1878, Band 3 S. 192 und vom 28. März 1896, Band 29 S. 231).

Kollisionen dieser Art könnten zwar, weil die Ausführung ortspolizeilicher Anordnungen ohne zuvoriges Einvernehmen mit der zuständigen Eisenbahnaufsichts= behörde nicht angängig ist, noch bei Gelegenheit einer etwaigen Zwangsvollstreckung ausgeglichen werden, es steht jedoch mit den Grundsätzen des öffentlichen Rechts nicht im Einklange, die unmittelbare Geltendmachung verletzter öffentlicher Inter= essen bis zur Zwangsvollstreckung hinauszuschieben.

Indem ich im Uebrigen noch auf die Ausführungen des Oberverwaltungs= gerichts im Endurtheile vom 24. Juni 1897 (Archiv für Eisenbahnwesen S. 1008), sowie auf den Erlaß vom 15. Dezember 1882 (E.=V.=Bl. von 1883 S. 125, M. Bl. d. g. i. V. von 1883 S. 13) verweise, veranlasse ich die Königlichen Eisen= bahndirektionen, gegen jede, die vorbezeichneten öffentlichen Interessen verletzende polizeiliche Anordnung in Wegebau= und Wasserpolizeiangelegenheiten gemäß §§ 56 bezw. 66 und 158 des Zuständigkeitsgesetzes Einspruch zu erheben und der Orts= polizeibehörde zugleich in bestimmter Weise mitzutheilen, daß und in welcher Be= ziehung die Anordnung in jene öffentlichen Interessen eingreife, sowie daß ihre Aufhebung oder inwieweit ihre Abänderung geboten sei. Beim Mangel einer Verständigung ist neben der zur Vermeidung etwaiger Rechtsnachtheile fristmäßig anzubringenden Klage bei dem zuständigen Verwaltungsgericht ohne Verzug die Aufsichtsbeschwerde bei der vorgesetzten Behörde einzulegen und, falls die dortseits als nothwendig angesehene Aufhebung oder Abänderung der Anordnung schließlich von dem zuständigen Regierungs=Präsidenten nicht für begründet erachtet werden sollte, unter Darlegung des Sachverhalts sofort hierher zu berichten, damit end= giltig in der Sache entschieden werden kann.

b) Vom 3. Dezember 1902 (EVB. S. 541).

Es ist zu meiner Kenntniß gekommen, daß in einigen Fällen örtliche Polizei= behörden anderen Personen als dem Eisenbahnunternehmer die Veränderung wesent= licher Bestandtheile von Eisenbahnanlagen, wie Unter= oder Ueberführungen, auf= gegeben haben, obwohl deren Feststellung auf Grund der §§ 4, 14 des Eisenbahn= gesetzes vom 3. November 1838, § 158 des Zuständigkeitsgesetzes vom 1. August 1883 mir vorbehalten ist und ihre Ausführung nur durch den Eisenbahnunter= nehmer erfolgen kann. Unter Bezugnahme auf die Ausführungen im Endurtheile des Oberverwaltungsgerichts vom 24. Juni 1897 (Entsch. Band 32 Seite 226, Archiv für Eisenbahnwesen von 1897 Seite 1017 und 1018) weise ich deshalb die Königlichen Eisenbahndirektionen an, gegenüber ortspolizeilichen Anordnungen dieser Art sofort nach ihrer Kenntnißnahme und unabhängig von dem Einspruch oder der Klageerhebung seitens der davon Betroffenen ebenso zu verfahren, wie es durch den Erlaß vom 7. November 1897 (E.=V.=Bl. Seite 372, M.=Bl. d. i. B.

von 1898 Seite 13)[1]) für den Fall ausdrücklich vorgeschrieben ist, daß eine örtliche Polizeibehörde mit einer gegen einen Eisenbahnunternehmer gerichteten Anordnung in das Gebiet derjenigen öffentlichen Interessen eingreifen sollte, welche nach gesetzlicher Vorschrift von der Landespolizeibehörde, der Eisenbahnaufsichtsbehörde und mir zu wahren sind.

Anlage E (zu Anmerkung 12 b).

Zusammenstellung von gerichtlichen und Verwaltungsentscheidungen über die rechtlichen Beziehungen zwischen Eisenbahnen und öffentlichen Wegen[1]).

I. Die im ZustG. § 57 enthaltene Regelung der Zuständigkeit und des Verfahrens für Verlegung oder Einziehung öffentlicher Wege aller Art greift nach ZustG. § 158 nicht Platz, wenn die Verlegung usw. zur Durchführung eines Eisenbahn-Bauplans nötig ist; alsdann wird vielmehr durch die vorläufige Planfeststellung (EisG. § 4) über die Wegeänderungen mitentschieden; diese Entscheidung, bei der der Minister der öffentlichen Arbeiten öffentliche Wege schaffen, verändern und unterdrücken kann, ist für die Wegepolizeibehörde bindend und nicht im Verwaltungsstreitverfahren anfechtbar; Lücken im landespol. Verfahren darf die WegepolBeh. nicht ausfüllen OB. 3. März 83 (IX 393, Arch. 411), 28. März 88 (Arch. 766, EGE. VI 273), 3. Febr. 97 (XXXI 198, Arch. 1007), 9. Feb. 99 (Arch. 1313), 19. Okt. 03 (XLIV 272). Ist bei Planfeststellung vom EisUnternehmer die Anlegung oder Veränderung öffentlicher Wege aufgegeben worden, so ist die Kontrolle darüber, ob er diese Verpflichtung erfüllt hat, nicht Sache der Ortspolizei, sondern lediglich Sache der zur Abnahme der Bahnanlage berufenen Behörde, in letzter Instanz des Min.; bei der Abnahme können die Auflagen noch ergänzt werden; ist aber die Abnahme erfolgt, so muß sich der Wegebaupflichtige mit ihrem Ergebnis abfinden OB. 21. Okt. 96 (XXX 192). Anderen als dem EisUnternehmer können auf dem Wege der Planfeststellung ebensowenig wie gemäß EntG. § 14 Auflagen gemacht werden OB. 12. Juli 97 (XXXII 203), 13. Okt. 02 (Arch. 03 S. 191). Eine Verpflichtung des EisUnternehmers, einen bisher öff. Weg als nicht öff. Zugangsweg für die Anlieger zu erhalten, entsteht nur durch ausdrückliche Anordnung gemäß EisG. § 14 OB. 19. Okt. 03 (a. a. O.).

Zur Unterhaltung der veränderten öff. Wege ist an sich der ordentl. Wegebaupflichtige öffentlich-rechtlich verpflichtet; eine öffentlich-rechtliche Unterhaltungspflicht des EisUnternehmers kann nur durch Auflage gemäß EisG. § 4 oder EntG. § 14 erzeugt werden; EisG. § 11 ist auf öff. Wege im allg. nicht anwendbar OB. 18. Nov. 82 (IX 186, Arch. 83 S. 171), 12. Juli 97 (XXXII 203); Hannov. Recht OB. 7. März 04 (XLV 253). Tatsächliche Besorgung der Unterhaltung begründet die UPflicht des EisUnt. nicht OB. 4. Nov. 96 (XXX 200). Ist eine Auflage der bezeichneten Art ergangen, so tritt der EisUnt. nach Maßgabe ihres Inhalts als öff.-rechtl. Verpflichteter an die Stelle des Trägers der allg. Wegebaulast OB. 14. März 83 (Arch. 546, EGE. III 30), 31. desf. M. (IX 238, Arch. 402), 28. März 88 (Arch. 766, EGE. VI 273), 30. Nov. 03 (EGE. XX 332). Dadurch, daß die Wegeänderung auf einer im Interesse des Bahnbaus getroffenen

------

[1]) Anl. Da (der E. ist vom 8. Nov. datiert).

[1]) Gleim EisR. § 44—46; Germershausen Wegerecht in Preußen, 2. Aufl.

Berlin 1900 Bd. I 16ff., 99ff., 351ff.; Eger Enteignungsrecht, 2. Aufl. Bd. I 573ff.; Otto Mayer Eisenbahn u. Wegerecht, Arch. f. öff. Recht XV 511ff., XVI 203ff.; Seydel Anm. 6 zu EntG. § 14.

landespolizeil. Anordnung beruht, wird nicht etwa der Weg — sofern er nicht einen
Bestandteil der Bahnanlage bildet (unten II) — der Verfügung der Wegepolizei
entzogen u. der Bahnpolizei unterstellt; die WPolBehörde ist aber wie überhaupt,
so auch bez. dieser Wege an die Weisungen der vorgesetzten Instanzen gebunden
u. darf ferner nicht an den EisUnt. Anforderungen stellen, die über die landespolizeil.
Auflage hinausgehen, z. B. Herstellung einer Fahrbrücke an Stelle eines Lauffstegs
verlangen — OB. 31. Jan. 93 (XXIV 222, Arch. 789), 3. Feb. 97 (XXXI 198),
24. Juni 97 (Arch. 1008, EEE. XIV 261), 18. Dez. 02 (XLII 215, Arch. 03
S. 429) — oder ohne Genehmigung des Min. Anordnungen treffen, die von dem
festgestellten EisBauplan abweichen OB. 6. März 78 (III 191), 18. Dez. 02 (a. a. O.),
11. Mai 03 (XLIII 227). Ferner E. 8. Nov. 97 u. 3. Dez. 02 (Anl. D). —
Die Auflage der Unterhaltung braucht nicht mit ausdrücklichen Worten ge=
macht zu werden; vielmehr ist, wenn nichts bestimmt ist, als Wille der den Plan
feststellenden Behörde anzunehmen, daß dem EisUnt. die Unterhaltung soweit ob=
liegt, wie es nötig ist, um eine rechtswidrige Mehrbelastung des ordentl. Wege=
baupflichtigen zu verhindern; soweit ein Weg mit dem Bahnkörper zusammenfällt
u. deshalb dauernd den rechtl. Charakter des dem EisUnt. zur Verfügung stehenden
Bahnkörpers erhalten muß — z. B. Kreuzungen in Schienenhöhe RBesch. 30. Dez.
01 (Arch. 02 S. 467) —, hat stets der Unt. die Unterhaltung selbst zu besorgen;
im übrigen fällt dem ordentl. Wegebaupflichtigen die Ausführung der gesamten
Unterhaltung, dem Unt. die Erstattung der Mehrkosten zur Last, sei es in einer
Quote der Gesamtkosten oder in einer Pauschalsumme; u. U. ist es zweckmäßig,
wenn der Unt. gewisse Bauwerke oder dgl. in eigene Unterhaltung oder auch die
Ausführung bestimmter Arten von Arbeiten übernimmt OB. 18. Nov. 82 (Arch. 83
S. 292, EEE. II 400), 28. Feb. u. 14. März 83 (Arch. 388 u. 546, EEE. III
15 u. 30), 12. Feb. 00 (Arch. 1437). Im Streitfalle hat den Umfang der Mehr=
last der ord. Wegebaupflichtige zu beweisen OB. 28. Feb. 83 (a. a. O.), 16. April
84 (Arch. 470, EEE. III 209). Im Verwaltungsstreitverfahren muß auch Fest=
stellung eines bestimmten Anteils (nicht z. B. nur auf grundsätzl. Verurteilung
zur Tragung der Mehrlast) angetragen werden OB. 19. Dez. 01 (XL 229). Über
die Mehrlast hinaus darf eine Entbürdung des ord. Wegebaupflichtigen nicht ver=
langt werden — OB. 18. Nov. 82 (a. a. O.) —, ebensowenig eine Abwälzung
solcher Mehraufwendungen auf den EisUnt., deren Ursprung in der durch die
Bahnanlage herbeigeführten Steigerung des Wegeverkehrs liegt OB. 3. Dez. 84
(Arch. 85 S. 229, EEE. III 423), 1. Feb. 96 (XXX 184, Arch. 97 S. 836),
12. Juli 97 (XXXII 203). Bei einer Mehrheit beteiligter Wegebaupflichtiger ist
die Frage der Mehrlast für jeden besonders zu prüfen OB. 19. Nov. 00 (XXXVIII
245). Aufwendungen für die Bahnunterhaltung, zu denen der EisUnt. dadurch
genötigt ist, daß der öff. Straßenverkehr über den Bahndamm geht, stellen nicht
eine Beteiligung an der Wegebaulast dar, wegen deren im Streitverfahren auf
Entschädigung geklagt werden könnte OB. 24. Sept. 89 (XVIII 231). — Bezüg=
lich der zwangsweisen Durchführung der von der Wegepolizei getroffenen
Anordnungen gilt dem EisUnt. gegenüber nichts besonderes; ist es die StEB.,
so ist den allg. Grundsätzen entsprechend zwar LBG. § 132 ff. anwendbar,
eine Zwangsvollstreckung aber nur durch Vermittelung der vorgesetzten Behörde
zulässig OB. 28. Sept. 92 (XXIII 369, Arch. 93 S. 136), 31. Jan. 93 (XXIV
222, Arch. 789), 24. Juni 97 (Arch. 1008, EEE. XIV 261). — Um bez. eines von
dem EisUnt. hergestellten, aber nicht zu unterhaltenden Weges die Unterhaltungs=
pflicht des ord. Wegebaupflichtigen zur Entstehung zu bringen, bedarf es nicht
förmlicher Übergabe OB. 17. Sept. 79 (V 229), 18. Nov. 82 (IX 186, Arch. 83
S. 171), auch 4. Nov. 96 (XXX 200). — Bei der landespolizeil. Prüfung der

EiſPläne ſoll für jeden in Betracht kommenden Weg genau feſtgeſtellt werden, in welchem Maße die Unterhaltung durch die Änderung erſchwert wird u. deshalb dem EiſUnt. aufzuerlegen iſt; auch ſollen die Landespolizeibehörden eine Verſtändigung der Beteiligten über die Regelung der Laſt zu vermitteln beſtrebt ſein E. 5. Nov. 80 (EVB. 537), 20. Juni 84 (EVB. 317), 28. März 98 (EVB. 91), 24. Okt. 00²).

Die Beleuchtung iſt nicht ein Teil der Wegebaulaſt: bez. ſtädtiſcher Straßen fällt ſie grundſätzlich der Stadtgemeinde zur Laſt; hat der EiſUnt. einen Straßenteil angelegt, ſo kann er öffentlich = rechtlich zur Beleuchtung nur herangezogen werden, ſoweit ſie ihm landespolizeilich auferlegt iſt OV. 4. Dez. 78 (IV 419), 16. Juni 80 (EVB. 473, EEE. I 215), 18. Nov. 82 (IX 186, Arch. 83 S. 171). Auch die Unterhaltung von Brücken über öffentliche Flüſſe gehört nicht zur Wegebaulaſt; die Unterhaltung einer vom EiſUnt. in Verbindung mit einer EiſBrücke über einen öff. Fluß angelegten Fußgängerbrücke fällt nicht unter die nach LR. II 15 § 53 dem Strombaufiskus obliegenden Verpflichtungen: eine ſolche Brücke iſt Privatbrücke u. unterſteht der Ortspolizei nur, ſoweit es ſich um Abwendung von Gefahren für das Publikum handelt OV. 13. März 99 (Arch. 862, EEE. XVI 134).

II. Änderungen und Ergänzungen des öffentlichen Wegenetzes, die im Intereſſe nicht des Bahnbaus oder Bahnbetriebs, ſondern des durch den Verkehr auch und von den Bahnhöfen beeinflußten Wegeverkehrs nötig werden, namentlich die Anlage von Bahnhofszufuhrwegen — ähnliches gilt für Bahnhofsvorplätze Gleim EiſR. S. 217 — ſind grundſätzlich Sache des ordentl. Wegebaupflichtigen OV. 1. Dez. 85 (X 182, Arch. 84 S. 147), 16. April 84 (Arch. 470), 3. Dez. 84 (Arch. 85 S. 229, EEE. III 423), 25. Mai 87 (EEE. V 368), 12. Juli 97 (XXXII 203). Bez. der Frage der Notwendigkeit iſt aber zu beachten, daß das auf Herſtellung eines neuen Weges gerichtete Bedürfnis des Wegeverkehrs nicht unter allen Umſtänden einen öffentlichen Weg verlangt; es kann vielmehr ausreichen, wenn der Weg als Teil der Bahnanlage ausgeführt u. in dem gleichen beſchränkten Umfang wie dieſe ſelbſt dem Verkehr des Publikums freigegeben wird. Hinſichtlich der Bahnhofszufuhrwege kann das ſogar im eigenen Intereſſe des EiſUnt. liegen. Von der StEV. wird eine Herſtellung von Zufuhrwegen nur inſoweit übernommen, als ſie entweder in das eingefriedigte Bahngebiet fallen oder (wenn eine Einfriedigung nicht erfolgt) vom Bahngebiet umſchloſſen werden oder an deſſen Grenze entlang führen; darüber hinaus aber wird die Herſtellung abgelehnt E. 7. Dez. 87 II b (a) 18025. Das OV. jedoch — dagegen Gleim S. 222, Pannenberg im Arch. 02 S. 1176 — ſieht es als Sache des EiſUnt. an, alle diejenigen Wege, die nur die einzelnen Bahnhofsteile miteinander verbinden oder den noch fehlenden Anſchluß der Bahnanlage an das öff. Wegenetz erſt ſchaffen ſollen, als Teile der Bahnanlage herzuſtellen, ſo daß der ord. Wegebaupflichtige zu ihrer Anlegung nicht verpflichtet iſt OV. 25. Mai 87 (a. a. O.), 20. Feb. 89 (XVII 312). Eine dahingehende Verpflichtung des letzteren kann namentlich nicht durch einſeitige Diſpoſition der EiſVerwaltung, auch nicht dadurch entſtehen, daß ohne Zuſtimmung des Wegebaupflichtigen ein Weg der eben bezeichneten Art im EiſBauplan als ein öffentlicher, vom Träger der Wegebaulaſt zu unterhaltender bezeichnet wird; denn auf Grund der Vorſchriften des Eiſ.= u. des EntG. können Auflagen nur dem EiſUnt. gemacht werden (oben I) OV. 20. Feb. 89, 12. Juli 97 (XXXII 203), für Hannover OV. 30. Jan. 91 (XX 278, Arch. 686). Iſt im Bauplan ein herzuſtellender

---

²) Unteranlage E 1.

Weg als öffentlicher bezeichnet u. die Unterhaltung nicht dem EisUnt. auferlegt, sondern gar nicht geregelt oder dem Wegebaupflichtigen auferlegt, so ist es zur Schaffung eines öffentlichen Weges überhaupt nicht gekommen; andrerseits wird eine Verpflichtung des EisUnt. zur Herstellung irgend eines — öff. oder nicht öff. — Weges nur durch eine Auflage auf Grund EisG. oder EntG. begründet; ist also eine solche Auflage nicht zu erreichen u. das Bedürfnis der Wegeverbindung doch vorhanden, so bleibt auch in den Fällen, in denen das OB. den EisUnt. für herstellungspflichtig erachtet, nur übrig, daß die WPolizei den WBaupflichtigen zur Herstellung eines öff. Weges anhält OB. 12. Juli 97 (a. a. O.), 13. Okt. 02 (Arch. 03 S. 191). Der Min. hat für Staats= u. Privatbahnen angeordnet, daß schon in dem vorl. Planfeststellung vorangehenden Verfahren die Frage, ob die neu anzulegenden Wege als öffentliche oder als Teile der Bahnanlage, u. von wem sie herzustellen sind, geklärt u. bez. der Wegeteile, deren Ausführung nach E. 7. Dez. 87 nicht Sache des EisUnt. ist, die Übernahme der Herstellung durch den WBaupflichtigen in rechtsverbindlicher Form sichergestellt werden soll E. 7. Dez. 87 (a. a. O.), 3. Sept. 90 IV 3754, 5. Nov. 80 (EVB. 537), 28. März 98 (EVB. 91), 14. Dez. 98 (EVB. 338, VB. 833).

Die Unterhaltungspflicht liegt dem EisUnt. ob bez. aller Wege, die er planmäßig als Teile der Bahnanlage hergestellt hat, u. bez. aller öffentlichen Wege, deren Unterhaltung ihm bei der Planfeststellung ausdrücklich oder stillschweigend auferlegt worden ist; alle übrigen öff. Wege hat der ord. WBaupflichtige zu unterhalten, auch wenn der EisUnt. die erste Anlage besorgt hat OB. 20. Feb. 89 u. 12. Juli 97 (a. a. O.), 1. Dez. 83 (X 182, Arch. 84 S. 147). Im Zweifel gelten Zufuhrwege, die der EisUnt. lediglich zur Verbindung der Bahnhofsteile untereinander oder mit dem öff. WNetz angelegt hat, als Teile der Bahnanlage; anders, wenn sie gleichzeitig für Durchgangsverkehr bestimmt sind OB. 8. Mai 84 (X 215, Arch. 240), 29. Juni 87 (EEE. V 426), 20. Okt. 91 (EEE. IX 93). — Auch die Unterhaltungsfrage soll, soweit sich nicht ihre Regelung durch die Fest= setzung oder die Natur des Weges von selbst ergibt, vor der Planfeststellung geklärt werden. Die ob. angeführten Erlasse u. E. 20. Juni 84 (EVB. 317).

Wege, die als Teil der Bahnanlage zu gelten haben, sind, wie diese selbst, i. S. des Wegerechts nicht öffentliche, auch nicht beschränkt öffentliche Wege, sondern Privatwege der EisVerwaltung; sie stehen nicht zur Verfügung der Wege= polizei, vielmehr ist die Aufsicht über ihre Unterhaltung, Reinigung und Beleuch= tung ausschließlich von der Bahnaufsichtsbehörde zu führen (EisG. § 24); die allgemeine Polizei darf hierbei nur eingreifen, soweit es zur Beseitigung dringender Gefahren für das den Weg benutzende Publikum nötig ist OB. 16. Juni 80 (EVB. 473, EEE. I 215), 31. März 83 (IX 238, Arch. 402), 8. Mai 84 (X 215, Arch. 240), 25. Mai 87 (EEE. V 368), 28. Sept. 92 (XXIII 369, Arch. 93 S. 136), 25. März 96 (XXIX 438), 22. Nov. 00 (Arch. 01 S. 667). Ein der= artiger Weg ist an sich nicht zum Anbau bestimmt; wird aber die Bebauung vom EisUnt. zugelassen, so hat der Anlieger eine ähnliche Rechtsstellung wie derjenige an öff. Straßen (unten IV); freilich sind für ihn die Bedingungen maßgebend, unter denen der EisUnt. die Bebauung gestattet hat RGer. 3. Mai 99 (EEE. XVI 150). Für die ordnungsmäßige Unterhaltung der Wege ist der EisUnt. zivilrechtlich haftbar (II 2c Anl. B Ziff. III d. B.); das Maß der Unterhaltungspflicht läßt sich aber nicht ohne weiteres nach den für städtische Straßen geltenden Grundsätzen beurteilen RGer. 4. Jan. 02 (EEE. XIX 16) u. 23. Feb. 03 (EEE. XX 143). Das gleiche gilt bez. der Beleuchtung; die Ver= waltung haftet hiefür nicht nur nach § 831, sondern auch nach § 823 BGB.; wenn sie aber diligentia in eligendo beobachtet hat, so darf sie pünktliche Dienst=

wahrnehmung vorausſetzen, ſolange kein Grund vorliegt, an ihr zu zweifeln RGer. 20. Nov. 02 (LIII 53). Wenn die Eiſ. einen Laufſteg herſtellt und — wenn auch nicht formell, ſo doch tatſächlich — dem öff. Verkehr freigibt, ſo haftet ſie zivilrechtlich für den verkehrsſicheren Zuſtand des Steges (Gemeines R.) RGer. 8. Jan. 01 (EEE. XVIII 43). Fußwege für den Bahnhofsverkehr RGer. 13. Okt. 91 (Arch. 92 S. 655, EEE. IX 86). Bahnhofsvorplätze ſind öff. Plätze i. S. GewO. § 37 OV. 5. Feb. 94 (EEE. XII 4). — Die Umwandlung eines Weges der vorbezeichneten Art in einen öffentlichen vollzieht ſich nach den allg. Rechtsvorſchr. und bedarf außerdem der Genehmigung des Min.; Verjährung iſt kein Titel zur Schaffung eines öff. Weges OV. 7. Nov. 01 (Arch. 02 S. 677). Wird die Umwandlung vollzogen, ſo ändert ſich die rechtliche Natur des Weges; er hört auf, unter EiſG. § 24 zu fallen, ſeine Unterhaltung geht ganz auf den ord. Wegebaupflichtigen über, und es ruht die Verpflichtung des EiſUnt., den einzelnen Parzellenbeſitzern einen Zugangsweg zu ihren Grundſtücken zu gewähren OV. 1. Okt. 87 (XV 285, Arch. 88 S. 277), 12. Feb. 00 (Arch. 1437), 5. Dez. 01 (XLI 242, Arch. 03 S. 889). — Haftung der Eiſ. für ordnungsmäßigen Zuſtand der vom Bahnperſonal zu benutzenden Zugangswege RGer. 23. Dez. 03 (Arch. 04 S. 991).

III. Ferner kann durch die Planfeſtſtellung — und nur durch ſie — die Überſchreitung öffentlicher Wege durch Eiſenbahnen (Kreuzung in Schienenhöhe, Überführung Unterführung) oder — unter den Vorausſetzungen des E. 8. März 81 (EVB. 110) die Mitbenutzung öffentlicher Wege in der Längsrichtung für Eiſzwecke (derart, daß der Weg die Stelle des Bahnkörpers vertritt) angeordnet werden. Im letzteren Falle[3]) bedarf es der Zuſtimmung des Wegeigentümers und des Wegebaupflichtigen, die nötigenfalls im Enteignungsverfahren zu erzwingen iſt. V 2 Anm. 4 d. W., Gleim S. 249. In der Prov. Sachſen hat der Wegebaupflicht. über den zuſtänd. Behörden feſtgeſtellte Herſtellung u. Veränderung v. Eiſübergängen zu geſtatten, er und die WPolBeh. ſind vor Feſtſtellung des Planes anzuhören; zur Benutzung des Bahnkörpers in der Längsrichtung iſt Genehm. der WPolBeh. u. Zuſtimmung des WBaupflicht. nötig, letztere kann durch Beſchluß des Kreis- oder Bezirksausſchuſſes ergänzt werden WegeO. 11. Juli 91 (GS. 316) § 10 Abſ. 1, 5, 6. Kleinbahnen KleinbG. § 6, 7, Privatanſchlußb. daſ. § 46. Welche Rechtsſtellung die Eiſ.-Unternehmer durch die Genehmigung einer Kreuzung in Schienenhöhe erlangt, und inwieweit ihm die Koſten für eine künftig etwa notwendig werdende Erſetzung der Niveaukreuzung durch Unter- oder Überführung der Eiſenbahn oder des Weges auferlegt werden können, iſt zweifelhaft. Jedenfalls liegt die Entſch. über eine ſolche Änderung der genehmigten Anlage, über die Änderungsbedingungen und über eine Heranziehung des EiſUnternehmers zu den Koſten in der Hand des Min. RBeſch. 30. Dez. 01 (Arch. 02 S. 467), E. 20. April 03[4]). Dasſelbe gilt bez. jeder anderen den Bahnkörper berührenden Veränderung an der planmäßig ausgeführten Kreuzung; iſt z. B. durch den EiſBauplan die Herſtellung einer Wegeunterführung von beſtimmter Breite angeordnet worden, ſo kann eine Verbreiterung nicht ohne Zuſtimmung des Min. von der Wegepolizeibehörde erzwungen werden OV. 18. Dez. 02 (XLII 215, Arch. 03 S. 429), Anw. an die WPolBehörden E. 20. April 03[4]); ferner OV. 11. Mai 03 (XLIII 227).

---

[3]) Nur auf dieſen Fall, nicht auch auf Kreuzungen, bezieht ſich § 1 B der die Erweit. des Staatsbahnnetzes betr. Geſetze, wonach die Geſtattung unentgelt- licher Mitbenutzung der öff. Wege eine Vorbedingung f. d. Bauausführung bildet RBeſch. 30. Dez. 01 (Arch. 02 S. 467).

[4]) Unteranlage E 2.

IV. Privatrechtliche Folgen der Einziehung und Verlegung öffentlicher Wege. Nach LR. hat der Eigentümer eines an einer öffentlichen städtischen oder Dorfstraße belegenen Hauses der Gemeinde gegenüber ein Dienst= barkeitsrecht darauf, daß die Straße als Kommunikationsmittel (auch für den Wagenverkehr) seinem Hause erhalten bleibt und den für sein Luft= und Licht= bedürfnis wesentlichen Raum gewährt; wird (im Interesse des Straßenverkehrs oder aus anderen Gründen öffentlichen Interesses) eine Veränderung an der Straße vorgenommen, so hat der Eigentümer kein privatrechtliches Widerspruchsrecht, wohl aber einen Ersatzanspruch, wenn dadurch die Ausübung des Dienstbarkeitsrechts dauernd unmöglich gemacht oder doch erheblich erschwert wird; Vorteile aus der Neugestaltung sind von dem Schaden abzurechnen RGer. 7. März 82 (VII 213), 28. Nov. 89 (XXV 242), 18. April 99 (XLIV 282), 3. Nov. 03 (LVI 101). Das Recht des Hauseigentümers geht nicht weiter, als es das Kommunikations= interesse unbedingt erfordert; es ist nicht schon für jede vorübergehende Störung — wenn sie bezweckt, den bestimmungsmäßigen Charakter der Straße zu erhalten oder herzustellen —, jede Entziehung eines tatsächlichen Vorteils oder jede sonstige nachteilige Veränderung Ersatz zu leisten RGer. 5. Juni 89 (XXIV 245), 24. Feb. 92 (EEE. IX 292), 18. April 99 (a. a. O.). Das Recht erstreckt sich nicht auf die äußerliche Beschaffenheit, z. B. die Pflasterung der Straße — RGer. 3. Nov. 99 (EEE. XVII 33) —, reicht nicht über die Aus= dehnung der bebauten Grundfläche hinaus und ist gewahrt, wenn nur die Straße ein Glied des städtischen Straßennetzes bleibt, mag sie auch den Anschluß an den durchgehenden Verkehr nach einer Seite hin verlieren RGer. 28. Nov. 89 (a. a. O.) u. 25. Jan. 92 (EEE. IX 258). Die Mieter haben (nach LR.) den gleichen An= spruch wie die Eigentümer RGer. 21. Sept. 95 (XXXVI 272). Dritte — z. B. Eisenbahnunternehmer, die eine Straßensenkung ausführen wollen — können den Widerspruch des Berechtigten nur im Wege der Enteignung beseitigen RGer. 6. Okt. 99 (XLIV 325); Entschäd.Anspruch gegen diesen Dritten RGer. 21. Sept. 95 (a. a. O.), 28. März 96 (XXXVII 252). Eigentümer unbebauter Grundstücke haben das servitutarische Recht nicht RGer. 28. Nov. 89 (a. a. O.), 22. Okt. 94 (EEE. XI 331), anderseits 4. Feb. 91 (EEE. VIII 234). Das Recht erstreckt sich nicht auf Chausseen und Landstraßen, auch wenn sie durch Ortschaften führen, es sei denn, daß sie z. B. der Bebauung den Charakter einer Stadt= oder Dorfstraße trugen RGer. 23. Okt. 80 (Arch. 81 S. 115, EEE. I 295), 30. Nov. 87 (EEE. VI 154), 16. Juni 97 (EEE. XIV 258). — Im wesentlichen dasselbe gilt für das Gebiet des fran= zösischen Rechts — RGer. 17. Nov. 82 (Arch. 83 S. 287, EEE. II 395), 13. Feb. 83 (X 271), 16. April 89 (EEE. VII 110) —, wogegen nach Gemeinem Recht ein Anspruch der angegebenen Art nicht besteht RGer. 16. Nov. 80 (III 171), 13. Jan. 82 (VI 159). — Für den Geltungsbereich des BGB. entscheidet RGer. 30. April 02 (LI 251), daß die Erhöhung einer städtischen Straße nicht unter BGB. § 907 falle, daß das BGB. ein Dienstbarkeitsrecht auf die bis= herige Art der Straßenbenutzung nicht gewähre, daß aber nach EG. Art. 109, 124 die Ordnung des Rechtsverh. zwischen Straßeneigentümer und Straßenanlieger den Landesgesetzen überlassen sei. — Gegen den Standpunkt des RGer. Gleim S. 243. — Bering, die Rechte der Anlieger an einer Straße, Berlin 1898; dazu Arch. 98 S. 843. Eger, EnteignR., 2. Aufl. I 399 ff. Koffka, EntG. S. 40. Das Eigentum an einer eingezogenen Wegefläche geht nicht durch die Einziehung und die Schaffung eines Ersatzweges auf den EisUnt. über. Gleim S. 245. Anders WegeO. für Prov. Sachsen 11. Juli 91 (GS. 316) § 13. Kur= hess. Recht (G. 2. Mai 63 § 33) OB. 19. Okt. 03 (XLIV 272).

Unteranlage E1 (zu Anmerkung 2).

Erlaß des Ministers der öffentlichen Arbeiten betr. Ablösung der Verpflichtung des Eisenbahnfiskus zur Betheiligung an der Unterhaltung in Folge des Bahnbaues verlegter oder veränderter öffentlicher Wege. Vom 24. Okt. 1900 (EVB. 511, VV. 833).

Nach der Rechtsprechung des Oberverwaltungsgerichts fällt die Vermehrung der Wegeunterhaltungslast, die sich als Folge einer durch eine Eisenbahnanlage veranlaßten Verlegung oder sonstigen Veränderung eines öffentlichen Weges ergiebt, nicht dem nach gemeinem Wegerechte Unterhaltungspflichtigen zur Last, vielmehr hat sich der Eisenbahnunternehmer an der Unterhaltung des Weges neben dem ordentlichen Wegebaupflichtigen mit einer Quote zu betheiligen, welche dieser Vermehrung entspricht (vergl. Erkenntniß des Oberverwaltungsgerichts vom 12. Februar 1900, Archiv für Eisenbahnwesen S. 1437).

Schon durch die Erlasse vom 5. November 1880 (E.-V.-Bl. S. 537) und vom 20. Juni 1884 (E.-V.-Bl. S. 317) war angeordnet worden, daß bei jeder Veränderung eines öffentlichen Weges durch eine Eisenbahnanlage festzustellen sei, ob und inwieweit sich seine Unterhaltungslast in Folge dessen vermehrt und sich dementsprechend der Eisenbahnfiskus an der Unterhaltung zu betheiligen habe. Gleichwohl haben immer wieder Zweifel über den Umfang der Betheiligung des Eisenbahnfiskus an der Wegeunterhaltung zu Rechtsstreitigkeiten mit dem ordentlichen Wegebaupflichtigen geführt, theils weil es versäumt worden war, rechtzeitig Vereinbarungen darüber herbeizuführen, welche Quote der Unterhaltungskosten oder welcher reale Theil der Wegeunterhaltung vom Eisenbahnfiskus zu übernehmen sei, theils weil im Laufe der Zeit der Charakter eines Weges und damit das Maß der wegepolizeilichen Anforderungen sich dergestalt geändert hatte, daß der Fortbestand der eisenbahnfiskalischen Verpflichtungen in Frage gestellt erschien.

Um derartigen Streitigkeiten thunlichst vorzubeugen weise ich die Königlichen Eisenbahndirektionen an, bei jeder Verlegung oder sonstigen Veränderung eines öffentlichen Weges in Folge des Bahnbaues dafür Sorge zu tragen, daß die den Eisenbahnfiskus treffende Quote seiner Betheiligung an der Wegeunterhaltung durch die Landespolizeibehörde oder durch unmittelbare Verständigung mit dem ordentlichen Wegebaupflichtigen rechtzeitig festgestellt wird, und im Anschluß an diese Feststellung, spätestens ohne Verzug nach der planmäßigen Ausführung der Wegeänderung mit diesem über die künftige Regelung der Wegeunterhaltung in weitere Verhandlung zu treten. Hierbei ist in Verbindung mit dem etwa erforderlichen Flächenaustausch oder der sonstigen Uebereignung von Grund und Boden nach Möglichkeit zu vereinbaren, daß der Eisenbahnfiskus gegen Zahlung einer einmaligen Entschädigung, welche auf der Grundlage der festgestellten Quote zu berechnen ist, von der Verpflichtung zur Theilnahme an der Wegeunterhaltung gänzlich entbunden wird, so daß diese den ordentlichen Wegebaupflichtigen im vollen Umfange allein verbleibe. Bei Feststellung und Ablösung der Quote ist jedoch nicht außer Acht zu lassen, daß die auf den Eisenbahnunternehmer übergehende Unterhaltung derjenigen Wegetheile, welche nicht nur dem Wegeverkehre, sondern zugleich dem Bahnverkehre dienen (vergl. Erkenntniß des Oberverwaltungsgerichts vom 18. November 1882, Archiv für Eisenbahnwesen von 1883 Seite 297), d. i. der innerhalb der durchgehenden Bahnbegrenzung liegenden Wegetheile, sowie ferner die Unterhaltung von Wegetheilen, welche aus Gründen der Zweckmäßigkeit außerdem von der Eisenbahnverwaltung dauernd unterhalten werden, von der zu Grunde zu legenden Vermehrung der Wegeunterhaltungslast in Abzug zu bringen ist.

Wegen der Verrechnung der an die Wegebaupflichtigen zu zahlenden Ab=
lösungsentschädigungen verbleibt es bei den Bestimmungen des Erlasses vom
10. Mai 1898 (E.=B.=Bl. Seite 113).

Unteranlage E2 (zu Anmerkung 4).

**Erlaß des Ministers der öffentlichen Arbeiten betr. ministerielle Zustimmung
zur Änderung von Bahnübergängen in Schienenhöhe, Wege-Über- und
Unterführungen. Vom 20. April 1903 (EVB. 117).**

Nachstehenden Erlaß[1] erhalten die Königlichen Eisenbahndirektionen sowie
die Herren Eisenbahnkommissare zur Kenntnis. Im übrigen bleibt es bei den
Vorschriften der Erlasse vom 8. November 1897 (E.=B.=Bl. S. 372)[2] und vom
3. Dezember 1902 (E.=B.=Bl. S. 541)[2].

Berlin, den 20. April 1903.

Wie das Oberverwaltungsgericht in dem Erkenntnisse vom 18. Dezember
1902 (Archiv für Eisenbahnwesen von 1903 Seite 429 ff.) ausgeführt hat, kann
nach § 4 des Eisenbahngesetzes vom 3. November 1838 die Veränderung einer
Wegeunterführung, die zweifellos einen konstruktionellen Bestandteil der Eisen=
bahnanlage bildet, nicht ohne meine Zustimmung erfolgen. Wenn die Vor=
nahme einer solchen Veränderung durch eine Wegepolizeibehörde angeordnet
worden sei, obwohl mangels dieser Zustimmung noch völlig dahin stehe, ob
und in welcher Art jene Veränderung werde erfolgen dürfen und welche
sonstigen Bedingungen die Zentralinstanz etwa an die Erteilung der Genehmi=
gung knüpfen werde, so stelle sich die Anordnung als eine so unbestimmte dar,
daß sie keinen auch nur einigermaßen sicheren Anhalt für den Umfang der
geforderten Leistung gewähre. Das Oberverwaltungsgericht hat daher im
Einklange mit seiner ständigen Rechtsprechung eine wegepolizeiliche Anordnung
dieser Art außer Kraft setzen müssen und es der Wegepolizeibehörde überlassen,
sich vorgängig ein ministeriell genehmigtes Projekt für die zu stellende An=
forderung zu beschaffen, da sie eine von dem Mangel der Unbestimmtheit freie
Anordnung nur erlassen könne, nachdem sie sich über meine Zustimmung und
die gegebenenfalls von mir zu stellenden Bedingungen vergewissert habe.

In Übereinstimmung mit diesen Ausführungen und unter Bezugnahme
auf das Erkenntnis desselben Gerichtshofs vom 24. Juni 1897 (Entsch. Band 32,
Seite 219; Archiv für Eisenbahnwesen Seite 1008) ersuche ich Sie, die nach=
geordneten Wegepolizeibehörden allgemein dahin anzuweisen, daß sie ohne meine
vorgängige Zustimmung Anordnungen nicht zu treffen haben, welche sich auf
die Umgestaltung einer Eisenbahn oder ihrer Bestandteile erstrecken, wie es bei
der Änderung von Bahnübergängen in Schienenhöhe, Wege-Über= oder Unter=
führungen der Fall ist.

---

[1] An die RegPräs., nachrichtl. an den PolPräs. zu Berlin.   [2] Anl. D.

Anlage F (zu Anmerkung 15).

Erlaß des Ministers der öffentlichen Arbeiten betr. Mitwirkung der Landes-polizeibehörden bei Prüfung der Entwürfe zu neuen Eisenbahnanlagen.

(An die Regierungspräsidenten — außer Sigmaringen — und den Polizeipräsidenten von Berlin, sowie an die Königlichen Eisenbahndirektionen und das Eisenbahn-kommissariat.) Vom 12. Oktober 1892 (EVB. 347, VB. 828).

Mehrfach ist die Wahrnehmung gemacht worden, daß die Landespolizei-behörden bei der Prüfung der Eisenbahnpläne und bei der Abnahme der fertig-gestellten Bahnanlagen ein Verfahren eingeschlagen haben, welches den gesetzlichen Bestimmungen, insbesondere dem § 4 des Gesetzes über die Eisenbahnunternehmungen vom 3. November 1838 nicht entspricht. Wenn hierdurch dem Minister der öffent-lichen Arbeiten die Genehmigung der Bahnlinie in ihrer Durchführung durch alle Zwischenpunkte vorbehalten ist, so beschränkt sich seine Aufgabe nicht auf die Prüfung und Genehmigung der Baupläne vom Standpunkte der eisenbahn-technischen und der wirthschaftlichen Interessen, erstreckt sich vielmehr auch auf die Wahrnehmung derjenigen polizeilichen Interessen, welche durch die Bahnanlage berührt werden. Daß diese Interessen nach Absicht des Gesetzes in dem Bau-plane selbst oder in den Bedingungen, unter welchen die Genehmigung ertheilt wird, berücksichtigt werden sollen, ergiebt sich aus den Erläuterungen desjenigen Entwurfs des Eisenbahngesetzes, welcher durch eine von dem Staatsministerium zu diesem Zwecke eingesetzte Kommission ausgearbeitet worden war, in welchem es heißt: „Ebenso läßt dieser allgemeine Vorbehalt (Genehmigung der Bahnlinie) der Staatsbehörde freie Hand, der Ertheilung die nöthigen Prüfungen vorangehen zu lassen, damit die sicherheitspolizeilichen Rücksichten gehörig wahrgenommen, die im allgemeinen Interesse nöthigen Uebergänge, Vorfluthanlagen u. s. w. zur Be-dingung gestellt, und der Genehmigung des Bauprojekts die entsprechenden Maß-gaben hinzugefügt werden." Und ebenso ist durch die Rechtsprechung des Ober-verwaltungsgerichts anerkannt (Entscheidung vom 28. Februar 1883, Archiv für Eisenbahnwesen 1883, S. 388), daß der Ausgleich der Interessen, welche an den dem öffentlichen Interesse dienenden Anstalten bestehen, mit den Eisenbahnverkehrs-interessen durch den Minister der öffentlichen Arbeiten bei Genehmigung der Bahn-linien in Gemäßheit des § 4 des Gesetzes vom 3. November 1838 zu erfolgen habe. Hieraus geht hervor, daß die Verwaltungsbehörden, welchen die Wahrung der betreffenden polizeilichen Interessen im Uebrigen obliegt, insoweit als dieselben mit der Anlage der Eisenbahn im Zusammenhange stehen, zur selbständigen Ent-scheidung in diesen Angelegenheiten nicht befugt sind und, wie in der bezeichneten Entscheidung des Oberverwaltungsgerichts ausgeführt wird, nur als Organe des Ministers der öffentlichen Arbeiten fungiren. Dem Regierungs-Präsidenten fällt daher bei Prüfung der Entwürfe zu Bahnanlagen die Aufgabe zu, als Kommissar des Ministers der öffentlichen Arbeiten die ministerielle Entscheidung vorzubereiten und darauf hinzuwirken, daß die landespolizeilichen Interessen erörtert und bei der Planfeststellung berücksichtigt werden, während in gleicher Weise die eisenbahnbau- und betriebstechnischen Interessen von der Eisenbahn-Provinzialbehörde — bei Privatbahnen von dem Königlichen Eisenbahn-Kommissariat zu Berlin[1]), bei Staatsbahnen nach der Allerhöchst genehmigten Organisation vom 24. November 1879 (M.-Bl. d. i. V. 1880, S. 84, E.-V.-Bl. 1880 S. 85)[2]) von den Königlichen Eisenbahndirektionen — wahrzunehmen sind. Sofern sich vom Standpunkt der

---

[1]) Jetzt EisDirPräs. (II 5 Anl. A d. W.).   [2]) Jetzt VerwO.

bezeichneten Interessen Bedenken gegen den vorgelegten Entwurf nicht ergeben, ist dies, wie von Seiten der Eisenbahnaufsichtsbehörde, so auch von Seiten der Landespolizeibehörde, nur durch den Vermerk der geschehenen Prüfung zu bezeugen, während die Genehmigung und Feststellung auf den Entwurfsstücken Seitens des Ministers vermerkt wird. Demgemäß sind auch von der Landespolizeibehörde Aenderungen der Baupläne, welche sie für erforderlich erachtet, nicht, wie vielfach geschehen, anzuordnen, sondern bei dem Minister der öffentlichen Arbeiten zur zuständigen Entscheidung in Antrag zu bringen.

Der ministeriellen Feststellung unterliegen auch diejenigen Anlagen, welche die Landespolizeibehörde gemäß § 14 des Eisenbahngesetzes zum Schutze der benachbarten Grundbesitzer gegen die aus dem Eisenbahnbetriebe entspringenden Gefahren und Nachtheile für erforderlich erachtet. Der Umstand, daß diese Anlagen räumlich mit dem eigentlichen Bahnkörper und sonstigen Einrichtungen der Bahn auf das Engste zusammenhängen, daß die Gestaltung der Bahnanlage und die der Nebenanlagen sich wechselseitig bedingen, macht es zur Nothwendigkeit, daß die maßgebende Entscheidung auch über die Herstellung und Beschaffenheit der Nebenanlagen demselben staatlichen Organ wie die Feststellung der Bahnanlage selbst, dem Minister der öffentlichen Arbeiten, zusteht. Nur so wird, wie das Oberverwaltungsgericht in der Entscheidung vom 3. März 1883 (Entscheid. Bd. 9, S. 393) bemerkt, Gewähr dafür geschaffen, daß die landespolizeilichen Anforderungen aus § 14 des Eisenbahngesetzes mit denjenigen im Einklange stehen, welche die Technik des Eisenbahnbaues und -Betriebes zu erheben hat. Auch die Fürsorge für die in § 14 des Eisenbahngesetzes bezeichneten privaten Interessen berechtigt daher die Landespolizeibehörden nicht, den Eisenbahnverwaltungen Auflagen zu machen, sondern nur, die erforderliche Prüfung vorzunehmen und auf Grund derselben die Entscheidung des Ministers einzuholen. Nur sofern der Eisenbahnunternehmer bereit ist, die von den Landespolizeibehörden für erforderlich erachteten Anlagen herzustellen, bedarf es unter der Voraussetzung, daß die der Obhut der Eisenbahnaufsichtsbehörde anvertrauten Interessen dadurch nicht berührt werden, der ministeriellen Festsetzung ebensowenig, wie in den Fällen einer Einigung zwischen dem Unternehmer und den Interessenten in Betreff der Sicherungsanlagen. Es steht daher auch nichts entgegen, es bei der in dieser Beziehung bestehenden Uebung für die Folge zu belassen.

Die für die erste Herstellung der Bahn geltenden Grundsätze haben auch bei späteren Aenderungen sowohl der Bahnanlage selbst, wie auch der Nebenanlagen Anwendung zu finden.

Die Bestimmungen des Erlasses vom 26. Mai 1879 — IV. 2350, II. 4375 — werden, soweit dieselben mit den vorstehenden Anordnungen nicht im Einklange stehen, aufgehoben.

Bei der landespolizeilichen Abnahme der Bahn, welche der Betriebseröffnung vorausgeht, haben die Regierungs-Präsidenten sich ebenfalls als Kommissare des Ministers auf die Feststellung zu beschränken, ob die im allgemeinen polizeilichen Interesse oder zu Gunsten der Anlieger angeordneten Einrichtungen bestimmungsgemäß hergestellt sind. Die Prüfung der Bahnanlage in eisenbahntechnischer Hinsicht ist auch in diesem Falle nicht Sache der Landespolizeibehörde, sondern der bei der Abnahme betheiligten Eisenbahn-Provinzialbehörde. Die bei der Prüfung sich ergebenden Anstände sind, sofern deren Beseitigung nicht durch Benehmen mit den Betheiligten zu erreichen ist, zur Anzeige zu bringen. In Betreff neuer Anlagen, für welche sich erst bei der landespolizeilichen Abnahme der Bahn ein Bedürfniß herausstellen sollte, ist beim Widerspruche des Unternehmers oder, sofern eisenbahntechnische Interessen berührt werden, der Eisenbahnaufsichtsbehörde

gleichfalls die ministerielle Entscheidung einzuholen. Die Genehmigung zur Inbetriebnahme der Bahn steht nach § 159 des Zuständigkeitsgesetzes lediglich dem
Minister der öffentlichen Arbeiten zu. Die Landespolizeibehörde ist daher ebensowenig wie die Eisenbahnaufsichtsbehörde berechtigt die Genehmigung hierzu zu
ertheilen oder zu versagen.

Ew. u. s. w. ersuche ich, die dortseits mit der Abhaltung landespolizeilicher
Prüfungstermine zu betrauenden Kommissarien hiernach gefälligst mit Anweisung
versehen und dafür Sorge tragen zu wollen, daß in Zukunft genau nach den
aufgestellten Grundsätzen verfahren wird.

---

4. Gesetz über Kleinbahnen und Privatanschlußbahnen.
Vom 28. Juli 1892 (G.-S. S. 225)[1].

I. Kleinbahnen.

§. 1[2]). Kleinbahnen sind die dem öffentlichen Verkehre dienenden Eisenbahnen, welche wegen ihrer geringen Bedeutung für den allgemeinen Eisenbahnverkehr dem Gesetze über die Eisenbahnunternehmungen vom 3. November 1838
(Gesetz-Samml. S. 505) nicht unterliegen[3].

Insbesondere sind Kleinbahnen vor Allem nach solche Bahnen, welche
hauptsächlich den örtlichen Verkehr innerhalb eines Gemeindebezirks oder benachbarter Gemeindebezirke vermitteln, sowie Bahnen, welche nicht mit Lokomotiven betrieben werden[4].

[1]) Inhalt des „Kleinbahngesetzes":
I. Kleinbahnen. § 1 Begriff; § 2—16
Genehmigung (§ 2 Allgemeines; § 3 Zuständigkeit, § 4—8 Voraussetzungen;
§ 9—14 Bedingungen; § 15, 16 Aushändigung); § 17, 18 Planfeststellung;
§ 19 Betriebseröffnung; § 20 Maschinen;
§ 21 Fahrplan, Tarif; § 22 Aufsicht;
§ 23—27 Erlöschen u. Zurücknahme der
Genehmigung; § 28, 29 Anschluß anderer
Bahnen u. an Eisenbahnen; § 30—38
Erwerbsrecht des Staats; § 39 Bahnen
in Berlin u. Potsdam; § 40 Besteuerung; § 41 Staatsbeihilfen; § 42 Verpflichtungen gegenüber der Postverwaltung. — II. § 43—51 Privatanschlußbahnen. — § 52—55 Gemeinsame u.
Übergangsbestimmungen. — Zweck:
AusfAnw. (Anl. A) Einleitung. —
Quellen: HH. 92 Drucks. Nr. 34
(Entw. u. Begr.); 69 (KomB.); StB. 25,
190, 365; AH. 92 Drucks. Nr. 206
(KomB.); StB. 1314, 1963, 2062, 2160.
— Bearb.: Gleim (3. Aufl. 99), Eger
(2. Aufl. 04), Lochte (03). — Zeitschrift
für Kleinbahnen (her. im Min. d. öff.
Arb.). — AusfAnw. 13. Aug. 98
(Anlage A). Dazu: Eger in EEE.

XV Anhang. — Von Bedeutung ist die
in der AusfAnw. aufgestellte Unterscheidung zwischen Straßenbahnen u. nebenbahnähnlichen Kleinbahnen (auch I 1 d. W.).

[2]) AusfAnw. zu diesem §.

[3]) I 1 d. W. Die Kleinbahnen sind
nicht Eisenbahnen im Sinne z. B. der
RVerf. (I 2a Anm. 5 d. W.), des EisG.
(I 3 Anm. 2 d. W.), des Regul. über die
EisKommissariate (II 5 Anm. 1 d. W.),
der Gesetze über die EisAbgabe (IV 4),
der Reichsverordnung über den Bahn-
betrieb (VI 3—5), der Vorschr. über die
Kriegsleistungen usw. (VIII 3, 4), des
EisPostG. (IX 2); wohl aber im Sinne
z. B. des § 6 GewO. (I 2a Anl. A
Anm. 1), des GUVG. (III 8c), des HPflG.
(VI 6 Anm. 4). Bez. des Bahneinh©.
(I 5), der Gemeinde- u. Kreisbesteuerung
(IV 5), des EntG. (V 2), des StGB.
(VI 8) wird die Anwendbarkeit auf
Kleinbahnen bei den einzelnen Vorschr.
selbst erörtert. HGB. u. VerkO. (VII
2, 3) Anm. 40.

[4]) Nähere Anw.: E. 28. Juli 93,
25. Jan. / 3. Juni 97 (EBB. 164) u. 2. Mai 97

Ob die Voraussetzung für die Anwendbarkeit des Gesetzes vom 3. November 1838 vorliegt, entscheidet auf Anrufen der Betheiligten das Staatsministerium.

§. 2[2]). Zur Herstellung und zum Betriebe einer Kleinbahn bedarf es der Genehmigung[5]) der zuständigen Behörde. Dasselbe gilt für wesentliche Erweiterungen oder sonstige wesentliche Aenderungen[5]) des Unternehmens, der Anlage oder des Betriebes. Diese Genehmigung ist zu versagen, wenn die Erweiterung oder Aenderung die Unterordnung des Unternehmens unter das Gesetz vom 3. November 1838 bedingt.

§. 3[2]). Zur Ertheilung der Genehmigung ist zuständig:

1) wenn der Betrieb ganz oder theilweise mit Maschinenkraft[6]) beabsichtigt wird: der Regierungspräsident, für den Stadtkreis Berlin der Polizei-

---

(EVB. 90), sämtl. inhaltlich bei Gleim Anm. 3. Danach kann die Unterstellung einer an sich über den Rahmen einer Kleinbahn hinausgehenden Bahn unter das KleinbG. durch rechtliche Beschränkungen in der Genehmigung (betr. Verkehrsumfang, Spurweite, Betriebskraft u. dgl.) ermöglicht werden; Beteiligung der Kleinb. am Durchgangsverkehr ist der Regel nach auszuschließen; unter Durchgangsverkehr ist hierbei jedenfalls der Verkehr zwischen zwei Eisenbahnstationen, von denen die eine vor, die andere hinter der Kleinbahn liegt, unter Benutzung der Kleinbahn als Mittelglied zu verstehen. — E. 28. März 02 (EVB. 165) betr. Schnellbetrieb auf Kleinbahnen. — Lokomotive ist auch der Motorwagen, der neben dem Motor noch Raum für die Reisenden enthält. Gleim Anm. 4; a. M. Eger Anm. 3.

[5]) Die Genehmigung ist — abweichend von der Konzession für eine Eisenbahn (I 3 Anm. 6 d. W.) — nicht die Erteilung des Privilegs, zwischen zwei Orten eine Bahn zu bauen und zu betreiben, sondern die bau- u. gewerbepolizeiliche Ermächtigung, eine in ihrer ganzen Führung planmäßig genau bestimmte Bahnlinie zu bauen u. in gleichfalls genau gekennzeichneter Art zu betreiben; die Gen. muß — ohne Prüfung der Bedürfnisfrage — jedem, der sich den nach Maßgabe des Gesetzes an ihn zu stellenden Bedingungen unterwirft, erteilt u. darf nicht ohne gesetzlichen Grund zurückgenommen werden. Gleim S. 35—38 u. Anm. 2 zu § 2. A. M. Eger Anm. 5 u. in EEE. XV 182. —

Die Gen. ist auch nötig, wenn eine vorhandene Eisenbahn oder eine vorhandene Privatanschlußbahn künftig als Kleinbahn betrieben werden soll; im ersteren Falle bedarf es gleichzeitig einer Zurücknahme der erteilten Konzession u. ist die Zustimmung der Gläubiger des Unternehmens erforderlich. Gleim Anm. 1. — Als wesentliche Änderung des Unternehmens usw. gilt z. B. Verlegung des Endpunktes einer städtischen Straßenbahn in eine andere Straße, Einführung des Güterverkehrs, Wechsel in der Person des Unternehmers, Vereinigung mit anderen KleinbUnternehmen, Änderung der Betriebskraft. Gleim Anm. 3, 4. Der ÄnderungsGen. muß eine Prüfung der Frage vorangehen, ob die Bahn noch den Charakter der Kleinb. behalten kann. Gleim Anm. 5; E. 20. Feb. 98 (Gleim Anm. 4, 5, Zeitschr. f. Kleinb. 98 S. 243). Übertragung des Betriebs auf einen Dritten E. 15. Jan. 03 (Anlage B). — Stempeltarif (IV 6 d. W.) Tarifstelle 22.

[6]) Dahin auch Elektrizität, so daß die Aufsicht (§ 22 Satz 1) über eine Straßenbahn, die auch nur Teilstrecken elektrisch betreibt, bez. des ganzen Unternehmens der EisBehörde mit zusteht u. das Rechtsmittel gegen die im Aufsichtswege erlassenen Verfügungen Beschwerde an Min. (§ 52) ist; entsprechendes gilt (auch bez. der Genehmigung), wenn der elektr. Betrieb auf einer bisher mit Pferden betriebenen Kleinb. ganz oder teilweise eingeführt wird OB. 14. Feb. 98 (XXXIII 432). — Ferner hierher Drahtseilbahnen, bei denen das durch Wasser verstärkte Gewicht des bergab fahrenden

präsident[7]), im Einvernehmen mit der von dem Minister der öffent=
lichen Arbeiten bezeichneten Eisenbahnbehörde[8]);

2) in allen übrigen Fällen, und zwar:

   a) sofern Kunststraßen[2]), welche nicht als städtische Straßen in der
     Unterhaltung und Verwaltung von Stadtkreisen stehen, benutzt oder
     von der Bahn mehrere Kreise oder nicht preußische Landestheile
     berührt werden sollen: der Regierungspräsident, im ersten Falle
     für den Stadtkreis Berlin der Polizeipräsident[7]),

   b) sofern mehrere Polizeibezirke desselben Landkreises berührt werden:
     der Landrath,

   c) sofern das Unternehmen innerhalb eines Polizeibezirks verbleibt: die
     Ortspolizeibehörde[9]).

Wenn die zum Betriebe mit Maschinenkraft[6]) einzurichtende Bahn die
Bezirke mehrerer Landespolizeibehörden berührt, oder in dem Falle der Nr. 2 a
die betreffenden Kreise nicht in demselben Regierungsbezirke liegen, bezeichnet
der Oberpräsident, falls jedoch die Landespolizeibezirke beziehungsweise Kreise
verschiedenen Provinzen angehören, oder Berlin betheiligt ist, der Minister der
öffentlichen Arbeiten im Einvernehmen mit dem Minister des Innern die zu=
ständige Behörde[10]).

Die Zuständigkeit zur Genehmigung von wesentlichen Erweiterungen oder
sonstigen wesentlichen Aenderungen[5]) des Unternehmens, der Anlage und des
Betriebes regelt sich so, als ob das Unternehmen in der nunmehr geplanten
Art neu zu genehmigen wäre. Jedoch bleibt zur Genehmigung von Aende=
rungen des Betriebes der in Absatz 1 Nr. 1 erwähnten Unternehmungen die=
jenige Behörde zuständig, welche die Genehmigung zum Bau und Betriebe
ertheilt hat.

§. 4[2]). Die Genehmigung wird auf Grund vorgängiger polizeilicher
Prüfung ertheilt[11]). Diese Prüfung beschränkt sich auf:

Wagens den bergauf fahrenden bewegt.
Gleim EisR. S. 430.

[7]) Die Entscheidung des Reg(Pol)Präs.
ist als landespolizeiliche (soweit nicht
§ 52 Satz 1 Platz greift) mit Beschwerde
an den Oberpräsidenten (LVG. § 130)
anfechtbar OB. 11. Juli 96 (XXXI
370).

[8]) Die Bezeichnung erfolgt von Fall
zu Fall (AusfAnw. zu § 1). Die bezeich=
nete Behörde hat die im Zuge der Kleinb.
vorkommenden Brücken= u. sonstigen Bau=
werke eisenbahntechnisch u. statisch zu
prüfen E. 17. April 94 (Ztschr. f. Kleinb.
307, Gleim Anm. 1). — Ferner § 8, 22.

[9]) Sind gemäß G. 20. April 92 (GS.
87) § 6 in Stadtgemeinden, deren Polizei
von Kgl. Behörden verwaltet wird, ein=

zelne Zweige der Ortspolizei den Ge=
meinden zur eigenen Verwaltung über=
wiesen, so regelt sich die Zuständigkeit
nach der im Einzelfalle getroffenen Be=
stimmung Gleim Anm. 7.

[10]) Anm. 7. — Sofern der Landes=
polizeibezirk Berlin beteiligt ist, ist in
jedem Einzelfalle die Entscheidung der
beiden Minister über die zuständige Be=
hörde nachzusuchen E. 28. April 02
(EVB. 203).

[11]) Die durch die polizeilichen Rück=
sichten gebotenen Verpflichtungen sind in
der Gen. zu bestimmen § 9 (Entwürfe
für GenUrkunden Gleim in Zeitschr. f.
Kleinb. 98 S. 527). Weitere Verpflich=
tungen § 18. Eingehende Erörterung
über die gesetzlichen Grenzen der an

1) die betriebssichere Beschaffenheit der Bahn und der Betriebsmittel[12]),

2) den Schutz gegen schädliche Einwirkungen der Anlage und des Betriebes[13]),

3) die technische Befähigung und Zuverlässigkeit der in dem äußeren Betriebsdienste anzustellenden Bediensteten[14]),

4) die Wahrung der Interessen des öffentlichen Verkehrs[15]).

§. 5[2]). Dem Antrage auf Ertheilung der Genehmigung sind die zur Beurtheilung des Unternehmens in technischer und finanzieller Hinsicht erforderlichen Unterlagen, insbesondere ein Bauplan, beizufügen[16]).

§. 6. Soweit ein öffentlicher Weg benutzt werden soll, hat der Unternehmer die Zustimmung der aus Gründen des öffentlichen Rechtes zur Unterhaltung des Weges Verpflichteten beizubringen[17]).

---

den Unternehmer zu stellenden Anforderungen, sowie Ausführung, daß eine Anfechtung der GenUrkunde im Verwaltungsverfahren nicht schon aus dem Grunde zulässig sei, weil ihre Fassung über das gesetzliche Maß hinausgehende Anforderungen nicht gänzlich ausschließe OB. 12. Dez. 96 (XXXI 374). Die Einhaltung der GenBedingungen kann nur von der GenBehörde, nicht von der Ortspolizei erzwungen werden OB. 24. Nov. 02 (XXXXII 371), Gleim Anm. 2. Betriebsvorschr. AusfAnw. (Anl. A) Anl. 3, Privatanschlußbahnen § 48. Vorschr. über das Meldeverfahren bei Unfällen u. dergl. E. 29. Jan. 97 (EBB. 31), 14. April 03 (EBB. 217). E. 25. Feb. 76 betr. Beseitigung von Ansteckungsstoffen bei Viehbeförderungen (VI 9 b d. W.) ist auf nebenbahnähnliche Kleinb. anzuwenden E. $\frac{21.\ \text{Juni}}{29.\ \text{Mai}}$ 01 (EBB. 206).

[12]) Dahin bei Pferdebahnen auch die Pferde Gleim Anm. 4. — Vorschr. über Bau u. Ausrüstung von Straßenbahnwagen E. 6. Juni 03 (EBB. 181).

[13]) Anlage von Brandschutzstreifen ist der Regel nach nicht zu fordern E. 13. Dez. 93 (EBB. 94 S. 51). Die Verunzierung einer Straße durch die oberirdische Stromleitung einer elektr. Kleinb. ist an und für sich nicht als schädliche Einwirkung i. S. des § 4 Ziff. 2 anzusehen E. 17. April 96 (MB. 83). — Anm. 22.

[14]) Gleim Anm. 6.

[15]) Gleim Anm. 8, § 14.

[16]) Die Gestattung der Vorarbeiten gemäß EntG. § 5 darf bei Bahnen, die ganz oder teilweise mit Maschinenkraft betrieben werden sollen, nur mit Genehmigung des Min. (Antrag ist zu verbinden mit dem in AusfAnw. zu § 1 angeordneten Bericht), bei anderen Bahnen nur nach Benehmen mit dem RegPräs. ausgesprochen werden E. 13. Jan. 96 (EBB. 43); Gleim Anm. 1. — Anfertigung von Kopien der Katasterkarten E. 15. Jan. 94 (Zeitschr. f. Kleinb. 145).

[17]) Die Zustimmung (oder ihre Ergänzung gemäß § 7) bildet eine der Voraussetzungen für die Genehmigung (§ 2); wird letztere trotz des Fehlens dieser Voraussetzung erteilt, so steht dem Unterhaltungspflichtigen die Beschwerde (§ 52) zu. Gleim Anm. 2, 7 zu § 6 u. Anm. 4 zu § 7. — § 6, 7 beziehen sich nur auf Benutzung des Weges (in der Längsrichtung) als Bahnkörper. Für Wegekreuzungen sind die bei Eisenbahnen geltenden Grundsätze (I 3 Anl. E Ziff. I, III d. W.) anzuwenden; danach ist Zustimmung nur der Wegepolizeibehörde erforderlich u. fällt dem Unternehmer bei Kreuzungen in Schienenhöhe die Unterhaltung des Kreuzungsstücks, bei Unter- oder Überführungen das entstehende Mehr an Unterhaltung zur Last Gleim Anm. 1; a. M. Eger Anm. 26 u. in EEE. XIX 293. — Steht das Eigentum am Wege einem anderen als dem Unterhaltungspflichtigen zu, so ist (privatrechtlich) auch die Zustimmung des Eigentümers zur Wegebenutzung einzuholen Gleim Anm. 2; a. M. Eger a. a. O. — Wenn sich die Verhältnisse, auf Grund deren der Unterhaltungspflichtige zugestimmt hat, wesentlich ändern — Wechsel in der Person des Unternehmers fällt hierunter

Der Unternehmer ist mangels anderweitiger Vereinbarung zur Unterhaltung und Wiederherstellung des benutzten Wegetheiles verpflichtet und hat für diese Verpflichtung Sicherheit zu bestellen[18]).

Die Unterhaltungspflichtigen (Absatz 1) können für die Benutzung des Weges ein angemessenes Entgelt beanspruchen, ingleichen sich den Erwerb der Bahn im Ganzen nach Ablauf einer bestimmten Frist gegen angemessene Schadloshaltung des Unternehmers vorbehalten[19]).

§. 7[2]). Die Zustimmung der Unterhaltungspflichtigen kann ergänzt werden[20]):

nicht, sofern die Genehmigung dem Unternehmer für sich u. seine Rechtsnachfolger erteilt ist —, so bedarf es nochmaliger Zustimmung Gleim Anm. 2. — Der Vertrag, nach dem für die Zustimmung eine jährliche Geldentschädigung zu leisten ist, gilt als Mietvertrag i. S. des Stempel G. RGer. 13. Dez. 97 (XL 280) u. 7. April 03 (Ztschr. f. Gleinh. 04 S. 112): hierzu (u. über die Anwendbarkeit von ÖBG. § 557) Hille in EEG. XVII 174, XVIII 188; Heinlz baf. XVIII 71. Wird der Unternehmer aus einem solchen Vertrage, nicht auf Grund seiner öffentlich = rechtlichen Unterhaltungspflicht in Anspruch genommen, so entscheiden die ordentlichen Gerichte RGer. 24. April 02 (EEG. XIX 231). Der Aufsichtsbehörde gegenüber hat eine Rücknahme der Zustimmung vor Ablauf der Zeit, für welche letztere erteilt ist, keine Wirksamkeit Gleim Anm. 2. — Unter mehreren Bewerbern darf der Unterhaltungspflichtige die Zustimmung nur einem erteilen; anderenfalls ist gemäß § 7 oder durch die Genehmigung (§ 2) die Beschränkung auf einen Unternehmer herbeizuführen Gleim Anm. 2. — Entschädigung der Bahn bei polizeilich verfügter Absperrung des Weges Fleischmann in EEG. XX 286, 370, XXI 309.

[18]) Abs. 2 greift auch im Falle des § 7 Platz. Die Verpflichtungen aus Abs. 2 — auch die zur Sicherheitsleistung E. 19. Feb. 01 (Ztschr. f. Kleinb. 307) — bestehen gegenüber der Wegepolizeibehörde u. entlasten den Wegebaupflichtigen Gleim Anm. 3, 4. Die Unterhaltungspflicht erstreckt sich nicht ohne weiteres auch auf die zwischen Doppelgleisen liegende Wegefläche Gleim Anm. 3; a. M. Eger Anm. 27. Straßenbeleuchtung liegt dem Unternehmer im

Zweifel nicht ob OB. 24. Nov. 02 (XLII 371). — § 11.

[19]) Das Entgelt kann auch z. B. in der Einräumung einer — selbstverständlich den Befugnissen der Aufsichtsbehörde nicht vorgreifenden — Einwirkung auf Fahrplan oder Tarif bestehen; ungebührlichen Forderungen gegenüber hilft § 7. Gleim Anm. 5, RGer. 20. Mai 03 (EEG. XX. 169); a. M. Eger Anm. 28. Eine Geldentschädigung wird regelmäßig in Gestalt einer den wirklichen Aufwendungen des Unterhaltungspflichtigen entsprechenden Rente festzusetzen sein (Gleim Anm. 5); eine Beteiligung des Unterhaltungspflichtigen am Gewinn des Unternehmens wird als über die Absicht des G. hinausgehend bezeichnet werden müssen. — Unter „Bahn im ganzen" ist die Bahnanlage selbst (ohne Forderungen u. Schulden des Unternehmers) zu verstehen: eine Mehrheit von Unterhaltungspflichtigen kann sich nur in ihrer Gesamtheit den Erwerb vorbehalten Gleim Anm. 6. Die Entschädigung muß vor Eintritt des Erwerbs feststehen Gleim Anm. 7. Wenn das Benutzungsrecht für eine bestimmte Zeit verliehen ist u. der Erwerb vor deren Ablauf erfolgt, so ist jenes ein Teil des Erwerbsgegenstandes und mangels anderweiter Festsetzung bei der Bemessung der Entschädigung zu berücksichtigen Gleim Anm. 8.

[20]) Anm. 17—19. — „Beteiligt" bedeutet unterhaltungspflichtig i. S. § 6 Abs. 1. Gleim Anm. 1. Die Entsch. erstreckt sich erforderlichenfalls auch auf die Dauer des Benutzungsrechts Gleim Anm. 3; a. M. Eger Anm. 31. Wird bei wesentlichen Veränderungen eine Ergänzung der nochmaligen Zustimmung (Anm. 17) nötig, so kann die Ergänzungsbehörde nicht dem Unterhaltungspflichtigen die durch die frühere Zustimmung oder ihre

soweit eine Provinz oder ein den Provinzen gleichstehender Kommunal=
verband betheiligt ist, durch Beschluß des Provinzialrathes, wogegen
die Beschwerde an den Minister der öffentlichen Arbeiten zulässig ist;
soweit eine Stadtgemeinde oder ein Kreis betheiligt ist, oder es sich um
einen mehrere Kreise berührenden Weg handelt, durch Beschluß des
Bezirksausschusses, im Uebrigen durch Beschluß des Kreisausschusses.

Durch den Ergänzungsbeschluß wird unter Ausschluß des Rechtsweges zu=
gleich über die nach §. 6 an den Unternehmer gestellten Ansprüche entschieden.

§. 8 [2]). Vor Ertheilung der Genehmigung ist die zuständige Wegepolizei=
behörde und, wenn die Eisenbahnanlage sich dem Bereiche einer Festung nähert,
die zuständige Festungsbehörde zu hören. In diesem Falle darf die Geneh=
migung nur im Einverständniß mit der Festungsbehörde ertheilt werden [21]).

Wenn die Bahn sich dem Bereiche einer Reichstelegraphenanlage nähert,
so ist die zuständige Telegraphenbehörde vor der Genehmigung zu hören [22]).

Soll das Gleis einer dem Gesetze über die Eisenbahnunternehmungen
vom 3. November 1838 unterworfenen Eisenbahn gekreuzt werden, so darf
auch in den Fällen, in denen die Eisenbahnbehörde im Uebrigen nicht mit=
wirkt (§. 3), die Genehmigung nur im Einverständniß mit der letzteren ertheilt
werden [23]).

§. 9. Außer den durch die polizeilichen Rücksichten (§. 4) gebotenen
Verpflichtungen sind in der Genehmigung zugleich diejenigen zu bestimmen,
welchen der Unternehmer im Interesse der Landesvertheidigung und der Reichs=
Postverwaltung in Gemäßheit des §. 42 zu genügen hat [24]).

Ergänzung für ihn begründeten Rechte entziehen Gleim Anm. 3. — Rechts=
mittel (soweit nicht § 7 entgegensteht) nicht nach § 52, sondern nach LVG.
§ 121. OV. 7. März 96 (XXIX 401).

[21]) § 47. — Reichs=RayonG. (VIII 2 d. W.) § 13 Ziff. 2. — In geeigneten
Fällen sind vor Erteilung der Gen. auch die Generalkommissionen zu hören —
E. 31. Mai 97 (Ztschr. f. Kleinb. 400) —, auch sollen die Meliorationsinteressen
besondere Beachtung finden E. 22. Sept. 96 (MB. 182). Gleim Anm. 6.

[22]) Unter Telegraphenanlagen sind auch Fernsprechanlagen zu verstehen Gleim
Anm. 4. — Die Äußerung der Telegr.= Behörde ist nur Material für die
Entsch. der Genehmigungsbehörde RGer. 26. März 03 (LIV 187). — Eingehende
Erörterungen über das Verhältnis des Abs. 1 u. des § 4 Ziff. 2 zu G. über
TelegrWesen (IX 3 d. W.) § 12—14 u. zu TelegrWegeG. (IX 4 d. W.) § 6, 13, so=
wie Vorschr. über allgemeine polizeiliche Anforderungen an den Bau u. Betrieb

mit Gleichstrom betriebener elektr. Klein=
bahnen im Hinblick auf die Gefahren solcher Anlagen für den Bestand vorhan=
dener Telegr.= u. Fernsprechanlagen u. die Sicherheit des Bedienungspersonals ent=
hält E. 9. Feb. 04 (Anl. K zu Anm. 74).

[23]) EisG. § 4; E. betr. Berührung usw. mit Eisenbahnen 4. April 01
u. 15. Dez. 02 (Anlagen C u. D). Sicherung der Kreuzungen E. 24. Okt. 96
(Ztschr. f. Kleinb. 630) u. 29. Jan. 97 (EMB. 74), beide im Auszuge bei Gleim
Anm. 5; E. 16. Nov. 01 (Ztschr. f. Kleinb. 793). — E. 25. Jan. 00 (Anl. E). —
Über Kreuzung zweier Kleinb. mit elektr. Betrieb ist gemäß § 17 zu entscheiden;
solange die Entsch. nicht ergangen ist, kann die ältere Kleinb. gegen Ein=
bauten usw. der neuen die ordentlichen Gerichte in Anspruch nehmen RGer.
21. Dez. 01 (L 292).

[24]) AusfAnw. zu § 1 (Abs. 4), § 8 u. 9. Bereits vor Erlaß der AusfAnw.
genehmigte Bahnen E. 5. Nov. u. 31. Dez. 98 (Gleim Anm. 2 a. E.).

§. 10²). Bei der Genehmigung von Bahnen, auf welchen die Beförde=
rung von Gütern stattfinden soll, kann vorbehalten werden, den Unternehmer
jederzeit zur Gestattung der Einführung von Anschlußgleisen für den Privat=
verkehr anzuhalten²⁵). Art und Ort der Einführung unterliegt der Genehmi=
gung der eisenbahntechnischen Aufsichtsbehörde²⁶).

Die Behörde (§. 3) hat mangels gütlicher Vereinbarung der Interessenten
auch die Verhältnisse des Bahnunternehmens und des den Anschluß Bean=
tragenden zu einander zu regeln, insbesondere die dem Ersteren für die
Benutzung oder Veränderung seiner Anlagen zu leistende Vergütung vorbehalt=
lich des Rechtsweges festzusetzen.

§. 11²). Bei der Genehmigung ist die Art und Höhe der Sicherstellung
für die Unterhaltung und Wiederherstellung öffentlicher Wege, soweit diese
nicht bereits erfolgt ist, vorzuschreiben²⁷).

Für die Ausführung der Bahn und für die Eröffnung des Betriebes
kann eine Frist festgesetzt und die Erlegung von Geldstrafen für den Fall der
Nichteinhaltung derselben, sowie Sicherheitsstellung hierfür gefordert werden²⁸).

Auch können Geldstrafen und Sicherheitsstellung zur Sicherung der
Aufrechterhaltung des ordnungsmäßigen Betriebes während der Dauer der
Genehmigung vorgesehen werden.

§. 12. Der nach den Bestimmungen dieses Gesetzes erforderlichen Sicher=
stellung bedarf es nicht, wenn das Reich, der Staat oder ein Kommunalverband
Unternehmer ist.

§. 13²). Die Genehmigung kann dauernd oder auf Zeit ertheilt werden.
Sie erfolgt unter dem Vorbehalte der Rechte Dritter, der Ergänzung und
Abänderung durch Feststellung des Bauplanes (§§. 17 und 18)²⁹).

---

²⁵) Dem Anschlußsucher erwächst aus
diesem Vorbehalte kein Recht Gleim
Anm. 2. Anschlußgleis für den Privat=
verkehr kann auch ein solches sein, welches
öffentlichen — z. B. postalischen oder
militärischen — Zwecken dient, wenn es
nur nicht dem öffentlichen Verkehr (I 1
b. W.) freigegeben ist Gleim Anm. 2;
a. M. Eger Anm. 41.

²⁶) § 22.

²⁷) Die Worte: „soweit ... erfolgt ist"
sind versehentlich aus der Regierungs=
vorlage in das G. übernommen worden
und hätten gestrichen werden müssen
Gleim Anm. 1; a. M. Eger Anm. 27.

²⁸) Aus der Genehmigung folgt
die Verpflichtung zu Bau u. Be=
trieb nicht dem weiteres Gleim
Anm. 2; a. M. Eger Anm. 44, 47. —
Die Frist soll mit der Genehmigung des
Bauplans beginnen E. 29. Juni 95
(MB. 176, Gleim Anm. 2). — § 23.

²⁹) Ist die Gen. über den Zeitraum hin=
aus erteilt, für die dem Unternehmer das
Wegebenutzungsrecht eingeräumt
ist, so bleibt sie für die Ortspolizei
maßgebend, so lange sie nicht wieder auf=
gehoben ist OB. 25. Okt. 00 (XXXVIII
362). Wenn die Gemeinde trotz ent=
gegenstehender vertraglicher Abrede (§ 6)
ein Konkurrenzunternehmen ein=
richtet, so kann sie, auch wenn dieses gemäß
§ 2 genehmigt ist, im Rechtswege auf
Einstellung des Betriebs verklagt werden
RGer. 12. Mai 03 (EEE. XX 72).
Ausschluß der Zulassung unmittelbar
konkurrierender Linien auch ohne aus=
drückliche Abrede RGer. 29. März 98
(EEE. XV 70). Nähere Ausführungen
über die Rechtsfrage VerZtg. 04 S. 125;
Kollmann in EEE. XX 275; U. Land=
ger. I. Berlin in VerZtg. 04 S. 984. —
Der Vorbehalt der Rechte dritter
bezieht sich nur auf die erste Genehmigung

§. 14²). Im Interesse des öffentlichen Verkehrs ist bei der Genehmigung (§. 2) durch die zuständige Behörde über den Fahrplan und die Beförderungspreise das Erforderliche festzustellen; zugleich sind die Zeiträume zu bezeichnen, nach deren Ablauf diese Feststellungen geprüft und wiederholt werden müssen³⁰).

Von der Feststellung über den Fahrplan kann ·für einen bei der Genehmigung festzusetzenden Zeitraum abgesehen werden. Dieser Zeitraum kann verlängert werden.

Die Feststellung der Beförderungspreise steht innerhalb eines bei der Genehmigung festzusetzenden Zeitraumes von mindestens fünf Jahren nach der Eröffnung des Bahnbetriebes dem Unternehmer frei. Das alsdann der Behörde zustehende Recht der Genehmigung der Beförderungspreise erstreckt sich lediglich auf den Höchstbetrag derselben. Hierbei ist auf die finanzielle Lage des Unternehmens und auf eine angemessene Verzinsung und Tilgung des Anlagekapitals Rücksicht zu nehmen.

§. 15. Der Aushändigung der Genehmigungsurkunde müssen die nach §. 11 geforderten Sicherstellungen vorausgehen.

§. 16²). Die Genehmigung, welche für eine Aktiengesellschaft, eine Kommanditgesellschaft auf Aktien oder eine Gesellschaft mit beschränkter Haftung behufs Eintragung in das Handelsregister (Artikel 210 Absatz 2 Nr. 4, Artikel 176 Absatz 2 Nr. 4 des Deutschen Handelsgesetzbuchs, §. 8 Nr. 4 des Reichsgesetzes vom 20. April 1892 — Reichs-Gesetzbl. S. 477 —)³¹) ausgehändigt worden ist, tritt erst in Wirksamkeit, wenn der Nachweis der Eintragung in das Handelsregister geführt ist.

§. 17²). Mit dem Bau von Bahnen, welche für den Betrieb mit Maschinenkraft⁶) bestimmt sind, darf erst begonnen werden, nachdem der

des Unternehmens u. hat nur eine vorläuf. Bedeutung; er verweist die Berechtigten auf die Planfeststst. (§ 17), nicht etwa auf den Rechtsweg; soweit die Rechte bei der Planfeststst. nicht berücksichtigt werden, können sie lediglich in der Form von Entschäd.-Ansprüchen vor das ordentl. Gericht gebracht werden; diese aber sind, wenn der genehmigte Betrieb die Eigentümer in der Ausübung der ihnen nach BGB. § 906, 1004 zustehenden Befugnisse wesentlich beeinträchtigt, von einem Verschulden des Unternehmers unabhängig RGer. 12. Okt. 04 (VerZtg. 05 S. 13, EEE. XXI 186).

³⁰) Unter Fahrplan i. S. § 14 ist der F. für den Personenverkehr zu verstehen Gleim Anm. 1; a. M. Eger Anm. 55. Fahrplan u. Tarif sind von Zeit zu Zeit durch die Genehm.-Behörde nachzuprüfen; die Prüfung des Tarifs hat sich nach

Abs. 3 auch auf die Frage zu erstrecken, ob die Preise im Hinblick auf die finanz. Lage des Unternehmens und eine angemessene Verzinsung u. Tilgung des Anlagekapitals im Interesse des öffentl. Verkehrs für angemessen erachtet werden können E. 1. Nov. 04 (Ztschr. f. Kleinb. S. 802).

³¹) Jetzt HGB. § 195 Abs. 2 Ziff. 6, § 284 Abs. 2 Ziff. 4, § 320 Abs. 3; G. betr. Gesellschaften mit beschränkter Haftung in der Fassung der Bek. 20. Mai 98 (RGBl. 846) § 8 Abs. 1 Ziff. 4. — Aktiengesellschaften, die zum Bau u. Betrieb bestimmter Kleinbahnen gegründet sind, sollen sich nicht Eisenbahngesellschaften nennen E. 21. Mai 00 (EBB. 189, BB. 918). — Legitimation der Aktionäre durch das Aktienbuch E. 24. Okt. 03 (Ztschr. f. Kleinb. 591).

Bauplan durch die genehmigende Behörde in folgender Weise festgestellt worden ist[32]):

1) Der Planfeststellung werden die bei der Genehmigung vorläufig getroffenen Festsetzungen zu Grunde gelegt.

2) Plan nebst Beilagen sind in dem betreffenden Gemeinde- oder Gutsbezirke während vierzehn Tagen zu Jedermanns Einsicht offenzulegen. Zeit und Ort der Offenlegung ist ortsüblich bekannt zu machen.

Während dieser Zeit kann jeder Betheiligte im Umfange seines Interesses Einwendungen gegen den Plan erheben. Auch der Vorstand des Gemeinde- oder Gutsbezirkes hat das Recht, Einwendungen zu erheben, welche sich auf die Richtung des Unternehmens oder auf Anlagen der in §. 18 dieses Gesetzes gedachten Art beziehen.

Diejenige Stelle, bei welcher solche Einwendungen schriftlich einzureichen oder mündlich zu Protokoll zu geben sind, ist zu bezeichnen[33]).

3) Nach Ablauf der Frist (Nr. 2 Absatz 1) sind die gegen den Plan erhobenen Einwendungen in einem nöthigenfalls an Ort und Stelle durch einen Beauftragten abzuhaltenden Termine, zu dem der Unternehmer und die Betheiligten (Nr. 2 Absatz 2) vorgeladen werden müssen und Sachverständige zugezogen werden können, zu erörtern[34]).

4) Nach Beendigung der Verhandlungen wird über die erhobenen Einwendungen beschlossen und erfolgt darnach die Feststellung des Planes sowie der Anlagen, zu deren Errichtung und Unterhaltung der Unternehmer verpflichtet ist (§. 18).

Der Beschluß wird dem Unternehmer und den Betheiligten zugestellt[35]).

Der Feststellung (Absatz 1) bedarf es nicht, wenn eine Planfestsetzung zum Zwecke der Enteignung stattfindet[36]).

---

[32]) Das Verfahren ist demjenigen zur endgiltigen Planfeststellung im Enteignungsverfahren — EntG. § 19 fg. — nachgebildet. — § 47.

[33]) Benachrichtigung der Meliorationsbaubeamten, der Deichverbände u. der Wassergenossenschaften E. 22. Sept. 96 (MB. 182, Gleim Anm. 3), Zuziehung der Telegr.-Verw. Anl. K. — Unzulässig sind Einwendungen, die gegen das Unternehmen als solches, nicht gegen die Art seiner Ausführung gerichtet sind oder nicht Abwendung von Gefahren oder Nachteilen, sondern Erlangung von Vorteilen bezwecken Gleim Anm. 4. — Nicht nur der Gemeinde- oder Gutsvorstand, sondern jede Behörde kann zum Schutze der ihr anvertrauten Interessen Ein-

wendungen erheben Gleim a. a. O.; a. M. Eger Anm. 64.

[34]) Die EisBehörde (§ 3 Abs. 1 Ziff. 1) soll bez. der Planfeststellung u. der Abnahme (§ 19) bei der Terminsanberaumung zugezogen werden u. die Protokolle mitunterzeichnen E. 29. Okt. 97 (EBB. 371) u. 23. Aug. 96 (EBB. 259, VB. 832); Beteiligte wie in EntG. § 20 Abs. 2 Gleim Anm. 6.

[35]) „Beteiligte" wie in EntG. § 21 Abs. 2; Rechtsmittel Beschwerde an Min. (§ 52 Satz 1) Gleim Anm. 8. — Anm. 23.

[36]) Danach ist die Feststellung gemäß § 17 nicht die vorläufige Planfeststellung gemäß EntG. § 15. Über letztere, sowie über die Mitwirkung der

Wenn aus der beabsichtigten Bahnanlage Nachtheile oder erhebliche Belästigungen der benachbarten Grundbesitzer und des öffentlichen Verkehrs nicht zu erwarten sind, kann, sofern es sich nicht um die Benutzung öffentlicher Wege, mit Ausnahme städtischer Straßen, handelt, der Minister der öffentlichen Arbeiten den Beginn des Baues ohne vorgängige Planfestsetzung gestatten.

§. 18. Dem Unternehmer ist bei der Planfeststellung (§. 17) die Herstellung derjenigen Anlagen aufzuerlegen, welche die den Bauplan festsetzende Behörde zur Sicherung der benachbarten Grundstücke gegen Gefahren und Nachtheile oder im öffentlichen Interesse für erforderlich erachtet, desgleichen die Unterhaltung dieser Anlagen, soweit dieselbe über den Umfang der bestehenden Verpflichtungen zur Unterhaltung vorhandener, demselben Zwecke dienenden Anlagen hinausgeht[37]).

§. 19[2]). Zur Eröffnung des Betriebes bedarf es der Erlaubniß der zur Ertheilung der Genehmigung zuständigen Behörde. Die Erlaubniß ist zu versagen, sofern wesentliche in der Bau= und Betriebsgenehmigung gestellte Bedingungen nicht erfüllt sind[38]).

§. 20[2]). Die Betriebsmaschinen sind vor ihrer Einstellung in den Betrieb und nach Vornahme erheblicher Aenderungen, außerdem aber zeitweilig der Prüfung durch die zur eisenbahntechnischen Aufsicht über die Bahn zuständige Behörde (§. 22) zu unterwerfen[39]).

§. 21[2]). Der Fahrplan und die Beförderungspreise[40]) sowie die Aenderungen derselben sind vor ihrer Einführung öffentlich bekannt zu machen.

EisBehörden bei der Planfeststellung für Kleinb. E. 25. Jan. u. 21. Nov. 00 (Anlagen E u. F). — E. 24. Aug. 00 (Ztschr. f. Kleinb. 630) betr. Erwirkung des EntRechts für Kleinb. u. E. 19. April 04 (EBB. 123) betr. Maßnahmen zur Beschleunigung des KleinbBaues.

[37]) EisG. § 14, EntG. § 14. Im Rechtswege kann die Herstellung nicht erzwungen werden RGer. 22. April 03 (EEE. XX 156). Nachträgliche Anordnungen, welche nicht durch sicherheitspolizeiliche Rücksichten geboten erscheinen, sind nicht zulässig Gleim Anm. 1. Eger (Anm. 70) folgert aus der Wortfassung des § 17, daß die Verpflichtung des Unternehmers zur Herstellung von Anlagen, soweit sie im öffentlichen Interesse liegt, nicht auf das zur Abwendung von Gefahren usw. Nötige beschränkt sei. — Haftung der Kleinbahn für Eingriffe des Betriebs in die Eigentumsrechte der Nachbarn I 3 Anm. 49 a. E. — § 47.

[38]) EisG. § 22. — Anm. 34. — Bei der Abnahme ist streng auf Erfüllung der Bedingungen zu halten E. 31. Juli 95 (Ztschr. f. Kleinb. 438, Gleim Anm. 2). Anordnungen bezüglich der ersten Herstellung eines Weges auf Grund einer bei der Abnahme übernommenen Verpflichtung kann nur die Genehmigungs=, nicht die Wegepolizeibehörde treffen OB. 15. Okt. 00 (XXXVIII 359). — BahneinhG. (I 5 d. W.) § 3. — § 47.

[39]) § 20 hat nur die in den Zügen laufenden, mit Dampfkesseln versehenen Maschinen im Auge E. 23. Okt. 97 (EBB. 370); wegen der übrigen Maschinen I 2a d. W., Anl. A Anm. 2b u. Unteranl. A 2. Ferner (auch bez. der Wagen) BetrVorschr. f. Kleinb. (Anl. 3 zu Anl. A unten) Abschn. II, f. PrivatanschlB. (E. 30. April 02, EBB. S. 213) Abschn. III. — § 20 (u. § 47) ist auch auf die vor Inkrafttreten des G. genehmigten Bahnen anzuwenden E. 5. Nov. 92 (EBB. 449, VB. 916). — § 47.

[40]) EisG. § 32. — HGB. Buch 3 Abschn. 7 gilt im allg. auch f. Kleinb.

Die angesetzten Beförderungspreise haben gleichmäßig für alle Personen oder Güter Anwendung zu finden.

Ermäßigungen der Beförderungspreise, welche nicht unter Erfüllung der gleichen Bedingungen Jedermann zu Gute kommen, sind unzulässig.

§. 22²). Rücksichtlich der Erfüllung der Genehmigungsbedingungen und der Vorschriften dieses Gesetzes ist jede Kleinbahn der Aufsicht der für ihre Genehmigung jeweilig zuständigen Behörde unterworfen. Bei den für den Betrieb mit Maschinenkraft⁶) eingerichteten Bahnen steht die eisenbahntechnische Aufsicht der zur Mitwirkung bei der Genehmigung berufenen Eisenbahnbehörde zu, sofern nicht der Minister der öffentlichen Arbeiten die Aufsicht einer anderen Eisenbahnbehörde überträgt⁴¹).

(HGB. § 473), nicht aber die VerkO. (VerkO. Eingangsbest. 1). — Das Erfordernis der öff. Bek. erstreckt sich auf die BefördPreise im vollen Umfange u. auf jede Art der Preisermäß., bei jeder späteren Tarifherabsetzung sind die BefördBedingungen der Aufsichtsbehörde mitzuteilen E. 7. Dez. 93 (Ztschr. f. Kleinb. 94 S. 49, Gleim Anm. 1), 14. März 01 (EVBl. 96). — Transportvergünstigungen u. bedingte Zulassung von Beförderungsgegenständen E. 7. März u. 14. Mai 03 (Anlagen G u. H). — Der Fahrgast einer Straßenbahn muß, wenn die Best. für die Straßenbahn dahin gehen, dem Kontrolleur den Fahrschein vorzeigen oder das Fahrgeld (ev. nochmals) entrichten RGer. 20. Dez. 97 (EEE. XIV 353); dazu Gorden in EEE. XVI 77.

⁴¹) Die für den Betrieb mit Maschinenkraft eingerichteten Kleinbahnen werden also in eisenbahntechnischer Beziehung von der EisBehörde allein, im übrigen von der LandespolBehörde (§ 3) gemeinsam mit der EisBehörde beaufsichtigt. — Die Befugnisse der Aufsichtsbehörde sind durch die Eingangsworte des § begrenzt. Neben der Aufsicht besteht nicht, wie nach EisG. § 23, eine besondere Bahnpolizei, vielmehr wird die allgemeine polizeiliche Überwachung der Kleinbahn einschl. ihres Schutzes gegen Dritte durch die Organe der allgemeinen Polizei (jedoch AusfAnw. zu § 22 Abs. 5, 6) besorgt Gleim Anm. 1; OB. 25. Okt. 00 (XXXVIII 362). Befugnisse der Pol.-Behörde gegenüber dem Hauseigentümer, der die Anbringung von Rosetten für Spanndrähte einer elektr. Straßenbahn an seinem Hause gestattet hat OB. 2. März

03 (XLIII 387). Die Ortspol. darf dem Unternehmer Auflagen, für die sie an sich zuständig ist (Wegeinstandsetzung), erst nach Entscheidung der Genehmigungsbehörde machen, wenn ihre Ausführung mit einer in die Zuständigkeit der Genehmigungsbehörde fallenden Anlageänderung (Gleisverlegung) in untrennbarem Zusammenhange steht OB. 18. Juni 03 (XLIII 390). Zu Auflagen, die mit baulichen Änderungen am Bahnkörper verbunden sind, ist die Ortspolizei nicht zuständig — OB. 21. Dez. 03 (XLIV 402) —, wohl aber zu solchen PolVerordnungen, bei denen es sich um die Sorge für Leben u. Gesundheit der Mitglieder des Publikums handelt KGer. 26. Mai 04 (EEE. XXI 171). Erlaß von Betriebsordnungen AusfAnw. Abf. 4. Zuständig zum Erlasse von Polizeiverordnungen ist nicht die Aufsichtsbehörde als solche, sondern die nach LVG. § 136 ff. berufene Behörde (jedoch Ausf.-Anw. Abs.5); durch die PolV. dürfen dem Unternehmer nicht Verpflichtungen erwachsen, die ihm nach dem G. überhaupt nicht oder nicht mehr nach erteilter Genehmigung (§ 2, 4) auferlegt werden dürfen Gleim Anm. 1; OB. 12. Dez. 96 (XXXI 374); Anm. 11. — Die Aufsichtsbehörde darf die Bahnanlage (ohne Fahrkartenlösung) in allen Teilen besichtigen, Geschäftsbücher usw. einsehen, das Personal vernehmen, Anzeige von wichtigen Vorgängen verlangen, Sitzungen der Generalversammlung u. des Aufsichtsrats beiwohnen Gleim Anm. 4b. Zwangsmittel: LVG. § 132 ff., E. 8. Aug. 94 (Anlage J). — Die auf Grund des KleinbG. entstehenden Reisekosten der Beamten der StEB. fallen

§. 23²). Die Genehmigung kann durch Beschluß der Aufsichtsbehörde für erloschen erklärt werden, wenn die Ausführung der Bahn oder die Eröffnung des Betriebes nicht innerhalb der in der Genehmigung bestimmten oder der verlängerten Frist erfolgt⁴²).

§. 24²). Die Genehmigung kann zurückgenommen werden, wenn der Bau oder Betrieb ohne genügenden Grund unterbrochen oder wiederholt gegen die Bedingungen der Genehmigung oder die dem Unternehmer nach diesem Gesetze obliegenden Verpflichtungen in wesentlicher Beziehung verstoßen wird⁴³).

§. 25. Ueber die Zurücknahme entscheidet auf Klage der zur Ertheilung der Genehmigung zuständigen Behörde⁴⁴) das Oberverwaltungsgericht.

§. 26. Bei Erlöschen⁴⁵) oder Zurücknahme der Genehmigung wird die für die Unterhaltung und Wiederherstellung öffentlicher Wege bestellte Sicherheit, soweit sie für den bezeichneten Zweck nicht in Anspruch zu nehmen ist, herausgegeben. Mangels anderweiter Vereinbarung hat der Wegeunterhaltungspflichtige die Wahl, die Wiederherstellung des früheren Zustandes, nöthigen Falls unter Beseitigung in den Weg eingebauter Theile der Bahnanlage, oder gegen angemessene Entschädigung den Uebergang der letzteren in sein Eigenthum zu verlangen.

Macht der Unterhaltungspflichtige von dem ersteren Rechte Gebrauch, so geht das Eigenthum der zurückgelassenen Theile der Bahnanlage auf den Unterhaltungspflichtigen unentgeltlich über.

Im öffentlichen Interesse kann die Aufsichtsbehörde eine Frist festsetzen, vor deren Ablauf der Unterhaltungspflichtige nicht berechtigt ist, die Wiederherstellung des früheren Zustandes zu verlangen²).

§. 27²). Ob und inwieweit bei Erlöschen (§. 23) oder Zurücknahme der Genehmigung wegen Unterbrechung des Baues oder Betriebes (§. 24) die für die Ausführung der Bahn oder die fristgemäße Eröffnung oder die Aufrechterhaltung des Betriebes bestimmten Geldstrafen verfallen, entscheidet unter Ausschluß des Rechtsweges der Minister der öffentlichen Arbeiten. Dieser beschließt über die Verwendung solcher Geldstrafen. Letztere sind zu Gunsten des früheren Unternehmens, anderenfalls ähnlicher Unternehmungen in dem betreffenden Landestheile zu verwenden.

§. 28. Unternehmer von Kleinbahnen sind verpflichtet, sich den Anschluß anderer Bahnen gefallen zu lassen, sofern die Behörde, welche die Genehmigung für die Bahn, an welche der Anschluß erfolgen soll, ertheilt hat, mit Rücksicht auf die Konstruktion und den Betrieb der Bahn den Anschluß für zulässig

---

der Staatskasse zur Last E. 23. Okt. 93 (EBB. 334, VB. 922); ferner III 4 b Anm. 6—8 d. W. — § 47.

⁴²) Rechtsmittel nach § 52. — EisG. § 21, I 5 Anm. 8 d. W.

⁴³) § 24 gilt, auch wenn dem Unternehmer in der Genehmigung die Bau-

oder Betriebspflicht nicht auferlegt ist (Anm. 28) Gleim Anm. 1. — EisG. § 47.

⁴⁴) § 22, Gleim Anm. 1.

⁴⁵) Nicht bloß im Falle des § 23, sondern z. B. auch nach Ablauf der Genehmigungsdauer (§ 13) Gleim Anm. 1.

erachtet. Dieselbe Behörde entscheidet auch darüber, wo und in welcher Weise der Anschluß erfolgen soll, regelt in Ermangelung einer gütlichen Vereinbarung die Verhältnisse beider Unternehmer zu einander und setzt, vorbehaltlich des Rechtsweges, die dem erstgedachten Bahnunternehmer für die Benutzung oder Veränderung seiner Anlagen zu leistende Vergütung fest[46]).

§ 29. Unternehmer von Kleinbahnen können die Gestattung des Anschlusses ihrer Bahnen an Eisenbahnen verlangen, welche dem Gesetze über die Eisenbahnunternehmungen vom 3. November 1838 unterliegen, sofern der Minister der öffentlichen Arbeiten mit Rücksicht auf die Konstruktion und den Betrieb der letzteren den Anschluß für zulässig erachtet. Darüber, wo und in welcher Weise der Anschluß herzustellen ist, und über die Verhältnisse beider Unternehmer zu einander, insbesondere über die dem Eisenbahnunternehmer für die Benutzung oder Veränderung seiner Anlagen zu leistende Vergütung entscheidet, in letzterer Beziehung unter Vorbehalt des Rechtsweges, der Minister der öffentlichen Arbeiten[47]).

---

[46]) RVerf. Art. 41 Abs. 2, EisG. § 45. — Anschluß i. S. § 28 liegt nur vor, wenn beide Bahnen gleiche Spurweite haben Gleim Anm. 1. Die Verpflichtung erstreckt sich nicht auf die Wiederbenutzung der Anlagen der Kleinb. durch den Anschlußsucher — OB. 12. Dez. 96 (XXXI 374) —, besteht auch Eisenbahnen (Privatanschlußbahnen § 10) gegenüber u. kann nicht im Rechtswege, sondern nur durch Anrufen der nach § 28 zuständigen, d. i. der in AusfAnw. zu § 22 Abs. 1 bezeichneten Behörde verwirklicht werden Gleim Anm. 2, 3. Rechtsmittel (außer bez. der Vergütung) lediglich nach § 52 Gleim Anm. 5.

[47]) Die Genehmigung des Min. ist einzuholen: bei unmittelbarem Gleisanschluß und gleicher Spurweite beider Bahnen gemäß § 29, bei ungleicher Spur, oder wenn unmittelbarer Anschluß nicht beabsichtigt ist, gemäß EisG. § 4; in allen Fällen vor der Ausführung; aber erst nach Entscheidung über die Zulassung der Kleinbahn E. 16. Jan. 97 (EVB. 23). — Verhältnis der Kleinb. zu den Eis., namentlich zur StEB. E. 31. Jan. 00 (EVB. 36) u. 18. Juli 03 (EVB. 235) betr. allgemeine Bedingungen für die Einführung von Kleinbahnen in Staatsbahnstationen; 7. Mai 00 (EVB. 171), 11. Juni 01 (EVB. 196), 12. Jan. 04 (EVB. 25) u. 23. Dez. 04 (EVB. 412) betr. allgemeine Bedingungen für den Wagenübergang auf Kleinbahnen; 14. Dez. 03 (ENB. 466) betr. Einstellung neuer KleinbWagen; E. 9. Juni 94 (EVB. 146 Gleim Anm. 1) betr. Regelung der Beziehungen der Kleinbahnen zu den Eisenbahnen (auf Lenkungen nach Osten, die an einer Kleinb., aber nicht an einer Eis. gelegen sind, ist BO. § 68 Abs. 3, 4, § 76 anwendbar; direkte Tarife mit Kleinb. sind im allg. nicht einzurichten; im Verkehr mit Kleinb. findet eine Kürzung an der Abfertigungsgebühr im allg. nicht statt, hierzu VII 3 Anm. 103, 153 b. W.); 22. April 95 (EVB. 369) betr. Überführungsgebühr für Stückgut; 4. Feb. 97 (EVB. 36) betr. Ausstellung der Frachtbriefe nach KleinbStationen u. Bekanntmachung der Eröffnung von KleinbStrecken; 26. Feb. 98 (EVB. 66) betr. unentgeltl. Beförderung des Dienstschriftverkehrs; 13. Sept. 98 (EVB. 262) betr. Abfertigungsgebühr im Verkehr zwischen Kleinb. u. Privatb.; 22. Feb. 99 (EVB. 52) u. 23. März 04 (ENB. 112) betr. Frankierung von Kleinb.-Frachten; 12. Okt. 00 (Ztschr. f. Kleinb. 560), 16. Okt. 03 (ENB. 409) u. 14. Juli 04 (Ztschr. f. Kleinb. 538) betr. Gütertarife im Übergangsverkehr von u. nach Kleinb.; 22. Mai 01 (Ztschr. f. Kleinb. 412) betr. Nachnahmeprovision; 28. Aug. 01 (ENB. 509) betr. Feststellung der Stückzahl bei Wagenladungsgütern; 30. Dez. 02 (ENB. 03 S. 5) betr. Frachtbriefe im Übergangsverkehr mit Kleinb.; 3. Jan. 03 (Ztschr. f. Kleinb. 120) betr. Weiterbeförderung von Gütern mit

§. 30[2]). Haben Kleinbahnen nach Entscheidung des Staatsministeriums eine solche Bedeutung für den öffentlichen Verkehr gewonnen, daß sie als Theil des allgemeinen Eisenbahnnetzes zu behandeln sind, so kann der Staat den eigenthümlichen Erwerb solcher Bahnen gegen Entschädigung des vollen Werthes nach einer mit einjähriger Frist vorangegangenen Ankündigung beanspruchen[48]).

§. 31. Der Erwerb (§. 30) erfolgt unter sinngemäßer Anwendung der Bestimmungen des §. 42 Nr. 4 a bis d des Gesetzes über die Eisenbahn= unternehmungen vom 3. November 1838[49]), mit der Maßgabe, daß der Be= rechnung des 25fachen Betrages nach §. 42 Nr. 4 a des vorerwähnten Gesetzes das steuerpflichtige Einkommen nach den Bestimmungen des Einkommensteuer= gesetzes vom 24. Juni 1891 (Gesetz=Samml. S. 175) zu Grunde zu legen ist, jedoch bei den Aktiengesellschaften und Kommanditgesellschaften auf Aktien der Abzug von $3^1/_2$ Prozent des eingezahlten Aktienkapitals (§. 16 Ein= kommensteuergesetz) fortfällt. Erstreckt sich die Kleinbahn über das Gebiet des Preußischen Staates hinaus in andere Deutsche Bundesstaaten, so ist gleich= wohl das Einkommen aus dem gesammten Betriebe der Berechnung der Entschädigung zu Grunde zu legen. War das zu erwerbende Unternehmen noch nicht fünf Jahre im Betriebe, so ist für die Berechnung der Entschädi= gung der Jahresdurchschnitt des bisher erzielten Reingewinnes maßgebend. — Ist eine Aktiengesellschaft Unternehmer der zu erwerbenden Bahn, so bedarf es nicht der Einlösung der Aktien von den einzelnen Aktionären, sondern nur der Zahlung der Gesammtentschädigung an die Gesellschaft.

§. 32[2]). Der Unternehmer kann verpflichtet werden, über jede Bahn, für welche ihm eine besondere Genehmigung ertheilt worden ist, dergestalt Rechnung zu führen, daß der Reinertrag derselben, und wenn der Unter= nehmer eine Aktiengesellschaft ist, die von derselben gezahlte Dividende daraus mit Sicherheit entnommen werden kann[50]).

Kleinb.; 6. April u. 8. Mai 03 (EVB. 192 u. 240), 29. Feb. 04 (EVB. 63) u. 10. Juni 05 (EVB. 255) betr. Erhebung von Anschlußfracht an Stelle der Stationsfracht im Verkehr mit Kleinb. — Cauer II 474 ff.

[48]) § 30—38 behandeln das Er= werbsrecht des Staats, welches vom G. als Enteignung behandelt wird § 36, 37, Gleim Anm. 2 zu § 30 (dagegen Eger Anm. 103, 105, 126). Die Auf= kündigung (§ 30) ist jederzeit, nicht etwa nur nach Ablauf eines Betriebsjahres, zulässig Gleim Anm. 2; a. M. Eger Anm. 104. Die Entschädigung erfolgt entweder (§ 31) nach dem Reinertrag oder (§ 33—35) nach dem Sachwert.

[49]) Daß EisG. § 42 Ziff. 4 d insoweit nicht anwendbar ist, als er dem Staate die Einlösung der Aktien zur Pflicht macht, besagt KleinbG. § 31 letzter Satz Gleim Anm. 3. — Für die Höhe der Entschädigung kommt nicht in Be= tracht, auf wie lange Zeit die Genehmi= gung ertheilt ist (§ 13) Gleim Anm. 1.

[50]) Die Verpflichtung muß durch die Genehmigung (oder einen Nachtrag) be= gründet werden Gleim Anm. 1; a. M. Eger Anm. 111. — Nähere Vorschriften über die Rechnungsführung E. 8. Mai 99 (EVB. 157, VB. 923), 28. Jan. 00 (EVB. 66, VB. 924), 29. Sept. 01 (EVB. 535, VB. 925), 29. Dez. 01 (EVB. 02 S. 15, VB. 925).

Die Vernachläffigung diefer Verpflichtung begründet für den Staat das Recht, die Berechnung der Entschädigung nach dem Sachwerthe (§§. 33 bis 35) zu verlangen.

§. 33. Der Unternehmer kann Entschädigung nach dem Sachwerthe verlangen, wenn das Unternehmen noch nicht länger als fünfzehn Jahre im Betriebe ist. Erfolgt die Erwerbung durch den Staat in den erften fünf Jahren des Betriebes, so werden dem Sachwerth 20 Prozent, erfolgt fie in den nach= folgenden zehn Jahren, so werden demfelben 10 Prozent zugeschlagen.

§. 34. Im Falle der Entschädigung nach dem Sachwerthe bilden den Gegenftand des Erwerbes alle dem Unternehmen unmittelbar oder mittelbar gewidmeten Sachen und Rechte des Unternehmers[51]), die Forderungen und Schulden jedoch nur infoweit, als diefelben nach beiderfeitigem Einverftändniffe auf den Staat übergehen follen. In die mit den Beamten und Arbeitern beftehenden Verträge tritt der Staat ein, ebenfo in folche Verträge, welche zur Beschaffung des für das Unternehmen erforderlichen Materials ab= geschlossen find.

Für alle Beftandtheile ift der volle Werth zu vergüten[52]).

§. 35. Die Abschätzung und die Festsetzung der Entschädigung für die Beftandtheile des Unternehmens (§. 34) erfolgt nach einem von dem Unter= nehmer aufzuftellenden Inventar, über deffen Richtigkeit und Vollftändigkeit erforderlichen Falles zu verhandeln und von dem Bezirksausschuffe zu ent= scheiden ift.

§. 36. Die Festsetzung der Entschädigung (§§. 31 und 33 bis 35) er= folgt, vorbehaltlich des beiden Theilen zuftehenden, innerhalb fechs Monaten nach Zuftellung des Festsetzungsbeschluffes zu beschreitenden Rechtsweges, durch den Bezirksausschuß unter finngemäßer Anwendung der §§. 24 bis 29 des Enteignungsgefetzes vom 11. Juni 1874.

Der Bezirksausschuß ift auch für das Vollziehungsverfahren zuftändig.

§. 37. Auf die Ermittelung der Entschädigung finden die §§. 24 bis 28, auf die Vollziehung der Enteignung die §§. 32 bis 37, auf das Verfahren vor dem Bezirksausschuffe und auf die Wirkungen der Enteignung die §§. 39 bis 46 des Enteignungsgefetzes vom 11. Juni 1874 finngemäße Anwendung.

Die Entschädigung für Beftandtheile des Unternehmens, welche im In= ventar verzeichnet und bei Feftftellung der Gefammtentschädigung berückfichtigt, bei der Vollziehung der Enteignung aber nicht mehr vorhanden find, ift von dem Unternehmer zurückzuerftatten. Für Beftandtheile, welche bei Vollziehung der Enteignung über das Inventar hinaus vorhanden find, ift auf Antrag des Unternehmers von dem Bezirksausschuffe nachträglich die vom Staate zu gewährende Entschädigung feftzufetzen.

---

51) BahneinheitsG. (I 5 d. W.) § 4. Gleim Anm. 2; Eger Anm. 117.

52) Der zeitige Anlagewert Gleim Anm. 5; a. M. Eger Anm. 119.

§. 38. Erwerbsberechtigten (§. 6) gegenüber greift das Erwerbungs=
recht des Staates gleichfalls Platz. Ihnen ist der volle Werth des Erwerbs=
rechtes[53]) zu erstatten.

§. 39. Zur Anlegung von Bahnen in den Straßen Berlins und
Potsdams bedarf es Königlicher Genehmigung[54]).

§. 40. Die Kleinbahnen werden der Gewerbesteuer auf Grund des
Gewerbesteuergesetzes vom 24. Juni 1891 (Gesetz=Samml. S. 205) unter=
worfen[55]).

Bezüglich der Kommunalbesteuerung sind Kleinbahnen als Privat-
eisenbahnunternehmungen im Sinne des §. 4 des Gesetzes vom 27. Juli
1885, betreffend Ergänzung und Abänderung einiger Bestimmungen
über Erhebung der auf das Einkommen gelegten direkten Kommunal-
abgaben (Gesetz-Samml. S. 327), nicht zu erachten[56]).

§. 41. Die auf Grund des Allerhöchsten Erlasses vom 16. September
1867 (Gesetz=Samml. S. 1528), des Gesetzes vom 7. März 1868 (Gesetz=
Samml. S. 223), des Gesetzes vom 11. März 1872 (Gesetz=Samml. S. 257)
und der §§. 2 und 3 des Gesetzes vom 8. Juli 1875 (Gesetz=Samml. S. 497)
den dort genannten Provinzial= und Kommunalverbänden überwiesenen Kapitalien und Summen können auch zur Förderung des Baues von Kleinbahnen
verwendet werden[57]).

§. 42. Die Kleinbahnen unterliegen nachfolgenden Verpflichtungen gegen=
über der Postverwaltung[58]):

1) Die Unternehmer haben auf Verlangen der Postverwaltung mit jeder
für den regelmäßigen Beförderungsdienst bestimmten Fahrt einen Post=
unterbeamten mit einem Briefsack und, soweit der Platz reicht, auch
andere zur Mitfahrt erscheinende Unterbeamte im Dienst gegen Zahlung
der Abonnementsgebühr oder, falls solche nicht besteht, der Hälfte des
tarifmäßigen Personengeldes zu befördern[59]).

---

[53]) Gleim Anm. 2.

[54]) FluchtlinienG. (V 3 d. W.) § 10
Abs. 2. Delegation bez. bestimmter
Stadtteile ist zulässig Gleim Anm. 1;
a. M. Eger Anm. 132 f.

[55]) Seit G. 14. Juli 93 (GS. 119)
erhebt der Staat die Gew.Steuer nicht
mehr; die Steuerpflicht besteht nur noch
den Kreisen und den Gemeinden gegen=
über. — Der EisAbgabe unterliegen
die Kleinb. nicht (IV 4a Anm. 2 d. W.).

[56]) Gemeindebesteuerung der Kleinb.
jetzt nach KommAbgG. (IV 5a d. W.,
namentl. Anm. 4, 15, 27, 29); Kreis=
besteuerung IV 5b d. W., namentl.
Anm. 3d.

[57]) Seit 1895 werden zur Förderung

des Baus von Kleinb. durch die sog.
Sekundärbahngesetze Staatsmittel
zur Verfügung gestellt, über deren Ver=
wendung E. 25. April 95 (MB. 128,
Gleim Anm. 1) Grundsätze enthält.
Ferner E. 24. März u. 19. April 02
(Ztschr. f. Kleinb. 342 u. 379), 16. Dez.
03 (das. 04 S. 54).

[58]) § 42 bestimmt nur die zulässige
obere Grenze der Verpflichtungen; inwie=
weit diese den Kleinb. auferlegt werden,
ist nach § 9 bei der Genehmigung fest=
zusetzen, bei deren Erteilung die Ober=
postdirektion gehört werden muß Gleim
Anm. 3 zu § 9 u. Anm. 1 zu § 42.

[59]) Ziff. 1 setzt voraus, daß die Kleinb.
Personenverkehr vermittelt Gleim Anm. 2.

2) Die Unternehmer solcher Bahnen, welche sich nicht ausschließlich mit der Personenbeförderung befassen, sind außerdem verpflichtet, auf Verlangen der Postverwaltung mit jeder für den regelmäßigen Beförderungsdienst bestimmten Fahrt:

a) Postsendungen jeder Art[60]) durch Vermittelung des Zugpersonals zu befördern, und zwar Briefbeutel, Brief- und Zeitungspackete gegen eine Vergütung von 50 Pfennig für jede Fahrt, die anderen Sendungen gegen Zahlung des Stückguttarifsatzes der betreffenden Bahn oder, sofern dieser Betrag höher ist, gegen eine Vergütung von 2 Pfennig für je 50 Kilogramm und das Kilometer der Beförderungsstrecke nach dem monatlichen Gesammtgewicht der von Station zu Station beförderten Poststücke;

b) in Zügen, mit welchen in der Regel mehr als ein Wagen befördert wird, eine Abtheilung eines Wagens für die Postsendungen, das Begleitpersonal und die erforderlichen Postdienstgeräthe, gegen Zahlung der in den Artikeln 3 und 6 des Reichsgesetzes vom 20. Dezember 1875 (Reichs-Gesetzbl. S. 318) und den dazu gehörigen Ausführungsbestimmungen festgesetzten Vergütung, sowie gegen Entrichtung des halben Stückguttarifsatzes der betreffenden Bahn einzuräumen.

3) Die Postverwaltung ist berechtigt, auf ihre Kosten an den Bahnwagen einen Briefkasten anbringen und dessen Auswechselung oder Leerung an bestimmten Haltestellen bewirken zu lassen.

II. Privatanschlußbahnen[61]).

§. 43. Bahnen, welche dem öffentlichen Verkehre nicht dienen[62]), aber mit Eisenbahnen, welche den Bestimmungen des Gesetzes über die Eisenbahn-

---

[60]) Nicht Geld- und Wertsendungen Gleim Anm. 3.

[61]) Eingehende Erörterung über die Rechtsverhältnisse der Anschlußbahnen Gleim im Arch. 87 S. 457 ff. (auch EisR. S. 424), Löwe das. 98 S. 1 ff. 244 ff. Gleim hebt hervor, daß den Rechtscharakter der Eisenbahn, an die der Anschluß stattfindet, diejenigen Anschlußgleise teilen, die vom EisUnternehmer selbst in Ausübung des EisUnternehmungsrechts für seine Rechnung u. nicht als selbständiges Unternehmen hergestellt u. für d. öff. Verkehr bestimmt sind (auch wenn sie zeitweilig dem öff. Verkehr noch nicht übergeben sind). Anm. 62. Unter den nicht für den öff. Verkehr bestimmten Privatanschlußbahnen unterscheidet Gleim drei Gruppen:

a) Anschlußgleise, die von der Eis. für Betriebszwecke angelegt sind, aber nicht unentbehrliche Hilfsmittel des Betriebs bilden, z. B. Gleise zur billigeren Herbeischaffung von Ge- u. Verbrauchsgegenständen des Bahnbetriebs;

b) Anschlußgleise für den Privatverkehr einer bestimmten industriellen od. dgl. Anlage (u. U. vom EisUnternehmer hergestellt);

c) Anschlußgleise für andere öff. Zwecke als die des öff. Verkehrs, z. B. für militärische Zwecke.

Die Gleise zu a bis c sind nicht Eisenbahnen im Rechtssinne (I 1 d. W.). Eine besondere gesetzliche Regelung haben sie — v. d. Bergwerksbahnen (§ 51) abgesehen — durch das KleinbG.

[62]) S. 80.

unternehmungen vom 3. November 1838 unterliegen, oder mit Kleinbahnen[63]) derart in unmittelbarer Gleisverbindung stehen, daß ein Uebergang der Betriebsmittel stattfinden kann, bedürfen, wenn sie für den Betrieb mit Maschinen[6]) eingerichtet werden sollen, zur baulichen Herstellung und zum Betriebe polizeilicher Genehmigung[64]).

§. 44. Zur Ertheilung der Genehmigung (§. 43) ist der Regierungs-präsident, für den Stadtkreis Berlin der Polizeipräsident, im Einvernehmen mit der von dem Minister der öffentlichen Arbeiten bezeichneten Eisenbahn-behörde[65]) zuständig.

Berührt die Bahn mehrere Landespolizeibezirke, so bestimmt, wenn sie derselben Provinz angehören, der Oberpräsident, falls sie verschiedenen Pro-vinzen angehören oder Berlin dabei betheiligt ist, der Minister der öffent-lichen Arbeiten im Einvernehmen mit dem Minister des Innern die zuständige Landespolizeibehörde[66]).

§. 45[2]). Die polizeiliche Prüfung beschränkt sich[67])
1) auf die betriebssichere Beschaffenheit der Bahn und der Betriebsmittel,
2) auf die technische Befähigung und Zuverlässigkeit der in dem äußeren Betriebsdienste anzustellenden Bediensteten,

---

erfahren, soweit sie unter § 43 fallen; im übrigen gilt für sie das allgemeine Recht.—Unfallversicherung GUVG. § 2 Abs. 5; Haftpflicht VI 6 Anm. 4, 7.

[63]) I 1 d. W. — Gleise, die inner-halb des Bahnhofs einer Eis. zur Ver-bind. v. Lagerplätzen u. dgl. mit Bahn-hofsgleisen (wenn auch f. Rechnung Privater) hergestellt sind u. von d. Eis-Verw. bedient werden, sind nicht als PrABn. anzusehen, sondern nach EisG. § 4 vom Min. zu genehmigen E. 13. Mai 97 (EBB. 139); Kosten solcher Anlagen b. d. StEB. E. 22. Juni 03 (EBB. 197).

[63]) Unter § 1 fallende, wenn auch vor Erlaß des KleinbG. genehmigte Bahnen Gleim Anm. 3; a. M. Eger Anm. 148.

[64]) Die Genehmigung ist auch zu wesentl. Erweiterungen usw. (§ 2 Satz 2) nötig Gleim Anm. 6. Sie ist ohne zeitl. Begrenzung zu erteilen u. nicht zu ver-öffentlichen; sie verschafft dem Unt. keine Rechte Gleim Anm. 9. Stempel IV 6 d. W. Tarifstelle 22 I. — Neben der polizeil. bedarf der Anschluß-sucher noch der Gestattung des Anschl. durch die EisVerw., die in An-schlußverträgen erteilt zu werden

pflegt. Anschlußverträge schließt die Eis. in erster Linie als Transportunter-nehmerin, nicht als Grundeigentümerin; das Recht des Angeschlossenen ist in seiner Gesamtheit ein obligatorisches, kein dingliches RGer. 10. Juni 04 (LVIII 265). Ferner KGH. 26. März 03 (I 3 Anm. 11 d. W.). — Allg. Be-dingungen f. d. Zulassung von Privatanschlüssen b. d. StEB. E. 21. Mai 00 (EBB. 180), 4. Febr. 01 (EBB. 67). — E. 28. Nov. 00 (EBB. 592) betr. Stempelpflichtigkeit v. PrAnschl-Verträgen. — Eisenbahnen i. S. des G. 3. Nov. 38 sind zur Zulassung v. An-schlüssen nicht verpflichtet, Kleinbahnen kann die Verpflichtung bei der Genehm. auferlegt werden (KleinbG. § 10). — Anm. 71.

[65]) D. h. derjenigen, der nach § 50 die eisenbahnl. Aufsicht u. Überwachung der PABahn obliegt E. 5. Nov. 92 (EBB. 449, BB. 916). — Anl. E. Ziff. 1.

[66]) Auch wenn nachträgl. die PABahn durch Erweiterung in einen ferneren Reg.-Bez. herübergreift Gleim Anm. 2.

[67]) Anm. zu § 4. — Bau- u. Be-triebspflicht kann durch die Genehm. nicht begründet werden Gleim Anm. 2.

3) auf den Schutz gegen schädliche Einwirkungen der Anlage und des Betriebes.

Soll eine Bahn, welche an eine dem Gesetze über die Eisenbahnunternehmungen vom 3. November 1838 unterliegende Eisenbahn Anschluß hat, von dem Unternehmer der letzteren angelegt und betrieben werden, so beschränkt sich die Prüfung auf den Schutz gegen schädliche Einwirkungen der Anlage und des Betriebes.

§. 46. Zur Benutzung öffentlicher Wege bedarf es der Zustimmung der Unterhaltungspflichtigen und der Genehmigung der Wegepolizeibehörde[68]).

§. 47[2]). Die Bestimmungen der §§. 8, 17 bis 20 und 22 Satz 1 finden auf diese Bahnen gleichmäßige Anwendung[69]).

§. 48. Polizeiliche Bestimmungen über den Betrieb auf solchen Bahnen können nur im Einverständniß mit der Eisenbahnbehörde (§. 44) erlassen werden[70]).

§. 49. Die Genehmigung kann zurückgenommen werden, wenn wiederholt gegen die Bedingungen derselben in wesentlicher Beziehung verstoßen wird.

Ueber die Zurücknahme der Genehmigung entscheidet auf Klage der Behörde (§. 14) das Oberverwaltungsgericht.

§ 50. Die eisenbahntechnische Aufsicht und Ueberwachung der Privatanschlußbahnen erfolgt durch diejenige Behörde, welcher diese Aufgaben bezüglich der dem öffentlichen Verkehre dienenden Bahn, an welche sie anschließen, obliegen[71]).

§. 51. Die Bestimmungen der §§. 43 bis 49 finden auf diejenigen Bahnen, welche Zubehör eines Bergwerks im Sinne des Allgemeinen Berggesetzes vom 24. Juni 1865 (Gesetz-Samml. S. 705) bilden, keine Anwendung[72]).

Durch die Bestimmung in §. 50 wird das auf dem Allgemeinen Berggesetze vom 24. Juni 1865 (Gesetz-Samml. S. 705) beruhende Aufsichtsrecht der Bergbehörden gegenüber diesen Bahnen nicht berührt.

Gemeinsame und Uebergangsbestimmungen.

§. 52. Gegen die Beschlüsse und Verfügungen, für welche die Landespolizeibehörden in Verbindung mit den Eisenbahnbehörden zuständig sind, und

---

[68]) Ergänzung der Zustimmung nicht gemäß § 7, sondern nur (wenn das Unternehmen ausnahmsweise m. d. EntRecht ausgestattet ist) im Enteignungswege Gleim Anm. 1.

[69]) Anm. zu den angeführten Paragraphen.

[70]) E. 30. April 02 (EBB. 209) betr. Polizeiverordnung u. Betriebsvorschr. f. PABahnen. Zuständigkeit zum Erlasse v. PolVerord. LBG. § 136 ff.

[71]) Bei Staatsbahnen die verwaltende

EisDir., bei Privateisenbahnen der die Eis. beaufsichtigende EisDirPräs. (II 5 Anl. A d. W.); die sich aus dem Anschlusse der Kleinb. an Eis. ergebenden Beziehungen unterstehen nicht der Aufsicht, sondern regeln sich nach den allgemeinen Bestimmungen über die Zuständigkeit der EisBehörden u. nach den etwa bestehenden Anschlußverträgen (Anm. 64) E. 1. März 93 (EBB. 147, BB. 916).

[72]) V 4 Anm. 3 d. W.

gegen die Beschlüsse und Verfügungen der eisenbahntechnischen Aufsichtsbehörden findet die Beschwerde an den Minister der öffentlichen Arbeiten statt. Im Uebrigen greifen die nach den Bestimmungen der §§. 127 bis 130 des Gesetzes über die allgemeine Landesverwaltung vom 23. Juli 1883 (Gesetz=Samml. S. 195) zulässigen Rechtsmittel Platz[73]).

§. 53. Für die bereits vor Inkrafttreten dieses Gesetzes genehmigten Kleinbahnen und Privatanschlußbahnen ist diejenige Behörde zuständig, welcher die Genehmigung nach Inkrafttreten dieses Gesetzes gemäß §§. 3 und 44 obgelegen hätte.

Auf diese Bahnen finden die §§. 2, 20 bis 22, 24, 25, 40, 42 und 52, beziehungsweise 48 bis 50 des gegenwärtigen Gesetzes, sowie die Bedingungen und Vorbehalte, welche bei ihrer Genehmigung vorgesehen sind, Anwendung.

Die Unternehmer sind jedoch berechtigt, sich durch eine an die zuständige Aufsichtsbehörde zu richtende Erklärung den sämmtlichen Bestimmungen dieses Gesetzes zu unterwerfen[2]).

Die Genehmigung von wesentlichen Erweiterungen oder wesentlichen Aenderungen des Unternehmens, der Anlage oder des Betriebes kann von der Unterwerfung des Unternehmens unter sämmtliche Bestimmungen dieses Ge= setzes abhängig gemacht werden.

Der Zeitpunkt der Unterstellung unter dieses Gesetz ist öffentlich bekannt zu machen.

Wohlerworbene Rechte Dritter werden durch die Unterwerfung nicht berührt.

§. 54. Dieses Gesetz tritt bezüglich des §. 40 am 1. April 1893, be= züglich aller anderen Bestimmungen am 1. Oktober 1892 in Kraft.

§. 55[2]). Mit der Ausführung dieses Gesetzes werden der Minister der öffentlichen Arbeiten und der Minister des Innern betraut[74]).

---

[73]) Satz 1 hat nur die auf Grund des KleinbG. getroffenen polizeil. Ver= fügungen der Genehm.= u. der Aufsichts= behörde im Auge; er greift nicht der anderweit vorgeschriebenen Mitwir= kung anderer Minister (ZustG. § 157) vor. Gleim Anm. 1. Satz 2 besagt, daß auch auf die in Satz 1 bezeichneten Beschlüsse LBG. § 127—130 anzuwenden ist, nur nicht bez. der Zuständigkeit f. d. Beschwerde E. 1. Juni 00 (Ztschr.

f. Kleinb. 392). Die Entsch. des Min. (Abs. 1) unterliegt nicht der Anfechtung im VerwStreitverfahren OB. 4. Febr. 04 (XLIV 405).

[74]) Auf Grund des § 55 ist die Ausf= Anw. (Anl. A), sowie E. 9. Febr. 04 betr. Schutz der Telegraphen= u. Fernsprechanlagen gegenüber elektr. Kleinbahnen (Anlage K) ergangen.

Anlagen zum Kleinbahngesetz.

Anlage A (zu Anmerkung 1).

Erlaß der Minister der öffentlichen Arbeiten und des Innern, betr. Ausführungsanweisung zu dem Gesetze über Kleinbahnen und Privatanschlußbahnen vom 28. Juli 1892 (G.=S. S. 225). Vom 13. August 1898. (E.=V.=V. 225, VV. 902).

Das Gesetz über Kleinbahnen und Privatanschlußbahnen bezweckt, durch feste und zweckmäßige Ordnung der Rechtsverhältnisse der bezeichneten Bahnen die Entwicklung dieser wichtigen Verkehrsmittel zu fördern. Es beschränkt demzufolge die Einwirkung der Organe des Staates bei der Genehmigung von Unternehmungen der bezeichneten Art, sowie bei der Aufsicht über dieselben auf das geringste Maß dessen, was für die Sicherung der von ihnen wahrzunehmenden öffentlichen Interessen notwendig ist, und gewährt den Unternehmungen innerhalb der hiernach gezogenen Grenzen volle Bewegungsfreiheit.

Die mit der Ausführung des Gesetzes betrauten Behörden (§ 3) werden sich bei der Wahrnehmung ihrer Obliegenheiten diese Absicht des Gesetzgebers gegenwärtig zu halten und demzufolge in der Einwirkung auf den Bau und den Betrieb der bezeichneten Bahnen nicht über das Maß dessen hinauszugehen haben, was zur Wahrung der ihnen anvertrauten öffentlichen Interessen, namentlich der in den §§ 4 und 45 aufgeführten polizeilichen Interessen, notwendig ist. Neben der Vermeidung unnötiger und lästiger Eingriffe in die Bewegungsfreiheit des Verkehrszweiges werden sich die mit der Staatsaufsicht betrauten Behörden die Förderung desselben aber auch durch entgegenkommende und insbesondere rasche Erledigung der ihnen obliegenden Geschäfte angelegen sein zu lassen haben[1]).

Unter den zum Betriebe mit Maschinenkraft eingerichteten Kleinbahnen sind nach ihrer Zweckbestimmung und Ausdehnung zwei Klassen zu unterscheiden. Die eine umfaßt die städtischen Straßenbahnen und solche Unternehmungen, welche trotz der Verbindung von Nachbarorten infolge ihrer hauptsächlichen Bestimmung für den Personenverkehr und ihrer baulichen und Betriebseinrichtungen einen den städtischen Straßenbahnen ähnlichen Charakter haben. Der zweiten Klasse sind diejenigen Kleinbahnen zuzurechnen, welche darüber hinaus den Personen= und Güterverkehr von Ort zu Ort vermitteln und sich nach ihrer Ausdehnung, Anlage und Einrichtung der Bedeutung der nach dem Gesetze über die Eisenbahnunternehmungen vom 3. November 1838 konzessionierten Nebeneisenbahnen nähern (nebenbahnähnliche Kleinbahnen). Ueber die Durchführung der Trennung und die verschiedene Behandlung dieser beiden Gruppen von Kleinbahnen wird in den nachfolgenden Ausführungen zu §§ 3, 5, 11, 22 und 32 das Nähere bestimmt.

Indem zur Vermeidung von Wiederholungen im Uebrigen auf das Gesetz, seine Begründung und die Verhandlungen in den beiden Häusern des Landtages sowie darauf hingewiesen wird, daß die außerhalb der bisherigen allgemeinen Ausführungsanweisung vom 22. August 1892 getroffenen Bestimmungen in Geltung bleiben, soweit sie nicht in Nachstehendem abgeändert werden, sei im Einzelnen Folgendes bemerkt:

Zu § 1.

Behufs Bezeichnung derjenigen Eisenbahnbehörde, welche bei der Genehmigung mitzuwirken hat, ist von allen zunächst bei dem örtlich zuständigen Regierungs=

---

[1]) Beschleunigung in der Bearbeitung der KleinbAngelegenheiten E. 9. Juli 03 (EVB. 231).

präsidenten bezw. dem Polizeipräsidenten in Berlin anzubringenden Anträgen auf Genehmigung, wesentliche Änderung oder Erweiterung einer zum Betriebe mit Maschinenkraft bestimmten Bahn (§ 3 Nr. 1), sowie auf Einführung des Maschinenbetriebes auf einer anderen Bahn (§ 3 Nr. 2) dem Minister der öffentlichen Arbeiten Anzeige zu erstatten. Behufs Prüfung der Frage, ob eine solche Bahn dem Gesetze über die Eisenbahnunternehmungen vom 3. November 1838 zu unterstellen ist, ist bei der Erstattung der Anzeige auch hierüber unter Beibringung der zur Beurteilung dienlichen Unterlagen[2]) zu berichten[3]).

Ebenso ist von anderen Anträgen auf Genehmigung einer Kleinbahn, soweit es sich nicht um Pferdebahnen innerhalb städtischer Straßen handelt, dem Minister der öffentlichen Arbeiten Anzeige zu erstatten. Während jedoch bei einer für den Betrieb mit Maschinenkraft bestimmten Bahn dem Genehmigungsverfahren nicht Fortgang zu geben ist, bevor nicht die Entschließung des Ministers der öffentlichen Arbeiten vorliegt, ist in dem letztgedachten Falle dem Verfahren Fortgang zu geben, sofern nicht ausnahmsweise die zur Genehmigung zuständige Behörde die Anwendung des Gesetzes über die Eisenbahnunternehmungen vom 3. November 1838 für angezeigt oder doch wenigstens für fraglich erachtet und hierüber die Entschließung des Ministers der öffentlichen Arbeiten einholt.

Die Anzeige von Anträgen wegen wesentlicher Aenderungen oder Erweiterungen der den sämmtlichen Bestimmungen des Kleinbahngesetzes unterworfenen Bahnen mit Maschinenbetrieb hat zu unterbleiben, wenn die Bahn über das Weichbild eines Gemeindebezirks nicht hinausgeht und eine Verbindung mit anderen Bahnen nicht stattfinden soll, die bei der Genehmigung mitwirkende Eisenbahnbehörde auch bereits bestimmt ist.

Von den hiernach vorgeschriebenen Anzeigen ist seitens der Regierungspräsidenten bezw. des Polizeipräsidenten in Berlin zugleich eine Abschrift dem Kriegsminister vorzulegen, wenn es sich um Kleinbahnen mit Maschinenbetrieb handelt, die über das Weichbild eines Gemeindebezirks hinaus hergestellt werden sollen:

    a) östlich der Linie Danzig — Dirschau — Schneidemühl — Posen — Breslau — Oderberg,

    b) westlich des linken Rheinufers,

    c) in einem Küstenkreise,

    d) in den sonstigen Grenzkreisen und denselben gleichgestellten Gebieten,

    e) auch außerhalb dieser Grenzen, sofern sie zwei oder mehrere Haupt- oder Nebenbahnen unmittelbar oder im Zusammenhange mit anderen Kleinbahnen verbinden.

Sofern der Antrag auf Genehmigung, Erweiterung oder Veränderung einer Kleinbahn aus dem Grunde abgelehnt wird, weil die Bahn dem Gesetze vom 3. November 1838 zu unterstellen sein würde, ist in der Verfügung der Grund hierfür anzugeben und zugleich zu bemerken, daß ein etwaiger Antrag auf Entscheidung des Staatsministeriums bei dem verfügenden Regierungspräsidenten binnen einer angemessen festzusetzenden Frist einzureichen sei. Geht ein solcher Antrag ein, so ist von dem Regierungspräsidenten Bericht an den Minister der öffentlichen Arbeiten zu erstatten.

Zu § 2.

Die Genehmigung für das Unternehmen ist dem Antragsteller für seine Person zu ertheilen. Ist der Antragsteller eine physische Person, so wird indeß

---

[2]) Angabe der Spurweite E. 10. Jan. 99 (EVB. 11); Übersichtskarten E. 26. Nov. 04 (EVB. 407).

[3]) Nähere Bestimmungen über das Verfahren E. 22. Aug. 96 (VB. 917), 2. Dez. 98 (EVB. 334).

in der Regel nichts entgegenstehen, die Genehmigung auch auf die Erben und
sonstigen Rechtsnachfolger unter der Voraussetzung zu erstrecken, daß gegen die
Person der letzteren als Betriebsunternehmer sich nicht etwa Bedenken ergeben
sollten (Ausländer, Staatsbeamte u. s. w.). Ist der Unternehmer ein Ausländer,
so ist bei der Genehmigung vorzuschreiben, daß er im Inlande Domizil mit der
Wirkung zu nehmen hat, daß er von demselben aus regelmäßig die Verträge mit
den dem Reiche Angehörigen abzuschließen und wegen aller aus seinen Ge=
schäften mit solchen entstehenden Verbindlichkeiten bei den Gerichten des betreffen=
den Orts Recht zu nehmen hat.

Zu § 3.

Wenn auch der Regierungspräsident nach außen für die Ertheilung der
Genehmigung allein zuständig ist, so ist doch in der Genehmigungsurkunde und
deren Nachträgen diejenige Eisenbahnbehörde zu bezeichnen, mit deren Einvernehmen
die Genehmigung ertheilt wird, damit der Unternehmer weiß, welche Eisenbahn=
behörde für das Unternehmen bestellt ist.

Vor Ertheilung der Genehmigung ist seitens der Genehmigungsbehörden, in
Zweifelsfällen nach Anrufung des Ministers der öffentlichen Arbeiten, darüber Ent=
scheidung zu treffen und in der Genehmigungsurkunde zum Ausdrucke zu bringen, in
welche der beiden Klassen von Kleinbahnen — Straßenbahnen oder neben=
bahnähnliche Kleinbahnen — das betreffende Unternehmen einzureihen ist (vergl.
Einleitung Abs. 3 und zu §§ 5, 11, 22 und 32).

Als Kunststraßen sind anzusehen:

a) für den Geltungsbereich des Gesetzes vom 20. Juni 1887 (G.-S. S. 301)
bis im § 10 daselbst näher bezeichneten Kunststraßen,

b) für die Provinz Hannover: die Chausseen und Landstraßen;

c) für Schleswig=Holstein mit Ausnahme des Kreises Herzogthum Lauenburg:
die in der Unterhaltung der Provinz befindlichen Haupt= und Nebenland=
straßen und die in der Unterhaltung der Kreise befindlichen ausgebauten
Nebenlandstraßen;

d) für die Provinz Hessen=Nassau: die vormaligen Staatsstraßen, die Pro=
vinzial=, Distrikts= und chaussirten Verbindungsstraßen, sowie die Landwege;

e) für die Hohenzollernschen Lande: die Landstraßen;

f) für den Kreis Herzogthum Lauenburg: die Landstraßen.

Welche Kunststraßen als städtische Straßen in der Unterhaltung und Ver=
waltung von Stadtkreisen stehen, ist eine Thatfrage, welche für jeden Fall be=
sonders zu entscheiden ist. Es empfiehlt sich indessen, mit den städtischen Behörden
der einen Stadtkreis bildenden Städte alsbald in Verhandlung zu treten und
eine Verständigung darüber herbeizuführen, betreffs welcher Theile von Kunst=
straßen die Zuständigkeit der Regierungspräsidenten auszuschließen sein wird. Für
den Fall von Meinungsverschiedenheiten ist unsere Entscheidung einzuholen.

Es wird sich empfehlen, in denjenigen Fällen, in denen eine Bahn öffent=
liche Wege berührt, Flüsse überschreiten muß oder sonst nicht ganz einfache Bau=
verhältnisse vorliegen, bei der Prüfung des Genehmigungsgesuches sich technischen
Beirathes zu bedienen (Königliche, Provinzial=, Kreis= oder städtische Bau=
beamte u. s. w.).

Die hierdurch erwachsenden baaren Auslagen fallen, wie alle baaren Aus=
lagen in dem Genehmigungsverfahren, dem Unternehmer zur Last; andere Kosten
sind demselben dagegen nicht aufzuerlegen[1].

---

[1] Die Kosten für Reisen der Re=
gierungskommissare im Genehmigungs=
u. Planfeststellungsverfahren fallen, so= weit sie nicht vom Unternehmer ver=
schuldet sind, dem Staate zur Last E.
17. Mai 94 (MB. 90).

Zu dem Schlußsatze im dritten Absatze ist zu bemerken, daß bei dem Ueber=
gange vom Betriebe mit Maschinenkraft zu einem anderen Betriebe zwar zur
Genehmigung der Regierungspräsident im Einvernehmen mit der Eisenbahn=
behörde zuständig bleibt, daß aber von der Rechtskraft der Genehmigung ab die
die Aufsicht auf diejenige Behörde übergeht, welche zur Ertheilung der Genehmigung
zuständig gewesen wäre, wenn die Bahn von vornherein nicht für den Betrieb
mit Maschinenkraft bestimmt gewesen wäre.

Zu § 4.

Die Nummern 1—4 bezeichnen diejenigen Punkte, auf welche sich die polizei=
liche Prüfung überhaupt nur erstrecken darf; es ist aber nicht nothwendig, daß
alle dort aufgeführten Punkte zum Gegenstande polizeilicher Festsetzung gemacht
werden; insbesondere ist es durch die Bestimmungen des § 4 der genehmigenden
Behörde keineswegs zur Pflicht gemacht, bezüglich aller dortselbst erwähnten
Punkte in den Genehmigungen Vorschriften oder Auflagen oder Vorbehalte zu
machen, vielmehr wird in jedem einzelnen Falle zu prüfen sein, ob und wie weit
zur Wahrung der betheiligten öffentlichen Interessen Vorschriften zu machen oder
Bedingungen zu stellen sein werden.

Ueber das, was nach Lage des einzelnen Falles nach dem pflichtmäßigen
Ermessen der Behörde zur Sicherung der betheiligten öffentlichen Interessen noth=
wendig ist, darf in keinem Falle hinausgegangen werden. Insbesondere hat die
Prüfung der Baupläne lediglich nach dem Gesichtspunkte dieser Sicherung zu er=
folgen; abgesehen hiervon sind technische Verbesserungen nicht zu fordern.

Sofern die von dem Unternehmer beigebrachten Unterlagen seines Gesuches
(Pläne vom Bau und Betriebe u. s. w.) die erforderliche Prüfung im Einzelnen
noch nicht gestatten, kann dieselbe und dementsprechend die Stellung von Be=
dingungen und Auflagen bis zur Ausführung des Baues und des Betriebes vor=
behalten werden.

Was die Bedeutung der Nr. 3 anlangt, so ist zunächst die Bezeichnung „im
äußeren Betriebsdienste" enger als das, was in der Eisenbahnverwaltung unter
„äußerem Dienste" verstanden wird. Während die letztgedachte Bezeichnung das
gesammte mit dem Publikum in Berührung kommende Personal zum Unterschiede
von dem Büreaupersonal umfaßt, wird als im äußeren Betriebsdienst stehend nur
das Personal zu verstehen sein, welches mit der Beförderung oder Bahnunter=
haltung unmittelbar zu thun hat (Lokomotivführer, Heizer, Zugführer, Schaffner,
Kutscher, Bahnmeister, das mit der Abfertigung der Züge betraute Personal u. s. w.).

Der Ausdruck „technische" Zuverlässigkeit ist gleichbedeutend mit Zuverlässig=
keit in Bezug auf die Berufspflicht.

Endlich wird bei der Genehmigung selbstverständlich nur zu bestimmen sein,
ob, inwiefern und in welcher Weise eine vorgängige Prüfung der technischen Be=
fähigung vorzunehmen ist, oder ob, wie dies bei Pferdebahnen angängig sein
wird, lediglich die Entfernung technisch nicht befähigter oder nicht zuverlässiger
Bediensteten vorzusehen ist.

Die bei der Genehmigung allgemein vorgeschriebene Prüfung wird bezüglich
der einzelnen Bediensteten in jedem Falle besonders zu erfolgen haben.

Den Kleinbahnunternehmern kann es überlassen werden, Prüfungsvorschriften
ausschließlich für das Personal des äußeren Betriebsdienstes zu entwerfen und
der Aufsichtsbehörde zur Genehmigung vorzulegen. Die auf Grund solcher ge=
nehmigten Vorschriften unter geeigneter Kontrole der Aufsichtsbehörde geprüften
Bediensteten sind alsdann auch in anderen Aufsichtsbezirken und bei anderen
Kleinbahnen bis zu ihrer Beanstandung aus bestimmten Anlässen als technisch

befähigt und zuverlässig für dieselbe Dienstverrichtung im Sinne des § 4 Nr. 3 des Gesetzes zu erachten.

Bedingungen und Vorbehalte, an welche die Genehmigung geknüpft wird, sind stets in die Genehmigungsurkunde selbst aufzunehmen, so daß aus derselben in Verbindung mit dem Gesetze Maß und Art der dem Unternehmer obliegenden Verpflichtungen mit Sicherheit erhellt[5]).

Von Vorbehalten, wonach der Unternehmer sich von vornherein etwaigen Anforderungen hinsichtlich der Erweiterung oder Aenderung des Unternehmens infolge der späteren Verkehrsentwicklung zu unterwerfen hat, ist abzusehen.

Zu § 5.

Die in technischer Hinsicht beizufügenden Unterlagen haben lediglich den Zweck, die nach § 4 Nr. 1 erforderliche Prüfung zu ermöglichen. Sie sind deshalb nur soweit zu erfordern, als es für diese Prüfung geboten ist.

Welcher Unterlagen es bedarf, muß für jeden Fall ermessen werden. In der Regel werden nicht entbehrt werden können:

1. für Bahnen, welche zum Betriebe mit Maschinenkraft eingerichtet und welche als nebenbahnähnliche Kleinbahnen (vergl. Einleitung und zu §§ 3 und 22) nach den Betriebsvorschriften vom 13. August 1898 betrieben werden sollen:

a) eine Uebersichtskarte, in welcher der Bahnzug mit kräftiger rother Linie unter Kenntlichmachung der Halteplätze und der kilometrischen Längeneintheilung einzutragen ist. Zu den Übersichtskarten können Generalstabskarten, Kreiskarten, Meßtischblätter, Bergwerkskarten, sowie andere geeignete, im Buchhandel erhältliche Karten verwendet werden;

b) Lage= und Höhenpläne, aus welchen die Längen der geraden und gekrümmten Strecken, die Krümmungshalbmesser, die Halteplätze, die Höhen- und Neigungsverhältnisse, sowie alle diejenigen Anlagen ersehen werden können, welche für die Festsetzung der Lage der Bahn, ihren Bau und zukünftigen Betrieb im öffentlichen Interesse oder dem des benachbarten Eigenthums in Frage kommen können oder welche für das Unternehmen selbst von Bedeutung sind.

Für den Lage= und Höhenplan ist ein Maßstab von mindestens 1 : 10000 für die Längen, der 10 bis 20 fache Maßstab für die Höhen zu wählen. Führt die Bahn durch schwieriges Gelände, durch Dörfer, Städte, an Bächen und Flüssen entlang oder über diese hinweg, sowie auf eigenem Bahnkörper, so ist der größere Maßstab 1 : 2500 oder 1 : 2000, unter Umständen auch 1 : 1000 in Anwendung zu bringen;

c) eine für den Unterbau der Bahn in den Auf= und Abtragsstrecken maßgebende Querschnittszeichnung und eine gleiche Zeichnung für die Umgrenzung des lichten Raumes, sowie der größten zulässigen Breiten= und Höhenmaße der Betriebsmittel, sofern die vorbezeichneten Betriebsvorschriften darüber keine Bestimmung enthalten;

d) eine Zeichnung des Oberbaues mit Darstellung des Schienen=Querschnittes und des Kleineisenzeuges in natürlicher Größe, der Stoßverbindung (Ansicht und Grundriß) im Maßstabe 1 : 50. Auf der Zeichnung sind zu vermerken: der größte zulässige Raddruck, die größte zulässige Fahrgeschwindigkeit der Züge, die Länge und das Gewicht der Schienen für das laufende Meter, das Material und das Gewicht der Schwellen, ihre Abmessungen und bei Querschwellen ihre Entfernungen von einander;

---

[5]) Hierzu E. 2. Mai 97 (EBB. 90) u. KGer. 20. Jan. 02 (EEE. XVIII 357).

e) Zeichnungen der Betriebsmittel, insbesondere auch der Bremsvorrichtungen, nebst den zur Erläuterung erforderlichen Beschreibungen, jedoch nur in solchen Fällen, in welchen Betriebsmittel verwendet werden sollen, die von den vorbezeichneten Betriebsvorschriften abweichen oder für welche nicht entweder bereits anderweitig genehmigte Zeichnungen vorliegen oder vorhandene Muster als maßgebend in allen ihren Einzelheiten bezeichnet werden können;

f) Zeichnungen von Kreuzungen mit Eisenbahnen, die dem Gesetze vom 3. November 1838 unterstehen, sowie von Anschlüssen an solche Eisenbahnen, und zwar in einer Ausführung, daß die hierzu erforderliche Genehmigung des Ministers der öffentlichen Arbeiten eingeholt werden kann.

Die Beibringung von Bauzeichnungen für Brücken, Ueber- und Unterführungen, Durchlässe, Drehscheiben, Weichen u. s. w. darf bis zum Beginn der Bauausführung ausgesetzt werden.

Ob einzelne Zeichnungen durch Beschreibungen ersetzt werden können, bleibt dem Ermessen der Genehmigungsbehördeu überlassen. Es darf hierbei jedoch die Rücksicht auf das Vorhandensein beweiskräftigen Materials für die Gestalt und Beschaffenheit der genehmigten Anlagen nicht aus dem Auge gelassen werden.

2. für Bahnen, welche zum Betriebe mit Maschinenkraft eingerichtet, aber als Straßenbahnen im Sinne der Einleitung und der Ausführungsanweisung zu §§ 3 und 22 auf Grund besonderer Polizeivorschriften betrieben werden sollen:

a) ein Lage- und Höhenplan;

b) Zeichnungen der Schienen und Weichen;

c) Umgrenzung des lichten Raumes, sowie der größten zulässigen Breiten- und Höhenmaße der Betriebsmittel;

d) Zeichnungen der Betriebsmittel u. s. w., sofern nicht der Fall vorliegt, wie er in 1. unter e vorstehend bezeichnet ist.

Hinsichtlich der Bauzeichnungen gilt das am Schluß für 1. Vermerkte.

3. für andere Bahnen:

a) ein Lageplan;

b) Zeichnungen der Schienen und Weichen;

c)
d) } die vorstehend unter 2c und d aufgeführten Vorlagen.

In finanzieller Beziehung gilt es, zu prüfen, ob der Unternehmer die Mittel zur Herstellung der Bahn besitzt oder in zuverlässiger und gesetzlich zulässiger Weise beschaffen werde, und ob dieselben zur plan- und anschlagsmäßigen Vollendung und Ausrüstung der Bahn genügen. Das Letztere kann nur auf Grund eines Kostenanschlages geprüft werden, welcher daher in der Regel zu erfordern ist. In welcher Weise die genehmigende Behörde sich die Überzeugung von dem Vorhandensein oder der Möglichkeit der Beschaffung des Anlagekapitals verschaffen will, bleibt ihrem pflichtmäßigen Ermessen überlassen.

Zu § 7.

Die Ergänzung der Zustimmung des Unterhaltungspflichtigen ist[*]) ganz in das pflichtmäßige Ermessen der zuständigen Behörde gestellt. Die Prüfung der letzteren ist daher keineswegs auf die Angemessenheit der von dem ersteren erhobenen Forderungen beschränkt, hat sich vielmehr auch darauf zu erstrecken, ob nach Lage des Falles ausreichender Anlaß vorliegt, zwangsweise in das Ver-

---

[*]) Abweichend von der Genehmigung (§ 2); Anm. 5 zu KleinbG. § 2.

fügungsrecht des Unterhaltungspflichtigen einzugreifen. Daß dabei auch die Leistungsfähigkeit und Zuverlässigkeit des Unternehmers in Betracht kommen muß, bedarf der Erwähnung nicht.

Zu § 8 und § 9.

Behufs Sicherung der Interessen der Reichs=Post= und Telegraphenver=waltung (§ 8 Abs. 2 und § 9) ist mit der zuständigen Kaiserlichen Ober=Post=direktion in Verbindung zu treten.

Im Interesse der Landesvertheidigung (§ 8 Abs. 1 und § 9) ist Folgendes zu beachten[7]).

Zu § 8 Absatz 1[8]).

1. Unter Eisenbahnanlagen, die sich dem Bereiche einer Festung nähern, sind alle Kleinbahnen zu verstehen, die im Ganzen oder auch nur mit Theilen sich den äußersten Werken von Festungen bis auf 15 km oder weniger nähern oder in dem Raum zwischen den äußersten Werken und der Stadtumwallung liegen.

2. Kleinbahnen oder Theile von solchen, welche, ohne die Stadt=umwallung zu überschreiten, im Innern von Festungen erbaut werden, gehören nicht dazu.

3. Bei Festungen ohne Stadtumwallung tritt an deren Stelle eine zwischen dem Kriegsministerium und dem Ministerium der öffentlichen Arbeiten besonders zu vereinbarende Linie (s. Ausführungsanweisung zu § 9, Abschnitt C).

Zu § 9.

A. Die Einrichtung der Bahnanlagen und der Betriebsmittel ist bei allen für den Betrieb mit mechanischen Motoren eingerichteten Kleinbahnen durch die Genehmigungsurkunde an folgende Bedingungen zu knüpfen:

1. Gleise.
   a) Es sind außer der Normalspur nur Spurweiten von 0,600, 0,750 und 1,000 m zuzulassen.
   b) Sofern Querschwellenoberbau angewendet wird, soll das Mindest=gewicht der Schienen 9,5 kg auf das Meter betragen.
   c) Bei einer Spurweite von 0,600 m soll der kleinste Krümmungshalb=messer 30 m betragen.
   d) Die seitliche Spurweite der Spurrinnen bei Weichen, Kreuzungen, Ueber=wegen u. s. w. soll nicht unter 0,035 m betragen.
   Die Bestimmungen unter c und d gelten nicht für Straßenbahnen.

2. Rollendes Material.
   a) Für Bahnen mit einer Spurweite von 0,600 m sollen Lokomotiven und Wagen derartig gebaut sein, daß sie Krümmungen von 30 m Halbmesser anstandslos durchfahren können.
   b) Es sind nur einflanschige Räder zu verwenden.
   c) Die Betriebsmittel der Bahnen mit 0,600 m Spurweite sollen zentrale Buffer in einer Höhe von 0,300 bis 0,340 m über Schienenoberkante erhalten.
   d) Das Ladegewicht der Wagen, in Kilogramm ausgedrückt, soll durch 500 theilbar sein.

---

[7]) Vorschr. über das Verfahren E. 25. Juni 97 (MB. 136, Gleim Anm. 2 zu § 8).

[8]) E. 29. Nov. 00 (EBB. 605).

3. Bahnhofseinrichtungen.

Sofern die Kleinbahnen an andere Bahnen anschließen, und ein Uebergang der Wagen nicht angängig ist, sind zweckentsprechende Vorrichtungen zum Umladen herzustellen.

4. Sofern es sich lediglich um die Erweiterung eines bestehenden Bahnunternehmens handelt, kann die Beibehaltung der bisherigen Spurweite und des bisherigen Schienengewichts für die Erweiterungsstrecke auch dann genehmigt werden, wenn beides den Bestimmungen zu 1a und b nicht entspricht.

5. Falls im Uebrigen ausnahmsweise aus besonderen Gründen eine Abweichung von den vorstehenden Bestimmungen für nothwendig erachtet werden sollte, ist an den Minister der öffentlichen Arbeiten, behufs der im Einverständnis mit dem Herrn Kriegsminister zu treffenden Entscheidung Bericht zu erstatten.

6. Ob außerdem ausnahmsweise für einzelne Kleinbahnen besondere — und dann ebenfalls in die Genehmigungsurkunde aufzunehmende — Anforderungen an die Leistungsfähigkeit der Anlagen zu stellen sind, wird im Einverständniß mit dem Herrn Kriegsminister bestimmt.

B. Bezüglich des Betriebes sind die aus den nachfolgenden Bestimmungen sich ergebenden Verpflichtungen durch die Genehmigungsurkunde allen für den Betrieb mit mechanischen Motoren eingerichteten Kleinbahnen aufzuerlegen, mit Ausnahme derjenigen welche lediglich städtische Straßenbahnen sind oder nicht mehr als drei Gemeindebezirke berühren und der Regel nach nur der Personenbeförderung in einzelnen Wagen dienen [9]).

1. Die Kleinbahnen sind nach Maßgabe ihrer Leistungsfähigkeit im Frieden und im Kriege verpflichtet, Militärtransporte aller Art — während des Kriegsverhältnisses auch Privatgut für die Militärverwaltung — zu befördern.

2. Werden Abweichungen von den für die Annahme, Abfertigung, Ver- und Entladung, sowie für die Beförderung geltenden Einrichtungen und Bestimmungen des öffentlichen Verkehrs im Interesse der Ausführung von Militärtransporten erforderlich, so unterliegen dieselben im Einzelfalle der Vereinbarung zwischen der absendenden Militärbehörde und Bahnverwaltung. Die für die Betriebssicherheit getroffenen allgemeinen Bestimmungen dürfen hierdurch nicht berührt werden.

3. Lassen sich im Mobilmachungs- und Kriegsfalle die Militärtransporte nicht mit den Zügen des öffentlichen Verkehrs bewältigen, so ist die Militärverwaltung berechtigt, in den Fahrplan des öffentlichen Verkehrs Militär-, Bedarfs- und Sonderzüge einzuschalten, auch zeitweise die Beschränkung, Vereinfachung und vollständige Aussetzung der Züge des öffentlichen Verkehrs anzuordnen und einen besonderen Militärfahrplan einzuführen.

4. Die Kleinbahnverwaltungen sind im Mobilmachungs- und Kriegsfalle verpflichtet, ihr Personal und ihr zur Herstellung und zum Betriebe von Kleinbahnen dienliches Material herzugeben. Die demnächste Entschädigung regelt sich sinngemäß nach den entsprechenden Bestimmungen der Militär-Eisenbahn-Ordnung, Theil II. D. und des Gesetzes über die Kriegsleistungen vom 13. Juni 1873 (R.-G.-Bl. S. 137) unter Berücksichtigung des geringeren Kapitalwerthes nach Maßgabe sachverständiger Schätzung.

---

[9]) Die für Eisenbahnen maßgebenden Best., auf die im folgenden Bezug genommen wird, behandelt Abschn. VIII d. W. Portofreiheit für Schriftwechsel der Kleinb. mit Behörden in Militärangelegenheiten E. 13. Aug. 04 (EVB. 279).

5. Die Militärverwaltung ist im Mobilmachungs- und Kriegsfalle berechtigt, den Betrieb einer auf dem Kriegsschauplatz oder in dessen Nähe gelegenen Kleinbahn selbst zu übernehmen. Das bei der Übernahme und Betriebsführung, sowie bei der Rückgabe maßgebende Verfahren richtet sich nach der Instruktion, betreffend Kriegsbetrieb und Militärbetrieb der Eisenbahnen (Militär-Eisenbahn-Ordnung, Theil II. E.).

6. Auf Anfordern der Eisenbahn-Aufsichtsbehörde hat die Kleinbahn zwecks Ermittelung ihrer militärischen Leistungsfähigkeit im Frieden und im Kriege über ihre Anlagen, Einrichtungen und Betriebsmittel Auskunft zu geben.

Die Militärverwaltung ist außerdem berechtigt, zur Vervollständigung dieser Auskunft, sowie zu sonstigen militärischen Zwecken auch unmittelbar Erkundigungen anzuordnen. Den entsandten Offizieren und Beamten ist dabei jede wünschenswerthe Unterstützung zu gewähren.

7. Jeder Militärtransport wird mit einem von der zuständigen Dienststelle ausgefertigten Ausweis versehen.

Als Ausweise gelten:

a) Berechtigungsscheine nach dem in der Anlage beigefügten Muster 1 (Anlage 1),

b) Einberufungs-, Entlassungspapiere, sowie Urlaubspässe (letztere auch, wenn sie von Zivilbehörden für die bei ihnen zur Probedienstleistung kommandierten oder beurlaubten Militärpersonen ausgefertigt sind),

c) Frachtbriefe.

Auf Grund derartiger Ausweise erfolgt die Beförderung zu den Sätzen des Militärtarifs, im Frieden gegen sofortige Barzahlung, im Kriege auch unter Stundung der Fahrgelder[10]).

Bei Vorzeigung der oben unter a) und b) bezeichneten Ausweise sind Militärfahrkarten zu verabfolgen, die den Transportführern für die Rechnungslegung zu belassen sind.

[11]) Werden von der Militärbehörde statt der Berechtigungsscheine (Muster 1) Fahrtausweise nach anliegendem Muster 2 (Anl. 2) ausgefertigt so dienen diese gleichzeitig als Fahrkarten.

Im Falle der Barzahlung werden diese Fahrtausweise in zwei gleichlautenden Abschnitten ausgefertigt. Beide Abschnitte sind alsdann von dem zuständigen Bahnbediensteten hinsichtlich des gezahlten Fahrpreises auszufüllen und mit dem Dienststempel oder mit Namensunterschrift zu versehen; beide Abschnitte bleiben in den Händen des Transportführers. Der eine Abschnitt erhält die Überschrift:

Gültig als Militärfahrkarte.

Anerkenntnis für die Militärverwaltung.

und ist für Rechnungszwecke der Militärverwaltung bestimmt. Der andere Abschnitt erhält die Ueberschrift:

Anerkenntnis für die Kleinbahnverwaltung.

und wird nach Ausführung des Transports von der Militärbehörde an die Kleinbahnverwaltung eingesandt.

Soll die Vergütung gestundet werden, so geschieht die Beförderung gleichfalls auf Grund der Fahrtausweise nach Muster 2, indeß unter

---

[10]) Ein in der ursprüngl. Fassung hier folgender Abs. ist durch E. 17. Nov. 02 (EVB. 537) gestrichen.
[11]) E. 23. Nov. 04 (EVB. 375).

Berücksichtigung der daselbst für diesen Fall angegebenen Aenderungen, oder auf Grund von Frachtbriefen, welche letztere mit dem Vermerk „Fracht ist zu stunden" versehen werden.

Gestundete Fahr= und Frachtgelder sind bei der Intendantur des stellvertretenden Generalstabes der Armee zur Liquidation zu bringen, und bleiben zu diesem Zwecke die Fahrtausweise (Muster 2) bezw. Frachtbriefe in den Händen der Kleinbahn.

7.   a.[12]) I. Während des mobilen Verhältnisses sind die Einberufenen der bewaffneten Macht (Heer und Marine) und des Landsturmes behufs Erreichung des Gestellungsorts mit allen fahrplanmäßigen Zügen in jeder Wagenklasse, nöthigenfalls unter Zurückstellung alles anderen Personen= und Güterverkehrs, ohne Fahrkarte zu kostenfreier Benutzung der Bahn zuzulassen, und zwar:

     α. die Mannschaften des Beurlaubtenstandes gegen Vorzeigung des Gestellungsbefehls oder anderer Militärpapiere,

     β. Die Mannschaften des Landsturmes innerhalb des betreffenden Korpsbezirkes auf Grund ihrer mündlichen Erklärung, daß sie dem Landsturm angehören und eingezogen sind,

     γ. Kriegsfreiwillige und Freiwillige des Landsturmes auf Vorzeigung einer Bescheinigung der Ortsbehörde über Zweck und Ziel der Reise.

Der Ausweis oder die mündliche Erklärung erfolgt den Kontrolbeamten gegenüber.

Von Beibringung der unter α. bezeichneten Ausweise kann abgesehen werden, wenn gegen die mündlichen Angaben über Zweck und Ziel der Reise Bedenken nicht bestehen.

II. Die Kleinbahnverwaltungen haben die auf die Festsetzungen unter I. bezüglichen, von der Zivil= oder Militärverwaltung für erforderlich erachteten Bekanntmachungen auf ihren Bahnhöfen anschlagen zu lassen.

III. Um den in Betracht kommenden Kleinbahnen schon im Frieden einen ungefähren Anhalt für die von ihnen im Mobilmachungsfalle zu beanspruchenden Leistungen zu geben, erhalten sie von den Bezirkskommandos von drei zu drei Jahren Angaben über die voraussichtliche Zahl der im Mobilmachungsfalle auf ihren Bahnstrecken zu befördernden Einberufenen sowie über die von diesen zu benutzenden Züge.

Bei wesentlichen Abweichungen werden diese Angaben auch in der Zwischenzeit gemacht.

IV. Anträge der Kleinbahnen auf Zurückstellung von Betriebsbediensteten vom Waffendienst im Mobilmachungsfalle, soweit das Personal dienstpflichtig ist oder als ausgebildet dem Landsturm II. Aufgebots angehört, sind — getrennt nach Bezirkskommandos — an den für die Kleinbahn zuständigen Regierungspräsidenten in Form von Listen und vierteljährlichen Nachtragslisten nach dem Muster 20 der Wehrordnung

---

[12]) E. 17. Nov. 02 (EBB. 537).

zu richten. Der Regierungspräsident prüft diese Listen u. f. w., stellt für diejenigen Personen, deren Zurückstellung er im Einvernehmen mit der zuständigen Königlichen Eisenbahndirektion für dringend nothwendig erachtet, Unabkömmlichkeitsbescheinigungen nach dem Muster 23 der Wehrordnung aus und übersendet Listen nebst Bescheinigungen dem zuständigen Bezirkskommando.

Diese Festsetzungen gelten nicht für Kleinbahnen, die den Verpflichtungen unter B. der Ausführungsanweisung zu § 9 nicht unterliegen.

V. Die nachträgliche Entschädigung wird der Bahnverwaltung für die wirklich zur Beförderung gelangten Mannschaften nach den Sätzen des Militärtarifs gewährt. Die erforderlichen Angaben sind von den Kontrolbeamten auf Grund ihrer Feststellungen zu machen. Die Liquidation ist zur Prüfung an das Bezirkskommando zu senden, in dessen Bezirk der Einberufene die Reise angetreten hat. Das Bezirkskommando sendet demnächst die Liquidation an die Intendantur des stellvertretenden Generalstabs der Armee.

8. Die Telegraphen= und Fernsprecheinrichtungen der Kleinbahnen dürfen zu dringlichen militärischen Mittheilungen benutzt werden, soweit die Erfordernisse des Eisenbahndienstes dies zulassen. Im Mobilmachungs= und Kriegsfalle erfolgen diese Mittheilungen kostenfrei.

9. Die Bezeichnungen: Militärverwaltung, Militärbehörde, Militärtransport, Truppentheil gelten sinngemäß auch für die Marine und die Schutztruppen.

Vorstehende Bestimmungen zu § 9 gelten auch für die Genehmigung von wesentlichen Erweiterungen oder Aenderungen des Unternehmens, der Anlage oder des Betriebes der vorgedachten Bahnen.

C.⁵) 1. Die dem Antrage auf Ertheilung der Genehmigung in technischer Hinsicht beizufügenden Unterlagen (Ausführungsanweisung zu § 5) sind bei den unter die Ausführungsanweisung zu § 8 Absatz 1 fallenden Kleinbahnen der Festungsbehörde vor Ertheilung der Genehmigung vorzulegen.

2. Dies gilt auch für Kleinbahnen oder Theile von solchen, welche im Innern einer Festung angelegt werden sollen, ohne die Stadtumwallung oder die beim Fehlen einer solchen vereinbarte Linie zu überschreiten. Bei diesen Bahnen sind — wenn die Unternehmer weiter gehenden Anforderungen nicht zustimmen — im Interesse der Landesvertheidigung nur solche Anforderungen zu berücksichtigen, welche zur Verhütung einer Beeinträchtigung des Vertheidigungsinteresses dienen.

3. Die Erfülluug der an die Kleinbahnen — Ziffer 1 und 2 — im Interesse der Landesvertheidigung zu stellenden Anforderungen ist in der Genehmigungsurkunde — erforderlichenfalls durch einen geeigneten Vorbehalt — sicher zu stellen.

Zu § 10.

Der Bestimmungszweck der dem Güterverkehr dienenden Kleinbahnen und das hierbei betheiligte öffentliche Interesse werden nur dann in vollem Umfange gewahrt, wenn den Absendern und Empfängern erheblicher Gütermengen die

Möglichkeit der Anlage von Anschlußgleisen zur erleichterten Anbringung und Abholung ihrer Frachtgüter gegeben ist.

Der Vorbehalt der Verpflichtung der Unternehmer von Kleinbahnen, auf welchen Güterverkehr stattfinden soll, zur Gestattung von Privatanschlußbahnen bei der Genehmigung muß daher die Regel bilden. Nur aus ganz besonderen Gründen erscheint es gerechtfertigt, davon Abstand zu nehmen, wie z. B. für solche Bahnen, welche, ohne mit dem Enteignungsrechte oder dem Rechte zur Benutzung öffentlicher Wege ausgestattet zu sein, vornehmlich Privatzwecken des Unternehmers, zugleich aber auch nebenbei dem öffentlichen Verkehr zu dienen bestimmt sind.

Zu § 11.

Ebenso wird bei der Genehmigung von Kleinbahnen jeglicher Art dem Unternehmer die Verpflichtung zur Ausführung der Bahn und zur Aufrechterhaltung des ordnungsmäßigen Betriebes während der Dauer der Genehmigung auferlegt werden müssen, sofern nach der Ansicht der genehmigenden Behörde nicht etwa die Bahn für das öffentliche Verkehrsinteresse ohne Werth sein sollte. Diese Annahme wird namentlich in den am Schlusse der Anweisung zu § 10 bezeichneten Fällen Platz greifen können. Zweifel in dieser Richtung können aber auch in Betreff solcher Bahnen entstehen, welche, z. B. Drahtseilbahnen nach Aussichtspunkten, lediglich Vergnügungszwecken dienen, und ohne Hülfe des Enteignungsrechts und ohne Benutzung öffentlicher Wege hergestellt werden sollen. In derartigen Fällen ist daher sorgfältig zu erwägen, ob die öffentlichen Interessen den Vorbehalt der Bau- und Betriebspflicht erheischen.

Die Höhe der in dem Absatz 2 und 3 erwähnten Geldstrafen ist nach dem Grade, in welchem das öffentliche Interesse an dem Bestande und Betriebe der Bahn betheiligt ist, zu bemessen. Die Bemessung erfolgt zweckmäßig nach bestimmten Prozenten des Anlagekapitals. Eine Geldstrafe im Betrage von 10 Prozent des Anlagekapitals ist als die äußerste Grenze anzusehen, deren Überschreitung selbst durch erhebliche öffentliche Interessen nicht gerechtfertigt wird.

Den Unternehmern nebenbahnähnlicher Kleinbahnen (vergl. Einleitung und zu § 10) ist durch die Genehmigungsurkunde aufzugeben, im Interesse der Aufrechterhaltung eines regelmäßigen und sicheren Betriebes einen Erneuerungsfonds, sowie — neben dem nach den jeweiligen handelsrechtlichen Vorschriften für Aktiengesellschaften und Kommanditgesellschaften auf Aktien erforderlichen Bilanzreservefonds — einen Spezialreservefonds nach Maßgabe der folgenden Bestimmungen zu bilden:

I. Der Erneuerungsfonds dient zur Bestreitung der Kosten der regelmäßig wiederkehrenden Erneuerung des Oberbaues und der Betriebsmittel.

Es sind jedoch hieraus von den Betriebsmitteln nur die Kosten ganzer Lokomotiven und Wagen, von den Oberbaumaterialien dagegen auch die Kosten einzelner Stücke zu bestreiten. Der Ersatz einzelner Theile von Betriebsmitteln (Siederohre u. s. w.) muß auf Rechnung des Betriebsfonds erfolgen.

In den Erneuerungsfonds fließen:
1. der Erlös aus den entsprechenden abgängigen Materialien,
2. die Zinsen des Fonds selbst,
3. eine aus den Überschüssen der Betriebseinnahmen über die Betriebsausgaben[12a] zu entnehmende jährliche Rücklage.

Die Höhe dieser Jahresrücklagen ist unter Berücksichtigung der besonderen Verhältnisse und Bedürfnisse des einzelnen Unternehmens auf:

[12a] E. 9. Mai 05 (EBB. 175).

a) 1—2% von dem zusammengerechneten Beschaffungswerthe der Schienen, der Weichen und des Kleineisenzeuges,
b) 2,5 bis 5% vom Beschaffungswerthe der Schwellen,
c) 1,25 bis 2,5% von dem der Lokomotiven,
d) 0,75 bis 1,5% von dem der Wagen zu bemessen.

Wird das Unternehmen nicht mit Dampfmaschinen, sondern in anderer Weise (z. B. elektrisch) betrieben, so haben die Genehmigungsbehörden den Rücklagesatz c) von Fall zu Fall selbst zu bestimmen.

Lassen die Betriebsergebnisse eines Jahres die Deckung der Rücklagen zum Erneuerungsfonds (Ziffer 3) nicht oder nicht vollständig zu, so ist das Fehlende aus den Überschüssen des oder der folgenden Betriebsjahre zu entnehmen. Abweichungen hiervon sind mit Genehmigung des Ministers der öffentlichen Arbeiten zulässig[12a]).

Die Genehmigungsbehörden sind ermächtigt, auf Antrag des Unternehmers von der Zuführung weiterer Rücklagen zum Erneuerungsfonds dann zeitweilig abzusehen, wenn derselbe eine nach ihrem Ermessen ausreichende Höhe erlangt hat.

II. Der Spezialreservefonds dient zur Bestreitung von Ausgaben, die durch außergewöhnliche Elementarereignisse und größere Unfälle hervorgerufen werden.

Diesem Fonds sind zuzuführen:
1. der Betrag der verfallenen, nicht abgehobenen Dividenden und Zinsen,
2. die Zinsen des Fonds selbst,
3. eine aus dem Reinertrage zu entnehmende jährliche Rücklage.

Die Höhe der jährlichen Rücklagen zum Spezialreservefonds ist auf ½ bis 3% des Reinertrages zu bemessen. Erreicht der Spezialreservefonds den Betrag von 5% des Anlagekapitals, so können für die Dauer dieses Bestandes weitere Rücklagen unterbleiben.

Die Genehmigungsbehörden sind ermächtigt, von der Pflicht zur Ansammlung eines Spezialreservefonds ganz zu befreien, wenn und so lange die Erreichung seines Zwecks durch die Zugehörigkeit zu einem für zuverlässig erachteten Versicherungsunternehmen gewährleistet ist.

III. Die Anordnungen über die Höhe der Rücklagen zum Erneuerungs- und zum Spezialreservefonds (Nr. I und II) sind einem besonderen Regulative vorzubehalten, welches in Zeiträumen von 5 Jahren einer Nachprüfung hinsichtlich der Zweckmäßigkeit der bisherigen Sätze, beim Erneuerungsfonds auch hinsichtlich der Beschaffungswerthe zu unterziehen ist. Hierbei kommen Beschaffungen, Aenderungen der Betriebsweise u. s. w., welche innerhalb einer fünfjährigen Periode vorgenommen sind, erst für die nächstfolgende Periode in Betracht.

IV. Der Erneuerungsfonds und der Spezialreservefonds sind sowohl von einander, als auch von anderen Fonds des Unternehmens getrennt zu verwalten.

Die zu jenen Fonds zu vereinnahmenden Beträge sind, sofern sie nicht sofort zur Verwendung gelangen, in Werthpapiere, welche bei der Reichsbank beleihbar sind, zinstragend anzulegen.

V. Ist der Unternehmer bereits durch das Gesellschaftsstatut oder sonst privatrechtlich (z. B. durch Verträge mit dem Staate, der Provinz oder dem Kreise über die Gewährung von Beihülfen oder die Gestellung von Grund und Boden) zur Ansammlung zweckdienlicher und ausreichender Rücklagefonds verpflichtet, so genügt es, durch die Genehmigungsurkunde die Aufrechterhaltung dieser Verpflichtung für die Dauer der Genehmigung sicher zu stellen und ihre Befolgung zu überwachen.

VI. Kommunalverbände sind als Unternehmer von Kleinbahnen von den vorstehenden Verpflichtungen zur Bildung von Rücklagefonds befreit (§ 12 des Gesetzes), unbeschadet jedoch der von Kommunalaufsichtswegen oder bei Gewährung von Unterstützungen seitens des Staates oder der Provinzen etwa getroffenen Anordnungen bezw. Vereinbarungen.

Zu § 13.

Ob eine Genehmigung dauernd oder auf Zeit zu ertheilen ist, bleibt dem pflichtmäßigen Ermessen der zur Genehmigung zuständigen Behörde freigestellt. Im Allgemeinen wird dabei davon auszugehen sein, daß eine Genehmigung ohne zeitliche Begrenzung nicht zu ertheilen ist, wenn öffentliche Wege benutzt werden. Auch bei Anlegung eines eigenen Bahnkörpers ist eine Genehmigung ohne zeitliche Begrenzung in der Regel nicht, vielmehr nur dann zu ertheilen, wenn die wirthschaftlichen Verhältnisse des Unternehmens es erforderlich erscheinen lassen und öffentliche Interessen nicht entgegen stehen.

Bei Bemessung der Dauer einer zeitlich begrenzten Genehmigung ist außer auf den Zeitpunkt etwaiger Erwerbsrechte (§ 6) darauf zu sehen, daß die Dauer der Genehmigung ausreichend genug bemessen wird, um dem Unternehmen die Möglichkeit der Amortisation des Anlagekapitals zu gewähren.

Zu § 14.

Auch für die Vorbehalte und Anforderungen hinsichtlich des Fahrplans und der Beförderungspreise kann im Wesentlichen nur der Grad des an dem Betriebe der Bahn bestehenden öffentlichen Verkehrsinteresses den Maßstab abgeben.

[18]) Was den Fahrplan betrifft, so erfordert das öffentliche Sicherheitsinteresse in jedem Falle die Festsetzung der höchsten zulässigen Geschwindigkeit der Züge, welche die für Nebeneisenbahnen statthafte Maximalgrenze nicht überschreiten darf. Im Uebrigen ist nach den besonderen Verhältnissen eines jeden einzelnen Falles zu ermessen, ob hinsichtlich der Zahl und der Zeit sämmtlicher oder einzelner Züge weitere Anordnungen bei der Genehmigung zu treffen sind. Wird zunächst hiervon abgesehen, so ist der Zeitraum, nach dessen Ablauf wiederholte Prüfung einzutreten hat, in der Regel auf etwa drei Jahre zu bemessen.

Die Mittheilung aller Tarife, Fahrpläne und aller etwa zu erlassenden Betriebsreglements an die Aufsichtsbehörde wird bei jeder Genehmigung vorzubehalten sein, um diese Behörde zur Erledigung ihrer Aufgabe in den Stand zu setzen.

Zu § 16.

Mit der Aushändigung der Genehmigungsurkunde an einen Unternehmer, welcher nicht eine der in § 16 bezeichneten Gesellschaften ist, muß auch die Veröffentlichung der Genehmigung in dem Amtsblatte derjenigen Regierung, in deren Bezirke die Bahn belegen ist, veranlaßt werden. Von jeder ertheilten Genehmigung ist Abschrift dem Minister der öffentlichen Arbeiten durch die Genehmigungsbehörde einzureichen.

Die Veröffentlichung einer Genehmigung, welche einer der in § 16 bezeichneten Gesellschaften ertheilt ist, darf erst erfolgen, nachdem der genehmigenden Behörde der Eintrag im Handelsregister nachgewiesen ist. Die Zeit des Eintrags ist von der letzteren in der Genehmigungsurkunde zu vermerken und in der öffentlichen Bekanntmachung anzugeben.

Sollte die Genehmigung für eine Kleinbahn einer Genossenschaft ertheilt werden, so ist die Genehmigungsurkunde vor ihrer Aushändigung an den Unter=

---

[18]) Nähere Vorschr. für Kleinb. mit Maschinenbetrieb BetrVorschr. (Anl. 3) | § 24, für Privatanschlußb. BetrVorschr. 30. April 02 (EVB 213) § 27.

nehmer dem zur Führung des Genossenschaftsregisters zuständigen Gerichte mit dem Ersuchen um Eintrag in dieses Register und demnächstige Rückgabe der Urkunde mitzutheilen. Erst nach deren Wiedereingang und nach Vermerk des Eintrags auf derselben darf die Aushändigung an den Unternehmer und die Veröffentlichung in dem Amtsblatte stattfinden.

Zu § 17.

Die Planfeststellung durch den Regierungspräsidenten erfolgt im Einvernehmen mit der zuständigen Eisenbahnbehörde.

Im Allgemeinen hat die Planfeststellung erst nach der Genehmigung zu erfolgen. Sofern indessen in einzelnen Fällen Zweckmäßigkeitsgründe gegen dies Verfahren sprechen, die Ertheilung der Genehmigung nicht von vornherein bedenklich erscheint und der Unternehmer nicht widerspricht, können die Genehmigungsbehörden die Planfeststellung der Genehmigung vorangehen lassen oder die erstere gleichzeitig mit der Vorbereitung der Genehmigung vornehmen[14]). Der Baubeginn darf erst gestattet werden, wenn Genehmigung und Planfeststellung, gleichgültig in welcher Reihenfolge, stattgefunden haben.

Anträge auf Entbindung von der vorgängigen Planfestsetzung sind dem Minister der öffentlichen Arbeiten so vorbereitet vorzulegen, daß alsbald Entscheidung getroffen werden kann.

Zu § 19.

Die Erlaubniß zur Eröffnung des Betriebes erfolgt auf Grund einer örtlichen Prüfung der Bahn durch die zur Genehmigung zuständige Behörde, also bei Bahnen, welche mit Maschinenkraft betrieben werden sollen, durch den Regierungspräsidenten in Gemeinschaft mit der zuständigen Eisenbahnbehörde. — Ueber das Ergebniß der Prüfung ist ein Protokoll aufzunehmen.

[15]) Zu § 20.

Sowohl bei der ihrer Einstellung in den Betrieb vorhergehenden, wie auch bei den späteren periodischen Prüfungen der Betriebsmaschinen sind diejenigen Vorschriften gleichmäßig zu beachten, welche jeweilig für die entsprechenden Prüfungen der auf Nebeneisenbahnen zur Verwendung kommenden Betriebsmaschinen gelten.

Die Bestimmungen der von dem Minister für Handel und Gewerbe am 15. März 1897 erlassenen Anweisung, betreffend die Genehmigung und Untersuchung der Dampfkessel[15]), haben für das Verfahren bei Genehmigung und Beaufsichtigung der Dampfkessel in den Betriebsmaschinen der Kleinbahnen zufolge des § 20 keine Gültigkeit.

Zu § 21.

Der Fahrplan und die Beförderungspreise für Personen und für Güter sind mindestens in einem öffentlichen Blatte, welches in der Genehmigungsurkunde zu diesem Zwecke zu bestimmen ist, zur Kenntniß des Publikums zu bringen. Außerdem hat die Veröffentlichung durch Aushang in den dem Beförderungsverkehr gewidmeten Räumen, und zwar die Veröffentlichung des Fahrplans und der Personenbeförderungspreise in den Personenbahnhöfen, Wartehallen u. s. w., der Güterbeförderungspreise in den für die Güterbeförderung bestimmten Gebäuden oder Räumen stattzufinden.

---

[14]) Die Stellung der Reichstelegraphenverwaltung zu dem Projekt einer elektr. Kleinb. bildet kein Hindernis, hiervon Gebrauch zu machen. E. 19. April 04 (EVB. 123).

[15]) I 2a Anl. A Anm. 2b u. Unteranl. A 2 b. W.

Zu § 22.

Die Aufsicht über die Kleinbahnen steht, soweit sie nicht eisenbahntechnischer Natur ist, mit Ausnahme des zu § 3 am Schlusse erwähnten Falls, immer derjenigen Behörde zu, welche zuletzt für eine der dem Unternehmen zugehörigen Bahnen eine Genehmigung nach Maßgabe der §§ 2 und 3 ertheilt hat. Ist eine Genehmigung zur wesentlichen Erweiterung oder Aenderung des Unternehmens von einer anderen als derjenigen Behörde ertheilt worden, durch welche die frühere Genehmigung erfolgt war, so beginnt die Zuständigkeit zur Beaufsichtigung des erweiterten oder veränderten Unternehmens mit der Rechtskraft der die Erweiterung oder Aenderung genehmigenden Urkunde an den Unternehmer.

Die Aufsicht über die zum Betriebe mit Maschinenkraft eingerichteten Kleinbahnen, soweit sie nicht eisenbahntechnischer Natur ist, erfolgt ebenso, wie die Genehmigung im Einvernehmen mit der vom Minister der öffentlichen Arbeiten zur Mitwirkung bei der Genehmigung berufenen Eisenbahnbehörde, sofern nicht eine andere Eisenbahnbehörde zur Aufsicht bestimmt wird. Bezügliche Anträge sind von der zur Mitwirkung bei der Genehmigung bezeichneten Eisenbahnbehörde an den Minister zu richten, falls sie die Uebertragung der Aufsicht an eine andere Eisenbahnbehörde nach Lage der Verhältnisse für zweckmäßig erachtet.

Die eisenbahntechnische Beaufsichtigung der Kleinbahnen mit Maschinenbetrieb wird von der Eisenbahnbehörde selbständig ohne Mitwirkung des Regierungs= (Polizei=)Präsidenten gehandhabt. Sie beschränkt sich auf die Ueberwachung des Betriebes im engeren Sinne, welcher die betriebssichere Unterhaltung der Bahnanlage und der Betriebsmittel und die sichere und ordnungsmäßige Durchführung der Züge begreift. Bei Ausübung dieser Aufsicht muß sich die zuständige Behörde stets gegenwärtig halten, daß, worauf Eingangs dieser Anweisung hingewiesen ist, Anforderungen an die Unternehmer, welche die Rücksicht auf die Betriebssicherheit nicht nothwendig erheischt, unbedingt zu vermeiden sind.

Der Betrieb der nebenbahnähnlichen Kleinbahnen (vergl. Einleitung und zu § 3) regelt sich nach den durch den Minister der öffentlichen Arbeiten erlassenen, als Anlage (Anlage 3) dieser Ausführungsanweisung beigefügten Betriebsvorschriften vom 13. August 1898[16]), deren Innehaltung seitens der Unternehmer und ihres Personals ausschließlich durch die Aufsichtsbehörden mittels der diesen gegen die Unternehmer zustehenden Zwangsmittel zu sichern ist. Bei Straßenbahnen hat die Ordnung des Betriebes, soweit es dabei weiterer Bestimmungen bedarf, als in der Genehmigung gegeben sind, im Wege der Polizeiverordnung zu erfolgen, durch deren Strafsanktion auch das pflichtmäßige Verhalten der Unternehmer und des Betriebspersonals sicher zu stellen ist.

Polizeiverordnungen und andere polizeiliche Bestimmungen über den Betrieb auf den zum Betriebe mit Maschinenkraft eingerichteten Kleinbahnen sind nicht ohne die Zustimmung der Eisenbahnbehörde zu erlassen. Im Falle der Versagung der Zustimmung ist die Entscheidung des Ministers der öffentlichen Arbeiten einzuholen. Sofern zum Erlasse derartiger Verordnungen eine dem Regierungspräsidenten untergeordnete Behörde zuständig sein sollte, ist diese anzuweisen, sich vor dem Erlasse derselben seines Einverständnisses zu versichern. Auch für dies Einverständniß bedarf es der Zustimmung der Eisenbahnbehörde.

In Bedürfnißfällen können die örtlichen Polizeibehörden innerhalb ihrer Zuständigkeit Angestellte des äußeren Betriebsdienstes der Kleinbahnen (§ 4 Nr. 3

---

[16]) Sollen auch für die auf Grund der AusfAnw. 22. Aug. 92 genehmigten nebenbahnähnlichen Kleinb. maßgebend sein E. 5. Nov. 98 (Gleim Anm. 4a zu § 22).

des Gesetzes) nach Prüfung ihrer Befähigung und Zuverlässigkeit für die Dauer der betreffenden Beschäftigung durch Ausfertigung von jederzeit widerruflichen Bestallungsurkunden unter Abnahme des Staatsdienereides die Rechte und Pflichten von Polizeiexekutivbeamten für den Bereich der bahnpolizeilichen Geschäfte über- tragen. Hierbei sind selbstverständlich die für die Bestallung von Polizeiexekutiv- beamten maßgebenden gesetzlichen Bestimmungen zu beachten. Auch finden, was die Vorbedingungen für die Bestallung, den Umfang der Befugnisse, sowie die Handhabung des Dienstes anlangt, die Vorschriften im § 47 Absatz 2 bis 5, § 49 Absatz 1 und 2, § 50 Absatz 1 und § 52 der Bahnordnung für die Neben- eisenbahnen Deutschlands vom 5. Juli 1892 (R.-G.-Bl. S. 764) analoge An- wendung[17]).

Erstreckt sich die Bahn, für welche Bahnpolizeibeamte zu er- nennen sind, über mehrere Ortspolizeibezirke, so bezeichnet, je nach- dem die von der ganzen Bahnstrecke berührten Polizeibezirke inner- halb desselben Kreises — innerhalb verschiedener Kreise desselben Regierungsbezirks — innerhalb verschiedener Regierungsbezirke derselben Provinz — innerhalb verschiedener Provinzen belegen sind, der Landrath — der Regierungs-Präsident — der Ober- Präsident — die Zentralinstanz diejenige Ortspolizeibehörde, welche für die ganze Bahnstrecke die Polizeibeamten zu bestellen und zu vereidigen hat. Die geschehene Bezeichnung der zuständigen Polizei- behörde ist durch das Amtsblatt der von der Bahn berührten Regierungsbezirke bekannt zu geben. Die Ernennung der Bahn- polizeibeamten bedarf vorgängiger Justimmung der Bahnaufsichts- behörde[18]).

Zu §§ 23/24.

Das Erlöschen und die Zurücknahme einer Genehmigung ist von der aufsichts- führenden Behörde in dem Regierungs-Amtsblatt bekannt zu machen.

Zu § 26 letzter Absatz.

Bevor von der Aufsichtsbehörde über die Festsetzung der dort erwähnten Frist Beschluß gefaßt wird, ist außer dem Wegeunterhaltungspflichtigen auch die Wege- polizeibehörde zu hören.

Zu § 27.

Liegt beim Erlöschen oder bei der Zurücknahme der Genehmigung wegen Unterbrechung des Baues und des Betriebes der Fall vor, daß über den Verfall und die Verwendung von Geldstrafen Entscheidung zu treffen ist, so ist von der Aufsichtsbehörde dem Minister der öffentlichen Arbeiten darüber Bericht zu erstatten, an welchen geeignetenfalls Vorschläge über die Verwendung verfallener Geldstrafen im Sinne dieses Gesetzes zu knüpfen sind. Bei Bahnen, welche mit Maschinenkraft betrieben werden, haben die Regierungspräsidenten ihren Bericht zunächst der eisenbahntechnischen Behörde mitzutheilen, damit diese in der Lage ist, sich auch ihrerseits zur Sache zu äußern.

---

[17]) E. 27. Dez. 00 (Ztschr. f. Kleinb. 01 S. 216) betr. Übertragung der Rechte und Pflichten von Polizei- Exekutivbeamten auf die Angestellten der Kleinb. (mit DienstAnw.) — An Stelle der oben angeführten Vorschr. der

BahnO. ist getreten BO. § 75 (2, 4, 5) 74 (3, 2, 4) 76. — Befreiung der Beamten usw. vom Feuerlöschdienst E. 31. März 05 IV B 2 254.

[18]) E. 17. Sept. 02 (EVB. 501).

Zu § 30.

Von der Aufsichtsbehörde ist an den Minister der öffentlichen Arbeiten zu berichten, sobald ihres Erachtens die Voraussetzungen für die Anwendung des § 30 eingetreten sind. Ist die Bahn zum Betriebe mit Maschinenkraft eingerichtet, so bedarf es dieser Berichterstattung, wenn auch nur eine der betheiligten Behörden, der Regierungspräsident oder die Eisenbahnbehörde, den Fall des § 30 für gegeben erachtet. Der Bericht ist von der diese Voraussicht bejahenden Behörde zu erstatten und mit der gutachtlichen Aeußerung der dissentirenden Behörde einzureichen.

Zu § 32.

Von der Verpflichtung des Unternehmers zur Führung getrennter Betriebs= rechnungen kann abgesehen werden, wenn die Gesammtunternehmung keine anderen Bahnen enthält, als städtische Bahnen für den Personenverkehr und Bahnen, welche, wie z. B. Drahtseilbahnen, zum Anschlusse an das Eisenbahnnetz sich nicht eignen.

Bei nebenbahnähnlichen Kleinbahnen (vergl. Einleitung und zu § 3) ist stets die Führung getrennter Betriebsrechnungen vorzuschreiben.

Zu § 45.

Die Prüfung der betriebssicheren Beschaffenheit der Bahn und der Betriebs= mittel, welche der genehmigenden Behörde obliegt, bedingt auch für die Anträge auf Genehmigung der Privatanschlußbahnen die in technischer Hinsicht erforderlichen Unterlagen, wenn es auch an einer diesbezüglichen Vorschrift in dem Gesetze fehlt. Es ist daher auch für diese Bahnen die Anweisung zu § 5, soweit sie die technischen Unterlagen betrifft, gleichmäßig zu beachten. Dagegen ist von dem Verlangen von Unterlagen in finanzieller Hinsicht abzusehen.

Zu § 47.

Die Genehmigungsbehörden werden ermächtigt, den Beginn des Baues ohne vorgängige Planfeststellung für alle ausschließlich auf dem Eigenthum des Unter= nehmers und der Staatseisenbahnverwaltung auszuführenden Privatanschlußbahnen zu gestatten, wenn nach dem Ermessen jener Behörden die übrigen Voraus= setzungen des § 17 (letzter Absatz) vorliegen.

Zu § 53 Absatz 3.

In dem Falle vollständiger Unterwerfung eines Unternehmens unter die Bestimmungen des vorliegenden Gesetzes empfiehlt sich in der Regel die Ausstellung einer neuen Genehmigungsurkunde, damit die Rechte und Verpflichtungen des Unternehmens völlig zweifelsfrei gestellt werden.

Die in dem fünften Absatze vorgesehene Bekanntmachung der Unterstellung unter das Kleinbahngesetz hat durch das Amtsblatt der Regierung stattzufinden.

Zu § 55.

Diese Anweisung nebst den zugehörigen Betriebsvorschriften (Anlage 3) tritt unter Aufhebung der Anweisungen vom 22. August 1892 und 19. November 1892 (zu § 8 Abs. 1 und § 9 des Gesetzes) für die Ertheilung neuer Genehmigungen (auch bei wesentlichen Aenderungen im Sinne des § 2 des Gesetzes) sofort in Kraft. Auf schon genehmigte Kleinbahnen findet sie unbeschadet der konzessions= mäßigen Rechte der Unternehmer vom 1. Januar 1899 ab Anwendung.

Anlagen zur Ausführungsanweisung.

Anlage 1 (zu §. 9. B. 7) **Berechtigungsschein**[1]).

Anlage 2 (zu §. 9. B. 7) **Fahrtausweis**[1]).

Anlage 3. Betriebs=Vorschriften für Kleinbahnen mit Maschinenbetrieb (zu § 22 Abf. 4 der Ausführungsanweisung vom 13. August 1898 zu dem Gesetze über Kleinbahnen und Privatanschlußbahnen vom 28. Juli 1892).

I. Zustand der Bahn.
Gleise.

§ **1.** 1. Für Vollspurbahnen soll die Spurweite, im Lichten zwischen den Schienenköpfen gemessen, in geraden Gleisen 1,435 m betragen, für Schmalspur= bahnen 1,000 m oder 750 mm oder 600 mm.

2. Ausnahmen regeln sich nach der Ausführungsanweisung zu § 9 unter A (Ziffer 5).

Längsneigung.

§ **2.** Die Längsneigung der Bahn soll bei Reibungsbahnen das Verhältniß von 40‰ (1 : 25) in der Regel nicht überschreiten. Bei vollspurigen Zahnrad= bahnen, auf welche Betriebsmittel von Haupt= und Nebeneisenbahnen übergehen soll, die Längsneigung nicht über 100‰ (1 . 10), bei allen anderen Zahnradbahnen nicht über 250‰ (1 : 4) betragen. Stärkere Neigungen sind zulässig. Es sind jedoch in solchen Fällen ergänzende, von den Ergebnissen eines Probebetriebes abhängig zu machende Sicherheits=Vorschriften, deren Festsetzung durch die eisen= bahntechnische Aufsichtsbehörde zu erfolgen hat, vorzubehalten.

Krümmungen.

§ **3.** 1. Der Halbmesser der Krümmungen auf freier Strecke soll in der Regel bei Vollspurbahnen nicht kleiner als 100 m sein, bei Schmalspurbahnen

    mit   1 m   Spurweite nicht kleiner als 50 m,

    „   750 mm   „   „   „ 40 m,

    „   600 mm   „   „   „ 30 m.

2. Kleinere Halbmesser sind zulässig, sofern Maschinen und Wagen derart gebaut sind, daß sie Krümmungen mit den zugelassenen Halbmessern anstandslos durchfahren können.

Spurerweiterungen.

§ **4.** 1. In Krümmungen darf die Spurerweiterung bei Vollspurbahnen das Maß von 35 mm nicht überschreiten.

2. Die Spurerweiterung darf bei Schmalspurbahnen mit

    1 m   Spurweite das Maß von 25 mm,

    750 mm   „   „   „ 20 mm,

    600 mm   „   „   „ 18 mm

nicht überschreiten, sofern die Betriebsmittel nicht besonders für größere Spur= erweiterungen eingerichtet sind.

Fahrbarer Zustand der Bahn.

§ **5.** 1. Die Bahn ist fortwährend in einem solchen baulichen Zustande zu halten, daß jede Strecke, soweit sie sich nicht in Ausbesserung befindet, ohne Gefahr mit der für sie festgesetzten größten Geschwindigkeit (§ 24) befahren werden kann.

---

[1]) Hier nicht abgedruckt.

2. Bahnstrecken, auf welchen zeitweise die für sie zulässige Fahrgeschwindigkeit ermäßigt werden muß, sind durch Signale zu kennzeichnen und unfahrbare Strecken, auch wenn kein Zug erwartet wird, durch Signale abzuschließen.

Umgrenzung des lichten Raumes und der Betriebsmittel.

§ 6. 1. Für Vollspurbahnen ist die Umgrenzung des lichten Raumes in Uebereinstimmung mit den Vorschriften der Bahnordnung für die Nebeneisenbahnen Deutschlands nach den auf der **Anlage A.**[1] dargestellten Umrißlinien einzuhalten. Die gleichen Vorschriften gelten für die Umgrenzung der Betriebsmittel.

2. Für solche Schmalspurbahnen, auf welchen Güterwagen der Vollspurbahnen mittels besonderer Fahrzeuge (Rollschemel) befördert werden sollen, ist die durch Absatz 1 vorgeschriebene Umgrenzung des lichten Raumes in den Höhen- und Breiten=Abmessungen von der Unterkante der Radlaufkreise des auf dem Rollschemel stehenden Vollspurbahnwagens ab einzuhalten. Hierbei ist, je nach der Höhe und Breite der zu befördernden Wagen und der Art ihrer Beladung eine Einschränkung der gesammten Höhe und Breite des lichten Raumes zulässig.

3. Für Schmalspurbahnen, auf welche Fahrzeuge der Vollspurbahnen nicht übergeführt werden sollen, ist die Umgrenzung des lichten Raumes von Fall zu Fall nach den zu verwendenden Betriebsmitteln zu bemessen. Die auf **Anlage B.**[1] dargestellten Abmessungen gelten als Mindestmaß. Bei ihrer Anwendung dürfen die festen Theile der Betriebsmittel nur soweit an die Umgrenzung heranreichen, daß in einer Höhe von 100 mm bis 1 m über Schienenoberkante ein Abstand von 30 mm, in weiterer Höhe überall ein Abstand von 100 mm verbleibt.

4. Für Vollspurbahnen mit Zahnradbetrieb darf eine Erhöhung der Zahnstange über die Schienenoberkante bis zu 100 mm in einer größten Breite von 250 mm beiderseits der Gleismitte stattfinden, ist aber auf Strecken ohne Zahnstange wegzulassen.

5. Für schmalspurige Zahnradbahnen ist die wegen der Anordnung der Zahnstange erforderliche Einschränkung des lichten Raumes für jedes Unternehmen besonders zu bestimmen.

6. Bei Anordnung der Umgrenzungen ist in Krümmungen auf die Spurerweiterung der Gleise sowie auf die Ueberhöhung der äußeren Schiene Rücksicht zu nehmen.

7. Bei Bahnen, welche nur dem Güterverkehr dienen sollen, sowie an Ladegleisen der Stationen kann eine Einschränkung des lichten Raumes zugelassen werden. Seine Umgrenzung ist in solchen Fällen nach den Abmessungen der zur Verwendung kommenden Betriebsmittel besonders zu bestimmen.

8. Bei vollspurigen Gleisen müssen die bis zu 50 mm über Schienenoberkante hervortretenden unbeweglichen Gegenstände außerhalb des Gleises mindestens 150 mm von der Innenkante des Schienenkopfes entfernt bleiben, bei unveränderlichem Abstande derselben von der Fahrschiene darf dies Maß auf 135 mm eingeschränkt werden. Innerhalb des Gleises muß ihr Abstand von der Innenkante des Schienenkopfes mindestens 67 mm betragen, jedoch kann dieser Abstand bei Zwangsschienen nach dem mittleren Teile hin allmählich bis auf 41 mm eingeschränkt werden. In gekrümmten Strecken mit Spurerweiterung muß der Abstand der innerhalb des Gleises hervortretenden unbeweglichen Gegenstände von der Innenkante des Schienenkopfes um den Betrag der Spurerweiterung größer sein als die vorgenannten Maße.

Einfriedigungen der Bahn.

§ 7. Einfriedigungen der Bahn sowie Sicherheitsvorrichtungen an Wegeübergängen und Wegen sind nur ausnahmsweise herzustellen, wenn und wo dies durch besondere örtliche Verhältnisse bedingt erscheint.

Abtheilungszeichen, Neigungszeiger, Merkzeichen.

§. 8. 1. Die Bahn muß mit Abtheilungszeichen versehen sein, welche Entfernungen von ganzen Kilometern angeben.

2. Bei mehr als 500 m langen Neigungen von mehr als $10\,^{0}/_{00}$ (1 : 100)
sind an den Gefällwechseln Neigungszeiger anzubringen.

3. Krümmungen mit einem kleineren Halbmesser als:

bei 1,435 m Spurweite 150 m,

„ 1 m „ 100 m,

„ 750 mm „ 80 m,

„ 600 mm „ 60 m,

sind auf denjenigen Strecken zu bezeichnen, welche mit einer Geschwindigkeit von
mehr als 20 Kilometer in der Stunde befahren werden.

4. Ob und wo vor den in Schienenhöhe liegenden unbewachten Wegeübergängen ein Kennzeichen anzubringen ist, welches dem Maschinenführer eines die
Strecke befahrenden Zuges die Annäherung an einen derartigen Uebergang anzeigt,
ist für jeden Uebergang besonders zu bestimmen.

5. Zwischen zusammenlaufenden Schienensträngen muß ein Merkzeichen an-
gebracht sein, welches die Stelle angiebt, über die hinaus auf dem einen Gleise
Fahrzeuge mit keinem ihrer Theile vorgeschoben werden dürfen, ohne daß der
Durchgang von Fahrzeugen auf dem andern Gleise gehindert wird.

6. Die Sicherungs-Einrichtungen und Maßregeln bei Kreuzungen in Schienenhöhe der Kleinbahnen untereinander sind für jede Kreuzung besonders vorzuschreiben.
Der eisenbahntechnischen Aufsichtsbehörde ist hierbei die Befugniß zu Abänderungen,
welche etwa nach den Ergebnissen des Betriebes sich als nothwendig erweisen sollten,
vorzubehalten.

II. Zustand, Unterhaltung und Untersuchung der Betriebsmittel.

Zustand der Betriebsmittel.

§ 9. Die Betriebsmittel müssen fortwährend in einem solchen Zustande
gehalten werden, daß die Fahrten mit der größten zulässigen Geschwindigkeit
(§ 24) ohne Gefahr stattfinden können.

Einrichtung der Maschinen.

§ 10. 1. Für jede Maschine ist nach Maßgabe ihrer Bauart eine Fahrgeschwindigkeit vorzuschreiben, welche in Rücksicht auf die Sicherheit niemals
überschritten werden darf. Diese Geschwindigkeit muß an der Maschine an-
gezeichnet sein.

2. An jedem Dampfkessel muß sich eine Einrichtung zum Anschlusse eines
Prüfungsmanometers befinden, durch welches die Belastung der Sicherheitsventile
und die Richtigkeit der Federwaagen und Manometer geprüft werden kann.

3. Jede Lokomotive muß versehen sein:

a) Mit mindestens zwei zuverlässigen Vorrichtungen zur Speisung des Kessels,
welche unabhängig von einander in Betrieb gesetzt werden können, und von
denen jede für sich während der Fahrt im Stande sein muß, das zur
Speisung erforderliche Wasser zuzuführen. Eine dieser Vorrichtungen muß
geeignet sein, beim Stillstande der Lokomotive dem Kessel Wasser zuzuführen.

b) Mit mindestens zwei von einander unabhängigen Vorrichtungen zur zuverlässigen Erkennung der Wasserstandshöhe im Innern des Kessels. Bei einer
dieser Vorrichtungen muß die Höhe des Wasserstandes vom Stande des
Führers ohne besondere Proben fortwährend erkennbar und eine in die
Augen fallende Marke des niedrigsten zulässigen Wasserstandes angebracht sein.

c) Mit wenigstens zwei Sicherheitsventilen, von welchen das eine so ein=
gerichtet sein soll, daß die Belastung desselben nicht über das bestimmte
Maß gesteigert werden kann. Die Sicherheitsventile sind so einzurichten,
daß sie vom gespannten Dampfe nicht weggeschleudert werden können,
wenn eine unbeabsichtigte Entlastung derselben eintritt. Die Einrichtung
der Sicherheitsventile muß denselben eine senkrechte Bewegung von 3 mm
gestatten.

d) Mit einer Vorrichtung (Manometer), welche den Druck des Dampfes zu=
verlässig und ohne Anstellung besonderer Proben fortwährend erkennen
läßt. Auf den Zifferblättern der Manometer muß der höchste zulässige
Dampfüberdruck durch eine in die Augen fallende Marke bezeichnet sein.

e) Mit einer Dampfpfeife und mit einer Läutevorrichtung.

Abnahmeprüfung und wiederkehrende Untersuchungen der Dampf= Lokomotiven.

§ 11. 1. Neue oder mit neuen Kesseln versehene Lokomotiven dürfen erst
in Betrieb gesetzt werden, nachdem sie der vorgeschriebenen Prüfung unterworfen
und als sicher befunden sind. Der hierbei als zulässig erkannte höchste Dampf=
überdruck, sowie der Name des Fabrikanten der Lokomotive und des Kessels, die
laufende Fabriknummer und das Jahr der Anfertigung müssen in leicht erkennbarer
und dauerhafter Weise an der Lokomotive bezeichnet sein.

2. Nach jeder umfangreicheren Ausbesserung des Kessels, im Uebrigen in
Zeitabschnitten von höchstens drei Jahren, sind die Lokomotiven in allen Theilen
einer gründlichen Untersuchung zu unterwerfen, mit welcher eine Kesseldruckprobe
zu verbinden ist. Diese Zeitabschnitte sind vom Tage der Inbetriebsetzung nach
beendeter Untersuchung bis zum Tage der Außerbetriebsetzung zum Zweck der
nächsten Untersuchung zu bemessen.

3. Bei den Druckproben ist der Kessel vom Mantel zu entblößen, mit Wasser
zu füllen und mittels einer Druckpumpe zu prüfen. Der Probedruck soll den
höchsten zulässigen Dampfüberdruck um fünf Atmosphären übersteigen.

4. Kessel, welche bei dieser Probe ihre Form bleibend ändern, dürfen in
diesem Zustande nicht wieder in Dienst genommen werden.

5. Bei jeder Kesselprobe ist gleichzeitig die Richtigkeit der Manometer und
Ventilbelastungen der Lokomotiven zu prüfen.

6. Der angewendete Probedruck ist mittels eines Prüfungsmanometers zu
messen, welches in angemessenen Zeitabschnitten auf seine Richtigkeit untersucht
werden muß.

7. Längstens acht Jahre nach Inbetriebsetzung eines Lokomotivkessels muß
eine innere Untersuchung desselben vorgenommen werden, bei welcher die Siede=
rohre zu entfernen sind. Nach spätestens je 6 Jahren ist diese Untersuchung zu
wiederholen.

8. Ueber die Ergebnisse der Kesseldruckproben und der sonstigen mit den
Lokomotiven vorgenommenen Untersuchungen ist Buch zu führen.

Bahnräumer, Aschkasten, Funkenfänger.

§. 12. 1. An der Stirnseite der Maschinen sowohl wie an der Rückseite
müssen Bahnräumer angebracht sein. Zahnradmaschinen sollen außerdem mit Bahn-
räumern vor den Zahnrädern versehen sein. In geeigneten Fällen sind Schutzkasten
als Bahnräumer anzubringen.

2. Dampflokomotiven müssen mit einem verschließbaren Aschkasten und mit
Vorrichtungen versehen sein, welche den Auswurf glühender Kohlen aus dem
Aschkasten und dem Schornstein zu verhüten bestimmt sind.

Bremsen der Maschine.

§ 13. Die Maschinen müssen ohne Rücksicht auf etwa vorhandene anderweite Bremsvorrichtungen mit einer Handbremse versehen sein, die jederzeit leicht und schnell in Thätigkeit gesetzt werden kann.

Federn, Zug= und Stoßvorrichtungen.

§ 14. Sämmtliche Wagen, mit Ausnahme der nur in Arbeitszügen, sowie der im reinen Güterverkehr mit nicht mehr als 20 km Fahrgeschwindigkeit laufen= den, müssen mit Tragfedern sowie an beiden Stirnseiten mit federnden Zug= und Stoßvorrichtungen versehen sein.

Spurkränze.

§ 15. Sämmtliche Räder müssen Spurkränze haben, mit Ausnahme der Räder an den Mittelachsen der dreiachsigen Maschinen und Wagen.

Stärke der Radreifen.

§ 16. 1. Auf Vollspurbahnen muß bei den Maschinen die Stärke der Rad= reifen mindestens 20 mm betragen, bei Wagen können die Radreifen bis auf 16 mm abgenutzt werden. Die Stärke der Reifen ist in der senkrechten Ebene des Laufkreises zu messen, welche 750 mm von der Mitte der Achse entfernt an= zunehmen ist. Bei Rädern, deren Reifen durch eine Befestigungsnuth unter der der Abnützung unterworfenen Fläche geschwächt sind, müssen auch an der schwächsten Stelle die bezeichneten Maße innegehalten werden.

2. Auf Schmalspurbahnen muß die Stärke der Radreifen der Maschinen mindestens 12 mm, die der Wagen mindestens 10 mm betragen.

Untersuchung der Wagen.

§ 17. 1. Es dürfen nur solche Wagen in Gebrauch genommen werden, welche den nach § 4,1 des Gesetzes genehmigten Entwürfen entsprechen.

2. Jeder Wagen ist von Zeit zu Zeit durch den Unternehmer einer gründ= lichen Untersuchung zu unterwerfen, bei welcher die Achsen, Lager und Federn abgenommen werden müssen. Diese Untersuchung hat spätestens drei Jahre nach der ersten Ingebrauchnahme oder nach der letzten Untersuchung zu erfolgen.

Bezeichnung der Wagen.

§ 18. Jeder Wagen muß Bezeichnungen haben, aus welchen zu er= sehen ist:

a) die Kleinbahn, zu welcher er gehört,
b) das eigene Gewicht einschließlich der Achsen und Räder und ausschließlich der losen Ausrüstungsgegenstände,
c) bei Güter= und Gepäckwagen das Ladegewicht und die Tragfähigkeit,
d) der Zeitpunkt der letzten Untersuchung.

III. Einrichtungen und Maßregeln für die Handhabung des Betriebes.

Bewachung der Bahn.

§ 19. 1. Die Bahnstrecke muß mindestens einmal an jedem Tage auf ihren ordnungsmäßigen Zustand untersucht werden, sofern die zulässige Fahrgeschwin= digkeit der Züge mehr als 20 km in der Stunde beträgt, bei geringeren Fahr= geschwindigkeiten ist die Untersuchung mindestens jeden dritten Tag vorzunehmen. Für Zahnstangenstrecken bestimmt die vorzunehmenden Untersuchungen die eisen= bahntechnische Aufsichtsbehörde.

2. Bei Annäherung eines Zuges oder einer einzeln fahrenden Maschine an einen in Schienenhöhe liegenden unbewachten Wegeübergang hat der Maschinenführer von der etwa gekennzeichneten Stelle an oder, sofern Kennzeichen nicht angebracht sind, in angemessener Entfernung bis nach Erreichung des Ueberganges die Läutevorrichtung in Thätigkeit zu halten oder ein anderes Warnungszeichen zu geben. Gleiches gilt, wenn Menschen oder Fuhrwerke auf der Bahn oder in gefahrdrohender Nähe derselben bemerkt werden. Ob und wo vor dem Ueberfahren derartiger Uebergänge verlangsamtes Fahren oder vorheriges Halten der Züge erfolgen soll, bestimmt die eisenbahntechnische Aufsichtsbehörde im Einvernehmen mit der Genehmigungsbehörde[2]).

3. Von der Bedienung und Beleuchtung von Weichen kann in der Regel abgesehen werden, wenn sie unter Verschluß gehalten werden.

Stärke der Züge.

§ 20. 1. Auf vollspurigen Bahnen sollen nicht mehr als 80 Wagenachsen, auf Schmalspurbahnen von 1 m Spurweite höchstens 60, von 750 mm und 600 mm Spurweite höchstens 50 Wagenachsen in einem Zuge laufen.

2. Auf Zahnradbahnen darf zur Beförderung eines Zuges nur eine Maschine verwendet werden, auf Reibungsbahnen dagegen außer der Maschine an der Spitze des Zuges und einer etwaigen Vorspannmaschine noch eine an seinem Schluß, jedoch nur bei Güterzügen, sowie zum Ingangsetzen von Personenzügen in den Stationen.

Zahl der Bremsen eines Zuges.

§ 21. 1. In jedem Zuge müssen außer den Bremsen an der Maschine so viele Bremsen bedient oder auf andere Weise wirksam zu machen sein, daß mindestens der aus nachstehendem Verzeichnisse zu berechnende Theil der im Zuge befindlichen Wagenachsen gebremst werden kann.

Auf Neigungen		Bei einer Fahrgeschwindigkeit von		
		15	20	30
von ‰	vom Verhältniß	Kilometer in der Stunde müssen von je 100 Wagenachsen zu bremsen sein:		
0	1 : ∞	6	6	6
2,5	1 : 400	6	6	9
5,0	1 : 200	6	7	12
7,5	1 : 133	8	10	15
10	1 : 100	10	13	18
12,5	1 : 80	13	15	21
15	1 : 66	15	18	24
17,5	1 : 57	18	21	27
20	1 : 50	20	23	31
22,5	1 : 44	22	26	34
25	1 : 40	25	29	37
30	1 : 33	30	34	43
35	1 : 28	34	39	49
40	1 : 25	39	45	56

---

[2]) Abs. 2 ist Schutzgesetz i. S. BGB. § 823 Abs. 2 RGer. 15./16. Mai 04 (EEE. XXI. 166).

2. Bei der hiernach auszuführenden Berechnung der Zahl der zu bremsenden Wagenachsen ist Folgendes zu beachten:

a) Für Fahrgeschwindigkeiten und Neigungen, welche zwischen den in dem Verzeichnisse aufgeführten liegen, gilt jedesmal die größte der dabei in Frage kommenden Bremszahlen.

b) Die Anzahl der zu bremsenden Wagenachsen ist für die stärkste, auf der fraglichen Strecke vorkommende Bahnneigung (Steigung oder Gefälle), welche sich ununterbrochen auf eine Länge von 1000 m oder darüber erstreckt, zu bestimmen. Erreicht die stärkste vorkommende Neigung an keiner Stelle die Länge von 1000 m, so ist die gerade Verbindungslinie zwischen denjenigen zwei Punkten des Längenschnitts, welche bei 1000 m Entfernung den größten Höhenunterschied zeigen, als stärkstgeneigte Strecke anzusehen.

c) Als maßgebende Fahrgeschwindigkeit ist diejenige anzunehmen, welche der Zug auf der die Höchststeigung enthaltenden Strecke erreichen darf.

d) Sowohl bei Zählung der vorhandenen Wagenachsen, als auch bei Feststellung der erforderlichen Bremsachsen ist eine unbeladene Güterwagenachse als halbe Achse zu rechnen. Die Achsen von Personen=, Post= und Gepäckwagen sind stets voll in Ansatz zu bringen.

e) Der bei Berechnung der Anzahl der zu bremsenden Wagenachsen sich etwa ergebende überschießende Bruchteil ist, wenn er größer ist als ein Halb, stets als ein Ganzes zu rechnen, anderenfalls zu vernachlässigen.

3. Für Bahnstrecken, welche stärkere Steigungen als 10 %‰ (1 : 25) haben, sind für das Bremsen der Züge von der eisenbahntechnischen Aufsichtsbehörde besondere Vorschriften zu erlassen. Gleiches gilt für Züge und Wagen, welche auf längeren Strecken ausschließlich durch die Schwerkraft oder mit Hülfe stehender Maschinen bewegt werden, sowie für Zahnrad= und andere Bahnen von außergewöhnlicher Bauart.

4. Den Stationsbediensteten, sowie den Zugbediensteten ist schriftlich bekannt zu geben, der wievielte Theil der Wagenachsen auf jeder Strecke bei der zugelassenen höchsten Fahrgeschwindigkeit zu bremsen ist.

Bildung der Züge.

§ **22.** Bei Bildung der Züge ist darauf zu achten, daß die Wagen gehörig zusammengekuppelt sind, die Belastung in den einzelnen Wagen thunlichst gleichmäßig vertheilt ist, die nöthigen Signalvorrichtungen angebracht, die erforderlichen Bremsen bedienbar, bedient und thunlichst gleichmäßig im Zuge vertheilt sind.

Erleuchtung der Wagen.

§ **23.** Das Innere der zur Beförderung von Personen benutzten Wagen ist während der Fahrt bei Dunkelheit angemessen zu erleuchten.

Größte zulässige Fahrgeschwindigkeit.

§ **24.** 1. Die größte zulässige Fahrgeschwindigkeit für Züge und einzelne Maschinen darf in der Regel bei Bahnen mit

1,435 m Spurweite	30 km,	
1 m	„	30 „ ,
750 mm	„	25 „ ,
600 mm	„	20 „ ,
bei Zahnradbahnen	15 „	

in der Stunde nicht übersteigen.

2. Größere Fahrgeschwindigkeiten können mit Genehmigung des Ministers der öffentlichen Arbeiten zugelassen werden, sofern ein Verkehrsbedürfniß dafür

nachweisbar ist. Ueber die in solchen Fällen vorzuschlagende Ergänzung der Sicherheitsvorschriften bleibt die Entscheidung dem Minister der öffentlichen Arbeiten vorbehalten.

Langsamfahren.

§ 25. 1. Wenn ein Zeichen zum Langsamfahren gegeben ist oder ein Hinderniß auf der Bahn bemerkt wird, muß die Fahrgeschwindigkeit in einer den Umständen angemessenen Weise ermäßigt werden.

2. Auf Strecken, in welchen eine Drehbrücke liegt, oder welche wegen scharfer Krümmungen, starker Neigungen oder aus sonstigem Grunde stets mit besonderer Vorsicht befahren werden müssen, ist die größte zulässige Geschwindigkeit für die einzelnen Zuggattungen von der eisenbahntechnischen Aufsichtsbehörde festzusetzen.

Abfahrt der Züge.

§ 26. 1. Kein Zug darf eine Station verlassen, bevor die Abfahrt von dem zuständigen Bediensteten gestattet ist.

2. Bei einer Fahrgeschwindigkeit von mehr als 15 km in der Stunde darf ein fahrplanmäßiger Zug einem anderen in derselben Richtung abgelassenen Zuge in der Regel nur in Stationsabstand — nach Ablauf der planmäßigen Fahrzeit des voraufgegangenen Zuges — und zwar nur mit einer um 5 km in der Stunde verringerten Fahrgeschwindigkeit folgen. Für unübersichtliche oder mit starken Neigungen behaftete Strecken, sowie für ungünstige Witterungsverhältnisse kann die eisenbahntechnische Aufsichtsbehörde weitere Einschränkungen vorschreiben.

Sonderzüge.

§ 27. Sonderzüge und einzelne Maschinen, welche den betheiligten Stationen sowie dem etwa vorhandenen Bahnbewachungspersonal nicht vorher angekündigt sind, dürfen mit keiner größeren Geschwindigkeit als 10 km in der Stunde fahren.

Schieben der Züge.

§ 28. Das Schieben von Zügen auf freier Strecke, an deren Spitze sich eine führende Maschine nicht befindet, ist auf Reibungsbahnen nur dann zulässig, wenn ihre Stärke nicht mehr als 40 Wagenachsen beträgt und ihre Geschwindigkeit 15 km in der Stunde nicht übersteigt. Der vorderste Wagen muß alsdann mit einem wachthabenden Bediensteten besetzt sein, welcher vor unbewachten Uebergängen oder, wo sonst das Bedürfniß eintritt, ein weithin hörbares Warnungszeichen mittels Glocke, Horn oder dergleichen abzugeben hat. Für Zahnradbahnen werden die betreffenden Vorschriften von der eisenbahntechnischen Aufsichtsbehörde erlassen.

Begleitpersonal.

§ 29. Das Begleitpersonal darf während der Fahrt nur einem Bediensteten untergeordnet sein.

Stillstehende Maschinen und Wagen.

§ 30. 1. Stillstehende, fahrfertige Maschinen müssen stets unter Aufsicht stehen.

2. Die ohne ausreichende Aufsicht, sowie die über Nacht auf den Gleisen verbleibenden Wagen sind durch geeignete Vorrichtungen festzustellen.

Mitfahren auf der Maschine.

§ 31. Ohne Erlaubniß der zuständigen Bediensteten darf außer den durch ihren Dienst dazu berechtigten Personen Niemand auf der Maschine mitfahren.

Gebrauch der Signalpfeife u. s. w.

§ 32. 1. Der Gebrauch der Dampfpfeife oder der Preßluftpfeife ist auf die im § 38 vorgeschriebenen Signale, sowie außergewöhnliche Fälle zu beschränken.

2. In der Nähe einer dem öffentlichen Verkehr dienenden Straße soll vorzugsweise die Läutevorrichtung der Maschine oder ein anderes Warnungszeichen zur Anwendung kommen. Das Oeffnen der Zylinderhähne der Dampflokomotiven ist an solchen Stellen zu vermeiden.

Führung der Maschine.

§ 33. 1. Die Führung der Maschine darf nur solchen Personen übertragen werden, welche eine förmliche Prüfung abgelegt haben und sich durch ein Zeugniß darüber ausweisen können, daß sie die erforderliche technische Befähigung und Zuverlässigkeit besitzen.

2. Die Bedienung der Maschine kann mit Zustimmung der eisenbahntechnischen Aufsichtsbehörde dem Führer allein übertragen werden, wenn die Betriebsmittel einen Uebergang zwischen der Maschine und den Wagen gestatten und außer dem Führer ein Zugbediensteter sich auf dem Zuge befindet, der es versteht, den Zug zum Stillstand zu bringen.

Außergewöhnliche Maschinen.

§ 34. Sofern andere, als mit Dampfkraft betriebene Maschinen Verwendung finden, sind die für ihren Zustand, ihre Unterhaltung, Untersuchung und Handhabung zu beachtenden Sicherheits-Vorschriften bis auf Weiteres von der eisenbahnrechtlichen Aufsichtsbehörde, für jedes Unternehmen besonders festzusetzen, im Uebrigen aber diejenigen der vorstehenden und der noch folgenden Vorschriften, deren Anwendung Bedenken nicht entgegenstehen, unverändert einzuführen oder, soweit nothwendig, zu ändern und zu ergänzen.

IV. Signalwesen.

Verständigung zwischen den Stationen.

§ 35. Einrichtungen, welche die Verständigung zwischen den Stationen ermöglichen, können zur Sicherheit des Betriebes von der eisenbahntechnischen Aufsichtsbehörde gefordert werden, sofern im regelmäßigen Betriebe sich gleichzeitig zwei oder mehrere Züge in entgegengesetzter Fahrtrichtung bewegen oder sonstige Rücksichten solche erfordern.

Streckensignale.

§ 36. Auf der Bahn müssen die Signale gegeben werden können:

der Zug soll langsam fahren und

der Zug soll halten.

Zugsignale.

§ 37. Jeder geschlossen fahrende Zug muß mit Signalen versehen sein, welche bei Tage den Schluß, bei Dunkelheit die Spitze und den Schluß erkennen lassen; Gleiches gilt für einzeln fahrende Maschinen.

Signale des Maschinenführers.

§ 38. Der Maschienenführer muß die Signale geben können:

Achtung,

Bremsen anziehen und

Bremsen loslassen,

oder er muß

die Bremsen selbst wirksam machen und lösen können.

Signalordnung.

§ 39. Soweit Farben=Signale zur Anwendung kommen, dürfen nur die Farben weiß, grün und roth verwendet werden, und zwar soll die rothe Farbe als Halt=Signal dienen.

V. Betriebsführung.

Betriebsleitung.

§ 40. Die mit der Leitung der Bahnunterhaltung und des Betriebes betrauten Personen sind sowohl der eisenbahntechnischen Aufsichtsbehörde, als dem zuständigen Regierungs=(Polizei=)Präsidenten namhaft zu machen, auch sind diesen Behörden alle hierbei eintretenden Aenderungen anzuzeigen.

Dienstanweisungen und Dienstaufsicht.

§ 41. 1. Den im äußeren Betriebsdienst angestellten Bediensteten sind über ihre Dienstverrichtungen und ihr gegenseitiges Dienstverhältniß schriftliche oder gedruckte Anweisungen zu geben. Die eisenbahntechnische Aufsichtsbehörde, welcher diese Anweisungen vorgelegt werden müssen, kann sie beanstanden, wenn sie die Betriebssicherheit der Kleinbahn dadurch nicht für gewahrt erachtet. Auch ist diese Behörde befugt, eine Prüfung der Bediensteten des äußeren Betriebsdienstes zu fordern, sowie die Entlassung derjenigen, welche nach ihrem Ermessen nicht als technisch fähig und zuverlässig anzusehen sind.

2. Die Befugnisse der eisenbahntechnischen Aufsichtsbehörde sind in den Dienstverträgen vorzusehen.

3. Bei Ausübung ihrer Aufsicht wird sich die eisenbahntechnische Aufsichts= behörde zu Entscheidungen, welche die Entlassung von Bediensteten oder grund= legende für den unveränderten Bestand des Unternehmens erhebliche Aenderungen der bestehenden Anordnungen betreffen, des Einverständnisses des zuständigen Regierungs=(Polizei=)Präsidenten versichern oder — in dringenden Fällen — diesen nachträglich verständigen.

VI. Schlußbestimmungen.

§ 42. 1. Diese Betriebsvorschriften werden durch den Reichs= und Staats= anzeiger, das Ministerialblatt für die innere Verwaltung, das Eisenbahn=Ver= ordnungs=Blatt, das Zentralblatt der Bauverwaltung, die Zeitschrift für Klein= bahnen und die Amtsblätter der Königlichen Regierungen veröffentlicht.

2. Auf bereits genehmigte Kleinbahnen finden diese Betriebsvorschriften unbe= schadet der konzessionsmäßigen Rechte der Unternehmer Anwendung. Im Uebrigen bleibt bei diesen Bahnen die Genehmigung zur Beibehaltung von Abweichungen der eisenbahntechnischen Aufsichtsbehörde überlassen.

3. Weitere Abweichungen, als solche in diesen Vorschriften selbst bereits als zulässig bezeichnet und von der Genehmigungsbehörde beziehungsweise der eisen= bahntechnischen Aufsichtsbehörde festzusetzen sind, können bei Kleinbahnen, welche auf Grund dieser Vorschriften betrieben werden, von dem Minister der öffentlichen Arbeiten zugelassen werden, sofern ein Betriebsbedürfniß dafür nachweisbar ist.

Berlin, den 13. August 1898.

Der Minister der öffentlichen Arbeiten.

Anlage B (zu Anmerkung 5).

Erlaß des Ministers der öffentlichen Arbeiten betr. Übertragung des Betriebes einer Kleinbahn vom Konzessionar auf einen Dritten.

An die Regierungspräsidenten, den Polizeipräsidenten in Berlin, die Eisenbahn=kommissare und die Königlichen Eisenbahndirektionen.

Vom 15. Januar 1903 (EVB. 39).

Nachstehend werden die im wesentlichen schon jetzt beachteten Grundsätze mit=geteilt, nach denen bei vertraglicher Übertragung des Betriebes einer Kleinbahn von dem Träger der Genehmigung auf einen anderen zu verfahren ist:

a) In der Ausführungsanweisung zu § 2 des Kleinbahngesetzes und in dem Runderlaß vom 20. Februar 1898 — III. 2431, IV. A. 720 — ist bereits zweifelsfrei zum Ausdruck gebracht, daß die mit der Genehmigung einer Kleinbahn verbundenen Rechte und Pflichten an der Person des Trägers der Genehmigung haften. Eine Änderung in derjenigen Person, die nach der Genehmigungsurkunde jene Rechte und Pflichten ausüben bezw. erfüllen soll, würde daher im Sinne des § 2 des Kleinbahngesetzes als eine wesent=liche Änderung des Unternehmens zu erachten sein. Dem Träger der Ge=nehmigung steht somit nicht das Recht zu, ohne weiteres Verträge zu schließen, die gegen diese grundlegende Bestimmung verstoßen oder ihre Wirksamkeit zu beeinträchtigen geeignet sind. Ein Vertrag, durch welchen der Konzessionar einer Kleinbahn den Betrieb an einen Dritten derart überläßt, daß letzterer auch bezüglich aller oder einzelner konzessionsmäßiger Rechte und Pflichten nach außen hin und gegenüber den kleinbahngesetzlichen Aufsichtsbehörden als berechtigt und verpflichtet gelten soll, würde nur mit besonderer Ge=nehmigung dieser Behörden zulässig sein (§ 2 des Kleinbahngesetzes). Diese Zustimmung kann aber nur nach Prüfung aller in Betracht zu ziehenden Verhältnisse und insbesondere dann in Frage kommen, wenn auch seitens des Betriebsunternehmers die für die Genehmigung von Kleinbahnen überhaupt maßgebenden Voraussetzungen erfüllt sind. Die Genehmigung muß demnächst sämtliche konzessionsmäßigen Rechte und Pflichten für den Konzessionar und den Betriebsunternehmer genau regeln und veröffentlicht werden.

Es erscheint zweckmäßig, künftig in die Genehmigungsurkunden für Kleinbahnen die Bestimmung aufzunehmen:

„Die Übertragung der aus dieser Genehmigung sich ergebenden Rechte und Pflichten an einen anderen Unternehmer ist nur mit Genehmigung der Aufsichtsbehörden zulässig",

damit die Kleinbahnunternehmer über die vorher entwickelte Rechtslage von vornherein nicht im Zweifel sind.

b) Anders ist die Sachlage zu beurteilen, wenn ein Vertrag über Betriebs=leistungen die konzessionsmäßigen Rechte und Pflichten des Kleinbahn=konzessionars unberührt läßt. Ein Vertrag dieser Art, der sich hauptsächlich auf die finanzielle Seite der Betriebsverwaltung erstreckt, würde als ein ausschließlich privatrechtliches Abkommen für den Verkehr mit den Klein=bahngesetzlichen Aufsichtsbehörden nicht in Betracht kommen und von ihnen — abgesehen von besonderen Vorbehalten bei staatlich unterstützten Klein=bahnen — unberücksichtigt zu lassen sein. Eine Berücksichtigung bei der Prüfung der Zulassung einer Kleinbahn müssen aber auch Verträge dieser Art erfahren, wenn die in Rede stehenden Betriebsleistungen von einer nach dem Gesetze vom 3. November 1838 konzessionierten Eisenbahngesell=

schaft, der die Genehmigung durch Allerhöchsten Erlaß und zwar nur aus=
nahmsweise und unter besonderen Voraussetzungen erteilt wird, oder von
einem Unternehmer übernommen werden sollen, der bereits benachbarte
Kleinbahnen besitzt oder betreibt, und wenn das letztere Vorgehen ver=
muten läßt, daß eine Verschmelzung mehrerer getrennt genehmigter Klein=
bahnen beabsichtigt ist, auf deren Zusammenschluß bei ihrer Zulassung nicht
gerücksichtigt war.

Für die Frage der Zulassung von Kleinbahnen ist die Person des Betriebs=
unternehmers beim Vorliegen der letzterwähnten Gesichtspunkte von erheblicher
Bedeutung.   Es ist deshalb in solchen Fällen, sofern die Übertragung von
Betriebsleistungen nicht schon bei der ersten Zulassung der Kleinbahn vorgesehen
oder nach Maßgabe der mit den Anträgen mir vorgelegten Berichte ursprünglich
beabsichtigt war, meine Entscheidung erneut einzuholen.

In gleicher Weise würde, wenn nicht schon der allgemeine Erlaß vom
20. Februar 1898 Platz greift, auch beim Abschluß von Betriebsverträgen der
unter a erwähnten Art zu verfahren sein.

Um wiederholte Berichterstattungen tunlichst einzuschränken, wird es sich
empfehlen, künftig schon beim Eingang von Kleinbahnanträgen festzustellen, ob
eine Verbindung des neuen Unternehmens mit anderen Kleinbahnen möglich und
alsbald oder später, gegebenenfalls auf dem Wege der Betriebsüberlassung, beab=
sichtigt ist.

Ich ersuche die Herren Regierungs=Präsidenten, im Benehmen mit den zu=
ständigen Königlichen Eisenbahndirektionen in geeigneter Weise darüber gefälligst zu
wachen, daß Zuwiderhandlungen gegen die unter a entwickelten Grundsätze nicht statt=
finden. Die Überzeugung hiervon werden sich die Aufsichtsbehörden im allgemeinen
verschaffen können, ohne daß es der Einforderung aller privatrechtlichen, unberück=
sichtigt bleibenden Betriebsverträge (unter b) oder sonstiger die Kleinbahn=
verwaltungen beschwerenden Kontrollmaßregeln bedarf.   Sofern die Betriebs=
führung einer Kleinbahn durch eine nach dem Gesetze vom 3. November 1838
konzessionierte Eisenbahngesellschaft beabsichtigt werden sollte, ist der zuständige
Königliche Eisenbahnkommissar zu benachrichtigen und auf kürzestem Wege um
Mitberichterstattung an mich zu ersuchen.   Dasselbe gilt auch von Verträgen im
Sinne des Abs. b dieses Erlasses.

Anlage C (zu Anmerkung 23).
Erlaß des Ministers der öffentlichen Arbeiten, betr. Genehmigung von Kleinbahnen, die Eisenbahnen berühren.
An die Regierungspräsidenten und den Polizeipräsidenten in Berlin, die König=
lichen Eisenbahndirektionen und die Eisenbahnkommissare.
Vom 4. April 1901 (E.=V.=Bl. S. 147, VB. S. 918).

Es sind in letzter Zeit Fälle zu meiner Kenntniß gekommen, in denen mit
dem Bau und auch mit dem Betriebe von Kleinbahnen, durch welche Anlagen
von Privateisenbahnen durch Anschluß, Kreuzung oder Mitbenutzung berührt
werden, nach Genehmigung durch die kleinbahngesetzlichen Aufsichtsbehörden be=
gonnen worden ist, ohne daß durch den für die Eisenbahnanlagen zuständigen
Königlichen Eisenbahnkommissar eine Prüfung der die Privateisenbahnen berühren=
den Entwurfstücke stattgefunden hatte.   Demzufolge ist es in diesen Fällen auch
unterblieben, meine nach § 4 des Gesetzes über die Eisenbahnunternehmungen
vom 3. November 1838 in Verbindung mit den §§ 8 und 29 des Gesetzes über

Kleinbahnen und Privatanschlußbahnen vom 28. Juli 1892 erforderliche Entschei=
dung über die entsprechende Aenderung der Eisenbahnanlagen rechtzeitig einzuholen.

Ich nehme hieraus Veranlassung, darauf hinzuweisen, daß die Zuständigkeit
der zur Mitwirkung bei Genehmigung von Kleinbahnen von mir berufenen
Eisenbahnbehörde — wie dies bezüglich der Anschlüsse an Eisenbahnen schon in
dem Schlußsatze des allgemeinen Erlasses vom 1. März 1893 (E.=B.=Bl. S. 147 f)
als selbstverständlich bezeichnet ist — an sich nicht zusammenfällt mit der sich
nach den allgemeinen Bestimmungen regelnden Zuständigkeit der Eisenbahnbehörden
für alle diejenigen Beziehungen, die sich aus der Berührung von Kleinbahnen
mit Eisenbahnen (Anschluß mit gleicher Spur, Einführung in den Bahnhof einer
Eisenbahn, Heranführung zum Zwecke der Benutzung von Überladevorrichtungen
oder der Einrichtung eines Rollbockbetriebes — zu vergl. Runderlaß vom
16. Januar 1897 Absatz 1 und 2 im E.=B.=Bl. S. 23 —, Kreuzung, Mitbenutzung)
ergeben. Für die Prüfung solcher Beziehungen ist vielmehr bei Privateisenbahnen
der mit der Ausübung des staatlichen Aufsichtsrechts betraute Königliche Eisen=
bahnkommissar, bei Staatseisenbahnen und vom Staate verwalteten Privateisen=
bahnen diejenige Königliche Eisenbahndirektion zuständig, zu deren Verwaltungs=
bezirk die berührten Eisenbahnanlagen gehören.

Zur Vermeidung von Unregelmäßigkeiten mache ich ferner darauf aufmerksam,
daß ebenso, wie dies in dem allgemeinen Erlasse vom 7. Juni 1895 — I b. D.
6155/III. 10749 — bezüglich der Gestattung des Anschlusses von Kleinbahnen an
Eisenbahnen bei gleicher Spurweite im Sinne des § 29 des Kleinbahngesetzes an=
geordnet ist, in jedem Falle der Berührung von Kleinbahnen mit
Eisenbahnanlagen, also auch im Falle der vorerwähnten Einführung in den
Bahnhof einer Eisenbahn oder der Heranführung, Kreuzung oder Mitbenutzung
nach Maßgabe des § 4 des Gesetzes vom 3. November 1838 in Verbindung mit
§§ 8 und 29 des Gesetzes vom 28. Juli 1892 unter Vorlage der Entwurfstücke
meine Entscheidung über die Zulässigkeit der geplanten Bauausführungen
u. s. w. vor Ertheilung der kleinbahngesetzlichen Genehmigung einzu=
holen ist.

In der Regel hat diese Vorlage bei mir durch diejenige Eisenbahnbehörde
zu erfolgen, welche für die Eisenbahnanlagen zuständig ist. Um in dem Ge=
nehmigungsverfahren für eine Kleinbahn Verzögerungen zu vermeiden, sind die
Unternehmer seitens der bei Ertheilung der kleinbahngesetzlichen Genehmigung
mitwirkenden Eisenbahnbehörde möglichst frühzeitig darauf hinzuweisen, daß be=
züglich der etwa geplanten Berührung von Eisenbahnanlagen die Zustimmung
der in Frage kommenden anderen Eisenbahnbehörde nöthig ist. Meine Entscheidung
würde, wo dies zweckmäßig erscheint, im Einverständnisse mit der Eisenbahn=
aufsichtsbehörde auch durch die bei der Kleinbahngenehmigung mitwirkende Eisen=
bahnbehörde eingeholt werden können.

Bei der landespolizeilichen Prüfung der Entwürfe, soweit sie Eisenbahnan=
lagen berühren, ist ebenso wie bei der Abnahme seitens der Herren Regierungs=
präsidenten für die Zuziehung der für die Eisenbahnanlagen zuständigen Eisen=
bahnbehörde Sorge zu tragen.

In Fällen, in denen zwei Kleinbahnen in der schon erläuterten Weise sich
berühren und verschiedenen Genehmigungsbehörden unterstehen, erfolgt die Mit=
wirkung der betheiligten kleinbahngesetzlichen Genehmigungs= und Aufsichtsbehörden
unter sinngemäßer Beachtung der vorstehenden Anordnungen mit der Maßgabe,
daß die Beibringung der hiernach zur Genehmigung erforderlichen Unterlagen
seitens der Herren Regierungspräsidenten zu veranlassen ist.

Anlage D (zu Anmerkung 23).

Erlaß des Ministers der öffentlichen Arbeiten, betr. Kreuzungen von Kleinbahnen mit Eisenbahnstrecken. Vom 15. Dezember 1902 (EVB. 553).

In einem einzelnen Falle war das nach § 8 Abs. 3 des Kleinbahngesetzes vom 28. Juli 1892 erforderliche Einverständniß der Eisenbahnbehörde zur Kreuzung einer dem Eisenbahngesetze vom 3. November 1838 unterworfenen Eisenbahnstrecke durch eine mittelst Bauwerkes darüber hinwegzuführende Kleinbahn von dem Vorbehalte des Widerrufs abhängig gemacht worden. Obwohl der Kleinbahnunternehmer die Annahme der Bedingung des Widerrufs verweigert hatte und ein zwingender Grund, diese Bedingung aufrecht zu halten, nicht vorlag, hat die zuständige Königliche Eisenbahndirektion, anscheinend im Hinblick auf den Erlaß vom 10. April 1893 — IV. 1082, III. 6994 —, geglaubt, daran festhalten zu müssen.

Wenn nun auch in diesem Erlasse vorausgesetzt worden ist, daß eine Vereinbarung mit dem Kleinbahnunternehmer über den Vorbehalt des Widerrufs regelmäßig zu Stande kommen werde und daß, insoweit dies nicht der Fall sein sollte, der Kreuzungsplan zur förmlichen gesetzmäßigen Feststellung nach §§ 4, 14 des Eisenbahngesetzes, § 158 des Zuständigkeitsgesetzes (vergl. §§ 14, 15 des Enteignungsgesetzes vom 11. Juni 1874) alsbald hier vorgelegt werden würde, so nehme ich doch nunmehr Anlaß unter entsprechender Aenderung des Erlasses vom 10. April 1893 (ebenso des sich auf diesen beziehenden Einganges des Erlasses vom 12. März 1894 — I. [IV] 1824) zu bestimmen, daß in den nach dem Erlasse vom 10. April 1893 zu erstattenden Berichten auch anzugeben ist, ob und aus welchen besonderen Gründen es für gerechtfertigt erachtet wird, die Zulassung der Kreuzung von dem Vorbehalte des Widerrufs abhängig zu machen. Dies würde z. B. der Fall sein, wenn die Aenderung der von der Kleinbahn berührten Eisenbahnanlagen in Aussicht steht, oder wenn der dauernden Zulassung einer Schienenkreuzung aus Gründen der Betriebssicherheit Bedenken entgegenstehen sollten, es aber auf Antrag des Kleinbahnunternehmers angängig erscheint, die erforderliche Herstellung der Unter= oder Ueberführung noch für einige Zeit zu verschieben.

Ich bemerke hierzu, daß bei der gesetzmäßigen Feststellung der Kreuzungspläne im Allgemeinen nur davon ausgegangen werden kann, daß für die dauernden Bedürfnisse derjenigen Kleinbahnunternehmen, deren Bedeutung für das öffentliche Wohl die Verleihung des Enteignungsrechts rechtfertigen würde, auch dauernde Rechtszustände geschaffen werden müssen, in dem Sinne, in dem dies bei Unternehmen dieser Art überhaupt geschieht. Der Prüfung des einzelnen Falles muß es vorbehalten bleiben, ob etwa nach den obwaltenden besonderen Verhältnissen die Kreuzung nur widerruflich gestattet werden könne.

Sollte im Laufe der Zeit das öffentliche Interesse die Aenderung eines Eisenbahnplanes erforderlich machen, nach welchem die dauernde Kreuzung durch eine Kleinbahn ohne Widerruf zugelassen war, so ist darüber nach Maßgabe der gesetzlichen Vorschriften zu entscheiden.

Mit Rücksicht auf die hohe Bedeutung, welche die dauernde oder zeitweilige Zulassung von Schienenkreuzungen für die Betriebssicherheit hat, mache ich es den Königlichen Eisenbahndirektionen zur Pflicht, bei der Beurtheilung dieser Fragen mit der größten Vorsicht zu verfahren.

Zugleich bestimme ich, daß vor Ausübung eines vorbehaltenen Widerrufs stets über die Sach= und Rechtslage hierher zu berichten ist.

Anlage E (zu Anmerkung 36).

Erlaß des Ministers der öffentlichen Arbeiten, betr. Nachweis der eisenbahntechnischen Mitwirkung bei der Planfeststellung von Kleinbahnen und Privatanschlußbahnen sowie der ministeriellen Genehmigung durch Kleinbahnen und Anschlußbahnen bedingter Aenderungen von Eisenbahnanlagen.

Vom 25. Januar 1900 (E.-V.-B. 29, VV. 919).

Ich habe Anlaß, Folgendes zu bestimmen:

1. Die Königlichen Eisenbahndirektionen werden ihre Zustimmung zu Kleinbahnplänen gemäß den §§ 3, 17 des Gesetzes über Kleinbahnen und Privatanschlußbahnen vom 28. Juli 1892 (G.-S. S. 225) und der Ausführungsanweisung dazu vom 13. August 1898 oder gemäß § 15 des Enteignungsgesetzes vom 11. Juni 1874 (G.-S. S. 221) fortan allgemein nach Prüfung der Pläne durch den auf diese zu setzenden Vermerk:

    „Durch die Eisenbahnbehörde geprüft.

    _____, den _____ten _____ 19_____

    Königliche Eisenbahndirektion.

    Nr. _____ (Unterschrift.)

    aussprechen.

2. Die Zustimmung zu den Plänen für Privatanschlußbahnen gemäß § 44 des Gesetzes über Kleinbahnen und Privatanschlußbahnen ist von den nach dem Erlasse vom 5. November 1892 — IV. 5098, III. 21755 (E.-V.-V. S. 449)[1] — zuständigen Eisenbahnbehörden in gleicher Weise auf den Plänen mit der Maßgabe zum Ausdruck zu bringen, daß in Fällen, in denen es sich um eine an eine Privateisenbahn anschließende Privatanschlußbahn handelt, an die Stelle der Königlichen Eisenbahndirektion der Königliche Eisenbahnkommissar tritt.

3. Diejenigen nach den maßgebenden Bestimmungen (vergl. Erlasse vom 16. Januar 1897 — IVa. A. 9835, III. 552 [E.-V.-B. S. 23] —, 10. April 1893 — IV/I. 1082, III. 6994 —, 12. März 1894 — I. [IV.] 1824 —, 15. April 1896 — IVa. A. 801 [E.-V.-B. S. 170] — und 12. Dezember 1896 — IVa. A. 9287, III. 17077 [E.-N.-B. S. 750] —) von mir zu genehmigenden Aenderungen der nach den §§ 4, 14 des Eisenbahngesetzes vom 3. November 1838 (G.-S. S. 505) festgestellten Eisenbahnanlagen, welche die Einführung von Kleinbahnen und Privatanschlußbahnen oder die Kreuzung durch solche nothwendig macht, sind in die Eisenbahn-Urpläne und dementsprechend auch in die danach hergestellten Umdruckpläne in gelber Farbe einzutragen; daneben ist zu dem insbesondere auch nach § 15 des Enteignungsgesetzes für den Fall der Enteignung nothwendigen Nachweise der durch mich gemäß den §§ 4, 14 des Eisenbahngesetzes erfolgten Genehmigung in der gleichen Farbe der Vermerk zu setzen:

    „Durch Erlaß des Ministers der öffentlichen Arbeiten vom

    _____ten _____ 19_____ Nr. _____ vorläufig festgestellt.

    _____, den _____ten _____ 19_____

    (bei Staatseisenbahnen:)

    Königliche Eisenbahndirektion.

    (bei Privateisenbahnen:)

    Der Königliche Eisenbahnkommissar.

    Nr. _____ (Unterschrift.)

---

[1] I 4 Anm. 65 d. W.

Nachrichtlich wird hierzu bemerkt, daß die gelbe Farbe zur Unterscheidung von denjenigen Einzeichnungen gewählt worden ist, die durch den im Auszuge nachstehend abgedruckten Erlaß vom 24. April 1890 — II a. (IV) 3271 —²) vorgeschrieben sind.

²) V 2 Anl. E Anm. 2 d. W.

Anlage F (zu Anmerkung 36).

Erlaß des Ministers der öffentlichen Arbeiten betr. Mitwirkung der Königlichen Eisenbahndirektionen bei der Planfeststellung von Kleinbahnen im Enteignungsverfahren. An die Königlichen Eisenbahndirektionen.
Vom 21. November 1900 (E.-V.-B. S. 591, VV. S. 921).

Nachstehenden Erlaß zur Kenntnißnahme und Nachachtung.

Indem ich bezüglich des Punktes 1 auf den Runderlaß vom 25. Januar d. J. — IV. A. 8993 — (E.-V.-B. S. 29)¹) Bezug nehme, mache ich den Königlichen Eisenbahndirektionen die sorgfältige sachliche Behandlung der in Rede stehenden Enteignungsangelegenheiten zur besonderen Pflicht.

Berlin, den 21. November 1900.

Zur Behebung von Zweifeln über die Mitwirkung der Königlichen Eisenbahndirektionen bei der Planfeststellung von Kleinbahnen im Enteignungsverfahren wird Folgendes bestimmt:

1. Die vorläufige Feststellung des Bauplans einer Kleinbahn im Sinne des § 15 des Enteignungsgesetzes vom 11. Juni 1874 hat im Einverständniß mit der von mir, dem Minister der öffentlichen Arbeiten, zur Mitwirkung bei der Genehmigung und Beaufsichtigung bestimmten Königlichen Eisenbahndirektion zu erfolgen, welche die Pläne mit ihrem Prüfungsvermerk versehen wird.

2. In dem darauf folgenden Verfahren der Planfeststellung zum Zwecke der Enteignung (§§ 18—22 a. a. O.) ist bei Anberaumung des Termins zur Erörterung der gegen den vorläufig festgestellten Plan erhobenen Einwendungen (§ 20) die bezeichnete Königliche Eisenbahndirektion sowohl von dem Termine, als auch von den zur Erörterung gelangenden Einwendungen zu benachrichtigen, damit sie in geeigneten Fällen, in welchen eine Veränderung der Linienführung oder andere erheblichere bau- und betriebstechnische Fragen zur Verhandlung kommen, behufs Darlegung des Standpunktes der Eisenbahnbehörde einen Vertreter zu dem Termine abordnen kann.

Diese Bestimmung greift im Enteignungsverfahren auch dann Platz, wenn ausnahmsweise vor Einleitung des letzteren Verfahrens eine Planfeststellung nach Maßgabe des § 17 des Kleinbahngesetzes vom 28. Juli 1892 und hierbei schon eine Prüfung derselben Einwendungen stattgefunden haben sollte.

Der Minister   Der Minister des Innern.
der öffentlichen Arbeiten.

An die Regierungspräsidenten und den Polizeipräsidenten in Berlin.

¹) Anl. E.

Anlage G (zu Anmerkung 40).

Erlaß des Ministers der öffentlichen Arbeiten betr. Transportvergünstigungen auf Kleinbahnen. An die Regierungspräsidenten, den Polizeipräsidenten in Berlin und die Königlichen Eisenbahndirektionen. Vom 7. März 1903 (EVB. 85).

In den Erlassen vom 7. Dezember 1893 — V. IV. 10710, III. 24853 —, 28. Juli 1900 — III. 9340, IV. A. 5645 — und 14. März 1901 — IV. C. 1814, III. 4623 — (Zeitschrift für Kleinbahnen 1894 S. 49, 1900 S. 464 und 1901 S. 309) ist der aus dem § 21 des Gesetzes über Kleinbahnen und Privatanschlußbahnen vom 28. Juli 1892 sich ergebende Grundsatz der Öffentlichkeit und gleichmäßigen Anwendung der Kleinbahntarife zum Ausdruck gebracht und bestimmt, daß nach diesem öffentlich = rechtlichen Grundsatze die Gewährung von Sonderbegünstigungen einschließlich der freien Fahrt an einzelne Interessenten (Kommunalverbände, Grunderwerbsinteressenten u. f. w.) gegenüber den allgemeingültigen und veröffentlichen Kleinbahntarifen nicht zugelassen werden darf.

Das Reichsgericht hat inzwischen in einem Erkenntnis vom 6. Februar v. J.[1]) angenommen, daß Gemeinden, denen gegenüber eine Kleinbahngesellschaft aus Anlaß der erhaltenen Zustimmung zur Benutzung öffentlicher Wege die Verpflichtung zur Ausstellung von Freifahrtscheinen für die etatsmäßigen Gemeindebeamten eingegangen ist, im Falle der Nichterfüllung dieser Verpflichtung, sofern die Gewährung der freien Fahrt nicht konzessionsmäßig verboten ist, und die letztere Vergünstigung, verbunden mit den sonstigen Leistungen des Kleinbahnunternehmers, ein gleichwertiges Entgelt für die Wegebenutzung darstellt, ein Anspruch auf Erstattung der für Dienstreisen der etatsmäßigen Gemeindebeamten verauslagten Fahrgeldbeträge zustehe. Ich mache nunmehr unter Hinweis auf den vorletzten Absatz des Runderlasses vom 28. Juli 1900 darauf aufmerksam, daß durch die eingangs genannten Erlasse diese privatrechtliche Frage bezüglich solcher Erstattungsansprüche nicht entschieden werden sollte noch konnte.

Um den öffentlich = rechtlichen Grundsatz der Öffentlichkeit und Gleichheit der Kleinbahntarife zur Durchführung zu bringen, ersuche ich im Einverständnis mit dem Herrn Finanzminister und dem Herrn Minister des Innern, künftig

a) in jede neue Genehmigungsurkunde für Kleinbahnen eine Bestimmung aufzunehmen, wonach Zusicherungen, abweichend von den tarifarischen Preisen das Entgelt für die Beförderung zu bestimmen, verboten sind.

Bei schon genehmigten Kleinbahnen würde die Aufnahme dieser Bestimmung, welche übrigens sich selbstverständlich auch auf die Zusicherung der freien Fahrt erstreckt, dabei aber die im Runderlasse vom 14. März 1901 mitgeteilten tarifarischen Voraussetzungen für die Ermäßigung oder den Erlaß des Transportpreises zu milden und öffentlichen Zwecken unberührt läßt, gelegentlich der Genehmigung wesentlicher Änderungen oder Ergänzungen nachzuholen sein[2]);

b) vor Erteilung der Genehmigung für Kleinbahnen oder für wesentliche Änderungen und Ergänzungen derselben die Zustimmungserklärungen von Wegunterhaltungspflichtigen u. f. w. auf das Vorhandensein derartiger unzulässiger Zusicherungen (wie unter a) zu prüfen und bei Entfernung der letzteren dem die Kleinbahngenehmigung nachsuchenden Unternehmer aufzugeben.

Den Kleinbahnunternehmern und beteiligten Kommunalverbänden Ihres Bezirks ist eine entsprechende Mittheilung zu machen.

---

[1]) EEE. XIX 37.
[2]) Ein Nachtrag, der nur diese Bestimmung enthält, ist nicht stempelpflichtig nach StempelsteuerG. § 12 a. E. 5. Sept. 03 (Ztschr. f. Kleinb. 494). — Anl. H Anm. 1.

Anlage H (zu Anmerkung 40).

Erlaß des Ministers der öffentlichen Arbeiten betr. Ausschluß oder nur bedingte Zulassung von Gegenständen zur Beförderung auf Kleinbahnen. An die Regierungspräsidenten, den Polizeipräsidenten in Berlin und die Königlichen Eisenbahndirektionen. Vom 14. Mai 1903 (EVB. 133).

Nach dem Ergebnis angestellter Ermittlungen haben die der Güterbeförderung dienenden Kleinbahnen den Ausschluß gewisser Gegenstände von der Beförderung oder die nur bedingte Zulassung zumeist nach den gleichen Grundsätzen geregelt, wie sie gemäß § 50 der Eisenbahn=Verkehrsordnung vom 26. Oktober 1899 und der Anlage B hierzu sowie der späteren Ergänzungen für die Eisenbahnen Deutschlands gelten. Die betreffenden Bestimmungen sind indessen nur in den einer staatlichen Genehmigung nicht unterliegenden Beförderungsvorschriften für die Kleinbahnen enthalten.

Im Übergangsverkehre von einer Kleinbahn auf die Eisenbahn ergibt sich die Notwendigkeit, jene Bestimmungen der Eisenbahn=Verkehrsordnung usw. zu befolgen, von selbst. Allgemeine Erwägungen sowie betriebliche und hygienische Sicherheits= und Ordnungsinteressen sprechen aber dafür, daß die Bestimmungen einerseits auf allen Kleinbahnen — soweit sie nicht lediglich der Personenbeförderung dienen —, und zwar auch im Binnenverkehr in Geltung kommen und andrerseits durch Aufnahme in die Genehmigungsurkunden öffentlichrechtliche Bedeutung er= halten (vergl. § 4 [1] [2] und [4] des Gesetzes über Kleinbahnen und Privatanschlußbahnen vom 28. Juli 1892 nebst Ausführungsanweisung vom 13. August 1898).

Ich ersuche deshalb die Herren Regierungs=Präsidenten, künftig allen, dem Güter= oder Gepäckverkehr dienenden Kleinbahnen konzessionsmäßig vorzuschreiben:

„Die den Ausschluß von der Beförderung oder die nur bedingte Zulassung von Gegenständen regelnden Bestimmungen im § 50 der Eisenbahn=Verkehrs= ordnung vom 26. Oktober 1899 und der Anlage B hierzu (R.=G.=Bl. S. 557 ff.) nebst Nachträgen vom 2. Juli und 24. Dezember 1900 (R.=G.=Bl. von 1900, S. 318 und von 1901, S. 1), vom 30. Mai und 25. November 1901 (R.=G.=Bl. S. 191 und 491), vom 30. Januar, 22. März und 23. November 1902 (R.=G.=Bl. S. 41, 127 und 281) und vom 2. Februar, und 15. März 1903 (R.=G.=Bl. S. 6 und 45), der Anhang zur Anlage B vom 7. Dezember 1902 (R.=G.=Bl. S. 294)*) sowie die späteren Änderungen und Ergänzungen dieser Bestimmungen sind — mit Ausnahme der Vor= schrift unter B 2 im § 50 der Eisenbahn=Verkehrsordnung — auch für die Kleinbahn verbindlich. Mit Zustimmung der Aufsichtsbehörden können wenn nötig Abweichungen von diesen Bestimmungen zugelassen werden."

Den schon genehmigten Kleinbahnen der gedachten Art ist die gleiche Ver= pflichtung durch Nachtrag zur Genehmigungsurkunde[1]) nach Einholung des Ein= verständnisses der Unternehmer aufzuerlegen, und zwar wird die bezügliche Bekannt= machung tunlichst für alle Kleinbahnen oder — je nach dem Ergebnis der Ver= handlungen — doch für eine möglichst große Anzahl von Kleinbahnen — gemein= sam zu erlassen sein. Bei der eingangs gekennzeichneten Sachlage wird sich das Einverständnis der Unternehmer voraussichtlich unschwer erreichen lassen. Anderen= falls müßte gelegentlich der Genehmigung wesentlicher Änderungen oder Er= weiterungen des Unternehmens die Befolgung jener Bestimmungen vorgeschrieben werden.

---

*) Dieser Anhang würde nur bei elektrischen Kleinbahnen Platz greifen.
[1]) Anm. 2 zu Anl. G trifft auch hier zu.

Hinsichtlich der Weiterbildung der Bestimmungen bemerke ich schon jetzt, daß die durch das Reichs-Gesetzblatt veröffentlichten späteren Änderungen und Ergänzungen des § 50 der Eisenbahn-Verkehrsordnung und der Anlage B dazu in jedem Falle alsbald durch Bekanntmachung in den Regierungs-Amtsblättern auch für die betreffenden Kleinbahnen in Kraft zu setzen sein würden. Auch hier wird es zweckmäßig sein, wenn dies nicht für jede einzelne Kleinbahn, sondern allgemein für alle in Betracht kommenden Unternehmungen durch eine Bekanntmachung erfolgt.

Die Kleinbahnverwaltungen würden sich damit begnügen können, in ihren Beförderungsvorschriften einen Hinweis auf diese Bekanntmachungen und die konzessionsmäßigen Bestimmungen zu machen.

Ob und in welchen Punkten Abweichungen von den Bestimmungen der Eisenbahn-Verkehrsordnung und der Anlage B dazu für einzelne Kleinbahnen zuzulassen sein möchten, müßte von Fall zu Fall von den Aufsichtsbehörden erwogen werden. Kommen bei solchen Anträgen von Kleinbahnen auf Gestattung von Abweichungen Gesichtspunkte der Betriebssicherheit oder allgemeiner sicherheitspolizeilicher Art in Frage, so behalte ich mir die Entscheidung vor. Derartige Anträge sind mir alsdann mit der gutachtlichen Äußerung der für die Kleinbahn zuständigen Aufsichtsbehörden vorzulegen.

Für die Befolgung der konzessionsmäßigen Vorschriften wollen die kleinbahngesetzlichen Aufsichtsbehörden, insbesondere die Königlichen Eisenbahndirektionen, durch allgemeine Überwachung und zeitweilige Stichprüfungen des Abfertigungs- und Beförderungsdienstes der Kleinbahnen Sorge tragen.

Anlage J (zu Anmerkung 41).

Erlaß des Ministers der öffentlichen Arbeiten betr. Berechtigung der Eisenbahnbehörden zur zwangsweisen Durchführung der bei der eisenbahntechnischen Beaufsichtigung von Klein- und Privatanschlußbahnen getroffenen Anordnungen. Vom 8. August 1894 (E.-V.-B. 205, VB. 921).

Zur Beseitigung von Zweifeln über die Berechtigung der Eisenbahnbehörden zur zwangsweisen Durchführung der bei der eisenbahntechnischen Beaufsichtigung von Klein- und Privatanschlußbahnen getroffenen Anordnungen weise ich darauf hin, daß zufolge eines allgemeinen Grundsatzes des Preußischen Staatsrechts eine jede Behörde, welche in Ausübung eines Staatshoheitsrechts rechtsverbindliche Entscheidungen und Verfügungen zu treffen hat, in der Regel auch ermächtigt ist, zur Durchführung dieser Anordnungen die gesetzlich statthaften Zwangsmittel anzuwenden. Dieser Grundsatz gilt auch für die Ausübung der durch das Gesetz vom 28. Juli 1892 — G.-S. S. 225 — eingeführten eisenbahntechnischen Aufsicht über Klein- und Privatanschlußbahnen. Die in dieser Hinsicht maßgebende Regelung ist enthalten in der Geschäftsinstruktion für die Regierungen vom 23. Oktober 1817 (§ 11), bezw. der Verordnung vom 26. Dezember 1808 (§§ 34 ff.), sowie in den den Vorschriften dieser Verordnung entsprechenden Bestimmungen des Rheinischen Ressortreglements vom 20. Juli 1818.

Da alle diese Vorschriften eine Regelung des gesammten Gebietes der damaligen inneren Verwaltung bezweckten und demgemäß in ihren allgemeinen Bestimmungen, insbesondere auch in den Vorschriften über die administrative Zwangsvollziehung der Verwaltungsanordnungen allgemein gültige Normen für die Handhabung der gesammten inneren Verwaltung aufzustellen beabsichtigten, so müssen dieselben in Ermangelung einer anderweiten besonderen Regelung auch für die

Ausübung staatshoheitlicher Rechte durch Behörden der Eisenbahnverwaltung gelten, wie dies auch in dem Erkenntnisse des Königlichen Gerichtshofes zur Entscheidung der Kompetenzkonflikte vom 3. Januar 1857 (Justizministerialblatt 1857 S. 251) ausdrücklich als zutreffend anerkannt worden ist. (Vgl. auch Rönne: Das Staats= recht der Preußischen Monarchie. IV. Aufl., Bd. I, § 100, S. 438.)

Für die Vollstreckung ist die Verordnung, betreffend das Verwaltungszwangs= verfahren wegen Beitreibung von Geldbeträgen vom 7. September 1879 (G.=S. S. 591¹) maßgebend.

Anlage K (zu Anmerkung 74).
Erlaß der Minister der öffentlichen Arbeiten und des Innern, betr. Schutz der Telegraphen- und Fernsprechanlagen gegenüber elektrischen Kleinbahnen.
An die Regierungspräsidenten, den Polizeipräsidenten in Berlin und die König=
lichen Eisenbahndirektionen.
Vom 9. Februar 1904 (EVB. 61).

Der Erlaß vom 31. Dezember 1896 — III. 16 960, IV. a. A. 10 162 —, betreffend den Schutz der Telegraphen= und Fernsprechanlagen gegenüber elek= trischen Kleinbahnen, gründet sich auf § 4 Ziffer 2 des Kleinbahngesetzes, wonach bei der Genehmigung von Kleinbahnen auch der Schutz bestehender Verhältnisse gegen „schädliche Einwirkungen“ der Anlage und des Betriebes der Bahn wahr= zunehmen ist. Beschwerdefälle haben Veranlassung gegeben, zu prüfen, inwieweit diese landesgesetzliche Bestimmung in Anwendung auf vorhandene Telegraphen= und Fernsprechanlagen Rechtswirkungen zu äußern vermag gegenüber den §§ 12, 13 und 14 des Gesetzes über das Telegraphenwesen des Deutschen Reichs vom 6. April 1892 (R. Bl. S. 467)²) und gegenüber den §§ 6 und 13 des Reichs= Telegraphenwege=Gesetzes vom 18. Dezember 1899 (R. Bl. S. 705)²), durch welche Ansprüche auf Vermeidung „störender Beeinflussung“ von Telegraphen= und Fern= sprechlinien durch andere elektrische Anlagen zu privatrechtlichen, im Streitfalle vor den Gerichten zu verfolgenden Ansprüchen erklärt worden sind. Als Ergebnis dieser Prüfung war festzustellen, daß nach der Reichsgesetzgebung der behörd= liche Schutz der in den Telegraphen= und Fernsprechlinien verkörperten öffentlichen Interessen gegen „störende Beeinflussung“ dieser Anlagen durch andere elektrische Anlagen, im Interesse der Rechtseinheit und eines für das ganze Reichsgebiet einheitlichen Verfahrens, nicht den Verwaltungsbehörden, sondern den im Reichs= gericht gipfelnden ordentlichen Gerichten hat zustehen und daß den Polizeibehörden der Schutz der Telegraphen= und Fernsprechlinien gegen Einwirkungen anderer elektrischer Anlagen nur bezüglich der mit solchen Anlagen für Leben und Eigentum verbundenen Gefahren, kurz die Wahrnehmung der Gefahrenpolizei im engeren Sinne, hat verbleiben sollen. Hiernach ist die Frage, wie elektrische Anlagen „auszuführen“ — d. h. zu konstruieren und anzuordnen sind — damit sie vorhandene Telegraphen= und Fernsprechlinien nicht „störend beeinflussen“, nicht Gegenstand polizeilicher Fürsorge, sondern der Verständigung der Beteiligten überlassen und im Falle der Nichtverständigung Sache richterlicher Entscheidung. Als „störende Beeinflussungen“ im Sinne der beiden Reichsgesetze sind nach deren Entstehungsgeschichte anzusehen: Die Induktionsstörungen, die elektromagnetischen Einwirkungen von Erdströmen bei Benutzung oder Mitbenutzung der Erde zur

---

¹) Jetzt vom $\frac{15.\ \text{Nov. } 99}{18.\ \text{März } 04}$ $\left(\text{G.=S. } \frac{545}{86}\right)$. | ²) IX 3, 4 d. W.

Stromrückleitung und örtliche Behinderungen vorhandener durch neue Anlagen bei nötig werdenden Unterhaltungs=, Erweiterungs= und Verlegungsarbeiten.

Angesichts dieser Rechtslage hebe ich, der Minister der öffentlichen Arbeiten, den genannten Erlaß meines Herrn Amtsvorgängers hiermit auf.

Auf Grund des § 55 des Kleinbahngesetzes bestimmen wir, daß bei der polizeilichen Genehmigung und Beaufsichtigung des Baues und Betriebes elektrischer Kleinbahnen vor der Bahnanlage vorhanden gewesenen Telegraphen= und Fernsprechanlagen ein polizeilicher Schutz gegen „schädliche Einwirkungen der Anlage und des Betriebes der Bahn" fernerhin nur insoweit zu gewährleisten ist, als durch den Bau und den Betrieb der Bahn der Bestand (die Substanz) der Telegraphen= und Fernsprechanlagen und die Sicherheit des Bedienungspersonals gefährdet werden würde. Als gefährlich in diesem Sinne sind anzusehen:

a) Die Berührung der beiderseitigen Leitungen,
b) die Wärmewirkungen, die elektrolytischen Wirkungen sowie die Leben und Gesundheit bedrohenden Wirkungen von Erdströmen, die bei Benutzung oder Mitbenutzung der Erde zur Rückleitung entstehen können,
c) die mechanischen Beschädigungen der Telegraphen= oder Fernsprechleitungen bei dem Bau und Betriebe der Bahn.

Soweit nicht besondere Verhältnisse Abweichungen bedingen, sind bei der Genehmigung die aus der Anlage ersichtlichen „Allgemeinen polizeilichen Anforderungen" zu beachten. Im übrigen bemerken wir folgendes:

1. Im allgemeinen: Der Anhörung der Reichs=Telegraphenverwaltung nach Maßgabe des § 8 Abs. 2 des Kleinbahngesetzes — unter Mitteilung der im § 5 ebendaselbst vorgesehenen Unterlagen — sowie ihrer Beteiligung am Planfeststellungsverfahren und an der Abnahme der Bahn bedarf es nach wie vor. Die Erörterungen mit der Telegraphenverwaltung über den Schutz ihrer Anlagen gegenüber der Bahnanlage haben sich aber auf solche „schädlichen Einwirkungen" der letzteren und ihres Betriebes zu beschränken, die für den Bestand (die Substanz) der Telelegraphen= und Fernsprechanlagen und die Sicherheit des Bedienungspersonals gefährlich werden würden. Ob zwischen der Telegraphenverwaltung und dem Bahnunternehmer schon eine Verständigung über die Vermeidung von „störenden Beeinflussungen" in dem oben umschriebenen Sinne zustande gekommen ist, ist für das polizeiliche Prüfungs= und Genehmigungsverfahren selbst dann nicht von Interesse, wenn die erzielte Vereinbarung auch Schutzvorkehrungen gegen Gefahren für Leben und Eigentum zum Gegenstande haben sollte. Die Anforderungen, denen die Bahnanlage im Hinblick auf konkurrierende Telegraphen= und Fernsprechanlagen der Polizeibehörde gegenüber zu genügen hat, sind unabhängig von allen zwischen dem Unternehmer und der Telegraphenverwaltung getroffenen oder etwa noch zu treffenden privatrechtlichen Vereinbarungen und ohne jede Bezugnahme auf solche Vereinbarungen festzusetzen.

2. Zu Nr. 3 der „Allgemeinen polizeilichen Anforderungen": Die aus den Schienen in die Erde übertretenden Ströme können nicht bloß elektrolytisch zerstörend auf ihre Nachbarschaft einwirken, sondern unter Umständen auch eine Leben, Gesundheit und Eigentum bedrohende Stärke annehmen. Diesen Wirkungen vorzubeugen, ist der Zweck der Bestimmung, daß die Rückleitung der Schienen eine möglichst vollkommene sein soll. Die Bestimmung soll aber nicht einen Anspruch auf polizeilichen Schutz auch gegenüber den bloß elektromagnetischen, für Leben und Eigentum nicht gefährlichen Einwirkungen solcher Erdströme auf den Telegraphen= oder Fernsprechbetrieb begründen.

3. Da induktorische und sonstige elektromagnetische Beeinflussungen der Telegraphen- und Fernsprechleitungen sowie die Behinderung der Unterhaltung, Erweiterung und Verlegung dieser Anlagen durch die Bahnanlage unter den Begriff der „störenden Beeinflussungen" fallen, so enthalten die „Allgemeinen polizeilichen Anforderungen" weder Bestimmungen über die Verlegung von offenen Telegraphenleitungen und von unterirdischen Telegraphenkabeln noch Grundsätze über die Rechte und Pflichten der beiden Teile im Falle einer „Kollision" der beiderseitigen Rechte (§§ 1024, 1060 und 1090 B. G. B.). Diese Rechtslage schließt aber nicht aus, daß bei der Genehmigung einer Kleinbahn an der vorgängigen Verlegung einer Telegraphenlinie auch ein polizeiliches Interesse bestehen kann, z. B. dann, wenn bei Lagerung der Gleise einer Straßenbahn unmittelbar über einem im Straßenkörper schon vorhandenen Telegraphenkabel von einer späteren Ausbesserung, Erweiterung oder Verlegung des Kabels unerwünschte Unzuträglichkeiten für den Bahnbetrieb oder für den Straßenverkehr, oder wenn bei der Nachbarschaft der beiden Anlagen zerstörende elektrolytische Einwirkungen von den aus den Bahnschienen austretenden Strömen auf das Telegraphenkabel zu besorgen sein sollten. In solchen Fällen kann auch seitens der genehmigenden Behörde die Verlegung des Kabels zur polizeilichen Bedingung für die Genehmigung der Bahn gemacht werden. Andererseits hat die Bahnaufsichtsbehörde auch gegenüber den Unterhaltungs= usw. Arbeiten der Telegraphenverwaltung die Sicherheit des Bahnbetriebes und die Interessen des öffentlichen Bahnverkehrs wahrzunehmen. Kommt also bei der Ausbesserung oder Verlegung eines unter der Bahn verlaufenden oder kreuzenden Telegraphenkabels eine Unterbrechung des Bahnbetriebes in Frage, so ist — nötigenfalls durch besondere, an die Telegraphenverwaltung zu erlassende Verfügung — darauf zu halten, daß der Betrieb nicht länger, als durchaus geboten, unterbrochen werde und auch nicht zu Zeiten, in denen die polizeilich zu schützenden Verkehrsinteressen eine Unterbrechung des Bahnbetriebes nicht zulassen. Um der Bahnaufsichtsbehörde den in dieser Beziehung erforderlichen Einfluß zu sichern, ist in der Genehmigung vorzuschreiben, daß längere Betriebseinstellungen der Genehmigung der Bahnaufsichtsbehörde auch dann bedürfen, wenn darüber Einverständnis zwischen der Telegraphenverwaltung und der Bahnbetriebsleitung bestehen sollte, und daß von allen über die fahrplanmäßigen Zeiten hinausgehenden Betriebseinstellungen vorgängige, im Falle dringender Notwendigkeit wenigstens nachträgliche unverzügliche Anzeige an die Bahnaufsichtsbehörde zu erstatten ist.

4. Bestimmungen darüber, wer die Kosten polizeilich geforderter Schutzvorrichtungen und Schutzvorkehrungen zu tragen habe, sind in die Genehmigung nicht aufzunehmen.

5. Mit Rücksicht auf § 13 Satz 2 des Kleinbahngesetzes — wonach die Genehmigung unbeschadet aller Rechte Dritter erfolgt — und die §§ 317 und 318 des Strafgesetzbuches (Fassung der Novelle vom 13. Mai 1891, R. Bl. S. 107) ist es zwar selbstverständlich, daß, wenn zufolge der polizeilichen Genehmigungsbedingungen eine Veränderung von Telegraphen- oder Fernsprechleitungen oder die Anbringung von Schutzvorrichtungen an den Leitungen in Frage kommen (Ziffer 4, 5 und 6 der „Allgemeinen polizeilichen Anforderungen"), der Unternehmer sich über diese Veränderungen mit der Telegraphenverwaltung zu verständigen hat. Es steht aber auch nichts im Wege, einen darauf bezüglichen nachrichtlichen Hinweis in die Genehmigung aufzunehmen.

6. Die außer den „Allgemeinen polizeilichen Anforderungen" etwa nötig werdenden Sonderbedingungen sind im Planfeststellungsverfahren zu treffen und in solchen Fällen, in denen das Bedürfnis frühestens bei den Probefahrten festgestellt werden kann, vorzubehalten. Sollten die Vertreter der Telegraphenverwaltung im Planfeststellungstermin ausnahmsweise bindende Erklärungen nicht abgeben können, so ist im Termin eine angemessene Frist zu ihrer Nachbringung festzusetzen.

7. Bei Meinungsverschiedenheiten zwischen der genehmigenden Behörde und der Telegraphenverwaltung im Planfeststellungs= oder im Genehmigungsverfahren über erhebliche sachliche Bedenken oder Einwendungen der Telegraphenverwaltung ist an uns zu berichten, falls der Austrag der Sache nach Ansicht der genehmigenden Behörde nicht dem Beschwerdeverfahren überlassen werden kann.

8. So lange die zur Abwendung von Gefahren für Leben und Eigentum gestellten polizeilichen Anforderungen nicht erfüllt sind, darf die Eröffnung des Bahnbetriebes nicht gestattet werden.

9. Es ist zwar nicht die Aufgabe der Polizeibehörden für die Regelung der privatrechtlichen Ansprüche zu sorgen, welche die konkurrierenden Anlagen gegen einander aus § 12 des ersten oder aus § 6 des zweiten der beiden Reichsgesetze herleiten. Im Interesse der Verhütung von Prozessen finden wir aber nichts dagegen zu erinnern, daß die genehmigende Behörde auf gütigem Wege der Teile zwischen ihnen über jene Ansprüche vermittelt. Die auf diesem Wege erzielten Vereinbarungen können jedoch nicht die Unterlage für polizeiliche Auflagen abgeben; auch darf das polizeiliche Genehmigungsverfahren im Hinblick auf solche Vermittelungsverhandlungen nicht aufgehalten werden. Es ist im Gegenteil geboten, zunächst die polizeilichen Genehmigungsbedingungen festzustellen, da erst auf Grund dieser öffentlichrechtlichen Unterlagen die Beteiligten ihre privatrechtlichen Ansprüche gegeneinander formulieren können.

10. Es ist selbstverständlich, daß auch bezüglich schon bestehender elektrischer Kleinbahnen die Bahnaufsicht zu Gunsten benachbarter Telegraphen= und Fernsprechleitungen rechtswirksam nur auf dem durch die Reichsgesetzgebung für eine polizeiliche Zuständigkeit freigelassenen Gebiete ausgeübt werden kann.

Anlage.

Allgemeine polizeiliche Anforderungen an den Bau und Betrieb mit Gleichstrom betriebener elektrischer Kleinbahnen im Hinblick auf die mit solchen Anlagen für den Bestand vorhandener Telegraphen- und Fernsprechanlagen und die Sicherheit des Bedienungspersonals verbundenen Gefahren.

1. Falls die Stromzuführung durch eine oberirdische blanke Leitung erfolgt, muß diese, die „Arbeitsleitung", an allen Stellen, wo sie vorhandene oberirdische Telegraphen= oder Fernsprechlinien kreuzt, mit Schutzvorrichtungen versehen sein, durch welche eine Berührung der beiderseitigen Leitungen verhindert oder unschädlich gemacht wird. Solche Vorrichtungen können u. a. bestehen in geerdeten Schutzdrähten oder Fangnetzen, aufgesattelten Holzleisten und dergleichen.

2. Wird die Arbeitsleitung (Ziffer 1) noch durch besondere oberirdische blanke Zuleiter gespeist, so müssen die Speiseleitungen da, wo sie von vorhandenen oberirdischen Telegraphen= und Fernsprechleitungen gekreuzt werden, gegen etwaige Berührung durch letztere entweder in ausreichender Erstreckung isoliert, oder durch

geerdete Fangdrähte oder Fangnetze gedeckt sein. Die Isolation darf auch von einer die normale Betriebsspannung von 1000 Volt übersteigenden Spannung nicht durchschlagen werden.

3. Falls die Stromrückleitung durch die Gleisschienen erfolgt, müssen diese mit dem Kraftwerk durch besondere Leitungen, die Schienenstöße unter sich durch besondere metallische Brücken von ausreichendem Querschnitt in guter leitender Verbindung stehen.

4. An oberirdischen Kreuzungen der beiderseitigen Anlagen muß der Abstand der untersten Telegraphen= oder Fernsprechleitung von den höchst gelegenen strom= führenden Teilen der Bahnanlage mindestens 1 m betragen. Die Masten zur Aufhängung der oberirdischen Leitungen müssen von vorhandenen Telegraphen= oder Fernsprechleitungen mindestens 1,25 m entfernt bleiben.

5. Wo die Arbeits= oder Speiseleitungen der Bahn streckenweise in einem Abstande von weniger als 10 m neben den Telegraphen= oder Fernsprechleitungen verlaufen und die örtlichen Verhältnisse eine Berührung der beiderseitigen Leitungen auch beim Umstürzen der Träger oder beim Herabfallen der Drähte nicht aus= schließen, müssen die Gestänge der Bahnanlage, nötigenfalls auch die der Telegraphen= anlage, durch kürzere als die sonst üblichen Abstände, durch entsprechend stärkere Stangen und Masten und durch sonstige Verstärkungsmittel (Streben, Anker u. dergl.) gegen Umsturz besonders gesichert sein; auch müssen die Drähte an den Isolatoren so befestigt sein, daß eine Lösung aus ihren Drahtlagern ausgeschlossen ist.

6. Unterirdische Speiseleitungen müssen unterirdischen Telegraphen= oder Fernsprechkabeln tunlichst fernbleiben. Bei Kreuzungen und bei seitlichen Ab= ständen der Kabel von weniger als 0,50 m müssen die Bahnkabel auf der den Telegraphenkabeln zugekehrten Seite mit Zementhalbmuffen von wenigstens 0,06 m Wandstärke versehen und innerhalb dieser in Wärme schlecht leitendes Material (Lehm oder dergl.) eingebettet sein. Diese Muffen müssen 0,50 m zu beiden Seiten der gekreuzten Telegraphenkabel, bei seitlichen Annäherungen ebensoweit über den Anfangs= und Endpunkt der gefährdeten Strecke hinausragen. Liegt bei Kreuzungen und bei seitlichen Abständen der Kabel von weniger als 0,50 m das Bahnkabel tiefer als das Telegraphenkabel, so muß letzteres zur Sicherung gegen mechanische Angriffe mit zweiteiligen eisernen Rohren bekleidet sein, die über die Kreuzungs= und Näherungsstelle nach jeder Seite hin 1 m hinausragen. Solcher Schutzvorrichtungen bedarf es nicht, wenn die Bahn= oder die Telegraphen= kabel sich in gemauerten oder in Zement= oder dergleichen Kanälen von wenigstens 0,06 m Wandstärke befinden.

7. Von beabsichtigten Aufgrabungen in Straßen mit unterirdischen Tele= graphen= oder Fernsprechkabeln ist der zuständigen Oberpostdirektion oder den zu= ständigen Post= oder Telegraphenämtern bei Zeiten vor dem Beginn der Arbeiten schriftlich Nachricht zu geben. Falls durch solche Arbeiten der Telegraphen= oder Fernsprechbetrieb gestört werden könnte, sind die Arbeiten auf Antrag der Telegraphenverwaltung zu Zeiten auszuführen, in denen der Telegraphen= bezw. Fernsprechbetrieb ruht.

8. Fehler — d. h. ein schadhafter Zustand — in der Starkstromanlage der Bahn, durch welche der Bestand der Telegraphen= oder Fernsprechanlagen oder die Sicherheit des Bedienungspersonals gefährdet werden könnte, sind ohne Verzug zu beseitigen; außerdem ist der elektrische Betrieb der Bahn im Wirkungs= bereich der Fehler bis zu deren Beseitigung einzustellen.

9. Für den Fall, daß die in diesen Bestimmungen vorgesehenen Schutz= vorrichtungen sich nicht als ausreichend erweisen sollten, um Gefahren für den Bestand (die Substanz) der Telegraphen= oder Fernsprechanlagen oder die Sicher=

zeit des Bedienungspersonals fernzuhalten, bleibt vorbehalten, jederzeit weiter=
gehende gefahrpolizeiliche Anforderungen zu stellen.

10. Vor dem Vorhandensein der vorgeschriebenen Schutzvorrichtungen darf
das Leitungsnetz auch für Probefahrten oder sonstige Versuche nicht unter Strom
gesetzt werden. Von der beabsichtigten Unterstromsetzung ist der Telegraphen=
verwaltung mindestens drei freie Wochentage vorher schriftlich Mitteilung zu
machen. Ferner ist ihr mindestens vier Wochen vorher von der beabsichtigten
Inbetriebnahme der Bahn oder einzelner Strecken schriftlich Nachricht zu geben.

---

5. Gesetz über die Bahneinheiten.
In der Fassung der Bekanntmachung vom 8. Juli 1902
(GS. S. 237.)[1].
Erster Abschnitt. Bahneinheit[2]).

§. 1. Eine Privateisenbahn, welche dem Gesetz über die Eisenbahn=
unternehmungen vom 3. November 1838 (Gesetz=Samml. S. 505) unterliegt,
und eine Kleinbahn, deren Unternehmer verpflichtet ist, für die Dauer der ihm

---

[1] EG. BGB. Art. 112 bestimmt:

Unberührt bleiben die landes=
gesetzlichen Vorschriften über die Be=
handlung der einem Eisenbahn= oder
Kleinbahnunternehmen gewidmeten
Grundstücke und sonstiger Ver=
mögensgegenstände als Einheit
(Bahneinheit), über die Veräuße=
rung und Belastung einer solchen
Bahneinheit oder ihrer Bestand=
theile, insbesondere die Belastung
im Falle der Ausstellung von
Theilschuldverschreibungen auf den
Inhaber, und die sich dabei er=
gebenden Rechtsverhältnisse sowie
über die Liquidation zum Zwecke
der Befriedigung der Gläubiger,
denen ein Recht auf abgesonderte
Befriedigung aus den Bestand=
theilen der Bahneinheit zusteht.

Das BahneinheitsG. regelt im öffent=
lich=rechtlichen Interesse u. zugleich zu
dem Zwecke, den Kredit der Privat=
eisenbahnen u. der Kleinbahnen zu heben,
die Veräußerung u. Verpfändung von
Bahneigentum u. die Zwangsvollstreckung
in solches: Die Gesamtheit der einem
Bahnunternehmen gewidmeten Sachen
u. Rechte bildet eine rechtliche Einheit,
die Bahneinheit, die als Ganzes —
u. grundsätzlich nur als Ganzes —
zum Gegenstande von Veräußerungen
u. Belastungen sowie von Zwangsvoll=
streckungen gemacht werden kann; Be=
lastungen können auch in der Art statt=
finden, daß für die durch Ausgabe
von Teilschuldverschreibungen auf den
Inhaber aufgenommenen (Priori=
täts=) Anleihen ein Pfandrecht bestellt
wird; die Befriedigung der Bahnpfand=
gläubiger kann in einem besonderen
Verfahren, der Zwangsliquidation
erfolgen. Zur Beurkundung der hiernach
erforderlichen Eintragungen dienen be=
sondere Bahngrundbücher. — Das
G. ist am 19. Aug. 95 (GS. 499)
als „G. betr. das Pfandrecht an
Privateisenbahnen u. Kleinbahnen u.
die Zwangsvollstr. in dieselben" er=
lassen, nach dem Inkrafttreten des BGB.
dem neuen Reichs= und Landesrecht
durch G. 11. Juni 02 (GS. 215) an=
gepaßt u. auf Grund der durch Art. 2,
des letzteren dem Min. der öff. Arb. u.
der Justiz erteilten Ermächtigung mit
der obigen Überschrift u. in der so ab=
geänderten Gestalt (unter Weglassung
des § 65 u. unter fortlaufender Nummer=
folge der §§) durch Bef. 8. Juli 02 neu
veröffentlicht. — Inhalt. 1. Abschn.
(§ 1—7) Bahneinheit, 2. Abschn. (§ 8—15)
Bahngrundbücher, 3. Abschn. (§ 16—19)

[2] S. 126.

ertheilten Genehmigung das Unternehmen zu betreiben³), bildet mit den dem Bahnunternehmen gewidmeten Vermögenswerthen eine Einheit (Bahneinheit)⁴).

§. 2. Jedes Bahnunternehmen, für welches eine besondere Genehmigung ertheilt ist, ist als eine selbständige Bahneinheit anzusehen. Ist jedoch eine Privateisenbahn nach den Bestimmungen der für dieselbe ertheilten Genehmigung einheitlich mit einer anderen bereits bestehenden Privateisenbahn (Stammbahn) zu betreiben, so bilden beide eine einzige Bahneinheit⁵).

Wer zur Verfügung über eine Bahn berechtigt ist und in welchem Umfange das Verfügungsrecht ausgeübt werden kann, bestimmt sich nach den gesetzlichen Vorschriften und dem Inhalte der Genehmigung⁶).

§. 3. Die Bahneinheit entsteht, sobald die Genehmigung zur Eröffnung des Betriebs auf der ganzen Bahnstrecke ertheilt ist und wenn die Bahn vorher in das Bahngrundbuch eingetragen wird, mit dem Zeitpunkte der Eintragung⁷). Sie hört auf mit dem Erlöschen der Genehmigung für das Unternehmen, wenn jedoch die Bahn im Bahngrundbuch eingetragen ist, erst mit der Schließung des Bahngrundbuchblatts⁸).

Rechtsverhältnisse der Bahneinheiten, 4. Abschn. (§ 20—39) Zwangsvollstreckung, Zwangsversteigerung und Zwangsverwaltung in besonderen Fällen, 5. Abschn. (§ 40—53) Zwangsliquidation, 6. Abschn. (§ 54—58) Schlußbest. — Quellen. HH. 95 Drucks. 24 (Entw. u. Begr.), StB. S. 29, 177, 330; AH. 95 Drucks. 254 (KomB.), StB. 1804, 2574, 2606. — HH. 02 Drucks. 42 (Entw. u. Begr. der Novelle), StB. 53; AH. 02 StB. 4380, 5059, 5068. — Nicht durchberatener Entwurf eines ReichsG. Reichstag 79 Drucks. 130, 80 Drucks. 33. — Bearb. Gleim 96 (Vorgeschichte des G. S. 27 ff.); Eger 2. Aufl. 05.

¹) Inhalt: § 1, 2 Begriff der Bahneinheit, § 3 Entstehung u. Ende derselben, § 4 Bestandteile, § 5—7 Veräußerung u. Belastung einzelner Grundstücke usw., Verfolgung dinglicher Rechte an solchen.

²) I 4 d. W. Anm. 28 u. Anl. A zu § 11.

³) Der Begriff Bahneinheit ist nicht anwendbar auf preußische Staatsbahnen, auf Kleinbahnen, deren Unternehmer die Betriebspflicht nicht auferlegt ist, u. auf die nicht dem öff. Verkehre dienenden Bahnen (Privatanschlußbahnen), mögen sie dem KleinbG. unterstehen oder nicht; I 4

Anm. 61 d. W.). Eis., die nicht dem G. v. 38, aber dem EisG. für Hohenzollern (I 3 Anm. 1 d. W.) unterstehen, fallen nicht unter das BahneinhG. Gleim Anm. 1.

⁴) Genehmigung EisG. § 1, KleinbG. § 2. Auf Kleinbahnen bezieht sich Abs. 1 Satz 2 nicht. — Anl. A § 9.

⁵) Verfügungsbeschränkungen brauchen also, um Rechtswirkung gegen Dritte zu haben, (abweichend vom allg. Rechte, BGB. § 892) nicht unbedingt in das Bahngrundbuch eingetragen zu sein.

⁶) Betriebseröffnung I 3 § 22, I 4 § 19 d. W. — EisG. § 7 greift schon dann Platz, wenn auch nur ein Teil der Eis. im Betriebe steht; zweifelhaft ist, mit welchem Zeitpunkt im Falle des § 2 Abs. 1 Satz 2 die Bahneinheit entsteht; Eintragung § 8; es kommt (außer im Falle § 39 Abs. 2) nur Eintragung auf Antrag des Unternehmers in Frage, weil Eintragung auf Ersuchen der Aufsichtsbehörde (§ 21) das Vorhandensein der Bahneinheit voraussetzt Gleim Anm. 1—3. — Anl. A § 5.

⁷) § 14. Rechtswirkungen des Erlöschens der Genehmigung bei Fortdauer der Bahneinheit § 4 Abs. 3, § 5 Abs. 1 Satz 2, § 19, 23, § 37 Abs. 2, § 40. Anm. 98. Erlöschen der Gen. einer Eis. I 3 Anm. 6, einer Kleinb. I 4 § 13, 23, 24.

Als ein Erlöschen der Genehmigung im Sinne dieses Gesetzes ist die Verwirkung derselben in Gemäßheit des §. 47 des Gesetzes vom 3. November 1838 nicht anzusehen. Dagegen steht es dem Erlöschen der Genehmigung gleich, wenn in einer Zwangsversteigerung ein wiederholter Versteigerungs= termin nicht zur Ertheilung eines Zuschlags (§. 32 Satz 1) geführt hat und die zur Einleitung der Zwangsverwaltung erforderliche Erklärung der Bahn= aufsichtsbehörde (§. 33) versagt worden ist[9]).

§. 4. Zur Bahneinheit gehören[10]):

1. der Bahnkörper und die übrigen Grundstücke, welche dauernd, unmittel= bar oder mittelbar, dem Bahnunternehmen gewidmet sind, mit den darauf errichteten Baulichkeiten, sowie die für das Bahnunternehmen dauernd eingeräumten Rechte an fremden Grundstücken[11]);

2. die von dem Bahnunternehmer angelegten, zum Betrieb und zur Ver= waltung der Bahn erforderlichen Fonds, die Kassenbestände der laufen= den Bahnverwaltung, die aus dem Betriebe des Bahnunternehmens unmittelbar erwachsenen Forderungen und die Ansprüche des Bahn= unternehmers aus Zusicherungen Dritter, welche die Leistung von Zu= schüssen für das Bahnunternehmen zum Gegenstande haben[12]);

3. die dem Bahnunternehmer gehörigen beweglichen körperlichen Sachen, welche zur Herstellung, Erhaltung oder Erneuerung der Bahn oder der Bahngebäude oder zum Betriebe des Bahnunternehmens dienen. Dieselben gelten, einer Veräußerung ungeachtet, als Theile der Bahn= einheit, so lange sie sich auf den Bahngrundstücken befinden, rollendes Betriebsmaterial auch nach der Entfernung von den Bahngrundstücken, so lange dasselbe mit Zeichen, welche nach den Verkehrsgebräuchen die Annahme rechtfertigen, daß es dem Eigenthümer der Bahn gehöre, versehen und dem Bahnbetriebe nicht dauernd entzogen ist. Ist die Bahn bereits vor der Genehmigung zur Eröffnung des Betriebs auf der ganzen Bahnstrecke im Bahngrundbuch eingetragen (§. 3 Abs. 1), so gehören die nur zur ersten Herstellung der Bahn zu benutzenden Geräthschaften und Werkzeuge der Bahneinheit nicht an[13]).

---

[9]) Zwangsversteigerung einer Kleinb. Gleim Anm. 5 u. V. betr. VerwZwangs= verf. 15. Nov. 99 (GS. 545) § 51.

[10]) Einzelheiten in der Begr. (95) u. bei Gleim u. Eger.

[11]) Im wesentl. diejen. G r u n d s t ü c k e , auf die sich nach EntG. § 23 Abs. 1 Ziff. 1, 3 u. Abs. 2 das Enteignungs= recht erstreckt. Die Zugehörigkeit eines Grundst. zur Bahneinheit ist nicht von einer Eintragung im Bahngrundbuche (OB. 8. Jan. 01, EEE. XVIII 134) oder auch nur davon abhängig, daß dem Bahnunternehmer ein Recht an

dem Grundst. zusteht (I 3 Anm. 11 d. W.); ev. sind Ansprüche auf das Grundst. gemäß § 6 od. § 26 geltend zu machen Gleim Anm. 2. Anders die Mobilien Ziff. 3. — Anm. 35.

[12]) Die Ansammlung der F o n d s braucht nicht durch G., Konzession od. dgl. vorgeschrieben zu sein; nicht in die Bahneinheit fallen z. B. Bankgut= haben u. Wechselbestände; zu den For= derungen gehören z. B. die aus Ab= rechnungen mit anderen Verwaltungen Gleim Anm. 3—5.

[13]) Pfändung der Betriebsmittel auch

So lange die Bahn nicht in das Bahngrundbuch eingetragen ist, gelten nur diejenigen Grundstücke, welche mit dem Bahnkörper zusammenhängen oder deren Widmung für das Bahnunternehmen sonst äußerlich erkennbar ist, als Theile der Bahneinheit. Nach der Anlegung des Bahngrundbuchblatts gehören außerdem alle auf dem Titel desselben verzeichneten Grundstücke zur Bahneinheit. Die Entscheidung darüber, ob ein vom Bahnunternehmer angelegter Fonds zum Betrieb und zur Verwaltung der Bahn erforderlich ist, steht der Bahnaufsichtsbehörde[14]) zu[15]).

Besteht die Bahneinheit nach Erlöschen der Genehmigung fort, so wird dieselbe durch alle zur Zeit des Erlöschens zu ihr gehörigen Gegenstände und Rechte gebildet[16]).

§. 5. Veräußerungen oder Belastungen einzelner zur Bahneinheit gehöriger Grundstücke[17]) sind ungültig, soweit nicht die Bahnaufsichtsbehörde[14]) bescheinigt, daß durch die Verfügung die Betriebsfähigkeit des Bahnunternehmens nicht beeinträchtigt wird. Sobald die Genehmigung für das Unternehmen erloschen ist, können Veräußerungen oder Belastungen ohne diese Bescheinigung erfolgen, jedoch unbeschadet der Vorschriften des §. 19[18]). Hinsichtlich der unter Grundbuchrecht stehenden Grundstücke[19]) kann die durch die Zugehörigkeit zur Bahneinheit begründete Verfügungsbeschränkung gegen den Erwerber nur unter der Voraussetzung geltend gemacht werden, daß die Zugehörigkeit des Grundstücks zur Bahneinheit ihm bekannt oder im Grundbuche vermerkt war.

Dadurch, daß ein dem Bahnunternehmen gewidmetes Grundstück von dem Eigenthümer einem anderen Zwecke dauernd gewidmet wird, hört es nicht auf, ein Theil der Bahneinheit zu sein, soweit nicht die im vorstehenden Absatze bezeichnete Bescheinigung erteilt wird.

§. 6. Die Verfolgung dinglicher Rechte[20]) an einzelnen zur Bahneinheit gehörigen Grundstücken findet bis zum Erlöschen der Genehmigung nur

VI 7 b. W. Nach der Betriebseröffnung fallen unter 3 auch Gerätschaften usw. zur Bahnunterhaltung; ferner gehört hierher die Ausrüstung der Reparaturwerkstätten Gleim Anm. 8, 9.

[14]) Bei Privateisenbahnen EisDirPräs. (II 5 Anl. A b. W.), Kleinbahnen I 4 § 22, 3. — § 56. — Form der Erklärungen, auf Grund deren Eintragungen in das Bahngrundbuch erfolgen sollen, AG. GrundbO. Art. 9.

[15]) Der letzte Satz trifft auch für die in § 11 Abs. 2 Ziff. 2 bezeichneten Grundstücke zu (§ 13); im übr. entscheiden die Gerichte Gleim Anm 12.

[16]) § 19, 37.

[17]) I 3 § 7. — Bezügl. beweglicher Gegenstände verweist Begr. (95) auf § 4 Abs. 1 Ziff. 3, auf die Bahnaufsicht und auf § 17 (jetzt § 16) in Verb. mit EigentumserwerbsG. § 50 (jetzt BGB. § 1135). — § 15. Abs. 3.

[18]) Fassungsänderung durch das G. 02.

[19]) D. i. die, für welche das Grundbuch i. S. der Reichsgesetze als angelegt anzusehen ist (EG. BGB. Art. 186), u. die, für welche erst die preuß. Grundbuchgesetze in Kraft getreten sind; die Vorschr. steht mit BGB. § 892 im Einklange (Begr. 02).

[20]) Auch des Eigentums (Begr. 95). — Anm. 11.

statt, soweit die Bahnaufsichtsbehörde[14]) bescheinigt, daß durch die Verfolgung die Betriebsfähigkeit des Bahnunternehmens nicht beeinträchtigt werde[21]).

Wird die Bescheinigung versagt, so kann der Berechtigte gegen Aufgabe feines Rechtes von dem Eigenthümer der Bahn eine Entschädigung fordern, welche sich nach den Vorschriften über die Entschädigung für den Fall der Enteignung bestimmt.

§. 7. Die Vorschriften der §§. 5 und 6 finden auf die Veräußerung und Belastung der für das Bahnunternehmen dauernd eingeräumten Rechte an fremden Grundstücken, auf die Verfolgung dinglicher Rechte an diesen Rechten, sowie auf den Widerspruch des Eigenthümers des Grundstücks gegen die Geltendmachung dieser Rechte entsprechende Anwendung[21]).

Zweiter Abschnitt. Bahngrundbücher[22]).

§. 8. Für die im §. 1 bezeichneten Bahnen werden nach Maßgabe der Bestimmungen dieses Gesetzes Bahngrundbücher geführt. Die Eintragung einer Bahn in das Bahngrundbuch kann von dem Eigenthümer beantragt werden, sobald die Genehmigung für das Bahnunternehmen ertheilt ist[23]). Der Antrag ist an die Bahnaufsichtsbehörde[14]) zu richten, welche das Amtsgericht (§. 10) um die Eintragung zu erfuchen hat[24]). Im Falle der Zwangsvollstreckung geschieht die Eintragung nach Maßgabe der Vorschriften der §§. 21, 24 und 39[25]).

§. 9. Auf das Verfahren bei Führung der Bahngrundbücher finden die Vorschriften der Grundbuchordnung (Reichs=Gesetzbl. 1898 S. 754) sowie die zu ihrer Ausführung und Ergänzung dienenden Vorschriften entsprechende Anwendung, soweit nicht in diesem Gesetz ein Anderes bestimmt ist[26]).

---

[21]) § 26 Ziff. 1, § 36 Abf. 1, § 37 Abf. 1.

[22]) Das Bahngrundbuch ist nur für die auf die Bahneinheit als Ganzes bezüglichen Eintragungen bestimmt u. erfetzt nicht etwa für die einzelnen ihr zugehörigen Grundstücke das Grundbuch. Die Eintragung einer Bahn in das BGBuch ist nicht obligatorisch, sie erfolgt vielmehr nur:
a) auf Antrag des Bahneigentümers (§ 8), der durch § 16 Abf. 1 genötigt ist, den Antrag zu stellen, wenn er die Bahneinheit veräußern od. belasten will;
b) ohne Antrag (a) auf Erfuchen der Bahnaufsichtsbehörde in den Fällen der § 21, 39, auf Erfuchen des Vollstreckungsgerichts im Falle des § 24.
Gebühren: Anl. C.

[23]) Kleinbahnen AusfAnw. (I 4

Anl. A) zu § 16; bei Eisenbahnen i. S. G. 3. Nov. 38 ist Veröffentlichung der Konzession — gemäß G. 10. April 72 (I 3 Anl. C d. W.) — oder des Staats=vertrags nötig Gleim Anm. 1.

[24]) § 13.

[25]) G. 19. Aug. 95 enthielt als Satz 4 die Vorschr., daß Veräußerungen od. Belastungen einer BEinheit erst nach deren Eintragung in das BGBuch erfolgen können; dieser Satz ist in der neuen Fassung fortgeblieben, weil er sich aus § 16 Abf. 1 von selbst ergibt (Begr. 02).

[26]) Nur die Führung, nicht auch die Anlegung (§ 10) der BGBücher richtet sich nach den genannten Vorschr. — Die neue Fassung hat an Stelle der bisherigen Bezugnahme auf die preuß. GrundbO. 5. Mai 72 die auf die Reichs=grundbO. gesetzt, entsprechend Reichs=grundbO. § 82 Abf. 2 in Verb. m. EG.

§. 10. Die Einrichtung der Bahngrundbücher bestimmt sich nach den Anordnungen des Justizministers, soweit sie nicht in diesem Gesetze geregelt ist[27]).

Jede Bahneinheit erhält ein Grundbuchblatt. Die Vorschriften der §§. 3 bis 5 der Grundbuchordnung finden entsprechende Anwendung[28]).

Jedes Grundbuchblatt erhält einen besonderen Abschnitt für die in diesem Gesetze vorgeschriebenen Angaben über den Bestand der Bahneinheit (Titel)[29]).

Die Eintragung der Bahn erfolgt in dem Bahngrundbuche des Amtsgerichts, in dessen Bezirk die Hauptverwaltung des Bahnunternehmens ihren Sitz hat[30]). Befindet sich der Sitz der Hauptverwaltung nicht innerhalb des preußischen Staatsgebiets, so wird das zur Führung des Bahngrundbuchs zuständige Amtsgericht durch den Justizminister bestimmt.

§. 11. In den Titel des Grundbuchblatts ist eine Beschreibung des Bahnunternehmens aufzunehmen[31]). Dieselbe hat den Anfangs- und Endpunkt der Bahn und den übrigen wesentlichen Inhalt der Genehmigung, insbesondere eine etwaige Begrenzung der Zeitdauer für das Bahnunternehmen zu enthalten. Von der Genehmigungsurkunde ist eine beglaubigte Abschrift zu den Grundakten zu nehmen. So lange die Genehmigung zur Eröffnung des Betriebs nicht erteilt ist[23]), ist dies auf dem Titel zu vermerken[32]).

BGB. Art. 4, sowie AG. GrundbO. 26. Sept. 99 (GS. 307) Art. 32. Die bisher in Satz 2, 3 für anwendbar erklärten EG. zur preuß. GrundbO. bedurften keiner Erwähnung mehr, weil sie teils durch AG. GrundbO. Art. 33 aufgehoben sind, teils sich nur auf die Anlegung beziehen, teils — wie die für Neuvorpommern u. Rügen sowie Hohenzollern aufrecht erhaltenen Vorschr. über die Befugniß zur Beglaubigung von Unterschriften in Grundbuchsachen — unter die zur Ergänzung der GrundbO. dienenden Vorschr. (§ 9) zu rechnen sind Begr. (02). — Zu den nach § 9 in Betracht kommenden Vorschr. gehört auch V. 13. Nov. 99 (GS. 519) betr. das Grundbuchwesen.

[27]) Vf. 11. Nov. 02 (Anlage A). G. 19. Aug. 95 sah Anwendung des Formulars I zur preuß. GrundbO. vor.

[28]) Danach ist das GrundbBlatt für die Bahneinheit als das Grundbuch i. S. BGB. anzusehen u. kann, wenn hiervon Verwirrung nicht zu besorgen ist, über mehrere dem Bezirke desselben Amtsgerichts zugehörige Bahneinheiten desselben Eigentümers ein gemeinschaftl. GrundbBlatt geführt od. eine Bahneinheit

einer anderen als Bestandteil (BGB. § 890 Abs. 2) zugeschrieben werden; die in GrundbO. § 5 gleichfalls für zulässig erklärte Vereinigung mehrerer Grundstücke (BGB. § 890 Abs. 1) ist bei Bahneinheiten wegen G. § 2 Abs. 1 nicht anwendbar Begr. (02). Nicht mehr angängig ist es, eine Bahneinheit einer anderen als Zubehör zuzuschreiben — Begr. (02) —, im übr. entspricht Abs. 2 sachlich dem älteren G. — Anl. A § 8, 9. Ausführlich Eger Anm. 37.

[29]) Abs. 3 — der bisher fehlte — ist eingefügt, weil das G. mehrfach voraussetzt, daß gewisse auf den Bestand der Bahneinheit bezügl. Angaben an einer bestimmten Stelle des GrundbBlatts, dem Titel des Formulars I der preuß. GrundbO., vermerkt werden (§ 4 Abs. 2, § 11, 12, § 13 Abs. 2, § 15 Abs. 2, § 24 Abs. 1) Begr. (02).

[30]) Sitz ist der Ort, von dem aus die geschäftliche, namentlich finanzielle Leitung des Unternehmens, nicht die Betriebsleitung erfolgt Gleim Anm. 4.

[31]) § 13 Abs. 1, Anl. A § 4, § 5 Abs. 2.

[32]) Anl. A § 5 Abs. 1.

[33]) In den Titel sind ferner folgende Angaben aufzunehmen:

1. die Länge der auf eigenem und der auf fremdem Grund und Boden belegenen Bahnstrecken[34]);

2. [35]) die katastermäßige Bezeichnung derjenigen zur Bahneinheit gehörigen Grundstücke, deren Widmung für das Bahnunternehmen weder aus ihrem Zusammenhange mit dem Bahnkörper noch sonst äußerlich erkennbar ist. Soweit die Grundstücke in Grundbüchern oder anderen gerichtlichen Büchern verzeichnet sind, ist auch das Grundbuchblatt oder die sonstige buchmäßige Bezeichnung derselben anzugeben;

3. die zur Bahneinheit gehörigen Fonds[36]);

4. die Bestimmungen über das Antheilsverhältnis an denjenigen Gegenständen, welche mehreren Bahnunternehmungen gewidmet sind[37]).

In den Grundakten ist der Betrag des zur Anlage und Ausrüstung der Bahn verwendeten Kapitals (Baukapitals) und der Betrag der Betriebseinnahmen und Betriebsausgaben eines jeden Geschäftsjahrs zu verzeichnen[38]).

§. 12. Der Vermerk von Grundstücken (§. 11 Abs. 2 Ziffer 2) auf dem Titel[35]) setzt den Nachweis voraus, daß das Grundstück dem Bahneigenthümer gehört und frei von Hypotheken, Grundschulden und Rentenschulden ist[39]). Sofern für das Grundstück das Grundbuchrecht maßgebend ist[19]), wird dieser Nachweis durch Vorlegung einer zu den Grundakten zu nehmenden beglaubigten Abschrift des Grundbuchblatts geführt. Bei anderen Grundstücken hat das Amtsgericht nach Maßgabe des in den einzelnen Landestheilen geltenden Rechtes auf Grund der ihm vorzulegenden Auszüge aus den über die Eigenthums= und Belastungsverhältnisse des Grundstücks

---

[33]) § 13 Abs. 2.

[34]) Anlage A § 6.

[35]) Nur die in Ziff. 2 Satz 1 bezeichneten Grundstücke werden auf dem Titel vermerkt, u. zwar nur unter der Voraussetzung des § 12 Abs. 1 Satz 1. Sind sie mit Hypotheken, Grund= od. Rentenschulden belastet, also nicht in das Bahngrundbuch eintragbar, so gehören sie nach § 4 Abs. 2 Satz 1, 2 nicht zur Bahneinheit, mag die Bahn in das BGrBuch eingetragen sein od. nicht. — Grundstücke, die nicht unter § 11 Ziff. 2 fallen, Gleim Anm. 5. — Anl. A § 7. — Zu Satz 2: § 15.

[36]) § 4 Abs. 1 Ziff. 2.

[37]) Diese Best. kann der Bahneigentümer treffen, soweit er nicht öffentlich-rechtlich (durch die Genehmigungsbedingungen oder eine Anordnung der Aufsichtsbehörde) oder privatrechtlich (durch Eintragung eines Grundstücks als Bestandteil einer Bahneinheit gemäß § 11

Abs. 2 Ziff. 2 od. durch rechtsgiltige Beschlagnahme, § 37) daran gehindert ist Gleim Anm. 7. — § 25.

[38]) Anl. A § 11. — G. 19. Aug. 95 enthielt noch einen Abs. 4, demzufolge die nähere Einrichtung des Titels u. der Grundakten durch den Justizminister bestimmt werden sollte; dieser Abs. ist bei der Neufassung als entbehrlich (wegen § 10 Abs. 1 u. § 9 in Verb. m. GrundbO. § 94) gestrichen worden Begr. (02).

[39]) G. 19. Aug. 95 enthielt an Stelle der Worte „Hypotheken, Grundschulden u. Rentenschulden" das Wort „Pfandrechte", die Änderung ist im Hinblick auf die Ausdrucksweise des BGB. erfolgt; unter „Hypotheken" sind zugleich die Pfandrechte an Grundstücken zu verstehen, für die noch nicht das Grundbuchrecht maßgebend ist (§ 12 Abs. 1 Satz 3) Begr. (02).

geführten Büchern zu entscheiden, ob der Nachweis als geführt zu erachten ist. Auf Erfordern des Amtsgerichts ist eine Bescheinigung des Ortsvorstandes oder der sonst zur Ausstellung solcher Bescheinigungen berufenen Behörde über den Eigenbesitz und die bekannten dinglichen Rechte beizubringen [40]). Auch kann von dem Amtsgericht eine öffentliche Aufforderung zur Anmeldung von Eigenthums= und anderen Ansprüchen erlassen werden.

Ist dem Amtsgerichte bei der von ihm vorgenommenen Prüfung bekannt geworden, daß auf dem Grundstück andere dingliche Rechte als Hypotheken, Grundschulden und Rentenschulden [39]) lasten, so darf der Vermerk auf dem Titel nur stattfinden, falls von der Bahnaufsichtsbehörde [14]) bescheinigt wird, daß diese Rechte mit der Betriebsfähigkeit des Bahnunternehmens vereinbar sind.

§. 13. Das Ersuchen der Bahnaufsichtsbehörde [14]) um Anlegung des Bahngrundbuchs (§. 8) muß die Person des Bahneigenthümers und die im §. 11 Abs. 1 bezeichneten Angaben enthalten.

Die Aufnahme der übrigen nach §. 11 erforderlichen Angaben in den Titel oder die Grundakten, sowie die Abänderung von Angaben des Titels erfolgt gleichfalls auf Ersuchen der Aufsichtsbehörde [41]). Den Ersuchen sind die Genehmigungsurkunde in Urschrift oder in beglaubigter Abschrift, sowie die in §. 12 bezeichneten beglaubigten Abschriften und Auszüge beizufügen.

Der Bahneigenthümer ist verpflichtet, der Aufsichtsbehörde die erforder= lichen Angaben und Urkunden zu liefern, und kann zur Beibringung derselben von der Bahnaufsichtsbehörde angehalten werden [42]). Von der letzteren ist die Uebereinstimmung der Angaben in Betreff des Baukapitals, sowie in Betreff der jährlichen Betriebseinnahmen und Betriebsausgaben mit den Abschlüssen der ihr von dem Bahneigenthümer vorzulegenden Rechnungsbücher zu be= scheinigen.

§. 14. Von dem Erlöschen der Genehmigung [43]) hat die Bahnaufsichts= behörde [14]) dem Amtsgerichte Kenntniß zu geben. Das Amtsgericht hat nach

---

[40]) Entspricht EntG. § 24 Abs. 3.

[41]) Bei Eintragungen in die 3 Ab= teilungen des Bahngrundbuchs findet eine formelle Mitwirkung der AufsBeh. nicht statt Begr. (95).

[42]) Zwangsmittel II 5 Anm. 1, I 4 Anm. 41 d. W.

[43]) Nach § 3 Abs. 1 Satz 2 besteht die Bahneinheit, wenn sie in das Bahn= grundbuch eingetragen ist, auch nach Er= löschen der Genehmigung so lange fort, bis das Bahngrundbuchblatt geschlossen ist; nach § 14 findet die Schließung nicht ohne weiteres statt, wenn Hypotheken usw. im BGBlatt eingetragen sind. Für die Zeit zwischen Erlöschen der Gen. u. Schließung des BGBl.s findet — wäh=

rend vorher ein Wechsel der Bestandteile möglich u. eine Vf. des Bahneigentümers über einzelne Bestandteile oder die Zwangsvollstr. in sie unter gewissen Voraussetzungen (§ 5, 6, § 37 Abs. 1) zulässig war — ein gesetzl. Veräuße= rungsverbot zugunsten der Bahn= pfandgläubiger statt; dieses Verbot hin= dert Verfügungen des Bahneigentümers über die z. Z. des Erlöschens vorhandenen Bestandteile nicht, nimmt ihnen aber die Wirksamkeit gegenüber den Bahnpfand= gläubigern u. schließt Zwangsvollstr. in die einzelnen Bestandteile aus (§ 19, § 37 Abs. 2) Begr. (95). Die Bahn= einheit besteht also nur für jene Gläu= biger fort. — Gemäß § 14 wird auch

Empfang dieser Mittheilung das Grundbuchblatt zu schließen, wenn keine Hypotheken, Grundschulden oder Rentenschulden[39]) an der Bahneinheit (Bahnpfandschulden) im Bahngrundbuche eingetragen sind[44]). Sind Bahnpfandschulden eingetragen, so wird das Erlöschen der Genehmigung vom Amtsgericht im Bahngrundbuche vermerkt und öffentlich bekannt gemacht[45]). Die Schließung des Bahngrundbuchblatts erfolgt in diesem Falle bei der Löschung der eingetragenen Bahnpfandschulden oder nach Beendigung des Zwangsliquidationsverfahrens[46]) oder mit Ablauf von sechs Monaten seit der Bekanntmachung des Erlöschens der Genehmigung, sofern bis zu diesem Zeitpunkt ein Antrag auf Einleitung der Zwangsliquidation nicht gestellt ist oder die gestellten Anträge durch Zurücknahme oder rechtskräftige Zurückweisung erledigt sind. Werden Anträge auf Einleitung der Zwangsliquidation erst nach Ablauf der sechs Monate zurückgenommen oder rechtskräftig zurückgewiesen, so erfolgt die Schließung des Bahngrundbuchblatts mit dem Zeitpunkte der Erledigung aller Anträge.

§. 15. Nach Anlegung des Bahngrundbuchs[47]) ist die Zugehörigkeit eines Grundstücks zur Bahneinheit in dem über das Grundstück geführten Grundbuch oder Stockbuch oder in dem in der normals freien Stadt Frankfurt geführten Verbotsbuch einzutragen. Nach Aufhören der Bahneinheit ist der Vermerk unter gleichzeitiger Eintragung eines durch eine Veräußerung derselben eingetretenen Eigenthumswechsels zu löschen[48]).

Der Bahneigenthümer ist verpflichtet, die Eintragung und Löschung zu beantragen, und kann hierzu von der Bahnaufsichtsbehörde[14]), welcher er ein Verzeichniß der zur Bahneinheit gehörigen Grundstücke mitzutheilen hat, angehalten werden[42]). Soweit die Grundstücke auf dem Titel des Bahngrund-

---

der Fall zu behandeln sein, daß die Genehmigung durch Staatserwerb der Bahn erlischt.
[44]) Eintragungen in Abt. II des BGBuchs oder Belastungen einzelner Bestandteile der Bahneinheit hindern die Schließung nicht Eger Anm. 65. — Die Stelle des BGBuchs, an der die Schließung einzutragen ist, bestimmt das G. nicht; nach Gleim Anm. 2 hat der Vermerk auf dem Titel u. in Abt. II zu erfolgen.
[45]) § 57.
[46]) § 49, 50.
[47]) § 15 behandelt das Verhältnis zwischen dem Bahngrundbuch u. dem über die einzelnen zur Bahneinheit gehörigen Grundstücke geführten Grundbuch (Anm. 22); er bezieht sich nur auf den Fall, daß für die Bahneinheit ein Bahngrundbuchblatt angelegt ist. — Gebühren Anl. C § 59.

[48]) Der (in Abt. II einzutragende) Sperrvermerk bringt, so lange das Unternehmen betriebsfähig ist, zum Ausdruck, daß Veräußerungen oder Belastungen des Grundstücks oder Zwangsvollstreckungen in dasselbe nur unter den Voraussetzungen des § 5, 37 zulässig sind; nach Erlöschen der Genehmigung zeigt er das in Anm. 43 erörterte Veräußerungsverbot an. Ferner macht er bei Veräußerung der Bahneinheit die Eintragung des Eigentumswechsels im Grundbuch über die Einzelgrundstücke entbehrlich; es genügt Auflassung der Bahn u. Eintragung im Bahngrundbuch; die Eintragung des Erwerbers bei den Einzelgrundstücken wird (wenn sie nicht etwa der Erwerber aus besonderen Gründen herbeiführt, wozu es einer Einzelauflassung nicht bedarf) erst mit dem Aufhören der Bahneinheit erforderlich Begr. (95).

buchblatts vermerkt sind[49]), wird die Eintragung und Löschung von dem das Bahngrundbuch führenden Amtsgericht von Amtswegen veranlaßt. Wird ein Grundstück, welches bisher im Grundbuche nicht eingetragen war, in das Grundbuch aufgenommen, so ist die Zugehörigkeit zur Bahneinheit von Amtswegen zu vermerken[50]).

Vor dem Aufhören der Bahneinheit kann der Vermerk über die Zugehörigkeit eines Grundstücks zu derselben nur mit Zustimmung der Bahnaufsichtsbehörde[14]) oder des Liquidators im Falle der Zwangsliquidation gelöscht werden.

In den vormals Großherzoglich hessischen Landestheilen und in dem vormals Landgräflich hessischen Amte Homburg tritt bis zum Inkrafttreten des Grundbuchrechts an die Stelle des Vermerkes im Grundbuch und der Löschung desselben eine von dem Amtsgericht, in dessen Bezirk das Grundstück belegen ist, dem Ortsgericht über die Zugehörigkeit zur Bahneinheit und das Aufhören derselben zu machende Mittheilung[51]).

Dritter Abschnitt. Rechtsverhältnisse der Bahneinheiten[52]).

§. 16. Für die Bahneinheit gelten die sich auf Grundstücke beziehenden Vorschriften des Bürgerlichen Gesetzbuchs, soweit nicht aus diesem Gesetze sich ein Anderes ergiebt[53]).

Mit der gleichen Beschränkung finden die für den Erwerb des Eigenthums und für die Ansprüche aus dem Eigenthum an Grundstücken geltenden Vorschriften des Bürgerlichen Gesetzbuchs auf die Bahneinheit entsprechende Anwendung[53]).

---

[49]) § 11 Abs. 2 Ziff. 2.

[50]) Im letzten Satz des Abs. 2 sind die im G. 19. Aug. 95 hinter „bisher" eingefügt gewesenen Worte „gemäß § 2 der Grundbuchordnung" gestrichen worden, weil — von der Aufhebung dieser Vorschr. abgesehen — kein Anlaß besteht, den Vermerk nur für diejenigen im Grundbuch bisher nicht eingetragenen Grundstücke zu fordern, bei denen der Grund der Nichteintragung in der Befreiung vom Buchungszwange — jetzt V. 13. Nov. 99 (GS. 519) Art. 1 — liegt Begr. (02). — Ist der Grundbuchrichter im Zweifel, ob ein solches Grundstück zur Bahneinheit gehört, so kann er bei der Aufsichtsbehörde (Anm. 14) anfragen Begr. (95).

[51]) Abs. 4 ist der veränderten Sach- u. Rechtslage entsprechend bei der Neufassung des G. umgestaltet worden Begr. (02).

[52]) Der 3. Abschn., bisher überschrieben „dingliche Rechtsverhältnisse an Bahnen im allgemeinen", hat, seinem veränderten Inhalt entsprechend (Anm. 53), eine andere Überschrift erhalten.

[53]) Der bisherige § 16 enthielt eine Verweisung auf das vor 1. Jan. 00 in Geltung gewesene Grundbuchrecht; an die Stelle dieser Vorschriften sind nunmehr die entsprechenden Vorschr. des neuen Rechts, insbesondere des BGB. getreten (EG. BGB. Art. 4). Die neue Fassung des § 16 bringt diese Rechtsveränderung zum Ausdruck, u. zwar im Anschluß an BGB. § 1017 u. AG. BGB. Art. 37 I. — Abs. 1 stellt klar, daß die Bahneinheit eine Berechtigung ist, für welche die sich auf Grundstücke beziehenden Vorschr. gelten, u. die daher nach CPO. § 864 der Zwangsvollstreckung in das unbewegl. Vermögen unterliegt. Zu diesen Vorschr. gehören im BGB. namentlich die sachenrechtlichen Vorschr. über die Belastung des Grundstücks mit Rechten, sowie über Inhalt, Übertragung u. Aufhebung solcher Rechte — nicht die

Soweit am Sitze des für die Führung des Bahngrundbuchs zuständigen Gerichts landesgesetzliche Vorschriften bestehen, welche die in den Abs. 1 und 2 bezeichneten Vorschriften ergänzen oder abändern, sind sie neben diesen Vorschriften oder statt ihrer maßgebend[54]).

§. 17. Zur Eintragung einer Grundschuld oder Rentenschuld an einer Bahneinheit ist bei Privateisenbahnen die Genehmigung des Ministers der öffentlichen Arbeiten erforderlich[55]).

§. 18[56]). Auf eine Hypothek für Theilschuldverschreibungen auf den Inhaber[57]) finden die Vorschriften der §§. 9 und 16 mit folgenden Maßgaben Anwendung:

[54]) über das Eigentum an Grundstücken, namentlich dessen Inhalt (BGB. § 905 bis 918); hierüber: § 16 Abs. 2 —; ferner die auf Grundstücke bezügl. Vorschr. des BGB., die sich außerhalb des Sachenrechts finden, z. B. § 566, § 581 Abs. 2 (Form des Pachtvertrages), § 1445, § 1821 Abs. 1 Ziff. 1 (Einwilligung der Frau, Genehmigung des Vormundschaftsgerichts), außerdem die Vorschr. des EG. BGB.; zu den von der Anwendung ausgeschlossenen Vorschriften gehört z. B. BGB. § 890 Abs. 1 (Anm. 28); ferner Anm. 6. Begr. (02). — Übersicht über die sich auf Grundstücke beziehenden Vorschr. des BGB. bei Planck Anm. 2 zu BGB. § 1017. Abweichungen des Bahneinheitsrechts vom BGB. Eger Anm. 78 IV. — Zu Abs. 2 BGB. § 925, 926, 985—1004.

[54]) Da für jede Bahneinheit nur ein Recht gelten kann, ist bestimmt, daß das am Sitze des in Abs. 3 bezeichneten Gerichts bestehende Recht für die ganze Bahneinheit maßgebend ist Begr. (95).

[55]) Bisher enthielt § 17 als Satz 1 noch die Best., daß eine Bahnpfandschuld auch auf Grund einer vor der Eintragung der Bahn in das Bahngrundbuch vom Eigentümer erklärten Bewilligung erfolgen konnte; dieser Satz ist wegen GrundbO. § 19, 40 in Verb. mit G. § 9 als entbehrlich gestrichen Begr. (02). Satz 2 ist mit Einfügung der Worte „oder Rentenschuld" (AG. BGB. Art. 35) beibehalten; er ergänzt EisG. § 6, auf Grund dessen das Erfordernis der Genehmigung bez. einer Hypothek zweifellos ist (Gleim Anm. 2), und ist auf Kleinbahnen nicht anwendbar.

[56]) Der bisherige § 18, nach welchem das dem Gläubiger einer Bahnpfandschuld zustehende Kündigungsrecht auch über die Dauer von 30 Jahren ausgeschlossen werden konnte, ist als nach der heutigen Rechtslage selbstverständlich gestrichen worden Begr. (02).

[57]) Die nach G. 19. Aug. 95 § 16 Satz 1 auf die Bahneinheit anzuwendenden preußischen Grundbuchgesetze ließen eine Hypothek für Forderungen aus Schuldverschreibungen auf den Inhaber nicht zu. Da aber das Kreditbedürfnis der Bahnen diese Zulassung forderte, wurde in das G. ein (vierter) Abschnitt (§ 20—31) aufgenommen, welcher die Ausgabe von „Teilschuldverschreibungen auf den Inhaber" behandelte. Das BGB. (§ 1187—1189, 1195) füllte jene Lücke des allgemeinen Rechts aus, ließ jedoch die Sondervorschr. des G. 19. Aug. 95 unberührt EG. BGB. Art. 112 (oben Anm. 1). Der Vorbehalt des Art. 112 wurde durch das mit dem BGB. in Kraft getretene G. betr. die gemeinsamen Rechte der Besitzer von Schuldverschreibungen 4. Dez. 99 (RGB. 691) § 25 eingeschränkt:

Unberührt bleiben die landesgesetzlichen Vorschriften über die Versammlung und Vertretung der Pfandgläubiger einer Eisenbahn oder Kleinbahn in dem zur abgesonderten Befriedigung dieser Gläubiger aus den Bestandtheilen der Bahneinheit bestimmten Verfahren.

Nunmehr ergab sich folgende Rechtslage:
a) G. § 20—26 waren größtenteils durch BGB. u. ReichsGrundbO.

1. Die Eintragung ist öffentlich bekannt zu machen[58]).

2. Zur Löschung der Hypothek für eine fällige Theilschuldverschreibung bedarf es der Vorlegung der Urkunde nicht, wenn der Bahneigenthümer den Betrag der Forderung unter Verzicht auf das Recht zur Rücknahme hinterlegt hat[59]). Die Vorlegung eines Zinsscheins wird durch die in gleicher Weise erfolgte Hinterlegung seines Betrags ersetzt[60]).

Gründet sich der Löschungsantrag ganz oder theilweise auf Hinterlegung, so ist die Löschung öffentlich bekannt zu machen[61]).

3[62]). Zu einer Eintragung auf Grund eines Beschlusses der Gläubigerversammlung nach den §§. 11 bis 13 des Reichsgesetzes, betreffend die gemeinsamen Rechte der Besitzer von Schuldverschreibungen, vom 4. Dezember 1899 (Reichs-Gesetzbl. S. 691) bedarf es der Vorlegung der Urkunde nicht. Die Eintragung ist öffentlich bekannt zu machen.

Die Vorschriften des Abs. 1 Nr. 2, 3 finden entsprechende Anwendung, wenn eine für den Inhaber des Briefes eingetragene Grundschuld oder Rentenschuld in Theile zerlegt ist[63]).

§. 19. Sofern nach dem Erlöschen der Genehmigung die Bahneinheit fortbesteht[64]), sind Verfügungen des Bahneigenthümers über einzelne Bestandtheile der Bahneinheit den Bahnpfandgläubigern gegenüber unwirksam; jedoch finden die Vorschriften zu Gunsten derjenigen, welche Rechte von einem

---

entbehrlich geworden; ein Bedürfnis zur Aufrechterhaltung bestand nur bez. § 22 Satz 1, § 24 Abs. 2, § 25 Abs. 3 Satz 1 u. § 26.

b) G. § 27—30 (betr. die Gläubigerversammlung) behielten nur noch insoweit Geltung, als sie nach § 57 Abs. 2 (der bisher. Fassung) bei der Zwangsliquidation anwendbar sind (§ 28—30); im übrigen wurden sie durch G. 4. Dez. 99 ersetzt. Demzufolge ist im neuen G. der ganze 4. Abschn. gestrichen worden; die Anwendbarkeit des allgemeinen Reichsrechts ist durch den Eingang des § 18 ausgesprochen; die aufrecht zu erhaltenden abweichenden Vorschr. sind mit § 31 Satz 2 u. 3 in dem neuen § 18 Abs. 1 zusammengefaßt; § 28—30 (oben b) sind als § 51—53 in den Abschn. Zwangsliquidation (jetzt Abschn. 5) verwiesen worden Begr. (02). — Anm. 110. Die § 20—26 des bisher. G. sind unter Bezeichnung der an ihre Stelle getretenen Vorschr. des Reichsrechts in Anlage B abgedruckt. — Ausführl. Darstellung bei Eger Anm. 83 ff.

[58]) Bisher § 22 Satz 1 (Anl. B). Die Bek. soll Ersatz dafür bieten, daß die Eintragung nicht auf den Schuldverschreibungen vermerkt wird Begr. (02). Das Reichsrecht fordert die Bek. nicht. — § 57.

[59]) Bisher § 24 Abs. 2 (Anl. B). Die Vorschr. erspart das Aufgebotsverfahren, das sonst nach BGB. § 1171, 1142 erforderlich wäre (auch HinterlegungsO. § 19 in der Fassung AG. BGB. Art. 84 II). Neuer Weg zur Löschung BGB. § 1189, G. 4. Dez. 99 § 1 Abs. 2, § 14. Begr. (02).

[60]) Bisher § 25 Abs. 3 Satz 1 (Anl. B). Ohne die Vorschr. würden nach GrundbO. § 44 die Zinsscheine vorgelegt werden müssen Begr. (02).

[61]) Bisher § 26 (Anl. B).

[62]) Bisher § 31 Satz 2, 3. Der Beschluß betrifft die Aufgabe oder Beschränkung von Rechten der Gläubiger, insbes. die Ermäßigung des Zinsfußes oder die Bewilligung einer Stundung (G. 4. Dez. 99 § 11). „Urkunden" sind die Schuldverschreibungen u. die Zinsscheine.

[63]) Weicht ab von GrundbO. § 43. Begr. (02).

[64]) Anm. 43.

Nichtberechtigten herleiten, insbesondere die Vorschriften über den öffentlichen Glauben des Grundbuchs entsprechende Anwendung[65]). Das Recht der Bahnpfandgläubiger, die Unwirksamkeit einer Verfügung des Bahneigentümers geltend zu machen, erlischt mit der Schließung des Bahngrundbuchblatts[66]).

Vierter Abschnitt. Zwangsvollstreckung, Zwangsversteigerung und Zwangsverwaltung in besonderen Fällen[67]).

§. 20. Auf die Zwangsvollstreckung in die Bahneinheit finden die Vorschriften der Reichsgesetze sowie der zu ihrer Ausführung und Ergänzung dienenden Landesgesetze über die Zwangsvollstreckung in Grundstücke nach Maßgabe der §§. 21 bis 36 entsprechende Anwendung[68]).

§. 21[69]). Ist zur Zeit des Antrags auf Eintragung einer Sicherungs-hypothek für die Forderung eines Gläubigers die Bahneinheit in dem Bahn-grundbuche nicht eingetragen, so ist der Antrag vom Amtsgerichte der Bahn-aufsichtsbehörde[14]) mitzuteilen, welche von Amtswegen das Ersuchen um Anlegung des Bahngrundbuchblatts in Gemäßheit der Vorschriften des zweiten

---

[*] Bewegliche Sachen BGB § 366 f., BGB § 932 ff., 1207 f., Grundstücke (in bei Regel wird bei Sperrvermerk — § 15, Anm. 48 — die Bahnpfand-gläubiger schützen) BGB. § 892 ff. Ferner BGB. § 142 ff., 816.

[66]) § 14.

[67]) Inhalt: § 20—25 Zwangsvoll-streckung in allg., § 26—32 Zwangs-versteigerung, § 33—36 Zwangsverwal-tung, § 37 Zwangsvollstreckung in ein-zelne Gegenstände, § 38, 39 besondere Fälle. — Bisher führte der Abschn. (als Abschn. 5) die Überschrift: Zwangs-vollstreckung; die weitere Fassung bezieht sich auf § 38, 39. — Das ältere G. fußte auf dem G. betr. Zwangsvollstr. in das unbewegl. Vermögen 13. Juli 83 (GS. 131); dieses ist aber durch CPO. § 864—871, G. über die Zwangsversteigerung u. die Zwangs-verwaltung 20. Mai 98 (RGB. 713) u. AG. dazu 23. Sept. 99 (GS. 291) er-setzt worden. Nach G. § 16 Abs. 1 in Verb. mit CPO. § 870 Abs. 1 finden jetzt auf Bahneinheiten diese neuen Vorschr. über Zwangsvollstrek-kung in Grundstücke entsprechende An-wendung. Mit Rücksicht auf EG. ZwangsversteigG. § 2 Abs. 1 Satz 1, welcher lautet:

Soweit in dem Einführungs-gesetze zum Bürgerlichen Gesetzbuche

zu Gunsten der Landesgesetze Vor-behalte gemacht sind, gelten sie auch für die Vorschriften der Landes-gesetze über die Zwangsversteigerung und die Zwangsverwaltung.

in Verb. mit EG. BGB. Art. 112 (ob. Anm. 1) ist daher jetzt Abschn. 4 in der Weise angeordnet, daß in § 20 die neuen Gesetze grundsätzlich für anwendbar er-klärt u. in § 21—37 die für erforderlich erachteten Ergänzungen u. Änderungen bestimmt sind Begr. (02). — Bez. der Teilschuldverschreibungen gelten die allgemeinen Vorschr., namentlich ZwangsversteigG. § 45 (Berücksichtigung von Amts wegen bei Feststellung des geringsten Gebots), 114 (desgl. bei Aufstellung des Teilungsplans), 126, 135 ff. (Behandlung der sich nicht unter Vorlage der Schuldverschreibung melden-den Einzelgläubiger) Begr. (95), Gleim Anm. 2 zu § 32.

[68]) § 20 ist (in Verb. mit § 38) der der neuen Rechtslage (Anm. 67) entsprechend umgearbeitete bisherige § 32 Abs. 1 Begr. (02). § 32 Abs. 2 bildet jetzt einen besonderen § (23).

[69]) Entspricht dem bisherigen § 33 unter Berücksichtigung der durch CPO. § 866, 867 geschaffenen Rechtslage. — § 13 Abs. 3: Kosten Gerichtskosten G. (Anl. C) § 68 Abs. 2.

Abschnitts dieses Gesetzes zu stellen hat. Die Eintragung der Sicherungs=
hypothek erfolgt bei Anlegung des Grundbuchblatts auf Grund des vorher
gestellten Antrags mit dem Range, welcher der Zeit des Einganges des An=
trags entspricht; mit dieser Zeit gilt die Sicherungshypothek in Ansehung des
Rechtes auf Befriedigung aus der Bahneinheit als entstanden.

§. 22 [70]). Für die Zwangsvollstreckung in die Bahn ist als Vollstreckungs=
gericht das zur Führung des Bahngrundbuchs berufene Amtsgericht aus=
schließlich zuständig. Die Vorschriften des §. 2 Abs. 2 des Reichsgesetzes
über die Zwangsversteigerung und die Zwangsverwaltung finden entsprechende
Anwendung.

§. 23 [71]). Die Zwangsversteigerung oder die Zwangsverwaltung darf nach
dem Erlöschen der für das Bahnunternehmen ertheilten Genehmigung nicht
mehr angeordnet werden. Ein zur Zeit des Erlöschens der Genehmigung
anhängiges Verfahren ist aufzuheben.

§. 24 [72]). Wird die Zwangsversteigerung oder Zwangsverwaltung einer
nicht im Bahngrundbuch eingetragenen Bahn beantragt, so bedarf es der
Anlegung des Bahngrundbuchs nur dann, wenn nach §. 128 des Reichs=
gesetzes über die Zwangsversteigerung und die Zwangsverwaltung eine
Sicherungshypothek für die Forderung gegen den Ersteher einzutragen ist.
In diesem Falle erfolgt die Anlegung auf das nach §. 130 des Reichsgesetzes
zu stellende Ersuchen des Vollstreckungsgerichts. Bei der Anlegung wird in
den Titel die im §. 11 Abs. 1 bezeichnete Beschreibung des Bahnunternehmens
aufgenommen. Die Aufnahme der übrigen nach §. 11 erforderlichen An=
gaben erfolgt auf Ersuchen der Bahnaufsichtsbehörde [14]) (§. 13 Abs. 2 und 3),
welcher von der erfolgten Anlegung seitens des Grundbuchrichters Mittheilung
zu machen ist.

Wird im Laufe des Verfahrens der Zwangsversteigerung oder Zwangs=
verwaltung das Bahngrundbuch angelegt, so ist die Anordnung der Zwangs=
versteigerung oder Zwangsverwaltung bei der Anlegung von Amtswegen ein=
zutragen. Zu diesem Zwecke hat das Vollstreckungsgericht von der Stellung
eines solchen Antrags dem Grundbuchrichter Mittheilung zu machen.

---

[70]) Entspricht dem bisher. § 35. In
dessen Satz 2 war auf CPO. § 755
Abs. 2, § 756 Abs. 2 verwiesen, an
deren Stelle jetzt ZwangsverstG. § 15,
§ 2 Abs. 2 getreten ist. Der Hinweis
auf erstere Vorschrift — derzufolge die
ZwVersteig. eines Grundstücks von dem
VollstrGericht auf Antrag angeordnet
wird — erledigt sich durch § 20; letztere
Best. betrifft die Bestellung des Vollstr=
Gerichts für den Fall, daß sich die Zw=
Vollstr. gegen mehrere, in verschiedenen

Gerichtsbezirken belegene (§ 10 Abs. 4)
Bahneinheiten richtet Begr. (02).

[71]) Bisher § 32 Abs. 2. — Einzig
zulässige ZwangsvollstrMaßnahme bleibt
dann die Zwangsliquidation (Abschn. 5)
Begr. (95). — § 3.

[72]) Entspricht dem bisher. § 34. —
Die Zwangsverwaltung kann ohne An=
legung des Bahngrundbuchblatts durch=
geführt werden; ebenso die Zwangs=
versteigerung dann, wenn der Ersteher
den ganzen Kaufpreis bar zahlt Begr.
(95). — Kosten Anl. C § 68 Abs. 2.

§. 25[73]). An unbeweglichen oder beweglichen Gegenständen und Rechten, welche zu mehreren Bahnen desselben Eigenthümers gehören, bestimmt sich das Antheilsverhältniß durch das Verhältniß der im letzten Geschäftsjahre vor der Beschlagnahme auf den einzelnen Bahnen zurückgelegten Wagenachs= kilometer, soweit nicht aus dem Bahngrundbuch ein anderes Verhältniß sich ergiebt; liegen mehrere Beschlagnahmen vor, so finden die Vorschriften des §. 13 Abs. 3 des Reichsgesetzes über die Zwangsversteigerung und die Zwangs= verwaltung entsprechende Anwendung[74]). Ist die Zahl der Wagenachskilo= meter nicht buchmäßig festzustellen, so wird das Antheilsverhältniß durch das Vollstreckungsgericht nach Anhörung der Bahnaufsichtsbehörde[14]) bestimmt.

§. 26[75]). Für das Recht auf Befriedigung aus der Bahneinheit gelten die Vorschriften des §. 10 des Reichsgesetzes über die Zwangsversteigerung und die Zwangsverwaltung und die Artikel 1 bis 3 des Ausführungsgesetzes vom 23. September 1899 (Gesetz=Samml. S. 291) mit folgenden Maßgaben:

1. Die nach den §§. 6 und 7 dieses Gesetzes begründeten Ansprüche auf Entschädigung gewähren ein Recht auf Befriedigung nach den im §. 10 Nr. 1 des Reichsgesetzes bezeichneten Ansprüchen. Das Recht erlischt, wenn der Entschädigungsanspruch nicht innerhalb eines Jahres nach der Erklärung der Bahnaufsichtsbehörde[76]) gerichtlich geltend gemacht und bis zur Anordnung des Vollstreckungsverfahrens verfolgt wird.

2. Das im §. 10 Nr. 2 des Reichsgesetzes bezeichnete Recht auf Befriedigung steht denjenigen zu, welche sich dem Eigenthümer der Bahn für den Betrieb zu dauerndem Dienste verdungen haben[77]).

---

[73]) Entspricht dem bisher. § 36. — Nach § 20 in Verb. mit ZwangsversteigG. § 20 ff., 146 ff. wird durch die Anordn. der ZwVersteig. oder ZwVerwalt. der Bahneinheit dem Bahneigentümer das Verfügungsrecht über die Bestandteile entzogen. Für den Fall, daß Bestand= teile einer Bahneinheit zugleich zu einer anderen Bahneinheit gehören, bedarf es deshalb einer Best. darüber, welcher Anteil jeder Bahneinheit an diesen Be= standteilen zusteht Begr. (95). Auf Gegenstände usw., die zweifellos nur e i n e r Bahneinheit zugehören, z. B. Grundstücke, die durch Verzeichnung auf dem Titel eines Bahngrundbuchblatts Teile einer bestimmten Bahneinheit ge= worden sind, bezieht sich § 25 nicht; Kennzeichen hierfür bez. beweglicher Gegenstände (z. B. Fonds, Forderungen) Gleim Anm. 1 zu § 36. Für die Best. des Anteilsverhältnisses entscheidet in erster Linie das Bahngrundbuch (§ 11 Abs. 2 Ziff. 4).

[74]) § 13 Abs. 3 bestimmt:

Liegen mehrere Beschlagnahmen vor, so ist die erste maßgebend. Bei der Zwangsversteigerung gilt, wenn bis zur Beschlagnahme eine Zwangs= verwaltung fortgedauert hat, die für diese bewirkte Beschlagnahme als die erste.

[75]) § 26 ist der bisher. § 37, dem das ZwangsvollstrG. 13. Juli 83 § 24 bis 30 zugrunde lag, angepaßt dem neuen Rechte. § 26 gilt nur für die Zwangsversteigerung; Zwangsverwal= tung § 36.

[76]) § 6 Abs. 2.

[77]) Darunter fällt das gesamte Bahn= dienstpersonal, auch z. B. ein angestellter Bahn= (nicht Krankenkassen=) Arzt; Vor= aussetzung ist persönliche Dienstleistung des sich Verdingenden (nicht z. B. ver= tragsmäßige Verpflichtung eines Unter=

3. Das im §. 10 Nr. 3 des Reichsgesetzes bezeichnete Recht auf Be=
friedigung gewähren nach folgender Rangordnung, bei gleichem Range
nach dem Verhältniß ihrer Beträge, die Ansprüche auf Entrichtung:
   a) der in Artikel 1 Abs. 1 Nr. 1 des Ausführungsgesetzes bezeichneten
      Lasten, die auf den zur Bahneinheit gehörenden Grundstücken haften;
   b) der zur Staatskasse fließenden Abgaben für den Bahnbetrieb so=
      wie der in Artikel 3 des Ausführungsgesetzes bezeichneten Lasten,
      die in Ansehung der zur Bahneinheit gehörenden Grundstücke zu
      entrichten sind [78]);
   c) der in Artikel 1 Abs. 1 Nr. 2 und in Artikel 2 des Ausführungs=
      gesetzes bezeichneten Lasten, die für den Bahnbetrieb oder in An=
      sehung der zur Bahneinheit gehörenden Grundstücke zu entrichten sind [78]).
4. Nach den im §. 10 Nr. 3 des Reichsgesetzes bezeichneten Ansprüchen
gewähren ein Recht auf Befriedigung die Ansprüche auf Erstattung
von Beträgen, welche innerhalb des letzten Jahres im gegenseitigen
Bahnverkehre von einem anderen Bahnunternehmer ausgelegt oder für
ihn erhoben oder für die Benutzung von Fahrbetriebsmitteln zu ent=
richten sind (Abrechnungsforderungen) [79]).

§. 27.   Bei dem Antrag auf Zwangsversteigerung bedarf es der Bei=
fügung eines Auszugs aus der Grundsteuermutterrolle und der Gebäude=
steuerrolle (Artikel 4 des Ausführungsgesetzes vom 23. September 1899)
hinsichtlich der zur Bahneinheit gehörigen Grundstücke nicht [80]).

§. 28.   Die Terminsbestimmung soll zur Bezeichnung der Bahneinheit
eine den wesentlichen Inhalt der Genehmigung wiedergebende Beschreibung
der Bahn enthalten [81]).

§. 29.   Die Terminsbestimmung muß auch durch mindestens einmalige
Einrückung in die durch die Statuten oder die Bedingungen der Ausgabe von

---

nehmers zu Arbeiten für den Bahn=
betrieb); Vorbehalt der Kündigung
schließt nicht die Eigenschaft des Dienstes
als eines dauernden aus. Gleim Anm. 3
zu § 37.

[78]) Zur Staatskasse sind zu ent=
richten: von den Privatbahnen die Eis=
Abgabe (IV 4 d. W.), von phys. Per=
sonen, Aktiengesellschaften usw. die
Staatseinkommensteuer. Kommunal=
abgaben: die Gemeindeeinkommensteuer
der Privat= u. der Kleinbahnen gemäß
KommAbgG. (IV 5a d. W.) § 33, die
Gewerbesteuer der Kleinbahnen gemäß
KommAbgG. § 28 u. KleinbG. § 40,
die Gemeindeabgaben vom Grundbesitz
gemäß KommAbgG. § 24, die Kreis=
abgaben gemäß der KreisO. (IV 5 b
d. W.) Gleim Anm. 4 zu § 37.

[79]) Soweit sie nicht im Abrechnungs=
wege getilgt werden Gleim Anm. 5 zu
§ 37. — Letztes Jahr: § 25 Satz 1.

[80]) Bisher § 42. — ZwangsversteigG.
§ 16.

[81]) § 28 (bisher § 44 Abs. 2) ersetzt
ZwangsversteigG. § 38, soweit dieser die
Angabe der Größe des Grundstücks vor=
schreibt, und hat — wie § 38 u. AG.
Art. 20 — nur die Bedeutung einer
Ordnungsvorschr.; der bisher. § 44
Abs. 1, der sich auf die Sicherheits=
leistung mit Hypotheken u. Grund=
schulden (G. 13. Juli 83 § 64 Abs. 2)
bezog, ist fortgelassen worden, weil das
ReichsG. eine solche Sicherheitsleistung
nicht zuläßt Begr. (02).

Theilschuldverschreibungen bestimmten Blätter öffentlich bekannt gemacht werden[82]).

§. 30. Vor Feststellung der Versteigerungsbedingungen ist die Bahnaufsichtsbehörde[14]) zu hören[83]).

§. 31. Ist der Werth der Bahneinheit festzustellen, so erfolgt die Feststellung durch das Gericht nach Anhörung der Bahnaufsichtsbehörde[84]).

§. 32[85]). Die Ertheilung des Zuschlags erfolgt unter der Bedingung, daß für die Person des Erstehers die staatliche Genehmigung zum Erwerbe der Bahn beigebracht wird. Wird die Genehmigung versagt, so hat das Gericht den Beschluß, durch den der Zuschlag ertheilt ist, aufzuheben und den Zuschlag zu versagen. Der neue Beschluß ist allen Betheiligten zuzustellen; eine Verkündung findet nicht statt. Die Zustellung des Beschlusses wirkt wie eine einstweilige Einstellung des Verfahrens.

Der Termin zur Vertheilung des Versteigerungserlöses ist erst dann zu bestimmen, wenn die Genehmigung zum Erwerbe der Bahn beigebracht ist.

§. 33[86]). Mit dem Antrag auf Zwangsverwaltung ist von dem Antragsteller eine Erklärung der Bahnaufsichtsbehörde[14]) beizubringen, daß die Einkünfte aus der Zwangsverwaltung den Kosten des Verfahrens mit Einschluß der Ausgaben und Ansprüche aus der Verwaltung voraussichtlich entsprechen werden, oder es ist eine nach den Erklärungen der Bahnaufsichtsbehörde voraussichtlich hierzu ausreichende Deckung zu gewähren.

§. 34[87]). Wird über das Vermögen des Bahneigentümers das Konkursverfahren eröffnet, so ist die Zwangsverwaltung auch dann anzuordnen, wenn die Bahnaufsichtsbehörde[14]) das Vollstreckungsgericht um die Anordnung derselben ersucht. Dies Ersuchen ist nur dann zu stellen, wenn die Einkünfte

---

[82]) Bisher § 61 Abs. 2 Satz 2, des Zusammenhangs wegen in Abschn. 4 versetzt; daß für die Bek. im übr. ZwangsversteigG. § 39, 40 maßgebend ist, folgt aus § 20 Begr. (02). — § 57.

[83]) Dem § 30, 32 (bisher 43, 45) liegt die Erwägung zugrunde, daß es für den Ersteher außer dem Zuschlag in der Zwangsversteig. noch der staatlichen Genehmigung zum Betrieb der Bahn bedarf, u. zwar bei Privatbahnen der Konzession durch den Landesherrn nach EisG. § 1, bei Kleinbahnen der Genehmigung nach KleinbG. § 2. Nähere Ausführung bei Gleim Anm. 1 zu § 43.

[84]) § 31 ist neu u. entspricht AG. ZwangsversteigG. Art. 21 sowie dem, was sich aus G. 13. Juli 83 § 41 ergab Begr. (02). — ZwangsversteigG. § 64, 112; EG. § 11; AG. Art. 8. — Anm. 14.

[85]) Bisher § 45, dem neuen Recht, insbesondere ZwangsversteigG. § 86 angepaßt. Eger Anm. 139 vermißt die Best. einer Frist für die Beibringung der Entsch. bez. der staatlichen Genehmigung. — § 3 Abs. 2. — Anm. 83.

[86]) Bisher § 38. — ZwangsversteigG. § 146, 16.

[87]) Bisher § 39. — Da die Konkurseröffnung nicht das Erlöschen der Genehmigung zur Folge hat, muß der Aufsichtsbehörde die Möglichkeit offen bleiben, den ohne ihre Mitwirkung bestellten Konkursverwalter von der Betriebsleitung auszuschließen; formelle Handhabe hierfür bietet KonkO. § 25. Die Befugnis anderer Berechtigter, die Anordnung der Zwangsverwaltung herbeizuführen, bleibt unberührt Begr. (95). — § 35.

aus der Zwangsverwaltung den Kosten des Verfahrens mit Einschluß der Ausgaben und Ansprüche aus der Verwaltung voraussichtlich entsprechen werden.

§. 35[88]). Die in den §§. 150, 153 und 154 des Reichsgesetzes über die Zwangsversteigerung und die Zwangsverwaltung dem Gerichte zugewiesene Thätigkeit steht der Bahnaufsichtsbehörde[14]) zu. Der Minister der öffentlichen Arbeiten kann für die Geschäftsführung der Verwalter und die denselben zu gewährende Vergütung allgemeine Anordnungen treffen.

§. 36[89]). Bei der Vertheilung der Ueberschüsse der Zwangsverwaltung sind die im §. 26 Nr. 1 und 4 bezeichneten Ansprüche nach der dort bestimmten Rangordnung in ihrem ganzen Betrage zu berichtigen.

Vor den im §. 10 Nr. 5 des Reichsgesetzes über die Zwangsversteigerung und die Zwangsverwaltung bezeichneten Ansprüchen sind die während des Verfahrens fällig werdenden Forderungen aus Theilschuldverschreibungen auf den Inhaber zu berichtigen, soweit die Berichtigung nicht aus statutenmäßig dazu bestimmten Fonds, die nicht zur Bahneinheit gehören, erfolgt. Diese Vorschrift findet keine Anwendung, wenn den Forderungen fällige Bahnpfandschulden vorgehen oder die Zwangsversteigerung angeordnet oder das Konkursverfahren eröffnet ist.

§. 37[90]). Eine Zwangsvollstreckung in andere, als die im Reichsgesetze vom 3. Mai 1886, betreffend die Unzulässigkeit der Pfändung von Eisenbahnfahrbetriebsmitteln (Reichs-Gesetzbl. S. 131)[91]) bezeichneten, zur Bahneinheit gehörigen Gegenstände findet nur statt, soweit die Bahnaufsichtsbehörde[14]) bescheinigt, daß die Vollstreckung mit dem Betriebe des Bahnunternehmens vereinbar ist[92]).

---

[88]) Entspricht dem bisher. § 40. — Die in Satz 1 angezogenen Best. betreffen Bestellung des Verwalters u. Übergabe des Bahnunternehmens an ihn; Anweisung u. Beaufsichtigung des V., Festsetzung der Vergütung, Auferlegung einer Sicherheit, Verhängung von Ordnungsstrafen, Entlassung; Entgegennahme der Rechnungslegung u. Mitteilung der Rechnung an Gläubiger u. Schuldner.

[89]) Entspricht dem bisher. § 41. — Die allg. Rangordnung, vorbehaltlich der Vorschr. des § 36, bestimmt sich nach ZwangsversteigG. § 155, § 10 ff. Ausführlich Eger Anm. 153.

[90]) § 37 entspricht dem bisher. § 47 u. weicht in Abs. 1, 2 von § 47 Abs. 1 u. Abs. 2 Satz 1, 2 sachlich nicht ab. § 37 bezieht sich nur auf Zwangsvollstr. wegen Geldforderungen, u. zwar in einzelne zur Bahnheit gehörige (bewegl. oder unbewegl.) Gegenstände. Die Zw.-Vollstr. zur Erwirkung der Herausgabe von Sachen (CPO. § 883 ff.) ist bez. der Grundstücke durch G. § 6 geordnet; im übr. gelten die Vorschr. des allg. Rechts, so lange nicht durch Beschlagnahme der Bahneinheit dem Verfügungsrecht des Eigentümers ein Ziel gesetzt ist (Anm. 73) Begr. (95).

[91]) VI 7 d. W.

[92]) Abs. 1 behandelt die Zulässigkeit der Zwangsvollstr. für die Zeit des Bestehens der Genehmigung (§ 3 Abs. 1). Hier ist die Rücksicht auf die Betriebsfähigkeit des Unternehmens maßgebend. Der Abs. bezieht sich auf alle zur Bahneinheit gehörigen Gegenstände bei Kleinbahnen u. auf diejenigen zur Bahneinheit gehörigen Gegenstände bei Privatbahnen, die nicht durch G. 3. Mai 86 der Zwangsvollstr. gänzlich entzogen sind. — Wird die Bescheinigung von

Solange nach dem Erlöschen der Genehmigung die Bahneinheit fort=
besteht, kann die Zwangsvollstreckung in die zu ihr gehörigen Gegenstände
nur von einem Gläubiger betrieben werden, der auf Grund eines den Bahn=
pfandgläubigern gegenüber wirksamen Rechtes Befriedigung aus den Gegen=
ständen zu suchen berechtigt ist[93]). Durch diese Bestimmung werden die
Gegenstände im Falle des Konkursverfahrens von der Konkursmasse nicht
ausgeschlossen[94]).

[95]) In den Fällen der Absätze 1 und 2 endigt mit dem Beginne der
Zwangsvollstreckung die Zugehörigkeit des Gegenstandes zur Bahneinheit, un=
beschadet der an ihm vorher begründeten Rechte. Mit der Aufhebung der
Vollstreckungsmaßregel wird der Gegenstand wieder Bestandtheil der Bahn=
einheit. Das Gleiche gilt von dem Erlöse, soweit er dem Bahneigenthümer
zufällt.

§. 38. Die Vorschriften der §§. 172 bis 184 des Reichsgesetzes über die
Zwangsversteigerung und die Zwangsverwaltung gelten mit den Aenderungen,
die sich aus den Vorschriften dieses Abschnitts ergeben, auch für Bahnein=
heiten[96]).

§. 39[97]). Die in den §§. 21 und 47 des Gesetzes über die Eisenbahn=
unternehmungen vom 3. November 1838 vorgesehenen öffentlichen Ver=
steigerungen erfolgen nach den für die Zwangsversteigerung der Bahn

---

der Bahnbehörde versagt, so findet nur
die Zwangsvollstr. in die Bahneinheit
als ganzes statt. — Was zur Bahn=
einheit gehört, ist im Streitfalle gemäß
CPO. § 766 durch das Gericht (aber
Anm. 15) zu entscheiden Begr. (95). —
§ 54.

[93]) Nach dem Erlöschen der Geneh=
migung (§ 3 Abs. 1) entscheidet nur noch
die Rücksicht auf die Bahnpfandgläubiger.
Näheres Begr. (95) u. Gleim Anm. 2
zu § 47. — § 19.

[94]) KonkursO. § 1, G. 3. Mai 86,
Abs. 2.

[95]) Abs. 3 (der umgearbeitete § 47
Abs. 2 Satz 3) trägt dem Umstande
Rechnung, daß CPO. § 864 (abweichend
von § 757 älterer Fassung) die der
Zwangsvollstr. in das unbewegl. Ver=
mögen unterliegenden Gegenstände be=
stimmt, u. daß es zweifelhaft ist, ob die
Landesgesetzgebung befugt ist, in Gegen=
stände, die zur Bahneinheit gehören,
trotzdem eine gesonderte Zwangsvollstr.
zuzulassen. Zur Vermeidung dieses
Zweifels setzt Abs. 3 fest, daß für die
Dauer einer derartigen gesonderten
Zwangsvollstr. der betroffene Gegen=

stand aus der Bahneinheit ausscheidet
Begr. (02).

[96]) § 38 ist neu eingefügt u. ersetzt
den bish. § 32, soweit dieser den Abschn. 3
des G. 13. Juli 83 für anwendbar er=
klärte; § 38 entspricht AG. Zwangs=
versteigG. Art. 22. Begr. (02). — Die
angezogenen § 172—184 betreffen
Zwangsversteig. u. Zwangsverwalt.
auf Antrag des Konkursverwalters, zur
Deckung von Nachlaßverbindlichkeiten
u. zur Aufhebung einer Gemeinschaft.

[97]) § 39 entspricht dem bisher. § 46,
nur ist Abs. 1 Satz 3 nach dem Vor=
gang von ZwangsversteigG. § 169
Abs. 1 eingefügt Begr. (02). — § 39
bezieht sich nicht auf Kleinbahnen; für
diese gilt KleinbG. § 23 ff. — Für EisG.
§ 21 genügt Antrag des Min.; für
§ 47 ist gerichtl. Ausspruch, daß die
Konzession verwirkt sei, erforderlich
Gleim Anm. 1 zu § 46; Eger Anm. 167
IV fordert auch für § 21 gerichtl. Aus=
spruch. — Schmödel in EEG. XI 287,
362. — Abs. 2 bezieht sich nur auf
EisG. § 21 Begr. (95); a. M. Eger
Anm. 170.

geltenden Vorschriften. Die Vorschriften über das geringste Gebot finden keine Anwendung. Das Meistgebot ist in seinem ganzen Betrage durch Zahlung zu berichtigen.

Ist eine Bahn, für welche die Genehmigung zur Eröffnung des Betriebs noch nicht ertheilt ist, nicht im Bahngrundbuch eingetragen, so hat die Bahnaufsichtsbehörde[14]) bei Stellung des Antrags auf Zwangsversteigerung zugleich um die Anlegung des Bahngrundbuchblatts zu ersuchen.

Fünfter Abschnitt. Zwangsliquidation[98]).

§. 40[99]). Nach Erlöschen der Genehmigung für das Bahnunternehmen ist auf Antrag von dem Amtsgerichte, bei welchem das Bahngrundbuch geführt wird, zur abgesonderten Befriedigung der Bahnpfandgläubiger aus den einzelnen Bestandtheilen der Bahneinheit die Zwangsliquidation zu eröffnen.

Zu dem Antrag ist jeder Bahnpfandgläubiger sowie der Bahneigenthümer und, wenn über dessen Vermögen der Konkurs eröffnet ist, der Konkursverwalter berechtigt.

§. 41[100]). Der Beschluß, durch welchen die Zwangsliquidation eröffnet wird, ist öffentlich bekannt zu machen. Die ihrem Wohnorte nach bekannten Bahnpfandgläubiger sollen von dem Beschlusse benachrichtigt werden. Der den Antrag auf Zwangsliquidation abweisende Beschluß des Gerichts ist dem Antragsteller von Amtswegen zuzustellen.

§. 42[101]). Gegen den Eröffnungsbeschluß steht jedem Bahnpfandgläubiger sowie dem Bahneigenthümer oder Konkursverwalter, gegen den abweisenden Beschluß dem Antragsteller die sofortige Beschwerde nach Maßgabe der

---

[98]) Inhalt: § 40—43 Eröffnung u. deren Wirkungen, § 44, 45 Liquidator u. Gläubigerausschuß, § 46—48 Verwertung der Masse, § 49—53 Beendigung. Abschn. 5 ist (mit unwesentl. Änderungen) der bisher. Abschn. 6; sein Inhalt ist durch die neuere Reichsgesetzgebung nicht berührt BGB. Art. 112 (Anm. 1), G. 4. Dez. 99, § 25 (Anm. 57). Begr. (02). — Der Abschnitt ordnet ein dem Konkursverfahren nachgebildetes Zwangsverfahren zur gemeinsamen Befriedigung der Bahnpfandgläubiger an, welches in der Zeit zwischen Erlöschen der Genehmigung (§ 3) u. Schließung des Grundbuchblatts (§ 14) eingeleitet werden kann. Für diese Zeit besteht die Bahneinheit fort (§ 3 Abs. 1 Satz 2), ist eine Verfügung des Bahneigentümers über ihre Bestandteile den Bahnpfandgläubigern gegenüber unwirksam (§ 19), eine Zwangsversteigerung oder Zwangsverwaltung der Bahneinheit unzulässig (§ 23), eine Zwangsvollstreckung in einzelne Bestandteile der Bahneinheit nur beschränkt zulässig (§ 37). Eine Verwirklichung der an der Bahneinheit — u. im allg. auch der an ihren einzelnen Teilen — bestehenden Pfandrechte erfolgt also nur im Wege der Zwangsliquidation (§ 43) Gleim Anm. 1 zu § 48. — Gebühren Anl. C § 134.

[99]) Bisher § 48. — Voraussetzung für den Antrag ist nur das Erlöschen der Genehmigung u. der Eintrag von Bahnpfandschulden im Bahngrundbuch, nicht etwa Zahlungsunfähigkeit des Eigentümers Gleim Anm. 1 zu § 48. Antragsberechtigt ist nicht die Aufsichtsbehörde Gleim Anm. 2. Die Konkurseröffnung schließt nach KonkO. § 4, 47 ff. das ZwangsliqVerfahren nicht aus. Eger Anm. 172.

[100]) Bisher § 49. — § 42, 43, § 48 Abs. 2. — Bekanntmachung § 57.

[101]) Bisher § 50.

Deutschen Zivilprozeßordnung (§§. 577, 568 bis 575) zu. Die Frist zur Einlegung der Beschwerde gegen den Eröffnungsbeschluß beginnt mit der Bekanntmachung desselben (§. 41).

§ 43. Nach der Bekanntmachung des Eröffnungsbeschlusses und bis zur Beendigung der Zwangsliquidation können die einzelnen Bahnpfandgläubiger ihr Recht nicht selbständig geltend machen[102]).

§ 44[103]). Zugleich mit der Eröffnung der Zwangsliquidation ernennt das Gericht einen Liquidator und beruft eine Versammlung der Bahnpfandgläubiger zur Bestellung eines Ausschusses von mindestens zwei Mitgliedern.

Die Berufung erfolgt durch öffentliche Bekanntmachung[104]) derselben unter Angabe des Zweckes. Die Versammlung findet unter Leitung des Gerichts statt.

Wahlen erfolgen nach relativer Mehrheit, andere Beschlußfassungen nach absoluter Mehrheit der Stimmen der erschienenen Gläubiger. Die Stimmenmehrheit wird nach den Beträgen der Forderungen berechnet. Die Inhaber von Theilschuldverschreibungen müssen dieselben nach Anordnung des Gerichts hinterlegt haben.

§ 45[105]). Der Name des Liquidators ist öffentlich bekannt zu machen[104]). Ihm ist eine urkundliche Bescheinigung seiner Bestellung zu ertheilen, welche er bei bei Beendigung seiner Geschäftsführung zurückzureichen hat.

Die Vergütung für die Geschäftsführung des Liquidators wird in Ermangelung einer Einigung mit dem Ausschusse der Bahnpfandgläubiger und dem Bahneigenthümer oder Konkursverwalter durch das Gericht festgesetzt. Das Gleiche gilt für eine den Mitgliedern des Ausschusses bewilligte Vergütung, wenn über die Höhe derselben eine Einigung mit der Versammlung der Bahnpfandgläubiger und dem Bahneigenthümer oder Konkursverwalter nicht erzielt wird.

Der Liquidator steht unter der Aufsicht des Gerichts. Das Gericht kann gegen denselben Ordnungsstrafen bis zu 200 Mark festsetzen und ihn auf Antrag des Gläubigerausschusses oder des Bahneigenthümers oder Konkursverwalters wegen Pflichtverletzung oder aus anderen wichtigen Gründen entlassen. Vor der Entscheidung ist der Liquidator zu hören.

Gegen die in diesem Paragraphen bezeichneten Entscheidungen des Gerichts findet Beschwerde nach Maßgabe der Deutschen Zivilprozeßordnung (§§. 568 bis 575) statt. Die Beschwerde gegen die Entlassung eines Liquidators ist die sofortige (§. 577).

---

[102]) Bisher § 51. — KonkO. § 126. — Andere Pfandgläubiger § 37 Abs. 2.
[103]) Bisher § 52. — Die Best. des G. über Liquidator u. Gläubigerausschuß sind den Vorschr. der KonkursO. über KonkVerwalter u. Gläubigerausschuß (§ 78—92) nachgebildet, weichen aber von ihnen mehrfach ab.
[104]) § 57.
[105]) Bisher § 53.

§ 46[106]). Der Liquidator hat die Verwerthung aller Bestandtheile der Bahneinheit vorzunehmen. In wichtigeren Fällen hat derselbe dem Ausschusse der Bahnpfandgläubiger von der beabsichtigten Maßregel Mittheilung zu machen.

Die Zwangsverwaltung und Zwangsversteigerung von Grundstücken kann durch den Liquidator betrieben werden, ohne daß er einen vollstreckbaren Schuldtitel erlangt hat. Zur Veräußerung von Grundstücken aus freier Hand bedarf der Liquidator der Genehmigung des Ausschusses der Bahnpfandgläubiger sowie der Zustimmung des Bahneigenthümers oder Konkursverwalters.

§ 47. Wird einem Unternehmer die Genehmigung zum Fortbetriebe des Bahnunternehmens ertheilt, so kann der Liquidator mit Zustimmung des Ausschusses der Bahnpfandgläubiger sowie des Bahneigenthümers oder Konkursverwalters die noch vorhandenen Bestandtheile der Bahneinheit als Einheit nach den im §. 16 bezeichneten Vorschriften veräußern[107]).

§ 48[108]). So oft aus der Verwerthung von Bestandtheilen der Bahneinheit hinreichende baare Masse vorhanden ist, hat der Liquidator eine Vertheilung vorzunehmen. Die Kosten und Ausgaben der Zwangsliquidation sind vorweg zu berichtigen.

Bei der Vertheilung bestimmen sich die Betheiligten und die Rangordnung, nach welcher ihre Ansprüche ein Recht auf Befriedigung gewähren, nach den für die Vertheilung des Erlöses im Falle der Zwangsversteigerung geltenden Vorschriften[109]); an die Stelle der Beschlagnahme tritt die im §. 41 Satz 1 bestimmte Bekanntmachung. Die im §. 26 Nr. 1 bezeichneten Entschädigungsansprüche gewähren nur ein Recht auf Befriedigung aus dem einzelnen Grundstücke. Die Vertheilungen an die Bahnpfandgläubiger erfolgen, ohne daß es einer Anmeldung bedarf, auf Grund des Bahngrundbuchs.

Die Vornahme einer Vertheilung unterliegt der Genehmigung des Ausschusses. Von der beabsichtigten Vertheilung ist der Bahneigenthümer oder Konkursverwalter zu benachrichtigen.

---

[106]) Bisher § 54. — Soweit der Liquidator zur Veräußerung von Bestandteilen des Besitzes derselben bedarf, kann er dessen Einräumung vom Besitzer (Eigentümer, Konkursverwalter usw.) verlangen; die freihändige Veräußerung einer Sache durch den Liquid. ist eine Maßregel der Zwangsvollstreckung u. kann deshalb nach KonkO. § 4 Abs. 2 (in Verb. mit EG. BGB. Art. 112) landesgesetzlich geregelt werden Begr. (95). — „Wichtigere Fälle" Eger Anm. 202.

[107]) Bisher § 55. — Die Verwertung der Bahn als ganzes in der Liquid. ist nur im Falle des § 47 gestattet Gleim Anm. 1 zu § 55.

[108]) Entspricht sachlich dem bisher. § 56. Ein gerichtliches Verteilungsverfahren findet nicht statt (Abs. 1, 3). Die nicht aus dem Bahngrundbuch ersichtlichen Ansprüche sind anzumelden; Gläubiger, die mit dem Verteilungsplane nicht einverstanden sind, können auf Feststellung ihrer Rechte klagen u. gegen die Auszahlung des Erlöses eine einstweilige Verfügung erwirken Begr. (95). — Zu Abs. 4 Eger Anm. 216.

[109]) § 26.

Nicht erhobene Antheile sind nach der Bestimmung des Ausschusses für Rechnung der Betheiligten zu hinterlegen.

§ 49[110]). Nach der letzten Vertheilung und nach der Rechnungslegung des Liquidators beschließt auf den von dem Liquidator und dem Ausschusse der Bahnpfandgläubiger gestellten Antrag das Gericht die Aufhebung der Zwangsliquidation.

Gegen den Beschluß findet Beschwerde nach Maßgabe der Deutschen Zivilprozeßordnung (§§. 568 bis 575) statt.

Die Aufhebung ist öffentlich bekannt zu machen[104]).

§ 50[110]). Das Gericht hat die Einstellung der Zwangsliquidation zu beschließen, wenn die Bahnpfandgläubiger der Einstellung zustimmen. Die Vorschriften des §. 49 Abs. 2, 3 finden entsprechende Anwendung.

Für die Inhaber von Theilschuldverschreibungen kann die Zustimmung nach Maßgabe der §§. 51 bis 53 durch Beschluß einer Versammlung der Gläubiger ertheilt werden.

§ 51[110]). Die Versammlung wird durch das Gericht, bei welchem das Bahngrundbuch geführt wird, berufen. Die Berufung findet statt, wenn sie unter Angabe des Zweckes, sowie unter Einzahlung eines zur Deckung der Kosten hinreichenden Betrags von Gläubigern, deren Theilverschreibungen zusammen den fünfundzwanzigsten Theil des Betrags der Bahnpfandschuld darstellen, oder von dem Eigenthümer der Bahn oder dem Konkursverwalter beantragt oder wenn sie von der Bahnaufsichtsbehörde[14]) verlangt wird.

Die Berufung erfolgt durch öffentliche Bekanntmachung[104]) unter Angabe des Zweckes.

Gegen den die Berufung ablehnenden Beschluß des Gerichts findet Beschwerde nach Maßgabe der Deutschen Zivilprozeßordnung (§§. 568 bis 575) statt.

§ 52[110]). Die Versammlung findet unter Leitung des Gerichts statt.

Der Beschluß wird nach Mehrheit der Stimmen gefaßt. Stimmenmehrheit ist vorhanden, wenn die Mehrzahl der im Termin anwesenden

---

[110]) § 49—53 behandeln die Beendigung der ZwLiquid. — nach welcher das Bahngrundbuchblatt zu schließen ist (§ 14) und die Bahneinheit aufhört (§ 3 Abs. 1) — durch Aufhebung nach ihrem Abschlusse (§ 49; vgl. KonkursO. § 163) oder durch Einstellung (§ 50 bis 53; vgl. KonkursO. § 202 ff.). Sie entsprechen sachlich dem bisher. § 57. Letzterer bestimmte in Abs. 2 Satz 2, daß auf die Zustimmung der Inhaber von Teilschuldverschreibungen (zur Einstellung) die Vorschr. der § 28—30 Anwendung finden; da aber diese § 28—30 jetzt nur noch für die ZwLiquid. Geltung

haben, im übr. jedoch durch G. 4. Dez. 99 aufgehoben sind, hat die Novelle sie (als § 51—53) in den die ZwLiquid. behandelnden Abschnitt herübergenommen (Anm. 57); von G. 4. Dez. 99 weichen sie namentlich darin ab, daß sie die Berufung der Gläubigerversammlung dem Gerichte zuweisen u. die gerichtliche Bestätigung des Versammlungsbeschlusses fordern Begr. (02). — § 50 Abs. 2 bezieht sich nur auf Inhaber von Teilschuldverschreibungen; im übrigen kann jeder einzelne Bahnpfandgläubiger der Einstellung widersprechen.

Gläubiger ausdrücklich zustimmt und die Gesammtsumme der Theilschuldbe=
träge der Zustimmenden wenigstens zwei Drittheile der Gesammtsumme der
Bahnpfandschuld beträgt.   Gezählt werden nur die Stimmen der Gläubiger,
welche die Theilschuldverschreibungen nach Anordnung des Gerichts hinter=
legt haben.

§ 53[110]).   Der Beschluß der Versammlung bedarf der Bestätigung des
Gerichts; vor der Bestätigung ist die Bahnaufsichtsbehörde[14]) zu hören.
Auf die Bestätigung, deren Wirkung und Anfechtung finden die Bestimmungen
der §§. 181, 184 Abs. 2, 185, 186 Nr. 1, 188, 189, 193, 195, 196 der
deutschen Konkursordnung entsprechende Anwendung.   Der Antrag auf Ver=
werfung des Beschlusses sowie die sofortige Beschwerde gegen die Entscheidung
über die Bestätigung steht jedem Inhaber einer Theilschuldverschreibung zu.
Der rechtskräftig bestätigte Beschluß ist in Ausfertigung zu den Grundakten
der Bahn zu bringen.

Sechster Abschnitt. Schlußbestimmungen[111]).

§ 54.   Wenn ein anderer als der Eigenthümer einer Bahn den Betrieb
auf derselben kraft eigenen Nutzungsrechts ausübt[112]), so gehört dies Nutzungs=
recht in Ansehung der Zwangsvollstreckung zum unbeweglichen Vermögen.
Die Zwangsvollstreckung erfolgt nach den Vorschriften des vierten Abschnitts
dieses Gesetzes als Zwangsverwaltung durch Ausübung des Nutzungsrechts.

Die Zwangsvollstreckung in das Nutzungsrecht umfaßt auch die im §. 4
bezeichneten Gegenstände, soweit sie dem Nutzungsberechtigten gehören.   Auf

---

[111]) Der letzte Abschn. des G. enthielt
bisher als 7. Abschn. außer den jetzigen
§ 54—58 (bisher § 58—61 u. 66) in
§ 62, 63 Übergangsvorschr. u. in § 64
Vorschr. zur Ergänzung des Gerichts=
kostenG.; an Stelle der letzteren Vorschr.
sind, soweit sie noch Bedeutung behalten
haben, die in Anlage C. abgedruckten
§ 68, 134 des neuen Gerichts=
kostenG. getreten Begr. (02).

[112]) Nach § 4 Abs. 1 Ziff. 3, § 37 Abs. 1
ist bewegl. Betriebsmaterial durch das
G. nur insoweit vor Zugriffen dritter
geschützt, als es dem Bahneigentümer
gehört. § 54 dehnt diese Sicherung auf
den Fall aus, daß ein anderer den Be=
trieb kraft eigenen Nutzungsrechts — d. h.
für eigene Rechnung (Gleim Anm. 1 zu
§ 58) u. mit staatlicher Genehmigung
(§ 54 Abs. 2 in Verb. mit § 37 Abs. 1) —
ausübt. Bez. der Zwangsvollstr. erklärt
alsdann § 54 das Nutzungsrecht für einen
Gegenstand des unbewegl. Vermögens,
also für eine der Bahneinheit ähnliche

Einheit, mit der Maßgabe, daß die Zw.=
Vollstr. nur als Zwangsverwaltung
(nicht als Zwangsversteigerung) statt=
findet. — CPO. § 871:

Unberührt bleiben die landes=
gesetzlichen Vorschriften, nach wel=
chen, wenn ein anderer als der
Eigenthümer einer Eisenbahn oder
Kleinbahn den Betrieb der Bahn
kraft eigenen Nutzungsrechts aus=
übt, das Nutzungsrecht und gewisse
dem Betriebe gewidmete Gegen=
stände in Ansehung der Zwangs=
vollstreckung zum unbeweglichen
Vermögen gehören und die Zwangs=
vollstreckung abweichend von den
Vorschriften der Reichsgesetze ge=
regelt ist.

die Zwangsvollstreckung in einzelne dieser Gegenstände findet die Vorschrift des §. 37 Abf. 1 Anwendung.

§ 55. Bei Bahnen, welche nur zum Theil im Gebiete des Preußischen Staates liegen, finden die Vorschriften dieses Gesetzes, sofern nicht durch Staatsvertrag ein Anderes bestimmt ist, auf die im preußischen Gebiete befindlichen Bestandtheile Anwendung[113]).

§ 56. Auf die Beschwerde gegen die nach diesem Gesetze den Aufsichtsbehörden der Kleinbahnen zustehenden Beschlüsse und Verfügungen findet der §. 52 des Gesetzes über die Kleinbahnen und Privatanschlußbahnen vom 28. Juli 1892 (Gesetz-Samml. S. 225) Anwendung[114]).

§ 57. Die in diesem Gesetz angeordneten öffentlichen Bekanntmachungen erfolgen durch mindestens einmalige Einrückung in den Anzeiger des Amtsblatts. Die Bekanntmachung gilt als bewirkt mit dem Ablaufe des zweiten Tages nach der Ausgabe des die Einrückung oder die erste Einrückung enthaltenden Blattes.

Außerdem erfolgt die Bekanntmachung durch mindestens einmalige Einrückung in die durch die Statuten oder die Bedingungen der Ausgabe der Theilschuldverschreibungen bestimmten Blätter.

§ 58. Mit der Ausführung des Gesetzes werden der Justizminister und der Minister der öffentlichen Arbeiten beauftragt.

Anlagen zum Gesetz über die Bahneinheiten.

Anlage A (zu Anmerkung 27).

Allgemeine Verfügung des Justizministers vom 11. November 1902, betr. die Bahngrundbücher (JMB. 275, EBB. 557).

Auf Grund des § 9 und des § 10 Abf. 1 des Gesetzes über die Bahneinheiten (Bekanntmachung vom 8. Juli 1902, Gesetz-Samml. S. 237) wird Folgendes angeordnet:

§ 1. Auf die Einrichtung und die Führung der Bahngrundbücher finden die Vorschriften der Allgemeinen Verfügung vom 20. November 1899 zur Ausführung der Grundbuchordnung (Just.-Minist.-Bl. S.349) entsprechende Anwendung, soweit nicht im Gesetz oder nachstehend ein Anderes bestimmt ist.

§ 2. Das Bahngrundbuch wird für den ganzen Amtsgerichtsbezirk eingerichtet.

§ 3. Für die Einrichtung der Grundbuchblätter ist das beigefügte, mit Probeeintragungen versehene Formular[1]) maßgebend. Jedes Blatt besteht aus dem Titel (§ 10 Abf. 3 des Gesetzes) und drei Abtheilungen.

---

[113]) Bisher § 59. — Die Anwendung des G. würde schon durch die Best. eines Staatsvertrags dahin ausgeschlossen werden, daß die Aufsicht über die preußische Teilstrecke dem fremden Staate zusteht Gleim Anm. 1 zu § 59. Gegen die Vorschr. des G. Eger Anm. 245.

[114]) Bei Privatbahnen ist der Min. die Beschwerdeinstanz.

[1]) Hier nicht abgedruckt.

§ 4. Der Titel enthält die Aufschrift, in der das Amtsgericht zu bezeichnen ist und die Nummern des Bandes und des Blattes anzugeben sind, und sechs Abschnitte, die für die im Gesetze vorgeschriebenen Angaben über den Bestand der Bahneinheit bestimmt sind.

§ 5. Ist bei der Eintragung eines Bahnunternehmens die Genehmigung zur Eröffnung des Betriebs noch nicht ertheilt, so ist dies in dem Abschnitte II des Titels (Beschreibung des Bahnunternehmens) zu vermerken; nach Ertheilung der Genehmigung ist der Vermerk zu löschen.

In demselben Abschnitt ist anzugeben, ob das Unternehmen eine Privateisenbahn oder eine Kleinbahn ist.

§ 6. In dem Abschnitte III des Titels (Länge der Bahnstrecken) ist unter c die Länge nur solcher Bahnstrecken oder ihrer Theile zu vermerken, die in ihrer ganzen Längenausdehnung zugleich auf eigenem und auf fremdem Grund und Boden belegen sind, z. B. wenn als Bahnkörper theils eine im fremden Eigenthume stehende Straße, theils ein neben der Straße liegendes, vom Bahneigenthümer erworbenes Gelände dient.

Liegen nur kleinere Theile der Bahnstrecke, wie z. B. Wegeüberführungen, auf fremdem Grund und Boden, während im Uebrigen die Bahnstrecke im Eigenthume des Bahnunternehmers steht, so hat die Eintragung der Streckenlänge nur unter a zu erfolgen. Ebenso ist die Streckenlänge nur unter b einzutragen, wenn bei einer auf fremdem Grund und Boden belegenen Bahnstrecke einzelne kleinere Theile im Eigenthume des Bahnunternehmers stehen.

Bei jeder Eintragung unter c ist das ungefähre Verhältniß der Flächen auf eigenem zu denen auf fremdem Grund und Boden anzugeben.

§ 7. Werden in dem Grundbuch über ein im Abschnitte VI des Titels verzeichnetes Grundstück (§ 11 Abs. 2 Nr. 2 des Gesetzes) Veränderungen eingetragen, welche die in das Bahngrundbuch aufzunehmenden Angaben berühren, so hat das Grundbuchamt dem das Bahngrundbuch führenden Amtsgerichte behufs Vermerkes der Veränderungen im Abschnitte VI des Titels des Bahngrundbuchs Mittheilung zu machen. Diese Mittheilung und der Vermerk der Veränderungen im Bahngrundbuch erfolgen kostenfrei.

§ 8. Werden mehrere selbständige Bahneinheiten auf einem Grundbuchblatt eingetragen (§ 10 Abs. 2 des Gesetzes, § 4 der Grundbuchordnung), so erfolgen die Angaben über den Bestand der Bahneinheiten für jede von ihnen auf einem besonderen Titelformular. Die Bahneinheiten erhalten fortlaufende, unter der Aufschrift einzutragende Nummern. In der Aufschrift des Titels ist bei der ersten Bahneinheit auf die folgenden zu verweisen; bei den letzteren ist hinter der Nummer des Grundbuchblatts zu vermerken, daß es sich um eine Fortsetzung dieses Blattes handelt.

§ 9. Ist eine Privateisenbahn nach den Bestimmungen der für sie ertheilten Genehmigung einheitlich mit einer anderen bereits bestehenden Privateisenbahn (Stammbahn) zu betreiben, sodaß beide eine einzige Bahneinheit bilden (§ 2 Abs. 1 Satz 2 des Gesetzes), so sind die durch die Eintragung der ersteren erforderlich werdenden Angaben über den Bestand der Bahneinheit auf dem Titel der Stammbahn zu bewirken. Im Abschnitte II des Titels ist die Erweiterung des Bahnunternehmens zu vermerken.

Die Vorschrift des Abs. 1 Satz 1 findet entsprechende Anwendung, wenn eine Bahneinheit einer anderen Bahneinheit als Bestandtheil zugeschrieben wird (§ 10 Abs. 2 des Gesetzes, § 5 der Grundbuchordnung). Im Abschnitt I des Titels sind in diesem Falle die Bahneinheiten mit Buchstaben zu bezeichnen. In den folgenden Abschnitten erhalten die Angaben über den Bestand der Bahneinheiten eine Verweisung auf die Buchstaben des Abschnitts I. Die Zuschreibung als Bestandtheil ist im Abschnitte II zu vermerken.

§ 10. Die bestehenden Bahngrundbücher sind fortzuführen. Neue Eintragungen erhalten an der dafür geeigneten Stelle des bisherigen Formulars ihren Platz.

§ 11. Von den Grundakten ist ein besonderer Band zur Aufnahme der im § 11 Abs. 3 des Gesetzes bezeichneten Angaben zu bestimmen. In diesen Band sind lediglich diejenigen Schriftstücke aufzunehmen, welche den Betrag des zur Anlage und Ausrüstung der Bahn verwendeten Kapitals (Baukapitals) ergeben oder die fortlaufenden Mittheilungen über den Betrag der Betriebseinnahmen und Betriebsausgaben eines jeden Geschäftsjahrs nebst der Bescheinigung der Bahnaufsichtsbehörde (§ 13 Abs. 3 des Gesetzes) enthalten. Auf diesen Schriftstücken ist die Stelle der Grundakten zu bezeichnen, wo sich die auf die Aufnahme der fraglichen Schriftstücke in die Grundakten bezüglichen Uebersendungsschreiben, Verfügungen u. s. w. befinden.

Dem nach Abs. 1 anzulegenden besonderen Bande der Grundakten ist ein Inhaltsverzeichniß vorzuheften.

Anlage B (zu Anmerkung 57).

§ 20—26 des Gesetzes betr. das Pfandrecht an Privateisenbahnen und Kleinbahnen und die Zwangsvollstreckung in dieselben. Vom 10. August 1005 (GS. 499)[1].

§. 20[a]. Eine Bahnpfandschuld kann ohne Bezeichnung des Gläubigers im Bahngrundbuch eingetragen werden, wenn die Schuld in Theile zerlegt und die Genehmigung zur Ausstellung von Theilschuldverschreibungen auf den Inhaber ertheilt ist. In diesem Falle sind in der Eintragung neben dem Gesammtbetrage die Theilschuldverschreibungen nach Anzahl, Bezeichnung und Betrag anzugeben. Ist ein Tilgungsplan vorhanden, so bedarf es nicht der Angabe der Zahlungsbedingungen in der Eintragung, sondern es genügt die Verweisung auf den zu den Grundakten zu nehmenden Plan. Die Vorlegung einer Schuldurkunde ist auch dann nicht erforderlich, wenn der Schuldgrund bei der Eintragung angegeben wird.

§. 21. Die Vorschriften des Gesetzes vom 17. Juni 1833 wegen Ausstellung von Papieren, welche eine Zahlungsverpflichtung an jeden Inhaber enthalten (Gesetz-Samml. S. 75), finden auf die Ausstellung der Theilschuldverschreibungen (§. 20) Anwendung[b].

§. 22[c]. Die Eintragung der Theilschulden ist öffentlich bekannt zu machen. Die Bildung eines Hypotheken- oder Grundschuldbriefes findet nicht

---

[1] Die Bezeichnung der an Stelle der § 20—26 getretenen reichsrechtlichen Vorschriften in den Anm. ist der Begr. des BahneinhG. (zu § 20—31) entnommen.

[b] Es wird ersetzt: Satz 1 durch BGB. § 1187, 1195; Satz 2 durch GrundbO. § 51; Satz 3 durch BGB. § 1115 Abs. 1, § 1192. Satz 4 erübrigt sich dadurch, daß nach Reichsrecht die Eintrag. einer Hyp. nicht mehr von der Vorlegung einer Schuldurkunde abhängig ist.

[a] Ersetzt durch BGB. § 795, § 1195 Satz 2; dazu EG. BGB. Art. 34 IV u. V. z. Ausf. des BGB. 16. Nov. 99 (GS. 562) Art. 8.

[c] Satz 1 ist als § 18 Abs. 1 Ziff. 1 in das BahneinheitsG. übernommen. Satz 2 erledigt sich, soweit er die Bildung eines HypBriefs betrifft, durch BGB. § 1187, § 1185 Abs. 1, indem für Inhaber = Schuldverschreibungen nur Sicherungshypotheken bestellt werden können u. bei diesen die Erteilung des HypBriefs ausgeschlossen ist; Grund=

statt. Znr Geltendmachung der Rechte aus der Eintragung ist der Inhaber der Theilschuldverschreibung berechtigt.

§. 23ᵉ). Auch eine für einen bestimmten Gläubiger eingetragene Bahnpfandschuld kann mit Zustimmung des eingetragenen Eigenthümers in Theilschuldverschreibungen auf den Inhaber zerlegt werden. Die Umwandlung ist unter Vernichtung der Urkunde, welche über die Bahnpfandschuld gebildet war, in das Bahngrundbuch einzutragen. Die Vorschriften der §§. 21, 22 finden Anwendung.

Theilabtretungen einer für einen bestimmten Gläubiger eingetragenen Bahnpfandschuld können ohne Bezeichnung des Erwerbers nicht erfolgen.

§. 24ᶜ). Zur Löschung von Theilschulden hat der Eigenthümer eine gerichtliche oder notarielle Urkunde über die durch ihn erfolgte Vernichtung der Theilschuldverschreibungen beizubringen. Im Falle einer Kraftloserklärung derselben ist ausser dem Ausschlussurteile die Löschungsbewilligung desjenigen, der das Ausschlussurtheil erwirkt hat, beizubringen.

Die Beibringung der in Absatz 1 bezeichneten Urkunden wird durch die unter Verzicht auf Zurücknahme erfolgte Hinterlegung des Betrages der fälligen Theilschuld ersetzt.

§. 25ᵗ). Soweit nicht nach Inhalt der Urkunde (§. 24) auch die Vernichtung der für die Theilschuldverschreibungen ausgegebenen Zinsscheine erfolgt ist, sind die letzteren vorzulegen. Zinsscheine über verjährte Zinsen brauchen nicht vorgelegt zu werden.

Die Vorlegung der nach der Fälligkeit der Theilschuld fällig werdenden Zinsscheine ist im Falle des §. 24 Absatz 2 nicht erforderlich, in anderen Fällen nur insoweit, als der Aussteller zur Einlösung trotz der Fälligkeit der Hauptschuld verpflichtet ist.

Die Vorlegung eines Zinsscheines wird durch die unter Verzicht auf Zurücknahme erfolgte Hinterlegung des Betrages desselben ersetzt. Die Vorschriften des §. 96 der Grundbuchordnung finden auf die Zinsscheine entsprechende Anwendung.

§. 26. Die Löschung der Theilschuld ist öffentlich bekannt zu machen, sofern der Antrag auf Löschung ganz oder zum Theil auf Hinterlegung (§. 24 Absatz 2) gestützt war⁸).

---

oder Rentenschulden GrundbO. § 70 Abs. 2. Satz 3 ist ersetzt durch BGB. § 793, 1187, § 1195 Satz 2.

ᵉ) Satz 1 ist ersetzt durch BGB. § 1180, 1186, 1188, 1195, 1198, Satz 2 durch GrundbO. § 69 Satz 2; Satz 3 ist bez. § 22 Satz 1 durch Bahneinheits-G. § 18 Abs. 1 Ziff. 1 gedeckt, im übr. aus den in Anm. 3, 4 angegebenen Gründen entbehrlich. Abs. 2 erledigt sich dadurch, daß das Reichsrecht eine Blankoabtretung nicht zuläßt.

ᶜ) Zu Abs. 1: Nach GrundbO. § 19, 27, 44 ist Vorlegung der Schuldverschreibung u. (entweder Bewilligung des Gläubigers oder) Nachweis des Übergangs der Hypothek auf den Eigentümer erforderlich; an Stelle des Papiers kann das Ausschlußurteil vorgelegt werden;

der Nachweis des Übergangs auf den Eigentümer (u. zugleich die Vorlage des Papiers) wird, da die Vernichtung der Inhaber-Schuldverschreibung durch den Eigentümer die Forderung aus dem Papiere zum Erlöschen bringt, durch denjenigen der Vernichtung ersetzt. Abs. 2 ist als § 18 Abs. 1 Ziff. 2 Abs. 1 Satz 1 in das BahneinheitsG. übernommen.

ᵗ) Abs. 1, 2 stimmt im Ergebnis mit BGB. § 801, 803 überein; Abs. 3 Satz 1 ist als § 18 Abs. 1 Ziff. 2 Abs. 1 Satz 2 in das Bahneinh.G. übernommen; Abs. 3 Satz 2 war bereits durch GrundbO. Art. 31 abgeändert worden, an dessen Stelle nunmehr die Vorschr. des allg. Reichsrechts getreten sind.

⁸) Jetzt BahneinhG. § 18 Abs. 1 Ziff. 2 Abs. 2.

Anlage C (zu Anmerkung 111).
Preußisches Gerichtskostengesetz. In der Fassung der Bekanntmachung vom 6. Oktober 1899 (GS. 326).
(Auszug).

§. 59. Für jede Eintragung der Belastung des Grundstücks mit einem Rechte, einschließlich der dabei vorkommenden Nebengeschäfte, wird der Gebührensatz B[1]) erhoben. Als Belastungen des Grundstücks gelten auch . . die Zugehörigkeit zu einer . . Bahneinheit . . .

§ 68. Die hinsichtlich der Grundbücher bestehenden Gebührenbestimmungen sind auf die Bahngrundbücher entsprechend anzuwenden. Es werden erhoben für die Anlegung und für die Schließung des Bahngrundbuchs der Satz des §. 62[2]) und für den Vermerk des Erlöschens der Genehmigung, einschließlich der öffentlichen Bekanntmachung des Vermerkes, der Satz des §. 60[3]). Die Eintragung des in Folge einer Veräußerung der Bahn eingetretenen Eigenthumswechsels in dem über ein Bahngrundstück geführten gerichtlichen Buche erfolgt gebührenfrei.

Die Kosten der Anlegung des Bahngrundbuchs sowie der Vermerke der Zugehörigkeit eines Grundstücks zur Bahneinheit trägt der Bahneigenthümer; die bezeichneten Kosten fallen jedoch, wenn ein Gläubiger durch den Antrag auf Eintragung einer vollstreckbaren Forderung die Anlegung des Bahngrundbuchs veranlaßt, diesem Gläubiger und, wenn die Anlegung im Zwangsversteigerungsverfahren auf Ersuchen des Vollstreckungsgerichts erfolgt, dem Ersteher zur Last.

§. 134. Für die Zwangsliquidation einer Bahneinheit werden sechs Zehntheile und, wenn die Zwangsliquidation eingestellt wird, nur vier Zehntheile der Sätze des §. 8 des Deutschen Gerichtskostengesetzes[4]) erhoben. Die Gebühr wird nach dem Gesammtwerthe der Bestandtheile der Bahneinheit berechnet.

---

[1]) § 57, je nach dem Werte des Gegenstands von 0,20 M. aufwärts.

[2]) Drei Zehnteile des Gebührensatzes B (Anm. 1).

[3]) Fünf Zehnteile des Gebührensatzes B (Anm. 1).

[4]) Fassung der Bek. 20. Mai 98 (RGB. 369, 659). § 8 enthält die Sätze für Gebühren in bürgerl. Rechtsstreitigkeiten.

II. Verwaltung der Staatseisenbahnen, Staatsaufsicht über Privateisenbahnen.

1. Einleitung.

Die Preußische Staatseisenbahnverwaltung, die größte Betriebsverwaltung der Erde (z. Z. etwa 34 000 km Betriebslänge, 1600 Millionen M. Betriebseinnahme, 950 Millionen M. Betriebsausgabe, 400 000 Angestellte), hat ihre gegenwärtige Einrichtung durch AE. 15. Dez. 94 (Nr. 2 a) erhalten. Die dem letzteren beigegebene Verwaltungsordnung[1]) ist in der Folge, namentl. auf Grund AE. 23. Dez. 01 (Nr. 2 b) einigen Änderungen unterzogen worden, mit denen sie vom Minister der öffentlichen Arbeiten am 17. Mai 02 neu veröffentlicht worden ist (Nr. 2 c). Danach wird die Verwaltung unter der oberen Leitung des Ministers durch die Kgl. Eisenbahndirektionen geführt, nach deren Anordnungen die Betriebs, Maschinen, Werkstätten und Verkehrsinspektionen den örtlichen Dienst ausführen und überwachen sowie die (nach Bedarf einzurichtenden) Bauabteilungen die Neubauausführungen leiten.

Zur beirätlichen Mitwirkung in Eisenbahnverkehrsfragen bei der Staatseisenbahnverwaltung sind die Bezirkseisenbahnräte und der Landeseisenbahnrat (Nr. 3) eingesetzt.

Nach dem Erwerb des hessischen LudwigsEisenbahnunternehmens durch Preußen und Hessen ist der Bahnbesitz beider Staaten zur PreußischHessischen EisenbahnBetriebs und Finanzgemeinschaft vereinigt worden (Nr. 4), an welche sich später die MainNeckarbahngemeinschaft (Nr. 4 Unteranl. A 1) angegliedert hat.

Für die vom Preußischen Staat auszuübende Aufsicht über die Privateisenbahnen ist im allgemeinen das Regulativ 24. Nov. 48 (Nr. 5) sachlich noch jetzt maßgebend; an Stelle der für diesen Verwaltungszweig errichteten besonderen Behörden, der Kgl. Eisenbahnkommissariate, sind jedoch seit 1. April 95 die Präsidenten der Kgl. Eisenbahndirektionen getreten (Nr. 5 Anl. A).

---

[1]) Von den früheren gleichartigen Vorschr. sei hier die „Organisation" 24. Nov. 79 (EBB. 80 S. 85) erwähnt, die vom 1. April 80 bis ebendahin 95 in Kraft stand u. sich von der jetzt geltenden VerwO. hauptsächlich dadurch unterschied, daß den EisDir. eine zweite Behördengruppe, die Kgl. Eisenbahnbetriebsämter, nachgeordnet war; diese hatten alle Geschäfte der laufenden Bau u. Betriebsverwaltung, die nicht dem Min. oder der EisDir. besonders vorbehalten waren, zu erledigen u. vertraten innerhalb ihres örtlichen u. sachlichen Bereichs die Verwaltung selbständig.

2. Die Verwaltungsordnung für die Staatseisenbahnen.

a) Allerhöchster Erlaß betr. Umgestaltung der Eisenbahnbehörden. Vom 15. Dezember 1894 (GS. 95 S. 11).

Auf Ihren Bericht vom 7. Dezember d. J. bestimme Ich, daß am 1. April 1895:

I. die als Anlage a wieder beifolgende „Verwaltungsordnung für die Staatseisenbahnen"[1]) an Stelle der durch landesherrlichen Erlaß vom 24. November 1879 genehmigten „Organisation der Verwaltung der Staatseisenbahnen und der vom Staate verwalteten Privatbahnen" eingeführt wird,

II. die zur Ausführung der bisherigen Organisation eingesetzten Eisenbahndirektionen und Eisenbahnbetriebsämter aufgelöst werden,

III. zur Ausführung der neuen Verwaltungsordnung (Nr. I) Eisenbahndirektionen in Altona, Berlin, Breslau, Bromberg, Cassel, Cöln, Danzig, Elberfeld, Erfurt, Essen a. Ruhr, Frankfurt a. Main, Halle a. Saale, Hannover, Kattowitz, Königsberg i. Preußen, Magdeburg, Münster i. Westfalen, Posen, St. Johann-Saarbrücken und Stettin[2]) mit den sich aus der Anlage b[3]) ergebenden Bezirken errichtet werden,

IV. das Eisenbahnkommissariat zu Berlin aufgelöst wird[4]).

Zugleich will Ich Sie ermächtigen, etwa künftig erforderlich werdende Aenderungen der Verwaltungsordnung zu I, insoweit sie nicht grundsätzlicher Natur sind, zu veranlassen.

Dieser Erlaß ist durch die Gesetz-Sammlung zu veröffentlichen.

An den Minister der öffentlichen Arbeiten.

---

b) Allerhöchster Erlaß betr. die Aufhebung der Eisenbahn-Telegrapheninspektionen und Abänderung der Verwaltungsordnung für die Staatseisenbahnen. Vom 23. Dezember 1901 (GS. 02 S. 129).

Auf den Bericht vom 13. Dezember d. J. will Ich genehmigen, daß in Abänderung der auf Grund Meines Erlasses vom 15. Dezember 1894 eingeführten „Verwaltungsordnung für die Staatseisenbahnen" (G.-S. 1895 S. 11) die EisenbahnTelegrapheninspektionen am 1. April 1902 aufgehoben und ihre Geschäfte, soweit sie nicht auf die Eisenbahndirektionen übergehen, den Eisenbahn-Betriebsinspektionen übertragen werden. Zugleich ermächtige Ich Sie, die danach erforderlichen Aenderungen der Verwaltungsordnung für die Staatseisenbahnen mit Gültigkeit vom 1. April 1902 vorzunehmen[5]).

Dieser Erlaß ist durch die Gesetz-Sammlung zu veröffentlichen.

An den Minister der öffentlichen Arbeiten.

---

[1]) An deren Stelle ist auf Grund AE. 23. Dez. 01 (unten 2 b) die VerwO. 17. Mai 02 (unten 2 c) getreten, die sich von der oben bezeichneten hauptsächlich durch den Wegfall der TelegrInspektionen unterscheidet.

[2]) Ferner ist zur Ausführ. des Staatsvtr. mit Hessen 23. Juni 96 (II 4 d. W.) durch AE. 16. Dez. 96 (GS. 253) — für Hessen Bek. 16. Dez. 96 (RegBl.

211, VB. 16) — eine nach Maßgabe der VerwO. dem Min. unmittelbar unterstehende EisDir. zu Mainz mit der Firma „Kgl. Preuß. u. Großh. Hess. EisDir." errichtet, in deren Verwalt. auch die Main-Neckarbahn steht E. 12. Sept. 02 (EVB. 477).

[3]) Hier nicht abgedruckt.

[4]) II 5 d. W. Anm. 1 u. Anl. A.

[5]) E. 17. Mai 02 (2 c).

c) Verfügung des Ministers der öffentlichen Arbeiten, betr. anderweite Festsetzung der Verwaltungsordnung für die Staatseisenbahnen und Aufhebung der Eisenbahn-Telegrapheninspektionen. Vom 17. Mai 1902
(GS. 130).

Auf Grund der durch den Allerhöchsten Erlaß d. d. Neues Palais, den 23. Dezember 1901 ertheilten Ermächtigung wird die Verwaltungsordnung für die Staatseisenbahnen mit Gültigkeit vom 1. April d. J. in der anliegenden Fassung neu festgesetzt. Mit dem gleichen Zeitpunkte sind die Eisenbahn-Telegrapheninspektionen aufgehoben und ihre Geschäfte, soweit sie nicht auf die Eisenbahndirektionen übergegangen sind, den Eisenbahn-Betriebsinspektionen übertragen.

Verwaltungsordnung für die Staatseisenbahnen[1].

I. Allgemeine Verwaltung.

Eisenbahnverwaltungsbehörden.

§ 1. (1) Die Verwaltung der im Betriebe sowie der im Baue befindlichen Staatseisenbahnen[2] und vom Staate verwalteten Privateisenbahnen[3] erfolgt unter der oberen Leitung des Ressortministers[4] durch die Königlichen Eisenbahndirektionen.

(2) Werden für besonders umfangreiche Bauausführungen durch landesherrlichen Erlaß Königliche Eisenbahn-Baukommissionen eingesetzt, so trifft der Minister über deren Geschäftsordnung und Besetzung nähere Bestimmung.

(3) Die Königlichen Eisenbahndirektionen sind dem Minister unmittelbar unterstellt[5]. Sitz und Bezirk werden durch landesherrlichen Erlaß[6] festgestellt. Die Feststellung der Grenzpunkte zwischen den Eisenbahndirektionsbezirken im Einzelnen ist dem Minister überlassen.

---

[1] Denkschrift in AH. 94 Drucks. 96 (BB. 535), AusfAnw. 10. Jan. 95 (EBB. 72, BB. 520). — Inhalt. I. Allg. Verwaltung: § 1 EisVerwalt.-Behörden, § 2—5 Vorbehalte des Min., § 6—8 die Kgl. EisDirektionen. II. Besondere VerwZweige: § 9 Im allgemeinen, § 10—14 Inspektionen, Bauabteilungen. III. § 15—19 Allg. Best. über die Anstellung im StaatseisDienste. IV. § 20 Geltungsbereich. — Bearb. Witte S. 1 ff.; ältere Werke: Micke, 2. Aufl. 87 (Quellensammlung); Krönig, 91. — Vtr. m. Hessen (II 4 Anl. A d. W.) Art. 12, 13, 17, 18, Main-NeckarbVtr. (II 4 Unteranl. A 1) Art. 2, 3.

[2] Die dem Staate gehörige Wilhelmshaven-Oldenburger Eisenbahn wird von der Großh. Oldenburgischen Regierung verwaltet Staatsvtr. 16. Feb. 64 (GS. 65 S. 301).

[3] Z. B. Kreis-Oldenburger Eisenbahn, Jlmebahn, Barge-Vegesacker Eisenbahn, Birkenfelder Zweigbahn (zus. 72 km lang) Witte S. 21.

[4] Min. der öff. Arb.: I 3 Anm. 4 d. W. Der Min. ist Zentralbehörde der PreußHess. Gemeinschaftsverwalt. (II 4 Anl. A Art. 13), ferner als Chef des Reichsamts für die Verwalt. der Reichseisenbahnen oberster Leiter der Reichseisenbahnen (in Elsaß-Lothringen u. benachbarten Gebietsteilen) A. E. 27. Mai 78 (RGB. 79 S. 193, EBB. 79 S. 117, 121). — Einrichtung des Ministeriums Witte S. 1. — Amtliche Veröffentlichungen des Min. erfolgen durch EBB. u. ENB. (I 1 d. W.) E. 7. Jan. 78 (BB. 709) u. 18. Dez. 95 (EBB. 756, BB. 711). — Die Befugnisse der Oberrechnungskammer richten sich auch der StEB. gegenüber nach E. 27. März 72 (GS. 278) Witte S. 31.

[5] Gewisse Berichte in Angelegenheiten von allgemeiner Bedeutung haben die EisDir. durch die Oberpräsidenten vorzulegen E. 16. März 78, 25. Nov. 78, 11. Feb. 89, 30. Juni 00 (BB. 564). Berichte an andere Min. E. 18. Juni 85 (EBB. 167, BB. 565). Weiteres über den Schriftwechsel mit den Behörden Witte S. 28.

[6] II 2 a d. W.

Vorbehalte des Ministers.

1. Im Allgemeinen.

§ 2. (1) Dem Minister bleibt die einheitliche Regelung des Dienstes innerhalb des gesammten Bereichs der Staatseisenbahnen vorbehalten, insbesondere der Erlaß einheitlicher Geschäfts= und Dienstanweisungen, die Festsetzung von Grundzügen für Dienstanweisungen, deren Feststellung im Einzelnen den Königlichen Eisenbahndirektionen für ihren Bezirk überlassen ist, sowie der Erlaß einheitlicher Vorschriften für die Ordnung der Rechts= und Dienstverhältnisse der Beamten und Arbeiter, für das Kassen= und Rechnungswesen und die einzelnen Dienstzweige im Betrieb und im Baue der Staatseisenbahnen[7].

(2) Der Minister entscheidet über die gegen die Verfügungen und Beschlüsse (§ 7) der Königlichen Eisenbahndirektionen erhobenen Beschwerden. Gegen die auf Beschwerde ergangenen Verfügungen der Königlichen Eisenbahndirektionen steht den Beamten eine Berufung nicht zu.

2. Bezüglich der Betriebsverwaltung.

§ 3. Abgesehen von der für besondere Fälle vorgeschriebenen höheren Genehmigung bleibt dem Minister bezüglich der Betriebsverwaltung vorbehalten:

a) die Genehmigung zur Einstellung des Betriebs auf Bahnstrecken, welche zur Beförderung von Personen oder Gütern im öffentlichen Verkehre dienen, und zur Aenderung des Betriebs durch Einführung oder Aufhebung der Bahnordnung für die Nebeneisenbahnen Deutschlands[8]);

---

[7]) Ausführliche Nachweisung Cauer II. Anhang (besondere Dienstanw. für einzelne Beamtengattungen daselbst S. 805 ff.). U. a. sind vom Min. erlassen: GeschAnw. für Vorstände der Betriebsinspektionen 1. April 02 (EBB. 246, BB. 52), Maschineninspektionen 4. Juli 02 (BB. 59) — beide geändert durch E. 3. Feb. 05 (EBB. 83) —, Werkstätteninspektionen 4. Juli 02 (BB. 65), Verkehrsinspektionen 1. April 02 (EBB. 252, BB. 70), Bauabteilungen 30. März 01 (BB. 77), für die Streckenbaumeister 30. März 01 (BB. 105), Betriebskontrolleure 20. März 02 (EBB. 109, BB. 365), Betriebsingenieure b. d. BetrInsp. u. b. d. Werkst.= u. MaschInsp. 12. März 95 (BB. 392 u. 395), Kassenkontrolleure 12. März 95 (BB. 397); f. d. Abnahmeamt in Essen 21. März 02 (EBB. 113, BB. 191), d. Zentralwagenamt in Magdeburg 13. Sept. 97 u. 27. Nov. 99 (EBB. 347 u. 327, BB. 239), d. Wagenamt in Essen 16. März u. 20. Juni 00 (EBB. 152 u. 235, BB. 242), d. Auskunftsbureau in Berlin 5. Juni 00 (EBB. 207); BureauO. f. d. EisDir. 28. März 01 (BB. 245), VerkehrskontrolO. 26. Nov. 00 mit Nachträgen 4. Juli u. 28. Aug. 02 (EBB. 00 S. 565, 02 S. 334 u. 459; BB. 297);

Bureau). f. d. Inspektionen 28. März 01 (BB. 369), Anw. f. d. Behandlung der Personalangelegenheiten b. d. Inspektionen 13. Juni 02 (EBB. 269, BB. 108) u. (bez. der Hessischen Beamten) 13. Dez. 99 (BB. 132); Anw. f. d. Schriftverkehr der Dienststellen 28. März 01 (BB. 461), Best. üb. d. Beschaffung usw. v. Dienstsiegeln u. Dienststempeln 17. Jan. 95 (EBB. 229, BB. 704); Best. üb. Anfertigung u. Benutzung von Karten u. Plänen f. d. Betriebsverw. 27. Sept. 98 (BB. 714); Vorschr. f. d. Planverw. 13. April 04 (EBB. 105); Best. üb. Beflaggung der Dienstgebäude bei festl. Gelegenheiten 22. Aug. 02 (EBB. 431, BB. 508) u. 23. Nov. 03 (EBB. 359). Das Kassen= u. Rechnungswesen ist durch die in 12 Teilen herausgegebene FinanzO. (IV 1 d. W.) geregelt. — Im übr. sind in d. W. die wichtigeren Dienstanw. usw. bei den einschläg. Gegenständen abgedruckt oder erwähnt.

[8]) Jetzt BO. § 1 (4). Vorbehalten ist auch die Herabsetzung v. Bahnhöfen zu Haltestellen E. 19. Dez. 95 (BB. 565); nicht: Aufhebung v. Güternebenstellen E. 15. Dez. 00 (BB. 566). Hessen u. Main=Neckarb.: II 4 d. W. Anl. A Art. 17 (2) u. Unteranl. A 1 Art. 3 (1 b, c).

b) Die Feststellung und Abänderung des Fahrplans der zur Personen- und Postbeförderung bestimmten Züge bei Beginn der Winter- und Sommerperiode, sowie die Genehmigung der in der Zwischenzeit beabsichtigten Aenderungen, wenn dadurch die Zahl und Gattung der Züge berührt wird, oder wenn eine Einigung der betheiligten Eisenbahnverwaltungen und Postbehörden nicht erzielt worden ist[9]);

c) Die Feststellung und Aenderung der Tarife für Personen, Güter, lebende Thiere und Leichen[9]), soweit die Bestimmung darüber nicht den Königlichen Eisenbahndirektionen überlassen wird[10]);

d) die Genehmigung von Bauausführungen, für welche den Königlichen Eisenbahndirektionen Geldmittel nicht zur Verfügung gestellt sind;

e) die Feststellung derjenigen Entwürfe und Kostenanschläge[11]), deren Kosten den Betrag von 50000 Mark im Einzelnen übersteigen, soweit nicht die Feststellung für Bauten von höherem Werthe den Königlichen Eisenbahndirektionen besonders übertragen wird, sowie die Feststellung der Entwürfe und Kostenanschläge für Bauten von geringerem Werthe, für welche die höhere Prüfung und endgültige Feststellung bei Ueberweisung der Geldmittel vorbehalten ist;

f) die Feststellung und Aenderung der Normalentwürfe und Normalanordnungen für bauliche und maschinelle Anlagen sowie für Betriebsmittel und mechanische Betriebseinrichtungen[12]);

g) die Ermächtigung zum Abschlusse freihändiger Lieferungs- und Arbeitsverträge, deren Gegenstand den Werth von 50000 Mark übersteigt, sowie zur Zuschlagsertheilung in öffentlichen und engeren Verdingungen bei Gegenständen — jedes Loos für sich gerechnet — von mehr als 150000 Mark[13]).

---

[9]) Feststellung u. Änderung der Fahrpläne u. Tarife durch den Min. sind der gerichtl. Einwirkung entzogene Akte der Staatshoheit Stölzel, Rechtsweg u. KompKonfl. in Preußen, Berlin 01, S. 271 ff. Private, denen von der Eis.-Verw. ein vertragl. Anspruch bez. des Fahrplans eingeräumt ist, können im Rechtswege nicht dessen Befriedigung, sondern höchstens eine Entschädigung wegen Nichterfüllung durchsetzen RGer. 27. Okt. 93 u. 28. Juni 98 (XXXII 133 u. XLI 191). — Ferner G. 1. Juni 82 (II 3 d. W.) § 6, 14, 20 (nach § 20 bedarf es zur Erhöhung der Gütertarife u. U. eines Gesetzes); II 4 d. W. Anl. A Art. 18 (2, 3) u. Unteranl. A 1 Art. 3, 7. — Fahrplanvorschriften für die StEB. vom 1. Mai 00. — Best. über Vorlegung der Fahrplanentwürfe E. 4. Okt. 78 (EBB. 259), 17. Sept. 79 (EBB. 154), 6. Nov. 87 (EBB. 396). — I 2 a Anm. 18, VII 2 Anm. 21 d. W.

[10]) Samml. v. Vorschr. betr. d. Gütertarife („Berliner Samml.") Ausg. 02 § 16, 18; Cauer II 591.

[11]) Vorschr. zur Klarstellung der Verantwortlichkeit der an der Aufstellung u. Prüfung technischer Entwürfe u. Kostenanschläge beteiligten Beamten v. StEB. 22. Mai 96 (EBB. 199, BB. 103).

[12]) E. 25. Juni 01 (EBB. 231) betr. Grundsätze u. Grundrißmuster f. d. Aufstellung von Entwürfen zu Stationsgebäuden, sowie Grundsätze u. Best. f. d. Entwerfen u. den Bau d. Lokomotiv- u. Güterschuppen; E. 28. März 93 (EBB. 167) betr. Bauart der v. d. StEB. auszuführenden Gebäude unter besonderer Berücksicht. der Verkehrssicherheit; E. 24. Jan. 05 (EBB. 65) betr. Anlegung von Haltepunkten an zweigleis. Bahnen. Weiteres: Cauer II 806 ff.

[13]) AusfAnw. (Anm. 1) II 31. E. 13. Dez. 99 (EBB. 412) betr. allg. Vertragsbedingungen f. d. Ausf. v. Erdarbeiten; E. 20. Dez. 99 (EBB. 431) betr. allg. Vertragsbeding. f. d. Ausf. von Staatsbauten u. f. d. Ausf. von Leistungen oder Lieferungen, geändert durch E. 24. Juni 01 (EBB. 211) u. 9. Okt. 04 (EBB. 333); E. 22. Okt. 02 (EBB. 441) betr. Beding. f. d. Verkauf alter Materialien.

3. Bezüglich der Neubauverwaltung¹⁴).

§ 4. In gleicher Weise bleibt dem Minister bezüglich der Neubauverwaltung vorbehalten:

a) die Anordnung der allgemeinen und ausführlichen Vorarbeiten, die Feststellung des zur Ausführung bestimmten Entwurfs und des zugehörigen Hauptkostenanschlags, sowie die Genehmigung des Bauausführungsplans für neue Bahnlinien;

b) die Feststellung derjenigen Entwürfe und Kostenanschläge, deren Kosten den Betrag von 50 000 Mark im Einzelnen übersteigen, soweit nicht die Feststellung für Bauten von höherem Werthe den Königlichen Eisenbahndirektionen besonders übertragen wird, sowie die Feststellung der Entwürfe und Kostenanschläge für Bauten von geringerem Werthe, für welche die höhere Prüfung und endgültige Feststellung bei Ueberweisung der Geldmittel vorbehalten ist;

c) die Feststellung und Aenderung der Normalentwürfe und Normalanordnungen für bauliche und maschinelle Anlagen sowie für Betriebsmittel und mechanische Betriebseinrichtungen¹²);

d) die Eröffnung des Betriebs auf fertiggestellten Bahnstrecken, welche zur Beförderung von Personen oder Gütern im öffentlichen Verkehre bestimmt sind¹⁵);

e) die Ermächtigung zum Abschlusse freihändiger Lieferungs- und Arbeitsverträge, deren Gegenstand den Werth von 100 000 Mark übersteigt, sowie zur Zuschlagsertheilung in öffentlichen und engeren Verdingungen bei Gegenständen — jedes Loos für sich gerechnet — von mehr als 300 000 Mark¹³).

4. Bezüglich der Personalien¹⁶).

§ 5. Bezüglich der Personalien der Staatseisenbahnverwaltung bleibt dem Minister vorbehalten:

a) die Anstellung, Versetzung, Entlassung sowie die Regelung der Besoldungsverhältnisse der etatsmäßigen höheren Beamten einschließlich der Rechnungsdirektoren und Eisenbahn-Hauptkassenrendanten, sowie die Ueberweisung der diätarischen höheren Beamten an die Königlichen Eisenbahndirektionen;

b) die Versetzung von Beamten aus dem Bezirk einer Königlichen Eisenbahndirektion in den Bezirk einer anderen, soweit die betheiligten Behörden verschiedener Meinung sind;

c) die Gewährung von Remunerationen und Unterstützungen, soweit sie im Laufe eines Rechnungsjahrs den Betrag von 300 Mark übersteigen;

d) die Gewährung von Urlaub über vier Wochen an die unter a) bezeichneten, über sechs Wochen an die übrigen Beamten.

Die Königlichen Eisenbahndirektionen¹⁷).

Geschäftsbereich der Königlichen Eisenbahndirektionen im Allgemeinen.

§ 6. (1) Den Königlichen Eisenbahndirektionen obliegt mit den den Provinzialbehörden zugewiesenen Rechten und Pflichten die Verwaltung aller zu

---

¹⁴) AusfAnw. (Anm. 1) II 32—36; II 4 Anl. A d. W. Art. 20.

¹⁵) Nicht auch die Inbetriebnahme zweiter u. weiterer Gleise E. 22. Nov. 98 (BB. 567).

¹⁶) Ausführl. Quellensamml.: Elb. S., systemat. Darstell.: Witte.

¹⁷) II 4 Anl. A Art. 13, 14 d. W.

ihrem Bezirke gehörigen, im Betrieb oder im Baue befindlichen Eisenbahn=
strecken[18]).

---

[18]) a) G., betreffend Uebertra=
gung von Befugnissen, welche den
Provinzialbehörden und deren
Vorstehern gesetzlich vorbehalten
sind, auf die Königlichen Eisen=
bahndirektionen und deren Vor=
steher, vom 17. Juni 1880 (GS.
271) § 1 bestimmt:

Die Befugnisse, welche

a) in der Verordnung über die
Festsetzung und den Ersatz der
bei Kassen= und anderen Ver=
waltungen vorkommenden De=
fekte vom 24. Januar 1844
(Gesetz=Samml. S. 52),

b) in dem Gesetze, betreffend die
Dienstvergehen der nicht richter=
lichen Beamten, die Versetzung
derselben auf eine andere Stelle
oder in den Ruhestand, vom
21. Juli 1852 (Gesetz=Samml.
S. 465),

den Provinzialbehörden, und die
Befugnisse, welche in dem letzt=
erwähnten Gesetze vom 21. Juli
1852 den Vorstehern der Pro=
vinzialbehörden vorbehalten sind,
werden fortan auch den Königlichen
Eisenbahn=Direktionen beziehungs=
weise deren Vorstehern übertra=
gen. . . . . . .

AusfAnw. (Anm. 1) Ziff. 17:
„Nachdem den Eisenbahndirektionen und
ihren Vorstehern bereits durch das G.
vom 17. Juni 1880 (G.S. S. 271,
E.B.Bl. S. 274) Befugnisse übertragen
worden sind, welche den Provinzialbehör=
den und deren Vorstehern gesetzlich vorbe=
halten sind, ist nunmehr im § 6 Absatz 1
der Verwaltungsordnung ausdrücklich
ausgesprochen, daß die Eisenbahndirekti=
onen die Verwaltung mit den den Pro=
vinzialbehörden zugewiesenen Rechten
und Pflichten zu führen haben. Es
kommen hierbei in Betracht:

1. Die V. über die Festsetzung und den
Ersatz der bei Kassen und anderen
Verwaltungen vorkommenden De=
fekte vom 24. Januar 1844 (G.S.
S. 52),

2. das G., betr. die Konflikte bei gericht=
lichen Verfolgungen wegen Amts=
und Diensthandlungen, vom 13. Fe=
bruar 1854 (G.S. S. 86) in Ver=
bindung mit § 11 des EG. zum
GVG. vom 27. Januar 1877
(R.G.Bl. S. 77) und § 114 des G.
über die allgemeine Landesverwal=
tung vom 30. Juli 1883 (G.S.
S. 195),

3. das G., betr. die Dienstvergehen der
nicht richterlichen Beamten, die
Versetzung derselben auf eine andere
Stelle oder in den Ruhestand, vom
21. Juli 1852 (G.S. S. 465),

4. die V., betr. die Kompetenzkonflikte
zwischen den Gerichten und den
Verwaltungsbehörden, vom 1. Aug.
1879 (G.S. S. 573) in Verbindung
mit § 17 Absatz 2 des bereits zu 2
erwähnten EG. zum GVG. vom
27. Januar 1877 (R.G.Bl. S. 77)
und § 113 des ebenfalls bereits
zu 2 erwähnten G. über die all=
gemeine Landesverwaltung vom
30. Juli 1883 (G.S. S. 195).

In diesen Gesetzen sind den Pro=
vinzialbehörden als solchen und ihren
Vorstehern vorbehalten:

I. Den Provinzialbehörden:

a) die Befugniß zur Feststellung und
Einziehung von Defekten (§§ 5 und
14 der V. vom 24. Januar 1844),

b) die Befugniß zur Erhebung des
Konflikts (§ 1 des G. vom 13. Fe=
bruar 1854 in Verbindung mit den
zu 2 weiter erwähnten Gesetzen),

c) die Befugniß, als Disziplinar=
behörde in erster Instanz über die
Dienstvergehen der bei und unter
ihnen angestellten Beamten, soweit
nicht die Zuständigkeit des Diszi=
plinarhofes begründet ist, zu er=
kennen (§ 24 des G. vom 21. Juli
1852),

d) die Befugniß, die untergeordneten
Beamten mit Geldbuße bis zu
90 Mark, die besoldeten Beamten

(2) Die Königlichen Eisenbahndirektionen bestehen aus einem Präsidenten, den mit der ständigen Vertretung des Präsidenten beauftragten beiden Mit-

jedoch nur mit Geldbuße bis zum Betrage des monatlichen Dienst=einkommens zu belegen (§ 19 des zu c erwähnten G.),

e) die Befugniß zur Erhebung des Kompetenzkonfliktes zwischen den Gerichten und den Verwaltungs=behörden oder Verwaltungsgerichten (§ 5 der V. vom 1. August 1879 in Verbindung mit den zu 4 weiter erwähnten Gesetzen);

II. Den Vorstehern der Provinzialbehörden:

a) die Befugniß zur Einleitung des förmlichen Disziplinarverfahrens und zur Ernennung des Unter=suchungskommissars in allen den=jenigen Fällen, in denen die be=treffende Provinzialbehörde die ent=scheidende Disziplinarbehörde bildet (§ 23 Nr. 2 des G. vom 21. Juli 1852), und zur vorläufigen Dienst=enthebung der Beamten (§ 50 a. a. O.),

b) die Befugniß, bei Gefahr im Ver=zuge, dieselben unter a erwähnten Verfügungen vorläufig und vorbe=haltlich der nachträglichen Genehmi=gung des Ministers auch in den=jenigen Fällen zu erlassen, in denen die Entscheidung der Sache vor den Disziplinarhof gehört (§ 23 Nr. 1 a. a. O.),

c) die Befugniß, die bei den Pro=vinzialbehörden angestellten unteren Beamten mit Geldbuße bis zu 90 Mark, die besoldeten Beamten jedoch nur mit Geldbuße bis zum monatlichen Betrage des Dienstein=kommens zu belegen (§ 19 a. a. O.)."

Festsetzung von Stempelstrafen gegen Beamte durch die Präsidenten: Witte S. 582.

b) Zu Pensions=G. 27. März 72 in der Fass. d. G. 30. April 84 (GS. 126) bestimmt E. 22. Okt. 84 (EVB. 385): Auf Grund des § 21 Abs. 3 u. des § 22 Abs. 2 des G. 30. April 84 . . . wird im Einvernehmen mit dem Herrn Finanzminister bezüglich aller Be=amten, denen eine Pension aus dem Allgemeinen Zivilpensionsfonds zu ge=währen ist, — mit Ausnahme derjenigen,

deren Ernennung und Anstellung nach § 6 der Organisation der StEB. mir vorbehalten ist, — den Kgl. EisDirek=tionen . . . die Entsch. darüber über=tragen, ob u. zu welchem Zeitpunkte dem auf Versetzung in den Ruhestand gerichteten Antrage eines Beamten statt=zugeben ist, sowie ob u. welche Pension demselben bei einer von ihm beantragten Versetzung in den Ruhestand gebührt. Bezüglich derjenigen Beamten, welchen auf Grund statutarischer Vorschriften eine Pension aus den bestehenden Be=amtenpensions= u. Unterstützungskassen oder aus Betriebsfonds zu gewähren ist, bleibt es bei den bisher. Best. . . . (§ 6 der damals geltenden Organisation entspricht VerwO. § 5).

c) Zu G. betr. die Fürsorge f. d. Witwen u. Waisen der unmitt. Staats=beamten vom März 69 (GS. 299) bestimmt E. 9. Juni 82 (EVB. 216) Ziff. 6: Auf Grund des § 10 des G. 1 des G. wird die Best. darüber, ob u. welches Witwen= u. Waisengeld der Witwe u. den Waisen eines im aktiven Dienste verstorbenen Beamten zusteht, der Kgl. EisDir. für sämtliche Beamte des Eis.=DirBezirks, jedoch mit Ausnahme der=jenigen Beamten, deren Ernennung, An=stellung usw. nach § 6 der Organis. der StEB. von mir erfolgt, sowie mit Aus=nahme der Fälle des § 14 des G., über=tragen. . . . Auf Grund des § 16 Abs. 1 des G. wird die Best. darüber, an wen die Zahlung gültig zu leisten sei, der Kgl. EisDir. für sämtliche aus den Haupt=kassen ihres Bezirks zahlbar zu machen=den Witwen= u. Waisengelder über=tragen.

Hinterbliebene pensionierter Beamter: Witte S. 56 a.

d) Ferner stehen den EisDir. zu die Befugnisse der Polizei=, der unteren u. der höheren Verwaltungsbehörde i. S. GewO. (I 2 a Anl. A Anm. 2 f b. W.); der höheren Verwaltungsbehörde i. S. KrankenversG. (III 8 a Anl. B); der Ausführungs= u. der höheren Verwal=tungsbehörde i. S. GUVG. (III 8 c Anl. B, C, E); der Anstellungsbehörde i. S. der Grundsätze für die Besetz. der Beamtenstellen mit Militäranwär=tern 25. März 82 (CB. 123) § 12; der

XIX.

11

gliedern (Ober=Regierungsrath, Ober=Baurath) und der erforderlichen Anzahl weiterer Mitglieder. Der Präsident wird vom König ernannt.

(3) Die Stellvertretung des Präsidenten durch die damit beauftragten Mitglieder der Königlichen Eisenbahndirektionen regelt der Minister.

(4) Die Königlichen Eisenbahndirektionen entscheiden über die gegen die Verfügungen und Anordnungen der Vorstände der Eisenbahn= Betriebs=, Maschinen=, Verkehrs= und Werkstätteninspektionen sowie der Bauabtheilungen (§ 9) erhobenen Beschwerden. Sie vertreten in allen Angelegenheiten innerhalb ihres Geschäftsbereichs die Verwaltung, so daß sie durch ihre Rechtshandlungen, Verträge, Prozesse, Vergleiche u. s. w. für die Verwaltung Rechte erwerben und Verpflichtungen übernehmen[19]).

(5) Dem Minister bleibt vorbehalten, die Erledigung bestimmter, hierzu geeigneter Geschäfte für mehrere Eisenbahndirektionsbezirke oder den gesammten Staatseisenbahnbereich Einer Königlichen Eisenbahndirektion zu übertragen[20]).

(6) Die Präsidenten der Königlichen Eisenbahndirektionen, welche als ständige Kommissare für die Ausübung des Aufsichtsrechts des Staates über Privateisenbahnen in dem ihnen vom Minister zugewiesenen Aufsichtsbezirke bestellt sind, haben in Gemeinschaft mit den als ihre ständigen Vertreter bestimmten beiden Mitgliedern der Königlichen Eisenbahndirektion (Ober=Regierungsrath, Ober=Baurath) die Rechte und Pflichten auszuüben, welche zur Zeit den gemäß § 46 des Gesetzes über die Eisenbahnunternehmungen vom 3. November 1838 (G.=S. S. 505) eingesetzten Aufsichtsorganen übertragen sind[21]).

Geschäftserledigung durch die Königlichen Eisenbahndirektionen[22]).

§ 7. Die Mitglieder der Königlichen Eisenbahndirektion bilden für die Erledigung der nachstehenden zu ihrem Geschäftsbereiche gehörenden Angelegenheiten ein Kollegium, dessen Beschlüsse[23]) nach absoluter Stimmenmehrheit mit der Maßgabe gefaßt werden, daß bei gleicher Stimmenzahl die Stimme des Präsidenten den Ausschlag giebt:

> für die von den Beamten der Verwaltung erhobenen Beschwerden gegen Verfügungen, welche die unfreiwillige Entlassung widerruflich oder kündbar angestellter Beamten oder eine die Hälfte des monatlichen Gehaltsbetrags übersteigende Geldstrafe zum Gegenstande haben.

Aufsichtsbehörde i. S. der BO. usw. (VI 3 Anm. 6). Kraft des ihnen den Inspektionen gegenüber eingeräumten Aufsichtsrechts sind die EisDir. mit bahnpolizeilicher Gewalt ausgestattet u. zu unmittelbarem Eingreifen auf dem Gebiete der Bahnpolizei befugt; ihre Verfügungen auf diesem Gebiete entziehen sich nach G. 11. Mai 42 § 1 der Nachprüfung im Rechtswege RGer. 5. Mai 03 (LV 145). — Witte S. 35.

[19]) Die den EisDir. nachgeordneten Organe der StEB. sind nicht zur Vertretung des Fiskus vor Gericht zuständige Behörden u. nicht Niederlassungen i. S. CPO. § 21 — RGer. 30. Jan. 02 (L 396, auch Arch. 03 S. 183) u. 17. Juni 02 (Arch. 03 S. 186) —, wohl aber öff. Behörden in dem Sinne, daß ihre Bureauräume als zum öff. Dienst i. S. KommunalabgG. (IV 5 a d. W.) § 24 c zu gelten haben OB. 26. Jan. 98 (Arch. 822). Auch RGer. 22. April 04 (EEE. XXI 158).

[20]) AusfAnw. (Anm. 1) Anl. II, Witte S. 44 ff. (Beschaffung v. Betriebsmitteln u. Materialien, Geschäftsführung in Tarifsachen, Führung der Anwärterlisten für die Beamtenstellen, Wagenangelegenheiten u. a. m.); zur Erledigung der „Gruppengeschäfte" bestehen zahlreiche „Ausschüsse".

[21]) II 5 d. W.

[22]) Einzelheiten: Witte S. 37 ff.

[23]) Beschwerde an Min.: § 2 (2). — GeschäftsO. (Anl. A): § 2, 12 (2).

§ **8.** (1) In allen anderen, zu dem Geschäftsbereiche der Königlichen Eisen=
bahndirektionen gehörenden Angelegenheiten ist der Präsident nach Maßgabe der vom
Minister zu erlassenden Geschäftsordnung[24]) über die Erledigung zu bestimmen befugt.

(2) Dem Minister bleibt vorbehalten, für die Erledigung der Geschäfte der
Königlichen Eisenbahndirektionen Abtheilungen zu bilden, deren Geschäftsbereich
zu bestimmen und die Abtheilungsdirigenten zu bestellen.

(3) Für die Bearbeitung der nicht gemäß § 7 zur Zuständigkeit des
Kollegiums gehörigen Sachen hat der Präsident nach Maßgabe der Verwaltungs=
und der Geschäftsordnung einen Geschäftsplan aufzustellen[25]).

(4) Mit der Einschränkung, daß die Bearbeitung der Etats=, Kassen= und
Rechnungssachen in allen Fällen dem Etatsrathe zuzutheilen ist, bleibt dem
Präsidenten überlassen, diejenigen Sachen zu bestimmen, welche er sich zur
Bearbeitung vorbehalten will. Als ständiger Vertreter wird dem Etatsrathe der
Rechnungsdirektor beigegeben. Die Amtsbefugnisse des Rechnungsdirektors werden
vom Minister durch eine Geschäftsanweisung festgestellt, durch welche ihm auch
bestimmte Geschäfte des Etatsraths bei Anwesenheit des Letzteren übertragen
werden können[26]).

(5) Dem Präsidenten obliegt die Sorge für die Regelung des Geschäfts=
ganges. Insbesondere ist er sowohl für die sach= und ordnungsmäßige Ver=
theilung der Geschäfte, wie für alle diejenigen Verfügungen und Erklärungen der
Königlichen Eisenbahndirektion, welche zu seiner Mitzeichnung gelangen, verant=
wortlich. Im Uebrigen obliegt den Mitgliedern der Königlichen Eisenbahn=
direktion die Verantwortung für die form= und sachgemäße Erledigung der ihnen
zur Bearbeitung überwiesenen Geschäfte.

(6) Der Präsident kann mit Genehmigung des Ministers seine beiden
ständigen Vertreter (Ober=Regierungsrath, Ober=Baurath) beauftragen, ihn in be=
stimmten Angelegenheiten auch bei seiner Anwesenheit zu vertreten; auch ist er
befugt, einzelnen Mitgliedern der Königlichen Eisenbahndirektion gewisse Geschäfte
ein für alle Male zur selbständigen Erledigung zu übertragen.

(7) Für die Verbindlichkeit der von der Königlichen Eisenbahndirektion ab=
zugebenden schriftlichen Erklärungen genügt die Unterschrift des Präsidenten oder
eines Mitglieds der Königlichen Eisenbahndirektion. Die Hülfsarbeiter der
Königlichen Eisenbahndirektion sind nur insoweit zur selbständigen Erledigung
der ihnen zur Bearbeitung überwiesenen Geschäfte befugt, als ihnen diese Befugniß
nach den vom Minister gegebenen Vorschriften übertragen worden ist.

II. Besondere Verwaltungszweige[27]).

1. Im Allgemeinen[19]).

§ **9.** Für die Ausführung und Ueberwachung des örtlichen Dienstes nach
den Anordnungen der Königlichen Eisenbahndirektionen sind Betriebs=, Maschinen=,

---

[24]) Anlage A.
[25]) Anleitung zur Aufstellung: E.
21. März 02 (BB. 30).
[26]) E. 11. April 01 BB. 48.
[27]) Hessen u. Main=Neckarb. II 4 d. B.
Anl. A Art. 13 (4), 14 u. Unteranl.
A 1 Art. 2, 3 (4). Näheres über die
Geschäfte der Inspektionen usw., ihr
Verhältnis gegenüber der EisDir. u.
untereinander, sowie über die ihnen
unterstellten Dienstklassen Witte S. 56

— 66, 80—101. — Disziplinar=
gewalt der Vorstände (§ 10—14): Sie
dürfen nach G. 21. Juli 52 (GS. 465)
§ 18, § 19 Abs. 2 über die ihnen unter=
gebenen Beamten Warnungen, Verweise
u. Geldbußen bis zu 3 Talern verhängen.
Ferner III 2 § 18 d. M. u. Anw. zur
Behandlung der Personalangelegenheiten
13. Juni 02 (EBB. 269, BB. 108). —
Unfallversicherung III 8 c Anl.
B—E d. B.

Verkehrs- und Werkstätteninspektionen, sowie für die Leitung der Neubauausführungen nach den Anordnungen der Königlichen Eisenbahndirektionen, insoweit nicht hiermit Beamte der Betriebsverwaltung betraut werden können, Bauabtheilungen einzurichten. Den Vorständen der Inspektionen und der Bauabtheilungen sowie den Dienstvorstehern kann von dem Minister die Befugniß zu vorläufigen Kassenanweisungen[28]), den Vorständen der Inspektionen und der Bauabtheilungen außerdem zur Beurlaubung[29]) der unterstellten Beamten mit verwaltungsseitiger Uebernahme der Stellvertretungskosten sowie zur selbständigen Vergebung[30]) von Arbeiten und Lieferungen ertheilt werden.

2. Im Besonderen.

a) Betriebsinspektionen.

§ 10. (1) Den Betriebsinspektionen obliegt:

a) die Ausführung und Ueberwachung des Betriebsdienstes, insoweit nicht einzelne Zweige den Maschineninspektionen (§ 11), Verkehrsinspektionen (§ 12) oder Werkstätteninspektionen (§ 13) zugewiesen sind;

b) die Unterhaltung und Beaufsichtigung der im Betriebe befindlichen Strecken einschließlich der dazu gehörigen Signal- und sonstigen zur Sicherung des Eisenbahnbetriebs dienenden Einrichtungen sowie der Telegraphenanlagen[31]);

c) die Verwaltung der Bahnpolizei innerhalb ihres Geschäftsbereichs[32]).

---

[28]) Nach den bei § 10—14 bezeichneten Geschäftsanw. dürfen die Vorstände der Insp. u. der Bauabt. im allg. Löhne der unterstellten Arbeiter in beliebigem Betrage, sonstige Zahlungen bis 1000 M. für die einzelnen Empfänger, Abschlagszahlungen bis zu 3000 M. auf die Stationskasse anweisen.

[29]) GeschAnw. (Anm. 7), ferner III 2 b. W. § 8, E. 1. Juni 98, 27. April, 5. Juni u. 21. Juli 99 (BB. 589 fg.), 23. Juni 00 (EBB. 237).

[30]) Nach den GeschAnw. dürfen die Vorstände innerhalb ihres Dienstbereichs die auf Grund genehmigter Kostenanschläge oder besonderer Ermächtigung auszuführenden Arbeiten u. Lieferungen ohne Vorbehalt der Genehmigung durch die EisDir. vergeben: freihändig bis zu 1000 M., im Wege beschränkter Ausschreibung bis zu 3000 M., im Wege öffentl. Ausschreibung bei Zuschlag an den Mindestfordernden bis zu 15000 M. Die Berechtigung zur Vergebung schließt die Ermächtigung zum Vertragsabschluß in sich AusfAnw. (Anm. 1) Ziff. 44. Den Vertrag schließt der Vorstand der Inspektion usw., nicht die Inspektion als solche ab. Zur Vertretung des Fiskus vor Gericht ist aber auch hier nur die EisDir. befugt (§ 6 Abs. 4).

[31]) Bis 1. April 02 lag die Unterhaltung usw. der elektr. Telegraphen-, Signal- u. sonstigen Sicherungsanlagen den Telegrapheninspektionen ob.

[32]) EisG. § 23. — AusfAnw. (Anm. 1) bestimmt: „(47) Da den Vorständen der Betriebsinspektionen im § 10 Abs. 1 b der VerwO. auch die Verwaltung der Bahnpolizei innerhalb ihres Geschäftsbereichs übertragen worden ist, steht ihnen auch die Befugniß zur Verfolgung und Bestrafung von Bahnpolizeiübertretungen im Sinne des G. vom 23. April 1883 — G.S. S. 65 — in Verbindung mit den §§ 453—455 der StrafprozeßO. vom 1. Feb. 1877 — R.G.Bl. S. 253 — und § 6 des EG. hierzu vom 1. Feb. 1877 R.G.Bl. S. 346 — zu. Für die Handhabung der bezüglichen Befugnisse sind die Bestimmungen der zur Ausführung des ersterwähnten G. erlassenen Anw. des Min. des Innern und der Justiz vom 8. Juni 1883 — M.Bl. d. i. V. S. 152 ff., E.B.B. 1888 S. 404 ff. sowie die im Anschlusse an dieselbe erlassene allg. Verf. des Justizmin. vom 2. Juli 1883 — Just.M.Bl. S. 223 maßgebend. Vergl. auch E. vom 28. Dez. 1883 — II b (a) 19777 — E.B.Bl. 1884 S. 4. — (48) Für die im außerpreußischen Staatsgebiete belegenen Strecken sind die für die Verfolgung der bezeich-

(2) Bezirk³³) und Geschäftsanweisung⁷) der Vorstände der Eisenbahn=Betriebsinspektionen bestimmt der Minister.

(3) Dem Vorstande der Eisenbahn=Betriebsinspektion kann von dem Minister die Befugniß zur selbständigen Verpachtung der Dispositionsländereien, Lager=plätze, Grasnutzungen, Pflanzungen u. s. w. beigelegt werden³⁴).

b) Maschineninspektionen.

§ 11. (1) Den Maschineninspektionen obliegt die Ausführung und Ueber=wachung des Maschinen= und Betriebswerkstättendienstes³⁵).

(2) Bezirk³³) und Geschäftsanweisung⁷) der Vorstände der Maschineninspek=tionen bestimmt der Minister.

c) Verkehrsinspektionen.

§ 12. (1) Den Verkehrsinspektionen obliegt die Ausführung und Ueber=wachung des Verkehrs=, Abfertigungs= und Kassendienstes.

(2) Bezirk³³) und Geschäftsanweisung⁷) der Vorstände der Verkehrsinspek=tionen bestimmt der Minister.

(3) Die Vorstände der Verkehrsinspektionen sind befugt, nach näherer Be=stimmung des Ministers bis zu einer von ihm festzusetzenden Höhe innerhalb ihres Geschäftsbereichs Anträge auf Rückerstattung von Fahrgeld und Gepäckfracht sowie auf Ersatz= oder Entschädigungsleistung aus dem Frachtvertrage selbständig zu entscheiden, auch die auf Grund der Bestimmungen der Verkehrsordnung oder der Frachttarife zu berechnenden Nebengebühren und Konventionalstrafen ganz oder zum Theil zu erlassen³⁶).

---

neten Übertretungen nothwendigen An=ordnungen von den Kgl. EisDir. unter Beachtung der einschlägigen gesetzlichen und staatsvertraglichen Bestimmungen mit der Maßgabe zu treffen, daß, soweit danach eine Ausübung der bezüglichen Befugnisse durch nicht den Charakter einer Behörde besitzende Organe der Preußischen StEV. zulässig erscheint, mit ihrer Wahrnehmung die Vorstände der Betriebsinspektionen zu betrauen sind."

Im Geltungsbereiche des G. 23. April 83 darf also der Vorstand durch polizeil. Strafverfügung für BahnpolÜbertretun=gen Geldstrafen bis 30 M. u. Haft bis zu 3 Tagen, sowie die etwa verwirkte Einziehung verhängen; erachtet er eine höhere Strafe für gerechtfertigt, so muß die Verfolgung dem Amtsanwalt über=lassen werden G. § 1. Aktive Militär=personen G. § 11 u. Anw. 8. Juni 83 § 22. Herabminderung festgesetzter Strafen E. 14. März 93 (EVB. 154), Zurücknahme erlassener Vf. E. $\frac{6.\ Mai}{16.\ Juni\ 02}$ (EVB. 308, VB. 813). — Anm. 18 d. — II 4 b. W. Anl. A Art. 17, Unteranl. A 1 Art. 11.

³³) Die Bezirke der Inspektionen usw. werden durch die jährlich erscheinenden

„Geschäftl. Nachrichten über die preuß. Staatseis." Teil II bekannt gegeben.

³⁴) GeschAnw. § 5, 2 b.

³⁵) Die Werkstätten sind Haupt=, Neben= oder Betriebswerkstätten. Haupt= u. Nebenwerkstätten unterscheiden sich von einander durch Ausdehnung u. Aus=rüstung; beide dienen größeren Aus=besserungen an Betriebsmitteln u. maschi=nellen Anlagen. Die Betriebswerkstätten dienen kleineren laufenden Arbeiten. Neben= u. Betriebswerkstätten unterstehen den Maschinen=, Hauptwerkstätten den Werkstätteninspektionen.

³⁶) GeschAnw. § 7 (3): Der Ent=scheidung des Vorstandes der Verkehrs=inspektionen unterliegen Anträge, welche gerichtet sind:

1. auf Rückerstattung von Fahrgeld und Gepäckfracht,
2. auf Entschädigung aus dem Fracht=vertrage über die Beförderung von Gepäck, Gütern, lebenden Thieren und Leichen, insbesondere wegen Verlustes und Beschädigung oder wegen Verzögerung der Beför=derung,
3. auf Erstattung von Nebengebühren und Konventionalstrafen aus dem Frachtgeschäfte,

d) Werkstätteninspektionen.

§ 13. (1) Den Werkstätteninspektionen obliegt die Ausführung und Ueberwachung des Werkstätten- und Werkstättenmaterialiendienstes [35]).

(2) Bezirk [36]) und Geschäftsanweisung [7]) der Vorstände der Werkstätteninspektionen bestimmt der Minister.

e) Bauabtheilungen [37]).

§ 14. (1) Den Bauabtheilungen obliegt die Leitung der Neubauausführungen.

(2) Bezirk [38]) und Geschäftsanweisung [7]) der Vorstände der Bauabtheilungen bestimmt der Minister.

III. Allgemeine Bestimmungen über die Anstellung im Staatseisenbahndienste [39]).
Art der Anstellung.

§ 15. (1) Das für den Staatseisenbahndienst anzunehmende Personal wird nach den von dem Minister festzustellenden Grundsätzen in dem Verhältniß unmittelbarer Staatsbeamten angestellt oder gegen Lohn beschäftigt. Die Anstellung der Beamten erfolgt der Regel nach zunächst auf Probe, sodann im Kündigungsverhältniß und später, soweit zulässig, unkündbar [39]).

(2) Der Verleihung etatsmäßiger Stellen hat die Erfüllung der vorgeschriebenen Bedingungen, insbesondere die Ablegung der bestimmungsmäßigen Prüfungen [40]), voranzugehen. Bis zur etatsmäßigen Anstellung werden die Beamten,

---

in sämmtlichen Fällen jedoch nur, soweit der reklamirte Gesammtbetrag die Summe von 300 Mark nicht überschreitet, wobei es gleichgiltig ist, ob der erhobene Anspruch aus einem und demselben oder aus verschiedenen Beförderungsverträgen herrührt; in den Fällen zu 1 ferner nur, soweit die zu zahlenden Beträge lediglich auf deutsche Eisenbahnen, und in den Fällen zu 2 und 3 nur, soweit die zu zahlenden Beträge lediglich auf die Preußisch-Hessischen Staatseisenbahnen oder auf solche Eisenbahnen entfallen, die dem „Übereinkommen, betreffend die Behandlung der Reklamationen aus dem Personen-, Gepäck- und Güterverkehre" (VII 3 Anm. 163 d. W.) beigetreten sind.

[37]) Krankenversicherung III 8 a Anl. B d. W.

[38]) Hessen u. Main-Neckarb.: II 4 d. W. Anl. A Art. 14—16 u. Unteranl. A 1 Art. 8—10. — Witte S. 101 ff., 135 ff.; III 1 d. W. — In Anlage B sind die Vorschr. über die Haftung der StEB. für Handlungen der Beamten zusammengestellt. — Anwendbarkeit der GewO. auf das Personal I 2 a Anl. A Anm. 2 d, des HGB. VII 2 Anm. 2 d. W. — Anm. 16.

[39]) Nur im Beamtenverhältnis werden angestellt: Bedienstete in höheren

Stellungen, nur im privatrechtlichen Vertragsverhältnis: die als Handwerker oder Handarbeiter verwendeten Personen; überwiegend im Beamtenverhältnis: die für mittlere Stellungen erforderlichen Bediensteten; von den mit den Dienstverrichtungen der unteren Beamten betrauten Persouen werden nur die auf Grund ihrer Zivilversorgungsberechtigung angenommen sogleich als Beamte angestellt, die anderen zunächst im Arbeiterverhältnis beschäftigt (S. 12. Januar 85 (Witte S. 101). Bei den Unterbeamten fehlt in der Regel die Vorstufe der Diätare (Abs. 2 Satz 2). Beschäftigung weiblicher Personen S. 20. Juni 01 (EVB. 209), AE. 12. u. S. 28. Feb. 02 (EVB. 92); Witte S. 363, 232 a. Rechtsverhältnisse der Hilfsbeamten (die keine Staatsbeamten sind, aber gegenüber den eigentl. Arbeitern eine Sonderstellung einnehmen) Witte § 55. — Die Anstellung der Beamten erfolgt ausschließlich durch Verfügung, nicht mehr (wie früher üblich) durch Dienstvertrag Witte S. 104. Anstellungsurkunden S. 22. Dez. 02 (EVB. 554) u. 19. März 03 (EVB. 89); Witte S. 467 ff.

[40]) E. 1. Dez. 99 (EVB. 347) betr. PrüfO. f. d. mittleren u. unteren Staatseis.Beamten (nebst Best. über d.

soweit nicht Ausnahmen durch den Minister angeordnet sind, gegen feste, monatlich zu zahlende Besoldungen beschäftigt.

(3) Fahrkartendrucker, Kassen= und Bureaudiener, Fahrkartenausgeber, Fahrkartenausgeberinnen, Lokomotivheizer, Maschinenwärter, Schiffsheizer, Magazinaufseher, Portiers, Bahnsteigschaffner, Haltestellenaufseher, Weichensteller I. Klasse[40a]), Weichensteller, Krahnmeister, Brückengeldeinnehmer, Brückenwärter, Schaffner, Bremser, Wagenwärter, Matrosen, Bahn= und Krahnwärter sowie Nachtwächter werden nur im Kündigungsverhältniß etatsmäßig angestellt.

(4) Die unkündbare Anstellung der sonstigen unteren und der mittleren Beamten ist zulässig, wenn der Beamte eine etatsmäßige Stelle bekleidet und sein Amt mindestens fünf Jahre lang in befriedigender Weise versehen hat[41]).

Erfordernisse der Anstellung.

§ 16. (1) Zur Anstellung als Mitglied einer Königlichen Eisenbahndirektion, als Vorstand einer Eisenbahn=Betriebs=, Maschinen= oder Werkstätteninspektion ist der Regel nach die Ablegung der höheren Staatsprüfungen erforderlich. Die Feststellung der sonstigen Voraussetzungen und Bedingungen, von welchen die Anstellung in einer der bezeichneten Stellen abhängig zu machen ist, bleibt besonderer Bestimmung vorbehalten.

(2) Im Uebrigen dürfen die bei der Staatseisenbahnverwaltung anzustellenden Beamten beim Eintritt in den Staatseisenbahndienst das 40. Lebensjahr noch nicht vollendet haben. Ausnahmen unterliegen hinsichtlich der höheren Beamten der Genehmigung des Ministers, hinsichtlich der übrigen Beamten der Genehmigung des Präsidenten der Königlichen Eisenbahndirektion.

(3) Die Bestimmungen des Bundesraths über das Lebensalter der Eisenbahnbetriebsbeamten werden hiervon nicht berührt[42]).

Anstellungsfähigkeit.

§ 17. (1) Für die Besetzung derjenigen Beamtenstellen, welche den Militäranwärtern ausschließlich oder theilweise vorbehalten sind, bleiben die über die Versorgung dieser Anwärter erlassenen allgemeinen Vorschriften maßgebend[43]).

Annahme v. Zivilsupernumeraren), geändert und ergänzt durch E. 21. Juni 00 (EVB. 237); 5. Feb. 26. März, 31. Mai u. 3. Nov. 01 (EVB. 69, 101, 193 u. 334); 21. März 02 (EVB. 161); 1. Mai u. 16. Juni 03 (EVB. 119 u. 183); 11. Feb. 04 (EVB. 49). — E. 13. Sept. 00 (EVB. 417) betr. Vorschr. über d. Ausbildung u. Prüfung f. d. Staatsdienst im Baufach, abgeändert u. ergänzt durch E. 17. Jan., 12. Mai u. 27. Nov. 02 (EVB. 36, 259 u. 540); 10. Feb. u. 19. Nov. 03 (EVB. 67 u. 358). E. 13. April 04 (EVB. 101) betr. Ausbildung der Diplomingenieure des Maschinenbaufachs. — Witte § 7, 12.

[40a]) Durch AE. 20. März 05 (GS. 190) ist genehmigt, daß Weichensteller I. Klasse, einschl. der Haltestellenaufseher u. Stellwerksweichensteller unkündbar angestellt werden.

[41]) Der fünfjährige Zeitraum rechnet

von der Aufnahme in das Beamtenverhältnis bei der StEB., nicht von der Beendigung des Vorbereitungsdienstes an und bezieht sich allgemein auf die Beschäftigung als Beamter der StEB., nicht auf Bekleidung einer Etatstelle E. 14. Dez. 95 (VB. 569), AusfAnw. (Anm. 1) II 51.

[42]) AusfAnw. Ziff. 52 bestimmt: Sofern die für den Dienst als Bahnpolizeibeamte oder Lokomotivführer in Aussicht genommenen Personen das vierzigste Lebensjahr überschritten haben, bedarf es zu ihrer ausnahmsweisen Zulassung nach Abschnitt C Ziffer 4 der Bestimmungen des Bundesraths über die Befähigung von Eisenbahnbetriebsbeamten vom 5. Juli 1892 (VI 4 d. VB.) meiner Genehmigung.

[43]) Grundsätze f. d. Besetzung der Subaltern= und Unterbeamtenstellen b. d. Reichs= u. Staatsbehörden mit

(2) Die Besetzung der mittleren Beamtenstellen, welche nach den bestehenden Vorschriften Zivilanwärtern verliehen werden können, erfolgt nach Maßgabe der über die Annahme von Zivilsupernumeraren überhaupt und der für den Staats=eisenbahndienst erlassenen besonderen Bestimmungen⁴⁰).

(3) Insoweit auf vorschriftsmäßige Weise festgestellt ist, daß für die den Militäranwärtern vorbehaltenen Stellen geeignete versorgungsberechtigte Anwärter nicht vorhanden sind, sowie in Ermangelung von Zivilsupernumeraren bei Be=setzung der diesen zugänglichen Stellen, können nach Bestimmung des Ministers auch andere Bewerber zur Anstellung zugelassen werden⁴³).

(4) Die Anstellungsfähigkeit der mit dem staatsseitigen Erwerb von Privat=eisenbahnen überkommenen Gesellschaftsbeamten regelt sich nach den betreffenden Erwerbsverträgen⁴⁴).

Erfordernisse für einzelne Beamtenklassen.

§ 18. (1) Die Besetzung der Beamtenstellen, für welche es einer besonderen wissenschaftlichen oder technischen Vorbildung bedarf, wird durch die von dem Minister hierüber zu erlassenden Vorschriften geregelt⁴⁰).

(2) Für die Zulassung zur selbständigen Wahrnehmung der Dienstverrichtun=gen von Eisenbahnbetriebsbeamten gelten die von dem Bundesrath erlassenen einschlägigen Bestimmungen und die von den zuständigen Behörden hierzu er=lassenen ergänzenden Vorschriften⁴⁸).

Sonstige Erfordernisse.

§ 19. Die Regelung der Voraussetzungen für die Anstellung und Beförde=rung der Beamten, der Amtsbezeichnung derjenigen Beamten, deren Ernennung der Allerhöchsten Bestimmung nicht unterliegt, die Ordnung des Prüfungs=wesens⁴⁰) und der Kautionsbestellung⁴⁵), die Bestimmung über die Verpflichtung

---

Militäranwärtern Bek. 25. März 82 (CB. 123, EBB. 85 S. 263). Ver=zeichnis der den MilAnw. vorbehaltenen Stellen Bek. 3. Aug. 03 (CB. 485); bei der StEB. sind diesen vorbehalten:

a) die Stellen der Hauptkassenkassierer, Betriebskontrolleure, Stationsvor=steher 1. Kl., Stationskassenrendan=ten, Güterexpeditionsvorsteher, nicht=technischen EisSekretäre (einschl. Materialverwalter 1. Kl.) — zu=sammen als eine Gruppe mindestens zur Hälfte;

b) die Stellen der Stationsvorsteher 2. Kl., Stationseinnehmer u. Güter=expedienten — zusammen als eine Gruppe mindestens zur Hälfte;

c) die Stellen der Stationsverwalter u. der etatsmäß. Assistenten des Bureau=, Bahnhofs=, Abfertigungs= u. Telegraphendienstes — zusammen als eine Gruppe zu zwei Dritteln;

d) die Stellen der Diätare u. Aspi=ranten des Bureau=, Bahnhofs= u.

Abfertigungsdienstes — zu zwei Dritteln;

e) die Stellen der Brückengeldeinnehmer u. der Materialienverwalter 2. Kl. — mindestens zur Hälfte;

f) der größte Teil der sonstigen mitt=leren u. unteren Beamtenstellen — mit Ausnahme z. B. der tech=nischen Eis.Sekretäre, Bahnmeister, Werkmeister, Zeichner, Lokomotiv=führer, Werkführer, Wagenmeister, Rangiermeister, Lokomotivheizer, Rottenführer — ganz. Zu Abs. 3 Witte § 11.

⁴⁴) Bei den in den unmitt. Staats=dienst übertretenden Beamten der verstaatlichten Eis. wird der Mangel der Anstellungsberechtigung dadurch er=setzt, daß in den Erwerbsverträgen dieser Übertritt vereinbart ist E. 23. Dez. 80 (Elb. S. II Nr. 1204). — Witte S. 119—126.

⁴⁵) Die Verpflichtung der Staats=beamten zur Bestellung v. Amtskautionen ist aufgehoben G. 7. März 98 (GS. 19).

zum Tragen einer Dienstkleidung[46]) und alle übrigen, die Rechte und Pflichten der Beamten betreffenden allgemeinen Vorschriften[47]) bleiben, soweit sie nicht gesetzlich geregelt sind, der Bestimmung des Ministers vorbehalten.

IV. Geltungsbereich.

§ **20.** (1) Diese Verwaltungsordnung findet auf alle vom Staate verwalteten Eisenbahnen Anwendung, soweit nicht durch gesetzliche Vorschriften oder durch bestehende Gesellschaftsstatuten und Betriebsüberlassungsverträge Abweichungen bedingt werden.

(2) Bezüglich der vom Staate verwalteten Eisenbahnen, welche nach der Bahnordnung für die Nebeneisenbahnen Deutschlands betrieben werden, bleibt dem Minister der Erlaß vereinfachter Verwaltungsvorschriften vorbehalten[48]). Ebenso bleibt dem Minister hinsichtlich der vom Staate für eigene oder fremde Rechnung verwalteten Privateisenbahnen vorbehalten, Abweichungen von den in den Abschnitten I und II enthaltenen Bestimmungen dem Bedürfniß entsprechend zu gestatten.

Anlagen zur Verwaltungsordnung.

Anlage A (zu Anmerkung 24).

Geschäftsordnung für die Königlichen Eisenbahndirektionen.

(Fassung des Erlasses vom 11. April 1901, BB. 25.)

Geschäftsführung im allgemeinen.

§ **1.** (1) Die Geschäfte bei den Königlichen Eisenbahndirektionen werden nach der Verwaltungsordnung für die Staatseisenbahnen, nach dieser Geschäftsordnung und nach den vom Minister erlassenen weiteren Anordnungen geführt.

(2) Der Präsident trägt die Sorge und Verantwortung für die ordnungsmäßige, zweckentsprechende und wirtschaftliche Gesamtverwaltung des Bezirks.

Erledigung der Geschäftssachen.

a) Durch Mehrheitsbeschluß.

§ **2.** (1) Zur Erledigung der im § 7 der Verwaltungsordnung bezeichneten Angelegenheiten sind vom Präsidenten der Eisenbahndirektion Sitzungen der Direktionsmitglieder anzuberaumen, in denen er den Vorsitz führt.

(2) Ueber die Verhandlungen und Beschlüsse ist eine Niederschrift aufzunehmen und von dem Vorsitzenden und dem durch letzteren ernannten Schriftführer zu vollziehen.

---

[46]) E. 10. Jan. 90 (EBB. 13) betr. Vorschr. über die Galakleidung u. die Dienstkleidung sowie die Dienstabzeichen des Personals der StEB., abgeändert u. ergänzt durch E. 19. April 95 (EBB. 350), 6. Juli 97 (EBB. 212), 23. Feb. 98 (EBB. 65), 19. Feb. 99 (EBB. 49), 18. Okt. 00 (EBB. 510), 28. Feb. 03 (EBB. 74), 24. Dez. 04 (EBB. 409), 31. März 05 (EBB. 135).

[47]) Gemeins. Best. für alle Beamte im Staatseis Dienst (III 2 d. W.). Ferner Besoldungsvorschr. (FinanzO.

XII Abschn. H); Vorschr. über Nebenbezüge der Beamten des Fahrdienstes u. Prämien (das. D); über Verlustentschädigungen für Kassenführer (das. E); über bahnärztl. Behandlung der Beamten (das. G); über Stellenzulagen (das. J); über Remunerationen u. Unterstützungen (das. L).

[48]) E. 1. Aug. 97 u. 31. Mai 99 (BB. 569 u. 583) betr. vereinfachte Diensteinrichtungen bei den Nebenbahnen; statt BahnO. jetzt BO. § 1.

b) Durch Einzelentscheidung[1]).

§ 3. (1) In allen übrigen zum Geschäftsbereiche der Eisenbahndirektionen gehörenden Angelegenheiten ist für die Geschäftserledigung die Entscheidung des Präsidenten maßgebend.

(2) Von dem Präsidenten werden allgemein oder besonders die Sachen bezeichnet, die er sich zur eigenen Erledigung vorbehält und in denen er die Verfügungen — geeigneten Falles nach Vortrag in einer Sitzung oder nach Rücksprache — mitzeichnen will. Im Uebrigen werden die Geschäftssachen von den Dezernenten selbständig bearbeitet.

Besondere Befugnisse und Obliegenheiten des Präsidenten[2]).

§ 4. (1) Der Präsident ist Dienstvorgesetzter des gesamten Personals des Direktionsbezirks.

(2) Zu den von ihm unter eigener Firma zu erledigenden Geschäften gehören:

a) die Personalien der höheren Beamten der Verwaltung, einschließlich der Ausbildung;

b) die Anträge auf Gewährung und, innerhalb der vorgeschriebenen Grenzen, die Bewilligung von Remunerationen[3]) und von Unterstützungen an die im Dienste befindlichen Beamten;

c) die Regelung der Stellvertretung der Inspektionsvorstände;

d) die Bewilligung von Urlaub (nebst freier Fahrt) bis zu vier Wochen an die unter Absatz (2)a bezeichneten Beamten, bis zu sechs Wochen an die übrigen Beamten, sowie die Anträge auf Gewährung von längerem Urlaub.

(3) Der Präsident ist berechtigt, sich selbst bis auf acht Tage zu beurlauben. Dienstliche oder sonstige Abwesenheit des Präsidenten über drei Tage ist dem Minister anzuzeigen. Zu Dienstreisen in Angelegenheiten ihres Geschäftsbereiches haben sich die Mitglieder und Hülfsarbeiter der Eisenbahndirektion der vorgängigen Zustimmung des Präsidenten zu versichern. Eingaben der Mitglieder und Hülfsarbeiter der Eisenbahndirektion an den Minister sind durch Vermittlung des Präsidenten einzureichen.

(4) Der Präsident hat dafür zu sorgen, daß die Hauptkasse alljährlich mindestens einmal von dem Etatsrat außerordentlich revidiert wird.

Verfügungen von Amtswegen und mündliche Anordnungen.

§ 5. (1) Die Befugnis, Anordnungen von Amtswegen zu treffen, steht dem Präsidenten in allen Dienstangelegenheiten zu. Die Mitglieder der Eisenbahndirektion sind zu mündlichen Anordnungen dieser Art — abgesehen von besonderen Ermächtigungen — nur zur Abstellung sofort zu beseitigender Mißstände befugt. Aenderungen bestehender Anordnungen und Einrichtungen dürfen ohne vorheriges Benehmen mit dem beteiligten Inspektionsvorstand nur in Angelegenheiten des eigenen Dezernats und in besonders dringenden Fällen auf mündlichem Wege vorgenommen werden.

---

[1]) Die EisDir. sind keine Kollegialbehörden. — Über die Frage, ob die Dezernenten im Prozesse als Zeugen vernommen werden können (allerdings nicht mit besonderer Beziehung auf die Eis.-Dir.) RGer. 9. Jan. 00 (XLV 427, XLVI 318).

[2]) Der Präs. als solcher kann zum Liquidator einer Aktiengesellschaft bestellt werden KGer. 18. Juli 03 (Arch. 1354, EEE. XX 243). — II 5 Anl. A d. W.

[3]) Aus Fonds der StEV.: E. 7. Febr. 98 (BB. 589).

(2) Soweit Anordnungen von Amtswegen nicht Geschäfte betreffen, die den Dezernenten ein= für allemal zur selbständigen Erledigung übertragen sind — § 6 (1) b —, haben die Mitglieder der Eisenbahndirektion von mündlichen Anordnun= gen baldmöglichst dem Präsidenten Anzeige zu machen, während schriftliche An= ordnungen, abgesehen von dringlichen Fällen, vor der Ausführung dem Letzteren vorzulegen sind.

Uebertragung besonderer Geschäfte auf die ständigen Vertreter des Präsidenten und die Mitglieder der Eisenbahndirektion.

§ 6. (1) Der Präsident ist befugt:

a) die mit seiner ständigen Vertretung betrauten Mitglieder (Ober=Regierungs= rat und Ober=Baurat) in bestimmten Angelegenheiten auch bei seiner An= wesenheit ein= für allemal mit seiner Vertretung zu beauftragen,

b) den einzelnen Mitgliedern der Eisenbahndirektion gewisse Geschäfte ein= für allemal in der Weise zur selbständigen Erledigung zu übertragen, daß auch die eingehenden Sachen dem Präsidenten nicht vorgelegt werden. Einen Anhalt für eine solche Anordnung giebt die in der beifolgenden⁴) Anleitung unter V. aufgestellte Uebersicht.

(2) Die zu a zu treffenden Anordnungen sind vor der Einführung dem Minister zur Genehmigung vorzulegen.

(3) In zweifelhaften wichtigen Fragen hat der Präsident seine ständigen Vertreter auf dem kürzesten Wege gutachtlich zu hören.

Geschäftseinteilung und Geschäftsgang.

§ 7. (1) Der Präsident verteilt die neu eingehenden Sachen, soweit er sich deren Erledigung nicht selbst vorbehält — vgl. jedoch § 8 Absatz 4 der Verwal= tungsordnung —, an die Mitglieder der Eisenbahndirektion zur Bearbeitung nach dem Geschäftsplane, bei dessen Aufstellung und Ausführung die beifolgende An= leitung⁴) mit der Maßgabe zu beachten ist, daß etwaige Abweichungen dem Mi= nister anzuzeigen sind. Bei der Zuweisung einzelner Sachen kann der Präsident ausnahmsweise von dem von ihm aufgestellten Geschäftsplan abweichen.

(2) Der Verkehr zwischen den mit der Erledigung beauftragten Mitgliedern hat stets auf den kürzesten Wege mündlich und durch Mitteilung der be= treffenden Entwürfe zur Mitzeichnung zu erfolgen.

(3) Ueber Meinungsverschiedenheiten entscheidet der Präsident.

(4) Im geschäftlichen Verkehre zwischen den Eisenbahndirektionen und den nachgeordneten Inspektionsvorständen sind schriftliche Verfügungen und Berichte tunlichst zu vermeiden, vielmehr die hierzu geeigneten Angelegenheiten möglichst an Ort und Stelle oder in regelmäßigen Konferenzen nach näherer Bestimmung des Präsidenten mündlich zu erledigen⁵).

(5) Im übrigen finden bezüglich des Geschäftsganges die Bestimmungen der Regierungsinstruktion vom 23. Oktober 1817 und der Allerhöchsten Ordre vom

---

⁴) Hier nicht abgedruckt.
⁵) E. 11. Dez. 01 (WB. 605) betr. Leitung u. Überwachung des Betriebs= u. Beförderungsdienstes, E. 29. Juni 00 (WB. 612) betr. Überwachung des Abfertigungs= u. GüterbefördDienstes, E. 23. Juni 98 (WB. 616) betr. Beaufs. der Wagenausnutzung u. des Wagen= umlaufs, E. 16. Juni 95 (EWB. 416, WB. 618) betr. Revisionen der Bahn= anlagen u. der Betriebsmittel (auch durch die Inspektionsvorstände), E. 22. März 02 (EWB. 162, WB. 621) betr. Beaufs. u. Revis. der Hauptwerk= stätten.

31. Dezember 1825 (G.-S. 1817 S. 248 ff., 1826 S. 5 ff., Kampt Annalen 1825 Bd. 9 S. 821 ff.)⁶) entsprechende Anwendung.

Finanzangelegenheiten.

§ 8. (1) Dem Etatsrat (§ 8 Abs. 4 der Verwaltungsordnung) fällt zur Unterstützung des Präsidenten bei der Gesamtleitung der Verwaltung die Aufgabe zu, die Anwendung der Grundsätze einer verständigen Wirtschaftsführung auf allen Gebieten der Verwaltung, bei der Erschließung und Ausnutzung der Einnahmequellen jeder Art, wie nicht minder bei der Bemessung und Ausschüttung aller Ausgabefonds zu überwachen. Er hat dafür zu sorgen, daß die in der Wirtschaftsordnung erteilten Weisungen und aufgestellten Grundsätze von den Mitgliedern und Hülfsarbeitern der Eisenbahndirektion, von den Inspektionsvorständen und Dienststellen befolgt werden (FinanzO. I § 6 Abs. 1)⁷).

(2) Der Etatsrat ist dafür verantwortlich, daß alle Kassenanweisungen im Revisionsbureau sorgfältig dahin geprüft werden, ob die Buchung richtig ist, die Etats und sonstigen Bewilligungen eingehalten werden und überhaupt gegen die Vorschriften des Etats und der Finanzordnung nicht verstoßen wird.

(3) In welchen Angelegenheiten der Etatsrat auch bei seiner Anwesenheit durch den Rechnungsdirektor vertreten wird, ist in der beifolgenden⁸) Anleitung angegeben (vgl. auch § 3 Abs. 2 der Geschäftsanw. für die Rechnungsdirektoren).

Bearbeitung der Rechtsangelegenheiten.

§ 9. (1) In allen Angelegenheiten, bei denen Rechtsfragen vorkommen, haben rechtskundige Mitglieder mitzuwirken. Für solche Angelegenheiten ist daher, sofern der Dezernent nicht selbst rechtskundig ist, ein rechtskundiges Mitglied als Kodezernent zu betheiligen. Auch bleibt dem Präsidenten vorbehalten, für wichtigere Sachen die juristische Erledigung einem vorzugsweise erfahrenen Direktionsmitgliede zu übertragen.

(2) Einem der rechtskundigen Mitglieder ist die allgemeine Verpflichtung zur Verfolgung der Gesetzgebung und Rechtsprechung insoweit zu übertragen, daß von ihm wichtigere Aenderungen, welche die Staatseisenbahnverwaltung berühren, zur Kenntnis des Präsidenten und der beteiligten Mitglieder der Eisenbahndirektion gebracht, sowie erforderlichen Falles Vorschläge zu entsprechenden Anordnungen für den Bezirk der Eisenbahndirektion gemacht werden.

Sitzungen.

§ 10. Wöchentlich, in der Regel am Montag, ist eine Sitzung anzuberaumen, in der zur Vorbereitung für die Entschließungen des Präsidenten wichtige Angelegenheiten beraten werden; weitere Sitzungen anzuordnen, bleibt dem Präsidenten überlassen. An den Sitzungen sind auch die außeretatsmäßigen höheren Beamten (Assessoren und Regierungsbaumeister) zu beteiligen.

Verantwortlichkeit.

§ 11. (1) Für die Verantwortlichkeit im Sinne der Verwaltungsordnung ist die Zeichnung in der Urschrift maßgebend.

(2) Die Entwürfe der Schreiben und Verfügungen der Eisenbahndirektion werden außer von den mit der Bearbeitung beauftragten Mitgliedern auch von

---

⁶) BB. 747, 773.

⁷) E. 19. Feb. u. 11. April 01 (BB. 595 ff.). FinanzO.: IV 1 b. W.

dem Präsidenten vollzogen, insoweit nicht die alleinige Bearbeitung der Sache den Direktionsmitgliedern überlassen worden ist.

(3) Die dem Präsidenten für die sach= und ordnungsmäßige Verteilung der Geschäfte obliegende Verantwortlichkeit erstreckt sich insbesondere auf die sach= gemäße Anwendung der in den §§ 5—10 enthaltenen Vorschriften.

(4) Für die aktenmäßige Erledigung der Geschäfte sind die mit ihrer Be= arbeitung beauftragten Mitglieder (Dezernenten und Kodezernenten) in jedem Falle verantwortlich.

Hülfsarbeiter.

§ 12. (1) Die Hülfsarbeiter der Eisenbahndirektion werden, soweit ihnen die Befugniß zur selbständigen Erledigung bestimmter Geschäfte beigelegt ist, in deren Bearbeitung den Mitgliedern gleichgeachtet. Im Uebrigen werden sie be= stimmten Mitgliedern zur aushülfsweisen Beteiligung an den Geschäften überwiesen. In diesem Falle bedürfen die von ihnen bearbeiteten Sachen der Mitzeichnung im Entwurf durch das geschäftsordnungsmäßig zuständige Mitglied; die Vertretung des letzteren in Abwesenheitsfällen kann dem Hülfsarbeiter von dem Präsidenten übertragen werden[8]).

(2) In den nach § 7 der Verwaltungsordnung dem Kollegium der Eisen= bahndirektion vorbehaltenen Angelegenheiten sind die Hülfsarbeiter zur Mitwirkung bei der Abstimmung nicht berechtigt.

Vollziehung der Reinschriften.

§ 13. (1) Reinschriften erhalten nur eine Unterschrift.

(2) Berichte an den Minister[9]), sowie die an die Oberpräsidenten gerichteten Schreiben sind, wie in der Urschrift, so in der Reinschrift vom Präsidenten zu voll= ziehen. Im übrigen werden die sonstigen Schreiben und Verfügungen, die der Präsident in der Urschrift gezeichnet oder mitgezeichnet hat, von ihm auch in der Reinschrift vollzogen.

(3) Die Schreiben und Verfügungen in den den Mitgliedern und Hülfs= arbeitern der Eisenbahndirektion zur alleinigen Bearbeitung oder zur selbständigen Erledigung zugeteilten Sachen sind von diesen auch in der Reinschrift zu voll= ziehen[10]).

(4) Dem Präsidenten steht jedoch mit der oben (Absatz 2) erwähnten Aus= nahme frei, die Reinschriften der von ihm gezeichneten Entwürfe von dem mit der Bearbeitung beauftragten Mitgliede an seiner Statt zeichnen zu lassen.

(5) Für die Vollziehung der Kassenanweisungen gelten die Vorschriften der Finanzordnung.

(6) Die Berichte der Eisenbahndirektion an den vorgesetzten Minister müssen an der Seite unter der Inhaltsangabe den Namen des Berichterstatters und etwaiger Mitberichterstatter enthalten[10]).

Stellvertretung des Präsidenten.

§ 14. In Fällen der Abwesenheit oder Behinderung des Präsidenten über= nimmt die Vertretung derjenige seiner ständigen Vertreter, der von dem Minister ein= für allemal hierfür bestimmt ist.

---

[8]) E. 25. März 97 (EVB. 69, VB. 597): ein= für allemal.

[9]) Und deren Anlagen: E. 29. Dez. 97 (VB. 597).

[10]) AusfAnw. (II 2 c Anm. 1) II 59.

Anlage B (zu Anmerkung 38).
Haftung der Staatseisenbahnverwaltung für Handlungen und Unterlassungen ihrer Angestellten nach dem Bürgerlichen Gesetzbuch[1]).

I. Haftung für den in Ausübung öffentlicher Gewalt zugefügten Schaden.

EG. BGB. Art. 77. Unberührt bleiben die landesgesetzlichen Vorschriften über die Haftung des Staates, der Gemeinden und anderer Kommunalverbände (Provinzial=, Kreis=, Amtsverbände) für den von ihren Beamten in Ausübung der diesen anvertrauten öffentlichen Gewalt zugefügten Schaden sowie die landesgesetzlichen Vorschriften, welche das Recht des Beschädigten, von dem Beamten den Ersatz eines solchen Schadens zu verlangen, insoweit ausschließen, als der Staat oder der Kommunalverband haftet.

Im preußischen Recht besteht eine allgemeine Vorschrift der erstbezeichneten Art nicht RGer. 5. Nov. 91 (XXVIII 335), 29. Juni 03 (LV 171); Witte S. 539. Rheinpreußen RGer. 16. Feb. 03 (LIV 19). — Haftung der Beamten selbst den Beschädigten gegenüber BGB. § 839, 841; RGer. 20. Feb. 02 (EEE. XIX 45: Aus § 839 kann der Beamte wegen einer falschen Auskunft auch dann haftbar sein, wenn er zur Auskunftserteilung nur berechtigt, nicht verpflichtet war).

II. Haftung für Willenserklärungen.

BGB. § 164 Abs. 1. Eine Willenserklärung, die Jemand innerhalb der ihm zustehenden Vertretungsmacht im Namen des Vertretenen abgiebt, wirkt unmittelbar für und gegen den Vertretenen. Es macht keinen Unterschied, ob die Erklärung ausdrücklich im Namen des Vertretenen erfolgt oder ob die Umstände ergeben, daß sie in dessen Namen erfolgen soll.

Ob bei Beamten die Voraussetzung des § im Einzelfalle zutrifft, bestimmt sich nach den Umständen, in erster Linie nach der Organisation. Frühere Entsch. des RGer. hierzu 15. Okt. 88 (XXII 259), 5. Mai 93 (XXXI 246), 15. Dez. 93 (EEE. X 345). Die Wirksamkeit der von einer Staatsbehörde namens des Staates vorgenommenen Handlungen richtet sich nach den Regeln über den Vertragsschluß durch Stellvertreter juristischer Personen; bei Privatrechtsgeschäften haftet der Staat nur, wenn die Behörde die Grenzen ihrer Amtsbefugnisse nicht überschritten hat RGer. 15. Dez. 93 (EEE. XI 309).

BGB. § 166 Abs. 1. Soweit die rechtlichen Folgen einer Willenserklärung durch Willensmängel oder durch die Kenntniß oder das Kennenmüssen gewisser Umstände beeinflußt werden, kommt nicht die Person des Vertretenen, sondern die des Vertreters in Betracht.

Bei juristischen Personen kann „wissentliches Geschehenlassen" (z. B. im Sinne LR. I 22 § 43) nur vorliegen, wenn ein Wissen und Wollen bei dem maßgebenden Willensorgan vorhanden ist; letzteres ist bei der StEB. weder der Bahnmeister, noch der InspektVorstand, sondern nur die EisDir.; Delegation ist unzulässig RGer. 17. Juni 02 (Arch. 03 S. 186). Ferner V 4 Anm. 10 d. W.

---

[1]) Witte S. 537 ff.

III. Haftung für vertragliches und außervertragliches Verschulden[2]).

BGB. § 31. Der Verein ist für den Schaden verantwortlich, den der Vorstand, ein Mitglied des Vorstandes, oder ein anderer verfassungsmäßig berufener Vertreter durch eine in Ausführung der ihm zustehenden Verrichtungen begangene, zum Schadensersatze verpflichtende Handlung einem Dritten zufügt.

BGB. § 89 Abs. 1. Die Vorschrift des § 31 findet auf den Fiskus sowie auf die Körperschaften, Stiftungen und Anstalten des öffentlichen Rechtes entsprechende Anwendung.

BGB. § 278 Satz 1. Der Schuldner hat ein Verschulden seines gesetzlichen Vertreters und der Personen, deren er sich zur Erfüllung seiner Verbindlichkeit bedient, in gleichem Umfange zu vertreten wie eigenes Verschulden[3]).

BGB. § 823. Wer vorsätzlich oder fahrlässig das Leben, den Körper, die Gesundheit, die Freiheit, das Eigenthum oder ein sonstiges Recht eines Anderen widerrechtlich verletzt, ist dem Anderen zum Ersatze des daraus entstehenden Schadens verpflichtet.

Die gleiche Verpflichtung trifft denjenigen, welcher gegen ein den Schutz eines Anderen bezweckendes Gesetz verstößt. Ist nach dem Inhalte des Gesetzes ein Verstoß gegen dieses auch ohne Verschulden möglich, so tritt die Ersatzpflicht nur im Falle des Verschuldens ein.

BGB. § 831[3]). Wer einen Anderen zu einer Verrichtung bestellt, ist zum Ersatze des Schadens verpflichtet, den der Andere in Ausführung der Verrichtung einem Dritten widerrechtlich zufügt. Die Ersatzpflicht tritt nicht ein, wenn der Geschäftsherr bei der Auswahl der bestellten Person und, sofern er Vorrichtungen oder Geräthschaften zu beschaffen oder die Ausführung der Verrichtung zu leiten hat, bei der Beschaffung oder der Leitung die im Verkehr erforderliche Sorgfalt beobachtet oder wenn der Schaden auch bei Anwendung dieser Sorgfalt entstanden sein würde.

Die gleiche Verantwortlichkeit trifft denjenigen, welcher für den Geschäftsherrn die Besorgung eines der im Abs. 1 Satz 2 bezeichneten Geschäfte durch Vertrag übernimmt.

Aus der Rechtsprechung des RGer. BGB. § 31, 89 treffen nur Fälle, in denen der Vertreter auf privatrechtlichem Gebiet gehandelt hat; bezüglich der öffentlichen Gewalt gilt EG. BGB. Art. 77. U. 27. Okt. 02 (LII 369), 29. Juni 03 (LV 171). Privatrechtliche Handlungen der „Vertreter" gelten als Handlungen der jurist. Person selbst. U. 29. Juni 03 (a. a. O.). Für Verstöße gegen Schutzgesetze (BGB. § 823 Abs. 2) — hier: Nichtbestreuen des Bahnhofsvorplatzes bei

---

[1]) Lindelmann, die Schadensersatzpflicht aus unerlaubten Handlungen nach dem BGB., Berlin 98; Laß u. Maier, Haftpflichtrecht u. Reichs= Versicherungsgesetzgebung, 2. Aufl. München 02, § 12; Scholz im Arch. f. Post u. Telegraphie 04 S. 627.

[2]) § 278 bezieht sich auf Vertragsverhältnisse, § 831 auf unerlaubte Handlungen.

Glatteis — haftet Fiskus, wenn entweder ein Verschulden eines Vertreters (§ 31) vorliegt oder bei Auswahl eines zu einer Verrichtung Bestellten (§ 831) nicht die erforderliche Sorgfalt beobachtet ist; auch wenn der Entlastungsbeweis gemäß § 831 Satz 2 geführt wird, greift § 823 Platz, sofern ein Verschulden des Vertreters (§ 31) in bezug auf Beaufsichtigung des Bestellten (§ 831) nachgewiesen wird; „anderer verfassungsmäßiger Vertreter" (§ 31) ist ein Angestellter, der nicht zur Leitung der Verwaltung, wohl aber durch die Verwaltungsorganisation zur Tätigkeit innerhalb eines größeren Geschäftsbereichs berufen ist; unter § 831 fällt, wer nicht durch die Organisation zu einer Tätigkeit berufen ist, sondern seinen dienstlichen Auftrag auf einen gemäß § 31 Berufenen zurückführt; bei der StEB. ist bez. der Erhaltung u. Verwaltung des Grundeigentums (VerwO. § 2 in Verb. mit Gesch.-Anw. f. BetrInsp. § 5) „anderer Vertreter" (§ 31) der Vorstand der BetrInspektion, dagegen der Bahnmeister oder der Stationsvorsteher „Besteller" i. S. § 831. U. 15. Jan. 03 (LIII 276, Arch. 703), 5. Okt. 03 (EEE. XX 253). Sorgfalt bei der Auswahl (§ 831 Satz 2) ist als erwiesen anzunehmen, wenn der „Bestellte" z. Z. seiner Anstellung eine für ihren Dienst (hier: Beleuchtung des Bahnhofszufuhrweges) geeignete Person war; Erkulpation bezüglich der „Leitung" (§ 831 Satz 2) kommt nur in Frage bei Verrichtungen, die unter Leitung des Geschäftsherrn (§ 31) vorgenommen zu werden pflegen; eine Verpflichtung zur Beaufsichtigung (wenn auch nicht bez. jedes untergeordneten Nebendienstes u. jeder einzelnen Handlung) wird nicht durch § 831, wohl aber durch § 823 erfordert. U. 20. Nov. 02 (LIII 53). Auf § 823 kann auch die Haftung für Unterlassungen gegründet werden. U. 30. Okt. 02 (LII 373). Nicht unter § 31 fällt der Bahnwärter, der das Wiederöffnen der Schranke versäumt hat. U. 17. Dez. 00 (XLVII 328). Hat die jurist. Person im eigenen Interesse ihrem Vertreter gewisse Verpflichtungen (Kassenkontrolle!) auferlegt, so haftet sie Dritten (Bürgen für Kassenbeamte!) gegenüber nicht aus Vernachlässigung dieser Verpflichtungen; ein in dieser Vernachlässigung bestehendes Versehen ihres Vertreters ist nicht Versehen der juristischen Person, sondern persönliches Versehen des Vertreters (Gemeines Recht) U. 31. Mai 92 (XXIX 141). Sonstige ältere Entsch. 12. Dez. 82 (Entsch. VIII 236: Sicherheitsmaßregeln beim Bau), 18. April 85 (EEE. IV 101: Sandstreuen bei Glatteis), 20. Jan. 86 (EEE. IV 353: Einholung der deichpolizeil. Genehmigung im Falle DeichG. § 1), 21. Dez. 86 (Entsch. XVII 105: Bei dem Bau einer Staatsbahn haftet Fiskus wie jeder private Bauherr für Erfüllung der vom Gesetz einem Bauherrn auferlegten Verpflichtungen, z. B. wegen Unterlassung der von der Polizei angeordneten oder sonst erforderlichen Sicherungsmaßregeln i. S. StGB. § 367 Ziff. 14), 10. Nov. 87 (XIX 348: Vorsicht bei Prüfung von Feuerlöschgeräten), 29. Sept. 97 (XXXIX 183), 19. Dez. 99 (XLV 168: Streuen bei Eis). — Die Haftung aus § 31 beschränkt sich nicht auf die in Ausübung der „Vertretungsmacht" u. erfaßt andererseits nicht alle „bei Gelegenheit" der dem Vertreter zustehenden Verrichtungen vorgenommenen Handlungen usw. Planck Anm. 3 zu § 31 BGB; Linckelmann (Anm. 2) § 13. — VII 3 Anm. 34 d. W.

    IV. Die Haftung der Eisenbahnverwaltung für ihre Angestellten ist durch Sondergesetze teilweise über die allgemeinen Grenzen hinaus erweitert; z. B. HPfG. § 1, 2; HGB. § 458.

    V. Die die Zuständigkeit der Landgerichte bei Klagen gegen den Staat wegen Verschuldens von Staatsbeamten betreffende Vorschrift in GVG. § 70 Abs. 2 Ziff. 2, Abs. 3 (Preuß. AG. 24. April 78 § 39 Ziff. 2) hat nur Ansprüche wegen Verschuldens bei Ausübung öffentlichrechtlicher Verrichtungen zum Gegenstande, nicht auch Ansprüche wegen Verschuldens bei Eingehung u. Erfüllung rein privatrechtlicher Verträge, z. B. des Frachtvertrags — RGer. 2. Juli 87 (XVIII 166), 7. Nov. 89 (EEE. VII 327), 23. Febr. 00 (XLVI 340) — oder sonstige Ersatzansprüche aus Schädigungen, die in einem fiskalischen Betriebe durch mangelhafte Einrichtungen oder durch schuldhaftes Verhalten eines Angestellten verursacht werden RGer. 29. April 01 (EEE. XVIII 223), 30. Jan. 02 (Entsch. L 396, Arch. 03 S. 183).

---

3. Gesetz, betreffend die Einsetzung von Bezirkseisenbahnräthen und eines Landeseisenbahnrathes für die Staatseisenbahnverwaltung. Vom 1. Juni 1882 (GS. 313)[1]).

§. 1. Einleitende Bestimmungen.

Zu beiräthlicher Mitwirkung in Eisenbahnverkehrsfragen (§§. 6, 14) werden bei den für Rechnung des Staates verwalteten Eisenbahnen errichtet:

a) Bezirkseisenbahnräthe als Beiräthe der Staatseisenbahndirektionen;

b) ein Landeseisenbahnrath als Beirath der Centralverwaltung der Staats= eisenbahnen.

§. 2. A. Bezirkseisenbahnräthe.
Zahl.

Für den Bezirk einer jeden Staatseisenbahndirektion wird ein Bezirks= eisenbahnrath errichtet. Auf Anordnung der Minister der öffentlichen Arbeiten, für Handel und Gewerbe und für Landwirthschaft, Domänen und Forsten kann jedoch ausnahmsweise statt dessen der Bezirkseisenbahnrath für mehrere Staatseisenbahndirektions=Bezirke errichtet werden[2]).

§. 3. Zusammensetzung und Wahl.

Die Bezirkseisenbahnräthe werden aus Vertretern des Handelsstandes, der Industrie, der Land= und Forstwirthschaft zusammengesetzt[2]).

Die Mitglieder, sowie die im Falle der Behinderung von Mitgliedern eintretenden Stellvertreter werden von den Handelskammern, kaufmännischen

---

[1]) Das G. beruht auf einem Beschlusse des AbgHauses 12. Dez. 79 (AH. 79/80 Druckf. 60, StB. 497, 610), welcher die Zustimmung des Landtags zu dem ersten großen Verstaatlichungs®. von der Schaffung „wirtschaftlicher Garantien" (wegen der „finanziellen" s. IV 3 a Anm. 1 d. W.) für eine dem Verkehrs= bedürfnis entsprechende Verwaltung der Staatsbahnen abhängig machte u. zur Herstellung einer näheren Verbindung der StEB. mit dem Handels= u. Ge= werbestande sowie mit den landwirt= schaftl. Kreisen die Einsetzung sog. Eisenbahnbeiräte für die EisDirektionen wie für die Zentralverwalt. verlangte (Begr.; von der Leyen in Stengels Wörterbuch des D. VerwRechts I 332).

— Quellen AH. 82 Druckf. 18 (Entw. u. Begr.) 211 (KomBer.) StB. 136, 1533, 1591, 1652, HH. St.B. 269. — Lit. von der Leyen Art. „Eisenbahn= beiräte" a. a. O; Micke S. 65 ff., 393 ff. Periodisch erscheint eine amtliche Ausgabe des G. nebst AusfBest. (zu= letzt 04).

[2]) Die z. Z. bestehenden Bezirkseisen= bahnräte sind aus dem E. 18. Dez. 94 betr. Bildung der Bezirkseisen= bahnräte (Anlage A) ersichtlich. Die jeweilige Mitgliederzahl u. Zu= sammensetzung der BERäte wird in den „Geschäftl. Nachrichten" Teil II (II 2 c Anm. 33 d. W.) mitgeteilt. Geschäftsführende Direktionen E. 31. Jan. 95 (Amtl. Ausg. — Anm. 1 — S. 13).

Korporationen und den landwirtschaftlichen Provinzialvereinen (Centralbezirks=
vereinen), sowie von anderen, durch die Minister der öffentlichen Arbeiten,
für Handel und Gewerbe und für Landwirthschaft, Domänen und Forsten zu
bestimmenden Korporationen und Vereinen auf 3 Jahre gewählt[3]).

Die Zahl der Mitglieder und Stellvertreter, sowie deren Vertheilung
auf die verschiedenen Interessentenkreise bestimmen die Minister der öffentlichen
Arbeiten, für Handel und Gewerbe und für Landwirthschaft, Domänen und
Forsten[2]).

§. 4. Zulassung außerpreußischer Theilnehmer.

Wo der Bezirk einer Staatseisenbahndirektion außerpreußisches Gebiet
— innerhalb des Deutschen Reiches — umfaßt, können auf den Wunsch der
betheiligten wirthschaftlichen Kreise unter Zustimmung der betreffenden Regierung
auch aus diesem Gebiet Vertreter des Handelsstandes, der Industrie oder der
Land= und Forstwirthschaft zur Theilnahme an den Verhandlungen des Bezirks=
eisenbahnrathes zugelassen werden. Die Anzahl derselben und die Art ihrer
Einladung bestimmt der Minister der öffentlichen Arbeiten[4]).

§. 5. Ausschüsse.

Jeder Bezirkseisenbahnrath kann zur Vorbereitung seiner Berathungen
einen ständigen Ausschuß aus seiner Mitte bestellen.

§. 6. Zuständigkeit.

Der Bezirkseisenbahnrath ist von der betreffenden Staatseisenbahn=
direktion in allen die Verkehrsinteressen des Bezirks oder einzelner Distrikte
desselben berührenden wichtigen Fragen zu hören. Namentlich gilt dies von
wichtigeren Maßregeln bei der Feststellung oder Abänderung der Fahrpläne
und der Tarife.

Der Bezirkseisenbahnrath kann in Angelegenheiten der vorbezeichneten Art
auch selbstständig Anträge an die Staatseisenbahndirektion richten und von
dieser Auskunft verlangen.

Wenn die Eisenbahndirektion wegen Gefahr im Verzuge ohne vorherige
Anhörung des Bezirkseisenbahnrathes wichtigere zur Beirathszuständigkeit des
letzteren gehörige Maßregeln getroffen hat, so muß sie hiervon dem ständigen
Ausschusse (§. 5) und dem Bezirkseisenbahnrathe bei deren nächstem Zusammen=
tritt Mittheilung machen.

§. 7. Geschäftsordnung.

Der Geschäftsgang des Bezirkseisenbahnrathes und des Ausschusses, so=
wie die Organisation des letzteren wird durch ein von dem Minister der öffent=

---

[3]) E. 20. Dez. 82 über Wahl der
BezEisRäte Anlage B.
[4]) Hessische u. badische Korporationen

II 4 b. W. Anl. A Art. 18 (4) u.
Unteranl. A 1 Art. 7 (2). Ferner Amtl.
Ausg. (Anm. 1) S. 24.

lichen Arbeiten zu genehmigendes Regulativ, welches der Bezirkseisenbahnrath entwirft, geordnet[5]).

Das Regulativ hat auch die erforderlichen Bestimmungen über den Vorsitz im Bezirkseisenbahnrath und Ausschuß, sowie über die periodischen Sitzungen des ersteren zu treffen.

Es muß eine wenigstens zweimal im Jahre stattfindende Zusammen= berufung des Bezirkseisenbahnrathes anordnen.

§. 8. Zuziehung anderer Eisenbahnverwaltungen und Staats= behörden.

Den Sitzungen des Bezirkseisenbahnrathes können auf Einladung des Präsidenten der Staatseisenbahndirektion auch Vertreter anderer Eisenbahn= verwaltungen oder Staatsbehörden beiwohnen.

§. 9. Vorerhebungen.

Erachtet der Bezirkseisenbahnrath bei seiner Beschlußfassung Vorerhebungen für erforderlich, so erfolgen dieselben durch die betreffende Staatseisenbahn= direktion.

§. 10. B. Landeseisenbahnrath.

Zusammensetzung.

Der Landeseisenbahnrath besteht[6]):

a) aus einem Vorsitzenden und dessen Stellvertreter;
   dieselben werden vom Könige und zwar auf die Dauer von drei Jahren ernannt;

b) aus drei von dem Minister für Landwirthschaft, Domänen und Forsten, drei von dem Minister für Handel und Gewerbe, zwei von dem Minister der Finanzen, sowie zwei von dem Minister der öffentlichen Arbeiten für die Dauer von drei Jahren berufenen Mitgliedern, nebst einer gleichen Anzahl von Stellvertretern;
   ausgeschlossen sind unmittelbare Staatsbeamte;

c) aus je einem Mitgliede für den Regierungsbezirk Cassel, den Regierungs= bezirk Wiesbaden, die Stadt Berlin und die Stadt Frankfurt a. M.;
   aus je zwei Mitgliedern für die Provinzen Ostpreußen, Westpreußen, Pommern, Brandenburg, Posen, Schleswig=Holstein, Hannover;
   aus je drei Mitgliedern für die Provinzen Schlesien, Sachsen, Westfalen und die Rheinprovinz,
   nebst einer gleichen Anzahl von Stellvertretern.

Dieselben werden durch die Bezirkseisenbahnräthe aus den Kreisen der Land= und Forstwirthschaft, der Industrie oder des Handelsstandes innerhalb der Provinz, beziehungsweise des Regierungsbezirks oder der Stadt auf die

---

[5]) Beispiel (Berlin) Micke S. 405.
[6]) Ferner Vertr. m. Hessen (II 4

Anl. A d. W.), Art. 18 (4) in Verb. mit E. 14. April 97 (EWB. 83).

Dauer von drei Jahren gewählt, nach Maßgabe eines durch Königliche Verordnung festgestellten Vertheilungsplanes[7]).

§. 11. Zuziehung von Sachverständigen.

Dem Minister der öffentlichen Arbeiten bleibt es vorbehalten, in geeigneten
Fällen Spezialsachverständige bei den Berathungen behufs Auskunftsertheilung
zuzuziehen.

§. 12. Ausschuß.

Aus seiner Mitte bestellt der Landeseisenbahnrath einen ständigen Ausschuß
zur Vorbereitung seiner Berathungen.

§. 13. Zusammensetzung des Ausschusses.

Der Ausschuß besteht aus dem Vorsitzenden des Landeseisenbahnrathes
oder dessen Stellvertreter (§. 10 Litt. a), und vier von dem Landeseisenbahnrathe aus seiner Mitte erwählten Mitgliedern und vier Stellvertretern.

§. 14. Zuständigkeit des Landeseisenbahnrathes.

Dem Landeseisenbahnrathe sind zur Aeußerung vorzulegen:

1) die dem Entwurf des Staatshaushalts=Etats beizufügende Uebersicht
   der Normaltransportgebühren für Personen und Güter;
2) die Allgemeinen Bestimmungen über die Anwendung der Tarife (Allge=
   meine Tarifvorschriften nebst Güterklassifikation)[8]);
3) die Anordnungen wegen Zulassung oder Versagung von Ausnahme= und
   Differenzialtarifen (unregelmäßig gebildeten Tarifen);
4) Anträge auf allgemeine Aenderungen der Betriebs= und Bahnpolizei=
   Reglements[9]), soweit sie nicht technische Bestimmungen betreffen.

Auch hat der Landeseisenbahnrath in allen wichtigeren, das öffentliche
Verkehrswesen der Eisenbahnen berührenden Fragen auf Verlangen des
Ministers der öffentlichen Arbeiten sein Gutachten zu erstatten.

Der Landeseisenbahnrath kann in Angelegenheiten der vorbezeichneten Art
auch selbstständige Anträge an den Minister der öffentlichen Arbeiten richten
und von diesem Auskunft verlangen.

§. 15. Berufung des Landeseisenbahnrathes.

Der Landeseisenbahnrath wird von dem Minister der öffentlichen Arbeiten
nach Bedürfniß, mindestens aber zweimal im Jahre, nach Berlin berufen.

Die Tagesordnung für die Sitzungen, insoweit dieselbe Gegenstände der
im §. 14 bezeichneten Art umfaßt, ist mindestens acht Tage vorher von dem
Vorsitzenden zur öffentlichen Kenntniß zu bringen.

---

[7]) V. 31. Dez. 94 (GS. 95 S. 1).   [9]) Jetzt VerkO. u. BO.
[8]) VII 3 Anl. J d. W.

§. 16. Nachträgliche Mittheilung vorläufiger Anordnungen der Staatsregierung an den Landeseisenbahnrath und Ausschuß.

Die von der Staatsregierung bei Gefahr im Verzuge ohne vorherige Anhörung des Landeseisenbahnrathes in Angelegenheiten der im §. 14 bezeichneten Art getroffenen Anordnungen sind dem Ausschusse und dem Landeseisenbahnrathe bei dem nächsten Zusammentritt mitzutheilen.

§. 17. Geschäftsordnung.

Der Geschäftsgang in den Sitzungen des Landeseisenbahnrathes wird durch ein von diesem zu entwerfendes und von dem Staatsministerium zu genehmigendes Regulativ geordnet[10]).

Der Ausschuß regelt seine Geschäftsordnung selbstständig[11]).

§. 18. Vorerhebungen.

Erachtet der Landeseisenbahnrath oder der Ausschuß Vorerhebungen für erforderlich, so erfolgen dieselben durch den Minister der öffentlichen Arbeiten.

§. 19. Mittheilung der Verhandlungen des Landeseisenbahnrathes an den Landtag.

Die Verhandlungen des Landeseisenbahnrathes werden von dem Minister der öffentlichen Arbeiten unter Beifügung einer übersichtlichen Darstellung des Ergebnisses und der darauf getroffenen Entscheidungen ebenso wie die Normaltransportgebühren für Personen und Güter dem Landtage regelmäßig mitgetheilt.

§. 20. Festsetzung der Normaltransportgebühren.

Unbeschadet der dem Reiche verfassungsmäßig[12]) zustehenden Einwirkung auf das Eisenbahntarifwesen können Erhöhungen der für die einzelnen Klassen des Gütertarifschemas zur Zeit der Publikation dieses Gesetzes bestehenden Normal= (Maximal=) Transportgebühren[13]), soweit sie nicht zum Zwecke der Herstellung der Gleichmäßigkeit der Tarife oder in Folge von Aenderungen des Tarifschemas vorgenommen werden, nur durch Gesetz erfolgen.

§. 21. Freie Fahrt und Diäten.

Die Mitglieder des Landeseisenbahnrathes und die seitens des Ministers der öffentlichen Arbeiten zugezogenen Sachverständigen (§. 11) erhalten für die Reise nach und von dem Orte der Sitzung, sowie für die Dauer der Sitzung täglich je 15 Mark, soweit dieselben nicht schon anderweit Diäten aus der Staatskasse beziehen.

---

[10]) Micke S. 411, Amtl. Ausg. (Anm. 1) S. 27.

[11]) Micke S. 414, Amtl. Ausg. S. 30.

[12]) I 2 a Art. 45, 46 d. W.

[13]) Mitgeteilt bei Micke S. 450. Übersichten über die jeweils bestehenden Normaltransportgebühren werden u. a. alljährlich dem Spezialetat der StEB. beigegeben.

Auch erhalten dieselben sowie auch die Mitglieder der Bezirkseisenbahnräthe behufs Theilnahme an der Sitzung freie Fahrt in beliebiger Wagenklasse für die Reisen nach und von dem Orte der Sitzung.

§. 22. Erlöschen der Mitgliedschaft im Bezirkseisenbahnrathe und Landeseisenbahnrathe.

Jeder in der Person eines Mitgliedes des Bezirkseisenbahnrathes, oder des Landeseisenbahnrathes (§. 10 Litt. b und c) eintretende Umstand, durch welchen dasselbe zur Bekleidung öffentlicher Aemter dauernd oder auf Zeit unfähig wird, ebenso wie die Eröffnung des Konkurses über das Vermögen solcher Mitglieder, hat das Erlöschen der Mitgliedschaft zur Folge.

Scheidet aus dieser Veranlassung oder durch Tod oder Verzicht ein Mitglied vor Ablauf der Periode, für welche dasselbe gewählt oder berufen ist, aus, so ist für den Rest der Periode ein neues Mitglied zu wählen beziehungsweise zu berufen.

§ 23. Dieses Gesetz tritt am 1. Januar 1883 in Kraft.

Anlagen zum Eisenbahnratsgesetz.

Anlage A (zu Anmerkung 2).

Erlaß der Minister für Handel und Gewerbe, der öffentlichen Arbeiten und für Landwirtschaft, Domänen und Forsten betr. Bildung der Bezirkseisenbahnräthe. An die Oberpräsidenten. Vom 18. Dezember 1894 (EBB. 95 S. 98).

Da das Mandat der auf Grund unseres Erlasses vom 23. November 1891 gewählten Mitglieder der Bezirkseisenbahnräthe in Bromberg, Berlin, Magdeburg, Hannover, Frankfurt a. Main, Cöln und Erfurt am 31. Dezember d. J. erlischt, haben wir beschlossen, bei Neubildung dieser Bezirkseisenbahnräthe für die Jahre 1895 bis 1897 die durch die am 1. April 1895 bevorstehende Neuordnung der Staatseisenbahnverwaltung bedingte anderweite Zusammensetzung der Eisenbahndirektionsbezirke in Rücksicht zu ziehen.

Danach werden die an den bisherigen Direktionssitzen verbleibenden Bezirkseisenbahnräthe[1]) in der aus der Anlage[2]) ersichtlichen Zusammensetzung für folgende Direktionsbezirke in Wirksamkeit treten:

1. derjenige zu Bromberg für die Direktionsbezirke[3]) Bromberg, Danzig und Königsberg i. Preußen,
2. zu Berlin für die Direktionsbezirke Berlin und Stettin,
3. zu Magdeburg für den Direktionsbezirk Magdeburg,
4. zu Hannover für die Direktionsbezirke Hannover und Münster i. Westfalen,
5. zu Frankfurt a. Main für die Direktionsbezirke Frankfurt a. Main und Cassel[4]),
6. zu Cöln für die Direktionsbezirke Cöln, Elberfeld, Essen a. Ruhr und St. Johann-Saarbrücken,
7. zu Erfurt für die Direktionsbezirke Erfurt und Halle a. Saale.

---

[1]) Außer den im E. angeführten: Altona für EisDirBezirk Altona E. 19/28. Sept. 84 (EBB. 365).
[2]) Hier nicht abgedruckt; II 3 Anm. 2.

[3]) Im Texte des E. steht „Regierungsbezirke".
[4]) Und Mainz: Vtr. m. Hessen (II 4 Anl. A d. W.) Art. 18 (4).

Der durch unseren Erlaß vom 31. Oktober 1892 errichtete Bezirkseisenbahnrath in Breslau, für welchen die Mitglieder bis zum Jahre 1895 einschließlich
gewählt sind, wird für das Jahr 1895 die Bezirke der Direktionen Breslau,
Posen und Kattowitz umfassen.

Die Anzahl der Mitglieder der zu 1 bis 7 aufgeführten Bezirkseisenbahnräthe, ihre Vertheilung auf die Handelskammern (kaufmännischen Korporationen),
die landwirthschaftlichen Provinzial= (Zentralbezirks=) Vereine und sonstigen Korporationen und Vereine ist in der Anlage²) festgestellt.

Die Zusammensetzung des Bezirkseisenbahnraths zu Breslau wird mit Rücksicht auf die anderweite Abgrenzung der Direktionsbezirke für das Jahr 1895
in der aus der Anlage²) gleichfalls ersichtlichen Art geändert.

Im übrigen bewendet es bei den Bestimmungen unseres Erlasses vom
20. Dezember 1882⁵).

---

⁵) Anlage B.

Anlage B (zu Anmerkung 3).

**Erlaß der Minister für Handel und Gewerbe, der öffentlichen Arbeiten und
für Landwirthschaft, Domänen und Forsten betreffend die Zahl, die Zusammensetzung und die Wahl der Bezirkseisenbahnräthe. An die Oberpräsidenten. Vom 20. Dezember 1882 (EVB. 83 S. 4). (Auszug.)**

III. Die Art und Weise der Wahl der Mitglieder und Stellvertreter derjenigen Handelskammern (kaufmännischen Korporationen), landwirthschaftlichen
Provinzial= (Zentralbezirks=) Vereine¹) und sonstigen Korporationen und Vereine,
welche eine jede für sich ein oder mehrere Mitglieder zu wählen berechtigt sind,
bleibt den einzelnen Körperschaften überlassen.

Soweit zwei oder mehrere Handelskammern gemeinschaftlich Ein Mitglied zu
wählen haben, erfolgt die Wahl — mangels einer Verständigung der Handelskammern — durch Delegirte, welche die Handelskammern aus ihrer Mitte mit Vollmacht zur Ausübung der Stimmberechtigung zu entsenden haben. Die Leitung
der Wahl und die Bestimmung des Wahlorts geschieht durch den Oberpräsidenten
einer der Provinzen, in welcher die Handelskammern ihren Sitz haben, oder den
von demselben ernannten Stellvertreter.

Die Bestimmung der jeder Handelskammer und jeder kaufmännischen Korporation zukommenden Stimmenzahl erfolgt vor jeder Wahl durch den Oberpräsidenten
nach Verhältnis der veranlagten oder fingirten Gewerbesteuerbeträge, welche für
die Wähler der Mitglieder jeder Handelskammer das Beitragsverhältnis zu den
Kosten der Handelskammer bestimmen (Gesetz vom 24. Februar 1870, GS. S. 134,
§ 23), bei den kaufmännischen Korporationen nach Maßgabe der auf die Mitglieder einer jeden derselben veranlagten Gewerbesteuer.

Gewählt ist, wer die absolute Majorität der abgegebenen Stimmen erhält,
bei Stimmengleichheit entscheidet das Loos.

Der Stellvertreter ist aus der Mitte derjenigen Handelskammern (kaufmännischen Korporationen) zu wählen, aus deren Kreise das Mitglied nicht
gewählt ist.

IV. Für jedes Mitglied der Bezirkseisenbahnräthe ist Ein Stellvertreter zu
wählen. Denjenigen Körperschaften, welche mehr als Ein Mitglied zu wählen
haben, bleibt eine Beschränkung der Zahl der Stellvertreter überlassen.

---

¹) Jetzt Landwirtschaftskammern.

4. Gesetz, betreffend den Erwerb des Hessischen Ludwigs-Eisenbahnunternehmens für den Preußischen und Hessischen Staat sowie Bildung einer Eisenbahn-Betriebs- und Finanzgemeinschaft zwischen Preußen und Hessen. Vom 16. Dezember 1896 (GS. 215)[1].

(Auszug.)

§. 1.   Die Staatsregierung wird unter Genehmigung der beigedruckten Verträge, nämlich:

1) des Vertrages vom 8./9. Juli 1896, betreffend den Uebergang des Hessischen Ludwigs-Eisenbahnunternehmens auf den Preußischen und Hessischen Staat[2]),

2) des Staatsvertrages zwischen Preußen und Hessen über die gemeinschaftliche Verwaltung des beiderseitigen Eisenbahnbesitzes vom 23. Juni 1896[3])

ermächtigt, nach Maßgabe der bezüglichen Vertragsbestimmungen in Gemeinschaft mit der Hessischen Staatsregierung das Unternehmen der Hessischen Ludwigs-Eisenbahngesellschaft käuflich zu erwerben und zunächst für gemeinsame Rechnung zu verwalten, sodann aber den gesammten Preußischen und Hessischen Staatseisenbahnbesitz zu einer Betriebs- und Finanzgemeinschaft zu vereinigen.

§. 7.   Jede Verfügung der Staatsregierung über die nach dem §. 1 in das Preußische Eigenthum übergehenden Eisenbahnstrecken durch Veräußerung bedarf zu ihrer Rechtsgültigkeit der Zustimmung beider Häuser des Landtages[4]).

Diese Bestimmung bezieht sich nicht auf die beweglichen Bestandtheile und Zubehörungen dieser Eisenbahnstrecken und auf die unbeweglichen insoweit nicht, als dieselben nach der Erklärung des Ministers der öffentlichen Arbeiten für den Betrieb der betreffenden Eisenbahnstrecken entbehrlich sind.

---

[1]) Inhalt des durch das G. genehmigten Staatsvertrages: Art. 1—5 Ankauf der Hessischen Ludwigsbahn durch Preußen u. Hessen, Teilung des Kaufgegenstandes unter beide Staaten, Aufbringung des Erwerbspreises; Art. 6, 7, 11 Vereinigung des gesamten gegenwärtigen Eisenbahnbesitzes beider Staaten — einschl. der Main-Neckar-Bahn u. der an sie anschließenden Nebenbahnen, sowie grundsätzlich einschl. späterer Erweiterungen — zu einer Betriebs- u. Finanzgemeinschaft; Art. 8—11 Anteil beider Staaten an dem Ertrage der Gemeinschaft; Art. 12—20 Einrichtung des Gemeinschaftsbetriebs: Etat, Organisation, Beamte, Verwaltung im einzelnen; Art. 21—23 Schlußbestimmungen: Dauer der Gemeinschaft, Aufnahme anderer EisVerwaltungen, Übertragung auf das Reich. — Quellen: Verh. AH. 96/7 Drucks. 5 (Entw. u. Begr.); StB. 12, 150, 170, HH. 96/7 StB. 15. — Bearb.: Witte S. 19 f., 66 f.; Abdruck des Vertrages mit Anlagen u. des Schlußprot. WB. 942; für Hessen Bek. 17. Dez. 96 (RegierBl. 169).

[2]) Hier nicht abgedruckt.

[3]) Anlage A.

[4]) I 3 Anm. 20 d. W.

Anlage A (zu Anmerkung 3).
Staatsvertrag zwischen Preußen und Hessen über die gemeinschaftliche Verwaltung des beiderseitigen Eisenbahnbesitzes. Vom 23. Juni 1896.
(Auszug.)

I. Die Verstaatlichung der Hessischen Ludwigsbahn.
Artikel 1.
Im Allgemeinen.

(1) Die Hessische Ludwigsbahn soll, sobald sie von beiden Staaten auf Grund eines gemeinsamen Angebots käuflich erworben ist[1]), nach der Gebiets=angehörigkeit der einzelnen Strecken unter beide Staaten vertheilt werden. Nach erfolgter Theilung soll der beiderseitige Eisenbahnbesitz zu einer ge=meinsamen Verwaltung vereinigt werden.

Kaufobjekt.

(2) Den Gegenstand des gemeinsam von der Preußischen und der Hessischen Regierung abzuschließenden Kaufgeschäfts bildet das gesammte Unternehmen der Hessischen Ludwigsbahngesellschaft mit allem Zubehör und allen sonstigen Rechten und Verpflichtungen der Gesellschaft.

(Abs. 3. 4.)

II. Auseinandersetzung zwischen den beiderseitigen Regierungen nach der Verstaatlichung der Hessischen Ludwigsbahn.
Artikel 2. Vertheilung des Kaufobjekts unter die Käufer.

Das Kaufobjekt (Artikel 1 Absatz 2) wird nach folgenden Bestimmungen unter die Käufer vertheilt:

Die Bahnanlagen nebst Zubehör.

(1) Die von der Hessischen Ludwigsbahngesellschaft betriebenen Bahn=strecken gehen mit allem ihrem Zubehör, insbesondere mit allen auf denselben vorhandenen baulichen Anlagen sowie mit allen zu denselben gehörenden Rechten und Pflichten, ferner mit allem sonstigen Eigenthum der Gesellschaft, auch wenn dasselbe wie z. B. die Dispositionsgrundstücke, Steinbrüche, altes Verwaltungsgebäude u. s. w. zum Bahnbetrieb nicht erforderlich ist, in das Eigenthum beziehungsweise in den Pachtbesitz desjenigen der beiden Vertrags=staaten über, auf dessen Gebiet sie belegen sind. Mit den hiernach auf jeden der beiden Staaten übergehenden Theilstrecken sollen denselben auch die anschließen=den, auf fremdem Staatsgebiet belegenen, im Eigenthum oder Pachtbesitz der Gesellschaft befindlichen Strecken in gleicher Weise zufallen. Mit dem Pacht=besitz gehen zugleich die aus den Pachtverträgen erwachsenden Rechte und Verbindlichkeiten über.

Materialbestände und Betriebsmittel.

(2) Die beim Uebergange des Unternehmens vorhandenen Materialbe=stände und Betriebsmittel bleiben ungetheilt in der Gemeinschaft. Der ideelle

---

[1]) Vertrag 8./9. Juli 96 (II 4 § 1 d. W.).

Antheil der beiden Staaten bestimmt sich nach dem Verhältniß ihrer Bethei=
ligung an der Uebernahme des Erwerbspreises.   Der bei der Uebernahme
vorhandene Bestand ist nach dem Buchwerth festzustellen.

Forderungen und sonstige Rechte der Gesellschaft aus Verträgen.

(3) Forderungen der Gesellschaft und die sonstigen Rechte derselben aus
Verträgen gehen ungetheilt auf die Käufer über, soweit nicht die nachstehenden
Bestimmungen eine abweichende Vereinbarung enthalten[2]: . . .

Fonds.

(4) Die Bestände der Fonds kommen nach dem Verhältniß des Antheils
beider Regierungen am Erwerbspreise unter dieselben zur Vertheilung, soweit
nicht in Nachstehendem eine abweichende Bestimmung getroffen ist[2]: . . .

Schulden und Verbindlichkeiten der Gesellschaft.

(5) Die Schulden und Verbindlichkeiten der Gesellschaft gehen ungetheilt
auf die Käufer über, soweit sie nicht mit dem Erwerbspreise zur Vertheilung
gelangen (Artikel 3 Absatz 1) oder in Nachstehendem eine abweichende Ver=
einbarung getroffen ist[2]: . . .

Artikel 3[3]).   Aufbringung des Erwerbspreises durch die Käufer.

Theilungsgrundsatz.

(1) Von dem Erwerbspreise trägt die Hessische Regierung vorweg den
Betrag der Baukosten für die Strecke Flonheim—Wendelsheim.   Im Uebri=
ben soll für die Betheiligung beider Staaten an dem im Artikel 1 Absatz 3
bezeichneten Erwerbspreise das Verhältniß maßgebend sein, in welchem sich
der Ueberschuß der Betriebseinnahmen über die Betriebsausgaben des Jahres
1894 — ausschließlich der Staats= und Gemeindesteuern (siehe Artikel 10
Absatz 4) — auf die nach Artikel 2 in das Eigenthum eines jeden der beiden
Staaten übergehenden Theile des Hessischen Ludwigsbahnunternehmens ver=
theilen würde.

Pachtstrecken.

(2) Die auf die Pachtstrecken entfallenden Einnahmen und Ausgaben
sollen hierbei nur zur Hälfte in Ansatz gebracht und dem Antheil desjenigen
Staates zugerechnet werden, welcher die Pachtstrecken gemäß Artikel 2 erhält.

Einnahmen.

(3) Die Betriebseinnahmen werden jedem Theile gesondert zugeschrieben,
wie sie in Wirklichkeit auf den einzelnen Strecken erwachsen sind.   Die Ein=
nahmen aus den Garantiezuschüssen des Hessischen Staates werden hierbei

---

[2]) Die nachfolgenden abweichenden
Bestimmungen werden hier nicht ab=
gedruckt, ebensowenig die Anlagen des
Staatsvertrags, insbesondere der Vtr.
3. Nov. 94 zwischen der Hessischen Regie=
rung u. der Ludwigsbahnges. (Anl. A
des Staatsvtr.); von dem Schlußprot.
zum Vtr. werden nur die Best. von
dauernder Bedeutung mitgetheilt.
[3]) Art. 8 (1) (2).

nur zur Hälfte in Ansatz gebracht und dem Antheil desjenigen Staates zuge=
rechnet, welcher die garantierten Strecken erhält.

Ausgaben.

(4) Für die Betriebsausgaben soll als Theilungsgrundsatz gelten, daß
die Kosten der Bahnverwaltung nach Maßgabe der hierfür thatsächlich auf
den beiderseitigen Strecken verwendeten Ausgaben, und die Kosten der Trans=
portverwaltung nach Verhältniß der auf den beiderseitigen Strecken durch=
laufenen Lokomotiv= und Wagenachskilometer, die Kosten der allgemeinen
Verwaltung den Kosten der Bahnverwaltung und der Transportverwaltung
nach ihrem ziffermäßigen Verhältniß zugerechnet und in gleicher Weise wie
diese vertheilt werden.

(5) Einnahmen und Ausgaben, für welche ein angemessener anderweiter
Maßstab der Vertheilung nicht gegeben ist, werden den Kosten der allgemeinen
Verwaltung ab= beziehungsweise zugerechnet.

(Abf. 6).

Artikel 4. Erstmalige Instandsetzung der Hessischen Ludwigsbahn.

Zur erstmaligen vollen baulichen Instandsetzung der Hessischen Ludwigs=
bahn und zur Ergänzung der Betriebsmittel derselben wird von der Preußi=
schen Regierung ein Betrag von 1 Million Mark und von der Hessischen
Regierung ein solcher von 3 Millionen Mark zur Verfügung gestellt und
von der Gemeinschaftsverwaltung zu obigem Zwecke verwendet werden.

Artikel 5. Vorläufige Verwaltung.

(1) Nach dem Uebergange der Hessischen Ludwigsbahn auf die beiden
Staaten wird für die vorläufige Verwaltung derselben eine gemeinschaftliche
Direktion in Mainz eingesetzt.

(Abf. 2—4).

III. Einrichtung einer gemeinsamen Verwaltung des beiderseitigen Eisenbahnbesitzes.

Artikel 6. Betriebsgemeinschaft.

Ausdehnung.

(1) Mit dem Beginn des auf die Uebernahme der Hessischen Ludwigs=
bahn folgenden Rechnungsjahres der Preußischen Staatsbahnen[4]) werden die
von beiden Staaten zu übernehmenden Theile der Ludwigsbahn einschließlich
der Pachtstrecken sowie die Oberhessischen Bahnen und die im Eigenthum des
Hessischen Staates stehenden Nebenbahnen, die bis dahin in Betrieb ge=
nommen sind, mit Ausnahme der an die Main—Neckarbahn anschliessenden Nebenbahnen Eberstadt—Pfungstadt, Weinheim—Fürth, Bicken-

---

[4]) 1. April 97.

bach—Seeheim[5]) mit dem gesammten Preußischen Staatseisenbahnbesitz nach näherer Bestimmung der Artikel 8 ff. zu einer Betriebsgemeinschaft[6]) vereinigt werden.

Main—Neckarbahn.

(2) Die dem Preußischen beziehungsweise dem Hessischen Staate zustehenden Antheile an der Main—Neckarbahn werden gleichfalls in diese Gemeinschaft einbezogen werden, sobald die bestehende Main—Neckarbahn-Gemeinschaft durch Abmachung mit der betheiligten Großherzoglich Badischen Regierung aufgelöst sein wird. In diesem Falle treten die drei oben genannten Nebenbahnen ebenfalls in die Gemeinschaft ein[5]).

Künftige Erweiterung.

(3) Künftig dem Eisenbahnbesitz beider Staaten hinzutretende Bahnen sollen gleichfalls von der Gemeinschaft betrieben werden, sofern nicht auf den Wunsch der Hessischen Regierung im einzelnen Falle eine Ausnahme hiervon vereinbart wird.

Artikel 7. Finanzielle Gemeinschaft.

Grundsatz.

(1) Der Betrieb der vereinigten Bahnen soll für Rechnung beider Staaten in der Weise erfolgen, daß sämmtliche Betriebseinnahmen und -Ausgaben (wegen der Steuern siehe Artikel 10 Absatz 4) als gemeinsame anzusehen sind und der Ueberschuß der Einnahmen über die Ausgaben unter beide

---

[5]) Der preuß. u. der hess. Anteil an der Main-Neckarbahn u. die an letztere anschließenden Nebenbahnen sind am 1. Okt. 02 in die Betriebsgemeinschaft einbezogen worden; für die Geltungsdauer des hierüber abgeschlossenen Vtr. 14. Dez. 01 kommt Art. 7 Abs. 2 obigen Vtr. außer Anwendung (Schlußprot. betr. Hessen zu Art. 4 des Vtr. 14. Dez. 01, VB. 978). Auszug aus Vtr. 14. Dez. 01: Unteranlage A 1.

[6]) Hinsichtlich der rechtlichen Vertretung der Gemeinschaftsverwaltung nach außen sind die vertragschließenden Teile von folgender Auffassung ausgegangen. In Angelegenheiten der Finanzgemeinschaft (mit Ausnahme der Fälle des Art. 14 Abs. 6 des Staatsvertrags) ist rücksichtlich der Preußischen Staatsbahnen der Preußische, rücksichtlich der Hessischen Staatsbahnen der Hessische Fiskus das durch die zuständigen Eisenbahndirektionen zu vertretende Rechtssubjekt. Wo die Finanzgemeinschaft nicht Platz greift, gleichwohl aber die Verwaltung des Hessischen Bahnbesitzes der Gemeinschaftsverwaltung obliegt, wie insbesondere bei der Substanz des Grundeigentums, beim Bau für Rechnung des Hessischen Staates u. beim Bahnbetrieb für Hessische Rechnung, ist der Hessische Fiskus das durch die zuständigen Eisenbahndirektionen zu vertretende Rechtssubjekt. Betreffs der ungeteilt auf beide Staaten übergehenden Schulden u. Verbindlichkeiten der Gesellschaft bilden der Preußische u. der Hessische Fiskus gemeinsam das von der zuständigen Eisenbahndirektion zu vertretende Rechtssubjekt (Begr. des G., abgedr. in VB. 966). — Nach dem Vtr. kommt der Betriebsgemeinschaft nicht eine besondere juristische Persönlichkeit zu, sondern ist das Verhältnis beider Staaten zivilrechtlich als ein der Gesellschaft entsprechendes anzusehen; bezüglich der von Hessen eingeworfenen Bahnen ist Preußen neben Hessen Betriebsunternehmer i. S. HPfG. § 1, so daß für Unfälle auf Hess. Bahnen der Gemeinschaft beide Staaten solidarisch haften RGer. 10. Juli 02 (LII 144, Arch. 03 S. 422).

Staaten nach dem in den Artikeln 8 ff. vereinbarten Theilungsmaßstabe vertheilt wird. Die im Betriebe, im Mitbetriebe oder im Pachtbesitz eines der beiden kontrahirenden Staaten befindlichen fremden Bahnlinien sowie die im Betriebe, im Mitbetriebe oder im Pachtbesitz Dritter befindlichen, im Eigenthum der beiden kontrahirenden Staaten stehenden Bahnen oder Bahnstrecken sollen ebenfalls als zu dieser Gemeinschaft gehörig angesehen werden[6]).

Main—Neckarbahn.

(2) Die Antheile beider Staaten an den Betriebsüberschüssen der Main—Neckarbahn sowie die Betriebsüberschüsse der an die Main—Neckarbahn anschliessenden Nebenbahnen Eberstadt—Pfungstadt, Weinheim—Fürth und Bickenbach—Seeheim sollen bis zu der künftigen Einbeziehung dieser Bahnen in die Betriebsgemeinschaft dem Ueberschusse der Gemeinschaft zugerechnet werden und mit demselben zur Vertheilung kommen[5]).

Nicht in die Gemeinschaft fallende Rechte an Eisenbahnen.

(3) Im Uebrigen sollen die Einkünfte beider Staaten aus ihrer Betheiligung an anderen nicht in die Betriebsgemeinschaft fallenden Bahnen von der finanziellen Gemeinschaft ausgeschlossen bleiben.

Artikel 8. Ermittelung des Antheilsverhältnisses beider Staaten an dem Ertrage der Finanzgemeinschaft.

Preußische Theilungsziffer.

(1) Der Ueberschuß der Betriebseinnahmen über die Betriebsausgaben, welcher sich bei dem Betriebe der Preußischen Staatsbahnen in dem Jahre 1894/95 ergeben hat, bildet unter Zurechnung des Antheils an dem Betriebsüberschuß der Hessischen Ludwigsbahn (einschließlich der Hälfte des Betriebsüberschusses der Pachtstrecken), welcher nach der im Artikel 3 Absatz 1 bis einschließlich 5 vorgesehenen Berechnung für das Jahr 1894 auf die in das Eigenthum des Preußischen Staates übergehenden Theile der Hessischen Ludwigsbahn entfallen würde und des Preußischen Antheils an dem Reinertrage der Main—Neckarbahn aus dem Jahre 1894, die für den Preußischen Antheil maßgebende Theilungsziffer.

Hessische Theilungsziffer.

(2) Der Antheil an dem Betriebsüberschusse der Hessischen Ludwigsbahn, welcher nach der im Artikel 3 Absatz 1 bis einschließlich 5 vorgesehenen Berechnung für das Jahr 1894 auf die in das Eigenthum des Hessischen Staates übergehenden Theile der Hessischen Ludwigsbahn (einschließlich der Hälfte des Garantiezuschusses des Hessischen Staates) entfallen würde und der Betriebsüberschuß der Oberhessischen Bahnen sowie der Nebenbahnen Nidda—Schotten, Stockheim—Gedern, Hungen—Laubach aus dem Jahre 1894/95 unter Zurechnung des Hessischen Antheils an dem Reinertrage der

Main—Neckarbahn, sowie des Betriebsüberschusses der Strecke Eberstadt—
Pfungstadt aus dem Jahre 1894 und von $1\frac{1}{2}$ Prozent der Baukosten für
die Strecke Flonheim—Wendelsheim bilden die für den Hessischen Antheil
maßgebende Theilungsziffer.

Main—Neckarbahn.

(3) Bei Ermittelung der Reinerträge der Main—Neckarbahn sind die
aus besonderen Mitteln der beiden Staaten bestrittenen Ausgaben mit zu
berücksichtigen.

Theilungsmaßstab.

(4) Beide Theilungsziffern ergeben den für die Vertheilung des künftigen
jährlichen Betriebsüberschusses geltenden Theilungsmaßstab vorbehaltlich der sich
aus den Bestimmungen des Artikels 11 ergebenden Aenderungen.

Artikel 9. Berechnung der Betriebsüberschüsse für die Theilungsziffern.

Für die Festsetzung des im Artikel 8 bezeichneten Theilungsmaßstabes
sollen die Ueberschüsse der Betriebseinnahmen über die Betriebsausgaben,
welche sich auf den zu einer Finanzgemeinschaft zu vereinigenden Bahnen ergeben haben, nach den Rechnungsabschlüssen ermittelt und nach Maßgabe der
folgenden Bestimmungen berichtigt werden:

1) Es sollen die gesammten Aufwendungen für Pensionen und Warte-
   gelder der Beamten, welche aus dem Dienste der Gemeinschaftsbahnen
   pensionirt worden sind, sowie für Versorgung ihrer Hinterbliebenen,
   mögen dieselben aus den Fonds der bestehenden Pensionskassen entnommen oder aus Staatsfonds gedeckt sein, den Betriebsausgaben —
   insoweit nicht in denselben enthalten — zugerechnet, die Einnahmen
   dieser Kassen dagegen den Betriebseinnahmen zugerechnet werden. Die
   Zinsen der Vermögensbestände der Kassen und die aus den Beständen
   dieser Kassen behufs Erfüllung der statutmäßigen Leistungen gemachten
   Zuzahlungen sowie etwaige Zuschüsse aus sonstigen Fonds bleiben bei
   Berechnung der Einnahmen außer Ansatz. Die Bestimmung dieses
   Absatzes findet jedoch keine Anwendung auf die Einnahmen und Ausgaben der Preußischen Allgemeinen Wittwen-Verpflegungsanstalt und
   auf die Einnahmen der Hessischen Civildiener-Wittwenkasse.
2) Von den Betriebsausgaben sind die Aufwendungen für Staats-, Ge-
   meinde- und sonstige öffentliche Steuern in Abzug zu bringen.
3) Mit Rücksicht darauf, daß bei der Hessischen Ludwigsbahn durch die
   Einführung der bei den Preußischen Staatsbahnen in Bezug auf die
   Verkehrseinrichtungen und Beförderungspreise, die Unterhaltung, Erneuerung und Ergänzung der Bahnanlagen und Betriebsmittel, die
   Besoldungen der Beamten sowie die Wohlfahrtseinrichtungen für Beamte und Arbeiter bestehenden Normen und Grundsätze künftig sowohl

eine Aenderung in den Betriebseinnahmen wie den Betriebsausgaben eintreten wird, soll der nach vorstehenden Bestimmungen berechnete Ueberschuß der Einnahmen über die Ausgaben bei der Hessischen Ludwigsbahn um 8 Prozent gekürzt werden.

4) In der Betriebsrechnung der Preußischen Staatsbahnen sollen diejenigen Beträge, welche in Folge der mit dem Jahre 1895/96 eingeführten, veränderten Buchung und Verrechnung der Frachten für Betriebs= dienstgüter, der Werthbeträge für die Wiederverwendung noch brauch= barer Altmaterialien und der Erstattung von Haftpflichtentschädigungen bei den Einnahmen und Ausgaben des Jahres 1894/95 am Jahres= schlusse abgesetzt und zugesetzt sind, den Einnahmen und Ausgaben dieses Jahres wieder zugerechnet werden.

Artikel 10. Berechnung der künftigen Betriebsüberschüsse für die Vertheilung.

(1) Bei Ermittelung der jährlichen Betriebsüberschüsse der Gemeinschaft werden die statutmäßigen Einnahmen und Ausgaben der Beamtenpensions= kassen den Betriebseinnahmen und Ausgaben der Gemeinschaftsverwaltung mit den im Artikel 9 Absatz 1 bezeichneten Ausnahmen zugerechnet. Alle Aufwendungen der beiden Regierungen für die Gewährung von gesetzlichen Pensionen und Hinterbliebenengeldern zu Gunsten der Beamten, welche aus dem Dienste der Gemeinschaftsbahnen pensionirt werden oder pensionirt worden sind, sollen von der Gemeinschaft erstattet und den Jahresbetriebsausgaben zugerechnet werden.

(2) Von den Kosten der Centralverwaltung der Preußischen Staats= bahnen sollen 90 Prozent den Betriebsausgaben zugerechnet werden.

(3) Die für Ergänzung der Bahnanlagen und Betriebsmittel erforder= lichen Aufwendungen, welche nach den für Preußen jeweilig geltenden Ver= waltungsgrundsätzen nicht in den Titeln des Betriebsausgabe=Etats vorgesehen werden, sollen den Betriebsausgaben nicht zugerechnet werden.

(4) Jeder Staat zahlt die auf seinen Eisenbahnbesitz entfallenden Staats=, Gemeinde= und sonstigen öffentlichen Abgaben aus dem ihm zufallenden Reinertrage[7]).

Artikel 11. Erweiterung des Eisenbahnbesitzes beider Staaten. Erwerb bestehender Bahnen.

(1) Der Preußischen Regierung bleibt die Erweiterung ihres Eisenbahn= besitzes durch kaufweise Uebernahme bestehender Bahnen überlassen. Dieselben treten mit dem Beginn des auf die Erwerbung folgenden Rechnungsjahres in die Gemeinschaft ein, indem der Theilungsziffer Preußens (Artikel 8 Absatz 1) eine Zinsvergütung von 3,25 Prozent der für die Erwerbung gemachten Auf=

---

[7]) Zusatzvereinb. nebst Verrechnungsvorschr. E. 5. April 00 (EVB. 161).

wendungen zugerechnet wird. Diese Bestimmung findet auf alle in die Zeit vom Beginn des Jahres 1895/96 bis zum Beginn des auf die Uebergabe der Hessischen Ludwigsbahn folgenden Rechnungsjahres⁴) fallenden Erwer= bungen fremder Bahnen durch Preußen in gleicher Weise Anwendung. Unter denselben Bedingungen bleibt die Erwerbung auf Hessischem Gebiet belegener oder an solche anschließender Eisenbahnstrecken, sofern dieselbe Preußischerseits für die Zwecke der Gemeinschaft als erwünscht anerkannt wird, der Hessischen Regierung überlassen. Sollte vorbezeichnete Voraussetzung nicht zutreffen, so bleibt die Hessische Regierung gleichwohl berechtigt, die betreffende Bahn zu erwerben. Letztere ist von der Betriebsgemeinschaft für Rechnung des Hessischen Staates zu betreiben, sofern nicht auf den Wunsch der Hessischen Regierung im einzelnen Falle eine Ausnahme hiervon vereinbart wird⁸).

Neue Bahnen für Rechnung Hessens
a) mit bereits bewilligten Krediten.

(2) Bezüglich der in der Anlage²) bezeichneten neuen Bahnen, für welche zur Zeit des Abschlusses dieses Vertrages der Hessischen Regierung Kredite auf gesetzlichem Wege eröffnet sind, soll, sofern die Bedingungen, von denen die Ausführung nach den gesetzlichen Bestimmungen abhängig gemacht ist, erfüllt werden, eine Zinsvergütung von $1\frac{1}{2}$ Prozent eines den Höchstbe= trag von 32 Millionen Mark nicht übersteigenden Baukapitals der Theilungs= ziffer (Artikel 8 Absatz 2) des Hessischen Staates zugerechnet werden, sobald dieselben in die Finanzgemeinschaft eintreten. Der Eintritt erfolgt mit dem Beginn des nächsten auf die Betriebseröffnung der ganzen Strecke folgenden Rechnungsjahres. Bis zu diesem Zeitpunkt wird die Verwaltung für Rech= nung des betreffenden Staates durch die Betriebsverwaltung der Gemeinschaft nach Maßgabe der im Artikel 3 festgesetzten Theilungsgrundsätze vorbehaltlich anderweiter Vereinbarungen geführt⁹).

---

⁸) Hierzu im Schlußprotokoll 23. Juni 96 (BB. 963) Ziff. V Best. über die Eif. Flonheim=Wendelsheim.

⁹) Schlußprot. (Anm. 8) zu Art. 11 (2) bestimmt:

VI. Die in der Anlage B bezeich= nete Linie Lorsch—Heppenheim—Fürth soll nach erfolgter Zustimmung der Hessischen Stände durch eine Linie Lampertheim—Weinheim ersetzt wer= den. Sonstige Abweichungen von dem Verzeichniß der zu bauenden Linien und dem zu verzinsenden Höchstbetrage im Falle der Nicht= ausführung der einen oder anderen Linie bedürfen der beiderseitigen Ver= ständigung. Auch sollen die Bau= pläne und Kostenanschläge der ein= zelnen Strecken der Preußischen Regierung vom Zeitpunkte des Ab= schlusses dieses Vertrages ab vor der Ausführung des Baues zur Einsicht= nahme und Prüfung hinsichtlich der Interessen der gemeinschaftlichen Be= triebsverwaltung (Stationsanlagen, Signale und Betriebsmittel) mit= getheilt werden.

b) künftige Bahnen.

(3) Die Hessische Regierung bleibt auch fernerhin berechtigt, neue Eisen=
bahnlinien auf ihre Rechnung bauen zu lassen; der Eintritt solcher Bahnen
in die Finanzgemeinschaft bedarf besonderer Verständigung (wegen des Ein=
tritts in die Betriebsgemeinschaft siehe Artikel 6 Absatz 3).

Neue Bahnen für Rechnung Preußens.

(4) Neue Bahnen, welche für Rechnung des Preußischen Staates aus=
geführt werden, treten nach Maßgabe der im Absatz 2 vorgesehenen Bestim=
mungen in die Finanzgemeinschaft ein. Mit dem Eintritt derselben in die
Gemeinschaft soll eine Zinsvergütung von $1\frac{1}{2}$ Prozent des Baukapitals der
Theilungsziffer (Artikel 8 Absatz 1) des Preußischen Staates zugerechnet
werden. Diese Bestimmung findet auf alle in der Zeit vom Beginn des
Jahres 1895/96 bis zum Beginn des auf die Uebergabe der Hessischen
Ludwigsbahn folgenden Rechnungsjahres[4]) dem Betriebe übergebenen neuen
Bahnen in gleicher Weise Anwendung. Für die im Jahre 1894/95 eröff=
neten Nebenbahnen soll eine Zurechnung von $1\frac{1}{2}$ Prozent des Anlagekapitals
nur für den Theil des Rechnungsjahres bis zur Betriebseröffnung erfolgen.

Ergänzungsanlagen und Beschaffungen für Sonderrechnung der beiden Staaten.

(5) Aufwendungen für solche Ergänzungsanlagen (Bau zweiter und
fernerer Gleise, Umbau von Bahnhöfen ꝛc., einschließlich solcher auf den
Nebenbahnen), deren Verrechnung nach den für Preußen geltenden Verwaltungs=
grundsätzen nicht zu Lasten des Betriebsetats zu erfolgen hat, trägt jede
Regierung für die von ihr in die Gemeinschaft gebrachten Linien. Dergleichen
Aufwendungen für die Vermehrung der Betriebsmittel werden nach dem Ver=
hältniß des Antheils der beiden Staaten am Betriebsüberschuß des vorher=
gehenden Rechnungsjahres auf beide Staaten vertheilt. Die Projekte für
Ergänzungsanlagen auf Hessischen Linien werden der Hessischen Regierung
rechtzeitig mitgetheilt und werden etwaige Wünsche derselben thunlichst berück=
sichtigt werden. Für solche Bauten und Beschaffungen, welche vom Beginn
des Rechnungsjahres 1895 beziehungsweise 1895/96 ab für Sonderrechnung
eines der beiden Staaten ausgeführt werden oder ausgeführt worden sind,
wird eine Zinsvergütung von drei Prozent der dafür aufgewendeten Beträge
der Theilungsziffer des Staates, von welchem dieselben aufgewendet sind, bei
der Vertheilung der Ueberschüsse der auf die Ausführung folgenden Rechnungs=
jahre zugerechnet.

Main—Neckarbahn[5]).

(6) Eine gleiche Zurechnung von drei Prozent zur Theilungsziffer eines
Staates erfolgt bezüglich aller seit dem 1. Januar 1895 von dem betreffenden
Staat aufgewendeten oder noch aufzuwendenden Beträge für die Main—
Neckarbahn, durch welche nach den für diese Bahn geltenden Grundsätzen das
für die Vertheilung des Betriebsüberschusses maßgebende Baukapital der
Main—Neckarbahn erhöht wird.

Aufwendungen für die erstmalige Instandsetzung der Hessischen Ludwigsbahn.

(7) Die Bestimmungen im Absatz 5 finden keine Anwendung auf die gemäß Artikel 4 für die Instandsetzung der Hessischen Ludwigsbahn aufzuwendenden Beträge.

Veräußerungen.

(8) Wenn Theile der zur Gemeinschaft gehörenden Bahnen veräußert werden, so fällt der daraus erzielte Erlös demjenigen Staate zu, der Eigenthümer der betreffenden Bahnstrecke ist. Handelt es sich bei dieser Veräußerung um ganze Bahnstrecken oder Theilstrecken, so wird eine Zinsvergütung von drei Prozent des Erlöses der Theilungsziffer des betreffenden Staates abgeschrieben; eine solche Abschreibung findet dagegen nicht statt bei Veräußerungen von Grundbesitz, Gebäuden und sonstigen Anlagen, welche zum Bahnbetriebe nicht erforderlich sind und für die Zwecke der Betriebsgemeinschaft als entbehrlich anerkannt werden.

Aenderung der Zinssätze.

(9) Es bleibt vorbehalten, im Wege der Verständigung eine entsprechende Aenderung der Zinssätze eintreten zu lassen, sobald unter beiden Regierungen Einverständniß darüber herrscht, daß die bedungenen Zinssätze den thatsächlichen Verhältnissen nicht mehr entsprechen.

IV. Einrichtung der Verwaltung und Betriebsleitung der in die Gemeinschaft einzubringenden Hessischen Eisenbahnstrecken.

Artikel 12.   Etatsverhältnisse.

Aufstellung des Etats.

(1) Die Verwaltung der nach vorstehenden Abmachungen zu einer Finanzgemeinschaft vereinigten Preußischen und Hessischen Bahnen erfolgt nach den jeweilig gültigen Verwaltungsvorschriften für die Preußischen Staatsbahnen auf Grund Eines — einschließlich der außerordentlichen Ausgaben (Artikel 11 Absatz 5) — für die Gesammtheit aufgestellten Etats. In demselben wird der an Hessen zu zahlende Antheil am Betriebsüberschuß als Ausgabe gebucht werden[10]), so daß sich der Betrag, um welchen die Betriebseinnahmen die Betriebsausgaben übersteigen, als Betriebsüberschuß der Preußischen Staatseisenbahnen darstellt.

Mittheilung an Hessen.

(2) Die auf die Hessischen Linien bezughabenden Etatsvoranschläge werden der Hessischen Regierung rechtzeitig mitgetheilt und werden etwaige Wünsche derselben (insbesondere hinsichtlich der auf Hessische Rechnung entfallenden außerordentlichen Ausgaben sowie der zu Lasten der Gemeinschaft auszuführenden und bei Titel 8 des Betriebsetats zu verrechnenden Ergänzungsanlagen auf Hessischen Bahnstrecken) thunlichst berücksichtigt werden.

---

[10]) Etat d. StEB. Kap. 24 der Ausgabe.

Im Uebrigen bleibt die Bemessung der in den Preußischen Staats=
haushalt einzustellenden gemeinsamen Einnahmen und Ausgaben der Preußischen
Regierung überlassen, so daß für den Hessischen Staatshaushalt nur der
Hessische Antheil am Betriebsüberschusse sowie die Aufbringung der Mittel
für die auf Hessische Rechnung entfallenden außerordentlichen Ausgaben in
Betracht kommt.

Rechnungslegung.

(3) Die Revision der Betriebsrechnung erfolgt ausschließlich durch die
zuständigen Preußischen Behörden. Die Revision der Baurechnung der für
Sonderrechnung des Hessischen Staates ausgeführten Bauten und Beschaffungen
erfolgt durch die zuständigen Hessischen Behörden.

Berechtigung Preußens zur Übernahme der für Sonderrechnung Hessens
erforderlichen Aufwendungen.

(4) Sofern die Mittel, welche nach der Meinung der Preußischen Re=
gierung auf den Hessischen Strecken für Ergänzung der Anlagen oder Betriebs=
mittel nach obiger Vereinbarung von der Hessischen Regierung aufzubringen
sind, nicht zur Verfügung gestellt werden sollten, so soll Preußen befugt sein,
die betreffenden im Betriebs= oder Verkehrsinteresse für nothwendig erachteten
Aufwendungen für eigene Rechnung mit der Wirkung zu machen, daß die
Zinsvergütung der Preußischen Theilungsziffer zuwächst.

Artikel 13. Verwaltungsbehörden.

Centralverwaltung.

(1) In der Centralbehörde der Gemeinschaftsverwaltung wird eine etats=
mäßige Stelle für einen Hessischen vortragenden Rath vorgesehen[11]).

[11]) Zentralbehörde ist der Min. —
Schlußprot. (Anm. 8) VII zu Art. 13
Abf. 1 u. 2:

Der in der Zentralverwaltung be=
schäftigte Hessische Rath wird als
Bahnreferent u. A. das Referat oder
Korreferat bezüglich der Direktions=
bezirke Mainz und Frankfurt a. M.
erhalten.

Man ist ferner darüber einver=
standen, daß die Zutheilung der
Strecken nach Maßgabe der Verkehrs=
und Betriebsverhältnisse erfolgen soll,
im Uebrigen aber die Wünsche der
Hessischen Regierung, wonach die
Strecken der Provinzen Starkenburg
und Rheinhessen thunlichst der Direk=

tion zu Mainz, die übrigen der
Direktion zu Frankfurt a. M. zuzu=
theilen sind, Berücksichtigung finden
sollen. Bei der Eintheilung der In=
spektionsbezirke und Errichtung des
Sitzes für die Inspektionen soll auf
Darmstadt und Gießen thunlichst
Rücksicht genommen werden. Auch
darüber besteht Einverständniß:

a) daß die in Mainz zu errichtende
Behörde die Bezeichnung „Königl=
lich Preußische und Großherzog=
lich Hessische Eisenbahndirektion"
zu führen hat (vergl. auch
Ziffer XIII),

b) daß durch die Bezeichnung der

13*

Bezirke der Gemeinschaftsdirektionen.

(2) Die unmittelbare Leitung und Beaufsichtigung der in die Gemeinschaft eingeworfenen Hessischen Strecken erfolgt durch eine in Mainz zu errichtende Eisenbahndirektion[12]) beziehungsweise durch die Eisenbahndirektion zu Frankfurt a. M. Ueber die Zutheilung der Hessischen Strecken an die eine oder andere dieser Eisenbahnbehörden wird besondere Verständigung erfolgen. Welche Preußischen Strecken dem Direktionsbezirke Mainz einzufügen sind, bleibt der Entschließung der Preußischen Staatsregierung vorbehalten[11]).

Direktion zu Mainz.

(3) In Bezug auf den Wirkungskreis und die Geschäftsbehandlung wird die Eisenbahndirektion zu Mainz den Königlich Preußischen Eisenbahndirektionen gleichgestellt. Die Ernennung des Präsidenten dieser Direktion bleibt der Preußischen Regierung vorbehalten.

Bezeichnung der auf Hessischem Gebiet belegenen Dienststellen.

(4) Die Dienststellen auf Hessischem Gebiet werden die Bezeichnung als „Großherzoglich Hessische" insoweit führen, als die gleichen Stellen in Preußen die Bezeichnung als „Königlich Preußische" führen.

Artikel 14. Hessische Beamte der Gemeinschaftsverwaltung.

Im Allgemeinen.

(1) Die aus dem anliegenden[2]) Verzeichniß C sich ergebenden Stellen der Gemeinschaftsverwaltung sind mit Hessischen Beamten[13]) zu besetzen. Die Annahme, Ernennung und Pensionirung der Beamten und des sonstigen Dienstpersonals der Betriebsgemeinschaft bleibt jedoch auch bezüglich der Hessischen Beamten der Gemeinschaftsverwaltung vorbehalten, soweit nicht nachstehend Ausnahmen hiervon vereinbart sind.

Stellen für höhere Beamte.

(2) Von den Hessischen Mitgliedern der Gemeinschaftsdirektionen sind mit dem Beginn der Gemeinschaftsverwaltung fünf der Direktion zu Mainz und zwei der Direktion zu Frankfurt a. M. zuzutheilen. Eines der Hessischen

---

Eisenbahndirektion in Frankfurt a. M. der landesherrlichen Entschließung, wegen einer anderweiten Bestimmung des gegenwärtigen Sitzes der Eisenbahndirektion zu Frankfurt a. M. nicht vorgegriffen wird, für einen solchen Fall vielmehr, wegen Zutheilung der dieser Direktion unterstellten Strecken, sowie wegen der sonstigen Vertragsbestimmungen, die den Direktionssitz Frankfurt a. M. zur Grundlage haben, weitere Verständigung zwischen den beiderseitigen Regierungen einzutreten hat.

[12]) II 2 a Anm. 2 d. W.

[13]) Übersicht über d. Heff. Beamtengesetze Witte S. 118.

Mitglieder der Direktion zu Mainz wird die Stellung eines Ober=Regierungs= raths oder Ober=Bauraths erhalten[14]).

Etwaige Anfragen der Hessischen Regierung und Mittheilungen an dieselbe über die Verhältnisse der Gemeinschaft werden durch die Hessischen Mitglieder der Gemeinschaftsdirektionen erledigt. Das hierzu erforderliche Material wird denselben seitens der Gemeinschaftsdirektionen zur Verfügung gestellt werden. Die Hessische Regierung ernennt ferner die Vorstände der Inspektionen mit Bezirken von überwiegend Hessischen Strecken.

Stellen für sonstige Beamte.

(3) Von denjenigen Stellen, in welchen nach den jeweilig geltenden Grundsätzen die erste etatsmäßige Anstellung der Beamten der verschiedenen Dienstklassen erfolgt, soll eine bestimmte Zahl für Hessische Stellen ausge= schieden werden. Diese Ausscheidung wird bezüglich des Personals bei den Direktionen und Inspektionen sowie des Fahr= und Zugpersonals nach dem Verhältniß der Größe und Bedeutung der zusammengelegten Strecken, be= züglich der sonstigen Stellen nach dem Personalbedarf der im Eigenthum Hessens befindlichen Strecken bemessen werden. Die erstmalige Ausscheidung ergiebt sich aus Abschnitt II und III des Verzeichnisses (Anlage C)[2]), welches von fünf zu fünf Jahren einer Revision im Wege bei freien Verständigung beider Regierungen unterzogen wird[15]).

Verzeichniß Hessischer Stelleninhaber.

(4) Die Gemeinschaftsverwaltung wird besondere Nachweisungen über die Besetzung des Hessischen Stellenantheils führen und die in der Besetzung ein= tretenden Veränderungen der Hessischen Regierung periodisch mittheilen.

Beförderungsstellen.

(5) Die in der Gemeinschaftsverwaltung zur Anstellung gelangenden Hessischen Beamten erlangen die Berechtigung, nach Dienstalter und Quali= fikation ebenso wie die Preußischen Beamten in höhere Stellen innerhalb des ganzen Gebietes der Gemeinschaftsverwaltung aufzurücken, ohne ihre Eigen= schaft als Hessische Staatsbeamte zu verlieren. Die Beförderung der höheren

---

[14]) Schlußprot. VIII zu Art. 14 (2):

Die Ernennung aller höheren nicht Hessischen Beamten des gemeinschaft= lichen Direktionsbezirks Mainz soll der Hessischen Regierung vorher mitgetheilt werden. Wenn gegen die Ernennung erhebliche Bedenken geltend gemacht werden oder späterhin die Entfernung bereits ernannter Beamten aus be= sonderen Gründen beantragt wird, so

wird derartigen Wünschen thunlichst Rechnung getragen werden.

[15]) Schlußprot. IX zu Art. 14 (3):

Beim Eintritt der Main=Neckar= bahn in die Betriebsgemeinschaft werden die für den Hessischen Theil derselben erforderlichen Stellen dem Hessischen Stellenantheil sofort zu= gerechnet.

Anm. 5.

Hessischen Beamten wird auch bezüglich der nicht mit Hessischen Beamten zu besetzenden Stellen nach Maßgabe der Bestimmungen des Artikels 15 durch die Hessische Regierung ausgesprochen, diejenige der mittleren und unteren Beamten im Namen der Hessischen Regierung durch die Gemeinschaftsverwaltung. Für die Anstellung als Präsident einer Eisenbahndirektion ist der Uebertritt in den Preußischen Staatsdienst erforderlich.

Grundsätze für die Heranziehung der Beamten zu den Staatssteuern.

(6) Gehalt, Pension oder Wartegeld der im Dienste der Gemeinschaft verwendeten Beamten oder ihrer Hinterbliebenen sind gegen Erstattung von der Gemeinschaft aus der Kasse des Staates zu zahlen, von dem oder in dessen Namen die Beamten angestellt sind (vergl. §. 4 des Gesetzes vom 13. Mai 1870, betreffend die Beseitigung der Doppelbesteuerung). Wegen der Erstattung der Zahlungen aus der Preußischen Allgemeinen Wittwen-Verpflegungsanstalt und der Hessischen Civildiener-Wittwenkasse vergleiche oben Artikel 9 und 10.

Artikel 15. Hessische Beamte.
Ernennung der höheren Beamten.

(1) Die Ernennung der höheren Hessischen Eisenbahnbeamten mit dem ihrer amtlichen Stellung entsprechenden Rang und Titel erfolgt durch die Hessische Regierung nach vorherigem Benehmen mit der Preußischen Regierung, die Verleihung der Stellung in der Gemeinschaftsverwaltung mit dem damit verbundenen Gehalt durch die zuständige Behörde der Gemeinschaftsverwaltung. Für die Ernennung ist die Ablegung der betreffenden Hessischen Staatsprüfung erforderlich. Wenn gegen die Ernennung Preußischerseits wesentliche Bedenken geltend gemacht werden oder späterhin die Entfernung bereits ernannter Beamten aus besonderen Gründen beantragt wird, so wird derartigen Wünschen thunlichst Rechnung getragen werden[16]).

Ernennung der mittleren und unteren Beamten.

(2) Bei der Besetzung der Stellen des Hessischen Antheils (Artikel 14 Absatz 3) sind in erster Reihe nur Hessische Staatsangehörige zu berücksichtigen und können derartige Stellen anderen Anwärtern nur dann verliehen werden, wenn qualifizierte Hessische Anwärter für dieselben nicht vorhanden sind. Die Vorrechte der Militäranwärter vor den Civilanwärtern werden hierdurch nicht

---

[16]) Schlußprot. XI zu Art. 15 (1):

Die Annahme von Hessischen Regierungsbauführern zur Ausbildung im Eisenbahndienste wird nach gleichen Grundsätzen erfolgen wie die Annahme Preußischer Bauführer. Die Meldungen von Hessischen Regierungs-baumeistern und Assessoren sind an die Hessische Regierung zu richten, welche sie der Zentralstelle der Gemeinschaftsverwaltung behufs Einberufung nach Bedarf übermitteln wird.

Anm. 21.

berührt, doch haben auch bei den Militäranwärtern die Hessischen Anwärter
nach Maßgabe des §. 18 Absatz 1 der vom Bundesrath erlassenen An=
stellungsgrundsätze[17]) den Vorzug. Die Ernennung erfolgt durch die zustän=
digen Behörden der Gemeinschaftsverwaltung im Namen der Hessischen Re=
gierung. Die unwiderrufliche Anstellung bleibt der Hessischen Regierung vor=
behalten und kann nur auf Vorschlag der Gemeinschaftsverwaltung erfolgen.
Wenn späterhin die Entfernung bereits ernannter Beamten aus besonderen
Gründen beantragt wird, so wird derartigen Wünschen thunlichst Rechnung
getragen werden[18]).

Vereidigung.

(3) Die diensteidliche Verpflichtung Hessischer Beamten für den Dienst
der Gemeinschaftsverwaltung erfolgt durch die Behörden dieser Verwaltung.
Die Vereidigung der Hessischen Beamten nach Artikel 108 der Hessischen Ver=
fassungsurkunde erfolgt seitens der Hessischen Regierung und soll ebenso wie
die Vereidigung Preußischer Beamten durch die Preußische Regierung für das
ganze Gebiet der Gemeinschaftsverwaltung gelten.

Versetzung.

(4) Die Versetzbarkeit der in Hessischen Stellen (Artikel 14 Absatz 2
und 5) angestellten Beamten unterliegt folgenden Beschränkungen.
Es sollen stets

a) bei der Eisenbahndirektion zu Mainz mindestens zwei Hessische Mit=
glieder, darunter ein Ober=Regierungsrath oder Ober=Baurath, bei der
Eisenbahndirektion zu Frankfurt a. M. mindestens ein Hessisches Mit=
glied vorhanden sein;

b) die Stellen der Vorstände bei den Hessischen Betriebsinspektionen (Ar=
tikel 14 Absatz 2) und die Hälfte der Hessischen Verkehrsinspektionen
mit Hessischen Beamten besetzt sein; ferner

c) von den übrigen Beamten der Direktionen und Inspektionen (Anlage C
von 3 bis 7) mindestens 75 Prozent innerhalb der beiden Direktions=
bezirke Mainz und Frankfurt a. M.;

d) von den Beamten des Fahr= und Zugdienstes mindestens 75 Prozent
innerhalb der Direktionsbezirke Mainz, Frankfurt a. M., Cassel, Saar=
brücken und Cöln;

e) von den übrigen Beamten mindestens 75 Prozent auf Hessischem Ge=
biet vorhanden sein.

Versetzungen, bei welchen die vorstehenden Bestimmungen nicht eingehalten
werden, sind nur mit Zustimmung der Hessischen Regierung zulässig.

---

[17]) Bek. 25. März 82 (CB. 123, CBB. 85 S. 263).

[18]) Schlußprot. XII zu Art. 15 (2): Für die Anstellung in den Stellen des Hessischen Antheils gelten die allgemeinen Anforderungen für die Beamtenklassen der Preußischen Staatseisenbahnverwaltung. . . .

Pensionirung.

(5) Die Pensionirung der höheren Beamten und der unwiderruflich an=
gestellten mittleren und unteren Beamten erfolgt durch die Hessische Regierung,
diejenige der übrigen Beamten im Namen der Hessischen Regierung durch die
Gemeinschaftsverwaltung.

Disziplinarverhältniß.

(6) Auf alle Beamten der Gemeinschaftsdirektionen finden[19]) — unbe=
schadet des daneben bestehenden Unterordnungsverhältnisses der von Hessen er=
nannten Direktionsmitglieder zur Hessischen Regierung — die für die Preußi=
schen Staatseisenbahnbeamten geltenden „gemeinsamen Bestimmungen für alle
Beamten im Staatseisenbahndienst"[20]) gleichmäßige Anwendung. Bezüglich
der Disziplinargewalt gegenüber den Hessischen Beamten der Gemeinschafts=
verwaltung wird vereinbart, daß

1) hinsichtlich der auf Widerruf oder Kündigung angestellten Beamten die
   Bestimmungen der Preußischen Disziplinargesetze,
2) hinsichtlich der unwiderruflich angestellten Beamten:
   a) für die Verhängung von Ordnungs= und Geldstrafen die Bestimmun=
      gen der Preußischen Disziplinargesetze,
   b) für die Entfernung aus dem Amte sowohl hinsichtlich der Formen
      des Verfahrens wie der Zuständigkeit der Behörden die Bestimmun=
      gen der Hessischen Disziplinargesetze

Anwendung finden sollen.

Besoldung, Dienstgelder, Pension, Hinterbliebenengelder.

(7) Die Gewährung von Gehältern und sonstigen Dienstgeldern an die
Hessischen Beamten soll nach Preußischen Grundsätzen erfolgen, desgleichen die
Gewährung von Pensionen und Wittwen= und Waisengeldern. Die Hessische
Regierung wird die gesetzlichen Bestimmungen über die Pensionirung der im
Dienste der Gemeinschaft verwendeten Hessischen Beamten und über die Ver=
sorgung ihrer Hinterbliebenen mit den bezüglichen Bestimmungen der Preußi=
schen Gesetze mit der Maßgabe in Einklang bringen, daß das Recht der Hessi=
schen Regierung, Pensionirungen ohne vorgängiges Disziplinarverfahren ein=
treten zu lassen, unberührt bleibt. Von diesem Rechte soll indessen ohne Zu=
stimmung der Gemeinschaftsverwaltung kein Gebrauch gemacht werden.

---

[19]) Schlußprot. XIII zu Art. 15 (6):
Es besteht Einverständniß darüber,
daß in denjenigen Angelegenheiten,
über die nach Preußischen Gesetzen
die Königlichen Eisenbahndirektionen
als Provinzialbehörden durch Kollegial=
beschluß zu entscheiden haben, die
Hessischen Mitglieder nicht mitwirken.
In solchen Fällen wird auch die
Eisenbahndirektion in Mainz lediglich
die Bezeichnung „Königliche Eisenbahn=
direktion" führen.

[20]) III 2 d. W.

Die Möglichkeit, daß ein Beamter bezüglich seiner Pension und Hinter=
bliebenenversorgung neben seinen Ansprüchen nach den Grundsätzen der Ge=
meinschaftsverwaltung noch besondere Ansprüche an die Hessische Civildiener=
Wittwenkasse nach Analogie der Bestimmungen für die Preußische Allgemeine
Wittwen=Verpflegungsanstalt erwerben kann, soll ausgeschlossen bleiben. Falls
die Hessische Regierung ihren Beamten eine solche Möglichkeit eröffnen sollte,
würden die daraus entstehenden Ausgaben von der Gemeinschaft [nicht ersetzt
werden.

Dienstuniform.

(8) Die Uniform der Hessischen Beamten soll derjenigen der Preußischen
Beamten gleich sein, mit der Maßgabe jedoch, daß besondere Hessische Hoheits=
abzeichen, wie besondere Kokarde, angelegt werden.

**Artikel 16. Uebernahme der Beamten der Hessischen Staatsbahnen
und der Hessischen Ludwigsbahn in den Gemeinschaftsdienst.**

Im Allgemeinen.

(1) Das gesammte, beim Beginn der Betriebsgemeinschaft im Hessischen
Staatseisenbahndienste und bei der Hessischen Ludwigsbahn vorhandene Dienst
personal wird, soweit nicht im Vertrage mit dieser Bahn etwas Anderes ver=
einbart wird, in den Gemeinschaftsdienst übernommen. . . .

Hessische Staatsbeamte.

(2) Die Hessischen Staatsbeamten[21]) können nach ihrer Wahl hinsichtlich
der Gehaltsbezüge wie der Ansprüche auf Ruhegehalt und Hinterbliebenengelder
in ihrem bisherigen Verhältniß verbleiben oder in das Verhältniß der Ge=
meinschaftsbeamten übertreten. Im ersteren Falle verbleiben ihnen die bis=
herigen Bezüge und Ansprüche mit der Aussicht auf Verbesserung derselben in
bisheriger Weise. Im letzteren Falle werden sie mindestens nach ihren bis=
herigen dienstlichen Bezügen unter die Beamten der Gemeinschaftsverwaltung
eingereiht und erwerben Ansprüche auf Ruhegehalt und Hinterbliebenenbezüge
nach Maßgabe der gesetzlichen Bestimmungen und des ihnen im Hessischen
Staatsdienst wie im Gemeinschaftsdienst beigelegten Dienstalters. Für
die in dieser Weise in das Verhältniß der Gemeinschaftsbeamten über=

---

[21]) Schlußprot. XVI zu Art. 15 u. 16:

Verleihungen von Hessischen etats=
mäßigen Stellen, wie wichtigere Ver=
fügungen in Personalangelegenheiten
der bei den Direktionen zu Mainz
und Frankfurt a. M. in Hessischen
Stellen befindlichen Beamten sollen
nicht erfolgen, ohne daß das zu diesem
Zweck bestimmte Hessische Mitglied

der betreffenden Direktion vorher da=
von Kenntniß erhält und Gelegenheit
hat, seine abweichende Ansicht dar=
zulegen.

Die im Dienste der Gemeinschaft
beschäft. Hess. Staatsbeamten erlangen
durch die Verleihung etatsmäßiger Stellen
gegen die Preuß. Staatskasse keinen
Anspruch auf Diensteinkommen, Pension
u. Hinterbliebenenversorgung. Etat der
StEV. Bem. 4 zu Ausgabe Kap. 23 Tit. 1.

tretenden Heſſiſchen Beamten bildet das von ihnen zur Zeit ihres Uebertritts
bezogene Gehalt den Mindeſtbetrag des ihnen in der Gemeinſchaftsverwaltung
zu gewährenden Diensteinkommens und der zur Zeit ihres Uebertritts erdiente
Anſpruch auf Penſion und Hinterbliebenenverſorgung den Mindeſtbetrag der
im neuen Verhältniß zu gewährenden derartigen Bezüge.

Geſellſchaftsbeamte.

(3) Die Penſionskaſſe der Heſſiſchen Ludwigsbahn²²) wird vom Beginn
der Betriebsgemeinſchaft ab für neue Mitglieder geſchloſſen.   Die dieſer Kaſſe
ſowie der bereits geſchloſſenen Penſionskaſſe der Oberheſſiſchen Bahnen angehörigen Beamten haben, ſo lange ſie eine etatsmäßige Stelle in der Gemeinſchaftsverwaltung nicht erhalten, in der Kaſſe zu verbleiben und erwerben
durch Weiterzahlung der Beiträge Anſprüche nach Maßgabe der Kaſſenſtatuten
unter Berückſichtigung der ganzen Beitragszeit.   Erhalten ſolche Beamte eine
etatsmäßige Stelle, ſo ſind ſie berechtigt, aus der Beamtenpenſionskaſſe ihrer
früheren Verwaltung auszuſcheiden.   Verbleiben ſie in der Kaſſe, ſo werden
die nach Maßgabe ihrer Beitragszeit erworbenen ſtatutmäßigen Bezüge an
Penſion und Hinterbliebenengeldern um den Betrag der gleichartigen geſetz-
lichen Bezüge, welche ſie im Gemeinſchaftsdienſt erdient haben, gekürzt.

Artikel 17.   Hoheitsrechte.

(1) Die Bahnpolizei und die Aufſicht über den Bau und Betrieb der in
die Gemeinſchaft fallenden Bahnen wird durch die zuſtändigen Verwaltungsorgane der Gemeinſchaft ausgeübt.

(2) Die Genehmigung zur Einſtellung des Betriebes ſowie zur Aufhebung
von Stationen und die Genehmigung zur Aenderung des Betriebes durch Einführung oder Aufhebung der Bahnordnung für die Nebeneiſenbahnen²³) auf
einzelnen Strecken ſoll ſeitens der Gemeinſchaftsverwaltung nicht ohne die
Zuſtimmung der Heſſiſchen Regierung erfolgen, ſofern es ſich um Bahnſtrecken,
welche auf Heſſiſchem Gebiete belegen ſind, handelt.   Die Heſſiſche Regierung
wird in dieſem Falle auf die Wünſche und Intereſſen der Gemeinſchaftsverwaltung thunlichſt Rückſicht nehmen.

---

²²) Schlußprot. XV zu Art. 16:
Da nach Artikel 10 die Gemeinſchaft
in die geſammten Verpflichtungen der
Beamtenpenſionskaſſen eintritt, ſo
wird mit dem Beginn der Betriebsgemeinſchaft das Vermögen der
Beamtenpenſionskaſſe der Heſſiſchen
Ludwigsbahn nach Maßgabe des
Artikels 2 Abſatz 4 unter die beiden
Regierungen vertheilt.   Die hiernach
auf Preußen und Heſſen entfallenden
Antheile ſollen ebenſowenig, wie das
Vermögen der Penſionskaſſe der Oberheſſiſchen Eiſenbahn oder der Penſions-
kaſſen der Preußiſchen Staatseiſenbahnen in die Gemeinſchaft fallen,
ſodaß auch die Zinſen der Kaſſen-
beſtände nicht der Gemeinſchaft zufallen.

²³) Jetzt BO. § 1.

(3) Die in den reichsgesetzlichen, auf Eisenbahnen bezüglichen Bestimmungen der Landesaufsichtsbehörde vorbehaltenen Rechte bezüglich der Hessischen Strecken werden durch die Gemeinschaftsverwaltung ausgeübt.

(4) Die Hoheitsrechte des Hessischen Staates (insbesondere auch die Rechte der Hessischen Regierung als Landespolizeibehörde) bezüglich der auf Hessischem Gebiet belegenen Bahnen bleiben im Uebrigen unberührt[24].

Artikel 18. Betriebsverwaltung.

Im Allgemeinen.

(1) Die Gemeinschaftsverwaltung wird die Preußischen und Hessischen Linien als einheitliches Netz verwalten und dieselben in jeder Beziehung gleichmäßig behandeln; sie wird die Verkehrs- und volkswirthschaftlichen Interessen der Hessischen Landestheile dabei in gleicher Weise berücksichtigen wie diejenigen der Preußischen Gebietstheile.

Tarife.

(2) Für die von Hessen in die Gemeinschaft einzubringenden Bahnen werden die allgemeinen Tarifvorschriften und Tarife, welche auf den westlichen Preußischen Staatsbahnen gelten — einschließlich der allgemein auf den Preußischen Staatsbahnen geltenden Ausnahmetarife —, eingeführt werden, soweit nicht zur Schonung der bestehenden Verhältnisse die zur Zeit geltenden Abweichungen des Personen- und Gepäcktarifs beibehalten werden. Im Uebrigen bleibt die Feststellung der Tarife der Gemeinschaftsverwaltung (nach den für die Preußischen Staatsbahnen geltenden Bestimmungen) mit der Maßgabe überlassen, daß von beabsichtigten wichtigeren Tarifänderungen für den Verkehr mit dem Hessischen Staatsgebiet der Hessischen Regierung vorher Kenntniß gegeben und etwaige Wünsche derselben hierbei thunlichst berücksichtigt werden.

Fahrpläne.

(3) Die Feststellung der Fahrpläne für die von Hessen in die Gemeinschaft einzubringenden Bahnen bleibt der Gemeinschaftsverwaltung vorbehalten. Die Fahrplanentwürfe für Strecken innerhalb des Hessischen Gebietes sind der Hessischen Regierung zur Aeußerung etwaiger Wünsche rechtzeitig vorher mitzutheilen. Auch soll ohne deren Zustimmung auf Hessischem Gebiet eine Verminderung der zur Zeit bestehenden Personenzüge (auch nicht durch Verwandlung eines Personenzuges in einen Schnellzug) und eine Verminderung der

---

[24]) Schlußprot. XVII zu Art. 17 (4):

Die Hessische Regierung wird eine Konzession an andere Unternehmer nicht ertheilen, ohne sich vorher mit der Gemeinschaftsverwaltung zu benehmen. Es wird hierbei als selbstverständlich betrachtet, daß auf den Wunsch der letzteren solche Unternehmungen nicht zugelassen werden, von welchen diese eine erhebliche Benachtheiligung der Gemeinschaftsinteressen befürchtet.

Schnellzugstationen nicht eintreten. Bezüglich der Fahrpläne derjenigen Bahnen, welche auf besondere Rechnung der Hessischen Regierung betrieben werden, werden deren Wünsche berücksichtigt werden, vorausgesetzt, daß nicht Betriebs= rücksichten entgegenstehen.

Bezirks= und Landeseisenbahnrath.

(4) Die Betheiligung Hessischer Korporationen und Verbände am Bezirks= und Landeseisenbahnrath [25]) soll in der Weise erfolgen, daß

a) für die Direktionen zu Mainz und Frankfurt a. M. ein gemeinschaft= licher Bezirkseisenbahnrath unter Anwendung der Vorschriften des Preußischen Gesetzes, betreffend die Einsetzung von Bezirkseisenbahn= räthen und eines Landeseisenbahnraths für die Staatseisenbahnverwal= tung, vom 1. Juni 1882 [26]) gebildet wird,

b) von diesem Bezirkseisenbahnrath zwei Hessische Vertreter für den Landes= eisenbahnrath gewählt werden,

c) der Hessischen Regierung das Recht zusteht, sich durch einen Vertreter bei den Verhandlungen des Bezirkseisenbahnraths zu betheiligen.

Pacht= und Mitbetriebsverhältnisse.

(5) Die Zuständigkeit der für das Gemeinschaftsgebiet eingerichteten Ver= waltungsbehörden erstreckt sich zugleich auf die Pachtung, die Betriebsübernahme und den Mitbetrieb von Theilstrecken und Bahnhöfen fremder Bahnen sowie die Verpachtung, Betriebsüberlassung und Gestattung des Mitbetriebes von Theilstrecken und Bahnhöfen der Gemeinschaftsbahnen. Die Pachtung, die Betriebsübernahme und der Mitbetrieb sowie die Verpachtung, Betriebsüber= lassung und die Gestattung des Mitbetriebes ganzer, zum gesonderten Betriebe geeigneter Bahnstrecken bedarf, soweit dieselben auf Hessischem Gebiet belegen sind, der Zustimmung der Hessischen Regierung.

Betriebsfonds.

(6) Mit dem Zeitpunkt des Eintritts der vereinbarten Betriebsgemein= schaft wird die Hessische Regierung der Preußischen Regierung einen unver= zinslichen Zuschuß zum Betriebsfonds in Höhe von 3 Millionen Mark über= weisen [27]).

---

[25]) Schlußprot. (Anm. 8) XVIII. Zu Art. 18 (4) bestimmt:

Die Preußische Regierung wird auf Antrag der Hessischen Regierung einen Kommissar derselben zu den Verhand= lungen des Landeseisenbahnraths zu= lassen.

[26]) II 3 d. W.

[27]) Schlußprot. XIX zu Art. 18 (6):

Es besteht Einverständniß darüber, daß der von Hessen zu leistende Zu= schuß zum Betriebsfonds in Höhe von 3 Millionen Mark im Falle der Auf= lösung des Gemeinschaftsverhältnisses an Hessen zurückfällt.

**Artikel 19. Auszahlung des Hessischen Antheils am Betriebs=
überschuß.**

Mit Ablauf jeden Vierteljahres ist eine provisorische Abrechnung über
die Antheile der vertragschließenden Staaten an dem Betriebsüberschuß der
Gemeinschaft aufzustellen und hiernach vorbehaltlich der endgültigen Ausgleichung
die Abführung des Hessischen Antheils am Betriebsüberschuffe der Gemeinschaft
an die Hessische Hauptstaatskasse zu verfügen.

Artikel 20. Bauverwaltung.

Im Allgemeinen.

(1) Die Ausführung des Baues neuer, für Rechnung der Hessischen
Regierung herzustellender Bahnen wird nach den für die Preußische Staats=
bahnverwaltung geltenden Grundsätzen seitens der Gemeinschaft bewirkt, sofern
nicht auf den Wunsch der Hessischen Regierung im einzelnen Falle hiervon
eine Ausnahme zugelassen wird.

Projekte für den Bau Hessischer Bahnen, welche in die
Finanzgemeinschaft fallen.

(2) Die Projekte für den Bau neuer Bahnen, soweit sie auf Hessischem
Gebiet belegen sind und für Rechnung der Hessischen Regierung ausgeführt
werden, einschließlich der Spezialprojekte für die größeren Bauwerke, werden
der Hessischen Regierung durch Vermittelung des Hessischen Mitgliedes der
Gemeinschaftsdirektionen zur Prüfung vorgelegt werden. Hierbei sollen Wünsche
der Hessischen Regierung, soweit solche über die landespolizeilichen Anforde=
rungen hinaus geltend gemacht werden, thunlichste Berücksichtigung finden[28].

Projekte für den Bau Hessischer Bahnen, welche nicht in die
Finanzgemeinschaft fallen.

(3) Bezüglich der Projekte der seitens der Gemeinschaft auszuführenden
Bahnen, welche nicht in die Finanzgemeinschaft fallen, sollen die Wünsche der
Hessischen Regierung beachtet werden, vorausgesetzt, daß nicht etwa Betriebs=
rücksichten entgegenstehen[28].

Rechnungslegung.

(4) Die Rechnung über die auf Kosten des Hessischen Staates auszu=
führenden Bahnen wird seitens der Gemeinschaftsverwaltung der Hessischen
Regierung zur Revision vorgelegt werden.

---

[28]) Schlußprot. XX zu Art. 20 (2)
u. (3):

Bezüglich der von der Gemeinschafts=
verwaltung für Rechnung der Hessischen
Regierung auszuführenden Bahnbauten
besteht Einverständniß, daß die Aus=
führung derselben zu unterlassen ist,
falls die Hessische Regierung mit dem
zur Ausführung bestimmten Entwurf
nicht einverstanden ist.

Artikel 21. Auflösung der Gemeinschaft.

(1) Die in diesem Vertrage vereinbarte Betriebsgemeinschaft ist unkündbar. Für den Fall, daß jedoch die vertragschließenden Staaten künftig die Auflösung der Gemeinschaft vereinbaren sollten, soll jeder Theil die in seinem Eigenthum befindlichen Strecken einschließlich der anschließenden auf fremdem Staatsgebiet belegenen, im Pachtbesitz der Gemeinschaft befindlichen Strecken nebst allem Zubehör und dem entsprechenden, nach dem Verhältniß ihrer Antheile an dem Betriebsüberschusse des letzten Rechnungsjahres zu ermittelnden Antheil an dem Betriebsmaterial für sich in Anspruch nehmen dürfen.

(2) Sofern Preußen auf Hessischen Strecken nach Maßgabe des Artikels 12 Absatz 4 Aufwendungen für eigene Rechnung gemacht hat, sind die aufgewendeten Beträge bei Auflösung der Gemeinschaft Hessischerseits an Preußen zurückzuzahlen.

Artikel 22. Aufnahme anderer Eisenbahnverwaltungen in die Gemeinschaft.

Für den Fall, daß die Aufnahme in die Gemeinschaft von anderen Eisenbahnverwaltungen des Deutschen Reiches beantragt und von der Preußischen Regierung zugestanden werden sollte, wird die Hessische Regierung einen Widerspruch dagegen nicht erheben, wenn die finanziellen Beziehungen nach den in diesem Vertrage angewendeten Grundsätzen geregelt werden.

Artikel 23. Uebertragung auf das Reich.

Jedem der beiden vertragschließenden Staaten soll es vorbehalten bleiben, für den Fall der Abtretung seines Eisenbahnbesitzes an das Deutsche Reich auch die aus diesem Vertrage erworbenen Rechte und Pflichten auf das Reich mit zu übertragen.

————

Anlagen des Vertrags²).

Anl. A (zu Art. 2 Abs. 3 a) Vertrag mit der Verwaltung der Hessischen Ludwigsbahn über den Bau einer Eisenbahnbrücke zu Worms und die Erweiterung des Bahnhofes daselbst, Vermehrung der Betriebsmittel, sowie eine anderweite Regelung des Garantieverhältnisses.

Anl. B (zu Art. 11 Abs. 2) Verzeichniß derjenigen neuen Nebenbahnen, welche unter die Bestimmungen des Artikels 11 Absatz 2 des Staatsvertrages fallen.

Anl. C (zu Art. 14) Verzeichniß der gemäß Artikel 14 des Staatsvertrages mit Hessischen Beamten zu besetzenden Stellen.

————

Unteranlage A1 (zu Anmerkung 5).

Staatsvertrag zwischen Preußen, Baden und Hessen über die Vereinfachung der Verwaltung der Main-Neckarbahn. Vom 14. Dezember 1901. (Auszug.)[1]

Art. 1. Verwaltung der Main-Neckarbahn.

(1) Die Direktion der Main-Neckarbahn in Darmstadt wird mit dem 1. Oktober 1902 aufgehoben. Die Main-Neckarbahn wird von diesem Zeitpunkt ab durch die Königlich Preußische und Großherzoglich Hessische Eisenbahndirektion in Mainz unter Oberaufsicht der Zentralstelle der Preußisch-Hessischen Eisenbahngemeinschaft mitverwaltet. Bei der Eisenbahndirektion in Mainz wird eine Mitgliedsstelle von der Badischen Regierung besetzt. Etwaige Anfragen der Badischen Regierung und für sie bestimmte Mittheilungen über die Verhältnisse der Main-Neckarbahn werden durch das Badische Mitglied erledigt; das hierzu erforderliche Material wird ihm von der Eisenbahndirektion zur Verfügung gestellt werden.

(2) Die bisher von der Main-Neckarbahn für Rechnung der Preußisch-Hessischen Eisenbahngemeinschaft verwalteten Hessischen Nebenbahnen treten am 1. Oktober 1902 in die Preußisch-Hessische Betriebsgemeinschaft ein.

(3) Für die Verwaltung der Main-Neckarbahn gelten künftig die zwischen Preußen und Hessen durch den Staatsvertrag vom 23. Juni 1896 für ihre Gemeinschaftsverwaltung vereinbarten Verwaltungs- und Etatsgrundsätze, soweit nicht ſſſ ſ ſ iſt

Art. 2. Inspektionen und sonstige Dienststellen der Main-Neckarbahn.

(1) Unter der Eisenbahndirektion in Mainz als der betriebsleitenden Verwaltung werden in Darmstadt in Folge Hinzutritts der Strecken der Main-Neckarbahn eine neue Betriebs- und eine neue Werkstätteninspektion errichtet, während die Beaufsichtigung des Maschinen- und Verkehrsdienstes auf der Main-Neckarbahn den Vorständen der nach ihrer örtlichen Lage hierfür in Betracht kommenden Inspektionen der Preußisch-Hessischen Eisenbahngemeinschaft übertragen wird.

(2) Die Dienststellen auf Preußischem Gebiete werden die Bezeichnung „Königlich Preußische", die auf Badischem Gebiete „Großherzoglich Badische" und die auf Hessischem Gebiete „Großherzoglich Hessische" führen.

Art. 3. Vorbehalte der Regierungen.

(1) Des Einverständnisses der drei betheiligten Regierungen bedarf:

a) Die Aufnahme von Bahnstrecken in die Main-Neckarbahn-Gemeinschaft sowie die Ausscheidung von Bahnstrecken aus dieser Gemeinschaft;

b) die Einstellung des Betriebs oder die Aenderung der Betriebsart (Voll- oder Nebenbahnbetrieb) auf einzelnen Theilen der Bahn oder auf der ganzen Bahn;

c) die Aufhebung von Bahnhöfen, Haltestellen und Haltepunkten.

(2) Außerdem bedarf es der Zustimmung der Badischen Regierung zur Feststellung des Personenzugfahrplans für die auf Badischem Gebiete liegenden Strecken der Main-Neckarbahn.

(3) Die Etatsvoranschläge werden, soweit sie die in Baden gelegenen Linien der Main-Neckarbahn betreffen, der Badischen Regierung zur Geltendmachung

---

[1] Genehmigt durch G. 7. Juli 02 (GS. 297); Heff. Bek. 18. Sept. 02 (RegierBl. 507), Bad. Bek. 6. Sept. 02 (GesBl. 301). Schlußprotokolle 14. Dez. 01 VB. 974 ff. Quellen: AG. 02 Drucks. 203; StB. 5526, 5734, 5835; HG. StB. 347. Bearb.: Witte S. 73.

etwaiger Bedenken rechtzeitig mitgetheilt. Die Prüfung der Baurechnungen über diejenigen Bauausführungen, deren Kosten Baden zu tragen hat (Artikel 5 Abs. 1 und 2), wird von den zuständigen Badischen Behörden vorgenommen.

(4) Die Zustimmung der Hessischen Regierung ist außer in den im Abs. 1 bezeichneten Angelegenheiten erforderlich:

    a) zur Verlegung des Sitzes oder zur Aufhebung der nach Artikel 2 in Darmstadt neu zu errichtenden Betriebs= und Werkstätteninspektion;

    b) zu nicht durch Tarifmaßnahmen allgemeiner Art veranlaßten Aenderungen der Personen= und Gütertarife, sowie zur Aufhebung oder Einschränkung im Personenverkehre bestehender und gewohnheitsmäßiger Erleichterungen auf den in Preußen und Hessen belegenen Strecken der Main=Neckarbahn;

    c) zur Feststellung des Personenzugfahrplans für die auf Hessischem Gebiete liegenden Strecken der Main=Neckarbahn.

(5) Ferner stehen der Hessischen Regierung bezüglich der Verwaltung des auf Hessischem Gebiete gelegenen Theiles der Main=Neckarbahn, soweit nicht in diesem Vertrag etwas Anderes bestimmt ist, dieselben Befugnisse zu, die ihr im Staatsvertrage vom 23. Juni 1896 hinsichtlich der Hessischen Strecken der Preußisch=Hessischen Eisenbahngemeinschaft eingeräumt sind.

Art. 4. Antheile der Preußisch=Hessischen Eisenbahngemeinschaft und Badens an den Einnahmen und Ausgaben der Main=Neckarbahn.

Art. 5. Größere Erweiterungen und Umbauten der Bahnanlagen.

Art. 6. Betriebsmittel, Inventarien= und Materialienbestände.

Art. 7. Verkehrs= und Beförderungswesen.

(1) Hinsichtlich der Tarife im Personen= und Güterverkehr ist die Preußisch=Hessische Eisenbahngemeinschaft für die auf Preußischem und Hessischem Gebiete gelegenen Bahnstrecken, die Badische Regierung für die auf Badischem Gebiete gelegenen Bahnstrecken der Main=Neckarbahn zuständig. Es dürfen indessen im Verkehre der auf Badischem Gebiete gelegenen Stationen der Main=Neckarbahn mit den Stationen dieser Bahn auf Hessischem und Preußischem Gebiete die bisherigen Taxgrundlagen der Main=Neckarbahn ohne Zustimmung der drei Regierungen nicht erhöht werden. Ferner kann die Badische Regierung für die auf Badischem Gebiete gelegenen Stationen der Main=Neckarbahn Tariffestsetzungen, die von den für die Strecken der Badischen Staatsbahn jeweils gültigen Normen abweichen, nur anordnen, wenn über die Schadloshaltung der Preußisch=Hessischen Eisenbahngemeinschaft für die ihr etwa erwachsenden Nachtheile (Verminderung des Badischen Antheils an den Ausgaben oder erhöhte Kostenaufwendung) mit der betriebsleitenden Verwaltung eine Vereinbarung erzielt ist.

(2) Es wird eine Betheiligung Badischer Korporationen und Verbände am Bezirkseisenbahnrathe für die Eisenbahndirektionen Mainz und Frankfurt a. Main gestattet, ebenso soll der Badischen Regierung das Recht zustehen, sich durch einen Vertreter bei den Verhandlungen des Bezirkseisenbahnraths zu betheiligen.

Art. 8. Uebernahme des Dienstpersonals.

Art. 9. Diensteinkünfte der Beamten. Pensionirung und Hinterbliebenenversorgung. Heranziehung der Beamten zur Staatssteuer.

Art. 10. Dienstverhältnisse des Badischen Personals im Besonderen.

Art. 11. Hoheitsrechte.

(1) Die Bahnpolizei und die Aufsicht über die Main-Neckarbahn wird durch die zuständigen Verwaltungsorgane der Preußisch-Heffischen Eisenbahngemeinschaft ausgeübt.

(2) Die Rechte, welche in den reichsgesetzlichen, auf die Eisenbahnen bezüglichen Bestimmungen der Landesaufsichtsbehörde vorbehalten sind, verbleiben bezüglich der auf Badischem Gebiete belegenen Theile der Main-Neckarbahn den zuständigen Badischen Behörden.

(3) Ebenso bleiben die Hoheitsrechte des Badischen Staates (insbesondere auch die Rechte der Badischen Regierung als Landespolizeibehörde) bezüglich der auf Badischem Gebiete belegenen Strecken der Main-Neckarbahn unberührt.

Art. 12. Uebertragung an das Reich.

Jedem der drei vertragschließenden Staaten soll es vorbehalten bleiben, für den Fall der Abtretung seines Eisenbahnbesitzes an das Deutsche Reich auch die aus diesem Vertrag erworbenen Rechte und Pflichten auf das Reich mitzuübertragen.

Art. 13. Bisherige Vertragsbestimmungen.

---

5. Regulativ, die Eisenbahnkommissariate betreffend.
Vom 24. November 1848 (M.-B. 390, BB. 842)[1]).

Mit Bezug auf § 46 des Gesetzes vom 3. November 1838, die Eisenbahnunternehmungen betreffend, wird zur näheren Feststellung des Geschäftsbereichs der Eisenbahnkommissariate Folgendes bestimmt:

§ 1. Zum Ressort der Königlichen Eisenbahnkommissarien, welchen nunmehr besondere, mit dem Eisenbahnwesen vertraute technische Kommissarien

---

[1]) Das Regul. ist noch jetzt die Grundlage für die Ausübung des nach EisG. § 46 dem Preußischen Staate (Reichsaufsicht I 2 b d. W.) zustehenden Aufsichtsrechts über die auf Grund des EisG. konzessionierten (I 3 Anm. 6 d. W.) Privateisenbahnen (nicht die Kleinbahnen). Dieses Aufsichtsrecht wird unter Oberleitung des Min. jetzt durch die EisDirPräsidenten wahrgenommen, nachdem die zu seiner Ausübung eingesetzten besonderen Behörden, Eisenbahnkommissariate (zeitweise 4, zuletzt nur noch das zu Berlin), aufgelöst worden sind E. 2. März 95 (Anlage A), VerwO. § 6 (6). Für die Württemberg. u. Badischen Staatsbahnen in Hohenzollern ist der RegPräs. in Sigmaringen Aufsichtsbehörde Witte S. 25. Ferner II 4 d. W. Anl. A Art. 17 u. Unteranl. A 1 Art. 11. Die in den Regul. den Regierungen zugewiesenen Obliegenheiten hat jetzt der Regierungspräsident wahrzunehmen. Quellensammlung:

Sammlung von Vorschr. der LandesaufsBeh. für Privateif. in Preußen, her. 02 vom EisKommiffar in Münster ("Münstersche Sammlung"). Die Kommiffare sind nach Ges. über d. Polizeiverwaltung 11. März 50 (GS. 265) § 20, V. 20. Sept. 67 (GS. 1529) § 18 u. RegierInftr. 23. Okt. 17 Beilage § 48 Ziff. 2 (BB. 769) berechtigt, die Ausführung ihrer Anordnungen durch Strafbefehle bis zu 100 Talern gegen jedes Mitglied der Privatbahndirektion zu erzwingen E. 8. Okt. 53 (MB. 247, BB. 861), auch I 4 Anl. J d. W. Vollstreckung nach V. betr. das Verw.-Zwangsverf. $\frac{15.\ Nov.\ 99}{18.\ März\ 04}$ $\left(GS.\ \frac{545}{36}\right)$. Zur Festsetzung von Strafen über 150 M. ist vorherige Zustimmung des Min. einzuholen E. 23. April 79 (BB. 862); hierzu Endemann, EisRecht S. 89. — Behandlung der Geschäftssachen der Kommissare E. 27. Mai 96 (EBB. 207, BB. 847); freie Fahrt bei Aufsichtsreisen E. 28. Nov. 99 u.

zugeordnet worden, und welche die Firma: „Königliches Eisenbahn-Kommissariat" führen[1]), gehört die Wahrung der Rechte des Staats, den Eisenbahngesellschaften gegenüber[2]), sowie der Interessen der Eisenbahnunternehmungen als gemeinnütziger Anstalten und der Interessen des die Eisenbahnen benutzenden Publikums, wogegen im Uebrigen die Wahrung der Rechte des Publikums, den Eisenbahngesellschaften gegenüber, dem Ressort der Provinzialregierungen verbleibt.

Demgemäß ressortiren von den Königlichen Kommissariaten die finanziellen[3]) und alle Betriebsangelegenheiten[4]) der Eisenbahngesellschaften, sofern dabei ein allgemeines Interesse obwaltet, desgleichen die Fürsorge für die Aufrechterhaltung und Befolgung des Gesellschaftsstatuts[5]) und der den Gesellschaften auferlegten Bedingungen, insbesondere auch die Ueberwachung der Ausführung des vorgeschriebenen Bahnpolizeireglements sowie der mit der Handhabung des letzteren beauftragten Bahnbeamten[6]); von den Königlichen Regierungen, außer den Expropriationen[7]) und der Ausübung der Polizeistrafgewalt[8]), namentlich die

---

19. Sept. 00 (EVB. 328 u. 473, VB. 846 fg.). — Die Kommissare sind zur Erhebung des Kompetenzkonflikts gemäß V. 1. Aug. 79 (GS. 573) / G. 22. Mai 02 (GS. 145) berufen KGH. 11. März 99 (Arch. 850). Weitere Geschäfte sind ihnen durch das Bahneinheits-G. (I 5 d. W.) übertragen. Ferner III 8 c Anl. E d. W., IV 4 a § 5 u. IV 5 b § 5.

[2]) Auch fremden Staatsbahnen gegenüber. I 3 Anm. 3, 6 d. W.

[3]) I 3 § 34 d. W.; E. betr. Deckung der Kosten für bauliche Anlagen u. Beschaffungen 10. Okt. 01 (VB. 852); Kommunalabg.G. (IV a 5 d. W.) § 46.

[4]) E. betr. Erweiterung der Befugnisse $\frac{14.\ Juni\ 75}{2.\ März\ 95}$ u. 21. Feb. 79 (Anlage B). Fortlaufende Überwachung der planmäß. Herstellung der Bahnen E. 17. Mai 97 (EVB. 143, VB. 851), 22. Nov. 01 (EVB. 340, VB. 852) u. 31. Jan. 00 (VB. 851). Besichtigungen der Bahnanlage u. der Betriebsmittel E. 16. Juni 95 (EVB. 416) Ziff. 5 u. 14. April 96 (EVB. 169). Beaufsichtigung des Gütertarifwesens E. 9. März 79 (VB. 857); Konzurk. (I 3 Anl. B d. W.) Ziff. IX. Aufsicht über Anstellungs- u. Besoldungsverhältnisse der Beamten E. 21. Sept. 99 (VB. 865), über deren Dienstdauer E. 25. Jan. 98 (EVB. 25, VB. 867) u. III 3 d. W., die Einrichtung v. Pensionskassen E. 7. Nov. 01 (VB. 867), die Arbeiterfürsorge E. 4. Juni 02 (VB. 868). Anstellung v. Militäranwärtern E. 8. Okt. 95 (EVB. 653) u. Konzurk. Ziff. XI; Verzeichnis der zur Anstellung v. Mil-

Anwärtern verpflichteten preuß. Privatbahnen: preuß. Zusatzbest. 2 zu § 8 der v. Bundesrat erlassenen Anstellungsgrundsätze (Bek. 25. März 82, CB. 123), genehm. durch AE. 10. Sep. 82 (EVB. 85 S. 263); neueste Ausgabe des Verzeichn.: CB. 04 S. 363, EVB. 04 S. 340.

[5]) I 3 Anm. 69 b. W.

[6]) Die Kommissare sind „Aufsichtsbehörde" i. S. BO. § 4 E. 26 Sept. 92 (EVB. 289, VB. 563) VI 3 Anm. 6 b. W. — Sie haben darüber zu wachen, daß die Betriebsbeamten die vom Bundesrat vorgeschriebene (VI 4 d. W.) Befähigung besitzen E. 2. Mai 97 (EVB. 89, VB. 865). Anträge der Verwaltungen auf Vereidigung der Bahnpolizeibeamten sind durch die Hand der Kommissare zu stellen E. 12. Feb. 73 (VB. 864). Letztere allein sind Provinzialbehörden i. S. Diszipl.G. 21. Juli 52 (GS. 465) § 24; sie können die Festsetzung von Ordnungsstrafen gegen Bahnpol.Beamte anordnen — E. 20. Juli 70, 7. Okt. 71 u. 14. Nov. 79 (VB. 861 fg.) — u. sind bei gerichtl. Verfolgung solcher wegen Amts- u. Diensthandlungen zur Erhebung des Konflikts gemäß V. 13. Feb. 54 (GS. 86) u. V. 16. Sept. 67 (GS. 1515) Art. IV berufen E. 17. Mai 85 (VB. 863). Anm. 12. — Böthke, Dienstvtr. der Beamten der Privateisenbahnen in Preußen EEE. XXI. 209.

[7]) E. 5. März 75, 19. Nov. 98, 7. Nov. 77 u. 3. Dez. 96 (V 2 Anl. D—G d. W.).

[8]) I 3 Anm. 42 c b. W.

wegen der Bahnanlage nothwendige Regulirung der Wege-, Bewässerungs- und Vorfluthsangelegenheiten[9]).

Die im § 22 des Gesetzes vom 3. November 1838 erwähnte Revision einer im Bau vollendeten Eisenbahnanlage ist von Kommissarien der betreffenden Königlichen Regierung und von den Eisenbahnkommissarien gemeinschaftlich vorzunehmen. Auf Grund des gemeinschaftlichen Gutachtens hat die Regierung über die Zulässigkeit der Betriebseröffnung zu befinden[10]).

§ 2. In Angelegenheiten, bei welchen das Ressort der Königlichen Regierung und das des Eisenbahn-Kommissariats sich berührt, wie bei der Prüfung des Bauprojekts[10]) und der Untersuchung von Unglücksfällen und Vergehen[11]), bei der Ausübung der Disziplinarstrafgewalt gegen Bahnpolizeibeamte[12]), haben beide Behörden sich mit einander zu benehmen. Bei Unglücksfällen und Vergehen gegen die zur Sicherung der Eisenbahnen und des Betriebes auf denselben bestehenden Polizei- und Kriminalgesetze hat jedoch das Eisenbahn-Kommissariat die nächste Pflicht, für die Aufnahme des Thatbestandes Sorge zu tragen[11]).

Den Berichten der Königlichen Regierungen an die vorgesetzten Ministerien in Angelegenheiten, die das beiderseitige Ressort berühren, ist die Aeußerung oder das Gutachten des Kommissariats jederzeit beizufügen.

§ 3. Alle Verfügungen der Königlichen Regierungen an die Vorstände der Eisenbahngesellschaften sind an das Eisenbahn-Kommissariat zu adressiren, wie auch umgekehrt alle Berichte der Vorstände an die Königlichen Regierungen durch das Kommissariat an diese gelangen.

---

[9]) I 3 Anm. 12, 15 d. W.

[10]) Durch E. 16. Juli 98 (EBB. 192, BB. 849) dahin abgeändert, daß RegPräsident wie EisKommissar ihre Berichte über die Abnahme unmitt. an den Min. erstatten; der RegPräs. teilt dem Komm. Abschrift seines Berichts, der Komm. dem RegPräs. seine Bemerkungen zu dem Bericht mit. Die Termine zu den (landespolizeil. Prüfungen u.) Abnahmen — bei denen der EisKomm. nicht als Partei, sondern wie der RegPräs. als Kommissar des Min. mitwirkt — sind auf Ersuchen der EisKomm. anzuberaumen E. 27. Mai 96 (EBB. 207, BB. 847) Ziff. 4. Die (Prüfungs- u.) Abnahmeprotokolle werden durch die beiderseit. Vertreter vollzogen — E. 23. Aug. 96 (EBB. 259, BB. 832) — u. unter Beifügung der vom RegPräs. abgegebenen Erklärung vom EisKomm. dem Min. vorgelegt E. 27. Mai 96 a. a. O.). Das Ergebnis der beiderseit. Abnahmeprüfung ist in der Niederschrift zusammenzufassen, am Schlusse der letzteren ist gemeinsam zu erklären, daß oder unter welchen Voraussetzungen der Betriebseröffnung keine Bedenken entgegenstehen E. 2. Juni 97 (EBB. 163. BB. 832). — I 3 Anm. 15, 37 d. W.

[11]) E. 24. Juli 02 (EBB. 371, BB.

428), 19. Feb. u. 7. Mai 04 (EBB. 57 u. 128), auch f. d. StEB. maßgebend, betr. Dienstvorschr. für das Meldeverfahren u. den Nachrichtendienst bei Unfällen, Betriebsstörungen u. außergewöhnl. Ereignissen (besonders Einleit. u. § 24); erläuternd hierzu der für die StEB. ergangene E. 20. Sept. 99 (BB. 725) betr. Anzeigen über Unfälle an die Staatsanwaltschaft u. die Polizeibehörden. Ist bei EisUnfällen eine Untersuchung von der Eis.Aufsichtsbehörde eingeleitet, so soll eine gleichzeit. polizeil. Untersuchung regelmäßig unterbleiben (E. $\frac{5.\ März}{16.\ April}$ 85 (EBB. 93, MB. 51, BB. 840).

[12]) DisziplinarG. 21. Juli 52 (GS. 465) § 24 Abs. 1 bestimmt:

Die entscheidenden Disziplinarbehörden erster Instanz sind: . . .
2) die Provinzialbehörden, als:
. . . die Eisenbahnkommissariate — in Ansehung aller Beamten, die bei ihnen angestellt oder ihnen untergeordnet . . sind.

Eine Mitwirkung der Regierung findet also nicht mehr statt E. 17. Mai 85 (BB. 863).

§ 4.   In den Kompetenzverhältnissen der Königlichen Regierungen und der Königlichen Eisenbahn=Kommissariate, den Ministerien und den Königlichen Ober= präsidien gegenüber, wird durch diese Verfügung nichts geändert.

Ministerium des Innern.

Ministerium für Handel,
Gewerbe und öffentliche Arbeiten.

Anlagen zum Kommissariatsregulativ.

Anlage A (zu Anmerkung 1).

Bekanntmachung des Ministers der öffentlichen Arbeiten betr. Bestellung von Eisenbahnkommissaren.   Vom 2. März 1895 (EVB. 230, MB. 104, VB. 520).

Nachdem durch den Allerhöchsten Erlaß vom 15. Dezember 1894 (GS. 1895 S. 11)[1] die Auflösung des Königlichen Eisenbahn=Kommissariats in Berlin zum 1. April 1895 bestimmt worden, sind von demselben Tage ab für die Ausübung des staatlichen Aufsichtsrechts über die seither der Aufsicht des Königlichen Eisen= bahn=Kommissariats unterstehenden Privateisenbahnen im Sinne des § 46 des Gesetzes über die Eisenbahnunternehmungen vom 3. November 1838 (GS. S. 505) die aus dem nachstehenden Verzeichnisse[2] ersichtlichen Kommissare von mir bestellt worden, die ihre hierauf bezüglichen Geschäfte unter der Bezeichnung „der König= liche Eisenbahnkommissar" erledigen werden.

Anlage B (zu Anmerkung 4).

Erlasse des Ministers für Handel, Gewerbe und öffentliche Arbeiten betr. Erweiterung der Befugnisse der Eisenbahnkommissariate und -Kommissarien

$$\text{a) Vom } \frac{14.\ \text{Juni } 1875}{2.\ \text{März } 1895} \text{ (VB. 843).}$$

Behufs Vereinfachung des Geschäftsganges will ich die Befugnisse der Eisenbahn=Kommissariate und =Kommissarien dahin erweitern, daß die nachbezeichneten, bisher der Entscheidung jener Behörden nicht unterworfenen Anträge der ihrer Aufsicht unterstellten Privateisenbahnverwaltungen fortan bis auf Weiteres in erster Instanz bei jenen Behörden zur Entscheidung — vorbehaltlich des Rekurses an das Ministerium — gelangen sollen:

1) die Anträge auf die Genehmigung der Projekte für den Umbau resp. die Erweiterung von Bahnhöfen[1]), wenn die folgenden Voraussetzungen sämmtlich zusammentreffen:

   a) daß es sich um Bahnstrecken handelt, für deren Anlagekapital der Staat eine Zinsgarantie nicht übernommen hat;

---

[1] II 2 a d. W.

[2] Das (hier nicht abgedruckte) Ver= zeichnis führt die Präsidenten derjenigen Kgl. EisDir., in deren Bereiche sich zu be= aufsichtigende Privatbahnen (darunter auch fremde Staatsbahnen) damals be= fanden, und die letzteren selbst auf. Hierzu ist später für die auf preußischem Gebiet belegenen Strecken der Reichseif.

der Präsident der Kais. Generaldirektion der Eif. in Elsaß=Lothr. zu Straßburg getreten.   Das Verzeichnis wird all= jährlich in den „Geschäftlichen Nach= richten üb. die preuß. Staatseif." Teil II neu mitgeteilt.

[1] Hochbauten gewöhnl. Art können von den EifKomm. selbständig genehmigt werden E. 10. Okt. 95 (VB. 846).

b) daß es ſich nur um den Umbau oder die Erweiterung von Bahnhöfen handelt, welche außer den Hauptgleiſen nicht mehr als drei für die Einfahrt von Zügen aus jeder Richtung geeignete Nebengleiſe haben;

c) daß die Abzweigungen oder Kreuzungen anderer Bahnen bei dem betreffenden Bahnhofe nicht vorhanden, auch vorausſichtlich in nächſter Zukunft nicht zu erwarten ſind;

d) daß eine Änderung der in den Hauptgleiſen beſtehenden Weichenanlagen nicht damit verknüpft iſt;

e) daß Abweichungen von den durch Erlaß vom 12. Auguſt 1873 — II 15973 — feſtgeſetzten reſp. noch feſtzuſetzenden Normen bei den Umgeſtaltungsprojekten nicht in Ausſicht genommen ſind;

f) daß das Expropriationsrecht zur Ausführung der Umgeſtaltung nicht in Anwendung gebracht werden muß;

g) daß zwiſchen der betreffenden Eiſenbahnverwaltung reſp. dem betreffenden Eiſenbahn-Kommiſſariate oder -Kommiſſarius einerſeits und den betreffenden Landespolizei- oder ſonſtigen etwa betheiligten Behörden oder anderen Bahnverwaltungen andererſeits Differenzen bezüglich der beabſichtigten Umgeſtaltungen nicht ſtattfinden.

Kopien der demgemäß genehmigten Projekte ſind mir mit dem am Schluſſe vorgeſchriebenen Quartalberichte einzureichen. Die generelle Verfügung vom 26 März 1861 — II 1160 — wird hierdurch aufgehoben.

2) Die Anträge auf Inbetriebnahme neugebauter zweiter Gleiſe nach vorſchriftsmäßiger Reviſion derſelben.

3) Die Anträge auf Genehmigung der Beſchaffung von Betriebsmitteln — Lokomotiven und Wagen nebſt Zubehör — falls die Beſchaffung für die sub Nr. 1 Litt. a bezeichneten mit einer ſtaatlichen Zinsgarantie nicht verſehenen Bahnen nicht erfolgen ſoll und falls ferner die Konſtruktion der Betriebsmittel nach von mir bereits genehmigten, mit Rückſicht auf die gemachten Erfahrungen und die Fortſchritte der Technik zur Zeit noch als zweckmäßig zu erachtenden Projekten oder nur mit unweſentlichen Abweichungen von Letzteren beabſichtigt wird[2]).

4) Die Anträge auf Genehmigung von Ergänzungen der Fahrpläne und zu ſolchen Fahrplanänderungen, durch welche keine vorhandenen Zuganſchlüſſe verloren gehen, und mit denen die anſchließenden Eiſenbahnverwaltungen und die Poſtverwaltung — ſoweit dieſe Verwaltungen durch die Abänderungen berührt werden — ſich ausdrücklich einverſtanden erklärt haben. Durch ſolche Fahrplanänderungen darf ſomit kein beſtehender Anſchluß auf einer unmittelbaren (eigenen oder fremden) Anſchlußbahn oder auf den an letztere anſchließenden Bahnen beſeitigt werden[3]).

5) Die Anträge auf Genehmigung der Dienſtinſtruktionen der Beamten — inſoweit die Genehmigung überhaupt erforderlich iſt — mit Ausnahme der meiner Genehmigung auch ferner unterliegenden Inſtruktionen für die von mir zu beſtätigenden Direktionsmitglieder reſp. Oberbeamten der Bahnen[4]).

---

[2]) Über Anträge auf Beſchaffung v. Betriebsmitteln befinden die Eiſkomm. ſelbſtändig, wenn die Bauart m. d. jeweils gültigen Normalien der StEV. übereinſtimmt E. 3. Mai 99 (EVB. 153, VV. 846).

[3]) Fahrplanfeſtſetzung I 3 Anl. B Ziff. IX 1 d. W., Münſterſche Sammlung (II 5 Anm 1 d. V.) S. 71 ff.

[4]) Ferner Anträge auf Genehm. v. Tarifänderungen in Fällen, in denen

Am Schlusse jedes Kalenderjahres[5]) ist mir eine Nachweisung der über die sub Nr. 1, 2, 3, 5 bezeichneten Gegenstände getroffenen Entscheidungen oder Vakatanzeige vorzulegen.

b) Vom 21. Februar 1879 (VB. 844).

Unter Bezugnahme auf den Erlaß vom 14. Juni 1875, V 1809[1]), will ich die Befugnisse der Eisenbahn-Kommissariate und -Kommissarien dahin ausdehnen, daß denselben bis auf Weiteres auch die Entscheidung über Anträge der ihrer Aufsicht unterstellten Privateisenbahngesellschaften in nachbezeichneten Angelegenheiten — vorbehaltlich des Rekurses an das Ministerium — zustehen soll.

1. Feststellung der Projekte für Niveau-Kreuzungen von Lokomotivbahnen durch Pferdebahnen[2]);

2. Feststellung der Projekte für Errichtung von Zentesimalwaagen, Krahnen und ähnlichen mechanischen Anlagen auf Bahnhöfen nebst den zugehörigen Gleis-Anlagen, sofern letztere nicht eine Aenderung der in den Hauptgleisen liegenden Weichenverbindungen erfordern[3]);

3. Genehmigung der Signalordnungsbestimmungen für Eisenbahnen untergeordneter Bedeutung.

Bezüglich dieses Punktes bemerke ich, daß das Reichs-Eisenbahn-Amt Werth darauf legt, daß auf Herbeiführung einer Einheitlichkeit der Signale auch auf den Bahnen untergeordneter Bedeutung Bedacht genommen und in der Signalordnung für solche Bahnen die Gruppirung und Reihenfolge der Signale mit der Reichs-Signalordnung in Uebereinstimmung gehalten wird. Von den unter Beachtung dieses Gesichtspunktes revidirten und zur Einführung genehmigten Signalordnungen ist je ein Druckexemplar hierher, sowie an das Reichs-Eisenbahn-Amt einzureichen.

[4]) Gleichzeitig bemerke ich, um mehrfach hervorgetretenen Unklarheiten abzuhelfen, daß in den Fällen, in welchen das Bahnpolizei-Reglement für die Eisenbahnen Deutschlands vom 4. Januar 1875[5]) nicht die Entscheidung der „Landesaufsichtsbehörde“ sondern lediglich der „Aufsichtsbehörde“ ohne nähere Bezeichnung der letzteren vorsieht, die Königlichen Eisenbahnkommissariate und -Kommissarien in Betreff der ihnen unterstellten Privateisenbahnen als die erstinstanzlichen Aufsichtsbehörden anzusehen sind. . . .

Die auf Grund obiger Ermächtigung ertheilten Genehmigungen u. s. w. sind in die durch Erlaß vom 14. Juni 1875 — V 1809 —[1]) angeordnete Berichterstattung aufzunehmen, doch will ich in Abänderung des in diesem Erlaß bezeichneten Termines der Vorlage der bezüglichen Berichte fortan nur am Schlusse jeden Kalenderjahres entgegensehen.

---

auch die Kgl. EisDir. ministerieller Genehmigung nicht bedürfen, E. 27. Mai 96 (EVB. 207, VB. 847). Ausführlich Münster'sche Sammlung (Anm. 3) S. 82 ff.

[5]) E. 21. Febr. 79 (Anlage B b).

[1]) Anlage B a.

[2]) Auch durch Gleise, die weder dem EisG. noch dem KleinbG. unterstehen E. 15. April 96 (EVB. 170, VB. 831).

[3]) Eingeschränkt durch E. 17. Jan. 80 (VB. 845).

[4]) II 5 Anm. 6 d. W.

[5]) Jetzt BO.

III. Beamte und Arbeiter.

1. Einleitung.

Im allgemeinen ist das Personal der Staatseisenbahnverwaltung den gleichen Rechtsnormen unterworfen wie dasjenige anderer Zweige des preußischen Staatsverwaltungsdienstes[1]. Für die Beamten gelten z. B. die Gesetze betr. Erweiterung des Rechtsweges (24. Mai 61), betr. Zahlung der Beamtengehälter (6. Febr. 81), betr. Gewährung von Wohnungsgeldzuschüssen (12. Mai 73), betr. Konflikte bei gerichtl. Verfolgungen wegen Amts- u. Diensthandlungen (13. Feb. 54), das Disziplinargesetz 21. Juli 52, die Defektenverordnung (24. Jan. 44), das Pensionsgesetz[2] (27. März 72), das Hinterbliebenen- Fürsorgegesetz (20. Mai 82).

Von den Sondervorschriften für das Personal der Staatseisenbahnverwaltung[3] sind die grundlegenden Bestimmungen der Verwaltungsordnung (unter Hinweis auf die Ausführungsanordnungen) unter II 2, die Vorschriften des Staatsvertrags mit Hessen unter II 4 b. W. mitgeteilt, der gegenwärtige Abschnitt enthält die Gemeinsamen Bestimmungen für alle Beamte im Staatseisenbahndienst (Nr. 2), die Bestimmungen über die Dienst- und Ruhezeit der Bediensteten (Nr. 3), über Tagegelder und Reisekosten sowie Umzugskosten der Staatseisenbahnbeamten (Nr. 4), über Unfallfürsorge (Nr 5), über die Verhältnisse der bei der Umgestaltung der Eisenbahnbehörden nicht zur Verwendung gelangten Beamten (Nr. 6).

Für die Arbeiter der Staatsbahnen sind die gemeinsamen Bestimmungen für die Arbeiter aller Dienstzweige der Staatseisenbahnverwaltung (Nr. 7) maßgebend. Ferner sind fast sämtliche Arbeiter der Staats- und der Privatbahnen den Reichsgesetzen über Arbeiterversicherung (Nr. 8) unterworfen. Sonderrecht für Eisenbahnen enthält noch die Verordnung betr. die bei dem Bau von Eisenbahnen beschäftigten Handarbeiter (Nr. 9).

Ferner werden von eisenbahnrechtlichen Normen für Beamte und Arbeiter an anderer Stelle d. W. mitgeteilt: die reichsrechtlichen Vorschriften über Betriebs- und Bahnpolizeibeamte (VI 3, 4), die Bestimmungen des Strafgesetzbuchs (VI 8) und diejenigen über Verwendung des Personals zu militärischen Zwecken (VIII 4, 5).

---

[1] Aufzählung (auch der Hessischen Gesetze) bei Witte S. 114 ff., 237 a ff.

[2] Rechtsverhältnisse der Pensionskassen bei den älteren Staatsbahnen u. den verstaatl. Privatbahnen Witte § 48—50, Pensionsverhältnisse der übernommenen Beamten RGer. 27. Sept. 94 (XXXIV 178), 31. Jan. 02 (Arch. 673). — II 2 c Anm. 18 b d. W.

[3] Ausführl. Quellensammlung: Elb. S., systemat. Darstellung Witte.

2. Erlaß des Ministers der öffentlichen Arbeiten betr.
Gemeinsame Bestimmungen für alle Beamte im Staatseisenbahndienst.
Vom 17. Dezember 1894[1]).

§ 1.   Jeder Beamte ist verpflichtet, das Interesse des Königlichen Dienstes, insbesondere der Staatseisenbahnverwaltung, nach jeder Richtung hin gewissenhaft wahrzunehmen, seinen Dienst willig, unverdrossen und gewissenhaft auszuführen, in und außer dem Dienste sich eines musterhaften Betragens, wie es sich für den Beamten einer Königlichen Verwaltung geziemt, zu befleißigen und gegen das Publikum ein höfliches Benehmen[2]) zu beobachten.

§ 2.   Die Amtsverschwiegenheit ist gewissenhaft zu beobachten. Mittheilungen an Privatpersonen, Beamte oder andere Behörden aus den Akten, aus Plänen, Rechnungen und anderen amtlichen, nicht für die Oeffentlichkeit bestimmten Schriftstücken oder über sonstige dienstliche Anordnungen sind ohne besondere schriftliche Ermächtigung der vorgesetzten Eisenbahndirektion nicht gestattet[3]).

§ 3.   Alle Beamte sind, so oft es der Zweck des Ganzen erfordert, in Nothfällen auch ohne besondere Aufforderung, zu gegenseitiger Unterstützung und Vertretung in ihren dienstlichen Verrichtungen und Obliegenheiten verpflichtet.

§ 4.   (1.) Außer dem Minister der öffentlichen Arbeiten und seinen Kommissarien ist der Präsident der Eisenbahndirektion Vorgesetzter der sämmtlichen Beamten des Direktionsbezirkes. Der Unterstaatssekretär und die Direktoren der Eisenbahnabtheilungen des Ministeriums sind stets als Kommissarien des Ministers zu betrachten. Den vortragenden Räthen der Eisenbahnabtheilungen des Ministeriums ist, auch wenn sie nicht ausdrücklich als Kommissarien des Ministers bestellt sind, in jeder Weise auf Anfragen dienstliche Auskunft zu erteilen.

(2.) Jeder Beamte ist verbunden, den ihm von seinen Vorgesetzten oder deren Stellvertretern ertheilten dienstlichen Anweisungen ungesäumt und gewissenhaft Folge zu leisten, sofern aber eine Anordnung von einem höheren als dem nächsten Vorgesetzten getroffen wird, dem letzteren alsbald davon Meldung zu machen. Glaubt ein Beamter, daß ein ihm besonders ertheilter Auftrag mit den allgemein ertheilten Anweisungen im Widerspruch stehe, so hat er seine Bedenken bescheiden vorzutragen, die Erledigung des Auftrages aber nicht zu verzögern.

(3.) Den oberen Beamten sind die unteren stets Achtung, bei dienstlichen Anlässen Zuvorkommenheit und Gehorsam selbst dann schuldig, wenn jene nicht zu ihren nächsten Vorgesetzten im gewöhnlichen Dienstverhältnisse gehören.

(4.) Die Mitglieder der Eisenbahndirektion oder deren Stellvertreter, welche sich auf der Bahn befinden, sind, sofern sie auf ihre persönliche Verantwortlichkeit Anordnungen treffen, welche sonst der Eisenbahndirektion oder den Organen dieser Behörde vorbehalten sind, als Kommissarien der Eisenbahndirektion zu betrachten, und sind ihre Weisungen auch selbst von denjenigen Beamten zu befolgen, deren Dienstanweisung die einzelnen Mitglieder dieser Behörde nicht als ihre Vorgesetzten bezeichnet[4]).

§ 5.   Jeder Beamte muß die dienstlichen Anweisungen seiner Untergebenen genau kennen und ist für die Folgen der von ihm ertheilten Vorschriften und Befehle verantwortlich. Weichen diese von den allgemeinen Anweisungen ab, so

---

[1]) Durch eine Reihe späterer Erlasse abgeändert. Obiger Abdruck gibt die in BB. S. 496 mitgetheilte Fassung wieder, bei welcher die bis Okt. 02 ergangenen Änderungen berücksichtigt sind. — Witte S. 479 ff.

[2]) BO. § 75 (3), VerkO. § 1.
[3]) Erläut. Witte S. 484. — Ferner MTrO. (VIII 3 Anl. B d. W.) § 28, 2; StGB. § 92, 355.
[4]) GeschO. f. d. EisDir. (II 2 c Anl. A d. W.) § 5.

muß er sie so bald als möglich seinem nächsten Vorgesetzten melden und gegen ihn rechtfertigen.

§ 6. (1.) Meldungen sind stets an den anwesenden höchsten, Anfragen, Gesuche und Beschwerden an den nächsten Vorgesetzten zu richten und nöthigen= falls durch dessen Vermittelung an die höhere Stelle einzureichen.

(2.) Gemeinschaftliche Eingaben mehrerer Beamten sind nicht statthaft.

§ 7. Gegen einen Vorgesetzten persönlich gerichtete, den Vorwurf einer Ver= letzung seiner dienstlichen oder außerdienstlichen Pflichten enthaltende Beschwerden dürfen bei dessen nächstem Dienstvorgesetzten unmittelbar vorgebracht werden.

§ 8. (1) Urlaub[5]) darf nur unter der Voraussetzung, daß der Dienst dadurch nicht beeinträchtigt wird, ertheilt werden.

(2.) Ueber die Berechtigung zur Urlaubsertheilung gelten folgende Be= stimmungen:

Es dürfen Urlaub ertheilen:

I. ohne verwaltungsseitige Uebernahme der Stellvertretungskosten:
   a) bis zur Dauer von vierundzwanzig Stunden sich selbst die Vorstände der Bahnhöfe erster bis dritter Klasse, der selbständigen Abfertigungs= stellen und Materialienmagazine, der Nebenwerkstätten, Betriebs= und Wagenwerkmeistereien, sowie der Bahnmeistereien;
   b) bis zur Dauer von drei Tagen die Vorstände und Beamten zu a, sowie die Vorstände der Direktionsbureaus und der Hauptkassen den ihnen dienstlich unmittelbar unterstellten Beamten;
II. bis zu einer Woche (sieben Tagen) mit Uebernahme der Stellvertretungs= kosten zu Lasten der Staatseisenbahnverwaltung, und bis zur Dauer von vierzehn Tagen ohne diese Uebernahme: die Vorstände der Eisenbahn= Betriebs=, Maschinen=, Werkstätten= und Verkehrsinspektion, sowie der Bauabtheilungen den ihnen dienstlich unmittelbar unterstellten Beamten.

(3.) Ueber die vorstehend angegebenen Grenzen hinaus kann der Urlaub nur vom Präsidenten der Eisenbahndirektion oder vom Minister der öffentlichen Ar= beiten ertheilt werden.

(4.) Bei der Berechnung der Dauer des Urlaubs ist der Anfangs= und der Endtag je als ein voller Tag mitzuzählen.

(5.) Vor der Uebernahme der Geschäfte durch den stellvertretenden Beamten darf der Urlaub nicht angetreten werden.

§ 9. Kein Beamter darf den zur Ausübung seines Amtes ihm angewiesenen Wohnort ohne Vorwissen und Genehmigung seiner Vorgesetzten verlassen.

§ 10. (1.) Jeder Beamte hat seine ganze Thätigkeit dem Dienste zu widmen. Er ist verpflichtet, die Dienststunden genau inne zu halten und bei dringen= den Veranlassungen auch außerhalb der festgesetzten Dienststunden jederzeit zu arbeiten.

(2.) Erkrankt ein Beamter und ist er in Folge dessen verhindert, seinen Dienst zu verrichten, so hat er seinem nächsten Vorgesetzten sofort davon Anzeige zu machen oder machen zu lassen und die Krankheit entweder gehörig nachzuweisen oder die Untersuchung durch den Bahnarzt nachzusuchen. Der letzteren muß sich der Beamte auf Anordnung seines Vorgesetzten auch dann unterwerfen, wenn er eine Bescheinigung eines selbstgewählten anderen Arztes über seine Krankheit bei= gebracht hat. Reisen, welche der Beamte zu unternehmen hat, um seine Eignung für den Dienst durch eine ärztliche Untersuchung feststellen zu lassen, gelten nicht als Dienstreisen im Sinne des Gesetzes vom 21. Juni 1897 (GS. S. 193).

---

[5]) VerwO. § 5 d, GeschO. f. d. EisDir. (Anm. 4) § 4. Witte S. 495 ff.

(3.) Bei längerem Ausbleiben hat der Beamte auf jedesmaliges Verlangen seines Vorgesetzten erneuerte Bescheinigungen über die Fortdauer der Dienstunfähigkeit unverzüglich einzureichen. Von der erfolgten Genesung ist ebenfalls dem Vorgesetzten alsbald Meldung zu machen.

§ 11. Im Dienste muß der Beamte die vorgeschriebene[6]) Dienstkleidung tragen, für deren ordnungsmäßigen sauberen Zustand er zu sorgen hat. Auch haben die Dienstvorsteher darauf zu halten, daß von ihren Untergebenen diese Vorschrift befolgt wird.

§ 12. (1.) Denjenigen Beamten, welche mit dem Publikum zu verkehren haben, ist das Tabakrauchen während des Dienstes verboten[7]).

(2.) Der Aufenthalt in den Bahnhofswirthschaften während des Dienstes ist untersagt. Inwiefern dem Zugpersonale während des Aufenthalts der Züge auf den Stationen bei langdauernden Fahrten der Besuch der Bahnhofswirthschaften gestattet ist, wird besonders bestimmt.

§ 13. (1.) Die Beamten dürfen ohne Genehmigung des Ministers der öffentlichen Arbeiten nicht Mitglieder des Vorstandes, Aufsichts= oder Verwaltungsrathes von Aktien=, Kommandit= oder Bergwerksgesellschaften sein und nicht in Komitees zur Gründung solcher Gesellschaften eintreten[8]).

(2.) Eine solche Mitgliedschaft ist gänzlich verboten, wenn sie mittelbar oder unmittelbar mit einer Vergütung oder mit einem anderen Vermögensvortheile verbunden ist.

(3.) Auch sonst bedarf es zur Uebernahme eines Nebenamtes oder einer Nebenbeschäftigung öffentlicher Art, mit welcher eine fortlaufende Vergütung verbunden ist, in jedem Falle der ausdrücklichen Genehmigung des Ministers der öffentlichen Arbeiten[9]).

(4.) Anderweitige Nebenbeschäftigungen[9]) dürfen, auch wenn eine Vergütung damit nicht verbunden ist, ohne besondere schriftliche Genehmigung der vorgesetzten Eisenbahndirektion, oder soweit es sich um höhere Beamte handelt, des vorgesetzten Eisenbahndirektions=Präsidenten nicht übernommen werden. Nebenbeschäftigungen höherer Beamten bedürfen jedoch auch hier der Genehmigung des Ministers der öffentlichen Arbeiten, wenn sie von längerer Dauer oder erheblichem Umfange sind oder die Aufstellung von Bauplänen für Haupt= oder Nebeneisenbahnen, sei es auch in fremden Staatsgebieten, betreffen.

[8]) Nebenbeschäftigungen im Privatinteresse von Kleinbahnen sind denjenigen höheren Beamten, die in den Bezirken der zur Mitwirkung bei der Genehmigung und zur eisenbahntechnischen Beaufsichtigung derselben Kleinbahnen berufenen Königlichen Eisenbahndirektionen[10]) amtlich thätig sind, untersagt. Ausnahmen sind nur insoweit zulässig, als es sich um die Erledigung eines einmaligen, bestimmt begrenzten Geschäftes handelt und für den Kleinbahnunternehmer Beamte anderer, bei der Genehmigung und Beaufsichtigung nicht betheiligter Behörden oder geeignete Privatkräfte nicht oder doch nur mit unverhältnißmäßigen Kosten erreichbar sind. Auch können dabei nur solche Beamte in Betracht kommen, welche amtlich an der gesetzlichen Aufsicht der in Betracht kommenden Kleinbahn nicht betheiligt

---

[6]) II 2c Anm. 46 d. W.

[7]) VerkO. § 1 (3).

[8]) G. 10. Juni 74 (GS. 244) betr. Beteiligung der Staatsbeamten bei der Gründung usw. v. Aktien= usw. Gesellschaften. (Eintritt von Direktionsbezernenten in den Vorstand usw. von Kleinbahnen E. 24. Jan. 03 (ENB. 37).

Tagegelder für diese Beamten E. 10. April 01 (Ztschr. f. Kleinb. 378) u. 16. März 03 (das. 256), FinanzO. XII B Nachtr. 1 Ziff. 21.

[9]) Witte S. 522 ff. Übernahme des Schiedsrichteramts das. 524.

[10]) KleinbG. § 3, 22.

sind. Die Ertheilung der Genehmigung in diesen Ausnahmefällen bleibt den Eisenbahndirektions=Präsidenten überlassen.

(5.) Zum Gewerbebetriebe sowohl der Beamten selbst, als auch ihrer Ehe= frauen, der in ihrer väterlichen Gewalt stehenden Kinder, der Dienstboten und anderer Mitglieder ihres Hausstandes muß die Genehmigung der vorgesetzten Eisenbahndirektion eingeholt werden[11]).

(6.) In dem Antrage auf die höhere Genehmigung sind alle Einnahmen, welche der Beamte aus dem Nebenamte, der Nebenbeschäftigung, dem Gewerbe beziehen würde, vollständig anzugeben, auch die Kassen und Fonds, aus welchen diese Einnahmen gezahlt werden würden, zu bezeichnen.

(7.) Eine in Gemäßheit der vorstehenden Bestimmungen ertheilte Genehmi= gung ist stets widerruflich, selbst dann, wenn der Widerruf nicht ausdrücklich vor= behalten ist, und kann ein Anspruch auf Entschädigung wegen Verlustes der Nebeneinnahme nicht erhoben werden.

(8.) Zur Uebernahme einer Vormundschaft, Gegenvormundschaft oder Pfleg= schaft, zur Annahme der Wahl als Gemeindeverordneter, sowie zur Uebernahme eines besoldeten oder unbesoldeten Amtes in einer Gemeindeverwaltung ist die Genehmigung der vorgesetzten Eisenbahndirektion erforderlich[12]).

§ 14.   Jeder Beamte ist verpflichtet, bei seinem Abgange aus seiner bis= herigen Stelle sämmtliche Dienstpapiere, sowie alle in seinem Besitz befindlichen Dienstanweisungen, Ausrüstungsstücke und Materialien, nicht minder die etwa be= nutzte Dienstwohnung in gehöriger Ordnung abzugeben.

§ 15.   Sammlungen zu Ehrengeschenken an Vorgesetzte oder Mitbeamte sind untersagt. Ausnahmen sind nur unter besonderen Umständen mit Genehmigung der vorgesetzten Eisenbahndirektion zulässig.

§ 16.   (1.) Als Dienstvergehen[13]) wird angesehen jede Verletzung der Pflichten, welche dem Beamten durch sein Amt auferlegt werden, und zwar sowohl die Vernachlässigung derjenigen Obliegenheiten, welche durch die besonderen Dienst= anweisungen den Beamten der bestimmten Klasse aufgetragen sind, als auch die Verletzung der allgemeinen Pflichten jedes Königlichen Beamten, denen zufolge der Beamte sich durch sein Verhalten in und außer dem Amte der für seinen Beruf unentbehrlichen Achtung würdig beweisen und alles vermeiden muß, was sein Ansehen und das Vertrauen zu ihm zu erschüttern vermag. Zu den Ver= gehen der letzteren Art gehören namentlich Trunkenheit in oder außer dem Dienste, leichtfertiges Schuldenmachen, Ungebührlichkeiten gegen das Publikum, Annahme von Geschenken oder Trinkgeldern[14]), Verletzung der Amtsverschwiegenheit.

(2)[18]).

§ 17.   (1.) Dienstvergehen[18]) werden nach Vorschrift der bestehenden Gesetze entweder mit Ordnungsstrafe (Warnung, Verweis, Geldbuße) oder mit Entfernung aus dem Amte (Strafversetzung, Dienstentlassung) geahndet[15]).

(2.) Für sämmtliche aus einer Dienstwidrigkeit entstehenden Folgen und darauf zu gründenden Schadensansprüche bleibt der betreffende Beamte verant= wortlich[16]).

---

[11]) GewO. § 12 in Verb. mit Preuß. GewO. 17. Jan. 45 (GS. 41) § 19. Witte S. 526.

[12]) Witte S. 527.

[13]) DisziplG. 21. Juli 52 (GS. 465). Witte S. 572 ff. — Zu Abs. 2 E. 29. Sept. 04 (ENB. 345).

[14]) VerfO. § 1. Witte S. 566 ff.

[15]) Arreststrafe Witte S. 587.

[16]) Haftung des Beamten gegenüber Dritten, des Staates für die Beamten (II 2 Anl. B d. W.), der Beamten (auch aus Defekten) gegenüber dem Staat Witte § 23.

§ 18 [17]). (1.) Die Befugniß zur Ertheilung von Warnungen und Verweisen steht jedem Vorgesetzten gegen seine Untergebenen zu.

(2.) Zur Verhängung von Geldbußen bis zu neun Mark sind die Vorstände der Eisenbahn-Betriebs-, Maschinen-, Werkstätten- und Verkehrsinspektionen, sowie der Bauabtheilungen den ihnen dienstlich unmittelbar unterstellten Beamten gegenüber befugt.

(3.) Höhere Geldstrafen können nur von den Eisenbahndirektionen, deren Präsidenten oder dem Minister der öffentlichen Arbeiten verfügt werden.

§ 19. (1.) Jeder Dienstvorgesetzte ist befugt, wenn Gefahr im Verzuge oder Störung der Sicherheit und Ordnung des Dienstes zu besorgen ist, auch einem ihm nicht unmittelbar dienstlich unterstellten Beamten vorübergehend die Ausübung des Dienstes zu untersagen. Er hat jedoch gleichzeitig für geeignete Stellvertretung zu sorgen und dem zuständigen Dienstvorgesetzten Anzeige zu machen [18]).

(2.) Wenn ein Dienstvorgesetzter einem Beamten bei Gefahr im Verzuge die Ausübung der Amtsverrichtungen in der Absicht vorläufig untersagt, demnächst die Amtssuspension und die Einleitung des förmlichen Disziplinarverfahrens auf Entfernung vom Amte gegen ihn zu beantragen, so hat er sofort durch Vermittelung des nächsten Dienstoberen der Eisenbahndirektion Bericht zu erstatten.

§ 20. Jeder Beamte hat etwa an ihn ergehende gerichtliche oder sonstige Vorladungen irgend einer Behörde sofort zur Kenntniß seines nächsten Vorgesetzten zu bringen, damit dieser wegen der Beurlaubung und etwaigen Stellvertretung das Erforderliche veranlassen kann [19]).

§ 21. (1.) Ein Beamter, welcher gegen einen anderen Eisenbahnbeamten eine gerichtliche Beleidigungsklage anzustellen beabsichtigt, hat dieses dem nächsthöheren Vorgesetzten zur geeigneten weiteren Veranlassung vorher anzuzeigen.

(2.) Beleidigungen, welche Beamten bei Ausübung ihres Amtes oder mit Bezug auf das Amt zugefügt werden, sollen nicht von ihnen selbst unmittelbar weiter verfolgt, sondern auf dem vorgeschriebenen Dienstwege der Eisenbahndirektion zur weiteren geeigneten Veranlassung zur Anzeige gebracht werden.

§ 22. Beamte, welche sich verheirathen, haben von der erfolgten Eheschließung alsbald dem nächsten Dienstvorgesetzten Anzeige zu erstatten. In der Anzeige sind der Tag der Eheschließung, der Name der Frau, sowie die Namen, der Wohnort und der Beruf ihrer Eltern anzugeben [20]).

§ 23. Arbeiter, welche im Dienste der Staatseisenbahnverwaltung thätig sind, dürfen auch in dienstfreien Zeiten für die Privatzwecke der Beamten, insbesondere derjenigen, denen die Annahme und Entlassung der Arbeiter oder die Aufsicht und Leitung ihrer Dienste anvertraut ist, nicht beschäftigt werden. Ausnahmen sind nur unter schriftlicher Erlaubniß des Inspektions- oder Bauabtheilungsvorstandes bezw. der Eisenbahndirektion statthaft. Eine solche

---

[17]) II 2 c Anm. 18 a, 27 d. W. — Anm. 13.

[18]) Witte S. 606 ff.

[19]) Gesetzl. u. VerwaltVorschr. über Vernehmung v. Beamten als Zeuge oder Sachverständ. Witte S. 484, 500. Verfahren bei Vorladung, Verhaftung u. dgl. v. Bahnpolizei- u.

EisBetriebsbeamten E. $\frac{14.\ März}{6.\ Apr}$ 77 (ElbS. Nr. 342) für das Ressort des Innern; E. 25. Aug. 79, 6. u. 13. Jan. 81 (EBB. 81 S. 21) für das Justizressort; E. 27. März 76 (ElbS. Nr. 457) allgemein.

[20]) BGB. § 1315, AG. BGB. 20. Sept. 99 (GS. 177) Art. 42.

Erlaubniß iſt nur für diejenige Zeit und wegen derjenigen Arbeiter gültig, für welche ſie ausdrücklich nachgeſucht und gegeben iſt. Zugleich muß darin beſtimmt ſein, in welcher Weiſe die Löhnung des Arbeiters aus den eigenen Mitteln der betreffenden Beamten bewirkt werden ſoll.

---

3. Erlaß des Miniſters der öffentlichen Arbeiten betr. Beſtimmungen über die Dienſt= und Ruhezeit der Bedienſteten. Vom 23. Februar 1903 (EVB. 72)[1].

Die von den beteiligten Bundesregierungen vereinbarten „Beſtimmungen über die planmäßige Dienſt= und Ruhezeit der Eiſenbahnbetriebsbeamten" (Erl. vom 5. Januar 1900 — E.=V.=Bl. S. 7)[2] gelten für die Bedienſteten, auf welche die „Beſtimmungen über die Befähigung der Eiſenbahnbetriebsbeamten"[3] Anwendung finden.

Bei der Regelung der dienſtlichen Inanſpruchnahme der übrigen mittleren und unteren Beamten, Hilfsbedienſteten und Arbeiter ſind, unbeſchadet der im einzelnen für die Abfertigungs=, Bureau= und Kanzleibeamten, ſowie für die Bahnunterhaltungs= und Werkſtättenarbeiter getroffenen beſonderen Anordnungen, folgende Vorſchriften zu beachten:

1. Die Dauer einer Dienſtſchicht bemißt ſich nach dem Grade der an die einzelnen Bedienſteten zu ſtellenden Anforderungen und nach der Länge und Zahl der in der Schicht liegenden Pauſen. Sie darf unter keinen Umſtänden mehr als 16 Stunden betragen. Schichten von ſolcher Ausdehnung ſind nur zuläſſig, wenn ſie keine angeſtrengte Tätigkeit erfordern und regelmäßig durch längere Pauſen unterbrochen werden, die frei von jeder Beſchäftigung ſind.

2. Bei ununterbrochenem Dienſt oder beim Hineinreichen des Dienſtes in die Nachtzeit iſt für den Wechſel im Tag= und Nachtdienſt zu ſorgen. Im Nachtdienſte darf kein Bedienſteter mehr als 7 Nächte hintereinander beſchäftigt werden.

3. Jedem Bedienſteten ſind monatlich mindeſtens zwei Ruhetage zu gewähren; nur bei einfachen Betriebsverhältniſſen, wie namentlich auf Nebenbahnen, kann ihre Zahl auf einen im Monat eingeſchränkt werden. Die Ruhetage (von Dienſt und Dienſtbereitſchaft freie Zeiträume von mindeſtens 24 Stunden) ſind möglichſt auf die Sonntage zu verlegen; ſonſt finden die Beſtimmungen über die Ermöglichung des Kirchenbeſuches (E.=V.=Bl. 1900 S. 11 g)[4] Anwendung.

---

[1] Gilt auch für Privatbahnen E. 30. Juni 05 (EVB. 200).
[2] Anlage A. — Ferner E. 18. Juni 00 (EVB. 239, VV. 679) betr. Muſter zu Dienſteinteilungen u. E. 28. Juni 04 (EVB. 244) betr. Regelung der Arbeitszeit in den Werkſtätten.
[3] VI 4 d. W.
[4] AusfAnw. zu E. 5. Jan. 00, hier nicht abgedr.

222 III. Beamte und Arbeiter.

Anlage A (zu Anmerkung 2).
Erlaß des Ministers der öffentlichen Arbeiten betr. Bestimmungen über die planmäßige Dienst- und Ruhezeit der Eisenbahnbetriebsbeamten. Vom 5. Januar 1900 (EVB. 7).

I. Dienst- und Ruhezeit.

1. Stationspersonal.

(Stationsvorsteher, Stationsaufseher und Stationsassistenten, Telegraphisten, Rangirmeister, Schirrmänner[1]), Haltestellenaufseher und Weichensteller.)

(1) Wenn der Dienst eine ununterbrochene, angestrengte Thätigkeit erfordert, soll die durchschnittliche tägliche Dauer 8 Stunden, die Dauer einer einzelnen Dienstschicht 10 Stunden nicht überschreiten.

(2) Im Uebrigen kann die durchschnittliche tägliche Dienstdauer bis zu 12 Stunden, die Dauer einer einzelnen Dienstschicht bis zu 14 Stunden betragen.

(3) Ausnahmsweise kann bei einfachen Betriebsverhältnissen, bei denen in die Dienstschicht längere Pausen fallen, wie namentlich auf Nebenbahnen, die Dauer der Dienstschicht bis zu 16 Stunden ausgedehnt werden.

2. Bahnwärter und Haltepunktwärter.

(1) Die Dauer der täglichen Dienstschicht soll 14 Stunden nicht überschreiten.

(2) Bei einfachen Betriebsverhältnissen, wie namentlich auf Nebenbahnen, kann die Dienstschicht bis zu 16 Stunden ausgedehnt werden.

(3) Wenn die Bahnwärter nur in größerer Entfernung von ihrem Posten Wohnung finden können, ist die auf die Wege zum und vom Dienst entfallende Zeit angemessen zu berücksichtigen.

3. Zugbegleitungspersonal.

(1) Die tägliche Dienstdauer soll im monatlichen Durchschnitt nicht mehr als 11 Stunden betragen.

(2) Die einzelne Dienstschicht darf 16 Stunden nicht überschreiten. Dienstschichten bis zu dieser Dauer dürfen nur angesetzt werden, wenn sie durch ausgiebige Pausen unterbrochen werden.

(3) Auf eine längere Dienstschicht soll in der Regel eine längere Ruhe in der Heimath folgen, die soweit als möglich in die Nachtzeit zu legen ist.

(4) Die Zeit, während deren das Personal vor Antritt und nach Beendigung der Fahrt zur Uebernahme und Uebergabe der Geschäfte u. s. w. dienstlich in Anspruch genommen wird, ist sowohl in der Heimath als auch außerhalb als Dienst anzurechnen.

4. Lokomotivpersonal.

(1) Die tägliche Dienstdauer soll im monatlichen Durchschnitt nicht mehr als 10 Stunden betragen.

(2) Bei einfachen Betriebsverhältnissen, wie namentlich auf Nebenbahnen, kann die durchschnittliche Dienstdauer bis zu 11 Stunden ausgedehnt werden.

(3) Die einzelne Dienstschicht darf 16 Stunden nicht überschreiten. Dienstschichten bis zu dieser Dauer dürfen nur angesetzt werden, wenn sie durch ausgiebige Pausen unterbrochen werden.

---

[1]) E. 27. März 05 (EVB. 163).

(4) Auf eine längere Dienstschicht soll in der Regel eine längere Ruhe in der Heimath folgen, die soweit als möglich in die Nachtzeit zu legen ist.

(5) Die innerhalb einer Dienstschicht im Zugdienste zurückzulegende plan= mäßige Fahrzeit soll einschließlich derjenigen Aufenthalte auf den Stationen, während deren die Lokomotive nicht verlassen werden kann, keinesfalls mehr als 10 Stunden betragen.

(6) Wenn der Rangirdienst eine ununterbrochene, angestrengte Tätigkeit er= fordert, soll die durchschnittliche tägliche Dauer 8 Stunden, die Dauer einer ein= zelnen Dienstschicht 10 Stunden nicht überschreiten.

(7) Die Zeit, während deren das Personal vor Antritt und nach Beendigung der Fahrt zur Uebernahme und Uebergabe der Geschäfte u. s. w. dienstlich in An= spruch genommen wird, ist sowohl in der Heimath als auch außerhalb als Dienst anzurechnen.

II. Ruhetage.

Jeder im Betriebsdienste ständig beschäftigte Beamte soll monatlich mindestens zwei Ruhetage erhalten.

Bei einfachen Betriebsverhältnissen, wie namentlich auf Nebenbahnen, kann die Zahl der Ruhetage des unter I. 1 und 2 aufgeführten Personals auf e i n e n im Monat eingeschränkt werden.

III. Schlußbestimmungen.

1. Die planmäßige D i e n s t s c h i c h t im Sinne dieser Vorschriften (Abschnitt I) umfaßt den Zeitraum, der zwischen zwei nach den nachstehenden Grundsätzen berechneten Ruhezeiten liegt.

2. Als Ruhezeit gilt jeder von Dienst oder Dienstbereitschaft freie Zeitabschnitt, der in ununterbrochener Folge beträgt:
   a) bei dem Stationspersonal, den Bahn= und Haltepunktwärtern (I. 1, 2):
      mindestens 8 Stunden,
   b) bei dem Zugbegleitungs= und Lokomotivpersonal (I. 3, 4):
      mindestens 8 Stunden, wenn die Ruhe in der Heimath,
      mindestens 6 Stunden, wenn die Ruhe außerhalb der Heimath
   verbracht wird. Doch kann auch (zu b) eine Pause von 6 bis 8 Stunden in der Heimath als Ruhezeit angesehen werden, wenn sie zwischen Dienst= schichten liegt, denen eine Ruhezeit von mindestens 10 Stunden in der Heimath vorangeht oder folgt.

3. Pausen von geringerer als der zu 2 bezeichneten Dauer gelten nicht als Ruhezeiten. Sie sind daher ebenso, wie die Zeiten des Dienstes und der Dienst= bereitschaft, in die planmäßige Dienstschicht einzurechnen.

4. Im Nachtdienste darf kein Beamter mehr als 7 Nächte hintereinander be= schäftigt werden.

5. Als Ruhetag (Abschnitt II) gilt nur eine Dienstbefreiung von mindestens 24 Stunden.

6. Werden Beamte oder Arbeiter aus anderen Zweigen des Eisenbahnwesens während einzelner Stunden zur Aushülfe im Betriebsdienste herangezogen, so ist bei der Bemessung der zulässigen Dienstdauer die in der gewöhnlichen Beschäftigung verbrachte Zeit angemessen zu berücksichtigen.

———

4. Tagegelder und Reisekosten sowie Umzugskosten der Staatseisenbahnbeamten[1]).

a) Erlaß des Finanzministers und des Ministers der öffentlichen Arbeiten betr. Tagegelder und Reisekosten der Staatseisenbahnbeamten. Vom 21. Oktober 1897 (EVB. 363)[2]).

In Ausführung des Artikels I § 1 und § 4 des Gesetzes vom 21. Juni 1897 (G.=S. S. 193, E.=V.=Bl. S. 325), betreffend die Tagegelder und Reisekosten der Staatsbeamten, sowie des § 10 des Gesetzes vom 24. März 1873 in der Fassung der Verordnung vom 15. April 1876 (G.=S. S. 107) wird Nachstehendes bestimmt:

1. Staatseisenbahnbeamte erhalten bei Dienstreisen, unbeschadet der Bestimmungen in den §§ 3 bis 8 der Allerhöchsten Verordnung vom 12. Oktober 1897, betreffend die Tagegelder und Reisekosten der Staatseisenbahnbeamten (G.=S. S. 415)[3]), Tagegelder nach folgenden Sätzen:

1. Präsidenten der Eisenbahndirektionen . . . . 22 M.
2. Mitglieder und etatsmäßige Hülfsarbeiter der Eisenbahndirektionen   15 M.

---

[1]) Die Tagegelder u. Reisekosten der Staatsbeamten im allg. richten sich nach G. 24. März 73 (GS. 122), abgeänd. durch G. 28. Juni 75 (GS. 370) u. 21. Juni 97 (GS. 193) u. G. 15. April 76 (GS. 107); gemäß G. 21. Juni 97 Art. IV ist als allg. AusfBest. StMV. 11. Nov. 03 (GS. 231) ergangen. Die Umzugskosten regelt G. 24. Febr. 77 (GS. 15). Für die Beamten der StEV. sind auf Grund G. 73 § 12 u. G. 77 § 11 Kgl. Verordnungen — betr. Tagegelder u. Reisekosten 12. Okt. 97, betr. Umzugskosten 26. Mai 77 — ergangen, durch welche jene allg. Vorschr. vielfach abgeändert u. ergänzt werden. Namentlich erhalten die Beamten der StEV. regelmäßig weder Kilometergelder für Dienstreisen auf Eisenbahnen noch Transportkosten für Umzüge, sondern statt dessen freie Eisenbahnfahrt u. freie Beförderung des Umzugsguts; ferner treten für einen großen Teil der Dienstreisen insbesondere des Betriebspersonals an Stelle der gesetzl. Tagegelder u. Reisekosten ermäßigte od. nach abweichenden Grundsätzen zu berechnende Vergütungen. Alle einschlägigen Vorschr. sind mit ausführlichen Erläuterungen in FinanzO. XII Abschn. B u. C abgedruckt; hier (unter Ziff. 4) werden nur die Erlasse in denen üb. die gesetzlichen Tagegelder usw. der EisBeamten Bestimmung getroffen ist, sowie die beiden Sonderverordnungen mitgeteilt.

[2]) Der Erlaß setzt die Tagegelder u. Reisekosten fest, die nach G. 21. Juni 97 Art. I § 1, 4 den etatsmäß. Beamten der StEV. in den Fällen zustehen, für die nicht die SonderV. 12. Okt. 97 (unten 4 b) eine andere Art od. Höhe der Vergütung bestimmt. Der E. wird ergänzt durch E. 25. April 02 (EVB. 177) u. 1. April 05 (EVB. 171), durch die gleichgestellt werden:

a) die Vorstände des Zentralwagenamts in Magdeburg u. des Wagenamts in Essen sowie die Telegrapheninspektoren den oben unter 2—7,

b) die Oberbahnmeister den oben unter 8—13,

c) die Eisenbahnassistenten den oben unter 14—27,

d) Maschinenwärter bei elektr. Beleuchtungsanlagen, Stellwerkszweichensteller u. Maschinenwärter den oben unter 28—38,

e) Fahrkartenausgeberinnen, Eisenbahngehilfinnen, Rottenführer u. Schirrmänner den oben unter 39—48 genannten Beamten.

Außeretatsmäß. Beamte E. 21. Okt. 97 (unten 4 b Anl. A) Ziff. I h, mittlere technische Hilfskräfte außerhalb des Beamtenverhältnisses FinanzO. XII B Ziff. 97.

[3]) Unten 4 b. Die Telegrapheninspektionen sind aufgehoben II 2 b d. W.

3. Vorstände der Eisenbahn=Betriebs=, Maschinen=, Werkstätten=, Telegraphen-[3]) und Verkehrsinspektionen und des Abnahmeamts in Essen	
4. Rechnungsdirektoren	15 M.
5. Bau= und Betriebsinspektoren	
6. Bauinspektoren	
7. Hauptkassenrendanten	
8. Betriebskontroleure.	
9. Eisenbahnsekretäre, Hauptkassenkassirer, Eisenbahn=Betriebs= ingenieure (technische Kontroleure), Kassenkontroleure, Rechnungs= revisoren, Materialienverwalter erster Klasse	12 M.
10. Werkstättenvorsteher	
11. Stationsvorsteher erster Klasse	
12. Güterexpeditionsvorsteher	
13. Stationskassenrendanten	
14. Betriebssekretäre, etatsmäßige Bureauassistenten, Materialienver= walter zweiter Klasse	
15. Kanzlisten erster Klasse, Kanzlisten	
16. Zeichner erster Klasse, Zeichner	
17. Stationsvorsteher zweiter Klasse	
18. Güterexpedienten	
19. Stationseinnehmer	
20. Stationsverwalter	8 M.
21. Stationsassistenten	
22. Bahnmeister erster Klasse, Bahnmeister	
23. Werkmeister	
24. Telegraphenmeister	
25. Schiffskapitäne erster und zweiter Klasse	
26. Lokomotivführer, Maschinisten	
27. Zugführer, Steuerleute[4])	
28. Packmeister	
29. Fahrkartenausgeber	
30. Telegraphisten	
31. Lademeister	
32. Wagenmeister	
33. Rangirmeister	6 M.
34. Werkführer	
35. Weichensteller erster Klasse, Haltestellenaufseher . . .	
36. Brückengeldeinnehmer	
37. Billetdrucker[5])	
38. Magazinaufseher	
39. Lokomotivheizer, Maschinenwärter, Trajektheizer[6])	
40. Schaffner, Bremser, Wagenwärter, Matrosen	
41. Kassendiener, Bureaudiener	
42. Schiffsbrückenaufseher	4 M.
43. Portiers, Bahnsteigschaffner	
44. Weichensteller	
45. Brückenwärter	

---

[4]) Jetzt Steuermänner.   [6]) Jetzt Schiffsheizer.
[5]) Jetzt Fahrkartendrucker.

46. Krahnmeister . . . .   ⎫

47. Bahn= und Krahnwärter . . . . ⎬   4 M.

48. Nachtwächter . . . .   ⎭

Erstreckt sich eine Dienstreise auf zwei Tage und wird sie innerhalb 24 Stunden beendet, so erhalten die Beamten:

unter 1	. . . . 33 M.		unter 14—27	. . . . 12 M.
„ 2—7	. . . . . 22,⅖ „		„ 28—38	. . . . 9 „
„ 8—13	. . . . . 18 „		„ 39—48	. . . . 6 „

für die Reise.

Wird die Reise an ein und demselben Tage angetreten und beendet, so er=halten die Beamten

unter 1	ein Tagegeld von 17 M.		unter 14—27	ein Tagegeld von	6 M.
„ 2—7 „	„ „ 12 „		„ 28—38 „	„ „	4,⅖ „
„ 8—13 „	„ „ 9 „		„ 39—48 „	„ „	3 „

2. An Reisekosten, einschließlich der Kosten der Gepäckbeförderung erhalten, unbeschadet der Bestimmungen im Artikel II des Gesetzes vom 21. Juni 1897 und in den §§ 2 bis 8 der Allerhöchsten Verordnung vom 12. Oktober 1897:

I. bei Dienstreisen, welche auf Eisenbahnen oder Dampfschiffen gemacht werden können:

     1. die vorstehend unter 1 bis 7 genannten Beamten für das Kilometer 9 Pf. und für jeden Zu= und Abgang 3 M.

         Hat einer dieser Beamten einer Diener auf die Reise mitgenommen, so kann er für ihn 5 Pf. für das Kilometer beanspruchen;

     2. die unter 8 bis 27 genannten Beamten für das Kilometer 7 Pf. und für jeden Zu= und Abgang 2 M.;

     3. die unter 28 bis 48 genannten Beamten für das Kilometer 5 Pf. und für jeden Zu= und Abgang 1 M.;

II. bei Dienstreisen, welche nicht auf Eisenbahnen, Kleinbahnen oder Dampf=schiffen zurückgelegt werden können:

     1. die unter 1 bis 7 genannten Beamten . . . . 60 Pf.

     2. die unter 8 bis 27 genannten Beamten . . . . 40 „

     3. die unter 28 bis 48 genannten Beamten . . . . 30 „

für das Kilometer.

Haben erweislich höhere Reisekosten, als die unter I und II festgesetzten, aufgewendet werden müssen, so werden diese erstattet.

---

b) Allerhöchste Verordnung, betreffend die Tagegelder und Reisekosten der Staatseisenbahnbeamten. Vom 12. Oktober 1897 (G.=S. 415)[1].

Wir Wilhelm ꝛc. verordnen auf Grund des § 12 des Gesetzes vom 24. März 1873 (Gesetz=Samml. S. 122) und des Artikels I § 12 der Ver=ordnung vom 15. April 1876 (Gesetz=Samml. S. 107), sowie des Artikels V des Gesetzes vom 21. Juni 1897 (Gesetz=Samml. S. 193), betreffend die Tagegelder und Reisekosten der Staatsbeamten, an Stelle der hiermit auf=gehobenen Verordnungen vom 30. Oktober 1876 (Gesetz=Samml. S. 451) und vom 4. März 1895 (Gesetz=Samml. S. 37), was folgt:

---

[1] AusfE. 21. Okt. 97: Anlage A. Weitere AusfBest.: FinanzO. XII B.

§ 1. Staatseisenbahnbeamte, die vorübergehend außerhalb ihres Wohn=
ortes dienstlich beschäftigt werden, erhalten für die ersten vier Wochen dieser
Beschäftigung die gesetzlich bestimmten Tagegelder.

Für die folgende Zeit können die Tagegelder (Kommandogelder) nach Be=
stimmung des Ministers der öffentlichen Arbeiten ermäßigt werden[2]).

(Abs. 3)[3]).

§ 2. Die bei den Eisenbahndirektionen und den ihnen nachgeordneten
Dienststellen angestellten Beamten erhalten bei Dienstreisen auf den vom Mi=
nister der öffentlichen Arbeiten verwalteten Eisenbahnen freie Fahrt und freie
Gepäckbeförderung nach Maßgabe der Freifahrtordnung[4]) und haben an Reise=
kosten, unbeschadet der Bestimmungen im § 3, nur die bestimmungsmäßigen
Entschädigungen für Zu= und Abgänge[5]) zu beanspruchen, mit der Maßgabe
jedoch, daß für ein und denselben Reisetag nicht mehr als eine einmalige Ent=
schädigung gewährt werden darf[6]). Beamte, welchen Freikarten oder Freifahrt=
scheine für fremde Eisenbahnen zur Benutzung überwiesen werden, sind ver=
pflichtet, bei Dienstreisen dieselben zu benutzen, und erhalten an Reisekosten
nur die Entschädigungen für Zu= und Abgänge[7]).

Beamte, die sich in Ausübung ihrer amtlichen Thätigkeit auf der Bahn=
strecke innerhalb des Eisenbahndirektionsbezirks, in welchem sie angestellt sind,
zu Fuß oder unter Benutzung einer Draisine oder eines Bahnmeisterwagens
bewegen, haben auf Reisekosten keinen Anspruch.

§ 3. Die nachstehend genannten Beamten erhalten für Dienstreisen
innerhalb des Amtsbezirkes, für welchen sie bestellt sind, sowie auf denjenigen
häufig zu befahrenden Strecken, für welche dies vom Minister der öffentlichen
Arbeiten bestimmt wird, keine Entschädigungen für Zu= und Abgang und, an
Stelle der gesetzlichen, Tagegelder nach folgenden ermäßigten Sätzen[8]):

1. Vorstände der Betriebs=, Maschinen=, Werkstätten=, Telegraphen-[9]) und
   Verkehrsinspektionen und die ihnen zur Aushülfe überwiesenen höheren
   Beamten . . . . 6 Mark,
2. Eisenbahnbetriebsingenieure (technische Kontroleure), Kassen=
   kontroleure, Werkstättenvorsteher . . . . 4,5 Mark,
3. Telegraphenmeister, Werkmeister . . . . 3 Mark.

---

[2]) Hierzu AusfE. (Anl. A) Ziff. II.
[3]) Aufgehoben V. 18. Jan. 99 (GS.
21).
[4]) E. 10. Dez. 01 (EVB. 02 S. 39).
[5]) Nicht (wie andere Staatsbeamte)
Kilometergelder.
[6]) Gilt auch für Reisen zur Beaufsicht.
v. Privat= u. Kleinbahnen E. 3. Ott.
01 (EVB. 319).
[7]) Für Reisen zur Beaufsicht. v. Pri=
vat= u. Kleinbahnen od. zur Abnahme
der an solche anschließenden Privat=
anschlußbahnen ist auch auf der Privat=

od. Kleinb. freie Fahrt in Anspruch zu
nehmen FinanzO. XII B Ziff. 60, 61,
61 a. Benutzung unentgeltlich gestellter
Lokomotiven E. $\frac{20. März}{30. April}$ 05 (EVB. 162).

[8]) Anl. A Ziff. III, IV. Zum Amts=
bezirk gehören auch die zu beaufsicht.
Kleinbahnen — FinanzO. XII B Ziff. 67
d —, im allg. ab. nicht Privatbahnen
E. 23. Ott. 93 (EVB. 334, VV. 922)
u. 31. Jan. 98 (EVB. 29).

[9]) Die TelInsp. sind aufgehoben II
2 b d. V.

Bei Dienstreisen von mehr als vierundzwanzigstündiger Dauer erhöhen sich die obigen Sätze:

bei den Beamten unter 1 auf . . . . 8 Mark,
bei den Beamten unter 2 auf . . . . 6 Mark,
bei den Beamten unter 3 auf . . . . 4 Mark

für jeden Tag.

Wird die Stelle eines der vorgenannten Beamten durch einen anderen Beamten vorübergehend versehen, so kann die vorgesetzte Behörde bestimmen, daß dem Vertreter statt der den Beamten seiner Dienstklasse zustehenden Tage= gelder die für den vertretenen Beamten im Absatz 1 und 2 dieses Paragraphen unter Nr. 1 bis 3 festgesetzten Tagegelder gezahlt werden[10]).

§ 4. Bahnmeister haben innerhalb ihrer Strecke auf Reisekosten und Tagegelder keinen Anspruch. Wenn sie jedoch mit Zustimmung ihres Vor= gesetzten eine Nachtrevision vorgenommen haben, so erhalten sie für jede Nacht, welche sie außerhalb ihres Wohnortes haben zubringen müssen, den Betrag von 6 Mark[11]).

Bahnwärter und die mit der Streckenbegehung beauftragten Weichensteller erhalten, wenn sie sich auf ihrer Strecke bewegen, weder Tagegelder noch Reisekosten.

§ 5. An Stelle der Tagegelder und Reisekosten wird eine von dem Minister der öffentlichen Arbeiten im Einvernehmen mit dem Finanzminister festzusetzende, die gesetzlichen Sätze nicht übersteigende Funktionszulage ge= währt[12]):

1. an Stations= und Abfertigungsbeamte, deren planmäßiger Dienst sich auf mehrere Stationen, Zechen oder andere an die Bahn angeschlossene Werke erstreckt;

2. an Bahnmeister, die neben Wahrnehmung der eigenen Dienstgeschäfte einen anderen Bahnmeister ihrer unmittelbaren Nachbarschaft vertreten, ohne daß sie außerhalb ihres Wohnortes Quartier zu nehmen nöthig haben;

3. an Weichensteller und Bahnwärter, die zur Unterstützung des ihnen vor= gesetzten Bahnmeisters mit der Begehung fremder Strecken beauftragt werden;

4. an Bahnwärter, die mit der Verrichtung von Weichenstellerdiensten oder mit der Vertretung eines benachbarten Bahnwärters beauftragt, ohne daß sie außerhalb ihres Wohnortes Quartier zu nehmen genöthigt sind, von ihrer Bude an gerechnet, mehr als 2 Kilometer zurückzulegen haben, um an den Ort ihrer dienstlichen Bestimmung zu gelangen.

---

[10]) Anl. A Ziff. V.
[11]) Begriff Nachtrevision FinanzO.
XII B Ziff. 79.

[12]) Anl. A Ziff. VI.

§ 6. Lokomotiv- und Zugbegleitungsbeamte erhalten für die Beschäftigung im Fahrdienste, Bahnaufsichtsbeamte für die Begleitung von Arbeitszügen keine Tagegelder und Reisekosten. Dagegen werden ihnen Fahr-, Stunden- und Nachtgelder, die die gesetzlichen Sätze nicht übersteigen dürfen, nach näherer Bestimmung des Ministers der öffentlichen Arbeiten gewährt[13]).

§ 7. Vorstände von Werkstätten- oder Maschineninspektionen, Eisenbahnbetriebsingenieure (technische Kontroleure), Werkstättenvorsteher und Werkmeister oder deren Vertreter erhalten für die Probe- oder Revisionsfahrten, die sie zur Feststellung der Betriebsfähigkeit einzelner Lokomotiven und Wagen mit diesen ausführen, Stationsbeamte ferner für die Begleitung von Hülfsmaschinen und Hülfszügen statt der Tagegelder und Reisekosten folgende Entschädigungssätze für jede Fahrt, Hin- und Rückfahrt als eine Fahrt gerechnet, und gleichviel, ob die eine Fahrt mittelst anderer Gelegenheit erfolgt:

> Vorstände von Werkstätten- oder Maschineninspektionen und die mit ihrer Vertretung beauftragten höheren Beamten . . . 3 Mark,
> die anderen vorgenannten Beamten . . . . 2 Mark.

Wenn diese Beamten an demselben Tage aus den bezeichneten Anlässen mehrere Fahrten, oder neben diesen Fahrten noch andere Dienstreisen ausführen, so dürfen die ihnen zu gewährenden Entschädigungen insgesammt die gesetzlichen und, sofern die Voraussetzungen im § 3 vorliegen, die in diesem Paragraphen festgesetzten Tagegelder nicht übersteigen.

§ 8. Die einzelnen Beamten neben ihrem Einkommen gewährten Bauschvergütungen für Tagegelder und Reisekosten bilden, soweit bei der Bewilligung nicht ein Anderes bestimmt wird, die Entschädigung für alle innerhalb und außerhalb des Amtsbezirkes auszuführenden Dienstreisen.

Unter besonderen Umständen kann jedoch der Minister der öffentlichen Arbeiten solchen Beamten für Dienstreisen außerhalb ihres Amtsbezirkes Tagegelder und Reisekosten gewähren.

§ 9. Diese Verordnung tritt mit dem 1. Oktober 1897 in Kraft. Soweit sie nicht anderweitige Bestimmungen enthält, finden die Vorschriften der

---

[13]) Anl. A Ziff. VII. Der Etat d. StEB. (Etat 1905 Bem. 2 zu Ausgabe Kap. 23 Tit. 1) bestimmt:

Von den Fahr-, Stunden- und Nachtgeldern, sowie den Prämien für Materialersparnisse (Tit. 4) sind anzurechnen bei der Pensionierung der Lokomotivführer und Schiffsmaschinisten 540 M., der Zugführer, Packmeister und Lokomotivheizer 300 M., der Schiffskapitäne und Steuermänner, sowie der Schaffner, Bremser und Wagenwärter 200 M., der Schiffsheizer 180 M., der Matrosen 150 M. Diese Beträge treten bei Bemessung der Pension dem Gehaltssatze, welchen der Beamte zur Zeit der Pensionierung bezieht, hinzu, und zwar auch dann, wenn dieser Gehaltssatz das höchste Normalgehalt der betreffenden Beamtenklasse (§. 10 Nr. 4 des Pensionsgesetzes vom 27. März 1872) erreicht hat.

Gesetze vom 24. März 1873 und vom 21. Juni 1897, sowie der Verordnung vom 15. April 1876, betreffend die Tagegelder und Reisekosten der Staatsbeamten Anwendung.

_____

Anlage A (zu Anmerkung 1).

Erlaß des Ministers der öffentlichen Arbeiten betr. Ausführungsbestimmungen zum Gesetz vom 21. Juni 1897, betr. die Tagegelder und Reisekosten der Staatsbeamten und zur Allerhöchsten Verordnung vom 12. Oktober 1897, betr. die Tagegelder und Reisekosten der Staatseisenbahnbeamten. Vom 21. Oktober 1897 (EVB. 365).

(Auszug.)

I. a) Die in den §§ 1 und 2 der bisherigen Verordnung enthaltenen Bestimmungen über die Höhe der den Staatseisenbahnbeamten bei Dienstreisen zustehenden Tagegelder und Reisekosten sind in die neue Verordnung nicht mehr übernommen worden. Soweit die letztere nicht für einzelne Beamtenklassen Sonderbestimmungen enthält, ist für die den Beamten bei Dienstreisen zu gewährenden Reiseentschädigungen fortab der im Anschluß an die neue Verordnung abgedruckte Erlaß vom heutigen Tage[1] maßgebend.

Die darin enthaltenen Bestimmungen finden vom 1. Oktober d. J. ab auch entsprechende Anwendung auf die gemäß § 4 der Verordnung vom 26. Mai 1877 (G.=S. S. 173), betreffend die Umzugskosten von Beamten der Staatseisenbahnen u. s. w.[2] zu gewährenden persönlichen Reisekosten.

h) Hinsichtlich der in dem Erlasse vom 21. Oktober d. J.[1] nicht aufgeführten außeretatsmäßigen Beamten bewendet es bis auf Weiteres bei der zur Zeit bestehenden Vorschrift, nach der sie bei Dienstreisen Tagegelder und Reisekosten nach den Sätzen derjenigen Beamtenklasse erhalten, in die sie bei der ersten etatsmäßigen Anstellung einzurücken bestimmt sind[3].

II. Gemäß § 1 der neuen Verordnung sind auch fernerhin die einem Beamten bei vorübergehender dienstlicher Beschäftigung außerhalb seines Wohnortes für die ersten 4 Wochen zustehenden vollen gesetzlichen Tagegelder nach Ablauf dieser Frist zu ermäßigen. Die dieserhalb ergangenen Vorschriften des Erlasses vom 17. Dezember 1876 . . (ElbS. Bd. I, Nr. 643a) bleiben in Kraft[4]. Insbesondere wird darauf hingewiesen, daß die nach Ablauf von 4 Wochen zu bewilligenden Tagegelder auch für die Folge die Hälfte des nach der Bestimmung des Gesetzes vom 21. Juni 1897 zu berechnenden vollen Betrages in der Regel nicht übersteigen dürfen.

Was die Erhöhung der bestimmungsmäßigen Tagegelder bei Dienstreisen in das Ausland oder nach besonders theueren Orten anbetrifft, so tritt eine Aenderung der bisherigen Bestimmungen (vergl. Finanz=Ordnung, Theil XII, § 10, Abschnitt III) nur insofern ein, als der Berechnung die Sätze des Gesetzes vom 21. Juni 1897 zu Grunde zu legen sind, und als ferner sich die den Königlichen Eisenbahndirektionen ertheilte Ermächtigung zur Erhöhung der gesetzlichen Tagegelder für Dienstreisen nach Orten der Servisklasse A, I und II fortab auf diejenigen Beamten erstreckt, die auf Grund des neuen Reisekostengesetzes einen Tagegeldsatz von 8 M. und weniger beziehen[5].

_____

[1] III 4a d. W.
[2] III 4c d. W.
[3] FinanzO. XII B Ziff. 4, 5.

[4] FinanzO. XII B Ziff. 44—55.
[5] FinanzO. XII B Ziff. 22—28.

III. Als Amtsbezirk im Sinne der Bestimmung im § 3 der neuen Verordnung ist der den betreffenden Beamten zugewiesene Geschäftsbereich anzusehen. Bei den Inspektionsvorständen gilt als solcher der durch die „Geschäftlichen Nachrichten über die Preußischen Staatseisenbahnen" Theil II festgesetzte Bezirk. Zu den Dienstreisen innerhalb des Amtsbezirks rechnen auch diejenigen Dienstreisen, die zwar ganz oder theilweise auf außerhalb des Amtsbezirks belegenen Bahnstrecken zurückgelegt, indessen zur Verrichtung von Dienstgeschäften an solchen Orten unternommen werden, die innerhalb des Amtsbezirks gelegen sind.

IV. In weiterer Ausführung des § 3 der Allerhöchsten Verordnung vom 12. Oktober 1897 bestimme ich, daß zu denjenigen Strecken, für welche nur die ermäßigten Tagegelder gewährt werden, allgemein zu rechnen sind:

a) falls der Amtsbezirk auf freier Strecke endigt, die an denselben anschließenden Strecken bis zur nächsten Station einschließlich;

b) für die mit der Beaufsichtigung des Zug- und Maschinen-Dienstes betrauten Beamten, insbesondere für die Vorstände der Betriebs- und Maschinen-Inspektionen, die an den Amtsbezirk anschließenden Strecken, soweit sie von den zu begleitenden Zügen ohne Aufenthalt durchfahren werden;

c) für außerhalb ihres Amtsbezirks wohnende Beamte die zur Erreichung ihres Amtsbezirks zu durchfahrenden Strecken.

Sofern durch die Bestimmungen unter b in einzelnen Fällen Härten entstehen sollten, behalte ich mir besondere Regelung vor.

Außerdem beabsichtige ich[6]), zu den der Bestimmung im § 3 der Allerhöchsten Verordnung unterliegenden Strecken alle die zu erklären, auf welchen ein Mitbetrieb stattfindet, oder welche von den im § 3 genannten Beamten in regelmäßiger Wiederkehr zu befahren sind. Es würden dahin z. B. hinsichtlich der Vorstände der Maschineninspektionen die Strecken bis zu denjenigen außerhalb ihres Bezirks belegenen Stationen zu rechnen sein, auf denen ein Theil ihres Personals stationirt ist. . .

V. Von der Bestimmung im letzten Absatz des § 3 der neuen Verordnung ist in allen denjenigen Fällen Gebrauch zu machen, in denen einem Beamten die ständige Vertretung eines der daselbst genannten, am gleichen Orte wohnenden Beamten in Behinderungsfällen übertragen wird.

Im Uebrigen bleibt den Königlichen Eisenbahndirektionen überlassen, für ähnlich liegende Fälle, in denen dem Vertreter durch die in dieser Eigenschaft auszuführenden Reisen erhebliche Kosten nicht erwachsen, ferner auch bei längerer Dauer der Vertretung eine gleiche Bestimmung zu treffen.

VI. Bezüglich der Funktionszulagen, die nach § 5 der neuen Verordnung in gewissen Fällen statt der Tagegelder und Reisekosten an Bahnmeister, Weichensteller und Bahnwärter zu gewähren sind, verbleibt es bei den dieserhalb getroffenen bisherigen Festsetzungen[7]).

Die Festsetzung der Funktionszulagen für Stations- und Abfertigungsbeamte (auch Wagenmeister), deren planmäßiger Dienst sich auf mehrere Stationen, Zechen oder andere an die Bahn angeschlossene Werke erstreckt, bleibt auch fernerhin den Königlichen Eisenbahndirektionen überlassen. Sie ist in vorkommenden Fällen nach Lage der Verhältnisse, jedoch so zu bemessen, daß sie die Hälfte der gesetzlichen Tagegelder und Reisekostensätze nicht übersteigt.

---

[6]) Ist geschehen: FinanzO. XII B Ziff. 67 e. Die Strecken sind von der EisDir. zu bezeichnen und werden darauf- hin vom Min. festgesetzt.

[7]) FinanzO. XII B Ziff. 82—90.

VII. Hinsichtlich der den Lokomotiv- und Zugbegleitungsbeamten für die Beschäftigung im Fahrdienste und den Bahnaufsichtsbeamten für die Begleitung von Arbeitszügen zu gewährenden Fahr-, Stunden- und Nachtgelder bewendet es bei den hierüber ergangenen Vorschriften[6]).

---

c) Allerhöchste Verordnung, betreffend die Umzugskosten von Beamten der Staatseisenbahnen und der unter der Verwaltung des Staates stehenden Privateisenbahnen. Vom 26. Mai 1877 (GS. 173).

§ 1[1]). Die nachstehend aufgeführten etatsmäßig angestellten Beamten der Staatseisenbahnen und der unter der Verwaltung des Staates stehenden Privateisenbahnen erhalten bei Versetzungen, unbeschadet der Bestimmung im § 2 eine Vergütung für Umzugskosten nach folgenden Sätzen:

	auf allgemeine Kosten	auf Transportkosten für je 10 Kilometer
1. Betriebskontroleure, Eisenbahnsekretäre, Hauptkassenkassirer, Eisenbahn-Betriebsingenieure, Kassenkontroleure, Rechnungsrevisoren, Werkstättenvorsteher, Stationsvorsteher erster Klasse, Güterexpeditionsvorsteher, Stationskassenrendanten, Materialienverwalter erster Klasse, Oberbahnmeister . . .	240 Mark	7 Mark

Soweit noch Betriebskassenrendanten und Verkehrskontroleure vorhanden sind, erhalten sie die gleichen Sätze wie Hauptkassenkassirer und Betriebskontroleure.

| 2. Betriebssekretäre, etatsmäßige Bureauassistenten, Kanzlisten erster Klasse, Kanzlisten, Zeichner erster Klasse, Zeichner, Stationsvorsteher zweiter Klasse, Güterexpedienten, Stationseinnehmer, Stationsverwalter, Stationsassistenten, Materialienverwalter zweiter Klasse, Bahnmeister erster Klasse, Bahnmeister, Werkmeister, Telegraphenmeister, Schiffskapitäne erster und zweiter Klasse, Lokomotivführer, Maschinisten, Zugführer, Steuermänner, Eisenbahnassistenten . . . . | 180 Mark | 6 Mark |
| 3. Packmeister, Telegraphisten, Lademeister, Wagenmeister, Rangirmeister, Werkführer, Weichensteller erster Klasse, Haltestellenaufseher, Brückengeldeinnehmer, Fahrkartendrucker, Magazinaufseher, Maschinenwärter bei elektr. Beleuchtungsanlagen, Fahrkartenausgeber, Stellwerksweichensteller . . | 150 Mark | 5 Mark |

---

[6]) FinanzO. XII B Ziff. 91—93 u. Abschn. D a.

[1]) Geänd. u. ergänzt durch AB. 4. März 95 (GS. 41), 9. Mai 02 (GS. 141) u. 5. Juli 05 (GS. 267). — AusfE. 7. Juli 77 Anlage A; weitere AusfBest. FinanzO. XII C.

	auf allgemeine Kosten	auf Transport- kosten für je 10 Kilometer

4. Lokomotivheizer, Maschinenwärter, Schiffsheizer, Schaffner, Bremser, Wagenwärter, Matrosen, Kassendiener, Bureaudiener, Schiffsbrückenaufseher, Schiffsbrückenwärter (am Rhein), Portiers, Bahn= steigschaffner, Weichensteller, Brückenwärter, Krahn= meister, Bahn= und Krahnwärter, Nachtwächter, Fahrkartenausgeberinnen, Eisenbahngehilfinnen, Rottenführer, Schirrmänner . . . . 100 Mark   4 Mark

§ 2. Sofern bei Versetzungen die Reise ganz auf solchen Eisenbahnen zurückgelegt werden kann, welche unter Staatsverwaltung stehen, erhalten die im § 1 genannten Beamten freie Fahrt für sich und die Personen ihres Haus= standes und freien Transport ihrer Effekten[2]).

Eine Vergütung auf Transportkosten wird in diesem Falle nicht gewährt.

§ 3. Die außeretatsmäßig beschäftigten Beamten[3]), welche auf eine Ver= gütung für Umzugskosten keinen Anspruch haben, erhalten bei Versetzungen freie Fahrt für sich, wenn die Reise ganz auf solchen Eisenbahnen zurückgelegt werden kann, welche unter Staatsverwaltung stehen.

Dieselben erhalten ferner auf den zwischen dem Orte, von welchem, und dem Orte, nach welchem die Versetzung stattfindet, gelegenen Bahnstrecken, so= weit diese unter Staatsverwaltung stehen, freie Fahrt für die Personen ihres Hausstandes und freien Transport ihrer Effekten.

§ 4. Die persönlichen Reisekosten sind nach Maßgabe der Allerhöchsten Verordnung vom 30. Oktober 1876. (Gesetz=Samml. S. 451.)[4]) und zwar nach der neuen amtlichen Stellung zu gewähren.

In den Fällen, in welchen den Beamten die freie Fahrt für ihre Person gewährt wird, erhalten dieselben außer den bestimmungsmäßigen Tagegeldern an Reisekosten nur die Entschädigungen für Zu= und Abgänge.

§ 5. Diese Verordnung tritt mit dem 1. April 1877. in Kraft.

Soweit dieselbe nicht anderweite Bestimmungen enthält, finden die Vor= schriften des Gesetzes, betreffend die Umzugskosten der Staatsbeamten, vom 24. Februar d. J. Anwendung.

Anlage A (zu Anmerkung 1).

Erlaß des Ministers der öffentlichen Arbeiten vom 7. Juli 1877 betr. Aus= führungsbestimmungen zum Gesetz vom 24. Februar 1877 und der Aller= höchsten Verordnung vom 26. Mai 1877 unter Berücksichtigung der durch den Erlaß vom 20 April 1897 (E.=V.=Bl. 85) bestimmten Aenderungen.

1. Die Beamten der Staatseisenbahnverwaltung, deren Anstellung nach § 5 a der Verwaltungsordnung für die Staatseisenbahnen mir vorbehalten ist, er= halten bei Versetzungen eine Vergütung für Umzugskosten in Gemäßheit des

---

²) Anl. A Ziff. 7. | Ziff. 28.
³) Anl. A Ziff. 2, 6, FinanzO. XII C | ⁴) Jetzt AB. 12. Okt. 97 (III 4 b).

Gesetzes vom 24. Februar 1877 (G.=S. S. 15) nach folgenden, im Einver=
nehmen mit dem Herrn Finanzminister festgestellten Sätzen:

	auf allgemeine Kosten	auf Transport= kosten für je 10 Kilom.
I. Präsidenten der Eisenbahndirektionen	1000 Mk.	20 Mk.
II. Mitglieder der Eisenbahndirektionen und Vorstände der Betriebs=, Maschinen=, Werkstätten=, . . und Verkehrsinspektionen, sowie des Abnahmeamts zu Essen und die Vorstände der Rechnungsbüreaus, soweit dieselben zur IV. Rangklasse gehören . .	500 „	10 „
III. Mitglieder der Eisenbahndirektionen und Vorstände der Betriebs=, Maschinen=, Werkstätten=, . . und Verkehrsinspektionen, sowie des Abnahmeamts zur Essen und der Rechnungsbüreaus, welche nicht zu IV. Rangklasse gehören, Eisenbahnbau= und Be= triebs= bezw. Maschineninspektoren, Hauptkassen= rendanten	300 „	8 „

2. Die außeretatsmäßig beschäftigten Assessoren erhalten Umzugskosten nach den
vorstehend unter III bezeichneten Sätzen, sofern sie vor der Versetzung be=
reits gegen eine fixirte Remuneration dauernd beschäftigt waren. Die gleichen
Vergütungen erhalten die außeretatsmäßig beschäftigten Regierungsbaumeister,
soweit ihnen die Aussicht auf dauernde Verwendung ausdrücklich eröffnet ist[1]).

3. Nachdem die bisherige Bestimmung aufgehoben ist, wonach eine Vergütung
von Umzugskosten nicht stattfand, wenn die Versetzung lediglich auf den
Antrag des Beamten erfolgte, ist es Pflicht der über die Versetzung in den
innerhalb ihrer Competenz liegenden Fällen beschließenden Königlichen Direk=
tionen, die hierauf gerichteten Anträge der Beamten vom allgemeinen dienst=
lichen Standpunkte einer sorgfältigen Prüfung zu unterziehen. Anträge auf
Versetzung unter Bewilligung der Umzugskosten werden in der Regel nur
dann zu berücksichtigen sein, wenn dadurch neben den persönlichen Wünschen
der Antragsteller gleichzeitig dem dienstlichen Interesse entsprochen wird. Ob
letzteres der Fall ist, bleibt jedesmal genau zu erwägen; in zweifelhaften
Fällen ist die diesseitige Entscheidung einzuholen.

4. Die Erstattung der Miethe (§ 4 des Gesetzes vom 24. Februar d. J.), welche
der versetzte Beamte für seine an dem bisherigen Aufenthaltsorte innegehabte
Wohnung vom Tage des Verlassens der letzteren ab noch zu entrichten ver=
pflichtet gewesen ist, hat erst nach vollständiger Auflösung des Miethverhält=
nisses zu erfolgen. Die Erstattung erfolgt unter der Voraussetzung, daß der
Beamte nach dem Kontrakte bezw. nachweisbar zu einer früheren Vermiethung
nicht in der Lage war, das Leerstehen der Wohnung obrigkeitlich bescheinigt
und die Zahlung der Miethe glaubhaft nachgewiesen wird. War der Be=
amte durch die vorliegenden Umstände gezwungen, seine Familie eine Zeit
lang in der früheren Wohnung zurückzulassen, so kann ihm die Miethent=
schädigung gleichwohl gewährt werden. Im Uebrigen bleiben alle seither in
Bezug auf die Erstattung von Wohnungsmiethen ergangenen allgemeinen
Verwaltungsvorschriften in Kraft.

5. Unter „Familie" im Sinne des Gesetzes vom 24. Februar d. J. sind nicht
nur Ehefrau, Kinder oder Eltern, sondern auch andere nahe Verwandte und

---

[1]) G. betr. die Gewährung v. Umzugskosten an RegBaumeister 24. Aug. 96
(GS. 173).

Pflegekinder zu verstehen, sofern der Beamte denselben in seinem Hausstande Wohnung nnd Unterhalt auf Grund einer gesetzlichen oder moralischen Unterstützungsverbindlichkeit gewährt. Jedenfalls muß ein eigener Hausstand von dem Beamten geführt werden.

6. Die den Beamten bei Versetzungen zustehenden persönlichen Tagegelder und Reisekosten werden nicht, wie die Umzugskosten, nach dem Dienstrange der Stelle, aus welcher, sondern nach dem der Stelle, in welche die Versetzung erfolgt, liquidirt (cfr. § 4 alin. 1 der All. Verordnung vom 26. Mai d. J.).

Die den außeretatsmäßigen verheiratheten Beamten bisher nachgelassene Begünstigung, die persönlichen Reisekosten und Tagegelder auch bei Benutzung von Eisenbahnen oder Dampfschiffen nach dem Landwege liquidiren zu dürfen, ist aufgehoben.

7. Die Bestimmungen im § 2 der All. Verordnung vom 26. Mai d. J. greifen nicht Platz, wenn die Ausführung der ganzen Reise auf solchen Eisenbahnen, welche unter Staatsverwaltung stehen, nur mit erheblichen Umwegen stattfinden kann. Ob letzteres zutrifft, bleibt in jedem Falle der Entscheidung der Königlichen Eisenbahndirektionen vorbehalten; im Zweifel ist die diesseitige Entscheidung einzuholen.

8. Die Königlichen Eisenbahndirektionen haben mit Sorgfalt darauf zu achten, daß Versetzungen der ihnen unterstellten Beamten auf das unbedingt nothwendige Maß beschränkt bleiben.

---

5. Unfallfürsorge für Beamte[1]).

a) (Reichs-)Unfallfürsorgegesetz für Beamte und für Personen des Soldatenstandes. Vom 18. Juni 1901 (RGB. 211)[2]).

Artikel 1. Das Gesetz, betreffend die Fürsorge für Beamte und Personen des Soldatenstandes in Folge von Betriebsunfällen, vom 15. März 1886 (Reichs-Gesetzbl. S. 53) erhält die nachstehende Fassung:

---

[1]) Die Unfallversicherungs- u. Unfallfürsorgegesetze regeln die Entschädigung für Unfälle, von denen das in unfallversicherungspflichtigen Betrieben — z. B. im Eisenbahnbetrieb — beschäftigte Personal bei dem Betrieb betroffen wird, in einer von dem allgemeinen Recht — z. B. im HPfG. — abweichenden Art, u. zwar unterliegen der Unfallversicherung in der Hauptsache die Arbeiter, der Unfallfürsorge (nach ähnlichen Grundsätzen) die Reichs- u. Staatsbeamten. Das Reichsgesetz betr. die Unfallfürsorge (5 a) enthält die Sonderregelung für Reichsbeamte u. schafft außerdem der Landesgesetzgebung die rechtliche Möglichkeit für gleichartige Vorschr. bez. der Staatsbeamten; das preußische FürsG. (5 b) enthält diese Vorschr. für die preußischen Staatsbeamten. — In ihrer ursprüngl. Gestalt schlossen sich beide Fürsorgegesetze an das UnfallversichG. 6. Juli 84 an; nachdem das GUVG. für die Arbeiter günstigere als die früheren Festsetzungen getroffen hatte, erhielten zur Wiederherstellung der Gleichwertigkeit beide Fürsorgegesetze die oben mitgeteilte neue Fassung. — Zum eigentl. Eisenbahnrecht (I 1 d. W.) gehört nur ein Teil beider Gesetze; da aber wenigstens das preuß. G. sein wichtigstes Anwendungsgebiet in der EisVerwaltung findet u. das ReichsG. für das preuß. G. die Grundlage bildet, sind hier beide Gesetze aufgenommen, die Anmerkungen jedoch auf die besonderen Verhältnisse der EisVerwaltung beschränkt; das preuß. G. wird nur insoweit abgedruckt, als sein Wortlaut vom ReichsG. abweicht, bez. seiner übr. Best. ist auf die AusfBest. bei den entsprech. Best. des ReichsG. verwiesen.

[2]) Inhalt: § 1—6 Voraussetz. u. Höhe eines FürsAnspruchs, § 7, 8

§. 1. Beamte[3]) der Reichs-Civilverwaltung, des Reichsheeres und der Kaiserlichen Marine sowie Personen des Soldatenstandes, welche in reichs=gesetzlich der Unfallversicherung unterliegenden Betrieben beschäftigt sind[4]), erhalten, wenn sie in Folge eines im Dienste[5]) erlittenen Betriebsunfalls[6]) dauernd dienstunfähig werden, als Pension[7]) sechsundsechzigzweidrittel Prozent ihres jährlichen Diensteinkommens.

Personen der vorbezeichneten Art erhalten, wenn sie in Folge eines im Dienste erlittenen Betriebsunfalls nicht dauernd dienstunfähig geworden, aber in ihrer Erwerbsfähigkeit beeinträchtigt worden sind[8]), bei ihrer Entlassung aus dem Dienste als Pension:

1. im Falle völliger Erwerbsunfähigkeit für die Dauer derselben den im ersten Absatze bezeichneten Betrag;

2. im Falle theilweiser Erwerbsunfähigkeit für die Dauer derselben den=jenigen Theil der vorstehend bezeichneten Pension, welcher dem Maße der durch den Unfall herbeigeführten Einbuße an Erwerbsfähigkeit entspricht.

Ausschließungsgründe, § 9—13 Ver=hält. zu and. Gesetzen, § 14 Staats= u. Kommunalbeamte. Quellen Reichstag 85/6 Drucks. Nr. 5 (Entw. u. Begr.) 83 (KomB.); StB. 17, 873, 1087. Neue Fassung: ReichsB. 00/02 Drucks. Nr. 176 (Entw. u. Begr.); StB. 1765, 2470, 2546. Bearb. Gräf, d. UnfallversGesetze, 4. Aufl. 04; ferner Laß u. Maier (II 2 c Anl. B Anm. 2 d. W.).

[3]) III 5 b Anl. A Ziff. 1.

[4]) Namentlich GUVG. § 1. Hierzu gehören außer den als eigentl. Betriebs=beamte tätigen auch solche Beamte, die bei der staatl. od. polizeil. Beauf=sicht. des Betriebs dessen Gefahren gleichfalls ausgesetzt sind; die dienstl. Tätigkeit der Beamten muß aber mit dem Betrieb in Verbindung u. Zu=sammenhang stehen; letzteres trifft auf Zollbeamte nicht zu, die nicht den Zolldienst bei u. in dem EisBetr., son=dern den Grenzüberwachungsdienst aus=üben u. dabei mit den Gefahren des EisBetr. in Berühr. kommen RGer. 5. Okt. 97 (Arch. 98 S. 364, EEE. XIV 323). — Das G. findet keine Anwendung, wenn z. B. ein EisBeamter einen Unfall beim Betrieb der Landwirtschaft als selbst=versicherter Unternehmer erleidet Gräf S. 557.

[5]) Im Dienste befindet sich ein Fahr=beamter auch während der Zeit, die auf die Unterbrechung der dienstl. Verrich=tungen auf den Außenstationen entfällt, wenn ihm im dienstl. Interesse der Auf=enthalt innerhalb einer bestimmten, mit dem Dienst in Beziehung stehenden Örtlichkeit vorgeschrieben ist, mag er auch mit Zustimmung des Vorgesetzten diese Dienststätte auf kurze Zeit (z. B. zu Einkäufen) verlassen RGer. 7. Mai 00 (EEE. XVII 255). Zum Dienste gehören u. U. auch kürzere Dienstpausen RGer. 24. Juni 02 (LII 76). Nicht im Dienste befindet sich ein EisBeamter, der ohne unverschuldeten Notstand den Gang zwischen Wohnung u. Betriebs=stätte verbotswidrig auf dem Bahn=körper zurücklegt RGer. 27. März 03 (LIV 191).

[6]) Gleich „Betriebsunfall" i. S. des GUVG. RGer. 3. Juli 99 (XLIV 253) u. 24. Juni 02 (LII 76). — VI 6 Anm. 6 d. W.

[7]) III 5 b d. W. Anl. A Ziff. 2. An=weisung, Verrechnung usw. der Pen=sionen usw., ferner Erstattung der Heilungskosten für die Zeit vor dem Übertritt in den Ruhestand Witte S. 148 a ff. Ein rechtlicher Anspruch auf letztere Erstattung besteht nicht RGer. 15. März 04 (Arch. 05 S. 734).

[8]) III 5 b d. W. Anl. A Ziff. 2, 3 u. Anl. B Ziff. 2 zu § 1.

Ist der Verletzte in Folge des Unfalls nicht nur völlig dienst= oder erwerbsunfähig, sondern auch derart hülflos geworden, daß er ohne fremde Wartung und Pflege nicht bestehen kann, so ist für die Dauer dieser Hülf=losigkeit die Pension bis zu hundert Prozent des Diensteinkommens zu er=höhen[9]).

Solange der Verletzte aus Anlaß des Unfalls thatsächlich und unver=schuldet arbeitslos ist, kann in den Fällen des Abs. 2 Ziffer 2 die Pension bis zum vollen Betrage des Abs. 1 vorübergehend erhöht werden[10]).

Steht dem Verletzten nach anderweiter reichsgesetzlicher Vorschrift ein höherer Betrag zu, so erhält er diesen.

Nach dem Wegfalle des Diensteinkommens sind dem Verletzten außerdem die noch erwachsenden Kosten des Heilverfahrens (§. 9 Abs. 1 Nr. 1 des Gewerbe=Unfallversicherungsgesetzes, Reichs=Gesetzbl. 1900 S. 585) zu ersetzen[7]).

§. 2. Die Hinterbliebenen[11]) solcher im §. 1 bezeichneten Personen, welche in Folge eines im Dienste erlittenen Betriebsunfalls gestorben sind, erhalten:

1. als Sterbegeld, sofern ihnen nicht nach anderweiter Bestimmung An=spruch auf Gnadenquartal oder Gnadenmonat zusteht, den Betrag des einmonatigen Diensteinkommens oder der einmonatigen Pension des Verstorbenen, jedoch mindestens fünfzig Mark;

2. eine Rente. Diese beträgt
   a) für die Wittwe bis zu deren Tode oder Wiederverheirathung, ebenso für jedes Kind bis zum Ablaufe des Monats, in welchem das achtzehnte Lebensjahr vollendet wird, oder bis zur etwaigen früheren Verheirathung zwanzig Prozent des jährlichen Dienstein=kommens des Verstorbenen, jedoch für die Wittwe nicht unter zwei=hundertundsechzehn Mark und nicht mehr als dreitausend Mark, für jedes Kind nicht unter einhundertundsechzig Mark und nicht mehr als eintausendsechshundert Mark;
   b) für Verwandte der aufsteigenden Linie, wenn ihr Lebensunterhalt ganz oder überwiegend durch den Verstorbenen bestritten worden war, bis zum Wegfalle der Bedürftigkeit insgesammt zwanzig Prozent des Diensteinkommens des Verstorbenen, jedoch nicht unter einhundertundsechzig Mark und nicht mehr als eintausendsechshundert Mark; sind mehrere Berechtigte dieser Art vorhanden, so wird die Rente den Eltern vor den Großeltern gewährt;
   c) für elternlose Enkel, falls ihr Lebensunterhalt ganz oder überwiegend durch den Verstorbenen bestritten worden war, im Falle der Be=dürftigkeit bis zum Ablaufe des Monats, in welchem das achtzehnte

---

[9]) III 5 b d. W. Anl. B Ziff. 1 zu § 1.
[10]) III 5 b Anl. B Ziff. 2 zu § 1.

[11]) III 5 b Anl. A Ziff. 4—7, Anl. B (zu § 2).

Lebensjahr vollendet wird, oder bis zur etwaigen früheren Ver=
heirathung insgesammt zwanzig Prozent des Diensteinkommens des
Verstorbenen, jedoch nicht unter einhundertundsechzig Mark und
nicht mehr als eintausendsechshundert Mark.

Die Renten dürfen zusammen sechzig Prozent des Diensteinkommens
nicht übersteigen. Ergiebt sich ein höherer Betrag, so haben die Verwandten
der aufsteigenden Linie nur insoweit einen Anspruch, als durch die Renten
der Wittwe und der Kinder der Höchstbetrag der Renten nicht erreicht wird,
die Enkel nur soweit, als der Höchstbetrag der Renten nicht für Ehegatten,
Kinder oder Verwandte der aufsteigenden Linie in Anspruch genommen wird.
Soweit die Renten der Wittwe und der Kinder den zulässigen Höchstbetrag
überschreiten, werden die einzelnen Renten in gleichem Verhältnisse gekürzt.

Steht nach anderweiter reichsgesetzlicher Vorschrift einem von den Hinter=
bliebenen ein höherer Betrag zu, so erhält er diesen.

Der Anspruch der Wittwe ist ausgeschlossen, wenn die Ehe erst nach
dem Unfalle geschlossen worden ist.

§. 3. Die Fürsorge erstreckt sich auf die Folgen von Unfällen bei
häuslichen und anderen Diensten, zu denen Personen der im §. 1 bezeichneten
Art neben der Beschäftigung im Betriebe von ihren Vorgesetzten herangezogen
werden.

§. 4. Erreicht das jährliche Diensteinkommen nicht den dreihundertfachen
Betrag des für den Beschäftigungsort festgesetzten ortsüblichen Tagelohns ge=
wöhnlicher erwachsener Tagearbeiter (§. 8 des Krankenversicherungsgesetzes,
Reichs=Gesetzbl. 1892 S. 417), so ist dieser Betrag der Berechnung zu
Grunde zu legen[12]).

Bleibt der nach Abs. 1 zu Grunde zu legende Betrag hinter dem Jahres=
arbeitsverdienste zurück, welchen während des letzten Jahres vor dem Unfalle
Personen bezogen haben, welche mit Arbeiten derselben Art in demselben Be=
trieb, oder in benachbarten gleichartigen Betrieben beschäftigt waren, so ist
dieser Jahresarbeitsverdienst der Berechnung der Rente zu Grunde zn legen.

Der eintausendfünfhundert Mark übersteigende Betrag kommt nur zu
einem Drittel zur Anrechnung.

Bleibt bei den nicht mit Pensionsberechtigung angestellten Beamten
(§. 1) die nach vorstehenden Bestimmungen der Berechnung zu Grunde zu
legende Summe unter dem niedrigsten Diensteinkommen derjenigen Stellen,
in welchen solche Beamte nach den bestehenden Grundsätzen zuerst mit Pensions=
berechtigung angestellt werden können, so ist der letztere Betrag der Berechnung
zu Grunde zu legen.

§. 5. Ist das der Berechnung der Hinterbliebenenrente zu Grunde zu
legende Diensteinkommen in Folge eines früher erlittenen, nach den reichsgesetz=

---

[12]) Beamte, die mehr als 300 Tage | E. 8. Jan. 99 (EVB. 9). — III 5 b
jährlich im EisBetrieb beschäftigt sind | Anl. A Ziff. 8.

lichen Bestimmungen über Unfallversicherung oder Unfallfürsorge entschädigten Unfalls geringer, als der vor diesem Unfalle bezogene Lohn oder das vor diesem Unfalle bezogene Diensteinkommen, so ist die aus Anlaß des früheren Unfalls bei Lebzeiten bezogene Rente oder Pension dem Diensteinkommen bis zur Höhe des der früheren Entschädigung zu Grunde gelegten Jahresarbeits= verdienstes oder Diensteinkommens hinzuzurechnen.

§. 6. Der Bezug der Pension beginnt mit dem Wegfalle des Dienst= einkommens, der Bezug der Hinterbliebenenrente mit dem Ablaufe des Gnaden= quartals oder Gnadenmonats, oder, soweit solche nicht gewährt werden, mit dem Ablaufe derjenigen Zeit, für welche nach §. 2 Abs. 1 Ziffer 1 das Diensteinkommen oder die Pension weiter bezogen ist.

Gehört der Verletzte auf Grund gesetzlicher oder statutarischer Verpflich= tung einer Krankenkasse oder der Gemeinde=Krankenversicherung an, so wird bis zum Ablaufe der dreizehnten Woche nach dem Eintritte des Unfalls die Pen= sion und der Ersatz der Kosten des Heilverfahrens um den Betrag der von der Krankenkasse oder der Gemeinde=Krankenversicherung geleisteten Kranken= unterstützung gekürzt. Der Anspruch auf das Sterbegeld und vom Beginne der vierzehnten Woche ab auch bei Anspruch auf die Pension sowie auf den Ersatz der Kosten des Heilverfahrens geht bis zum Betrage des von der Krankenkasse gezahlten Sterbegeldes beziehungsweise bis zum Betrage der von dieser gewährten weiteren Krankenunterstützung auf die Krankenkasse über. Als Werth der freien ärztlichen Behandlung, der Arznei und der Heilmittel (§. 6 Abs. 1 Ziffer 1 des Krankenversicherungsgesetzes) gilt die Hälfte des gesetzlichen Mindestbetrags des Krankengeldes.

Fällt das Recht auf den Pensions= oder Rentenbezug im Laufe des Monats, für welchen die Pension oder Rente gezahlt war, fort, so ist von einer Rückforderung abzusehen. Wenn für einen Theil des Monats die Pension für den Verletzten mit der Rente für die Hinterbliebenen zusammentrifft, so haben die Hinterbliebenen den höheren Betrag zu bean= spruchen.

§. 7. Ein Anspruch auf die in den §§. 1 bis 3 bezeichneten Bezüge besteht nicht, wenn der Verletzte den Unfall vorsätzlich oder durch ein Ver= schulden herbeigeführt hat, wegen dessen auf Dienstentlassung oder auf Verlust des Titels und Pensionsanspruchs gegen ihn erkannt oder wegen dessen ihm die Fähigkeit zur Beschäftigung in einem öffentlichen Dienstzweig aberkannt worden ist[13]).

Der Anspruch kann, auch ohne daß ein Urtheil der bezeichneten Art er= gangen ist, ganz oder theilweise abgelehnt werden, falls das Verfahren wegen des Todes oder der Abwesenheit des Betreffenden oder aus einem anderen in seiner Person liegenden Grunde nicht durchgeführt werden kann.

---

[13]) III 5 b Anl. A Ziff. 9.

§. 8. Ansprüche auf Grund dieses Gesetzes sind, soweit deren Fest=
stellung nicht von Amtswegen erfolgt, bei Vermeidung des Ausschlusses vor
Ablauf von zwei Jahren nach dem Eintritte des Unfalls bei der dem Ver=
letzten unmittelbar vorgesetzten Dienstbehörde anzumelden. Die Frist gilt auch
dann als gewahrt, wenn die Anmeldung bei der für den Wohnort des Ent=
schädigungsberechtigten zuständigen unteren Verwaltungsbehörde erfolgt ist.
In solchem Falle ist die Anmeldung unverzüglich an die zuständige Stelle
abzugeben und der Betheiligte davon zu benachrichtigen.

Nach Ablauf dieser Frist ist der Anmeldung nur dann Folge zu geben,
wenn zugleich glaubhaft bescheinigt wird, daß eine den Anspruch begründende
Folge des Unfalls erst später bemerkbar geworden oder daß der Berechtigte
von der Verfolgung seines Anspruchs durch außerhalb seines Willens liegende
Verhältnisse abgehalten worden ist, und wenn die Anmeldung innerhalb dreier
Monate, nachdem eine Unfallfolge bemerkbar geworden oder das Hinderniß für
die Anmeldung weggefallen, erfolgt ist.

Jeder Unfall, welcher von Amtswegen oder durch Anmeldung der Be=
theiligten einer vorgesetzten Dienstbehörde bekannt wird, ist sofort zu unter=
suchen. Den Betheiligten ist Gelegenheit zu geben, selbst oder durch Ver=
treter ihre Interessen bei der Untersuchung zu wahren.

§. 9. Soweit vorstehend nichts Anderes bestimmt ist, finden auf die
nach §§. 1 bis 3 zu gewährenden Bezüge die für die Betheiligten geltenden
Bestimmungen über die Pension und über die Fürsorge für Wittwen und
Waisen Anwendung. Auf die Bezüge von Verwandten der aufsteigenden
Linie und von Enkeln finden diese Bestimmungen entsprechende Anwendung.

§. 10[14]). Die in den §§. 1, 2 bezeichneten Personen können, auch
wenn sie einen Anspruch auf Pension oder Rente nicht haben, einen Anspruch
auf Ersatz des durch den Unfall erlittenen Schadens gegen die Betriebs=

---

[14]) Nach § 10—12 in Verb. mit
preuß. FürsorgeG. § 13 gilt für die
Ansprüche der in unfallversicherungs=
pflichtigen Betrieben des Reichs be=
schäftigten Reichsbeamten u. ihrer
Hinterbliebenen (§ 2) aus Betriebs=
unfällen im Dienste folgendes (Begr.
von 85; RGer. 12. Febr. 94, EEE.
X 266).

a) Gegen die Betriebsverwaltung, in
deren Dienste sich der Unfall er=
eignet hat, ist nur der Anspruch
aus ReichsFürsorgeG. gegeben,
nicht aber z. B. aus HPfG. § 1
(§ 10 Abs. 1).

b) Betriebsleiter usw. der Betriebs=
verwaltung (a) haften nur im
Falle § 10 Abs. 1, § 11 u. nur mit
der Beschränkung des § 10 Abs. 2.

c) Der Anspruch ist auf die in § 12
Abs. 1 bezeichneten Beträge be=
schränkt
   α) dem Reich u. den Bundesstaaten
   gegenüber, soweit Ansprüche
   aus Reichsgesetzen (z. B. HPfG.)
   in Frage kommen (§ 12, Abs. 2),
   β) dem Reiche, Preußen u. den im
   preuß. FürsG. § 13 bezeichneten
   Bundesstaaten gegenüber auch,
   soweit preußische Gesetze in
   Frage kommen (PreußFürsG.
   § 13).

Beispiel: Verunglückt ein Reichs=
eisenbahnbeamter im Dienst auf der
preuß. Staatsbahn, so richtet sich sein
Anspruch gegen die ReichseisVer=
waltung nach a; die StEB. kann
aus HPfG. keinesfalls auf höhere

verwaltung, in deren Dienste der Unfall sich ereignet hat, überhaupt nicht, und gegen deren Betriebsleiter, Bevollmächtigte oder Repräsentanten, Betriebs- oder Arbeiteraufseher nur dann geltend machen, wenn durch strafgerichtliches Urtheil festgestellt worden ist, daß der in Anspruch Genommene den Unfall vorsätzlich herbeigeführt hat.

Der hiernach zulässige Anspruch ermäßigt sich um denjenigen Betrag, welcher den Berechtigten nach dem gegenwärtigen Gesetze zusteht.

§. 11. Die in dem §. 10 bezeichneten Ansprüche können, auch ohne daß die daselbst vorgesehene Feststellung durch strafgerichtliches Urtheil statt- gefunden hat, geltend gemacht werden, falls diese Feststellung wegen des Todes oder der Abwesenheit des Betreffenden oder aus einem anderen in seiner Person liegenden Grunde nicht erfolgen kann[14]).

§. 12. Die dem Verletzten oder dessen Hinterbliebenen auf Grund des §. 1 des Gesetzes, betreffend die Verbindlichkeit zum Schadenersatze für die bei dem Betriebe von Eisenbahnen, Bergwerken ꝛc. herbeigeführten Tödtungen und Körperverletzungen, vom 7. Juni 1871 (Reichs-Gesetzbl. S. 207) gegen Eisenbahn-Betriebsunternehmer zustehenden Ansprüche[14]) gehen auf die Be- triebsverwaltung, welche dem Verletzten oder dessen Hinterbliebenen auf Grund des gegenwärtigen Gesetzes oder anderweiter reichsgesetzlicher Vorschrift Pen- sionen, Kosten des Heilverfahrens, Renten oder Sterbegelder zu zahlen hat,

---

als die nach UnfFürsG. zu gewäh- renden Leistungen belangt werden; der Anspruch des Verunglückten od. seiner Hinterbliebenen aus dem HPfG. gegen die StEB. geht auf die ReichseisVerw. über (e).

d) Nach anderen Gesetzen (außer UnfFürsG.) haftpflichtige Dritte (außer den Betriebsleitern — b — u. dem Reiche sowie den Bundes- staaten — c α) haften uneinge- schränkt. Beispiel: Verunglückt ein Reichseisenbahnbeamter im Dienst auf einer Privatbahn, so hat letztere die nach HPfG. zulässigen Ansprüche voll zu befriedigen; hierfür haftet sie in Höhe der bei c. bezeichneten Lei- stungen dem Reichsfiskus (e), dar- über hinaus dem Verunglückten oder seinen Hinterbliebenen (§ 12 Abs. 3).

e) Der Anspruch aus sonstigen Ge- setzen (außer UnfFürsG.) geht (vorbehaltlich des in Anm. 15 gesagten) in den Fällen c α u. c auf die Betriebsverwaltung (a) in Höhe der Leistungen über, zu denen sie durch UnfFürsG. od. andere Reichsgesetze verpflichtet ist;

Ausnahme bezüglich des Über- gangs der Ansprüche: EisPostG. Art. 8. Verunglückt z. B. ein Reichs- postbeamter im Bahnpostdienst auf der preuß. Staatsbahn, so gilt für seinen Anspruch gegen die StEB. das im Beispiel c gesagte gleich- falls; weiteres IX 2 d. W. Anm. 8.

Hiernach ist HPfG. § 1 nicht völlig beseitigt, aber nach 3 Richtungen hin eingeschränkt:

I. Die Betriebsverwaltung kann aus § 1 überhaupt nicht in An- spruch genommen werden (a),

II. Reich u. Bundesstaaten können aus § 1 keinesfalls auf höhere als die in FürsG. § 12 Abs. 1 bezeichneten Leistungen in An- spruch genommen werden (c α),

III. Der Anspruch gegen den Be- triebsunternehmer aus § 1 geht in Höhe der bei II bezeichn. Leistungen auf die Betriebsver- waltung über (e).

Ansprüche von Personen, die aus HPfG. § 3 Abs. 2, nicht aber aus FürsG. § 2 berechtigt sind, z. B. von unehelichen Kindern, bleiben unberührt.

XIX. 16

in Höhe dieser Bezüge und vorbehaltlich der Bestimmungen des Artikels 8 des Gesetzes vom 20. Dezember 1875 (Reichs=Gesetzbl. S. 318) über[15]).

Weitergehende Ansprüche als auf diese Bezüge stehen dem Verletzten und dessen Hinterbliebenen gegen das Reich und die Bundesstaaten nicht zu[14]).

[14]) Die Haftung anderer, in dem §. 10 nicht bezeichneter Personen bestimmt sich nach den sonstigen gesetzlichen Vorschriften. Jedoch geht die Forderung des Entschädigungsberechtigten an den Dritten auf die Betriebs=verwaltung insoweit über, als sie zu den im Abs. 1 gedachten Zahlungen auf Grund dieses Gesetzes verpflichtet ist[15]).

§. 13. Auf die in den §§. 1, 2 bezeichneten Personen finden die reichs=gesetzlichen Bestimmungen über Unfallversicherung keine Anwendung.

§. 14. Staats= und Kommunalbeamten sowie deren Hinterbliebenen, für welche durch die Landesgesetzgebung oder durch statutarische Festsetzung gegen die Folgen eines im Dienste erlittenen Betriebsunfalls eine den Vor=schriften der §§. 1 bis 7 des gegenwärtigen Gesetzes mindestens gleichkom=mende Fürsorge getroffen ist[16]), steht wegen eines solchen Unfalls ein reichs=gesetzlicher Anspruch auf Ersatz des durch denselben erlittenen Schadens nur nach Maßgabe der §§. 10 bis 12 des gegenwärtigen Gesetzes zu. Auf solche Staats= und Kommunalbeamten sowie deren Hinterbliebene finden die reichsgesetzlichen Bestimmungen über Unfallversicherung keine Anwendung.

Artikel 2. Dies Gesetz tritt mit dem Tage der Verkündung in Kraft. Dasselbe kommt in Bayern nach näherer Bestimmung des Bündnißvertrags vom 23. November 1870 (Bundes=Gesetzbl. 1871 S. 9) unter III §. 5 zur Anwendung.

Soweit Staats= und Kommunalbeamte der im Artikel 1 § 1 bezeichneten Art beim Inkrafttreten dieses Gesetzes zufolge einer dem Gesetze vom 15. März 1886 genügenden landesgesetzlichen oder statutarischen Fürsorge von der reichsgesetzlichen Unfallversicherung ausgeschlossen sind, behält es hierbei bis zum 1. Januar 1903 sein Bewenden.

----

[15]) Der Übergang der Ansprüche auf die Betriebsverw. setzt voraus, daß die Verpflichtung der letzteren aus dem FürsG. gemäß § 8, 9 festgestellt ist; bis dahin können sie von dem Ver=letzten usw. in vollem Umfange geltend gemacht werden; EisPostG. Art. 8 trifft über die Klagerechte des Ver=letzten usw. keine Bestimmung RGer. 22. Okt. 91 (XXVIII 89). — III 8 c Anm. 24 u. IX 2 Anm. 8 d. W.

[16]) Z. B. Preußen G. $\frac{18. \text{Juni } 87}{2. \text{Juni } 02}$ (III 5 b d. W.), Hessen G. $\frac{26. \text{März } 97}{24. \text{Dez. } 02}$ (GVB. 03 S. 23).

b) (Preußisches) Gesetz, betreffend die Fürsorge für Beamte in Folge von Betriebsunfällen. Vom 2. Juni 1902 (G.-S. 153)[1].

Artikel 1. Das Gesetz, betreffend die Fürsorge für Beamte in Folge von Betriebsunfällen, vom 18. Juni 1887 (Gesetz-Samml. S. 282) erhält die nachstehende Fassung:

§ 1. Unmittelbare Staatsbeamte, welche in reichsgesetzlich der Unfall-versicherung unterliegenden Betrieben beschäftigt sind, erhalten, wenn sie in Folge eines im Dienste erlittenen Betriebsunfalls dauernd dienstunfähig werden, als Pension sechsundsechzigzweidrittel Prozent ihres jährlichen Diensteinkommens.

(Von § 1 Abs. 2 bis § 8 wörtlich wie Reichs-Fürsorgegesetz, vorstehend a.)

§ 9. Soweit vorstehend nichts Anderes bestimmt ist, finden auf die nach §§ 1 bis 3 zu gewährenden Bezüge die für die Betheiligten geltenden Be-stimmungen über die Pension und über die Fürsorge für Wittwen und Waisen Anwendung. Auf die Bezüge von Verwandten der aufsteigenden Linie und von Enkeln finden diese Bestimmungen entsprechende Anwendung.

Die nach §§ 1 bis 3 dieses Gesetzes zu gewährenden Bezüge treten an die Stelle derjenigen Pension oder derjenigen Wittwen- und Waisengelder, welche den Betheiligten auf Grund anderweiter gesetzlicher Vorschrift zustehen, soweit nicht die letzteren Beträge die nach Maßgabe dieses Gesetzes zu ge-währenden Bezüge übersteigen (§ 1 Abs. 5 und § 2 Abs. 3).

§ 10[2]. Auf die Ansprüche, welche den in den §§ 1 und 2 bezeichneten Personen wegen eines im Dienste erlittenen Betriebunfalls aus Preußischen

---

[1] **Quellen.** Ältere Fassung 87 AH. Drucks. Nr. 88 (Entw. u. Begr.), 170 (KomB.), StB. 667, 1157, 1199; HH. StB. 267. Neue Fassung: 02 AH. Drucks. Nr. 164 (Entw. u. Begr.), StB. 5054, 5067; HH. StB. 210. — Bearb. Witte S. 146 a ff., 161 l ff. — Aus-führErlasse 21. Juli 87 u. 13. Sept. 02 Anlagen A u. B. — III 5 a Anm. 1 d. W.

[2] Zu § 10—13 Anl. A Ziff. 11. Nach § 10—12 in Verbindung mit ReichsUnfFürsG. § 14 gilt für die An-sprüche der in unfallversicherungspflich-tigen Betrieben beschäftigten preußi-schen Staatsbeamten u. ihrer Hinter-bliebenen (§ 2) aus Betriebsunfällen im Dienste folgendes:

a) Gegen die Betriebsverwaltung, in deren Dienste sich der Unfall ereignet hat, ist kein anderer reichs- oder landes-rechtlicher Ersatzanspruch gegeben als der auf Grund des preußischen UnfFürsG., also z. B. keiner aus dem HPfG. (Reichs-G. § 14, 10, preuß. G. § 10).

b) Gegen Betriebsleiter usw. der Be-triebs-Verwaltung besteht ein reichs- oder landesgesetzl. Anspruch nur im Falle ReichsG. § 10 Abs. 1, § 11; der hier-nach zulässige Anspruch ermäßigt sich um die dem Berechtigten nach FürsG. zustehenden Beträge u. geht in deren Höhe auf den preuß. Staat über (Reichs-G. § 14, 10, 11, preuß. G. § 10, 11).

c) Der Anspruch ist auf die nach preuß. UnfFürsG. zu gewährenden Be-träge beschränkt:

α) dem Reich u. den Bundesstaaten gegenüber, soweit es sich um An-sprüche aus Reichsgesetzen — z. B. HPfG. — handelt (ReichsG. § 14, § 12 Abs. 2),

β) dem Reiche, dem preuß. Staat u. den im preuß. G. § 12 Abs. 2 be-zeichneten Bundesstaaten usw. gegen-über auch, soweit es sich um An-sprüche aus preuß. Landesgesetzen handelt (Preuß. G. § 12).

Beispiel: Wenn ein Beamter der StEB. im Dienst auf der Reichsbahn ver-

Landesgesetzen zustehen, finden die für reichsgesetzliche Ansprüche geltenden Vorschriften der §§ 10 und 11 des Reichs-Unfallfürsorgegesetzes für Beamte und Personen des Soldatenstandes vom 18. Juni 1901 (Reichs-Gesetzbl. S. 211) entsprechende Anwendung.

Das Gleiche gilt hinsichtlich der Ansprüche der Kommunalbeamten und ihrer Hinterbliebenen, für welche durch statutarische Festsetzung gegen die Folgen eines im Dienste erlittenen Betriebsunfalls eine den Vorschriften der §§ 1 bis 7 des genannten Reichsgesetzes mindestens gleichkommende Fürsorge getroffen ist.

§ 11[2]). Wenn gemäß den Bestimmungen der §§ 10 und 11 des genannten Reichsgesetzes ein Schadensersatzanspruch gegen Betriebsleiter, Bevollmächtigte oder Repräsentanten, Betriebs- oder Arbeiteraufseher zulässig ist, geht der Anspruch in Höhe der den Entschädigungsberechtigten auf Grund des gegenwärtigen Gesetzes oder anderweiter gesetzlicher Vorschriften (§§ 1 und 2) vom Staate zu zahlenden Beträge auf letzteren über.

Auf die Ansprüche der im § 10 Abf. 2 bezeichneten Personen findet diese Bestimmung entsprechende Anwendung.

§ 12[2]). Gegen das Reich stehen den in den §§ 1, 2 und 10 Abf. 2 bezeichneten Personen aus Preußischen Landesgesetzen weitergehende Ansprüche als auf die gedachten Bezüge nicht zu.

Derselben Beschränkung unterliegen die Ansprüche dieser Personen gegen andere Bundesstaaten und gegen Kommunalverbände, sofern für deren Beamte durch die Landesgesetzgebung beziehungsweise durch statutarische Festsetzung gegen die Folgen eines im Dienste erlittenen Betriebsunfalls eine den Vorschriften der §§ 1 bis 7 mindestens gleichkommende Fürsorge getroffen ist und durch die Gesetzgebung des bezüglichen Bundesstaats weitergehende Ansprüche der Beamten und ihrer Hinterbliebenen aus den Landesgesetzen gegenüber dem Reiche sowie den Bundesstaaten und Kommunalverbänden ausgeschlossen sind.

§ 13. Die in den §§ 1 und 2 des Reichs-Unfallfürsorgegesetzes vom 18. Juni 1901 aufgeführten Personen, desgleichen die Beamten anderer Bundesstaaten und der deutschen Kommunalverbände sowie deren Hinterbliebenen, für welche durch die Landesgesetzgebung beziehungsweise durch statutarische Festsetzung gegen die Folgen eines im Dienste erlittenen Betriebsunfalls eine den Vorschriften der §§ 1 bis 7 mindestens gleichkommende

---

unglückt u. das HPfG. anwendbar ist, so ist sein Anspruch gegen das Reich auf die nach preuß. UnfFürsG. zu gewährenden Beträge beschränkt; dieser Anspruch geht nach ReichsG. § 12 Abf. 1, § 14 auf die StEB. über.

d) Andere, nach sonstigen Gesetzen (ausschl. preuß. UnfFürsG.) Haftpflichtige (außer den Betriebsleitern — b —

sowie dem Reiche u. den Bundesstaaten — c) haften unbeschränkt; der Anspruch geht in Höhe der nach FürsG. zu gewährenden Leistungen auf die Betriebsverwaltung über. ReichsG. § 12 Abf. 3, § 14. Hierher z. B. Unfall eines Beamten der StEB. im Dienst auf einer Privatbahn.

Fürſorge getroffen iſt, haben wegen eines Unfalls (§ 1) aus Preußiſchen Landes=
geſetzen einen Anſpruch auf Erſatz des durch den Unfall erlittenen Schadens
nur in Höhe der ihnen danach zukommenden Bezüge ſowohl gegen das Reich
und den Preußiſchen Staat, wie gegen diejenigen Preußiſchen Kommunal=
verbände, welche für ihre Beamten die Unfallfürſorge in dem vorgedachten
Umfange getroffen haben. Derſelben Beſchränkung unterliegen die Anſprüche
dieſer Perſonen gegen andere Bundesſtaaten außer Preußen und die nicht
Preußiſchen Kommunalverbände unter der Vorausſetzung, daß nach den Landes=
geſetzen des betreffenden Bundesſtaats den durch entſprechende Unfallfürſorge
ſichergeſtellten Reichs=, Staats= und Kommunalbeamten ſowie deren Hinter=
bliebenen weitergehende Anſprüche gegen das Reich, die Bundesſtaaten und
Kommunalverbände nicht zuſtehen.

Artikel 2. Dieſes Geſetz tritt mit dem Tage der Verkündung in Kraft[3]).

Anlagen zum Preußiſchen Unfallfürſorgegeſetz.

Anlage A (zu Anmerkung 1).

**Erlaß des Miniſters der öffentlichen Arbeiten, betr. Ausführungsvorſchriften
zum Unfallfürſorgegeſetz (Faſſung von 87). Vom 21. Juli 1887 (EVB. 298).**

1. Das Geſetz erſtreckt ſich auf die etatsmäßigen und außeretatsmäßigen
unmittelbaren Staatsbeamten[1]) — alſo nicht auch auf die außerhalb des Staats=
beamtenverhältniſſes beſchäftigten Gehülfen und Arbeiter, ſowie nicht in den un=
mittelbaren Staatsdienſt übernommenen Geſellſchaftsbeamten verſtaatlichter Privat=
bahnen —, welche bei den unfallverſicherungspflichtigen Betrieben der Staats=
Eiſenbahnverwaltung einſchließlich der von ihr für Staatsrechnung auszuführenden
Bauten (§§ 1 und 2 des Geſetzes über die Ausdehnung der Unfall= und Kranken=
verſicherung vom 28. Mai 1885 — R.=G.=Bl. S. 159) beſchäftigt werden. Ins=
beſondere ſind auch die außeretatsmäßigen Staatsbeamten mit einem Jahres=
einkommen von nicht über zweitauſend Mark einbegriffen, ſo daß dieſe Bedienſteten
aus dem Kreiſe der unter das Ausdehnungsgeſetz vom 28. Mai 1885 entfallenden
Perſonen ausſcheiden. . . .

2. Der nach § 1 des Geſetzes vom 18. Juni 1887 dem Verletzten zuſtehende
Anſpruch trägt nach der . . . Begründung den Charakter der Penſion. Auch dann,
wenn gemäß § 7 Abſ. 2[2]) dieſes Geſetzes eine nach den bisherigen penſionsgeſetz=
lichen Beſtimmungen berechnete höhere Penſion gezahlt wird, ſind nach § 1 letzter
Abſatz die etwa noch erwachſenden Koſten des Heilverfahrens zu erſtatten.

Die Vorſchriften im Abſ. 2 des § 1 werden übrigens nur in den voraus=
ſichtlich ſeltenen Fällen zur Anwendung kommen, in denen Beamte durch eine
Verletzung bei einem Betriebsunfalle nicht dauernd dienſtunfähig, vielmehr, obwohl
ſie in ihrer Erwerbsfähigkeit mehr oder minder beſchränkt werden, im Amte be=
laſſen, ſpäter aber aus dem Dienſte, ohne daß ihnen ein Anſpruch auf Grund

---

[3]) Anl. A Ziff. 12, S. 19. Aug. 04
IV B 4 1113.

[1]) Auch Reg.=Baumeiſter u. Reg.=Bau=
führer; nicht: penſionierte Beamte, die

gegen Tagelohn beſchäftigt werden Witte
S. 147 a Anm. 21.

[2]) Jetzt § 9 Abſ. 2.

der bisherigen Pensionsgesetze zusteht, entlassen werden. Es empfiehlt sich daher, bei dem Abschluß der Untersuchungsverhandlungen (unten Nr. 10) jedesmal sorg= fältig festzustellen, ob und inwieweit etwa bei dem Betriebsunfalle verletzte Beamte, obgleich sie im Dienste verbleiben, in ihrer Erwerbsfähigkeit eine Beschränkung erlitten haben.

3. Die Versetzung in den Ruhestand und die Festsetzung und Gewährung der Pensionen der in Folge eines im Dienste erlittenen Betriebsunfalles zur Erfüllung ihrer Amtspflichten dauernd dienstunfähig gewordenen Beamten, und zwar auch der im außeretatsmäßigen Staatsbeamtenverhältniß beschäftigten, erfolgt unter den sonst für die Versetzung in den Ruhestand und die Festsetzung und Gewährung der Pensionen auf Grund der Pensionsgesetze vorgeschriebenen Formen. Soweit da= nach hierüber die ministerielle Entscheidung zu beantragen ist, sind den Anträgen und Vorschlagsnachweisungen außer den Personalakten die Protokolle über die Unfalluntersuchungen und die sonstigen Untersuchungsverhandlungen beizufügen. Auch ist in den Vorschlagsnachweisungen jedesmal zu vermerken, wie sich die Pension nach den Bestimmungen der Pensionsgesetze bemessen würde, wenn die Versetzung in den Ruhestand nicht die Folge des Unfalles wäre.

Die Festsetzung der etwa auf Grund des § 1 Abs. 2 zu beanspruchenden Pensionen, sofern es sich nicht um Beamte handelt, welche von mir angestellt sind, sowie der Erstattungen gemäß § 1 letzter Absatz erfolgt ebenfalls durch die König= lichen Eisenbahn=Direktionen, zu deren Bezirken die Beamten gehören.

4. Die Ansprüche auf Wittwen= und Waisenrenten gemäß § 2 des Unfall= fürsorgegesetzes treten an die Stelle der etwa auf Grund des Gesetzes vom 20. Mai 1882 (G.=S. S. 298 und E.=V.=Bl. S. 209) erworbenen Ansprüche auf Wittwen= und Waisengeld, sofern nicht die nach diesem letzteren Gesetze zu beanspruchenden Bezüge sich höher als jene Renten stellen. . . Hervorgehoben wird noch, daß der Begriff der „Kinder" im § 2 des Unfallfürsorgegesetzes in dem gleichen Sinne wie im § 6 des Unfallversicherungsgesetzes vom 6. Juli 1884 (vergl. von Woedtke's Kommentar 1885 S. 88/89) angewendet ist und daher über den engeren Begriff im § 7 des Gesetzes vom 20. Mai 1882 hinausgeht, und daß, falls die Ehe= schließung erst nach dem Unfalle erfolgt ist, nur der Anspruch der Wittwe, nicht auch der Anspruch der in dieser Ehe geborenen Kinder auf Waisenrente ausge= schlossen wird. Im Uebrigen finden, wie in der Begründung bereits angedeutet wird, auf die Wittwen= und Waisenrenten insbesondere auch die Vorschriften in den §§ 11 und 12 des Gesetzes vom 20. Mai 1882*) in Betreff des Anwachsens der Renten beim Ausscheiden einzelner Empfangsberechtigter und über die Kürzung der Wittwenrente bei einem Altersunterschiede zwischen dem verunglückten Beamten und seiner Wittwe von mehr als fünfzehn Jahren gleichmäßige Anwendung.

5. (Berechnung des Wittwen= u. Waisengeldes erfolgt jetzt nach E. 30. Sept. 04 IV B 4 1136.)

6. Die Entscheidung über den Anspruch auf Rente gemäß § 2 des Unfall= fürsorgegesetzes und die Festsetzung derselben wird, und zwar auch hinsichtlich der Hinterbliebenen derjenigen Beamten, welche nach ihrer Pensionirung verstorben sind, denjenigen Königlichen Eisenbahn=Direktionen, denen die betreffenden Beamten unterstellt waren, übertragen. Handelt es sich um die Hinterbliebenen höherer, nicht seitens der genannten Behörden angestellten Beamten, so ist die Festsetzung bei mir in Antrag zu bringen. Den Anträgen sind die Protokolle über die Un= falluntersuchungen und die sonstigen Untersuchungsverhandlungen (Nr. 10 unten) beizufügen und in den Vorschlagsnachweisungen stets auch diejenigen Beträge an=

---

*) Geändert durch G. 1. Juni 97 (GS. 169).

zugeben, welche an Wittwen= und Waisengeld zu gewähren sein würden, wenn der Tod nicht eine Folge des Betriebsunfalles gewesen wäre. Die Anträge sind auch in denjenigen Fällen von den Königlichen Eisenbahn=Direktionen zu stellen, in denen es sich um die Hinterbliebenen pensionirt gewesener Beamten handelt.

7. Die Festsetzung des nach § 2 des Unfallfürsorgegesetzes etwa zu gewähren= den Sterbegeldes erfolgt durch diejenige Königliche Eisenbahn=Direktion, zu deren Bezirke der betreffende Beamte gehört hat.

8. Als niedrigstes Diensteinkommen der etatsmäßigen Stellen für Staats= bahnbeamte ist im Sinne des § 3⁴) des Gesetzes das ordentliche Mindestgehalt der betreffenden Beamtenklasse nebst dem pensionsfähigen Durchschnittsbetrage des Wohnungsgeldzuschusses und dem anrechnungsfähigen Theile der Nebenbezüge bei Lokomotiv= und Zugbeamten, und zwar auch in denjenigen Bahnbezirken anzu= sehen, in welchen mit Rücksicht auf die Uebernahme gering besoldeter Gesellschafts= beamten verstaatlichter Privatbahnen vorübergehend Staatsbeamtenstellen mit nie= drigeren als der ordentlichen Mindestgehältern der betreffenden etatsmäßigen Staatsbahnbeamtenklasse vorgesehen sind. Auch bei den vorübergehend mit solchen außerordentlichen Gehaltssätzen angestellten Beamten ist daher eintretenden Falls der Bemessung der Unfallspension und der Renten jenes ordentliche Mindest= einkommen zu Grunde zu legen.

9. Gemäß § 5⁵) des Gesetzes besteht ein Anspruch auf Grund der §§ 1 und 2, wie im Falle der vorsätzlichen Herbeiführung des Unfalles durch den Ver= letzten oder Getödteten, auch dann nicht, wenn der Beamte den Unfall durch sein Verschulden herbeigeführt hat und wegen dieses Verschuldens im förmlichen Disziplinarverfahren gegen ihn auf Dienstentlassung oder auf Verlust des Titels und Pensionsanspruchs erkannt oder im strafrichterlichen Verfahren ihm die Fähigkeit zur Beschäftigung in einem öffentlichen Dienstzweige aberkannt worden ist. Es wird danach in diesen Fällen in dem Urtheile der erkennenden Behörde stets zum Ausdruck zu bringen sein, daß das Verschulden, welches den Unfall her= beigeführt hat, so erheblich ist, daß wegen desselben allein — abgesehen von den etwa noch hinzugetretenen anderweiten Dienstvergehen oder Mängeln in der Dienstführung — die Dienstentlassung bezw. der Verlust des Titels und Pensions= anspruchs gerechtfertigt sei. Ist der Beamte bei dem Unfalle getödtet oder in Folge desselben vor dem Eintritt der Rechtskraft des Erkenntnisses gestorben, so bleibt der Anspruch der Hinterbliebenen, mit Ausnahme des Falles der vorsätz= lichen Herbeiführung des Unfalles durch den Verunglückten, bestehen.

Erscheint die Annahme begründet, daß einem bei dem Unfalle verletzten, auf Kündigung oder Probe angestellten Beamten ein Verschulden der vorbezeichneten Art zur Last fällt, so ist nicht gemäß § 83 ff. des Gesetzes vom 21. Juli 1852 (G.=S. S. 465) die Lösung des Dienstverhältnisses des Beamten herbeizuführen, sondern vielmehr gegen denselben das förmliche Verfahren gemäß § 22 ff. desselben Gesetzes einzuleiten.

10. Die Untersuchung der Unfälle, bei welchen Beamte verletzt oder getödtet sind, und die Festsetzung der dem Verletzten oder den Hinterbliebenen des Ver= unglückten zustehenden Ansprüche hat stets von Amtswegen und mit thunlichster Beschleunigung zu erfolgen. Die Untersuchung der Unfälle ist zweckmäßigerweise durch die in der Bekanntmachung vom 18. September 1885 (E.=V.=Bl. S. 253 und S. 3 der Ausführungsvorschriften zu den Unfallversicherungsgesetzen)⁶) be= zeichneten Behörden und Beamten zu bewirken. Letztere haben die aufgenommen

---

⁴) Jetzt § 4.
⁵) Jetzt § 7.

⁶) Jetzt Bek. 18. Feb. 95 (III 8 c Anl. B d. W.).

Protokolle und sonstigen Untersuchungsverhandlungen der vorgesetzten Königlichen Eisenbahn-Direktion einzureichen, welche erforderlichenfalls die Weitergabe an diejenige Königliche Eisenbahn-Direktion, zu deren Bezirk der Verunglückte gehört, ungesäumt veranlaßt.

11. Es wird ausdrücklich darauf aufmerksam gemacht, daß für die gemäß §§ 1 und 2 des Gesetzes vom 18. Juni 1887 entschädigten Personen nicht allein gemäß § 8[7]) dieses Gesetzes weitergehende Ansprüche aus den Landesgesetzen, sondern auch gemäß § 12 des Reichsgesetzes vom 15. März 1886 (R.-G.-Bl. S. 53)[8]) alle Ansprüche aus den Reichsgesetzen, insbesondere also auch aus dem Reichshaftpflichtgesetze, gegenüber dem Staate und — mit der im § 8[9]) jenes Gesetzes angegebenen Beschränkung — auch gegen die Betriebsleiter u. s. w. in Wegfall gekommen sind.

12. Auf solche Betriebsunfälle, welche vor dem 16. Juli 1887, dem Tage der Verkündigung des Gesetzes vom 18. Juni 1887, sich ereignet haben, finden das Letztere sowie die vorstehenden Bestimmungen keine Anwendung.

Anlage B (zu Anmerkung 1).
Erlaß des Ministers der öffentlichen Arbeiten betr. Ausführungsbestimmungen und Erläuterungen zu dem Unfallfürsorgegesetz vom 2. Juni 1902. Vom 13. September 1902 (E.V.Bl. 480).

Zu § 1. 1. Nach Abs. 3 ist die Pension bis zu 100 Prozent des Diensteinkommens zu erhöhen, wenn der Verletzte nicht nur völlig dienstunfähig oder erwerbsunfähig, sondern auch derart hülflos geworden ist, daß er ohne fremde Wartung und Pflege nicht bestehen kann. Diese Mehrleistung hat nur dann einzutreten, wenn die Hülflosigkeit ebenso wie die völlige Dienstunfähigkeit eine Folge des Unfalles ist, und sie soll nur so lange dauern, als die Hülflosigkeit Platz greift. Ueberdies ist ein gewisser Dauerzustand der Hülflosigkeit Voraussetzung des Anspruchs; letzterer besteht nicht, so lange der Verletzte noch mit Aussicht auf Erfolg einem Heilverfahren unterworfen wird. Die Abstufung der Mehrleistung zwischen 66²/₃ und 100 Prozent des Diensteinkommens ist nach Lage des Einzelfalls zu bemessen. Hinsichtlich des Begriffs „fremde Wartung und Pflege" wird auf die Ausführungsbestimmungen zu dem Unfallversicherungsgesetze (E.-N.-Bl. 1900 S. 508 Nr. 6) verwiesen.

Die Mehrleistung hat ebenfalls den Charakter der Pension, ist als solche zu verrechnen und von derselben Stelle zu zahlen, von der die Pension selbst gezahlt wird.

Die erhöhte Pension ist bis zum Ablauf des Monats zu zahlen, mit dem die Voraussetzungen für die Erhöhung etwa wegfallen. Die Dauer der Hülflosigkeit ist daher zu überwachen.

Soweit die Unfallpension von mir in Gemeinschaft mit dem Herrn Finanzminister festgesetzt und zur Zahlung angewiesen ist, ist die etwa erforderliche nachträgliche Erhöhung der Pension ebenso wie die etwaige Zurückziehung der Erhöhung bei mir rechtzeitig unter Darlegung der Verhältnisse zu beantragen.

2. Die Bestimmung im Absatz 4, nach welcher bei nur theilweiser Erwerbsunfähigkeit die Pension vorübergehend bis zu 66²/₃% des Diensteinkommens erhöht

---

[7]) Jetzt § 10.   [9]) Jetzt G. 18. Juni 01 § 10.
[8]) Jetzt G. 18. Juni 01 (III 5 a d. W.) § 14.

werden kann, wenn der Verletzte ohne sein Verschulden keine Gelegenheit findet, die ihm noch verbliebene Arbeitsfähigkeit zu verwenden, ist gemäß Ziffer 2 Abf. 2 des Erlaffes vom 21. Juli 1887 (E.-B.-Bl. S. 298)[1] nur für die Fälle von Bedeutung, in denen ein Verletzter durch den Unfall nicht dauernd dienstunfähig geworden, später aber aus anderen Gründen aus dem Dienste entlaffen worden ist. Die Entscheidung über die Erhöhung der Penfion wird den Eisenbahndirektionen überlaffen, hierbei jedoch eine genaue Prüfung der Verhältniffe vorausgeseht.

Wegen Verrechnung und Zahlung der erhöhten Penfion gelten auch hier die unter Ziffer 1 getroffenen Bestimmungen.

Zu § 2. 1. Nach Abfah 3 sollen die Hinterbliebenen, falls ihnen nach anderweiter gefehlicher Vorschrift ein höherer als der im Abfah 1, 2 vorgesehene Betrag zusteht, diefen letzteren erhalten. Durch die neue Faffung dieses Abfahes ist ausdrücklich ein Individualrecht jedes einzelnen Berechtigten anerkannt worden. Es find demzufolge nicht mehr, wie durch den Erlaß vom 11. November 1889 P. IV 9731 (Elb. S. Bb. III² S. 1131) angeordnet, die Gefammtbezüge der Hinterbliebenen an Wittwen= und Waifenrenten den Gefammtbezügen an gefehlichen Wittwen= und Waifengeldern gegenüberzustellen, fondern es ist Wittwenrente mit dem Wittwengelde und Waifenrente mit dem Waifengelde zu vergleichen. Hierbei dürfen jedoch die durch das Unfall= und das Hinterbliebenen= Fürforgegefeh gegebenen Höchstgrenzen der Gefammtbezüge nicht überschritten werden. Gegebenenfalls find unter Anwendung der Höchstgrenze des günstigeren Gefehes die nach Vorstehendem berechneten Einzelbezüge in gleichem Verhältniffe zu kürzen. Soweit der erwähnte Erlaß auch auf die Bezüge nach den Statuten der Beamten=Penfionskaffen Anwendung findet, bleibt wegen Abänderung der Statuten weitere Verfügung vorbehalten.

2. Im Uebrigen find hinsichtlich der Ansprüche der Hinterbliebenen gegenüber dem bisherigen Gefehe hauptfächlich folgende Aenderungen eingetreten:
a) das Sterbegeld ist von 30 M. auf 50 M. erhöht worden,
b) die Waifenrente für jedes Kind beträgt, ohne Rückficht darauf, ob die Mutter noch lebt oder nicht, 20 % des Diensteinkommens des Verstorbenen,
c) die Mindest= und Höchstbeträge der Wittwenrenten find von 160 bezw. 1600 M. auf 216 bezw. 3000 M. erhöht worden,
d) die Rentengewährung an Verwandte der auffteigenden Linie ist fchon zuläffig, wenn deren Lebensunterhalt auch nur überwiegend von dem Verstorbenen bestritten ist,
e) Unfallrente kann auch elternlosen Enkeln gewährt werden.

Zu § 10. Wegen des Wegfalls der §§ 8 bis 11 des bisherigen Gefehes wird auf die Begründung des neuen Gefehes (E.-B.-Bl. S. 302 ff.) verwiesen. Sie werden durch die dafelbst abgedruckten §§ 10 bis 12 des Reichs=Unfallfürforge= gefehes vom 18. Juni 1901 erfeht. Materielle Aenderungen find hiermit im Allgemeinen nicht verbunden. Durch die jehige Faffung des § 10 des Reichsgefehes ist zur Befeitigung hervorgetretener Zweifel klargestellt worden, daß von Hinterbliebenen, die im einzelnen Falle nicht rentenberechtigt find, z. B. von nicht bedürftigen Afzendenten, Haftpflichtansprüche gegen die Verwaltung nicht erhoben werden können.

---

[1] Anl. A.

6. Gesetz, betreffend Regelung der Verhältnisse der bei der Umgestaltung der Eisenbahnbehörden nicht zur Verwendung gelangenden Beamten. Vom 4. Juni 1894 (G.S. 89)[1].

§. 1. Beamte, welche in Folge der am 1. April 1895 eintretenden Umgestaltung der Eisenbahnbehörden nicht weiter verwendet werden, bleiben bis zu ihrer Dienstunfähigkeit zur Verfügung des Ministers der öffentlichen Arbeiten und werden auf einem besonderen Etat geführt.

Sie erhalten bis zu ihrer etwaigen Wiederanstellung, vorbehaltlich weitergehender wohlerworbener Rechte auch im Falle ihrer demnächstigen Dienstunfähigkeit während eines Zeitraums von fünf Jahren unverkürzt ihr bisheriges Diensteinkommen und den Wohnungsgeldzuschuß in dem bisherigen Betrage, nach Ablauf des fünfjährigen Zeitraums dagegen drei Viertel ihres pensionsfähigen Diensteinkommens[2].

Das Wittwen- und Waisengeld für die Hinterbliebenen dieser Beamten wird in jedem Falle unter Zugrundelegung einer Pension von drei Vierteln des pensionsfähigen Diensteinkommens gewährt.

Als Verkürzung im Einkommen ist es nicht anzusehen, wenn die Gelegenheit zur Verwaltung von Nebenämtern entzogen wird oder der Bezug der für die Dienstunkosten besonders ausgesetzten Einnahmen mit diesen Unkosten selbst wegfällt.

An Stelle einer etatsmäßig gewährten freien Dienstwohnung tritt eine Miethsentschädigung nach der Servisklasse des Orts der letzten Anstellung.

§ 2. Die zur Verfügung des Ministers verbleibenden Beamten haben sich nach der Anordnung desselben auch der zeitweiligen Wahrnehmung solcher Aemter zu unterziehen, welche ihren Fähigkeiten und ihren bisherigen Verhältnissen entsprechen.

Während der Dauer dieser Beschäftigung erhalten sie ihr früheres Diensteinkommen unverkürzt und, sofern die Beschäftigung außerhalb ihres Wohnortes erfolgt, Reisekosten nach den für die im Dienste befindlichen Beamten bestehenden Vorschriften und eine von der Eisenbahnverwaltung nach dem erforderlichen Mehraufwande festzusetzende Entschädigung.

§ 3. Denjenigen nicht zur Verwendung gelangenden Beamten, welche zu den im § 2 Abs. 2 des Gesetzes vom 27. März 1872 (Gesetz-Samml. S. 268) bezeichneten Beamten gehören, kann ein Wartegeld bis auf Höhe des gesetzmäßigen Pensionsbetrages gewährt werden[3].

---

[1] Quellen: 94 AH. Druckf. Nr. 105 (Entw. u. Begr.), StB. 1462, 1911, 1963; HH. StB. 258. — Witte S. 6a ff. 161 b.

[2] Die Erhöhung der pensiousfähigen Durchschnittssätze des Wohnungsgeldzuschusses durch G. 15. Apr. 03 (GS. 121) ist nicht bei der Dispositionsbesoldung, wohl aber bei der Pensionierung zu berücksichtigen E. 3. Juli 03 (EVB. 216).

[3] Regierungsbaumeister: RGer. 14. Febr. 98 (EEE. XV 59).

§ 4. Findet eine Wiederbeschäftigung der Beamten in anderen Zweigen des Staatsdienstes oder bei Reichsbehörden statt, so finden die gesetzlichen Bestimmungen über die Wiederbeschäftigung pensionirter Beamten auf die im § 1 Absatz 2 nnd im § 3 bezeichneten Bezüge Anwendung.

§ 5. Mit der Ausführung dieses Gesetzes werden der Minister der öffentlichen Arbeiten und der Finanzminister beauftragt.

---

7. Gemeinsame Bestimmungen für die Arbeiter aller Dienstzweige der Staatseisenbahnverwaltung. Vom 14. Juli 1888 (BB. 501)[1]).

§ 1. Vorbedingungen der Annahme[2]).

(1.) Die für den unmittelbaren Dienst in der Staatseisenbahnbetriebsverwaltung im Arbeiterverhältniß anzunehmenden Personen als: Werkstätten- und Gasanstaltsarbeiter, Telegraphenarbeiter, Bahnhofsarbeiter aller Art, Strecken-arbeiter, Neubauarbeiter*), Arbeiter, welche in den Dienstverrichtungen der unteren Beamten beschäftigt werden, Arbeiter des inneren Verwaltungsdienstes müssen

1. für die ihnen zuzuweisenden Arbeiten die erforderliche Gesundheit, körperliche Rüstigkeit und Gewandtheit, insbesondere ein hinlängliches Seh- und Hörvermögen besitzen,
2. die Schulkenntnisse, welche für ihre Beschäftigung nothwendig sind, sich angeeignet haben und fachmäßig hinreichend vorgebildet sein,
3. sich in ihren bisherigen Lebensverhältnissen achtbar und unbescholten geführt und an ordnungsfeindlichen Vereinen und Bestrebungen nicht betheiligt haben, sowie
4. aus ihrem letzten Dienstverhältnisse ohne Verletzung der etwa eingegangenen vertraglichen Verpflichtungen geschieden sein und den Grund des Ausscheidens glaubhaft machen³).

(2.) Die annehmende Stelle hat sich über das Vorhandensein dieser Erfordernisse, soweit sie sich hierüber nicht sonst genügend unterrichten kann, schrift-

---

*) Neben den gegenwärtigen Best. finden auf die bei Neubauten unmittelbar von der EisVerw. beschäftigten Hülfskräfte im unteren Dienst u. Arbeiter noch die Best. der A. V. 21. Dez. 46, betr. die bei den v. Eis. beschäft. Handarbeiter⁴) Anwendung; vergl. § 4 Abf. 8 der GeschAnw. f. d. Vorstände der Bauabteilungen.

¹) In der Fassung der BB. mit den späteren Änderungen; Erläut. bei Witte § 54 ff.

²) Die Arbeiter der StEB. erhalten bei ihrer Annahme einen Abdruck der Gemeinf. Best. u. der etwa von der Eis-Dir. erlassenen Dienstordnung ausgehändigt, gleichzeitig haben sie durch Unterschrift in einem Quittungsheft anzuerkennen, daß der Inhalt der Gemeinf. Best. einen Bestandteil des zwischen ihnen und der EisVerw. bestehenden Vertragsverhältnisses bilde. Die Arbeiter in den Nebenbetrieben, auf die die GewO. angewendet wird

(I 2 a Anl. A Anm. 2 d. W.), erhalten außerdem noch eine Arbeitsordnung (die von der EisDir. nach den Vorschr. der GewO. aufzustellen ist u. einen Hinweis auf die Gemeinf. Best. enthalten muß) gegen Empfangsbescheinigung (ohne besondere unterschriftl. Vollziehung der ArbO. oder der Gemeinf. Best.) ausgehändigt. Außerdem wird für Neubauarbeiter eine Arbeitskarte (III 9 § 3 d. W.) ausgestellt Witte S. 175 a.

³) E. 15. April 98, 31. Jan. u. 11. Juli 99 (BB. 726 f.) betr. kontraktbrüchige Arbeiter.

⁴) III 9 d. W.

liche Zeugnisse, jedenfalls zu 1 ein auf Kosten der Verwaltung zu beschaffendes, von einem Bahnarzt auszustellendes Gesundheitszeugniß, und zu 3 eine Bescheinigung der Ortspolizeibehörde, sowie außerdem die Ausweise über die Militärverhältnisse (mit Einschluß des militärischen Führungszeugnisses) und über das Lebensalter, wenn letzteres nicht aus den Militärzeugnissen oder anderen Papieren hervorgeht, zu erfordern, auch bei minderjährigen Personen, welche für Werkstätten oder Gasanstalten angenommen werden wollen, die gesetzlichen Vorschriften über die Arbeitsbücher zu beobachten*).

§ 2. Allgemeine Vorschriften.

(1.) Jeder Arbeiter hat sich den allgemeinen Anordnungen der Eisenbahnverwaltung zu unterwerfen, insbesondere sich mit den zur Sicherung gegen Gefahr getroffenen Bestimmungen bekannt zu machen und dieselben zu befolgen.

(2.) Er erhält die für ihn nothwendigen Vorschriften gegen Empfangsbescheinigung ausgehändigt. Zugleich wird jeder Arbeiter vor den Folgen gewarnt, welche auf Grund der Strafgesetze ihn treffen, wenn er durch Fahrlässigkeit bei seinen Arbeiten den Transport auf einer Eisenbahn in Gefahr setzt oder die Benutzung der Telegraphenanlagen verhindert oder stört.

(3.) Auch außerhalb des Dienstes hat der Arbeiter sich achtbar und ehrenhaft zu führen und sich von der Theilnahme an ordnungsfeindlichen Bestrebungen und Vereinen fern zu halten.

(4.) Jeder Arbeiter soll den Nutzen der Staatseisenbahnverwaltung nach Kräften zu fördern bestrebt, insbesondere auch um Abwehr von Gefahren und Nachtheilen beim Betriebe, von Brandunglück und anderen Nothfällen bemüht sein.

(5.) Kein Arbeiter darf ohne schriftliche Erlaubniß des vorgesetzten Vorstandes der Inspektion oder Bauabtheilung oder, wenn er einem solchen nicht unterstellt ist, der Eisenbahndirektion, Gast- oder Schenkwirthschaft oder, wenn er als Handwerker beschäftigt wird, sein Handwerk gewerbsmäßig für sich betreiben oder durch seine Ehefrau oder andere Angehörige betreiben lassen.

(6.) Werden Arbeiter zu Privatarbeiten für Beamte der Verwaltung verwendet, so ist dazu außer ihrem eigenen Einverständniß unter allen Umständen auch bezüglich der Zeit und der Zeitdauer die Genehmigung der im vorigen Absatze bezeichneten Stelle erforderlich.

(7.) Gesuche und sonstige Eingaben an die Eisenbahndirektion . . .⁵) sind durch Vermittelung des Dienstvorstehers (Betriebswerkmeister, Stationsvorstand, Güterabfertigungsvorstand, Materialienverwalter, Bahnmeister, Werkstättenwerkmeister, Telegraphenmeister u. s. w.), Beschwerden über den letzteren unmittelbar an die höhere Stelle einzureichen.

§ 3. Dienstpflichten.

(1.) Jeder Arbeiter hat sich in der vorgeschriebenen Weise pünktlich zum Dienstantritt wie bei Beendigung des Dienstes zu melden, die ihm übertragenen Arbeiten jeglicher Art, und zwar auch solche, zu denen er nicht ausdrücklich angenommen ist, ordnungsmäßig nach erhaltener Anweisung auszuführen und darf während der vorgeschriebenen Arbeitszeit ohne Erlaubniß weder die Arbeitsstelle verlassen, noch Räume, in denen er keine Arbeiten zu verrichten hat, oder Wirthschaften betreten.

---

*) GewO. § 107 Abs. 1. | ⁵) E. 30. Sept. 04 (EBB. 317).

(2.) Andere als die ihm vom Dienstvorsteher oder dessen Vertreter oder Vorgesetzten für die Eisenbahnverwaltung aufgetragenen Arbeiten darf der Arbeiter während der Arbeitszeit ohne besondere Genehmigung nicht vornehmen. Ohne eine solche Genehmigung ist auch verboten, die Vornahme gemeinschaftlicher Besprechungen, sowie das Vorlesen, Ausbieten, der Verkauf und die sonstige Verbreitung von Drucksachen und Schriftstücken während der Arbeitszeit in den Arbeitsräumen, Höfen oder sonstigen Plätzen der Verwaltung.

(3.) Der Arbeiter hat sich gegen seine Vorgesetzten stets dienstwillig und mit der schuldigen Achtung, gegen seine Mitarbeiter friedfertig und hülfreich und gegen das Publikum höflich und gefällig zu benehmen.

(4.) Empfang von Besuchen auf der Arbeitsstelle mit Ausnahme der Personen, welche das Essen bringen, ist verboten.

(5.) Im Bahnbereich gefundene Gegenstände sind alsbald dem Dienstvorsteher abzuliefern. Die Verheimlichung eines Fundes ist nach den Gesetzen strafbar.

(6.) Nimmt der Arbeiter Beschädigungen an den der Eisenbahnverwaltung gehörigen oder anvertrauten Gegenständen wahr, so hat er so bald als möglich Anzeige zu machen.

(7.) Gepäckträger dürfen für die Ausführung ihrer Dienstverrichtungen keine anderen als die tarifmäßigen Vergütungen fordern; allen übrigen Arbeitern ist es überhaupt untersagt, für die ihnen von der Verwaltung aufgetragenen Obliegenheiten Geschenke anzunehmen.

(8.) Sammlungen zu Ehrengeschenken an Vorgesetzte sind untersagt. Die Veranstaltung von Sammlungen zu Ehrengeschenken für Mitarbeiter bedarf der Genehmigung der Königlichen Eisenbahndirektion.

§ 4. Schutzkleider, Geräthe, Werkzeuge, Materialien.

(1.) Jeder Arbeiter, welchem Schutzkleider, Geräthe, Werkzeuge oder Materialien zur Verrichtung seiner Arbeiten übergeben werden, hat deren Empfang zu bescheinigen und für dieselben aufzukommen, er hat sie sorglich und in der vorgeschriebenen Weise zu behandeln und nach beendigter Arbeit an dem dazu bestimmten Ort aufzubewahren. Er darf auch nicht die den Mitarbeitern zum Alleingebrauch überwiesenen Gegenstände für seine Arbeit gebrauchen oder verwenden. Nicht erforderliches Material, sowie unbrauchbar gewordene Geräthe und Werkzeuge sind zurückzuliefern.

(2.) Bei der Arbeit nöthige Lichtflammen sind am Schluß der Arbeit alsbald zu löschen. Auch ist mit Feuer und Licht vorsichtig umzugehen.

§ 5. Fernbleiben vom Dienste.

Die Nothwendigkeit, wegen Krankheit vom Dienste wegzubleiben, ist möglichst frühzeitig dem Dienstvorsteher oder seinem Vertreter mitzutheilen. Für andere beabsichtigte Arbeitsunterbrechungen ist rechtzeitig Urlaub nachzusuchen.

§ 6. Anzeige von Körperverletzungen.

Jeder Arbeiter, der beim Eisenbahnbetriebe oder bei Ausübung seiner Arbeit Verletzungen, Beschädigungen oder sonstige Nachtheile erlitten hat, oder glaubt, von solchen betroffen zu sein, hat ohne Verzug dem Dienstvorsteher oder dessen Vertreter davon Mittheilung zu machen und Nachweis zu liefern.

§ 7. Vorgesetzte.

(1.) Dem Arbeiter sind seine Vorgesetzten zu bezeichnen und besonders anzugeben, wer die Befugniß zur Bestrafung und zur Entlassung mit oder ohne Aufkündigung hat.

(2.) Sobald Arbeiter eines Dienstzweiges in den räumlichen Bereich eines anderen Dienstzweiges eintreten, haben sie auch den Anordnungen des betreffenden Dienstvorstehers oder seines Vertreters Folge zu leisten.

§ 8. Arbeitszeit.

Der Anfang und das Ende der regelmäßigen Beschäftigung, sowie der dazwischen fallenden Ruhepausen wird in Berücksichtigung der Art der zu leistenden Arbeit festgesetzt und den Arbeitern in geeigneter Weise — in den Werkstätten und Gasanstalten durch die Arbeitsordnung, welche an der dazu bestimmten Stelle auszuhängen ist — bekannt gemacht. Bei außerordentlichem Bedürfnisse ist indessen jeder Arbeiter verpflichtet, auch über die ein für allemal bestimmte Arbeitszeit hinaus, sowie auch zur ungewöhnlichen Zeit zu arbeiten.

§ 9. Löhnung.

(1.) Jedem Arbeiter werden bei der Annahme die Art und Höhe des ihm zu gewährenden Lohnes und die sonst etwa zuzubilligenden Vergütungen (Fahr- und Nachtgelder 2c.) mitgetheilt, ebenso die Zeitpunkte und Formen, in welchen die Zahlung erfolgt.

(2.) In den Werkstätten und Gasanstalten werden die Zeitpunkte und Formen der Abrechnung und Lohnzahlung durch die Arbeitsordnung bekannt gegeben.

(3.) Im Falle des zwischenzeitlichen Ausscheidens kann die sofortige Lohnzahlung gestattet werden.

(4.) Einwendungen gegen die empfangenen Lohnbeträge sind innerhalb der nächsten drei Tage beim Dienstvorsteher (§ 2) anzubringen.

§ 10. Belohnungen.

Die Verwaltung behält sich vor, für besonders verdienstliche Handlungen, insbesondere für die Entdeckung betriebsgefährlicher Schäden an den Gleisen und Fahrzeugen, für die Ermittelung und Anzeige von Dieben an Eisenbahnfrachtgütern und Materialien, sowie ferner für befriedigende Führung während einer langjährigen Dienstzeit außerordentliche Belohnungen zu gewähren.

§ 11. Arbeitsversäumniß und Ueberstunden[6]).

(1.) Der Lohn (Tagelohn, Stücklohn) wird nur für diejenige Zeit gewährt, in welcher der Arbeiter dienstlich thätig gewesen ist.

[6]) Jedoch werden in Fällen vorübergehender unverschuldeter Dienstverhinderung Lohnvergütungen nach folgenden Grundsätzen gewährt:

    a) Arbeiter, die mindestens 1 Jahr ununterbrochen im Dienste der Verwaltung beschäftigt sind, erhalten bei militärischen Uebungen von nicht mehr als 14 Tagen ⅔ des Lohnes, wenn sie verheiratet oder überwiegend Ernährer von Familienangehörigen sind. Bei länger als 14 Tage dauernden Uebungen wird der bezeichnete Teilbetrag des Lohnes nur für die ersten 14 Tage gezahlt.

    b) Den Arbeitern wird bei Arbeitsversäumniß infolge von Teilnahme an Kontrollversammlungen, Aushebungen und Musterungen, infolge von Erfüllung staatsbürgerlicher

---

Pflichten (Schöffen=, Geschworenen=Dienst, Wahrnehmung von Terminen als Zeuge, Sachverständiger, Vormund usw., Feuer= löschdienst auf Grund öffentlich=rechtlicher Verpflichtung, Teilnahme an Reichstags=, Landtags= und Kommunalwahlen, Teilnahme an den Sitzungen der Gemeindeversammlung, oder als gewählter Verteter an den Sitzungen der Gemeinde= vertretung und der städtischen Körperschaften) der Lohn für die Dauer der notwendigen Abwesenheit weitergewährt; die etwa für den Zeitverlust anderweit gewährten Entschädigungen werden angerechnet.

c) In anderen Fällen, namentlich bei Arbeitsversäumnis wegen dringender persönlicher Angelegenheiten, bleibt dem Ermessen der Verwaltung überlassen, den Lohn zu gewähren; dem Arbeiter steht ein Anspruch hierauf nicht zu.

Den ausdrücklich nur zu vorübergehenden Zwecken angenommenen Arbeitern (Gelegenheitsarbeitern) werden bei vorübergehenden Dienstverhinderungen Lohnvergütungen nicht gewährt.

(2.) Den mit den Dienstverrichtungen der Unterbeamten dauernd betrauten Arbeitern wird für die Ablöseruhetage und den Arbeitern, welche an Sonn= und Festtagen mit Rücksicht auf die Bedürfnisse des Eisenbahnbetriebes regel= mäßig zur Dienstleistung herangezogen werden, für die ihnen bewilligten Ruhe= zeiten und Zeiten zur Theilnahme am Gottesdienste der Tagelohn fortgewährt.

(3.) Die hierunter fallenden Arbeiter haben keinen Anspruch auf Vergütung geleisteter Ueberstunden. Inwieweit ihnen eine solche ausnahmsweise gewährt werden kann und in welcher Weise den übrigen Arbeitern die Leistung von Ueberstunden zu entgelten ist, bestimmt die Eisenbahndirektion.

(4.) Bei Kürzung des Lohns infolge schuldhafter Arbeitsversäumniß können Arbeitsstunden, welche nicht voll eingehalten sind, unberechnet bleiben.

§ 12. Ersatzpflicht.

(1.) Jeder Arbeiter hat für den Schaden aufzukommen, den er durch sein Verschulden der Eisenbahnverwaltung an den von ihm benutzten Werkzeugen oder an anderen Gegenständen, oder in sonstiger Weise, z. B. durch mangelhafte Arbeit, Arbeitseinstellung u. s. w., verursacht.

(2.) Hat ein Arbeiter rechtswidrig die Arbeit verlassen und solchergestalt das Arbeitsverhältniß aufgelöst, so kann ihm an Stelle des Schadensersatzes der rückständige Lohn bis zum Betrage des durchschnittlichen Wochenlohnes, soweit dieses den sechsfachen ortsüblichen Tagelohn (§ 8 des Krankenversicherungsgesetzes vom 15. Juni 1883 in der Fassung vom 10. April 1892) nicht übersteigt, sonst bis zum Betrage dieses letzteren zu Gunsten der Abtheilung B der Pensionskasse für die Arbeiter der Preußisch=Hessischen Eisenbahngemeinschaft einbehalten werden.

§. 13. Strafen.

(1.) Zu Gunsten der Eisenbahnkrankenkasse des Dienstbezirks, welchem der Arbeiter angehört, können von der Dienststelle, welche ihn angenommen hat oder beschäftigt, als Strafe für Verletzungen übernommener Pflichten Abzüge vom Lohn gemacht werden.

(2.) Bezüglich der in den Werkstätten und Gasanstalten beschäftigten Arbeiter bleibt die Bestimmung der zulässigen Höhe solcher Strafen den besonderen Arbeits= ordnungen vorbehalten.

(3.) Im Uebrigen ist die Befugniß der Annahme= oder Beschäftigungsstelle zur Verhängung von Geldstrafen bezüglich der den Vorständen der Eisenbahn=

Betriebs=, Maschinen=, Werkstätten= und Verkehrsinspektionen, sowie Bauabtheilungen unterstellten und der unmittelbar bei der Eisenbahndirektion beschäftigten Arbeiter auf den Betrag von einer Mark beschränkt. Die Einbehaltung höherer Beträge ist den bezeichneten höheren Stellen vorbehalten. Ueber den Betrag von fünf Mark dürfen Geldstrafen nicht verfügt werden.

(4.) Dem Arbeiter ist vorher Gelegenheit zur Rechtfertigung durch Vernehmung zu Protokoll zu geben und der Thatbestand, soweit nothwendig, durch Vernehmung von Zeugen oder andere Beweiserhebung schriftlich festzustellen.

(5.) Die Geldstrafen müssen sodann ohne Verzug festgesetzt und dem Arbeiter zur Kenntniß gebracht werden. Sie werden bei der nächsten Lohnzahlung einbehalten.

(6.) Die Beschwerde über die Verhängung von Strafen steht dem Arbeiter an die der strafenden Stelle vorgesetzte Stelle zu.

§ 14. Lohnabzüge[7]).

(1.) Vom Lohne können — außer den in den §§ 11 Absatz 4, 12 Absatz 2, und 13 bezeichneten Fällen — einbehalten werden:

1. die statutenmäßigen Beiträge zu den Pensions=, Kranken= und sonstigen Hülfskassen der Eisenbahnverwaltung,
2. Arzneikosten und sonstige Kosten, welche der Krankenkasse für Familienangehörige zu erstatten sind. Ferner können
3. die Löhne wegen rückständiger Steuern nach Maßgabe des Lohnbeschlagnahmegesetzes vom 21. Juni 1869 mit Beschlag belegt werden.

(2.) Anderweitige Abzüge sind nur mit besonderer Einwilligung des Arbeiters zulässig.

§ 15. Abzeichen.

(1.) Zum Tragen einer Dienstkleidung sind die Arbeiter nicht berechtigt. Dagegen ist ihnen gestattet, auf ihre Kosten eine Dienstmütze mit dem vorgeschriebenen Dienstabzeichen ohne Krone zu tragen.

(2.) Außerdem sind die Gepäckträger verpflichtet, ein von der Verwaltung zu lieferndes Schild mit der Bezeichnung „Gepäckträger Nr. . . .", um den Tuchstreifen der Dienstmütze befestigt, sowie nach Bestimmung der Eisenbahnverwaltung eine aus eigenen Mitteln beschaffte Oberkleidung zu tragen, auch den Tarif für ihre Dienstleistungen bei sich zu führen.

(3.) Die als Bahnpolizeibeamte thätigen Arbeiter haben das als Ausweis für ihre dienstliche Stellung ihnen von der Verwaltung behändigte Kennzeichen zu tragen oder bei sich zu führen.

§ 16. Beitritt zu Hülfskassen.

Jeder Arbeiter ist verpflichtet, den Seitens der Eisenbahnverwaltung errichteten oder noch zu errichtenden Kranken=, Pensions= und sonstigen Hülfskassen nach den für dieselben jeweilig geltenden Statuten beizutreten[8]).

§ 17. Beendigung des Dienstverhältnisses.

(1.) Das Dienstverhältniß kann, sofern im einzelnen Falle nichts Anderes verabredet ist, während der ersten vier Wochen von beiden Theilen jederzeit sofort, nach dieser Zeit und unbeschadet der früheren Lösung im Falle beiderseitigen

---

[7]) Rechtliche Zulässigkeit: E. 31. Jan. 00 (EVV. 46, VV. 728).

[8]) Betriebs= (ev. Bau=) Krankenkasse

(III 8 a Anm. 3, 6 d. W.), Pensionskasse Abt. A u. B (III 8 b Anm. 3 d. W.).

Einverständnisses durch eine jedem Theile freistehende, 14 Tage vorher erklärte Aufkündigung gelöst werden.

(2.) Werden andere Aufkündigungsfristen vereinbart, so müssen sie für beide Theile gleich sein.

§ 18. Sofortige Entlassung[9]).

(1.) Vor Ablauf der vertragsmäßigen Zeit und ohne vorhergegangene Aufkündigung kann ein Arbeiter entlassen werden:

1. wenn er bei Abschluß des Arbeitsvertrages den Vorgesetzten durch Vorzeigung falscher oder verfälschter Arbeitsbücher oder Zeugnisse hintergangen oder ihn über das Bestehen eines anderen, ihn gleichzeitig verpflichtenden Arbeitsverhältnisses in einen Irrthum versetzt hat;
2. wenn er eines Diebstahls, einer Entwendung, einer Unterschlagung, eines Betruges oder eines lüderlichen Lebenswandels sich schuldig macht;
3. wenn er die Arbeit unbefugt verlassen hat, oder sonst den nach dem Arbeitsvertrage ihm obliegenden Verpflichtungen nachzukommen beharrlich verweigert;
4. wenn er, der Verwarnung ungeachtet, mit Feuer und Licht unvorsichtig umgeht;
5. wenn er sich Thätlichkeiten oder grobe Beleidigungen gegen seine Vorgesetzten oder deren Vertreter oder deren Familienangehörige zu Schulden kommen läßt;
6. wenn er einer vorsätzlichen und rechtswidrigen Sachbeschädigung zum Nachtheil der Verwaltung oder eines Mitarbeiters sich schuldig macht

(2.) In den vorstehend unter Nr. 1 bis 6 gedachten Fällen ist die sofortige Entlassung nicht mehr zulässig, wenn die zu Grunde liegenden Thatsachen den Vorgesetzten oder deren Vertretern länger als eine Woche bekannt sind.

(3.) Vor der Entlassung ist dem Arbeiter Gelegenheit zu geben, sich zu Protokoll zu erklären, und der Thatbestand, soweit nothwendig, durch Vernehmung von Zeugen und andere Beweiserhebung schriftlich festzustellen.

§ 19. Sofortiger Austritt.

(1.) Vor Ablauf der vertragsmäßigen Zeit und ohne Aufkündigung kann ein Arbeiter die Arbeit verlassen:

1. wenn er zur Fortsetzung der Arbeit unfähig wird;
2. wenn der Vorgesetzte oder sein Vertreter sich Thätlichkeiten oder grobe Beleidigungen gegen ihn oder seine Familienangehörigen zu Schulden kommen lassen;
3. wenn der Vorgesetzte oder sein Vertreter oder deren Familienangehörige ihn oder seine Familienangehörigen zu Handlungen verleiten oder zu verleiten versuchen oder mit seinen Familienangehörigen Handlungen begehen, welche wider die Gesetze oder die guten Sitten laufen;
4. wenn ihm der schuldige Lohn nicht in der bedungenen Weise ausgezahlt oder bei Stücklohn nicht für ausreichende Beschäftigung gesorgt wird, oder wenn der Dienstvorgesetzte sich widerrechtlicher Uebervortheilungen gegen ihn schuldig macht;
5. wenn bei Fortsetzung der Arbeit sein Leben oder seine Gesundheit einer erweislichen Gefahr ausgesetzt sein würde, welche bei Eingehung des Arbeitsvertrages nicht zu erkennen war.

---

[9]) Hierzu E. 26. Sept. 95 (VB. 728).

(2.) In den unter Nr. 2 gedachten Fällen ist der Austritt aus der Arbeit nicht mehr zulässig, wenn die zu Grunde liegenden Thatsachen dem Arbeiter länger als eine Woche bekannt sind.

§ 20. Befugniß zur verwaltungsseitigen Auflösung des Dienstverhältnisses. Beschwerde gegen die letztere.

Zur verwaltungsseitigen Auflösung des Dienstverhältnisses durch Entlassung oder Aufkündigung ist die Dienststelle befugt, welche den Arbeiter angenommen hat. Gegen diese Aufkündigung steht dem Arbeiter die Beschwerde bei der der entlassenden Stelle vorgesetzten Stelle zu.

§ 21. Entschädigung wegen ungerechtfertigter Entlassung.

(1.) Eine Entschädigung für unbegründete sofortige Entlassung findet nur, soweit ein Schaden nachgewiesen ist, und auch nur bis zur Höhe des dem Entlassenen für die Dauer der Kündigungsfrist entgangenen Lohnes, statt.

(2.) Wird die Beschwerde über sofortige Entlassung (§§ 18, 20) begründet befunden, so wird dem Arbeiter für die Dauer der Kündigungsfrist der vertragsmäßige Lohn nachgezahlt, soweit er während derselben einen solchen nicht anderweit verdient hat.

§ 22. Abschiedszeugnisse.

(1.) Beim Abgang können die Arbeiter unbeschadet der gesetzlich vorgeschriebenen Eintragungen in die Arbeitsbücher, mit welchen die in den Werkstätten und Gasanstalten beschäftigten minderjährigen Arbeiter versehen sein müssen, ein Zeugniß über die Art und Dauer ihrer Beschäftigung fordern.

(2.) Dieses Zeugniß ist auf Verlangen der Arbeiter auch auf ihre Führung und ihre Leistungen auszudehnen.

(3.) Ist der Arbeiter minderjährig, so kann das Zeugniß von dem Vater oder Vormund gefordert werden. Diese können verlangen, daß das Zeugniß nicht an den Minderjährigen, sondern an sie ausgehändigt werde. Mit Genehmigung der Gemeindebehörde des Ortes, an welchem der Arbeiter zuletzt seinen dauernden Aufenthalt gehabt hat, kann auch gegen den Willen des Vaters oder Vormundes die Aushändigung unmittelbar an den Arbeiter erfolgen.

§ 23. Rücklieferung der dienstlichen Gegenstände.

Beim Ausscheiden aus dem Dienstverhältnisse sind sämmtliche dienstlich überlieferten Gegenstände, als Arbeitsordnung, Dienstanweisungen, Geräthe, Werkzeuge, Schutzkleider, Materialien u. s. w. abzuliefern.

----

8. Die Arbeiterversicherung[1].

a) **Krankenversicherungsgesetz. Vom** $\frac{\text{15. Juni 1883}}{\text{10. April 1892}}$ (RGB. 92 S. 417).
(Auszug.)

§. 1. Personen, welche gegen Gehalt oder Lohn beschäftigt sind:
1. in Bergwerken, Salinen, Aufbereitungsanstalten, Brüchen und Gruben, in Fabriken und Hüttenwerken, beim Eisenbahn-[1], Binnenschiffahrts- und Baggereibetriebe, auf Werften und bei Bauten,

----

[1] Im folgenden sind die Reichsgesetze über Kranken-, Invaliden- u. Unfall- versich. mit den AusfBest. mitgetheilt, soweit sie betreffen:

(2, 2 a, 3),

sind . . . ., sofern nicht die Beschäftigung durch die Natur ihres Gegenstandes oder im Voraus durch den Arbeitsvertrag auf einen Zeitraum von weniger als einer Woche beschränkt ist, nach Maßgabe der Vorschriften dieses Gesetzes gegen Krankheit zu versichern.

(Abs. 2—4.)

§. 2 b. Betriebsbeamte, Werkmeister und Techniker, Handlungsgehülfen und =Lehrlinge, . . . unterliegen der Versicherungspflicht nur, wenn ihr Arbeits= verdienst an Lohn oder Gehalt sechszweidrittel Mark für den Arbeitstag oder, sofern Lohn oder Gehalt nach größeren Zeitabschnitten bemessen ist, zweitausend Mark für das Jahr gerechnet, nicht übersteigt.

(Abs. 2.)

§. 3. Personen des Soldatenstandes sowie solche in Be= trieben oder im Dienste des Reichs, eines Staates oder Kom= munalverbandes beschäftigte Personen, welche dem Reiche, Staate oder Kommunalverbande gegenüber in Krankheitsfällen Anspruch auf Fortzahlung des Gehalts oder des Lohnes oder auf eine den Bestimmungen des §. 6 entsprechende Unterstützung mindestens für dreizehn Wochen nach der Erkrankung und bei Fortdauer der Erkrankung für weitere dreizehn Wochen Anspruch auf diese Unterstützung oder auf Gehalt, Pension, Wartegeld oder ähnliche Bezüge mindestens im anderthalbfachen Betrage des Krankengeldes haben, sind von der Versicherungspflicht ausgenommen[2]).

§. 60. Ein Unternehmer, welcher in einem Betriebe oder in mehreren Betrieben fünfzig oder mehr dem Krankenversicherungszwange unterliegende Personen beschäftigt, ist berechtigt, eine Betriebs= (Fabrik=) Krankenkasse zu errichten[3]).

(Abs. 2.)

---

a) den Kreis der versicherten Bahn= bediensteten (er umfaßt den größten Teil des Personals, im allg. jedoch nicht die Staatseisenbahnbeamten),

b) die besonderen Einrichtungen zur Durchführung der Versich. bei den Staats= u. Privatbahnen,

c) die für die Eisenbahnen in Betracht kommenden Zuständigkeitsverhält= nisse der Behörden,

d) sonstige besondere Interessen der Eisenbahnen (z. B. das Verhältnis des GUVG. zum HPfG.).

Im Sinne der VersichGesetze gehören zu den Eisenbahnen auch die Klein=

bahnen. — Zu d Laß u. Maier, Haftpflichtrecht u. Reichs=Versicherungs= gesetzgebung, 2. Aufl. München 02.

[2]) G. 25. Mai 03 (RGB. 233). Ausf E. 23. Dez. 92 u. 30. Sept. 03 (Anlage A).

[3]) Bei der StEB. ist für jeden Eis.= DirBezirk eine BetriebsKKasse errichtet. Mustersatzungen E. 3. Okt. 92 (EBB. 295), geändert durch E. 30. Sept. u. 27. Okt. 03 (EBB. 295 u. 339) u. 10. Juni 05 (EMB. 254). Übersicht über die Verwaltungseinrichtungen WB. 510.

§. 67b. Bei Veränderungen in der Organisation einer öffentlichen Betriebsverwaltung kann auf deren Antrag die höhere Verwaltungsbehörde[4]) die Bezirke der für diese Verwaltung bestehenden Betriebs= (Fabrik=) Kranken= kassen nach Anhörung der Kassenorgane anderweit festsetzen. Dabei finden die Vorschriften des §. 67a Absatz 2 und 3[5]) entsprechende Anwendung.

§. 69. Für die bei Eisenbahn= . . . bauten . . . beschäftigten Personen haben die Bauherren auf Anordnung der höheren Verwaltungsbehörde[4]) Bau= Krankenkassen zu errichten[6]), wenn sie zeitweilig eine größere Zahl von Arbeitern beschäftigen.

§. 84 Abs. 3. Bei Betriebs= (Fabrik=) und Bau=Krankenkassen, welche ausschließlich für Betriebe des Reichs oder des Staates errichtet werden, können die Befugnisse und Obliegenheiten der Aufsichtsbehörde und der höheren Verwaltungsbehörde den den Verwaltungen dieser Betriebe vorgesetzten Dienst= behörden übertragen werden[4]).

Anlagen zum Krankenversicherungsgesetze.

Anlage A (zu Anmerkung 2).
Erlasse des Ministers der öffentlichen Arbeiten

a) Betr. Befreiung der Beamten der Staatseisenbahnverwaltung von der Krankenversicherungspflicht. Vom 23. Dezember 1892 (EVB. 604)[1]).

Nachdem die Voraussetzungen, unter welchen die im Dienste des Staates stehenden Personen von der Krankenversicherungspflicht ausgenommen sind, durch § 3 des Reichsgesetzes vom 10. April 1892 (R.G.Bl. S. 379 ff.) eine Aenderung erfahren haben, wird behufs Erfüllung dieser Voraussetzungen bestimmt, daß vom 1. Januar 1893 ab den im Staatseisenbahndienste beschäftigten Beamten, welche ein Diensteinkommen von nicht mehr als zweitausend Mark jährlich beziehen, in Erkrankungsfällen mindestens die in § 6 des Krankenversicherungsgesetzes bezeich= neten Leistungen auf die daselbst vorgeschriebene Zeit zu gewähren sind.

Da diese Beamten nach den bestehenden Vorschriften während der Dauer des Dienstverhältnisses in Erkrankungsfällen das Diensteinkommen in der Regel fort= beziehen, so beschränkt sich die Anwendung des § 6 des Krankenversicherungsgesetzes auf diejenigen Fälle, in welchen ihnen innerhalb dreizehn Wochen nach der Er= krankung das Diensteinkommen in Folge von Amtssuspension, Kündigung oder aus ähnlichen Gründen ganz oder theilweise entzogen wird.

Verlängert sich diese Frist in Folge einer erst im Verlaufe der Erkrankung eintretenden Erwerbsunfähigkeit gemäß § 6 Absatz 2 des Krankenversicherungs= gesetzes, so ist für deren Berechnung der Fortbezug des Diensteinkommens dem Bezuge von Krankengeld gleich zu achten.

Auch ist der dem Beamten im Falle einer Amtssuspension oder in ähnlichen Fällen gewährte Theil des Diensteinkommens auf das Krankengeld anzurechnen.

---

[4]) AusfAnw. 18. März 95 (An= lage B).
[5]) Betr. Vermögenstheilung.
[6]) Geschieht bei der StEB. in geeigneten Fällen. Mustersatzungen Anm. 3.

[1]) Geändert durch E. 30. Sept. 03 (Anl. A b).

Soweit den Beamten freie ärztliche Behandlung zu gewähren ist, ist dies der Regel nach durch die Bahnärzte zu bewirken. In den mit diesen etwa künftig abzuschließenden Verträgen ist ihre Verpflichtung zur unentgeltlichen Behandlung solcher Fälle besonders zum Ausdruck zu bringen.

Die durch die Ausführung dieser Vorschrift erwachsenden Kosten sind bei Tit. 9 Pos. 2 (1) des Betriebs⸗Etats zu buchen.

b) Betr. Krankenversicherung. Vom 30. September 1903 (EVV. 295).

(Auszug.)

Die Bestimmungen des § 3 des Krankenversicherungsgesetzes über die Be⸗ freiung der im Dienste des Staates stehenden Personen von der Krankenver⸗ sicherungspflicht sind durch Artikel I Ziffer III des Gesetzes vom 25. Mai 1903 geändert. In Abänderung des Erlasses vom 23. Dezember 1892 (E.⸗V.⸗Bl. S. 604) sind daher vom 1. Januar 1904 ab den im Staatseisenbahndienste beschäftigten Beamten, die ein Diensteinkommen von nicht mehr als 2000 M. beziehen, in Er⸗ krankungsfällen die in § 6 des Krankenversicherungsgesetzes bezeichneten Leistungen nicht nur für dreizehn Wochen nach der Erkrankung, sondern auch bei Fortdauer der Erkrankung für weitere dreizehn Wochen zu gewähren. Hierbei wird darauf aufmerksam gemacht, daß der Fortbezug des Diensteinkommens vom Beginn der 14. Woche der Erkrankung ab, sofern freie ärztliche Behandlung und freie Arznei und Heilmittel nicht gewährt werden, einen Ersatz der Leistungen nach § 6 des Krankenversicherungsgesetzes nur dann bildet, wenn das Diensteinkommen mindestens drei Viertel des ortsüblichen Tagelohns gewöhnlicher Tagearbeiter erreicht. Diese Bestimmung wird, soweit zu übersehen, bei den im Dienste befindlichen Beamten nicht zur Anwendung kommen. Soweit jedoch Beamte während der Dauer der Erkrankung aus dem Dienste infolge Pensionierung ausscheiden oder vom Amte suspendiert werden, ist

a) wenn freie ärztliche Behandlung und freie Arznei gewährt werden, aber die Pension oder das verbliebene Diensteinkommen die Hälfte des ortsüblichen Tagelohns gewöhnlicher Tagearbeiter nicht erreicht, oder

b) wenn freie ärztliche Behandlung und Arznei nicht gewährt werden, die Pension oder das verbliebene Diensteinkommen auch nicht drei Viertel des ortsüblichen Tagelohns gewöhnlicher Tagearbeiter beträgt,

zu der Pension oder dem verbliebenen Diensteinkommen ein Zuschuß als Kranken⸗ geld bis zur Erreichung der erwähnten Mindestgrenze zu gewähren.

Scheidet der Beamte aus dem Dienste ohne Bezug eines Einkommens (Pension usw.) aus, so ist für die Dauer der Erkrankung bis zu 26 Wochen eine Unterstützung im Betrage von drei Viertel des ortsüblichen Tagelohns zu zahlen.

Anlage B (zu Anmerkung 4)

Bekanntmachung der Minister der öffentlichen Arbeiten, für Handel und Gewerbe und des Innern betr. Anweisung zur Ausführung des Kranken⸗ versicherungsgesetzes. Vom 18. März 1895 (EVV. 304, VV. 728)[1].

Unter Bezugnahme auf die zur Ausführung des Krankenversicherungsgesetzes, Gesetz vom 10. April 1892, erlassene Anweisung vom 10. Juli 1892 (Ministerial⸗ blatt für die gesammte innere Verwaltung 1892, S. 301 ff.) bestimmen wir:

---

[1] Entspr. Bekanntm. für Hessen 4. Jan. 97 (VV. 729).

1. Zu Nr. 2 Absätze 7, 8 der Anweisung.

Bei den für den Bereich der Staatseisenbahnverwaltung errichteten Eisenbahn-Betriebs- und Bau-Krankenkassen werden die Obliegenheiten der höheren Verwaltungsbehörde von der Eisenbahndirektion mit der Maßgabe wahrgenommen, daß die Festsetzung des ortsüblichen Tagelohnes gewöhnlicher Tagearbeiter (§ 8 des Gesetzes, Nr. 6 der Anweisung) dem Regierungs-Präsidenten zusteht.

2. Zu Nr. 5 Absatz 5 der Anweisung.

Die Aufsicht über die für Betriebe der Staatseisenbahnverwaltung errichteten Krankenkassen führt:

   a) bei Eisenbahn-Betriebs-Krankenkassen die Eisenbahndirektion,

   b) bei Eisenbahn-Bau-Krankenkassen der Vorstand der Bauabtheilung oder der Betriebsinspektion, welcher die Bauleitung übertragen worden ist, oder die Eisenbahndirektion, wenn von dieser unmittelbar die Bauausführung geleitet wird.

3. Diese Bestimmungen treten vom 1. April 1895 ab an die Stelle der Verfügung der Minister des Innern und für Handel und Gewerbe vom 24. Mai 1884 (Deutscher Reichs- und Preußischer Staatsanzeiger Nr. 126 vom 30. Mai 1884).

----

b) Invalidenversicherungsgesetz. Vom 13. Juli 1899 (RGB. 463).
(Auszug.)[1].

I. Umfang und Gegenstand der Versicherung.

Versicherungspflicht.

§. 1. Nach Maßgabe der Bestimmungen dieses Gesetzes werden vom vollendeten 16. Lebensjahre ab versichert:

   1. Personen, welche als Arbeiter, Gehülfen, Gesellen, Lehrlinge oder Dienstboten gegen Lohn oder Gehalt beschäftigt werden[1]);

   2. Betriebsbeamte, Werkmeister und Techniker, . . . sämmtlich sofern sie Lohn oder Gehalt beziehen, ihr regelmäßiger Jahresarbeitsverdienst aber zweitausend Mark nicht übersteigt, sowie

   (3.)

§. 4 Abs. 1. Durch Beschluß des Bundesraths wird bestimmt, inwieweit vorübergehende Dienstleistungen als versicherungspflichtige Beschäftigung im Sinne dieses Gesetzes nicht anzusehen sind[2]).

§. 5 Abs. 1. Beamte des Reichs, der Bundesstaaten und der Kommunalverbände . . . unterliegen der Versicherungspflicht nicht, solange sie lediglich zur

----

[1]) Beschäftigung im Auslande schließt die VersPflicht grundsätzlich aus, nicht jedoch z. B. Beschäftigung auf der im Auslande belegenen Grenzstation eines inländ. EisUnternehmens Bf. RVA. 19. Dez. 99 (AN. 00 S. 279) Ziff. 2.

[2]) Bek. 27. Dez. 99 (RGB. 725): .. Vorüb. Dienstl. sind .. als eine die VersPflicht begründende Beschäft. . .

dann nicht anzusehen, wenn . . .

Dasselbe gilt

   5. für Dienstleistungen von Bediensteten ausländischer Eisenbahnverwaltungen in Eisenbahnbetrieben des Inlandes, soweit diese Bediensteten in letzteren vorübergehend beschäftigt werden;

   (6.)

Ausbildung für ihren zukünftigen Beruf beschäftigt werden oder sofern ihnen eine Anwartschaft auf Pension im Mindestbetrage der Invalidenrente nach den Sätzen der ersten Lohnklasse gewährleistet ist.

Besondere Kasseneinrichtungen[3]).

§. 8. Versicherungspflichtige Personen, welche in Betrieben des Reichs, eines Bundesstaats oder eines Kommunalverbandes beschäftigt werden, genügen der gesetzlichen Versicherungspflicht durch Betheiligung an einer für den betreffenden Betrieb bestehenden oder zu errichtenden besonderen Kasseneinrichtung, durch welche ihnen eine den reichsgesetzlich vorgesehenen Leistungen gleichwerthige Fürsorge gesichert ist, sofern bei der betreffenden Kasseneinrichtung folgende Voraussetzungen zutreffen:

1. Die Beiträge der Versicherten dürfen, soweit sie für die Invalidenversicherung in Höhe des reichsgesetzlichen Anspruchs entrichtet werden, die Hälfte des für den letzteren nach § 32 zu erhebenden Beitrags nicht übersteigen. Diese Bestimmung findet keine Anwendung, sofern in der betreffenden Kasseneinrichtung die Beiträge nach einem von der Berechnungsweise der §§. 32, 33 abweichenden Verfahren aufgebracht und in Folge dessen höhere Beiträge erforderlich werden, um die der Kasseneinrichtung aus Invaliden- und Altersrenten in Höhe des reichsgesetzlichen Anspruchs obliegenden Leistungen zu decken. Sofern hiernach höhere Beiträge zu erheben sind, dürfen die Beiträge der Versicherten diejenigen der Arbeitgeber nicht übersteigen.

2. Bei der Verwaltung der Kassen müssen die Versicherten mindestens nach Maßgabe des Verhältnisses ihrer Beiträge zu den Beiträgen der Arbeitgeber durch in geheimer Wahl gewählte Vertreter betheiligt sein.

3. Bei Berechnung der Wartezeit und der Rente ist den bei solchen Kasseneinrichtungen betheiligten Personen, soweit es sich um das Maß des reichsgesetzlichen Anspruchs handelt, unbeschadet der Bestimmung des §. 46 die bei Versicherungsanstalten (§. 65) zurückgelegte Beitragszeit in Anrechnung zu bringen.

4. Ueber den Anspruch der einzelnen Betheiligten auf Gewährung von Invaliden- und Altersrente muß ein schiedsgerichtliches Verfahren unter Mitwirkung von Vertretern der Versicherten zugelassen sein[4]).

5. Wenn für die Gewährung der reichsgesetzlichen Leistungen besondere Beiträge von den Versicherten erhoben werden oder eine Erhöhung der

---

[3]) Für die StEB. ist die Pensionskasse für die Arbeiter der Preuß.-Heff. EisGemeinschaft als bef. Kasseneinrichtung i. S. § 8, 9 durch BB. zugelassen. Beschreibung ihrer Einrichtungen BB. 515. Die Pensionskasse besteht aus 2 Abteilungen: A (zur Gewährung der durch das Inv.- VersG. vorgeschriebenen Fürsorge) u. B (zu darüber hinausgehenden Leistungen: Rentenzuschüsse, Wittwen- u. Waisengelder, Sterbegelder). Ansprüche gegen Abteilung B unterliegen der Entscheidung im Rechtswege RGer. 17. Dez. 94 (EEE. XI 349).

[4]) III 8 c I § 3 u. Anl. A d. W.

Beiträge derselben eingetreten ist oder eintritt, so dürfen die reichs=
gesetzlichen Renten auf die sonstigen Kassenleistungen nur insoweit an=
gerechnet werden, daß der zur Auszahlung gelangende Teil der letzteren
für die einzelnen Mitgliederklassen im Durchschnitte mindestens den
Reichszuschuß erreicht.

Der Bundesrath bestimmt auf Antrag der zuständigen Reichs=, Staats=
oder Kommunalbehörde, welche Kasseneinrichtungen (Pensions=, Alters=, Inva=
lidenkassen) den vorstehenden Anforderungen entsprechen[3]). Den vom Bundes=
rath anerkannten Kasseneinrichtungen dieser Art wird zu den von ihnen zu
leistenden Invaliden= und Altersrenten der Reichszuschuß (§. 35) gewährt,
sofern ein Anspruch auf solche Renten auch nach den reichsgesetzlichen Be=
stimmungen bestehen würde.

§. 9. Vom 1. Januar 1891 ab wird die Betheiligung bei solchen vom
Bundesrathe zugelassenen Kasseneinrichtungen der Versicherung in einer Ver=
sicherungsanstalt gleichgeachtet.

Wenn bei einer solchen Kasseneinrichtung die Beiträge nicht in der nach
§§. 130 ff. vorgeschriebenen Form erhoben werden, hat der Vorstand der
Kasseneinrichtung den aus der letzteren ausscheidenden Personen die Dauer
ihrer Betheiligung und für diesen Zeitraum die Höhe des bezogenen Lohnes,
die Zugehörigkeit zu einer Krankenkasse sowie die Dauer etwaiger Krankheiten
(§. 30) zu bescheinigen. Der Bundesrath ist befugt, über Form und Inhalt
der Bescheinigung Vorschriften zu erlassen.

Freiwillige Versicherung.

§. 14 Abs. 3. Die in Betrieben, für welche eine besondere Kasseneinrichtung
(§§. 8, . . .) errichtet ist, beschäftigten Personen der in Abs. 1 Ziffer 1—3
bezeichneten Art[5]) sind berechtigt, sich bei der Kasseneinrichtung freiwillig zu ver=
sichern (Abs. 1). Die in solchen Betrieben beschäftigten versicherungspflichtigen
Personen sind ferner beim Ausscheiden aus dem die Versicherungspflicht be=
gründenden Arbeits= oder Dienstverhältnisse befugt, sich bei der besonderen
Kasseneinrichtung weiter zu versichern (Abs. 2), solange sie nicht durch ein
neues Arbeits= oder Dienstverhältniß bei einer anderen besonderen Kassen=
einrichtung oder bei einer Versicherungsanstalt versicherungspflichtig werden.
Solange die Voraussetzungen für die freiwillige Versicherung bei einer be=
sonderen Kasseneinrichtung gegeben sind, findet die freiwillige Versicherung bei
einer Versicherungsanstalt nicht statt.

Berechnung der Renten.

§. 39. Für einen Versicherten, welcher bei einer der nach §§. 8 . . .
zugelassenen Kasseneinrichtungen betheiligt gewesen ist, wird bei Berechnung

---

[5]) U. a. Betriebsbeamte, Werkmeister, Techniker, deren regelmäß. Jahresarbeits= | verdienst mehr als 2000, aber nicht über 3000 M. beträgt.

der Rente für jede Woche der Betheiligung nach dem 1. Januar 1891 die=
jenige Lohnklasse in Rechnung gebracht, welcher derselbe nach dem von ihm
wirklich bezogenen Lohne angehört haben würde, wenn er bei einer Ver=
sicherungsanstalt versichert gewesen wäre. Hat der Versicherte gleichzeitig einer
Knappschaftskasse oder einer Orts=, Betriebs= (Fabrik=), Bau= oder Innungs=
Krankenkasse angehört, so bestimmt sich die in Rechnung zu bringende Lohn=
klasse nach den Bestimmungen des §. 34 Abs. 2 Ziffer 1 beziehungsweise 4
und des §. 34 Abs. 3.

II. Organisation.

D. Reichs=Versicherungsamt und Landes=Versicherungsämter.

Reichs = Versicherungsamt.

§. 108 Abs. 1. Die Versicherungsanstalten[6]) unterliegen der Beauf=
sichtigung durch das Reichs=Versicherungsamt . . .

IV. Schluß-, Straf- und Uebergangsbestimmungen.

Besondere Kasseneinrichtungen.

§. 173. Die Bestimmungen der §§. 18 bis 23, 33, 47 bis 52, 54,
55, 99, 100 bis 102, 113, 115 bis 119, 123 bis 127, 128 Abs. 3, 6,
§§. 156, 165 Abs. 1, §§. 171, 172 finden auch auf die nach §§. 8 . . .
zugelassenen Kasseneinrichtungen entsprechende Anwendung.

Die Haftung für die der Kasseneinrichtung obliegenden Leistungen (§§. 68,
127) liegt, sofern die Kasseneinrichtung für Betriebe des Reichs oder eines
Kommunalverbandes errichtet ist, dem Reiche oder dem Kommunalverband,
im Uebrigen demjenigen Bundesstaat ob, in dem der Betrieb, für welchen die
Kasseneinrichtung errichtet ist, seinen Sitz hat. . . .

§. 174. Für die Feststellung der von den Kasseneinrichtungen dem
Gemeinvermögen nach dem Inkrafttreten des Gesetzes zufließenden Beitrags=
einnahmen sowie für die Vertheilung der Altersrenten sind die nach §. 32
Abs. 5 zur Erhebung kommenden Beiträge maßgebend. Eine Vertheilung der
von Kasseneinrichtungen festgestellten Renten erfolgt nur dann und insoweit,
als ein Anspruch auf dieselben auch nach den Vorschriften dieses Gesetzes
bestehen würde und soweit dieselben das Maß des reichsgesetzlichen Anspruchs
nicht übersteigen.

Soweit diese Kasseneinrichtungen die von ihnen festgesetzten Renten ohne
Vermittelung der Postanstalten selbst auszahlen, wird ihnen der Reichszuschuß
am Schlusse eines jeden Rechnungsjahres direkt überwiesen.

---

6) Nicht die zugelassenen Kasseneinrichtungen § 173.

c) Die Unfallversicherungsgesetze[1]).

I. Gesetz, betreffend die Abänderung der Unfallversicherungsgesetze.
(Auszug.)

§. 1. Das Unfallversicherungsgesetz vom 6. Juli 1884 (Reichs-Gesetzbl. S. 69) . . . ., das Gesetz, betreffend die Unfallversicherung der bei Bauten beschäftigten Personen, vom 11. Juli 1887 (Reichs-Gesetzbl. S. 287) und . . . . erhalten die aus den Anlagen[2]) ersichtliche Fassung.

Das Gesetz über die Ausdehnung der Unfall- und Krankenversicherung vom 28. Mai 1885 (Reichs-Gesetzbl. S. 159) wird aufgehoben.

(Abs. 3.)

§. 3. Die Entscheidung von Streitigkeiten über Entschädigungen auf Grund der Unfallversicherungsgesetze wird den gemäß §§. 103 ff. des Invalidenversicherungsgesetzes errichteten Schiedsgerichten übertragen. Diese führen fortan die Bezeichnung: „Schiedsgericht für Arbeiterversicherung" mit Angabe des Bezirkes und des Sitzes. Bei Streitigkeiten über Entschädigungen für die Folgen von Unfällen in Betrieben, für welche zugelassene besondere Kasseneinrichtungen bestehen (§§. 8, 10, 11 des Invalidenversicherungsgesetzes)[3]), treten die für diese errichteten Schiedsgerichte an die Stelle der Schiedsgerichte für Arbeiterversicherung[4]).

Die bisherigen Schiedsgerichte für die einzelnen Berufsgenossenschaften und Ausführungsbehörden werden aufgehoben . . .

II. Gewerbe-Unfallversicherungsgesetz[5]).
(Auszug.)

I. Allgemeine Bestimmungen.
Umfang der Versicherung.

§. 1. Alle Arbeiter und Betriebsbeamte, letztere, sofern ihr Jahresarbeitsverdienst[6]) an Lohn oder Gehalt dreitausend Mark nicht übersteigt,

---

[1]) In der Fassung der auf Grund des G. 30. Juni 00 (RGB. 335) vom Reichskanzler erlassenen Bek. 5. Juli 00 (RGB. 573).

[2]) Darunter: II GUVG. (RGB. 585) u. IV BauUVG. (RGB. 698); beide werden mit der gleichen Nummernbezeichnung oben auszugsweise mitgeteilt.

[3]) III 8 b d. W. Anm. 3.

[4]) E. 8. Jan. 01 (Anlage A).

[5]) Anm. 2. — Übersicht über die für die Eis. wichtigen Best. des G. u. über ihre Handhabung VerZtg. 04 S. 1069, 1081.

[6]) Bei den EisBediensteten sind die Materialersparnisprämien u. der Regel nach auch die Fahr-, Stunden- und Nachtgelder zum vollen Betrage dem Jahresarbeitsverdienst zuzurechnen RBA. 22. Juni 88 (AN. 84, EEE. VI 330) u. 27. Mai 89 (AN. 344, EEE. VII 127); ebenso der Wert bewilligter Freifahrt zwischen Wohnort u. Arbeitsort RBA. 29. Mai 88 (EEE. VI 314); Trinkgelder der Straßenbahnschaffner dann, wenn ihr Bezug bei der Lohnbemessung ausdrücklich oder stillschweigend berücksichtigt ist. Mitteil. des Vereins Deutsch. StraßenbVerwalt. (Beilage zur Zeitschr. f. Kleinb.) 03 S. 194—205; RBA. 22. Dez. 03 (Ztschr. f. Kleinb. 04 S. 498). — Berechnung des Jahresarbeitsverdienstes bei der

werden nach Maßgabe dieses Gesetzes gegen die Folgen der bei dem Betriebe sich ereignenden Unfälle versichert, wenn sie beschäftigt sind:

(1. 2.)

3. im gesammten Betriebe der Post=, Telegraphen= und Eisenbahnverwaltungen[7]) sowie in Betrieben der Marine= und Heeresverwaltungen, und

---

StEG. E. 4. Juli 01 (ENB. 443) u. 29. Sept. 02 (ENB. 426); Handb. d. UB. (01) S. 137, 158, 470.
[7]) Der Begriff Eisenbahn i. S. des GUBG. deckt sich mit demjenigen i. S. HPfG., wie ihn die Rechtsprechung des RGer. festgestellt hat (VI 6 Anm. 4 d. W.); das Vorhandensein einer besonderen Verwaltung für das EisUnternehmen ist nicht erforderlich RBA. 24. Sept. 86 (AM. 182, EGG. V 81). Ferner AM. 86 S. 184, 87 S. 38; Anm. 10; Handbuch der UB. (01) S. 465. — Als „bei dem Betrieb“ eines Unternehmens eingetreten gilt ein Unfall i. S. des UBG., wenn nicht nur objektiv der Unfall durch diesen B. verursacht worden, sondern auch subjektiv der Verletzte usw. z. Z. des Unfalls in diesem B. beschäftigt gewesen ist. Objektiv umfaßt der Betrieb „im weitesten Sinne alle diejenigen Verrichtungen, welche zu dem EisBetriebsdienst als solchem gehören, im Gegensatz zu der gefahrlosen Beschäftigung in den Bureaus, beim Reinigen der Zimmer usw.“ v. Woedtke Anm. 32 zu § 1. Dazu gehört sowohl der eigentl. Beförderungsdienst — u. zwar dieser nicht nur, soweit er den besonderen Gefahren des EisBetriebs (VI 6 Anm. 3 d. W.) ausgesetzt ist —, als auch die Bahnunterhaltung, der Betrieb der Werkstätten, Gasanstalten usw. U. a. hat das RBA. dem B. der Eis. zugerechnet: alle dienstlichen Gänge und jeden dienstl. Aufenthalt des Betriebspersonals innerhalb des Bahngebiets, z. B. 21. April 96 (Handb. d. UB. S. 46), 15. Juni 96 (AM. 97 S. 342, EGG. XIV 116), 18. Juni 94 (AM. 95 S. 231, EGG. XII 14), auch RGer. 4. Juli 90 (EGG. VII 446); Reinigen von Räumen, in denen die mittelbar den Fortgang des technischen B. fördernden Tätigkeiten ausgeübt werden 10. Juli 97 (EGG. XIV 272); Anzünden usw. von Lampen, die im Interesse des Dienstverkehrs zwischen Station u. B.=Inspektion angebracht sind 27. Sept.

87 (AM. 355, EGG. VI 140); Pflege u. Unterhaltung der Bahndämme u. Böschungen (einschl. Grasnutzung u. Baumfällen) 5. Juni 91 (EGG. IX 65) u. 23. Okt. 94 (AM. 95 S. 126, EGG. XII 29); die der Eis. kraft polizeil. Anordnung obliegende Straßenreinigung 14. Nov. 87 (AM. 88 S. 70, EGG. VI 88); bei Straßenbahnen: das Umspannen der Pferde, die Gleisrevision, das Umlegen der Weichen 21. Okt. 89 (AM. 90 S. 197, EGG. VII 324 ff.). Zum Bahnbetrieb gehört auch das Löschen eines Brandes durch die aus EisWerkstättenarbeitern gebildete Feuerwehr RGer. 10. Nov. 90 (XXVII 81). Subjektiv ist das Erfordernis der Beschäftigung im B. vom RBA. bejaht: bez. der Fahrbediensteten, die nach Dienstschluß als Reisende unentgeltlich zurückbefördert werden 16. Nov. 91 (AM. 92 S. 311, EGG. IX 231); verneint bez. eines Arbeiters, der nach Dienstschluß nicht auf dem vorhandenen gefahrlosen Wege, sondern auf dem Bahnkörper nach Hause geht u. dabei überfahren wird 14. Nov. 87 (EGG. VI 230) — anders. 11. Juni 98 (AM. 99 S. 613) —, bezüglich eines Fahrbediensteten, der nach Beendigung der dienstl. Fahrt den Güterzug unerlaubter Weise noch weiterbenutzt u. durch Abspringen im Fahren verunglückt 29. Okt. 88 (AM. 346, EGG. VI 433); aber auch bez. eines im Dienste befindl. Arbeiters, wenn er einer Betriebsgefahr zum Opfer fällt, in die ihn nicht das Interesse des Dienstes, sondern eigener Wille gebracht hat 4. Jan. 93 (Arch. 787, EGG. X 45). Nach neuerer Rechtspr. des RBA. wird jedoch auch durch bewußtes Zuwiderhandeln gegen ein gehörig durchgeführtes, zur Abgrenzung des Betr. geeignetes Verbot der Entschädigungsanspruch nicht ausgeschlossen, wenn nur feststeht, daß die unfallbringende Tätigkeit dem Betriebe zuzurechnen war 28. Juni 02 (AM. 674) u. 1. Juli 03 (AM. 565). An sich fällt

zwar einschließlich der Bauten, welche von diesen Verwaltungen für eigene Rechnung ausgeführt werden[8]),

(4.—7.)

(Abf. 2, 3.)

§. 2 Abf. 5. Auf gewerbliche Anlagen, Eisenbahn= und Schifffahrts= betriebe, welche wesentliche Bestandtheile eines der vorbezeichneten oder der im §. 1 bezeichneten Betriebe sind, finden die Bestimmungen dieses Gesetzes ebenfalls Anwendung[9]).

§. 4. Der Reichskanzler wird ermächtigt, unter Zustimmung des Bundes= raths mit den Regierungen solcher Staaten, die für Arbeiter und Betriebs= beamte eine der deutschen Unfallversicherung entsprechende Fürsorge durchgeführt haben, im Falle der Gegenseitigkeit Abkommen zu schließen, durch welche die Anwendung dieses Gesetzes

1. auf Betriebe im Inlande, welche Bestandtheile eines ausländischen Be= triebs darstellen, ausgeschlossen,

---

der Heimweg des Arbeiters, auch wenn für die Zeit seiner Zurücklegung Lohn gezahlt wird, nicht unter den Betriebs= begriff 28. Feb. 03 (EEE. XX 145). — Bahnbedienstete, denen als Teil des Gehalts Dienstland zur Bewirtschaftung überwiesen ist, sind insofern als Unter= nehmer eines landwirtsch. Betr. anzu= sehen RVA. 24. Okt. 91 (Handb. S. 551). Zusammentreffen mit Betrieben anderer Art (auch Anm. 9): Dem Eisenbahnbetrieb ist vom RVA. zuge= rechnet worden: Die Bahnunterhaltung durch Arbeiter, die ein Unternehmer vertragsmäßig der EisVerw. stellt, wenn sie den Anweisungen der EisVerw. Folge leisten müssen 26. Okt. 99 (Arch. 00 S. 605, EEE. XVI 330). Nicht: Die von der EisVerw. mit Arbeitsbahn be= wirkte Beförderung v. Arbeitern an einem Bahnbau, den nicht die EisVerw. in Regie, sondern ein Unternehmer aus= führt, zur Arbeitsstelle (EisVerw. ist alsdann „Dritter" i. S. GUVG. § 140) 24. Feb. 90 (EEE. VII 354), 24. Feb. 92 (AN. 311, EEE. IX 294); Ab= stechen u. Anfuhr b. Kies für einen EisBau durch Leute eines Fuhrunter= nehmers 16. Jan. 93 (EEE. XI 19); Verladung von Holz auf EisWagen durch Leute eines Fuhrunternehmers für Rechnung eines Holzhändlers 17. April 93 (EEE. XI 31). Weiteres Handb. d. UB. S. 465 ff., 216, 218. — Der Versicherte (auch der nicht im

EisBetriebe beschäftigte) genießt auf Betriebswegen den Schutz der Ver= sicherung, wenn er sich dabei eines üb= lichen oder zweckmäßigen Beförderungs= mittels in angemessener Weise bedient; nicht jedoch z. B., wenn er durch Ab= springen von einer fahrenden Straßen= bahn verunglückt RVA. 8. Feb. 04 (AN. 346). — Betriebsunfall VI 6 Anm. 6 b. W.

[8]) Hierher nur Bauten eines Eis= Unternehmens, von dem bereits Strecken im Betriebe stehen RVA. 13. April 89 (AN. 323, EEE. VII 109). — Handb. d. UB. S. 473. — Ferner BauUnfall= versG. (unten IV) § 6.

[9]) Beispiel: Torfbeförderungsgleis als Nebenbetrieb eines Hüttenwerks RVA. 16. Okt. 86 (AN. 229, EEE. V 98); ferner Handb. d. UB. S. 119. Auf Anschlußgleisen kann ein Doppel= betrieb bestehen, indem z. B. die Eis= Verw. den Fahrdienst, der Angeschlossene die Bahnunterhaltung besorgt; für die EntschädPflicht ist dann entscheidend, in welchem der beiden Betriebe der Ver= letzte usw. z. Z. des Unfalls tätig war RVA. 12. Nov. 86 (AN. 274, EEE. V 199); ferner 30. Jan. 93 (EEE. X 304). Wenn die Arbeiter des Anschluß= inhabers nur stehende Wagen be= oder entladen, die Wagenbewegung aber durch das Personal der EisVerw. erfolgt, so ist der Anschlußinhaber nicht EisUnter= nehmer RVA. 9. Feb. 89 (AN. 157).

2. auf Betriebe im Auslande, welche Bestandtheile eines versicherungs=
pflichtigen inländischen Betriebs darstellen, erstreckt wird[10]).

Beamte und Personen des Soldatenstandes.

§. 7. Auf die im §. 1 des Gesetzes, betreffend die Fürsorge für Be=
amte und Personen des Soldatenstandes in Folge von Betriebsunfällen, vom
15. März 1886 (Reichs=Gesetzbl. S. 53)[11]) bezeichneten Personen, auf Be=
amte, welche in Betriebsverwaltungen eines Bundesstaats oder eines Kommu=
nalverbandes mit festem Gehalt und Pensionsberechtigung[12]) angestellt sind,
sowie auf andere Beamte eines Bundesstaats oder Kommunalverbandes, für
welche die im §. 12 a. a. O. vorgesehene Fürsorge in Kraft getreten ist[13]),
findet dieses Gesetz keine Anwendung.

Träger der Versicherung (Berufsgenossenschaften).

§. 28 Abs. 1. Die Versicherung erfolgt auf Gegenseitigkeit durch die
Unternehmer der unter §§. 1, 2 fallenden Betriebe, welche zu diesem Zwecke
in Berufsgenossenschaften vereinigt werden. Die Berufsgenossenschaften sind
für bestimmte Bezirke zu bilden und umfassen innerhalb derselben alle Betriebe
derjenigen Gewerbszweige, für welche sie errichtet sind. Von letzterer Be=
stimmung kann bei der Errichtung von Berufsgenossenschaften für Eisenbahnen
. . . abgesehen werden. Die auf Grund der §§. 12 bis 15, 31 des Unfall=
versicherungsgesetzes vom 6. Juli 1884 (Reichs=Gesetzbl. S. 69) und des §. 11
des Gesetzes über die Ausdehnung der Unfall= und Krankenversicherung vom
28. Mai 1885 (Reichs=Gesetzbl. S. 159) errichteten Berufsgenossenschaften
bleiben, vorbehaltlich der nach §. 2 Abs. 2 des Gesetzes, betreffend die Ab=
änderung der Unfallversicherungsgesetze, und nach §. 52 dieses Gesetzes zu=
lässigen Abänderungen, bestehen[14]).

---

[10]) Pachtbetriebe a u s l ä n d i s c h e r
Eisenbahnen bez. einer Strecke im In=
lande sind als selbständige Betriebe ver=
sicherungspflichtig; alle im In= oder
Auslande wohnenden Bediensteten sind,
soweit sie regelmäßig im Inlande
beschäftigt werden, mit dem auf diese
Beschäftigung entfallenden Arbeitsver=
dienst zu versichern; auf Unfälle im
Auslande erstreckt sich das G. nicht,
auch wenn der Verletzte usw. im Inlande
wohnt RVA. 22. März 93 (AN. 216,
EEE. X 176) u. 15. Jan. 94 (AN. 195,
EEE. X 353). Handb. d. UV. S. 466
(wo auch Vermerk über Fälle von Aus=
strahlungen inländischer Bahnbetriebe
ins Ausland).

[11]) Jetzt G. 18. Juni 01 (III 5 a
b. W.).

[12]) Dahin nicht Pensionsanspruch
gegen eine EisBeamtenpensionskasse mit

besonderer jurist. Persönlichkeit RGer.
18. März 89 (EEE. VII 100), 12. Mai
90 (XXVI 27).

[13]) Z. B. Preußisches G. 2. Juni 02
(III 5 b b W.)

[14]) Für Eisenb. bestehen 2 B e r u f s =
g e n o s s e n s c h a f t e n , die Privatbahn=
berufsgenossenschaft für Haupt= u. Neben=
bahnen u. die Straßen= u. Kleinbahn=
berufsgenossenschaft für die Kleinbahnen.
Von der Berufsg. ausgeschlossen sind
 a) die für Reichs= oder Staatsrechnung
 betriebenen Eisenbahnen (§ 128),
 b) Bahnen, die einen wesentl. Bestand=
 teil eines anderen gewerblichen
 (GUVG. § 2 Abs. 2) oder eines
 landwirtschaftl. (LandwUVG. § 1
 Abs. 2) oder eines Baubetriebs
 (BauUVG. § 12 Abs. 2) bilden u.
 deshalb zu derjenigen Berufs=

IV. Feststellung und Auszahlung der Entschädigungen[15]).

V. Unfallverhütung. Überwachung der Betriebe.

Unfallverhütungsvorschriften [16]).

§. 113. (Einreichung der UVVorschr. an das RVA. vor Beschlußfaffung; Zuziehung des RVA., der Sektionsvorstände u. von Arbeitervertretern zur Beschlußfaffung.)

§. 117. (Erlaß von UVVorschr. durch die Landesbehörden.)

§. 118. Auf Unfallverhütungsvorschriften, welche sich auf die Sicherheit des Eisenbahnbetriebs beziehen, finden die Bestimmungen der §§. 113, 117, 132 keine Anwendung.

VII. Reichs- und Staatsbetriebe.

§. 128. Für die Post-, Telegraphen-, Marine- und Heeresverwaltungen, sowie für die vom Reiche oder von einem Bundesstaate für Reichs- beziehungsweise Staatsrechnung verwalteten Eisenbahnbetriebe, sämmtlich einschließlich der Bauten, welche von denselben für eigene Rechnung ausgeführt werden[8]), tritt an die Stelle der Berufsgenoffenschaft das Reich beziehungsweise der Staat, für deffen Rechnung die Verwaltung geführt wird.

(Abs. 2.)

Soweit hiernach das Reich oder ein Bundesstaat an die Stelle der Berufsgenoffenschaft tritt, werden die Befugnisse und Obliegenheiten der Genoffenschaftsverfammlung und des Vorstandes der Genoffenschaft durch Ausführungsbehörden wahrgenommen, welche für die Heeresverwaltungen von der oberften Militärverwaltungsbehörde des Kontingents, im Uebrigen für die Reichsverwaltungen vom Reichskanzler, für die Landesverwaltungen von der Landes-Zentralbehörde zu bezeichnen find. Dem Reichs-Verficherungsamt ift mitzutheilen, welche Behörden als Ausführungsbehörden bezeichnet worden find. Die auf Grund des §. 2 des Gefetzes vom 28. Mai 1885 (Reichs-Gefetzbl. S. 159) eingefetzten Ausführungsbehörden bleiben beftehen[17]).

---

genoffenschaft gehören, in die der Hauptbetrieb fällt (Anm. 9). v. Woedtke Anm. 32 zu § 1. Der Betrieb der Internat. Schlafwagengefellschaft in Deutschland ift ein felbftändiger unfallverficherungspflicht. Betr. u. der Privatbahnber. zugeteilt RVA. 12. Ott. 96 (AN. 494, Arch. 97 S. 111, EEE. XIII 253), ihrem Perfonal gegenüber ift die EifVerw. ebenfo „Dritter“ i. S. GUVG. § 140, wie es die SchlafwGef. dem Perfonal der EifVerw. gegenüber ift. Reindl in EEE. XVIII 367, RGer. 12. Ott. 00 (EEE. XVIII 15, Arch. 01 S. 879). Ebenfo

deutfche EifSpeifewagengef. RVA. 10. Juni 99 (AN. 617).

[15]) Auf Grund von Sondervorfchr. für Betriebe unter Reichs- oder Staatsverwaltung über Anzeige u. Unterfuchung der Unfälle (§ 63 Abf. 5, § 67, § 68 Abf. 2) find die AusfVorfchr. 18. Feb. 95 (Ziff. 2) u. 4. Sept. 00 (Ziff. 2, 3) ergangen (Anlagen B u. C). — Vorfchr. für die StEB. über das Meldeverfahren bei Unfällen (ohne Befchränkung auf die Unfallverfich.) II 5 Anm. 11 b. B.

[16]) UnfallverhütVorfchr. für die StEB. E. 6. Dez. 04 (EVB. 381).

[17]) Anl. B Ziff. 1, Anl. C Ziff. 1.

§. 129. Soweit das Reich oder ein Bundesstaat an die Stelle der Be=
rufsgenossenschaft tritt, finden die §§. 29 bis 52, 54 bis 62, 74, 99 bis 105,
106 Abs. 2, 3, §§. 107 bis 110, 112 bis 117, 119 bis 126, 134, 146
bis 151 keine Anwendung.

§. 130. Die Erstreckung der Versicherungspflicht auf Betriebsbeamte
mit einem dreitausend Mark übersteigenden Jahresarbeitsverdienste (§. 5 Abs. 1
lit. c) kann durch die Ausführungsvorschriften erfolgen, soweit diese Beamten
nicht nach §. 7 von der Anwendung dieses Gesetzes ausgeschlossen sind.

§. 131. Die Feststellung der Entschädigungen (§§. 69 ff.) erfolgt durch
die in den Ausführungsvorschriften zu bezeichnende Behörde[18]).

§. 132. Vorschriften der Ausführungsbehörden über das in den Be=
trieben von den Versicherten zur Verhütung von Unfällen zu beobachtende Ver=
halten sind, sofern sie Strafbestimmungen enthalten sollen, vor dem Erlasse
mindestens drei Vertretern der Arbeiter zur Berathung und gutachtlichen
Aeußerung vorzulegen. Die Berathung findet unter Leitung eines Beauftragten
der Ausführungsbehörde statt. Der Beauftragte darf kein unmittelbarer Vor=
gesetzter der Vertreter der Arbeiter sein[19]).

§. 133. Die zur Durchführung der Bestimmungen in §§. 128 bis 132
erforderlichen Ausführungsvorschriften sind für die Heeresverwaltungen von
der obersten Militärverwaltungsbehörde des Kontingents, im Uebrigen für die
Reichsverwaltungen vom Reichskanzler, für die Landesverwaltungen von der
Landes=Zentralbehörde zu erlassen[18]).

VIII. Schluß= und Strafbestimmungen.
Haftung der Betriebsunternehmer und Betriebsbeamten.

§. 135. Die nach Maßgabe dieses Gesetzes versicherten Personen und
die in §§. 16 bis 19 bezeichneten Hinterbliebenen[20]) können, auch wenn
sie einen Anspruch auf Rente nicht haben, einen Anspruch auf Ersatz des in
Folge eines Unfalls erlittenen Schadens gegen den Betriebsunternehmer, dessen
Bevollmächtigten oder Repräsentanten, Betriebs= oder Arbeiteraufseher nur
dann geltend machen, wenn durch strafgerichtliches Urtheil festgestellt worden
ist, daß der in Anspruch Genommene den Unfall vorsätzlich herbeigeführt hat[21]).

---

[18]) AusfVorschr. 13. Jan. 01
(Anlage D).
[19]) Anm. 16, 18.
[20]) Ehegatte, Kinder, Verwandte der
aufsteigenden Linie, Enkel; auch unehe=
liche Kinder einer „alleinstehenden weib=
lichen Person" (GUVG. § 16 Abs. 4).
[21]) Aus Betriebsunfällen, auf die
GUVG. Anwendung findet, haben also
der Versicherte selbst u. dessen oben be=
zeichnete Hinterbliebenen einen Anspruch
auf Grund des HaftpflichtG. nur
dann, wenn eine Feststellung durch straf=

gerichtl. Urteil dahin, daß der Unter=
nehmer den Unfall vorsätzlich herbei=
geführt hat, entweder erfolgt ist oder
aus dem in GUVG. § 139 angegebenen
Grunde nicht erfolgen kann. Voraus=
setzung ist aber, daß der Versicherte in
dem Betrieb, in dem sich der Unfall
ereignet hat, von dem Unternehmer (Be=
griff § 28 Abs. 3) dieses Betriebs be=
schäftigt war; andernfalls greift nicht
§ 135 Platz, sondern gilt der Unter=
nehmer als Dritter i. S. § 140 u. be=
stimmt sich seine Haftung nach dem son=

In diesem Falle beschränkt sich der Anspruch auf den Betrag, um welchen die den Berechtigten nach anderen gesetzlichen Vorschriften gebührende Entschädigung diejenige übersteigt, auf welche sie nach diesem Gesetz Anspruch haben.

Für das über einen solchen Anspruch erkennende ordentliche Gericht ist die Entscheidung bindend, welche in dem durch dieses Gesetz geordneten Verfahren über die Frage ergeht, ob ein Unfall vorliegt, für welchen aus der Unfallversicherung Entschädigung zu leisten ist, und in welchem Umfang Entschädigung zu gewähren ist.

§. 139. Die in den §§. 135, 136[22]) bezeichneten Ansprüche können, auch ohne daß die daselbst vorgesehene Feststellung durch strafgerichtliches Urtheil stattgefunden hat, geltend gemacht werden, falls diese Feststellung wegen des Todes oder der Abwesenheit des Betreffenden oder aus einem anderen in seiner Person liegenden Grunde nicht erfolgen kann.

Haftung Dritter.

§. 140. Die Haftung dritter, in den §§. 135, 136[22]) nicht bezeichneter Personen bestimmt sich nach den sonstigen gesetzlichen Vorschriften[23]). Insoweit den nach Maßgabe dieses Gesetzes entschädigungsberechtigten Personen ein gesetzlicher Anspruch auf Ersatz des ihnen durch den Unfall entstandenen Schadens gegen Dritte erwachsen ist, geht dieser Anspruch auf die Berufsgenossenschaft im Umfang ihrer durch dieses Gesetz begründeten Entschädigungspflicht über[24]).

---

stigen (ausschl. GUVG.) Recht RGer. 7, März 89 (XXIII 51) u. 26. Nov. 89 (XXIV 126); bez. der für Rechnung der Eif. durch einen Bauunternehmer auszuführenden Bauten RGer. 5. Juli 88 (XXI 75). Da eine Feststellung der bezeichneten Art nur einer physischen Person gegenüber erfolgen kann, ergibt sich, daß eine StGB. oder eine Eifgesellschaft aus einem Unfalle, der einer von ihr in ihrem EifBetriebe (i. S. GUVG.) beschäftigten, der Unfallversicherung unterliegenden Person — z. B. einem Betriebs-, Werkstätten-, Streckenarbeiter — in diesem Betriebe zustößt, auf Grund des HPfG. überhaupt nicht in Anspruch genommen werden kann. Der Anspruch aus dem HPfG. ist aber nur materiell beseitigt, nicht auch formell dem Rechtsweg entzogen RGer. 5. Juli 88 (a. a. O.). Verschiedene Stationen desselben Fiskus gelten als Ein Unternehmen RGer. $\frac{31. \text{ Mai}}{14. \text{ Juni}}$ 88 (XXI 51: Unfall eines v. d. bayer. Postverwaltung im Bahnpostdienste beschäft. Schaffners im Betr. der bayer. Staatsbahn fällt unter UVG.,

nicht unter HPfG.). Daß der Unternehmer den im Betr. Beschäftigten aus eigenen Mitteln löhnt, ist nicht Vorauss. für Ausschluß des HPfG. RGer. 11. Dez. 96 (XXXVIII 90: Unfall eines ausländ. Zugbeamten im Verbandsfahrdienst auf deutscher Strecke fällt unter UVG.). Schlafwagenges. Anm. 14. — Zu § 135: Laß u. Maier (III 8 a Anm. 1 d. W.) § 24, 26.

[22]) § 136—138 behandeln den Rückgriff der Berufsgenossenschaften, Gemeinden, Krankenkassen usw. auf Betriebsunternehmer usw. (wie § 135).

[23]) 3. B. HPfG.; die Haftung prüfen die Zivilgerichte selbständig, ohne an die Entsch. im UVVerfahren gebunden zu sein. RGer. 11. Nov. 90 (EGE. VIII 79).

[24]) Auf Grund der früheren Fassung im UVG. 6. Juli 84 § 98 hatte sich das RGer. dahin ausgesprochen, daß Übergang der Forderung tatsächliche Leistung von Entschädigung durch die Berufsg. voraussetze u. der Verletzte usw. den Unternehmer solange u. soweit in Anspruch nehmen könne, als das nicht

Zuständige Landesbehörden.

§. 152. Die Zentralbehörden der Bundesstaaten bestimmen, von welchen Staats= oder Gemeindebehörden die in diesem Gesetze den höheren Verwaltungs=behörden, den unteren Verwaltungsbehörden und den Ortspolizeibehörden zu=gewiesenen Verrichtungen wahrzunehmen sind[25]).

Die in Gemäßheit dieser Vorschrift erlassenen Bestimmungen sind durch den Reichsanzeiger bekannt zu machen.

(Abs. 3).

IV. Bau-Unfallversicherungsgesetz[2]) §. 6.

§ 6. Die Versicherung erfolgt:

1. bei der gewerbsmäßigen Ausführung von Eisenbahn=, Kanal=, Wege=, Strom=, Deich= und anderen Bauarbeiten, welche nicht unter die Be=stimmungen des Gewerbe=Unfallversicherungsgesetzes oder unter die nach § 1 Abs. 1 Ziffer 2 a. a. O. vom Bundesrath erlassenen Anordnungen fallen, unbeschadet der Bestimmungen in den Ziffern 2 und 3, auf Gegenseitigkeit durch die Unternehmer. Die Letzteren werden zu diesem Zwecke in eine Berufsgenossenschaft vereinigt (§§ 12 bis 17);

2. bei Bauarbeiten, welche von dem Reiche oder von einem Bundesstaat als Unternehmer (§ 5) ausgeführt werden und nicht zu den Bauten der im § 128 Abs. 1 des Gewerbe=Unfallversicherungsgesetzes aufge=führten Reichs= und Staatsverwaltungen gehören, vorbehaltlich der Be=stimmung des § 8 Abs. 1, auf Kosten des Reichs oder des Staates durch das Reich beziehungsweise den Staat, für dessen Rechnung die Bauarbeit erfolgt, durch Ausführungsbehörden (§§ 42, 43);

3. bei Bauarbeiten, welche in anderen als Eisenbahnbetrieben von einem Kommunalverband oder einer anderen öffentlichen Korporation als Unternehmer (§ 5) ausgeführt werden, vorbehaltlich der Bestimmung des § 8 Abs. 2, auf Kosten dieses Kommunalverbandes oder dieser Korporation, sofern die Landes=Zentralbehörde auf deren Antrag erklärt, daß der Verband oder die Korporation zur Uebernahme der durch die Versicherung entstehenden Lasten für leistungsfähig zu erachten ist, durch Ausführungsbehörden (§§ 42, 43).

Die Landes=Zentralbehörden sind berechtigt, mehrere Kommunal=verbände oder andere öffentliche Korporationen zum Zwecke der gemein=samen Durchführung der Unfallversicherung bei den von ihnen als

---

der Fall sei U. 26. Nov. 89 (XXIV 126). Nach § 140 findet der Übergang sofort mit der Entstehung der Forderung statt KomB. (Reichst. I 98/00 Druckj. 703 a) S. 147. A. M. RGer. 19. Oft. 03 (AM. 04 S. 431); anderf. RGer. 24. Oft. 04 (GGG. XXI 284). In=wieweit sich der Unternehmer der Be=rufsg. gegenüber auf Leistungen an den Verletzten oder auf einen mit diesem ge=schlossenen Vergleich berufen kann, be=stimmt sich nach dem bürg. Recht (Kom.=B. a. a. O.). — Zu § 140: Laß u. Maier (Anm. 21) § 26.

[25]) Bek. 8. März 01 (Anlage E).

Unternehmern ausgeführten Bauarbeiten zu einem Verbande zu ver=
einigen.

Das Ausscheiden solcher Korporationen aus Berufsgenossenschaften
darf nur am Schlusse des Rechnungsjahres erfolgen;

4. bei Bauarbeiten, deren Ausführung entweder von anderen als den in
Ziffer 2 und 3 bezeichneten Verbänden und Korporationen oder deren
Ausführung nicht gewerbsmäßig erfolgt, auf Kosten der Unternehmer
(§ 5) beziehungsweise Gemeindeverbände durch die Berufsgenossenschaften
der Baugewerbetreibenden (§§ 1, 6 Ziffer 1, §§ 12 ff. dieses Gesetzes,
§§ 1, 28 ff. des Gewerbe=Unfallversicherungsgesetzes) nach näherer Be=
stimmung der §§ 18 ff. (Unfallversicherungsanstalten).

Bezüglich der Bauten, welche von Eisenbahnverwaltungen für eigene
Rechnung ausgeführt werden, sowie bezüglich solcher Bauarbeiten, welche
als Nebenbetriebe oder Theile eines andern Betriebs anderweit ver=
sicherungspflichtig sind, behält es bei den sonstigen Bestimmungen[26]) sein
Bewenden.

Anlagen zu den Unfallversicherungsgesetzen.

Anlage A (zu Anmerkung 4).
Erlaß des Ministers der öffentlichen Arbeiten betr. Schiedsgerichte für die Arbeiterversicherung. Vom 8. Januar 1901 (EVB. 7).

(Auszug.)

In Folge Kaiserlicher Verordnung vom 22. November 1900[1]) sind die in
den einzelnen Eisenbahndirektionsbezirken zur Durchführung der Unfallversicherung
errichteten Schiedsgerichte mit dem 1. Januar d. J. aufgehoben und gemäß § 3
des Gesetzes vom 30. Juni 1900, betr. die Abänderung der Unfallversicherungs=
gesetze (R.=G.=Bl. S. 573 ff.), mit diesem Tage an ihre Stelle die für die Ab=
theilung A der Pensionskasse für die Arbeiter der Preußisch=Hessischen Eisenbahn=
gemeinschaft[2]) bestehenden Schiedsgerichte getreten.

Nach den im ersten Nachtrage zu den Satzungen der Pensionskasse ergangenen,
nachstehend abgedruckten Bestimmungen über das Verfahren vor dem Schieds=
gericht (§ 30), die von dem Herrn Minister des Innern und mir durch Erlaß
vom 31. Dezember 1900 — IV. B. 12926 — genehmigt worden sind, führen
diese Schiedsgerichte nunmehr die Bezeichnung:

„Schiedsgericht für die Arbeiterversicherung im Eisenbahndirektions=
bezirk ...."

Unter Aufhebung des durch den Erlaß vom 24. Februar 1895 — P. IV.
1397 (Elb. S. Bd. IV. S. 925) — erlassenen Regulativs, betr. die Unfallver=
sicherung für den Bereich der Preußischen Staatseisenbahnverwaltung wird für
die Wahl von Beisitzern für die Schiedsgerichte der Arbeiterpensionskasse die unten
abgedruckte[3]) Wahlordnung hiermit erlassen.

---

[26]) GUVG. § 1 Abf. 1 Ziff. 3. | [2]) III. 8 b Anm. 3 d. W.
[1]) RGB. 1031. | [3]) Hier nicht abgedruckt.

Im Einzelnen wird noch Nachstehendes bestimmt:

(1—4.)

5. Die Eisenbahndirektionen haben Namen, Amts- oder Dienstbezeichnung und Wohnort des Vorsitzenden und der Beisitzer des Schiedsgerichts ihres Bezirks und ihrer Stellvertreter bis zum 1. Juli d. J. und demnächst alle zwei Jahre zur selben Zeit durch ihr Amtsblatt bekannt zu machen. Die in der Zwischenzeit vorkommenden einzelnen Veränderungen sind alsbald nach ihrem Eintritt durch das Amtsblatt zu veröffentlichen.

Aenderungen in der Person des Vorsitzenden der Schiedsgerichte und seiner Stellvertreter werden den Eisenbahndirektionen von hier aus mitgetheilt werden.

6. Wegen Verrechnung der durch die Wahl von Schiedsgerichtsbeisitzern entstehenden Kosten und der Kosten des Schiedsgerichts auf die Abtheilung A der Pensionskasse und auf den Betriebsetat (Titel 6 Pos. 8) wird auf den § 6 Abs. 1 der Wahlordnung und auf § 30 Abs. 3 der Satzungen der Pensionskasse (in der Fassung des ersten Nachtrages) verwiesen.

Erster Nachtrag

zu den Satzungen der Pensionskasse für die Arbeiter der Preußisch-Hessischen Eisenbahngemeinschaft.

1. Zu § 30.

Der § 30 erhält folgende Fassung:

(1.) Für jeden Eisenbahndirektionsbezirk wird ein Schiedsgericht errichtet, dessen Sitz mit demjenigen der Direktion zusammenfällt. Diesem ist nach § 3 des Gesetzes, betreffend die Abänderung der Unfallversicherungsgesetze vom 30. Juni 1900, zugleich die Entscheidung von Streitigkeiten über Entschädigungen auf Grund der Unfallversicherungsgesetze bei der Staatseisenbahnverwaltung übertragen. Es führt die Bezeichnung:

„Schiedsgericht für die Arbeiterversicherung im Eisenbahndirektionsbezirk . . . . . ."

(2.) Jedes Schiedsgericht besteht aus einem ständigen Vorsitzenden und aus vier Beisitzern. Der Vorsitzende und dessen Stellvertreter wird aus der Zahl der öffentlichen Beamten — mit Ausschluß jedoch der Beamten der Staatseisenbahnverwaltung — von den zuständigen Ministern ernannt. Von den vier Beisitzern werden zwei als Vertreter der Staatseisenbahnverwaltung seitens der Königlichen Eisenbahndirektion aus ihren Mitgliedern oder Hülfsarbeitern oder aus den Vorständen der Inspektionen und Bauabtheilungen ernannt, zwei als Vertreter der Versicherten von den für die Generalversammlung der Betriebskrankenkasse gewählten Vertretern der Kassenmitglieder nach der vom Minister der öffentlichen Arbeiten erlassenen, in den Amtsblättern der Eisenbahndirektionen zu veröffentlichenden Wahlordnung gewählt. Für jeden Beisitzer ist ein erster, zweiter und dritter Stellvertreter zu ernennen bezw. zu wählen. Die Mitglieder des Schiedsgerichts dürfen nicht Mitglieder des Vorstandes oder eines Bezirksausschusses der Pensionskasse sein, auch nicht als Mitglieder oder Hülfsarbeiter der Eisenbahndirektion an der Festsetzung der Entschädigungen auf Grund der Unfallversicherungsgesetze betheiligt sein. Verweigern die zu Beisitzern Gewählten ihre Dienstleistung oder kommt eine Wahl nicht zu Stande, so hat, so lange und so weit dies der Fall ist, die Eisenbahndirektion die Vertreter zu ernennen. Name und Wohnort des Vorsitzenden und seines Stellvertreters, der Beisitzer und deren Stellvertreter werden durch das Amtsblatt der Eisenbahndirektion bekannt gemacht.

18*

(3.) Dem Vorsitzenden und dessen Stellvertreter, sowie den als Vertreter der Staatseisenbahnverwaltung bezeichneten Beisitzern darf aus den Mitteln der Pensionskasse eine Vergütung nicht gewährt werden. Die als Vertreter der Versicherten gewählten Beisitzer und stellvertretenden Beisitzer erhalten aus Anlaß ihrer Dienstleistungen die in der Wahlordnung (Absatz 2) festgesetzten Vergütungen aus der Pensionskasse erstattet. Diese, sowie die sonstigen Kosten des Schieds= gerichts werden nach Ablauf des Rechnungsjahres der Pensionskasse von dem Vorsitzenden des Schiedsgerichts auf die Pensionskasse und auf die Staatseisen= bahnverwaltung als Träger der Unfallversicherung nach Maßgabe des § 10 des Gesetzes, betr. die Abänderung der Unfallversicherungsgesetze vom 30. Juni 1900 in der Fassung der Bekanntmachung vom 5. Juli 1900 (R.=G.=Bl. S. 573) vertheilt.

(4.) Der Vorsitzende und die Beisitzer sowie deren Stellvertreter werden auf die gewissenhafte Erfüllung der Obliegenheiten ihres Amtes verpflichtet. Die Verpflichtung der Beisitzer erfolgt durch den Vorsitzenden.

(5.) Beisitzer oder deren Stellvertreter, welche ohne genügende Entschuldigung zu den Sitzungen nicht rechtzeitig sich einfinden oder ihren Obliegenheiten in anderer Weise sich entziehen, können vom Vorsitzenden mit Geldstrafen bis zu 500 Mark belegt werden, deren Betrag der Pensionskasse Abtheilung A zufließt.

(6.) Der Vorsitzende beruft das Schiedsgericht und leitet die Verhandlungen desselben. Die Entscheidungen des Schiedsgerichts erfolgen nach Stimmenmehrheit und sollen spätestens 3 Wochen nach ihrer Verkündung den Parteien zugestellt werden.

Im Uebrigen richtet sich das Verfahren vor dem Schiedsgericht nach den Vorschriften der Wahlordnung (Absatz 2) und, soweit diese keine Bestimmung enthält, nach den Vorschriften der Kaiserlichen Verordnung, betr. das Verfahren vor den Schiedsgerichten für Arbeiterversicherung[4]).

2. u. s. w.

———

Anlage B (zu Anmerkung 15).
Bekanntmachung des Ministers der öffentlichen Arbeiten betr. Unfall- und Krankenversicherung. Vom 18. Februar 1895 (EVB. 244).

Auf Grund der §§ 2 folg. des Gesetzes über die Ausdehnung der Unfall= und Krankenversicherung vom 28. Mai 1885 (R.=G.=Bl. S. 159)[1]) wird für die Betriebe der vom Preußischen Staate für eigene Rechnung verwalteten Eisen= bahnen Folgendes bestimmt:

1. Die Geschäfte der Ausführungsbehörde werden von einer jeden Königlichen Eisenbahndirektion für die ihr nachgeordneten Dienstzweige wahrgenommen. Den Eisenbahndirektionen liegt insbesondere auch die Feststellung der Ent= schädigungen für die durch Unfall Verletzten und für die Hinterbliebenen der durch Unfall Getödteten ob.

2. Die vorgeschriebene Anzeige eines Unfalls ist von dem dem Verunglückten unmittelbar vorgesetzten Beamten an den Vorstand derjenigen Betriebs=, Maschinen=, Werkstätten=, Verkehrsinspektion oder Bauabtheilung zu er= statten, in deren Dienstbereich der Unfall sich ereignet hat. Dieser Vor= stand hat den Unfall in das von ihm zu führende Unfallverzeichniss einzutragen, die Vornahme der erforderlichen Untersuchung zu veranlassen

———

[4]) 22. Nov. 00 (RGB. 1017). | [1]) Jetzt GUVG. § 128 ff.

und die Vergütung für die Bevollmächtigten der Krankenkasse festzu=
setzen[2]).
3. Diese Bestimmungen treten vom 1. April d. J. ab mit Rücksicht auf die
Umbildung der Eisenbahnbehörden an die Stelle der Bestimmungen vom
18. Sept. 1885 (Deutscher Reichs= und Königlich Preußischer Staatsan=
zeiger vom 19. September 1885 Nr. 220, sowie Eisenbahn=Verorduungs=
blatt 1885 S. 253).

[2]) Anl. C Ziff. 2

Anlage C (zu Anmerkung 15).

**Erlaß des Ministers der öffentlichen Arbeiten betr. Gewerbeunfallversicherungs=
gesetz. Vom 4. September 1900** (EVB. 369).

1. Nach § 128 des ... Gewerbeunfallversicherungsgesetzes (vgl. §§ 1 und 25
des Gesetzes betreffend die Abänderung der Unfallversicherungsgesetze vom
30. Juni 1900 in der Fassung der Bekanntmachung vom 5. Juli 1900 R.=G.=Bl.
S. 573 ff.) bleiben die auf Grund des § 2 des Gesetzes vom 28. Mai 1885
(R.=G.=Bl. S. 159) eingesetzten Ausführungsbehörden bestehen. Gemäß der
Bekanntmachung vom 18. Februar 1895 . . .[1]) werden demnach auch nach dem
1. Oktober 1900 die Geschäfte der Ausführungsbehörden von einer jeden Eisen=
bahndirektion für die ihr nachgeordneten Dienstzweige wahrgenommen. Den
Eisenbahndirektionen verbleibt auch nach dem unverändert in das Gewerbeunfall=
versicherungsgesetz (abgekürzt G. U. V. G.) übernommenen § 131 daselbst die
Feststellung der Entschädigungen für die durch Unfall Verletzten und für die
Hinterbliebenen der durch Unfall Getödteten.
2. Die in Ziffer 2 der Bekanntmachung vom 18. Februar 1895 . .[1]) ge=
troffenen Anordnungen bleiben nach dem 1. Oktober 1900 mit nachstehenden
Änderungen in Kraft:
 a) Da der § 52 des Unfallversicherungsgesetzes in das G. U. V. G. nicht über=
 nommen ist, so fallen vom 1. Oktober 1900 an die Unfallverzeichnisse
 fort. Die zur Aufstellung der Rechnungsergebnisse erforderlichen Angaben
 über die Anzahl und Art der Unfälle sind demnach künftig aus den
 Unfallanzeigen zu entnehmen. Zu diesem Behufe sind die letzteren, soweit
 sie nicht mit den Anträgen auf Feststellung der Entschädigung bei den
 Eisenbahndirektionen eingereicht werden müssen, von den Inspektionsvor=
 ständen aufzubewahren. Weitere Bestimmung bleibt vorbehalten.
 b) Den gemäß § 65 des G. U. V. G. von dem Vorstande der Krankenkasse
 zur Theilnahme an der Unfalluntersuchung bestellten Bevollmächtigten sind
 vom 1. Oktober 1900 an Vergütungen verwaltungsseitig nicht mehr
 zu zahlen, nachdem die bezügliche Vorschrift des § 55 des jetzt gültigen
 Unfallversicherungsgesetzes in das G. U. V. G. nicht übernommen ist. Es
 bleibt demnach den Betriebskrankenkassen künftig die Festsetzung und
 Zahlung der Vergütung überlassen. Wegen entsprechender Ergänzung der
 Satzungen der Betriebskrankenkassen bleibt Anordnung vorbehalten. . . .
3. Bezüglich der Unfälle, die sich in den der Gewerbeordnung unterliegen=
den Betrieben (Werkstätten) der Eisenbahnverwaltung ereignen, genügt vom
1. Oktober 1900 an nicht mehr die durch Erlaß vom 30. März 1898 — IV B.
4011 (Elb. S. IV S. 931) — angeordnete Uebersendung einer Abschrift der Unfall=
anzeige an den Gewerbeaufsichtsbeamten, vielmehr ist ihm nach § 65 des G. U.
V. G. die Einleitung der Untersuchung mitzutheilen.

[1]) Anl. B.

Anlage D (zu Anmerkung 18).

Erlaß des Minister der öffentlichen Arbeiten betr. Ausführungsvorschriften zu den Unfallversicherungsgesetzen. Vom 13. Januar 1901 (EVB. 13).

Feststellung und Anweisung der Entschädigungen.

(1) Die Feststellung der Entschädigungen für die durch Unfall verletzten Versicherten und für die Hinterbliebenen der durch Unfall getödteten Versicherten (§§ 69 ff. d. G. U. V. G.) erfolgt in allen Fällen durch diejenige Königliche Eisenbahndirektion, in deren Geschäftsbereich der Unfall sich ereignet hat, ohne besonderen Antrag der Berechtigten von Amtswegen. Derselben Behörde liegt ob die Zahlung der zu leistenden Entschädigungen durch die Postverwaltung, sowie die Erstattung der von dieser verauslagten Beträge (§§ 97, 98, 106 G. U. V. G.)[1]. Sie hat ferner darüber Beschluß zu fassen, ob der Krankenkasse, welcher der Verletzte angehört oder zuletzt angehört hat, die Fürsorge für diesen über den Beginn der vierzehnten Woche hinaus bis zur Beendigung des Heilverfahrens zu übertragen ist (§ 11 G. U. V. G.), auch zu entscheiden, ob vom Beginn der fünften Woche nach Eintritt des Unfalls bis zum Ablaufe der dreizehnten Woche das erhöhte Krankengeld zu zahlen ist, und dessen Erstattung an die Krankenkasse anzuordnen (§ 12 G. U. V. G.).

(2) Insoweit es den Eisenbahndirektionen zweckmäßig erscheint, über die Erstattung der Unfallanzeigen den Dienstvorstehern und über die Vornahme der Unfalluntersuchungen (§§ 63—68 G. U. V. G.) den Vorständen der Inspektionen und der Bau-Abtheilungen noch besondere Vorschriften zu ertheilen, bleibt ihnen überlassen, das Einzelne für ihre Bezirke vorzuschreiben.

Schiedsgerichte.

(3) Die Entscheidung von Streitigkeiten über Entschädigungen auf Grund der Unfallversicherungsgesetze erfolgt durch die für die Abtheilung A der Pensionskasse für die Arbeiter der Preußisch-Hessischen Eisenbahngemeinschaft errichteten Schiedsgerichte. Wegen der näheren Bestimmungen wird auf den Erlaß vom 8. Januar d. J. . .[2] verwiesen.

Berathung von Unfallverhütungsvorschriften.

(4) Auf Grund des § 132 d. G. U. V. G. sind Vorschriften, die zur Verhütung von Unfällen der Versicherten erlassen werden, sofern sie Strafbestimmungen enthalten sollen, mindestens drei Vertretern der Arbeiter zur Berathung und gutachtlichen Aeußerung vorzulegen. Je nachdem es sich um Unfallverhütungsvorschriften für die Betriebs- oder für die Werkstättenarbeiter handelt, sind Vertreter der betreffenden Arbeiterklassen auszuwählen. Die Auswahl der Vertreter bleibt den Eisenbahndirektionen überlassen. Die ausgewählten Vertreter erhalten die Lohnausfälle, welche sie durch die Theilnahme an der Berathung der Vorschriften erleiden, erstattet und außerdem, wenn die Berathung nicht an ihrem Wohnorte stattfindet, neben freier Eisenbahnfahrt ein Tagegeld von vier Mark. Die Festsetzung der Vergütungen erfolgt durch die Eisenbahndirektionen.

Rechnungsübersichten.

(5) Die dem Reichs-Versicherungsamt einzureichenden alljährlichen Nachweisungen über die Rechnungsergebnisse der Unfallversicherung sind für das

---

[1] E. 18. u. 19. Dez. 89 (EVB. 333 u. 344), 26. Mai 92 (EVB. 133); FinanzO. III S. 78.

[2] Anl. A.

Kalenderjahr (§ 111 G. U. V. G.) aufzustellen, während im Uebrigen den Veran-schlagungen und Verrechnungen der durch die Unfallversicherung erwachsenden Ausgaben das Staatsrechnungsjahr (1. April bis 31. März) zu Grunde zu legen ist.

Anlage E (zu Anmerkung 25).

Bekanntmachung des Ministers der öffentlichen Arbeiten betr. Ausführung des Gewerbe-Unfallversicherungsgesetzes. Vom 8. März 1901 (EVB. 91, VB. 729).

Auf Grund des § 152 des Gewerbe-Unfallversicherungsgesetzes .. wird im Einvernehmen mit den Herren Ministern für Handel und Gewerbe und des Innern Folgendes bestimmt:

1. Bei den vom Staat für Privatrechnung verwalteten Eisenbahnen werden die Obliegenheiten und Befugnisse, welche den höheren Verwaltungs-behörden durch das erwähnte Gesetz zugewiesen sind, von den Königlichen Eisenbahndirektionen wahrgenommen. Als untere Verwaltungsbehörden gelten die in der Bekanntmachung der Herren Minister für Handel und Gewerbe und des Innern vom 2. August 1900 („Deutscher Reichs- und Königlich Preußischer Staats-Anzeiger" Nr. 189 vom 10. August 1900)*) bezeichneten Behörden und Beamten, jedoch im Sinne der §§ 35, 56—59, 61, 104, 105, 119 und 121 des Gewerbe-Unfallversicherungsgesetzes die

---

*) Bekanntmachung, betreffend die Ausführung des Gewerbe-Unfallversicherungsgesetzes vom 30. Juni 1900 ..

Zur Ausführung des Gewerbe-Unfallversicherungsgesetzes wird Folgendes bestimmt:

1. Höhere Verwaltungsbehörden:
   Als „höhere Verwaltungsbehörden" gelten die Regierungs-Präsiden-ten. Im Stadtkreise Berlin tritt in den Fällen des § 14 und des § 105 der Ober-Präsident, im übrigen der Polizei-Präsident an die Stelle des Regierungs-Präsidenten. Für diejenigen Betriebe, welche der Aufsicht der Bergbehörden unterstehen, werden die Geschäfte der höheren Verwaltungs-behörde durch die Ober-Bergämter wahrgenommen.
2. Untere Verwaltungsbehörden sind: in Städten mit mehr als 10 000 Einwohner und in denjenigen Städten der Provinz Hannover, auf welche die revidierte Hannoversche Städteordnung vom 24. Juni 1858 Anwendung findet, mit Ausnahme der im § 27 Absatz 2 der Hannoverschen Kreisordnung vom 6. Mai 1884 benannten Städte, die Gemeindebehörden, im übrigen die Landräthe, in den Hohenzollernschen Landen die Ober-Amtmänner.
   Für die der Bergverwaltung unterstehenden Betriebe werden die Ge-schäfte der unteren Verwaltungsbehörde von den Bergrevierbeamten wahrgenommen.
3. Die den Ortspolizeibehörden überwiesenen Obliegenheiten werden für die der Bergverwaltung unterstehenden Betriebe von den Bergrevierbeamten, im übrigen von denjenigen Beamten oder Behörden wahrgenommen, welchen die Verwaltung der örtlichen Polizei obliegt.
4. Ueber Beschwerden gegen Straffestsetzungen des Genossenschafts-vorstands entscheidet in den Fällen des § 149 derjenige Regierungs-Präsident, in dessen Bezirk der Sitz des Betriebs gelegen ist. An die Stelle des Regierungs-Präsidenten tritt für den Stadtkreis Berlin der Polizei-Präsident und bei den der Bergverwaltung unterstehenden Be-trieben das Ober-Bergamt.

Berlin, den 2. August 1900.

Der Minister für Handel und Gewerbe.   Der Minister des Innern.

Vorstände der Betriebs=, Maschinen=, Werkstätten=, Verkehrsinspektionen und der Bauabtheilungen, welche auch die den Ortspolizeibehörden über= tragenen Obliegenheiten und Befugnisse wahrzunehmen haben.

2. Bezüglich der nicht vom Staat verwalteten Eisenbahnen werden die Ob= liegenheiten und Befugnisse der höheren Verwaltungsbehörden den Eisen= bahnkommissaren, welche im Sinne des § 46 des Gesetzes über die Eisenbahnunternehmungen vom 3. November 1838 (G.=S. S. 505) für die einzelnen Aufsichtsbezirke bestellt sind, übertragen; die Obliegenheiten und Befugnisse der unteren Verwaltungs= und die der Ortspolizeibehörden werden von den in der Bekanntmachung der Herren Minister für Handel und Gewerbe und des Innern vom 2. August 1900 .. bezeichneten Behörden und Beamten wahrgenommen.

3. Die Bekanntmachung vom 9. März 1895 (Deutscher Reichs= und Königlich Preußischer Staats=Anzeiger Nr. 63 vom 13. März 1895, Erste Beilage) wird hiermit aufgehoben.

---

9. Verordnung, betreffend die bei dem Bau von Eisenbahnen beschäftigten Handarbeiter. Vom 21. Dezember 1846 (GS. 47 S. 21)[1].

Wir Friedrich Wilhelm 2c. 2c. verordnen in Betreff der Handarbeiter[2], welche bei dem Bau[3] von Eisenbahnen und bei anderen öffentlichen Bauten beschäftigt werden, nach dem Antrage Unseres Staatsministeriums was folgt:

§. 1. Die Annahme der Arbeiter erfolgt durch diejenigen Bau=Aufsichts= beamten, welche von der Eisenbahndirektion der Polizeibehörde (§. 25.) als solche bezeichnet werden. Sofern diese Bau=Aufsichtsbeamten nicht bereits einen Diensteid geleistet haben, in welchem Falle es bei der Verweisung auf denselben bewendet, sind sie zur Beobachtung der für die ihnen übertragenen Funktionen bestehenden Vorschriften durch den Kreislandrath mittelst Hand= schlags an Eidesstatt ein für allemal zu verpflichten, worüber ihnen ein Aus= weis zu ertheilen ist[4].

---

[1] In den neuen Provinzen eingeführt durch V. 19. Aug. 67 (I 3 Anl. A d. W.), im Jadegebiet durch AE. 3. Aug. 55 (GS. 631), in Lauenburg durch G. 25. Febr. 78 (GS. 97) § 8. Außer Kraft getreten, soweit die — auf den Eis.= Bau uneingeschränkt anwendbare (I 2 a Anl. A Anm. 1 d. W.) — GewO. ent= gegenstehende Vorschr. enthält. — Gleim EisR. § 63, Witte S. 296 a fg. — AusfVorsch. enthält die Geschäfts= Anw. f. d. Vorstände der Bauabteilungen der StEB. 30. März 01 (VB. 77.). — Vorschr. betr. die nicht im Staatsbeamten= verhältnisse angestellten „Spezialbau= kassenrendanten" Witte S. 166 a.

[2] Nicht der Beamten; ferner § 24, 27.

[3] Nur beim Bau neuer Linien oder bei sonstigen Bauausführungen, die den Charakter von Neubauten tragen; nicht beim Betrieb, bei Um= od. Ergänzungs= bauten od. der Bahnunterhaltung Gleim S. 399. Auch bezieht sich die V. nicht auf die nicht zu den Bauarbeiten selbst, sondern zu einzelnen Hilfeleistungen herangezogenen Arbeiter Witte S. 297 a.

[4] Die Aufsichtsbeamten sind Or= gane der Bauverwaltung u. nicht etwa zu deren Überwachung berufen; persön= liche Beziehungen zur Bauverwaltung sind also kein Hindernis der Bestellung zum Aufsichtsbeamten S. 28. Dez. 81 (EVB. 82 S. 9). Bei der StEB. werden die Bauaufseher nicht durch den Landrat, sondern durch die höheren Beamten der StEB. verpflichtet Witte S. 298 a Anm. 6.

§. 2. Zur Beschäftigung bei den im Bau begriffenen Eisenbahnen sind nur männliche Arbeiter nach vollendetem 17ten Lebensjahre zuzulassen; wenn Väter mit ihren Söhnen in die Arbeit treten, genügt für letztere das vollendete 15te Lebensjahr.

Frauenspersonen dürfen nur ausnahmweise unter Zustimmung der Orts= Polizeibehörde und nur in gesonderten Arbeitsstellen beschäftigt werden.

§. 3. Dem Arbeiter, welcher Beschäftigung erhalten kann, wird von dem Bau-Aufsichtsbeamten eine Arbeitskarte in Form der Wanderbücher ertheilt[5]).

Die Arbeitskarte muß enthalten:

a) den vollständigen Namen des Arbeiters;

b) dessen Heimathsort, nebst Angabe, beim Inländer des Kreises und Regierungsbezirks, beim Ausländer der Bezirksbehörde, wozu der Ort gehört;

c) eine Bezeichnung seiner Legitimationspapiere;

d) die die Arbeiter betreffenden Vorschriften dieses Reglements;

e) die für die Arbeit auf der betreffenden Bahn bestehenden besonderen Vorschriften, denen der Arbeiter sich zu unterwerfen hat;

f) Ort, Datum, Siegel (Stempel) und Unterschrift des Bau-Aufsichts= Beamten (§. 1.);

g) Rubriken für die Vermerke §§. 4. und 16.

Das beiliegende Schema ergiebt den Inhalt der Arbeitskarten bis auf die ad e. bei einzelnen Bahnen etwa hinzuzufügenden besonderen Vorschriften.

§. 4. Auf Grund der Arbeitskarte hat der Arbeiter seine Legitimations= papiere bei der betreffenden Polizeibehörde einzureichen, welche den Empfang auf der Arbeitskarte vermerkt.

§. 5. Nur nach Vorzeigung dieses Vermerks wird die wirkliche An= nahme zur Arbeit und der Eintritt in eine bestimmte Arbeitsstelle gestattet.

§. 6. Arbeiter, welche in der Nähe der Baustelle ihren Wohnsitz haben, dergestalt, daß sie während der Arbeit in ihrer gewöhnlichen Wohnung ver= bleiben, erhalten ebenfalls Arbeitskarten; die polizeilichen Meldungen sind jedoch für sie in der Regel nicht erforderlich.

§. 7. Jede Arbeitskarte für fremde, nicht zur Kategorie des §. 6. ge= hörige Arbeiter ohne Vermerk der Polizeibehörde bleibt nur auf zwei Tage nach deren Ausstellung gültig.

§. 8. Die Eisenbahndirektionen sind verpflichtet, dafür zu sorgen, daß jeder Arbeiter beim Beginn der Arbeit über deren Bezahlung genau und voll= ständig in Kenntniß gesetzt wird. Bei Akkordarbeiten erhält der Schacht= meister einen Akkordzettel, welcher die Bezeichnung der Arbeit und des in Akkord gegebenen Stückes, den Inhalt desselben nach Schachtruthen oder

---

[5]) § 3—7 werden durch G. üb. d. Paßwesen 12. Okt. 67 u. üb. die Frei= | zügigkeit 1. Nov. 67 (BGBl. 33 u. 55) nicht berührt Gleim S. 404.

sonstigen Einheiten und den bedungenen Preis enthalten muß; auf demselben werden auch alle etwanigen Abschlagszahlungen vermerkt. Jedem Mitarbeiter steht täglich nach vollendeter Arbeit die Einsicht des Akkordzettels zu.

§. 9. Die Eisenbahndirektionen sind bei Ausführung der Arbeiten zur Befolgung folgender Vorschriften verpflichtet[6]):

a) die Arbeiterzahl der einzelnen Schachtabtheilungen soll dergestalt bemessen werden, daß sie von dem Schachtmeister vollständig beaufsichtigt werden kann;

b) die einzelnen Akkordstücke sollen in der Regel nicht größer angenommen werden, als so, daß alle 14 Tage die vollständige Abrechnung erfolgen kann;

c) Abschlagszahlungen, welche bei ausnahmsweise unvermeidlichen größeren Akkordstücken nothwendig werden, sollen nach Verhältniß der wirklich gefertigten Arbeit bemessen werden;

d) die Zahlungstermine für Akkordarbeiter wie für Tagelöhner dürfen nicht über 14 Tage auseinander liegen;

e) die Polizeibehörden sind von Zeit und Ort der Zahlung in Kenntniß zu setzen;

f) die Zahlung muß in der Nähe der Baustellen, darf aber keinenfalls in Schank= und Wirthshäusern erfolgen[7]);

g) als Schachtmeister sind nur Personen zuzulassen, deren Qualifikation und Zuverlässigkeit keinem Bedenken unterliegt;

h) es muß ein ausreichendes Bau=Aufsichtspersonal angestellt werden, um die gegenwärtigen Bestimmungen durchzuführen, und zugleich das Verhalten der Schachtmeister gegen die Arbeiter zu überwachen;

i) zu solchen Bau=Aufsichtsbeamten dürfen nur ganz unbescholtene Männer gewählt werden, welche des Schreibens völlig kundig sind, und von denen eine pflichtmäßige Ausführung der ihnen übertragenen polizeilichen Anordnungen mit Sicherheit zu erwarten steht;

k) die Bau=Aufsichtsbeamten haben alle 14 Tage die namentlichen Verzeichnisse der unter ihnen beschäftigt gewesenen Arbeiter ihren unmittelbaren Vorgesetzten einzureichen.

§. 10. Den Aufsehern und Schachtmeistern ist jedes Kreditgeben an die Arbeiter durch Lieferung von Bedürfnissen, mit Ausnahme des einfachen Geldvorschusses, untersagt.

§. 11. Aufseher und Schachtmeister, oder deren Familienglieder dürfen keinen Schankverkehr oder Handel mit Bedürfnissen der Arbeiter betreiben.

§ 12. Bei den Akkordarbeiten haben die Arbeiter einer jeden Schacht aus ihrer Mitte zwei Mann zu wählen, welche gemeinschaftlich mit dem

---

[6]) Witte S. 297 a. [7]) GewO. § 115 a; Witte S. 300 a Anm. 11.

Schachtmeister alle Angelegenheiten der Schacht, dem Aufsichtspersonal gegen=
über, verhandeln. Es dürfen aus einer Schacht niemals mehr, als diese drei
Personen zum Empfange der von der Bauverwaltung an die Schachtmeister
zu leistenden Zahlung oder zur Anbringung von Beschwerden sich einfinden.
Erscheinen dennoch mehr, als drei Arbeiter aus einer Schacht bei solchen
Veranlassungen, so sollen sie zurückgewiesen und nach Befinden bestraft
werden.

§. 13. Alles Hazardspiel ist den Arbeitern streng verboten. Die
Schachtmeister und Bau=Aufsichtsbeamten haben die Pflicht, sobald sie wahr=
nehmen, daß Arbeiter an dergleichen Spielen Theil nehmen, hiervon sofort
der Polizeibehörde Anzeige zu machen, damit unverzüglich der Thatbestand
festgestellt und nach den bestehenden Strafgesetzen gegen die Schuldigen ge=
richtlich verfahren werde.

§. 14. Arbeiter, welche sich nach erfolgter Annahme zur Arbeit Ver=
untreuungen oder andere Vergehen zu Schulden kommen lassen, die eine Kri=
minalstrafe nach sich ziehen, werden sofort entlassen. Auch Trunkenheit,
Widersetzlichkeit gegen die Anordnungen der Bau=Aufsichtsbeamten, Ueber=
tretungen der Vorschrift des §. 11., jede Theilnahme an Hazardspielen, An=
stiften von Zänkereien und Streitigkeiten begründen, abgesehen von den nach
den bestehenden Gesetzen verwirkten Strafen, die Entlassung aus der Arbeit.

§. 15. Wenn Arbeiter auf ihren Antrag oder zur Strafe entlassen
werden, so soll deren Bezahlung sobald als thunlich, jedenfalls aber am
nächsten regelmäßigen Zahlungstage erfolgen. Findet die Entlassung auf
Kündigung Seitens des Aufsichtspersonals nach Vollendung der Arbeit oder
bei Unterbrechung derselben statt, so muß stets sofort für Abrechnung und
Auszahlung gesorgt werden.

§. 16. In jedem Falle ist der Grund der Entlassung auf der Arbeits=
karte vom Beamten (§. 1.) zu vermerken, und nur gegen Aushändigung der
mit diesem Vermerk versehenen Arbeitskarte werden dem Arbeiter seine Legiti=
mationspapiere von der Polizeibehörde zurückgegeben,

§. 17. Die Entlassung aus der Arbeit hat nach Maßgabe der Größe
des Vergehens oder der Wiederholung die Ausschließung von der Arbeit
    a) auf der betreffenden Baustelle,
    b) auf der betreffenden Eisenbahn
zur Folge.

Die Ausschließung ad a. und b. erfolgt durch den betreffenden Beamten
(§. 1.), doch ist dazu die Zustimmung des nächsten Vorgesetzten erforderlich.
Die Polizeibehörde bemerkt das Erforderliche auf der Legitimationsurkunde,
und giebt im Falle ad b. der Polizeibehörde des Heimatsorts des Arbeiters
Nachricht.

§. 18. Der Bau=Aufsichtsbeamte (§. 1.) ist verbunden, jeden Arbeiter
auch auf Antrag der Polizeibehörde zu entlassen.

§. 19. Von der Strafentlassung einheimischer Arbeiter (§. 6.) und der Veranlassung dazu ist die Polizeibehörde in Kenntniß zu setzen.

§. 20. Die Vorschriften, welche die Bauverwaltung zur Sicherstellung eines geordneten Arbeitsbetriebs, so wie zur Verminderung von Gefahr und Beschädigung für nothwendig hält, sind auf der Baustelle durch Anschlag be= kannt zu machen.

Die Uebertretung dieser Vorschriften kann durch Ordnungsstrafen bis zu Einem Thaler, die der Bau=Aufsichtsbeamte (§. 1.), oder dessen Vorgesetzter festsetzt, geahndet werden. Der Betrag dieser Strafen ist an die Krankenkasse (§. 21.) abzuführen.

(§. 21)[8]).

§. 22. Von den Eisenbahndirektionen wird die möglichste Beförderung der Sparsamkeit unter den Arbeitern erwartet. Die Bauverwaltung hat für jede Bahnabtheilung einen Baurendanten[1]) zu bestellen, der zu verpflichten ist, von jedem Arbeiter, der von seinem verdienten Lohne seiner Familie ein Er= sparniß übersenden will, den Geldbetrag anzunehmen und unter Berück- sichtigung der bewilligten Portofreiheit[9]) in die Heimath des Arbeiters zu senden.

Auch ist dieser Rendant zu verpflichten, von jedem Arbeiter auf dessen Verlangen an jedem Zahltage Ersparnisse anzunehmen, darüber in einem Buche dem Arbeiter zu quittieren, den Betrag aufzubewahren, und solchen an jedem Zahltage auf Verlangen des Arbeiters ganz oder theilweise gegen Aushändigung der Quittung zurückzuzahlen.

Für diese Aufbewahrung, Rückzahlung und Versendung darf dem Arbeiter nichts in Abzug gebracht werden. Auch bleibt die Bauverwaltung für die Sicherheit der von den Arbeitern eingezahlten Ersparnisse unter allen Um= ständen verhaftet.

(§. 23)[10]).

§. 24. Als Eisenbahnarbeiter gelten alle für den Bahnbau beschäftigten Arbeiter; sie mögen von den Eisenbahndirektionen unmittelbar oder durch Entrepreneurs angestellt sein. Im letzteren Falle muß in den betreffenden Entreprisekontrakten bestimmt werden, inwieweit die aus gegenwärtigen Vor= schriften entspringende Verpflichtung auf den Entrepreneur übergeht, während überall die Eisenbahndirektion für deren Erfüllung verantwortlich bleibt[11]). Insbesondere sind die Direktionen gehalten, den Entrepreneurs die Verpflichtung aufzulegen, daß nur Bau=Aufsichtsbeamte von der §. 9. ad i. bezeichneten Befähigung bestellt werden, von denen auch die §. 9. ad k. erwähnten Ar= beiterverzeichnisse an die Bahningenieure einzuliefern sind.

---

[8]) Krankenversicherung; jetzt gilt Kran- kenversich.G. (III 8 a b. W.).

[9]) G. 5. Juni 69 (BGBl. 141) § 6.

[10]) Sonntagsarbeit; jetzt gilt GewO. § 105 a — 105 i.

[11]) Bei der StEB. hat der Vorstand der Bauabteilung die Unternehmer zu beaufsicht. Geschäftsanw. (Anm. 1) § 4.

§. 25. Die Regierungen[12]) haben die Ausführung dieser Vorschriften zu überwachen. Die zu bestellenden Bau=Aufsichtsbeamten stehen rücksichtlich der durch gegenwärtige Verordnung ihnen übertragenen polizeilichen Funktionen zunächst unter der Aufsicht des betreffenden Landraths.

Soweit das Einschreiten der Lokal=Polizeibehörden durch die bestehenden Gesetze nicht begründet ist, sind die Landräthe zur Vollziehung der in dieser Verordnung enthaltenen polizeilichen Anordnungen befugt und verpflichtet; dieselben können sich aber, wenn die Baustellen von ihrem Wohnsitz zu entfernt sind, geeignete Polizeibehörden mit Genehmigung der vorgesetzten Regierung substituiren. Jede solche Substitution muß in geeigneter Weise zur öffentlichen Kenntniß gebracht werden.

§. 26. Die vorstehenden Bestimmungen sollen auch auf andere öffentliche Bau=Ausführungen (Kanal= und Chausseebauten 2c.) Anwendung finden, welche von den Regierungen dazu geeignet befunden werden.

§. 27. Auf Handarbeiter, welche bei handwerksmäßig auszuführenden Arbeiten beschäftigt werden, findet diese Verordnung keine Anwendung.

§. 28. Die Minister des Innern und der Finanzen haben die Behörden über die Ausführung dieser Verordnung mit der erforderlichen Anweisung zu versehen.

Arbeitskarte [13]).

a) (Vor= und Zuname) _____ alt _____ Religion
b) (Heimathsort) _____ Kreis _____ Reg.=Bezirk _____
c) kann am Bau _____ Arbeit erhalten.
   den _____ ten _____ 18 _____

  (L. S.)   gez. N. N.
d) (Bescheinigung über die abgelieferte Legitimation.)
e) (Entlassungsvermerk.)

---

[12]) RegPräf. LBG. § 18.
[13]) Außer dem Vordruck f. d. Eintragungen enthält die Arbeitskarte noch: A. Allg. Vorschriften (im wesentl. ein Auszug aus der V.), B. Besond. Best. für die betr. Baustelle.

IV. Finanzen, Steuern.

1. Einleitung.

Das Etats=, Kassen= und Rechnungswesen der Staatseisenbahnverwaltung beruht auf den Grundlagen, die durch das Gesetz betr. den Staatshaushalt (Nr. 2) für die gesamte Staatsverwaltung festgestellt sind, und ist in allen Einzelheiten durch die Finanzordnung der Preußischen Staatseisenbahnverwaltung geregelt (12 Teile: I. Wirtschafts=, II. Buchungs=, III. Rechnungs=, IV. Werkstätten=, V. Materialien=, VI. Drucksachen=, VII. Inventarien=, VIII. Hauptkassen=, IX. Stationskassen=, X. Baukassenordnung, XI. Anweisung zur Rechnungslegung. XII. Rechnungsvorschriften materiellen Inhalts). Besondere Bestimmung über das Verhältnis der Staatseisenbahnverwaltung zu den allgemeinen Staatsfinanzen treffen die Gesetze betr. die Verwendung der Jahresüberschüsse der Verwaltung der Eisenbahnangelegenheiten und betr. die Bildung eines Ausgleichsfonds für die Eisenbahnverwaltung (Nr. 3).

Staatsbesteuerung. Eine besondere Ertragsbesteuerung, die sog. Eisenbahnabgabe, besteht für diejenigen Eisenbahnen (im engeren Sinne: I 1 d. W.), die sich nicht im Besitze des Staats befinden, sei es daß sie einer Aktiengesellschaft oder einem sonstigen Privaten gehören (Nr. 4); von der Gewerbesteuer waren solche Unternehmungen ausgenommen. Auf Klein= und Privatanschlußbahnen erstreckt sich diese Sondergesetzgebung nicht.

Die Kommunalbesteuerung der Staats= und Privatbahnen ist durch das Kommunalabgabengesetz und die Kreisordnung (Nr. 5) geordnet.

Endlich enthält das Stempelsteuergesetz (Nr. 6) eisenbahnrechtliche Vorschriften.

---

2. Gesetz, betreffend den Staatshaushalt. Vom 11. Mai 1898 (GS. 77).
(Auszug.)

§. 17. Stundungen für die Erfüllung von Zahlungsverpflichtungen gegen den Staat dürfen nur ausnahmsweise unter besonderen Umständen bewilligt werden.

Stundungen über den Jahresabschlußtermin (§. 39) derjenigen Kasse hinaus, welcher der rechnungsmäßige Nachweis der betreffenden Einnahmen obliegt, dürfen von den Behörden nur auf Grund einer seitens des zuständigen Ministers ertheilten Ermächtigung und unter Angabe der Gründe bewilligt werden[1]).

---

[1]) Zu Abs. 2: Die EisDir. können Ersatzforderungen aus Betriebsunfällen | oder dienstlichen Versehen der Angestellten über den Jahresabschluß hinaus

Diese Bestimmungen finden keine Anwendung auf solche Zahlungsver=
pflichtungen, bei welchen Kreditgewährungen für bestimmte Fristen durch all=
gemeine Vorschriften der zuständigen Behörden zugelassen oder im Geschäfts=
verkehr gebräuchlich sind[1]).

Auch bleiben die für einzelne Verwaltungszweige bestehenden besonderen
gesetzlichen Bestimmungen über die Stundung von Zahlungsverpflichtungen
unberührt.

§. 18. Von der Einziehung dem Staate zustehender Einnahmen darf
nur im einzelnen Falle und, abgesehen von der Unmöglichkeit der Einziehung,
nur auf Grund einer durch gesetzliche oder durch Königliche Bestimmung er=
theilten Ermächtigung abgesehen werden[2]). Nur unter gleicher Voraussetzung
dürfen auch zur Staatskasse vereinnahmte Beträge zurückerstattet werden.

Die nicht zur Einziehung gelangten oder zurückerstatteten Beträge sind
in der dem Landtage gemäß §. 47 dieses Gesetzes vorzulegenden Uebersicht
von den Staats=Einnahmen und Ausgaben bei den betreffenden Etatstiteln
summarisch mitzutheilen. Solange und soweit beide Häuser des Landtags
zustimmen, kann von dieser Mittheilung bezüglich einzelner Arten nicht zur
Einziehung gelangter oder zurückerstatteter Beträge abgesehen werden[3]).

§. 19. Zur Staatskasse vereinnahmte Beträge, welche zurückerstattet
werden müssen, sind, wenn die Zurückerstattung erfolgt, solange die betreffenden
Fonds noch offen sind, von der Einnahme bei den letzteren wieder abzusetzen,
bei späterer Zurückerstattung aber als Ausgabe zu verrechnen.

Zurückerstattete Gerichtskosten und Geldstrafen sowie indirekte Steuern
können immer von der Einnahme abgesetzt werden.

Bei der Eisenbahnverwaltung können die Beträge an Einnahmen aus
dem Personen=, Gepäck= und Güterverkehr, welche in der Rechnung des Vor=
jahres auf Grund der zum Jahresabschlusse stattgefundenen vorläufigen Fest=
stellung zu viel verrechnet sind, von den Einnahmen des folgenden Etatsjahres
abgesetzt werden.

§. 20. Den Ausgabefonds dürfen Rückeinnahmen, unbeschadet der Be=
stimmung im §. 36 dieses Gesetzes, nur auf Grund besonderer Ermächtigung
durch den Etat zugeführt werden.

---

stunden (E. 5. Juli 00 (GMB. 377).
Zu Abf. 3: E. 15. März 00 u. 15. März
04 (GMB. 115 u. 81) betr. Bedingungen
für Frachtstundung.
  [2]) E. 22. Juni 95 u. 25. Feb. 02
(Anlagen A u. B).
  [3]) Beide Häuser des Landtags haben
beschlossen, „sich damit einverstanden zu
erklären, daß von dem in § 18 Abf. 2 . . .
vorgeschriebenen Mitteilung der Beträge
der dem Staate zustehenden, aber nicht
zur Einziehung gelangten zurückerstatteten

Einnahmen bis auf weiteres abgesehen
werde:
  1.
  2. im Bereiche der Eisenbahnverwal=
     tung bezüglich der Fahr=, Fracht=,
     Lager= und Wagenstandsgelder, der
     Konventionalstrafen und der Ersatz=
     ansprüche gegen Beamte und Ar=
     beiter der Eisenbahnverwaltung."
Beschluß AH. 21. April 98 (StB.
2138), HH. 29. desf. M. (StB. 271);
FinanzO. VIII 264.

Bei Bauausführungen dürfen jedoch die Erlöse aus der Wiederver=
äußerung von Grundstücken und beweglichen Gegenständen, welche über den
dauernden Bedarf hinaus aus den betreffenden Baufonds erworben sind, den
letzteren, solange dieselben noch offen sind, wieder zugeführt werden.

Bei Bauten, welche auf Grund eines dem Landtage vorgelegten Bau=
anschlages ausgeführt werden, dürfen auch sonstige bei der Bauausführung sich
ergebende Einnahmen zu den Kosten des Baues mitverwendet werden, wenn
diese Einnahmen in dem Bauanschlage veranschlagt und von dem gesammten
Kostenbedarf in Abzug gebracht sind.

§. 30. Der Ausführung von Neubauten sowie von Reparaturbauten
auf Kosten des Staates sind Bauanschläge zu Grunde zu legen. Inwieweit
hiervon abgesehen werden darf, bestimmt der Minister der öffentlichen Arbeiten[4]
und soweit es sich um Bauten handelt, welche ohne dessen Mitwirkung aus=
zuführen sind, der zuständige Minister.

Unter welchen Voraussetzungen, insbesondere bei welcher Höhe der Bau=
summe, die Bauanschläge der technischen Revision und Feststellung durch die
höchste Baubehörde oder durch die nachgeordneten Behörden unterliegen, ist
Gegenstand Königlicher Anordnung[5].

Mit den über die einzelnen Bauausführungen zu legenden Rechnungen
sind der Ober=Rechnungskammer die erforderlichen technischen Beläge vor=
zulegen.

§. 37. Alle Verträge für Rechnung des Staates müssen auf vorauf=
gegangene öffentliche Ausbietung gegründet sein, sofern nicht Ausnahmen
durch die Natur des Geschäfts gerechtfertigt oder durch den zuständigen
Minister für den einzelnen Fall oder für bestimmte Arten von Verträgen zu=
gelassen werden.

Mit Beamten, welche die Verwaltung selbst führen, oder an derselben
betheiligt sind, dürfen in Bezug auf diese Verwaltung Verträge nicht ab=
geschlossen werden. Ausnahmen dürfen nur durch den zuständigen Minister
zugelassen werden.

Die von den Behörden rechtsgültig abgeschlossenen Verträge dürfen zum
Nachtheil des Staates nachträglich weder aufgehoben noch abgeändert werden.
Ausnahmen sind mit Königlicher Genehmigung zulässig und bedürfen, wenn
der abgeschlossene Vertrag der Genehmigung des Landtages unterlegen hat, auch
der Zustimmung des letzteren[6].

§. 38. Defekte dürfen, abgesehen von der Unmöglichkeit der Einziehung,
nur auf Grund einer durch Königliche Bestimmung ertheilten Ermächtigung

---

[4] Es bleibt bei den bestehenden
Vorschr. E. 15. Sept. 98 (MB. 156).
[5] AE. 31. Mai 80: Superrevision
durch die höchste Behörde findet im allg.
bei Neu= u. Reparaturbauten statt, deren
Kosten 30 000 M. übersteigen. Schreiber,
das preuß. Etatswesen (Potsdam, 00)
S. 542.
[6] Anlage A.

niedergeschlagen werden[7]). (Vergl. §. 17 des Gesetzes vom 27. März 1872, betreffend die Einrichtung und die Befugnisse der Ober-Rechnungskammer, Gesetz-Samml. S. 278.)

Die nicht zur Einziehung gelangten Beträge sind in der dem Landtage gemäß §. 47 dieses Gesetzes vorzulegenden Uebersicht von den Staats-Einnahmen und Ausgaben bei den betreffenden Etatstiteln summarisch mitzutheilen. Solange und soweit beide Häuser des Landtags zustimmen, kann von dieser Mittheilung bezüglich einzelner Arten nicht zur Einziehung gelangter Beträge abgesehen werden.

Anlagen zum Staatshaushaltsgesetz.

Anlage A (zu Anmerkung 2).

Erlaß des Ministers der öffentlichen Arbeiten, betr. Niederschlagung von Vertragsstrafen aus Anschlußverträgen und aus Verträgen über gemeinschaftliche Wagenbenutzung. Vom 22. Juni 1895 (EVB. 477, VB. 587).

Durch Allerhöchste Ordre vom 1. d. Mts. ist die Zuständigkeit der Königlichen Eisenbahndirektionen dahin erweitert, daß dieselben befugt sind, die auf Grund von Verträgen über die Bedienung von Privatanschlußbahnen, Hafenbahnen u. f. m. und von Uebereinkommen über gegenseitige Wagenbenutzung für die vertrags- oder übereinkommenswidrige Benutzung von Wagen berechneten Konventionalstrafen u. f. w., soweit ein Schaden für die Eisenbahnverwaltung nicht entstanden ist, nach ihrem pflichtmäßigen Ermessen ganz oder zum Theil zu erlassen.

Die Königlichen Eisenbahndirektionen werden hiervon im Anschluß an den nachstehend abgedruckten Erlaß vom 17. Januar 1884 II a (b) 20146, II b (T.) 7468 zur gleichmäßigen Beachtung in Kenntniß gesetzt.

Berlin, den 17. Januar 1884.

Nachdem neuerdings Zweifel darüber entstanden sind, ob die Königlichen Eisenbahnbehörden nach den bestehenden Vorschriften zur selbständigen Niederschlagung derjenigen Lagergelder, Wagenstrafmiethen, Konventionalstrafen u. f. w. für befugt zu erachten sind, welche auf Grund der Bestimmungen in den § 48 lit. C, § 50 Nr. 4 des Betriebs-Reglements für die Eisenbahnen Deutschlands[1]), beziehungsweise der entsprechenden Vorschriften der Frachttarife in Fällen der unrichtigen Inhalts- oder Gewichtsdeklaration oder wegen Unterlassung vorgeschriebener Sicherheitsmaßregeln, wegen nicht rechtzeitiger Aufgabe oder Abholung der Güter oder nicht rechtzeitiger Be- oder Entladung bereitgestellter Wagen, wegen Nichtbenutzung bestellter Wagen und dergleichen von der Eisenbahnverwaltung zur Berechnung gebracht werden, ist nunmehr durch Allerhöchsten Erlaß vom 28. Dezember v. J. bestimmt worden, daß die angegebenen Lagergelder, Wagenstrafmiethen, Konventionalstrafen u. f. w., soweit ein Schaden für die Verwaltung nicht entstanden ist, auch fernerhin seitens der betreffenden Eisenbahndirektionen . . nach deren pflichtmäßigem Ermessen ganz oder zum Theil erlassen werden können.

---

[7]) Anlage B.

[1]) Jetzt VerkO. (VII 3 d. W.) § 53 (Abf. 7 fg.), 69 (mit ZufBest.).

Anlage B (zu Anmerkung 2).
Erlaß des Ministers der öffentlichen Arbeiten, betr. Niederschlagung fiskalischer Forderungen[1]). Vom 25. Februar 1902 (EVB. 88, VB. 587).

Zur Vereinfachung des Verfahrens bei der Niederschlagung fiskalischer Forderungen haben des Kaisers und Königs Majestät durch Allerhöchsten Erlaß vom 29. Januar 1902 mich ermächtigt, Schadensersatzforderungen gegen Staats= eisenbahn=Beamte und Arbeiter, die im Eisenbahnbetriebe und Verkehr durch Ver= sehen derselben entstanden sind oder noch entstehen, nach Befinden der Um= stände zu ermäßigen oder zu erlassen. Ferner ist mir die Befugniß ertheilt worden, diese Ermächtigung bis zu einem durch Schätzung zu ermittelnden Be= trage von 500 Mark für jeden Einzelfall auf die Eisenbahndirektionen weiter zu übertragen.

Demzufolge will ich die Königlichen Eisenbahndirektionen ermächtigen, Schadensersatzforderungen gegen Staatseisenbahnbeamte und Arbeiter, die im Eisenbahn=Betriebe und Verkehr durch Versehen derselben entstanden sind oder noch entstehen, bis zu einem Betrage von 500 Mark für jeden Einzelfall nach Befinden der Umstände selbstständig zu ermäßigen oder zu erlassen. Dabei ver= bleibt es bei der bisherigen Bestimmung, daß der Schadensbetrag in der Regel nicht rechnungsmäßig, sondern durch Schätzung zu ermitteln ist und daß eine Niederschlagung der ganzen Forderung nur ausnahmsweise bei sehr geringem Verschulden und bei besonders dringender Veranlassung in Frage kommen kann.

Erläuternd wird ferner bemerkt, daß die Ermäßigung sich nur auf die dem Eisenbahn=Betriebe und Verkehr eigenthümlichen Schadensfälle (Unfälle, Beschädi= gungen an Material und Frachtgut, Versäumung der Lieferfristen und dergl.) be= zieht, nicht dagegen auf Ersatzforderungen aus Kassendefekten, Gehaltsüberzahlungen und anderen Vorkommnissen, die mit der Eigenart des Eisenbahnwesens nicht im Zusammenhange stehen, sondern auch in anderen Verwaltungen vorkommen. Ferner ist die Ermächtigung beschränkt auf Forderungen aus Versehen von Beamten und Arbeitern, so daß Forderungen gegen dritte Personen und Schäden, die vorsätzlich herbeigeführt sind, ausgeschlossen bleiben.

Ueber diejenigen Forderungen, für die hiernach den Eisenbahndirektionen die Ermächtigung zur selbständigen Niederschlagung nicht übertragen ist, sind wie bisher zum 1. Juni und 1. Dezember j. J. die vorgeschriebenen Nachweisungen der Anträge auf Niederschlagung fiskalischer Forderungen einzureichen, und zwar für die Folge getrennt nach solchen Forderungen, für die mir die Niederschlagung nach Maßgabe des Allerhöchsten Erlasses zusteht, und nach solchen, für die auch ferner die Allerhöchste Genehmigung hierzu erforderlich ist. Der Einreichung von Fehlanzeigen bedarf es nicht.

Im Uebrigen wird an der sachlichen Behandlung der Schadensfälle, wie sie durch die Erlasse vom 25. März 1896 (E.=N.=Bl. S. 221) und vom 1. Oktober 1900 (E.=N.=Bl. S. 529) vorgeschrieben ist, nichts geändert.

Ich vertraue, daß die Königlichen Eisenbahndirektionen von der Befugniß zur selbständigen Niederschlagung nur nach gewissenhafter Prüfung aller in Be= tracht kommenden Verhältnisse und insbesondere auch nur dann Gebrauch machen werden, wenn, wie es auch bisher Grundsatz gewesen ist, die Schuldigen nach ihrem gesammten Verhalten eines Gnadenerweises würdig erscheinen. Solange in der Person des Schuldigen Hinderungsgründe liegen, ist die Niederschlagung aus= zusetzen.

---

[1]) Vorgeschichte u. Verfahren Witte S. 540 ff.

Wird die Niederschlagung verfügt, so haben die Königlichen Eisenbahn=
direktionen in jedem Falle dem Schuldigen zu eröffnen, daß sie auf
Grund Allerhöchster Ermächtigung erfolgt.

Neben der Vereinfachung des Verfahrens wird die schnellere Erledigung der
Sachen den weiteren wesentlichen Vortheil bringen, daß die disziplinarische Be=
handlung der Dienstfehler von Beamten und Arbeitern thunlichst gleichzeitig mit
der Regreßfrage ermöglicht wird.

---

3. Überschüsse der Staatseisenbahnen, Ausgleichsfonds.

**a) Gesetz, betreffend die Verwendung der Jahresüberschüsse der Ver=
waltung der Eisenbahnangelegenheiten. Vom 27. März 1882 (GS. 214)[1]).**

§. 1. Die Jahresüberschüsse der Verwaltung der Eisenbahnangelegen=
heiten werden vom Etatsjahre 1882/83 ab für folgende Zwecke in der nach=
stehenden Reihenfolge veranschlagt beziehungsweise verwendet:

1) zur Verzinsung der jeweiligen Staatseisenbahnkapitalschuld (§. 2);
2) zur Ausgleichung eines etwa vorhandenen Defizits im Staatshaushalt,
   welches andernfalls durch Anleihen gedeckt werden müßte, bis zur Höhe
   von 2260000 Mark;
3) zur Tilgung der Staatseisenbahnkapitalschuld nach Maßgabe des § 4
   dieses Gesetzes.

Unter Ueberschüssen der Verwaltung der Eisenbahnangelegenheiten im
Sinne dieses Gesetzes sind die Beträge zu verstehen, um welche die Einnahmen
die ordentlichen Ausgaben übersteigen, nachdem in die letzteren die vom Staate
noch nicht selbstschuldnerisch übernommenen und von den übernommenen die
auf die Hauptverwaltung der Staatsschulden noch nicht übergegangenen Zins=,
Renten= und Amortisationsbeträge aus den mit Privateisenbahngesellschaften
vom Jahre 1879 ab abgeschlossenen Betriebs= und Eigenthumsüberlassungs=
verträgen eingerechnet worden sind.

§. 2. Zum Zwecke der Ausführung dieses Gesetzes wird die Staats=
kapitalschuld für den Zeitpunkt vom 1. April 1880 auf den Betrag von
1498858100 Mark festgestellt und als Staatseisenbahnkapitalschuld ange=
nommen.

---

[1]) Das G. beruht auf einem Beschlusse
des AbgHauses 11. Dez. 79 (AH. 79/80
Druckf. 60, StB. 570), der im Anschluß
an das erste große Verstaatlichungs⑤.
„finanzielle Garantien" (wegen der
„wirtschaftlichen" s. II 3 Anm. 1 b. W.)
für eine ordnungsmäßige Verwaltung
des Staatsbahnnetzes verlangte; nament=
lich sollte der Überschuß der Eisenbahnen
in gewissem Umfange zur Bildung eines
Eisenbahnreservefonds verwendet u. da=
mit der Verwendung für allg. Staats=
zwecke entzogen werden. Der hierauf
bezügliche Teil des Entw. fand aber
nachher nicht die Zustimmung des AH.;
sein Gedanke hat später zur Schaffung
des Ausgleichsfonds geführt (IV 3 b
b. W.). In der vorliegenden Gestalt
hat das G. keine erhebliche praktische
Bedeutung erlangt. Quellen 82 AH.
Druckf. Nr. 31 (Entw. u. Begr.). 64
(KomB.), StB. 136, 425, 481; HH.
StB. 126.

Sofern nicht in dem betreffenden Gesetze oder im Staatshaushalts=Etat etwas Anderes bestimmt ist, vermehrt sich dieselbe um die Beträge der auf Grund von Eisenbahnkrediten seit dem 1. April 1880 verausgabten und in Zukunft zu verausgabenden Staatsschuldverschreibungen, sowie um die Beträge der für Eisenbahnzwecke außerordentlich durch den Staatshaushalts=Etat oder durch besondere Gesetze bewilligten und in Zukunft zu bewilligenden ander= weiten Staatsmittel, endlich im Falle des Eigenthumserwerbes von verstaat= lichten Eisenbahnen um die Beträge der von dem Staate selbstschuldnerisch zu übernehmenden Prioritätsschulden derselben, sobald und soweit letztere auf die Hauptverwaltung der Staatsschulden übergehen.

Sie vermindert sich dagegen um die Beträge der in Gemäßheit des §. 4 dieses Gesetzes stattgehabten Tilgungen.

§. 3. Der für die Verzinsung der am 1. April 1880 vorhandenen Staatseisenbahnkapitalschuld erforderliche Betrag wird auf 63914324 Mark festgesetzt.

Bei der Bewilligung neuer Geldmittel für Eisenbahnzwecke (§. 2) treten demselben noch die wirklich auszugebenden Zinsen der bewilligten Summen, bei den aus anderweitigen Staatsmitteln beschafften Beträgen die Zinsen zu 4 Prozent gerechnet hinzu, sofern nicht in dem betreffenden Gesetze etwas Anderes bestimmt ist. Außerdem treten hinzu die Zinsen für die im Falle des Eigenthumserwerbes von verstaatlichten Eisenbahnen vom Staate selbst= schuldnerisch zu übernehmenden Prioritäts= 2c. Schulden, sobald letztere auf die Hauptverwaltung der Staatsschulden übergehen.

Dagegen vermindert sich derselbe um denjenigen Betrag, welcher an Zinsen für die in Gemäßheit des §. 4 getilgten Staatsschuldverschreibungen aufzu= bringen war, beziehungsweise aufzubringen sein würde, im letzteren Falle zu vier Prozent gerechnet.

§. 4. Die Staatseisenbahnkapitalschuld ist aus den Ueberschüssen der Verwaltung der Eisenbahnangelegenheiten, soweit diese reichen, alljährlich bis zur Höhe von $3/4$ Prozent desjenigen Betrages zu tilgen, welcher sich jeweilig aus der Zusammenrechnung der im §. 2 Alinea 1 für den Zeitpunkt des 1. April 1880 festgestellten Staatseisenbahnkapitalschuld und der im §. 2 Alinea 2 bezeichneten späteren Zuwüchse derselben am Schlusse des betreffen= den Rechnungsjahres ergiebt.

Inwieweit über den Betrag von $3/4$ Prozent hinaus eine weitere Tilgung stattfinden soll, bleibt der Bestimmung durch den Staatshaushalts=Etat vor= behalten.

Die Tilgung ist derart zu bewirken, daß der zur Verfügung stehende Be= trag von der Staatseisenbahnkapitalschuld abgeschrieben und

1) zur planmäßigen Amortisation der vom Staate für Eisenbahnzwecke vor dem Jahre 1879 aufgenommenen oder vor und nach diesem Zeit= punkte selbstschuldnerisch übernommenen oder zu übernehmenden Schul=

den, soweit letztere auf die Hauptverwaltung der Staatsschulden über=
gegangen sind oder übergehen,

2) demnächst zur Deckung der zu Staatsausgaben erforderlichen Mittel,
welche anderenfalls durch Aufnahme neuer Anleihen beschafft werden
müßten,

3) endlich zum Ankaufe von Staatsschuldverschreibungen
verwendet wird²).

§. 5. Die Verwaltung des Staatseisenbahnkapital=Tilgungsfonds wird
der Hauptverwaltung der Staatsschulden unter Kontrole der Staatsschulden=
kommission übertragen.

Die Herausgabe, Wiederverwendung oder Vernichtung der diesen Fonds
bildenden Staatsschuldverschreibungen kann nur durch ein besonderes Gesetz
verfügt werden.

§. 6. Die Ausführung dieses Gesetzes wird dem Minister der öffent=
lichen Arbeiten und dem Finanzminister übertragen.

**b) Gesetz, betreffend die Bildung eines Ausgleichsfonds für die Eisen=
bahnverwaltung. Vom 3. Mai 1903 (GS. 155)¹)**

Artikel I. An die Stelle des § 3 des Gesetzes vom 8. März 1897,
betreffend die Tilgung von Staatsschulden, (Gesetz=Samml. S. 43)²) treten
folgende Bestimmungen:

*) Tatsächlich hat auf Grund des obi=
gen G. eine wirkliche Tilgung von
Staatsschulden nur in geringem Um=
fange stattgefunden. Übersichten über
die Ausführung des G. in den jeweili=
gen Spezialetats der StEV.

¹) Das G. bezweckt, die mit dem
Schwanken der Eisenbahnüberschüsse für
den gesamten Staatshaushaltsetat wie
für die Wirtschaftsführung der Eisen=
bahnen verbundenen Gefahren abzu=
schwächen u. der EisVerwaltung die von
ihr selbst erzielten Überschüsse in mög=
lichst weitem Maße wieder für ihre
Zwecke zur Verfügung zu stellen. (Begr.)
Quellen 03 AH. Drucks. 37 (Entw. u.
Begr.), 117 (KomB.); StB. 1759, 4100,
4147. HH. StB. 143. — G. 27. März
82 (IV 3 a d. W.) bleibt unberührt
(Begr.). — Auf das Ausgleichsfonds©.
bezügliche Kapitel u. Titel des Staats=
haushaltsetats nach dem Entw. für
1905 (sämtliche Titel sind „blinde", d. h.
es sind keine Geldbeträge ausgeworfen):
a) Etat der Staatsschuldenverwaltung
Ausgabe Kapitel 37.

Zur Bildung oder Ergänzung
eines Ausgleichsfonds bis zur
Höhe von 200 000 000 M. event.
zur weiteren Tilgung von Staats=
schulden bezw. Verrechnung auf
bewilligte Anleihen gemäß den
Gesetzen vom 8. März 1897 (GS.
S. 43) und 3. Mai 1903 (GS.
S. 155). . . . .
Zu Kap. . . . 37. Die am Jahres=
schlusse verbleibenden Bestände kön=
nen zur Verwendung in die folgen=
den Jahre übertragen werden.

b) Etat der allgemeinen Finanzverwal=
tung. Außerordentliche Einnahmen
Kap. 24 Tit. 17.
Auf Grund des Art. I des Ge=
setzes vom 3. Mai 1903 (GS.
S. 155) zur Bildung oder Er=
gänzung eines Dispositionsfonds
der Eisenbahnverwaltung bis zur
Höhe von 30 Millionen Mark zur
Vermehrung der Betriebsmittel,
Erweiterung und Ergänzung der
Bahnanlagen, sowie zu Grund=
erwerbungen behufs Vorbereitung

²) S. 294.

§ 3. Ergibt sich nach der Jahresrechnung ein Überschuß des Staats=
haushalts, so ist derselbe zunächst zur Bildung oder Ergänzung eines Aus=
gleichsfonds bis zur Höhe von 200000000 Mark zu verwenden.

Der darüber hinausgehende Betrag des Überschusses wird zu einer wei=
teren Tilgung von Staatsschulden beziehungsweise Verrechnung auf bewilligte
Anleihen verwendet.

§ 3a. Der Ausgleichsfonds (§ 3) ist in nachstehender Reihenfolge zu
verwenden:

1. zur Bildung oder Ergänzung eines Dispositionsfonds der Eisenbahn=
   bahnverwaltung bis zur Höhe von 30000000 Mark zur Vermehrung
   der Betriebsmittel, Erweiterung und Ergänzung der Bahnanlagen so=
   wie zu Grunderwerbungen behufs Vorbereitung derartiger Erweiterun=
   gen im Falle eines nicht vorherzusehenden Bedürfnisses der Staats=
   bahnen bei zu erwartender Verkehrssteigerung;

2. zur Ausgleichung eines rechnungsmäßigen Minderüberschusses der Eisen=
   bahnverwaltung, insoweit derselbe nicht durch einen etwaigen Überschuß
   im gesamten übrigen Staatshaushalte gedeckt wird;

---

derartiger Erweiterungen im Falle
eines nicht vorherzusehenden Be=
dürfnisses der Staatsbahnen bei
zu erwartender Verkehrssteige=
rung . . . .
(Vgl. die Ausgabe Kap. 4
Tit. 217 der einmaligen und
außerordentlichen Ausgaben der
Eisenbahnverwaltung.)
Tit. 18.
Auf Grund des Art. I des Gesetzes
vom 3. Mai 1903 (GS. S. 155)
zur Ausgleichung eines ander=
weit nicht gedeckten rechnungs=
mäßigen Minderüberschusses der
Eisenbahnverwaltung . . . .
c) Etat der Eisenbahnverwaltung Ein=
malige und außerordentliche Aus=
gaben Kap. 4 Tit. 217.
Dispositionsfonds zur Vermeh=
rung der Betriebsmittel, Erweite=
rung und Ergänzung der Bahn=
anlagen sowie zu Grunderwer=
bungen behufs Vorbereitung
derartiger Erweiterungen im Falle
eines nicht vorherzusehenden Be=
dürfnisses der Staatsbahnen bei
zu erwartender Verkehrssteige=
rung . . .
Vermerk zu Tit. 217.
Hier darf nicht mehr verausgabt
werden, als die Einnahme bei

Kap. 24 Tit. 17 des Etats der
allgemeinen Finanzverwaltung
zuzüglich der aus dem Vorjahre
übernommenen Reste und der
auf den nachstehenden Vermerk b
sich gründenden Sollverstärkungen
beruht.
Vermerke zu . . Tit. . . . 217.
a) Über die Verwendung dieser
Dispositionsfonds ist jedes Jahr
nach dem Jahresabschlusse des
Etatsjahres der Landesvertretung
Rechenschaft zu geben.
b) Bei der Übernahme von Aus=
gaben für solche Zwecke, zu denen
Dritte Zuschüsse leisten, die bei
Kap. 21 des Etats zur Verein=
nahmung kommen, können diese
Dispositionsfonds in Höhe der
Zuschüsse überschritten werden.
Vermerk zu Kap. 4.
Auch bei den nicht zu den extra=
ordinären Baufonds gehörigen
Fonds können die am Jahres=
schluß verbleibenden Bestände zur
Verwendung in die folgenden
Jahre übertragen werden.

¹) Der aufgehobene § 3 bestimmte,
daß der gesamte Überschuß des Staats=
haushalts zur Tilgung von Staats=
schulden oder Verrechnung auf bewilligte
Anleihen zu verwenden sei.

3. zur Verstärkung der Deckungsmittel im Staatshaushalts=Etat behufs an=
gemessener Ausgestaltung des Extraordinariums der Eisenbahnverwal=
tung nach näherer Bestimmung des jeweiligen Staatshaushalts=Etats.

§ 3b.   Der Ausgleichsfonds wird von dem Finanzminister verwaltet.

Die Einnahmen und Ausgaben des Ausgleichsfonds sind in einer Anlage
zur Übersicht von den Staats=Einnahmen und Ausgaben jedes Etatsjahrs
nachzuweisen.

Über die Verwendung des Dispositionsfonds (§ 3a unter 1) ist jedes
Jahr nach dem Schlusse des Etatsjahrs dem Landtage Rechenschaft zu geben.

§ 3c.   Die Verwendung des Ausgleichsfonds zu den im § 3a unter
Ziffer 1 und 3 bezeichneten Zwecken erfolgt durch den Finanzminister und
den Minister der öffentlichen Arbeiten.

Im übrigen wird die Ausführung des Gesetzes dem Finanzminister übertragen.

Artikel II.   Für die im § 3a unter 1 bezeichneten Zwecke werden ein=
malig 30000000 Mark bereitgestellt.

Der Finanzminister wird ermächtigt, zur Beschaffung der hierzu erforder=
lichen Mittel Staatsschuldverschreibungen auszugeben.

Artikel III.   Wann, durch welche Stelle und in welchen Beträgen, zu
welchem Zinsfuße, zu welchen Bedingungen der Kündigung und zu welchem
Kurse die Schuldverschreibungen verausgabt werden sollen (Artikel II), bestimmt
der Finanzminister.

Im übrigen kommen wegen Verwaltung und Tilgung der Anleihe die
Vorschriften des Gesetzes vom 19. Dezember 1869, betreffend die Konsolidation
Preußischer Staatsanleihen, (Gesetz=Samml. S. 1197) und des Gesetzes vom
8. März 1897, betreffend die Tilgung von Staatsschulden, (Gesetz=Samml.
S. 43) zur Anwendung.

Artikel IV.   Dieses Gesetz tritt mit dem Etatsjahre 1903 in Kraft.

---

4. Die Eisenbahnabgabe.

**a) Gesetz, die von den Eisenbahnen zu entrichtende Abgabe betreffend.
Vom 30. Mai 1853** (GS. 449)[1].

§. 1.   Von sämmtlichen Eisenbahn[2]=Aktiengesellschaften ist eine Abgabe
zu entrichten, welche nach den näheren Bestimmungen dieses Gesetzes von dem
Reinertrage der Eisenbahnunternehmungen erhoben wird.

---

[1] Inhalt. Das G. unterwirft alle
Eisenbahnen, die im Eigentum in=
ländischer Aktiengesellschaften stehen
— andere Privatbahnen G. 16. März
67 (Nr. 4 b) — einer staatlichen Er=
tragsbesteuerung an Stelle der Gewerbe=
steuer, welcher die Eisenbahnen nicht
unterlagen (EisG. § 38, IV 5 a Anm. 7
b. W.). Ausgedehnt auf die neuen
Landesteile durch V. 22. Sept. 67
(Nr. 4 c), auf Lauenburg durch G.
23. Juni 76 (GS. 169) § 9 Ziff. 3.
Quellen: 52/3 Zweite Kammer, StB.
770, 800; Erste Kammer StB. 1031. —
Bearb.: Strutz, Besteuerung des Ge=
werbebetriebs usw. (97). — EisAbgabe
in Anhalt Staatsvtr. 7. Dez. 81 (GS.
82 S. 321, GVB. 82 S. 267).

[2] S. 296.

Die Abgabe wird zuerst im Jahre 1854. von dem Reinertrage der Eisen=
bahnen in dem Betriebsjahre 1853. erhoben.

§. 2. Als Reinertrag der Eisenbahnunternehmungen (§. 1.) ist derjenige
Ertrag anzusehen, welcher nach Abzug der Verwaltungs=, Unterhaltungs=,
und Betriebskosten, ferner des erforderlichen Beitrages zum Reservefonds,
sowie der zur planmäßigen Verzinsung und Tilgung der etwa gemachten An=
leihen erforderlichen Beträge auf das verwendete Aktienkapital zur Vertheilung
kommt[3]).

Kapitalien, für welche ein fester Zinssatz ohne Theilnahme an der Divi=
dende angeordnet ist, werden hierbei, auch wenn sie durch Ausgabe sogenannter
Prioritätsaktien aufgebracht worden sind, zum Aktienkapitale nicht gerechnet,
sondern den Anleihen gleich geachtet.

§. 3. Die Abgabe ist für jede Eisenbahn nach dem in jedem einzelnen
Jahre aufkommenden Reinertrage (§. 2.) zu berechnen und stuft sich nach der
Höhe desselben dergestalt ab, daß von einem Reinertrage bis zu einschließlich
vier Prozent des Aktienkapitals $1/_{40}$ dieses Ertrages;

bei einem höheren Reinertrage aber außerdem, und zwar:

von dem Mehrertrage über vier bis zu fünf Prozent einschließlich $1/_{20}$
dieser Ertragsquote;

von dem Mehrertrage über fünf bis zu sechs Prozent einschließlich $1/_{10}$
dieser Ertragsquote;

von dem Mehrertrage über sechs Prozent $2/_{10}$ dieser Ertragsquote
zu entrichten sind.

Es beträgt hiernach für ein Aktienkapital von 10,000 Thalern

wenn der Reinertrag dafür sich stellt auf Rthlr.	die an die Staatskasse zu entrichtende Abgabe Rthlr.	der Ertrag, welcher den Aktionairen an Zinsen und Divi= denden verbleibt Rthlr.
100	$2\,1/_2$	$97\,1/_2$
200	5	195
300	$7\,1/_2$	$292\,1/_2$
400	10	390
450	$12\,1/_2$	$437\,1/_2$
500	15	485
550	20	530
600	25	575
650	35	615
700	45	655
750	55	695
800	65	735

und so weiter für jede 50 Rthlr. Reinertrag 10 Rthlr. Abgabe mehr.

---

[2]) Eisenbahnen i. S. des G. sind nur
Eis. im engeren Sinne (I 1), nicht
Kleinbahnen; letztere unterlagen der
Gewerbesteuer (KleinbG. § 40).

[3]) E. $\frac{23.\ März}{17.\ Mai}$ 81 (EVB. 192) betr.

§. 4. Auch diejenigen Eiſenbahngeſellſchaften, welche ſtatutenmäßig einen gewiſſen Antheil von dem über einen beſtimmten Prozentſatz des Aktienkapitals hinausgehenden Reinertrage dem Staate vorweg zu überlaſſen haben, unter=liegen der Abgabe in der Art, daß dieſelbe von dem, nach Abzug des ſtatuten=mäßigen Antheils des Staates, an die Aktionaire zur Vertheilung kommenden Reingewinn nach der Beſtimmung des §. 2. erhoben wird.

Die Erhebung der Abgabe von denjenigen Eiſenbahnen, bei denen der Staat ſich durch Uebernahme einer Zinsgarantie betheiligt hat, unterbleibt für die Jahre, in welchen, in Folge der übernommenen Zinsgarantie, Zuſchüſſe aus der Staatskaſſe zu leiſten ſind.

§. 5. Der Betrag der zu entrichtenden Abgabe wird nach Ablauf eines jeden Betriebsjahres für jede Eiſenbahngeſellſchaft mit Berückſichtigung des von dem betreffenden Eiſenbahnkommiſſariate[4]), für die unter Staatsverwaltung ſtehenden Eiſenbahnen, mit Berückſichtigung des von der betreffenden Ver=waltungsbehörde einzureichenden Abſchluſſes, nach welchem die Berechnung der auf die Aktien zu vertheilenden Zinſen und Dividenden erfolgt, von der=jenigen Regierung, in deren Bezirk die Direktion der bezüglichen Eiſenbahn=geſellſchaft ihren Sitz hat,   für diejenigen Eiſenbahngeſellſchaften aber, deren Direktionen ihren Sitz in Berlin haben, von dem Generaldirektor der Steuern feſtgeſetzt[5]).

Der feſtgeſetzte Betrag iſt ſodann innerhalb ſechs Wochen nach der Be=händigung der diesfälligen Zahlungsaufforderung an die Hauptkaſſe derjenigen Regierung, welche den Betrag der Abgabe feſtzuſetzen hat, von den in Berlin ihren Sitz habenden Eiſenbahndirektionen direkt an die General=Staatskaſſe, abzuführen.

Derjenigen Behörde, welche den Betrag der Abgabe feſtzuſetzen hat, liegt auch deren exekutiviſche Einziehung ob, wenn eine ſolche nöthig werden ſollte[6]).

§. 6. (Verwendung des Abgabeertrags).[7])

§. 7. Die Beſtimmungen der §§. 1—6. finden auf ſämmtliche, im Privateigenthum befindliche Eiſenbahnen[8]) Anwendung, ſoweit nicht für ein=zelne Bahnen durch Staatsverträge ein Anderes feſtgeſetzt iſt.

§. 8. Der Miniſter für Handel, Gewerbe und[9]) öffentliche Arbeiten und der Finanzminiſter ſind mit der Ausführung dieſes Geſetzes beauftragt.

Berechnung der EiſAbg. von verpachteten Eiſenbahnen; E. $\frac{\text{30. Mai}}{\text{28. Juli}}$ 04 (EVB. 243) betr. Nichteinrechnung von Garantie=zuſchüſſen Dritter.

[4]) Jetzt EiſDirPräſ. (II 5 Anl. A d. W.).

[5]) Rechtsmittel Strutz Anm. 2.

[6]) V. betr. das VerwaltZwangsver=fahren 15. Nov. 99 (GS. 545).

[7]) Aufgehoben (ſoweit nicht Staats=verträge entgegenſtehen) G. 21. Mai 59 (GS. 243).

[8]) Soweit ſie inländiſchen Aktiengeſell=ſchaften gehören Anm. 1.

[9]) I 3 Anm. 4 d. W.

b) Gesetz, betreffend die Abgabe von allen nicht im Besitze des Staates oder inländischer Eisenbahn-Aktiengesellschaften befindlichen Eisenbahnen. Vom 16. März 1867 (GS. 465)[1].

Wir Wilhelm, usw. verordnen für alle Landestheile, in welchen das Gesetz, die von den Eisenbahnen zu entrichtende Abgabe betreffend, vom 30. Mai 1853. (Gesetz-Samml. S. 449 ff.) Geltung hat, mit Zustimmung beider Häuser des Landtages Unserer Monarchie, was folgt:

§. 1. Von dem Reinertrage aller für den öffentlichen Verkehr benutzten Eisenbahnen[2]), welche sich nicht im Besitze des Staates oder inländischer Eisenbahn-Aktiengesellschaften befinden, haben die Besitzer der Bahnen, insoweit nicht Staatsverträge ein Anderes bestimmen, eine Abgabe zu entrichten, welche nach den Bestimmungen dieses Gesetzes erhoben wird, und zwar zuerst im Jahre 1868. von dem Reinertrage des Betriebsjahres 1867.

§. 2. Die Abgabe ist für jede Eisenbahn nach dem in jedem einzelnen Kalenderjahre aufkommenden Reinertrage (§§. 3. bis 6.) zu berechnen und stuft sich nach Höhe desselben dergestalt ab, daß von einem Reinertrage bis zu einschließlich vier Prozent des Anlagekapitals (§. 6.) $\frac{1}{40}$ dieses Ertrages, bei einem höheren Reinertrage aber außerdem und zwar

von dem Mehrertrage über vier bis zu fünf Prozent einschließlich $\frac{1}{20}$ dieser Ertragsquote,

von dem Mehrertrage über fünf bis zu sechs Prozent einschließlich $\frac{1}{10}$ dieser Ertragsquote,

von dem Mehrertrage über sechs Prozent $\frac{2}{10}$ dieser Ertragsquote

zu entrichten sind.

§. 3. Als steuerpflichtiger Reinertrag ist diejenige Summe anzusehen, um welche die Betriebs-Roheinnahme die in dem betreffenden Kalenderjahre zur Verwendung gekommenen Verwaltungs-, Unterhaltungs- und Betriebskosten übersteigt.

Bei Einrichtung eines Reserve- oder Erneuerungsfonds für die Bahn unter Genehmigung der Aufsichtsbehörde des Staates[3]) werden die Rücklagen in denselben als Unterhaltungs- und Betriebskosten gerechnet, dagegen die aus dem Reservefonds zu bestreitenden Ausgaben außer Ansatz gelassen.

§. 4. Zur Betriebs-Roheinnahme sind auch die tarifmäßigen Frachtbeträge von allen für Rechnung der Bahnbesitzer und Betriebsunternehmer

---

[1]) Inhalt. Das G. unterwirft alle nicht dem Staat oder inländischen Aktiengesellschaften gehörigen Eisenbahnen, z. B. Eisenbahnen fremder Staaten, einer staatlichen Ertragsbesteuerung an Stelle der Gewerbesteuer (wegen dieser Nr. 4 a Anm. 1). Ausgedehnt auf die neuen Landesteile durch V. 22. Sept. 67 (Nr. 4 c). Quellen: 66/7 AH. Druckf. Nr. 115 (Entw. u. Begr.), 192 (KomB.), StB. 1891; HH. Druckf. Nr. 150 (KomB.), StB. 400. — Bearb. Stutz (Nr. 4 a Anm. 1).

[2]) Nr. 4 a Anm. 2.

[3]) EisDirPräs. (4 a Anm. 4).

selbst stattfindenden Beförderungen — mit Ausschluß der Beförderungen für die Zwecke der Bahnverwaltung — zu rechnen.

Ausnahmen hiervon können bei den nicht von Anfang für den öffentlichen Verkehr bestimmten Bahnen nachgelassen werden.

§. 5. Die Besitzer der Bahn sind verpflichtet, über Einnahme und Ausgabe sowohl des ganzen Unternehmens, als jeder einzelnen Station, ordnungsmäßig und unter Beobachtung der ihnen bekannt gemachten Anforderungen Buch zu führen, und haben sich örtlichen Revisionen der Buchführung zu unterwerfen.

Die Betriebs=Roheinnahme und die zur Verwendung gekommenen Verwaltungs=, Unterhaltungs= und Betriebskosten sind von den Besitzern der Bahn für jedes Kalenderjahr spätestens bis zum folgenden 1. Mai zu deklariren. Der Deklaration müssen die zur Prüfung derselben erforderlichen Rechnungen und Beläge, Abschlüsse und Nachweisungen beigefügt werden.

Für jedes Kalenderjahr, für welches die vorstehend bezeichneten Verpflichtungen nicht erfüllt werden, kann der bei der Berechnung der Abgabe zum Grunde zu legende Betrag der Betriebs=Roheinnahme, beziehungsweise der Verwaltungs=, Unterhaltungs= und Betriebskosten von der Eisenbahn=Aufsichtsbehörde[3]) nach pflichtmäßigem Ermessen festgesetzt werden.

§. 6. Als Anlagekapital (§. 2.) ist derjenige Betrag anzusehen, welcher auf die Herstellung der Bahn und deren Ausrüstung mit Einschluß der Betriebsmittel nützlich verwendet ist. Von den einzelnen Verwendungen während des Baues kommen die Zinsen bis zum Tage der Betriebseröffnung mit fünf Prozent insoweit in Ansatz, als nicht eine ungerechtfertigte Verzögerung der Vollendung des Baues, beziehungsweise der Betriebseröffnung stattgefunden hat.

§. 7. Die Höhe des Anlagekapitals ist von den Besitzern der Bahn bis zum Schluß des Kalenderjahres, in welchem der Betrieb eröffnet wird, nachzuweisen und wird von der Eisenbahn=Aufsichtsbehörde[3]) nach Maßgabe des §. 6. endgültig festgestellt.

Kommen die Besitzer der Bahn der desfallsigen Aufforderung nicht nach, so schreitet die gedachte Behörde zur Feststellung des Anlagekapitals nach pflichtmäßigem Ermessen. Die spätere Nachweisung des Anlagekapitals bleibt den Besitzern unbenommen, ist jedoch nur für die Folgezeit wirksam.

Dieselben Vorschriften kommen hinsichtlich der Berechnung und Feststellung einer Erhöhung des ursprünglichen Anlagekapitals zur Anwendung.

Aufwendungen für die Erneuerung von Bahntheilen und Betriebsmitteln werden dem Anlagekapital nur insoweit zugerechnet, als dieselben, durch ungewöhnliche Ereignisse verursacht, weder aus den laufenden Einnahmen, noch aus dem Reserve= und Erneuerungsfonds zu bestreiten sind.

Die Frist, innerhalb welcher die Besitzer der Bahn in diesem Falle den ihnen obliegenden Nachweis beizubringen haben, wird von der Eisenbahn=Aufsichtsbehörde bestimmt.

§. 8. Mehrere Eisenbahnen eines und desselben Besitzers, welche in zu=
sammenhängendem Betriebe stehen, werden in Bezug auf die Berechnung der
Abgabe (§. 2.) als ein Ganzes behandelt.

§. 9. Als Betriebs=Roheinnahme solcher inländischen Bahnstrecken, welche
mit ausländischen Bahnunternehmungen zu gemeinschaftlichem Betriebe ver=
bunden sind, kann der nach Verhältniß der Meilenzahl berechnete Antheil an
der Betriebs=Roheinnahme des Gesammtunternehmens oder eines gewissen
Theiles desselben angenommen werden. Befindet sich die Bahn im Besitze
einer ausländischen Eisenbahn=Aktiengesellschaft, so kann bei Ertheilung der
Konzession oder durch Uebereinkommen festgestellt werden, daß ein bestimmter
Theil des Aktienkapitals als Anlagekapital (§. 6.) und der hierauf jährlich
zur Vertheilung kommende Ertrag als steuerpflichtiger Reinertrag (§. 3.) an=
gesehen und bei Berechnung der Abgabe zum Grunde gelegt werde.

§. 10. Der Betrag der zu entrichtenden Abgabe wird nach Ablauf jeden
Jahres durch die von dem Finanzminister hiermit beauftragte Behörde fest=
gesetzt und ist sodann innerhalb sechs Wochen nach Behändigung der Zahlungs=
aufforderung an die in letzterer benannte Kasse abzuführen.

Derjenigen Behörde, welche den Betrag der Abgabe festzusetzen hat,
liegt auch deren exekutivische Einziehung ob, wenn eine solche nöthig werden
sollte[4]).

§. 11. Die Erhebung der Abgabe von denjenigen Eisenbahnen, bei
denen der Staat sich durch Uebernahme einer Zinsgarantie betheiligt hat,
unterbleibt für die Jahre, in welchen in Folge der übernommenen Zinsgarantie
Zuschüsse aus der Staatskasse zu leisten sind.

§. 12. Die Minister der Finanzen und für Handel, Gewerbe und[5])
öffentliche Arbeiten sind mit der Ausführung dieses Gesetzes beauftragt.

----

c) **Verordnung, betr. die Einführung der auf die Besteuerung der Eisen=
bahnen bezüglichen Gesetze vom 30. Mai 1853., 21. Mai 1859. und
16. März 1867. in den neuen Landestheilen. Vom 22. September 1867**
(GS. 1639)[1]).

§. 1. Die auf die Besteuerung der Eisenbahnen bezüglichen Gesetze
und zwar:

1) das Gesetz vom 30. Mai 1853., betreffend die von den Eisenbahnen
zu entrichtende Abgabe (Gesetz=Samml. für 1853. S. 449.)[2]);
2) das Gesetz vom 21. Mai 1859. wegen Abänderung des unter 1. ge=
dachten Gesetzes (Gesetz=Samml. für 1859. S. 243.), insoweit dasselbe
sich auf die von den Eisenbahnen zu entrichtende Abgabe bezieht[3]);

----

[4]) 4 a Anm. 6.
[5]) I 3 Anm. 4 d. W.
[1]) Im Eingange der V. wird auf V.

19. Aug. 67 (I 3 Anl. A d. W.) § 2
Bezug genommen.
[2]) 4 a.
[3]) 4 a Anm. 7.

3) das Gesetz vom 16. März 1867., betreffend die Abgabe von allen nicht im Besitze des Staates oder inländischer Eisenbahn-Aktiengesellschaften befindlichen Eisenbahnen (Gesetz-Samml. für 1867. S. 465.)[4]), werden, unbeschadet wohlerworbener Rechte bereits bestehender Eisenbahnen, in den durch die Gesetze vom 20. September und 24. Dezember 1866. mit Unserer Monarchie vereinigten neuen Landestheilen eingeführt. Die danach zu ent=richtende Abgabe ist in jedem Jahre von dem Reinertrage des voraufgegangenen Betriebsjahres, zuerst im Jahre 1868., in diesem Jahre jedoch nur mit der Hälfte des von dem Reinertrage des Betriebsjahres 1867. berechneten Betrages zu erheben.

§. 2. Sofern eine bestehende Eisenbahn Seitens des Staats im Wege des Vertrags oder mittelst eines Privilegiums, unter Freilassung von allen sonstigen Staatsabgaben, zur Entrichtung einer bestimmten Abgabe an den Staat verpflichtet oder von Staatsabgaben ganz befreit worden ist, behält es bei den diesfälligen Bestimmungen sein Bewenden.

§. 3. Die Minister der Finanzen und für Handel, Gewerbe und[5]) öffentliche Arbeiten sind mit der Ausführung dieser Verordnung beauftragt.

§ 4 (Inkrafttreten)

---

5. Kommunalbesteuerung der Eisenbahnen.
a) Kommunalabgabengesetz. Vom 14. Juli 1893 (GS. 152)[1]).
(Auszug.)
Teil I. Gemeindeabgaben.
Dritter Titel. Gemeindesteuern. Zweiter Abschnitt. Direkte Gemeindesteuern.
II. Besondere Bestimmungen.
1. Realsteuern.
a. Vom Grundbesitz.

§. 24. Den Steuern vom Grundbesitz sind die in der Gemeinde be=legenen bebauten und unbebauten Grundstücke unterworfen, mit Ausnahme

c) der dem Staate[2]), den Provinzen, den Kreisen, den Gemeinden oder sonstigen kommunalen Verbänden gehörigen Grundstücke und Gebäude, sofern sie zu einem öffentlichen Dienste oder Gebrauche bestimmt sind[3]);

---

[4]) 4 b.
[5]) I 3 Anm. 4 d. W.

[1]) Vor dem Inkrafttreten des G. richtete sich die Besteuerung der Eisen=bahnen nach dem sog. Kommunalsteuer=Notgesetz 27. Juli 85 (GS. 327).—Ausf=Anw. 10. Mai 94, abgedr. in Hue de Grais, Kommunalverbände (05) S. 75. AusfVorschr. f. d. StEB. FinanzO. XII (Ausg. 02) S. 163 ff. Bearb. Nöll (5. Aufl. 05), Hue de Grais (a. a. O.).

[2]) Grundstücke u. Gebäude des deut=schen Reichs sind von Steuern u. son=stigen dingl. Lasten in gleicher Weise befreit wie die im Eigentum des einzel=nen Staates befindlichen gleichartigen Gegenstände G. 25. Mai 73 (RGB. 113) § 1, AusfAnw. Art. 16 Ziff. 1 e, OB. 18. Dez. 97 (XXXIII 15).

[3]) Dahin Parallelwege der dem Staat usw. gehörenden Eisenbahnen, soweit ihre Benutzung jedermann freisteht Nöll

d) der Brücken, Kunststraßen, Schienenwege der Eisenbahnen[4]), sowie der schiffbaren Kanäle, welche mit Genehmigung des Staates zum öffent=lichen Gebrauche angelegt sind;

(e—k)

Alle sonstigen, nicht auf einem besonderen Rechtstitel beruhenden Be=freiungen (§. 21), insbesondere auch diejenigen der Dienstgrundstücke und Dienstwohnungen der Beamten[5]), sind aufgehoben.

Ist ein Grundstück oder Gebäude nur theilweise zu einem öffentlichen Dienste oder Gebrauche bestimmt, so bezieht sich die Befreiung nur auf diesen Theil.

Die Bestimmungen der Kabinetsordre vom 8. Juni 1834 (Gesetz=Samml. S. 87) bleiben in Geltung und werden auf diejenigen Gemeinden ausgedehnt, in welchen dieselben noch nicht in Geltung sind[6]).

Anm. 9. Ferner Gebäude u. Diensträume der StEB., soweit sie nicht unmitt. dem Transportgewerbe dienen, z. B. Sitzungssäle u. Bureauzimmer der Eis=Dir., Inspektionen u. Bauabteilungen; nicht aber (abges. v. den Dienstwohnun=gen: § 24 Abf. 2) z. B. Werkstätten, Bahnhofsgebäude, Güterschuppen, Tele=graphenbureaus (mindestens an Orten mit Reichs=Telegraphenanstalten), ferner Warteräume, Aborte, AufenthRäume (auch Badeanstalten u. Speiseräume) f. d. Personal OB. 24. März 77 (II 129), 16. Feb. u. 20. Juni 78 (IV 11, 19), 26. Jan. 98 (Arch. 822, EEE. XV. 117), 14. Feb. 05 (Arch. 960); entgegenstehende Vorschriften der Verstaatlichungsgesetze sind außer Kraft getreten OB. 26. Jan. 98 (a. a. O.). Nöll Anm. 12 h, 13 c. Die Steuerfreiheit tritt erst ein, wenn das Grundstück dem öffentlichen Zwecke tatsächlich übergeben ist OB. 8. April 02 (EEE. XIX 320).

[4]) Auch Kleinbahnen? Ja Nöll Anm. 16. Nein Ztschr. f. Kleinb. 04 S. 420, Hue de Grais Anm. 70. Unter d fallen auch Rangier=, Neben= u. Ladegleise OB. 18. Okt. 04 (Arch. 05 S. 273), ferner Stellwerke u. Signalanlagen OB. 14. Feb. 05 (Anm. 3).

[5]) Repräsentationsräume in Dienstw. gelten als unmittelbar zum öff. Dienst bestimmt OB. 28. Okt. 96 (XXX 81). — Anm. 6.

[6]) Die KO. lautet:

Auf den Bericht des Staatsmi=nisteriums vom 25. April d. J. über die streitige Frage: ob ein Grund=stück, welchem wegen seiner Bestim=mung zu öffentlichen oder gemein=nützigen Zwecken die Befreiung von den Staatssteuern zusteht, deshalb auch den örtlichen Kommunalsteu=ern nicht unterworfen sei, setze Ich fest, daß in den Provinzen und Ortschaften, in welchen die Vor=schriften des Allgemeinen Land=rechts oder des gemeinen Rechts verbindliche Kraft haben, der gegen=wärtige Zustand beibehalten werden soll; woselbst also dergleichen Grund=stücke von Kommunallasten entbun=den sind, hat es dabei sein Bewen=den; woselbst sie dazu beitragen, verbleibt es bei dem Anteile, der bisher stattgefunden hat. Für die Zukunft dagegen, mit Inbegriff der schon eingetretenen, als unerledigt noch vorliegenden Fälle, sollen bei neuen Erwerbungen zu öffentlichen oder gemeinnützigen Zwecken die Realverpflichtungen, die vermöge des Kommunalverbandes vor der Erwerbung geleistet worden sind, fernerhin davon geleistet werden.

b. Vom Gewerbebetrieb.

§. 28. Den Gewerbesteuern unterliegen in den Gemeinden, in denen der Betrieb stattfindet,

1) die nach dem Gewerbesteuergesetz vom 24. Juni 1891 (Gesetz=Samml. S. 205) zu veranlagenden stehenden Gewerbe;

(2—6).

(Abs. 2).

Der Betrieb der Staatseisenbahnen und der der Eisenbahnabgabe unter= liegenden Privateisenbahnen ist gewerbesteuerfrei[7].

(Abs. 4).

Naturalleistungen werden auf eine Geldrente nach den zur Zeit der Erwerbungen bestehenden Preisen berechnet. Persönliche Prästationen der bisherigen Privatbesitzer darf die Gemeine aber nicht weiter fordern. Auch soll die Verpflich= tung des Fiskus oder der betreffen= den Anstalt auf die Erwerbung von Gebäuden beschränkt und nicht auf Grundstücke bezogen werden, die mit Gebäuden nicht besetzt sind, wie beispielsweise bei der Anlage von Festungswerken, Chausseen usw. In der Rheinprovinz soll nach den Bestimmungen der daselbst bestehen= den Gesetzgebung nach wie vor ver= fahren werden. . . .

Die KO. beschränkt den Umfang der bestehen bleibenden Realverpflichtungen auf das Maß der bisher. Leistung OB. 4. Jan. 98 (XXXIII 192). Wird ein Grundstück vom Fiskus zu gewinn= bringenden Zwecken erworben u. erst später zu öffentl. u. gemeinnütz. Zwecken verwendet, so datiert die neue Erwerbung i. S. der KO. erst von diesem letzteren Zeitpunkt ab u. sind die bis zu diesem vermöge des Kommunalverbandes ge= leisteten Realverpflichtungen weiter zu leisten OB. 8. Dez. 84 (XI 58). Seit Inkrafttreten des KommAbgG. ist § 24 Abs. 2, 3 auch im Rahmen der KO. maß= gebend OB. 20. Mai 96 (XXIX 41).

Außerkrafttreten der KO. für Teile eines Grundstücks OB. 1. Juli 96 (XXX 48). Besteht die Kommunalsteuer in einem Zuschlag zur Staatssteuer, so kommt sie in Wegfall, wenn auch abgesehen vom Erwerb durch den Fiskus die Prinzipal= steuer nicht mehr würde erhoben werden dürfen OB. 9. Feb. 88 (XVI 170). An= derenfalls hört, wenn ein Grundstück als bebautes erworben ist, die durch den Erwerb begründete Steuerpflicht nicht auf, wenn es demnächst zu einem un= bebauten wird OB. 18. Dez. 97 (XXXIII 15). Bei Neuerwerbungen nach Inkraft= treten der G. 14. Juli 93 (GS. 119) kann es sich nicht mehr darum handeln, ob dem Grundstück die Befreiung von Staatssteuern zusteht, sondern ob sie ihm nach den bisher. Vorschr. zustehen würde AusfAnw. Art. 16.

[7]) GewerbesteuerG. § 4 bestimmt:

Der Gewerbesteuer unterliegen nicht:

6) der Betrieb der Eisenbahnen, welche der Eisenbahnabgabe nach Maßgabe der Gesetze vom 30. Mai 1853 (GS. S. 449) und vom 16. März 1867 (GS. S. 465) unterliegen.

Die Befreiung bezieht sich auch auf Werk= stätten Nöll Anm. 13. Dagegen unterlie= gen der Gewerbesteuer Kleinbahnen (KleinbG. § 40) u. Eisenbahnbau=Gesell= schaften. Teilung der Besteuerung unter mehrere Gemeindebezirke, über die sich ein Gewerbebetrieb erstreckt OB. 21. Sept. 00 (XXXVIII 87). Der Staat erhebt übrigens die Gewerbesteuer nicht mehr I 4 Anm. 55 d. W.

2. Gemeindeeinkommensteuer.

a. Steuerpflicht.

§. 33. Der Gemeindeeinkommensteuer sind unterworfen:

1) diejenigen Personen, welche in der Gemeinde einen Wohnsitz (§. 1 des Einkommensteuergesetzes vom 24. Juni 1891, (Gesetz-Samml. S. 175) haben, hinsichtlich ihres gesammten innerhalb und außerhalb des Preußischen Staatsgebietes gewonnenen Einkommens, insoweit dasselbe nicht von der Besteuerung freizulassen ist;

2) diejenigen Personen, welche in der Gemeinde, ohne in derselben einen Wohnsitz zu haben, Grundvermögen, Handels- oder gewerbliche Anlagen, einschließlich der Bergwerke, haben, Handel oder Gewerbe oder außerhalb einer Gewerkschaft Bergbau betreiben oder als Gesellschafter an dem Unternehmen einer Gesellschaft mit beschränkter Haftung betheiligt sind, hinsichtlich des ihnen aus diesen Quellen in der Gemeinde zufließenden Einkommens[8]);

3) Aktiengesellschaften, Kommanditgesellschaften auf Aktien, Berggewerkschaften, eingetragene Genossenschaften, deren Geschäftsbetrieb über den Kreis ihrer Mitglieder hinausgeht (insbesondere Konsumvereine mit offenem Laden) und juristische Personen[9]) (insbesondere auch Gemeinden und weitere Kommunalverbände), welche in der Gemeinde Grundvermögen, Handels- oder gewerbliche Anlagen, einschließlich der Bergwerke, haben, Handel oder Gewerbe, einschließlich des Bergbaues, betreiben oder als Gesellschafter an dem Unternehmen einer Gesellschaft mit beschränkter Haftung betheiligt sind, hinsichtlich des ihnen aus diesen Quellen in der Gemeinde zufließenden Einkommens. Hat eine Veranlagung zur Staatseinkommensteuer stattgefunden, so erfaßt die Gemeindeeinkommensteuer das hierbei veranlagte Einkommen, vorbehaltlich der Bestimmung im §. 16 Absatz 3 a. a. O.[10]);

4) der Staatsfiskus[11]) bezüglich seines Einkommens aus den von ihm betriebenen[12]) Eisenbahn-, Bergbau- und sonstigen gewerblichen Unternehmungen, sowie aus Domänen und Forsten.

---

[8]) Unter 2 fällt auch das Einkommen **physischer** Personen aus dem Besitz oder Betrieb von Privateisenbahnen (einschl. Kleinbahnen) AusfAnw. Art. 23 Ziff. 1 b.

[9]) Der **Reichsfiskus** ist — auch bez. der Reichseisenb. — grundsätzlich von der Gemeinde-Einkommensteuer befreit OB. 26. Jan. 92 (XXII 117), Nöll Anm. 38 a. Unter 3 fallen **fremde Staaten** (auch außerpreuß. Bundesstaaten), die in Preußen Eisenb. besitzen oder betreiben Nöll Anm. 37 c. Näheres § 46.

[10]) D. h. ohne den bei der Staats-

besteuerung stattfindenden Abzug von 3½% des Aktienkapitals. Anm. 28, 37.

[11]) D. i. der preußische (Anm. 9).

[12]) D. h. den vom Staate für eigene Rechnung betriebenen Eis., gleichviel, in wessen Eigentum sie stehen, nicht aber z. B. aus **verpachteten** Staatsb. OB. 16. März 89 (XVIII 123) u. 27. Juni 93 (XXV 141), Nöll Anm. 62, unten Anm. 24. Das Einkommen aus fiskalischen Grundstücken, die den Zwecken der StEB. dienen, wird in deren Reinertrage (§ 45) mitversteuert Nöll Anm. 64 a, OB. 1. Juli 93 (EEE. XI 50).

Eisenbahnaktiengesellschaften, welche ihr Unternehmen dem Staate gegen eine unmittelbar an die Aktionäre zu zahlende Rente übertragen haben, sind als Besitzer von Eisenbahnen nicht zu erachten.

Jeder steuerpflichtige Grundstückskomplex und jede steuerpflichtige Unternehmung des Staatsfiskus gilt in Beziehung auf die Steuerpflicht als selbstständige Person. Die gesammten Staats= und für Rechnung des Staates verwalteten Eisenbahnen sind als Eine steuerpflichtige Unternehmung anzusehen. Im Uebrigen setzt die zuständige obere Verwaltungsbehörde fest, was als selbstständige Bergbau= oder sonstige gewerbliche Unternehmung des Staatsfiskus zu betrachten ist[13]).

Neuanziehende können, auch wenn sie in der Gemeinde keinen Wohnsitz haben, gleich den übrigen Gemeindeeinwohnern zur Steuer herangezogen werden, sofern ihr Aufenthalt die Dauer von drei Monaten übersteigt.

§. 34. Das Einkommen aus bebauten und unbebauten Grundstücken, welche ganz oder zum Theil nach §. 24 der Steuer vom Grundbesitz nicht unterworfen sind, unterliegt insoweit auch nicht der Gemeindeeinkommensteuer.

§. 35. Ein die Steuerpflicht begründender Betrieb von Handel und Gewerbe, einschließlich des Bergbaues, der in §. 33 Nr. 2, 3 und 4 bezeichneten Personen und Erwerbsgesellschaften findet nur in denjenigen Gemeinden statt, in welchen sich der Sitz, eine Zweigniederlassung, eine Betriebs[14])=, Werk= oder Verkaufsstätte oder eine solche Agentur des Unternehmens befindet, welche ermächtigt ist, Rechtsgeschäfte im Namen und für Rechnung des Inhabers, beziehungsweise der Gesellschaft, selbstständig abzuschließen. Der Eisenbahnbetrieb[15]) unterliegt der Steuerpflicht in den Gemeinden, in welchen sich der Sitz der Verwaltung (beziehungsweise einer Staatsbahnverwaltungs= behörde)[16]), eine Station[17]) oder eine für sich bestehende Betriebs= oder Werkstätte oder eine sonstige gewerbliche Anlage[18]) befindet.

---

[13]) Bei der StEV. ist die EisDir. zuständig; mit der Feststellung, daß eine Anlage nicht eine selbständige Unternehmung, sondern einen Teil der StEV. bildet, ist noch nicht über die Frage entschieden, ob sie innerhalb der letzteren eine für sich bestehende gewerbl. Anlage i. S. § 35 ist OB. 16. März 89 (Anm. 12). — Nöll Anm. 70.

[14]) Allgemeine Merkmale für das Vorhandensein einer Betriebsstätte OB. 30. März 89 (XVII. 249), 11. Sept. 89 (XVIII. 128).

[15]) Auch der Kleinbahnbetrieb Ausf=Anw. Art. 23 Ziff. 4. A. M. Nöll Anm. 24.

[16]) Staatsbahnverwaltungsbehörden sind nur die EisDir. u. die Inspektionen FinanzO. S. 163, Nöll Anm. 26.

[17]) Stationen sind alle Punkte, wo durch Annahme von Personen oder Gütern oder beidem Transportgeschäfte abgeschlossen werden, gleichviel wo Buchführung u. Transportgeld = Vereinnahmung erfolgt FinanzO. S. 163. Nicht maßgebend der Sprachgebrauch der Eis.=Verw.; Station ist z. B. auch eine Güterabfertigung, bei der Frachtverträge abgeschlossen werden OB. 1. Juni 85 (EEE. IV 185). Schließen auf dem nämlichen Bahnhofe mehrere EisVerw. Transportgeschäfte ab, so hat jede Verwaltung an dem Ort eine Station, auch wenn sie keine eigenen Beamten dort stationiert hat OB. 19. Okt. 88 (EEE. VI 423), 22. März 89 (XVIII 79).

[18]) Betriebsstätten (§ 35) sind Stellen, an denen sich dauernd u. blei-

Das Einkommen aus dem nicht mit eigenem Betriebe verbundenen Besitze von Handels- und gewerblichen Anlagen, einschließlich der Bergwerke, unterliegt der Besteuerung in denselben Gemeinden, in welchen das Einkommen aus dem Betriebe steuerpflichtig ist[19]).

§. 36. Gemeindesteuern vom Einkommen dürfen, unbeschadet der Vorschrift im §. 23 Absatz 2 und der Bestimmungen über die Veranlagung von Theileinkommen (§§. 49 bis 51), nur auf Grund der Veranlagung zur Staatseinkommensteuer und in der Regel nur in der Form von Zuschlägen erhoben werden. Diese Zuschläge müssen gleichmäßig sein. Zuschläge zur Ergänzungssteuer sind unzulässig.

Ist das gemeindesteuerpflichtige Einkommen ganz oder zum Theil zur Staatseinkommensteuer nicht veranlagt, so ist der dem Zuschlage zu Grunde zu legende Steuersatz, sofern sich aus den §§. 44 bis 46 nicht ein Anderes ergiebt, nach den für die Veranlagung der Staatseinkommensteuer geltenden Vorschriften zu ermitteln[20]).

Die auf Grund der Einlegung von Rechtsmitteln, sowie die auf Grund der §§. 57, 58 des Einkommensteuergesetzes vom 24. Juni 1891 erfolgte Erhöhung oder Ermäßigung der veranlagten Staatseinkommensteuer zieht die entsprechende Abänderung des Gemeindezuschlags nach sich.

§. 41. Die Heranziehung der unmittelbaren und mittelbaren Staatsbeamten, Beamten des Königlichen Hofes, der Geistlichen, Kirchendiener und Elementarschullehrer, sowie der Wittwen und Waisen dieser Personen zu Einkommen- und Aufwandssteuern (§. 23) wird durch besonderes Gesetz geregelt. Bis zum Erlasse dieses Gesetzes kommen die Bestimmungen der Verordnung, betreffend die Heranziehung der Staatsdiener zu den Kommunalauflagen in den neu erworbenen Landestheilen, vom 23. September 1867 (Gesetz-Samml.

---

bend die den Inhalt des Betriebs bildenden Tätigkeiten vollziehen; dahin nicht die freie Strecke der Eis., so daß die sog. Streckengemeinden kein Besteuerungsrecht haben OB. 14. Jan. 93 (XXIV. 103). Ebenso wenig sind Betriebsstätten solche Anlagen, in denen nicht ein Teil des EisBetriebs selbständig erledigt wird, die vielmehr nur zur Durchführung u. Sicherung des eigentlichen Zugverkehrs dienen, z. B. Bahnwärterhäuser, Wasserstationen u. Blockstationen, wohl aber z. B. Rangierbahnhöfe, Gasanstalten, Schwellentränkungsanstalten FinanzO. S. 164, Nöll Anm. 28. Unter Werkstätten i. S. § 35 fallen Haupt- u. Nebenwerkstätten, sofern ihnen eine selbständige Bedeutung zukommt; zu den sonstigen Anlagen gehören Anlagen, die, wie Gasthöfe, Speicher, Magazine als Zubehör des EisBetriebs behandelt u. für Rechnung des EisUnternehmens verwaltet werden FinanzO. S. 164, Nöll (welcher die Betriebswerkstätten ausnimmt) Anm. 29, 23, OB. 19. Okt. 88 (Anm. 17) u. 19. Dez. 02 (EEE. XIX 353).

[19]) Abs. 2 ist auf den Fiskus nicht anwendbar Nöll Anm. 30 a.

[20]) Die Berechnung der von einem gewerbl. Unternehmen zu versteuernden Einnahme nach dem dreijährigen Durchschnitt (EinkommensteuerG. § 10) setzt voraus, daß in dieser Zeit nicht eine wesentliche Veränderung des Gewerbebetriebs stattgefunden hat; eine solche ist z. B. die Errichtung einer neuen EisStation OB. 1. Juni 85 (Anm. 17).

S. 1648) mit der Maßgabe zur Anwendung, daß das nothwendige Domizil außer Berücksichtigung bleibt[21]).

b. Berechnung des steuerpflichtigen Einkommens der fiskalischen Domänen, Staats- und Privatbahnen.

§. 45. Als Reineinkommen der Staats- und für Rechnung des Staats verwalteten Eisenbahnen gilt der rechnungsmäßige Ueberschuß der Einnahmen über die Ausgaben mit der Maßgabe, daß unter die Ausgaben eine $3\frac{1}{2}$ prozentige Verzinsung des Anlage- beziehungsweise Erwerbskapitals nach der amtlichen Statistik der im Betriebe befindlichen Eisenbahnen zu übernehmen ist[22]). Der sich danach ergebende steuerpflichtige Gesammtbetrag ist durch den zuständigen Minister alljährlich endgültig festzustellen und öffentlich bekannt zu machen[23]).

§. 46. Als Reineinkommen der Privateisenbahnunternehmungen[24]) gilt der nach Vorschrift der Gesetze vom 30. Mai 1853 (Gesetz-Samml. S. 449)

[21]) Das besondere G. ist bisher nicht ergangen. — V. 23. Sept. 67 findet auch auf ReichsbeamteV. Anwend. ReichsbeamtenG. 31. März 73 (RGV. 61) § 19 — Die in § 41 aufgeführten Personen sind von (Gemeinde-)Naturaldiensten, soweit diese nicht auf den ihnen gehörigen Grundstücken lasten, befreit KommAbgG. § 68 Abs. 6. — Auf EisBedienstete bezügliche U. des OV.: Unmittelb. Staatsbeamte i. S. V. 23. Sept. 67 sind die bei der StEV. beschäftigten Regierungsbaumeister u. Regierungsbauführer 28. Jan. u. 12. Okt. 86 (XIII 122, 128); Staatsbeamte, die vom Staate bei den von ihm verwalteten Privatbahnen beschäftigt u. aus Mitteln der letzteren salariert werden 20. Mai 82 (IX 34); Bauassistenten der StEV., wenn sie dauernd u. gegen fixierte Diäten beschäftigt sind u. ihnen Beamteneigenschaft verliehen ist 26. Feb. u. 26. Okt. 85 (XIII 134, 139). Nicht dagegen die mit fester Besoldung in technischen Bureaus der StEV. angestellten Zeichner, wenn bei der Anstellung der Vorbehalt gemacht ist, daß sie zur StEV. in ein Privatverhältnis treten 15. Jan. 97 (VerwaltBl. XIX. 299); Rechnungs-Hilfsarbeiter bei den Kgl. EisDirektionen 18. Dez. 95 (Nöll S. 319 Anm. 6 e); Feldmesser 6. März 03 (XLIV 51). Mittelbare Staatsbeamte i. S. § 2 der V. sind nicht Beamte der Privateisenbahnen, auch wenn sie die Bahnpolizei auszuüben haben 6. Juni 77 (II 175).

Das Steuervorrecht erstreckt sich nicht auf Bezüge, die aus der Mitgliedschaft bei den Pensionskassen herstaatlicher Privatbahnen herrühren, auch wenn der Staat in die Zahlungspflicht der Kasse eingetreten ist 3. Feb. 03 (XLIII 82).

[22]) Maßgeb. der Überschuß des dem Steuerjahre vorangegangenen Betriebsjahres (nicht etwa ein dreijähriger Durchschnitt) OV. 25. Nov. 90 (XX 29), Nöll Anm. 5. Zu den Ausgaben gehören nicht Renten, Zinsen u. Amortisationen, die an Aktionäre usw. der für Staatsrechnung verwalteten Eisenbahnen gezahlt werden Nöll Anm. 2. Nur der in Preußen erwachsende Überschuß darf von den preuß. Gemeinden in Anspruch genommen werden OV. 24. Okt. 90 (XX 25).

[23]) Die Feststellung erfolgt durch den Min. d. öff. Arb., die Veröffentlichung im Reichsanzeiger u. in den Regierungsamtsblättern der in Betracht kommenden Bezirke unter nachrichtl. Mitteilung des auf die abgabeberecht. preuß. Gemeinden entfallenden Anteils am Gesammtreineinkommen FinanzO. S. 164. Verzögert sich die Bekanntmachung so, daß die Gemeinden Gefahr laufen, innerhalb des Rechnungsjahres nicht mehr einschätzen zu können, so würde ihnen die Veranlagung ohne Bek. nicht zu versagen sein OV. 17. Dez. 92 (v. Kampz, Rechtsprech. d. OV. II 436).

[24]) Hierzu auch Eisenb., die auf preußischem Gebiet von einem anderen

und 16. März 1867 (Gesetz-Samml. S. 465)[25]) behufs Erhebung der Eisenbahnabgabe für jede derselben ermittelte (beziehungsweise zu ermittelnde) Ueberschuß abzüglich der Eisenbahnabgabe mit der Maßgabe, daß bei der Berechnung nach dem Gesetze vom 16. März 1867 die zur Verzinsung und planmäßigen Tilgung der etwa gemachten Anleihen erforderlichen Beträge als Ausgabe mit in Anrechnung gebracht werden dürfen. Die sich danach ergebenden steuerpflichtigen Beträge sind von den mit der Aufsicht über die Privat-eisenbahnunternehmungen betrauten Staatsbehörden alljährlich endgültig fest-zustellen und öffentlich bekannt zu machen[26]).

Auf Kleinbahnen (Gesetz vom 28. Juli 1892, Gesetz-Samml. S. 225) findet die vorstehende Bestimmung keine Anwendung[27]).

c. Vermeidung von Doppelbesteuerung[28]).

§. 47. Die Vertheilung des gemeindesteuerpflichtigen Einkommens aus dem Besitze oder Betriebe[29]) einer sich über mehrere Preußische Gemeinden erstreckenden Gewerbe- oder Bergbauunternehmung erfolgt, sofern nicht zwischen den betheiligten Gemeinden und dem Steuerpflichtigen ein anderweiter Maß-stab vereinbart ist, in der Weise, daß:

(a Versicherungs-, Bank- und Kreditgeschäfte.)

b)[30]) in den übrigen Fällen das Verhältniß der in den einzelnen Gemeinden erwachsenen Ausgaben an Gehältern und Löhnen, einschließlich

---

Staate betrieben werden; Steuerbefrei-ungen, die in einem vor Erlaß des G. 27. Juli 85 (Anm. 1) abgeschlossenen Staatsvertrage auswärtigen Staaten bewilligt wurden, sind fortgefallen OB. 22. März 89 (XVIII 79). — Nicht unter § 46 fallen nichtpreußische Aktien-gesellschaften, die in Preußen eine nicht ihnen gehörende Eis. betreiben OB. 3. Okt. 94 (EEE. XI 241), sowie preuß. Staatsbahnen, die durch einen aus-wärtigen Staat betrieben werden; das aus diesem Betriebsverhältnis dem preuß. Staat erwachsende Einkommen bleibt steuerfrei Nöll Anm. 2; oben Anm. 12.

²⁵) IV 4 a, b d. W.

²⁶) Zuständig die EisDirPräf. E. 30. April 95 (EVB. 377), deren Fest-stellung nur mit Beschwerde an den Min. anfechtbar ist Nöll Anm. 5. Die Feststellung erfolgt nach dem Ergebnis des letzten Rechnungsjahres, nicht nach dem Dreijahres-Durchschnitt Nöll Anm. 6. Bekanntmach. wie in Anm. 23.

²⁷) KleinbG. § 40; OB. 16. Sept. 96 (EEE. XIII 313). Einkommensberech-nung gemäß § 36, Nöll Anm. 9.

²⁸) G. 13. Mai 70 (BGBl. 119) wegen Beseitigung der Doppelbesteuerung ist auf die Gemeindebesteuerung nicht an-zuwenden OB. 13. Sept. 87 (XV 98). Mittelbar wirkt es aber dann, wenn EinkAbgG. § 33 Abs. 1 Ziff. 3 a. E. („Hat eine“ usw.) platzgreift, insofern ein, als nach EinkSteuerG. 24. Juni 91 § 6 Ziff. 1 das Einkommen aus den in anderen Bundesstaaten belegenen Grundstücken u. betriebenen Gewerben von der Staats-besteuerung ausgeschlossen ist Nöll Anm. 1 vor § 47, unten Anm. 37.

²⁹) § 47 setzt Einheitlichkeit des Be-triebs voraus; diese ist bei einer Aktiengesellschaft im allg., namentlich aber dann zu vermuten, wenn letztere gleichartige Unternehmen, z. B. Straßenbahnen, an mehreren Orten be-treibt u. vom Verwaltungssitz aus leitet, OB. 25. Sept. 88 (EEE. VI 406).

³⁰) Für die StEV. regelt sich danach die Gemeinde-Einkommensbesteuerung wie folgt. Grundlegend ist einerseits das Gesamtreineinkommen der StEV. (§ 45) — A, andererseits die Gesamt-ausgabe an Gehältern usw. (§ 47)

der Tantièmen des Verwaltungs= und Betriebspersonals, zu Grunde gelegt wird[31]). Bei Eisenbahnen kommen jedoch die Gehälter, Tantièmen und Löhne desjenigen Personals, welches in der allgemeinen Verwaltung beschäftigt ist, nur mit der Hälfte, des in der Werkstättenverwaltung[32]) und im Fahrdienst beschäftigten Personals nur mit zwei Dritttheilen ihrer Beträge zum Ansatz[33]).

Erstreckt sich eine Betriebsstätte, Station ꝛc., innerhalb deren Ausgaben an Gehältern und Löhnen erwachsen, über den Bezirk mehrerer Gemeinden, so hat die Vertheilung nach Lage der örtlichen Verhältnisse unter Berücksichtigung des Flächenverhältnisses und der den betheiligten Gemeinden durch das Vorhandensein der Betriebsstätte, Station u. s. w. erwachsenen Kommunallasten zu erfolgen[34]).

(Abs. 2 Übergangsbest. für die StEB.).

§. 48. Die Ermittelung der Bruttoeinnahmen der Versicherungs=, Bank= und Kreditgeschäfte, sowie der Ausgaben an Löhnen und Gehältern

in allen denjenigen (preußischen u. außerpreußischen) Gemeinden u. selbstständigen Gutsbezirken, an denen sich Betriebsstätten usw. (§ 35) befinden — B; für den Anteil der einzelnen abgabeberechtigten Gemeinde (§ 35) am Gesamtreineinkommen — X ist maßgebend das Verhältnis der in ihr erwachsenden Ausgabe — C zur Gesamtausgabe. Also X : A = C : B, folglich $X = \dfrac{A \cdot C}{B}$. — Einzelheiten FinanzO. S. 164 ff., hier Anm. 31, 32, 34, 35.

[31]) Als Ort, wo die Ausgaben erwachsen, gilt bei Beamten der amtliche Wohnsitz; beim Hilfspersonal des Fahrdienstes der ihm angewiesene Dienstort; bei sonstigen Bediensteten der Ort, an dem die Dienste oder die Arbeiten geleistet sind (auch wenn die Zahlung anderwärts erfolgt) FinanzO. S. 167; OB. 25. Nov. 87 (VerwaltBl. IX 147), 28. Nov. 90 (XX 111), 7. April 91 (XXI 80). Orte, an denen keine Ausgaben (wenn auch Einnahmen) erwachsen (OB. 16. März 89 XVIII 123, Röll Anm. 12 e) oder keine steuerpflichtige Anlage (§ 35) besteht — FinanzO. S. 166 — scheiden aus; nicht jedoch Orte, an denen Ausgaben erwachsen, aber keine Einkommensteuer erhoben wird OB. 4. Mai 98 (Röll a. a. O.). Die „an" dem Orte erwachsenden Gehälter usw. sind zum vollen Betrag anzurechnen, auch wenn u. soweit

sie sich nicht an eine steuerpflichtige Anlage knüpfen FinanzO. S. 165; OB. 7. April 91 (a. a. O.). Was als Gehalt u. Lohn anzusehen ist, s. FinanzO. S. 167. Zuzurechnen sind: bei Dienstwohnungsinhabern der einbehaltene Wohnungsgeldzuschuß, bei Arbeitern die Kranken= u. Pensionskassenabzüge; nicht Tagegelder u. Reisekosten OB. 7. April 91 (a. a. O.). Bei Gemeinschaftsbahnhöfen usw. kommt für jede Verwaltung der nach den Vereinbarungen usw. endgültig zu ihren Lasten zu verrechnende Betrag in Ansatz FinanzO. S. 167.

[32]) Dahin alle im Werkstättendienst Beschäftigten, nicht blos die an leitender Stelle Tätigen OB. 7. April 91 (a. a. O.).

[33]) Eingehende Anweisung für StEB. FinanzO. S. 167 fg.

[34]) Die Verteilung findet nicht mehr (wie nach G. 27. Juli 85) im Beschlußverfahren statt; gegen die Heranziehung ist also nur Einspruch oder Antrag gemäß § 71 zulässig Röll Anm. 17. Verteilungsgrundsätze OB. 5. Okt. 98 (XXXIV 108) u. 9. Febr. 00 (XXXVI 53); Straßenbahnen OB. 13. Mai 91 (XXII 121). Die StEB. gibt in den Verteilungsplänen die auf alle Gemeinden fallenden Ausgabebeträge und Reineinkommens=Anteile in einer Summe an; sind Gutsbezirke (§ 52) mitbeteiligt, so wird der gesamte Betrag als auf die Gemeinde entfallend behandelt FinanzO. S. 166, 178.

(§. 47) erfolgt in dreijährigem Durchschnitt nach Einsicht eines den steuer=
berechtigten Gemeinden von dem Unternehmer beziehungsweise Gesellschafts=
vorstande jährlich mitzutheilenden Vertheilungsplanes[35]). Derselbe ist bezüglich
der Staatseisenbahnen (§. 45) für jeden Direktionsbezirk besonders aufzu=
stellen[36]).

§. 48a. Erstreckt sich ein Handels= oder Gewerbeunter=
nehmen, einschließlich eines Bergbauunternehmens, über preu=
ßische und nichtpreußische Gemeinden, so finden behufs Ermitte=
lung des dem Steuerpflichtigen in den verschiedenen Gemeinden
zufließenden Einkommens die Vorschriften des §. 47 sinngemäße
Anwendung[37]).

§. 52. In den Fällen der §§. 47 bis 51 sind behufs Ermittelung des
gemeindesteuerpflichtigen Einkommens die selbstständigen Gutsbezirke den Ge=
meinden gleich zu achten[38]).

3. Verpflichtung der Betriebsgemeinden zur Leistung von
Zuschüssen.

§. 53. Wenn einer Gemeinde, welcher ein Besteuerungsrecht nach §. 35
nicht zusteht, durch den in einer anderen Gemeinde stattfindenden Betrieb von
Berg=, Hütten= oder Salzwerken, Fabriken oder Eisenbahnen nachweisbar
Mehrausgaben für Zwecke des öffentlichen Volksschulwesens oder der öffent=
lichen Armenpflege erwachsen, welche im Verhältnisse zu den ohne diese Be=
triebe für die erwähnten Zwecke nothwendigen Gemeindeausgaben einen er=
heblichen Umfang erreichen und eine Ueberbürdung der Steuerpflichtigen
herbeizuführen geeignet sind, so ist eine solche Gemeinde berechtigt, von der

---

[35]) Der Berechnung sind die dem
Zeitpunkte, zu welchem sie erfolgt, un=
mittelbar vorhergehenden Jahre zu
Grunde zu legen FinanzO. S. 164;
OB. 12. Dez. 94 (XXVII 25). Ver=
fahren für den Fall, daß Bahnstrecken,
Stationen usw. erst innerhalb des drei=
jährigen Zeitraums oder im Steuerjahre
selbst eröffnet werden, FinanzO. S. 164,
165; OB. 25. Nov. 90 (XX 29), 13. Nov.
97 (XXXII 21); Röll § 47 Anm. 7a,
§ 48 Anm. 2d. — Der Verteilungs=
plan ist für die Gemeinde nicht bin=
dend OB. 26. Mai 91 (XXI 97) u.
nicht unbedingte Voraussetzung für die
Veranlagung OB. 4. März 87 (XIV
137) u. 26. Mai 91 (a. a. O.).

[36]) Vorschr. für StEB. FinanzO.
S. 164 ff. (In dem von jeder Eis=
Direktion aufzustellenden u. allen ab=
gabeberechtigten preußischen Gemeinden
des Direktionsbezirks mitzuteilenden

Plane wird ersichtlich gemacht: der auf
alle abgabeberechtigten preußischen Ge=
meinden entfallende Anteil am Rein=
einkommen u. an den Ausgaben für
Gehälter usw., sowie der für jede ab=
gabeberechtigte Gemeinde des Direktions=
bezirks sich ergebende Anteil an beidem.)

[37]) G. 30. Juli 95 (GS. 409). —
Verhältnis zu § 33 Abs. 1 Ziff. 3 bei
den zur Staatseinkommensteuer veran=
lagten Aktiengesellschaften usw. Röll
Anm. 60a zu § 33 u. Anm. 4 zu
§ 48a; OB. 19. Dez. 96 (VerwaltBl.
XVIII 184) u. 26. Mai 97 (XXXI
82); auch 22. Jan. 04 (XLIV 9);
Anm. 28.

[38]) Damit ist nicht den Guts=
bezirken ein Besteuerungsrecht gewährt
Röll Anm. 2 zu § 1 u. 21 zu § 53;
auch AusfAnw. Art. 1 Ziff. 2 u. Land=
gemeindeO. § 122. Ferner § 53 Abs. 2.

Betriebsgemeinde einen angemessenen Zuschuß zu verlangen. Bei der Be=
messung desselben sind neben der Höhe der Mehrausgaben auch die nachweis=
bar der Gemeinde erwachsenden Vortheile zu berücksichtigen. Die Zuschüsse
der Betriebsgemeinde dürfen in keinem Falle mehr als die Hälfte der ge=
sammten in der Betriebsgemeinde von den betreffenden Betrieben zu erheben=
den direkten Gemeindesteuern betragen.

Liegt der Betrieb in einem Gutsbezirk, so richtet sich der Anspruch gegen
den Gewerbetreibenden; der Zuschuß darf in diesem Falle den vollen Satz
der staatlich veranlagten Gewerbesteuer nicht übersteigen[39]).

Ueber den Anspruch beschließt in den Fällen, in welchen keine Einigung
der Betheiligten erfolgt, der Kreisausschuß, soweit die Stadt Berlin oder
andere Stadtgemeinden betheiligt sind, der Bezirksausschuß. Gegen den Be=
schluß findet innerhalb zwei Wochen der Antrag auf mündliche Verhandlung
im Verwaltungsstreitverfahren statt.

Zutreffendenfalls kommen die Bestimmungen des §. 58 des Gesetzes über
die allgemeine Landesverwaltung vom 30. Juli 1883 (Gesetz=Samml. S. 195)
dahin zur Anwendung, daß auch in den Fällen, in welchen die Stadt Berlin
betheiligt ist, der Minister des Innern den Bezirksausschuß bestimmt, welcher
zu beschließen hat.

Fünfter Titel. Rechtsmittel.

§. 71. Ueber die Vertheilung gemeindesteuerpflichtiger Einkommen auf
eine Mehrzahl steuerberechtigter (Wohnsitz=, Aufenthalts=, Belegenheits=, Be=
triebs=) Gemeinden gemäß den Vorschriften dieses Gesetzes (§§. 47 bis 51
in Verbindung mit §§. 33 und 52) beschließt auf Antrag des Steuerpflich=
tigen unter Zugrundelegung der Einschätzung der einzelnen Gemeinden der
Kreisausschuß und, soweit die Stadt Berlin oder andere Stadtgemeinden in
Betracht kommen, der Bezirksausschuß nach Anhörung sämmtlicher Be=
theiligten[40]).

Der Antrag des Steuerpflichtigen, welcher binnen der Frist von 4 Wochen,
vom Tage der Bekanntmachung der Steuer (§. 65) seitens der zweiten oder
einer weiteren eine Steuerforderung erhebenden Gemeinde ab gerechnet, zu
stellen ist, tritt an die Stelle des Einspruches gegen die Heranziehung (Ver=
anlagung) zu den bezüglichen Steuern in jeder einzelnen der betheiligten Ge=
meinden (§ 69)[41]).

---

[39]) Ein Betrieb, der zur GewSteuer
überhaupt nicht veranlagt wird, z. B.
StGB., kann auf Grund § 53 Abs. 2
nicht in Anspruch genommen werden
OB. 25. Sept. 00 (XXXVII 141).

[40]) Ergibt sich, daß eine Gemeinde
zu niedrig veranlagt hat, so ist der auf
sie entfallende Einkommensteil zutreffen=
denfalls zu erhöhen, eine Erhöhung des

Steuerbetrages aber unzulässig; zu den
„Beteiligten" gehören nicht Gemeinden,
die den Pflichtigen überhaupt nicht
herangezogen haben OB. 26. Juni 97
(XXXII 11).

[41]) Der Antrag ist zeitlich zulässig
erst gegen die zweite Heranziehung,
dann aber bis 4 Wochen nach der
letzten Heranziehung; er kann gestellt

Der Kreis= (Bezirks=) Ausschuß hat nach verhandelter Sache den auf jede Gemeinde entfallenden Theil des steuerpflichtigen Einkommens und den von demselben zu entrichtenden Steuerbetrag festzusetzen.

Zutreffendenfalls kommen die Bestimmungen des §. 58 des Gesetzes über die allgemeine Landesverwaltung vom 30. Juli 1883 dahin zur Anwendung, daß auch in den Fällen, in welchen die Stadt Berlin betheiligt ist, der Minister des Innern den Bezirksausschuß bestimmt, welcher zu beschließen hat.

§. 72. Gegen den Beschluß des Kreis= (Bezirks=) Ausschusses findet binnen einer Frist von 2 Wochen der Antrag auf mündliche Verhandlung im Verwaltungsstreitverfahren statt. In den Fällen, in welchen der §. 58 a. a. O.[42]) zur Anwendung kommt, ist für das Verwaltungsstreitverfahren derjenige Kreis= (Bezirks=) Ausschuß zuständig, welcher in Ansehung des Beschlußverfahrens für zuständig erklärt worden war.

Der Antrag auf mündliche Verhandlung im Verwaltungsstreitverfahren steht sowohl dem Steuerpflichtigen, als auch einer jeden Gemeinde zu, auf deren Steuerforderung sich der Beschluß erstreckt, und richtet sich gegen sämmtliche Betheiligte, deren Theilverhältniß durch den von dem Kläger verfolgten Anspruch berührt wird.

§. 73. Wird während schwebenden Beschluß= oder Verwaltungsstreitverfahrens eine weitere Forderung auf Zahlung von Gemeindesteuern in Ansehung des dem Verfahren unterliegenden Einkommens erhoben, so hat der Steuerpflichtige binnen der Frist von vier Wochen, vom Tage der Bekanntmachung der bezüglichen Steuerforderung (§ 65) ab gerechnet, deren Einbeziehung in das schwebende Verfahren bei derjenigen Behörde zu beantragen, bei welcher die Sache anhängig ist. In diesem Verfahren ist alsdann gleichzeitig auch über die später erhobene Steuerforderung zu beschließen oder zu entscheiden.

§. 74. Wird nach rechtskräftig entschiedener Sache eine weitere Steuerforderung in Ansehung des Einkommens erhoben, welches den Gegenstand des früheren Verfahrens gebildet hat, so finden die vorstehenden Bestimmungen (§§. 71 bis 73) sinngemäße Anwendung mit der Maßgabe, daß derjenige Kreis= (Bezirks=) Ausschuß, welcher in dem ersten Verfahren beschlossen und

---

werden bei einer der heranziehenden Gemeinden oder bei der nach Abs. 1 oder bei der nach Abs. 4 zuständigen Behörde; durch ihn werden alle früheren Heranziehungen streitig, auch wenn sie wegen Ablaufs der Einspruchsfrist, nicht aber wenn sie durch sachlichen Einspruchsbeschluß oder gerichtliches Urteil unanfechtbar geworden sind; ist er gestellt, so macht er einen besonderen Einspruch in den Einzelgemeinden über-

flüssig, u. wo dieser bereits erhoben war, tritt er für das fernere Verfahren an dessen Stelle OB. 14. Okt. 96 (v. Kampz, Rechtsp. d. OB., II 517) 9. Jan. 97 (XXXI 19), 6. März 97 (XXXI 24); Nöll Anm. 3, 13—15. Die im vorstehenden bezeichnete Einschränkung bez. des sachlichen Einspruchsbeschlusses ist fallen gelassen worden von OB. 5. Dez. 02 (XLIII 74).

[42]) Des LVG.

entschieden hat, auch für das zweite Verfahren zuständig ist, und daß das rechtskräftig festgesetzte Antheilsverhältniß der bei dem ersten Verfahren betheiligt gewesenen Gemeinden in dem zweiten Verfahren nicht mehr geändert, in dem letzteren vielmehr nur noch darüber beschlossen und entschieden werden kann, welchen Betrag die früher aufgetretenen Steuergläubiger dem später aufgetretenen nach dem durch das rechtskräftige Urtheil für sie festgesetzten Antheilsverhältnisse zu erstatten haben.

§. 75. Durch Einspruch und Klage wird die Verpflichtung zur Zahlung oder Leistung nicht aufgeschoben.

Theil II. Kreis- und Provinzialsteuern.

§. 91. Die bestehenden Vorschriften über die Aufbringung der Kreis- und Provinzialsteuern bleiben mit folgenden Maßgaben unberührt:

4) Insoweit juristische Personen, Gesellschaften u. s. w. zur Entrichtung der in Kreisen oder Provinzen vom Einkommen zu erhebenden Steuern verpflichtet sind oder physische Personen in verschiedenen Kreisen beziehungsweise Provinzen solchen Steuern unterliegen, kommen bei Veranlagung der Pflichtigen die die Gemeindeeinkommensteuer betreffenden Vorschriften dieses Gesetzes sinnentsprechend zur Anwendung[43]).

Die auf Grund der Einlegung von Rechtsmitteln erfolgte Erhöhung oder Ermäßigung der der Vertheilung von Kreis- und Provinzialsteuern zu Grunde gelegten Staatssteuersätze zieht die entsprechende Abänderung der Veranlagung zu den Kreis- beziehungsweise Provinzialsteuern nach sich[44]).

§. 92. Die Vorschriften der §§. 51, 71 bis 74 finden bei der Kreis- und Provinzialbesteuerung mit nachstehenden Maßgaben sinnentsprechende Anwendung:

[45]) 1) Ueber die Vertheilung des dem Besteuerungsrechte mehrerer Kreise (Stadt- oder Landkreise) unterliegenden Einkommens beschließt der Bezirksausschuß.

An Stelle der Frist von 4 Wochen tritt eine solche von 2 Monaten.

2) Ueber die Vertheilung des dem Besteuerungsrechte mehrerer Provinzen unterliegenden Einkommens beschließt — auch wenn die Stadt Berlin mit in Betracht kommt — derjenige Provinzialrath, welchen der Minister des Innern bestimmt.

Gegen den Beschluß findet binnen 2 Wochen die Klage bei dem Oberverwaltungsgericht statt.

---

[43]) KreisO. (Nr. 5 b) § 15.
[44]) KreisO. § 19 Abj. 2.

[46]) KreisO. § 19 Abj. 1.

b) Kreisordnung für die Provinzen Ost= und Westpreußen, Brandenburg, Pommern, Schlesien und Sachsen. Vom 19. März 1881 (GS. 155, 179)[1].
(Auszug.)

§ 14[2]). Diejenigen physischen Personen, welche, ohne in dem Kreise einen Wohnsitz zu haben, beziehungsweise in demselben zu den persönlichen Staatssteuern veranlagt zu sein, in demselben Grundeigenthum besitzen, oder ein stehendes Gewerbe, oder außerhalb einer Gewerkschaft Bergbau betreiben (Forensen), mit Einschluß der nicht im Kreise wohnenden Gesellschafter einer offenen Handelsgesellschaft oder einer Kommanditgesell= schaft oder einer Gesellschaft mit beschränkter Haftung, sind verpflichtet, zu denjenigen Kreisabgaben beizutragen, welche auf den Grundbesitz, das Gewerbe, den Bergbau oder das aus diesen Quellen fließende Einkommen gelegt werden[3].

Ein Gleiches gilt von den juristischen Personen, von den Kommanditgesellschaften auf Aktien und Aktiengesellschaften

---

[1]) Die hier abgedruckten Best. gelten, soweit nicht unten ein anderes vermerkt ist, auch in den Prov. Hannover (KrO. 6. Mai 84, GS. 181), Hessen= Nassau (KrO. 7. Juni 85, GS. 193), Westfalen (KrO. 31. Juli 86, GS. 217), Rheinprovinz (KrO. 30. Mai 87, GS. 209), Schleswig=Holstein (KrO. 26. Mai 88, GS. 139), Posen (G. 19. Mai 89, GS. 108, Art. V B Ziff. 3, 4). — Für Stadtkreise gelten nicht diese Best., sondern die des Kommunal= abgG. (Nr. 5 a) OB. 26. April 87 (XV 36).

[2]) G. 1. April 02 (GS. 65) Art. I.

[3]) Nach § 14 regelt sich die Kreis= steuerpflicht der Eisenbahnen fol= gendermaßen (Brauchitsch, VerwGesetze Bd. II 15. Aufl. Anm. 100):

a) die preuß. Staatsbahnen sind gewerbe= u. im allg. auch ein= kommensteuerfrei, aber (in den Grenzen des § 17) zu einem er= höhten Prozentsatze grund= u. ge= bäudesteuerpflichtig (§ 14 Abs. 4). Ausnahme: Bezüglich des größten Teils der seit 1879 ver= staatl. Privatbahnen ist durch die VerstaatlGesetze den Kreisen ein ihnen vor der Verstaatl. zustehendes Einkommens=Besteuerungsrecht ge= wahrt worden; diese Gesetze sind die in G. 27. Juli 85 (GS. 327) § 14 Abs. 2 genannten, ferner G.

28. März 87 (GS. 21) § 11, G. 9. Mai 90 (GS. 69) § 11. Für Westfalen ist G. 28. März 82 (GS. 21) § 10 durch die KreisO. beseitigt OB. 11. Mai 89 (EEE. VII 121). Die zum RegBez. Cassel gehörigen Kreise haben kein Recht, die StEB. von dem Einkommen der verstaatl. Eisenb. zu besteuern OB. 29. Mai 00 (XXXVII 1).

b) Die Reichseisenb. unterliegen nur (in den Grenzen des § 17) der Grund= u. Gebäudesteuer OB. 26. Jan. 92 (XXII 117).

c) Die von anderen Staaten (außer a u. b) betriebenen sowie die Privateisenbahnen unterliegen nicht der Gewerbesteuer (IV 5 a Anm. 7 d. W.), wohl aber der Grund= u. Gebäudesteuer (in den Grenzen des § 17), sowie der Ein= kommensteuer mit ihrem Einkommen aus dem kreissteuerpflicht. Grund= besitz u. dem EisBetrieb. Ältere Befreiungen, auch in Staatsver= trägen niedergelegte, sind durch KreisO. § 14, 199 beseitigt OB. 19. Jan. 80 (VI 33).

d) Kleinbahnen gelten nicht als Eisenb. sondern als gewerbliche Unternehmungen ohne Sonder= stellung OB. 16. Sept. 96 (EEE. XIII 313).

sowie Berggewerkschaften, welche im Kreise Grundeigenthum besitzen, oder ein stehendes Gewerbe oder Bergbau betreiben, oder als Gesellschafter an dem Unternehmen einer Gesellschaft mit beschränkter Haftung betheiligt sind.

(Abs. 3).

Der Fiskus kann[4]) zu den Kreisabgaben wegen seines aus Grundbesitz, Gewerbe= und Bergbaubetrieb fließenden Einkommens nicht herangezogen, dagegen mit der Grund= und Gebäudesteuer um die Hälfte desjenigen Prozentsatzes stärker belastet werden, mit welchem die . . . Einkommensteuer dazu herangezogen wird. Im Falle des § 12 (Abs. 2) tritt diese Belastung auch ohne Beschluß des Kreistages ein[5]).

(Abs. 5).

§ 15. Die Einschätzung der Forensen, der Bergwerksbesitzer, der Kommanditgesellschaften auf Aktien, der Aktiengesellschaften und der juristischen Personen zu den Kreisabgaben erfolgt[6]), soweit sie zu den, der Vertheilung der letzteren zum Grunde gelegten Staatssteuern (§ 10) nicht schon unmittelbar herangezogen[7]) sind, von dem Kreisausschuß, nach den für

---

[4]) Die KreisO. für Westfalen, Rheinprov. u. Schleswig=H. enthalten hier folgende Einschaltung:

„soweit nicht die Aufbringung nach dem Schlußsatz des §. 11 stattfindet",

d. h. im Wege der Gemeindebesteuerung. Dem Kreise gegenüber kann aber auch, wenn so verfahren wird, der Fiskus nicht einkommensteuerpflichtig werden; der Provinzialverband ist also nicht berechtigt, das kommunale Steuersoll des Fiskus in das Provinzialsteuersoll des Kreises einzustellen OB. 15. Dez. 03 (XLV 7).

[5]) Wenn nämlich ein giltiger Kreistagsbeschluß über den Maßstab für die Verteilung der Kreisausgaben innerhalb der festgesetzten Zeit nicht zustande kommt. — Die Heranziehung gemäß Satz 1 setzt Eigentum des Fiskus an den Grundstücken voraus OB. 20. Feb. 82 (Arch. 257, GGG. II 213).

[6]) Nach § 15 i. Verb. mit KommAbg=

Platz. Der Anteil des einzelnen Kreises an dem gemäß § 45 festzustellenden Gesamteinkommen — y — wird ähnlich der in IV 5 a Anm. 30 angegebenen Art u. Weise ermittelt. Der Anteil des einzelnen Kreises an den Gesamtausgaben — C¹ umfaßt aber neben den in Gemeinden mit Betriebsstätten usw. (§ 35) erwachsenden Ausgaben auch diejenigen, die in selbst. Gutsbezirken mit Betriebsstätten usw. erwachsen, so daß der auf alle preuß. Kreise zusammen entfallende Anteil am Gesamtreineinkommen höher erscheint als der auf die preuß. Gemeinden entfallende; das Ergebnis der Rechnung ist: $y = \dfrac{A \cdot C^1}{B}$. Auf dieser Grundlage wird von jeder EisDir. der Verteilungsplan aufgestellt. Nähere Anweisung FinanzO. XII S. 171 ff. — Kreise, in denen sich keine Betriebsstätten usw. (§ 35) befinden, sondern z. B. nur freie Strecke belegen ist, sind nicht abgabe=

die Veranlagung dieser Staatssteuern bestehenden gesetzlichen Vorschriften[8]), unter Anwendung des für die Kreisabgaben bestimmten Antheilsverhältnisses.

§ 17. Die dem Staate gehörigen, zu einem öffentlichen Dienste oder Gebrauche bestimmten Liegenschaften und Gebäude[9]), die Königlichen Schlösser, sowie die im § 4 zu c und d des Gesetzes vom 21. Mai 1861, betreffend die anderweite Regelung der Grundsteuer (Gesetz-Samml. S. 253), im Artikel I des Gesetzes vom 12. März 1877 (Gesetz-Samml. S. 19) und im § 3 zu 2 bis 6 des Gesetzes vom 21. Mai 1861, betreffend die Einführung einer allgemeinen Gebäudesteuer (Gesetz-Samml. S. 317), bezeichneten Grundstücke und Gebäude sind von den Kreislasten befreit[10]).

§ 19. Auf Beschwerden und Einsprüche, betreffend:

1) das Recht zur Mitbenutzung der öffentlichen Einrichtungen und Anstalten des Kreises,

2) die Heranziehung oder die Veranlagung zu den Kreisabgaben,

beschließt der Kreisausschuß[11]).

Beschwerden und Einsprüche der zu 2 gedachten Art sind innerhalb einer Frist von zwei Monaten nach erfolgter Bekanntmachung der Abgabeteträge bei dem Kreisausschusse anzubringen. Einsprüche gegen die Höhe von Kreiszuschlägen zu den direkten Staatssteuern, welche sich gegen den Prinzipalsatz der letzteren richten, sind unzulässig[12]).

Gegen den Beschluß des Kreisausschusses findet innerhalb zwei Wochen die Klage bei dem Bezirksausschuß[13]) statt. Hierbei ist die Zuständigkeit der Verwaltungsgerichte auch insoweit begründet, als bisher durch § 79 Titel 14 Teil II Allgemeinen Landrechts, beziehungsweise §§ 9, 10 des Gesetzes über die Erweiterung des Rechtsweges vom 24. Mai 1861 (Gesetz-Samml. S. 241) oder sonstige bestehende Vorschriften der ordentliche Rechtsweg für zulässig erklärt war.

---

[8]) Aufgeführt bei Brauchitsch Anm. 112; jetzt sind die Vorschr. wesentl. geändert durch KommAbgG. § 91 Abf. 1 Ziff. 4, § 92. Zu den hiernach anzuwendenden Vorschr. des letzteren gehört § 51 Abf. 2, u. zwar auch gegenüber der StEB. OB. 8. Mai 97 (XXXI 4), 15. März 99 (XXXV 9); nicht § 34 OB. 14. April 97 (XXXI 1).

[9]) 5 a Anm. 2—4.

[10]) Die bezeichneten Vorschr. decken sich, soweit die Eis. in Betracht kommen, insofern nicht mit KommAbgG. § 24, als zwar gemeindesteuerpflichtige (KAG. § 24 Abf. 2), aber kreissteuerfrei (G. 21. Mai 61 § 3 Ziff. 2) sind die dem Staate usw. gehör. Gebäude, soweit sie zu Dienstwohn. für Beamte bestimmt sind; diese Gebäude sind auch jetzt noch kreissteuerfrei OB. 29. April 96 (XXIX 12), 23. Juni 99 (XXXV 12). Die Kreissteuerfreiheit fällt fort, soweit die Kreissteuern von den Gemeinden im Wege der Gemeindebesteuerung (KreisO. § 11) aufgebracht werden Brauchitsch Anm. 123. Besteuerung von Gebäuden, die nur teilweise für den öff. Dienst, oder die zu Dienstwohnungen bestimmt sind OB. 23. Feb. 98 (VerwaltBl. XIX 434). — 5 a Anm. 3.

[11]) KommAbgG. § 92 Ziff. 1

[12]) KommAbgG. § 91 Abf. 2.

[13]) LBG. § 153.

Die Beschwerden und die Einsprüche, sowie die Klage haben keine auf=
schiebende Wirkung [14]).

___

6. Stempelsteuergesetz. Vom 31. Juli 1895 (GS. S. 413) [1]).
(Auszug.)

§. 4. Sachliche Stempelsteuerbefreiungen.

Von der Stempelsteuer sind befreit:

e) Urkunden wegen Besitzveränderungen, denen sich die Betheiligten aus
Gründen des öffentlichen Wohls zu unterwerfen gesetzlich verpflichtet
sind (Enteignungen), ohne Unterschied, ob die Besitzveränderung selbst
durch Enteignungsbeschluß oder durch freiwillige Veräußerungsgeschäfte
bewirkt wird [2]);

(f—h).

(Abs. 2).

§. 5. Persönliche Stempelsteuerbefreiungen.

Von der Entrichtung der Stempelsteuer sind befreit:

b) der Fiskus des Deutschen Reiches und des Preußischen Staates und
alle öffentlichen Anstalten und Kassen, welche für Rechnung des Reiches
oder des Preußischen Staates verwaltet werden oder diesen gleich=
gestellt sind [3]);

(c—g).

Dem Staatsoberhaupte und dem Fiskus anderer Staaten als des
Deutschen Reiches und des Preußischen Staates sowie den öffentlichen An=
stalten und Kassen, die für Rechnung eines solchen anderen Staates ver=

___

[14]) Die späteren KreisO. fügen hinzu,
daß gegen die Entsch. des Bezirksaus=
schusses nur das Rechtsmittel der Re=
vision (ZustG. § 3) zulässig ist; ent=
sprechend G. für Posen Art. V B 4.

[1]) Gilt nicht für Hohenzollern (u.
Helgoland). Ausführliche Erläuterungen
„Stempelrechtliche Vorschriften. Zu
Teil XII der FinanzO. der Preuß.
StaatseisVerw." (mit Nachtr.). Hand=
ausgabe des G.: Loeck (5. Aufl. 01).

[2]) EntG. § 43, 26, 16. — Voraus=
setzung ist, daß das Unternehmen, für
das der Erwerb stattfindet, tatsächlich
bereits mit dem EntRecht ausgestattet
ist FinanzO. Anm. 9. Die Vorschr.
bezieht sich nur auf die in den vor=
läufig festgestellten Plan (EntG. § 15)
aufgenommenen Grundstücke RGer.
28. Jan. 02 (EEE. XIX 29), einschl.

derj., deren Übernahme nach EntG.
§ 9 verlangt werden kann (Eger EntG.
II 472), u. nicht auf Grunderwerb
eines Kreises für eine Eis., bezüglich
deren sich der Kreis zur Beschaffung
des Grund u. Bodens verpflichtet hat
(Loeck Anm. 9). Grunderwerb für An=
schlüsse neuer Bahnen an bestehende
FinanzO. Anm. 13, Seydel Anm. 1 zu
EntG. § 43. Auch die Vollmachten
zur Auflassung der unter e fallenden
Grundstücke sind stempelfrei E. 25. Dez.
93 (EBB. 94 S. 3). Befreiung vom
Staatsstempel schließt der Regel nach
diejen. von der Gemeindeumsatzsteuer in
sich OB. 6. April 00 (XXXVII 133);
aber E. 7. Dez. 04 IV K. 15. 392.

[3]) Darunter auch die in Staatsver=
waltung übergegangenen Eisenbahnen
FinanzO. Anm. 8.

waltet werden oder diesen gleichgestellt sind, und den Chefs der bei dem Deutschen Reiche oder bei Preußen beglaubigten Missionen kann die Stempel= steuerbefreiung gewährt werden, wenn der betreffende Staat Preußen gegen= über die gleiche Rücksicht übt[4]).

(Abs. 3—4).

Die nach den vorstehenden Bestimmungen von der Stempelsteuer befreiten Personen, Behörden, Gesellschaften, Anstalten, Stiftungen, Vereine u. s. w. sind nicht befugt, diese Befreiung den Privatpersonen, mit welchen sie Ver= träge eingehen, einzuräumen, wenn diese Personen an sich nach gesetzlicher Vorschrift zur Entrichtung des Stempels verbunden sind[5]).

Bei allen zweiseitigen Verträgen mit solchen Personen muß für den Ver= trag die Hälfte des Stempels und für die Nebenausfertigungen außerdem der vorgeschriebene Stempel (§. 9) entrichtet werden.

Bei Verträgen über Lieferungen an den Fiskus des Deutschen Reiches oder des Preußischen Staates und alle öffentlichen Anstalten und Kassen, welche für Rechnung des Reiches oder des Preußischen Staates verwaltet werden oder diesen gleichgestellt sind, hat der Lieferungsübernehmer den vollen Betrag des Stempels zu entrichten.

§. 10. Versteuerung mehrerer in derselben Urkunde enthaltener Gegenstände.

Wenn bei Rechtsgeschäften über mehrere, verschiedenen Steuersätzen unterliegende Gegenstände das Entgelt ohne Angabe der Einzelwerthe unge= trennt in einer Summe oder Leistung verabredet ist, so kommt für die Be= rechnung des Stempels der höchste Steuersatz zur Anwendung, sofern nicht von den Ausstellern der Urkunde auf derselben die Werthe für die einzelnen Gegenstände innerhalb der im §. 16 angegebenen Fristen noch nachträglich angegeben werden. . . .

Enthält eine Urkunde verschiedene steuerpflichtige Geschäfte, so ist der Betrag des Stempels für jedes Geschäft besonders zu berechnen und die Ur= kunde mit der Summe dieser Stempelbeträge zu belegen[6]).

Sofern die einzelnen in einer Urkunde enthaltenen Geschäfte sich als Bestandtheile eines einheitlichen, nach dem Tarife steuerpflichtigen Rechtsge= schäftes darstellen, ist nur der für das letztere vorgesehene Stempelbetrag zu entrichten.

---

[4]) Sachsen, Hessen, Bayern FinanzO. Anm. 23—25.

[5]) FinanzO. Anm. 28—30.

[6]) Nebenabreden in Lagerplatzver= trägen E. 9. Jan. 98 (EBB. 24); in Verträgen über Gegenstände bis zu 150 M. E. 21. Juli 96, 22. Juli 98, 15. Nov. 01 (EBB. 01 S. 347); Ver= einbarung über Zuständigkeit eines be= stimmten Gerichts E. 13. Nov. 03 (EBB. 346). — Ferner FinanzO. Anm. 15, 17—19 zu Tarifstelle 71; Tarifstelle 75 Abs. 3.

Stempeltarif (Auszug).

Laufende Nr.	Gegenstand der Besteuerung.	Steuersatz			Berechnung der Stempelabgabe.
		Vom Hundert	M.	Pf.	
12.	Bestallungen⁷) für besoldete Beamte	—	1	50	
	für unbesoldete Beamte frei.				
(22.)	Erlaubniserteilungen				
	l) Genehmigungen zum Betriebe von Privat=anschlußbahnen⁸), wenn die Kosten der Anlage				
	1 000 Mark nicht übersteigen	—	1	—	
	5 000 = = = . . .	—	5	—	
	10 000 = = = . . .	—	10	—	
	20 000 = = = . . .	—	20	—	
	50 000 = = = . . .	—	50	—	
	75 000 = = = . . .	—	75	—	
	100 000 = = = . . .		100		
	bei einem höheren Kostenbetrage für je 50 000 Mark mehr 50 Mark,				
	Genehmigungen zu Veränderungen in dem Betriebe⁸)				
	die Hälfte der vorstehenden Sätze;				
	m) Genehmigungen zum Betriebe eines Eisen=bahnunternehmens⁹)	—	100	—	
	Genehmigungen zum Betriebe eines Dampf=schifffahrts= oder Kleinbahnunternehmens¹⁰), wenn der Gewerbebetrieb wegen geringen Er=trages und Kapitals von der Gewerbesteuer frei ist	—	3	—	
	in die vierte Gewerbesteuerklasse gehört . .	—	10	—	
	= = dritte = . .	—	25	—	

⁷) Erteilung stempelpflichtiger Be=stallungen an Beamte der StEB. E. 22. Dez. 02 (EVB. 554) u. 19. März 03 (EVB. 89), FinO. (Nachtr.) Anm. 2, 3.

⁸) KleinbG. § 43. Die Ausstellung neuer Genehmigungsurk. für die vor Inkrafttreten des KleinbG. genehm. Kleinb. u. Privatanschlußb. im Falle KleinbG. § 53 Abs. 3 erfolgt stempelfrei; bei wesentl. Erweiterungen usw. im Falle KleinbG. § 53 Abs. 4 ist die Stempelst. nach den Kosten der Erwei=terung usw. zu berechnen; wird bei einer bisher mit Pferden betriebenen Anschlußb. zugleich mit der Erweiterung usw. der Maschinenbetr. eingeführt, so daß sie erst durch die Genehm. der Erweiterung usw. zu einer Privatanschluß. i. S. KleinbG. § 43 wird, so ist die Stempelst. nach den Kosten der Gesamtanlage (nicht bloß der Erweit.) zu berechnen E. 21. Juli 99 u. 30. Nov. 00 (Loeck Anm. 2 zu Tariffstelle 22 m); FinanzO. Anm. zu Tariffstelle 22.

⁹) EisG. § 1. Unter Tariffst. m fällt nicht jede auf den Betrieb des Untern. bezügl. Genehm., sondern nur die, durch die das U. an sich gestattet wird RGer. 4. Okt. 01 (LI 17).

¹⁰) KleinbG. § 2; Anm. 8, 9.

Laufende Nr.	Gegenstand der Besteuerung.	Steuersatz			Berechnung der Stempelabgabe.
		Vom Hundert	M.	Pf.	
	in die zweite Gewerbesteuerklasse gehört . .	—	60	—	
	= = erste = = . .	—	100	—	
	Genehmigungen zu Veränderungen in dem Betriebe ¹⁰)				
	die Hälfte der vorstehenden Sätze;				
	Bewilligungen von Fristverlängerungen und Fristungen				
	ein Viertel der vorstehenden Sätze.				
	Die Bewilligung von Fristverlängerungen und Fristungen, welche durch Naturereignisse oder andere unabwendbare Zufälle verursacht sind, ist stempelfrei;				
	n) Genehmigungen der Ortspolizeibehörden zum Betriebe von Gewerben, welche dem öffentlichen Personen- und Güterverkehr innerhalb der Orte durch sonstige Transportmittel aller Art (Wagen, Gondeln, Sänften, Pferde u. s. w.) dienen (§. 37 der Reichs-Gewerbeordnung) .	—	3 bis 20	—	je nach der Bedeutung des Gewerbes.
	Werden Genehmigungen der bezeichneten Art Personen ertheilt, deren Gewerbebetrieb wegen geringen Ertrages und Kapitals von der Gewerbesteuer frei ist, so beträgt die Stempelabgabe	—	—	50	
32.	**Kauf- und Tauschverträge** und andere lästige Veräußerungsgeschäfte enthaltende Verträge einschließlich der gerichtlichen Zwangsversteigerungen, insoweit nicht besondere Tarifstellen zur Anwendung kommen, wenn sie betreffen:				
	a) im Inlande befindliche unbewegliche Sachen oder diesen gleichgeachtete Rechte¹¹)	1	—	—	bei Kauf- und Lieferungsverträgen vom Kauf- oder Lieferungspreise unter Hinzurechnung des Werthes der ausbedungenen Leistungen und vorbehaltenen Nutzungen; bei anderen Verträgen vom Gesammtwerth der Gegenleistung unter Hinzurechnung des Werthes der vorbehaltenen Nutzungen, oder, wenn der Werth der Gegenleistung aus dem Vertrage nicht hervorgeht, von dem Werth des veräußerten Gegenstandes;

¹¹) Unter Tarifstelle 32a fallen Bahneinheiten RGer. 18. März 02 (LI 101), FinanzO. (Nachtr.) Anm. 17 a.

Laufende Nr.	Gegenstand der Besteuerung.	Steuersatz			Berechnung der Stempelabgabe.
		Vom Hundert	M.	Pf.	
	b) außerhalb Landes befindliche unbewegliche Sachen	—	1	50	
	c) andere Gegenstände aller Art (auch Lieferungsverträge), falls die Verträge nicht auf Grund der Tarifnummer 4 des Reichsstempelgesetzes vom 27. April 1894 [12]) der Reichsstempelabgabe unterliegen oder von dieser befreit sind [13]) . (Abs. 2—10.)	$^1/_3$	—	—	wie vor.
	Ermäßigungen und Befreiungen:				
	3) [14]) Befreit sind Kauf= und Lieferungsverträge über Mengen von Sachen oder Waaren [15]), sofern dieselben entweder zum unmittelbaren				

[12]) Jetzt ReichsstempelG. 14. Juni 00 (RGB. 275). Nach Tarifstelle 4 b dieses G. unterliegen dem Reichsstempel ($^4/_{10}$ vom Tausend), Kauf= u. sonstige Anschaffungsgeschäfte, welche unter Zugrundelegung von Usancen einer Börse geschlossen werden, über Mengen von Waren, die börsenmäßig gehandelt werden; die Abgabe wird nicht erhoben, falls die Waren, welche Gegenstand eines nach Nr. 4 b stempelpflichtigen Geschäfts sind, von einem der Vertragschließenden im Inland erzeugt oder hergestellt sind (Befreiung Nr. 1). In der gegenwärtigen Fassung hat das ReichsG. für Kauf= u. Anschaffungsgeschäfte der Eisenbahnen keine erhebliche Bedeutung mehr.

[13]) Unter Tarifstelle 32 c fällt die in einem Privatanschlußvertrage getroffene Abmachung, daß die EisVerw. dem Anschlußinhaber neben einer festen Jahresvergütung für die gewöhnl. Unterhaltung des Anschlußgleises die Kosten der zur Unterhaltung der Anschlußanlage erforderl. Ersatzmaterialien besonders in Rechnung stellt C. $\frac{6.\ \text{Aug. } 99}{28.\ \text{Nov. } 00}$ (EBB. 00 S. 592), FinanzO. Anm. 57; ferner ein Kaufvertrag über ein Anschlußgleis, das nicht in dauernder Verbindung mit dem Grund u. Boden gebracht ist C. 31. Mai 99 (EBB. 200); auch ein Vtr. über Lieferung elektrischen Stromes RGer. 5. Feb. 04 (LVI 403).

[14]) Ausführlich FinanzO. Anm. 43 bis

66) Loock Anm. 77, 102. Die Befreiung muß Platz, soweit sich die tatsächl. Voraussetzungen der Befreiung (z. B. Erzeugung im Inlande) aus der Vertragsurkunde selbst ergeben; ist sie nur auf einen Teil der Lieferung anwendbar, so muß dieser Teil darin bezeichnet werden FinanzO. Anm. 45, 46; C. 14. Juli 99 (EBB. 253). Bez. der Erzeugung im Inland wird jetzt die Aufnahme in den Vtr. nicht mehr gefordert FinO. Nachtr. Anm. 65 (vgl. unten Anm. 19). — Anm. 6.

[15]) Mengen von Sachen sind nicht nur solche Sachen, die nach Zahl, Maß od. Gewicht gehandelt zu werden pflegen, sondern auch andere, unter sich gleichartige Sachen, die in casu nach dem Vertragswillen als vertretbare zu gelten haben; die Befreiung wird nicht dadurch ausgeschlossen, daß die Eigenschaften der Sachen durch Zeichnungen u. dgl. näher bestimmt werden; die Anzahl muß mindestens drei betragen RGer. 24. Okt. 98 (XLII 255: Eisenbahnwagen), 20. Febr. 99 (XLIII 290: Lokomotiven, die nach Normalien hergestellt werden), 5. Mai 99 (CCC XVI 152: Postwagen für Schmalspurbahnen); C. 23. Dez. 99 (EBB. 00 S. 1). Verkauf ausgemusterter Bahnwagen C. 13. Sept. 02 (EBB. 479). Unter Ziff. 3 können auch unkörperl. Sachen fallen, z. B. elektr. Strom RGer. 5. Feb. 04 (Anm. 13).

XIX.

Laufende Nr.	Gegenstand der Besteuerung.	Steuersatz Vom Hundert	M.	Pf.	Berechnung der Stempelabgabe.
	Verbrauch[16]) in einem Gewerbe[17]) oder zur Wiederveräußerung in derselben Beschaffenheit oder nach vorgängiger Bearbeitung oder Verarbeitung dienen sollen oder im Inlande[18]) in dem Betriebe eines der Vertragschließenden[19]) erzeugt oder hergestellt[20]) sind.				
	4) Gerichtliche oder notarielle Aufnahmen oder Beglaubigungen der nach der Tarifnummer 4 des Reichsstempelgesetzes vom 27. April 1894[12]) reichsstempelpflichtigen oder von der Reichsstempelsteuer befreiten Kauf- und Anschaffungsgeschäfte	—	1	50	
48.	Pacht- und Afterpachtverträge, Mieth- und Aftermiethverträge, sowie antichretische Verträge: a) über unbewegliche Sachen[21]), sofern der verabredete nach der Dauer eines Jahres zu berechnende Pachtzins (Miethzins, antichretische Nutzung) mehr als 300 Mark beträgt . . .	$^1/_{10}$	—		des Pachtzinses (Miethzinses, der antichretischen Nutzung).

---

[16]) Hierunter fallen nur solche Sachen, deren bestimmungsgemäße Benutzung in ihrer Vernichtung ob. Zerstörung besteht, z. B. Plomben für den Betrieb der StEB. E. 19. Sept. 04 (EBB. 328), nicht aber Sachen, die zum dauernden Gebrauche (wenn auch mit allmähl. Abnutzung), sei es in unveränderter Form ob. unter Umgestaltung, Vereinigung mit anderen Sachen, Verarbeitung usw. bestimmt sind. Z. B. nicht: Eisenbahnschwellen RGer. 20. Okt. 98 (XLII 233); Stab-, Schweiß-Fluß-, Winkeleisen, Eisenblech, Kesselblech als Werkstattsmaterialien RGer. 8. Okt. 01 (IL 303); Bleiweiß, welches zur Herstellung von Anstrichmasse für EisWagen verwendet wird RGer. 22. Mai 03 (Arch. 1352); Waldwolle als Putzmaterial E. 14. Juli 02 (EBB. 429); Zement zu Bauzwecken E. 11. März 04 (EBB. 142). — Zusammenfassend E. 18. Dez. 01 (EBB. 359).

[17]) Dahin der Betrieb auch der StEB. FinanzO. Anm. 53, nicht aber Bau von Eisenbahnen ob. Bahnunterhaltung RGer. 20. Okt. 98 (XLII 233 ff., 238 a. E.).

[18]) D. i. im Deutschen Reiche: E. 30. Jan. 97 (EBB. 39).

[19]) Unternehmer, die ein Syndikat gebildet haben E. 11. März 04 (Anm. 16). Es kommt darauf an, ob objektiv die Erzeugung usw. im Betriebe des Vertragschließenden erfolgt ist, nicht ob der Vertragswille darauf gerichtet war RGer. 12. Juni 03 (LV 195).

[20]) Kiesgewinnung E. 22. Feb. 00 (EBB. 100).

[21]) Hierunter ein Vertrag, durch den der Wegeunterhaltungspflichtige Unternehmer einer Kleinbahn gemäß KleinbG. § 6 die Benutzung des Weges gegen Geldentschädigung gestattet RGer. 13. Dez. 97 (XL 280). Übersicht üb. die der EisVerwaltung eigentümlichen Arten von Pacht- ob. Mietverträgen FinanzO. Anm. 5, 6, 8, 10. Betriebsüberlassungsverträge E. 19. Nov. 01 (EBB. 352).

Laufende Nr.	Gegenstand der Besteuerung.	Steuersatz			Berechnung der Stempelabgabe.
		Vom Hundert	M.	Pf.	
	(Abs. 2, 3 Pacht= und Mietsverzeichnis, das der Verpächter usw. zu führen hat.) Behörden sind berechtigt, die Versteuerung der von ihnen zu führenden Verzeichnisse selbst zu bewirken. (Abs. 5—9.)				
	b) über bewegliche Sachen²²)	¹/₁₀	—	—	des Zinses (Nutzung).
	Der Stempel berechnet sich nach der Dauer der bedungenen Vertragszeit; bei Verträgen auf unbestimmte Zeit ist der Versteuerung eine einjährige Dauer zu Grunde zu legen;				
	c) über ausländische Grundstücke²³)	—	1	50	
58.	Schuldverschreibungen²⁴).				
	1. Schuldverschreibungen, hypothekarische und persönliche aller Art, insoweit es sich nicht um der Reichsstempelabgabe unterworfene Werthpapiere handelt	¹/₁₂	—	—	des Kapitalbetrages der Schuldverschreibung.
	Ermäßigungen . . . Befreiungen . . . (II, III.)				
71.	Verträge.				
	2) über sonstige vermögensrechtliche Gegenstände, wenn keine andere Tarifstelle zur Anwendung kommt²⁵)	—	1	50	
	(Abs. 2.)				

²²) Hierunter Verträge, in denen die Eif. einem Unternehmer einen EifWagen zum Wirtschaftsbetrieb in den Zügen gegen Entschädigung zur Verfügung stellt FinanzO. Anm. 32.

²³) Hierunter Pachtverträge über die im Auslande belegenen Bahnhofswirt=schaften FinanzO. Anm. 33.

²⁴) Dahin Verträge, in denen sich ein Interessent (Gemeinde usw.) zur Leistung eines Barzuschusses für den Fall ver=pflichtet, daß die EifVerwaltung — die ihrerseits keine Verpflichtung übernimmt — die Herstellung irgend einer Bahn=anlage bewirkt E. 18. Sept. 01 (EVB. 323), 16. Okt. 02 (EVB. 512); Finanz=O. Anm. 8; RGer. 6. Mai 04 (LVIII 112). Die zwischen der EifBehörde u. den Kreditnehmern über Gewährung von Frachtstundungen ausgetauschten Schriftstücke sind nicht stempelpflichtig, auch nicht die Gegenkonten der Kredit=nehmer, wohl aber Schuldanerkenntnisse, aus denen der Verpflichtungsgrund zu entnehmen ist E. 27. März 90 (EVB. 153); FinanzO. Anm. 11; RGer. 24. Feb. 85 (EEE. III 446), 11. Juli 87 (EEE. V 382).

²⁵) Dahin Verträge über Einräumung gewisser Berechtigungen an Grenz=nachbarn der Eif., über gegenseitige Wagenbenutzung, über Einstellung von Speisewagen, über Erstattung von Grunderwerbskosten durch Kreise usw. FinanzO. Anm. 7—10; ferner Arbeits= u. Dienstverträge mit Beamten, auch mit Bahnärzten das. Anm. 4, 21, 22. Unter Nr. 71 fallende Nebenabreden das. Anm. 15, 17; stempelfreie Neben=abreden das. Anm. 19.

Laufende Nr.	Gegenstand der Besteuerung.	Steuersatz			Berechnung der Stempelabgabe.
		Vom Hundert	M.	Pf.	
	Befreiungen:				
	a) Lehrverträge,				
	b) Verträge, durch welche Arbeits= und Dienst= leistungen auf bestimmte oder unbestimmte Zeit gegen zu gewissen Zeiten wiederkehrendes Ent= gelt (Lohn, Gehalt und dergleichen) versprochen werden, wenn der Jahresbetrag der Gegen= leistung 1500 Mark nicht übersteigt.				
73.	Vollmachten[36]), Ermächtigungen und Auf= träge zur Vornahme von Geschäften rechtlicher Natur für den Vollmachtgeber, wenn der Werth des Gegenstandes der Vollmacht				
	500 Mark nicht übersteigt		—	50	
	1000 = = = ...		1	—	
	3000 = = = ...		1	50	
	6000 = = = ...		3	—	
	10000 = = = ...		5	—	
	15000 = = = ...		7	50	
	bei einem höheren Betrage		10	—	
	wenn die Vollmacht zur Vornahme aller oder gewisser Gattungen von Geschäften für den Voll= machtgeber ermächtigt (Generalvollmacht) und der Werth des Gegenstandes 50000 Mark übersteigt		20	—	
	Steht der Bevollmächtigte in einem Dienst= verhältnisse zu dem Vollmachtgeber, höchstens .		1	50	
	Wenn der Werth des Gegenstandes der Voll= macht nicht schätzbar ist, wenn es sich insbeson= dere um Vollmachten zur Ausübung des Stimm= rechts in Gesellschaften aller Art handelt . .		1	50	
	Bei Prozeßvollmachten treten an Stelle der Steuersätze des ersten Absatzes von 3, 5, 7,50, 10, die Steuersätze von 2, 3, 4, 5 Mark. (Abs. 5—8.)				

---

[36]) z. B. ein Schriftstück, in dem der Aussteller eine Güterabfertigungsstelle ersucht, eine unter seiner Adresse ein= gehende Sendung einem Dritten gegen dessen Quittung auszuliefern, wenn nicht aus ihm hervorgeht, daß der Empfänger die Güter im Namen u. für Rechnung nicht seiner selbst, sondern des Adressaten in Empfang nehmen soll (VerkO. § 68 Abs. 5) E. 11. April 94 (EVB. 118), 31. März 95 (EVB. 341); FinanzO. Anm. 8. — Anm. 2. Stempelung von Frachtbrief=Zessionen (Tariffstelle 2) E. 3. Nov. 03 (EVB. 359), FinO. (Nachtr.) Anm. 9 zu Tariffstelle 2.

Laufende Nr.	Gegenstand der Besteuerung.	Steuersatz Vom Hundert	M.	Pf.	Berechnung der Stempelabgabe.
75.	**Werkverdingungsverträge**), inhalts deren der Uebernehmer auch das Material für das übernommene Werk ganz oder theilweise anzuschaffen hat, sind, falls letzteres in der Herstellung beweglicher Sachen besteht, wie Lieferungsverträge unter Zugrundelegung des für das Werk bedungenen Gesammtpreises zu versteuern.				

Handelt es sich bei dem verdungenen Werk um eine nicht bewegliche Sache, so ist der Werkverdingungsvertrag so zu versteuern, als wenn über die zu dem Werk erforderlichen, von dem Unternehmer anzuschaffenden beweglichen Gegenstände in demjenigen Zustande, in welchem sie mit dem Grund und Boden in dauernde Verbindung gebracht werden sollen, ein dem Steuersatz der Tarifstelle „Kauf= und Tauschverträge" Buchstabe c oder der Ziffer 3 der „Ermäßigungen und Befreiungen" dieser Tarifstelle unterliegender Lieferungsvertrag und außerdem hinsichtlich des Werthes der Arbeitsleistung ein dem Steuersatz der Tarifstelle „Verträge" Ziffer 2 unterworfener Arbeitsvertrag abgeschlossen wäre.

Die Vorschrift des §. 10 dieses Gesetzes findet entsprechende Anwendung dergestalt, daß, insoweit eine Trennung des Gesammtpreises nicht vorgenommen ist, der höchste Steuersatz zu entrichten ist.

) Ausführl. erörtert FinO. Anm. 1—25.

V. Eisenbahnbau, Grunderwerb und Rechtsverhältnisse des Grundeigentums.

1. Einleitung.

Die Grundlagen des Eisenbahnbaurechts sind teilweise im Eisenbahngesetze (I 3 b. W.) — namentlich § 4, 14: Vorarbeiten, Planfeststellung, Nebenanlagen, § 21, 22: Fortgang der Bauarbeiten, Abnahme, § 24: Bahnunterhaltung — und im Kleinbahngesetze (I 4 b. W.) — namentlich § 5, 8, 17 f., 47: Planfeststellung, § 6, 7, 46: Wegebenutzung — enthalten. Die für den Bau von Staatseisenbahnen erforderlichen organisatorischen Vorschriften trifft die Verwaltungsordnung (II 2 c, namentlich § 1, 4, 10, 14). Ferner ist hier auf die Handarbeiterverordnung (III 9) und das Rayongesetz (VIII 2) zu verweisen. Die technische Herstellung und die Ausrüstung werden in den unter VI 2, 3, 5 abgedruckten Bestimmungen geordnet.

Normen über Erwerb, Veräußerung und Belastung des unbeweglichen Bahneigentums, sowie über die Zwangsvollstreckung in dieses finden sich im Eisenbahngesetze (§ 7) und im Gesetz über die Bahneinheiten (I 5 b. W., namentlich § 5—7).

Der vorliegende Abschnitt enthält das Enteignungsgesetz (Nr. 2), das Fluchtliniengesetz (Nr. 3) und einzelne Bestimmungen des Berg= und des Jagdpolizei=Gesetzes (Nr. 4 und 5).

---

2. Gesetz über die Enteignung von Grundeigenthum. Vom 11. Juni 1874 (GS. 221)[1].

Titel I. Zulässigkeit der Enteignung[2].

§. 1. Das Grundeigenthum[3] kann nur aus Gründen des öffentlichen Wohles[4] für ein Unternehmen, dessen Ausführung die Ausübung des Ent=

---

[1] Inhalt: Tit. I Zulässigkeit der Enteignung (§ 1—6); Tit. II Entschädigung (§ 7—14); Tit. III Enteignungsverfahren: 1. Feststellung des Planes (§ 15—23), 2. Feststellung der Entschädigung (§ 24—31), 3. Vollziehung der Enteignung (§ 32—38), 4. Allgemeine Best. (§ 39—43); Tit. IV Wirkungen der Enteignung (§ 44—49); Tit. V besondere Best. über Entnahme von Wegebaumaterialien (§ 50—53); Tit. VI Schluß= u. Übergangsbest. (§ 54 bis 58). — Geltungsgebiet: die ganze Monarchie (außer Helgoland); in Lauenburg eingeführt durch lauenb. G. 28. April 75 (offiz. Wochenbl. f. Lauenb. S. 291). — Quellen: 73/4 AH. Drucks. Nr. 18 (Entw. u. Begr.), 149 (KomB.), StB. 128, 1252, 1497, 1843; HH. Drucks. Nr. 108 (KomB.), StB. 376. Vorgeschichte bei Seydel S. 6. — Bearbeitungen v. Bähr u. Langerhans (2. Aufl. 78), Seydel (3. Aufl. 03), Löbell (84), Eger (2. Aufl. 02), Luther

eignungsrechtes erfordert, gegen vollständige Entschädigung entzogen oder beschränkt werden[5]).

(02), Koffka (05). — Nicht berührt durch das BGB. EG. Art. 109; üb. das Recht der Enteignung in seiner Beziehung zum BGB. Bering in EEE. XV 188, 280. — Da das EntG. sein hauptsächlichstes Anwendungsgebiet im Eisenbahnwesen findet, wird es hier vollständig abgedruckt, obwohl es nur vereinzelte eisenbahnrechtliche Normen enthält; die Anm. sind auf das für das EisWesen Wichtige beschränkt. — Abweich. Bestimmungen enthält das G. betr. die Herstellung und den Ausbau von Wasserstraßen 1. April 05 (GS. 179) § 11—16.

[2]) Rechtliche Natur der Enteignung. Das LR. faßte die „Expropriation" als erzwungenen Kaufvertrag auf. Ob das EntG. von der gleichen Anschauung ausgeht — in welchem Falle sich das Verhältnis zwischen Unternehmer u. Eigentümer im Zw. nach den Bestimmungen des Privatrechts über den Kauf richten würde — oder die Ent. als einseitigen Eingriff des Staats in Privatrechte u. die Entschädigung nicht als Kaufpreis, sondern als Schadensersatz ansieht, ist bestritten. Für letzteres RGer. 22. Nov. 80 (Arch. 81 S. 199, EEE. I 310), Gleim im Arch. 85 S. 43, Seydel S. 3 f., Koffka Anm. I; dagegen RGer. 20. Mai 87 (XVIII 346), in ausführl. Darstellung Eger Anm. 12 zu § 1. — Der Begriff der Ent. setzt voraus, daß der, dem enteignet wird, u. der, für den enteignet wird, verschiedene Rechtssubjekte sind; also ist ein EntVerfahren zwischen zwei stationes fisci nicht möglich Seydel S. 15 (mit Angaben über das Verfahren bei Abtretung seitens einer statio an eine andere).

[3]) Rechte am Grundeigentum § 6.

[4]) Die Ent. wird nicht dadurch ausgeschlossen, daß das in Anspruch zu nehmende Grundstück bereits einem öff. Zwecke dient; Straßenflächen E. 17. Dez. 00 (Arch. 01 S. 676). In derartigen Kollisionsfällen ist nach LR. Einl. § 95—98, insbes. § 97 zu entscheiden, tunlichst also nicht Entziehung, sondern Beschränkung des Grundeigentums auszusprechen E. 11. März 02 (VB. 874).

Ist das nicht angängig, so weicht das schwächere Interesse dem stärkeren RBesch. 18. Juni 77 u. 15. Nov. 78 (Seydel Anm. 3). Bei Kollision zwischen Eisenb. u. öffentl. Wegen geht die Eif. vor; erheischt deren Interesse den Erwerb des Eigentums an einer Kreuzungsfläche, so ist die Entziehung des Eigentums auszusprechen, unbeschadet einer etwa zulässigen Weiterbenutzung der Fläche zu Wegezwecken RBesch. 30. Dez. 01 (Arch. 02, S. 467). Ferner I 3 Anl. E Ziff. III d. W., Seydel Anm. 3. — Kleinbahnen KleinbG. § 6, 7.

[5]) VU. Art. 9. — Enteignung kommt nicht in Frage, soweit dem Eigentümer ohnehin allgemeine gesetzliche Eigentumsbeschränkungen öffentlich- oder privatrechtlicher Art (Koffka Anm. 18 ff.) auferlegt sind, ebensowenig bedarf es ihrer für solche staatliche Eingriffe in das Privateigentum, die nicht zu dem Zwecke erfolgen, die Ausführung eines mit dem EntRecht ausgestatteten Unternehmens zu ermöglichen, sondern aus anderen Gründen, mögen sie auch durch das Vorhandensein dieses Unternehmens veranlaßt sein. Z. B. unterliegen nicht dem EntG.:

a) polizeiliche Anordnungen in Ausübung des sog. Staatsnotrechts, durch welche die Polizei in das Privateigentum einzelner, bei vorhandenen Gefahren Unbeteiligter zur Beseitigung dieser Gefahren eingreift; das Recht zu einem solchen Eingreifen hat eine „imminente" und auf andere Weise nicht zu beseitigende Gefahr zur Voraussetzung; die Entschädigungsfrage ist nach G. 11. Mai 42 (GS. 192) § 4 zu beurteilen OB. 4. Jan. 81 (VII 354), 1. u. 8. April 85 (XII 401, 397), 5. April 93 (XXIV 401), 5. Mai 02 (XLI 234); Seydel S. 2, 272; a. M. Koffka Anm. 24.

b) Polizeiliche Anforderungen an den Grundeigentümer, welche darauf gerichtet sind, den polizeimäßigen Zustand eines Grundstücks zu erhalten oder wiederherzustellen OB. 4. April 91 (XXI 411), 13. Mai 02 (XLI 428). Jeder Grundeig. ist, unbeschadet spezialgesetzl. Ausnahmen OB. 2. Jan. 88 (XVI

§. 2. Die Entziehung und dauernde[6]) Beſchränkung[7]) des Grundeigen=
thums erfolgt auf Grund[8]) Königlicher Verordnung[9]), welche den Unter=

321, 327), verpflichtet, ſein Grundſt. in ſolchem Zuſtande zu erhalten, daß poli=zeilich zu ſchützende Intereſſen nicht be=einträchtigt oder gefährdet werden; hier=zu kann ihn die Polizei anhalten, auch wenn der polizeiwidrige Zuſtand nicht von ihm verſchuldet, ſondern z. B. durch Dritte herbeigeführt iſt OB. 10. Nov. 80 (VII 348), 5. Dez. 81 (VIII 327), 14. Sept. 85 (XII 306). Entſteht die Gefährdung dadurch, daß an ſich recht=mäßige Handlungen mehrerer Eigen=tümer zuſammentreffen, ſo kann die Polizei, ohne Rückſicht auf die zeitliche Reihenfolge dieſer Handlungen, gegen jeden der Eigentümer nach ihrem Er=meſſen vorgehen OB. 4. April 91 u. 13. Mai 02 (oben), 11. Feb. 01 (XXXVIII 371). Die bei a angegebene Schranke des polizeil. Einſchreitens greift hier nicht Platz, namentlich kann der Eigentümer nicht Verweiſung eines dritten Intereſſierten auf das EntRecht verlangen OB. 6. Juli 92 (Arch. 1234), 7. Jan. 93 (XXIV 395: Gefährdung eines Eiſenbahndammes durch Aus=ſchachten), 7. März 94 (Arch. 758: desgl. durch loſe Steine, die herabfallen können), 13. Mai 02 (Errichtung eines Zaunes, der die Überſichtlichkeit eines Bahnübergangs hindert). Das Recht der Polizei iſt durch EG. BGB. Art. 111 aufrechterhalten; über etwaige Ent=ſchädigungsanſprüche des Eigentümers haben die ordentlichen Gerichte zu entſcheiden OB. 13. Mai 02, Seydel S. 273. Die polizeiliche Anordnung, daß auf einem der Eiſ. benachbarten Grundſtück ein nur beſchränkt zu be=nutzender Schutzſtreifen freizulaſſen ſei, zieht, wenn ſie dem Eigentümer gegen=über nicht im Intereſſe der Eiſ., ſondern des Feuerſchutzes wegen im öffentlichen Intereſſe getroffen wird, keinen Ent=ſchädigungsanſpruch nach ſich, iſt davon unabhängig, ob der Eigentümer von der Eiſ. entſchädigt iſt oder wird, u. bedarf nicht der Behandlung gemäß EiſG. § 14 oder EntG. § 14 OB. 4. Juni 97 (Arch. 1221, EEE. XIV 252). — Gegen die Auffaſſung des OB. Koffka Anm. 18.

c) Beſchränkungen, die ſich daraus ergeben, daß der Betrieb des aus=

geführten Unternehm. auf benachb. Grundſt. nachteilig einwirkt u. die Eigentümer ſich dieſe Einwirkung ge=fallen laſſen müſſen (I 3 Anm. 11 d. W.). Gegen die eine andere Auffaſſung vertretenden U. des RGer., z. B. 20. Sept. 82 (VII 265): Seydel Anm. 1 zu § 12, Eger Anm. 97 zu § 12, auch Koffka Anm. 18 zu § 1.

[6]) Begriff „dauernde" Beſchränkung aus § 4 Abſ. 2 zu entnehmen.

[7]) Soweit für die Zwecke des Unter=nehm. eine Beſchränkung genügt, wird in der Regel nur dieſe, nicht die Entziehung, ausgeſprochen. Beiſpiele: Verpflichtung, die Höherlegung einer den Bahnkörper mittels Unterführung kreuzenden Chauſſee zu dulden RWeſch. 21. Jan. 90 (Arch. 92 S. 506); Ge=ſtattung des Betretens von benachbarten Grundſtücken behufs Entfernung von Steinen, die dem Bahnbetriebe gefährlich ſind RWeſch. 9. Dez. 94 (Arch. 01 S. 679); Herſtellung unterirdiſcher An=lagen (Tunnel!) RWeſch. 20. Dez. 77 (Seydel S. 161); Forſtſchutzſtreifen Seydel S. 166 u. E. 9. Mai 05 (ENB. 213). Da aber das G. grundſätzlich den laſtenfreien Eigentumserwerb bezweckt, kann nicht eine Ablehnung der Ent=ziehung damit begründet werden, daß eine Beſchränkung ausreicht RWeſch. 30. Dez. 01 (Arch. 02 S. 467). — Anm. 147, 182.

[8]) Anträge auf Verleihung des Ent=Rechts für bereits ausgeführte Unter=nehmen ſind abgelehnt worden durch E. 1. u. 20. Dez. 86 (Arch. 92, 506), weil die Durchführung des EntVer=fahrens der tatſächlichen Entziehung des Grundeigentums vorangehen muß.

[9]) Ausnahmen u. a. § 3, 50 ff., ferner RVerf. Art. 41. — Verfahren bei Ent=eignung f. Eiſenbahnen I 3 Anm. 22 d. W. — Iſt das Unternehmen durch V. mit dem EntRecht ausgeſtattet, ſo beſchränkt ſich bez. der Enteignungs=fähigkeit eines beſtimmten Grundſtücks die Entſcheidung der EntBehörde auf die Frage, ob letzteres zur Ausführung des Unternehmens nötig iſt RWeſch. 16. Juli 75 (Seydel S. 23).

nehmer[10]) und das Unternehmen[11]), zu dem das Grundeigenthum in Anspruch genommen wird, bezeichnet[12]).

Die Königliche Verordnung wird durch das Amtsblatt derjenigen Regierung bekannt gemacht, in deren Bezirk das Unternehmen ausgeführt werden soll[13]).

§. 3. Ausnahmsweise bedarf es zu Enteignungen der in §. 2. gedachten Art einer Königlichen Verordnung nicht für Geradelegung oder Erweiterung öffentlicher Wege[14]), sowie zur Umwandlung von Privatwegen in öffentliche Wege, vorausgesetzt, daß das dafür in Anspruch genommene Grundeigenthum außerhalb der Städte und Dörfer belegen und nicht mit Gebäuden besetzt ist. In diesem Falle wird die Zulässigkeit der Enteignung von dem **Bezirks⸗ ausschuß**[15]) ausgesprochen.

---

[10]) Auf einen anderen Unter⸗ nehmer kann das Recht nur über⸗ gehen, wenn der Übergang, z. B. durch Genehmigung eines die Übertragung des Unternehmens aussprechenden Ver⸗ trages, landesherrlich bestätigt wird RBesch 3. Aug. 89 u. E. 23. Nov. 99 (Arch. 01 S. 670).

[11]) Das EntRecht für ein EisUnter⸗ nehmen erstreckt sich von vornherein, u. ohne daß es einer Neuverleihung be⸗ darf, auf allen Grund u. Boden, der in der Folge für eine durch die Ver⸗ kehrsentwicklung notwendig gewordene Erweiterung der ursprüngl. An⸗ lage erworben werden muß E. 23. Nov. 99, RBesch. 21. Nov. 89 u. 27. Dez. 97 (Arch. 01 S. 677 ff.). Es ist nicht nur zum Zweck des Baues einer Bahnlinie, sondern für das Unternehmen als solches erteilt und kann auch im Interesse des Bahnbetriebs geltend gemacht werden RBesch. 9. Dez. 94 (das. 679). — § 23.

[12]) Unbefugte Inbesitznahme eines Grundstücks beschränkt den Eigentümer an sich nicht in der petitorischen oder possessorischen Verfolgung seiner Rechte gegenüber dem Unternehmer, auch wenn dem letzteren das Enteignungsrecht ver⸗ liehen ist Seydel S. 20, Eger Anm. 12 a. Aber I 3 Anm. 11 b. W.

[13]) G. 10. April 72 (I 3 Anl. C d. W). Außerdem soll eine Anzeige in der GS. erfolgen (§ 5 dieses G.) StMB. 21. Feb. 76 (MB. 43). Die EntBe⸗ hörde hat vor Erlaß des PlanfeststBeschl. die gehörige Verkündung zu prüfen E. 27. Juli 83 (Seydel Anm. 4).

[14]) Dahin gehören nicht Eisenbahnen Seydel Anm. 2.

[15]) ZustG. § 150 Abs. 1 u. 3 bestimmt:

Die Befugnisse und Obliegen⸗ heiten, welche in dem Gesetze vom 11. Juni 1871 über die Ent⸗ eignung von Grundeigenthum (Ge⸗ setz⸗Samml. S. 221) den Bezirks⸗ regierungen beigelegt worden sind, werden in den Fällen der §§. 15, 18 bis 20, 24 und 27 von dem Regierungspräsidenten, in den Fällen der §§. 3, 4, 5, 14, 21, 29, 32 bis 35 und 53 Absatz 2 von dem Bezirksausschusse im Beschlußver⸗ fahren, in dem Stadtkreise Berlin von der ersten Abtheilung des Polizeipräsidiums, wahrgenommen.

Gegen die in erster Instanz ge⸗ faßten Beschlüsse des Bezirksaus⸗ schusses beziehungsweise der ersten Abtheilung des Polizeipräsidiums findet, soweit nicht der ordentliche Rechtsweg zulässig ist, innerhalb zwei Wochen die Beschwerde an den Minister der öffentlichen Ar⸗ beiten statt.

Für den Stadtkreis Berlin tritt an Stelle des RegPräs. der Polizeipräsident von Berlin LVG. § 42 Abs. 2.

§. 4. Vorübergehende Beschränkungen[16]) werden von dem Bezirks=
ausschuß[15]) angeordnet.

Dieselben dürfen wider den Willen des Grundeigenthümers die Dauer
von drei Jahren nicht überschreiten. Auch darf dadurch die Beschaffenheit des
Grundstücks nicht wesentlich oder dauernd verändert werden[17]). Zur Ueber=
schreitung dieser Grenzen[18]) bedarf es eines nach §. 2. eingeleiteten und durch=
geführten Enteignungsverfahrens.

Gegen den Beschluß des Bezirksausschusses[15]) in den Fällen der
§§. 3. und 4. steht innerhalb zwei Wochen[15]) nach der Zustellung jedem
Betheiligten der Rekurs an die vorgesetzte Ministerialinstanz offen[19]).

§. 5. Handlungen, welche zur Vorbereitung eines die Enteignung recht=
fertigenden Unternehmens erforderlich sind[20]), muß auf Anordnung des Be=
zirksausschusses[15]) der Besitzer auf seinem Grund und Boden geschehen
laffen[21]). Es ist ihm jedoch der hierdurch etwa erwachsende, nöthigenfalls im
Rechtswege festzustellende Schaden zu vergüten[22]). Zur Sicherstellung der

---

[16]) Z. B. vorübergeh. (Abf. 2) Be=
nutzung v. Grundstücken zur Nieder=
legung von Materialien, Aufstellung von
Gerüsten, Einrichtung von Interims=
wegen oder Arbeitsplätzen Seydel
Anm. 1. Die Beschränkung ist nur für
Zwecke zulässig, für die das EntRecht
überhaupt ausgeübt werden kann, also
z. B. nicht zur Beschaffung des zur
Unterhalt. von Eif. erforderlichen
Bettungsmaterials RBesch. 1. Juni 76
(Seydel S. 35). — § 23 Abf. 3.

[17]) Es darf z. B. zeitweilig ein auf
dem Grundstück betriebenes Handlungs=
geschäft beeinträchtigt (RBesch. 10. Nov.
76) oder eine beabsichtigte Bebauung
verhindert werden (RBesch. 27. Jan. u.
17. Mai 78) Seydel Anm. 1; auch sind
geringfügige Substanzentnahmen (Kies,
Wasser u. dgl.) zulässig Eger S. 68.
Dauernd ist eine Veränderung, welche
die Wiederherstellung des früheren Zu=
standes ausschließt (RBesch. 30. Okt. 79,
Seydel S. 34). z. B. der Abbruch eines
Gebäudes RBesch. 27. Jan. 78, Seydel
S. 34).

[18]) Ob die Beschränkung als vorüber=
gehend oder dauernd anzusehen ist,
kann nur im Verwaltungsverfahren,
nicht im Rechtswege entschieden werden
Seydel Anm. 4, Eger Anm. 29; a. M.
Bähr u. Langerhans Anm. 2.

[19]) Das Verfahren ist nicht das
förmliche EntVerfahren, sondern das
Beschlußverfahren gemäß LVG. § 115 ff.
(arg. § 4 Abf. 2 Satz 3 u. § 12 Abf. 1)

Seydel Anm. 2; a. M. Eger Anm. 27.
Jedenfalls aber gereicht es dem Eigen=
tümer nicht zur Beschwerde, wenn ge=
mäß § 18—21 vorgegangen wird RBesch.
4. Juni 91 (Arch. 92 S. 506). Der
Bescheid 1. Instanz soll das zulässige
Rechtsmittel bezeichnen E. 29. April 78
(EBB. 159). Zur Wahrung der Rekurs=
frist genügt fristgemäße Einlegung bei
dem Minister (Seydel S. 36). Ent=
schädigungsfrage § 12.

[20]) Die Gestattung der Vorarbeiten
ist von einer vorgängigen Verleihung
des EntRechts unabhängig RBesch.
30. Nov. 85 (Arch. 92 S. 507) u. greift
weder dieser Verleihung noch auch der
Zulassung (Konzeffionierung) des Unter=
nehmens vor Gleim EifR. 97.

[21]) Ist außerdem mit Rücksicht auf den
Gegenstand des Unternehm. staatliche
Genehmigung zur Ausf. der Vor=
arbeiten vorgeschrieben, so muß vor dem
Antrage aus § 5 diese Gen. eingeholt
werden Seydel Anm. 1. So bei Eisen=
bahnen (I 3 Anm. 5 d. W.) u. Klein=
bahnen (I 4 Anm. 16). — Für vor=
bereitende Handlungen können auch
Besitzteile in Anspruch genommen werden,
welche demnächst zu dem Unternehmen
außer Beziehung bleiben RBesch. 30. Nov.
85 (Anm. 20).

[22]) Zur Tragung der Kosten f. d.
Vorarbeiten sind die nach den Sekundär=
bahngesetzen f. d. Grunderwerbskosten
eintretenden Verbände im Zw. nicht ver=
pflichtet E. 4. Sept. 90 (Arch. 92 S. 507).

Entschädigung darf der Bezirksausschuß[15]) vor Beginn der Handlungen vom Unternehmer eine Kaution[23]) bestellen lassen, und deren Höhe bestimmen. Er ist hierzu verpflichtet, wenn ein Betheiligter die Kautionsstellung verlangt.

Die Gestattung der Vorarbeiten wird von dem Bezirksausschuß[15]) im Regierungs=Amtsblatte generell bekannt gemacht. Von jeder Vorarbeit hat der Unternehmer unter Bezeichnung der Zeit und der Stelle, wo sie stattfinden soll, mindestens zwei Tage zuvor den Vorstand des betreffenden Guts= oder Gemeindebezirks in Kenntniß zu setzen, welcher davon die betheiligten Grund= besitzer speziell oder in ortsüblicher Weise generell benachrichtigt. Dieser Vor= stand ist ermächtigt, dem Unternehmer auf dessen Kosten einen beeidigten Taxator zu dem Zwecke zur Seite zu stellen, um vorkommende Beschädigungen sogleich festzustellen und abzuschätzen. Der abgeschätzte Schaden ist, vorbehaltlich dessen anderweiter Feststellung im Rechtswege, den Betheiligten (Eigenthümer, Nutznießer, Pächter, Verwalter) sofort auszuzahlen, widrigenfalls der Orts= vorstand auf den Antrag des Betheiligten die Fortsetzung der Vorarbeiten zu hindern verpflichtet ist.

Zum Betreten von Gebäuden und eingefriedigten Hof= oder Gartenräumen bedarf der Unternehmer, insoweit dazu der Grundbesitzer seine Einwilligung nicht ausdrücklich ertheilt, in jedem einzelnen Falle einer besonderen Erlaubniß der Ortspolizeibehörde, welche die Besitzer zu benachrichtigen und zur Offen= stellung der Räume zu veranlassen hat[24]).

Eine Zerstörung von Baulichkeiten jeder Art, sowie ein Fällen von Bäumen ist nur mit besonderer Gestattung des Bezirksausschusses[15]) zulässig[25]).

§. 6.   Dasjenige, was dieses Gesetz über die Entziehung und Beschränkung des Grundeigenthums bestimmt, gilt auch von der Entziehung und Beschränkung der Rechte am Grundeigenthum[26]).

Titel II.   Von der Entschädigung.

§. 7.   Die Pflicht der Entschädigung liegt dem Unternehmer[27]) ob.   Die Entschädigung wird in Geld gewährt[28]).   Ist in Spezialgesetzen eine Ent=

---

[23]) Fiskus ist kautionsfrei § 41.

[24]) Nötigenfalls tritt polizeil. Zwang gegen d. Eigentümer ein Seydel Anm. 5.

[25]) Dann genügt also nicht die all= gemeine Gestattung (§ 5 Abs. 1 u. Abs. 2 Satz 1) E. 26. Okt. 00 (EVB. 521).

[26]) Wegerechte RBesch. 12. Jan. 97 (Arch. 01 S. 681), u. U. auch Hypo= theken auf einem dem Unternehmer bereits gehörenden Grundstück RBesch. 13. Okt. 90 (das.).   Nicht unter § 6, sondern unter § 2 fällt die im EntWege erfolgende Begründung eines Rechts an fremder Sache zugunsten des Unterneh=

mers. — Wasserentnahme RBesch. 9. Aug. 81 u. E. 5. April 95 (Arch. 01 S. 682). — Das Mietrecht gehört nach BGB. nicht mehr zu den dinglichen Rechten, auch wenn seine Eintrag. im Grundbuch ausdrückl. vereinbart ist RGer. 8. April 03 (LIV 233).

[27]) Nicht dem Staate (falls er nicht selbst Unternehmer ist). Das Rechts= subjekt, dem das EntRecht verliehen ist, kann sich dem Entschädigungs= anspruch auch dann nicht entziehen, wenn die Ausführung des Unterneh= mens für Rechnung eines Dritten er=

schädigung in Grund und Boden vorgeschrieben, so behält es dabei sein Bewenden.

§. 8[29]). Die Entschädigung für die Abtretung des Grundeigenthums besteht in dem vollen Werthe des abzutretenden Grundstücks, einschließlich der enteigneten Zubehörungen und Früchte.

Wird nur ein Theil des Grundbesitzes desselben Eigenthümers in Anspruch genommen, so umfaßt die Entschädigung zugleich den Mehrwerth, welchen der abzutretende Theil durch seinen örtlichen oder wirthschaftlichen Zusammenhang mit dem Ganzen[30]) hat, sowie den Minderwerth, welcher für den übrigen Grundbesitz durch die Abtretung entsteht.

§. 9[29]). Wird nur ein Theil von einem Grundstück in Anspruch genommen[31]), so kann der Eigenthümer[32]) verlangen, daß der Unternehmer das

---

folgt RGer. 12. Juni 83 (IX 276), 6. Okt. 99 (XLIV 325). Verstaatl. Eisenb. RGer. 5. Jan. 89 (EEE. VI 444.).

[28]) Naturalentschädigung braucht sich der Eigentümer nicht gefallen zu lassen; § 7 schließt aber nicht aus, daß bei Bemessung der Entschäd. Anlagen in Betracht gezogen werden, die der Unternehmer ausführt, um dem Eintritt von Schaden vorzubeugen; der Eigentümer darf nicht eine zu diesem Zwecke ihm vom Unternehmer angebotene Bestellung einer Grundgerecht. zurückweisen RGer. 21. April 96 (EEE. XIII 154), 30. März 98 (XLI 257).

[29]) § 8—10 enthalten die materiellen Grundsätze für die Entschädigung des Eigentümers. Sehr ausführliche Angaben über die sich an sie knüpfende reichhaltige Literatur u. Rechtsprechung bei Eger S. 121—354; auch Koffka S. 57 ff. Die Hauptergebnisse der Rechtsprechung des RGes. sind in Anlage A zusammengestellt.

[30]) Der wirtschaftl. Zusammenhang ist nicht dadurch bedingt, daß das Trennstück für das Ganze notwendig ist oder ihm dauernd und ständig dient RGer. 25. Nov. 84 (EEE. III 417). Der Anspruch aus § 8 Abs. 2 setzt voraus, daß das gesamte Grundstück z. B. der Enteignung ein und demselben Eigentümer gehört RGer. 6. Mai 93 (EEE. X 83), 3. April 95 (EEE. XII 144). Wenn der Eigentümer die abgeschnittenen Parzellen nach der Enteignung verkauft, so kann er die Durchschneidungsnachteile nicht als dauernde

in Rechnung stellen RGer. 11. Okt. 80 (III 239); a. M. Eger S. 199.

[31]) In den Fällen des § 9 hat der Eigentümer — wenn nicht etwa schon in dem Plane (§ 15, 21) die Übernahme des Ganzen vorgesehen ist: Pannenberg im Arch. 02 S. 731 — die Wahl, ob er Entschäd. gemäß § 8 Abs. 2 oder Übernahme des Ganzen gemäß § 9 verlangen will RGer. 18. Sept. 80 (EEE. I 266). Wie letzteres Verlangen geltend zu machen ist, ergibt § 25 Abs. 7, §. 29. — Das Recht auf Übernahme bildet einen Teil des EntschädRechts u. unterliegt der Entscheidung des Bezirksausschusses, mag der Unternehmer zur Übernahme bereit sein oder nicht; hat der BezAussch. die Uebernahmepflicht ausgesprochen, so kann der Eigentümer — z. B. wegen zu niedriger Entschäd. für das zu übernehmende Teilstück — im Rechtswege (§ 30) den Antrag auf Übernahme zurückziehen und statt ihrer die Entschäd. gemäß § 8 Abs. 2 verlangen RGer. 11. Okt. 98 (XLII 225). Die Übernahme gilt aber der Entschäd. (§ 8 Abs. 2) gegenüber nicht als ein majus in dem Sinne, daß in dem Antrag auf Übernahme der Antrag auf Entschäd. als eventueller enthalten wäre RGer. 10. Juni 91 (EEE. VIII 355). Der Eigentümer kann nicht auf Grund des §. 8 den Ersatz von Kosten verlangen, die den Wert des dem Recht auf Übernahme unterliegenden Teilstücks übersteigen RGer. 18. Sept. 80 (EEE. I 266). In Dringlichkeitsfällen wird durch den Ausspruch der Enteignung (§ 32) der endgilt. Entscheid. auf den Übernahmeantrag (§ 9) nicht

Ganze gegen Entschädigung[33]) übernimmt[34]), wenn das Grundstück durch die Abtretung[35]) so zerstückelt werden würde, daß das Restgrundstück nach seiner[36]) bisherigen[37]) Bestimmung nicht mehr zweckmäßig benutzt[38]) werden kann.

Trifft die geminderte Benutzbarkeit nur bestimmte Theile des Restgrund= stücks, so beschränkt sich die Pflicht zur Mitübernahme auf diese Theile.

Bei Gebäuden, welche theilweise in Anspruch genommen werden, umfaßt diese Pflicht jedenfalls das gesammte Gebäude[39]).

Bei den Vorschriften dieses Paragraphen ist unter der Bezeichnung Grundstück jeder in Zusammenhang stehende Grundbesitz des nämlichen Eigen= thümers begriffen.

§. 10[40]). Die bisherige Benutzungsart[41]) kann bei der Abschätzung nur bis zu demjenigen Geldbetrage Berücksichtigung finden, welcher erforderlich ist,

---

vorgegriffen RGer. 10. Juni 91 (EEE. VIII 355), 11. Okt. 98 (XLII 225). § 9 greift auch Platz, wenn die Ent= eignung nicht auf Entziehung, sondern auf Beschränkung des Eigentums (Dul= dung der Tieferlegung einer städtischen Straße) gerichtet ist RGer. 3. April 07 (XXXIX 070), § 67 Abs. 2.

[32]) Nicht auch dritte Realberechtigte; auch nicht der Unternehmer RGer. 30. Jan. 00 (EEE. XVII 141), RBesch. 8. März 79 (Seydel S. 66).

[33]) Beide Grundstücksteile — derjenige, dessen Abtretung der Unternehmer, und derjenige, dessen Übernahme der Eigen= tümer verlangt — sind gemeinsam, nicht getrennt abzuschätzen RGer. 30. Sept. 96 (EEE. XV 206).

[34]) Im Falle der Übernahme greift § 45 (Befreiung von allen privatrechtl. Lasten) Platz RGer. 11. Juni 95 (EEE. XII 160).

[35]) Nur die unmittelbaren nachteiligen Folgen der Abtretung (Zerstückelung), nicht auch diejenigen des Unternehmens (Anl. A. II. 3) sind zu berücksichtigen RGer. 10. Juni 91 (EEE. VIII 355), 21. Dez. 00 (EEE. XVII 358), ander= seits 18. März 96 (EEE. XIV 112), 23. Nov. 98 (XLII 394).

[36]) Des Restgrundstücks RGer. 10. April 83 (Arch. 555, EEE. III 66).

[37]) Ungewisse Möglichkeiten blei= ben außer Betracht (Anl. A. I 3) RGer. 13. Juli 80 (EEE. I 265), 4. Sept. 85 (Arch. 86 S. 424, EEE. IV 367), 2. Juni 91 (EEE. VIII 348).

[38]) Die bisher. Benutz. muß gar nicht mehr oder doch nur mit unver= hältnismäßigen Kosten möglich sein;

bloße Beinträchtigung genügt nicht RGer. 20. Jan. 85 (EEE. III 437), 2. Juni 91 (EEE. VIII. 348). Der Eigentümer kann es nicht ablehnen, die Benutzbar= keit durch Neubauten wiederherzustellen, die sich in mäßigen Grenzen halten RGer. 23. Nov. 98 (XLII 394).

[39]) Nicht jede Inanspruchnahme begründet die Pflicht; vielmehr wird bei unmitt. Anwend. des § 9 (Ent= ziehung des Eigentums an Gebäude= teilen) ein Eingriff in die körperliche Unversehrtheit des Gebäudes voraus= gesetzt, bei sinngemäßer Anwendung (§ 12) aber eine Eigentumsbeschrän= kung, die den einheitlichen Charakter des Gebäudes zerstört oder doch seine Benutzbarkeit beeinträchtigt und einen mit erheblichen Kosten und bedeutendem Risiko verbundenen Umbau nötig macht RGer. 3. April 97 (XXXIX 273). Verhältnis des Rechts auf Übernahme und des Entschädigungsrechts im Falle des Abs. 3 RGer 30 Jan 00 (EEE. XVII 141). — Ganzes Gebäude ist das Bauwerk einschl. des Areals, auf welchem es errichtet ist; u. U. erstreckt sich die Übernahmepflicht auf noch wei= teres Areal RGer. 24. Juni 80 (II 279), 30. Jan. 00 (a. a. O.).

[40]) Anm. 29. — Abs. 1 läßt die allg. Grundsätze (§ 8 Abs. 1) unberührt, daß die Entschädigung nach dem Werte des Grundstücks zu bemessen ist, daß sich dieser in erster Linie n. d. Be= nutzungsfähigkeit richtet, u. daß die bisher. Benutzungsart nur als Be= weismittel für diese in Betracht kommt; für den Fall jedoch, daß nicht erstere, sondern letztere als Maßstab für die

damit der Eigenthümer ein anderes Grundstück in derselben Weise und mit gleichem Ertrage benutzen kann[42]).

[43]) Eine Wertherhöhung, welche das abzutretende Grundstück erst in Folge[44]) der neuen Anlage[45]) erhält, kommt bei der Bemessung der Entschädigung nicht in Anschlag.

Entschäd. angewendet wird, schreibt Abs. 1 vor, daß nicht etwa der Eigentümer den dort bezeichneten (oder den für ein Ersatzgrundstück tatsächlich ausgegebenen) Geldbetrag beanspruchen, sondern nur, daß über den ersteren Betrag nicht hinausgegangen werden darf RGer. 4. Juni u. 18. Sept. 80 (EEE. I 204, 266), 30. März 87 u. 15. Juni 88 (EEE. VI 34, 327), 19. Nov. 92 (EEE. X 123), 21. Sept. 97 (EEE. XIV 319). Diese Schranke ist von Amtswegen zu berücksicht. und der Anweisung der Sachverständ. durch das Gericht zugrunde zu legen; sie begründet keine Beweislast des Unternehmers RGer. 29. Dez. 99 (XLV 253), Pannenberg im Arch. 02 S. 731. Anderseits (bei Teilenteignung) RGer. 12. Jan. 04 (EEE. XX 341) Koffka S. 120. Die Vorschr. gilt für beide Absätze des § 8 RGer. 1. April 96 (EEE. XIII 146). Maßgebender Zeitpunkt derj. der Enteignung RGer. 12. Jan. 04 (a. a. O.). — Koffka (S. 110 ff.) tritt den oben angeführten Entsch. entgegen u. sieht in Abs. 1 eine Bestätigung der Auslegung, daß für die Entschäd. der individuelle Wert (Anl. A. I 1) maßgebend sei.

[41]) D. h. regelmäßige Benutzung während eines längeren Zeitraums, vorübergehende zufäll. Unterbrech. scheiden aus RGer. 13. Jan. 92 (EEE. IX 135).

[42]) Nicht anwendbar, wenn ein Ersatzgrundstück nicht vorhanden ist RGer. 21. Feb. 02 (EEE. XIX 46). Es wird aber nicht genaue, sondern nur annähernde Gleichheit des E. vorausgesetzt RGer. 5. Okt. 95 (EEE. XII 239) u. die Verweisung auf die Möglichkeit, ein anderes Grundstück, wenn auch nicht als Eigentümer (Entnahme von Ziegelerde!), zu benutzen, nicht dadurch ausgeschlossen, daß der Ersatz nicht sofort oder ohne weiteres (etwaige Aufwendungen für Herrichtung des Ersatzes sind bei der Entschäd. zu berücksichtigen) beschafft werden kann RGer. 23. Mai 81 (V 248), 2. Nov. 95 (EEE. XII 247), 29. Dez.

99 (XLV 253). Auch besteht nicht etwa ein Anspruch auf Überweisung eines Ersatzes in natura RGer. 2. Nov. 95 (a. a. O.). In jedem Falle (§ 8 Abs. 1 und 2) ist der Eigent. voll entschädigt, wenn ihm die Kosten für Beschaffung und Einrichtung eines neuen Grundstücks (§ 8 Abs. 1) oder für Einrichtung des Restgrundstücks u. Hinzuerwerb eines Teilersatzes (§. 8 Abs. 2) vergütet werden RGer. 27. Feb. 92 (EEE. IX 161).

[43]) Im Falle des Abs. 2 steht in Frage, ob eine durch die neue Anlage herbeigeführte Werterhöhung nicht des dem Eigentümer verbleibenden Restgrundstücks — wie im Falle des § 8 Abs. 2 (Anl. A. II 4) —, sondern des abzutretenden Grundstücks anzurechnen ist; diese Anrechnung, welche dem Eigentümer eine ungerechtfertigte Bereicherung zuwenden würde, ist für unzulässig erklärt. Überhaupt ist bez. des abzutretenden Grundstücks jede erst durch die neue Anlage herbeigeführte Veränderung des seitherigen Werts außer Betracht zu lassen, auch z. B. wenn sie durch eine infolge der neuen Anlage eintretende Eigentumsbeschränkung (Anl. A. I 9) herbeigeführt wird RGer. 18. Aug. 82 (VIII 237), 22. Sept. 86 (EEE. V 76), 7. März 88 (EEE. VI 208), 6. Dez. 88 (EEE. VII 36), 7. Juli 91 (XXVIII 271), 13. Mai 92 (EEE. IX 188).

[44]) Wenn auch nicht in notwendiger oder unmittelbarer Folge RGer. 5. Juli 84 (EEE. III 392). Als Folge der neuen Anlage gelten die mit ihr zusammenhäng. Vorteile jedenfalls insoweit, als sie nach Bewilligung des Enteignungsrechts erwachsen RGer. 25. Okt. 92 (EEE. IX 363), 3. Okt. 02 (Arch. 03 S. 695).

[45]) Neue Anlage ist das Projekt, für welches die Enteignung stattfindet, in seiner Gesamtheit RGer. 30. März 87 (EEE. VI 34). Neu ist die Anlage nicht, wenn sie z. B. der Enteignung im wesentlichen fertig ist und der

§. 11. Der Betrag des Schadens, welchen Nutzungs=, Gebrauchs= und Servitutberechtigte[46]), Pächter und Miether[47]) durch die Enteignung erleiden, ist, soweit derselbe nicht in der nach §. 8. für das enteignete Grundeigenthum bestimmten Entschädigung oder in der an derselben zu gewährenden Nutzung begriffen ist[48]), besonders zu ersetzen[49]).

§. 12. Für Beschränkungen (§§. 2., 4.) ist die Entschädigung nach denselben Grundsätzen zu bestimmen, wie für die Entziehung des Grundeigenthums[50]).

Grunderwerb als Nacherwerb zu einem Zeitpunkt erfolgt, in dem die Werterhöhung bereits eingetreten ist RGer. 12. Nov. 01 (IL 317). Wird ein Unternehmen, für das schon ein EntVerfahren stattgefunden hat, durch eine in diesem nicht berücksichtigte Anlage erweitert und für die Erweiterung ein neues EntVerf. eingeleitet, so ist in dem letzteren „neue Anlage" die Erweiterung RGer. 6. Dez. 88 (EEE. VII 36).

[46]) Nur dinglich Berechtigte RGer. 4. Jan. 99 (EEE. XVI 40, aber Anm. 47); dahin Teilungsinteressenten, denen bei der Gemeinheitsteilung ein als öffentlicher ausgeworfener Weg zur Benutzung zugewiesen worden ist RGer. 7. Okt. 96 (EEE. XV 6). Hypotheken= und Grundschuldgläubiger können keine Sonderentschäd. i. S. § 11 beanspruchen Seydel Anm. 1.

[47]) Auch wenn ihr Recht kein dingliches ist RGer. 12. Mai 92 (XXIX 273), 3. Jan. 93 (EEE. X 149). Ebenso Pannenberg im Arch. 02 S. 732, Seydel S. 73; a. M. Eger Anm. 93. Ein Mietvertrag, bei dessen Abschlusse der Mieter von der im Gange befindl. Enteignung bereits Kenntnis hatte, erhöht die Entschäd. nicht RGer. 18. Juni 87 (EEE. V 422). §. 10 Abs. 1 ist anwendbar RGer. 5. Okt. 95 (EEE. XII 239). Über das Recht des Pächters an der f. d. Eigent. festgestellten Entschäd. RGer. 3. Juni 81 (EEE. II 54).

[48]) Anl. A. I 4. — Soweit die Entschäd. des Nebenberecht. in der Entschäd. für das Grundeigentum begriffen ist, haftet der Eigentümer dem Nebenberechtigten persönlich und ist ersterer allein zur Geltendmachung berechtigt; bezüglich eines nach § 11 darüber hinaus zu fordernden Ersatzes ist nicht der Eigentümer, sondern allein der Nebenberechtigte aktiv legitimiert

RGer. 27. Feb. 95 (XXXV 256). Wird die Entschäd. für den Eigentümer eines Hausgrundstücks unter der Fiktion festgesetzt, daß es durch einen z. Z. der Enteignung stattfindenden Neubau die vollste Ausnutzung erlangen würde, so ist in dieser Entschäd. die der Nebenberecht. inbegriffen RGer. 25. April 02 (LI 222); a. M. Koffka S. 128.

[49]) Berufung auf § 45 Abs. 2 befreit den Unternehmer nicht von der EntschädPflicht gemäß § 11, RGer. 3. Feb. 97 (EEE. XIV 132). Die nach § 11 Berechtigten gehen ihres Anspruchs durch Nichterscheinen in der kommissar. Verhandlung (§ 25) nicht verlustig, müssen ihn aber dann durch Klage innerhalb der (mit der Zustellung des EntschädFeststellungsbeschlusses an den Eigentümer beginnenden) Frist des § 30 geltend machen RGer. 11. März 89 (XXIV 205), 25. April 91 (XXVIII 262). Ferner § 25, 29, 30. — Lehnt der Unternehmer jede Entschäd. des Nebenberechtigten ab, so kann dieser nicht ohne weiteres auf Leistung der Entschäd. im Rechtswege klagen; vielmehr muß das Verfahren gemäß § 24 ff. vorangehen (zu dessen Herbeiführung der Unternehmer im Rechtsweg angehalten werden kann) RGer. 29. März 01 (EEE. XVIII 67).

[50]) Für vorübergehende Beschränkungen (§ 4) ist damit nicht die Durchführung des förmlichen EntVerfahrens vorgeschrieben (Anm. 19), aber auch sie dürfen (vorbehaltlich § 12 Abs. 2 und § 41) nicht in Vollzug gesetzt werden, bevor über die Entschäd. Bestimm. getroffen ist RBesch. 12. Okt. 88 (Arch. 92 S. 507). Letztere kann nicht mit der Beschwerde, sondern lediglich im Rechtsweg (unter sinngemäßer Anwendung von § 30, Seydel Anm. 5) angefochten werden RBesch. 31. Jan.

Tritt durch eine Beschränkung eine Benachtheiligung des Eigenthümers ein, welche bei Anordnung der Beschränkung sich nicht im Voraus abschätzen läßt, so kann der Eigenthümer die Bestellung einer angemessenen Kaution[23]), sowie die Festsetzung der Entschädigung nach Ablauf jeden halben Jahres der Beschränkung verlangen.

§. 13. Für Neubauten, Anpflanzungen, sonstige neue Anlagen und Verbesserungen wird beim Widerspruch des Unternehmers[51]) eine Vergütung nicht gewährt, vielmehr nur dem Eigenthümer die Wiederwegnahme auf seine Kosten bis zur Enteignung des Grundstückes vorbehalten, wenn aus der Art der Anlage, dem Zeitpunkte ihrer Errichtung[52]) oder den sonst obwaltenden Umständen erhellt[53]), daß dieselben nur in der Absicht vorgenommen sind, eine höhere Entschädigung zu erzielen[54]).

§. 14[55]). Der Unternehmer[56]) ist zugleich zur Einrichtung derjenigen

---

89 (Arch. 92 S. 507). Auch RBesch. 6. Aug. 78 (Seydel S. 78). — Anwendung des § 9 auf Beschränkungen Anm. 39.

[51]) Nicht von Amtswegen.

[52]) Ein bestimmter Zeitpunkt ist nicht bezeichnet; es ist daher nicht Voraus. für die Anwendung der Vorschrift, daß z. B. zur Zeit der Herstellung der neuen Anlage das Unternehmen bereits mit dem Enteignungsrecht ausgestattet war. Wird die Bebauung eines für Zwecke eines öff. Unternehmens bereits in Aussicht genommenen Geländes beabsichtigt, so soll bei Erteilung der Bauerlaubnis der Eigentümer auf § 13 hingewiesen werden E. 24. März 83 (Seydel Anm. 1.)

[53]) Nach dem Ermessen der zur Feststellung der Entschäd. berufenen Behörde Seydel Anm. 1.

[54]) Die Entscheidung erfolgt gemäß § 29 ff. Im Rechtswege trifft den Unternehmer hinsichtlich der dolosen Absicht die Beweislast Seydel Anm. 2.

[55]) Ähnlich EifG. § 14 Abs. 1. Gemeinsames beider Vorschriften:
a) Beide gehören ausschließlich dem öffentlichen Recht an u. begründen einen im ordentlichen Rechtswege verfolgbaren Anspruch der Interessenten I 3 Anm. 28 B d. W. u. unten Anm. 66 B.
b) Beide bezwecken bezügl. der Einrichtung wie der Unterhaltung nur Schutz der Interessenten vor Gefahren u. Nachteilen, nicht Entlastung von bestehenden Verpflichtungen; näheres Anm. 63.

Unterschiede:
a) Auf Grund EntG. § 14 können Auflagen nur in Verbindung mit der förml. Planfeftft. im Ent.Verfahren (EntG. § 21 Abf. 1 Ziff. 2) gemacht werden; er ist also gar nicht anwendbar, wenn ein EntVerfahren nicht eingeleitet ist, und nicht mehr anwendbar nach Beend. der förml. Planfeststellung E. 21. Juni 80 (EVB. 284), RBesch. 29. Dez. 77 (Seydel S. 82), 21. Nov. 01 (Arch. 02 S. 208). Ob es sich um die erste Herstellung oder um eine spätere Erweiterung des Unternehmens handelt, ist an sich gleichgültig RGer. 23. Dez. 81 (Arch. 82 S. 165, EEE. II 169); jedoch ist im letzteren Falle eine Anordnung gemäß § 14 nur insoweit zulässig, als die zu beseitigenden Gefahren ufw. durch die Erweiterung, nicht durch das ursprüngliche Unternehmen herbeigeführt werden RBesch. 15. Feb. 95 (Arch. 01 S. 688). — Dagegen ist EifG. § 14 nur außerhalb des Enteignungsverfahrens anwendbar I 3 Anm. 24 d. W. — Dementsprechend ist die behördliche Zuständ. verschieden (I 3 Anm. 28 A, anderf. unten Anm. 66 A).
b) EifG. § 14 dient nur dem Schutze privater Interessen (I 3 Anm. 30), EntG. § 14 greift auch bei Anlagen Platz, die ausschließlich dem öffentlichen Interesse dienen.

Anlagen⁵⁷) an Wegen⁵⁸), Ueberfahrten, Triften, Einfriedigungen⁵⁹), Be=
wässerungs= und Vorfluthsanstalten u. f. w.⁶⁰) verpflichtet, welche für die
benachbarten⁶¹) Grundstücke⁶²) oder im öffentlichen Interesse zur Sicherung

---

c) Die in EntG. § 14 enthaltene
ausdrückliche Regelung der Unter=
haltung fehlt in EisG. § 14
(aber I 3 Anm. 26); für eine auf
nachträgl. Anlagen bezügl. Vorschr.
wie EisG. § 14 Abs. 2 bietet das
EntG. keinen Raum.
Ausführlich Eger I S. 477—612.

⁵⁶) Anm. 27. — Nur dem Unter=
nehmer, nicht anderen Personen,
namentlich nicht den Anliegern selbst
darf die Herstellung (Unterhaltung
Anm. 65) der Anlagen usw. aufgegeben
werden. Daß die Anlage außerhalb
des zu dem Unternehmen gehörigen
Geländes herzustellen ist, hindert die
Anordnung nicht RBesch. 19. Juli 88
(Arch. 92 S. 508). Darf es aber zur
Herstellung eines Eingriffs in fremde
Rechte, so kann bloßer nur im Wege
d. Enteignung — RGer. 17. Mai 01
(EEE. XVIII 233), a. M. Koffka
S. 134 — bei dringender Gefahr im
Wege polizeilichen Zwanges (Seydel
S. 104) durchgeführt werden. Das gilt
namentlich bez. der Vorkehrungen zur
Anwendung der Feuersgefahr E.
15. Feb. 88 (Arch. 92 S. 534), z. B.
der feuersicheren Eindeckung von Ge=
bäuden (Anm. 60) Seydel S. 104 u.
der Herstellung von Brandschutzstreifen
E. 8. Juni 99 (EVB. 191, VV. 834).
Wird ein ein oder Bahnlinie durch=
schnittener Privatweg mit Schranken
versehen, so kann dem Interessenten
gegen Entschäd. überlassen werden, die
Schranken selbst zu öffnen u. zu
schließen RGer. 3. Dez. 79 (EVB. 80
S. 261, EEE. I 35).

⁵⁷) Unter Anlage sind nicht Vor=
kehrungen einfachster Art zu verstehen,
deren Anbringung dem Interessenten
(gegen Entschäd.) überlassen werden
kann, wie versetzbare Grabenbrücken u.
dgl., RBesch. 7. Nov. 89 u. 28. März 90
(Arch. 92 S. 508), 4. Sept. 97 (Arch.
01 S. 684). Ersatz eines Privatweges
durch Nichtbebauung eines Streifens
auf dem Gelände des Interessenten
RBesch. 17. Dez. 83 (Seydel S. 90).
Wohl aber z. B. die Herstellung eines

ordnungsmäßig auszubauenden Wirt=
schaftsweges RBesch. 18. Dez. 89 (Arch.
01 S. 691) oder besonderer Bauwerke
zur Verbindung getrennter Grundstücks=
teile RBesch. 19. Juni 88 (Arch. 01
S. 684) oder die Durchführung eines
Drainagesystems durch den Bahnkörper
RBesch. 3. Juni 87 (Arch. 01 S. 684).
Einricht. einer Bahnbewachung fällt
nicht unter § 14 RBesch. 21. Dez. 88
(Arch. 92 S. 508).

⁵⁸) I 3 Anl. E I d. W. Was dort
bezüglich der vorläufigen Planfest=
stellung (EntG. § 15; I 3 Anm. 11
d. W.) bemerkt ist, gilt sinngemäß auch
von dem förmlichen Planfeststell=
Verfahren (EntG. § 18 ff.).

⁵⁹) Der Nebenbahnen liegt das
Bedürfnis einer Einfriedigung des
Bahnkörpers vor Wegen auch nicht vor
RBesch. 18. Juni 78 u. 24. Dez. 83
(Seydel S. 102), 12. Mai 90 (Arch. 01
S. 685); andererseits 8. Feb. 98 (Arch. 01
S. 685). Die Herstellung kann u. U.
dem Eigentümer überlassen bleiben
Seydel S. 102. — Ferner BO. § 18,
BetrVorschr. f. Kleinbahnen (I 4 Anl. A
Anl. 3) § 7.

⁶⁰) z. B. Vorkehrungen zur Sicherung
gegen Feuersgefahr. Allg. Vorschr.
über Maßnahmen zur Abwendung
der Feuersgefahr von Gebäuden u.
Materiallagerungen in der Nähe von
Eis. enthält E. 23. Juli 92 (Anlage B).
Durch die auf Grund dieses E. er=
gangenen Polizeiverordnungen ist die
EntBehörde weder in ihrer Zuständig=
keit (RBesch. 20. März 01, Arch. 686)
noch in Bezug auf den Inhalt ihrer
Anordnung (Seydel S. 103) beschränkt.
— Vorschriften über Anlage u. Be=
handlung der Feuerschutzstreifen in
Waldungen E. 13. Feb. 05 (EVB. 63).

⁶¹) Nicht bloß unmittelbar benachbart
Seydel S. 89.

⁶²) Auch wenn von ihnen nichts ent=
eignet wird und der auszugleichende
Nachteil nicht im Rechtswege verfolg=
bar ist RBesch. 10. Nov. 79 u. 26. April
84 (Seydel S. 89).

XIX.   22

gegen Gefahren und Nachtheile[63]) nothwendig[64]) werden. Auch die Unterhaltung dieser Anlagen liegt ihm ob, insoweit dieselbe über den Umfang der bestehenden Verpflichtungen zur Unterhaltung vorhandener, demselben Zwecke dienender Anlagen hinausgeht[65]).

[66]) Ueber diese Obliegenheiten des Unternehmers entscheidet der Bezirksausschuß[15]) (§ 21).

---

[63]) Auch aus dem Betrieb des Unternehmens Gleim EisR. S. 302. — Verbesserungen des bestehenden Zustandes oder sonstige Vorteile dürfen den Interessenten nicht auf Grund des § 14 zugewendet werden RBesch. 29. Nov. 89, 30. Jan. 90 u. 19. März 00 (Arch. 01 S. 689 f.). Namentlich darf dem EisUnternehmer nicht die Herstellung von Bahnhofszufuhrwegen, wie überhaupt von Wegen auferlegt werden, die nicht dazu dienen, einen mit dem Bahnbau verbundenen Eingriff in die bestehenden, auf Kosten des Wegebaupflichtigen geordneten Verkehrsverhältnisse auszugleichen Seydel S. 88, RGer. 18. Mai 81 (EEE. II 36) u. OB. 31. März 83 (IX 238). Die lediglich als Teil der Bahnanlage herzustellenden Wege (I 3 Anl. E II b. W.) fallen überhaupt nicht unter § 14 (Seydel S. 96). — Ferner dürfen nur die gegenwärtigen Verhältnisse in Betracht gezogen u. nicht Anordnungen getroffen werden, für die gegenwärtig kein Bedürfnis abzusehen ist oder die nur bei dem Eintritt künftiger möglicher Fälle wirksam sein sollen RBesch. 15. Aug. 78 u. 10. Nov. 79 (Seydel S. 88), 24. Dez. 89 (Arch. 01 S. 688). Nicht z. B. Ersatz für Straßen, deren Herstellung zwar in einem Bebauungsplane vorgesehen, aber noch nicht erfolgt ist RBesch. 30. Jan. 90 (Arch. 92 S. 507), oder Ersetzung einer Wegekreuzung in Schienenhöhe durch Unter- oder Überführung, wenn nicht feststeht, daß der Wagenverkehr gegenwärtig oder durch seine in den nächsten Jahren zu erwartende Zunahme diese Maßregel im öff. Interesse zur Sicherung gegen Gefahren und Nachteile erheischt RBesch. 14. März 00 (Arch. 01 S. 687). In demselben Sinne bez. der Herstellung einer Unterführung für Fußgänger RBesch. 28. März 01 (Arch. 699). — Gleiches gilt auch für § 14 EisG.

[64]) Die Notwendigkeit entfällt, soweit der Unternehmer den Interessenten für die Nachteile abgefunden hat Gleim EisR. S. 303, Seydel Anm. 4; auch RGer. 10. Sept. 90 (EEE. VIII 170). Die Anordnung hat zu unterbleiben, wenn die Kosten der Anlage zu den auszugleichenden Nachteilen nicht in angemessenem Verhältnisse stehen; alsdann ist der Ausgleich im Entschäd.-Feststellungsverfahren, ev. unter Anwend. des § 9 herbeizuführen Seydel S. 89, RBesch. 8. Juni 00 (Arch. 01 S. 683 Wegeanlage), 19. Dez. 99 (ebda. Hausumbau), 30. Nov. 00 (das. S. 688 Wegeüberführung). — Gleiches gilt für § 14 EisG.

[65]) Das dem Unternehmer obliegende Maß der Unterhaltung ist bestimmt festzusetzen E. 15. Jan. 79 (Seydel S. 102). Ist das nicht angängig, so ist auszusprechen, daß für die Unterhaltungslast der im Gesetze niedergelegte Grundsatz maßgebend ist, u. (bei öff. Wegen) für den Streitfall das Weitere dem Verwaltungsstreitverfahren zu überlassen RBesch. 16. Jan. 89 (Arch. 01 S. 690). U. U. kann die Entscheidung bis nach Fertigstellung der Anlage ausgesetzt werden E. 20. Mai 99 (Anl. C. a) Ziff. 11. — Auch bez. der Unterhaltung können Auflagen nur dem Unternehmer gemacht werden E. 5. Nov. 88 (Arch. 92 S. 508), 19. März 97 (Arch. 01 S. 691). Dritten gegenüb. kann die Festsetzung nur mittelbar wirksam werden, indem der Unternehmer lediglich nach Maßgabe der auf Grund § 14 getroffenen Entscheidung verpflichtet ist Pannenberg Arch. 02 S. 732, a. M. Eger Anm. 145. — Wegen der Wegeunterhaltung ferner I 3 Anl. E I b. W.

[66]) A. Im VerwaltStreitverf. (z. B. in Wegesachen) kann nicht darüber gestritten werden, ob eine Auflage nach § 14 zu Recht erfolgt oder zu Unrecht unterblieben, sondern nur dar-

Titel III. **Enteignungsverfahren**[67]).
1. Feststellung des Planes[68]).

§. 15. Vor Ausführung des Unternehmens ist für dasselbe, unter Berücksichtigung der nach §. 14. den Unternehmer treffenden Obliegenheiten, ein Plan, welchem geeignetenfalls die erforderlichen Querprofile beizufügen sind, in einem zweckentsprechenden Maßstabe aufzustellen und von derjenigen Behörde zu prüfen und vorläufig festzustellen, welche dazu nach den für die verschiedenen Arten der Unternehmungen bestehenden Gesetzen berufen ist[69]).

über, ob sie gemacht ist OB. 28. März 88 (Arch. 766, EEE. VI 273). Für die Entscheidung der Enteignungsbehörde sind Anträge od. Vereinbarungen der Beteil. nicht maßgebend E. 25. Juni 76 (Seydel S. 86), RWesch. 6. April 88 (Arch. 92 S. 508). Abänderungen des vorläufig festgestellten Planes (§ 15) bei Eisenb. Anl. E, F.

B. In bezug auf den öffentlich-rechtlichen Charakter der Vorschrift und die Unzulässigkeit ihrer Verfolgung im Rechtswege gilt das in I § 3 Anm. 28 B b. W. Gesagte auch hier. Insbesondere erkennt auch bez. des § 14 EntG. die Rechtsprechung folgendes an: Im Rechtswege kann der Unternehmer weder zur Herstellung (oder Änderung) von Anlagen noch zur Zahlung der für solche aufzuwendenden Kosten angehalten werden KGH. 11. Juni 81 (Arch. 427, EEE II 57); RGer. 23. Dez. 81 (Arch. 82 S. 165, EEE. II 169), 1. Nov. 82 (EEE. II 389), 19. Sept. 84 (EEE. III 375); 23. Juni 94 (EEE. XI 152), 17. Mai 01 (EEE. XVIII 233). Ob den Interessenten ein zivilrechtlich verfolgbarer Ersatzanspruch zur Seite steht, kommt nicht in Betracht RGer. 9. März 86 (Arch. 563, EEE. IV 430). § 14 begründet keinen besonderen zivilrechtlichen Ersatzanspruch RGer. 15. März 90 (EEE. VII 362), läßt aber anderseits die zivilrechtl. Normen über Schadensersatz unberührt RGer. 20. Sept. 82 (VII 265), 15. März 90 (oben).

Auf diese zivilrechtlichen Normen sind aber nur diejenigen Interessenten verwiesen, denen gegenüber eine Enteignung nicht stattfindet Seydel S. 85. Denjenigen dagegen, deren Rechte den Gegenstand der Enteignung bilden, bleibt der Anspruch auf Entschäd. nach dem EntG. unbenommen, gleichviel, wie

die Entscheidung auf Grund des § 14 ausfällt RGer. 20. April 82 (EEE. II 263). Soweit aber durch Anlagen i. S. des § 14 Ersatz geschaffen ist, kann auch auf Grund des EntG. keine Entschäd. eintreten RGer. 23. Juni 91 (Arch. 1156, EEE. VIII 363), 21. April 96 (EEE. XIII 154).

[67]) Das Enteignungsverfahren im allg. behandeln E. 4. Juni 94 (FRV 133) sowie E. 20. Mai 99 u. 12. Juni 02 (Anlage C a u. b). — Das Verfahren kann (nicht; muß) aus folgenden Abschnitten bestehen:

I. Feststellung des Planes, und zwar
  a) vorläufige § 15,
  b) endgiltige (förmliche) § 18—22;
II. Feststellung der Entschädigung, und zwar
  a) vorläufige Feststellung im Verwaltungsverfahren § 24—29,
  b) endgiltige Feststellung im Rechtswege § 30;
III. Vollziehung der Enteignung § 32 bis 38.

In dringlichen Fällen (§ 34) schiebt sich III. zwischen II. a u. II. b ein.

[68]) Die Planfeststellung bei Eisenbahnen behandeln E. 5. März 75 u. 19. Nov. 98 (Anlagen D, E), bei Privatbahnen im besond. E. 7. Nov. 77 u. 3. Dez. 96 (Anlagen F, G).

[69]) Die vorläufige Planfeststellung ist ein unter allen Umständen notwendiger Bestandteil des EntVerfahrens, während die endgiltige Planfeststellung (§ 18—22) u. U. im Falle des § 16 (Anm. 71) ausfällt; ein Beschluß gemäß § 21, dem die vorl. Planf. nicht vorangegangen ist, unterliegt der Aufhebung: Anl. G, RWesch. 31. Aug. 01 (Arch. 1354). Die vorl. Planf. ist auch dann nötig, wenn die gemäß § 2 ergangene Verordnung bereits die zu enteignende Fläche genau bezeichnet

Ist eine besondere Behörde durch das Gesetz nicht berufen, so liegt diese Prüfung und Feststellung dem Regierungspräsidenten[70]) ob.

§. 16[71]**.** Eine Einigung zwischen den Betheiligten über den Gegenstand der Abtretung, soweit er nach dem Befinden der zuständigen Behörde

RBesch. 15. Nov. 75 (Seydel S. 111). — Ferner Anl. C. a Ziff. 5, 10. — Für Eisenbahnbauten ist das Verfahren zur vorl. Planf. (bestehend aus den ausführl. Vorarbeiten, der landespolizeil. Prüfung und der Feststellung durch den Minister) allgemein, auch für den Fall vorgeschrieben, daß keine Enteignung folgt. Näheres I 3 Anm. 11, 15 d. W.; ferner Anl. F u. G. — Für Kleinbahnen KleinbG. § 17.

[70]) Anm. 15.
[71]) § 16 in Verb. m. § 24, 26, 32, 37, 46 hat verschiedene Auslegungen gefunden; näheres bei Pannenberg in Arch. 01 S. 1169. Pannenbergs eigene Auffassung: Zur Vereinfachung des EntVerfahrens will das G. Vereinbarungen über den gütlichen Erwerb des Grund u. Bodens fördern, der nach dem vorläufig festgestellten Plane (§ 15) für das Unternehmen notwendig ist, u. zwar:

durch Verzicht auf das nach § 18 ff. im allg. notwendige förmliche Planfeststellungsverfahren (§ 16, § 24 Abs. 3),

durch Erleichterung des Vertragsabschlusses (§ 17),

durch Befreiung von gewissen Kosten (§ 43),

dadurch, daß es unter gewissen Bedingungen den Untergang der auf dem Grundstücke ruhenden privatrechtlichen Verpflichtungen (§ 45) auch ohne Vollziehung der Enteignung eintreten läßt (§ 46).

Nicht zu den begünst. Vereinbarungen gehört die bloße Bauerlaubnis, d. h. freiwillige Besitzübertrag. (BGB. § 854 Abs. 2) ohne Einigung über den Gegenstand des späteren Eigentumsüberganges E. 8. März 97 (Anlage H; a. M. Koffka S. 142); sie macht also z. B. nicht das förmliche Planfestⱱerfahren entbehrlich. Wohl aber kann dieses fortfallen, wenn zugleich eine Einigung über den Gegenstand der Abtretung stattfindet, indem das in den vorl. festgestellten Plan fallende Gelände als Gegenstand der

später zu bewirkenden Eigentumsübertragung festgesetzt wird E. 17. Feb. 97 u. 28. Dez. 98 (Arch. 01 S. 694, 693), E. 20. Mai 99 (Anl. C. a) Ziff. 4. Die Rechtsfolge des § 46 (Erlöschen der Rechte dritter) zieht auch eine solche Einigung nicht nach sich; dazu bedarf es vielmehr eines Vertrages, durch den sich der Eigentümer gleichzeitig zur Eigentumsübertragung verpflichtet (BGB. § 313). Dieser Vertrag kann, soweit er sich auf das nach § 15 für das Unternehmen erforderliche Gelände bezieht, je nach dem Inhalte der über die Entschädigung in ihm getroffenen Abrede, neben den Erleichterungen des § 16 (24), 17, 43 auch den Untergang der Realrechte zur Folge haben (§ 46). Im einzelnen:

I. Ist bezüglich der Entschäd. gar nichts oder die Feststellung nach den Vorschriften des EntG. vereinbart, so findet zwar nicht die förml. Planfeststellung, wohl aber die Entschäd.Feststellung (§ 24 ff.) statt und muß Vollziehung der Ent. (§ 32 ff.) erfolgen, wenn die Realrechte erlöschen sollen (§ 45, nicht § 46).

II. Ist ohne weiteren Vorbehalt vereinbart, daß eine bestimmte oder durch einen Dritten zu bestimmende Entschädigung gezahlt oder die Entschädigung sofort im Rechtswege festgesetzt werden soll, so greift § 46 gleichfalls nicht Platz, weil es an dessen Voraussetzung: Durchführung des EntVerfahrens fehlt.

III. Ist eine Vereinbarung der zu II. bezeichneten Art getroffen, zugleich aber die Durchführung des Enteignungsverfahrens behufs Regelung der Rechte der dritter vorbehalten, so ist vorerst das EntschädFesttVerfahren (§. 24 ff., förml. Planfestst. ist nicht nötig) bis zu dem Stadium durchzuführen, in dem eine Einigung nach § 26 erfolgen kann, also bis zum Termin für die kommissarische Verhandlung (§ 25).

zu dem Unternehmen erforderlich ift[72]), kann zum Zwecke sowohl der Ueber=
laffung des Besitzes, als der sofortigen Abtretung des Eigenthums stattfinden[73]).
Es kann dabei[74]) die Entschädigung nachträglicher Feststellung vorbehalten
werden, welche alsdann nach den Vorschriften dieses Gesetzes oder auch, je
nach Verabredung der Betheiligten, sofort im Rechtswege erfolgt. Es kann
ferner dabei Behufs Regelung der Rechte Dritter die Durchführung des
förmlichen Enteignungsverfahrens, nach Befinden ohne Berührung der Ent=
schädigungsfrage, vorbehalten werden[75]).

Das weitere hängt von dem Aus=
falle der letzteren ab:

a) Wenn Realberechtigte nicht er=
schienen oder von solchen keine
Anträge gestellt sind, über die
nach § 29 zu entscheiden ist, so
hat das EntVerfahren sein Ende
gefunden und treten ohne Voll=
ziehung der Enteignung die
Wirkungen des § 46 ein, sobald
die weiteren Voraussetzungen
des § 46 — Hinterlegung der
vereinbarten oder durch Dritte
oder im Rechtswege festgestellten
Entschädigung, Eigenthumsüber=
gang durch Auflassung — erfüllt
sind. Den Realberecht. bleibt der
Rechtsweg offen (§ 46 Satz 2).

b) Sind von Realberechtigten An=
träge (a) gestellt, so nimmt das
Verfahren seinen Fortgang (Ent=
schädFeststellung gemäß § 29,
Vollziehung der Enteignung) u.
greift hinsichtlich der Realrechte
§. 45 Platz. Den Realberechtig=
ten, sowie im Verhältnisse zu
ihnen dem Unternehmer steht der
Rechtsweg nach §. 30 frei. Für
das Verhältnis zwischen Unter=
nehmer und Eigentümer ist zu
unterscheiden, ob im Vertrage
(§ 16) die Durchführung des
EntVerfahrens schlechtweg oder
„ohne Berührung der Ent=
schädigungsfrage" vorbehal=
ten ist. Im erfteren Falle tritt die
gemäß § 29, 30 festgestellte Ent=
schädigung an Stelle derjenigen,
die vereinbart, durch Dritte be=
stimmt oder im sofortigen Rechts=
wege (sofern nicht etwa das Ur=
teil bereits die Rechtskraft be=
schritten hat) festgesetzt ist;
anderenfalls ist die Festsetzung
gemäß §. 29 für das Verhältnis

zwischen Unternehmer und Eigen=
tümer belanglos.

Demgemäß empfiehlt Pannenberg bei
Enteignungen belasteter Grundstücke als
geeignetstes Mittel zur Abkürzung des
Verfahrens eine Vereinbarung gemäß
§ 16, in welcher die Abtretung des
Eigentums verabredet, die Entschäd. be=
stimmt u. die Durchführ. des förml.
EntVerfahrens ohne Berührung der
EntschädFrage vorbehalten wird. Auch
E. 12. Juni 02 (Anl. C. b) u. 5. Nov.
02 (Anm. 73). — Gegen die von
P. vertretene Auffaffung Eger
Anm. 159—163, 209, 302 f. u. Koffka
S. 140 ff., 176 f.; Erwiderung gegen
Eger in Arch. 03 S. 218 ff.; wie P.
Seydel § 46 Anm. 1. — Ferner § 17,
Anm. 111, 118, 126, 140, 160. — Durch
E. 26. Jan. 03 (EBB. 45) sind für
die StEB. Muster eingeführt zu Ver=
trägen über Erteilung der Bauerlaub=
nis, zu Verträgen betr. Einigung über
den Gegenstand der Abtretung, zu
Grunderwerbsverträgen unter Vorbehalt
der EntschädFeststellung und zu solchen
mit Festsetzung des Kaufpreises.

[72]) d. h. nach dem vorläufig festge=
stellten Plane Anm. 71.

[73]) Bezüglich der Form und des
Inhalts der Vereinbarung sind
für die StEB. die E. 25. Nov. 00
(Anlage J), 5. Nov. 02 (Anlage K)
u. 26. Jan. 03 (Anm. 71 a. E.) er=
gangen; ferner § 17.

[74]) „Dabei" bezieht sich nur auf Ei=
gentums=Überlaffungs=Verträge Pannen=
berg (Anm. 71) S. 1172.

[75]) Aus der Rechtsprechung des
Reichsgerichts: Ist nicht bedungen,
daß die Entschäd. sofort im Rechtswege
festgesetzt werden solle, so kann der
Eigentümer den Unternehmer im Rechts=
wege zur Herbeiführung des Verfahrens
gemäß G. § 24 ff. anhalten 15. Jan.

§. 17 [76]). Für die freiwillige Abtretung in Gemäßheit des §. 16. sind die nach den bestehenden Gesetzen für die Veräußerung von Grundeigenthum vorgeschriebenen Formen zu wahren [77]).

80 (I 171). Die sofortige Beschreitung des Rechtsweges (ohne vorgängiges Verfahren gemäß § 24 ff.) ist, auch wenn sie nicht ausdrücklich vereinbart ist, als zulässig anzusehen, wenn gegenüber einer auf gerichtliche Festsetzung der Entschäd. gerichteten Klage der Gegner die vorherige Durchführung des Verfahrens gemäß § 24 ff. erst in der Revisionsinstanz verlangt 7. Juni 95 (EEG. XII 158). Der Kaufpreis, der nach Einleitung des EntVerfahrens bei freiwilliger Abtretung eines der Ent. unterliegenden Grundstückteils vereinbart ist, umfaßt im Zw. auch die Entschäd. für diejenigen Nachteile, die dem Restbesitz aus dem Unternehmen selbst erwachsen 12. Dez. 83 (EEG. III 306). Wird die Durchführung des EntVerfahrens vereinbart, so ist die demnächst festzusetzende Entschäd. (einschl. derjenigen für Wirtschaftserschwerungen) nicht erst vom Tage der Enteignung, sondern von demjenigen der Besitzüberlassung ab zu verzinsen 3. Nov. 80 (Arch. 81 S. 52, EEG. I 299), 25. Feb. 91 (EEG. VIII 249), 6. Nov. 00 (XLVII 311).

[76]) Ausführliche Hinweise auf die in Betracht kommenden Vorschr., namentlich auf das seit 1. Jan. 00 geltende Recht in den Komm. v. Luther u. Eger bei § 17, auch in E. 26. Nov. 99 (EVB. 331) unter D. — Anm. 71; § 43.

[77]) Nach BGB. ist zwischen obligatorischem (z. B. Kauf) u. dinglichem Eigentumsübertragungsvertrag zu unterscheiden. a) Bezüglich des obligatorischen Vtr. schreibt BGB. § 313 vor, daß er gerichtlicher oder notarieller Beurkundung bedarf, u. EG. BGB. Art. 142, daß in Ansehung der in dem Gebiete des einzelnen Bundesstaats belegenen Grundstücke die Landesgesetzgebung auch anderen Behörden und Beamten die Zuständigkeit zur Beurkundung beilegen kann. AG. BGB. Art. 12 bestimmt:

§. 2. Wird bei einem Vertrage, durch den sich der eine Theil verpflichtet, das Eigentum an einem in Preußen liegenden Grundstücke zu übertragen, einer der Vertragschließenden durch eine öffentliche Behörde vertreten, so ist für die Beurkundung des Vertrags außer den Gerichten und Notaren auch der Beamte zuständig, welcher von dem Vorstande der zur Vertretung berufenen Behörde oder von der vorgesetzten Behörde bestimmt ist.

§ 3 (Sonderbestimmung für Nassau.)

§. 4. Auf die Beurkundung, die ein nach den §§. 2, 3 zuständiger Beamter vornimmt, finden die Vorschriften des §. 168 Satz 2 und der §§. 169 bis 180 des Reichsgesetzes über die Angelegenheiten der freiwilligen Gerichtsbarkeit, des §. 191 des Gerichtsverfassungsverfassungsgesetzes und des Artikel 41 des Preußischen Gesetzes über die freiwillige Gerichtsbarkeit entsprechende Anwendung. Ist nach diesen Vorschriften ein Dolmetscher zuzuziehen, so kann die erforderliche Beeidigung des Dolmetschers durch den beurkundenden Beamten erfolgen.

E. 12. Feb. 00 (EVB. 55) betr. Beurkundung von Grunderwerbsverträgen. Was die in den vorläufig festgestellten Plan (EntG. § 15) fallenden Grundstücke anlangt, so ist §. 17 Abf. 1 abgeändert durch die auf Grund EG. BGB. Art. 109, 3 erlassene Vorschr. in AG. BGB. Art. 12 § 1; nachdem in deren Abf. 1 für den Rentengutsvertrag die schriftliche Form als genügend bezeichnet ist, bestimmt Abf. 2:

Das Gleiche gilt für den in den §§. 16, 17 des Gesetzes über die

Handelt es sich um Grundstücke oder Gerechtigkeiten bevormundeter, in Konkurs gerathener, unter Kuratel stehender oder anderer handlungsunfähiger Personen, so genügt der Abschluß des Vertrages durch deren Vertreter unter Genehmigung des vormundschaftlichen Gerichts oder desjenigen Gerichts, welches die Veräußerung der Grundstücke und Gerechtigkeiten solcher Personen aus freier Hand zu genehmigen befugt ist[78]).

Enteignung von Grundeigenthum vom 11. Juni 1874 (GS. S. 221) bezeichneten Vertrag über die frei= willige Abtretung von Grundeigen= thum.

Der nach AG. BGB. Art. 7 in gewissen Fällen erforderlichen **staatlichen Ge= nehmigung zum Erwerbe von Grundstücken durch juristische Per= sonen** bedarf es nicht bez. solcher Grund= stücke, die zu einem mit dem Enteignungs= recht ausgestatteten Unternehmen der jurist. Person nötig stnb E. 26. Nov. 99 (Anm. 76).

b) Bez. des dinglichen Vertrages bestimmt BGB. § 873 Abs. 1, daß zur Übertragung des Eigentums an einem Grundstück die Einigung des Berechtig= ten u. des anderen Teils über den Ein= tritt der Rechtsänderung u. **die Ein= tragung der Rechtsänderung in das Grundbuch erforderlich ist,** u. nach BGB. § 925 muß die Einigung als „Auflassung" bei gleichzeitiger Anwesenheit beider Teile vor dem Grund= buchamt erklärt werden. Für Grund= stücke im bisher. Geltungsgebiet des Rheinischen Rechts läßt (auf Grund BGB. EG. Art. 143) BGB. AG. Art. 26 Ausnahmen von dieser Form der Auf= lassung zu. Ferner bestimmt (auf Grund Reichs=Grundb O. § 90 Abs. 1) V. 13. Nov. 99 (GS. 519) Art. 1:

Die Grundstücke des Reichs, die ... Grundstücke des Staates ..., die öffentlichen Wege und Gewässer, sowie die Grundstücke, welche einem dem öffentlichen Verkehr dienenden Bahnunternehmen gewidmet sind, erhalten ein Grundbuchblatt nur auf Antrag des Eigenthümers oder eines Berechtigten.

GrundbuchO. § 90 Abs. 2:

Steht demjenigen, welcher nach Absatz 1 von der Verpflichtung zur Eintragung befreit ist, das Eigen= thum an einem Grundstücke zu, über das ein Blatt geführt wird, oder erwirbt er ein solches Grundstück, so ist auf seinen Antrag das Grund= stück aus dem Grundbuch auszu= scheiden, wenn eine Eintragung, von welcher das Recht des Eigen= thümers betroffen wird, nicht vor= handen ist.

AG. BGB. Art. 27 (auf Grund EG. BGB. Art. 127):

Zur Übertragung des Eigenthums an einem Grundstücke, das im Grundbuche nicht eingetragen ist und auch nach der Übertragung nicht eingetragen zu werden braucht, ist die Einigung des Veräußerers und des Erwerbers über den Ein= tritt der Übertragung erforderlich. Die Einigung bedarf der gericht= lichen oder notariellen Beurkundung; wird einer der Betheiligten durch eine öffentliche Behörde vertreten, so genügt die Beurkundung durch einen nach Artikel 12 §. 2 für die Beurkundung des Veräußerungs= vertrags zuständigen Beamten.

Die Übertragung des Eigentums kann nicht unter einer Bedingung oder einer Zeitbestimmung erfolgen.

[78]) Abs. 2 ist gegenstandslos geworden, weil er dem jetzt geltenden allgemeinen

Lehns= und Fideikommißbesitzer sind befugt, solche Verträge unter Zu=
stimmung der beiden nächsten Agnaten abzuschließen, sofern die Stiftungs=
urkunden oder besondere gesetzliche Bestimmungen jene Veräußerungen nicht
unter erleichterter Form gestatten[79]).

Im Bezirk des Appellationsgerichtshofes zu Cöln sind die Vertreter der
Minderjährigen, Abwesenden, Interdizirten und anderer handlungsunfähiger
Personen, sowie der Fallitmassen befugt, gültig in die Veräußerung zu willi=
gen, wenn sie dazu von dem Gericht auf Antrag in der Rathskammer nach
Anhörung des öffentlichen Ministeriums ermächtigt sind. Diese Vorschrift
findet auch auf Dotal= und Fideikommißgrundstücke Anwendung[80]).

Veräußerungsbeschränkungen, welche zur Verhütung der Trennung von
Gutsverbänden oder der Zerstückelung von Ländereien bestehen, finden keine
Anwendung.

§. 18[81]). Auf Antrag des Unternehmers[82]) erfolgt das Verfahren Be=
hufs Feststellung des Planes[83]).

Zu diesem Behufe hat derselbe dem Regierungspräsidenten[84]) für
jeden Gemeinde= oder Gutsbezirk einen Auszug aus dem vorläufig festgestellten
Plane nebst Beilagen vorzulegen, welche die zu enteignenden Grundstücke[85]) nach
ihrer grundbuchmäßigen, katastermäßigen oder sonst üblichen Bezeichnung und

---

Rechte gegenüber keine Erleichterung
mehr bedeutet: BGB. § 1821, 1897
(Vormundschaft); 1915 (Pflegschaft);
1643, 1686 (elterl. Gewalt). KonkO.
§ 134—136.

[79]) AG. GrundbO. Art. 20. — Auf=
zählung der besonderen gesetzl. Best. bei
Luther Anm. 9.

[80]) Abs. 4 Satz 1 jetzt gegenstandslos.
Zu Satz 2 Luther Anm. 13, 14.

[81]) E. 20. Mai 99 (Anl. C a) Ziff. 3,
6; E. 12. Juni 02 (Anl. C b).

[82]) Nur der Unternehmer — für Pri=
vatbahnen E. 3. Dez. 96 (Anl. G) —
ist zur Stellung des Antrags berechtigt,
u. nur auf Antrag des Unternehmers
wird das Verfahren eingeleitet, selbst
wenn ein enteignungsfähiges Grundstück
ohne Einverständnis des Berechtigten
u. ohne Enteignung tatsächlich für das
Unternehmen verwendet worden ist R.=
Besch. 27. Aug. 90 (Arch. 01 S. 695).
Voraussetzung des Antrages ist nur, daß
das Enteignungsrecht verliehen, der Plan
vorläufig festgestellt ist u. die Grund=
flächen, deren Enteignung beantragt
wird, in den Plan fallen; der Unter=
nehmer hat nicht etwa zu erweisen, daß
er nicht in der Lage ist, das Gelände
freihändig zu erwerben, u. kann den

Antrag auch dann stellen, wenn vertrag=
lich er selbst zu freihändigem Erwerb
oder der Eigentümer zur gütlichen Ab=
tretung verpflichtet ist RBesch. 22. April
93 u. 17. Okt. 00 u. E. 6. Feb. 94
(Arch. 01 S. 691 ff.). — Zur Stellung
des Antrages kann der Unternehmer u.
U. durch die staatliche Aufsichtsbehörde
angehalten werden Seydel Anm. 1. Daß
er hierzu auch seitens des Eigentümers
(bei einseitiger Inbesitznahme) im Rechts=
wege genötigt werden könne, wird von
Seydel a. a. O. verneint; a. M. Eger
II S. 73 u. RGer. 12. Mai 03 (LV 7).

[83]) D. h. die endgiltige Planfest=
stellung. Ihre Vorauss. ist unter
allen Umständen, daß die vorläufige
Planfeststellung vorangegangen ist Anm.
69. Die endgiltige Pl. dagegen ist nicht
immer notwendig Anm. 71. — Die end=
giltige Pl. wird nicht dadurch ausge=
schlossen, daß das zu enteignende Ge=
lände tatsächlich bereits für die Aus=
führ. des Untern. in Anspruch genommen
worden ist Seydel Anm. 2; ab. Anm. 8.

[84]) Anm. 15. Gegen Ablehnung
des Antrags Beschwerde an den Min.
LVG. § 125 (Seydel Anm. 4).

[85]) Die Grundstücke müssen innerhalb
des vorl. festgest. Planes liegen Anm. 82.

Größe, deren Eigenthümer[86]) nach Namen und Wohnort, ferner die nach §. 14. herzustellenden Anlagen, sowie, wo nur eine Belastung von Grundeigenthum in Frage steht, die Art und den Umfang dieser Belastung enthalten müssen[81]).

§. 19. Plan nebst Beilagen sind in dem betreffenden Gemeinde- oder Gutsbezirke während vierzehn Tagen zu Jedermanns Einsicht offen zu legen[87]).

Die Zeit der Offenlegung ist ortsüblich bekannt zu machen.

Während dieser Zeit kann jeder Betheiligte im Umfange seines Interesses Einwendungen gegen den Plan erheben[88]). Auch der Vorstand des Gemeinde- oder Gutsbezirks hat das Recht Einwendungen zu erheben, welche sich auf die Richtung des Unternehmens oder auf Anlagen der in §. 14. gedachten Art beziehen.

Der Regierungspräsident[15]) hat diejenige Stelle zu bezeichnen, bei welcher solche Einwendungen schriftlich einzureichen oder mündlich zu Protokoll zu geben sind.

§. 20[89]). Nach Ablauf der Frist (§. 19.) werden die Einwendungen gegen den Plan in einem nöthigenfalls an Ort und Stelle abzuhaltenden Termin vor einem von dem Regierungspräsidenten[15]) zu ernennenden Kommissar erörtert[90]).

---

[86]) Anm. 112, 130; § 36 Abs. 1.

[87]) Es gehört zu den wesentlichen Vorschr. des G., daß aus den offenzulegenden Urkunden ersichtlich sein muß, welche Grundstücke in Anspruch genommen werden, u. in welchem Umfange das Unternehmen Veränderungen in den bestehenden Verhältnissen zur Folge hat RBesch. 20. März 78 (Seydel Anm. 1) u. 31. Aug. 01 (Arch. 1354). Die Offenlegung von Querprofilen kann von der EntBehörde verlangt werden; ist das aber nicht geschehen, so begründet die Unterlassung ihrer Offenlegung nicht die Ungültigkeit des Verfahrens RBesch. 14. u. 21. Feb. 76 (Seydel S. 132). Die Offenlegung des Gesamtplanes oder (im Falle des § 18 Abs. 2) jedes Planauszuges erfolgt nur in demjenigen Gemeinde=(Guts=)Bezirk, in dem der zu enteignende Grundbesitz belegen ist; auswärts wohnenden Interessenten bleibt überlassen, sich von der Offenlegung Kenntnis zu verschaffen RBesch. 21. Jan. 90 (Arch. 01 S. 695).

[88]) „Beteiligte" (auch Anm. 101) sind nicht nur die unmittelbar Betroffenen (Eigentümer usw.), sondern auch sonstige Interessenten, z. B. diejenigen, die durch die gemäß § 14, 15 vorge-

sehenen Anlagen berührt werden oder solche Anlagen beantragen wollen R.=Besch. 17. Feb. 83 (Seydel Anm. 2). Auf den Wohnsitz kommt es hierbei nicht an. — Nicht zulässig sind Einwendungen, die sich nicht gegen den Plan selbst, sondern gegen das Unternehmen als solches richten oder nur die Entschädigungsfrage (dahin auch Anträge gemäß § 9) betreffen (Seydel Anm. 3); gegen die Ausführung von Eisenbahnen u. anderen öff. Verkehrsmitteln kann ferner der Bergbautreibende nicht aus Berg= G. 24. Juni 65 § 135 Widerspruch herleiten RBesch. 18. Sept. 00 (Arch. 01 S. 696). Einwendungen, die nicht innerhalb der Frist des Abs. 3 bei der nach Abs. 4 zuständigen Stelle erhoben werden, können (nicht: müssen; a. M. Eger S. 108) aus diesem Grunde in dem weiteren Verfahren, namentlich auch in der Rekursinstanz zurückgewiesen werden Seydel Anm. 3 u. RBesch. 4. Okt. 88 (Arch. 01 S. 696).

[89]) E. 20. Mai 99 (Anl. C a) Ziff. 5 u. E. 7. Nov. 77 (Anl. F).

[90]) Die Erörterung findet statt, auch wenn die Reklamanten nicht erschienen sind; die Entschädigungsfrage bleibt außer Betracht Seydel Anm. 3.

Zu dem Termine werden die Unternehmer, die Reklamanten und die durch die Reklamationen betroffenen Grundbesitzer, sowie der Vorstand des Gemeinde= oder Gutsbezirks vorgeladen und mit ihrer Erklärung gehört[91]). Dem Kommissar bleibt es überlassen, Sachverständige, deren Gutachten er= forderlich ist, zuzuziehen.

Die Verhandlungen haben sich nicht auf die Entschädigungsfrage zu er= strecken[88]).

§. 21[92]). Der Kommissar hat nach Beendigung der Verhandlungen letztere dem Bezirksausschusse[93]) vorzulegen, welcher prüft, ob die vor= geschriebenen Förmlichkeiten beobachtet sind[94]), mittelst motivirten Beschlusses über die erhobenen Einwendungen[95]) entscheidet und danach

1) den Gegenstand der Enteignung, die Größe und die Grenzen des ab=

---

[91]) Unter Reklamanten sind diejeni= gen zu verstehen, die rechtzeitig (§ 19) Einwendungen erhoben haben; wer das versäumt hat, kann aus dem Unter= bleiben der Vorladung keinen Anspruch auf nachträgliche Berücksichtigung von Einwendungen erheben RBesch. 9. Dez. 82 (Seydel Anm. 2). Die übrigen in Abs. 2 Satz 1 Bezeichneten sind stets zu laden, die durch die Reklamationen betroffenen Grundbesitzer auch dann, wenn sie erst durch die Reklamat. zu Beteil. geworden sind Seydel Anm. 2.

[92]) § 21 trifft Bestimmung über den das förmliche Planfeststellungsverfahren in der 1. Instanz beendenden Plan= feststellungsbeschluß (endgiltige Planfeststellung). Gegenstand desselben ist nicht nur der durch die zu enteignen= den Grundstücksteile begrenzte, sondern mindestens derjenige Teil des vorläufig festgestellten Planes, aus dem sich die Notwendigkeit jener Enteignung ergibt RBesch. 29. April 99 (Arch. 01 S. 698). Die Auffassung, es könne von dem In= halte der gemäß § 18 vorzulegenden Beilagen nicht abgewichen werden, ist rechtsirrtümlich RBesch. 14. Mai 00 (ebba.). Die Beschlußfassung kann u. U. auf die zur Entscheidung reifen Teile des Planes beschränkt u. im übrigen ausgesetzt werden RBesch. 17. März 00 (ebba.), 25. Feb. 02 (Arch. 691). Plan= feststellung für Eisenbahnen An= lagen D bis F u. (im gleichen Sinne) RBesch. 20. April 98 u. 28. März 01 (Arch. 01 S. 699). — Fragen, die in das EntschädFeststVerfahren gehören, scheiden aus, z. B. der Anspruch einer

Stadtgemeinde auf Ersatz der Kosten für Abänderung eines Fluchtlinienplanes RBesch. 5. Okt. 98 (Arch. 01 S. 701). — Der Beschluß ist eine landespol. Anordn. i. S. des G. 11. Mai 42 (GS. 192), KGH. 11. Juni 81 (Arch. 427, EEE. II 57), I 3 Anm. 11 b. W.; anderseits RGer. 15. Mai 07 (EEE. XIV 170, hierzu Pannenberg im Arch. 03 S. 228).

[93]) Anm. 15. Verfahren S. 20. Mai 99 (Anl. C a) Ziff. 7, 8, S. 12. Juni 02 (Anl. C b). Hierzu einerf. Eger S. 141, anderf. Pannenberg im Arch. 03 S. 219, Seydel Anm. 1. Der Be= schluß soll das zulässige Rechtsmittel, die Art seiner Einlegung u. die Ver= säumnisfolgen bezeichnen E. 29. April 78 (EBB. 159).

[94]) Z. B. über die ordnungsmäß. Ver= leihung des EntRechts — deren Mangel übrigens nicht von der Verpflichtung zum Erlaß eines motivierten Beschlusses entbindet E. 17. Juli 85 (Arch. 01 S. 697) —, die Legitimationsfrage, die Beobachtung der §§ 15 (Anm. 69), 18 bis 20; E. 3. Dez. 96 (Anl. C). Sind die Förmlichkeiten erfüllt, so ist der Bez.= Ausschuß — unbeschadet der etwa nach EisG. § 4 erforderl. Einholung der mi= nisteriellen Genehmigung — verpflichtet, den Beschluß gemäß § 21 zu erlassen RBesch. 1. Sept. 02 (Arch. 1347).

[95]) Der Beschluß muß auch ergehen, wenn Einwendungen nicht vorliegen oder die erhobenen zurückgezogen sind Seydel Anm. 1. Über die Einwend. ist nicht durch besonderen Beschluß, son= dern in Verb. m. d. Planfeststft. zu ent= scheiden Seydel Anm. 3.

zutretenden Grundbesitzes[96]), die Art und den Umfang der aufzulegen=
den Beschränkungen, sowie auch die Zeit, innerhalb deren längstens
vom Enteignungsrechte Gebrauch zu machen ist[97]) — soweit die König=
liche Verordnung (§. 2.) über diese Punkte keine Bestimmungen ent=
hält —,

2) die Anlagen, zu deren Errichtung wie Unterhaltung der Unternehmer
verpflichtet ist (§. 14.)[98]),

feststellt[99]).

Die Entscheidung wird dem Unternehmer, den Reklamanten und sonstigen
Personen, welche an der Streiterörterung Theil genommen, sowie dem Vor=
stande des Gemeinde= oder Gutsbezirks zugestellt[100]).

§. 22. Gegen die Entscheidung der Bezirksregierung steht den
Betheiligten der Rekurs an die vorgesetzte Ministerialinstanz offen[101]).

---

[96]) Über den Antrag des Unternehmers
darf dabei nicht hinausgegangen werden
RBesch. 22. April 97 (Arch. 01 S. 698)
u. 25. Feb. 02 (Arch. 691). Größe u.
Grenzen sind endgiltig festzustellen, der
Vorbehalt definitiver kataſteramtlicher
Vermessung ist unzulässig RB. ſ. ſj 00 Feb.
00 (Arch. 01 S. 697). Die Festsetzung
richtet sich in jedem Falle gegen den
wirklichen Eigentümer, gleichviel, wer
im Kataster als solcher bezeichnet ist
RBesch. 25. Feb. 02 (a. a. O.). Als
EntGegenstand sind alle Grundstücke zu
bezeichnen, an denen Eigentums= oder
sonstige mit den Zwecken des Unter=
nehmens unverträgliche Rechte bestehen,
auch wenn nur eine dauernde Beschrän=
kung in Frage kommt Seydel Anm. 2.
Ist der Gegenstand der Abtretung schon
in der EntVerordnung genau bezeichnet,
so darf über diese Grenzen nicht hinaus=
gegangen werden Seydel a. a. O.

[97]) § 42. Gebrauchmachen ist d.
Antrag auf EntschädFeststellung, nicht
etwa die Vollziehung der Enteignung
Seydel Anm. 4. Die Frist kann nach=
träglich verlängert werden, aber nur,
wenn das vor ihrem Ablaufe beantragt
wird RBesch. 25. Feb. 02 (Arch. 691)
u. 29. Sept. 93 (Arch. 01 S. 701). Bei
Eisenbahnen kommt die für die Vollen=
dung gesetzte konzessionsmäß. Frist nicht
in Betracht Seydel a. a. O. — Anm. 110.

[98]) Anm. zu § 14, namentlich Anm. 65.
Der Beschluß muß die Verpflichtung des
Unternehmers u. den Zweck (öff. In=
teresse oder Interesse eines bestimmten
Privaten) genau bezeichnen u. den Grund
u. Boden, der für die Nebenanlagen

etwa über den offengelegten Plan hin=
aus erforderlich ist, nach Umfang u.
Grenzen angeben; spezielle Projekte für
die Nebenanlagen sind nicht unter allen
Umständen Vorbedingung der Beschluß=
fassung Seydel Anm. 5.

[99]) Nachträgliche Ergänzungen des
Beschlusses können nur im Wege des
Rekurses (§ 22) oder (wenn noch weiteres
Gelände nötig wird) eines neuen Ver=
fahrens gemäß § 18 ff. herbeigeführt
werden; wohl aber ist eine Berichti=
gung von Irrtümern, welche die mate=
rielle Entscheidung nicht berühren (z. B.
Größe oder Bezeichnung eines Grund=
stücks) unter Zustellung des Nachtrags=
beschlusses an die Interessenten zulässig
Seydel Anm. 8.

[100]) § 39 u. Anl. F Ziff. 1. Abzeich=
nungen des Planes sind nicht mit zuzu=
stellen Seydel Anm. 7.

[101]) An Stelle des Abs. 1 ist ZuſtG.
§ 150 Abs. 3 (Anm. 15) getreten. Hier=
nach findet gegen den PlanfeſtſtBeſchluß
des BezAusſchuſſes uſw. Beſchwerde
an den Min. ſtatt, u. zwar innerhalb
zwei Wochen (nach Zuſtellung des Be=
ſchluſſes). — Beteiligte i. S. § 22 u.
deshalb zur Einlegung der Beschwerde
berechtigt sind neben dem Unternehmer
nur diejenigen, die rechtzeitig gemäß
§ 19 Einwendungen gegen den Plan
erhoben haben Seydel Anm. 3. Nicht
z. B., wer dem Unternehmer gegenüber
zur unentgeltlichen Hergabe von Grund
u. Boden oder zur Tragung der Grund=
erwerbskosten vertraglich verpflichtet ist
(Kreisverbände bei staatlichen Neben=
bahnen) RBesch. 11. Jan. 89 u. 23. Okt.

Der Rekurs muß bei Verlust desselben innerhalb zehn Tagen nach Zustellung des Beschlusses bei der Bezirksregierung eingelegt und gerechtfertigt werden. Die Regierung hat die Rekursschrift dem Gegner zur Beantwortung innerhalb einer Frist von sieben bis vierzehn Tagen mitzutheilen und nach Eingang der Schrift oder nach Ablauf der Frist die Akten an den zuständigen Minister zur Entscheidung einzusenden[102]).

§. 23. Das Enteignungsrecht bei der Anlage von Eisenbahnen[103]) erstreckt sich unter Berücksichtigung der Vorschriften dieses Gesetzes insbesondere:

1) auf den Grund und Boden, welcher zur Bahn, zu den Bahnhöfen und zu den an der Bahn und an den Bahnhöfen Behufs des Eisenbahnbetriebes zu errichtenden Gebäuden erforderlich ist[104]);

---

90 (Arch. 01 S. 702); auch nicht eine Gemeinde, die die Frist des § 19 versäumt hat RBesch. 4. Okt. 88 (Arch. 92 S. 527). — Die Beschwerde ist das einzige Rechtsmittel; z. B. ist der Rechtsweg darüb. unzulässig, ob sich das dem Unternehmer verliehene Ent=Recht auf ein von ihm in Anspruch genommenes Grundstück erstreckt Seydel Anm. 1. Nach Eintritt der Rechtskraft kann der Beschluß auch nicht mehr mit der Behauptung angegriffen werden, daß wesentliche Gesetzesvorschr. verletzt seien Seydel Anm. 5.

[102]) Abs. 2 ist durch LVG. § 122 ersetzt. — Nach E. 7. Nov. 77 (Anl. F) sollen die Verwaltungen der Privatbahnen die Beschwerde durch Vermittelung des Eisenkommissars einlegen. — In Fällen unverschuldeter RBesch. 23. Dez. 95 (Arch. 01 S. 702) — Fristversäumnis kann Wiedereinsetzung in den vor. Stand gewährt werden LVG. § 52 Abs. 2.

[103]) § 23 ersetzt § 8—10 EisG. u. findet nur auf Eisenbahnen i. S. dieses G. (I 3 Anm. 2) unmittelbare Anwendung Seydel Anm. 1; a. M. Eger S. 182. Eine andere Frage ist, ob § 23 bei Unternehmen, die dem Kleinbahngesetz unterliegen, sinngemäß Platz greift. — Das EntRecht des EisUnternehmers erstreckt sich nicht auf Privatanschlußbahnen, die er für Rechnung des Anzuschließenden ausführt Seydel a. a. O. — § 23 begrenzt den Umfang des für Anlage einer Eis. verliehenen EntRechts; soll im Einzelfalle über diese Grenze hinaus, z. B. für Zwecke der

Bahnunterhaltung (Anm. 106) eine Ent. eintreten, so muß neben dem für das Gesamtunternehmen verliehenen Ent=Recht noch das EntRecht für diese Zwecke besonders erwirkt werden.

[104]) Welcher Grund u. Boden erforderlich ist, ergibt sich aus dem festgestellten Plane (§ 15, 18—21) sowie den etwa später auf Grund EisG. § 4, 14 getroffenen Anordnungen. „Erforderlich" ist auch das Gelände, dessen der Untern. bedarf, um nicht zu Anlagen genötigt zu sein, deren Kosten zu dem erreichbaren Nutzen oder zu den den Grundbesitzern aus der Enteignung erwachsenden Nachteilen nicht in angemessenem Verhältnisse stehen Seydel Anm. 2. — Daß der Grund u. Boden sofort für die EisAnlage verwendet wird, ist nicht unbedingt nötig, vielmehr kommen auch solche nicht alsbald auszuführende Bauten in Betracht, bei denen im Falle eintretenden Bedürfnisses die unverzügliche Herstellung im öff. Interesse geboten erscheint oder den späteren Grunderwerb wegen der zu erwartenden anderweiten Ausnutzung des Geländes besonders schwierig oder unmöglich sein würde; z. B. zweite Gleise, Bahnhofserweiterungen, Einführ. anderer Bahnen. Nur muß das zu erwerbende Gelände als solches in den Plan aufgenommen sein Seydel Anm. 3. Verpflichtung der Kreise oder sonstigen Interessenten, welche die Beschaffung des Grund u. Bodens für neue Eis. übernommen haben, bez. des Grunderwerbs für Anlagen, deren Pläne erst nach der Betriebseröffnung aufgestellt

2) auf den zur Unterbringung der Erde und des Schuttes u. s. w. bei Abtragungen, Einschnitten und Tunnels erforderlichen Grund und Boden;

3) überhaupt auf den Grund und Boden für alle sonstigen Anlagen, welche zu dem Behufe, damit die Bahn als eine öffentliche Straße zur allgemeinen Benutzung dienen könne, nöthig oder in Folge der Bahnanlage im öffentlichen Interesse erforderlich sind [105]);

4) auf das für die Herstellung von Aufträgen erforderliche Schüttungs= material [106]).

Dagegen ist das Enteignungsrecht auf den Grund und Boden für solche Anlagen nicht auszudehnen, welche, wie Waarenmagazine und dergleichen, nicht den unter Nr. 3. gedachten allgemeinen Zweck, sondern nur das Privatinteresse des Eisenbahnunternehmers angehen [103]).

Die vorübergehende Benutzung fremder Grundstücke [107]) soll bei der Anlage von Eisenbahnen, insbesondere zur Einrichtung von Interimswegen, Werkplätzen und Arbeiterhütten zulässig sein.

---

werden RGer. 18. Mai 93 (Arch. 1165). — Gebäude i. S. § 23 Ziff. 1 sind, soweit im Betriebsinteresse den Beamten Wohnungen in unmitt. Nähe der Dienst= stätte verschafft werden müssen, auch Dienstwohnungsgebäude RWesch. 22. Okt. 91 u. 8. Mai 99 (Arch. 01 S. 703: Stations= u. sonstige Betriebsbeamte); 27. April 78 (Seydel Anm. 4) u. 30. Nov. 89 (Arch. 01 S. 703: Bahnwärter). U. U. kann auch zur Überweisung von Dienst= land an Beamte das EntRecht in An= spruch genommen werden RWesch. 11. Jan. 98 (Arch. 01 S. 704).

[105]) Z. B. Forstschutzstreifen Seydel Anm. 9 u. E. 8. Juni 99 (EBB. 191, VB. 834); Leitungen zur Speisung von Wasserstationen RWesch. 14. Sept. 99 (Arch. 01 S. 704), Anm. 26; Lager= plätze für Betriebs= u. Oberbaumate= rialien RWesch. 21. Nov. 89 (Arch. 01 S. 677) u. 1. Aug. 90 (das. S. 704); Werkstätten zur Reparatur von Be= triebsmitteln RWesch. 3. Aug. 89 (das. S. 678).

[106]) Die Vorschr. gestattet nicht Ent= ziehung, sondern nur Beschränkung des Grundeigentums, die sich je nach dem Maße der Entnahme als dauernde ge= mäß § 2 oder als vorübergehende dar= stellt; Gegenstand der Enteignung ist immer das Grundstück selbst, nicht das zu entnehmende Material. Aufträge sind nicht nur erhöhte Bahndämme, sondern alle zur Herstellung des Bahn= körpers usw. erforderlichen Aufschüttun= gen, auch wenn dieser das angrenzende Gelände nicht überragt. Zum Schüt= tungsmaterial gehört auch das Material (Kies!) zur Bettung von Schienen und Schwellen. Nicht erfor= derlich ist, daß die Verwendung des Materials in unmittelb. Nähe des Ge= winnungsortes erfolgt; vielmehr kann der Unternehmer z. B. ein in der Nähe der Bahnlinie belegenes Kieslager er= werben, um aus ihm die gesamte Bahn= strecke mit Bettungsmaterial zu versorgen. Anderes Material, z. B. Pflastersteine darf der Untern. nicht aus der enteig= neten Fundstätte entnehmen. Nur auf das zur ersten Herstellung, nicht auch auf das zur laufenden Unterhal= tung der Bahn erforderliche Material erstreckt sich das für das Unternehmen als solches verliehene (Anm. 103 a. E.) EntRecht; letzterem unterliegen daher nicht Grundstücke, auf denen Wege nach den zu UnterhaltZwecken erworb. Kies= gruben angelegt werden sollen (Seydel Anm. 6).

[107]) § 4.

2. Feftftellung der Entfchädigung[108].

§. 24. Der Antrag auf Feftftellung der Entfchädigung ift von dem Unternehmer fchriftlich bei dem Regierungspräfidenten[109] ein= zubringen[110].

Der Antrag muß das zu enteignende Grundftück, deffen Eigenthümer, fowie, wo nur eine Belaftung in Frage fteht, die Art und den Umfang der= felben genau bezeichnen (§. 18.).

Dem Antrage ift zum Nachweis der Rechte am Grundftück ein be= glaubigter Auszug aus dem Grundbuch (Hypothekenbuch, Währfchaftsbuch, Stockbuch), wo aber ein folches nicht vorhanden ift oder nicht ausreicht, eine Befcheinigung des Ortsvorftandes oder der fonft zur Ausftellung folcher

---

[108] Anm. 67. — Die Einleitung des EntfchädFeftftVerfahrens fetzt voraus, daß entweder der Plan des Unter= nehmens gemäß § 18—22 endgiltig feftgeftellt ift oder über den Gegenftand der Abtretung zwifchen den Beteiligten eine Einigung ftattgefunden hat, welche das PlanfeftftVerfahren entbehrlich macht. Im letzteren Falle wird eine Befcheinigung nach § 24 Abf. 3 Satz 2 (Anm. 111) erteilt. Wird auf Grund diefer Befchein. unmittelbar in das Ent= fchädFeftftVerf. eingetreten, fo ift die nachträgliche Eröffnung des Planfeftft= Verf. auch dann nicht ftatthaft, wenn in dem weiteren Verf. Anträge auf Ein= richtung von Anlagen i. S. § 14 her= vortreten; derartige Anfprüche find viel= mehr nach § 14 des EifenbahnG. zu behandeln oder bei Feftftellung der Entfchäd. zu berückfichtigen E. 2. April 90 (Arch. 92 S. 527).

[109] Anm. 15.

[110] Antragsberechtigt ift nur der, zu deffen Gunften die Planfeftftellg. er= folgt ift (wenn eine folche überhaupt ftattgefunden hat) RBefch. 10. Juni 77 (Seydel Anm. 2). Der Antrag ift nur innerhalb der gemäß § 21 feftgefetzten Frift (Anm. 97) zuläffig; nach deren Verlauf muß das PlanfeftftVerf. wieder= holt werden Seydel a. a. O. Gegen eine ablehnende Entfcheidung des Reg= Präf. findet Befchwerde beim Min. ftatt LVG. § 125. — Über die Frage, ob der Unternehmer durch den zu Enteignenden zur Stellung des Antrages genötigt werden kann RGer. 15. Jan. 80 u. 7. Juni 95 (Anm. 75). — Über die Entfchäd., welche der mit dem EntRecht ausgeftattete

Unternehmer für eine planmäßig zu dem Unternehmen gezogene Grundfläche zu zahlen hat, ift mangels Einigung in den Formen des Enteignungsverfahrens zu entfcheiden, auch wenn der Untern. die Fläche einfeitig in Befitz genom= men hat; dem Eigent. fteht ein im Rechtswege verfolgbarer Anfpruch darauf zu, daß der Unternehmer das Eigentum anerkennt und den Antrag gemäß § 24 ftellt; hat der Eigentümer zunächft auf EntfchädLeiftung geklagt, fo ift es keine unzuläffige Klagänderung, wenn er im Laufe des Prozeffes an Stelle diefes Verlangens den vorbezeichneten Anfpruch geltend macht RGer. 30. April 90 u. 3. April 94 (SEE. VIII 116 u. X 282). Hiernach in Verb. mit U. 29. März 01 (Anm. 49) wird man die Auffaffung des RGer. folgendermaßen kennzeichnen können. Wird bez. einer in den Plan fallenden Grundfläche das Recht des Eigentümers ufw. vom Unternehmer be= ftritten, fo muß der Eigentümer ufw. zunächft im Rechtswege die Anerkennung feines Rechts erzwingen; ift die An= erkennung erzwungen oder das Recht von vornherein nicht ftreitig, fo kann gegenüber einer auf EntfchädLeiftung gerichteten Klage des Eigentümers ufw. der Unternehmer im Wege der Einrede verlangen, daß die Feftftellung der Entfchäd. in den Formen des Ent= eignungsverfahrens u. die Verurteilung nur auf Stellung des Antrages gemäß § 24 erfolge; diefe Einrede wird durch eine vorangegangene Vereinbarung da= hin, daß die Entfchädigung fofort im Rechtswege feftgeftellt werden folle, aus= gefchloffen u. kann keinesfalls erft in der Revifionsinftanz vorgebracht werden.

Bescheinigungen berufenen Behörde über den Eigenthumsbesitz und die bekannten Realrechte beizufügen. Diese Urkunden haben die betreffenden Behörden dem Unternehmer auf Grund der Feststellung (§. 21.) oder einer sonstigen Bescheinigung [111]) des Regierungspräsidenten [109]) gegen Erstattung der Kopialien zu ertheilen, auch demselben Einsicht des Grundbuchs u. s. w. zu gestatten [112]).

Gleichzeitig mit Ertheilung des Auszugs hat die Grundbuchbehörde, soweit die betreffenden Grundbücher dazu geeignet sind, und zwar ohne weiteren Antrag, eine Vormerkung über das eingeleitete Enteignungsverfahren im Grundbuche einzutragen, deren Löschung mit vollzogener Enteignung (§. 33.) oder auf besonderes Ersuchen des Regierungspräsidenten [109]) erfolgt. Auch hat dieselbe während der Dauer des Enteignungsverfahrens von jeder an dem Grundstücke eintretenden Rechtsveränderung, welche für die Vertretung des Grundstücks oder die Auszahlung der Entschädigung von Bedeutung ist, von Amtswegen der Enteignungsbehörde Nachricht zu geben [113]).

§. 25. Der Entscheidung des Bezirksausschusses[15]) muß eine kommissarische Verhandlung mit den Betheiligten unter Vorlegung des definitiv festgestellten Planes vorangehen.

Der Kommissar hat auf Grund der nach §. 24. beizubringenden Urkunden darauf zu achten, daß das Verfahren gegen den wirklichen Eigenthümer gerichtet wird [114]).

Er hat den Unternehmer, den Eigenthümer, sowie auch Nebenberechtigte, welche sich zur Theilnahme an dem Verfahren gemeldet haben, zu einem nöthigenfalls an Ort und Stelle abzuhaltenden Termine vorzuladen [115]).

---

[111]) „Die Alternative ‚Feststellung' oder ‚sonstige Bescheinigung' ist gewählt im Hinbl. auf den Fall freier Vereinbarung (§ 17), in welchem eine definitive Feststellung des Planes nicht erfolgt" KomB. des AbgHauses 1871/2 Drucks. Nr. 223 S. 27 (der angef. § 17 ist § 16 des Gesetzes). Hierzu Fritsch im Arch. 92 S. 513, 516, Pannenberg im Arch. 01 S. 1195 u. 03 S. 224. Ferner Anm. 71.

[112]) Nach Abs. 2, 3 muß der Unternehmer der Enteignungsbehörde alles Material beschaffen, welches diese braucht, um prüfen zu können, ob das Verf. auch gegen die wirklich Berechtigten gerichtet wird; zu dieser Prüfung ist die Behörde verpflichtet Seydel Anm. 3; § 25 Abs. 2, Anm. 130, § 36 Abs. 1. Ferner hat der Unternehmer etwaigen Anforderungen der Behörde in Bezug auf Beschaffung v. Material f. d. Abschätzung zu entsprechen Seydel Anm. 4, a. M. Eger S. 209. — Ko-

pialien sind nicht in Rechnung zu stellen, wenn Fiskus Unternehmer ist u. die erforderlichen Urkunden von einer fiskalischen Behörde angefertigt werden E. 2. Juli 81 (JMB. 149), Seydel Anm. 3. — E. 4. Juni 94 (EBB. 133) Ziff. 5, Anl. C a Ziff. 6 u. Anl. C b.

[113]) Abs. 4 gilt noch heute EG. BGB. Art. 109, GrundbO. § 83, 39). Die Eintragung erfolgt in Abt. II des Grundbuchs Bf. des Justizmin. 20. Nov. 99 (JMB. 349). Von der Eintragung und der Löschung sind die Interessenten zu benachrichtigen GrundbO. § 55. Das Ersuchen um Löschung ist zu unterschreiben u. mit Siegel oder Stempel zu versehen AG. GrundbO. Art. 9. Für die Einleitung des Verfahrens ist die Eintrag. der Vormerkung nicht Voraussetzung E. 2. Okt. 78 (Seydel Anm. 5).

[114]) Anm. 112, 130, § 36 Abs. 1 ferner Anl. C b.

[115]) § 39.

Alle übrigen Betheiligten[116]) werden durch eine in dem Regierungs=Amts=blatt und in dem betreffenden Kreisblatt, sowie geeignetenfalls in sonstigen Blättern bekannt zu machende Vorladung aufgefordert, ihre Rechte im Termine wahrzunehmen.

Die Ladungen erfolgen unter der Verwarnung, daß beim Ausbleiben der Geladenen ohne deren Zuthun die Entschädigung festgestellt und wegen Aus=zahlung oder Hinterlegung der letzteren werde verfügt werden[116]).

In dem Termine ist jeder an dem zu enteignenden Grundstücke Be=rechtigte befugt, zu erscheinen und sein Interesse an der Feststellung der Ent=schädigung, sowie bezüglich der Auszahlung und Hinterlegung derselben wahr=zunehmen.

In dem Termine hat der Grundeigenthümer seine Anträge auf voll=ständige Uebernahme eines theilweise in Anspruch genommenen Grundstücks (§. 9.) anzubringen. Spätere Anträge dieser Art sind unzulässig[117]).

§. 26. Der Kommissar hat eine Vereinbarung der Betheiligten zu Protokoll zu nehmen und ihnen eine Ausfertigung auf Verlangen zu er=theilen[118]).

---

[116]) Beteiligte sind (Abs. 6) neben dem Unternehmer alle an dem Grund=stücke Berechtigten, also alle, deren recht=liche Interessen durch die von dem Bez=Ausschusse zu treffende Entscheidung be=rührt werden, d. i. neben den im § 11 Bezeichneten auch Hypothekengläubiger, nicht aber Personen, welche im Plan=festtWerf. Anträge auf Grund des § 14 erfolglos gestellt haben; Abs. 5 bezieht sich auf Abs. 3 und 4 u. droht — ab=gesehen von dem Falle des Abs. 7 — einen Rechtsnachteil nur für das ad=ministrative Feststellungsverfahren an; die Beschreitung des Rechtsweges bleibt auch dem im Termin Ausgebliebenen unbenommen. RGer. 30. Juni 81 (V 281), 11. März 89 (XXIV 205), 25. April 91 (XXVIII 262); Seydel Anm. 4. Ferner Anm. 49, 130. — Koffka (S. 182 ff.) entnimmt aus der Best. des Abs. 5 einen Grund für seine Annahme (Anm. 128), daß die Entsch., ob zu zahlen oder zu hinterlegen ist, im EntschädFeststBeschlusse zu treffen sei.

[117]) Anträge nach § 9 sind also im Termine (§ 25) vorzubringen, widrigen=falls ihre Geltendmachung im Rechts=wege (§ 30) unzulässig ist.

[118]) Die praktische Tragweite des § 26 ergibt sich aus dem mit ihm in Verbind. stehenden § 46 u. wird v. Pannenberg in den Anm. 71 ange=führten Abhandl. (Arch. 01 S. 1169 ff., 03 S. 218 ff; dagegen Eger u. Koffka an den in Anm. 71 genannten Stellen) folgendermaßen dargelegt. Die Rechts=wirkung des § 46 (Erlöschen der Rechte dritter ohne Durchführung des EntVerfahrens) kann auf Grund einer gemäß § 26 zustande gekommenen Vereinbarung nur eintreten, wenn letztere nicht nur die Höhe der Ent=schäd. betrifft (dann muß Beschluß ge=mäß § 29 ergehen), sondern auch die Abtretung des Eigentums umfaßt. In diesem Falle ist das weitere Verfahren (Feststellung der Entschäd., Vollziehung der Enteignung) als gegenstandslos ein=zustellen, sofern nicht etwa im Termine seitens Beteiligter (Anm. 116) Anträge gestellt sind, über die gemäß § 29 zu entscheiden ist. Dann tritt die Rechts=wirkung des § 46 ein, wenn der Eini=gung (§ 26) der Eigentumsübergang (Auflassung u. Eintragung Anm. 77 b) gefolgt u. die vereinbarte Entschädigung gemäß § 37 hinterlegt ist; hiermit ist zugleich die Voraussetzung für das in § 46 Satz 2 festgesetzte Klagerecht Realberechtigter gegeben. Sind aber im Termine (§ 26) Anträge im Sinne des § 29 gestellt, so kommt § 46 nicht zur Anwendung; vielmehr nimmt das Verfahren seinen Fortgang. § 26, 46 einerseits, § 29, 30, 32, 45 andererseits

Das Protokoll hat die Kraft einer gerichtlichen oder notariellen Ur=
kunde[119]). In Bezug auf die Rechtsverbindlichkeit der vor dem Kommissar
abgeschlossenen Verträge kommen die Bestimmungen des §. 17. Absatz 2. und[120])
5. zur Anwendung.

§. 27. Zu der kommissarischen Verhandlung sind ein bis drei Sachver=
ständige zuzuziehen, welche von dem Regierungspräsidenten[15]) entweder
für das ganze Unternehmen oder einzelne Theile desselben zu ernennen sind[121]).
Doch steht auch den Betheiligten zu, sich vor dem Abschätzungstermine über
Sachverständige zu einigen, und dieselben dem Kommissar zu bezeichnen.

Die ernannten[122]) Sachverständigen müssen die in den betreffenden
Prozeßgesetzen[123]) vorgeschriebenen Eigenschaften eines völlig glaubwürdigen
Zeugen besitzen; dieselben dürfen insbesondere nicht zu denjenigen Personen
gehören, die selbst als Entschädigungsberechtigte von der Enteignung be=
troffen sind.

§. 28. Das Gutachten[124]) wird von den Sachverständigen entweder
mündlich zu Protokoll erklärt oder schriftlich eingereicht. Dasselbe muß mit
Gründen unterstützt und beeidet werden. Sind die Sachverständigen ein= für
allemal als solche vereidet, so genügt die Versicherung der Richtigkeit des
Gutachtens auf den geleisteten Eid im Protokoll oder unter dem schriftlich
eingereichten Gutachten.

Den Betheiligten ist vor der Entscheidung des Bezirksausschusses[125])
(§. 29.) Gelegenheit zu geben, über das Gutachten sich auszusprechen.

§. 29. Die Entscheidung des Bezirksausschusses[125]) über die Ent=
schädigung, die zu bestellende Kaution und die sonstigen aus §§. 7—13 sich
ergebenden Verpflichtungen erfolgt mittelst motivirten Beschlusses[126]).

schließen sich gegenseitig aus. Das
förmliche PlanfeststVerf. ist nicht Vor=
aussetzung für § 26, wenn es durch
Einigung gemäß § 16 (Anm. 71) er=
setzt ist; die Einigung gemäß § 26
kann aber die Wirkung des § 46 nur
insoweit nach sich ziehen, als das von
ihr betroffene Grundeigentum in den
vorläufig (im Falle des § 16) oder
endgiltig festgestellten Plan fällt. —
Die Erklärungen der Beteiligten er=
langen erst durch die Protokollvoll=
ziehung seitens des Kommissars bin=
dende Kraft u. können bis zu diesem
Akte zurückgenommen werden RGer.
18. Nov. 02 (LII 433).

[119]) Es ist also Zwangsvollstreckung
nach CPO. § 794 Ziff. 5 denkbar; in=
dessen bleibt zu beachten, daß auch die
Einigung gemäß § 26 (wie die gemäß
§ 16 Anm. 77) nur den obligato=
rischen EigentübertrVtr. darstellt.

[120]) Statt „und" ist zu lesen „bis".
[121]) E. 1. März 76 u. 14. April 82
(Seydel Anm. 1), E. 4. Juni 94 (EBB.
133, Seydel a. a. O.) Ziff. 5; LVG.
§ 119, 120, 76—79.
[122]) Nicht auch die von den Beteilig=
ten bezeichneten.
[123]) Jetzt CPO. § 406, 41, 42 (Koffka
Anm. 4).
[124]) E. 14. Feb. 77 u. 7. Juli 77,
(Seydel Anm. 1 u. 3), 4. Juni 94
(EBB. 133, Seydel Anm. 1) Ziff. 5;
Anl. C a Ziff. 9.
[125]) Anm. 15. Verfahren Anlage C a
Ziff. 7, 8. Gegen Ablehnung des
Antrags Beschwerde nach ZustG. § 150
Abs. 3 RWbesch. 12. Feb. 02 (Arch. 689).
[126]) Nach Feststell. der f. d. Beschluß
maßgeb. Voraussetz. (Förmlichkeiten
usw.) Eger S. 265. Legitimations=
frage Anm. 112, Kaution § 12 Abs. 2.
Zu den Gegenständen der Ent=

Die Entschädigungssumme ist für jeden Eigenthümer, sowie für jeden der im §. 11. bezeichneten Nebenberechtigten, soweit ihm eine nicht schon im Werthe des enteigneten Grundeigenthums begriffene Entschädigung zuzusprechen ist, besonders festzustellen. Auch ist da, wo die den Nebenberechtigten gebührende Entschädigung in dem Werthe des enteigneten Grundeigenthums begriffen ist, auf Antrag des Eigenthümers oder des betreffenden Nebenberechtigten das Antheilsverhältniß festzustellen, nach welchem dem letzteren innerhalb seiner vom Eigenthümer anerkannten Berechtigung aus der für das Eigenthum festgestellten Entschädigungssumme oder deren Nutzungen Entschädigung gebührt[127].

In dem Beschlusse ist zugleich zu bestimmen, daß die Enteignung des Grundstücks nur nach erfolgter Zahlung oder Hinterlegung der Entschädigungs- oder Kautionssumme auszusprechen sei[128].

§. 30[129]. Gegen die Entscheidung des Bezirksausschusses[125] steht sowohl dem Unternehmer als den übrigen Betheiligten innerhalb sechs Monaten nach Zustellung des Regierungsbeschlusses die Beschreitung des Rechtsweges zu[130]. Ein Streit über das Antheilsverhältniß eines Nebenberechtigten an

---

scheidung gehören Anträge aus § 9, nicht aber Ansprüche auf Grund § 14. Über die Frage, in welcher Weise Einigungen gemäß § 16, 26 auf die Zulässigkeit u. den Inhalt des Entschädigungsfeststellungsbeschlusses einwirken, Anm. 71 u. 118. — § 30, 40, 42.

[127] Anm. 48. Bestreitet der Eigentümer die Nebenberechtigung, so findet im VerwaltVerfahren eine Entscheidung über die letztere nicht statt Eger S. 275. Zu Satz 2 § 30 Abs. 1 Satz 2.

[128] Nicht aber, ob die Entschädigung auszuzahlen oder zu hinterlegen ist RBesch. 20. Sept. 89 (Arch. 01 S. 705), E. 10. Sept. 90 (Arch. 92 S. 528); a. M. Koffka S. 182 ff. (Anm. 116). — § 32.

[129] Die prozessualen Vorschriften in § 30 sind durch EG. CPO. § 15 Ziff. 2 aufrechterhalten RGer. 29. Okt. 79 (EEE. I 27) betr. Abs. 3; 14. Okt. 82 (VII 399) u. 19. Okt. 94 (XXXIV 194) betr. Abs. 5.

[130] Der Rechtsweg ist die einzige Anfechtungsmöglich.; Rekurs ist nicht zugelassen RBesch. 31. März 00 (Arch. 01 S. 707); die Beteiligten sind in diesem Sinne von der Enteignungsbehörde zu belehren E. 24. Juni 79 (EVV. 113). Ersteres gilt auch, wenn im Administrativverfahren wesentliche Gesetzesvorschr. verletzt sein sollten

Seydel Anm. 1. Etwa eingelegte Beschwerden sind aber gemäß LBG. § 50 dem Min. vorzulegen Seydel Anm. 1; dagegen Eger S. 290. — Begriff „beteiligte" Anm. 116; daß die Hypothekengläubiger dazu gehören, ist in E. 8. Aug. 91 (Arch. 92 S. 528) anerkannt. — Die Berufung auf den Rechtsweg erfolgt nur durch Erhebung der Klage AG. CPO. § 2. — Die Frist ist eine Präklusivfrist u. wird nur durch Klagerhebung bei dem zuständigen Gerichte (Abs. 3) gewahrt RGer. 4. Nov. 80 (III 303). Fristbeginn bei Besitzwechsel RGer. 15. März 90 (EEE. VIII 18), bei unrichtiger Grundstücksbezeichnung RGer. 22. April 98 (EEE. XV 151), für Nebenberechtigte Anm. 49. Die Frist gilt auch für Erhebung der Widerklage RGer. 4. Jan. 84 (EEE. III 308), anders. RGer. 21. Mai 87 (EEE. V 359). Fristablauf schließt nachträgliche Erweiterung des Klagantrages gemäß CPO. § 268 nicht aus RGer. 14. Jan. 85 (XII 299). Die Klage kann auch schon vor Zustellung des Beschlusses (§ 39) erhoben werden; den Ablauf der Frist muß beweisen, wer sich auf ihn beruft RGer. 28. Okt. 84 (EEE. III 403). Unter Monaten sind Kalendermonate zu verstehen RGer. 23. Sept. 82 (VII 277). — Gegenstand der gerichtlichen Entscheider für das Eigenthum festgestellten Entschädigungssumme ist lediglich zwischen dem Nebenberechtigten und dem Eigenthümer auszutragen[131]).

Eines vorgängigen Sühneversuchs bedarf es nicht.

Zuständig ist das Gericht, in dessen Bezirk das betreffende Grundstück belegen ist[132]).

Sind die Parteien über die Sachverständigen nicht einig, so ernennt das Gericht dieselben[133]).

Wird von dem Unternehmer auf richterliche Entscheidung angetragen, so fallen ihm jedenfalls die Kosten der ersten Instanz zur Last[134]).

§ 31. Wegen solcher nachtheiligen Folgen der Enteignung, welche erst nach dem im §. 25. gedachten Termine erkennbar werden[135]), bleibt dem Ent=schädigungsberechtigten bis zum Ablauf von drei Jahren nach der Aus=führung des Theiles der Anlage, durch welche er benachtheiligt wird[136]),

---

dung ist nur die Entschädigung selbst (§ 9: Anm. 31), nicht auch die Zulässig=feit der Enteignung oder die Legitima=tion derjenigen, die im VerwaltVerfahr als „Beteiligte" behandelt worden sind RGer. 20. April 82 (VII 223) u. b. Ott. 99 (XLIV 325); a. M. Koffka S. 188 f. — Anm. 112. — Die gerichtl. Entscheid. kann sich, v. Falle des § 9 abges., nie auf ein anderes als das im Beschlusse bezeichnete Grundst. beziehen; Berichtigung des im Beschlusse angegeb. Flächenmaßes ist zulässig RGer. 17. Dez. 01 (EGE. XIX 12). Bei Festsetzung der Entschäd. ist das Gericht durch die Entscheidung im VerwaltVerfahr. nicht beschränkt RGer. 4. Juni 80 (EGE. I 204). Abänderung zugunsten einer Partei, die den Rechtsweg nicht be=schritten hat, ist nicht zulässig RGer. 22. Dez. 82 (EGE. II 421); aber Anl. A II 2. Streitgegenstand ist nicht die Entschäd. in ihrer Gesamtheit, sondern nur die beantragte Erhöhung oder Minderung des im VerwaltVerfahr. festgesetzten Betrages RGer. 26. April 81 (IV 386). — Feststellungsklage ist nicht zulässig; es muß entweder frist=zeitig auf Zahlung oder gemäß § 31 geklagt werden RGer. 19. Dez. 92 (XXX 266). — Anm. 110, § 40.

[131]) § 29 Abs. 2 u. RGer. 17. Sept. 92 (XXX 176).

[132]) Ausschließlicher Gerichtsstand R=Ger. 29. Nov. 79 (EGE. I 27), 4. Nov. 80 (III 303).

[133]) Das Gericht muß die Sachver=ständigen, auf die sich die Parteien ge=

einigt haben, hören, ist aber an ihr Gutachten nicht gebunden u. kann auch andere Gutachter zuziehen RGer. 3. Nov. 82 (FFFF. II 390).

[134]) Jedoch nicht insoweit, als sie durch erfolglose Widerklage des Eigentümers entstanden sind RGer. 19. Ott. 94 (XXXIV 194). Dagegen Eger S. 311.

[135]) Bezieht sich nur auf Entwertung des Reststücks bei Teilenteignung u. Nachteile aus Anlage u. Betrieb des Unternehmens RGer. 13. Ott. 03 (LV 361). Soweit diese zur Zeit der komm. Verh. (§ 25) bereits erkenn=bar sind, müssen sie — zur Vermeidung des Anspruchsverlustes — im Entschäd.=FeststVerfahren geltend gemacht werden Anl. A II 3. Nicht hierher gehören solche nach allg. Rechtsgrunds. zu vergütende Schäden, die nicht aus dauernder Ein=wirkung des Unternehmens, sondern aus Einzelvorkommnissen entstehen; z. B. Waldbrand durch Funkenauswurf aus der EisLokomotive RGer. 27. April 92 (XXIX 268). Koffka (S. 194) nimmt an, daß Nachteile aus dem Betrieb des Untern. nicht unter § 31 fallen.

[136]) Anlage ist das Gesamtunter=nehmen, Teil der Anlage ein in sich abgeschlossener Abschnitt desselben, nicht etwa ein einzelnes Bauwerk oder dgl. oder eine Anlage i. S. § 14 RGer. 21. Sept. 82 (VII 258), 11. Jan. 99 (XLIII 237); a. M. Koffka S. 195. Die Frist beginnt — ohne Rücksicht auf den Zeitpunkt des Entschäd.=FeststBeschlusses — nicht mit der In=betriebnahme, sondern mit der Bau=

ein im Rechtswege verfolgbarer perſönlicher Anſpruch gegen den Unter=
nehmer [137]).

3. Vollziehung der Enteignung [138]).

§ 32. Die Enteignung des Grundſtücks wird auf Antrag des Unter=
nehmers von dem Bezirksausſchuß ausgeſprochen [139]), wenn der nach §. 30.
vorbehaltene Rechtsweg dem Unternehmer gegenüber durch Ablauf der ſechs=
monatlichen Friſt, Verzicht oder rechtskräftiges Urtheil erledigt [140]), und wenn
nachgewieſen iſt, daß die vereinbarte (§§. 16., 26.) [141]) oder endgültig feſt=
geſtellte Entſchädigungs= oder Kautionsſumme [142]) rechtsgültig gezahlt oder
hinterlegt iſt [143]).

---

vollendung, bei Eiſenbahnen mit der
Abnahme (EiſG. § 22); ſpäter vollendete
Anlageteile kommen nicht in Betracht
RGer. 18. Nov. 85 (EEE. IV 337),
12. Nov. 87 (EEE. VI 85, Arch. 88
S. 286), teilweiſe abweichend 11. Jan.
99 (a. a. O). Die Friſt iſt eine Ver=
jährungs=, keine Präkluſivfriſt RGer.
10. Juni 92 (EEE. IX 322).

[137]) Der Anſpruch geht nicht auf
den Rechtsnachfolger des Enteigneten
im Beſitze des Reſtſtücks (a. M. Koffka
S. 197); beſtritten iſt, ob er paſſiv an
die Perſon des die Enteignung betrei=
benden Unternehmers gebunden iſt. Für
letzteres Seydel Anm. 2, Koffka Anm. 11,
dagegen Eger S. 317, 330.

[138]) Abſchnitt 3 behandelt in § 32,
33 die Vollziehung der Enteignung in
nicht dringlichen Fällen, in § 34, 35
die Dringlichkeit, in § 36—38 die Zah=
lung u. die Hinterlegung der Entſchädi=
gung. — Im Falle gütlicher Einigung
(§ 16, 26) bedarf es u. U. des Voll=
ziehungsverfahrens nicht (Anm. 71, 118).

[139]) Anm. 15. Verfahren Anl. C a
Ziff. 7, 8. Gegen den EnteigBeſchluß
gibt es kein Rechtsmittel Seydel
Anm. 3, Eger S. 342, RGer. 15. März 90
(EEE. VII 362). A. M. Koffka S. 203.
Auch damit, daß der den Gegenſtand der
Ent. feſtſtellende Plan Flächen umfaſſe,
die der Ent. nicht unterliegen, kann eine
Beſchwerde nicht begründet werden E.
14. Feb. 98 (Arch. 01 S. 707). — Der
Beſchluß iſt zuzuſtellen (§ 44).

[140]) Der EntſchädFeſtſtBeſchluß muß
alſo unter allen Umſtänden vorange=
gangen ſein; § 26, 46 einerſeits, § 32
anderſeits ſchließen ſich gegenſeitig aus;
Anm. 118, RBeſch. 12. Feb. 02 (Arch.
689); a. M. Koffka S. 176, 199.

[141]) Pannenberg im Arch. 01 S. 1190,
1192, 1194 (oben Anm. 71).

[142]) § 12 Abſ. 2.

[143]) Der BezAusſchuß hat alſo
feſtzuſtellen:
a) daß gezahlt oder hinterlegt iſt;
b) daß das eingeſchlagene Verfahren
　　(a) das richtige war, d. h.
　　α) im Falle der Zahlung: daß
　　　　keine Verpflichtung zur Hinter=
　　　　legung beſtand,
　　β) im Falle der Hinterlegung:
　　　　die Berechtigung oder Verpflich=
　　　　tung zur Hinterlegung;
c) daß das eingeſchlag. Verf. (a) richtig
　　durchgeführt worden iſt, d. h.
　　α) im Falle der Zahlung: die
　　　　Berechtigung des Empfängers
　　　　(§ 36),
　　β) im Falle der Hinterlegung:
　　　　die Beobachtung der vorgeſchrie=
　　　　benenen Formen HinterlO. 14.
　　　　März 79 (GS. 249), AG. BGB.
　　　　Art. 84, 85.
Seydel Anm. 2. Ob die Weigerung
einer HinterlStelle, die angebotene
Hinterl. anzunehmen, berechtigt iſt,
unterliegt nicht der Beurteil. der Enteig=
nungsbeh. RBeſch. 15. Jan. 90 (Arch. 01
S. 705). — Nach Koffka (Anm. 116) iſt
ſchon im EntſchädFeſtBeſchluſſe zu be=
ſtimmen, ob gezahlt oder hinterlegt
werden muß. — Auch in dringlichen
Fällen ſteht es nicht im Belieben d.
Unternehmers, zu zahlen od. zu hinter=
legen E. 10. Jan. 90 (Arch. 92 S. 533).—
Die Entſch. des BezAusſch. iſt nur für
die Vollziehung der Ent. maßgebend,
nicht auch für die gerichtl. Beurteilung
der EntſchädFrage RGer. 7. Juli 93
(EEE. X 190) u. 29. März 98 (EEE.
XV 135).

Die Enteignungserklärung schließt, insofern nicht ein Anderes dabei vor⸗
behalten wird, die Einweisung in den Besitz in sich[144]).

§. 33. Gleichzeitig mit der Enteignungserklärung hat der Bezirks⸗
ausschuß[15]) da, wo nach den bestehenden Gesetzen von dem Eigenthumsüber⸗
gange Nachricht zu den Gerichtsakten zu nehmen ist, oder wo zur Eintragung
des Eigenthumsüberganges bestimmte öffentliche Bücher bestehen[145]), der zu⸗
ständigen Gerichts⸗ oder sonstigen Behörde[146]) von der Enteignung Nachricht
zu geben, beziehungsweise dieselbe um Bewirkung der Eintragung zu er⸗
suchen[147]). Der Enteignungsbeschluß des Bezirksausschusses steht hierbei
dem Erkenntnisse eines Gerichts gleich[148]).

§. 34. In dringlichen Fällen kann der Bezirksausschuß[149]) auf
Antrag des Unternehmers anordnen, daß noch vor Erledigung des Rechts⸗
weges die Enteignung erfolgen solle, sobald die durch Regierungsbeschluß
(§. 29.) festgestellte Entschädigungs⸗ oder Kautionssumme gezahlt oder hinter⸗
legt worden[150]).

---

[144]) Besondere Übergabe ist nicht
erforderlich. Nötigenfalls hat die Ent⸗
eignungsbehörde die Zwangsvollstr.
folgen zu lassen (Seydel Anm. 4), u.
zwar gemäß LVG. § 60 (Eger S. 351).
Weitere Rechtsfolgen des Be⸗
schlusses § 33, 36 (Abf. 2), 44, 45.

[145]) V. betr. das GrundbWesen 13. Nov.
99 (GS. 519) Art. 3—5.

[146]) Amtsgericht GrundbO. § 1,
AG. dazu Art. 1.

[147]) GrundbO. § 39, AG. dazu Art. 9.
— Nach § 44 geht das Eigentum erst
mit Zustellung d. Beschlusses über;
dem Ersuchen um Eintragung darf des⸗
halb das Amtsgericht nur entsprechen,
wenn diese Zustellung erfolgt ist; es ge⸗
nügt aber, wenn aus den Mitteilungen
der EntBehörde hervorgeht, daß und
wann dem Enteigneten und dem Unter⸗
nehmer zugestellt ist KGer. 18. Dez. 93
(EEE. X 345). Die Eintragung d.
Enteignung darf nicht von der Berich⸗
tigung der Steuerbücher u. der Bei⸗
bringung von Parzellarkarten abhängig
gemacht werden KGer. 31. Dez. 83
(EEE. III 163), E. 20. Nov. 99 (JMB.
349) § 30. Auch die Vorlegung der
Hypothekenbriefe — z. B. dann, wenn
die Enteignung nur auf eine Beschrän⸗
kung des Grundeigentums gerichtet ist
— kann nicht verlangt werden; Grundb⸗
O. § 42—44 sind nicht anwendbar K⸗
Ger. 20. Juni 04 (Arch. 05 S. 267).
Bez. der Legitimation d. Enteigneten
ist d. Gericht an das Ersuchen der

EntBehörde gebunden KGer. 7. April
02 (Arch. 1348). Gegen die Entsch. des
Amtsger. findet Beschwerde gemäß
GrundbO. § 71—81, 102, preuß. G.
über die freiw. Gerichtsb. Art. 7, 8 statt;
zur Beschwerde ist — ebenso wie zu dem
Antrage KGer. 22. Feb. 86 (EEE. V
141) — nicht der Unternehmer (a. M.
Koffka S. 205), sondern nur die Ent⸗
Behörde berechtigt, diese aber ist hierzu
verpflichtet E. 2. April 80 (Seydel
Anm. 2). Mit der Eintragung des
Eigentumsübergangs ist Löschung d.
Vormerkung (§ 24) zu verbinden.

[148]) Satz 2 bezieht sich nur auf das
Nassauische Stockbuchrecht KGer. 7. April
02 (Arch. 1348).

[149]) Anm. 15. LVG. § 117 ist an⸗
wendbar RBesch. 13. Okt. 97 (Arch. 01
S. 706). Gegen Ablehnung ist Be⸗
schwerde gemäß ZustG. § 150 gegeben
(Koffka Anm. 9); im übr. Abf. 3.

[150]) Dringlichkeit i. S. des § 34
liegt vor, wenn die Ausführung des
Unternehmens aus Gründen des öff.
Interesses (nicht im finanziellen Inter⸗
esse des Unternehmers) der Beschleuni⸗
gung bedarf; das ist im Zw. bei allen
Eisenbahnbauten anzunehmen Seydel
Anm. 1. Der Einwand, es lasse sich
die Entschäd. nach den von der Bau⸗
ausführung zu erwartenden Verände⸗
rungen an den Grundflächen nicht mehr
feststellen, ist unerheblich RBesch. 22. April
98 (Arch. 01 S. 705). Ist Bau⸗
erlaubnis erteilt, so ist im Zw. die

Diese Anordnung kann unter Umständen auch von vorgängiger Leistung einer besonderen Kaution abhängig gemacht werden[151]).

Gegen die Anordnung des Bezirksausschusses in diesen Fällen steht innerhalb dreier Tage nach der Zustellung jedem Betheiligten der Rekurs an die vorgesetzte Ministerialinstanz offen[152]).

§. 35[153]). Jeder Betheiligte kann binnen sieben Tagen nach dem ihm bekannt gemachten, die Dringlichkeit aussprechenden Beschlusse verlangen, daß der Enteignung eine Feststellung des Zustandes von Gebäuden oder künstlichen Anlagen voraufgehe[154]).

Dieselbe ist bei dem Gerichte der belegenen Sache (Amtsgerichte, Friedensgerichte)[155]) mündlich zu Protokoll oder schriftlich zu beantragen.

Das Gericht hat den Termin schleunigst und nicht über sieben Tage hinaus anzuberaumen und hiervon die Betheiligten und den Bezirksausschuß[149]) zeitig zu benachrichtigen.

Die Zuziehung eines oder mehrerer Sachverständigen kann auch von Amtswegen angeordnet werden. Sind die Parteien über die Sachverständigen nicht einig, so ernennt das Gericht dieselben.

Die Enteignung kann nicht vor Beendigung dieses Verfahrens erfolgen, von welchem das Gericht den Bezirksausschuß zu benachrichtigen hat.

Dringlichkeit abzulehnen Seydel a. a. O., RBesch. 26. Aug. 94 (Arch. 01 S. 706). — Der Antrag soll so zeitig gestellt werden, daß die Anordnung zugleich mit der Entschädigungsfeststellung getroffen werden kann E. 4. Juni 94 (EBB. 133) Ziff. 6. E. 7. Nov. 77 (Anl. F) Ziff. 3. Die Enteignung muß ab. der Dringl.-Erklär. nachfolgen u. darf erst nach deren Rechtskraft ausgesprochen werden Seydel Anm. 3. — Vorbehalte bei der Hinterlegung RGer. 18. Juni 01 (IL 257) u. 19. Juni 03 (LV 156), Koffka Anm. 12. — BU. Art. 9; Anm. 31 (RGer. 10. Juni 91 u. 11. Okt. 98), 67, 143, 158, 159, 165.

[151]) Seydel Anm. 4, Koffka Anm. 6; § 41.

[152]) ZustG. § 150 Abs. 4 bestimmt:

Bei der für die Erhebung der Beschwerde in §. 34 des Gesetzes vom 11. Juni 1874 bestimmten Frist von drei Tagen behält es sein Bewenden.

Auf die DringlBeschwerde ist LVG. § 122 nicht anwendbar; wird sie beim BezAusschuß angebracht, so hat dieser sie ohne weitere Prüfung dem Min. vorzulegen E. 27. Nov. 91 (EBB. 190, Arch. 92 S. 529). A. M. Eger S. 373, dageg. Pannenberg im Arch. 03 S. 229. — Zustell. § 39. — Die Entsch. der VerwBehörde über die Dringlichkeit entzieht sich der richterl. Nachprüfung RGer. 18. Juni 01 (IL 257).

[153]) Aufrechterhalten durch EG. CPO. § 15 Ziff. 2; die die Beweissicherung betreffenden Vorschr. in CPO. § 485 ff. finden also im EntVerfahren nicht unmittelbare Anwendung. Es kann jedoch unabhängig von § 35, namentlich nach Ablauf der Frist des Abs. 1, ein Verfahren gemäß CPO. § 485 ff. beantragt werden; für dieses würde Abs. 5 nicht Platz greifen. — Kosten § 43 Abs. 3.

[154]) Der Fristbeginn setzt die Rechtskraft des DringlBeschlusses voraus Seydel Anm. 3, a. M. Koffka Anm. 4. Dem Beschlusse steht eine Vereinbarung aller Beteil. dahin gleich, daß die Dringlichkeit vorliegt Seydel Anm. 1. — Die Vorschr. bezieht sich nicht auf bloß ackerwirtschaftlich bestellte Grundstücke (Seydel Anm. 2) u. nur auf Gebäude usw., die sich auf dem zu enteignenden Grundstücke selbst befinden (Seydel a. a. O., Koffka Anm. 9, a. M. Eger S. 379).

[155]) AG. GVG. § 12 Ziff. 3, § 26.

§. **36.** Die Entschädigungssumme wird an denjenigen bezahlt, für welchen die Feststellung stattgefunden hat[156]).

Dieselbe wird in Ermangelung abweichender Vertragsbestimmungen von dem Unternehmer mit **vier**[157]) Prozent vom Tage der Enteignung verzinst, soweit sie zu dieser Zeit nicht bezahlt oder in Gemäßheit des §. 37. hinterlegt ist[158]).

Wird die durch Beschluß des **Bezirksausschusses**[125]) festgesetzte Entschädigungssumme durch die gerichtliche Entscheidung herabgesetzt, so erhält der Unternehmer den gezahlten Mehrbetrag ohne Zinsen, den hinterlegten Mehrbetrag aber mit den davon in der Zwischenzeit etwa aufgesammelten Zinsen zurück[159]).

§. **37.** Der Unternehmer ist verpflichtet, die Entschädigungssumme zu hinterlegen[160]):

1) wenn neben dem Eigenthümer Entschädigungsberechtigte vorhanden sind, deren Ansprüche an die Entschädigungssumme zur Zeit nicht feststehen[161]);

2) wenn das betreffende Grundstück Fideikommiß oder Stammgut ist, oder im Lehn- oder Leiheverbande steht;

---

[156]) Ein angeblich besser Berechtigter hat sich an den Empfänger, nicht an den Unternehmer zu halten RGer. 28. Feb. 99 (XLIII 299). — Anm. 130 u. § 45 Abs. 2.

[157]) AG. BGB. Art. 10 (früher 5 %).

[158]) Da die Enteignung voraussetzt, daß gezahlt oder rechtmäßig hinterlegt ist, hat Abs. 2 nur ein beschränktes Anwendungsgebiet, z. B. im Dringlichkeitsfall (soweit die vorläuf. festgestellte Entschädigung nachher im Rechtswege erhöht wird) oder bei unrechtmäß. Hinterleg. — Aus der Rechtspr. des RGer.: Die Zinspflicht beginnt mit Zustell. des EntBeschlusses 17. Feb. 93 (EEE. X 166). Geht aber der Besitz schon vor der Ent. auf den Unternehmer über — z. B. im Falle des § 16 —, so ist im Zw. die Entschäd. schon von dem Besitzübergang an zu verzinsen 19. April 84 (EEE. III 218), 25. Feb. 91 (EEE. VIII 249), 15. Jan. 92 (EEE. IX 136), 6. Nov. 00 (XLVII 311); dagegen Seydel Anm. 2. Die Zinsen für die Zeit zwischen Hinterlegung u. Ent. gebühren, soweit nicht im Rechtswege die Entschäd. herabgesetzt wird, nicht dem Unternehmer 26. Okt. 89 (XXIV 323, dagegen Eger S. 393).

Die Zinspflicht umfaßt auch die Entschäd. für Wirtschaftserschwernisse 25. Feb. 91 (EEE. VIII 249). Einklagung der Entschäd. ohne Zinsen schließt im Zw. die Nachford. der letzteren nicht aus 11. Mai 80 (I 349, a. M. Eger S. 396).

[159]) Abs. 3 bezieht sich nur auf Dringlichkeitsfälle.

[160]) Ob die Voraussetzungen für die Hinterlegung vorliegen, ist nach dem Zeitpunkte der Zustellung des EntBeschlusses zu beurteilen RGer. 28. Feb. 99 (XLIII 299). — Die Aufzählung bestimmter Hinterlegungsfälle in § 37 schließt nicht die Berechtigung oder Verpflichtung zur Hint. auf Grund anderer Vorschr. (z. B. BGB. § 372 ff.) aus Seydel Anm. 1. — § 37 ist auch auf Fälle gütlicher Einigung (§ 16, 26) anzuwenden Pannenberg im Arch. 01 1193 ff. u. 03 S. 726; Anm. 71, 118, 184. — E. 25. Nov. 00 (Anl. J). Zu Abs. 1 Ziff. 2 u. 3 auch § 38.

[161]) Dahin nicht: Nebenberechtigte, deren Entschäd. nicht in der des Eigentümers einbegriffen ist (§ 11), oder deren Anteil an der Entschäd. des Eigentümers gemäß § 29 Abs. 2 Satz 2 festgestellt ist Seydel Anm. 3, bez. des 2. Falles anscheinend a. M. Koffka Anm. 6.

3) wenn Reallasten, Hypotheken oder Grundschulden auf dem betreffenden Grundstück haften[162]).

Die Hinterlegung erfolgt bei derjenigen Stelle, welche für den Bezirk der belegenen Sache zur Annahme von Hinterlegungen der betreffenden Art, beziehungsweise von gerichtlichen Hinterlegungen bestimmt ist[163]).

Ueber die Rechtmäßigkeit der Hinterlegung findet ein gerichtliches Verfahren nicht statt[164]). Jeder Betheiligte kann sein Recht an der hinterlegten Summe gegen die dasselbe bestreitenden Mitbetheiligten im Rechtswege geltend machen. Soweit nach dem Rechte einzelner Landestheile ein gerichtliches Vertheilungsverfahren in derartigen Fällen stattfindet, behält es dabei sein Bewenden[165]).

§. 38. Ist nur ein Theil eines Grundbesitzes enteignet[166]), so stehen der Auszahlung der für den enteigneten Theil bestimmten Entschädigungssumme die auf dem gesammten Grundbesitz haftenden Hypotheken und Grundschulden nicht entgegen, wenn dieselben den fünfzehnfachen Betrag des Grundsteuer-Reinertrages des Restgrundbesitzes nicht übersteigen. Reallasten, welche der Eintragung in das Grundbuch bedürfen, werden hierbei den Hypotheken gleich geachtet und in entsprechender Anwendung der bei nothwendigen Subhastationen geltenden Grundsätze[167]) zu Kapital veranschlagt.

Auch wird bei einer solchen theilweisen Enteignung die Auszahlung der für den enteigneten Theil bestimmten Entschädigungssumme durch nicht eingetragene Reallasten, Fideikommiß-, Stammgut-, Lehn- oder Leiheverband des gesammten Grundbesitzes nicht gehindert, wenn die gedachte Entschädigungssumme den fünffachen Betrag des Grundsteuer-Reinertrages des gesammten Grundbesitzes und auch die Summe von dreihundert Mark nicht übersteigt.

Die Auszahlung laufender Nutzungen der Entschädigungssumme kann ohne Rücksicht auf die vorgedachten Realverhältnisse erfolgen.

---

[162]) Anspruch des HypGläubigers auf Hinterlegung RGer. 28. Feb. 99 (Anm. 160). — Unter Ziff. 3 auch Rentenschulden (BGB. § 1199).

[163]) HinterlegO. 14. März 79 (GS. 249), aufrechterhalten durch EG. BGB. Art. 144—146, geändert durch AG. BGB. Art. 84. — (E. 4. Juni 94 (EBB. 133) Ziff. 7 (HintErklärung der EisVerwaltung).

[164]) Wirkung der Hint. bez. der Verzinsungspflicht RGer. 29. Mai 98 (EEE. XV 235), 28. Sept. 00 (XLVII 256), 18. Juni 01 (IL 257). Anm. 158. Koffka S. 217 sieht die Vorschr. als nicht mehr anwendbar an.

[165]) Ein VerteilVerfahr. ist jetzt allg. eingeführt durch AG. Zwangs-

versteigG. 23. Sept. 99 (GS. 291) Art. 35—41, erläutert v. Koffka S. 241 ff.; ferner § 49. — Zu den Betheiligten, von deren Zustimm. die Auszahl. der hinterlegten Summe (HintO. § 30 Abf. 1 Ziff. 3) abhängt, gehört, von Dringlichkeitsfällen abgesehen, nicht der Unternehmer Seydel Anm. 5, Eger S. 416.

[166]) § 38 schließt nicht die Hinterl. (§ 37) aus (Seydel Anm. 1, Koffka S. 220) u. ist auch in Fällen gütlicher Einigung (§ 16, 26) anwendbar Anm. 160. — Anl. J.

[167]) G. über die Zwangsversteig. 20. Mai 98 (RGBl. 713) § 121: Zusammenzählen aller künftigen Leistungen; Höchstbetrag das 25 fache einer Jahresleistung.

4. Allgemeine Bestimmungen.

§. 39. Alle Vorladungen und Zustellungen im Enteignungsverfahren sind gültig, wenn sie nach den für gerichtliche Behändigungen bestehenden Vorschriften erfolgt sind[168]). Die vereideten Verwaltungsbeamten haben dabei den Glauben der zur Zustellung gerichtlicher Verfügungen bestellten Beamten.

§. 40. Verwaltungsbehörden und Gerichte haben die Beweisfrage unter Berücksichtigung aller Umstände nach freier Ueberzeugung zu beurtheilen[169]).

§. 41. Wo dieses Gesetz die Anordnung einer Kaution vorschreibt oder zuläßt[170]), ist gleichwohl der Fiskus von der Kautionsleistung frei.

§. 42. Wenn der Unternehmer von dem ihm verliehenen Enteignungsrechte nicht binnen der in §. 21. gedachten Zeit Gebrauch macht, oder von dem Unternehmen zurücktritt, bevor die Festsetzung der Entschädigung durch Beschluß des Bezirksausschusses[125]) erfolgt ist, so erlischt jenes Recht[171]). Der Unternehmer haftet in diesem Falle den Entschädigungsberechtigten im Rechtswege für die Nachtheile, welche denselben durch das Enteignungsverfahren erwachsen sind.

Tritt der Unternehmer zurück, nachdem bereits die Feststellung der Entschädigung durch Beschluß des Bezirksausschusses erfolgt ist, so hat der Eigenthümer die Wahl, ob er lediglich Ersatz für die Nachtheile, welche ihm durch das Enteignungsverfahren erwachsen sind, oder Zahlung der festgestellten Entschädigung gegen Abtretung des Grundstücks geeignetenfalls nach vorgängiger Durchführung des in §. 30. gedachten Prozeßverfahrens im Rechtswege beanspruchen will.

§ 43. Die Kosten[172]) des administrativen Verfahrens trägt der Unternehmer. Bei demselben kommen nur Auslagen, nicht aber Stempel und Sporteln zur Anwendung und können die Entschädigungsberechtigten Ersatz für Wege und Versäumnisse nicht fordern[173]).

[168]) CPO. § 208 ff. Auf förmliche Zustellung kann verzichtet werden RGer. 13. Juli 97 (XXXIX 358). Grundsätzlich bedarf es einer Zustellung gemäß CPO., mit der Maßgabe des § 39 Satz 2; der BezAussch. kann die Post direkt um Zustellung ersuchen RGer. 10. Juni 02 (LII 11).

[169]) An Taxvorschr. sind die Gerichte nicht gebunden RGer. 9. Feb. 82 (EEE. II 197). CPO. § 287 gilt nicht; das Gericht darf angebotene Beweise nicht durch eigene Würdigung ersetzen RGer. 2. Dez. 84 (XII 402), 9. Okt. 95 (EEE. XII 241).

[170]) § 5, 12, 34, 53.

[171]) D. h. es geht nicht das verordnungsmäßige Recht des Unternehmers unter, die Ent. für das Unternehmen durchzuführen, sondern das bisher. Verfahren verliert seine Wirkung, u. es muß ev. eine neue Planfeststellung vorgenommen werden Seydel Anm. 3. Der Reg.-Präs. hat das Gericht um Löschung der Vormerk. (§ 24 Abs. 4) zu ersuchen.

[172]) § 43 setzt voraus, daß das Enteignungsrecht wirklich verliehen worden ist; eine behördliche Bescheinigung, daß es vermutlich auf Ansuchen verliehen werden würde, reicht nicht aus RGer. 14. Nov. 92 (EEE. XI 12). Das Verfahren braucht aber nicht bis zur förmlichen Enteignung (§ 32) durchgeführt zu sein E. 3. März 78 (Seydel Anm. 2).

[173]) Auslagen sind Tagegelder usw. von Beamten Seydel Anm. 3. Sachverständige liquidieren nach der Reichsgebühren⸗O. E. 6. März 94 u.

Im prozeffualifchen Verfahren werden die Koften und Stempel taxmäßig berechnet[174]).

Die Koften des in §. 35. erwähnten Verfahrens find vom Antragfteller vorzufchießen. Ueber die Verbindlichkeit zur endlichen Uebernahme diefer Koften ift im nachfolgenden Rechtsftreit zu entfcheiden. Im Bezirke des Appellationsgerichtshofes zu Cöln werden die Gebühren für die betreffenden Verrichtungen des Friedensgerichts nach der Taxe für die Friedensgerichte vom 23. Mai 1859. (Gesetz-Samml. S. 309.) berechnet[175]).

Sämmtliche übrigen Verhandlungen vor den Gerichten, Grundbuch= und Auseinanderfetzungsbehörden, einfchließlich der nach §. 17. eintretenden frei= willigen Veräußerungsgefchäfte über Grundeigenthum innerhalb des vorgelegten Planes, fowie einfchließlich der Quittungen und Konfenfe der Hypotheken= gläubiger und fonftigen Beteiligten, find gebühren= und ftempelfrei[176]). Auch werden keine Depofitalgebühren angefetzt[177]).

Soweit diefe Verhandlungen vor den Notaren vorgenommen werden, find fie ftempelfrei.

Titel IV. Wirkungen der Enteignung.

§. 44. Mit Zuftellung[178]) des Enteignungsbefchluffes (§. 32.) an Eigen= thümer und Unternehmer geht das Eigenthum des enteigneten Grundftücks auf den Unternehmer über[179]).

Erfolgt die Zuftellung an den Eigenthümer und Unternehmer nicht an demfelben Tage, fo beftimmt die zuletzt erfolgte Zuftellung den Zeitpunkt des Ueberganges des Eigenthums.

---

8. Jan. 01 (Arch. 01 S. 707 f.; die Hamburger Normen find in d. Grenzen des § 4 diefer O. anwendbar). Schreibgebühren werden nicht be= rechnet Seydel Anm. 5. Ift der Staat Unternehmer, fo fallen d. Auslagen dem= jenigen Reffort zur Laft, von dem das Unternehmen ausgeht E. 15. März 82 (Seydel Anm. 2). — Für Koften einer Vertretung durch andere kann der EntfchädBerechtigte keinen Erfatz fordern Seydel Anm. 2, RGer. 16. Sept. 04 (LVIII 422).
[174]) Vom Fiskus werden Schreibge= bühren nicht erhoben E. 2. Juli 81 (JMB. 149, Seydel Anm. 7). Prozeß= vollmachten find ftempelpflichtig RGer. 2. März 00 (EEE. XVII 163). — § 30 Abf. 5.
[175]) GerichtskoftenG. 25. Juni 95 (GS. 203) § 124 Ziff. 5. — Daffelbe G. in d. Faffung d. Bek. 6. Okt. 99 (GS. 326) § 7 Abf. 1 Satz 3 beftimmt:

Die Vorfchriften des § 43 des Gefetzes vom 11. Juni 1874 . . finden auf alle Befitzveränderungen, denen fich die Betheiligten aus Gründen des öffentlichen Wohles zu unterwerfen gefetzlich verpflich= tet find (Enteignungen), ent= fprechende Anwendung.
[176]) StempelfteuerG. (IV 6 d. W.) § 4 Abf. 1e. — Zu den in Abf. 4 genannten Behörden gehören nicht die Katafterämter Luther Anm. 7.
[177]) Die HinterlgO. kennt keine Depof.= Gebühren mehr.
[178]) § 39.
[179]) Anm. 147; der Eigentumsüber= gang kann nicht im Rechtswege ange= fochten werden Seydel Anm. 1.

Diese Vorschrift gilt auch in den Landestheilen, in denen nach den allge=
meinen Gesetzen der Uebergang des Eigenthums von der Einschreibung in die
Grundbücher oder von der Einreichung des Vertrages bei dem Realrichter
abhängig gemacht ist[180]).

§. 45. Das enteignete Grundstück[181]) wird mit dem in §. 44. be=
stimmten Zeitpunkt von allen darauf haftenden privatrechtlichen Verpflichtun=
gen[182]) frei, soweit der Unternehmer dieselben nicht vertragsmäßig übernom=
men hat.

Die Entschädigung tritt rücksichtlich aller Eigenthums=, Nutzungs= und
sonstigen Realansprüche, insbesondere der Reallasten, Hypotheken und Grund=
schulden an die Stelle des enteigneten Gegenstandes[183]).

§. 46. Ist die Abtretung des Grundstücks durch Vereinbarung zwischen
Unternehmer und Eigenthümer erfolgt und zwar in Gemäßheit des §. 16.
unter Durchführung des Enteignungsverfahrens oder in Gemäßheit des §. 26.,
so treten die rechtlichen Wirkungen des §. 45. auch in diesem Falle ein[184]).
Hypotheken= und Grundschuldgläubiger, sowie Realberechtigte können jedoch,
soweit ihre Forderungen durch die zwischen Unternehmer und Eigenthümer
vereinbarte Entschädigungssumme nicht gedeckt werden, deren Festsetzung im
Rechtswege gegen den Unternehmer fordern, wobei die Beweisvorschriften der
§§. 30. und 40. zur Anwendung kommen[185]).

§. 47. War das enteignete Grundstück Fideikommiß= oder Stammgut,
oder stand dasselbe im Lehn= oder Leiheverbande, so ist — mit Ausnahme
des §. 38. vorgesehenen Falles — der Besitzer über die Entschädigungssumme
nur nach den Vorschriften zu verfügen berechtigt, welche in den verschiedenen
Landestheilen für die Verfügungen über derartige Güter und die an deren
Stelle tretenden Kapitalien maßgebend sind[79]).

---

[180]) Durch BGB. nicht berührt EG. BGB. Art. 109.

[181]) Anm. 34.

[182]) Nicht von öffentl. Lasten, wohl aber z. B. von d. Rentenpflicht; die Behörden der StEV. sollen deshalb von allen Erwerbungen ländlicher Grundstücke, bei denen § 45 in Frage kommt, der Rentenbank u. der Regierung Mitteilung machen; gleiches soll durch die Hinterlegungsstellen bez. aller Grundentschäd.=Hinterlegungen von Privatbahnen geschehen E. 28. Nov. 79 u. 29. Mai 80 (Seydel Anm. 2). — Auch wird Freiwerden von nicht dinglicher Miete oder Pacht anzunehmen sein (Anm. 47, Koffka Anm. 2; a. M. Eger S. 488). — Ist die Enteignung nur auf eine Beschränkung gerichtet, so geht diese allen auf dem Grundstück ruhenden privatr. Verpflichtungen vor, KGer. 20. Juni 04 (Arch. 05 S. 267).

[183]) Auch wenn der Unternehmer selbst der Berechtigte ist RGer. 24. April 01 (EEE. XVIII 219). — Anm. 49. — AG. ZwangsverstG. Art. 35 Abs. 1.

[184]) Anm. 71 u. 118. Der Grundbuchrichter muß im Anschluß an die Auflassung des Grundstücks und die Eintragung des Eigentumsüberganges die eingetrag. Realrechte löschen, wenn ihm eine dem § 46 entsprechende Einigung und die Hinterlegung der vereinbarten Entschädigung nachgewiesen wird Pannenberg Arch. 01 S. 1195 (§ 26), 1199 (§ 16). — Auf gewöhnliche Kaufverträge ist § 46 nicht anwendbar RGer. 23. Mai 81 (V 246).

[185]) Die Frist des § 30 gilt nicht, auch findet kein vorgängiges Verwalt.=Verfahren statt.

§. 48. War das enteignete Grundstück mit Reallasten, Hypotheken oder Grundschulden behaftet, so kann — mit Ausnahme des §. 38. vorgesehenen Falles — der Eigenthümer über die Entschädigungssumme nur verfügen, wenn die Realberechtigten einwilligen[165]).

§. 49. Der Eigenthümer des Grundstücks ist jedoch in den Fällen der §§. 47. und 48. befugt, wegen Auszahlung oder Verwendung der hinterlegten Entschädigungssumme die Vermittelung der Auseinandersetzungsbehörden für Regulierung gutsherrlicher und bäuerlicher Verhältnisse, Ablösungen und Gemeinheitstheilungen in Anspruch zu nehmen[165]).

Die Auseinandersetzungsbehörde hat die bei ihr eingehenden Anträge nach den Bestimmungen zu beurtheilen und zu erledigen, welche wegen Wahrnehmung der Rechte dritter Personen bei Verwendung der Ablösungskapitalien in den §§. 110. bis 112. des Gesetzes vom 2. März 1850., betreffend die Ablösung der Reallasten und Regulierung der gutsherrlichen und bäuerlichen Verhältnisse, ertheilt worden sind.

Diese Vorschrift kommt in den Landestheilen des linken Rheinufers, in der Provinz Hannover und den Theilen des Regierungsbezirks Wiesbaden, in welchen die Verordnungen vom 13. Mai 1867. (Gesetz-Samml. S. 716.) und 2. September 1867. (Gesetz-Samml. S. 1463.) nicht eingeführt sind, nicht zur Anwendung, vielmehr bleibt es hier bei den bisher bestehenden Vorschriften.

Titel V. Besondere Bestimmungen über Entnahme von Wegebaumaterialien[166]).

§. 50. Die zum Bau und zur Unterhaltung öffentlicher Wege (mit Ausschluß der Eisenbahnen) erforderlichen Feld- und Bruchsteine, Kies, Rasen, Sand, Lehm und andere Erde ist, soweit der Wegebaupflichtige nicht diese Materialien in brauchbarer Beschaffenheit und angemessener Nähe auf eigenen Grundstücken fördern kann, und der Eigenthümer sie nicht selbst gebraucht, ein Jeder verpflichtet, nach Anordnung der Behörde von seinen landwirthschaftlichen und Forstgrundstücken, seinem Unlande oder aus seinen Gewässern entnehmen und das Aufsuchen derselben durch Schürfen, Bohren u. s. w. daselbst unter Kontrole des Eigenthümers sich gefallen zu lassen.

§. 51. Der Wegebaupflichtige hat dem Eigenthümer den Werth der entnommenen Materialien ohne Berücksichtigung des Mehrwerths, welchen sie durch den Wegebau erhalten, zu ersetzen.

Wo durch den Werth der Materialien der dem Grundstück durch die Entnahme zugefügte Schaden, einschließlich der entzogenen Nutzungen, sowie die etwa bereits wirthschaftlich aufgewendeten Werbungs-, Sammlungs- und Bereitungskosten nicht gedeckt werden, hat der Wegebaupflichtige, statt Ersatz jenes Werthes, hierfür Ersatz zu leisten.

---

[166]) Tit. V gilt nicht für Eisenbahnen (§ 50).

§. 52. Wenn ein Grundstück zur Gewinnung der Materialien haupt=
sächlich bestimmt ist und letztere für den Wegebau in solchem Maße in An=
spruch genommen werden, daß das Grundstück deshalb dieser Bestimmung
gemäß nicht ergiebig benutzt werden kann, oder wenn die Eigenthumsbe=
schränkung länger als drei Jahre dauert, so kann der Eigenthümer gegen
Abtretung des Grundstücks selbst an den Wegebaupflichtigen den Ersatz des
Werthes desselben verlangen.

§. 53. In Ermangelung gütlicher Einigung hat der Kreis=(Stadt=)
Ausschuß[187]) auf Grund vollständiger Erörterung zwischen den Betheiligten
eine Entscheidung durch Beschluß[187]) zu treffen, in welchem

1. die dem Wegebaupflichtigen gegen den Grundbesitzer einzuräumenden
   Rechte nach Gegenstand und Umfang speziell zu bezeichnen sind, und
2. die dafür zu gewährende Entschädigung auf Grund sachverständiger
   Abschätzung oder geeignetenfalls (§. 12) die dafür zu bestellende
   Sicherheit vorläufig festzusetzen ist.

Gegen den Beschluß[187]) unter 1. steht beiden Theilen binnen einer
Präklusivfrist von zwei Wochen[188]) nach dessen Zustellung die Be=
schwerde an den Bezirksausschuß[100]) mit aufschiebender Wirkung zu.

Gegen die Feststellung der Entschädigung unter 2 ist innerhalb neunzig
Tagen der Rechtsweg, jedoch ohne aufschiebende Wirkung, zulässig. Ist gegen
den Beschluß des Kreis=(Stadt=)Ausschusses Beschwerde ein=
gelegt, so läuft diese Frist erst vom Tage der Zustellung des Beschlusses
des Bezirksausschusses an. Eines vorgängigen Sühneversuchs bedarf
es nicht.

Die dem Wegebaupflichtigen zuständigen Rechte dürfen erst ausgeübt
werden, wenn derselbe in das Grundstück, beziehungsweise die daran auszu=
übenden Rechte eingewiesen ist. Dieser Einweisung muß die Zahlung oder
Sicherstellung der Entschädigung auf Grund mindestens vorläufiger Festsetzung
vorausgehen.

Wegen Auszahlung der Entschädigungssumme findet die in §. 36 gegebene
Bestimmung Anwendung.

Titel VI. Schluß= und Uebergangsbestimmungen.

§. 54. Dieses Gesetz findet keine Anwendung[190]):

1. auf die in besonderen Gesetzen oder im Gewohnheitsrechte begründete
   Entziehung oder Beschränkung des Grundeigenthums im Interesse der

---

[187]) ZustG. § 151 (früher Entscheid.
des Landrats, in Hannover der betr.
Obrigkeit). Gehört der Weg der Kreis=
korporation (Stadtgemeinde) selbst, so
greift LBG. § 59 Platz.

[188]) LBG. § 51 (früher 10 Tage).

[189]) ZustG. § 150 (Anm. 15).

[190]) Aufzählung der unberührt blei=
benden Vorschriften bei Seydel, Eger,
Luther u. Koffka. Ferner Anm. 5 u.
zu Ziff. 1 ZustG. § 152.

Landeskultur, als: bei Regulirung gutsherrlicher und bäuerlicher Ver=
hältniffe, bei Ablöfung von Reallaften, Gemeinheitstheilungen, Vor=
flutsangelegenheiten, Entwäfferungs= und Bewäfferungsangelegenheiten,
Benutzung von Privatflüffen, Deichangelegenheiten, Wiefen= und Wald=
genoffenfchafts=Angelegenheiten;

2. auf die Entziehung und Befchränkung des Grundeigenthums im Intereffe
des Bergbaues und der Landestriangulation.

§. 55. Bereits eingeleitete Enteignungsverfahren werden nach den bis=
herigen Vorfchriften zu Ende geführt. Wird in einem folchen Verfahren der
Rechtsweg befchritten, fo findet der §. 40. auch hier Anwendung[191]).

§. 56[192]).

§. 57. Alle den Vorfchriften diefes Gefetzes entgegenftehenden Be=
ftimmungen[193]), fowie die Beftimmungen über das Wiederkaufsrecht bezüglich
des enteigneten Grundftücks werden[194]) aufgehoben.

Ein gefetzliches Vorkaufsrecht findet wegen aller Theile von Grundftücken
ftatt, welche in Folge des verliehenen Enteignungsrechts zwangsweife oder
durch freien Vertrag an den Unternehmer abgetreten find, wenn in der Folge
das abgetretene Grundftück ganz oder theilweife zu dem beftimmten Zweck
nicht weiter nothwendig ift und veräußert werden foll[195]).

Das Vorkaufsrecht fteht dem zeitigen Eigenthümer des durch den ur=
fprünglichen Erwerb verkleinerten Grundftücks zu[196]). Wer das Enteignungs=
recht ausgeübt hat, muß die Abficht der Veräußerung und den angebotenen
Kaufpreis dem berechtigten Eigenthümer anzeigen, welcher fein Vorkaufsrecht
verliert, wenn er fich nicht binnen zwei Monaten darüber erklärt. Wird die
Anzeige unterlaffen, fo kann der Berechtigte feinen Anfpruch gegen jeden
Befitzer geltend machen.

---

[191]) Die Ausübung eines vor dem
Inkrafttreten des Enteig.G. verliehenen
EntRechts ift auch unter der Herrfchaft
des letzteren zuläffig, richtet fich aber
nach deffen Vorfchriften RWefch. 21.
Nov. 89 (Arch. 01 S. 677) u. 19. Dez.
01 (Arch. 02 S. 465).

[192]) Aufgehoben durch ZuftG. § 151
Abf. 2 u. erfetzt durch ZuftG. § 150
bis 152. Zuftändigkeitstabelle bei Eger
S. 575.

[193]) Aufzählung bei Eger S. 579.
Beifpiel EifG. § 8—13, 15—19 (nicht
§ 14: I 3 Anm. 24 d. W.).

[194]) Z. B. EifG. § 16—18. — § 57
Abf. 1 fchließt das gefetzliche Wieder=
kaufsrecht jedenfalls bez. aller Fälle
aus, in denen feine Vorausfetzungen
erft nach Inkrafttreten des EnteigG.
erfüllt werden RGer. 4. Jan. 95

(XXXIV 290). Eger S. 582 will die
Vorfchr. auf die nach diefem Zeitpunkt
eintretenden Enteignungen befchränken.

[195]) Das Vorkaufsrecht bedarf nicht
der Eintragung im Grundbuch — AG.
BGB. Art. 22 Ziff. 1 — und bezieht
fich auch auf Grundftücksteile, die auf
Grund des § 9 übernommen find
Seydel Anm. 3.

[196]) Das Recht ift unteilbar u. un=
übertragbar; fteht z. B. des Entbehrlich=
werdens des enteigneten Teils das
Eigentum an dem verbliebenen Reft=
ftück mehreren zu, fo können diefe —
gleichviel wie fie das Eigentum er=
worben haben (z. B. im Wege einer
zweiten Enteignung) — das Vorkaufs=
recht nur gemeinfam u. für alle Grund=
ftücksteile ausüben RGer. 18. Juni 95
(XXXV 306).

§. 58. Insoweit in anderen Gesetzen auf die Vorschriften der aufgehobenen Gesetze Bezug genommen ist, treten an die Stelle der letzteren die entsprechenden Vorschriften dieses Gesetzes.

Anlagen zum Enteignungsgesetz.

Anlage A (zu Anmerkung 29).

Hauptergebnisse der Rechtsprechung des Reichsgerichts über die Entschädigung für Abtretung von Grundeigentum (EnteignungsG. § 8).

I. Allgemeine Grundsätze.

1. **Begriff des vollen Werts.** Ältere Urteile: Durch EntG. § 8 ist der persönliche oder subjektive Maßstab für die Bemessung der Entschädigung, demzufolge jede mit der Enteignung in ursächl. Zusammenhange stehende nachteilige Einwirkung auf das Vermögen des Abtretenden in Anschlag zu bringen sein würde, verworfen und der Wert der abzutretenden Sache, mithin ein sachliches oder objektives Verhältnis als allein maßgebend erklärt 18. Sept. 80 (EGG. I 266). Voller Wert ist der auf objektiver Grundlage reichlich bemessene gemeine Wert 18. Feb. 80 (EGG. I 130). Grundlage für Bemessung der Entschäd. ist der Preis, den der Eigentümer nach Ort und Zeit unter günstigen Verhältnissen bei freiwill. Verkauf erlangen kann 27. Jan. 80 (Arch. 81 S. 49, EGG. I 115). Grundsätzlich ebenso 13. Juli 80 (EGG. I 265), 8. Juni 82 (EGG. II 301), 13. Okt. 91 (EGG. IX 83), 25. Jan. 95 (EGG. XII 50), 9. Juni 96 (XXXVII 305). Neuerdings hat aber das RGer. vorwiegend die entgegengesetzte Auffassung vertreten, daß die Entschäd. nach dem sog. individuellen Wert zu berechnen sei: Voller Wert im Gegensatze zum gemeinen ist der höhere individuelle Wert, den die enteigneten Gegenstände für ihren damal. Eigentümer vermöge seiner besonderen Verhältnisse hatten, das volle (objektiv bestimmte) Interesse eben dieses Eigentümers; der Anspruch auf eine den gemeinen Wert übersteigende Entschäd. bedarf aber besonderer Begründung 23. Mai 81 (V 248). Voller Wert ist zunächst der objektive, dem Grundstück an und für sich beiwohnende, durch seine Benutzungsfähigkeit bedingte; übersteigt jedoch der Wert, den das Grundstück für den Eigentümer hat, diesen Wert, so muß dieser höhere Wert ersetzt werden 4. Nov. 93 (XXXII 298). Grundsätzlich ebenso u. a. 1. Feb. 93 (XXXI 214), 24. Jan. 96 (EGG. XIII 43), 25. Mai 00 (EGG. XVII 263), 2. April 01 (EGG. XVIII 217). Gegen die Berücksichtigung des individuellen Werts u. a. Seydel S. 45 f., Bähr in EGG. XI 175; Eger Anm. 46, 47 (mit eingehenden Quellen- und Literaturangaben), Pannenberg im Arch. 02 S. 728; dafür Koffka S. 57. Über die praktischen Folgen beider Auffassungen unten bei 7 und 8.

Keinesfalls ist der Affektionswert zu berücksicht. 4. Nov. 93 (XXXII 298), wohl aber ein den Kaufpreis beeinflussender Annehmlichkeitswert 21. Jan. 88 (EGG. VI 168). Der vom Eigentümer tatsächlich gezahlte Kaufpreis ist nicht ohne weiteres maßgebend 19. Dez. 02 (EGG. XX 125).

2. **Benutzungsfähigkeit und bisherige Benutzungsart.** Der Wertermittlung ist die Benutzungsfähigkeit des Grundstücks, und zwar die vorteilhafteste mögliche Benutzung zugrunde zu legen 18. Feb. u. 18. Sept. 80 (EGG. I 130 u. 266), 20. Feb. 82 (EGG. II 217), 12. Okt. 88 (EGG. VII 148: Lagerplatz), 17. Sept. 90 (EGG. VIII 55), 4. Nov. 93 (XXXII 298), 11. März 96 (EGG.

XIII 62). Die bisherige tatsächliche Benutzungsart (§ 10 Abf. 1) ist als Beweismittel für die Benutzungsfähigkeit von Bedeutung 18. Feb. 80 (EEE. I 130), 18. Aug. 82 (VIII 237), 13. Okt. 91 (EEE. IX 83). Die bisherigen Erträge liefern nicht ohne weiteres eine brauchbare Grundlage für die Wertberechnung 22. Okt. 81 (EEE. V 451), 12. April 90 (EEE. VIII 111); anderf. 11. Jan. 99 (EEE. XV 348) u. 29. Jan. 04 (LVII 288). Bei der Abschätz. von Gebäuden ist zu prüfen, ob und wie bei Berechnung des nachhaltigen Reinertrags die Notwendigkeit eines künftigen Neubaues berücksichtigt werden muß 10. März 03 (LIV 115); Abnutzungsquoten 20. Feb. 03 (EEE. XX 142), 30. Okt. 03 (LVI 92). Vorauszahlbarkeit des Mietzinses 30. Okt. 03 (a. a. O.) — Ferner unten 8, 9.

3. Für die Berechnung maßgebender Zeitpunkt ist derj. der EntschädFeststt. (§ 25—29) 17. März 91 (XXVII 263), 24. Juni 91 (EEE. VIII 364), 13. Jan. 92 (EEE. IX 135), 3. Okt. 02 (Arch. 03 S. 695); abweichend hiervon legt U. 21. Sept. 82 (VII 258) den Zeitpunkt der Planfeststt. zugrunde. Zu berücksichtigen sind nur bereits bestehende Verhältnisse, die schon jetzt an sich oder wegen ihrer mit Sicherheit zu erwartenden Fortentwicklung einen Einfluß auf den Kaufpreis auszuüben vermögen, nicht aber künftige ungewisse Möglichkeiten 24. Okt. 82 (VIII 214); ebenso 31. März 81 (EEE. I 431), 20. Feb. 82 (EEE. II 217), 30. April 87 (EEE. V 343), 24. Jan. 96 (EEE. XIII 43), 18. März 96 (EEE. XIV 112). Ferner § 10 Abf. 2.

4. Im allgemeinen können privatrechtliche Belastungen z. B. mit Dienstbarkeiten den Betrag der Entschäd. nicht verringern, wohl aber — im Falle des § 11 — erhöhen und darf sich der Unternehmer, soweit die Höhe der Entschäd. in Betracht kommt, dem Eigentümer gegenüber auf sie nicht berufen 17. Sept. 92 (XXX 176). Anders, wenn mit der rechtl. Belastung ein die Benutzungsfähigkeit verringernder tatsächl. Zustand des Grundst. zusammenhängt 11. Juli 94 (XXXIII 303), 4. Jan. 99 (EEE. XVI 40). Für das Verhältnis zwischen Unternehmer und Eigentümer kommt die Art u. Weise des Erwerbs durch den letzteren nicht in Betracht 9. Juni 96 (XXXVII 305).

5. Tatsächliche Vorteile (außer rein prekarischen) kommen als werterhöhend in Rechnung, wenn ihr künftiger Wegfall zwar in der Möglichkeit lag, aber vorerst nicht abzusehen war 12. Okt. 88 (EEE. VI 416), 23. Nov. 89 (EEE. VIII 8), 25. Mai 00 (EEE. XVII 263), 12. Aug. 04 (EEE. XXI 270); nicht aber Momente, die lediglich von der Willkür des Unternehmers oder eines Dritten abhängen 30. März 87 (EEE. VI 34), 11. Feb. 93 (XXX 294).

6. Für den Zinsfuß bei Kapitalisierung von Erträgen sind die tatsächl. Verhältnisse maßgebend 19. Sept. 83 (Arch. 629, EEE. III 105), 14. März 88 (EEE. VI 267), 25. Mai 00 (EEE. XVII 264).

7. Ob neben der Entschäd. für den Grundstückswert auch noch Ersatz für vorübergehende Nachteile zu leisten ist, die dem zu Enteignenden im Zusammenhange mit der Abtretung, namentlich durch das Enteignungsverfahren selbst (also schon vor Vollziehung der Ent.) erwachsen, z. B. Mietsausfälle, Umzugskosten, Störungen im Gewerbebetriebe, ist vom RGer., je nach den in der Urteilen zur Geltung gelangten grundsätzl. Auffassung (oben 1), verschieden beurteilt worden. Nein: 18. Sept. 80 (EEE. I 266). Ja: 7. März 88 (EEE. VI 260), 1. Feb. 93 (XXXI 214), 11. Feb. 93 (EEE. X 165), 4. Nov. 93 (XXXII 304), 19. April 99 (XLIII 356), 2. Dez. 02 (EEE. XX 218).

8. Ist auf dem Grundst. ein Gewerbe betrieben worden, so kommt dessen Ertrag jedenfalls insoweit nicht in Betracht, als er auf die persönliche Tätigkeit des Eigentümers zurückzuführen ist 4. Nov. 93 (XXXII 303), auch 13. Okt. 91 (EEE. IX 83). Anderseits muß bei der Berechnung des vollen Wertes der gewerbl.

Nutzen dann berücksichtigt werden, wenn er auf einer dem Grundstück inne=
wohnenden perpetua causa gewerbl. Gewinns beruht 2. Feb. 82 (EEE. II 189).
Im übr. gilt das zu 7 Gesagte auch hier. Gegen die Anrechnung 4. Juni 80
(EEE. I 204), 18. Sept. 80 (EEE. I 266); dafür 4. Nov. 93 (XXXII 298).
Gesetzlich ausgeschlossen ist eine über BergG. (V 4 d. W.) § 154 hinausgehende
Entschäd. für Beschränkung des Bergbaus 17. Mai 04 (EEE. XXI 169).

9. Als Bauland ist ein bisher zu anderen Zwecken benutztes Grundst. an=
zusehen, wenn seine Verwertbarkeit als solches in naher und bestimmter Aussicht
steht; hierzu reicht die Bebauungsfähigkeit und die Lage innerhalb eines Be=
bauungsplans für sich allein nicht aus, ebensowenig schaffen Kaufofferten ohne
ernste Bauabsicht einen Bauplatz 24. Okt. 82 (VIII 214), 26. Juni 83 (EEE.
III 84), 30. April 87 (EEE. V 343), 4. Juli 88 (EEE. VI 344), 1. Mai 00
(EEE. XVII 250), 14. Mai 01 (EEE. XVIII 162). Ein Grundst., dessen Be=
baubarkeit von der Willkür eines Dritten oder (im Falle einer gesetzl. Bau=
beschränkung) von der freien Entscheid. einer Behörde abhängt, ist kein Bauplatz
28. Juni 87 (EEE. V 425), 11. Feb. 93 (EEE. X 165), 18. Juni 94 (EEE. XII
195), 11. Jan. 01 (EEE. XVIII 45). — Für ein Grundst., dessen Unbebaubarkeit
auf FluchtlinienG. 2. Juli 75 (V 3 d. W.) beruht, bestimmt sich, wenn es
nicht zur Straßenherstellung, sondern für ein anderes Unternehmen enteignet wird,
der Wert nach der auf Grund jenes G. zu erwartenden Entschäd. 6 Dez. 88
(EEE. VII 36), 9. Okt. 90 (EEE. IX 9) Unbebaubarkeit auf Grund älterer,
nicht veröffentlichter Bebauungspläne 14. Jun. 82 (VI 295), 14. April 86 (EEE.
V 150), 27 Nov. 86 (XVII 162) 22. März 01 (EEE. XVIII 149), 5. Juni 03
(LV 70). Berücksichtigung der durch die Fluchtlinienfestsetzung hervorgerufenen
und der später eintretenden Wertänderungen: einerj. 1. Dez. 99 (EEE. XVI 341),
1. März 01 (XLVIII 336); anderf. 5. Dez. 02 (LIII 133), 9. Dez. 02 (EEE.
XX 27). Bauverbot auf Grund FluchtlG. § 12: 1. März 01 (a. a. O.), 16. Dez. 02
(LIII 406). — Der EntschädAnspruch für eine Servitut der Unbebaubarkeit, der
in der Person des Vorbesitzers entstanden und dem jetzigen Eigentümer abgetreten
ist, kann nicht in einem EntVerfahren geltend gemacht werden, das mit der
Servitutauflage nicht zusammenhängt 21. Jan. 02 (L 314).

10. Ziegeleien 27. Jan. 80 (Arch. 81 S. 49, EEE. I 115), 31. März 81
(EEE. I 431), 24. Okt. 82 (VIII 214), 29. Jan. 04 (LVII 288); Torfgrund=
stücke 3. Dez. 84 (Arch. 85 S. 227, EEE III 421), 29. Dez. 99 (XLV 253).

11. Ferner EntG. § 10, 40.

II. Grundsätze für die Entschädigung bei Enteignung von Grundstücksteilen.

1. § 8 Abs. 2 ist nicht dahin zu verstehen, daß sich in allen Fällen die
Entschäd. aus drei selbständigen Rechnungsgrößen — Wert des für sich be=
trachteten abzutretenden Teils, Mehrwert des letzteren vermöge seines
bisherigen Zusammenhanges mit dem Restgrundst., Minderwert des Rest=
grundst. vermöge der Abtretung (sog. Durchschneidungs= oder Deformationsnach=
teile, z. B. Wirtschaftserschwernisse, Beschränkung in der Verwendbarkeit) — zu=
sammensetze; Mehrwert des abzutretenden Teils und Minderwert des Restes fallen
vielmehr der Regel nach (Ausnahmefälle konstruiert Koffka S. 85 f.) zusammen,
und es können Vorteile, die dem Restgrundst. aus dem Zusammenhang erwachsen,
nicht zugleich als Minderwert des Restes und als Mehrwert des abzutretenden
Teils angesetzt werden; wenn tatsächlich (was nicht notwendig der Fall ist) der
abzutretende Teil wegen der Dienste, die er dem übr. Grundst. leistete, einen
höheren Wert als den gewöhnl. Verkaufswert hatte, so darf dem Eigentümer dieser
höhere Wert nicht entgehen 12. Nov. 92 (EEE. IX 378), 14. Feb. 94 (XXXII

350), 7. März 94 (EEE. X 273), 4. Dez. 00 (EEE. XVIII 31). Regelmäßig ist die zu ersetzende Vermögenseinbuße in dem Unterschiede der Verkaufswerte einerf. des Ganzen vor der Ent., anderf. des Restes nach der Ent. zu finden; tatsächliche Verkäuflichkeit im Augenblicke der Ent. ist hierbei nicht nötig 27. März 00 (EEE. XVII 234), 10. Juli 03 (EEE. XX 240). Der Eigentümer muß sich der veränderten Sachlage anpassen und ist hinlänglich entschädigt, wenn ihm neben der unwiederbringl. Einbuße der zur möglichst vorteilhaftesten Ausnutzung des Restgrundst. erforderliche Geldbetrag gewährt wird 19. Sept. 83 (Arch. 629, EEE. III 105).

2. Die gesamte Entschädigung für eine zusammenhängende Fläche ist rechtlich auch in dem Sinne eine einheitliche, daß die in ihr enthaltenen Mehr- oder Minderwerte nur Rechnungsfaktoren ausmachen und im Rechtswege diese Einzelsätze — soweit sich nicht etwa die Parteien über bestimmte Posten geeinigt haben 22. Juni 98 (EEE. XV 170) — selbst zum Nachteile der Partei, die den Rechtsweg beschritten oder das Rechtsmittel eingelegt hat, geändert werden können, wenn nur damit keine Änderung der Gesamtentschädigung zum Nachteile dieser Partei verbunden ist 26. Mai 80 (II 234), 24. Juni 85 (XIV 267), 21. Mai 87 (EEE. V 359), 30. Juni 88 (EEE. VI 340), 30. Jan. 00 (EEE. XVII 141). Der Minderwert eines zusammenhängenden Restgrundst. ist nicht parzellenweise, sondern im ganzen zu berechnen 30. Jan. 82 (EEE. II 185).

3. Streitig war früher, ob bei der Bemessung der Entschäd. für Grundstücksteile im Enteignungsverfahren auch Nachteile zu berücksichtigen sind, die nicht durch die Eigentumsentziehung an sich bedingt, sondern von Anlage und Betrieb des Unternehmens zu erwarten sind, für welches die Ent. stattfindet. Z. B. Luft- und Lichtentziehung durch Baulichkeiten (Bahndämme); Beschränkung des Eigentümers in der Benutzung des Restgrundst. durch feuerpolizeiliche oder ähnliche Anordnungen (Baubeschränkungen für die einer Eisenbahn benachbarten Grundst.); schädliche Einwirkungen des Betriebs auf das Restgrundst. (Erschütterungen, Zuführung von Rauch u. dgl.). Während U. 26. Mai 80 (II 234) die Frage grundsätzlich verneinte, wird sie im U. 23. Mai 81 (V 248) bezüglich solcher Nachteile bejaht, die den Eigentümer nicht getroffen hätten, wenn ihm weniger oder nichts enteignet worden wäre. In ähnlichem Sinne 5. Nov. 81 (Arch. 82 S. 163, EEE. II 143), 9. Jan. 82 (EEE. II 178), 30. Jan. 82 (EEE. II 185), 21. Sept. 82 (VII 258). In der Folge hat das RGer. die Nichtberücksichtigung jener Schäden von dem dem Unternehmer obliegenden Nachweis abhängig gemacht, daß ohne die Ent. die Anlage unter Benutzung von Nachbargrundst., entlang der Grenze des dem Exproprianden gehörigen Grundbesitzes ausgeführt worden und der Schaden auch dann eingetreten wäre; die bloße Möglichkeit einer derartigen Ausführung ist nicht für ausreichend befunden worden 31. März 83 (EEE. III 60), 17. Juni 84 (XIII 244), 21. Okt. 90 (EEE. VIII 70), 12. Nov. 92 (EEE. IX 378), 12. Jan. 98 (EEE. XV 115), 6. Okt. 99 (XLIV 331), 9. Jan. 03 (EEE. XX 39). Im wesentl. ebenso Seydel S. 55, Eger Anm. 67, 68. Einzelheiten: Die Anlage ist insoweit zu berücksichtigen, als sie in den Plan (§ 15) aufgenommen oder aus anderen Gründen ihre Ausführung mit Wahrscheinlichkeit zu erwarten ist — 20. April 82 (EEE. II 263) — und in ihrer schädigenden Wirkung als ganzes anzusehen 23. Juni 91 (Arch. 1156, EEE. VIII 363), auch 24. Okt. 02 (EEE. XX 116). Die schon z. Z. der Ent. erkennbaren Folgen sind sofort, die später hervortretenden gemäß § 31 zu entschädigen; der bloße Vorbehalt künftiger Schutzanlagen (§ 14) in der Konzessionsurkunde für eine Eisenbahn übt auf die Bewertung des Restgrundst. keinen Einfluß 21. Sept. 82 (VII 258). Die EntschädPflicht ist auch dann vorhanden, wenn zur Entstehung des Schadens ein

Polizeiverbot mitwirkt, welches sich auf die Anlage bezieht und das Restgrundst. trifft 19. Dez. 92 (EEE. X 37). Zu entschäd. ist auch z. B. die durch eine Bahnanlage nötig werdende Verstärkung des Forst- und Jagdschutzes 16. Nov. 92 (EEE. IX 382).

4. Noch jetzt ist bestritten, inwieweit anderseits **Vorteile, die dem Rest-grundst. aus dem Unternehmen erwachsen,** auf die Entschäd. aus Abs. 2 anzurechnen sind. Nach der herrschenden Meinung ist eine solche Anrechnung nicht schlechtweg zulässig, da sonst u. U. dem Eigentümer die Entschäd. gänzlich abgesprochen werden könnte (a. M. Eger Anm. 69); es kommt vielmehr nur in Frage, diese Vorteile bei der Festst. des für das Restgrundst. anzunehmenden Minderwerts zu berücksichtigen. Auch in dieser Einschränkung wird die Anrechnung vom RGer. nur bezüglich derjenigen Vorteile für zulässig erklärt, die allein dem teilweise zu enteignenden Grundst. selbst, nicht auch allen anderen Grundst. in gleicher Lage zu gute kommen 9. Nov. 87 (EEE. VI 226), 16. Mai 90 (Arch. 890, EEE. VII 437), 16. Dez. 02 (LIII 194), 20. Feb. 03 (Arch. 885), 6. März 03 (EEE. XX 149), ausführlich 2. Feb. 04 (LVII 242), ferner 12. Aug. 04 (EEE. XXI 270). Gänzlich abgelehnt wird sie anscheinend in U. 19. Dez. 92 (EEE. X 140). Für die vorbehaltlose Anrechnung auf den Minderwert Pannenberg im Arch. 02 S. 729, Seydel S. 58; Koffka (S. 100) hält die Anrechnung für zulässig, soweit sie gegen die von dem Unternehmen selbst zu erwartende Entwertung des Restbesitzes erfolgt. — C. 24. Juni 02 (Münsowsche Sammlung — II 5 Anm 1 b. W. — S. 108), — V 2 Anm. 43 b. W.

5. Ferner EntG. § 9, 10, 14, 31.

Anlage B (zu Anmerkung 60).

Erlaß der Minister des Innern und der öffentlichen Arbeiten, betr. Abwendung von Feuersgefahr bei der Errichtung von Gebäuden und bei der Lagerung von Materialien in der Nähe von Eisenbahnen.

(An die Regierungs-Präsidenten, ausschließlich Cassel und Schleswig).
Vom 23. Juli 1892 (MB. 351, EWB. 93 S. 152).

In den auf den Erlaß vom 3. April 1891 erstatteten Berichten ist Seitens der Königlichen Regierungs-Präsidenten fast übereinstimmend das Bedürfniß einer Aenderung der für den größten Theil der Monarchie im Jahre 1875 erlassenen Polizeiverordnungen, betreffend die Abwendung von Feuersgefahr bei der Errichtung von Gebäuden und bei der Lagerung von Materialien in der Nähe von Eisenbahnen anerkannt.

Demgemäß ist, im Wesentlichen unter Berücksichtigung der gegen die im obenbezeichneten Erlasse enthaltenen Gesichtspunkte erhobenen Bedenken, der folgende Entwurf einer anderweiten Polizeiverordnung aufgestellt worden, deren Einführung für das gesammte Staatsgebiet dringend erwünscht ist.

Ew. Hochwohlgeboren ersuchen wir ergebenst, nach Einholung der Zustimmung des dortigen Bezirksausschusses diese Polizeiverordnung in Ihrem Amtsbezirk in Kraft zu setzen und drei Exemplare desjenigen Stückes des Amtsblattes der dortigen Königlichen Regierung, durch welches dieselbe veröffentlicht ist, dem unterzeichneten Minister der öffentlichen Arbeiten einzureichen. Der Entwurf ist am Schlusse durch Angabe derjenigen Polizeiverordnung zu ergänzen, welche auf Grund des Erlasses unserer Herren Amtsvorgänger vom 7. Januar 1875 für den dortigen Regierungsbezirk ergangen ist.

Polizeiverordnung, betreffend die Abwendung von Feuersgefahr bei der Errichtung von Gebäuden und der Lagerung von Materialien in der Nähe der dem Gesetze über die Eisenbahnunternehmungen vom 3. November 1838 (G.-S. S. 505) unterstehenden Eisenbahnen.

Auf Grund des § 137 des Gesetzes über die allgemeine Landesverwaltung u. s. w. wird unter Zustimmung des Bezirksausschusses für den Regierungsbezirk . . . . Folgendes verordnet.

§ 1. Gebäude und Gebäudetheile, die weder aus unverbrennlichen Materialien hergestellt, noch durch Rohrputz oder in anderer gleich wirksamer Weise gegen Entzündung durch Funken gesichert sind, müssen von Eisenbahnen eine von der Mitte des nächsten Schienengleises zu berechnende Entfernung von mindestens vier Metern innehalten. Dasselbe gilt von allen Oeffnungen in Gebäuden, die nicht durch mindestens 1 cm starkes, nach allen Seiten hin fest eingemauertes Glas abgeschlossen sind.

Für Gebäude, Gebäudetheile und Oeffnungen, die unterhalb der Oberkante der Schienen liegen, tritt an Stelle der Entfernung von vier Metern eine solche von fünf Metern.

Gebäude, Gebäudetheile und Oeffnungen, die mehr als sieben Meter oberhalb der Oberkante der Schienen liegen, sind den vorstehenden Bestimmungen nicht unterworfen, während für Gebäude mit nicht feuersicheren Dächern und für Oeffnungen in Gebäuden zur Lagerung leicht entzündlicher Gegenstände die weiter gehenden Bestimmungen der §§ 2 und 3 zur Anwendung gelangen.

§ 2. Gebäude mit weichen, nicht feuersicheren Dächern sowie Gebäude, bei denen die Dachpfannen mit Strohdocken eingedeckt sind, müssen von Eisenbahnen eine von der Mitte des nächsten Schienengleises zu berechnende Entfernung von mindestens fünfundzwanzig Metern innehalten.

Liegt die Eisenbahn auf einem Damm, so tritt zu der Entfernung von fünfundzwanzig Metern noch die anderthalbfache Höhe des Dammes, so daß beispielsweise, wenn die Höhe des Dammes zehn Meter beträgt, für die im ersten Absatze bezeichneten Gebäude eine Entfernung von mindestens $25 + 15 = 40$ Metern innegehalten werden muß.

§ 3. Die Bestimmungen des § 2 finden entsprechende Anwendung auf jede nicht durch mindestens 1 cm starkes, nach allen Seiten hin fest eingemauertes Glas abgeschlossene Oeffnung in den der Eisenbahn zugekehrten Wänden aller Gebäude, die zur Lagerung leicht entzündlicher Gegenstände dienen. Bei solchen Gebäuden werden den der Eisenbahn zugekehrten Wänden diejenigen ihr nicht ganz abgekehrten Wände gleich geachtet, deren Richtungslinie mit der Bahnachse einen Winkel von höchstens 60 Grad bildet.

§ 4. Leicht entzündliche Gegenstände, die nicht durch feuerfeste Bedachungen oder durch sonstige Schutzvorrichtungen gegen das Eindringen von Funken und glühenden Kohlen gesichert sind, dürfen bei Eisenbahnen nur in einer Entfernung von mindestens achtunddreißig Metern von der Mitte des nächsten Schienengleises gelagert werden.

Liegt die Eisenbahn auf einem Damme, so tritt zu der Entfernung von achtunddreißig Metern noch die anderthalbfache Höhe des Dammes (vergl. § 2 Abs. 2).

§ 5. Dispense von den Bestimmungen der §§ 1 bis 4 sind statthaft, wenn nach Lage der Verhältnisse auch bei geringerer Entfernung von der Mitte des nächsten Schienengleises die Feuersgefahr ausgeschlossen erscheint.

Ueber die Ertheilung der Dispense beschließt der Kreisausschuß, in Stadtkreisen und in den zu einem Landkreise gehörigen Städten von mehr als 10 000 Einwohnern der Bezirksausschuß.

§ 6. Hinsichtlich derjenigen Gebäude und leicht entzündlichen Gegenstände, die bei der Anlage einer Eisenbahn innerhalb der in den §§ 1 bis 4 festgesetzten Entfernungen bereits vorhanden, beziehungsweise gelagert sind, hat der Regierungs=Präsident zu bestimmen, ob und welche Vorkehrungen zum Schutze gegen die durch die Nähe der Eisenbahn bedingte Feuersgefahr getroffen werden müssen[1]).

§ 7. Uebertretungen dieser Polizeiverordnung werden, soweit nicht sonstige weitergehende Strafbestimmungen, insbesondere § 367, Ziffer 6 und 15 des Reichs=strafgesetzbuches Platz greifen. mit einer Geldstrafe bis zu sechzig Mark oder im Unvermögensfalle mit entsprechender Haft geahndet.

§ 8. Auf die zum Betriebe der Eisenbahn erforderlichen Gebäude und Materialien findet diese Polizeiverordnung keine Anwendung.

§ 9. Die Polizeiverordnung vom . . . . . . 1875, betreffend die Abwendung der Feuersgefahr bei den in der Nähe von Eisenbahnen befindlichen Gebäuden und lagernden Materialien, wird hiermit aufgehoben.

---

[1]) Die Anordnung kann auch nach der Betriebseröffnung erfolgen; zuständig immer nur der RegPräs., nicht die Ortspolizei OV. 24. Juni 04 (EEE. XXI 259).

Anlage C (zu Anmerkung 67).
Erlasse der Minister der öffentlichen Arbeiten und des Innern betr.
Beschleunigung des Enteignungsverfahrens
a) Vom 20. Mai 1899 (EVB. 162, VB. 884).

. . . Indem wir . . . bezüglich der geschäftlichen Behandlung der Enteignungs=angelegenheiten auf das unter Ziffer 1 jenes Erlasses Gesagte[1]) verweisen, bemerken wir, daß zur Vereinfachung und Beschleunigung des Verfahrens außerdem noch folgende Maßnahmen in Betracht kommen:

1. Es empfiehlt sich eine Anordnung der Regierungspräsidenten, daß demjenigen Dezernenten, welcher mit der Bearbeitung der Landespolizeisachen bei den mit dem Enteignungsrecht ausgestatteten Unternehmungen betraut ist, regelmäßig auch die Bearbeitung der Enteignungsangelegenheiten übertragen wird, so daß die landespolizeilichen und die enteignungsrechtlichen Angelegenheiten desselben Unternehmers von demselben Dezernenten bearbeitet werden.

2. Ferner empfiehlt es sich, daß der mit der Bearbeitung der Enteignungs=sachen beauftragte Dezernent zu den Sitzungen des Bezirksausschusses zugezogen wird, indem er entweder zugleich Stellvertreter eines ernannten Mitgliedes des Bezirksausschusses ist oder indem er die Enteignungsangelegenheiten in den Sitzungen des Bezirksausschusses vorträgt und erläutert.

3. Die Verpflichtung des Unternehmers, im Antrage auf Planfeststellung den Eigenthümer nach Namen und Wohnort zu bezeichnen (§ 18 des Enteignungs=

---

[1]) E. 4. Juni 94 (MB. 107, EVB. 133). Nach dessen Ziff. 1 sind die Enteignungssachen von den Behörden als schleunige Sachen zu behandeln, auch i. S. des Regul. zur Ordnung des Geschäftsgangs usw. bei den Bezirksaus= schüssen 28. Feb. 84 (MB. 37) § 5. Die beteil. Behörden sollen auf ersprießl. Zusammenwirken bedacht sein, die einzelnen Beamten sich möglichst mündlich miteinander benehmen.

gefetzes) und dem Antrage auf Feftftellung der Entfcheidung einen beglaubigten Auszug aus dem Grundbuch und, wenn diefer nicht zu befchaffen ift oder zum Nachweis der Rechte am Grundftück nicht ausreicht, eine dahingehende Befcheinigung des Ortsvorftandes oder der fonft zur Ausftellung folcher Befcheinigungen berufenen Behörde beizufügen (§ 24), hat oftmals zu Verzögerungen geführt, z. B. wenn das zu enteignende Grundftück im Grundbuch nicht eingetragen war, wenn das Grundbuch einen offenbar unzutreffenden Rechtszuftand bekundete, wenn die erlangten Befcheinigungen nicht genügten, oder wenn der Eigenthümer kurz vor dem Beginn oder im Laufe des Verfahrens geftorben war. Auch hat das Verfahren nicht felten Verzögerungen erlitten, wenn die Ladung des Eigenthümers (§§ 20, 25 des Enteignungsgefetzes) nicht erfolgen konnte, weil fein Aufenthalt unbekannt oder weil er an der Rückkehr und der Beforgung feiner Vermögensangelegenheiten verhindert war. Es . . . wird . . . bei rechtzeitiger Anwendung der . . . Beftimmungen des Bürgerlichen Gefetzbuchs über die Abwefenheitspflegfchaft und die Pflegfchaft für unbekannte Betheiligte (§§ 1911, 1913) jenen Uebelftänden in der Regel vorgebeugt werden können.

4. Auf das Zuftandekommen gütlicher Einigungen gemäß §§ 16, 26 des Enteignungsgefetzes, welche herbeizuführen in erfter Linie Aufgabe der Unternehmer ift, werden auch die Enteignungsbehörden nach Möglichkeit hinzuwirken haben. Hierbei wird auf die . . . Beftimmung des § 16 des Enteignungsgefetzes verwiefen, nach welcher an Stelle des Verfahrens zur Feftftellung des Plans (§§ 18 bis 22 des Enteignungsgefetzes) eine Einigung zwifchen den Betheiligten über den Gegenftand der Abtretung nach Maßgabe des vorläufig feftgeftellten Plans (§ 15 des Enteignungsgefetzes) nicht nur zum Zweck der Abtretung des Eigenthums, fondern auch fchon zum Zweck der Ueberlaffung des Befitzes zuläffig ift. Dem alsdann ohne Weiteres zu ftellenden Antrage auf Feftftellung der Entfchädigung ift der von der zuftändigen Behörde geprüfte und vorläufig feftgeftellte Plan (§ 15), welcher durch die Einigung der Betheiligten (§ 16) endgültig geworden ift, nach Maßgabe der §§ 24 Abfatz 2, 18 Abfatz 2 zu Grunde zu legen. Soll jedoch die Einigung zwifchen den Betheiligten diefe Wirkung haben, fo muß fie den Gegenftand der Abtretung endgültig beftimmen. Sie muß deshalb zum mindeften das ausdrückliche Einverftändniß des Eigenthümers enthalten, daß diejenigen Theile feines Eigenthums, welche nach Maßgabe des ihm bekannten landespolizeilich geprüften und von der zuftändigen Behörde vorläufig feftgeftellten Plans zu dem Unternehmen erforderlich find, den Gegenftand der Abtretung oder Enteignung derart bilden follen, daß es der Durchführung des Planfeftftellungsverfahrens gemäß §§ 18—22 des Enteignungsgefetzes nicht mehr bedarf.

Es wird fich um fo mehr empfehlen, durch zweckmäßige Belehrung der Betheiligten das Zuftandekommen folcher Einigungen zu fördern, weil die ordnungsmäßig vorangegangene landespolizeiliche Prüfung des Plans unter Zuziehung und nach Anhörung aller Betheiligten, fowie die vorläufige Feftftellung deffelben durch die zur Planfeftftellung berufene Staatsbehörde eine ausreichende Grundlage und die Gewähr dafür bietet, daß fowohl die benachbarten Grundftücke, als die öffentlichen Intereffen bei der Ausführung des Unternehmens gegen Gefahren und Nachtheile gefichert find, fo daß die übrigen Anfprüche der Eigenthümer in der Regel nur noch die Höhe der Entfchädigung betreffen und deshalb in dem Verfahren zur Feftftellung der Entfchädigung berückfichtigt werden können.

Wenn eine Einigung gemäß § 16 des Gefetzes nicht zu erzielen ift, hat der Unternehmer auf die Erlangung der bloßen Bauerlaubniß d. h. der Bauerlaubniß ohne Verzicht auf die Planfeftftellung gemäß §§ 18 ff. des Enteignungsgefetzes Bedacht zu nehmen, bei welcher der Eigenthümer fich zwar alle feine Rechte

— einschließlich derjenigen, welche ihm nach dem Enteignungsgesetze zustehen — ausdrücklich vorbehält, aber noch vor der Durchführung des Enteignungsverfahrens den Beginn der Bauausführung auf dem fraglichen Grundstück ausdrücklich gestattet (vergl. Erlaß vom 8. März 1897. . . .)[2])

5. Da die landespolizeiliche Prüfung und vorläufige Planfeststellung von Eisenbahnen nicht nur die im öffentlichen Interesse nothwendigen Anlagen, sondern auch diejenigen Anlagen an Wegen, Ueberfahrten, Triften, Einfriedigungen, Bewässerungs= und Vorfluthsanstalten u. s. w. mit umfassen muß, welche für die benachbarten Grundstücke zur Sicherheit gegen Gefahren und Nachtheile nothwendig werden (vergl. Erlaß vom 20. Oktober 1896 — E.=B.=Bl. S. 307, M.= Bl. f. d. g. i. V. S. 201), kommen regelmäßig schon bei der landespolizeilichen Prüfung alle diejenigen Wünsche und Forderungen zur Verhandlung, welche den Gegenstand des Planfeststellungsverfahrens gemäß §§ 18—22 des Enteignungs= gesetzes bilden können. . . . Die Gründlichkeit, mit welcher diese Anträge auf Aenderung der zur Prüfung gebrachten Pläne bei der landespolizeilichen Prüfung unter Anhörung aller Betheiligten von den zuständigen Behörden erörtert werden müssen, verleiht der vorläufigen Planfeststellung, welche das Schlußergebniß dieser örtlichen Verhandlungen und behördlichen Begutachtungen darstellt, den Charakter einer im Wesentlichen bereits endgiltigen Entscheidung, durch die die Bedürfnisse des Unternehmens mit den berührten öffentlichen und privaten Interessen nach Möglichkeit in Uebereinstimmung gebracht sind. In der That bestätigt die Erfahrung, daß die im Enteignungsverfahren gegen den Plan erhobenen Einwendungen meist einfache Wiederholungen derjenigen Anträge sind, welche bereits bei der landespolizeilichen Prüfung geltend gemacht, untersucht, aber als sachlich unbegründet abgelehnt waren, und daß ihnen daher auch bei der endgiltigen Planfeststellung nur ausnahmsweise stattgegeben werden kann.

Es braucht nicht erst hervorgehoben zu werden, daß in dem gemäß § 18 des Gesetzes eingeleiteten Verfahren über die erhobenen Einwendungen nach den gesetzlichen Vorschriften zu verhandeln und zu entscheiden ist, und daß den Betheiligten die Gelegenheit, ihre Anträge zu begründen, durch Beibringung neuer Thatsachen zu ergänzen oder Mißverständnisse zu beseitigen, nicht beschränkt werden darf. Andrerseits ist es nicht nur Aufgabe des Unternehmers, darauf hinzuwirken, sondern auch Pflicht der Enteignungsbehörden, dafür zu sorgen, daß das gesetzliche Planfeststellungsverfahren nicht durch rein formale Wiederholungen bereits erschöpfend erörterter Fragen in die Länge gezogen werde. Zu diesem Behufe ist der Inhalt der landespolizeilichen Prüfungsverhandlungen, in welche die Anträge, denen nicht stattgegeben worden ist, sowie die Gründe der Ablehnung kurz aufzunehmen sind, und die sonstigen Unterlagen für die vorläufige Planfeststellung, wie es verschiedentlich auch jetzt schon mit Erfolg geschehen ist, in ausgiebigem Maße bei der Beurtheilung der nach § 19 des Enteignungsgesetzes gegen den Plan erhobenen Einwendungen zu verwerthen. Wenn jene Unterlagen bereits genügende Auskunft geben, wird auch von einer kommissarischen Verhandlung an Ort und Stelle (§ 20 des Gesetzes) abgesehen werden können. Im Uebrigen ist darauf zu halten, daß der Unternehmer sich an den Erörterungen und Verhandlungen durch einen geeigneten sachkundigen Vertreter betheiligt, der in der Lage sein muß, zur Klarstellung der Sachlage und zur Vermeidung zeitraubender Rückfragen und Ermittelungen jede erforderliche Auskunft zu geben. Bei Privateisenbahnen ist die rechtzeitige Abordnung eines Vertreters des Eisenbahnkommissars herbeizuführen (Erlaß vom 7. November 1877 . . .)[3]). Auch ist, wenn der festzu-

---

[2]) Anl. H. | [3]) Anl. F.

ftellende Plan fiskalische Grundstücke berührt, den zuständigen Behörden von dem Termin rechtzeitig Nachricht zu geben.

Den betheiligten Grundeigenthümern und sonstigen Berechtigten ist bei der Ladung zu eröffnen, daß bei ihrem Nichterscheinen gleichwohl über ihre Einwendungen verhandelt werden wird . . .

6. Nach § 18 des Enteignungsgesetzes sind mit dem Antrage auf Feststellung des Plans

A. der vorläufig festgestellte Plan (beglaubigter Auszug oder Abdruck),

B. Beilagen, welche

    a) die zu enteignenden Grundstücke nach ihrer grundbuchmäßigen o d e r katastermäßigen o d e r sonst üblichen Bezeichnung,

    b) die Größe und Grenzen derselben,

    c) den Eigenthümer nach Namen und Wohnort,

    d) die nach § 14 des Gesetzes herzustellenden Anlagen,

    e) gegebenenfalls die Art und den Umfang der Belastung des Grundstücks enthalten müssen,

vorzulegen.

Es ift nicht zulässig, über das Gesetz hinausgehende Anforderungen zu stellen. Insbesondere darf die Beibringung eines beglaubigten Auszuges aus dem Steuerbuche und einer von dem Fortschreibungsbeamten beglaubigten Karte (§ 58 der Grundbuchordnung) nicht zur Bedingung für die Einleitung des Planfeststellungsverfahrens gemacht werden[4]. Soweit zum Zweck der Eintragung des Eigenthumsüberganges gemäß § 33 des Enteignungsgesetzes diese Unterlagen überhaupt erforderlich sind, genügt ihre Vorlage bei Stellung des Antrages auf Vollziehung der Enteignung. Zur Vermeidung von Verzögerungen empfiehlt es sich jedoch, ihre Beschaffung nicht bis dahin aufzuschieben, sondern ohne Verzug nach der Planfeststellung herbeizuführen.

Der Vorlage der Auszüge aus dem Grundbuch oder der Bescheinigungen gemäß § 24 Abf. 3 des Enteignungsgesetzes bedarf es erst bei Stellung des Antrages auf Feststellung der Entschädigung. Gleichwohl ist ihre Beschaffung, wie betreffs der Grundbuchauszüge im Erlasse vom 4. Juni 1894[1] unter Nr. 5 angeordnet, schon bei der Vorbereitung der Anträge auf Feststellung des Plans in die Wege zu leiten (vergl. Turnau, Grundbuchordnung, Anm. zu § 19, § 38 der Verordnung vom 2. Januar 1849).

Die Beifügung eines besonderen Lageplans in vergrößertem Maßstabe (sogen. Parzellarkarte) darf nur aus besonderen Gründen gefordert werden. In der Regel genügt für die Planfeststellung der auf Grund der Katasterhandkarten vorläufig festgestellte Plan in Verbindung mit dem Inhalt der Beilagen, welche die unter B, a—e vermerkten Angaben und namentlich die genaue Größe und die Grenzen des enteigneten Grundstücks enthalten müssen[4]. Aufgabe des Unternehmers ist es, diese Unterlagen erforderlichenfalls durch rechtzeitige örtliche Vermessung der zu enteignenden Flächen, zu beschaffen.

7. Es wird sich dringend empfehlen, von den Bestimmungen des § 117 des Gesetzes über die allgemeine Landesverwaltung[5] in den Fällen, in denen seine Anwendung gesetzlich zulässig ist, den weitestgehenden Gebrauch zu machen. Voraussichtlich werden diese Fälle die überwiegende Mehrzahl bilden, weil die Voraussetzungen des § 117 im Enteignungsverfahren in der Regel erfüllt sind. Die meisten Enteignungssachen bedürfen nämlich im öffentlichen Interesse der Beschleunigung und sind daher für dringlich zu erachten.

---

[4] RBesch. 5. Okt. 89 (Arch. 01 S. 695). | BezAussch. ohne Zuziehung des Kollegiums.

[5] Verf. durch den Vorsitzenden des

Vermöge der nach landespolizeilicher Prüfung bewirkten vorläufigen Planfeststellung und der kommissarischen Erörterung der Einwendungen liegt zugleich das Sach- und Rechtsverhältniß bei den Planfeststellungen gewöhnlich klar. Auch werden erfahrungsmäßig die Entschädigungen (§ 29 des Enteignungsgesetzes) von den Bezirksausschüssen oft lediglich nach Maßgabe der vorliegenden Gutachten und kommissarischen Erörterungen, welche die Unterlagen für die Entscheidung meist erschöpfend und zur unmittelbaren Beschlußfassung bereit liefern, festgestellt, so daß auch hier das Sach- und Rechtsverhältniß in der Mehrzahl der Fälle als klarliegend erachtet werden kann. Dasselbe gilt von der Vollziehung der Enteignung, welche nach § 32 des Enteignungsgesetzes regelmäßig von dem Vorsitzenden des Bezirksausschusses ausgesprochen werden darf, weil auch hier die Entscheidung ohne Weiteres nach Lage der Akten getroffen werden kann. Da ferner die Zustimmung des Kollegiums zu diesen Entscheidungen im Gesetz nicht ausdrücklich als erforderlich bezeichnet ist, können die Vorsitzenden der Bezirksausschüsse Namens derselben stets den Plan und die Entschädigung feststellen, sowie die Enteignung aussprechen, sofern es nicht im Einzelfalle thatsächlich an der Eilbedürftigkeit fehlt und zugleich das Sach- und Rechtsverhältniß nicht genügend geklärt sein sollte.

Um zu verhindern, daß wegen mißverständlicher Auffassung der den Betheiligten nach § 117, Abs. 3 des Gesetzes über die Allgemeine Landesverwaltung zu machenden Eröffnungen auf Beschlußfassung durch das Kollegium angetragen und infolge dessen das Verfahren noch mehr in die Länge gezogen wird, als wenn von dem § 117 kein Gebrauch gemacht worden wäre, empfiehlt es sich, bei Eisenbahnanlagen, deren vorläufige und endgültige (§ 99) Feststellung ohnehin durch mich, den Minister der öffentlichen Arbeiten, erfolgt, sowie bei Kanalanlagen und ähnlichen Bauten der Wasserbauverwaltung jene Eröffnungen durch bestimmte Bezeichnung des Rechtsmittels und den Hinweis, daß durch dessen Einlegung unmittelbar die endgültige Entscheidung herbeigeführt werden könne, zu erläutern. Demnach ist den Betheiligten im Planfeststellungsbescheide gemäß § 117 zu eröffnen, daß sie befugt seien, innerhalb zweier Wochen auf Beschlußfassung durch das Kollegium anzutragen oder zur unmittelbaren Herbeiführung der endgültigen Entscheidung statt dessen die Beschwerde an den Minister der öffentlichen Arbeiten einzulegen, welcher auch gegenüber dem Beschlusse des Kollegiums endgültig in der Sache zu entscheiden haben würde. In dem Bescheide zur Feststellung der Entschädigung ist den Betheiligten zu eröffnen, daß sie befugt seien, innerhalb zweier Wochen auf Beschlußfassung durch das Kollegium anzutragen oder zur unmittelbaren Herbeiführung der endgültigen Entscheidung statt dessen innerhalb sechs Monate nach Zustellung des Bescheides den Rechtsweg zu beschreiten.

Wenn auf die Beschlußfassung durch das Kollegium angetragen wird, obwohl die Eilbedürftigkeit nicht zweifelhaft ist, oder das Sach- und Rechtsverhältniß klar liegt, so ist nach Maßgabe der Nr. 5 und 8 dieses Erlasses zu verfahren.

In allen Fällen sind jedoch, damit nicht die Anwendung des § 117 des Gesetzes über die allgemeine Landesverwaltung die Verlängerung des Enteignungsverfahrens zur Folge hat, diese Bescheide sobald als irgend thunlich zu ertheilen, wozu bei geeigneter Regelung des Geschäftsganges die Sachkenntnis des mit der Bearbeitung der Enteignungsangelegenheiten beauftragten Dezernenten wesentlich beitragen wird.

8. Es wird den Regierungspräsidenten zur Pflicht gemacht, sofern nicht die Bestimmungen unter Nr. 7 dieses Erlasses Anwendung finden können, die Anberaumung der Sitzungen der Bezirksausschüsse zur Berathung von Enteignungsangelegenheiten in so kurzen Zwischenräumen zu veranlassen, als es dem Bedürfnisse thunlichster Beschleunigung der Enteignungsangelegenheiten entspricht.

9. Die vielfach übermäßig lange Dauer des Verfahrens zur Feststellung der Entschädigung ist zum Theil auf die nicht rechtzeitige Einreichung der schriftlich zu erstattenden Gutachten und auch auf die Säumniß der Betheiligten bei den nach § 28 Abf. 2 des Enteignungsgesetzes abzugebenden Erklärungen zurückzuführen. Nach Maßgabe der unter Nr. 5 des Erlasses vom 4. Juni 1894[1]) Absatz 5—7, getroffenen Bestimmungen ist in erster Linie auf die mündliche Abgabe des Gutachtens im Termine, wozu der Sachverständige sich ausreichend vorzubereiten hat, zu halten, wo aber dies ausnahmsweise nicht angängig sein sollte, eine angemessene Frist zur Einreichung des schriftlichen Gutachtens zu bestimmen, bei welcher die Eilbedürftigkeit der Sache nicht außer Acht gelassen werden darf. Für die Einhaltung dieser Frist muß Sorge getragen werden. Wird die Frist, weil ein Sachverständiger an ihrer Einhaltung durch anderweite Jnanspruchnahme behindert ist, oder aus sonstigen Gründen überschritten, so ist gegebenenfalls auf die angemessene Erweiterung des Kreises der zu ernennenden Sachverständigen, sowie darauf Bedacht zu nehmen, daß säumige Sachverständige nicht wieder zu derartigen Schätzungen herangezogen werden. Hierauf haben auch die mit der Ausführung von staatlichen Unternehmungen beauftragten Behörden bei den von den Betheiligten zu bezeichnenden Sachverständigen zu rücksichtigen.

Sofern den Betheiligten die Gutachten nicht in den Schätzungsterminen zur Erklärung bekannt gegeben werden können, sind ihnen diese unter Anberaumuug eines Termins, der nur ausnahmsweise an Ort und Stelle abzuhalten sein wird, mit dem Eröffnen mitzutheilen, daß es ihnen überlassen bleibt, bis zum Termine sich schriftlich zu äußern, und daß, wenn sie im Termin nicht erscheinen, demnächst nach Lage der Akten entschieden werden wird.

10. In einfachen Fällen, wo der festzustellende Plan von geringerer Bedeutung und seine Einwirkung auf die Umgebung ohne Weiteres zu übersehen ist, kann auch künftig von der Vornahme einer örtlichen landespolizeilichen Prüfung abgesehen werden, so daß die Frage, ob in landespolizeilicher Beziehung Bedenken gegen die vorläufige Planfeststellung (§ 15 des Enteignungsgesetzes) bestehen, von der Landespolizeibehörde geeignetenfalls nach schriftlicher Anhörung ihr nachgeordneter Behörden beantwortet werden kann. Solche Fälle liegen z. B. vor, wenn ein bereits festgestellter Plan eine geringfügige Ergänzung oder Aenderung erfährt, welche sich nicht in der Form eines einfachen Berichtigungsbeschlusses bewerkstelligen läßt, oder nur Grund und Boden in ganz geringem Maße beansprucht werden soll und zugleich wesentliche Einsprüche von Seiten der Betheiligten mit Bezug auf den Flächenbedarf oder auf Wege- oder Entwässerungsanlagen nicht zu erwarten sind. Vor Abstandnahme von der örtlichen Prüfung ist jedoch darauf zu achten, daß die bezeichneten Voraussetzungen zutreffen, damit nicht das eigentliche Enteignungsverfahren durch Erhebung umfangreicher Einwendungen belastet wird, welche bei der landespolizeilichen Prüfung an Ort und Stelle hätten ihre Erledigung finden können.

11. Entscheidungen, welche über die Unterhaltung der von dem Unternehmer nach § 14 des Enteignungsgesetzes herzustellenden Nebenanlagen beantragt werden, empfiehlt es sich, wenn dadurch, ohne die Entschädigungsfeststellung zu beeinträchtigen, eine Beschleunigung der Enteignung erreicht werden kann, bis nach Fertigstellung der Anlagen auszusetzen.

An die Oberpräsidenten zu Danzig, Breslau, Magdeburg und Coblenz, sämmtliche Regierungspräsidenten, die Kgl. Ministerial-Baukommission und den Polizeipräsidenten zu Berlin, an sämmtliche Kgl. Eisenbahndirektionen und die Eisenbahnkommissare.

b) Vom 12. Juni 1902 (EVB. 306, VB. 889).
(Auszug.)

.... Wiederholt sind Verzögerungen im Fortgange des Verfahrens dadurch verursacht worden, daß der Unternehmer es unterlassen hat, für die unter Nr. 6 des Erlasses[1] vorgeschriebene möglichst frühzeitige Beschaffung der Grundbuch=auszüge oder Bescheinigungen gemäß § 24 Abs. 3 des Gesetzes und der etwa erforderlichen Katastermaterialien zu sorgen. Zur weiteren Beschleunigung wird es in vielen Fällen beitragen, wenn, wie hierdurch ferner angeordnet wird, dem nach § 18 des Gesetzes zu stellenden Antrage die Beilagen, welche in die Beschlüsse der Bezirksausschüsse überzugehen bestimmt sind, in der dazu erforderlichen Zahl von Abschriften oder Umdrucken sofort beigegeben werden, weil deren spätere An=fertigung durch die Enteignungsbehörden in einzelnen Fällen nicht unwesentliche Zeitverluste herbeigeführt hat.

Im Uebrigen wird erwartet, ... daß die verschiedenen Mittel, welche das Gesetz zur beschleunigten Herbeiführung des Eigenthumsüberganges an die Hand giebt, nicht unbenutzt bleiben. Hierher gehört insbesondere die Einigung über den Gegenstand der Abtretung (§ 16), welche das häufig in einer nur förmlichen Wiederholung der vorläufigen Planfeststellung (§ 15) bestehende endgültige Plan=feststellungsverfahren entbehrlich macht, sei es, daß die Entschädigung nachträglicher Feststellung vorbehalten wird oder nicht, sowie die in allen Fällen der Einigung — und zwar „ohne Berührung der Entschädigungsfrage" — vorzubehaltende Durchführung des Verfahrens, soweit es lediglich zur Befreiung eines Grundstücks von darauf haftenden privatrechtlichen Verbindlichkeiten stattfinden muß (§§ 16 Satz 3, 46, 45).

Indem wir nochmals allen betheiligten Behörden die Befolgung der Vor=schriften des Erlasses vom 20. Mai 1899[1] zur Pflicht machen, bestimmen wir, daß die Enteignungsbehörden fortan zur dauernden Ueberwachung des Geschäfts=ganges in Enteignungsangelegenheiten ein fortlaufendes Register über sämmtliche in ihrem Bezirke nach dem Gesetze vom 11. Juni 1874 zu bearbeitenden Ent=eignungssachen führen. In das Enteignungsregister ist jede Sache sofort nach ihrem Eingange bei dem Regierungspräsidenten einzutragen und ihre weitere Behand=lung durch den Regierungspräsidenten und den Bezirksausschuß — in Berlin durch den Polizeipräsidenten und die erste Abtheilung des Polizeipräsidiums — bis zur Vollziehung der Enteignung durch Einrückung des Tages der Erledigung in jeder vorgeschriebenen Spalte auf derselben Linie einheitlich zu verfolgen. Es wird empfohlen, folgende Spalten nebeneinander anzulegen: Bezeichnung der Sache. Antrag auf Planfeststellung. Verfügung wegen Offenlegung des Planes. Kom=missarischer Planfeststellungstermin (§ 20). Eingang des Berichts bei dem Be=zirksausschusse. Planfeststellung durch den Vorsitzenden des Bezirksausschusses (§ 117 des L. V. G.). Planfeststellungstermin vor dem Kollegium (§ 21). Ab=sendung des Planfeststellungsbeschlusses. Antrag auf Entschädigungsfeststellung. Kommissarischer Entschädigungsfeststellungstermin (§ 25). Einreichung eines etwaigen schriftlichen Gutachtens. Eingang des Berichts bei dem Bezirksausschusse. Ent=schädigungsfeststellung durch den Vorsitzenden des Bezirksausschusses (§ 117 L. V. G.). Entschädigungsfeststellungstermin vor dem Kollegium (§ 29). Absendung des Entschädigungsfeststellungsbeschlusses. Antrag auf Vollziehung der Enteignung. Vollziehung durch den Vorsitzenden des Bezirksausschusses (§ 117 L. V. G.). Voll=ziehung durch Beschluß des Kollegiums (§ 32).

---

[1] 20. Mai 99 (Anl. C a).

Wir behalten uns vor, zur Abstellung etwa noch hervortretender Mißstände von Zeit zu Zeit einzelne Enteignungsregister einzufordern.

An die Ober=Präsidenten zu Danzig, Breslau, Magdeburg, Coblenz, Hannover und Münster, sämmtliche Regierungs=Präsidenten, die Ministerial=Baukommission und den Polizei=Präsidenten zu Berlin, an sämmtliche Kgl. Eisenbahndirek=tionen und die Eisenbahnkommissare.

Anlage D (zu Anmerkung 68).

Erlaß des Ministers für Handel, Gewerbe und der öffentlichen Arbeiten betr. das Verhältniß des Enteignungsgesetzes zum Eisenbahngesetz (an die Eisenbahnkommissariate). Vom 5. März 1875 (BB. 882).

Abschrift des nachstehenden, an alle Königliche Regierungen und Landdrosteien zur gleichmäßigen Beachtung mitgetheilten Erlasses sowie eine Abschrift des, die landespolizeilichen Prüfungen der Eisenbahnprojekte innerhalb des Geltungsbereichs der Kreisordnung vom 13. Dezember 1872 betreffenden, Zirkular=Erlasses vom 18. Oktober v. Js. zur Kenntnißnahme.

Berlin, den 5. März 1875.

Den Ausführungen der Königlichen Regierung in dem Berichte vom 13. v. Mts. betreffs der Betheiligung der Eisenbahn=Aufsichtsbehörden an den bei Ent=eignungen zu Eisenbahnzwecken in Gemäßheit der §§ 18 ff. des Enteignungsgesetzes vom 11. Juni 1874 (G.=S. S. 221 ff.) erfolgenden Planfeststellungen kann nicht beigetreten werden.

Allerdings ist für den Fall der Einleitung eines Enteignungsverfahrens im Sinne des Tit. III des gedachten Gesetzes neben der Feststellung des Gegenstandes der Enteignung, der Größe und Grenzen des abzutretenden Gegenstandes 2c. im § 21 Nr. 2 l. c. den Bezirksregierungen im Allgemeinen auch die Feststellung der=jenigen Wege, Ueberfahrten, Bewässerungs= und Vorfluthanlagen 2c. übertragen, welche — in Gemäßheit des § 14 daselbst — im Interesse der benachbarten Grundbesitzer oder im öffentlichen Interesse von dem Unternehmer zu errichten und zu unterhalten sind.

Neben dieser generellen Bestimmung besteht indeß die für die Anlage von Eisenbahnen geltende Spezialbestimmung des § 4 des Eisenbahngesetzes vom 3. November 1838, wonach sowohl die Bahnlinie in ihrer vollständigen Durch=führung durch alle Zwischenpunkte, wie auch die gesammten Konstruktionsverhält=nisse der Bahn an die Genehmigung des Handelsministers gebunden sind, auch ferner in Kraft.

Es bleibt deshalb bei Feststellung der Pläne von Eisenbahn=Anlagen zu den im § 21 Nr. 2 l. c. vorgesehenen Anordnungen der Bezirksregierungen die Genehmigung des Handelsministers auch künftighin in allen denjenigen Fällen erforderlich, in welchen durch die zu treffende Anordnung nach irgend einer Richtung hin, die Bahnlinie selbst oder die baulichen und künftigen Betriebs=verhältnisse der Bahn betreffende Aenderung des vom Minister — wenn auch nur vorläufig (§ 15 l. c.) — festgestellten Bauprojekts herbeigeführt werden soll.

Diese Genehmigung, deren nachträgliche Einholung — dem Vorschlage der Königlichen Regierung gemäß — lediglich dem Eisenbahn=Unternehmer zu „über=lassen", weder zweckmäßig noch auch zulässig erscheint, ist von der mit der Plan=feststellung befaßten Bezirksregierung von Amts wegen und zwar, da ohne dieselbe die betreffende Anordnung der Letzteren Gültigkeit überhaupt nicht haben würde, der Regel nach vor Erlaß des Feststellungsbeschlusses einzuholen, auch die erfolgte Genehmigung demnächst in dem Beschlusse an der betreffenden Stelle besonders zum Ausdrucke zu bringen.

Nur in Fällen etwa, in denen einerseits eine besondere Beschleunigung der Planfeststellung im Interesse des Bahnbaues erforderlich, andererseits die Ertheilung der diesseitigen Genehmigung zu der fraglichen Projektänderung mit Sicherheit zu erwarten ist, würde ausnahmsweise der Plan schon vorläufig festzustellen, dann aber meine Genehmigung von der feststellenden Regierung zu der betreffenden Anordnung ausdrücklich vorzubehalten und von ihr — und nicht von der betreffenden Eisenbahnverwaltung — unverzüglich nachzuholen sein.

Was sodann insbesondere die Frage anlangt, ob und inwieweit die Königlichen Eisenbahn=Kommissariate[1]) an dem Planfeststellungsverfahren zu betheiligen sind, so bemerke ich, daß in der regulativmäßigen Kompetenz der gedachten Behörden durch die Bestimmungen des Enteignungsgesetzes eine Aenderung gleichfalls nicht eingetreten und demgemäß zu allen, das Bahnprojekt selbst oder den künftigen Betrieb der Bahn berührenden Erörterungen und Feststellungen die Mitwirkung der Eisenbahn=Kommissariate beziehungsweise Kommissarien auch fernerhin erforderlich ist.

Den nach Obigem von den Bezirksregierungen betreffenden Falles zu stellenden Genehmigungsanträgen ist deshalb, soweit es sich um Privat=Eisenbahnunternehmungen handelt, jedesmal die Aeußerung des Eisenbahnkommissariates beizufügen (§ 2 des Regulativs vom 24. November 1848)[2]). Auch wird es sich im Interesse eines vereinfachten Geschäftsganges empfehlen, in allen denjenigen Fällen, in denen nach Inhalt der gegen den aufgelegten Plan gemäß § 19 des Enteignungsgesetzes erhobenen Einwendungen eine Aenderung des vorläufig festgestellten Bauprojekts in Frage kommt, das . . Eisenbahn=Kommissariat bereits zu dem, nach § 20 l. c. anzuordnenden Erörterungstermine zuzuziehen.

Berlin, den 18. Oktober 1874.

Durch die Bestimmungen der §§ 61 und 135 Nr. II, der Kreisordnung vom 13. Dezember 1872 sind . . die bisherigen Vorschriften über die landespolizeiliche Prüfung und Genehmigung von Eisenbahnbauten unberührt geblieben, auch ist eine Aenderung in der Kompetenz der Behörden, welche über die in Folge von Eisenbahnbauten im Interesse der benachbarten Grundstücke oder im öffentlichen Interesse erforderlich werdenden Anlagen an Wegen 2c. zu befinden haben, nicht eingetreten. Es haben daher auch für die Folge in dem Bereiche der Kreisordnung nicht die Kreisausschüsse, sondern die Regierungen in Gemäßheit des § 14 des Eisenbahngesetzes vom 3. November 1838 über die Einrichtung und Unterhaltung solcher Anlagen, sowie über die Verpflichtung zur Tragung der dadurch entstehenden Kosten zu entscheiden, und, sofern diese Anlagen wie in dem von der Königlichen Regierung zur Sprache gebrachten Falle, in welchem es um die Frage sich handelt, ob ein bestehender Eisenbahn=Niveauübergang durch eine Ueber= oder Unterführung von Wegen zu ersetzen sei, zutrifft, mit dem von dem Handelsministerium festgestellten Bauprojekte der Bahnanlage kollidiren, zufolge des § 4 a. a. O. zuvor die Genehmigung dieses Ministeriums einzuholen. Diese Genehmigung des Handelsministeriums, welche nach wie vor zu allen Aenderungen in der Konstruktion oder in den baulichen Verhältnissen einer Eisenbahn erforderlich bleibt, ist . . .

In den Fällen, in denen bei der Einrichtung der für die benachbarten Grundstücke oder im öffentlichen Interesse erforderlichen Anlagen an Wegen 2c. eine Enteignung Platz greift, wird . . die den Regierungen nach Vorstehendem zu-

---

[1]) Jetzt EisKommissare (II 5 Anl. A d. W.).   [2]) II 5 d. W.

kommende Entscheidung in dem Bereiche der Kreisordnung nach Maßgabe des § 56 lit. b des Gesetzes über Enteignung von Grundeigenthum vom 11. Juni d. Js. von den Verwaltungsgerichten, selbstverständlich mit der vorerwähnten, aus § 4 des Gesetzes vom 3. November 1838 sich ergebenden Einschränkung und vorbehaltlich der Rekursentscheidung in der Ministerialinstanz zu treffen sein.

Der Minister für Handel usw. Der Minister des Innern.

An die Regierungen der Kreisordnungsprovinzen.

Anlage E (zu Anmerkung 68).

Erlaß des Ministers der öffentlichen Arbeiten betr. Aenderung vorläufig festgestellter Eisenbahnbauentwürfe im Enteignungsverfahren.

(An die Eisenbahndirektionen, sowie die Eisenbahnkommissare.)

Vom 19. November 1898 (EVB. 323, VB. 884).

Nachstehender Erlaß wird mit dem Bemerken zur Kenntniß mitgetheilt, daß die durch die Erlasse vom 5. März 1875[1]) und vom 24. April 1890 — II a (IV) 3271 —[2]) gezogenen Grenzen der dortigen Zuständigkeit strenge einzuhalten sind.

Berlin, den 19. November 1898.

Die Frage, inwieweit es innerhalb des Enteignungsverfahrens zur Aenderung der gemäß § 15 des Enteignungsgesetzes vom 11. Juni 1874 und §§ 4 und 14 des Eisenbahngesetzes vom 3. November 1838 vorläufig festgestellten Eisenbahnbauentwürfe meiner Genehmigung bedarf, ist bereits durch den Erlaß vom 5. März 1875 — V. 639/II. 3956[1]) — dahin entschieden, daß diese erforderlich ist, wenn die Aenderung nach irgend einer Richtung die Bahnlinie selbst oder die baulichen und Betriebsverhältnisse der Bahn betrifft. Die Ertheilung dieser Genehmigung den Königlichen Eisenbahnkommissaren und Königlichen Eisenbahndirektionen zu überlassen, ist mit Rücksicht auf die angezogenen gesetzlichen Bestimmungen nicht angängig. Dagegen trete ich den dortigen Ausführungen insofern bei, daß es sich in zweifelhaften Fällen empfiehlt, die bei der Planfeststellung betheiligten Kgl. Eisenbahndirektionen, bei Privateisenbahnen die durch die Erlasse vom 5. März 1875[1]) und vom 7. November 1877 . .[3]) zur Mitwirkung dabei berufenen Kgl. Eisenbahnkommissare darüber, ob eine beabsichtigte Entwurfsänderung die Bahnlinie selbst oder die baulichen und Betriebsverhältnisse der Bahn betrifft, um gutachtliche Aeußerung zu ersuchen. Bei Meinungsverschiedenheiten ist meine Entscheidung einzuholen.

An die Regierungspräsidenten und den Polizeipräs. zu Berlin.

---

[1]) Anl. D.

[2]) Auszug: Sollte sich bei den mit den Betheiligten wegen Abtretung des Eigenthums oder wegen Feststellung der Entschädigungen einzuleitenden Verhandlungen eine Aenderung der vorläufig festgestellten Baupläne als zweckmäßig herausstellen, so steht der Vornahme einer solchen ohne meine Genehmigung insoweit nichts entgegen, als es sich um Aenderung im Entwurfe vorgesehener oder um Hinzufügung darin nicht vorgesehener Nebenanlagen handelt und weder die **Bahnlinie selbst**, noch auch die künftigen Betriebsverhältnisse der Bahn dadurch berührt werden.

Aenderungen, welche eine solche Wirkung haben, erfordern nach dem Eisenbahngesetze vom 3. November 1838 meine Genehmigung.

Die hiernach selbständig vorgenommenen Aenderungen sind in die Urpläne einzutragen und auf denselben als solche zu bescheinigen . . . . . Um sofort übersehen zu können, ob es sich um Aenderungen vor oder nach der vorläufigen Feststellung des Plans handelt, sind die vor der vorläufigen Planfeststellung vorgenommenen in **blauer**, die nach derselben vorgenommenen dagegen . . . . . fortan in **grüner** Farbe einzutragen.

[3]) Anl. F.

Anlage F (zu Anmerkung 68).

Erlaß der Minister für Handel, Gewerbe und öffentliche Arbeiten und des Innern, betr. die Mitwirkung der Königlichen Eisenbahnkommissariate bei dem Enteignungsverfahren für Privatbahnen.

(An die Regierungen, das Polizeipräsidium in Berlin und die Eisenbahnkommissariate.)

Vom 7. November 1877 (EBB. 1878 S. 11, VB. 850).

Nachdem durch das Gesetz vom 11. Juni 1874 (G.=S. 1874 S. 221) über die Enteignung von Grundeigenthum das Enteignungsverfahren auch für die Eisenbahn=gesellschaften eine durchgreifende Aenderung erfahren hat, erscheint es angemessen, gegenüber der Bestimmung im § 3 des Regulativs vom 24. November 1848 (Min.=Bl. für die innere Verwaltung 1848 S. 390)[1]) die Mitwirkung der Eisenbahn=Kommissariate[2]) bei dem auf den Antrag einer Privat=Eisenbahnverwaltung ein=geleiteten Enteignungsverfahren anderweit entsprechend zu regeln. Mit Bezugnahme auf § 46 des Gesetzes vom 3. November 1838 (G.=S. 1838 S. 505) wird daher Folgendes bestimmt:

1. In dem Verfahren zur Feststellung des Planes (§§ 15 bis 23 des Gesetzes vom 11. Juni 1874) findet die Mitwirkung der Eisenbahn=Kommissariate nach Maßgabe folgender Bestimmungen statt:

a) Bei Anberaumung des Termins zur Erörterung der gegen den vorläufig festgestellten Plan erhobenen Einwendungen (§ 20) ist das zuständige Eisenbahn=Kommissariat sowohl von dem Termine, wie von den zur Er=örterung gelangenden Einwendungen zu benachrichtigen, damit dasselbe zur Wahrung des Eisenbahn=Aufsichtsinteresses geeigneten Falles einen Vertreter zu dem Termin abzuordnen in der Lage ist;

b) die im § 3 des Regulativs vom 24. November 1848 vorgeschriebene Ver=mittelung der Korrespondenz zwischen den Regierungen und den Privat=Eisenbahnverwaltungen durch die Eisenbahn=Kommissariate findet im Plan=feststellungsverfahren nur dann statt, wenn die Verfügungen und Berichte sich auf Einwendungen gegen den vorläufig festgestellten Plan beziehen.

Hiernach hat namentlich die Zustellung der Entscheidungen über erhobene Einwendungen an die Eisenbahnverwaltung (§ 21 Abs. 2) und ebenso die Ein=reichung von Rekursbeschwerden oder Beantwortungen der Rekursschrift seitens der Eisenbahnverwaltung (§ 22) durch die Vermittelung des zuständigen Eisenbahn=Kommissariates zu erfolgen.

2. In dem Verfahren zur Feststellung der Entschädigung (§§ 24 bis 31) findet eine Mitwirkung der Eisenbahn=Kommissariate überhaupt nicht statt.

3. In dem Verfahren zur Vollziehung der Enteignung (§§ 32 bis 38) findet die regulativmäßige Vermittelung der Korrespondenz zwischen den Regie=rungen und den Eisenbahnverwaltungen durch die Eisenbahn=Kommissariate nur dann statt, wenn in dringlichen Fällen die Enteignung noch vor Erledigung des Rechtsweges (§ 34) erfolgen soll.

Hiernach hat namentlich die Einbringung der Anträge auf Enteignung (§ 34 Abs. 1), die Zustellung der Entscheidung über den Antrag an die Eisenbahnver=waltung und die Einreichung der Rekursbeschwerden und der Gegenerklärungen Seitens der Eisenbahnverwaltung (§ 34 Abs. 3) durch die Vermittelung des zu=ständigen Eisenbahn=Kommissariats zu erfolgen.

---

[1]) II 5 d. W.

[2]) Jetzt EisKommissare (II 5 Anl. A d. W.).

Anlage G (zu Anmerkung 68).

Erlaß des Ministers der öffentlichen Arbeiten betr. Planfeststellungen für Privateisenbahnen. (An die Regierungspräsidenten, den Polizeipräsidenten in Berlin und die Eisenbahnkommissare.) **Vom 3. Dezember 1896** (EVB. 352, VB. 851).

In letzter Zeit ist wiederholt gegen die Vorschriften des Gesetzes über die Enteignung von Grundeigenthum vom 11. Juni 1874 dadurch verstoßen worden, daß das Verfahren zur Feststellung des Plans von Privateisenbahnen eingeleitet wurde, obwohl die durch die §§ 15 und 18 dieses Gesetzes vorgeschriebene und durch die §§ 4 und 14 des Gesetzes über die Eisenbahnunternehmungen vom 3. November 1838 mir vorbehaltene vorläufige Planfeststellung noch nicht erfolgt war, so daß die im Enteignungsverfahren gefaßten Beschlüsse der Bezirksausschüsse aufgehoben werden mußten.

Auch ist mehrfach bemerkt worden, daß Anträge auf Einleitung des Enteignungsverfahrens an Stelle des nach Maßgabe der Allerhöchsten Konzessionsurkunden allein dazu berechtigten und der Aufsichtsbehörde verantwortlichen Gesellschaftsvorstandes von anderer Seite (Baugesellschaften u. s. w.) gestellt und zugelassen worden sind. Ebenso sind die erst kürzlich durch Erlaß vom 27. Mai 1896 — IV a. A. 777 — (E.-V.-Bl. S. 207, M.-Bl. d. i. V. S. 180) in Erinnerung gebrachten Bestimmungen des Erlasses vom 7. November 1877[1] . . . . vielfach unbeachtet geblieben.

Ich ersuche . . . ., in Zukunft für die genaue Befolgung dieser Bestimmungen Sorge tragen und zugleich darauf halten zu wollen, daß auch die zur landespolizeilichen Prüfung oder zur Planfeststellung im Enteignungsverfahren seitens der Privatbahnunternehmer vorzulegenden Pläne stets mit dem Aufstellungsvermerk des verantwortlichen Gesellschaftsvorstandes versehen sind.

Anlage H (zu Anmerkung 71).

Erlaß des Ministers der öffentlichen Arbeiten betr. Abstandnahme von der Durchführung des Planfeststellungsverfahrens und Ueberlassung des Besitzes von Grundstücken (Bauerlaubniß) bei Eisenbahnbauten. Vom 8. März 1897. (EVB. 45.)

Die Vorschrift des § 16 des Gesetzes über die Enteignung von Grundeigenthum vom 11. Juni 1874, nach welcher es der Durchführung des Planfeststellungsverfahrens nicht bedarf, wenn die Betheiligten sich über den Gegenstand der Abtretung geeinigt haben, ist ohne Weiteres auch in einem Falle angewendet worden, in dem der Eigenthümer lediglich die Bauerlaubniß, das ist die Erlaubniß, ein Grundstück unter dem Vorbehalt der Feststellung der Entschädigung im Wege der Vereinbarung oder unter Durchführung des Enteignungsverfahrens zum Zweck der Bauausführung sofort in Besitz zu nehmen, — ertheilt hatte.

Auf den Einspruch des Eigenthümers hat das gemäß §§ 24 ff. des Gesetzes eingeleitete Verfahren zur Feststellung der Entschädigung wieder eingestellt werden müssen. Denn die Ertheilung der bloßen Bauerlaubniß hat nur die Bedeutung einer einstweiligen Verständigung bis zum freihändigen Erwerb oder bis zum Abschluß des Enteignungsverfahren und rechtfertigt die nach § 16 des Gesetzes zugelassene Abstandnahme von dem Verfahren zur Feststellung des Planes (§§ 18—22 des Gesetzes) noch nicht.

---

[1] Anl. F.

Soll eine Bauerlaubniß diese Wirkung haben, so muß sie zugleich die Voraussetzung des § 16 erfüllen, das heißt es muß zwischen dem Eigenthümer und dem Unternehmer eine Einigung über den Gegenstand der Abtretung erzielt sein. Die Erklärung muß deshalb zum mindesten noch das ausdrückliche Einverständniß des Eigenthümers enthalten, daß diejenigen Theile seines Grundeigenthums, welche nach Maßgabe des ihm bekannten landespolizeilich geprüften und vom Minister der öffentlichen Arbeiten festzustellenden Plans zu dem fraglichen Bahnbau erforderlich sind, den Gegenstand der Abtretung oder Enteignung derart bilden sollen, daß es im Falle der Enteignung der Durchführung des Planfeststellungsverfahren nicht bedarf.

Da die Einleitung des Verfahrens zur Feststellung der Entschädigung (§§ 24 ff. des Gesetzes) aber nur erfolgen kann, wenn der Plan gemäß §§ 21 und 22 des Gesetzes endgültig feststeht oder eine Einigung nach § 16 des Gesetzes stattgefunden hat, so hat der Unternehmer bei dem Antrage auf unmittelbare Feststellung der Entschädigung die erfolgte Einigung durch Vorlage der darüber aufgenommenen Urkunde nachzuweisen, ohne die ja auch der Regierungs-Präsident nicht in der Lage sein würde, die im § 24 des Gesetzes vorgeschriebene Bescheinigung zu ertheilen.

Es empfiehlt sich, auf eine solche Einigung thunlichst hinzuwirken, weil einerseits die nach vorgängiger landespolizeilichen Prüfung auf Grund des § 15 des Enteignungsgesetzes und der §§ 4 und 14 des Gesetzes über die Eisenbahnunternehmungen vom 3. November 1838 von mir verfügte vorläufige Planfeststellung erfahrungsmäßig eine ausreichende Grundlage hierzu bietet, und andererseits das Enteignungsverfahren sich dadurch wesentlich abkürzen und beschleunigen läßt.

Hierbei ist jedoch nicht außer Acht zu lassen, daß die Verhandlungen zum Zwecke der baldigen Inangriffnahme und ungehinderten Ausführung der Eisenbahnbauten in erster Linie auf die unverzügliche Ueberlassung des Besitzes der dazu erforderlichen Grundstücke gerichtet bleiben müssen. Sollte daher eine Einigung gemäß § 16 des Enteignungsgesetzes nicht zu erzielen sein, so ist doch nach Möglichkeit die Erlangung der bloßen Bauerlaubniß zu erstreben, die etwa dahin zu lauten hat, der Eigenthümer willige darin, daß die Eisenbahnverwaltung sich zum Zweck der Bauausführung u. s. w. jederzeit in den Besitz der dazu erforderlichen Theile seines in der Gemarkung N. gelegenen Grundeigenthums setzen könne, jedoch unter dem Vorbehalte aller seiner Rechte auf Entschädigung im Wege der Vereinbarung oder des Enteignungsverfahrens, daß die Entschädigungssumme vom Tage der Inangriffnahme des Baues auf den Grundstücke mit einem bestimmten Prozentsatze verzinst werde und daß bei der Besitzergreifung der Kulturzustand, der Aufwuchs oder die Bestellung der Fläche unter Zuziehung beider Theile festgestellt werden solle.

Anlage J (zu Anmerkung 73).

Erlaß des Ministers der öffentlichen Arbeiten betr. Verzögerungen bei Auszahlung der Entschädigungen für die Abtretung des zu Eisenbahnanlagen erforderlichen Grund und Bodens. Vom 25. November 1900 (EWB. 562, VB. 891).

Es ist wiederholt darüber Beschwerde geführt worden, daß die Auszahlung der Entschädigungen für die Abtretung des zu Eisenbahnanlagen erforderlichen Grund und Bodens an diejenigen Grundeigenthümer, welche zum Zwecke der Bauausführung im Wege der Vereinbarung sich verpflichtet haben, ihr Eigenthum oder ihren Besitz auf den Fiskus zu übertragen, übermäßig verzögert werde.

Insoweit die Verzögerung darauf zurückzuführen ist, daß Reallasten, Hypotheken, Grundschulden oder Rentenschulden auf dem Grundstücke haften oder sonst Entschädigungsberechtigte Ansprüche darauf erheben können, ist freilich in der Regel ein Grund zur Beschwerde nicht gegeben. Denn in diesen Fällen stehen der Auszahlung der Entschädigung an die Eigenthümer nicht nur die Rechtsansprüche der Nebenberechtigten entgegen, es ist auch die Hinterlegung der Entschädigung durch § 37 des Enteignungsgesetzes vom 11. Juni 1874 (G.-S. S. 221) ausdrücklich vorgeschrieben. Andererseits ist es Aufgabe des Eigenthümers, seinerseits die Anwendung der die Zahlung der Entschädigung erleichternden gesetzlichen Bestimmungen der §§ 38 und 49 des Enteignungsgesetzes und der Artikel 35—41 des Ausführungsgesetzes zum Reichsgesetz über die Zwangsversteigerung und die Zwangsverwaltung vom 23. September 1899 (G.-S. S. 291) rechtzeitig herbeizuführen.

Dagegen ist es nicht zu billigen, daß darüber hinaus die Gegenleistungen des Fiskus dem Eigenthümer ohne zwingenden Grund vorenthalten werden. Ich mache es vielmehr den Königlichen Eisenbahndirektionen zur Pflicht, diesen Beschwerden dadurch abzuhelfen, daß die schuldigen Gegenleistungen fortan ohne Verzug bewirkt werden, sobald und soweit es das fiskalische Interesse irgend zuläßt, und bestimme demgemäß Folgendes:

In den Verträgen über die freiwillige Abtretung des Grundeigenthums ist, sofern nicht etwa wegen Belastung des Grundstücks oder aus sonstigen Gründen im Einzelfalle Bedenken obwalten, regelmäßig zu vereinbaren, daß, wie auch bisher vielfach geschehen, die vertragsmäßige Entschädigung unter Zugrundelegung der nach dem vorläufig festgestellten Plane zu ermittelnden Flächengröße schon bei der Besitzergreifung oder an einem mit Bezug auf diese zu bestimmenden Tage, nicht aber erst nach der Schlußvermessung an den Eigenthümer zu bezahlen ist. Von dem Entschädigungsbetrage ist jedoch ein angemessener Bruchtheil (etwa $\frac{1}{10}-\frac{1}{5}$) einzuhalten, dessen Zahlung unter Berücksichtigung des Ergebnisses der Schlußvermessung bei der Auflassung zu leisten ist. Selbstverständlich hat die Zahlung der Entschädigung vor der Uebertragung des Eigenthums zur Voraussetzung, daß die fiskalischen Rechte durch Eintragung einer entsprechenden Vormerkung in das Grundbuch sichergestellt werden, und darf daher nicht geschehen, wenn diese Sicherheit nach dem geltenden Rechte nicht beschafft werden kann oder wenn der Eigenthümer sie verweigert.

Im Falle der Enteignung kann bei der Einigung über den Gegenstand der Abtretung, wie bei der Erwirkung der bloßen Bauerlaubnis (Besitzesüberlassung) — vergl. Erlaß vom 20. Mai 1899, E.-B.-Bl. S. 163[1]), Nr. 4 — auf Verlangen der Eigenthümer zur theilweisen Erfüllung der dem Fiskus obliegenden Gegenleistungen die Verpflichtung übernommen werden, daß vertragsmäßige Zinsen von demjenigen Entschädigungsbetrage, welchen die Eisenbahnverwaltung nach Maßgabe des vorläufig festgestellten Planes als angemessen erachtet und für welchen ihr demnach der Eigenthumserwerb auch im Wege gütlicher Einigung zulässig erscheint, soweit nicht schon die Entschädigung selbst geleistet worden ist, vom Tage der Besitzergreifung an in halb- oder vierteljährlichen Theilbeträgen im Voraus, die aus der gesetzmäßigen Feststellung einer höheren Entschädigung sich ergebenden Mehrzinsen aber bei der Zahlung oder Hinterlegung dieser Entschädigung entrichtet werden sollen.

Bei der Einigung über den Gegenstand der Abtretung würde ferner vereinbart werden können, daß in gleicher Weise und im gleichen Umfange, wie bei der

---

[1]) Anl. C a.

freiwilligen Abtretung des Eigenthums, der Entschädigungsbetrag, den die Eisenbahnverwaltung nach Maßgabe des als endgültig vereinbarten vorläufig festgestellten Planes für angemessen erachtet, unter Einbehaltung des erst bei der Fälligkeit der Entschädigung zahlbaren nämlichen Bruchtheils, schon bei der Besitzergreifung oder an einem mit Bezug auf diese zu bestimmenden Tage an den Eigenthümer ausgezahlt wird, falls die Vorschrift des § 37 des Enteignungsgesetzes, oder sonstige Bedenken im Einzelfalle nicht entgegenstehen, auch die erforderliche Sicherheit durch Eintragung der erwähnten Vormerkung beschafft wird.

Dasselbe gilt in dem Falle, daß etwa in dem Vertrage über die freiwillige Abtretung des Grundeigenthums die Entschädigung noch der nachträglichen Feststellung entweder nach Vorschrift des Enteignungsgesetzes oder sofort im Rechtswege vorbehalten sein sollte.

Bei den Verhandlungen über die Bauerlaubniß und die — thunlichst anzustrebende — Einigung über den Gegenstand der Abtretung sind die Eigenthümer darauf besonders aufmerksam zu machen, daß hierdurch in Folge Wegfalls des förmlichen Planfeststellungsverfahrens gemäß §§ 18—22 des Enteignungsgesetzes das Enteignungsverfahren und damit die Auszahlung oder Hinterlegung der Entschädigung wesentlich beschleunigt, gegebenenfalls sogar die sofortige Auszahlung der Entschädigung ermöglicht wird, während sonst die völlige Durchführung auch des förmlichen Planfeststellungsverfahrens ihrer Zahlung oder Hinterlegung vorangehen muß, während bei Ertheilung der bloßen Bauerlaubniß zwar die sofortige Entrichtung der vertragsmäßigen Zinsen statthaft ist, eine Abkürzung des Verfahrens aber nicht eintreten kann und die vorzeitige Auszahlung einer Entschädigung ausgeschlossen ist, weil der Plan Mangels einer Einigung noch der endgültigen Feststellung bedarf. Um die hiernach zulässige Auszahlung von Entschädigungsbeträgen schon bei der Besitzergreifung auch in den Fällen zu ermöglichen, wo Reallasten, Hypotheken, Grund- oder Rentenschulden auf dem abzutretenden Grundstücke haften, ist den Eigenthümern die Herbeiführung schleuniger Löschung derselben anheimzugeben; auch erscheint es billig und zweckmäßig, ihnen hierbei in geeigneten Fällen nach Möglichkeit behilflich zu sein.

Im Uebrigen empfiehlt es sich, auf die Beschleunigung der Entschädigungszahlungen auch dadurch hinzuwirken, daß die Eigenthümer und Nebenberechtigten gelegentlich auf die Bestimmungen der §§ 38 und 49 des Enteignungsgesetzes, sowie der Artikel 35—41 des genannten Ausführungsgesetzes vom 23. September 1899 hingewiesen werden.

Anlage K (zu Anmerkung 73).

Erlaß des Ministers der öffentlichen Arbeiten, betr. Verzinsung und Hinterlegung der Entschädigungen für die freiwillige Abtretung des Grundeigenthums. Vom 5. November 1902 (EVB. 529, VB. 892).

Wie hier bekannt geworden, ist in verschiedenen Grunderwerbsverträgen für den Fall, daß die kostenfreie Auflassung des Grundeigenthums oder seine Freistellung von den darauf haftenden privatrechtlichen Verpflichtungen nicht innerhalb einer bestimmten Frist erfolgt sein sollte, neben dem Vorbehalte der Durchführung des förmlichen Enteignungsverfahrens ausbedungen worden, daß die vereinbarte Verzinsung des Kaufgeldes zwar aufhören, statt ihrer aber eine der Hinterlegungsordnung entsprechende geringere Verzinsung eintreten solle; zuweilen ist auch die im Erlasse vom 11. Mai 1895 (E.-V.-Bl. S. 383) empfohlene Abrede, daß alsdann die vereinbarte Verzinsung aufhören solle, unterblieben.

Es ist zuzugeben, daß die Einstellung der Verzinsuug unbillig erscheint und das Zustandekommen einer Einigung zu erschweren geeignet ist, wenn der Ver=
käufer infolge eines Hindernisses, das nicht auf seiner Seite liegt, später außer Stande sein sollte, jene Bedingung einzuhalten (Vergl. § 285 B. G. B.). Begründet ist sie nur, wenn der Verkäufer die vertraglich übernommenen Leistungen nicht rechtzeitig bewirkt hat und dadurch in Verzug kommt. Es empfiehlt sich daher, die Einstellung der Verzinsung lediglich für den Fall auszubedingen, daß er seinen vertraglichen Verpflichtungen nicht rechtzeitig nachgekommen ist. Dann aber liegt kein genügender Anlaß mehr vor, überhaupt noch Zinsen an den Verkäufer zu entrichten (Vergl. § 301 B. G. B.). Vielmehr erscheint es gerechtfertigt und behufs baldiger Abwickelung der Grunderwerbsgeschäfte zweckdienlich, die Verzinsung des Kaufgeldes gänzlich einzustellen.

Unabhängig davon ist das Kaufgeld zu hinterlegen, sobald dazu ein gesetz=
licher Grund, der durch eine entsprechende Vereinbarung nicht ersetzt werden kann, vorliegt, was bei der Durchführung des förmlichen Enteignungsverfahrens gemäß § 16 Satz 3 des Enteignungsgesetzes vom 11. Juni 1874 — die nach dem Er=
lasse vom 12. Juni 1902 Abs. 5 (E.=V.=Bl. S. 306)[1]) zur Regelung der Rechte Dritter „ohne Berührung der Entschädigungsfrage" vorzubehalten ist — nach Vereinbarung gemäß § 26 zum Zwecke der Auflassung oder nach Feststellung der Entschädigung zum Zwecke der Enteignung zutrifft.

　　　¹) Anl. C b.

3. Gesetz, betreffend die Anlegung und Veränderung von Straßen und Plätzen in Städten und ländlichen Ortschaften. Vom 2. Juli 1875 (GS. 561)[1]). (Auszug).

§. 1. Für die Anlegung oder Veränderung von Straßen und Plätzen in Städten und ländlichen Ortschaften sind die Straßen= und Baufluchtlinien vom Gemeindevorstande im Einverständnisse mit der Gemeinde, bezüglich deren Vertretung, dem öffentlichen Bedürfnisse entsprechend unter Zustimmung der Ortspolizeibehörde festzusetzen.

Die Ortspolizeibehörde kann die Festsetzung von Fluchtlinien verlangen, wenn die von ihr wahrzunehmenden polizeilichen Rücksichten[2]) die Festsetzung fordern.

Zu einer Straße im Sinne dieses Gesetzes gehört der Straßendamm und der Bürgersteig.

Die Straßenfluchtlinien bilden regelmäßig zugleich die Baufluchtlinien, das heißt die Grenzen, über welche hinaus die Bebauung ausgeschlossen ist. Aus besonderen Gründen kann aber eine von der Straßenfluchtlinie verschiedene, jedoch in der Regel höchstens 3 Meter von dieser zurückweichende Bauflucht=
linie festgesetzt werden.

　　　¹) Bearb.: Friedrichs (5. Aufl., her=
ausg. v. von Strauß u. Torney, 05); Münchgesang, Bauwesen (04) S. 277 ff. Das Verhältnis des Fluchtlinien=
G. zum EisG. im allgemeinen behan=
delt E. 8. Mai 1876 (Anlage A). —
Gleim EisR. S. 264 ff., Pannenberg in Arch. 02 S. 1209 ff.
　　　²) § 3; nicht die in § 6 bezeichneten staatshoheitlichen Interessen Pannenberg a. a. O.

§. 3. Bei Festsetzung der Fluchtlinien ist auf Förderung des Verkehrs, der Feuersicherheit und der öffentlichen Gesundheit Bedacht zu nehmen, auch darauf zu halten, daß eine Verunstaltung der Straßen und Plätze nicht eintritt.

Es ist deshalb für die Herstellung einer genügenden Breite der Straßen und einer guten Verbindung der neuen Bauanlagen mit den bereits bestehenden Sorge zu tragen.

§. 4. Jede Festsetzung von Fluchtlinien (§. 1.) muß eine genaue Be= zeichnung der davon betroffenen Grundstücke und Grundstückstheile und eine Bestimmung der Höhenlage, sowie der beabsichtigten Entwässerung der be= treffenden Straßen und Plätze enthalten.

§. 5. Die Zustimmung der Ortspolizeibehörde (§. 1.) darf nur versagt werden, wenn die von derselben wahrzunehmenden polizeilichen Rücksichten[2]) die Versagung fordern.

Will sich der Gemeindevorstand bei der Versagung nicht beruhigen, so beschließt auf sein Ansuchen der Kreisausschuß[3]).

Derselbe[3]) beschließt auf Ansuchen der Ortspolizeibehörde über die Be= dürfnißfrage, wenn der Gemeindevorstand die von der Ortspolizeibehörde ver= langte Festsetzung (§. 1. Alinea 2.) ablehnt.

§. 6. Betrifft den Plan der beabsichtigten Festsetzungen (§ 4) eine Festung, oder fallen in denselben öffentliche Flüsse, Chausseen, Eisenbahnen oder Bahnhöfe, so hat die Ortspolizeibehörde dafür zu sorgen, daß den betheiligten Behörden rechtzeitig zur Wahrung ihrer Interessen Gelegenheit gegeben wird[4]).

§. 7. Nach erfolgter Zustimmung der Ortspolizeibehörde, bezüglich des Kreisausschusses[3]) (§. 5.), hat der Gemeindevorstand den Plan zu Jedermanns Einsicht offen zu legen. Wie letzteres geschehen soll, wird in der ortsüblichen Art mit dem Bemerken bekannt gemacht, daß Einwendungen gegen den Plan innerhalb einer bestimmt zu bezeichnenden präklusivischen Frist von mindestens vier Wochen bei dem Gemeindevorstande anzubringen sind[5]).

Handelt es sich um Festsetzungen, welche nur einzelne Grundstücke be= treffen, so genügt statt der Offenlegung und Bekanntmachung eine Mittheilung an die betheiligten Grundeigenthümer.

---

[3]) Für Berlin Min., für die übr. Stadtkreise u. alle Städte mit mehr als 10000 Einw. BezAusschß. ZustG. § 146 Abs. 2.

[4]) E. 23. Dez. 96 (Anlage B) u. 29. Juni 1902 (Anlage C); Gleim S. 267, Pannenberg (a. a. O.). Gegen die in den Erlassen vertretene Rechts= auffass. Friedrichs zu § 6, der diesen § nur als instruktionelle Vorschr. ansieht (ebenso OB. 24. Okt. 94, EEE. XI 332, Pr. VerwBl. XVI 109) u. die Ver= waltungsbeschlußbehörden für zuständig hält, auch über die auf § 6 beruhenden Einwendungen zu beschließen.

[5]) Die Einwendungen, auf die sich § 7, 8 beziehen, sind nur solche, die von privaten Interessenten erhoben werden, nicht aber Beanstandungen ge= mäß § 6; letztere sind also von der Ausschlußfrist des § 7 unabhängig u. nicht der Entscheid. gemäß § 8 unter= worfen RBesch. 27. Dez. 97 (Arch. 01 S. 679). A. M. Friedrichs (Anm. 4).

§. 8. Ueber die erhobenen Einwendungen (§. 7.)[5]) hat, soweit dieselben nicht durch Verhandlung zwischen dem Gemeindevorstande und den Beschwerde= führern zur Erledigung gekommen, der Kreisausschuß[3]) zu beschließen. Sind Einwendungen nicht erhoben oder ist über dieselben endgültig (§. 16.) beschlossen, so hat der Gemeindevorstand den Plan förmlich festzustellen, zu Jedermanns Einsicht offen zu legen und, wie dies geschehen soll, ortsüblich bekannt zu machen.

§. 10. Jede, sowohl vor als nach Erlaß dieses Gesetzes getroffene Festsetzung von Fluchtlinien kann nur nach Maßgabe der vorstehenden Be= stimmungen aufgehoben oder abgeändert werden[6]).

Zur Festsetzung neuer oder Abänderung schon bestehender Bebauungspläne in den Städten Berlin, Potsdam, Charlottenburg und deren nächster Um= gebung bedarf es Königlicher Genehmigung.

§. 11. Mit dem Tage, an welchem die im §. 8. vorgeschriebene Offen= legung beginnt, tritt die Beschränkung des Grundeigenthümers, daß Neubauten, Um= und Ausbauten über die Fluchtlinie hinaus versagt werden können, end= gültig ein. Gleichzeitig erhält die Gemeinde das Recht, die durch die fest= gesetzten Straßenfluchtlinien für Straßen und Plätze bestimmte Grundfläche dem Eigenthümer zu entziehen[7]).

§. 12 Abs. 1. Durch Ortsstatut kann festgestellt werden, daß an Straßen= oder Straßentheilen, welche noch nicht gemäß der baupolizeilichen Bestimmungen des Orts für den öffentlichen Verkehr und den Anbau fertig hergestellt sind, Wohngebäude, die nach diesen Straßen einen Ausgang haben, nicht errichtet werden dürfen[8]).

§. 13. Eine Entschädigung[7]) kann wegen der nach den Bestimmungen des §. 12. eintretenden Beschränkung der Baufreiheit überhaupt nicht, und wegen Entziehung oder Beschränkung des von der Festsetzung neuer Flucht= linien betroffenen Grundeigenthums nur in folgenden Fällen gefordert werden:

1) wenn die zu Straßen und Plätzen bestimmten Grundflächen auf Ver= langen der Gemeinde für den öffentlichen Verkehr abgetreten werden;

2) wenn die Straßen= oder Baufluchtlinie vorhandene Gebäude trifft und das Grundstück bis zur neuen Fluchtlinie von Gebäuden freigelegt wird;

3) wenn die Straßenfluchtlinie einer neu anzulegenden Straße ein un= bebautes, aber zur Bebauung geeignetes Grundstück trifft, welches zur Zeit der Feststellung dieser Fluchtlinie an einer bereits bestehenden und für den öffentlichen Verkehr und den Anbau fertig gestellten anderen Straße belegen ist, und die Bebauung in der Fluchtlinie der neuen Straße erfolgt.

---

[5]) EisG. § 4, 14 werden hierdurch nicht berührt E. 8. Mai 76 (Anl. A), RWBesch. 27. Dez. 97 (Anm. 5); Gleim S. 265, Pannenberg S. 1225, Friedrichs Anm. 7.

[7]) V 2 Anl. A I 9 d. W.
[8]) Nicht anwendbar auf Gebäude, die nach einem ministeriell festgestellten EisBauplane zu errichten sind Gleim S. 269.

Die Entschädigung wird in allen Fällen wegen der zu Straßen und Plätzen bestimmten Grundfläche für Entziehung des Grundeigenthums gewährt. Außerdem wird in denjenigen Fällen der Nr. 2., in welchen es sich um eine Beschränkung des Grundeigenthums in Folge der Festsetzung einer von der Straßenfluchtlinie verschiedenen Baufluchtlinie handelt, für die Beschränkung des bebaut gewesenen Theiles des Grundeigenthums (§. 12. des Gesetzes über Enteignung von Grundeigenthum vom 11. Juni 1874.) Entschädigung gewährt.

In allen obengedachten Fällen kann der Eigenthümer die Uebernahme des ganzen Grundstücks verlangen, wenn dasselbe durch die Fluchtlinie entweder ganz oder soweit in Anspruch genommen wird, daß das Restgrundstück nach den baupolizeilichen Vorschriften des Ortes nicht mehr zur Bebauung geeignet ist.

Bei den Vorschriften dieses Paragraphen ist unter der Bezeichnung Grundstück jeder im Zusammenhange stehende Grundbesitz des nämlichen Eigenthümers begriffen.

§. 14. Für die Feststellung der nach §. 13. zu gewährenden Entschädigungen und die Vollziehung der Enteignung kommen die §§. 24. ff. des Gesetzes über Enteignung von Grundeigenthum vom 11. Juni 1874. zur Anwendung[7]).

Streitigkeiten über Fälligkeit des Anspruchs auf Entschädigung gehören zur gerichtlichen Entscheidung.

Die Entschädigungen sind, soweit nicht ein aus besonderen Rechtstiteln Verpflichteter dafür aufzukommen hat, von der Gemeinde aufzubringen, innerhalb deren Bezirk das betreffende Grundstück belegen ist.

§. 15. Durch Ortsstatut kann festgesetzt werden, daß bei der Anlegung einer neuen oder bei der Verlängerung einer schon bestehenden Straße, wenn solche zur Bebauung bestimmt ist, sowie bei dem Anbau an schon vorhandenen bisher unbebauten Straßen und Straßentheilen von dem Unternehmer der neuen Anlage[9]) oder von den angrenzenden Eigenthümern — von letzteren, sobald sie Gebäude[10]) an der neuen Straße errichten — die Freilegung, erste Einrichtung, Entwässerung und Beleuchtungsvorrichtung der Straße in der dem Bedürfnisse entsprechenden Weise beschafft, sowie deren zeitweise, höchstens jedoch fünfjährige Unterhaltung, beziehungsweise ein verhältnißmäßiger Beitrag oder der Ersatz der zu allen diesen Maßnahmen erforderlichen Kosten geleistet werde. Zu diesen Verpflichtungen können die angrenzenden Eigenthümer nicht für mehr als die Hälfte der Straßenbreite, und wenn die Straße breiter

---

[9]) „Unternehmer" i. S. § 15 wird die Eis. nicht dadurch, daß ihr durch den ministeriell festgestellten EisBauplan die Herstellung eines öff. Bahnhofszufuhrwegs auferlegt u. letzterer als Straße in einen städt. Bebauungsplan aufgenommen wird Gleim S. 271.

[10]) Dahin nicht EisBauten, für die die Nachbarschaft der Straße bedeutungslos ist, z. B. Viadukte (Gleim S. 272); letztere jedoch werden zu Gebäuden i. S. § 15, wenn sie zu wirtschaftl. Zwecken ausgebaut werden (Stadtbahnbögen) OV. 26. Feb. 00 (XXXVII 34).

als 26 Meter ist, nicht für mehr als 13 Meter der Straßenbreite heran=
gezogen werden.

Bei Berechnung der Kosten sind die Kosten der gesammten Straßenanlage
und beziehungsweise deren Unterhaltung zusammen zu rechnen und den Eigen=
thümern nach Verhältniß der Länge ihrer, die Straße berührenden Grenze
zur Last zu legen[11]).

Das Ortsstatut hat die näheren Bestimmungen innerhalb der Grenze
vorstehender Vorschrift festzusetzen. Bezüglich seiner Bestätigung, Anfechtbarkeit
und Bekanntmachung gelten die im §. 12. gegebenen Vorschriften.

Für die Haupt= und Residenzstadt Berlin bewendet es bis zu dem Zu=
standekommen eines solchen Statuts bei den Bestimmungen des Regulativs
vom 31. Dezember 1838.

§. 16 (Abs. 1). Gegen die Beschlüsse des Kreisausschusses steht dem
Betheiligten in den Fällen der §§. 5. 8. 9. die Beschwerde bei dem Bezirks=
ausschusse innerhalb einer Präklusivfrist von zwei Wochen zu[12]).

Anlagen zum Fluchtliniengesetz.

Anlage A (zu Anmerkung 1).

**Erlaß des Ministers der öffentlichen Arbeiten betr. das Verhältnis des
Eisenbahngesetzes zum Straßen- und Baufluchtengesetze vom 2. Juli 1875.**
(An die Königlichen Regierungen und Eisenbahndirektionen, sowie an das Polizei=
präsidium in Berlin.) **Vom 8. Mai 1876** (VB. 835).

. . . vermag ich das auf die Bestimmungen des Gesetzes vom 2. Juli 1875
(G.=S. S. 561) gestützte Verlangen des hiesigen Magistrats, daß der landes=
polizeilichen Prüfung und Feststellung des Projekts für die Erweiterung des
Bahnhofs Moabit der hiesigen Verbindungsbahn eine Einigung der Kgl. Direktion
mit dem Magistrat wegen der an dem Bebauungsplane für Berlin deshalb vor=
zunehmenden Aenderungen und die Zustimmung der Ortspolizeibehörde voran=
gehen müsse, als berechtigt nicht anzuerkennen. Durch das Gesetz vom 2. Juli
v. J. haben die bisher in Geltung gewesenen Bestimmungen in Betreff des bei
Anlegung und Veränderungen von Straßen und Plätzen in Städten und länd=
lichen Ortschaften zu beobachtenden Verfahrens, sowie auch in Ansehung der zur
Feststellung derartiger Pläne berufenen Behörden Aenderungen erfahren; es ist
aber dadurch das in § 4 des Gesetzes über die Eisenbahn=Unternehmungen vom
3. November 1838 dem Handelsminister übertragene Recht, die Linien der zur

---

[11]) Nach KommunalabgG. 14. Juli 93
(GS. 152) § 10 dürfen die Beiträge
nach einem anderen als dem in § 15
angegebenen Maßstabe, insbesondere auch
nach der bebauungsfähigen Fläche be=
messen werden. — Der Bahnhofsvor=
platz bildet mit dem Bahnhof ein ein=
heitl. Grundst.; werden Bahngrundstücks=
teile als Lagerplätze verpachtet u. von

den Pächtern Gebäude darauf errichtet,
so sind die einzelnen verpachteten
Teile selbständige Grundstücke Friedrichs
Anm. 9 a; auch OB. 26. Sept. 98
(XXXIV 94) u. 4. Feb. 04 (EEE. XX
345). Wohnhaus für EisBeamten als
selbst. Grundst. OB. 28. April 04
(Arch. 05 S. 737).
[12]) LWG. § 51, 153.

Ausführung genehmigten Bahnen in ihrer Durchführung durch alle Zwischenpunkte festzusetzen, in keiner Weise alterirt und ebensowenig hinsichtlich der Befugniß, die durch die Eisenbahnanlage nothwendig gewordenen Anlagen an Wegen 2c. festzusetzen, welche nach § 14 des letztgedachten Gesetzes den Regierungen, und sofern die Einleitung eines Enteignungsverfahrens erforderlich wird, nach § 21 des Gesetzes vom 11. Juni 1874 den Verwaltungsgerichten zusteht, eine Aenderung eingetreten. Insoweit die Ausübung dieser Befugnisse die Aufhebung oder Aenderung von Straßen oder Fluchtlinien bedingt, ist daher das Verfügungsrecht der zur Feststellung der Straßen und Straßenfluchten berufenen Behörden, welchen bei Bestimmung der Bahnlinie eine Mitwirkung oder ein Widerspruchsrecht nicht zusteht, überhaupt ausgeschlossen und kann der § 10 des Gesetzes, wonach jede Festsetzung von Fluchtlinien nur nach Maßgabe der in diesem Gesetze gegebenen Vorschriften soll aufgehoben oder abgeändert werden können, nur insoweit Anwendung finden, als die Möglichkeit, über das innerhalb der Grenzen des Weichbildes oder des Bebauungsplanes belegene Terrain zu verfügen, nicht durch eine gesetzliche Verpflichtung, anderweite, mit den Straßenanlagen kollidirende Anlagen zu dulden, beseitigt oder beschränkt wird. . . .

Anlage B (zu Anmerkung 4).
Erlaß des Ministers der öffentlichen Arbeiten betr. Beachtung und Ausführung des § 6 des Straßen- und Baufluchtengesetzes vom 3. Juli 1875,
(An die Kgl. Eisenbahndirektionen und die Eisenbahnkommissare.)
Vom 23. Dezember 1896 (E.-V.-B. 1897 S. 5, VB. 836).

Nachstehende, an die Kgl. Regierungspräsidenten und den Kgl. Oberpräsidenten der Provinz Brandenburg gerichtete Verfügung vom heutigen Tage wird den Kgl. Eisenbahndirektionen und den Herren Eisenbahnkommissaren zur Kenntniß und Beachtung mitgetheilt. Wenn infolge der von den Ortspolizeibehörden mitgetheilten Fluchtlinienpläne Aenderungen der Eisenbahnpläne in Frage stehen, die über die dortige Zuständigkeit hinausgehen (vergl. Erlaß vom 24. April 1890[1]) — II a. (IV) 3271 —), oder, wenn es zweifelhaft erscheint, ob und inwieweit ein Fluchtlinien- oder ein Eisenbahnplan der Aenderung bedarf, so ist unter Darlegung des Sachverhältnisses hierher zu berichten.

Wiederholt ist die Wahrnehmung gemacht worden, daß die Befolgung der Vorschriften des Erlasses vom 15. Dezember 1882 (MB. 1883 S. 13, EVB. 1883 S. 125)[2] auf Schwierigkeiten gestoßen ist, weil den Behörden, denen gemäß § 6 des Gesetzes vom 2. Juli 1875 . . . bei der Festsetzung von Fluchtlinien die Wahrung von Staatshoheitsrechten obliegt, nicht ausreichende Gelegenheit hierzu gegeben worden ist.

Mit der Absicht des Gesetzes steht es nicht im Einklange, wenn der Plan zu Jedermanns Einsicht offengelegt (§ 7) und über die in Folge dessen erhobenen Einwendungen (§ 8) im Beschlußverfahren entschieden wird, bevor der Bestimmung des § 6 Genüge geschehen ist. Insbesondere kann ein Plan als zur Offenlegung reif nicht erachtet werden, in welchem die in Ausübung der Staatshoheitsrechte aus §§ 4 und 14 des Gesetzes über die Eisenbahnunternehmungen vom 3. November 1838 geltend zu machenden Bedürfnisse des Eisenbahnbaues und -Betriebes

---

[1] Auszug V 2 b. W. Anl. E Anm. 2.
[2] Dieser E. stellt die allg. Grundsätze | auf, auf denen die Anordnungen des E. 23. Dez. 96 beruhen.

(vergl. Endurtheil des Oberverwaltungsgerichts von 3. März 1883, Band 9 S. 393) unberücksichtigt geblieben sind.

Um den hieraus entstehenden Unzuträglichkeiten durch die rechtzeitige Anwendung der Grundsätze des Erlasses vom 15. Dezember 1882 in Zukunft wirksam vorzubeugen, ersuche ich Ew. 2c., die unterstellten Ortspolizeibehörden dahin mit Weisung zu versehen, daß sie vom Standpunkte der polizeilichen Interessen erst dann zu einem Fluchtlinienplane Stellung zu nehmen und dem Gemeindevorstande eine — zustimmende oder die Zustimmung versagende — Erklärung gemäß § 5 des Gesetzes abzugeben haben, wenn feststeht, daß der Plan auf Grund von Staatshoheitsrechten gemäß § 6 nicht beanstandet wird. Zugleich ist den Ortspolizeibehörden in Erinnerung zu bringen, daß sie die betheiligten Behörden nach Maßgabe des § 6 rechtzeitig zu benachrichtigen haben, und zwar auch dann, wenn es ihnen zweifelhaft erscheinen sollte, ob die Voraussetzungen des § 6 gegeben seien, da die Ortspolizeibehörden nicht wohl endgültig darüber entscheiden können, ob der Plan die Geltendmachung von Staatshoheitsrechten nothwendig mache.

Fallen in den Plan Eisenbahnen oder Bahnhöfe, so ist derselbe von den Ortspolizeibehörden den zuständigen Kgl. Eisenbahndirektionen, bei Privateisenbahnen den Kgl. Eisenbahnkommissaren mitzutheilen, welche beauftragt worden sind, den Ortspolizeibehörden ohne Verzug anzuzeigen, ob der Plan auf Grund von Staatshoheitsrechten beanstandet werde oder nicht.

Anlage C (zu Anmerkung 4).

Erlaß des Ministers der öffentlichen Arbeiten betr. rechtzeitige Wahrung der im § 6 des Straßen- und Baufluchtengesetzes aufgeführten öffentlichen Interessen. Vom 29. Juni 1902 (E.-V.-Bl. 332, BB. 837).

Der nachstehende Erlaß[1] wird den Eisenbahndirektionen und den Kgl. Eisenbahnkommissaren mit der Anweisung zur Kenntniß gebracht, in allen Fällen, in denen ein Fluchtlinienplan mit Eisenbahnanlagen oder Plänen im Widerspruche steht, neben der Anzeige an die Ortspolizeibehörde, die im Hinblick auf die ihr nach § 5 obliegende weitere Verpflichtung über den Gang der Verhandlungen stets auf dem Laufenden zu erhalten ist, dem Gemeindevorstande von der Sachlage Mittheilung zu machen und nicht, wie in einem Falle geschehen, diesem das Weitere zur Herbeiführung einer Aenderung des Planes zu überlassen, sondern unbeschadet der etwa erforderlichen Berichterstattung, ohne Verzug zur Ausgleichung des Widerstreits mit ihm in Verhandlung zu treten. Auch ist Anträgen der Gemeindevorstände auf Verständigung über neue Bebauungspläne oder Fluchtlinien schon vor oder bei ihrer ersten Aufstellung jederzeit zu entsprechen.

Die mit den Gemeindevorständen zu führenden Verhandlungen, sowie etwaige Berichterstattungen sind nach Möglichkeit zu beschleunigen, um das nach §§ 7, 8 des Gesetzes stattfindende Verfahren nicht ohne zwingende Gründe aufzuhalten.

Sofern ein Gemeindevorstand sich gegen die nothwendige Ausgleichung von Kollisionen ablehnend verhalten, trotzdem aber auf der Ertheilung der ortspolizeilichen Zustimmung gemäß § 5 des Gesetzes bestehen sollte, ist ohne Zeitverlust die Kommunalaufsichtsbehörde anzurufen und gleichzeitig unter Vorlage der Pläne hierher zu berichten.

----

[1] An die Oberpräsidenten, die RegPräsidenten und den Polizeipräs. zu Berlin.

Berlin, den 29. Juni 1902.

In dem auf Grund des § 20 des Straßen= und Baufluchtengesetzes vom 2. Juli 1875 ergangenen Erlasse des mitunterzeichneten Ministers der öffentlichen Arbeiten vom 23. Dezember 1896 . . .²) war angenommen worden, daß es, sofern ein Fluchtlinienplan auf Grund von Staatshoheitsrechten von den gemäß § 6 des Gesetzes von der Ortspolizeibehörde zu benachrichtigenden Behörden beanstandet werden sollte, den betheiligten Staatsbehörden und Gemeindevorständen im Wege der Verständigung, äußerstenfalls unter Anrufung der zuständigen Aufsichtsbehörden, regelmäßig gelingen werde, durch Herbeiführung einer Uebereinstimmung des Fluchtlinienplans mit den Anlagen und Plänen von Eisenbahnen, Festungen u. s. w. die widerstreitenden öffentlichen Interessen miteinander auszugleichen. Von diesem Gesichtspunkte aus war den Ortspolizeibehörden die dort angegebene Weisung über die Abgabe ihrer Erklärung zu dem Fluchtlinienplane ertheilt worden.

Inzwischen zu unserer Kenntniß gelangte Einzelfälle haben uns Anlaß gegeben, die Stellung der Ortspolizeibehörde im Falle des § 6 des Gesetzes einer erneuten Prüfung zu unterziehen. Wenn auch die Offenlegung und förmliche Feststellung eines mit der Ausübung von Staatshoheitsrechten kollidirenden Fluchtlinienplanes zweckwidrig wäre, weil seine endgültige Ausführung auf unüberwindliche Hindernisse stoßen muß (z. B. die Ausführung von Fluchtlinien im Bahnhofsgebiet oder in Festungsanlagen, § 11 Satz 2 dieses Gesetzes, § 4 des Eisenbahngesetzes vom 3. November 1838 u. s. w., vergl. Erkenntniß des Oberverwaltungsgerichts Band 31, S. 207, 208), und wenn gerade deshalb dem § 6 die Aufgabe zugewiesen ist, nicht nur die Feststellung, sondern auch schon die Offenlegung mit jenen öffentlichen Interessen kollidirender Pläne zu verhüten, so sind doch diese öffentlichen Interessen nicht von der Ortspolizeibehörde wahrzunehmen, deren Erklärung vielmehr lediglich von den im § 5 des Gesetzes genannten Rücksichten abhängig ist.

Wir bestimmen deshalb des Weiteren:

Besteht der Gemeindevorstand auf Abgabe der polizeilichen Erklärung über den Fluchtlinienplan, obwohl vorhandene Gegensätze in den nach § 6 zu führenden Verhandlungen nicht ausgeglichen sind, so hat die Ortspolizeibehörde eine ausdrücklich auf die von ihr selbst wahrzunehmenden polizeilichen Rücksichten beschränkte Aeußerung abzugeben. Gleichzeitig hat sie aber zu betonen, daß der Plan nach der Mittheilung der zuständigen Behörde mit Rechten, die auf Grund der Staatshoheit wahrzunehmen seien, im Widerspruche stehe und dieser Widerspruch noch nicht beglichen sei. Von ihrer Aeußerung hat die Ortspolizeibehörde den gemäß § 6 betheiligten Behörden sofort Mittheilung zu machen. Für den Fall, daß diese zur Wahrung der von ihnen zu vertretenden öffentlichen Interessen die Kommunalaufsichtsbehörden anrufen sollten, werden die letzteren hierdurch angewiesen, unverzüglich unter Vorlage der Vorgänge an die zuständigen Ressortminister zu berichten.

Um seiner Zeit die dem § 5 Absatz 1 des Gesetzes entsprechende Erklärung abgeben zu können, haben sich die Ortspolizeibehörden, gegebenenfalls durch Benehmen mit der betheiligten Staatsbehörde oder dem Gemeindevorstande, über den jeweiligen Stand der Sache in Kenntniß zu erhalten.

Es darf indessen auch künftig angenommen werden, daß die auf Grund des § 6 anzuknüpfenden Verhandlungen die Ausgleichung bestehender Gegensätze und die Abgabe einer Erklärung gemäß § 5 in der Regel ohne übermäßigen Zeit-

---

²) Anl. B.

verlust ermöglichen werden, zumal den Gemeindebehörden gegen jede unbegründete Verzögerung der Sache durch die betheiligte Staats= oder Ortspolizeibehörde die Beschwerde an die vorgesetzte Instanz offen steht.

Die wünschenswerte Beschleunigung einer von der Vorschrift des § 6 betroffenen Planfeststellung wird sich übrigens dadurch am Besten erreichen lassen, daß allen späteren Auseinandersetzungen in Folge der Vorschrift des § 6 durch frühzeitiges Einvernehmen der Behörden vorgebeugt wird. Den Gemeindevorständen ist daher anzuempfehlen, daß sie bereits bei der ersten Aufstellung der Pläne, und zwar thunlichst frühzeitig, sich unmittelbar mit den betheiligten Staatsbehörden über die Gestaltung dieser Pläne verständigen, damit den Ortspolizeibehörden demnächst nach Möglichkeit nur Pläne zur Zustimmung vorgelegt werden, gegen die wegen ihrer Uebereinstimmung mit den öffentlichen Interessen ein Einspruch auf Grund des § 6 nicht zu erwarten ist. Den Eisenbahnbehörden ist die thunlichst schnelle und entgegenkommende Erledigung derartiger Anträge der Gemeindevorstände zur Pflicht gemacht worden.

Endlich wird aber auch da, wo die Ausgleichung widerstreitender öffentlicher Interessen noch auf Grund § 6 in Frage kommt, aber wegen anzustellender Untersuchungen oder in der Sache selbst liegender Schwierigkeiten voraussichtlich längere Zeit erfordern wird, in Erwägung zu ziehen sein, ob nicht nach Anhörung der betheiligten Staatsbehörde der kollidirende Plantheil zur besonderen Feststellung ausgeschieden und zunächst nur für den übrigen Plan die ortspolizeiliche Zustimmung nachgesucht werden kann.

Es wird ersucht, auch auf die Anwendung dieses Mittels zur Beschleunigung der Planfeststellung hinzuwirken. Die nachgeordneten Behörden sind mit Anweisung zur Beachtung dieses Erlasses zu versehen.

Abschrift des an die Königlichen Eisenbahndirektionen und die Herren Eisenbahnkommissare gerichteten Erlasses ist zur Kenntniß beigefügt.

Der Minister der öffentlichen Arbeiten.   Der Minister des Innern.

---

4. Allgemeines Berggesetz für die Preußischen Staaten. Vom 24. Juni 1865 (GS. 705). (Auszug)[1].

§. 4 Abs. 1. Auf öffentlichen Plätzen, Straßen und Eisenbahnen[2] ... ist das Schürfen unbedingt untersagt.

§. 54. Abs. 1. Der Bergwerkseigenthümer hat die ausschließliche Befugniß, nach den Bestimmungen des gegenwärtigen Gesetzes das in der Verleihungsurkunde benannte Mineral in seinem Felde aufzusuchen und zu gewinnen, sowie alle hierzu erforderlichen Vorrichtungen[3] unter und über Tage zu treffen.

---

[1] Im nachfolgenden wird das G. nur soweit mitgeteilt, wie es eisenbahnrechtl. Vorschriften enthält oder für das EisWesen von besonderer Bedeutung ist; namentlich kommen die Best. über das Verhältnis zwischen Eisenbahn=Bau oder Betrieb u. Bergwerkseigentum, sowie über die Rechtsverhältnisse der Bergwerksbahnen in Betracht. — Bearb.: Klostermann=Fürst (5. Aufl. 96); Gleim EisRecht § 52, 68 u. zu KleinbG. § 51; Eger zu KleinbG. § 51; Seydel in Zeitschr. f. Kleinb. 96 S. 357. — Geltungsbereich auch die neueren Landesteile (Nachweisung bei Gleim EisR. S. 317 Anm. 1).

[2] Auch Kleinbahnen.

[3] Darunter Bergwerksbahnen (§ 135), d. h. solche nicht f. d. öffentl. Verkehr bestimmte Gleisanlagen, welche

§. 58. Dem Bergwerkseigenthümer steht die Befugniß zu, die zur Auf=
bereitung seiner Bergwerkserzeugnisse erforderlichen Anstalten[3]) zu errichten
und zu betreiben.

§. 59. Die zum Betriebe auf Bergwerken und Aufbereitungsanstalten
(§. 58) dienenden Dampfkessel und Triebwerke unterliegen den Vorschriften
der Gewerbegesetze[3c]).

Sofern zur Errichtung oder Veränderung solcher Anlagen nach den Vor=
schriften der Gewerbegesetze eine besondere polizeiliche Genehmigung erforder=
lich ist, tritt jedoch an die Stelle der Ortspolizeibehörde der Revierbeamte
und an die Stelle der Regierung das Oberbergamt.

(Abf. 3).

§. 64. Der Bergwerkseigenthümer hat die Befugniß, die Abtretung des
zu seinen bergbaulichen Zwecken (§§. 54 bis 60) erforderlichen Grund und
Bodens nach näherer Vorschrift des fünften Titels[4]) zu verlangen.

§. 67. Der Betrieb darf nur auf Grund eines Betriebsplans geführt
werden[3a]).

Derselbe unterliegt der Prüfung durch die Bergbehörde und muß der
letzteren zu diesem Zwecke vor der Ausführung vorgelegt werden.

Die Prüfung hat sich auf die im §. 196 festgestellten polizeilichen Ge=
sichtspunkte zu beschränken.

§. 135. Ist für den Betrieb des Bergbaues und zwar zu den Gruben=
bauen selbst, zu Halden=, Ablade= und Niederlageplätzen, Wegen, Eisenbahnen,
Kanälen . . . und anderen für Betriebszwecke bestimmten Tagegebäuden, An=
lagen und Vorrichtungen . . . die Benutzung eines fremden Grundstücks

(ausschließlich oder in Verbindung mit anderen Zwecken) dazu dienen, die Mineralien zu gewinnen, in einen für den Handel geeigneten Zustand zu ver= setzen u. ihre Abfuhr zu bewirken Gleim Anm 1 zu KleinbG. §. 51. Diese Bahnen unterstehen nicht der RVerf. oder dem EisG., im allgemeinen (Aus= nahme unter d) auch nicht dem KleinbG. Für ihre Rechtslage gilt, was folgt.

a) Zu ihrer Anlage u. ihrem Betriebe ist nicht Konzession (EisG. §. 1) oder Genehmigung (KleinbG. §. 43), sondern nur Prüfung durch die Bergbehörde gemäß BergG. §. 67 erforderlich Gleim EisR. S. 438.

b) Zu ihrer Anlage kann der Berg= werksbesitzer das EntRecht ohne besondere Verleihung ausüben BergG. §. 135 f.

c) Ihre Dampfkessel unterliegen der GewO. — BergG. §. 59 — u. der Anw. 9. März 00 (I 2 a Unter=

anl. A 2 d. W.), namentlich §. 1 V, § 2 I 1, § 9 I, § 31 IV.

d) Soweit sie unter den Begriff „Privatanschlußbahnen" i. S. KleinbG. §. 43 fallen, wird die eisenbahntechnische Aufsicht über sie durch die EisAufsichtsbeh. für diejenigen Eisb. oder Kleinb. ausgeübt, an welche sie angeschlossen sind KleinbG. §. 51 Abs. 1. Im übr. unterstehen sie der Aufsicht der Bergbehörde KleinbG. §. 51 Abs. 2, § 50; BergG. §. 196.

e) Haftpflicht für Tötung usw. von Personen VI. 6 Anm. 4 d. W.

f) Sie gehören i. S. des GUVG. zur Betriebsstätte für Bergarbeiter RVBesch. RVA. 9. Mai 92 (AN. VIII 313, EEG. IX 316). Näheres zu a—d E. 17. Okt. 98 (Anlage A).

⁴) § 135 f.

nothwendig, so muß der Grundbesitzer, er sei Eigenthümer oder Nutzungs=
berechtigter, dasselbe an den Bergwerksbesitzer abtreten[5]).

§. 136. Abs. 1. Die Abtretung darf nur aus überwiegenden Gründen
des öffentlichen Interesses versagt werden[5]).

§. 142. Können die Betheiligten sich in den Fällen der §§. 135 bis
139 über die Grundabtretung nicht gütlich einigen[5]), so erfolgt die Ent=
scheidung darüber, ob, in welchem Umfange und unter welchen Bedingungen
der Grundbesitzer zur Abtretung des Grundstücks oder der Bergwerksbesitzer
zum Erwerbe des Eigenthums verpflichtet ist, durch einen gemeinschaftlichen
Beschluß des Oberbergamts und des Bezirksausschusses[6]).

§. 145 Abs. 1. Gegen den Beschluß des Oberbergamts und des
Bezirksausschusses[6]) steht beiden Teilen der Rekurs an die betreffenden
Ressortminister[7]) zu . . .

§. 148. Der Bergwerksbesitzer ist verpflichtet, für allen Schaden,
welcher dem Grundeigenthume oder dessen Zubehörungen durch den unter=
irdisch oder mittelst Tagebaues geführten Betrieb des Bergwerks zugefügt
wird, vollständige Entschädigung zu leisten, ohne Unterschied, ob der Betrieb
unter dem beschädigten Grundstücke stattgefunden hat oder nicht, ob die Be=
schädigung von dem Bergwerksbesitzer verschuldet ist, und ob sie vorausgesehen
werden konnte oder nicht[8]).

§. 150. Der Bergwerksbesitzer ist nicht zum Ersatze des Schadens ver=
pflichtet[9]), welcher an Gebäuden oder anderen Anlagen durch den Betrieb des
Bergwerks entsteht, wenn solche Anlagen zu einer Zeit errichtet worden sind,
wo die denselben durch den Bergbau drohende Gefahr dem Grundbesitzer bei
Anwendung gewöhnlicher Aufmerksamkeit nicht unbekannt bleiben konnte.

Muß wegen einer derartigen Gefahr die Errichtung solcher Anlagen
unterbleiben, so hat der Grundbesitzer auf die Vergütung der Werths=
verminderung, welche sein Grundstück dadurch etwa erleidet, keinen Anspruch,
wenn sich aus den Umständen ergiebt, daß die Absicht, solche Anlagen zu er=
richten, nur kund gegeben wird, um jene Vergütung zu erzielen.

§ 151. Ansprüche auf Ersatz eines durch den Bergbau verursachten
Schadens (§§. 148, 149), welche sich nicht auf Vertrag gründen, müssen von

---

[5]) EntG. findet laut dessen § 54 Ziff. 2
auf Enteignungen im Interesse des
Bergbaus keine Anwendung. Kollisionen des dem Bergwerksbesitzer und
des der Eis. zustehenden EntRechts
sind nach BergG. § 136, 142, 145 zu
entscheiden Gleim S. 324. — V 2
Anm. 88 d. W.

[6]) In Berlin 1. Abteilung des Pol.=
Präsidiums ZustG. § 150 Abs. 2.

[7]) Nach Klostermann=Fürst Anm. 2,

3 die Minister für Handel u. für
Landwirtschaft; nach Gleim S. 325 hat
bei Kollision mit Interessen des öff.
Verkehrs der Min. der öff. Arb. mitzuwirken.

[8]) Beschädigung eines Bahnkörpers
liegt nicht erst dann vor, wenn der
Bahnbetrieb durch eingetretene Boden-
senkungen schon gefährdet ist RGer.
14. Dez. 92 (EEE. X 136).

[9]) Anm. 11.

dem Beschädigten innerhalb drei Jahren, nachdem das Dasein und der Ur=
heber des Schadens zu seiner Wissenschaft gelangt sind, durch gerichtliche
Klage geltend gemacht werden, widrigenfalls sie verjährt sind[10]).

§. 153. Gegen die Ausführung von Chausseen, Eisenbahnen[2]), Kanälen
und anderen öffentlichen Verkehrsmitteln, zu deren Anlegung dem Unter=
nehmer durch Gesetz oder besondere landesherrliche Verordnung das Expro=
priationsrecht beigelegt ist, steht dem Bergbautreibenden ein Widerspruchsrecht
nicht zu[11]).

Vor Feststellung der solchen Anlagen zu gebenden Richtung sind die=
jenigen, über deren Bergwerke dieselben geführt werden sollen, Seitens
der zuständigen Behörde darüber zu hören, in welcher Weise unter mög=
lichst geringer Benachtheiligung des Bergwerkseigenthums die Anlage aus=
zuführen sei[12]).

§. 154. War der Bergbautreibende zu dem Bergwerksbetriebe früher
berechtigt, als die Genehmigung der Anlage (§. 153) ertheilt ist, so hat der=
selbe gegen den Unternehmer der Anlage einen Anspruch auf Schadenersatz.
Ein Schadensersatz findet nur insoweit statt, als entweder die Herstellung
sonst nicht erforderlicher Anlagen in dem Bergwerke oder die sonst nicht er=
forderliche Beseitigung oder Veränderung bereits in dem Bergwerke vorhandener
Anlagen nothwendig wird[13]).

---

[10]) Der EisVerwaltung gegenüber ge=
nügt zum Beginn der Verjährung die
Wahrnehmung der mit der Streckenauf=
sicht betrauten Beamten (Bahnmeister,
Inspektionsvorstand); Kenntnis einer
„Behörde“ ist nicht erforderlich (LR.)
RGer. 14. Dez. 92 (XXX 241).

[11]) § 153 Abs. 1 ist eine gesetzl. Be=
schränkung des Bergwerkseigen=
tums zugunsten der Verkehrsanstal=
ten dahin, daß der nach Ausführung
eines unter § 153 fallenden Verkehrs=
mittels unter dessen Anlagen betriebene
Bergbau lediglich auf Gefahr des Berg=
bautreibenden geschieht u. dieser für jede
Beschädigung der Verkehrsanstalt durch
den nach ihrer Genehmigung u. Errich=
tung fortgesetzten Bergbau schlechthin
Ersatz leisten muß; für die Annahme
eines konkurrierenden Versehens des
Beschädigten i. S. § 150 bleibt insoweit
kein Raum RGer. 11. Nov. 91
(XXVIII 341). Aber auch einer Eis.
gegenüber ist auf denjenigen Schaden,
der als Folge des vor ihrer Anlage
vorgenommenen Grubenbetriebs er=
scheint, § 150 anwendbar RGer.
15. Feb. 02 (EEE. XIX 42, Arch. 04

S. 738). Für jene gesetzl. Beschrän=
kung wird Schadensersatz nur in den
Grenzen des § 154 gewährt; darüber
hinaus auch dann nicht, wenn für die
Eis. enteignet wird u. das enteignete
Grundstück dem Bergwerkseigentümer
gehört RGer. 17. Mai 04 (LVIII 147).

[12]) Verfahren bei Vorarbeiten
f. Eis. E. 2. Mai 87 (EBB. 271).

[13]) Über das Alter der Berechtigung
entscheidet der Tag der Bergwerksver=
leihung einerseits, der Entstehung des
Unternehmungsrechts für die Verkehrs=
anstalt andererseits, gleichviel ob dieser
Tag vor oder nach Inkrafttreten des
G. liegt Klostermann-Fürst Anm. 1 zu
§ 154 u. zu § 155. Der Ersatz=
anspruch erstreckt sich nur auf An=
lagen, die der Bergbautreibende zum
Schutze der Verkehrsanstalt im Berg=
werk ausführt, nicht auch auf solche
(z. B. Stehenlassen von Sicherheits=
pfeilern), die er macht, um trotz des
Bestehens der Verkehrsanlage den
Bergbau fortbetreiben zu können; Er=
satz für entgehenden Gewinn kann also
nicht verlangt werden RGer. 9. Juli
81 (V 266) — Anm. 11.

Können die Betheiligten sich über die zu leistende Entschädigung nicht gütlich einigen, so erfolgt die Festsetzung derselben nach Anhörung beider Theile und mit Vorbehalt des Rechtsweges durch einen Beschluß des Ober-bergamts, welcher vorläufig vollstreckbar ist[14]).

§. 155. Wenn Bergbautreibende, welche vor Eintritt der Gesetzeskraft des gegenwärtigen Gesetzes zu dem Bergwerksbetriebe berechtigt waren, Ent-schädigungsansprüche erheben, welche über die ihnen nach §. 154 zu ge-währenden Schadensersatz hinausgehen, so ist über diese Ansprüche nach den bisherigen Gesetzen zu entscheiden[15]).

§. 191. Gegen Verfügungen und Beschlüsse des Revierbeamten ist der Rekurs an das Oberbergamt, gegen Verfügungen und Beschlüsse des letzteren der Rekurs an den Handelsminister zulässig, insofern das Gesetz denselben nicht ausdrücklich ausschließt.

§. 196. Der Bergbau steht unter der polizeilichen Aufsicht der Berg-behörden[16]).

Dieselbe erstreckt sich auf

die Sicherheit der Baue,

die Sicherheit des Lebens und der Gesundheit der Arbeiter,

die Aufrechterhaltung der guten Sitten und des Anstandes durch die Einrichtung des Betriebes[17]),

den Schutz der Oberfläche im Interesse der persönlichen Sicherheit und des öffentlichen Verkehrs,

den Schutz gegen gemeinschädliche Einwirkungen des Bergbaues.

Dieser Aufsicht unterliegen auch die in den §§. 58 und 59 erwähnten Aufbereitungsanstalten, Dampfkessel und Triebwerke, sowie die Salinen.

§. 197 Abf. 1. Die Oberbergämter sind befugt, für den ganzen Um-fang ihres Verwaltungsbezirks oder für einzelne Theile desselben Polizei-verordnungen über die im §. 196 bezeichneten Gegenstände zu erlassen[18]) . . .

---

[14]) Der Beschluß erstreckt sich auch auf die Ersatzpflicht dem Grunde nach u. ist gemäß § 191 anfechtbar Kloster-mann-Fürst Anm. 4, Gleim S. 323.

[15]) Solche Ansprüche existieren nicht RGer. 4. Jan. 96 (EEE. XIII 30, 111, Arch. 986).

[16]) Die allgemeine Polizei hat an der Aufsicht über den Betrieb der Berg-werksbahnen (z. B. der Einrichtung u. Handhabung von Schranken an den Wegeübergängen) keinen Anteil OB.

9. März 99 (XXXVI 281). Ein Ver-fahren gemäß ZuftG. § 57 zur Ein-ziehung eines öff. Weges, der von der Planfestsetzung der Bergbehörde für eine Bergwerksbahn betroffen ist, be-darf, wenn es überhaupt zulässig ist, jedenfalls der Mitwirkung der Berg-behörde OB. 13. Juli 99 (a. a. O. 286). — Anm. 3.

[17]) G. 24. Juni 92 (GS. 131).

[18]) Grundzüge (Anl. A) Ziff. V.

Anlage A (zu Anmerkung 3).

Erlaß des Ministers der öffentlichen Arbeiten betr. Zusammenwirken der Eisenbahn- und Bergbehörden bei der Beaufsichtigung der Grubenanschlußbahnen. (An die Kgl. Eisenbahndirektionen und die Eisenbahnkommissare.) **Vom 17. Oktober 1898** (EVB. 303).

Die nachstehenden, mit dem Herrn Minister für Handel und Gewerbe vereinbarten und von diesem den Königlichen Oberbergämtern bekanntgegebenen

„Grundzüge für die Ausübung der Aufsicht . . ."

werden . . . mit folgenden Bemerkungen mitgeteilt:

Nach § 51 des Kleinbahngesetzes gilt für die bezeichneten Grubenanschlußbahnen nur der § 50 dieses Gesetzes, wonach die eisenbahntechnische Aufsicht und Ueberwachung der Privatanschlußbahnen durch diejenige Behörde zu erfolgen hat, welcher diese Aufgaben bezüglich der dem öffentlichen Verkehre dienenden Bahn, an welche sie anschließen, obliegen. Außerdem schreibt der § 51 Abs. 2 a. a. O. vor, daß durch die Bestimmung im § 50 das auf dem Allgemeinen Berggesetze vom 24. Juni 1865 beruhende Aufsichtsrecht der Bergbehörden gegenüber diesen Bergwerksbahnen nicht berührt wird. Die nachstehenden „Grundzüge" bezwecken, das aus dem Kleinbahngesetze sich ergebende besondere Verhältniß dieser Bahnen durch Zusammenstellung der wesentlichen Regeln für die Zuständigkeit und das Zusammenwirken der betheiligten Behörden der Eisenbahnverwaltung und der Bergverwaltung klar zu stellen. Bei den deshalb gepflogenen Berathungen hat sich jedoch ergeben, daß eine erschöpfende Regelung des beiderseitigen Aufsichtsrechts unthunlich sei, und es nur darauf ankommen könne, die in Betracht kommenden Gesichtspunkte im Allgemeinen und unter Vermeidung des Eingehens in Einzelheiten an die Hand zu geben. Die betheiligten Behörden werden daher in Wahrung der ihnen gemeinschaftlich anvertrauten öffentlichen Interessen stets darauf Bedacht zu nehmen haben, in allen wichtigeren, das beiderseitige Aufsichtsverhältnis berührenden Angelegenheiten erst nach vorherigem gegenseitigen Benehmen vorzugehen, in Eilfällen aber die getroffenen Anordnungen ohne Verzug zur Kenntniß der betheiligten Behörde der anderen Verwaltung zu bringen, unter Vorbehalt der Entscheidung der vorgesetzten Zentralstellen bei etwaigen Meinungsverschiedenheiten. Ich hoffe, daß bei umsichtiger Behandlung der das gemeinschaftliche Aufsichtsgebiet berührenden Angelegenheiten die mit der Theilung der Aufsichtsbefugnisse verbundenen Schwierigkeiten sich werden vermeiden lassen.

Wegen der zwangsweisen Durchführung der bei Ausübung der eisenbahntechnischen Aufsicht nach Nr. VII Abs. 1 der Grundzüge von den Eisenbahnbehörden getroffenen Anordnungen verweise ich auf den allgemeinen Erlaß vom 8. August 1894. . . .[1])

Mit Rücksicht darauf, daß die von den Bergbehörden zur Prüfung der Entwürfe und zur Abnahme von Grubenanschlußbahnen anberaumten Termine von den Vertretern der zur Mitwirkung zuständigen Eisenbahnverwaltung wegen anderweitiger dienstlicher Inanspruchnahme wiederholt nicht haben wahrgenommen werden können, hat der Herr Minister für Handel und Gewerbe die Bergbehörden angewiesen, vor Anberaumung solcher Termine das Einverständniß der zu betheiligenden Behörden auf dem kürzesten Wege einzuholen.

---

[1]) I 4 Anl. J d. W.

Grundzüge

für die Ausübung der Aufsicht über diejenigen Privat=Anschluß=
bahnen im Sinne des Gesetzes über Kleinbahnen und Privat=
Anschlußbahnen vom 28. Juli 1892 (Gesetz=Sammlung Seite 225),
welche zugleich Zubehör eines Bergwerks bilden.

I. Vor der Prüfung des Entwurfs einer Anschlußbahn nach Maßgabe
der Bestimmungen des § 67 des Allgemeinen Berggesetzes vom 24. Juni 1865
hat die Bergbehörde sich zu vergewissern, daß die Prüfung und Genehmigung
des Entwurfs und des Anschlusses durch die zuständige Eisenbahnbehörde stattgefunden hat.

II. Ergiebt sich bei Prüfung des Entwurfs durch die Bergbehörde, daß
durch die Ausführung desselben auch landespolizeiliche Interessen berührt werden,
so hat die Bergbehörde dieserhalb mit dem Regierungs=Präsidenten in Verbindung
zu treten.

Wird in einem solchen Falle eine Untersuchung der Verhältnisse an Ort und
Stelle für erforderlich erachtet, so ist auch die Eisenbahnbehörde zu dem betreffenden
Termin vorzuladen.

III. Die Eröffnung des Betriebes der Anschlußbahn darf erst stattfinden,
nachdem die Abnahme derselben durch Kommissare der bei der Prüfung des Entwurfs betheiligten Behörden stattgefunden hat.

Der Antrag auf Abnahme der Anschlußbahn ist an die Bergbehörde zu richten,
die sich wegen der Anberaumung des Abnahmetermins mit den betheiligten Behörden zu benehmen hat.

IV. Die örtliche Abgrenzung der Grubenanschlußbahn gegen die Anschluß=
station und des gemeinschaftlichen Aufsichtsgebietes erfolgt für jede einzelne Anschlußbahn gemeinschaftlich durch die Eisenbahn= und die Bergbehörde.

V. Das Polizeiverordnungsrecht bezüglich der Grubenanschlußbahnen steht
ausschließlich der Bergbehörde nach Maßgabe des § 197 des Allgemeinen Berggesetzes zu. Vor dem Erlasse der Polizeiverordnung hat die Bergbehörde den
Entwurf der Eisenbahnbehörde und dem Regierungs=Präsidenten zur Erklärung
ihres Einverständnisses mitzutheilen. Dasselbe gilt für Abänderungen von Polizeiverordnungen.

VI. Wird der Betrieb der Grubenanschlußbahn durch Angestellte der Berg=
werksbesitzer geführt, so haben diese den Nachweis ihrer Befähigung zu den ihnen
übertragenen Obliegenheiten der Bergbehörde zu erbringen.

Machen die örtlichen Verhältnisse des Anschlusses es erforderlich, daß die
von dem Bergwerksbesitzer angestellten Bediensteten der Anschlußbahn bei der
Beförderung der Züge in die Anlagen (Bahnhöfe u. s. w.), welche für den Betrieb
der dem öffentlichen Verkehr dienenden Bahn bestimmt sind, hineinfahren müssen,
so haben sie ihre Befähigung für diesen Theil des Dienstes zunächst der Eisenbahnbehörde zu erbringen.

Wird der Betrieb der Anschlußbahn durch Bedienstete der Eisenbahnverwaltung
geführt, so findet eine Mitwirkung der Bergbehörde bei der Prüfung ihrer Befähigung überhaupt nicht statt.

VII. Die eisenbahntechnische Beaufsichtigung und Ueberwachung des Betriebes
der Grubenanschlußbahn, welche die betriebsfähige und betriebssichere Unterhaltung
der Bahnanlage und der Betriebsmittel, sowie die sichere und ordnungsmäßige
Durchführung der Züge umfaßt, erfolgt, soweit nicht im Artikel VIII Ausnahmen
vorgesehen sind, in der ganzen Ausdehnung der Anschlußbahn selbständig und

ausschließlich durch die Eisenbahnbehörde, welche die hierbei erforderlich werdenden Anordnungen an den Bergwerksbesitzer oder dessen Angestellte unmittelbar erläßt. Anordnungen solcher Art von eingreifender Bedeutung, namentlich wenn sie eine Aenderung der Bahnanlagen bedingen, hat die Eisenbahnbehörde alsbald zur Kenntniß der Bergbehörde zu bringen.

Im Uebrigen liegt die polizeiliche Beaufsichtigung und Ueberwachung der Anschlußbahn, namentlich insoweit es sich um die Ausführung und Befolgung der hierfür erlassenen Bergpolizeiverordnungen handelt, der Bergbehörde ob.

Uebertretungen dieser Verordnungen, welche von den Angestellten der Eisenbahnverwaltung bei Ausübung ihres Dienstes festgestellt werden, sind zur Kenntniß des zuständigen Bergrevierbeamten zur Veranlassung ihrer Verfolgung nach Maßgabe des § 209 des Allgemeinen Berggesetzes zu bringen.

Von etwaigen Uebertretungen der Bergpolizeiverordnungen durch Angestellte der Eisenbahnverwaltung hat der Bergrevierbeamte ihrer vorgesetzten Behörde Anzeige zu machen.

VIII. Die Beaufsichtigung derjenigen Betriebsmaschinen und Betriebsmittel, welche nur auf der Anschlußbahn verkehren, liegt, einschließlich der Dampfkesselpolizei, der Bergbehörde ausschließlich ob.

IX. Die Feststellung der bei dem Betriebe der Anschlußbahn vorkommenden Unglücksfälle, welche den Tod oder eine schwere oder voraussichtlich mit Erwerbsunfähigkeit von mehr als dreizehn Wochen verbundene Körperverletzung einer oder mehrerer Personen zur Folge gehabt haben, liegt dem Bergrevierbeamten ob.

Von dem Termine zur Untersuchung des Unfalls hat der Revierbeamte der Eisenbahnbehörde Kenntniß mit dem Anheimstellen der Betheiligung zu geben. Ebenso hat der Revierbeamte der Eisenbahnbehörde Mittheilung zu machen, wenn nach seinem Dafürhalten bei einem Unglücksfalle die Schuld eines Angestellten der Eisenbahnverwaltung konkurrirt.

Wird der Betrieb der Grubenanschlußbahn durch Angestellte der Eisenbahnverwaltung geführt, so sind diese verpflichtet, dem Revierbeamten von Unglücksfällen der in Absatz 1 bezeichneten Art sofort Anzeige zu machen.

---

5. Jagdpolizeigesetz. Vom 7. März 1850 (GS. 165)[1].
(Auszug).

§. 2. Zur eigenen Ausübung des Jagdrechts auf seinem Grund und Boden ist der Besitzer nur befugt:

a) auf solchen Besitzungen, welche in einem oder mehreren an einander grenzenden Gemeindebezirken einen land- oder forstwirthschaftlich benutzten Flächenraum von wenigstens dreihundert Morgen einnehmen und in ihrem Zusammenhange durch kein fremdes Grundstück unterbrochen sind;

---

[1] Beziehungen der StEB. zur staatl. Forstverwaltung: E. 21. April 79 (EBB. 85) betr. Überweisung des auf Staatsbahngebiet innerhalb forstfiskal. Jagdbezirke aufgefund. Fallwilds an die Oberförstereien; E. $\frac{24. \text{Sept. } 79}{16. \text{April } 80}$ (EBB. 80 S. 258) betr. Unterstützung der auf dem von der Forstverw. abgetretenen Terrain verarmten Personen; E. $\frac{13. \text{Feb.}}{3. \text{Mai}}$ 84 (EBB. 237) betr. Wegfall von Pachtvergütungen zwischen der Domänen- u. Forstverw. einerseits u. der EisVerw. andererseits. Ferner I 3 Anm. 5 d. W.

die Trennung, welche Wege[2]) oder Gewässer bilden, wird als eine Unterbrechung des Zusammenhanges nicht angesehen;

b) auf allen dauernd und vollständig eingefriedigten Grundstücken . . .;

c) auf Seen, . . . Teichen, . . . Inseln. . . .

§. 4 Abs. 1. Alle übrigen Grundstücke eines Gemeindebezirks, welche nicht zu den im § 2 gedachten gehören, bilden der Regel nach einen gemein=schaftlichen Jagdbezirk . . .[3]).

---

[2]) G. betr. die Ergänzung einiger jagdrechtlicher Bestimmungen vom 29. April 97 (GS. 117).

Einziger Artikel: Zu den Wegen im vorstehenden Sinne sind auch Schienenwege und Eisenbahnkörper zu rechnen.

[3]) Die als Bahnkörper benutzten Bahn=grundstücke, auch die zu beiden Seiten von selbständigen Jagdbezirken begrenz=ten Teile des Bahnkörpers, sind nicht durch die Art ihrer Benutzung vom ge=meinsch. Jagdbezirk ausgeschlossen OB. 27. März 90 (XIX 319).

VI. Eisenbahnbetrieb.

1. Einleitung.

Der gegenwärtige Abschnitt behandelt zunächst die Vorschriften über Bau und Ausrüstung der Betriebsmittel (Fahrzeuge) sowie über den eigentlichen Eisenbahnbetrieb, d. i. „die betriebssichere Unterhaltung der Bahnanlage und der Betriebsmittel und die sichere und ordnungsmäßige Durchführung der Züge." (AusfAnw. zum KleinbG., I 4 d. W. Anl. A zu § 22)[1]). Außer den im Wege internationaler Vereinbarung zustande gekommenen Bestimmungen betreffend die technische Einheit im Eisenbahnwesen (Nr. 2) gehören hierher die nachbezeichneten Vorschriften, welche der Bundesrat in Ausführung der Reichsverfassung erlassen hat; die Eisenbahn=Bau= und Betriebsordnung (Nr. 3), die Bestimmungen über die Befähigung von Eisenbahn=Betriebsbeamten (Nr. 4), die Signalordnung (Nr. 5). Die unter 2, 3 und 5 abgedruckten Normen enthalten, wie mit Bezug auf Abschnitt V 1 d. W. bemerkt wird, auch Anordnungen, die sich auf den Bau und die Ausrüstung der Bahnanlage selbst beziehen.

[2]) Ähnlich wie im Verkehrswesen (VII 1 d. W.) hat auch die reichsrechtliche Regelung des Eisenbahnbetriebs ihren Ursprung in Normen, die von den Eisenbahnverwaltungen selbst und ihren Verbänden aufgestellt worden waren. Ein näheres Eingehen auf die Vorgeschichte der Reichsverordnungen und auf die Vorschriften der Aufsichtsbehörden, der Eisenbahnverbände und der einzelnen Verwaltungen, in denen sie noch jetzt ihre Ergänzung finden, erscheint indessen — von den großen Umfange dieser Vorschriften abgesehen — schon aus dem Grunde für die Zwecke d. W. entbehrlich, weil, abweichend von den gleichartigen Vorgängen im Bereiche des Verkehrs, der Schwerpunkt ihrer Bedeutung nicht auf dem rechtlichen Gebiete liegt. Erwähnt sei, daß für den Verein deutscher Eisenbahnverwaltungen (VII 1) „Technische Vereinbarungen über den Bau und die Betriebseinrichtungen der Haupt= und Nebenbahnen", sowie „Grundzüge für den Bau und die Betriebseinrichtungen der Lokaleisenbahnen" aufgestellt sind. Ferner bestehen gemeinsame Veranstaltungen der Bahnen behufs Herstellung ineinandergreifender Zugverbindungen (z. B. die internationalen Fahrplankonferenzen) und Vereinigungen für gegenseitige Benutzung der Betriebsmittel, namentlich der Güterwagen. U. a. ist die Benutzung der Güterwagen für den

---

[1]) Im Sprachgebrauch der EisVerwaltungen wird dem EisBetrieb in diesem engeren Sinne der „Eisenbahnverkehr" als die Gesamtheit derjenigen Verrichtungen im Beförderungswesen gegenübergestellt, deren Zweck darauf gerichtet ist, „die Benutzung der Transportgelegenheit zur Beförderung von Personen, Gütern, Tieren usw. zu vermitteln" (Cauer I 1); hierher gehört z. B. der Abschluß der Beförderungsverträge u. die sonstige auf die Beförd=Gegenstände unmittelbar bezügliche Tätigkeit der Eisenbahn. Beide Dienstzweige greifen aber vielfach ineinander über u. lassen sich nicht scharf trennen.

[2]) Zu dem folgenden: Cauer I 68 ff.

Bereich des vorgenannten Vereins durch ein „Vereinswagenübereinkommen" und in noch weitergehendem Maße für den „Staatsbahnwagenverband" durch die bei VI 3 Anm. 23 bezeichneten Vorschriften geregelt; auch dient dem gleichen Zwecke eine Reihe von internationalen Abmachungen der Verwaltungen.

Zivilrechtlich nimmt der Eisenbahnbetrieb nach zwei Richtungen hin eine Ausnahmestellung ein: Einerseits ist der Eisenbahn eine erhöhte Haftpflicht für die durch Betriebsunfälle entstehenden Vermögensnachteile auferlegt, und zwar bei Sachbeschädigungen durch Eisenbahngesetz (I 3 d. W.) § 25, bei Tötung oder Verletzung von Personen durch das Haftpflichtgesetz (Nr. 6); anderseits genießt der Betrieb einen besonderen Rechtsschutz dadurch, daß im allgemeinen eine Pfändung der Betriebsmittel unzulässig ist (Nr. 7). Dem zivilrechtlichen Rechtsschutze treten strafrechtliche Sonderbestimmungen (Nr. 8) zur Seite, die eine Sicherung der Bahnanlage und des Bahnbetriebs gegen mutwillige oder fahrlässige Gefährdung u. dgl. bezwecken.

Im gesundheits= und veterinärpolizeilichen Interesse sind über die Reinigung und Desinfektion von Betriebsmitteln und Bahnanlagen allgemeine Vorschriften ergangen (Nr. 9).

Wegen der Einwirkungen, welche die Interessen der Landesverteidigung, der Post= und Telegraphenverwaltung und der Zollverwaltung auf den Bahnbetrieb ausüben, wird auf Abschnitt VIII bis X, wegen des Rechts der Kleinbahnen auf Abschnitt I 4 verwiesen; die gesundheitspolizeilichen Vorschriften werden, soweit sie nicht unter VI 9 mitgeteilt sind, bei VII 5 behandelt.

---

2. Bekanntmachung des Reichskanzlers, betr. die technische Einheit im Eisenbahnwesen. Vom 17. Februar 1887 (RGB. 111).

In Gemäßheit des vom Bundesrath in der Sitzung vom 16. Dezember 1886 gefaßten Beschlusses werden nachstehend die zwischen dem Deutschen Reich, Frankreich, Italien, Oesterreich, Ungarn und der Schweiz[1]) vereinbarten Bestimmungen, betreffend die technische Einheit im Eisenbahnwesen, veröffentlicht.

Artikel I.

	Maximum Millimeter.	Minimum Millimeter.
Die Spurweite der Bahngeleise, zwischen den inneren Kanten der Schienenköpfe gemessen, soll bei den nach dem Inkrafttreten dieser Bestimmungen neu zu legenden oder umzubauenden Geleisen		
auf geraden Strecken nicht unter . . . . betragen,	—	1 435
und in Kurven, einschließlich der Spurerweiterung, das Maaß von . . . . nicht überschreiten.	1 465	—

---

[1]) Später beigetretene Niederlande u. Rumänien (EBB. 87 S. 232): Belgien, Serbien u. Griechenland (EBB. 90 S. 226); Bulgarien (EBB. 91 S. 158); Dänemark u. Luxemburg, sowie Schweden u. Norwegen (EBB. 96 S. 230 u. 267); Rußland (EBB. 99 S. 252, dieses nur mit einzelnen normalspurigen Eis.). — Hand in Hand mit obiger internat. Vereinbarung geht diejenige über die zollsichere Einrichtung der EisWagen (Anl. A zu X 2 Anl. A d. W.).

Artikel II.

Maximum Minimum
Millimeter. Millimeter.

Das Rollmaterial der Eisenbahnen darf, wenn es den folgenden Bestimmungen entspricht, aus Gründen seiner Bauart von dem internationalen Verkehr nicht ausgeschlossen werden.

(Die hiernach angegebenen Maximal= und Minimalmaaße gelten sowohl für das bereits hergestellte als für das neu herzustellende Material, unter Vorbehalt jedoch der besonderen in Klammern beigefügten Maaße, welche für dasjenige Material als zulässig erklärt werden, das in dem Zeitpunkte, in dem diese Bestimmungen in Kraft treten, schon hergestellt ist.)

§. 1. Radstand neu zu erbauender Güterwagen . . . .   —   2 500

Diese Bestimmung findet keine Anwendung auf bewegliche Untergestelle.

Die Wagen, welche wegen eines zu großen festen Radstandes auf einer Bahnstrecke nicht verkehren können, werden zurückgewiesen. Die bezüglichen Vorschriften der Bahnverwaltungen sind den betheiligten Staaten bekannt zu geben.

§. 2. Abstand der Räder einer Achse, gemessen zwischen den inneren Flächen der Radreifen oder der dieselben ersetzenden Theile[3]) 1 360   1 357

§. 3. Breite der Radreifen oder der dieselben ersetzenden Theile   150   130

Zulässiges Minimum für bestehendes Material, unter der Bedingung, daß der Abstand der Räder (§. 2) mindestens 1 360 mm betrage . . . .   —   (125)

§. 4. Spielraum der Spurkränze, nach der Gesammtverschiebung der Achse gemessen, bei Annahme einer Spurweite von 1 440 mm   35   15

§. 5. Entfernung von Außenkante zu Außenkante der Spurkränze, gemessen 10 mm unterhalb der Lauffläche der beiden Radreifen, bei 1 500 mm Entfernung der Laufkreise 1 425   1 405

§. 6. Höhe der Spurkränze bei normaler Stellung der Räder auf geradem, horizontalem Geleise, von Schienenoberkante vertikal gemessen   36   25

§. 7. Stärke der Radreifen der Wagenräder, im schwächsten Punkte der Lauffläche gemessen . . . .   —   20

§. 8. Schalengußräder sind im internationalen Verkehr unter nicht mit Bremsen versehenen Güterwagen zulässig.

Anmerkung: Es besteht keine Verpflichtung, Wagen mit Schalengußrädern in Züge einzustellen, welche mit einer größeren Fahrgeschwindigkeit als 45 km in der Stunde befördert werden.

§. 9. Elastische Zug= und Stoßapparate müssen an beiden Stirnseiten der Wagenstelle angebracht sein.

Diese Bestimmung findet keine Anwendung auf Güterwagen, die für spezielle Transporte verwendet werden.

---

[3]) Die auf diesen Abs. folgende Übergangsbest. für französ. Wagen ist als erledigt hier fortgelassen.

§. 10. Höhenlage der Buffer bei leeren Wagen, von Schienen-oberkante bis zur Mitte der Bufferscheibe vertikal ge-messen . . . .

	Maximum Millimeter.	Minimum Millimeter.
§. 10. Höhenlage der Buffer bei leeren Wagen (gemessen)	1 065	1 020
Zulässiges Maaß für bestehendes Material . . .	(1 070)	—

Ein Minimum wird für bestehendes Material nicht festgesetzt.

§. 11. Höhenlage der Buffer bei größter Belastung der Wagen — | 940

Zulässiges Maaß für bestehendes Material . . . — | (900)

Anmerkung: Es besteht keine Verpflichtung, Wagen, bei welchen die Höhenlage der Buffer weniger als 940 mm beträgt, in Züge mit Personen-beförderung einzustellen.

§. 12. Abstand der Buffer, von Mitte zu Mitte der Scheiben eines Bufferpaares . . . . 1 760 | 1 710

Für Fahrzeuge, bei welchen der Abstand der Buffer geringer ist als 1 720 mm, muß der Durchmesser der Bufferscheiben (§. 13) mindestens 350 mm betragen.

Zulässige Maaße für bestehendes Material . . . (1 800) | (1 700)

§. 13. Durchmesser der Bufferscheiben . . . . — | 340

Zulässiges Maaß für bestehendes Material . . . — | (300)

§. 14. Freier Raum zwischen den Bufferscheiben und der Kopfschwelle der Wagen, beziehungsweise den an der-selben vorspringenden Theilen, bei vollständig ein-gedrückten Buffern parallel mit der Längsachse des Wagens gemessen, zu beiden Seiten des Zughakens, zwischen diesem und dem Rande der Bufferscheibe, in einer minimalen Breite von 400 mm . . . . . — | 300

Für bestehendes Material wird kein Maaß fest-gesetzt.

§. 15. Vorsprung der Buffer über den Zughaken, von der Angriffsfläche des nicht angezogenen Zughakens bis zur Stirn des nicht eingedrückten Buffers, parallel mit der Wagenachse gemessen . . . . 400 | 300

Zulässige Maaße für bestehendes Material — Personenwagen . . . . (430) | —

Güterwagen . . . . (430) | (223)

§. 16. Länge der Kuppelungen, von der Stirnseite des Buffers bis zur Innenseite des Einhängbügels, bei ganz ge-streckter Kuppelung gemessen . . . . 550 | 450

Für bestehendes Material werden keine Maaße fest-gesetzt.

§. 17. Kleiner Durchmesser des Querschnitts der Kuppelungs-bügel (Einhängbügel) am Berührungspunkte des Zug-hakens . . . . 35 | 30

Zulässiges Maaß für bestehendes Material — Güterwagen . . . . — | (25)

Personenwagen . . . . — | (22)

§. 18. Sicherheitskuppelungen. Alle Eisenbahnfahrzeuge sollen an jedem Kopfende mit einer oder zwei Sicherheits-kuppelungsvorrichtungen versehen sein, um bei Brüchen der Hauptkuppelung die Trennung des Zuges zu ver-hüten. Die bis jetzt allgemein vorgeschriebenen Noth-ketten können mithin durch eine zentrale Sicherheits-kuppelung ersetzt werden. Immerhin sollen derartige

	Maximum Millimeter.	Minimum Millimeter.

Vorrichtungen die Verbindung mit Eisenbahnfahrzeugen, welche mit Nothketten versehen sind, gestatten.

§. 19. Abstand der am tiefsten herabhängenden Theile der nicht angezogenen Kuppelungen über Schienenober= kante, bei vollbelasteten Wagen, sofern die Kuppelungen nicht aufgehängt werden können . . . . — 75

§. 20. Jeder Personen= oder Güterwagen muß mit Trag= federn versehen sein.

§. 21. Die Bremskurbeln müssen so eingerichtet sein, daß sie beim Anziehen der Bremsen nach rechts (d. h. in gleicher Richtung wie die Zeiger einer Uhr) gedreht werden.

§. 22. Die Bremsersitze an den Güterwagen müssen so kon= struirt sein, daß, wenn zwei derselben einander gegen= überstehen, die volle Vorderfläche der Bremsersitze hinter der eingedrückten Bufferfläche zurücksteht.

Horizontaler Abstand der Vorderfläche von der Stirnebene der Buffer . . . . — 40

Für bestehendes Material wird kein Maaß fest= gesetzt.

§ 23. Wagen welche wegen ihrer Querschnittmaaße auf einer Bahnstrecke nicht verkehren können, werden vom internationalen Verkehr ausgeschlossen. Die bezüglichen Vorschriften der Bahnverwaltungen sind den bethei= ligten Staaten bekannt zu geben.

§. 24. Jeder Wagen muß nachstehende Bezeichnungen tragen:
1. die Eisenbahn, zu welcher er gehört;
2. eine Ordnungsnummer;
3. die Tara oder das Eigengewicht des Fahrzeuges nach der letzten Gewichtsaufnahme, einschließlich Räder und Achsen;
4. die Tragfähigkeit oder das Maximalladegewicht; Personenwagen sind von dieser Bestimmung aus= genommen;
5. den Radstand, wenn derselbe über 4500 mm be= trägt; diese Bestimmung bezieht sich blos auf neu zu erbauendes Material;
6. eine spezielle Angabe, im Falle die Achsen radial verstellbar sind.

§. 25. Die Schlösser der dem internationalen Verkehr dienen= den Personenwagen, insofern die Thüren dieser Wagen überhaupt mittelst eines Schlüssels verschließbar sind, sollen entweder dem einen oder dem anderen der beiden Schlüsseltypen entsprechen, welche in beiliegender Zeichnung des Doppelschlüssels dargestellt sind.

Die vorstehenden Bestimmungen treten am 1. April 1887 in Kraft.

Beilage (zu Art. II §. 25): Zeichnung des Doppelschlüssels.

———————

3. Bekanntmachung des Reichskanzlers, betreffend die Eisenbahn=Bau= und Betriebsordnung. Vom 4. November 1904 (RGB. 387)[1]).

Gemäß dem vom Bundesrat in der Sitzung vom 3. November 1904 auf Grund der Artikel 42 und 43 der Reichsverfassung gefaßten Beschlusse tritt mit dem 1. Mai 1905 an die Stelle

der Normen für den Bau und die Ausrüstung der Haupteisenbahnen Deutsch= lands vom 5. Juli 1892,

der Betriebsordnung für die Haupteisenbahnen Deutschlands vom 5. Juli 1892,

der Bahnordnung für die Nebeneisenbahnen Deutschlands vom 5. Juli 1892

und der zu diesen Ordnungen ergangenen Nachträge

die nachstehende Eisenbahn=Bau= und Betriebsordnung[2]).

---

[1]) Die BO. enthält die grundlegenden reichsrechtl. Vorschr. über Bau u. Betrieb von Haupt= u. Nebeneisenbahnen; Klein= bahnen u. solche Bahnen, die nicht dem öff. Verkehr dienen, sind nicht Eisen= bahnen i. S. RVerf. Art. 42, 43 (I 2a Anm. 5 d. W.) u. deshalb der BO. nicht unterworfen. — Entstehung, allg. Begründung u. Anordnung er= geben sich aus der Einleitung der Erläu= terungen, mit denen der Entwurf der BO. dem Bundesrat vorgelegt wurde; sie sind hier als Anlage E auszugs= weise abgedruckt. — Quellen Bundes= rat 04 Druck. 112. — Rechtsgültig= keit I 2a Anm. 15 d. W. — Die Best. der BO. sind revisible Nor= men, soweit sie allgemeine Ge= u. Ver= bote für den Betriebsunternehmer und das Publikum enthalten RGer. 12. Feb. 03 (LIII 394).

[2]) Inhalt. I. Allgemeines. § 1 Geltungsbereich, § 2 Befristungen, § 3 Ausnahmen, § 4 Aufsichtsbehörden, § 5 Ausführungsbestimmungen.

II. Bahnanlagen. § 6 Begriffser= klärungen, § 7 Richtungs= u. Neigungs= verhältnisse bei Neubauten, § 8 Breite des •Bahnkörpers u. § 9 Höhenlage der Bahnkrone, § 9 Spurweite, § 10 Gleis= lage, § 11 Umgrenzung des lichten Raumes, § 12 Gleisabstand, § 13 Bahnkreuzungen, § 14 Entfernung der Zugfolgestellen u. Länge der Kreuzungs= stationen, § 15 Wasserstationen u. Wasserkrane, § 16 Tragfähigkeit des Oberbaues u. der Brücken, § 17 Ab= teilungszeichen. Neigungszeiger, § 18 Einfriedigungen. Schranken. Warnungs= tafeln, § 19 Telegraph. Fernsprecher. Läutewerke, § 20 Drehscheiben. Schiebe= bühnen, § 21 Signale u. Signalsicherung, § 22 Streckenblockung, § 23 Bahnsteige,

§ 24 Rampen, § 25 Güterschuppen. Ladebühnen. Lademaße. Brückenwagen, § 26 Stationsnamen. Uhren.

III. Fahrzeuge. § 27 Beschaffen= heit der Fahrzeuge, § 28 Umgrenzung der Fahrzeuge, § 29 Raddruck, § 30 Radstand. Verschiebbarkeit der Achsen, § 31 Räder, § 32 Achsen, § 33 Zug= u. Stoßvorrichtungen, § 34 Freie Räume an den Stirnseiten, § 35 Brem= sen, § 36 Ausrüstung der Lokomotiven, Tender u. Triebwagen, § 37 Trag= federn der Wagen, § 38 Wagenaus= rüstung für militärische Zwecke, § 39 Verschluß, Beleuchtungs= u. Heizein= richtung der Personenwagen, § 40 Bodenhöhe der Güterwagen, § 41 Signalstützen u. Laternenkasten, § 42 Anschriften an den Wagen, § 43 Ab= nahme u. Untersuchung der Lokomotiven u. Triebwagen, § 44 Abnahme u. Untersuchung der Tender u. Wagen.

IV. Bahnbetrieb. § 45 Eisen= bahnbetriebsbeamte, § 46 Unterhaltung, Untersuchung u. Bewachung der Bahn, Schrankendienst, § 47 Freihalten des Bahnkörpers, § 48 Kennzeichnung mangelhafter oder unfahrbarer Bahn= strecken, § 49 Beleuchtung der Bahn= anlagen, § 50 Grundstellung der Fahr= signale u. Weichen. Sicherung der Weichen, § 51 Rangieren auf u. neben den Hauptgleisen, § 52 Stillstehende Fahrzeuge, § 53 Fahrordnung, § 54 Begriff, Gattung u. Stärke der Züge, § 55 Ausrüstung der Züge mit Brem= sen, § 56 Zusammenstellung der Züge, § 57 Schutzabteil. Schutzwagen, § 58 Zugsignale, § 59 Ausstattung der Züge, § 60 Beleuchtung u. Heizung der Personenwagen, § 61 Kuppeln u. Ver= schließen der Wagen. Bremsprobe, § 62 Beförderung von Gütern mit

Eisenbahn-Bau- und Betriebsordnung.

Hauptbahnen[2]).　　|　　Nebenbahnen[3]).

I. Allgemeines.

§ 1. Geltungsbereich.

(1) Die Eisenbahn=Bau= und Betriebsordnung (abgekürzte Bezeichnung: Be=
triebsordnung; B. O.) findet auf die Haupt= und Nebeneisenbahnen Anwendung.
Die in der vollen Breite einer Seite gedruckten Bestimmungen gelten für Haupt=
und Nebenbahnen,

die auf der linken Hälfte einer Seite nur für Hauptbahnen.	die auf der rechten Hälfte einer Seite nur für Nebenbahnen.

(2) Für Schmalspurbahnen gelten
die auf die Nebenbahnen anzuwendenden
Bestimmungen der Abschnitte II und III
nur soweit dies besonders bemerkt ist.
Im übrigen sind die allgemeinen Vor=
schriften über Bahnanlagen und Fahr=
zeuge der Schmalspurbahnen von der
Landesaufsichtsbehörde[4]) zu erlassen.

(3) Die Bestimmungen für Neubauten[5]) gelten auch für umfassendere Um=
bauten bestehender Bahnanlagen.

(4) Zur Einreihung einer Eisenbahn unter die Nebenbahnen ist die Geneh=
migung der Landesaufsichtsbehörde[4]) und die Zustimmung des Reichs=Eisenbahn=
amts erforderlich.

§ 2. Befristungen.

(1) Fehlen auf einer Bahn einzelne der im folgenden vorgesehenen Ein=
richtungen, so können für ihre Aus= oder Durchführung von der Landesaufsichts=
behörde[4]) mit Zustimmung des Reichs=Eisenbahnamts Fristen bewilligt werden.

(2) Befristungen, die auf Grund der bisherigen Vorschriften bewilligt sind,
behalten ihre Gültigkeit.

Personenzügen, § 63 Zugpersonal,
§ 64 Mitfahren auf der Lokomotive,
§ 65 Ein= u. Ausfahrt der Züge. Zug=
folge, § 66 Fahrgeschwindigkeit, § 67
Schieben der Züge, § 68 Befahren von
Bahnkreuzungen, § 69 Sonderzüge,
§ 70 Rangordnung der Züge, § 71
Schneepflüge, § 72 Von Hand bewegte
Wagen. Kleinwagen, § 73 Betrieb=
störende Ereignisse. V. Bahnpolizei.
§ 74 Eisenbahn=
polizeibeamte, § 75 Ausübung der
Bahnpolizei, § 76 Gegenseitige Unter=
stützung der Polizeibeamten.

VI. Bestimmungen für das
Publikum. § 77 Allgemeine Bestim=
mungen, § 78 Betreten der Bahn=
anlagen, § 79 Überschreiten der Bahn,
§ 80 Bahnbeschädigungen u. Betriebs=
störungen, § 81 Verhalten der Reisen=
den, § 82 Bestrafung von Über=

tretungen, § 83 Aushang von Vor=
schriften.

[3]) Nebenbahnen sind die gemäß
§ 1 (4) unter die Nebenbahnen einge=
reihten Eisenbahnen, Hauptbahnen
die übrigen; für Nebenbahnen gelten
nur mit Einschränkung die Signal=O.
(VI 5 d. W.) u. das Eis=Post=G. (IX 2
d. W.). — E. 1. Aug. 97 u. 31. Mai 99
(BB. 569 u. 583) betr. vereinfachte
Diensteinrichtungen b. d. Nebenbahnen
der St=E=B. — Umwandlung d. Neben=
bahnen in Hauptbahnen u. umgek.
I 3 Anl. B d. W. (Ziff. XII, XVII),
Verw=O. § 3a, E. 28. Mai 79 (IX 2
Anl. B) Ziff. I a. E., Btr. m. Hessen
u. betr. Main=Neckarb. II 4 Anl. A d. W.
Art. 17 (2) u. Unteranl. A 1 Art. 3 (1b).

[4]) § 4.

[5]) § 7, 8 (2), 11 (2, 7), 12 (3), 14 (1),
16 (2, 3), 20 (2), 24 (2).

Hauptbahnen. | **Nebenbahnen.**

§ 3. Ausnahmen.

(1) Für die an der Grenze gelegenen, von ausländischen Bahnverwaltungen betriebenen Strecken können Ausnahmen von der Landesaufsichtsbehörde⁴) mit Zustimmung des Reichs=Eisenbahnamts bewilligt werden.

(2) Für Fahrzeuge, die nur in Nebenbahnzügen laufen, kann, auch wenn diese Züge streckenweise Hauptbahnen benutzen, die Landesaufsichtsbehörde⁴) Ausnahmen von den Bestimmungen des Abschnitts III zulassen.

(3) Im übrigen ist das Reichs=Eisenbahnamt ermächtigt, in Berücksichtigung besonderer Verhältnisse für einzelne Bahnstrecken, Stationen, Fahrzeuge, Züge oder Zuggattungen auf Antrag der Landesaufsichtsbehörde⁴) Abweichungen zuzulassen.

§ 4. Aufsichtsbehörden⁵).

(1) Welche Behörden in jedem Bundesstaat unter der Bezeichnung Landesaufsichtsbehörde und Aufsichtsbehörde zu verstehen sind, wird von der zuständigen obersten Landesbehörde bestimmt und dem Reichs=Eisenbahnamte mitgeteilt.

(2) Für die Reichseisenbahnen in Elsaß=Lothringen erfolgt diese Festsetzung und Mitteilung durch die zuständige oberste Reichsbehörde.

§ 5. Ausführungsbestimmungen.

Ausführungsbestimmungen sind dem Reichs=Eisenbahnamte mitzuteilen.

II. Bahnanlagen.

§ 6. Begriffserklärungen.

(1) Zu den Bahnanlagen gehören alle beim Bau einer Bahn vorkommenden Anlagen, einschließlich der Betriebseinrichtungen, aber ausschließlich der Fahrzeuge. Unterschieden werden die Bahnanlagen der freien Strecke und der Stationen⁷).

(2) Stationen sind die Betriebsstellen, auf denen Züge des öffentlichen Verkehrs (§ 54(1)) regelmäßig anhalten. Stationen mit mindestens einer Weiche für den öffentlichen Verkehr werden betriebstechnisch als Bahnhöfe, Stationen ohne solche Weichen als Haltepunkte bezeichnet⁷).

(3) Zugfolgestellen sind alle Betriebsstellen, die einen Streckenabschnitt begrenzen, in den ein Zug nicht einfahren darf, bevor ihn der vorausgefahrene Zug verlassen hat. Zugfolgestellen, die nicht zu den Bahnhöfen gehören, heißen Blockstellen. Eine Blockstelle kann zugleich Haltepunkt sein.

---

⁵) Im Sinne der BO., der Befäh=Vorschr. (VI 4 d. W.) und der SignalO. (VI 5 d. W.) ist für Preußen Landesaufsichtsbeh. (s. alphab. Register) der Min., Aufsichtsbeh. (desgl.) bei der StEB. die EisDir., bei Privatbahnen der EisKommissar (II 5 Anl. A d. W.); Anträge an das REBA. wegen Zustimmung zu Entscheidungen irgend welcher Art sind in allen Fällen zunächst dem Min. vorzulegen (E. 26. Sept. 92 (EBB. 289, BB. 563). Hessen II 4 Anl. A Art. 17 (3), Badische Strecken d. Main—Neckarb. II 4 Unteranl. A 1 Art. 11 (2) d. W. Für die Reichseisenbahnen ist Landesaufsichtsbeh. der Chef des Reichsamts f. d. Verwalt. d. Reichseif. (II 2 c Anm. 4), Aufsichtsbeh. die GenDirektion der Eis. in Elsaß=Lothr. zu Straßburg.

⁷) Hierzu Erläuterung des REBA. (Auszug unter Fortlassung der rein technischen Einzelheiten in Anl. E; im Text ist bei allen Best., die in den Erläut. besprochen werden, durch das Zeichen ⁷) auf letztere hingewiesen).

| **Hauptbahnen.** | **Nebenbahnen.** |

(4) Hauptgleise sind alle Gleise, die von geschlossenen Zügen im regelmäßigen Betriebe befahren werden. Die Hauptgleise der freien Strecke und ihre Fortsetzung durch die Bahnhöfe sind durchgehende Hauptgleise. Die durchgehenden Hauptgleise gelten auch im Bereiche der Haltepunkte als Gleise der freien Strecke. Alle nicht zu den Hauptgleisen zählenden Gleise sind Nebengleise.

§ 7. Richtungs= und Neigungsverhältnisse bei Neubauten[8]).

(1)   In durchgehenden Hauptgleisen[9]) sind

| | wenn Fahrzeuge der Hauptbahnen übergehen sollen |

Krümmungen von weniger als 180 m Halbmesser

| | im übrigen von weniger als 100 m Halbmesser |

nicht zulässig.

(2) Die Anwendung eines Halbmessers unter 300 m auf freier Strecke[10]) bedarf der Genehmigung der Landesaufsichtsbehörde[6]) und der Zustimmung des Reichs=Eisenbahnamts.

(3) In den durchgehenden Hauptgleisen[9]) sind zwischen geraden und gekrümmten Strecken Übergangsbogen einzulegen.

(4) Entgegengesetzte Krümmungen der durchgehenden Hauptgleise[9]) sind durch eine Gerade zu verbinden, die zwischen den Endpunkten der Überhöhungsrampen (§ 10 (2))

| mindestens 30 m | mindestens 10 m |

lang sein muß.

(5) Die Längsneigung auf freier Strecke[10]) darf in der Regel

| 25 ‰ (1 : 40) | 40 ‰ (1 : 25) |

nicht überschreiten.

(6)   Die Anwendung einer stärkeren Neigung als

| 12,5 ‰ (1 : 80) | 40 ‰ (1 : 25) |

bedarf der Genehmigung der Landesaufsichtsbehörde[6]) und der Zustimmung des Reichs=Eisenbahnamts.

(7) Das Neigungsverhältnis von Bahnhofgleisen darf, abgesehen von Rangiergleisen, nicht mehr als 2,5 ‰ (1 : 400) betragen, jedoch dürfen Ausweichgleise in die stärkere Neigung der freien Strecke[10]) eingreifen.

| | Ausnahmen können von der Landesaufsichtsbehörde[6]) zugelassen werden. |

(8) Steigt von zwei in entgegengesetztem Sinne und stärker als 5 ‰ (1 : 200) geneigten, aneinanderstoßenden Strecken die eine mehr als 10 m an, so ist eine mindestens 500 m lange, höchstens 3 ‰ geneigte Zwischenstrecke einzuschalten. In die Länge von 500 m dürfen die Tangenten der Ausrundungsbogen (§ 10 (3)) eingerechnet werden.

---

[8]) § 1 (3).
[9]) § 6 (4).

[10]) § 6 (1, 4).

| **Hauptbahnen.** | | **Nebenbahnen.** |

§ 8. Breite des Bahnkörpers und Höhenlage der Bahnkrone.

(1) Der Bahnkörper muß so breit sein, daß der Schnitt der Böschung mit einer durch Schienenunterkante des nächsten Gleises gelegten Geraden mindestens 2 m von Gleismitte entfernt ist.

(2) Bei Neubauten[8]) ist, abgesehen von eingedeichten Strecken, die Schienenunterkante mindestens 0,6 m über den höchsten Wasserstand zu legen.

§ 9. Spurweite.

(1) Die Spurweite

der Vollspurbahnen

beträgt im geraden Gleis 1,435 m.

(2) Die Spurweite der Schmalspurbahnen beträgt im geraden Gleis 1,00 oder 0,75 m.

(3) In Krümmungen mit einem Halbmesser von weniger als 500 m ist die Spurweite zu vergrößern. Die Vergrößerung darf

| 30 mm | | 35 mm[7]) |

nicht übersteigen.

(4) Als Folge des Betriebs sind Verengerungen der vorgeschriebenen Spurweiten bis zu 3 mm, Erweiterungen bis zu 10 mm zulässig, niemals aber darf das Maß von

| 1,465 m | | 1,470 m |

überschritten werden.

§ 10. Gleislage.

(1) Die winkelrecht gegenüberliegenden Punkte der Schienenoberkanten müssen in geraden Strecken, mit Ausnahme der Überhöhungsrampen (2), gleich hoch liegen.

(2) Die Überhöhung des äußeren Stranges gekrümmter Gleise muß auf eine möglichst große Länge, mindestens aber auf das 300fache ihres Betrags auslaufen[7]).

(3) Neigungswechsel in durchgehenden Hauptgleisen[9]) sind nach einem Kreisbogen von mindestens

| 5000 m Halbmesser | | 2000 m Halbmesser |

auszurunden.

Bei Neigungswechseln in und vor Stationen kann bis auf 2000 m herabgegangen werden.

§ 11. Umgrenzung des lichten Raumes[11]).

(1)[7]) An den durchgehenden Hauptgleisen[9]) und den sonstigen Ein- und Ausfahrgleisen von Personenzügen (§ 54 (2)) ist ein lichter Raum mindestens nach der in Anlage A links, an allen übrigen Gleisen nach der in Anlage A rechts mit ausgezogenen Linien gezeichneten Umgrenzung offen zu halten. Dabei ist in Krümmungen auf die Spurerweiterung und die Gleisüberhöhung Rücksicht zu nehmen.

---

[11]) § 18 (3), § 47; Bahnsteige § 23 (2).

Hauptbahnen. | **Nebenbahnen.**

(2)[7]   Außerhalb der Umgrenzung des lichten Raumes (1) sind
bei Neubauten[8]) | beim Neubau von Bahnen, die für die
| Beförderung von Militärzügen in Be=
| tracht kommen,
an den durchgehenden Hauptgleisen[9]) und den sonstigen Ein= und Ausfahrgleisen
von Personenzügen in einer Höhe von 1,00 bis 3,05 m, an allen übrigen Gleisen
in einer Höhe von 1,12 bis 3,05 m über Schienenoberkante noch seitliche, in Anlage A
mit gestrichelten Linien angegebene Spielräume freizuhalten. Ihre Breite beträgt:

a) auf der freien Strecke[10]): bei Kunstbauten mindestens 0,2 m, im übrigen
mindestens 0,5 m;

b) innerhalb der Stationen[12]): mindestens 0,2 m.

(3) Für Zahnstangenbahnen wird die Umgrenzung nach (1) zwischen den
Schienen nach der in Anlage A punktiert gezeichneten Linie in einer Breite von
0,5 m und einer Höhe vom 50 mm eingeschränkt.

(4) Der Abstand von 150 mm (Anlage A) zwischen Schieneninnenkante und
festen Gegenständen, die außerhalb des Gleises bis zu 50 mm über Schienenober=
kante hervorragen, kann auf 135 mm eingeschränkt werden, wenn der Gegenstand
mit der Fahrschiene fest verbunden ist.

(5) Der Abstand von 67 mm (Anlage A) zwischen Schieneninnenkante und
festen Gegenständen innerhalb des Gleises kann gegen die Mitte von Zwangschienen
bei Wegübergängen[7]) mit Genehmigung der Landesaufsichtsbehörde[6]) bis
auf 15 mm)
bei Weichen und Kreuzungen bis auf 41 mm
eingeschränkt werden. In gekrümmten Gleisen tritt zu den Maßen von 67, 45
und 41 mm das Maß der Spurerweiterung.

(6) Die Tiefe von 38 mm des freien Raumes neben der Schieneninnenkante
(Anlage A) muß bei stärkster Abnutzung der Schienen voll vorhanden sein.

(7) Tore von Lokomotiv= und Wagenschuppen müssen mindestens 3,35 m im
lichten weit sein. Bei Neubauten[8]) ist die Lichtweite mit mindestens 3,80 m zu
bemessen.

(8) Ausnahmen kann zulassen:

die Landesaufsichtsbehörde[6]) von den Bestimmungen in (2),

die Aufsichtsbehörde[6]) für Ladegleise von den Bestimmungen in (1)

§ 12. Gleisabstand.

(1) Auf der freien Strecke[10]) muß der Abstand von Doppelgleisen mindestens
3,5 m, der Abstand zwischen Gleispaaren oder einem Gleispaar und einem dritten
Gleise mindestens 4,0 m von Gleismitte zu Gleismitte betragen.

(2) Auf Bahnhöfen[12]) muß der Abstand der Gleise, abgesehen von Überlade=
gleisen, mindestens 4,5 m betragen. Die Landesaufsichtsbehörde[6]) kann Ausnahmen
von dieser Bestimmung
für durchgehende Hauptgleise[9]), zwischen
denen ein Bahnsteig nicht anzulegen ist,
und für bestehende Gleise
zulassen[7]).

(3) Bei Neubauten[8]) müssen Gleise,
zwischen denen ein Bahnsteig anzulegen
ist, mindestens 6 m Abstand erhalten.

---

[12]) § 6 (2).

Hauptbahnen.   **Nebenbahnen.**

Beim Umbaue von Stationen mit ge=
ringem Personenverkehre kann die Landes=
aufsichtsbehörde⁶) kleinere Abstände zu=
lassen.

§ 13. Bahnkreuzungen[13]).

Kreuzungen von Hauptbahnen mit anderen Bahnen dürfen in Schienenhöhe
außerhalb der Einfahrsignale der Bahnhöfe[12]) nicht angelegt werden.

Für die Kreuzung einer Hauptbahn
mit einer dieser Ordnung nicht unter=
stellten Bahn[12]) kann die Landesauf=
sichtsbehörde⁶) Ausnahmen zulassen.

§ 14. Entfernung der Zugfolgestellen und Länge der Kreuzungsstationen.

(1) Die zulässige größte Entfernung
der Zugfolgestellen[14]) und die Länge
der Kreuzungsstationen neuer⁸) oder
umzubauender, für die Beförderung von
Militärzügen in Betracht kommender
Bahnen werden von dem Reichs=Eisen=
bahnamte festgesetzt. Entfernungen von
weniger als 8 km und nutzbare Gleis=
längen von mehr als 550 m können
jedoch nicht vorgeschrieben werden.

Bemerkung. Die Länge von
550 m entspricht einem ganzen Militär=
zuge; für einen halben Zug sind 290 m
Gleislänge zu rechnen.

(2) Können die nach (1) geforderten
Kreuzungsstationen für den öffentlichen
Verkehr nicht nutzbar gemacht werden,
so genügt es, Bahnkörper und Bettung
für die Ausweichgleise anzulegen, die
Oberbau= und Signalmaterialien aber
an Ort und Stelle bereit zu halten.

Inwieweit die für die Hauptbahnen
getroffenen Vorschriften aus Rücksichten
der Landesverteidigung auf die Neben=
bahnen anzuwenden sind, bestimmt die
Landesaufsichtsbehörde⁶) im Einver=
nehmen mit dem Reichs=Eisenbahnamte.

§ 15. Wasserstationen und Wasserkrane.

(1) Wasserstationen sind in solchen Abständen und von solcher Leistungs=
fähigkeit anzulegen, daß der von der Landesaufsichtsbehörde⁶) festzustellende Bedarf
an Speisewasser jederzeit reichlich gedeckt werden kann.

(2) Wasserkrane zur Speisung der
Lokomotiven fahrplanmäßiger Züge
müssen in der Minute mindestens 1 cbm
Wasser liefern können.

(3) Die Ausgüsse der Wasserkrane müssen mindestens 2,85 m über Schienen=
oberkante liegen.

(4) Wasserkrane mit drehbarem Ausleger müssen mit einem Signale versehen
sein, das die Stellung des Auslegers bei Dunkelheit anzeigt[15]).

---

¹²) Erläut. (Anl. E); „dieser O. nicht
unterstellt" (Abs. 2) sind Klein= u. nicht
dem öff. Verk. dienende Bahnen.

¹⁴) § 6 (3) u. Erläut. (Anl. E).
¹⁵) SignalO. (VI 5 d. W.) Abschn. V.

Hauptbahnen. | **Nebenbahnen.**

§ 16. Tragfähigkeit des Oberbaues und der Brücken⁷).

(1) Gleise und Brücken, die von Lokomotiven befahren werden, müssen Fahrzeuge von 7,5 t Raddruck (im Stillstande gemessen) mit Sicherheit aufnehmen können.

(2) Der Oberbau der Hauptgleise⁸) muß beim Neubaue⁸), wie bei der in zusammenhängenden Strecken erfolgenden Erneuerung eine Tragfähigkeit

a) im allgemeinen für mindestens 8 t,
b) auf besonders stark beanspruchten Strecken für mindestens 9 t Raddruck (im Stillstande gemessen) erhalten.

(3) Die Tragfähigkeit neuer und zu erneuernder⁸) Brücken ist mindestens für die in Anlage B dargestellte Verkehrslast zu bemessen.

Inwieweit die in (1) und (3) für die Hauptbahnen getroffenen Vorschriften aus Rücksichten der Landesverteidigung auf die Nebenbahnen anzuwenden sind, bestimmt die Landesaufsichtsbehörde⁶) im Einvernehmen mit dem Reichs=Eisenbahnamte.

§ 17. Abteilungszeichen. Neigungszeiger.

(1) Die Bahn ist in Abschnitten

von 100 m | von 1000 m

mit Abteilungszeichen zu versehen.

(2) Das Verhältnis der Neigungen und ihre Länge ist an den Neigungswechseln

ist an den Enden der Strecken, wo die Verbindungslinie zweier 500 m voneinander entfernter Punkte der Bahn stärker als 6,66‰ (1 : 150) geneigt ist⁷),

ersichtlich zu machen.

§ 18. Einfriedigungen. Schranken. Warnungstafeln.

(1) Einfriedigungen zwischen der Bahn und ihrer Umgebung⁷) sind anzulegen, wo die Gestaltung der Bahn oder die gewöhnliche Bahnbewachung (§ 46 (5)) nicht hinreichend erscheint, vom Betreten der Bahn abzuhalten¹⁶).

(2) An Wegen, die unmittelbar neben der Bahn und gleich hoch oder höher liegen, sind Schutzwehren anzulegen.

(3) Die Wegübergänge¹⁶) sind mit Schranken zu versehen.

Ob und in welchem Umfang an Wegen Schutzwehren anzulegen sind, bestimmt die Aufsichtsbehörde⁶).

Inwieweit die Wegübergänge mit Schranken zu versehen sind, bestimmt die Aufsichtsbehörde⁶).

---

¹⁶) Ansprüchen wegen Nichterfüllung der durch § 18 (1), 46 (5) der Eis. auferlegten Verpflichtungen kann die Eis. nicht mit Berufung darauf begegnen, daß sie den Anford. der LandespolB.

nachgekommen sei (Rhein. Recht) RGer. 2. Dez. 79 (EEE. I 29). Ferner VI 6 Anm. 8, 9 u. I 3 Anm. 28 B. — Wegübergänge Anl. E zu § 18 (3), Anm. 34, 44.

Hauptbahnen.   **Nebenbahnen.**

Die Schranken müssen bei jeder Stellung mindestens 0,5 m von der Um=
grenzung des lichten Raumes[17]) abstehen.

(4) Zugschranken müssen vom
Standorte des bedienenden Wärters aus
übersehen werden können. Wenn der
Standort mehr als 50 m entfernt ist,
sind sie nur bei Übergängen mit
schwächerem Verkehre zulässig.

(5) Zugschranken müssen von Hand geöffnet und geschlossen werden können
und mit einer Glocke versehen sein, die vom Standorte des Wärters aus bedient
werden kann (§ 46 (7)).

(6) Schranken an Wegen, die mit
Genehmigung der Landespolizeibehörde[18])
geschlossen gehalten werden (§ 46 (8)),
sind mit einem zum Wärterstandorte
führenden Glockenzuge[7]) zu versehen.

(7) Schranken an unbedienten
Übergängen von Privatwegen müssen
verschließbar sein (§ 46 (9)).

(8) Für Fußwege kann die Auf=
sichtsbehörde[6]) Drehkreuze oder ähnlich
wirkende Abschlüsse zulassen.

(9) Die Wegübergänge   Verkehrsreiche Wegübergänge
müssen mit Warnungstafeln versehen sein. Die Tafeln sind da aufzustellen, wo
Fuhrwerke nnd Tiere angehalten werden müssen (§ 79 (4)), wenn die Schranken
geschlossen sind oder ein Zug sich nähert.

                                      (10) Vor Wegübergängen ohne
                                      Schranken sind Kennzeichen für den
                                      Lokomotivführer anzubringen (§ 58 (2))[7]).

§ 19. Telegraph. Fernsprecher. Läutewerke.

(1)   Die Zugfolgestellen[14])
                                      der Strecken, die mit mehr als 40 km
                                      Geschwindigkeit befahren werden,
                           sind durch Telegraph,
                                      die Zugfolgestellen der sonstigen Strecken
                                      durch Telegraph oder Fernsprecher
                           zu verbinden.

                                      Ausnahmen können von der Auf=
                                      sichtsbehörde[6]) zugelassen werden.

(2) Auf Linien mit Streckenblockung
(§ 22) kann der Telegraph bei den Block=
stellen durch Fernsprecher ersetzt werden.

(3) Die Bahnen   Bahnstrecken, die mit mehr als
                                      40 km Geschwindigkeit befahren werden,
sind mit Läutewerken oder anderen Einrichtungen zu versehen, wodurch die Schranken=
wärter von dem Abgange der Züge benachrichtigt werden können.

---

[17]) § 11.
[18]) RegPräsident nach Benehmen mit
EisAufsichtsbeh.; bei Meinungsverschied.

ist Entsch. des Min. einzuholen E. 26.
Sept. 92 (EVB. 289, BB. 563).

Hauptbahnen.   **Nebenbahnen.**

(4) Wenn nicht die Züge mit Vor=
richtungen zum Herbeirufen von Hilfe
ausgerüstet sind, müssen solche auf der
freien Strecke[10]) in Entfernungen von
höchstens 4 km vorhanden sein.

§ 20. Drehscheiben.   Schiebebühnen.

(1) Wo nicht ausschließlich Tender=
lokomotiven verwendet werden, müssen
die Lokomotivstationen mit einer Dreh=
scheibe ausgerüstet sein, auf der die Loko=
motiven samt Tender gedreht werden
können.

(2) Neue[6]) Lokomotivdrehscheiben,   Inwieweit diese Vorschrift aus
die bei der Beförderung von Militär=   Rücksichten der Landesverteidigung auf
zügen benutzt werden müssen, dürfen   die Nebenbahnen anzuwenden ist, be=
nicht unter 16 m Durchmesser erhalten. stimmt die Landesaufsichtsbehörde[6]) im
                                       Einvernehmen mit dem Reichs=Eisen=
                                       bahnamte.

(3) Schiebebühnen mit versenkten Gleisen und Drehscheiben sind in Haupt=
gleisen[9]) nur an stumpfen Enden zulässig.

§ 21. Signale und Signalsicherung.

(1) Die Form der Signale muß, soweit es sich um Signale der Eisenbahn=
Signalordnung[7]) handelt, deren Vorschriften entsprechen. Zur Erteilung von
Signalen, die in der Signalordnung nicht vorgesehen sind, dürfen die Formen der
Signalordnung nicht benutzt werden.

(2) Die Bahnhöfe[12])   Die Kreuzungsstationen von Bahn=
                                       strecken, die mit mehr als 40 km Ge=
                                       schwindigkeit befahren werden,
sind mit Einfahrsignalen zu versehen.

                                       Inwieweit die Kreuzungsstationen
                                       anderer Strecken aus Rücksichten der
                                       Landesverteidigung mit Einfahrsignalen
                                       zu versehen sind, bestimmt die Landes=
                                       aufsichtsbehörde[6]) im Einvernehmen mit
                                       dem Reichs=Eisenbahnamte.

(3) Gabelt sich eine Fahrrichtung
in zwei oder mehrere Einfahrstraßen, so
sind die Einfahrsignale so einzurichten,
daß sie entweder von dem Fahrdienst=
leiter (Bemerkung zu § 51 (1)) selbst
bedient oder aber nur unter dessen Mit=
wirkung auf Fahrt gestellt werden können.

(4) Bahnhöfe[12]) mit Ausweich=
gleisen sind mit Ausfahrsignalen zu ver=
sehen.

(5) Bewegliche Brücken sind durch Hauptsignale[19]) zu decken und mit ihnen
derart in Abhängigkeit zu bringen, daß das Signal erst auf Fahrt gestellt werden

---

[19]) Erläut. (Anl. E) zu § 21 (5—7).

27*

| **Hauptbahnen.** | **Nebenbahnen.** |

kann, wenn die Brücke verriegelt ist, und daß die Brücke nicht entriegelt werden kann, solange das Signal auf Fahrt steht.

(6) Die in Schienenhöhe gelegenen Kreuzungen der dieser Ordnung unterstellten Bahnen sind durch Hauptsignale[19]) zu decken, die in gegenseitiger Abhängigkeit stehen (zu vergleichen indes § 13). Über die Sicherung der Kreuzung einer solchen Bahn mit einer dieser Ordnung nicht unterstellten Bahn[18]) hat die Landesaufsichtsbehörde[6]) Bestimmung zu treffen.

(7) Außerhalb der Bahnhöfe[12]) liegende, unverschlossene Weichen sind durch Hauptsignale[19]) zu decken. Für Weichen, die gewöhnlich verschlossen gehalten werden, genügen Signale, die deren Stellung kenntlich machen.

(8) Außerhalb der Bahnhöfe[12]) liegende, unverschlossene Weichen (7) müssen mit ihren Deckungssignalen, die Weichen innerhalb der Bahnhöfe, die im regelmäßigen Betriebe von ein- oder durchfahrenden Personenzügen gegen die Spitze befahren werden, mit den für die Fahrt gültigen Signalen derart in Abhängigkeit gebracht sein, daß die Signale erst auf Fahrt gestellt werden können, wenn die Weichen richtig stehen, und daß diese verschlossen sind, solange die Signale auf Fahrt stehen (§ 65 (2)).

(9) Mit den Einfahrsignalen (2), den Blocksignalen, den Deckungssignalen der beweglichen Brücken (5), der außerhalb der Bahnhöfe[12]) gelegenen Bahnkreuzungen (6) und unverschlossenen Weichen (7) sind Vorsignale zu verbinden. Inwieweit die Ausfahrsignale mit Vorsignalen zu verbinden sind, hat die Landesaufsichtsbehörde[6]) zu bestimmen.

(10) Hauptsignale[19]) sind womöglich auf der rechten Seite oder über der Mitte, Vorsignale stets auf der rechten Seite der zugehörigen Gleise aufzustellen. Die Signale benachbarter Gleise sind so aufzustellen, daß sie von den Zügen aus nicht miteinander verwechselt werden können.

| (11) Die Weichen in den Hauptgleisen[9]) | Die Einfahrweichen |

müssen mit Weichensignalen versehen sein, wenn sie nicht mit den Fahrsignalen in gegenseitiger Abhängigkeit stehen (8)

| | oder für gewöhnlich verschlossen gehalten werden. |

(12) Zwischen zusammenlaufenden Gleisen muß ein Merkzeichen angebracht sein, das angibt, bis wohin ein Gleis besetzt werden kann, ohne daß die Bewegungen auf dem anderen gefährdet würden. Der Abstand der Gleise muß am Merkzeichen mindestens 3,5 m betragen.

Hauptbahnen. | **Nebenbahnen.**

§ 22. Streckenblockung[20]).

Auf Bahnen mit besonders dichter Zugfolge muß das Signal für die Einfahrt in einen Streckenabschnitt unter Verschluß der nächsten Zugfolgestelle[14]) liegen.

§ 23. Bahnsteige[21]).

(1) Die Kanten der Personenbahnsteige sind in der Regel 0,76 oder 0,38 m über Schienenoberkante zu legen, jedoch sind Bahnsteige von weniger als 0,38 m Höhe zulässig. In Krümmungen ist auf die Gleisüberhöhung[21]) Rücksicht zu nehmen.

(2) Die festen Gegenstände auf den Personenbahnsteigen (Säulen und dergleichen) müssen bis zu einer Höhe von 3,05 m über Schienenoberkante mindestens 3 m von Gleismitte entfernt sein.

§ 24. Rampen.

(1) Bahnhöfe[12]), wo Tiere oder Fahrzeuge in größerem Umfange zu verladen sind, müssen mit festen Rampen ausgerüstet werden. Für geringen Verkehr genügen bewegliche Rampen.

(2) Bei Neubauten[8]) sind Seitenrampen, an denen geschlossene Militärzüge beladen oder entladen werden sollen, so zu legen, daß halbe Züge (Bemerkung zu § 14 (1)) ohne Rückbewegung und ohne Sperrung der durchgehenden Hauptgleise[9]) und der Kreuzungsgleise daran vorbeigeführt werden können. Ist eine Gleisanlage, die dies gestattet, für den allgemeinen Verkehr nicht erforderlich, so genügt es, Vorsorge zu treffen, daß die Anlage jederzeit in kürzester Frist dieser Anforderung entsprechend eingerichtet werden kann.

(3) Seitenrampen dürfen nicht höher als 1,1 m und, wenn sie auch zur Verladung von Mannschaften benutzt werden müssen, nicht höher als 1,0 m über Schienenoberkante sein.

Inwieweit diese Vorschrift aus Rücksichten der Landesverteidigung auf die Nebenbahnen anzuwenden ist, bestimmt die Landesaufsichtsbehörde[6]) im Einvernehmen mit dem Reichs=Eisenbahnamte.

§ 25. Güterschuppen. Ladebühnen. Lademaße. Brückenwagen.

(1) Der Fußboden der Güterschuppen und Ladebühnen an den von Zügen zu befahrenden Gleisen darf nicht höher als 1,1 m über Schienenoberkante liegen.

(2) Größere Güterbahnhöfe sind mit Lademaßen und Brückenwagen auszurüsten.

---

[20]) Vorschr. f. d. StEB. Cauer II 811. | [21]) Erläut. (Anl. E) zu § 23 (1). Gleisüberhöhung § 10 (2).

Hauptbahnen. | **Nebenbahnen.**

§ 26. Stationsnamen. Uhren[22]).

(1) Auf den dem Personenverkehre dienenden Stationen[13]) ist der Name in einer den Reisenden ins Auge fallenden Weise anzubringen.

(2) Jeder Bahnhof[13]) ist mit einer für die Reisenden sichtbaren Uhr auszustatten. Auf größeren Bahnhöfen muß die Zeitangabe sowohl von der Zugang als von der Bahnseite zu erkennen sein.

III. Fahrzeuge[23]).

§ 27. Beschaffenheit der Fahrzeuge[24]).

Die Fahrzeuge müssen so beschaffen und unterhalten sein, daß sie mit der größten dafür zugelassenen Geschwindigkeit ohne Gefahr bewegt werden können.

§ 28. Umgrenzung der Fahrzeuge.

(1) Die festen Teile der Fahrzeuge dürfen bei Mittelstellung im geraden Gleise höchstens die in Anlage C mit ausgezogenen Linien gezeichneten Umgrenzungen erreichen[7]).

(2) Lokomotivschornsteine dürfen über die obersten Linien der Umgrenzungen nach (1) bis zu der in Anlage C mit gestrichelten Linien gezeichneten Umgrenzung hinausragen, sie müssen dann aber so eingerichtet sein, daß sie auf die Umgrenzung nach (1) eingeschränkt werden können[7]).

---

[22]) E. 3. Jan. 98 (EVB. 11) betr. Einrichtungen, die es den Reisenden erleichtern, sich auf den Eisstationen zurechtzufinden. Zu Abs. 2 § 49 (3), VerkO. § 10 (3), E. $\frac{19.\text{ März}}{3.\text{ April}}$ 93 (EVB. 176) betr. Zeitangaben auf den Stationsuhren.

[23]) VI 2 d. W. — Von den hauptsächlichsten Vorschr. der StEB. über die Fahrzeuge (Betriebsmittel) sind folgende veröffentlicht:

a) VerwO. § 3 f, § 4 c.

b) E. 26. Aug. 02 (EVB. 435, VB. 165) betr. Vorschr. f. d. Beschaffung v. Betriebsmitteln.

c) E. 6. Feb. 02 (EVB. 65, VB. 664) betr. Behandl. d. ausbesserungsbedürft. Wagen, E. 2. Okt. 96 (EVB. 288) betr. Vorschr. f. d. Ermittlung u. Meldung des Reparaturstandes d. Betriebsmittel.

d) E. 5. März 00 (EVB. 105, VB. 324) u. 24. Jan. 05 (EVB. 11) betr. Vorschr. f. d. Ermittlung d. Leistungen d. Betriebsmittel.

e) E. 28. April 02 (EVB. 181), geändert durch E. 29. Sept. 02 (EVB.

502), 25. Jan. 04 (EVB. 31), 11. Feb. u. 18. April 05 (EVB. 99 u. 150) betr. Vorschr. f. d. gemeinsch. Wagenbenutzung d. preuß.-hess. Staatsbahnen, sowie der diesen Vorschr. beigetretenen deutschen Eis. (Staatsbahn=Wagenvorschr.); Geltungsbereich der Staatsbahn= Wagenverband (z. B. StEB., Reichseisenb., Oldenburg. Staatsbahnen, Militäreis.); Gegenstand gemeins. Benutzung d. Güterwagen (Witte S. 48).

f) E. 6. März u. 1. Aug. 02 (EVB. 95 u. 426) betr. allg. Beding. f. d. Benutz. v. Güterwagen auf Nebenbahnen im Verkehr m. d. StEB., E. 7. Mai 00 (EVB. 171) u. 11. Juni 01 (EVB. 196) betr. allg. Beding. f. d. Wagenübergang auf Kleinbahnen; beide Beding. geändert durch E. 12. Jan. u. 23. Dez. 04 (EVB. 25 u. 412).

Ferner E. 30. Mai 04 (EVB. 205) betr. Ausgleichstellen für Personenwagen (EisDir. Magdeburg, Cöln u. Posen).

[24]) RVerf. Art. 43, EisG. § 24.

(3) Die an den Fahrzeugen anzubringenden losen Teile müssen im allgemeinen innerhalb der Umgrenzung nach (1), Signalscheiben, Signallaternen und Leinen=haspel innerhalb der Umgrenzung nach (2) verbleiben. Signalscheiben und =laternen dürfen diese Umgrenzung in der Höhe von 1300 bis 3400 mm über Schienen=oberkante seitlich um 50 mm überragen[7]).

(4) Die nach (1) und (3) zulässigen Breitenmaße sind so weit einzuschränken, daß Krümmungen von 180 m Halbmesser anstandslos durchfahren werden können.

(5) Die nach außen aufschlagenden Türen der Personenwagen müssen bei Mittelstellung der Fahrzeuge im geraden Gleise noch innerhalb der Umgrenzung des lichten Raumes verbleiben.

(6) Unter die bei Lokomotiven 100 und bei Wagen 130 mm über Schienen=oberkante liegenden Grenzlinien (Anlage C) dürfen bis 75 mm über Schienen=oberkante reichen:

    a) bei allen Fahrzeugen: die Kuppelungen und Sicherheitsketten (§ 33 (4) d),
    b) bei Lokomotiven außerdem: die dem Federspiele nicht folgenden beweg=
       lichen Teile.

Dieser Abstand muß auch bei tiefstem Pufferstande des Fahrzeugs vor=handen sein.

(7) Die durch die Radreifen gedeckten Teile, wie Bahnräumer, Bremsklötze, Sandstreuer müssen bei tiefstem Pufferstande des Fahrzeugs noch 50 mm von Schienenoberkante abstehen.

(8) Für Fahrzeuge, die auf Zahnstangenbahnen übergehen sollen, wird die Umgrenzung nach (1) und (6) zwischen den Schienen nach den in Anlage C unten angegebenen Linien in einer Breite von 600 mm und einer Höhe von 50 mm eingeschränkt.

§ 29. Raddruck.

(1) Der Raddruck stillstehender Fahrzeuge darf bei der größten Belastung im allgemeinen nicht mehr als 7 t betragen.

(2) Auf Strecken, wo der Oberbau und die Brücken eine genügende Trag=fähigkeit haben, darf der Raddruck stillstehender Fahrzeuge 8 t erreichen.

§ 30. Radstand. Verschiebbarkeit der Achsen.

(1) Der feste Radstand muß, abgesehen von Drehgestellen, mindestens 2500 mm betragen und darf bei neuen Fahrzeugen 4500 mm nicht übersteigen.

(2) Sind mehr als zwei Wagenachsen in einem gemeinsamen Rahmen ge=lagert, so müssen, wenn der Radstand über 4000 mm beträgt, die Mittelachsen derart verschiebbar sein, daß Krümmungen von 180 m Halbmesser anstandslos durchfahren werden können. Achsen mit Rädern ohne Spurkranz (§ 31 (4)) dürfen jedoch nicht verschiebbar sein.

§ 31. Räder. (Anlage D.)

(1) Die Räder müssen unverrückbar auf der Achse befestigt sein.

(2) Der lichte Abstand der Räder einer Achse beträgt zwischen den Radreifen 1360 mm. Abweichungen sind nur bis zu 3 mm über oder unter dieses Maß zulässig.

(3) Die Räder müssen im Laufkreis einen Durchmesser von mindestens 850 mm haben.

Bemerkung. Der Laufkreis ist der Schnitt einer zur Achse senkrechten, 750 mm von der Achsmitte entfernten Ebene mit der Außenfläche des Radreifens.

(4) Die Räder müssen Spurkränze haben. Sind aber drei oder mehr Achsen in demselben Rahmen gelagert, so können die Spurkränze unverschiebbarer Mittel=

räder weggelassen werden, wenn diese unter allen Umständen eine genügende Auf=
lage auf den Schienen finden (§ 30 (2)).

(5) An den Rädern sind folgende Abmessungen einzuhalten:

a) Breite der Radreifen mindestens 130 mm, höchstens 150 mm;

b) Stärke der Radreifen in der Ebene des Laufkreises gemessen mindestens
   25 mm;

c) Höhe des Spurkranzes über dem Laufkreise mindestens 25 mm, höchstens
   36 mm;

d) Stärke des Spurkranzes, gemessen 10 mm außerhalb des Laufkreises,
   mindestens 20 mm;

e) Spielraum der Spurkränze im Gleise von 1,435 m Spurweite, gemessen
   nach Verschiebung der Achse bis zum Anlauf an der einen Schiene
   (Gesamtverschiebung) und 10 mm außerhalb der Laufkreise
   mindestens 10 mm, höchstens 25 mm,

und bei den Mitteltädern von drei oder mehr in demselben Rahmen ge=
lagerten Achsen, wenn sie überhaupt mit Spurkränzen versehen sind (4),
höchstens 40 mm,

und daher die Entfernung zwischen den Anlaufstellen der Spurkränze
höchstens 1425 mm, mindestens 1410 mm,

und bei den Mitteltädern von drei oder mehr in demselben Rahmen ge=
lagerten Achsen mindestens 1395 mm.

§ 32. Achsen.

(1) Die größte zulässige Inanspruchnahme durch ruhende Belastung beträgt

a) für Achsen aus Flußstahl

bei Güterwagen: im Schenkel 700 kg/qcm, in der Nabe 560 kg/qcm;
bei Personen=, Gepäck= und Postwagen und bei Tendern:
im Schenkel 560 kg/qcm, in der Nabe 450 kg/qcm;

b) für Achsen aus Schweißeisen

bei Güterwagen: im Schenkel 590 kg/qcm, in der Nabe 470 kg/qcm;
bei Personen=, Gepäck= und Postwagen und bei Tendern:
im Schenkel 470 kg/qcm, in der Nabe 380 kg/qcm.

§ 33. Zug= und Stoßvorrichtungen.

(1) Die Lokomotiven mit Schlepptender müssen vorn, die Tender hinten, alle
übrigen Fahrzeuge an beiden Enden mit federnden Zug= und Stoßvorrichtungen
versehen sein. Zwei Wagen, die im Betriebe dauernd verbunden bleiben, gelten
als ein Fahrzeug. Sonstige Ausnahmen sind nur bei Triebwagen zulässig.

(2) Die Wagen müssen mit durchgehender Zugstange versehen sein. Aus=
nahmen sind zulässig bei den für besondere Zwecke gebauten Wagen.

(3) Die Fahrzeuge müssen mit Schraubenkuppelung versehen sein und sich in
doppelter Weise so miteinander verbinden lassen, daß die zweite Kuppelung in
Wirksamkeit tritt, wenn die Hauptkuppelung bricht.

(4) An den Zug= und Stoßvorrichtungen sind die folgenden Maße einzuhalten:

a) Höhe der Mittelebene über Schienenoberkante mindestens 940 mm (bei voll=
   belasteten Fahrzeugen), höchstens 1065 mm (bei unbelasteten Fahrzeugen);

b) Abstand von Mitte zu Mitte der Puffer als Regel 1750 mm, mindestens
   1740 mm, höchstens 1760 mm;

c) Länge der Kuppelung von der Stirne der nicht eingedrückten Puffer bis
   zur Angriffsfläche des Einhängbügels bei ganz ausgeschraubter und ge=
   streckter Kuppelung mindestens 450 mm, höchstens 550 mm;

d) Abstand über Schienenoberkante, auf den herabhängende Kuppelungsteile beim tiefsten Pufferstande müssen eingeschraubt werden können (§ 28 (6) a) mindestens 75 mm;

e) Länge, um die die Zugvorrichtung aus der Kopfschwelle herausgezogen werden kann, mindestens 50 mm, höchstens 150 mm, und bei Personenwagen mit Übergangsbrücken für die Reisenden höchstens 65 mm;

f) Abstand des Zughakens von den Puffern, gemessen von der Angriffsfläche des nicht angezogenen Hakens bis zur Ebene der nicht eingedrückten Puffer mindestens 345 mm, höchstens 395 mm;

g) Abstand der Pufferscheiben von der Kopfschwelle bei völlig eingedrückten Puffern mindestens 370 mm;

h) Durchmesser der Zugstangen mindestens 42 mm;

i) Durchmesser des Kuppelungsbügels am Berührungspunkte mit dem Zug= haken als Regel 35 mm, mindestens 30 mm;

k) Durchmesser der Pufferscheiben mindestens 340 mm, bei Wagen mit Dreh= gestellen mindestens 400 mm, bei Wagen mit Übergangsbrücken höchstens 450 mm.

(5) Die Stoßfläche des linken Puffers, vom Fahrzeug aus gesehen, muß eben, die des rechten gewölbt sein. Die Höhe der Wölbung muß bei neuen Puffern 25 mm betragen.

§ 34. Freie Räume an den Stirnseiten.

(1) Zu beiden Seiten des Zughakens muß je ein freier Raum von folgenden Abmessungen verbleiben:

Breite zwischen den Kuppelungsteilen und dem Innenrande der Pufferscheibe mindestens 400 mm,

Tiefe zwischen den vor der Kopfschwelle vortretenden Teilen und der vollständig eingedrückten Pufferscheibe mindestens 300 mm,

Höhe über Schienenoberkante mindestens 2000 mm.

(2) Außerhalb dieser Räume vorspringende Teile müssen hinter der voll= ständig eingedrückten Pufferscheibe mindestens 40 mm zurückstehen.

(3) Die Laufbretter an den Langseiten der Wagen müssen von der Stirne der nicht eingedrückten Puffer mindestens 300 mm abstehen.

Hauptbahnen. | **Nebenbahnen.**

§ 35. Bremsen.

(1) Bremskurbeln müssen so eingerichtet sein, daß die Bremsen durch Drehen der Kurbel nach rechts angezogen werden.

(2) Bremsersitze neuer Wagen sind zu überdecken und mindestens an der Vorder= und Rückseite mit Schutzwänden zu versehen. Bei Arbeitswagen sind offene Sitze zulässig.

(3) Tenderlokomotiven, Tender und Triebwagen müssen mit einer Hand= bremse versehen sein, auch wenn sie andere Bremsvorrichtungen haben.

(4) An Lokomotiven, die zur Beförderung von Personenzügen mit mehr als
60 km Geschwindigkeit | 40 km Geschwindigkeit
dienen, muß eine Triebradbremse vorhanden sein, die mit der durchgehenden Bremse in Tätigkeit gesetzt werden kann.

(5) Die durchgehende Bremse eines Zuges, der eine Geschwindigkeit von mehr als
60 km | 40 km
erreicht, muß so eingerichtet sein, daß sie

a) von der Lokomotive,
b) von den einzelnen Abteilungen der Personenwagen[7]),
c) von den Post= und Gepäckwagen,
d) von den mit Handbremse versehenen Güterwagen aus in Tätigkeit gesetzt werden kann und
e) selbsttätig wirkt, sobald die Bremsleitung unterbrochen wird.

(6) Die mit durchgehender Bremse versehenen Wagen müssen in einer den Vorschriften des § 55 entsprechenden Anzahl auch für die Bedienung der Bremsen von Hand eingerichtet sein.

§ 36. Ausrüstung der Lokomotiven, Tender und Triebwagen.

(1) Dampfkessel müssen folgende Ausrüstung erhalten[7]):
a) ein Speiseventil, das bei Abstellung der Speisevorrichtung durch den Druck des Kesselwassers geschlossen wird,
b) zwei voneinander unabhängige Vorrichtungen zur Speisung, wovon jede für sich imstande ist, dem Kessel während der Fahrt die erforderliche Wasser= menge zuzuführen und wovon eine auch beim Stillstande der Lokomotive arbeiten kann,
c) ein Wasserstandsglas und eine zweite, mit dem Kessel in gesonderter Ver= bindung stehende Vorrichtung zur Erkennung des Wasserstandes,
d) Marken des festgesetzten niedersten Wasserstandes am Wasserstandsglas und an der Kesselwandung, die mindestens 100 mm über dem höchsten, wasser= benetzten Punkte der Feuerbuchse liegen müssen,
e) zwei Sicherheitsventile, wovon mindestens das eine so eingerichtet ist, daß seine Belastung nicht über das bestimmte Maß gesteigert werden kann,
f) ein Manometer, das den Dampfdruck fortwährend anzeigt und auf dessen Zifferblatt die festgesetzte höchste Dampfspannung durch eine unverstellbare, in die Augen fallende Marke bezeichnet ist,
g) eine Vorrichtung zum Anschluß eines Prüfungsmanometers,
h) ein metallenes Fabrikschild, worauf die festgesetzte höchste Dampfspannung, der Name des Fabrikanten, die Fabriknummer und das Jahr der An= fertigung angegeben und das so am Kessel zu befestigen ist, daß es auch nach der Ummantelung sichtbar bleibt.

(2) An den Lokomotiven ist die Eigentumsverwaltung, der Name oder die Ordnungsnummer, der Name des Fabrikanten, die Fabriknummer, das Jahr der Anfertigung und die größte, nach Maßgabe der Bauart zulässige Geschwindigkeit anzugeben.

(3) Lokomotiven und Triebwagen müssen mit einer Dampfpfeife oder einer anderen, zur Erteilung hörbarer Signale geeigneten Vorrichtung von ähnlicher Wirksamkeit versehen sein[25]).

(4) An den Lokomotiven müssen vorn, an den Tendern hinten, an den Tender= lokomotiven und Triebwagen vorn und hinten Bahnräumer angebracht sein.

(5) Dampflokomotiven und Dampftriebwagen müssen mit einem verschließ= baren Aschenkasten ausgerüstet sein.

(6) Wenn die Beschaffenheit des Heizstoffs es erfordert, müssen die Lokomo= tiven mit Funkenfängern versehen werden.

(7) Der Wassereinlauf an vollspurigen Tendern und Tenderlokomotiven darf nicht höher als 2750 mm über Schienenoberkante liegen.

---

[25]) E. 27. Sept. 81 (EVB. 296) u. 13. März 90 (EVB. 46) betr. Anwend. d. Dampfpfeife.

Hauptbahnen.

Nebenbahnen.

(8) Die Lokomotiven und Trieb=
wagen einer Bahn, auf der Wegüber=
gänge ohne Schranken vorkommen, sind
mit einer Läutevorrichtung auszurüsten
(§ 58 (2)).

(9) Die Bestimmungen dieses Pa=
ragraphen gelten auch für Schmalspur=
bahnen.

§ 37. Tragfedern der Wagen.

Die Wagen müssen mit Tragfedern versehen sein.

§ 38. Wagenausrüstung für militärische Zwecke.

Die Wagen sind mit den für Militärbeförderung notwendigen, in der Militär=
Eisenbahn=Ordnung[26]) vorgeschriebenen festen Einrichtungen auszurüsten.

§ 39. Verschluß, Beleuchtungs= und Heizeinrichtung der Personenwagen.

(1) Die Türen an den Langseiten der Personenwagen müssen mit doppelter
Verschlußvorrichtung versehen sein, deren einer Teil aus einem Vorreiber oder
Einreiber besteht.

(2) Die Türöffnungen sind im Innern der Personenwagen mit Schutzvor=
richtungen gegen das Einklemmen der Finger zu versehen[27]).

(3) An den zum Öffnen eingerichteten Fenstern der Personenwagen von mehr
als 2900 mm äußerer Kastenbreite muß eine Warnung vor dem Hinauslehnen
angeschrieben sein[7]).

(4) Die Personenwagen müssen mit Einrichtung zur Beleuchtung, die im
Winter zu benutzenden auch mit Einrichtung zur Heizung versehen sein.

§ 40. Bodenhöhe der Güterwagen.

Der Fußboden der Güterwagen muß mindestens 170 mm über Puffermitte
liegen.

Ausnahmen sind bei den für besondere Zwecke gebauten Wagen zulässig.

§ 41. Signalstützen und Laternenkasten.

(1) Mindestens an einer Stirnseite aller dafür geeigneten Wagen[7]) sind
Stützen zur Aufnahme der Schlußsignale (Scheiben und Laternen) so anzubringen,
daß die Signale entweder über die Seite oder die Decke des Wagens hervorragen
(vergleiche auch § 28 (3)).

(2) Die Stützen erhalten die Form einer abgestumpften Pyramide mit
quadratischem Querschnitte von 46 mm oberer und 35 mm unterer lichter Seiten=
länge und 76 mm Höhe. Ihre Seiten sind unter 45 Grad zur Wagenachse zu stellen.

(3) Die Oberkante der Signalstützen darf

a) wenn die Signale seitlich vorragen sollen höchstens 3100 mm,

b) wenn sie über die Decke ragen sollen höchstens 3600 mm
über Schienenoberkante liegen.

---

[26]) Beschluß d. Ausschüsse d. Bundes=
rats f. d. Landheer u. d. Festungen
18. März 02: Best. betr. d. Ausrüstung
und Einrichtung v. EisWagen f.

MilTransporte Teil II C der Mil=
EisO. (VIII 3 Anm. 2 d. W.),

[27]) VI 6 Anm. 3 b d. W.

Der Abstand der Mittelachse der Stützen von der Wagenmitte beträgt
    zu a) wenigstens 1400 mm höchstens 1500 mm,
    zu b) höchstens 1200 mm.

Bemerkung. Die Maße von 3600 mm Höhe und 1200 mm Abstand von der Wagenmitte schließen einander aus. Bei einer Höhe von 3600 mm darf der Abstand höchstens 1160 mm, bei einem Abstande von 1200 mm die Höhe höchstens 3550 mm betragen (vergleiche § 28 (3)).

(4) Die Seitenflächen der Signallaternen sind gleichlaufend zu Wagenachse zu stellen.

Die Höhe des Laternenkastens darf höchstens 280 mm,
die Breite höchstens 250 mm,
die Höhe des Laternenaufsatzes (Schornsteins) höchstens 120 mm,
die Breite höchstens 140 mm
betragen.

(5) An jedem mit Signalstützen versehenen Wagen müssen Aufsteigtritte angebracht werden.

§ 42. Anschriften an den Wagen.

(1) An beiden Langseiten der Wagen sind folgende Anschriften anzubringen:
a) eine Kennzeichnung der Eigentumsverwaltung,
b) die Ordnungsnummer,
c) das Eigengewicht einschließlich der Achsen, Räder und der dauernd im Wagen mitgeführten Ausrüstungsgegenstände,
d) bei Güter= und Gepäckwagen das Ladegewicht und die Tragfähigkeit,
e) das auf 1 m Wagenlänge einschließlich der Puffer entfallende Gesamtgewicht (Eigengewicht und Ladegewicht), wenn es 3,1 t/m übersteigt.
f) der Radstand[7]),
g) das Vorhandensein von Lenkachsen und verschiebbaren Mittelachsen,
h) die Art und Wirkungsweise der durchgehenden Bremse,
i) der Inhalt der Gasbehälter,
k) der Zeitpunkt der letzten Untersuchung (§ 44),
l) bei Wagen, die für Zeitschmierung eingerichtet sind, die Schmierfrist und der Zeitpunkt der letzten Schmierung,
m) bei Personen= und bedeckten Güterwagen die Anzahl der für Truppenbeförderung benutzbaren Sitzplätze, bei letzteren Wagen auch die Anzahl der unterzubringenden Pferde,
n) bei den zur Viehbeförderung geeigneten Wagen der Inhalt der Bodenfläche,
o) bei den für Militärbeförderung nicht geeigneten Wagen der Buchstabe (u).

(2) Die Personenwagen sind mit Merkmalen zu versehen, die den Reisenden das Auffinden der Wagenklasse und der benutzten Abteilung erleichtern.

§ 43. Abnahme und Untersuchung der Lokomotiven und Triebwagen[28]).

(1) Neue oder mit neuen Dampfkesseln versehene Lokomotiven und Triebwagen dürfen erst in Betrieb genommen werden, nachdem sie amtlich geprüft und sicher befunden worden sind.

(2) Lokomotiven und Triebwagen sind mindestens alle drei Jahre gründlich zu untersuchen. Diese Zeitabschnitte sind vom Tage der Inbetriebnahme nach beendeter Untersuchung bis zum Tage der Außerdienststellung zum Zwecke der nächsten Untersuchung zu rechnen.

---

[28]) I 2 a d. W. Anl. A Anm. 2 b u. Unteranl. A 2 (namentlich Anm. 2 u. § 1 III).

Hauptbahnen. | **Nebenbahnen.**

(3) Die Untersuchung (2) muß sich auf alle Teile erstrecken. Dabei sind die Kesselverkleidung, die Lager und die Federn abzunehmen und die Radsätze herauszunehmen.

(4) Dampfkessel sind außer bei den Untersuchungen nach (2) auch nach jeder umfangreicheren Ausbesserung zu untersuchen.

(5) Bei der Abnahmeprüfung (1) und den wiederkehrenden Untersuchungen (2) und (4) ist der vom Mantel entblößte Kessel durch Wasserdruck zu prüfen. Der Probedruck muß den höchsten zulässigen Dampfüberdruck um 5 Atmosphären übersteigen. Er ist mit einem Prüfungsmanometer zu messen, das von Zeit zu Zeit auf seine Richtigkeit untersucht werden muß.

(6) Kessel, die bei der Wasserdruckprobe (5) ihre Form bleibend ändern, dürfen in diesem Zustande nicht in Dienst genommen werden.

(7) Bei der Wasserdruckprobe (5) sind auch die Manometer und Ventilbelastungen zu prüfen.

(8) Der bei der Untersuchung als zulässig erkannte höchste Dampfüberdruck ist am Stande des Lokomotivführers zu verzeichnen (§ 36 (1)f).

(9) Spätestens acht Jahre nach der Inbetriebnahme müssen Lokomotivkessel im Innern untersucht werden, wobei die Heizröhren zu entfernen sind. Nach spätestens je sechs Jahren ist diese Untersuchung zu wiederholen.

(10) Über das Ergebnis der Untersuchungen ist Buch zu führen.

(11) Die Bestimmungen dieses Paragraphen gelten auch für Schmalspurbahnen.

§ 44. Abnahme und Untersuchung der Tender und Wagen[29]).

(1) Neue Tender und Wagen dürfen erst in Betrieb genommen werden, nachdem sie untersucht und sicher befunden worden sind.

(2) Tender und Wagen sind von Zeit zu Zeit gründlich zu untersuchen. Die Untersuchung muß sich auf alle Teile erstrecken. Dabei sind die Achslager und die Federn ab= und die Radsätze herauszunehmen.

(3) Die Untersuchung hat bei den vorzugsweise in Schnellzügen laufenden Personen=, Gepäck=, Post= und Güterwagen spätestens sechs Monate, bei den übrigen Personen=, Gepäck= und Postwagen spätestens ein Jahr, bei den übrigen Güterwagen und bei den Tendern spätestens drei Jahre nach der Inbetriebnahme oder nach der letzten Untersuchung zu erfolgen. Die Fristen von sechs Monaten und einem Jahre können bis zur Dauer von drei Jahren überschritten werden, solange ein Wagen nicht 30 000 km durchlaufen hat.

(3) Die Untersuchung hat spätestens drei Jahre nach der Inbetriebnahme oder nach der letzten Untersuchung zu erfolgen.

(4) Die Bestimmungen dieses Paragraphen gelten auch für Schmalspurbahnen.

---

[29]) E. 25. Juni 03 (ENB. 294) betr. Vorschr. üb. Festsetzung d. Fristen f. d. Untersuchung d. Personen=, Post= u. Gepäckwagen usw., E. 22. April 04 (ENB. 166) betr. Untersuch. d. Bahnpostwagen.

IV. Bahnbetrieb.

§ 45. Eisenbahnbetriebsbeamte[30]).

(1) Eisenbahnbetriebsbeamte sind die nachstehend aufgeführten Bamten, Bediensteten und Arbeiter und ihre Vertreter:

1. die die Unterhaltung und den Betrieb der Bahn leitenden und beaufsichtigenden Beamten,
2. die Bahnkontrolleure, die Betriebskontrolleure,
3. die Vorsteher und Aufseher der Stationen, die sonstigen Fahrdienstleiter (Bemerkung zu § 51 (1)),
4. die Bahnmeister, die Telegraphenmeister,
5. die Rottenführer,
6. die Weichensteller,
7. die Block=, Bahn= und Schrankenwärter,
8. die Zugbegleitungsbeamten,
9. die Betriebswerkmeister,
10. die Lokomotivführer und Heizer,
11. die Rangiermeister und Wagenmeister.

(2) Die Betriebsbeamten müssen mindestens einundzwanzig Jahre alt und unbescholten[31]) sein, auch die Eigenschaften und die Befähigung[32]) besitzen, die ihr Dienst erfordert.

(3) Die Betriebsbeamten sind in der zur gesicherten Durchführung des Betriebs erforderlichen Anzahl anzustellen.

(4) Den Betriebsbeamten sind schriftliche oder gedruckte Anweisungen über ihre dienstlichen Pflichten einzuhändigen.

(5) Über jeden Betriebsbeamten sind Personalakten zu führen.

(6) Die Stationsbeamten, Bahnmeister, Zugführer, Lokomotivführer, Weichensteller, Rottenführer, Block=, Bahn= und Schrankenwärter haben im Dienste eine richtig gehende Uhr zu tragen. Inwieweit diese Verpflichtung auch anderen Betriebsbeamten aufzuerlegen ist, bestimmt die Aufsichtsbehörde⁶).

(7) Auf die Offiziere, Beamten und Mannschaften der militärischen Formationen für Eisenbahnzwecke und auf die als Heizer fahrenden, fachwissenschaftlich gebildeten Maschinentechniker findet die Vorschrift über das Alter (2) keine Anwendung.

Hauptbahnen. | **Nebenbahnen.**

§ 46. Unterhaltung, Untersuchung und Bewachung der Bahn. Schrankendienst.

(1) Die Bahn ist so zu unterhalten, daß jede Strecke ohne Gefahr mit der größten für sie zugelassenen Geschwindigkeit befahren werden kann³³). (Kennzeichnung mangelhafter oder unfahrbarer Gleisstrecken siehe § 48 (2).)

(2) Die Bahn muß innerhalb 24 Stunden mindestens

dreimal | einmal

auf ihren ordnungsmäßigen Zustand untersucht werden,

---

³⁰) Hierzu Erläuterung (Anl. E). Die als Betriebsbeamte bezeichneten Personen sind auch Bahnpolizeibeamte (§ 74).

³¹) Das Erfordernis der Unbescholtenheit wird nicht durch jede gerichtl. Bestrafung ausgeschlossen Witte S. 195.

³²) VI 4 d. W.; (E. 2. Mai 97 (EBB. 89, BB. 865) betr. Prüfung d. Befäh.

v. EisBetriebsbeamten d. Privateisenbahnen; PrüfO. 1. Dez. 99 (EBB. 347) § 4 (6) u. AusfE. Ziff. 14, E. 16. Juni 03 (EBB. 183).

³³) EisG. § 24. Zivilrechtl. Haftung d. Eis. f. d. polizeimäß. Zustand d. Zufuhrwege usw. I 3 Anl. E Ziff. II d. W.

Hauptbahnen.

Für Strecken mit geringem Ver=
kehre kann die Aufsichtsbehörde[6]) eine
zweimalige Untersuchung zulassen.

Rebenbahnen.

wenn die zulässige Geschwindigkeit mehr
als 20 km beträgt.

(3) Zur Untersuchung der Bahn (2) dürfen Frauen nicht verwendet werden[7]).

(4) 　　　　　[7]) Gefahrdrohende Stellen sind während
　　der Dauer des Betriebs 　　|　　 des Verkehrens der Züge
　　　　　　zu beaufsichtigen.

(5) Während der Vorüberfahrt der Züge (§ 54 (1)) müssen[18])

die mit Handschranken versehenen Weg=
übergänge[34]) bewacht werden, wenn die
Schranken nicht nach) (8) geschlossen ge=
halten werden.

bewacht werden[34])

a) die verkehrsreichen Wegübergänge
und sonstigen Stellen, wo beson=
dere Vorsicht geboten ist, wenn die
Züge daselbst mit mehr als 15 km
Geschwindigkeit fahren,

b) außerdem alle unübersichtlichen, nicht
mit Schranken versehenen Weg=
übergänge der Bahnstrecken, die
mit mehr als 40 km Geschwindig=
keit befahren werden bei den Zügen,
die eine solche Geschwindigkeit er=
reichen.

(6) Wegübergänge[34]) innerhalb der
Bahnhöfe sind zu überwachen, solange
sie von Zug= und Rangierbewegungen
berührt werden.

(7) Die Wegschranken sind vor Ankunft der Züge zu schließen. Vor dem
Schließen von Zugschranken ist zu läuten (§ 18 (5)).

(8) Schranken an Übergängen mit
geringem Verkehre dürfen mit Geneh=
migung der Landespolizeibehörde[18]) ge=
schlossen gehalten werden (§ 18 (6)).
Sie müssen auf Verlangen geöffnet
werden, wenn es ohne Gefahr geschehen
kann.

(9) Schranken an unbedienten Über=
gängen von Privatwegen (§ 18 (7)) sind
verschlossen zu halten.

(10) Bahn= und Schrankenwärter müssen mit den Mitteln zur Erteilung von
Langsamfahr= und Haltsignalen an die Züge ausgerüstet sein.

§ 47. Freihalten des Bahnkörpers.

Die Gleise der Vollspurbahnen, auf denen Fahrzeuge durch Lokomotiven oder
Triebwagen bewegt werden, sind von lagernden Gegenständen mindestens bis zu
der Umgrenzung des lichten Raumes und den im § 11 (2) vorgeschriebenen Spiel=
raumgrenzen frei zu halten.

---

[34]) Wegübergänge Anl. E zu § 18 (3) u. § 46 (4 bis 6). Unbewachte
W. § 58 (2). — Anm. 44.

432 VI. Eisenbahnbetrieb.

| Hauptbahnen. | Nebenbahnen. |

§ 48. Kennzeichnung mangelhafter oder unfahrbarer Bahnstrecken.

(1) Bahnstrecken, wo die für gewöhnlich zugelassene Fahrgeschwindigkeit ermäßigt werden muß, sind durch Signale kenntlich zu machen.

(2) Unfahrbare Strecken sind, auch wenn kein Zug erwartet wird, durch Signale abzuschließen.

§ 49. Beleuchtung der Bahnanlagen.

(1) Die Übergänge der verkehrsreicheren und aller mit Zugschranken versehenen öffentlichen Wege sind bei Dunkelheit zu beleuchten, solange die Schranken geschlossen sind[34]).

(2) Die Anfahrten der Stationen[12]) sind bei Dunkelheit mindestens eine halbe Stunde vor der Ankunft oder der Abfahrt eines Personenzugs zu beleuchten[7]).

(3) Die Uhren (§ 26 (2)) größerer Bahnhöfe sind bei Dunkelheit zu beleuchten.

(4) Die Lampen der Haupt-[19]) und Vorsignale müssen bei unsichtigem Wetter auch am Tage brennen.

§ 50. Grundstellung der Fahrsignale und Weichen. Sicherung der Weichen.

(1) Die Grundstellung für Einfahr-, Ausfahr- und Blocksignale ist die Stellung auf „Halt“. Ausnahmen sind mit Genehmigung der Landesaufsichtsbehörde[6]) zulässig für Blockstellen[14]) ohne Weichen, die ihrer Eigenschaft als Zugfolgestellen[14]) entkleidet sind.

(2) Für alle Weichen in den Hauptgleisen[9]) und für die Weichen in den Nebengleisen[9]), durch die Fahrten auf den Hauptgleisen gefährdet werden könnten, ist eine bestimmte Grundstellung vorzuschreiben.

(3) Weichen, die mit den für die Fahrt gültigen Signalen nicht in Abhängigkeit stehen (§ 21 (8)), oder deren Abhängigkeit vorübergehend aufgehoben ist, müssen, wenn ein Zug (§ 54 (1)) gegen ihre Spitze fährt, durch Verschluß oder Bewachung gegen fremden Eingriff gesichert werden[7]).

§ 51. Rangieren auf und neben den Hauptgleisen[9]).

(1) Das Rangieren auf dem Einfahrgleis über Einfahrsignale hinaus ist der Regel nach verboten. Läßt es sich im einzelnen Falle nicht vermeiden, so ist dazu die ausdrückliche Erlaubnis des Fahrdienstleiters einzuholen[7]).

Bemerkung. Der Fahrdienstleiter ist der Beamte, der die Zugfolge innerhalb eines Bezirkes unter eigener Verantwortung regelt[35]).

(2) Solange das Signal für die Ein- oder Ausfahrt eines Zuges auf Fahrt steht, darf auf den der Fahrstraße benachbarten Gleisen nur rangiert werden, wenn die Fahrstraße gegen die Rangierbewegungen gesichert ist.

§ 52. Stillstehende Fahrzeuge.

(1) Stillstehende Fahrzeuge sind gegen unbeabsichtigte Bewegung zu sichern.

(2) Lokomotiven und Triebwagen müssen, solange sie durch eigenen Kraftantrieb bewegungsfähig sind, beaufsichtigt werden.

[35]) Anl. E zu § 51 (1).

Hauptbahnen. | **Nebenbahnen.**

§ 53. Fahrordnung.

(1) Auf zweigleisigen Bahnen ist rechts zu fahren.

(2) Ausnahmen sind zulässig

a) nach Verständigung zwischen den benachbarten Bahnhöfen
1. bei Gleissperrungen,
2. für Arbeitszüge, Arbeitswagen und Kleinwagen[36]),
3. zwischen einem Bahnhof[12]) und der auf freier Strecke[10]) liegenden Weiche eines Anschlußgleises, wenn die Aufsichtsbehörde[6]) die Genehmigung für solche Fahrten erteilt hat;

b) unter Verantwortlichkeit des Fahrdienstleiters[37])
1. in Bahnhöfen[12]),
2. für Hilfszüge und Hilfslokomotiven,
3. für zurückkehrende Schiebelokomotiven.

(3) Über die Benutzung der Gleise zur Ein=, Aus= oder Durchfahrt der Züge sind für Bahnhöfe, wo in einer Richtung mehrere Fahrstraßen vorkommen, bestimmte Vorschriften (Bahnhoffahrordnung) zu erlassen, von denen nur in Ausnahmefällen unter Verantwortlichkeit des Fahrdienstleiters[37]) abgewichen werden darf.

(4) Die Personenzüge (§ 54 (2)) der Vollspurbahnen dürfen in der Regel nur auf Gleise verwiesen werden, deren lichter Raum der in Anlage A links gezeichneten Linie entspricht. Für Militärzüge gilt diese Beschränkung nicht.

§ 54. Begriff, Gattung und Stärke der Züge[38]).

(1) Als Züge im Sinne dieser Ordnung gelten neben den geschlossen auf die freie Strecke[10]) übergehenden Zügen auch einzeln fahrende Lokomotiven und Triebwagen.

(2) Die vorwiegend der Personenbeförderung dienenden Züge gelten als Personenzüge, die vorwiegend der Güterbeförderung dienenden als Güterzüge, auch wenn jene zur Güterbeförderung, diese zur Personenbeförderung mitbenutzt werden. In den Dienstfahrplänen ist ersichtlich zu machen, zu welcher Gattung ein Zug gerechnet wird.

(3) Die Stärke der Züge richtet sich nach der größten, der Berechnung der regelmäßigen Fahrzeit zugrunde gelegten Geschwindigkeit.

(4) Personenzüge dürfen bei Geschwindigkeiten

bis zu 50 km	bis zu 30 km
nicht über 80 Wagenachsen,	nicht über 80 Wagenachsen,
von 51 bis 60 km	von 31 bis 40 km
nicht über 60 =,	nicht über 40 =,
von 61 bis 80 km	von mehr als 40 km
nicht über 52 =,	nicht über 16 =
von mehr als 80 km	
nicht über 44 =	

stark sein.

Diese Zahlen dürfen bei den Zügen mit Geschwindigkeiten

von 61 bis 80 km	von 31 bis 40 km
bis zu 60 Wagenachsen,	bis zu 48 Wagenachsen,
von mehr als 80 km	von mehr als 40 km
bis zu 52 =	bis zu 20 =

für jeden sechsachsigen Wagen um zwei Achsen überschritten werden.

---

[36]) § 72 (1).
[37]) § 51 (1).

[38]) AusfBest. zu BetrO. § 23: Die festgesetzten Grenzzahlen beziehen sich

| **Hauptbahnen.** | | **Nebenbahnen.** |

(5)　　　　　　Güterzüge dürfen bei Geschwindigkeiten

bis zu 45 km　　　　　　　　　　　　bis zu 30 km

　　　nicht über 120 Wagenachsen,　　　　　nicht über 120 Wagenachsen

von 46 bis 50 km

　　　nicht über 100　　 =　　 ,

von 51 bis 55 km

　　　nicht über　80　　 =　　 ,

von 56 bis 60 km

　　　nicht über　60　　 =

　　　　　　　　　　　　　stark sein.

Auf Bahnen mit günstigen Nei=
gungs= und Krümmungsverhältnissen
und ausreichenden Bahnhofanlagen kann
die Landesaufsichtsbehörde[6]) für Güter=
züge mit Geschwindigkeiten bis zu
45 km 150 Wagenachsen zulassen.

(6) Militärzüge und solche Güterzüge, die regelmäßig zur Personenbeförderung
mitbenutzt werden, dürfen, wenn ihre Geschwindigkeit

　　　　　45 km　　　　　　　　　　　　30 km

　　　nicht übersteigt, bis zu 110 Wagenachsen stark sein.

§ 55.　Ausrüstung der Züge mit Bremsen.

(1) Außer den Bremsen an der Lokomotive und am Tender müssen in den
Zügen soviele bediente Bremsen vorhanden sein, daß mindestens die nach den
folgenden Tafeln zu berechnende Anzahl Wagenachsen gebremst werden kann[7]).

Bremstafel für Hauptbahnen.

Auf Neigungen		Bei einer Fahrgeschwindigkeit von														
von	vom Ver=hältnis	15	20	25	30	35	40	45	50	55	60	70	80	90	100	110	120
‰		Kilometer in der Stunde müssen von je 100 Wagenachsen gebremst werden können														
1	1 : 1000	6	6	6	6	7	9	12	15	19	22	31	42	55	68	81	95
2	1 : 500	6	6	6	6	8	10	13	16	20	23	33	44	57	71	84	97
3	1 : 333	6	6	6	7	9	11	14	18	21	25	35	46	59	73	86	100
4	1 : 250	6	6	6	8	10	12	16	19	22	26	37	48	61	75	88	—
5	1 : 200	6	6	7	9	11	14	17	20	24	28	38	50	63	77	(90)	—
6	1 : 166	7	7	8	10	12	15	18	21	26	30	40	52	65	78	—	—
7	1 : 143	8	8	9	11	13	16	19	23	27	31	42	54	67	(80)	—	—
8	1 : 125	9	9	10	13	15	17	21	25	29	33	44	56	69	(82)	—	—
10	1 : 100	11	11	12	15	17	20	24	28	32	37	47	59	(72)	—	—	—
12	1 : 83	13	13	14	17	19	23	27	31	35	40	51	62	—	—	—	—
14	1 : 71	15	15	16	19	22	25	30	34	38	43	55	(65)	—	—	—	—
16	1 : 62	16	17	18	21	24	28	33	37	41	46	58	(68)	—	—	—	—
18	1 : 55	18	19	20	23	27	31	35	39	44	50	(61)	—	—	—	—	—
20	1 : 50	20	21	22	25	29	33	37	42	47	53	(65)	—	—	—	—	—
22	1 : 45	22	23	24	28	32	36	40	45	51	57	—	—	—	—	—	—
25	1 : 40	25	26	28	32	36	40	45	50	56	(62)	—	—	—	—	—	—

nicht auf Last=, sondern auf Laufachsen　　der Achsenzahl E. 6. Sept. 98 (ERB.
E. 20. Jan. 04 (ERB. 22); Berechnung　　561). — Erläut. (Anl. E).

Bremstafel für Nebenbahnen.

Auf Neigungen		Bei einer Fahrgeschwindigkeit von								
von ‰	vom Ver= hältnis	10	15	20	25	30	35	40	45	50
		Kilometer in der Stunde müssen von je 100 Wagenachsen gebremst werden können								
1	1 : 1000	6	6	6	7	9	12	14	17	21
2	1 : 500	6	6	6	8	10	13	15	18	22
3	1 : 333	6	6	7	9	11	14	16	19	23
4	1 : 250	6	6	8	10	12	15	17	20	25
5	1 : 200	6	7	9	11	14	16	18	22	27
6	1 : 166	7	8	10	12	15	17	19	24	29
7	1 : 143	8	9	11	13	16	18	21	25	31
8	1 : 125	9	10	13	15	17	20	23	27	33
10	1 : 100	10	12	15	17	20	23	27	31	37
12	1 : 83	12	14	17	19	23	26	30	35	42
14	1 : 71	14	16	19	22	25	29	34	39	46
16	1 : 62	15	18	21	24	28	32	37	43	50
18	1 : 55	17	20	23	27	31	35	40	47	54
20	1 : 50	19	22	25	29	33	38	43	50	58
22	1 : 45	21	24	29	33	38	41	48	54	69
25	1 : 40	24	27	32	36	40	46	51	60	69
30	1 : 33	30	30	30	49	49	51	60	(70)	(70)
35	1 : 28	34	38	44	50	56	62	(70)	—	—
40	1 : 25	39	44	50	56	64	(70)	—	—	—

Bemerkung. Als bedient gilt eine Bremse, wenn sie von einem zug= begleitenden Beamten oder (bei durchgehenden Bremsen) von dem Lokomotivführer in Tätigkeit gesetzt werden kann.

(2) Für Geschwindigkeiten und Neigungen zwischen den in den Tafeln auf= geführten sind die Bremswerte durch Zwischenschaltung zu ermitteln.

(3) Bei Zählung der Wagenachsen und bei Feststellung der Bremsachsen ist eine unbeladene Güterwagenachse als halbe Achse zu rechnen. Als unbeladen gilt eine Güterwagenachse nur dann, wenn der Wagen keinerlei Ladung trägt. Die Achsen von Personen=, Post= und Gepäckwagen, von kalt laufenden Lokomotiven und leer laufenden Tendern sind voll in Ansatz zu bringen.

(4) Ein bei der Berechnung der Bremsachsen sich ergebender Bruchteil ist voll zu rechnen.

(5)[7]) Die Anzahl der Bremsachsen muß in jeder Neigung (Steigung oder Gefälle) der Geschwindigkeit entsprechen, die ein Zug dort bei Einhaltung der kürzesten Fahrzeit (§ 66 (11)) erreichen darf. Für eine Strecke, die ohne Wechsel in der Bremsbesetzung durchfahren wird, ist die die meisten Bremsachsen erfor= dernde Neigung maßgebend. Erreicht diese aber nirgends die Länge von 1000 m, so kann statt ihrer die Neigung der Verbindungslinie derjenigen beiden 1000 m voneinander entfernten Punkte der Bahn genommen werden, für die sich die größte Anzahl Bremsachsen ergibt.

(6) Wagengruppen, die gemäß § 56 (6) an Personenzüge mit durchgehender Bremse angehängt, an die Bremse aber nicht angeschlossen werden, müssen in sich die nach (1) und (2) erforderlichen bedienten Bremsen enthalten, wenn sie mit Reisenden besetzt werden (§ 56 (7)). Bleiben sie unbesetzt, so darf der letzte, durch= gehend gebremste Wagen bei Bemessung der Bremsachsen für diese Gruppe an= gerechnet werden.

28*

Hauptbahnen. | **Nebenbahnen.**

(7) Kommt auf einer Strecke eine stärkere Neigung (Steigung oder Gefälle) als 5‰ (1 : 200) von 1000 m Länge und darüber vor oder ist die Verbindungs= linie der beiden Punkte der Bahn, die bei 1000 m Entfernung den größten Höhen= unterschied zeigen, stärker als 5‰ (1 : 200) geneigt, so muß der letzte Wagen eine bediente Bremse haben. Dahinter darf bei Güterzügen noch ein leerer, beschädigter aber lauffähiger Wagen, der inmitten des Zuges nicht eingestellt werden kann, an= gehängt werden.

(8) Wo eine bediente Schlußbremse (7) nicht erforderlich ist, dürfen dem letzten Bremswagen nur halb soviel ungebremste Achsen folgen, als nach den vorstehenden Bestimmungen auf dessen Bremsachsen entfallen würden. Bis zu 6 Achsen dürfen jedoch stets angehängt werden.

(9) Militärzüge sind auf der Anfangsstation mindestens mit soviel Brems= achsen auszurüsten, wie nach der Bremstafel für Hauptbahnen bei einer Ge= schwindigkeit von 40 km erforderlich sind. Für die Besetzung der Bremsen gelten jedoch die allgemeinen Bestimmungen.

(10) Über das Bremsen auf Bahnstrecken mit einer Neigung von
mehr als 25‰ (1 : 40) | mehr als 40‰ (1 : 25), auf Strecken von außergewöhnlicher Bauart und auf Strecken, wo die Züge durch die Schwerkraft oder durch stehende Ma= schinen bewegt werden,

hat die Landesaufsichtsbehörde[6]) besondere Vorschriften zu erlassen.

(11)   Personenzüge, die
bei Einhaltung der kürzesten Fahrzeit
(§ 66 (11))
           eine größere Geschwindigkeit erreichen
       als 60 km, | als 30 km,
müssen mit durchgehender Bremse[39]) ausgerüstet sein (§ 66 (2)).

§ 56. Zusammenstellung der Züge.

(1) Schemelwagen, die durch Steif= kuppelung oder durch die Ladung selbst verbunden werden, sind in den hinteren Teil des Zuges einzustellen.

(2) Wagenpaare, über die dieselbe Ladung reicht, und Wagen mit un= gewöhnlicher Kuppelung dürfen nicht unmittelbar vor oder hinter besetzte Per= sonenwagen gestellt werden.

(3) Wagen mit leicht feuerfangenden Gegenständen dürfen nicht in unmittel= bare Nähe der Lokomotiven oder der Wagen mit Ofenheizung gestellt werden. Sie müssen mit einer Decke versehen sein. (Siehe Eisenbahn=Verkehrsordnung.)[40])

(4) Für die Stellung der Wagen mit Sprengstoffen gelten die Bestimmungen des Verkehrsordnung[41]).

(5) Bei der Stellung des Postwagens ist auf die Bedürfnisse des Postdienstes Rücksicht zu nehmen, soweit es der Bahnbetrieb gestattet.
Auch ist soweit tunlich zu vermeiden, ihn als Schutzwagen (§ 57) zu verwenden.

---

[39]) § 35 (5).   abgedruckt).
[40]) VerkO. Anl. B (in d. W. nicht   [41]) Z. B. Anl. B Ziff. XXXV a. F.

| **Hauptbahnen.** | **Nebenbahnen.** |

(6) Am Schlusse eines mit durchgehender Bremse⁹⁰) gefahrenen Personenzugs dürfen innerhalb der zugelassenen Zugstärke (§ 54 (4)) einzelne an die Bremse nicht angeschlossene Wagen mitgeführt werden, und zwar:

| a) bei Zügen bis 50 km Geschwindigkeit | a) bei Zügen bis 30 km Geschwindigkeit |

bis zu 16 Achsen,

| b) bei Zügen von 51 bis 60 km Ge= schwindigkeit | b) bei Zügen von 31 bis 40 km Ge= schwindigkeit |

bis zu 12 Achsen,

| c) bei Zügen von 61 bis 100 km Geschwindigkeit | |

bis zu 6 Achsen.

| | An Züge, die mit mehr als |
| 100 km Geschwindigkeit | 40 km Geschwindigkeit |

fahren, dürfen solche Wagen nicht angehängt werden.

(7) Mit Reisenden dürfen die in (6) erwähnten Wagen

| nur bei den Zügen zu a und b und | |

nur dann besetzt werden, wenn sie die nach § 55 (6) erforderlichen bedienten Bremsen enthalten⁷).

(8) Die zu bedienenden Bremswagen sind tunlichst gleichmäßig im Zuge zu verteilen.

(9) An den Schluß der Züge dürfen nur Wagen gestellt werden, woran die Schlußsignale angebracht werden können. Ausnahmen können von der Aufsichts= behörde⁶) zugelassen werden.

(10) Wagen außerdeutscher Eisenbahnverwaltungen dürfen in Züge nur ein= gestellt werden, wenn sie den Bestimmungen über die technische Einheit im Eisen= bahnwesen⁴²) entsprechen. Andernfalls bedarf ihre Einstellung der Zustimmung aller an der Beförderung beteiligten Verwaltungen.

§ 57. Schutzabteil, Schutzwagen.

(1)⁷) In den zur Personenbeförderung bestimmten, von einer Lokomotive geführten Zügen ist von Reisenden frei zu halten:

a) die vorderste Abteilung des ersten Wagens	
1. bei den Zügen, die mit mehr als 40 km, aber höchstens mit 50 km Geschwindigkeit fahren,	bei den Zügen, die mit mehr als 40 km Geschwindigkeit fahren.
2. bei den Zügen, die mit mehr als 50 km, aber höchstens mit 60 km Geschwindigkeit fahren, mit durchgehender Bremse⁹⁰) aus= gerüstet sind, nicht mehr als 40 Wagenachsen führen und auf zweigleisigen Strecken verkehren, wo alle Züge einander mit der= selben Geschwindigkeit folgen;	
b) der erste Wagen bei den übrigen mit mehr als 50 km Geschwindig= keit fahrenden Zügen.	

Im Dienste befindliche Eisenbahn= und Postbeamte sowie Begleiter von Leichen und Tieren gelten nicht als Reisende im Sinne dieser Bestimmung.

---

⁴²) VI 2 d. W., Erläut. (Anl. E).

| Hauptbahnen. | Nebenbahnen. |

(2)   Ein bei dem Schutzabteil
oder im Schutzwagen
    befindlicher Abort kann von den Reisenden benutzt werden.

(3) Bei dienstlichen Sonderzügen ist weder Schutzabteil noch Schutzwagen erforderlich.

§ 58. Zugsignale [7]).

[42]) (1) Die Züge müssen Signale führen, die bei Tage den Schluß, bei Dunkelheit die Spitze und den Schluß erkennen lassen. Der Schluß eines aus mehreren Fahrzeugen bestehenden Zuges ist auch nach vorn kenntlich zu machen.

[43]) (2) Vor Wegübergängen ohne Schranken ist die Läutevorrichtung (§ 36 (8)) von der nach § 18 (10) gekennzeichneten Stelle ab in Tätigkeit zu setzen. Wird ein Zug ohne führende Lokomotive geschoben, so hat der auf dem vordersten Wagen befindliche Beamte (§ 67 (1)) zu läuten.

(3) An den Zügen,   An den Militärzügen, die ohne durchgehende Bremse[44]) gefahren werden, ist eine Zugleine oder eine andere Einrichtung anzubringen, die es gestattet, vom Platze des Zugführers oder eines anderen, an der Aufsicht über den Zug beteiligten Beamten aus ein hörbares Signal auf der Lokomotive ertönen zu lassen.

§ 59. Ausstattung der Züge.

(1) In den Zügen sind mitzuführen:

a) Hilfsmittel, wodurch Zugteile, die sich während der Fahrt getrennt haben, wieder miteinander verbunden werden können,

b) Gerätschaften zur Beseitigung der während der Fahrt etwa vorkommenden geringfügigeren Beschädigungen,

c) die bei Unfällen zunächst erforderlichen Werkzeuge,

d) Signalmittel zur Deckung der Züge in außerordentlichen Fällen.

(2) In den zur Personenbeförderung dienenden Zügen sind die Mittel zur ersten Hilfeleistung bei Verletzungen mitzuführen.

(3) Unter einfachen Verhältnissen kann die Aufsichtsbehörde[6]) Ausnahmen von den Bestimmungen dieses Paragraphen zulassen.

§ 60. Beleuchtung und Heizung der Personenwagen.

(1) Die zur Beförderung von Personen benutzten Wagen sind bei Dunkelheit und in Tunneln, zu deren Durchfahrung mehr als zwei Minuten gebraucht werden, zu beleuchten.

---

[42]) SignalO. (VI 5 d. W.) Abschn. VII.

[43]) Wegübergang (i. S. BahnO. § 21 Abf. 4, jetzt BO. § 58 Abf. 2) ist Übergang eines Weges f. d. allgemeinen Verkehr, nicht auch eines privaten Fußweges zu einzelnen Wohnhäusern RGer. 12. Feb. 03 (LIII 394). Es wird vermutet, daß der Lokführer der Pflicht, das Läutewerk in Tätigkeit zu setzen, genügt hat; wer auf das Unterlassen des Läutens einen Anspruch gründet, hat das Nichtläuten zu beweisen RGer. 23. Feb. 97 (XXXVIII 162). — E. 4. April 01 (EBB. 147) betr. Verhütung v. Unfällen auf unbewachten Wegübergängen; E. 14. April / 30. Mai 04 (EBB. 207) betr. Beförd. v. Sprengstoffsendungen über unbewachte Eisüberwege. — Anm. 34.

[44]) Anm. 39.

Hauptbahnen.	**Nebenbahnen.**

(2) Die Personenwagen sind bei kalter Witterung zu heizen.

	Ausnahmen können von der Landes=aufsichtsbehörde[6]) zugelassen werden.

§ 61. Kuppeln und Verschließen der Wagen. Bremsprobe.

(1) In den Zügen, die eine Geschwindigkeit von mehr als 45 km erreichen, sind die Fahrzeuge so fest zu kuppeln, daß die Pufferfedern etwas angespannt sind.

(2) Die nicht im Gebrauche befindlichen Kuppelungen und Notketten müssen während der Fahrt der Züge aufgehängt werden.

(3) Personenwagen dürfen nur so verschlossen werden, daß sie von den Insassen geöffnet werden können[7]).

(4) Bevor ein mit Luftdruck= oder Luftsaugebremse gefahrener Zug die Anfangsstation verläßt, ist eine Bremsprobe vorzunehmen. Die Probe ist zu wiederholen, so oft der Zug getrennt oder ergänzt worden ist, es sei denn, daß nur Wagen am Schlusse abgehängt worden wären.

§ 62. Beförderung von Gütern mit Personenzügen.

(1) Güter dürfen mit Personen=zügen nur befördert werden, wenn dadurch die Erreichung der Anschlüsse nicht in Frage gestellt wird.

(2) Inwieweit Tiere und Eilgut mit Personenzügen befördert werden dürfen, die eine Geschwindigkeit von mehr als 60 km erreichen, bestimmt die Aufsichts=behörde[6]).

§ 63. Zugpersonal.

(1) Das Zugpersonal besteht aus dem Lokomotiv= und dem Zugbegleitungs=personale.

(2)　　　Dampflokomotiven müssen während der Fahrt

	in der Regel
mit einem Führer[46]) und einem Heizer besetzt sein.	Ausnahmen können von der Landes=aufsichtsbehörde[6]) zugelassen werden, wenn Einrichtung getroffen ist, daß ein Zugbegleitungsbeamter während der Fahrt leicht zum Führerstande gelangen kann.

Über die Besetzung von anderen Lokomotiven und von Triebwagen bestimmt die Landesaufsichtsbehörde[6]).

(3) Die Züge, mit Ausnahme von Revisionszügen und einzeln fahrenden Lokomotiven, sind mit mindestens einem begleitenden Beamten zu besetzen.

(4) Das Zugpersonal ist während der Fahrt einem Beamten (Zugführer) zu unterstellen[7]).

---

[46]) Die Tatsache einer Inbrandsetzung durch Funkenauswurf genügt nicht, um ein strafrechtl. Vorgehen gegen d. LokFührer, z. B. bei Waldbrand wegen Übertretung gegen FeldpolG. 1. April 80 (GS. 230) § 44 Ziff. 2 zu rechtfertigen; vielmehr muß ihm ein Mangel an Achtsamkeit nachgewiesen werden OB. 1. Nov. 98 (Arch. 99 S. 384, GGG. XV 323).

Hauptbahnen. | **Nebenbahnen.**

(5) Das Zugbegleitungspersonal ist im Zuge angemessen zu verteilen (zu vergleichen § 55 (6), § 56 (8) und die einschlägigen Bestimmungen der Verkehrsordnung)[47]).

Bei den Zügen mit durchgehender Bremse hat der Zugführer oder in seiner Vertretung ein anderer Zugbegleitungsbeamter seinen Platz so einzunehmen, daß er die Bremse in Tätigkeit setzen kann.

(6) Der Zugführer hat einen Fahrbericht zu führen, worin Abgangs- und Ankunftszeiten auf den Stationen, die Anzahl der beladenen und der unbeladenen Wagenachsen und etwaige außergewöhnliche Vorkommnisse zu verzeichnen sind.

(7) Bei einzeln fahrenden Lokomotiven gilt der Lokomotivführer als Zugführer.

§ 64. Mitfahren auf der Lokomotive.

Ohne Erlaubnis der zuständigen Beamten darf außer den dienstlich dazu berechtigten Personen niemand auf der Lokomotive mitfahren.

§ 65. Ein- und Ausfahrt der Züge. Zugfolge.

(1) Das Signal für die Ein- oder Ausfahrt eines Zuges darf nur durch den Fahrdienstleiter[37]) selbst, oder in dessen ausdrücklichem, in jedem einzelnen Falle zu erteilenden Auftrage durch einen anderen Betriebsbeamten auf Fahrt gestellt oder freigegeben werden.

(2)[7]) Bevor ein Ein- oder Ausfahrsignal für einen Zug auf Fahrt gestellt wird, ist zu prüfen, ob die Fahrstraße frei ist und ihre Weichen richtig stehen. Über das Ergebnis der Prüfung muß der für das Stellen des Signals verantwortliche Beamte unterrichtet sein. Von der Prüfung der Stellung darf bei den Weichen abgesehen werden, die mit dem Signal in der im § 21 (8) vorgeschriebenen Abhängigkeit stehen.

(3) Die Prüfung der Fahrstraße und der Weichenstellung (2) hat außerdem zu erfolgen:

a) wenn Ausfahrsignale fehlen, vor dem Ablassen eines Zuges

b) wenn Einfahrsignale fehlen, vor der bevorstehenden Einfahrt eines Zuges. Steht der Einfahrt ein Hindernis entgegen, so ist der Zug durch Handsignale zum Halten zu bringen.

(4) Steht der Ausfahrt eines Zuges aus einem Bahnhofe[12]), den er planmäßig durchfahren soll, ein Hindernis entgegen, so darf ein Einfahrsignal erst auf Fahrt gestellt werden, nachdem der Zug davor zum Halten gekommen ist. Hiervon kann abgesehen werden, wenn ein Ausfahrvorsignal vorhanden ist oder wenn feststeht, daß das Zugpersonal mit der Anweisung, den Zug ausnahmsweise anzuhalten, versehen ist. Sonstige Ausnahmen können in Berücksichtigung besonderer Verhältnisse von der Aufsichtsbehörde[6]) zugelassen werden[7]).

(5) Haltsignale dürfen von den Zügen, für die sie gelten, ohne besonderen Auftrag nicht überfahren werden.

---

[47]) Z. B. VerkO. Anl. B Ziff. XXXV a F (4).

Hauptbahnen. | **Nebenbahnen.**

(6) Kein Zug darf ohne Erlaubnis des zuständigen Beamten von einer Sta=
tion[12]) abfahren.

(7) Kein zur Beförderung von Personen bestimmter Zug darf vor der im
Fahrplan angegebenen Zeit abfahren.

(8)[7]) Kein Zug darf, abgesehen von Störungen (10), von einer Zugfolgestelle[14])
ab= oder durchgelassen werden, bevor festgestellt ist, daß der vorausgegangene Zug
sich unter der Deckung der nächsten Zugfolgestelle befindet,

> wenn auf der Bahn mit mehr als 15 km
> Geschwindigkeit gefahren wird.

Außerdem darf bei eingleisigem Betriebe kein Zug abgelassen werden, wenn nicht
feststeht, daß das Gleis bis zur nächsten zur Kreuzung geeigneten Station durch
einen Gegenzug nicht beansprucht ist.

(9) Die Verständigung über die Zugfolge hat, soweit sie nicht durch die
Bedienung der Streckenblockeinrichtung[48]) ersetzt wird,

> auf den Strecken, die mit mehr als
> 40 km Geschwindigkeit befahren werden,
durch den Telegraphen,
> auf den sonstigen Strecken durch den Tele=
> graphen oder den Fernsprecher

zu erfolgen. Inwieweit

> auf den ersterwähnten Strecken

bei Störungen des Telegraphen oder bei Blockeinrichtungen Fernsprecher benutzt
werden dürfen, bestimmt die Landesaufsichtsbehörde[6]).

(10) Ist die Verständigung zwischen den Zugfolgestellen[14]) gestört, so darf
ein Zug abgelassen werden, wenn angenommen werden kann, daß der voraus=
gegangene Zug auf der nächsten Zugfolgestelle eingetroffen und ein Gegenzug auf
demselben Gleise nicht zu erwarten ist.

(11) Vor der Ab= oder Durchfahrt der Züge ist auf den hierzu eingerichteten
Strecken das Signal für die Schrankenwärter (§ 19 (3)) zu geben. Bei Zügen,
die die Strecke zwischen zwei Bahnhöfen[12]) nicht vollständig durchfahren, kann
hiervon abgesehen werden.

§ 66. Fahrgeschwindigkeit.

(1) Die Geschwindigkeit darf die Grenzen nicht übersteigen, die
a) für die einzelnen Lokomotiven festgesetzt sind (§ 36 (2)),
b) der Stärke der Züge (§ 54, vergleiche jedoch Ziffer (12)) und
c) der Anzahl der bedienten Bremsachsen (§ 55) entsprechen,
d) durch die besonderen Verhältnisse der einzelnen Bahnstrecken geboten sind.

(2)[7]) Abgesehen von den vorstehenden und den aus (3) bis (10) sich ergebenden
Einschränkungen ist die größte zulässige Geschwindigkeit in der Stunde:

a) für Personenzüge[49]):
　1. ohne durchgehende Bremse[50])
　　　　　　　　　　60 km,
　2. mit durchgehender Bremse
　　　　　　　　　　100 km.
Unter besonders günstigen Ver=
hältnissen kann die Landesaufsichts=
behörde[6]) höhere Geschwindigkeiten
zulassen;

a) im allgemeinen . . . . . 30 km,
b) auf vollspurigen Bahnen mit eige=
nem Bahnkörper für Personenzüge
mit durchgehender Bremse . 40 km
und mit Genehmigung der Landes=
aufsichtsbehörde[6]) . . . . 50 km.

---

[48]) § 22. | [49]) § 54.

Hauptbahnen.   **Nebenbahnen.**

b) für Güterzüge[49]) . . . . . 45 km, unter besonders günstigen Verhältnissen mit Genehmigung der Aufsichtsbehörde[6]) . . . . 60 km;

c) für Arbeitszüge . . . . . . 45 km;

d) für einzelne Lokomotiven . 50 km, jedoch können von der Aufsichtsbehörde[6]) größere Geschwindigkeiten bis zu der für die Lokomotive überhaupt zulässigen Grenze (§ 36 (2)) gestattet werden;

e) für Probefahrten unbegrenzt.

(3)[7]) Die größte zulässige Geschwindigkeit ist in Gefällen

			Hauptbahnen			Nebenbahnen
von	3,0 ‰	(1 : 333)	. . 120 km,			
=	5,0 =	(1 : 200)	. . 105 =,			
=	7,5 =	(1 : 133)	. . 95 =,			
=	10,0 =	(1 : 100)	. . 85 =,			
=	12,5 =	(1 : 80)	. . 80 =,			
=	15,0 =	(1 : 66)	. . 75 =,			
=	17,5 =	(1 : 57)	. . 70 =,			
=	20,0 =	(1 : 50)	. . 65 =,			
=	22,5 =	(1 : 44)	. . 60 =,			
=	25,0 =	(1 : 40)	. . 55 =.	von 25,0 ‰	(1 : 40)	. . 50 km,
				= 30,0 =	(1 : 33)	. . 40 =,
				= 35,0 =	(1 : 28)	. . 35 =,
				= 40,0 =	(1 : 25)	. . 30 =.

Für Zwischengefälle ergibt sich die größte Geschwindigkeit durch Zwischenschaltung.

(4)[7]) Die größte zulässige Geschwindigkeit ist in Krümmungen

		Hauptbahnen			Nebenbahnen
vom Halbmesser	1300 m	. . 120 km,			
= =	1200 =	. . 115 =,			
= =	1100 =	. . 110 =,			
= =	1000 =	. . 105 =,			
= =	900 =	. . 100 =,			
= =	800 =	. . 95 =,			
= =	700 =	. . 90 =,			
= =	600 =	. . 85 =,			
= =	500 =	. . 80 =,			
= =	400 =	. . 75 =,			
= =	300 =	. . 65 =,			
= =	250 =	. . 60 =,			
= =	200 =	. . 50 =,	vom Halbmesser	200 m	. . 50 km,
= =	180 =	. . 45 =.	= =	180 =	. . 45 =,
			= =	150 =	. . 40 =,
			= =	120 =	. . 30 =,
			= =	100 =	. . 25 =.

Für Krümmungen zwischen den vorstehenden ergibt sich die größte Geschwindigkeit durch Zwischenschaltung.

(5) Für fallende und zugleich gekrümmte Bahnstrecken gilt die kleinere der aus (3) und (4) sich ergebenden Geschwindigkeiten.

Hauptbahnen. | **Nebenbahnen.**

(6) Die größte zulässige Geschwindigkeit der Züge, deren führende Lokomotive[7]) mit dem Tender voranfährt, ist . . . . 45 km.

(7) Die größte zulässige Geschwindigkeit der Züge, die geschoben werden, ohne daß sich eine Lokomotive an der Spitze befände (§ 67 (1)), ist

25 km. | auf Strecken, wo alle Wegübergänge"[)] mit Schranken versehen sind 25 km, auf Strecken, wo Wegübergänge ohne Schranken vorkommen . . . 15 km.

(8) Für das Fahren

durch den krummen Strang einer Weiche, gegen die Spitze einer nicht verriegelten oder verschlossenen Weiche, durch Gegen= krümmungen, in denen die Gleise ohne Überhöhung verlegt sind,

über Drehbrücken und durch Strecken, die aus einem sonstigen Grunde regelmäßig langsamer befahren werden müssen, ist die für die einzelne Zuggattung zulässige größte Geschwindigkeit von der Aufsichtsbehörde[6]) besonders zu bestimmen.

(9) Sonderzüge, die den Schrankenwärtern nicht nach § 69 (4) angekündigt werden konnten, dürfen nur dann mit mehr als 30 km Geschwindigkeit fahren, wenn

alle Wegübergänge"[)] mit Schranken ver= sehen, die im § 19 (3) vorgeschriebenen Einrichtungen vorhanden sind und

angenommen werden kann, daß die Wegschranken auf das Signal nach § 65 (11) rechtzeitig geschlossen werden.

(10) Sonderzüge, die nach § 69 (6) abgelassen werden, dürfen höchstens mit 30 km Geschwindigkeit fahren.

(11) Für jeden Zug ist neben der regelmäßigen eine kürzeste Fahrzeit zu bestimmen, die bei Verspätungen wo= möglich einzuhalten ist, aber nie unter= schritten werden darf.

(12) Auch bei Anwendung der kürzesten Fahrzeit (11) dürfen die in (1) bis (10) gegebenen Geschwindigkeits= grenzen nicht überschritten werden mit Ausnahme der nach § 54 von der Zug= stärke abhängigen regelmäßigen Höchst= geschwindigkeit, die, wenn es die sonstigen Verhältnisse zulassen, um zehn Prozent gesteigert werden darf.

(13)[7]) Wird die durchgehende Bremse[10]) eines Zuges unterwegs unbrauchbar, so darf die Fahrt mit unverminderter Geschwindigkeit fortgesetzt werden, wenn die Bremsen in der nach § 55 erforderlichen Anzahl von Hand bedient werden. Die im § 58 (3) vorgeschriebene Signaleinrichtung braucht in solchen Fällen nicht an= gebracht zu werden.

§ 67. Schieben der Züge.

(1) Züge ohne führende Lokomotive dürfen,

wenn die Landesaufsichtsbehörde[6]) keine weiteren Einschränkungen trifft, geschoben werden: | nur geschoben werden, wenn sie nicht mehr als 50 Wagenachsen stark sind.

Hauptbahnen.	**Nebenbahnen.**

a) bei langsamer Rückwärtsbewegung der Züge,

b) bei Arbeitszügen und dienstlichen Sonderzügen,

c) bei Zügen nach und von Gruben, gewerblichen Anlagen und dergleichen.

Der vorderste Wagen der Züge unter b und c

ist mit einem Betriebsbeamten [50]) zu besetzen,

der auf Strecken, wo Wegübergänge [44]) ohne Schranken vorkommen, eine weithin tönende Glocke bei sich zu führen hat (§ 58 (2)).

Wegen der Geschwindigkeit der Züge vergleiche § 66 (7).

(2) Züge mit einer führenden Lokomotive dürfen nachgeschoben werden:

a) bei der Anfahrt in den Stationen [12]),

b) auf stark steigenden Bahnstrecken einschließlich der etwa dazwischen liegenden, schwächer steigenden oder wagerechten Strecken,

c) in Notfällen überall.

(3) Mit mehr als zwei Lokomotiven darf nicht nachgeschoben werden.

(4) Nachschiebende Lokomotiven dürfen mit dem Zuge nicht gekuppelt werden.

(5) Züge mit Schemelwagen, die durch Steifkuppelung oder durch die Ladung selbst verbunden sind, dürfen auf freier Strecke [10]) nicht nachgeschoben werden.

(6) Die Verwendung einer Schiebelokomotive ist vorzumelden.

§ 68.　Befahren von Bahnkreuzungen.

(1) Vor den außerhalb der Bahnhöfe [12]) gelegenen Bahnkreuzungen muß jeder Zug anhalten. Das Deckungssignal (§ 21 (6)) darf erst auf Fahrt gestellt werden, nachdem der Zug zum Stillstande gekommen ist.

(2)　　　　　　　　Bei der Kreuzung

einer Hauptbahn mit einer Nebenbahn oder einer dieser Ordnung nicht unterstellten Bahn [13])	zweier Nebenbahnen oder einer Nebenbahn mit einer dieser Ordnung nicht unterstellten Bahn [13])

kann die Landesaufsichtsbehörde [6])

die Züge der Hauptbahn	die Züge einer Bahn, ausnahmsweise auch die Züge beider Bahnen

von der Verpflichtung zum Halten entbinden.

§ 69.　Sonderzüge.

(1) Zu den Sonderzügen gehören die nicht regelmäßig verkehrenden Vor- und Nachzüge, die Bedarfszüge, Arbeitszüge und Probefahrten jeder Art.

(2) Sonderzüge dürfen nur befördert werden, solange die Schrankenwärter im Dienste sind (vergleiche indes (6)).

(3) Für Sonderzüge ist ein Fahrplan aufzustellen. Der Fahrplan ist den von dem Zuge zu berührenden Stationen [12]) mitzuteilen. Durchfährt ein Zug die Strecke zwischen zwei Bahnhöfen [12]) nicht vollständig, so ist der Fahrplan beiden

---

[50]) § 45.

Hauptbahnen. | **Nebenbahnen.**

Stationen mitzuteilen. Hinsichtlich der Ankündigung von Sonderzügen mit Spreng=stoffen sind die Bestimmungen der Verkehrsordnung zu beachten[51]).

(4) Sonderzüge sind den Schrankenwärtern anzukündigen. Die Ankündigung hat, wenn tunlich schriftlich, andernfalls durch ein Signal an dem — in der einen oder anderen Richtung — vorhergehenden Zuge oder durch Fernsprecher zu erfolgen[7]).

(5) Ist eine Ankündigung nach (4) nicht möglich, so treten die in § 66 (9) enthaltenen Vorschriften in Kraft[7]).

(6)[7]) Von den Bestimmungen in (2) und (3) kann unter Verantwortlichkeit des zuständigen Beamten abgesehen werden bei Hilfszügen und Hilfslokomotiven, die aus Anlaß von Eisenbahnunfällen, Feuersbrünsten oder sonstigen außerordent=lichen Ereignissen einzulegen sind. Wegen der Geschwindigkeit solcher Züge ver=gleiche § 66 (10).

§ 70. Rangordnung der Züge[52]).

In Hinsicht auf pünktliche Beförderung haben in der Regel die Sonderzüge der Allerhöchsten und Höchsten Herrschaften den Vorrang vor den übrigen Zügen, die Schnellzüge vor den Personen= und Güterzügen[49]), die Personenzüge vor den Güterzügen. Dringliche Hilfszüge[53]) gehen allen anderen Zügen vor.

§ 71. Schneepflüge.

(1) Schneepflüge oder Wagen zum Brechen des Glatteises dürfen bei Zügen, die mit mehr als 30 km Geschwindigkeit fahren, nicht vor die Zuglokomotive ge=stellt werden.

(2) Fest mit der Zuglokomotive verbundene Schneepflüge ohne eigene Räder sind bei jeder Geschwindigkeit zulässig.

§ 72. Von Hand bewegte Wagen. Kleinwagen[54]).

(1) Eisenbahn= und Kleinwagen, die durch Menschen oder Tiere bewegt werden, und Triebkleinwagen dürfen nur mit Vorwissen der benachbarten Bahnhöfe[12]) auf die freie Strecke[10]) ge=bracht werden.

(2) Derartige Fahrzeuge müssen von einem verantwortlichen Betriebsbeamten[50]) begleitet sein und spätestens fünfzehn Minuten vor der mutmaßlichen Ankunft eines Zuges[52]) aus dem Gleise entfernt werden. Sie sind bei Dunkelheit mit Lichtsignalen zu versehen.

§ 73. Betriebstörende Ereignisse.

Ein Zug[52]), der auf freier Strecke[10]) liegen bleibt, ist gegen Gefährdung durch andere Züge zu sichern. In welcher Weise dies zu geschehen hat, ist von der Landesaufsichtsbehörde[6]) zu bestimmen.

---

[51]) Z. B. VerkO. Anl. B Ziff. XXXV a. H. (in d. W. nicht abgedruckt).
[52]) § 54 (1).
[53]) § 69 (6).

[54]) E. 17. Juni 00 (EBB. 227), 10. Nov. 04 (EBB. 352) u. 28. Feb. 05 (EBB. 123) betr. Dienstvorschr. f. d. Benutz. d. Kleinwagen.

V. Bahnpolizei[55]).

§ 74. Eisenbahnpolizeibeamte[56]).

(1) Eisenbahnpolizeibeamte sind die im § 45 unter 1 bis 11 aufgeführten Eisenbahnbetriebsbeamten und

         12. Pförtner,
         13. Bahnsteigschaffner,
         14. Wächter.

(2) Die Bahnpolizeibeamten sind zu vereidigen oder durch Handschlag an Eidesstatt zu verpflichten[56]). Die Vereidigung oder eidliche Verpflichtung verleiht dem Bahnpolizeibeamten die Rechte des öffentlichen Polizeibeamten[56]).

(3) Die Bestimmungen im § 45 (2), (4) und (5) finden auch auf die in (1) unter 12 bis 14 aufgeführten Bahnpolizeibeamten Anwendung[57]).

---

[55]) Begriff Bahnpolizei, Zuständigkeit usw. I 3 Anm. 42, 43.

[56]) Auch bei den Bahnpolizeibeamten ist (wie für Betriebsbeamte in Anl. E zu § 45 ausgeführt) ihre Eigenschaft als solche von dem rechtlichen Charakter ihrer Anstellung (Staatsbeamtenverhältnis, privat..."I. Arbeitsvertrag usw.) unabhängig; BahnpolBeamter ist jeder Bedienstete, dem die Verrichtungen des in § 74 (1) bezeichneten Personals übertragen sind. — Neu ist die Vorschr. in § 74 (2), daß die BPB. nicht förmlich vereidigt zu werden brauchen, sondern daß Verpflichtung durch Handschlag an Eidesstatt zulässig ist. Ältere Vorschr. u. Entsch.: Verfahren bez. der Privatbahnbeamten E. 12. Febr. 73 (VBl. 864); Staatsbeamte, die den Diensteid als solche geleistet haben, sind nicht als BPB. besonders zu vereidigen E. 26. Nov. 97 (EVB. 391); der Eid als BPB. ist nicht ohne weiteres Diensteid i. S. PensionsG. 27. März 72 (GS. 268) § 13 Satz 1 RGer. 6. Mai 02 (LI 290, besond. S. 295); Vereidigung der als BPB. beschäftigten Arbeiter der StEB. E. 14. Juli 88 (Elb. S. III 3 Nr. 2772) Anl. A Ziff. 3, der Schrankenwärterinnen E. 6. Juni 05 (EVB. 248). — Bahnpolizeibeamte sind Beamte i. S. StGB. § 359; wer als solcher zu gelten hat, richtet sich nach den Vorschr. der BO. RGer. 24. März 84 (Straff. X 326), 10. Juli 94 (EEE. XI 235: Hilfsschaffner). Desgl. i. S. StGB. §§ 113 fg., 333 RGer. 2. Mai 80 (EEE. I 166: Bahnwärter), 5. April 81 (EEE. II 7), 28. März 92 (EEE. X 6), 5. Nov. 04 (EEE. XXI 287: Bahnsteigschaffner).

Auch Privatbahnangestellte, die als BPB. fungieren, sind Beamte i. S. StGB. § 332 RGer. 28. Aug. 96 (EEE. XIII 248). — Alle BPB., ohne Rücksicht auf ihr Anstellungsverhältnis (auch Privatbahnbeamte, sowie Arbeiter der StEB., die als BPB. fungieren), sind von persönl. Gemeindediensten freizulassen, wenn nicht die Verpflichtung zur Dienstleistung aus Grundbesitz oder Gewerbebetrieb herzuleiten ist E. $\frac{16.}{25.}$ März 93 (EVB. 159). BPB. sind PolBeamte i. S. Städte-O. 30. Mai 53 (GS. 261) § 17 Ziff. 6 (u. deswegen zu Stadtverordneten nicht wählbar) OB. 17. Feb. 88 (EEE. VI 121) u. LandgemeindeO. 3. Juli 91 (GS. 233) § 53 Ziff. 4 (u. deswegen zu Gemeindeverordneten nicht wählbar) OB. 3. Juni 93 (EEE. X 223). Sie sind ferner polizeil. VollstrBeamte i. S. GVG. § 34 Ziff. 6 u. deshalb von der Aufnahme in die Schöffenurlisten auszuschließen E. 6. Okt. 85 (EVB. 353) u. 2. April 86 (EVB. 336). Befreiung vom Feuerlöschdienst E. 31. März 05 IV B 2 254. Im Strafprozesse können BPB. als Sachverständige nicht darum abgelehnt werden, weil sie in der Sache als BPB. Vorerhebungen gepflogen haben RGer. 30. April 88 (EEE. VI 292). — Vorladungen, Verhaftungen usw. v. BPB. III 2 Anm. 19 d. W.

[57]) E. 18. Mai 96 (EVB. 193) betr. Feststellung der Befähigung der als BPB. zu bestellenden Hilfsbediensteten der StGB.; E. 22. Dez. 00 (EVB. 619) betr. Verwendung der formlos geprüften Bediensteten. — Anm. 31, 32.

(4) Beamten, die sich zur Ausübung polizeilicher Obliegenheiten ungeeignet zeigen, dürfen solche nicht übertragen werden.

(5) Auf die Offiziere, Beamten und Mannschaften der militärischen Formationen für Eisenbahnzwecke findet die Vorschrift über die Vereidigung oder eidliche Verpflichtung (2) keine Anwendung.

§ 75. Ausübung der Bahnpolizei[58]).

(1) Der Amtsbereich der Bahnpolizeibeamten umfaßt örtlich — ohne Rücksicht auf den Wohnort oder Dienstbezirk — das gesamte Bahngebiet[59]) der Verwaltungen, bei denen sie beschäftigt werden[60]), sachlich die Maßnahmen, die zur Handhabung der für den Eisenbahnbetrieb geltenden Polizeiverordnungen erforderlich sind.

(2) Bei Ausübung des Dienstes müssen die Bahnpolizeibeamten Uniform oder ein Dienstabzeichen tragen oder mit einem sonstigen Ausweis[61]) über ihre amtliche Eigenschaft versehen sein.

(3) Die Bahnpolizeibeamten haben sich dem Publikum gegenüber besonnen und rücksichtsvoll aber bestimmt zu benehmen[62]).

(4)[63]) Die Bahnpolizeibeamten sind befugt, jeden vorläufig festzunehmen, der auf der Übertretung der in den §§ 77 bis 81 enthaltenen Bestimmungen oder einer sonstigen strafbaren Handlung betroffen oder unmittelbar danach verfolgt wird, wenn er der Flucht verdächtig ist oder sich nicht auszuweisen vermag. Eine Festnahme wegen Übertretung der in den §§ 77 bis 81 enthaltenen Bestimmungen hat zu unterbleiben, wenn eine angemessene Sicherheit bestellt wird; diese Sicherheit darf den Betrag von einhundert Mark (§ 82) nicht übersteigen. Ist die vorläufige Festnahme notwendig, um die Fortsetzung der strafbaren Handlung zu verhindern, so darf sie nicht unterbleiben, auch wenn der Täter nicht der Flucht verdächtig ist, sich auszuweisen vermag und Sicherheitsleistung anbietet.

(5) Der Festgenommene ist, wenn er nicht wieder in Freiheit gesetzt wird, unverzüglich dem Amtsrichter oder der Polizeibehörde des Bezirks, in dem die Festnahme erfolgte, vorzuführen.

(6) Erfolgt die Ablieferung nicht durch einen Bahnpolizeibeamten, so hat der sie anordnende Beamte eine mit seinem Namen und seiner Dienststellung versehene Karte, worauf der Grund der Festnahme vermerkt ist, mitzugeben.

§ 76. Gegenseitige Unterstützung der Polizeibeamten[64]).

Die sonstigen Polizeibeamten sind verpflichtet, die Bahnpolizeibeamten auf Ersuchen bei Handhabung der Bahnpolizei zu unterstützen. Ebenso sind die Bahn-

---

[58]) § 83.

[59]) I 3 Anm. 43 a d. W., auch unten Anm. 63.

[60]) Nicht nur der Verwaltung, bei der sie angestellt sind.

[61]) Form d. Ausweise f. d. StEV. E. 4. Dez. 95 (EVB. 740); gemeinf. Best. f. d. Arbeiter (III 7 d. W.) § 15 (3).

[62]) Nicht jede Ungehörigkeit ist ohne weiteres als Überschreitung der amtl. Befugnisse (G. 13. Febr. 54, GS. 86, § 1) anzusehen OV. 11. Nov. 98 (Arch. 99 S. 387).

[63]) In unmittelb. Verfolgung einer strafbaren Handlung darf der BPB. fremdes Besitztum betreten OV. 11. Dez. 00 (Arch. 01 S. 674). — Strafprozeß O. § 127, 128.

[64]) E. 6. Juni 89 (EVB. 325) betr. Ausübung polizeilicher Funktionen auf den Bahnhöfen u. Bahnanlagen seitens der BPB. einerseits u. der Organe der allg. Polizei andererseits (erstere haben dem Eingreifen d. letzteren kein Hindernis in den Weg zu legen u. etwaige Meinungsverschiedenheiten nachträglich im Beschwerdewege zum Austrage zu bringen). — I 3 Anm. 43 d. W.

polizeibeamten verbunden, den sonstigen Polizeibeamten bei der Ausübung ihres Dienstes innerhalb des Bahngebiets[59]) Beistand zu leisten, soweit es ihre bahn=dienstlichen Pflichten zulassen.

VI. Bestimmungen für das Publikum.

§ 77. Allgemeine Bestimmungen[58]).

Die Reisenden und das sonstige Publikum haben den allgemeinen Anordnungen, die von der Bahnverwaltung zur Aufrechterhaltung der Ordnung innerhalb des Bahngebiets und im Bahnverkehre[65]) getroffen werden, nachzukommen und den dienstlichen Anordnungen[65]) der in Uniform befindlichen oder mit einem Dienst=abzeichen oder einem sonstigen Ausweis[61]) über ihre amtliche Eigenschaft versehenen Bahnpolizeibeamten[56]) Folge zu leisten.

§ 78. Betreten der Bahnanlagen[58]).

(1) Das Betreten der Bahnanlagen der freien Strecke[10]), soweit sie nicht zugleich zur Benutzung als Weg bestimmt sind, ist ohne Erlaubniskarte[66]) nur gestattet[67]):

1. den Vertretern der Aufsichtsbehörden,
2. den Beamten der Staatsanwaltschaft, der Gerichte, des Forstschutzes und der Polizei, wenn es zur Ausübung ihres Dienstes notwendig ist,
3. den Beamten des Telegraphen=, des Zoll= und des Steuerwesens, soweit es zur Wahrnehmung ihres Dienstes innerhalb des Bahngebiets not=wendig ist,
4. den zur Besichtigung dienstlich entsandten deutschen Offizieren.

(2) Das Betreten der Stationsanlagen außerhalb der dem Publikum be=stimmungsgemäß geöffneten Räume ist ohne Erlaubniskarte[66]) außer den unter (1) genannten Personen auch den Postbeamten gestattet, soweit sich der Postdienst[7]) innerhalb des Stationsgebiets abwickelt[68]).

---

[65]) Z. B. Entfernung eines ohne gül=tigen Berechtigungsausweis im Zuge Verweilenden RGer. 24. März 84 (Straff. X 326), Verbot des Feilbietens von Gegenständen in den Personenwagen E. 9. Juni 05 (EVB. 253).

[66]) Erlaubniskarten s. d. StEV. E. 23. März 78 (EVB. 92), 4. März 96 (EVB. 144), 21. Nov. 03 (EVB. 359); Postbeamte IX 2 Anl. A Anm. 6 d. W.

[67]) Bestehen im Einzelfalle darüber, ob die Voraussetzung für das Betreten der Bahn vorliegt, zwischen der Eis=Behörde u. der dem Beamten usw. vor=gesetzten Behörde Meinungsverschieden=heiten, so ist an den Min. zu berichten E. 22. Juni 01 (EVB. 211). Im Falle der Konfliktserhebung gemäß G. 13 Feb. 54 (Anm. 62) entscheidet darüber das zur Beurteilung des Konflikts berufene Gericht; § 78 (1) ist als Ausnahmebest. streng auszulegen u. auf den Fall zu beschränken, daß die Vornahme von Amtshandlungen auf dem Bahnkörper selbst erforderlich ist, nicht aber letzterer nur aus Anlaß des Dienstes (z. B. zur Wegabkürzung) betreten wird OB. 13. April 92 (XXIII 417). Teilnahme eines Forstschutzbeamten an einer privaten Jagd ist nicht Dienstausübung Landger. Neuwied 21. Sept. 91 (Arch. 92 S. 653, EEE. IX 77). Gemeinde= u. Privat=Forstschutzbeamte fallen unter § 78 nur, wenn sie nach Forstdiebstahl=G. 15. April 78 (GS. 222) § 23, 24 vereidigt sind E. 24. Sept. 95 (EVB. 641). — MErO. (VIII 3 Anl. B d. W.) § 29 Abs. 3. Vollzugsbest. z. Eis=PostG. (IX 2 Anl. A) VIII 2, Best. betr. d. TelegrPersonal IX 4 Anl. A Ziff. 2 u. Unteranl. A 1 § 11. Vereins=zollG. (X 2) § 60, EisZollRegul. (X 2 Anl. A) § 12.

[68]) Unbefugtes Verweilen auf dem Bahnsteig kann unter StGB. § 123 (Hausfriedensbruch) fallen RGer.

(3) Den Offizieren und den in Uniform befindlichen Beamten der deutschen Festungsbehörden ist gestattet, die Bahnanlagen innerhalb des Festungsbereichs bis zur äußersten Grenze der Tragweite der Geschütze zu betreten.

(4) Die zum Betreten der Bahnanlagen ohne Erlaubniskarte berechtigten Personen haben sich, soweit sie nicht durch ihre Uniform kenntlich sind, auf Er= fordern durch eine Bescheinigung ihrer vorgesetzten Behörde auszuweisen.

(5) Erlaubniskarten zum Betreten der Bahnanlagen dürfen nur mit Ge= nehmigung der Aufsichtsbehörde[6]) ausgestellt werden[66]).

(6) Die zum Betreten der Bahnanlagen Berechtigten haben es zu vermeiden, sich innerhalb der Gleise aufzuhalten.

(7) Die Überwachung der Ordnung auf den Vorplätzen der Stationen liegt den Bahnpolizeibeamten[69]) ob, soweit nicht besondere Vorschriften anderes be= stimmen.

(8) Für das Betreten der Bahnanlagen durch Tiere ist der verantwortlich, dem die Aufsicht über die Tiere obliegt.

(9) Wo die Bahn zugleich als Weg dient, ist sie bei Annäherung eines Zuges zu räumen.

§ 79. Überschreiten der Bahn[58]).

(1) Das Publikum darf die Bahn nur an den zu Übergängen bestimmten Stellen überschreiten, und zwar nur solange, als diese nicht durch Schranken ge= schlossen sind oder ein Zug sich nicht nähert. Beim Überschreiten der Bahn ist jeder unnötige Aufenthalt zu vermeiden.

(2) Pflüge und Eggen, Baumstämme und andere schwere Gegenstände dürfen, wenn sie nicht getragen werden, nur auf Wagen oder untergelegten Schleifen über die Bahn geschafft werden.

(3) Privatübergänge dürfen nur von den Berechtigten und nur unter den von der Aufsichtsbehörde[6]) genehmigten Bedingungen benutzt werden.

(4) Es ist untersagt, die Schranken oder sonstigen Einfriedigungen eigen= mächtig zu öffnen oder zu überschreiten, etwas darauf zu legen oder zu hängen. Solange die Übergänge geschlossen sind, wenn an den mit Zugschranken versehenen Übergängen die Glocke ertönt oder wenn ein Zug sich nähert, müssen Fuhrwerke und Tiere an den Warnungstafeln, und wo solche fehlen, in angemessener Ent= fernung von der Bahn angehalten werden[70]). Fußgänger dürfen bis an die Schranken der damit versehenen Übergänge herantreten.

(5) Größere Viehherden dürfen innerhalb zehn Minuten vor dem mutmaßlichen Eintreffen eines Zuges nicht mehr über die Bahn getrieben werden.

§ 80. Bahnbeschädigungen und Betriebsstörungen[71]).

Es ist verboten, die Bahnanlagen, die Betriebseinrichtungen oder die Fahr= zeuge zu beschädigen, Gegenstände auf die Fahrbahn zu legen oder sonstige Fahrt=

---

29. Jan. 81 (EEE. I 375), 28. Okt. 89 (EEE. VII 326). Das Hausrecht steht der EisVerwalt. u. ihren Organen zu, kann aber bez. der Wirtschafts= räume auf d. Bahnhofswirt zur Mit= wahrnehmung übertragen werden RGer. 23. März 03 (Straff. XXXVI 188), 22. Sept. 04 (das. XXXVII 260).

[69]) § 74.

[70]) Zuwiderhandeln als eigenes Ver=

schulden i. S. HPfG. § 1 RGer. 23. Feb. 97 (XXXVIII 162).

[71]) StGB. (VI 8 d. W.) § 305, 315 ff., VerkO. § 23. — E. 18. Dez. 01 (EVB. 353, FinanzO. XII D d) betr. Gewährung v. Prämien für Entdeckung oder Ver= hütung v. Schäden u. für Ermittlung der Urheber v. Bahnfreveln u. Diebstählen; gemeinf. Best. f. d. Arbeiter (III 7 d. W.) § 10. — § 83.

hindernisse anzubringen, Weichen umzustellen, falschen Alarm zu erregen, Signale nachzuahmen oder andere betriebstörende Handlungen vorzunehmen.

§ 81. Verhalten der Reisenden[58]).

(1) Die Reisenden dürfen nur an den dazu bestimmten Stellen und nur an der dazu bestimmten Seite der Züge ein= und aussteigen.

(2) Solange ein Zug sich in Bewegung befindet, ist das Öffnen der Wagen= türen, das Ein= und Aussteigen, der Versuch oder die Hilfeleistung dazu, das Betreten der Trittbretter und Plattformen, soweit der Aufenthalt hier nicht aus= drücklich gestattet ist, verboten[72]).

(3) Es ist untersagt, Gegenstände aus dem Wagen zu werfen, durch die ein Mensch verletzt oder eine Sache beschädigt werden könnte[73]).

§ 82. Bestrafung von Übertretungen[74]).

(1) Wer den Bestimmungen der §§ 77 bis 81 zuwiderhandelt, wird mit Geldstrafe bis zu einhundert Mark bestraft, wenn nicht nach den allgemeinen Strafbestimmungen eine höhere Strafe verwirkt ist.

(2) Die gleiche Strafe trifft den, der den Bestimmungen der Verkehrs= ordnung[75]) über die von der Mitnahme in Personenwagen ausgeschlossenen Gegen= stände zuwiderhandelt.

§ 83. Aushang von Vorschriften.

Ein Abdruck der §§ 75 und 77 bis 82 dieser Ordnung sowie der Bestimmungen der Verkehrsordnung[75]) über die von der Mitnahme in Personenwagen ausge= schlossenen Gegenstände ist in jedem Warteraum auszuhängen.

---

[72]) VerkO. § 16 (2), 22 (1). — Abs. 2 bezieht sich nicht auf EisBeamte im Dienst RGer. 23. Dez. 79 (SSE. I 63).

[73]) VerkO. § 22 (3); Haftpflicht VI 6 Anm. 3 b d. W.

[74]) § 82 ist polizeil. Best. i. S. SprengstoffG. 9. Juni 84 (RGB. 61) § 9 Abs. 2 RGer. 15. Mai 93 u. 10. Okt. 95 (Straff. XXIV 163 u. XXVII 377). — I 2 a Anm. 15 d. W. — § 83.

[75]) VerkO. § 29.

Anlagen zur Eisenbahn-Bau- und Betriebsordnung.

Umgrenzung des lichten Raumes   Anlage A.[1]
für

die durchgehenden Hauptgleise und die | die übrigen Gleise.
sonstigen Ein- und Ausfahrgleise der
Personenzüge.

Maßstab 1 : 50.   Maße in Millimetern.

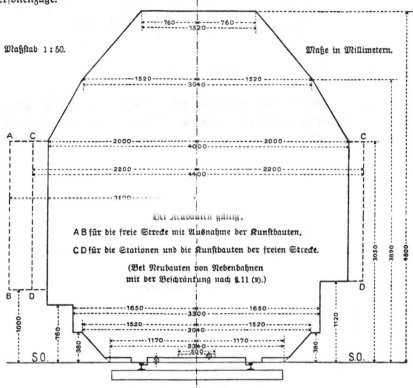

Bei Neubauten gültig:

A B für die freie Strecke mit Ausnahme der Kunstbauten.

C D für die Stationen und die Kunstbauten der freien Strecke.

(Bei Neubauten von Nebenbahnen
mit der Beschränkung nach §. 11 (2).)

Unterer Teil der Umgrenzung.
Maßstab 1 : 20.

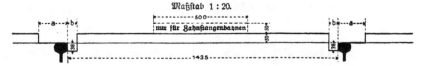

nur für Zahnstangenbahnen

$a = \begin{cases} 135 \text{ mm für unbewegliche, mit der Fahrschiene fest verbundene} \\ \quad \text{Gegenstände,} \\ 150 \text{ mm für alle übrigen unbeweglichen Gegenstände.} \end{cases}$

$b = \begin{cases} 41 \text{ mm bei den Zwangschienen der Weichen und Kreuzungen,} \\ 45 \text{ mm bei Wegübergängen mit Genehmigung der Landes-} \\ \quad \text{aufsichtsbehörde,} \\ 67 \text{ mm für alle übrigen unbeweglichen Gegenstände.} \end{cases}$

29*

----

[1] Zu § 11 (1).

Anlage B.[1]

Verkehrslast

für neue und zu erneuernde Brücken.

Ein Zug mit zwei Lokomotiven in ungünstigster Stellung und einer unbeschränkten Anzahl einseitig angehängter Wagen von den nachstehend angegebenen Achsbelastungen und Radständen.

Lokomotive.   Wagen.

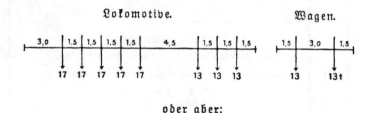

oder aber:

eine Achse von 20 t, oder

zwei Achsen von je 20 t, oder

drei Achsen von je 19 t, oder

vier Achsen von je 18 t,

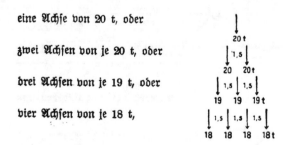

wenn durch diese Belastungen die Brücken oder Brückenteile stärker bean-sprucht werden, als durch die oben angegebene Lokomotive.

---

[1]) Zu § 16 (3).

Umgrenzung der Fahrzeuge.

Lokomotiven und Tender. | Wagen.

Maßstab 1 : 50.   Maße in Millimetern.

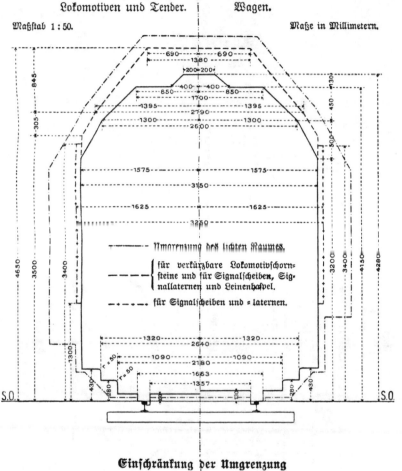

Umgrenzung des lichten Raumes.

für verkürzbare Lokomotivschornsteine und für Signalscheiben, Signallaternen und Leinenhaspel.

für Signalscheiben und =laternen.

Einschränkung der Umgrenzung

für Lokomotiven und Tender, | für Wagen,
die auf Zahnstangenbahnen übergehen sollen.

Maßstab 1 : 20.

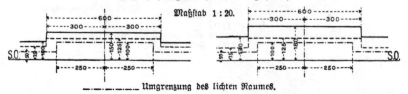

Umgrenzung des lichten Raumes.

Umgrenzung für die dem Federspiele nicht
folgenden beweglichen Teile der Lokomotiven
und für die Kuppelungen aller Fahrzeuge.

¹) Zu § 28 (1).

Räder (§ 31).

Maßstab 1 : 10.

Maße in Millimetern.

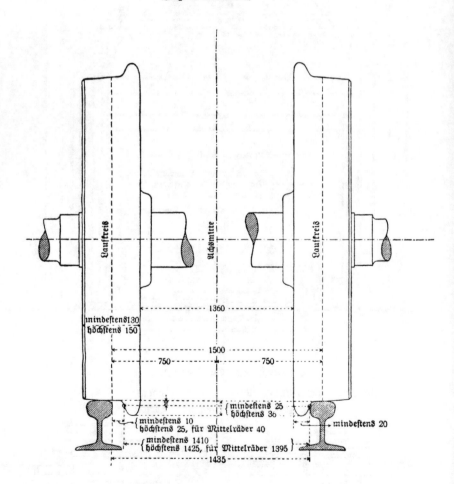

Anlage E (zu Anmerkung 1).
Erläuterungen zu der Eisenbahn-Bau- und Betriebsordnung.
Nach der im Reichs=Eisenbahn=Amt durchgesehenen Ausgabe.
(Auszug)[1].

Das aus dem Bahnpolizei=Reglement für die Eisenbahnen im Norddeutschen Bunde hervorgegangene Bahnpolizei=Reglement für die Eisenbahnen Deutschlands, das im Jahre 1892 die Bezeichnung „Betriebsordnung für die Haupteisenbahnen Deutschlands" erhielt, ist den Anforderungen des Eisenbahnbetriebs entsprechend im Laufe der Zeit häufig erweitert und abgeändert, einer vollständigen Neubearbeitung bisher aber nicht unterzogen worden. Das Bedürfnis danach ist jedoch mehr und mehr hervorgetreten, weil die zahlreichen Einschaltungen die Übersicht über den Gesamtinhalt erschweren, auch verschiedene schon anfänglich vorhandene Mängel an Fassung und Stoffeinteilung sich mit der Zeit fühlbarer gemacht haben als früher.

Mit einer Umgestaltung der Betriebsordnung für die Haupteisenbahnen muß auch eine solche der Bahnordnung für die Nebeneisenbahnen Hand in Hand gehen, weil die Vorschriften für beide Klassen von Bahnen vielfach denselben Inhalt haben und auch im Wortlaut übereinstimmen sollten. Nach den bisherigen Erfahrungen empfiehlt es sich, die beiden Ordnungen bei dieser Gelegenheit zu vereinigen, weil dadurch der Überblick über den Geltungsbereich der einzelnen Vorschrift für alle diejenigen, deren Tätigkeit sich auf Haupt= und Nebenbahnen erstreckt, wesentlich erleichtert wird.

Die Betriebsordnung enthält in ihrer heutigen Gestalt neben den den Hauptinhalt bildenden Vorschriften über die Handhabung des Betriebs auch Bestimmungen über Bau und Ausrüstung der Bahnanlagen und der Fahrzeuge, die für alle Hauptbahnen und Fahrzeuge ohne Rücksicht auf die Zeit ihrer Entstehung oder Beschaffung gelten. Die umfangreicheren Bauvorschriften, die ursprünglich nur für neue oder umzubauende Bahnen und Fahrzeuge gelten sollten, sind in den „Normen für den Bau und die Ausrüstung der Haupteisenbahnen Deutschlands" enthalten. Die überwiegende Mehrzahl der letzteren Vorschriften ist inzwischen auch auf den älteren Bahnen durchgeführt worden oder wird in absehbarer Zeit durchgeführt werden, so daß sie jetzt — vorbehaltlich der Befristung für diejenigen der letzteren Art — auf sämtliche Hauptbahnen ausgedehnt, also in die an die Stelle der Betriebsordnung tretende Ordnung aufgenommen werden können. Der Umfang der auch in Zukunft auf neue Anlagen zu beschränkenden Bauvorschriften wird dadurch so gering, daß es nicht geraten ist, ihretwegen eine besondere Ordnung beizubehalten, es sich vielmehr empfiehlt, auch ihnen unter ausdrücklicher Beschränkung auf Neu= und Umbauten den Platz in der neuen Ordnung anzuweisen, demnach also auch die Normen für den Bau und die Ausrüstung der Hauptbahnen mit der Betriebsordnung für die Hauptbahnen und der Bahnordnung für die Nebenbahnen in einer Ordnung zu vereinigen.

Aufgenommen wurden in die neue Eisenbahn=Bau= und Betriebsordnung (B. O.) in erster Linie diejenigen Vorschriften für den Bau und die Ausrüstung der Bahnanlagen und der Fahrzeuge sowie für die Handhabung des Betriebs und der Bahnpolizei, die von Einfluß auf die Sicherheit und Pünktlichkeit im Eisen-

---

[1] Fortgelassen ist die Begründung der Abweichungen, welche die BO. in Einzelheiten, besonders rein technischer Art, den bisher. Vorschr. gegenüber enthält.

bahnbetriebe sind. Allgemein anerkannte Regeln der Bau- und Maschineningenieur-
wissenschaft und Ausführungsbestimmungen werden ausgeschlossen.

Bezüglich der Einteilung des Stoffes ist davon ausgegangen, daß der Abschnitt „Bahnanlagen" nur die den Bahnbau und die Herstellung der Betriebseinrichtungen, der Abschnitt „Fahrzeuge" die deren Bau und Unterhaltung betreffenden Vorschriften zu enthalten habe, dagegen alle auf die Handhabung sich beziehenden Bestimmungen, auch wenn sie im engsten Zusammenhange mit der Anlage
der Bahn und ihrer einzelnen Bestandteile stehen, in dem besonderen Abschnitte
„Bahnbetrieb" zusammenzufassen seien, ungeachtet der dadurch bedingten Notwendigkeit, denselben Gegenstand an verschiedenen Stellen zu behandeln.

Im einzelnen ist folgendes zu bemerken:

§. 6 (1). Eine Bestimmung über die Grenze zwischen der freien Strecke und
den Stationen ist nicht getroffen, weil diese je nach den örtlichen Verhältnissen
verschieden sein kann. Im allgemeinen gelten als Grenzen die Einfahrsignale
und, wo solche fehlen, aber Einfahrweichen vorhanden sind, die letzteren. Neben
den durchgehenden Hauptgleisen gelegene Bahnhofgleise und dergleichen, die über
diese Grenzen hinausreichen, gelten trotzdem als Stationsanlagen. Zu diesen
zählen auch die Einrichtungen der Haltepunkte, obgleich die durchgehenden Hauptgleise in deren Bereich nach (4) als Gleise der freien Strecke zu betrachten sind.

§. 6 (2). Die Bezeichnung „Weiche für den öffentlichen Verkehr" steht im
Gegensatze zu „Privatanschlußweiche"; es zählen also auch Betriebsstellen, wie
Rangierstationen, Lokomotivstationen und dergleichen, die dem Publikum nicht zu-
gänglich sind, zu den Stationen im Sinne der Betriebsordnung.

§. 9 (3).

§. 10 (2).

§. 11 (1).

§. 11 (2).

§. 11 (5).

§. 12 (2).

§. 13 (2) der Normen ließ unentschieden, ob auch die Kreuzung einer Hauptbahn mit einer Kleinbahn ausgeschlossen werden soll, weil Kleinbahnen zur Zeit
der Aufstellung der Normen noch nicht bestanden. Nunmehr wird das Verbot
ausdrücklich auch auf solche Bahnen ausgedehnt. Da zu diesen Bahnen indes
auch Unternehmungen gehören, durch deren Verkehr eine Hauptbahn kaum stärker
gefährdet wird, als durch den gewöhnlichen Straßenverkehr, so wird der Landesaufsichtsbehörde die Befugnis erteilt, Ausnahmen für die der B. O. nicht unterstehenden Bahnen zuzulassen. Vorhandene Bahnkreuzungen und Kreuzungen mit
neuen, vorübergehend anzulegenden Bahnen, wie Arbeitsgleisen, Baugleisen und
dergleichen fallen nicht unter diese Bestimmung.

§. 14. Unter dem im §. 12 der Normen gebrauchten Ausdrucke „Melde-
station" war eine Betriebsstelle verstanden, die nach der Erklärung im §. 6 (3)
künftig als Zugfolgestelle bezeichnet werden soll.

Statt der Bezeichnung „Ausweichstelle" ist „Kreuzungsstation" gesetzt, weil
unter Ausweichstellen auch Überholungsstationen zweigleisiger Bahnen verstanden
werden können, hier es sich aber um die zu Kreuzungen geeigneten Stationen
eingleisiger Bahnen handelt. Ebenso wie diese sind auch die sonstigen, an der
Fassung des §. 12 der Normen vorgenommenen Änderungen formeller Natur.

§. 16. Der im §. 11 der Normen gebrauchte Ausdruck „rollende Last" ist
durch „Raddruck" ersetzt, weil unter ersterem auch der Raddruck einschließlich der
bei den Lokomotivtriebrädern auftretenden freien Fliehkräfte verstanden werden
könnte, während eine solche Tragfähigkeit verlangt wird, daß die Gleise auch von

Triebrädern, die in der Ruhe 7,5 t Druck ausüben, anstandslos befahren werden können. . . .

§. 17 (2).

§. 18 (1).

§. 18 (3). Unter Wegübergang ist im Gegensatze zu Weg=Über= oder Unter=führung die in Schienenhöhe gelegene Kreuzung eines von außen über die Bahn führenden Weges mit dieser verstanden. Die innerhalb der Stationen gelegenen, nur dem Verkehr innerhalb des Bahngebiets dienenden Übergänge fallen demnach, auch wenn sie dem Publikum geöffnet sind, nicht unter diese Bestimmung.

§. 18 (6). Der hier verlangte Glockenzug ist der Natur der Sache nach so einzurichten, daß von beiden Seiten der Bahn geläutet werden kann.

§. 18 (10).

§. 21 (1). Unter Eisenbahn=Signalordnung ist die Signalordnung für die Eisenbahnen Deutschlands vom 5. Juli 1892[2]) verstanden, die bei der nächsten Durchsicht die erstere Bezeichnung erhalten soll.

§. 21 (5) bis (7). Unter Hauptsignalen sind im Anschluß an die von dem Verein Deutscher Eisenbahnverwaltungen angenommenen Bezeichnungen die Signale am Signalmaste, Ziffer III der Signalordnung[2]), verstanden. Der Ausdruck wird bei der nächsten Durchsicht auch in die Signalordnung selbst eingeführt werden.

§. 23 (1). Nachdem die Bahnsteigsperre fast allgemein eingeführt ist und die Fahrkartenprüfung nicht mehr von den Trittbrettern aus erfolgt, sind die Bedenken gegen höhere Bahnsteige, die zu der Bestimmung im §. 16 (1) der Normen geführt hatten, gefallen. Um zu verhüten, daß die höheren Bahnsteige auf verschiedenen Stationen verschiedene Höhe erhalten, wird dafür allgemein das bewährte Maß von 0,76 m festgesetzt. Die Vorschrift schließt nicht aus, daß zum Übergange von niederen Bahnsteigen zu solchen von 0,76 m Höhe eine Rampe angelegt wird.

§. 28 (1).

§. 28 (2) und (3).

§. 35 (5) b. Zu den Abteilungen der Personenwagen, von denen aus die durchgehende Bremse muß in Tätigkeit gesetzt werden können, gehören auch die Gänge der D=Zugwagen.

§. 36.

§. 39 (3). Statt des im §. 14 (3) der Betriebsordnung vorgeschriebenen Verbots des Hinauslehnens wird jetzt eine Warnung verlangt. Als solche gilt auch die an den Fenstern selbst oder an der festen Fensterumrahmung anzubringende Aufschrift: „Nicht hinauslehnen".

§. 41 (1).

§. 42 (1) f. Der an die Langseiten anzuschreibende Radstand ist der Gesamt=radstand, bei Drehgestellwagen außerdem der Radstand der Drehgestelle.

§. 45. Es empfiehlt sich, die Beamten, die mit dem Betriebe der Eisen=bahnen betraut sind, nicht, wie bisher, nur in ihrer Eigenschaft als Bahnpolizei=beamte, sondern in erster Linie in ihrer Haupteigenschaft als Betriebsbeamte zu erwähnen. Neue Anforderungen sollen durch die Aufnahme dieses Paragraphen in die Betriebsordnung nicht gestellt werden.

Die in Ziffer (1) gewählten Bezeichnungen entsprechen der zur Zeit bei der Mehrzahl der Bahnen üblichen Benennung; für die Einreihung unter die Betriebs=beamten ist indes nicht die Bezeichnung, sondern die Dienstverrichtung maßgebend.

Nach dem Eingange der Ziffer sind Betriebsbeamte im Sinne der Betriebs=ordnung nicht nur die bei Staats= und Privatbahnen im Betriebsdienste beschäf=

---

[2]) VI 5 d. W.

tigten Beamten im engeren Sinne, sondern auch die im Arbeitsverhältnisse stehenden Personen. Voraussetzung für ihre Eigenschaft als Betriebsbeamte ist nur, daß sie mit den Obliegenheiten der in 1 bis 11 genannten Bediensteten betraut sind.

§. **46** (3). Die Ziffer beschränkt sich auf das Verbot der Verwendung von Frauen zur Bahnuntersuchung, unterläßt es aber, im Gegensatze zu §. 5 (8) der Betriebsordnung und §. 21 (3) der Bahnordnung, ausdrücklich auszusprechen, daß Frauen zum Schrankendienste herangezogen werden dürfen. Es ist dies unter= lassen, weil Frauen auch in anderen Zweigen des Eisenbahndienstes, z. B. bei der Bahnunterhaltung, verwendet werden, ohne daß es für nötig gehalten würde, dies irgendwo besonders zu genehmigen.

§. **46** (4) bis (6). Wegen der Bedeutung „Wegübergang" im Sinne der Ziffer (5) zu vergleichen die Erläuterung zu §. 18 (3). Zu den Übergängen in (6) gehören im Gegensatze zu (5) auch die inneren, nur dem Verkehr innerhalb der Stationen dienenden Übergänge, soweit sie dem Publikum geöffnet sind. Über= gänge, die nur von Beamten benutzt werden, fallen nicht unter diese Bestimmung. Weitere als die in den Ziffern (4) bis (6) enthaltenen Anforderungen an die Bewachung der Bahn werden nicht gestellt, daher ist auch von der Aufnahme der an sich unbestimmten Vorschrift des §. 5 (1) der Betriebsordnung abgesehen worden.

§. **49** (2). Von der Beibehaltung der Bestimmung für die Bahnsteige nach §. 5 (10) der Betriebsordnung wurde abgesehen, weil es jetzt, nach allgemeiner Durchführung der Bahnsteigsperre, nicht immer erforderlich ist, den Zutritt zu den Steigen schon $\frac{1}{2}$ Stunde vor der Ankunft eines Zuges freizugeben, die neueren Beleuchtungsarten auch gestatten, die Beleuchtung erst kurz vor der Öffnung des Steiges in Wirksamkeit treten zu lassen.

§. **50** (3).

§. **51** (1). Das nur in Ausnahmefällen zulässige Überfahren des Einfahr= signals durch Rangierabteilungen ist an die ausdrückliche Zustimmung des Fahr= dienstleiters geknüpft, damit dieser erforderlichenfalls dafür sorgen kann, daß während der Dauer der Rangierbewegung von der nächsten Zugfolgestation kein Gegenzug abgelassen wird. Etwaige nähere Anweisungen hierüber würden in Ausführungsbestimmungen zu geben sein.

Die Bezeichnung „Fahrdienstleiter" tritt an die Stelle der bisher in der Betriebsordnung gebrauchten Bezeichnung „diensttuender Stationsbeamter". Es wird darunter der Beamte verstanden, der die Zugfolge innerhalb eines bestimmten Bezirkes unter eigener Verantwortung zu regeln hat.

§. **54.** §. 23 der Betriebsordnung ließ ungewiß, ob als maßgebende Ge= schwindigkeit diejenige bei fahrplanmäßiger Fahrt oder die Geschwindigkeit anzu= sehen war, die der kürzesten Fahrzeit entspricht. Als maßgebend wird nunmehr die erstere festgesetzt. Die durch die Stärke der Züge begrenzte Geschwindigkeit darf nach §. 66 (12) in Verspätungsfällen um zehn Prozent überschritten werden.

Die Änderung von 75 km in 80 km, von 50 in 52 und von 40 in 44 Achsen bei den Personenzügen, Ziffer (4), ist erfolgt auf Grund der bisher mit der Bestimmung vom 23. Mai 1898 gemachten Erfahrungen.

Die am Schlusse der Ziffer enthaltene Bestimmung verfolgt den Zweck, die in mehrfacher Hinsicht auch im Interesse der Sicherheit erwünschte Einführung sechsachsiger Wagen zu erleichtern.

§. **55** (1). Die Tafeln enthalten die Abstufungen, die vom Verein Deutscher Eisenbahnverwaltungen für die Neuaufstellung der Bremsprozente in Aussicht ge= nommen sind. Die Bremswerte selbst sind in tunlichstem Anschluß an die bisherigen Tafeln aufgestellt. Nach Beendigung der von dem Verein Deutscher Eisenbahn=

verwaltungen neuerdings eingeleiteten Untersuchungen über das Erfordernis an Bremskraft werden die Werte nochmals zu prüfen sein.

Die eingeklammerten Zahlen stellen Bremswerte für Geschwindigkeiten dar, die in den fraglichen Gefällen nach §. 66 (3) nicht angewendet werden dürfen. Sie sind eingesetzt, um die Zwischenschaltung zu ermöglichen.

§. 55 (5).

§. 56 (7). Da die Zugleine wenig zuverlässig ist, so ist die Vorschrift des §. 33 (3) der Betriebsordnung, wonach die an den Schluß der mit durchgehender Bremse gefahrenen Züge anzuhängenden Wagen durch eine Zugleine mit der Lokomotive zu verbinden sind, wenn sie mit Reisenden besetzt werden sollen, ersetzt worden durch die Bestimmung, daß solche Wagengruppen in sich die erforderlichen, in diesem Falle von Hand zu bedienenden Bremsen haben müssen.

§. 56 (10). An Stelle des §. 18 (4) der Betriebsordnung hat jetzt, nachdem die Forderungen an die im internationalen Verkehre zugelassenen Fahrzeuge in den Bestimmungen über die technische Einheit im Eisenbahnwesen[3]) niedergelegt sind, die hier vorgesehene Fassung zu treten. Die Anforderungen der technischen Einheit gehen in einzelnen Punkten weniger weit, als diejenigen der B. O., nirgends aber weiter.

§. 57 (1). Die Änderung gegenüber §. 34 (1) der Betriebsordnung erfolgt gemäß den bisherigen Erfahrungen hauptsächlich in der Absicht, den auf Stadt= und Vororthahnen hervorgetretenen Bedürfnissen Rechnung tragen zu können.

Die Ausnahme des §. 34 (1) der Betriebsordnung ist auf alle im Dienste befindlichen Beamten ausgedehnt worden, so daß unter anderem auch solche Eisenbahnbeamte hierher zu rechnen sind, die dienstlich zur Übernahme ihrer Obliegenheiten von ihrem Wohnorte nach einer anderen Station oder umgekehrt zum Wohnorte zurückbefördert werden, denn diese Beamten befinden sich schon während der Fahrt „im Dienste".

§. 58. Nachdem sich schon mehrfach das Bedürfnis herausgestellt hatte, von der Bestimmung des §. 40 (3) der Betriebsordnung, wonach der Abfahrt eines jeden Zuges ein Achtungssignal vorhergehen mußte, Ausnahmen zuzulassen, wird auf die Beibehaltung dieser Bestimmung ganz verzichtet.

Im Hinblick auf die Unzuverlässigkeit längerer Zugleinen wird davon abgesehen, die Vorschrift des §. 48 (2) der Betriebsordnung, wonach die Leine bei Personenzügen über den ganzen Zug reichen mußte, beizubehalten. Es konnte dies umsomehr geschehen, als auch die mit weniger als 60 km fahrenden Personenzüge großenteils schon jetzt mit durchgehender Bremse ausgerüstet sind.

§. 61 (3). Die Änderung des Wortlauts gegenüber dem letzten Satze von §. 14 (1) der Betriebsordnung bezweckt die Möglichkeit zu gewähren, Türen, auf deren regelmäßige Benutzung die Reisenden nicht angewiesen sind, wie z. B. Seitentüren in Durchgangswagen, fest verschlossen zu halten.

§. 63 (4). Die Bemerkung im §. 48 (1) der Betriebsordnung, wonach der Zugführer als der für die Sicherheit des Zuges vorzugsweise verantwortliche Beamte gilt, ist weggelassen, weil in Wirklichkeit der Lokomotivführer der Beamte ist, von dem die Sicherheit des Zuges im allgemeinen in erster Linie abhängt.

§. 65 (2). Die Änderung gegenüber dem Wortlaute des §. 46 (2) der Betriebsordnung ist redaktionell. Sie soll schärfer zum Ausdrucke bringen, daß, und unter welcher Voraussetzung die hier vorgeschriebene Prüfung ganz oder teilweise von anderen Beamten, als dem Fahrdienstleiter vorgenommen werden darf. Welcher Beamte in letzter Linie als verantwortlich für das Stellen des Signals, d. h.

---

[3]) VI 2 d. W.

dafür anzusehen ist, daß der Signalflügel wirklich in die Freifahrstellung verbracht wird, ist nicht bestimmt ausgesprochen, weil es von den örtlichen Verhältnissen und den über die Prüfung und die Meldung des Prüfungsergebnisses erlassenen Ausführungsvorschriften abhängt. Die Bestimmung schließt die Anordnung nicht aus, daß der Signalwärter die Freigabe des Signals oder den Auftrag, es auf Fahrt zu stellen, als Mitteilung dafür anzusehen hat, daß die Prüfung insoweit erfolgt ist, als sie der Fahrdienstleiter selbst vorzunehmen hat, oder als die Meldungen über die von dritten Beamten vorzunehmende Prüfung bei dem Fahrdienstleiter einlaufen müssen.

§. 65 (4). Der Schlußsatz soll insbesondere die Möglichkeit gewähren, das Anhalten schwerer Züge in Steigungen zu vermeiden.

§. 65 (8). Nach der Vorschrift für das Ablassen von Zügen in der gleichen Richtung ist festzustellen, ob der vorausgefahrene Zug sich unter der Deckung der nächsten Zugfolgestation befindet, es ist daher in jedem Einzelfall eine Mitteilung hierüber von der letzteren an die rückwärts liegende Zugfolgestelle zu machen. Die weitere, nur den eingleisigen Betrieb betreffende Voraussetzung für das Ablassen eines Zuges, wonach feststehen muß, daß das Gleis bis zur nächsten zur Kreuzung geeigneten Station durch keinen Gegenzug beansprucht ist, kann im allgemeinen als erfüllt betrachtet werden, wenn der Zugverkehr sich dem Fahrplane gemäß abwickelt. Eine besondere Verständigung würde also nur für den Fall von Störungen im Zuglauf erforderlich sein.

§. 66 (2) bis (4). Ausgedehnte in neuerer Zeit vorgenommene Versuche haben gezeigt, daß der neuere Oberbau der deutschen Bahnen wesentlich höheren Geschwindigkeiten gewachsen ist, als sie bisher gestattet waren und daß Fahrzeuge gebaut werden können, die bei einer höheren Geschwindigkeit als 100 km sicher fahren. Zugleich ist es erwünscht, zwischen den dem Fahrplane zugrunde gelegten Höchstgeschwindigkeiten und den überhaupt zulässigen größten Geschwindigkeiten einen größeren Spielraum zu schaffen, um dadurch einerseits die „kürzeste Fahrzeit" verringern, also Verspätungen rascher einfahren zu können, und anderseits die Gefahr für den Lokomotivführer, daß er die erlaubte Höchstgeschwindigkeit überschreitet, herabzumindern. Aus diesen Gründen ist die nicht an die Genehmigung der Landesaufsichtsbehörde geknüpfte Höchstgeschwindigkeit von 90 auf 100 km erhöht und soll die Landesaufsichtsbehörde außerdem unter besonders günstigen Verhältnissen höhere Geschwindigkeiten zulassen können. Eine oberste Grenze dafür ist nicht mehr festgesetzt. Wie weit gegangen werden kann, ist im Einzelfalle zu untersuchen, nur dürfen die in den Ziffern (3) und (4) gegebenen Grenzen auch unter den günstigsten Verhältnissen nicht überschritten werden. Wo es sich um Geschwindigkeiten handelt, die nach der der Bremstafel im §. 55 zugrunde liegenden Stufenleiter mehr als einhundert Prozent gebremste Achsen erfordern würden, gehört zu den „besonders günstigen Verhältnissen", unter denen allein solche Geschwindigkeiten zugelassen werden dürfen, auch das Vorhandensein außergewöhnlich kräftig wirkender Bremsen.

Mit der Ausdehnung des Nebenbahnnetzes hat sich mehr und mehr das Bedürfnis geltend gemacht, auch auf diesen Bahnen einzelne Züge mit größerer Geschwindigkeit als der bisher zugelassenen Höchstgeschwindigkeit von 40 km zu fahren. Diesem Bedürfnis ist Rechnung getragen durch die an die Genehmigung der Landesaufsichtsbehörde geknüpfte Zulassung einer größten Geschwindigkeit von 50 km. Die Genehmigung darf nur erteilt werden, wenn die Bahnstrecken mit Telegraph (§. 19 (1)) und Läutewerken (§. 19 (3)), ihre Kreuzungsstationen mit Einfahrsignalen (§. 21 (2)) versehen sind und die Bremse der Züge den Bedingungen entspricht, denen die durchgehende Bremse der mit mehr als 60 km fahrenden Hauptbahnzüge genügen muß (§. 35 (4)), und alle nicht abgeschrankten, unübersichtlichen Wegübergänge während der Vorüberfahrt der Züge bewacht werden (§. 46 (5)). Die Stärke der schnellfahrenden Züge darf 16, und beim Vorhanden= sein von sechsachsigen Wagen 20 Achsen nicht übersteigen (§. 54 (4)), auch dürfen den Zügen keine an die durchgehende Bremse nicht angeschlossenen Wagen an= gehängt werden (§. 56 (6)).

§. **66** (6).

§. **66** (13). Nach §. 26 (8) der Betriebsordnung war die Fortsetzung der Fahrt „mit der sonst dafür zugelassenen" Geschwindigkeit gestattet. Diese Be= stimmung wurde verschieden aufgefaßt und sowohl dahin ausgelegt, daß ein solcher „Zug" die Fahrt mit der fahrplanmäßigen oder unter Umständen mit der kürzesten Fahrzeit fortsetzen dürfe, als auch dahin, daß er, weil nicht mehr mit durchgehender Bremse versehen, gemäß Ziffer (2) a 1 höchstens mit 60 km fahren dürfe. Es soll jetzt die weitergehende Auslegung ausdrücklich gutgeheißen werden, um zu ermöglichen, die andernfalls entstehenden, im Hinblick auf die Betriebs= sicherheit unerwünschten Verspätungen zu vermeiden. Wo solche Rücksichten nicht maßgebend sind, bietet die Bestimmung kein Hindernis, die Geschwindigkeit herab= zusetzen. Von der im §. 58 (3) vorgeschriebenen Anbringung einer Zugleine oder einer sie ersetzenden Vorrichtung darf in dem Ausnahmefall aus denselben Gründen abgesehen werden.

§. **69** (4)

§. **69** (5) u. (6).

§ **78** (?) Zum Postdienst im Sinne dieser Bestimmung gehört die Brief= und Paketbestellung nicht.

___

4. Bekanntmachung des Reichskanzlers, betr. die Bestimmungen über die Befähigung von Eisenbahnbetriebsbeamten. Vom 5. Juli 1892 (RGB. 723)[1].

[1] Da z. Z. der Drucklegung des Abschnitts die BefähBest. einer Umar= beitung unterzogen werden, unterbleibt ihr Abdruck; der neue Wortlaut wird b. W. in einem Nachtrag beigegeben werden.

___

5. Bekanntmachung des Reichskanzlers, betr. die Signalordnung für die Eisenbahnen Deutschlands. Vom 5. Juli 1892 (RGB. 733).

Gemäß der vom Bundesrath in der Sitzung vom 30. Juni 1892 auf Grund der Artikel 42 und 43 der Reichsverfassung und im Anschluß an die Betriebs= ordnung für die Haupteisenbahnen Deutschlands gefaßten Beschlüsse tritt an die Stelle der Signalordnung für die Eisenbahnen Deutschlands vom 30. November 1885 nachstehende

Signalordnung für die Eisenbahnen Deutschlands[1].

I. Signale mit elektrischen Läutewerken und Hornsignale.

Die Signale mit elektrischen Läutewerken sind zu geben wie folgt:

1. Der Zug geht in der Richtung von A nach B (Abmeldesignal):

Einmal eine bestimmte Anzahl von Glockenschlägen.

___

[1] Gilt ihrem ganzen Umfange nach nur für Haupteisenb. (Allg. Best. — am Schlusse — Ziff. 3). Die Stellen, an denen sich im Texte Signalbilder (hier fortgelassen) befinden, sind mit + bezeichnet.

2. Der Zug geht in der Richtung von B nach A (Abmeldesignal):
   Zweimal dieselbe Anzahl von Glockenschlägen.

3. Die Bahn wird bis zum nächsten fahrplanmäßigen Zuge nicht mehr befahren (Ruhesignal):
   Dreimal dieselbe Anzahl von Glockenschlägen.
   Dieses Signal kann auch angewandt werden, um anzuzeigen, daß ein signalisirter Zug nicht kommt.

4. Es ist etwas Außergewöhnliches zu erwarten (Gefahrsignal):
   Sechsmal dieselbe Anzahl von Glockenschlägen.

Diese Signale können außerdem auch mit dem Horn gegeben werden wie folgt:

1 a. Einmal die Tonfolge lang, kurz, kurz, lang. +

2 a. Zweimal die Tonfolge lang, kurz, kurz, lang. +

3 a. Einmal vier lange Töne. +

4 a. Zweimal vier kurze Töne. +

II. Handsignale der Wärter und Scheibensignale.

Die Handsignale der Wärter sind zu geben wie folgt:

5. Der Zug soll langsam fahren:

bei Tage:	bei Dunkelheit:
Der Wärter hält irgend einen Gegenstand in der Richtung gegen das Gleis.	Der Wärter hält die Handlaterne mit grünem Licht dem Zuge entgegen.

6. Der Zug soll halten (Haltsignal):

bei Tage:	bei Dunkelheit:
Der Wärter schwingt einen Gegenstand im Kreise herum.	Der Wärter schwingt seine Handlaterne im Kreise herum, welche, sofern es die Zeit erlaubt, roth zu blenden ist.

An Stelle dieser Signale können auch Scheibensignale gegeben werden wie folgt:

5 a. Der Zug soll langsam fahren:

bei Tage:	bei Dunkelheit:
+	+
Am Anfang und am Ende einer langsam zu durchfahrenden Strecke sind runde Stockscheiben aufgestellt. Dem kommenden Zuge zugekehrt muß die erste Scheibe grün mit weißem Rande gestrichen und mit A bezeichnet, die letzte weiß gestrichen und mit E bezeichnet sein.	Am Anfang und am Ende einer langsam zu durchfahrenden Strecke sind Stocklaternen aufgestellt. Dem kommenden Zuge zugekehrt muß die erste Laterne grünes, die letzte weißes Licht zeigen.

6 a. Der Zug soll halten (Haltsignal):

bei Tage:	bei Dunkelheit:
+	+
Vor einer unfahrbaren Gleisstrecke sind rechteckige Stockscheiben aufgestellt. Dem kommenden Zuge zugekehrt muß die Scheibe roth mit weißem Rande gestrichen sein.	Vor einer unfahrbaren Gleisstrecke sind Stocklaternen aufgestellt. Dem kommenden Zuge muß rothes Licht zugekehrt sein.

III. Signale am Signalmaste.

Die Signale am Signalmaste sind zu geben wie folgt:

7. Halt:

bei Tage:	bei Dunkelheit:
+	+
Signalarm nach rechts wagerecht gestellt.	Rothes Licht der Signallaterne.

8. Freie Fahrt:

bei Tage:	bei Dunkelheit:
+	+
Signalarm schräg rechts nach oben gestellt (unter einem Winkel von etwa 45 Grad).	Grünes Licht der Signallaterne.

Erscheint es erforderlich, die Stellung des Signals bei Dunkelheit auch nach rückwärts erkennbar zu machen, so zeigt die Laterne dorthin bei Haltstellung volles weißes Licht, bei Fahrtstellung theilweise geblendetes weißes Licht (Sternlicht oder mattweißes Licht).

Wo es für nothwendig erachtet wird, die Ablenkung der Züge vom durchgehenden Gleise durch Signale an einem und demselben Signalmaste kenntlich zu machen, erhält der letztere zwei oder drei Arme und die gleiche Zahl Laternen über einander. Die unteren Arme und Laternen werden zur Signalgebung nur verwendet, wenn eine Ablenkung vom durchgehenden Gleise stattfinden soll; beim Haltsignal und beim Fahrsignal für das durchgehende Gleis sind die unteren Arme senkrecht gestellt und zeigen die unteren Laternen kein Licht.

Die dem Zuge entgegen rothes oder kein Licht zeigenden Laternen müssen nach rückwärts volles weißes Licht und die dem Zuge entgegen grün leuchtenden Laternen müssen nach rückwärts theilweise geblendetes weißes Licht (Sternlicht oder mattweißes Licht) zeigen.

Die Signale am Signalmaste mit mehreren Armen sind zu geben wie folgt:

9. Halt für das durchgehende und abzweigende Gleis:

bei Tage:	bei Dunkelheit:
+	+
Oberster Signalarm nach rechts wagerecht gestellt.	Rothes Licht der obersten Signallaterne.

10. Fahrt frei für das durchgehende Gleis:

bei Tage:	bei Dunkelheit:
+	+
Oberster Signalarm schräg rechts nach oben gestellt (unter einem Winkel von etwa 45 Grad).	Grünes Licht der obersten Signallaterne.

11. Fahrt frei für ein abzweigendes Gleis:

bei Tage:	bei Dunkelheit:
+	+
Zwei (beziehungsweise die beiden oberen) Signalarme schräg rechts nach oben gestellt (unter einem Winkel von etwa 45 Grad).	Grünes Licht der beiden (beziehungsweise der beiden oberen) Signallaternen.

12. Fahrt frei für ein anderes abzweigendes Gleis:

bei Tage:	bei Dunkelheit:
+	+
Alle drei Signalarme schräg rechts nach oben gestellt (unter einem Winkel von etwa 45 Grad).	Grünes Licht der drei Signallaternen.

Die Signale 7 bis 12 dienen als Einfahrtssignale, Ausfahrtssignale, Blocksignale, sowie innerhalb der Stationen zur Deckung einzelner Gleise oder Gleisbezirke und auf freier Bahn zur Deckung von Abzweigungen, Drehbrücken und sonstigen Gefahrpunkten.

Die Anbringung von Signalen für entgegengesetzte Fahrtrichtungen an ein und demselben Signalmaste ist gestattet.

IV. Vorsignale.

Wo die Stellung des Signals an einem Signalmaste schon in einer gewissen Entfernung vor dessen Standort kenntlich gemacht wird, ist ein mit jenem Signal in Abhängigkeit stehendes Vorsignal aufzustellen[2]). Dasselbe soll aus einer um eine Achse drehbaren, runden Scheibe, mit welcher eine Laterne verbunden ist, bestehen. Die Signale sind damit zu geben wie folgt:

13. Das Signal am Signalmaste zeigt
Halt:

bei Tage:	bei Dunkelheit:
+	+
Die volle runde Scheibe dem Zuge zugekehrt.	Grünes Licht dem Zuge entgegen. Nach rückwärts zeigt die Laterne volles weißes Licht.

14. Das Signal am Signalmaste zeigt
Freie Fahrt:

bei Tage:	bei Dunkelheit:
+	+
Die Scheibe parallel zur Bahn oder wagerecht gestellt.	Weißes Licht der Laterne dem Zuge entgegen. Nach rückwärts zeigt die Laterne theilweise geblendetes weißes Licht (Sternlicht oder mattweißes Licht).

V. Signale an Wasserkrahnen.

Der Ausleger des Wasserkrahnes ist am Ausgusse desselben bei Dunkelheit mit einer Laterne zu versehen.

15. Der Ausleger des Wasserkrahnes läßt die Durchfahrt frei:

bei Tage:	bei Dunkelheit:
+	+
Der Ausleger steht parallel zur Richtung des Gleises.	Weißes Licht der an dem Ausleger des Wasserkrahnes befindlichen Laterne.

---

[2]) Bek. 23. Mai 98 (RGB. 353).

16. Der Ausleger des Wasserkrahnes sperrt die Durchfahrt:

bei Tage:	bei Dunkelheit:
+	+
Der Ausleger steht quer zur Rich=tung des Gleises.	Rothes Licht der an dem Ausleger des Wasserkrahnes befindlichen Laterne.

VI. Weichensignale.

Die Signale an den Weichen müssen sowohl bei Tage als bei Dunkelheit durch ihre Form erkennen lassen, ob die Weiche auf das gerade Gleis gestellt ist, oder nach welcher Seite die Ablenkung erfolgt. Das rothe und das grüne Signal-licht sind für die Weichensignale nicht zu verwenden, sofern dieselben nicht im ein-zelnen Falle zugleich als Haltsignal oder Langsamfahrsignal dienen sollen.

VII. Signale am Zuge.

Die Signale am Zuge sind zu geben wie folgt:

17. Kennzeichnung der Spitze des Zuges:

a. wenn der Zug auf eingleisiger Bahn oder auf dem für die Fahrtrichtung bestimmten Gleise einer zweigleisigen Bahnstrecke fährt:

bei Tage:	bei Dunkelheit:
	+
Kein besonderes Signal.	Zwei weiß leuchtende Laternen vorn an der Lokomotive.

b. wenn der Zug ausnahmsweise auf dem nicht für die Fahrtrichtung bestimmten Gleise einer zweigleisigen Bahnstrecke fährt, oder wenn er auf eingleisiger Bahn ein nicht angesagter Sonderzug oder ein Zug ist, der zur Vor=fahrt über eine fahrplanmäßige Kreuzungsstation hinaus berechtigt ist, ohne daß die Kreuzung daselbst stattgefunden hat[2]):

bei Tage:	bei Dunkelheit:
+	+
Eine roth und weiße runde Scheibe vorn an der Lokomotive.	Zwei roth leuchtende Laternen vorn an der Lokomotive.

Befindet sich in Ausnahmefällen die Lokomotive nicht an der Spitze des Zuges oder fährt dieselbe mit dem Tender voran, so sind die Signale am Vordertheil des vordersten Fahrzeuges anzubringen.

18. Kennzeichnung des Schlusses des Zuges (Schlußsignal):

bei Tage:	bei Dunkelheit:
+	+
An der Hinterwand des letzten Wagens eine roth und weiße runde Scheibe und außerdem am letzten Wagen zwei nach vorn und hinten sichtbare Laternen oder vier=eckige Scheiben. Für einzeln fahrende Lokomotiven auf freier Bahn genügt die roth und weiße runde Scheibe[2]).	An der Hinterwand des letzten Wagens in ungefährer Höhe der Buffer eine roth leuchtende Laterne (Schluß=laterne) und außerdem am letzten Wagen zwei nach vorn grün und nach hinten roth leuchtende Laternen (Ober=Wagen=laternen). Für einzeln fahrende Lokomotiven auf freier Bahn genügt eine roth leuchtende Laterne und bei Bewegung der Lokomotiven auf Stationen die Anbringung je einer Laterne mit weißem Licht vorn an der Lokomotive und hinten am Tender, bei Tender=lokomotiven vorn und hinten.

19. Es folgt ein Sonderzug nach:

bei Tage:	bei Dunkelheit:
+	+
Signal 18 mit der Abände= rung, daß die Laternen oder viereckigen Scheiben auf einer oder auf beiden Seiten des Wa= gens durch grüne runde Scheiben ersetzt werden²).	Signal 18 mit der Abänderung, daß eine der beiden vorgeschriebenen Laternen auch nach hinten grünes Licht zeigt. Für einzeln fahrende Lokomotiven genügt die Anbringung einer grün leuchtenden Laterne hinten außer der rothen Schlußlaterne.

20. Es kommt ein Sonderzug in entgegengesetzter Richtung:

bei Tage:	bei Dunkelheit:
+	+
Eine grüne runde Scheibe vorn an der Lokomotive.	Eine grün leuchtende Laterne über den weiß leuchtenden Laternen vorn an der Lokomotive.

21. Die Telegraphenleitung ist zu untersuchen:

bei Tage:	bei Dunkelheit:
+	
Eine weiße runde Scheibe vorn an der Lokomotive oder an jeder Seite des Zuges.	Kein besonderes Signal.

22. Der Bahnwärter soll sofort seine Strecke untersuchen:

bei Tage:	bei Dunkelheit:
Ein Zugbediensteter schwingt seine Mütze oder einen anderen Gegenstand dem Wärter zugewendet oder winkt in Ermangelung eines solchen Gegenstandes dem Wärter in auf= fallender Weise mit dem Arme²).	Ein Zugbediensteter schwingt seine Laterne dem Wärter zugewendet.

VIII. Signale des Zugpersonals.

Die Signale des Zugpersonals sind zu geben wie folgt:

mit der Dampfpfeife:

23. Achtung:

Ein mäßig langer Ton.   +

24. Bremsen anziehen:

a) mäßig:

Ein kurzer Ton.   +

b) stark:

Drei kurze Töne schnell hinter einander.   +

25. Bremsen loslassen:

Zwei mäßig lange Töne schnell hinter einander.   +

Die Signale 23, 24 und 25 können auf einzelnen Strecken und Stationen mit Genehmigung der zuständigen Landes=Aufsichtsbehörde²) unter Zustimmung des Reichs=Eisenbahn=Amts — abgesehen von Gefahrfällen, in denen die Dampf= pfeife anzuwenden ist — auch mit Signalhörnern gegeben werden.

---

²) VI 3 Anm. 6 b. W.

mit der Mundpfeife:

26. Das Zugpersonal soll seine Plätze einnehmen:
Ein mäßig langer Ton. +

27. Abfahrt:
Zwei mäßig lange Töne. +

IX. Rangirsignale.

Die Rangirsignale mit der Mundpfeife oder dem Horn sind zu geben
wie folgt:

28. Vorziehen:
Ein langer Ton. +

29. Zurückdrücken:
Zwei mäßig lange Töne. +

30. Halt:
Drei kurze Töne schnell hinter einander. +

Die Rangirsignale mit dem Arme sind zu geben wie folgt:

28 a. Vorziehen:

bei Tage:	bei Dunkelheit:
Senkrechte Bewegung des Armes von oben nach unten.	Senkrechte Bewegung der Handlaterne von oben nach unten.

29 a. Zurückdrücken:

bei Tage:	bei Dunkelheit:
Wagerechte Bewegung des Armes hin und her.	Wagerechte Bewegung der Handlaterne hin und her.

30 a. Halt:

bei Tage:	bei Dunkelheit:
Kreisförmige Bewegung des Armes.	Kreisförmige Bewegung der Hand= laterne.

Allgemeine Bestimmungen.

1. Die vorstehend für einen Zug gegebenen Bestimmungen finden auch auf einzeln
fahrende Lokomotiven Anwendung, soweit für letztere nicht Ausnahmen zugelassen sind.

2. Eine Abweichung in der Darstellung der Signale von den beigegebenen Ab=
bildungen[1]) ist zulässig, soweit der Wortlaut der einzelnen Signalbestimmungen
nicht entgegensteht.

3. Diese Signalordnung tritt mit dem 1. Januar 1893 in Kraft; sie findet Anwendung auf allen Haupteisenbahnen Deutschlands und auf den Nebeneisenbahnen, soweit bei den letzteren Signale zur Anwendung kommen[4]). Ausnahmen können unter besonderen Verhältnissen von der zuständigen Landes-
Aufsichtsbehörde[5]) mit Zustimmung des Reichs = Eisenbahn = Amts zugelassen
werden.

Diese Signalordnung wird durch das Reichs = Gesetzblatt veröffentlicht.

Die von den Aufsichtsbehörden oder Eisenbahnverwaltungen erlassenen Aus=
führungsbestimmungen sind dem Reichs = Eisenbahn = Amt mitzutheilen.

4. (Befristungen).

5. Für die an den Grenzen Deutschlands gelegenen Bahnstrecken, welche von
ausländischen Bahnverwaltungen betrieben werden, können Abweichungen von
dieser Signalordnung von der betreffenden Landes = Aufsichtsbehörde[8]) unter
Zustimmung des Reichs=Eisenbahn=Amts bewilligt werden.

---

[4]) BO. § 21, 58.

6. Gesetz, betreffend die Verbindlichkeit zum Schadenersatz für die bei dem Betriebe von Eisenbahnen, Bergwerken ꝛc. herbeigeführten Tödtungen und Körperverletzungen. Vom 7. Juni 1871 (RGB. 207)[1].

§. 1[2]). Wenn bei dem Betriebe[3]) einer Eisenbahn[4]) ein Mensch[5]) getödtet oder körperlich verletzt[6]) wird, so haftet der Betriebs-Unternehmer[7]) für den dadurch entstandenen Schaden, sofern er nicht beweist, daß der Unfall[6]) durch höhere Gewalt[8]) oder durch eigenes Verschulden des Getödteten oder Verletzten[9]) verursacht ist.

---

[1]) Sperrdruck zeigt die durch BGB. EG. Art. 42 eingeführten Fassungsänderungen an. (Übersicht über die Änderungen: Reindl in VerZtg. 97 S. 338, Aron in EEE. XIV 183.) Die Änderungen sind auf Unfälle nicht anwendbar, die sich vor dem 1. Jan. 00 ereignet haben. — Inhalt. Das „Haftpflichtgesetz" legt den Unternehmern gewisser gefährlicher Betriebe eine dem allgemeinen Rechte gegenüber erhöhte, zulasten der Eisenbahnen noch besonders verschärfte zivilrechtliche Verantwortlichkeit für Betriebsunfälle von Personen auf. § 1, 2 regeln diese Haftpflicht dem Grunde nach — § 1 für Eisenbahnen, § 2 für Bergwerke, Fabriken u. dgl. —, die übrigen Vorschr. treffen über die Höhe des Ersatzanspruchs u. seine Geltendmachung Bestimmung. Mit der reichs- u. landesgesetzl. Ausgestaltung einer besonderen Unfallversicherung u. Unfallfürsorge für das Betriebspersonal hat das HPfG. einen großen Teil seines Anwendungsgebiets verloren, indem es für Unfälle, welche den in jenen Betrieben beschäftigten Personen bei dem Betriebe zustoßen, meist nicht mehr gilt. U. a. ist es auf Betriebsunfälle, die das EisBetriebspersonal im Dienst u. Betrieb der eigenen Verwaltung erleidet, regelmäßig nicht mehr anwendbar, namentlich nicht auf Unfälle
a) der Arbeiter u. solcher nicht im Staats- od. Kommunaldienste stehenden Betriebsbeamten, deren Jahresarbeitsverdienst 3000 M. nicht übersteigt, gemäß GUVG. § 1, 7, 135,
b) der im Reichseisbetriebe beschäftigten Beamten gemäß ReichsunfallfürsorgeG. (III 5 a b. W.) § 1, 10,
c) der im preuß. Staatseisbetriebe beschäftigten Beamten gemäß Reichsfürs G. § 14 i. Verb. mit preuß. FürsorgeG. (III 5 b b. W.)

III 8 c Anm. 21, III 5 a Anm. 14, III 5 b Anm. 2 b. W., unten Anm. 5. — Quellen: Reichst. 71 1. Sess. Druckf. 16 (Entw. u. Begr.), StB. 201, 438, 575, 653. Entw. des EG. BGB. 1. Les. S. 136, Prot. d. Komm. f. d. 2. Les. VI 590. — Bearb.: Eger 5. Aufl. 00 (kleine Ausg. 03); Witte § 52; ferner Laß u. Maier (II 2 c Anl. B Anm. 2 b. W.). — Verhältnis zu G. üb. Unterstützungswohnsitz 6. Juni 70 (RGB. 360) § 62: RGer. 30. Juni 80 (II 45).

[2]) Die Haftung des EisUnternehmers nach § 1 ist nicht Haftung aus einer unerlaubten Handlung, begründet deshalb keinen Gerichtsstand gemäß CPO. § 32 RGer. 2. Dez. 79 (EEE. I 31), 3. Feb. 82 (VI 383), 20. (30.?) Jan. 02 (Arch. 03 S. 183), 13. Feb. 02 (L 408), u. unterliegt nicht den Vorschr. des BGB. üb. Schadensersatz wegen unerl. Handlungen (§ 823 ff., namentlich § 842 ff.); jedoch hat HPfG. § 7 Abs. 2 (neue Fassung) einige dieser Vorschr. besonders für anwendbar erklärt bis der § 845—847). Ferner gilt BGB. § 840, namentlich ist die Eis. „Dritter" i. S. § 840 Abs. 3, weil i. S. § 840 der Begriff „unerlaubte Handlung" ein weiterer ist als nach dem sonstigen Sprachgebrauch RGer. 24. Nov. 02 (LIII 114); das ändert aber nichts an dem vorbezeichneten Grundsatz, namentlich ist § 845 nicht anwendbar RGer. 8. Feb. 04 (LVII 52), 27. Juni 04 (LVIII 335). — Von der bisher. Auffassung weicht U. RGer. 20. März 05 (EEE. XXI 394) ab, indem es den Anspruch aus § 1 für einen Deliktsanspruch i. S. CPO. § 32 erklärt.

[3]) Aus der Rechtsprechung des RGer. über den Begriff „Betrieb".
a) Allgemeines. Das gesetzl. Erfordernis, daß sich der zum Ersatz verpflichtende Unfall „bei dem Betrieb"

einer Eif. ereignet habe, begreift zwei
Momente in sich: es muß sowohl ein
innerer (ursächlicher) Zusammenhang
zwischen dem Unfall u. der Betriebs=
tätigkeit der Eif., als auch ein äußerer
(zeitlicher u. örtlicher) Zusammenhang
mit einem bestimmten Betriebsvorgang
gegeben sein 29. Juni 03 (LV 229).
Steht der U. in äußerem Zuf. mit der
eigentl. Beförderung auf der Eif., so
braucht — auch wenn er durch einen
äußeren Eingriff in die Fortbewegung
herbeigeführt worden ist: 22. April 87
(EEE. V 341), 27. Okt. 92 (EEE. IX
368), 9. Jan. 02 (L 92) — der innere
Zusammenhang, sofern er nur als
möglich erscheint, nicht besonders nach=
gewiesen zu werden 29. Juni 03 (a. a.
O.), 30. Juni 80 (EEE. I 243). Außer
der eigentl. Beförderung gehören aber
auch solche Tätigkeiten im EifDienst,
die in unmitt. Beziehung zu ihr stehen,
namentlich auf Vorbereitung, Durch=
führung u. Abschluß der Beförd. gerichtet
sind, dann zum Betrieb i. S. § 1, wenn
sie mit derjenigen Gefährlichkeit ver=
bunden sind, die dem EifBetrieb im
Vergleich mit anderen Beförderungs=
arten eigentümlich ist 10. Feb. 80 (I 52),
22. Juni 80 (II 8), 22. April 87 (a. a.
O.), 8. März 00 (XLVI 23). Nicht
erforderlich ist hierbei, daß diese Gefahr
eine dem EifBetrieb ausschließlich
eigentümliche ist 15. Jan. 81 (EEE. I
357, Arch. 118), 13. April 81 (EEE.
II 12), 20. Jan. 82 (VI 37). Ein be=
sonders gefährliches Moment im Eif.=
Betrieb ist die ihn beherrschende Eile,
die oft die Beobachtung an sich nötiger
Sicherheitsmaßregeln u. ein ruhiges
Vorbedenken ausschließt; ist bei einer
Betrhandlung Eile geboten, so fällt sie
ohne weiteres unter den Begriff „Betrieb"
u. braucht der Verletzte nicht zu beweisen,
daß der U. bei einer in Ruhe vorge=
nommenen Ausführung nicht eingetreten
wäre 28. Dez. 80 (III 20), 11. Juli 87
(EEE. VI 56). Der objektive Not=
wendigkeit der Eile steht es gleich, wenn
der Verunglückte ohne schuldhaften Irr=
tum, z. B. nicht bloß vermöge innerer
Unruhe 2. Feb. 05 (Arch. 728), Eile für
geboten hielt, z. B. von einem Vorge=
setzten zur Eile angetrieben wurde
10. Juli 80 (II 85), 16. April 86 (EEE.
IV 445). Die Eile muß aber durch die
Anforderungen des eigentl. Betriebs=

nicht durch andere Rücksichten (Inne=
haltung einer reglementar. Lieferfrist,
prompte Wiederherstellung einer zu repa=
rierenden Lokomotive) bedingt gewesen
sein 5. Juni 81 (EEE. II 56), 11. Feb.
89 (EEE. VII 62). Der Betr. wird
nicht unterbrochen durch kurzen Auf=
enthalt eines Zuges auf einer Zwischen=
station 20. Jan. 82 (VI 37), 29. Feb.
92 (EEE. IX 163), 24. Juni 02 (EEE.
XIX 65) u. umfaßt auch Arbeiten zur
Beseitigung eines seiner Fortsetzung ent=
gegenstehenden Hindernisses 21. Dez. 80
(III 19).

b) Im einzelnen hat das RGer.
als unter § 1 fallend behandelt u. a.
Unfälle beim Ein= u. Aussteigen
22. Mai 91 (EEE. IX 59), 9. März 94
(EEE. X 363), 2. Jan. 05 (Arch. 726);
auch beim Umsteigen mit Aufenthalt
von 25 Minuten 17. Dez. 95 (EEE. XII
344); Schließen der Abteiltüren 1. Feb.
95 (EEE. XII 52); Verletzungen durch
Gegenstände, die aus dem fahrenden
Zuge geworfen werden 13. April 80
(I 253), 15. Mai 05 (VerZtg. S. 765),
dahin auch Funkenflug u. dgl. 29. März
84 (XI 146) u. 4. Jan. 87 (EEE. V 229);
durch Pferde, die vor dem Zuge
scheuen 17. Nov. 85 (EEE. IV 336),
17. Feb. 99 (EEE. XVI 51), 12. Mai
02 (EEE. XIX 63), 24. Nov. 02 (LIII
114). Ferner Hochwinden einer ent=
gleisten Maschine 9. Dez. 79 (EEE. I
43), anderf. 29. Sept. 80 (EEE. I 280);
Rangieren 9. Dez. 79 (EEE. I 43),
anderf. 6. Dez. 98 (EEE. XV 334);
Sitzen im offenen Bremshäuschen bei
strenger Kälte 28. Nov. 84 (EEE. III
418); eiliges Laufen über die Gleise
zur Verhinderung eines Unfalls 9. Juni
85 (EEE. IV 196), anderf. 23. April
00 (EEE. XVII 244); Sturz des Zug=
führers in eine Löschgrube 11. Feb. 98
(EEE. XV 121, Arch. 1085); Selbst=
Ingangsetzung unbefestigt stehender
Wagen 11. März 98 (EEE. XV 129);
Herabfallen des Leitungsdrahts einer
elektr. Straßenbahn 15./29. Jan. 00
(EEE. XVII 57) u. 3. Dez. 03 (LVI
265), ähnlicher Fall 18. Juni 03 (EEE.
XXI 351).

c) Regelmäßig fällt nicht unter § 1
das Be= und Entladen stillstehen=
der Fahrzeuge 28. Nov. 79 (EEE.
I 24), 20. Feb. 85 (EEE. IV 255),
wenn es nicht etwa unter Einwirkung

[Anm. 3.]
der Betriebsteile 28. Dez. 80 (III 20), 29. Feb. 92 (EEE. IX 163) oder einer anderen Betriebsgefahr stattfand, z. B. besonderer Schwere der zu behandelnden Gegenstände 20. Jan. 82 (VI 37), 2. Juni 83 (EEE. III 76), besonderer Einrichtungen der Fahrzeuge 23. Juni 85 (XIV 26); das Einladen von Kohlen in die Maschine 11. Juli 85 (EEE. IV 214), anders. 24. Juni 86 (EEE. V 55); die Bahnunterhaltung, z. B. Schienenauswechseln 16. Okt. 85 (EEE. IV 311), Weichenreinigung 8. März 00 (XLVI 23), wenn es sich nicht um schleunige Ausbesserungsarbeiten handelt 24. April 83 (EEE. III 69, Arch. 540), 21. März 84 (EEE. III 200); Bedienung von Schranken 16. Nov. 94 (EEE. XI 252), anders. 2. Jan. 82 u. 2. Jan. 83 (EEE. II 171 u. 429) oder von Signalen 10. Feb. 80 (I 52) u. 30. Juni 80 (EEE. I 243), anders. 10. Juli 80 (II 85); Reinigung stehender Fahrzeuge 7. Dez. 81 (EEE. II 163), 29. Jan. 86 (EEE. IV 404), 18. Nov. 86 (EEE. V 208); Verletz. durch ein Ziegelstück, das ohne erkennb. Zus. mit einem bestimmten BetrVorgang vom Dach eines Bahnhofs fällt, ist nicht nach § 1 zu beurteilen 29. Juni 03 (LV 229); ähnlich 13. Juli 04 (EEE. XXI 179). Der Werkstättenbetrieb fällt unter § 2 (Anm. 10).

⁴) Nach ständiger Rechtsprechung des RGer. (dagegen Eger S. 40 ff.) im weitesten Sinne auszulegen. Eisenbahn i. S. des HPfG. ist jede Schienenbahn, deren Betrieb mit der dem EisWesen eigentüml. Gefährlichkeit verbunden ist. Ausführl. Begriffsbestimmung 17. März 80 (I 247). Nicht erforderlich ist Dampfbetrieb — Pferdebahnen 22. Juni 80 (II 8), Menschenhand 15. Jan. 81 (Arch. 118, EEE. I 357), 16. Mai 82 (VII 40) — oder Bestimmung für den öffentlichen Verkehr (auch Eis. im Bau fallen unter § 1) 21. Jan. 80 (EEE. I 106), 4. März 82 (Arch. 255, EEE. II 227). Arbeitsbahnen 5. Mai 80 (EEE. I 164), 11. Juni 80 (II 38), 19. Nov. 84 (EEE. III 416), anders. 2. Feb. 84 (XIV 27), 13. April 86 (EEE. V 387). Anschlußgleise 16. Mai 82 (a. a. O.). Einzeltransporte auf öff. Bahn, die nicht dem öff. Verkehr dienen 15. Jan. 81 (a. a. O.). Ob eine (unterird.) Bergwerks- oder

eine zu einer Fabrik gehörige Bahn als Bestandteil der Hauptanlage unter § 2 oder als Eis. unter § 1 fällt, hat das RGer. verschieden beurteilt: einers. 21. Jan. 80 (a. a. O.), 18. Jan. 81 (EEE. I 366); anders. 8. April 85 (XIII 17), 16. Sept. 85 (EEE. IV 222), 16. Nov. 86 (EEE. V 389). Eis. ist nicht eine Dampframme, die auf Gleisen langsam schrittweise vorrückt 29. März 82 (EEE. II 253), wohl aber eine Dampffähre mit Schienen zum Transport von EisZügen 16. Mai 82 (EEE. II 272, Arch. 83 S. 184).

⁵) Haftung der Eis. für Sachbeschädigung EisG. § 25. — Bei Tötung usw. von Personen kommt das HPfG. im allg. nicht mehr zur Anwendung, wenn der Unfall einen bei dem Betriebe beschäftigten Reichs- oder Staatsbeamten oder Arbeiter der EisVerwalt. getroffen hat, wohl aber z. B., wenn der Getötete usw. ein überhaupt nicht oder doch z. B. des Unfalls nicht im Betrieb beschäftigter Angestellter oder ein Reisender oder eine zu dem Betrieb in keiner Beziehung stehende Person war Anm. 1.

⁶) Zum Begriff der Tötung gehört nicht, daß der Tod die sofortige Folge des Unfalls war, sondern nur daß zwischen beiden ein ursächl. Zusammenhang besteht RGer. 27. Jan. 80 (I 49). Körperverletzung ist auch eine nur auf psychische Erregung (z. B. Erschrecken) zurückzuführende Gesundheitsschädigung; HPfG. macht nicht (wie BGB. § 823) zw. Verletzung des Körpers u. Verletzung der Gesundheit einen Unterschied RGer. 29. Sept. 04 (EEE. XXI 183). — Die Tötung oder Verletzung muß sich als Unfall bei dem Betrieb darstellen. (Über den Streit, ob als Unfall das schädigende Ereignis oder die schädigende Einwirkung auf den Menschen oder die nachteilige Wirkung dieser Einwirkung anzusehen ist, Rosin in Zeitschr. f. öff. Recht III 291, Eger Anm. 10, v. Woedtke-Caspar Anm. 10 zu GUVG. § 1). Aus der Rechtsprechung des RGer.: Unfall ist ein ungewöhnl. Ereignis im EisBetr.; hierunter gehören nicht die gewöhnl. Nachteile des regelmäß. Betr., die nach dem natürl. Verlauf der Dinge eintreten u. daher von jedem bei dem Betr. Beteil. berücksichtigt werden können u. müssen, z. B. Zugluft auf dem offenen Bremssitz; ungewöhnl. Kälte bildet ein

von außen her zu dem Betr. hinzu-
tretendes Ereignis, nicht ein ungewöhnl.
Ereignis im Betr. selbst 4. Juli 87
(EEG. V 432); anders. bez. des Erfrierens
von Gliedmaßen im Bremsdienst 28. Nov.
84 (EEG. III 418). U. ist ein zeitlich
bestimmtes Ereignis, welches in seinen,
möglicherweise erst allmähl. hervortretenden Folgen den Tod oder die
Körperverl. verursacht hat, nicht aber
eine Reihe nicht auf bestimmte Ereignisse
zurückzuführender Einwirkungen, die in
ihrem Zusammentreffen allmähl. zum
Tode oder zur Körperverl. führen, wie
die sich aus dem Betr. selbst und dessen
Einwirk. allmähl. entwickelnden gewerblichen Krankheiten 6. Juli 88
(XXI 77, das Urteil hat in erster Linie
das UnfVersG. im Auge, wendet aber
die gleichen Grundsätze auch auf HPfG.
an), 24. März 92 (XXIX 42). U. ist
ein ungewöhnl. Ereignis, das mit dem
dem Betrieb. eigentüml. Gefahren in
Zus. steht; U. liegt also nicht vor, wenn
bei der regelmäß. Verrichtung des
Dienstes das Dazwischentreten eines
außerordentl. Betriebsereignisses ein
Beamter den Grund zu seiner Krankheit
gelegt hat 4. Mai 91 (EEG. VIII 334).
U. nicht die gewöhnl., voraussehbaren
Folgen des ungesunden Betr. 8. Feb. 98
(EEG. XIV 358). Für den Bereich
der Unfallversicherung u. Unfallfürsorge ist als U. zwar auch ein mit
dem Betr. in ursächl. Zus. stehender,
bestimmter, zeitlich feststellbarer Vorgang anzusehen, durch den eine Körperverl. hervorgerufen ist: hier setzt aber
der UBegriff nicht ein den regelmäß.
Betr. unterbrechendes Ereignis voraus,
vielmehr genügt auch hie mit den be-
triebsgemäßen Zuständen u. Handlungen
verbundene UGefahr, die sich gleichfalls
in einer plötzl. Einwirkung auf den
Menschen, z. B. Bluterguß ins Gehirn
infolge Hitze der Lokomotive u. An-
strengung des LokFührers, äußern kann
3. Juli 99 (XLIV 253); v. Woedtke-
Caspar Anm. 9 zu GUVG. § 1.

⁷) Nach der Rechtspr. des RGer. ist
i. S. des HPfG. (wie des GUVG.)
Unternehmer derjenige, für dessen
Rechnung u. Gefahr der Betrieb geführt
wird, dem also das wirtschaftl. Ergebnis zum Vorteil oder Nachteil gereicht; wem das Eigentum an der
Bahn zusteht u. wer den Betr. tat-

sächl. besorgt, kommt nicht in Betracht;
ein Dritter, dessen Personal u. Material
vertragsmäßig auf eine fremde Bahn
übergeht, wird dadurch nicht zum Unternehmer der letzteren 14. Nov. 79 (EEG.
I 5, EVB. 80 S. 219), 16. April 80
(I 279), 16. Juni 80 (EEG. I 223),
11. Dez. 96 (XXXVIII 90). Bei Be-
triebsgemeinschaften ist im Einzelfalle zu prüfen, in wessen Betr. der
Unfall eingetreten ist 19. Mai 80 (EEG.
I 174). Bei nebeneinander laufenden
Strecken. oder Bahnkreuzungen haften
unt. Umst. beide Verw. 26. Sept. 83
(EEG. III 109), 29. Jan. 00 (EEG.
XVII 139). Bei Unfällen auf den
hessischen Strecken der preußisch-
hess. Betriebsgemeinschaft haften beide
Staaten 10. Juli 02 (LII 144). Für
Unfälle bei durchlauf. Zügen haftet
im Zw. die Verw., auf deren Strecke
der Unfall eintrat 6. Feb. 85 (XII
145). Bei Arbeiterbahnen zum
Bahnbau gilt im Zw. als U. der Unternehmer der Erdarbeiten 1. März 80
(EEG. II 226). Anschlußgleise
1. Mai 83 (EEG. III 73), 27. April
86 (EEG. V 34), 6. Nov. 96 (EEG.
XIII 330), 16. Feb. 03 (EEG. XX 140);
die Vereinbarung zwischen EisVerw. u.
Anschlußinhaber über die Haftpflicht ist
dem Verletzten usw. gegenüber unwirksam 6. Nov. 96 (a. a. O.). Übernimmt
die StEB. gemäß § 15 der jetzt gültigen
allg. Anschlußbedingungen den Betr. des
Anschlusses, so haftet sie nach außen, auf
den Angeschlossenen soll nicht zurück-
gegriffen werden E. 19. März 03 (ERB.
176).

⁸) Die Auffassung des RGer. bez.
des Begriffs „höhere Gewalt" u.
der mit ihm zusammenhängenden Streitfragen (Eger Anm. 11) ergeben nach-
bezeichnete Urteile. Im allg. haftet der
Unternehmer für den Zufall; als h.
G. kann nach HPfG. (wie nach HGB.
§ 453 u. als „unabwendbarer äußerer
Zufall" i. S. LR. II 8 § 1734 u. EisG.
§ 25) nur ein zufälliges äußeres,
nicht durch Einrichtungen des Betriebs,
sondern durch Naturkräfte oder Handlungen dritter Personen herbeigeführtes
Ereignis, das einen Unfall verursacht
hat, angesehen werden, u. zwar nur
dann, wenn das Ereignis selbst oder
seine nachteilige Folge bei den gegebenen
Verhältnissen durch die größte, diesen

[Anm. 8.]
Verhältnissen angemessene Sorgfalt u. durch diejenigen Mittel n i ch t a b z u = w e n d e n w a r, deren Gebrauch dem Haftpflichtigen vernünftigerweise, u. ohne daß der wirtschaftl. Erfolg des Unternehmens ausgeschlossen wird, zu= gemutet werden kann; es ist z. B. nicht zu verlangen, daß der ganze Bahnkörper mit Mauern oder dgl. umgeben oder durch dichte Bewachung gegen jede ge= fährliche Annäherung abgesperrt wird 23. März 88 (XXI 13), 9. Okt. 02 (EEE. XIX 258); teilweise abweichend 2. Dez. 79 (EEE. I 31), auch $\frac{15.}{29.}$ Jan. 00 (EEE. XVII 57 u. dazu Schachian in EEE. XVI 265). B e i s p i e l e epilept. Anfall, Ohnmachtsanfall oder plötzliche Geistesstörung des Verletzten 9. Juli 80 (EEE. I 250), 9. Dez. 87 (EEE. VI 102), auch wenn dieser ein Bediensteter der EisVerwaltung ist 28. Jan. 01 (EEE. XVIII 76); unsinniger u. unvorher= sehbarer Massenansturm auf einen Eis= Zug 27. März 88 (EEE. VI 222), 7. Juli 90 (EEE. VIII 40); nicht vorher= zusehender u. nicht abzuwendender Über= tritt von Tieren auf den Bahnkörper 24. Nov. 04 (Arch. 05 S. 732). Bei der schädigenden Folge des äußeren Er= eignisses dürfen nicht o b j e k t i v e B e = t r i e b s m ä n g e l mitgewirkt haben, z. B. Brechen eines einzelnen Radreifens bei plötzlich eingetretener Kälte 30. Juni 83 (EEE. III 86). N i ch t unter h. G. fallen die sich aus der gefährdenden Natur des Unternehmens ergebenden unmitt. Folgen des regelmäß. Betriebs, wie das Auswerfen von Kohlenstaub 29. März 84 (XI 146), das Scheuen der Zugtiere vor der Eisenbahn 5. Jan. 87 (XIX 37), 23. Feb. 91 (EEE. VIII 245), 1. (21. ?) März 94 (EEE. X 270). Zu diesen Folgen sind auch alle Er= eignisse zu rechnen, die mit einer ge= wissen H ä u f i g k e i t bei einem Betr. vorzukommen pflegen u. nach der Natur des Betr. nicht vermeidbar sind, aber deshalb von dem U n t e r n e h m e r von vorn herein in A u s s i ch t genom= men werden mußten RGer. 12. Juni 99 (XLIV 27), 9. Jan. 02 (L 92), 5. Jan. 03 (EEE. XX 127), 27. Juni 04 (EEE. XXI 177), wie das Hinein= laufen von Kindern oder von Personen, die durch drohende Betriebsgefahr in Bestürzung geraten sind, in die Straßen=

bahngleise einer Großstadt 5. Nov. 94 (EEE. XI 337), 11. Mai 03 (LIV 404); anders. 23. März 88 (XXI 13), 14. Nov. 01 (EEE. XVIII 336), 4. Febr. 04 (EEE. XX 346); regelmäßig bei be= stimmten Gelegenheiten sich wieder= holendes Anstürmen auf die Personen= züge 9. (16. ?) Feb. 93 (EEE. X 58), u. U. heftiger Wind 27. März 05 (EEE. XXI 394). H a n d l u n g e n d e r im Betr. beschäft. B e d i e n s t e t e n be= gründen im allg. (Ausn. z. B. 28. Jan. 01 oben) nicht einen Fall von h. G. 13. April 80 (I 253), 27. März 88 (EEE. VI 222). Ob S ch u t z m a ß = r e g e l n in dem oben bezeichneten Sinne möglich waren, ist Sache der Beurteilung im Einzelfalle 28. Nov. 84 (EEE. III 418: Erfrieren von Gliedmaßen bei einer Fahrt auf offenem Bremssitz). Sache des Gerichts ist es nicht, geeignete Vor= kehrungen namhaft zu machen 27. Okt. 92 (EEE. IX 368); daß die Aufsichts= behörde keine Schutzmaßregeln verlangt hat (z. B. auf Grund BahnO. § 7), befreit den Unternehmer nicht von der zivilrechtl. Haftpflicht 11. März 90 (EEE. VIII 16). Bei Beurteilung der Frage, ob eine b e t r i e b s f r e m d e H a n d l u n g als h. G. aufzufassen ist, kommt es nicht darauf an, ob in ihr ein Verschulden gefunden werden kann 1. (21. ?) März 94 (EEE. X 270). Auch Handlungen Dritter, z. B. Ver= brechen gegen EisZüge, müssen in den Bereich der dem Unternehmer oblieg. Vorsichtsmaßregeln gezogen werden 13. Okt. 04 (EEE. XXI 371). — Wenn ein Unfall (Sturz) an sich durch h. G. verursacht ist, so schlägt die Berufung auf letztere doch nicht durch, falls die durch den Betr. herbeigeführten Folgen des U. (Überfahrenwerden) durch Schutz= vorrichtungen abgewendet werden konnten 6. Dez. 98 (EEE. XV 333). Abwendung der aus Unterspülung der Bahn durch Wolkenbruch entstehenden Gefahren mittels Betriebsmaßnahmen 22. Juli 03 (EEE. XX 184).

⁹) Aus der Rechtspr. des RGer. (aus= führl. Eger S. 131 ff., auch Dronke in EEE. XXI 295, 413). Nur eigenes Verschulden des Verletzten usw. befreit den Unternehmer, nicht Verschulden Dritter 2. Dez. 79 (EEE. I 31). Dem V a t e r gegenüber, der vom Unternehmer Ersatz der von ihm für das verletzte Kind

aufgewendeten Heilungskosten verlangt, kann nicht gemäß BGB. § 823 Abs. 2, § 832 Vernachläss. der Aufsicht eingewendet werden 19. Jan. 03 (LIII 312, gegen dieses U. Hinze in EEG. XXI 401); nach U. 18. Mai 03 (LV 24) wird aber angenommen werden müssen, daß auch in dieser Beziehung (im übr. s. unten) § 1 durch BGB. § 254 abgeändert ist. Das eigene B. kann durch ein V. Dritter aufgewogen werden, wie ungenügende Vorsorge der Aufsichtsbehörde für Schutzmaßregeln 17. Nov. 91 (EEG. IX 117). B. liegt nicht vor, wenn ein Betriebsarbeiter lediglich die Anweisung seines Vorgesetzten befolgt hat 28. Sept. 80 (III 1). — Verschulden — gleich Fahrlässigkeit i. S. BGB. § 276: 14. Nov. 01 (EEG. XVIII 336) — ist die Außerachtlassung desjenigen Grades von Aufmerksamkeit, der von jedem Vernünftigen und Zurechnungsfähigen bei Vornahme seiner Handlungen nach den Umständen des Falles vorausgesetzt werden muß 23. Feb 97 (XXXVIII 162); auch leichtes B. 13. Juli 80 (EEG. I 263). Ferner 13. Juli 80 (EEG. I 264). Vorzeitiges Aussteigen aus dem Zuge 2. Jan. 05 (Arch. 726). Es genügt, wenn das B. nur mittelbar den Unfall verursacht 2. Jan. 93 (EEG. X 44). — Handlungsunfähige kann nicht ein B. treffen; Kinder (BGB. § 828) 2. Dez. 79 (EEG. I 31), 13. April 80 (I 276), 20. Okt. 91 (EEG. IX 91), 11. Mai 03 (LIV 407); Anm. 8; Kinder im Alter von mehr als 7 Jahren 30. April u. 28. Mai 03 (EEG. XX 160 u. 173. Gegen den Standpunkt des RGer. Croissant, eigenes B. u. Handlungsunfähigkeit, Straßburg 93. — Trunkenheit ist im Zw. als B. zu behandeln 3. März 86 (EEG. V 142); vgl. 27. Feb. 02 (EEG. XIX 50) u. BGB. § 827. Die EisVerw. muß mit der in der menschl. Natur liegenden Unvorsichtigkeit gewöhnlicher Arbeiter rechnen und kann ihnen kein B. entgegenhalten, wenn sie es an der Überwachung oder Anleitung hat fehlen lassen 17. Okt. 84 (EEG. III 400). — Als B. ist ein sachwidriges Verhalten nicht ohne weiteres anzusehen, wenn durch drohende ernste Gefahr — 25. April 85 (EEG. IV 144), 31. Jan. 87 (EEG. V 240), 9. Jan. 02 (L 92);

anders. 28. Dez. 99 (EEG. XVII 210) — oder Betriebseile — 13. Juli 80 (EEG. I 263) — schnelle Entschließung geboten war. B. ist bei Bahnbediensteten nicht jede Unaufmerksamkeit, die sich aus dem beständigen Umgang mit der Gefahr erklärt 21. März 84 (EEG. III 200); auch 21. Mai 81 (EEG. II 40). Zuwiderhandeln gegen Verbote oder Dienstanweisungen — letztere sind keine revisiblen Normen 16. Jan. 86 (EEG. V 2) — ist im allg. kein B., wenn es von der Verw. selbst oder den Aufsichtsbeamten allgemein oder für gewisse Fälle stillschweigend geduldet wird 23. Dez. 79 (EEG. I 63), 23. Jan. 80 (I 48), 4. März 81 (IV 25), 2. Nov. 81 (EEG. II 139), 3. Jan. 85 (EEG. III 433); anders. 30. Jan. 83 (EEG. II 465), 22. Sept. 85 (EEG. IV 373), 26. Juni 03 (EEG. XX 77); ebenso wenig, wenn der Verletzte usw. zu der Annahme berechtigt war, das Verbot habe für den vorliegenden Fall keine Geltung 7. Dez. 00 (EEG. I 001), 20. Jan. 85 (XIII 9), 14. April 85 (EEG. IV 141), 31. März 90 (EEG. VIII 23), oder wenn die Übertretung erweislich in Erfüllung einer sittl. Pflicht (Rettung eines Menschen) geschah 16. Jan. 02 (EEG. XIX 24). Aufenthalt des Postschaffners im Bahnpostwagen während des Rangierens 28. Feb. 82 (EEG. II 224). — Das B. muß bündig nachgewiesen werden, jeder Zweifel kommt dem Verletzten usw. zu gute 13. März 83 (EEG. III 29), 28. Dez. 99 (EEG. XVII 210). Der Unternehmer kann sich aber durch den Nachweis befreien, daß als Ursache des Unfalls nur entweder höhere Gewalt oder eigenes B., nicht aber gewöhnlicher Zufall in Frage kommen kann 8. Feb. 00 (EEG. XVII 147); auch 13. März 86 (EEG. V 19). — Gegen die Einrede des eigenen B.s ist die Replik des konkurrierenden Verschuldens des Unternehmers zulässig; beweispflichtig hierfür ist der Verletzte usw. 23. Feb. 97 (XXXVIII 162), 26. Juni 87 (EEG. VI 54). Entscheidend ist alsdann nicht das größere oder geringere Maß des B., sondern die Frage, welches der beiden B. das vorwiegende, für den Unfall kausale war 25. Feb. 82 (EEG. III 245), 26. Juni 87 (EEG. VI 54), 14. Feb. 99 (EEG. XVI 48). Auch

§. 2. Wer ein Bergwerk, einen Steinbruch, eine Gräberei (Grube) oder eine Fabrik betreibt, haftet, wenn ein Bevollmächtigter oder ein Repräsentant oder eine zur Leitung oder Beaufsichtigung des Betriebes oder der Arbeiter angenommene Person durch ein Verschulden in Ausführung der Dienstverrichtungen den Tod oder die Körperverletzung eines Menschen herbeigeführt hat, für den dadurch entstandenen Schaden[10]).

§. 3[11]). Im Falle der Tödtung[6]) ist der Schadenersatz (§§. 1

---

hier kommt der Zweifel dem Verletzten usw. zu gute 2. Jan. 83 (EEE. II 426), 21. März 84 (EEE. III 200). — Jetzt bestimmt BGB. § 254 Abs. 1:

Hat bei der Entstehung des Schadens ein Verschulden des Beschädigten mitgewirkt, so hängt die Verpflichtung zum Ersatze sowie der Umfang des zu leistenden Ersatzes von den Umständen, insbesondere davon ab, inwieweit der Schaden vorwiegend von dem einen oder dem anderen Theile verursacht worden ist.

Damit schließt nicht mehr jedes V. des Verletzten usw. die Haftpflicht der Eis. aus; vielmehr muß ein derartiges V. hinsichtlich des Maßes, in dem es als Ursache des Unfalls anzusehen ist, nicht nur gegen ein etwaiges Mitverschulden von Bahnbediensteten, sondern auch gegen andere mitwirkende Ursachen des Schadens abgewogen werden; zu diesen mitwirkenden Ursachen gehört auch die allg. Gefährlichkeit des EisBetriebs 24. Nov. 02 (LIII 75), 12. Feb. 03 (das. 394), 12. März, 22. Juni, 19. Okt. u. 3. Dez. 03 (EEE. XX 150, 179, 256, 333), 28. Mai 03 (Ztschr. f. Kleinb. 04 S. 116), 9. Nov. 03 (LVI 154). Dadurch wird die gänzliche Abweisung des Anspruchs gegen die Eis. nicht unter allen Umständen ausgeschlossen 1. Dez. 04 (EEE. XXI 290). — Verschiedenes. Nichtzuziehung des Arztes im Heilverfahren 16. Dez. 79 (EEE. I 52), Wert einer außergerichtl. Äußerung des Verletzten über die Schuldfrage 9. April 80 (EEE. I 144), Nichtabsteigen des Reiters von einem scheuenden Pferde 17. Feb. 99 (EEE. XVI 51), Annäherung an unbewachte Bahnübergänge 6. Juli 99

(EEE. XVI 258). — Besonders strenge Anforderungen an den Beweis des eigenen V. stellt das RGer. bei den Unfällen im Straßenbahnverkehr der Großstädte, in dem namentlich ein unzweckmäß. Handeln nicht ohne weiteres als V. anzusehen ist (auch Anm. 8) 6. Dez. 98 (EEE. XV 333), 2. Nov. 99 (EEE. XVI 333), 14. Dez. 00 (Arch. 01 S. 883), 14. Nov. 01 (EEE. XVIII 336); anders. 22. Jan. u. 30. April 03 (EEE. XX 134 u. 160). Auf- u. Abspringen 14. Feb. 82 (EEE. II 202), 15. Nov. 86 (EEE. V 114), 2. April 00 (EEE. XVII 238), 14. Nov. 04 (EEE. XXI 288). Radfahrverkehr 15. März 00 u. 1. Okt. 03 (EEE. XVII 228 u. XX 249), Fuhrwerksverkehr 28. Sept. 03 (EEE. XX 248) u. 27. Okt. 04 (EEE. XXI 378). Der Führer eines Straßenbahnwagens braucht nicht in jedem Falle der Gefährdung einer Person den Wagen zum Stehen zu bringen 28. Mai 03 (Ztschr. f. Kleinb. 04 S. 116, EEE. XX 233); anders. 9. Nov. 03 (LVI 154). Hierzu Scholz, über Unfallhaftung im Straßenverkehr, Arch. f. Post u. Telegr. 04 S. 623.

[10]) Unter § 2 — im Gegensatz zu § 1 eine nicht eisenbahnrechtl. (I 1 b. W.) Norm — fällt nicht das Baugewerbe, z. B. nicht der Bau von Tunneln für Eisenbahnen RGer. 13. Juli 81 (EEE. II 79), 26. Sept. 82 (VIII 51); wohl aber der Werkstättenbetrieb der Eis. RGer. 30. Dez. 82 (VIII 149), 23. Juni 85 (EEE. IV 361). Von einer näheren Erläuterung des § 2 wird hier abgesehen, da in den Nebenbetrieben Unfälle betriebsfremder Personen selten vorkommen, auf Unfälle des Betriebspersonals aber wohl ausnahmslos die UnfallVers.- od. -FürsorgeG. Anwendung finden werden.

[11]) § 3 hat seine jetzige Fassung durch AG. BGB. Art. 42 erhalten u. ent-

und 2) durch Ersatz der Kosten einer versuchten Heilung[12]) sowie des Vermögensnachtheils zu leisten, den der Getödtete dadurch erlitten hat, daß während der Krankheit seine Erwerbsfähigkeit aufgehoben oder gemindert[13]) oder eine Vermehrung seiner Bedürfnisse eingetreten war[14]). Der Ersatzpflichtige hat außerdem die Kosten der Beerdigung demjenigen zu ersetzen, dem die Verpflichtung obliegt, diese Kosten zu tragen[15]).

Stand der Getödtete zur Zeit der Verletzung[16]) zu einem Dritten in einem Verhältnisse, vermöge dessen er diesem gegenüber kraft Gesetzes unterhaltspflichtig war oder unterhaltspflichtig werden konnte[17]), und ist dem Dritten in Folge der Tödtung das Recht auf den Unterhalt entzogen, so hat der Ersatzpflichtige dem Dritten insoweit Schadenersatz zu leisten, als der Getödtete während der muthmaßlichen Dauer seines Lebens[18]) zur Gewährung des Unterhalts verpflichtet gewesen sein würde[19]). Die Ersatz-

spricht von (nur für Schadenersatz wegen unerlaubter Handlungen geltenden, also nicht unmittelbar anwendbaren, Anm. 2) Best. in BGB. § 843 Abf. 1, § 844.

[12]) Die Heilungskosten können im allg. nur mit dem tatsächl. aufgewendeten Betrage in Rechnung gestellt werden RGer. 19. Jan. 91 (EEE. VIII 210) doch ist die Gewährung einer Rente nicht ausgeschlossen RGer. 26. Febr. 91 (EEE. VIII 250). Der Ersatzanspruch steht nur dem Verletzten selbst oder seinen Erben zu RGer. 29. Okt. 95 (EEE. XII 245) u. ist unabhängig davon, ob Unterhaltspflichtige vorhanden oder die Kosten bereits von diesen verauslagt sind § 7 Abf. 2 (Anm. 19); RGer. 11. Febr. 90 (XXV 49) u. 28. Jan. 01 (XLVII 211).

[13]) Anm. 20.

[14]) Neu; f. aber schon RGer. 19. Okt. 80 u. 11. Feb. 90 (III 3 u. XXV 49). Rente zulässig 19. Okt. 80 (a. a. O.), 23. Okt. 85 (EEE. IV 316).

[15]) BGB. § 1968, 1580 (Abf. 3), 1615 (Abf. 2), 1713 (Abf. 2). — Kosten der Feuerbestattung Hilfe in EEE. XXI 404.

[16]) Also kein Anspruch der Witwe, wenn die Ehe erst nach dem Unfalle geschlossen worden ist, u. der aus dieser Ehe hervorgegangenen Kinder.

[17]) Gesetzl. Unterhaltspflicht: BGB. § 1345, 1351, 1360 f., 1578 f., 1601 f.,

1700, 1703, 1708 f., 1739, 1765 f. Zur 2. Alternative („werden konnte") RGer. 8. Feb. 04 (Arch 1210).

[18]) Maßgebend die sich aus der Erfahrung ergebende Wahrscheinlichkeit Planck Anm. 3 c zu BGB. § 844, RGer. 22. Nov. 81 (V 108), 7. Dez. 83 (EEE. III 149).

[19]) Der Unternehmer wird nicht unterhaltspflichtig i. S. des BGB., wohl aber für die weggefallene Unterhaltspflicht des Getöteten derart ersatzpflichtig, daß er nichts weniger (u. nichts mehr) zu leisten hat, als der Getötete zu leisten gesetzlich (nicht z. B. vertraglich) verpflichtet gewesen sein würde; ob u. in welchem Umfange z. Z. des Todes die Unterhaltspflicht des Getöteten bereits praktisch geworden war, ist rechtlich bedeutungslos RGer. 11. März 81 (IV 104), 21. Juni 94 (XXXIII 278). Die Ersatzpflicht des Unternehmers wird nicht dadurch ausgeschlossen, daß der Getötete z. Z. des Todes erwerblos war RGer. 2. Nov. 81 (EEE. II 141) od. daß der Berechtigte eigenes Vermögen besitzt RGer. 27. Okt. 83 (EEE. III 122; dagegen Eger S. 389), 12. Feb. 02 (EEE. XIX 212). Eine für das Maß des Unterhalts erhebliche Einkommenserhöhung des Pflichtigen, z. Z. seines Todes in Aussicht stand, ist mit zu berücksichtigen RGer. 8. Dez. 80 (EEE. I 324). Das Vorhandensein anderer Unterhaltspflichtiger befreit den

pflicht tritt auch dann ein, wenn der Dritte zur Zeit der Verletzung erzeugt, aber noch nicht geboren war.

§. 3a[20]). Im Falle einer Körperverletzung[6]) ist der Schadenersatz (§§. 1 und 2) durch Ersatz der Kosten der Heilung[12]) sowie

---

Unternehmer nicht. (§ 7 Abs. 2 in Verb. mit BGB. § 843 Abs. 4). Soweit die Unterhaltspflicht auf die Erben des Getöteten übergeht, ist der Unternehmer frei Planck Anm. 3 c zu BGB. § 844. — Dem Ehemann steht im allg. (BGB. § 1360 Abs. 2) kein Ersatzanspruch wegen Tötung der Frau zu RGer. 5. Jan. 81 (III 318). — Auf die Klage der Witwe allein kann die ihr und den Kindern zustehende Rente in einer Summe zugesprochen werden RGer. 12. Feb. 02 (a. a. O.). Die Rente der Witwe darf nicht von vorn herein auf die Dauer des Witwenstandes beschränkt werden RGer. 23. Dez. 79 (EBB. 80 S. 132, EEE. I 63), 27. Juni 87 (EEE. V 376.), 5. Dez. 92 (EEE. X 32), 5. Jan. 05 (EEE. XXI 388); Anm. 26 a E. Hat die Witwe während der Ehe keine Erwerbsarbeit verrichtet, so darf (nach gemeinem R.) von der ihr zu gewährenden Entschädigung nicht ein ihr zuzumutender Erwerb in Abzug gebracht werden RGer. 22. Nov. 81 (V 108). Die Witwe hat auf Fortführung derjenigen Lebensweise Anspruch, zu deren Ermöglichung der Ehemann ihr gegenüber verpflichtet war, auch wenn die Kosten für die Witwe allein verhältnismäßig höhere sind, als sie vorher für das Ehepaar betrugen RGer. 31. Jan. 85 (EEE. III 439). Für Kinder ist die Dauer der Rentengewährung — RGer. 23. Dez. 79 (oben), 2. Nov. 81 (EEE. II 141), 26. Mai 82 (VII 50), 5. Jan. 05 (EEE. XXI 388) — u. das Bildungsmaß, auf dessen Erlangung sie Anspruch haben RGer. 2. Juli 97 (EEE. XIV 265), nach den Umständen des Falles zu beurteilen u. grundsätzlich sofort zu bestimmen (Anm. 26) RGer. 19. Jan. 05 (EEE. XXI 392). — Vorteile, die den Hinterbliebenen durch den Tod, aber ohne rechtlichen Zusammenhang mit dem Unfall zufließen, z. B. Erbschaft, sind auf die Entschädigung nicht anzurechnen RGer. 11. Juli 83 (X 50), wohl aber z. B. das gesetzl. Witwen- u. Waisengeld bei Reichs- oder preuß. Staats-

beamten RGer. 19. Jan. 86 (XV 114). Ferner § 4.

[20]) Neue, von der bisherigen aber nicht wesentlich abweichende Fassung, entsprechend BGB. § 843. BGB. § 847 ist nicht anwendbar (Anm. 2), daher kann auch in Zukunft — für das frühere Recht RGer. 27. Dez. 79 (EEE. I 73) u. 28. März 84 (XI 61) — auf Grund des HPfG. nicht Schmerzensgeld beansprucht werden. — Aus der Rechtspr. des RGer.: Nicht jede, sondern nur eine solche Beeinträchtigung der Arbeitsfähigkeit berechtigt zur Ersatzforderung, die mit einer Schaden bringenden Verminderung der Erwerbsfähigkeit verbunden ist 27. Sept. 82 (EEE. II 352). Völlige Aufhebung der letzteren ist nicht schon darum anzunehmen, weil der Verletzte seine bisherige Tätigkeit nicht mehr ausüben kann 14. Okt. 82 (EEE. II 367), 3. Feb. 83 (EEE. III 1), 3/19. Dez. 94 (XXXIV 123). Es kann ihm aber nicht die Ausübung jeder beliebigen, sondern nur die einer solchen Tätigkeit zugemutet werden, die seinem Bildungsgrade, seiner gesellschaftl. Stellung usw. entspricht 9. Feb. 85 (EEE. IV 127), 19. Juni 85 (XIV 25), 20. Nov. 02 (LIII 48). Die Schätzung der Erwerbsverminderung vom ärztlichen Standpunkt aus ist nicht unbedingt ausschlaggebend 21. Jan. 92 (EEE. IX 144). Was er nachher tatsächlich erwirbt od. ihm der Unternehmer als Lohn für Beschäft. in seinen Diensten anbietet, ist nicht ohne weit. maßgebend, sondern nur Beweismittel für die Schadenshöhe; u. U. kann der Lohn, den der Unternehmer gewährt, auf die Rente angerechnet werden 13. Juli 83 (EEE. III 95), 1. Okt. 84 (EEE. IV 12), 9. Feb. 85 (a. a. O.), 12. Jan. 88 (EEE. VI 243). Angebotene Weiterbeschäftigung braucht der Verletzte nicht anzunehmen; das Angebot befreit den Unternehmer nicht von der Haftpflicht 8. Mai 80 (I 281), 29. April 84 (EEE. III 351). Steht fest, daß der Verletzte durch den Unfall seine bisherige Stellung verloren hat, so hat

des Vermögensnachtheils zu leisten, den der Verletzte dadurch er=
leidet, daß in Folge der Verletzung zeitweise oder dauernd seine
Erwerbsfähigkeit aufgehoben oder gemindert oder eine Vermeh=
rung seiner Bedürfnisse[14]) eingetreten ist.

der Unternehmer Umstände nachzuweisen,
die den Schaden geringer als das bis=
herige Stelleneinkommen erscheinen lassen
7. Juli 85 (EGE. IV 365). Auch
mittelbare Folgen der Verletzung sind
zu berücksichtigen 18. März 84 (EGE.
III 198), 19. Juni 85 (XIV 25). —
Maßgebend ist der Zeitpunkt des Un=
falls: Es wird vermutet, daß ohne den
Unfall die Erwerbsfähigkeit des Ver=
letzten, deren Veranschlagung nicht
mechanisch der tatsächliche Verdienst im
Augenblick des Unfalls zugrunde zu
legen ist 20. Sept. 95 (EGE. XII 234),
unverändert geblieben wäre; behauptete
Veränderungen sind nur dann zu be=
rücksichtigen, wenn ihr Eintritt nicht im
Bereich einer ungewissen Möglichkeit,
sondern in sicherer Aussicht stand 27.
Feb. 86 (EGE. IV 360), 19. Jan. 91
(EGE. VIII 210). Beweispflichtig ist
derjenige, dem die Veränd. zum Vorteil
gereicht; einers. (Aussichten auf Erwerbs=
vermehrung) 5. Dez. 79 (EGE. I 37),
27. Okt. 92 (EGE. IX 368); andrers.
(Aussicht auf Herabgehen oder Aufhören
des Erwerbs) 14. Dez. 86 (XVII 45),
28. Nov. 87 (EGE. VI 151), 3. Nov.
03 (EGE. XX 261). Wird eine der=
artige Veränd. behauptet, so muß dieser
Behauptung näher getreten u. darf sie
nicht auf einen besonderen Prozeß ge=
mäß § 7 Abs. 2 (alte Fassung des
HPfG., jetzt CPO. § 323) verwiesen
werden 14. Okt. 82 (EGE. II 367),
8. Nov. 86 (XVI 80), 4. Mai 88
(EGE. VI 292). — Nicht berechenbare
zufällige Nebeneinnahmen (Ge=
schenke) werden nicht berücksichtigt, wohl
aber übliche erlaubte Zuwendungen (wie
Trinkgelder) von annähernd regelmäß.
Höhe, die mit der Berufstätigkeit zu=
sammenhängen 23. Sept. 82 (VII 112).
Der verletzte Teilnehmer einer
Gesellschaft darf den Ertrag seiner
Arbeit für die Ges. nur in Höhe seines
Gewinnanteils in Rechnung stellen 4. Okt.
87 (XIX 184). — Der Anspruch einer
verletzten Ehefrau auf Entschädigung
(auch auf Fortgewähr einer solchen
Entschäd., die für einen vor der Ver=

heiratung erlittenen Unfall festgesetzt ist),
wird auch für die Dauer der Ehe nicht
dadurch ausgeschlossen, daß nach dem
für die Ehe geltenden Güterrecht die
Frau nicht für sich erwirbt; es kommt
vielmehr darauf an, ob nach den Lebens=
u. Erwerbsverhältnissen des Einzelfalles
die Verletzung unmitt. od. mittelb. für
die Frau eine Verschlechterung ihrer
Vermögenslage zur Folge hat; ver=
neint für die nur in Haus u. Familie
tätige Frau eines Rittergutsbesitzers,
bejaht für ein Mädchen, das sich nach
dem Unfall mit einem Arbeiter ver=
heiratete 9. April 97 (XXXIX 35),
7. Okt. 98 (XLII 32), 26. Nov. 00
(XLVII 04). Gleichzeitige Verletzung
beider Ehegatten 26. Nov. 00 (XLVII
00). Wird ein noch nicht erwerbs=
fähiges Kind verletzt, so ist es zu
entschädigen, soweit ihm durch den
Unfall die Erlangung der Erwerbs=
fähigkeit ganz od. teilweise abgeschnitten
wird; dieser Anspruch ist (ev. durch Fest=
stellungsklage) innerhalb der Verjäh=
rungsfrist (§ 8) zu erheben 2. Dez. 79
(EGE. I 31), 24. Nov. 83 (EGE. III 133),
28. April 85 (XIII 372), 17. Okt. 04
(EGE. XXI 281). Ersatz ist insoweit
nicht zu gewähren, als der Verletzte die
Heilung schuldhaft verzögert od.
verhindert; inwieweit er sich einer
Operation unterziehen muß, hängt von
den Umständen ab 28. April 85 (EGE.
IV 145), 17. Juni 86 (EGE. V 281),
22. Dez. 90 (EGE. VIII 197), 30. Jan.
91 (EGE. VIII 222); Laß u. Maier
(Anm. 1) S. 72. — Besonderes bez.
verletzter Beamten: Der Wohnungs=
geldzuschuß ist mit dem zuletzt wirk=
lich bezogenen Betrag anzurechnen 23.
Dez. 79 (EVB. 80 S. 132, EGE. I
63), 17. März 92 (EGE. X 293), eine
Ortszulage nicht ohne weit. 12. Nov.
80 (EGE. I 306). Pensionskassen=
beiträge, die der Verletzte zu zahlen
hatte u. nach dem Unfalle nicht mehr
zu entrichten braucht, werden vom Ge=
halt gekürzt 12. Nov. 80 (a. a. O.),
14. Dez. 86 (XVII 45). Fahrgelder
werden im ersparnisfähigen Betrag

§. 4. War der Getödtete oder Verletzte unter Mitleistung von Prämien oder anderen Beiträgen durch den Betriebs=Unternehmer bei einer Versicherungs=anstalt, Knappschafts=, Unterstützungs=, Kranken= oder ähnlichen Kasse gegen den Unfall versichert, so ist die Leistung der Letzteren an den Ersatzberechtigten auf die Entschädigung einzurechnen, wenn die Mitleistung des Betriebs=Unternehmers nicht unter einem Drittel der Gesammtleistung beträgt[21]).

§. 5. Die in den §§. 1. und 2. bezeichneten Unternehmer sind nicht befugt, die Anwendung der in den §§. 1. bis 3a enthaltenen Be=stimmungen[1]) zu ihrem Vortheil durch Verträge (mittelst Reglements oder durch besondere Uebereinkunft) im Voraus[22]) auszuschließen oder zu beschränken.

Vertragsbestimmungen, welche dieser Vorschrift entgegenstehen, haben keine rechtliche Wirkung.

(§. 6.)[23])

§. 7[1]). Der Schadenersatz wegen Aufhebung oder Minderung der Erwerbsfähigkeit und wegen Vermehrung der Bedürfnisse des Verletzten sowie der nach §. 3 Abs. 2 einem Dritten zu gewährende

---

berücksichtigt 23. Dez. 79 (a. a. O.), 9. Okt. 80 (EEE. I 285). Auch Ge=winn aus erlaubter Nebenbeschäft. kommt zum Ansatz 25. Nov. 89 (EEE. VII 331). Entgangene Gehalts=zulagen sind mitzuberechnen, wenn der Verletzte auf sie Anspruch od. doch zuverlässige Anwartschaft hatte 23. Mai 89 (EEE. VII 125). Beförderungen kommen nicht in Betracht, solange sie in das Gebiet ungewisser Möglich=keiten gehörten, wohl aber z. B., wenn der Hintermann aufgerückt u. nach Lage der Sache anzunehmen ist, daß auch der Verletzte ohne den Unfall befördert worden wäre 19. Jan. 91 (EEE. VIII 210). Die gesetzl. Pension, die der Verletzte bezieht, wird auf die Entschäd. angerechnet 14. Dez. 86 (XVII 45). Daß der Verletzte auf Kündigung an=gestellt war, ist belanglos 7. Juli 85 (EEE. IV 365). Daß er ohne den Unfall mit dem 65. Lebensjahr in den Ruhestand versetzt worden wäre, ist nicht ohne weiteres anzunehmen 14. Dez. 86 (a. a. O.). — Feststellungsklage, wenn der Schaden noch nicht sicher zu übersehen ist 7. Juli u. 22. Sept. 04 (EEE. XXI 263 u. 275). — Anm. 21, 26.

[21]) § 4 ist nicht (zu Ungunsten des Ver=letzten usw.) dahin zu verstehen, daß die Einrechnungsfähigkeit nur für den in § 4 vorgesehenen Fall besonders ge=regelt, im übrigen aber offen gelassen sei; vielmehr soll eine Einrechnung grundsätzlich nicht, ausnahmsweise je=doch im Falle des § 4 stattfinden RGer. 22. Jan. 84 (XI 22), 19. April 90 (XXV 121); a. M. Eger S. 411. Unter § 4 fallen nur Ansprüche aus Versicherungsverträgen, auf Grund deren der Verletzte usw. Beiträge ge=leistet hat, z. B. aus Versicherungen bei der preuß. Allg. Witwenverpflegungs=anstalt — deren Leistungen nicht einzu=rechnen sind RGer. 11. Juli 83 (X 50) —; dagegen fallen nicht unter § 4, sondern unter § 3 (u. 3a) z. B. gesetzl. Beamtenpensionen u. Witwen= u. Waisen=gelder RGer. 18. April 84 (EEE. III 215), 19. Jan. 86 (XV 114), 14. Dez. 86 (XVII 45); a. M. Eger Anm. 58. — Ferner Anm. 19.

[22]) D. h. vor dem Unfall, nicht etwa vor rechtskräft. Entscheidung über den Haftpflichtanspruch RGer. 1. Juni 86 (XVI 30).

[23]) Aufgehoben EG. CPO. § 13 Ziff. 3, jetzt gilt CPO. § 286. Ferner ist bei der neuen Fassung des HPG. der bis=her. § 7 Abs. 1, soweit er das freie Er=messen des Gerichts bez. der Schadens=höhe betrifft, wegen CPO. § 287, soweit er die Bestellung einer Sicherheit betrifft, wegen BGB. § 843 Abs. 2 (Anm. 25) fortgelassen worden.

Schadenersatz ist für die Zukunft durch Entrichtung einer Geld=
rente zu leisten[24]).

[25]) Die Vorschriften des §. 843 Abs. 2 bis 4 des Bürgerlichen
Gesetzbuchs und des §. 648 Nr. 6 der Civilprozeßordnung finden
entsprechende Anwendung. Das Gleiche gilt für die dem Verletzten

---

[24]) Daß zur Zeit der Klaganstellung schon einzelne Rentenbeträge verfallen sind, bildet kein Hindernis, die Rentenform für den gesamten Schadensanspruch als zulässig zu erachten RGer. 20. Sept. 95 (EEE. XII 234). Renten auf Grund des G. sind abzugsfähig gemäß Einkommensteuerg. 24. Juni 91 (GS. 175) § 9 I 2, Fuisting (6. Aufl. 04) Anm. 15 B zu § 9. — Anm. 23.

[25]) Die in Betracht kommenden Vorschr. (durch deren Einführung verschiedene Streitfragen bez. des bisherigen Rechts erledigt sind) lauten:

a) BGB. § 843 Abs. 2 bis 4.

Auf die Rente finden die Vorschriften des §. 760 Anwendung. Ob, in welcher Art und für welchen Betrag der Ersatzpflichtige Sicherheit zu leisten hat, bestimmt sich nach den Umständen.

Statt der Rente kann der Verletzte eine Abfindung in Kapital verlangen, wenn ein wichtiger Grund vorliegt.

Der Anspruch wird nicht dadurch ausgeschlossen, daß ein Anderer dem Verletzten Unterhalt zu gewähren hat.
BGB. § 760.

Die Leibrente ist im voraus zu entrichten.

Eine Geldrente ist für drei Monate vorauszuzahlen. . . .

Hat der Gläubiger den Beginn des Zeitabschnitts erlebt, für den die Rente im voraus zu entrichten ist, so gebührt ihm der volle auf den Zeitabschnitt entfallende Betrag.

b) CPO. § 708 (früher 648).

Auch ohne Antrag sind für vorläufig vollstreckbar zu erklären:

6) Urtheile, welche die Verpflichtung . . . . zur Entrichtung einer nach den §§. 843. 844 des BGB. geschuldeten Geldrente aussprechen, soweit die Entrichtung für die Zeit nach der Erhebung der Klage und für das der Erhebung der Klage vorausgehende letzte Vierteljahr zu erfolgen hat.

c) CPO. § 850 (früher 749).

Der Pfändung sind nicht unterworfen:

2) Die auf gesetzlicher Vorschrift beruhenden Alimentenforderungen und die nach §. 844 des BGB. wegen der Entziehung einer solchen Forderung zu entrichtende Geldrente.
(3—8.)

Abs. 3. Die nach §. 843 des BGB. wegen einer Verletzung des Körpers oder der Gesundheit zu entrichtende Geldrente ist nur soweit der Pfändung unterworfen, als der Gesamtbetrag die Summe von 1500 M. für das Jahr übersteigt.

(Abs. 4. Ausnahmen v. Abs. 3 zugunsten gewisser Unterhaltsbeiträge.)
Soweit die Forderung der Pfändung nicht unterworfen ist, findet eine Aufrechnung gegen sie nicht statt BGB. § 394, kann sie nicht abgetreten BGB. § 400, ein Nießbrauch BGB. § 1069 Abs. 2 oder ein Pfandrecht BGB. § 1274 Abs. 2 an ihr nicht bestellt werden u. gehört sie im Konkurse des Berechtigten nicht zur Konkursmasse (Konk-O. § 1 Abs. 4) Eger S. 529.

zu entrichtende Geldrente von der Vorschrift des §. 749 Abs. 3 und für die dem Dritten zu entrichtende Geldrente von der Vorschrift des §. 749 Abs. 1 Nr. 2 der Civilprozeßordnung[26]).

---

[26]) Der eine nachträgl. Änderung der Verhältnisse behandelnde Abs. 2 der früheren Fassung ist durch CPO. (Fassung des G. 17. Mai 98) § 323 ersetzt, der inhaltlich mit dem früheren § 7 Abs. 2 im wesentl. übereinstimmt u. einige frühere Streitfragen beseitigt:

Tritt im Falle der Verurtheilung zu künftig fällig werdenden wiederkehrenden Leistungen eine wesentliche Änderung derjenigen Verhältnisse ein, welche für die Verurtheilung zur Entrichtung der Leistungen, für die Bestimmung der Höhe der Leistungen oder der Dauer ihrer Entrichtung maßgebend waren, so ist jeder Theil berechtigt, im Wege der Klage eine entsprechende Abänderung des Urtheils zu verlangen.

Die Klage ist nur insoweit zulässig, als die Gründe, auf welche sie gestützt wird, erst nach dem Schlusse der mündlichen Verhandlung, in der eine Erweiterung des Klagantrags oder die Geltendmachung von Einwendungen spätestens hätte erfolgen müssen, entstanden sind und durch Einspruch nicht mehr geltend gemacht werden können.

Die Abänderung des Urtheils darf nur für die Zeit nach Erhebung der Klage erfolgen.

Ist auf Ersatz des gesamten Schadens ohne Einschränkung geklagt, so kann nicht während schwebenden Prozesses eine neue Klage aus dem Grunde erhoben werden, weil sich nach Erhebung der ersten eine damals nicht erkannte Unfallfolge herausstellte; CPO. § 323 setzt Rechtskraft des ersten Urtheils mindestens z. Z. der Fällung des zweiten voraus RGer. 13. Dez. 00 (XLVII 405). Die Zuständigkeit des Gerichts bestimmt sich nicht nach CPO. § 767, sondern nach den allg. Vorschr. RGer. 23. Okt. 02 (LII 344). — Auf den bisher. § 7 Abs. 2 bezügliche U. des RGer., die noch zu beachten sind: Die Vorschr. bezieht sich nicht auf Vergleiche 14. Feb. 89 (XXIII 38), 26. Nov. 03 (Arch. 04 S. 480, EEE. XX 332) u. nicht auf Urteile, durch die nicht eine Rente zuerkannt, sondern z. B. Kapitalsabfindung zugesprochen oder der Rentenanspruch aberkannt ist 8. Mai 88 (EEE. VI 296) u. 30. Jan. 91 (EEE. VIII 219). Die durch die Vorschr. ausgesprochene Einschränkung der Rechtskraft bezieht sich aber nicht auf die Haftpflicht dem Grunde nach; diese steht vielmehr, wenn sie einmal gerichtl. anerkannt ist, fest, auch wenn eine Verurteil. nur auf Zeit ergeht; es kann demnach gemäß § 7 Abs. 2 auf Weitergewähr der auf Zeit zugesprochenen Rente geklagt werden 9. Juni 80 (II 3). Alle im Vorprozesse erkennbaren Umstände sind im Vorprozesse zu berücksichtigen u. nicht auf § 7 Abs. 2 zu verweisen, z. B. die Behauptung, daß ein durch den Unfall ganz erwerbsunfähig Gewordener auch ohne den Unfall voraussichtlich zu einem gewissen Zeitpunkt seine Erwerbsfähigkeit eingebüßt haben würde 4. Mai 88 (EEE. VI 292), auch Anm. 19, 20, nicht aber künftige mögliche Ereignisse wie Wiederverheiratung oder Tod der Witwe, Tod der Kinder 12. Feb. 02 (EEE. XIX 212). Das Recht, die Aufhebung oder Minderung der Rente zu verlangen, kann nicht losgelöst von der Verpflichtung zur Rentenzahlung auf einen Dritten zur Ausübung im eigenen Namen übertragen werden (LR.) 6. April 80 (I 315). Gerichtl. Zuständigkeit 29. Mai 99 (XLIV 364). — Als wesentliche Änderung sind anerkannt worden: Freiwillige oder rechtmäßig erzwungene (strafhaft) Erwerbsuntätigkeit des Verletzten ohne Zusammenhang mit dem Unfall 23. Dez. 79 (I 66), 9. Okt. 90

Ist bei der Verurtheilung des Verpflichteten zur Entrichtung einer Geldrente nicht auf Sicherheitsleistung erkannt worden, so kann der Berechtigte gleichwohl Sicherheitsleistung verlangen, wenn die Vermögensverhältnisse des Verpflichteten sich erheblich verschlechtert haben; unter der gleichen Voraussetzung kann er eine Erhöhung der in dem Urtheile bestimmten Sicherheit verlangen[27].

§. 8[28]. Die Forderungen auf Schadenersatz (§§. 1 bis 3a) verjähren in zwei Jahren von dem Unfall an. Gegen denjenigen, welchem der Getödtete Unterhalt zu gewähren hatte (§. 3 Abs. 2), beginnt die Verjährung mit dem Tode. Im Uebrigen finden die Vorschriften des Bürgerlichen Gesetzbuchs über die Verjährung Anwendung.

§. 9. Die gesetzlichen Vorschriften, nach welchen außer den in diesem Gesetze vorgesehenen Fällen der Unternehmer einer in den §§. 1, 2 bezeichneten Anlage oder eine andere Person, insbesondere wegen eines eigenen Verschuldens, für den bei dem

(EEE. VIII 65); Hebung der Erwerbsfähigkeit von 0 auf 25 % 15. April 82 (Arch. 515, EEE. II 256); Erlangung einer Erwerbsgelegenheit (Anstellung als Beamter), auf die vorher nicht gerechnet werden konnte 6. Nov. 93 (Arch. 94 S. 577, EEE. XI 126); Änderungen in den Verhältnissen des Arbeitsmarkts 22. Sept. 83 (EEE. III 108) oder in sonstigen die Verwertung der Arbeitskraft beeinflussenden äußeren Verhältnissen 28. Feb. 88 (XX 122). Bei verletzten Beamten usw.: Verbesserung der Einkommensverhältnisse von EisBediensteten durch EisVerstaatlichung 30. Jan. 91 (EEE. VIII 221); im Vorprozesse nicht vorauszusehende Erhöhung des Diensteinkommens einer Beamtenklasse 15. Okt. 88 (XXII 90); Beförderung der Hintermänner in höhere Stellen 19. Jan. 91 (EEE. VIII 210), 17. Nov. 92 (EEE. IX 384). — Nicht ohne weiteres befreit nachträgl. Verheiratung einer verletzten weiblichen Person den Unt. von der Haftpflicht 3. Nov. 03 (EEE. XX 261). — Ferner Anm. 28. — Die Behörden der StGB. sollen in Vergleiche einen Vorbehalt i. S. § 323 aufnehmen Witte S. 136 a.

[27] Wie CPO. § 324.

[28] § 8 hat durch EG. BGB. (Anm. 1) eine neue Fassung erhalten, die sich in Satz 1 u. 2 mit der früheren im wesentl. deckt. Der frühere Satz 3 ist durch BGB.

§ 206 ersetzt. Im übr. BGB. § 198 ff. u. EG. Art. 109, bez. des Fristbeginns BGB. § 187 Abs. 1. Aus der Rechtsprechung des RGer.: Der Beginn der Verjährung richtet sich ausschl. nach dem im G. angegebenen Zeitpunkte; gleichgültig ist z. B., wann der Ersatzberechtigte von dem Unfall oder seinen schädigenden Folgen Kenntnis erlangt hat 5. April 82 (EEE. II 255), 13. März 84 (EEE. III 195). Die Berufung auf Verj. gemäß § 8 wird durch ein gerichtliches Urteil, welches die Haftpflicht dem Grunde nach feststellt, beseitigt 30. Jan. 91 (EEE. VIII 221). Ist eine Rente auf Zeit zuerkannt, so steht einer Klage aus § 7 Abs. 2 (jetzt CPO. § 323) auf Weitergewähr der Rente nicht die Verj. aus § 8 entgegen; im übr. wird nicht durch Klage bez. irgend eines sich aus dem HPflG. ergebenden Anspruchs für alle anderen möglicherweise gleichfalls daraus herzuleitenden Ansprüche die Verj. unterbrochen 9. Juni 80 (II 3), 30. Jan. 91 (EEE. VIII 219). Die Verj. wird nicht unterbrochen durch gnadenweise Bewilligung einer Rente 29. Feb. 84 (EEE. III 188) u. nicht ohne weiteres dadurch, daß der haftpfl. Arbeitgeber den Verletzten im Dienste behält 15. Jan. 81 (EEE. I 360). Vergleich nach Eintritt der Verj. 26. Nov. 03 (Arch. 04 S. 480).

Betriebe der Anlage durch Tödtung oder Körperverletzung eines Menschen entstandenen Schaden haftet, bleiben unberührt[29]).

²⁹) Anm. 1. Die frühere Fassung enthielt einen Vorbehalt bez. der Landesgesetze. Unter gesetzl. Vorschr. i. S. des § 9 (neue F.) sind dagegen nur reichs-, nicht auch landesges. zu verstehen; damit sind die landesges. Vorschr. über die Haftung der Unternehmer für Unfälle der in § 1, 2 bezeichneten Art beseitigt I 3 Anm. 45 c d. W. Als reichsgesetzl. Vorschr. kommen in Betracht z. B. das GUVG., das Unfallfürsorge G., das BGB.

7. Gesetz, betreffend die Unzulässigkeit der Pfändung von Eisenbahnfahrbetriebsmitteln. Vom 3. Mai 1886 (RGB. 131)[1]).

Die Fahrbetriebsmittel der Eisenbahnen, welche Personen oder Güter im öffentlichen Verkehr befördern, sind von der ersten Einstellung in den Betrieb bis zur endgültigen Ausscheidung aus den Beständen der Pfändung nicht unterworfen[2]).

Durch diese Bestimmung werden dieselben im Falle des Konkursverfahrens von der Konkursmasse nicht ausgeschlossen.

Auf die Fahrbetriebsmittel ausländischer Eisenbahnen findet die Bestimmung des ersten Absatzes nur insoweit Anwendung, als die Gegenseitigkeit verbürgt ist[3]).

Dieses Gesetz tritt mit dem 1. Juni 1886 in Kraft.

¹) Quellen. Reichstag 85/6 Drucks. 130 (Begr.), 273 (KomB.); StB. S. 1081, 1988, 2030.

²) Fahrbetriebsmittel sind: Maschinen, Tender, Personen- u. Güterwagen einschl. alles Zubehörs (auch der Wagendecken); das G. bezieht sich nur auf das den Bahnen gehörende Material, nicht z. B. auch auf Privatgüterwagen; Eisenbahnen i. S. des G. sind nur Haupt- u. Nebeneisenbahnen (KomB.). Pfändung bedeutet nach dem Sprachgebrauch der CPO. die Zwangsvollstreckung wegen einer Geldforderung. — Nach dem G. in Verb. mit IntUb. (VII 4 d. W.) Art. 23 u. Bahneinheits G. (I 5 d. W.) § 37 sind der Pfändung unterworfen die Betriebsmittel:

a) aller deutschen Haupt- u. Nebeneisenbahnen im Deutschen Reich überhaupt nicht (G. 3. Mai 86),

b) ausländischer Eisenbahnen im Deutschen Reich überhaupt nicht, wenn die Gegenseitigkeit verbürgt ist (G. 3. Mai 86),

c) derjenigen Bahnen, auf die das Int. Üb. Anwendung findet, im Geltungsbereich des Int. Üb. außerhalb des Heimatsstaats nur auf Grund einer Entscheidung von Gerichten des Heimatsstaats (Int. Üb. Art. 23 Abs. 5),

d) der eine Bahneinheit bildenden Kleinbahnen (Bahneinh G. § 1) in Preußen nur unter den Voraussetzungen von Bahneinh G. § 37.

³) Österreich: k. k. V. 19. Sept. 86, mitgeteilt in E. 11. Dez. 86 (CBB. 488); Erklärung 17. März 87 (RGB. 153).

8. Strafgesetzbuch für das Deutsche Reich. Vom 15. Mai 1871
(RGB. S. 127)[1]). (Auszug.)

§. 89 Abf. 1. Ein Deutscher, welcher vorsätzlich während eines gegen das Deutsche Reich ausgebrochenen Krieges einer feindlichen Macht Vorschub leistet oder der Kriegsmacht des Deutschen Reichs oder der Bundesgenossen desselben Nachtheil zufügt, wird wegen Landesverraths mit Zuchthaus bis zu zehn Jahren oder mit Festungshaft von gleicher Dauer bestraft[1]) ....

§. 90[1]). Lebenslängliche Zuchthausstrafe tritt im Falle des §. 89 ein, wenn der Thäter

2) Festungswerke, Schiffe oder Fahrzeuge der Kriegsmarine, öffentliche Gelder, Vorräthe von Waffen, Schießbedarf oder anderen Kriegsbedürfnissen, sowie Brücken, Eisenbahnen, Telegraphen und Transportmittel in feindliche Gewalt bringt oder zum Vortheile des Feindes zerstört oder un= brauchbar macht;

(3—6).

In minder schweren Fällen kann auf Zuchthaus nicht unter zehn Jahren erkannt werden.

Sind mildernde Umstände vorhanden, so tritt Festungshaft nicht unter fünf Jahren ein.

Neben der Festungshaft kann auf Verlust der bekleideten öffentlichen Aemter, sowie der aus öffentlichen Wahlen hervor= gegangenen Rechte erkannt werden.

§. 91. (Ausländer).

§. 93. (Vermögensbeschlagnahme).

§. 139. Wer von dem Vorhaben eines Hochverraths, Landesverraths, Münzverbrechens, Mordes, Raubes, Menschenraubes oder eines gemeinge= fährlichen Verbrechens[2]) zu einer Zeit, in welcher die Verhütung des Ver= brechens möglich ist, glaubhafte Kenntniß erhält und es unterläßt, hiervon der Behörde oder der durch das Verbrechen bedrohten Person zur rechten Zeit Anzeige zu machen, ist, wenn das Verbrechen oder ein strafbarer Versuch desselben begangen worden ist, mit Gefängniß zu bestrafen.

---

[1]) In der durch G. 26. Feb. 76 (RGB. 25), 13. Mai 91 (RGB. 107), 3. Juli 93 (RGB. 205) u. 27. Dez. 99 (RGB. 729) abgeänderten Fassung. Inhalt des Auszugs: Landesverrat (§ 89, 90, 91, 93), Nichtanzeige bez. gewisser Verbrechen (§ 139), Diebstahl u. Raub (§ 242 f., 249 f.), Sachbeschädigung (§ 305), Eisenbahn= u. Telegraphen= gefährdung (§ 315—320), Depeschen= verfälschung (§ 355), verbotswidrige Beförderung von Sprengstoffen (§ 367). — Literatur Witte S. 557 ff., Eger, Eisenbahnrecht II 150 ff., Olshausen, Komm. (6. Aufl. 00) u. die dort (S. 1202) auf= geführten Schriften. — § 89, 90 G. 3. Juli 93 (oben). [2]) Dahin z. B. § 315. Die Anzeige= pflicht bez. eines Verbrechens gegen § 315 wird u. U. durch dessen Voll= endung nicht ausgeschlossen RGer. 7. Juni 86 (Straff. XIV 214).

§. 242 Abf. 1. Wer eine fremde bewegliche Sache einem Anderen in der Absicht wegnimmt, dieselbe sich rechtswidrig zuzueignen, wird wegen Diebstahls mit Gefängniß bestraft.

§. 243. Auf Zuchthaus bis zu zehn Jahren ist zu erkennen, wenn

3) der Diebstahl dadurch bewirkt wird, daß zur Eröffnung eines Gebäudes oder der Zugänge eines umschlossenen Raumes, oder zur Eröffnung der im Innern befindlichen Thüren oder Behältnisse falsche Schlüssel oder andere zur ordnungsmäßigen Eröffnung nicht bestimmte Werkzeuge angewendet werden[3]);

4) auf einem öffentlichen Wege, einer Straße, einem öffentlichen Platze, einer Wasserstraße oder einer Eisenbahn, oder in einem Postgebäude oder dem dazu gehörigen Hofraume, oder auf einem Eisenbahnhofe eine zum Reisegepäck oder zu anderen Gegenständen der Beförderung gehörende Sache mittels Abschneidens oder Ablösens der Befestigungs- oder Verwahrungsmittel, oder durch Anwendung falscher Schlüssel oder anderer zur ordnungsmäßigen Eröffnung nicht bestimmter Werkzeuge gestohlen wird[4]);

(5.—7.)

Sind mildernde Umstände vorhanden, so tritt Gefängnißstrafe nicht unter drei Monaten ein.

§. 249 Abf. 1. Wer mit Gewalt gegen eine Person oder unter Anwendung von Drohungen mit gegenwärtiger Gefahr für Leib oder Leben eine fremde bewegliche Sache einem Anderen in der Absicht wegnimmt, sich dieselbe rechtswidrig zuzueignen, wird wegen Raubes mit Zuchthaus bestraft.

§. 250. Auf Zuchthaus nicht unter fünf Jahren ist zu erkennen, wenn

3) der Raub auf einem öffentlichen Wege, einer Straße, einer Eisenbahn, einem öffentlichen Platze, auf offener See oder einer Wasserstraße begangen wird;

(4, 5.)

---

[3]) Eröffnen eines Automaten durch Einwerfen eines falschen Geldstücks fällt nicht unter § 243 Ziff. 3 RGer. 13. Dez. 00 (Straff. XXXIV 45).

[4]) Reisegepäck auch das Gepäck des Beförderungspersonals RGer. 27. Juni 82 (Straf. VI 394). BefördGegenstände, die sich bereits auf dem Bahnhof befinden, werden durch § 243 Ziff. 4 geschützt, auch wenn sie der Eis. noch nicht übergeben sind RGer. 17. Sept. 85 (Straff. XIII 243). Ablösen ist nicht nur Gewaltanwendung unter Verletzung der Unversehrtheit, sondern auch z. B. Abstreifen oder Aufbinden von Schnüren, Entfernen einer aufgeklebten Verschluß- marke durch Anfeuchtung RGer. 25. März 82 (Straff. VI 177), 20. Juni 82 (EEE. II 310), 26. April 83 (Straff. VIII 287), 27. April 91 (daf. XXI 429). Befestigungs- u. Verwahrungsmittel sind auch die nicht mit dem Transportmittel (Wagen) verbundenen Behältnisse (Säcke), in denen sich der eigentliche BefördGegenstand befindet, sowie Schnüre u. dgl., die den letzteren zusammenhalten od. mit jenen Behältnissen (nicht auch mit dem Wagen) verbinden; Abschneiden ist auch Trennen des Gegenstandes vom Behältnisse RGer. 9. Nov. 81 (Straff. V 157); 25. März 82, 26. April 83, 27. April 91 (a. a. O.).

Sind mildernde Umstände vorhanden, so tritt Gefängnißstrafe nicht unter Einem Jahre ein.

§. 305. Wer vorsätzlich und rechtswidrig ein Gebäude, ein Schiff, eine Brücke, einen Damm, eine gebaute Straße, eine Eisenbahn oder ein anderes Bauwerk, welche fremdes Eigenthum sind, ganz oder teilweise zerstört, wird mit Gefängniß nicht unter Einem Monat bestraft.

Der Versuch ist strafbar.

§. 315[5]). Wer vorsätzlich[6]) Eisenbahnanlagen, Beförderungsmittel oder sonstiges Zubehör derselben dergestalt beschädigt, oder auf der Fahrbahn durch

---

[5]) Zu § 315 s. EG. § 4 (schwerere Strafe im Kriegsfalle u. dgl.). — Für § 315 und 316 gemeinsam gilt folgendes:

a) Eisenbahn ist nicht eine Pferdebahn RGer. 19. Mai 85 (Straff. XII 205), wohl aber jede mit Dampfkraft betriebene Schienenbahn, auch wenn sie dem öffentl. Verkehr noch nicht übergeben ist, aber schon für Arbeitszüge benutzt wird RGer. 4. Dez. 89 (das. IX 393) oder überhaupt nicht für jenen bestimmt ist (Anschlußbahnen) RGer. 2. März 86 (das. XIII 380). Besonderer Bahnkörper ist nicht erforderlich; Eis. ist auch eine Dampfstraßenbahn RGer. 3. Juli 84 (das. XI 33); die Dampfmaschine braucht nicht ein besonderes Fahrzeug für sich zu bilden RGer. 9. Dez. 87 (das. XVI 431). Eis. ist auch eine elektrische Bahn RGer. 17. Sept. 85 (das. XII 371), sowie eine Bergbahn (Drahtseilbahn), bei der das Eigengewicht des talwärts laufenden Wagens die Triebkraft ist RGer. 2. Dez. 01 (das. XXXV 12). — Behandlung der Gnadengesuche von verurteilten Bediensteten Witte S. 562.

b) Transport. Unter § 315, 316 fällt schon Gefährdung des Bahnbetriebs im allgemeinen RGer. 30. Okt. 84 (Straff. XI 205), 14. Juni 97 (das. XXX 178), nicht nur eines bestimmten Einzeltransports. In letzterem Sinne ist Transport sowohl der zu befördernde Gegenstand wie das Transportmittel (Maschine, Wagen, dieser auch bei Leerfahrt) RGer. 24. Febr. 81 (das. III 415). Beispiele: die zur baldigen Übernahme eines Zuges bestimmte, sich auf dem Bahnhof bewegende Maschine RGer. 24. Febr. 81 (a. a. O.), eine Rangiermaschine im Bahnhof RGer. 8. Febr. 92 (das. XXII 343), ein noch stehender

u. noch nicht einrangierter, aber beförderungsbereiter beladener Wagen RGer. 16. Dez. 84 (das. XI 328), ein fahrbarer Lastkran RGer. 13. Mai 87 (das. XVI 66). Zum Tr. gehört auch das Fahrpersonal RGer. 18. Mai 86 (das. XIV 135), 16. Juni 98 (das. XXXI 198). Nicht unter das G. fällt eine Bahnmeisterdraisine RGer. 20. Sept. 91 (FFF VIII 385).

c) Jugefährzeten ist ein nicht fest abzugrenzender Begriff tatsächlicher Art: es genügt nicht die bloße Möglichkeit einer Schädigung, vielmehr muß deren Eintritt wahrscheinlicher sein als ihr Nichteintritt; es muß begründete Besorgnis des ersteren vorliegen RGer. 7. Feb. 84 (EEE. III 179) u. 11. März 84 (Straff. X 173). Die Gefährdung wird nicht durch zufällige Umstände ausgeschlossen, die die Verwirklichung der Gefahr verhütet haben RGer. 14. Juni 97 (Straff. XXX 178); doch kann z. B. die Möglichkeit rechtzeitiger Schadensabwendung durch pflichtgemäßes Eingreifen des Eis.personals in Betracht gezogen werden RGer. 11. März 84 (a. a. O.). Entscheidend ist, ob durch die Handlung in irgend einem Zeitpunkt ein Zustand herbeigeführt war, in dem die Wahrscheinlichkeit einer Beschädigung vorlag; ob letztere wirklich eintrat, ist für den Begriff der Gefährdung unerheblich RGer. 18. Mai 86 (Straff. XIV 135). Nicht jede geringfügige Beschädigung ist Transportgefährdung RGer. 21. April 98 (EEE. XV 150).

d) Hindernisbereitung. Im Falle des Hindernisbereitens durch körperliche Gegenstände (nicht Zeichen u. dgl.) ist der Tatbestand erst erfüllt, wenn der Gegenstand im Gleis oder im Normalprofil angelangt ist; bis dahin liegt ein (im Falle des § 316 nicht strafbarer)

falsche Zeichen oder Signale oder auf andere Weise solche Hindernisse bereitet, daß dadurch der Transport in Gefahr gesetzt wird, wird mit Zuchthaus bis zu zehn Jahren bestraft.

Ist durch die Handlung eine schwere Körperverletzung verursacht worden, so tritt Zuchthausstrafe nicht unter fünf Jahren und, wenn der Tod eines Menschen verursacht worden ist, Zuchthausstrafe nicht unter zehn Jahren oder lebenslängliche Zuchthausstrafe ein.

§. 316[5]). Wer fahrlässiger Weise[7]) durch eine der vorbezeichneten Handlungen den Transport auf einer Eisenbahn in Gefahr setzt, wird mit Gefängniß bis zu Einem Jahre oder mit Geldstrafe bis zu neun= hundert Mark[8]) und, wenn durch die Handlung der Tod eines Menschen

---

Versuch vor RGer. 9. Dez. 86 (Straff. XV 82). Die Hind. kann auch durch Lösen der Bremsen an stehenden Wagen bewirkt werden; ein führerlos dahin= rollender Wagen ist zugleich Transport u. Hindernis RGer. 16. Juni 98 (das. XXXI 198).

e) Täter. § 315, 316 Abs. 1 be= ziehen sich nicht nur auf Bahndienst= Fremde, sondern auch auf EisPersonal; es ist also ideale Konkurrenz von § 316 Abs. 2 mit Abs. 1 möglich RGer. 27. April 94 (EEE. XI 94).

[6]) Dolus eventualis RGer. 10. April 80 (EEE. I 147). Es genügt das Bewußtsein der gefährlichen Natur der Handlung im allgemeinen; der wirkliche Verlauf kann sich von der Vorstellung des Täters abweichend gestaltet haben RGer. 16. Juni 98 (Straff. XXXI 198).

[7]) Der Führer eines mit Pferden be= spannten Wagens hat mit der Möglich= keit des Scheuens der Pferde vor einer Dampfbahn zu rechnen 12. Feb. 92 (Straff. XXII 357). Der An= lieger einer Eis. hat, unabhängig von der Entschädigungsfrage, die Benutzung seines Grundstücks so einzurichten, daß Transportgefährdungen vermieden wer= den RGer. 4. März 98 (EEE. XV 124). Fahren eines Fuhrwerks auf Straßen= bahngleisen RGer. 24. Sept. 01 (EEE. XIX 203).

[8]) G. 27. Dez. 99 (Anm. 1). — G. betr. Änderungen des GVG. 5. Juni 05 (RGB. 533) bestimmt:

Die §§ . . . 75 des Gerichts= verfassungsgesetzes erhalten folgende Fassung: . . .

§ 75. Die Strafkammer kann bei Eröffnung des Hauptverfahrens wegen der Vergehen:

(1.—12 a.).

und

13. wegen der gemeingefährlichen Vergehen in den Fällen der §§ 309, 316, 318, 318 a . . des Strafgesetzbuchs;

ferner

14. wegen . . (näher bezeichneter) Vergehen . . . mit Ausnahme der in den §§ . . 320 . . des Strafgesetzbuchs . . bezeich= neten Vergehen;

(14 a., 15).

auf Antrag der Staatsanwaltschaft die Verhandlung und Entscheidung dem Schöffengerichte, soweit dieses nicht schon zuständig ist, überweisen, wenn nach den Umständen des Falles anzunehmen ist, daß wegen des Vergehens auf keine andere und höhere Strafe als auf eine Gefängnisstrafe von höchstens sechs Monaten oder eine Geldstrafe von höchstens eintausendfünfhundert Mark allein oder neben Haft oder in Verbindung miteinander oder in Verbindung mit Einziehung

verursacht worden ist, mit Gefängniß von Einem Monat bis zu drei Jahren bestraft.

⁹) Gleiche Strafe trifft die zur Leitung der Eisenbahnfahrten und zur Aufsicht über die Bahn und den Beförderungsbetrieb angestellten Personen,

auf keine höhere Buße als eintausendfünfhundert Mark zu erkennen sein werde.

Beschwerde findet nicht statt. Bezüglich des § 316 wird die Überweisung der Regel nach nur für **Stra=ßenbahnunfälle** in Aussicht zu nehmen sein, die keine schweren oder Aufsehen erregenden Folgen nach sich gezogen haben u. ohne Erörterung schwieriger technischer Fragen, namentlich ohne umfangreiche Gutachten Sachverständiger entschieden werden können.

⁹) a) **Anstellung** kann auch vorübergehend sein RGer. 2. Okt. 80 (EGE. I 201). Maßgebend nicht der Amtscharakter des Angestellten, sondern die ihm übertragene Verrichtung RGer. 20. April 81 (das. II 13). Der Richter hat zu prüfen, ob die Anstellung von der sachlich u. örtlich zuständigen Stelle aus erfolgt ist, nicht aber, ob die für sie geltenden Best., z. B. die Befähigungs=Vorschr. des Bundesrats beachtet sind RGer. 16. Nov. 83 (Straff. IX 189).

b) Die Worte: **Leitung** . . **und** . . **Aufsicht** sind nicht kumulativ zu verstehen RGer. 13. Dez. 81 (Straff. V 234), 13. Okt. 82 (EGE. II 365). Leitung u. Aufsicht sind nicht auf ein dem Angestellten nachgeordnetes Personal, sondern auf die Bahn selbst und deren Betrieb zu beziehen; Angestellte i. S. § 316 Abs. 2 sind z. B. **Weichen=steller** RGer. 13. Okt. 82 (a. a. O.), **Rangierer** RGer. 17. April 83 (EGE. III 68), **Hilfsbremser** RGer. 23. Juni 90 (Straff. XXI 15), **Kranmeister** RGer. 17. Feb. 91 (EGE. VIII 240), **Strecken=wärter** als verantwortliche Begleiter von Arbeitswagen RGer. 20. Okt. 91 (das. IX 92); nicht ohne weiteres Heizer RGer. 10. Juli 93 (das. X 94).

c) **Pflichtvernachlässigung.** § 316 Abs. 2 erfordert nur Pflichtvernachlässigung u. damit zusammenhängende Transportgefährdung, nicht aber (im Gegensatz zum allgemeinen strafrechtlichen Begriff der Fahrlässigkeit) **Voraussehbarkeit** des eingetretenen Erfolges; liegt zugleich derartige Fahrlässigkeit vor, so ist ideale Konkurrenz z. B. mit § 222 Abs. 2 denkbar RGer. 5. Jan. 82 (EGE. II 174), 22. Feb. 83 (Straff. VIII 66), 18. Mai 85 (das. XII 203). Nicht kausale Pflichtvern. RGer. 22. Sept. 85 (EGE. IV 310). Die Pflichtvern. kann in mangelhafter Befehlserteilung oder ungenügender Überwachung der Befehlsausführung liegen RGer. 3. Jan. 95 (EGE. XII 120). Hinzutreten einer Pflichtvernachlässigung von Mit=beamten macht nicht straffrei RGer. 12. Feb. 03 (EGE. XX 139), 11. März 04 (das. 352). — Die Pflichtvern. braucht sich nicht unbedingt als Verstoß gegen eine bestimmte Dienstanwei=sung darzustellen, wie sich auch der Beamte nicht unbedingt mit der Berufung auf letztere decken kann RGer 2. Okt. 80 (EGE. I 281), 9. März 83 (das. III 28), 7. Mai 89 (das. VII 119). Anders. liegt nicht in jedem Verstoß gegen eine Dienstanw. eine Pflichtv., vielmehr muß in dem Verstoß ein Verschulden zu finden sein; wie der Beamte bei einem Widerstreit von Pflichten zu verfahren hat, ist eine von Fall zu Fall zu beurteilende Tatfrage, mögen die Pflichten durch Dienstanw. vorgeschrieben sein oder nicht; hat er den unrichtigen Entschluß gefaßt, so ist er aus § 316 Abs. 2 nicht strafbar, wenn er nach bester Einsicht handelte RGer. 14. Jan. 90 (Straff. XX 190), 9. Okt. 91 (das. XXII 163). Sorge für die Betriebssicherheit geht im allg. allen anderen Pflichten vor RGer. 16. Mai 95 (EGE. XII 219), 23. Juni 02 (das. XIX 247). Zu den Pflichten gehört Kennen der Dienstanw. RGer. 20. April 81 (das. II 13). Die Dienstanw. sind nur Beweismittel zur Feststellung der Pflichten, nicht revisible Normen RGer. 17. Dez. 79 (Straff. I 125), 20. Dez. 84 (EGE. III 431).

d) **Transport** bedeutet i. S. § 316 Abs. 2 nichts anderes als i. S. § 315, § 316 Abs. 1 (Anm. 5 b) RGer. 30. Okt. 84 (Straff. XI 205).

wenn sie durch Vernachläſſigung der ihnen obliegenden Pflichten einen Trans=
port in Gefahr ſetzen.

§. 317[10]). Wer vorſätzlich und rechtswidrig den Betrieb einer
zu öffentlichen Zwecken dienenden Telegraphenanlage dadurch
verhindert oder gefährdet, daß er Theile oder Zubehörungen der=
ſelben beſchädigt oder Veränderungen daran vornimmt, wird mit
Gefängniß von Einem Monat bis zu drei Jahren beſtraft.

§. 318[10]). Wer fahrläſſigerweiſe durch eine der vorbezeich=
neten Handlungen den Betrieb einer zu öffentlichen Zwecken
dienenden Telegraphenanlage verhindert oder gefährdet, wird
mit Gefängniß bis zu einem Jahre oder mit Geldſtrafe bis zu
neunhundert Mark beſtraft.

Gleiche Strafe trifft die zur Beauffichtigung und Bedienung
der Telegraphenanlagen und ihrer Zubehörungen angeſtellten
Perſonen, wenn ſie durch Vernachläſſigung der ihnen obliegenden
Pflichten den Betrieb verhindern oder gefährden[9]).

§. 318a[11]). Die Vorſchriften in den §§. 317 und 318 finden
gleichmäßig Anwendung auf die Verhinderung oder Gefährdung
des Betriebs der zu öffentlichen Zwecken dienenden Rohrpoſt=
anlagen.

Unter Telegraphenanlagen im Sinne der §§. 317 und 318
ſind Fernſprechanlagen mitbegriffen.

§. 319[12]). Wird einer der in den §§. 316 und 318 erwähnten
Angeſtellten[9]) wegen einer der in den §§. 315 bis 318 bezeichneten
Handlungen verurtheilt, ſo kann derſelbe zugleich für unfähig zu
einer Beſchäftigung im Eiſenbahn= oder Telegraphendienſte oder
in beſtimmten Zweigen dieſer Dienſte erklärt werden.

§. 320. Die Vorſteher einer Eiſenbahngeſellſchaft[13]), ſowie die Vor=
ſteher einer zu öffentlichen Zwecken dienenden Telegraphenanſtalt, welche nicht
ſofort nach Mittheilung des rechtskräftigen Erkenntniſſes die Entfernung des

---

[10]) G. 13. Mai 91 (Anm. 1). — Unter
§ 317, 318 fällt auch der Bahntele=
graph Olshauſen Anm. 9 b zu § 315;
a. M. Mebes in EEE. XIV 73. Auch
die das Direktionsgebäude einer Straßen=
bahn mit Betriebsanlagen verbindende
Fernſprecheinrichtung RGer. 2. Nov.
03 (EEE. XX 260). — Zu § 318:
Anm. 8.

[11]) G. 13. Mai 91 (Anm. 1). — Anm. 8.

[12]) G. 26. Feb. 76 (Anm. 1). — Eiſ.=
u. TelDienſt i. S. § 319 umfaſſen
dieſen Dienſt in ſeinem ganzen Umfange,
nicht etwa bloß die in § 316 Abſ. 2, § 318
Abſ. 2 bezeichn. Verrichtungen; Unfähig=

keit f. d. EiſDienſt kann wegen Verfehlung
gegen § 315, 316, f. d. TelegrDienſt wegen
ſolcher gegen § 317, 318 ausgeſprochen
werden Olshauſen Anm. 2, 3 zu § 319,
Stenglein u. Mebes in EEE. XIII 341
u. XIV 73. — Bei idealer Konkurrenz
von § 316 Abſ. 2 u. § 230 Abſ. 2 iſt
trotz der Nebenſtrafe des § 319 der
§ 230 anzuwenden RGer. 5. Jan. 82
(Straff. V 420), 7. März 93 (daſ.
XXIV 58).

[13]) Streitig, ob unter § 320 auch
Leiter bei Staatsbahnen fallen. Nein
Stenglein a. a. O., Olshauſen Anm. 2
zu § 320; ja Mewes a. a. O. — Anm. 8.

Verurtheilten bewirken, werden mit Geldstrafe bis zu dreihundert Mark oder mit Gefängniß bis zu drei Monaten bestraft.

Gleiche Strafe trifft denjenigen, welcher für unfähig zum Eisenbahn= oder Telegraphendienste erklärt worden ist, wenn er sich nachher bei einer Eisenbahn oder Telegraphenanstalt wieder anstellen läßt, sowie diejenigen, welche ihn wieder angestellt haben, obgleich ihnen die erfolgte Unfähigkeits= erklärung bekannt war.

§. 355. Telegraphenbeamte oder andere mit der Beaufsichtigung und Bedienung einer zu öffentlichen Zwecken dienenden Telegraphenanstalt betraute Personen, welche die einer Telegraphenanstalt anvertrauten Depeschen ver= fälschen oder in anderen, als in den im Gesetze vorgesehenen Fällen eröffnen oder unterdrücken, oder von ihrem Inhalte Dritte rechtswidrig benachrichtigen, oder einem Anderen wissentlich eine solche Handlung gestatten oder ihm dabei wissentlich Hülfe leisten, werden mit Gefängniß nicht unter drei Monaten bestraft [14]).

§. 367 Abs. 1. Mit Geldstrafe bis zu einhundertfunfzig Mark oder mit Haft wird bestraft:

5) wer bei der Aufbewahrung oder bei der Beförderung von Giftwaaren, Schießpulver oder Feuerwerken, oder bei der Aufbewahrung, Beförderung, Verausgabung oder Ver= wendung von Sprengstoffen oder anderen explodirenden Stoffen, oder bei Ausübung der Befugniß zur Zubereitung oder Feilhaltung dieser Gegenstände, sowie der Arzneien die deshalb ergangenen Verordnungen nicht befolgt [15]);

(5a—16).

9. Allgemeine Vorschriften über Reinigung und Desinfektion von Fahrzeugen und Bahnanlagen [1]).

a) Erlaß des Ministers der öffentlichen Arbeiten betr. Reinigung und Desinfektion der Personenwagen, sowie der Wartesäle und Bahnsteige.

Vom 1. April 1898 (EVB. 81). (Auszug.)

Nachstehend abgedruckte Vorschriften für die Reinigung und Desinfektion der zur Beförderung von Personen dienenden Fahrzeuge sind fortan allgemein an= zuwenden . . .

---

[14]) Beaufsichtigung und Bedie= nung nicht kumulativ zu verstehen; die Betrauung muß durch eine zu= ständige Stelle erfolgt sein RGer. 9. Nov. 94 (Straff. XXVI 183).

[15]) G. 26. Feb. 76 (Anm. 1).

[1]) In Abschn. 9 sind aufgenommen die allgemeinen, in der Hauptsache ständig zu beobachtenden Vorschr. über Reini= gung usw.

a) der Personenwagen u. gewisser dem Personenverkehr dienender An= lagen,

b) der für Tiertransporte benutzten Bahneinrichtungen.
Wegen der Vorschr. ähnlichen Inhalts, deren Geltung auf die Fälle des Auf= tretens von ansteckenden mensch= lichen Krankheiten oder von Vieh= seuchen beschränkt ist, wird auf Abschn. VII 5 verwiesen.

Für die Reinigung der Wartesäle und Bahnsteige*) sind die nachstehenden Vorschriften zu beachten:

Die Fußböden der Wartesäle und überdachten Bahnsteige sind häufig, dort, wo ein starker Verkehr herrscht, täglich aufzuwischen. Von Zeit zu Zeit sind auch die Wände oder deren Bekleidungen bis zur Kopfhöhe abzuwaschen, soweit deren Beschaffenheit (Oelanstrich u. A. m.) solches gestattet. Bei Neubauten und Aenderungen ist thunlichst darauf Rücksicht zu nehmen, daß Fußböden und Wände solchen Reinigungen ohne Nachtheil unterzogen werden können. In den Wartesälen und, wo es angeht, auf Fluren und Treppen sind Spucknäpfe in ausreichender Zahl und geeigneter Form aufzustellen*).

Die Herren Eisenbahnkommissare werden ersucht, die Vorschriften den Verwaltungen der unterstellten Privateisenbahnen mitzutheilen, ihnen die bezüglich der Reinigung der Wagen gegebenen Vorschriften zur Beachtung zu empfehlen und die Befolgung der nach Vereinbarung mit dem Reichs-Gesundheitsamt erlassenen Vorschriften für die Desinfektion der Wagen und die Reinigung der Wartesäle und Bahnsteige aufzugeben. . . .

Vorschriften
für die Reinigung und Desinfektion der zur Beförderung von Personen dienenden Fahrzeuge. Gültig vom 1. April 1898.

I. Reinigung der Wagen und Wagenausrüstungsstücke.

§ 1. Arten der Reinigung.

Die zur Personenbeförderung bestimmten Fahrzeuge sollen sich stets in gutem und sauberem Zustande befinden. Zu diesem Zwecke sind sie nach Maßgabe der nachstehenden Bestimmungen Haupt- und Zwischenreinigungen zu unterwerfen.

§ 2. Ort und Zeit der Reinigung.

1. Die Reinigungen sind auszuführen:
   a) auf den Stationen durch Stationsarbeiter (Wagenputzer) und zwar dort, wo sich ein Betriebswerkmeister oder Wagenwerkmeister befindet, unter dessen Aufsicht und Verantwortlichkeit; auf den übrigen Stationen unter Aufsicht und Verantwortlichkeit des Wagenmeisters, und wo ein solcher nicht vorhanden ist, des Stationsvorstehers;
   b) in den Werkstätten, gelegentlich der Ausbesserung oder bahnamtlichen Untersuchung der Wagen durch Werkstättenarbeiter unter Aufsicht und Verantwortlichkeit der Werkstättenbeamten.

2. Auf welchen Stationen (Zugreinigungsstationen) und bei welchen Zügen die Hauptreinigung der Wagen auszuführen ist, wird im Zugbildungsplane bestimmt. Hierbei ist unter Berücksichtigung des jeweiligen Fahrplanes im Allgemeinen der Grundsatz maßgebend, daß die Wagen nach jeder zurückgelegten größeren Fahrt und, sofern sie nur auf kürzeren Strecken verkehren, täglich mindestens ein Mal eine Hauptreinigung erfahren. Reservewagen sind von Zeit zu Zeit, die auf den Zugbildungsstationen befindlichen jedenfalls vor der Einstellung in einen Zug der Hauptreinigung zu unterziehen.

3. Die Zwischenreinigung hat auf den Zugumkehrstationen, falls diese nicht als Zugreinigungsstationen (§ 2*) bezeichnet sind, und auf größeren Zwischenstationen, wo es der planmäßige Zugaufenthalt zuläßt, zu erfolgen.

---

*) Reinhaltung u. regelmäß. Desinfektion der Bedürfnisanstalten E. 28. Juli 93 (EBB. 262).

*) Aushang auf den EisStationen wegen Unterlassens des Ausspeiens E. 21. März 02 (EBB. 161).

4. Die Haupt= und Zwischenreinigung ist bei den in den Zügen der Preußi= schen Staatseisenbahnen laufenden fremden Wagen (Kurswagen) in gleicher Weise auszuführen wie bei den eigenen Wagen.

§ 3. Umfang und Ausführung der Hauptreinigung.

A. Innere Reinigung[*]).

B. Aeußere Reinigung.

§ 4. Zwischenreinigung[4]).

§ 5. Außergewöhnliche Schäden und Mängel.

II. Desinfektion der Personenwagen, der Wagenausrüstungsgegenstände und der Polstermaterialien.

§ 6. Zeit, Ort und Ausführung der Desinfektion.

1. Personen=, Schlaf= und Krankenwagen, die zur Beförderung von Kranken bestellt und benutzt sind, sind vor der Wiederbenutzung zu desinfiziren.

2. In gleicher Weise sind solche Wagen zu behandeln, in denen mit an= steckender Krankheit behaftete Personen nachweislich befördert worden sind.

3. Alle zur Personenbeförderung dienenden Wagen sind bei den bahnamtlichen Untersuchungen in den Werkstätten zu reinigen und zu desinfiziren.

4. Die Läufer, Matten und Teppiche sind in jedem Jahre einmal, wenn sie zur Aufbewahrung aus den Wagen entnommen werden, in den dazu bestimmten Anstalten zu desinfiziren.

5. Beim Desinfiziren der Wagen ist in folgender Weise zu verfahren: (folgt die Anweisung über das Verfahren)[4]).

§ 7. Herstellung der Desinfektionsmittel[4]).

§ 8. Behandlung der Fußdecken[4]).

---

b) Gesetz, betreffend die Beseitigung von Ansteckungsstoffen bei Vieh= beförderungen auf Eisenbahnen. Vom 25. Februar 1876 (RGB. 163)[1]).

§. 1. Die Eisenbahnverwaltungen sind verpflichtet, Eisenbahnwagen, in welchen Pferde, Maulthiere, Esel, Rindvieh, Schafe, Ziegen oder Schweine befördert worden sind, nach jedesmaligem Gebrauche einem Reinigungsverfahren (Desinfektion) zu unterwerfen, welches geeignet ist, die den Wagen etwa an= haftenden Ansteckungsstoffe vollständig zu tilgen.

Gleicherweise sind die bei Beförderung der Thiere zum Futtern, Tränken, Befestigen oder zu sonstigen Zwecken benutzten Geräthschaften zu desinfiziren.

Auch kann angeordnet werden, daß die Rampen, welche die Thiere beim Ein= und Ausladen betreten haben, sowie die Vieh=Ein= und Ausladeplätze

---

[*]) Ergänzt u. geändert durch E. 16. April 04 (EVB. 117).

[1]) Quellen. Reicht. 75/76 Drucks. 14 (Entw. u. Begr.); StB. S. 55, 139, 160, 182. — Zusammenstellung aller Desin= fektionsvorschr. für die Viehbeförderung Kundmachung 35 des Verkehrs=

verbandes (VII 1 d. W.). — Das G. ist auch auf nebenbahnähnliche Klein= bahnen anzuwenden E. 29. Mai 01 (EVB. 206). — Desinfektionspflicht be= steht für die Eis. ferner bei Beförderung von gewissen tierischen Abfällen u. von Fäkalien VerkO. Anl. B. XXXII, LII. — 9 a Anm. 1.

und die Viehhöfe der Eisenbahnverwaltungen nach jeder Benutzung zu desin=
fiziren sind.

§. 2. Die Verpflichtung zur Desinfektion liegt in Bezug auf die Eisen=
bahnwagen und die zu denselben gehörigen Geräthschaften (§. 1 Abs. 1 und 2)
derjenigen Eisenbahnverwaltung ob, in deren Bereich die Entladung der Wagen
stattfindet. Erfolgt die letztere im Auslande, so ist zur Desinfektion diejenige
deutsche Eisenbahnverwaltung verpflichtet, deren Bahn von den Wagen bei der
Rückkehr in das Reichsgebiet zuerst berührt wird[2]).

Die Eisenbahnverwaltungen sind berechtigt, für die Desinfektion eine
Gebühr zu erheben[3]).

§. 3. Der Bundesrath ist ermächtigt, Ausnahmen von der durch die
§§. 1 und 2 festgesetzten Verpflichtung für den Verkehr mit dem Auslande
insoweit zuzulassen, als die ordnungsmäßige Desinfektion der zur Vieh=
beförderung benutzten, im Auslande entladenen Wagen vor deren Wieder=
eingang genügend sichergestellt ist[4]).

Auch ist der Bundesrath ermächtigt, Ausnahmen von der gedachten Ver=
pflichtung für den Verkehr im Inlande zuzulassen, jedoch für die Beförderung
von Rindvieh, Schafen und Schweinen nur innerhalb solcher Theile des
Reichsgebietes, in welchen seit länger als drei Monaten Fälle von Lungen=
seuche und von Maul= und Klauenseuche nicht vorgekommen sind.

§. 4. Die näheren Bestimmungen über das anzuordnende Verfahren,
über Ort und Zeit der zu bewirkenden Desinfektionen, sowie über die Höhe
der zu erhebenden Gebühren werden auf Grund der von dem Bundesrath
aufzustellenden Normen von den Landesregierungen getroffen[5]).

§. 5. Im Eisenbahndienste beschäftigte Personen, welche die ihnen nach
den auf Grund dieses Gesetzes erlassenen Bestimmungen vermöge ihrer dienst=
lichen Stellung oder eines ihnen ertheilten Auftrages obliegende Pflicht der
Anordnung, Ausführung oder Ueberwachung einer Desinfektion vernachlässigen,
werden mit Geldstrafe bis zu eintausend Mark, und wenn in Folge dieser
Vernachlässigung Vieh von einer Seuche ergriffen worden, mit Geldstrafe bis
zu dreitausend Mark oder Gefängniß bis zu einem Jahre bestraft, sofern nicht
durch die Vorschriften des Strafgesetzbuches eine der Art oder dem Maße nach
schwerere Strafe angedroht ist[6]).

---

[2]) Diese Verpflichtung ruht z. Z. im
Verkehr mit Österreich=Ungarn auf Grund
des Viehseuchen=Uebereink. 6. Dez. 91 E.
20./29. Feb. 92 (EBB. 49).

[3]) BerkO. § 44 Allg. ZusBest. V.

[4]) Belgien BB. 13. Mai 80 (Prot.
§ 351).

[5]) Bek. 16. Juli 04 (Anlage A).
Nicht auf Grund des G., sondern auf
Grund RVerf. Art. 42, 43 ist die Bek.
17. Juli 04 über Geflügelbeförde=
rung (Anlage B) erlassen. Ausf.=
Best. für Preußen E. 30. Sept. 04
(Anlage C).

[6]) Die Aufsicht über Reinigung usw.
der Wagen wie der Viehwagen liegt bei
den Maschineninspektionen
ob; Zuwiderhandlungen sind von der
Insp., bei der sie angezeigt werden, allein
zu untersuchen; etwaige Bestrafungen
hat alsdann die dem Schuldigen vor=
gesetzte Stelle zu bewirken E. 11. Mai

§. 6. Der §. 6 des Gesetzes vom 7. April 1869, Maßregeln gegen die Rinderpest betreffend, (Bundes=Gesetzbl. S. 105) ist aufgehoben.

Anlagen zum Gesetze vom 25. Februar 1876.

Anlage A (zu Anmerkung 5).

Bekanntmachung des Reichskanzlers, betr. die Ausführung des Gesetzes vom 25. Februar 1876 über die Beseitigung von Ansteckungsstoffen bei Viehbeförderungen auf Eisenbahnen. Vom 16. Juli 1904 (RGB. 311)[1].

Der Bundesrat hat in Ausführung der §§ 3 und 4 des Gesetzes vom 25. Februar 1876, betreffend die Beseitigung von Ansteckungsstoffen bei Viehbeförderungen auf Eisenbahnen (Reichs=Gesetzbl. S. 163), unter Aufhebung der Bekanntmachungen vom 20. Juni 1886 (Zentralblatt für das Deutsche Reich S. 200) und vom 26. Juli 1899 (Zentralblatt für das Deutsche Reich S. 288) nachstehende Festsetzungen getroffen.

Zulassung von Ausnahmen von der Verpflichtung zur Desinfektion.

§ 1. (1) Die Beschlußfassung über die Zulassung von Ausnahmen von der durch die §§ 1 und 2 des Gesetzes begründeten Verpflichtung bleibt dem Bundesrate vorbehalten.

(2) Denjenigen Eisenbahnverwaltungen, deren Betrieb auf einer im Auslande belegenen Station endet, kann jedoch von der Regierung des deutschen Grenzstaats gestattet werden, die Desinfektion der Wagen vor deren Wiedereingang im Auslande vorzunehmen, wenn genügende Sicherheit für eine ordnungsmäßige Ausführung geboten wird.

§ 2. Sofern vom Bundesrate nicht weitergehende Ausnahmen für den Verkehr mit dem Auslande zugelassen sind, ist eine nochmalige Reinigung (§ 7 Abf. 1) der im Auslande gereinigten Wagen bei der Rückkehr in das Reichsgebiet nicht erforderlich, wenn die Reinigung im Auslande derart bewirkt wurde, daß alle von der Viehbeförderung herrührenden Verunreinigungen vollständig beseitigt sind; die Wagen sind in solchem Falle nur der eigentlichen Desinfektion (§ 7 Abf. 2) zu unterwerfen.

§ 3. (1) Die Beschlußfassung des Bundesrats über die Zulassung und den Umfang von Ausnahmen für den Verkehr im Inland erfolgt auf Grund der von den beteiligten Landesregierungen beizubringenden Nachweise darüber, daß die Ausnahmen nach dem allgemeinen Gesundheitszustande der betreffenden Tierarten in den fraglichen Ländern oder Landesteilen unbedenklich sind. Die Zulassung von Ausnahmen für die Beförderung von Rindvieh, Schafen oder Schweinen ist an die Beibringung eines Nachweises über das Vorhandensein der im § 3 Abf. 2 des Gesetzes bezeichneten Voraussetzung gebunden.

(2) Die Verpflichtung zur Beseitigung der Streumaterialien, des Düngers, der Reste von Anbindesträngen usw. sowie zur Reinigung der Wagen und Gerätschaften nach jedesmaligem Gebrauche (§ 7 Abf. 1, 5 und 6 und § 8) bleibt jedoch auch dann bestehen, wenn Ausnahmen von einer eigentlichen Desinfektion der Wagen und Gerätschaften zugelassen werden.

---

96 (EVB. 190, VV. 676) u. 10. April | [1] BR. Druckf. 04 Nr. 82.
00 (EVB. 195, VV. 676).

Verfahren, Ort und Zeit der Desinfektion; Höhe der Gebühren.

§ 4. (1) Ein der Desinfektion unterliegender leerer Wagen darf in keinem Falle vor Beendigung der Desinfektion in Benutzung genommen werden; nur zum Zwecke der Überführung nach der Desinfektionsstelle ist es gestattet, ihn in einen Zug einzustellen.

(2) Zur Sicherung der Desinfektion sind alle mit Tieren (§ 1 des Gesetzes) beladenen Wagen schon auf der Versandstation (oder Umladestation) — aus dem Auslande kommende auf der Grenzübergangsstation — auf beiden Seiten sorgfältig mit Zetteln von gelber Farbe und mit der Aufschrift „Zu desinfizieren" zu bekleben. Sofern ein Wagen der verschärften Desinfektion unterzogen werden muß, (vergleiche § 7 Abs. 3), ist er mit Zetteln von gelber Farbe mit einem in der Mitte aufgedruckten senkrechten roten Streifen und der Aufschrift „Verschärft zu desinfizieren" zu bekleben. Die Zugführer und sämtliche Übergangsstationen sowie die Empfangsstationen haben darauf zu achten, daß die Zettel an beiden Seiten vorhanden sind, und haben sie unverzüglich zu ersetzen, wenn sie fehlen. Nach der Desinfektion sind die Zettel zu entfernen und an ihrer Stelle solche von weißer Farbe mit dem Aufdrucke „Desinfiziert am ————————— Stunde in ————————" anzubringen, die erst bei der Wiederbeladung des Wagens zu beseitigen sind.

(3) Wird festgestellt, daß Wagen nach einer früheren Benutzung zur Viehbeförderung nicht oder nicht vorschriftsmäßig gereinigt und desinfiziert wurden, so sind sie behufs nachträglicher Reinigung und Desinfektion unter denselben Sicherungsmaßnahmen wie die von Tieren entladenen Wagen der zuständigen Desinfektionsanstalt zuzuführen.

§ 5. Soweit nicht Ausnahmen für den Verkehr mit dem Auslande zugelassen werden (§ 1), ist Fürsorge zu treffen, daß die zur Beförderung von Tieren (§ 1 des Gesetzes) nach dem Auslande benutzten Eisenbahnwagen zur Desinfektion leer nach derjenigen inländischen Grenzstation zurückgelangen, über die sie ausgegangen sind[1]).

§ 6. (1) Die Desinfektion ist an dem Orte der Entladung (oder Umladung) alsbald nach Entleerung der Wagen — im Verkehre mit dem Ausland auf der Station des Wiedereinganges (vergleiche aber § 1 Abs. 2) alsbald nach Ankunft der Wagen —, und zwar längstens binnen 24 Stunden zu bewirken.

(2) Im Interesse einer zweckmäßigen Ausführung und wirksamen Kontrolle kann jedoch die Desinfektion auf Anordnung oder mit Genehmigung der Landesregierung an einzelnen Stationen (Desinfektionsstationen) zentralisiert werden. In solchen Fällen ist für jede Eisenbahnstation eine bestimmte Desinfektionsstation ein für allemal zu bezeichnen und die Frist zu bestimmen, innerhalb deren die entladenen Wagen desinfiziert werden müssen. Diese Frist darf 48 Stunden — von der Entladung bis zur Vollendung der Desinfektion — nicht überschreiten.

(3) Für Orte, wo sich mehrere durch Schienenstränge verbundene Eisenbahnstationen befinden, kann — auch wenn es sich um Stationen verschiedener Verwaltungen handelt — die Errichtung einer gemeinsamen Desinfektionsanstalt angeordnet werden.

(4) Die nach den Desinfektionsstationen oder Desinfektionsanstalten überzuführenden Wagen sind, soweit es ihre Bauart gestattet, zur Verhütung einer Übertragung von Ansteckungsstoffen durch Herausfallen von Gerätschaften, Stroh, Dünger usw. sorgfältig geschlossen zu halten; auch sind Einrichtungen zu treffen, die eine rechtzeitige Überführung sicherstellen und nachweisbar machen.

---

[1]) Diese Anordnung ruht z. B. für den Verkehr mit Österreich-Ungarn (9 b Anm. 2).

(5) Die zur Beförderung von Tieren (§ 1 des Gesetzes) in Einzelsendungen benutzten Gepäckwagen und Hundebehältnisse sowie die zur Aufnahme solcher Sendungen auf bestimmten Strecken in die Züge eingestellten und benutzten Güterwagen (Kurswagen, Viehsammelwagen) brauchen erst auf der — inländischen (vergleiche indessen § 1 Abs. 2) — Endstation des Zuges oder des Kurses, für den sie eingestellt sind, der Reinigung und Desinfektion unterzogen zu werden. Die unterwegs entladenen und leer bis zur Endstation laufenden Wagen sind zur Verhütung des Herausfallens von Stroh und Auswurfstoffen sorgfältig geschlossen zu halten. Viehsammelwagen, die voll besetzt gewesen und vor der Endstation entleert worden sind, dürfen vor ordnungsmäßiger Reinigung und Desinfektion nicht weiter benutzt werden. Auch in die auf den Zwischenstationen entladenen Teile eines Sammelwagens sind vor der Desinfektion keine Tiere mehr einzustellen. Bei Beförderung von Vieh mit Gepäckstücken oder Gütern in einem und demselben Wagenraume sind Vorkehrungen zu treffen, die eine Ansteckungsgefahr ausschließen.

§ 7. (1) Der eigentlichen Desinfektion der Wagen muß stets eine Reinigung — Beseitigung der Streumaterialien, des Düngers, der Reste von Anbindesträngen usw. sowie ein gründliches Abwaschen mit heißem Wasser — vorangehen. Wo heißes Wasser nicht in genügender Menge zu beschaffen ist, darf auch unter Druck ausströmendes kaltes Wasser verwendet werden; jedoch muß vorher zur Aufweichung des anhaftenden Schmutzes eine Abspülung mit heißem Wasser erfolgen. Die Reinigung ist nur dann als ausreichend anzusehen, wenn durch sie alle von dem Viehtransporte herrührenden Verunreinigungen vollständig beseitigt sind; auch die in die Fugen der Wagenböden eingedrungenen Schmutzteile sind vollständig — erforderlichenfalls unter Anwendung von eisernen Geräten mit abgestumpften Spitzen und Rändern — zu entfernen.

(2) Die Desinfektion selbst hat sich, und zwar auch in den Fällen, wo der Wagen nur teilweise mit Vieh beladen war, auf alle Teile des Wagens oder des benutzten Wagenabteils zu erstrecken. Sie muß bewirkt werden:

a) unter gewöhnlichen Verhältnissen durch Waschen der Fußböden, Decken und Wände mit einer auf mindestens 50 Grad Celsius erhitzten Sodalauge, zu deren Herstellung wenigstens 2 Kilogramm Soda auf 100 Liter Wasser verwendet sind;

b) in Fällen einer Infektion des Wagens durch Rinderpest, Milzbrand, Rauschbrand, Wild- und Rinderseuche, Maul- und Klauenseuche, Rotz, Rotlauf der Schweine oder Schweineseuche (einschließlich Schweinepest) oder des dringenden Verdachts einer solchen Infektion durch Anwendung des unter a vorgeschriebenen Verfahrens und außerdem durch sorgfältiges Bepinseln der Fußböden, Decken und Wände mit einer dreiprozentigen Lösung einer Kresolschwefelsäuremischung. Letztere ist durch Mischen von zwei Raumteilen rohem Kresol (Cresolum crudum des Arzneibuchs für das Deutsche Reich) und einem Raumteile roher Schwefelsäure (Acidum sulfuricum crudum des Arzneibuchs für das Deutsche Reich) bei gewöhnlicher Temperatur zu bereiten. Zur Herstellung der dreiprozentigen Lösung darf die Mischung frühestens 24 Stunden, spätestens 3 Monate nach ihrer Bereitung benutzt werden. Die Lösung ist innerhalb 24 Stunden zu verwenden. Anstatt des Bepinselns kann auch eine Bespritzung mit einem geeigneten Desinfektionsapparat erfolgen.

(3) Die verschärfte Desinfektion (Abs. 2 unter b) ist in der Regel nur auf Anordnung der zuständigen Polizeibehörde, ohne solche Anordnung jedoch auch dann vorzunehmen, wenn die Wagen zur Beförderung von Klauenvieh aus verseuchten Gegenden, das heißt von solchen Stationen, in deren Umkreise von

20 Kilometer die Maul- und Klauenseuche herrscht oder noch nicht für erloschen erklärt worden ist, gedient haben, oder wenn die Bahnbeamten von Umständen Kenntnis erlangen, die es zweifellos machen, daß eine Infektion des Wagens durch Rinderpest, Milzbrand, Rauschbrand, Wild- und Rinderseuche, Maul- und Klauenseuche, Rotz, Rotlauf der Schweine oder Schweineseuche (einschließlich Schweinepest) vorliegt, oder die den dringenden Verdacht einer solchen Infektion begründen. Der Landes-Polizeibehörde bleibt vorbehalten, die verschärfte Desinfektion auch in anderen Fällen anzuordnen, wenn sie es zur Verhütung der Verschleppung der bezeichneten Seuchen für unerläßlich erachtet.

(4) Wenn Wagen mit einer inneren Verschalung der verschärften Desinfektion zu unterwerfen sind, ist die Verschalung abzunehmen und ebenso wie der Wagen zu reinigen und zu desinfizieren.

(5) Bei gepolsterten Wagen ist die Polsterung, die entfernbar sein muß, in ausreichender Weise zu reinigen. Hat eine Infektion des Wagens durch eine der im Abs. 2 unter b genannten Seuchen stattgefunden, oder liegt der dringende Verdacht einer solchen Infektion vor, so muß die Polsterung verbrannt werden. Der Wagen selbst ist in der in den Abs. 1 bis 3 angegebenen Weise zu behandeln. Ausländische Wagen, deren Polsterung nicht entfernbar ist, dürfen im Inlande nicht wieder beladen werden.

(6) Bei Wagen, die zur Beförderung von einzelnen Stücken Kleinvieh in Kisten oder Käfigen gedient haben und nicht durch Streu, Futter, Auswurfstoffe usw. verunreinigt wurden, gilt, vorbehaltlich der Festsetzungen im Abs. 2 unter b und im Abs. 3, eine Waschung der Wände, des Fußbodens und der Decke mit heißem Wasser als ausreichende Desinfektion.

§. 8. (1) In gleicher Weise wie die Wagen sind die bei der Verladung und Beförderung der Tiere zum Füttern, Tränken, Befestigen oder zu sonstigen Zwecken benutzten Gerätschaften der Eisenbahnverwaltungen zu reinigen und zu desinfizieren.

(2) Die beweglichen Rampen und Einladebrücken der Eisenbahnverwaltungen müssen bei Benutzung zur Viehverladung täglich mindestens einmal nach den Vorschriften im § 7 gereinigt und desinfiziert werden. Der Landes-Polizeibehörde bleibt vorbehalten, eine häufigere Desinfektion anzuordnen.

§ 9. (1) Die festen Rampen, die Vieh-Ein- und Ausladeplätze und die Viehhöfe (Buchten, Bansen usw.) der Eisenbahnverwaltungen sind stets von Streu, Dünger usw. gesäubert zu halten. Rampen mit undurchlässigem Boden und feste hölzerne Rampen sind bei Benutzung zur Viehverladung täglich mindestens einmal mit Wasser zu spülen.

(2) Sind die Anlagen durch Klauenvieh aus verseuchten Gegenden (§ 7 Abs. 3) benutzt worden, so müssen sie außerdem desinfiziert werden. Im übrigen ist ihre Desinfektion allgemein oder für den Verkehr mit einzelnen der im § 1 des Gesetzes bezeichneten Tierarten oder für gewisse Gegenden nur anzuordnen, wenn eine bestimmte Gefahr der Verbreitung von Seuchen vorliegt. Das in vorstehenden Fällen von den Eisenbahnverwaltungen vorzuschreibende Desinfektionsverfahren ist den Festsetzungen im § 7 anzupassen. Im Falle einer wirklichen Infektion oder des dringenden Verdachts einer solchen sind etwa erforderliche weitergehende Sicherungsmaßregeln von den zuständigen Polizeibehörden anzuordnen; Rampen mit undurchlässigem Boden und feste hölzerne Rampen müssen beim Vorhandensein der im § 7 Abs. 2 unter b und Abs. 3 bezeichneten Voraussetzungen in der dort angegebenen Weise desinfiziert werden.

§ 10. (1) Streumaterialien, Dünger usw. sind zu sammeln und so aufzubewahren, daß Vieh damit nicht in Berührung kommen kann.

(2) Die Abfuhr des Düngers darf in Fällen von Rotz nicht durch Pferdegespanne, im übrigen nicht durch Rindviehgespanne geschehen und muß in dichten

Wagen, Fässern usw. erfolgen, so daß eine Verunreinigung der Straßen, Wege usw. durch Düngerteile ausgeschlossen ist.

(3) Dünger von Tieren, die an Rinderpest, Milzbrand, Rauschbrand, Wild- und Rinderseuche oder Rotz leiden oder einer dieser Seuchen verdächtig sind, muß verbrannt oder gekocht oder so tief vergraben werden, daß er mit einer mindestens ein Meter hohen Erdschicht bedeckt ist.

(4) Dünger von Tieren, die mit Maul- und Klauenseuche, Rotlauf der Schweine oder mit Schweineseuche (einschließlich Schweinepest) behaftet oder einer dieser Seuchen verdächtig sind, muß entweder in derselben Weise (Abs. 3) beseitigt oder mit einer dreiprozentigen Lösung der Kresolschwefelsäuremischung (§ 7 Abs. 2 unter b), die vollständig mit dem Dünger zu durchmischen ist, desinfiziert werden.

§ 11. (1) Bei Bemessung der von den Eisenbahnverwaltungen für die Desinfektion der Eisenbahnwagen und der dazu gehörigen Gerätschaften zu erhebenden Gebühr (§ 2 Abs. 2 des Gesetzes) ist davon auszugehen, daß diese lediglich bestimmt ist, Ersatz für die durch die Desinfektion bedingten außerordentlichen Aufwendungen zu gewähren. Für die Desinfektion der Rampen, sowie der Vieh-Ein- und Ausladeplätze und der Viehhöfe (Buchten, Bansen usw.) der Eisenbahnverwaltungen ist eine Gebühr nicht zu erheben.

(2) Für die der eigentlichen Desinfektion vorangehende oder ohne Rücksicht auf sie vorzunehmende Reinigung (§ 3 Abs. 2, § 7 Abs. 1, 5 und 6, § 8, § 9 Abs. 1) darf eine Entschädigung nicht beansprucht werden.

(3) Die Gebühr ist unabhängig von der Entfernung, die der Viehtransport durchlaufen hat, nach dem durchschnittlichen Betrage der Selbstkosten für alle Stationen im Bereich einer und derselben Eisenbahnverwaltung in gleicher Höhe, und zwar in einem Satze und lediglich für den Wagen festzusetzen[3]. Ausnahmen können mit Zustimmung des Reichs-Eisenbahnamts, in Bayern mit Zustimmung der Landes-Aufsichtsbehörde, zugelassen werden.

Schlußbestimmungen.

§ 12. Die Eisenbahnverwaltungen haben dafür zu sorgen, daß die zur Beseitigung von Ansteckungsstoffen bei Viehbeförderungen innerhalb ihres Geschäftsbereichs erforderlichen Arbeiten unter verantwortlicher Aufsicht ausgeführt werden.

§ 13. Die Eisenbahn-Aufsichtsbehörden haben im Einvernehmen mit den Veterinär-Polizeibehörden Kontrolleinrichtungen zu treffen, die geeignet sind, die strenge Durchführung des Gesetzes und der zu seiner Ausführung erlassenen Vorschriften überall sicherzustellen.

Anlage B (zu Anmerkung 5).

Bekanntmachung des Reichskanzlers, betr. die Abänderung der Bestimmungen über die Beseitigung von Ansteckungsstoffen bei der Beförderung von lebendem Geflügel auf Eisenbahnen vom 2. Februar 1899. Vom 17. Juli 1904 (RGB. 317).

Auf Grund der Artikel 42 und 43 der Reichsverfassung[1]) und unter Aufhebung der Bekanntmachung vom 2. Februar 1899 (R.-G.-Bl. S. 11) hat der Bundesrat nachstehende

Bestimmungen über die Beseitigung von Ansteckungsstoffen bei der Beförderung von lebendem Geflügel auf Eisenbahnen

beschlossen:

---

[3]) VerkO. § 44 Allg. ZusBest. V. | [1]) Danach gelten die Best. nicht für

§ 1. (1) Die Eisenbahnverwaltungen sind verpflichtet, die Eisenbahnwagen nach jeder Benutzung zur Beförderung von unverpacktem lebenden Geflügel derart zu reinigen und zu desinfizieren, daß die den Wagen etwa anhaftenden Ansteckungs= stoffe vollständig getilgt werden.

(2) In gleicher Weise sind die bei der Verladung und bei der Beförderung von Geflügel zum Füttern und Tränken oder zu sonstigen Zwecken benutzten Gerätschaften zu reinigen und zu desinfizieren.

(3) Die beweglichen Rampen und Einladebrücken der Eisenbahnverwaltungen müssen bei Benutzung zur Geflügelverladung täglich mindestens einmal nach den Vorschriften über die Desinfektion der Wagen gereinigt und desinfiziert werden. Der Landes=Polizeibehörde bleibt vorbehalten, eine häufigere Desinfektion an= zuordnen.

(4) Die festen Rampen sowie die Geflügel=Ein= und Ausladeplätze und die Geflügelhöfe (Buchten) der Eisenbahnverwaltungen sind stets von Streumaterialien, Dünger und Federn gesäubert zu halten. Rampen mit undurchlässigem Boden und feste hölzerne Rampen sind bei Benutzung zur Geflügelverladung täglich mindestens einmal mit Wasser zu spülen. Eine Desinfektion der vorstehend be= zeichneten Anlagen ist allgemein oder für gewisse Gegenden nur anzuordnen, wenn eine bestimmte Gefahr für die Verbreitung der Geflügelcholera oder Hühnerpest vorliegt; das hierauf von den Eisenbahnverwaltungen vorzuschreibende Desinfek= tionsverfahren ist den Festsetzungen über die Desinfektion der Wagen anzupassen. Im Falle einer wirklichen Infektion oder des dringenden Verdachts einer solchen sind etwa erforderliche weitere Sicherungsmaßregeln von den zuständigen Polizei= behörden anzuordnen; Rampen mit undurchlässigem Boden und feste hölzerne Rampen müssen alsdann den für solche Fälle getroffenen Festsetzungen über die Desinfektion der Wagen entsprechend desinfiziert werden.

(5) Die zur Beförderung von verpacktem lebenden Geflügel benutzten Wagen und die bei der Verladung solcher Sendungen benutzten Rampen sind gleichfalls zu reinigen und zu desinfizieren, wenn eine Verunreinigung durch Streu, Futter oder Auswurfstoffe stattgefunden hat.

(6) Streu, Dünger, Federn und sonstige Abgänge sind zu sammeln und so aufzubewahren, daß Geflügel damit nicht in Berührung kommen kann. Derartige Abgänge von cholera= oder hühnerpestkrankem oder =verdächtigem Geflügel müssen entweder durch vollständige Durchmischung mit Kalkmilch oder dreiprozentiger Lösung einer Kresolschwefelsäuremischung (vergleiche § 3) desinfiziert oder verbrannt oder mindestens ein Meter tief vergraben werden.

§ 2. (1) Die Verpflichtung zur Reinigung und Desinfektion liegt in bezug auf die Eisenbahnwagen und die zu ihnen gehörigen Gerätschaften (§ 1 Abs. 1 und 2) derjenigen Eisenbahnverwaltung ob, in deren Bereiche die Entladung statt= findet. Erfolgt diese im Auslande, so ist zur Desinfektion diejenige deutsche Eisen= bahnverwaltung verpflichtet, deren Bahn von den Wagen bei der Rückkehr in das Reichsgebiet zuerst berührt wird.

(2) Denjenigen Eisenbahnverwaltungen, deren Betrieb auf einer im Auslande belegenen Station endet, kann von der Regierung des deutschen Grenzstaats ge= stattet werden, die Desinfektion der Wagen im Auslande vorzunehmen, sofern genügende Sicherheit für eine ordnungsmäßige Ausführung geboten wird.

(3) Sofern vom Bundesrate nicht weitergehende Ausnahmen für den Verkehr mit dem Auslande zugelassen sind[1]), ist eine nochmalige Reinigung der im Aus=

Kleinbahnen (I 2 a Anm. 5 d. W.). Ferner finden sie auf die zur Versendung von Geflügel nach Belgien benutzten u. daselbst entladenen Wagen bei ihrem Wiedereingang in das Reichsgebiet keine Anwendung Bek. 18. Juli 01 (RGB. 278).

lande gereinigten Wagen bei der Rückkehr in das Reichsgebiet nicht erforderlich, wenn die Reinigung im Auslande derart bewirkt wurde, daß alle von der Geflügel= beförderung herrührenden Verunreinigungen vollständig beseitigt sind; die Wagen sind in solchem Falle nur der eigentlichen Desinfektion zu unterwerfen.

§ 3. Die in den Ausführungsbestimmungen zum Reichsgesetze vom 25. Februar 1876 über die Beseitigung von Ansteckungsstoffen bei Viehbeförderungen auf Eisen= bahnen vom 16. Juli 1904[2]) in den §§ 4, 5, 6 Abs. 1—4, § 7 Abs. 1 und 2, §§ 11, 12 und 13 getroffenen Festsetzungen über das Verfahren, über Ort und Zeit der Desinfektion, über die Höhe der Gebühren, über die Beaufsichtigung der Desinfektionsarbeiten und über die Kontrolleinrichtungen gelten auch für die der Desinfektion unterliegenden Geflügelwagen mit folgenden Abweichungen:

1. Die im § 7 Abs. 2 unter b vorgeschriebene Art der Desinfektion ist in Fällen einer wirklichen Infektion des Wagens durch Geflügelcholera oder Hühnerpest oder des dringenden Verdachts einer solchen Infektion anzu= wenden, und zwar in der Regel nur auf Anordnung der zuständigen Polizeibehörde, ohne solche Anordnung jedoch auch dann, wenn die Bahn= beamten von Umständen Kenntnis erlangen, die es zweifellos machen, daß eine Infektion des Wagens durch Geflügelcholera oder Hühnerpest vorliegt, oder die den dringenden Verdacht einer solchen Infektion begründen. Der Landes=Polizeibehörde bleibt vorbehalten, die verschärfte Desinfektion auch in anderen Fällen anzuordnen, wenn sie es zur Vorhütung der Verschleppung der Seuchen für unerläßlich erachtet.

2. Für die der eigentlichen Desinfektion vorangehende oder ohne Rücksicht auf sie vorzunehmende Reinigung (vergleiche § 11 Abs. 2) darf eine Entschä= digung nur beansprucht werden, wenn die Reinigung wegen der besonderen Bauart oder Einrichtung der Wagen außergewöhnliche Aufwendungen er= fordert.

§ 4. Die vorstehenden Bestimmungen treten am 1. Oktober d. J. in Kraft.

Anlage C (zu Anmerkung 5).

Erlaß des Ministers der öffentlichen Arbeiten betr. Beseitigung von Ansteckungsstoffen bei der Viehbeförderung. (An die Kgl. Eisenbahndirektionen und die Eisenbahnkommissare.) Vom 30. September 1904 (EVB. 311).

Auf Grund der Festsetzungen des Bundesrats (Bekanntmachung des Reichs= kanzlers vom 16. Juli 1904 — E.=V.=Bl. S. 249 —)[1]) wird zur Ausführung des Reichsgesetzes vom 25. Februar 1876 (R.=G.=Bl. S. 163 ff.) an Stelle der Ausführungsverordnung vom 19. November 1886 (E.=V.=Bl. S. 470) und der hierzu erlassenen weiteren Bestimmungen die nachstehend abgedruckte Ausführungs= verordnung erlassen[2]).

Für die Beseitigung von Ansteckungsstoffen bei der Beförderung von lebendem Geflügel gelten die auf Grund der Artikel 42 und 43 der Reichsverfassung vom Bundesrat getroffenen Festsetzungen (Bekanntmachung des Reichskanzlers vom 17. Juli d. J. — E.=V.=Bl. S. 253 —)[3]). Insoweit darin nicht bestimmte Vor= schriften für das Verfahren bei der Reinigung und Desinfektion getroffen sind, finden die Festsetzungen der vorliegenden Ausführungsverordnung sinngemäße Anwendung.

---

²) Anl. A.
¹) Anl. A.

²) Für Staats= u. Privatbahnen.
³) Anl. B.

Ausführungsverordnung
zum Reichsgesetz vom 25. Februar 1876, betreffend die Beseitigung von Ansteckungsstoffen bei Viehbeförderungen auf Eisenbahnen.
Auszug[4]).

§ 1. Verpflichtung zur Desinfektion.

(1) Eisenbahnwagen, die zur Beförderung von Pferden, Maultieren, Eseln, Rindvieh, Schafen, Ziegen oder Schweinen gedient haben, sind der in dieser Verordnung vorgeschriebenen Reinigung und Desinfektion zu unterwerfen und in keinem Falle vor deren Beendigung in Benutzung zu nehmen.

(Abs. 2, 3 wie Anl. A § 4 Abs. 2, 3.)

§ 2. Verkehr mit dem Auslande.

Es ist Fürsorge zu treffen, daß die zur Beförderung der im § 1 (1) bezeichneten Tierarten nach dem Auslande benutzten Eisenbahnwagen zur Desinfektion leer nach derjenigen inländischen Grenzstation zurückgelangen, über die sie ausgegangen sind.

§ 3. Ort der Desinfektion.

(1) Die Desinfektion ist an dem Orte der Entladung (oder Umladung) alsbald nach Entleerung der Wagen — im Verkehre mit dem Ausland auf der Station des Wiedereinganges alsbald nach Ankunft der Wagen —, und zwar längstens binnen 24 Stunden zu bewirken.

(2) Im Interesse einer zweckmäßigen Ausführung und wirksamen Kontrolle kann jedoch die Desinfektion auf meine Anordnung oder mit meiner Genehmigung — bei Privateisenbahnen mit Genehmigung des Königlichen Eisenbahnkommissars — an einzelnen Stationen (Desinfektionsstationen) zentralisiert werden. In solchen Fällen . . . (weiter wie Anl. A § 6 Abs. 2).

(3) Für Orte, wo sich mehrere durch Schienenstränge verbundene Eisenbahnstationen befinden, kann — auch wenn es sich um Stationen verschiedener Verwaltungen handelt — die Errichtung einer gemeinsamen Desinfektionsanstalt von mir angeordnet werden.

(4) Die nach den Desinfektionsstationen oder Desinfektionsanstalten überzuführenden Wagen sind, soweit es ihre Bauart gestattet, zur Verhütung einer Übertragung von Ansteckungsstoffen durch Herausfallen von Gerätschaften, Stroh, Dünger usw. sorgfältig geschlossen zu halten; auch sind Einrichtungen zu treffen, die eine rechtzeitige Überführung sicherstellen und nachweisbar machen.

(5) (Satz 1 bis 4 wie Anl. A § 6 Abs. 5 Satz 1 bis 4.) Bei Beförderung von Vieh mit Gepäckstücken oder Gütern in einem und demselben Wagenraume ist zur Vermeidung einer Infektion dafür zu sorgen, daß das Vieh mit den Gepäckstücken oder Gütern nicht in Berührung kommt, und diese nicht durch tierische Entleerungsstoffe verunreinigt werden.

§ 4. Reinigung der Wagen.

(1) (Wie Anl. A § 7 Abs. 1.)

(2) Diese Reinigung ist der wichtigste Teil des Desinfektionsverfahrens. Sie muß tunlichst bald nach der Entladung vorgenommen werden, um im Sommer das Antrocknen, im Winter das Anfrieren der Ausleerungen zu verhüten.

(3) Um einer Durchtränkung des Bodens auf den Bahnhöfen mit Jauche usw. vorzubeugen, ist die Reinigung und Ausspülung der Wagen möglichst auf

---

[4]) Die oben fortgelassenen Teile der V. bestehen in wörtlicher oder fast wörtlicher Wiedergabe der Bek. 16. Juli 04 (Anl. A), wobei die Verweisungen auf Vorschriften der Bek. durch Verweisungen auf die V. ersetzt sind.

einem mit undurchlassender Bettung und mit Abflußvorrichtungen versehenen Gleise auszuführen. Derartige Gleise müssen jedenfalls in Desinfektionsanstalten [§ 3 (3)] vorhanden sein.

§ 5. Desinfektion der Wagen.

(1) (Wie Anl. A § 7 Abs. 2.)

(2) (Wie Anl. A § 7 Abs. 3 Satz 1.) Der dringende Verdacht der Infektion eines Wagens durch (die im vor. Satze genannten Krankheiten) ist insbesondere dann anzunehmen, wenn ein krankes oder totes Tier in demselben angelangt war, und nicht durch den Augenschein (z. B. bei schweren Verletzungen der Tiere) oder durch baldige sachverständige Untersuchung zweifellos erwiesen werden kann, daß die Krankheit oder der Tod des Tieres in keinem Zusammenhange mit einer der erwähnten Seuchen stehen. Der Landes-Polizeibehörde bleibt vorbehalten, die verschärfte Desinfektion auch in anderen Fällen anzuordnen, wenn sie es zur Verhütung der Verschleppung der bezeichneten Seuchen für unerläßlich erachtet.

(3) Das Bepinseln der Fußböden, Decken und Wände ist mit einem gewöhnlichen Maurerpinsel oder mit Lappen von grober Leinewand, welche um einen Stock gewunden werden, vorzunehmen. Nach stattgehabter Desinfektion sind alle Öffnungen des Wagens aufzumachen, damit durch den Zutritt der Luft das Innere schnell austrocknen und jeder tierische Geruch vollständig beseitigt werden kann.

(4) (Wie Anl. A § 7 Abs. 4.)

(5) Bei gepolsterten Wagen ist die Polsterung nach Entfernung aus dem Wagen fäst auszuklopfen und rein abzubürsten. Hat eine Infektion des Wagens durch eine übertragbare Seuche stattgefunden, oder liegt der dringende Verdacht einer solchen Infektion vor, so muß die Polsterung verbrannt werden. Der Wagen selbst ist in der im § 4 (1) und § 5 (1 und 2) angegebenen Weise zu behandeln. Ausländische Wagen, deren Polsterung nicht entfernbar ist, dürfen im Inlande nicht wieder beladen werden.

(6) (Wie Anl. A § 7 Abs. 6.)

§ 6. Reinigung und Desinfektion der Gerätschaften und beweglichen Rampen.

(Wie Anl. A § 8).

§ 7. Reinigung und Desinfekton der festen Rampen.

(1) (Wie Anl. A § 0 Abs. 1.)

(2) Die Anlagen sind außerdem zu desinfizieren:

a) in allen Fällen der Benutzung durch Tiere der im § 1 (1) bezeichneten Arten unter den im § 5 (1 b und 2) bezeichneten Voraussetzungen;

b) auch ohne diese Voraussetzungen auf den Tränkestationen und auf solchen Eisenbahnstationen, die mit Viehmärkten in unmittelbarer örtlicher Verbindung stehen oder als regelmäßige Durchgangsstationen nach solchen Märkten dienen. Dasselbe gilt von solchen Stationen, die als·Einladeplätze für die aus dem Auslande auf Landwegen eintreffenden Viehsendungen bekannt sind, sowie von solchen Grenzstationen, auf deren Rampen usw. die Untersuchung der aus dem Auslande auf der Eisenbahn eingetroffenen Viehsendungen vorgenommen wird.

(3) Das Verfahren ist, vorbehaltlich etwaiger im Falle einer wirklichen Infektion oder eines dringenden Verdachts einer solchen, von den zuständigen Polizeibehörden anzuordnenden weitergehenden Sicherungsmaßregeln, folgendes:

a) Reinigung.

α) Von den Rampen usw. müssen der Dünger und die aus den Viehwagen herrührenden Streumaterialien durch sorgfältiges Abkehren entfernt werden;

auf durchlässigem Boden ist die Oberfläche, soweit dies tunlich, durch
Rechen leicht aufzulockern.

β) Hölzerne Rampen sowie die mit undurchlässigem Boden versehenen
Rampen und Verladeplätze, soweit bei der Verladung von Tieren benutzt,
sind sodann mit Wasser zu spülen, bis sämtliche von der Viehbeförderung
herrührende Verunreinigungen vollständig beseitigt sind; feste, anhaftende
Unreinigkeiten sind mittels heißen Wassers aufzuweichen.

γ) Hölzerne Verschläge, Buchten, Gatter, Schranken, Rampen=
verkleidungen usw. sind durch heißes Wasser, in Ermangelung eines
ausreichenden Vorrates desselben durch kaltes unter Druck ausströmendes
Wasser zu reinigen, wobei anhaftende Unreinigkeiten mittels heißen Wassers
aufzuweichen sind.

b) Desinfektion.

δ) Rampen mit undurchlässigem Boden sowie feste hölzerne Rampen,
ferner hölzerne Verschläge, Buchten, Gatter, Schranken usw. sind in der
in § 5 (1a und b) angegebenen Weise zu desinfizieren. Anstatt des Be=
pinselns mit der Desinfektionsflüssigkeit kann bei Rampen mit undurchlässigem
Boden auch eine Abspülung erfolgen.

ε) Bei Rampen mit durchlässigem Boden ist dieser nach der Reinigung
mit einer dreiprozentigen Lösung der Kresolschwefelsäuremischung [§ 5 (1b)]
mittelst Kanne oder Spritze stark zu besprengen, bis die Oberfläche durch=
weg feucht erscheint.

ζ) Bei Frostwetter sind die Rampen usw. nicht zu übergießen, sondern sogleich
nach dem Abtrieb des Viehes mit einem Pulver zu bestreuen, das aus
100 Gewichtsteilen gebrannten Kalks herzustellen ist, der nach Zusatz von
Wasser zu Pulver gelöscht und dann mit 10 Gewichtsteilen einer mindestens
sechsprozentigen Lösung der Kresolschwefelsäuremischung [§ 5 (1b)] über=
gossen ist.

§ 8. Behandlung der Streumaterialien, des Düngers u. dergl.
(Abs. 1 bis 4 wie Anl. A § 10.)

(5) Die Ausräumung des Düngers aus den Wagen hat möglichst an solchen
Stellen zu erfolgen, an denen der Boden mit festem Pflaster versehen oder
zementiert ist. Nach der Fortschaffung des Düngers ist der Boden sogleich nach
den für Rampen maßgebenden Vorschriften zu reinigen und zu desinfizieren.

§ 9. Desinfektionsgebühr.
(Wie Anl. A § 11; die Festf. der Gebühr — Abf. 3 — soll im Tarif erfolgen.)

§ 10. Aufsicht und Kontrolle.

(1) Die nach Maßgabe der vorstehenden Bestimmungen vorzunehmende
Desinfektion ist unter der verantwortlichen Aufsicht eines Bahnbeamten auszu=
führen, welcher der Ortspolizeibehörde von der Bahnverwaltung zu bezeichnen ist.

(2) Die Ortspolizeibehörde sowie der beamtete Tierarzt sind befugt, jederzeit
von der Ausführung der Desinfektionsarbeiten Kenntnis zu nehmen. Die Orts=
polizeibehörde kann an Stellen, wo die Desinfektion zentralisiert ist, mit der be=
ständigen Kontrolle der Desinfektionsarbeiten einen Veterinärbeamten beauftragen,
dessen Erinnerungen in Betreff der Auswahl, Beschaffenheit und Anwendung der
vorschriftsmäßigen Desinfektionsmittel möglichst sogleich zu berücksichtigen sind.

(3) Im übrigen haben die Eisenbahn=Aufsichtsbehörden sich mit den Veterinär=
Polizeibehörden im einzelnen über die Kontrollmaßregeln zu verständigen, die
geeignet sind, die strenge Durchführung des Gesetzes und der Ausführungsvor=
schriften überall sicher zu stellen.

VII. Eisenbahnverkehr[1].

1. Einleitung.

Die Entwicklung eines besonderen Eisenbahn-Verkehrsrechts setzt in Preußen mit den sog. Eisenbahn-Betriebsreglements[2] ein, d. h. allgemeingültigen Bestimmungen über die Beförderung von Personen und Gütern und die hieraus entstehenden gegenseitigen Berechtigungen und Pflichten der Eisenbahnen und der diese benutzenden Personen. Der Erlaß der Reglements ging zunächst von den Eisenbahnverwaltungen selbst aus, die, anfänglich jede für ihren Bereich, später auch gemeinsam für die sich unter ihnen bildenden „Verbände" derartige Bestimmungen herausgaben. Von besonderer Bedeutung für die spätere Rechtsentwicklung waren die vom Verein deutscher Eisenbahnverwaltungen (unten 3) herausgegebenen Vorschriften, deren Reihe mit den „Normativbestimmungen für die Reglements der zum deutschen Eisenbahn-Verein gehörigen Verwaltungen über die Personen-, Gepäck-, Equipagen-, Pferde- und Viehbeförderung" (1847) und einem „Reglement für den Güterverkehr" (1850) begann. Nachdem sodann das Allg. deutsche Handelsgesetzbuch die Beförderungsbedingungen (wenigstens für den Güterverkehr) in den Grundzügen gesetzlich festgelegt hatte, wurde durch die Verfassung des Norddeutschen Bundes (Art. 45) die Fürsorge für Einführung übereinstimmender Betriebsreglements auf allen Bahnen unter die Aufgaben der Bundesgewalt aufgenommen. Am 10. Juni 70 (BGBl. 419) beschloß der Bundesrat ein Betriebsreglement für die Eisenbahnen des Norddeutschen Bundes, welches sich an die Reglements des Vereins anlehnte und (mit einigen Änderungen) nach der Errichtung des Deutschen Reichs auf Grund RVerf. Art. 45 durch Bek. 22. Dez. 71 (RGB. 473) als Betriebsreglement für die Eisenbahnen Deutschlands für alle deutschen Bahnen (ausschl. Bayerns) in Geltung gesetzt wurde. An seine Stelle trat zufolge Bek. 11. Mai 74 (CB. 179) ein neues, mit einer gleichartigen Vorschrift für Österreich-Ungarn im wesentlichen übereinstimmendes Reglement.

Etwa um dieselbe Zeit erging von privater schweizerischer Seite die Anregung zur Schaffung eines internationalen Frachtrechts. Die Anregung hatte den Erfolg, daß nach längeren Verhandlungen am 14. Okt. 90 zu Bern Vertreter der meisten europäischen Staaten das (auf den Güterverkehr beschränkte) Internationale Übereinkommen über den Eisenbahn-Frachtverkehr (Nr. 4) unterzeichneten. Mit dem Inkrafttreten dieses Übereinkommens (1. Jan. 93) wurde der Güterverkehr der deutschen Bahnen bezüglich der die Grenzen des Deutschen Reichs überschreitenden Transporte auf eine über der inneren Gesetzgebung stehende Rechtsgrundlage gestellt, die zwar im allgemeinen mit dem — für den deutschen

---

[1] Begriff: VI 1 Anm. 1.
[2] Ulrich, Art. „EisBetrRegl." in Stengels Wörterbuch des d. Verw.-

Rechts; Festschrift über die Tätigkeit des Vereins deutsch. EisVerw. Berlin 96, S. 189 ff.

Verkehr maßgebend gebliebenen — deutschen Recht übereinstimmte, immerhin aber in einer Reihe wesentlicher Punkte von ihm abwich. Der Bundesrat sah sich deshalb veranlaßt, mit Bek. 15. Nov. 92 (RGB. 923) für den Verkehr innerhalb Deutschlands ein neues, den internationalen Vorschriften tunlichst angepaßtes Reglement unter dem Titel Verkehrsordnung für die Eisenbahnen Deutschlands einzuführen.

Nachdem in der Folge das IntÜb. durch eine Zusatzerklärung 20. Sept. 93 (Nr. 4 Anl. C) und die Zusatzvereinbarung 16. Juli 95 (RGB. 465) ergänzt worden war, kam auf Grund von Beschlüssen der gemäß IntÜb. Art. 59 im März 96 in Paris zusammengetretenen Revisionskonferenz unter dem 16. Juni 98 ein Zusatzübereinkommen zustande, welches an dem Inhalt des IntÜb. Änderungen vornahm und am 10. Okt. 01 in Wirksamkeit trat.

Inzwischen war im Anschluß an die Ausarbeitung des deutschen BGB. eine Umgestaltung des HGB. in Angriff genommen worden, die zugleich Gelegenheit dazu bot, das innerdeutsche Frachtrecht in umfassenderem Maße, als es nach den Bestimmungen des HGB. möglich war, mit dem internationalen Recht in Übereinstimmung zu bringen. Das am 1. Jan. 00 in Kraft getretene neue Handelsgesetzbuch (Auszug: Nr. 2) brachte aber noch eine weitere bedeutsame Neuerung, indem es die Verkehrsordnung mit einem anderen Rechtscharakter ausstattete.

Die eingangs erwähnten staatlichen Reglements unterschieden sich von den durch die Eisenbahnverwaltungen selbst herausgegebenen zwar insofern, als sie von Aufsichts wegen den letzteren bindende Normen vorschrieben, von denen die Eisenbahnen beim Abschlusse von Frachtverträgen nicht abweichen durften. Dem Publikum gegenüber besaßen jedoch beide Gruppen von Reglements nur die Bedeutung allgemeiner Vertragsbedingungen, die eine unmittelbare Rechtswirkung nach außen hin erst dadurch erlangten, daß auf ihrer Grundlage der Frachtvertrag tatsächlich abgeschlossen wurde. Durch den Inhalt des HGB. (Nr. 2 Anm. 27) ist aber die Verkehrsordnung zu einer für die Eisenbahnverwaltungen wie für das Publikum gleichermaßen bindenden, als revisible Norm i. S. CPO. § 549 anzusehenden Rechtsverordnung erhoben worden, so daß sie nunmehr den Charakter einer Ausführungsverordnung zum HGB. besitzt.

Ferner ist durch die Neubearbeitung der Inhalt des HGB. insofern wesentlich erweitert worden, als sowohl der Personenverkehr wie das Frachtrecht der Kleinbahnen grundsätzliche Berücksichtigung gefunden haben.

Der Neugestaltung des deutschen wie des internationalen Frachtrechts trägt die am 26. Okt. 99 vom Bundesrat beschlossene, am 1. Jan. 00 in Kraft getretene deutsche Eisenbahn-Verkehrsordnung (Nr. 3) Rechnung.

Von Bedeutung für das Frachtrecht sind ferner die vom Deutschen Reiche mit den Nachbarstaaten abgeschlossenen Handelsverträge, deren eisenbahnrechtliche Vorschriften in Abschn. X d. W. mitgeteilt werden.

Durch die Gesetzgebung ist aber das Frachtrecht nicht in allen Einzelheiten erschöpfend geregelt, vielmehr sind, unbeschadet des staatlichen Aufsichtsrechts (I 2b und II 5 d. W.), wesentliche Teile desselben, z. B. die Festsetzung der Transportgebühren, der Ordnung durch die Eisenbahnverwaltungen selbst überlassen geblieben. Infolgedessen vollzieht sich auch jetzt noch der Abschluß des einzelnen Beförderungsvertrages nicht unmittelbar auf Grund der gesetzlichen und sonstigen staatlichen Vorschriften, sondern auf Grund der von den Eisenbahnverwaltungen herausgegebenen Tarife*), welche jene staatlichen Vorschriften und

---

*) Fleck, Art.: „EisTarife" u. „Eis=Verbände" in Stengels Wörterbuch des d. VerwRechts. Cauer II 487 ff. (mit Literaturnachweisen). — In anderem Sinne versteht man unter „Tarif" auch die Transportgebühr.

daneben Zusatzbestimmungen der Eisenbahnverwaltungen enthalten. Derartige Tarife werden von jeder Verwaltung für den ihren Bereich nicht überschreitenden „Binnenverkehr" als Binnen = (Lokal=) Tarife und für Gruppen von Verwaltungen durch die Eisenbahn=Verbände[3]) als direkte (Verbands=) Tarife herausgegeben.

Für die Entstehung und Entwicklung der Tarife sind die nachgenannten gemeinsamen Einrichtungen der Eisenbahnen von Wichtigkeit.

1. Die Generalkonferenz der deutschen Eisenbahnen, erstmals in Verfolg des Bundesratsbeschlusses 14. Dez. 76 (I 2 a Anm. 23) am 12./13. Feb. 77 zusammengetreten, seitdem als ständige Einrichtung beibehalten. Ihre Tätigkeit umfaßt:

   a) Die allgemeinen Zusatzbestimmungen zur Verkehrsordnung,
   b) die allgemeinen Tarifvorschriften für den Personen=, Gepäck=, Vieh= und Güterverkehr, d. h. Bestimmungen, die nicht in der Form von Zusätzen zu den einzelnen Vorschriften der VerkO., sondern als zusammenhängendes Ganzes ausgearbeitet sind und hauptsächlich die Berechnung und Anwendung der Tarifsätze zum Gegenstande haben.

Beide Arten von Bestimmungen gelten für alle deutschen Verwaltungen und den Geltungsbereich der VerkO.; ihr Rechtscharakter entspricht demjenigen der von den Verwaltungen erlassenen Betriebsreglements. Sie werden unten im Zusammenhang mit der VerkO., und zwar die allgemeinen Zusatzbestimmungen im Anschluß an die Paragraphen derselben, die allgemeinen Tarifvorschriften als Anlage J auszugsweise, mitgeteilt. Die Beschlüsse der Generalkonferenz werden durch die ständige Tarifkommission vorbereitet, welcher der Ausschuß der Verkehrsinteressenten beigegeben ist.

2. Das Internationale Eisenbahn = Transportkomitee, begründet 1902, eine Einrichtung, die für die dem IntÜb. unterliegenden Verkehre eine derjenigen der Generalkonferenz (1) entsprechende Tätigkeit ausüben soll. Es ist aus einem ad hoc eingesetzten Komitee hervorgegangen, welches zu dem IntÜb. einheitliche Zusatzbestimmungen — unten abgedruckt bei den einzelnen Art. des IntÜb. — ausgearbeitet hat. Die russischen Bahnen sind dem Komitee einstweilen nicht beigetreten.

3. Der Verein deutscher Eisenbahnverwaltungen, begründet 1846, jetzt umfassend die meisten Eisenbahnen in Deutschland, Österreich=Ungarn, Holland, Luxemburg und Rumänien, ferner eine belgische und eine russische Bahn. Von den vielseitigen Einrichtungen des Vereins kommen hier[4]) in Betracht:

   a) Das Betriebsreglement des Vereins deutscher Eisenbahnverwaltungen (zuletzt 01, 3. Nachtrag 05), im Rechtscharakter den sonstigen Betriebsreglements der Verwaltungen gleichstehend, maßgebend für den internationalen Verkehr zwischen den Vereinsbahnen. Es stimmt bezüglich des Güterverkehrs mit dem IntÜb. ganz, im übrigen mit der VerkO. fast genau überein; die wesentlichen Abweichungen werden unten bei dem Texte dieser Ordnung angegeben.
   b) Die Zusatzbestimmungen zum Betriebsreglement (a); soweit sie den Güterverkehr betreffen, werden sie unten bei den einzelnen Paragraphen des IntÜb. vermerkt.
   c) Das Übereinkommen zum Betriebsreglement (a), welches ausschließlich gewisse Beziehungen der Vereinsbahnen untereinander regelt und deshalb hier im allgemeinen unberücksichtigt bleibt. Als Anlage II sind

---

⁴) Ferner VI 1 d. W.

ihm die Bestimmungen über die zu den Vereinseinrichtungen gehörige Aus=
gabe von zusammenstellbaren Fahrscheinheften beigegeben.

4. Die Tarifverbände, d. i. Vereinigungen mehrerer an bestimmten
Verkehrsrichtungen beteiligter oder bestimmte Verkehrsgebiete umfassender Eisenbahn=
verwaltungen zur Herausgabe gemeinsamer Verbandstarife.

5. Der deutsche Eisenbahn=Verkehrsverband, 1886 aus dem (nord=
deutschen) „Tarifverbande" hervorgegangen, dessen Wirksamkeit zwar auf den
inneren Dienst der Eisenbahn beschränkt, aber für die Handhabung der die Be=
ziehungen zum Publikum regelnden Vorschriften von Bedeutung ist. Unter seinen
Ausarbeitungen sind die allgemeinen Abfertigungsvorschriften, die Be=
förderungsvorschriften und die dem Abschn. X d. W. zugrunde gelegte Kund=
machung 11 hervorzuheben.

Auf die angegebene Weise erklärt sich die fast allgemein übliche Zerlegung
der Binnen= wie der Verbandstarife in zwei Teile, von denen der Teil I
die dem Bereich des Tarifs mit anderen Verkehrsgebieten gemeinschaftlichen Vor=
schriften, der Teil II die für den Bereich des Tarifs hierzu erlassenen besonderen
Zusatzbestimmungen enthält. Für die innerdeutschen Verkehre bestehen die
nachbezeichneten, die VerkO. nebst den allgemeinen Zusatzbestimmungen, sowie die
allgemeinen Tarifvorschriften enthaltenden, einheitlichen Teile I:

Deutscher Eisenbahn=Personen= und Gepäcktarif Teil I (zuletzt 04, 1. Nachtr. 05),

Deutscher Eisenbahntarif für die Beförderung von lebenden Tieren Teil I
(03, Nachtr. 05),

Deutscher Eisenbahngütertarif Teil I, und zwar

Abteilung A, enthaltend die VerkO. nebst den allgemeinen Zusatz=
bestimmungen (03, 2. Nachtr. 05),

Abteilung B, enthaltend die allgemeinen Tarifvorschriften (mit der
Güterklassifikation) und dem Nebengebührentarif (05).

Bei der StEB. gibt hierzu nicht jede Eisenbahndirektion einen besonderen
Teil II heraus, vielmehr bestehen einheitliche Teile II für die ganze StEB., die
in nebenhergehenden Tarifheften für Gruppen von Direktionen ihre Ergänzung
finden. Die für die StEB. einheitlich festgesetzten Zusatzbestimmungen werden,
soweit erforderlich, im Anschluß an die Hauptvorschriften unten mitgeteilt.

Für die Auslandsverkehre der deutschen Bahnen pflegt das Vereins=
Betriebsreglement (oben 3 a) nebst den Zusatzbestimmungen des Vereins (oben 3 b)
und — im Güterverkehr — den einheitlichen Zusatzbestimmungen (oben 2) den
Teil I abzugeben*).

Das REBA. gibt laufend ein Verzeichnis sämtlicher Tarife, an denen
die deutschen Eisenbahnen mit eigenen Stationen oder im Durchgangsverkehr be=
teiligt sind, heraus.

Die Literatur des Eisenbahn=Frachtrechts ist verhältnismäßig reichhaltig,
namentlich enthalten die VerZtg. und EEE. eine große Anzahl von Abhandlungen
über Einzelfragen. Umfassende Darstellung des gesamten Verkehrswesens: Cauer,
Personen= und Güterverkehr der preuß. und hess. Staatsbahnen (03). Die vor=
liegende Bearbeitung mußte sich im allgemeinen mit Hinweisen auf die gangbarsten
neueren Kommentare begnügen. Bei der Anordnung war darauf Rücksicht zu
nehmen, daß die abgedruckten Vorschriften (HGB., VerkO., JntÜb.) vielfach wört=
lich oder sachlich gleiche Bestimmungen enthalten; zur Vermeidung von Wieder=
holungen werden diese Bestimmungen tunlichst nur an einer Stelle, und zwar
da erläutert, wo sie sich in der angewendeten Reihenfolge zuerst finden.

---

*) Cauer II 191.

Außer dem Handelsgesetzbuch, der Verkehrsordnung und dem Internationalen Übereinkommen enthält der gegenwärtige Abschnitt noch eine Zusammenstellung der auf den Eisenbahnverkehr bezüglichen gesundheits- und veterinärpolizeilichen Vorschriften (Nr. 5).

---

2. Handelsgesetzbuch. Vom 10. Mai 1897 (RGB. S. 219)[1].
(Auszug.)
Einführungsgesetz.

Art. 2. In Handelssachen kommen die Vorschriften des Bürgerlichen Gesetzbuchs nur insoweit zur Anwendung, als nicht im Handelsgesetzbuch oder in diesem Gesetz ein Anderes bestimmt ist.

Im Uebrigen werden die Vorschriften der Reichsgesetze durch das Handelsgesetzbuch nicht berührt.

Handelsgesetzbuch.

§. 1. Kaufmann im Sinne dieses Gesetzbuchs ist, wer ein Handelsgewerbe betreibt.

Als Handelsgewerbe gilt jeder Gewerbebetrieb, der eine der nachstehend bezeichneten Arten von Geschäften zum Gegenstande hat:

b. die Uebernahme der Beförderung von Gütern oder Reisenden zur See, die Geschäfte der Frachtführer oder der zur Beförderung von Personen zu Lande oder auf Binnengewässern bestimmten Anstalten sowie die Geschäfte der Schleppschiffahrtsunternehmer[2]);

(6. — 9.).

---

[1]) Bearb. Staub (6./7. Aufl. 00) u. a. m.

[2]) Nach § 1 Abs. 2 Ziff. 5 in Verb. mit § 36, 42, 452 muß angenommen werden, daß der Betrieb nicht nur der Privatbahnen (einschl. der Kleinbahnen), sondern auch der Staatsbahnen als Handelsgewerbe zu gelten hat Staub Anm. 10 zu § 36 (übrigens schon RGer. 7. Jan. 86, EEE. V 129 u. 31. Jan. 89, XXIII 221). Es kommt daher in Frage, ob die Vorschr. des HGB. über Handlungsgehilfen usw. (§ 59 ff.) auf die Angestellten der EisVerw., namentlich der staatlichen anzuwenden sind. Das ist zunächst zu verneinen bez. der überhaupt nicht in einem zivilrechtlichen Kontraktverhältnisse stehenden (etatsmäßigen oder nicht etatsmäßigen) Staatsbeamten Staub Anm. 11 zu § 36. Was die übrigen Angestellten, also die im Arbeiterverhältnisse stehenden Bediensteten der Staatsbahnen u. die Angestellten der Privatbahnen anlangt, so ist die Eigenschaft als Handlungsgehilfe jedenfalls denjenigen abzusprechen, deren Dienste ganz oder überwiegend nicht kaufmännischer, sondern technischer Art sind (Staub Anm. 11 zu § 59); hierunter fällt z. B. das Personal des eigentlichen Eisenbahnbetriebs (VI 1 b. W., auch der Schaffner, dessen Tätigkeit, selbst wenn er Fahrkarten verkauft, wie bei Straßenbahnen, in der Hauptsache dem Betrieb dient), der Bahnunterhaltung, der Werkstätten u. Gasanstalten. Zweifel können wegen der im Abfertigungs- u. (wenigstens teilweise) der im Bureaudienste Beschäftigten bestehen; es wird aber auch bez. dieser mit Rücksicht auf ihre Vorbildung u. die Art ihrer Verwendung im allg. (Ausnahmen vielleicht für das Personal des Kassen-, Rechnungs- u. Kontrolldienstes) kaum behauptet werden können, daß ihre Tätigkeit eine „kaufmännische Signatur“ (Staub Anm. 11 bis 13 zu § 59) trägt. Ähnlich Böthke in EEE. XXI 209.

§. 36. Ein Unternehmen des Reichs, eines Bundesstaats oder eines in=
ländischen Kommunalverbandes braucht nicht in das Handelsregister eingetragen
zu werden. Erfolgt die Anmeldung, so ist die Eintragung auf die Angabe
der Firma sowie des Sitzes und des Gegenstandes des Unternehmens zu be=
schränken[2]).

§. 42. Unberührt bleibt bei einem Unternehmen des Reichs, eines
Bundesstaats oder eines inländischen Kommunalverbandes die Befugniß der
Verwaltung, die Rechnungsabschlüsse in einer von den Vorschriften der §§. 39
bis 41 abweichenden Weise vorzunehmen[2]).

Drittes Buch. Handelsgeschäfte.

Erster Abschnitt. Allgemeine Vorschriften.

§. 343. Handelsgeschäfte sind alle Geschäfte eines Kaufmanns, die zum
Betriebe seines Handelsgewerbes gehören.

Die im §. 1 Abs. 2 bezeichneten Geschäfte sind auch dann Handelsgeschäfte,
wenn sie von einem Kaufmann im Betriebe seines gewöhnlich auf andere
Geschäfte gerichteten Handelsgewerbes geschlossen werden.

§. 344. Die von einem Kaufmanne vorgenommenen Rechtsgeschäfte
gelten im Zweifel als zum Betriebe seines Handelsgewerbes gehörig.

Die von einem Kaufmanne gezeichneten Schuldscheine gelten als im
Betriebe seines Handelsgewerbes gezeichnet, sofern nicht aus der Urkunde sich
das Gegentheil ergiebt.

§. 345. Auf ein Rechtsgeschäft, das für einen der beiden Theile ein
Handelsgeschäft ist, kommen die Vorschriften über Handelsgeschäfte für beide
Theile gleichmäßig zur Anwendung, soweit nicht aus diesen Vorschriften sich
ein Anderes ergiebt.

Sechster Abschnitt. Frachtgeschäft.

§. 425. Frachtführer ist, wer es gewerbsmäßig übernimmt, die Be=
förderung von Gütern zu Lande oder auf Flüssen oder sonstigen Binnen=
gewässern auszuführen[3]).

§. 426[4]). Der Frachtführer kann die Ausstellung eines Frachtbriefs
verlangen.

Der Frachtbrief soll enthalten:

1. den Ort und den Tag der Ausstellung;

---

[*]) Der Frachtvertrag ist Werk=
vertrag i. S. BGB. Staub Anm. 1;
Erfüllungsort u. damit für die Gerichts=
zuständ. bei EntschädAnsprüchen wegen
Nichterfüllung maßgebend ist der Ablief=
Ort RGer. 11. Jan. 05 (EEE. XXI
390). Internat. Recht Int. Ztschr.
XII 26 ff. Als essentiale ist bei den
v. einem Frachtführer abgeschlossenen
Frachtverträgen nicht unbedingt die
Entgeltlichkeit jedes einzelnen Ver=
trags anzusehen Prot. über d. 84. u. 86.
Sitzung der ständ. Tarifkommission
Ziff. 7 u. 6. Auf die Beförd. v. Per=
sonen ist Abschn. 6 nicht anwendbar.

[4]) § 455, VerkO. § 51—54, JntÜb.
Art. 6—8. Zu Abs. 2 Ziff. 9: Unter=
schr. des Stellvertreters U. Zentral=
amt 8. April 04 (Jnt. Ztschr. XII 150).

2. den Namen und den Wohnort des Frachtführers;

3. den Namen dessen, an welchen das Gut abgeliefert werden soll (des Empfängers);

4. den Ort der Ablieferung;

5. die Bezeichnung des Gutes nach Beschaffenheit, Menge und Merkzeichen;

6. die Bezeichnung der für eine zoll= oder steueramtliche Behandlung oder polizeiliche Prüfung nöthigen Begleitpapiere;

7. die Bestimmung über die Fracht sowie im Falle ihrer Vorausbezahlung einen Vermerk über die Vorausbezahlung;

8. die besonderen Vereinbarungen, welche die Betheiligten über andere Punkte, namentlich über die Zeit, innerhalb welcher die Beförderung bewirkt werden soll, über die Entschädigung wegen verspäteter Ablieferung und über die auf dem Gute haftenden Nachnahmen, getroffen haben;

9. die Unterschrift des Absenders; eine im Wege der mechanischen Vervielfältigung hergestellte Unterschrift ist genügend[4]).

Der Absender haftet dem Frachtführer für die Richtigkeit und die Vollständigkeit der in den Frachtbrief aufgenommenen Angaben.

§. 427[5]). Der Absender ist verpflichtet, dem Frachtführer die Begleitpapiere zu übergeben, welche zur Erfüllung der Zoll=, Steuer= oder Polizeivorschriften vor der Ablieferung an den Empfänger erforderlich sind. Er haftet dem Frachtführer, sofern nicht diesem ein Verschulden zur Last fällt, für alle Folgen, die aus dem Mangel, der Unzulänglichkeit oder der Unrichtigkeit der Papiere entstehen.

§. 428[6]). Ist über die Zeit, binnen welcher der Frachtführer die Beförderung bewirken soll, nichts bedungen, so bestimmt sich die Frist, innerhalb deren er die Reise anzutreten und zu vollenden hat, nach dem Ortsgebrauche. Besteht ein Ortsgebrauch nicht, so ist die Beförderung binnen einer den Umständen nach angemessenen Frist zu bewirken.

Wird der Antritt oder die Fortsetzung der Reise ohne Verschulden des Absenders zeitweilig[7]) verhindert, so kann der Absender von dem Vertrage zurücktreten; er hat jedoch den Frachtführer, wenn diesem kein Verschulden zur Last fällt, für die Vorbereitung der Reise, die Wiederausladung und den zurückgelegten Theil der Reise zu entschädigen. Ueber die Höhe der Entschädigung entscheidet der Ortsgebrauch; besteht ein Ortsgebrauch nicht, so ist eine den Umständen nach angemessene Entschädigung zu gewähren.

§. 429. Der Frachtführer haftet für den Schaden, der durch Verlust oder Beschädigung des Gutes in der Zeit von der Annahme bis zur Ab-

---

[5]) VerkO. § 59, JntÜb. Art. 10.
[6]) VerkO. § 63, 65, JntÜb. Art. 14, 18.
[7]) In Fällen dauernder Verhinderung entscheidet das bürgerliche Recht (BGB. § 323 ff., 645) Staub Anm. 7.

lieferung oder durch Versäumung der Lieferzeit entsteht, es sei denn, daß der Verlust, die Beschädigung oder die Verspätung auf Umständen beruht, die durch die Sorgfalt eines ordentlichen Frachtführers nicht abgewendet werden konnten[8]).

Für den Verlust oder die Beschädigung von Kostbarkeiten, Kunstgegen=ständen, Geld und Werthpapieren haftet der Frachtführer nur, wenn ihm diese Beschaffenheit oder der Werth des Gutes bei der Uebergabe zur Beförderung angegeben worden ist[9]).

§. 430[10]). Muß auf Grund des Frachtvertrags von dem Frachtführer für gänzlichen oder theilweisen Verlust des Gutes Ersatz geleistet werden, so ist der gemeine Handelswerth und in dessen Ermangelung der gemeine Werth zu ersetzen, welchen Gut derselben Art und Beschaffenheit am Orte der Ab=lieferung in dem Zeitpunkte hatte, in welchem die Ablieferung zu bewirken war; hiervon kommt in Abzug, was in Folge des Verlustes an Zöllen und sonstigen Kosten sowie an Fracht erspart ist.

Im Falle der Beschädigung ist der Unterschied zwischen dem Verkaufs=werthe des Gutes im beschädigten Zustand und dem gemeinen Handelswerth oder dem gemeinen Werthe zu ersetzen, welchen das Gut ohne die Beschädigung am Orte und zur Zeit der Ablieferung gehabt haben würde; hiervon kommt in Abzug, was in Folge der Beschädigung an Zöllen und sonstigen Kosten erspart ist.

Ist der Schaden durch Vorsatz oder grobe Fahrlässigkeit des Frachtführers herbeigeführt, so kann Ersatz des vollen Schadens gefordert werden.

§. 431[11]). Der Frachtführer hat ein Verschulden seiner Leute und ein Verschulden anderer Personen, deren er sich bei der Ausführung der Beförderung bedient, in gleichem Umfange zu vertreten wie eigenes Verschulden.

§. 432[12]). Uebergiebt der Frachtführer zur Ausführung der von ihm übernommenen Beförderung das Gut einem anderen Frachtführer, so haftet

---

[8]) Sondervorschr. für Eif. § 456, 466.

[9]) § 456 Abs. 2, § 462, VerkO. § 50 B 2, § 81 (2); IntÜb. Art. 3 u. Ausf=Best. § 1 Ziff. 1, 2. — Kostbarkeiten sind Gegenstände, die im Verhältnis zu ihrem Umfang u. ihrem Gewicht einen im Vergleich mit anderen Waren das gewöhnliche Maß übersteigenden Wert haben; Ölgemälde können dazu gehören, die Bezeichnung „Ölgemälde" genügt aber nicht RGer. 7. März 85 (XIII 36). Es reicht aus, wenn entweder Beschaffen=heit oder Wert angegeben wird; die Bezeichnung „Bijouterie" genügt RGer. 30. Sept. 82 (VII 125, ergangen z. B. der Geltung des BetrRegl. 11. Mai 74). Rechtsfolge der Nichtbezeichnung § 467; VerkO. § 53 (9), 89.

[10]) Sondervorschr. für Eif. § 457, 459—463.

[11]) Sondervorschr. für Eif. § 458.

[12]) Für Eif. sind die Vorschr. der Abf. 1, 2, eingeschränkt durch § 468, 469, zwingend § 471. — VerkO. § 74, IntÜb. Art. 27, 28. — Zu Abf. 3 § 439; VerkO. § 74 (5); IntÜb. Art. 47 f. — § 432 regelt nur den Fall der Beförderung durch mehrere Fracht=führer — Hauptfrachtführer u. Unter=frachtführer — auf Grund ein u. des=selben durchgehenden Frachtbriefs, nicht auch die Weitergabe an andere (Zwischen=)Frachtführer mit neuem Frachtbrief Staub Anm. 1. Ebenso VerkO. § 74 u. IntÜb. Art. 27.

er für die Ausführung der Beförderung bis zur Ablieferung des Gutes an den Empfänger.

Der nachfolgende Frachtführer tritt dadurch, daß er das Gut mit dem ursprünglichen Frachtbrief annimmt, diesem gemäß in den Frachtvertrag ein und übernimmt die selbständige Verpflichtung, die Beförderung nach dem Inhalte des Frachtbriefs auszuführen.

Hat auf Grund dieser Vorschriften einer der betheiligten Frachtführer Schadensersatz geleistet, so steht ihm der Rückgriff gegen denjenigen zu, welcher den Schaden verschuldet hat. Kann dieser nicht ermittelt werden, so haben die betheiligten Frachtführer den Schaden nach dem Verhältniß ihrer Antheile an der Fracht gemeinsam zu tragen, soweit nicht festgestellt wird, daß der Schaden nicht auf ihrer Beförderungsstrecke entstanden ist.

§. 433[13]). Der Absender kann den Frachtführer anweisen, das Gut anzuhalten, zurückzugeben oder an einen anderen als den im Frachtbriefe bezeichneten Empfänger auszuliefern. Die Mehrkosten, die durch eine solche Verfügung entstehen, sind dem Frachtführer zu erstatten.

Das Verfügungsrecht des Absenders erlischt, wenn nach der Ankunft des Gutes am Orte der Ablieferung der Frachtbrief dem Empfänger übergeben oder von dem Empfänger Klage gemäß §. 435 gegen den Frachtführer erhoben wird. Der Frachtführer hat in einem solchen Falle nur die Anweisungen des Empfängers zu beachten; verletzt er diese Verpflichtung, so ist er dem Empfänger für das Gut verhaftet.

§. 434. Der Empfänger ist vor der Ankunft des Gutes am Orte der Ablieferung dem Frachtführer gegenüber berechtigt, alle zur Sicherstellung des Gutes erforderlichen Maßregeln zu ergreifen und dem Frachtführer die zu diesem Zwecke nothwendigen Anweisungen zu ertheilen. Die Auslieferung des Gutes kann er vor dessen Ankunft am Orte der Ablieferung nur fordern, wenn der Absender den Frachtführer dazu ermächtigt hat.

§. 435[14]). Nach der Ankunft des Gutes am Orte der Ablieferung ist der Empfänger berechtigt, die durch den Frachtvertrag begründeten Rechte gegen

---

[13]) § 455, VerkO. § 64, JntÜb Art. 15. — So lange das Verfügungsrecht des Absenders besteht, kann er allein es ausüben. Es ist auf die im § 433 Abs. 1 (u. in VerkO. § 64 Abs. 1) bezeichneten Verfügungen beschränkt Gerstner, JntÜb. (93) S. 252 ff.; a. M. Eger Anm. 97 zu JntÜb. Art. 15. Ist ein Duplikat ausgestellt, so ist das Verfügungsrecht des Absenders von der Vorlage des Duplikats abhängig; weiteres bei § 455. Irrtümliche Ablieferung an den Empfänger trotz rechtzeitiger Gegenanweisung des Absenders ist nach den Rechtsnormen über Folgen einer aus Irrtum geschehenen Leistung zu beurteilen RGer. 6. März 80 (Arch. 81 S. 52, EEE. I 132). Mit dem in § 433 Abs. 2 bezeichneten Zeitpunkt geht das Verfügungsrecht — unabhängig von dem Vorhandensein eines Duplikats — auf den Empfänger über (§ 435).

[14]) VerkO. § 66; JntÜb. Art. 16. — § 433. — Das Recht des Empfängers setzt Ankunft des Gutes am Ablieferungsort voraus, tritt also nicht schon mit Ablauf der Lieferfrist u. gar nicht bei Totalverlust in Wirksamkeit Staub Anm. 1, Gerstner a. a. O. S. 267; a. M. Eger Anm. 343 zu VerkO. § 66

Erfüllung der sich daraus ergebenden Verpflichtungen in eigenem Namen gegen den Frachtführer geltend zu machen, ohne Unterschied, ob er hierbei in eigenem oder in fremdem Interesse handelt. Er ist insbesondere berechtigt, von dem Frachtführer die Uebergabe des Frachtbriefs und die Auslieferung des Gutes zu verlangen. Dieses Recht erlischt, wenn der Absender dem Frachtführer eine nach §. 433 noch zulässige entgegenstehende Anweisung ertheilt.

§. 436. Durch Annahme des Gutes und des Frachtbriefs wird der Empfänger verpflichtet, dem Frachtführer nach Maßgabe des Frachtbriefs Zahlung zu leisten [15]).

§. 437[16]). Ist der Empfänger des Gutes nicht zu ermitteln oder verweigert er die Annahme oder ergiebt sich ein sonstiges Ablieferungshinderniß, so hat der Frachtführer den Absender unverzüglich hiervon in Kenntniß zu setzen und dessen Anweisung einzuholen.

Ist dies den Umständen nach nicht thunlich oder der Absender mit der Ertheilung der Anweisung säumig oder die Anweisung nicht ausführbar, so ist der Frachtführer befugt, das Gut in einem öffentlichen Lagerhaus oder sonst in sicherer Weise zu hinterlegen. Er kann, falls das Gut dem Verderben ausgesetzt und Gefahr im Verzug ist, das Gut auch gemäß §. 373 Abs. 2 bis 4 verkaufen lassen.

Von der Hinterlegung und dem Verkaufe des Gutes hat der Frachtführer den Absender und den Empfänger unverzüglich zu benachrichtigen, es sei denn, daß dies unthunlich ist; im Falle der Unterlassung ist er zum Schadensersatze verpflichtet.

---

u. RGer. 11. Nov. 99 (EEE. XVI 339). Auslieferung vor Ankunft ist unzulässig RGer. 13. Okt. 93 (EEE. XI 302). Ablieferung an einen Dritten als Vertreter des Empfängers befreit den Frachtführer nur, wenn der Empfänger letzterem gegenüber eine dahingehende Anweisung erteilt hat RGer. 13. Dez. 79 (EEE. I 51). — Aushändigung des Frachtbriefs an den Empfänger überträgt nicht den Gewahrsam an dem Gut (z. B. i. S. KontO. § 44) auf diesen RGer. 13. Feb. 91 (XXVII 84). — VII 4 Anm. 85 d. W.

[15]) VerkO. § 67; IntÜb. Art. 17. Maßgebend nicht nur der Wortlaut des Frachtbriefs; es genügt vielmehr z. B. eine Bezugnahme auf Begleitpapiere oder Tarife, um den Empfänger zur Zahlung von Konventionalstrafen, Spesen u. dgl. zu verpflichten; auch Nachforderung nach Ablieferung ist denkbar RGer. 8. Jan. 83 (EEE. II 436). Ander-

seits ist der Frachtbrief nicht unbedingt maßgebend, z. B. braucht nicht ein infolge Druckfehlers zu hoch angegebener Frachtsatz des im Frachtbrief in bezug genommenen Tarifs bezahlt zu werden RGer. 11. März 82 (VI 100). — Auch kann ein anderer als der tarifarische Frachtsatz vereinbart gewesen sein RGer. 6. Mai 81 (IV 74). Eine solche Vereinbarung kann aber nicht schon in einer unrichtigen Auskunft des Abfertigungsbeamten über den Tarif gefunden werden VII 3 Anm. 16 d. W. — VII 4 Anm. 85 d. W. — VerkO. § 68 (7). — Frachtanspruch der Eis. bei unterwegs eingetretenem Verlust des Guts Reinbl in BerZtg. 03 S. 1233, 04 S. 1079; Int. ZtZschr. XII 26. — VII 3 Anm. 139 d. W.

[16]) VerkO. § 70 (mit einer von HGB. § 373 Abs. 2 bis 4 abweichenden Regelung des Verkaufs); IntÜb. Art. 24. VII 3 Anm. 159 d. W.

§. 438[17]). Ist die Fracht nebst den sonst auf dem Gute haftenden Forderungen bezahlt und das Gut angenommen, so sind alle Ansprüche gegen den Frachtführer aus dem Frachtvertrag erloschen[18]).

Diese Vorschrift findet keine Anwendung, soweit die Beschädigung oder Minderung des Gutes vor dessen Annahme durch amtlich bestellte Sach=verständige festgestellt ist.

Wegen einer Beschädigung oder Minderung des Gutes, die bei der An=nahme äußerlich nicht erkennbar ist, kann der Frachtführer auch nach der Annahme des Gutes und der Bezahlung der Fracht in Anspruch genommen werden, wenn der Mangel in der Zeit zwischen der Uebernahme des Gutes durch den Frachtführer und der Ablieferung entstanden ist und die Feststellung des Mangels durch amtlich bestellte Sachverständige unverzüglich nach der Entdeckung und spätestens binnen einer Woche nach der Annahme beantragt wird. Ist dem Frachtführer der Mangel unverzüglich nach der Entdeckung und binnen der bezeichneten Frist angezeigt, so genügt es, wenn die Fest=stellung unverzüglich nach dem Zeitpunkte beantragt wird, bis zu welchem der Eingang einer Antwort des Frachtführers unter regelmäßigen Umständen er=wartet werden darf.

Die Kosten einer von dem Empfangsberechtigten beantragten Feststellung sind von dem Frachtführer zu tragen, wenn ein Verlust oder eine Beschädigung ermittelt wird, für welche der Frachtführer Ersatz leisten muß.

Der Frachtführer kann sich auf diese Vorschriften nicht berufen, wenn er den Schaden durch Vorsatz oder grobe Fahrlässigkeit herbeigeführt hat.

§. 439[19]). Auf die Verjährung der Ansprüche gegen den Frachtführer wegen Verlustes, Minderung, Beschädigung oder verspäteter Ablieferung des Gutes finden die Vorschriften des §. 414 entsprechende Anwendung. Dies gilt nicht für die im §. 432 Abs. 3 bezeichneten Ansprüche.

§. 440[20]). Der Frachtführer hat wegen aller durch den Frachtvertrag begründeten Forderungen, insbesondere der Fracht= und Liegegelder, der Zoll=gelder und anderer Auslagen, sowie wegen der auf das Gut geleisteten Vor=schüsse ein Pfandrecht an dem Gute.

---

[17]) § 464 (Abweichung von § 438 Abs. 3 für die Eis.), 471; VerkO. § 90; IntUb. Art. 44. Nachträgliche Zurück=ziehung der Annahmeverweig. Senckpiehl in EEE. XXI 204.

[18]) Bezahlung streng auszulegen; nicht Zahlungsversprechen, Kreditierung, auch nicht Teilzahlung; auf frankierte Sendungen ist Abs. 1 nicht anwendbar RGer. 15. Jan. 90 (XXV 31). In letz=terem Punkte a. M. Gerstner IntUb. (01) S. 122. — Unter Abs. 1 fällt nicht Zurücknahme des Gutes durch den

Absender unter Aufhebung des Fracht=vertrags RGer. 2. Feb. 89 (XXII 145). Nur Ansprüche aus dem Frachtvertrag erlöschen, nicht z. B. der auf Rück=forderung irrtümlich zu viel gezahlter Fracht RGer. 11. März 82 (VI 100).

[19]) § 471, 470 Abs. 1; VerkO. § 91 (die Vorschr. des § 414 ist eingearbeitet). IntUb. Art. 45, 46. Die Ansprüche des Frachtführers verjähren gemäß BGB. § 196 Abs. 1 Ziff. 3 (2 Jahre); aber HGB. § 470 Abs. 1.

[20]) IntUb. Art. 21, 22.

Das Pfandrecht besteht, solange der Frachtführer das Gut noch im Besitze hat, insbesondere mittelst Konnossements, Ladescheins oder Lagerscheins darüber verfügen kann.

Auch nach der Ablieferung dauert das Pfandrecht fort, sofern der Fracht= führer es binnen drei Tagen nach der Ablieferung gerichtlich geltend macht und das Gut noch im Besitze des Empfängers ist[21]).

Die im §. 1234 Abs. 1 des Bürgerlichen Gesetzbuchs bezeichnete An= drohung des Pfandverkaufs sowie die in den §§. 1237, 1241 des Bürger= lichen Gesetzbuchs vorgesehenen Benachrichtigungen sind an den Empfänger zu richten. Ist dieser nicht zu ermitteln oder verweigert er die Annahme des Gutes, so hat die Androhung und Benachrichtigung gegenüber dem Absender zu erfolgen.

§. 441[22]). Der letzte Frachtführer hat, falls nicht im Frachtbrief ein Anderes bestimmt ist, bei der Ablieferung auch die Forderungen der Vor= männer sowie die auf dem Gute haftenden Nachnahmen einzuziehen und die Rechte der Vormänner, insbesondere auch das Pfandrecht, auszuüben. Das Pfandrecht der Vormänner besteht so lange als das Pfandrecht des letzten Frachtführers.

Wird der vorhergehende Frachtführer von dem nachfolgenden befriedigt, so gehen seine Forderung und sein Pfandrecht auf den letzteren über.

In gleicher Art gehen die Forderung und das Pfandrecht des Spediteurs auf den nachfolgenden Spediteur und den nachfolgenden Frachtführer über.

§. 442[23]). Der Frachtführer, welcher das Gut ohne Bezahlung abliefert und das Pfandrecht nicht binnen drei Tagen nach der Ablieferung gerichtlich geltend macht, ist den Vormännern verantwortlich. Er wird, ebenso wie die vorhergehenden Frachtführer und Spediteure, des Rückgriffs gegen die Vor= männer verlustig. Der Anspruch gegen den Empfänger bleibt in Kraft.

§. 443. Bestehen an demselben Gute mehrere nach den §§. 397, 410, 421, 440 begründete Pfandrechte, so geht unter denjenigen Pfandrechten, welche durch die Versendung oder durch die Beförderung des Gutes entstanden sind, das später entstandene dem früher entstandenen vor.

Diese Pfandrechte haben sämmtlich den Vorrang vor dem nicht aus der Versendung entstandenen Pfandrechte des Kommissionärs und des Lagerhalters sowie vor dem Pfandrechte des Spediteurs und des Frachtführers für Vorschüsse.

---

[21]) Der Tag der Ablieferung zählt nicht mit (BGB. § 187); gerichtl. Geltend= machung erfolgt durch Zustellung der Klage auf Herausgabe oder durch Ein= reichung eines Antrags auf Erlaß einer einstweil. Verfügung; Besitz ist auch mittelbarer Besitz (BGB. § 868) Staub Anm. 6—8. — Für den internationa= len Verkehr gilt das „Folgerecht" nicht (IntÜb. Art. 21). — VII 4 Anm. 92 b. W.

[22]) BerkO. § 66 (4). — § 441 setzt nicht durchgehenden Frachtbrief voraus (Anm. 12) Staub vor Anm. 1.

[23]) Anwend. des § 442 auf die Aus= lieferung ohne Erhebung eines ver= wirkten Frachtzuschlags OLGer. Hamm 11. Juli 04 (VerZtg. 05 S. 29).

§. 444. Ueber die Verpflichtung zur Auslieferung des Gutes kann von dem Frachtführer ein Ladeschein ausgestellt werden[24]).

§. 445. Der Ladeschein soll enthalten:

1. den Ort und den Tag der Ausstellung;
2. den Namen und den Wohnort des Frachtführers;
3. den Namen des Absenders;
4. den Namen desjenigen, an welchen oder an dessen Order das Gut abgeliefert werden soll; als solcher gilt der Absender, wenn der Ladeschein nur an Order gestellt ist;
5. den Ort der Ablieferung;
6. die Bezeichnung des Gutes nach Beschaffenheit, Menge und Merkzeichen;
7. die Bestimmung über die Fracht und über die auf dem Gute haftenden Nachnahmen sowie im Falle der Vorausbezahlung der Fracht einen Vermerk über die Vorausbezahlung.

Der Ladeschein muß von dem Frachtführer unterzeichnet sein.

Der Absender hat dem Frachtführer auf Verlangen eine von ihm unterschriebene Abschrift des Ladescheins auszuhändigen.

§. 446. Der Ladeschein entscheidet für das Rechtsverhältniß zwischen dem Frachtführer und dem Empfänger des Gutes; die nicht in den Ladeschein aufgenommenen Bestimmungen des Frachtvertrags sind dem Empfänger gegenüber unwirksam, sofern nicht der Ladeschein ausdrücklich auf sie Bezug nimmt.

Für das Rechtsverhältniß zwischen dem Frachtführer und dem Absender bleiben die Bestimmungen des Frachtvertrags maßgebend.

§. 447. Zum Empfange des Gutes legitimirt ist derjenige, an welchen das Gut nach dem Ladeschein abgeliefert werden soll oder auf welchen der Ladeschein, wenn er an Order lautet, durch Indossament übertragen ist.

Der zum Empfange Legitimirte hat schon vor der Ankunft des Gutes am Ablieferungsorte die Rechte, welche dem Absender in Ansehung der Verfügung über das Gut zustehen, wenn ein Ladeschein nicht ausgestellt ist.

Der Frachtführer darf einer Anweisung des Absenders, das Gut anzuhalten, zurückzugeben oder an einen anderen als den durch den Ladeschein legitimirten Empfänger auszuliefern, nur Folge leisten, wenn ihm der Ladeschein zurückgegeben wird; verletzt er diese Verpflichtung, so ist er dem rechtmäßigen Besitzer des Ladescheins für das Gut verhaftet.

§. 448. Der Frachtführer ist zur Ablieferung des Gutes nur gegen Rückgabe des Ladescheins, auf dem die Ablieferung des Gutes bescheinigt ist, verpflichtet.

§. 449. Im Falle des §. 432 Abs. 1 wird der nachfolgende Frachtführer, der das Gut auf Grund des Ladescheins übernimmt, nach Maßgabe des Scheines verpflichtet.

---

[24]) Das Frachtbriefduplikat im EisVerkehr hat nicht die Bedeutung eines Ladescheins VerkO. § 54 (6); IntÜb. Art. 8 Abs. 6.

§. 450. Die Uebergabe des Ladescheins an denjenigen, welcher durch den Schein zur Empfangnahme des Gutes legitimirt wird, hat, wenn das Gut von dem Frachtführer übernommen ist, für den Erwerb von Rechten an dem Gute dieselben Wirkungen wie die Uebergabe des Gutes.

§. 451. Die Vorschriften der §§. 426 bis 450 kommen auch zur Anwendung, wenn ein Kaufmann, der nicht Frachtführer ist, im Betriebe seines Handelsgewerbes eine Beförderung von Gütern zu Lande oder auf Flüssen oder sonstigen Binnengewässern auszuführen übernimmt.

§. 452. Auf die Beförderung von Gütern durch die Postverwaltungen des Reichs und der Bundesstaaten finden die Vorschriften dieses Abschnitts keine Anwendung. Die bezeichneten Postverwaltungen gelten nicht als Kaufleute im Sinne dieses Gesetzbuchs[2]).

Siebenter Abschnitt. Beförderung von Gütern und Personen auf den Eisenbahnen[25]).

§ 453[26]). Eine dem öffentlichen Güterverkehre dienende Eisenbahn darf die Uebernahme von Gütern zur Beförderung nach einer für den Güterverkehr eingerichteten Station innerhalb des Deutschen Reichs nicht verweigern, sofern:

1. der Absender sich den geltenden Beförderungsbedingungen und den sonstigen allgemeinen Anordnungen der Eisenbahn unterwirft;
2. die Beförderung nicht nach gesetzlicher Vorschrift oder aus Gründen der öffentlichen Ordnung verboten ist;
3. die Güter nach der Eisenbahnverkehrsordnung[27]) oder den gemäß der Verkehrsordnung erlassenen Vorschriften und, soweit diese keinen Anhalt gewähren, nach der Anlage und dem Betriebe der betheiligten Bahnen sich zur Beförderung eignen;
4. die Beförderung mit den regelmäßigen Beförderungsmitteln möglich ist;
5. die Beförderung nicht durch Umstände, die als höhere Gewalt[26]) zu betrachten sind, verhindert wird.

---

[25]) Zu Abschn. VII. Eisenbahnen i. S. des HGB. sind alle dem öffentl. Verkehr dienenden Bahnen (I 1 b. W.), auch Kleinbahnen; nur sind auf letztere nicht alle eisenbahnrechtl. Vorschr. des HGB. anwendbar (§ 473). — Inhalt des Abschn.: § 453 Beförderungspflicht, § 454 grundsätzl. Anwendbarkeit des VI. Abschn., § 455 Frachtbriefduplikat, § 456—468 Haftung. § 469 Mehrheit von Frachtführern, § 470 Versäumung, § 471 Ausschluß abweichender Vertragsbestimmungen, § 472 Personenbeförderung, § 473 Kleinbahnen. — Vom früheren HGB. weicht das neue HGB. hauptsächlich darin ab, daß es die Personenbeförderung mitumfaßt, die VerkO. zu einer Rechtsverordnung erhebt u. die Haftung für Güter nicht mehr (innerhalb gewisser Grenzen) der Vereinbarung überläßt, sondern unmittelbar regelt Staub Anm. 1—4 zu § 453. — Güter i. S. des Abschn. VII (nicht i. S. der VerkO.) sind alle Transportgegenstände mit Ausnahme von Personen; also auch Leichen, Gepäck, Tiere Staub Anm. 5 zu § 425.

[26]) § 471. — § 473 (Kleinbahnen) VerkO. § 6, 49, 50, 55, 56; IntÜb. Art. 5. — Der gesetzlichen Transportpflicht in ihrer Ausdehnung auf Transporte nach allen Stationen aller

Die Eisenbahn ist nur insoweit verpflichtet, Güter zur Beförderung an=
zunehmen, als die Beförderung sofort erfolgen kann. Inwieweit sie verpflichtet
ist, Güter, deren Beförderung nicht sofort erfolgen kann, in einstweilige Ver=
wahrung zu nehmen, bestimmt die Eisenbahnverkehrsordnung[27]).

Die Beförderung der Güter findet in der Reihenfolge statt, in welcher
sie zur Beförderung angenommen worden sind, sofern nicht zwingende Gründe
des Eisenbahnbetriebs oder das öffentliche Interesse eine Ausnahme rechtfertigen.

Eine Zuwiderhandlung gegen diese Vorschriften begründet den Anspruch
auf Ersatz des daraus entstehenden Schadens[28]).

§. 454. Auf das Frachtgeschäft der dem öffentlichen Güterverkehre
dienenden Eisenbahnen finden die Vorschriften des vorigen Abschnitts insoweit
Anwendung, als nicht in diesem Abschnitt oder in der Eisenbahnverkehrs=
ordnung[27]) ein Anderes bestimmt ist.

§. 455[29]). Die Eisenbahn ist verpflichtet, auf Verlangen des Absenders
den Empfang des Gutes unter Angabe des Tages, an welchem es zur Be=
förderung angenommen ist, auf einem Duplikate des Frachtbriefs zu bescheinigen;
das Duplikat ist von dem Absender mit dem Frachtbriefe vorzulegen.

Im Falle der Ausstellung eines Frachtbriefduplikats steht dem Absender
das im §. 100 bezeichnete Verfügungsrecht nur zu, wenn er das Duplikat vor=
legt. Befolgt die Eisenbahn die Anweisungen des Absenders, ohne die Vor=
legung des Duplikats zu verlangen, so ist sie für den daraus entstehenden
Schaden dem Empfänger, welchem der Absender die Urkunde übergeben hat,
haftbar.

§. 456[30]). Die Eisenbahn haftet für den Schaden, der durch Verlust oder
Beschädigung des Gutes in der Zeit von der Annahme zur Beförderung bis

---

anderen deutschen Eisenbahnen entspricht
die Transportgemeinschaft aller mit=
beteiligten Bahnen HGB. §432; VerkO.
§ 63 (2), 74. — Höhere Gewalt § 456.

[27]) Durch die Art u. Weise, in der
das HGB. auf die Verkehrsordnung
(VII 3 d. W.) an zahlreichen Stellen
des Abschn. VII, besonders in § 453, 471,
472 Bezug nimmt, ist diese von einer
die Bedingungen des Frachtvertrags
festsetzenden Verwaltungsordnung zu
einer Rechtsverordnung erhoben, die
den Charakter einer revisiblen Norm
i. S. CPO. trägt; dieser rechtl. Charakter
bezieht sich auf die jeweils geltende,
nicht nur auf diejen. VerkO., die z. B.
des Erlasses des HGB. in Kraft stand
Staub Anm. 2, 3. — Die Vorschr. der
VerkO. über den Güterverkehr dürfen
im Vereinbarungswege nicht abgeändert
werden, auch nicht zugunsten des
Publikums (§ 471 Abs. 2). — VII 1 d.W.

[28]) Wenn die Eis. ein Verschulden
trifft Staub Anm. 15.

[29]) § 471. — VerkO. § 54, 64, 65,
73; IntÜb. (nach dem die Ausstellung
des Duplikats obligatorisch ist) Art.
8, 15. Aushändigung des D. an einen
Dritten, z. B. den Empfänger, bewirkt
nicht Übertragung des Verfügungsrechts
Staub Anm. 2, RGer. 25. April 96
(EEE. XIII 160), hat also nur die
Folge, daß vor dem in § 435 bezeich=
neten Zeitpunkt niemand verfügungs=
berechtigt ist; jedoch § 455 Abs. 2 Satz
2 u. VerkO. § 65 (4). Ausstellung eines
nicht verlangten D.s kann die EisVerwaltung
schadenersatzpflichtig machen
RGer. 7. Feb. 90 (EEE. VII 352). —
VII 3 Anm. 120.

[30]) § 471. — § 429; VerkO. § 75;
IntÜb. Art. 30. — § 456 ordnet die
Haftung der Eis. für Verlust u.
Beschädigung dem Grundsatz nach;

zur Ablieferung entsteht, es sei denn, daß der Schaden durch ein Verschulden oder eine nicht von der Eisenbahn verschuldete Anweisung des Verfügungs= berechtigten, durch höhere Gewalt, durch äußerlich nicht erkennbare Mängel der Verpackung oder durch die natürliche Beschaffenheit des Gutes, namentlich durch inneren Verderb, Schwinden, gewöhnliche Leckage, verursacht ist.

Die Vorschrift des §. 429 Abs. 2 findet Anwendung.

§. 457[31]). Muß auf Grund des Frachtvertrags von der Eisenbahn für gänzlichen oder theilweisen Verlust des Gutes Ersatz geleistet werden, so ist der gemeine Handelswerth und in dessen Ermangelung der gemeine Werth zu ersetzen, welchen Gut derselben Art und Beschaffenheit am Orte der Ab= sendung in dem Zeitpunkte der Annahme zur Beförderung hatte, unter Hinzu= rechnung dessen, was an Zöllen und sonstigen Kosten sowie an Fracht bereits bezahlt ist[32]).

die Haftung ist eine strengere als die anderer Frachtführer (§ 429). Aus= nahmen, teilweise nur im Wege ab= weichender Regelung der Beweislast, sind bestimmt in § 459—462, 465, 467, 468. — Zur Begründung des Anspruchs gegen die Eis. genügt, daß der Schaden in der in § 456 angegebenen Zeit ent= standen ist; Sache der Eis. ist, sich durch Beweis der zugelassenen Einrede zu entlasten RGer. 28. Jan. 82 (EEE. II 183). Wird die Ursache des in dieser Zeit entstandenen Schadens nicht auf= geklärt, so haftet die Eis. RGer. 7. Mai 84 (EEE. III 353). Zuständig ist das Gericht des Ablieferungsorts RGer. 7. Juli 86 (EEE. V 64), Anm. 3. Ablieferung ist nicht schon mit der Ankunft am Bestimmungsort, sondern erst dann anzunehmen, wenn der Fracht= führer durch ausdrückl. oder stillschweig. Erklärung dem Empfänger gegenüber seine Verfügung aufgegeben u. dadurch die Sendung zur Abnahme bereitgestellt hat RGer. 15. Mai 85 (XIII 168). Tatsächliche Übergabe nicht nötig; es genügt z. B., wenn das Gut an der Zoll= oder Abladestelle niedergelegt u. zugleich der Empfänger durch Anzeige instand gesetzt ist, selbst über das Gut zu verfügen RGer. 21. Sept. 95 (EEE. XIII 16); VerkO. § 75 (2) u. Eger Anm. 417 dazu; Int. Ztschr. XII 88. Über die Modalitäten der Ablieferung entscheidet das Recht des Empfangsorts RGer. 5. Dez. 96 (EEE. XIV 39). Die Abliefe= rung muß an den zur Empfangnahme Berechtigten geschehen; wer es ist, ergibt sich, ohne Rücksicht auf das Rechtsver=

hältnis zwischen Absender und Empfän= ger, ausschließlich aus dem Frachtver= trag RGer. 17. Mai 02 (EEE. XIX 144); Anm. 34. — Anweisung des Verfügungsberechtigten Reindl in EEE. XXI 193, Int.Ztschr. XIII 89. — Höhere Gewalt im gleichen Sinne aufzufassen wie bei HPfG. § 1 (VI 6 Anm. 8 b. M.) RGer. 23. März 88 (XXI 13). Die Gefahr eines Zufalls, der sich nicht als höhere Gewalt darstellt, trägt die Eis. — Unter inneren Verderb fällt Selbstentzündung (deren Nachweis auch mittelbar geführt werden kann) RGer. 13. Feb. 86 (XV 146). — Straf= rechtliches. Mundraub des Packmeisters einer Staatsbahn an den ihm anver= trauten Gütern fällt unter StGB. § 350 RGer. 10. Feb. 02 (Straff. XXXV 115). Bei Mundraub an Gütern, die der Eis. bereits übergeben sind, ist i. S. StGS. § 370 Abs. 2 die EisVerw. zur Stellung des Strafantrags berechtigt RGer. 23. Sept. 89 (das. XIX 378).

[31]) Abweichend § 430. — § 457 Abs. 1, 2 regelt den normalen Betrag des Ersatzes für Verlust u. Beschädigung; Ausnahmen Abs. 3, § 461—463; Ge= päck § 465. — § 471.

[32]) VerkO. § 80; Int.Üb. Art. 34. Nur wirklicher Schaden, nicht ent= gangener Gewinn kann gefordert werden. Neben der Entschäd. für Total= verlust kann nicht auch die für Ver= säumung der Lieferfrist (§ 466) verlangt werden Staub Anm. 2 zu § 430; a. M. Eger Anm. 440 zu VerkO. § 80. Zeit= punkt der Annahme zur Beförde= rung VerkO. § 54 (1). Verlust liegt

Im Falle der Beschädigung ist für die Minderung des im Abs. 1 bezeichneten Werthes Ersatz zu leisten[33]).

Ist der Schaden durch Vorsatz oder grobe Fahrlässigkeit der Eisenbahn herbeigeführt, so kann Ersatz des vollen Schadens gefordert werden[34]).

§. 458. Die Eisenbahn haftet für ihre Leute und für andere Personen, deren sie sich bei der Ausführung der Beförderung bedient[35]).

§. 459[36]). Die Eisenbahn haftet nicht:

1. in Ansehung der Güter, die nach der Bestimmung des Tarifs oder

---

u. U. auch vor, wenn die Eis. das Gut wegen eines Arrests nicht ausliefern kann RGer. 4. März 93 (EEE. X 306) oder an einen nicht Berechtigten ausgeliefert hat RGer. 17. Mai 02 (EEE. XIX 144). Ist nur ein Teil der Sendung verloren oder beschädigt, so ist nur für ihn Ersatz zu leisten, wenn nicht die ganze Sendung ein unteilbares Ganzes bildet; das Vertragsverhältnis zwischen Absender u. Empfänger kommt hierbei nicht in Betracht RGer. 19. Feb. 00 (IV 100). — VertO. § 75, 82, IntÜb. Art. 33, 36.

[33]) VertO. § 83; IntÜb. Art. 37. Streitig ist die Art der Schadensermittlung: Eger (Anm. 450 zu VertO. § 83) läßt den für Totalverlust zu gewährenden Betrag abzüglich des Wertes des beschädigten Gutes zur Zeit u. am Orte der Ablieferung maßgebend sein; Gerstner — IntÜb. (01) S. 110 will lediglich Zeit u. Ort der Ablieferung zugrunde legen. — Der Empfänger kann nicht abandonnieren, d. h. Annahme verweigern u. vollen Wert gemäß Abs. 1 verlangen RGer. 21. Dez. 80 (EEE. I 341, Arch. 81 S. 193). — Teilweise Beschädigung Anm. 32.

[34]) VertO. § 88; IntÜb. Art. 41. — BGB. § 249 ff. — § 458 anwendbar RGer. 30. Sept. 82 (VII 125). Wird wegen einer dem Frachtvertrag nicht entsprechenden Ablieferung nicht aus § 456 (Entschäd. für Verlust), sondern aus § 457 Abs. 3 geklagt, so kann u. U. auf das außerhalb des Frachtvertrags liegende Rechtsverhältnis des Absenders zu einem Dritten zurückgegangen werden RGer. 17. Mai 02 (EEE. XIX 144). — Abs. 3 bezieht sich nur auf die Höhe der Ersatzleistung u. enthält eine Ausnahme von der in Abs. 1 bestimmten Einschränkung der-

selben, ebenso § 461 Abs. 2, § 466 Abs. 4 Gerstner IntÜb. (01) S. 117 f., Int. Ztschr. XII 227; a. M. Eger, Anm. 470 zu VertO. § 88.

[35]) § 471. — VertO. § 9 (auch für die Personenbeförderung); IntÜb. Art. 29. Abweichend § 431. — Die Haftung ist eine weitergehende als die nach BGB. (II 2 c Anl. B d. W.) — Der Begriff Leute umfaßt das gesamte im Transportbetrieb (wenn auch nicht mit unmittelbar auf den Transport gerichteten Handlungen) beschäftigte, nicht bloß das bei dem einzelnen Transport beteiligte Personal, sofern nur die schädigende Handlungsweise des Angestellten zu seiner Anstellung im Betrieb in Beziehung steht, z. B. durch sie erleichtert wird RGer. 30. Sept. 82 (VII 125); a. M. Eger Anm. 31 zu VertO. § 9. Es genügt mittelbarer Beweis; genaue Bestimmung z. B. des Tatorts oder Täters ist nicht nötig RGer. 28. Okt. 81 (EEE. II 136). — Rollfuhrunternehmer VertO. § 68 (3). Versehen von Beamten, für welche die StEB. nach § 458 haftet, sind nicht "Verschuldung von Staatsbeamten" i. S. AG. GVG. § 39 Ziff. 2. (II 2 c Anl. B Ziff. V d. W.).

[36]) § 471. — Kleinbahnen § 473. — VertO. § 77; IntÜb. Art. 31. — Der Schwerpunkt des § 459, namentlich Abs. 1 Ziff. 2, 4, liegt in den von § 456 abweichenden Beweisvorschriften der Abs. 2, 3: Wenn die Eis. beweist, daß der Schaden aus einer der in Abs. 1 bezeichneten Gefahren entstehen konnte, so ist sie haftfrei, sofern nicht der andere Teil nachweist, daß eine andere Ursache vorliegt, oder daß die Eis. ein Verschulden trifft Staub Anm. 12 ff; a. M. Reindl in EEE. XXI 188, Int. Ztschr. XIII 89.

nach einer in den Frachtbrief aufgenommenen Vereinbarung mit dem Absender in offen gebauten Wagen befördert werden,

für den Schaden, welcher aus der mit dieser Beförderungsart verbundenen Gefahr entsteht[37]);

2. in Ansehung der Güter, die, obgleich ihre Natur eine Verpackung zum Schutze gegen Verlust oder Beschädigung während der Beförderung erfordert, nach Erklärung des Absenders auf dem Frachtbrief unverpackt oder mit mangelhafter Verpackung zur Beförderung aufgegeben worden sind,

für den Schaden, welcher aus der mit dem Mangel oder mit der mangelhaften Beschaffenheit der Verpackung verbundenen Gefahr entsteht[38]);

3. in Ansehung der Güter, deren Aufladen und Abladen nach der Bestimmung des Tarifs oder nach einer in den Frachtbrief aufgenommenen Vereinbarung mit den Absender von diesem oder von dem Empfänger besorgt wird,

für den Schaden, welcher aus der mit dem Aufladen und Abladen oder mit einer mangelhaften Verladung verbundenen Gefahr entsteht[39]);

4. in Ansehung der Güter, die vermöge ihrer eigenthümlichen natürlichen Beschaffenheit der besonderen Gefahr ausgesetzt sind, Verlust oder Beschädigung, namentlich Bruch, Rost, inneren Verderb, außergewöhnliche Leckage, Austrocknung und Verstreuung, zu erleiden,

für den Schaden, welcher aus dieser Gefahr entsteht[40]);

---

[37]) Eine Verschärfung der Haftpflicht enthält VerkO. § 77 (1) Ziff. 1 Schlußsatz. — Allg. Zusatzbest. I, II zu VerkO. § 77; Allg. Tarifvorschr. (VII 3 Anl. J) Abschn. III; VerkO. § 57. — Offener Wagen mit Decke bleibt offen gebauter Wagen i. S. Ziff. 1, RGer. 11. Jan. 84 (X 105) u. 6. Apr. 93 (EEE. X 181). Maßgebend ist, wie nach der in Ziff. 1 bezeichneten Bestimmung befördert werden soll, nicht wie tatsächlich befördert wird RGer. 18. Nov. 79 (I 14) u. 11. Jan. 84 (a. a. O.). Vereinbarung RGer. 19. Dez. 03 (VerZtg. 04 S. 432). Ein zur Beförd. aufgegebener Möbelwagen ist Transportgegenstand, nicht Wagen i. S. Ziff. 1 RGer. 10. Nov. 94 (XXXIV 42). — Anm. 42.

[38]) § 456; VerkO. § 58. Zum Eintritt der Rechtsfolge der Ziff. 2 ist das Anerkenntnis auf dem Frachtbrief nötig, aber auch ausreichend; die Abgabe der besonderen Erklärung gemäß VerkO. § 58 (2) ist kein Erfordernis

für den Ausschluß der Haftung Eger Anm. 269 zu § 58 u. Anm. 423 zu § 77 VerkO.; Gerstner, JntÜb. (01) S. 62. A. M. Zentralamt 12. Nov. 00 (Jnt. Ztschr. IX 8).

[39]) Allg. Tarifvorschr. (VII 3 Anl. J) Abschn. II; VerkO. § 54 (4). — Ziff. 3 kommt nicht in Frage, wenn ein Verlust bereits vor Beginn der Selbstverladung festgestellt worden ist RGer. 5. Dez. 79 (EEE. I 38). Wenn die Selbstverladung aus dem Frachtbrief hervorgeht, braucht sie nicht auch im Tarif vorgeschrieben zu sein RGer. 12. Dez. 03 (EEE. XX 335). Mangelhafte Verladungseinrichtungen der Eis. RGer. 9. März 04 (das. 351).

[40]) § 456. Es muß sich um Gegenstände handeln, bei denen nicht nur die bloße Möglichkeit, sondern eine besondere Gefahr des Verlustes usw. vorliegt RGer. 13. Feb. 86 (XV 146), 19. Dez. 03 (VerZtg. 04 S. 432).

5. in Ansehung lebender Thiere,

für den Schaden, welcher aus der für sie mit der Beförderung ver=
bundenen besonderen Gefahr entsteht;

6. in Ansehung derjenigen Güter, einschließlich der Thiere, welchen nach
der Eisenbahnverkehrsordnung[27]), dem Tarif oder nach einer in den
Frachtbrief aufgenommenen Vereinbarung mit dem Absender ein Be=
gleiter beizugeben ist,

für den Schaden, welcher aus der Gefahr entsteht, deren Abwendung
durch die Begleitung bezweckt wird[41]).

Konnte ein eingetretener Schaden den Umständen nach aus einer der im
Abs. 1 bezeichneten Gefahren entstehen, so wird vermutet, daß er aus dieser
Gefahr entstanden sei[42]).

Eine Befreiung von der Haftpflicht kann auf Grund dieser Vorschriften
nicht geltend gemacht werden, wenn der Schaden durch Verschulden der Eisen=
bahn entstanden ist[43]).

§. 460[44]). Bei Gütern, die nach ihrer natürlichen Beschaffenheit bei
der Beförderung regelmäßig einen Gewichtsverlust erleiden, ist die Haftpflicht
der Eisenbahn für Gewichtsverluste bis zu den aus der Eisenbahnverkehrs=
ordnung[44]) sich ergebenden Normalsätzen ausgeschlossen.

Der Normalsatz wird, falls mehrere Stücke auf denselben Frachtbrief
befördert werden, für jedes Stück besonders berechnet, wenn das Gewicht der
einzelnen Stücke im Frachtbriefe verzeichnet ist oder sonst festgestellt werden
kann.

Die Beschränkung der Haftpflicht tritt nicht ein, soweit der Verlust den
Umständen nach nicht in Folge der natürlichen Beschaffenheit des Gutes ent=

---

[41]) Leichen VerkO. § 42 (3); Tiere VerkO. § 44 (4) mit Allg. Zusatzbest. II, III; Wertgegenstände Allg. Zu=satzbest. II 1 d zu VerkO. § 50. — Feuerschaden durch Schuld des Begleiters RGer. 7. Feb. 04 (Int. Ztschr. XIII 287).

[42]) Der Gegenbeweis kann dahin geführt werden, daß der Umstand, für den die Eis. nach Abs. 1 nicht haftet, nicht die Ursache gewesen sein kann RGer. 11. Jan. 84 (X 105). Die Vermutung bezieht sich nicht auf Schadens=ersatzansprüche der Eis. gegen den Ab=sender RGer. 6. März 86 (XV 152).

[43]) § 458. — Die Beweislast liegt also umgekehrt wie im Normalfall (§ 456), aber die Best. des Abs. 1 be=freien die Eis. nicht auch materiell von der Haftung dafür, daß ihrerseits die wegen der besonderen Gefahr erforder=liche Sorgfalt beobachtet wird; ein von ihr zu vertretendes Verschulden ist

z. B. darin gefunden worden, daß ein offener Wagen mit entzündlichem Inhalt in zu großer Nähe der Lokomotive ein=gestellt war RGer. 22. Feb. 88 (XX 118), daß die Lokomotive übermäßig Funken auswarf RGer. 10. Nov 94 (XXXIV 42), daß die zur Bedeckung des offenen Wagens bahnseitig gestellten Decken mangelhaft waren RGer. 18. April 91 (EEE. VIII 324, Arch. 92 S. 146).

[44]) § 471. — VerkO. § 78; Int. Üb. Art. 32. Kleinbahnen § 473. — Wiederum eine von § 456 abweichende Beweisvorschrift; beweist die Eis., daß das Gut unter Abs. 1 fällt, so haftet sie bis zu den dort bezeichneten Sätzen für Gewichtsverlust nicht, wenn nicht der andere Teil den Beweis nach Abs. 3 führt; die Eis. kann aber auch be=weisen, daß der tatsächliche Verlust den Satz des Abs. 1 überstiegen hat Staub Anm. 2, 3.

standen ist oder soweit der angenommene Satz dieser Beschaffenheit oder den sonstigen Umständen des Falles nicht entspricht.

Bei gänzlichem Verluste des Gutes findet ein Abzug für Gewichtsverlust nicht statt.

§. 461[45]). Die Eisenbahnen können in besonderen Bedingungen (Ausnahmetarifen) einen im Falle des Verlustes oder der Beschädigung zu erstattenden Höchstbetrag festsetzen, sofern diese Ausnahmetarife veröffentlicht werden, eine Preisermäßigung für die ganze Beförderung gegenüber den gewöhnlichen Tarifen der Eisenbahn enthalten und der gleiche Höchstbetrag auf die ganze Beförderungsstrecke Anwendung findet.

Ist der Schaden durch Vorsatz oder grobe Fahrlässigkeit der Eisenbahn herbeigeführt, so kann die Beschränkung auf den Höchstbetrag nicht geltend gemacht werden[46]).

§. 462[47]). Inwieweit für den Fall des Verlustes oder der Beschädigung von Kostbarkeiten, Kunstgegenständen, Geld und Werthpapieren die zu leistende Entschädigung auf einen Höchstbetrag beschränkt werden kann, bestimmt die Eisenbahnverkehrsordnung[27]). Die Vorschrift des §. 461 Abs. 2 findet entsprechende Anwendung[46]).

§. 463[48]). Ist das Interesse an der Lieferung nach Maßgabe der Vorschriften der Eisenbahnverkehrsordnung[27]) in dem Frachtbriefe, dem Gepäckschein oder dem Beförderungsschein angegeben, so kann im Falle des Verlustes oder der Beschädigung des Gutes außer der im §. 457 Abs. 1, 2 bezeichneten Entschädigung der Ersatz des weiter entstandenen Schadens bis zu dem angegebenen Betrage beansprucht werden.

Ist die Ersatzpflicht nach den Vorschriften des §. 461 oder des §. 462 auf einen Höchstbetrag beschränkt, so findet eine Angabe des Interesses an der Lieferung über diesen Betrag hinaus nicht statt.

§. 464[49]). Wegen einer Beschädigung oder Minderung, die bei der Annahme des Gutes durch den Empfänger äußerlich nicht erkennbar ist, können Ansprüche gegen die Eisenbahn nach §. 438 Abs. 3 nur geltend

---

[45]) § 471. — § 463 Abs. 2. — VerkO. § 81 (1, 3), 83, 88, 51 (1) e; JntÜb. Art. 35, 37, 41, Art. 6 Abs. 1 e. — Veröffentlichung der Tarife VerkO. § 7.

[46]) § 458.

[47]) § 471. — § 429 Abs. 2, § 463 Abs. 2; VerkO. § 81 (2). — Kleinbahnen § 473.

[48]) § 471. — § 466 Abs. 2; VerkO. § 84, 85, 34 (2), 48 (2); JntÜb. Art. 38. — Kleinbahnen § 473. — Die Angabe des Interesses ändert nichts an der Verpflichtung des Geschädigten, die Höhe des Schadens zu beweisen Eger Anm.

460 zu VerkO. § 85. Die Verpflichtung der Eis. aus § 457 Abs. 3 bleibt unberührt.

[49]) § 471. — Abweichung von § 438 Abs. 3; im übrigen gilt § 438 auch für Eis. — VerkO. § 90 Abs. 2 Ziff. 4 u. Abs. 1; JntÜb. Art. 44 Abs. 2 Ziff. 4, Abs. 5, Abs. 1 (teilweise abweichend). CPO. § 488 Abs. 1; G. betr. Angel. der freiwill. Gerichtsbarkeit 20. Mai 98 (RGB. 771) § 164 (zuständig Amtsgericht der belegenen Sache). Zu Abs. 2 § 458. — Kleinbahnen § 473.

gemacht werden, wenn binnen einer Woche nach der Annahme zur Feststellung des Mangels entweder bei Gericht die Besichtigung des Gutes durch Sachverständige oder schriftlich bei der Eisenbahn eine von dieser nach den Vorschriften der Eisenbahnverkehrsordnung[27]) vorzunehmende Untersuchung beantragt wird.

Ist der Schaden durch Vorsatz oder grobe Fahrlässigkeit der Eisenbahn herbeigeführt, so kann sie sich auf diese Vorschrift nicht berufen.

§. 465[50]). Für den Verlust von Reisegepäck, das zur Beförderung aufgegeben ist, haftet die Eisenbahn nur, wenn das Gepäck binnen acht Tagen nach der Ankunft des Zuges, zu welchem es aufgegeben ist, auf der Bestimmungsstation abgefordert wird.

Inwieweit für den Fall des Verlustes oder der Beschädigung von Reisegepäck, das zur Beförderung aufgegeben ist, die zu leistende Entschädigung auf einen Höchstbetrag beschränkt werden kann, bestimmt die Eisenbahnverkehrsordnung[27]). Ist der Schaden durch Vorsatz oder grobe Fahrlässigkeit der Eisenbahn herbeigeführt, so kann die Beschränkung auf den Höchstbetrag nicht geltend gemacht werden.

Für den Verlust oder die Beschädigung von Reisegepäck, das nicht zur Beförderung aufgegeben ist, sowie von Gegenständen, die in besonderen Fahrzeugen belassen sind, haftet die Eisenbahn nur, wenn ihr ein Verschulden zur Last fällt.

§. 466[51]). Die Eisenbahn haftet für den Schaden, welcher durch Versäumung der Lieferfrist entsteht, es sei denn, daß die Verspätung von einem Ereignisse herrührt, welches sie weder herbeigeführt hat noch abzuwenden vermochte.

Der Schaden wird nur insoweit ersetzt, als er den in dem Frachtbriefe, dem Gepäckschein oder dem Beförderungsschein als Interesse an der Lieferung nach Maßgabe der Eisenbahnverkehrsordnung[27]) angegebenen Betrag und in Ermangelung einer solchen Angabe den Betrag der Fracht nicht übersteigt. Für das Reisegepäck kann an Stelle der Fracht durch die Eisenbahnverkehrsordnung ein anderer Höchstbetrag bestimmt werden.

Inwieweit ohne den Nachweis eines Schadens eine Vergütung zu gewähren ist, bestimmt die Eisenbahnverkehrsordnung[27]).

---

[50]) § 471. — Grundsätzlich haftet die Eis. für Verlust u. Beschädigung von Gepäck wie bei anderen Gütern; § 465 setzt aber einige Ausnahmen fest. Näheres VerkO. § 34. — Kleinbahnen § 473. — [51]) § 471. — § 429, 463; VerkO. § 36 (Gepäck), 48 (Tiere), 86 u. 87 (Güter); IntÜb. Art. 39—41. — Anm. 32. — Streitig ist, ob durch Abs. 1 (VerkO. § 86) die Haftung der Eis. derjenigen des Frachtführers im allg. (§ 429) gegenüber verschärft ist, d. h. ob die Eis. sich gegen Ansprüche wegen Versäumung der Lieferzeit nur durch Berufung auf höhere Gewalt oder Verschulden des anderen Teils verteidigen kann; dafür Staub Anm. 2, Gerstner IntÜb. (93) S. 381 ff., Eger Anm. 146 zu VerkO. § 36. — Abs. 4 § 458. — Kleinbahnen § 473.

Der Ersatz des vollen Schadens kann gefordert werden, wenn die Versäumung der Lieferfrist durch Vorsatz oder grobe Fahrlässigkeit der Eisenbahn herbeigeführt ist.

§. 467[52]). Werden Gegenstände, die von der Beförderung ausgeschlossen oder zur Beförderung nur bedingungsweise zugelassen sind, unter unrichtiger oder ungenauer Bezeichnung aufgegeben oder werden die für diese Gegenstände vorgesehenen Sicherheitsmaßregeln von dem Absender unterlassen, so ist die Haftpflicht der Eisenbahn auf Grund des Frachtvertrags ausgeschlossen.

§. 468[53]). Für den Fall, daß auf dem Frachtbrief als Ort der Ablieferung ein nicht an der Eisenbahn liegender Ort bezeichnet wird, kann bestimmt werden, daß die Eisenbahn als Frachtführer nur für die Beförderung bis zur letzten Eisenbahnstation haften, bezüglich der Weiterbeförderung dagegen die Verpflichtungen des Spediteurs übernehmen soll.

§. 469[54]). Wird die Beförderung auf Grund desselben Frachtbriefs nach §. 432 Abs. 2 durch mehrere auf einander folgende Eisenbahnen bewirkt, so können die Ansprüche aus dem Frachtvertrag, unbeschadet des Rückgriffs der Bahnen unter einander, im Wege der Klage nur gegen die erste Bahn oder gegen diejenige, welche das Gut zuletzt mit dem Frachtbrief übernommen hat, oder gegen diejenige, auf deren Betriebsstrecke sich der Schaden ereignet hat, gerichtet werden.

Unter den bezeichneten Bahnen steht dem Kläger die Wahl zu; das Wahlrecht erlischt mit der Erhebung der Klage.

Im Wege der Widerklage oder mittelst Aufrechnung können Ansprüche aus dem Frachtvertrag auch gegen eine andere als die bezeichneten Bahnen geltend gemacht werden, wenn die Klage sich auf denselben Frachtvertrag gründet.

§. 470[55]). Ansprüche der Eisenbahn auf Nachzahlung zu wenig erhobener Fracht oder Gebühren sowie Ansprüche gegen die Eisenbahn auf Rückerstattung zu viel erhobener Fracht oder Gebühren verjähren in einem Jahre, sofern der Anspruch auf eine unrichtige Anwendung der Tarife oder auf Fehler bei der Berechnung gestützt wird. Die Verjährung beginnt mit dem Ablaufe des Tages, an welchem die Zahlung erfolgt ist.

Die Verjährung des Anspruchs auf Rückerstattung zu viel erhobener Fracht oder Gebühren sowie die Verjährung der im §. 439 Satz 1 bezeichneten Ansprüche wird durch die schriftliche Anmeldung des Anspruchs bei der Eisen-

---

[52]) § 471. — VerkO. § 89; Int. Üb. Art. 43. Gegenstände der in § 467 bezeichneten Art: VerkO. § 30 (4), 44 (2, 3), 50. — VerkO. § 51 (1) d, 53 (7, 8). — § 467 bezieht sich nicht auf Haftung aus anderen Rechtsgründen; ob die objektiv unrichtige usw. Bezeichnung auf Verschulden beruht oder nicht, ist gleichgültig Staub Anm. 2, 1.

[53]) § 471. — VerkO. § 76.

[54]) § 471. — Teilweise abweichend § 432. — Anm. 12.

[55]) § 471. — § 439, 414, 470 sind wiedergegeben in VerkO. § 61 (5, 6, 7), 91; teilweise abweichend IntÜb. Art. 45, 46. Hemmung der Verjährung BGB. § 205.

bahn gehemmt. Ergeht auf die Anmeldung ein abschlägiger Bescheid, so be=
ginnt der Lauf der Verjährungsfrist wieder mit dem Tage, an welchem die
Eisenbahn ihre Entscheidung dem Anmeldenden schriftlich bekannt macht und
ihm die der Anmeldung etwa angeschlossenen Beweisstücke zurückstellt. Weitere
Gesuche, die an die Eisenbahn oder an die vorgesetzten Behörden gerichtet
werden, bewirken keine Hemmung der Verjährung.

§. 471. Die nach den Vorschriften des §. 432 Abf. 1, 2, der §§. 438,
439, 453, 455 bis 470 begründeten Verpflichtungen der Eisenbahnen können
weder durch die Eisenbahnverkehrsordnung[27]) noch durch Verträge ausgeschlossen
oder beschränkt werden.

Bestimmungen, welcher dieser Vorschrift zuwiderlaufen, sind nichtig. Das
Gleiche gilt von Vereinbarungen, die mit den Vorschriften der Eisenbahn=
verkehrsordnung[27]) im Widerspruche stehen[56]).

§. 472. Die Vorschriften über die Beförderung von Personen auf den
Eisenbahnen werden durch die Eisenbahnverkehrsordnung[27]) getroffen[57]).

§. 473. Bei einer dem öffentlichen Verkehre dienenden Bahnunter=
nehmung, welche der Eisenbahnverkehrsordnung[27]) nicht unterliegt (Klein=
bahn)[58]), sind insoweit, als in den §§. 153, 159, 460, 462 bis 466 auf
die Vorschriften der Eisenbahnverkehrsordnung verwiesen ist, an deren Stelle
die Beförderungsbedingungen der Bahnunternehmung maßgebend.

Den Vorschriften des §. 453 unterliegt eine solche Bahnunternehmung
nur mit der Maßgabe, daß sie die Uebernahme von Gütern zur Beförderung
auf ihrer Bahnstrecke nicht verweigern darf.

**3. Bekanntmachung des Reichskanzlers, betreffend die Eisenbahn=Ver=
kehrsordnung. Vom 26. Oktober 1899** (RGB. 557)[1]).
(Nebst den Allgemeinen Zusatzbestimmungen der Deutschen
Eisenbahnen)[2]).

Gemäß dem vom Bundesrat in der Sitzung vom 26. Oktober 1899 auf
Grund des Artikels 45 der Reichsverfassung[3]) gefaßten Beschlusse tritt mit
dem 1. Januar 1900 an die Stelle der Verkehrs=Ordnung für die Eisen=
bahnen Deutschlands vom 15. November 1892 die nachstehende

---

[56]) Auch nicht zugunsten des Publi=
kums Staub Anm. 2, Gerstner, Int.
Üb. (01) S. 36 Anm. 3; a. M. Eger
VerkO. S. XXXVII Anm. 40. — Der
Satz gilt aber nicht von den Vorschr.
der VerkO. über die Beförderung von
Personen (§ 472).

[57]) VerkO. Abschn. III.

[58]) I 1, I 2a Anm. 5 d. W.; VerkO.
EingBest. 1. (Das HGB. ist, im Gegen=
satz zur VerkO., nicht auf Grund der
das EisWesen betr. Best. der RVerf.
erlassen.)

[1]) Entstehungsgeschichte u. Rechts=
charakter: VII 1 u. VII 2 Anm. 27
d. W. Rechtsgültigkeit I 2a Anm.
21 d. W. Quellen BR. 99 Druck.
114, 140; Prot. § 614. Bearb. Eger
(2. Aufl. 01); noch jetzt wichtiges Quellen=
werk Fleck, das Betriebsregl. f. d. Eis.
Deutschl. (86). Inhalt:
I. Eingangsbestimmungen.
II. Allgemeine Bestimmungen.
§ 1 Pflichten der Eisenbahnbediensteten,
§ 2 Anordnungen der Bediensteten, § 3
Entscheidung der Streitigkeiten, § 4

[2]), [3]) S. 527.

Eisenbahn-Verkehrsordnung.

I. Eingangsbestimmungen[4].

(1) Die Eisenbahn-Verkehrsordnung findet Anwendung auf die dem öffentlichen Verkehre dienenden Eisenbahnen Deutschlands mit Ausnahme der Bahnunternehmungen, welche weder zu den Haupteisenbahnen im Sinne der Betriebsordnung noch zu den Nebeneisenbahnen im Sinne der Bahnordnung gehören (Kleinbahnen)[5]. Auf den internationalen Verkehr findet die Verkehrsordnung nur insoweit Anwendung, als derselbe nicht durch besondere Bestimmungen geregelt ist[6].

[2]) Die Bestimmungen dieser Verkehrsordnung finden auch in folgenden Fällen Anwendung[7]:

a) wenn eine Sendung das Gebiet eines fremden, an dem Internationalen Übereinkommen über den Eisenbahnfrachtverkehr vom 14. Oktober 1890 beteiligten Staates transitiert, sofern deren Abgangs- und Endstation im Gebiete des Deutschen Reichs liegen und einer deutschen Eisenbahnverwaltung der Betrieb der fremden Linie angehört;

b) wenn eine Sendung von irgend einer Station der Eisenbahnen Deutschlands nach dem Grenzbahnhof eines an dem Internationalen Übereinkommen über den Eisenbahnfrachtverkehr vom 14. Oktober 1890 beteiligten Nachbarstaats, in welchem die Zollbehandlung erfolgt, oder nach einer Station stattfindet,

ersatzes bei Versäumung der Lieferfrist, § 88 Schadenersatz bei Vorsatz oder grober Fahrlässigkeit der Eisenbahn, § 89 Verwirkung der Ersatzansprüche, § 90 Erlöschen der Ansprüche nach Bezahlung der Fracht und Annahme des Gutes, § 91 Verjährung der Ansprüche gegen die Eisenbahn wegen Verlustes, Minderung, Beschädigung oder Verspätung des Gutes.

[2]) Die Allgemeinen Zusatzbest. (Fassung v. 1. April 05 mit Kürzungen) sind hinter den zugehörigen Vorschr. der VerkO. abgedruckt u. durch Kleindruck u. Einrücken sowie durch das Zeichen [2] kenntlich gemacht. Die Zusatzbest. zum Vereins-Betr.-Regl. (VII 1 d. W.) werden, soweit sie den Güterverkehr betreffen, in Verb. mit dem Int. Üb. (VII 4) mitgeteilt; im übrigen ist von ihrer wörtlichen Wiedergabe abgesehen und wird hier bemerkt, daß sich ihr Inhalt mit einem Teile der Allg. Zusatzbest. deckt, letztere aber vielfach eingehendere Vorschr. geben. Ferner sind in den Anm. die besonderen Zusatzbest. der StEB. mitgeteilt.

[3]) Art. 45 gilt nicht für Bayern (RVerf. Art. 46 Abs. 2); dort ist jedoch eine gleichlautende VerkO. durch Bek. 16. Dez. 99 (Verord.- u. Anzeigebl. der Kgl. bayer. Verkehrsanstalten S. 661) eingeführt.

[4]) Eingangsbest. des Vereins-Betriebs-Reglements (VII 1 d. W.): Die nachstehenden Best. kommen für den internationalen Verkehr zwischen den Bahnen des Vereins deutscher Eisenbahn-Verwaltungen zur Anwendung. — § 1 bis 29 des Vereins-BetrRegl. stimmen, soweit nicht unten ein anderes bemerkt, mit § 1—29 der VerkO. wörtlich oder fast wörtlich überein.

[5]) VII 2 Anm. 58 d. W. An Stelle der BetrO. u. der BahnO. ist die BO. (Art. 1) getreten.

[6]) Demzufolge ist die VerkO. unterworfen der gesamte Personen- u. Güterverkehr auf allen deutschen Haupt- u. Nebenbahnen mit Ausnahme zunächst desjen. Güterverkehrs, auf den das Int. Üb. Anwendung findet (Int. Üb. Art. 1, 2) RGer. 21. Sept. 98 (XLII 24; VII 4 Anm. 5 d. W.). Unter „besonderen Bestimmungen" sind aber auch die reglementarischen Tarifvorschriften sowohl der dem Int. Üb. unterstellten als der ihm nicht unterstellten Bahnen im internat. Verkehre mit den heimischen Verwaltungen zu verstehen (Gerstner Int. Üb. (Nachtrag 1901) S. 23 Nr. 7; a. M. Eger Anm. 3, zu VerkO. EingBest.

[7]) Schlußprot. 14. Okt. 90 zum Int. Üb. (VII 4 Anl. B) Ziff. I.

welche zwischen diesem Bahnhof und der Grenze liegt, es sei denn, daß der Absender für eine solche Sendung die Anwendung des Internationalen Übereinkommens über den Eisenbahnfrachtverkehr durch Aufgabe mit einem internationalen Frachtbriefe verlangt.

Das gleiche gilt auch für Transporte in umgekehrter Richtung.

(2) In Fällen eines dringenden Verkehrsbedürfnisses sowie zum Zwecke von Versuchen mit neuen Einrichtungen können Ergänzungen oder Aenderungen einzelner Vorschriften dieser Ordnung vom Reichs-Eisenbahn-Amt im Einverständnisse mit den betheiligten Landesaufsichtsbehörden[8]) bis auf weiteres verfügt werden. Derartige vorläufige Verfügungen sind im Reichs-Gesetzblatte zu veröffentlichen. Die endgültige Regelung durch den Bundesrath ist thunlichst bald herbeizuführen.

(3) Bestimmungen der Eisenbahnverwaltungen, welche die Verkehrsordnung ergänzen, sind mit Genehmigung der Landesaufsichtsbehörde[8]) zulässig. Abweichende Bestimmungen können für Nebenbahnen, wie auch dort, wo dies durch die Eigenart der Betriebsverhältnisse bedingt erscheint, von der Landesaufsichtsbehörde mit Zustimmung des Reichs-Eisenbahn-Amts bewilligt werden. Bestimmungen der in diesem Absatz erwähnten Art bedürfen zu ihrer Gültigkeit der Aufnahme in die Tarife. Die Genehmigung muß aus der Veröffentlichung zu ersehen sein[9]).

II. Allgemeine Bestimmungen[5]).
§. 1. Pflichten der Eisenbahnbediensteten.

(1) Die Bediensteten der Eisenbahnen haben im Verkehre mit dem Publikum ein entschiedenes, aber höfliches Benehmen einzuhalten und sich innerhalb der Grenzen ihrer Dienstpflichten gefällig zu bezeigen.

(2) Die Annahme von Vergütungen oder Geschenken für dienstliche Verrichtungen ist ihnen untersagt.

(3) Den Bediensteten ist das Rauchen während des dienstlichen Verkehrs mit dem Publikum verboten.

§. 2. Anordnungen der Bediensteten.

Den dienstlichen Anordnungen der in Uniform befindlichen oder mit Dienstabzeichen oder mit einer Legitimation versehenen Bediensteten ist das Publikum Folge zu leisten verpflichtet[10]).

§. 3. Entscheidung der Streitigkeiten.

Streitigkeiten zwischen dem Publikum und den Bediensteten entscheidet auf den Stationen der Stationsvorsteher, während der Fahrt der Zugführer[11]).

§. 4. Beschwerdeführung.

(1) Beschwerden können bei den Dienstvorgesetzten mündlich oder schriftlich angebracht, auch in das auf jeder Station befindliche Beschwerdebuch eingetragen werden[12]).

---

[4]) Preußen: Minister d. öff. Arb.

[5]) Inhalt der Bekanntmachungen u. Einreichung an REBA. E. 15./25. Feb. 93 u. 13. Mai 94 (EBB. 143 u. 116). — Anm. 15.

[10]) BO. § 77.

[11]) Besond. Zusbest. der StEB.

(im Personentarif Teil II, unten Anm. 20): Auf Stationen, auf denen dem Zugführer die Zugabfertigung obliegt, entscheidet dieser etwaige Streitigkeiten.

[12]) Auch auf Haltestellen E. 4. Jan. 79 (EBB. 2). Einrichtung usw. der BBücher, Behandlung von Beschwerden

(2) Die Verwaltung hat baldmöglichst auf alle Beschwerden zu ant=
worten, welche unter Angabe des Namens und des Wohnorts des Beschwerde=
führenden erhoben werden. Beschwerden über einen Bediensteten müssen dessen
thunlichst genaue Bezeichnung nach dem Namen oder der Nummer oder einem
Uniform=Merkmal enthalten.

§. 5. Betreten der Bahnhöfe und der Bahn.

Das Betreten der Bahnhöfe und der Bahn außerhalb der bestimmungs=
mäßig dem Publikum für immer oder zeitweilig geöffneten Räume ist jedermann,
mit Ausnahme der dazu nach den bahnpolizeilichen Vorschriften befugten
Personen, untersagt[13]).

§. 6. Verpflichtung zum Transporte[14]).

(1) Die Beförderung von Personen und Sachen einschließlich lebender
Tiere kann nicht verweigert werden, sofern
1. den geltenden Beförderungsbedingungen und den sonstigen allgemeinen
   Anordnungen der Eisenbahn entsprochen wird,
2. die Beförderung mit den regelmäßigen Transportmitteln möglich ist,
3. nicht Umstände, welche als höhere Gewalt zu betrachten sind, die Be=
   förderung verhindern.

(2) Gegenstände, deren Ein= und Ausladen besondere Vorrichtungen
nöthig macht, ist die Eisenbahn nur auf und nach solchen Stationen anzu=
nehmen verpflichtet, wo derartige Vorrichtungen bestehen.

§. 7. Transportpreise. Tarife.

(1) Die Berechnung der Transportpreise erfolgt nach Maßgabe der zu
Recht bestehenden, gehörig veröffentlichten Tarife[15]). Diese sind bei Erfüllung
der gleichen Bedingungen für jedermann in derselben Weise anzuwenden[16]).

---

u. dgl. E. 13. Nov. 74 (CB. 427),
13. Dez. 80 (EBB. 545), 11. Dez. 83
(EBB. 228). Besondere ZusBest.
(Anm. 11): Auf unbesetzten Stationen
liegt ein BBuch nicht aus.

[13]) BO. § 78 fg.

[14]) HGB. § 453, VerkO. § 49, Int=
Üb. Art. 5. — Vereins=BetrRegl.
(Anm. 2) § 6 weicht ab, indem es an
Stelle der Worte „Sachen einschl. leben=
der Tiere" das Wort „Gepäck", so=
wie nachfolgenden Abs. 3 enthält: Die
Verpflichtung der Eisenbahn zur Beför=
derung von Gütern ist durch Art. 5 des
internationalen Übereinkommens über
den Eisenbahn=Frachtverkehr (§ 43) ge=
regelt.

[15]) VII 1 d. W. — Zusammenstellung
der einschlägigen Bestimmungen s. d.
StEV.: Sammlung von Vorschr. betr.
die Gütertarife („Berliner Samm=
lung"), zuletzt Ausgabe 02. Darin
u. a. Best. über Form (§ 4—8) u. Be=
kanntmachung (§ 21—27). Ferner E.
1./22. Juli 04 (EBB. 237) betr. Veröff.

v. Tarifänderungen. In Preußen dient
zur Veröffentlichung hauptsächlich der
Reichsanzeiger; Bek. in Tarif= u.
Verkehrsangelegenheiten, die lediglich
die StEV. betreffen, sind in die Re=
gierungsamtsblätter unentgeltlich
aufzunehmen E. 6. Mai 81 (EBB. 164).
— Ferner Eingangsbest. Abs. 3. —
Unter § 7 fallen nicht vertragsmäßige An=
schlußfrachten für ein Privatanschluß=
gleis RGer. 8. Dez. 96 (EEE. XV 208).
— Staatsbahnfrachten sind Ge=
bühren i. S. StGB. § 353 RGer. 25. Jan.
92 (EEE. IX 262).

[16]) EisG. § 26, 32; IntÜb. Art. 11.
Berliner Sammlung (Anm. 15) § 28,
29. — Verbot der sog. Refaktien
(geheimen Vergütungen). — Eine vom
Tarif abweichende Frachtberechnung kann
also auch nicht durch Zusagen oder
falsche Auskunft eines EisBeamten
gültig werden Gerstner IntÜb. (93)
S. 204 f. — Handelsverträge X 5
d. W.

(2) Tariferhöhungen oder sonstige Erschwerungen der Beförderungs=
bedingungen treten nicht vor Ablauf von 6 Wochen nach ihrer Veröffent=
lichung in Kraft, sofern nicht der Tarif nur für eine bestimmte Zeit in
Geltung gesetzt war.

(3) Jede Preisermäßigung oder sonstige Begünstigung gegenüber den
Tarifen ist verboten und nichtig[17]).

(4) Begünstigungen bei Transporten für milde und für öffentliche Zwecke
sowie solche im dienstlichen Interesse der Eisenbahnen[18]) sind mit Genehmigung
der Landesaufsichtsbehörde[8]) zulässig.[17]).

§. 8. Zahlungsmittel.

Außer den gesetzlichen Zahlungsmitteln ist, wo das Bedürfniß vorhanden,
auch das auf den ausländischen Nachbarbahnen gesetzlichen Kurs besitzende
Gold= und Silbergeld — jedoch mit Ausschluß der Scheidemünze — zu dem
von der Verwaltung festzusetzenden und bei der betreffenden Abfertigungsstelle
durch Anschlag zu veröffentlichenden Kurse anzunehmen, insoweit nicht der
Annahme ein gesetzliches Verbot entgegensteht.

§. 9. Haftung der Eisenbahn für ihre Leute.

Die Eisenbahn haftet für ihre Leute und für andere Personen, deren sie
sich bei Ausführung der Beförderung bedient[19]).

III. Beförderung von Personen[20]).

[20]) Für die Beförderung von Personen und der von ihnen mit=
genommene Hunde sowie für die Beförderung von Reisegepäck, Expreßgut
und Leichen auf den deutschen Eisenbahnen gelten die nachstehenden all=
gemeinen Bestimmungen.

---

[17]) Vereins=BetrRegl. (Anm. 2) § 7
enthält Abs. 3 u. 4 nicht; vgl. jedoch
das. § 49 (IntÜb. Art. 11).

[18]) Für die StEB. z. B. Freifahrt=
O. 10. Dez. 01 (EBB. 02 S. 39) mit
Nachtr. 29. Juli 04 (EBB. 245) u.
Dienstgut = BeförderungsO.
19. Juli 02 (EBB. 351) mit Nachtr.
9. Aug. 05 (EBB. 225). Ferner Anm. 24.

[19]) HGB. § 458. — Anm. 34.

[20]) Die klein gedruckten Absätze unter
der Überschrift sind das Vorwort des
Deutschen EisPersonen= u. Gepäck=
tarifs Teil I (VII 1 d. W.). — Der
Vertrag über die Beförderung
von Personen ist nicht Frachtvertrag
i. S. HGB. (HGB. § 425, 454, 472), unter=
liegt also nicht HGB. § 425—452; wohl
aber sind bei den dem öff. Personenverkehr
dienenden Eis. auf die Personenbeför=
derung die Vorschr. des HGB. über
Handelsgeschäfte (§ 343 ff.) anzuwenden
(HGB. § 1 Abs. 2 Ziff. 5, § 343). So=
weit die VerkO. (HGB. § 472) u. die
letztbezeichneten Vorschr. keine Best. ent=
halten, kommen die des BGB., u. zwar
über den Werkvertrag (§ 631 ff.), zur
Anwendung (EG. HGB. Art. 2) Staub
Anm. 2, 3, 9 zu HGB. § 472; Eger
Anm. 32. — Göppert, zur rechtl. Natur
der Personenbeförd. auf Eis., Berlin
94. — Vereins=BetrRegl. Anm. 4.
— Für die StEB. besteht ein einheit=
licher Personen= u. Gepäcktarif
Teil II (VII 1 d. W.), enthaltend be=
sondere Best. für die Beförderung von
Personen, Reisegepäck, Expreßgut u.
Leichen zwischen den Stationen der
Preuß.=Hess. Staatsbahnen (außer einigen
Nebenbahnen, der Main = Neckar = Bahn
u. einzelnen Vorortstrecken); die zuge=
hörigen Preistafeln sind für jeden Bezirk
in besonderen Heften enthalten; nach
dem Vorwort werden Änderungen u.
Ergänzungen der Bestimmungen im
Reichsanzeiger u. in der VerZtg., Ände=
rungen u. Ergänzungen der Tarifsätze
entweder durch diese Blätter oder durch
Anschlag am Schalter veröffentlicht.

Besondere Bestimmungen sind für jeden Verkehr in einem Teile II des Tarifs enthalten.

Die Ausgabe des Teiles I und der dazu erscheinenden Nachträge wird durch die geschäftsführende Verwaltung (Königliche Eisenbahndirektion zu Berlin) im Deutschen Reichs= und Königlich Preußischen Staatsanzeiger und in der Zeitung des Vereins Deutscher Eisenbahnverwaltungen bekannt gemacht.

§. 10. Fahrpläne. Sonderfahrten. Abfahrtszeit.

(1) Die regelmäßige Personenbeförderung findet nach Maßgabe der Fahr= pläne statt, welche vor dem Inkrafttreten öffentlich bekannt zu machen und rechtzeitig auf den Stationen auszuhängen sind. Aus ihnen müssen die Wagen= klassen, mit denen die einzelnen Züge fahren, sowie die Gattung des Zuges zu ersehen sein. Die Fahrpläne der eigenen Bahn, welche zum Aushang auf den Stationen des eigenen Bahngebiets bestimmt sind, sind auf hellgelbem, diejenigen, welche zum Aushang auf anderen Bahnen bestimmt sind, auf weißem Papiere zu drucken. Außer Kraft getretene Fahrpläne sind sofort zu entfernen[21]).

(2) Sonderfahrten werden nach dem Ermessen der Verwaltung gewährt[22]).

(3) Für den Abgang der Züge sind die Stationsuhren maßgebend[23]).

*) Für Sonderzüge, Beförderung von einzelnen besonders gestellten Personen=, Kranken= und Gepäckwagen kommen folgende Bestimmungen in Anwendung.

A. Sonderzüge.

1. (1) Für Sonderzüge sind für das Tarifkilometer zu vergüten:
   a) für die Lokomotive . . . . 1,20 Mark,
   b) für jede Achse eines auf Verlangen gestellten Personen= wagens . . . . 0,40 = ,
   c) für jede Achse eines auf Verlangen oder auch den bahn= polizeilichen Bestimmungen zufolge gestellten anderen Wagens . . . . 0,20 = ;
   mindestens werden jedoch 4 Mark für das Tarifkilometer und 100 Mark im ganzen erhoben.

   (2) Die Gebühr unter a) kann für diejenigen Strecken, auf welchen mit Rücksicht auf die Belastungs= und Neigungs=Verhältnisse mehr als 1 Loko= motive verwendet werden muß, für jede verwendete Lokomotive zur Be= rechnung gezogen werden.

   (3) Bezüglich des Mindestbetrages von 100 Mark werden bei Sonder= zügen, bei denen Hin= und Rückfahrt innerhalb 24 Stunden erfolgt, beide Fahrten als eine Fahrt gerechnet.

2. (Gestellung besonders bezeichneter Wagen.)

3. Für die Beförderung der Lokomotive und der Wagen nach der Ausgangs= station des Sonderzugs sowie für deren Rückbeförderung von der Endstation des Sonderzugs nach dem Stationierungsorte wird, unbeschadet der Be= stimmung unter Ziffer 2, nichts berechnet.

---

[21]) Fahrplan RVerf. Art. 44, Verw= O. § 3 b. Vorschr. über Aufstellung u. Veröffentlichung der Fahrpläne E. 29. Okt. 80 (EVB. 512), 3. Jan. 81 (EVB. 20), 12. Juli 81 (EVB. 225), 5. Okt. 82 (EVB. 342), 12. Okt. 95 (EVB. 655); über ihre Durchführung E. 10. Mai 78 (EVB. 160), 19. Aug.

81 (EVB. 271); über die Haftung der StEB. für Richtigkeit ihrer Plakatfahr= pläne u. der von ihr herausgegebenen Kursbücher E. 15. Mai 82 (EVB. 174).

[22]) Besond. ZusBest. der StEB.: Über die Stellung von Sonderzügen entscheidet die EisDir.

[23]) BO. § 26 (2), 49 (3), 65 (7).

4. Werden Sonderzüge für die Nachtzeit auf Bahnstrecken bewilligt, auf welchen ein regelmäßiger Nachtdienst nicht eingerichtet ist und deshalb eine Bewachung der Bahn gewöhnlich nicht stattfindet, so sind neben den tarifmäßigen Gebühren die Kosten für Bewachung der Bahn außerhalb der gewöhnlichen Dienstzeit mit 2 Mark für das Tarifkilometer besonders zu vergüten. Die Bewachungsgebühr ist nur einmal zu erheben, wenn mehrere Züge zur Beförderung kommen.
5. (Überfuhrgebühren für Verbindungsbahnen.)
6. Der Beförderungspreis für den Sonderzug ist auf der Abgangsstation vorauszubezahlen.
7. Im Falle der Abbestellung eines Sonderzugs sind der Bahnverwaltung die durch die Vorbereitung usw. erwachsenen Kosten zu erstatten.

    Bemerkung. Diese Bestimmungen finden auch auf Sonderzüge für Kunstreiter-Gesellschaften und Menagerien Anwendung. Den Verwaltungen bleibt vorbehalten, für Züge größerer Gesellschaften besondere Festsetzungen zu treffen.

B. Personen-, Kranken- und Gepäckwagen.

1. Die Einstellung von Salon-, Schlaf- oder sonstigen Personenwagen sowie von Gepäck- und Krankenwagen, ohne Rücksicht darauf, ob dieselben Eigentum der Reisenden oder der Bahnverwaltung sind, kann mit Genehmigung derjenigen Verwaltung, von deren Station der Wagen eingestellt wird, gestattet werden.
2. Für die Benutzung der eingestellten Salon-, Schlaf- oder Personenwagen sind ohne Rücksicht auf die Achsenzahl Fahrkarten I. Klasse der betreffenden Zuggattung für diejenigen Personen, welche den Wagen benutzen, mindestens jedoch für 12 Personen für jeden eingestellten Wagen, zu lösen (siehe auch Ziffer 6). Hierbei werden auch Rückfahr- und Rundreisekarten sowie sonstige Fahrkarten zugelassen, welche zur Benutzung der I. Klasse berechtigen. Bei Einstellung von bahneigenen Schlafwagen ist daneben eine Gebühr für die Benutzung der Schlafplätze nicht zu erheben. Soweit auf einzelnen Strecken Fahrkarten für die I. Wagenklasse nicht ausgegeben werden, treten an Stelle je 1 Fahrkarte I. Klasse 2 Fahrkarten III. Klasse.
3. (Gestellung besonders bezeichneter Wagen.)
4.   (1) Freigewicht wird nach den Bestimmungen über Abfertigung des Reisegepäcks berechnet.

    (2) Werden auf Verlangen zur Beförderung des Gepäcks besondere Wagen eingestellt, so ist für diese ein Fahrgeld von 0,40 Mark für die Achse und das Tarifkilometer zu entrichten.
5. Für die Benutzung besonders eingerichteter Krankenwagen gelten die vorstehenden Bestimmungen für Salon- und Personenwagen.
6.   (1) Bei Einstellung eines Gepäck- oder Güterwagens oder eines Personenwagens IV. oder III. Klasse (insofern aus letzteren die Sitze herausgenommen worden sind) für die Beförderung von Kranken sind für die Kranken, ohne Rücksicht auf ihre Zahl, 4 Fahrkarten I. Klasse der betreffenden Zuggattung zu lösen. Hierbei werden auch Rückfahr- und Rundreisekarten sowie sonstige Fahrkarten zugelassen, welche zur Benutzung der I. Klasse berechtigen. Soweit auf einzelnen Strecken Fahrkarten für die I. Wagenklasse nicht ausgegeben werden, treten an Stelle je 1 Fahrkarte I. Klasse 2 Fahrkarten III. Klasse.

    (2) Zwei Begleiter werden in dem Krankenwagen frei befördert; weitere in demselben Wagen mitreisende Begleiter haben je 1 Fahrkarte III. Klasse der betreffenden Zuggattung zu lösen.

    (3) Alle zur Bequemlichkeit und Notdurft der Kranken während der Reise nötigen Gegenstände, welche jedoch immer von den Reisenden selbst beigestellt werden müssen, können in dem Wagen ohne weitere Gebührenentrichtung Platz finden. Für das sonstige Reisegepäck ist die Gepäckfracht nach den Zusatzbestimmungen zu §§. 30 und 32 zu entrichten.

7. (Überfuhrgebühren für Verbindungsbahnen.)

8. In jedem der nach Maßgabe der Ziffer 1 gestellten Wagen wird 1 Begleiter (Wagenmeister) auf Grund eines von der vorgesetzten Dienststelle (Stationsvorstand oder eine diesem übergeordnete Dienststelle) der den Wagen einstellenden Verwaltung auszufertigenden Ausweises auf den Benutzungs= und Leerfahrten des Wagens frei befördert. Der Ausweis berechtigt auch zur freien Fahrt mit einem anderen Zuge als mit dem, in welchem der Wagen leer zurückläuft.

§. 11. Fahrpreise. Ermäßigung für Kinder.

(1) Die Fahrpreise werden durch die Tarife bestimmt (§. 7)[24]. Auf jeder Station ist an geeigneter Stelle ein Tarif=Auszug auszuhängen oder auszulegen, aus dem die Fahrpreise nach solchen Stationen, für welche direkte Fahrkarten verkauft werden, ersichtlich sind[25]).

(2) Kinder bis zum vollendeten vierten Lebensjahre, für welche ein besonderer Platz nicht beansprucht wird, sind frei zu befördern. Kinder vom vollendeten vierten bis zum vollendeten zehnten Lebensjahre sowie jüngere Kinder, falls für letztere ein Platz beansprucht wird, werden zu ermäßigten Fahrpreisen befördert. Finden Zweifel über das Alter der Kinder statt, so entscheidet einstweilen der dienstlich anwesende höchste Beamte.

[2]) **Fahrpreisermäßigungen**[26]).

Für Kinder.

Kinder vom vollendeten vierten bis zum vollendeten zehnten Lebensjahre sowie jüngere Kinder, falls für sie ein Platz beansprucht wird, werden bei

---

[24]) Anm. 15. Außerhalb der Tarife bestehen Best. über unentgeltliche oder zu ermäßigten Preisen zu bewirkende Beförderung von Mitgliedern des Reichstags (BB. 13. Nov. 84, Cauer II S. 68), des Herrenhauses (Cauer a. a. O.) u. der Eis=Beiräte usw. (II 3 § 21 b. W.), ferner von Militärpersonen (VIII 3 Anl. C), von Beamten der Post u. TelegrVerw. (IX 2 Art. 2) u. der Zollverw. (X 2 § 60); Gefangenentransporte E. 9. April 86 (EBB. 340) u. $\frac{10.}{30.}$ März 04 (EBB. 119). — E. 11. Feb. 80 (EBB. 51) u. 25. Okt. 85 (EBB. 365) über Abrundung der Fahrpreise; E. 16. Sept. 87 (EBB. 386) über möglichst umfassende Einrichtung direkter Abfertigung. — Reklamationen: Übereinkommen betr. die Erstattung von Fahrgeld, Anlage IV des Übereinkommens zum Vereins=BetrRegl. (VII 1 b. W.); ferner Anm. 163; Cauer II 183.

[25]) Besond. ZusBest. der StEV. Auf Stationen, für welche die Fahrkarten vom Zugführer verkauft werden, erteilt dieser über die Fahrpreise Auskunft.

[26]) Die Allg. ZusBest. enthalten ferner (nicht mitabgedruckte) Vorschr.

über Fahrpreisermäßigungen
IV. B für Ausflüge zu wissenschaftlichen u. belehrenden Zwecken,
C für Schulfahrten u. Ferienkolonien;
V. zu milden Zwecken:
A im Interesse der öff. Krankenpflege,
B im Interesse der Kriegskrankenpflege,
C im Interesse der Magdalenenstifte,
D für mittellose Kranke, Blinde, Taubstumme u. Zöglinge v. Waisenanstalten u. für Mitglieder v. Krankenkassen;
VI. für wehrpflichtige Angehörige der österr.=ungar. Monarchie.

Die besond. ZusBest. der StEV. regeln die Schlafwagenbenutzung, die Ausgabe von Zeitkarten (Monatskarten, Monatsnebenkarten, Zeitkarten für Schüler) u. von Arbeiter=Wochen= u. =Rückfahrkarten; ferner enthalten sie nähere Vorschr. zu Allg. ZusBest. IV u. V. — Dem Übereinkommen zum Vereins=BetrRegl. (VII 1 b. W.) sind die Best. über Ausgabe von zusammenstellbaren Fahrscheinheften beigegeben.

Lösung von einfachen Fahrkarten, Rückfahrkarten, Rundreisekarten (auch von Schnellzugzuschlags= und Ergänzungskarten) zu ermäßigten Sätzen in der Weise befördert, daß für **ein** Kind 1 Karte zum **halben** Preise mit Aufrundung auf 5 Pfennig, für **zwei** Kinder 1 Karte zum **vollen** Preise verabfolgt wird. Kinder, für deren Beförderung bezahlt wird, haben Anspruch auf einen vollen Sitzplatz.

II. Für Inhaber von Zeitkarten.

Besondere Bestimmungen über die Ausgabe von Zeitkarten sind für jeden Verkehr in einem Teile II des Tarifs enthalten.

III. Für Arbeiter.

1. Nach den besonderen Vorschriften der einzelnen Verwaltungen werden Arbeiterkarten für die IV. und da, wo diese nicht besteht, für die III. Wagenklasse zu ermäßigten Preisen an solche Personen ausgegeben, die außerhalb ihres Wohnorts mit mechanischen oder Handarbeiten beschäftigt sind, also zu den Arbeitern oder Arbeiterinnen im engeren Sinne des Wortes gehören.

2. Die Arbeiterkarten gelten für bestimmte, bekannt gemachte Züge.

3. Die mit Arbeiterkarten reisenden Personen haben die ihnen zugewiesenen Wagen oder Wagenabteilungen zu benutzen; auch kann weiter eine getrennte Unterbringung der weiblichen und männlichen Reisenden angeordnet werden.

4. Die Arbeiterkarten sind nicht übertragbar. Wird die Karte dennoch einer anderen Person überlassen, so erfolgt, abgesehen von etwaiger strafrechtlicher Verfolgung, neben Bezahlung des doppelten Fahrgeldes nach § 21 für die unbefugterweise darauf gemachte Fahrt die sofortige Einziehung der Karte ohne Ersatz für den Rest der Benutzungszeit.

5. Fahrtunterbrechung oder Übergang in eine höhere Wagenklasse darf nicht stattfinden.

6. Freigewicht an Reisegepäck wird nicht gewährt.

IV. Für Gesellschaftsfahrten.

A. Für gemeinschaftliche Reisen größerer Gesellschaften.

1. Für gemeinschaftliche Reisen größerer Gesellschaften von mindestens 30 Personen oder bei Lösung von mindestens 30 Fahrkarten zu einer gemeinschaftlichen Fahrt kann für die I., II. oder III. Wagenklasse eine Ermäßigung bis zu 50 Prozent des gewöhnlichen Fahrpreises der einfachen Fahrt, in der Regel jedoch nur für Personen= und gemischte Züge, zugestanden werden. Befinden sich unter den Teilnehmern Kinder im Alter von 4—10 Jahren, so sind je 2 für 1 erwachsene Person zu rechnen. Ein einzelnes Kind oder ein einzelnes bei der Rechnung von 2 zu 2 Kindern überschießendes Kind ist als 1 erwachsene Person zu zählen.

2. Der Erhebungsbetrag für jede einzelne Fahrkarte wird auf 5 Pfennig aufgerundet.

3. Für die IV. Wagenklasse können Fahrpreisermäßigungen für größere Gesellschaften bis zu dem Satze von 1,5 Pfennig für die Person und das Tarifkilometer dann bewilligt werden, wenn öffentliche Interessen in Frage kommen.

4. Freigepäck wird nicht gewährt [26]).

§. 12. Inhalt der Fahrkarten.

Die Fahrkarte [27]) muß die Strecke, für welche sie Geltung hat, die Gattung des Zuges, die Wagenklasse sowie den Fahrpreis, sofern derselbe nicht Valutaschwankungen unterliegt, enthalten.

---

[27]) Die rechtliche Natur der Fahrkarte ist streitig; nach Staub (Anm. 13, 14 zu HGB. § 472) ist die F. ein unechtes Inhaberpapier i. S. BGB. § 807, nach Eger (Anm. 43 zu VerkO. § 12) die Quittung über die Zahlung des

²) 1. Eine Rückfahr= oder eine Rundreisekarte oder ein Fahrscheinheft, womit eine Fahrpreisermäßigung verbunden ist, ist zur Weiterreise oder zur Rück=fahrt nur für diejenige Person gültig, welche damit die Reise be=gonnen hat²⁸).

2. Die Fahrkarten werden bei der Ausgabe mit dem Datum des ersten Geltungs=tags versehen. Die Fahrkarten zu einem fahrplanmäßig 12 Uhr Nachts abgehenden Zuge erhalten das Datum des anbrechenden Tages.

3. Mit Rundreisekarten und Fahrscheinheften (auch Buchfahrkarten) kann die Reise an einem beliebigen Tage innerhalb der Geltungsdauer, mit einfachen Fahrkarten und Rückfahrkarten außer am Tage der Abstempelung auch an dem folgenden Tage angetreten werden. Für den Beginn der Geltungs=dauer ist der Tag der Abstempelung maßgebend.

4. Mit einer Rundreisekarte kann die Reise nach Wahl in der einen oder anderen Richtung angetreten, muß aber in der einmal eingeschlagenen Richtung durchgeführt werden, widrigenfalls die Rundreisekarte als ungültig angesehen wird.

5. Der Inhaber einer Rundreisekarte kann die Reise auf einer Zwischenstation antreten. Die Rundreisekarte ist in diesem Falle von dem abfertigenden Beamten dieser Station auf der Rückseite mit dem Vermerke: „Reise in . . . . . in der Richtung nach . . . . . angetreten" und mit dem Stationsstempel zu versehen und gilt dann zur Rückreise bis zur Ausgangsstation.

6. Inhabern von Rückfahr= und Rundreisekarten sowie von Fahrscheinheften ist gestattet, die Rückreise auch von einer Zwischenstation aus anzutreten.

7. Besondere Bestimmungen über Ausgabe und Gültigkeitsdauer der Rückfahr=karten sind für jeden Verkehr in einem Teile II des Tarifs enthalten³⁰).

§. 13. Lösung der Fahrkarten³⁰).

(1) Der Verkauf der Fahrkarten kann auf Stationen mit geringerem Verkehre nur innerhalb der letzten halben Stunde, auf Stationen mit größerem Verkehr innerhalb einer Stunde vor Abgang desjenigen Zuges, mit welchem der Reisende befördert sein will, verlangt werden. Liegt jedoch zwischen zwei nach derselben Richtung abgehenden Zügen eine kürzere Zwischenzeit, so kann die Ausgabe der Fahrkarten für den später abgehenden Zug frühestens eine halbe Stunde vor dessen Abfahrtszeit gefordert werden. Fünf Minuten vor Abgang des Zuges erlischt der Anspruch auf Verabfolgung einer Fahrkarte.

(2) Es kann verlangt werden, daß das zu entrichtende Fahrgeld abgezählt bereitgehalten wird.

(3) Auf der Abgangsstation ist bis spätestens 30 Minuten vor Abgang des betreffenden Zuges die Bestellung ganzer Wagenabtheilungen gegen Bezahlung

---

Fahrpreises u. damit zugleich die Legiti=mation zur Fahrt; wie Staub RGer. 25. Mai 05 (VerZtg. 1053). Der Be=förderungsvertrag wird dadurch ab=geschlossen, daß eine Fahrkarte bei dem Bahnbediensteten verlangt u. das Ver=langen nicht zurückgewiesen wird Staub a. a. O. Anm. 10, 11.

²⁸) Benutzung einer als unüber=tragbar gekennzeichneten Fahrkarte durch Unbefugte kann sich als Betrug darstellen RGer. 7. Feb. 87 (EEE. V 243/Arch. 433).

²⁹) Die besond. ZusBest. der StEV. enthalten Vorschr. über Fortbleiben des

Ausgabedatums bei Fahrkartenverkauf durch Zugführer oder Automaten (Allg. ZusBest. 2), über Geltungsdauer der Fahrkarten, Fahrkarten zu ermäß.Preisen, zusammenstellbare Fahrscheinhefte, Be=nutzung von Fahrausweisen über kürzere oder gleich lange Bahnwege, Benutzung von Güterzügen u. Überführung der Reisenden von einem Bahnhof zum andern.

³⁰) Besond. ZusBest. der StEV. über Fahrkartenverkauf auf Nebenbahnen, Fahrkartenverkauf durch den Zugführer, sowie zu VerkO. § 13 (3) u. zu Allg. Zus=Best. 1, 3 u. 4.

höchstens so vieler Fahrkarten der betreffenden Klasse, als die Wagenabtheilung
Plätze enthält, zulässig. Der Bestellung ist unter Ausfertigung eines Scheines
stattzugeben, soweit die Zugsbelastung es erlaubt. Auf Zwischenstationen
können ganze Abtheilungen nur dann beansprucht werden, wenn solche unbesetzt
in dem ankommenden Zuge vorhanden sind. In die Abtheilung dürfen nicht
mehr Personen aufgenommen werden, als Fahrkarten bezahlt sind. Bestellte
Abtheilungen müssen als solche mittelst einer Aufschrift erkennbar gemacht
werden.

*) 1. (1) Fahrkarten und Gepäckscheine können bei derjenigen Station, auf
welcher eine neue Abfertigung erfolgen soll, telegraphisch vorausbestellt
werden. Die Gebühr beträgt, wenn die Fassung des Telegramms dem
Stationsbeamten überlassen wird, 25 Pfennig³⁰).

(2) Wird eine neue Abfertigung mehrmals erforderlich, so können die
Telegramme gegen Zahlung von je 25 Pfennig sämtlich schon am Abgangs=
ort aufgegeben werden.

(3) Liegt der Bahnhof, auf welchem die neue Abfertigung vorgenommen
werden soll, von demjenigen, auf welchen die Fahrkarte des Reisenden
lautet, räumlich getrennt, ohne daß der vom Reisenden benutzte Zug über=
führt wird, so hat der Reisende die Überführung seines Gepäcks ebenso wie
die seiner Person von einem Bahnhofe zum andern auf eigene Kosten zu
besorgen.

2. In gleicher Weise und gegen die gleiche Gebühr können auch die zum Über=
gang in eine höhere Wagenklasse bezw. in einen teureren Zug erforderlichen
Zusatzkarten telegraphisch vorausbestellt werden.

3. (1) Bettkarten³⁰) (Schlafwagenplätze) können für die von den Verwal=
tungen besonders bestimmten Schlafwagenkurse durch Vermittlung der Sta=
tionen telegraphisch vorausbestellt werden. Die Bestellung hat spätestens eine
Stunde vor Abgang des Schlafwagens von der Ausgangsstation zu erfolgen.

(2) Die Gebühr für das Bestell= und das Antworttelegramm zusammen
beträgt, wenn die Fassung dem Stationsbeamten überlassen wird, ohne Rück=
sicht auf die Anzahl der zu bestellenden Plätze, 50 Pf. Diese Gebühr wird
bei Aufgabe des Bestelltelegramms erhoben und auch dann nicht zurück=
erstattet, wenn kein Schlafwagenplatz freigehalten werden kann.

(3) Ist in dem Antworttelegramm die Vormerkung eines Schlafwagen=
platzes zugesagt, so ist die für den Schlafwagenkurs festgesetzte Vormerkungs=
gebühr zu entrichten. Das Antworttelegramm wird dem Reisenden als
Ausweis für die Bestellung und die Zahlung der Gebühren gegenüber dem
Schlafwagenwärter ausgehändigt.

4. Nach Ermessen der Eisenbahnverwaltung können einzelne Abteilungen in
Wagen des Kupeesystems schon gegen Lösung von mindestens 4 Fahrkarten
in I. Klasse, 6 Fahrkarten in II. Klasse und 8 Fahrkarten in III. Klasse an
Reisende überlassen werden³⁰).

§. 14. Zurücknahme und Umtausch gelöster Fahrkarten.

(1) Die Fahrkarten geben Anspruch auf Plätze in der entsprechenden
Wagenklasse, soweit solche vorhanden sind. Wenn einem Reisenden ein seiner
Fahrkarte entsprechender Platz nicht angewiesen werden kann, ihm auch nicht
ein Platz in einer höheren Klasse zeitweilig eingeräumt wird, so steht
ihm frei, die Fahrkarte gegen eine solche der niedrigeren Klasse, in welcher
noch Plätze vorhanden sind, unter Erstattung des Preisunterschieds um=
zuwechseln, oder die Fahrt zu unterlassen und das bezahlte Fahrgeld zurück=
zuverlangen.

(2) Ein Umtausch gelöster Fahrkarten gegen solche höherer oder niedrigerer
Klassen oder nach einer anderen Station ist den Reisenden auf der Abgangs=
station bis 5 Minuten vor Abfahrt des Zuges, soweit noch Plätze vorhanden

sind, unter Ausgleich des Preisunterschieds gestattet, sofern die Fahrkarte noch nicht durchlocht ist oder nachweislich nur zum Betreten des Bahnsteigs benutzt wurde[31]).

(3) Für Theilstrecken kann ein Uebergehen auf Plätze einer höheren Klasse gegen Entrichtung eines im Tarife festzusetzenden Preiszuschlags sowohl auf der Abgangsstation als auf Zwischenstationen erfolgen.

*) Außer nach den Vorschriften der Verkehrsordnung werden Fahrkarten, die noch nicht durchlocht sind oder nachweislich nur zum Betreten des Bahn- steigs benutzt wurden, auch in Fällen eines Irrtums oder einer Erkrankung oder aus sonstigen Billigkeitsgründen vor oder unmittelbar nach Abgang des betreffenden Zuges an der Fahrkarten-Ausgabestelle zurückgenommen. Auf Stationen, deren Bahnsteige abgesperrt sind, wird jedoch, wenn nicht einer der in §. 14 Abf. 1 und in §. 26 Abf. 4 der Verkehrsordnung be- zeichneten Fälle vorliegt oder die Reise wegen erheblich verspäteter Abfahrt des Zuges aufgegeben wird, der Preis einer zum Betreten des Bahnsteigs benutzten Fahrkarte nur mit Abzug des Preises einer Bahnsteigkarte zurück- gezahlt.

§. 15. Warteräume.

Die Warteräume sind spätestens 1 Stunde vor Abgang eines jeden Zuges zu öffnen. Dem auf einer Uebergangsstation mit durchgehender Fahrkarte ankommenden Reisenden ist gestattet, sich in dem Warteraume derjenigen Bahn, auf welcher er die Reise fortsetzt, bis zum Abgange des von ihm zu benutzenden nächsten Zuges aufzuhalten, in der Zeit von 11 Uhr Abends bis 6 Uhr Morgens jedoch nur, soweit der Warteraum während dieser Zeit ohnedies geöffnet sein muß[32]).

§. 16. Ein- und Aussteigen.

(1) Die Aufforderung zum Einsteigen in die Wagen erfolgt durch Ab- rufen oder Abläuten in den Warteräumen oder auf den Bahnsteigen.

(2) Solange der Zug sich in Bewegung befindet, ist das Ein- und Aus- steigen, der Versuch oder die Hilfeleistung dazu sowie das eigenmächtige Oeffnen der Wagenthüren verboten[33]).

(3) Gleise dürfen vom Publikum nur an den hierfür bestimmten Stellen betreten oder überschritten werden. Bei dem Verlassen der Station ist der dazu bestimmte Ausgang zu benutzen[34]).

---

[31]) Hierzu besond. ZusBest. der StEB. (mit Anordnung über die Lösung von Zuschlagskarten).

[32]) Besond. ZusBest. der StEB.: Sind auf einzelnen Stationen die Warte- räume nur kürzere Zeit geöffnet, so wird dies durch Aushang daselbst besonders bekannt gemacht. — E. 20. Dez. 92 (EBB. 93 S. 101) betr. Aufenthalt von Reisenden in den Warteräumen. — Die EisVerw. haftet auf Grund des Beförd.- Vertr. dafür, daß sich letztere in einem den Aufenthalt ohne Gefahr gestattenden Zustand befinden RGer. 22. Apr. 81 (IV 192). — Haftung des Bahnhofswirts RGer. 8. Dez. 04 (EEE. XXI 386). —

Postreisende EisPostG. Vollzugsheft. (IX 2 Anl. A d. W.) VI 6.

[33]) BO. § 81 (2).

[34]) Die Eis. haftet auf Grund des BefördVertr. für ordnungsmäß. Be- schaffenheit des (ausdrücklich oder auch stillschweigend) angewiesenen Ausgangs RGer. 27. Jan. 87 (EEE. V 237). Demgemäß ist BGB. § 278, nicht § 831 anwendbar (Streuen bei Glatteis!) RGer. 5. Okt. 03 (LV 335). Das gleiche gilt bez. der Beschaffenheit der Bahnsteige RGer. 1. Juli 04 (EEE. XXI 178). Geringfügige oder der Wahrnehmung entzogene Mängel RGer. 15. Dez. 04 u. 2. Feb. 05 (Arch. 05 S. 725, 728). — BO. § 78, 79.

§. 17. Anweisung der Plätze. Frauen=Abtheilungen.

(1) Einzelne bestimmte Plätze werden nicht verkauft. Eine Ausnahme ist nur für bestimmte Züge mit besonderen Einrichtungen und für besonders ausgestattete Wagen zulässig. Beim Einsteigen ist es dem Reisenden gestattet, für sich und mitreisende Angehörige je einen Platz zu belegen[35]).

(2) Die Bediensteten sind berechtigt und auf Verlangen der Reisenden verpflichtet, denselben ihre Plätze anzuweisen.

(3) Die mit durchgehenden Fahrkarten ankommenden Reisenden haben den Vorzug vor neu hinzutretenden.

(4) Allein reisende Frauen sollen auf Verlangen möglichst nur mit Frauen zusammen in eine Abtheilung gesetzt werden. In jedem Zuge muß mindestens je eine Frauen=Abtheilung[36]) für die Reisenden der zweiten und der dritten Wagenklasse vorhanden sein, sofern in dem Zuge wenigstens 3 Abtheilungen der betreffenden Wagenklassen sich befinden. Auch in Zügen, in welchen sich Wagen mit geschlossenen Abtheilungen nicht befinden, ist thunlichst eine besondere Abtheilung für Frauen einzurichten.

§. 18. Tabackrauchen in den Wagen[37]).

(1) In der ersten Wagenklasse darf nur mit Zustimmung aller in derselben Abtheilung mitreisenden Personen geraucht werden. Die Eisenbahn kann jedoch Abtheilungen erster Klasse für Raucher und für Nichtraucher einstellen, welche als solche zu bezeichnen sind.

(2) In den übrigen Wagenklassen ist das Rauchen gestattet. In jedem Personenzuge müssen jedoch Abtheilungen zweiter und, vorausgesetzt daß die Beschaffenheit der Wagen es gestattet, auch dritter Klasse für Nichtraucher vorhanden sein.

---

[35]) § 24 (2). — Zusammenstellung der für die StEB. erlassenen Vorschr. betr. Unterbringung d. Reisenden, Sorge für Bequemlichkeit u. Reinlichkeit der Wagen, Vorkehrungen für die heiße Jahreszeit bei Eger Anm. 54 zu § 16 u. Anm. 63 zu § 17. — Besondere ZusBestimmungen der StEB.: 1. (1) Bei den in den Fahrplänen mit dem Buchstaben D (Durchgangszug) besonders bezeichneten Zügen, deren Wagen durch gedeckte Übergänge miteinander verbunden u. mit numerierten Plätzen versehen sind, ist für die Benutzung eines solchen Platzes außer dem Fahrpreise ein Zuschlag (Platzgebühr) gegen Aushändigung einer Platzkarte zu zahlen. Die Platzgebühr beträgt: a) für Entfernungen bis 150 km einschl. in I. u. II. Klasse 1 M., in III. Kl. 50 Pf., b) für Entf. von mehr als 150 km in I. u. II. Kl. 2 M., in III. Kl. 1 M. (2) Kinder, für die Fahrkarten zu lösen sind, zahlen volle Platzgebühr. 2. Die von der Internationalen Eisenbahn-Schlafwagen-Gesellschaft eingerichteten Luxus= (L-) Züge können nur mit Schnellzugfahrkarten I. Kl., sowie nur gegen Entrichtung eines in besonderem Tarife festgesetzten Preiszuschlages benutzt werden. — Kein Belegen von Sitzplätzen durch Reisende IV. Kl. E. 18. Feb. 99 (EVB. 93).

[36]) § 18 (3). — Besond. ZusBest. der StEB.: Die Einrichtung besonderer Frauenabteile kann nicht beansprucht werden, wenn sich in den Zügen nur solche Wagen befinden, die mit Durchgängen in der Mitte versehen sind.

[37]) AusVorschr. bei Eger Anm. 65, 66 u. E. 9. Aug. 92 (EVB. 242). — Besond. ZusBest. der StEB.: (1) Die Einrichtung besonderer Nichtraucherabteile für die III. Klasse kann nicht beansprucht werden, wenn sich in den Zügen nur solche Wagen befinden, die mit Durchgängen in der Mitte versehen sind, oder wenn nur ein Abteil III. Klasse vorhanden ist. (2) In der II. Klasse ist in gleichen Fällen das Rauchen nur mit Zustimmung aller in dem Abteil reisenden Personen gestattet.

(3) In den Nichtraucher= und in den Frauen=Abtheilungen ist das Rauchen selbst mit Zustimmung der Mitreisenden nicht gestattet. Auch dürfen solche Abtheilungen nicht mit brennenden Cigarren oder Pfeifen betreten werden.

(4) Brennende Tabackspfeifen müssen mit Deckeln versehen sein.

§. 19. Versäumung der Abfahrt.

(1) Nachdem das vorgeschriebene Abfahrtszeichen durch die Dampfpfeife der Lokomotive oder die Mundpfeife des Zugführers gegeben ist, wird Niemand mehr zur Mitreise zugelassen.

(2) Dem Reisenden, welcher die Abfahrtszeit versäumt, steht ein Anspruch weder auf Rückerstattung des Fahrgeldes, noch auf irgend eine andere Ent= schädigung zu.

(3) Lautet die Fahrkarte auf einen bestimmten Zug, so kann sich der Reisende auch eines anderen, am nämlichen oder am folgenden Tage nach der Bestimmungsstation abgehenden Zuges bedienen, sofern er seine Fahrkarte ohne Verzug dem Stationsvorsteher vorlegt und mit einem Vermerk über die Gültigkeit versehen läßt. Der gleiche Vermerk ist erforderlich, wenn die Fahrkarte auf einen bestimmten Tag lautet und der Reisende erst am folgen= den Tage die Fahrt antreten will. Bei Benutzung eines höher tarifirten Zuges ist die Fahrkarte gegen Entrichtung des Preisunterschieds umzutauschen. Bei Benutzung eines niedriger tarifirten Zuges ist der Preisunterschied zu erstatten.

(4) Eine Verlängerung der für Rückfahrten, Rundreisen usw. tariflich festgesetzten Frist wird hierdurch nicht herbeigeführt.

²) Der Vermerk über die Gültigkeit kann auch dann verlangt werden, wenn die Fahrkarte auf einer Station, deren Bahnsteige abgesperrt sind, zum Betreten des Bahnsteigs benutzt worden ist. Von der Erhebung einer Bahnsteiggebühr wird in diesem Falle auch dann abgesehen, wenn die ur= sprünglich gekaufte Fahrkarte gegen eine solche für einen höher oder niedriger tarifierten Zug umgetauscht wird.

§. 20. Ausschluß von der Fahrt³⁸).

(1) Personen, welche wegen einer sichtlichen Krankheit oder aus anderen Gründen die Mitreisenden voraussichtlich belästigen würden, sind von der Mit= fahrt auszuschließen, wenn nicht für sie eine besondere Abtheilung bezahlt wird und bereitgestellt werden kann. Wird die Mitfahrt nicht gestattet, so ist das etwa bezahlte Fahrgeld einschließlich der Gepäckfracht zurückzugeben. Wird erst unterwegs wahrgenommen, daß ein Reisender zu den vorbezeichneten Personen gehört, so erfolgt der Ausschluß auf der nächsten Station. Das Fahrgeld sowie die Gepäckfracht sind für die nicht durchfahrene Strecke zu ersetzen.

(2) ³⁹) Die Beförderung von Pestkranken ist ausgeschlossen. An Aussatz (Lepra), Cholera (asiatischer), Fleckfieber (Fleck= typhus), Gelbfieber oder Pocken (Blattern) erkrankte oder einer dieser Krankheiten verdächtige Personen werden nur dann zur Beförderung zugelassen, wenn die beizubringende Bescheinigung des für die Abgangsstation zuständigen beamteten Arztes dies gestattet; sie sind in besonderen Wagen zu befördern; für Aus=

---

³⁸) Gesundheitspolizeil. Vorschr. üb. Be= förderung Kranker Abschn. VII 5 d. W.

³⁹) Bek. 3. Feb. 04 (RGB. 29); im VereinsBetrRegl. fehlt Abs. 2.

sätzige und des Aussatzes Verdächtige genügt eine abgeschlossene Wagenabteilung mit getrenntem Aborte. An Typhus (Unterleibstyphus), Diphtherie, Scharlach, Ruhr, Masern oder Keuchhusten leidende Personen sind in abgeschlossenen Wagenabteilungen mit getrenntem Aborte zu befördern. Bei Personen, die einer dieser Krankheiten verdächtig sind, kann die Beförderung von der Beibringung einer ärztlichen Bescheinigung abhängig gemacht werden, aus der die Art ihrer Krankheit hervorgeht. Für die Beförderung in besonderen Wagen oder Wagenabteilungen sind die tarifmäßigen Gebühren zu bezahlen.

(3) Wer die vorgeschriebene Ordnung nicht beobachtet, sich den Anordnungen der Bediensteten nicht fügt oder den Anstand verletzt, wird ohne Anspruch auf den Ersatz des bezahlten Fahrgeldes von der Mitfahrt ausgeschlossen. Namentlich dürfen trunkene Personen zur Mitfahrt und zum Aufenthalt in den Warteräumen nicht zugelassen werden und sind, falls die Zulassung dennoch stattgefunden hat, auszuweisen[40]).

(4) Erfolgt die Ausweisung unterwegs oder werden die betreffenden Personen zurückgewiesen, nachdem sie ihr Gepäck bereits zur Abfertigung übergeben haben, so haben sie keinen Anspruch darauf, daß ihnen dasselbe anderswo, als auf der Station, wohin es abgefertigt worden, wieder verabfolgt wird.

§. 21. Kontrolle der Fahrkarten. Bahnsteigkarten.

(1) Die Fahrkarte ist auf Verlangen bei dem Eintritt in den Warteraum, beim Betreten und beim Verlassen des Bahnsteigs, beim Einsteigen in den Wagen sowie jederzeit während der Fahrt vorzuzeigen und je nach den für die letzte Fahrstrecke bestehenden Einrichtungen kurz vor oder nach der Beendigung der Fahrt auf Erfordern abzugeben[41]).

[42]) (2) Ein Reisender ohne gültige Fahrkarte hat für die ganze von ihm zurückgelegte Strecke und, wenn die Zugangsstation nicht sofort unzweifelhaft nachgewiesen wird, für die ganze vom Zuge zurückgelegte Strecke das Doppelte des gewöhnlichen Fahrpreises, mindestens aber den Betrag von 6 Mark zu entrichten. Wer jedoch unaufgefordert dem Schaffner oder Zugführer meldet, daß er wegen Verspätung keine Fahrkarte habe lösen können, hat nur den gewöhnlichen Fahrpreis mit einem Zuschlage von 1 Mark, keinesfalls jedoch mehr als den doppelten Fahrpreis zu zahlen[43]).

---

[40]) BO. § 77.
[41]) Bes. ZustBest. der StEB. Außer der Fahrkarte ist auch die etwaige Platzkarte (Anm. 35) auf Verlangen vorzuzeigen.
[42]) Bek. 25. März 04 (RGB. 143). — VereinsbetrRgl. hat noch die ältere Fassung.
[43]) Aus der Rechtsprechung des RGer. Bei bewußt rechtswidriger Fahrgeldhinterziehung ist das Vergehen des Betrugs spätestens mit Beginn der Fahrt vollendet, Nachzahlung hinterher schließt die Bestrafung nicht aus 20.

Juni 81 (Straff. IV 295), 14. Mai 89 (EEE. VII 124); auch heimliches Mitfahren auf dem Trittbrett verstößt gegen StGB. § 263 (20. Okt. 93, Straff. XXIV 318), ebenso u. U. Verhinderung der Fahrkarten-Entwertung (11. Juni 94, das. XXV 412) u. falsche Angabe der Zugangsstation im Falle § 21 (2) 13. März 88 (das. XVII 217); Einverständnis des Reisenden mit dem Fahrpersonal schließt die Bestrafung aus § 263 nicht aus 13. März 88 u. 11. Juni 94 (a. a. O.), 4. Juli 89 (EEE. VII 214). Urkundenfälschung:

(3) Der Reisende, der die sofortige Zahlung verweigert, kann ausgesetzt werden.

(4) Wer ohne gültige Fahrkarte in einem zur Abfahrt bereit stehenden Zuge Platz nimmt, hat den Betrag von 6 Mark zu entrichten.

(5) In allen Fällen ist eine Zuschlagskarte oder sonstige Bescheinigung zu verabfolgen.

(6) Den Eisenbahnverwaltungen bleibt überlassen, die Fälle, in denen von der Erhebung der in den Abs. 2 und 4 bezeichneten Beträge aus Billigkeitsrücksichten abzusehen ist, oder geringere als die in diesen Absätzen bezeichneten Beträge erhoben werden sollen, mit Genehmigung der Landesaufsichtsbehörden[8]) nach Zustimmung des Reichs=Eisenbahnamts durch den Tarif einheitlich[44]) zu regeln.

(7) Auf Stationen mit Bahnsteigsperre ist die Bahnsteigkarte beim Betreten des Bahnsteigs vorzuzeigen und bei dessen Verlassen abzugeben. Wer unbefugter Weise die abgesperrten Teile eines Bahnhofs betritt, hat den Betrag von 1 Mark zu bezahlen[45]).

[8]) 1. Ob eine beschädigte Fahrkarte noch als gültig anzusehen ist, entscheidet im Zuge der Zugführer, auf der Station der diensttuende Beamte. Fahrkarten, deren Inhalt durch unbefugte Korrekturen, Radierungen oder auf andere Weise geändert worden ist, werden als ungültig eingezogen.

2. Scheine von Fahrscheinheften, deren Umschlag nicht herausgezogen werden kann, sowie außer der Reihe befindliche Scheine solcher Hefte sind ungültig und werden dem Reisenden abgenommen.

3. Wer auf einer Anschlußstation wegen Verspätung des benutzten Zuges oder wegen kurzer Übergangszeit eine Fahrkarte zur Weiterfahrt nicht hat lösen können und dies dem Schaffner sofort unaufgefordert meldet, hat nur den · gewöhnlichen Fahrpreis zu zahlen.

4. Wer in demselben Zuge über die Station, bis zu der seine Fahrkarte gilt, hinausfahren will, dort aber keine Zeit zu Lösung einer neuen Fahrkarte hat und die Absicht der Weiterfahrt spätestens auf der ursprünglichen

---

Fälschung des Datumstempels an der abgestempelten Fahrkarte einer Staatsbahn ist Verbrechen gegen StGB. § 268 Abs. 1 Ziff. 2 (21. Mai 83, Straff. VIII 409); die Unterschrift des Inhabers auf einer Zeitkarte hat nicht ohne weiteres den Charakter einer öffentlichen Urkunde 12. Nov. 95 (Straff. XXVIII 42); für nicht strafbar ist erklärt: Fälschung des Datumstempels, die nicht geeignet ist, eine Täuschung hervorzurufen 19. Sept. 84 (EEE. III 394), Bestellung falscher Fahrscheine bei einem Buchdrucker (als bloß vorbereitende Handlung) 17. Dez. 85 (Straff. XIII 212), Fälschung der Durchlochung bei einer Bahnsteigkarte 3. Okt. 96 (das. XXIX 118). Bestechung: Nichtzulassung eines ohne giltige Fahrkarte Reisenden oder Entfernung eines solchen aus dem Zuge ist Amtspflicht i. S. StGB. § 333 U. 24. März 84 (das. X 325),

18. Okt. 87 (EEE. VI 69). Widerstand gegen die Staatsgewalt: Die Tätigkeit des Bahnsteigschaffners gemäß § 21 fällt unter StGB. § 113 U. 5. Nov. 04 (EEE. XXI 287).

[44]) D. h. durch allgemeine ZusBest., nicht durch den Lokaltarif (Eingangs= Best. 3): AusführVorschr.: Allg. ZusBest. 3—7.

[45]) Besond. ZusBest. der StEB.: Die Bahnsteigkarten gelten, wenn nicht für einzelne Stationen anderweite Best. getroffen sind, nur für den Kalendertag, an dem sie vom Bahnsteigschaffner mit der Lochzange entwertet worden sind. Die zwischen 11 u. 12 Uhr nachts entwerteten Karten sind noch am nächstfolgenden Tage gültig. — Einführung der Bahnsteigsperre bei der StEB. E. 22. April 95 (EVB. 369); Zulassung ohne Fahrtausweis od. Bahnsteigkarte E. 2. März 96 (EVB. 100).

Bestimmungsstation dem Schaffner meldet, hat nur den gewöhnlichen Fahrpreis zu zahlen.

5. Wer in einem auf der Bestimmungsstation seiner Fahrkarte nicht haltenden Zuge über diese hinausfahren will und dies dem Schaffner spätestens auf der letzten Haltestation vor der ursprünglichen Bestimmungsstation meldet, hat nur den gewöhnlichen Fahrpreis für die ohne Fahrkarte zurückgelegte Strecke nachzuzahlen.

6. Wenn ein Reisender gegen seinen Willen oder aus Unkenntnis eine Strecke mit einer für diese nicht gültigen Fahrkarte befahren oder einen Schnellzug mit einer nur für Personenzüge gültigen Fahrkarte benutzt hat, so kann statt der in § 21 Abs. 2 der Verkehrsordnung bestimmten Beträge der einfache Fahrpreis oder der einfache Schnellzugzuschlag erhoben werden, sofern der Reisende zur sofortigen Zahlung bereit ist.

7. In den unter Ziffer 3, 4, 5 und 6 bezeichneten Fällen werden auch Rück= fahrkarten ausgegeben, auf welchen durch Vermerk die Zulässigkeit der Be= nutzung zur Fahrt in der umgekehrten Richtung auszusprechen ist.

8. Kinder bis zum vollendeten vierten Lebensjahre werden auf die Bahnsteige ohne Bahnsteigkarte zugelassen.

§. 22. Verhalten während der Fahrt.

(1) Während der Fahrt darf sich Niemand seitwärts aus dem Wagen beugen oder gegen die Thür anlehnen. Auch ist der Aufenthalt auf den etwa an den Wagen befindlichen Plattformen nicht gestattet[46]).

(2) Die Fenster dürfen nur mit Zustimmung aller in derselben Ab= theilung mitreisenden Personen auf beiden Seiten des Wagens gleichzeitig geöffnet sein. Im Uebrigen entscheidet, soweit die Reisenden sich über das Oeffnen und Schließen der Fenster nicht verständigen, der Schaffner.

(3) Es ist untersagt, Gegenstände, durch welche Personen oder Sachen beschädigt werden können, aus dem Wagen zu werfen[46]).

§. 23. Beschädigung der Wagen[47]).

Der durch Beschädigung oder Verunreinigung der Wagen oder ihrer Ausrüstung verursachte Schaden ist zu ersetzen. Die Eisenbahn ist berechtigt, sofortige Zahlung oder Sicherstellung zu verlangen. Die Entschädigung er= folgt, soweit hierfür ein Tarif besteht, nach Maßgabe desselben. Der Tarif ist auf Verlangen vorzuzeigen.

*)1. Für das Zertrümmern von Fensterscheiben werden, soweit nicht für Wagen besonderer Bauart höhere Sätze festgesetzt sind, für I. und II. Klasse 3 Mark, für III. und IV. Klasse 2 Mark für jedes Fenster erhoben.

2. Für die Verunreinigung eines Wagens wird 1 Mark erhoben.

3. Für Beschädigungen anderer Art sind die Ersatzkosten auf Grund vor= genommener Abschätzung oder nach Maßgabe des von jeder Verwaltung festgestellten besonderen Tarifs zu leisten.

4. Bei vorsätzlicher Beschädigung tritt außerdem gerichtliche Verfolgung ein.

§. 24. Verfahren auf Zwischenstationen. Anhalten auf freier Bahn.

(1) Bei Ankunft auf einer Station ist der Name derselben, die Dauer des Aufenthalts sowie der etwa stattfindende Wagenwechsel auszurufen[48]). Sobald der Zug stillsteht, haben die Bahnbediensteten nach der zum Aus=

---

[46]) BO. § 81.
[47]) BO. § 80.

[48]) Auch in Durchgangswagen E. 4. Juli 95 (EBB. 513).

steigen bestimmten Seite die Thüren derjenigen Wagen zu öffnen, aus denen Reisende auszusteigen verlangen.

(2) Wer auf den Zwischenstationen seinen Platz verläßt, ohne ihn zu belegen, geht seines Anspruchs auf diesen Platz verlustig[49]).

(3) Wird ausnahmsweise außerhalb einer Station längere Zeit angehalten, so ist den Reisenden das Aussteigen nur mit ausdrücklicher Bewilligung des Zugführers gestattet. Die Reisenden müssen sich dann sofort von dem Bahngleise entfernen, auch auf das erste mit der Dampfpfeife oder auf andere Weise gegebene Zeichen ihre Plätze wieder einnehmen.

(4) Das Zeichen zur Weiterfahrt wird durch ein dreimaliges Ertönen der Dampfpfeife gegeben. Wer beim dritten Ertönen der Dampfpfeife noch nicht wieder eingestiegen ist, geht des Anspruchs auf die Mitreise verlustig.

[x]) Jeder Reisende hat selbst dafür zu sorgen, daß er auf den Wagenwechselstationen und auf Stationen, auf welchen Züge nach verschiedenen Richtungen halten, in den richtigen Zug gelange, sowie daß er am Ziele seiner Reise den Wagen verlasse.

§. 25. Freiwillige Unterbrechung der Fahrt.

(1) Den Reisenden ist, unbeschadet etwaiger weitergehender, von der Eisenbahn bewilligter Vergünstigungen, gestattet, die Fahrt einmal, bei Rückfahrkarten auf dem Hin- und Rückwege je einmal zu unterbrechen, um mit einem am nämlichen oder am nächstfolgenden Tage nach der Bestimmungsstation abgehenden Zuge weiter zu reisen. Solche Reisende haben auf der Zwischenstation sofort nach dem Verlassen des Zuges dem Stationsvorsteher ihre Fahrkarte vorzulegen und dieselbe mit dem Vermerke der Gültigkeit versehen zu lassen; Ausnahmen können in den Tarifen zugelassen werden. Falls der Zug, welchen sie zur Weiterfahrt benutzen wollen, höher tarifirt ist als derjenige, für welchen sie eine Fahrkarte gelöst haben, so ist eine den Preisunterschied mindestens deckende Zuschlagskarte zu lösen.

(2) Eine Verlängerung der für Rückfahrten, Rundreisen und dergleichen festgesetzten Frist wird durch die Unterbrechung der Fahrt nicht herbeigeführt. Mit Genehmigung der Aufsichtsbehörde[50]) kann die Unterbrechung der Fahrt von besonderen, in die Tarife aufzunehmenden Bedingungen abhängig gemacht oder für gewisse Fahrkarten ganz ausgeschlossen werden[51]).

[x]) 1. Bei Benutzung von Fahrscheinheften hat der Reisende das Recht, auf der Endstation jedes Fahrscheins sowie auf den in den Fahrscheinen besonders namhaft gemachten Aufenthaltsstationen die Fahrt zu unterbrechen, ohne daß es eines Vermerkes seitens des Stationsvorstandes bedarf. Außerdem steht es dem Reisenden frei, sich auf allen übrigen, in dem Fahrscheine nicht genannten Stationen aufzuhalten; in letzterem Falle ist jedoch das Fahrscheinheft sofort nach dem Verlassen des Zuges dem Stationsvorstande zur Vormerkung vorzuweisen.

2. Bei Benutzung von Rückfahrkarten und Fahrscheinheften kann die Reise innerhalb der Gültigkeitsdauer der Fahrkarte auf beliebige Zeit unterbrochen und braucht nicht schon am nächstfolgenden Tage fortgesetzt zu werden.

---

[49]) § 17 (1).
[50]) Minister d. öff. Arb.
[51]) Besond. ZusBest. der StEB., daß Platzkarten (Anm. 35) bei Fahrtunterbrechung die Giltigkeit verlieren, daß bei Fahrkarten mit wahlweiser Giltigkeit für mehrere Strecken ein Übergang von einer dieser Strecken auf die andere grundsätzlich nicht zulässig ist, u. daß auf Stationen, auf denen dem Zugführer die Zugabfertigung obliegt, dieser die Fahrtunterbrechung bescheinigt.

3. Nach einer Fahrtunterbrechung kann die Weiterreise innerhalb der vorstehend angegebenen Fristen auch von einer anderen, der Zielstation näher gelegenen Station desselben Bahnwegs aus fortgesetzt werden.

4. Wird die vorgeschriebene Bescheinigung der Fahrtunterbrechung nicht eingeholt, so werden die Fahrkarten ungültig, und zwar einfache und Rückfahrkarten, auf welche die Unterbrechung auf der Rückreise stattgefunden, vollständig, und Rückfahrkarten, anf welche die Unterbrechung auf der Hinreise stattgefunden, für den Rest der Hinfahrt, nicht aber auch für die Rückfahrt; Rundreisekarten und Fahrscheine bis zur nächsten vorgedruckten Aufenthaltsstation.

§. 26. Verspätung oder Ausfall von Zügen. Betriebsstörungen.

(1) Verspätete Abfahrt oder Ankunft sowie der Ausfall eines Zuges begründen keinen Anspruch auf Schadenersatz gegen die Eisenbahn.

(2) Wird in Folge einer Zugverspätung der Anschluß an einen anderen Zug versäumt, so ist dem mit durchgehender Fahrkarte versehenen Reisenden, sofern er mit dem nächsten zurückführenden Zuge ununterbrochen zur Abgangsstation zurückgekehrt ist, der bezahlte Preis für die Hin- und Rückreise in der auf der Hinreise benutzten Wagenklasse zu erstatten.

(3) Dieser Anspruch ist bei Vermeidung des Verlustes vom Reisenden unter Vorlegung seiner Fahrkarte sogleich nach Ankunft des verspäteten Zuges dem Stationsvorsteher sowie nach Rückkehr zur Abgangsstation dem Vorsteher der letzteren anzumelden. Ueber diese Meldungen haben beide Stationsvorsteher Bescheinigung zu ertheilen.

(4) Bei gänzlichem oder theilweisem Ausfall einer Fahrt sind die Reisenden berechtigt, entweder das Fahrgeld für die nicht durchfahrene Strecke zurückzufordern oder die Beförderung mit dem nächsten, auf der gleichen oder auf einer um nicht mehr als ein Viertheil weiterer Strecke derselben Bahnen nach dem Bestimmungsorte führenden Zuge ohne Preiszuschlag zu verlangen, sofern dies ohne Ueberlastung des Zuges und nach den Betriebseinrichtungen möglich ist und der Zug auf der betreffenden Unterwegsstation fahrplanmäßig hält.

(5) Wenn Naturereignisse oder andere Umstände die Fahrt auf einer Strecke der Bahn verhindern, so muß für die Weiterbeförderung bis zur fahrbaren Strecke mittelst anderer Fahrgelegenheiten thunlichst gesorgt werden. Die hierdurch entstandenen Kosten sind der Eisenbahn, abzüglich des Fahrgeldes für die nicht durchfahrene Eisenbahnstrecke, zu erstatten.

(6) Den Eisenbahnverwaltungen bleibt überlassen, weitere Erleichterungen mit Genehmigung der Landesaufsichtsbehörden nach Zustimmung des Reichs-Eisenbahn-Amts durch den Tarif einheitlich festzusetzen[52]).

(7) Betriebsstörungen und Zugverspätungen sind durch Anschlag an einer dem Publikum leicht zugänglichen Stelle in deutlich erkennbarer Weise sofort bekannt zu machen[53]).

*) 1. (1) Wird infolge einer Zugverspätung der fahrplanmäßige Anschluß versäumt, so ist den mit direkten Fahrtausweisen versehenen Reisenden, die nicht zur Abgangsstation zurückkehren wollen, gestattet, die Reise von der Anschlußstation auf einer anderen nach demselben Bestimmungsorte führenden

---

[52]) Anm. 44. — Abs. 6 fehlt im Vereins-Betr.-Regl.

[53]) Besond. ZusBest. d. StEB.: Verfahren auf unbesetzten Stationen, Einschränkung des Übergangs aus der IV. Klasse in die II. u. I., Weiterbeförd. mit Güterzügen, Beförd. der nicht mit direkten Fahrkarten Versehenen bei Betriebsunterbrechung, Benutz. v. D- u. L-Zügen, Gepäcküberführung.

deutschen Bahnstrecke ohne Rücksicht auf deren Länge auf Grund der zuerst gelösten direkten Fahrkarte fortzusetzen, sofern hierdurch die Ankunft am Bestimmungsorte beschleunigt werden kann; die Verspätung ist von dem Vorsteher der Anschlußstation auf der Fahrkarte zu bescheinigen und die letztere mit dem Vermerke der Gültigkeit für die andere Strecke zu versehen.

(2) Eine Zuzahlung ist von dem Reisenden nicht zu leisten, auch dann nicht, wenn die Beförderung auf der Hilfsstrecke in einem Zuge mit höheren Fahrpreisen (Schnellzug) bezw. in einer höheren Wagenklasse deshalb erfolgen muß, weil der zu benutzende Zug der Hilfsstrecke die Wagenklasse nicht führt, auf welche die betreffenden Fahrkarten lauten. Militärfahrkarten werden in diesem Falle als Fahrkarten III. Klasse angesehen und können für die II. Wagenklasse bezw. einen Zug mit höheren Fahrpreisen umgeschrieben werden. (S. auch Ziffer 3).

2. Diese Bestimmungen gelten auch dann, wenn bei einer Anschlußversäumnis die günstigere Gelegenheit zur Weiterreise sich nicht auf einer Hilfsstrecke, sondern auf dem Wege der direkten Fahrkarte mit einem Zuge bietet, für welchen tarifmäßig höhere Preise gelten oder welcher eine beschränktere Zahl von Wagenklassen führt. Nach Ueberholung desjenigen Zuges, an welchem der Anschluß versäumt war, gehen die betreffenden Reisenden auf den letzteren Zug über.

3. Die Bestimmungen unter Ziffer 1 und 2 gelten auch für die unter Abf. 4 des § 26 gehörigen Fälle und finden im übrigen auch auf solche mit einem verspäteten Zuge eintreffende Reisende Anwendung, welche mit durchgehenden Fahrkarten nicht versehen, sondern auf der Anschlußstation zur Weiterreise nach ihrem eigentlichen Reiseziele neue Karten zu lösen genötigt sind.

4. Die Benutzung der in den Zugplänen mit T. bezeichneten (klugsD.) Züge ist in den Fällen der vorstehenden Zusatzbestimmungen 1 bis 3 und des § 26 Abs. 2 der Verkehrsordnung ausgeschlossen.

5. Wenn infolge von Anschlußversäumnis usw. die Fahrt über eine Hilfslinie ausgeführt werden soll, wird das Gepäck der Reisenden auf Wunsch derselben über diese oder über den ursprünglichen Bahnweg weiter befördert[53]).

§. 27. Mitnahme von Hunden.

(1) Hunde und andere Thiere dürfen in den Personenwagen nicht mitgeführt werden.

(2) Ausgenommen sind kleine Hunde, welche auf dem Schoße getragen werden, sofern gegen deren Mitnahme von den Mitreisenden derselben Abtheilung Einspruch nicht erhoben wird. Die Mitnahme von größeren Hunden, insbesondere Jagdhunden, in die dritte Wagenklasse darf ausnahmsweise gestattet werden, wenn die Beförderung der Hunde mit den begleitenden Personen in abgesonderten Abtheilungen erfolgt. Die Verpflichtung zur Zahlung der tarifmäßigen Gebühr für Beförderung von Hunden wird hierdurch nicht berührt.

(3) Die Beförderung anderer von Reisenden mitgenommener Hunde erfolgt in abgesonderten Behältnissen. Soweit solche in den Personenzügen nicht vorhanden oder bereits besetzt sind, kann die Mitnahme nicht verlangt werden. Bei Aufgabe des Hundes muß ein Beförderungsschein (Hundekarte) gelöst werden. Gegen Rückgabe dieses Scheines wird der Hund nach beendeter Fahrt verabfolgt. Die Eisenbahn ist nicht verpflichtet, Hunde, welche nach Ankunft auf der Bestimmungsstation nicht sofort abgeholt werden, zu verwahren.

(4)[54]) Wer einen Hund ohne Beförderungsschein (Hundekarte) mitführt, hat die nachstehenden Beträge zu bezahlen: a) bei rechtzeitiger Meldung (ver-

---

53) Abf. 4 fehlt im Vereins=Betr.=Regl. — Zu Allg. ZusBest. 3. An   Stelle BetrO. § 34 ist BO. § 57 getreten.

XIX.   35

gleiche §. 21 Abf. 2) den Zuschlag von 1 Mark zu dem tarifmäßigen Preise, jedoch nicht über das Doppelte des letzteren, b) ohne solche Meldung das Doppelte des Preises, jedoch mindestens 6 Mark. In anderen als den im Abf. 2 erwähnten Fällen ist der Hund außerdem aus dem Personenwagen zu entfernen. Die Bestimmung unter §. 21 (6) findet sinngemäße Anwendung.

(5) Wegen sonstiger Beförderung von Hunden siehe §. 30 Abf. 3 und §§. 44 ff.

[2)]1. Hunde als Begleiter von Reisenden werden auf Grund besonderer Fahrkarten (Hundekarten) befördert und können, in genügend sichere Behälter (Körbe, Käfige usw.) eingeschlossen, auf Grund der Hundekarte auch beim Packmeister der Personen= und Schnellzüge zur Beförderung in den Gepäck und Güterwagen aufgegeben werden, wenn genügender Raum vorhanden ist und keinerlei Anstand hinsichtlich der in den Wagen verladenen Gepäckstücke und Güter besteht. Das für einen Hund zu erhebende Mindestfahrgeld beträgt 10 Pfennig.

2. An Reisende, welche auf Rückfahrkarten fahren und Hunde mit sich führen, können für je 1 Hund 2 Hundekarten ausgegeben werden, von denen die eine durch den Vermerk „Gültig zur Rückfahrt" zu der letzteren innerhalb der für die Rückfahrkarte festgesetzten Dauer Gültigkeit erhält.

3. Ausnahmsweise kann Jägern gestattet werden, mit ihren Hunden in Gepäck oder Güterwagen Platz zu nehmen, wenn keinerlei Anstand bezüglich der darin verladenen Gepäckstücke und Güter besteht und in bezug auf persönliche Sicherheit der betreffenden Reisenden kein Bedenken obwaltet. (S. § 34 der Betriebsordnung[54])).

4. Für das Ein= und Ausladen, sowie für das Überführen der Hunde beim Wagenwechsel hat der Begleiter zu sorgen, und zwar auch bei den nach Zusatzbestimmung 1 in Behältern aufgegebenen Hunden.

5. Auch für Hunde, welche in den Wagen mitgenommen werden (wenn auch in Behältern) sind die vorgeschriebenen Sätze zu entrichten.

6. Wird bei Hunden das Interesse an der Lieferung angegeben, so hat die Beförderung mittels Frachtbriefs als Eil= bezw. Frachtgut oder als Reisegepäck in gut verschlossenen Käfigen stattzufinden.

§. 28. Mitnahme von Handgepäck in die Personenwagen[55]).

(1) Kleine, leicht tragbare Gegenstände können, sofern sie die Mitreisenden nicht durch ihren Geruch oder auf andere Weise belästigen und nicht Zoll=, Steuer= oder Polizeivorschriften entgegenstehen[56]), in den Personenwagen mitgeführt werden. Für solche in den Wagen mitgenommene Gegenstände werden Gepäckscheine nicht ausgegeben; sie sind von den Reisenden selbst zu beaufsichtigen.

(2) Unter denselben Voraussetzungen ist Reisenden vierter Klasse auch die Mitführung von Handwerkszeug, Tornistern, Tragelasten in Körben, Säcken

---

[55]) Haftung der Eif. für Handgepäck HGB. § 465 Abf. 3, VerkO. § 34 (6).

[56]) Z.B.Vereinszollg. (X 2 b. W.) § 61 Abf. 1. — Die Beförderung postzwangspflichtiger Zeitungen durch expressen Boten auf der Eif. unter Aufgabe als Reisegepäck ist nach G. betr. Postwesen 28. Okt. 71 (RGB. 347) § 2 verboten; Mitnahme als Handgepäck ist zulässig RGer. 1. Mai 02 (Arch. 1135); E. 19. Juli 02 (EBB. 349). Nicht zulässig ist es aber, Zeitungspakete in der Weise zu befördern, daß ein Bote mehrere Fahrkarten löst und die Zeitungspakete nicht nur über und unter seinen Sitzplatz, sondern auch in dem Raum über und unter den anderen von ihm bezahlten Plätzen als „Handgepäck" unterbringt RGer. 9. April 04 (Straff. XXXVII 98), E. 30. Juni 04 (EBB. 201).

und Kiepen sowie von ähnlichen Gegenständen, welche Fußgänger mit sich führen, gestattet.

(3) In der ersten, zweiten und dritten Wagenklasse steht dem Reisenden nur der über und unter seinem Sitzplatze befindliche Raum zur Unterbringung von Handgepäck zur Verfügung. Die Sitzplätze dürfen hierzu nicht ver=wendet werden[57]).

§. 29. Von der Mitnahme ausgeschlossene Gegenstände[58]).

(1) Feuergefährliche sowie andere Gegenstände, die auf irgend eine Weise Schaden verursachen können, insbesondere geladene Gewehre, Schießpulver, leicht entzündliche Stoffe und dergleichen, sind von der Mitnahme ausgeschlossen.

(2) Die Eisenbahnbediensteten sind berechtigt, sich von der Beschaffenheit der mitgenommenen Gegenstände zu überzeugen.

(3) Der Zuwiderhandelnde haftet für allen aus der Uebertretung des obigen Verbots entstehenden Schaden und verfällt außerdem in die durch die bahnpolizeilichen Vorschriften bestimmte Strafe.

(4) Jägern und im öffentlichen Dienste stehenden Personen ist die Mit=führung von Handmunition gestattet. Auch ist Begleitern von Gefangenen=transporten die Mitführung geladener Schußwaffen unter der Voraussetzung gestattet, daß die Beförderung in besonderen Wagen oder Wagenabtheilungen erfolgt.

(5) Der Lauf eines mitgeführten Gewehrs muß nach oben gerichtet sein.

IV. Beförderung von Reisegepäck[59]).

[2]) Die nachstehend für „Fahrzeuge" getroffenen Bestimmungen gelten, insoweit sie von denen für Reisegepäck abweichen, nur für solche Fahrzeuge, die durch die Seitentüren gedeckt gebauter Wagen nicht verladen werden können, sowie für Motorfahrräder. Für einsitzige Motorzweiräder, deren Brennstoffbehälter mit Ablaßhähnen versehen und entleert sind, gelten jedoch die Bestimmungen für Reisegepäck mit Ausnahme derjenigen über die Liefer=zeit. Diese ist die gleiche wie für Fahrzeuge (§ 33 Abf. 6 EBO.).

§. 30. Begriff des Reisegepäcks.

(1) Als Reisegepäck kann in der Regel nur das, was der Reisende zu seiner Reise bedarf, namentlich Koffer, Mantel= und Reisesäcke, Hutschachteln, kleine Kisten und dergleichen aufgegeben werden.

(2) Doch können auch größere kaufmännisch verpackte Kisten, Tonnen sowie Fahrzeuge und andere nicht zum Reisebedarf zu rechnende Gegenstände, sofern sie zur Beförderung mit Personenzügen geeignet sind, ausnahmsweise

---

[57]) Abf. 3 fehlt im Vereins=Betr.=Regl. — Befond. ZufBeft. d. StEB.: 1) Reisende der IV. Wagenklasse dürfen nur eine Traglast mit sich führen ... Jede ... weitere Traglast wird als ge=wöhnliches Gepäck behandelt ... Das=selbe ist bei der Gepäckabfertigungsstelle aufzugeben. 2) Fahrräder ... dürfen in die Personenwagen nicht mitgenommen werden. 3) (Traglasten auf Strecken ohne IV. Kl.).

[58]) BO. § 82, 83.

[59]) Während nach HGB. das (zur Beförderung aufgegebene) Reisegepäck zu den „Gütern" gehört, also grund=sätzlich den auf die Güter bezüglichen Vorschr. des G. unterliegt (VII 2 Anm. 25 a. E), unterscheidet VerkO. zwischen Gepäck u. Gütern; der Begriff des Gepäcks i. S. VerkO. ergibt sich aus § 30 (1). Die Beft. des Vereins=BetrRegl. über Gepäck stimmen, so=weit nicht unten ein anderes vermerkt ist, mit denen der VerkO. überein.

35*

als Reisegepäck zugelassen werden. Wegen der Fahrzeuge vergleiche auch §. 6 Abs. 2.

(3) Ebenso können kleine Thiere sowie Jagdhunde in Käfigen, Kisten, Säcken und dergleichen zur Beförderung als Reisegepäck angenommen werden.

(4) Gegenstände, welche von der Beförderung als Frachtgut[60]), sowie solche, welche nach §. 29 von der Mitnahme in die Personenwagen ausgeschlossen sind, dürfen, bei Vermeidung der im §. 53 Abs. 8 festgesetzten Folgen, auch als Reisegepäck nicht aufgegeben werden.

(5) Ob und unter welchen Bedingungen die im § 50 B 2 bezeichneten Gegenstände zur Beförderung als Reisegepäck angenommen werden, bestimmen die Tarife. Wegen Beschränkung der Höhe des Schadensersatzes finden § 81 Abs. 2 und 3 und §. 84 Abs. 4 entsprechende Anwendung[61]).

*) 1. (1) Zu den Reisebedürfnissen werden gerechnet und, insoweit von den Verwaltungen Freigewicht im Binnenverkehr allgemein gewährt wird, unter Anrechnung dieses Gewichts befördert:

a) Fahr- und Rollstühle, welche Kranke oder Gelähmte mit sich führen, sowie Kinderwagen für den Gebrauch mitreisender Kinder,

b) Musikinstrumente in Kasten, Futteralen oder sonstigen Umschließungen,

c) Meßinstrumente bis zu 5 Meter Länge und Handwerkszeug,

d) Fahrräder, auch einsitzige Motorzweiräder, deren Brennstoffbehälter mit Ablaßhähnen versehen und entleert sind (wegen der übrigen Motorfahrräder vergl. Zusatzbestimmung 4 zu § 32), ferner Handschlitten bis zu 4 m Länge und 40 kg Einzelgewicht, Schneeschuhe und Schlittschuhsegel, sofern diese Gegenstände unzweifelhaft zum persönlichen Gebrauche des Gepäckaufgebers dienen und nicht Gegenstände des kaufmännischen Verkehrs bilden[62]),

e) Warenproben (Muster), welche Geschäftsreisende in Ausübung ihres Geschäfts mit sich führen und welche nach der Verpackungsart als Proben erkennbar sind, sowie Hausiererwaren, sofern die Aufgeber die III. Klasse benutzen und sich die Gepäckstücke nach Größe und Gestalt als Traglasten für Hausierer unzweifelhaft erkennen lassen.

(2) Für größere kaufmännisch verpackte Kisten, Tonnen sowie andere nicht zu den Reisebedürfnissen zu rechnende Gegenstände, welche nach dem Ermessen des abfertigenden Beamten zur Beförderung als Reisegepäck angenommen werden, wird Freigewicht nicht gewährt.

2. Die im § 50 B 2 der Verkehrsordnung bezeichneten Gegenstände werden zur Gepäckbeförderung unter folgenden Bedingungen zugelassen:

a) die Gepäckstücke müssen fest verschlossen sein;

b) der Inhalt der Gepäckstücke und der Wert, welcher den Höchstbetrag der Entschädigung bilden soll, sind anzugeben und im Gepäckschein zu vermerken.

Wird der Wert oder das Interesse an der Lieferung mit mehr als 500 Mark angegeben, so werden die Gegenstände zur Gepäckbeförderung nicht angenommen.

---

⁶⁰) § 50.

⁶¹) Der letzte Satz fehlt im Vereins-BetrRegl.

⁶²) Besond. ZusBest. der StEB.: Für unverpackte einsitzige Zweiräder — wegen der Motorfahrräder vergl.

allg. ZusBest. zu Abschn. IV — wird im Binnenverkehr der Preuß.-Hess. Staatsb. Freigepäck nicht gewährt. Wegen der Annahme, Abfertigung u. Beförderung derartiger Fahrräder s. die besond. Best. unter 6 zu § 32.

§. 31. Art der Verpackung. Entfernung älterer Beförderungs= zeichen.

(1) Das Reisegepäck muß sicher und dauerhaft verpackt sein. Bei mangelnder oder ungenügender Verpackung kann es zurückgewiesen werden. Wird derartiges Gepäck zur Beförderung angenommen, so ist die Eisenbahn berechtigt, auf dem Gepäckschein einen entsprechenden Vermerk zu machen. Die Annahme des Gepäckscheins mit dem Vermerke gilt als Anerkenntniß dieses Zustandes durch den Reisenden[63]).

(2) Auf den Gepäckstücken dürfen ältere Eisenbahn=, Post= und andere Beförderungszeichen sich nicht befinden. Wird in Folge der Nichtbeachtung dieser Vorschrift das Gepäck verschleppt, so haftet die Eisenbahn nicht für den daraus erwachsenen Schaden[64]).

§. 32. Auflieferung des Gepäcks. Gepäckscheine.

(1) Die Abfertigung des Reisegepäcks erfolgt innerhalb der im §. 13 Abs. 1 für den Verkauf der Fahrkarten festgesetzten Zeit.

(2) Die Abfertigung von Gepäck, welches nicht spätestens 15 Minuten vor Abgang des Zuges bei der Gepäck=Abfertigungsstelle aufgeliefert ist, kann nicht beansprucht werden. Fahrzeuge, welche zur Beförderung als Reisegepäck zugelassen werden (§. 30 Abs. 2), müssen 2 Stunden vor Abgang des Zuges angemeldet und spätestens 1 Stunde vorher zur Abfertigung aufgeliefert werden; auf Zwischenstationen kann auf eine Beförderung derselben mit dem vom Absender gewünschten Zuge nur dann gerechnet werden, wenn sie 24 Stunden vorher angemeldet worden sind.

(3) Bei Abfertigung des Gepäcks ist dem Reisenden ein Gepäckschein auszuhändigen[65]).

(4) Die Gepäckfracht ist bei der Abfertigung zu entrichten.

(5) Wird in dringenden Fällen Gepäck ausnahmsweise unter Vorbehalt späterer Abfertigung unabgefertigt zur Beförderung zugelassen, so wird es bis zum Zeitpunkte der Abfertigung als zum Transport aufgegeben nicht an= gesehen[66]).

(6) Dasselbe gilt für die Annahme von Reisegepäck auf Haltestellen ohne Gepäckabfertigung.

(7) Für die Abfertigung von Fahrrädern können durch die Tarife be= sondere Vorschriften gegeben werden[67]).

---

[63]) Haftung § 34 (1) in Verb. mit § 58 (2, 3), 77 (1) Ziff. 2. — Besond. ZusBest. der StEB.: 1. Unverpackte oder ungenügend verpackte Gepäckstücke können von den GepäckabfertStellen an= genommen werden, wenn sie sich nach Ansicht des abfertigenden Beamten zur Beförderung eignen. 2. Wegen der Annahme unverpackter einsitziger Zwei= räder s. die besond. Best. unter 6 zu § 32.

[64]) Erörterung über die Gültigkeit des Abs. 2 Eger Anm. 124, VerZtg. 03 S. 297, 593. Haftung der EisVerw. trotz der Nichtentfernung RGer. 28. Dez. 04 (Arch. 05 S. 957).

[65]) Der Gepäckschein einer Staats= bahn ist eine öff. Urkunde i. S. StGB. § 268 Ziff. 2 RGer. 28. Nov. 04 (Straff. XXXVII 318).

[66]) HGB. § 465 Abs. 3, VerkO. § 34 (6).

[67]) Besond. ZusBest. der StEB.: 1. Gewährung von Freigepäck (im allg. 25 kg für jede einfache oder Rück= fahrkarte I., II. u. III. Kl., 12 kg für Kinderfahrkarten; keines z.B. für Fahr= karten IV. Kl., Zeitkarten u. Arbeiter= karten, zusammengestellte Fahrschein= hefte); 2. Abfertigung des Gepäcks mehrerer Reisender mittels eines Ge= päckscheins; 3. Nachabfertigung unab= gefertigt mitgenommenen Gepäcks; 4. Ab=

²) 1. Die Gepäckfracht wird für je 10 kg erhoben, wobei Zwischenkilogramme für volle 10 kg angenommen und überschießende Pfennig auf 5 Pfennig aufgerundet werden. Als Mindestbetrag werden 0,20 Mark erhoben.

2. Für Fahrräder, die zur Beförderung als Reisegepäck zur Auflieferung gelangen, werden zum Zwecke der Frachtberechnung als Normalgewichte angenommen:
   1. für einsitzige Motorzweiräder 70 kg,
   2. für sonstige Fahrräder,
     a) für Zweiräder, und zwar einsitzige 20 kg, zweisitzige 30 kg,
     b) für Dreiräder, und zwar einsitzige 40 kg, zweisitzige 50 kg.
Wird indessen Verwiegung ausdrücklich verlangt und kann dieselbe mittels der Stationswage erfolgen, so wird das hierbei ermittelte Gewicht der Frachtberechnung zugrunde gelegt⁶⁷).

3. Wegen telegraphischer Vorausbestellung von Gepäckscheinen siehe Zusatzbestimmung 1 zu §. 13.

4. Land=(Straßen=)Fahrzeuge und Wasserfahrzeuge, die in gedeckt gebaute Wagen durch die Seitentüren verladen werden können, werden auf Gepäckschein zur Gepäckfracht abgefertigt, sofern sie gemäß der Vorschrift im §. 30 Abs. 2 der Verkehrsordnung zur Beförderung mit Personenzügen geeignet sind. Motorfahrräder, mit Ausnahme der einsitzigen Motorzweiräder, deren Brennstoffbehälter mit Ablaßhähnen versehen und entleert sind, sind jedoch von der Beförderung auf Gepäckschein zur Gepäckfracht ausgeschlossen und werden nur nach der Zusatzbestimmung 5 (1) zu §. 32 abgefertigt. Der Aufgeber eines zur Gepäckbeförderung zugelassenen Motorzweirades ist auf Verlangen verpflichtet, beim Ein=, Um= und Ausladen zu helfen.

5. (1) Land=(Straßen=)Fahrzeuge und Wasserfahrzeuge, die in gedeckt gebaute Wagen durch die Seitentüren nicht verladen werden können, sowie Motorfahrräder, mit Ausnahme der einsitzigen Motorzweiräder, deren Brennstoffbehälter mit Ablaßhähnen versehen und entleert sind (vergl. Zusatzbestimmung 4 zu §. 32), werden auf Beförderungsschein in Personenzügen zum Satze von 0,40 Mark, in Schnellzügen, sofern die Benutzung derselben zugelassen wird, zum Satze von 0,60 Mark für das Kilometer und den verwendeten Eisenbahnwagen, in beiden Fällen unter Zuschlag einer Abfertigungsgebühr von 6 Mark für den Eisenbahnwagen, befördert.
   (2) (Einzelne lebende Tiere in Künstlerwagen.)
   (3) (Begleiter solcher Fahrzeuge.)
   (4) a) (Anmeldung der Fahrzeuge.)
      b) (Wagenstandgeld.)
   (5) Zum Auf= und Abladen der Fahrzeuge ist die Eisenbahn nicht verpflichtet. . . . Für die Verladung von Fahrzeugen sind die Vorschriften in der Anlage B⁶⁸) maßgebend. Übernimmt die Eisenbahn das Auf= und Abladen, so werden erhoben . . . Ladegebühren . . ., Krangeld. . . .

---

fertigung von u. nach Zwischenstationen; 5. unterwegs erfolgende Auflieferung weiteren Gepäcks desselben Reisenden; 6. Beförderung unverpackter einsitziger Zweiräder (kein Freigewicht, sondern feste Gebühr von 50 Pf. für jedes Rad; besondere Fahrkarten zu lösen; Selbstaufgabe durch den Reisenden beim Packmeister gegen Fahrradmarke, die das Anerkenntnis über das Fehlen der Verpackung ersetzt; Sorge des Reisenden für Umladungen; Rückgabe an den Reisenden am Packwagen der Endstation gegen Rückgabe der Marke, VerkO.

§ 33 (1) Satz 2 u. (4) anzuwenden; grundsätzlich Ausschluß der Schnellzüge; einmalige Fahrtunterbrechung gestattet); 7. besondere Best. für gewisse Stationen usw.; 8. Verfahren bei Fahrkarten, die nach mehreren Bahnhöfen oder über verschiedene Bahnwege gelten; 9. Zus=Best. zu allg. ZusBest. 5. — Vereinfachte Gepäckabfertigung („nach amerikanischem Muster") bei der StEB. Cauer II S. 143. — Unübertragbarkeit des Freigepäcks OLG. Breslau 24. Mai 04 (Arch. 1507).
⁶⁸) Hier nicht abgedruckt.

(6) Soweit es die Sicherheit des Eisenbahnbetriebs nach dem Ermessen der Versandstation gestattet, können 2 oder mehrere Fahrzeuge auf einem Eisenbahnwagen verladen werden.

(7) (Bedeckung der Fahrzeuge mittels Decken der Eisenbahn, Deckenmiete.)

(8) (Verzögerungsgebühr bei verspäteter Rückgabe der Wagendecken u. dgl.)

§. 33. Auslieferung des Gepäcks.

(1) Das Gepäck wird nur gegen Rückgabe des Gepäckscheins ausgeliefert. Die Eisenbahn ist nicht verpflichtet, die Berechtigung des Inhabers zu prüfen.

(2) Der Inhaber des Gepäckscheins ist berechtigt, am Bestimmungsorte die sofortige Auslieferung des Gepäcks an der Ausgabestelle zu verlangen, sobald nach Ankunft des Zuges, zu welchem das Gepäck aufgegeben wurde, die zur ordnungsmäßigen Ausladung und Ausgabe sowie zur etwaigen zoll= oder steueramtlichen Abfertigung erforderliche Zeit abgelaufen ist.

(3) Werden Gepäckstücke innerhalb 24 Stunden, Fahrzeuge innerhalb 2 Stunden nach Ankunft des Zuges nicht abgeholt, so ist das tarifmäßige Lagergeld oder Standgeld zu entrichten. Kommt das Fahrzeug nach 6 Uhr Abends an, so wird die Abholungsfrist vom nächsten Morgen 6 Uhr ab gerechnet.

(4) Wird der Gepäckschein nicht beigebracht, so ist die Eisenbahn zur Auslieferung des Gepäcks nur nach vollständigem Nachweise der Empfangs= berechtigung gegen Ausstellung eines Reverses und nach Umständen gegen Sicherheit verpflichtet.

(5) In der Regel ist das Gepäck nur auf der Station auszuliefern, wohin es abgefertigt ist. Das Gepäck kann jedoch auf Verlangen des Reisenden, sofern Zeit und Umstände sowie Zoll= und Steuervorschriften es gestatten, auch auf einer vorliegenden Station zurückgegeben werden. In einem solchen Falle hat der Reisende bei der Auslieferung des Gepäcks den Gepäckschein zurückzugeben und die Fahrkarte vorzuzeigen.

(6) Fahrzeuge, welche unterwegs in einen anderen Zug übergehen müssen, brauchen erst mit dem nächstfolgenden Personenzug am Bestimmungs= ort einzutreffen[69]).

²) 1. Das Lagergeld für Reisegepäck, welches länger als 24 Stunden nach der Ankunft lagert, beträgt für je auch nur angefangene 24 Stunden nach Ablauf der Abholungsfrist und jedes Stück 20 Pfennig.

2. Verlangt ein Reisender bei Auslieferung des Gepäcks dessen Verwiegung, so ist dem Antrage zu entsprechen. Ergibt die Nachwiegung kein von der Eisenbahnverwaltung zu vertretendes Fehlgewicht, so wird eine Wägegebühr von 5 Pfennig für je, wenn auch nur angefangene 100 kg erhoben.

3. Der Abs. 6 gilt auch für einsitzige Motorzweiräder, die nach den Zusatz= bestimmungen 1 (1) d zu §. 30 und 4 zu § 32 zur Beförderung auf Ge= päckschein zugelassen werden.

4. (1—3: Best. für den Fall, daß bei Fahrzeugen, die auf Beförderungs= schein befördert werden, der Antritt oder die Fortsetzung des Eisenbahn= transports ohne Verschulden des Absenders zeitweilig verhindert wird.)

(4) Die Auslieferung der Fahrzeuge erfolgt gegen Rückgabe des bei der Aufgabe ausgefertigten Beförderungsscheins an dessen Inhaber.

(5) (Best. für den Fall, daß die Zurückgabe der Fahrzeuge nach der Auslieferung, aber vor Erreichung der Bestimmungsstation beansprucht

---

[69]) Besond. ZusBest. der StEV.:
1. Auslieferung von Zweirädern (Hin= weis auf bes. ZusBest. 6 (5) zu § 32);
2. Anwesenheit des Reisenden bei zoll= amtl. Abfert. des Gepäcks; 3. Gepäck= abfert. nach Stationen ohne Gepäck= abfertStelle.

wird, ohne daß die in der Zusatzbestimmung 4 (1) bezeichnete Veranlassung vorliegt.)

(6) (Best. für den Fall, daß die Fahrzeuge von der Bestimmungsstation oder von einer Unterwegsstation nach der Versandstation zurück= oder nach einer anderen Station befördert werden.)

5. (Standgeld für Fahrzeuge.)

§. 34. Haftung der Eisenbahn für Reisegepäck[70]).

(1) Für das zur Beförderung aufgegebene Reisegepäck haftet die Eisenbahn nach den für die Beförderung von Gütern (Abschnitt VIII)[71]) geltenden Bestimmungen, soweit solche auf die Beförderung von Reisegepäck sinngemäße Anwendung finden können und sich nicht Abweichungen aus den Bestimmungen des gegenwärtigen Abschnitts ergeben.

(2) Die etwaige Angabe des Interesses an der Lieferung ist spätestens eine halbe Stunde vor Abgang des Zuges, mit welchem die Beförderung geschehen soll, bei der Gepäck=Abfertigungsstelle unter Zahlung des tarif= mäßigen Frachtzuschlags (§. 84 Abs. 3) zu bewirken; sie hat nur dann recht= liche Wirkung, wenn sie von der Abfertigungsstelle im Gepäckscheine vermerkt ist.

(3) Für den Verlust von Reisegepäck, das zur Beförderung aufgegeben ist, haftet die Eisenbahn nur, wenn das Gepäck binnen 8 Tagen nach der Ankunft des Zuges, zu welchem es aufgegeben ist (§. 33 Abs. 2), auf der Bestimmungsstation abgefordert wird[72]).

(4) Der Ersatz für den Verlust, die Minderung oder die Beschädigung von Reisegepäck, das zur Beförderung aufgegeben ist, kann mit Rücksicht auf besondere Betriebsverhältnisse mit Genehmigung der Landesaufsichtsbehörden[8]) unter Zustimmung des Reichs=Eisenbahn=Amts im Tarif auf einen Höchst= betrag beschränkt werden. Die Vorschrift des §. 88 findet entsprechende An= wendung.

(5) Der Reisende, welchem das Gepäck nicht ausgeliefert wird, kann verlangen, daß ihm auf dem Gepäckscheine Tag und Stunde der geschehenen Abforderung bescheinigt werde.

(6) Für den Verlust, die Minderung und die Beschädigung von Reise= gepäck, das nicht zur Beförderung aufgegeben ist (§§. 28 und 32), sowie von Gegenständen, die in beförderten Fahrzeugen belassen sind (§. 30 Abs. 2), haftet die Eisenbahn nur, wenn ihr ein Verschulden zur Last fällt[73]).

[8]) Als Frachtzuschlag für Angabe des Interesses an der Lieferung werden für unteilbare Einheiten von je 10 M. und 10 km 0.2 Pf. berechnet. Der geringste zur Erhebung kommende Frachtzuschlag beträgt für den ganzen Durchlauf 40 Pf. Überschießende Beträge werden auf 10 Pf. abgerundet.

§. 35. In Verlust gerathene Gepäckstücke.

(1) Fehlende Gepäckstücke werden nach Ablauf von 3 Tagen nach An= kunft des Zuges, zu welchem sie aufgegeben sind, als in Verlust gerathen betrachtet.

---

[70]) HGB. § 465. Ferner Anm. 160, 163; Cauer II 150 ff. (Verfahren bei Verschleppungen u. dgl.), 182 ff. (Re= klamationen).

[71]) § 73—91.

[72]) Die Frist des Abs. 3 gilt nicht für Ansprüche wegen Beschädigung von Gepäck.

[73]) Haftung der Schlafwagengesell= schaft für das in den Schlafwagen eingebrachte Handgepäck Eger Anm. 143, Reindl in EEE. XVIII 367.

(2) Falls das Gepäckstück später gefunden wird, ist hiervon der Reisende, sofern sein Aufenthalt sich ermitteln läßt, auch wenn er bereits Entschädigung erhalten hat, zu benachrichtigen. Derselbe kann innerhalb 30 Tagen nach Empfang der Nachricht verlangen, daß ihm das Gepäckstück gegen Rück=erstattung des erhaltenen Schadensersatzes, und zwar nach seiner Wahl ent=weder kostenfrei am Bestimmungsort oder kosten= und frachtfrei am Aufgabe=orte, verabfolgt wird[74]).

§. 36. Haftung der Eisenbahn für verspätete Ankunft des Reisegepäcks[75]).

(1) Die Eisenbahn haftet für den Schaden, welcher durch verspätete Aus=lieferung des Reisegepäcks §. 33 Abf. 2) entsteht, es sei denn, daß die Ver=spätung von einem Ereignisse herrührt, welches sie weder herbeigeführt hat noch abzuwenden vermochte.

(2) Ist auf Grund der vorstehenden Bestimmung für Versäumung der Lieferzeit Ersatz zu leisten, so ist der nachweislich entstandene Schaden zu vergüten und zwar:

a) bei stattgehabter Angabe des Interesses an der Lieferung: bis zur Höhe des angegebenen Betrags;

b) in Ermangelung einer solchen Angabe für je angefangene 24 Stunden der Versäumung: höchstens 20 Pfennig für jedes Kilogramm des aus=gebliebenen Gepäcks, bei Fahrzeugen (§. 30) höchstens 30 Mark für jedes ausgebliebene Fahrzeug.

(3) Der §. 88 findet entsprechende Anwendung.

§. 37. Gepäckträger[76]).

Auf den Stationen sind, soweit ein Bedürfniß besteht, Gepäckträger zu bestellen, die unter Verantwortlichkeit der Eisenbahnverwaltung im Sinne von §. 34 Abf. 1 und 4 dieser Ordnung auf Verlangen der Reisenden deren Reise= und Handgepäck im Stationsbereiche nach und von den Wagen, Ab=fertigungsstellen u. s. w. zu schaffen haben. Die Gepäckträger müssen durch Dienstabzeichen erkennbar und mit einer gedruckten Dienstanweisung nebst Gebührentarif versehen sein. Sie haben auf Verlangen den Tarif vorzu=zeigen, auch eine mit ihrer Nummer versehene Marke zu verabfolgen. Der Tarif ist auch an einem geeigneten Orte der Abfertigungsstelle und der Aus=gabestelle auszuhängen.

§. 38. Aufbewahrung des Gepäcks[77]).

Auf größeren Stationen müssen Einrichtungen bestehen, welche es dem Reisenden ermöglichen, sein Gepäck gegen eine festgesetzte Gebühr zur vor=

---

[74]) Ähnlich für Güter § 82.
[75]) HGB. § 466.
[76]) VereinsBetrRegl. enthält als § 37¹ den obigen § 37 ohne dessen Satz 1. — Über die Rechtsstellung der Gepäckträger sowie den örtlichen Bereich der von ihnen unter Verant=wortlichkeit der Eif. auszuübenden Tätig=keit bestehen Zweifel Eger Anm. 149, Holzbecher in VerZtg. 00 S. 173, Eger, Reindl u. Gorden in EEE. XVII, XVIII

u. XIX. — Für den Verlust eines Gepäckstücks, das dem Gepäckträger zur Aufbewahrung übergeben ist, haftet die Eif. nicht OLG. Kiel 7. Mai 03 (EEE. XX 164, Arch. 04 S. 211).
[77]) VereinsBetrRegl. enthält als § 37 (2) den ersten Satz des § 38 oben u. als § 38 („zurückgelassene Gegen=stände") folgende Best: Zurückgelassene Gegenstände (Fundsachen) unterliegen den örtlichen Bestimmungen. — Vorschr.

übergehenden Aufbewahrung niederzulegen. Die Verwaltung haftet in diesem Falle als Verwahrer[78]).

V. Beförderung von Expreßgut[79]).
§. 39. Begriff des Expreßguts.

Die Eisenbahnen können in den Tarifen bestimmen, daß der Transport von Gütern, welche sich zur Beförderung in Packwagen eignen, auch wenn sie nicht als Reisegepäck (§ 30) zur Aufgabe gelangen, auf Gepäckschein oder auf besonderen Beförderungsschein zulässig ist (Expreßgut).

[*]) 1. Gegenstände, die sich zur Beförderung im Packwagen eignen, werden mit den nachstehenden Ausnahmen zur Beförderung als Expreßgut von und nach solchen Stationen angenommen, die für den Gepäckverkehr eingerichtet sind und zwischen denen in den Teilen II direkte Sätze bestehen.

2. Das Expreßgut wird auf Beförderungsschein (Eisenbahn = Paketadresse)[79]) abgefertigt. Die Ausfüllung der Eisenbahn-Paketadresse liegt dem Absender ob. Auf eine Eisenbahn = Paketadresse können bis zu 5 Stücke aufgeliefert werden.

3. Die Annahme ist ausgeschlossen:
   a) hinsichtlich der im § 50 A, B 1, 3 und 4 der Verkehrsordnung verzeichneten Gegenstände;
   b) nach Stationen jenseits einer Grenzzollabfertigungsstelle;
   c) wenn an dem Beförderungswege Orte mit getrennten Bahnhöfen gelegen sind, zwischen denen von der Eisenbahn Gepäck nicht überführt wird.

4. Die im § 50 B 2 der Verkehrsordnung verzeichneten Gegenstände werden unter folgenden Bedingungen zur Expreßgutbeförderung zugelassen:
   a) Die Stücke müssen fest verschlossen sein;
   b) der Inhalt der Stücke und der Wert, welcher den Höchstbetrag für die zu zahlende Entschädigung bilden soll, sind anzugeben und auf der Eisenbahn=Paketadresse zu vermerken.
      Wird der Wert oder das Interesse an der Lieferung auf mehr als 500 M. angegeben, so werden die Gegenstände zur Expreßgutbeförderung nicht angenommen.

§. 40. Aufgabe und Auslieferung des Expreßguts[80]).

(1) Bei Abfertigung des Expreßguts mit Gepäckschein ist solcher in der Regel dem Absender auszuhändigen. In diesem Falle erfolgt die Aus=

über Fundsachen: Anlage H. — Besond. ZusBest. der StEB.: 1. (1) Die Stationen (§ 38) werden durch Aushang gekennzeichnet; (2) Aufbewahrung erfolgt gegen Hinterlegungsschein auf 8 Tage, darüber hinaus nur auf ausdrücklichen Antrag; (3) Kostbarkeiten usw., leicht verderbliche u. überriechende Sachen ausgeschlossen; (4) Mangel der Verpackung u. des Verschlusses; (5) Aufbewahrungsgebühr; (6) Auslieferung; (7) Behandlung der hinterlegten Sachen nach Ablauf der Aufbewahrungsfrist; (8) Ersatz für Verlust, Minderung, Beschädigung od. verspätete Auslieferung erfolgt im nachgewiesenen Betrage bis zu 100 M. für das Stück. — Cauer II 159 ff.

[78]) BGB. § 688 fg.
[79]) Durch die allg. ZusBest. zu Abschn. V, deren gegenwärtige Fassung seit dem 1. Apr. 04 in Kraft steht, ist die bisher nur in Südwestdeutschland bestehende Einrichtung der Expreßgutbeförderung allgemein eingeführt worden. — Die Paketadresse darf nicht zu Mitteilungen an den Empfänger benutzt werden. — Im Vereins= BetrRegl. fehlt Abschn. V.
[80]) Besond. ZusBest. der StEB.: Zur ZusBest. 3. (1) Die Fracht wird für mindestens 20 kg nach dem Satze der Gepäckfracht berechnet. Zwischenkilogramme werden für volle 10 kg angenommen und überschießende Pfennige auf 5 Pfennig aufgerundet.

lieferung des Gutes am Bestimmungsorte gegen Rückgabe des Gepäckscheins. Jedoch kann auf Verlangen des Absenders der Gepäckschein auch der Sendung beigegeben werden, wenn diese mit der vollen Adresse des Empfängers versehen ist. In diesem Falle erfolgt die Auslieferung nach den besonderen Vorschriften jeder Verwaltung.

(2) Bei Abfertigung des Expreßguts mit Beförderungsschein muß dieser die Sendung stets begleiten und das Gut mit der vollen Adresse des Empfängers versehen sein. Die Auslieferung erfolgt am Bestimmungsorte nach den in den Tarifen enthaltenen Vorschriften.

*) 1. (1) Die Aufgabe von Expreßgut erfolgt bei den Gepäck-Abfertigungsstellen zu den für die Annahme von Gepäck bestimmten Zeiten.

(2) Die Beförderung des Expreßguts, welches nicht spätestens ¼ Stunde vor Abgang des Zuges, mit welchem die Beförderung stattfinden soll, bei der Gepäck-Abfertigungsstelle abgeliefert wird, kann nicht beansprucht werden. (S. auch Zusatzbestimmung 5 zu § 41.)

(3) Die Beförderung erfolgt mit den Zügen für den Personenverkehr. Die Eisenbahn behält sich vor, bei Zügen, die bekannt gegeben werden, die Beförderung von Expreßgut zu beschränken oder auszuschließen.

(4) Wird von dem Versender bei der Aufgabe ein Zug, mit welchem die Beförderung erfolgen soll, nicht bezeichnet, so hat die Beförderung mit dem nächsten geeigneten Zuge zu geschehen.

2. (1) Gegenstände, die ihrer Natur nach zum Schutze gegen Verlust oder Beschädigung auf dem Transport einer Verpackung bedürfen, aber innerhalb oder mangelhaft verpackt sind, können zurückgewiesen werden.

Im Falle ihrer Annahme hat der Absender die fehlende oder mangelhafte Verpackung schriftlich anzuerkennen.

(2) Jedes Stück muß mit einer genauen, deutlichen und dauerhaft befestigten Adresse versehen sein. Wenn die Sendung nach vorgängiger Anmeldung von dem Adressaten abgeholt werden soll, muß die Adresse die Bezeichnung „Zur Selbstabholung", wenn sie aber ohne Anmeldung bis zur Abholung auf dem Bahnhof lagern soll, die Bezeichnung „Bahnhoflagernd" tragen. Alle diese Angaben müssen mit jenen der Eisenbahn-Paketadresse übereinstimmen.

3. Expreßgut wird nur frankiert zur Beförderung angenommen.

4. Nachnahmen auf Expreßgut werden nicht zugelassen.

5. Der Empfänger ist berechtigt, nach Ankunft des Zuges, mit welchem die Beförderung des Gutes zu geschehen hat, am Bestimmungsort die sofortige Auslieferung nach Ablauf der zur ordnungsmäßigen Ausladung und Ausgabe erforderlichen Zeit bei der Gepäck-Abfertigungsstelle zu verlangen. (Siehe Zusatzbestimmung 1 c zu § 41.) Der Nachweis der Berechtigung zur Empfangnahme kann verlangt werden. Ob bei der Auslieferung eine

---

Als Mindestbetrag werden, wenn die Beförderung in Personenzügen erfolgt, 0,50 M., bei Beförderung in Schnellzügen, wenn auch nur streckenweise, 1 M. erhoben.

(2) Die für die Überführung von Gepäck an Orten mit getrennten Bahnhöfen festgesetzten Überführungsgebühren werden auch bei der Annahme von Expreßgut erhoben.

Zur ZusBest. 6 u. 7. Die Anmeldung erfolgt nach den für die Ablieferung von Gütern im § 68 d. EVO. gegebenen Bestimmungen sowie den

Zusatzbestimmungen im Deutschen Eisenbahn-Gütertarif Teil I Abt. A. Expreßgut wird dem Empfänger nur auf solchen Stationen zugeführt, für welche dies von der Eisenbahndirektion bekannt gemacht worden ist. In der Bekanntmachung sind auch die Zustellungsgebühren zu veröffentlichen.

Für die Benachrichtigung sowie für die Zuführung von Expreßgut gelten die Fristen für Eilgut.

Ferner Best. für EisDirBezirke Berlin u. Mainz.

Empfangsbescheinigung zu erteilen ist, richtet sich nach den Bestimmungen der Empfangsbahn.

6. Meldet sich der Empfänger nicht sofort nach Ankunft des Zuges zur Empfangnahme der Sendung, und ist diese nicht „Bahnhoflagernd" gestellt, so wird die Sendung nach den Bestimmungen des Tarifs der Empfangs= bahn (Teil II) dem Empfänger angemeldet oder zugeführt. Die zur „Selbstabholung" bestimmten Güter sind dem Empfänger anzumelden.

7. Die Anmeldung oder Zuführung hat alsbald nach Ankunft, spätestens aber in den im § 68 (2) der Verkehrsordnung vorgesehenen Fristen zu erfolgen.

8. Die Befugnis zur Selbstabholung kann unter Beachtung der im § 68 (5) der Verkehrsordnung enthaltenen Bestimmungen beschränkt oder aufgehoben werden.

9. Wird eine Sendung nicht innerhalb 24 Stunden nach der Anmeldung oder, wenn das Gut „Bahnhoflagernd" gestellt ist, nach Ankunft des Zuges, in den für den Gepäckdienst bestimmten Abfertigungsstunden in Empfang ge= nommen, so ist für je auch nur angefangene 24 Stunden und jedes Stück 20 Pfennig Lagergeld zu entrichten. Erfolgt die Anmeldung mit der Post, so gilt sie als geschehen mit dem Zeitpunkt der Aufgabe der Benachrichtigung zur Post.

§. 41. Anwendbarkeit der Bestimmungen für Reisegepäck.

Im übrigen finden auf die Beförderung von Expreßgut die Bestimmungen des Abschnitts IV sinngemäße Anwendung, soweit nicht durch die Tarife die Anwendung des Abschnitts VIII vorgesehen ist.

*) 1. Die Lieferfrist läuft ab:

    a) bei Sendungen, die „Bahnhoflagernd" gestellt sind, oder deren Empfänger sich alsbald nach Ankunft des Zuges zur Empfangnahme meldet, nach Ankunft des Zuges, mit welchem die Beförderung zu geschehen hat, und nach Ablauf der Zeit, welche erforderlich ist, um das Gut ordnungs= gemäß auszuladen und zur Abholung bereit zu stellen;

    b) bei Sendungen, die dem Empfänger anzumelden oder zuzuführen sind, nach Ankunft des Zuges, mit welchem die Beförderung zu geschehen hat, und nach Ablauf der in Ziffer 7 zu § 40 für die Anmeldung oder Zuführung festgesetzten Fristen;

    c) ist bei einer Sendung, die von einem Zug auf einen anderen über= zugehen hat, der Übergang durch Zugverspätung unmöglich geworden, so ist für die Berechnung der Lieferfrist die Ankunft des Zuges ent= scheidend, mit welchem die Sendung unter Berücksichtigung dieser Ver= spätung befördert werden konnte. Motorfahrräder, die unterwegs in einen andern Zug übergehen müssen, brauchen erst mit dem nächst= folgenden Personenzug am Bestimmungsort einzutreffen.

2. Wird die Annahme von Expreßgut am Bestimmungsort verweigert, erfolgt die Abnahme der dem Empfänger angemeldeten oder der „Bahnhoflagernd" gestellten Sendungen nicht binnen drei Tagen, oder ist bei den Gütern, die dem Empfänger anzumelden oder zuzuführen sind, die Anmeldung oder Zuführung nicht möglich, so hat die Empfangsstation den Absender durch Vermittelung der Versandstation von der Ursache des Hindernisses unverzüg= lich in Kenntnis zu setzen und dessen Anweisung einzuholen. Wird Expreß= gut nicht innerhalb acht Tagen abgenommen, so wird damit nach § 70 (2) der Verkehrsordnung verfahren. Diese Fristen beginnen dann, wenn das Gut „Bahnhoflagernd" gestellt ist, oder die Anmeldung oder Zuführung des Gutes an den Empfänger nicht geschehen kann, mit der Ankunft des Zuges, mit welchem die Beförderung erfolgt ist, im andern Falle mit der Anmeldung oder Zuführung.

3. Gegenstände, welche dem schnellen Verderben ausgesetzt sind, können, wenn der Empfänger keine Verfügung trifft, auch ohne Einhaltung einer Frist bestmöglich verkauft werden, sobald ihr Verderben zu befürchten ist; in

diesem Falle wird der Erlös bis zum Ablauf der gesetzlichen Frist zur Verfügung des Berechtigten gehalten.

4. (1) Die Eisenbahn haftet für den Schaden, welcher durch Verlust, Minderung oder Beschädigung des Gutes seit der Annahme zur Beförderung bis zur Ablieferung entstanden ist, nach den für die Beförderung von Gütern (Verkehrsordnung, Abschnitt VIII) geltenden Bestimmungen, soweit solche auf die Beförderung von Expreßgut sinngemäße Anwendung finden können.

(2) Indessen ist die Eisenbahn von jeder Haftung für den Verlust von Expreßgut frei, wenn es nicht innerhalb der in der Zusatzbestimmung 2 bezeichneten Frist von acht Tagen abgefordert wird.

5. Der Absender kann auf der Eisenbahn=Paketadresse das Interesse an der Lieferung angeben. Die Angabe muß spätestens $\frac{1}{2}$ Stunde vor Abgang des Zuges, mit welchem die Beförderung zu geschehen hat, bei der Gepäck-Abfertigungsstelle unter Zahlung des für Reisegepäck festgesetzten Fracht-zuschlags (Zusatzbestimmung zu § 34) erfolgen.

6. Hat eine Angabe des Interesses an der Lieferung stattgefunden, so kann der Berechtigte im Falle des Verlustes, der Minderung oder der Beschädigung außer einer nach Zusatzbestimmung 4 verfallenen Entschädigung noch den Ersatz eines etwa weiter erwachsenen Schadens bis zur Höhe des in der Angabe bezeichneten Betrages beanspruchen. Das Vorhandensein und die Höhe eines weiteren Schadens hat der Berechtigte zu erweisen.

7. Die Haftung der Eisenbahn für Versäumung der Lieferfrist richtet sich nach folgenden Bestimmungen:

a) Der nachweislich erwachsene Schaden wird vergütet, sofern das Interesse an der Lieferung angegeben ist; bis zur Höhe des angegebenen Betrages, sofern eine Angabe des Interesses nicht stattgefunden hat: für je angefangene 24 Stunden der Versäumung mit höchstens 20 Pf. für jedes Kilogramm des ausgebliebenen Expreßgutes.

b) Die Eisenbahn ist von jeder Haftung für den Schaden, welcher durch die Versäumung der Lieferfrist entstanden ist, befreit, sofern sie beweist, daß die Verspätung von einem Ereignis herrührt, welches sie weder herbeigeführt noch abzuwenden vermocht hat.

8. Das Expreßgut kann von dem Absender vor der Auslieferung zurückgenommen oder einem anderen Empfänger am Bestimmungsort überwiesen werden. Die Verfügung hat auf Kosten des Absenders durch Vermittelung der Versandstation zu geschehen. Die Rückbeförderung erfolgt unter Frachtberechnung.

War die Sendung noch nicht abgegangen, so wird bei der Zurückziehung die Fracht von der Annahmestelle gegen Quittung erstattet.

VI. Beförderung von Leichen[81].
§ 42. Beförderungsbedingungen[82].

(1) Der Transport einer Leiche muß, wenn er von der Ausgangsstation des Zuges erfolgen soll, wenigstens 6 Stunden, wenn er von einer Zwischenstation ausgehen soll, wenigstens 12 Stunden vorher angemeldet werden.

(2) Die Leiche muß in einem hinlänglich widerstandsfähigen Metallsarge luftdicht eingeschlossen und letzterer von einer hölzernen Umhüllung derart umgeben sein, daß jede Verschiebung des Sarges innerhalb der Umhüllung verhindert wird.

---

[81] Abschn. VI fehlt als solcher im VereinsBetrRegl.; internat. Verkehr IntÜb. Art. 3 AusfBest. § 1.
[82] Besond. ZusBest. der StEV.

(Preistafeln, Sendungen an Lehranstalten u. dgl.). — Best. über Beförderung von Leichen auf Eis. E. 6. April 88 (EVB. 148).

(3) Die Beförderung erfolgt mit Ausnahme der im Abf. 8 aufgeführten Fälle mit Personenzügen; Beförderung in Schnell= zügen kann nicht verlangt werden. Die Leiche muß, vorbehaltlich der nachstehenden Bestimmungen, von einer Person begleitet sein, die eine Fahrkarte zu lösen und denselben Zug zu benutzen hat, mit dem die Leiche befördert wird. Einer Begleitung bedarf es nicht, wenn als Bestimmungsort eine Eisenbahnstation bezeichnet ist, und der Absender bei der Aufgabestation das schriftliche oder telegraphische Versprechen des Empfängers hinterlegt, daß dieser die Sendung sofort nach Empfang der bahnseitigen Benachrichti= gung von ihrem Eintreffen abholen lassen werde. Bei Sendungen an Leichenverbrennungsanstalten und an Beerdigungsinstitute ge= nügt es, wenn diese eine derartige Verpflichtung gegenüber der Eisenbahn in allgemeiner Form übernommen haben[83]).

(4) Bei der Aufgabe muß der vorschriftsmäßige, nach anliegendem ~~Anlage A.~~ Formular ausgefertigte Leichenpaß beigebracht werden, welchen die Eisenbahn übernimmt und bei Ablieferung der Leiche zurückstellt. Die Behörden, welche zur Ausstellung von Leichenpässen befugt sind, werden besonders bekannt gemacht[84]). Der von der zuständigen Behörde ausgefertigte Leichenpaß hat für den ganzen darin bezeichneten Transportweg Geltung. Die tarifmäßigen Transportgebühren müssen bei der Aufgabe entrichtet werden. Bei Leichen= transporten, welche aus ausländischen Staaten kommen, mit welchen eine Vereinbarung wegen wechselseitiger Anerkennung der Leichenpässe abgeschlossen ist, genügt die Beibringung eines der Vereinbarung entsprechenden Leichen= passes der nach dieser Vereinbarung zuständigen ausländischen Behörde.

(5) Die Beförderung der Leiche hat in einem besonderen, bedeckt gebauten Güterwagen zu erfolgen. Mehrere Leichen, welche gleichzeitig von dem näm= lichen Abgangsorte nach dem nämlichen Bestimmungsort aufgegeben werden, können in einem und demselben Güterwagen verladen werden. Wird die Leiche in einem ringsumschlossenen Leichenwagen befördert, so darf zum Eisen= bahntransport ein offener Güterwagen benutzt werden.

(6) Die Leiche darf auf der Fahrt nicht ohne Noth umgeladen werden. Die Beförderung muß möglichst schnell und ununterbrochen bewirkt werden. Läßt sich ein längerer Aufenthalt auf einer Station nicht vermeiden, so ist der Güterwagen mit der Leiche thunlichst auf ein abseits im Freien gelegenes Gleise zu schieben.

(7) Wer unter unrichtiger Bezeichnung Leichen zur Beförderung bringt, hat außer der Nachzahlung der verkürzten Fracht vom Abgangs= bis zum Bestimmungsort einen Frachtzuschlag im vierfachen Betrage der Fracht zu entrichten.

(8) Bei dem Transporte von Leichen, welche von Polizeibehörden, Kranken= häusern, Strafanstalten u. f. w. an öffentliche höhere Lehranstalten übersandt werden, bedarf es einer Begleitung nicht. Auch genügt es, wenn solche Leichen in dicht verschlossenen Kisten aufgegeben werden. Die Beförderung kann in einem offenen Güterwagen erfolgen. Es ist zulässig, in den Wagen solche Güter mitzuverladen, welche von fester Beschaffenheit (Holz, Metall und dergleichen) oder doch von festen Umhüllungen (Kisten, Fäffern und dergleichen) dicht umschlossen sind. Bei der Verladung ist mit besonderer Vorsicht zu

---

[83]) Bek. 18. Juni 02 (RGB. 236).   [84]) Verzeichnis: EVB. 00 S. 487, Kundmach. 15 des Verkehrsverbands.

verfahren, damit jede Beschädigung der Leichenkiste vermieden wird. Von der Zusammenladung sind ausgeschlossen: Nahrungs= oder Genußmittel, ein= schließlich der Rohstoffe, aus welchen Nahrungs= oder Genußmittel hergestellt werden, sowie die in der Anlage B zu §. 50 der Verkehrsordnung aufgeführten Gegenstände. Ob von der Beibringung eines Leichenpasses abgesehen werden kann, richtet sich nach den von den Landesregierungen dieserhalb ergehenden Bestimmungen.

(9) Auf die Regelung der Beförderung von Leichen nach dem Bestattungs= platze des Sterbeorts finden die vorstehenden Bestimmungen nicht Anwendung.

²)1. Begleiter von Leichen haben, wenn sie in den Wagen Platz nehmen, in welchen die Leichen verladen sind, Fahrkarten der im Zuge befindlichen niedrigsten Wagenklasse, sonst Fahrkarten der zu benutzenden Wagenklasse zu lösen.

2. Ueber die Behörden, welche zur Ausstellung von Leichenpässen befugt sind, erteilen die Aufgabestationen auf Verlangen Auskunft⁸⁴).

3. Für eine oder mehrere auf einen Beförderungsschein aufgegebene und in einem Wagen verladene Leichen wird an Fracht für das Kilometer erhoben:
bei Beförderung mit Personenzügen 0,40 Mark,
bei Beförderung mit Schnellzügen 0,60   „ ,
in beiden Fällen unter Zuschlag einer Abfertigungsgebühr von 6 Mark für den Wagen.

4. Zur Leiche gehörige Gegenstände werden bis zu einem Höchstgewichte von 500 kg in dem Wagen, in welchem die Leiche verladen ist, unter Aufsicht des Begleiters unentgeltlich mitbefördert.

§ 43. Art der Abfertigung und der Auslieferung.

(1) Die Abfertigung der Leichen erfolgt nach der Vorschrift des Tarifs entweder auf Grund von Beförderungsscheinen, welche die Eisenbahn auszufertigen und dem Absender auszuhändigen hat, oder auf Grund von Frachtbriefen (§ 51), die andere Gegen= stände nicht umfassen dürfen. Das Aufladen ist durch den Ab= sender, das Abladen durch den Empfänger zu bewirken⁸³).

(2) Von dem Eintreffen einer Leiche auf der Bestimmungs= station ist der Empfänger auf seine Kosten ohne Verzug telegraphisch oder telephonisch oder durch besonderen Boten zu benachrichtigen. War ein Beförderungsschein ausgestellt, so erfolgt die Aus= lieferung der Leiche gegen dessen Rückgabe⁸³).

(3) Innerhalb 6 Stunden nach Ankunft des Zuges auf der Bestimmungs= station muß die Leiche abgeholt werden, widrigenfalls sie nach der Verfügung der Ortsobrigkeit beigesetzt wird. Kommt die Leiche nach 6 Uhr Abends an, so wird die Abholungsfrist vom nächsten Morgen 6 Uhr ab gerechnet. Bei Ueberschreitung der Abholungsfrist ist die Eisenbahn berechtigt, Wagenstand= geld zu erheben.

²)1. Diejenigen Leichen, für die nach § 42 Abs. 3 der Eisenbahn=Verkehrsordnung eine Begleitung vorgeschrieben ist, oder bei denen unter den im § 42 Abs. 3 vorgeschriebenen Bedingungen es der Begleitung nicht bedarf, werden auf Grund von Beförderungsscheinen durch die Gepäckabfertigungsstellen abge= fertigt; diejenigen Leichen dagegen, bei denen nach § 42 Abs. 8 der Eisen= bahn=Verkehrsordnung eine Begleitung überhaupt nicht erforderlich ist, werden auf Grund von Frachtbriefen durch die Güterabfertigungsstellen abgefertigt.

2. Die Beförderungsscheine sind mit der vollen Adresse des Empfängers zu versehen, damit eine unverzügliche Benachrichtigung desselben von dem Eintreffen der Sendung möglich ist.

3. Bei nicht rechtzeitiger Abholung oder Entladung von Leichen werden 2 Mark für jeden Wagen und angefangenen Tag der Fristversäumung erhoben, auch wenn die Leichen vor dem Abgange des Zuges vom Absender zurückgenommen werden oder wenn die Beladung der bereit gestellten Wagen nicht innerhalb der für den Güterverkehr festgesetzten Frist bewirkt wird.

VII. Beförderung von lebenden Thieren[85]).

[86]) Die Beförderung von lebenden Tieren erfolgt auf Grund der nachstehenden allgemeinen Bestimmungen sowie der für die einzelnen Verkehre bestehenden· besonderen Vorschriften, welche in einem Teile II für jeden Verkehr besonders ausgegeben werden.

Die Ausgabe des Teiles I und der dazu erscheinenden Nachträge wird durch die geschäftsführende Verwaltung (Königliche Eisenbahndirektion zu Berlin) im Deutschen Reichs= und Königlich Preußischen Staatsanzeiger und in der Zeitung des Vereins Deutscher Eisenbahnverwaltungen bekannt gemacht.

§. 44. Besondere Beförderungsbedingungen.

(1) Lebende Thiere werden nur unter der im § 6 Abs. 2 aufgeführten Voraussetzung zur Beförderung angenommen.

(2) Die Beförderung kranker Thiere kann abgelehnt werden. Inwiefern der Transport von Thieren wegen der Gefahr einer Verschleppung von Seuchen ausgeschlossen ist, richtet sich nach den bestehenden gesundheitspolizeilichen Vorschriften[87]).

(3) Zum Transporte wilder Thiere ist die Eisenbahn nur bei Beachtung der von ihr im Interesse der Sicherheit vorzuschreibenden Bedingungen verpflichtet.

[2]) I. Wilde Tiere einschließlich ganzer Menagerien, wie überhaupt die in den Tarifen nicht genannten Tiere, werden zur Beförderung dann über-

---

[85]) Im Texte des VereinsBetrRegl. fehlt dieser Abschnitt; internat. Verkehr JntÜb. Art. 5 ZusBest. 6.

[86]) Die beiden vorgedruckten Absätze bilden das Vorwort des deutschen EisTarifs f. d. Beförd. v. lebenden Tieren Teil I (VII 1 b d. W.). Dieser Tarif enthält außer den oben mitgeteilten allg. ZusBest. u. einem Nebengebührentarif (Abschn. C) noch als Abschn. B Allgemeine Tarifvorschriften. Auszug aus den letzteren: § 1. Die Fracht wird für die Wagenladefläche (Ladungssätze) oder für die Zahl der in einem Wagen verladenen Stücke (Stücksätze) berechnet, je nachdem die eine oder andere Berechnung eine billigere Fracht ergibt. § 7. Die Ladungssätze werden in 3 Klassen eingeteilt: L 1 Pferde; L 2 sonstiges Großvieh, sowie Kleinvieh in einbödigen Wagen; L 3 Kleinvieh in mehrbödigen Wagen. § 14. Die Stücksätze haben 4 Klassen: S 1 Pferde; S 2 sonstiges Großvieh; S 3 Schweine, Kälber, Schafe, Ziegen, Hunde; S 4 sonstiges Kleinvieh. § 16 ff. Frachtermäßigungen für Zucht-

u. Weidevieh. § 23. Rennpferde. § 24 ff. Privattierwagen, bahneigene Stallungswagen. § 28. ff. Wilde Tiere, Tiere in Menageriewagen, einzelne Tiere in Künstlerwagen. § 31. ff Tiere in Käfigen u. dgl. § 35. Zuladungen u. teilweise Ausladungen. § 36. Beförderung in Zügen, die für die Tierart nicht bestimmt sind. § 37. Transportgeräte. — Für die Preußisch=Hessischen Staatseisenbahnen u. eine Anzahl von Privatbahnen besteht ein Tiertarif Teil II, giltig für den Binnenverkehr der StEB. u. einzelner Privatbahnen sowie f. d. Wechselverkehr dieser Bahnen untereinander u. mit weiteren Privatbahnen. Dieser Teil II enthält ein Vorwort (demzufolge Änderungen u. Ergänzungen im Reichsanzeiger u. in der VerZtg. bekannt gemacht werden) sowie besondere Bestimmungen (bes. Best. zur VerkO., besondere Tarifvorschr., bes. Best. zum Nebengebührentarif, Sonderbest. f. einzelne Stationen, Kilometerzeiger, Tariftabellen).

[87]) VII 5 d. W.

nommen, wenn die Gefahr einer Beschädigung von Menschen, Tieren und Gütern durch die Art und Weise der Verpackung oder Verladung nach dem Ermessen der Versandstation ausgeschlossen ist. Bei Einzelsendungen wilder Raubtiere sind die zur Verpackung verwendeten Käfige oder Kisten außen mit der Bezeichnung „Raubtier" in auffallender Schrift zu versehen.

(4) Bei der Beförderung lebender Thiere ist die Eisenbahnverwaltung Begleitung zu fordern berechtigt[88]). Die Begleiter haben, sofern nicht der Stationsvorsteher Ausnahmen zuläßt, ihren Platz in den betreffenden Viehwagen zu nehmen und das Vieh während des Transports zu beaufsichtigen. Wenn sich Stroh, Heu oder andere leicht brennbare Stoffe in den Wagen befinden, so ist das Rauchen darin verboten, auch dürfen brennende Zigarren oder Tabackspfeifen beim Einsteigen nicht mitgenommen werden. Bei kleinen Thieren, insbesondere Geflügel, bedarf es der Begleitung nicht, wenn sie in tragbaren, gehörig verschlossenen Käfigen aufgegeben werden.

[2]) II. 1. Großvieh in Wagenladungen wird nur mit Begleitung angenommen; für je 3 zu einer Sendung gehörige Wagen muß mindestens 1 Begleiter gestellt werden. Bei Aufgabe von Kleinvieh (Schweinen, Kälbern, Schafen, Ziegen, Gänsen usw.) in Wagenladungen sowie von einzelnen Stücken Groß- und Kleinvieh kann von der Beigabe eines Begleiters nach dem Ermessen der Versandstation abgesehen werden.

    2. Die Haftpflicht der Eisenbahn für Verlust oder Beschädigung wird nicht geändert, falls von der Beigabe eines Begleiters abgesehen wird. Der Eisenbahn erwächst insbesondere keine Haftung für den Schaden, für den sie im Falle der Begleitung nicht aufzukommen gehabt hätte[89]).

III. 1. Zu jeder Sendung und, wenn eine Sendung aus mehr als 1 Wagenladung besteht, zu jedem Wagen wird 1 Begleiter zum Preise von 2 Pf. für das Kilometer zugelassen. Diese Begleiter haben ihren Platz in dem betreffenden Viehwagen zu nehmen. Ist dies nicht notwendig oder nicht ausführbar, so werden sie nach Wahl der Eisenbahnverwaltnng entweder im Packwagen oder in einem Güterwagen oder in einem Personenwagen der niedrigsten, im Zuge befindlichen Klasse befördert.

    2. Auch über diese Zahl hinaus werden, soweit geeigneter Platz vorhanden ist, Begleiter zur Fahrt in den Güter-, Eilgüter- und Viehzügen zugelassen. Wenn Personenwagen gestellt werden, so haben sie das Fahrgeld der betreffenden Wagenklasse zu zahlen. Andernfalls haben sie ein Fahrgeld von 2 Pf. für das Kilometer zu entrichten und erhalten einen Platz im Pack- oder einem Güterwagen, sofern sie nicht vorziehen, im Viehwagen zu fahren.

(5) Der Absender muß das Einladen der Thiere in die Wagen sowie deren sichere Befestigung selbst besorgen und die erforderlichen Befestigungsmittel beschaffen. Das Ausladen liegt dem Empfänger ob[90]).

[2]) IV. Das während des Eisenbahntransports zur Fütterung der Tiere erforderliche Futter, das etwaige Geschirr der Tiere sowie das übliche Handgepäck der Viehbegleiter werden unentgeltlich im Viehwagen mitbefördert. Sonstiges Gepäck oder Güterstücke dürfen vom Absender in den mit Vieh beladenen Wagen nicht untergebracht werden, sind vielmehr behufs regelrechter Abfertigung der Aufgabestation zu übergeben.

V. Für die Desinfektion der Eisenbahnwagen, welche zum Transporte von Pferden, Maultieren, Eseln, Rindvieh, Schafen, Ziegen, Schweinen oder

---

[88]) § 77 (1) Ziff. 6; ViehseuchenG. (VII 5 c d. W.) § 9, 63, 65; AusfG. (Anl. B dazu) § 27.

[89]) § 77 (1) Ziff. 5.
[90]) § 77 (1) Ziff. 3.

lebendem Geflügel verwendet sind, und der bei der Beförderung be=
nutzten Gerätschaften werden die aus dem Nebengebührentarif (Abschnitt
C)[86]) ersichtlichen Gebühren erhoben.

(6) Vorausbezahlung des Transportpreises kann gefordert werden.

²)VI. Bei den auf Beförderungsschein oder Gepäckschein abgefertigten Tier=
sendungen ist der Fahrpreis stets am Absendeorte zu erlegen und ist
Nachnahmebelastung ausgeschlossen. Bei Frachtbriefsendungen ist es
dem Ermessen der Eisenbahnverwaltungen überlassen, in den einzelnen
Verkehren unfrankierte Aufgabe und Nachnahmebelastung zuzulassen
und die Bedingungen, unter welchen die Zulassung geschieht, fest=
zusetzen.

Diese Bedingungen sind bei den Abfertigungsstellen zu erfahren.

(7) Die näheren Bestimmungen über die Beförderung von
lebenden Tieren sind in der Anlage A 1 enthalten[91]).

²)VII. Als brennbares Material im Sinne des § 3 (6) der Anlage A 1 ist
anzusehen und daher nicht zu verwenden: Stroh, Spreu und grasartige
Streu; dagegen darf mit Wasser besprengtes Sägemehl, mit oder ohne
Zusatz von Sand, sowie Torfstreu, wenn sie vorher mit Wasser mäßig
angefeuchtet ist, verwendet werden. Zu den offenen Wagen im Sinne
dieser Bestimmung gehören auch solche Wagen, welche zwar eine feste
Decke haben, deren Wände aber aus Latten bestehen (Etagewagen).

§. 45. Art der Abfertigung[92]).

Die Abfertigung der Thiere erfolgt — abgesehen von den Bestimmungen
der §§. 27 und 30 Abs. 3 — nach der Vorschrift des Tarifs auf Grund
von Beförderungsscheinen, welche von der Eisenbahn auszufertigen und dem
Absender auszuhändigen sind, oder auf Grund von Frachtbriefen (§. 51).

²)I.   Bei welcher Dienststelle die Auflieferung zu erfolgen hat und die Ab=
lieferung stattfindet, bestimmt sich nach den Einrichtungen der Versand=
und Empfangsbahn.

II. 1. Tiere ohne Begleitung werden nur auf Grund von Frachtbriefen be=
fördert, sofern nicht Aufgabe als Gepäck erfolgt.

2. Im Beförderungsschein oder Frachtbrief ist die Stückzahl der auf=
gegebenen Tiere anzugeben.

3. Als Fahrtausweis der Begleiter dienen nach näherer Bestimmung der
Eisenbahnverwaltungen entweder die Begleitscheine oder besondere Fahr=
scheine oder Fahrkarten.

III.   Der Preis der Formulare, die bei Aufgabe von Zuchttieren zu ver=
wenden sind (siehe die Anlage), ist im Nebengebührentarif (Abschnitt C,
II)[86]) festgesetzt.

§. 46. An= und Abnahme[93]).

(1) Die Eisenbahn hat bekannt zu machen, mit welchen Zügen die Be=
förderung von Thieren erfolgt. Die Annahme einzelner Stücke zur Be=
förderung hängt davon ab, ob geeigneter Raum vorhanden ist.

---

[91]) Bek. 6. Juli 04 (RGB. 253). —
Besond. ZusBest. der StEB. zu § 44.
1. kranke Tiere; 2. keine Begleitung
nötig für Kleinvieh u. im allg. für
einzelne Stücke Vieh aller Art; 3. Trän=
kung.

[92]) Besond. ZusBest. der StEB.

über Abfertigungsweise u. Fahrgeld=
berechnung.

[93]) Zu Abs. 1 u. Zus.Best. I: Cauer
II 276, 331. — Beförderung von Fisch=
sendungen E. 22. Okt. 90 (EBB. 235).
Beförderung von Viehsendungen im Fall
einer Zugverspätung E. 14. Jan. 92
(EBB. 9).

²) I. Über die Züge, mit welchen je nach Art und Richtung der Sendungen von der Versandstation aus die Beförderung in der Regel stattfindet, geben die Dienststellen auf den Stationen Auskunft.

II. 1. Bei Zügen, die für die Beförderung von Tieren überhaupt oder für die Beförderung der in Betracht kommenden Tierart nicht bestimmt sind, kann die Eisenbahn auf Antrag des Absenders — auf Unterwegs= stationen auch des Begleiters — nach ihrem Ermessen die Beförderung von Tieren gegen Zahlung eines Frachtzuschlags (vgl. Abschnitt B)⁸⁶) zulassen.

2. Der Antrag ist in den Frachtbrief oder den Beförderungsschein auf= zunehmen oder sonst schriftlich zu stellen. Wird er nicht auf einzelne, bestimmt bezeichnete Züge oder Strecken beschränkt, so hat er zu lauten: „Mit Beförderung in zuschlagpflichtigen Zügen einverstanden."

(2) Die Eisenbahn kann durch den Tarif festsetzen, daß die Annahme von lebenden Thieren mit Ausnahme von Hunden an Sonn= und Festtagen ausgeschlossen oder auf bestimmte Stunden beschränkt wird.

³) III. An Sonn= und Festtagen werden außer Hunden keine Tiere zur Be= förderung angenommen. Ausnahmen hiervon können durch die Ver= waltung der Versandbahn zugelassen werden.

(3) Die Thiere müssen rechtzeitig, einzelne Stücke mindestens 1 Stunde vor Abgang des Zuges, auf den Bahnhof gebracht werden. Bei der Ankunft an dem Bestimmungsorte werden die Thiere gegen Rückgabe des Beförderungs= scheins oder nach Aushändigung des Frachtbriefs an den Empfänger gegen dessen Bescheinigung ausgeliefert. Das Ausladen und Abtreiben muß spätestens 2 Stunden nach der Bereitstellung und dem Ablaufe der zur etwaigen zoll= oder steueramtlichen Abfertigung erforderlichen Zeit erfolgen. Nach Ablauf dieser Frist ist die Eisenbahn berechtigt, die Thiere auf Gefahr und Kosten des Absenders in Verpflegung zu geben oder, falls sie deren ferneren Aufent= halt im Wagen oder auf dem Bahnhofe gestattet, ein im Tarife festzusetzendes Standgeld zu erheben.

²) IV. 1. Die Bestellung von Wagen zur Verladung von lebenden Tieren ist — in der Regel schriftlich — an die Station, auf der verladen werden soll, zu richten. In der mit Datum und Unterschrift zu versehenden Bestellung sind die Anzahl und Gattung der Wagen — gedeckt oder offen gebaute, Stallungs=, Vieh= oder mehrbödige Wagen — die Be= stimmungsstation, der Tag sowie tunlichst sowohl die Stunde der Verladung wie die Zahl und Gattung der zu verladenden Tiere und die Größe der Wagen anzugeben.

2. Verlangt der Absender die ausschließliche Benutzung eines Wagens für die Beförderung einzelner Stücke, so ist dies schriftlich — tunlichst schon bei der Bestellung — zu erklären.

V. Wegen
a) der Kosten bei Ausführung nachträglicher Verfügungen (§ 64 der Verkehrsordnung);
b) der Kosten beim Rücktritt vom Vertrage wegen eines Transport= hindernisses (§ 65 Abs. 1 und 2 der Verkehrsordnung);
c) des Standgeldes
siehe den Nebengebührentarif (Abschnitt C des Tarifs)⁸⁶).

VI. Erleiden Tiersendungen deshalb eine Verzögerung, weil die zur Er= füllung etwa bestehender Zoll=, Steuer= oder Polizeivorschriften er= forderlichen Begleitpapiere ohne Verschulden der Eisenbahnverwaltung fehlen oder unzulänglich sind, so wird für den hierdurch entstehenden Mehraufenthalt das Standgeld oder Wagenstandgeld nach dem Neben= gebührentarif (Abschnitt C)⁸⁶) erhoben.

36*

§. 47. Lieferfrist für Thiere.

(1) Die Lieferfrist setzt sich aus Expeditions= und Transportfrist zusammen und darf nicht mehr betragen als:

1. an Expeditionsfrist . . . . 1 Tag,
2. an Transportfrist für je auch nur angefangene 300 Kilometer 1 Tag.

(2) Sie beginnt mit der auf die Abstempelung des Frachtbriefs oder Aushändigung des Beförderungsscheins folgenden Mitternacht und ist gewahrt, wenn innerhalb derselben das Vieh auf der Bestimmungsstation zur Abnahme bereitgestellt ist.

(3) Der Lauf der Lieferfristen ruht außer den Fällen des §. 63 Abs. 6 auch für die Dauer des Aufenthalts des Viehes auf den Tränkestationen sowie für die Dauer der ärztlichen Viehbeschauung.

(4) Die Auslieferung von Pferden und Hunden, welche mit Personenzügen befördert werden, kann in der im §. 33 Abs. 2 und 6 bestimmten Frist verlangt werden.

§. 48. Anwendbarkeit der Bestimmungen für Güter.

(1) Im übrigen finden auf die Beförderung von Thieren die Bestimmungen des Abschnitts VIII sinngemäße Anwendung.

(2) Die Angabe des Interesses an der Lieferung hat bei den auf Beförderungsschein abgefertigten Thieren nur dann eine rechtliche Wirkung, wenn sie von der Abfertigungsstelle der Abgangsstation im Beförderungsscheine vermerkt ist.

*) I. Wegen des Verfahrens bei Überlastung eines mit Thieren beladenen Wagens vergl. § 53 Abs. 3, 7 und 11 der Verkehrsordnung.

II. Wegen des Frachtzuschlags für Angabe des Interesses an der Lieferung siehe den Nebengebührentarif (Abschnitt C des Tarifs) 96).

VIII. Beförderung von Gütern 94).

95) Die Beförderung von Eil= und Frachtgütern erfolgt auf Grund der allgemeinen Bestimmungen des Deutschen Eisenbahn=Gütertarifs, Teil I Abteilung A und B, sowie der für die einzelnen Verkehre bestehenden

---

94) Bezüglich der Beförderung von Gütern lehnt sich das Vereins=Betr. Regl. nicht an die VerkO., sondern an das IntÜb. an; die weiteren Verweisungen auf das erstere sind deshalb unter VII 4 zu finden. — Örtlicher Geltungsbereich des Abschnitts VIII: Eing.Best. (1) mit allgem. Zus.Best. u. Anm. 6. — § 41, 48 (1).

96) Die vorgedruckten Absätze bilden das Vorwort des Deutschen Eis=Gütertarifs Teil I (VII 1 d. W.). Dieser Teil I zerfällt in Abt. A, enthaltend die VerkO. nebst den allgemeinen Zus.Best., und Abt. B, enthaltend die Allgemeinen Tarifvorschriften (nebst Güterklassifikation) — von welchen ein Auszug in Anlage J beigegeben ist — u. den Nebengebühren=tarif. — Seit 1. Mai 04 besteht für

die StEB., die Militäreisenbahn, die Oldenburg. Staatsbahnen, die Cronberger, Farge=Vegesacker, Hoyaer, Ilme=, Kerkerbach= u. Kreis Oldenburger Eisenbahn ein gemeinsames (Tarif=)Heft II A, enthaltend besondere Best. u. Tarifsätze für den Binnenverkehr (Gruppen= u. Gruppenwechselverkehr) der preuß.=hess. Staatsbahnen (einschl. der oben genannten Privatbahnen) u. den Binnenverkehr der Militärbahn sowie für den Wechselverkehr dieser Bahnen untereinander u. mit den oldenb. Staatsbahnen; hieran schließen sich für die einzelnen Gruppen= usw. Verkehre die Tarifhefte II B bis II L. Änderungen u. Ergänzungen werden (nach dem Vorwort des Hefts II A) im Reichsanzeiger und in der VerZtg. bekannt gemacht.

besonderen Vorschriften, welche in einem Teile II für jeden Verkehr besonders ausgegeben werden.

Die Ausgabe der Teile I A und I B und der dazu erscheinenden Nachträge wird durch die geschäftsführende Verwaltung (Königliche Eisenbahndirektion zu Berlin) im Deutschen Reichs- und Königlich Preußischen Staatsanzeiger und in der Zeitung des Vereins Deutscher Eisenbahnverwaltungen bekannt gemacht.

§. 49. Direkte Beförderung[96]).

Die Eisenbahn ist verpflichtet, Güter zur Beförderung von und nach allen für den Güterverkehr eingerichteten Stationen anzunehmen, ohne daß es für den Übergang von einer Bahn auf die andere einer Vermittelungsadresse bedarf.

§. 50. Von der Beförderung ausgeschlossene oder nur bedingungsweise zugelassene Gegenstände[97]).

A. Von der Beförderung sind ausgeschlossen:

1. diejenigen Gegenstände, welche dem Postzwang unterworfen sind ×);

2. diejenigen Gegenstände, welche wegen ihres Umfanges, ihres Gewichts oder ihrer sonstigen Beschaffenheit nach der Anlage und dem Betrieb auch nur einer der Bahnen, welche an der Ausführung des Transports theilzunehmen haben, sich zur Beförderung nicht eignen;

3. diejenigen Gegenstände, deren Beförderung aus Gründen der öffentlichen Ordnung verboten ist;

4. alle der Selbstentzündung oder Explosion unterworfenen Gegenstände, soweit nicht die Bestimmungen in Anlage B[98]) Anwendung finden, insbesondere:

a) Nitroglyzerin (Sprengöl) als solches, abtropfbare Gemische von Nitroglyzerin mit an sich explosiven Stoffen;

b) nicht abtropfbare Gemische von Nitroglyzerin mit pulverförmigen, an sich nicht explosiven Stoffen (Dynamit und ähnliche Präparate) in loser Masse;

c) pikrinsaure Salze sowie explosive Gemische, die pikrinsaure oder chlorsaure Salze enthalten;

d) Knallquecksilber, Knallsilber und Knallgold sowie die damit dargestellten Präparate;

e) solche Präparate, welche Phosphor in Substanz beigemischt enthalten;

f) geladene Schußwaffen.

×) Die Beförderung

1. aller versiegelten, zugenähten oder sonst verschlossenen Briefe,

2. aller Zeitungen politischen Inhalts, welche öfter als einmal wöchentlich erscheinen, gegen Bezahlung von Orten mit einer Postanstalt nach anderen Orten mit einer Postanstalt des In- oder Auslandes auf andere Weise als durch die Post ist verboten. Hinsichtlich der politischen Zeitungen erstreckt dieses Verbot sich nicht auf den zweimeiligen Umkreis ihres Ursprungsorts (§ 1 Abs. 1 des Gesetzes über das Postwesen des Deutschen Reichs vom 28. Oktober 1871).[97])

---

[96]) HGB. § 453. — In den Handelsverträgen (X 5 d. W.) finden sich vielfach Vereinbarungen über Förderung direkter Tarife.

[97]) IntÜb. Art. 2, 3. — VerkO. § 51 (1) d, 53 (7, 8), 89. — Anm. 131. —

Anm. × ist dem Tarif Teil I entnommen.

[98]) Hier nicht abgedruckt. — AusfBest. u. alphabet. Artikelverzeichnis zu Anl. B: Kundmachung 4 des EisVerkehrsverbands (VII 1 d. W.).

⁹⁹) B. Bedingungsweise werden zur Beförderung zugelassen:

1. Die in Anlage B⁹⁸) verzeichneten Gegenstände.

Für deren Annahme und Beförderung sind die daselbst getroffenen näheren Bestimmungen maßgebend.

*) I. (1) (Von der Beförderung als Eilgut und Eilstückgut ausgeschlossene Gegenstände, sämtlich in Anl. B genannt.)

(2) Im übrigen werden zur Beförderung als Eilgut nur solche Güter angenommen, welche nach Form, Umfang, Gewicht und sonstiger Beschaffenheit nach dem Ermessen der Eisenbahn zur Eilgutbeförderung geeignet sind.

(3) In betreff der Zulässigkeit der Beförderung der Güter (einschließlich der nur bedingungsweise zur Beförderung auf den Eisenbahnen zugelassenen Gegenstände) als Eilgut entscheidet nach pflichtmäßigem Ermessen auf Grund der gesetzlichen und der vorstehenden Bestimmungen die Güterabfertigungsstelle der Annahmestation. Die Anschlußbahnen sind zur Zurückweisung von Eilgutsendungen, welche von einer Vorbahn zur Übernahme angeboten werden, nicht befugt, es sei denn, daß ausdrückliche Vorschriften über Verpackung usw. unbeachtet geblieben wären.

¹⁰⁰) 2. Gold= und Silberbarren, Platina, Geld, geldwerthe Münzen und Papiere, Dokumente, Edelsteine, echte Perlen, Preziosen und andere Kostbarkeiten, ferner Kunstgegenstände, wie Gemälde, Gegenstände aus Erzguß, Antiquitäten.

Unter welchen Bedingungen diese Gegenstände zur Beförderung angenommen werden, bestimmen die Tarife. Wegen Beschränkung der Höhe des Schadensersatzes siehe §. 81 Abs. 2.

Als geldwerthe Papiere sind nicht anzusehen:
gestempelte Postkarten, Postanweisungs=Formulare, Briefumschläge und Streifbänder, Postfreimarken, Stempelbogen und Stempelmarken sowie ähnliche amtliche Werthzeichen.

*) II. 1. a) Gold= und Silberbarren, Platina, Geld und geldwerte Münzen aus edlen Metallen, geldwerte Papiere, Dokumente, Edelsteine und echte Perlen werden nicht als Frachtgut, sondern nur als Eilgut zur Beförderung zugelassen.
   b) (Verpackung.)
   c) (Beförderung in besonderen Wagen mit besonders zu bestimmenden Zügen.)
   d) (Begleitung.)
   e) Das Ein= und Ausladen geschieht durch den Absender und Empfänger.
   f) (Sonderzüge.)
2. a) Preziosen und andere Kostbarkeiten, insbesondere Waren aus Gold, Silber und Platina, auch in Verbindung mit Edelsteinen und echten Perlen, neu oder gebraucht, ferner Geld und geldwerte Münzen aus unedlen Metallen, endlich Kunstgegenstände, wie Gemälde, Gegenstände aus Erzguß, Antiquitäten müssen als solche im Frachtbrief ausdrücklich bezeichnet werden. Derjenige Wert, welcher den Höchstbetrag für die zu zahlende Entschädigung bilden soll, muß in der Spalte „Inhalt" angegeben werden.
   b) Wenn der Wert oder das Interesse an der Lieferung bei Preziosen und anderen Kostbarkeiten einschließlich Geld und geldwerter Münzen aus unedlen Metallen (siehe 2a) mit mehr als 500 Mark oder bei Kunstgegenständen mit mehr als 5000 Mark angegeben ist, so werden sie

---

⁹⁹) § 52 (7); Allg. Tarifvorschr. (Anl. J) § 15, 16.

¹⁰⁰) VII 2 Anm. 9 d. W.; Allg. Tarifvorschr. § 17.

nur als Eilgut zur Beförderung zugelassen und müssen in festver=
schlossenen Fässern oder Kisten, welche nicht unter 25 kg wiegen dürfen,
gut verpackt sein, sofern bei der Eigenart der Frachtstücke nicht von
einer Verpackung abgesehen werden kann. Auch finden auf derartige
Sendungen die vorstehenden Bestimmungen unter 1 c) bis f) Anwendung.

[101]) 3. Diejenigen Gegenstände, deren Verladung oder Beförderung nach
der Anlage und dem Betrieb einer der beteiligten Bahnen außergewöhnliche
Schwierigkeit verursacht.

Die Beförderung solcher Gegenstände kann von jedesmal zu verein=
barenden besonderen Bedingungen abhängig gemacht werden.

[2]) III. (Besondere Bestimmungen für die Verladung von Schnittholz,
Langholz, Schienen, Langeisen, Eisenbauteilen, Dampfkesseln u. dergl., von
Kisten mit großen Glasscheiben, von losem Heu, Stroh, Tabak, Baumrinde
u. dergl., sowie von Fahrzeugen und Maschinen mit Rädern in offenen
Wagen.)

IV. Muß eine Wagenladung unterwegs aus Betriebsgründen (Über=
schreitung des Lademaßes, Verschiebung der Ladung und dergleichen) um=
geladen oder anderweit verladen werden, so ist dies durch die Eisenbahn
kostenlos zu bewirken; der etwa entladene Teil der Sendung ist ohne be=
sondere Frachtberechnung weiter zu befördern.

Nur wenn die Umladung nachweisbar durch mangelhafte Verladung
seitens des Absenders notwendig geworden ist, sind die Kosten gemäß
§§ 60 (2) und 62 (2) nachzunehmen und der etwa entladene Teil der
Sendung gemäß § 53 Zusatzbestimmung V zu behandeln.

V. (Aufgabe von Obstfässern)

[101]) 4. Eisenbahnfahrzeuge, sofern sie auf eigenen Rädern laufen. Sie
müssen sich in lauffähigem Zustande befinden. Lokomotiven, Tender und
Dampfwagen müssen von einem sachverständigen Beauftragten des Absenders
begleitet sein.

[2]) VI. (1) Eisenbahnfahrzeuge dürfen auf weniger Achsen, als ihre
Bauart bedingt, nicht laufen und werden zur Beförderung auf eigenen
Rädern nur zugelassen, wenn sie von einer Eisenbahn hinsichtlich ihrer
Lauffähigkeit geprüft sind, darüber einen Prüfungsvermerk tragen oder mit
einer hierauf bezüglichen Bescheinigung versehen sind.

(2) (Beladung der zur Beförderung aufgegebenen Eisenbahnfahrzeuge.)

(3) Eine eilgutmäßige Beförderung der Eisenbahnfahrzeuge, sofern sie
auf eigenen Rädern laufend befördert werden, findet nicht statt.

(4) Das Schmieren der Lokomotiven, Tender und Dampfwagen obliegt
dem Begleiter.

(5) Den anderen Eisenbahnfahrzeugen, sofern sie auf eigenen Rädern
laufend befördert werden, kann ein Begleiter beigegeben werden, welcher
das Schmieren der Wagen zu besorgen hat. Fehlt ein Begleiter, so über=
nimmt die Eisenbahn das Schmieren der Wagen auf Kosten des Absenders.

(6) Die Begleiter von Eisenbahnfahrzeugen erhalten freie Fahrt (folgen
Best. üb. Unterbringung der Begleiter).

C. Die bedingungsweise zur Beförderung zugelassenen Gegenstände dürfen
nicht bahnlagernd gestellt werden.

§. 51. Inhalt des Frachtbriefs[102]).

(1) Jede Sendung muß von einem Frachtbriefe begleitet sein, welcher
folgende Angaben[102]) enthält:

---

[101]) Allg. Tarifvorschr. § 19, 23—29. Strafrecht Anm. 115. — Haftung für
[102]) HGB. § 426; IntÜb. Art. 6. — die Angaben im Fr. § 53.

a) Ort und Tag der Ausstellung.

b) Die Bezeichnung der Versandstation.

²) I. Die Bezeichnung der Versandstation erfolgt von dieser durch Abstempelung des Frachtbriefs mit dem Tagesstempel der Abfertigungsstelle.

c) Die Bezeichnung der Bestimmungsstation und der Bestimmungsbahn, den Namen und den Wohnort des Empfängers sowie die etwaige Angabe, daß das Gut bahnlagernd gestellt ist. Bei Versendung von Gütern nach Orten, welche an einer Eisenbahn nicht gelegen oder nach Eisenbahnstationen, welche für den Güterverkehr nicht eingerichtet sind, ist vom Absender die Eisenbahnstation zu bezeichnen, bis zu welcher das Gut befördert werden soll; der Empfänger hat den Weitertransport zu besorgen, sofern nicht für diesen von der Eisenbahn Einrichtungen getroffen sind (§. 68 Abs. 3) [103].

²) II. Der Frachtbrief darf nur auf eine Person oder Firma lauten.

III. Frachtbriefe, welche an die Güterabfertigungsstelle der Empfangsstation gerichtet sind, können zurückgewiesen werden.

Vergl. jedoch die Bestimmungen über die frachtfreie Beförderung von Privatwagendecken usw. im Teil I Abteilung B unter A IV der Allgemeinen Tarifvorschriften [95].

d) Die Bezeichnung der Sendung nach ihrem Inhalte, die Angabe des Gewichts oder statt dessen eine den besonderen Vorschriften der Versandbahn entsprechende Angabe; ferner bei Stückgut die Anzahl, Art der Verpackung, Zeichen und Nummer der Frachtstücke. Die Eisenbahn ist jedoch berechtigt, die letzteren Angaben auch bei Gütern in Wagenladungen zu verlangen, sofern die diese bildenden Frachtstücke derartige Bezeichnungen zulassen (§. 58 Abs. 4). Die in Anlage B [98] aufgeführten Gegenstände sind unter der daselbst gebrauchten Bezeichnung in den Frachtbrief aufzunehmen [104].

²) IV. (1) Der Inhalt der Frachtstücke ist in dem Frachtbriefe genau zu benennen. Für die in den Allgemeinen Tarifvorschriften und in der Güterklassifikation (Teil I Abteilung B) [95] aufgeführten Gegenstände sind die daselbst gebrauchten, für alle übrigen Güter die handelsgebräuchlichen Benennungen anzuwenden. Frachtbriefe mit nur allgemeinen Bezeichnungen, wie „ätherische Öle, Chemikalien, Effekten, Kalisalze, Kaufmannsgut, künstliche Düngemittel, Meßgut, Steuergut, Teerabfälle usw.", werden zurückgewiesen.

(2) Die Inhaltsbezeichnung „Drogen" oder „chemische Präparate zum wissenschaftlichen Gebrauche" wird zugelassen, sofern der Absender durch Vermerk im Frachtbrief erklärt, daß die bezüglichen Frachtstücke keinen Gegenstand enthalten, welcher nach den Bestimmungen der Verkehrsordnung von der Beförderung ganz ausgeschlossen oder nur bedingungsweise zugelassen ist.

V. Abänderungen der Gewichtsangaben werden nur zugelassen, wenn sie in Worten wiederholt sind und wenn denselben die Unterschrift des Absenders beigesetzt ist.

e) Das Verlangen des Absenders, Ausnahmetarife unter den im §. 81 für zulässig erklärten Bedingungen zur Anwendung zu bringen.

²) VI. Bei Inanspruchnahme eines solchen Ausnahmetarifs mit beschränkter Haftung ist in den Frachtbrief der Vermerk: „Es wird die An-

---

[108]) Frachtbriefe für Sendungen nach Kleinbahnstationen müssen die Eis.-Station bezeichnen, auf welcher der Kleinbahn die Sendung zu übergeben ist, wenn nicht (ausnahmsweise) ein direkter Tarif mit der KleinbStation eingerichtet ist: Allg. Beding. für die Einführung von Kleinb. in Staatsbahnstationen 31. Jan. 00 (EBB. 36) § 23. — § 76; Anm. 153; I 4 Anm. 47 b. W.

[104]) Daneben können auch die etwa landesüblichen abweichenden Bezeichnungen in Klammern aufgeführt werden E. 10./31. Jan. 05 (EBB. 74).

wendung des Ausnahmetarifs .... verlangt" an der für „Vorgeschriebene oder zulässige Erklärungen" vorgesehenen Stelle einzutragen.

f) Die etwaige Angabe des Interesses an der Lieferung (§. 84 ff.).

g) Die Angabe, ob die Sendung als Eilgut oder als Frachtgut zu befördern ist (§. 56).

ⁿ) VII. (1) Als eine solche Angabe gilt für die Beförderung als Fracht= gut die Aufgabe mit **Frachtbrief** (Anlage C), für die Beförderung als Eilgut die Aufgabe mit **Eilfrachtbrief** (Anlage D). Wird eine besonders beschleunigte Beförderung gewünscht, so ist dies im Eilfrachtbriefe durch den Vermerk „beschleunigtes Eilgut" zu beantragen [105].

(2) Das Verlangen, daß eine Sendung nur auf einem Teile der Beförderungsstrecke als Eilgut oder als beschleunigtes Eilgut befördert werden soll, ist unzulässig.

h) Das genaue Verzeichniß der für die zoll= oder steueramtliche Be= handlung oder die polizeiliche Prüfung nöthigen Begleitpapiere (§. 59).

i) Den Frankaturvermerk im Falle der Vorausbezahlung der Fracht oder der Hinterlegung eines Frankaturvorschusses (§. 61).

ⁿ) VIII. Der Frankaturvermerk ist an der im Frachtbriefe hierfür vor= gesehenen Stelle einzutragen, und zwar:

1. bei Vorausbezahlung der Fracht mit dem Worte „frei";

2. bei Vorausbezahlung der Fracht einschließlich Zoll mit den Worten „frei einschließlich Zoll";

3. bei Vorausbezahlung des Zolles ohne gleichzeitige Vorausbezahlung der Fracht mit den Worten „frei Zoll";

4. bei Teilfrankaturen durch Einstellung des Betrags der letzteren.

k) Die auf dem Gute haftenden Nachnahmen, und zwar sowohl die erst nach Eingang auszuzahlenden, als auch die von der Eisenbahn geleisteten Baarvorschüsse (§. 62).

ⁿ) IX. Die Eintragung von Barvorschüssen und Nachnahmen nur in Ziffern ist für die Eisenbahn nicht verbindlich.

l) Bei Sendungen, welche einer zoll= oder steueramtlichen Abfertigung unterliegen, die zu berührende Abfertigungsstelle, falls der Absender eine solche zu bezeichnen wünscht. Die Eisenbahn hat eine derartige Vorschrift zu befolgen.

ⁿ) X. Die etwaige Bezeichnung der zu berührenden Zoll= oder Steuer= abfertigungsstelle hat an der für „Vorgeschriebene oder zulässige Erklärungen" vorgesehenen Stelle des Frachtbriefs zu geschehen.

Im übrigen bleibt die Wahl des Transportwegs ausschließlich dem Er= messen der Eisenbahn überlassen; letztere ist jedoch verpflichtet, das Gut auf demjenigen Wege zu befördern, welcher nach den Tarifen den billigsten Fracht= satz und die günstigsten Transportbedingungen darbietet [106].

ⁿ) XI. Bei Eilgütern ist dem Absender gestattet, denjenigen Weg im Frachtbrief vorzuschreiben, über welchen das Gut nach der Bestimmungs= station befördert werden soll. Für solche Sendungen finden die auf dem vorgeschriebenen Wege gültigen Tarife Anwendung.

---

[105]) **Besond. Zusatzbest. der StEB.**: Über die zur Beförderung von beschleu= nigtem Eilgut freigegebenen Züge geben die Dienststellen auf den Stationen Aus= kunft.

[106]) Der Ausschluß der Routen= vorschrift trifft auch den Fall, daß einer der Wege durch Ausland hindurch= führt; Tarife sind die gehörig ver= öffentlichten Tarife RGer. 2. Juli 87 (XVIII 166). — Abweichend IntÜb. Art. 61.

XII. (1) Frachtbriefe, auf welchen sich Wegevorschriften oder Abfertigungsvorschriften befinden, die nicht durch die vorstehenden Bestimmungen zugelassen sind, werden behufs Ausfertigung eines neuen Frachtbriefs oder behufs Streichung dieser Vorschriften mit unterschriftlicher Bestätigung des Ausstellers oder seines Beauftragten zurückgegeben.

(2) Stellen sich bei der Rückgabe besondere Unzuträglichkeiten für den Absender heraus, so können die Frachtbriefe zwar angenommen werden, die betreffenden Vorschriften werden indessen von der Versandstation durchgestrichen, unter Beifügung des Vermerkes „Von Amtswegen gestrichen".

m) Die Unterschrift des Absenders mit seinem Namen oder seiner Firma sowie Angabe seiner Wohnung. Die Unterschrift kann durch eine gedruckte oder gestempelte Zeichnung ersetzt werden.

n) Den etwaigen Antrag auf Ausstellung eines Frachtbrief=Duplikats oder eines Aufnahmescheins (§. 54).

*) XIII. Wird die Ausstellung eines Frachtbrief=Duplikats gewünscht, so ist dies durch Eintragung des Wortes „Ja" an der im Frachtbriefe hierfür vorgesehenen Stelle zum Ausdruck zu bringen.

(2) Die Aufnahme weiterer Erklärungen in den Frachtbrief, die Ausstellung anderer Urkunden anstatt des Frachtbriefs sowie die Beifügung anderer Schriftstücke zum Frachtbrief ist unzulässig, soweit es nicht durch die Verkehrsordnung selbst oder durch die Eisenbahnverwaltungen unter Genehmigung der Landes=Aufsichtsbehörden[8]) nach Zustimmung des Reichs=Eisenbahnamts für statthaft erklärt ist. Die Erklärungen, die Urkunden und die Schriftstücke dürfen nur das Frachtgeschäft betreffen[107]).

*) XIV. Etwa in den Frachtbriefen enthaltene besondere Vorschriften über die Verladungs= und Beförderungsweise, z. B. „Tonnen aufrecht zu stellen" oder „Gut vor Sonne zu schützen" haben für die Eisenbahn keine Verbindlichkeit.

XV. Vorschriften, welche das Ausladen des Gutes oder das Abhängen des Wagens auf einer Station vor der im Frachtbrief angegebenen Bestimmungsstation bezwecken, sind unzulässig.

XVI. (1) Alle in die Frachtbriefe vom Absender einzutragenden Angaben und Erklärungen müssen mit Tinte und in deutscher oder lateinischer Schrift deutlich ge= und unterschrieben sein.

(2) Die Anwendung anderer Schriftzeichen ist unzulässig. Jede der erforderlichen Angaben und zulässigen Erklärungen kann statt in handschriftlicher Ausfertigung auch gedruckt angebracht werden.

XVII. Frachtbriefe, welche teilweise versiegelt oder verschlossen, sowie solche, welche abgeändert sind, werden nicht angenommen. (Siehe auch Zusatzbestimmung V und XII.)

§. 52. Form des Frachtbriefs[108]).

(1) Zur Ausstellung des Frachtbriefs sind Formulare nach Maßgabe der Anlage C und D zu verwenden, welche auf allen Stationen zu den im Tarife festzusetzenden Preisen käuflich zu haben sind. Dieselben müssen für gewöhnliche Fracht auf weißes Papier, für Eilfracht gleichfalls auf weißes Papier, jedoch mit einem auf der Vorder= und Rückseite oben und unten am Rande anzubringenden karminrothen Streifen, gedruckt sein. Für die Fracht=

---

[107]) Bek. 4. Feb. 05 (RGB. 7). — Best. der VerkO. selbst: § 52 (4, 5), 55 (2, 3), 57, 58 (2), 59 (1, 5), 77 (1) Ziff. 1, 3, 6.

[108]) IntÜb. AusfBest. § 2 (zu Art. 6).

briefe ist Schreibpapier zu verwenden, welches die von dem Reichs=Eisenbahn=
Amte festzusetzende Beschaffenheit besitzt[109]).

²) I. Der Preis der Frachtbriefformulare sowie die Gebühr für die Aus=
füllung der Frachtbriefe durch die Güterabfertigungsstelle sind in dem Neben=
gebührentarife (Teil I Abteilung B)⁹⁵) festgesetzt.

(2) Es können jedoch durch die Landesaufsichtsbehörde⁸) mit Zustimmung
des Reichs=Eisenbahn=Amts für regelmäßig wiederkehrende Transporte zwischen
bestimmten Orten sowie für Sendungen, welche zur Weiterbeförderung über
See bestimmt sind, Abweichungen von den Vorschriften des ersten Absatzes
zugelassen werden.

(3) Die Frachtbriefe müssen zur Beurkundung ihrer Übereinstimmung
mit den desfallsigen Vorschriften den Kontrollstempel einer inländischen Eisen=
bahn tragen. Die Stempelung erfolgt bei den nicht für Rechnung der Eisen=
bahn gedruckten Frachtbriefen gegen eine im Tarife festzusetzende Gebühr und
kann verweigert werden, sofern nicht gleichzeitig mindestens 100 Frachtbriefe
vorgelegt werden.

²) II. Die Gebühr für die Abstempelung der vom Publikum selbst be=
schafften Frachtbriefformulare ist in dem Nebengebührentarife (Teil I Ab=
teilung B)⁹⁵) festgesetzt.

(4) Sofern der auf dem Frachtbriefformulare für die Beschreibung der
Güter vorgesehene Raum sich als unzureichend erweist, hat dieselbe auf der
Rückseite der für die Adresse bestimmten Hälfte des Formulars nach Maßgabe
der Spalten des Frachtbriefs zu erfolgen. Reicht auch dieser Raum nicht
aus, so sind dem Frachtbriefe besondere, die Beschreibung enthaltende und
vom Absender zu unterzeichnende Blätter im Formate des Frachtbriefs fest
anzuheften, auf welche in diesem besonders hinzuweisen ist. In den erwähn=
ten Fällen ist in den vorgedruckten Spalten des Frachtbriefs das Gesammt=
gewicht der Sendung unter Angabe der für die Tarifirung maßgebenden
Bezeichnung der Transportgegenstände, nöthigenfalls unter Scheidung derselben
nach den Tarifklassen, anzugeben. Den beigegebenen Blättern ist der Ab=
fertigungsstempel der Versandstation aufzudrücken.

(5) Es ist gestattet, auf der Rückseite der für die Adresse bestimmten
Hälfte des Frachtbriefs die Firma des Ausstellers aufzudrucken. Ebendaselbst
können auch — jedoch ohne Verbindlichkeit und Verantwortlichkeit für die
Eisenbahn — die folgenden nachrichtlichen Vermerke angebracht werden: „von
Sendung des N. N.", „im Auftrage des N. N.", „zur Verfügung des N. N.",
„zur Weiterbeförderung an N. N.", „versichert bei N. N.". Diese Vermerke
können sich nur auf die ganze Sendung beziehen.

(6) Die stark umrahmten Theile des Formulars sind durch die Eisen=
bahn, die übrigen durch den Absender auszufüllen. Bei Aufgabe von Gütern,
welche der Absender zu verladen hat[110]), sind von diesem auch die Nummer
und die Eigenthumsmerkmale des Wagens an der vorgeschriebenen Stelle
einzutragen.

(7) Mehrere Gegenstände dürfen nur dann in einen und denselben
Frachtbrief aufgenommen werden, wenn das Zusammenladen derselben nach
ihrer Beschaffenheit ohne Nachtheil erfolgen kann und Zoll=, Steuer= oder
Polizeivorschriften nicht entgegenstehen. Den laut §. 50 B bedingungsweise

---

[109]) E. 13./18. Oft. 92 (EVB. 339) u.
25./30. Mai 93 (EVB. 194).

[110]) Allg.Tarifvorschr. (Anl.J) §43, 44;
ferner z. B. Allg. Zusbest. II 1 e u. 2.b
zu § 50 sowie verschied. Best. in Anl. B.

zur Beförderung zugelassenen Gegenständen sind besondere, andere Gegenstände nicht umfassende Frachtbriefe beizugeben. Werden bedingungsweise zur Beförderung zugelassene Gegenstände, für welche die Vereinigung mit anderen Gegenständen in ein Frachtstück nach Anlage B⁹⁸) Nr. XXXV gestattet ist, mit anderen Gütern zusammen zur Beförderung in Wagenladungen aufgegeben, so bedarf es der Beigabe eines besonderen Frachtbriefs für diese Gegenstände nicht. Für derartige Wagenladungen genügt ein Frachtbrief, in welchem jedoch die nur bedingungsweise zugelassenen Güter als solche durch Hinzufügung des Wortes „(bedingungsweise)" ausdrücklich bezeichnet werden müssen. Den nach den Vorschriften dieser Ordnung oder des Tarifs oder nach besonderer Vereinbarung vom Absender aufzuladenden oder vom Empfänger abzuladenden Gütern¹¹⁰) sind besondere, andere Gegenstände nicht umfassende Frachtbriefe beizugeben.

²) III. (1) Es wird empfohlen, die zollfreien Güter von den Begleitscheingütern durch besondere Frachtbriefe getrennt zu halten, weil anderenfalls jene erst nach der oft zeitraubenden zollamtlichen Behandlung der Begleitscheingüter mit denselben weiter gesendet werden können.

(2) Im Verkehre von Deutschland nach dem Zollauslande dürfen unter Zoll= und Steuerkontrolle stehende Güter mit anderen, aus dem freien Verkehre stammenden, gleichfalls zum unmittelbaren Ausgange bestimmten Gütern nach dem Ermessen der Eisenbahn zusammen verladen und auf einen Frachtbrief aufgegeben werden. Den Frachtbriefen ist seitens der Absender ein Verzeichnis dieser Güter unter Angabe der Anzahl, Verpackungsart, Bezeichnung des Bruttogewichts und des Inhalts beizufügen.

(8) Die Versandstation kann verlangen, daß für jeden Wagen ein besonderer Frachtbrief beigegeben wird.

³) IV. Wegen Ausstellung der Frachtbriefe für Ausfuhrgüter über Binnenstationen siehe § 14 der allgemeinen Tarifvorschriften (Teil I Abteilung B)⁹⁵).

§. 53. Haftung für die Angaben im Frachtbriefe. Bahnseitige Ermittelungen. Frachtzuschläge¹¹¹).

(1) Der Absender haftet für die Richtigkeit und die Vollständigkeit der in den Frachtbrief aufgenommenen Angaben und Erklärungen und trägt alle Folgen, welche aus unrichtigen, ungenauen oder ungenügenden Erklärungen entspringen¹¹²).

¹) I. Werden auf Verlangen des Absenders Frachtbriefe von Eisenbahnbediensteten ausgefertigt, so gelten letztere als Beauftragte des Absenders.

(2) Die Eisenbahn ist jederzeit berechtigt, die Übereinstimmung des Inhalts der Sendungen mit den Angaben des Frachtbriefs zu prüfen und das Ergebnis festzustellen. Der Berechtigte ist einzuladen, bei der Prüfung zugegen zu sein, vorbehaltlich des Falles, wenn die letztere auf Grund polizeilicher Maßregeln, die der Staat im Interesse der Sicherheit oder der öffentlichen Ordnung zu ergreifen berechtigt ist, stattfindet. Erscheint der Berechtigte nicht, so sind zwei Zeugen beizuziehen.

---

¹¹¹) HGB. § 426 Abs. 3; IntÜb. Art. 7. Vorschr. über die Erhebung von Frachtzuschlägen Kundmachung 12 des Verkehrsverbandes (VII 1 d. W.); dazu Muschweck in VerZtg. 04 S. 797, 1478. Berechnung des Frachtzuschlages wegen Wagenüberlastung (Abs. 6, 11) Reindl in EEE. XX 357.

¹¹²) § 53 (1) greift nicht Platz, wenn sich infolge Irrtums die Inhaltsangabe im Frachtbrief auf ein anderes als das mit ihm aufgegebene Stück bezieht RGer. 15. Feb. 95 (XXXVII 10).

[113]) (3) Zur Ermittelung des Gewichts und der Stückzahl einer Sendung ist die Eisenbahn jederzeit berechtigt. Die Eisenbahn ist verpflichtet, das Gewicht der Stückgüter[114]) bei der Aufgabe festzustellen. Ausdrücklichen Anträgen des Absenders auf Feststellung der Stückzahl oder des Gewichts der Wagenladungsgüter[114]) ist die Eisenbahn gegen eine im Tarife festzusetzende Gebühr stattzugeben verpflichtet, sofern die Güter vermöge ihrer Beschaffenheit eine derartige Feststellung ohne erheblichen Aufenthalt gestatten und die vorhandenen Wägevorrichtungen ausreichen. Einem Antrag auf bahnseitige Gewichtsfeststellung ist es in allen Fällen, wo die Fracht tarifmäßig nach dem Gewichte berechnet wird, gleichzuachten, wenn der Absender im Frachtbriefe kein Gewicht angegeben hat.

(4) Dem Absender steht frei, bei der Ermittelung des Gewichts und der Stückzahl zugegen zu sein. Verlangt der Absender, nachdem die Feststellung seitens der Eisenbahn bereits erfolgt ist, vor der Verladung der Güter eine nochmalige Ermittelung der Stückzahl oder des Gewichts in seiner Gegenwart, so ist die Eisenbahn berechtigt, auch dafür die tarifmäßige Gebühr zu erheben.

²) II. (1) Bei Verwiegung von Wagenladungsgütern auf einer Gleiswage wird der Gewichtsermittelung entweder das an den Wagen angeschriebene Eigengewicht oder, wenn eine besondere Feststellung des Eigengewichts erfolgt, dieses festgestellte Gewicht zugrunde gelegt.

(2) Ergibt die bahnamtliche Nachwiegung von Wagenladungen auf der Gleiswage gegen das im Frachtbrief angegebene Gewicht keine größere Abweichung als 2 Prozent des im Frachtbrief angegebenen Gewichts, so wird dieses als richtig angenommen.

(3) Wenn behufs Feststellung des Gewichts von Gütern in Wagenladungen die Feststellung des Eigengewichts des zur Beladung kommenden Wagens gefordert wird, so hat die Eisenbahn diesem Verlangen zu entsprechen, sofern dies ohne erheblichen Aufenthalt mit den auf dem Bahnhofe vorhandenen Wägevorrichtungen möglich ist. Ergibt eine von dem Absender beantragte Feststellung des Eigengewichts des Wagens keine größere Abweichung von dem an dem Wagen angeschriebenen Eigengewicht als in der Höhe von 2 Prozent, so wird die im Nebengebührentarife (Teil I Abteilung B)⁹⁶) festgesetzte Gebühr für die Verwiegung mittels der Gleiswage erhoben.

III. Das Wägegeld sowie die Gebühr für Feststellung der Stückzahl der Wagenladungsgüter sind in dem Nebengebührentarife (Teil I Abteilung B)⁹⁶) festgesetzt.

(5) Die Feststellung des Gewichts wird von der Versandstation durch den Wägestempel auf dem Frachtbriefe bescheinigt.

²) IV. Erfolgt die Feststellung des Gewichts von Wagenladungsgütern nicht auf der Versandstation, sondern auf einer anderen Station, so wird von letzterer die Gewichtsfeststellung durch den Wägestempel bescheinigt.

(6) Für die Beladung der Wagen ist das daran vermerkte Ladegewicht maßgebend. Eine stärkere Belastung ist bis zu der an den Wagen angeschriebenen Tragfähigkeit insoweit zulässig, als nach der natürlichen Beschaffenheit des Gutes nicht zu befürchten ist, daß in Folge von Witterungseinflüssen während des Transports die Belastung über die Grenze der Tragfähigkeit hinausgehen werde. Eine die Tragfähigkeit überschreitende Belastung

---

¹¹³) E. 28. Aug. 01 (EVB. 509) betr. Feststellung der Stückzahl bei Wagenladungsgütern im Verkehr mit Kleinbahnen. — § 68 (8).

¹¹⁴) Allg. Tarifvorschr. (Anl. J) I B.

— Überlastung — ist in keinem Falle gestattet. Bei solchen außer=
deutschen Wagen, die nur eine, die zulässige Belastung kennzeichnende, dem
Ladegewichte der deutschen Wagen entsprechende Anschrift tragen, darf das
angeschriebene „Ladegewicht" oder die angeschriebene „Tragfähigkeit" bei der
Beladung keinesfalls um mehr als 5 Prozent überschritten werden.

*) V. (1) Das von dem überladenen Wagen abgenommene Übergewicht
wird dem Absender zur Verfügung gestellt. Falls dasselbe von einer
Unterwegsstation abgenommen ist und nach der Bestimmung des Absenders
weiter gesandt werden soll, ist es als besondere Sendung unter Erhebung
der tarifmäßigen Fracht zu behandeln; verlangt der Absender dagegen die
Rückbeförderung des Übergewichts nach der Versandstation, so wird die
Fracht hierfür nach dem zwischen der Unterwegs= und der Versandstation
bestehenden Frachtsatze der Tarifklasse der Hauptsendung berechnet.

(2) Jedoch kann dem Absender die Zuladung des abgenommenen
Übergewichts zu einer anderen, von derselben Versandstation kommenden,
die Unterwegsstation ohnehin berührenden Ladung in dem Falle gestattet
werden, daß die Verwiegung ausdrücklich beantragt war, diesem Antrage
jedoch mangels einer Gleiswage nicht entsprochen werden konnte. Der
Absender muß alsdann den zweiten Wagen von vornherein um dasjenige
Gewicht, welches er auf der Unterwegsstation zuladen will, weniger belasten
und wegen des Anhaltens auf der Unterwegsstation einen jeden Zweifel
ausschließenden Vermerk im Frachtbrief anbringen. Die Fracht wird in
diesem Falle für die ganze Ladung, also einschließlich des unterwegs zu=
zuladenden Teiles, von der Versand= bis zur Empfangsstation berechnet.
Etwa entstandene Ladegebühren, Lagergelder und dergleichen sind besonders
zu vergüten.

(7) Bei unrichtiger Angabe des Inhalts einer Sendung oder bei zu
niedriger Angabe des Gewichts einer Wagenladung sowie bei Überlastung
eines vom Absender selbst beladenen[110]) Wagens ist — abgesehen von der
Nachzahlung des etwaigen Frachtunterschieds und dem Ersatze des ent=
standenen Schadens sowie den durch strafgesetzliche oder polizeiliche Be=
stimmungen vorgesehenen Strafen — ein Frachtzuschlag an die am Trans=
porte betheiligten Eisenbahnen zu zahlen, dessen Höhe wie folgt festgesetzt
wird[115]):

---

115) Aus der Rechtsprechung des RGer.:
Frachtzuschlag. Der FZ. stellt sich
(nach der VerkO. von 1892) als Kon=
ventionalstrafe dar; er ist unter allen
Umständen eine Schuld des Absenders,
auch wenn zu seiner Zahlung der Em=
pfänger ebenfalls verpflichtet ist; § 61 (1)
Satz 1 ist auf den FZ. nicht anwendbar;
er ist mit der Tatsache der Aufgabe ver=
wirkt, mag hinterher die EisVerwaltung
den für sie maßgebenden Vorschriften für
die Beförderung nachkommen oder nicht;
die Nichterhebung des FZ. ist nicht un=
richtige Tarifanwendung i. S. § 61 (4)
U. 10. Okt. 00 (XLVII 33). Die Er=
hebung des FZ. ist nicht davon abhängig,
daß der Absender für seine Person die
falsche Angabe usw. gemacht oder auch
nur um sie gewußt hat 3. Juli 80
(EEE. I 244). Des Anspruchs auf den
FZ. geht die Eis. nicht dadurch verlustig,
daß sie für eine als verloren geltende
(hinterher wiederaufgefundene) Sendung
in Unkenntnis ihres Inhalts die Verlust=
entschädigung bezahlt hat; der FZ. ist
von dem Gewicht der ganzen Sendung
zu berechnen, nicht nur von dem der ver=
botswidrig aufgegebenen Stücke 6. Juli
83 (X 201). Auch die Verpflichtung des
Empfängers, nach Annahme von
Gut u. Frachtbrief den FZ. zu zahlen,
ist unabhängig davon, ob er um die
falsche Angabe wußte 8. Jan. 83 (EEE.
II 436). — Seitdem die VerkO. nicht mehr
eine bloße lex contractus, sondern eine
Rechtsverordnung ist, wird der FZ. nicht
als Konventionalstrafe, sondern als
Gegenstand einer obligatio ex lege an=
zusehen sein. Vgl. Gerstner, IntÜb. (01)
S. 56; a. M. OLG. Hamm 11. Juli 04

(8) Wenn die im §. 50 A Ziffer 4 und in der Anlage B[98]) aufgeführten Gegenstände unter unrichtiger oder ungenauer Inhaltsangabe[104]) zur Beförderung aufgegeben oder die in Anlage B gegebenen Sicherheitsvorschriften bei der Aufgabe außer Acht gelassen werden, so beträgt der Frachtzuschlag 12 Mark für jedes Brutto-Kilogramm des ganzen Versandstückes.

²) VI. Falls Gegenstände, welche nach § 50 der Verkehrsordnung von der Beförderung ausgeschlossen oder nur bedingungsweise zugelassen sind, mit anderen, der Beschränkung des § 50 der Verkehrsordnung nicht unterliegenden Gegenständen zusammen verpackt aufgegeben werden, wird das Gesamtgewicht des betreffenden Frachtstücks einschließlich somit des Gewichts der mitverpackten, der Beschränkung des § 50 der Verkehrsordnung nicht unterliegenden Gegenstände, angerechnet.

(9) In allen anderen Fällen unrichtiger Inhaltsangabe beträgt der Frachtzuschlag, sofern die unrichtige Inhaltsangabe eine Frachtverkürzung herbeizuführen nicht geeignet ist, 1 Mark für den Frachtbrief, sonst das Doppelte des Unterschieds zwischen der Fracht von der Aufgabe- bis zur Bestimmungsstation für den angegebenen und der für den ermittelten Inhalt, mindestens aber 1 Mark.

(10) Im Falle zu niedriger Angabe des Gewichts einer Wagenladung beträgt der Frachtzuschlag das Doppelte des Unterschieds zwischen der Fracht, welche für das angegebene und für das ermittelte Gewicht von der Aufgabe- bis zur Bestimmungsstation zu entrichten ist.

(11) Im Falle der Überlastung (Anf. B) eines vom Absender selbst beladenen[110]) Wagens beträgt der Frachtzuschlag das Sechsfache der Fracht von der Aufgabe- bis zur Bestimmungsstation für das die zulässige Belastung übersteigende Gewicht. Diese Bestimmung ist auch auf solche Gegenstände, deren Fracht tarifmäßig nicht nach dem Gewichte berechnet wird[116]), sinngemäß anzuwenden. Ist insbesondere die Fracht nach der Ladefläche zu berechnen, so erfolgt die Ermittelung des Frachtzuschlags in der Weise, daß zunächst die nach der Ladefläche des verwendeten Wagens berechnete Fracht als Fracht für das im einzelnen Falle zulässige höchste Belastungsgewicht angesehen, der sich hiernach für das höchste Belastungsgewicht ergebende Frachtbetrag sodann verhältnißmäßig auf das Übergewicht übertragen und der für das Übergewicht gefundene Frachtbetrag sechsfach genommen wird.

(VerZtg. 05 S. 29). — Schadensersatzpflicht. Die Nichtinnehaltung der Bedingungen für die Beförderung verpflichtet den Absender zum Ersatz des mit der Beförderung zusammenhängenden Schadens nur insoweit, als dieser auf die Nichtinnehaltung zurückzuführen ist 6. März 86 (XV 152). Die Tatsache, daß die Eis. durch ein Gut oder ein infolge der besonderen Beschaffenheit des Gutes eingetretenes Ereignis geschädigt wird, verpflichtet den Absender nicht schon an u. für sich zum Ersatz; es muß vielmehr ein Verschulden, für das er haftet, hinzutreten 13. Feb. 86 (XV 146). Soweit zu den Bedingungen der Beförderung eine bestimmte Art der Bezeichnung auf dem Frachtbrief gehört, wird die Schadensersatzpflicht nicht dadurch ausgeschlossen, daß die Bezeichnung nicht im Frachtbrief enthalten, wohl aber auf dem Gute selbst angebracht ist 10. Nov. 97 (EEE. XIV 345). — Bestrafung wegen Betrugs wird durch Erhebung des Frachtzuschlags nicht ausgeschlossen 2. Juni 80 (EEE. I 199), 11. Feb. 87 (Straff. XV 266). Betrug ist es aber nicht, wenn eine falsche Inhaltsangabe zu dem Zwecke gemacht wird, die Beförderung eines von der Beförderung ausgeschlossenen Gegenstandes zu erschleichen 8. Nov. 83 (daf. IX 168). Fälschung der Gewichtsangabe im Frachtbrief ist Urkundenfälschung 18. Dez. 80 (daf. III 169).

¹¹⁶) Z. B. Vieh Anm. 86.

(12) Wenn gleichzeitig eine zu niedrige Gewichtsangabe und eine Über=
lastung vorliegt, so wird sowohl der Frachtzuschlag für zu niedrige Gewichts=
angabe (Abs. 10), als auch der Frachtzuschlag für Überlastung (Abs. 11)
erhoben.

²) VII. Der Frachtzuschlag ist verwirkt, sobald der Frachtvertrag ab=
geschlossen ist.

(13) Ein Frachtzuschlag wird nicht erhoben:

a) bei unrichtiger Gewichtsangabe und bei Überlastung, wenn der Ab=
sender im Frachtbriefe die Verwiegung verlangt hat,

b) bei einer während des Transports in Folge von Witterungseinflüssen
eingetretenen Überlastung, wenn der Absender nachweist, daß er bei der Be=
ladung des Wagens das daran vermerkte Ladegewicht nicht überschritten hat.

§. 54. Abschluß des Frachtvertrags[117]).

(1) Der Frachtvertrag[118]) ist abgeschlossen, sobald das Gut mit dem
Frachtbriefe von der Versandstation zur Beförderung angenommen ist. Als
Zeichen der Annahme wird dem Frachtbriefe der Tagesstempel der Abfertigungs=
stelle aufgedrückt.

(2) Die Abstempelung hat ohne Verzug nach vollständiger Auflieferung
des in demselben Frachtbriefe verzeichneten Gutes und auf Verlangen des
Absenders in dessen Gegenwart zu erfolgen.

(3) Der mit dem Stempel versehene Frachtbrief dient als Beweis über
den Frachtvertrag[119]).

(4) Jedoch machen bezüglich derjenigen Güter, deren Aufladen nach den
Vorschriften dieser Ordnung oder des Tarifs[110]) oder nach besonderer Ver=
einbarung von dem Absender besorgt wird, die Angaben des Frachtbriefs über
das Gewicht und die Anzahl der Stücke gegen die Eisenbahn keinen Beweis,
sofern nicht die Nachwägung oder Nachzählung seitens der Eisenbahn erfolgt
und dies auf dem Frachtbriefe beurkundet ist.

(5) Die Eisenbahn ist verpflichtet, auf Verlangen des Absenders den
Empfang des Frachtguts, unter Angabe des Tages der Annahme zur Be=
förderung, auf einem ihr mit dem Frachtbriefe vorzulegenden, als solches zu
bezeichnenden Duplikat des Frachtbriefs zu bescheinigen. Der Antrag auf Er=
teilung des Duplikats ist vom Absender auf dem Frachtbriefe zu vermerken.
Die Eisenbahn hat durch Aufdrückung eines Stempels zu bestätigen, daß dem
Antrag entsprochen ist.

(6) Das Duplikat hat nicht die Bedeutung des Original=Frachtbriefs
und ebensowenig diejenige eines Konnossements (Ladescheins)[120]).

---

¹¹⁷) Intüb. Art. 8.

¹¹⁸) Der Frachtvertrag ist ein
Werkvertrag (VII 2 Anm. 3 d. W.),
der nach allg. Rechtsvorschriften an keine
Form gebunden ist; für den Eisenbahn=
frachtvertrag macht, seit die VerkO. den
Charakter einer Rechtsverordnung er=
halten hat — früheres Recht RGer.
9. Juli 80 (II 56) —, § 54 (1) das
Zustandekommen von der Annahme des
Gutes, sowie von der Ausstellung u. An=
nahme des an bestimmte Formvorschriften
gebundenen Frachtbriefs abhängig Staub

Anm. 5 zu HGB. § 453; anders. Prot.
üb. d. 84. Sitz. d. ständ. Tarifkommission
Ziff. 7. Die Abstempelung gehört da=
gegen nicht zu den wesentlichen Formen
des Vertrags Gerstner, Intüb. (93)
S. 151.

¹¹⁹) Aber der Gegenbeweis ist nicht
ausgeschlossen.

¹²⁰) HGB. § 446 ff., 455. Die Aus=
stellung des Duplikats hat hiernach
(in Verb. mit VerkO. § 64, 65, 73)
zwar die Wirkung, daß das Verfügungs=
recht des Absenders u. seine Aktivlegiti=

(7) Bei solchen Gütern, welche nicht in ganzen Wagenladungen auf= gegeben werden, kann mit Zustimmung des Absenders an Stelle des Duplikats ein als solcher zu bezeichnender Aufnahmeschein ausgestellt werden, welcher dieselbe rechtliche Bedeutung wie das Duplikat hat.

²) Die Gebühr für die Ausstellung von Aufnahmescheinen ist in dem Nebengebührentarife (Teil I Abteilung B)⁹⁵) festgesetzt.

(8) Auf Wunsch des Absenders kann der Empfang des Gutes auch in anderer Form, insbesondere mittelst Eintrags in ein Quittungsbuch usw. be= scheinigt werden. Eine derartige Bescheinigung hat nicht die Bedeutung eines Frachtbrief=Duplikats oder eines Aufnahmescheins.

§. 55. Vorläufige Einlagerung des Gutes[121]).

(1) Die Eisenbahn ist nur verpflichtet, die Güter zum Transport an= zunehmen, soweit die Beförderung derselben sofort erfolgen kann.

(2) Die Eisenbahn ist jedoch verpflichtet, die ihr zugeführten Güter, deren Beförderung nicht sofort erfolgen kann, soweit die Räumlichkeiten es gestatten, gegen Empfangsbescheinigung mit dem Vorbehalt in einstweilige Verwahrung zu nehmen, daß die Annahme zur Beförderung und die Auf= drückung des Abfertigungsstempels auf den Frachtbrief (§ 54 Abs. 1) erst dann erfolgt, wenn die Beförderung möglich ist. Der Absender hat im Frachtbriefe sein Einverständnis mit diesem Verfahren zu erklären. In diesem Falle haftet die Eisenbahn bis zum Abschlusse des Frachtvertrags als Verwahrer⁷⁸).

²) I. Leicht verderbliche Gegenstände sind von der vorübergehenden Ein= lagerung ausgeschlossen.

II. Das Einverständnis des Absenders ist im Frachtbrief an der für „Vorgeschriebene oder zulässige Erklärungen" vorgesehenen Stelle aus= zusprechen.

(3) Mit Genehmigung der Aufsichtsbehörde⁵⁰) ist die Eisenbahn berechtigt, im Falle sie Wagenladungsgüter, deren sofortige Beförderung nicht möglich ist, gleichwohl zum Transport annimmt, mit dem Absender zu vereinbaren, daß für die Sendung die Lieferfrist von dem Tage an zu rechnen ist, an welchem die Absendung tatsächlich erfolgt. Der Absender hat sein Ein= verständnis auf dem Frachtbriefe zu erklären und auf dem Frachtbrief=Dupli= kate zu wiederholen. Die Eisenbahn ist verpflichtet, den Zeitpunkt der Ab= sendung auf dem Frachtbriefe durch Aufdrückung eines besonderen Stempels ersichtlich zu machen und diesen Zeitpunkt dem Absender ohne Verzug mit= zuteilen.

§. 56. Auflieferung und Beförderung des Gutes[122]).

(1) Das Gut muß in den von der Eisenbahn festzusetzenden Dienst= stunden aufgeliefert und, falls die Verladung nach den Vorschriften dieser

---

mation an den Besitz des D. geknüpft sind; der Besitz des D. gewährt aber keine selbständigen, übertragbaren Rechte VII 2 d. W. Anm. 29; Gerstner, Int.= Üb. (93) S. 156 ff., 255 ff.

[121]) HGB. § 453 Abs. 2; IntÜb. Art. 5 Abs. 2. Gorden in EEE. XV 75.

[122]) Besond. ZusBest. der StEB.: 1. Soweit die Beladung von Wagen dem Absender obliegt, hat sie, wenn die

Wagen bis vormitt. 9 Uhr ladebereit gestellt sind u. der Absender des Gutes innerhalb eines Umkreises von 2 km von der Station wohnt, noch innerhalb der Geschäftsstunden des laufenden Tages, sonst aber innerhalb der nächsten 12 Tagesstunden nach der Bereitstellung zu erfolgen. Abweichungen von diesen Fristen werden durch Aushang in den GüterabfertRäumen sowie durch Veröff.

Ordnung oder des Tarifs oder nach besonderer Vereinbarung dem Absender obliegt[110]), innerhalb derselben verladen werden. Bei einer nach und nach stattfindenden Auflieferung der mit demselben Frachtbrief aufgegebenen, von der Eisenbahn zu verladenden Sendung[110]) ist, sofern die Auflieferung durch den Absender über 24 Stunden verzögert wird, die Eisenbahn berechtigt, ein im Tarife festzusetzendes Lagergeld zu erheben. Dasselbe gilt in dem Falle, wenn von der Eisenbahn zu verladende Güter mit unvollständigem oder unrichtigem Frachtbrief aufgeliefert sind und die Berichtigung nicht binnen 24 Stunden nach der Beanstandung erfolgt. Wegen der Anfuhr der Güter durch Rollfuhrunternehmer der Eisenbahn siehe § 68.

²) I. Für die Erhebung des Lagergeldes gelten die Bestimmungen des Nebengebührentarifs (Teil I Abteilung B)³⁵).

(2) Die Beförderung erfolgt, je nach der Bestimmung im Frachtbrief, als Eilgut oder als Frachtgut[123]).

(3) An Sonn- und Festtagen wird gewöhnliches Frachtgut nicht angenommen und am Bestimmungsorte dem Empfänger nicht verabfolgt. Eilgut wird auch an Sonn- und Festtagen, aber nur in den ein für allemal bestimmten, durch Aushang an den Abfertigungsstellen sowie in einem Lokalblatte bekannt zu machenden Tageszeiten angenommen und ausgeliefert.

²) II. An Sonn- und Festtagen wird nur zoll- und steuerfreies Eilgut angenommen und ausgeliefert.

[124]) (4) Die Beförderung der Güter findet in der Reihenfolge statt, in welcher sie zur Beförderung angenommen worden sind, sofern nicht zwingende Gründe des Eisenbahnbetriebs oder das öffentliche Interesse eine Ausnahme rechtfertigen. Eine Zuwiderhandlung gegen diese Vorschriften begründet den Anspruch auf Ersatz des daraus entstehenden Schadens.

(5) Die Eisenbahnen sind verpflichtet, Einrichtungen zu treffen, durch welche die Reihenfolge der Güterabfertigung festgestellt werden kann.

(6) Die Bereitstellung der Wagen für solche Güter, deren Verladung der Absender selbst zu besorgen hat (siehe Abs. 1), muß für einen bestimmten Tag nachgesucht und die Auflieferung und Verladung in der von der Eisenbahn zu bestimmenden Frist vollendet werden. Diese Frist ist durch Anschlag an den Abfertigungsstellen sowie in einem Lokalblatte bekannt zu machen.

²) III. Die Bestellung von Wagen zur Verladung von Gütern ist in der Regel schriftlich an die Station, auf welcher verladen werden soll, wenn daselbst jedoch eine besondere Güterabfertigungsstelle besteht, an letztere zu richten, es sei denn, daß für einzelne Massenartikel, als Kohlen, Erze u. dergl., die Annahme und Ausführung der Wagenbestellung anderen Dienststellen übertragen sein sollte. Die schriftliche Bestellung hat die Anzahl der erforderlichen Wagen, gedeckt gebaute oder offene, die Bezeichnung

---

in einem Lokalblatte bekannt gemacht. 2. Unter den vorerwähnten Tagesstunden sind die für den GüterabfertDienst vorgeschriebenen, in den GüterabfertRäumen durch Aushang bekannt gemachten Zeiten zu verstehen. Wagenladungsgüter können durch die Absender auch in den Mittagsstunden verladen werden, die demzufolge in die Beladefrist fallen. 3. Als Festtage (vgl. § 56 (8) der VerkO.) gelten im allgemeinen die Tage, an denen die Ortspolizeibehörde darauf hält, daß an öffentlichen Orten nicht gearbeitet wird.— Lagergeldberechnung für den Fall, daß das Gut ohne Frachtbrief aufgeliefert wird, Janzer in VBtg. 04 S. 704. Rechtl. Natur der Lagergeldforderung: Senckpiehl in EEE. XXI 323.

¹²³) § 51 (1) g.

¹²⁴) HGB. § 453 Abs. 3, 4; IntÜb. Art. 5 Abs. 3, 4.

der zu verladenden Güter, die Bestimmungsstation, den Tag des Gebrauchs, das Datum und die Unterschrift des Bestellers zu enthalten.

(7) Erfolgt die Auflieferung und Verladung nicht innerhalb dieser Frist, so hat der Absender nach deren Ablaufe das im Tarife festzusetzende Wagenstandgeld zu bezahlen. Dasselbe gilt in dem Falle, wenn Güter, die von dem Absender zu verladen sind (siehe Abs. 1), mit unrichtigem oder unvollständigem Frachtbrief aufgeliefert werden und die Berichtigung nicht innerhalb der festgesetzten Ladefrist erfolgt. Auch ist die Eisenbahn berechtigt, den Wagen auf Kosten des Bestellers zu entladen und das Gut auf dessen Gefahr und Kosten auf Lager zu nehmen. Bei Bestellung des Wagens ist auf Verlangen der Eisenbahn eine den Betrag einer Tagesversäumniß deckende Sicherheit zu bestellen. Wenn die Eisenbahn fest zugesagte Wagen nicht rechtzeitig stellt, so hat sie dem Besteller eine dem Wagenstandgeld entsprechende Entschädigung zu zahlen.

²) IV. Als fest zugesagt gilt ein Wagen nur dann, wenn hierüber schriftliche Erklärung erteilt worden ist.

V. Das Wagenstandgeld wird nach den Bestimmungen des Nebengebührentarifs (Teil I Abteilung B)⁹⁵) erhoben.

(8) Der Lauf der in den Abs. 1 und 7 vorgesehenen Fristen ruht an Sonn- und Festtagen sowie für die Dauer einer zoll- oder steueramtlichen Abfertigung, sofern diese nicht durch den Absender verzögert wird. Der Absender hat die Dauer der Abfertigung nachzuweisen.

§. 57. Beförderung in gedeckten oder in offenen Wagen¹²⁵).

(1) Der Absender ist, sofern nicht eine Bestimmung der Verkehrsordnung, oder Zoll-, Steuer- und polizeiliche Vorschriften¹²⁶) oder zwingende Gründe des Betriebs entgegenstehen, berechtigt, durch schriftlichen Vermerk auf dem Frachtbriefe zu verlangen:

1. daß bei denjenigen Gütern, welche nach dem Tarif in offen gebauten Wagen befördert werden, die Beförderung in gedeckt gebauten Wagen erfolge,

2. daß bei denjenigen Gütern, welche nach dem Tarif in gedeckt gebauten Wagen befördert werden, die Beförderung in offen gebauten Wagen stattfinde.

²) I. Die näheren Bestimmungen hierfür befinden sich im Abschnitt A III der Allgemeinen Tarifvorschriften (Teil I Abteilung B)¹²⁷).

(2) Im ersteren Falle kann die Eisenbahn einen im Tarife festzusetzenden Zuschlag zur Fracht erheben.

²) II. Dieser Zuschlag wird nach den Bestimmungen im Abschnitt A III der Allgemeinen Tarifvorschriften (Teil I Abteilung B) erhoben¹²⁷).

(3) Der Tarif bestimmt, ob und unter welchen Bedingungen auf den im Frachtbriefe zu stellenden Antrag des Absenders Decken für offen gebaute Wagen miethweise überlassen werden.

²) III. Wann und unter welchen Bedingungen Decken von den Eisenbahnen auf Antrag mietweise hergegeben werden, ergibt sich aus den Bestimmungen im Abschnitt A III der Allgemeinen Tarifvorschriften (Teil I

---

¹²⁵) HGB. § 459 Abs. 1 Ziff. 1, VerkO. § 77 (1) Ziff. 1, IntÜb. Art. 31 Abs. 1 Ziff. 1. — Besond. ZusBest. der StEB. betr. gebrannten Kalk.

¹²⁶) Solche Vorschr. finden sich z. B. in der (hier nicht abgedruckten) Anl. B der VerkO.; ferner EisZollRegul. (X 2 Anl. A d. W.) § 9.

¹²⁷) Anl. J § 45 ff.

37*

Abteilung B)[127]). Die Deckenmiete sowie die Verzögerungsgebühr für die verspätete Rückgabe loser Wagendecken wird nach den Bestimmungen des Nebengebührentarifs (Teil I Abteilung B) erhoben[95]).

§. 58. Verpackung und Bezeichnung des Gutes[128]).

(1) Soweit die Natur des Frachtguts zum Schutze gegen Verlust, Minderung oder Beschädigung auf dem Transport eine Verpackung nötig macht, liegt die gehörige Besorgung derselben dem Absender ob[129]).

(2) Ist der Absender dieser Verpflichtung nicht nachgekommen, so ist die Eisenbahn, falls sie nicht die Annahme des Gutes verweigert, berechtigt zu verlangen, daß der Absender auf dem Frachtbriefe das Fehlen oder die Mängel der Verpackung unter spezieller Bezeichnung anerkennt und der Versandstation hierüber außerdem eine besondere Erklärung nach Maßgabe des vorgeschriebenen Formulars (Anlage E) ausstellt. Sofern ein Absender gleichartige der Verpackung bedürftige Güter unverpackt oder mit denselben Mängeln der Verpackung auf der gleichen Station aufzugeben pflegt, kann er an Stelle der besonderen Erklärung für jede Sendung ein für allemal eine allgemeine Erklärung nach dem in der Anlage F vorgeschriebenen Formular abgeben. In diesem Falle muß der Frachtbrief außer der oben vorgesehenen Anerkennung einen Hinweis auf die der Versandstation abgegebene allgemeine Erklärung enthalten. Solche Formulare sind von der Abfertigungsstelle bereit zu halten.

[2]) I. Der Preis der Formulare (Anl. E und F) ist im Nebengebührentarife (Teil I Abteilung B) festgesetzt[95]).

II. (Fellsendungen in bloßer Umschnürung sowie Zucker in losen Broten.)

III. (Gefüllte Fässer.)

IV. Die nachfolgend bezeichneten Güter werden, wenn sie den angegebenen Bedingungen nicht entsprechen, überhaupt nicht zur Beförderung angenommen, auch nicht gegen Abgabe der im Abs. 2 gedachten Erklärung:

(1.—11.: Zigarren, Fleischwaren, Fässer, Säcke usw.)

V. Die Beförderung von Getreide, Hülsenfrüchten, Kleie, Malz und Ölsaaten in Wagenladungen, unverpackt (in loser Schüttung) erfolgt unter folgenden Bedingungen:

1. Die Beförderung erfolgt in gewöhnlichen gedeckt gebauten Wagen.
2. Das Fehlen der Verpackung ist von dem Absender nach Vorschrift im Abs. 2 unter Ausfertigung der vorgeschriebenen Erklärung anzuerkennen.
3. Die Verladung und die Sicherung des verladenen Gutes gegen Verstreuen ist Sache des Absenders. Die hierzu verwendeten Gerätschaften werden nach Maßgabe der Bestimmungen zu IV der Allgemeinen Tarifvorschriften (Teil I Abteilung B)[96]) frachtfrei an den Absender zurückbefördert.
4. Zur Ermöglichung der Feststellung des zollpflichtigen Gewichts bei Verwiegung auf der Gleiswage sind die Zahl und das Gewicht der verwendeten Ladegerätschaften (Vorsatzbretter und dergl.) von den Abfertigungsstellen in den Spalten 4 und 5 des Frachtbriefs einzutragen,

---

[128]) HGB. § 456, § 459 Abs. 1 Ziff. 2; VerkO. § 75, § 77 (1) Ziff. 2; JntÜb. Art. 31 Abs. 1 Ziff. 2.

[129]) Ob die Verpackung nach Maßgabe der mit der Transportart verbundenen Gefahren als ausreichende Sicherheit erscheint, hat die EisVerw. zu prüfen; soweit eine nur äußere, aber sorgfältige Untersuchung bei Beachtung der im Transportgewerbe gemachten Erfahrungen zu der Annahme führen muß, daß die Verpackung jene Sicherheit nicht bietet, kann der hierin liegende Mangel nicht als ein äußerlich nicht erkennbarer gelten RGer. 26. Sept. 00 (EEE. XIX 193). — JntÜb. Art. 9.

auch ist diesem amtlichen Vermerke der Stempel der Abfertigungsstelle beizudrücken.

5. Bei unterwegs notwendig werdender Umladung steht es der Eisenbahn frei, das Gut entweder in Säcke gefüllt oder in loser Schüttung weiter zu senden.

6. Bei bahnseitiger Entladung auf Antrag des Empfängers oder nach Ablauf der Entladefrist wird neben den Kosten für etwa erfolgte Beschaffung oder Anmietung von Säcken die im Nebengebührentarife (Teil I Abteilung B)[96]) vorgesehene besondere Abladegebühr berechnet.

(3) Für derartig bescheinigte sowie für solche Mängel der Verpackung, welche äußerlich nicht erkennbar[129]) sind, hat der Absender zu haften und jeden daraus entstehenden Schaden zu tragen beziehungsweise der Bahnverwaltung zu ersetzen. Ist die Ausstellung der gedachten Erklärung nicht erfolgt, so haftet der Absender für äußerlich erkennbare Mängel der Verpackung nur, wenn ihm ein arglistiges Verfahren zur Last fällt.

(4) Die Stückgüter sind in haltbarer, deutlicher und Verwechselungen ausschließender Weise, genau übereinstimmend mit den Angaben im Frachtbrief, äußerlich zu bezeichnen (signiren).

(5) Die Eisenbahn ist berechtigt zu verlangen, daß Stückgüter vom Absender mit der Bezeichnung der Bestimmungsstation in dauerhafter Weise versehen werden, sofern deren Beschaffenheit dies ohne besondere Schwierigkeit gestattet.

²) VI. Ist vom Absender die Bezeichnung mit der Bestimmungsstation unterlassen, so wird dieselbe von der Güterabfertigungsstelle der Annahmestation gegen Erhebung einer im Nebengebührentarife (Teil I Abteilung B)[96]) festgesetzten Gebühr ausgeführt, wenn die Beschaffenheit der Güter dies ohne besondere Schwierigkeiten gestattet. Bei den in den Seehafenplätzen zum Versande gelangenden Gütern besteht die Verpflichtung, die Güter mit der Bestimmungsstation zu bezeichnen, jedoch nicht, soweit nicht die besonderen Bestimmungen einzelner Bahnen dies vorschreiben[130]).

§. 59. Zoll=, Steuer=, Polizei= und statistische Vorschriften[131]).

(1) Der Absender ist verpflichtet, dem Frachtbriefe diejenigen Begleitpapiere beizugeben, welche zur Erfüllung der etwa bestehenden Zoll=, Steuer= oder Polizeivorschriften vor der Ablieferung an den Empfänger erforderlich sind[132]). Er haftet der Eisenbahn, sofern derselben nicht ein Verschulden zur Last fällt, für alle Folgen, welche aus dem Mangel, der Unzulänglichkeit oder Unrichtigkeit dieser Papiere entstehen[133]).

²) I. Für den aus solchem Anlaß entstehenden Mehraufenthalt wird das Lager= und Wagenstandgeld sowie das Standgeld für auf eigenen Rädern

---

[130]) Hierzu besond. ZusBest. der StEB.

[131]) HGB. § 427; IntÜb. Art. 10. — Abschnitt X d. W. — Als polizeiliche Vorschriften kommen u. a. in Betracht: die Internationale Reblaus=Konvention 3. Nov. 81 (RGB. 82 S. 125), das SprengstoffG. 9. Juni 84 (RGB. 61), das Fleischbeschau G. 3. Juni 00 (RGB. 547). Zusammenstell. in Kundmachung 11 des EisVerkehrsverbands (VII 1 d. W.); Cauer II 441. Ferner Abschn. VII 5.

[132]) Im allg. ist jeder unter Zoll= oder Steuerkontrolle stehenden Wagenladung ein besonderer Frachtbrief u. eine besondere Deklaration (Ladungsverzeichnis usw.) beizugeben Allg. AbfertVorschr. (VII 1 d. W.) § 28 Abs. 3.

[133]) Hiernach bestimmt sich auch, inwieweit die Eis. auf Grund des Frachtvertrags Ersatz der ihr auferlegten Zollstrafen (VereinszollG. § 134 ff.) verlangen kann.

beförderte Eisenbahnfahrzeuge nach den Bestimmungen des Nebengebühren= tarifs (Teil I Abteilung B)⁹⁵) erhoben.

(2) Der Eisenbahn liegt eine Prüfung der Richtigkeit und Vollständig= keit derselben nicht ob.

(3) Die Zoll=, Steuer= und Polizeivorschriften werden, solange das Gut sich auf dem Wege befindet, von der Eisenbahn erfüllt. Sie kann diese Auf= gabe unter ihrer eigenen Verantwortlichkeit einem Spediteur übertragen oder gegen eine im Tarife festzusetzende Gebühr selbst übernehmen. In beiden Fällen hat sie die Verpflichtungen eines Spediteurs[134]).

(4) Falls der Absender eine Art der Abfertigung beantragt hat, welche im gegebenen Falle nicht zulässig ist, so hat die Eisenbahn diejenige Abferti= gung zu veranlassen, welche sie für das Interesse des Absenders am vortheil= haftesten erachtet[135]). Der Absender ist hiervon zu benachrichtigen.

(5) Der Verfügungsberechtigte[136]) kann der Zollbehandlung entweder selbst oder durch einen im Frachtbriefe bezeichneten Bevollmächtigten beiwohnen, um die nöthigen Aufklärungen über die Tarifirung des Gutes zu ertheilen und seine Bemerkungen beizufügen. Diese Befugniß begründet nicht das Recht, das Gut in Besitz zu nehmen oder die Zollbehandlung selbst vorzunehmen.

ʸ) II. Will der Absender der unterwegs vorzunehmenden Zollabfertigung selbst oder durch einen Bevollmächtigten beiwohnen, so hat er dies im Frachtbrief in der Spalte „Vorgeschriebene oder zulässige Erklärungen" in nachstehender Form zu vermerken:

„Der Verzollung in .... werde ich (oder: wird
N. N. in .... [genaue Wohnungs=
angabe]) beiwohnen.

Absender."

In diesem Falle kann von dem der Zollbehandlung beiwohnenden Ab= sender oder dessen Bevollmächtigten die Zollgebühr unmittelbar entrichtet und die Zollquittung übernommen werden. Der Empfang der letzteren ist im Frachtbriefe mittels des Vermerkes:

„Zollquittung übernommen.

N. N."

zu bestätigen. Eine Benachrichtigung des Absenders von Ankunft des Gutes auf der Verzollungsstation ist nicht erforderlich.

(6) Bei der Ankunft des Gutes am Bestimmungsorte steht dem Empfänger das Recht zu, die zoll= und steueramtliche Behandlung zu besorgen, falls nicht im Frachtbrief etwas anderes festgesetzt ist.

ᶻ) III. Güter, deren zollamtlicher Verschluß verletzt oder mangelhaft ist, werden zur Beförderung nicht angenommen.

IV. Mit Begleitschein des deutschen Zollgebiets versehene Güter, welche nach den Frachtbriefen einen außerhalb des deutschen Zollgebiets gelegenen Bestimmungsort haben und direkt dahin adressiert sind, werden in solchen Fällen, in welchen der Begleitschein nicht auf das betreffende Ausgangs= zollamt gestellt ist, zur Beförderung nicht zugelassen.

V. Unter zollamtlichem Verschluß angekommene Güter sowie Güter mit Begleitschein I werden nebst den dazu gehörigen Urkunden dem zu=

---

¹³⁴) HGB. § 407 ff. Die (aus dem IntÜb. übernommene) Best. des Abs. 3 setzt das sog. Klarierungsmonopol der Eis. fest.

¹³⁵) Ebenso, wenn der Absender keine Vorschr. über die Abfert. gegeben hat;

die Bestimmung liegt der Güterabfert.= Stelle der Grenzstation ob. Näheres Kundmachung 11 (Anm. 131) S. 5 § 13; Cauer II S. 425.

¹³⁶) D. i. der Absender Gerstner Int. Üb. (93) S. 175 Anm. 15.

ständigen Zoll= oder Steueramte durch die Eisenbahn auf Kosten des Empfängers vorgeführt, wenn letzterem nicht selbst die Vorführung gegen Sicherheitsleistung überlassen wird.

VI. Güter, welche auf einen von einer Eisenbahn ausgewirkten Begleit= schein II abgefertigt sind, werden dem Empfänger nicht eher ausgeliefert, als bis derselbe durch Vorlegung der Zollquittung die Erledigung des Begleitscheins nachgewiesen hat.

VII. Für Güter, welche unter Zollverschluß gehen müssen, können offene Wagen nur dann verwendet werden, wenn der Absender für Deckung der Wagen in einer den zoll= und steueramtlichen Vorschriften genügenden Weise sorgt. In welchen Fällen offene Wagen in der Richtung von oder nach dem Zollausland auch ohne Decken verwendet werden können, richtet sich nach den Anforderungen der Zollverwaltung.

VIII. Die Gebühren für die zoll= und steueramtliche Abfertigung der Güter, soweit dieselbe durch die Eisenbahn bewirkt wird, werden nach den Bestimmungen des Nebengebührentarifs (Teil I Abteilung B)⁹⁵) erhoben.

(7) Bezüglich der Güter, welche über die Grenzen des deutschen Zoll= gebiets ein=, aus= oder durchgeführt werden, sind die reichsgesetzlichen Be= stimmungen, betreffend die Statistik des Warenverkehrs, und die dazu erlassenen Ausführungsvorschriften zu beachten¹³⁷). Die Beschaffung der nach diesem Gesetz erforderlichen Anmeldescheine in betreff der Ein=, Aus= und Durchfuhr liegt dem Absender beziehungsweise Empfänger ob. Sofern solche eisenbahn= seitig bewirkt wird, kommen dafür die im Tarife festzusetzenden Gebühren zur Erhebung. Anmeldescheine, welche mit dem Stempel des Kaiserlichen Statistischen Amtes nicht versehen sind, unterliegen behufs Feststellung ihrer Uebereinstimmung mit dem vorgeschriebenen Formulare der zuvorigen Ab= stempelung seitens der Eisenbahn gegen die im Tarife festzusetzende Gebühr.

²) IX. Die Gebühren für die Beschaffung der Anmeldescheine oder für die Abstempelung letzterer werden nach den Bestimmungen des Neben= gebührentarifs (Teil I Abteilung B)⁹⁵) erhoben.

§. 60. Berechnung der Fracht.

(1) Die Grundsätze für die Frachtberechnung sind im Tarife (§. 7) anzugeben.

²) I. Die Grundsätze für die Frachtberechnung finden sich unter A I der Allgemeinen Tarifvorschriften (Teil 1 Abteilung B)⁹⁵).

¹³⁸) (2) Außer den im Tarif angegebenen Frachtsätzen und Vergütungen für besondere, im Tarife vorgesehene Leistungen dürfen nur baare Auslagen erhoben werden, insbesondere Aus=, Ein= und Durchgangsabgaben, nicht in den Tarif aufgenommene Kosten für Ueberführung und Auslagen für Aus= besserungen an den Gütern, welche infolge ihrer äußeren oder inneren Be= schaffenheit zu ihrer Erhaltung nothwendig werden. Diese Auslagen sind gehörig festzustellen und in dem Frachtbrief ersichtlich zu machen, welchem die Beweisstücke beizugeben sind.

(3) Wenn die Eisenbahn die Güter von der Behausung des Absenders abholen oder aus Schiffen löschen läßt, oder an die Behausung des Empfängers oder an einen anderen Ort, z. B. nach Packhöfen, Lagerhäusern, Revisions= schuppen, in Schiffe usw. bringen läßt, so sind die durch die Tarife oder durch Aushang an den Abfertigungsstellen bekannt zu machenden Gebühren hierfür zu entrichten. Der Rollfuhrmann hat seinen Gebührentarif bei sich zu tragen und auf Verlangen vorzuzeigen.

---

¹³⁷) X 4 d. W. | ¹³⁸) IntÜb. Art. 11 Abs. 2, 3.

²) II. An= und Abfuhrgebühren sind in den Tarifsätzen überall nicht enthalten und werden daher da, wo die Eisenbahn die An= und Abfuhr durch eigenes Fuhrwerk besorgen läßt (vergl. die besonderen Bestimmungen zur Verkehrsordnung im Teile II Abschnitt A), nach den in den betreffenden Güterabfertigungsstellen zur Einsicht ausgehängten Sätzen erhoben.

§. 61. Zahlung der Fracht. Ansprüche wegen unrichtiger Fracht= berechnung; Verjährung solcher Ansprüche [139].

(1) Werden die Frachtgelder nicht bei der Aufgabe des Gutes zur Be= förderung berichtigt, so gelten sie als auf den Empfänger angewiesen. Die Versandstation hat im Falle der Ausstellung eines Frachtbrief=Duplikats auch in diesem die frankirten Gebühren, welche von ihr in den Frachtbrief ein= getragen wurden, zu spezifiziren.

(2) Bei Gütern, welche nach dem Ermessen der annehmenden Bahn schnellem Verderben unterliegen oder wegen ihres geringen Werthes die Fracht nicht sicher decken, kann die Vorausbezahlung der Frachtgelder gefordert werden.

²) I. Beispielsweise muß die Fracht für Eis, Hefe, Seeschaltiere, frische Fische aller Art, frisches Gemüse, frisches Fleisch, Wildbret, geschlachtetes Geflügel, lebende Pflanzen, gebrauchte leere Kisten, Körbe, Ballons in Körben, sowie für frisches Obst — für letzteren Artikel während der Monate Oktober bis einschließlich April — stets bei der Aufgabe entrichtet werden.

(3) Wenn im Falle der Frankirung der Betrag der Gesammtfracht beim Versand nicht genau bestimmt werden kann, so kann die Versandbahn die Hinterlegung des ungefähren Frachtbetrags fordern.

²) II. In gleicher Weise kann bei Zollfrankaturen die Hinterlegung des ungefähren Zollbetrags gefordert werden.

III. Die Abrechnung über hinterlegte Fracht und Zollbeträge erfolgt nach endgültiger Feststellung dieser Beträge.

IV. Es ist gestattet, auf die Fracht einen beliebigen Teil als Fran= katur anzuzahlen.

V. (1) Wird im Frachtbrief nicht ausdrücklich anderes vorgeschrieben, so ist unter „frei" die Fracht einschließlich des Frachtzuschlags für die An= gabe des Interesses an der Lieferung sowie aller Nebenkosten, die nach der Verkehrsordnung und dem Tarif auf der Versandstation zur Berechnung kommen, die etwa zu erhebende Nachnahmeprovision eingriffen, zu verstehen.

(2) Dagegen fallen Kosten, welche erst während der Beförderung erwachsen, wie Zollkosten, Reparaturkosten für Gebinde und dergleichen, nicht unter den Begriff „frei".

(4) Wurde der Tarif unrichtig angewendet, oder sind Rechnungsfehler bei der Festsetzung der Fracht und der Gebühren vorgekommen [140], so ist das zu wenig Geforderte nachzuzahlen, das zu viel Erhobene zu erstatten und zu diesem Zwecke dem Berechtigten thunlichst bald Nachricht zu geben. Zur Geltendmachung von Frachterstattungsansprüchen ist der Absender oder Empfänger berechtigt, je nachdem der eine oder der andere die Mehrzahlung

[139] Intüb. Art. 12; zu Abs. 4—7 HGB. § 470, zu Abs. 7 Eger Anm. 301. Bei Frankatur haftet für die Fracht — einschl. der etwa irrtümlich zu wenig erhobenen Beträge (§ 61 Abs. 4) — nur der Absender, für Frachtzuschläge (Anm. 115) u. Unterwegskosten im Zw. der Empfänger; für überwiesene Frachten haftet der Absender nur bei Annahme= verweigerung Gerstner Intüb. (93) S. 216 ff. Im Falle der letzteren haftet nur der Absender, den ev. gerichtlich zu belangen der Versandbahn obliegt Zentr.= Amt 8. April 04 (IntZtschr. XII 150).

[140] VII 2 Anm. 15 b. W. Ent= schädigungspflicht der Eis. bei schuld= hafter Fracht=Überforderung IntZtschr. XII 223.

an die Eisenbahn geleistet hat. Zur Nachbezahlung zu wenig erhobener Frachtbeträge ist nach Auslieferung des Gutes derjenige verpflichtet, welcher die Fracht bezahlt oder nach Abs. 3 hinterlegt hat. §. 90 Abs. 1 findet auf die in diesem Absatz erwähnten Ansprüche keine Anwendung.

(5) Ansprüche der Eisenbahn auf Nachzahlung zu wenig erhobener Fracht oder Gebühren sowie Ansprüche gegen die Eisenbahn auf Rückerstattung zu viel erhobener Fracht oder Gebühren (Abs. 4) verjähren in einem Jahre. Die Verjährung beginnt mit dem Ablaufe des Tages, an welchem die Zahlung erfolgt ist.

(6) Die Verjährung des Anspruchs auf Rückerstattung zu viel erhobener Fracht oder Gebühren wird durch die schriftliche Anmeldung des Anspruchs bei der Eisenbahn gehemmt. Ergeht auf die Anmeldung ein abschlägiger Bescheid, so beginnt der Lauf der Verjährungsfrist wieder mit dem Ablaufe desjenigen Tages, an welchem die Eisenbahn ihre Entscheidung dem An-meldenden schriftlich bekannt macht und ihm die der Anmeldung etwa an-geschlossenen Beweisstücke zurückstellt. Weitere Gesuche, die an die Eisenbahn oder an die vorgesetzten Behörden gerichtet werden, bewirken keine Hemmung der Verjährung.

(7) Hinsichtlich der Unterbrechung der Verjährung bewendet es bei den allgemeinen gesetzlichen Vorschriften.

§. 62. Nachnahme[141]).

(1) Dem Absender ist gestattet, das Gut bis zur Höhe des Werthes desselben mit Nachnahme zu belasten. Bei denjenigen Gütern, für welche die Eisenbahn Vorausbezahlung der Fracht zu verlangen berechtigt ist (§ 61 Abs. 2), kann die Belastung mit Nachnahme verweigert werden.

(2) Für die aufgegebene Nachnahme wird die tarifmäßige Provision be-rechnet. Die Berechnung von Provision ist auch für baare Auslagen der Eisen-bahn gestattet. Provisionsfrei sind die von den Eisenbahnen nachgenommenen Frachtgelder, die tarifmäßigen Nebengebühren, als: Frachtbrief=, Wäge=, Sig-nir=, Lade=, Krahngelder, Zollabfertigungsgebühren usw., ferner die statistische Gebühr des Waarenverkehrs sowie Portoauslagen und die Rollgelder der von der Bahnverwaltung bestellten Fuhrunternehmer.

²) I. In Fällen der Umkartierung oder bei Änderung der Bestimmungs=station auf nachträgliche Anweisung des Absenders bleiben auch die auf den Sendungen bereits haftenden Nachnahmen provisionsfrei.

II. Für die von der Eisenbahn entrichteten Zoll= oder Steuerbeträge wird keine Provision erhoben, wenn der Absender den voraussichtlichen Be-trag bei der Versandstation hinterlegt hat, und diese einer deutschen Ver-waltung untersteht.

(3) Als Bescheinigung über die Auflegung von Nachnahmen dient der abgestempelte Frachtbrief, das Frachtbrief=Duplikat oder die anderweit gestattete Bescheinigung über Aufgabe von Gütern. Auf Verlangen werden außerdem besondere Nachnahmescheine, und zwar gebührenfrei ertheilt.

(4) Die Eisenbahn ist verpflichtet, sobald der Betrag der Nachnahme von dem Empfänger bezahlt ist, den Absender hiervon zu benachrichtigen und demselben die Nachnahme auszuzahlen. Dies findet auch Anwendung auf

---

¹⁴¹) § 64 (nachträgliche Auflage usw. von Nachnahmen). — IntÜb. Art. 13. — Besond. ZusBest. der StEV. betr. Sendungen an Behörden. — Rechts- charakter u. im Verkehr gebräuchliche Unterscheidungen Gerstner IntÜb. (93) S. 225 f.

Auslagen, welche vor der Aufgabe für das Frachtgut gemacht worden sind. Ist im Tarife die Auszahlung der Nachnahme vom Ablauf einer bestimmten Frist abhängig gemacht, so entfällt die Nothwendigkeit einer besonderen Benachrichtigung.

(5) Ist das Gut ohne Einziehung der Nachnahme abgeliefert worden, so haftet die Eisenbahn für den Schaden bis zum Betrage der Nachnahme und hat denselben dem Absender sofort zu ersetzen, vorbehaltlich ihres Rückgriffs gegen den Empfänger.

(6) Baarvorschüsse können zugelassen werden, wenn dieselben nach dem Ermessen des abfertigenden Beamten durch den Werth des Gutes sicher gedeckt sind.

*) III. (1) Ob im einzelnen Falle eine Nachnahme in der angegebenen Höhe zulässig ist, entscheidet die Versandstation.

(2) Nachnahmen, welche 150 Mark und darüber betragen, Nachnahmen auf Güter, welche nach § 61 dem Frankaturzwang unterliegen (ausschließlich derartiger Eilgüter), und auf bahnlagernde Güter werden dem Absender nicht eher ausgezahlt, als bis die Aufgabestation von der Empfangsstation die Anzeige über die erfolgte Ausgleichung der Nachnahme von seiten des Empfängers erhalten hat.

(3) Die Auszahlung der übrigen Nachnahmen geschieht, falls nicht schon früher Anzeige über die erfolgte Ausgleichung eingegangen oder von der Empfangsstation Einspruch erhoben ist, nach Ablauf von 14 Tagen, vom Tage der Abfertigung an gerechnet. Ist die Beförderungsstrecke jedoch länger als 1000 km, so beträgt die Frist 3 Wochen.

IV. Barvorschüsse werden nur insoweit gewährt, als sie nach den besonderen Bestimmungen im Teile II Abschnitt A zugelassen sind.

V. Die Provision ist in dem Nebengebührentarife (Teil I Abteil. B)⁹⁵) festgesetzt und wird, falls sie nicht vom Absender entrichtet worden, vom Empfänger des Gutes eingezogen.

§ 63. Lieferfrist [142]).

(1) Die Lieferfristen sind durch die Tarife zu veröffentlichen und dürfen die nachstehenden Maximalfristen nicht überschreiten:

a. für Eilgüter:

1. Expeditionsfrist . . . . 1 Tag,
2. Transportfrist
   für je auch nur angefangene 300 Kilometer . . . . 1 Tag;

b. für Frachtgüter:

1. Expeditionsfrist . . . . 2 Tage,
2. Transportfrist
   bei einer Entfernung bis zu 100 Kilometer . . . . 1 Tag,
   bei größeren Entfernungen für je auch nur angefangene
   weitere 200 Kilometer . . . . 1 Tag.

(2) Wenn der Transport aus dem Bereich einer Eisenbahnverwaltung in den Bereich einer anderen anschließenden Verwaltung übergeht, so berechnen sich die Transportfristen aus der Gesammtentfernung zwischen der Aufgabe- und Bestimmungsstation, während die Expeditionsfristen ohne Rücksicht auf die Zahl der durch den Transport berührten Verwaltungsgebiete nur einmal zur Berechnung kommen.

---

¹⁴²) JntÜb. Art. 14. — § 86, 87.

(3) Den Eisenbahnverwaltungen ist gestattet, mit Genehmigung der Aufsichtsbehörde[50]) Zuschlagsfristen für folgende Fälle festzusetzen[143]):

1. Für solche Güter, deren Beförderung von und nach abseits von der Bahn gelegenen Orten (Güternebenstellen) die Eisenbahn übernommen hat.

2. Für außergewöhnliche Verkehrsverhältnisse, wobei es zulässig ist, die Zuschlagsfristen ausnahmsweise vorbehaltlich der Genehmigung der Aufsichtsbehörde festzusetzen.

3. Für den Uebergang auf Bahnen mit anderer Spurweite.

Die Zuschlagsfristen sind gehörig zu veröffentlichen. Aus der Bekanntmachung muß zu ersehen sein, ob und durch welche Behörde die Genehmigung ertheilt, oder ob eine solche vorbehalten ist. Im letzteren Falle muß die nachträglich erfolgte Genehmigung innerhalb 8 Tagen durch eine besondere Bekanntmachung veröffentlicht werden. Die Festsetzung von Zuschlagsfristen ist wirkungslos, wenn die nachträgliche Genehmigung von der Aufsichtsbehörde versagt, oder die ertheilte Genehmigung nicht rechtzeitig veröffentlicht wird.

(4) Die Lieferfrist beginnt, abgesehen von dem Falle des § 55 Abs. 3, mit der auf die Annahme des Gutes nebst Frachtbrief (§ 54 Abs. 1) folgenden Mitternacht und ist gewahrt, wenn innerhalb derselben das Gut dem Empfänger oder derjenigen Person, an welche die Ablieferung gültig geschehen kann, an die Behausung oder an das Geschäftslokal zugeführt ist oder, falls eine solche Zuführung nicht zugesagt oder unausführbar verboten ist (§ 60 Abs. 5), wenn innerhalb der gedachten Frist schriftliche Nachricht von der erfolgten Ankunft für den Empfänger zur Post gegeben oder solche ihm auf andere Weise wirklich zugestellt ist.

(5) Für Güter, welche bahnlagernd gestellt sind, sowie für solche Güter, deren Empfänger sich die Benachrichtigung schriftlich verbeten haben, ist die Lieferzeit gewahrt, wenn das Gut innerhalb derselben auf der Bestimmungsstation zur Abnahme bereitgestellt ist.

(6) Der Lauf der Lieferfristen ruht für die Dauer der zoll- oder steueramtlichen oder polizeilichen Abfertigung sowie für die Dauer einer ohne Verschulden der Eisenbahn eingetretenen Betriebsstörung, durch welche der Antritt oder die Fortsetzung des Bahntransports zeitweilig verhindert wird.

(7) Ist der auf die Auflieferung des Gutes zur Beförderung folgende Tag ein Sonntag oder Festtag[122]), so beginnt bei gewöhnlichem Frachtgute[144]) die Lieferfrist 24 Stunden später[145]).

(8) Falls der letzte Tag der Lieferfrist ein Sonntag oder Festtag[122]) ist, so läuft bei gewöhnlichem Frachtgute[144]) die Lieferfrist erst an dem darauf folgenden Werktag ab.

²) I. Als Lieferfristen gelten, sofern nicht besondere kürzere Fristen veröffentlicht sind, die vorstehend festgesetzten Maximalfristen unter Zurechnung der von den einzelnen Eisenbahnverwaltungen mit Genehmigung ihrer Aufsichtsbehörden veröffentlichten Zuschlagsfristen.

II. (1) Die Lieferfrist für beschleunigtes Eilgut beträgt:

1. Expeditionsfrist . . . . ½ Tag,
2. Transportfrist
für je auch nur angefangene 300 km . . . ½ Tag.

---

[143]) Besond. ZusBest. der StEB.: Zuschlagsfristen werden durch den Reichsanzeiger veröffentlicht. — Zu Abs. 3 Ziff. 1 § 68 (3).

[144]) § 56 (2, 3).

[145]) Nur einmal 24 Stunden, nicht für jeden Sonn- u. Festtag 24 Stunden E. 10. Nov. 93 (EBB. 347).

(2) Die Lieferfrist für beschleunigtes Eilgut beginnt
bei Gütern, die im Laufe des Vormittags aufgeliefert
werden, um 12 Uhr Mittags,
bei Gütern, die im Laufe des Nachmittags aufgeliefert
werden, um 12 Uhr Mitternachts.

(3) Die Lieferfrist für beschleunigtes Eilgut gilt als gewahrt, wenn das Gut so schnell befördert wurde, als es mit den dafür freigegebenen Zügen möglich war.

III. Der Berechnung der Lieferfristen werden die in den Kilometer= zeigern oder in den Stationstariftabellen angegebenen Entfernungen unter Kürzung der für die einzelnen Strecken, Verbindungsbahnen, Flußübergänge in dieselben etwa eingerechneten Kilometerzuschläge zugrunde gelegt.

§. 64. Verfügungsrecht des Absenders [146]).

(1) Der Absender allein hat das Recht, die Verfügung zu treffen, daß das Gut auf der Versandstation zurückgegeben, unterwegs angehalten oder an einen anderen, als den im Frachtbriefe bezeichneten Empfänger am Bestimmungs= ort oder auf einer Zwischenstation oder auf einer über die Bestimmungsstation hinaus oder seitwärts gelegenen Station abgeliefert werde. Anweisungen des Absenders wegen nachträglicher Auflage, Erhöhung, Minderung oder Zurück= ziehung von Nachnahmen sowie wegen nachträglicher Frankirung können nach dem Ermessen der Eisenbahn zugelassen werden. Nachträgliche Verfügungen oder Anweisungen anderen als des angegebenen Inhalts sind unzulässig.

³) I. (1) Jede Verfügung des Absenders muß sich auf die ganze Sen= dung erstrecken und daher für alle Teile derselben die gleiche sein.

(2) Die nachträglich aufgegebene Nachnahme muß mindestens 3 Mark betragen.

(2) Dieses Recht steht indeß im Falle der Ausstellung eines Frachtbrief=Duplikats oder eines Aufnahmescheins (§ 54 Abs. 5 und 7) dem Absender nur dann zu, wenn er das Duplikat oder den Auf= nahmeschein vorlegt. Befolgt die Eisenbahn die Anweisungen des Absenders, ohne die Vorlegung zu verlangen, so ist sie für den daraus entstehenden Schaden dem Empfänger, welchem der Absender die Urkunde übergeben hat, haftbar.

(3) Derartige Verfügungen des Absenders ist die Eisenbahn zu beachten nur verpflichtet, wenn sie ihr durch Vermittelung der Versandstation zu= gekommen sind.

³) II. Nachträgliche Anweisungen des Absenders, welche nicht durch Ver= mittelung der Aufgabestation gegeben werden, bleiben unbeachtet.

(4) Das Verfügungsrecht des Absenders erlischt, auch wenn er das Frachtbrief=Duplikat oder den Aufnahmeschein besitzt, sobald nach Ankunft des Gutes am Bestimmungsorte der Frachtbrief dem Empfänger übergeben oder die von dem letzteren nach Maßgabe des § 66 erhobene Klage der Eisenbahn zugestellt worden ist. Ist dies geschehen, so hat die Eisenbahn nur die An= weisungen des bezeichneten Empfängers zu beachten, widrigenfalls sie dem= selben für das Gut haftbar wird.

(5) Die Eisenbahn darf, unbeschadet des ihr bei Nachnahmen und Franka= turen zustehenden Ermessens, die Ausführung der im Abs. 1 vorgesehenen Anweisungen nur dann verweigern oder verzögern, oder solche Anweisungen

---

[146]) HGB. § 433, 455; IntÜb. (Fracht= briefduplikat obligatorisch) Art. 15. | Übergang des Verfügungsrechts auf den Empfänger § 66.

in veränderter Weise ausführen, wenn durch die Befolgung derselben der regel=
mäßige Transportverkehr gestört würde.

²) III. Im Falle einer nachträglichen Verfügung des Absenders werden
folgende Frachtbeträge neben den etwaigen Kosten nach Abf. 8 dieses Para=
graphen erhoben:

a) wenn das Gut auf einer Unterwegsstation angehalten und ausgeliefert
wird, die Fracht bis zu dieser Unterwegsstation;
b) wenn das Gut von der Bestimmungsstation oder von einer Unterwegs=
station nach der Versandstation zurück= oder nach einer anderen Station
befördert wird, außer der Fracht für die Beförderung bis zur ursprüng=
lichen Bestimmungsstation oder bis zu der Unterwegsstation, auf welcher
das Gut angehalten wird, im ersten Falle die Rückfracht bis zur Ver=
sandstation, im zweiten Falle die Fracht von der ursprünglichen Be=
stimmungsstation oder von der Unterwegsstation bis zur neuen Be=
stimmungsstation.

(6) Die im ersten Absatze dieses Paragraphen vorgesehenen Verfügungen
müssen mittelst schriftlicher und vom Absender unterzeichneter Erklärung nach
dem Formular (Anlage G) erfolgen. Die Erklärung ist im Falle der Aus=
stellung eines Frachtbrief=Duplikats oder eines Aufnahmescheins
auf der betreffenden Urkunde zu wiederholen, welche gleichzeitig der Eisenbahn
vorzulegen und von dieser dem Absender zurückzugeben ist.

³) IV. Der Preis des Formulars (Anlage G) ist im Nebengebührentarife (Teil I Abteilung B)⁵⁰) festgesetzt.

⁴) Jede in anderer Form gegebene Verfügung des Absenders ist nichtig.

(8) Die Eisenbahn kann den Ersatz der Kosten verlangen, welche durch
die Ausführung der im Abf. 1 vorgesehenen Verfügungen entstanden sind, in=
soweit diese Verfügungen nicht durch ihr eigenes Verschulden veranlaßt worden
sind. Diese Kosten sind im Tarif ein für allemal festzusetzen.

²) V. Die Kosten bei Ausführung nachträglicher Verfügungen sind im
Nebengebührentarife (Teil I Abteilung B)⁹⁶) festgesetzt.

§. 65. Transporthindernisse ¹⁴⁷).

(1) Wird der Antritt oder die Fortsetzung des Eisenbahntransports ohne
Verschulden des Absenders zeitweilig verhindert, so hat — abgesehen von dem
Falle des Abf. 3 dieses Paragraphen — die Eisenbahn den Absender um
anderweitige Verfügung über das Gut anzugehen.

(2) Der Absender kann vom Vertrage zurücktreten, muß aber die Eisen=
bahn, sofern derselben kein Verschulden zur Last fällt, für die Kosten der Vor=
bereitung des Transports, die Kosten der Wiederausladung und die Ansprüche
in Beziehung auf den etwa bereits zurückgelegten Transportweg durch Zahlung
der in den Tarifen festzusetzenden Gebühren entschädigen.

(3) Wenn die Fortsetzung des Transports auf einem anderen Wege
stattfinden kann, so ist, unbeschadet der aus Rücksichten des allgemeinen Ver=
kehrs ergehenden Anordnungen der Aufsichtsbehörde⁵⁰), der Eisenbahn die Ent=
scheidung überlassen, ob es dem Interesse des Absenders entspricht, das Gut
auf einem anderen Wege dem Bestimmungsorte zuzuführen oder es anzuhalten
und den Absender um anderweitige Anweisung anzugehen.

(4) Ist ein Frachtbrief=Duplikat oder Aufnahmeschein ausgestellt worden
und befindet sich der Absender nicht im Besitze der ausgestellten Urkunde, so

---

¹⁴⁷) HGB. § 428 Abf. 2; teilweise in der Fassung abweichend IntÜb. Art. 18.

dürfen die in diesem Paragraphen vorgesehenen Verfügungen weder die Person des Empfängers, noch den Bestimmungsort abändern.

> ²) I. Die im Falle des Rücktritts vom Frachtvertrage vom Absender zu zahlende Gebühr für die Vorbereitung der Beförderung und die Wieder= ausladung ist aus dem Nebengebührentarife (Teil I Abteilung B)⁹⁶) zu ersehen.
>
> II. Die Eisenbahn ist in den im vorstehenden Paragraphen vorgesehenen Fällen befugt, sofern der Absender auf Erfordern der Eisenbahn nicht anderweit über das Gut verfügt, mit demselben so zu verfahren, wie im § 70 für unanbringliche Güter vorgeschrieben ist.

§. 66.　Ablieferung des Gutes¹⁴⁸).

(1) Die Eisenbahn ist verpflichtet, am Bestimmungsorte dem bezeichneten Empfänger gegen Bezahlung ihrer durch den Frachtvertrag begründeten For= derungen und gegen Bescheinigung des Empfanges (§. 68 Abf. 7) den Fracht= brief und das Gut auszuhändigen.

(2) Der Empfänger ist nach Ankunft des Gutes am Bestimmungsorte berechtigt, die durch den Frachtvertrag begründeten Rechte gegen Erfüllung der sich daraus ergebenden Verpflichtungen im eigenen Namen gegen die Eisenbahn geltend zu machen, sei es, daß er hierbei im eigenen oder im fremden Interesse handle. Er ist insbesondere berechtigt, von der Eisenbahn die Uebergabe des Frachtbriefs und die Auslieferung des Gutes zu verlangen. Dieses Recht erlischt, wenn der Absender der Eisenbahn eine nach Maßgabe des §. 64 zulässige entgegenstehende Anweisung erteilt hat.

(3) Als Ort der Ablieferung gilt, vorbehaltlich der Festsetzungen im §. 68 Abf. 1 bis 3, die vom Absender bezeichnete Bestimmungsstation. Soll nach der Vorschrift des Frachtbriefs das Gut an einem an der Eisenbahn gelegenen Orte abgegeben werden oder liegen bleiben, so gilt, auch wenn im Frachtbrief ein anderweiter Bestimmungsort angegeben ist, der Transport als nur bis zu jenem ersteren, an der Bahn liegenden Orte übernommen, und die Ablieferung hat an diesem zu erfolgen.

(4) Die Empfangsbahn hat bei der Ablieferung alle durch den Fracht= vertrag begründeten Forderungen, insbesondere Fracht und Nebengebühren, Zollgelder und andere zum Zwecke der Ausführung des Transports gehabte Auslagen sowie die auf dem Gute haftenden Nachnahmen und sonstigen Be= träge einzuziehen, und zwar sowohl für eigene Rechnung als auch für Rech= nung der vorhergehenden Eisenbahnen und sonstiger Berechtigter. Die Empfangsbahn hat gegebenenfalls das Pfandrecht der Eisenbahn an dem Gute (H. G. B. §§. 440 ff.) geltend zu machen.

§. 67.　Verpflichtung des Empfängers durch Annahme des Gutes und des Frachtbriefs¹⁴⁹).

Durch Annahme des Gutes und des Frachtbriefs wird der Empfänger verpflichtet, der Eisenbahn nach Maßgabe des Frachtbriefs Zahlung zu leisten. Vergleiche jedoch §. 61 Abf. 4 wegen Berichtigung der Frachtansätze.

---

¹⁴⁸) HGB. § 435, 441. Intüb. Art. 16, 20, 21. — VerkO. § 67, 68. — VII 2 Anm. 13, 14, 29 d. W.

¹⁴⁹) HGB. § 436; Intüb. Art. 17. — VerkO. § 66 (2), 90.

§. 68. Verfahren bei Ablieferung des Gutes[150]).

(1) Soweit das Abladen der Güter nach den Vorschriften dieser Ordnung oder des Tarifs oder nach besonderer Vereinbarung der Eisenbahn obliegt[110]), hat diese zu bestimmen, ob die Güter dem Empfänger an seine Behausung[151]) zuzuführen sind, oder ob ihm über die Ankunft Nachricht zu geben ist. Auf den Stationen, wo hiernach die Güter dem Empfänger zugeführt werden sollen, ist dies durch Aushang an den Abfertigungsstellen bekannt zu machen. Ueber die Ankunft der vom Empfänger abzuladenden Güter ist diesem auf seine Kosten, vorbehaltlich der nachstehenden Ausnahmen, stets Nachricht zu geben. Sie erfolgt nach Wahl der Eisenbahn schriftlich durch die Post oder besondere Boten, unter Angabe der Frist, innerhalb welcher nach § 69 Abs. 2 das Gut abzunehmen ist, soweit nicht eine andere Art der Benachrichtigung zwischen dem Empfänger und der Eisenbahn schriftlich vereinbart worden ist. Die Benachrichtigung unterbleibt, wenn der Empfänger sich dieselbe verbeten hat, sowie bei bahnlagernd gestellten Gütern. Für die Ausfertigung der Benachrichtigung darf eine Gebühr nicht berechnet werden.

²) I. Wollen die Empfänger für den Einzelfall oder ein für allemal die Art der Benachrichtigung — durch Boten, Post, Telegraph, Fernsprecher oder auf sonstige Weise — an ihre eigene Person oder einen Bevollmächtigten selbst bestimmen, so haben sie dies der Güterabfertigungsstelle in einer schriftlichen Erklärung rechtzeitig mitzuteilen. Für Erklärungen, die ein für allemal abgegeben werden, ist eine bestimmte Form vorgeschrieben[152]).

II. Wegen der Kosten für die Zustellung der Benachrichtigung siehe Nebengebührentarif (Teil I Abteilung B)[95]).

(2) Die Benachrichtigung hat bei gewöhnlichem Gute spätestens nach Ankunft und Bereitstellung des Gutes zu erfolgen. Bei Eilgut muß, sofern nicht außergewöhnliche Verhältnisse eine längere Frist unvermeidlich machen, die Benachrichtigung binnen 2 Stunden, die Zuführung an die Behausung des Empfängers binnen 6 Stunden nach Ankunft erfolgen. Diese Fristen

---

[150]) IntÜb. Art. 19. — Besond. ZusBest. der StEV. zu § 68, 69: 1. Sofern nicht eine andere Frist festgesetzt u. durch Aushang in den GüterabfertRäumen sowie durch Veröffentlichung in einem Lokalblatte bekannt gemacht ist, sind abzunehmen: a. Güter, deren Abladen dem Empfänger obliegt, sofern die Benachrichtigung von dem Eingange u. die Bereitstellung der Wagen dergestalt erfolgt, daß die Ladefrist spätestens um 9 Uhr vormitt. beginnt, u. sofern der Empfänger des Gutes innerhalb eines Umkreises von 2 km von der Station wohnt, noch im Laufe der Geschäftsstunden dieses Tages, sonst aber innerhalb 12 Tagesstunden nach dem Zeitpunkte der Benachrichtigung oder Bereitstellung. b) Güter, deren Abladen dem Empfänger nicht obliegt, binnen 24 Stunden nach erfolgter Benachrichtigung oder Ankunft während der vorgeschriebenen Geschäftsstunden. (Über den Beginn der Abnahme- bezw. Entladefristen

vgl. die ZusBest. I zu § 69 der VerkO. im Teil I Abteil. A). 2. Unter den erwähnten Tages= u. Geschäftsstunden sind die für den GüterabfertDienst vorgeschriebenen, in den GüterabfertRäumen durch Aushang bekannt gemachten Zeiten zu verstehen. Wagenladungsgüter können durch die Empfänger auch in den Mittagsstunden entladen werden, die demzufolge in die Entladefrist fallen. 3. Als Festtage (vgl. § 69 (4) der VerkO.) gelten im allgemeinen die Tage, an denen die Ortspolizeibehörde darauf hält, daß an öffentlichen Orten nicht gearbeitet wird. 4. Auf welchen Stationen von der Eis. Rollfuhrunternehmer zum An= u. Abfahren der Güter bestellt sind, wird durch Aushang in den GüterabfertRäumen bekannt gemacht.

[151]) Nicht „in" die Wohnung usw.

[152]) Allg. AbfertVorschr. (VII 1 d. W.) § 49. Stempel IV 6 Anm. 26 d. W.

ruhen an Sonn- und Festtagen von 12 Uhr Mittags, an Werktagen von 6 Uhr Abends bis zum Anfange der Dienststunden des folgenden Tages. Die Festsetzungen über die Lieferfrist (§. 63) werden hierdurch nicht berührt.

(3) Die Eisenbahn kann, wo sie es für angemessen erachtet, Rollfuhrunternehmer zum An- und Abfahren der Güter innerhalb des Stationsorts oder von und nach seitwärts gelegenen Ortschaften bestellen, auch an letzteren Güternebenstellen einrichten. Die Rollfuhrunternehmer gelten als Leute der Eisenbahn im Sinne des §. 9 der Verkehrsordnung. Vergleiche §. 60 Abs. 3[153]).

*)III. Die Eisenbahn ist berechtigt, bei beschleunigtem Eilgut an Stelle der Zuführung durch den Rollfuhrunternehmer Benachrichtigung eintreten zu lassen.

(4) Sind für Güter, deren Bestimmungsort nicht an der Eisenbahn gelegen oder eine nicht für den Güterverkehr eingerichtete Station ist, seitens der Verwaltung Einrichtungen zum Weitertransporte nicht getroffen, so hat die Eisenbahn, wenn nicht wegen sofortiger Weiterbeförderung vom Absender oder Empfänger Verfügung getroffen ist, entweder den Empfänger nach Maßgabe der vorstehenden Bestimmungen zu benachrichtigen oder die Güter mittelst eines Spediteurs oder einer anderen Gelegenheit nach dem Bestimmungsort auf Gefahr und Kosten des Absenders weiter befördern zu lassen[153]).

(5) Diejenigen Empfänger, welche ihre Güter selbst abholen oder sich anderer als der von der Eisenbahn bestellten Fuhrunternehmer bedienen wollen, haben dies der Güterabfertigungsstelle rechtzeitig vorher, jedenfalls noch vor Ankunft des Gutes, auf Erfordern der Abfertigungsstelle unter glaubhafter Bescheinigung ihrer Unterschrift, schriftlich anzuzeigen. Die Befugniß der Empfänger, ihre Güter selbst abzuholen oder durch andere als von der Eisenbahn bestellte Fuhrunternehmer abholen zu lassen, kann von der Eisenbahn im allgemeinen Verkehrsinteresse mit Genehmigung der Aufsichtsbehörde[50]) beschränkt oder aufgehoben werden.

(6) Müssen Güter den bestehenden Vorschriften zufolge nach den Abfertigungsräumen oder nach Niederlagen der Zoll- oder Steuerverwaltung oder nach sonstigen in den Vorschriften bezeichneten Räumen verbracht werden, so geschieht dies durch die Eisenbahn, auch wenn der Empfänger sich die Selbstabholung vorbehalten hat, es sei denn, daß die Eisenbahn ihm die Vorführung überläßt.

(7) Die Auslieferung des Gutes[154]) erfolgt gegen Zahlung der etwa darauf haftenden Fracht- und sonstigen Beträge und gegen Ausstellung der Empfangsbescheinigung. Letztere hat sich auf die einfache Anerkennung des Empfanges zu beschränken; weitere Erklärungen, namentlich über tadellosen oder rechtzeitigen Empfang, dürfen nicht gefordert werden. Güter, welche nicht durch die Eisenbahn zuzuführen sind, werden dem Empfänger auf Vorzeigung des seitens der Eisenbahn quittirten Frachtbriefs zur Verfügung gestellt, und zwar die vom Empfänger auszuladenden auf den Entladeplätzen, die übrigen Güter in den Abfertigungsräumen (auf den Güterböden).

---

[153]) Anm. 103. Die Eis. ist (mangels entgegenstehender Bestimmung des Absenders oder Empfängers) berechtigt, das nach einer Kleinbahnstation bestimmte Gut mittels eines Spediteurs oder auch durch die Kleinbahn selbst weiterbefördern zu lassen, wenn sie nicht etwa besondere Einrichtungen i. S. § 68 (3) getroffen, z. B. die Kleinbahn als Rollfuhrunternehmer bestellt hat E. 9. Juni 94 (EBB. 146). — § 63 (3), § 76.

[154]) § 66.

(8) Der Empfänger ist berechtigt[155]), bei der Auslieferung von Gütern deren Nachwägung in seiner Gegenwart auf dem Bahnhofe zu verlangen. Diesem Verlangen muß die Eisenbahn bei Stückgütern stets, bei Wagenladungsgütern insoweit, als die vorhandenen Wägevorrichtungen dazu ausreichen, nachkommen. Gestatten die Wägevorrichtungen der Eisenbahn eine Verwiegung von Wagenladungsgütern auf dem Bahnhofe nicht, so bleibt dem Empfänger überlassen, die Verwiegung da, wo derartige Wägevorrichtungen am nächsten zur Verfügung stehen, in Gegenwart eines von der Eisenbahn zu bestellenden Bevollmächtigten vornehmen zu lassen. Ergiebt die Nachwägung kein von der Eisenbahn zu vertretendes[156]) Mindergewicht, so hat der Empfänger die durch die Verwiegung entstandenen Kosten oder die tarifmäßigen Gebühren sowie die Entschädigung für den etwa bestellten Bevollmächtigten zu tragen. Dagegen hat die Eisenbahn, falls ein von ihr zu vertretendes und nicht bereits anerkanntes Mindergewicht festgestellt wird, dem Empfänger die ihm durch die Nachwägung verursachten Kosten zu erstatten.

²) IV. (1) Für besonders verlangte Gewichtsermittelung der angekommenen Güter wird das im Nebengebührentarife (Teil I Abteilung B)[95]) bestimmte Wägegeld erhoben, soweit ein solches nach Maßgabe der vorstehenden Bestimmung überhaupt zu entrichten ist.

(2) Anträgen des Empfängers auf Feststellung der Stückzahl der Wagenladungsgüter ist die Eisenbahn gegen Erhebung der im Nebengebührentarife (Teil I Abteilung B)[95]) bestimmten Zahlgebühr stattzugeben verpflichtet, sofern die Güter vermöge ihrer Beschaffenheit eine derartige Feststellung ohne erheblichen Aufenthalt gestatten.

V. Wenn behufs Feststellung des Gewichts von Gütern in Wagenladungen die Feststellung des Eigengewichts der Eisenbahnwagen gefordert wird, so kommt die Zusatzbestimmung zu § 53 unter II (3) in Anwendung.

§. 69. Fristen für die Abnahme der nicht zugerollten Güter[150]).

(1) Die nach den Vorschriften dieser Ordnung oder des Tarifs oder nach besonderer Vereinbarung durch die Eisenbahn auszuladenden[110]) Güter sind binnen der im Tarife festzustellenden lagerzinsfreien Zeit, welche nicht weniger als 24 Stunden nach Absendung beziehungsweise Empfang (vergleiche §. 68 Abs. 1 in Verbindung mit §. 63 Abs. 4) der Benachrichtigung betragen darf, während der vorgeschriebenen Geschäftsstunden abzunehmen.

(2) Die Fristen, binnen welcher die von dem Empfänger abzuladenden Güter durch denselben auszuladen und abzuholen sind, werden durch die besonderen Vorschriften jeder Verwaltung festgesetzt und sind, sofern sie für deren ganzes Gebiet gleichmäßig erlassen werden, durch den Tarif, anderenfalls auf jeder Station durch Aushang an den Abfertigungsstellen sowie durch Bekanntmachung in einem Lokalblatte zur öffentlichen Kenntniß zu bringen. Erfolgt die Benachrichtigung über die Ankunft des Gutes durch die Post, so beginnen diese Fristen frühestens 3 Stunden nach der Aufgabe des Benachrichtigungsschreibens zur Post.

(3) Für bahnlagernd gestellte sowie für solche Güter, deren Empfänger sich die Benachrichtigung schriftlich verbeten haben, beginnt der Lauf der im Abs. 1 und 2 erwähnten Fristen mit Ankunft des Gutes.

²) I. (1) Die im vorstehenden erwähnten Fristen, deren Dauer in den Besonderen Bestimmungen zur Verkehrsordnung (Teil II Abschnitt A)[150]) festgesetzt ist, beginnen:

---

[155]) § 53 (3). | [156]) Z. B. § 77, 78.

1. bei telegraphischer oder telephonischer Benachrichtigung mit dem Zeit=
punkte der Aufgabe;
2. bei Benachrichtigung durch die Post rücksichtlich der durch die Eisenbahn
auszuladenden Güter mit der Aufgabe des Benachrichtigungsschreibens
zur Post und rücksichtlich der vom Empfänger abzuladenden Güter
3 Stunden nach der Aufgabe des Benachrichtigungsschreibens zur Post;
3. bei anderweiter Zustellung mit dem Zeitpunkte der Behändigung der
Benachrichtigung;
4. wenn die Zustellung nicht möglich gewesen ist, mit der Ankunft des
Gutes.

(2) Sind jedoch die zu entladenden Wagen nicht rechtzeitig bereit=
gestellt, so beginnt die Entladefrist erst mit dem Zeitpunkte dieser Bereit=
stellung.

(3) Für die Neuaufgabe beladener Wagen auf der Bestimmungs=
station seitens des Empfängers zum Zwecke der Weiterbeförderung ohne
Umladung wird nur die einfache Entladefrist standgeldfrei gewährt; bei
Überschreitung der letzteren wird das im Nebengebührentarife (Teil I Ab=
teilung B)[95]) festgesetzte Wagenstandgeld erhoben. In gleicher Weise wird
bei Weitersendung seitens des Absenders verfahren; nur wird in diesem
Falle die Entladefrist bereits von Eingang der Sendung, nicht erst von
der etwa erfolgten Benachrichtigung des Empfängers ab berechnet.

(4) Der Lauf der Entlade= und Abholungsfristen (Abs. 2) ruht während
der Sonn= und Festtage[150]) sowie für die Dauer einer zoll= oder steueramt=
lichen Abfertigung, sofern diese nicht durch den Absender oder den Empfänger
verzögert wird. Seitens der letzteren ist die Dauer der Abfertigung nachzu=
weisen.

(5) Wer das Gut nicht innerhalb der in diesem Paragraphen erwähnten
Fristen abnimmt, hat ein in den Tarifen festzusetzendes Lagergeld oder Wagen=
standgeld zu bezahlen. Auch ist die Eisenbahn berechtigt, die Ausladung der
nach den Vorschriften dieser Ordnung oder des Tarifs oder nach besonderer
Vereinbarung vom Empfänger auszuladenden Güter[110]) auf dessen Gefahr
und Kosten zu besorgen.

*) II. Das Lager= und Wagenstandgeld sowie das Standgeld für auf
eigenen Rädern beförderte Eisenbahnfahrzeuge wird nach den Bestimmungen
des Nebengebührentarifs (Teil I Abteilung B)[95]) erhoben.

(6) Dagegen ist die Eisenbahn zum Ersatze der nachgewiesenen Kosten
der zwar rechtzeitig, aber vergeblich versuchten Abholung eines Gutes in dem
Falle verpflichtet, wenn das Gut auf Benachrichtigung des Empfängers von
der Ankunft nicht spätestens innerhalb 1 Stunde nach dem Eintreffen des
Abholers zur Entladung oder Abgabe bereitgestellt ist.

(7) Wenn der geregelte Verkehr durch große Güteranhäufungen gefährdet
wird, so ist die Eisenbahn zur Erhöhung der Lagergelder und der Wagen=
standgelder und, wenn diese Maßregel nicht ausreichen sollte, auch zur Ver=
kürzung der Ladefristen und zur Beschränkung der lagerzinsfreien Zeit für
die Dauer der Anhäufung der Güter, und zwar alles dieses unter Beachtung
der für die Festsetzung von Zuschlagslieferfristen im §. 63 Abs. 3 Ziffer 2
gegebenen Vorschriften berechtigt.

§. 70.　Ablieferungshindernisse[157]).

(1) Ist der Empfänger des Gutes nicht zu ermitteln, verweigert oder
verzögert er die Annahme oder die Abnahme oder ergiebt sich ein sonstiges

---

[157]) HGB. § 437; IntÜb. Art. 24. — § 65 AusfBest. II.

Ablieferungshinderniß, so hat die Empfangsstation den Absender durch Ver=
mittelung der Versandstation von der Ursache des Hindernisses unverzüglich
in Kenntniß zu setzen und dessen Anweisung[158]) einzuholen. In keinem Falle
darf das Gut ohne ausdrückliches Einverständniß des Absenders zurückgesendet
werden. ²) I. Die Kosten der Benachrichtigung hat der Absender zu ersetzen.

[159]) (2) Ist die Benachrichtigung des Absenders den Umständen nach nicht
thunlich oder ist der Absender mit der Ertheilung der Anweisung säumig oder
die Anweisung nicht ausführbar, so hat die Eisenbahn das Gut auf Gefahr
und Kosten des Absenders auf Lager zu nehmen und dabei die Sorgfalt eines
ordentlichen Kaufmanns anzuwenden. Sie ist jedoch nach ihrem Ermessen
auch berechtigt, solche Güter unter Nachnahme der darauf haftenden Kosten
und Auslagen bei einem öffentlichen Lagerhaus oder einem Spediteur für
Rechnung und Gefahr dessen, den es angeht, zu hinterlegen.

[159]) (3) Die Eisenbahn ist ferner befugt:

a) Güter der im ersten Absatz erwähnten Art, wenn sie dem schnellen Ver=
derben ausgesetzt sind, oder wenn sie nach den örtlichen Verhältnissen weder
eingelagert noch einem Spediteur übergeben werden können, sofort,

b) Güter, welche weder vom Empfänger abgenommen noch vom Absender
zurückgenommen werden, frühestens 4 Wochen nach Ablauf der lagerzins=
freien Zeit[150]), falls aber deren Werth durch längere Lagerung oder durch
die daraus entstehenden Kosten unverhältnißmäßig vermindert würde, auch
schon früher,

ohne weitere Förmlichkeit bestmöglich zu verkaufen. Von dem bevorstehenden
Verkauf ist der Absender womöglich zu benachrichtigen; auch ist ihm der Erlös
nach Abzug der Kosten zur Verfügung zu stellen.

²) II. Wenn die Eisenbahn den Verkauf unanbringlicher Güter selbst be=
wirkt, so wird außer den baren Auslagen die im Nebengebührentarife
(Teil I Abteilung B)[95]) bestimmte Gebühr berechnet.

(4) Von der Hinterlegung und dem vollzogenen Verkaufe des Gutes ist
der Absender und der Empfänger unverzüglich zu benachrichtigen, es sei denn,
daß dies unthunlich ist. Im Falle der Unterlassung ist die Eisenbahn zum
Schadensersatze verpflichtet.

§. 71. Feststellung von Verlust und Beschädigung des Gutes
seitens der Eisenbahn[160]).

(1) In allen Verlust=, Minderungs= und Beschädigungsfällen haben die
Eisenbahnverwaltungen sofort eine eingehende Untersuchung vorzunehmen, das

---

[158]) § 64 (2).

[159]) Nimmt die Eis. das Gut selbst
auf Lager, so haftet sie als Verwahrer
(BGB. § 688 ff.) Eger Anm. 384. Über=
gibt sie das Gut einem Lagerhaus
usw., so haftet sie nur für die Auswahl
Staub Anm. 21, 23 zu HGB. § 373.
Außer den in Abs. 2, 3 bezeichneten
Rechten hat die Eis. noch das Recht auf
Beweissicherung (CPO. § 488)
Staub Anm. 6 zu HGB. § 437 u. das
Verkaufsrecht aus HGB. § 440
(Staub a. a. O. Anm. 5). — § 75 (2).

[160]) IntÜb. Art. 25. — § 90 (2) (3),
§ 72. — Ferner CPO. § 485 ff. —
Anhang C zu den Allg. AbfertVorschr.
(VII 1 d. W.): Vorschr. über das
Ermittlungsverfahren bei beschä=
digten oder mit Gewichtsvermin=
derung vorgefundenen sowie bei
fehlenden od. überzähligen Ge=
päckstücken u. Gütern, teilweise im
gesamten Bereich des Vereins deutscher
EisVerw. gültig; zur Durchführung des
Verfahrens sind Güterausgleich=
stellen (die deutsche in Berlin) ein=
gerichtet.

38*

Ergebniß schriftlich festzustellen und dasselbe den Betheiligten auf ihr Ver=
langen mitzutheilen.

(2) Wird insbesondere eine Minderung oder Beschädigung des Gutes
von der Eisenbahn entdeckt oder vermuthet oder seitens des Verfügungsberechtigten
behauptet, so hat die Eisenbahn den Zustand des Gutes, den Betrag des
Schadens und, soweit dies möglich, die Ursache und den Zeitpunkt der Minde=
rung oder Beschädigung ohne Verzug protokollarisch festzustellen. Eine proto=
kollarische Feststellung hat auch im Falle des Verlustes stattzufinden.

(3) Zur Feststellung in Minderungs= und Beschädigungsfällen sind un=
betheiligte Zeugen oder, soweit dies die Umstände des Falles erfordern, Sach=
verständige, auch womöglich der Verfügungsberechtigte beizuziehen.

*) Die durch die Hinzuziehung von Sachverständigen zur Feststellung in
Minderungs= und Beschädigungsfällen entstehenden Kosten werden von der
Eisenbahn in dem Falle nicht getragen, wenn die Minderung oder Be=
schädigung des Gutes von dem Verfügungsberechtigten behauptet wurde,
die angestellte Untersuchung die Richtigkeit dieser Behauptung aber nicht
bestätigt hat, oder wenn nur eine von der Eisenbahn bereits anerkannte
Minderung oder Beschädigung festgestellt wird.

§. 72. Feststellung von Mängeln des Gutes durch amtlich bestellte Sachverständige oder durch die Gerichte[161]).

Jedem Betheiligten steht, unbeschadet des in dem § 71 vorgesehenen Ver=
fahrens, das Recht zu, die Feststellung einer Beschädigung oder Minderung
des Gutes durch Sachverständige, welche von dem Gericht oder einer anderen
zuständigen Behörde ernannt sind, vornehmen zu lassen. Bei diesem Ver=
fahren ist auch dann, wenn die Sachverständigen nicht durch das Gericht er=
nannt sind, die Eisenbahn zuzuziehen.

§. 73[162]). Aktivlegitimation. Reklamationen[163]).

(1) Zur Geltendmachung der aus dem Eisenbahnfrachtvertrage gegenüber
der Eisenbahn entspringenden Rechte ist nur derjenige befugt, welchem das

---

[161]) Auch hier (wie in § 71) handelt
es sich nicht um eine gerichtl. Unter=
suchung (etwa nach CPO. § 485 ff.);
nur die Sachverst. sind vom Gerichte zu
ernennen. — G. betr. Angeleg. d. frei=
will. Gerichtsb. 20. Mai 98 (RGB. 771)
§ 164 (Amtsgericht der belegenen Sache).

[162]) § 73—91 behandeln die An=
sprüche gegen die Eis. aus dem
Frachtvertrag, u. zwar § 73 die
Aktiv=, § 74 die Passivlegitimation,
§ 75 die Haftpflicht für Verlust, Minde=
rung oder Beschädigung des Gutes im
allg., § 76—78 Beschränkungen der
Haftpflicht, § 79 Vermutung für Verlust,
§ 80, 81 die Höhe des Ersatzes für Ver=
lust u. Minderung, § 82 das Wieder=
auffinden des Gutes, § 83 die Höhe des
Ersatzes für Beschädigung, § 84, 85 die
Angabe des Interesses an der Lieferung,

§ 86, 87 die Haftung für Versäumung
der Lieferfrist, § 88 Vorsatz u. grobe
Fahrlässigkeit der Eis., § 89—91 Ver=
wirkung, Erlöschen u. Verjährung der
Ansprüche.

[163]) IntÜb. Art. 26. — Übereink.
zwischen den Reichseisenbahnen, den
preuß. u. den oldenburg. Staatseisen=
bahnen betr. die Behandlung der
Reklamationen aus dem Personen=,
Gepäck= u. Güterverkehr, sowie über
die Regelung von Verschleppun=
gen aus dem Gepäck= u. Güterverkehr
15. Feb. 86 (CBl. 86 S. 59, 88 S. 29,
89 S. 348, 97 S. 395); Übereink. zum
VereinsBetrRegl. (VII 1 d. W.) Art. 11,
16—19. Zuständigkeit der VerkInsp.
bei der StGB. II 2 c Anm. 36 d. W. —
Cauer II 392 ff.

Verfügungsrecht über das Frachtgut zusteht[164]). Bezüglich der Berechtigung zur Erhebung von Frachterstattungsanträgen vergleiche § 61 Abs. 4.

(2) Vermag der Absender das Duplikat des Frachtbriefs, den Aufnahme=schein oder eine Bescheinigung der Versandstation, daß eine solche Urkunde nicht ausgestellt ist, nicht beizubringen, so kann er seinen Anspruch nur mit Zustimmung des Empfängers geltend machen, es wäre denn, daß er den Nach=weis beibringt, daß der Empfänger die Annahme des Gutes verweigert hat.

(3) Außergerichtliche Ansprüche (Reklamationen) sind mit einer Be=scheinigung über den Wert des Gutes und, wenn dem Empfänger der Fracht=brief übergeben ist, mit diesem schriftlich anzubringen. Die Eisenbahnen haben derartige Ansprüche mit thunlichster Beschleunigung zu untersuchen und, sofern nicht eine gütliche Verständigung erfolgt, mittelst schriftlichen Bescheids zu er=ledigen.

§. 74. Haftpflicht mehrerer an der Beförderung betheiligter Eisenbahnen[165]).

(1) Diejenige Bahn, welche das Gut mit dem Frachtbriefe zur Be=förderung angenommen hat, haftet für die Ausführung der Beförderung auch auf den folgenden Bahnen bis zur Ablieferung des Gutes an den Empfänger.

(2) Jede nachfolgende Bahn tritt dadurch, daß sie das Gut mit dem ursprünglichen Frachtbrief annimmt, diesem gemäß in den Frachtvertrag ein und übernimmt die selbständige Verpflichtung, die Beförderung nach dem In=halte des Frachtbriefs auszuführen.

(3) Die Ansprüche aus dem Frachtvertrage können jedoch — unbeschadet des Rückgriffs der Bahnen untereinander — im Wege der Klage nur gegen die erste Bahn oder gegen diejenige, welche das Gut zuletzt mit dem Fracht=brief übernommen hat, oder gegen diejenige, auf deren Betriebsstrecke sich der Schaden ereignet hat, gerichtet werden. Unter den bezeichneten Bahnen steht dem Kläger die Wahl zu. Das Wahlrecht erlischt mit Erhebung der Klage.

(4) Im Wege der Widerklage oder mittelst Aufrechnung können An=sprüche aus dem Frachtvertrag auch gegen eine andere als die bezeichneten Bahnen geltend gemacht werden, wenn die Klage sich auf denselben Fracht=vertrag gründet.

(5) Hat auf Grund dieser Vorschriften eine der betheiligten Bahnen Schadenersatz geleistet, so steht ihr der Rückgriff gegen diejenige Bahn zu, welche den Schaden verschuldet hat. Kann diese nicht ermittelt werden, so haben die betheiligten Bahnen den Schaden nach dem Verhältniß ihrer Antheile an der Fracht gemeinsam zu tragen, soweit nicht festgestellt wird, daß der Schaden nicht auf ihrer Beförderungsstrecke entstanden ist. Die Befugniß der Eisenbahnen, über den Rückgriff im voraus oder im einzelnen Falle andere Vereinbarungen zu treffen, wird durch die vorstehenden Bestimmungen nicht berührt[166]).

---

[164]) § 64, § 66 (2). — Das Rechts=verhältnis zwischen Absender u. Empfänger oder zwischen dem Verfügungsberechtigten u. Dritten kommt nicht in Betracht RGer. 22. Okt. 79 (I 1), 17. Mai 02 (EEE. XIX 144), es sei denn, daß ein Anspruch aus HGB. § 457 Abs. 3 (VerkO. § 88, IntÜb. Art. 41) hergeleitet wird RGer. 17. Mai

02 (a. a. O.). — Ansprüche, die nicht unter Abs. 1 fallen: Gerstner IntÜb. (93) S. 314 ff.

[165]) HGB. § 432, 469; IntÜb. Art. 27, 28.

[166]) IntÜb. Art. 47—54. — Über=eink. zum VereinsBetrRegl. (VII 1 b. W.) 16—19. — VII 4 Anm. 139 b. W.

§. 75. Haftpflicht der Eisenbahn für Verlust, Minderung oder Beschädigung des Gutes im Allgemeinen[167]).

(1) Die Eisenbahn haftet, vorbehaltlich der Bestimmungen in den folgenden Paragraphen, für den Schaden, welcher durch Verlust, Minderung oder Beschädigung des Gutes in der Zeit von der Annahme zur Beförderung bis zur Ablieferung entsteht, es sei denn, daß der Schaden durch ein Verschulden oder eine nicht von der Eisenbahn verschuldete Anweisung des Verfügungsberechtigten[164]), durch höhere Gewalt, durch äußerlich nicht erkennbare Mängel der Verpackung oder durch die natürliche Beschaffenheit des Gutes, namentlich durch inneren Verderb, Schwinden, gewöhnliche Leckage, verursacht ist.

(2) Der Ablieferung an den Empfänger steht die Ablieferung an Zoll- und Revisionsschuppen nach Ankunft des Gutes auf der Bestimmungsstation sowie die nach Maßgabe der Verkehrsordnung stattfindende Ablieferung des Gutes an Lagerhäuser oder an einen Spediteur gleich.

§. 76. Beschränkung der Haftung bezüglich des Bestimmungsorts[168]).

(1) Ist auf dem Frachtbrief als Ort der Ablieferung ein nicht an der Eisenbahn liegender Ort bezeichnet, so besteht die Haftpflicht der Eisenbahn als Frachtführer nur bis zur letzten Eisenbahnstation. In Bezug auf die Weiterbeförderung treten die Verpflichtungen des Spediteurs ein.

(2) Für Sendungen nach solchen seitwärts gelegenen Orten jedoch, nach welchen die Eisenbahn Einrichtungen für die Weiterbeförderung getroffen hat (§. 68 Abs. 3), erstreckt sich die Haftpflicht der Eisenbahn als Frachtführer auf den ganzen Transport.

§. 77. Beschränkung der Haftpflicht bei besonderen Gefahren[169]).

(1) Die Eisenbahn haftet nicht:

1. in Ansehung der Güter, die nach der Bestimmung dieser Ordnung oder des Tarifs oder nach einer in den Frachtbrief aufgenommenen Vereinbarung mit dem Absender in offen gebauten Wagen befördert werden,

für den Schaden, welcher aus der mit dieser Beförderungsart verbundenen Gefahr entsteht; hierunter ist auffallender Gewichtsabgang oder der Verlust ganzer Stücke nicht zu verstehen[170]);

²) I. Wenn die Eisenbahn dem Absender auf dessen im Frachtbriefe zu stellenden Antrag Decken überläßt, so übernimmt sie dadurch auch bei solchen Gütern, welche nach den Bestimmungen des Tarifs (Teil I Abteilung B Abschnitt A III)⁹⁵) nicht in offen gebauten Wagen befördert werden, keine weitergehende Haftpflicht, als ihr bei Beförderung in offenen Wagen ohne Decken obliegt.

II. Gehen Güter in offen gebauten Wagen von einer Anschlußbahn über, so gilt diese Beförderungsart auch für den weiteren Transport als vereinbart.

2. in Ansehung der Güter, die, obgleich ihre Natur eine Verpackung zum Schutze gegen gänzlichen oder theilweisen Verlust oder Beschädigung

---

¹⁶⁷) HGB. § 456, IntÜb. Art. 30.
¹⁶⁸) HGB. §468, IntÜb. Art. 30 Abs. 2.
— Anm. 103, 153.
¹⁶⁹) HGB. § 459, IntÜb. Art. 31.

¹⁷⁰) Der letzte Satz („hierunter . . .") ist in den (im übrigen übernommenen) Wortlaut von HGB. § 459 eingefügt.

während der Beförderung erfordert, nach Erklärung des Absenders auf dem Frachtbriefe (§. 58) unverpackt oder mit mangelhafter Verpackung zur Beförderung aufgegeben sind,

für den Schaden, welcher aus der mit dem Mangel oder mit der mangelhaften Beschaffenheit der Verpackung verbundenen Gefahr entsteht;

3. in Ansehung der Güter, deren Auf= und Abladen nach der Bestimmung dieser Ordnung oder des Tarifs oder nach einer in den Frachtbrief aufgenommenen Vereinbarung mit dem Absender von diesem oder von dem Empfänger besorgt wird[110]),

für den Schaden, welcher aus der mit dem Auf= und Abladen oder mit einer mangelhaften Verladung verbundenen Gefahr entsteht;

4. in Ansehung der Güter, die vermöge ihrer eigenthümlichen natürlichen Beschaffenheit der besonderen Gefahr ausgesetzt sind, gänzlichen oder theilweisen Verlust oder Beschädigung, namentlich Bruch, Rost, inneren Verderb, außergewöhnliche Leckage, Austrocknung und Verstreuung zu erleiden,

für den Schaden, welcher aus dieser Gefahr entsteht;

*) III. Bei der Eisenbahnbeförderung beschädigte unverpackte Eisengußwaren werden auf Verlangen des Absenders oder Empfängers auf dem Wege der Hinbeförderung nach der Aufgabestation frachtfrei zurückbefördert. Die frachtfreie Beförderung tritt nicht ein, wenn das Interesse an der Lieferung angegeben worden ist.

5. in Ansehung lebender Thiere,

für den Schaden, welcher aus der für sie mit der Beförderung verbundenen besonderen Gefahr entsteht;

6. in Ansehung derjenigen Güter, einschließlich der Thiere, welchen nach dieser Ordnung, dem Tarif oder einer in den Frachtbrief aufgenommenen Vereinbarung mit dem Absender ein Begleiter beizugeben ist,

für den Schaden, welcher aus der Gefahr entsteht, deren Abwendung durch die Begleitung bezweckt wird.

(2) Konnte ein eingetretener Schaden den Umständen nach aus einer der im Abs. 1 bezeichneten Gefahren entstehen, so wird vermuthet, daß er aus dieser Gefahr entstanden sei.

(3) Eine Befreiung von der Haftpflicht kann auf Grund dieser Vorschriften nicht geltend gemacht werden, wenn der Schaden durch Verschulden der Eisenbahn entstanden ist.

§. 78. Beschränkung der Haftung bei Gewichtsverlusten[171]).

(1) Bei Gütern, die nach ihrer natürlichen Beschaffenheit bei der Beförderung regelmäßig einen Gewichtsverlust erleiden, ist die Haftpflicht der Eisenbahn für Gewichtsverluste bis zu nachstehenden Normalsätzen ausgeschlossen.

(2) Der Normalsatz beträgt 2 Prozent bei flüssigen und feuchten sowie bei nachstehenden trockenen Gütern:

geraspelte und gemahlene Farbhölzer, Rinden, Wurzeln, Süßholz, geschnittener Taback, Fettwaaren, Seifen und harte Öle, frische Früchte, frische Tabacksblätter, Schafwolle, Häute, Felle, Leder, getrocknetes und gebackenes Obst, Thierflechsen, Hörner und Klauen, Knochen (ganz und gemahlen), getrocknete Fische, Hopfen, frische Kitte.

---

[171]) HGB. § 460, IntÜb. Art. 32.

(8) Bei allen übrigen trockenen Gütern der im Abſ. 1 bezeichneten Art beträgt der Normalſatz 1 Prozent.

(4) Der Normalſatz wird, falls mehrere Stücke auf denſelben Fracht=brief befördert werden, für jedes Stück beſonders berechnet, wenn das Gewicht der einzelnen Stücke im Frachtbriefe verzeichnet iſt oder ſonſt feſtgeſtellt werden kann.

(5) Die Beſchränkung der Haftpflicht tritt nicht ein, ſoweit der Verluſt den Umſtänden nach nicht in Folge der natürlichen Beſchaffenheit des Gutes entſtanden iſt, oder ſoweit der angenommene Satz dieſer Beſchaffenheit oder den ſonſtigen Umſtänden des Falles nicht entſpricht.

(6) Bei gänzlichem Verluſte des Gutes findet ein Abzug für Gewichts=verluſt nicht ſtatt.

§. 79. Vermuthung für den Verluſt des Gutes[172]).

Der zur Klage Berechtigte kann das Gut ohne weiteren Nachweis als in Verluſt gerathen betrachten, wenn ſich deſſen Ablieferung um mehr als 30 Tage nach Ablauf der Lieferfriſt (§. 63) verzögert.

§. 80. Höhe des Schadenserſatzes bei Verluſt oder Minderung des Gutes[173]).

Muß auf Grund des Frachtvertrags von der Eiſenbahn für gänzlichen oder theilweiſen Verluſt des Gutes Erſatz geleiſtet werden, ſo iſt der gemeine Handelswerth und in deſſen Ermangelung der gemeine Werth zu erſetzen, welchen Gut derſelben Art und Beſchaffenheit am Orte der Abſendung in dem Zeitpunkte der Annahme zur Beförderung hatte, unter Hinzurechnung deſſen, was an Zöllen und ſonſtigen Koſten ſowie an Fracht bereits bezahlt iſt. Vergleiche jedoch §. 88.

§. 81. Beſchränkung der Höhe des Schadenserſatzes durch die Tarife[174]).

(1) Die Eiſenbahnen können in beſonderen Bedingungen (Ausnahme=tarifen) einen im Falle des Verluſtes, der Minderung oder der Beſchädigung zu erſtattenden Höchſtbetrag feſtſetzen, ſofern dieſe Ausnahmetarife eine Preis=ermäßigung für die ganze Beförderung gegenüber den gewöhnlichen Tarifen der Eiſenbahn enthalten und der gleiche Höchſtbetrag auf die ganze Beförde=rungsſtrecke Anwendung findet.

*) Ob und für welche Güter ſolche Ausnahmetarife mit beſchränkter Haftung beſtehen, ergibt ſich aus den „Beſonderen Beſtimmungen" im Teile II Abſchnitt B.

(2) Den Eiſenbahnen iſt ferner geſtattet, die im Falle des gänzlichen oder theilweiſen Verluſtes oder der Beſchädigung von Koſtbarkeiten, Kunſt=gegenſtänden, Geld und Werthpapieren tzu leiſtende Entſchädigung in den Tarifen auf einen Höchſtbetrag zu beſchränken.

(3) Wegen der Fälle, in denen voller Erſatz zu leiſten iſt, vergleiche §. 88.

§. 82. Wiederauffinden des Gutes[175]).

(1) Der Entſchädigungsberechtigte kann, wenn er die Entſchädigung für das in Verluſt gerathene Gut in Empfang nimmt, in der Quittung den

[172]) JntÜb. Art. 33. — § 73.
[173]) HGB. § 457 Abſ. 1, JntÜb. Art. 34. Ausnahmen: § 81, 85, 88, 34.
[174]) HGB. § 461, 462; JntÜb. Art. 35, 41. — VerkO. § 51 (1) e, 83, 84 (4).
[175]) JntÜb. Art. 36.

Vorbehalt machen, daß er, für den Fall, als das Gut binnen 4 Monaten nach Ablauf der Lieferfrist wieder aufgefunden wird, hiervon seitens der Eisenbahnverwaltung sofort benachrichtigt werde. Über den Vorbehalt ist eine Bescheinigung zu ertheilen.

(2) In diesem Falle kann der Entschädigungsberechtigte innerhalb 30 Tagen nach erhaltener Nachricht verlangen, daß ihm das Gut nach seiner Wahl an dem Versand= oder an dem im Frachtbrief angegebenen Bestimmungsorte kostenfrei gegen Rückerstattung der ihm bezahlten Entschädigung ausgeliefert werde.

(3) Wenn der im ersten Absatz erwähnte Vorbehalt nicht gemacht worden ist, oder wenn der Entschädigungsberechtigte in der im zweiten Absatze bezeichneten dreißigtägigen Frist das dort vorgesehene Begehren nicht gestellt hat, oder endlich, wenn das Gut erst nach 4 Monaten nach Ablauf der Lieferfrist wieder aufgefunden wird, so kann die Eisenbahn über das wieder aufgefundene Gut frei verfügen.

§. 83. Höhe des Schadenersatzes bei Beschädigung des Gutes[176]).

Im Falle der Beschädigung des Gutes ist für die Minderung des im §. 80 bezeichneten Werthes Ersatz zu leisten. Ist für den zu ersetzenden Werth des Gutes auf Grund der Bestimmungen des §. 81 im Tarif ein Höchstbetrag festgesetzt, so wird der für die Beschädigung zu leistende Ersatz verhältnißmäßig gekürzt. Vergleiche jedoch §. 88.

**§. 84. Angabe des Interesses an der Lieferung.
Ihre Voraussetzungen[177]).**

(1) Der Absender kann das Interesse an der Lieferung mit den in den §§. 85 und 87 vorgesehenen Rechtswirkungen im Frachtbrief angeben. In diesem Falle ist ein im Tarife festzusetzender Frachtzuschlag zu entrichten.

(2) Die Summe, zu welcher das Interesse an der Lieferung angegeben wird, muß im Frachtbrief an der dafür vorgesehenen Stelle mit Buchstaben eingetragen werden.

²) I. Frachtbriefe, in welchen diese Summe nur in Zahlen angegeben ist, werden zurückgewiesen.

(3) Der Frachtzuschlag ist für untheilbare Einheiten von je 10 Mark und 10 Kilometer zu berechnen und darf 2,5 Pfennig für 1 Kilometer und für je 1000 Mark des als Interesse angegebenen Betrags nicht übersteigen. Der geringste zur Erhebung kommende Frachtzuschlag beträgt für den ganzen Durchlauf 40 Pfennig. Überschießende Beträge werden auf 10 Pfennig abgerundet.

²) II. Wegen des Frachtzuschlags siehe den Nebengebührentarif (Teil I Abteilung B)[95]).

(4) Ist die Ersatzpflicht nach den Vorschriften des §. 81 auf einen Höchstbetrag beschränkt, so findet eine Angabe des Interesses an der Lieferung über diesen Betrag hinaus nicht statt.

---

[176]) HGB. § 457 Abs. 2, § 461. Weitere Ausnahmen (außer der im Text angegebenen): § 85, 34.

[177]) HGB. § 463, Intüb. Art. 38. — VerfO. § 34 (2), 48 (2), 87. Der angegebene Betrag des Interesses bildet die obere Grenze (Gerstner Intüb. 01 S. 112, a. M. Eger Intüb. Anm. 191):

a) im Falle des § 85 für das Mehr, das über die normale Vergütungshöhe hinaus zu zahlen ist;

b) im Falle des § 87 für den gesamten Schadenersatz.

§. 85. Höhe des Schadensersatzes für Verlust, Minderung oder Beschädigung bei Angabe des Interesses an der Lieferung[177]**.**

Hat eine Angabe des Interesses an der Lieferung stattgefunden (§. 84), so kann im Falle des Verlustes, der Minderung oder der Beschädigung des Gutes außer der in den §§. 80 und 83 bezeichneten Entschädigung der Ersatz des weiter entstandenen Schadens bis zu dem angegebenen Betrage beansprucht werden.

§. 86. Haftung für Versäumung der Lieferfrist[178]**.**

Die Eisenbahn haftet für den Schaden, welcher durch Versäumung der Lieferfrist (§. 63) entstanden ist, es sei denn, daß die Verspätung von einem Ereignisse herrührt, welches sie weder herbeigeführt hat noch abzuwenden vermochte.

§. 87. Höhe des Schadensersatzes bei Versäumung der Lieferfrist[179]**.**

(1) Wenn auf Grund des vorhergehenden Paragraphen für Versäumung der Lieferfrist Ersatz zu leisten ist, so können folgende Vergütungen beansprucht werden:

I. Wenn eine Angabe des Interesses an der Lieferung nicht stattgefunden hat:

1. ohne Nachweis eines Schadens, falls die Verspätung 12 Stunden übersteigt:

bei einer Verspätung bis einschließlich 1 Tag $1/10$ der Fracht,
= = = = = 2 Tage $2/10$ = =
= = = = = 3 = $3/10$ = =
= = = = = 4 = $4/10$ = =
= = = von längerer Dauer $5/10$ = = .

2. Wird der Nachweis eines Schadens erbracht, so kann der Betrag des Schadens bis zur Höhe der ganzen Fracht beansprucht werden.

II. Wenn eine Angabe des Interesses an der Lieferung stattgefunden hat:

1. ohne Nachweis eines Schadens, falls die Verspätung 12 Stunden übersteigt:

bei einer Verspätung bis einschließlich 1 Tag $2/10$ der Fracht,
= = = = = 2 Tage $4/10$ = =
= = = = = 3 = $6/10$ = =
= = = = = 4 = $8/10$ = =
= = = von längerer Dauer die ganze Fracht.

2. Wird der Nachweis eines Schadens erbracht, so kann der Betrag des Schadens beansprucht werden.

In beiden Fällen darf die Vergütung den angegebenen Betrag des Interesses nicht übersteigen.

(2) Beweist die Eisenbahn, daß kein Schaden entstanden ist, so ist keine Vergütung zu leisten.

(3) Wegen der Fälle, in denen voller Ersatz zu leisten ist, vergleiche §. 88.

---

[178] HGB. § 466 Abs. 1, IntÜb. Art. 39.

[179] HGB. § 466 Abs. 2—4, IntÜb. Art. 40, 41. — Anm. 177. — Zu Abs. 2 VII 4 Anm. 128 d. W.

§. 88. Schadensersatz bei Vorsatz oder grober Fahrlässigkeit der Eisenbahn[180]).

Ist der Schaden durch Vorsatz oder grobe Fahrlässigkeit der Eisenbahn herbeigeführt, so kann in allen Fällen Ersatz des vollen Schadens gefordert werden.

§. 89. Verwirkung der Ersatzansprüche[181]).

Werden Gegenstände, die von der Beförderung ausgeschlossen oder zur Beförderung nur bedingungsweise zugelassen sind, unter unrichtiger oder ungenauer Bezeichnung aufgegeben, oder werden die für diese Gegenstände vorgesehenen Sicherheitsmaßregeln von dem Absender unterlassen, so ist die Haftpflicht der Eisenbahn auf Grund des Frachtvertrags ausgeschlossen.

§. 90. Erlöschen der Ansprüche nach Bezahlung der Fracht und Annahme des Gutes[182]).

(1) Ist die Fracht nebst den sonst auf dem Gute haftenden Forderungen bezahlt und das Gut angenommen, so sind alle Ansprüche gegen die Eisenbahn aus dem Frachtvertrag erloschen.

(2) Hiervon sind jedoch ausgenommen:

1. Entschädigungsansprüche für Schäden, die durch Vorsatz oder grobe Fahrlässigkeit der Eisenbahn herbeigeführt worden sind;

2. Entschädigungsansprüche wegen Verspätung, wenn sie spätestens am vierzehnten Tage, den Tag der Annahme nicht mitgerechnet, bei einer der nach §. 74 in Anspruch zu nehmenden Eisenbahnen schriftlich angebracht werden[183]);

3. Entschädigungsansprüche wegen solcher Mängel, die gemäß §. 71 oder 72 festgestellt worden sind, bevor der Empfänger das Gut angenommen hat, oder deren Feststellung nach §. 71 hätte erfolgen sollen und durch Verschulden der Eisenbahn unterblieben ist;

4. Entschädigungsansprüche wegen solcher Mängel, die bei der Annahme äußerlich nicht erkennbar waren, jedoch nur unter nachstehenden Voraussetzungen:

   a) es muß unverzüglich nach der Entdeckung des Mangels und spätestens binnen einer Woche nach der Annahme zu dessen Feststellung entweder bei Gericht die Besichtigung des Gutes durch Sachverständige oder schriftlich bei der Eisenbahn eine gemäß §. 71 vorzunehmende Untersuchung des Gutes beantragt werden;

   b) der Berechtigte muß beweisen, daß der Mangel während der Zeit zwischen der Annahme zur Beförderung und der Ablieferung entstanden ist.

(3) Es steht dem Empfänger frei, die Annahme des Gutes, auch nach Annahme des Frachtbriefs und Bezahlung der Fracht, insolange zu verweigern, als nicht seinem Antrag auf Feststellung der von ihm behaupteten Mängel stattgegeben ist. Vorbehalte bei der Annahme des Gutes sind wirkungslos, sofern sie nicht unter Zustimmung der Eisenbahn erfolgt sind.

---

[180]) HGB. § 457 Abs. 3, Intüb. Art. 41.

[181]) HGB. § 467, Intüb. Art. 43.

[182]) HGB. § 438, 464, Intüb. Art. 44. — § 61 (4).

[183]) Nach HGB. würde diese Ausnahme nicht platzgreifen.

(4) Wenn von mehreren auf dem Frachtbriefe verzeichneten Gegenständen einzelne bei der Ablieferung fehlen, so kann der Empfänger in der Empfangs= bescheinigung die nicht abgelieferten Gegenstände uuter spezieller Bezeichnung derselben ausschließen.

§. 91. Verjährung der Ansprüche
gegen die Eisenbahn wegen Verlustes, Minderung, Beschädigung oder Verspätung des Gutes[184].

(1) Die Ansprüche gegen die Eisenbahn wegen Verlustes Minderung, Beschädigung oder verspäteter Ablieferung des Gutes verjähren in einem Jahre[185].

(2) Die Verjährung beginnt im Falle der Beschädigung oder Minderung mit dem Ablaufe des Tages, an welchem die Ablieferung stattgefunden hat, im Falle des gänzlichen Verlustes oder der verspäteten Ablieferung mit dem Ablaufe der Lieferfrist.

(3) Die Verjährung wird durch die schriftliche Anmeldung des Anspruchs bei der Eisenbahn gehemmt. Ergeht auf die Anmeldung ein abschlägiger Bescheid, so beginnt der Lauf der Verjährungsfrist wieder mit dem Tage, an welchem die Eisenbahn ihre Entscheidung dem Anmeldenden schriftlich bekannt macht und ihm die der Anmeldung etwa angeschlossenen Beweisstücke zurück= stellt. Weitere Gesuche, die an die Eisenbahn oder an die vorgesetzten Be= hörden gerichtet werden, bewirken keine Hemmung der Verjährung.

(4) Für die Unterbrechung der Verjährung bewendet es bei den all= gemeinen gesetzlichen Vorschriften[186].

(5) Die im Abs. 1 bezeichneten Ansprüche können nach der Vollendung der Verjährung nur aufgerechnet werden, wenn vorher der Verlust, die Minderung, die Beschädigung oder die verspätete Ablieferung der Eisenbahn angezeigt oder die Anzeige an sie abgesendet worden ist. Der Anzeige an die Eisenbahn steht es gleich, wenn gerichtliche Beweisaufnahme zur Sicherung des Beweises beantragt[187] oder in einem zwischen dem Absender und dem Empfänger oder einem späteren Erwerber des Gutes wegen des Verlustes, der Minderung, der Beschädigung oder der verspäteten Ablieferung anhängigen Rechtsstreite der Eisenbahn der Streit verkündet wird[188].

(6) Die Vorschriften dieses Paragraphen finden keine Anwendung, wenn die Eisenbahn den Verlust, die Minderung, die Beschädigung oder die ver= spätete Ablieferung des Gutes vorsätzlich herbeigeführt hat. Sie finden ferner keine Anwendung auf Rückgriffsansprüche der Eisenbahnen untereinander.

---

[184] HGB. § 439, 414, IntÜb. Art. 45, 46.

[185] Für alle anderen Ansprüche — ausgenommen die in § 61 (4) be= zeichneten — gelten die gewöhnlichen Verjährungsfristen; Fristberechnung BGB. § 187 ff (Eger Anm. 483).

[186] Zusammenstellung bei Eger Anm. 301.

[187] CPO. § 485 ff.

[188] CPO. § 72 ff.

Anlagen zur Verkehrsordnung.

Anlage A (zu § 42). Leichenpaß*).

Anlage A 1 (zu § 44).
Nähere Bestimmungen über die Beförderung von lebenden Tieren[1]).

I. Verladung.

§ 1. (1) Soweit die Stationen nach den Tarifbestimmungen unbeschränkt oder beschränkt für den Viehverkehr bestimmt sind, müssen sie mit Vorrichtungen versehen sein, die den Abfertigungsbefugnissen entsprechend ein zweckmäßiges Ein- und Ausladen der Tiere gestatten.

(2) Auf der Oberfläche der hölzernen Verladerampen müssen in zweckentsprechenden Zwischenräumen schmale Latten mit abgerundeten Kanten angebracht sein, damit die Tiere sicher fußen können.

(3) Die Oberfläche der festen Rampen darf höchstens 1:8, die der beweglichen Vorrichtungen höchstens 1:3 geneigt sein.

(4) Die Ladebrücken müssen hinreichend breit und mit mindestens 20 Zentimeter hohen Schutzleisten an beiden Seiten sowie mit Trittlatten (siehe Abs. 2) versehen sein. Auch müssen Vorkehrungen zum Schutze gegen seitliches Abhängen der Tiere getroffen sein.

(5) Auf Stationen mit regelmäßigem größeren Viehversande sowie auf den Tränkstationen (§ 6) oder in deren Nähe müssen zur vorübergehenden Unterbringung des Viehes eingefriedigte Räume (Buchten, auch Bansen genannt), von denen ein angemessener Teil überdeckt sein muß, vorhanden sein. Diese von den Bahnverwaltungen zu schaffenden Räume müssen Brunnen oder eine Wasserleitung sowie Vorrichtungen enthalten, die das Anbinden, Füttern und Tränken der Tiere ermöglichen. Sie müssen in kleinere Abteilungen geteilt sein, in denen die Tiere verschiedener Gattung und das Großvieh (Pferde, auch Fohlen, einschließlich Ponies, Rindvieh, Maultiere, Esel und dergleichen), vom Kleinvieh (Schweine, Kälber, Schafe, Ziegen, Hunde, Geflügel und dergleichen) getrennt unterzubringen sind; auf Muttertiere mit saugenden Jungen findet letztere Bestimmung keine Anwendung. Der Fußboden muß so beschaffen sein, daß eine ordnungsmäßige Reinigung möglich ist.

(6) Für die vorübergehende Unterbringung der Tiere in überdeckten Räumen kann ein im Tarife festzusetzendes Standgeld erhoben werden. Das Standgeld dient zugleich als Vergütung für die Benutzung der Einrichtungen zur Fütterung und Tränkung der Tiere.

§ 2. (1) Die Tiere sind in bedeckten oder in hochbordigen offenen Wagen zu befördern. In den Monaten Januar, Februar und Dezember dürfen offene Wagen nur auf Antrag des Versenders gestellt werden. Geflügel darf nur in bedeckten Wagen befördert werden.

(2) Mehrbödige Wagen dürfen nur verwendet werden, wenn sie an den Seiten Lattenwände haben; diese müssen so weit aus dichten Brettern bestehen oder mit dichten Klappen versehen sein, daß die Tiere gegen Zugluft von unten

---

*) Hier nicht abgedrucktes Formular.

[1]) Auf Grund Bek. 6. Juli 04 (VerkO. § 44 Abs. 7, VII 3 Anm. 91) an Stelle der Best. über die Verladung u. Beförderung von lebenden Tieren auf Eisenbahnen — Bek. 13. Juli 79 (CB. 479, EBB. 142) — getreten.

geschützt sind und das Herausfallen von Kot und Streu verhindert wird. Diese Bestimmung findet auf die mehr als zweibödigen zur Geflügelbeförderung bestimmten Wagen keine Anwendung. Doch müssen auch bei diesen Wagen die Seitenwände aus Latten bestehen und mit Schutzleisten, die das Herausfallen von Kot und Streu verhindern, versehen sein.

(3) Die Wagen-Unterkästen dürfen nur zur Beförderung einzelner unterwegs erkrankter Tiere benutzt werden.

(4) Die lichte Breite der zum Transporte von Großvieh zu benutzenden Wagen soll mindestens 2,60 Meter betragen.

(5) Bei Verwendung bedeckter Wagen zur Viehverladung sind solche Wagen auszuwählen, die in der Nähe der Wagendecke an den Längs= oder Stirnseiten je 2 verschließbare Öffnungen von je mindestens 0,40 Meter Länge und 0,30 Meter Breite haben und außerdem an den Türen mit Vorrichtungen versehen sind, die ihr Offenhalten in einer Breite von 0,35 Meter bei Großvieh und von 0,15 Meter bei Kleinvieh ermöglichen. Bleiben die Türen während der Fahrt ganz geöffnet, so müssen die Türöffnungen durch einen 1,50 Meter hohen Bretterverschlag oder durch Lattengitter verstellt sein.

(6) Die offenen Wagen müssen bei Verwendung für den Transport von Großvieh eine Bordhöhe von mindestens 1,50 Meter über dem Fußboden und bei Verwendung für den Transport von Kleinvieh eine Bordhöhe von mindestens 0,75 Meter haben.

(7) Zum Festbinden der Tiere müssen Vorrichtungen, wie eiserne Ringe usw., in den Wagen angebracht sein.

(8) Die Größe der Ladefläche eines jeden zur Beförderung von Tieren zu benutzenden Wagens muß an seiner Außenseite in Quadratmetern angegeben sein, und zwar bei mehrbödigen und bei den in mehrere Abteilungen geteilten Wagen derart, daß die Größe eines jeden Raumes ersichtlich ist.

(9) Bezüglich der vorhandenen alten Wagen können Abweichungen von den Vorschriften in Abs. 4 und 5 von den Landes=Aufsichtsbehörden[2]) mit Zustimmung des Reichs=Eisenbahn=Amts zugelassen werden.

§ 3. (1) Die zur Beförderung von Tieren zu verwendenden Käfige, Kisten, Körbe, Säcke oder anderen Behälter müssen hinlänglich geräumig und luftig sein. Die Tiere dürfen nicht geknebelt zur Beförderung aufgegeben werden.

(2) Die Käfige usw. müssen einen dichten Boden und so weit hinauf dichte Wände haben, daß eine Verunreinigung des Wagens durch Kot und Streu möglichst ausgeschlossen ist. Diese Bestimmung findet auf Geflügelsendungen in Wagenladungen keine Anwendung. Behälter, die ganz oder zum Teil aus Latten bestehen, müssen so beschaffen sein, daß die Tiere nicht einzelne Körperteile hindurchzwängen können, auch müssen sie so hoch sein, daß die Tiere zwanglos darin stehen können. Gebrauchte Käfige usw. dürfen nur nach vorheriger gründlicher Reinigung wieder benutzt werden. Ferner müssen alle Käfige usw., die zu Transporten von voraussichtlich mehr als 36 Stunden Dauer benutzt werden, mit zweckmäßigen Vorrichtungen zum Tränken und bei Beförderung von Kleinvieh auch zum Füttern der Tiere versehen sein, es sei denn, daß von Seiten des Absenders für die Fütterung und Tränkung auf Unterwegsstationen in anderer Weise Vorsorge getroffen ist. Der Boden der Behälter muß mit Heu, Stroh, Sand, Torfmull oder Sägespänen bedeckt sein. Bei der Verladung ist darauf zu achten, daß zu den Behältern ausreichend frische Luft treten kann; insbesondere dürfen andere Güter nicht auf die Käfige, Kisten, Körbe usw. und diese nur dann übereinander

---

[2]) In Preußen Minister d. öff. Arb.

verladen werden, wenn durch Anbringung von Leisten oder dergleichen dafür ge=
sorgt ist, daß zwischen dem Boden des oberen und dem Deckel des unteren Be=
hälters ein luftiger Raum von mindestens 3 Zentimeter Höhe frei bleibt.

(3) Bei Festsetzung der größten Zahl der in einen Wagen zu verladenden
Tiere ist davon auszugehen, daß Großvieh nicht aneinander und gegen die Wan=
dung des Wagens gepreßt stehen darf. Dieser Vorschrift ist genügt, wenn ein
Mann sich zwischen den eingeladenen Tieren hindurch bewegen kann. Bei der
Querverladung muß außerdem zwischen den Tieren und den Wagenwänden so viel
Raum bleiben, daß eine Verletzung der Tiere durch Aufscheuern und dergleichen
am Kopfe oder am Hinterteile vermieden wird. Kleinvieh muß die Möglichkeit
haben, sich zu legen. Die Entscheidung darüber, ob diesen Vorschriften entsprochen
ist, steht dem diensthabenden Stationsbeamten zu.

(4) Großvieh und Kleinvieh sowie Tiere verschiedener Gattung dürfen in
denselben Wagen nur dann verladen werden, wenn jede Gattung durch Schranken,
Bretter= oder Lattenverschläge von der anderen getrennt wird. Auch in Käfigen,
Kisten und dergleichen müssen Tiere verschiedener Gattung durch Verschläge und
dergleichen von einander getrennt werden. Bei der Beförderung von Muttertieren
mit saugenden Jungen finden vorstehende Beschränkungen nicht statt.

(5) Die mit unverpacktem Geflügel beladenen Wagen sind unter Bleiverschluß
zu befördern.

(6) Das Bestreuen der Fußböden offener Wagen und der nur mit Latten=
wänden versehenen bedeckten Wagen mit brennbarem Material ist unzulässig.

II. Beförderung.

§ 4. (1) Die Beförderung lebender Tiere erfolgt in Viehzügen, Güterzügen
und nach näherer Bestimmung der Bahnverwaltungen in Personenzügen.

(2) Viehzüge sollen auf Strecken mit regelmäßigem starken Viehverkehr an
bestimmten von den Eisenbahnverwaltungen bekannt zu machenden Tagen — regel=
mäßig oder nur nach Bedarf — nach den für jede Fahrplanperiode festzusetzenden
Fahrplänen verkehren; sie müssen derart gelegt sein, daß der Aufenthalt für das
auf den Anschlußlinien zu= und abgehende Vieh auf das unbedingt nötige Maß
beschränkt wird. Bei Aufstellung der Fahrpläne ist für die Tränkstationen (§ 6)
ein zur Tränkung des Viehes ausreichender Aufenthalt vorzusehen.

(3) Steht so viel Vieh zur Beförderung, daß zu seiner Verladung mindestens
20 Achsen erforderlich sind, so ist in Ermangelung anderer Beförderungsgelegen=
heiten ein besonderer Viehzug abzulassen.

§ 5. (1) Die durchschnittliche Geschwindigkeit der Viehzüge (§ 4 Abs. 2)
darf — vorbehaltlich der Befugnis der Landes=Aufsichtsbehörde[2]), bei besonderen
Verhältnissen eine Abweichung zu gestatten — nicht weniger als 25 Kilometer in
der Stunde betragen. Soweit Bestimmungen der Betriebsordnung für die Haupt=
eisenbahnen[3]) oder der Bahnordnung für die Nebeneisenbahnen[3]) dieser Geschwindig=
keit entgegenstehen, ist sie in dem dadurch bedingten Umfange zu ermäßigen[4]).

(2) Die für die Tränkstationen vorzusehenden Aufenthalte (§ 4 Abs. 2)
bleiben bei Berechnung der durchschnittlichen Geschwindigkeit außer Betracht.

(3) Auf die Viehzüge der Militärverwaltung findet die Bestimmung im Abs. 1
über die Geschwindigkeit keine Anwendung.

§ 6. (1) Alle Tiere, deren Beförderung von der Abgangs= bis zur Be=
stimmungsstation 24 Stunden oder länger in Anspruch nimmt, sollen vor der Ver=

---

[3]) Jetzt BO.   [4]) Beförderung im Falle von Zug=
                                verspätungen E. 14. Jan. 92 (EVB. 9).

ladung vom Absender gefüttert und getränkt werden. Bei den mehr als 36 Stunden dauernden Transporten in Viehzügen hat spätestens nach je 36 Stunden eine Fütterung und Tränkung der Tiere stattzufinden, wobei unverpackte Tiere auszuladen sind. Das Aus= und Wiedereinladen der Tiere obliegt dem Absender; wenn diese Geschäfte auf Antrag des Absenders durch die Eisenbahn besorgt werden oder deren Arbeitskräfte dabei mitwirken, kann hierfür eine im Tarife festzusetzende Gebühr erhoben werden. Der Weitertransport der Tiere darf erst nach Ablauf von mindestens 6 Stunden erfolgen. Für militärische Pferdetransporte in Viehzügen gelten vorstehende Bestimmungen nicht.

    (2) Für die Fütterung und Tränkung dieser Tiere sind nach Bedarf besondere Stationen mit Einrichtungen zu versehen. Diese Stationen (sogenannte Tränkstationen) werden vom Reichs=Eisenbahn=Amte nach Anhörung der beteiligten Bundesregierung bestimmt und sind in den Tarifen bekannt zu machen.

    § 7. (1) Das Rangieren der mit Tieren beladenen Wagen ist auf das dringendste Bedürfnis zu beschränken und stets mit besonderer Vorsicht vorzunehmen; heftiges Anstoßen ist unbedingt zu vermeiden.

    (2) Die Behälter mit Tieren dürfen beim Ein= und Ausladen nicht gestoßen, geworfen oder gestürzt werden.

    § 8. Bei Transporten zur Nachtzeit müssen die Begleiter von Viehsendungen mit gut brennenden Laternen versehen sein. Die Verwendung von leicht entzündlichen Brennstoffen, wie Petroleum usw., ist verboten.

Anlage B (§ 50 B 1 der Verkehrsordnung). Vorschriften über bedingungs= weise zur Beförderung zugelassene Gegenstände[1]).

Anlage C (§ 52 der Verkehrsordnung). Frachtbrief (S. 610 u. 611).

Anlage D (§ 52 der Verkehrsordnung). Eilfrachtbrief (S. 612 u. 613).

Anlage E (§ 58 [2] der Verkehrsordnung). Besondere Erklärung über die Verpackung des Gutes[2]).

Anlage F (§ 58 [2] der Verkehrsordnung). Allgemeine Erklärung über die Verpackung des Gutes[2]).

Anlage G (§ 64 [6] der Verkehrsordnung). Nachträgliche Anweisung[2]).

Anlage H (zu Anmerkung 77).
Vorschriften des Bürgerlichen Gesetzbuchs über Eisenbahn-Fundsachen[1]).

    §. 978. Wer eine Sache in den Geschäftsräumen oder den Beförderungs= mitteln einer öffentlichen Behörde oder einer dem öffentlichen Verkehre dienenden Verkehrsanstalt findet und an sich nimmt, hat die Sache unverzüglich an die Behörde oder die Verkehrsanstalt oder an einen ihrer Angestellten abzuliefern. Die Vorschriften der §§. 965 bis 977 finden keine Anwendung.

---

[1]) Unterliegt häufigen Änderungen u. wird deshalb hier nicht abgedruckt.

[2]) Hier nicht abgedruckte Formulare.

[1]) Eger Anm. 151 zu VerkO. § 38;

Österlen in VerZtg. 97 S. 461; Bach das. 98 S. 939, 957; Nehse das. 05 S. 1057. — Fundordnung für die StEB. E. 17. Nov. 04 (EBB. 355). — Cauer II 160 ff.

§. 979. Die Behörde oder die Verkehrsanstalt kann die an sie abge=liefere Sache öffentlich versteigern lassen. Die öffentlichen Behörden und die Verkehrsanstalten des Reichs, der Bundesstaaten und der Gemeinden können die Versteigerung durch einen ihrer Beamten vornehmen lassen.

Der Erlös tritt an die Stelle der Sache.

§. 980. Die Versteigerung ist erst zulässig, nachdem die Empfangs=berechtigten in einer öffentlichen Bekanntmachung des Fundes zur Anmeldung ihrer Rechte unter Bestimmung einer Frist aufgefordert worden sind und die Frist verstrichen ist; sie ist unzulässig, wenn eine Anmeldung rechtzeitig er=folgt ist.

Die Bekanntmachung ist nicht erforderlich, wenn der Verderb der Sache zu besorgen oder die Aufbewahrung mit unverhältnißmäßigen Kosten ver=bunden ist.

§. 981. Sind seit dem Ablaufe der in der öffentlichen Bekanntmachung bestimmten Frist drei Jahre verstrichen, so fällt der Versteigerungserlös, wenn nicht ein Empfangsberechtigter sein Recht angemeldet hat, bei Reichsbehörden und Reichsanstalten an den Reichsfiskus, bei Landesbehörden und Landes=anstalten an den Fiskus des Bundesstaats, bei Gemeindebehörden und Ge=meindeanstalten an die Gemeinde, bei Verkehrsanstalten, die von einer Privat=person betrieben werden, an diese.

Ist die Versteigerung ohne die öffentliche Bekanntmachung erfolgt, so be=ginnt die dreijährige Frist erst, nachdem die Empfangsberechtigten in einer öffentlichen Bekanntmachung des Fundes zur Anmeldung ihrer Rechte aufgefordert worden sind. Das Gleiche gilt, wenn gefundenes Geld abgeliefert worden ist.

Die Kosten werden von dem herauszugebenden Betrag abgezogen.

§. 982. Die in den §§. 980, 981 vorgeschriebene Bekanntmachung er=folgt bei Reichsbehörden und Reichsanstalten nach den von dem Bundesrath[2]), in den übrigen Fällen nach den von der Zentralbehörde (des Bundesstaats[3]) erlassenen Vorschriften.

Unteranlage H 1 (zu Anmerkung 3).

Erlaß aller Ressortminister, betr. Ausführungsbestimmungen zu den §§ 980, 981, 983 des Bürgerlichen Gesetzbuchs. Vom 18. November 1899 (CBB. 411).

Auf Grund der §§ 982, 983 des Bürgerlichen Gesetzbuchs wird Folgendes angeordnet:

§ 1. Die nach den §§ 980, 981, 983 des Bürgerlichen Gesetzbuchs von Preußischen Behörden oder Verkehrsanstalten zu erlassenden Bekanntmachungen erfolgen durch Aushang an der Amtsstelle oder, wenn für Bekanntmachungen der

(Forts. Seite 614.)

---

²) Bek. 16. Juni 98 (RGB. 912), wörtlich gleichlautend mit Unteranl. H 1 (Anm. 3) § 1, 2; nur treten in § 1 anstelle der Worte „Preuß. Behörden

ob. Verkehrsanst." die Worte „Reichs=behörden und Reichsanstalten".

³) Für Preußen E. 18. Nov. 99 (Unteranlage H 1).

610

Frachtbrief

Kontroll=
stempel der
Bahn

An ....

....

in ....

(Straße und Hausnummer): ....

Station ....

der .... Eisenbahn

Etwa beantragter }
Transportweg }

Des Wagens			
Nummer	Eigentums=merkmal	Lade=gewicht kg	Lade=fläche qm
Fracht=karte { Nr. Pos.			

Sie empfangen die nachstehend verzeichneten Güter auf Grund der Bestimmun=
gen der Eisenbahn = Verkehrsordnung und der für diese Sendung in Anwendun
kommenden Tarife.

Zeichen und Nummer	An=zahl	Art der Ver=packung	Inhalt	Wirkliches Brutto=gewicht Kilogramm	Abgerundetes zur Berechnung zu ziehendes Gewicht Kilogramm

Vorgeschriebene oder
zulässige Erklärungen
s. namentlich Verkehrsord=
nung § 52 (5), 53 (8), 55
(2, 3), 57, 58, 59, 77 Zif. 1,
2, 3, 6 und Anl. B

Interesse
an der Lieferung

Barvorschuß

nach Eingang

Einzelnachweis
obiger
Nachnahme

Nachnahme

in Buchstaben

	M	Pf

Frankaturvermerk
des Absenders

................., den ....ten .... 19.....

Unterschrift des Absenders

Duplikat=
(Aufnahmeschein=)
Stempel

Wird Duplikat
(Aufnahmeschein)
beantragt?

Anmerkung. Obiger Abdruck ist eine Verkleinerung; die wirklichen Maße sind in der unteren rechten Ecke de

Frankiert		Rechnung	Fracht- satz für 100 Kilogr.	Zu erheben		
ℳ	₰			ℳ	₰	
		Nachnahme { Barvorschuß				
		nach Eingang				
		Provision				
		Fracht bis				
		Frachtzuschlag für das Interesse an der Lieferung				
		Fracht bis				
		Frachtzuschlag für das Interesse an der Lieferung				
		Fracht bis				
		Frachtzuschlag für das Interesse an der Lieferung				

Stempel der **Versandstation**	**Wägestempel**	Stempel der **Empfangsstation**

Bemerkungen.

1. Die **stark umrahmten** Teile des Formulars sind durch die **Eisenbahn**, die übrigen durch den Absender auszufüllen. Bei Aufgabe von Gütern, die der Absender zu verladen hat, sind von diesem auch die Nummer und das Eigentumsmerkmal des Wagens einzutragen.
2. Die **Übergangsstempel** sind der Reihenfolge nach auf die Rückseite der Rechnung aufzudrücken.

Höhe: 30 cm

Papierbreite: 38 cm

Lusters vorgeschrieben.

Eilfrachtbrief

Kontroll=
stempel der
Bahn

An

in

(Straße und Hausnummer):

Station
der   Eisenbahn

Etwa beantragter }
Transportweg }

Des Wagens

Nummer	Eigentums=merkmal	Lade=gewicht kg	Lade=fläche qm

Fracht=karte { Nr.
Pos.

Sie empfangen die nachstehend verzeichneten Güter auf Grund der Bestimmun=
gen der Eisenbahn = Verkehrsordnung und der für diese Sendung in Anwendun
kommenden Tarife.

Zeichen und Nummer	An=zahl	Art der Ver=packung	Inhalt	Wirkliches Brutto=gewicht Kilogramm	Abgerundetes zur Berechnung zu ziehendes Gewicht Kilogramm

Vorgeschriebene oder
zulässige Erklärungen
s. namentlich Verkehrsord=
nung § 52 (5), 53 (9), 55
(2, 3), 57, 58, 59, 77 Zif. 1,
2, 3, 6 und Anl. B

Interesse
an der Lieferung

Barvorschuß

nach Eingang

Nachnahme

Einzelnachweis
obiger
Nachnahme

in Buchstaben

Frankaturvermerk
des Absenders

Wird Duplikat
(Aufnahmeschein)
beantragt?

M	Pf

, den ___ ten ___ 19 ___

Unterschrift des Absenders

Duplikat=
(Aufnahmeschein=)
Stempel

Anmerkung. Obiger Abdruck ist eine Verkleinerung; die wirklichen Maße sind in der unteren rechten Ecke de

Frankiert		Rechnung	Fracht-satz für 100 Kilogr.	Zu erheben			
M	Pf			*M*	Pf		
		Nachnahme { Barvorschuß / nach Eingang					
		Provision					
		Fracht bis					
		Frachtzuschlag für das Interesse an der Lieferung					
		Fracht bis					
		Frachtzuschlag für das Interesse an der Lieferung					
		Fracht bis					
		Frachtzuschlag für das Interesse an der Lieferung					

Stempel der **Versandstation**	**Wägestempel**	Stempel der **Empfangsstation**

Bemerkungen.

1. Die **stark umrahmten** Teile des Formulars sind durch die **Eisenbahn,** die übrigen durch den Absender auszufüllen. Bei Aufgabe von Gütern, die der Absender zu verladen hat, sind von diesem auch die Nummer und das Eigentumsmerkmal des Wagens einzutragen.
2. Die **Übergangsstempel** sind der Reihenfolge nach auf die Rückseite der Rechnung aufzudrücken.

Höhe: 30 cm

Papierbreite: 38 cm

(Fortf. v. Seite 609.)

bezeichneten Art eine andere Stelle bestimmt ist, durch Aushang an dieser Stelle. Zwischen dem Tage, an welchem der Aushang bewirkt, und dem Tage, an welchem das ausgehängte Schriftstück wieder abgenommen wird, soll ein Zeitraum von mindestens sechs Wochen liegen; auf die Gültigkeit der Bekanntmachung hat es keinen Einfluß, wenn das Schriftstück von dem Orte des Aushanges zu früh entfernt wird.

Die Behörde oder die Anstalt kann weitere Bekanntmachungen, insbesondere durch Einrückung in öffentliche Blätter, veranlassen.

§ 2. Die in der Bekanntmachung zu bestimmende Frist zur Anmeldung von Rechten muß mindestens sechs Wochen betragen. Die Frist beginnt mit dem Aushange, falls aber die Bekanntmachung auch durch Einrückung in öffentliche Blätter erfolgt, mit der letzten Einrückung.

Anlage J (zu Anmerkung 95).
Deutscher Eisenbahn-Gütertarif Teil I Abteilung B[1].
(Auszug.)

A. Allgemeine Tarifvorschriften nebst Güterklassifikation[2].

I. Grundsätze für die Frachtberechnung.

§ 1. (1) Die Fracht wird nach Kilogramm berechnet. Sendungen unter 20 kg werden für 20 kg, das darüber hinausgehende Gewicht wird mit 10 kg steigend so gerechnet, daß je angefangene 10 kg für voll gelten.

(2) Wird für die Frachtberechnung das wirkliche Gewicht der Sendungen erhöht oder vermindert, so tritt die Abrundung auf je 10 kg erst nach der Erhöhung oder Verminderung des Gewichts ein.

(3) Die Fracht wird auf volle 0,10 Mark in der Weise abgerundet, daß Beträge unter 5 Pfennig gar nicht, Beträge von 5 Pfennig ab aber für 0,10 Mark gerechnet werden.

§ 2. Die Frachtberechnung ist eine verschiedene, je nachdem das Gut als Eilgut oder als Frachtgut aufgegeben wird.

A. Eilgut.

(Vergl. auch die besonderen Vorschriften für bestimmte Gegenstände unter C.)

§ 3. (1) Alle nicht im Spezialtarife für bestimmte Eilgüter (vergl. Güterklassifikation, Abschnitt a, . . .) aufgeführten Artikel werden bei Aufgabe als Eilstückgut zu den im Tarife vorgesehenen Eilstückgutsätzen, bei Aufgabe als Eilgut in Wagenladungen zu den Sätzen der Allgemeinen Wagenladungsklasse (B bezw. A 1) für das Doppelte des der Frachtberechnung nach den Vorschriften für diese Klasse zugrunde zu legenden Gewichts (vergl. § 9) befördert.

(2) Mindestens werden 0,50 Mark für jede Frachtbriefsendung erhoben.

(3) Für die in der Güterklassifikation, Abschnitt „a) Spezialtarif für bestimmte Eilgüter" (. . .) aufgeführten Artikel wird sowohl bei Aufgabe als Stückgut wie als Wagenladung nur die Fracht nach Abschnitt B für Frachtgut berechnet.

(4) Werden Güter des Spezialtarifs für bestimmte Eilgüter zusammen mit anderen Gütern auf einen Eilfrachtbrief aufgegeben, so wird Eilgutfracht für die ganze Sendung berechnet, sofern nicht bei getrennter Gewichtsangabe die

---

[1] Hierzu ZusBest. der StEB. (VII 3 Anm. 95).

[2] LandeseisRat II 3 § 14 Ziff. 2 b. W.

Einzelberechnung sich billiger stellt. Bei Eilstückgutsendungen ist die Einzelberechnung nur dann zulässig, wenn die Güter des Spezialtarifs für bestimmte
Eilgüter und die sonstigen Güter in getrennter Verpackung aufgegeben werden.
Die im § 6 Ziffer 2 und im § 11 Ziffer 2 enthaltenen Bestimmungen über das
zur Frachtberechnung heranzuziehende Gewicht finden auch hier Anwendung.

§ 4. Beschleunigtes Eilgut wird vorzugsweise vor anderem Eilgut mit
den günstigsten, von der Eisenbahnverwaltung dafür freigegebenen Zügen befördert.
Es wird alsdann ohne Unterschied der Artikel — und zwar auch bei den im
Spezialtarife für bestimmte Eilgüter aufgeführten Artikeln —
erhoben:

für Stückgut die Eilstückgutsätze für das doppelte wirkliche Gewicht,
mindestens jedoch für 40 kg und mindestens 1 Mark für jede Frachtbriefsendung,

für Wagenladungen die Sätze der Allgemeinen Wagenladungsklasse (B
bezw. A 1) für das Vierfache des der Frachtberechnung nach den Vorschriften für diese Klasse zugrunde zu legenden Gewichts (vergl. § 9).
[Für Fische vergl. § 40 (1).]

B. Frachtgut.
(Vergl. auch die besonderen Vorschriften für bestimmte Gegenstände unter C.)

Stückgut.

§ 5. (1) Zu den Stückgutsätzen werden diejenigen Güter befördert, welche
der Absender nicht als Wagenladung aufgibt.

(2) Mindestens werden 0,30 Mark für jede Frachtbriefsendung erhoben.

§ 6. (1) Für die in der Güterklassifikation, Abschnitt „b) Spezialtarif für
bestimmte Stückgüter" (. . .) aufgeführten Güter werden die Sätze dieses Spezialtarifs, für alle übrigen die Sätze der Allgemeinen Stückgutklasse berechnet.

(2) Werden Güter des Spezialtarifs mit solchen der Allgemeinen Stückgutklasse in getrennter Verpackung mit einem Frachtbrief aufgegeben, so
wird die Fracht nach den Sätzen der Allgemeinen Stückgutklasse berechnet, sofern
nicht bei getrennter Angabe des Gewichts die Einzelrechnung sich billiger stellt.
Bei der Einzelberechnung wird die Fracht für das zur Allgemeinen Stückgutklasse
und für das zum Spezialtarife gehörige Gut mindestens für je 10 kg berechnet
und das darüber hinausgehende Gewicht steigend je auf volle 10 kg abgerundet.

(3) Werden Güter des Spezialtarifs mit solchen der Allgemeinen Stückgutklasse, soweit dies nach den Bestimmungen der Verkehrsordnung zulässig ist,
zu einem Frachtstücke vereinigt, so wird die Fracht für das ganze Gewicht zu
den Sätzen der Allgemeinen Stückgutklasse berechnet.

Wagenladungen.

§ 7. Zu den Sätzen der Wagenladungsklassen werden diejenigen Güter befördert, welche der Absender mit einem Frachtbriefe für einen Wagen als
Wagenladung aufgibt.

§ 8. (1) Die Güter werden eingeteilt in 4 Hauptklassen:

Güter der Allgemeinen Wagenladungsklasse (Klasse B) mit der Nebenklasse A¹,
„   des Spezialtarifs   I ⎱
„   „   „   II ⎰ mit der Nebenklasse A²,
„   „   „   III mit der Nebenklasse Spezialtarif II.

(2) Die Güter der Spezialtarife sind aus der Güterklassifikation, Abschnitt
„c) Spezialtarife für Wagenladungsgüter" (. . .) zu ersehen; alle daselbst nicht
genannten Güter gehören zur Allgemeinen Wagenladungsklasse.

§ 9. (1) Der Frachtberechnung nach den Sätzen der Hauptklassen wird ein Gewicht von mindestens 10 000 kg für jeden verwendeten Wagen, der Frachtberechnung nach den Sätzen der Nebenklassen ein Gewicht von mindestens 5000 kg für jeden verwendeten Wagen zugrunde gelegt, auch wenn das wirkliche Gewicht weniger als 10 000 kg bezw. 5000 kg beträgt.

(2) Für Sendungen von weniger als 10 000 kg, aber mehr als 5000 kg wird die Fracht für das wirkliche Gewicht nach der Nebenklasse oder für 10 000 kg nach der Hauptklasse für jeden verwendeten Wagen berechnet, je nachdem die eine oder andere Berechnung eine billigere Fracht ergibt.

Gemeinsame Bestimmungen für alle Wagenladungen.

§ 10. Wagenladungen können aus verschiedenartigen Gütern, auch verschiedener Hauptklassen, gebildet werden, soweit nicht Bestimmungen der Eisenbahn-Verkehrsordnung entgegenstehen (vergl. § 52 (7) der Eisenbahn-Verkehrsordnung).

§ 11. (1) Wenn aus ungleich tarifierten Gütern eine Wagenladung gebildet wird, so wird die Fracht für die ganze Sendung auf Grund des höchsten, für einen Teil der Sendung geltenden Tarifsatzes ermittelt, sofern nicht bei getrennter Gewichtsangabe nach den §§ 5 bis 9 die Einzelberechnung sich billiger stellt.

(2) Wird für eine Frachtbriefsendung Stückgut- und Wagenladungsfracht in Einzelberechnung erhoben, so sind zur Berechnung der Stückgutfracht 10 kg als Mindestgewicht anzunehmen. Auf den als Stückgut berechneten Teil der Sendung finden im übrigen die Bestimmungen für Wagenladungen Anwendung.

§ 12. Wenn durch den Absender weder der Laderaum noch das Ladegewicht des Wagens ausgenutzt wird, so hat die Eisenbahn das Recht, Zuladungen vorzunehmen.

§ 13. Ist die Anwendung ermäßigter Frachtsätze oder günstigerer Frachtbedingungen in der Klassifikation der Güter der Spezialtarife an die Bedingung der Ausfuhr geknüpft, so wird hierunter in der Regel die Beförderung mit direktem Frachtbrief über die Grenzen des deutschen Zollgebiets hinaus verstanden.

§ 14. Kontrollvorschriften für Ausfuhrgüter bei Beförderung nach Binnenstationen.

C. Besondere Vorschriften für bestimmte Gegenstände.

§ 15. Explodierbare Gegenstände.

§ 16. Mineralsäuren u. dgl.

§ 17. Edelmetalle, Kunstgegenstände u. dgl.

§ 18. Leichtzerbrechliche Gegenstände.

§ 19. Gegenstände von mehr als 7 m Länge.

Sperrige Stückgüter.

§ 20. (1) Als sperrige Stückgüter — Güter, die im Verhältnisse zu ihrem Gewicht einen ungewöhnlich großen Laderaum in Anspruch nehmen — werden nur die in dem nachfolgenden Verzeichnisse (. . .) aufgeführten Güter behandelt.

(2) Bei sperrigen Stückgütern (Eil- oder Frachtgut) wird die Fracht für das 1¼fache des wirklichen Gewichts nach den Sätzen für Eilstückgut bezw. nach den Sätzen der Allgemeinen Stückgutklasse erhoben; als geringstes Gewicht werden 30 kg für jede Frachtbriefsendung berechnet. Bei beschleunigtem Eilgut werden die Eilstückgutsätze für das 3fache des wirklichen Gewichts erhoben; als Mindestgewicht für jede Frachtbriefsendung werden 60 kg berechnet.

§ 21, 22.

§ 23—29. Fahrzeuge.

§ 30—34. Gebrauchte Emballagen.

Privatgüterwagen.

§ 35. (1) Privatgüterwagen sind die für die Beförderung gewisser Güter besonders eingerichteten Wagen, deren Benutzung dem durch die Wagenanschrift bezeichneten Privaten zusteht. Über die Einstellung eines solchen Wagens entscheidet die Verwaltung, in deren Wagenpark der Wagen aufgenommen werden soll.

(2) Als Kessel- oder Gefäßwagen gelten nur solche besonders eingerichtete Wagen, bei denen die Kessel oder Gefäße die Stelle des Wagenkastens vertreten oder bei denen die Kessel, Metallzylinder, Fässer oder sonstigen Gefäße mit dem Wagenboden derart verbunden sind, daß sie nicht ohne besondere Schwierigkeiten abgenommen werden können.

(3) Zur Beförderung in Kessel- und anderen Gefäßwagen dürfen nur die in dem nachfolgenden Verzeichnis (...) aufgeführten Flüssigkeiten zugelassen werden.

(4) Zur Beförderung mit sonstigen Privatgüterwagen (d. s. Privatwagen mit Ausschluß der Privatkesselwagen) dürfen nur zugelassen werden

a) Güter, die wegen ungewöhnlicher Schwere oder wegen der Form der einzelnen unzerlegbaren Stücke Wagen von besonderer Bauart oder mit besonderer Einrichtung bedürfen, z. B. große Panzerplatten, Spiegelscheiben;

b) die in dem nachfolgenden Verzeichnis (...) aufgeführten Güter, die wegen ihrer Leichtverderblichkeit oder wegen sonstiger Eigenschaften Wagen von besonderer Bauart oder mit besonderer Einrichtung bedürfen.

(5) Bei der Beförderung in Kessel- oder anderen Gefäßwagen wird die Fracht für das Nettogewicht der in den Gefäßen enthaltenen Flüssigkeiten, mindestens jedoch für 10 000 kg für jeden Wagen, nach der für das Gut zutreffenden Tarifklasse berechnet. Ist indessen das Eigengewicht des verwendeten Wagens höher als das hiernach frachtpflichtige Gewicht, so ist ein Drittel des überschießenden Gewichtes dem frachtpflichtigen Gewichte des Gutes zuzuschlagen.

(6) Bei der Beförderung mit sonstigen Privatgüterwagen wird die Fracht für das Gewicht der verladenen Güter nach der für das Gut zutreffenden Tarifklasse, mindestens jedoch für 2000 kg für jeden Wagen nach der zutreffenden Stückgutklasse berechnet. Übersteigt jedoch das Eigengewicht des Wagens 15 000 kg und ist das frachtpflichtige Gewicht der Ladung niedriger als das Eigengewicht, so wird $^1/_8$ des 15 000 kg übersteigenden Eigengewichts dem frachtpflichtigen Gewichte der Ladung hinzugerechnet. Wenn aber das frachtpflichtige Gewicht höher ist als 15 000 kg, so wird nur $^1/_8$ des das frachtpflichtige Gewicht übersteigenden Eigengewichts dem frachtpflichtigen Gewichte zuzuschlagen. Die Bestimmungen der §§ 31 und 32 gelten auch bei der Verwendung von Privatgüterwagen.

(7) In das Eigengewicht der Privatgüterwagen ist alles einzurechnen, was zur vollständigen Einrichtung des Wagens gehört.

(8) Die leeren Privatgüterwagen werden frachtfrei befördert. Frachtpflichtig ist jedoch die Beförderung der leeren Wagen zum Zwecke der Einstellung oder Umstationierung.

Bahneigene Kesselwagen.

§ 36. Die Vorschriften im § 35 Abs. 2, 3 und 5 gelten auch für die Beförderung in bahneigenen Kesselwagen.

§ 37, 38. Gegenstände, welche Schutzwagen oder mehrere Wagen erfordern.

§ 39. Frisches Fleisch.

§ 40, 41. Fische, Bienen.

§ 42. Rückbeförderung der mit Magermilch usw. gefüllten Milchgefäße.

II. Auf- und Abladen der Güter.

§ 43. (1) Das Auf- und Abladen derjenigen Güter, welche als Stückgut (Eil- oder Frachtgut) aufgegeben werden, auf die Eisenbahnwagen oder von denselben geschieht auf Kosten der Eisenbahn und durch dieselbe. (Vergl. jedoch Nr. XV 4, XV a, XVI, XVII, XVIII und XXV der Anlage B der Verkehrsordnung.)*)

(2) Bei Gegenständen, welche einzeln mehr als 750 kg wiegen, oder welche in gedeckt gebaute Wagen durch die Seitentüren nicht verladen werden können, kann die Eisenbahn das Aufladen durch den Absender und das Abladen durch den Empfänger verlangen.

§ 44. (1) Alle sonstigen Güter sind seitens der Absender und Empfänger auf- und abzuladen, sofern nicht die Eisenbahn diese Leistungen gegen die in dem Nebengebührentarife bestimmten Gebühren selbst übernimmt. Das Auf- und Absetzen von auf eigenen Rädern laufenden Eisenbahnfahrzeugen auf die Gleise bezw. von denselben wird seitens der Eisenbahn nicht übernommen. Ein Antrag auf bahnseitige Übernahme des Aufladens ist seitens des Absenders schriftlich im Frachtbriefe zu stellen; ein Antrag auf bahnseitige Übernahme des Abladens ist seitens des Empfängers schriftlich zu stellen. Geht die Eisenbahn auf derartige Anträge ein, so steht dem Absender oder Empfänger keine Einwirkung auf das Geschäft des Auf- und Abladens zu.

(2) Falls die Eisenbahn dem Absender oder Empfänger ohne entsprechenden schriftlichen Antrag zur Besorgung des Auf- und Abladens unter seiner Leitung oder derjenigen seiner Beauftragten die erforderlichen Leute stellt, so ist dies nicht als eine Übernahme des Auf- und Abladens durch die Eisenbahn anzusehen; die Bestimmung im § 77 Abs. 1 Ziffer 3 der Verkehrsordnung wird daher hierdurch nicht berührt.

III. Beförderung der Güter in offen gebauten, in gedeckt gebauten oder in offen gebauten Wagen mit Decke.

§ 45. Ob Güter in offen gebauten, in gedeckt gebauten oder in offen gebauten Wagen mit Decke befördert werden, regelt sich

1. in erster Reihe nach den Bestimmungen der Verkehrsordnung, nach polizeilichen Vorschriften oder nach zwingenden Gründen des Betriebs,
2. nach dem Verlangen der Zoll- oder Steuerbehörde,
3. nach der ausdrücklichen Vorschrift des Absenders im Frachtbriefe.

§ 46. Falls keine der vorstehenden Voraussetzungen zutrifft, werden
A. 1. Stückgüter,
 2. Güter der Allgemeinen Wagenladungsklasse,
 3. die in dem nachfolgenden Verzeichnisse ... aufgeführten Güter der Spezialtarife für Wagenladungsgüter
 in gedeckt gebauten Wagen,
B. 1. die in dem nachfolgenden Verzeichnisse ... nicht aufgeführten Güter der Spezialtarife für Wagenladungsgüter,
 2. Gegenstände, welche in gedeckt gebaute Wagen durch die Seitentüren nicht verladen werden können (diese auch bei Aufgabe als Stückgut oder Eilstückgut)
 in offen gebauten Wagen befördert.

§ 47. (Zusammenladen v. Gütern verschiedener Art.)

---

*) In d. W. nicht abgedruckt.

§ 48. (1) Die Überlassung von Decken an den Absender auf dessen Antrag findet seitens der Eisenbahn nur statt, soweit solche verfügbar sind und eine Beschädigung derselben durch den zu verladenden Artikel nach dem Ermessen der Verwaltung bezw. der Versand-Abfertigungsstelle nicht zu befürchten ist.

(2) Das Auflegen der mietweise überlassenen Decken liegt dem Absender ob.

§ 49. Wenn Güter der im § 46 B aufgeführten Art bedeckt befördert werden, weil entweder

1. nach den Bestimmungen der Verkehrsordnung oder nach polizeilichen Vorschriften die Beförderung in gedeckt gebauten Wagen oder in offen gebauten Wagen mit Decken geschehen muß — oder

2. die Zoll- oder Steuerbehörde Beförderung in gedeckt gebauten Wagen oder in offen gebauten Wagen mit Decken verlangt — oder

3. der Absender die Beförderung in gedeckt gebauten Wagen oder in offen gebauten Wagen mit Decke im Frachtbrief ausdrücklich vorschreibt,

so wird

bei Beförderung in gedeckt gebauten Wagen

die Fracht für das nach der betreffenden Klasse zur Frachtberechnung zu ziehende, jedoch um 10 Prozent erhöhte Gewicht,

bei Beförderung in offen gebauten Wagen mit Decke

die tarifmäßige Deckenmiete (Nebengebührentarif Nr. VI)

erhoben.

§ 50. Werden Güter der im § 46 A aufgeführten Art in offen gebauten Wagen mit Decke befördert, so wird die tarifmäßige Deckenmiete nur dann erhoben, wenn der Absender in dem Frachtbriefe folgenden Antrag stellt: „Ich beantrage die Stellung eines offenen Wagens mit Decke."

IV. § 51—53. **Frachtfreie Beförderung der Privatwagendecken und der . . . Ladegeräte sowie der den Biersendungen beigeladenen . . . Schutzmittel.**

Verzeichnis der sperrigen Stückgüter (§ 20 Abs. 1).

Verzeichnis der zur Beförderung in Kessel- oder anderen Gefäßwagen zugelassenen Flüssigkeiten (§ 35 Abs. 3).

Verzeichnis der zur Beförderung in Privatgüterwagen (ausschl. der Kesselwagen) zugelassenen Güter (§ 35 Abs. 4 b).

Verzeichnis der in gedeckt gebauten Wagen zu befördernden Güter der Spezialtarife für Wagenladungsgüter (§ 46 A 3).

Güterklassifikation.

a) Spezialtarif für bestimmte Eilgüter.

b) Spezialtarif für bestimmte Stückgüter.

c) Spezialtarife für Wagenladungsgüter.

B. Nebengebührentarif.

Anhang: Alphabetisches Verzeichnis zum Abschnitt A.

4. Internationales Übereinkommen über den Eisenbahnfrachtverkehr. Vom 14. Oktober 1890 (RGB. 1892 S. 793).

(Mit den Ausführungsbestimmungen, den Einheitlichen Zusatzbestimmungen und den Zusatzbestimmungen des Vereins deutscher
Eisenbahnverwaltungen)[1].

Seine Majestät der Deutsche Kaiser, König von Preußen, im Namen
des Deutschen Reichs, Seine Majestät der König der Belgier, der Präsident
der Französischen Republik, Seine Majestät der König von Italien, Seine
Majestät der König der Niederlande, Prinz von Oranien-Nassau, Großherzog
von Luxemburg 2c. 2c., Seine Majestät der Kaiser von Österreich, König von
Böhmen 2c. 2c. und Apostolischer König von Ungarn, zugleich in Vertretung
des Fürstenthums Liechtenstein, Seine Majestät der Kaiser aller Reußen und
der Schweizerische Bundesrath[2]

haben sich entschlossen,

---

[1] Im folgenden sind abgedruckt:
a) der Text des IntÜb. unter
Berücksichtigung der Änderungen, die
durch das Zusatzübereinkommen
16. Juni 98 (RGB. 01 S. 295) vorgenommen worden sind;
b) im Anschluß an die einzelnen Art.
des IntÜb. die Ausführungsbestimmungen (Anm. 7), unter Berücksichtigung der Zusatzvereinbarung
16. Juli 95 (RGB. 465) u. des Zusatzübereinkommens (a); ferner — durch das
Zeichen [1b], Einrücken u. kleinere Schrift
bezeichnet — die „einheitlichen
Zusatzbestimmungen" des internat.
Transportkomitees (VII 1 b. W.) und
— in noch kleinerer Schrift — die
Zusatzbestimmungen des Vereins
deutscher Eisenbahnverwaltungen (aufgenommen in das Vereinsbetriebsreglement, VII 1 b. W.).
c) als Anlagen: Das Reglement
betr. die Errichtung eines Zentral-
Amts (Anlage A), das Schlußprotokoll 14. Okt. 90 (Anlage B),
die Zusatzerklärung 20. Sept. 93
(Anlage C), das Vollziehungsprotokoll zur Zusatzvereinbarung
(Anlage D).
Entstehungsgeschichte des Int-
Üb.: VII 1 b. W. Quellen: Reichst.
90/92 Drucks. Nr. 281 (Entw. u. Begr.);
StenBer. 1963, 2554, 2637, 2707. —
Sprache. Das IntÜb. nebst den zugehörigen Aktenstücken — Ausnahmen:
Gerstner (01) S. 6 — ist in deutscher und

französischer Sprache abgefaßt. Verhält-
nis beider Texte: Vollziehungsprotokoll
16. Juli 95 (Anl. D). — Inhalt.
Art. 1—5 allgemeine Bestimmungen,
Art. 6—8 Frachtbrief und Abschluß des
Frachtvertrags, Art. 9 Verpackung, Art.
10 Zollvorschriften u. dgl., Art. 11, 12
Berechnung und Erhebung der Fracht,
Art. 13 Nachnahmen, Art. 14 Liefer-
fristen, Art. 15—20 Beförderung und
Ablieferung, Art. 21, 22 Pfandrecht,
Art. 23 Transportgemeinschaft der Eisen-
bahnen, Art. 24 Ablieferungshindernisse,
Art. 25 Feststellung von Verlust usw.,
Art. 26—29 Ansprüche gegen die Eis.
im allg., Art. 30—42 Haftung für Ver-
lust usw., Art. 43—46 Ausschluß u. Ver-
jährung der Ansprüche, Art. 47—54
Rückgriff der Eisenbahnen untereinander,
Art. 55, 56 Prozessuales, Art. 57—59
organisatorische Einrichtungen, Art. 60
Dauer. — Bearb. Gerstner (93, Nachtrag 01), Eger (2. Aufl. 03).
Das Vereinsbetriebsreglement
(VII 1 b. W.) enthält als IV. Abschn.
den Text des IntÜb. (die einzelnen Art.
als Paragraphen bezeichnet, beginnend
mit § 39) mit den oben bei b genannten
ZusBest.
Wegen der Erläuterungen wird
bez. solcher Vorschr. des IntÜb.,
die mit Vorschr. des HGB. oder
der VerkO. übereinstimmen, auf
letztere verwiesen.
[2] Beitritt anderer Staaten Zusatzerklärung 20. Sept. 93 (Anl. C), auf

auf Grund des in ihrem Auftrage, ausgearbeiteten und in dem Protokolle, d. d. Bern, 17. Juli 1886 niedergelegten Entwurfes, ein internationales Uebereinkommen über den Eisenbahnfrachtverkehr abzuschließen und zu diesem Zweck als ihre Bevollmächtigten ernannt:

(folgen die Namen)

welche, nach gegenseitiger Mittheilung ihrer in guter und gehöriger Form befundenen Vollmachten, über nachstehende Artikel übereingekommen sind [3]):

Art. 1[4]). Das gegenwärtige internationale Uebereinkommen findet Anwendung [5]) auf alle Sendungen von Gütern, welche auf Grund eines durch=

Grund deren beigetreten Dänemark Bek. 20. Aug. 97 (RGB. 723), Rumänien Bek. 14. Juni 04 (RGB. 218).

[3]) Eingangsbest. des Vereins=BetrRegl. (Anm. 1) bei VII 3 Anm. 4. Schlußbest. desselben. 1. Die Ausgabe dieses Reglements wird von der geschäftsführenden Verwaltung des Vereins durch die Zeitung des Vereins bekannt gemacht. 2. Aenderungen werden in gleicher Weise zur öffentlichen Kenntnis gebracht.

[4]) VereinsBetrRegl. § 39.

[5]) Nach Abs. 1 umfaßt der Geltungs=bereich des IntÜb. — Gerstner (93) § 12, Gerstner (01) Anm. 2—4 zu Art. 1 —:

a) bezüglich des Transportgegenstandes nur Güter, d. h. Sachen, die auf Grund eines Frachtbriefs befördert werden; nicht also Personen, Reisegepäck, Postsendungen. Ausnahmsweise werden nicht auf Grund des IntÜb. befördert die in Art. 2, 3 bezeichneten Güter.

b) örtlich alle internationalen Gütersendungen innerhalb des im Abs. 1 umschriebenen Bereichs. Ausgenommen sind also Sendungen, die das innere Gebiet eines Vertragsstaats nicht verlassen; ferner Sendungen, die nicht ausschließlich innerhalb des Gesamt=Vertragsgebiets auf den in der Liste (Art. 1, 58) bezeichneten Eisenbahnen befördert werden. Für die Annahme von Sendungen nach Orten, die weder im Bereich des IntÜb. noch in dem der VerkO. liegen, gilt Allg. AbfertVorschr. § 27 Abs. 4 (jetzt Abs. 5) E. $\frac{30. Jan.}{22. Feb.}$ 93 (EBB. 142). Ausnahmebest. bez. der Grenzgebiete: Schlußprotokoll (Anl. B) I; ferner Ausfbest. § 1 letzter Abs. (zu Art. 3). — Die Anwendung des IntÜb. ist nicht dadurch bedingt, daß sich die Be=

förderung über Strecken mehrerer Eisenbahnverwaltungen vollzieht; es gilt z. B. für Transporte von einer elsaß=lothringischen nach einer luxemburgischen Station der Reichseisenbahnen.

c) die nach a und b in Betracht kommenden Sendungen nur dann, wenn sie als „direkte" mit durchgehendem Frachtbrief nach dem durch Art. 6 vorgeschriebenen Muster aufgegeben werden. Ob das geschieht, steht lediglich beim Absender, dem es nicht verwehrt ist, die Anwendung des IntÜb. z. B. dadurch auszuschließen, daß der Sendung für jedes Land ein besonderer Frachtbrief beigegeben wird; die Eisenbahnen können aber die Anwendung des IntÜb. nicht dadurch verhindern, daß sie für die einzelnen Verkehrsverbindungen keine Abmachungen über durchgehende Abfertigung treffen.

Innerhalb dieses Bereichs hat das IntÜb. als ein Staatsvertrag ausschließliche Geltung; die sonst geltenden Rechtsnormen u. (Art. 4) reglementarischen Best. finden nur insoweit Anwendung, als im IntÜb. auf sie verwiesen ist oder es sich um Rechtsfragen handelt, die das IntÜb. offen läßt RGer. 21. Sept. 98 (XLII 24). Die Anwendbarkeit des IntÜb. wird dadurch nicht aufgehoben, daß eine mit internat. Frachtbrief aufgegebene Sendung schon im Gebiet des Staates, in dem die Absendung erfolgt ist, angehalten wird Gerstner (93) S. 56, Eger Anm. 5. — Das IntÜb. hat zwar einheitl. Frachtrecht in den Vertragsstaaten geschaffen, diese Einheitlichkeit ist aber nur eine materielle, nicht auch eine formelle: In jedem einzelnen Staate gilt es nur wie ein Landesgesetz; in Deutschland ist es daher keine revisible Rechtsnorm, wenn

gehenden Frachtbriefes aus dem Gebiete eines der vertragschließenden Staaten in das Gebiet eines anderen vertragschließenden Staates auf denjenigen Eisenbahnstrecken befördert werden, welche zu diesem Zweck in der anliegenden Liste[6]), vorbehaltlich der im Artikel 58 vorgesehenen Aenderungen, bezeichnet sind.

Die Bestimmungen, welche zur Ausführung des gegenwärtigen Uebereinkommens von den vertragschließenden Staaten vereinbart werden, sollen dieselbe rechtliche Wirkung haben, wie das Uebereinkommen selbst[7]).

Art. 2[8]). Die Bestimmungen des gegenwärtigen Uebereinkommens finden keine Anwendung auf die Beförderung folgender Gegenstände:

1. derjenigen Gegenstände, welche auch nur in einem der am Transporte betheiligten Gebiete dem Postzwange unterworfen sind[9]);

2. derjenigen Gegenstände, welche wegen ihres Umfangs, ihres Gewichts oder ihrer sonstigen Beschaffenheit, nach der Anlage und dem Betriebe auch nur einer der Bahnen, welche an der Ausführung des Transportes theilzunehmen haben, sich zur Beförderung nicht eignen;

3. derjenigen Gegenstände, deren Beförderung auch nur auf einem der am Transporte betheiligten Gebiete aus Gründen der öffentlichen Ordnung[10]) verboten ist.

> 1 b) Werden Gegenstände aufgegeben, welche in einem der vom Transporte berührten Länder dem Postzwange unterliegen, so hat die Grenzstation oder jede andere Station dieses Landes das Recht, diese Gegenstände unter Erhebung der bis dahin erwachsenen Fracht und Spesen der Post zur Weiterbeförderung zu übergeben.

Art. 3[11]). Die Ausführungs-Bestimmungen[7]) werden diejenigen Güter bezeichnen, welche wegen ihres großen Werthes, wegen ihrer besonderen Beschaffenheit oder wegen der Gefahren, welche sie für die Ordnung und Sicherheit des Eisenbahnbetriebes[10]) bieten, vom internationalen Transporte nach Maßgabe dieses Uebereinkommens[5]) ausgeschlossen oder zu diesem Transporte nur bedingungsweise zugelassen sind.

es als ausländ. Recht (z. B. bei Transportverweigerung in Österreich) zur Anwendung kommt RGer. 25. Feb. 04 (LVII 142).

[6]) Die häufigen Veränderungen unterliegende Liste (zuletzt Bek. 7. März 05, RGB. 157) umfaßt alle für den internat. Verkehr in Betracht kommenden Bahnlinien der Vertragsstaaten; sie wird hier nicht mitgetheilt. — Regl. betr. Erricht. eines Zentralamts (Anl. A) Art. III. — Kleinbahnen dürfen nicht aufgenommen werden E. 20. März 96 (ERB. 145).

[7]) Schlußprotokoll (Anl. B) IV. In die Ausführungsbest. sind Vorschr. aufgenommen, die als mehr oder weniger vorübergehende Best. reglementärer Natur regelmäßig in den Vertragsstaaten nur der Genehmigung der Exekutive bedürfen werden Gerstner (93) § 11. Sie sind in d. W. hinter dem Art. abgedruckt, auf den sie sich beziehen, u. zwar § 1 hinter Art. 3, § 2 hinter

Art. 6, § 3 hinter Art. 7, § 4 hinter Art. 9, § 5 hinter Art. 12, § 6 hinter Art. 14, § 7 hinter Art. 15, § 8 hinter Art. 32, § 9 hinter Art. 38, § 10 hinter Art. 48, § 11 hinter Art. 56. — Anm. 1 b.

[8]) VereinsBetrRegl. § 40; inhaltlich übereinstimmend VerkO. § 50 A 1—3. — Regl. betr. Errict. eines Zentralamts (Anl. A) Art. II Abf. 2, 3. — Zusammenstellungen der in Betracht kommenden Vorschr. bringt die IntZtsch. z. B. IV 234.

[9]) Übersicht bei Gerstner (01) Anm. II.

[10]) Hierzu gehört nicht die Rücksicht auf Ordnung u. Sicherheit des Eisenbahnbetriebs, von der Art. 3 handelt.

[11]) VereinsBetrRegl. § 41. — Art. 6 ZusBest. 7 a, Art. 7 AusfBest. § 3 u. ZusBest. 4, Art. 43. Nachweis der Zus.-Best. f. d. einzelnen Verbandsverkehre in der in Anm. 144 bezeichneten Zusammenstellung.

Ausf.-Best. §. 1¹²).

Von der Beförderung sind ausgeschlossen:

1. Gold- und Silberbarren, Platina, Geld, geldwerthe Münzen und Papiere, Dokumente, Edelsteine, echte Perlen, Pretiosen und andere Kostbarkeiten¹³).

2. Kunstgegenstände, wie Gemälde, Gegenstände aus Erzguß, Antiquitäten.

3. Leichen.

¹²) Indeß werden Gold- und Silberbarren, Platina, Geld, geldwerthe Münzen und Papiere, Dokumente, Edelsteine, echte Perlen, Pretiosen und andere Kostbarkeiten, ferner Kunstgegenstände, wie Gemälde, Gegenstände aus Erzguß, Antiquitäten, im internationalen Verkehr auf Grund des im Berner Übereinkommen vorgesehenen internationalen Frachtbriefes, und zwar entweder nach Maßgabe von Vereinbarungen zwischen den Regierungen der betheiligten Staaten, oder von Tarifbestimmungen, welche von den dazu ermächtigten Bahnverwaltungen aufgestellt und von allen zuständigen Aufsichtsbehörden genehmigt sind, zugelassen.

¹²) Zu den Kostbarkeiten sind beispielsweise auch besonders werthvolle Spitzen und besonders werthvolle Stickereien zu rechnen.

¹²) Ebenso werden Leichentransporte zum internationalen Transporte mit dem internationalen Frachtbriefe unter folgenden Bedingungen zugelassen.

a) Die Beförderung erfolgt als Eilgut.

b) Die Transportgebühren sind bei der Aufgabe zu entrichten.

c) Die Leiche muß während der Beförderung von einer dazu beauftragten Person begleitet sein.

d) Die Beförderung unterliegt im Gebiete jedes einzelnen Staates den daselbst in polizeilicher Beziehung geltenden Gesetzen und Verordnungen, soweit nicht unter den betheiligten Staaten besondere Abmachungen getroffen sind.

4. Schießpulver, Schießbaumwolle, geladene Gewehre, Knallsilber, Knallquecksilber, Knallgold, Feuerwerkskörper, Pyropapier, Nitroglyzerin, pikrinsaure Salze, Natronkokes, Dynamit, sowie alle anderen der Selbstentzündung oder Explosion unterworfenen Gegenstände, ferner die Ekel erregenden oder übelriechenden Erzeugnisse, insofern die in dieser Nummer aufgeführten Gegenstände nicht unter den bedingungsweise zugelassenen ausdrücklich aufgezählt sind.

Die in Anlage 1¹⁴) verzeichneten Gegenstände werden nur unter den daselbst aufgeführten Bedingungen zur Beförderung zugelassen. Denselben sind besondere, andere Gegenstände nicht umfassende Frachtbriefe beizugeben.

Es können jedoch zwei oder mehrere Vertragsstaaten in ihrem gegenseitigen Verkehr für Gegenstände, welche vom internationalen Transporte ausgeschlossen oder nur bedingungsweise zugelassen sind, leichtere Bedingungen vereinbaren¹⁵).

¹²) VerkO. § 50 (A 4 u. B) u. Anl. B; Leichen: VerkO. § 42. — Die gesperrten Absätze sind durch die Zusatzvereinb. 16. Juli 95 (Anm. 1 b) eingefügt.

¹³) VII 2 Anm. 9 d. W.

¹⁴) Entspricht der Anl. B der VerkO.; ist hier nicht abgedruckt.

¹⁵) Schlußbestimmung der Zusatzvereinbarung 16. Juli 95:

In Anwendung des §. 1, letzter Absatz, der Ausführungsbestimmungen kann die bedingungsweise Beförderung von Gütern, welche nach Ziffer 4 des gedachten Paragraphen vom Transporte ausgeschlossen sind, oder die Bewilligung leichterer Bedingungen als der in Anlage 1 vorgeschriebenen, für den Verkehr zweier

¹ᵇ) 1. Kunstgegenstände, wie Gemälde, Gegenstände aus Erzguß, Antiquitäten, werden als Eil= oder Frachtgut zur Beförderung zugelassen. Dieselben müssen als solche im Frachtbriefe ausdrücklich bezeichnet werden.

2. Zum Zwecke der Entschädigungsberechnung wird für derlei Artikel der gemeine Handelswert bezw. der gemeine Wert nicht höher als 150 Franken für 100 kg angenommen. Eine Deklaration des Interesses an der Lieferung ist unzulässig.

3. (Ausschluß von der Beförderung als Eilstückgut).

4. (Ausschluß von der Beförderung als Eilgut).

Art. 4. Die Bedingungen der gemeinsamen Tarife der Eisenbahn=Vereine oder Verbände, sowie die Bedingungen der besonderen Tarife der Eisenbahnen haben, sofern diese Tarife auf den internationalen Transport Anwendung finden sollen, insoweit Geltung, als sie diesem Uebereinkommen nicht widersprechen; andernfalls sind sie nichtig¹⁶).

Art. 5¹⁷). Jede nach Maßgabe des Artikels 1 bezeichnete Eisenbahn ist verpflichtet, nach den Festsetzungen und unter den Bedingungen dieses Uebereinkommens die Beförderung von Gütern im internationalen Verkehr zu übernehmen, sofern

1. der Absender den Anordnungen dieses Uebereinkommens sich unterwirft;

2. die Beförderung mit den regelmäßigen Transportmitteln möglich ist;

3. nicht Umstände, welche als höhere Gewalt zu betrachten sind, die Beförderung verhindern.

Die Eisenbahnen sind nur verpflichtet, die Güter zum Transporte anzunehmen, soweit die Beförderung derselben sofort erfolgen kann. Die für

---

oder mehrerer Vertragsstaaten festgesetzt werden, entweder:
1. durch Vereinbarung der Regierungen der betheiligten Staaten, oder
2. durch Tarifbestimmungen der betheiligten Eisenbahnen, vorausgesetzt, daß
   a. die Beförderung der betreffenden Gegenstände oder die hierfür in Aussicht genommenen Bedingungen nach den internen Reglements zulässig sind, und
   b. die von den dazu ermächtigten Bahnen aufzustellenden Tarifbestimmungen von allen zuständigen Aufsichtsbehörden genehmigt werden.

Erleichternde Vorschriften sind von den Regierungen vereinbart z. B. für den Verkehr Deutschlands mit Österreich=Ungarn Bek. 15. Mai 02 (RGBl. 137), Deutschlands mit der Schweiz Bek. 8. Jan. 02 (RGBl. 4), Deutschlands mit Luxemburg Bek. 29. Mai 93 (RGBl. 189); für den wechselseitigen Verkehr zwischen den Eis. Deutschlands, der Niederlande, Österreichs u. Ungarns, sowie der Schweiz Bek. 29. Jan. 94 (RGBl. 113), unter nachträgl. Beitritt von Luxemburg u. Belgien Bek. 30. April 94 (RGBl. 403).

¹⁶) VereinsBetrRegl. § 42. — Auch Abweichungen zum Vorteil des Publikums sind unzulässig Gerstner (93) S. 83, (01) S. 36; a. M. Eger Anm. 20. — Auf die staatlichen Rechtsnormen der Vertragsstaaten bezieht sich Art. 4 nicht Gerstner (01) S. 37. — HGB. § 471.

¹⁷) VereinsBetrRegl. § 43; im wesentl. übereinstimmend HGB. § 453, VerkO. § 6 (ohne Beschränkung auf Güter), 49, 55 (1), 56 (4). — Der Transportpflicht bez. des internat. Verkehrs entspricht die einheitliche Berechnung der Lieferfrist (Art. 14), die gemeinsame Haftung der beteil. Bahnen (Art. 27) u. das Rückgriffsrecht der entschädigenden Verwaltung (Art. 47 ff.). — Schadensersatzansprüche aus Abs. 4 richten sich nach dem Rechte des Ortes, an dem die Zuwiderhandlung vor sich geht RGer. 25. Feb. 04 (LVII 142).

die Versandstation geltenden besonderen Vorschriften bestimmen, ob dieselbe verpflichtet ist, die Güter, deren Beförderung nicht sofort erfolgen kann, vorläufig in Verwahrung zu nehmen[18]).

Die Beförderung der Güter findet in der Reihenfolge statt, in welcher sie zum Transporte angenommen worden sind, sofern die Eisenbahn nicht zwingende Gründe des Eisenbahnbetriebes oder das öffentliche Interesse für eine Ausnahme geltend machen kann.

Jede Zuwiderhandlung gegen die Bestimmungen dieses Artikels begründet den Anspruch auf Ersatz des dadurch entstandenen Schadens[17]).

[1b] 1. Das Verfahren bei der Auslieferung und Verladung der Güter richtet sich nach den für die Versandbahn geltenden gesetzlichen und reglementarischen Bestimmungen (siehe auch V.-Z.[19]), Ziffer 5 u. ff.).

2. Gegenstände, deren Ein= und Ausladen besondere Vorrichtungen nötig macht, ist die Eisenbahn nur auf und nach solchen Stationen anzunehmen verpflichtet, wo derartige Vorrichtungen bestehen[20]).

3. Für Gegenstände, deren Verladung oder Transport nach dem Ermessen der Versandbahn besondere Schwierigkeiten verursacht, kann die Beförderung von jedesmal zu vereinbarenden besonderen Bedingungen abhängig gemacht werden[21]).

4. (Auf eigenen Rädern laufende Lokomotiven, Tender, Dampfwagen und sonstige Eisenbahnfahrzeuge[22]).)

5. Für die Auslieferung und Verladung der Güter gelten insbesondere nachstehende Bestimmungen[23]):

a) (Zeit und Frist.) Wegen der Anfuhr der Güter durch Rollfuhrunternehmer der Eisenbahn siehe § 57 V.-Z., Ziffer 3[24]).

b) (Sonn- und Festtage.)

c) (Bereitstellung der Wagen für solche Güter, deren Verladung der Absender selbst zu besorgen hat.)

d) (Wagenstandgeld.)

e) (Einstweilige Verwahrung.)

f) (Feststellung der Reihenfolge der Güterabfertigung.)

6. Für die Annahme von lebenden Tieren zur Beförderung gelten noch folgende besondere Bestimmungen[25]):

a) Lebende Tiere werden nur unter der in der Zusatzbestimmung 2 zu diesem Paragraphen aufgeführten Voraussetzung zur Beförderung angenommen.

b) (Kranke Tiere.)

c) (Wilde Tiere.)

d) (Begleitung, kleine Tiere in Käfigen) Die Käfige müssen luftig und geräumig sein.

e) (Ein- und Ausladen.)

f) (Züge, mit denen die Beförderung erfolgt; Annahme einzelner Stücke.)

g) (Sonn- und Festtage.)

h) (Zeit der Anbringung.)

i) Wegen der Auslieferung lebender Tiere siehe § 57 V.-Z., Ziffer 16[26]).

---

[18]) ZusBest. 5 e. Nachweis der in den einzelnen Ländern geltenden Vorschr. in der in Anm. 144 erwähnten Zusammenstellung des Centralamts (Ott. 04).

[19]) ZusBest. des Vereins deutscher EisVerw. (Anm. 1 b).

[20]) VerkO. § 6 (2).

[21]) Das. § 50 B 3.

[22]) Das. § 50 B 4.

[23]) Die ZusBest. 5 entspricht wörtlich oder fast wörtlich den nachstehenden Best. der VerkO. a: § 56 (1), b: § 56 (3), c: § 56 (6), d: § 56 (7), e: § 55 (2), f: § 56 (5).

[24]) Art. 19 ZusBest. 3.

[25]) Abf. 6 a entspricht VerkO. § 44 (1); die oben nicht abgedruckten weiteren Best. decken sich mit Vorschr. der VerkO., u. zwar b bis e mit VerkO. § 44 (2) bis (5); f bis h mit VerkO. § 46 (1), (2), (3) Satz 1. In Abf. 6 d fehlt VerkO. § 44 (4) Satz 3.

[26]) Art. 19 ZusBest. 16.

Art. 6[27]**.** Jede internationale Sendung (Artikel 1) muß von einem Frachtbriefe begleitet sein, welcher folgende Angaben enthält:

    a. Ort und Tag der Ausstellung;

    b. die Bezeichnung der Versandstation, sowie der Versandbahn;

    c. die Bezeichnung der Bestimmungsstation, den Namen und den Wohnort des Empfängers;

    d. die Bezeichnung der Sendung nach ihrem Inhalt, die Angabe des Gewichtes oder statt dessen eine den besonderen Vorschriften der Versandbahn entsprechende Angabe; ferner bei Stückgut die Anzahl, Art der Verpackung, Zeichen und Nummer der Frachtstücke;

    e. das Verlangen des Absenders, Spezialtarife unter den in den Artikeln 14 und 35 für zulässig erklärten Bedingungen zur Anwendung zu bringen;

    f. die Angabe des deklarirten Interesses an der Lieferung (Artikel 38 und 40);

    g. die Angabe, ob das Gut in Eilfracht oder in gewöhnlicher Fracht zu befördern sei[27];

    h. das genaue Verzeichniß der für die zoll= oder steueramtliche Behandlung oder polizeiliche Prüfung nöthigen Begleitpapiere;

    i. den Frankaturvermerk im Falle der Vorausbezahlung der Fracht oder der Hinterlegung eines Frankaturvorschusses (Artikel 12 Absatz 3);

    k. die auf dem Gute haftenden Nachnahmen, und zwar sowohl die erst nach Eingang auszuzahlenden, als auch die von der Eisenbahn geleisteten Baarvorschüsse (Artikel 13);

    l.[28] die Angabe des einzuhaltenden Transportweges, unter Bezeichnung der Stationen, wo die Zollabfertigung stattfinden soll.

In Ermangelung dieser Angabe hat die Eisenbahn denjenigen Weg zu wählen, welcher ihr für den Absender am zweckmäßigsten scheint. Für die Folgen dieser Wahl haftet die Eisenbahn nur, wenn ihr hierbei ein grobes Verschulden zur Last fällt.

Wenn der Absender den Transportweg angegeben hat, ist die Eisenbahn nur unter den nachstehenden Bedingungen berechtigt, für die Beförderung der Sendung einen anderen Weg zu benutzen:

    1. daß die Zollabfertigung immer in den vom Absender bezeichneten Stationen stattfindet;

---

[27] VereinsBetrRegl. § 44. Im wesentl. übereinstimmend VerkO. § 51; aber Anm. 28 u. Art. 8 Abs. 5. — Zu g: ZusBest. 10. — Abs. 4 u. 5 beziehen sich auf die französ. u. italienischen Bahnen Gerstner (93) S. 135.

[28] Abweichungen von VerkO. § 51 (1) 1:

  a) Im innerdeutschen Verkehr ist außer bei Eilgut die Zulässigkeit einer Routenvorschrift auf die Wahl der Zoll= oder Steuer=AbfertStelle beschränkt;

  b) im innerdeutschen Verkehr ist die Verpflichtung der Eis. bez. des ihrerseits zu wählenden Weges weitergehend u. die Haftung strenger;

  c) die VerkO. kennt keine Pflicht der Eis., bei Abweichung von der Routenvorschrift den Absender zu benachrichtigen.

Art. 6 1 ist sinngemäß auch auf den Fall anzuwenden, daß für ein und denselben Transport verschiedene Normaltarife (z. B. ein direkter u. ein Umkartierungstarif) in Betracht kommen RGer. 21. Sept. 98 (XLII 24). Haftpflicht der Eis., wenn durch Abweichung v. d. Wegevorschr. bewirkt wird, daß das Gut, wenn auch innerhalb der Lieferfrist, verspätet ankommt, KGer. in Int. Ztschr. XII 351.

2. daß keine höhere Fracht gefordert wird als diejenige, welche hätte bezahlt werden müffen, wenn die Eisenbahn den im Frachtbriefe bezeichneten Weg benutzt hätte;

3. daß die Lieferfrist der Waare nicht länger ist, als sie gewesen wäre, wenn die Sendung auf dem im Frachtbriefe bezeichneten Wege ausgeführt worden wäre.

Hat die Versandstation einen anderen Transportweg gewählt, so hat sie davon dem Absender Nachricht zu geben[29]);

m. die Unterschrift des Absenders mit seinem Namen oder seiner Firma, sowie die Angabe seiner Wohnung. Die Unterschrift kann durch eine gedruckte oder gestempelte Zeichnung des Absenders ersetzt werden, wenn die Gesetze oder Reglemente des Versandortes es gestatten[30]).

Die näheren Festsetzungen über die Ausstellung und den Inhalt des Frachtbriefes, insbesondere das zur Anwendung kommende Formular, bleiben den Ausführungs=Bestimmungen vorbehalten.

Die Aufnahme weiterer Erklärungen in den Frachtbrief, die Ausstellung anderer Urkunden anstatt des Frachtbriefes, sowie die Beifügung anderer Schriftstücke zum Frachtbriefe ist unzuläffig, sofern dieselben nicht durch dieses Uebereinkommen für statthaft erklärt sind[31]).

Die Eisenbahn kann indeß, wenn es die Gesetze oder Reglemente des Versandortes vorschreiben, vom Absender außer dem Frachtbriefe die Ausstellung einer Urkunde verlangen, welche dazu bestimmt ist, in den Händen der Verwaltung zu bleiben, um ihr als Beweis über den Transportvertrag zu dienen[27]).

Jede Eisenbahnverwaltung ist berechtigt, für den internen Dienst ein Stammheft zu erstellen, welches in der Versandstation bleibt und mit derselben Nummer versehen wird, wie der Frachtbrief und das Duplikat[27]).

Ausf.=Best. §. 2[32]).

Zur Ausstellung der internationalen Frachtbriefe sind Formulare nach Maßgabe der Anlage 2[33]) zu verwenden. Dieselben müssen für gewöhnliche Fracht auf weißes Papier, für Eilfracht gleichfalls auf weißes Papier mit einem auf der Vorder= und Rückseite oben und unten am Rande anzubringenden roten Streifen gedruckt sein. Die Frachtbriefe müssen zur Beurkundung ihrer Übereinstimmung mit den diesfallsigen Vorschriften den Kontrolstempel einer Bahn oder eines Bahnkomplexes des Versandlandes tragen[29]).

Der Frachtbrief — und zwar sowohl der Vordruck als die geschriebene Ausfüllung — soll entweder in deutscher oder in französischer Sprache ausgestellt werden.

---

[29]) ZusÜbereink. 16. Juni 98 (Anm. 1 a).

[30]) Nachweis in der in Anm. 144 erwähnten Zusammenstellung.

[31]) Ausnahmen — Gerstner (93) S. 131 ff., Eger Anm. 48 — z. B.:
a) Aufnahme weiterer Erklärungen AusfBest. § 2 (zu Art. 6) Abf. 8, Art. 8 Abf. 4, Art. 10 Abf. 4, Art. 11 Abf. 3, AusfBest. § 6 (zu Art. 14) Abf. 4, Art. 31, Anl. 1 (hier nicht abgedruckt).

b) Ausstellung anderer Urkunden u. Beifügung weiterer Schriftstücke Art. 6 Abf. 4, Art. 8 Abf. 5 (Duplikat), Art. 9 (Verpackungsrevers), Art. 10 (Zollpapiere u. dgl.), Art. 11 Abf. 3 (Auslagebelege), Art. 15 (Verfügungen des Absenders).
Unzuläffig ist z. B. die Beigabe eines Inlands=Frachtbriefs.

[32]) VerkO. § 52 Abf. 1, 3, 5—8.

[33]) Hier: Anlage E.

40*

Im Falle, daß die amtliche Geschäftssprache des Landes der Versandstation eine andere ist, kann der Frachtbrief in dieser amtlichen Geschäftssprache ausgestellt werden, muß aber alsdann eine genaue Übersetzung der geschriebenen Worte[29]) in deutscher oder französischer Sprache enthalten.

Die stark umrahmten Theile des Formulars sind durch die Eisenbahnen, die übrigen durch den Absender auszufüllen.

Mehrere Gegenstände dürfen nur dann in einen und denselben Frachtbrief aufgenommen werden, wenn das Zusammenladen derselben nach ihrer Beschaffenheit ohne Nachtheil erfolgen kann, und Zoll-, Steuer- oder Polizeivorschriften nicht entgegenstehen.

Den nach den Bestimmungen der geltenden Reglemente vom Absender, beziehungsweise Empfänger auf- und abzuladenden Gütern sind besondere, andere Gegenstände nicht umfassende Frachtbriefe beizugeben.

Auch kann die Versandstation verlangen, daß für jeden Wagen ein besonderer Frachtbrief beigegeben wird.

[29]) Es ist — jedoch ohne jede Verbindlichkeit und Verantwortlichkeit für die Eisenbahn — gestattet, auf dem Frachtbriefe folgende nachrichtliche Vermerke anzubringen:

> von Sendung des NN.
>
> im Auftrage des NN.
>
> zur Verfügung des NN.
>
> zur Weiterbeförderung an NN.
>
> versichert bei NN.

Diese Vermerke können sich nur auf die ganze Sendung beziehen und müssen auf dem unteren Theile der Rückseite des Frachtbriefes eingetragen werden.

[1b]) 1. Die Bezeichnung der Versandstation erfolgt seitens dieser durch Aufdrückung des Datumstempels der Versandexpedition[34]).

2. Als Bestimmungstation darf nur jene Station angegeben werden, in welcher der Eisenbahntransport enden soll (siehe V.-Z.[19]), Ziffer 20).

3. Bei Sendungen nach Orten mit Bahnhöfen verschiedener Bahnverwaltungen oder nach Orten, deren Namensbezeichnung derjenigen anderer Orte gleich oder ähnlich lautet, ist auch die Bezeichnung der Empfangsbahn in der hierfür oder für die Eintragung der Empfangstation vorgesehenen Frachtbriefspalte einzutragen (siehe V.-Z.[19]), Ziffer 21).

4. Die etwaige Angabe, daß das Gut bahnlagernd zu stellen ist, hat in der Weise zu erfolgen, daß in dem für die Adresse bestimmten Raume des Frachtbriefes das Wort „bahnlagernd (en gare)" in auffälliger Schrift gesetzt wird (siehe V.-Z.[19]), Ziffer 22).

5. Als Absender oder Empfänger darf im Frachtbriefe nur **eine** Person oder Firma bezeichnet werden[34]).

6. Frachtbriefe, welche an die Güterabfertigungstelle (Güterexpediton, Stationsvorstand u. dergl.) adressiert sind, können zurückgewiesen werden, sofern nicht im Tarife anderes ausdrücklich bestimmt ist. Sogenannte offene Adressen, wie z. B.: „an Ordre" oder „an den Vorzeiger des Frachtbriefduplikates", sind unzulässig[34]).

7. Die Bezeichnung des Inhalts der Sendung im Frachtbriefe hat in nachstehender Weise zu erfolgen[34]):

a) Die in der Anlage 1[14]) aufgeführten Gegenstände sind unter den daselbst gebrauchten Bezeichnungen in den Frachtbrief aufzunehmen.

b) Die in der Güterklassifikation und in den Tarifen aufgezählten Artikel sind mit den daselbst gebrauchten Benennungen zu bezeichnen.

---

[34]) VerkO. § 51 ZusBest. I (oben 1), II, III, IV (oben 5, 6, 7).

c) Die unter a) und b) nicht aufgeführten Güter sind tunlichst mit ihren handelsgebräuchlichen Benennungen zu bezeichnen.

8. Sofern der auf dem Frachtbriefformulare für die Beschreibung der Güter vorgesehene Raum sich als unzureichend erweist, sind dem Fracht=briefe besondere, die Beschreibung enthaltende und vom Absender zu unter=zeichnende Blätter im Formate des Frachtbriefes fest anzuheften, auf welche in diesem besonders hinzuweisen ist. In den erwähnten Fällen ist in den vorgedruckten Spalten des Frachtbriefes das Gesamtgewicht der Sendung, sowie eventuell auch das der Frachtberechnung zugrunde zu legende Gewicht und die für die Tarifierung maßgebende Bezeichnung der Transportgegen=stände anzugeben. Den beigegebenen Blättern ist der Datumstempel der Versandexpedition aufzudrücken[35]).

9. Ist die Eintragung einer Deklaration des Interesses an der Lieferung, eines Barvorschusses oder einer Nachnahme nach Eingang nur in Ziffern oder an einer anderen als der hierfür vorgesehenen Stelle des Frachtbriefes erfolgt, so ist die Eisenbahn für die Nichtbeachtung einer solchen Eintragung nicht verantwortlich[36]).

10. Die Angabe, ob das Gut in Eilfracht oder in gewöhnlicher Fracht zu befördern sei, hat ausschließlich durch Verwendung des der beab=sichtigten Beförderungsart entsprechenden Frachtbriefformulars zu erfolgen und ist demnach kein besonderer Vermerk im Frachtbrief anzusetzen[37]).

11. Die Vorschreibung, daß ein Gut teils in Eil=, teils in gewöhn=licher Fracht zu befördern sei, ist unzulässig[37]).

12. Der Frankaturvermerk ist in der mit den Worten „Frankatur=vermerk des Absenders" überschriebenen Spalte des Frachtbriefes anzubringen und hat zu lauten[**])

a) im Falle der Absender die Fracht einschließlich des allfälligen Zu=schlages für die Deklaration des Interesses an der Lieferung, sowie alle Nebenkosten, welche nach Maßgabe des Reglements und Tarifs auf der Versandstation zur Berechnung kommen, die etwa zu erhebende Nach=nahmegebühr (Nachnahmeprovision) inbegriffen, frankieren will: „Franko";

b) im Falle der Absender die durch die Zollbehörden und die für die Zoll=behandlung seitens der Eisenbahnen zur Erhebung kommenden Gebühren und Spesen frankieren will: „Franko Zoll";

c) im Falle der Absender die unter a) und b) angeführten Kosten frankieren will: „Franko einschließlich Zoll";

d) im Falle der Absender alle irgendwie erwachsenden Gebühren frankieren will: „Franko einschließlich aller Gebühren".

13. Die Angabe der Station, in welcher die Zollabfertigung statt=finden soll, hat durch Anführung der Worte: „Zur Zollabfertigung in . . . . . . (Name der betreffenden Station)" in der mit „Erklärung wegen der etwaigen zoll= und steueramtlichen oder polizeilichen Behandlung usw." überschriebenen Spalte zu geschehen. Nur in die Zollpapiere ein=getragene Bezeichnungen einer Zollabfertigungstelle verbinden die Eisen=bahnen nicht[38]).

14. Falls der Absender die Frachtbriefspalten, die von ihm auszu=füllen sind, unausgefüllt läßt, so hat er diese Spalten sowohl im Original= wie im Duplikatfrachtbrief zu durchstreichen.

15. In den Frachtbriefen etwa eingetragene Vorschriften zur Beob=achtung bestimmter Vorsichtsmaßregeln bei der Verladung oder Beförde=rung . . ., sowie alle sonstigen Erklärungen, welche nicht ausdrücklich durch die Reglements und Tarife zugelassen werden, sind für die Eisenbahn un=verbindlich[38]).

---

[35]) VerkO. § 52 (4).
[36]) VerkO. § 51 ZusBest. IX, § 84 (2).
[37]) VerkO. § 51 ZusBest. VII, VIII.

[38]) VerkO. § 51 ZusBest. X (oben 13), XIV, XV (ob. 15), XVI (ob. 16), XVII (ob. 17).

16. Die vom Abſender in den Frachtbrief einzutragenden Angaben und Erklärungen können handſchriftlich mit Tinte oder in von den Typen des Frachtbriefformulars abweichenden Lettern gedruckt angebracht werden. Für die Frachtbriefangaben und Erklärungen des Abſenders kann die Anwendung lateiniſcher Schriftzeichen verlangt werden (ſiehe B.-Z.[19], Ziffern 23 und 24)[38]).

17. Frachtbriefe, die überklebt oder radiert ſind, werden nicht angenommen. Sonſtige Änderungen in den Angaben des Frachtbriefes ſind vom Abſender, und zwar wenn es ſich um Gewichtziffern und Stückzahl handelt, unter buchſtäblicher Eintragung der neuen Zahlen im Frachtbriefe unterſchriftlich anzuerkennen[38]).

18. Kein Frachtbrief darf mehr als die Ladung eines Wagens umfaſſen, es ſei denn, daß ſich derſelbe auf eine unteilbare Sendung, wie z. B. Langholz, bezieht, deren Transport mehr als einen Wagen erfordert, oder daß in den Tarifen beſondere Vorſchriften beſtehen[39]).

19. Die Frachtbriefformulare ſind auf allen Stationen zu den in den Tarifen feſtzuſetzenden Preiſen käuflich zu haben.

20. Bei Verſendung von Gütern nach Orten, welche an einer Eiſenbahn nicht gelegen, oder nach Eiſenbahnſtationen, welche für den Güterverkehr nicht eingerichtet ſind, hat der Empfänger den Weitertransport zu beſorgen, ſofern nicht für dieſen von der Eiſenbahn Einrichtungen getroffen ſind (ſiehe §. 57, B.-Z., Ziffer 4[40]).

21. Eine Bezeichnung der Empfangsbahn, welche in einer anderen als der hierfür oder für die Eintragung der Empfangſtation vorgeſehenen Frachtbriefſpalte vorgenommen wird, bleibt unbeachtet. Ein Gleiches gilt von einer der Angabe in der letzteren Frachtbriefſpalte widerſprechenden Bezeichnung der Empfangsbahn.

22. Die laut Anlage 1[14]) nur bedingungsweiſe zur Beförderung zugelaſſenen Gegenſtände können bahnlagervd nicht geſtellt werden[41]).

23. Die Unterſchrift im Frachtbriefe kann durch eine gedruckte oder geſtempelte Zeichnung des Abſenders erſetzt werden[42]).

24. Die vom Abſender in den Frachtbrief einzutragenden Angaben und Erklärungen müſſen bei Anwendung einer anderen als der deutſchen oder franzöſiſchen Sprache vom Abſender in eine dieſer Sprachen überſetzt werden.

25. Die Anbringung des Kontrollſtempels auf den Frachtbriefen (Ausf.-Beſt. §. 2, Abſ. 1) erfolgt bei den nicht für Rechnung der Eiſenbahn gedruckten Frachtbriefen gegen eine im Tarife feſtzuſetzende Gebühr und kann verweigert werden, ſofern nicht gleichzeitig mindeſtens 100 Frachtbriefe vorgelegt werden.

Art. 7[43]). Der Abſender haftet für die Richtigkeit der in den Frachtbrief aufgenommenen Angaben und Erklärungen und trägt alle Folgen, welche aus unrichtigen, ungenauen oder ungenügenden Erklärungen entſpringen.

Die Eiſenbahn iſt jederzeit berechtigt, die Uebereinſtimmung des Inhalts der Sendungen mit den Angaben des Frachtbriefes zu prüfen. Die Feſtſtellung erfolgt nach Maßgabe der am Orte des Vorgangs beſtehenden Geſetze oder Reglemente[44]). Der Berechtigte ſoll gehörig eingeladen werden, bei der Prüfung zugegen zu ſein, vorbehaltlich des Falles, wenn die letztere auf Grund polizeilicher Maßregeln, die der Staat im Intereſſe der öffentlichen Sicherheit oder der öffentlichen Ordnung zu ergreifen berechtigt iſt, ſtattfindet.

Hinſichtlich des Rechts und der Verpflichtung der Bahnen, das Gewicht oder die Stückzahl des Gutes zu ermitteln oder zu kontroliren, ſind die Geſetze und Reglemente des betreffenden Staates maßgebend[45]).

---

[36]) VerkO. § 52 (8).

[37]) Art. 19 ZuſBeſt. 4. — VerkO. § 51 (1) c.

[38]) VerkO. § 50 C.

[39]) VerkO. § 51 (1) m.

[40]) VereinsBetrRegl. § 45. — Abſ. 1, 2, 4, 5 ſtimmen im weſentl. überein mit VerkO. § 53 Abſ. 1, 2, 7, 13.

[41]) ZuſBeſt. 8, VerkO. § 53 (2). — Anm. 30.

[42]) ZuſBeſt. 9—11, VerkO. § 53 (3—5); ZuſBeſt. 9, 10 ſtimmen wörtlich mit VerkO. § 53 (3, 4) überein. — Anm. 30.

²⁹) **Bei unrichtiger Angabe des Inhalts einer Sendung oder bei zu niedriger Angabe des Gewichts, sowie bei Ueberlastung eines vom Absender beladenen Wagens ist — abgesehen von der Nachzahlung des etwaigen Frachtunterschieds und dem Ersatze des entstandenen Schadens, sowie den durch strafgesetzliche oder polizeiliche Bestimmungen vorgesehenen Strafen — ein Frachtzuschlag an die am Transporte betheiligten Eisenbahnen nach Maßgabe der Ausführungsbestimmungen zu zahlen.**

²⁹) Ein Frachtzuschlag wird nicht erhoben:

a) Bei unrichtiger Gewichtsangabe von Gütern, zu deren Verwiegung die Eisenbahn nach den für die Versandstation geltenden Bestimmungen verpflichtet ist⁴⁶);

b) bei unrichtiger Gewichtsangabe oder bei Ueberlastung, wenn der Absender im Frachtbriefe die Verwiegung durch die Eisenbahn verlangt hat;

c) bei einer während des Transports infolge von Witterungseinflüssen eingetretenen Ueberlastung, wenn der Absender nachweist, daß er bei der Beladung des Wagens die für die Versandstation geltenden Bestimmungen eingehalten hat⁴⁶).

Ausf.-Best. §. 3⁴⁷).

Wenn die im Paragraph 1 Ziffer 4 und in der Anlage 1⁴⁴) aufgeführten Gegenstände unter unrichtiger oder ungenauer Deklaration zur Beförderung aufgegeben oder die in Anlage 1 gegebenen Sicherheitsvorschriften bei der Aufgabe außer Acht gelassen werden, beträgt der Frachtzuschlag 15 Franken für jedes Brutto-Kilogramm des ganzen Versandstücks.

In allen anderen Fällen beträgt der im Artikel 7 des Uebereinkommens vorgesehene Frachtzuschlag für unrichtige Inhaltsangabe, sofern diese eine Frachtverkürzung herbeizuführen nicht geeignet ist, 1 Frank für den Frachtbrief, sonst das Doppelte des Unterschieds der Fracht von der Aufgabe- bis zur Bestimmungsstation für den angegebenen und der für den ermittelten Inhalt, mindestens aber 1 Frank.

Im Falle zu niedriger Angabe des Gewichts beträgt der Frachtzuschlag das Doppelte des Unterschieds zwischen der Fracht von der Aufgabe- bis zur Bestimmungsstation für das angegebene und der für das ermittelte Gewicht.

Im Falle der Ueberlastung eines vom Absender beladenen Wagens beträgt der Frachtzuschlag das Sechsfache der Fracht von der Aufgabe- bis zur Bestimmungsstation für das die zulässige Belastung übersteigende Gewicht. Wenn gleichzeitig eine zu niedrige Gewichtsangabe und eine Ueberlastung vorliegt, so wird sowohl der

---

⁴⁶) Zu a: VerkO. § 53 (3), zu c: VerkO. § 53 (13 b) in Verb. mit (6).

⁴⁷) Fassung des Zusatzübereinkommens (Anm. 29). — AusfBest. § 11 (hinter Art. 56). — Im wesentl. ebenso VerkO. § 53 (8—12); nur tritt an Stelle des Mindestsatzes von 1 Fr. derjenige von

1 M. — Abs. 1 findet auch auf Gegenstände Anwendung, bezüglich deren gemäß AusfBest. § 1 Abs. 3 (zu Art. 3) für den Verkehr einzelner Vertragsstaaten erleichternde Bedingungen vereinbart sind E. 23./30. Juni 94 (EVB. 148).

Frachtzuschlag für zu niedrige Gewichtsangabe, als auch der Fracht=
zuschlag für Überlastung erhoben.

Der Frachtzuschlag für Ueberlastung (Absatz 4) wird erhoben[48]):

a) bei Verwendung von Wagen, die nur eine, die zulässige Be=
lastung kennzeichnende Anschrift tragen, wenn das angeschriebene
„Ladegewicht" oder die angeschriebene „Tragfähigkeit" bei der Be=
ladung um mehr als 5 Prozent überschritten ist;

b) bei Verwendung von Wagen, welche zwei Anschriften tragen,
und zwar „Ladegewicht" (Normalbelastung) und „Tragfähigkeit"
(Maximalbelastung), wenn die Belastung diese Tragfähigkeit über=
haupt übersteigt.

1 b) 1. Für Nachteile, die aus undeutlichen oder mangelhaften Adressen
entstehen, wohin beispielsweise die ungenaue Bezeichnung der Bestimmungstation oder des Abgabebahnhofs und der Mangel der Wohnungsangabe
zu rechnen ist, kommen die Eisenbahnen nicht auf.

2. Werden auf Antrag des Absenders von Eisenbahnbediensteten
Frachtbriefe ausgefertigt oder Übersetzungen in die deutsche oder französische
Sprache bewirkt, so gelten die Eisenbahnbediensteten als Beauftragte des
Absenders. Inwieweit derartigen Anträgen entsprochen wird, richtet sich
nach den Vorschriften der Versandbahn.

3. (Verwiegung von Wagenladungsgütern auf einer Gleiswage)[49]).

4. Der im Absatze (¹) des §. 3 der Ausführungsbestimmungen
erwähnte Frachtzuschlag wird gegebenen Falls auch hinsichtlich jener Gegen=
stände eingehoben, für welche nach §. 1, Absatz (²) der Ausführungs=
bestimmungen leichtere Bedingungen im Verkehr zweier oder mehrerer
Vertragstaaten vereinbart worden sind.

5. Die Frachtzuschläge für unrichtige Angabe des Inhalts einer
Sendung, für zu niedrige Angabe des Gewichts sowie für Überlastung eines
vom Absender beladenen Wagens werden nach Maßgabe des §. 3 der
Ausführungsbestimmungen ohne Rücksicht darauf erhoben, ob die Feststellung
auf der Versandstation, auf einer Unterwegstation oder auf der Bestimmung=
station erfolgt.

6. Bei Überlastung eines Wagens wird, unbeschadet der Erhebung
der Frachtzuschläge nach §. 3, Abs. (⁴) und (⁵) der Ausführungsbestimmungen,
in folgender Weise vorgegangen[50]):

a) Wird die Überlastung eines Wagens [§. 3, Abs. (⁵) der Ausführungs=
bestimmungen] in der Versand= oder in einer Unterwegstation entdeckt,
so wird, auch wenn ein Frachtzuschlag nicht zur Einhebung gelangt (Art. 7
des internationalen Übereinkommens, Abs. (5), lit. b und c], die Über=
last abgeladen. Der Absender ist hiervon, und zwar wenn die Überlast
in einer Unterwegstation abgeladen wurde, durch Vermittlung der Ver=
sandstation unverzüglich zu verständigen. Für die in der Unterweg=
station abgeworfene Überlast wird die Fracht bis zu dieser Station
auf Grund des für die Hauptladung angewendeten Tarifsatzes nach
Verhältnis der Länge der bis zur Abladestation zurückgelegten Trans=
portstrecke berechnet.

b) Für das Abladen einer Überlast gelangen die im Nebengebührentarif der
abladenden Bahn festgesetzten Abladegebühren zur Anrechnung.

c) Falls die auf einer Unterwegstation lagernde Überlast nach Bestimmung
des Absenders weiter oder zurückgesandt werden soll, so ist sie als be=
sondere Sendung zu behandeln.

7. Die Frachtzuschläge haften auf der Sendung.

---

[48]) Inhaltlich übereinstimmend VerkO. § 53 (11) in Verb. mit (6).

[49]) Wie VerkO. § 53 ZusBest. II (1); ZusBest. II (2) fehlt hier.

[50]) VerkO. § 53 ZusBest. V.

8. Die Eisenbahn ist berechtigt, das Ergebnis der im Art. 7, Abs. (⁷), Int. Übf. bezeichneten Prüfung festzustellen. Erscheint zu der Prüfung der Berechtigte nicht, so sind zwei Zeugen beizuziehen⁴⁴).

9, 10. (Ermittlung des Gewichts und der Stückzahl⁴⁵).)

11. Die bahnseitige Feststellung des Gewichts wird durch den Aufdruck des Wiegestempels auf dem Frachtbriefe bescheinigt⁴⁵).

Art. 8⁵¹). Der Frachtvertrag ist abgeschlossen, sobald das Gut mit dem Frachtbriefe von der Versandstation zur Beförderung angenommen ist. Als Zeichen der Annahme wird dem Frachtbriefe der Datumstempel der Versand-Expedition aufgedrückt.

Die Abstempelung hat ohne Verzug nach vollständiger Auflieferung des in demselben Frachtbriefe verzeichneten Gutes und auf Verlangen des Absenders in dessen Gegenwart zu erfolgen.

Der mit dem Stempel versehene Frachtbrief dient als Beweis über den Frachtvertrag.

Jedoch machen bezüglich derjenigen Güter, deren Aufladen nach den Tarifen oder nach besonderer Vereinbarung, soweit eine solche in dem Staatsgebiete, wo sie zur Ausführung gelangt, zulässig ist⁵²), von dem Absender besorgt wird, die Angaben des Frachtbriefes über das Gewicht und die Anzahl der Stücke gegen die Eisenbahn keinen Beweis, sofern nicht die Nachwiegung beziehungsweise Nachzählung seitens der Eisenbahn erfolgt und dies auf dem Frachtbriefe beurkundet ist.

Die Eisenbahn ist verpflichtet, den Empfang des Frachtgutes, unter Angabe des Datums der Annahme zur Beförderung, auf einem ihr mit dem Frachtbriefe vorzulegenden Duplikate desselben zu bescheinigen⁵³).

Dieses Duplikat hat nicht die Bedeutung des Originalfrachtbriefes und ebensowenig diejenige eines Konnossements (Ladescheins).

Art. 9⁵⁴). Soweit die Natur des Frachtgutes zum Schutze gegen Verlust oder Beschädigung auf dem Transporte eine Verpackung nöthig macht, liegt die gehörige Besorgung derselben dem Absender ob.

Ist der Absender dieser Verpflichtung nicht nachgekommen, so ist die Eisenbahn, falls sie nicht die Annahme des Gutes verweigert, berechtigt zu verlangen, daß der Absender auf dem Frachtbriefe das Fehlen oder die Mängel der Verpackung unter spezieller Bezeichnung anerkennt und der Versandstation hierüber außerdem eine besondere Erklärung nach Maßgabe eines durch die Ausführungs-Bestimmungen festzusetzenden Formulars ausstellt.

Für derartig bescheinigte sowie für solche Mängel der Verpackung, welche äußerlich nicht erkennbar sind, hat der Absender zu haften und jeden daraus entstehenden Schaden zu tragen beziehungsweise der Bahnverwaltung zu ersetzen. Ist die Ausstellung der gedachten Erklärung nicht erfolgt, so haftet der Absender für äußerlich erkennbare Mängel der Verpackung nur, wenn ihm ein arglistiges Verfahren zur Last fällt.

---

⁵¹) VereinsBetrRegl. § 46. Übereinstimmend VerkO. § 54, jedoch ist nach dieser die Ausstellung des Duplikats nicht obligatorisch, sondern von einem Verlangen des Absenders abhängig.

⁵²) VerkO. § 54 (4). — Anm. 30.

⁵³) Muster Anl. E. — AusfBest. § 5

(bei Art. 12) Abs. 2; Art. 13 ZusBest. 5; Art. 15, 16; Art. 18 Abs. 4; Art. 26 Abs. 2 u. ZusBest. 2.

⁵⁴) VereinsBetrRgl. § 47. — Art. 9 in Verb. mit AusfBest. § 4 entspricht VerkO. §. 58 (1—3). — IntÜb. Art. 31 Abs. 1 Ziff. 2.

Ausf.-Best. §. 4⁵⁴).

Für die im Artikel 9 des Übereinkommens vorgesehene Erklärung ist das Formular in Anlage 3⁵⁵) zu gebrauchen.

³⁰) Sofern ein Absender gleichartige, der Verpackung bedürftige Güter unverpackt oder mit denselben Mängeln der Verpackung auf der gleichen Station aufzugeben pflegt, kann er an Stelle der besonderen Erklärung für jede Sendung ein für allemal eine allgemeine Erklärung nach dem in der Anlage 3a⁵⁵) vorgesehenen Formular abgeben. In diesem Falle muß der Frachtbrief außer der im Artikel 9 Absatz 2 vorgesehen Anerkennung einen Hinweis auf die der Versandstation abgegebene allgemeine Erklärung enthalten.

¹ᵇ) 1. Die Stückgüter sind vom Absender in haltbarer, deutlicher und Verwechslung ausschließender Weise genau übereinstimmend mit den Angaben im Frachtbrief äußerlich zu bezeichnen (signieren), soweit nicht Ausnahmen in den Tarifen zugelassen sind (siehe B.-Z., Ziffern 3 und 4)⁵⁶).

2. Leicht zerbrechliche Gegenstände, wie Glas, Porzellan, Töpferware, dann Gegenstände, welche verstreubar sind, wie Nüsse, Früchte, Grünzeug, Steine, ferner Güter, welche andere Gegenstände beschmutzen können, wie Kohle, Kalk, Asche, Erde, Erdfarben, sind, wenn sie gegen Zerbrechen, Verstreuung oder gegen die Möglichkeit des Beschmutzens anderer Gegenstände nicht durch Verpackung oder Verschnürung geschützt sind, von der Beförderung als Stückgut ausgeschlossen.

3. (Bezeichnung der Bestimmungstation⁵⁷).)

4. Güter, deren Bezeichnung den in der C. Z. 1 und in der B.-Z. 3⁵⁸) enthaltenen Vorschriften nicht oder nicht vollständig entspricht, können zurückgewiesen werden.

5. Der Tarif bestimmt, ob und unter welchen Bedingungen auf den im Frachtbriefe zu stellenden Antrag des Absenders Decken für offen gebaute Wagen mietweise überlassen werden.

6. Die in den Ausf.-Best. §. 4 bezeichneten Formulare sind von der Abfertigungstelle bereit zu halten.

Art. 10⁵⁹). Der Absender ist verpflichtet, dem Frachtbriefe diejenigen Begleitpapiere beizugeben, welche zur Erfüllung der etwa bestehenden Zoll-, Steuer- oder Polizeivorschriften vor der Ablieferung an den Empfänger erforderlich sind. Er haftet der Eisenbahn, sofern derselben nicht ein Verschulden zur Last fällt, für alle Folgen, welche aus dem Mangel, der Unzulänglichkeit oder Unrichtigkeit dieser Papiere entstehen.

Der Eisenbahn liegt eine Prüfung der Richtigkeit und Vollständigkeit derselben nicht ob.

Die Zoll-, Steuer- und Polizeivorschriften werden, solange das Gut sich auf dem Wege befindet, von der Eisenbahn erfüllt. Sie kann diese Aufgabe unter ihrer eigenen Verantwortlichkeit einem Kommissionär übertragen oder sie selbst übernehmen. In beiden Fällen hat sie die Verpflichtungen eines Kommissionärs⁶⁰).

Der Verfügungsberechtigte kann jedoch der Zollbehandlung entweder selbst oder durch einen im Frachtbriefe bezeichneten Bevollmächtigten beiwohnen, um

---

⁵⁵) Hier nicht abgedruckt.

⁵⁶) ZusBest. 3, 4. — Ziff. 1 entspricht VerkO. § 58 (4).

⁵⁷) Wörtlich wie VerkO. § 58 (5).

⁵⁸) ZusBest. 1 u. 3.

⁵⁹) VereinsBetrRegl. § 48. — Art. 10 stimmt im wesentl. mit VerkO. § 59 Abs. 1—3, 5, 6 überein. Zu Abs. 5

ist streitig, ob die EisVerw. zur zollamtl. Behandlung verpflichtet ist, wenn der Empfänger sie nicht übernimmt; hierüber Int. Ztschr. XII 334 u. 400, XIII 168.

⁶⁰) Diese bestimmen sich nach dem Rechte des Verzollungsorts Gerstner (93) S. 174.

die nöthigen Aufklärungen über die Tarifirung des Gutes zu ertheilen und seine Bemerkungen beizufügen. Diese dem Verfügungsberechtigten ertheilte Befugniß begründet nicht das Recht, das Gut in Besitz zu nehmen oder die Zollbehandlung selbst vorzunehmen[61]).

Bei der Ankunft des Gutes am Bestimmungsorte steht dem Empfänger das Recht zu, die zoll= und steueramtliche Behandlung zu besorgen, falls nicht im Frachtbriefe etwas anderes festgesetzt ist.

1b) 1. Die vom Absender beizubringenden Zoll=, Steuer= und Polizei= papiere dürfen nur je eine Frachtbriefsendung umfassen, sofern nicht durch behördliche Anordnungen oder durch die Tarife Ausnahmen zugelassen sind.

2. Güter, deren zollamtlicher Verschluß verletzt oder mangelhaft ist, werden zur Beförderung nicht angenommen[62]).

3. Sind auf offenen Wagen verladene Güter unter zollamtlichem Raumverschluß zu befördern, so hat der Absender für die Bedeckung der Wagen in einer den Zollvorschriften genügenden Weise Sorge zu tragen. Hat der Absender dies unterlassen, so kann die Eisenbahn die erforderliche Bedeckung auf Kosten des Absenders vornehmen[62]).

4. Falls der Absender eine Art der zoll= oder steueramtlichen Ab= fertigung beantragt hat, welche im gegebenen Falle nicht zulässig ist, so hat die Eisenbahn unter entsprechender Verständigung des Absenders diejenige Abfertigung zu veranlassen, welche sie für das Interesse des Absenders am vortheilhaftesten erachtet[63]).

5. Wird als Station, in welcher die Zollbehandlung stattfinden soll, vom Absender eine Unterwegstation bezeichnet, in welcher sich das Zollamt nicht am Bahnhofe, sondern entfernt von demselben befindet, so ist die Eisenbahn berechtigt, darüber zu entscheiden, ob das Gut in das Zollamt zu überführen oder ob die Zollabfertigung am Bahnhofe zu veranlassen ist. Die Kosten werden auf das Gut nachgenommen.

[62]) 6. Will der Absender der unterwegs vorzunehmenden Zollabfertigung selbst oder durch einen Bevollmächtigten beiwohnen, so hat er dies im Frachtbriefe in der Spalte: „Erklärung wegen der etwaigen zoll= und steueramtlichen oder polizeilichen Behandlung usw.", unter Angabe der Station, wo die Verzollung stattfinden soll, zu vermerken (siehe V.=Z. Ziffer 9)[64]).

7. Der Antrag auf Zollabfertigung des Gutes in der Bestimmung= station durch die Eisenbahn oder eine Mittelsperson ist für die Eisenbahn nur dann verbindlich, wenn die für die abliefernde Bahn geltenden gesetzlichen und reglementarischen Bestimmungen eine solche Vorschreibung gestatten.

8. Die Erfüllung der Zoll=, Steuer= und Polizeivorschriften durch die Eisenbahn erfolgt gegen eine im Tarif festzusetzende Gebühr[62]).

9[64]).

Art. 11[65]). Die Berechnung der Fracht erfolgt nach Maßgabe der zu Recht bestehenden[66]), gehörig veröffentlichten[66]) Tarife. Jedes Privat=Ueber= einkommen, wodurch einem oder mehreren Absendern eine Preisermäßigung gegenüber den Tarifen gewährt werden soll, ist verboten und nichtig. Dagegen sind Tarifermäßigungen erlaubt, welche gehörig veröffentlicht sind und unter

---

[61]) Wohl aber, ohne Befassung mit dem Gute selbst die Zollgelder unmittel= bar an das abfertigende Zollamt zu zahlen E. 3. Juni 93 (EBB. 205).

[62]) Ziff. 2, 3, 6, 8 wie VerkO. § 59 ZusBest. III, VII, II, VIII.

[63]) VerkO. § 59 (4).

[64]) ZusBest. 9 fast wörtlich gleichlautend mit VerkO. § 59 ZusBest. II.

[65]) VereinsBetrRegl. § 49. Inhaltlich übereinstimmend VerkO. § 7 (1—3), § 60 (2). — Schlußprot. (Anl. B) II, III.

[66]) Nach Landesrecht. — Anm. 30.

Erfüllung der gleichen Bedingungen jedermann in gleicher Weise zu gute kommen.

Außer den im Tarife angegebenen Frachtsätzen und Vergütungen für besondere im Tarife vorgesehene Leistungen zu Gunsten der Eisenbahnen dürfen nur baare Auslagen erhoben werden — insbesondere Aus=, Ein= und Durchgangsabgaben, nicht in den Tarif aufgenommene Kosten für Ueberführung und Auslagen für Reparaturen an den Gütern, welche in Folge ihrer äußeren oder inneren Beschaffenheit zu ihrer Erhaltung nothwendig werden.

Diese Auslagen sind gehörig festzustellen und in dem Frachtbriefe ersichtlich zu machen, welchem die Beweisstücke beizugeben sind.

> 1 b) 1. Beweisstücke über Auslagen, die vom Absender zu bezahlen sind, werden nicht dem Empfänger mit dem Frachtbriefe, sondern dem Absender mit der Frankaturrechnung (Zusatzbestimmung 1 zum Art. 12, Int. Übk.) ausgehändigt.
>
> 2. Bei Umkartirungen sind die am Tage der neuen Kartirung gültigen Tarife maßgebend.
> 3 [67]).

Art. 12 [68]). Werden die Frachtgelder nicht bei der Aufgabe des Gutes zur Beförderung berichtigt, so gelten sie als auf den Empfänger angewiesen.

Bei Gütern, welche nach dem Ermessen der annehmenden Bahn schnellem Verderben unterliegen oder wegen ihres geringen Werthes die Fracht nicht sicher decken, kann die Vorausbezahlung der Frachtgelder gefordert werden.

Wenn im Falle der Frankirung der Betrag der Gesammtfracht beim Versand nicht genau bestimmt werden kann, so kann die Versandbahn die Hinterlegung des ungefähren Frachtbetrages fordern.

[29]) Wurde der Tarif unrichtig angewendet oder sind Rechnungsfehler bei der Festsetzung der Frachtgelder und Gebühren vorgekommen, so ist das zu wenig Geforderte nachzuzahlen[68]), das zu viel Erhobene zu erstatten. Ein derartiger Anspruch auf Rückzahlung oder Nachzahlung verjährt in einem Jahre vom Tage der Zahlung an, sofern er nicht unter den Parteien durch Anerkenntniß, Vergleich oder gerichtliches Urtheil festgestellt ist. Auf die Verjährung finden die Bestimmungen des Artikel 45 Absatz 3 und 4 Anwendung. Die Bestimmung des Artikel 44 Absatz 1 findet keine Anwendung.

Ausf.=Best. § 5[29]).

Die Versandstation hat im Frachtbrief=Duplikate die frankirten Gebühren, welche von ihr in den Frachtbrief eingetragen wurden, zu spezifiziren[60]).

Zur Erhebung der im Artikel 12 Absatz 4 des Übereinkommens vorgesehenen Ansprüche gegen die Bahnverwaltung genügt in dem Falle, wenn die Frachtgelder bei der Aufgabe des Gutes zur Beförderung berichtigt wurden, die Beibringung des Frachtbrief=Duplikats.

> 1 b) 1. Bei Frankosendungen nach Stationen, nach welchen von der Versandstation ein direkter Tarif nicht besteht oder direkte Abfertigung aus

---

[67]) Wörtlich wie VerkO. § 60 (3).
[68]) VereinsBetrRegl. § 50. Im wesentlichen ebenso VerkO. § 61. — Zu Abs. 4. Leistung einer von d. EisVerw. geforderten Nachzahlung als Anerkenntnis: IntZtschr. XIII 162.

[60]) VerkO. § 61 (1) Satz 2.

anderen Gründen nicht stattfinden kann, und bei Zollfrankaturen hat der Absender auf Verlangen den ungefähr zu ermittelnden Frankaturbetrag bar zu erlegen, worüber ihm eine Bescheinigung ausgefolgt wird. Erst nach Feststellung des Frankaturbetrages findet die Abrechnung mit dem Absender statt, welchem sodann gegen Rückgabe der vorerwähnten Bescheinigung eine Frankaturrechnung eingehändigt wird (siehe unten Ziffer 4).

2. Frachterstattungsansprüche sind stets schriftlich einzubringen. Zur Einbringung von Frachterstattungsansprüchen ist der Absender oder Empfänger berechtigt, je nachdem der eine oder der andere die Mehrzahlung an die Eisenbahn geleistet hat. Frachterstattungsansprüche sind stets bei derjenigen Eisenbahn einzubringen, an welche die Zahlung geleistet wurde. Frachterstattungsansprüche, welche von anderen Personen eingebracht werden, sind mit einer Bescheinigung zu belegen, daß der Berechtigte mit der Auszahlung des Mehrbetrages an den Fordernden einverstanden ist. Diese Bescheinigung, deren Unterschrift auf Verlangen der Eisenbahn beglaubigt werden muß, wird von der Eisenbahn zurückbehalten. Frachterstattungsansprüche sind zu begründen und mit den Frachtbriefen oder bei frankierten Sendungen mit den Frachtbriefduplikaten und mit den sonstigen erforderlichen Beweisstücken zu belegen (siehe unten Ziffer 5)[70].

3. Es ist gestattet, auf die Fracht einen beliebigen Teil als Frankatur anzuzahlen[71].

4. Im Sinne des § 50 (IntÜb. Art. 12) Abs. 2 muß beispielsweise die Fracht für Eis, Hefe (Germ), Seeschaltiere, frische Fische aller Art, frisches Gemüse, frisches Fleisch, Wildbret, geschlachtetes Geflügel, lebende Pflanzen, gebrauchte leere Kisten, Körbe, Ballons in Körben und frisches Obst stets bei der Aufgabe für die ganze Transportstrecke entrichtet oder sichergestellt werden. Die Vorausbezahlung der Gebühren für Tiere kann verlangt werden. Die Gebühren für wilde Tiere sind stets bei der Aufgabe zu entrichten. Hinsichtlich Leichen siehe § 41 (IntÜb. Art. 3) AusfBest. § 1 (1), Ib. Siehe auch Anlage 1,[14] Nr. XXXII. 5, LII 5, LIII 4.

5. Im Falle der Unzulänglichkeit des vom Absender einer frankierten Sendung entrichteten oder hinterlegten Betrages werden die nicht gedeckten Gebühren seitens der Bestimmungstation von dem Empfänger erhoben. Wird dagegen die Unzulänglichkeit der Frankatur erst nach Auslieferung des Gutes und Einlösung des Frachtbriefes festgestellt, so ist für den Fehlbetrag der Absender in Anspruch zu nehmen.

6. Bei Einbringung von Frachterstattungsansprüchen ist insbesondere anzugeben, auf welche Bestimmungen und Tarife der Fordernde seinen Anspruch stützt, welche Gebühren unrichtig berechnet wurden, und wie hoch sich für jeden Frachtbrief die zu vergütende Differenz stellt. Wird die Rückerstattung einer Gebühr, welche in einer Frankaturrechnung verzeichnet ist, beansprucht, so ist auch diese vorzulegen.

7. Ist im Falle der unrichtigen Anwendung des Tarifes oder des Unterlaufens von Rechnungsfehlern bei der Festsetzung der Frachtgelder oder Gebühren die Erstattung des zuviel Erhobenen zu veranlassen, so ist zu diesem Zwecke dem Berechtigten tunlichst bald Nachricht zu geben[70].

Art. 13[72]**). Dem Absender ist gestattet, das Gut bis zur Höhe des Werthes desselben mit Nachnahme zu belasten. Bei denjenigen Gütern, für welche die Eisenbahn Vorausbezahlung der Fracht zu verlangen berechtigt ist (Artikel 12 Absatz 2), kann die Belastung mit Nachnahme verweigert werden**[29].

Für die aufgegebene Nachnahme wird die tarifmäßige Provision berechnet.

[73]) Die Eisenbahn ist nicht verpflichtet, dem Absender die Nachnahme eher auszuzahlen, als bis der Betrag derselben vom Empfänger bezahlt ist. Dies findet auch Anwendung auf Auslagen, welche vor der Aufgabe für das Frachtgut gemacht worden sind.

---

[70]) VerkO. § 61 (4).
[71]) VerkO. § 61 ZusBest. IV.
[72]) VereinsBetrRegl. § 51. — Abs. 1, 2, 4 entsprechen VerkO. § 62 Abs. 1, Abs. 2 Satz 1, Abs. 5. — Art. 15 ZusBest. 1, 2.

[73]) Eine derartige Best. fehlt in VerkO.; ZusBest. III (2, 3) zu VerkO. § 62 enthält eine vom IntÜb. abweichende Regelung.

Ist das Gut ohne Einziehung der Nachnahme abgeliefert worden, so haftet die Eisenbahn für den Schaden bis zum Betrage der Nachnahme und hat denselben dem Absender sofort zu ersetzen, vorbehaltlich ihres Rückgriffs gegen den Empfänger.

1b) 1. Die tarifmäßige Provision wird auch dann berechnet, wenn die Nachnahme infolge nachträglicher Verfügung ganz oder teilweise zurückgezogen worden ist (siehe unten Ziffer 6).

2. Eingegangene Nachnahmen werden dem Absender ohne Verzug von der Versandstation avisiert und ausbezahlt (siehe unten Ziffer 7)[74].

3. Nachnahmen nach Eingang werden auch auf solche Güter zugelassen, für welche die Eisenbahn berechtigt ist, Vorausbezahlung der Fracht zu verlangen.

4. In welcher Währung Nachnahmen zugelassen werden, bestimmen die Tarife (siehe auch Zusatzbestimmungen zu Art. 15).

5. Als Bescheinigung über die Auflegung von Nachnahmen dient der abgestempelte Frachtbrief oder das Frachtbriefduplikat. Auf Verlangen werden außerdem besondere Nachnahmescheine, und zwar gebührenfrei, erteilt[74].

6. (Provision)[74].

7. Ist im Tarif die Auszahlung der Nachnahme vom Ablauf einer bestimmten Frist abhängig gemacht, so entfällt eine besondere Benachrichtigung[74].

8. In betreff der Zulässigkeit und Höhe der Barvorschüsse, dann der Erteilung von Bescheinigungen über die Auflage von Nachnahmen (Nachnahmescheine), finden, insofern in den einzelnen in Betracht kommenden Tarifen nicht besondere Bestimmungen enthalten sind, die für die Versandbahn geltenden gesetzlichen und reglementarischen Bestimmungen Anwendung[74].

Art. 14[75]). Die Ausführungs = Bestimmungen werden die allgemeinen Vorschriften, betreffend die Maximallieferfristen, die Berechnung, den Beginn, die Unterbrechung und das Ende der Lieferfristen, feststellen.

Wenn nach den Gesetzen und Reglementen eines der Vertragsstaaten Spezialtarife zu reduzirten Preisen und mit verlängerten Lieferfristen gestattet sind[76]), so können die Eisenbahnen dieses Staates diese Tarife mit verlängerten Fristen auch im internationalen Verkehr anwenden.

Im Uebrigen richten sich die Lieferfristen nach den Bestimmungen der im einzelnen Falle zur Anwendung kommenden Tarife[77]).

Ausf.=Best. § 6[78]).

Die Lieferfristen dürfen die nachstehenden Maximalfristen nicht überschreiten:

a) für Eilgüter:
1. Expeditionsfrist . . . . 1 Tag,
2. Transportfrist für je auch nur angefangene 250 Kilometer . . 1 Tag;

b) für Frachtgüter:
1. Expeditionsfrist . . . . 2 Tage,
2. Transportfrist für je auch nur angefangene 250 Kilometer . . 2 Tage.

Wenn der Transport aus dem Bereiche einer Eisenbahnverwaltung in den Bereich einer anderen anschließenden Verwaltung übergeht, so berechnen sich die Transportfristen aus der Gesammtentfernung zwischen der Aufgabe= und Bestimmungsstation,

---

[74]) ZusBest. 2, 5, 7, 8 entsprechen VerkO. § 62 Abs. 4 (Satz 1), 3, 4, (Satz 3), 6 (mit ZusBest. IV). Zus.=Best. 6 ist fast gleichlautend mit VerkO. § 62 (2) Satz 2, 3 u. ZusBest. I.

[75]) VereinsBetrRegl. § 52.

[76]) Trifft für das Deutsche Reich nicht zu. — Anm. 30.

[77]) VerkO. § 63 (1).

[78]) Nicht durchweg übereinstimmend. VerkO. § 63. — Zu Abs. 3: Verzeichnis der Zuschlagsfristen in den verschiedenen Staaten in IntZtschr. 05 Nr. 3, Beilageheft.

während die Expeditionsfristen ohne Rücksicht auf die Zahl der durch den Transport berührten Verwaltungsgebiete nur einmal zur Berechnung kommen.

Die Gesetze und Reglemente der vertragschließenden Staaten[80]) bestimmen, inwiefern den unter ihrer Aufsicht stehenden Bahnen gestattet ist, Zuschlagsfristen für folgende Fälle festzusetzen[78]):

1. Für Messen.
2. Für außergewöhnliche Verkehrsverhältnisse.
3. Wenn das Gut einen nicht überbrückten Flußübergang oder eine Verbindungsbahn zu passiren hat, welche zwei am Transporte theilnehmende Bahnen verbindet.
4. Für Bahnen von untergeordneter Bedeutung, sowie für den Übergang auf Bahnen mit anderer Spurweite.

Wenn eine Eisenbahn in die Nothwendigkeit versetzt ist, von den in diesem Paragraph, Ziffer 1 bis 4, für die einzelnen Staaten als fakultativ zulässig bezeichneten Zuschlagsfristen Gebrauch zu machen, so soll sie auf dem Frachtbriefe den Tag der Übergabe an die nachfolgende Bahn mittelst Abstempelung vormerken und die Ursache und Dauer der Lieferfristüberschreitung, welche sie in Anspruch genommen hat, auf demselben angeben.

Die Lieferfrist beginnt mit der auf die Annahme des Gutes nebst Frachtbrief folgenden Mitternacht und ist gewahrt, wenn innerhalb derselben das Gut dem Empfänger oder derjenigen Person, an welche die Ablieferung gültig geschehen kann, nach den für die abliefernde Bahn geltenden Bestimmungen zugestellt, beziehungsweise abliefert ist.

Dieselben Bestimmungen sind maßgebend für die Art und Weise, wie die Übergabe des Avisbriefes zu konstatiren ist.

Der Lauf der Lieferfristen ruht für die Dauer der zoll- oder steueramtlichen oder polizeilichen Abfertigung, sowie für die Dauer einer ohne Verschulden der Eisenbahn eingetretenen Betriebsstörung, durch welche der Antritt oder die Fortsetzung des Bahntransportes zeitweilig verhindert wird.

Ist der auf die Auflieferung der Waare zum Transporte folgende Tag ein Sonntag, so beginnt die Lieferfrist 24 Stunden später.

Falls der letzte Tag der Lieferfrist ein Sonntag ist, so läuft die Lieferfrist erst an dem darauffolgenden Tage ab.

Diese zwei Ausnahmen sind auf Eilgut nicht anwendbar.

Falls ein Staat in die Gesetze oder in die genehmigten Eisenbahnreglemente[80]) eine Bestimmung in Betreff der Unterbrechung des Waarentransportes an Sonn- und gewissen Feiertagen aufnimmt, so werden die Transportfristen im Verhältniß verlängert[79]).

1 b) 1. Als Lieferfristen gelten, sofern nicht durch die Tarife kürzere Fristen veröffentlicht sind, die reglementmäßigen Maximallieferfristen unter Zurechnung der veröffentlichten Zuschlagsfristen[80]).

2. Für Güter, welche nicht avisiert und bahnseits nicht zugestellt werden, ist die Lieferfrist gewahrt, wenn das Gut innerhalb derselben auf der Bestimmungstation zur Abnahme bereit gestellt ist[80]).

---

[79]) Eine Verwaltung, die im Verhältniß der Bahnen untereinander auf Zuweisung eines Sonntagszuschlags Anspruch erhebt, muß in dem Augenblick, mit dem die Zuschlagsfrist in Wirksamkeit tritt, im Besitz des Gutes

gewesen sein Zentralamt 22. Febr. 97 (IntZtschr. V 220, EEE. XIV 67.).

[80]) ZusBest. 1, 2, 3, 4, 5 entsprechen VerkO. § 63 ZusBest. I, § 63 (5), § 47 (3), § 63 ZusBest. III, § 63 (4).

3. Der Lauf der Lieferfristen ruht bei der Beförderung von Tieren auch für die Dauer des durch polizeiliche Bestimmungen veranlaßten Aufenthaltes der Tiere auf den Tränkestationen, sowie für die Dauer der ärztlichen Viehbeschauung[85]).

4. Der Berechnung der Lieferfristen werden, soweit die Tarife nichts anderes bestimmen, die Tarifkilometer zugrunde gelegt[80]).

5. Das Gut ist als zugestellt oder avisiert anzusehen, wenn es dem Empfänger oder derjenigen Person, an welche die Ablieferung gültig geschehen kann, an die Behausung oder an das Geschäftslokal zugeführt ist, oder, falls eine solche Zuführung nicht zugesagt oder ausdrücklich verboten ist (siehe § 57 V.-Z., Ziffer 5)[81]), wenn innerhalb der gedachten Frist schriftliche Nachricht von der erfolgten Ankunft für den Empfänger zur Post gegeben oder solche ihm auf andere Weise wirklich zugestellt ist[80]).

Art. 15[82]). Der Absender allein hat das Recht, die Verfügung zu treffen, daß das Gut auf der Versandstation zurückgegeben, unterwegs angehalten oder an einen anderen als den im Frachtbriefe bezeichneten Empfänger am Bestimmungsort oder auf einer Zwischenstation oder auf einer über die Bestimmungsstation hinaus oder seitwärts gelegenen Station abgeliefert werde. Anweisungen des Absenders wegen nachträglicher Auflage, Erhöhung, Minderung oder Zurückziehung von Nachnahmen sowie wegen nachträglicher Frankirung können nach dem Ermessen der Eisenbahn zugelassen werden. Nachträgliche Verfügungen oder Anweisungen anderen als des angegebenen Inhalts sind unzulässig[29]).

Dieses Recht steht indeß dem Absender nur dann zu, wenn er das Duplikat[82]) des Frachtbriefes vorweist. Hat die Eisenbahn die Anweisungen des Absenders befolgt, ohne die Vorzeigung des Duplikatfrachtbriefes zu verlangen, so ist sie für den daraus entstandenen Schaden dem Empfänger, welchem der Absender dieses Duplikat übergeben hat, haftbar.

Derartige Verfügungen des Absenders ist die Eisenbahn zu beachten nur verpflichtet, wenn sie ihr durch Vermittelung der Versandstation zugekommen sind.

Das Verfügungsrecht des Absenders erlischt, auch wenn er das Frachtbriefduplikat besitzt, sobald nach Ankunft des Gutes am Bestimmungsorte der Frachtbrief dem Empfänger übergeben oder die von dem letzteren nach Maßgabe des Artikels 16 erhobene Klage der Eisenbahn zugestellt worden ist. Ist dies geschehen, so hat die Eisenbahn nur die Anweisungen des bezeichneten Empfängers zu beachten, widrigenfalls sie demselben für das Gut haftbar wird.

Die Eisenbahn darf die Ausführung der im Absatz 1 vorgesehenen Anweisungen nur dann verweigern oder verzögern, oder solche Anweisungen in veränderter Weise ausführen, wenn durch die Befolgung derselben der regelmäßige Transportverkehr gestört würde.

Die im ersten Absatz dieses Artikels vorgesehenen Verfügungen müssen mittelst schriftlicher und vom Absender unterzeichneter Erklärung nach dem in den Ausführungs-Bestimmungen vorgeschriebenen Formular erfolgen. Die Erklärung ist auf dem Frachtbriefduplikat zu wiederholen, welches gleichzeitig der Eisenbahn vorzulegen und von dieser dem Absender zurückzugeben ist.

Jede in anderer Form gegebene Verfügung des Absenders ist nichtig.

---

[81]) Art. 19 ZusBest. 5.
[82]) VereinsBetrRegl. § 53. VerkO. § 64 stimmt mit Art. 15 bis auf die Abweichungen überein, die dadurch bedingt sind, daß nach VerkO. die Ausstellung des Duplikats nicht obligatorisch ist (Anm. 51). — Anwendbarkeit des IntÜb., auch wenn die Sendung unterwegs angehalten wird, Anm. 5 a. E.

Die Eisenbahn kann den Ersatz der Kosten verlangen, welche durch die Ausführung der im Absatz 1 vorgesehenen Verfügungen entstanden sind, insoweit diese Verfügungen nicht durch ihr eigenes Verschulden veranlaßt worden sind.

Ausf.-Best. §. 7.

Zu der im Artikel 15 Abs. 6 vorgesehenen Erklärung ist das Formular in Anlage 4[83]) zu verwenden.

1b) 1. Anweisungen des Absenders wegen nachträglicher Auflage, Erhöhung, Minderung oder Zurückziehung von Nachnahmen nach Eingang, sowie wegen nachträglicher Frankierung werden, und zwar ohne Verantwortung für ihre Durchführung, zugelassen[84]).

2. Bei Minderung oder gänzlicher Zurückziehung einer Nachnahme nach Eingang ist seitens des Absenders auch der ausgefertigte Nachnahmeschein beizubringen, welcher von der Versandstation bei Minderung der Nachnahme entsprechend richtig zu stellen und sodann dem Absender wieder auszuhändigen, bei gänzlicher Auflassung der Nachnahme aber einzuziehen ist.

3. Jede Verfügung des Absenders muß sich auf die ganze Sendung erstrecken[84]).

4. Verfügungen ohne Beibringung des Frachtbriefduplikates, ferner solche, welche nicht durch Vermittlung der Versandstation getroffen werden, bleiben unbeachtet[84]).

5. Auf Verlangen und auf Kosten des Absenders erfolgt die Verständigung der Bestimmungs- oder Anhaltestation von einer in der Versandstation schriftlich eingetroffenen Verfügung durch letztere Station auch mittels eines telegraphischen Programms. In einem solchen Falle wird in der Bestimmungs- oder Anhaltestation bis zum Einlangen der schriftlichen Verfügung die Übergabe des Frachtbriefs und Ausfolgung des Gutes an den Empfänger oder die Weitersendung des Gutes unterlassen.

6. Die Verfügungen sollen entweder in deutscher oder in französischer Sprache ausgestellt werden, andernfalls sie eine Übersetzung in eine dieser Sprachen zu tragen haben (siehe auch Zusatzbestimmungen zu Art. 13).

7. Bei nachträglicher Auflage oder Erhöhung einer Nachnahme wird dem Absender der Nachnahmeschein erst dann ausgefolgt, wenn bahnseitig festgestellt wurde, daß die Verfügung noch durchführbar ist.

8. Die im Artikel 15 Abs. 8 bezeichneten Kosten sind im Tarife ein für allemal festzusetzen.

Art. 16[85]). Die Eisenbahn ist verpflichtet am Bestimmungsorte dem bezeichneten Empfänger gegen Bezahlung der im Frachtbriefe ersichtlich gemachten Beträge und gegen Bescheinigung des Empfanges den Frachtbrief und das Gut auszuhändigen.

Der Empfänger ist nach Ankunft des Gutes am Bestimmungsorte berechtigt, die durch den Frachtvertrag begründeten Rechte gegen Erfüllung der sich daraus ergebenden Verpflichtungen in eigenem Namen gegen die Eisenbahn geltend zu machen, sei es, daß er hierbei in eigenem oder in fremdem Interesse handle. Er ist insbesondere berechtigt, von der Eisenbahn die Uebergabe des

---

83) Hier nicht abgedruckt.

84) VerkO. § 64 (1) u. ZusBest. I, II.

85) VereinsBetrRegl. § 54. — VerkO. § 66 Abs. 1, 2, Abs. 3 Satz 1 u. HGB. § 435 im wesentl. übereinstimmend; jedoch ersetzt VerkO. im Anschluß an HGB. die Worte des Abs. 1: „der im Frachtbriefe ersichtlich gemachten Beträge" durch die Worte: „ihrer durch den Frachtvertrag begründeten Forderungen", während der dem IntÜb. Art. 17 entsprechende § 67 VerkO. wiederum die Verpflichtung des Empfängers dahin bestimmt, „nach Maßgabe des Frachtbriefs" Zahlung zu leisten. Hierzu einerseits Gerstner (01) S. 85, anders. Eger Anm. 106 zu IntÜb. Art. 16; ferner unten Anm. 92.

Frachtbriefes und die Auslieferung des Gutes zu verlangen. Dieses Recht erlischt, wenn der im Besitze des Duplikats befindliche Absender der Eisenbahn eine nach Maßgabe des Artikels 15 entgegenstehende Verfügung ertheilt hat.

Als Ort der Ablieferung gilt die vom Absender bezeichnete Bestimmungs=station[86]).

Art. 17[87]). Durch Annahme des Gutes und des Frachtbriefes wird der Empfänger verpflichtet, der Eisenbahn die im Frachtbriefe ersichtlich gemachten Beträge zu bezahlen.

Art. 18[88]). Wird der Antritt oder die Fortsetzung des Eisenbahn=transportes durch höhere Gewalt oder Zufall verhindert und kann der Trans=port auf einem anderen Wege nicht stattfinden, so hat die Eisenbahn den Absender um anderweitige Disposition über das Gut anzugehen.

Der Absender kann vom Vertrage zurücktreten, muß aber die Eisenbahn, sofern derselben kein Verschulden zur Last fällt, für die Kosten zur Vorbe=reitung des Transportes, die Kosten der Wiederausladung und die Ansprüche in Beziehung auf den etwa bereits zurückgelegten Transportweg entschädigen.

Wenn im Falle einer Betriebsstörung die Fortsetzung des Transportes auf einem anderen Wege stattfinden kann, ist die Entscheidung der Eisenbahn überlassen, ob es dem Interesse des Absenders entspricht, den Transport auf einem anderen Wege dem Bestimmungsorte zuzuführen, oder den Transport anzuhalten und den Absender um anderweitige Anweisung anzugehen.

Befindet sich der Absender nicht im Besitze des Frachtbriefduplikats, so dürfen die in diesem Artikel vorgesehenen Anweisungen weder die Person des Empfängers, noch den Bestimmungsort abändern.

> 1 b) 1. Verfügungen, welche nicht durch Vermittlung der Versandstation getroffen werden, bleiben unbeachtet.
>
> 2. Die Tarife setzen die Beträge fest, welche vom Absender im Falle des Rücktrittes vom Vertrage der Eisenbahn für die Kosten zur Vorbereitung des Transportes, die Kosten der Wiederausladung und die Ansprüche in Beziehung auf den etwa bereits zurückgelegten Transportweg als Ent=schädigung zu leisten sind[89]).
>
> 3. Wenn die Unterbrechung der Bahn vor Eintreffen der Verfügung des Absenders auf irgend eine Weise behoben wird, so ist das Gut an seine Bestimmung zu leiten, ohne die Verfügung abzuwarten, und hiervon der Absender baldigst zu benachrichtigen.

---

[86]) Art. 30 Abs. 2. — Bestimmungs=station heißt "Bestimmungsort", nicht etwa "Bahnhof des Bestimmungsorts" Gerstner (01) S. 87; a. M. Eger Anm. 111.

[87]) VereinsBetrRegl. § 55. — VerkO. § 67, HGB. § 436. — Art. 44. — Anm. 85.

[88]) VereinsBetrRegl. § 56. — Art. 15. — Der entsprechende § 65 der VerkO. unterscheidet sich von Art. 18 haupt=sächlich in folgenden Punkten:

a) In Abs. 1 sind die Worte des JntÜb. "durch höhere Gewalt oder Zufall" durch die Worte "ohne Verschulden des Absenders zeit=weilig" ersetzt. Nach Gerstner (01)

S. 88 ist diese Abweichung keine sachliche; a. M. Eger S. 311.

b) Die Worte "im Falle einer Be=triebsstörung" im Art. 18 Abs. 3 fehlen in § 65 (3). Eger Anm. 118 faßt sie in dem engeren Sinne einer Störung des Bahnbetriebs auf, während Gerstner (93) S. 273 ff. meint, daß sie alle Fälle des Abs. 1 mitumfassen.

c) Für Abs. 4 des § 65 ist eine Ab=weichung von Art. 18 Abs. 4 dadurch geboten, daß nach VerkO. die Aus=stellung des Duplikats nicht obliga=torisch ist (Anm. 51).

[89]) VerkO. § 65 ZusBest. I.

4. Dem Begehren um Rücksendung wird nur dann entsprochen, wenn der Wert des Gutes die Kosten der Rückbeförderung voraussichtlich deckt, oder die Fracht für den Rückweg sofort entrichtet oder hinterlegt wird.

5. Falls das Gut über eine Hilfsroute dem Bestimmungsorte zugeführt wird, ist die Eisenbahn berechtigt, die Zahlung der Mehrgebühren zu fordern.

6. Bezüglich der Erhebung von Lager- oder Wagenstandgeld für die unterwegs angehaltenen Güter sind die Bestimmungen derjenigen Bahn maßgebend, in deren Bereich das Gut angehalten worden ist.

Art. 19 [90]). Das Verfahren bei Ablieferung der Güter, sowie die etwaige Verpflichtung der Eisenbahn, das Gut einem nicht an der Bestimmungsstation [86]) wohnhaften Empfänger zuzuführen, richtet sich nach den für die abliefernde Bahn geltenden gesetzlichen und reglementarischen Bestimmungen [30]).

Art. 20 [91]). Die Empfangsbahn hat bei der Ablieferung alle durch den Frachtvertrag begründeten Forderungen, insbesondere Fracht und Nebengebühren, Zollgelder und andere zum Zweck der Ausführung des Transportes gehabte Auslagen, sowie die auf dem Gute haftenden Nachnahmen und sonstigen Beträge einzuziehen, und zwar sowohl für eigene Rechnung, als auch für Rechnung der vorhergehenden Eisenbahnen und sonstiger Berechtigter.

Art. 21 [92]). Die Eisenbahn hat für alle im Artikel 20 bezeichneten Forderungen die Rechte eines Faustpfandgläubigers an dem Gute. Dieses Pfandrecht besteht, so lange das Gut in der Verwahrung der Eisenbahn oder eines Dritten sich befindet, welcher es für sie inne hat.

Art. 22 [93]). Die Wirkungen des Pfandrechtes bestimmen sich nach dem Rechte des Landes, wo die Ablieferung erfolgt.

---

[90]) VereinsBetrRegl. § 57. Für Deutschland ist das Ablieferungsverfahren durch VerkO. § 68, 69, 46 (3) vorgeschrieben. Das VereinsBetrRegl. enthält 16 vom Verein herausgegebene ZusBest.), welche genau (im allg. wörtlich) übereinstimmen: zu Nr. 1 bis 8 mit VerkO. § 68 Abs. 1—8, zu Nr. 9—15 mit VerkO. § 69 Abs. 1—7, zu Nr. 16 mit VerkO. § 46 (3) von Satz 2 ab, hier sind sie deshalb nicht abgedruckt. — Unter Art. 19 fällt auch die Frage, ob die Eis. das Gut zu avisieren, d. h. den Empfänger von der Ankunft zu benachrichtigen hat Gerstner (93) S. 280; a. M. Eger Anm. 121, nach dessen Annahme die Avisierungspflicht in der Ablieferungspflicht enthalten ist.

[91]) VereinsBetrRegl. § 58. Ebenso VerkO. § 66 (4) Satz 1. — Art. 23. — Anm. 92.

[92]) VereinsBetrRegl. § 59. Das internat. Recht weicht vom deutschen darin ab, daß ersteres das sog. Folgerecht (HGB. § 440 Abs. 3), d. h. eine Fortdauer des Pfandrechts über die Ab-

lieferung hinaus, nicht kennt. — Das Pf. steht „der" Eis. zu, d. h. der Gemeinschaft der am Transport beteiligten Bahnen, unter ihnen besteht keine Rangordnung; das Verhältnis des Pf. der Eis. zu dem anderer Pfandgläubiger (z. B. der Spediteure) bestimmt sich gemäß Art. 22 nach Landesrecht; zur Ausübung des Pfandrechts ist der Regel nach die Empfangsbahn (Art. 20) berufen (vgl. auch VerkO. § 66 Abs 4) Gerstner (93) § 40. Bezüglich des Umfangs der Pfandforderung schließt Gerstner — a. a. O. u. (01) S. 92 — aus der in Anm. 85 erwähnten Verschiedenheit im Wortlaut der VerkO. u. des IntÜb., daß sich das Pfandrecht nach deutschem Recht auf alle durch den Frachtvertrag begründeten, nach internat. Recht aber nur auf die im Frachtbrief ersichtlich gemachten Forderungen erstreckt; a. M. Eger Anm. 125.

[93]) VereinsBetrRegl. § 60. — Unter Art. 22 fällt z. B. die Rangordnung mehrerer Pfandrechte (Anm. 92) u. die Realisierung des Pfandrechts. — Anm. 30.

41*

Art. 23[94]). Jede Eisenbahn ist verpflichtet, nachdem sie bei der Aufgabe oder der Ablieferung des Gutes die Fracht und die anderen aus dem Frachtvertrage herrührenden Forderungen eingezogen hat, den betheiligten Bahnen den ihnen gebührenden Antheil an der Fracht und den erwähnten Forderungen zu bezahlen.

Die Ablieferungsbahn ist für die Bezahlung der obigen Beträge verantwortlich, wenn sie das Gut ohne Einziehung der darauf haftenden Forderungen abliefert. Der Anspruch gegen den Empfänger des Gutes bleibt ihr jedoch vorbehalten[95]).

Die Uebergabe des Gutes von einer Eisenbahn an die nächstfolgende begründet für die erstere das Recht, die letztere im Conto-Corrent sofort mit dem Betrage der Fracht und der sonstigen Forderungen, soweit dieselben zur Zeit der Uebergabe des Gutes aus dem Frachtbriefe sich ergeben, zu belasten, vorbehaltlich der endgültigen Abrechnung nach Maßgabe des ersten Absatzes dieses Artikels[96]).

Aus dem internationalen Transporte[97]) herrührende Forderungen der Eisenbahnen unter einander können, wenn die schuldnerische Eisenbahn einem anderen Staate angehört als die forderungsberechtigte Eisenbahn, nicht mit Arrest belegt oder gepfändet werden, außer in dem Falle, wenn der Arrest oder die Pfändung auf Grund einer Entscheidung der Gerichte des Staates erfolgt, dem die forderungsberechtigte Eisenbahn angehört.

In gleicher Weise kann das rollende Material der Eisenbahnen mit Einschluß sämmtlicher beweglicher, der betreffenden Eisenbahn gehörigen Gegenstände, welche sich in diesem Material vorfinden, in dem Gebiete eines anderen Staates als desjenigen, welchem die betreffende Eisenbahn angehört, weder mit Arrest belegt noch gepfändet werden, außer in dem Falle, wenn der Arrest oder die Pfändung auf Grund einer Entscheidung der Gerichte des Staates erfolgt, dem die betreffende Eisenbahn angehört[98]).

Art. 24[99]). Bei Ablieferungshindernissen hat die Ablieferungsstation den Absender durch Vermittelung der Versandstation von der Ursache des Hindernisses unverzüglich in Kenntniß zu setzen. Sie darf in keinem Falle ohne ausdrückliches Einverständniß des Absenders das Gut zurücksenden.

Im Uebrigen richtet sich — unbeschadet der Bestimmungen des folgenden Artikels — das Verfahren bei Ablieferungshindernissen nach

---

[94]) VereinsBetrRegl. § 61. Den Abs. 1, 2 ähnliche Best. enthält HGB. § 441, 442. — Art. 57 Abs. 1 Ziff. 5 u. Regl. betr. Zentralamt (Anl. A) III.

[95]) Nur der Ablieferungsbahn; ein direktes Vorgehen der Vorbahnen gegen den Empfänger ist nicht zulässig Gerstner (93) S. 282 Anm. 3; a. M. Eger Anm. 131.

[96]) Abs. 3 ist sinngemäß (mit Umkehrung der Parteirollen) auch bei Frankaturen anzuwenden Gerstner (93) S. 295; a. M. Eger Anm. 132.

[97]) Nicht nur aus internat. Frachtverträgen, sondern z. B. auch aus Wagenmiete u. Wagenherstellungen für die zu internat. Transporten verwendeten Wagen u. Zentralamt 10. Feb. 00

(IntZtschr. VIII 83, EEE. XVII 149), Gerstner (01) S. 94; a. M. Eger Anm. 133. Die vor dem 1. Jan. 93 in Deutschland erfolgten Arreste u. Pfändungen sind bez. der seit diesem Tage entstandenen, unter Abs. 4 fallenden Forderungen unwirksam RGer 9. Jan. 95 (XXXIV 93), Zentralamt a. a. O.

[98]) G. 3. Mai 86 (VI 7 b. W.). — Die Vollstreckbarkeit von gerichtl. Entscheidungen der in Abs. 5 bezeichneten Art im Auslande bestimmt sich nach dem Rechte des letzteren Gerstner (93) S. 298 Anm. 17.

[99]) VereinsBetrRegl. § 62. — Art. 24 Abs. 1 entspricht VerkO. § 70 (1). Zu Abs. 2 ZusBest. 3—6.

den für die abliefernde Bahn geltenden gesetzlichen und reglementarischen Bestimmungen [30]).

　1b) 1. Eine Sendung, deren Bezug verweigert oder nicht erfolgt ist, wird dem nachträglich zum Bezuge sich meldenden Empfänger insolange ausgefolgt, als nicht eine gegenteilige Verfügung des Absenders auf der Empfangstation eingetroffen ist. Eine solche nachträgliche Ausfolgung ist der Versandstation unverzüglich behufs Verständigung des Absenders anzuzeigen.
　2. Die im Artikel 24, Abs. 1 Int. Übl. festgesetzten Bestimmungen gelten insbesondere von Gütern, deren An- und Abnahme verweigert oder nicht rechtzeitig bewirkt wird oder deren Abgabe sonst nicht möglich ist.
　3. (Wie VerkO. § 70 Abs. 2.)
　4. Die Anzeige des Ablieferungshindernisses bei Gütern, über welche der Empfänger den Frachtbrief nicht auslöst, hat die Bestimmungstation spätestens 8 Tage nach Ablauf der tarifmäßig lagergeldfreien Zeit an den Absender abzusenden.
　5. (Wie VerkO. § 70 Abs. 3 u. ZusBest. I.)
　6. Hinsichtlich der Benachrichtigung des Absenders und Empfängers von der Hinterlegung und dem vollzogenen Verkaufe des Gutes sind die Bestimmungen der Empfangsbahn maßgebend [100]).

Art. 25 [101]). In allen Verlust-, Minderungs- und Beschädigungsfällen haben die Eisenbahnverwaltungen sofort eine eingehende Untersuchung vorzunehmen, das Ergebniß derselben schriftlich festzustellen und dasselbe den Betheiligten auf ihr Verlangen, unter allen Umständen aber der Versandstation mitzutheilen.

　Wird insbesondere eine Minderung oder Beschädigung des Gutes von der Eisenbahn entdeckt oder vermuthet, oder seitens des Verfügungsberechtigten behauptet, so hat die Eisenbahn den Zustand des Gutes, den Betrag des Schadens und, soweit dies möglich, die Ursache und den Zeitpunkt der Minderung oder Beschädigung ohne Verzug protokollarisch festzustellen. Eine protokollarische Feststellung hat auch im Falle des Verlustes stattzufinden.

　Die Feststellung richtet sich nach den Gesetzen und Reglementen des Landes, wo dieselbe stattfindet [30]).

　Außerdem steht jedem der Betheiligten das Recht zu, die gerichtliche Feststellung des Zustandes des Gutes zu beantragen.

　(ZusBest. wörtlich wie VerkO. § 71 Abs. 3.)

Art. 26 [102]). Zur gerichtlichen Geltendmachung [103]) der aus dem internationalen Eisenbahnfrachtvertrage gegenüber der Eisenbahn entspringenden Rechte ist nur derjenige befugt, welchem das Verfügungsrecht über das Frachtgut zusteht [104]).

---

[100]) VerkO. § 70 (4).
[101]) VereinsBetrRegl. § 63. — Abs. 1, 2 entspricht VerkO. § 71 Abs. 1, 2; zu Abs. 3: ZusBest., zu Abs. 4: VerkO. § 72 u. CPO. § 485 ff. — Art. 44 Abs. 2 Ziff. 3.
[102]) Art. 26—46 behandeln die Haftung der Eis. aus dem internat. Eis.-Frachtvertrage, u. zwar Art. 26 die Aktiv-, Art. 27, 28 die Passivlegitimation, Art. 29 die Haftung der Eis. für ihre Leute, Art. 30 die Haftung für Verlust, Minderung u. Beschädigung des Gutes im allg., Art. 31, 32 Beschränkungen der Haftung, Art. 33 Vermutung für Verlust, Art. 34, 35, 37 die Höhe der Haftung für Verlust u. Beschäd., Art. 36 das Wiederauffinden, Art. 38 die Deklaration des Interesses an der Lieferung, Art. 39, 40 die Haftung für Versäumung der Lieferfrist, Art. 41 Arglist u. grobe Fahrlässigkeit der Eis., Art. 42 die Verzinsung der Entschädigung, Art. 43—46 Ausschluß der Haftung, Erlöschen u. Verjährung der Ansprüche.
[103]) VereinsBetrRegl. § 64. Im wesentl. ebenso VerkO. 73 Abs. 1, 2.
[104]) Art. 15, 16.

Vermag der Absender das Frachtbrief-Duplikat nicht vorzuzeigen, so kann er seinen Anspruch nur mit Zustimmung des Empfängers geltend machen, es wäre denn, daß er den Nachweis beibringt, daß der Empfänger die Annahme des Gutes verweigert hat[29]).

1b) 1. Außergerichtlichen Ansprüchen wegen Verlustes, Minderung, Beschädigung oder Lieferfristüberschreitung ist der Frachtbrief beizulegen, wenn er dem Empfänger bereits übergeben worden ist. Ansprüchen wegen Verlustes, Minderung oder Beschädigung ist außerdem ein Ausweis über den Wert des Gutes (Faktura) beizufügen. (Wegen der Frachterstattungsansprüche siehe Art. 12)[105]).

2. Zur Anbringung von außergerichtlichen Ansprüchen ist, insolange der Frachtbrief dem Empfänger nicht übergeben wurde, der Absender, welcher in diesem Falle das Frachtbriefduplikat der Reklamation beizuschließen hat, nach Übergabe des Frachtbriefes an den Empfänger aber der letztere berechtigt.

3. Entschädigungsansprüche, welche von anderen Personen eingebracht werden, sind außerdem mit einer Bescheinigung zu belegen, daß der Berechtigte mit der Auszahlung des Entschädigungsbetrages an den Fordernden einverstanden ist. Diese Bescheinigung, deren Unterschrift auf Verlangen der Eisenbahn beglaubigt werden muß, wird von der Eisenbahn zurückbehalten.

4. Im Interesse einer beschleunigten Behandlung sind Reklamationen über Sendungen, welche in der Bestimmungstation noch nicht eingetroffen sind, bei der Versandbahn, in allen anderen Fällen aber bei der Empfangsbahn einzubringen.

5. Die Eisenbahnen haben bei ihnen angebrachte Entschädigungsansprüche mit tunlichster Beschleunigung zu untersuchen und mittelst schriftlichen Bescheides zu erledigen[105]).

Art. 27[106]). Diejenige Bahn, welche das Gut mit dem Frachtbriefe zur Beförderung angenommen hat, haftet für die Ausführung des Transportes auch auf den folgenden Bahnen der Beförderungsstrecke bis zur Ablieferung.

Jede nachfolgende Bahn tritt dadurch, daß sie das Gut mit dem ursprünglichen Frachtbriefe übernimmt, nach Maßgabe des letzteren in den Frachtvertrag ein und übernimmt die selbständige Verpflichtung, den Transport nach Inhalt des Frachtbriefes auszuführen.

Die Ansprüche aus dem internationalen Frachtvertrage können jedoch — unbeschadet des Rückgriffs der Bahnen gegen einander[107]) — im Wege der Klage nur gegen die erste Bahn oder gegen diejenige, welche das Gut zuletzt mit dem Frachtbriefe übernommen hat, oder gegen diejenige Bahn gerichtet werden, auf deren Betriebsstrecke der Schaden sich ereignet hat. Unter den bezeichneten Bahnen steht dem Kläger die Wahl zu.

Die Klage kann nur vor einem Gerichte des Staates anhängig gemacht werden, in welchem die beklagte Bahn ihren Wohnsitz hat und welches nach den Gesetzen dieses Landes zuständig ist.

Das Wahlrecht unter den im dritten Absatz erwähnten Bahnen erlischt mit der Erhebung der Klage[108]).

---

[105]) VerkO. § 73 (3).
[106]) VereinsBetrRegl. § 65. — Abs. 1 bis 3, 5 entsprechen VerkO. § 74 Abs. 1—3 u. HGB. § 432, 469.
[107]) Art. 47 ff.

[108]) Alsdann Einrede der Rechtshängigkeit auch dann, wenn in einem anderen Staat eine weitere Klage erhoben wird Gerstner (93) S. 319.

Art. 28[109]**).** Im Wege der Widerklage oder der Einrede können Ansprüche aus dem internationalen Frachtvertrage auch gegen eine andere als die im Artikel 27 Absatz 3 bezeichneten Bahnen geltend gemacht werden, wenn die Klage sich auf denselben Frachtvertrag gründet.

Art. 29[110]**).** Die Eisenbahn haftet für ihre Leute und für andere Personen, deren sie sich bei Ausführung des von ihr übernommenen Transportes bedient.

Art. 30[111]**).** Die Eisenbahn haftet nach Maßgabe der in den folgenden Artikeln enthaltenen näheren Bestimmungen für den Schaden, welcher durch Verlust, Minderung oder Beschädigung des Gutes seit der Annahme zur Beförderung bis zur Ablieferung entstanden ist, sofern sie nicht zu beweisen vermag, daß der Schaden durch ein Verschulden des Verfügungsberechtigten[112]) oder eine nicht von der Eisenbahn verschuldete Anweisung desselben, durch die natürliche Beschaffenheit des Gutes (namentlich durch inneren Verderb, Schwinden, gewöhnliche Leckage) oder durch höhere Gewalt herbeigeführt worden ist.

Ist auf dem Frachtbriefe als Ort der Ablieferung ein nicht an der Eisenbahn liegender Ort bezeichnet, so besteht die Haftpflicht der Eisenbahn auf Grund dieses Uebereinkommens nur für den Transport bis zur Empfangsstation. Für die Weiterbeförderung finden die Bestimmungen des Art. 19 Anwendung.

1. (Wie VerkO. § 75 Abs. 2.)

2. [113]).

3. Ist von dem Absender auf dem Frachtbriefe bestimmt, daß das Gut an einem an der Eisenbahn liegenden Orte abgegeben werden oder liegen bleiben soll, so gilt, ungeachtet im Frachtbriefe ein anderweiter Bestimmungsort angegeben ist, der Transport als nur bis zu jenem ersteren an der Bahn liegenden Ort übernommen, und die Eisenbahn ist nur bis zur Ablieferung an diesen Ort verantwortlich[114]).

Art. 31[115]**).** Die Eisenbahn haftet nicht:

1. **in Ansehung der Güter, welche nach der Bestimmung des Tarifes oder nach einer in den Frachtbrief aufgenommenen Vereinbarung mit dem Absender in offen gebauten Wagen transportirt werden**[29]**),**

für den Schaden, welcher aus der mit dieser Transportart verbundenen Gefahr entstanden ist;

2. in Ansehung der Güter, welche obgleich ihre Natur eine Verpackung zum Schutze gegen Verlust, Minderung oder Beschädigung auf dem Transporte erfordert, nach Erklärung des Absenders auf dem Frachtbriefe (Artikel 9) unverpackt oder mit mangelhafter Verpackung aufgegeben sind,

für den Schaden, welcher aus der mit dem Mangel oder mit der mangelhaften Beschaffenheit der Verpackung verbundenen Gefahr entstanden ist;

---

[109]) VereinsBetrRegl. § 66. Ebenso VerkO. § 74 (4).

[110]) VereinsBetrRegl. § 67. Ebenso VerkO. § 9, HGB. § 458. Rollfuhrunternehmer Art. 19 ZusBest. 3 (entspricht VerkO. § 68 Abs. 3).

[111]) VereinsBetrRegl. § 68. — Abs. 1 in Verb. mit Art. 9 Abs. 3 stimmt sachlich überein mit VerkO. § 75 (1), Abs. 2 entspricht VerkO. § 76 (1). HGB. § 456, 468. — Haftung als Verwahrer IntÜb.

Art. 5 ZusBest. 5 e (entspr. VerkO. § 55 Abs. 2); als Kommissionär Art. 10 Abs. 3.

[112]) Art. 15, 16.

[113]) Wie VerkO. § 76 (2), mit Hinweis auf die mit VerkO. § 68 (3) gleichlautende ZusBest. 3 zu Art. 19.

[114]) VerkO. § 66 (3).

[115]) VereinsBetrRegl. § 69. Fast wörtlich ebenso VerkO. § 77 Abs. 1, 2 u. HGB. § 459 Abs. 1, 2.

3. in Ansehung derjenigen Güter, deren Auf= und Abladen nach Bestimmung des Tarifs oder nach einer in den Frachtbrief aufgenommenen Vereinbarung mit dem Absender, soweit eine solche in dem Staatsgebiete, wo sie zur Ausführung gelangt, zulässig ist[30]), von dem Absender beziehungsweise dem Empfänger besorgt wird[29]),

für den Schaden, welcher aus der mit dem Auf= und Abladen oder mit mangelhafter Verladung verbundenen Gefahr entstanden ist;

4. in Ansehung der Güter, welche vermöge ihrer eigenthümlichen natür= lichen Beschaffenheit der besonderen Gefahr ausgesetzt sind, Verlust, Minderung oder Beschädigung, namentlich Bruch, Rost, inneren Verderb, außergewöhnliche Leckage, Austrocknung und Verstreuung zu erleiden[116]),

für den Schaden, welcher aus dieser Gefahr entstanden ist;

5. in Ansehung lebender Thiere,

für den Schaden, welcher aus der mit der Beförderung dieser Thiere für dieselben verbundenen besonderen Gefahr entstanden ist;

6. in Ansehung derjenigen Güter, einschließlich der Thiere, welchen nach der Bestimmung des Tarifs oder nach einer in den Frachtbrief aufgenommenen Vereinbarung mit dem Absender ein Begleiter beizugeben ist[117]),

für den Schaden, welcher aus der Gefahr entstanden ist, deren Abwendung durch die Begleitung bezweckt wird.

Wenn ein eingetretener Schaden nach den Umständen des Falles aus einer der in diesem Artikel bezeichneten Gefahren entstehen konnte, so wird bis zum Nachweise des Gegentheils vermuthet, daß der Schaden aus der betreffenden Gefahr wirklich entstanden ist.

1b) 1. Wenn die Eisenbahn dem Absender auf dessen ausdrücklichen Antrag Decken überläßt, so übernimmt sie dadurch auch bei solchen Gütern, welche nach den Tarifbestimmungen nicht in offen gebauten Wagen befördert werden, keine weitergehende Haftpflicht, als ihr bei Beförderung in offen gebauten Wagen ohne Decken obliegt[118]).

2. Das Ausstauben von Gütern durch die Emballage wird der außergewöhn= lichen Leckage gleich gehalten.

Art. 32[119]). In Ansehung derjenigen Güter, welche nach ihrer natür= lichen Beschaffenheit bei dem Transporte regelmäßig einen Verlust an Gewicht erleiden, ist die Haftpflicht der Eisenbahn für Gewichtsverluste bis zu dem aus den Ausführungs=Bestimmungen sich ergebenden Normalsatze aus= geschlossen.

Dieser Satz wird, im Falle mehrere Stücke auf einen und denselben Frachtbrief befördert worden sind, für jedes Stück besonders berechnet, wenn das Gewicht der einzelnen Stücke im Frachtbriefe verzeichnet oder sonst er= weislich ist.

Diese Beschränkung der Haftpflicht tritt nicht ein, insoweit nachgewiesen wird, daß der Verlust nach den Umständen des Falles nicht in Folge der natürlichen Beschaffenheit des Gutes entstanden ist, oder daß der angenommene Prozentsatz dieser Beschaffenheit oder den sonstigen Umständen des Falles nicht entspricht.

---

[116]) Art. 30 Abs. 1, Art. 32.
[117]) Anm. 29. — Art. 3 AusfBest. § 1 Abs. 4, Art. 5 ZusBest. 6 d.
[118]) VerkO. § 77 ZusBest. I.

[119]) VereinsBetrRegl. § 70. — Art. 32 in Verb. mit AusfBest. § 8 entspricht VerkO. § 78 u. HGB. § 460.

Bei gänzlichem Verlust des Gutes findet ein Abzug für Gewichtsverlust nicht statt.

Ausf.=Best. §. 8¹¹⁹).

Der Normalsatz für regelmäßigen Gewichtsverlust beträgt zwei Prozent bei flüssigen und feuchten, sowie bei nachstehenden trockenen Gütern:

(folgen die in VerkO. § 78 Abs. 2 genannten).

Bei allen übrigen trockenen Gütern der im Art. 32 des Übereinkommens bezeichneten Art beträgt der Normalsatz ein Prozent.

1b) Die eventuell weitergehende Befreiung von der Haftung für Gewichts=verluste auf Grund des Art. 31 wird hierdurch nicht beschränkt.

Art. 33[120]). Der zur Klage Berechtigte kann das Gut ohne weiteren Nachweis als in Verlust gerathen betrachten, wenn sich dessen Ablieferung um mehr als dreißig Tage nach Ablauf der Lieferfrist (Artikel 14) verzögert.

Art. 34[121]). Wenn auf Grund der vorhergehenden Artikel von der Eisenbahn für gänzlichen oder theilweisen Verlust des Gutes Ersatz geleistet werden muß, so ist der gemeine Handelswerth, in dessen Ermangelung der gemeine Werth, zu ersetzen, welchen Gut derselben Art und Beschaffenheit am Versandorte zu der Zeit hatte, zu welcher das Gut zur Beförderung angenommen worden ist. Dazu kommt die Erstattung dessen, was an Zöllen und sonstigen Kosten, sowie an Fracht etwa bereits bezahlt worden ist.

Art. 35[122]). Es ist den Eisenbahnen gestattet, besondere Bedingungen (Spezialtarife) mit Festsetzung eines im Falle des Verlustes, der Minderung oder Beschädigung zu ersetzenden Maximalbetrages zu veröffentlichen, sofern diese Spezialtarife eine Preisermäßigung für den ganzen Transport gegenüber den gewöhnlichen Tarifen jeder Eisenbahn enthalten und der gleiche Maximal=betrag auf die ganze Transportstrecke Anwendung findet.

Art. 36[123]). Der Entschädigungsberechtigte kann, wenn er die Ent=schädigung für das in Verlust gerathene Gut in Empfang nimmt, in der Quittung den Vorbehalt machen, daß er für den Fall, als das Gut binnen vier Monaten nach Ablauf der Lieferfrist wieder aufgefunden wird, hiervon seitens der Eisenbahnverwaltung sofort benachrichtigt werde. Ueber den Vorbehalt wird eine Bescheinigung ertheilt[29]).

In diesem Falle kann der Entschädigungsberechtigte innerhalb 30 Tagen nach erhaltener Nachricht verlangen, daß ihm das Gut nach seiner Wahl an den Versand= oder an den im Frachtbriefe angegebenen Bestimmungsort kostenfrei gegen Rückerstattung der ihm bezahlten Entschädigung ausgeliefert werde.

Wenn der im ersten Absatz erwähnte Vorbehalt nicht gemacht worden ist, oder wenn der Entschädigungsberechtigte in der im zweiten Absatz bezeich=neten dreißigtägigen Frist das dort vorgesehene Begehren nicht gestellt hat, oder endlich, wenn das Gut erst nach vier Monaten nach Ablauf der Lieferfrist wieder aufgefunden wird, so kann die Eisenbahn nach den Gesetzen ihres Landes über das wieder aufgefundene Gut verfügen[30]).

---

[120]) VereinsBetrRegl. § 71. Ebenso VerkO. § 79. — Art. 26.

[121]) VereinsBetrRegl. § 72. Sachlich ebenso VerkO. § 80 u. HGB. § 457 Abs. 1. Ausnahmen: Art. 35, 38, 41; ferner Art. 3 ZusBest. 2.

[122]) VereinsBetrRegl. § 73. Sachlich ebenso VerkO. § 81 (1), HGB. § 461 Abs. 1. — Art. 6 Abs. 1e, 37, 38, 41.

[123]) VereinsBetrRegl. § 74. Fast wört-lich ebenso VerkO. § 82.

Art. 37[124]**).** Im Falle der Beschädigung hat die Eisenbahn den ganzen Betrag des Minderwerthes des Gutes zu bezahlen. Im Falle die Beförderung nach einem Spezialtarife im Sinne des Artikels 35 stattgefunden hat, wird der zu bezahlende Schadensbetrag verhältnißmäßig reduzirt.

Art. 38[125]**).** Hat eine Deklaration des Interesses an der Lieferung stattgefunden, so kann dem Berechtigten im Falle des Verlustes, der Minderung oder der Beschädigung, außer der durch den Artikel 34 und beziehungsweise durch den Artikel 37 festgesetzten Entschädigung noch ein weiterer Schadens=ersatz bis zur Höhe des in der Deklaration festgesetzten Betrages zugesprochen werden. Das Vorhandensein und die Höhe dieses weiteren Schadens hat der Berechtigte zu erweisen.

Die Ausführungs=Bestimmungen setzen den Höchstbetrag des Frachtzu=schlages fest, welcher im Falle einer Deklaration des Interesses an der Lieferung zu zahlen ist[29]).

Ausf.=Best. § 9[125]).

Die Summe, zu welcher das Interesse an der Lieferung deklariert wird, muß im Frachtbriefe an der dafür vorgesehenen Stelle mit Buchstaben eingetragen werden.

[29]) In diesem Falle wird der Frachtzuschlag für untheilbare Ein=heiten von je 10 Franken und 10 Kilometern berechnet und darf 0,025 Franken für ein Kilometer und für je 1000 Franken des Be=trags der deklarirten Summe nicht übersteigen.

[29]) Der geringste zur Erhebung kommende Frachtzuschlag beträgt für den ganzen Durchlauf 50 Centimen.

1b) 1. Der Frachtzuschlag beträgt 0,025 Franken für 1 Kilometer und je 1000 Franken der deklarirten Summe. Derselbe wird stets auf 5 Centimes aufgerundet und wie die übrigen Gebühren behandelt, sonach bei Franko=sendungen vom Absender, bei unfrankirten Sendungen vom Empfänger eingehoben (siehe V.=Z., Ziffer 4 zu § 50)[126]).

2. In welcher Währung die Deklaration des Interesses an der Lieferung zugelassen wird, bestimmen die Tarife.

Art. 39[127]**).** Die Eisenbahn haftet für den Schaden, welcher durch Versäumung der Lieferfrist (Artikel 14) entstanden ist, sofern sie nicht beweist, daß die Verspätung von einem Ereignisse herrührt, welches sie weder herbei=geführt hat, noch abzuwenden vermochte.

1b) Die Lieferfristen betreffen stets den ganzen Durchlauf; es sind daher Reklamationen, welche die Lieferfrist auf Teilstrecken betreffen, unzu=lässig, wenn nicht die Gesamtfrist überschritten worden ist.

Art. 40[128]**).** Im Falle der Versäumung der Lieferfrist können ohne Nachweis eines Schadens folgende Vergütungen beansprucht werden:

---

[124]) VereinsBetrRegl. § 75. — VerkO. § 83, HGB. § 457 Abs. 2, § 461. Ausnahmen (außer Art. 35) Art. 38, 41.

[125]) VereinsBetrRegl. § 76. — Art. 38 in Verb. mit AusfBest. § 9 im wesent=lichen übereinstimmend mit VerkO. § 84 Abs. 1—3, § 85 u. HGB. § 463 Abs. 1. Wenn sich im Intlüb. eine VerkO. § 84 (4) entsprechende Vorschr. — daß im Falle des Art. 35 Deklaration unzu=lässig ist — nicht findet, so bedeutet das keine sachliche Abweichung Gerstner (93)

S. 366 Anm. 7, Eger Anm. 182 zu Art. 35.

[126]) Art. 12 ZusBest. 4.

[127]) VereinsBetrRegl. § 77. Sachlich ebenso VerkO. § 86 u. HGB. § 466 Abs. 1.

[128]) VereinsBetrRegl. § 78. Ähnlich VerkO. § 87. Streitig ist, ob die Eis. dem Anspruch durch den Nachweis begegnen kann, daß kein Schaden entstanden ist (VerkO. § 87 Abs. 2). Ja Gerstner (93) S. 386 u. Reindl in

bei einer Verspätung bis einschließlich $\frac{1}{10}$ der Lieferfrist: $\frac{1}{10}$ der Fracht;

= = = = = $\frac{2}{10}$ = = $\frac{2}{10}$ = =

= = = = = $\frac{3}{10}$ = = $\frac{3}{10}$ = =

= = = = = $\frac{4}{10}$ = = $\frac{4}{10}$ = =

bei einer Verspätung von längerer Dauer: $\frac{5}{10}$ der Fracht.

Wird der Nachweis eines Schadens erbracht, so kann der Betrag bis zur Höhe der ganzen Fracht beansprucht werden.

Hat eine Deklaration des Interesses stattgefunden, so können ohne Nachweis eines Schadens folgende Vergütungen beansprucht werden:

bei einer Verspätung bis einschließlich $\frac{1}{10}$ der Lieferfrist: $\frac{2}{10}$ der Fracht;

= = = = = $\frac{2}{10}$ = = $\frac{4}{10}$ = =

= = = = = $\frac{3}{10}$ = = $\frac{6}{10}$ = =

= = = = = $\frac{4}{10}$ = = $\frac{8}{10}$ = =

bei einer Verspätung von längerer Dauer: die ganze Fracht.

Wird der Nachweis eines Schadens erbracht, so kann der Betrag des Schadens beansprucht werden. In beiden Fällen darf die Vergütung den deklarirten Vertrag des Interesses nicht übersteigen.

Art. 41[129]**).** Die Vergütung des vollen Schadens kann in allen Fällen gefordert werden, wenn derselbe in Folge der Arglist oder der groben Fahrlässigkeit der Eisenbahn entstanden ist.

Art. 42[130]**).** Der Forderungsberechtigte kann sechs Prozent Zinsen der als Entschädigung festgesetzten Summe verlangen. Diese Zinsen laufen von dem Tage, an welchem das Entschädigungsbegehren gestellt wird.

Art. 43[131]**).** Wenn Gegenstände, welche vom Transporte ausgeschlossen oder zu demselben nur bedingungsweise zugelassen sind, unter unrichtiger oder ungenauer Deklaration zur Beförderung aufgegeben, oder wenn die für dieselben vorgesehenen Sicherheitsvorschriften vom Absender außer Acht gelassen werden, so ist jede Haftpflicht der Eisenbahn auf Grund des Frachtvertrages ausgeschlossen.

Art. 44[132]**).** Ist die Fracht nebst den sonst auf dem Gute haftenden Forderungen bezahlt und das Gut angenommen, so sind alle Ansprüche gegen die Eisenbahn aus dem Frachtvertrage erloschen.

Hiervon sind jedoch ausgenommen:

1. Entschädigungsansprüche, bei welchen der Berechtigte nachweisen kann, daß der Schaden durch Arglist oder grobe Fahrlässigkeit der Eisenbahn herbeigeführt worden ist;

2. Entschädigungsansprüche wegen Verspätung, wenn die Reklamation spätestens am vierzehnten[29]) Tage, den Tag der Annahme nicht mitgerechnet, bei einer der nach Artikel 27 Absatz 3 in Anspruch zu nehmenden Eisenbahnen angebracht wird;

VerZtg. 02 S. 1123, 1142; nein Eger Anm. 198.

[129]) VereinsBetrRegl. § 79. Sachlich ebenso VerkO. § 88 u. HGB. § 457 (Abs. 3) Gerstner (01) S. 118; a. M. Eger Anm. 469 zu VerkO. § 88, der zwischen „Arglist" u. „Vorsatz" einen Unterschied sieht.

[130]) VereinsBetrRegl. § 80. Weicht

vom Deutschen Recht ab. (HGB. § 352, 353; BGB. § 288, 284).

[131]) VereinsBetrRegl. § 81. Sachlich ebenso VerkO. § 89, HGB. § 467. — Art. 2, 3.

[132]) VereinsBetrRegl. § 82. Im wesentl. ebenso (u. A. fehlen Abs. 2 Ziff. 4 letzter Abs. u. Abs. 5) VerkO. § 90; HGB. § 438, 464. — Art. 12 Abs. 4, Art. 46.

3. Entschädigungsansprüche wegen solcher Mängel, deren Feststellung gemäß Artikel 25 vor der Annahme des Gutes durch den Empfänger erfolgt ist, oder deren Feststellung nach Artikel 25 hätte erfolgen sollen und durch Verschulden der Eisenbahn unterblieben ist;

4. Entschädigungsansprüche wegen äußerlich nicht erkennbarer Mängel, deren Feststellung nach der Annahme erfolgt ist, jedoch nur unter nachstehenden Voraussetzungen:

a) es muß unmittelbar nach der Entdeckung des Schadens und spätestens sieben Tage nach der Empfangnahme des Gutes der Antrag auf Feststellung gemäß Artikel 25 bei der Eisenbahn oder dem zuständigen Gerichte angebracht werden;

b) der Berechtigte muß beweisen, daß der Mangel während der Zeit zwischen der Annahme zur Beförderung und der Ablieferung entstanden ist.

War indessen die Feststellung des Zustandes des Gutes durch den Empfänger auf der Empfangsstation möglich und hat die Eisenbahn sich bereit erklärt, dieselbe dort vorzunehmen, so findet die Bestimmung unter Nr. 4 keine Anwendung.

Es steht dem Empfänger frei, die Annahme des Gutes, auch nach Annahme des Frachtbriefes und Bezahlung der Fracht, insolange zu verweigern, als nicht seinem Antrage auf Feststellung der von ihm behaupteten Mängel stattgegeben ist. Vorbehalte bei der Annahme des Gutes sind wirkungslos, sofern sie nicht unter Zustimmung der Eisenbahn erfolgt sind.

Wenn von mehreren auf dem Frachtbriefe verzeichneten Gegenständen einzelne bei der Ablieferung fehlen, so kann der Empfänger in der Empfangsbescheinigung (Artikel 16) die nicht abgelieferten Gegenstände unter spezieller Bezeichnung derselben ausschließen.

Alle in diesem Artikel erwähnten Entschädigungsansprüche müssen schriftlich erhoben werden.

[1 b] 1. Die im Absatz 3 erwähnte Zustimmung der Eisenbahn zu einem Vorbehalte bei der Annahme des Gutes muß schriftlich gegeben werden.

2. Beim Bezuge einer unvollständig angelangten Sendung sind vorbehaltlich der reglementmäßigen Ersatzansprüche stets die vollen, im Frachtbriefe ersichtlich gemachten Beträge zu bezahlen.

Art. 45 [133]). Entschädigungsforderungen wegen Verlustes, Minderung, Beschädigung oder Verspätung, insofern sie nicht durch Anerkenntniß der Eisenbahn, Vergleich oder gerichtliches Urtheil festgestellt sind, verjähren in einem Jahre und im Falle des Artikels 44 Nr. 1 in drei Jahren.

Die Verjährung beginnt im Falle der Beschädigung oder Minderung an dem Tage, an welchem die Ablieferung stattgefunden hat, im Falle des gänzlichen Verlustes eines Frachtstückes oder der Verspätung an dem Tage, an welchem die Lieferfrist abgelaufen ist.

Bezüglich der Unterbrechung der Verjährung entscheiden die Gesetze des Landes, wo die Klage angestellt ist [30]).

[29]) Wenn der Berechtigte eine schriftliche Reklamation bei der Eisenbahn einreicht, so wird die Verjährung für so lange gehemmt, als die Reklamation nicht erledigt ist. Ergeht auf die Reklamation ein abschlägiger Bescheid, so beginnt der Lauf der

---

[133]) VereinsBetrRegl. § 83. Im allg. ebenso VerkO. § 91 Abs. 1—4; abweichend die Verjährungsfrist im Falle grober Fahrlässigkeit (nach VerkO. nur 1 Jahr) u. des Vorsatzes (nach VerkO. die gewöhnliche Verjährungsfrist) VerkO. § 91 (6). — Art. 12 Abs. 4, Art. 46.

Verjährungsfrist wieder mit dem Tage, an welchem die Eisenbahn ihre Entscheidung dem Reklamanten schriftlich bekannt macht und ihm die der Reklamation etwa angeschlossenen Beweisstücke zurück= stellt. Der Beweis der Einreichung oder der Erledigung der Reklamation sowie der der Rückstellung der Beweisstücke obliegt demjenigen, der sich auf diese Thatsachen beruft. Weitere Rekla= mationen, die an die Eisenbahn oder an die vorgesetzten Behörden gerichtet werden, bewirken keine Hemmung der Verjährung.

Art. 46[134]**).** Ansprüche, welche nach den Bestimmungen der Artikel 44 und 45 erloschen oder verjährt sind, können auch nicht im Wege einer Wider= klage oder einer Einrede geltend gemacht werden.

Art. 47[135]**).** Derjenigen Eisenbahn, welche auf Grund der Bestimmungen dieses Uebereinkommens Entschädigung geleistet hat, steht der Rückgriff gegen die am Transporte betheiligten Bahnen nach Maßgabe folgender Bestim= mungen zu:

1. Diejenige Eisenbahn, welche den Schaden allein verschuldet hat, haftet für denselben ausschließlich.

2. Haben mehrere Bahnen den Schaden verschuldet, so haftet jede Bahn für den von ihr verschuldeten Schaden. Ist eine solche Unterscheidung nach den Umständen des Falles nicht möglich, so werden die Antheile der schuld= tragenden Bahnen am Schadensersatze nach den Grundsätzen der folgenden Nr. 3 festgesetzt.

3. Ist ein Verschulden einer oder mehrerer Bahnen als Ursache des Schadens nicht nachweisbar, so haften die sämmtlichen am Transporte be= theiligten Bahnen mit Ausnahme derjenigen, welche beweisen, daß der Schaden auf ihrer Strecke nicht entstanden ist, nach Verhältniß der reinen Fracht, welche jede derselben nach dem Tarife im Falle der ordnungsmäßigen Aus= führung des Transportes bezogen hätte.

Im Falle der Zahlungsunfähigkeit einer der in diesem Artikel bezeich= neten Eisenbahnen wird der Schaden, der hieraus für die Eisenbahn entsteht, welche den Schadensersatz geleistet hat, unter alle Eisenbahnen, welche an dem Transporte theilgenommen haben, nach Verhältniß der reinen Fracht vertheilt.

Art. 48[135]**).** Die Vorschriften des Artikels 47 finden auch auf die Fälle der Versäumung der Lieferfrist Anwendung. Für Versäumung der Lieferfrist haften mehrere schuldtragende Verwaltungen nach Verhältniß der Zeitdauer der auf ihren Bahnstrecken vorgekommenen Versäumniß.

---

[134]) VereinsBetrRegl. § 84. Abweichend VerkO. § 91 (5).

[135]) Art. 47—54 (VereinsBetrRegl. § 85—92) regeln den Rückgriff der auf Grund des JntÜb. zur Ersatzleistung verpflichteten Bahnen untereinander, u. zwar Art. 47—49 in materieller, Art. 50—53 in prozessualer Hinsicht; Art. 54 erklärt aber die vorangegangenen Best. für subsidiär. VerkO. enthält üb. d. Rück= griff nur die allg. Vorschrift § 74 (5). — Anm. 17. — Der Beweis des Ver= schuldens ist gegenüber der Verwaltung, in deren Bereich der Schaden entdeckt wird, nicht schon damit als erbracht an= zusehen, daß diese das Gut ohne ein= gehende Besichtigung (symbolisch) über= nommen hat; jede am Transport beteil. Verwaltung hat bei unterwegs ein= tretender Beschädigung dafür zu sorgen, daß deren nachteil. Folgen möglichst ein= geschränkt werden; die Versandbahn haftet für Stellung eines geeigneten Wagens Zentralamt 19. Dez. 02 (JntZtschr. XI 38, 46, 107; EEE. XIX 352, 354, 356).

Die Vertheilung der Lieferfrist unter den einzelnen an einem Transporte betheiligten Eisenbahnen richtet sich, in Ermangelung anderweitiger Vereinbarungen, nach den durch die Ausführungs-Bestimmungen festgesetzten Normen.

Ausf.-Best. §. 10.

Die nach Artikel 14 des Übereinkommens und §. 6 dieser Ausführungs-Bestimmungen im einzelnen Falle für einen internationalen Transport sich berechnende Lieferfrist vertheilt sich auf die am Transporte theilnehmenden Bahnen, in Ermangelung einer anderweitigen Verständigung, in folgender Weise:

1. Im Nachbarverkehr zweier Bahnen:
   a) die Expeditionsfrist zu gleichen Theilen;
   b) die Transportfrist pro rata der Streckenlänge (Tariflänge), mit der jede Bahn am Transporte betheiligt ist.
2. Im Verkehr dreier oder mehrerer Bahnen:
   a) die erste und letzte Bahn erhalten ein Präzipuum von je 12 Stunden bei Frachtgut und 6 Stunden bei Eilgut aus der Expeditionsfrist;
   b) der Rest der Expeditionsfrist und ein Drittel der Transportfrist werden zu gleichen Teilen unter allen betheiligten Bahnen vertheilt;
   c) die übrigen zwei Drittel der Transportfrist pro rata der Streckenlänge (Tariflänge), mit der jede Bahn am Transporte betheiligt ist.

Etwaige Zuschlagsfristen kommen derjenigen Bahn zugute, nach deren Lokaltarifbestimmungen sie im gegebenen Falle zulässig sind [79]).

Die Zeit von der Auflieferung des Gutes bis zum Beginn der Lieferfrist kommt lediglich der Versandbahn zugute.

Wird die Lieferfrist im Ganzen eingehalten, so kommt vorstehende Vertheilung nicht in Betracht.

Art. 49 [135]). Eine Solidarhaft mehrerer am Transporte betheiligter Bahnen findet für den Rückgriff nicht statt.

Art. 50 [135]). Für den im Wege des Rückgriffs geltend zu machenden Anspruch der Eisenbahnen unter einander ist die im Entschädigungsprozeß gegen die rückgriffnehmende Bahn ergangene endgültige Entscheidung hinsichtlich der Verbindlichkeit zum Schadensersatz und der Höhe der Entschädigung maßgebend, sofern den im Rückgriffswege in Anspruch zu nehmenden Bahnen der Streit in gehöriger Form verkündet ist und dieselben in der Lage sich befanden, in dem Prozesse zu interveniren [136]). Die Frist für diese Intervention wird von dem Richter der Hauptsache nach den Umständen des Falles und so kurz als möglich bestimmt.

Art. 51 [137]). Insoweit nicht eine gütliche Einigung erfolgt ist, sind sämmtliche betheiligte Bahnen in einer und derselben Klage zu belangen, widrigenfalls das Recht des Rückgriffs gegen die nicht belangten Bahnen erlischt.

---

[136]) Deutsches Recht CPO. § 72 ff. — Durch Art. 50 hat nicht etwa die gütliche Erledigung des Entschädigungsanspruchs durch die in Anspruch genommene Eis. ausgeschlossen werden sollen; nur steht alsdann den anderen Bahnen die Prüfung der Frage offen, ob der Anspruch begründet war Gerstner (93) S. 422, 414; U. Zentralamt 12. Nov. 00 (IntZtschr. IX 2). — Anm. 135.

[137]) Anm. 135. — In Ermangelung anderer Abrede (Art. 54) erfolgt die Entscheidung im ordentlichen Rechtswege, nicht etwa durch Schiedsgericht; Art. 57 Abs. 1 Ziff. 3 ist nur im Falle beiderseitiger Übereinstimmung über Anrufung des Zentralamts anwendbar.

Der Richter hat in einem und demselben Verfahren zu entscheiden. Den Beklagten steht ein weiterer Rückgriff nicht zu.

Art. 52[135]). Die Verbindung des Rückgriffsverfahrens mit dem Entschädigungsverfahren ist unzulässig[138]).

Art. 53[135]). Für alle Rückgriffsansprüche ist der Richter des Wohnsitzes der Bahn, gegen welche der Rückgriff erhoben wird, ausschließlich zuständig.

Ist die Klage gegen mehrere Bahnen zu erheben, so steht der klagenden Bahn die Wahl unter den nach Maßgabe des ersten Absatzes dieses Artikels zuständigen Richtern zu.

Art. 54[135]). Die Befugniß der Eisenbahnen, über den Rückgriff im Voraus oder im einzelnen Falle andere Vereinbarungen zu treffen, wird durch die vorstehenden Bestimmungen nicht berührt[139]).

Art. 55[140]). Soweit nicht durch das gegenwärtige Uebereinkommen andere Bestimmungen getroffen sind, richtet sich das Verfahren nach den Gesetzen des Prozeßrichters.

Art. 56[141]). Urtheile, welche auf Grund der Bestimmungen dieses Uebereinkommens von dem zuständigen Richter in Folge eines kontradiktorischen oder eines Versäumnißverfahrens erlassen und nach den für den urtheilenden Richter maßgebenden Gesetzen vollstreckbar geworden sind, erlangen im Gebiete sämmtlicher Vertragsstaaten Vollstreckbarkeit, unter Erfüllung der von den Gesetzen des Landes vorgeschriebenen Bedingungen und Formalitäten, aber ohne daß eine materielle Prüfung des Inhalts zulässig wäre. Auf nur vorläufig vollstreckbare Urtheile findet diese Vorschrift keine Anwendung, ebensowenig auf diejenigen Bestimmungen eines Urtheils, durch welche der Kläger, weil derselbe im Prozesse unterliegt, außer den Prozeßkosten zu einer weiteren Entschädigung verurtheilt wird.

Eine Sicherstellung für die Prozeßkosten kann bei Klagen, welche auf Grund des internationalen Frachtvertrages erhoben werden, nicht gefordert werden.

Ausf.-Best. §. 11[142]).

Die in den vorhergehenden Ausführungs-Bestimmungen in Franken ausgedrückten Summen sind in den vertragschließenden Staaten, in welchen die Frankenwährung nicht besteht, durch in der Landeswährung ausgedrückte Beträge zu ersetzen.

1b) Obige Vorschrift gilt auch in Ansehung der in den Zusatzbestimmungen in Frankenwährung angesetzten Beträge.

---

[138]) Diese Vorschr. unterliegt nicht der Abänderung gemäß Art. 54 Gerstner (93) S. 432.

[139]) Derartige Vereinbarungen bestehen in zahlreichen EisVerbänden (Int.-Ztschr. V 541, IX Beilageheft S. 84); besonders ist das Übereinkommen zum VereinsBetrRegl. (VII 1 d. W.) zu erwähnen, in dessen Art. 16—19 die Tragung der Ersatzleistungen ein für allemal geregelt ist. Näheres Cauer II 403 ff. — Anm. 137.

[140]) VereinsBetrRegl. § 93. — Die prozessualen Best. des IntUb. sind zusammengestellt bei Gerstner (93) S. 442 fg.

[141]) VereinsBetrRegl. § 94. — Abs. 1: CPO. § 722, 723. — Abs. 2: CPO. § 110; Verhältnis zum Haager Abkommen zur Regelung von Fragen des Internat. Privatrechts 14. Nov. 96 (RGBl. 99 S. 285) Art. 11: Fuld in EEE. XVI 71.

[142]) VereinsBetrRegl. § 95.

Art. 57[143]**).** Um die Ausführung des gegenwärtigen Uebereinkommens zu erleichtern und zu sichern, soll ein Centralamt für den internationalen Transport errichtet werden, welches die Aufgabe hat:

1. die Mittheilungen eines jeden der vertragschließenden Staaten und einer jeden der betheiligten Eisenbahnverwaltungen entgegenzunehmen und sie den übrigen Staaten und Verwaltungen zur Kenntniß zu bringen;

2. Nachrichten aller Art, welche für das internationale Transportwesen von Wichtigkeit sind, zu sammeln, zusammenzustellen und zu veröffentlichen[144]);

3. auf Begehren der Parteien Entscheidungen über Streitigkeiten der Eisenbahnen unter einander abzugeben[145]);

4. die geschäftliche Behandlung der behufs Abänderung des gegenwärtigen Uebereinkommens gemachten Vorschläge vorzunehmen, sowie in allen Fällen, wenn hierzu ein Anlaß vorliegt, den vertragschließenden Staaten den Zusammentritt einer neuen Konferenz vorzuschlagen;

5. die durch den internationalen Transportdienst bedingten finanziellen Beziehungen zwischen den betheiligten Verwaltungen, sowie die Einziehung rückständig gebliebener Forderungen zu erleichtern und in dieser Hinsicht die Sicherheit des Verhältnisses der Eisenbahnen unter einander zu fördern[146]).

Ein besonderes Reglement[147]) wird den Sitz, die Zusammensetzung und Organisation dieses Amts, sowie die zur Ausführung nöthigen Mittel feststellen.

Art. 58[143]**).** Das im Artikel 57 bezeichnete Centralamt hat die Mittheilungen der Vertragsstaaten in Betreff der Hinzufügung oder der Streichung von Eisenbahnen in den in Gemäßheit des Artikels 1 aufgestellten Listen entgegenzunehmen.

Der wirkliche Eintritt einer neuen Eisenbahn in den internationalen Transportdienst erfolgt erst nach einem Monat vom Datum des an die anderen Staaten gerichteten Benachrichtigungsschreibens des Centralamts.

Die Streichung einer Eisenbahn wird von dem Centralamt vollzogen, sobald es von einem der Vertragsstaaten davon in Kenntniß gesetzt wird, daß dieser festgestellt hat, daß eine ihm angehörige und in der von ihm aufgestellten Liste verzeichnete Eisenbahn aus finanziellen Gründen oder in Folge einer thatsächlichen Behinderung nicht mehr in der Lage ist, den Verpflichtungen zu entsprechen, welche den Eisenbahnen durch das gegenwärtige Uebereinkommen auferlegt werden[146]).

Jede Eisenbahnverwaltung ist, sobald sie seitens des Centralamts die Nachricht von der erfolgten Streichung einer Eisenbahn erhalten hat, berechtigt,

---

[143]) Art. 57—59 (VereinsBetrRegl. § 96—98) behandeln die zur Ausführung des IntÜb. getroffenen organisatorischen Einrichtungen, u. zwar Art. 57 das Zentralamt für den int. Transport in Bern, Art. 58 die Liste der in den int. Transport eingetretenen Bahnen (Art. 1), Art. 59 die Konferenzen zur Fortbildung des IntÜb. — Der Verkehr zwischen den deutschen EisVerwaltungen u. dem Zentralamt soll sich der Regel nach (Ausnahmen z. B. in

den Fällen des Art. 57 Abs. 1 Ziff. 3, 5) durch Vermittlung des REBA. vollziehen E. 3. Dez. 92 (EVV. 539).

[144]) Zusammenstell. der Best., welche im IntÜb. den Gesetzen u. Reglementen in den Vertragsstaaten überlassen sind, her. v. Zentralamt, 2. Ausg. Okt. 04.

[145]) Nicht Streitigkeiten der Eis. mit dem Publikum. — Anm. 137.

[146]) Regl. (Anm. 147) Art. III.

[147]) Regl. 14. Okt. 90 (Anl. A).

mit der betreffenden Eisenbahn alle aus dem internationalen Transporte sich ergebenden Beziehungen abzubrechen. Die bereits in der Ausführung begriffenen Transporte sind jedoch auch in diesem Falle vollständig auszuführen.

Art. 59[148]**.** Wenigstens alle drei Jahre wird eine aus Delegirten der vertragschließenden Staaten bestehende Konferenz zusammentreten, um zu dem gegenwärtigen Uebereinkommen die für nothwendig erachteten Abänderungen und Verbesserungen in Vorschlag zu bringen.

Auf Begehren von wenigstens einem Viertel der betheiligten Staaten kann jedoch der Zusammentritt von Konferenzen auch in einem früheren Zeitpunkte erfolgen.

Art. 60[149]**.** Das gegenwärtige Uebereinkommen ist für jeden betheiligten Staat auf drei Jahre von dem Tage, an welchem dasselbe in Wirksamkeit tritt, verbindlich. Jeder Staat, welcher nach Ablauf dieser Zeit von dem Uebereinkommen zurückzutreten beabsichtigt, ist verpflichtet, hiervon die übrigen Staaten ein Jahr vorher in Kenntniß zu setzen. Wird von diesem Rechte kein Gebrauch gemacht, so ist das gegenwärtige Uebereinkommen als für weitere drei Jahre verlängert zu betrachten.

Das gegenwärtige Uebereinkommen wird von den vertragschließenden Staaten sobald als möglich ratifizirt werden. Seine Wirksamkeit beginnt drei Monate nach erfolgtem Austausch der Ratifikations-Urkunden[149].

Anlagen zum Internationalen Uebereinkommen*).

Anlage A (zu Anmerkung 1).
Reglement, betreffend die Errichtung eines Centralamts.
Vom 14. Oktober 1890 (RGB. 92 S. 870)[1].

Art. I. Der Bundesrath der Schweizerischen Eidgenossenschaft wird beauftragt, das durch Artikel 57 des internationalen Uebereinkommens über den Eisenbahnfrachtverkehr errichtete Centralamt zu organisiren und seine Geschäftsführung zu überwachen[2]. Der Sitz dieses Amts soll in Bern sein.

Zu dieser Organisirung soll sofort nach dem Austausche der Ratifikations-Urkunden und in der Art geschritten werden, daß das Amt die ihm übertragenen

---

[148] Die erste Revisionskonferenz (1896) hat das Zusatzübereinkommen 16. Juni 98 beschlossen (Anm. 1 a); 1905 ist eine zweite RK. abgehalten worden, deren Beschlüsse noch nicht ratifiziert sind. — Anm. 143.

[149] Schlußprot. (Anl. B) Ziff. V. In Kraft getreten ist das Intüb. am 1. Jan. 93, das Zusatzüb. (Anm. 148) am 10. Okt. 01.

*) Von den dem Texte des Intüb. beigegebenen Anlagen sind hier nicht abgedruckt:
Anl. 1 (zu Art. 3 AusfBest. § 1): Vorschr. über bedingungsweise zur Beförd. zugelassene Gegenstände;
Anl. 3 u. 3a (zu Art. 9 AusfBest. § 4):

Formulare für Anerkenntnisse über fehlende oder mangelhafte Verpackung;
Anl. 4 (zu Art. 15 AusfBest. § 7): Formular für nachträgliche Anweisungen des Absenders.
Anl. 2 (zu Art. 6 AusfBest. § 2): internat. Frachtbrief wird hier als Anl. E mitgeteilt.

[1] Schlußprot. (Anl. B) Ziff. IV.
[2] Beschluß des Schweiz. Bundesrats 21. Okt. 92 — Gerstner (93) S. 462, Eger S. 620 — betr. Organisation des Amts; V. desselben 29. Nov. 92 — Gerstner (93) S. 463, Eger S. 621 — betr. das schiedsger. Verfahren in den vor das Amt gebrachten Streitfällen.

Funktionen zugleich mit dem Eintritte der Wirksamkeit des Uebereinkommens beginnen kann.

Die Kosten dieses Amts, welche bis auf Weiteres den jährlichen Betrag von 100 000 Franken nicht übersteigen sollen, werden von jedem Staate im Verhält=nisse zu der kilometrischen Länge der von demselben zur Ausführung internationaler Transporte als geeignet bezeichneten Eisenbahnstrecken getragen.

Art. II. Dem Centralamt werden alle Mittheilungen, welche für das internationale Transportwesen von Wichtigkeit sind, von den vertragschließenden Staaten, sowie von den Eisenbahnverwaltungen mitgetheilt werden. Dasselbe kann mit Benutzung dieser Mittheilungen eine Zeitschrift*) herausgeben, von welcher je ein Exemplar jedem Staate und jeder betheiligten Verwaltung un=entgeltlich zu übermitteln ist. Weitere Exemplare dieser Zeitschrift sind zu einem von dem Centralamt festzusetzenden Preise zu bezahlen. Diese Zeitschrift soll in deutscher und französischer Sprache erscheinen.

Das Verzeichniß der einzelnen im Artikel 2 des Uebereinkommens unter Ziffer 1 und 3 bezeichneten Gegenstände, sowie allfällige Abänderungen dieses Verzeichnisses, welche später von einzelnen der vertragschließenden Staaten vor-genommen werden, sind mit thunlichster Beschleunigung dem Centralamt zur Kenntniß zu bringen, welches dieselben sofort allen vertragschließenden Staaten mittheilen wird.

Was die im Artikel 2 des Uebereinkommens unter Ziffer 2 bezeichneten Gegenstände betrifft, so wird das Centralamt von jedem der vertragschließenden Staaten die erforderlichen Angaben begehren und den anderen Staaten mittheilen.

Art. III. Auf Verlangen jeder Eisenbahnverwaltung wird das Centralamt bei Regulirung der aus dem internationalen Transporte herrührenden Forderungen als Vermittler dienen.

Die aus dem internationalen Transporte herrührenden unbezahlt gebliebenen Forderungen können dem Centralamt zur Kenntniß gebracht werden, um die Ein-ziehung derselben zu erleichtern. Zu diesem Zweck wird das Amt ungesäumt an die schuldnerische Bahn die Aufforderung richten, die Forderung zu reguliren oder die Gründe der Zahlungsverweigerung anzugeben.

Ist das Amt der Ansicht, daß die Weigerung hinreichend begründet ist, so hat es die Parteien vor den zuständigen Richter zu verweisen.

Im entgegengesetzten, sowie in dem Falle, wenn nur ein Theil der Forderung bestritten wird, hat der Leiter des Amts, nachdem er das Gutachten zweier von dem Bundesrath zu diesem Zweck zu bezeichnenden Sachverständigen eingeholt hat, sich darüber auszusprechen, ob die schuldnerische Eisenbahn die ganze oder einen Theil der Forderung zu Händen des Amts niederzulegen habe. Der auf diese Weise niedergelegte Betrag bleibt bis nach Entscheidung der Sache durch den zuständigen Richter in den Händen des Amts.

Wenn eine Eisenbahn innerhalb vierzehn Tagen der Aufforderung des Amts nicht nachkommt, so ist an dieselbe eine neue Aufforderung unter Androhung der Folgen einer ferneren Verweigerung der Zahlung zu richten.

Wird auch dieser zweiten Aufforderung binnen zehn Tagen nicht entsprochen, so hat der Leiter von Amtswegen an den Staat, welchem die betreffende Eisen=bahn angehört, eine motivirte Mittheilung und zugleich das Ersuchen zu richten, die geeigneten Maßregeln in Erwägung zu ziehen, und namentlich zu prüfen, ob die schuldnerische Eisenbahn noch ferner in dem von ihm mitgetheilten Verzeichnisse zu belassen sei.

---

*) Erscheint als Zeitschr. für den Internat. EisTransport.

Bleibt die Mittheilung des Amts an den Staat, welchem die betreffende Eisenbahn angehört, innerhalb einer sechswöchentlichen Frist unbeantwortet, oder erklärt der Staat, daß er, ungeachtet der nicht erfolgten Zahlung, die Eisenbahn nicht aus der Liste streichen zu lassen beabsichtigt, so wird angenommen, daß der betreffende Staat für die Zahlungsfähigkeit der schuldnerischen Eisenbahn, soweit es sich um aus dem internationalen Transporte herrührende Forderungen handelt, ohne weitere Erklärung die Garantie übernehme.

Anlage B (zu Anmerkung 1).
Schlußprotokoll vom 14. Oktober 1890 (RGB. 1892 S. 918).

I. In Betreff des Artikels 1 besteht darüber allseitiges Einverständniß, daß Sendungen, deren Abgangs= und Endstation in dem Gebiete desselben Staates liegen, nicht als internationale Transporte zu betrachten sind, wenn dieselben auf einer Linie, deren Betrieb einer Verwaltung dieses Staates angehört, das Gebiet eines fremden Staates nur transitiren. **Wenn die Transitstrecken nicht dem Betrieb einer Verwaltung dieses Staates angehören, so können die betheiligten Regierungen durch Sonderabkommen**[1]) **vereinbaren, daß solche Transporte gleichwohl nicht als internationale zu betrachten sind**[2]).

Im Weiteren ist man darüber einverstanden, daß die Bestimmungen dieses Uebereinkommens keine Anwendung finden, wenn eine Sendung von irgend einer Station eines Staatsgebietes entweder nach dem Grenzbahnhofe des Nachbar= staates, in welchem die Zollbehandlung erfolgt, oder nach einer Station stattfindet, welche zwischen diesem Bahnhofe und der Grenze liegt; es sei denn, daß der Ab= sender für eine solche Sendung die Anwendung des gegenwärtigen Uebereinkommens verlangt. Diese Bestimmung gilt auch für Transporte von dem genannten Grenz= bahnhofe oder einer der genannten Zwischenstationen nach Stationen des anderen Staates[3]).

II. In Betreff des Artikels 11 erklären die unterzeichneten Bevollmächtigten, daß sie keine Verpflichtung eingehen können, welche die Freiheit ihrer Staaten in der Regelung ihres internen Eisenbahnverkehrs beschränken würde. Sie konstatiren übrigens, jeder für den von ihm vertretenen Staat, daß diese Regelung zur Zeit

---

[1]) Sonderabkommen zwischen der österreichischen u. der deutschen Regierung 12. April 02 (RGB. 153), in Kraft getreten 1. Juni 02: Durch die EisTarife kann mit Zustimmung der Aufsichtsbehörden festgesetzt werden, daß a) auf den im Durchgange durch Öster= reich über österreichische Linien geleiteten Verkehr zwischen Stationen, die auf deutschem Gebiete liegen, sowie b) auf den im Durchgange durch Deutschland über deutsche Linien geleiteten Verkehr zwischen Stationen, die auf öster= reichischem Gebiete liegen, je nach Lage der Verhältnisse entweder ausschließlich die deutsche Eisenbahn=Verkehrsordnung oder ausschließlich das für die öster= reichischen Eisenbahnen geltende Be= triebsreglement Anwendung findet.

[2]) Schlußprotokoll 16. Juni 98 (RG= B. 01 S. 295).

[3]) Es kommt nicht darauf an, daß die im Auslande gelegene Station von einer inländischen Verwaltung be= trieben wird, sondern nur darauf, daß die Bestimmungsstation entweder selbst die ZollabfertStelle ist oder zwischen dieser u. der Grenze liegt E. 29. Dez. 92 (EVB. 93 S. 102). — Die Best. gilt auch für Transporte in umgekehrter Richtung; in beiden Richtungen sind Inlandsfrachtbriefe zu benutzen, vor= behaltlich des Rechtes des Absenders auf Beförderung mit internationalem Fracht= brief E. $\frac{31.\ \text{Jan.}}{8.\ \text{Feb.}}$ 94 (EVB. 37).

mit den im Artikel 11 der Uebereinkommens festgestellten Grundsätzen sich im Einklange befinde, und sie betrachten es als wünschenswerth, daß dieser Einklang erhalten bleibe.

III. Es wird ferner anerkannt, daß durch das Uebereinkommen das Verhältniß der Eisenbahnen zu dem Staate, welchem sie angehören, in keiner Weise geändert wird, und daß dieses Verhältniß auch in Zukunft durch die Gesetzgebung jedes einzelnen Staates geregelt werden wird, sowie daß insbesondere durch das Uebereinkommen die in jedem Staate in Geltung stehenden Bestimmungen über die staatliche Genehmigung der Tarife und Transportbedingungen nicht berührt werden.

IV. Es wird anerkannt, daß das Reglement, betreffend die Errichtung eines Centralamts, sowie die Ausführungs=Bestimmungen zu dem internationalen Uebereinkommen über den Eisenbahnfrachtverkehr und die Anlagen 1, 2, 3 und 4 dieselbe Kraft und Dauer haben sollen, wie das Uebereinkommen selbst.

V. Hinsichtlich des Artikel 60 ist allseitig anerkannt, daß das internationale Uebereinkommen für jeden betheiligten Staat auf drei Jahre von dem Tage des Inkrafttretens desselben und weiter auf je drei Jahre insolange verbindlich ist, als nicht einer der betheiligten Staaten spätestens ein Jahr vor Ablauf eines Trienniums den übrigen Staaten die Absicht erklärt hat, von dem Uebereinkommen zurückzutreten[1]).

Das gegenwärtige Protokoll, welches zugleich mit dem am heutigen Tage abgeschlossenen Uebereinkommen ratifizirt werden soll, ist als ein integrirender Bestandtheil dieses Uebereinkommens zu betrachten und hat dieselbe Kraft und Dauer, wie dieses letztere selbst.

Anlage C (zu Anmerkung 1).

Zusatzerklärung zu dem Internationalen Uebereinkommen über den Eisenbahnfrachtverkehr vom 14. Oktober 1890. Vom 20. September 1893.
(RGB. 1896 S. 707.)

Die Staaten, welche an dem Uebereinkommen über den Eisenbahnfrachtverkehr vom 14. Oktober 1890 nicht betheiligt sind, können ihren Beitritt zu demselben erklären.

Sie haben sich zu diesem Zweck an die Schweizerische Regierung zu wenden.

Die gedachte Regierung wird den bezüglichen Antrag dem Centralamt zur Prüfung übermitteln und demnächst ihre Vorschläge den Vertragsstaaten mittheilen.

Im Falle allseitiger Zustimmung wird die Schweizerische Regierung die Annahme der Beitrittserklärung dem betreffenden Staat und in gleicher Weise den Vertragsstaaten bekannt geben.

Der Beitritt soll in Wirksamkeit treten einen Monat nach dem Datum der durch die Schweizerische Regierung erfolgten Bekanntgabe. Er schließt von Rechtswegen die Annahme aller Bestimmungen des Uebereinkommens in sich.

Die gegenwärtige Erklärung soll ratifizirt werden und der Austausch der Ratifikations=Urkunden soll in der für das Uebereinkommen selbst gewählten Form thunlichst bald zu Bern erfolgen.

Die Erklärung soll mit dem Tage des Austausches der Ratifikations=Urkunden[1]) in Kraft treten und dieselbe Dauer wie das Uebereinkommen haben.

----

[1]) Ist am 21. Sept. 96 erfolgt.

Additional information of this book

(Die Eisenbahnen; 978-3-642-50589-0) is provided:

http://Extras.Springer.com

Anlage D (zu Anmerkung 1).
Vollziehungsprotokoll zu der Zusatzvereinbarung vom 16. Juli 1895
(RGB. 517). (Auszug.)

Die Zusatz=Vereinbarung ist, dem diplomatischen Gebrauche entsprechend, in französischer Sprache abgeschlossen und gezeichnet.

Dem gegenwärtigen Protokoll ist ein deutscher Text beigefügt. Man ist darüber einverstanden, daß dieser Text den gleichen Werth haben soll, wie der französische Text, sofern es sich um den Eisenbahnverkehr handelt, bei welchem ein Staat, wo das Deutsche ausschließlich oder neben anderen Sprachen als Geschäfts= sprache gilt, betheiligt ist.

Ebenso ist man einverstanden, daß die vorstehende Bestimmung sich auf das ganze internationale Uebereinkommen vom 14. Oktober 1890, wie auch auf alle Erklärungen und Nachträge zu diesem Uebereinkommen erstrecken soll.

Anlage E (zu Anmerkung 33).
Frachtbrief. (Besondere Beilage.)

---

5. Gesundheits= und veterinärpolizeiliche Vorschriften[1].
a) Internationales Recht.

Von den internationalen Sanitätskonventionen enthalten die Dres= dener vom 15. April 93 (RGB. 94 S. 343), betr. Maßregeln gegen die Cholera und die Venediger v. 19. März 97 (RGB. 00 S. 43), betr. Maßregeln gegen die Einschleppung u. Verbreitung der Pest, Vorschriften über den Eisenbahnverkehr, z. B. über Desinfektion von Gepäckstücken, Gütern u. Eisenbahnwagen sowie über die Behandlung (ärztliche Besichtigung, gesundheitspolizeiliche Überwachung) der Reisenden. Den Vorschriften liegt das Bestreben zugrunde, den Bahnverkehr nicht über das Maß des Notwendigen hinaus zu beeinträchtigen; namentlich dürfen weder Landquarantänen verhängt noch die Eisenbahnwagen allgemein an den Grenzen zurückgehalten worden, u. es werden die zugelassenen Maßnahmen tun= lichst auf die mit Ansteckungsstoffen wirklich behafteten oder sonstige Personen u. Sachen beschränkt, von denen eine Verbreitung der Seuche zu befürchten ist[2].

---

[1] In Abschn. VII 5 sind diejen. Vor= schriften der oben bezeichneten Art auf= genommen, die nur für den Fall des Ausbruchs von ansteckenden menschlichen Krankheiten oder von Viehseuchen in Wirksamkeit treten; im Gegensatz zu den in Abschn. VI 9 behandelten Best. (VI 9 Anm. 1) legen sie den Eisenbahnen nicht ständige Einrichtungen des Betriebs, sondern in der Hauptsache nur zeitweilige Verkehrsbeschränkungen auf. Hier= her gehören die internationalen Sanitätskonventionen (a) sowie die Gesetze betr. die Bekämpfung ge= meingefährlicher Krankheiten (b), die Abwehr u. Unterdrückung von Vieh=

seuchen (c) u. Maßregeln gegen die Rinderpest (d).

[2] Eine am 10. Okt. 03 in Paris zusammengetretene internat. Sanitäts= konferenz hat eine neue Sanitäts= übereinkunft vereinbart, welche die bisher. Konventionen zusammenfaßt u. an deren Stelle treten soll, z. Z. der Drucklegung des Abschn. aber noch nicht veröffentlicht ist. Es wird deshalb von dem Abdruck der älteren Konventionen hier abgesehen u. bleibt vorbehalten, wenn möglich einen Auszug aus der Pariser Übereinkunft nachtragsweise mit= zuteilen.

b) Gesetz, betreffend die Bekämpfung gemeingefährlicher Krankheiten.
Vom 30. Juni 1900. (RGB. 306.)
(Auszug.)

§. 1 Abs. 1.　Jede Erkrankung und jeder Todesfall an Aussatz (Lepra), Cholera (asiatischer), Fleckfieber (Flecktyphus), Gelbfieber, Pest (orientalischer Beulenpest), Pocken (Blattern), sowie jeder Fall, welcher den Verdacht einer dieser Krankheiten erweckt, ist der für den Aufenthaltsort des Erkrankten oder den Sterbeort zuständigen Polizeibehörde unverzüglich anzuzeigen.

§. 5.　Landesrechtliche Bestimmungen, welche eine weitergehende Anzeigepflicht begründen, werden durch dieses Gesetz nicht berührt.

Durch Beschluß des Bundesraths können die Vorschriften über die Anzeigepflicht (§§. 1 bis 4) auf andere als die im §. 1 Abs. 1 genannten übertragbaren Krankheiten ausgedehnt werden.

§. 15.　Die Landesbehörden sind befugt, für Ortschaften und Bezirke, welche von einer gemeingefährlichen Krankheit befallen oder bedroht sind,

4. die in der Schiffahrt, der Flößerei oder sonstigen Transportbetrieben beschäftigten Personen einer gesundheitspolizeilichen Ueberwachung zu unterwerfen und kranke, krankheits= oder ansteckungsverdächtige Personen sowie Gegenstände, von denen anzunehmen ist, daß sie mit dem Krankheitsstoffe behaftet sind, von der Beförderung auszuschließen,

(5.)

§. 19.　Für Gegenstände und Räume, von denen anzunehmen ist, daß sie mit dem Krankheitsstoffe behaftet sind, kann eine Desinfektion angeordnet werden.

Für Reisegepäck und Handelswaaren ist bei Aussatz, Cholera und Gelbfieber die Anordnung der Desinfektion nur dann zulässig, wenn die Annahme, daß die Gegenstände mit dem Krankheitsstoffe behaftet sind, durch besondere Umstände begründet ist.

Ist die Desinfektion nicht ausführbar oder im Verhältnisse zum Werthe der Gegenstände zu kostspielig, so kann die Vernichtung angeordnet werden.

§. 21.　Für die Aufbewahrung, Einsargung, Beförderung und Bestattung der Leichen von Personen, welche an einer gemeingefährlichen Krankheit gestorben sind, können besondere Vorsichtsmaßregeln angeordnet werden.

§. 22.　Die Bestimmungen über die Ausführung der in den §§. 12 bis 21 vorgesehenen Schutzmaßregeln, insbesondere der Desinfektion, werden vom Bundesrath erlassen[1]).

§. 24.　Zur Verhütung der Einschleppung der gemeingefährlichen Krankheiten aus dem Auslande kann der Einlaß der Seeschiffe von der Erfüllung gesundheitspolizeilicher Vorschriften abhängig gemacht sowie

---

[1]) Bek. 6. Okt. 00 u. 21. Febr. 04 (Anlagen A u. B.).

1. der Einlaß anderer dem Personen= oder Frachtverkehre dienenden Fahr=
   zeuge,
2. die Ein= und Durchfuhr von Waaren und Gebrauchsgegenständen,
3. der Eintritt und die Beförderung von Personen, welche aus dem von
   der Krankheit befallenen Lande kommen,

verboten oder beschränkt werden.

[1]) Der Bundesrath ist ermächtigt, Vorschriften über die hiernach zu
treffenden Maßregeln zu beschließen . . .

§. 25. Wenn eine gemeingefährliche Krankheit im Ausland oder im
Küstengebiete des Reichs ausgebrochen ist, so bestimmt der Reichskanzler oder
für das Gebiet des zunächst bedrohten Bundesstaats im Einvernehmen mit
dem Reichskanzler die Landesregierung, wann und in welchem Umfange die
gemäß §. 24 Abs. 2 erlassenen Vorschriften in Vollzug zu setzen sind.

§. 39 Abs. 1. Die Ausführung der nach Maßgabe dieses Gesetzes zu
ergreifenden Schutzmaßregeln liegt, insoweit davon
3. marschirende oder auf dem Transporte befindliche Militärpersonen und
   Truppentheile des Heeres und der Marine sowie die Ausrüstungs= und
   Gebrauchsgegenstände derselben,
(4.)
betroffen werden, den Militär= und Marinebehörden ob.

§. 40. Für den Eisenbahn=, Post= und Telegraphenverkehr sowie für
Schiffahrtsbetriebe, welche im Anschluß an den Eisenbahnverkehr geführt werden
und der staatlichen Eisenbahnaufsichtsbehörde unterstellt sind, liegt die Aus=
führung der nach Maßgabe dieses Gesetzes zu ergreifenden Schutzmaßregeln
ausschließlich den zuständigen Reichs= und Landesbehörden[2]) ob.

Inwieweit die auf Grund dieses Gesetzes polizeilich angeordneten Ver=
kehrsbeschränkungen und Desinfektionsmaßnahmen
1. auf Personen, welche während der Beförderung als krank, krankheits=
   oder ansteckungsverdächtig befunden werden,
2. auf die im Dienste befindlichen oder aus dienstlicher Veranlassung vor=
   übergehend außerhalb ihres Wohnsitzes sich aufhaltenden Beamten und
   Arbeiter der Eisenbahn=, Post= und Telegraphenverwaltungen sowie der
   genannten Schiffahrtsbetriebe

Anwendung finden, bestimmt der Bundesrath[1]).

§. 44—46. Strafbestimmungen.

---

[2]) D. h. den EisBehörden, also den organisationsmäßig zuständigen Stellen der StEV. (II 2 c d. W.), bei den Privatbahnen der EisAufsichtsbehörde (EisDirPräs., II 5 d. W.) Begr. (Reichst. 98/00 Drucks. 690) zu GEntwurf § 38, 39.

Anlagen zum Gesetz betr. die Bekämpfung gemeingefährlicher Krankheiten.

Anlage A (zu Anmerkung 1).

Vorläufige Ausführungsbestimmungen zu dem Gesetze, betreffend die Bekämpfung gemeingefährlicher Krankheiten, vom 30. Juni 1900
(Reichs-Gesetzbl. S. 306)[1]). (Auszug.)

2. Zu §§ 14, 18 . . .

Abs. 3. Für den Transport der Kranken und Krankheits- oder Ansteckungsverdächtigen sollen dem öffentlichen Verkehre dienende Fuhrwerke (Droschken, Straßenbahnwagen und dergl.) in der Regel nicht benutzt werden.

(Abs. 4, 5.)

3. Zu § 15. Die zuständigen Behörden haben ein besonderes Augenmerk darauf zu richten, inwieweit Veranstaltungen, welche eine Ansammlung größerer Menschenmengen mit sich bringen (Messen, Märkte usw.), an oder in der Nähe solcher Orte, in welchen die Pest ausgebrochen ist, zu untersagen sind.

(Abs. 2.)

Die Polizeibehörden der von Pest ergriffenen Orte haben dafür zu sorgen, daß Gegenstände, von denen anzunehmen ist, daß sie mit dem Krankheitsstoffe der Pest behaftet sind, vor wirksamer Desinfektion nicht in den Verkehr gelangen.

Insbesondere ist für Orte oder Bezirke, in denen die Pest sich weiter verbreitet, die Ausfuhr von gebrauchter Leibwäsche, gebrauchtem Bettzeug, alten und getragenen Kleidungsstücken sowie von Hadern und Lumpen aller Art zu verbieten. Ausgenommen sind neue Abfälle, welche unmittelbar aus Spinnereien, Webereien, Konfektions- und Bleichanstalten kommen, Kunstwolle, neue Papierschnitzel sowie unverdächtiges Reisegepäck.

Einfuhrverbote gegen inländische Pestorte sind nicht zulässig. Das Verbot der Einfuhr bestimmter Waaren und anderer Gegenstände ans dem Auslande richtet sich nach den gemäß § 25 des Gesetzes in Vollzug gesetzten Bestimmungen (vergl. Bekanntmachung vom 4. Juli 1900, Reichs-Gesetzbl. S. 555).

Für gebrauchtes Bettzeug, Leibwäsche und getragene Kleidungsstücke, welche aus einem Pestorte stammen und seit Verlassen desselben noch nicht wirksam desinfiziert worden sind, kann eine Desinfektion angeordnet werden. Im übrigen ist eine Desinfektion von Gegenständen des Güter- und Reiseverkehrs einschließlich der von Reisenden getragenen Wäsche- und Kleidungstücke nur dann geboten und zulässig, wenn die Gegenstände nach dem Gutachten des beamteten Arztes als mit dem Ansteckungsstoffe der Pest behaftet anzusehen sind.

Weitergehende Beschränkungen des Gepäck- und Güterverkehrs sowie des Verkehrs mit Post- (Brief- und Packet-) Sendungen sind nicht zulässig.

5. Zu § 19. . . . Auch ist Vorsorge zu treffen, daß Fahrzeuge, welche zur Beförderung von kranken, krankheits- und ansteckungsverdächtigen Personen gedient haben, alsbald und vor anderweiter Benutzung desinfiziert werden.

(Abs. 2, 3.)

7. Zu § 21. . . . Die Beförderung der Leichen von Personen, welche an der Pest gestorben sind, nach einem anderen als dem ordnungsmäßigen Beerdigungsort ist zu untersagen. Die Beerdigung der Pestleichen ist thunlichst zu beschleunigen.

---

[1]) Bek. des Reichskanzlers 6. Okt. 00 (RGB. 849) auf Grund BB. 4. Okt. 00.

10. Zu § 40. Für den Eisenbahnverkehr gelten die in der Anlage 3 enthaltenen Bestimmungen.

(11.)

Anlage 3.

Grundsätze
für Maßnahmen im Eisenbahnverkehre zu Pestzeiten[2]).

1. Beim Auftreten der Pest findet eine allgemeine und regelmäßige Untersuchung der Reisenden nicht statt; es werden jedoch dem Eisenbahnpersonale bekannt gegeben:

    a) die Stationen, auf welchen Aerzte sofort erreichbar und zur Verfügung sind,

    b) die Stationen, bei welchen geeignete Krankenhäuser zur Unterbringung von Pestkranken bereit stehen (Krankenübergabestationen).

Die Bezeichnung dieser Stationen erfolgt durch die Landes-Zentralbehörde unter Berücksichtigung der Verbreitung der Seuche und der Verkehrsverhältnisse.

Ein Verzeichniß der unter a und b bezeichneten Stationen ist, nach der geographischen Reihenfolge der Stationen geordnet, jedem Führer eines Zuges, welcher zur Personenbeförderung dient, zu übergeben.

2. Auf den zu 1 a und b bezeichneten Stationen sowie, falls eine ärztliche Ueberwachung der Reisenden an der Grenze angeordnet ist, auf den Zollrevisionsstationen sind zur Vornahme der Untersuchung Erkrankter die erforderlichen, entsprechend auszustattenden Räume von der Eisenbahnverwaltung, soweit sie ihr zur Verfügung stehen, herzugeben.

3. Die Schaffner haben dem Zugführer von jeder während der Fahrt vorkommenden auffälligen Erkrankung sofort Meldung zu machen.

Der Schaffner hat sich des Erkrankten nach Kräften anzunehmen; er hat alsdann jedoch jede Berührung mit anderen Personen nach Möglichkeit zu vermeiden.

Der Erkrankte ist der nächsten im Verzeichniß aufgeführten Uebergabestation zu übergeben, wenn er dies wünscht oder wenn sein Zustand eine Weiterbeförderung unthunlich macht. Berührt der Zug vor der Ankunft auf der nächsten Uebergabestation eine Zwischenstation, so hat der Zugführer sofort beim Eintreffen dem diensthabenden Stationsbeamten Anzeige zu machen; dieser hat alsdann der Krankenübergabestation ungesäumt telegraphisch Meldung zu erstatten, damit möglichst die unmittelbare Abnahme des Erkrankten aus dem Zuge selbst durch die Krankenhausverwaltung, die Polizei- oder die Gesundheitsbehörde veranlaßt werden kann.

Verlangt der Erkrankte seine Reise fortzusetzen, so ist die ärztliche Entscheidung darüber, ob der Reisende weiter befördert werden darf, auf der nächsten Station, auf welcher ein Arzt anwesend ist, einzuholen.

Will der Erkrankte den Zug auf einer Station vor der nächsten Uebergabestation verlassen, so ist er hieran nicht zu hindern. Der Zugführer hat aber dem diensthabenden Beamten der Station, auf welcher der Erkrankte den Zug verläßt, Meldung zu machen, damit der Beamte, falls der Erkrankte nicht bis zum Eintreffen ärztlicher Hülfe auf dem Bahnhofe, wo er möglichst abzusondern sein würde, bleiben will, seinen Namen, Wohnort und sein Absteigequartier feststellen und unverzüglich der nächsten Polizeibehörde unter Angabe der näheren Umstände mittheilen kann.

---

[2]) Ferner E. 14. Sept. 03 (EVB. 280) betr. Desinfektion der mit pestverseuchten | oder pestverdächtigen Waren beladen gewesenen Güterwagen.

4. Erkrankt ein Reisender unterwegs in auffälliger Weise, so sind alsbald sämmtliche Mitreisenden, ausgenommen solche Personen, welche zu seiner Unterstützung bei ihm bleiben, aus dem Wagenabtheil, in welchem der Erkrankte sich befindet, zu entfernen und in einem anderen Abtheil, abgesondert von den übrigen Reisenden, unterzubringen. Bei der Ankunft auf der Krankenübergabestation sind diejenigen Personen, welche sich mit dem Kranken in demselben Wagenabtheile befunden haben, sofort dem etwa anwesenden Arzte zu bezeichnen, damit dieser denselben die nöthigen Weisungen ertheilen kann.

Im Uebrigen muß das Eisenbahnpersonal beim Vorkommen verdächtiger Erkrankungen mit der größten Vorsicht und Ruhe vorgehen, damit alles vermieden wird, was zu unnöthigen Besorgnissen unter den Reisenden oder sonst beim Publikum Anlaß geben könnte.

5. Der Wagen, in welchem sich ein Pestkranker befunden hat, ist sofort außer Dienst zu stellen und der nächsten geeigneten Station zur Desinfektion zu übergeben. Die näheren Vorschriften über diese Desinfektion sowie über die sonstige Behandlung der Eisenbahn = Personen = und Schlafwagen bei Pestgefahr enthält die beigefügte Anweisung A.

6. Eine Beschränkung des Eisenbahngepäck = und Güterverkehrs findet, abgesehen von den bezüglich einzelner Gegenstände ergehenden Ausfuhr = und Einfuhrverboten, nicht statt.

7. Eine Desinfektion von Reisegepäck und Gütern findet nur in folgenden Fällen statt:

a) Auf den zu 2 bezeichneten Zollrevisionsstationen erfolgt auf ärztliche Anordnung zwangsweise die Desinfektion von schmutziger Wäsche, alten und getragenen Kleidungsstücken und sonstigen Gegenständen, welche zum Gepäck eines Reisenden gehören oder als Umzugsgut anzusehen sind und aus einem pestverseuchten Bezirke stammen, sofern dieselben nach ärztlichem Ermessen als mit dem Ansteckungsstoffe der Pest behaftet zu erachten sind.

b) Im Uebrigen erfolgt eine Desinfektion von Expreß =, Eil = und Frachtgütern — auch auf den Zollrevisionsstationen — nur bei solchen Gegenständen, welche nach Ansicht der Ortsgesundheitsbehörde als mit dem Ansteckungsstoffe der Pest behaftet zu erachten sind.

Briefe und Korrespondenzen, Drucksachen, Bücher, Zeitungen, Geschäftspapiere u. s. w. unterliegen keiner Desinfektion.

Die Einrichtung und Ausführung der Desinfektion wird von den Gesundheitsbehörden veranlaßt, welchen von dem Eisenbahnpersonale thunlichst Hülfe zu leisten ist.

8. Sämmtliche Beamte der Eisenbahnverwaltung haben den Anforderungen der Polizeibehörden und der beaufsichtigenden Aerzte, soweit es in ihren Kräften steht und nach den dienstlichen Verhältnissen ausführbar ist, unbedingte Folge zu leisten und auch ohne besondere Aufforderung denselben alle erforderlichen Mittheilungen zu machen. Von allen Dienstanweisungen und Maßnahmen gegen die Pestgefahr und von allen getroffenen Anordnungen und Einrichtungen ist stets sofort den dabei in Frage kommenden Gesundheitsbehörden Mittheilung zu machen.

9. Ein Auszug dieser Anweisung, welcher die Verhaltungsmaßregeln für das Eisenbahnpersonal bei pestverdächtigen Erkrankungen auf der Eisenbahnfahrt enthält, ist beigefügt[*]). Von diesen Verhaltungsmaßregeln ist jedem Fahrbeamten eines jeden zur Personenbeförderung dienenden Zuges ein Abdruck zuzustellen.

---

[*]) Unten B.

10. Von jedem durch den Arzt als Pest erkannten Erkrankungsfall ist seitens des betreffenden Stationsvorstehers sofort der vorgesetzten Betriebsbehörde und der Ortspolizeibehörde schriftliche Anzeige zu erstatten, welche, soweit sie zu erlangen sind, folgende Angaben enthalten soll:

    a) Ort und Tag der Erkrankung;

    b) Name, Geschlecht, Alter, Stand oder Gewerbe des Erkrankten;

    c) woher der Kranke zugereist ist;

    d) wo der Kranke untergebracht ist.

A. Anweisung über die Behandlung der Eisenbahn=Personen= und Schlafwagen bei Pestgefahr.

1. Während eines Pestausbruchs im Inland oder in einem benachbarten Gebiet ist für besonders sorgfältige Reinigung und Lüftung der dem Personenverkehre dienenden Wagen Sorge zu tragen; es gilt dies namentlich in Bezug auf Wagen der 3. und 4. Klasse, welche zu Massentransporten von Personen aus einer von der Pest ergriffenen Gegend gedient haben.

2. Ein Personenwagen, in welchem ein Pestkranker sich befunden hat, ist sofort außer Dienst zu stellen und der nächsten mit den nöthigen Einrichtungen versehenen Station zur Desinfektion zu überweisen, welche in nachstehend angegebener Weise zu bewirken ist.

Etwaige grobe Verunreinigungen im Innern des Wagens sind durch sorgfältiges und wiederholtes Abreiben mit Lappen, welche mit Karbolsäurelösung befeuchtet sind, zu beseitigen. Alsdann sind die Läufer, Matten, Teppiche, Vorhänge und beweglichen Polster abzunehmen, in Tücher, welche mit Karbolsäurelösung stark angefeuchtet sind, einzuschlagen und der Dampfdesinfektion zu unterwerfen. Ein vorheriges Ausklopfen dieser Gegenstände ist zu vermeiden. Gegenstände aus Leder, welche eine Dampfdesinfektion nicht vertragen, sind mit Karbolsäurelösung gründlich abzureiben. Demnächst ist der Wagen durchweg einer sorgfältigen Reinigung, wobei seine abwaschbaren Theile mit Karbolsäurelösung zu behandeln sind, zu unterwerfen und sodann in einem warmen, luftigen und trockenen Raume mindestens drei Tage lang aufzustellen.

Die bei der Reinigung verwendeten Lappen sind zu verbrennen.

Zur Herstellung der Karbolsäurelösung wird 1 Gewichtstheil verflüssigte Karbolsäure (Acidum carbolicum liquefactum des Arzneibuchs für das Deutsche Reich) mit 30 Gewichtstheilen Wasser gemischt.

3. Ist ein Schlafwagen von einem Pestkranken benutzt worden, so muß die während der Fahrt gebrauchte Wäsche desinfizirt werden. Zu diesem Zwecke ist sie in Tücher, welche mit Karbolsäurelösung stark befeuchtet sind, einzuschlagen und alsdann in ein Gefäß mit Karbolsäurelösung so, daß sie von der Flüssigkeit vollständig bedeckt wird, zu legen; frühestens nach zwei Stunden ist dann die Wäsche mit Wasser zu spülen und zu reinigen. Zur Wäsche sind zu rechnen: die Laken, die Bezüge der Bettkissen und der Decken sowie die Handtücher. Die Desinfektion des Wagens selbst hat in der unter Ziffer 2 vorgeschriebenen Weise zu erfolgen; dabei sind jedoch auch die von dem Kranken benutzten Bettkissen, Decken und beweglichen Matratzen in der dort angegebenen Weise einzuschlagen und alsdann der Dampfdesinfektion zu unterwerfen. Statt der Desinfektion mit Karbolsäurelösung kann die Wäsche auch der Dampfdesinfektion unterworfen werden.

Für den Fall, daß es sich als nothwendig erweisen sollte, einen Schlafwagenlauf gänzlich einzustellen, bleibt Bestimmung vorbehalten.

4. Die vorstehenden Bestimmungen finden sinngemäße Anwendung bei Erkrankungen von Zug= und Postbeamten in den von ihnen benutzten Gepäck= und Postwagen.

5. Die mit der Desinfektion beauftragten Arbeiter haben jedesmal, wenn sie mit infizirten Dingen in Berührung gekommen sind, die Hände durch sorgfältiges Waschen mit Karbolsäurelösung zu desinfiziren und sich sonst gründlich zu reinigen. Es empfiehlt sich, daß die Desinfektoren waschbare Oberkleider tragen; diese sind in derselben Weise wie die Wäsche aus den Schlafwagen zu desinfiziren.

B. Verhaltungsmaßregeln für das Eisenbahnpersonal bei pest= verdächtigen Erkrankungen auf der Eisenbahnfahrt.

1. Von jeder auffälligen Erkrankung, welche während der Eisenbahnfahrt vorkommt, hat der Schaffner dem Zugführer sofort Meldung zu machen.

2. Der Schaffner hat sich des Erkrankten nach Kräften anzunehmen; er hat alsdann jedoch jede Berührung mit anderen Personen nach Möglichkeit zu vermeiden.

3. Der Erkrankte ist der nächsten im Verzeichnis aufgeführten Uebergabe= station zu übergeben, wenn er dies wünscht oder wenn sein Zustand eine Weiter= beförderung unthunlich macht. Berührt der Zug vor der Ankunft auf der nächsten Uebergabestation eine Zwischenstation, so hat der Zugführer sofort beim Ein= treffen dem diensthabenden Stationsbeamten Anzeige zu machen; dieser hat als= dann der Krankenübergabestation ungesäumt telegraphisch Meldung zu erstatten, damit möglichst die unmittelbare Abnahme des Erkrankten aus dem Zuge selbst durch die Krankenhausverwaltung, die Polizei= oder die Gesundheitsbehörde ver= anlaßt werden kann.

Verlangt der Erkrankte seine Reise fortzusetzen, so ist die ärztliche Ent= scheidung darüber, ob der Reisende weiter befördert werden darf, auf der nächsten Station, auf welcher ein Arzt anwesend ist, einzuholen. Will der Erkrankte den Zug auf einer Station vor der nächsten Uebergabestation verlassen, so ist er hieran nicht zu hindern, der Zugführer hat aber dem diensthabenden Beamten der Station, auf welcher der Erkrankte den Zug verläßt, Meldung zu machen, damit der Beamte, falls der Erkrankte nicht bis zum Eintreffen ärztlicher Hülfe auf dem Bahnhofe, wo er möglichst abzusondern sein würde, bleiben will, seinen Namen, Wohnort und sein Absteigequartier feststellen und unverzüglich der nächsten Polizeibehörde unter Angabe der näheren Umstände mittheilen kann.

4. Sämmtliche Mitreisenden, ausgenommen solche Personen, welche zur Unterstützung bei dem Erkrankten bleiben, sind aus dem Wagenabtheil, in welchem sich derselbe befindet, zu entfernen und in einem anderen Abtheil, abgesondert von den übrigen Reisenden, unterzubringen.

5. Die Zugbeamten haben, wenn sie mit einem Erkrankten in Berührung gekommen sind, sich sorgfältig zu reinigen. Das Gleiche ist Reisenden in derselben Lage zu empfehlen.

Anlage B (zu Anmerkung 1).

Ausführungsbestimmungen zu dem Gesetze, betreffend die Bekämpfung gemeingefährlicher Krankheiten, vom 30. Juni 1900 (Reichs-Gesetzbl. S. 306)[1].

(Auszug).

I. Bekämpfung der Cholera.

(Ziff. 2 Abs. 6 u. Ziff. 3 Abs. 1 im wesentl. wie oben Anl. A Ziff. 2 Abs. 3 u. Ziff. 3 Abs. 1.)

3. Abs. 3. Die Polizeibehörden der von der Cholera ergriffenen Ortschaften haben dafür zu sorgen, daß Gegenstände, von denen nach dem Gutachten des beamteten Arztes anzunehmen ist, daß sie mit dem Ansteckungsstoffe der Cholera behaftet sind, vor wirksamer Desinfektion nicht in den Verkehr gelangen.

Insbesondere ist für Ortschaften oder Bezirke, in denen die Cholera gehäuft auftritt, die Ausfuhr von Milch, von gebrauchter Leibwäsche, alten und getragenen Kleidungsstücken, gebrauchtem Bettzeuge, Hadern und Lumpen zu verbieten. Ausgenommen sind zusammengepreßte Lumpen, welche in verschnürten Ballen im Großhandel versendet werden; ferner neue Abfälle, welche unmittelbar aus Spinnereien, Webereien, Konfektions- und Bleichanstalten kommen, Kunstwolle, neue Papierschnitzel, unverdächtiges Reisegepäck und Umzugsgut.

(Abs. 5.)

Abs. 6—8 im wesentl. wie Anl. A Ziff. 3 Abs. 5—7.

(Abs. 9.)

6. (wie Anl. A Ziff. 5.)

7. Zu § 21 . . .

Abs. 5. Die Beförderung der Leichen von Personen, welche an der Cholera gestorben sind, nach einem anderen als dem ordnungsmäßigen Beerdigungsort ist zu untersagen.

(Abs. 6.)

9. Zu § 24. Bei einem gefahrdrohenden Ausbruche der Cholera im Ausland ist der Übertritt von Durchwanderern aus solchen ausländischen Gebieten, in denen die Cholera herrscht, nur an bestimmten Grenzorten zu gestatten, wo eine ärztliche Besichtigung sowie die Zurückhaltung und Absonderung der an der Cholera Erkrankten und der Krankheitsverdächtigen stattzufinden hat.

Die Massenbeförderung von Durchwanderern mit der Eisenbahn hat in Sonderzügen oder in besonderen Wagen, und zwar nur in Abteilen ohne Polsterung, zu geschehen. Die benutzten Wagen sind nach jedesmaligem Gebrauche zu desinfizieren. Müssen die Durchwanderer während der Reise durch das Reichsgebiet behufs Übernachtung den Zug verlassen, so darf dies nur auf Eisenbahnstationen geschehen, bei denen sich Auswandererhäuser befinden.

Es ist dafür Sorge zu tragen, daß solche Durchwanderer mit dem Publikum so wenig wie möglich in Berührung kommen und in den Hafenorten tunlichst in Auswandererhäusern untergebracht werden.

(Abs. 4.)

11. Zu § 40. Cholerakranke dürfen in der Regel nicht mittels der Eisenbahn befördert werden. Ausnahmen sind nur nach dem Gutachten des für die Abgangsstation zuständigen beamteten Arztes zulässig. In solchen Ausnahmefällen ist der Kranke in einem besonderen Wagen, der alsbald nach der Benutzung zu desinfizieren ist, zu befördern. Das bei ihm beschäftigt gewesene Personal ist

---

[1] Bek. des Reichskanzlers 21. Feb. 04 (RGB. 67) auf Grund BB. 28. Jan. 04.

anzuhalten, vor ausgeführter Desinfektion (Anlage 2) den Verkehr mit anderen Personen nach Möglichkeit zu vermeiden.

Ergibt sich bei einem Reisenden während der Eisenbahnfahrt Choleraverdacht, so ist er, falls nicht die Verkehrsordnung seinen Ausschluß von der Fahrt vorschreibt²), an der Weiterfahrt nicht zu verhindern; jedoch ist, sobald dies ohne Unterbrechung der Reise möglich ist, die Feststellung der Krankheit durch einen Arzt herbeizuführen. Der Abteil, in welchem der Kranke untergebracht war, und die damit in Zusammenhang stehenden Abteile sind zu räumen. Der Wagen ist, falls der Choleraverdacht sich bestätigt, sobald wie möglich außer Betrieb zu setzen und zu desinfizieren.

Im einzelnen gelten beim Auftreten der Cholera die in der Anlage 3 enthaltenen Bestimmungen.

Anlage 3.

Grundsätze
für Maßnahmen im Eisenbahnverkehre beim Auftreten der Cholera.

1. (Wie Anl. 3 zu Anlage A Ziff. 1.)

2. Auf den zu 1a und b bezeichneten Stationen sowie, falls eine ärztliche Überwachung der Reisenden an der Grenze angeordnet ist, auf den Zollrevisionsstationen sind zur Vornahme der Untersuchung Erkrankter die erforderlichen Räume, welche tunlichst mit einem besonderen Aborte verbunden oder mit einem abgesonderten Nachtstuhle versehen sein müssen, von der Eisenbahnverwaltung, soweit sie ihr zur Verfügung stehen, herzugeben.

3. (Abs. 1, 2 wie Anl. 3 zu Anl. A Ziff. 3 Abs. 1, 2.)

Der Erkrankte ist, falls die Verkehrsordnung seinen Ausschluß von der Fahrt vorschreibt, an der Weiterfahrt nicht zu verhindern; jedoch ist, sobald dies ohne Unterbrechung der Reise möglich ist, die Feststellung der Krankheit durch einen Arzt (1a) herbeizuführen.

Verlangt der Erkrankte, der nächsten im Verzeichnis aufgeführten Übergabestation übergeben zu werden oder macht sein Zustand eine Weiterbeförderung untunlich, so hat der Zugführer, falls der Zug vor der Ankunft auf der Übergabestation noch eine Zwischenstation berührt, sofort beim Eintreffen dem diensthabenden Stationsbeamten Anzeige zu machen; dieser hat alsdann der Krankenübergabestation ungesäumt telegraphisch Meldung zu erstatten, damit möglichst die unmittelbare Abnahme des Erkrankten aus dem Zuge selbst durch die Krankenhausverwaltung, die Polizei- oder die Gesundheitsbehörde veranlaßt werden kann.

(Abs. 5 wie Anl. 3 zu Anl. A Ziff. 3 Abs. 5.)

4. Erkrankt ein Reisender unterwegs in auffälliger Weise, so sind alsbald sämtliche Mitreisenden, ausgenommen solche Personen, welche zu seiner Unterstützung bei ihm bleiben, aus dem Wagenabteil, in welchem der Erkrankte sich befindet und, wenn mehrere Wagenabteile einen gemeinschaftlichen Abort haben, aus diesen sämtlichen Abteilen zu entfernen und in einem anderen Abteil, und zwar abgesondert von den übrigen Reisenden, unterzubringen. Bei der Ankunft auf der Krankenübergabestation sind diejenigen Personen, welche sich mit dem Kranken in demselben Wagenabteile befunden haben, sofort dem etwa anwesenden Arzte zu bezeichnen, damit dieser denselben die nötigen Weisungen erteilen kann.

(Abs. 2 wie Anl. 3 zu Anl. A Ziff. 4 Abs. 2.)

---

²) VerkO. § 20 (2).

5. Der Wagen, in welchem ein Cholerakranker sich befunden hat, ist sofort außer Dienst zu stellen und der nächsten geeigneten Station zur Desinfektion zu übergeben. Die näheren Vorschriften über diese Desinfektion sowie über die sonstige Behandlung der Eisenbahn=Personen= und Schlafwagen bei Choleragefahr enthält die beigefügte Anweisung A.

6. Die Zugbeamten haben, wenn sie mit Ausleerungen Erkrankter in Berührung gekommen sind, sich sorgfältig zu reinigen und etwa beschmutzte Kleidungs= stücke desinfizieren zu lassen; die in gleiche Lage gekommenen Reisenden sind auf die Notwendigkeit derselben Maßnahmen aufmerksam zu machen.

Alle Personen, welche mit Cholerakranken in Berührung kommen, müssen bis nach stattgehabter gründlicher Reinigung ihrer Hände unbedingt vermeiden, die letzteren mit ihrem Gesicht in Berührung zu bringen, da durch Zuführung des Krankheitsstoffes durch den Mund in den Körper eine Ansteckung erfolgen kann. Es ist deshalb auch streng zu vermeiden, bei oder nach dem Umgange mit Kranken vor erfolgter sorgfältiger Reinigung der Hände zu rauchen oder Speisen und Getränke zu sich zu nehmen.

7. Eine besondere Sorgfalt ist der Erhaltung peinlicher Sauberkeit in allen Bedürfnisanstalten auf den Stationen zuzuwenden; die Sitzbretter der Aborte sind durch Abwaschen mit einer heißen Lösung von Kaliseife mindestens einmal täglich zu reinigen. Eine Desinfektion der Aborte, welche alsdann mit Kalkmilch und unter wiederholtem Übergießen der Fußböden mit Kalkmilch, soweit sie diese Be= handlung vertragen, zu bewirken ist, erfolgt lediglich auf den Stationen bei Orte, an welchen die Cholera ausgebrochen ist, und auf solchen Stationen, wo dies ausdrücklich angeordnet werden sollte. Die zur Beseitigung üblen Geruchs für die warme Jahreszeit allgemein getroffenen Bestimmungen[*]) werden jedoch hier= durch nicht berührt.

8. Der Boden zwischen den Gleisen ist, sofern er auf den Stationen infolge Benutzung der in den Zügen befindlichen Bedürfnisanstalten verunreinigt ist, durch wiederholtes Übergießen mit Kalkmilch gehörig zu desinfizieren.

9. (Wie Anl. 3 zu Anl. A Ziff. 6).

10. Eine Desinfektion von Reisegepäck und Gütern findet nur in folgenden Fällen statt:

a) Auf den zu 2 bezeichneten Zollrevisionsstationen erfolgt auf ärztliche An= ordnung zwangsweise die Desinfektion von gebrauchter Leibwäsche, ge= tragenen Kleidungsstücken, gebrauchtem Bettzeug und sonstigen Gegenständen, welche zum Gepäck eines Reisenden gehören oder als Umzugsgut anzusehen sind und aus einem choleraverseuchten Bezirke stammen, sofern sie nach ärztlichem Ermessen als mit dem Ansteckungsstoffe der Cholera behaftet anzusehen sind.

b) (weiter wie Anl. 3 zu Anl. A Ziff. 7 von b ab).

11. (Wie Anl. 3 zu Anl. A Ziff. 8).

12. Ein Auszug dieser Anweisung, welcher die Verhaltungsmaßregeln für das Eisenbahnpersonal bei choleraverdächtigen Erkrankungen auf der Eisenbahn= fahrt enthält, ist beigefügt[4]). Von diesen Verhaltungsmaßregeln ist jedem Fahr= beamten eines jeden zur Personenbeförderung dienenden Zuges ein Abdruck zuzustellen.

13. (Wie Anl. 3 zu Anl. A Ziff. 10.)

---

[*]) VI 9 a Anm. 2 d. W.　　　　|　　　[4]) Unten B.

A. Anweisung über die Behandlung der Eisenbahn-Personen- und Schlafwagen beim Auftreten der Cholera.

(Die Anw. stimmt mit derjenigen für die Pest — Beilage A zu Anl. A überein, jedoch sind die nachstehenden Absätze eingefügt):

Ziff. 1 Abs. 2. Die in den Zügen befindlichen Bedürfnisanstalten sind regelmäßig zu desinfizieren und zu dem Zwecke die Trichter und Abfallrohre nach Reinigung mit Kalkmilch zu bestreichen, die Sitzbretter mit Kaliseifenlösung zu reinigen (vergleiche Ziffer 2).

Ziff. 2 Abs. 5. Zur Herstellung von Kalkmilch wird 1 Raumteil frisch gebrannter Kalk (Ätzkalk, Calcaria usta) mit 4 Raumteilen Wasser gemischt, und zwar in folgender Weise: Der Kalk wird in ein geeignetes Gefäß gelegt und zunächst mit $^3/_4$ Raumteilen Wasser durch Besprengen unter stetem Umrühren gelöscht. Nachdem der Kalk zu Pulver zerfallen ist, wird er mit dem übrigen Wasser zu Kalkmilch verrührt.

Zur Herstellung von Kaliseifenlösung werden 3 Gewichtsteile Seife (sogenannte Schmierseife oder grüne Seife oder schwarze Seife) in 100 Gewichtsteilen siedend heißem Wasser gelöst (zum Beispiel $^1/_2$ Kilogramm Seife in 17 Liter Wasser).

Diese Lösung ist heiß zu verwenden.

B. Verhaltungsmaßregeln für das Eisenbahnpersonal bei choleraverdächtigen Erkrankungen auf der Eisenbahnfahrt.

(Ziff. 1—3 im wesentl. wie die Grundsätze selbst — oben Anl. 3 — Ziff. 3, Ziff. 4 wie dort Ziff. 4 Satz 1, Ziff. 5 wie dort Ziff. 6 Abs. 1.)

II. Bekämpfung der Pocken[5].

Anlage 2.

Grundsätze

für Maßnahmen im Eisenbahnverkehre beim Auftreten der Pocken.

(1—3 wie vorst. I Anl. 3 Ziff. 1—3, 4 wie Anl. 3 zu Anl. A Ziff. 4).

5. Der Wagen, in welchem ein Pockenkranker sich befunden hat, ist sofort außer Dienst zu stellen und der nächsten geeigneten Station zur Desinfektion zu übergeben. Die näheren Vorschriften über diese Desinfektion sowie über die sonstige Behandlung der Eisenbahn-Personen- und Schlafwagen bei Pockengefahr enthält die beigefügte Anweisung A.

(6, 8, 10 wie Anl. 3 zu Anl. A Ziff. 6, 8, 10; 7 wie vorst. I Anl. 3 Ziff. 10.)

9. Ein Auszug dieser Anweisung, welcher die Verhaltungsmaßregeln für das Eisenbahnpersonal bei pockenverdächtigen Erkrankungen auf der Eisenbahnfahrt enthält, ist beigefügt[6]. Von diesen Verhaltungsmaßregeln ist jedem Fahrbeamten eines jeden zur Personenbeförderung dienenden Zuges ein Abdruck zuzustellen.

A. Anweisung über die Behandlung der Eisenbahn-Personen- und Schlafwagen bei Pockengefahr.

(1—4 wie die entspr. Anweisung für Pestfälle, oben bei Anl. A.)

5. Zur Reinigung und Desinfektion dürfen nur solche Personen verwendet werden, welche die Pocken überstanden haben oder durch Impfung hinreichend geschützt sind oder sich sofort der Impfung oder Wiederimpfung unterwerfen.

---

[5] Die Anweisung stimmt, soweit sie hier in Betracht kommt, im wesentl. mit der unter I abgedruckten überein und wird deshalb nicht wiedergegeben.

[6] Unten B.

Diese Personen haben jedesmal, wenn sie mit infizierten Dingen in Berührung gekommen sind, die Hände durch sorgfältiges Waschen mit Karbolsäurelösung zu desinfizieren nnd sich sonst gründlich zu reinigen. Es empfiehlt sich, daß die Desinfektoren waschbare Oberkleider tragen; diese sind in derselben Weise wie die Wäsche aus den Schlafwagen zu desinfizieren.

B. **Verhaltungsmaßregeln für das Eisenbahnpersonal bei pocken=**
verdächtigen Erkrankungen auf der Eisenbahnfahrt.

(1—3 wie vorst. I. Anl. 3 Beilage B Ziff. 1—3; 4, 5 wie oben Anl. A Beilage B Ziff. 4, 5).

III. Bekämpfung des Fleckfiebers (Flecktyphus).

(Im wesentlichen wie vorst. bei II.)

Anlage 2.

Grundsätze

für Maßnahmen im Eisenbahnverkehre beim Auftreten des Fleck=
fiebers (Flecktyphus).

(Wie vorst. bei II. Anl. 2)[7].

Beilagen:

A. Anweisung über die Behandlung der Eisenbahn=Personen= und Schlaf=
wagen bei Fleckfiebergefahr.

(Wie die oben bei Benl. A angegebene entsprechende Anweisung für Postfälle.)

B. Verhaltungsmaßregeln für das Eisenbahnpersonal bei fleckfieberver=
dächtigen Erkrankungen auf der Eisenbahnfahrt.

(Wie vorst. bei II. Anl. 2 B.)

IV. Bekämpfung des Aussatzes (Lepra).

2. Zu § 14.

Abs. 3 . . . Ferner ist solchen Aussätzigen, welche deutliche Zeichen des Leidens aufweisen, oder deren Absonderungen Leprabazillen enthalten, der Besuch von Wirtschaften, Theatern und dergleichen sowie die Benutzung der dem öffent=
lichen Verkehre dienenden Beförderungsmittel (Droschken, Straßenbahnwagen und dergleichen) zu verbieten.

(Abs. 4—8.)

4. Zu § 19 . . . Fahrzeuge und andere Beförderungsmittel, welche aus=
nahmsweise zur Fortschaffung von solchen kranken oder krankheitsverdächtigen

---

[7] In dem preuß. AusfE. 12. Sept. 04 (MB. f. Medizinal-Angeleg. 353, auch besonders erschienen bei Jul. Springer in Berlin) wird bez. des Fleckfiebers (Anl. 3 des E. zu § 34) und des Aus=
satzes (Anl. 4 des E. zu § 18) folgendes bestimmt: Soll eine an Fleckfieber (Aussatz) erkrankte oder krankheitsver=
dächtige Person ausnahmsweise mit der Eisenbahn befördert werden, so ist dies seitens der Ortspolizeibehörde dem Bahnhofsvorstand der Abfahrts= sowie demjenigen der Bestimmungsstation rechtzeitig vorher unter Angabe von Tag und Stunde der Abfahrt und der

Ankunft anzuzeigen; auch hat sie dafür Sorge zu tragen, daß der Person ein zuverlässiger Begleiter beigegeben wird. Der Bahnhofsvorstand der Abgangs=
station hat dem Zugführer und dem Schaffner des Wagenabteils, in welchem die Person befördert werden soll, in einer für dieselbe schonenden Form von der Art der Erkrankung Kenntnis zu geben.

Die Ortspolizeibehörde der Bestim=
mungsstation hat zu veranlassen, daß das betreffende Wagenabteil und der Abort alsbald nach den Weisungen des Kreisarztes desinfiziert werden.

Personen gedient haben, denen gemäß Nr. 2 Abf. 3 dieser Bestimmungen die Benutzung der dem öffentlichen Verkehre dienenden Beförderungsmittel verboten ist, sind alsbald und vor anderweitiger Benutzung zu desinfizieren . . .

8. Zu § 40. Aussätzige dürfen in der Regel nicht mittels der Eisenbahn befördert werden. Ausnahmen sind nur nach dem Gutachten des für die Abgangs= station zuständigen beamteten Arztes zulässig. In solchen Ausnahmefällen ist der Kranke in einem abgeschlossenen Wagenabteil mit getrenntem Aborte zu befördern; Wagenabteil und Abort sind alsbald und vor anderweitiger Benutzung zu desinfizieren[7]).

---

c) Gesetz, betreffend die Abwehr und Unterdrückung von Viehseuchen.

Vom $\frac{\text{23. Juni 1880}}{\text{1. Mai 1894}}$. (RGB. 1894 S. 410)[1]).

(Auszug.)

§. 1 Abf. 1. Das nachstehende Gesetz regelt das Verfahren zur Abwehr und Unterdrückung übertragbarer Seuchen der Hausthiere, mit Ausnahme der Rinderpest[2]).

§. 9. Der Besitzer von Hausthieren ist verpflichtet, von dem Ausbruch einer der im §. 10 aufgeführten Seuchen unter seinem Viehstande und von allen verdächtigen Erscheinungen bei demselben, welche den Ausbruch einer solchen Krankheit befürchten lassen, sofort der Polizeibehörde Anzeige zu machen, auch das Thier von Orten, an welchen die Gefahr einer Ansteckung fremder Thiere besteht, fern zu halten.

Die gleichen Pflichten liegen . . ob . . bezüglich der auf dem Transporte befindlichen Thiere dem Begleiter derselben . . .

(Abf. 3.)

§. 10. Die Seuchen, auf welche sich die Anzeigepflicht (§. 9) erstreckt, sind folgende: 1) der Milzbrand; 2) die Tollwuth; 3) der Rotz (Wurm) der Pferde, Esel, Maulthiere und Maulesel; 4) die Maul= und Klauenseuche des Rindviehs, der Schafe, Ziegen und Schweine; 5) die Lungenseuche des Rind= viehs; 6) die Pockenseuche der Schafe; 7) die Beschälseuche der Pferde und der Bläschenausschlag der Pferde und des Rindviehs; 8) die Räude der Pferde, Esel, Maulthiere, Maulesel und der Schafe.

Der Reichskanzler ist befugt, die Anzeigepflicht vorübergehend auch für andere Seuchen einzuführen[3]).

§. 18 Abf. 1. Im Falle der Seuchengefahr und für die Dauer derselben können, vorbehaltlich der in diesem Gesetze rücksichtlich einzelner Seuchen er= theilten besonderen Vorschriften, . . . unter Berücksichtigung der betheiligten Verkehrsinteressen die nachfolgenden Schutzmaßregeln (§§. 19 bis 29) polizei= lich angeordnet werden.

---

[1]) Die Anordnungen u. Verbote des ViehseuchenG. fallen unter StGB. § 328 RGer. 10. Juli 02 (EEE. XX 214).

[2]) Rinderpest unten d.

[1]) Geschehen für verschiedene Seuchen durch eine große Zahl von Bek., die im RGB. abgedruckt sind.

§. 20. 2. Beschränkungen in der Art . . des Transportes kranker oder verdächtiger Thiere, der von denselben stammenden Produkte oder solcher Gegenstände, welche mit kranken oder verdächtigen Thieren in Berührung gekommen oder sonst geeignet sind, die Seuche zu verschleppen.

Beschränkungen im Transporte der der Seuchengefahr ausgesetzten und solcher Thiere, welche geeignet sind, die Seuche zu verschleppen.

§. 27. 8. Die Unschädlichmachung (Desinfektion) der von den kranken oder verdächtigen Thieren benutzten Ställe, Standorte und Eisenbahnrampen, . . . und die Unschädlichmachung oder unschädliche Beseitigung der mit denselben in Berührung gekommenen Geräthschaften und sonstigen Gegenstände . . .

(Abf. 2.)

In Zeiten der Seuchengefahr und für die Dauer derselben kann die Reinigung der von zusammengebrachten, der Seuchengefahr ausgesetzten Thieren benutzten Wege und Standorte (Rampen, Buchten . . usw.) polizeilich angeordnet werden[4]).

Die Durchführung dieser Maßregeln muß nach Anordnung des beamteten Thierarztes und unter polizeilicher Überwachung erfolgen.

§. 30. Die näheren Vorschriften über die Anwendung und Ausführung der zulässigen Schutzmaßregeln (§§. 10 bis 00) . . . werden von dem Bundesrath auf dem Wege der Instruktion[5]) erlassen.

(Abf. 2.)

§. 57. (Entschädigung für getötete Thiere u. dgl.).

§. 63. Der Anspruch auf Entschädigung fällt weg:

1) wenn . . der Begleiter der auf dem Transporte befindlichen Thiere, . . vorsätzlich, den Vorschriften der §§. 9 und 10 zuwider, die Anzeige vom Ausbruch der Seuche oder vom Seuchenverdacht unterläßt, oder länger als 24 Stunden nach erhaltener Kenntniß verzögert;

(2.)

(§. 65—67 Strafbestimmungen, auch für den Fall der Unterlassung oder Verzögerung der vorgeschriebenen Anzeigen).

§. 68. Das Gesetz, betreffend die Beseitigung von Ansteckungsstoffen bei Viehbeförderungen auf Eisenbahnen, vom 25. Februar 1876 (Reichs-Gesetzbl. S. 163)[4]) wird durch das gegenwärtige Gesetz nicht berührt[6]).

---

[4]) Daneben bleibt die durch G. 25. Feb. 76 (VI 9 b d. W.) der Eisenbahn auferlegte Verpflichtung zur Reinigung usw. der Rampen bestehen E. 26. Mai 94 (EBB. 123).

[5]) Instr. 27. Juni 95 (Anlage A). Ferner AusfG. 12. März 81 (Anlage B).

[6]) Mit Österreich-Ungarn besteht ein besonderes Viehseuchenübereinkommen welches auch Best. für den EisVerkehr enthält; weiteres in Abschn. X 5 c. — E. 3. Nov. 94 (EBB. 242) u. 30. Jan. 96 (EBB. 53) betr. Vieheinfuhr aus Österreich-Ungarn.

Anlagen zum Viehseuchengesetze.

Anlage A (zu Anmerkung 5).

Bekanntmachung des Reichskanzlers, betr. Instruktion zur Ausführung der §§. 19 bis 29 des Gesetzes vom $\frac{23.\ Juni\ 1880}{1.\ Mai\ 1894}$, betreffend die Abwehr und Unterdrückung von Viehseuchen. Vom 27. Juni 1895 (RGB. 357).

(Auszug.)

D. Maul= und Klauenseuche.

§. **59.** Die kranken und die verdächtigen Wiederkäuer und Schweine unter= liegen der Gehöftssperre . . .

(Abs. 2—6.)

Die Ausführung der der Ansteckung verdächtigen Wiederkäuer und Schweine aus dem . . . Sperrgebiete zum Zweck sofortiger Abschlachtung darf nur gestattet werden, wenn die unmittelbar vorausgehende thierärztliche Untersuchung ergiebt, daß kein Thier des betreffenden Transportes von der Maul= und Klauenseuche befallen ist. Mit dieser Maßgabe ist sie unter der Bedingung zu genehmigen, daß die Thiere zu Wagen oder auf Wegen transportiert werden müssen, die von Wiederkäuern oder Schweinen aus seuchefreien Gehöften nicht betreten werden:

1) nach benachbarten Orten;
2) nach in der Nähe befindlichen Eisenbahnstationen, behufs der Weiter= beförderung nach solchen Schlachtviehhöfen oder öffentlichen Schlachthäusern, welche unter geregelter veterinärpolizeilicher Aufsicht stehen, vorausgesetzt:
   a) daß die Polizeibehörde des Schlachtortes sich mit der Zuführung der Thiere vorher einverstanden erklärt hat;
   b) daß die Thiere diesen Anstalten direkt mittelst der Eisenbahn oder doch von der Abladestation aus mittelst Wagen zugeführt werden. Durch vorgängige Vereinbarung mit der Eisenbahnverwaltung oder durch un= mittelbare polizeiliche Begleitung ist dafür Sorge zu tragen, daß eine Berührung mit anderen Wiederkäuern oder Schweinen auf dem Trans= porte nicht stattfinden kann.

§. **65.** Bricht die Seuche auf der Weide selbst unter solchem Vieh aus, welches ständig auf der Weide gehalten wird, so . . (tritt Absperrung ein).

(Abs. 2.)

Der Abtrieb der der Ansteckung verdächtigen Thiere zum Zweck sofortiger Ab= schlachtung ist unter den im §. 59 angeführten Bedingungen zu gestatten.

(Abs. 4.)

§. **66.** Wird die Seuche . . . bei Thieren, die sich auf dem Transporte be= finden, festgestellt, so hat die Polizeibehörde die Weiterbeförderung zu verbieten und die Absperrung der Thiere anzuordnen.

Im Falle die Thiere binnen 24 Stunden einen Standort erreichen können, wo dieselben durchseuchen oder abgeschlachtet werden sollen, kann die Polizeibehörde die Weiterbeförderung unter der Bedingung gestatten, daß sowohl die kranken, wie die verdächtigen Thiere unterwegs fremde Gehöfte nicht betreten und zu Wagen transportiert werden. Vor Ertheilung der Erlaubnis zur Überführung der Thiere in einen anderen Polizeibezirk ist bei der Polizeibehörde des Bestimmungsortes anzufragen, ob die Aufnahme der Thiere möglich ist.

(Abs. 3.)

§. **67.** Nach dem durch den beamteten Thierarzt festgestellten Aufhören der Seuche oder nach der Entfernung der kranken Thiere sind die von den kranken oder

verdächtigen Thieren benutzten Ställe, Standorte oder Eisenbahnrampen, erforder=
lichenfalls auch . . die mit ihnen in Berührung gekommenen Geräthschaften und
sonstigen Gegenstände . . der Anordnung des beamteten Thierarztes entsprechend
zu desinfiziren . . .

Der Besitzer der betreffenden Räumlichkeit oder der Vertreter des Besitzers
ist anzuhalten, die erforderlichen Desinfektionsarbeiten ohne Verzug ausführen
zu lassen.

Über die erfolgte Ausführung der Desinfektion hat der beamtete Thierarzt der
Polizeibehörde eine Bescheinigung einzureichen.

E. Lungenseuche des Rindviehes.

§. 85. Wird die Seuche bei Thieren, welche sich auf dem Transporte be=
finden, festgestellt, so hat die Polizeibehörde das Weitertreiben zu verbieten, die
Tödtung der erkrankten und die Absperrung der verdächtigen Thiere anzuordnen.

Beim Transporte auf Eisenbahnen kann die Weiterbeförderung bis zu dem
Orte gestattet werden, an welchem die Thiere durchseuchen oder abgeschlachtet werden
sollen; jedoch ist dafür Sorge zu tragen, daß eine Berührung mit anderem Rind=
vieh ausgeschlossen wird.

§. 86. Die Polizeibehörde kann die Ausführung des der polizeilichen
Beobachtung oder den Absperrungsmaßregeln unterworfenen, der Ansteckung ver=
dächtigen Rindviehes zum Zweck sofortiger Abschlachtung gestatten:

1) nach benachbarten Ortschaften;
2) nach in der Nähe liegenden Eisenbahnstationen behufs der Weiter=
   beförderung nach solchen Schlachtviehhöfen oder öffentlichen Schlachthäusern,
   welche unter geregelter veterinärpolizeilicher Aufsicht stehen, vorausgesetzt,
   daß die Thiere diesen Anstalten direkt mittelst der Eisenbahn oder doch von
   der Abladestation aus mittelst Wagen zugeführt werden.

Durch vorgängige Vereinbarung mit der Eisenbahnverwaltung oder durch
unmittelbare polizeiliche Begleitung ist dafür Sorge zu tragen, daß eine Berührung
mit anderem Rindvieh auf dem Transporte nicht stattfinden kann.

(Abs. 3—5.)

F. Pockenseuche der Schafe.

§. 104 (wie §. 85).

§. 106 Abs. 1. Nach Abheilung der Pocken kann die Polizeibehörde die
Ausführung der den Absperrungsmaßregeln unterworfenen Schafe zum Zweck
sofortiger Abschlachtung gestatten:

(weiter wie in §. 86).

H. Räude der Pferde und Schafe.

§. 126 Abs. 1. Die Polizeibehörde kann die Ausführung der zu einer
räudekranken Herde gehörigen Schafe zum Zweck sofortiger Abschlachtung gestatten:
(weiter wie in §. 86).

§. 127. Wird die Seuche bei Pferden oder bei Schafherden, welche sich auf
dem Transporte . . befinden, festgestellt, so hat die Polizeibehörde die Absperrung
derselben bis zur Beendigung des Heilverfahrens anzuordnen, sofern nicht der
Besitzer das Schlachten der Thiere vorzieht.

(Abs. 2.)

Auf den Antrag des Besitzers oder seines Vertreters kann die Polizeibehörde
gestatten, daß die auf dem Transporte . . betroffenen räudekranken Pferde oder
Schafherden zum Zweck der Heilung oder Abschlachtung nach ihrem bisherigen
oder einem anderen Standorte gebracht werden, falls die Gefahr einer Seuchen=
verschleppung bei dem Transporte durch geeignete Maßregeln beseitigt wird.

Anlage B (zu Anmerkung 5).
Gesetz, betreffend die Ausführung des Reichsgesetzes über die Abwehr und Unterdrückung von Viehseuchen. Vom 12. März 1881 (GS. 128).
(Auszug).

§. 1. Die Anordnung und Überwachung der Abwehr= und Unter=
drückungsmaßregeln liegt unter der Oberleitung des Ministers für Landwirth=
schaft, Domänen und Forsten den Regierungspräsidenten, Landräthen und
Ortspolizeibehörden ob.

§. 2. Die in dem Reichsgesetz den Polizeibehörden überwiesenen An=
gelegenheiten werden, soweit das gegenwärtige Gesetz nicht anders bestimmt,
von den Ortspolizeibehörden wahrgenommen. Der Landrath ist befugt, die
Amtsverrichtungen der Ortspolizeibehörde für den einzelnen Seuchenfall zu
übernehmen.

Gegen Anordnungen der Polizeibehörde . . . findet mit Ausschluß der
Klage im Verwaltungsstreitverfahren die Beschwerde bei den vorgesetzten
Polizeibehörden und in letzter Instanz bei dem Minister für Landwirthschaft,
Domänen und Forsten statt.

§. 23. Soweit durch die Anordnung, Leitung und Überwachung der
Maßregeln zur Ermittelung und zur Abwehr der Seuchengefahr, oder durch
die auf Veranlassung der Polizeibehörden ausgeführten thierärztlichen Amts=
verrichtungen besondere Kosten erwachsen, sind dieselben aus der Staatskasse
zu bestreiten . . .

§. 27. Alle in den §§. 23 . . . nicht erwähnten, durch die an=
geordneten Schutzmaßregeln veranlaßten Kosten fallen der Polizeibehörde
gegenüber, unbeschadet etwaiger privatrechtlicher Regreßansprüche, dem Eigen=
thümer der . . . Thiere zur Last, außerdem auch . . . dem Begleiter derselben
und, soweit die Kosten durch Desinfektion von Ställen, Standorten oder
beweglichen Gegenständen oder durch Beseitigung der letzteren veranlaßt sind,
dem Inhaber derselben.

Die Kosten können von den genannten Verpflichteten im Verwaltungs=
zwangsverfahren beigetrieben werden.

(Abs. 3.)

─────────

d) Gesetz, Maaßregeln gegen die Rinderpest betreffend.
Vom 7. April 1869[1]). (BGBl. 105).
(Auszug.)

§. 1. Wenn die Rinderpest (Löserdürre) in einem Bundesstaate oder in
einem an das Gebiet des Norddeutschen Bundes angrenzenden oder mit dem=

─────────

[1]) Reichsgesetz zufolge G. 16. April
71 (BGBl. 63) § 2 in Verb. mit Verf.
d. Deutschen Bundes (BGBl. 70 S. 627)
Art. 80 I 12. — Strafbest.: G. betr.

Zuwiderhandlungen gegen die zur Ab=
wehr der Rinderpest erlassenen Vieh=
einfuhrverbote 21. Mai 78 (RGB. 95).

ſelben im direkten Verkehre ſtehenden Lande ausbricht, ſo ſind die zuſtändigen Verwaltungsbehörden der betreffenden Bundesſtaaten verpflichtet und ermächtigt, alle Maaßregeln zu ergreifen, welche geeignet ſind, die Einſchleppung und be= ziehentlich die Weiterverbreitung der Seuche zu verhüten und die im Lande ſelbſt ausgebrochene Seuche zu unterdrücken.

§. 2. Die Maaßregeln, auf welche ſich die im §. 1 ausgeſprochene Ver= pflichtung und Ermächtigung je nach den Umſtänden zu erſtrecken hat, ſind folgende:

1) Beſchränkungen und Verbote der Einfuhr, des Transports und des Handels in Bezug auf lebendes oder todtes Rindvieh, Schaafe und Ziegen, Häute, Haare und ſonſtige thieriſche Rohſtoffe in friſchem oder trockenem Zuſtande, Rauchfutter, Streumaterialien, Lumpen, ge= brauchte Kleider, Geſchirre und Stallgeräthe . . .;

3) . . . Vernichtung . . ., wenn die Desinfektion nicht als ausreichend befunden wird, von Transportmitteln . . . im erforderlichen Umfange;

(4)

§. 6. (Desinfektion der Eiſenbahnen, aufgehoben durch E. Bk. Feb. 76, VI 9 b d. M., §. 6.)

§. 7. Die näheren Beſtimmungen über die Ausführung der vorſtehenden Vorſchriften . . . ſind von den Einzelſtaaten zu treffen . . .[2]).

§. 8. Vom Bundespräſidium wird eine allgemeine Inſtruktion[3]) er= laſſen, welche über die Anwendung der im §. 2 unter Nr. 1 bis 4 aufgeführten Maaßregeln nähere Anweiſung giebt und den nach §. 7 von den Einzelſtaaten zu treffenden Beſtimmungen zur Grundlage dient.

Anlage A (zu Anmerkung 3).

Allerhöchſter Erlaß, betreffend die revidirte Inſtruktion zum Geſetze vom 7. April 1869 über Maßregeln gegen die Rinderpeſt. Vom 9. Juni 1873.

(RGB. 147.)

(Auszug aus der dem Erlaſſe beigegebenen revidirten Inſtruktion.)

Erſter Abſchnitt.

Maßregeln gegen die Einſchleppung der Rinderpeſt in das Bundesgebiet.

a) Bei dem Ausbruche in entfernten Gegenden.

§. 3. (Abſ. 1 behandelt Beſchränkung der Einfuhr von Wiederkäuern.)

Dabei können indeſſen erleichternde Beſtimmungen für die Einfuhr von Schlacht= vieh nach ſolchen Städten getroffen werden, in welchen öffentliche Schlachtſtätten vor= handen ſind, die durch Schienenſtränge mit der Eiſenbahn, auf welcher die Einfuhr ſtattfindet, in Verbindung ſtehen . . .

---

[2]) Ältere Zuſammenſtellungen: EVB. | [3]) AE. 9. Juni 73 (Auszug in der
82 S. 18, 36. | Anlage A).

b) Bei dem Auftreten in der Nähe.

§. 6. (Abf. 1. Einfuhrverbot bez. Vieh, thierischer Produkte u. f. w. für die Grenzstrecke zu erlassen.)

Abf. 3. Ausnahmen können unter besonderer Genehmigung der Behörde und unter Anordnung der nach den besonderen Umständen erforderlichen Sicher=heitsmaßregeln eintreten bezüglich der Einfuhr der im §. 2 Abf. 2 aufgeführten thierischen Produkte[1]), sowie bezüglich in Säcken verpackter Lumpen, sofern die Einfuhr in geschlossenen Eisenbahnwagen erfolgt und durch amtliche Begleitscheine nachgewiesen ist, daß die betreffenden Gegenstände aus völlig seuchenfreien Gegenden stammen.

§. 7. (Vollständige Verkehrssperre bei Näherrücken der Seuche.)

Abf. 2. Der Durchgang von Eisenbahnzügen und Posten u. f. w. ist auch während der Verkehrssperre unter den nach Lage der Umstände erforderlichen Be=schränkungen und Vorsichtsmaßregeln zu gestatten.

Zweiter Abschnitt.
Maßregeln beim Ausbruche der Rinderpest im Inlande.

§. 23. Ergreift die Krankheit einen größeren Theil der Gehöfte des Ortes, dann kann durch die höheren Behörden die absolute Ortssperre verfügt werden. (Abf. 2, 3.)

... Liegt der Ort an einer Eisenbahn, so darf kein Eisenbahnzug daselbst halten, selbst wenn der Ort ein Stationsort wäre, es sei denn, daß der Bahnhof so gelegen ist, daß er vom Orte vollständig abgesperrt und der Verkehr der Eisen=bahnstation mit anderen Orten ohne Berührung des Seuchenortes unterhalten werden kann.

§. 36. Abf. 1. In Residenz= und Handelsstädten, sowie in anderen Städten mit lebhaftem Verkehr kommen die ... absolute Sperre des Ortes nicht in An=wendung ...

---

[1]) Vollkommen trockene oder gesalzene Häute u. Därme, Wolle, Haare u. Borsten, geschmolzener Talg in Fässern u. Wannen, vollkommen lufttrockene, von Weichteilen befreite Knochen, Hörner u. Klauen.

VIII. Verpflichtungen der Eisenbahnen im Interesse der Landesverteidigung.

1. Einleitung.

Der Bau von Eisenbahnen berührt das militärische Interesse insofern, als störende Eingriffe in vorhandene oder beabsichtigte Einrichtungen der Landesverteidigung vermieden und die Bahnanlagen von vornherein den Anforderungen entsprechend gestaltet werden müssen, die von der Heeresverwaltung demnächst an den Betrieb der vollendeten Bahn und an ihre Verteidigungsfähigkeit zu stellen sein werden. Die zu diesen Zwecken nötige Mitwirkung der Militärbehörden bei vom Bahnbau wird durch das Reichsrayongesetz (Nr. 2) und die im Zusammenhang mit ihm erwähnten Bestimmungen gesichert.

Die Eisenbahnen im Verkehr haben sich zu einem höchst wichtigen, unentbehrlichen Hilfsmittel für die Erfüllung der Aufgaben entwickelt, die in Friedenszeiten wie im Kriege an die Heeresverwaltung herantreten. Im Frieden werden sie ständig zu Beförderungen von militärischem Personal und Material in Anspruch genommen. Im Mobilmachungs= und Kriegsfalle dienen sie dem Aufmarsch der Armee, dem Verkehr der einzelnen Heeresteile untereinander und den rückwärtigen Verbindungen; außerdem werden unter Mitwirkung der heimischen Bahnverwaltungen die Eisenbahnen in Feindesland nach Möglichkeit den militärischen Zwecken nutzbar gemacht. Damit die Bahnverwaltungen den im Kriege zu bewältigenden Leistungen gewachsen sind, müssen schon im Frieden umfassende Vorbereitungen der verschiedensten Art getroffen werden. — Zur Bemessung der Entschädigung, die den Eisenbahnen für ihre Heranziehung im militärischen Interesse zu gewähren ist, eignen sich die sonst geltenden Vorschriften nicht, weil sie hinsichtlich zahlreicher hier in Betracht kommender Fälle überhaupt keine Bestimmung enthalten und die für den allgemeinen Verkehr maßgebenden tarifarischen Festsetzungen vielfach der Eigenart der militärischen Transporte nicht genügend Rechnung tragen.

So ergeben sich vielfältige Beziehungen zwischen Eisenbahn und Landesverteidigung, die einer besonderen rechtlichen Ordnung bedürfen. Die Grundlage hierfür gibt Art. 47 der Reichsverfassung[1]). An sie schließen sich die Vorschriften des Friedensleistungsgesetzes mit Ausführungsverordnung (Nr. 3), des Kriegsleistungsgesetzes mit Ausführungsverordnung (Nr. 4) und des Reichsmilitärgesetzes mit der Wehrordnung (Nr. 5). Eine umfassende Regelung des Gesamtstoffes enthält die aus drei Teilen bestehende Militär=Eisenbahn=Ordnung, deren Teil I die Militär=Transport=Ordnung (Nr. 3 Anl. B) und der Militärtarif (Nr. 3 Anl. C) bilden.

---

[1]) I 2 a d. W.

2. Gesetz, betreffend die Beschränkungen des Grundeigenthums in der Umgebung von Festungen. Vom 21. Dezember 1871 (RGB. 459)[1].
(Auszug.)

§. 1. Die Benutzung des Grundeigenthums in der nächsten Umgebung der bereits vorhandenen, sowie der in Zukunft anzulegenden permanenten Befestigungen unterliegt nach Maßgabe dieses Gesetzes dauernden Beschränkungen.

§. 2 Abs. 1. Behufs Feststellung dieser Beschränkungen wird die nächste Umgebung der Festungen in Rahons geteilt, und je nach der Entfernung von der äußersten Vertheidigungslinie ab als erster, zweiter, dritter Rahon bezeichnet.

§. 13. Innerhalb sämmtlicher Rahons sind nicht ohne Genehmigung der Kommandantur zulässig, vorbehaltlich der Bestimmung im §. 30:

2) . . . alle Neuanlagen oder Veränderungen von Chausseen, Wegen und Eisenbahnen.

(3, 4.)

Die Genehmigung darf nicht versagt werden, wenn durch die bezeichneten Neuanlagen, beziehungsweise Veränderungen keine nachtheilige Deckung gegen die rasante Bestreichung der Werke, kein nachtheiliger Einfluß auf das Wasserspiel der Festungsgräben, auf Inundation des Vorterrains und auf die Tiefe der mit den Festungsanlagen in Beziehung stehenden Flußläufe entsteht, und keine vermehrte Einsicht in die Werke des Platzes gewonnen wird.

(§. 26—29: Genehmigungsverfahren.)

§. 30. Die Projekte größerer Anlagen (Chausseen, Deiche, Eisenbahnen usw.) in den Rahons der Festungen und festen Plätze werden durch eine gemischte Kommission erörtert, deren Mitglieder von dem zuständigen Kriegsministerium im Verein mit den betreffenden höheren Verwaltungsbehörden berufen werden, und in welcher auch die von der Anlage betroffenen Gemeinden durch Deputirte vertreten werden.

---

[1] Unabhängig von den Fällen, in denen das „Reichsrahongesetz" zur Anwendung kommt, ist der Militärverwaltung durch allg. Vorschr. eine Mitwirkung bei der Genehmigung von Eisenbahn = Bauausführungen gewährleistet:

a) Jeder Antrag auf Konzessionierung einer Privatbahn ist vor Erteilung der Konzession durch den Min. dem Kriegsminister zur Erklärung über Zulässigkeit u. Zweckmäßigkeit der Bahnanlage in militär. Beziehung mitzuteilen E. des Staatsminist. 30. Nov. 38 betr. Prüfung der Anträge auf die Konzessionierung zu EisUnternehmungen § 4 (Kamptz, Annalen XXII 210, BB. 825).

b) Alle Baupläne für Herstellung od. wichtigere Veränderungen v. Eisenbahnen sind vor der Genehmigung dem REBA. mitzuteilen Gleim, EisR. S. 201.

c) Die bauleitenden Beamten der StEB. haben sich bei der Ausführung v. Vorarbeiten, bei denen Städte mit Garnisonen oder Landwehrbezirkskommandos berührt werden können, mit den Kommandanturen, Garnisonältesten, ob. Bezirkskommandos wegen der Lage der etwa vorhandenen Schießplätze zu der Linienführung der Eis. in Verbindung zu setzen E. 6. Feb. 82 (Gleim, EisR. S. 206).

d) KleinbG. § 8, 47. Ferner Normalkonzession (I 3 Anl. B d. W.) Ziff. XIII; KleinbG. AusfAnw. (I 4 Anl. A) zu § 8, 9.

Das hierüber aufzunehmende Protokoll wird der Reichs=Rayonkommission übersandt, welche in Gemeinschaft mit der betreffenden Centralverwaltungs= behörde die Entscheidung trifft oder erforderlichenfalls herbeiführt.

§. 31. Die Reichs=Rayonkommission ist eine durch den Kaiser zu be= rufende ständige Militair=Kommission, in welcher die Staaten, in deren Gebiete Festungen liegen, vertreten sind.

(§. 32. Strafbestimmungen; §. 34—44 Entschädigung für die infolge des ©. eintretenden Beschränkungen.)

---

3. Gesetz über die Naturalleistungen für die bewaffnete Macht im Frieden. Vom 13. Februar 1875. In der Fassung der Bekanntmachung des Reichskanzlers vom 24. Mai 1898 (RGB. 360). §. 1, 15, 18.

§. 1. Naturalleistungen für die bewaffnete Macht können, soweit das Gesetz über die Kriegsleistungen vom 13. Juni 1873 (Reichs=Gesetzbl. S. 129)[1] . . nicht Anwendung finden, innerhalb des Reichsgebiets nur nach Maßgabe der Bestimmungen des gegenwärtigen Gesetzes gefordert werden.

IV. Besondere Verpflichtungen der Eisenbahnverwaltungen[2].

§. 15. Jede Eisenbahnverwaltung ist verpflichtet, die Beförderung der bewaffneten Macht und des Materials des Landheeres und der Marine gegen Vergütung nach Maßgabe eines vom Bundesrathe zu erlassenden und von Zeit zu Zeit zu revidirenden allgemeinen Tarifs zu bewirken[3].

Schlußbestimmungen.

§. 18. Die zur Ausführung dieses Gesetzes erforderlichen allgemeinen Anordnungen werden für das gesammte Bundesgebiet, mit Ausschluß Bayerns, durch Verordnung des Kaisers[3]), für Bayern durch Königliche Verordnung erlassen.

Anlagen zum Friedensleistungsgesetz.

Anlage A (zu Anmerkung 3).

Verordnung zur Ausführung des Gesetzes über die Naturalleistungen für die bewaffnete Macht im Frieden in der Fassung des Gesetzes vom 24. Mai 1898 (Reichs-Gesetzbl. S. 361). Vom 13. Juli 1898 (RGB. 922). Ziffer IV.

IV. Besondere Verpflichtungen der Eisenbahnverwaltungen.

Zu §. 15. Der vom Bundesrathe zu erlassende allgemeine Tarif für die Be= förderung der bewaffneten Macht und des Materials des Landheeres und der Marine auf den Eisenbahnen wird nach seiner jedesmaligen Feststellung durch das Reichs=Gesetzblatt veröffentlicht[1].

---

[1] Auszug VIII 4 d. W.
[2] Eisenbahnen i. S. des ©. sind nur Haupt= u. Nebenbahnen; Klein= bahnen KleinbG. AusfAnw. (14 Anl. A d. W.) zu § 9.

[3] AusfV. (Anlage A), Militair= TransportO.(Anlage B), Militär= Tarif (Anlage C).

[1] Anl. C.

Anlage B (zu Anmerkung 3).

Verordnung, betreffend die Militär-Transport-Ordnung für Eisenbahnen.
Vom 18. Januar 1899. (RGB. 15.)

Wir usw. verordnen im Namen des Reichs, nach Zustimmung des Bundes-raths, was folgt[1]):

§. 1. An Stelle der Militär-Transport-Ordnung für Eisenbahnen im Kriege vom 26. Januar 1887 (Reichs-Gesetzbl. S. 9) und der Militär-Transport-Ordnung für Eisenbahnen im Frieden vom 11. Februar 1888 (Reichs-Gesetzbl. S. 23) tritt die anliegende Militär-Transport-Ordnung für Eisenbahnen[2]).

§. 2. Der Reichskanzler ist ermächtigt, die in dieser Ordnung enthaltenen technischen Vorschriften nach Bedarf zu ergänzen und abzuändern, sofern dadurch keine grundsätzlichen Abweichungen herbeigeführt werden.

§. 3. Diese Verordnung tritt am 1. April 1899 in Kraft.

Militär-Transport-Ordnung.

(Auszug)[3]).

Vorbemerkung. Die mit deutschen Buchstaben gedruckten Bestimmungen gelten für den Frieden und für den Krieg, die mit lateinischen Buchstaben

---

[1]) RVerf. Art. 47, Friedensleistungs-G. (VIII 3 d. W.) § 15, Kriegsleistungs-G. (VIII 4 d. W.) § 28 Ziff. 2 u. AusfV. (VIII 4 Anl. A d. W.) 14 Ziff. 2. — E. 2. März 99 (EVB. 52) betr. Ein-führung der neuen MilEisO. — Bek. betr. Abänderung der MTrO. (teil-weise solcher Vorschriften, die im Auszuge nicht abgedruckt sind) 13. März u. 16. Juli 99 (RGB. 156 u. 392); 26. Juli u. 14. Nov. 00 (RGB. 785 u. 1011); 11. Juni u. 14. Juli 01 (RGB. 207 u. 265); 31. Okt. u. 3. Dez. 02 (RGB. 275 u. 293); 2. Febr., 12. März, 20. März u. 30. April 03 (RGB. 5, 41, 60 u. 213); 2. Mai, 7. Juni u. 21. Nov. 04 (RGB. 159, 216 u. 445); 31. Jan. u. 13. April 05 (RGB. 4 u. 237).

[2]) Abkürzungen in der amtlichen Ausgabe, die nicht mit den in d. W. ge-brauchten übereinstimmen:

K. L. G.: G. über die Kriegsleistungen. (VIII 4 d. W.).

K. L. G. A. B.: V., betr. die Ausf. des G. über die Kriegsleistungen. (VIII 4 Anl. A d. W.).

M. E. O. II. Th. C.: Militär-Eisenbahn-Ordnung. II. Theil. C. Best., betr. die Ausrüstung und Einrichtung von Eisenbahnwagen für Militärtrans-porte.

M. E. O. II. Th. D.: Militär-Eisenbahn-Ordnung. II. Theil. D. Vorschrift über die Hergabe von Personal und Material der Eisenbahnverwaltungen an die Militärbehörde.

M. E. O. II. Th. E.: Militär-Eisenbahn-Ordnung. II. Theil. E. Instr., betr. Kriegsbetrieb und Militärbetrieb der Eisenbahnen.

R. Tel. B.: V., betr. die gebührenfreie Beförderung von Telegrammen. (IX 3 Unteranl. A 2 d. W.).

R. Tel. O.: Telegraphen-O. für das Deutsche Reich. (IX 3 Unteranl. A 1 d. W.).

R. Tel. Rgl.: Regl. über die Benutzung der Telegraphen 7. März 76 (IX 3 Anl. A d. W.).

Miltrf.: Militärtarif (VIII 3 Anl. C d. W.).

Bes. Best. z. Miltrf.: Besondere Bestim-mungen zum Militärtarif.

Zif.: Ziffer.

[3]) Auch als „Militär-Eisenbahn-Ordnung I. Teil" bezeichnet (II. Teil Anm. 2). — Inhalt: I. Abschnitt Gegenstand (§ 1) u. mitwirkende Behör-den (§ 2—15); II. Abschn. Allg. Be-triebs- u. Verkehrsbest. (§ 16—27); III. Abschn. Vorbereitung der MilTransporte (§ 28—43); IV. Abschn. Beförderung von Personen sowie von Truppen mit

gedruckten für den Mobilmachungs= und den Kriegsfall, die durch starke Linien um=
rahmten [ ] nur für den Frieden⁴).

Erster Abschnitt.
Gegenstand und mitwirkende Behörden.
§. 1. Gegenstand.

Die Vorschriften dieser Ordnung gelten für alle Eisenbahnen⁵) Deutschlands,
die mit Lokomotiven oder anderen mechanischen Motoren betrieben werden, und
finden Anwendung:

1. auf die Vorbereitung und die Ausführung der Beförderung
   a) der bewaffneten Macht (Heer und Marine), der Schutztruppen, des
      Landsturmes, des Heergefolges, und — auf Anforderung der Mili-
      tärverwaltung — von Streitkräften der mit Deutschland verbün-
      deten Staaten sowie
   b) ihrer Bedürfnisse (auch Privatgut für die Militärverwaltung
      §. 50, 5);
2. auf die Berechnung und Zahlung der Vergütungen für diese Beförderung
   sowie für das der Militärverwaltung leihweise überlassene oder für sie
   bereit gehaltene Betriebsmaterial der Eisenbahnverwaltungen.

In Rücksicht auf besondere Verhältnisse einzelner Eisenbahnen können auf
Antrag der zuständigen Landes=Aufsichtsbehörde⁶) vom Reichs=Eisenbahn=Amt im
Einverständnisse mit der Militärverwaltung erleichternde Abweichungen oder eine
Befreiung von den Vorschriften dieser Ordnung zugelassen werden.

> Für die bayerischen Eisenbahnen erfolgt die Zulassung etwaiger erleichternder
> Abweichungen oder einer etwaigen Befreiung von den Vorschriften der Militär=
> Transport=Ordnung durch das Staatsministerium für Verkehrsangelegen=
> heiten⁷) im Einverständnisse mit dem bayerischen Kriegsministerium und,
> wo das Interesse der Landesvertheidigung in Betracht kommt, nach vorher=
> gegangener Verständigung mit dem Reichs=Eisenbahn=Amte.

---

§. 2. Verzeichnis der mitwirkenden Behörden.

1. Zur Mitwirkung bei der Ausführung dieser Ordnung sind berufen:

Pferden, mit Geschützen, Fahrzeugen u.
Belagerungsmaterial (§ 44—49); V.
Abschn. Beförderung von MilGut und
Privatgut für die MilVerwaltung
(§ 50—56 a); VI. Abschn. Berechnung
u. Zahlung der Vergütungen (§ 57—59).
— EisDienstvorschr. zur MTrO. u. zum
MilTar.: Kundmachung 27 des Ver=
kehrsverbands. — Bei dem beträchtlichen
Umfange der MTrO. sind in dem obigen
Auszug die auf die Ausführung der Be=
förderung im Frieden bezügl. Einzel=
vorschriften teilweise fortgelassen u. die
ausschl. für den Mobilmachungs= u.
Kriegsfall geltenden Vorschr. nur inso=
weit vollständig abgedruckt, als sie die
Organisation des Dienstes betreffen; die
„militärischen Ausführungsbe=
stimmungen" sind nicht mitaufge=
nommen (das entsprechende gilt für den
MilTarif, Anl. C).

⁴) In dem obigen Abschnitte d. W.
hat daher der lateinische Druck aus=
nahmsweise nicht die Bedeutung, daß
die durch ihn gekennzeichneten Vor=
schriften aufgehoben wären.

⁵) VIII 3 Anm. 2 d. W.

⁶) Für Preußen Min. d. öff. Arb.

⁷) Bek. 13. April 05 (RGB. 237).

Im Frieden.	**Im Kriege.**

A. Militärbehörden.

1. Das zuständige Kriegsministerium (§. 3).	1. Das preussische Kriegsministerium (§. 3).
2. Der preußische Chef des Generalstabs der Armee (§. 4).	2. Der preussische Chef des Generalstabs der Armee (§. 4).
3. Die Militär=Eisenbahnbehörden: a) die Eisenbahn=Abtheilung des preußischen großen Generalstabs (§. 7); b) die Linien=Kommissionen (§. 9), die der Eisenbahn=Abtheilung des großen Generalstabs und mit dieser dem Chef des Generalstabs der Armee unterstellt sind; c) die Bahnhofs=Kommandanten (§. 10).	3. Der General-Inspekteur des Etappen- und Eisenbahnwesens (§. 5); ihm sind unterstellt: a) die Militär-Eisenbahnbehörden: (1) der Chef des Feld-Eisenbahnwesens (§. 6), (2) der Chef der Eisenbahn-Abtheilung des preussischen grossen Generalstabs (§. 7), (3) der Chef der Eisenbahn-Abtheilung des preussischen stellvertretenden Generalstabs der Armee (§. 8), (4) die Linien-Kommandanturen (§. 9), die auch den unter a (1) bis (3) bezeichneten Dienststellen untergeben sind, (5) die Bahnhofs-Kommandanten (§. 10), (6) die Militär-Eisenbahn-Direktionen (s. M. E. O. II. Th. E.); b) der Chef des Feld-Sanitätswesens (§. 11).
4. Die absendenden und empfangenden Militärbehörden und Truppentheile sowie die Transportführer (§. 12).	4. Die absendenden und empfangenden Militärbehörden *) und Truppentheile sowie die Transportführer (§. 12).
5. Die Intendanturen.	5. Die Intendanturen.

B. Civilbehörden.

1. Der Reichskanzler, und zwar namentlich: a) das Reichs=Eisenbahn=Amt (§. 13); b) die Reichs=Post= und Telegraphen=Verwaltung (§. 14). In Bayern außerdem das Staatsministerium für Verkehrsangelegenheiten⁷) und die Generaldirektion der Königlichen Posten und Telegraphen.	1. Der Reichskanzler, und zwar namentlich: a) das Reichs-Eisenbahn-Amt (§. 13); b) die Reichs-Post- u. Telegraphen-Verwaltung (§. 14).
2. Die Eisenbahnverwaltungen.	2. Die Eisenbahnverwaltungen.

---

*) Ausserdem der Kaiserliche Kommissar und Militär-Inspekteur der freiwilligen Krankenpflege im Sinne der Bes. Best. zu I Zif. (15), II Zif. (2) und III Zif. (2) des Miltrfs.

Die Befugniss des Kaisers, die Organisation der hier genannten Militärbehörden zu ändern sowie sonst Bestimmungen über die Mitwirkung der
Militärbehörden bei der Ausführung dieser Ordnung zu treffen, wird hierdurch nicht berührt,

2. Die Bezeichnungen: Militärverwaltung, Militärbehörde, Militärtransport,
Truppentheil, gelten sinngemäß auch für die Marine sowie für die dem Reichs=
kanzler unterstellten Schutztruppen.

3. Für diejenigen Fälle, in denen diese Ordnung der Militärbehörde oder
der Militärverwaltung allgemein, ohne nähere Bezeichnung der zuständigen Stelle,
eine Obliegenheit oder Befugniß überträgt, wird von Seiten der Militärverwaltung
bestimmt, welche militärische Dienststelle zuständig ist. Hiervon wird dem Reichs=
Eisenbahn=Amt und durch dieses den betheiligten Civilbehörden und Eisenbahn=
verwaltungen Mittheilung gemacht.

§. 3. Preußisches Kriegsministerium.

1. Das preußische Kriegsministerium vertritt die Interessen der bewaffneten
Macht an der militärischen Benutzung der Eisenbahnen, erforderlichenfalls nach
vorhergegangener Verständigung mit den zuständigen Behörden.

> Hinsichtlich der bayerischen Eisenbahnen sind die Interessen der be=
> waffneten Macht an der militärischen Benutzung der Eisenbahnen durch das
> bayerische Kriegsministerium wahrzunehmen.
>
> 2. Das preußische Kriegsministerium schützt die von Militärbehörden gegen
> Eisenbahnverwaltungen und umgekehrt bei ihm erhobenen Beschwerden bei
> Erledigung zu.
>
> 3. Sind bei diesen Beschwerden das Reichs=Marine=Amt, die übrigen
> Kriegsministerien oder das Auswärtige Amt betheiligt, so überweist sie das
> preußische Kriegsministerium an diese Behörden, die alsdann das Weitere für
> ihren Bereich veranlassen.

4. Wegen der Erledigung von Beschwerden im Kriege s. §§. 5, 3
und 13, 2.

§. 4. Preußischer Chef des Generalstabs der Armee.

> 1. Der preußische Chef des Generalstabs der Armee ist Vorgesetzter der
> Militär=Eisenbahnbehörden und ertheilt ihnen die erforderlichen Anweisungen.
>
> 2. Inwieweit er in unmittelbaren Verkehr mit dem Reichs=Eisenbahn=
> Amte tritt, unterliegt der Vereinbarung des preußischen Kriegsministeriums
> mit diesem.

3. Er ertheilt die leitenden Gesichtspunkte für die militärische Benutzung der
Eisenbahnen im Kriege und veranlaßt bereits im Frieden die für diese Benutzung
erforderlichen Vorbereitungen (§. 28, 1).

4. Er übernimmt nach Ausspruch der Mobilmachung bis zur Ernennung
des General-Inspekteurs des Etappen- und Eisenbahnwesens (§. 5) dessen
Obliegenheiten im Eisenbahnwesen und ertheilt ihm demnächst nach Bedarf
Anweisungen.

§. 5. General-Inspekteur des Etappen- und Eisenbahn-wesens ...

1. Der General-Inspekteur des Etappen- und Eisenbahnwesens lässt den
Eisenbahndienst für Kriegszwecke durch den Chef des Feld-Eisenbahnwesens
leiten (§. 6).

2. Er befiehlt Eintritt und Aufhören des Betriebs nach dem Militär-Fahrplan (§. 24, 1) und lässt dem Reichs-Eisenbahn-Amte (§. 13) davon Nachricht geben.

3. Er theilt die von militärischer Seite gegen Eisenbahnverwaltungen erhobenen Beschwerden dem Reichs-Eisenbahn-Amte mit (§. 13, 2) und entscheidet über Beschwerden gegen Militär-Eisenbahnbehörden.

4. Werden für bestimmte Kriegsschauplätze besondere General-Inspekteure eingesetzt, so grenzt der General-Inspekteur im grossen Hauptquartiere die Wirkungskreise der in den vorbezeichneten Obliegenheiten und Befugnissen selbständigen General-Inspekteure auf den Kriegsschauplätzen ab und regelt die ihnen gemeinsamen Angelegenheiten.

5. Wegen der Vertretung vor der Ernennung s. §. 4, 4.

§. 6. Chef des Feld-Eisenbahnwesens . . .

1. Der Chef des Feld-Eisenbahnwesens leitet und ordnet nach den Anweisungen des General-Inspekteurs (§. 5) oder auch auf unmittelbare Anordnung der obersten Heeresleitung den Eisenbahndienst für Kriegszwecke und lässt durch die ihm untergebenen Militär-Eisenbahnbehörden (§§. 8 bis 10) die zum Zwecke der Landesvertheidigung erforderlichen Leistungen der Eisenbahnverwaltungen auf Grund ihrer durch das Kriegsleistungsgesetz festgestellten Verpflichtung in Anspruch nehmen (§. 9, 2).

2. Für den Bereich der im Friedensbetriebe (§. 18, 7) befindlichen Eisenbahnstrecken sowie zur Abgrenzung dieser Strecken von den im Kriegsbetriebe (§. 18, 4) befindlichen durch Uebergangsstationen (§. 18, 6) hat der Chef des Feld-Eisenbahnwesens bei allen Anordnungen, die nicht ausschliesslich den militärischen Geschäftsbereich betreffen, im Einvernehmen mit dem Reichs-Eisenbahn-Amte (§. 13) vorzugehen.

Abweichungen hiervon sind nur dann gestattet, wenn Gefahr im Verzuge ist; in solchen Fällen muss das Reichs-Eisenbahn-Amt von dem Verfügten unverzüglich in Kenntniss gesetzt werden.

3. Der Chef des Feld-Eisenbahnwesens ist befugt, besondere Kommissare zur Regelung und Ordnung des Eisenbahndienstes für Kriegszwecke abzusenden.

4. Im Falle des §. 5, 4 können den besonderen General-Inspekteuren auch Vertreter des Chefs des Feld-Eisenbahnwesens mit entsprechender selbständiger Befugniss beigegeben werden.

5. Wegen der Vertretung vor der Ernennung s. §. 7, 3.

§. 7. Die Eisenbahn-Abtheilung des preußischen großen Generalstabs.

1. Die Eisenbahn-Abtheilung des preußischen großen Generalstabs regelt die ihr vorbehaltenen Militär-Eisenbahntransporte und verkehrt zu diesem Zwecke mit den Eisenbahnverwaltungen durch die Linien-Kommissionen (§. 9).

2. Der Chef der Eisenbahn-Abtheilung tritt wegen der Vorbereitungen für die militärische Benutzung der Eisenbahnen im Kriege (§. 4, 3) bereits im Frieden mit dem Reichs-Eisenbahn-Amt und den Eisenbahnverwaltungen in Verbindung.

3. Nach Ausspruch der Mobilmachung übernimmt er die Geschäfte des Chefs des Feld-Eisenbahnwesens (§. 6), nöthigenfalls auch diejenigen des Chefs der Eisenbahn-Abtheilung des preussischen stellvertretenden Generalstabs der Armee (§. 8) bis zu deren Ernennung.

§. 8. Chef der Eisenbahn-Abtheilung des preussischen stellvertretenden Generalstabs der Armee ...

1. Der Chef der Eisenbahn-Abtheilung des preussischen stellvertretenden Generalstabs der Armee ist dem Chef des Feld-Eisenbahnwesens unmittelbar unterstellt und vertritt diesen erforderlichenfalls. Verlässt der Chef des Feld-Eisenbahnwesens den Sitz der Eisenbahn-Abtheilung, so übernimmt nach seinen Weisungen der Chef dieser Abtheilung dessen Obliegenheiten für die Inanspruchnahme der Eisenbahnen zu Kriegszwecken rückwärts der Uebergangsstationen (§§. 6, 2 und 18, 6).

2. Wenn die Verbindung zwischen dem Chef des Feld-Eisenbahnwesens und dem Chef der Eisenbahn-Abtheilung unterbrochen ist, hat der letztere für seinen Bereich, d. h. der Regel nach rückwärts der Uebergangsstationen, alle Befugnisse des ersteren wahrzunehmen.

3. Wegen der Vertretung vor der Ernennung s. §. 7, 3.

§. 9. Linien- Kommiſſionen Kommandanturen.

1. Die Linien- Kommiſſionen Kommandanturen vermitteln den Verkehr zwiſchen den ihnen vorgeſetzten Militär-Eiſenbahnbehörden (§. 5 bis 8) und den dem Gebiete der betreffenden Linie (§. 16) angehörigen betriebführenden Eiſenbahnverwaltungen.

2. Insbeſondere übermitteln ſie den letzteren die militäriſchen Anforderungen, regeln gemeinſam mit ihnen deren Erfüllung und überwachen die Ausführung.

§ 10. Bahnhofs-Kommandanten.

1. Bahnhofs-Kommandanten werden durch die Militärbehörde nach Bedarf eingeſetzt. Sie ſind der ſie einſetzenden Militärbehörde der Linien-Kommandantur unterſtellt.

2. Die Bahnhofs-Kommandanten erhalten ihre von der Linien-Kommiſſion im Benehmen mit dem Bahnbevollmächtigten (§. 15, 2) aufgeſtellte Dienſtanweiſung durch die ſie einſetzende Militärbehörde.

3. Enthält die Anweiſung Anordnungen, deren Kenntniß für den örtlichen Vertreter der Eiſenbahnverwaltung nothwendig iſt, ſo hat die Linien- Kommiſſion Kommandantur dem Bahnbevollmächtigten Abſchrift oder Auszug für dieſen Vertreter zuzuſtellen (§. 15, 2 und 3)

4. Die Bahnhofs-Kommandanten handhaben die militäriſchen und militärpolizeilichen Anordnungen im Bereiche des betreffenden Bahnhofs und der zugewieſenen anſchlieſſenden Eiſenbahnſtrecken, vermitteln zwiſchen den Transportführern und den Vertretern der Eiſenbahnverwaltungen und ſchützen die Eiſenbahnbeamten gegen Eingriffe in ihren Dienſt.

5. Die Bahnhofs-Kommandanten haben die Vertreter der Eiſenbahnverwaltungen auf Anſuchen bei der Durchführung der bahnpolizeilichen Anordnungen zu unterſtützen, ſind aber nicht befugt, ſich in den Eiſenbahndienſt zu miſchen; halten ſie durch deſſen Handhabung das militäriſche Intereſſe für beeinträchtigt, ſo haben ſie dies nöthigenfalls ihrer vorgeſetzten Behörde zu melden.

§. 11. Chef des Feld-Sanitätswesens ...

1. Der Chef des Feld-Sanitätswesens verfügt über die Aufstellung, Heranziehung und Absendung der Sanitätszüge (§. 38, 4) im Einvernehmen

mit dem Chef des Feld-Eisenbahnwesens (§. 6), der die Eisenbahnverwaltungen benachrichtigen lässt.

2. Für die Vorbereitungen im Frieden und bis zu seiner Ernennung wird der Chef des Feld-Sanitätswesens durch die Medizinal-Abtheilung des preußischen Kriegsministeriums vertreten.

§. 12. Transportführer.

1. Für jeden von Mannschaften gebildeten oder begleiteten Militärtransport bestimmt die absendende Militärbehörde einen Transportführer.

2. Innerhalb des Bahnbereichs hat der Transportführer alle erforderlichen Maßnahmen für die innere Ordnung des Transports zu treffen, sich jedoch jeden Eingriffs in den Gang des Zuges oder in den vorgeschriebenen Transportweg sowie jeder Einwirkung auf die Handhabung des Eisenbahndienstes zu enthalten.

3. Seine Anordnungen für das Ein= und Ausladen, für die Aufenthalte und für die Verpflegung hat er im Zusammenwirken mit dem Bahnhofs= Kommandanten bezw. dem Stationsvorsteher zu treffen und deren Angaben zu berücksichtigen. Auf etwaige Widersprüche zwischen diesen Angaben einerseits und den allgemeinen Vorschriften, den besonderen Fahrtlisten oder den von der ab= sendenden Militärbehörde für die Fahrt ertheilten Befehlen andererseits hat der Transportführer den Bahnhofs=Kommandanten bezw. den Stationsvorsteher auf= merksam zu machen. Gegebenenfalls hat er entsprechende Meldung an die Behörde zu machen, die den Transport geregelt hat.

4. Er hat, falls der Lauf des Zuges durch äußere Umstände — Unfall, Betriebsstörungen, Feind usw. — gehemmt wird, nach Lage der Verhältnisse die zuständigen Vertreter der Bahnverwaltung, den Bahnhofs=Kommandanten oder die Linien= | Kommission | Kommandantur an die Weiterbeförderung des Transports mit einem anderen Zuge oder auf einer anderen Bahnstrecke, erforderlichenfalls telegraphisch, zu erinnern (§. 19,3).

5. Beschwerden über Eisenbahnbeamte richtet er möglichst an Ort und Stelle an den Bahnhofs=Kommandanten, sonst an seinen eigenen Dienstvorgesetzten; zu= nächst ist er jedoch für sich und seinen Transport verbunden, den dienstlichen An= ordnungen der durch Uniform oder sonstiges Dienstabzeichen kenntlichen oder mit einer besonderen Bescheinigung versehenen Bahnpolizeibeamten (BO. §. 74)[7] Folge zu leisten. Auf Ansuchen dieser Beamten ist er verpflichtet, gegen Angehörige seines Transports wegen Nichtbefolgens bahnpolizeilicher Anordnungen ein= zuschreiten.

6. Der Transportführer hat den Beförderungsausweis der Abfertigungs= stelle (§. 32, 4) bezw. der Fahrkarten=Ausgabe (§. 31, 10) der Abfahrtstation vorzulegen und ihn außerdem auf Verlangen den Bahnhofs=Kommandanten, Stationsvorstehern der Abfahrt= und Zwischenstationen sowie den Eisenbahnkontrol= beamten vorzuzeigen.

7. In Militärzügen, wie in Zugtheilen, die mit Militärtransporten besetzt sind, hat der Transportführer seinen Platz wenn angängig in der Mitte des Transports zu nehmen (§. 46, 17).

§ 13. Reichs=Eisenbahn=Amt.

1. Die Zuständigkeit des Reichs=Eisenbahn=Amts regelt sich nach dem Gesetz über seine Errichtung vom 27. Juni 1873 (Reichs=Gesetzbl. S. 164)[8].

---

[8] I. 2b d. W.

2. Das Reichs-Eisenbahn-Amt theilt die bei ihm zur Sprache gebrachten Beschwerden von Eisenbahnverwaltungen gegen Militärbehörden (§. 15, 5) dem General-Inspekteur des Etappen- und Eisenbahnwesens mit (§. 5, 3), es prüft die von Militärbehörden gegen Eisenbahnverwaltungen erhobenen Beschwerden und führt sie ihrer Erledigung zu.

> 3. **Wegen der Erledigung von Beschwerden im Frieden f. §. 3, 2.**

4. Bedarf das Reichs-Eisenbahn-Amt näherer Auskunft über die besonderen Betriebseinrichtungeu und Verhältnisse in den Bundesstaaten, so ersucht es die betheiligten Bundesregierungen, sachverständige, mit den betreffenden Einrichtungen vertraute Kommissare nach Berlin zu senden; gegebenenfalls wird es diesen auch die Ausführung der im militärischen Interesse zu treffenden Anordnungen unmittelbar übertragen. Die Befugnisse der Militär-Eisenbahnbehörden zur Stellung direkter Anforderungen an die Eisenbahnverwaltungen (§§. 9 und 15, 4) werden hierdurch nicht berührt.

§. 14. Reichs-Post- und Telegraphen-Verwaltung.

1. Das Reichs-Postamt tritt zur Sicherstellung des Postbetriebs auf den Eisenbahnen für den Kriegsfall schon im Frieden mit dem preußischen Chef des Generalstabs der Armee durch einen von ihm zu bestellenden Vertreter in Benehmen.

2. Es bereitet in gleicher Weise im Frieden möglichst direkto telegraphische Verbindungen zwischen den Amtssitzen der Militär-Eisenbahnbehörden und von diesen zu den Amtssitzen der Bahnbevollmächtigten mittelst der Reichs- und Staats-Telegraphenlinien (Zif. 4 zweiter Abf.) vor.

3. Es bestellt einen Vertreter bei jeder Linien-▯Kommiffion▯ Kommandantur sowie einen solchen für den Bezirk jedes Bahnbevollmächtigten.

4. Die in dieser Ordnung für die Reichs-Post- und Telegraphen-Verwaltung enthaltenen Bestimmungen finden auf die Post- und Telegraphen-Verwaltungen von Bayern und Württemberg sinngemäß Anwendung.

Das Reichs-Postamt wird sich in diesen Beziehungen nach Erfordern mit den Post- und Telegraphen-Verwaltungen von Bayern und Württemberg in Benehmen setzen.

§. 15. Eisenbahnverwaltungen (Adresse: Bahnbevollmächtigter).

1. Im Sinne dieser Ordnung ist jede Eisenbahndirektion innerhalb ihres Bezirkes als Eisenbahnverwaltung anzusehen.

2. Jede Eisenbahndirektion bestellt an ihrem Amtssitze für den regelmäßigen geschäftlichen Verkehr mit den Militär-Eisenbahnbehörden einen Bevollmächtigten für Militärangelegenheiten, den Bahnbevollmächtigten; dieser kann gleichzeitig technisches Mitglied einer Linien-▯Kommiffion▯ Kommandantur sein.

Bei Bahnen von geringem Umfange kann von der Bestellung eines Bahnbevollmächtigten abgesehen, auch können dessen Geschäfte dem Bahnbevollmächtigten einer anderen Eisenbahnverwaltung übertragen werden.

3. Bei den Verhandlungen mit den Militärdienststellen über die bei der Vorbereitung und Ausführung der Militärtransporte an Ort und Stelle erforderlichen Einzelanordnungen sowie über dringliche Maßnahmen werden die Eisenbahnverwaltungen durch ihre örtlichen Organe oder durch besondere Kommissare vertreten. Diese übermitteln die Anforderungen der Militärdienststellen, sofern die Vorbereitung oder Ausführung ihre eigene Befugniß überschreitet, an die zuständige Stelle.

44*

4. Für die Erfüllung der ihnen nach §. 28 des K. L. G. obliegenden Verpflichtungen sind die Eisenbahnverwaltungen hinsichtlich der im Friedensbetriebe befindlichen Strecken der Oberaufsicht des Reichs-Eisenbahn-Amts unterstellt (§. 13, 1); hinsichtlich der im Kriegsbetriebe befindlichen Strecken haben sie ausschliesslich den Anordnungen der Militär-Eisenbahnbehörden Folge zu leisten (s. §. 18, 3—8).

5. Förmliche Beschwerden über Organe der Militärverwaltung sind an das Reichs-Eisenbahn-Amt zu richten.

Bahnpolizei. 6. Bei Handhabung der Bahnpolizei[9]) sind die Bahnpolizeibeamten zu einem unmittelbaren Einschreiten gegen Angehörige eines Militärtransports nur zur Abwendung von Gefahren für die Sicherheit des Betriebs oder für Leben und Gesundheit von Personen befugt. In der Regel haben sie daher nur auf die zu befolgenden Vorschriften aufmerksam zu machen und nach Umständen das Eingreifen des Transportführers nachzusuchen. Beschwerden über diesen sind möglichst an Ort und Stelle bei dem Bahnhofs-Kommandanten, sonst auf dem für die Eisenbahnbeamten vorgeschriebenen Dienstwege anzubringen.

Wenn einzelne auf dienstlichem Transporte befindliche Militärpersonen sich Ungehörigkeiten auf der Eisenbahn zu Schulden kommen lassen, so haben sich die Bahnpolizeibeamten auf Feststellung der Persönlichkeit zu beschränken; Ausschluß von der Fahrt ist nur dann zulässig, wenn dies im Interesse der Sicherheit des Betriebs oder zum Schutze anderer Mitreisenden unvermeidlich erscheint.

Im Uebrigen unterliegen reisende Militärpersonen den allgemeinen bahnpolizeilichen Bestimmungen.

Zweiter Abschnitt.
Allgemeine Betriebs- und Verkehrsbestimmungen.
§. 16. Eintheilung des Eisenbahnnetzes.

Für die militärische Benutzung der Eisenbahnen wird das Eisenbahnnetz durch die Militärbehörde in größere Betriebsgebiete, Linien, eingetheilt.

§ 17. Gegenseitige Unterstützung der Eisenbahnverwaltungen.

Die Eisenbahnverwaltungen sind verpflichtet, sich bei Ausführung der Militärtransporte gegenseitig Aushülfe zu leisten.

§ 18. Grundsätze für den Betrieb.

1. Für die Anordnung und Ausführung der Militärtransporte sind die Bestimmungen der Eisenbahn-Bau- und Betriebsordnung, der Eisenbahn-Signalordnung[10]), der Verkehrs-Ordnung und die sonstigen für die Sicherheit des Betriebs erlassenen Vorschriften maßgebend, soweit die gegenwärtige Ordnung nicht abweichende Bestimmungen enthält. Wegen Anwendung der Verk. O. auf die Beförderung von Militärgut — auch im Kriege — s. §. 50, 6.

2. Der Betrieb auf den einzelnen Strecken ist nach Maßgabe ihrer beabsichtigten Inanspruchnahme zu regeln. Diese darf nur in den Grenzen der zur Zeit der Ausführung der Transporte bestehenden Leistungsfähigkeit (§. 29, 1) stattfinden.

Die Leistungsfähigkeit ist nach Erlass des Mobilmachungsbefehls durch zeitweise oder dauernde Massnahmen für militärische Zwecke auf Ansuchen

---

[9]) BO. Abschn. V. | [10]) Bek. 13. Apr. 05 (RGB. 237).

der Militärverwaltung zu steigern. Die hierdurch entstehenden Kosten werden nach Massgabe des K. L. G. vom Reiche erstattet.

3. Im Kriege ergeben sich im Rücken des Feldheeres zwei Betriebsarten:
a) Kriegsbetrieb,
b) Friedensbetrieb.

Arten des Betriebs im Mobilmachungs- und Kriegsfalle.

4. Der „Kriegsbetrieb" wird für diejenigen Eisenbahnen angeordnet, die auf dem Kriegsschauplatz oder in dessen Nähe liegen. Auf die im Kriegsbetriebe befindlichen Eisenbahnen findet der §. 31 des K. L. G. Anwendung. Wird der Betrieb einer im Kriegsbetriebe befindlichen Eisenbahn durch die Militär-Eisenbahnbehörden übernommen (K. L. G. A. V. 15), so geht sie dadurch in „Militärbetrieb" über. (Näheres siehe „Instruktion, betreffend Kriegsbetrieb und Militärbetrieb der Eisenbahnen" M. E. O. II. Th. E.)

a) Kriegsbetrieb.

5. Auf die im Kriegsbetriebe befindlichen Eisenbahnen finden die in dieser Ordnung für den Mobilmachungs- und Kriegsfall gegebenen Festsetzungen sinngemäss Anwendung, soweit M. E. O. II. Th. E. nicht anderweitige Bestimmungen enthält oder die Kriegsverhältnisce nicht besondere Anordnungen nothwendig machen.

6. Beim Kriegsbetrieb entstandene Betriebsunregelmässigkeiten sollen soweit als möglich auf „Uebergangsstationen" (§ 6, 2) ihre Grenze und Ausgleichung finden.

7. Diese Uebergangsstationen bezeichnen die Abgrenzung zwischen den im Kriegsbetrieb befindlichen von den im „Friedensbetriebe" verbliebenen oder diesem zurückgegebenen Eisenbahnen. Jede Eisenbahnstrecke verbleibt so lange im Friedensbetriebe, bis für sie der Kriegsbetrieb angeordnet ist.

b) Friedensbetrieb.

8. Auf die im Friedensbetriebe befindlichen Eisenbahnen finden die in dieser Ordnung für den Mobilmachungs- und Kriegsfall gegebenen Festsetzungen volle Anwendung.

§. 19. Beförderung und Fahrtweg.

1. Innerhalb des Reichsgebiets ist die Beförderung vom Anfangs= bis zum Zielpunkte thunlichst eine direkte, vergl. §. 36, 14 und 15.

2. Transporte auf Militärfahrschein (§. 32, 4) werden auf dem von der Militärverwaltung vorzuschreibenden Transportwege befördert[11]).

> Die Eisenbahnverwaltungen sind indessen berechtigt, innerhalb ihres Gebiets *) und ohne Aenderung der Uebergangsstationen von Bahn zu Bahn einen anderen Weg zu wählen, wenn die Ankunft am Ziele dadurch nicht verzögert wird.

Transporte auf Frachtbrief (§. 32, 11) sind wie Sendungen des öffentlichen Verkehrs zu behandeln. Wünscht die Militärbehörde indessen die Einhaltung eines bestimmten Transportwegs, so ist dies der Eisenbahnverwaltung bei der Anmeldung (§. 31, 10) ausdrücklich mitzutheilen (Berechnung der Transportgebühren s. §. 57, 4).

3. Bei Unfällen oder Betriebsstörungen veranlaßt jede Eisenbahnverwaltung innerhalb ihres Bezirkes die Weiterführung der in ihrem Laufe gestörten Militärtrans= porte selbständig (§. 12, 4) unter Mittheilung an die zuständige Linien = Kommission

---

*) Die preußischen Staatseisenbahnen und die mit ihnen in Betriebsgemeinschaft stehenden Verwaltungen gelten hierbei als ein Gebiet.

---

[11]) E. 2. März 99 (EVB. 52) Ziff. II.

Kommandantur; wenn besondere Umstände es erfordern, hat eine vorherige Ver=
einbarung mit der Linien= | Kommission | Kommandantur stattzufinden.

§. 20. Sonntagsruhe.

1. Im Kriege wird für den Verkehr ein Unterschied zwischen Wochen-,
Sonn- und Festtagen nicht gemacht.

---

2. Im Frieden sind im Allgemeinen die über die Sonntagsruhe für den
öffentlichen Verkehr erlassenen Vorschriften[12]) auch für die Militärtransporte
maßgebend.

3. In dringenden, von der Militärbehörde bei der Anmeldung ausdrücklich
zu bescheinigenden Fällen kann indessen die Annahme und Beförderung von
Pferden, Schlachtvieh, Fahrzeugen und Gütern auch an Sonn= und Festtagen
gefordert werden, sofern Züge verkehren, welche die Mitnahme in dem ange=
meldeten Umfange (§. 30) zulassen.

4. Die Abfertigung von Militärzügen kann auch an Sonn= und Festtagen
beansprucht werden.

5. Die Weiterbeförderung von Pferden und Schlachtvieh darf unterwegs
aus Anlaß der Sonntagsruhe nur bis zum nächsten geeigneten Zuge unter=
brochen werden. Bei einer bahnseitig angeordneten Weiterführung mit Personen=
zügen finden die höheren Tarifsätze (Bes. Best. zu II Zif. (5) des Miltrfs.)
keine Anwendung.

6. Die Ausladung von Pferden und Schlachtvieh sowie in außergewöhn=
lichen Fällen — z. B. bei Truppenübungen — von Gütern und Fahrzeugen
kann auch an Sonn= und Festtagen verlangt werden.

---

§. 21. Arten der Eisenbahnzüge.

1. Militärtransporte werden mit allen Zügen des öffentlichen Verkehrs ge=
fahren, soweit dies unter Berücksichtigung einerseits der Einrichtung und Bestimmung
der Züge, andererseits der Stärke und Beschaffenheit der Transporte angängig ist
(§ 30).

2. Für Militärtransporte, die hiernach nicht mit Zügen des öffentlichen
Verkehrs befördert werden können, werden Militärzüge gestellt: Militär=Bedarfs=
züge (§. 22), Militär=Sonderzüge (§. 23) und Züge im Militär-Fahrplan (§. 24),
darunter die Militär-Lokalzüge (§. 25, 1).

§. 22. Militär=Bedarfszüge.

1. Im Rahmen des Fahrplans für den öffentlichen Verkehr ist für die
Zwecke der Militärverwaltung eine Anzahl von Militär=Bedarfszügen, die
nur im Bedarfsfalle und zwar nach jedesmaliger gegenseitiger Verständigung
gefahren werden sollen, zwischen den Eisenbahnverwaltungen und den Militär=
Eisenbahnbehörden im voraus zu vereinbaren.

2. Der Fahrplan dieser Züge ist so einzurichten, daß er thunlichst selten
Aenderungen unterworfen zu werden braucht. Die Zeitlage ist den militärischen
Zwecken anzupassen, auch ist für den Anschluß durchgehender Militärzüge auf
Nachbarbahnen Sorge zu tragen.

Die Fahrgeschwindigkeit der Militär=Bedarfszüge soll
auf Haupteisenbahnen in der Regel $1\frac{1}{2}$ Minuten auf das Kilometer
oder 40 km in der Stunde (BO. §§. 55 (9) und 66)[13]),

---

¹²) BerkO. § 46 ZusBest. III; § 56 | ¹³) Bek. 13. April 05 (RGB. 237).
(3, 8), § 63 (7, 8), § 68 (2), § 69 (4).

auf Nebeneisenbahnen 2 Minuten auf das Kilometer oder 30 km
in der Stunde (BO. §. 66)[13]),
nicht übersteigen.

3. Die Eisenbahnverwaltungen theilen den Fahrplan für diese Züge den
Militär=Eisenbahnbehörden in graphischer Form mit.

4. Der Eisenbahnverwaltung ist gestattet, bei Durchführung der Militär=
Bedarfszüge innerhalb ihres eigenen Bereichs Verschiebungen des vereinbarten
Fahrplans vorzunehmen, soweit dies unter Einhaltung der festgesetzten Ankunfts=
und Abfahrtszeiten auf den Uebergangsstationen von Bahn zu Bahn sowie unter
Wahrung der für militärische Zwecke vorgesehenen Aufenthaltszeiten auf Zwischen=
stationen ausführbar ist.

§. 23. Militär=Sonderzüge.

Sofern die Militär=Bedarfszüge für die jeweiligen Transporte nicht passend
liegen, sind statt ihrer Militär=Sonderzüge einzulegen. Diese sind zwischen
den Militär=Eisenbahnbehörden und den Bahnverwaltungen in jedem einzelnen
Falle besonders zu vereinbaren, bei Gefahr im Verzuge (in Fällen öffentlicher
Noth u. dergl.) aber auch ohne vorgängige Vereinbarung auf Verlangen der
Militärbehörde ohne Verzug zu stellen, soweit die Betriebseinrichtungen es ge=
statten. Diesem Verlangen muß auch dann genügt werden, wenn der Sonderzug
über eine Strecke ohne Nachtdienst zu einer Zeit befördert werden soll, wo nach
Schluß des Tagesdienstes die Strecke unbesetzt und eine Alarmirung des Bahn=
bewachungs- und Verwaltungspersonals durch den Telegraphen nicht mehr möglich ist
(§. 69 (5) und (6) der BO.)[14]).

§. 24. Militär-Fahrplan.

1. Lassen sich die Militärtransporte mit den Zügen des öffentlichen
Verkehrs und mit den in den Fahrplan des öffentlichen Verkehrs eingeschal-
teten Militär-Bedarfs- und Sonder-Zügen nicht mehr bewirken, kann auch
durch zeitweise Beschränkung, Vereinfachung oder Aussetzung der Züge des
öffentlichen Verkehrs den militärischen Anforderungen nicht genügt werden,
so wird der Militär-Fahrplan in Kraft gesetzt (§. 5, 2).

2. Dieser wird von der Militär-Eisenbahnbehörde unter Mitwirkung der
betheiligten Eisenbahnverwaltungen nach der vollen Leistungsfähigkeit der
einzelnen Strecken und der Anschlussbahnen aufgestellt. Er soll einfach in
der Anordnung sein; alle Züge verkehren in gleich schneller Fahrt und sind
so zu legen, dass sie ausnahmslos für Militärtransporte benutzt werden
können. Die militärischen Zwecke sind ausschließlich massgebend, auch für
die Anschlüsse auf benachbarten Bahnstrecken.

§. 25. Benutzung von Zügen des Militär-Fahrplans zu anderen als militärischen Zwecken.

1. Im Militär-Fahrplan werden zeit- und streckenweise besondere Züge
als Militär-Lokalzüge bestimmt, die durch den öffentlichen Verkehr mitbenutzt werden dürfen, soweit sie durch Militärtransporte nicht voll in Anspruch genommen werden.

2. Züge des Militär-Fahrplans, die für Militärzwecke nicht benutzt
werden, können von den Eisenbahnverwaltungen für den öffentlichen Verkehr,
wenn dieser zugelassen wird, sowie für Eisenbahndienstzwecke gefahren

---

[14]) Bek. 13. April 05 (RGB. 237).

werden, soweit Zugkräfte, Wagen und Personal verfügbar sind. Machen es unvorhergesehene Umstände nöthig, solche Züge dennoch für Militärtransporte in Anspruch zu nehmen, so gehen diese allen anderen vor.

3. Die Entscheidung darüber, ob und in welchem Umfange der öffentliche Verkehr nach Ausspruch der Mobilmachung einzuschränken (§. 24, 1) sowie in welchem Umfang er nach Inkraftsetzung des Militär-Fahrplans zuzulassen ist, trifft der Chef des Feld-Eisenbahnwesens (§. 6), — wegen der im Friedensbetriebe befindlichen Eisenbahnen (§. 18, 7) im Benehmen mit dem Reichs-Eisenbahn-Amte (§§. 6, 2 und 13).

4. Für den Fall der Einschränkung oder des gänzlichen Ausschlusses des öffentlichen Verkehrs ist die Beförderung mindestens eines Postwagens mit jedem Militärzuge statthaft (Zif. 6).

5. Den Eisenbahnverwaltungen bleibt es unbenommen, den Militärzügen Wagen mit Dienstgut (Kohlen u. s. w.) mitzugeben (Zif. 6).

6. Durch derartige Mitbenutzungen (Zif. 4 und 5) darf jedoch die zulässige Achsenzahl nicht überschritten und die planmässige Beförderung der Züge nicht gefährdet werden.

§. 26. Benutzung der Telegraphen und Fernsprech-Verbindungsleitungen.

1. Zu dringlichen militärischen Mittheilungen dürfen erforderlichenfalls sämmtliche Telegraphenlinien im Reichsgebiete benutzt werden.

Die Fernsprech-Verbindungsleitungen können zu dringlichen militärischen Gesprächen mit Vorrang vor den Privatgesprächen unentgeltlich benutzt werden, soweit nach dem Ermessen der Verkehrsanstalt, bei der die Gesprächsanmeldung erfolgt, die technische Möglichkeit hierzu vorliegt.

2. Die Telegraphen und die Fernsprecheinrichtungen der Eisenbahnen bleiben jedoch in erster Linie für den Eisenbahndienst bestimmt und dürfen nur, soweit dieser es gestattet, zu militärdienstlichen Mittheilungen mit ausdrücklicher Genehmigung der Station benutzt werden.

Unter dieser Voraussetzung können für den Verkehr der Militär-Eisenbahnbehörden unter einander und mit den Eisenbahnverwaltungen die Telegraphen und die Fernsprecheinrichtungen der betheiligten Bahngebiete und zwar gebührenfrei in Anspruch genommen werden.

3. Offiziere und Personen in gleichem Range ohne Dienstsiegel, die während und aus Anlaß eines Bahntransports Telegramme absenden müssen, können diese durch die Aufgabestation mit deren Dienststempel beglaubigen lassen. Derartige Telegramme sind möglichst mit dem Bahntelegraphen als Militärtelegramme mit der Bezeichnung „SS" zu befördern.

4. Im Uebrigen gelten für die Benutzung der Bahntelegraphen durch die Militärbehörden im Frieden ausschließlich die Festsetzungen des Reglements vom 7. März 1876 (R. Tel. Rgl.).

In Bayern verbleibt es bei den geltenden Bestimmungen, wonach die Bahntelegraphen, insoweit die Eisenbahnstationen zur Annahme von Telegrammen ermächtigt sind, in der gleichen Weise wie die Staatstelegraphen benutzt werden können.

5. Nach Anordnung der Mobilmachung sind sämmtliche Telegramme der Militärverwaltung als gebührenfreie Staats-Telegramme, und zwar auf den Reichs-, Staats-, Etappen- und Feld-Telegraphenlinien mit Vorzug

vor den Telegraphendienst- und Privat-Telegrammen, auf den Bahn-Tele-
graphenlinien unmittelbar nach den eigentlichen Betriebs-Tele-
grammen zu befördern.

Sämmtlichen Telegrammen gehen auf den vier erstgenannten Linien die
durch die dringlichsten allgemeinen Anordnungen für die Armee und Marine
oder durch die wichtigsten militärischen und politischen Kundgebungen gebotenen Kriegs-Telegramme voran. Solche Telegramme sind mit der Bezeichnung „Kr" zu versehen. Zur Anwendung dieser Dringlichkeitsbezeichnung
sind nur berechtigt:

    (1) das grosse Hauptquartier,

    (2) der Reichskanzler,

    (3) die Armee-Oberkommandos,

    (4) die Führer selbständiger Heereskörper und selbständiger Marine-
        körper,

    (5) die Kriegsministerien,

    (5a) der Chef des Generalstabs der Armee[15]),

    (6) das Reichs-Marine-Amt,

    (7) der Chef des Admiralstabs der Marine[16]),

    (8) das Auswärtige Amt und

    (9) das Reichs-Eisenbahn-Amt.

Jedoch dürfen nöthigenfalls auch die Antworten auf „Kr"-Telegramme
mit „Kr" bezeichnet werden, gleichviel welche Behörde sie aufgiebt.

Die Beförderung der „Kr"-Telegramme hat unter sofortiger Unterbrechung
jeder auf den betreffenden Linien im Gange befindlichen Korrespondenz zu
geschehen. Wird ausnahmsweise zur Beförderung solcher Telegramme
auch die Benutzung von einzelnen Strecken der Bahntelegraphen nothwendig,
so sind auch diese für „Kr"-Telegramme freizumachen, soweit es ohne Gefährdung oder bedenkliche Störung des Bahnbetriebs möglich ist.

6. Telegramme, deren Inhalt aus wichtigen Nachrichten vom Feinde
oder sonstigen für die Operationen der Truppen oder Seestreitkräfte wesentlichen Mittheilungen oder Weisungen besteht, dürfen als dringliche Militär-
Telegramme (SSd) bezeichnet werden; ihre Beförderung hat nach den „Kr"-
Telegrammen (Zif. 5), aber mit Vorrang vor allen übrigen Staats-Telegrammen
zu erfolgen. Solche „SSd"-Telegramme dürfen ausser von den in Zif. 5 (1)
bis (8) genannten Dienststellen nur aufgegeben werden

    bei der Armee: von den Generalkommandos und stellvertretenden
        Generalkommandos,

    bei der Marine: von den Kommandos der Marinestationen der
        Ost- und Nordsee, den Befehlshabern von Verbänden von Schiffen
        und von einzelnen Schiffen und von den Kommandanturen von
        Marinefestungen.

Dieselbe Berechtigung besteht auch für das Ressort des Auswärtigen Amtes.

§, 27. Einrichtung der Telegraphen- und Fernsprech-Anlagen der Eisenbahnen für militärische Zwecke.

Die Verbindungen und Einrichtungen der Bahntelegraphen- und Bahn-
fernsprech-Anlagen sind von den Eisenbahnverwaltungen nach Benehmen mit
den Militär-Eisenbahnbehörden dem im §. 26, 2 angegebenen Zwecke anzupassen, soweit es ohne Nachtheil für ihre nächste Bestimmung geschehen kann.

---

[15]) Bek. 3. Dez. 02 (RGB. 293). | [16]) Bek. 16. Juli 99 (RGB. 392).

Dritter Abschnitt.
Vorbereitung der Militärtransporte.
§. 28. Im Allgemeinen.

1. Die zur Ausführung der Militärtransporte im Kriege erforderlichen Vorbereitungen sind bereits im Frieden nach Maßgabe dieser Ordnung sowie der darin angezogenen besonderen Bestimmungen zu treffen.

Geheim-
haltung.

2. Die dabei mitwirkenden Personen haben in allen Angelegenheiten, die sich auf die beabsichtigte militärische Benutzung der Eisenbahnen im Kriege beziehen, unbedingt Amtsverschwiegenheit zu beobachten und die in ihren Händen befindlichen Schriftstücke, Pläne u. dergl. geheim zu halten. Mittheilungen über die zu ihrer Kenntniß gelangenden Einrichtungen und Anordnungen dürfen sie an andere Stellen und Personen nur aus dienstlicher Veranlassung machen und nur soweit es für die Erledigung des Dienstes erforderlich ist.

§. 29. Erhebungen über die Leistungsfähigkeit der Bahnen, Erkundungen.

1. Die für die militärische Benutzung der Eisenbahnen erforderlichen statistischen Nachrichten sind vom Reichs-Eisenbahn-Amte nach einem von ihm zu bestimmenden Muster alljährlich zu erheben. Sie müssen ein genaues Urtheil über die Leistungsfähigkeit der Bahnen ermöglichen, auch die nächstbevorstehende Entwickelung erkennen lassen.

2. Die Militär-Eisenbahnbehörden sind berechtigt, zur Vervollständigung dieser Nachrichten sowie zu sonstigen militärischen Zwecken Erkundungen anzuordnen. Die betreffenden Verwaltungen sind von der zu diesem Zwecke beabsichtigten Entsendung von Offizieren oder Beamten zuvor zu unterrichten.

3. Den entsandten Offizieren und Beamten ist bei ihren Erkundungen von den Bahnverwaltungen jede wünschenswerthe Unterstützung sowie die Ermächtigung zur Benutzung von Güterzügen ohne Personenbeförderung gegen Zahlung des Fahrpreises für die zweite Wagenklasse zu gewähren. Es ist ihnen gestattet, die Bahn und deren Anlagen ohne Erlaubnißkarte zu betreten, sie sind aber verpflichtet, den allgemeinen Dienstzweck ihrer Anwesenheit auf dem Bahnkörper u. s. w. jedesmal dem betreffenden Bahnpolizeibeamten mitzutheilen. Den Aufenthalt innerhalb der Fahr- und Rangirgleise haben sie zu vermeiden; auch dürfen sie die Schranken oder sonstigen Einfriedigungen nicht eigenmächtig öffnen, überschreiten oder übersteigen, noch etwas darauf legen oder hängen.

4. Wenn der Offizier oder Beamte beim Betreten der Bahn oder bei Benutzung von Güterzügen ohne Personenbeförderung getödtet oder körperlich verletzt worden ist, und die Eisenbahnverwaltung den nach den Gesetzen[17]) ihr obliegenden Schadenersatz dafür geleistet hat, so ist die Militärverwaltung verpflichtet, ihr das Geleistete zu ersetzen, falls nicht der Tod oder die Körperverletzung durch ein Verschulden der Eisenbahnverwaltung oder eines ihrer Bediensteten herbeigeführt worden ist[18]).

§. 30. Wahl der Züge.

1. Bei der Wahl des Zuges muß stets beachtet werden, daß durch die Inanspruchnahme den Vorschriften der BO. (insbesondere §§. 54 (3) bis (6), 55 (11), 56 (6) und 66 (2)[19]) noch Genüge geleistet werden kann.

---

[17]) HPfG. VI 6 d. W.).
[18]) EisPostG. (IX 2 d. W.) Art. 8 ähnlich.

[19]) Bek. 13. April 05 (RGB. 237).

In der Regel (f. jedoch Zif. 3) können in den Zügen des öffentlichen Verkehrs befördert werden:

1.	2.	3.	4.	5.	6.	7.	8.	9.
Bezeichnung der Militärtransporte.	Arten der Züge des öffentlichen Verkehrs:							Bemerkungen.
	Schnellzüge laut Aushang-Fahrplan einschl. D-Züge	Personenzüge mit mehr als 60 km Geschwindigkeit (BO. § 55 (11)) ¹⁹)	Personenzüge bis zu 60 km Geschwindigkeit.	Eilgüterzüge.	Güterzüge mit Personenbeförderung	Güterzüge.	Viehzüge.	
Offiziere und Mannschaften.	Ausnahmsweise in bringlichen Fällen Offiziere und Mannschaften in geringer Zahl (1) a gegen Berechnung der vollen Schnellzugstaxe und Platzgebühr.	bis 300 Köpfe.				—	—	(1) a. Die Eisenbahnverwaltung darf die Beförderung nicht verweigern, soweit durch Mitnahme der Militärpersonen die für die fahrplanmäßige Durchführung des Zuges zulässige Stärke nicht überschritten wird.
Pferde.	(1) b.	bis 18 Pferde, 3 Wagen (6 Achsen).	bis (2) 60 Pferde, 10 Wagen (20 Achsen).	bis 90 Pferde, 15 Wagen (30 Achsen).			(3)	b. Thunlichst auch die Reitpferde der Offiziere u. s. w. nach Vereinbarung. (2) Auf Nebeneisenbahnen in Personenzügen mit 31 bis 40 ¹⁹) km Geschwindigkeit bis 36 Pferde, 6 Wagen (12 Achsen). (3) Beförderung mit Viehzügen nur, wenn die militärischen Rücksichten dies zulassen.
Schlachtvieh.	—	In den für den allgemeinen Viehverkehr zugelassenen Zügen und unter den für den allgemeinen Viehverkehr festgesetzten Bestimmungen (Frachtberechnung nach Miltrf.).						
Eilgut oder eilgutmäßig zu befördernbes Frachtgut — a. Sprengstoffe der Gefahrklasse.	—	Nur zur Beseitigung elementarer Gefahren, z. B. bei Eisstopfungen, Hochwasser u. dergl., in besonderen Räumen und nur bis 2 Wagen (4 Achsen).			—	—	—	
b. Alle übrigen Sendungen, auch Munitionsgegenstände, die nicht der Gefahrklasse angehören.	—	bis 3 Wagen (6 Achsen).	bis 15 Wagen (30 Achsen).		—	—	—	

1.		2.	3.	4.	5.	6.	7.	8.	9.
Bezeichnung der Militärtransporte.		Arten der Züge des öffentlichen Verkehrs:							Bemerkungen.
		Schnellzüge laut AushangFahrplan einschl. D-Züge.	Personenzüge mit mehr als 60 km Geschwindigkeit (BO. § 55 (11)) [20]	Personenzüge bis zu 60 km Geschwindigkeit.	Eilgüterzüge.	Güterzüge mit Personenbeförderung	Güterzüge.	Viehzüge.	
Stück- und Wagenladungsgüter.	a. Sprengstoffe der Gefahrklasse.	—	—	—	—	(4) bis 4 Wagen (8 Achsen).			(4) Nur auf Strecken wo reine Güterzüge nicht gefahren werden.
	b. Alle übrigen Sendungen, auch Munitionsgegenstände, die nicht der Gefahrklasse angehören.	—	—	—	—	bis 15 Wagen (30 Achsen).			

2. Welche Personenzüge auf Haupteisenbahnen mit mehr als 60 km, auf Nebeneisenbahnen mit mehr als 30 km (BO. §. 55 (11)) Geschwindigkeit[20] fahren sollen, ist den Militär=Eisenbahn=Behörden von den Eisenbahnverwaltungen bei Bekanntmachung des Fahrplans (Sommer und Winter) unter Angabe der Strecken mitzutheilen.

3. Wenn die Benutzung des von der Militärbehörde gemäß Zif. 1 ange= forderten Zuges ausnahmsweise nicht erfolgen kann, so hat die Eisenbahnverwaltung rechtzeitig die Benutzung eines anderen Zuges vorzuschlagen, dessen Fahrplan dem militärischen Bedürfniß entspricht. Bei Beförderung mit Schnellzügen werden in diesem Falle nur die Sätze des Miltrfs. erhoben.

4. Sollen gemischte oder mehrere gleichartige Militärtransporte mit demselben Zuge befördert werden, so kann die Benutzung von Wagen (Achsen) nur bis zu der betreffenden, in den Spalten 3 bis 8 der Zif. 1 angegebenen Höchstzahl ge= fordert werden, wobei indessen die für die einzelnen Transportarten angegebenen Stärken nicht überschritten werden dürfen. Bei gemischten Transporten ist 1 Pferd gleich 5 Mann zu rechnen.

Die Eisenbahnverwaltungen sind indeß berechtigt, auch stärkere, diese Höchst= zahlen überschreitende Transporte — ausgenommen Sprengstoffe der Gefahrklasse — mit Zügen des öffentlichen Verkehrs zu befördern, wenn die Militärbehörde nicht auf Gestellung eines Militärzuges besteht.

5. Mit Militärzügen (§. 21, 2) müssen auf Erfordern der Militär= behörden Militärtransporte aller Art befördert werden, welche die unter Zif. 1 bezeichneten Stärken vom Beginn an oder im Verlaufe der Fahrt in Folge von Zugang übersteigen. Transporte von mehr als 300 Mann oder 60 Pferden werden als „größere" bezeichnet. Für „kleinere" Transporte sind Militärzüge nur bei Gefahr im Verzuge (§. 23) in Anspruch zu nehmen und gegen eine Vergütung, die mindestens nach dem vollen Militär=Sonderzugtarife zu bemessen ist. Die Eisenbahnverwaltungen dürfen indeß aus eigener Entschließung auch kleinere Transporte mit Militärzügen befördern, für die alsdann der Kopf=, Wagen= und Gewichtstarifsatz in Anrechnung kommt.

---

[20] Bek. 13. April 05 (RGB. 237).

Bei Kennzeichnung gemischter Transporte als „kleinere" oder „größere" ist auch hier 1 Pferd gleich 5 Mann zu rechnen.

> 6. Wird die Beförderung von Pferden und Schlachtvieh in einem für die Viehbeförderung nicht bestimmten Zuge des öffentlichen Verkehrs verlangt und gestattet, so kommen erhöhte Sätze in Anwendung (Bes. Best. z. Miltrf. zu II Zif. (5)).

7. Ueber den Ausschluss gewisser Transporte von bestimmten Militärzügen s. §§. 38, 6 und 50, 4.

§. 31. Anmeldung der Militärtransporte.

1. Jeder Militärtransport ist durch die absendende Militärbehörde gemäß den nachstehenden Bestimmungen bei der zuständigen Eisenbahnstelle oder Militär=Eisenbahnbehörde anzumelden, jedoch immer nur von einer Militärbehörde und an eine Stelle.

2. Die Anmeldungen sind so früh wie möglich zu machen; nach Umständen empfiehlt sich schon vorher eine vorläufige Benachrichtigung, wenn auch die Zeit der Absendung des Transports noch nicht feststehen sollte.

3. Falls sich von einer höheren Stelle die gleichzeitige Beförderung verschiedener Transporte in derselben Richtung übersehen läßt, sind diese Transporte zu einer Anmeldung zusammenzufassen.

4. Die Anmeldungen durch die Militärstellen erfolgen.

bei den Abfahrtstationen durch Anlage des Fahrtenanweisers, *Anlage*

bei dem Bahnbevollmächtigten durch „Anmeldezettel",

bei der Militär=Eisenbahnbehörde durch „Anmeldeliste".

In dringlichen Fällen kann die Anmeldung telegraphisch mit den wesentlichen Angaben in der Reihenfolge der schriftlichen Anmeldung geschehen.

5. Transporte, bei denen Anfangsstation und Zielpunkt in demselben Liniengebiete liegen, werden als „innere", solche, bei denen dies nicht der Fall ist, als „durchgehende" bezeichnet.

6. Die bei den Militär=Eisenbahnbehörden angemeldeten Transporte werden *Anlage* von diesen durch „Fahrtliste" den Bahnbevollmächtigten aller am Transporte betheiligten Eisenbahnverwaltungen, in dringlichen Fällen telegraphisch, mitgetheilt. . . .

> Die Vereinbarung der Fahrtlisten mit den Eisenbahnverwaltungen muß in der Regel 10 Tage vor der Abfahrt erledigt sein.
> 7. Steht bei umfangreicheren Einberufungen, Entlassungen oder Beurlaubungen die gleichzeitige Beförderung einer großen Zahl einzelner Mannschaften mit der Eisenbahn in Aussicht, so ist von der zuständigen Militärbehörde der Tag und thunlichst auch die Tageszeit dieser Beförderungen mit Angabe der annähernden Zahl der Mannschaften und der Fahrtrichtung dem Bahnbevollmächtigten (§. 15, 2), in dessen Bezirke die Versammlungsstation (bei Einberufungen) oder die Abfahrtstation (bei Entlassungen — s. Bes. Best. z. Miltrf. zu I Zif. (2) — oder bei Beurlaubungen) liegt, möglichst frühzeitig, in der Regel 5 Tage vorher mitzutheilen. . . .
> In solchen Fällen muß eine militärische Ueberwachung der Mannschaften auf den Bahnhöfen bis zur Abfahrt der betreffenden Züge stattfinden.

8. Diejenige Eisenbahnstelle, die gemäß Zif. 4, 6 oder 7 die Anmeldung erhält, ist verpflichtet, alle zur Durchführung des Transports weiter erforderlichen Benachrichtigungen zu veranlassen.

9. Kommen mehrere kleinere nicht angemeldete Transporte sowie beurlaubte oder entlassene Soldaten in größerer Anzahl auf einer Vorbahn zusammen, um gemeinsam auf derselben Strecke weiterzufahren, so hat die Vorbahn die Transporte den Nachbahnen möglichst frühzeitig telegraphisch weiterzumelden.

10. Die Anmeldung der Transporte durch die Militärbehörde erfolgt nach Maßgabe der nachstehenden Tabellen: . . .²¹)

11. (Privatgut für die Militärverwaltung.)

12. Es bleibt bei den im Frieden für den Mobilmachungsfall zu treffenden Vorbereitungen dem preußischen Chef des Generalstabs der Armee, im Uebrigen dem Chef des Feld-Eisenbahnwesens oder seinem Stellvertreter vorbehalten, anderweite Festsetzungen über die Anmeldung für besondere Verhältnisse zu treffen.

§. 32. Ausweise zur Beförderung.

Im Allgemeinen.

1. Jeder Militärtransport muß mit einem von der zuständigen Stelle vorschriftsmäßig ausgefertigten Ausweise versehen sein.

2. Die Eisenbahnverwaltung ist verpflichtet, auf Grund eines derartigen Ausweises die Beförderung, vorbehaltlich ihrer Ansprüche aus seiner etwaigen unrichtigen Anwendung, zu bewirken.

In welchen Fällen auf Grund solcher Ausweise die Beförderung zu den Sätzen des Miltrfs. oder unentgeltlich stattfindet, ist im Miltrf. festgesetzt.

Ueber die Beförderung der im Mobilmachungsfalle zum Heere Einberufenen s. Anlage III a und²²) Bes. Best. z. Miltrf. zu I Zif. (8)²³).

3. Der Ausweis gilt in einem Stücke für jeden Transport und für die gesammte Strecke von der Anfangs- bis zur Endstation, unabhängig von der Zahl der an der Beförderung betheiligten Eisenbahnverwaltungen. Er dient entweder unmittelbar als Fahrkarte bezw. Beförderungsschein oder gewährt Anspruch auf deren Verabfolgung von Seiten der Eisenbahnverwaltungen und ist in jedem Falle von der Abfertigungsstelle abzustempeln. Er berechtigt zu einer einmaligen Beförderung bis zur Bestimmungsstation, bei Urlaub zu einer einmaligen Hin- und Rückreise. (Außerdem s. §. 56, 6).

Militärfahrschein.
Anlage IV.

4. a) Als Ausweise für Militärtransporte dienen in erster Linie die Militärfahrscheine.

b) Ihre Ausfertigung hat von der absendenden Militärbehörde oder von dem Bahnhofs-Kommandanten zu erfolgen. . . .

c) . . .

d) Zu Militärfahrscheinen für Einberufene und Entlassene, für Militär-Arrestaten-Transporte — ausgenommen Untersuchungs-Arrestaten — sowie für unsichere Heerespflichtige ist rothgerändertes Papier, zu sonstigen Militärfahrscheinen weißes Papier zu verwenden.

e) Der Fahrschein muß dem Vordruck entsprechend für den einzelnen Transport in allen Theilen vollständig und genau ausgefüllt werden.

Für mehrere auf derselben Eisenbahnstrecke gleichzeitig von derselben Abfahrtstation einzeln zu befördernde Ersatz-, Reserve- u. s. w. Mannschaften ist nur ein Militärschein erforderlich, selbst wenn sie an verschiedenen Stationen die Bahn verlassen müssen.

Der Militärverwaltung bleibt es überlassen, Bestimmung zu treffen, in welchen Fällen der als Anerkenntniß für die Militärbehörde bestimmte Theil

---

²¹) Hier folgt eine ausführliche Übersicht über die Stellen, bei denen die verschiedenartigen Transporte anzumelden sind.

²²) Bek. 11. Juni 01 (RGB. 207).
²³) Bek. 31. Jan. 05 (RGB. 4).

(Abschnitt 2) des Fahrscheins entbehrt werden kann. Sofern sie diesen Theil nicht beifügt, hat sie auf dem Kontrolzettel, der dann zugleich als Fahrkarte dient, Art des Zuges, Zielstation, Beförderungsweg, Truppentheil und Transportstärke einzutragen.

In Fällen der Baarzahlung ist von der Militärbehörde auf den Fahrscheinabschnitten 1 und 2 der Vermerk „Baarzahlung“ zu machen.

f) Die Anzahl der zu befördernden Personen, lebenden Thiere und Gegenstände ist mit Ziffern einzutragen, Berichtigungen dieser Angaben sind un= statthaft. Etwaige Aenderungen der Angabe der Transportstärke erlangen nur durch besonders zu unterzeichnende Ab= und Zuschreibungen Gültigkeit.

[24]) g) Fehlt die Angabe des Weges, über den der Transport der End= station zugeführt werden soll, und ist von dem Transportführer oder dem zu Befördernden eine Vervollständigung nicht zu erlangen, so hat die Anfangsstation auf Gefahr des Absenders denjenigen Weg zu wählen, der ihr in dessen Interesse am zweckmäßigsten erscheint. Der zu nehmende Weg ist alsdann von der Anfangs= station im Fahrscheine zu vermerken und diese Ergänzung durch Namensunter= schrift des abfertigenden Beamten kenntlich zu machen.

h) Der Militärbehörde bleibt die Bestimmung über die im militärischen Interesse wünschenswerthe Aufnahme von Erläuterungen und Kontrolnotizen auf den Außenseiten des Fahrscheins überlassen.

i) Der Militärfahrschein eines abzusendenden Transports ist auf der Anfangsstation möglichst frühzeitig — mindestens eine halbe Stunde vor der Abfahrt der Abfertigungsstelle vorzulegen. Von dieser ist er in eine Nachweisung einzutragen. Die weitere Behandlung des Fahrscheins ergiebt sich aus dem Vordruck auf den einzelnen Abschnitten.

5. a) Im Uebrigen kommen als Ausweise im Sinne der Zif. 1 in Betracht:
   (1) die im Miltrf. im Einzelnen aufgeführten Legitimationspapiere, wie Einberufungs= oder Entlassungspapiere, Urlaubspässe oder **Transportzettel und Vorladungen**[25]),
   (2) Frachtbriefe (Zif. 11 und 12).

b) Die Uniform allein gilt nicht als Legitimation.

c) Die Ausweispapiere haben nur dann Gültigkeit, wenn sie neben der Unterschrift des Militärbefehlshabers (der Militärbehörde, des Militär= justizbeamten)[28]) mit dem Dienstsiegel, in Ermangelung eines solchen mit dem Privatsiegel des Militärbefehlshabers (unter Angabe: „in Ermangelung eines Dienstsiegels“) versehen sind. Ausweispapiere, die zwar den Dienststempel, aus= nahmsweise aber nicht die Unterschrift des Militärbefehlshabers enthalten, sind nicht zurückzuweisen.

d) Von den Civilbehörden ausgestellte Urlaubsbescheinigungen zur Er= hebung von Militärfahrkarten für Militärpersonen, die zu Probedienstleistungen bei Civilbehörden kommandirt oder beurlaubt sind, bedürfen der Unterstempelung durch die Militärbehörden nicht. Dasselbe gilt auch für die unter Nr. 2 e des Miltrfs. aufgeführten Personen.

6. Soll in den unter 5 a (1) genannten Fällen die Beförderung gegen Baar= zahlung stattfinden, so sind Militärfahrkarten zu verabfolgen. *Militär=* *fahrkarten.*

7. Ausweise zur freien Fahrt gelten, nachdem sie von der Abfahrt= *Freie Fahrt.* station abgestempelt und handschriftlich mit dem Vermerke: „Gültig als Fahrschein . . . Klasse nach . . . . über . . . .“ versehen sind, als Fahrkarte. (Abs. 2.)

Sonstige *Ausweise.*

---

[24]) E. 2. März 99 (EVB. 52) Ziff. II.

Unter-
rechung der
Fahrt.

8. Die Unterbrechung der Fahrt ist einzeln reisenden Militärpersonen in gleicher Weise gestattet, wie sie den reisenden Privatpersonen nach der Verk. O.[*] zusteht. Im Uebrigen darf der Transportführer eine von der Fahrtdisposition abweichende Fahrtunterbrechung nur ausnahmsweise eintreten lassen, wenn unvorhergesehene zwingende Gründe sie unabweislich erfordern.

Ausschluß
von der Fahrt
und Aus-
hülfsschein.

9. Einen Militärtransport ohne Fahrschein oder ohne zugehörigen Kontrolzettel kann die Eisenbahnverwaltung von der Weiterfahrt unter Verweisung an die nächste Militärbehörde ausschließen. Die letztere kann auf Grund der Marschpapiere die Weiterbeförderung durch Ausstellung eines neuen Militärfahrscheins oder einer anderen schriftlichen Anforderung erwirken. Dieser Fahrschein ist als Aushülfsschein zu bezeichnen und nach Ankunft auf der Ausladestation durch Vermittelung des Zugführers derjenigen Station zu übersenden, die den Abschnitt 1 des ordentlichen Fahrscheins erhalten hat.

Bahnsteig-
sperre.

10. Die Eisenbahnverwaltungen haben dafür Sorge zu tragen, daß die Abwickelung der Militärtransporte durch die für den öffentlichen Verkehr eingerichtete Bahnsteigsperre nicht beeinträchtigt wird.

Ausweise für
Militärgut.

11. Militärgut (§. 50) unter militärischer Begleitung ist mit Militärfahrschein, Militärgut ohne Begleiter mit Frachtbrief (Verk.O. §. 51 ff.) aufzugeben. Auf diesen ist von der Militärbehörde der Vermerk zu setzen:

> „Die Beförderung erfolgt zu den Sätzen des Militärtarifs. Die Frachtvergütung ist zu stunden und bei ——————————————— unter Vorlage dieses, vom Empfänger des Gutes mit Empfangsbescheinigung zu versehenden Frachtbriefs anzufordern.
>
> N——————, den ——ten ——————— 1———
> (L. S.)   Unterschrift Dienstgrad Truppentheil."

Dieser Vermerk muß auch dann von einer Militärbehörde ausgefertigt sein, wenn die Aufgabe des Militärguts (§. 50) nicht durch sie, sondern durch einen von ihr Beauftragten erfolgt. Eine Ausnahme findet bei denjenigen Feldpost-Ausrüstungsstücken statt, die sich zwar im Eigenthume der Militärverwaltung befinden und für deren Rechnung befördert werden, deren Verwaltung jedoch den Postbehörden übertragen ist. Letztere versehen eintretendenfalls alle nach den Bestimmungen dieser Ordnung den Militärbehörden durch die Versendung von Militärgut erwachsenden Obliegenheiten.

Bleibt der Original-Frachtbrief zur Erhebung der Fracht in den Händen der Eisenbahnverwaltung und wurde ein Duplikat nicht ausgefertigt, so hat die Eisenbahn der empfangenden Militärbehörde eine Abschrift des Frachtbriefs auszustellen.

(12. Ausweise für Privatgut für die Militärverwaltung.)

§. 33. Obliegenheiten der Eisenbahnverwaltung nach erfolgter Anmeldung.

1. Jede an einem Militärtransport betheiligte Eisenbahnverwaltung ist gehalten, alles zur sicheren und pünktlichen Beförderung Erforderliche innerhalb ihres Bereichs rechtzeitig zu veranlassen. Ein etwa eingetretenes Hinderniß gegen die Beförderung mit dem vereinbarten Zuge ist unverzüglich der anmeldenden Stelle mitzutheilen und dabei gleichzeitig eine zweckmäßige Aushülfe vorzuschlagen. Bei Gefahr im Verzuge hat die Eisenbahnverwaltung selbständig das Erforderliche zu veranlassen und der anmeldenden Stelle von dem Veranlaßten Mittheilung zu machen (§. 19, 3).

---

[*]) Verk.O. §. 25.

2. Wird durch die Beförderung von Militärzügen die Einführung des Nachtdienstes auf einzelnen Strecken erforderlich, so ist diese von den Eisenbahn=verwaltungen gegen Vergütung der in Nr. 29 des Miltrfs. vorgesehenen Bahn=bewachungskosten zu bewirken.

(§. 34. Personaldienst im Kriege.)

(§. 35. Lokomotivdienst im Kriege.)

§. 36. Wagendienst.

1. Die zu stellenden Wagen müssen — hinsichtlich ihrer Gattung, Ausrüstung (§. 36, 18 und M. E. O. II. Th. C) und Anzahl — der Art und Stärke der zu befördernden Transporte entsprechen. *Im Allgemeinen.*

Alle Wagen sind gereinigt und, je nach ihrer vorgängigen Benutzung, auch desinfizirt zu stellen. (Wegen der Desinfektion im Mobilmachungsfalle s. §. 49).

2. Für die Zahl der in einen Zug einzustellenden Achsen und für den Be=darf an Bremsachsen ist die Beschaffenheit der zu durchfahrenden Strecken zu berücksichtigen. Grundsätzlich sollen ganze Militärzüge, einschließlich des Packwagens (§ 36, 15), nicht mehr als 110 (Halbzüge nicht mehr als 56) Wagen=achsen stark sein[26]). Wenn irgend angängig, soll die Stärke der Militärzüge aber weniger als 110 Achsen betragen; es muß daher auf möglichste Ausnutzung des Laderaums und Ladegewichts hingewirkt werden (§§. 37, 3 und 45, 18 ff.). *Anzahl der in einen Militärzug einzustellen=den Wagen=achsen.*

3. Die Gesammtbelastung der Militärzüge ist aus der von den Militär=Eisenbahnbehörden aufgestellten und den Eisenbahnverwaltungen zu übermittelnden Nachweisung „Wagenbedarf für Kriegstransporte (W. f. K.)"[19]) an=nähernd ersichtlich. Diese Nachweisung dient den Eisenbahnverwaltungen zugleich als Anhalt für die Ermittelung des Transportmittelbedarfs und somit auch der Gesammtlänge eines zur Fortschaffung von Truppen mit Geschützen und Fahr=zeugen bestimmten Zuges oder Zugtheils.

4.[26]) Militärzüge sind auf der Ausgangsstation für die vorgesehene Fahrstrecke mit der auf Haupteisenbahnen für eine Fahrgeschwindigkeit von 40 km erforder=lichen Anzahl Bremswagen auszurüsten. Für die Besetzung der Bremsen solcher Züge sind jedoch die gleichen Bestimmungen wie für andere Züge maßgebend. Erforderlichenfalls sind derjenigen Eisenbahnverwaltung, welche die Wagen zu stellen hat, die nöthigen Angaben von den Militär=Eisenbahnbehörden zu machen. (Abs. 2, 3). *Brems=wagen.*

5.[27]) Alle für Mannschafts= und Pferdetransporte verwendeten Wagen müssen mit Vorrichtungen zur Erleuchtung im Innern ver=sehen sein. *Erleuchtung der Wagen.*

In die für Gas- oder elektrische Erleuchtung eingerichteten Wagen sind Nothlaternen einzusetzen.

Die Einsetzung der Laternen und Erleuchtungsmittel (M. E. O. II. Theil C. §. 14) liegt bei Personenwagen derjenigen Eisenbahn=verwaltung ob, die sie hergiebt, bei gedeckten Güterwagen der=jenigen, die sie auszurüsten hat.

Die Anfangsstation des Transports hat dafür Sorge zu tragen, daß die Erleuchtungseinrichtungen aller Wagen sich in völlig

---

[26]) BO. § 54 (6), zu Ziff. 4 BO. § 55. | [27]) Bek. 31. Okt. 02 (RGB. 275).

brennbereitem Zustande befinden und daß das Erleuchtungs=
material mindestens für eine Nacht ausreichend ist.

Das Anzünden der Laternen und die Unterhaltung der Er=
leuchtungsmittel ist Sache derjenigen Verwaltung, auf deren Strecke
der Wagen während der Dunkelheit besetzt ist; auch muß diese Ver=
waltung etwa fehlende Erleuchtungsmittel nach Möglichkeit ergänzen.
Nach Tagesanbruch sind auf der ersten Station mit ausreichendem
Aufenthalte die Laternen gründlich zu reinigen, die Erleuchtungs=
mittel aufzufrischen und wieder in brennbereiten Zustand zu setzen,
erforderlichenfalls aber durch neue zu ersetzen.

Heizung der Wagen. 6. Die Heizung der Personenwagen hat, soweit die Wagen mit Heiz=
vorrichtung versehen sind und soweit es bei den zur Dampfheizung eingerichteten
Wagen und bei den zur Verwendung kommenden Lokomotiven angängig ist, wie
im gewöhnlichen Verkehre zu erfolgen[28]).

> Zu den im Frieden in kalter Jahreszeit vorkommenden Mannschaftstrans=
> porten sind möglichst nur solche Wagen zu verwenden, die mit Heizvorrichtung
> versehen sind.

Wird die Bedeckung der Fußböden mit Stroh nöthig, so ist dieses von der
Militärverwaltung zu stellen, nöthigenfalls von der Eisenbahnverwaltung gegen
besondere Vergütung.

Wagen mit Abort. 7. Auf die Einstellung von Wagen mit Abort in Militärzüge ist Bedacht
zu nehmen.

Deckung des Wagen=bedarfs. 8. Die Militär=Eisenbahnbehörden geben in Spalte 12 der Fahrtliste (An=
lage II) überschlägig die größte für den Transport erforderliche Wagenzahl an.
Hierbei sind auf den Wagen durchschnittlich zu rechnen:

> 24 Offiziere oder Beamte,
> 36 Mann mit Marschausrüstung,
> 40 Mann ohne Marschausrüstung,
> 6 bis 12 liegende Kranke,
> 24 sitzende Kranke,
> 6 Pferde oder 4 Pferde schweren Schlages mit zwei Pferdewärtern,
> 1 Fahrzeug.

Für die Eisenbahnverwaltungen ist diese Zahl nicht bindend; den thatsäch=
lichen Bedarf (§§. 37 bis 40) bestimmen sie nach der Art und dem Fassungs=
vermögen der verfügbaren Wagen.

9. Bei der Beförderung mit Zügen des öffentlichen Verkehrs sind die
in diesen Zügen befindlichen Wagen für Militärtransporte mitzubenutzen; nöthigen=
falls sind besondere Wagen dafür einzustellen. Auf Erfordern der absendenden
Militärbehörde — in Ausnahmefällen auch des Transportführers — hat die Be=
förderung geschlossener Militärtransporte thunlichst in abgesonderten Wagenräumen
stattzufinden.

10[29]). Der Wagenbedarf für Militärzüge ist in allen Fällen bei
der Verwaltung anzumelden, die auf der Anfangsstation des Zuges
den Betrieb leitet. Ihr liegt es ob, für die Deckung des Wagen=
bedarfs zu sorgen.

Ist die betriebleitende Verwaltung nicht zugleich die abfahrende,
so hat in erster Linie diese auf Anfordern der betriebleitenden Ver=

---

[28]) BO. § 60 (2). | [29]) Bek. 2. Feb. 03 (RGB. 5).

waltung bei der Deckung des Wagenbedarfs für die von ihr abzu=
fahrenden Züge auszuhelfen.

> 11. Im Frieden hat die Deckung des Wagenbedarfs durch gegenseitige
> Vereinbarung der Eisenbahnverwaltungen zu erfolgen.

Wagen
ausgleich

(Abs. 2).

14. Bei Zügen des öffentlichen Verkehrs .. ist für Mannschaftstransporte
Wagenwechsel auf Uebergangsstationen da zulässig, wo er für den öffentlichen
Verkehr stattfindet.

Wagen=
wechsel.

15. Bei Militärzügen sind die zu den Militärtransporten benutzten
Wagen in der Regel, der in jeden Militärzug für den Zugführer einzustellende
Packwagen oder gedeckte Güterwagen mit Bremse (Schutzwagen) aber grundsätzlich,
auch wenn er nicht mit Militärgut beladen ist, vom Anfangspunkte bis zum
Zielpunkte der Fahrt durchzuführen. Wird ein Militärzug auf einer Unterwegs=
station nach verschiedenen Zielstationen getheilt, so ist nöthigenfalls auf der
Trennungsstation jedem abzweigenden als selbständiger Zug weiterfahrenden
Theile von der ihn weiterführenden Verwaltung ein Packwagen (Schutzwagen)
beizustellen, der bis zum Zielpunkte durchläuft. Werden auf einer Unterwegs=
station Züge aus verschiedenen Richtungen zusammengesetzt, so sind die einzelnen
beladenen Packwagen mit ihren Zugtheilen ebenfalls bis zum Zielpunkte weiter=
zuführen.

Wagen=
durchgang

18. Die Einrichtung sowie der Bedarf an Gegenständen zur Ausrüstung der
Eisenbahnwagen für die Beförderung von Mannschaften und Pferden und die
Deckung dieses Bedarfs wird von den vereinigten Ausschüssen des Bundesraths
für das Landheer und die Festungen und für Eisenbahnen, Post und Telegraphen
festgesetzt. Das Reichs=Eisenbahn=Amt theilt diese Festsetzungen den einzelnen
Eisenbahnverwaltungen mit und überwacht deren Ausführung[30]).

Einrichtu
rüstung zu
Eisenbah
wagen.

§. 37. Wagen für Offiziere und Mannschaften.

1. In Zügen des öffentlichen Verkehrs hat die Beförderung einzelner
Offiziere und Personen von gleichem Range in der II. Wagenklasse zu erfolgen,
sofern nicht ausnahmsweise Wagenabtheilungen I. Klasse zur Verfügung gestellt
werden.

2. In Militärzügen und bei größeren geschlossenen Militärtransporten sollen
die Personenwagen I. und II. Klasse in der Regel nur von Offizieren und oberen
Beamten der Militärverwaltung, einschließlich der in solchen Stellen dienst=
thuenden Personen niederen Ranges, und nur ausnahmsweise auch von Mann=
schaften und unteren Beamten benutzt werden.

3. Für Mannschaften und untere Beamten sind vorzugsweise die Personen=
wagen III. und IV. Klasse bestimmt; in Ermangelung solcher Wagen dürfen auch
ausgerüstete gedeckte Güterwagen gestellt werden.

Bei besonders starken Transporten, z. B. bei Beförderung eines Infanterie=
Bataillons in Kriegsstärke mit einem Zuge, sind — zumal auf eingleisigen
Strecken, mit Rücksicht auf die Kreuzungsgleise — zur Verminderung der Zug=
länge nicht ausschließlich Personenwagen, sondern theilweise auch ausgerüstete
Güterwagen mit thunlichst großem Fassungsraum einzustellen.

4. In außerordentlichen Fällen . . . können zum Mannschaftstransporte
Wagen aller verfügbaren Gattungen ohne vorschriftsmäßige Ausrüstung ver=
wendet werden.

---

[30]) VIII 4 Anl. A d. W. Ziff. 14 Abs. 1.

5. Die Anzahl der für Offiziere sowie der für feldmarschmäßig ausgerüstete Mannschaften benutzbaren Sitzplätze ist an jeder Wagenlangseite außen anzuschreiben (s. M. E. O. II. Th. C).

An Raum ist annähernd erforderlich für:

jeden Offizier oder jede Person gleichen Ranges eine Sitzbanklänge von 0,73 m,

jeden Mann mit Marschausrüstung eine solche von 0,55 m,

jeden Mann ohne Marschausrüstung eine solche von 0,44 m.

Hiernach gewährt eine Bank von mindestens 2,2 m Länge Platz für 3 Offiziere oder 4 Mann mit Marschausrüstung oder 5 Mann ohne Marschausrüstung. Bedingung bleibt, daß bei ausgerüsteten Personenwagen IV. Klasse oder Güterwagen eine Bodenfläche von mindestens 0,35, möglichst aber 0,45 qm für jeden Mann vorhanden ist.

(§. 38. Wagen und Züge für Kranke.)

§. 39. Wagen für Pferde und für Schlachtvieh.

1. Zum Pferdetransporte sind vorzugsweise gedeckte Güter- oder Viehwagen zu benutzen, offene Güter- oder Viehwagen mit hohen Borden nur auf Verlangen oder mit Zustimmung der den Transport regelnden Militärbehörden.

2. In gedeckten Wagen sind die Pferde grundsätzlich in der Längsstellung zu befördern. Die höchste Anzahl der hierbei in einem Wagen unterzubringenden Pferde muß an beiden Langseiten außen angeschrieben sein.

Dabei ist zu rechnen:

für 6 Pferde mit 2 Pferdewärtern und der Ausrüstung von Mann und Pferd ein gedeckter Güter- oder Viehwagen von 1,8 m oder mehr lichter Höhe der Thüren und des Innern, sowie von mindestens 1,9 m Länge zwischen Mitte der Thürsäule und der Stirnwand. (Wegen der Pferde schweren Schlages s. §. 45, 13).

3. Schlachtvieh ist möglichst in Vieh- oder offenen Güterwagen, nöthigenfalls in gedeckten Güterwagen zu befördern. Nach Bedarf, insbesondere beim Zusammenladen von Großvieh und Kleinvieh sowie von Thieren verschiedener Gattung, ist für Sonderung der in demselben Wagen untergebrachten Thiere durch Einsatzwände, Gitter oder Bäume zu sorgen. Die Trennungsgeräthe sind soweit möglich von der Eisenbahnverwaltung und zwar unentgeltlich herzugeben, nöthigenfalls sind sie von der verladenden Militärbehörde zu stellen und alsdann auf deren Verlangen an die Versandstation frachtfrei zurückzubefördern.

4. Die Größe der Bodenfläche der zur Viehbeförderung geeigneten Wagen muß an beiden Langseiten außen angeschrieben sein. Der Raumbedarf für Vieh ist nach der Grundfläche der Wagen und der Größe des Viehes jedesmal besonders zu ermitteln.

§. 40. Wagen für Geschütze, Fahrzeuge und anderes Militärgut.

3. Wagen von bestimmter Länge oder außergewöhnlicher Tragfähigkeit zur Verladung sehr langer (Brücken-) Fahrzeuge, Geschütze oder besonders schwerer untheilbarer Lasten müssen bei der Transportanmeldung besonders angefordert werden.

5. Für die Befugniß der Eisenbahnen zur Beförderung von Gütern in ungedeckten Wagen sowie für die Darleihung von Decken durch die Eisenbahnverwaltung und für die Hergabe eigener Decken von der Militärverwaltung gelten,

soweit diese Ordnung nichts anderes festsetzt, die Bestimmungen des allgemeinen Güterverkehrs [31]).

6. Wegen der zur Beförderung von Sprengstoffen und Munitionsgegen=ständen zu verwendenden Wagen s. §. §. 54.

7. Nicht mit Sprengladung versehene Geschosse — soweit solche nicht nach besonderer Bestimmung in gedeckten Güterwagen unterzubringen sind —, grobe Maschinen, schweres Eisen= und Schanzzeug, Holzwerk und sonstige der Feuers=gefahr nicht unterliegende Stücke sind möglichst in offenen Wagen, erforderlichen=falls mit Schutzdecken zu verladen.

8. Verpflegungsmittel, Heeresbedarf an Bekleidung und Ausrüstung aller Art sowie leere Munitionspackgefäße [32]) sind in gedeckten Güterwagen oder in offenen Güterwagen mit Schutzdecken zu befördern.

10. Der bei allen Militärzügen einzustellende Wagen für den Zugführer (Packwagen oder gedeckte Güterwagen mit Bremse §. 36, 15) ist auch für das Ver=laden des Gepäcks zu benutzen. Je nach der Masse des Gepäcks — nicht nach der Zahl der verschiedenen, auf demselben Zuge befindlichen Truppentheile mit gleichem Ziele der Fahrt — sind erforderlichenfalls mehrere Wagen für Gepäck anzufordern und einzustellen.

Während der Fahrt etwa abzuzweigende Transporte können ihr großes Gepäck nöthigonfalls in besonderen Räumen eines von ihnen besetzten Wagens unter geeigneter Bewachung unterbringen (§ 48, 14).

§. 41. Wahl und Einrichtung der Ladestellen.

1. Die Auswahl der Stationen, auf denen die Einladung oder Ausladung von Militärtransporten stattfinden soll, hat thunlichst mit Rücksicht auf die vor=handenen Ladeeinrichtungen zu erfolgen,

> im Frieden nach vorheriger Vereinbarung mit den Eisenbahnverwaltungen.

2. Reichen die vorhandenen Ladeeinrichtungen für das militärische Bedürfniß nicht aus, und kann nicht durch Heranziehung beweglicher Rampen oder aushülfs=weise durch kleine Ergänzungsbauten (z. B. aus Schwellen und Schienen) ohne Aufwendung erheblicher Kosten dem Bedürfnisse genügt werden, so hat eine Er=gänzung der Ladeeinrichtungen nach Vereinbarung zwischen den Militär=Eisenbahn=behörden und den Eisenbahnverwaltungen zu erfolgen. Die Kosten für diese Ergänzungen trägt die Militärverwaltung, sofern sie ausschließlich im militärischen Interesse gemacht werden.

8. Die Eisenbahnverwaltungen haben jede Ladestelle ausreichend mit Lade=brücken zu versehen; hierbei ist auf eine thunlichst gleichzeitige Be= oder Entladung der Wagen Bedacht zu nehmen.

9. Die Ladestellen sind bei Dunkelheit von den Eisenbahnverwaltungen aus=reichend zu beleuchten, und zwar in der Regel und besonders wo Sprengstoffe gehandhabt werden, mit festen hochstehenden Laternen (Verk. O. Anlage B. XXXV a. D. (6)).

10. Im Bereiche der Stationen haben die Eisenbahnverwaltungen für un=gehinderte und ausreichend beleuchtete Zugänge zu den Ladestellen und für eine Bezeichnung der Zugangswege der Truppen durch vorübergehend aufzustellende Wegweiser Sorge zu tragen.

---

[31]) VerkO. § 57, allg. Tarifvorschr. (VII 3 Anl. J b. W.) § 45—50. | [32]) Bek. 2. Mai 04 (RGB. 159).

13. Die Eisenbahnverwaltungen haben das Ein= und Ausladen schwerer Gegenstände (Geschützrohre u. dergl.) durch Hergabe ihrer zur Stelle befindlichen sowie der an anderen Orten entbehrlichen fahrbaren Krahne und Hebezeuge und des zu deren Bedienung erforderlichen Personals zu erleichtern.

(14.)

§. 42. Verpflegungseinrichtungen auf den Stationen.

1. Die für den öffentlichen Verkehr getroffenen Vorkehrungen zum Auf=enthalte, zur Verpflegung und zur Befriedigung der Bedürfnisse stehen auch für Militärtransporte zur Verfügung. Reichen die Wartesäle zur Verpflegung nicht aus, so sind von den Eisenbahnverwaltungen etwa verfügbare und geeignete Schuppen oder Hallen zu überweisen.

Für Massentransporte sind außerdem besondere Vorkehrungen zu treffen. Im Nothfall ist in den Wagen zu speisen.

2. (Abs. 1.)

> Ueber die Wahl der Friedensverpflegungspunkte hat eine vorgängige Ver=einbarung mit der Eisenbahnverwaltung stattzufinden.

4. An den Verpflegungs=, ... und Tränkstationen haben die Eisenbahn=verwaltungen für Bereitstellung des für Menschen und Thiere erforderlichen Wassers, einschließlich desjenigen für den Küchenbetrieb, Sorge zu tragen. Wenn das Wasser in ausreichendem Maße oder in gesundheitsgemäßer Beschaffen=heit den Brunnen oder Leitungen der Eisenbahnverwaltung nicht entnommen werden kann, so ist es von dieser nöthigenfalls durch besondere, auf Kosten der Militärverwaltung zu treffende bauliche bezw. maschinelle Veranstaltungen herbei=zuschaffen.

Auch sind von den Eisenbahnverwaltungen für die bei eintretender Mobil=machung zu errichtenden Kriegs=Verpflegungsanstalten die erforderlichen Maß=nahmen zur Wasserversorgung — wie Herstellung von Wasserleitung oder Ein=richtung von Schöpfstellen mit großen Bottichen von etwa 600 l Inhalt und Tonnen zu etwa 150 l — in Verbindung mit den zuständigen Linien=Kommissionen für jede einzelne Station schon im Frieden festzustellen und auszuführen oder zur Ausführung vorzubereiten, nachdem die Zustimmung und Bereitstellung der er=forderlichen Mittel seitens der Militärverwaltung erfolgt ist.

5. (Abs. 1.)

Die nöthigen Trinkbecher und die zum Tränken der Pferde u. s. w. erforder=lichen Tränkeimer ... haben die Eisenbahnverwaltungen für eigene Rechnung zu beschaffen und zu unterhalten ... Den Eisenbahnverwaltungen liegt auch ob, ... auf Ansuchen der Militärbehörde in der heißen Jahreszeit für Zureichung frischen Trinkwassers an die Wagen zu sorgen.

6. Die Reinigung und Beleuchtung im Innern der Schuppen, Küchen und Wirthschaftsräume, ausschließlich der Bedürfnißanstalten, liegt der Militärverwal=tung oder dem Unternehmer ob.

Im Uebrigen haben die Eisenbahnverwaltungen auf ihren Stationen die Ver=pflegungsanstalten, ... und Tränkanstalten nebst ihren Umgebungen sowie die Bedürfnißanstalten gehörig reinigen, desinfiziren und beleuchten zu lassen.

(7, 8.)

(§. **43.** Einrichtungen für den Etappendienst.)

Vierter Abschnitt.
Beförderung von Personen sowie von Truppen mit Pferden, mit Geschützen, Fahrzeugen und Belagerungsmaterial.
§. 44. Allgemeine Vorschriften.

1. Die Eisenbahnverwaltung ertheilt der Abfahrtstation die zur Annahme und Abfertigung des Transports auf Grund der Anmeldung etwa noch erforderlichen Anweisungen oder bestimmt einen besonderen (Betriebs=) Beamten zur Leitung dieses Dienstes.

2. Die absendende Militärbehörde läßt die näheren Vereinbarungen über die Aufstellungsplätze, die Ladestellen, die auf der Station dorthin einzuhaltenden Wege und die einzelnen örtlichen Maßnahmen für das Einladen der angemeldeten Transporte durch einen Beauftragten oder den Transportführer mit dem Stations= vorsteher oder dem zur Leitung dieses Dienstes besonders bestimmten Betriebs= beamten — gegebenenfalls durch Vermittelung des Bahnhofs=Kommandanten — treffen.

Dabei sind der Station auch etwaige Abweichungen von der schriftlichen An= meldung über die Stärke oder Zusammensetzung der Transporte mitzutheilen.

Sollen an einem Orte mehrere Transporte von verschiedenen Truppentheilen mit demselben Zuge auf Grund einer Anordnung abfahren, so sind die Verein= barungen für alle diese Transporte nur durch einen Beauftragten zu treffen.

3. Fehlen dem Transportführer die Zeitangaben für den militaren Lauf, für die Aufenthalte oder Uebergänge des Transports, so hat ihm der dienstthuende Beamte auf Verlangen darüber soweit möglich Auskunft zu geben.

4. Die Ladezeit ist nach der Zusammensetzung und Stärke des Transports und den nach der Verladung etwa erforderlichen Rangirbewegungen sowie nach der Beschaffenheit und Zahl der benutzbaren Ladeeinrichtungen möglichst kurz, aber auskömmlich zu bemessen. In der Regel soll ein Militärzug:

   a) mit Fußtruppen innerhalb 1 Stunde,
   b) mit Kavallerie oder Feldartillerie innerhalb 2 Stunden,
   c) mit schwerer Artillerie sowie mit Munitions=Kolonnen und Trains inner=
      halb 3 Stunden

verladen werden können. Jeder Militärtransport muß so rechtzeitig an der Ver= ladestelle eintreffen, daß die nach den örtlichen Verhältnissen erforderliche Ladezeit zur Verfügung steht. Die Vertreter der Eisenbahnverwaltung haben durch zweck= entsprechende Maßnahmen darauf hinzuwirken, daß die Einladung innerhalb der verfügbaren Zeit ausgeführt werden kann.

5. Wenn erforderlich, ist eine Wache zur Aufrechterhaltung der militärischen Ordnung innerhalb der Station und zur Stellung der nöthigen Posten zu bilden.

Den Weisungen der Eisenbahnbeamten über das Freimachen der Gleise, die Innehaltung der Grenzen des Einsteigeplatzes und die Erhaltung der freien Be= wegung auf diesem, sowie über die Ordnung und Ruhe in den Stationsgebäuden ist Folge zu geben.

6. Das Heranschaffen der Eisenbahnwagen an die Ladestellen liegt der Eisen= bahnverwaltung ob, auch wenn es erst während des Einladens nach und nach er= folgen kann. Hierbei sind Bewegungen der Wagen mit der Lokomotive neben den Ladestellen für Fahrzeuge mit Sprengstoffen möglichst zu vermeiden.

Fehlt es der Eisenbahnverwaltung an Arbeitskräften, so hat auf ihren Antrag die einladende Truppe die zum Bewegen der Wagen nöthigen Mannschaften als Arbeiter herzugeben. In diesem Falle haben die dienstleitenden Beamten die

Arbeitertrupps anzustellen und in gleicher Weise wie die eigenen Leute ihrer Verwaltung über die zu beobachtende Vorsicht zu belehren.

Das Kuppeln der Wagen ist stets durch Bahnbedienstete zu besorgen.

7. Sobald das Einladen beginnen kann, sind dem Führer des Transports oder den Führern der einzelnen Transporttheile durch das Bahnpersonal die zur Beladung bereit stehenden Wagen zu bezeichnen.

8. Das Ueberlegen und die Wiederaufnahme der Ladebrücken, das Einladen der Pferde, der Sättel und des Gepäcks, das Einlegen der Vorlegebäume, das Einschieben der Schutzbretter und das Zuschieben der Thüren in den gedeckten Güterwagen sowie das Verladen, Feststellen und Festbinden der Geschütze und Fahrzeuge nebst zugehörenden Theilen müssen die Truppen selbst bewirken. Die Station hat die Truppen hierbei durch die ihr zur Verfügung stehenden Kräfte nach Möglichkeit zu unterstützen, in der Wageneinrichtung zu unterweisen und ihnen das Material für das Feststellen der Fahrzeuge und Geschütze (ausschließlich der Bindeleinen, §. 45, 25) zu übergeben.

9. Bei schweren Geschützen, Laffeten und anderen schweren Stücken mit schmalem Auflager ist die Festigkeit der Wagenböden durch Unterlegen von Bohlen, die möglichst aus den Beständen der Militärverwaltung zu nehmen sind und über mindestens zwei Träger des Wagenbodens reichen sollen, zu erhöhen.

10. Die Stationsbeamten haben während und nach der Verladung darauf zu achten, daß die Ladung das zulässige Lademaß nicht überschreitet sowie daß die Wagen gleichmäßig und sachgemäß beladen und nicht überlastet sind.

§. 45. Einladen.

(1.—5. Einsteigen der Mannschaften.)

(6.—9. Einladen des großen Gepäcks, der Musikinstrumente u. dergl.)

(10.—17. Einladen von Pferden.)

(18.—27. Einladen von Geschützen und Fahrzeugen.)

(28, 29. Zusatzbestimmungen für das Einladen von schweren Geschützen und Belagerungsmaterial.)

(30. Einladen von Sprengstoffen und Munitionsgegenständen.)

(31. Beladen von Sanitätszügen.)

§. 46. Zugabfertigung und Beförderung bis zur Zielstation.

rtigstellung
es Zuges
r Abfahrt.

1. Jeder Zug oder Zugtheil für Militärtransporte ist so zusammenzustellen, daß
a) die verschiedenen Truppentheile in sich geschlossen bleiben;
b) bei einer für den Lauf der Fahrt vorgesehenen Abtrennung einzelner Transporttheile die Wagen möglichst ohne Rangirbewegungen oder Umsteigen der Insassen abgehängt werden können;
c) bei einer für den Lauf der Fahrt vorgesehenen Zugtheilung auf jedem Halbzuge sich möglichst eine in sich geschlossene Abtheilung des Truppenkörpers befindet und die Bremswagen innerhalb des Zuges so vertheilt sind, daß Umrangirungen und die Einstellung an sich nicht erforderlicher Schutzwagen vermieden werden.

Unterwegs abzutrennenden Transporten ist je nach ihrer Größe, sofern die Zuglänge es gestattet, auf der Absendestation je ein besonderer Gepäckwagen mitzugeben (§. 40, 10).

b) Im Uebrigen richtet sich die Zusammenstellung des Zuges nach dem jeweiligen Betriebsbedürfnisse, wobei zu beachten bleibt, daß die Offizierswagen sich möglichst in der Mitte der Mannschaftswagen befinden. . . .

(2, 3. Feststellung der Wagenausstattung und des Nothrampenmaterials.)

(4.—7. Abfahrt und Verhalten während der Fahrt.)

(8. Anhalten auf freier Strecke.)

(9.—21. Anhalten auf Unterwegsstationen.)

§. 47. Ausladen.

1. Wegen der Wahl, Einrichtung, Ausrüstung u. s. w. der Auslade=Stationen, **Allgemeine** =Plätze und =Rampen sowie wegen der Aushülfemaßnahmen beim Fehlen aus= **Vorschriften.** reichender Rampen s. §. 41.

2. Die in den §§. 44, 45 und 46 für das Einladen und für das Verhalten auf Unterwegsstationen gegebenen Vorschriften finden auch auf das Ausladen sinn= gemäß Anwendung.

Außerdem wird Folgendes bestimmt:

3. Die Militär=Eisenbahnbehörden und die Eisenbahnverwaltungen sowie die Transportführer müssen gemeinsam Alles aufbieten, um den glatten und raschen Verlauf der Ausladungen zu sichern und Anhäufungen auf den Ausladestationen und den einzelnen Ausladestellen zu vermeiden.

4. Bei Militärzügen sind im Allgemeinen für das Aufsteigen und Formiren der Mannschaften bis 15 Minuten, für jede Gruppe gleichzeitig zu entladender Pferdewagen bis 20 Minuten, für jede Gruppe von Fahrzeugwagen bis 30 Mi= nuten, außerdem bei Kavallerie, Artillerie, Munitions=Kolonnen und Trains für das Rangiren und Anspannen noch einmal 20 Minuten bis zum Räumen der Station und des Aufstellungsplatzes zulässig.

(5. Ausladen der Mannschaften.)

(6, 7. Ausladen des Gepäcks u. s. w.)

(8, 9. Ausladen der Pferde.)

(10.—13. Ausladen der Geschütze und Fahrzeuge.)

(14, 15. Feststellung der Wagenausstattung und des Nothrampenmaterials.)

(16.—23. Ausladen auf freier Strecke.)

---

24. Das Ausladen auf freier Strecke zu Uebungszwecken darf nur nach vorgängiger Vereinbarung mit der Eisenbahnverwaltung geschehen.

(25. Ausladen von Sanitätszügen.)

§. 48. Zugverspätungen, Störungen, Unfälle.

1. Diejenige Station, auf der bei Militärzügen eine durch Verspätungen oder Unfälle verursachte erhebliche Störung der Abfahrt oder Fahrt eintritt oder zu= erst vorauszusehen ist, hat außer der Meldung an die vorgesetzten Dienststellen und den Bahnbevollmächtigten auch die zuständige Linien= | Kommission | Komman= dantur unverzüglich zu benachrichtigen.

Wo ein Bahnhofs=Kommandant eingesetzt ist, veranlaßt er die Meldung an diese Militär=Eisenbahnbehörde. Der Transportführer erstattet sofort Meldung an die empfangende und nöthigenfalls an die absendende Militärbehörde.

Als erheblich ist bei Militärzügen eine Verspätung von 2 oder mehr Stunden anzusehen.

2. Bei Unfällen haben bis zum Eingang anderweiter Befehle durch die vor= gesetzten Stellen der Transportführer und der Zugführer, nach Eintreffen des Bahnhofs=Kommandanten, Stationsvorstehers oder höherer Bahnbeamten diese, alle zur Feststellung des Thatbestandes und zur Abhülfe an Ort und Stelle

geeigneten Maßnahmen — die Bahnbeamten unter Beachtung der bei den Eisen=
bahnverwaltungen hierüber bestehenden Bestimmungen — zu treffen.

3. Treten bei Massentransporten erhebliche Störungen ein, so ist durch Aus=
schalten einzelner Transporte, durch Umleitungen oder andere Auskunftsmittel
nachdrücklich darauf hinzuwirken, daß der regelmäßige Lauf der nachfolgenden
Transporte möglichst bald wiedergewonnen wird. Zur Nachführung der zeitweilig
ausgeschalteten Transporte sind verfügbare Züge derselben oder anderer Trans=
portstraßen zu Hülfe zu nehmen.

Gegebenenfalls haben sich der betreffende Bahnbevollmächtigte und die Linien=
Kommission Kommandantur über die zu ergreifenden Maßnahmen schleunigst
zu verständigen (§. 19, 3).

(4.)

§. 49. Behandlung der entladenen Wagen.

Reinigung
und
Desinfektion.

1. Die Reinigung und Desinfektion der zum Transport von Pferden und
Schlachtvieh (§. 55) benutzten Wagen regelt sich nach den dafür geltenden allge=
meinen vom Reiche (Gesetz vom 25. Februar 1876 — Reichs=Gesetzbl. S. 163 —,
Bekanntmachung vom 16. Juli 1904 — Reichs=Gesetzbl. S. 311 —)[33]) und
von den betheiligten Landesregierungen erlassenen Bestimmungen.

(2.—11. Best. für den Kriegsfall.)

Fünfter Abschnitt.
Beförderung von Militärgut und Privatgut für die Militärverwaltung.

§. 50. Allgemeine Vorschriften.

1. Als Militärgut gelten für die Eisenbahnverwaltung alle Kriegsbedürf=
nisse, die ihr außerhalb eines Truppentransports (s. Vierter Abschnitt) zur Be=
förderung zu den Sätzen des Miltrfs. übergeben werden.

2. Als Militärgut dürfen nur solche Gegenstände aufgegeben werden, die sich
vor der Aufgabe zur Bahn im Eigenthum oder Besitze der Militärverwaltung be=
finden und durch die Versendung aus diesem Verhältnisse nicht ausscheiden*).

3. Die Militärverwaltung ist verpflichtet, alles zu befördernde Militärgut zu
den Sätzen des Miltrfs. aufzugeben. (Ausweise s. §. 32, 11).

Ausnahme s. Bes. Best. zu II Zif. (1) letzter Absatz des Miltrfs.

Privatgut
für die
Militär-
verwaltung.

5. Als Privatgut für die Militärverwaltung gelten für die Eisenbahnverwaltung alle Kriegsbedürfnisse, die ihr von einer Militärbehörde zur
Beförderung angemeldet werden und den Bedingungen unter Zif. 2 nicht entsprechen.

Auf die Beförderung solchen Privatguts finden die in dieser Ordnung
für die Beförderung von Militärgut gegebenen Bestimmungen sinngemäss
Anwendung, sofern in dieser Ordnung nicht ausdrücklich anders bestimmt
ist. (Ausweise s. §. 32, 12).

Die Sätze des Miltrfs. finden auf die Beförderung solchen Privatguts
keine Anwendung.

Abweichun-
gen von der
Verkehrs-
ordnung.

6. Die Beförderung von Militärgut erfolgt nach den Bestimmungen der
Verk. O. mit folgenden Abweichungen:

a) Militärgut darf von und nach allen Stationen aufgegeben werden, auch
wenn solche für den allgemeinen Güterverkehr nicht eingerichtet sind. In

---

*) Auch freiwillige Gaben für die bewaffnete Macht . . . .[23]).

[33]) Anm. 19. — VI 9 b d. W.

diesem Falle hat sich die anmeldende Stelle vor der Aufgabe der Zustimmung der Eisenbahnverwaltung zu versichern. Diese Zustimmung darf nicht versagt werden, wenn die Ein= und Ausladung ohne Störung des Betriebs stattfinden kann

> und die Einrichtungen der Station die Abfertigung und nöthigenfalls die Lagerung des Gutes gestatten

(§. 41, 1).

b) Militärgut, das innerhalb des kleinsten Lademaßes der am Transport betheiligten deutschen Eisenbahnen und innerhalb der Tragfähigkeit des vorhandenen Betriebsmaterials verladen werden kann, muß zur Beförderung angenommen werden. (Wegen der Sprengstoffe s. §. 54.)

(c. d. e.)

f) Militärgut darf nicht nur durch die absendende Stelle, sondern auch durch den Begleiter von der Beförderung zurückgezogen werden.

g) Die absendende Stelle ist auch befugt, Ziel und Adresse eines Transports von Militärgut nach dessen Abgang zu ändern. Sie hat zu diesem Zwecke die auf dem Frachtbrief oder Militärfahrschein angegebene Aufgabestation ... mit Nachricht zu versehen.

h) Die Eisenbahnverwaltung hat nicht rechtzeitig abgenommenes Militärgut auf Gefahr und Kosten der Militärverwaltung zu lagern und dies bei vorgesetzten Behörde des Empfängers zur Veranlassung der Abnahme anzuzeigen. ...

(i. k.)

7. Die absendenden Stellen können Einzelsendungen und Wagenladungen mit oder ohne Begleitung aufgeben sowie verlangen, daß diese unter unmittelbarer Aufsicht des Begleiters bleiben. In letzterem Falle trägt die Eisenbahnverwaltung keine Verantwortung für das aufgegebene Militärgut. Sie befindet selbständig darüber, ob der Begleiter einer Einzelsendung mit dieser in einem Personenwagen oder — je nach Umfang und Gewicht der Sendung — in einem entsprechend ausgerüsteten Güterwagen zu befördern ist, und an welchen Punkten ein Umsteigen oder Umladen zu erfolgen hat. Die Begleiter zur unmittelbaren Beaufsichtigung von Wagenladungen haben in der Regel in den beladenen Wagen zu fahren.

Begleitung von Militärgut.

Militärzüge mit Militärgut müssen stets mit Begleitung versehen werden. Wegen der Begleitung von Pferden und Schlachtvieh s. §§. 45, 17 und 55, wegen derjenigen von Sprengstoffen und Munitionsgegenständen s. §. 54.

Die Begleitung hat die Aufgabe, zur Beschleunigung beim Verladen und bei Ablieferung des Militärguts sowie zur Ueberwachung und Sicherung während der Beförderung mitzuwirken, auch bei Störung der Fahrt die Sorge für das Militärgut zu übernehmen (§. 52, 5).

Der einzelne Begleiter — unter mehreren der von der absendenden Stelle als Führer bezeichnete — hat die allgemeinen Pflichten eines Transportführers zu erfüllen (§. 12). Bei Militärzügen hat der Führer der Begleitung in der Regel auch die besonderen Obliegenheiten eines Transportführers bei der Bereitstellung, Feststellung der Wagenausstattung, Verladung, Ueberwachung und Verpflegung sowie bei den Meldungen und Anordnungen in Zwischenfällen (§§. 42, 44 bis 48) wahrzunehmen, wie dies für die Beförderung von Mannschaften, Truppen mit Pferden, Fahrzeugen u. s. w. vorgeschrieben ist.

§. 51. Einladen.

1. Für das Verladen finden die im §. 44 gegebenen allgemeinen Vorschriften sinngemäß Anwendung. Im Einzelnen wird Folgendes bestimmt:

2. Die Eisenbahnverwaltungen haben für die Verladung von Eilgut und Stückgut zu sorgen. Die Verladung von Wagenladungsgütern erfolgt durch die absendende Stelle, kann jedoch im Einverständnisse mit dieser auch von der Eisenbahnverwaltung übernommen werden.

Bei Versendung mehrerer Wagen mit Militärgut in demselben Zuge ist durch den bei der Beladung anwesenden Vertreter der absendenden Stelle für jeden Wagen ein getrenntes Ladeverzeichnis aufzunehmen, das dessen Inhalt angiebt und zur schnellen Uebergabe am Bestimmungsorte dient.

(Abs. 3, 4.)

3. Die zur Verladung von trockenen Lebensmitteln, von Ausrüstungs- und Bekleidungsstücken, Lazarethbedürfnissen u. s. w. bestimmten Wagen sind besonders gut zu reinigen, auch während der Fahrt gelüftet zu halten; namentlich gilt dies bei Verladung von frischem Fleische, Brot und Brotstoffen. Beim Verladen gemischter Sendungen sind Verpflegungsmittel von anderen Frachtstücken möglichst getrennt zu halten. Bei großen Sendungen von Lebensmitteln kann die Militärbehörde eine wagenweise Verladung der einzelnen Gegenstände und eine bestimmte Gruppirung der Wagen im Zuge beanspruchen.

4. Für die Verladung und Beförderung von Fahrzeugen, Festungs- und Belagerungsmaterial außer dem Verbande der Truppen finden die Vorschriften des §. 45, 18 bis 29 sinngemäß Anwendung.

§. 52. Zugabfertigung und Beförderung bis zur Zielstation.

1. Für die Fertigstellung des Zuges, die Feststellung der Wagenausstattung, die Abfahrt und das Verhalten während der Fahrt, das Anhalten auf freier Strecke und auf Zwischenstationen gelten sinngemäß die Bestimmungen des §. 46.

2. Während der Fahrt hat die Begleitung die allgemeine Beaufsichtigung der verladenen Sendung auszuüben, und zwar theils durch etwa Kommandirte auf solchen offenen Wagen, deren Beladung sich während der Bewegung lockern und verschieben könnte oder beim Mangel an Schutzdecken besondere Aufmerksamkeit und bei Feuersgefahr sofortiges Löschen erfordert, theils durch Beobachtung des Zuges von den der Begleitung angewiesenen Wagenräumen aus.

3. Auf den Anhaltepunkten muß erforderlichenfalls (je nach der Zugänglichkeit der Ladung oder wegen sonstiger Gefahr der Entwendung oder Beschädigung) eine Bewachung der Sendung durch die Begleitung oder auf Ansuchen durch den Bahnhofs-Kommandanten bewirkt, auch der Zustand der Verladung untersucht werden.

4. Muß auf einer Zwischenstation ein schadhafter Wagen umgeladen werden, so hat der Transportführer das Nöthige mit dem Stationsvorsteher, gegebenenfalls unter Vermittelung des Bahnhofs-Kommandanten, zu vereinbaren. Ohne Vorwissen des Transportführers darf kein mit Militärgut beladener Wagen von einer Sendung abgetrennt werden. Wird dies auf einer Zwischenstation nothwendig, so hat der Transportführer auf Mittheilung des Stationsvorstehers im Benehmen mit diesem nöthigenfalls für Bewachung solcher Wagen zu sorgen. Die Nachführung hat die Eisenbahnverwaltung zu veranlassen — bei Wagen mit Sprengstoffen der Gefahrklasse ohne jeden Zeitverlust.

(5. Zugverspätungen und Unfälle.)

(§. 53. Ausladen, Rücksendung der Wagen.)

§. 54. Besondere Vorschriften für die Beförderung von Spreng=stoffen, Munitionsgegenständen und Wasserstoffgas.

1. Die in der Armee und Marine eingeführten Sprengstoffe und Munitions= Allgeme gegenstände sind nach den Bestimmungen der Verk. O. (§. 50 B 1 mit Anlage B) zu befördern, soweit in der M. Tr. O. nicht Abweichungen vorgesehen sind.

2. Die Militärverwaltung hat jeden durch solche Abweichungen entstandenen Schaden, der nicht nachweislich durch ein grobes Versehen der Eisenbahnver=waltungen herbeigeführt ist, diesen zu ersetzen und die Gefahr solcher Sendungen zu tragen*).

3. Für die Wahl des Zuges, für die Stelle, die Zeit, die Form und den Inhalt der Anmeldung, für die Festsetzung der Beförderungszeit, für den Aus=weis zur Annahme und Beförderung der Sendungen, für die Begleitung, wie auch für die Berechnung der Transport=Vergütung sind ausschließlich die Be=stimmungen dieser Ordnung maßgebend.

Anmeldungen sowie Militärfahrscheine und Frachtbriefe müssen die Angabe enthalten, ob die zu befördernden Munitionsgegenstände der Gefahrklasse angehören.

Für die Beförderung von Sprengstoffen u. s. w. der Gefahrklasse (§. 54, 18) in Zügen des öffentlichen Verkehrs verbleibt es bei der unter XXXV a. B (3) der Anlage B der Verk. O. vorbehaltenen Beschränkung auf bestimmte Tage und Züge.

---

4. Sprengstoffe und Munitionsgegenstände müssen bei der Aufgabe zur Be=förderung, den bei der Armee und Marine sonst geltenden Bestimmungen ent=sprechend, in Taschen oder Tornistern der Mannschaften, in Kriegsfahr=zeugen oder in Packgefäßen verpackt sein.

(5. Beförderung in Taschen und Tornistern der Mannschaften.)

(6.—17. Beförderung in Kriegsfahrzeugen.)

(18., 19. Beförderung in Packgefäßen[34]).)

(20.—22. Beförderung von Feld= u. s. w. Schrapnels, Granatfüllung und von Unterkörpern für Sprengladungen.)

(22 a. Beförderung rauchschwacher Pulver[35]).)

(23. Beförderung von Wasserstoffgas.)

§. 55. Besondere Vorschriften für Viehbeförderung.

1. Pferdetransporte außerhalb eines Truppentransports werden nach den Vorschriften im §. 45, 10 bis 17 (s. auch Bes. Best. zu II des Miltrfs.) ver=laden und befördert.

2. Schlachtviehtransporte nach den Vorschriften für den öffentlichen Verkehr. . . .

3. Ueber die Reinigung und Desinfektion der Viehwagen s. §. 49.

(**§. 56.** Vorschriften für die Beförderung von Militärbrieftauben.)

(**§. 56 a.** Militärluftballons[36]).)

---

*) Für die genaue Beachtung aller über den Transport von Sprengstoffen und Munitions=gegenständen erlassenen besonderen Vorschriften sind der Militärverwaltung hinsichtlich der Ver=packung die absendenden Militärstellen, hinsichtlich der Behandlung bei der Aufgabe und Abnahme auf den Bahnhöfen die beaufsichtigenden Offiziere, Militärbeamten oder Unteroffiziere, hinsichtlich der Ueberwachung während der Beförderung die Transportführer unmittelbar verantwortlich.

---

[34]) Ziff. 19 enthält bez. der in Pack=gefäßen verladenen Sprengstoffe und Munitionsgegenstände Abweichungen von VerkO. Anlage B.

[35]) Eingefügt durch Bek. 26. Juli 00 (RGB. 785).

[36]) V. 21. Nov. 04 (RGB. 445).

Sechster Abschnitt.
Berechnung und Zahlung der Vergütungen.
§. 57. Grundsätze der Berechnung.

1. Die Vergütung für Militärtransporte sowie für leihweise Hergabe von Betriebsmaterial erfolgt nach dem vom Bundesrath erlassenen **Militärtarif für Eisenbahnen**, für das übrige hergegebene Material nach dem Kriegsleistungsgesetze.

2. Die Sätze des Miltrfs. enthalten die Vergütung für alle Leistungen der Eisenbahnverwaltungen bei der Vorbereitung und Ausführung der Militärtransporte, bei der leihweisen Hergabe von Betriebsmaterial einschl. Gangbarhaltung der Lokomotiven, Tender und Wagen sowie für die aus dem gewöhnlichen Gebrauche solchen Materials herrührende Abnutzung.

Nebenkosten irgend welcher Art, für die in dieser Ordnung oder im Miltrf. eine besondere Vergütung nicht vorgesehen ist, dürfen nicht in Rechnung gestellt werden.

Baare Auslagen der Eisenbahnverwaltungen (Verk. O. §. 60, 2) sind zu ersetzen. Wegen Entschädigung für die den gewöhnlichen Gebrauch übersteigende Abnutzung s. §. 59, 2 der M. Tr. O.

Folgende Gebühren für außergewöhnliche Leistungen:
  a) Gebühr für Abstempelung der Frachtbriefe sowie Verkaufspreis der letzteren und der statistischen Anmeldescheine,
  b) Zuschläge für etwaige Interessendeklaration,
  c) Nachnahmeprovision,
  b) Zollabfertigungsgebühren,
  e) Ladekosten bei Wagenladungen,
  f) Lagergeld bei verspäteter Abnahme von Militärgut,
  g) Standgeld bei verspäteter Be- oder Entladung der Eisenbahnwagen oder bei verspäteter Abnahme von Vieh und Fahrzeugen sowie für vorübergehende Unterbringung von Vieh,
  h) etwaige Rollgelder, soweit die Militärverwaltung das bahnseitige Abrollen in Anspruch nimmt,
  i) Tränkgebühr bei der Tränkung von Schlachtvieh auf öffentlichen Tränkstationen
sind nach den für den allgemeinen Verkehr geltenden Bestimmungen zu vergüten, soweit in dieser Ordnung nicht ausdrücklich etwas Anderes festgesetzt ist.

Wegen der Erhebung von Deckenmiethe s. Bes. Best. zu IV Zif. (6) des Miltrfs.

3. Wird die Beförderung von Militärzügen in der Nachtzeit auf Bahnstrecken erforderlich, auf denen ein regelmäßiger Nachtdienst nicht eingerichtet ist und deshalb eine Bewachung der Bahn gewöhnlich nicht stattfindet, so sind neben den tarifmäßigen Transportgebühren die in Nr. 29 des Miltrfs. vorgesehenen Kosten für die Bewachung der Bahn außerhalb der gewöhnlichen Dienstzeit zu vergüten und zwar nur einmal für die Bewachung der gesammten in Frage kommenden Bahnstrecke, ohne Rücksicht darauf, ob sie durch einen oder durch mehrere Züge befahren wird und ob es sich um Züge verschiedener Armeekorps sowie um die Beförderung von oder nach verschiedenen Stationen der gleichen Bahnstrecke handelt.

4. Die Berechnung der Gebühren erfolgt[87]):

   a) für die mit Militärfahrschein aufgegebenen Transporte unter Zugrunde=
legung des von der absendenden Militärbehörde vorgeschriebenen Bahn=
wegs,

   b) für die auf Frachtbrief abzufertigenden Transporte unter Zugrunde=
legung des von der Eisenbahnverwaltung in Rechnung zu stellenden
billigsten Weges. Hat die Militärverwaltung ausdrücklich die Benutzung
eines anderen Weges gefordert, so sind die Gebühren nach diesem Wege
zu berechnen (§. 19, 2).

Die Entfernungen der Stationsorte ergeben sich aus den von der Aufsichts=
behörde für den öffentlichen Verkehr genehmigten Kilometerzeigern, in Ermangelung
solcher aus dem zur Zeit der Leistung gültigen Reichs=Kursbuche.

Bei Ueberführung von Militärtransporten nach Anschlußbahnhöfen oder
öffentlichen Ladestellen über Strecken, für welche weder in den Kilometerzeigern
(Gütertarifen) noch in dem Reichs=Kursbuche Entfernungen angegeben sind, werden
diese besonders ermittelt und der Frachtberechnung zum Grunde gelegt.

(5., 6. Vergütung für das von den Eisenbahnverwaltungen hergegebene
Betriebsmaterial.)

> 7. Für die Bereithaltung und Beförderung von Betriebsmaterial zu
> Uebungszwecken u. s. w. kommen die unter VII a des Miltrfs. angegebenen
> Sätze zur Berechnung.

§. 58. Stundung, Liquidation und Zahlung.

1. Die den Eisenbahnverwaltungen zu gewährenden Vergütungen sind in
der Regel bis nach Eingang, Prüfung und Feststellung der Liquidationen zu
stunden. Die Militärverwaltung ist jedoch berechtigt, auch Baarzahlung eintreten
zu lassen.

> Die Gebühren für Militärgut ohne Begleiter sind bei der Aufgabe des
> Gutes zu berichtigen oder auf den Empfänger zur Zahlung anzuweisen.

[88]) Zu Einzelreisen sind nach Maßgabe des besonders geregelten Verfahrens
baar bezahlte Militärfahrkarten zu benutzen. . . .

(Privatgut für die Militärverwaltung. . . .)

2. Die Liquidationen sind von den Eisenbahnverwaltungen in doppelter
Ausfertigung — bei gemeinsam von mehreren Verwaltungen erfüllten Leistungen
nur von einer der betheiligten Eisenbahnverwaltungen — vorzulegen.

Ueber Fahrgelder auf Grund rothgeränderter und weißer Fahrscheine
(s. §. 32, 4 b) sind getrennte Liquidationen aufzustellen.

3. Den Liquidationen müssen die zugehörenden Beläge beigefügt sein, nämlich:

   a) bei Militärtransporten:

      der Abschnitt 1 des Militärfahrscheins und der Kontrolzettel . . .;

   b) . . bei Bereithaltung von Material:

      . . . die von der . . . die Bereithaltung von Betriebsmaterial
in Anspruch nehmenden Militärbehörde ausgestellte Bescheinigung
der Erfüllung. . . .

Bei den auf Grund von Aushülfsfahrscheinen in Rechnung gestellten Be=
trägen muß auf die Rechnungsposition hingewiesen werden, bei der sich der
Abschnitt 1 des ordentlichen Fahrscheins befindet.

---

[87]) E 2. März 99 (EVB. 52) Nr. III. | [88]) E. 2. März 99 (EVB. 52) Nr. IV.

Duplikate und Abschriften von Fahrscheinen haben als Rechnungsbeläge keine Gültigkeit.

4. Die Stelle, an welche die Liquidationen zur Feststellung und Anweisung einzureichen sind, ist in jedem Falle von der Militärbehörde auf den Belägen zu bezeichnen; ...

> Bei fehlender Bezeichnung ist die Forderung an die Intendantur desjenigen Armeekorpsbezirkes zu richten, in dem die Anfangsstation gelegen ist, bei der Marine an die Intendantur der Marinestation der Nordsee.

5. Die Zahlung der gestundeten Vergütungen — ... — erfolgt kostenfrei an die Hauptkasse der abrechnenden Eisenbahnverwaltung.

§. 59. Feststellung von Beschädigungen.

1. Sachbeschädigungen — auch an Betriebsmaterial —, die bei der Beförderung von Militärtransporten vorgekommen sind, mögen sie von der Eisenbahnverwaltung oder der Militärverwaltung zu tragen sein, müssen gleich nach Ankunft der Züge oder nach Uebergabe der betreffenden Gegenstände angemeldet und von der Eisenbahnverwaltung unter Zuziehung eines Vertreters der Militärverwaltung schriftlich festgestellt werden. Die Vergütung hat gegebenenfalls nach den für den allgemeinen Verkehr geltenden Festsetzungen zu erfolgen.

(2.—4. Best. für den Kriegsfall.)

Anlagen zur Militär-Transport-Ordnung[20]).

    I. (Zu §. 31, 4) Anmeldezettel.

   II. (Zu §. 31, 6) Fahrtliste.

  III. (Zu §. 31, 11) Annahmeschein.

[20]) III a. (Zu §. 32, 2) Bestimmungen über die Beförderung der im Mobilmachungsfalle behufs Erreichung des Gestellungsorts die Eisenbahn benutzenden Einberufenen und die Entschädigung der Eisenbahnen für diese Leistung.

  IV. (Zu §. 32, 4, a) Militärfahrschein.

V. u. VI. (Zu §. 54, 18) Verzeichnisse der Sprengstoffe und Munitionsgegenstände.

Anlage C (zu Anmerkung 3).

Bekanntmachung des Reichskanzlers, betreffend den Militärtarif für Eisenbahnen. Vom 18. Januar 1899 (RGB. 108)a).

Auf Grund des §. 29 (2. Abs.) des Gesetzes über die Kriegsleistungen vom 13. Juni 1873 (Reichs-Gesetzbl. S. 129) sowie des §. 15 des Gesetzes über die Naturalleistungen für die bewaffnete Macht im Frieden vom 13. Februar 1875 (Reichs-Gesetzbl. S. 52) hat der Bundesrath an Stelle des durch die Bekanntmachung vom 28. Januar 1887 veröffentlichten Militärtarifs für Eisenbahnen (Reichs-Gesetzbl. S. 97) für die Beförderung der bewaffneten Macht, der Schutztruppen und der Kriegsbedürfnisse (des Materials des Landheeres, der Marine

---

  [20]) Hier nicht abgedruckt. | a) Anl. B Anm. 1—6 gelten auch f. d. MilTarif.

und der Schutztruppen) im Frieden wie im Kriege, sowie für die leihweise Her=
gabe von Betriebsmaterial an die Militärverwaltung im Kriege den anliegenden

Militärtarif für Eisenbahnen

beschlossen.

Der neue Tarif tritt am 1. April 1899 in Kraft.

Militärtarif für Eisenbahnen.

(Auszug.)

Vorbemerkung a).

Die mit deutschen Buchstaben gedruckten Bestimmungen gelten für den Frieden
und für den Krieg, die mit lateinischen Buchstaben gedruckten für den Mobil=
machungs= und den Kriegsfall, die durch starke Linien umrahmten [ ]
nur für den Frieden.

Eingangs=Bestimmungen.

1. Dieser Tarif kommt in Anwendung einerseits für sämmtliche Eisen=
bahnen a) Deutschlands, die mit Lokomotiven oder anderen mechanischen Motoren
betrieben werden, andererseits für die bewaffnete Macht (Heer und Marine), die
Schutztruppen, den Landsturm, das Heergefolge*) sowie die Streitkräfte der
mit dem Reiche verbündeten Staaten.

2. Auf Antrag der zuständigen Landes=Aufsichtsbehörde a) können vom
Reichs=Eisenbahn=Amt im Einverständnisse mit der Militärverwaltung für einzelne
Eisenbahnen in Rücksicht auf deren besondere Verhältnisse erleichternde Ab=
weichungen oder eine Befreiung von den Festsetzungen des Militärtarifs zuge=
lassen werden.

Allgemeine Bestimmungen.

1. Soweit die Fracht nach dem Gewichte berechnet wird, sind Sendungen
unter 20 kg für 20 kg und das darüber hinausgehende Gewicht mit 10 kg
steigend so zu berechnen, daß je angefangene 10 kg für voll gelten. (Ausnahmen
bei Fahrzeugen s. Tarif=Nr. 20, bei Sprengstoffen s. Bes. Best. zu IV Zif. (4),
bei Wagenladungen von mehr als 10 000 kg zu IV Zif. (5).)

Bei der Berechnung der Gepäckfracht (Nr. 9) beträgt das Mindestgewicht
10 kg.

2. Die zu erhebenden Fahrgelder und Frachtgebühren sind in den einzelnen
Positionen auf zehntel Mark abzurunden, so daß Beträge unter 5 Pfennig
gar nicht, von 5 Pfennig ab aber für eine zehntel Mark gerechnet werden. Als
Mindestbetrag der Fahrgelder und Frachtgebühren sind 10 Pfennig zu erheben.

3. Die Abfertigungsgebühren sind für jeden Transport — von der
Einladestation bis zum Zielpunkte gerechnet — nur einmal zu entrichten.

4. Für die Beförderung mit Schnellzügen (§. 30 der M. Tr. O.) sind
die tarifmäßigen Fahrpreise des gewöhnlichen Verkehrs zu vergüten, soweit nicht
besondere Ausnahmen zugelassen sind.

---

*) Das Heergefolge umfasst alle Civilpersonen, die sich auf Grund eines amtlichen Dienst-
oder eines Vertrags-Verhältnisses oder zufolge Anforderung einer Militärbehörde bei den
kriegführenden Heeren befinden.

Tarif= Nr.	Gegenstand.		Für das Kilometer sind zu vergüten Pfennig.
	I. Offiziere, Beamte und Mannschaften sowie Heergefolge. (1)		
	Im geschlossenen Truppen= oder Marinetheile, Kommando, Ersatz=, Reserve=, Gefangenen=Transporte, sowie einzeln kommandirt, einberufen oder entlassen: (2)		
1.	Offiziere, obere Beamte der Militärverwaltung, einschließlich der in solchen Stellen dienst= thuenden Personen niederen Ranges,	für den Kopf	3
2.	a) Mannschaften vom Feldwebel (Deckoffizier) abwärts, b) Gendarmen, Büchsenmacher, Waffenmeister und Regimentssattler, c) Zöglinge der Kadettenanstalten und der Unteroffizier=Vorbildungsanstalten, d) Studirende der Kaiser Wilhelms=Akademie für das militärärztliche Bildungswesen, (3) e) Zöglinge der Militär=Waisenhäuser, Militär=Knaben= und Mädchen=Erziehungs=Anstalten und deren Zweiganstalten, (4) f) Schiffsjungen, (5) g) untere Beamte einschliesslich Telegraphen-Vorarbeiter und -Arbeiter (§. 32,4 c der M. Tr. O.), h) Personen, die zur Ablegung der Fähnrichs=prüfung oder (Marine) Kadetteneintritts=prüfung einberufen sind, (6)	für den Kopf	1

Besondere Bestimmungen.

Zu I.

(1) (Angehörige der freiwilligen Krankenpflege.)

(2) Die Verabfolgung von Militärfahrkarten an einzeln entlassene Mann=
schaften hat auf der Abgangsstation nicht direkt zu erfolgen, sondern nur
an die durch die Truppentheile mit der Lösung der Fahrkarten beauftragten
Personen, und zwar gegen Vorzeigung der Militärpässe. Bei Lösung
von Fahrkarten für eine größere Anzahl von Mannschaften — für mehr
als 10 Mann desselben Truppentheils — sind von den mit der Lösung
beauftragten Personen besondere Bescheinigungen vorzulegen, aus denen die
Anzahl und die Streckenbezeichnung der gewünschten Fahrkarten zu ersehen
ist. In solchen Fällen bedarf es der Vorlage der Militärpässe nicht, da=
gegen ist die Bescheinigung abzustempeln.

(3) Für die Reisen zum Eintritt und beim Ausscheiden bis zum neuen Be=
stimmungsort auf Vorzeigung eines bezüglichen Ausweises gegen Lösung
von Militärfahrkarten.

(4) Bei der Aufnahme, bei Versetzung in eine andere Anstalt sowie beim Aus=
scheiden nach dem neuen Bestimmungsort auf Grund entsprechenden
Ausweises kostenfrei in der dritten Wagenklasse auf den Reichs= und
Staatseisenbahnen sowie auf den unter Staatsverwaltung stehenden Privat=
eisenbahnen. Auch wird ihnen ein Gepäckfreigewicht von 25 kg gewährt.
Für das Mehrgewicht ist die Gepäckfracht des allgemeinen Verkehrs zu
entrichten. Dasselbe gilt auf den übrigen deutschen Privateisenbahnen, für
welche die Verpflichtung zur Gewährung einer gleichen Vergünstigung bereits
besteht oder von der betreffenden Verwaltung übernommen wird.

(5) Bei Reisen nach dem Gestellungsort auf Vorzeigung eines bezüglichen Aus=
weises gegen Lösung von Militärfahrkarten.

(6) Für die Hin= und Rückreise auf Vorzeigung eines bezüglichen Ausweises
gegen Lösung von Militärfahrkarten.

46*

Tarif=Nr.	Gegenstand.	Für das Kilometer sind zu vergüten Pfennig.
	b) i) **Mannschaften des Beurlaubtenstan-** **des einschließlich Rekruten** (7) u. (8)	
	k) inaktive Mannschaften, (9) u. (10) l) Invaliden, (9) u. (10)	für den Kopf 1
	m) Fahnenflüchtige und unsichere Dienst= pflichtige. (11)	
	Bei Beurlaubungen: (12)	
3.	Die unter Nr. 2 a bis f einschließlich aufgeführten Personen für den Kopf	1 c)
	Kranke: a) sitzend zu befördernde:	
4.	Offiziere und obere Beamte der Militärverwaltung einschließlich der in solchen Stellen dienstthuenden Personen niederen Ranges, für den Kopf . . .	3
5.	Mannschaften vom Feldwebel (Deckoffizier) abwärts, Gendarmen, Büchsenmacher, Waffenmeister, Regi-mentssattler, Zöglinge der Kadettenanstalten und der Unteroffizier=Vorbildungsanstalten sowie untere	

b) Bek. 31. Jan. 05 (RGB. 4).   c) Bek. 16. März 01 (RGB. 36); vorher 1.5 Pfennig.

Besondere Bestimmungen.

(7) Bei Reisen aus militärdienstlicher Veranlassung auf Vor=
zeigung eines diese Veranlassung angebenden Ausweises
gegen Lösung von Militärfahrkarten b).

(8) Im Mobilmachungsfalle sind die zum Heere einberufenen Mann=
schaften u. s. w. vom Feldwebel abwärts ohne Lösung von Fahrkarten
zu befördern; die Transportvergütung ist besonders geregelt (s. Anl.
III. a zu §. 32,2 der M. Tr. O.) d).

(9) Bei Einberufungen zur ärztlichen Unter=
suchung bezw. zur Prüfung und Feststellung
erhobener Invalidenansprüche für die Hin=
reise und zurück

(10) Bei Entsendungen zum Kurgebrauche sowie
bei Reisen aus Anlaß der Beschaffung und
Instandsetzung von Bruchbändern und
künstlichen Gliedern für die Hinreise und
zurück

⎫
⎬ auf Vorzeigung eines bezüg=
⎭ lichen Ausweises gegen Lösung
von Militärfahrkarten.

(11) Bei Ablieferungen durch die Civilbehörden auf dem vom Transportführer
vorzuzeigenden Transportzettel gegen Lösung von Militärfahrkarten.

(12) Auf Vorzeigung des Urlaubspasses gegen Lösung von Militärfahrkarten.
Dies gilt auch für Einjährig=Freiwillige.

(13) Wehrpflichtige haben für Reisen zur Musterung, Aushebung und
Kontrolversammlung keinen Anspruch auf Militärfahrkarten.

(14) Die unter Nr. 1 und 2 angegebenen Sätze finden auch Anwendung bei
der Beförderung fremdherrlicher Offiziere und ihrer Diener sowie
auf die einem Militärtransport als Begleiter oder Wärter beigegebenen
Civilpersonen.

(15) (Im Dienste der freiwilligen Krankenpflege stehende und für deren
Zwecke reisende Personen.)

(16) Wird in Ausnahmefällen die Beförderung von Personen der unter Nr. 2
aufgeführten Rangstufe in der ersten oder zweiten Wagenklasse verlangt,
so sind die für Offiziere vorgesehenen Sätze zu vergüten (§. 37,2 und 9 der
M. Tr. O.).

---

d) Bek. 11. Juni 01 (RGB. 207).

Tarif-Nr.	Gegenstand.	Für das Kilometer sind zu vergüten Pfennig.
	Beamte, wenn der größere Raum (§. 38,2 der M. Tr. O.) durch die Bezeichnung im Fahrschein oder sonstigen Ausweis „sitzend zu befördernder Kranker" beansprucht wird, für den Kopf (17)	1,5
	b) liegend in Güter- oder Personenwagen zu befördernde — einschließlich Begleitpersonal —	
6.	für den 2 und 3 achsigen Wagen	30
7.	für den 4 achsigen Wagen	40
	(Sanitätszüge s. Nr. 38.)	
8.	Für Desinfektion der Wagen ist eine Gebühr von 1 M. für den Wagen zu vergüten.	
9.	Gepäckfracht für je 10 kg	0,3
	Jedoch enthalten die unter Nr. 1 bis 7 angegebenen Sätze zugleich die Entschädigung für die Beförderung	
	a) des etatsmäßigen Gepäcks der unter Nr. 1 bezeichneten Personen, sowie des Seegepäcks und der Kleidersäcke des Marinepersonals, und zwar bei Transporten in der Stärke von mehr als 90 Köpfen in vollem Umfange, sonst bis zur Höhe von je 25 kg;	
	b) des Gepäcks der Unterbeamten und der etatsmäßigen Zahlmeisteraspiranten bis zur Höhe von je 25 kg sowie der Portepeeunteroffiziere und der Feldwebelstellvertreter bis zur Höhe von je 12 kg bei Transporten;	
	c) der Waffen und der Ausrüstung, welche die unter I genannten Mannschaften mit sich führen, sowie ihres Handgepäcks;	
	b) des Gepäcks der unter Nr. 2 und 3 bezeichneten Personen bei Einberufung, Entlassung und Urlaub, ferner auch der Zöglinge der Kadettenanstalten und der Unteroffizier-Vorbildungsanstalten bei der Versetzung in eine andere Anstalt bis zur Höhe von je 25 kg.	
	II. Lebende Thiere.	
10.	1 Pferd	13
11.	2 Pferde, jedes Stück	10
12.	3 Pferde, jedes Stück	7
13.	4 Pferde, jedes Stück	6
14.	Pferde in Wagenladungen (über 4 Pferde einschließlich 3 Begleitmannschaften), für den Wagen	30

Besondere Bestimmungen.

(17) Wie unter (16) angegeben.

Zu II.

(1) Die Sätze zu Nr. 10 bis 14 finden Anwendung bei Beförderung
a) etatsmäßiger Pferde der Offiziere und Beamten im Dienste;
b) überetatsmäßiger Pferde der Offiziere und Beamten, wenn die Beförderung aus dienstlichen Rücksichten geboten ist;
c) der von Offizieren und Beamten des aktiven Dienststandes außerhalb des Standorts beschafften etatsmäßigen Pferde nach dem Standorte;.

Tarif= Nr.	Gegenstand.	Für das Kilometer sind zu vergüten Pfennig.
15.	Schlachtvieh in Wagenladungen, für den Wagen	30
	und außerdem eine Abfertigungsgebühr von 6 M. für den Wagen	
	1 Stück Großvieh	8
	jedes weitere Stück	2,5
	Schweine, Kälber, Schafe:	
	die ersten 10 Stück je	1,5
	jedes weitere Stück	1
16.	Kriegshunde bei Einzelsendungen	0,5
	Werden die Kriegshunde bei Militärtransporten in den Wagenabtheilen der Mannschaften untergebracht, so ist eine besondere Vergütung für deren Beförderung nicht zu gewähren.	
17.	Militärbrieftauben:	
	a) bei Aufgabe als Gepäck, ohne Berechnung von Frei= gewicht, für 10 kg	0,3
	b) bei Aufgabe gemäß §. 56 der M. Tr. O. sind die Sätze der allgemeinen Stückgutklasse des gewöhnlichen Ver= kehrs zu erheben.	
18.	Für Desinfektion der Wagen ist 1 M. für den Wagen zu vergüten.	

III. Fahrzeuge.

19.	Zweirädrige Fahrzeuge, einzeln zur Versendung kommende Vorder= oder Hinterwagen (auch einzeln fahrbare Protzen oder Laffeten), sowie Handkarren, ganz oder in ihre Einzeltheile aus einander genommen, für 1000 kg . .	15

Besondere Bestimmungen.

b) der etatsmäßigen Pferde der Offiziere und Beamten des Beur=
laubtenstandes nach dem Einberufungsort und auf die Rück=
beförderung nach dem Wohnorte;

e) der Pferde der Pferdevormusterungs=Kommissare bei
Reisen aus Anlaß des Musterungsgeschäfts, wenn im
Militärfahrschein angegeben ist, daß die Beförderung für
Rechnung der Reichskasse erfolgte).

f) der Pferde der zu den Kaisermanövern kommandirten Mitglieder der
Landgendarmerie nach und von dem Manövergelände oder in
diesem.

In den unter (1) genannten Fällen steht es einzeln versetzten oder
kommandirten Offizieren u. s. w. frei, ihre Pferde auch zu den für den
öffentlichen Verkehr geltenden Sätzen und Bedingungen aufzugeben.

(2) Die für die Beförderung von 2 Pferden und darüber ausgeworfenen Sätze
sind auch dann zu erheben, wenn eine spätere Zuladung von Pferden zu
bereits ausgegebenen erfolgt und die Militärfahrscheine dementsprechend von
vornherein ausgestellt sind. Ob solche Zuladung auf einer Unterwegsstation
angängig ist, hängt von den örtlichen Betriebsverhältnissen ab, keinenfalls
darf eine Verlängerung des Zugaufenthalts dadurch bedingt werden.
(Pferde, die auf Grund der Ausweiskarten des Kaiserlichen Kommissars der freiwilligen Krankenpflege zur Beförderung aufgegeben
werden.)

(3) Sättel, Geschirr und Gepäck der zu transportirenden Pferde, das während
des Transports erforderliche Futter sowie die nöthigen Futter= und Tränk=
geräthe sind frachtfrei zu befördern.

(4) Erfolgt die Beförderung von Pferden auf Verlangen in besonders eingerichteten Stallungswagen, so kommen die Bestimmungen des gewöhnlichen
Verkehrs zur Anwendung.

(5) Wird die Beförderung von Pferden und Schlachtvieh in einem für die
Viehbeförderung nicht bestimmten Zuge des öffentlichen Verkehrs von der
Militärbehörde verlangt und von der Eisenbahnverwaltung gestattet, so
kommen die Sätze unter Nr. 10 bis 15 mit einem Zuschlage von 50 Prozent
zur Erhebung. Der Frachtzuschlag von 50 Prozent ist indeß bei Sen=
dungen, für welche die Stellung eines besonderen Militärzugs verlangt
werden kann, außer Ansatz zu lassen.

Zu III.

(1) Stellt sich die Wagenladungsfracht (Nr. 23 und 24) billiger, so ist diese
zu berechnen.
(Abs. 2) b).

---

e) Bek. 17. April 05 (RGB. 246).

Tarif-Nr.	Gegenstand.	Für das Kilometer sind zu vergüten Pfennig.
	Außerdem eine Abfertigungsgebühr von 1,50 M. für 1000 kg.	
20.	Vierrädrige Fahrzeuge, auch solche Geschütze, ganz oder in ihre Einzeltheile aus einander genommen, sind zu den Sätzen für Stückgut (Nr. 25) abzufertigen, unter Berechnung der Fracht für mindestens 1000 kg für jeden verwendeten Wagen und jede Sendung.	
	Feldmarschmäßig ausgerüstete Geschütze und Fahrzeuge im Truppenverbande, sowie Fahrzeuge der Munitions-Kolonnen, Trains und Verwaltungsbehörden des Feldheers:	
21.	für jedes Fahrzeug	15
22.	bei Verladung nur eines Fahrzeugs	25
	IV. Militärgut.	
	Wagenladungen.	
23.	Ein Wagen bis zu 6000 kg Befrachtung	20
24.	Ein Wagen von mehr als 6000 kg Befrachtung	30
	Außerdem in beiden Fällen eine Abfertigungsgebühr von 6 M. für den Wagen.	
	Stückgut.	
25.	Für 1000 kg	9
	Außerdem eine Abfertigungsgebühr von 1,50 M. für 1000 kg.	
	Eilgut.	
26.	Für 1000 kg	18
	Außerdem eine Abfertigungsgebühr von 2 M. für 1000 kg.	
26a.	f) Militärluftballons sind bei Aufgabe gemäß § 56a der MTrO. zu den Sätzen der allgemeinen Stückgutklasse des gewöhnlichen Verkehrs zu befördern.	

---

f) Bek. 21. Nov. 04 (RGB. 446).

Besondere Bestimmungen.

(3) Die Sätze des Militärtarifs sind auch zu erheben für die Beförderung von Wagen der Pferdevormusterungs-Kommissare bei Reisen aus Anlaß des Musterungsgeschäfts, wenn im Militärfahrschein angegeben ist, daß die Beförderung für Rechnung der Reichskasse erfolgt[e]).

Zu IV.

(1) Die unter Nr. 23 bis 25 aufgeführten Sätze gelten auch für Kriegsbedürfnisse, die einer gleichzeitig zu befördernden Truppenabtheilung — auch einzeln Kommandirten — unmittelbar zugehören und von der absendenden Militärbehörde zu gleichzeitiger Beförderung mit einem Militärfahrschein aufgegeben werden.

(2) Ob Militärgut in Wagenladungen oder als Stückgut oder als Eilgut aufzugeben ist, unterliegt der Beurtheilung der absendenden Militärbehörde. Von dieser ist in den Fahrscheinen stets anzugeben, welche Art der Aufgabe des Militärguts verlangt wird.

Brot und frisches Fleisch werden mit Personen- oder Eilgüterzügen zu den einfachen Frachtsätzen des Miltrfs. befördert, soweit die Eisenbahnverwaltung nach den Betriebseinrichtungen und den Fahrplanbestimmungen die Benutzung dieser Züge für zulässig erklärt.

(3) (Frachtstücke mit der Bezeichnung: „Freiwillige Gaben"[b]).)

(4) Sendungen von Sprengstoffen der Gefahrklasse in Packgefäßen werden als Stückgut nur im Gewichte von höchstens 1000 kg befördert, darüber hinaus nur als Wagenladungen; bei Sendungen von weniger als 300 kg Gewicht wird die Stückgutfracht für 300 kg berechnet.

(5) Für Wagenladungen bis zu 6000 kg können Wagen von mehr als 6000 kg Ladegewicht, für Wagenladungen von mehr als 6000 kg Wagen von mehr als 10 000 kg Ladegewicht nicht beansprucht werden. Werden Wagen von mehr als 10 000 kg Ladegewicht verlangt und gestellt, so sind für das 10 000 kg übersteigende Gewicht der Ladung auf je angefangene 1000 kg 3 Pfennig Fracht für das Kilometer zu berechnen.

Für Gewichtsmengen, die das Ladegewicht eines Wagens übersteigen, ist, sofern sie innerhalb der zulässigen Belastung bleiben, keine Fracht zu berechnen.

Tarif=Nr.	Gegenstand.	Für das Kilometer sind zu vergüten Pfennig.
	V. Sonderzüge und Schutzwagen.	
27.	Für Militär=Sonderzüge, auf Erfordern der Militärbehörden gestellt, ist die nach den betreffenden Sätzen dieses Tarifs zu berechnende Vergütung zu entrichten, mindestens jedoch . . . . und für den Zug mindestens 90 M.	400
28.	Schutzwagen, wenn sie gemäß der Verk.O. Anlage B XXXV a. F. (3) vor und hinter Wagen mit Sprengstoffen einzustellen sind, sowie Sperrwagen, die zwischen andere Wagen im Interesse der Betriebssicherheit leer eingestellt werden müssen, für den Wagen	14
	VI. Bahnbewachung.	
29.	Bewachung der Bahn in der Nachtzeit außerhalb der gewöhnlichen Dienstzeit gemäß §. 57, 3 der M. Tr. O. für das angefangene Bahnkilometer	200

Besondere Bestimmungen.

(6) Für die Darleihung von Decken und die Hergabe eigener Decken der Militärverwaltung gelten, soweit in der M. Tr. O. keine Abweichungen vorgesehen sind, die Bestimmungen des allgemeinen Güterverkehrs g).

Im Kriege ist keine Deckenmiethe zu berechnen.

(7) Für gebrauchte Emballagen (. . .)h) kommt bei Aufgabe als Stückgut der unter Nr. 25 angegebene Satz (nebst Abfertigungsgebühr) nach dem halben wirklichen Gewichte, jedoch für mindestens 20 kg zur Berechnung.

(8) Militärgut wird auf der Militär=Eisenbahn frachtfrei befördert. Demgemäß ist bei Sendungen nach und von Stationen der Militär=Eisenbahn auch nur die halbe Abfertigungsgebühr zu berechnen.

Zu V.

(1) Werden von der Militärbehörde angeförderte Sonderzüge abbestellt, so sind bei Eisenbahnverwaltung etwa bereits entstandene Selbstkosten zu vergüten.

(2) Müssen bei Sendungen von Sprengstoffen Schutzwagen eingestellt werden, so ist die Vergütung stets für zwei Schutzwagen, und zwar für jeden von diesen nach dem unter Nr. 28 angegebenen Satze zu entrichten.

Die Vergütung für zwei Schutzwagen bleibt nur dann außer Berechnung, wenn sämmtliche bestimmungsmäßig erforderlichen Schutzwagen — also nicht allein die zur Tarifberechnung zu ziehenden zwei Schutzwagen — durch Militärtransporte voll ausgenutzt sind. Im anderen Falle sind neben der Gebühr für zwei Schutzwagen die Beförderungsgebühren für die in den Schutzwagen beförderten Militärtransporte nach den sonstigen Sätzen dieses Tarifs zu berechnen. Für die in einem Personenwagen oder zur Personen= beförderung eingerichteten Güterwagen zu befördernden Begleitmannschaften ist in diesem Falle auch dann nur das Fahrgeld nach Nr. 2 zu berechnen, wenn ein solcher Wagen außer den erforderlichen Schutzwagen etwa auf Verlangen der Militärverwaltung eingestellt sein sollte.

---

g) Allg. Tarifvorschr. (VII 3 Anl. J d. W.) § 48 ff.

h) Die oben fortgelassene Aufzählung ist ergänzt durch Bek. 17. Juni 04 (RGB. 219).

Tarif-Nr.	Gegenstand.	Für den Tag sind zu vergüten Pfennig.
	VIIa. Leistungen der Eisenbahnen zu militärischen Uebungen im Verladen von Truppen und Kriegsmaterial sowie zur Krankenbeförderung bei den Truppenübungen.	
	Hergabe von Personen- und Güterwagen zu Uebungen, von der Uebergabe an die Militärverwaltung bis zur Rückgabe an die Eisenbahnverwaltung gerechnet, für jeden angefangenen Tag:	
30.	jeder Personenwagen	200
31.	jeder Güterwagen	100
32.	Rangiren der Wagen für jeden Wagen und angefangenen Uebungstag	50
33.	Beförderung der Wagenausrüstungsgegenstände und Ladegeräthe von den Aufbewahrungsstationen nach den Uebungsstationen, ihre Einbringung u. s. w. in die Wagen sowie ihre Zurückführung nach den Aufbewahrungsstationen für jeden Wagen 100 Pfennig.	

		Für das Kilometer sind zu vergüten Pfennig.
34.	Beförderung eines geschlossenen Militärzugs zu Uebungszwecken von der Zusammenstellungsstation zur Uebungsstelle für jeden Wagen	20
	mindestens jedoch 5 M. für den Zug und die angefangene Stunde von dem Zeitpunkte der Abfahrt bis zur Rückkunft des Zuges.	
35.	**VIIb. Beförderung von leeren Wagen der Eisenbahnverwaltungen.**	
	VIIc. Beförderung von Lokomotiven, Tendern, Eisenbahnwagen aller Art, die der Militär- oder Marineverwaltung eigenthümlich oder durch Erbeutung oder miethweise angehören.	
36. bis 38.		
	VIII. Leihweise Hergabe von Betriebsmaterial der normalspurigen Haupt- und Nebeneisenbahnen.	
39. bis 46.		

Besondere Bestimmungen.

Zu VII a.

(1) Bei den zur Krankenbeförderung bereitgestellten Wagen sind die Gebühren für diejenige Zeit, während der die Wagen zum Krankentransporte dienen und zurück zur Sammelstation laufen, nicht zu berechnen.

(2) Die Gebühr für das Rangiren ist nicht zu berechnen, wenn es im Einvernehmen mit der Eisenbahnverwaltung ausschließlich durch die Mannschaften der übenden Truppentheile bewirkt wird.

(3) Für größere Uebungen, die zugleich zur Unterrichtung des Eisenbahnpersonals dienen sollen, bleiben im Einzelfalle besondere Vereinbarungen über die Vergütung vorbehalten.

Zu VII c. . . .

Zu VIII. . . .

4. Gesetz über die Kriegsleistungen. Vom 13. Juni 1873 (RGB. 129)[1].
(Auszug.)

§. 1.   Von dem Tage ab, an welchem die bewaffnete Macht mobil ge=
macht wird, tritt die Verpflichtung des Bundesgebiets zu allen Leistungen für
Kriegszwecke nach den Bestimmungen dieses Gesetzes ein.

Beschränkt sich die Mobilmachung auf einzelne Abtheilungen der be=
waffneten Macht, so tritt diese Verpflichtung nur bezüglich der mobil
gemachten, augmentirten oder in Bewegung gesetzten Theile derselben, sowie
zur Herstellung der nothwendigen Vertheidigungsanstalten ein.

§. 2.   Diese Leistungen sollen nur insoweit in Anspruch genommen
werden, als für die Beschaffung der Bedürfnisse nicht anderweitig, insbesondere
nicht durch freien Ankauf, beziehungsweise Baarzahlung oder durch Entnahme
aus den Magazinen gesorgt werden kann.

Für diese Leistungen ist nach den Bestimmungen dieses Gesetzes Ver=
gütung aus Reichsmitteln zu gewähren.

I. Kriegsleistungen der Gemeinden.

§. 15.   Die Vergütung für alle in den §§. 9 bis 14 nicht genannten
Kriegsleistungen erfolgt nach den am Orte und zur Zeit der Leistung be=
stehenden Durchschnittspreisen[1].

II. Landlieferungen.

III. Gemeinschaftliche Bestimmungen.

§. 22.   Nach Wiedereintritt des Friedenszustandes (§. 32) haben die
oberen Verwaltungsbehörden durch Bekanntmachung in den amtlichen Anzeige=
blättern zur Anmeldung aller noch nicht angemeldeten Ansprüche auf Ver=
gütung der auf Grund der Abschnitte I. und II. dieses Gesetzes erfolgten
Kriegsleistungen aufzufordern.   Den von den Gemeinden und Lieferungs=
verbänden in Anspruch Genommenen ist eine mit dem Tage der Ausgabe
des Anzeigeblattes beginnende Präklusivfrist von einem Jahre zur Anmeldung
bei den Behörden der Gemeinden und Lieferungsverbände zu stellen.

Den Gemeinden und Lieferungsverbänden ist eine mit demselben Tage
beginnende Präklusivfrist von einem Jahre drei Monaten zur Anmeldung bei
den in dem Aufruf zu bezeichnenden Behörden zu stellen.

Mit dem Ablauf der Präklusivfrist erlöschen die nicht angemeldeten
Ansprüche.

VI. Besondere Bestimmungen hinsichtlich der Eisenbahnen.

§. 28[1]).   Jede Eisenbahnverwaltung ist verpflichtet:
1) die für die Beförderung von Mannschaften und Pferden erforderlichen
   Ausrüstungsgegenstände ihrer Eisenbahnwagen vorräthig zu halten;

---

[1] Hierzu AusfV. 1. April 76 (Anlage A).

2) die Beförderung der bewaffneten Macht und der Kriegsbedürfnisse zu bewirken;

3) ihr Personal und ihr zur Herstellung und zum Betriebe von Eisen= bahnen dienliches Material herzugeben.

§. 29[1]). Für die Bereithaltung der Ausrüstungsgegenstände der Eisen= bahnwagen (§. 28 Nr. 1) wird eine Vergütung nicht gewährt.

Für die Militärtransporte (§. 28 Nr. 2) und die Hergabe von Betriebs= material (§. 28 Nr. 3) erhalten die Eisenbahnverwaltungen Vergütungen nach Maßgabe eines vom Bundesrathe zu erlassenden und von Zeit zu Zeit zu revidirenden allgemeinen Tarifs.

Die Vergütung für das übrige hergegebene Material wird gemäß §§. 15 und 33 festgesetzt.

§. 30. Die den Eisenbahnverwaltungen nach §. 29 zu gewährenden Vergütungen werden bis nach Eingang, Prüfung und Feststellung der Liquidationen gestundet und von dem ersten Tage des auf den Eingang der gehörig belegten Liquidation folgenden Monats mit vier vom Hundert ver= zinst. Die Zahlung der festgestellten Beträge und Zinsen erfolgt nach Maß= gabe der verfügbaren Mittel. Hinsichtlich des Aufrufes und der Präklusion bei auf Grund des §. 20 zu erhebenden Ansprüche finden die Bestimmungen im §. 22 analoge Anwendung.

§. 31[2]). Die Verwaltungen der Eisenbahnen auf dem Kriegsschauplatze selbst oder in der Nähe desselben haben bezüglich der Einrichtung, Fort= führung, Einstellung und Wiederaufnahme des Bahnbetriebes den An= ordnungen der Militärbehörde Folge zu leisten.

Im Falle des Zuwiderhandelns gegen diese Anordnungen ist die Militär= behörde berechtigt, dieselben auf Kosten der Eisenbahnverwaltungen zur Ausführung zu bringen.

VII. Schlußbestimmungen.

§. 32. Der Zeitpunkt, mit welchem der Friedenszustand für die ge= sammte bewaffnete Macht oder einzelne Abtheilungen derselben wieder ein= treten und die Verpflichtung zu Leistungen nach Maßgabe dieses Gesetzes aufhören soll, wird jedesmal durch Kaiserliche Verordnung festgestellt und im Reichs=Gesetzblatte bekannt gemacht.

§. 33[1]). Soweit dieses Gesetz nicht besondere Anordnungen enthält, bestimmt der Bundesrath die Behörden, welche die vom Reiche zu gewährenden Vergütungen feststellen.

Die Festsetzung der Vergütung erfolgt in allen Fällen, in welchen dieses Gesetz nichts Anderes vorschreibt, auf Grund sachverständiger Schätzung.

Bei der Auswahl der Sachverständigen haben die Vertretungen der Kreise oder gleichartigen Verbände mitzuwirken.

---

[2]) MTrO. (VIII 3 Anl. B d. W.) § 18 Abs. 4. — Anm. 1.

Die Betheiligten sind zum Schätzungstermin vorzuladen.

Die Kosten fallen dem Reiche zur Last.

Im Uebrigen wird das von den gedachten Behörden zu beobachtende Verfahren, insbesondere der etwa einzuhaltende Instanzenzug, vom Bundesrath angeordnet.

§. 34. Bis zu anderweiter gesetzlicher Regelung gelten in Bezug auf die Zulässigkeit des Rechtsweges und den Gerichtsstand für Klagen aus Ansprüchen, welche wider das Reich auf Grund dieses Gesetzes erhoben werden, dieselben Vorschriften, welche für den Bundesstaat, in dessen Gebiet diese Ansprüche zu erfüllen sind, maßgebend sein würden, wenn die nämlichen Ansprüche gegen ihn zu richten wären.

§. 35. Für Leistungen, durch welche einzelne Bezirke, Gemeinden oder Personen außergewöhnlich belastet werden, sowie für alle durch den Krieg verursachten Beschädigungen an beweglichem und unbeweglichem Eigenthum, welche nach den Vorschriften dieses Gesetzes nicht, oder nicht hinreichend entschädigt werden, wird der Umfang und die Höhe der etwa zu gewährenden Entschädigung und das Verfahren bei Feststellung derselben durch jedesmaliges Spezialgesetz des Reichs bestimmt.

Anlage A (zu Anmerkung 1).
Verordnung, betreffend die Ausführung des Gesetzes vom 13. Juni 1873 über die Kriegsleistungen. Vom 1. April 1876 (RGB. 137). (Auszug.)

I. Kriegsleistungen der Gemeinden.
8. Zu §. 15.

Die im §. 15 festgestellte Norm der Vergütung nach den am Orte und zur Zeit der Leistung bestehenden Durchschnittspreisen findet auf alle Kriegsleistungen der Gemeinden — mit Ausschluß der in den §§. 9 bis 14 genannten — Anwendung. Sie greift also nicht Platz bezüglich der Vergütung für: Quartier und Stallung (§. 9), Naturalverpflegung (§. 10), Fourage (§. 11), Vorspann und Spanndienste (§. 12), Arbeitskräfte und Transportmittel, sowie Lagerstroh und Feuerungsmaterial für Lager und Bivouaks (§. 13), Benutzung von Gebäuden und Grundstücken (§. 14).

Soweit es sich um Gegenstände handelt, bezüglich deren regelmäßige amtliche Preisnotirungen stattfinden, sind letztere der Vergütung zu Grunde zu legen.

Im Uebrigen hat bei mangelnder Einigung die Feststellung auf Grund sachverständiger Schätzung (§. 33) zu erfolgen.

VI. Besondere Bestimmungen hinsichtlich der Eisenbahnen.
14. Zu §§. 28 und 29.

1. Der Bedarf an Gegenständen zur Ausrüstung von Eisenbahnwagen für die Beförderung von Mannschaften und Pferden wird von den vereinigten Ausschüssen des Bundesraths für das Landheer und die Festungen und für Eisenbahnen, Post und Telegraphen festgesetzt[1]).

---

[1]) Best., betr. die Ausrüstnng u. Einrichtung v. EisWagen für MilTransporte, abgedr. als Abschn. C. in: Militär-Eisenbahn-Ordnung II. Teil; Berl. 02, Jul. Springer. — MTrO. (VIII 3 Anl. B d. W.) § 36 Ziff. 18.

Das Reichs-Eisenbahn-Amt theilt diese Festsetzungen den einzelnen Eisenbahn-verwaltungen mit und überwacht deren Ausführung.

2. Durch ein vom Kaiser mit Zustimmung des Bundesraths zu erlassendes Reglement werden die näheren Bestimmungen getroffen, nach welchen jede Eisen-bahnverwaltung die Beförderung der bewaffneten Macht und der Kriegsbedürfnisse, sowie die Abrechnung mit den Militärbehörden zu bewirken hat²).

3. Das Reichs-Eisenbahn-Amt setzt den Maßstab fest, nach welchem die Eisenbahnverwaltungen ihr Personal, sowie ihr zur Herstellung und zum Betriebe von Eisenbahnen dienliches Material auf Erfordern herzugeben haben³). Die Hergabe selbst erfolgt nach Bedarf auf direkte Anforderung der vom Kaiser hierzu autorisirten Militärbehörden. Letztere haben das Reichs-Eisenbahn-Amt und dieses hat die betreffenden Landesregierungen stets darüber auf dem Laufenden zu erhalten, welches Personal und Material durch die Militärbehörden angefordert worden ist.

4. Der vom Bundesrath zu erlassende Tarif, nach welchem die in Gemäß-heit des §. 30 von den Eisenbahnverwaltungen zu stundende Vergütung für die Militärtransporte und für das von den Eisenbahnverwaltungen herzugebende Betriebsmaterial während der nach §. 32 durch Kaiserliche Verordnung zu be-stimmenden Dauer des Kriegszustandes zu erfolgen hat, wird nach seiner jedes-maligen Feststellung durch den Reichsanzeiger und durch das Zentral-Blatt für das Deutsche Reich veröffentlicht.⁴)

⁵) Für das ihr zur Verfügung gestellte Personal übernimmt die Militär-verwaltung die Zahlung der tarifmäßigen aufkommenden Friedenseinkommens. Eine Vergütung wird den Eisenbahnverwaltungen für die Hergabe von Personal nicht gewährt.

15. Zu §. 31⁵).

Welche Eisenbahnen als auf dem Kriegsschauplatze oder in der Nähe des-selben liegend anzusehen sind, bestimmt der Kaiser. Die Art und Weise, in welcher die zuständige Militärbehörde ihre Anordnungen bezüglich der Einrichtung, Fortführung, Einstellung und Wiederaufnahme des Betriebes auf diesen Bahnen im Falle des Zuwiderhandelns auf Kosten der Eisenbahnverwaltungen zur Aus-führung zu bringen hat, bestimmt sich im einzelnen Falle nach den besonderen Umständen.

Erforderlichenfalls kann die Militärbehörde die Verwaltungsvorstände der auf dem Kriegsschauplatze oder in der Nähe desselben liegenden Eisenbahnen ihrer auf Einrichtung, Fortführung, Einstellung und Wiederaufnahme des Bahnbetriebes bezüglichen Funktionen entheben und diese selbst übernehmen.

VII. Schlußbestimmungen.
16. Zu §. 33.

1. In allen Fällen, in welchen nach Maßgabe des §. 33 die Feststellung einer Vergütung auf Grund sachverständiger Schätzung stattzufinden hat und für welche nicht besondere abweichende Bestimmungen maßgebend sind, ist die Fest-stellung durch eine Kommission zu bewirken, welche aus

    a) einem Kommissar der betheiligten Landesregierung,

---

²) MTrO. (VIII 3 Anl. B d. W.).

³) Vorschr. üb. d. Hergabe v. Personal u. Material d. EisVerwaltungen an die MilBehörde u. Instr., betr. Kriegsbetrieb u. Militärbetrieb der Eisenbahnen, ge-nehmigt durch AE. 7. Juli 02, abgedr.

als Abschn. D. u. E. in dem in Anm. 1 bezeichn. Buche. — Ferner WehrO. (VIII 5 Anl. A d. W.) § 127.

⁴) MilTarif (VIII 3 Anl. C d. W.).— VIII 3 Anl. A d. W.

⁵) MTrO. § 18 Ziff. 3 ff. — Anm. 3.

b) einem Offizier,
c) einem Militärbeamten,
d) mindestens zwei Sachverständigen aus der Zahl der nach §. 33 Absatz 3
    bestimmten Persönlichkeiten

besteht.

Der Kommissar der Landesregierung leitet die Verhandlungen.

Die militärischen Mitglieder (b. und c.) werden von der betheiligten Militär=
verwaltung bestellt.

Die Sachverständigen werden von dem Kommissar der Landesregierung be=
rufen. Dieselben müssen vereidigt werden und dürfen bei der Sache mit ihrem
Interesse nicht betheiligt sein.

Ueber die Abschätzung, zu welcher die Interessenten zuzuziehen sind, ist ein
Protokoll aufzunehmen. . . . (folgen Best. über dessen Inhalt).

Hat die Kommission sich über den Betrag der zu gewährenden Vergütung
nicht zu einigen vermocht, so tritt die Entscheidung der zur Feststellung der Ver=
gütung zuständigen Behörde ein. Letztere hat, falls ihre Ansicht von derjenigen
der Mehrheit der Kommissionsmitglieder abweicht, eine wiederholte Schätzung durch
dieselbe oder durch eine ganz oder theilweise aus anderen Mitgliedern zusammen=
gesetzte Kommission zu veranlassen. Wird auch bei dieser wiederholten Schätzung
ein einstimmiger Kommissionsbeschluß nicht erzielt, so ist für die Feststellung der
Vergütung die Ansicht der Mehrheit der Kommissionsmitglieder maßgebend. Bei
Stimmengleichheit giebt die Stimme des Vorsitzenden den Ausschlag.

2. In denjenigen Bundesstaaten, in welchen Vertretungen von Kreisen oder
gleichartigen Verbänden bestehen, sind unter deren Mitwirkung geeignete Sach=
verständige für die verschiedenen, nach den Vorschriften des Kriegsleistungsgesetzes
nöthig werdenden Abschätzungen in genügender Zahl periodisch im voraus zu be=
stimmen. In denjenigen Bundesstaaten dagegen, in welchen dergleichen Verbands=
vertretungen nicht vorhanden sind, wird diese Bestimmung unter eventueller Mit=
wirkung geeigneter anderer Organe durch die Landesregierung erfolgen. Eine
Mitwirkung der Vertretungen der entschädigungsberechtigten Gemeinden findet in
der Auswahl der Taxatoren in keinem Falle statt.

17.

Zur bewaffneten Macht im Sinne des Gesetzes gehört auch die Marine.

Die durch das Gesetz und die Ausführungsbestimmungen den Organen der
Reichs=Militärverwaltung beigelegten Befugnisse stehen daher den entsprechenden
Organen der Kaiserlichen Marine gleichmäßig zu.

----

5. Reichs=Militärgesetz. Vom 2. Mai 1874 (RGB. 45)[1].

§. 65 Abs. 1. Reichs=, Staats= und Kommunalbeamte, sowie An=
gestellte der Eisenbahnen, welche der Reserve oder Landwehr[2] angehören,
dürfen für den Fall einer Mobilmachung oder nothwendigen Verstärkung des
Heeres hinter den ältesten Jahrgang der Landwehr zurückgestellt werden, wenn
ihre Stellen selbst vorübergehend nicht offen gelassen werden können und eine
geeignete Vertretung nicht zu ermöglichen ist[3].

----

[1] Witte S. 512 ff.
[2] Oder der Seewehr, (Ersatzreserve
u. Marine=Ersatzreserve: G. 11. Feb. 88
(RGB. 11) Art. II § 11, 20.

[3] Fast gleichlautend WehrO. 22. Juli
01 § 118, 4. Verfahren: WehrO.
Abschn. XXII (Anlage A).

Anlage A (zu Anmerkung 3).
Deutsche Wehrordnung. Vom 22. Juli 1901 (CB. Beil. zu Nr. 32) [1]**.**
Abschnitt XXII. Unabkömmlichkeitsverfahren (Auszug).
§. 125. Unabkömmlichkeitsgründe.

3. Vom Waffendienste werden zurückgestellt:

a) dauernd die zu einem geordneten und gesicherten Betriebe der Eisenbahnen unbedingt nothwendigen Beamten und ständigen Arbeiter;

b) vorläufig (§. 128,8) die übrigen im Eisenbahndienst angestellten Beamten und ständigen Arbeiter;

(c)

Über das Verfahren siehe §. 128 . . .

Auf Beamte und ständige Arbeiter mit Dampf betriebener Schmalspurbahnen bezieht sich die Bestimmung a und b im Allgemeinen nicht. Dieselben werden zur Sicherstellung des Betriebs während der ersten 7 Tage nach Ausspruch der Mobilmachung auf Antrag der Bahnverwaltungen bei den Bezirkskommandos von der Einberufung befreit, demnächst aber zum Waffendienste herangezogen. Unter besonderen Verhältnissen darf jedoch in Betreff Zurückstellung vom Waffendienste die Gleichstellung dieser Beamten usw. mit denen der normalspurigen Eisenbahnen erfolgen. Bezügliche Anträge werden an das Reichs-Eisenbahn-Amt gerichtet und von diesem im Einvernehmen mit dem Chef des Generalstabs der Armee entschieden.

8. Sobald die älteste Jahresklasse der Landwehr (Seewehr) zweiten Aufgebots bezw. des Landsturms einberufen, erlischt jedes Anrecht auf Zurückstellung.

§. 127. Verwendung des dienstpflichtigen Eisenbahnpersonals.

1. Nach §. 28,3 des Gesetzes über die Kriegsleistungen vom 13. Juni 1873 haben die Eisenbahnen ihr Personal im Kriegsfalle der Militärbehörde zur Verfügung zu stellen.

2. Die Vertheilung des für Feldeisenbahnformationen heranzuziehenden dienstpflichtigen Personals auf die einzelnen Bahnverwaltungen findet bereits im Frieden durch den Chef des Generalstabs der Armee im Einverständniß mit dem Reichs-Eisenbahn-Amte statt. Das Ergebnis ist vom Chef des Generalstabs der Armee der Inspektion der Verkehrstruppen mitzutheilen.

3. Die Mannschaften werden nur summarisch vertheilt. Die Auswahl und Bezeichnung der einzelnen Leute bleibt den Bahnverwaltungen überlassen.

Es dürfen jedoch nur Personen ausgewählt werden, welche für die bezeichneten Stellen völlig geeignet, sowie felddienstfähig sind.

Offiziere und Offizierstellvertreter können unter namentlicher Bezeichnung von dem Chef des Generalstabs der Armee oder dem Inspekteur der Verkehrstruppen für die von ihnen aufzustellenden Formationen beansprucht werden.

Den Bahnverwaltungen bleibt es anheimgestellt, Anträge auf Belassung einzelner schwer zu ersetzender Beamten bei der anfordernden Stelle vorzulegen.

Ueber den Abgang eines zu Feldeisenbahnformationen bestimmten Offiziers hat das heimathliche Generalkommando desselben Mittheilung an den Inspekteur der Verkehrstruppen zu machen, welche den Ersatz bestimmen.

---

[1] In der Fassung des AE. 25. März 04 (CB. 85). — Militär. Ergänzungsbest. in der HeerO. 22. Nov. 88 (mit Ergänzungen im Neudruck veröffentlicht Berlin 1904 bei Mittler) § 32, 3. 4; § 33, 6; § 42, 1. 6. 9. 12; § 43, 3. 8; § 47, 3; § 51, 3.

4. Nach stattgehabter Vertheilung reichen die Bahnverwaltungen dem In=
spekteur der Verkehrstruppen namentliche Listen der von ihnen bezeichneten
Mannschaften nach Muster 21*) ein.

Dieser theilt sodann den Generalkommandos mit, wie viele und welche
Mannschaften, von welchen Bahnverwaltungen und wohin dieselben einzuberufen sind.

Treten Aenderungen hinsichtlich der bestimmten Mannschaften ein, so haben
die Generalkommandos im Benehmen mit den Bahnverwaltungen Ersatz sicher zu
stellen. Mittheilung über solche Neubestimmungen erfolgt durch Vermittelung des
Generalkommandos an die Inspektion der Verkehrstruppen.

In Sachsen und Württemberg erfolgt die Einreichung der Listen usw. durch
Vermittelung des zuständigen Kriegsministeriums.

§. 128. Zurückstellung des dienstpflichtigen sowie des als aus=
gebildet dem Landsturm zweiten Aufgebots angehörigen Eisen=
bahnpersonals vom Waffendienste.

1. Zu demjenigen Eisenbahnpersonal, welches nach §. 125,3 vom Waffen=
dienste zurückzustellen ist, gehören:
    a) höhere Eisenbahnbeamte;
    b) Verwaltungs= und Expeditionspersonal;
    c) Fahrpersonal;
    d) Bahndienst= und Stationspersonal;
    e) ständige Eisenbahnarbeiter.

2. Ausgenommen sind Gepäckträger, Perrondiener, Stationsnachtwächter,
Mannschaften, die nur in Erdschächten arbeiten, Kanzleidiener, Schreiber.

3. a) Die Zurückstellung des zum Waffendienst nicht heranzuziehenden
    dienstpflichtigen Eisenbahnpersonals ist im Januar jedes Jahres
    unter Uebersendung einer nach Muster 22*) aufgestellten Gesammtliste
    — getrennt nach den Gruppen a und b des §. 125,3 — und einer
    Bescheinigung über die Anstellung im Eisenbahndienste für jeden
    Einzelnen nach Muster 23*) durch die Bahnverwaltungen bei den
    Bezirkskommandos zu beantragen (siehe Ziffer 7).

    Veränderungsnachweisungen zu dieser Liste, enthaltend Zugänge
    und Versetzungen, sind unter Beifügung der Anstellungsbescheinigungen
    zum 15. April, 15. Juli und 15. Oktober jedes Jahres von den
    Bahnverwaltungen den Bezirkskommandos einzusenden.

    b) Eines Antrags auf Zurückstellung des ausgebildeten dem Landsturm
    zweiten Aufgebots angehörigen Eisenbahnpersonals vom Waffen=
    dienste bedarf es im Frieden nicht. Dasselbe bleibt bei Aufruf des
    Landsturms vorläufig von der Einberufung zum Waffendienst auf
    Grund einer eintretenden Falles vorzuzeigenden Bescheinigung über die
    Anstellung bezw. Beschäftigung im Eisenbahndienste (Ziffer 1) befreit.
    Ueber die eventuelle Heranziehung zur Ergänzung von Eisenbahn=
    formationen trifft der Chef des Generalstabs der Armee im Ein=
    verständniß mit dem Reichs=Eisenbahn=Amte Verfügung. Das Ergebniß
    ist von Ersterem der Inspektion der Verkehrstruppen mitzutheilen.

4. Die verfügte Zurückstellung der unter 3. a genannten Personen wird auf
der daselbst erwähnten Bescheinigung vermerkt und hat bis zum 1. April des
nächsten Jahres Gültigkeit.

---

*) Hier nicht abgedruckt.

5. Scheiden Mannschaften in der Zwischenzeit aus dem Bahndienste gänzlich aus, so sendet die Bahnverwaltung die gedachte Bescheinigung mit bezüglichem Vermerk dem Bezirkskommando unverzüglich zu.

6. Außerterminliche Gesuche um Zurückstellung vom Waffendienste sind nur bei den unter Ziffer 1. a aufgeführten Beamten zulässig.

Zugänge, welche durch die Veränderungsnachweisungen (Ziffer 3. a) zur Kenntniß des Bezirkskommandos gelangen, gelten als terminmäßige Gesuche.

7. Vorstehende Festsetzungen finden auf Offiziere des Beurlaubtenstandes gleichfalls Anwendung, sofern dieselben nicht dem Beurlaubtenstande der Eisenbahnbrigade angehören. In letzterem Falle ist eine Zurückstellung derselben vom Waffendienst ebensowenig wie für Vizefeldwebel, welche dem Beurlaubtenstande der Eisenbahnbrigade angehören, zu beantragen.

8. Ueber die spätere Verwendung mit der Waffe des von dem Chef des Generalstabs für Feldeisenbahnformationen nicht beanspruchten und bei Eintritt einer Mobilmachung den Eisenbahnen vorläufig belassenen, später aber entbehrlichen dienstpflichtigen usw. Personals (§. 125, 3. b) das Weitere zu veranlassen, bleibt dem Königlich preußischen Kriegsministerium vorbehalten.

IX. Post= und Telegraphenwesen.

1. Einleitung.

Dem Verkehrsbedürfnis entsprechend sind die Eisenbahnverwaltungen ver= pflichtet, die Beförderung der Postsendungen zu bewirken und bei der Regelung ihres eigenen Betriebs auf die Interessen der Postverwaltung Rücksicht zu nehmen. Die beiderseitigen Beziehungen sind durch das Eisenbahn=Post=Gesetz nnd die dazu erlassenen Ausführungsvorschriften — Allgemeine Vollzugsbestimm= ungen und Bestimmungen betreffend die Verpflichtungen der Eisen= bahnen untergeordneter Bedeutung für die Zwecke des Postdienstes — (Nr. 2 mit Anl. A u. B) geordnet. Wenn nach diesen Bestimmungen (wie nach dem früheren preußischen Recht) die Eisenbahnen die Postbeförderung inner= halb gewisser Grenzen unentgeltlich auszuführen haben, so erklärt sich das aus dem Umstande, daß die Entwicklung des Eisenbahnwesens schon in ihren Anfängen — EisG. §. 36 — den Staat veranlaßte, den Postbetrieb umzugestalten und im Interesse der Eisenbahnen auf einen Teil des bisherigen Postregals zu verzichten.

Das Recht, Telegraphenanlagen für Vermittelung von Nachrichten her= zustellen und zu betreiben, steht ausschließlich dem Reiche zu. Von diesem Grund= satze muß für die Eisenbahnen eine Ausnahme gemacht werden, indem die Be= nutzung eigener Telegraphenanlagen, sog. Bahntelegraphen, für Dienstzwecke zu den notwendigsten Bedürfnissen des Eisenbahnbetriebs gehört und es zugleich im Interesse der Eisenbahnreisenden liegt, sich des Bahntelegraphen für private Nachrichten zu bedienen. Hierüber trifft nähere Bestimmung das Telegraphen= gesetz mit dem Reglement über die Benutzung der Eisenbahntele= graphen zur Beförderung von Privattelegrammen und der Tele= graphenordnung (Nr. 3 mit Anl. A u. Unteranl. A 1). Ferner finden sich eisenbahnrechtliche Vorschriften in der Verordnung betreffend die ge= bührenfreie Beförderung von Telegrammen (Nr. 3 Unteranlage A 2). — Andererseits sind die Bahnverwaltungen verpflichtet, der Telegraphenverwaltung die Anlegung von Leitungen auf dem Bahngebiet zu gestatten, aber auch berechtigt, die Stangen der Reichstelegraphenlinien zur Befestigung von Drähten mitzubenutzen. Die hiermit zusammenhängenden beiderseitigen Beziehungen regelt der Bundesratsbeschluß 21. Dez. 68 (Nr. 4 Anl. A), in dessen Aus= führung die StEB. mit dem Reichspostamt den Vertrag $\frac{28. \text{Aug.}}{8. \text{Sept.}}$ 88 (Nr. 4 Unteranl. A 1) abgeschlossen hat. — Die Rechtsverhältnisse, die sich aus dem Zu= sammentreffen von Reichstelegraphen= mit anderen Anlagen ergeben, behandelt neben dem Telegraphengesetz das namentlich für die Interessen der Kleinbahnen wichtige Telegraphenwegegesetz (Nr. 4).

2. Gesetz, betreffend die Abänderung des §. 4 des Gesetzes über das Postwesen des Deutschen Reichs vom 28. Oktober 1871.
Vom 20. Dezember 1875 (RGB. 318)[1].
Einziger Paragraph.

An die Stelle des §. 4 des Gesetzes über das Postwesen des Deutschen Reichs vom 28. Oktober 1871 (Reichs-Gesetzbl. S. 347) treten die nachfolgenden Bestimmungen:

Art. 1[2]. Der Eisenbahnbetrieb[3] ist, soweit es die Natur und die Erfordernisse desselben gestatten, in die nothwendige Uebereinstimmung mit den Bedürfnissen des Postdienstes zu bringen.

Die Einlegung besonderer Züge für die Zwecke des Postdienstes kann jedoch von der Postverwaltung nicht beansprucht werden.

Bei Meinungsverschiedenheiten zwischen der Postverwaltung und den Eisenbahnverwaltungen über die Bedürfnisse des Postdienstes, die Natur und die Erfordernisse des Eisenbahnbetriebes entscheidet, soweit die Postverwaltung sich bei dem Ausspruche der Landes-Aufsichtsbehörde[3] nicht beruhigt, der Bundesrath, nach Anhörung der Reichs-Postverwaltung und des Reichs-Eisenbahn-Amts.

Art. 2[4]. Mit jedem für den regelmäßigen Beförderungsdienst der Bahn bestimmten Zuge ist auf Verlangen der Postverwaltung Ein von dieser gestellter Postwagen unentgeltlich zu befördern[5]. Diese unentgeltliche Beförderung umfaßt:

a) die Briefpostsendungen, Zeitungen, Gelder mit Einschluß des un-
gemünzten Goldes und Silbers, Juwelen und Pretiosen ohne Unter-

---

[1] **Inhalt.** Das „Eisenbahnpostgesetz" regelt die Verpflichtungen der Eisenbahnen der Postverwaltung gegenüber. Art. 1 Allgemeines; Art. 2—5 Beförderung der Postsendungen mit der Eis.; Art. 6 Beschaffung, Unterhaltung usw. der EisPostwagen; Art. 7 desgl. von Post-Diensträumen; Art. 8 Unfälle des Postpersonals; Art. 9, 10 Ausführungsbest.; Art. 11—13 Übergangs- u. Schlußbest. — Vollzugsbest. 9. Feb. 76 (Anlage A). — FinanzO. XII 260 ff. — Quellen Reichstag 75 Drucks. Nr. 4 (Entw. u. Begr.), 58 (KomB.); StB. 25, 366, 413, 427.

[2] Hierzu Vollzugsbest. (Anl. A).

[3] Eisenbahnen i. S. des G. sind nur Eis. im engeren Rechtssinne (I 1 d. W.). Im vollen Umfange trifft der Inhalt des G. nur die Hauptbahnen; Nebenbahnen: Anl. B u. I 3 Anl. B Ziff. XII d. W.; Kleinbahnen: KleinbG. § 9,

42. — Landesaufsichtsbehörde i. S. des G. ist der Min.

[4] Die Postsendungen werden befördert entweder in besonderen Eisenbahn-Postwagen (Art. 2, 5, 6) oder in besonderen Eisenbahnwagen-Abteilen (Art. 3, 5) oder durch Personal der Eis.- od. der Postverwaltung ohne räumliche Absonderung (Art. 4) oder in Güterwagen (Art. 5) oder auf Überweisung seitens der Post durch die EisVerw. (Art. 5). — Zu Art. 2: Vollzugsbest. (Anl. A).

[5] Die Beförderung der Postwagen ist kein Frachtgeschäft, sondern Erfüllung einer gesetzl. Verpflichtung; die Eis. haftet für Beschädigung durch Betriebsunfälle usw. § 25; EisPostG. Art. 6 Abs. 2 bezieht sich nur auf die laufende Unterhaltung RGer. 29. Okt. 81 (EEE. II 137) u. 28. Sept. 85 (Arch. 86 S. 110, EEE. IV 231); dazu Schelcher in EEE. XI 257.

schied des Gewichts, ferner sonstige Poststücke bis zum Einzelngewichte von 10 Kilogramm einschließlich,

b) die zur Begleitung der Postsendungen, sowie zur Verrichtung des Dienstes unterwegs erforderlichen Postbeamten, auch wenn dieselben vom Dienste zurückkehren,

c) die Geräthschaften, deren die Postbeamten unterwegs bedürfen.

Für Poststücke, welche nicht unentgeltlich zu befördern sind, hat die Postverwaltung eine Frachtvergütung zu zahlen, welche nach der Gesammtmenge der auf der betreffenden Eisenbahn sich bewegenden zahlungspflichtigen Poststücke für den Achskilometer berechnet wird.

Die Mitbeförderung solcher Päckereien, welche nicht zu den Brief= und Zeitungspacketen gehören, soll bei Zügen, deren Fahrzeit besonders kurz bemessen ist, beschränkt oder ausgeschlossen werden, wenn dies von der Eisenbahn=Aufsichtsbehörde zur Wahrung der pünktlichen und sicheren Beförderung der betreffenden Züge für nothwendig erachtet wird, und andere zur Mitnahme der Päckereien geeignete Züge auf der betreffenden Bahn eingerichtet sind.

Art. 3[2]). Auf Grund vorangegangener Verständigung kann an Stelle eines besonderen Postwagens eine Abtheilung eines Eisenbahnwagens gegen Erstattung der für Herstellung und Wiederbeseitigung der für die Zwecke des Postdienstes erforderlichen Einrichtungen von der Eisenbahnverwaltung aufgewendeten Selbstkosten, sowie gegen Zahlung einer Miethe für Hergabe und Unterhaltung benutzt werden, welche nach Artikel 6 Absatz 5 zu berechnen ist.

Art. 4. Bei solchen für den regelmäßigen Beförderungsdienst der Bahn bestimmten Zügen, welche nicht in der in den Artikeln 2 und 3 bezeichneten Weise zur Postbeförderung benutzt werden, kann die Postverwaltung entweder, insoweit dies nach dem Ermessen der Eisenbahnverwaltung zulässig ist, der letzteren Briefbeutel, sowie Brief= und Zeitungspackete zur unentgeltlichen Beförderung durch das Zugpersonal überweisen, oder die Beförderung von Briefbeuteln, sowie Brief= und Zeitungspacketen durch einen Postbeamten besorgen lassen, welchem der erforderliche Platz in einem Eisenbahnwagen unentgeltlich einzuräumen ist.

Art. 5[2]). Reicht der eine Postwagen (Art. 2) oder die an[6]) Stelle für Postzwecke bestimmte Wagenabtheilung (Art. 3) für die Bedürfnisse des Postdienstes nicht aus, so sind die Eisenbahnverwaltungen auf rechtzeitige Anmeldung oder Bestellung gehalten, nach Wahl der Postverwaltung

mehrere Postwagen zur Beförderung zuzulassen,

oder der Postverwaltung zur Befriedigung des Mehrbedürfnisses geeignete Güterwagen oder einzelne geeignete Abtheilungen solcher

---

[6]) Einzuschalten: „dessen".

Personenwagen, deren übrige Abtheilungen in dem betreffenden
Zuge für Eisenbahnzwecke verwendbar sind, zu gestellen,
oder endlich die ihnen von der Postverwaltung überwiesenen Post=
sendungen zur eigenen Beförderung zu übernehmen.

Bei Zügen, auf denen die Beförderung von Postpäckereien ausgeschlossen
oder beschränkt ist (Art. 2 Abs. 3), darf die Gestellung außerordentlicher Trans=
portmittel seitens der Postverwaltung nicht beansprucht werden.   Die Ueber=
weisung von Postsendungen an die Eisenbahnverwaltungen ist nur insoweit
zulässig, als letztere sich bei dem betreffenden Zuge mit der Beförderung von
Gütern (Eil= oder Frachtgütern) befaßt und die zu überweisenden Poststücke
nicht in Geld= oder Werthsendungen bestehen.

Für die Beförderung eines zweiten oder mehrerer Postwagen, sowie für
die Gestellung und Beförderung der erforderlichen Eisenbahn=Transportmittel
ist von der Postverwaltung eine für den Achskilometer zu berechnende Ver=
gütung für die Beförderung der überwiesenen Poststücke aber die tarifmäßige
Eisenbahn=Eilfrachtgebühr zu zahlen.   Für die Mitbeförderung des etwa er=
forderlichen Postbegleitungspersonals und der Geräthschaften für den Dienst
wird eine Vergütung nicht gezahlt.

Art. 6[2]).   Die für den regelmäßigen Dienst erforderlichen Eisenbahn=
Postwagen werden für Rechnung der Postverwaltung beschafft.

Die Eisenbahnverwaltungen sind verbunden, die Unterhaltung[5]), äußere
Reinigung, das Schmieren und das Ein= und Ausrangiren dieser Wagen
gegen eine den Selbstkosten entsprechende Vergütung zu bewirken.

Wenn die im regelmäßigen Dienst befindlichen Eisenbahn=Postwagen
während des Stilllagers auf den Bahnhöfen der Endstationen im Freien
stehen bleiben, so ist dafür eine Vergütung nicht zu zahlen.   Letzteres gilt
auch für die Plätze auf den Bahnhöfen, welche der Postverwaltung zur Auf=
bewahrung der Perronwagen und sonstigen Geräthschaften für das Verladungs=
geschäft angewiesen werden.

Unbeladene Postwagen sind gegen Erstattung der für Eisenbahn=Güter=
wagen tarifmäßig zu entrichtenden Frachtgebühr zu befördern.   Für die Be=
förderung zur Eisenbahn=Reparaturwerkstatt und zurück findet eine Vergütung
nicht statt.

Wenn Eisenbahn=Postwagen beschädigt oder laufunfähig werden, so sind
die Eisenbahnverwaltungen gehalten, der Postverwaltung geeignete Güterwagen
zur Aushülfe zu überlassen.   Für diese Güterwagen hat die Postverwaltung
die nämliche Miethe zu bezahlen, welche die betreffende Eisenbahnverwaltung
im Verkehr mit benachbarten Bahnen für Benutzung fremder Wagen von
gleicher Beschaffenheit entrichtet.

Desgleichen sind die theilweise von der Post benutzten Eisenbahnwagen
(Art. 3), wenn sie laufunfähig werden, von den Eisenbahnverwaltungen auf
ihre Kosten durch andere zu ersetzen.

Art. 7[7]**.** Bei Errichtung neuer Bahnhöfe oder Stationsgebäude sind auf Verlangen der Postverwaltung die durch den Eisenbahnbetrieb bedingten, für die Zwecke des Postdienstes erforderlichen Diensträume mit den für den Postdienst etwa erforderlichen besonderen baulichen Anlagen von der Eisenbahnverwaltung gegen Miethsentschädigung zu beschaffen und zu unterhalten.

Dasselbe gilt bei dem Um= oder Erweiterungsbau bestehender Stationsgebäude, insofern durch die den Bau veranlassenden Verhältnisse eine Erweiterung oder Veränderung der Postdiensträume bedingt wird.

Bei dem Mangel geeigneter Privatwohnungen in der Nähe der Bahnhöfe sind die Eisenbahnverwaltungen gehalten, bei Aufstellung von Bauplänen zu Bahnhofsanlagen und bei dem Um= oder Erweiterungsbau von Stationsgebäuden auf die Beschaffung von Dienstwohnungsräumen für die Postbeamten, welche zur Verrichtung des durch den Eisenbahnbetrieb bedingten Postdienstes erforderlich sind, Rücksicht zu nehmen. Ueber den Umfang dieser Dienstwohnungsräume wird sich die Postverwaltung mit der Eisenbahnverwaltung und erforderlichen Falls mit der Landes=Aufsichtsbehörde[3]) in jedem einzelnen Falle verständigen. Für die Beschaffung und Unterhaltung der Dienstwohnungsräume hat die Postverwaltung eine Miethsentschädigung nach gleichen Grundsätzen wie für die Diensträume auf den Bahnhöfen zu entrichten.

Das Miethsverhältniß bezüglich der der Postverwaltung überwiesenen Dienst= und Dienstwohnungsräume auf den Bahnhöfen kann nur durch das Einverständniß beider Verwaltungen aufgelöst werden.

Werden bei Errichtung neuer Bahnhofsanlagen, sowie bei dem Um= oder Erweiterungsbau bestehender Stationsgebäude zur Unterbringung von Dienst= oder Dienstwohnungsräumen auf Verlangen der Postbehörde besondere Gebäude auf den Bahnhöfen hergestellt, so ist der erforderliche Bauplatz von den Eisenbahnverwaltungen gegen Erstattung der Selbstkosten zu beschaffen, der Bau und die Unterhaltung derartiger Gebäude aber aus der Postkasse zu bestreiten.

Art. 8[2]**.** Wenn bei dem Betriebe einer Eisenbahn ein im Dienst befindlicher Postbeamter getödtet oder körperlich verletzt worden ist, und die Eisenbahnverwaltung den nach den Gesetzen ihr obliegenden Schadensersatz dafür geleistet hat, so ist die Postverwaltung verpflichtet, derselben das Geleistete zu ersetzen, falls nicht der Tod oder die Körperverletzung durch ein

---

[7]) Die erstmalige Herstellung von Diensträumen kann nur bei Neuerrichtung, nicht auch bei Umbau usw. von Bahnhöfen verlangt werden; unter Abs. 2 fällt ein Umbau z. B., wenn er durch Verkehrsvermehrung auf der Station oder Einführung einer neuen Linie veranlaßt ist; zu den baulichen Anlagen i. S. Abs. 1 gehören nicht maschinelle Einrichtungen zum Heben u. Senken der Postsendungen, regelmäßig auch nicht Postschalter für das Publikum; das Rechtsverhältnis beider Verwaltungen ist keine Miete im Privatrechtssinn Gleim, EisRecht § 53. — E. 8. April 78 (EBB. 107) u. 21. Nov. 02 (EBB. 503) betr. Einrichtung von Telegr.=Betriebsstellen auf den Eisenbahnhöfen. — Zu Art. 7: Vollzugsbest. (Anl. A).

Verschulden des Eisenbahnbetriebs-Unternehmers oder einer der im Eisenbahn=
betrieb verwendeten Personen herbeigeführt worden ist[8]).

Art. 9. Der Reichskanzler ist ermächtigt, für Eisenbahnen mit schmalerer
als der Normalspur, und für Eisenbahnen, bei welchen wegen ihrer unter=
geordneten Bedeutung das Bahnpolizei=Reglement für die Eisenbahnen Deutsch=
lands nicht für anwendbar erachtet ist, die vorstehenden Verpflichtungen für
die Zwecke des Postdienstes zu ermäßigen oder ganz zu erlassen[9]).

Art. 10[2]). Durch die von dem Reichskanzler, nach Anhörung der
Reichs=Postverwaltung und des Reichs=Eisenbahn=Amts, unter Zustimmung
des Bundesraths zu erlassenden Vollzugsbestimmungen werden die näheren
Anordnungen über die Ausführung der vorstehenden Leistungen, sowie über die
Festsetzung und die Berechnung der Vergütung für die gegen Entgelt zu ge=
währenden Leistungen getroffen.

Art. 11. Auf die bei Erlaß dieses Gesetzes bereits konzessionirten Eisen=
bahngesellschaften und deren zukünftig konzessionirte Erweiterungen durch Neu=
bauten finden die vorstehenden Vorschriften insoweit Anwendung, als dies nach
den Konzessionsurkunden zulässig ist. Im Uebrigen bewendet es für die Ver=
bindlichkeiten der bereits konzessionirten Eisenbahngesellschaften bei den Be=
stimmungen der Konzessionsurkunden, und bleiben insbesondere in dieser Be=
ziehung die bis dahin zur Anwendung gekommenen Vorschriften über den
Umfang des Postzwanges und über die Verbindlichkeiten der Eisenbahnver=
waltungen zu Leistungen für die Zwecke des Postdienstes maßgebend.

Die bereits konzessionirten Eisenbahngesellschaften sind jedoch berechtigt,
an Stelle der ihnen konzessionsmäßig obliegenden Verpflichtungen für die

---

[8]) Art. 8 behandelt nur das Verhält=
nis zwischen Post= u. Eisenbahnverw.,
nicht auch die Ansprüche des Verletzten
usw. gegen Verw. gegenüber RGer.
22. Okt. 91 (XXVIII 89). Für die
Entschädigung des Verletzten usw. wegen
des durch den Unfall ihm erwachsenen
Schadens war früher im allg. das HPfG.
maßgebend; was die EisVerw. auf
Grund dieses G. geleistet hatte, mußte
ihr die PostVerw. ersetzen, wenn letztere
nicht den in Art. 8 oben bezeichneten
Beweis führte. Seit dem Inkrafttreten
des UnfallfürsG. (III 5 a d. W.) hat der
Verletzte usw. die durch dieses G. ge=
regelten Forderungen gegen die Post=
Verw. Ist zugleich eine Entschädigungs=
pflicht der EisVerw. nach dem HPfG.
begründet, so geht der Anspruch, der
nach dem HPfG. dem Verletzten usw.
zusteht, in Höhe der gemäß dem Unfall=
fürsG. zu gewährenden Bezüge auf die
Post über, jedoch nach UnfallfürsG. § 12
(jetzige Fassung) nur dann, wenn die

Voraussetzung des Art. 8, nämlich Ver=
schulden der EisVerw. oder ihrer Leute,
vorliegt. Das Verhältnis zwischen Post=
Verw. u. EisVerw. regelt sich also
folgendermaßen:

a) Ist — was die Post zu erweisen
hat — der Unfall von der EisVerw.
usw. verschuldet, so hat die Post
gegen die Eis. den Anspruch auf
Erstattung der gemäß dem Unfall=
fürsG. geleisteten, soweit nach dem
HPfG. diese Leistung der Eis. ob=
liegen würde; was die Eis. darüber
hinaus auf Grund des HPfG. zu
zahlen hat, bleibt zu ihren Lasten.

b) Andernfalls hat die Post ihrerseits
keinen Erstattungsanspruch, wohl
aber die Verpflichtung, der Eis. das
von ihr nach dem HPfG. geleistete
zu erstatten.

Ferner III 5 a Anm. 14. — Ähnlich
MTrO. (VIII 3 Anl. B d. W.) § 29
Abs. 4.

[9]) E. 28. Mai 79 (Anlage B).

Zwecke des Postdienstes die durch das gegenwärtige Gesetz angeordneten Leistungen zu übernehmen.

Art. 12. (Abs. 1 Übergangsbest. für Baden.)

Im Uebrigen kommen die Vorschriften dieses Gesetzes auf die im Eigenthum des Reichs oder eines Bundesstaates befindlichen, sowie auf die in das Eigenthum des Reichs oder eines Bundesstaates übergehenden Eisenbahnen mit dem Inkrafttreten dieses Gesetzes zur Anwendung.

Art. 13. Dieses Gesetz tritt mit dem 1. Januar 1876 in Kraft. Dasselbe findet auf Bayern und Württemberg keine Anwendung.

Anlagen zum Eisenbahnpostgesetze.

Anlage A (zu Anmerkung 1).
Erlaß des Reichskanzlers betreffend Vollzugsbestimmungen zum Eisenbahn-Postgesetze vom 20. Dezember 1875. Vom 9. Februar 1876 (CB. 87)[1].

Auf Grund der Vorschrift im Artikel 10 des Gesetzes vom 20. Dezember 1875, betreffend die Abänderung des § 4 des Gesetzes über das Postwesen des Deutschen Reichs vom 28. Oktober 1871, werden nach erfolgter Anhörung der Reichs-Postverwaltung und des Reichs-Eisenbahn-Amts, unter Zustimmung des Bundesraths, nachstehende Vollzugsbestimmungen erlassen:

I. Zu Art. 1 des Gesetzes. Die Entwürfe zu den Eisenbahnfahrplänen für die Personenbeförderung, sowie für diejenigen Güterzüge, welche nach Verständigung zwischen der Postverwaltung und der Eisenbahnverwaltung zur Beförderung von Postpäckereien benutzt werden sollen, sind der ersteren zur Wahrung ihrer Interessen rechtzeitig mitzutheilen. Die Feststellung der Fahrpläne geschieht unter Mitwirkung der Postverwaltung.

Die festgestellten Fahrpläne sind von den Eisenbahnverwaltungen ohne Verzug der Postverwaltung[2] mitzutheilen, welche diejenigen einzelnen Züge bezeichnet, die sie zur Postbeförderung benutzen wird.

II. Zu Art. 2. 1. Die Bezeichnung eines Zuges als Eil=, Schnell= oder Kurierzug reicht an sich nicht aus, um die Postpäckereien von der Beförderung mit demselben völlig auszuschließen.

2. Die Zahl der Postbeamten, welche zur Begleitung der Postsendungen sowie zur Verrichtung des Dienstes unterwegs bei jedem Zuge regelmäßig mitgehen sollen, wird von der Postverwaltung bestimmt und der Eisenbahnverwaltung mitgetheilt. Muß diese Zahl in einzelnen Fällen überschritten werden, so sind die außergewöhnlich mitreisenden Postbeamten seitens der Postverwaltung mit besonderen, auf die einzelnen Fahrten lautenden Legitimationskarten zu versehen.

3. Außer dem unter Nr. 2 gedachten Postbegleitungspersonal dürfen nur der jedesmalige Vorsteher desjenigen Postamts, welchem der Betrieb auf der

---

[1] Ziff. II 4 u. III 2 in der Fassung des E. 24. Dez. 81 (CB. 82 S. 4). — Die für die StEB. erlassenen Ausf.=Vorschr. sind in FinanzO. Teil XII (Ausg. 02) S. 225 ff., 263 ff. aufgenommen. Ferner E. 28. Juni 04 (ENB. 240) u. 22. Aug. 05 (ENB. 314) betr. Vergütung f. Mitbenutzung von elektr. Gepäckaufzügen durch d. Postverw.

[2] Nachw. der Oberpostdirektionen, mit denen ein unmittelbarer Verkehr der EisBehörden bei der Fahrplanfeststellung stattzufinden hat, CB. 81 S. 145 u. E. 3. u. 21. Juli 95 (CB. 512 u. 534).

Route zugewieſen iſt, ferner die Poſt=Aufſichtsbeamten und ſolche Perſonen zur Mitbeförderung in den Poſtwagen oder Wagenabtheilungen zugelaſſen werden, welche aus poſtdienſtlichen Gründen vom Poſtamts=Vorſteher des Kurſes oder von deſſen vorgeſetzter Behörde hierzu mit Erlaubnißſcheinen verſehen ſind. Perſonen, welche außer dem Poſtbegleitungsperſonal (Nr. 2) in den Poſtwagen oder Poſt= wagenabtheilungen mitreiſen, müſſen das Perſonengeld für die zweite Wagenklaſſe des betreffenden Zuges, und ſofern dieſer nur Wagen erſter Klaſſe führt, das Fahrgeld erſter Klaſſe entrichten. Die Eiſenbahnverwaltung iſt befugt, darüber zu wachen, daß eine mißbräuchliche Perſonenbeförderung in den Poſtwagen und Wagenabtheilungen nicht ſtattfinde.

4.[1]) Die Fracht für Beförderung zahlungspflichtiger Poſtſendungen wird, wie folgt, berechnet:

Für einen Zeitraum von vierzehn Tagen wird ermittelt, wie viele Poſtſtücke (mit Ausnahme der Briefpoſtſendungen, Zeitungen und Gelder) im Einzelgewicht von mehr als 10 Kilogramm mit jedem Zuge von jeder Station bis zur nächſt= folgenden befördert worden ſind, und wie viel das Gewicht dieſer zahlungspflichtigen Poſtſtücke von Station zu Station betragen hat. Dieſe Ermittelung wird durch die Poſtverwaltung bewirkt, und zwar abwechſelnd für die erſten und für die letzten vierzehn Tage des Monats Mai jeden Jahres. Der Eiſenbahnverwaltung ſteht die Mitwirkung bei der Ermittelung frei.

Die ermittelte Geſammt=Gewichtsſumme bei zahlungspflichtigen Poſtſendungen, welche zwiſchen je zwei Stationen befördert worden ſind, wird mit der Kilometer= zahl der Stationsentfernung vervielfältigt, und die gefundenen Summen werden zur Gewinnung einer Gewichtszahl in Kilogrammen für das Kilometer der Bahnlänge zuſammengerechnet.

Die ſo gewonnene Gewichtsſumme wird auf Achskilometer zurückgeführt, indem je 1000 Kilogramm=Kilometer auf das Achskilometer gerechnet, über= ſchießende Gewichtsbeträge bis zu 500 Kilogramm=Kilometer außer Anſatz gelaſſen, größere Beträge aber je als eine volle Achſe angeſetzt werden.

Die Frachtvergütung wird nach dem Satze von 0,20 M. für das Achs= kilometer berechnet. Durch Vervielfältigung der hiernach gefundenen Vergütungs= ſumme mit der Zahl 26 ergiebt ſich die von der Poſt= an die Eiſenbahnverwaltung in monatlichen Theilbeträgen zu zahlende Frachtvergütung für das laufende Rechnungsjahr.

Für die Stationslänge kommt die wirklich ausgemeſſene Entfernung (nicht die zu Tarifzwecken abgerundete Kilometerzahl) mit der Maßgabe zur Anwendung, daß Entfernungen unter 0,50 Kilometer nicht in Rechnung geſetzt, Entfernungen von 0,50 bis 0,99 Kilometer dagegen für ein volles Kilometer gerechnet werden.

Anderweite Feſtſetzungen der Frachtvergütungen können im Laufe eines Rechnungsjahres nur dann verlangt werden, wenn in der Benutzung der Bahn zu Zwecken des Poſtdienſtes erhebliche Veränderungen eingetreten ſind.

Bei Eröffnung neuer Strecken ſchon beſtehender Bahnen kann die Ermittelung im beiderſeitigen Einverſtändniſſe in der Art bewirkt werden, daß nur für die neueröffnete Strecke die Zahl der Kilogramm=Kilometer berechnet, dieſe Zahl der Zahl der Kilogramm=Kilometer für die übrigen Bahnſtrecken hinzugerechnet und ſolchergeſtalt die Zahl der zu vergütenden Achskilometer neu berechnet wird.

Bei neu angelegten Bahnen wird ſich die Poſtverwaltung mit der Eiſenbahn= verwaltung über den Zeitpunkt der Ermittelung für das Rechnungsjahr, in welchem die Betriebseröffnung erfolgt, in jedem einzelnen Falle verſtändigen.

III. Zu Art. 3. 1. Der Einſtellung vereinigter Poſt= und Eiſenbahnwagen muß eine Verſtändigung zwiſchen der Poſt= und Eiſenbahnverwaltung über die

Größe und die Einrichtung der für die Post zu bestimmenden Räume, sowie über die Zahl und Gattung von Eisenbahnwagen, in welchen diese Räume herzustellen sind, vorhergehen.

2.[1]) Sofern die innere Ausstattung der für Postzwecke bestimmten Abtheilung und deren demnächstige Wiederentfernung in einer Werkstatt der betreffenden Eisenbahnverwaltung erfolgt, können

a) die verwendeten Materialien mit dem Selbstkostenpreise und

b) die Arbeitslöhne mit dem wirklich aufgewendeten Betrage

in Rechnung gestellt werden. Außer Ansatz bleiben Brennmaterialien, Nägel, kleine Schrauben und sonstige geringfügige Artikel, sowie Ausgaben für die in den Werkstätten zu allgemeinen Verrichtungen verwendeten Bediensteten und Arbeiter. Für die hiernach nicht liquidirten Leistungen soll

c) ein Aufschlag von 100 Prozent der berechneten Arbeitslöhne (unter b) zum Ansatz kommen.

3. Für die Benutzung der fraglichen Räume zahlt die Postverwaltung eine Miethe, welche, so lange das seit dem 1. Mai 1875 gültige Regulativ für die gegenseitige Wagenbenutzung im Bereiche der deutschen Eisenbahnen Anwendung behält, bei Verwendung von Güter= oder Gepäckwagen an Laufmiethe 0,01 M. für den Kilometer und an Zeitmiethe 1 M. für den Tag, bei Verwendung von Personenwagen aber an Laufmiethe 0,02 M. für den Kilometer und an Zeit= miethe 2 M. für den Tag mit der Maßgabe beträgt, daß die hiernach für den ganzen Wagen zu berechnende Vergütung auf die Postabtheilung nach dem Ver= hältniß der Länge derselben zur Wagenlänge berechnet wird. Die Zeitmiethe wird für so viele Wagen, einschließlich der erforderlichen Reservewagen entrichtet, als nach der zwischen der Post= und Eisenbahnverwaltung gemäß Nr. 1 getroffenen Verabredung für den regelmäßigen Postverkehr auf den Strecken der Eisenbahn= verwaltung wirklich eingerichtet sind.

In dieser Miethe sind die Kosten für die Unterhaltung, für das jedesmalige Ein= und Ausrangiren der betreffenden Wagen in die Züge und aus den Zügen, für die äußere Reinigung und für das Schmieren mitbegriffen. Für die innere Reinigung, sowie für die etwaige Heizung und innere Erleuchtung hat die Post= verwaltung für eigene Rechnung zu sorgen.

Soweit die Wagen auf den Bahnen verschiedener Eisenbahnverwaltungen durchbenutzt werden, tritt die Postverwaltung über die zu zahlende Miethe nur mit Einer Eisenbahnverwaltung in Abrechnung.

IV. Zu Art. 5. 1. Die außergewöhnlichen Transportmittel sind bei der Eisenbahnverwaltung schriftlich zu bestellen. Die Bestellung muß möglichst zeitig vor der bestimmten Abfahrtszeit der Züge geschehen.

2. Die für die Hergabe und Beförderung außerordentlicher Transportmittel von der Postverwaltung zu zahlenden Vergütungen betragen für den Achskilometer:

a) für Postwagen . . . . 0,08 M.

b) für Güterwagen oder Abtheilungen von Personenwagen . 0,10 M.

In den vorstehenden Sätzen sind die Vergütungen für das Ein= und Aus= rangiren der betreffenden Wagen in die Züge und aus denselben, ferner die Vergütungen für Reinigung und Schmieren der Wagen, sowie für die Zurück= schaffung der der Eisenbahnverwaltung gehörigen außerordentlichen Transportmittel mitbegriffen.

Für die etwaige Heizung und innere Erleuchtung der gestellten Wagenräume sorgt die Postverwaltung für eigene Rechnung.

3. Die Postverwaltung darf verlangen, daß ihr die Benutzung der für sie auf einer Eisenbahn gestellten außerordentlichen Transportmittel, namentlich der

Eisenbahn=Güter= und der Postwagen, auch über den Bereich dieser Bahn hinaus, und zwar insoweit gestattet werde, als im Eisenbahndienste selbst eine Durch=benutzung der Wagen auf anschließenden Bahnen stattfinden kann, und als außerdem eine Umladung der Postgüter an den Uebergangspunkten nicht ohne Beeinträchtigung des regelmäßigen Ganges der Postgüter zu bewirken sein würde.

Die Zahlung der Hergabe= und Beförderungsvergütungen findet der Regel nach an jede Eisenbahnverwaltung, auf deren Bahn außerordentliche Transport=mittel benutzt worden sind, zum vollen Betrage und ohne Rücksicht darauf statt, ob die benutzten Wagen erst auf der betreffenden Bahn eingestellt, oder schon von weiterher durchgenommen worden sind. Jede Eisenbahnverwaltung, deren Wagen über den Bereich ihrer Bahn hinaus benutzt werden, hat sich daher wegen der ihr für die Weiterbeförderung zustehenden Miethe mit denjenigen Verwaltungen unmittelbar zu berechnen, auf deren Bahnen die Wagen weitergegangen sind.

4. Die Ueberweisung von Postsendungen an die Eisenbahnverwaltung soll sich vorzugsweise auf Poststücke von größerem Umfange und Gewicht beschränken. Die Ueberweisung geschieht mittelst doppelt ausgefertigter Versendungsscheine, von denen die Eisenbahnverwaltung ein Exemplar mit der Quittung über den Empfang der einzeln verzeichneten Stücke zurückgiebt, während sie das andere Exemplar zurückbehält.

Für jede Ablieferungsstation müssen besondere Versendungsscheine vorhanden sein. Die Ueberweisung muß so frühzeitig erfolgen, daß die Verladung in die Eisenbahnwagen vor Abgang des Zuges mit Ordnung bewirkt werden kann. Ist zur Verladung zeitweilig gehörige mitwirken, worüber der Eisenbahn Stations=vorsteher in Differenzfällen entscheidet, so darf seitens der Eisenbahn die Mitbeförderung mit dem betreffenden Zuge nicht versagt werden. Bei der Ablieferungsstation ist es Sache der Post, die Gegenstände von der Eisenbahn=verwaltung wieder abzufordern. Dabei wird von der Post in dem, in den Händen der Eisenbahnbeamten befindlichen Exemplare des Versendungsscheines Gegen=quittung geleistet. Auf Grund des Versendungsscheins zahlt die Postverwaltung die tarifmäßige Eilfrachtgebühr nach dem von der Eisenbahnverwaltung ermittelten Gesammtgewichte, wobei die Sendungen nach jeder Ablieferungsstation besonders tarifirt werden.

V. Zu Art. 6. 1. Den Bau der Postwagen vermittelt bei den Staatsbahnen die betreffende Eisenbahndirektion[3]), bei Privatbahnen die zunächst die Aufsicht führende Behörde.

2. Die zum Gebrauche auf einer Eisenbahn bestimmten Postwagen werden der Eisenbahnverwaltung überwiesen. Letztere hat die Verpflichtung, für den fort=gesetzt betriebsfähigen Zustand der überwiesenen Postwagen und überhaupt dafür, daß dieselben in guter Beschaffenheit bleiben, in gleichem Maße und in gleicher Weise zu sorgen, wie ihr diese Sorge hinsichtlich der eigenen Wagen obliegt. Auch die Beschaffung der erforderlichen Reservestücke zu den Eisenbahn=Postwagen wird von der betreffenden Eisenbahnverwaltung für Rechnung der Postverwaltung be=sorgt. Uebersteigt jedoch der Kostenaufwand für neue Reservestücke im Einzelfalle den Betrag von 1500 Mark, so ist zuvor eine Verständigung mit der Postverwaltung erforderlich. Die Eisenbahnverwaltung sorgt ferner für das Einrangiren der Post=wagen in die einzelnen Züge, sowie dafür, daß die Postverwaltung in jedem Zuge, bei welchem ein Postwagen mitgehen muß, solchen rechtzeitig vorfinde. Dagegen kann sie verlangen, daß ihr eine so große Anzahl von Postwagen überwiesen

---

[3]) Für StEB. EisDir. Berlin: Vorschr. f. d. Beschaffung v. Betriebsmitteln 26. Aug. 02 (VB. 165).

werde, als nach den für den Eisenbahnbetrieb bestehenden Grundsätzen zur Deckung des Bedarfs erforderlich ist.

3. Sind Postwagen zum durchlaufenden Gebrauch auf mehreren, unmittelbar aneinander schließenden Eisenbahnen zugleich bestimmt, so werden dieselben der Verwaltung einer dieser Bahnen überwiesen. Letztere übernimmt alsdann, was die Unterhaltung der Postwagen in Reparatur betrifft, die vorstehende Verpflichtung für die Ausdehnung des Kurses, und hat sich über die Art und Weise, in der die Verwaltungen der übrigen Bahnen hierbei mitzuwirken haben, mit diesen zu verständigen. Für das Einrangiren der Postwagen in die Züge, sowie für die Unterstellung der Reservewagen, und für die Auf= und Unterstellung der im regelmäßigen Gebrauch befindlichen Wagen an den Endstationen hat jede Verwaltung an ihrem Theile zu sorgen.

⁹) 4. Die Eisenbahnverwaltung läßt die nothwendig werdenden Revisionen der ihr überwiesenen Eisenbahn=Postwagen und die an den Eisenbahn=Postwagen auszuführenden Reparaturen in ihren eigenen oder sonst dazu geeigneten Werkstätten besorgen und empfängt dafür von der Postverwaltung die Selbstkosten zurück, welche nach den Grundsätzen der Vollzugsbestimmungen zu Artikel 3 berechnet werden können.

Die betreffenden Liquidationen müssen mit Attesten über die Nothwendigkeit und zweckmäßige Ausführung der Revisionen und Reparaturen und über die Angemessenheit der Preise versehen sein. Das bei Reparatur der Eisenbahn=Postwagen etwa entbehrlich gewordene alte Material wird von der Eisenbahnverwaltung entweder nach dem Gebrauchswerthe vergütet, oder in der Weise in Rechnung gestellt, daß der Erlös aus dem Verkaufe von dem Betrage der Liquidation abgezogen wird. In beiden Fällen genügt zur Begründung des Betrages die einfache Bescheinigung der Eisenbahnverwaltung.

5. Die für die äußere Reinigung und das Schmieren der Postwagen nach Maßgabe der Selbstkosten zu bemessende Entschädigung wird in einer Gesammtvergütung entrichtet, welche für den laufenden Achskilometer 0,20 Pfennig beträgt.

Für die Reinigung im Innern der Wagen, sowie für deren innere Erleuchtung und Heizung sorgt die Postverwaltung auf ihre eigene Rechnung.

Für die Aufstellung der nicht im regelmäßigen Dienst befindlichen Postwagen auf den Bahnhöfen im Freien hat die Postverwaltung eine Vergütung von 0,11 M. für den Tag und den Wagen, für die etwaige Unterstellung von Postwagen in gedeckten Räumen eine Vergütung von 0,55 M. für den Tag und den Wagen zu entrichten.

Für jedes durch den Betrieb bedingte Ein= und Ausrangiren von Postwagen oder Umstellen von im Zuge verbleibenden Postwagen hat die Postverwaltung als den Selbstkosten entsprechend den Betrag von 1 M. zu entrichten.

Verschiebungen der Postwagen mit dem Zuge, sowie das Umsetzen von Postwagen, welche sich in auf der Fahrt begriffenen Zügen befinden, werden als zu vergütende Rangirbewegungen nicht betrachtet.

6. Die im regelmäßigen Gebrauche befindlichen Postwagen können während des Stilllagers an den Endstationen im Freien stehen bleiben, sofern nicht Gelegenheit zur Unterstellung vorhanden ist, oder die vorhandene Gelegenheit für Eisenbahnwagen nicht benutzt wird. Reserve=Postwagen müssen für die Zeit des Nichtgebrauches, soweit thunlich, in Remisen trocken untergestellt werden.

---

⁹) VI 3 Anm. 29 d. W.

7. Für die Beförderung von zu Poftdienftzwecken nicht benutzten zurück=
gehenden Poftwagen wird eine Frachtgebühr nicht gezahlt, wenn die Eisenbahn=
verwaltung dieselben, was ihr freifteht, für ihre Zwecke benutzt.

8. Die im Gefetz Artikel 6 Abfatz 5 beftimmte Vergütung tritt auch in allen
denjenigen Fällen ein, wo ausnahmsweise an Stelle der regelmäßig mitgehenden
Poftwagen Eisenbahnwagen hergegeben werden.

VI. Zu Art. 7. 1. Bei Aufftellung der Bauprojekte zu den im Artikel 7
bezeichneten Neuanlagen oder Veränderungen ift der Poftverwaltung rechtzeitig
Gelegenheit zu geben, ihr Bedürfniß an Dienft= nnd Dienftwohnungsräumen
anzumelden.

Die Genehmigung des Bauplans fteht der Eisenbahn=Auffichtsbehörde zu.
In Ermangelung einer Verftändigung zwischen Poft= und Eisenbahnverwaltung
darüber, ob die von der Poft verlangten Dienfträume oder befonderen baulichen
Anlagen durch den Eisenbahnbetrieb bedingt find, und ob die Eisenbahnverwaltung
zur miethweifen Befchaffung von Dienftwohnungsräumen anzuhalten ift, fowie
endlich über die Lage und Einrichtung der Poftdienfträume entfcheidet der Bundes=
rath nach Maßgabe der Beftimmungen im Artikel 1 des Gefetzes.

2. Die von der Eisenbahnverwaltung befchafften Poftdienft= bezw. Dienft=
wohnungsräume find der Poftverwaltung in einem zur beabfichtigten Verwendung
geeigneten, gebrauchsfähigen Zuftande zu übergeben.

3. Die bauliche Unterhaltung bei bei Poft überwiefenen Räumlichkeiten ge=
fchieht von Seiten und für Rechnung der Eisenbahnverwaltung. Zur baulichen
Unterhaltung ift hierbei jedoch die Ausführung folcher Reparaturen ꝛc. nicht zu
rechnen, welche nach den in dem betreffenden Staate geltenden Beftimmungen
über die Unterhaltung von Dienftwohnungen der Staatsbeamten, für Rechnung
der Inhaber auszuführen find. Zwar hat die Eisenbahnverwaltung auch bei
Reparaturen diefer Art auf Verlangen der Poftverwaltung die Vermittelung zu
übernehmen; die Koften find aber der Poftverwaltung in Rechnung zu ftellen.

4. Für die Befchaffung und Unterhaltung der Poftdienft= bezw. Dienft=
wohnungsräume zahlt die Poftverwaltung an die Eisenbahnverwaltung eine jähr=
liche Miethsvergütung von fieben Prozent des Baukapitals.

Als Baukapital gilt der Betrag der Herftellungskoften einfchließlich des
Preifes für den Grund und Boden.

Bei Gebäuden, welche ausfchließlich von der Poftverwaltung benutzt werden,
wird das Baukapital ungetheilt zur Berechnung gezogen.

Bei folchen Gebäuden dagegen, in denen die Poftverwaltung nur einen Theil
der vorhandenen Räumlichkeiten benutzt, wird derjenige Theil des Baukapitals
des ganzen Gebäudes in Anfatz gebracht, welcher auf die von der Poftverwaltung
benutzten Räumlichkeiten nach dem Verhältniß des Raumes derfelben zu dem
Raume des ganzen Gebäudes entfällt, und ift dabei der Bauwerth der gemein=
fchaftlich benutzten Flure, Treppen und Bodenräume auf die Eisenbahn= und auf
die Poftverwaltung nach dem Verhältniß des von jeder Verwaltung benutzten
Raumes zu vertheilen. Unter dem Ausdrucke „Raum des ganzen Gebäudes“ ift
die Summe des quadratifchen Inhalts der lichten Räume fämmtlicher Etagen,
unter Hinzurechnung des Bodenraumes zu verftehen. Von diefer Gefammtfumme
ift vorweg die Summe der auf die gemeinfchaftlich benutzten Flur=, Treppen= und
Bodenräume fallenden Quadratmeter in Abzug zu bringen, fo daß es alfo in
Bezug auf jene gemeinfchaftlich benutzten Räume einer befonderen Repartition
nicht bedarf.

5. Die Reinigung, Erleuchtung und Heizung der zu dienftlichen Zwecken
benutzten Räume liegt derjenigen Verwaltung ob, welche die Räume benutzt. Die

Reinigung, Erleuchtung und Heizung der gemeinſchaftlich zu dienſtlichen Zwecken benutzten Räume beſorgt die Eiſenbahnverwaltung gegen Erſtattung der Hälfte eines zu berechnenden Koſtenpauſchquantums.

Für die Reinigung und Erleuchtung der für Dienſtzwecke gemeinſchaftlich benutzten Flure und Treppen werden nur die im Intereſſe des Poſtdienſtes etwa entſtehenden beſonderen Aufwendungen von der Poſtverwaltung erſtattet.

Die Reinigung und Erleuchtung der Flure und Treppen der Dienſtwohnungs= räume der Poſtbeamten liegt der Eiſenbahnverwaltung nicht ob.

6. Die für die Eiſenbahnreiſenden beſtimmten Warteſäle können auch von den Poſtreiſenden benutzt werden, und zwar unter denjenigen Bedingungen, bezüg= lich des Aufenthalts in denſelben, welche für die Benutzung der Warteſäle durch die Eiſenbahnreiſenden allgemein vorgeſchrieben ſind. Soweit den Eiſenbahnen durch die Aufnahme der Poſtreiſenden in den Warteſälen der Eiſenbahn nach= weisliche Mehrkoſten entſtehen, ſind dieſelben von der Poſtverwaltung zu erſtatten.

7. Die Stellen, wo Poſtſchilder und Briefkaſten anzubringen ſind, werden von der Poſtverwaltung nach vorheriger Verſtändigung mit der Eiſenbahnverwaltung beſtimmt.

8. Ueber die Baupläne für die beſonderen Poſtgebäude auf den Bahnhöfen, ſowie darüber, ob die Ausführung des Baues für Rechnung der Poſtkaſſe von der Eiſenbahnverwaltung zu übernehmen iſt, werden ſich die Poſtverwaltung und die Eiſenbahnverwaltung in jedem Einzelfall verſtändigen.

9. Wenn die Eiſenbahnverwaltung Veränderungen der Bahnhofsanlage vornehmen will, durch welche die zweckentſprechende Benutzung der Poſtlokalitäten unthunlich gemacht wird, ſo iſt die Poſtverwaltung berechtigt, die letzteren zurück= zugeben und nach Maßgabe der Feſtſetzungen im Artikel 7 die Zuweiſung anderer zweckentſprechender Räumlichkeiten in Anſpruch zu nehmen. Meinungsverſchieden= heiten darüber, ob ein ſolcher Fall vorliegt, werden auf dem im Artikel 1 des Geſetzes vorgeſchriebenen Wege erledigt.

VII. Zu Art. 8. Erſatzanſprüche, welche wegen einer bei dem Betriebe einer Eiſenbahn erfolgten Tödtung oder Verletzung eines im Dienſt befindlichen Poſtbeamten erhoben werden, wird die betreffende Eiſenbahnverwaltung alsbald zur Kenntniß der Poſtverwaltung bringen[*]).

Werden ſolche Erſatzanſprüche im Wege des Prozeſſes verfolgt, ſo wird die Eiſenbahnverwaltung nach Zuſtellung der Klage eine Abſchrift derſelben der Poſt= verwaltung mittheilen.

Die Mittheilung erfolgt in beiden Fällen an diejenige Kaiſerliche Oberpoſt= direktion, in deren Bezirk der Unfall ſich ereignet hat.

VIII. Allgemeine Beſtimmungen. Zu Art. 10.

1. Die Beamten der beiderſeitigen Verwaltungen ſind verpflichtet, bei Wahr= nehmung ihres Dienſtes dergeſtalt Hand in Hand zu gehen, daß das Intereſſe beider Verwaltungen nach Möglichkeit gefördert, Nachtheil für die eine oder die andere Verwaltung aber vermieden wird. Soweit ſolches mit den Intereſſen der eigenen Verwaltung verträglich erſcheint, müſſen die Beamten in allen Vor= kommniſſen des Dienſtes den Wünſchen der Beamten der anderen Verwaltung ſich willfährig beweiſen.

2. Den Anordnungen, welche zur Aufrechthaltung der Ordnung auf den Bahnhöfen, der Regelmäßigkeit und Sicherheit im Gange der Eiſenbahnzüge, ſowie

---

[*]) Die Unfallunterſuchung erfolgt durch die EiſVerw., welche die PoſtVerw. nach Beſt. des E. 13. Nov. 88 (EVV. 396) zu beteiligen hat.

auf Grund bahnpolizeilicher Vorschriften von der Eisenbahnverwaltung oder von den mit der Ausübung der Bahnpolizei betrauten Eisenbahnbeamten getroffen werden, sind auch die Postbeamten nachzukommen verbunden.

Bei Erlaß der bezüglichen Anordnungen ist eine Beschränkung und Erschwerung des Postverkehrs thunlichst zu vermeiden. Insbesondere ist zu jeder Zeit, wo solches im Postinteresse nothwendig erscheint, der Zugang zu den auf den Bahnhöfen befindlichen Postbureaus offen zu erhalten; auch muß zur Zeit der Ankunft, der Abfahrt und des Durchganges der Züge den dienstthuenden Postbeamten der Zutritt zu den Perrons gestattet werden[6]), imgleichen auch dem die Briefkasten an den Postwagen benutzenden Publikum, insofern nicht die Eisenbahnverwaltung aus besonderen Gründen das Betreten des Perrons zu beschränken genöthigt ist und diese Gründe von der Eisenbahnaufsichtsbehörde gebilligt werden. Den anschließenden Posten ist das Aufstellen an den Bahnhöfen an geeigneten Stellen, soweit solche vorhanden sind, zu gestatten.

Die Plätze, wo das Ein= und Ausladen der Postgüter in die und aus den Eisenbahnpostwagen zu geschehen hat, sind mit Rücksicht auf die Stelle, die der Postwagen im Zuge einnimmt, möglichst ein= für allemal zu bestimmen. Die Plätze sind, wo dies thunlich erscheint, so zu wählen, daß sie dem Andrange des Publikums nicht ausgesetzt sind. Müssen dieselben im ausschließlichen Interesse des Postdienstes Nachts erleuchtet werden, so trägt die Postverwaltung die Kosten.

3. Die Postbeamten sind verpflichtet, alle Vorsicht anzuwenden, um Unglücksfälle unterwegs zu vermeiden. Es bezieht sich dies nicht allein auf das Umgehen mit Feuer und Licht, auf das Schließen und Oeffnen der Postgüterwagen rc., sondern ganz besonders auch auf die Art des Verladens der Postgüter. Die einzelnen Achsen der Postwagen müssen möglichst gleichmäßig belastet, jede Ueberlastung aber muß sorgfältig vermieden werden. Nimmt der Eisenbahnstationsvorsteher eine Ueberlastung des ganzen Wagens oder eines Theiles desselben wahr, so ist er berechtigt und verpflichtet, sofortige Beseitigung dieses Uebelstandes zu verlangen.

Sobald die Postbeamten, von welchen Eisenbahnposttransporte begleitet werden, unterwegs eine Schadhaftigkeit an den Postwagen wahrnehmen, haben sie davon in geeigneter Art den Eisenbahnbeamten Nachricht zu geben.

4. Werden an Eisenbahnhaltestellen, wo besondere Postanstalten sich nicht befinden, von der Postverwaltung Briefkasten aufgestellt, so wird die Eisenbahnverwaltung, soweit dies ohne Beeinträchtigung der Sicherheit des Betriebes zulässig ist, nach Verständigung mit der Postverwaltung den Eisenbahnbeamten, welchem die Wahrnehmung des Dienstes an der Haltestelle obliegt, verpflichten, sich der Beaufsichtigung des Briefkastens zu unterziehen, denselben kurz vor Durchgang jedes Zuges zu eröffnen und die darin befindlichen Briefe den Postbeamten, welche die Züge begleiten, während des Anhaltens derselben zu übergeben.

Unter den gleichen Voraussetzungen wird die Eisenbahnverwaltung den Eisenbahnbeamten einer solchen Haltestelle auch beauftragen, die Auswechselung verschlossener Brieftaschen oder Briefpackete zwischen Postanstalten und solchen Personen, welche in der Nähe der Haltestelle wohnen, zu vermitteln.

5. Die Eisenbahnstationsvorsteher sind verpflichtet, den Vorstehern der Ortspostanstalten von allen Störungen im Eisenbahnbetriebe, welche auf den Postdienst von Einfluß sein können, sowie von der erfolgten Beseitigung solcher Störungen, unverzüglich Mittheilung zu machen.

---

[6]) Erlaubnißkarten zum Betreten der Bahnanlagen E. 18. Mai 78 (EVB. 161), 23. Mai 95 (EVB. 392), 7. Dez. 00 (EMB. 609).

6. Bei Betriebsstörungen, welche die Weiterbeförderung des Postwagens nicht gestatten, sind die Briefpost und die Zeitungen, soweit der Fortschaffung derselben nicht unüberwindliche Hindernisse entgegenstehen, mit dem nächsten abgehenden Zuge weiter zu befördern. Bei gänzlicher Hemmung der Passage auf der Eisenbahn ist es Sache der Postverwaltung, für die Beförderung der Postsendungen durch Postbetriebsmittel zu sorgen[7]).

7. Jede Eisenbahnverwaltung tritt in Bezug auf ihre gesammten Forderungen an die Postverwaltung in der Regel mit nur einer Oberpostdirektion und zwar mit derjenigen in Abrechnung, in deren Bezirk der Ort belegen ist, an welchem die Eisenbahnverwaltung ihren Sitz hat. Die Abrechnungen sind vierteljährlich von der Eisenbahnverwaltung aufzustellen. Die Zahlung der Beträge erfolgt, sobald die Abrechnung von der Oberpostdirektion geprüft und festgestellt worden ist, kostenfrei aus der Oberpostkasse.

Anlage B (zu Anmerkung 9).
Bestimmungen des Reichskanzlers, betreffend die Verpflichtungen der Eisenbahnen untergeordneter Bedeutung zu Leistungen für die Zwecke des Postdienstes. Vom 28. Mai 1879 (CB. 380, EBB. 108).

I. Die Verpflichtungen der fortan auf Kosten des Reichs oder eines Bundesstaats oder im Wege der Privatunternehmung zur Anlage kommenden Eisenbahnen untergeordneter Bedeutung[1]) zu Leistungen für die Zwecke des Postdienstes regeln sich nach dem . . . Gesetze vom 20. Dezember 1875 und den dazu gehörigen Vollzugsbestimmungen, jedoch mit der Erleichterung, daß für die Zeit bis zum Ablauf von acht Jahren, vom Beginn des auf die Betriebseröffnung folgenden Kalenderjahres, an Stelle der Art. 2, 3 und 4 des vorbezogenen Gesetzes die nachstehenden Bestimmungen treten:

Die Bahnverwaltung ist verpflichtet, in jedem für den regelmäßigen Beförderungsdienst bestimmten Zuge auf Verlangen und nach freier Wahl der Reichspostverwaltung:

1. die Beförderung der Postsendungen durch die Vermittelung des Zugpersonals bewirken zu lassen, wofür die Postverwaltung eine Vergütung von einem Pfennig für den Zentner und den Kilometer der Beförderungsstrecke nach dem monatlichen Gesammtgewichte[2]) der von Station zu Station beförderten Poststücke, jedoch mit Ausschluß der unentgeltlich zu befördernden Briefbeutel, Brief= und Zeitungspackete, entrichtet. Die Postverwaltung wird dafür sorgen, daß die Poststücke thunlichst in Säcken oder Körben zusammengepackt zur Bahnbeförderung übergeben werden;

2. Briefbeutel, sowie Brief= und Zeitungspackete mit Ausschluß anderer Postsendungen zur Beförderung durch das Zugpersonal gegen eine Entschädigung von fünfundzwanzig Pfennigen für jeden in dieser Weise benutzten Zug zu übernehmen;

3. die Beförderung von Briefbeuteln, sowie Brief= und Zeitungspacketen durch einen Postbeamten zu gestatten, welchem der erforderliche Platz in einem Personenwagen dritter Klasse gegen Entrichtung eines Fahrgeldes von zwei Pfennigen für den Kilometer einzuräumen ist;

---

[7]) E. 29. Jan. 84 (EBB. 101).   Ziff. XII d. W.

[1]) Jetzt Nebenbahnen (VI 3 Anm. 3 b. W.). — Privatbahnen: I 3 Anl. B

[2]) Vereinfachung der Gewichtsermittelung E. 4. März 85 (EBB. 61).

4. eine Abtheilung eines Eisenbahnwagens zur Beförderung der Poftsendungen, des Poftbegleitpersonals und der erforderlichen Poftdienftgeräthe gegen die in Artikel 3 bezw. 6 des Eisenbahn=Poftgesetzes und den dazu gehörigen Vollzugsbestimmungen festgesetzte Entschädigung und gegen Entrichtung einer Frachtvergütung von einem halben Pfennig für den Zentner und Kilometer nach dem gemäß der Bestimmung zu 1 zu ermittelnden Gefammtgewichte der Poftstücke einzuräumen. Die Entscheidung darüber, ob die Wagenabtheilung in einem Personen= oder in einem Güterwagen einzurichten ist, steht der Poftverwaltung zu;

5. einen von der Poftverwaltung gestellten Eisenbahn=Poftwagen mit den darin befindlichen Poftsendungen, dem Poftbegleitpersonal und den erforderlichen Poftdienftgeräthen gegen Entrichtung einer Frachtvergütung von einem halben Pfennig für den Zentner und Kilometer nach dem gemäß der Bestimmung zu 1 zu ermittelnden Gesammtgewichte der Poftstücke zu befördern.

Sofern innerhalb des vorbezeichneten Zeitraums in den Verhältnissen der Bahn in Folge von Erweiterungen des Unternehmens oder durch den Anschluß an andere Bahnen oder aus anderen Gründen eine Aenderung eintreten sollte, durch welche nach der Entscheidung der obersten Reichs=Auffichtsbehörde die Bahn die Eigenschaft als Eisenbahn untergeordneter Bedeutung[1]) verliert, tritt das Eisenbahn=Poftgesetz mit den dazu gehörigen Vollzugsbestimmungen ohne Einschränkung in Anwendung.

11. Unter den Eisenbahnen untergeordneter Bedeutung im Sinne der vorstehenden Bestimmungen sind diejenigen verstanden, welche mit schmalerer als der Normalspur gebaut sind[2]), sowie diejenigen, auf welche vermöge ihrer untergeordneten Bedeutung die Bestimmungen des Bahnpolizei=Reglements für die Eisenbahnen Deutschlands vom 4. Januar 1875 von den zuständigen Landesbehörden im Einverständniß mit dem Reichs=Eisenbahn=Amte für nicht anwendbar erklärt sind[3]).

Auf die zur Zeit bereits im Betriebe oder Bau befindlichen Eisenbahnen untergeordneter Bedeutung wie auf bestehende Eisenbahnen, denen künftig der Karakter einer Eisenbahn untergeordneter Bedeutung beigelegt werden möchte, finden die Bestimmungen unter I. — vorbehaltlich meiner besonderen Bewilligung im Einzelfall — keine Anwendung.

---

3. Gesetz über das Telegraphenwesen des Deutschen Reichs.
Vom 6. April 1892 (RGB. 467).
(Auszug.)

§. 1. Das Recht, Telegraphenanlagen für Vermittelung von Nachrichten zu errichten und zu betreiben, steht ausschließlich dem Reich zu. Unter Telegraphenanlagen sind die Fernsprechanlagen mit begriffen.

§. 3. Ohne Genehmigung des Reichs können errichtet und betrieben werden:

2) Telegraphenanlagen, welche von Transportanftalten auf ihren Linien ausschließlich zu Zwecken ihres Betriebes oder für die

---

[3]) Schmalspurig können jetzt nach BO. § 9 (1) nur Nebenbahnen sein.

Vermittelung von Nachrichten innerhalb der bisherigen Grenzen benutzt werden [1]);

(3)

§. 4. Durch die Landeszentralbehörde wird, vorbehaltlich der Reichs=aufsicht (Art. 4 Ziffer 10 der Reichsverfassung), die Kontrole darüber geführt, daß die Errichtung und der Betrieb der im §. 3 bezeichneten Telegraphen=anlagen sich innerhalb der gesetzlichen Grenzen halten.

§. 9. Mit Geldstrafe bis zu eintausendfünfhundert Mark oder mit Haft oder mit Gefängniß bis zu sechs Monaten wird bestraft, wer vorsätzlich ent=gegen den Bestimmungen dieses Gesetzes eine Telegraphenanlage errichtet oder betreibt.

§. 10. Mit Geldstrafe bis zu einhundertundfünfzig Mark wird bestraft, wer den in Gemäßheit des §. 4 erlassenen Kontrolvorschriften zuwiderhandelt.

§. 11. Die unbefugt errichteten oder betriebenen Anlagen sind außer Betrieb zu setzen oder zu beseitigen. Den Antrag auf Einleitung des hierzu nach Maßgabe der Landesgesetzgebung erforderlichen Zwangsverfahrens stellt der Reichskanzler, oder die vom Reichskanzler dazu ermächtigten Behörden.

Der Rechtsweg bleibt vorbehalten.

§. 12. Elektrische Anlagen sind, wenn eine Störung des Betriebes der einen Leitung durch die andere eingetreten oder zu befürchten ist, auf Kosten desjenigen Theiles, welcher durch eine spätere Anlage oder durch eine später eintretende Änderung seiner bestehenden Anlage diese Störung oder die Gefahr derselben veranlaßt, nach Möglichkeit so auszuführen, daß sie sich nicht störend beeinflussen [2]).

---

[1]) Dahin die Bahntelegraphen. — Regl. 7. März 76 über Benutzung der EisTel. zur Beförderung solcher Telegramme, welche nicht den Bahndienst betreffen (Anlage A).

[2]) Auch ohne ausdrückliche Vorschrift in der Genehmigungsurkunde muß der Unternehmer einer Starkstromanlage (z.B. elektr. Straßenbahn) alle ausführbaren u. nicht betriebsgefährlichen Schutzvor=richtungen gegen die mit der Anlage verbundenen Gefahren treffen; es kann hierbei genügen, daß er sich verpflichtet, die Herstellungskosten zu tragen; § 12 befreit den älteren Unternehmer nicht von jeder Verantwortung für Gefähr=dungen, die durch Arbeiten an seinen Anlagen eintreten RGer. 26. Jan. 99 (XLIII 252). § 12 verpflichtet den jüngeren Unternehmer nur, bei der ersten Ausführung seiner Anlage diejenigen Vorkehrungen zu treffen, die nach dem derzeitigen Stande der Technik den wirk=samsten Schutz gegen Störungen usw. bieten, nicht aber auch, diese Vorkehrungen zu unterhalten, oder bei späteren tech=nischen Fortschritten durch bessere zu er=setzen RGer. 9. Jan. u. 23. Juni 02 (L 83 u. LII 63). Wird durch das Nebeneinanderbestehen zweier elektrischer Anlagen, von denen jede für sich polizei=lich zulässig ist, eine öffentliche Gefahr verursacht, so hat die Polizei, unabhängig davon, welches die ältere Anlage ist, die Wahl, an welchen der beiden Eigentümer sie sich behufs Beseitigung des polizei=widrigen Zustandes halten will OB. 11. Feb. 01 (XXXVIII 371). — Durch TelegrWegeG. (IX 4 d. W.) §5, 6 ist § 12 für die Fälle außer Kraft ge=setzt, in denen sich öffentliche TelegrLinien u. elektrische Anlagen innerhalb der Verkehrswege begegnen (v. Rohr, Telegr=WegeG. S. 23). — Schutz der Telegr.= u. FernsprAnlagen gegenüber elektr. Kleinb. I 4 d. W. Anm. 22 u. Anl. K.

§. 13. Die auf Grund der vorstehenden Bestimmung entstehenden Streitigkeiten gehören vor die ordentlichen Gerichte.

Das gerichtliche Verfahren ist zu beschleunigen (§§. 198, 202 bis 204[3]) der Reichs=Civilprozeßordnung). Der Rechtsstreit gilt als Feriensache (§. 202 des Gerichtsverfassungsgesetzes, §. 201[4]) der Reichs=Civilprozeßordnung).

§. 14. Das Reich erlangt durch dieses Gesetz keine weitergehenden als die bisher bestehenden Ansprüche auf die Verfügung über fremden Grund und Boden, insbesondere über öffentliche Wege und Straßen[5]).

§. 15. Die Bestimmungen dieses Gesetzes gelten für Bayern und Württemberg mit der Maßgabe, daß für ihre Gebiete die für das Reich fest= gestellten Rechte diesen Bundesstaaten zustehen. . . .

Anlage A (zu Anmerkung 1).

Erlaß des Reichskanzlers, betreffend Reglement über die Benutzung der innerhalb des deutschen Reichs-Telegraphengebiets gelegenen Eisenbahn-Telegraphen zur Beförderung solcher Telegramme, welche nicht den Eisenbahndienst betreffen. Vom 7. März 1870 (CV. 156)[1]).

§. 1. Sämmtliche Stationen der innerhalb des deutschen Reichs=Telegraphen= gebiets gelegenen Eisenbahnen sind zur Annahme und Beförderung solcher Telegramme, welche nicht den Eisenbahndienst betreffen, nach Maßgabe der Be= stimmungen dieses Reglements ermächtigt.

§ 2. Die Eisenbahn=Telegraphenstationen dürfen Telegramme annehmen:
a) wenn keine Reichs=Telegraphenanstalt in demselben Orte ist: von jedermann,
b)[2]) wenn eine Reichs=Telegraphenanstalt an demselben Orte ist: nur von solchen Personen, die mit den Zügen ankommen, abreisen oder durchreisen.

§. 3. Die telegraphische Korrespondenz ist ohne Rücksicht darauf, ob sie aus= schließlich oder nur streckenweise auf Bahntelegraphen ihre Beförderung erhält, den Bestimmungen der jedesmaligen Telegraphenordnung für das Deutsche Reich[3]) unterworfen.

§. 4. Die auf den Eisenbahn=Betriebsdienst bezüglichen Telegramme haben in der Beförderung allen anderen Telegrammen vorzugehen.

§. 5. Die Eisenbahn=Telegraphenstationen gehören der Regel nach zu den Stationen mit vollem Tagesdienste. Abweichungen hiervon durch Aus= dehnung oder Beschränkung der Dienststunden werden zur öffentlichen Kenntniß gebracht.

§. 6. Die bei den Eisenbahn=Telegraphenstationen angenommenen Tele= gramme, welche nach Orten des deutschen Reichs=Telegraphengebiets gerichtet sind, werden in folgenden Fällen ausschließlich mit dem Bahntelegraphen befördert:

— E. 9. Mai 99 (ENB. 269) betr. Kosten der Vorrichtungen zum Schutze der Reichstel=Anlagen auf den Bahnhöfen.

[3]) Jetzt § 221, 224—226.
[4]) Jetzt § 223.
[5]) TelegrWegeG. (Nr. 4) § 15.

[1]) Hierzu Zusatzbest. für die StEB.: E. 19. Okt. 00 I D. 12586, 24. Juni 01 II C. 4531 u. 23. Nov. 02 II C. 9136.
[2]) E. 25. Nov. 02 betr. Verrechnung der Telegrammgebühren bei verein. Eis.= u. Reichs=TelegrStationen (ENB. 536).
[3]) Auszug aus der jetzt geltenden TO. Unteranlage A 1.

a) wenn sie von der Aufgabe= an die Adreßstation direkt, d. h. ohne jede Umtelegraphirung gegeben werden können, wobei es keinen Unterschied macht, ob am Ort der Adreßstation eine Reichs=Telegraphenanstalt besteht oder nicht;

b) wenn sie auf dem Wege von der Aufgabe= bis zur Adreßstation nicht mehr als eine Umtelegraphirung zu erleiden haben und am Orte der Adreß= station eine Reichs=Telegraphenanstalt nicht besteht. In allen andern Fällen sind die Telegramme an die nächste zur Vermittelung geeignete Reichs= Telegraphenanstalt behufs der Weiterbeförderung zu überweisen.

Eine direkte Beförderung von Telegrammen über die Grenzen des deutschen Reichs=Telegraphengebiets hinaus mit dem Bahntelegraphen darf nicht geschehen. Es bleibt jedoch vorbehalten, für diejenigen Bahnen, welche zum Theil in anderen Staatsgebieten liegen, Abweichungen eintreten zu lassen.

§. 7. Die Reichstelegraphen sind zum Zwecke und zur Beschleunigung der Telegramm=Auswechselung mit den Bahntelegraphen desselben Ortes, soweit es thunlich ist, durch Leitungen zu verbinden.

Wenn jedoch die Zahl der durchschnittlich auszuwechselnden Telegramme oder die Entfernung zwischen den beiderseitigen Stationen eine sehr geringe ist, so kann von der Herstellung einer solchen Verbindung abgesehen werden.

In geeigneten Fällen sollen auch solche Orte, an welchen einerseits nur eine Reichs=Telegraphenanstalt, andererseits nur eine Bahn=Telegraphenstation vor= handen ist, telegraphisch verbunden und die Verbindungsleitungen in gewöhn= licher Weise zur Auswechselung beziehungsweise Zuführung von Telegrammen benutzt werden.

Die Verbindungsleitungen, welche mehrere Eisenbahn=Telegraphenstationen mit einem Reichs=Telegraphenamt verbinden und eine Korrespondenz zwischen den Eisenbahnstationen unter sich ermöglichen, dürfen unter Kontrole des Reichs= Telegraphenamtes zu bahndienstlichen Mittheilungen benutzt werden. Dagegen dürfen Privat=Telegramme zwischen den Eisenbahn=Telegraphenstationen auf solchen Leitungen nicht gewechselt werden.

Die Verbindungsleitungen, mit Ausschluß der auf den Bahn=Telegraphen= stationen erforderlichen Stationseinrichtungen (Apparate, Batterien 2c.), werden für Rechnung der Reichstelegraphie hergestellt und unterhalten, soweit ein anderes nicht ausdrücklich vereinbart wird, bezüglich des Betriebes aber als Bahn= Telegraphenleitungen betrachtet und nach den bei den Eisenbahnverwaltungen bestehenden Anweisungen von den beiderseitigen Beamten bedient.

Die Eisenbahnverwaltungen machen demgemäß den Bezirks=Ober=Postdirektionen von den für diese Bahnlinien bestehenden dienstlichen Anweisungen behufs der Beachtung seitens der Reichs=Telegraphenanstalten Mittheilung.

§. 8. Die Auswechselung von Telegrammen zwischen den Anstalten des Reichs= und denen des Eisenbahntelegraphen geschieht mittels der vorhandenen Verbindungsleitung und, falls eine solche nicht vorhanden oder nicht betriebsfähig ist, durch Boten. Es bleibt jedoch den beiderseitigen Anstalten überlassen, die Auswechselung durch Boten zu bewirken, wenn sie dieselbe für zweckmäßiger halten als die telegraphische Mittheilung. In solchen Fällen werden die angekommenen bezw. angenommenen Telegramme schriftlich ausgefertigt und in einer das Tele= graphengeheimniß sichernden Weise (sei es in einem Umschlag, auf welchem die Zahl der darin enthaltenen Telegramme angegeben ist, sei es in verschließbaren Mappen) gegen Empfangsbescheinigung mit Zeitangabe, auch unter Benutzung eines Quittungsbuches, übergeben.

§. 9⁴). a) Für diejenigen Telegramme, deren Beförderung ausschließlich mit dem Bahntelegraphen erfolgt ist (§. 5), fällt diesem auch die für die Beförderung erhobene Gebühr ungetheilt zu.

b) Werden Telegramme streckenweise mit dem Reichstelegraphen und streckenweise mit dem Bahntelegraphen befördert, so findet eine Theilung der Gebühren in der Art statt, daß

1. für die innerhalb des Deutschen Reichs und Luxemburgs beförderten Telegramme die Reichs-Telegraphenverwaltung drei Fünftel, die Eisenbahn-Telegraphenverwaltungen zwei Fünftel der erhobenen Gebühr erhalten, und daß

2. die Eisenbahnverwaltungen für das mit dem Ausland gewechselte Telegramm 50 Pfennig für je 50 Worte oder den überschießenden Bruchtheil, jedoch nicht mehr als den eigenen Gebührenantheil der Reichs-Telegraphenverwaltung erhalten.

c) Ist der Telegraph von mehr als Einem Bahngebiet zur Benutzung gekommen, so wird der nach Obigem auf den Bahntelegraphen entfallende Gebührenantheil zwischen den betheiligten Bahnen ohne Rücksicht auf die Länge der Beförderungsstrecken gleichmäßig vertheilt.

d) Für ein Telegramm, welches bei einer Bahn-Telegraphenstation aufgegeben und der an demselben Orte befindlichen Reichs-Telegraphenanstalt mittels der Verbindungsleitung oder durch Boten zugeführt worden ist, erhält der Bahntelegraph 25 Pfennig für je 50 Worte oder den überschießenden Bruchtheil. Diese Zuführungsgebühr wird bei Telegrammen, welche nachher solcher von Reichstelegraphen auf den Bahntelegraphen desselben oder eines anderen Bahngebiets übergehen, nach der Bestimmung unter c. dieses Paragraphen in Rechnung gebracht.

Eine gleiche Zuführungsgebühr fällt dem Reichstelegraphen zu, wenn umgekehrt Telegramme bei einer Reichs-Telegraphenanstalt aufgegeben und der an demselben Orte befindlichen Bahn-Telegraphenstation mittels der Verbindungsleitung oder durch Boten zugeführt worden sind.

Liegen die Reichs-Telegraphenanstalt und die nächste Bahn-Telegraphenstation an verschiedenen Orten und sind beide durch eine Leitung telegraphisch verbunden, so kann diese Verbindungsleitung benutzt werden zur Beförderung auch solcher Telegramme, welche bei der Reichs-Telegraphenanstalt aufgegeben und an die Bahn-Telegraphenstation gerichtet sind und umgekehrt.

Von der nach dem gewöhnlichen Tarif zu erhebenden Gebühr erhält die zuführende Anstalt die unter d. dieses Paragraphen erwähnte Zuführungsgebühr, den Rest die übernehmende Anstalt.

e) Bezahlte Rückantworten und Empfangsanzeigen sind in jeder Beziehung als neue Telegramme anzusehen. Ebenso sind nachzusendende Telegramme als neu aufgegebene Telegramme zu behandeln.

f) Die Gebühren für Vervielfältigung, Zurückziehung und Abschriften von Telegrammen behält diejenige Verwaltung zum ganzen Betrage, bei deren Anstalten die Erhebung stattgefunden hat.

g) Für die Zustellung der Telegramme kann die Adreßanstalt, wenn dieselbe eine Eisenbahn-Telegraphenstation ist, und der Ort, zu welchem dieselbe gehört und wohin das Telegramm gerichtet ist, weiter als zwei Kilometer von der Bahn-

---

⁴) E. 10. Juni u. 15. Aug. 98 (EMB. 367 u. 543) betr. Abrechnung (der StEB.) mit der Reichs-TelegrVerwalt., 7. Aug. 00 (EVB. 354) betr. Prüfung u. Feststellung der Einnahmen aus dem Privatdepeschenverkehr.

station entfernt ist, eine Austragegebühr bis zu 50 Pfennig erheben. Befindet sich jedoch an demselben Orte zugleich eine Reichs=Telegraphenanstalt, so erfolgt die Zustellung entweder durch die letztere, welcher die Telegramme in der in §. 8 vorgeschriebenen Weise zugeführt werden können, oder gebührenfrei bezw. gegen Erhebung des nach Maßgabe der Verordnung vom 24. Januar 1876, betreffend Abänderung und Ergänzung der Telegraphenordnung[3]), zulässigen Bestellgeldes durch die Bahn=Telegraphenstation.

Sind die Gebühren für die Weiterbeförderung der Telegramme mittels Eilbestellung vom Aufgeber hinterlegt, so werden sie derjenigen Verwaltung überwiesen, deren Anstalt die Weiterbeförderung der Telegramme auszuführen hat.

§. 10.   Die Bestimmungen, welche über die gebührenfreie Beförderung von Telegrammen vom Reichskanzler ergehen[3]), finden gleichmäßig Anwendung auch auf diejenigen Telegramme, welche streckenweise oder ausschließlich durch den Bahntelegraph befördert werden.

§. 11.   Die Abrechnung[4]) bezüglich der beiderseitigen Gebührenantheile findet bei den Auswechselungs=Anstalten selbst statt. Jede Anstalt führt nach anliegendem Schema[5]) ein Zahlungs=Konto, in welches alle an die andere Anstalt abgegebenen, und ein Forderungs=Konto, in welches alle von der anderen Anstalt übernommenen Telegramme nach der Zeitfolge einzutragen sind. Am Schlusse des Monats sind die beiden Konti beiderseits abzuschließen.

Das sich ergebende Saldo wird sofort ausgezahlt. Die auf den Zahlungs=Konti auszustellenden Quittungen müssen über den vollen Betrag dieser Konti lauten.

Sollten den Eisenbahn=Telegraphenstationen von den Bahn=Postanstalten Telegramme überwiesen werden, für welche die Gebühr mit Telegraphen= oder Postwerthzeichen entrichtet worden ist, so sind derartige Telegramme für jedes Bahngebiet zu sammeln und mit einem Forderungsnachweis der von der Eisenbahnverwaltung beanspruchten Gebührenantheile an diejenige Ober=Postdirektion einzureichen, in deren Bezirk sich der Sitz der Eisenbahnverwaltung befindet.

§. 12.   Die für verlangte Rückantwort und Empfangsanzeige eingezahlten Gebühren sind der übernehmenden Anstalt voll zu überweisen. Dasselbe gilt von den von dem Aufgeber erhobenen Gebühren für die Weiterbeförderung der Telegramme mit der Post oder mittels des Seetelegraphen.

Die Kosten für die Weiterbeförderung mit Eilboten oder Estafette werden verrechnet, sobald der Betrag dieser Kosten gemeldet worden ist.

Die bezügliche Mittheilung, wieviel Boten= bezw. Estafettenkosten verauslagt sind, hat entweder in der Empfangsanzeige, oder, wenn es sich um gewöhnliche Telegramme innerhalb des Deutschen Reichs handelt, durch die Post mittelst portofreien Dienstbriefes zu erfolgen. In jedem Falle ist dieselbe an die Reichs=Telegraphenanstalt zu richten, welche die Ursprungsdepesche vermittelt hat.

§. 13.   Für Gebührendefekte haftet diejenige Reichs= bezw. Bahn=Telegraphenanstalt, von welcher das Telegramm auf den Bahn= bezw. Reichs=Telegraphen übergegangen ist.

§. 14.   Das gegenwärtige Reglement tritt am 15. März 1876 in Kraft.

---

[3]) B. 2. Juni 77 (Unteranlage A 2). | [5]) Hier nicht abgedruckt.

Unteranlage A 1 (zu Anmerkung 3).
Telegraphenordnung für das Deutsche Reich. Vom 16. Juni 1904 (CB. 229).
(Auszug.)
§. 2. Einteilung der Telegramme.

III. ... Für Telegramme, die streckenweise oder ausschließlich durch Tele=
graphen der im Deutschen Reich gelegenen Eisenbahnen zu befördern sind, ist ...
die Fassung in deutscher Sprache Bedingung, soweit nicht für einzelne Bahnen
und Stationen der Gebrauch fremder Sprachen ausdrücklich nachgegeben wird.
Werden Telegramme vom Bahntelegraphen bei der Weiterbeförderung zurück=
gewiesen, weil sie in einer fremden Sprache abgefaßt sind, so werden sie mit der
Post weitergesandt.

§. 7. Gebühren für gewöhnliche Telegramme.

III. Für jedes bei einer Eisenbahn=Telegraphenstation aufgegebene Telegramm
kann von den Eisenbahnverwaltungen ein Zuschlag von 20 Pf. vom Absender
erhoben werden. Außerdem sind die Eisenbahn=Telegraphenstationen berechtigt, für
jedes von ihnen bestellte Telegramm vom Empfänger ein Bestellgeld von 20 Pf.
zu erheben. Beides zusammen darf aber für die ausschließlich mit dem Bahn=
telegraphen beförderten Telegramme nicht erhoben werden. Für diese Telegramme
ist vielmehr nur die Erhebung der Bestellgebühr von 20 Pf. zulässig.

§. 8. Dringende Telegramme.

... Der im §. 7 unter III. angegebene Zuschlag für die bei einer Eisenbahn=
Telegraphenstation aufgegebenen Telegramme kommt .. nur einfach — wie für
gewöhnliche Telegramme — zur Erhebung.

§. 12. Telegraphische Postanweisungen.

I. (Werden von Eisenbahn=Telegraphenstationen nicht entgegengenommen.)

§. 17. Erhebung der Gebühren.

III. Die Gebühren können .. bei den Eisenbahn=Telegraphenstationen nur
bar[1] .. entrichtet werden.

IV. (Monatliche Entrichtung ist bei EisTelegrStat. nicht zugelassen.)

§. 24. Geltungsbereich.

I. Die vorstehenden Bestimmungen gelten, soweit nicht Abweichungen aus=
drücklich vorgeschrieben sind, auch für die Telegramme, welche auf den Eisenbahn=
telegraphen befördert werden.

Unteranlage A 2 (zu Anmerkung 5).
**Kaiserliche Verordnung betreffend die gebührenfreie Beförderung von
Telegrammen. Vom 2. Juni 1877 (RGB. 524).**
(Auszug.)

§. 1. Auf sämmtlichen Telegraphenlinien des Deutschen Reichs genießen die
Gebührenfreiheit:

  6. Telegramme der Eisenbahnverwaltungen, Eisenbahnstationen und Eisenbahn=
    beamten an vorgesetzte Behörden über vorgekommene Unglücksfälle und
    Betriebsstörungen.

------

[1] D. h. nicht in Postfreimarken.

Welche Telegramme der Eisenbahnverwaltungen usw. außerdem ge=
bührenfrei zu befördern sind, ist durch besondere Vereinbarungen festgesetzt*).

§. 2.　Die Gebührenfreiheit der Telegramme erstreckt sich nur auf die
Telegraphirungsgebühren, nicht aber auf die baaren Auslagen für Weiter=
beförderung über die Telegraphenlinien hinaus.

(Abf. 2.)

Stadttelegramme genießen die Gebührenfreiheit nicht.

(Abf. 4.)

§. 4.　Zur Anerkennung der Gebührenfreiheit durch die Telegraphenanstalten
ist erforderlich, daß die Telegramme:

　a) mit amtlichem Siegel oder Stempel,
　b) mit einer die Berechtigung zur Gebührenfreiheit ausdrückenden Bezeichnung
　　als „Königliche Angelegenheit“ . . . usw.

versehen sind.

(Abf. 2.)

Die gebührenfrei zu befördernden Telegramme von Zivilbehörden sind in der
Regel mit dem Namen des Vorstehers oder eines der leitenden Beamten der
Behörde zu unterzeichnen, können aber eintretendenfalls von dem mit der An=
fertigung beauftragten Beamten dahin beglaubigt sein, daß sie von dem Vorsteher
der Behörde ausgehen und in seinem Auftrage mit seiner Namensunterschrift ver=
sehen worden sind.

(Abf. 4.)

------

4. Telegraphenwege=Gesetz.　Vom 18. Dezember 1899 (RGB. 705).
(Auszug.)

§. 1.　Die Telegraphenverwaltung[1]) ist befugt, die Verkehrswege für ihre
zu öffentlichen Zwecken dienenden Telegraphenlinien zu benutzen, soweit nicht
dadurch der Gemeingebrauch der Verkehrswege dauernd beschränkt wird. Als
Verkehrswege im Sinne dieses Gesetzes gelten, mit Einschluß des Luftraumes
und des Erdkörpers, die öffentlichen Wege, Plätze, Brücken und die öffent=
lichen Gewässer nebst deren dem öffentlichen Gebrauche dienenden Ufern[2]).

Unter Telegraphenlinien sind die Fernsprechlinien mitbegriffen.

§. 5[3]).　Die Telegraphenlinien sind so auszuführen, daß sie vorhandene
besondere Anlagen (der Wegunterhaltung dienende Einrichtungen, Kanali=
sations=, Wasser=, Gasleitungen, Schienenbahnen, elektrische Anlagen und
dergl.) nicht störend beeinflussen. Die aus der Herstellung erforderlicher
Schutzvorkehrungen erwachsenden Kosten hat die Telegraphenverwaltung zu
tragen.

Die Verlegung oder Veränderung vorhandener besonderer Anlagen kann
nur gegen Entschädigung und nur dann verlangt werden, wenn die Benutzung

------

*) Z. B. unten Nr. 4 Unteranl. A 1
§ 16.

[1]) Die Reichs=TelVerw., nicht etwa
die BahntelegrVerw.

[2]) Eisenbahnen § 15.

[3]) IX 3 Anm. 2 d. W. — E. 24. April 99
(ERB. 254) betr. Kreuzung eisen=
bahnfiskalischen Geländes durch
Reichstelegraphenleitungen an unbewach=
ten Stellen.

des Verkehrswegs für die Telegraphenlinie sonst unterbleiben müßte und die besondere Anlage anderweit ihrem Zwecke entsprechend untergebracht werden kann.

Auch beim Vorhandensein dieser Voraussetzungen hat die Benutzung des Verkehrswegs für die Telegraphenlinie zu unterbleiben, wenn der aus der Verlegung oder Veränderung der besonderen Anlage entstehende Schaden gegenüber den Kosten, welche der Telegraphenverwaltung aus der Benutzung eines anderen ihr zur Verfügung stehenden Verkehrswegs erwachsen, unverhältnißmäßig groß ist.

Diese Vorschriften finden auf solche in der Vorbereitung befindliche besondere Anlagen, deren Herstellung im öffentlichen Interesse liegt, entsprechende Anwendung. Eine Entschädigung auf Grund des Abs. 2 wird nur bis zu dem Betrage der Aufwendungen gewährt, die durch die Vorbereitung entstanden sind. Als in der Vorbereitung begriffen gelten Anlagen, sobald sie auf Grund eines im Einzelnen ausgearbeiteten Planes die Genehmigung des Auftraggebers und, soweit erforderlich, die Genehmigungen der zuständigen Behörden und des Eigenthümers oder des sonstigen Nutzungsberechtigten des in Anspruch genommenen Weges erhalten haben.

§. 6⁴). Spätere besondere Anlagen sind nach Möglichkeit so auszuführen, daß sie die vorhandenen Telegraphenlinien nicht störend beeinflussen.

Dem Verlangen der Verlegung oder Veränderung einer Telegraphenlinie muß auf Kosten der Telegraphenverwaltung stattgegeben werden, wenn sonst die Herstellung einer späteren besonderen Anlage unterbleiben müßte oder wesentlich erschwert werden würde, welche aus Gründen des öffentlichen Interesses, insbesondere aus volkswirthschaftlichen oder Verkehrsrücksichten, von den Wegeunterhaltungspflichtigen oder unter überwiegender Betheiligung eines oder mehrerer derselben zur Ausführung gebracht werden soll. Die Verlegung einer nicht lediglich dem Orts-, Vororts- oder Nachbarorts-Verkehr dienenden Telegraphenlinie kann nur dann verlangt werden, wenn die Telegraphenlinie ohne Aufwendung unverhältnißmäßig hoher Kosten anderweitig ihrem Zwecke entsprechend untergebracht werden kann.

Muß wegen einer solchen späteren besonderen Anlage die schon vorhandene Telegraphenlinie⁴) mit Schutzvorkehrungen versehen werden, so sind die dadurch entstehenden Kosten von der Telegraphenverwaltung zu tragen.

Ueberläßt ein Wegeunterhaltungspflichtiger seinen Antheil einem nicht unterhaltungspflichtigen Dritten, so sind der Telegraphenverwaltung die durch die Verlegung oder Veränderung oder durch die Herstellung der Schutzvor-

---

⁴) Anm. 3; KleinbG. § 8 Abs. 2. — Sicherheitsvorschriften für elektr. Starkstrom- u. Hochspannungs-, sowie für Mittelspannungsanlagen E. 18. Nov. 98 (EMB. 701, Zeitschr. f. Kleinb. 99 S. 104) u. 27. April 00 (EMB. 253). — Begriff „TelLinie" i. S. Abs. 3 RGer. 14. März 04 (LVII 364).

kehrungen erwachsenden Kosten, soweit sie auf dessen Antheil fallen, zu erstatten.

Die Unternehmer anderer als der in Abs. 2 bezeichneten besonderen Anlagen haben die aus der Verlegung oder Veränderung der vorhandenen Telegraphenlinien oder aus der Herstellung der erforderlichen Schutzvorkehrungen an solchen erwachsenden Kosten zu tragen.

Auf spätere Aenderungen vorhandener besonderer Anlagen finden die Vorschriften der Abs. 1 bis 5 entsprechende Anwendung.

(§. 7—9 schreiben die Aufstellung und Bekanntgabe eines Planes für neue oder zu ändernde Telegraphenlinien vor und regeln dessen Anfechtung durch Einspruch.)

§. 12[5]). Die Telegraphenverwaltung ist befugt, Telegraphenlinien durch den Luftraum über Grundstücken, die nicht Verkehrswege im Sinne dieses Gesetzes sind, zu führen, soweit nicht dadurch die Benutzung des Grundstücks nach den zur Zeit der Herstellung der Anlage bestehenden Verhältnissen wesentlich beeinträchtigt wird. Tritt später eine solche Beeinträchtigung ein, so hat die Telegraphenverwaltung auf ihre Kosten die Leitungen zu beseitigen.

Beeinträchtigungen in der Benutzung eines Grundstücks, welche ihrer Natur nach lediglich vorübergehend sind, stehen der Führung der Telegraphenlinien durch den Luftraum nicht entgegen, doch ist der entstehende Schaden zu ersetzen. Ebenso ist für Beschädigungen des Grundstücks und seines Zubehörs, die in Folge der Führung der Telegraphenlinien durch den Luftraum eintreten, Ersatz zu leisten.

Die Beamten und Beauftragten der Telegraphenverwaltung, welche sich als solche ausweisen, sind befugt, zur Vornahme nothwendiger Arbeiten an Telegraphenlinien, insbesondere zur Verhütung und Beseitigung von Störungen, die Grundstücke nebst den darauf befindlichen Baulichkeiten und deren Dächern mit Ausnahme der abgeschlossenen Wohnräume während der Tagesstunden nach vorheriger schriftlicher Ankündigung zu betreten. Der dadurch entstehende Schaden ist zu ersetzen.

§. 15. Die bestehenden Vorschriften und Vereinbarungen über die Rechte der Telegraphenverwaltung zur Benutzung des Eisenbahngeländes werden durch dieses Gesetz nicht berührt[6]).

---

[5]) Unter § 12 fällt das Gelände einer Kleinbahn, soweit sie nicht auf einem öff. Wege angelegt ist (im übrigen gelten § 1—8); ferner die Kreuzung von Eisenbahngleisen, die auf besonderem Bahnkörper liegen (im übrigen gilt § 15) Begr. (Reichst. 98/00 Druckf. Nr. 170)

zu § 15, v. Rohr Anm. 1 zu § 15. — Anm. 3, 6.

[6]) BB. 21. Dez. 68 (Anlage A), welcher den Fall der Kreuzung einer Eisenbahn durch TelegrLeitungen (§ 12) nicht betrifft; hierüber, sowie über Kleinbahnen Anm. 5.

Anlage A (zu Anmerkung 6).
Bestimmungen des Bundesraths über die den Eisenbahnverwaltungen im Interesse der Reichs-Telegraphenverwaltung obliegenden Verpflichtungen.
Vom 21. Dezember 1868 [1]).

1. Die Eisenbahnverwaltung hat die Benutzung des Eisenbahnterrains, welches außerhalb des vorschriftsmäßigen freien Profils liegt[2]) und soweit es nicht zu Seitengräben, Einfriedigungen 2c. benutzt wird, zur Anlage von oberirdischen und unterirdischen Bundes-Telegraphenlinien unentgeltlich zu gestatten. Für die oberirdischen Telegraphenlinien soll thunlichst entfernt von den Bahngeleisen nach Bedürfniß eine einfache oder doppelte Stangenreihe auf der einen Seite des Bahnplanums aufgestellt werden, welche von der Eisenbahnverwaltung zur Befestigung ihrer Telegraphenleitungen unentgeltlich mitbenutzt werden darf. Zur Anlage der unterirdischen Telegraphenlinien soll in der Regel diejenige Seite des Bahnterrains benutzt werden, welche von den oberirdischen Linien im Allgemeinen nicht verfolgt wird.

Der erste Trakt der Bundes-Telegraphenlinien wird von der Bundes-Telegraphenverwaltung und der Eisenbahnverwaltung gemeinschaftlich festgesetzt. Aenderungen, welche durch den Betrieb der Bahnen nachweislich geboten sind, ufolgen auf Kosten der Bundes-Telegraphenverwaltung, beziehungsweise der Eisenbahn; die Kosten werden nach Verhältniß der beiderseitigen Anzahl Drähte repartirt. Ueber anderweite Veränderungen ist beiderseitiges Einverständniß erforderlich und werden dieselben für Rechnung desjenigen Theiles ausgeführt, von welchem dieselben ausgegangen sind.

2. Die Eisenbahnverwaltung gestattet den mit der Anlage und Unterhaltung der Bundes-Telegraphenbeamten beauftragten und hierzu legitimirten Telegraphenbeamten und deren Hülfsarbeitern behufs Ausführung ihrer Geschäfte das Betreten der Bahn unter Beachtung der bahnpolizeilichen Bestimmungen, auch zu gleichem Zwecke diesen Beamten die Benutzung eines Schaffnersitzes oder Dienstkoupés auf allen Zügen, einschließlich der Güterzüge, gegen Lösung von Fahrbillets der III. Wagenklasse.

3. Die Eisenbahnverwaltung hat den mit der Anlage und Unterhaltung der Bundes-Telegraphenlinien beauftragten und legitimirten Telegraphenbeamten auf deren Requisition zum Transporte von Leitungsmaterialien die Benutzung von Bahnmeisterwagen unter bahnpolizeilicher Aufsicht gegen eine Vergütung von 5 Sgr. pro Wagen und Tag und von 20 Sgr. pro Tag der Aufsicht zu gestatten.

4. Die Eisenbahnverwaltung hat die Bundes-Telegraphenanlagen an der Bahn gegen eine Entschädigung bis zur Höhe von 10 Thlrn. pro Jahr und Meile durch ihr Personal bewachen und in Fällen der Beschädigung nach Anleitung der von der Bundes-Telegraphenverwaltung erlassenen Instruktion provisorisch wieder herstellen, auch von jeder wahrgenommenen Störung der Linien der nächsten Bundes-Telegraphenstation Anzeige machen zu lassen.

5. Die Eisenbahnverwaltung hat die Lagerung der zur Unterhaltung der Linien erforderlichen Vorräthe von Stangen auf den dazu geeigneten Bahnhöfen

---

[1]) Abgedruckt mit dem Entw. des TelWegeG. (Reichst. 98/00 Drucks. Nr. 170). Eisenbahnen i. S. des Beschlusses sind nur die Eif. im engeren Rechtssinne (I 1); auf Kreuzungen von Eisenbahnen durch TelLeitungen bezieht sich der Beschluß nicht (Begr. zu Tel.WegeG. § 15; IX 4 d. W. Anm. 5, 6). — Privatbahnen KonzUrk. (I 3 Anl. B d. W.) Ziff. XIV.

[2]) BO. § 11.

unentgeltlich zu gestatten und diese Vorräthe ebenmäßig von ihrem Personale be=
wachen zu lassen.

6. Die Eisenbahnverwaltung hat bei vorübergehenden Unterbrechungen und
Störungen des Bundes=Telegraphen alle Depeschen der Bundes=Telegraphen=
verwaltung mittels ihres Telegraphen, soweit derselbe nicht für den Eisenbahn=
betriebsdienst in Anspruch genommen ist, unentgeltlich zu befördern, wofür die
Bundes=Telegraphenverwaltung in der Beförderung von Eisenbahn=Dienstdepeschen
Gegenseitigkeit ausüben wird.

7. Die Eisenbahnverwaltung hat ihren Betriebstelegraphen auf Erfordern
des Bundeskanzler=Amts dem Privat=Depeschenverkehr nach Maßgabe der Be=
stimmungen der Telegraphenordnung für die Korrespondenz auf den Telegraphen=
linien des Norddeutschen Bundes zu eröffnen[3]).

8. Ueber die Ausführung der Bestimmnngen unter 1 bis einschließlich 6
wird das Nähere zwischen der Bundes=Telegraphenverwaltung und der Eisenbahn=
verwaltung schriftlich vereinbart[4]).

Unteranlage A1 (zu Anmerkung 4).

Vertrag vom $\frac{\text{28. August}}{\text{8. September}}$ 1888 über die Verpflichtungen der Königlichen Staatseisenbahnen gegenüber der Reichs-Post- und Telegraphen-Verwaltung[1]).

Zwischen der Kaiserlichen Reichs=Post= und Telegraphen=Verwaltung, vertreten
durch den Staatssekretär des Reichs=Postamts, einerseits und der Königlich
Preußischen Staats=Eisenbahn=Verwaltung, vertreten durch den Minister der öffent=
lichen Arbeiten, andererseits ist in Gemäßheit der Ziffer 8 der vom Bundesrathe
des Norddeutschen Bundes in seiner Sitzung vom 21. Dezember 1868 festgestellten
Verpflichtungen der Eisenbahnverwaltungen im Interesse der Bundestelegraphen=
Verwaltung folgender Vertrag abgeschlossen worden:

§. 1. Die Königlich preußischen Staatsbahnen gestatten der Reichs=Post= und
Telegraphenverwaltung die unentgeltliche Benutzung des Bahngeländes der jeweilig
von ihnen für eigene Rechnung verwalteten Eisenbahnen zur Anlage von Reichs=
Telegraphenlinien, sowohl ober= als unterirdischer, soweit das Bahngelände außer=
halb des Normalprofils des lichten Raumes liegt und nicht zu Seitengräben, Ein=
friedigungen und sonstigen für die Bahn nothwendigen Anstalten benutzt wird.

Für die oberirdischen Telegraphenlinien soll thunlichst entfernt von den
Bahngeleisen nach Bedürfniß eine einfache oder doppelte Stangenreihe auf der
einen Seite des Bahnplanums aufgestellt werden, welche von der Eisenbahn=Ver=
waltung zur Befestigung ihrer Telegraphenleitungen unentgeltlich mitbenutzt werden
darf. Zur Anlage der unterirdischen Telegraphenlinien soll in der Regel diejenige
Seite der Bahn benutzt werden, welche von den oberirdischen Linien im Allgemeinen
nicht verfolgt wird.

Bezüglich der Lagestelle der Kabel findet gegenseitige Vereinbarung statt.

---

[3]) IX 3 Anl. A.

[4]) StEB. Vtr. $\frac{\text{28. Aug.}}{\text{8. Sept.}}$ 88 (Unter=
anlage A 1).

[1]) E. 17. Sept. 88 (EVB. 351). —
Der Vertrag findet auch auf die vormal.
hessische Ludwigsbahn u. die ober=
hessischen Bahnen Anwendung E.

7. Okt. 97 (EVB. 358), desgl. auf die
Main = Neckarbahn E. 9. Feb. 03
(EVB. 60). — AusfVorschr. FinanzO.
XII (Ausg. 02) S. 236 ff., 108, 221, 227;
Nachtrag 1 S. 111, 117 ff.; E. 2. Okt.
04 (EVB. 354) betr. Mitbenutzung der
Postdiensträume für Zwecke des Reichs=
Telegr.= u. Fernsprechdienstes.

Die Führung der Reichstelegraphenlinien wird von der Reichs-Post- und Telegraphen-Verwaltung und der Staats-Eisenbahn-Verwaltung gemeinschaftlich festgesetzt. Aenderungen, welche durch den Betrieb der Bahnen nachweislich geboten sind, erfolgen auf Kosten der Reichs-Post- und Telegraphen-Verwaltung und der Staats-Eisenbahn-Verwaltung nach Verhältniß der hierbei in Frage stehenden beiderseitigen Anzahl Drähte. Ueber anderweite Veränderungen ist beiderseitiges Einverständniß erforderlich. Dieselben werden von der Reichs-Telegraphen-Verwaltung für Rechnung desjenigen Theiles ausgeführt, von welchem sie ausgegangen sind.

§. 2. Die Staats-Eisenbahn-Verwaltung überläßt das Eigenthumsrecht an den vorhandenen Gestängen der Reichs-Post- und Telegraphen-Verwaltung, sobald die Letztere an diesen Gestängen Reichs-Telegraphen-Leitungen anlegen will, gegen Erstattung des von beiderseitigen Bevollmächtigten gemeinschaftlich zu ermittelnden Zeitwerthes und unter der Bedingung, daß die Gestänge von der Reichs-Post- und Telegraphen-Verwaltung auf deren alleinige Kosten unterhalten, von der Eisenbahn-Verwaltung aber mit der für sie nothwendigen Anzahl Leitungen unentgeltlich mitbenutzt werden.

Bei Herstellung neuer Bahnlinien wird die Staats-Eisenbahn-Verwaltung der Reichs-Post- und Telegraphen-Verwaltung den Beginn des Baues der einzelnen Strecken und den Zeitpunkt, bis zu welchem die Fertigstellung in Aussicht genommen ist, rechtzeitig mittheilen.

Die Reichs-Post- und Telegraphen-Verwaltung hat sich darauf zu erklären, ob sie die neuen Bahnstrecken zur Anlage von Reichs-Telegraphenlinien benutzen will und sichert für diesen Fall die rechtzeitige Aufstellung des Gestänges zu, so daß mit Eröffnung des Betriebes der Eisenbahn auch der Bahntelegraph benutzt werden kann.

Falls die Reichs-Post- und Telegraphen-Verwaltung die Benutzung eines in ihrem Eigenthum befindlichen, von beiden Verwaltungen gemeinschaftlich benutzten Gestänges aufgeben sollte, so daß das Gestänge nur den Zwecken der Staats-Eisenbahn-Verwaltung zu dienen haben würde, wird letztere denjenigen Theil des Gestänges, dessen sie für ihre Zwecke bedarf, gegen Erstattung des von beiderseitigen Bevollmächtigten gemeinschaftlich zu ermittelnden Zeitwerthes als Eigenthum erwerben, oder bis zu einem zwischen beiden Vertrag schließenden Verwaltungen zu vereinbarenden Zeitpunkte für ihre Leitungen ein eigenes Gestänge für ihre alleinige Rechnung herstellen und unterhalten. Soweit die Staats-Eisenbahn-Verwaltung das Gestänge nicht ganz oder theilweise übernimmt, wird es auf Kosten der Reichs-Post- und Telegraphen-Verwaltung von dieser beseitigt.

§. 3. Die Reichs-Post- und Telegraphen-Verwaltung ist berechtigt, auf ein und derselben Seite der Bahn nach Bedürfniß zwei parallele Stangenreihen aufzustellen, welche durch Verkuppelung thunlichst fest zu verbinden sind. Sollten die örtlichen Verhältnisse an einzelnen Stellen die Anlage einer doppelten Stangenreihe nicht gestatten, so bleibt den beiderseitigen technischen Bevollmächtigten die Vereinbarung über eine anderweite Führung der Leitungen an diesen Stellen überlassen.

§. 4. Die Stangen werden nach den von der obersten Telegraphenbehörde vorgeschriebenen Grundsätzen auf alleinige Kosten der Reichs-Post- und Telegraphen-Verwaltung beschafft, aufgestellt und unterhalten. Sie dienen beiden Verwaltungen gemeinschaftlich zur Anbringung ihrer Drahtleitungen.

Die Plätze zur Anbringung der Bahnleitungen werden von der Reichs-Post- und Telegraphen-Verwaltung nach Anhörung und unter möglichster Berücksichtigung der Wünsche der Staats-Eisenbahnverwaltung bestimmt. Dieselben sollen, soweit thunlich, auf der den Bahngeleisen zugekehrten Seite der Stangen und nicht niedriger als 2 Meter über der Erde angelegt werden.

§. 5. Jeder Verwaltung bleibt die Wahl, Beschaffung und Anbringung ihrer Isolir-Vorrichtungen und Drahtleitungen überlassen.

§. 6. Die zur Führung der Leitungen durch Tunnel erforderlichen Telegraphenkabel werden von jeder Verwaltung auf ihre eigenen Kosten beschafft, eingelegt und unterhalten.

Werden für die Führung der Telegraphenkabel durch Tunnel gemeinschaftliche Schutzhüllen benutzt, so vertheilen sich die Kosten der Neubeschaffung und Unterhaltung dieser Umhüllungen auf die beiden Verwaltungen nach dem Verhältniß der Anzahl der beiderseitigen Kabel.

§. 7. Die Staats-Eisenbahn-Verwaltung gestattet der Reichs-Post- und Telegraphen-Verwaltung die unentgeltliche Lagerung der zur Unterhaltung gemeinschaftlich benutzter Gestänge erforderlichen Stangenvorräthe auf näher anzuweisenden Plätzen der dazu geeigneten Bahnhöfe.

Diese Stangenvorräthe werden, gleichwie die Eisenbahn-Baumaterialien, durch die Bahnbeamten mit beaufsichtigt und bewacht, ohne daß die Eisenbahnverwaltung in dieser Beziehung eine Gewähr übernimmt.

§. 8. Zur Ermitelung derjenigen Stangen, welche im Laufe der Zeit schadhaft werden, und behufs Sicherung sowohl des Bahn- als des beiderseitigen Telegraphen-Betriebes wird die Reichs-Post- und Telegraphen-Verwaltung jährlich mindestens einmal eine besondere Prüfung jeder einzelnen Stange durch ihre technischen Beamten vornehmen und die hierbei sich als nothwendig ergebenden Ausbesserungen an der Stangenreihe auf ihre alleinigen Kosten ausführen lassen.

§. 9. Die Staats-Eisenbahn-Verwaltung hat die Befugniß, in Fällen, in denen Gefahr im Verzuge ist, Erneuerungen oder Versetzungen von Stangen oder sonstige Ausbesserungen an der Stangenreihe selbstständig vorzunehmen und die zu diesem Zweck erforderlichen Stangen aus den auf den Bahnhöfen gelagerten, der Reichs-Post- und Telegraphen-Verwaltung gehörenden Stangenbeständen zu entnehmen. Dieselbe verpflichtet sich jedoch, die Eisenbahn-Telegraphen-Aufseher anzuweisen, von allen selbstständig bewirkten Erneuerungen, Versetzungen oder sonstigen Ausbesserungen der Reichs-Telegraphengestänge der nächsten Reichs-Telegraphen-Anstalt unter gleichzeitiger Uebersendung einer Quittung über die aus den Beständen entnommenen Stangen Mittheilung zu machen. Die der Staats-Eisenbahn-Verwaltung erwachsenden Kosten für Ausbesserungen an der Stangenreihe werden von der Reichs-Post- und Telegraphen-Verwaltung auf Grund der von der Eisenbahn-Verwaltung vierteljährlich aufzustellenden Kostenberechnung baar erstattet.

§. 10. Auf Verlangen der Staats-Eisenbahn-Verwaltung wird die Reichs-Post- und Telegraphen-Verwaltung das Ab- und Wiederanschrauben der Bahn-Telegraphen-Isolatoren an die zur Auswechselung gelangenden Stangen mit den übrigen Arbeiten gleichzeitig ausführen lassen und der Eisenbahn-Verwaltung dafür den Betrag von 10 Pf. für den Isolator in Rechnung stellen. Die Reichs-Post- und Telegraphen-Verwaltung behält sich jedoch vor, höhere Kosten in Forderung nachzuweisen, falls sich bei Anwendung schwierigerer Isolir-Vorrichtungen herausstellen sollte, daß der vorgenannte Betrag die Selbstkosten nicht deckt.

§. 11. Die Staats-Eisenbahn-Verwaltung gestattet den mit der Anlage und Unterhaltung der Reichs-Telegraphenlinien beauftragten und hierzu berechtigten Beamten der Reichs-Post- und Telegraphen-Verwaltung, den Leitungsaufsehern und Hülfsarbeitern behufs Ausführung ihrer Geschäfte das Betreten der Bahn, unter Beachtung der bahnpolizeilichen Bestimmungen, auch zu gleichem Zwecke diesen

Beamten und den Leitungsaufsehern die Benutzung eines Schaffnersitzes oder eines Dienstkupees auf allen Zügen ohne Ausnahme, einschließlich der Güterzüge, gegen Lösung einer Fahrkarte der III. Wagenklasse. Die Staats-Eisenbahn-Verwaltung fertigt den von der Reichs-Post- und Telegraphen-Verwaltung namhaft zu machenden Beamten die erforderlichen Berechtigungskarten aus.

Die unentgeltliche Mitführung von Werkzeugen und Materialien in den Kupees ist insoweit gestattet, als die Mitreisenden dadurch nicht belästigt werden.

§. 12. Die Staats-Eisenbahn-Verwaltung verpflichtet sich, den mit der Anlage und Unterhaltung der Reichs-Telegraphenlinien beauftragten und hierzu berechtigten Beamten behufs Beförderung von Linien-Materialien auf Ersuchen die nöthigen Streckenwagen unter bahnpolizeilicher Beaufsichtigung eines Bahnbeamten zur Verfügung zu stellen. Die Reichs-Post- und Telegraphen-Verwaltung vergütet der Eisenbahn-Verwaltung für jeden solchen Wagen 50 Pf. für jeden auch nur angefangenen Tag der Benutzung und für den beaufsichtigenden Bahnbeamten Tagegelder von 2 Mark für jeden auch nur angefangenen Tag der Beaufsichtigung. Diese Vergütung weist die Staats-Eisenbahn-Verwaltung auf Grund der von den technischen Beamten der Reichs-Post- und Telegraphen-Verwaltung ausgestellten Bescheinigungen vierteljährlich in Forderung nach.

§. 13. Die Staats-Eisenbahn-Verwaltung läßt die Reichs-Telegraphen-Anlagen*) an der Bahn gegen eine Entschädigung bis zur Höhe von 4 Mark für das Jahr und das Kilometer durch ihr Personal bewachen und in Fällen der Beschädigung nach Maßgabe der von der Reichs-Post- und Telegraphen-Verwaltung erlassenen Anweisung vorläufig wieder herstellen, auch von jeder wahrgenommenen Störung der Linien dem nächsten Reichs-Post- oder Telegraphen-Amt Anzeige machen. Die zur Ausrüstung des Bahnpersonals nöthigen Geräthe zur vorläufigen Wiederherstellung der beschädigten Anlagen werden von der Reichs-Post- und Telegraphen-Verwaltung, die Telegraphenleitern von der Eisenbahn-Verwaltung beschafft und unterhalten und bleiben Eigenthum der Unterhaltungspflichtigen. Die Benutzung dieser Gegenstände steht beiden Verwaltungen zu.

§. 14. Die Baarauslagen für Tagelöhne und Materialien, welche bei vorläufiger Wiederherstellung der Reichs-Telegraphenlinien erwachsen sind, werden auf Grund der von der Staats-Eisenbahn-Verwaltung aufzustellenden gehörig bescheinigten Rechnungen seitens der Reichs-Post- und Telegraphen-Verwaltung vierteljährlich baar erstattet.

Den mit der endgültigen Wiederherstellung von Beschädigungen beauftragten Beamten, Leitungsaufsehern und Telegraphenarbeitern wird seitens der Bahnbeamten auf Erfordern bei diesem Geschäfte unentgeltliche Unterstützung geleistet, soweit jene Beamten dazu ohne Behinderung in der Wahrnehmung ihrer sonstigen amtlichen Obliegenheiten im Stande sind.

§. 15. Behufs schnellerer Ermittelung und Beseitigung von Störungsursachen sollen die beiden Eisenbahnstationen, zwischen welchen ein Fehler in den Reichs-Telegraphenlinien eingegrenzt ist, mittels Telegramms durch das Kaiserliche Telegraphen- oder Postamt von dem Bestehen dieses Fehlers auf der zwischen ihnen liegenden Strecke in Kenntniß gesetzt und gleichzeitig um Ablassung des für dergleichen Störungen durch die Signalordnung vorgeschriebenen Zugsignals ersucht werden. Dieses Signal wird von jeder der beiden Eisenbahnstationen den nächsten beiden, die Fehlerstrecke am Tage durchfahrenden Bahnzügen oder Maschinen mit-

---

*) Fernsprechanlagen E. 4. Sept. 02 (EVB. 463). — Verteilung der | Entschäd. an die EisBediensteten Witte S. 568.

gegeben, wenn inzwischen nicht bereits die ebenfalls mittels Diensttelegramms zu bewirkende Mittheilung von der Beseitigung des Fehlers eingegangen sein sollte.

Nach jedem Durchgange des Störungssignals haben die Bahnaufsichtsbeamten die Telegraphenanlagen auf ihrer Aufsichtsstrecke einer genauen Besichtigung zu unterwerfen und etwa vorgefundene Fehler nach der im §. 13 gedachten Anweisung zu beseitigen.

Damit aber das Aufsichtspersonal der fehlerfreien Strecken nicht unnöthig benachrichtigt wird, soll diejenige der vorgedachten beiden Eisenbahnstationen, welche in Bezug auf die Fahrtrichtung des das Signal führenden Zuges am Endpunkte der Fehlerstrecke liegt, die Abnahme des Signals bewirken.

§. 16. Die Staats=Eisenbahn=Verwaltung wird bei vorübergehenden Unter= brechungen und Störungen der Reichs=Telegraphen alle Telegramme der Reichs= Post= und Telegraphen=Verwaltung mittels ihres Telegraphen, soweit dieser nicht für den Eisenbahnbetriebsdienst in Anspruch genommen ist, unentgeltlich befördern, wofür die Reichs=Post= und Telegraphen=Verwaltung in der Beförderung der Eisenbahndiensttelegramme Gegenseitigkeit ausüben wird.

§. 17. Die Entschädigungen und Ersatzleistungen, welche auf Grund der Haftpflicht=, Unfallversicherungs= und Unfallfürsorge=Gesetze an die bei der Ein= richtung, Unterhaltung und Wiederherstellung der Reichs=Telegraphen=Anlagen be= schäftigten Beamten und Arbeiter und deren Hinterbliebene zu gewähren sind, trägt die Reichs=Post= und Telegraphen=Verwaltung, sofern sie nicht nachweist, daß der Unfall durch ein Verschulden der Eisenbahn=Verwaltung oder einer der im Eisenbahnbetrieb verwendeten Personen herbeigeführt ist.

§. 18. Ueber etwaige im Laufe der Zeit erforderliche Aenderungen der Fest= setzungen des gegenwärtigen Vertrages wird eine besondere Vereinbarung vor= behalten.

§. 19. Der vorstehende, von beiden Theilen genehmigte und unterschriebene und doppelt ausgefertigte Vertrag tritt am 1. Oktober 1888 in Geltung.

Sämmtliche zur Zeit bestehende, den gleichen Gegenstand betreffende Verträge zwischen den Reichs=Post= und Telegraphenbehörden einerseits und den Königlich preußischen Staatseisenbahnbehörden andererseits treten mit dem gleichen Zeitpunkt außer Kraft.

X. Zollwesen, Handelsverträge.

1. Einleitung.

Die grundlegenden Bestimmungen des Eisenbahn = Zollrechts enthält das Vereinszollgesetz (Nr. 2). Dieses erklärt die Eisenbahnen für Zollstraßen (§ 17) und trifft für den Eisenbahnverkehr eine Reihe von Vorschriften, die von denjenigen für den sonstigen Grenzverkehr zu Lande abweichen, z. B. bezüglich der für die Grenzüberschreitung freigegebenen Zeit (§ 21) und bezüglich der Abfertigungszeiten (§ 133); ferner ist für den Eisenbahn = Güterverkehr neben der Möglichkeit sofortiger Zollabfertigung durch das Grenzamt oder der Abfertigung auf Begleitschein I oder II ein besonderes Abfertigungsverfahren, die Abfertigung mit Ladungsverzeichnis auf Grund bloß genereller Deklaration und unter Raum= verschluß zugelassen (§ 68 ff.). Die näheren Vorschriften enthält das Eisenbahn= Zollregulativ (Nr. 2 Anl. A).

Die unten abgedruckten eisenbahnrechtlichen Bestimmungen des Zolltarif= gesetzes (Nr. 3) behandeln Zollbefreiungen für Reisebedarf, für die den Verkehr über die Grenze vermittelnden Fahrzeuge und für den Bau internationaler Eisenbahnen.

Verpflichtungen, die den sich aus dem Vereinszollgesetz ergebenden gleichen, legt den Eisenbahnverwaltungen das Gesetz betreffend die Statistik des Warenverkehrs (Nr. 4) auf.

Hier nicht aufgenommen sind diejenigen Bestimmungen, welche die Eisenbahn= verwaltungen für ihren inneren Dienst zur Ausführung der oben erwähnten Gesetze usw. erlassen haben, sowie die Vorschriften über den Verkehr mit reichs= und landessteuerpflichtigen Gegenständen (Branntwein, Zucker, Salz, Tabak, Spielkarten, Schaumwein, Süßstoff; Bier, Malz, Wein und Obstmost) innerhalb des Deutschen Reichs. Eine umfassende Zusammenstellung aller im Eisenbahn= verkehr zu berücksichtigenden Zoll=, Steuer= und polizeilichen Vorschriften hat der Deutsche Eisenbahn = Verkehrsverband (VII 1 d. W) als Kundmachung 11 (zuletzt 1903) herausgegeben. Systematische Übersicht: Cauer II 410—446; auch v. Mayr, Art. „Zollverwaltung" in v. Stengels Wörterbuch des Deutschen Verwaltungsrechts.

Für den Verkehr mit einer Reihe von Staaten enthalten die vom Deutschen Reich abgeschlossenen Handelsverträge Vorschriften, die das allgemeine Zoll= recht ergänzen oder abändern. Diese Vorschriften, soweit sie den Eisenbahnverkehr unmittelbar betreffen, und die sonstigen eisenbahnrechtlichen (teils auf den Eisenbahn= Betrieb und =Verkehr bezüglichen, teils gesundheits = und veterinärpolizeilichen) Bestimmungen der Verträge sind unter Nr. 5 abgedruckt. Die Staaten, mit denen das Reich Vorschriften für die Eisenbahnen vereinbart hat, sind z. Z. Belgien (Nr. 5a), Italien (5b), Österreich = Ungarn (5c), Rußland (5d), die Schweiz (5e) und Serbien (5f).

———

2. Vereinszollgesetz. Vom 1. Juli 1869 (BGBl. 317).
(Auszug)[1].

III. Erhebung des Zolles.

§. 13. Zur Entrichtung des Zolles ist dem Staate gegenüber derjenige verpflichtet, welcher zur Zeit, wo der Zoll zu entrichten, Inhaber (natürlicher Besitzer) des zollpflichtigen Gegenstandes ist. . .

§. 14. Die zollpflichtigen Gegenstände haften ohne Rücksicht auf die Rechte eines Dritten an denselben für den darauf ruhenden Zoll und können, so lange dessen Entrichtung nicht erfolgt ist, von der Zollbehörde zurückbehalten oder mit Beschlag belegt werden. . .

IV. Einrichtungen zur Beaufsichtigung und Erhebung des Zolles.

§. 16[2]). Die Landesgrenzen gegen das Vereinsausland bilden die Zollgrenze oder Zolllinie. Es können indeß einzelne Theile eines Vereinsstaates, wo die Verhältnisse es erfordern, von der Zolllinie ausgeschlossen bleiben. . .

(Abs. 2.)

Der zunächst innerhalb der Zolllinie belegene Raum, dessen Breite nach der Oertlichkeit bestimmt wird, bildet den Grenzbezirk, welcher von dem übrigen Vereinsgebiete durch die besonders zu bezeichnende Binnenlinie getrennt ist.

§. 17 Abs. 1. Zollstraßen sind:

a) alle die Grenzen gegen das Vereinsausland überschreitenden oder an der Grenze beginnenden, dem öffentlichen Verkehr dienenden Eisenbahnen für den Eisenbahntransport;

(b, c).

---

[1] Der Auszug enthält die grundsätzlichen u. diejenigen Vorschr. des G., die die Eisenbahnen betreffen oder in den eisenbahnrechtlichen Vorschr. in Bezug genommen sind. — Inhalt des Auszugs: III. (§ 13, 14) Erhebung des Zolles, IV. (§ 16, 17) Einricht. zur Beaufsicht. u. Erhebung des Zolles, V. (§ 21—35) allg. Best. f. d. Waren-Einfuhr, Ausfuhr u. Durchfuhr, VI. (§ 39 —58) Best. über d. Waren-Einfuhr usw. auf Landstraßen usw., VII. (§ 59—73) desgl. auf den Eisenbahnen, X. (§ 92) Behandlung der Reisenden, XII. (§ 94 —96) Warenverschluß, XIII. (§ 97— 109) Niederlagen unverzollter Waren, XIV. (§ 111—118) Verkehrserleichterungen, XV. (§ 119—122) Kontrollen im Grenzbezirk, XVI. (§ 125) desgl. im Binnenlande, XVIII. (§ 128, 131) Dienststellen u. Beamte u. deren Befugnisse, XIX. (§ 133) Geschäftsstunden, XX. (§ 134—165) Strafbest., XXI.

(§ 167) Schlußbest. — AusfAnw. Anm. 39. — Handelsverträge Abschn. 5.

[2] Das Zollgebiet (RVerf. Art. 33) besteht aus dem Deutschen Reich — mit Ausschluß Helgolands und einzelner badischer Gemeinden, sowie des Freihafengebiets zu Hamburg, der Hafenanlagen in Curhaven, Bremerhaven u. Geestemünde (letztere beide mit den angrenzenden Petroleum-Lagerplätzen) —, Luxemburg u. den österr. Gemeinden Jungholz u. Mittelberg (Laband Staatsrecht IV § 120; für Luxemburg noch Staatsvertrag 11. Nov. 02, RGB. 03 S. 183, Art. 11 u. Schlußprotokoll dazu, a. a. O. 195). Ferner sind Zollausschlußgebiet die bisherigen Freibezirke in Bremen — Bek. 15. Mai 02 (CB. 111) — u. Emden Bek. 28. Jan. 04 (CB. 27). Freie Niederlagen (§ 107) bestehen in Altona, Brake, Neufahrwasser u. Stettin.

V. Allgemeine Bestimmungen für die Waaren-Einfuhr, Ausfuhr und Durchfuhr.

§. 21. (Abs. 1—4 bestimmen, daß die Ueberschreitung der Grenze grund=sätzlich nur auf Zollstraßen und während der Tageszeit erfolgen darf.)

Die Ueberschreitung der Grenze außerhalb der angegebenen Zeit ist ferner gestattet:

d) beim Transport auf den dem öffentlichen Verkehr dienenden Eisenbahnen; (e, f).

Rücksichtlich der Zeit, innerhalb deren Zollabfertigungen an der Grenze vorgenommen werden, gelten die Bestimmungen des §. 133.

§. 22. Beim Eingange ist die Ladung zu deklariren. Die Deklarationen sind entweder generelle oder spezielle.

Die generelle Deklaration (Ladungsverzeichniß, Manifest), welche bei der Einfuhr auf Eisenbahnen und seewärts abzugeben ist, muß enthalten:

die Zahl der Wagen, aus denen der Transport besteht, bei Schiffen den Namen oder die Nummer des Schiffsgefäßes;

den Namen und Wohnort der Waarenempfänger;

die Zahl der Kolli, deren Verpackungsart, Zeichen und Nummern, sowie die allgemeine Bezeichnung der Gattung der geladenen Waaren;

beim Eingange auf den Eisenbahnen außerdem deren Bruttogewicht

Sie muß ferner mit der Versicherung der Richtigkeit der gemachten An=gaben und der Unterschrift des Deklaranten versehen sein.

In der speziellen Deklaration, deren es in der Regel zur weiteren Ab=fertigung der eingegangenen Waaren, sowie beim Eingange auf anderen als den oben bezeichneten Verkehrswegen bedarf[3]), ist außerdem anzugeben:

die Menge und Gattung der Waaren — bei verpackten Waaren für jedes Kollo — nach den Benennungen und Maaßstäben des Tarifs, sowie welche Abfertigungsweise begehrt wird.

Sind in einem Kollo Waaren zusammengepackt, welche verschiedenen Zollsätzen unterliegen, so muß in der speziellen Deklaration die Menge einer jeden Waarengattung nach dem Nettogewicht angegeben werden.

Die Deklarationen müssen in Deutscher Sprache abgefaßt und deutlich geschrieben sein. Auch dürfen sie weder Abänderungen noch Rasuren ent=halten. Deklarationen, welche diesen Erfordernissen nicht entsprechen, können zurückgewiesen werden.

Die näheren Bestimmungen über den Umfang der Deklarationspflicht enthalten die Abschnitte VI. bis VIII.

§. 23. Die Deklaration liegt dem Waarenführer ob. An Stelle des=selben kann auch der Waarenempfänger die Gattung und Menge der Waaren mit der Angabe, welche Abfertigungsweise begehrt wird, speziell (§. 22) deklariren.

---

[3]) Es steht dem Deklaranten frei, statt der generellen sofort die spezielle De= klaration abzugeben AusfAnw. (Anm. 39) Ziff. 4a.

Der Waarenführer, sowie der Waarenempfänger ist berechtigt, bei dem Grenzzollamte oder einem Amte im Innern, an welches die Waaren im Ansageverfahren (§. 33) abgelassen sind, eine bereits abgegebene Deklaration, so lange die spezielle Revision noch nicht begonnen hat, zu vervollständigen oder zu berichtigen.

In gleicher Weise können die Angaben des Ladungsverzeichnisses (§. 63) in Betreff der Gattung und des Gewichts der Waaren vervollständigt oder berichtigt werden.

Die Berichtigung einer Deklaration über die mit Begleitschein I. (§. 33) abgefertigten Waaren am Bestimmungsorte ist nur in der im §. 46 angegebenen Einschränkung zulässig.

§. 25 Abs. 1. Die Ausfertigung der Deklaration kann durch den Waarenführer beziehungsweise Waarenempfänger selbst oder durch einen Bevollmächtigten erfolgen.

§. 26. Der Deklarant haftet für die Richtigkeit der Deklaration auch in dem Falle, wenn dieselbe von einem Dritten in seinem Auftrage oder vom Zollamte gefertigt worden ist. Ebenso haftet der Waarenführer oder der Waarenempfänger für die Richtigkeit der etwa von ihm ergänzten oder berichtigten Deklaration.

Insoweit eine Berichtigung erfolgt ist, wird die ursprüngliche Deklaration als beseitigt angesehen.

§. 27. Werden die Deklarationen nicht rechtzeitig (§§. 39, 63, 66, 75 u. 81) abgegeben, so werden die Waaren auf Kosten und Gefahr der Betheiligten unter amtlichen Gewahrsam oder amtliche Bewachung genommen.

(Abs. 2 Best. für den Fall, daß der Waarenführer außer Stande ist, eine zuverlässige Deklaration abzugeben; Antrag auf amtliche Revision.)

Revision — allgemeine und spezielle Revision. §. 28. Die Revision Seitens der Zollbehörde ist entweder eine allgemeine oder eine spezielle. Die erstere geschieht nur nach Zahl, Zeichen, Verpackungsart und Gewicht der Kolli ohne deren Eröffnung. Bei der speziellen Revision findet außerdem die Eröffnung der Kolli statt, um die Gattung und Menge der in denselben enthaltenen Waaren zu ermitteln[4]).

Bruttogewicht — Tara — Nettogewicht. Obliegenheiten des Zollpflichtigen. §. 29 Abs. 1. Bei der speziellen Revision wird entweder nur das Bruttogewicht oder auch das Nettogewicht der Waaren ermittelt.

§. 31. Der Zollpflichtige hat die Waaren in solchem Zustande darzulegen, daß die Beamten die Revision, wie erforderlich, vornehmen können; auch muß er die dazu nöthigen Handleistungen nach der Anweisung der Beamten auf eigene Gefahr und Kosten verrichten oder verrichten lassen.

Die Ab- oder Ausladung darf erst erfolgen, nachdem das Zoll- oder Steueramt die Anweisung dazu ertheilt hat.

---

⁴) Die Revision an anderen Orten als an der ordentlichen Amtsstelle ist nur in besonderen Fällen mit Geneh= migung des Amtsvorstandes zulässig AusfAnw. (Anm. 39) Ziff. 5.

§. 32 Abſ. 1. Sollen die Waaren in den freien Verkehr treten, ſo erfolgt ſpezielle Reviſion (§§. 28—30). Bei der Abfertigung an der Grenze oder bei einem Amte im Innern, auf welches die Waaren im Anſageverfahren (§. 33) abgelaſſen ſind, bilden ſtets, ſo weit nicht für havarirte Güter (§. 29) eine Ausnahme nachgelaſſen iſt, die ermittelte Menge und Beſchaffenheit der Waare die Grundlage der Verzollung. Rückſichtlich der unter Begleitſchein‐ Kontrole abgefertigten Waaren kommen die Beſtimmungen im §. 47 zur Anwendung.

Behandlung der Waaren, welche in den freien Verkehr tre‐ ten ſollen.

§. 33. Sollen die Waaren unverzollt von dem Grenzzollamte auf ein zur weiteren zollamtlichen Abfertigung befugtes Amt im Innern, oder zur unmittelbaren Durchfuhr abgelaſſen werden, ſo geſchieht dies entweder im Anſageverfahren (§§. 38, 52 und 83), bei welchem die grenzzollamtliche Ab‐ fertigung — Deklaration und Reviſion — an das Amt im Innern verlegt, beziehungsweiſe der Wiederausgang der eingeführten Waaren lediglich durch amtliche Begleitung kontrolirt wird, oder es tritt die Abfertigung auf Ladungs‐ verzeichniß oder Begleitſchein ein. Die Begleitſcheine beſtehen in Begleit‐ ſcheinen Nr. I. oder Nr. II. Die Begleitſcheine Nr. I und die denſelben gleichgeſtellten amtlichen Bezettelungen, ſowie die Ladungsverzeichniſſe haben den Zweck, den richtigen Eingang der über die Grenze eingeführten Waaren am inländiſchen Beſtimmungsorte oder die Wiederausfuhr ſolcher Waaren zu ſichern. Begleitſcheine Nr. II. dienen dazu, die Erhebung des durch ſpezielle Reviſion ermittelten Zollbetrages einem anderen Amte gegen Sicherheits‐ leiſtung zu überweiſen.

Behandlung der Waaren, welche an der Grenze auf ein Amt im Innern abgelaſſen oder durch‐ geführt wer‐ den ſollen ..

§. 35. Die näheren Beſtimmungen über das bei der Waaren‐Ein‐, Aus‐ und Durchfuhr zu beobachtende Verfahren richten ſich darnach, ob der Ein‐ und Ausgang auf Landſtraßen, Flüſſen und Kanälen oder auf Eiſen‐ bahnen oder ſeewärts ſtattfindet.

VI. Beſtimmungen über die Waaren‐Einfuhr, Ausfuhr und Durchfuhr auf Landſtraßen, Flüſſen und Kanälen⁵).

§. 39. Sollen die Waaren an der Grenze in den freien Verkehr treten, ſo ſind dieſelben unmittelbar nach der Ankunft dem Grenzzollamte nach Maaß‐ gabe der Beſtimmungen in den §§. 22 ff. ſpeziell zu deklariren, ſofern nicht nach §. 27 der Antrag auf Vornahme der amtlichen Reviſion geſtellt wird. Es findet demnächſt ſpezielle Reviſion (§§. 28 bis 30) und gegebenen Falles Erhebung des Eingangszolles (§. 32) ſtatt.

Verfahren, wenn die Waaren an der Grenze in den freien Verkehr tre‐ ten ſollen.

Ueber den entrichteten Eingangszoll wird von der Zollbehörde eine Quittung ertheilt.

Der Deklarant haftet für die Richtigkeit der Deklaration ſowohl hinſicht‐ lich der Zahl und Art der Kolli, als hinſichtlich der Menge und der Gattung

---

⁵) Zu § 39—51: § 68, 72 u. EiſZollRegul. (Anl. A) § 23 Abſ. 1.

der Waaren. Es sollen indeß Abweichungen von dem deklarirten Gewicht, welche bei der Revision sich herausstellen, straffrei gelassen werden, wenn der Unterschied zehn Prozent des deklarirten Gewichts der einzelnen Kolli oder der in einem Kollo zusammengepackten verschieden tarifirten Waaren oder einer zusammen abgefertigten gleichnamigen Waarenpost nicht übersteigt.

§. 40. Die Waaren können bei dem Eingangsamte niedergelegt werden, wenn der Ort das vollständige Niederlagerecht (§. 97) hat, oder sich eine beschränkte Niederlage (§. 105) daselbst befindet.

Das Abfertigungsverfahren wird durch das für die betreffende Niederlage erlassene Regulativ (§. 106) bestimmt.

§. 41. Sollen die Waaren unverzollt einer Hebestelle im Innern zur schließlichen zollamtlichen Abfertigung überwiesen werden, oder zur unmittelbaren Durchfuhr gelangen, so ist die Ladung speziell zu deklariren. Bei einer und derselben Post gleichartiger Waaren braucht das Gewicht in der Deklaration nur summarisch angegeben zu werden.

Die Revision seitens des Abfertigungsamtes ist eine allgemeine, insofern nicht besondere Gründe eine Ausnahme erfordern, oder die Betheiligten selbst die spezielle Revision beantragen. Es tritt sodann in der Regel amtlicher Verschluß der Waare und die Ertheilung eines Begleitscheins I ein, welcher ein Verzeichniß der Waaren, auf die er lautet, nach Maaßgabe der vorhandenen Deklaration oder des Revisionsbefundes, die Zahl der Kolli und deren Bezeichnung, die Art des angelegten amtlichen Verschlusses, den Namen und Wohnort der Waaren-Empfänger, das Erledigungsamt, sowie den Zeitraum enthalten muß, innerhalb dessen der Beweis der erreichten Bestimmung zu führen ist.

(Abf. 3 Ausnahmsweise Gewichtsfeststellung durch Probeverwiegung.)

Bei eingehenden Schiffs- oder Wagenladungen, bei welchen die Revision ohne vorherige Ausladung nicht ausführbar ist, soll der Begleitschein ohne vorgängige Revision auf Grund der abgegebenen Deklaration ausgefertigt werden, sofern amtliche Begleitung eintritt oder ein sichernder Verschluß angelegt werden kann.

Auf den Antrag der Betheiligten kann die Abfertigung auch solcher Waaren auf Begleitschein I erfolgen, welche nach der Deklaration zollfrei sind.

§. 42. Liegt keine vollständige spezielle Deklaration (§. 22) vor, so sind in der Regel die Waaren bei dem Grenzzollamte der speziellen Revision zu unterwerfen. Es kann jedoch, im Fall die Deklaration nur insofern mangelhaft ist, daß die Gattung der Waaren nur allgemein nach ihrer sprachgebräuchlichen oder handelsüblichen Benennung bezeichnet worden oder die Angabe des Nettogewichts bei den in einem Kollo zusammenverpackten verschieden tarifirten Waaren fehlt, hierüber hinweggesehen werden und die Abfertigung auf Begleitschein I ohne vorherige spezielle Revision erfolgen, wenn ein sichernder Verschluß angelegt werden kann oder Begleitung von der Behörde angeordnet wird.

§. 43. In der Regel tritt Kolloverschluß ein. Es kann indeß statt Amtlicher
Verschluß.
desselben nach dem Ermessen des Abfertigungsamtes der Verschluß des Wagens
oder des Schiffsgefäßes eintreten (§§. 94 bis 96).

Bei speziell revidirten Waaren kann von der Anlegung eines amtlichen
Verschlusses, wenn die Betheiligten dieselbe nicht selbst beantragen, abgesehen
werden, sofern eine Vertauschung der Waare nach deren Beschaffenheit auf
dem Transporte nicht zu besorgen ist.

§. 44. Derjenige, auf dessen Verlangen ein Begleitschein I ausgestellt Verpflichtun-
gen des Be-
gleitschein-
Extrahenten.
wird (Extrahent des Begleitscheins), übernimmt mit der Unterzeichnung des-
selben die Verpflichtnng, die im Begleitschein bezeichneten Waaren in unveränderter Gestalt und Menge in dem bestimmten Zeitraume und an dem angegebenen Orte zur Revision und weiteren Abfertigung zu stellen, ingleichen
die Verbindlichkeit, für den Betrag des Eingangszolles von diesen Waaren
und wenn die Art derselben durch spezielle Revision nicht festgestellt worden,
beziehungsweise, wenn es sich um Gegenstände handelt, welche nach der Deklaration zollfrei sind, für den Betrag des Zolles nach dem höchsten Erhebungs-
satz des Tarifs zu haften[6]).

Der Waarenführer hat die Waaren unverändert ihrer Bestimmung zuzuführen und dem Amte, von welchem die Schlußabfertigung zu bewirken ist,
unter Vorlegung des Begleitscheins zu gestellen, auch bis dahin den etwa angelegten amtlichen Verschluß unverletzt zu erhalten[6]).

(§. 45. Sicherstellung des Zolles.)

§. 46. Die im Begleitschein I übernommenen Verpflichtungen erlöschen Nachweis der
Erfüllung
der Verpflich-
tungen des
Begleitschein-
Extrahenten.
nur dann, wenn durch das darin bestimmte Amt bescheinigt wird, daß diesen
Obliegenheiten völlig genügt sei, worauf sodann die Löschung der geleisteten
Sicherheit oder Bürgschaft erfolgt. Auf den Antrag des Waarendisponenten
kann der Begleitschein von dem Empfangsamte auch einem anderen dazu befugten Amte zur Erledigung überwiesen werden.

Die Angaben des Begleitscheins hinsichtlich der Gattung und des Nettogewichts der Waaren können von dem Waarenführer oder dem Waarenempfänger am Bestimmungsort, so lange eine spezielle Revision noch nicht
stattgefunden hat, ergänzt oder berichtigt werden.

Rücksichtlich der Haftung für die berichtigte Deklaration, sowie rücksichtlich der Folgen einer Berichtigung gelten die Bestimmungen im §. 26.

---

[6]) Bei Bestimmung der Frist, binnen
welcher die im Begleitschein bezeichneten
Waren an dem darin angegebenen Orte
zur Revision u. weiteren Abfertigung zu
stellen sind (Vereinszollg. § 44), ist darauf Bedacht zu nehmen, daß nicht über
das Maß des Bedürfnisses hinausgegangen wird; namentlich ist bei dem
Transporte mittels der Eisenbahnen die
Transportfrist der regelmäßigen Liefe-
rungszeit anzupassen Begleitscheinregul.
(§ 58) § 15. — Warenführer i. S.
§ 44 Abs. 2 kann immer nur eine natürliche Person (die den Transport in ihrer
Verfügungsgewalt hat) sein, nicht z. B.
eine EisGesellschaft — RGer. 12. Febr.
01 (Straff. XXXIV 151) —, ferner nicht
der Empfänger RGer. 28. Okt. 90, 10. Okt.
95, 13. Dez. 98 (das. XXI 112, XXVII
372, XXXI 379). — Anm. 36.

Zollpflichti-
ges Gewicht.

§. 47. Das beim Eingange ermittelte und im Begleitschein angegebene Gewicht der Waaren wird in der Regel der Verzollung oder weiteren Abfertigung zu Grunde gelegt, unbeschadet der näheren Untersuchung, welche wegen etwa vorgekommener Irrthümer in der Abfertigung oder wegen versuchter Zolldefraudation einzuleiten ist, wenn sich bei der am Bestimmungsorte veranlaßten abermaligen Verwiegung Abweichungen von dem beim Eingange ermittelten Gewicht ergeben.

Es wird indeß von dem Mindergewicht, welches sich bei den unter amtlichem Verschluß oder unter Begleitung abgelassenen Waaren am Bestimmungsorte gegen das beim Eingange ermittelte Gewicht herausstellt, kein Eingangszoll erhoben, vielmehr bildet das vorgefundene Gewicht die Grundlage der Verzollung oder weiteren Abfertigung, sofern der amtliche Verschluß unverletzt befunden wird und anzunehmen ist, daß das Mindergewicht lediglich durch natürliche Einflüsse herbeigeführt worden sei, namentlich kein Grund zu dem Verdachte vorliegt, daß ein Theil der Waare heimlich entfernt worden.

Unter den gleichen Voraussetzungen wird auch von der Erhebung des Eingangszolles für das Mindergewicht abgesehen, welches sich etwa bei den zum Durchgange abgefertigten Waaren beim Ausgangsamte gegen das im Begleitschein angegebene Gewicht herausstellt.

Ist beim Eingangsamte nur eine probeweise Verwiegung erfolgt (§. 41), so gilt rücksichtlich der nicht verwogenen Kolli das deklarirte Gewicht als das ermittelte.

Hat beim Eingangsamte überhaupt keine Verwiegung stattgefunden (§. 41), so bildet das am Bestimmungsorte festgestellte Gewicht die Grundlage der Verzollung oder weiteren Abfertigung, sofern der Verschluß unverletzt befunden und nicht durch Umstände der Verdacht begründet wird, daß eine heimliche Entfernung von Waaren stattgefunden habe. In diesem Falle kann, nach dem Ergebniß der anzustellenden Erörterungen, das deklarirte Gewicht der Verzollung oder weiteren Abfertigung zu Grunde gelegt werden.

Zollerlaß für
die auf dem
Transport
zu Grunde
gegangenen
. . Waaren.

§. 48. Wenn auf Begleitschein I abgefertigte Waaren erweislich auf dem Transporte durch Zufall zu Grunde gegangen sind, so tritt ein Zollerlaß ein[7]).

Ferner bleibt, sofern der angelegte amtliche Verschluß unverletzt befunden wird, oder amtliche Begleitung stattgefunden hat, der Eingangszoll unerhoben, wenn die Gegenstände, welche unter amtlichem Verschluß oder amtlicher Begleitung abgefertigt worden sind, am Bestimmungsorte in verdorbenem oder in zerbrochenem Zustande ankommen. Die in verdorbenem Zustande ankommenden Gegenstände müssen unter amtlicher Aufsicht vernichtet werden. Die zerbrochen ankommenden Gegenstände sind unter Aufsicht der Zollbehörde nöthigenfalls so zu zerstören, daß sie völlig unbrauchbar werden.

---

[7]) Hierzu AusfAnw. (Anm. 39) Ziff. 14.

(§. 49. Verzögerung des Transports durch Naturereignisse oder Unglücksfälle.)

§. 50.   Wenn eine Waarenladung, über welche ein Begleitschein ertheilt worden ist, eine andere Bestimmung erhält, so hat der Waarenführer den Begleitschein bei dem nächsten Zoll= oder Steueramte abzugeben, welches den Begleitschein mit dem erforderlichen Vermerk über den veränderten Bestimmungsort und Empfänger versieht. Veränderte Bestimmung oder Theilung der Ladung.

Soll eine auf Begleitschein I abgefertigte Ladung unterwegs getheilt werden, so sind die Waaren dem nächsten Hauptzoll= oder Hauptsteueramte oder einem zur Ausstellung von Begleitscheinen befugten Zoll= oder Steueramte vorzuführen, welches auf diesfälligen Antrag neue Begleitscheine ausfertigt, nachdem die Theilung der Ladung unter amtlicher Aufsicht erfolgt ist.

Die Theilung darf sich auch auf den Inhalt einzelner Kolli erstrecken.

§. 51.   Soll nach dem Antrage des Deklaranten die Erhebung des durch spezielle Revision ermittelten Eingangszolles bei einem anderen dazu befugten Amte erfolgen, so geschieht dies durch Ertheilung eines Begleitscheins II, welcher die Menge und Gattung der Waaren nach den Ergebnissen der Revision, den Namen und Wohnort des Waarenempfängers, den Betrag des geschuldeten Eingangszolles, wo derselbe zu entrichten, ob und welche Sicherheit geleistet, was wegen Vorlegung des Begleitscheins zu erfüllen ist, sowie den Zeitraum enthält, innerhalb dessen der Beweis der erfolgten Zollentrichtung geführt werden muß. Begleitscheine II.

Begleitscheine II werden jedoch nur dann ausgestellt, wenn der Eingangszoll von den Waaren, für welche der Begleitschein begehrt wird, fünf Thaler oder mehr beträgt.

§. 56.   Waaren, bei denen es auf den Beweis der erfolgten Ausfuhr ankommt, müssen von dem Waarenführer bei demjenigen Grenzzollamte angemeldet und gestellt werden, über welches die Ausfuhr nach Inhalt der empfangenen Bezettelungen geschehen soll.   Dieses Amt bewirkt die Abfertigung, nachdem es sich durch Revision der Waare die Ueberzeugung verschafft hat, daß diejenigen Gegenstände vorhanden sind, auf welche die Bezettelung lautet. Bei Waaren, welche unter amtlichem Verschluß zum Ausgange abgefertigt sind, beschränkt sich die Ausgangsabfertigung in der Regel auf die Prüfung und Lösung des Verschlusses. C. Waarenausgang.

Ist die Gestellung der Waare bei dem Grenzausgangsamte unterblieben, so hängt es von dem Ermessen der Zollbehörde ab, ob der Ausgang in Bezug auf die Ansprüche der Zollverwaltung als erwiesen anzunehmen sei.

§. 58.   Ueber das bei der Ausfertigung und Erledigung der Begleitscheine I und II zu beobachtende Verfahren wird ein besonderes Regulativ erlassen[8]). E. Begleitschein-Regulativ.

---

[8]) Begleitschein=Regulativ 5./18. Juli 88 (CB. 501 CBB. 212).

A. Allgemeine Verpflichtungen der Eisenbahn-Verwaltungen:
1. bezüglich der für die Abfertigung und die einstweilige Niederlegung .. erforderlichen Räume;

2. gegenüber den Zollbeamten.

VII. Bestimmungen über die Waaren-Einfuhr, -Ausfuhr und -Durchfuhr auf den Eisenbahnen.

§. 59. Die Eisenbahnverwaltung hat auf den für die Zollabfertigung bestimmten Stationsplätzen die für die zollamtliche Abfertigung und für die einstweilige Niederlegung der nicht sofort zur Abfertigung gelangenden Gegenstände erforderlichen Räume zu stellen, beziehungsweise die nach der Anordnung der Zollbehörde hierfür nöthigen baulichen Einrichtungen zu treffen[9]).

§. 60[10]). Diejenigen Oberbeamten der Zollverwaltung, welche mit der Kontrole des Verkehrs auf den Eisenbahnen und der die Abfertigung desselben bewirkenden Zollstellen besonders beauftragt sind und sich darüber gegen die Angestellten der Eisenbahn ausweisen, sind befugt, zum Zwecke dienstlicher Revisionen oder Nachforschungen, die Wagenzüge an den Stationsplätzen und Haltestellen so lange zurückzuhalten, als die von ihnen für nöthig erachtete und möglichst zu beschleunigende Amtsverrichtung solches erfordert.

Die bei den Wagenzügen oder auf den Stationsplätzen oder Haltestellen anwesenden Angestellten der Eisenbahnverwaltungen sind in solchen Fällen verpflichtet, auf die von Seite der Zollbeamten an sie ergehende Aufforderung bereitwillig Auskunft zu ertheilen und Hülfe zu leisten, auch den Zollbeamten die Einsicht der Frachtbriefe und der auf den Güterverkehr bezüglichen Bücher zu gestatten.

Nicht minder sind die bezeichneten Zollbeamten befugt, innerhalb der gesetzlichen Tageszeit[11]) alle auf den Stationsplätzen und Haltestellen vorhandenen Gebäude und Lokalien, soweit solche zu Zwecken des Eisenbahndienstes und nicht blos zu Wohnungen benutzt werden, ohne die Beachtung weiterer Förmlichkeiten zu betreten und darin die von ihnen für nöthig erachteten Nachforschungen vorzunehmen. Dieselbe Befugniß steht ihnen auf solchen Stationsplätzen und Haltestellen, welche von Nachtzügen berührt werden, auch zur Nachtzeit zu.

Jeder mit der Kontrole des Eisenbahnverkehrs besonders beauftragte Oberbeamte muß innerhalb der von der betreffenden Zolldirektivbehörde

---

[9]) EisZollRegul. (Anl. A) § 5. Gleim, EisRecht § 54. Bei Aufstellung der Pläne für Bahnhöfe in größeren Städten u. Handelsplätzen ist der Zollbehörde Gelegenheit zur Äußerung von Wünschen wegen Herstellung der ZollabfertRäume zu geben E. 13. Juni 78 (EBB. 183). Auch die Unterhaltung der in §. 59 bezeichneten Räume liegt der Eis. ob, nicht jedoch die Reinigung der Schornsteine und Öfen E. 20. Feb. 92 (Gleim S. 339), auch nicht Beschaffung v. Dienstwohnungen Gleim S. 338.

[10]) EisZollRegul. (Anl. A) § 11, 12. — § 60 (u. EisZollReg. § 12) ist auch auf Kleinbahnen anzuwenden E. 4. Mai 04 (EBB. 135). — III 5a Anm. 4 d. W.; BO. § 78 (1) Ziff. 3.

[11]) G. § 21: Jan. u. Dez. 7º bis 6º; Feb., Okt. u. Nov. 6º bis 6º; März, April, Aug., Sept. 5º bis 8º; Mai bis Juli 4º bis 10º.

bezeichneten Strecke der Eisenbahn in beiderlei Richtungen in einem Personen=
wagen II. Klasse unentgeltlich befördert werden[12]).

Ebenso hat, wo die Zollverwaltung eine Begleitung der Wagenzüge durch
Zollbeamte eintreten läßt, die Beförderung der Begleitungsbeamten unentgeltlich
zu erfolgen und ist denselben ein Sitzplatz auf einem Wagen nach ihrer Wahl,
sofern sie von der Begleitung zurückkehren aber ein Platz in einem Personen=
wagen mittlerer Klasse einzuräumen.

§. 61. Bei Ueberschreitung der Grenze dürfen in den Personenwagen
oder sonst anderswo als in den Güterwagen sich keine Gegenstände befinden,
welche zollpflichtig sind oder deren Einfuhr verboten ist. Eine Ausnahme
findet nur hinsichtlich der unter dem Handgepäck der Reisenden befindlichen
zollpflichtigen Kleinigkeiten, sowie des Gepäcks statt, welches sich auf den
mittelst der Eisenbahn beförderten Wagen von Reisenden befindet.

Auf den Lokomotiven und den dazu gehörigen Tendern dürfen nur Gegen=
stände vorhanden sein, welche die Angestellten oder Arbeiter der Eisenbahn=
bahnverwaltung auf der Fahrt selbst zu eigenem Gebrauch oder zu dienstlichen
Zwecken nöthig haben. Auch dürfen weder in den Eisenbahnwagen, noch in
den Lokomotiven und Tendern geheime oder schwer zu entdeckende, zur Auf=
nahme von Gütern oder Effekten geeignete Räume vorhanden sein[13]).

§. 62. Sämmtliche Frachtgüter und Effekten, deren Abfertigung nach
Maaßgabe der folgenden Bestimmungen stattfinden soll, müssen in der Regel
schon im Auslande in leicht und sicher verschließbare Güterwagen (Kulissen=
wagen, Wagen mit Schutzdecken) oder in abhebbare Behälter, nach den von
der Zollbehörde zu ertheilenden näheren Vorschriften, verladen sein[14]).

§. 63[15]). Unmittelbar nach Ankunft des Zuges auf dem Bahnhofe des
Grenzzollamtes hat der Zugführer oder der sonstige Bevollmächtigte der Eisen=
bahnverwaltung dem Amte vollständige Ladungsverzeichnisse über die Fracht=
güter in zweifacher Ausfertigung zu übergeben. Der einen Ausfertigung
müssen die Frachtbriefe über die darin verzeichneten Güter beigefügt sein.

Die Ladungsverzeichnisse müssen die verladenen Kolli nach Inhalt, Ver=
packungsart, Zeichen, Nummer und Bruttogewicht nachweisen, die Gesammt=
zahl derselben angeben und dasjenige Amt bezeichnen, bei welchem die weitere
Abfertigung verlangt wird. Ferner muß darin die Angabe der Wagen oder
Wagenabtheilungen oder der abhebbaren Behälter, in welche die Kolli verladen
sind, nach Zeichen, Nummer oder Buchstaben enthalten sein.

Ein jedes Ladungsverzeichniß darf in der Regel nur solche Güter ent=
halten, welche nach einem und demselben Abfertigungsorte bestimmt sind.

Randnoten:

B. Waaren=
Eingang.
1. Zollamt=
liche Behand=
lung der Gü=
ter, die in
Eisenbahn=
wagen die
Grenze über=
schreiten.

Generelle
Deklaration.
Ladungs=
Verzeichniß.

---

[12]) Zoll= u. Steuerbeamte erhalten für
Reisen, die für Rechnung u. im Interesse
der StEW. von ihnen ausgeführt werden,
freie Fahrt E. 23. Mai 98 (EBB.
166), FreifahrtO. 10. Dez. 01 (EBB.

02 S. 39) §5 Ziff. 7. Zu= u. Abgangs=
gebühr E. 20. Sept. 82 (EBB. 303).
[13]) EisZollRegul. (Anl. A) § 6, 13.
[14]) EisZollRegul. § 7—9, 14.
[15]) EisZollRegul. § 17.

Abfertigung der weitergehenden Wagen.

§. 64 [16]). Demnächst werden die Wagen unter amtlichen Verschluß gesetzt. (§§. 94 bis 96.)

Der Zugführer oder sonstige Vertreter der Eisenbahnverwaltung übernimmt durch Unterzeichnung des Ladungsverzeichnisses in Vollmacht der Eisenbahnverwaltung die Verpflichtung, die in diesen Verzeichnissen genannten Wagen u. s. w. binnen der darin bestimmten Frist in vorschriftsmäßigem Zustande und mit unverletztem Verschlusse den betreffenden Abfertigungsämtern zu gestellen, widrigenfalls aber für die Entrichtung des höchsten tarifmäßigen Eingangszolles von den in dem Ladungsverzeichnisse nachgewiesenen Gewichtsmengen zu haften.

Es werden sodann sowohl die Ladungsverzeichnisse mit den dazu gehörigen Frachtbriefen, als auch die Schlüssel zu den zum Verschlusse der Wagen verwendeten Schlössern, amtlich verschlossen, an die betreffenden Abfertigungsstellen adressirt und nebst den vom Grenzzollamte auszufertigenden Begleitzetteln dem Zugführer oder sonstigen Bevollmächtigten der Eisenbahnverwaltung zur Abgabe an die Abfertigungsstellen übergeben. Die unterbliebene Ablieferung der Schlüssel oder die Verletzung des Verschlusses, unter welchem sich dieselben befinden, zieht für die Eisenbahnverwaltung und ihren Bevollmächtigten die nämlichen rechtlichen Folgen nach sich, wie die unmittelbare Verletzung des Verschlusses derjenigen Wagen u. s. w., zu welchen die Schlüssel gehören.

Umladungen und Ausladungen.

§. 65 [17]). Auf den Antrag der Eisenbahnverwaltung kann unterwegs eine Umladung oder theilweise Ausladung von Frachtgütern bei einem dazu befugten Zoll- oder Steueramte unter amtlicher Aufsicht und unter den von der Zollbehörde näher vorzuschreibenden Bedingungen stattfinden.

An Hafenplätzen, wo die Eisenbahn bis an eine schiffbare Wasserstraße reicht, kann gleichfalls die Umladung der Güter von den Eisenbahnwagen in verschlußfähige Schiffe und umgekehrt unter den vorbezeichneten Bedingungen vorgenommen werden.

Die Abnahme des Verschlusses, die erfolgte Umladung oder Ausladung, ferner die Wiederanlegung des Verschlusses ist auf dem Begleitzettel zu bescheinigen.

Abfertigung am Bestimmungsorte — spezielle Deklaration, Revision und weitere Abfertigung.

§. 66 [18]). Gleich nach Ankunft des Wagenzuges am Bestimmungsorte sind die Wagen und die abhebbaren Behälter der Abfertigungsstelle vorzuführen, welche dieselben in Beziehung auf ihren Verschluß und ihre äußere Beschaffenheit revidirt.

Sodann ist binnen einer von der Zollbehörde örtlich zu bestimmenden Frist die Gattung und Menge der eingegangenen Waaren mit der Angabe, welche Abfertigungsweise begehrt wird, nach den Bestimmungen in den §§. 22 ff.

---

[16]) EisZollRegul. § 10, 21.
[17]) Das. § 25, 26. Umladungen der mit Begleitschein I unter Raumverschluß abgefertigten Güter Begleitscheinregul. (Anm. 8) § 29.
[18]) EisZollRegul. § 28—38.

speziell zu deklariren, sofern nicht nach §. 27 der Antrag auf amtliche Revision gestellt wird.

Zollfreie Gegenstände können auf Grund des Ladungsverzeichnisses ohne spezielle Deklaration abgefertigt werden.

Der Bevollmächtigte der Eisenbahnverwaltung, welcher das Ladungs=verzeichniß unterzeichnet hat, haftet für die Richtigkeit der in demselben ent=haltenen Angaben hinsichtlich der Zahl und Art der geladenen Kolli[19]). Ab=weichungen, welche sich bei der Revision von dem in den speziellen Dekla=rationen angegebenen Gewicht herausstellen, bleiben innerhalb der im §. 39 bezeichneten Grenzen straffrei.

Hinsichtlich des der Verzollung oder weiteren Abfertigung zu Grunde zu legenden Gewichts finden die Bestimmungen im Schlußsatze des §. 47 An=wendung.

Auf den Antrag der Eisenbahnverwaltung können die Ladungsverzeichnisse auch einem andern dazu befugten Amte zur Erledigung überwiesen werden[20]).

§. 67. Rücksichtlich der auf dem Transport zu Grunde gegangenen oder in verdorbenem oder zerbrochenem Zustande ankommenden Gegenstände gelten die Bestimmungen des §. 48.

§. 68. Bei der Revision und weiteren Abfertigung kommen die Be=stimmungen in den §§. 39 bis 51 zur Anwendung.

§. 69[21]). Die aus dem Auslande eingegangenen Waaren, für welche das im Eisenbahnverkehr zulässige erleichterte Abfertigungsverfahren in An=spruch genommen wird, sind von dem Waarenführer unter Uebergabe der Ladungspapiere dem Grenzzollamte vorzuführen, welches die Waaren unter amtliche Aufsicht und Kontrole stellt. Vor der Verladung in die Eisenbahn=wagen hat der Bevollmächtigte der Eisenbahnverwaltung das im §. 63 vor=geschriebene Ladungsverzeichniß zu übergeben.

2. Zollamt=liche Behand=lung der Gü=ter, welche im gewöhnlichen Landfracht= oder Schiffs=verkehr einem Grenzzoll=amte behufs Weiterbeför=derung mit=telst der Eisenbahn zugeführt werden.

Die Verladung geschieht unter amtlicher Aufsicht und unter Vergleichung der einzuladenden Güter mit dem Ladungsverzeichniß.

Hinsichtlich des weiteren Verfahrens gelten die Bestimmungen in den §§. 64 bis 68.

§. 70[22]). Die zum unmittelbaren Durchgange auf den Eisenbahnen bestimmten Güter werden mit Begleitzetteln und Ladungsverzeichnissen und unter amtlichem Verschluß (§§. 63 und 64) zur Durchfuhr abgefertigt. Die Zollabfertigung beim Grenzausgangsamte beschränkt sich in der Regel auf die Prüfung und Lösung des Verschlusses und die Bescheinigung des Aus=gangs über die Grenze. Enden die Eisenbahnen bei dem Grenzausgangs=

C. Waaren=Durchgang.

---

[19]) Auch Zeichen und Nummer; Be=strafung wegen Übertretung des § 66 Abs. 4 soll nur herbeigeführt werden, wenn der Bevollmächtigte tatsächlich in

der Lage war, seine Verpflichtungen zu erfüllen E. 3. Mai 93 (EBB. 209).
[20]) EisZollRegul. (Anl. A) § 24.
[21]) Das. § 40.
[22]) Das. § 41.

amte, so hat das letztere eine Vergleichung der auszuladenden Güter mit dem Ladungsverzeichniß vorzunehmen.

Für den Durchfuhrverkehr auf Eisenbahnen, welche das Vereinsgebiet auf kurzen Strecken durchschneiden, können von der obersten Landes=Finanzbehörde weitere Erleichterungen zugestanden werden.

D. Waaren-Ausgang.   §. 71 [23]). Ausgangszollpflichtige Güter dürfen zur Beförderung nach dem Auslande nicht verladen werden, bevor nicht der Ausgangszoll bei einer zu dessen Erhebung befugten Zoll= oder Steuerstelle entrichtet oder sichergestellt worden ist. Die Güter werden, wenn der Ausgangszoll bei einem Amte im Innern entrichtet ist, unter Kollo= oder Wagenverschluß unmittelbar nach dem Auslande abgefertigt. Bei dem Grenzausgangsamte findet alsdann nur die Prüfung und Lösung des Verschlusses statt.

Rücksichtlich der Güter, deren Ausfuhr nachgewiesen werden muß, kommen die Bestimmungen im §. 56 zur Anwendung.

§. 72. Wenn die Abfertigung bei dem Grenzzollamte nach Maaßgabe der vorstehenden Bestimmungen nicht in Anspruch genommen wird, so erfolgt die Abfertigung nach den in den §§. 39 bis 51 enthaltenen Bestimmungen [24]).

E. Regulativ über die Behandlung des Eisenbahn-Transports.   §. 73. Die näheren Bestimmungen über die zollamtliche Behandlung des Güter= und Effekten=Transports auf den Eisenbahnen werden durch ein zu erlassendes Regulativ getroffen [25]).

X. Behandlung der Reisenden.

§. 92 [26]). Die vom Auslande eingehenden Reisenden, welche zollpflichtige Waaren bei sich führen, brauchen dieselben, wenn sie nicht zum Handel bestimmt sind, nur mündlich anzumelden. Auch steht es solchen Reisenden frei, statt einer bestimmten Antwort auf die Frage der Zollbeamten nach verbotenen oder zollpflichtigen Waren, sich sogleich der Revision zu unterwerfen. In diesem Falle sind sie nur für die Waaren verantwortlich, welche sie durch die getroffenen Anstalten zu verheimlichen bemüht gewesen sind.

(Abs. 2 Ansagepoften.)

---

[20]) EisZollReg. (Anl. A) § 42, 43. Begleitscheingüter BegleitschRegul. (Anm. 8) § 40 Abf. 7.

[24]) EisZollRegul. § 23. — AusfAntw. (Anm. 39) Ziff. 18:

Der §. 72, welcher bestimmt, daß die Abfertigung des Eisenbahnverkehrs nach den in den §§. 39 bis 51 enthaltenen allgemeinen Vorschriften zu erfolgen habe, wenn solche nicht nach Maßgabe der unmittelbar vorangegangenen besonderen Bestimmungen für den Eisenbahnverkehr in Anspruch genommen wird, soll nicht blos, wie aus der Stellung des gedachten Paragraphen vielleicht gefolgert werden könnte, auf den Waarenausgang mit der Eisenbahn, sondern überhaupt eintretendenfalls auf den ganzen von der Zollkontrole betroffenen Verkehr mittelst der Eisenbahn Anwendung finden.

[25]) Eisenbahnzollregulativ 5./18. Juli 88 (Anlage A).

[26]) EisZollRegul. § 19; Best. des Bundesrats über Behandlung des zur Durchfuhr bestimmten Gepäcks 30. Juni 92 (Anlage B).

Die Effekten der Reisenden werden in der Regel sogleich beim Grenz=
eingangsamte schließlich abgefertigt. Beim Ausgange sind dieselben nur aus
besonderen Verdachtsgründen einer Revision unterworfen.

XII. Waarenverschluß [27]).

§. 94. Der zollamtliche Verschluß erfolgt durch Kunstschlösser, Bleie
oder Siegel.

Das abfertigende Amt hat zu bestimmen, ob Verschluß eintreten, welche
Art desselben angewendet und welche Zahl von Schlössern, Bleien u. s. w. an=
gelegt werden soll. Es kann verlangen, daß derjenige, welcher die Abfertigung
begehrt, die Vorrichtungen treffe, welche es für nöthig hält, um den Verschluß
anzubringen.

§. 95. Das erforderliche Material an Blei, Lack, Licht und Ver=
sicherungsschnur, sowie die fortan erforderlichen Schlösser beschafft die Zoll=
verwaltung, vorbehaltlich des Anspruchs auf Ersatz der Kosten für verloren
gegangene oder beschädigte Schlösser gegen diejenigen, welche die Schuld des
Verlustes oder der Beschädigung trifft. Eisenbahn=Verwaltungen haben in
dieser Beziehung für ihre Angestellten zu haften.

Das Uebrige, zu der Verschlußvorrichtung nöthige Material muß von
dem Betheiligten besorgt werden.

§. 96. Bei eingetretener Verletzung des Waarenverschlusses kann in
Folge der im Begleitschein u. s. w. von den Extrahenten übernommenen Ver=
pflichtung für die Waaren, je nachdem ihre Gattung ermittelt ist oder nicht,
die Entrichtung des tarifmäßigen oder des höchsten Eingangszolles verlangt
werden.

Wird der Verschluß nur durch zufällige Umstände verletzt, so kann der
Inhaber der Waaren bei dem nächsten zur Verschlußanlegung befugten Zoll=
oder Steueramte auf genaue Untersuchung des Thatbestandes, Revision der
Waaren und neuen Verschluß antragen. Er läßt sich die darüber auf=
genommenen Verhandlungen aushändigen und giebt sie an dasjenige Amt,
welchem die Waaren zu stellen sind, ab. Der Zollbehörde bleibt die Ent=
scheidung überlassen, ob nach den obwaltenden Umständen von den oben an=
gegebenen Folgen der Verschlußverletzung abgesehen werden kann.

XIII. Von den Niederlagen unverzollter Waaren.

§. 97. Zur Beförderung des mittelbaren Durchfuhrhandels und des
inneren Verkehrs werden in den wichtigeren Handelsplätzen des Vereinsgebiets,
sowie bei den Haupt=Zollämtern an der Grenze, wo ein Bedürfniß dazu sich
zeigt, unter amtlicher Aufsicht stehende öffentliche Niederlagen eingerichtet, in
welchen Waaren bis zu ihrer weiteren Bestimmung unverzollt gelagert werden
können.

A. Oeffent=
liche Nieder=
lagen.

---

[27]) EisZollRegul. (Anl. A) § 10, 27.

Die öffentlichen Niederlagen sind entweder:

allgemeine Niederlagen (Packhöfe, Hallen, Lagerhäuser, Freihäfen, §§. 98 bis 104), oder

beschränkte Niederlagen (§. 105), oder

freie Niederlagen (Freiläger §. 107).

(Abf. 3).

1. Allgemeine Niederlagen. Niederlags= recht — Lagerfrist.

§. 98. Das Niederlagerecht wird der Regel nach nur für solche Waaren bewilligt, auf denen noch ein Zollanspruch haftet und welche nicht durch die besonderen Niederlageregulative (§. 106) von der Lagerung ausgeschlossen sind.

Die Lagerfrist soll in der Regel einen Zeitraum von fünf Jahren nicht überschreiten.

2. Beschränkte Niederlagen.

§. 105 Abf. 1. Bei den Aemtern an solchen Orten, welche nicht im Genuß des Niederlagerechts sind, können, wo sich ein Bedürfniß dazu ergiebt und geeignete Räume vorhanden sind, Waaren unverzollt mit der Maaßgabe niedergelegt werden, daß die Lagerfrist in der Regel nicht über sechs Monate dauern darf. . .

3. Regulative für die Niederlagen.

§. 106. Die näheren Bedingungen für die Benutzung der einzelnen Niederlagen, sowie die speziellen Vorschriften über die Abfertigung der zu denselben gelangenden und aus ihnen zu entnehmenden Waaren enthalten die zu erlassenden Regulative[28]).

4. Freie Niederlagen.

§. 107. In den wichtigeren Seeplätzen des Vereinsgebiets können örtlich mit dem Hafen in Verbindung stehende freie Niederlage=Anstalten (Freiläger) errichtet werden[2]).

Derartige Niederlagen werden mit den Maaßgaben, welche die für die einzelnen Niederlagen zu erlassenden Regulative enthalten, zollgesetzlich als Ausland behandelt. Die zur Ein= und Ausladung, sowie zur Lagerung bestimmten Räume sind durch sichernde Umschließung von dem umgebenden Gebiete abzuschließen.

(§. 108, 109. Privat=Kreditläger, Privat=Transitläger.)

XIV. Verkehrs-Erleichterungen und Befreiungen.

1. Versendungen aus dem Vereins= gebiet durch das Ausland nach dem Vereins= gebiet.

§. 111 Abf. 1[29]). Bei Versendungen der im freien Verkehr stehenden Gegenstände aus dem Vereinsgebiete durch das Ausland nach dem Vereinsgebiete ist dem Ausgangs=Zollamte oder einem zu dieser Abfertigung befugten Amte im Innern eine Deklaration vorzulegen, worin die Art und Menge der zu versendenden Waaren mit ihrer sprachgebräuchlichen oder handelsüblichen Benennung und deren Bestimmungsort anzugeben ist. Einer Angabe des

---

[28]) Niederlage = Regulativ 5./18. Juli 88 (CB. 551, CBB. 256).

[29]) EisZollRegul. (Anl. A) § 44. — AusfAnw. (Anm. 39) Ziff. 23: Die näheren Bestimmungen über den Verkehr vom Zollgebiet durch das Ausland nach dem Zollgebiet enthält das vom Bundesrath beschlossene Deklarations=schein=Regulativ. — Deklarations=schein=Regulativ 25. März 1878 (CB. 211).

Nettogewichts der in einem Kollo zusammen verpackten, verschieden tarifirten Waaren bedarf es nicht.

(§. 112—117. Meß= und Marktverkehr, Retourwaaren, Veredelungs=verkehr, Grenzverkehr, Strandgüter.)

§. 118. Die allgemeinen Bedingungen und Kontrolen, unter denen die in den §§. 111 bis 117 erwähnten Erleichterungen und Befreiungen eintreten, werden von dem Bundesrathe des Zollvereins vorgeschrieben werden.

Der Bundesrath wird ferner darüber Bestimmung treffen, ob und unter welchen Bedingungen auch in anderen als den oben erwähnten Fällen für die aus dem freien Verkehr des Zollvereins nach dem Auslande gesandten Gegenstände beim Wiedereingange, oder für die vom Auslande eingegangenen Gegenstände beim Wiederausgange aus Billigkeitsrücksichten ein Zollerlaß gewährt werden darf [30]).

7. Bedingungen der vorstehenden Erleichterungen — anderweite Zollerlasse aus Billigkeitsrücksichten.

XV. Kontrolen im Grenzbezirke.

§. 119 [31]). Innerhalb des Grenzbezirks unterliegen, nach Maaßgabe der von der obersten Landes=Finanzbehörde zu treffenden Anordnungen, solche Waaren, bei welchen es nach den örtlichen Verhältnissen zur Sicherung gegen heimliche Einfuhr oder Ausfuhr nothwendig erscheint, einer Transportkontrole. Zu diesem Zweck hat jeder, welcher Waaren dieser Art im Grenzbezirke transportirt, sich durch eine amtliche Bescheinigung (Legitimationsschein) darüber auszuweisen, daß er zum Transporte der gehörig bezeichneten Waaren in einer gewissen Frist und auf den vorgeschriebenen Wegen befugt sei.

Transportkontrole.

Beim Eingange aus dem Auslande und in der Richtung von der Grenze nach der Zollstelle bedarf es auf der Zollstraße keines Transport=Ausweises. Von der Zollstelle bis zur Binnenlinie haben sich diese Transporte durch die bei ersterer erhaltene Bezettelung zu legitimiren.

§. 120. Von der Verpflichtung zur Legitimation im Grenzbezirke sind allgemein befreit:

b. der Transport auf den dem öffentlichen Verkehr dienenden Eisenbahnen aus dem Binnenlande in den Grenzbezirk;

(c., d.)

Allgemeine Befreiung von der Legitimationsschein=Pflichtigkeit.

§. 122. Der Transport der der Legitimationsschein=Kontrole unterliegenden Waaren im Grenzbezirke ist nur innerhalb der im §. 21 bezeichneten Tageszeit [11]) gestattet, sofern nicht der Transport auf den dem öffentlichen Verkehr dienenden Eisenbahnen stattfindet oder in besonderen Fällen von dem zuständigen Haupt= oder Nebenzollamte vor dem Beginne des Transportes eine Ausnahme nachgelassen ist.

Beschränkung des Transports in Bezug auf die Zeit.

XVI. Kontrolen im Binnenlande [31]).

§. 125. Ueber den Grenzbezirk hinaus sind im Innern des Vereins=gebiets nach Maaßgabe der von der obersten Landes=Finanzbehörde nach den

---

[30]) AusfAnw. (Anm. 39) Ziff. 32. | [31]) EisZollRegul. (Anl. A) § 46.

örtlichen Verhältnissen zu treffenden Anordnungen nur solche Waaren, welche einen Gegenstand des Schleichhandels bilden, .. einer Kontrole unterworfen ..

XVIII. Von den Dienststellen und Beamten und deren amtlichen Befugnissen.

A. Im Grenzbezirk.

§. 128[32]). Jede Erhebungs= oder Abfertigungsstelle im Grenzbezirke soll durch ein Schild mit einer Inschrift bezeichnet werden, aus welcher hervorgeht, welche Behörde daselbst ihren Sitz hat. Die Zollämter sind entweder Hauptzollämter oder Nebenzollämter erster oder zweiter Klasse.

Bei den Hauptzollämtern ist jede Zollentrichtung und jede durch dieses Gesetz vorgeschriebene Abfertigung ohne Einschränkung sowohl bei der Einfuhr als bei der Ausfuhr und Durchfuhr zulässig.

Bei Nebenzollämtern erster Klasse können Gegenstände, von welchen die Gefälle nicht über zehn Thaler vom Zentner betragen, oder welche nach der Stückzahl zu verzollen sind, in unbeschränkter Menge eingehen.

Höher belegte oder nach dem Werthe zu verzollende Gegenstände dürfen nur dann über solche Aemter eingeführt werden, wenn die Gefälle von dergleichen auf einmal eingehenden Waaren den Betrag von Einhundert Thalern nicht übersteigen.

Zur Abfertigung der auf den Eisenbahnen eingehenden Waaren mit Ladungsverzeichniß (§§. 63 und 69) sind Nebenzollämter erster Klasse ohne Einschränkung befugt.

Ueber Nebenzollämter zweiter Klasse können Waaren, welche nicht höher als mit fünf Thalern für den Zentner belegt sind, oder welche nach der Stückzahl oder nach dem Werthe zu verzollen sind, in Mengen eingeführt werden, von welchen die Gefälle für die ganze Waarenladung den Betrag von fünf und zwanzig Thalern nicht übersteigen. Der Eingang von höher belegten Gegenständen ist nur in Mengen von höchstens fünfzig Pfund zulässig. Vieh kann über Nebenzollämter zweiter Klasse in unbeschränkter Menge eingehen.

Den Ausgangszoll können Nebenzollämter erster und zweiter Klasse in unbeschränktem Betrage erheben.

Dieselben sind ferner zur Abfertigung der mit der Post eingehenden Gegenstände ohne Einschränkung befugt.

Innerhalb der vorstehend bezeichneten Befugnisse können Nebenzollämter erster und zweiter Klasse Waaren, welche mit Berührung des Auslandes aus einem Theile des Vereinsgebiets in den anderen versendet werden (§. 111), bei dem Aus= und Wiedereingange abfertigen.

Insoweit das Bedürfniß des Verkehrs es erfordert, werden einzelne Nebenzollämter von der obersten Landes=Finanzbehörde mit erweiterter Abfertigungsbefugniß, auch mit der Ermächtigung zur Ausstellung und Erledigung von Begleitscheinen I. versehen werden.

---

[32]) EisZollRegul. § 4.

§. 131. Im Innern des Vereinsgebiets bestehen zur Erhebung der Eingangs= und Ausgangszölle Hauptzoll= oder Hauptsteuerämter und Zoll= oder Steuerämter.

Hauptzoll= und Hauptsteuerämter, mit denen eine Niederlage für Waaren verbunden ist, auf denen noch ein Zollanspruch haftet (§. 97), sind zu jeder Zollerhebung oder sonstigen zollamtlichen Abfertigung, soweit sie nach dem Gesetze im Innern stattfinden darf, ermächtigt[33]).

Hauptsteuerämter ohne Niederlage können die ihnen durch Begleitschein II. überwiesenen Zollbeträge erheben. Zur Ertheilung von Begleitscheinen I. sind dieselben, soweit es sich nicht um Ausstellung neuer Begleitscheine in Folge der Theilung von Waarentransporten (§. 50) handelt, nur auf Grund be= sonderer Genehmigung befugt. Der obersten Landes=Finanzbehörde bleibt es vorbehalten, ausnahmsweise diese Aemter auch zur Erledigung von Begleit= scheinen I. zu ermächtigen.

Den Eingangszoll von den mit der Post eingehenden Gegenständen dürfen alle Zoll= und Steuerämter ohne Unterschied erheben. Welche Zoll= und Steuerämter im Innern zur Erhebung des Ausgangszolls befugt sind (§. 34), ferner welche Aemter Abfertigungen nach Maaßgabe des §. 111 vornehmen, auf welche Aemter Abfertigungen nach Maaßgabe der §§. 00 und 66 bis 71, und bei welchen Aus= und Umladungen der auf den Eisenbahnen unter Wagenverschluß beförderten Güter (§. 65) stattfinden können, bestimmt die oberste Landes=Finanzbehörde. Der letzteren bleibt es auch vorbehalten, nach Bedürfniß einzelnen Zoll= oder Steuerämtern im Innern die Befugniß zur Ertheilung und zur Erledigung von Begleitscheinen beizulegen.

XIX. Geschäftsstunden bei den Zoll- und Steuerstellen.

§. 133. Bei sämmtlichen Grenzzollämtern und sonstigen im Grenz= bezirk vorhandenen Abfertigungsstellen sollen, soweit nicht unter Berücksichti= gung der örtlichen Verhältnisse eine andere Regelung stattgefunden hat, an den Wochentagen in folgenden Stunden die Geschäftslokale geöffnet und die Beamten zur Abfertigung der Zollpflichtigen daselbst gegenwärtig sein; nämlich:

in den Monaten Oktober bis Februar einschließlich: Vormittags von 7½ bis 12 Uhr und nachmittags von 1 bis 5½ Uhr, in den übrigen Monaten: Vormittags von 7 bis 12 Uhr und Nachmittags von 2 bis 8 Uhr.

Bei den Hauptzoll= und Hauptsteuerämtern im Innern sollen die Dienst= stunden folgende sein:

---

[33]) Begleitscheingüter unter Eisenbahnwagenverschluß dürfen nur auf solche Hauptämter im Innern mit Niederlage abgefertigt werden, auf welche nach dem aufgestellten Aemterver= zeichnisse Abfertigungen im Eisenbahn= verkehr unter Wagenverschluß vorge= nommen werden können Begleitschein= Regul. (Anm. 8) § 3 Abf. 2.

in den Monaten Oktober bis einschließlich Februar: Vormittags von 8 bis 12 Uhr und Nachmittags von 1 bis 5 Uhr, in den übrigen Monaten: von 7 bis 12 Uhr und von 2 bis 5 Uhr.

Die Abfertigung der Reisenden, welche keine zum Handel bestimmten Waaren mit sich führen, bei den Grenzzollämtern muß zu jeder Zeit ohne Ausnahme geschehen. Die Effekten der auf Eisenbahnen eingehenden Passagiere, sowie die auf den Eisenbahnen ankommenden, sofort unter Wagenverschluß weiter gehenden Frachtgüter (§. 63) sind sowohl bei den Grenzämtern, als bei Aemtern im Innern zu jeder Zeit, auch an Sonn= und Festtagen, abzufertigen.

Wo es außerdem das Bedürfniß des Verkehrs erfordert, werden auch andere Abfertigungen zu anderen, als den oben festgesetzten Stunden, sowie an Sonn= und Festtagen, außerhalb der Zeit des Gottesdienstes, ertheilt werden. Es werden in dieser Beziehung die näheren Vorschriften von den Zolldirektivbehörden getroffen werden.

XX. Strafbestimmungen[84]).

Begriff und Strafe der Kontrebande. §. 134. Wer es unternimmt, Gegenstände, deren Ein=, Aus= oder Durchfuhr verboten ist, diesem Verbote zuwider ein=, aus= oder durchzuführen, macht sich einer Kontrebande schuldig und hat die Konfiskation der Gegenstände, in Bezug auf welche das Vergehen verübt worden ist, und, insofern nicht in besonderen Gesetzen eine höhere Strafe festgesetzt ist, zugleich eine Geldbuße verwirkt, welche dem doppelten Werthe jener Gegenstände, und wenn solcher nicht zehn Thaler beträgt, dieser Summe gleich kommen soll.

Begriff und Strafe der Defraudation. §. 135. Wer es unternimmt, die Ein= oder Ausgangsabgaben (§§. 3 und 5) zu hinterziehen, macht sich einer Defraudation schuldig und hat die Konfiskation der Gegenstände, in Bezug auf welche das Vergehen verübt worden ist, und zugleich eine dem vierfachen Betrage der vorenthaltenen Abgaben gleichkommende Geldbuße verwirkt. Diese Abgaben sind außerdem zu entrichten.

Thatbestand der Kontrebande und der Defraudation. §. 136. Die Kontrebande beziehungsweise Zolldefraudation wird insbesondere dann als vollbracht angenommen:

1. a. wenn verbotene Gegenstände von Frachtführern, Spediteuren oder anderen Gewerbetreibenden — von letzteren, insofern die Gegenstände zu ihrem Gewerbe in Bezug stehen — unrichtig oder gar nicht deklarirt, oder

---

[84]) G. betr. Ausführung des mit Österreich=Ungarn abgeschlossenen Zollkartells 9. Juni 95 (RGB. 253). — Verwaltungsstraf G. 26. Juli 97 (GS. 237); AusfVorschr. 15. Sept. 97 JMB. 249; CBB. 369); AE. betr. Übertragung von Strafniederschlagungs= u. Strafmilderungs=Befugnissen in Zoll= u. Steuersachen 26. Sept. 97 (GS. 402); C. 26. Mai 59 betr. Behandlung unrichtiger Zoll= u. Steuerdeklarationen von Staatseisbeamten (Fleck, Betriebsreglement, Berlin 86, S. 176). — Eger Anm. 277 zu VerkO. § 59.

b. von anderen Personen wider besseres Wissen unrichtig deklarirt oder bei der Revision verheimlicht werden;

c. wenn in Fällen der speciellen Deklaration (§§. 39, 41, 55, 66, 81, 88) zollpflichtige Gegenstände von den unter a. bezeichneten Personen gar nicht oder in zu geringer Menge oder in einer Beschaffenheit, welche eine geringere Abgabe würde begründet haben, deklarirt werden;

d. wenn in anderen Fällen (§§. 63, 69, 75, 78) von den unter a. bezeichneten Personen Kolli, welche zollpflichtige Gegenstände enthalten, oder dergleichen unverpackte Gegenstände überhaupt nicht deklarirt werden;

e. wenn von anderen als den unter a. bezeichneten Personen wider besseres Wissen zollpflichtige Gegenstände unrichtig deklarirt oder bei der Revision verschwiegen werden.

Inwieweit Abweichungen, welche sich gegen das deklarirte Gewicht herausstellen, straffrei zu lassen sind, bestimmen die §§. 39, 66 und 81;

2. wenn bei einer Revision ohne vorherige Deklaration verbotene oder zollpflichtige Gegenstände

a. im Falle des §. 27 nicht zur Revision gestellt, oder

b. im Falle des §. 92 durch getroffene Anstalten verheimlicht werden;

3. wenn beim Eingange mittelst der Eisenbahn (§. 61)

a. verbotene oder zollpflichtige Gegenstände vorbehaltlich der im §. 61 bestimmten Ausnahmen in den Personenwagen, oder sonst anderswo als in den Güterwagen, oder

b. andere zollpflichtige Gegenstände, als solche, welche die Angestellten oder Arbeiter der Eisenbahnverwaltung auf der Fahrt selbst zum eigenen Gebrauch oder zu dienstlichen Zwecken nöthig haben, auf den Lokomotiven oder in den dazu gehörigen Tendern sich befinden,

c. verbotene oder zollpflichtige Gegenstände vor der Ankunft des Zuges am Grenzzollamte ausgeladen oder ausgeworfen werden;

4. wenn ausgangszollpflichtige Gegenstände ohne vorherige Anmeldung und Entrichtung oder Sicherstellung des Ausgangszolles entgegen den Bestimmungen in den §§. 71 und 88 zur Beförderung nach dem Auslande verladen worden sind;

6. wenn über verbotene oder zollpflichtige Gegenstände, welche aus dem Auslande eingehen, vor der Anmeldung und Revision bei der Zollstätte, oder wenn über derartige zur Durchfuhr oder zur Versendung nach einer öffentlichen Niederlage deklarirte oder sonst unter Zollkontrole befindliche Gegenstände auf dem Transporte eigenmächtig verfügt wird;

9. wenn ... Perſonen, denen Waaren von der Zollverwaltung unverzollt anvertraut wurden, über dieſelben zur Verkürzung der Zollgefälle gegen die Zollgeſetze oder Verordnungen verfügen.

§. 137³⁵). Das Daſein der in Rede ſtehenden Vergehen und die Anwendung der Strafe derſelben wird in den im §. 136 angeführten Fällen lediglich durch die daſelbſt bezeichneten Thatſachen begründet.

Kann jedoch in den im §. 136 unter 1 a, c und d, 3, 4, 5, 6, 7 und 8 angeführten Fällen der Angeſchuldigte nachweiſen, daß er eine Kontrebande oder Defraudation nicht habe verüben können, oder eine ſolche nicht beabſichtigt geweſen ſei, ſo findet nur eine Ordnungsſtrafe nach Vorſchrift des §. 152 ſtatt.

(§. 140—150. Rückfall, erſchwerende Umſtände, Teilnahme, Vollſtreckung der Freiheitsſtrafe.)

Ordnungs-ſtrafen. §. 151. Die Verletzung des amtlichen Waarenverſchluſſes ohne Beabſichtigung einer Gefälle-Entziehung wird, wenn nicht nachgewieſen werden kann, daß dieſelbe durch einen unverſchuldeten Zufall entſtanden iſt, mit einer Geldbuße bis zu dreihundert Thalern geahndet³⁶).

§. 152. Die Uebertretung der Vorſchriften dieſes Geſetzes, ſowie der in Folge derſelben öffentlich bekannt gemachten Verwaltungsvorſchriften wird, ſofern keine beſondere Strafe angedroht iſt, mit einer Ordnungsſtrafe bis zu funfzig Thalern geahndet³⁶).

Subſidiariſche Vertretungsverbindlichkeit dritter Perſonen. §. 153³⁷). 1. Handel- und Gewerbetreibende haben für ihre Diener . .

2. Eiſenbahnverwaltungen und Dampfſchifffahrtsgeſellſchaften für ihre Angeſtellten und Bevollmächtigten³⁸),

(3.)

---

³⁵) EiſZollRegul. (Anl. A) § 34.
³⁶) Im EiſVerkehr iſt als Warenführer derjenige Angeſtellte verantwortlich, der namens der EiſVerwaltung den Transport in ſeinem Gewahrſam hat; bei Wechſel der Beamten haftet für den amtlichen Verſchluß jeder Angeſtellte ſo lange, als er nicht den Beſt. der EiſVerwaltung gemäß die Ware einem anderen übergeben oder dem Zollamte zugeführt hat; in jedem Einzelfall iſt alſo zu prüfen, wer im entſcheidenden Zeitpunkt (Schlußabfertigung oder vorherige Entdeckung der Verletzung) als Bevollmächtigter der Eiſ. den Gewahrſam hatte; es braucht nicht notwendig ein Packmeiſter zu ſein RGer. 17. Feb. 85 (Straff. XII 11). Wenn im Einzelfalle die Einrichtungen der Eiſ. — z. B. bahnamtlicher Verſchluß — den Angeſtellten verhindern, ſeiner Pflicht als Warenführer nachzukommen, ſo iſt das ſtraf-

rechtlich belanglos RGer. 19. Feb. 89 (daſ. XVIII 424). Zum Tatbeſtande gehört nicht etwa der Nachweis, daß der Angeſtellte den Verſchluß unverletzt übernommen hat RGer. 25. Nov. 99 (daſ. XXXII 380). Irrtum iſt nicht „Zufall" RGer. 19. April 94 (GGE. XI 93). § 151, 152 ſchließen ſich gegenſeitig aus RGer. 7. April 93 (Straff. XXIV 100). — EiſZollRegul. (Anl. A) § 49.
³⁷) EiſZollRegul. (Anl. A) § 49.
³⁸) Der Haupttäter u. der ſubſidariſch Haftende können gleichzeitig abgeurteilt werden; zum Tatbeſtand iſt nicht erforderlich, daß dem Hauptäter die Beachtung der verletzten Zollvorſchriften ausdrücklich oder ſtillſchweigend übertragen war, es genügt vielmehr, wenn die Verletzung nur durch Wahrnehmung der dem Angeſtellten obliegenden Dienſtverrichtungen möglich wurde RGer. 29. Jan. 91 (Straff. XXI 331), 1. Juli

rücksichtlich der Geldbußen, Zollgefälle und Prozeßkosten zu haften, in welche die solchergestalt zu vertretenden Personen wegen Verletzung der zollgesetzlichen oder Zollverwaltungs=Vorschriften verurtheilt worden sind, die sie bei Aus= führung der ihnen von den subsidiarisch Verhafteten übertragenen oder ein für allemal überlassenen Handels=, Gewerbs= und anderen Verrichtungen zu beobachten hatten.

Der Zollverwaltung bleibt in dem Falle, wenn die Geldbuße von dem Angeschuldigten nicht beigetrieben werden kann, vorbehalten, die Geldbuße von dem subsidiarisch Verhafteten einzuziehen, oder statt dessen und mit Verzichtung hierauf die im Unvermögensfalle an die Stelle der Geldbuße tretende Freiheits= strafe sogleich an dem Angeschuldigten vollstrecken zu lassen.

(Abs. 3.)

(§. 154—165. Konfiskation, Zusammentreffen mit anderen strafbaren Handlungen, Bestechung, Widersetzlichkeit, Umwandlung der Geldstrafe, Unbe= kanntschaft mit den Zollgesetzen, Verjährung, Strafverfahren.)

XXI. Schlußbestimmungen.

§. 167. Abs. 2. Die zur Ausführung des Gesetzes erforderlichen Regulative und sonstigen Bestimmungen werden vom Bundesrathe des Zoll= vereins festgestellt[39]).

Anlagen zum Vereinszollgesetz.

Anlage A (zu Anmerkung 25).
Eisenbahn=Zollregulativ[1]).
I. Allgemeine Bestimmungen.
1. Transportzeit.

§. 1. Der Transport von Frachtgütern und Passagiereffekten über die Zoll= grenze und innerhalb des Grenzbezirks[2]) ist auf den dem öffentlichen Verkehr

---

95 (das. XXVII 325), 28. Feb. 98 (das. XXXI 38). Die subsibar. Haftung wird nicht durch gleichzeitige eigene Be= strafung wegen Beteiligung ausgeschlossen RGer. 17. April 94 (das. XXV 293). Im EisDienst ist Angestellter jeder, der im Auftrage der EisVerwaltung ge= wisse zum eigentlichen Betriebe der Eis. gehörige Dienstverrichtungen dauernd oder zeitweise versieht; Leute, die Dienste anderer Art versehen, fallen nicht unter § 153; in welcher Art die Anstellung u. ob sie gerade von derjenigen Ver= waltung erfolgt ist, deren Verrichtungen jeweils besorgt werden, kommt nicht in Betracht (Verbandspackmeister!) RGer. 1. Juli 95 (a. a. O.). Verwaltung ist nur dasjenige Unternehmen, das die technische u. wirtschaftliche Ausnutzung der gesamten EisAnlagen für Transport= zwecke zum Gegenstande hat; nicht z. B. die Schlafwagengesellschaft RGer. 4. Nov. 01 (Straff. XXXIV 415).

[39]) Jetzt der Bundesrat des Deutschen Reichs (RVerf. Art. 35, 37, 7), der außer den in Anm. 8, 25, 26, 28, 29 genannten Verordnungen u. a. die Anweisung zur Ausführung des Vereinszollgesetzes 5./18. Juli 88 (CB. 489, EBB. 202) erlassen hat.

[1]) BB. 5. Juli 88, Bek. des Reichs= kanzlers 18. Juli 88 (CB. 484, 573, EBB. 201, 275). Ein Inhaltsverzeich= nis ist vor den Anlagen abgedruckt.

[2]) Vereinszoll®. § 16.

dienenden Eisenbahnen bei Tag und Nacht gestattet (Vereinszollgesetz §. 21 Abs. 5 lit. d).

2. Abfertigungsstunden.

§. 2. Die Abfertigung der Passagiereffekten, sowie der ankommenden sofort unter Raumverschluß (§. 10) weiter gehenden Frachtgüter ist nach §. 133 Abs. 3 des Vereinszollgesetzes sowohl bei den Grenzämtern als bei den Aemtern im Innern sogleich nach dem Eintreffen des Zuges zu jeder Zeit, auch an Sonn- und Festtagen, zu bewirken.

Andere Abfertigungen finden, sofern das Bedürfniß des Verkehrs nicht eine Erweiterung erfordert (Vereinszollgesetz §. 133 Abs. 4), nur innerhalb der im §. 133 Abs. 1 des Vereinszollgesetzes bestimmten Geschäftsstunden statt.

3. Fahrpläne.

§ 3. Die Eisenbahnverwaltungen haben die Fahrpläne, imgleichen jede Ab- änderung derselben, bevor solche zur Ausführung kommen, der Direktivbehörde, sowie den Hauptämtern, in deren Bezirk sich Stationsplätze oder Haltestellen be- finden, mitzutheilen. Ebenso haben sie von etwa vorkommenden Extrazügen und von voraussichtlich längeren Verzögerungen in der Ankunft der Züge sämmtlichen betheiligten Abfertigungsstellen (§. 4) so zeitig wie möglich Anzeige zu machen.

4. Abfertigungsstellen.

§. 4. Zur Abfertigung der auf den Eisenbahnen ein-, aus- und durch- gehenden Güter sind die an denselben gelegenen Grenzzollämter nach Maßgabe des §. 128 des Vereinszollgesetzes kompetent. Die weitere Abfertigung der vom Grenzzollamt mit Ladungsverzeichniß (§. 21) abgelassenen, sowie die Ausgangs- abfertigung zoll- oder kontrolepflichtiger Güter im Innern kann nur bei Haupt- ämtern mit Niederlage oder solchen anderen Aemtern erfolgen, welche von der obersten Landes-Finanzbehörde dazu ermächtigt sind (Vereinszollgesetz §. 131).

Die zur zollamtlichen Abfertigung des Eisenbahnverkehrs kompetenten Aemter, einschließlich derjenigen, welche zur Gestattung von Umladungen oder Ausladungen (§§. 25 und 26), sowie zur Wiederanlegung des amtlichen Ver- schlusses im Falle der Verschlußverletzung (§. 27) befugt sind, werden öffentlich bekannt gemacht.

5. Abfertigungsräume[3]).

§. 5. Die Eisenbahnverwaltungen haben — sofern nicht durch besondere Verträge zwischen einzelnen Eisenbahnverwaltungen und dem Staate oder den Kommunen etwas Anderes festgesetzt ist — nach §. 59 des Vereinszollgesetzes auf den für die Zollabfertigung bestimmten Stationsplätzen die erforderlichen Räume für die zollamtliche Abfertigung und für die einstweilige Niederlegung der nicht sofort zur Abfertigung gelangenden Gegenstände zu stellen, beziehungsweise die nach Anordnung der Zollbehörde hierfür nötigen baulichen Einrichtungen zu treffen, doch liegt ihnen die Ausstattung der hergegebenen Räume und, sofern sie lediglich zu Zwecken der Zollverwaltung dienen, deren Erwärmung und Er- leuchtung nicht ob.

Bei den zur Nachtzeit zur Abfertigung gelangenden Zügen haben die Eisen- bahnverwaltungen die Wagenzüge und Geleise innerhalb der Stationsplätze aus- reichend beleuchten zu lassen[4]).

---

³) X 2 Anm. 9 d. W.
⁴) Unterlass. verpflichtet die EisVerw., auch wenn sie oder ihre Vertreter kein Verschulden trifft, zivilrechtlich zum Schadensersatz RGer. [2. Feb. 81 (EEE. I 378, Arch. 195.)

Die Eisenbahnverwaltungen müssen ferner im Einverständniß mit der Zoll=
behörde für die erforderliche Abschließung der Räume, in denen die Abfertigung
stattfindet, Sorge tragen.

Die zur einstweiligen Niederlegung der Gegenstände bestimmten Räume
müssen sichernd verschließbar sein und werden von der Zollbehörde und der
Eisenbahnverwaltung unter Verschluß gehalten. Diese Räume dürfen nur für zoll=
und kontrolepflichtige Güter benutzt werden. Sie haben nicht die zollgesetzlichen
Eigenschaften von Niederlagen unverzollter Waaren und die Lagerung in demselben
darf eine von dem Amtsvorstande nach den örtlichen Verhältnissen zu bemessende
kurze Frist nicht überschreiten.

6. Transportmittel.

a. deren Beschaffenheit.

§. 6. Weder in den Güterwagen noch in den Lokomotiven und den dazu
gehörigen Tendern dürfen sich geheime oder schwer zu entdeckende, zur Aufnahme
von Gütern oder Effekten geeignete Räume befinden. Ebenso dürfen Personen=
wagen besondere zur Aufnahme von Gütern oder Effekten geeignete Räume nicht
enthalten (Vereinszollgesetz §. 61 Abs. 2). Einrichtungen zur Erwärmung des
Fußbodens sind hierdurch nicht ausgeschlossen. Sie müssen jedoch dem Grenz=
eingangsamt besonders angemeldet werden und so beschaffen sein, daß sie ohne
Schwierigkeit einer Revision unterworfen werden können.

Im Uebrigen ist die Eisenbahnverwaltung, soweit die Abfertigung der ein=
gehenden Güter und Passagiereffekten nach Maßgabe der Bestimmungen in den
§§. 39 bis 51 und 92 des Vereinszollgesetzes erfolgen soll, in den Transport=
mitteln, deren sie sich zur Einbringung der Güter über die Grenze bedienen will,
nicht beschränkt.

§. 7. Dagegen dürfen zum Transport von Gütern und Passagiereffekten,
welche nach den Vorschriften dieses Regulativs mit Ladungsverzeichnis (§. 21),
beziehungsweise mit Anmeldung (§. 19) auf Aemter im Innern abgelassen, oder
welche unter Raumverschluß zum Aus= oder Durchgange abgefertigt werden sollen,
in der Regel nur Wagen, die von allen Seiten mit festen Wänden geschlossen sind
(Kulissenwagen), oder Abtheilungen solcher Wagen, oder Wagen mit Schutz=
decken der unten bezeichneten Art oder abhebbare Kasten oder Körbe verwendet
werden.

Die Wagen mit Schutzdecken müssen mit festen, durch eine starke Stange mit
einander verbundenen Vorder= und Hinterwänden, ferner an den Vorder= und
Hinterwänden mit mindestens 75 cm breiten Verdeckstücken und an den Langseiten
mit mindestens 50 cm hohen Seitenwänden versehen sein. Die Decke muß sich an
den Vorder= und Hinterwänden und an den Seitenwänden glatt und ohne Falten
anschließen.

Die Wagen 2c., welche zum Weitertransport der mit Ladungsverzeichniß,
beziehungsweise mit Anmeldungen abgefertigten Waaren und Effekten dienen sollen,
müssen so sicher unter Verschluß genommen werden können, daß ohne vorherige
Lösung dieses Verschlusses die Oeffnung derselben nicht erfolgen kann (Vereins=
zollgesetz §. 62).

Jede Eisenbahnverwaltung hat die ihr zugehörigen Güterwagen an den
beiden Längenseiten, sowie die abhebbaren Behälter mit einem, ihr Eigenthum an
denselben kundgebenden Zeichen und mit einer Nummer bezeichnen zu lassen.

Befinden sich in einem Güterwagen mehrere von einander geschiedene Ab=
theilungen, so wird jede der letzteren durch einen Buchstaben bezeichnet. Alle diese
Bezeichnungen müssen so angebracht werden, daß sie leicht in die Augen fallen.

Die zwischen den deutschen Delegirten und den Delegirten der Regierungen von Frankreich, Italien, Oesterreich=Ungarn und der Schweiz[5]) auf der internationalen Eisenbahnkonferenz zu Bern in dem Schlußprotokoll vom 15. Mai 1886 vereinbarten Vorschriften über die zollsichere Einrichtung der Eisenbahnwagen im internationalen Verkehr sind in der Anlage A abgedruckt.

b. deren Kontrolirung.

§. 8. Die Zollbehörde kann zu jeder Zeit verlangen, daß ihr sowohl die Güter= wie die Personenwagen und abhebbaren Behälter, imgleichen die Lokomotiven und Tender zur Besichtigung gestellt werden. Derartige Besichtigungen sind nach Anordnung der Direktivbehörde von Zeit zu Zeit durch einen oberen Beamten der Zollverwaltung unter Zuziehung eines Beamten der Eisenbahnverwaltung vorzunehmen.

Ergeben sich bei einer solchen Besichtigung oder sonst gelegentlich der zollamtlichen Abfertigung Abweichungen von den in den §§. 6 und 7 enthaltenen Vorschriften, so ist dem zugezogenen oder zuzuziehenden Vertreter der Eisenbahnverwaltung eine Ausfertigung der Tatbestandsaufnahme zur weiteren Veranlassung wegen tunlichst baldiger Beseitigung der Mängel auszuhändigen; die erfolgte Beanstandung ist durch die Eisenbahnverwaltung an dem vorschriftswidrig befundenen Transportmittel in auffälliger und haltbarer Weise kenntlich zu machen. Die Zollbehörde kann seine Benutzung bis zur Beseitigung des Mangels untersagen[6]).

c. Ausnahmsweise Zulassung offener Wagen.

§. 9. Ausnahmsweise können zum Transport der zur Abfertigung mit Ladungsverzeichniß bestimmten ausländischen Güter, wenn es sich um Kolli handelt, welche 25 kg oder mehr wiegen, auch offene Wagen mit Schutzdecken von anderer als der im §. 7 bezeichneten Beschaffenheit oder auch offene Wagen ohne Schutzdecken verwendet werden. Insbesondere sollen von der Abfertigung mit Ladungsverzeichniß nicht ausgeschlossen sein solche in offene Wagen verladene Güter, deren Verladung in Kulissenwagen oder in die im §. 7 bezeichneten Wagen mit Schutzdecken wegen ihres Umfanges (wie große Maschinen, Maschinentheile, Dampfkessel u. s. w.) oder wegen ihrer Beschaffenheit (wie Holz, Kohlen, Koks, Sand, Steine, Erze, Roh= und Brucheisen aller Art, Stabeisen, Vieh, Heringe, Thran, Petroleum u. s. w.) nicht wohl zulässig erscheint.

Dem Ermessen des Abfertigungsamts bleibt es überlassen, ob zur Sicherung gegen Entfernungen oder Vertauschungen Deckenverschluß anzubringen ist, oder Erkennungsbleie anzulegen oder andere Maßregeln zu treffen sind, oder ob ausnahmsweise von einem Verschluß oder anderen Maßregeln zur Festhaltung der Identität überhaupt abzusehen sein möchte.

Auch kann amtliche Begleitung eintreten.

7. Amtlicher Verschluß.

§. 10. Die Verschließung der Wagen und Wagenabtheilungen, der abhebbaren Behälter, sowie der Räume für die einstweilige Niederlegung der Güter und

---

[5]) Dem Abkommen sind Belgien, Rumänien, Serbien, Griechenland, Bulgarien, die Niederlande, Dänemark, Luxemburg, Schweden u. Norwegen beigetreten. (CB. 91 S. 275, EBB. 91 S. 158; CB. 92 S. 152, EBB. 92 S. 71; EBB. 94 S. 252; CB. 97 S. 65, EBB. 97 S. 92.)

[6]) Bek. 8. Febr. 04 (CB. 39).

Effekten (§. 5) findet in der Regel mittelst besonderer Zollschlösser statt. Es kann jedoch in einzelnen Fällen, in denen wegen großen Güterandrangs die nach den gewöhnlichen Bedürfnissen des Verkehrs bemessene Zahl von Schlössern bei einem Zollamt nicht ausreicht, die Verschließung der Wagen und Wagenabtheilungen, sowie der abhebbaren Behälter mittelst Bleien erfolgen.

Die Kosten der Verschlußeinrichtung hat die Eisenbahnverwaltung zu tragen, wogegen die Zollverwaltung die fortan erforderlichen Schlösser anschafft, vorbehaltlich des Ersatzes für verloren gegangene oder beschädigte Schlösser (Vereinszollgesetz §. 95).

Die zum Verschluß benutzten Schlösser, welche die Empfangsämter an die Abfertigungsstellen, die den Verschluß angelegt, zurückzusenden haben, imgleichen die an die Abfertigungsstellen leer zurückgehenden Taschen, welche zum Verschluß der Schlüssel, Ladungsverzeichnisse und Frachtbriefe gedient haben, sowie die zum Transport der Schlösser benutzte leer zurückgehende Emballage, sind von den Eisenbahnverwaltungen mit dem nächsten Eil= oder Personenzuge unentgeltlich zu befördern.

Die Schlösser rc. sind in guter Verpackung mit Frachtbrief zurückzusenden.

8. Amtliche Begleitung.

§. 11. Eine Begleitung der Wagenzüge durch Zollbeamte findet auf der zwischen der Zollgrenze und dem Grenzeingangsamt gelegenen Strecke, sofern dieselbe von dem Grenzamt nicht überzeugend beobachtet oder sonst nicht genügend kontrollirt werden kann, beim Eingange immer und beim Ausgange dann statt, wenn Güter befördert werden, deren Ausgang amtlich zu erweisen ist.

Einschränkungen des Begleitungsdienstes sind zulässig und insbesondere in Ersetzung durch geordneten Patrouillendienst, Postirungen an geeigneten Punkten, strenge Revision beim Abgange und bei der Ankunft der Züge, geeignetes Benehmen mit den Eisenbahnoberbehörden, in deren eigenem Interesse die Fernhaltung reglementswidriger Handlungen des Unterpersonals liegt, zur Kostenersparung thunlichst herbeizuführen.

Dem Ermessen des Abfertigungsamts bleibt es überlassen, auch auf anderen Strecken amtliche Begleitung eintreten zu lassen, wenn eine solche im Zollinteresse nothwendig oder zweckmäßig erscheint.

Wenn ausnahmsweise auf den Antrag der Eisenbahnverwaltung amtliche Begleitung eintritt, so sind die Kosten derselben von der Eisenbahnverwaltung zu tragen.

Den Begleitern muß ein Sitzplatz auf einem der Wagen nach ihrer Wahl und den von der Begleitung zurückkehrenden Beamten ein Platz in einem Personenwagen mittlerer Klasse unentgeltlich eingeräumt werden (Vereinszollgesetz §. 60 Abs. 5).

9. Befugnisse der oberen Zollbeamten[7]).

§. 12. Diejenigen Oberbeamten der Zollverwaltung, welche mit der Kontrole des Verkehrs auf den Eisenbahnen und der die Abfertigung desselben bewirkenden Zollstellen besonders beauftragt werden und sich darüber gegen die Angestellten der Eisenbahn durch eine von der Direktivbehörde ausgestellte Legitimationskarte ausweisen, sind befugt, zum Zweck dienstlicher Revisionen oder Nachforschungen die Wagenzüge an den Stationsplätzen und Haltestellen so lange zurückzuhalten, als die von ihnen für nöthig erachtete und möglichst zu beschleunigende Amtsverrichtung solches erfordert.

---

[7]) X 2 Anm. 10, 11 d. W.

(Abſ. 2 wie Vereinszoll G. §. 60 Abſ. 2 unter Einbeziehung der Frachtkarten.)

Nicht minder ſind die bezeichneten Zollbeamten befugt, innerhalb der geſetz=
lichen Tageszeit (Vereinszollgeſetz §. 21) auf den Stationsplätzen und Halteſtellen
vorhandene Gebäude und Lokale, ſoweit ſolche zu Zwecken des Eiſenbahndienſtes
und nicht blos zu Wohnungen benutzt werden, ohne die Beobachtung weiterer
Förmlichkeiten zu betreten und die darin von ihnen für nöthig erachteten Nach=
forſchungen vorzunehmen.

(Abſ. 4 wie Vereinszoll G. §. 60 Abſ. 3 Satz 2.)

Jeder mit einer Legitimationskarte der erwähnten Art verſehene Oberbeamte
muß innerhalb derjenigen Strecke der Eiſenbahn, welche auf der Karte bezeichnet
iſt, in beiderlei Richtungen in einem Perſonenwagen zweiter Klaſſe unentgeltlich
befördert werden (Vereinszollgeſetz §. 60 Abſ. 1 bis 4).

II. Beſondere Vorſchriften.

A. Waareneingang.

1. Zollamtliche Behandlung der Güter, die in Eiſenbahnwagen die Grenze überſchreiten.

a. Verladung der Güter.

§. 13. (Satz 1, 2 wie Vereinszoll G. §. 61 Abſ. 1.) Auf den Lokomotiven
und den dazu gehörigen Tendern dürfen nur Gegenſtände vorhanden ſein, welche
die Angeſtellten oder Angehörigen der Eiſenbahnverwaltung auf der Fahrt ſelbſt zu
eigenem Gebrauch oder zu dienſtlichen Zwecken nöthig haben (Vereinszollgeſetz §. 61).

§. 14. Sämmtliche Frachtgüter und Paſſagiereffekten, welche ohne Umladung
(ſ. Abſ. 2 und 3) mit Ladungsverzeichniß (§. 17) beziehungsweiſe mit Anmeldung
(§. 19) abgefertigt werden ſollen, müſſen, ſoweit nicht nach §. 9 Ausnahmen nach=
gelaſſen ſind, ſchon im Auslande in Güterwagen oder in abhebbare Behälter von
der in §. 7 bezeichneten Beſchaffenheit, und zwar Frachtgüter und ſolche Paſſagier=
effekten, welche nicht zum unmittelbaren Durchgang beſtimmt ſind, getrennt in ver=
ſchiedene Wagen, Wagenabtheilungen oder abhebbare Behälter verladen ſein.

Sollen Frachtgüter vor ihrer Abfertigung mit Ladungsverzeichniß in andere
Wagen umgeladen werden, ſo geſchieht die Umladung unter zollamtlicher Aufſicht
auf Grund der zu übergebenden Ladungsverzeichniſſe unter Vergleichung der Kolli
nach Zahl, Zeichen, Nummer und Verpackungsart mit den im Ladungsverzeichniß
enthaltenen Angaben; die erfolgte Umladung iſt auf dem Ladungsverzeichniß zu
beſcheinigen. In entſprechender Weiſe iſt zu verfahren, wenn zur Abfertigung mit
Anmeldung beſtimmte Paſſagiereffekten (§. 19 Abſ. 4) zuvor in andere Wagen um=
geladen werden ſollen.

Es iſt auch geſtattet, daß die eingegangenen Güter bei den Grenzämtern,
nach vorheriger Ausladung in die Zollreviſionsräume, unter zollamtlicher Aufſicht
für die einzelnen Beſtimmungsorte ſortirt und nach ihrer Wiedereinladung mit
Ladungsverzeichniß abgefertigt werden. Hierbei finden die Beſtimmungen im §. 40
Anwendung.

Frachtgüter, welche an verſchiedenen Orten im Innern weiter abgefertigt
werden ſollen, ſind in der Regel nach den verſchiedenen Abfertigungsorten in ver=
ſchiedene Wagen oder Wagenabtheilungen geſondert zu verladen. Ausnahmsweiſe
dürfen die zur Abfertigung an verſchiedenen Orten beſtimmten zoll= oder kontrole=
pflichtigen Güter in einen Wagen oder eine Wagenabtheilung zuſammen ver=
laden werden. Es iſt jedoch bei der Verladung dafür Sorge zu tragen, daß die
Ausladung der Waaren an ihrem Beſtimmungsorte erfolgen kann, ohne daß es
zugleich der Ausladung der weiter gehenden Güter bedarf.

b. Ordnung der Wagen.

§. 15. Die einen Zug bildenden Wagen müssen möglichst so geordnet sein, daß

1. sämmtliche vom Auslande eingehenden Güterwagen ohne Unterbrechung durch andere Wagen hintereinander folgen und
2. die bei dem Grenzzollamt und an den anderen Abfertigungsstellen zurückbleibenden Güterwagen mit Leichtigkeit von dem Zuge getrennt werden können.

c. Abfertigung bei dem Grenzzollamt.

aa. Abschließung des dazu bestimmten Raumes.

§. 16. Sobald ein Wagenzug auf dem Bahnhof des Grenzzollamts angekommen ist, wird der Theil des Bahnhofs, in welchem der Zug anhält, für den Zutritt aller anderen Personen, als der des Dienstes wegen anwesenden Zoll- und Postbeamten und der Eisenbahnangestellten abgeschlossen (§. 5) und der für die mitgekommenen Passagiere bestimmte Ausgang unter die Aufsicht der Zollbehörde gestellt.

Die Zulassung anderer Personen zu dem abgeschlossenen Raum darf erst nach Beendigung der in den §§. 17 bis 20 erwähnten zollamtlichen Verrichtungen stattfinden.

bb. Anmeldung der Ladung. Ladungsverzeichniß.

§. 17. Unmittelbar nach Ankunft des Zuges auf dem Bahnhof des Grenzzollamts hat der Zugführer oder der sonstige Bevollmächtigte der Eisenbahnverwaltung dem Amt über die nach §. 21 abzufertigenden Frachtgüter vollständige, in deutscher Sprache verfaßte und mit Datum und Unterschrift versehene Ladungsverzeichnisse in zweifacher Ausfertigung nach dem anliegenden Muster B zu übergeben. Der einen Ausfertigung müssen die Frachtbriefe über die darin verzeichneten Güter beigefügt sein (Vereinszollgesetz §. 63 Abs. 1).

Bei Waaren, welche dem Grenzzollamt sofort nach den §§. 22 und 24 des Vereinszollgesetzes speziell deklarirt und nach den §§. 39 bis 51 dieses Gesetzes abgefertigt werden, genügt die Abgabe der speziellen Deklaration und bedarf es bezüglich solcher Waaren der Aufnahme in ein Ladungsverzeichniß nicht. Auch kann, soweit es sich um zollfreie Massenartikel, z. B. Kohlen, handelt, welche bei dem Grenzzollamt sofort in den freien Verkehr treten sollen, mit Genehmigung der Direktivbehörde die Abfertigung lediglich auf Grund der Frachtbriefe erfolgen.

Die Ladungsverzeichnisse müssen die verladenen Waaren nach Gattung und Bruttogewicht, bei verpackten Waaren auch nach der Zahl der Kolli, deren Verpackungsart, Zeichen und Nummer nachweisen, und dasjenige Amt, bei welchem die weitere Abfertigung verlangt wird, bezeichnen. (Weiter wie Vereinszollgesetz §. 63 Abs. 2 Satz 2.)

In Fällen, in welchen die Verladung der zu einem Frachtbriefe gehörigen Waaren mehr als einen Wagen erfordert, oder in denen einzelne Kolli einer Waarenpost zur besseren Ausnutzung des Raumes getrennt von dem übrigen Theil derselben verladen werden, kann von der besonderen Angabe des Inhalts der betreffenden Wagen, beziehungsweise der Gesammtzahl und des Bruttogewichts der in jedem derselben befindlichen Kolli im Ladungsverzeichnisse abgesehen werden (Muster B).

Auch kann in solchen Ladungsverzeichnissen, welche eine geringe Zahl von Eintragungen enthalten, von der summarischen Angabe der Zahl und des Bruttogewichts der in jedem einzelnen Wagen befindlichen Waaren und der Wiederholung der betreffenden Angaben zur Bildung der Hauptsumme in der Weise

Abstand genommen werden, daß nur die letzteren in den betreffenden Spalten des Ladungsverzeichnisses anzugeben sind.

(Abs. 6 wie Vereinszollgesetz §. 66 Abs. 4 Satz 1.)

(Abs. 7 wie Vereinszollgesetz §. 63 Abs. 3.)

Es kann über jeden einzelnen Wagen beziehungsweise über jede Wagen= abtheilung ein besonderes oder über sämmtliche nach demselben Abfertigungsorte bestimmte Wagen ein einziges Ladungsverzeichniß oder es können mehrere Ladungs= verzeichnisse ausgefertigt werden. Einer Vergleichung der Ladungsverzeichnisse mit den Frachtbriefen bedarf es nicht.

cc. Revision der Personenwagen und Sonderung der Güterwagen.

§. 18. Während die Anmeldung erfolgt (§. 17), werden die Personenwagen, Lokomotiven und Tender revidirt und, soweit nicht nach §. 20 eine Ausnahme eintritt, diejenigen Wagen, deren Ladungen bei dem Grenzzollamt in den freien Verkehr gesetzt oder zur Niederlage oder zur Versendung unter Begleitscheinkontrole abgefertigt werden sollen, von denjenigen gesondert, deren Ladungen ihre weitere Abfertigung bei Aemtern im Innern erhalten sollen.

dd. Abfertigung
1. der Passagiereffekten [8].

§. 19. (Abs. 1 wie Vereinszoll G. §. 92 Abs. 1.)

In der Regel werden die Passagiereffekten sogleich bei dem Grenzeingangs= amt schließlich abgefertigt (Vereinszollgesetz §. 92 Abs. 3). Die Effekten der mit demselben Zug weiterfahrenden Reisenden gehen bei dieser Abfertigung den Effekten derjenigen Reisenden vor, welche die Eisenbahn am Grenzeingangsamt verlassen. Finden sich bei einzelnen weitergehenden Reisenden zollpflichtige Gegenstände in solcher Mannigfaltigkeit oder Menge vor, daß deren sofortige Abfertigung mehr Zeit erfordern würde, als zum Verbleiben des Wagenzuges bestimmt ist, so müssen dergleichen Gegenstände einstweilen zurückbleiben, um — auf vorgängige Dekla= ration des Reisenden oder eines Beauftragten desselben — nach dem Abgang des Zuges abgefertigt und mit dem nächstfolgenden Wagenzuge weiterbefördert zu werden.

Die Revision des Handgepäcks der Reisenden kann, sofern dies ohne Gefähr= dung der Zollsicherheit thunlich ist, in den Wagen erfolgen, ohne daß die Reisenden darum zum Aussteigen genöthigt werden.

Auf den Antrag der Eisenbahnverwaltung kann die Abfertigung der Passagier= effekten bei dem Grenzeingangsamt unterbleiben und den zu solchen Abfertigungen besonders ermächtigten Aemtern im Innern überwiesen werden. Es können als= dann sämmtliche noch nicht abgefertigte Passagiereffekten, auch wenn sie an ver= schiedenen Orten zur Abfertigung gelangen sollen, in denselben Wagen verladen werden, es ist aber dem Grenzeingangsamt für jeden Bestimmungsort eine be= sondere Anmeldung zu übergeben, welche die Effekten nach der Stückzahl und nach den Orten, an denen die Abfertigung stattfinden soll, getrennt nachweisen muß und dem auszustellenden Begleitzettel (§. 22) beizufügen ist.

Als Passagiereffekten im Sinne des Regulativs werden in der Regel nur diejenigen Effekten angesehen, deren Eigenthümer sich als Reisende in demselben Wagenzuge befinden. Es soll indeß in Fällen, in denen das Reisegepäck zwar von dem Reisenden getrennt ist, jedoch das spätere Eintreffen des letzteren zu erwarten steht, auf den Antrag der Eisenbahnverwaltung das Gepäck während höchstens acht Tagen unter zollamtlichem Verschluß aufbewahrt und beim Eintreffen des

---

[8] Ferner Anl. B.

Reisenden innerhalb dieser Frist als Reisegepäck behandelt werden. Ebenso sollen Gepäckstücke, welche Reisenden nachfolgen, auf diesfallsigen Antrag nicht als Fracht=gut, sondern als Reiseeffekten abgefertigt werden.

2. der zollfreien Gegenstände.

§. 20. Zollfreie Gegenstände können auf den Antrag der Eisenbahnverwaltung, sofern nach dem Ermessen des Abfertigungsamts die Revision mit hinreichender Sicherheit bewirkt werden kann, auf Grund des Ladungsverzeichnisses, beziehungs=weise der Deklarationen oder Frachtbriefe (§. 17 Abs. 2) von dem Grenzeingangs=amt sofort in dem Zuge der speziellen Revision unterworfen und demnächst in den freien Verkehr gesetzt werden, dergestalt, daß ihre Weiterbeförderung mit demselben Zuge erfolgen kann, mit welchem sie eingegangen sind.

3. der auf der Eisenbahn weitergehenden Wagen= 2c. Begleitzettel und Begleitzettel=Ausfertigungs=Register.

§. 21. Ueber die mit Ladungsverzeichniß abzufertigenden Wagen 2c. wird, nachdem dieselben unter amtlichen Verschluß gesetzt oder die nach §. 9 zulässigen anderen Vorkehrungen zur Festhaltung der Identität der Waaren getroffen worden sind, ein Begleitzettel (§. 22) ertheilt.

Sodann wird die Gestellungsfrist, behufs deren Festsetzung für die einzelnen Bestimmungsorte die Zollbehörde sich mit der Eisenbahnverwaltung zu benehmen hat, und der Vermerk über den angelegten Verschluß sowie die Nummer des Begleitzettels, zu welchem das Ladungsverzeichniß gehört, in das letztere ein=getragen, beziehungsweise die zollamtliche Abfertigung auf demselben seitens der Abfertigungsbeamten vollzogen und das Ladungsverzeichniß seitens des Zugführers oder sonstigen Vertreters der Eisenbahnverwaltung unterzeichnet. Mit dieser Unter=zeichnung übernimmt der Bevollmächtigte der Eisenbahnverwaltung die Verpflichtung, die in dem Ladungsverzeichnisse genannten Wagen 2c. binnen der bestimmten Frist in vorschriftsmäßigem Zustande und mit unverletztem Verschlusse dem betreffenden Abfertigungsamt zu gestellen, widrigenfalls aber für die Entrichtung des höchsten tarifmäßigen Eingangszolles von den in dem Ladungsverzeichnisse nachgewiesenen Gewichtsmengen zu haften (Vereinszollgesetz §. 64 Abs. 2).

Schließlich werden die Unikate der Ladungsverzeichnisse mit den dazu ge=hörigen Frachtbriefen, sowie die Schlüssel zu den zum Verschluß der Wagen ver=wendeten Schlössern amtlich verschlossen und die diese Gegenstände enthaltenden Taschen oder Kuverts, nachdem sie mit der Adresse des Erledigungsamts, den Nummern der Begleitzettel und der Wagen bezeichnet sind, sowie auch die aus=gefertigten Begleitzettel dem Zugführer oder sonstigen Bevollmächtigten der Eisen=bahnverwaltung zur Abgabe an die Abfertigungsstellen übergeben. Die Duplikate der Ladungsverzeichnisse bleiben bei dem Ausfertigungsamt zurück.

(Abs. 4 wie Vereinszollgesetz §. 64 Abs. 3 Satz 2.)

Die im §. 28 des Begleitschein=Regulativs über die Verlängerung der Transportfrist enthaltenen Bestimmungen werden auch auf die unter Begleitzettel=Kontrole stehenden Eisenbahngüter in Anwendung gebracht.

§. 22. Die Begleitzettel sind nach dem anliegenden Muster C auszufertigen. Die amtliche Vollziehung derselben erfolgt durch die betreffenden ersten Revisions=beamten unter Beidrückung des Amtsstempels.

Das Ausfertigungsamt führt über die von ihm ertheilten Begleitzettel ein Ausfertigungs=Register nach dem anliegenden Muster D.

In demselben werden die ausgefertigten Begleitzettel mit fortlaufenden Nummern unter Angabe der zugehörigen Ladungsverzeichnisse eingetragen und Aenderungen bezüglich des Erledigungsamts oder der Gestellungsfrist, sobald sie zur Kenntniß des Ausfertigungsamts gelangen, mit rother Tinte vermerkt.

Bei größeren Aemtern können mehrere, je mit einem besonderen Buchstaben zu bezeichnende Ausfertigungs=Register geführt werden.

Wenn ein Begleitzettel oder Ladungsverzeichniß verloren gehen sollte, so hat der Vorstand des Hauptamts, welches den Begleitzettel ausgefertigt hat, beziehungs= weise in dessen Bezirk das Ausfertigungsamt liegt, wenn sich kein Bedenken er= giebt, an Stelle des abhanden gekommenen Exemplars ein zweites mit Duplikat beziehungsweise Triplikat zu bezeichnendes Exemplar des Begleitzettels beziehungs= weise Ladungsverzeichnisses ausfertigen zu lassen. Die erfolgte Ausfertigung eines Duplikats beziehungsweise Triplikats ist im Begleitzettel=Ausfertigungs=Register beziehungsweise auf dem Duplikat des Ladungsverzeichnisses zu vermerken.

4. der zurückgebliebenen Frachtgüter.

§. 23. Nach Abfertigung des weitergehenden Wagenzuges sind die zurück= gebliebenen Frachtgüter, soweit thunlich vor Ankunft des nächstfolgenden Zuges, dem Grenzzollamt seitens der Eisenbahnverwaltung oder des Empfängers nach den Vorschriften des Vereinszollgesetzes (Vereinszollgesetz §§. 39 bis 51) zu deklariren, worauf die Abfertigung nach eben diesen Vorschriften erfolgt.

Auf zollfreie Ladungen finden diese Bestimmungen im Absatz 2 des §. 17 Anwendung.

Das zollpflichtige Gewicht von in Eisenbahnwagenladungen eingehenden Massengütern, welche einem Zollsatz von höchstens 5 Mark für 100 kg unterliegen, sowie von in Eisenbahnwagenladungen eingehendem Petroleum und Bier[9]) kann von den Zollstellen mit Genehmigung des Amtsvorstandes durch Verwiegung auf der Centesimalwaage (Geleiswaage) in der Weise ermittelt werden, daß von dem Gewicht des Wagens einschließlich der Ladung (Bruttogewicht) das Gewicht des leeren Wagens (Eigengewicht) abgezogen wird. Für höher tarifirte Gegenstände darf die Gewichtsermittelung in derselben Weise mit Genehmigung des Amtsvor= standes, jedoch nur dann erfolgen, wenn die Verwiegung derselben auf den ge= wöhnlichen Waagen in Folge ihrer Größe oder Schwere oder sonstiger besonderer Umstände unverhältnißmäßige Schwierigkeiten bietet. Wenn die eingegangenen Massengüter nach Eisenbahnstationen ohne Zollstelle weiter geführt werden sollen, so kann auf Antrag des Waarendisponenten, sofern ein dem deklarirten Gewicht entsprechender Abgabebetrag sicher= gestellt wird, die Verwiegung des leeren Wagens am Entladungs= orte durch zwei auf die Wahrnehmung des Zollinteresses besonders verpflichtete Beamte der Bahnverwaltung vorgenommen werden, von denen einer Vorsteher der Station oder der Güterabfertigungs= stelle oder der Vertreter eines solchen sein muß. Ueber das Ergeb= niß der Ermittelung ist von dem Zollpflichtigen binnen einer von dem Abfertigungsamte zu bestimmenden Frist diesem Amte eine durch die Beamten, welche die Verwiegung vorgenommen haben, ausgestellte Wägebescheinigung vorzulegen[10]).

Von der Verwiegung des leeren Wagens kann, sofern der Waarendisponent keinen Widerspruch erhebt, in den im vorigen Absatz bezeichneten Fällen abgesehen werden, wenn das von der Eisenbahnverwaltung festgestellte Eigengewicht und das Datum dieser Feststellung an dem Wagen angeschrieben ist, besondere Bedenken gegen die Richtigkeit des angeschriebenen Gewichts nicht bestehen und seit der Fest= stellung desselben nicht mehr als drei[10]) Jahre verflossen sind.

Das angeschriebene Gewicht darf ohne zollamtliche Verwiegung insbesondere dann nicht als das wirkliche des Wagens angesehen werden, wenn die Inventarien=

---

[9]) Bek. 19. Dez. 00 (CB. 635).　　　　|　　　[10]) Bek. 13. Feb. 94 (CB. 52, EBB. 46).

stücke des letzteren nicht vollzählig mit vorgeführt worden. Ausnahmen hiervon kann der Amtsvorstand zulassen, wenn es sich um das Fehlen verhältnißmäßig kleinerer Inventarienstücke handelt.

Uebersteigt in den Fällen, in welchen hiernach von der Verwiegung der leeren Waagen abgesehen worden ist, das deklarirte Gewicht der Waare das durch Berechnung ermittelte Gewicht, so ist ersteres der Verzollung zu Grunde zu legen.

Die Verwiegung auf der Centesimalwaage ist zu versagen, sobald besondere Umstände, zu denen auch ungünstige Witterung zu rechnen ist, vorliegen, welche der Gewinnung zuverlässiger Ergebnisse entgegenstehen.

Die Zollstellen haben die Richtigkeit des an den Eisenbahnwagen angeschriebenen Eigengewichts von Zeit zu Zeit zu prüfen und zu diesem Behuf Nachverwiegungen auf der Centesimalwaage vorzunehmen. Von dem ordnungsmäßigen Zustande der letzteren haben sich die Zollstellen bei geeigneter Gelegenheit Ueberzeugung zu verschaffen. Bei diesen Revisionen ist von der Eisenbahnverwaltung die nöthige Arbeitshülfe unentgeltlich zu leisten[11]).

Weicht das eisenbahnseitig angeschriebene Eigengewicht eines Wagens von dem bei der zollamtlichen Nachverwiegung ermittelten um 2 vom Hundert oder mehr ab, so ist nach §. 8 Absatz 2 Satz 1 zu verfahren[6]).

d. Behandlung der Waaren während des Transports.

aa. Verfahren bei veränderter Bestimmung der Wagenladung.

§. 24. Wenn eine Waarenladung, welche auf Ladungsverzeichniß abgefertigt ist, eine andere Bestimmung erhält, so hat die Eisenbahnverwaltung den Begleitzettel nebst zugehörigen Ladungsverzeichnissen, Frachtbriefen und Schlüsseln bei dem nächsten zuständigen Amt unter Stellung des entsprechenden Antrags abzugeben.

Soll bei diesem Amt Begleitzettel und Ladungsverzeichniß definitiv erledigt werden, so tritt dasselbe ohne Weiteres an die Stelle des ursprünglich bezeichneten Erledigungsamts.

Soll dagegen die Erledigung bei einem anderen Amt stattfinden, so hat der Bevollmächtigte der Eisenbahnverwaltung sowohl durch eine Erklärung auf den betreffenden Ladungsverzeichnissen, woraus das neu gewählte Empfangsamt hervorgeht, als durch eine besondere nach dem Muster E auszufertigende Annahmeerklärung in die Verpflichtungen der Grenzeisenbahnverwaltung einzutreten.

Das Amt, bei welchem der Antrag gestellt wurde, hat sodann das neue Empfangsamt und die etwa zugestandene Verlängerung der Transportfrist sowie die Nummer des neu auszustellenden Begleitzettels auf den Ladungsverzeichnissen zu bemerken, den Begleitzettel einzuziehen, an Stelle desselben einen neuen Begleitzettel auszufertigen und letzteren nebst den Ladungsverzeichnissen ꝛc. der Eisenbahnverwaltung auszuhändigen, die Annahmeerklärung aber und den eingezogenen Begleitzettel dem ursprünglichen Ausfertigungsamt zu übersenden.

Der ursprüngliche Begleitzettel ist im Begleitzettel-Empfangs-Register, der neu ausgestellte Begleitzettel im Begleitzettel-Ausfertigungs-Register des über-

---

[11]) Allgemeine (nicht auf den Zollverkehr beschränkte) Vorschriften über Einrichtungen u. Kontrolle der Wagen für Passagiergepäck enthält AichO. 27. Dez. 84 (RGB. 85, besond. Beilage zu Nr. 5) § 65, 67 Abs. 11, 68 Abs. 3, ergänzt bezüglich der Wagen für Stückgüter im Frachtverkehre der Eisenbahnen durch Bek. 1. Okt. 05 (RGB. besond. Beilage zu Nr. 43) Art. 10.

weisenden Amts unter Bezugnahme auf den entsprechenden Eintrag in dem anderen Register einzutragen.

Die in dieser Art überwiesenen Ladungsverzeichnisse und neu ausgestellten Begleitzettel werden von dem neu gewählten Erledigungsamt ebenso behandelt, als wenn sie von dem ursprünglichen Ausfertigungsamt unmittelbar auf dasselbe ausgestellt worden wären.

Gleicherweise ist zu verfahren, wenn die mit Ladungsverzeichniß abgefertigten Wagen ꝛc. dem darin bezeichneten Empfangsamt mit dem Antrag auf Ueberweisung auf ein anderes zuständiges Amt gestellt werden (Vereinszollgesetz §. 66 Abs. 6).

bb. Umladungen und Ausladungen auf dem Wege zum Bestimmungsorte.

§. 25. Auf den Antrag der Eisenbahnverwaltung kann, sofern eine hinreichend sichernde amtliche Aufsicht ausführbar ist, unterwegs eine Umladung oder theilweise Ausladung der mit Ladungsverzeichniß abgefertigten Güter bei einem dazu befugten Amt stattfinden.

Die Umladung oder Ausladung geschieht auf Grund des Ladungsverzeichnisses unter Vergleichung der Kolli nach Zahl, Zeichen, Nummer und Verpackungsart mit den im Ladungsverzeichniß enthaltenen Angaben und unter Leitung eines Hauptamts=Assistenten oder höheren Zollbeamten.

Die weitere Abfertigung der ausgeladenen Waaren erfolgt nach Maßgabe der Bestimmungen der §§. 39 bis 51 des Vereinszollgesetzes.

Rücksichtlich der weiter gehenden umgeladenen Güter hat der Bevollmächtigte der Eisenbahnverwaltung, welche dieselben weiter befördert, durch eine Erklärung auf dem Ladungsverzeichniß in diejenigen Verpflichtungen einzutreten, welche die Grenzeisenbahnverwaltung hinsichtlich jener Güter der Zollverwaltung gegenüber übernommen hatte.

Die erfolgte Umladung oder Ausladung ist unter Angabe der Zahl, Art und Bezeichnung der betreffenden Kolli und Wagen auf dem Ladungsverzeichniß, die Abnahme und Wiederanlegung des Verschlusses, sowie die erfolgte Um= oder Ausladung unter Angabe der Wagen auf dem Begleitzettel zu bescheinigen.

Treten Unglücksfälle ein, welche die Weiterbeförderung in dem nämlichen Güterwagen nicht gestatten, so ist dem nächsten Zoll= oder Steueramt Anzeige zu machen; die Umladung wird durch abzu= sendende Beamte überwacht und der Begleitzettel sowie das Ladungsverzeichniß mit den im Absatz 5 vorgeschriebenen Bescheini= gungen versehen. Auf Reichs= und Staatseisenbahnen kann, wenn sich am Orte der Umladung eine Zoll= oder Steuerstelle nicht befindet, die Ueberwachung der Umladungen, die Abnahme und Wiederanlegung des Verschlusses sowie die Bescheinigung der Begleitpapiere durch den Vorsteher einer Station oder Güterabfertigungsstelle oder dessen Vertreter, sofern sie auf die Wahrnehmung des Zollinteresses be= sonders verpflichtet sind, bewirkt werden, ohne daß es einer Benach= richtigung der Zoll= oder Steuerstelle bedarf. Zollamtlicher Blei= verschluß wird in diesem Falle durch bahnamtlichen Bleiverschluß ersetzt [12]).

§. 26. An Hafenplätzen, wo die Eisenbahn bis an eine schiffbare Wasser= straße reicht, kann unterwegs die Umladung der Güter aus den Eisenbahnwagen in verschlußfähige Schiffe und auch die Wiederverladung aus den Schiffen in

---

[12]) Bek. 4. Juli 95 (CB. 265, EVB. 514).

Eisenbahnwagen unter Beobachtung der im §. 25 enthaltenen Bestimmungen über die Kontrolirung der Umladung gleichfalls stattfinden, mit folgenden Maßgaben:

1. Der Schiffsführer beziehungsweise Bevollmächtigte der Eisenbahnverwaltung hat auf dem Ladungsverzeichnisse die Erklärung abzugeben, daß er bezüglich der richtigen Gestellung des neu gewählten, unter Verschluß gesetzten Transportmittels die gleichen Verpflichtungen übernehme, welche die Eisenbahnverwaltung gegenüber dem Grenzamt bezüglich der bei diesem abgefertigten Eisenbahnwagen eingegangen hatte.

2. Auf dem Begleitzettel beziehungsweise Ladungsverzeichniß ist die Abnahme des Verschlusses an den Eisenbahnwagen, die erfolgte Umladung zu Schiff unter Angabe des Namens des Schiffsführers und des Schiffes, sowie die Art der Verschlußanlage, sodann bei stattfindender Wiederverladung in Eisenbahnwagen die Abnahme des Schiffsverschlusses, die Bezeichnung und Nummern der Eisenbahnwagen, Zahl, Zeichen und Art der in dieselben verladenen Kolli und der angelegte Verschluß amtlich zu bescheinigen.

3. Die im Ladungsverzeichniß vorgeschriebene Gestellungsfrist kann im Umladeorte erforderlichenfalls verlängert werden. Von der Fristverlängerung ist das Ausfertigungsamt in Kenntniß zu setzen.

4. Kann die Umladung nicht sofort nach Ankunft der Waaren im Umladeorte erfolgen, so werden dieselben einstweilen in sicheren Gewahrsam genommen, wozu die Eisenbahnverwaltung auf Verlangen der Zollbehörde die nöthigen Räumlichkeiten zu stellen hat (Vereinszollgesetz §. 65 Abs. 2).

cc. **Prüfung des Verschlusses und Erneuerung desselben bei zufälliger Verletzung.**

§. 27. Die Abfertigungsstellen, welche auf dem Transport bis zum Bestimmungsorte berührt werden, haben auf Verlangen der Eisenbahnverwaltung vor dem Abgang jedes Zuges sich von dem vorgeschriebenen Zustand des Verschlusses der mit dem Zug weiter gehenden Wagen zu überzeugen und die erfolgte Revision und den Befund des Verschlusses auf dem Begleitzettel zu bescheinigen.

Wird der Verschluß unterwegs durch zufällige Umstände verletzt, so kann der Zugführer bei dem nächsten zur Verschlußanlage befugten Amt auf genaue Untersuchung des Thatbestandes, Revision der Waaren und neuen Verschluß antragen. Er läßt sich die darüber aufgenommenen Verhandlungen aushändigen, und giebt sie an dasjenige Amt, welchem die Wagen zu gestellen sind, ab (Vereinszollgesetz §. 96 Abs. 2).

c. **Abfertigung am Bestimmungsorte.**

aa. **Vorführung der Wagen und Uebergabe der Abfertigungspapiere ꝛc.**

§. 28. Nach Ankunft der Wagen am Bestimmungsorte übergiebt der Zugführer oder sonstige Bevollmächtigte der Eisenbahnverwaltung dem Amt die an dasselbe adressirten Schlüssel und Papiere (§. 21). Zugleich sind die Wagen und die abhebbaren Behälter der Abfertigungsstelle vorzuführen.

bb. **Revision des Verschlusses. Begleitzettel-Empfangs-Register.**

§. 29. Die Wagen beziehungsweise die abhebbaren Behälter werden in Beziehung auf ihren Verschluß und ihre äußere Beschaffenheit revidirt.

Der vorgelegte Begleitzettel, auf welchem der Amtsvorstand oder dessen Stellvertreter den Tag der Abgabe zu bemerken hat, wird in ein nach dem Muster F zu führendes Register, das Begleitzettel-Empfangs-Register, unter Ausfüllung der Spalten 1 bis 7 eingetragen.

Die Verschmelzung des Begleitzettel-Empfangs-Registers mit dem Deklarations-Register kann auf Grundlage des Formulars Muster F a vorgeschrieben werden.

cc. Deklaration und Ausladung der Waaren.

§. 30. (Abs. 1 wie Vereinszollgesetz §. 66 Abs. 2.)

Die Angaben des Ladungsverzeichnisses in Betreff der Gattung und des Gewichts der Waaren können, solange eine spezielle Revision noch nicht stattgefunden hat, bei der Deklaration vervollständigt oder berichtigt werden (Vereinszollgesetz §. 23 Abs. 3).

Auf Antrag der Eisenbahnverwaltung kann die Ausladung der Waaren auf Grund des Ladungsverzeichnisses auch vor Abgabe der speziellen Deklarationen zugelassen und die Uebereinstimmung der in dem Ladungsverzeichniß enthaltenen Angaben rücksichtlich der Zahl, Zeichen, Nummer, Verpackungsart und des Brutto-gewichts der Kolli mit dem Befund festgestellt werden.

Zollfreie Gegenstände können auf Grund des Ladungsverzeichnisses ohne spezielle Deklaration abgefertigt werden (Vereinszollgesetz §. 66 Abs. 3).

Im Uebrigen kommen hinsichtlich der Revision und weiteren Abfertigung die Bestimmungen in den §§. 31 und 39 bis 51 des Vereinszollgesetzes zur An-wendung.

§. 31. Wo der Schienenstrang nicht bis zum Dienstlokal des Amts geführt ist, auch sich auf dem Bahnhofe keine Abfertigungsstelle befindet, werden die unter Wagenverschluß eingegangenen Güter unter Aufsicht eines Hauptamts-Assistenten oder höheren Zollbeamten aus dem Eisenbahnwagen ausgeladen und unter Ver-schluß oder Personalbegleitung zur Amtsstelle gebracht, wo die weitere Behandlung nach §. 30 stattfindet.

Die Revision des Verschlusses der angekommenen Wagen 2c. und deren Be-schaffenheit, sowie die Vergleichung der Zahl und Art der geladenen Kolli mit den Angaben des Ladungsverzeichnisses muß von den mit der Beaufsichtigung der Ausladung beauftragten Zollbeamten bewirkt und bescheinigt werden. Zollfreie Gegenstände können von diesen Beamten sogleich auf Grund des Ladungsverzeich-nisses nach vorheriger Revision in den freien Verkehr gesetzt werden, sofern auf dem Bahnhofe die Revision in einer das Zollinteresse sichernden Weise ausgeführt werden kann.

dd. Erledigung der Begleitzettel und Ladungsverzeichnisse.

§. 32. Hat sich bei der Revision der Wagen beziehungsweise der abhebbaren Behälter in Beziehung auf ihren Verschluß und ihre äußere Beschaffenheit sowie bei der Entladung der Wagen und Behälter in Bezug auf Zahl und Art der Kolli zu einer Beanstandung keine Veranlassung ergeben, so erfolgt die Erledigung des Ladungsverzeichnisses und Begleitzettels und die Rücksendung des letzteren an das Grenzzollamt. Dagegen bleibt das erledigte Ladungsverzeichniß bei dem Empfangsamt als Registerbeleg zurück.

Die Vollziehung der Erledigungsnachweise auf dem Begleitzettel erfolgt in der Art, daß

1. der Eingang desselben sowie der dazu gehörigen Ladungsverzeichnisse und Schlüssel von dem Amtsvorstand oder dessen Stellvertreter,
2. die erfolgte Eintragung im Begleitzettel-Empfangs-Register von dem mit der Führung dieses Registers beauftragten Beamten,
3. der Revisionsbefund bezüglich des Verschlusses der Wagen und bezüglich der Zahl und Art der ausgeladenen Kolli von den Revisionsbeamten,
4. bei ausgehenden Wagen der Ausgang derselben von denjenigen Beamten, welche denselben kontrolirt haben,

vermerkt und durch Unterschrift jedes einzelnen dieser Beamten unter Beifügung seines Amtskarakters beglaubigt wird.

Nach erfolgter Eintragung der Erledigungsnachweise ist das Erledigungs= attest am Schlusse des Begleitzettels durch den Führer des Begleitzettel=Empfangs= Registers oder einen anderen vom Amtsvorstande damit beauftragten Beamten, welcher hierbei von der ordnungsmäßigen Erledigung des Begleitzettels Ueber= zeugung zu nehmen hat, unter Beifügung seiner Dienststeigenschaft und eines Ab= drucks des Amtsstempels zu vollziehen.

Ebenso ist bei der Erledigung der Ladungsverzeichnisse zu verfahren, doch bedarf es hier der Beidrückung des Amtsstempels nicht.

ee. Verfahren bei sich ergebenden Abweichungen.
1. Die Feststellung des Sachverhalts.

§. 33. Wenn bei der Prüfung der zur Erledigung übergebenen Begleitzettel und Ladungsverzeichnisse oder bei der Revision der Wagen ꝛc. beziehungsweise der Ladung die Wahrnehmung gemacht wird, daß

a) die im Ladungsverzeichniß beziehungsweise Begleitzettel vorgeschriebene Frist zur Gestellung der Wagen ꝛc. bei dem Erledigungsamt nicht eingehalten worden ist, oder

b) die Abgabe des Begleitzettels und die Vorführung der Wagen ꝛc. bei einem anderen als dem ursprünglich oder nachträglich bezeichneten Amt stattgefunden hat, oder

c) der angelegte amtliche Verschluß verletzt ist, oder

d) die Zahl und Art der Kolli nicht mit den Angaben in den Ladungsverzeich= nissen übereinstimmt,

so ist der Bevollmächtigte der Eisenbahnverwaltung und nach Umständen der Waarenempfänger über die Veranlassung der bemerkten Abweichungen — in der Regel protokollarisch — zu vernehmen und der Sachverhalt nöthigenfalls im Benehmen mit dem Begleitzettel=Ausfertigungsamt und den auf dem Transport berührten Ämtern zu untersuchen.

Erhebliche Verzögerungen, die in der Erledigung des Begleitzettels hierdurch veranlaßt werden, sind dem Ausfertigungsamt anzuzeigen.

2. Behandlung der auf Versehen oder Zufall beruhenden Abweichungen.

§. 34. Ergiebt in den vorstehend unter a bis c bezeichneten Fällen die Untersuchung, daß die vorgefundene Abweichung durch einen Zufall herbeigeführt oder sonst genügend entschuldigt ist, und liegt nach der Ueberzeugung des Er= ledigungsamts, beziehungsweise des demselben vorgesetzten Hauptamts, kein Grund zu dem Verdacht eines verübten oder versuchten Unterschleifs vor, so kann die Erledigung des Begleitzettels beziehungsweise Ladungsverzeichnisses ohne weitere Beanstandung erfolgen. Die Befugniß zu einer derartigen Erledigung kann durch die Direktivbehörde im Falle des Bedürfnisses auch an die Vorstände einzelner Unterstellen von größerem Geschäftsumfang erteilt werden[13]).

Ebenso kann in dem im §. 33 unter d angegebenen Falle nach der Bestimmung des Amtsvorstandes des Hauptamtes[13]), beziehungsweise der dem Erledigungs= amt vorgesetzten Direktivbehörde innerhalb der ihnen beigelegten Befugnisse von einer Strafe abgesehen und der Begleitzettel, beziehungsweise das Ladungsver= zeichniß erledigt werden, wenn es sich um augenscheinlich auf Versehen oder Zufall beruhende Abweichungen handelt.

---

[13]) Bek. 24. Feb. 03 (CB. 72).

3. Behandlung der Anstände. welche durch das Begleitzettel=Ausfertigungsamt veranlaßt sind.

§. 35. Bei unerheblichen Abweichungen, welche durch Versehen des Aus=fertigungsamts bei der Begleitzettelausfertigung veranlaßt sind, kann, wenn das=selbe das Versehen anerkennt und hierüber eine amtlich zu vollziehende Bescheini=gung ertheilt, die Erledigung des Begleitzettels, beziehungsweise Ladungsverzeich=nisses erfolgen.

Handelt es sich um erhebliche, durch das Ausfertigungsamt verschuldete Anstände, oder erkennt dasselbe einen von dem seinigen abweichenden Befund des Erledigungsamts nicht als richtig an, so hat die dem letzteren vorgesetzte Direktiv=behörde nach erfolgtem Einvernehmen mit der Oberbehörde des Ausfertigungs=amts über die Erledigung des Begleitzettels, beziehungsweise Ladungsverzeichnisses zu entscheiden.

4. Zollerlaß für auf dem Transport durch Zufall zu Grunde gegangene, oder in ver=dorbenem oder zerbrochenem Zustande ankommende Waaren[14]).

§. 36. Wenn mit Ladungsverzeichniß abgefertigte Waaren auf dem Trans=port durch Zufall zu Grunde gegangen sind oder in verdorbenem oder zerbrochenem Zustande ankommen, findet der §. 67 beziehungsweise §. 48 des Vereinszollgesetzes Anwendung.

5. Verfahren bei Nichtgestellung der Waaren beim Empfangsamt.

§. 37. Werden mit Ladungsverzeichniß abgefertigte Waaren dem Empfangs=amt nicht gestellt, so ist über deren Verbleib Erörterung anzustellen und nach Umständen das gesetzliche Strafverfahren einzuleiten.

Nach Erledigung des Strafpunktes sind die Verhandlungen der Direktiv=behörde des Ausfertigungsamts zur Erledigung des Gefällepunktes vorzulegen.

6. Strafverfahren.

§. 38. Treffen die angegebenen Voraussetzungen zur Erledigung des Begleit=zettels, beziehungsweise des Ladungsverzeichnisses nicht zu, so tritt das gesetzliche Strafverfahren ein.

Nach Beendigung des Strafverfahrens hat das Begleitzettel=Empfangsamt, sofern hinsichtlich des Gefällepunktes keine Zweifel bestehen, den Begleitzettel, beziehungsweise das Ladungsverzeichniß zu erledigen. In Zweifelsfällen ist die Entscheidung der vorgesetzten Direktivbehörde einzuholen. Wenn die Erledigung der Begleitzettel, beziehungsweise Ladungsverzeichnisse nicht zulässig erscheint, so sind dieselben mit den erwachsenen Verhandlungen dem Ausfertigungsamt zu übersenden. Seitens des letzteren ist sodann die Entscheidung der ihm vorgesetzten Direktivbehörde über die Folgen der Nichterfüllung der von der betreffenden Eisenbahnverwaltung in dem Ladungsverzeichniß übernommenen Verpflichtungen einzuholen.

f. Abschluß und Einsendung der Register.

§. 39. Das Begleitzettel=Ausfertigungs= und das Begleitzettel=Empfangs=Register werden nach Maßgabe der Vorschriften über den Abschluß des Begleit=schein=Ausfertigungs= und Empfangs=Registers (Begleitschein=Regulativ §§. 58 und 59) vierteljährlich abgeschlossen und mit den zugehörigen Belegen, welche nach der Nummerfolge der Einträge zu ordnen sind, an die Direktivbehörde ein=gesendet.

---

[14]) Die obersten Landesfinanzbehörden sind allgemein ermächtigt, Zollerlaß für solche Gegenstände eintreten zu lassen, die nach der Verzollung im Revisions= raum oder in dessen Nähe vor den Augen von Zollbeamten zugrunde gehen BB. 5. Nov. 91 (CB. 314).

Die Duplikate der Ladungsverzeichniſſe und die erledigt zurückkommenden Begleitzettel bilden die Belege zum Ausfertigungs=Regiſter und die Unikate der Ladungsverzeichniſſe die Belege zum Empfangs=Regiſter.

Nach beendigter Reviſion der Begleitzettel=Empfangs=Regiſter findet in ähn= licher Weiſe wie bei den Begleitſcheinen (Begleitſchein=Regulativ §. 60) noch eine Vergleichung der erledigten Ladungsverzeichniß=Unikate mit den Begleitzettel=Aus= fertigungs=Regiſtern und den Belegen der letzteren ſtatt.

2. Zollamtliche Behandlung der Güter,

welche im gewöhnlichen Landfracht= oder Schiffsverkehr einem Grenzzollamt behufs Weiterbeförderung mittelſt der Eiſenbahn zugeführt werden.

§. 40.   Die im gewöhnlichen Landfracht= oder Schiffsverkehr vom Auslande eingegangenen, zur Weiterbeförderung mittelſt der Eiſenbahn beſtimmten Waaren, für welche die Abfertigung mit Ladungsverzeichniß nach Maßgabe der vorſtehen= den Beſtimmungen in Anſpruch genommen wird, ſind von dem Waarenführer dem Grenzzollamte unter Uebergabe der Ladungspapiere vorzuführen, und bis der Weitertransport erfolgt, unter amtliche Aufſicht und Kontrole zu ſtellen.   Die zu dieſem Zweck erforderlichen Einrichtungen hat die Eiſenbahnverwaltung nach An= ordnung der Zollbehörde zu treffen.   Der Weitertransport muß binnen einer von dem Amt nach Bedürfniß zu bemeſſenden Friſt erfolgen.   Vor der Verladung in die Eiſenbahnwagen oder, wo dies nach den örtlichen Verhältniſſen nicht ausführ= bar iſt, jedenfalls vor der Abfertigung, hat der Bevollmächtigte der Eiſenbahn= verwaltung das im §. 17 vorgeſchriebene Ladungsverzeichniß in zweifacher Aus= fertigung zu übergeben.

Die Verladung geſchieht unter Aufſicht der Beamten, welche auf dem Ladungs= verzeichniſſe die Uebereinſtimmung hinſichtlich der Angabe der Zahl, Zeichen und Art der Kolli mit den wirklich verladenen Kolli beſcheinigen und Zeichen und Nummer der Wagen, in welche die Verladung erfolgt, beiſetzen.   Im Uebrigen kommen die Vorſchriften der §§. 21 und 22 und 24 bis 39 zur Anwendung.

B. Waarendurchgang[5].

§. 41.   Auf die zum unmittelbaren Durchgange auf der Eiſenbahn beſtimmten Güter finden die Beſtimmungen in den §§. 13 bis 40 analoge Anwendung.

Die Zollabfertigung beim Grenzausgangsamt beſchränkt ſich in der Regel auf die Prüfung und Löſung des Verſchluſſes und die Beſcheinigung des Aus= gangs über die Grenze.   Es bleibt indeß vorbehalten, in Fällen des Verdachts die Reviſion der zum Durchgang angemeldeten Waaren eintreten zu laſſen, ferner nach Befinden die Vorlegung der Bücher und Papiere der Eiſenbahnverwaltung zu fordern.

Daſſelbe Verfahren findet bezüglich der zur unmittelbaren Durchfuhr an= gemeldeten Güter auch dann ſtatt, wenn die Zufuhr zum Grenzeingangsamt be= ziehungsweiſe die Abfuhr vom Grenzausgangsamt auf anderen Wegen, als auf Eiſenbahnen erfolgt.   Im letzteren Falle hat jedoch das Ausgangsamt ſtets eine Vergleichung der auszuladenden Güter mit dem Inhalt des Ladungsverzeichniſſes vorzunehmen und die Uebereinſtimmung zu beſcheinigen.

Der Antrag auf Abfertigung zur unmittelbaren Durchfuhr kann auch noch beim Grenzausgangsamt geſtellt werden.

Die Vorſchriften in den §§. 25 und 26 in Betreff der Zuläſſigkeit der Um= ladungen finden auf die zur unmittelbaren Durchfuhr abgefertigten Güter gleich= falls Anwendung.

(Abſ. 6 wie Vereinszollgeſetz §. 70 Abſ. 2.)

C. Waarenausgang.

1. Gegenstände, welche einem Ausgangszoll unterliegen.

§. 42. Ausgangszollpflichtige Güter dürfen zur unmittelbaren Beförderung nach dem Auslande nicht verladen werden, bevor nicht dieselben nach den Bestimmungen im §. 22 des Vereinszollgesetzes deklarirt und revidirt sind und der Ausgangszoll entweder entrichtet oder sichergestellt ist.

An Stationsorten, an denen sich eine kompetente Abfertigungsstelle befindet, können ausgangszollpflichtige Güter unter amtlicher Aufsicht im Güterwagen verladen und unter Verschluß der Wagen sowie der Schlüssel unmittelbar nach dem Auslande abgefertigt werden. Bei dem Grenzausgangsamt findet alsdann die Rekognition und Lösung des Verschlusses, beziehungsweise die Entrichtung des Ausgangszolles statt.

Ist der Ausgangszoll sichergestellt, so ist von der Abfertigungsstelle eine Bescheinigung darüber auszustellen und dieselbe, mit der Quittung des Grenzzoll= amts über die erfolgte Abgabenentrichtung versehen, innerhalb bestimmter Frist behufs Löschung der gestellten Sicherheit zurückzureichen.

2. Waaren, deren Ausgang amtlich zu erweisen ist.

§. 43. Bei der Ausfuhr von Gütern, deren Ausgang amtlich bescheinigt werden muß, findet der §. 56 des Vereinszollgesetzes Anwendung.

An Stationsorten, wo sich Abfertigungsstellen (§. 4) befinden, können der= artige Güter ohne Kolloverschluß, beziehungsweise nach Abnahme des letzteren, unter Aufsicht der Zollbehörde in die dazu bestimmten verschließbaren Wagenräume eingeladen und letztere verschlossen werden.

Die Zuladung anderer, aus dem freien Verkehr stammender, gleichfalls zum unmittelbaren Ausgange bestimmter Güter in diese Räume ist gestattet; die Eisenbahnverwaltung hat jedoch der Zollbehörde ein Verzeichniß derselben unter Angabe der Zahl, Verpackungsart, Bezeichnung des Bruttogewichts und des In= halts zu übergeben, welches bei der Verladung zu prüfen und demnächst dem betreffenden Begleitschein anzustempeln ist. Bei Wagen, in welche Güter des freien Verkehrs mit zollpflichtigen Gütern verladen sind, dürfen auf dem Trans= port, soweit nicht Verschlußverletzungen oder Unglücksfälle eine Umladung erforder= lich machen, Zu= und Abladungen nicht stattfinden.

Das Amt am Verladungsorte hat bezüglich derjenigen Waaren, deren Aus= gang amtlich zu bescheinigen ist, als Ausgangsamt zu fungiren.

Auf der amtlichen Bezettelung der Güter (Begleitschein, Uebergangsschein, Deklarationsschein ꝛc.), welche dem Zugführer zu übergeben ist, wird von dem Amt des Verladungsortes das Einladen der Waaren und der Verschluß des Wagens, sowie der Abgang des letzteren auf der Eisenbahn, dagegen von dem Grenzzollamt, beziehungsweise den Begleitungsbeamten die mit unverletztem Ver= schlusse erfolgte Ankunft beim Grenzausgangsamt, sowie der Ausgang über die Grenze bescheinigt.

D. Versendungen aus dem Vereinsgebiet durch das Ausland nach dem Vereinsgebiet.

§. 44. Bei Versendungen aus dem Vereinsgebiet durch das Vereinsausland nach dem Vereinsgebiet kommt der §. 111 des Vereinszollgesetzes und das Deklarationsschein=Regulativ in Anwendung.

§. 45. Die nach Maßgabe der §§. 17 ff. mit Ladungsverzeichniß und Begleit= zettel abgefertigten Waarensendungen, welche vor Erreichung des Bestimmungsorts das Ausland berühren, bedürfen beim Wiedereingang, sofern der angelegte Ver=

ſchluß unverletzt geblieben iſt, behufs der Weiterbeförderung an ihren Beſtimmungs=
ort keiner nochmaligen Abfertigung.

E. Transport im Jnlande.

1. Güter des freien Verkehrs.

§. 46. Jnſoweit überhaupt nach den zur Ausführung der §§. 119 und 125
des Vereinszollgeſetzes von der oberſten Landes=Finanzbehörde getroffenen An=
ordnungen der Transport im Grenzbezirke beziehungsweiſe im Binnenlande einer
Kontrole unterliegt, findet dieſe Kontrole auch auf den Transport auf den Eiſen=
bahnen Anwendung. Jndeſſen iſt der Transport von Gegenſtänden auf der Eiſen=
bahn aus dem Binnenlande nach dem Grenzbezirk und aus dem letzteren nach
dem Auslande allgemein von der Legitimationsſcheinkontrole befreit; doch haben
die Eiſenbahnverwaltungen ihre Regiſter über die beförderten Frachtgüter der
Zollbehörde auf Verlangen vorzulegen.

2. Uebergangsſteuerpflichtige Gegenſtände.

§. 47. Gegenſtände, welche bei dem Uebergange aus einem Vereinslande
beziehungsweiſe aus einem Steuergebiete in das andere einer Uebergangsabgabe
oder einer indirekten Steuer unterliegen[15]), dürfen nur dann nach einem ſolchen
Vereinslande oder Steuergebiete auf der Eiſenbahn befördert werden, wenn ſie
mit den erforderlichen Abfertigungspapieren für den Transport verſehen ſind.

Die Eiſenbahnbehörden dürfen Gegenſtände, welche bei dem Uebergange aus
einem Staate des deutſchen Zollgebiets in den anderen, beziehungsweiſe aus einem
Steuergebiete in das andere einer Uebergangsabgabe unterliegen, bei direkter
Kartirung nur dann zur Beförderung nach einem ſolchen Staate beziehungsweiſe
Steuergebiete annehmen, wenn ſie mit einem Uebergangsſchein verſehen ſind.

Die beſtehenden, auf beſonderem Uebereinkommen zwiſchen einzelnen Regie=
rungen beruhenden örtlichen Einrichtungen zur Abfertigung übergangsſteuerpflichtiger
Gegenſtände werden durch vorſtehende Beſtimmung nicht berührt.

Die unter Ziffer I der Uebereinkunft vom 23. Mai 1865, betreffend die
Durchfuhr von vereinsländiſchem Wein, getroffene Beſtimmung, wonach Sendungen
mit der Poſt keiner zoll= oder ſteueramtlichen Bezettelung bedürfen, wird auf den
Eiſenbahnverkehr ausgedehnt.

3. Güter, auf welchen ein Zollanſpruch haftet.

§. 48. Die Abfertigung von Gütern, auf welchen ein Zollanſpruch haftet,
erfolgt nach den §§. 41 bis 51 des Vereinszollgeſetzes. Wird die Abfertigung
unter Wagenverſchluß beantragt, ſo werden die Güter unter amtlicher Aufſicht in
Güterwagen (§. 7) verladen und auch die Schlüſſel (§. 21 vorletzter Abſatz) unter
Verſchluß geſetzt.

Die Vorſtände der Amtsſtellen können die Zuladung anderer, aus
dem freien Verkehre ſtammender Güter in dieſe Wagen geſtatten,
wenn eine Vertauſchung dieſer Güter mit den verladenen zoll=
pflichtigen nicht zu befürchten iſt. Die Eiſenbahnverwaltung hat in
dieſem Falle der Zollbehörde ein Verzeichniß der zuzuladenden Güter
unter Angabe von Zahl, Verpackungsart, Bezeichnung, Bruttogewicht
und Jnhalt zu übergeben. Das Verzeichniß iſt bei der Verladung
zu prüfen und dem Begleitſchein anzuſtempeln. (Weiter wie §. 43
Abſ. 3 Satz 2)⁹).

---

15) Zuſammenſtellung der einſchlägigen | Verbands (X 1 d. W.) I. Teil Abſchn.
Vorſchr. Kundmachung 11 des Verf.= | III.

III. Strafen.

§. 49. Zuwiderhandlungen gegen die Bestimmungen dieses Regulativs werden, sofern nicht nach den §§. 134 ff. des Vereinszollgesetzes eine höhere Strafe verwirkt ist, nach §. 152 desselben Gesetzes mit einer Ordnungsstrafe bis zu 150 Mark geahndet.

Jede Eisenbahnverwaltung hat in Gemäßheit des §. 153 des Vereinszollgesetzes für ihre Angestellten und Bevollmächtigten rücksichtlich der Geldbußen, Zollgefälle und Prozeßkosten zu haften, in welche diese Personen wegen Verletzung der zollgesetzlichen oder der Vorschriften dieses Regulativs verurtheilt worden sind, die sie bei Ausführung der ihnen von den Eisenbahnverwaltungen übertragenen oder ein= für allemal überlassenen Verrichtungen zu beobachten hatten.

Inhaltsverzeichniß.

Anlage A. [16]

Vorschriften
über die zollsichere Einrichtung der Eisenbahnwagen im internationalen Verkehr [16]).

A. Allgemeine Bestimmungen.

Die Wagen und Wagenabtheilungen, welche zum Transport von Zollgütern verwendet werden sollen, müssen leicht und sicher in der Art verschlossen werden können, daß die Hinwegnahme oder der Austausch der unter Verschluß des Ladungs-raums gelegten Waaren ohne Anwendung von Gewalt und ohne Hinterlassung sichtbarer Spuren nicht bewerkstelligt werden kann.

In solchen Wagen oder Wagenabtheilungen dürfen sich auch keine geheimen oder schwer zu entdeckenden, zur Aufnahme von Gütern oder Effekten geeigneten Räume befinden.

Jeder Wagen muß an beiden Längsseiten mit einem Eigenthumsmerkmal und einer Nummer versehen sein. Befinden sich in einem Wagen mehrere von einander geschiedene Abtheilungen, so ist jede der letzteren mit einem Buchstaben zu bezeichnen.

B. Besondere Bestimmungen.

Behufs Erzielung eines sicheren Verschlusses des Ladungsraums müssen die betreffenden Wagen insbesondere folgenden Bedingungen entsprechen:

1. Wagenkasten.

Die Seitenwände, der Fußboden, das Dach und alle den Laderaum bildenden Theile des Wagens müssen derart befestigt sein, daß ein Lösen und Wiederbefestigen derselben von außen nicht geschehen kann, ohne sichtbare Spuren zurückzulassen.

---

[16]) Zuerst veröff. durch Bek. 12. März 87 (CB. 69), in Kraft seit 1. April 87. — Anm. 5 u. VI 2 Anm. 1 d. W. — Die Eingangsworte sind hier fortgelassen, desgl. die weiteren Anlagen des Regulativs, nämlich die Muster B (Ladungsverzeichnis), C (Begleitzettel), D (Begleitzettel-Ausfertigungs-Register), E (Annahmeerklärung), F u. F a (weitere Register der Zollbehörde).

Alle diese Theile müssen sich in gutem Zustande befinden.

Zufällige Beschädigungen der Wagenwände machen den Wagen nur dann für den Weitertransport ungeeignet, wenn durch die etwa dabei entstandenen Wandöffnungen ein Zugang zur Ladung zu befürchten steht.

2. Abstand zwischen den Schiebethüren und den Kastentheilen.

Der Zwischenraum zwischen den Schiebethüren in geschlossenem Zustande und den Kastentheilen der bedeckten Wagen darf in keinem Falle das Maximum von 20 mm überschreiten.

3. Verschluß der Schiebethüren.

Jede Schiebethür der Wagen muß mit einem Einfallhaken oder einer anderen gleiche Sicherheit gewährenden Verschlußvorrichtung versehen sein.

Die Befestigung dieser Verschlüsse soll derart beschaffen sein, daß deren Entfernung bei verschlossenen Thüren ohne Anwendung von Gewalt und Hinterlassung auffallender Spuren nicht möglich ist.

4. Zollverschlußösen.

Die Schiebethüren, Flügelthüren, Stirnwandthüren und überhaupt alle in Benutzung stehenden Thüren der bedeckten Wagen müssen mit Oesen von mindestens 15 mm lichter Weite oder anderen Verschlußstücken versehen sein, welche ein Einhängen von Zollschlössern und von Zollbleien gestatten, derart, daß ein Oeffnen dieser Thüren ohne Verletzung des Zollverschlusses nicht möglich ist.

Diese Verschlußösen oder sonstigen Zollverschlußstücke müssen mittelst Nieten oder Schrauben, deren Muttern innen liegen, oder die bei geschlossener Thür unzugänglich sind, an den Wagen befestigt sein.

Die hier genannten Bestimmungen treten in vollem Umfange in Kraft fünf Jahre nach der Ratifikation gegenwärtiger Vereinbarung. Bis dahin wird man sich gegenseitig mit der Anwendbarkeit von Zollbleien oder von Zollschlössern begnügen.

5. Sicherheitsverschluß der Schiebethüren.

Die untere Thürseite soll mit einer besonderen Versicherung versehen sein, welche ein Abheben oder ein Abziehen der Schiebethür von der Laufschiene unmöglich macht.

Diese Versicherung kann z. B. bestehen in einem Haken, welcher beim Verschlusse der Thür in eine an der Laufschiene festgenietete Oese eingreift, oder in einer Verlängerung des inneren Thürbandes bis unter die Laufschiene oder deren Kopf, oder in der Anordnung eines festgenieteten Winkels oder Bügels an der Laufschiene selbst u. s. w. Ausnahmsweise kann diese Versicherung auch in einem gelochten Lappen bestehen, der von jetzt an die Anwendung von Zollbleien, und nach Ablauf einer Frist von fünf Jahren, wie in voriger Nummer, die Anwendung von Zollschlössern und Zollbleien gestattet. Die Laufrollenhalter sollen derart befestigt sein, daß dieselben ohne Anwendung von Gewalt nicht abgenommen werden können.

6. Schiebethürlaufschiene.

Die Laufschienen sollen an wenigstens zweien ihrer Träger festgenietet sein. Diese Träger sollen mit den festen Kastentheilen so verbunden sein, daß bei geschlossenem Wagen die Abnahme derselben nur mit Gewalt und Hinterlassung auffallender Spuren möglich ist.

7. Obere Schiebethürführung.

Die Führung des oberen Theils der Schiebethüren soll durch entsprechend befestigte Stangen oder Kulissenschienen gesichert sein.

8. Flügelthüren und Stirnwandthüren.

Bei den bedeckten Wagen mit Flügelthüren (z. B. Bierwagen) oder mit Stirn=
wandthüren müssen diese Thüren außer mit der Verschlußvorrichtung und mit von
außen nicht abnehmbaren Thürbändern auch mit einer den Bedingungen der Nr. 4
entsprechenden Zollverschlußvorrichtung versehen sein, so daß ein Oeffnen dieser
Thüren ohne Beschädigung des Zollverschlusses nicht möglich ist.

Unbenutzte Stirnwandthüren (z. B. an Wagen, welche zum Sanitätsdienst
vorbereitet sind) müssen durch Verschalungen, Leisten oder Eisenbänder zollsicher
geschlossen gehalten werden.

9. Fenster und Lüftungsöffnungen.

Wenn die in den bedeckten Wagen vorhandenen Oeffnungen als Fenster und
Lüftungsöffnungen, durch Eisenstäbe, Gitter oder gelochte Bleche vergittert sind,
so dürfen die verbleibenden Oeffnungen 30 qcm nicht überschreiten, so daß durch
diese Oeffnungen eine Beraubung des Wageninhalts nicht erfolgen kann. Kein
Befestigungstheil der Vergitterung darf von der Außenseite des Wagens ab=
zulösen sein.

Wenn die genannten Oeffnungen nicht durch eine Vergitterung, sondern durch
Schieber oder Klappen versichert sind, so müssen diese wie folgt befestigt sein:

die Klappen oder die horizontalen Schieber mittelst Vorreiber, Riegel,
Einfallhaken, Kloben oder dergleichen,

die vertikalen Schieber entweder mittelst der soeben aufgezahlten Einrichtungen
oder, wenn sie mit einer den Vorschriften der Nr. 4 entsprechenden Zoll=
verschlußvorrichtung versehen sind, mittelst Zollschlösser oder Zollbleie,

und zwar derart, daß ein Oeffnen derselben von außen ohne Anwendung von
Gewalt und ohne Hinterlassung auffallender Spuren, oder ohne Zerstörung des
Verschlusses nicht möglich ist.

Abflußöffnungen in den Fußböden bedürfen einer Vergitterung, wenn sie
mehr als 35 mm Durchmesser haben.

10. Dachaufsätze.

Für Dachaufsätze, welche durch Schieber oder Deckel geschlossen sind, gelten
bezüglich der Befestigungsart und des Verschlusses derselben die in den vorher=
gehenden Nummern festgesetzten Bestimmungen.

11. Güterwagen mit durchbrochenen Wänden.

Wagen mit durchbrochenen Wänden, wie z. B. Viehtransportwagen, welche
sonst den vorstehenden Bedingungen entsprechen, können nur zum Transport so
großer Frachtstücke verwendet werden, daß ihre Entfernung durch diese Wand=
öffnungen nicht möglich ist.

12. Offene Wagen mit festen Verdeckstücken.

Offene Wagen, deren Kopfwände durch eine starke Stange mit einander ver=
bunden und mit mindestens 75 cm breiten Verdeckstücken versehen und deren
Seitenwände mindestens 50 cm hoch sind, können, wenn sie mit Ringen zur
Befestigung von Schutzdecken ausgerüstet sind, unter Verwendung solcher Decken
zur Beförderung von Zollgütern aller Art benutzt werden.

13. Offene Wagen anderer Art.

Offene Wagen anderer Art, welche mit Ringen oder anderen zur Befestigung
von Schutzdecken geeigneten Vorrichtungen versehen sind, können zur Beförderung
von Zollgütern dann benutzt werden, wenn es sich um Frachtstücke, welche einzeln
mindestens 25 kg wiegen, oder um solche Güter handelt, deren Verladung in
bedeckte Wagen oder in offene Wagen der unter Nr. 12 bezeichneten Art wegen

ihres Umfanges (wie große Maschinen, Maschinentheile, Dampfkessel u. s. w.) oder sonstigen Beschaffenheit (wie Holz, Baumwolle, Kohlen, Koks, Sand, Steine, Erze, Roh- und Brucheisen aller Art, Stabeisen, Vieh, Heringe, Thran, Petroleum u. s. w.) nicht wohl zulässig beziehungsweise nicht üblich ist.

Für den vorstehenden Fall bleibt es den Zollbehörden überlassen, gemäß den ihnen von den Direktivbehörden gegebenen Instruktionen zu entscheiden, ob zur Sicherung gegen Entfernung oder Vertauschung Deckenverschluß anzubringen ist, oder Erkennungsbleie anzulegen, oder andere Maßregeln zu treffen sind, oder ob ausnahmsweise von einem Verschluß oder anderen Maßregeln zur Festhaltung der Jdentität überhaupt abzusehen sein möchte. Auch kann amtliche Begleitung eintreten.

Die von den Direktivbehörden jedes Staates zur Ausführung des vorstehenden Absatzes erlassenen Verordnungen sollen den anderen Vertragsstaaten mitgetheilt werden.

14. Schutzdecken und deren Befestigung.

Die zur Befestigung von Schutzdecken bestimmten Ringe müssen geschlossen zusammengeschweißt, mittelst Kloben im Innern des Wagens vernietet oder verschraubt und entweder abwechselungsweise an den abnehmbaren Seitenwänden beziehungsweise den Thüren und den festen Kopfschwellen, oder am Untergestelle etwa in Höhe der Fußbodeneinfassung in einer Maximalentfernung von 115 cm so angebracht sein, daß die Verschlußschnur sowohl das Abheben der etwa vorhandenen beweglichen Seitenwände als auch das Oeffnen der Thüren verhindert.

Die Schutzdecken müssen längs der Kanten mit durch Metallösen geschützten, zum Durchziehen der Verschlußleine bestimmten Löchern, welche etwa in denselben Entfernungen wie die Ringe an den Wagen angeordnet sind, eingerichtet sein. Nur an den oberen Theilen der Decken sind Ringe zum Verschluß zulässig.

Die Decken müssen von ausreichender Größe und in entsprechend gutem Zustande sein. Etwaige Nähte derselben, selbst bei eingesetzten Theilen, müssen sich entweder auf der Innenseite befinden oder doppelt, d. h. in zwei Linien von 15 bis 25 mm Abstand angeordnet sein.

Die Verschlußleinen dürfen nicht gestückelt und müssen an beiden Enden mit Metallspitzen versehen sein. Hinter diesen Spitzen müssen Oesen eingearbeitet sein, in welche nach entsprechender Verknüpfung der Leinenenden der Zollverschluß eingehängt werden kann.

Anlage B (zu Anmerkung 26).

Bestimmungen des Bundesrathes über die zollamtliche Abfertigung der zur unmittelbaren Durchfuhr durch das deutsche Zollgebiet mit der Eisenbahn bestimmten Passagier-Effekten. Vom 30. Juni 1892 (CB. 472, EBB. 149).

Die seitens der Eisenbahnverwaltung von Ausland zu Ausland eingeschriebenen, zur unmittelbaren Durchfuhr durch das deutsche Zollgebiet bestimmten Passagier-Effekten werden auf Antrag der Eisenbahnverwaltung beim Eingang an Stelle der im Eisenbahn-Zollregulativ vorgeschriebenen Abfertigung dem nachstehend angeordneten Verfahren unterworfen:

1. Vom Zugführer oder dem sonstigen Bevollmächtigten der Eisenbahnverwaltung ist über die bezüglichen Passagier-Effekten auf Grund der Gepäckkarten für jedes hiernach in Betracht kommende Grenzausgangsamt ein Verzeichniß nach dem anliegenden Muster A[1]) in zweifacher Ausfertigung, bei dessen Herstellung das Durchpausverfahren angewendet werden kann[2]),

---

[1]) Hier nicht abgedruckt. | [2]) Bef. 3. Feb. 04 (CB. 38, EBB. 67).

anzufertigen und unter Vorweisung der zugehörigen Gepäckstücke dem Grenz=
eingangsamt zu übergeben. Die Vorweisung erfolgt in der Regel in oder
neben dem von den übrigen Gepäckstücken entleerten Wagen. Eine Über=
führung der Gepäckstücke in den Revisionssaal soll nur dann gefordert
werden, wenn dies im Interesse der Zollsicherheit für erforderlich erachtet
wird. In den Verzeichnissen sind die zu je einem Gepäckschein gehörenden
Kolli unter Beifügung der Nummer desselben sowie der Aufgabe= und
Bestimmungsstation nach der Gesammtzahl auf einer Zeile vorzutragen.

2. Seitens des Eingangsamts wird von dem Vorhandensein der in dem Ver=
zeichnis aufgeführten Gepäckstücke[2] Ueberzeugung genommen; ergeben
sich hierbei Differenzen, so sind die bezüglichen Vorträge in den Verzeichnissen
entsprechend zu berichtigen. Demnächst werden die Gepäckstücke von dem
Eingangsamte mit einer neben dem Eisenbahn=Beklebezettel
anzubringenden Marke von Größe und Farbe des anliegenden
Musters[1] versehen, welche den Vermerk trägt: „Zoll=Durch=
fuhrgepäck von . . .“[2] und ohne spezielle Revision sowie ohne Verschluß=
anlage dem Zugführer oder sonstigen Bevollmächtigten der Eisenbahnver=
waltung wieder ausgefolgt. Die Verzeichnisse sind von letzterem und dem
Abfertigungsbeamten unter Beisetzung des Datums zu unterzeichnen und
die Unikate derselben, nachdem sie mit der fortlaufenden Nummer und dem
Amtsstempel versehen sind, dem Eisenbahnbeamten zu übergeben.

3. Der Beauftragte der Eisenbahnverwaltung übernimmt durch die Unter=
zeichnung der Verzeichnisse in Vollmacht seiner Verwaltung die Verpflichtung,
vorbehaltlich des in Ziffer 5 erörterten Ausnahmefalls, die in den Ver=
zeichnissen aufgeführten Kolli binnen der darin bestimmten Frist uneröffnet
dem bezeichneten Grenzausgangsamt zu gestellen, beziehungsweise dieselben
seinem Nachfolger im Dienst, auf welchen damit die Pflicht der Gestellung
übergeht, nebst den Begleitpapieren zuzuführen.

Werden die in den Verzeichnissen aufgeführten Kolli dem Ausgangsamt
nicht gestellt, so greifen die Bestimmungen in §. 37 des Eisenbahn=Zoll=
regulativs Platz.

4. Die Gepäckstücke sind unter Uebergabe des Verzeichnisses dem darin be=
zeichneten Ausgangsamt vorzuführen. Dieses prüft, ob die in dem Ver=
zeichniß vorgetragenen Kolli vorhanden sind, und bescheinigt unter Beidruck
des Amtssiegels den Ausgang der vorgefundenen Kolli auf dem Verzeichniß.
Ergiebt sich bei der Prüfung, daß die Zahl der Kolli mit den Angaben
des Verzeichnisses nicht übereinstimmt oder die vorgeschriebene Gestellungs=
frist nicht eingehalten ist oder die Abgabe des Verzeichnisses beziehungs=
weise die Vorführung der Gepäckstücke bei einem anderen als dem im
Verzeichniß genannten Grenzausgangsamt stattgefunden hat, so ist nach
Maßgabe der Bestimmungen in den §§. 33 bis 38 des Eisenbahn=Zoll=
regulativs zu verfahren.

(Abs. 2, 3 Erledigung usw. der Verzeichnisse durch die Zollämter.)

5. Sollen Gepäckstücke in Folge veränderter Bestimmung unterwegs in den
freien Verkehr gesetzt werden, so sind sie behufs Vornahme der speziellen
Revision einer nach §. 4 des Eisenbahn=Zollregulativs zur zollamtlichen
Abfertigung des Eisenbahnverkehrs zuständigen, oder einer zur Erledigung
von Begleitscheinen I befugten Amtsstelle vorzuführen.

Sollen sämmtliche in dem Verzeichniß aufgeführten Kolli in den freien
Verkehr treten, so hat der Eisenbahnbevollmächtigte die Kolli nebst dem
Verzeichniß unter Beifügung eines entsprechenden Vermerks dem dienst=

thuenden Stationsbeamten zu übergeben. Letzterer tritt durch die Unterzeichnung des Verzeichnisses in die Verpflichtung des Waarenführers mit der Verbindlichkeit ein, spätestens am nächsten Vormittag die Kolli dem zuständigen Amt zu gestellen. . . .

Sollen nur einzelne Gepäckstücke in den freien Verkehr gesetzt werden, so tritt bezüglich ihrer an die Stelle des Verzeichnisses ein Auszug aus demselben. Das Verzeichniß, in welches ein von dem bisherigen und dem nunmehr eintretenden Waarenführer zu vollziehender Vermerk über die in den Auszug aufgenommenen Kolli zu setzen ist, verbleibt in den Händen des Bahnbevollmächtigten.

6. Sofern für einzelne Durchgangsstrecken weitergehende Erleichterungen oder abweichende vertragsmäßige Einrichtungen bestehen, behält es hierbei sein Bewenden.

---

3. Zolltarifgesetz. Vom 25. Dezember 1902 (RGB. S. 303). (Auszug.)

§. 6. Die folgenden Gegenstände bleiben vom Zolle befreit:

6. Gebrauchsgegenstände aller Art, auch neue, welche Reisende einschließlich der Fuhrleute, Schiffer und Schiffsmannschaften zum persönlichen Gebrauch oder zur Ausübung ihres Berufs auf der Reise mit sich führen, oder die ihnen zu diesem Zwecke vorausgeschickt oder nachgesendet werden; ebenso lebende Thiere, die von reisenden Künstlern bei Ausübung ihres Berufs oder zur Schaustellung benutzt werden.

Ferner aus dem Auslande zurückkommende gebrauchte Koffer, Reisetaschen und sonstiges Reisegeräth, wenn darin Gebrauchsgegenstände von Reisenden in das Ausland verbracht worden sind.

7. Die von Reisenden einschließlich der Fuhrleute zum eigenen Verbrauche während der Reise mitgeführten Verzehrungsgegenstände . . .

8. Fahrzeuge aller Art einschließlich der zugehörigen Ausrüstungsgegenstände, die bei dem Eingang über die Zollgrenze zur Beförderung von Personen oder Waaren dienen und nur aus dieser Veranlassung eingeführt werden, oder die aus dem Auslande zurückkommen, nachdem sie beim Ausgange diesem Zwecke gedient haben; auch Fahrzeuge, wenn sie dazu bestimmt sind, Personen oder Waaren in das Ausland zu verbringen.

(Abs. 2 Pferde und andere Thiere als Beförderungsmittel.)

Fahrzeuge aller Art sowie Pferde und andere Thiere von Reisenden auch in dem Falle, wenn sie zur Zeit der Einfuhr nicht als Beförderungsmittel dienen, sofern sie erweislich sich schon seither im Gebrauch ihrer Besitzer befunden haben und zu deren weiterem Gebrauche bestimmt sind.

Verbleiben in den bezeichneten Fällen Fahrzeuge oder Thiere dauernd im Inlande, so tritt die Zollpflicht ein.

(Abs. 5 Thierfutter zum Reiseverbrauch.)

Ueber die Zollbehandlung der Eisenbahnfahrzeuge, welche dem durchgehenden Personenverkehre dienen, sind vom Bundesrathe besondere Bestimmungen zu erlassen[1]).

9. Umschließungen sowie Schutzdecken und andere Verpackungsmittel, . . . die zum Zwecke der Ausfuhr von Waaren eingeführt, oder, nachdem sie nachweislich dazu gedient haben, aus dem Auslande wieder zurück= gebracht werden . . .

(10—14.)

§. 8. Der Bundesrath wird ermächtigt, in Fällen, in welchen auf Grund staatlicher Abmachungen Eisenbahnverbindungen zwischen dem Deutschen Reiche und einem Nachbarstaate mit einer innerhalb des deutschen Zollgebiets belegenen gemeinschaftlichen Grenz= und Betriebswechselstation hergestellt sind oder künftig hergestellt werden, Zollfreiheit zu gewähren:

1. für die zur Ausführung des Baues und zur Betriebseinrichtung der Wechselstation sowie der zwischen dieser und der Zollgrenze gelegenen Anschlußstrecke erforderlichen Gegenstände, soweit ihre Anschaffung aus= ländischen Behörden oder ausländischen Bahnunternehmungen obliegt,

2. für die zur Besorgung des von der ausländischen Bahnunternehmung übernommenen Betriebsdienstes, einschließlich der Instandhaltung der Betriebsstation und der Anschlußstrecke, und für alle zu Dienstzwecken der ausländischen Grenzämter erforderlichen Gegenstände,

3. für die Dienstgeräthe und Dienstausrüstungsstücke der innerhalb des deutschen Zollgebiets angestellten Beamten und Bediensteten der ausländischen Eisenbahnverwaltung und der außerdem betheiligten Dienstzweige der Verwaltung des Nachbarstaats.

§. 16. Der Zeitpunkt, mit welchem dieses Gesetz[2]) in Kraft tritt, wird durch Kaiserliche Verordnung mit Zustimmung des Bundesraths be= stimmt[3]).

Mit demselben Zeitpunkte treten[4])

das durch die Bekanntmachung vom 24. Mai 1885 (Reichs=Gesetzbl. S. 111) veröffentlichte Zolltarifgesetz nebst zugehörigem Zolltarife, ferner die Gesetze vom . . . betreffend die Abänderung des Zolltarif= gesetzes und des Zolltarifs, und . . . außer Kraft . . .

---

[1]) Zollbehandlung der vom Auslande eingehenden Ersatzstücke zu aus= ländischen, im Inlande beschäftigten EisWagen E. 8. Sept. 93 (EW. 299.)

[2]) Der zugehörige Zolltarif enthält u. a. folgende Positionen: 80 Eisenbahn= schwellen (hölzerne); 796 Eisenbahn= schienen, EisSchwell. (eiserne), EisLaschen u. EisUnterlagsplatten; 797 EisAchsen, EisRadeisen, EisRäder, EisRadsätze; 820 EisLaschenschrauben (u. anderes Klein= eisenzeug); 821 EisWagenbeschläge, EisPuffer, EisWeichen= u. Signalteile; 892 Dampflokomotiven, auf Schienen laufend; 913/4 Fahrzeuge, zum Laufen auf Schienengleisen bestimmt.

[3]) 1. März 06: B. 27. Feb. 05 (RGB. 155).

[4]) Mit einer hier nicht zu erwähnenden Maßgabe.

4. Gesetz, betreffend die Statistik des Waarenverkehrs des deutschen Zollgebiets mit dem Auslande. Vom 20. Juli 1879 (RGB. 261)[1].

(Auszug.)

§. 1 Abf. 1. Die Waaren, welche über die Grenzen des deutschen Zollgebiets ein-, aus- oder durchgeführt werden, einschließlich der Versendungen aus dem Zollgebiet durch das Ausland nach dem Zollgebiet, sind den mit den Anschreibungen für die Verkehrsstatistik beauftragten Amtsstellen (§§. 3, 4) nach Gattung, Menge, Herkunfts- und Bestimmungsland anzumelden.

§. 2. In der Regel muß die Gattung jeder Waare nach deren spezieller Benennung und Beschaffenheit, die Menge nach dem Gewicht angegeben werden. (Abf. 2, 3.)

Das Nähere über die Klassifikation und Maßstäbe der Waaren für die statistischen Anmeldungen bestimmt das amtlich bekannt zu machende statistische Waarenverzeichniß[2].

§. 3. Die Anmeldung erfolgt durch den Waarenführer mittelst Uebergabe eines Anmeldescheins an die Anmeldestelle. . . .

Anmeldestellen sind die Zollämter im Grenzbezirk. Außerdem werden Anmeldestellen nach Bedürfniß dort errichtet . . .

Ausnahmsweise können auch andere Zoll- oder Steuerämter zu Anmeldestellen bestellt werden.

§. 4. An Stelle der Anmeldescheine tritt für die Waaren, welche nach Maßgabe der Zoll- oder Steuergesetze bei der Ein-, Aus- oder Durchfuhr den Zoll- oder Steuerbehörden schriftlich, desgleichen für die zollpflichtigen Waaren, welche ihnen mündlich deklarirt werden, die Zoll- oder Steuerdeklaration.

Doch ist bei schriftlicher Deklaration im Deklarationspapier, bei mündlicher Deklaration mündlich auch die Herkunft und Bestimmung der Waaren anzugeben. Ferner muß bei der Abfertigung zum Eingang in den freien Verkehr auf generelle Deklaration die letztere bezüglich der Gattung und Menge nach den Vorschriften dieses Gesetzes ergänzt werden.

Für diese Waaren fungiren die betreffenden Zoll- oder Steuerstellen als Anmeldestellen.

§. 5. Die Ausstellung des Anmeldescheins liegt dem Absender ob. Dem Waarenführer ist die Vertretung gestattet, öffentlichen Transportanstalten und Güterbeförderung gewerbsmäßig treibenden Personen jedoch nur dann, wenn der Absender weder im deutschen Zollgebiet noch in den Zollausschlüssen[3] wohnt.

---

[1] Hierzu Bek. 29. Okt. 96 (CB. 508) betr. AusfBest. u. Dienstvorschr., auszugsweise mitgeteilt in Kundmachung 11 des Verkehrsverbandes (X 1 d. W.) — VerkO. § 59 (7). — Cauer II 438.

[2] Wird im CB. bekannt gemacht u. unterliegt öfters Änderungen.

[3] X 2 Anm. 2 d. W.

Für die Richtigkeit und Vollständigkeit der Angaben des Anmeldescheins ist der Aussteller, wenn dieser aber außerhalb des deutschen Zollgebiets und der Zollausschlüsse wohnt, der Waarenführer verantwortlich.

Die gleiche Verantwortlichkeit trifft diejenigen, welche mündlich anmelden oder nach §. 4 Angaben machen.

§. 6. Die öffentlichen Transportanstalten und diejenigen Personen, welche Güter gewerbsmäßig befördern, dürfen nach dem Auslande gerichtete Sendungen nur dann befördern oder, falls ihnen die Bestimmung der Waaren in das Ausland erst während des Transports bekannt wird, weiter befördern, nachdem ihnen die erforderlichen Anmeldescheine überwiesen worden sind und wenn letztere sowohl in formeller Hinsicht den ertheilten Vorschriften ent=sprechen, als auch ihrem Inhalt nach mit den Frachtbriefen und Deklarationen übereinstimmen.

Für die Ausfuhr kann ausnahmsweise die Nachlieferung des Anmelde=scheins binnen längstens achttägiger Frist, gegen Einreichung eines Interims=scheins, gestattet werden. Der Interimsschein weiset die Massengüter nur nach bei Gattung, die Stückgüter nur nach Zahl und Merkzeichen der Kolli nach.

§. 7. Nachdem eine der Anmeldepflicht unterliegende Sendung am Sitze der Anmeldestelle angekommen oder dort zur Beförderung aufgegeben ist, hat der Waarenführer ohne Verzug die Anmeldung zu bewirken. Für Fälle, in welchen Sendungen den Sitz einer Anmeldestelle nicht berühren, ist von den Zolldirektivbehörden den örtlichen Verhältnissen entsprechend Bestimmung zu treffen.

Die öffentlichen Transportanstalten und die Personen, welche Güter gewerbsmäßig befördern, haben bei Uebergabe der Anmeldescheine oder Interimsscheine an die Anmeldestelle schriftlich zu erklären, daß die Scheine alle der Anmeldepflicht unterliegenden Waaren umfassen.

Fehlt ein Anmeldeschein ordnungswidrig oder wird ein Interimsschein nicht rechtzeitig durch den Anmeldeschein eingelöst, so kann die Nachreichung innerhalb bestimmter Frist bei Strafe aufgegeben werden.

§. 11 Abs. 1. Von den schriftlich anzumeldenden Waaren ist eine in die Reichskasse fließende Gebühr — statistische Gebühr — zu entrichten.

§. 16. Die Organe der Zollverwaltung haben die Beobachtung der Vorschriften dieses Gesetzes zu überwachen und Zuwiderhandlungen gegen dieselben zur Anzeige zu bringen.

§ 17. Zuwiderhandlungen gegen die Vorschriften dieses Gesetzes sowie der in Folge derselben erlassenen und öffentlich bekannt gemachten Aus=führungsbestimmungen von Seiten der Waarenführer und inländischen Absender sind, unbeschadet der Vorschriften in §§. 275 und 276 des Straf=gesetzbuchs, mit einer Ordnungsstrafe bis zu einhundert Mark zu bestrafen. Handel= und Gewerbetreibende, Eisenbahnverwaltungen und Dampfschifffahrts=gesellschaften, sowie andere nicht zur handel= und gewerbtreibenden Klasse gehörende Personen haften bezüglich der von Dritten begangenen Verletzungen der gesetzlichen und Ausführungsvorschriften nach Maßgabe des §. 153 des Vereins-Zollgesetzes[4]).

In Betreff der Feststellung, Untersuchung und Entscheidung der Zuwiderhandlungen gegen die Vorschriften dieses Gesetzes und der dazu erlassenen Ausführungsbestimmungen, sowie in Betreff der Strafmilderung und des Erlasses der Strafen im Gnadenwege kommen die Vorschriften zur Anwendung, nach welchen sich das Verfahren wegen Zuwiderhandlungen gegen die Zollgesetze bestimmt.

(Abf. 3.)

§. 18. Das dem Waarenführer nach Artikel 409 des Handelsgesetzbuchs[5]) an dem Frachtgut zustehende Pfandrecht erstreckt sich auch auf die Ansprüche, welche dem Waarenführer aus der Erfüllung der ihm nach diesem Gesetze obliegenden Verpflichtungen oder aus der Vertretung des Absenders (§. 5) erwachsen.

---

5. Die eisenbahnrechtlichen Bestimmungen der Handelsverträge*).

a) Handels- und Zollvertrag mit Belgien. Vom 6. Dezember 1891
(RGB. 92 S. 241).

Artikel 10.

Auf Eisenbahnen soll sowohl hinsichtlich der Beförderungspreise als der Zeit und Art der Abfertigung kein Unterschied zwischen den Bewohnern der Gebiete der vertragschließenden Teile gemacht werden. Namentlich sollen die aus dem Gebiete des einen Teiles in das Gebiet des anderen Teiles übergehenden oder das letztere transitierenden Sendungen weder in bezug auf die Abfertigung noch hinsichtlich der Beförderungspreise ungünstiger als die in dem betreffenden Gebiete nach einem inländischen Bestimmungsorte oder nach dem Auslande abgehenden Sendungen behandelt werden, sofern sie auf derselben Bahnstrecke und in derselben Verkehrsrichtung befördert werden[1]).

Schlußprot. zu Art. 10.

Die vertragschließenden Teile werden auf dem Gebiete des Eisenbahntarifwesens einander tunlichst unterstützen, insbesondere indem auf jeweiliges Verlangen des einen Teiles für Waren, in denen ein Verkehr nach der fraglichen Richtung besteht, direkte Eisenbahn-Frachttarife hergestellt werden[1]).

Dieselben sind darüber einig, daß die Frachttarife und alle Frachtermäßigungen oder sonstigen Begünstigungen, welche, sei es durch die Tarife, sei es durch besondere

---

[4]) X 2 b. W.
[5]) Jetzt HGB. § 440.
*) Unter Benutzung der im EVB. 92 S. 32 u. 94 S. 65 abgedruckten Auszüge. — Die Zusatzverträge aus den Jahren 1904 u. 1905 treten am 1. März 1906 in Kraft; wegen der Vtr. mit Österreich-Ungarn u. mit Serbien s. c Anm. 1 u. f Anm. 1.

[1]) Zusatzvtr. 22. Juni 04 (RGB. 05 S. 599), gültig vom 1. März 06 ab (RGB. 05 S. 612).

Anordnungen oder Vereinbarungen für Erzeugnisse der eigenen Landesgebiete ge=
währt werden, den gleichartigen, aus dem Gebiete des einen Theiles in das Gebiet
des anderen Theiles übergehenden oder das letztere transitirenden Transporten bei
der Beförderung auf derselben Bahnstrecke und in derselben Verkehrsrichtung in
gleichem Umfange zu bewilligen sind.

Demgemäß sind insbesondere die auf der Beförderungsstrecke bei gebrochener
Abfertigung auf Grund der Lokal= beziehungsweise Verbandtarife sich ergebenden
Frachtsätze auf Verlangen des anderen Theiles auch in die direkten Tarife ein=
zurechnen.

Eine Ausnahme von vorstehenden Bestimmungen soll nur stattfinden, soweit
es sich um Transporte zu milden oder öffentlichen Zwecken handelt.

Artikel 11.

Die Zollabfertigung des internationalen Verkehrs auf den Eisenbahnen,
welche die Gebiete der vertragschließenden Theile verbinden, richtet sich nach
den Bestimmungen der Anlage D.

Anlage D zu Artikel 11.
Bestimmungen über die Zollabfertigung des internationalen Verkehrs auf den
Eisenbahnen.

I. Bestimmungen über die Güterzüge.

Art. 1. Alle Waaren, welche sich in verschlußsicher eingerichteten Wagen
verpackt finden, sollen, bei gehörigem Verschlusse dieser Wagen mittelst Bleie oder
Vorlegeschlössern, sowohl bei dem Eingange, als bei dem Ausgange, bei Nacht wie
bei Tage, an Sonn= und Festtagen wie an jedem anderen Tage, der Revision bei
den betreffenden Grenzzollämtern nicht unterliegen.

In Betreff der verschlußsicheren Einrichtung der Wagen sind die auf der
Berner Konferenz vom 15. Mai 1886 vereinbarten Vorschriften über die zollsichere
Einrichtung der Eisenbahnwagen im internationalen Verkehr[2]), sowie die etwaigen
Abänderungen und Ergänzungen derselben maßgebend.

Füllen die, bei der Beladung der vorbezeichneten Wagen übrig gebliebenen,
oder überhaupt vorhandenen Kolli keinen solchen Wagen aus, so können sie,
mit dem Anspruch auf die vorerwähnten Erleichterungen, in Wagenabtheilungen
oder in abhebbare Kasten oder Körbe von mindestens 0,309 Kubikmeter Inhalt,
deren Benutzung zuvor von der Zollverwaltung gestattet worden ist, verladen und
unter Verschluß durch Vorlegeschlösser oder Bleie befördert werden. Für die von
der Postbehörde benutzten Kasten, Körbe oder Felleisen findet eine Beschränkung
hinsichtlich der Größe nicht statt.

Art. 2. Die Bestimmungsorte, nach welchen die über die Zollgrenze zwischen
dem deutschen Zollgebiet und Belgien eingehenden Güterzüge mit den im Art. 1
erwähnten Erleichterungen befördert werden können, werden gegenseitig rechtzeitig
mitgetheilt.

Jeder der vertragenden Theile behält sich die Aenderung des betreffenden
Verzeichnisses und die Mittheilung hierüber an den anderen Theil vor.

Art. 3. Die beim Ausgange in dem einen Staate etwa beigegebenen Be=
gleitungsbeamten haben die Züge auf das Gebiet des benachbarten Staates bis
zur ersten Station, wo sich ein Zollamt befindet, zu begleiten. Sie dürfen den
Zug nicht eher verlassen, als bis sie die in jedem Lande vorgeschriebenen Förmlich=
keiten erfüllt haben.

Art. 4. Jeder Zug muß von Ladungsverzeichnissen, getrennt nach den Be=
stimmungsorten, begleitet sein. Diese Ladungsverzeichnisse, denen alle erforderlichen
Papiere beizufügen sind, werden durch die Eisenbahnverwaltungen nach den darüber
für jedes Land bestehenden Vorschriften angefertigt.

---

²) Anl. A zu X 2 Anl. A d. W.

Art. 5. Die Zollverwaltung jedes der vertragenden Staaten wird den Verschluß, welchen die Zollverwaltung des anderen Theiles angelegt hat, für genügend anerkennen, sobald sie sich vergewissert hat, daß derselbe auf die in ihrem Zollgebiete zulässige Art angelegt ist. Dieselbe ist aber befugt, soweit sie es für erforderlich erachtet, eine Vervollständigung des Verschlusses vorzunehmen.

Art. 6. Die im Art. 1 bezeichneten Wagen müssen beim Uebergange aus einem Gebiete in das andere sich in einem solchen Zustande befinden, daß die Zollbehörde nur die Bleie oder Vorlegeschlösser anzulegen braucht, nachdem sie sich von der guten Beschaffenheit der Verschlußeinrichtungen überzeugt hat.

Auf den Bleien muß die Bezeichnung des Amtes ersichtlich sein, welches dieselben angelegt hat.

Art. 7. In wieweit die Züge unter Begleitung von Zollbeamten gestellt werden sollen, bleibt dem Ermessen der Zollverwaltung jedes der vertragenden Theile überlassen. Die Eisenbahnverwaltungen haben den Begleitungsbeamten sowohl bei der Hin= als bei der Rückreise ihre Plätze unentgeltlich und so nahe wie möglich bei den Güterwagen einzuräumen.

II. Bestimmungen über die Personenzüge.

Art. 8. Die im Art. 1 für die Güterzüge zugestandene Befugniß, die Landesgrenze während der Nacht und an Sonn= und Festtagen zu überschreiten, wird auf die Personenzüge ausgedehnt.

Art. 9 (wie VereinszollG., X 2 d. W., § 61 Abs. 1).

Art. 10. Das Gepäck der Reisenden wird in der Regel bei dem Grenzzollamt revidirt. Jedoch kann eine Ausnahme da zugelassen werden, wo dies im Interesse des Reiseverkehrs erforderlich erscheint. Soweit dergleichen Ausnahmen angeordnet werden, werden darüber sogleich gegenseitige Mittheilungen erfolgen. (Abs. 2 wie EisZollRegul., X 2 Anl. A d. W., § 19 Abs. 3.)

Art. 11. Die bei dem Grenzzollamt nicht revidirten Reiseeffekten müssen auf Grund einer, dem Zollamt zu machenden Anmeldung von diesem mit einer Bezettelung versehen werden, welche die Effekten nach deren Stückzahl und getrennt nach den Orten, an welchen deren Abfertigung erfolgen soll, nachweist.

Art. 12. Alle nicht zu den Passagiereffekten zu rechnenden zollpflichtigen Gegenstände, welche mit Personenzügen befördert werden, sind denselben Bedingungen und Förmlichkeiten unterworfen, welche für die mit den Güterzügen beförderten derartigen Gegenstände gelten.

III. Allgemeine Bestimmungen.

Art. 13. Die Waaren müssen, nach ihrem Eintreffen am Bestimmungsorte, in Räumen niedergelegt werden, welche von der Zollverwaltung gut befunden worden und verschlußfähig sind. Die Waaren verbleiben in diesen Räumen unter der ununterbrochenen Aufsicht der Zollbeamten und werden von dort, je nach ihrer Bestimmung — zum inneren Verbrauche, zur öffentlichen Niederlage oder zur weiteren Versendung in das Ausland — auf Grund einer speziellen, innerhalb der dafür vorgeschriebenen Frist abzugebenden Deklaration und nach Erfüllung der vorgeschriebenen Förmlichkeiten entnommen. Das Abladen der Wagen muß, wenn möglich, unmittelbar nach dem Eintreffen der Züge stattfinden.

Art. 14. Auf den Stationen, wo Gebäude mit Räumen von der im vorhergehenden Artikel bezeichneten Beschaffenheit noch nicht vorhanden sind, soll das Abladen der Wagen, wenn möglich, spätestens innerhalb einer Frist von 36 Stunden nach dem Eintreffen des Zuges erfolgen.

Art. 15. Die Eisenbahnverwaltungen sind verpflichtet, die Zollverwaltungen von den Veränderungen, welche sie hinsichtlich der Stunden der Abfahrt, des Grenzüberganges oder der Ankunft der Züge, sei es der Tag= oder der Nachtzüge, vornehmen wollen, sobald als möglich und spätestens acht Tage vor dem Eintritt der Veränderungen in Kenntniß zu setzen, widrigenfalls die Eisenbahnverwaltungen gehalten sein sollen, auf der Grenze alle gewöhnlichen Zollförmlichkeiten zu erfüllen.

Diese achttägige Frist soll auf diejenigen Sonder-Güterzüge, welche jene Verwaltungen in Folge höherer Gewalt und in ausnahmsweisen Fällen einrichten möchten, keine Anwendung finden.

Die durch die gegenwärtigen Bestimmungen vorgeschriebenen Erleichterungen sollen bei diesen Sonderzügen eintreten, sobald deren Grenzübergang wenigstens zwölf Stunden zuvor dem betreffenden Grenzzollamt angekündigt ist.

Art. 16. Als Grundsatz ist angenommen, daß eine Theilung der nach derselben Richtung zu befördernden Züge, wenn darum nachgesucht wird, von den Grenzzollämtern, jedoch nicht unter zehn Wagen für jeden Theilzug, bewilligt werden darf. Eine noch weiter gehende Theilung der Züge kann von dem obersten Zollbeamten am Orte erlaubt werden, wenn ein Nothfall eintritt, der als solcher von dem gedachten Beamten, im Einvernehmen mit dem ersten Eisenbahn-Betriebsbeamten der Station, anerkannt wird.

Art. 17. Die im Art. 1 bezeichneten Erleichterungen sollen der Regel nach nur auf diejenigen Güter Anwendung finden, welche, ohne Veränderung der Wagen und ohne Abnahme des angelegten Verschlusses, von der Grenze bis zum Bestimmungsorte befördert werden.

Ausnahmsweise ist jedoch eine Umladung dieser Güter, ohne daß damit die zollordnungsmäßige Abfertigung verbunden zu werden braucht, zulässig an Orten:
1. wo zwei Eisenbahnen zusammentreffen, deren Konstruktionen den Uebergang der Güterwagen der einen auf die andere nicht gestatten,
2. wo das Durchlaufen der über die Zollgrenze eingegangenen Güterwagen bis zum Bestimmungsorte ihrer Ladung für unthunlich zu erachten ist.

Ueber die Orte, für welche nach Absatz 2 Ziffer 1 eine Ausnahme zugelassen wird, wird man sich gegenseitig rechtzeitig Mittheilung machen. Jeder der vertragenden Theile behält sich die Vermehrung dieser Orte so nach vom fortschreitenden oder Bedürfniß des internationalen Verkehrs vor.

Art. 18. Soweit nicht äußere Hindernisse oder Landesgesetze entgegenstehen, sind die Begleitungsbeamten befugt, Sitzplätze auf einem der Wagen, und zwar unentgeltlich einzunehmen. Jedenfalls müssen ihnen auf dem Hin= wie auf dem Rückwege Sitzplätze in einem der Personenwagen zweiter Klasse, oder bei Güterzügen in den für die Schaffner bestimmten Räumlichkeiten, unentgeltlich eingeräumt werden.

Art. 19. Man ist darüber einverstanden, daß durch die gegenwärtigen Bestimmungen den Gesetzen eines jeden Landes in Betreff der wegen Zolldefraudation oder Kontravention verwirkten Strafen, oder denen, in welchen Verbote oder Beschränkungen der Einfuhr, der Ausfuhr oder des Durchgangsverkehrs angeordnet sind, in keiner Weise Eintrag geschehen, sowie, daß es in jedem Lande der Zollverwaltung unbenommen bleiben soll, in Fällen, in denen erhebliche Gründe des Verdachts, daß eine Defraude versucht werde, obwalten, zur Revision der Waaren und zu den anderen Förmlichkeiten bei dem Grenzzollamt sowohl, als auch nöthigenfalls bei anderen Aemtern schreiten zu lassen.

Art. 20. Die Zollverwaltungen der vertragenden Staaten werden sich die hinsichtlich der Ausführung der gegenwärtigen Bestimmungen an ihre Beamten ergehenden Instruktionen und Anweisungen gegenseitig mittheilen.

Dieselben werden in Uebereinstimmung dahin wirken, daß die Abfertigungsstunden für die Zollbeamten soviel als möglich im Einklange mit den richtig bemessenen Bedürfnissen des Eisenbahndienstes geregelt werden.

---

b) Zusatzvertrag zum Handels=, Zoll= und Schiffahrtsvertrag mit Italien vom 6. Dezember 1891. Vom 3. Dezember 1904.
(RGB. 05 S. 413) Art. 10a, 12) [1]).

Art. 10a. Auf Eisenbahnen soll weder hinsichtlich der Beförderungspreise noch der Zeit und Art der Abfertigung ein Unterschied zwischen den

---

[1]) Gültig vom 1. März 06 ab. (RGB. 05 S. 434.)

Bewohnern der Gebiete der vertragschließenden Teile gemacht werden. Insbesondere sollen für die aus Italien nach einer deutschen Station oder durch Deutschland beförderten Gütersendungen auf den deutschen Bahnen keine höheren Tarife angewendet werden, als für gleichartige deutsche oder ausländische Erzeugnisse in derselben Richtung und auf derselben Verkehrsstrecke. Das gleiche soll auf den italienischen Bahnen für Gütersendungen aus Deutschland gelten, die nach einer italienischen Station oder durch Italien befördert werden.

Ausnahmen sollen nur zulässig sein, soweit es sich um Transporte zu ermäßigten Preisen für öffentliche oder milde Zwecke handelt.

Art. 12. Waren jeder Art und Herkunft, welche in dem Gebiete des einen der vertragschließenden Teile von nationalen Schiffen zur Ein=, Aus=, Durchfuhr oder auf Niederlage gebracht werden dürfen, können auch von Schiffen des anderen Teiles ein=, aus=, durchgeführt oder auf Niederlage gebracht werden, ohne andere oder höhere Zölle zu entrichten und anderen oder größeren Beschränkungen zu unterliegen, und mit dem Anspruch auf dieselben Privilegien, Ermäßigungen, Vergünstigungen und Rückerstattungen, und zwar auch hinsichtlich des Eisenbahnverkehrs, wie sie für die von nationalen Schiffen ein=, aus=, durchgeführten oder auf Niederlage gebrachten Waren gelten.

---

c) Handels= und Zollvertrag mit Oesterreich=Ungarn.
Vom 6. Dezember 1891 (RGB. 92 S. 3).
Artikel 10 Abs. 2.

Das . . abgeschloffene Zollkartell enthält die Anlage D.

Anlage D zu Artikel 10.
Zollkartell.

§. 11. . . werden die vertragschließenden Theile über . . besondere Maßregeln für den Eisenbahnverkehr sich bereitwilligst verständigen.

Schlußprot. zu Art. 10 Ziff. 7.   Zu § 10 des Zollkartells.

Nach §. 10 des Zollkartells sollen die Erledigung der für die Wiederausfuhr unverabgabter Waaren geleisteten Sicherheiten, sowie die für Ausfuhren gebührenden Abgabenerlasse oder Erstattungen erst dann gewährt werden, wenn durch eine vom Eingangsamt auszustellende Bescheinigung nachgewiesen wird, daß die aus dem deutschen Zollgebiete nach Oesterreich=Ungarn oder umgekehrt ausgeführte Waare in Oesterreich=Ungarn, beziehentlich dem deutschen Zollgebiete angemeldet worden ist. In Bezug auf die Ausführung dieser Bestimmung war man darüber einverstanden, daß es bei dem bisherigen Verfahren nach Maßgabe der nachfolgenden Vorschriften verbleiben soll:

    a) Bei dem gewöhnlichen Frachtenverkehr, wo die beiderseitigen Grenzzollämter die zollgesetzliche Ausgangs= beziehungsweise Eingangsabfertigung der Waaren vornehmen, erfolgt die Ueberweisung derselben behufs der Anmeldungsbescheinigung auf den die Waaren begleitenden Abfertigungspapieren von dem Grenzzollamte des Ausgangsstaates an das Grenzzollamt des Eingangsstaates. Das letztere giebt die Anmeldungsbescheinigung unter Beidrückung des Amtssiegels und unter amtlicher Unterschrift mit den Worten:

      „Angemeldet und unter No. _____ des _____ Registers eingetragen."

    b) Bei dem Frachtverkehr mittelst der Eisenbahn findet dasselbe Verfahren statt, auch wenn die Ausgangsabfertigung bei einem Amt im Innern und die Eingangsabfertigung bei dem Grenzzollamt, oder die Ausgangs=

abfertigung bei dem Grenzzollamt und die Eingangsabfertigung bei einem
Amt im Innern, oder die Ausgangs- und Eingangsabfertigung beiderseits
bei einem Amt im Innern vorgenommen wird.

Damit aber in dem Falle, wo die Eingangsabfertigung bei einem Amt
im Innern stattfindet, dieses weiß, welche der im Ansageverfahren überwiesenen Güter im gebundenen Verkehr übergegangen sind, so bemerkt das
Grenzzollamt des Eingangsstaates auf Grund der ihm von dem Grenzzollamt des Ausgangsstaates mitgetheilten Abfertigungspapiere bei der betreffenden Post der Ladeliste, welches Amt des Ausgangsstaates die Ausgangsabfertigung vorgenommen hat, sowie in welchem Register und unter
welcher Nummer desselben die Waare dort eingetragen ist. Es würde also
zum Beispiel bei einer nach Wien bestimmten Waarenpost, welche mit
Begleitschein nach Breslau gekommen und dort zum Ausgang über Oderberg abgefertigt ist, das österreichische Grenzzollamt zu Oderberg, welches
die Waaren im Ansageverfahren nach Wien abläßt, auf Grund des ihm
von dem preußischen Grenzzollamt zu Oderberg mitgetheilten Begleitscheines
in der Ladeliste bei der betreffenden Post bemerken:

„Im gebundenen Verkehr von Breslau, Begleitschein. Empfangsregister
No. ....“

Damit aber auch das Ausgangsabfertigungsamt sofort beim Rückempfang
der von dem Grenzzollamt des Eingangsstaates für die Anmeldung bescheinigten Abfertigungspapiere erfährt, welches Amt des Eingangsstaates
die zollgesetzliche Eingangsabfertigung vornimmt, so giebt das Grenzzollamt
des Eingangsstaates die Anmeldungsbescheinigung über die von ihm im
Ansageverfahren auf ein Amt im Innern abgelassenen Waaren dahin:

„Durch Ladungsliste No. .... angemeldet und mit Ansagezettel
No. .... nach .... abgelassen.“

Bei zusammengelegten Zollämtern, welche einen erheblichen Eisenbahnverkehr abzufertigen haben, soll es jedoch genügen, daß die Eingangsämter
die Uebernahme der unverabgabten Waaren durch den Abdruck des Amtsstempels in den Abfertigungspapieren des anderen Theiles bestätigen.

(c. Postverkehr.)

Schlußprot. zu Art. 10 Ziff. 8.   Zu §. 11 des Zollkartells.

Die Verständigung über die im §. 11 erwähnten Punkte bleibt der Verhandlung zwischen Oesterreich und den angrenzenden deutschen Staaten vorbehalten.

Die zollamtliche Abfertigung der über die beiderseitigen Grenzen auf Eisenbahnen verkehrenden Viehtransporte soll thunlichst beschleunigt und erleichtert
werden. Dieselbe ist auf vorherige Anmeldung und bezüglichen Antrag der Eisenbahnverwaltungen, wenn sonst die übrigen Voraussetzungen zutreffen, auch zur
Nachtzeit vorzunehmen, sofern dies mit einer vollkommen verläßlichen Vollziehung
des Dienstes vereinbar ist.

Artikel 15.

Auf Eisenbahnen soll sowohl hinsichtlich der Beförderungspreise als der
Zeit und Art der Abfertigung kein Unterschied zwischen den Bewohnern der
Gebiete der vertragschließenden Theile gemacht werden. Namentlich sollen die
aus dem Gebiete des einen Theiles in das Gebiet des anderen Theiles übergehenden oder das letztere transitirenden Transporte weder in Bezug auf die
Abfertigung, noch rücksichtlich der Beförderungspreise ungünstiger behandelt
werden, als die aus dem Gebiete des betreffenden Theiles abgehenden oder
darin verbleibenden Transporte.

Für den Personen- und Güterverkehr, welcher zwischen Eisenbahnstationen,
die in dem Gebiete des einen vertragschließenden Theiles gelegen sind, innerhalb dieses Gebietes mittelst ununterbrochener Bahnverbindung stattfindet, sollen
die Tarife in der gesetzlichen Landeswährung dieses Gebietes auch in dem Falle

aufgestellt werden, wenn die für den Verkehr benutzte Bahnverbindung ganz oder theilweise im Betriebe einer Bahnanstalt steht, welche in dem Gebiete des anderen Theiles ihren Sitz hat.

Auf Anschlußstrecken und insoweit es sich lediglich um den Verkehr zwischen den zunächst der Grenze gelegenen beiderseitigen Stationen handelt, soll bei Einhebung der im Personen= und Güterverkehr zu entrichtenden Gebühren auch in dem Falle, wenn der Tarif nicht auf die gesetzliche Landeswährung der Einhebungsstelle lautet, die Annahme der nach den Gesetzen des Landes, in welchem die Einhebungsstelle gelegen ist, zulässigen Zahlungsmittel mit Berücksichtigung des jeweiligen Kurswerthes nicht verweigert werden.

Die hier geregelte Annahme von Zahlungsmitteln soll den Vereinbarungen der betheiligten Eisenbahnverwaltungen über die Abrechnung in keiner Weise vorgreifen.

Schlußprot. zu Art. 15 des Vertrages.

Die vertragschließenden Theile werden auf dem Gebiete des Eisenbahntarifwesens, insbesondere auch durch Herstellung direkter Eisenbahnfrachttarife einander thunlichst unterstützen.

Dieselben[1]) sind darüber einig, daß die Frachttarife und alle Frachtermäßigungen oder sonstigen Begünstigungen, welche, sei es durch die Tarife, sei es durch besondere Anordnungen oder Vereinbarungen, für Erzeugnisse der eigenen Landesgebiete gewährt werden, soweit es sich nicht um Transporte zu milden oder öffentlichen Zwecken handelt, den gleichartigen, aus dem Gebiete des einen Theiles in das Gebiet des anderen Theiles übergehenden oder das letztere transitirenden Transporten bei der Beförderung auf derselben Bahnstrecke und in derselben Verkehrsrichtung in gleichem Umfange zu bewilligen sind.

Demgemäß sind insbesondere die auf der Beförderungsstrecke bei gebrochener Abfertigung auf Grund der Lokal= beziehungsweise Verbandtarife sich ergebenden Frachtsätze auf Verlangen des anderen Theiles auch in die direkten Tarife einzurechnen.

Artikel 16.

Die vertragschließenden Theile werden dahin wirken, daß der gegenseitige Eisenbahnverkehr in ihren Gebieten durch Herstellung unmittelbarer Schienenverbindungen zwischen den an einem Orte zusammentreffenden Bahnen und durch Ueberführung der Transportmittel von einer Bahn auf die andere möglichst erleichtert werde.

[1]) Die vertragschließenden Teile sichern sich gegenseitig auf dem Gebiete des Eisenbahntarifwesens, insbesondere auch bei Anträgen auf Herstellung direkter Personen= und Frachttarife, nach Maßgabe des tatsächlichen Bedürfnisses, tunlichste Unterstützung zu.

Artikel 17.

Die vertragschließenden Theile verpflichten sich, den Eisenbahnverkehr zwischen den beiderseitigen Gebieten gegen Störungen und Behinderungen sicher zu stellen. Sie werden dahin wirken, daß dem Bedürfnisse des durchgehenden Verkehrs durch Herstellung in einander greifender Fahrpläne für Personen= und Güterverkehr tunlichst Rechnung getragen wird[1]).

---

[1]) Zusatzvtr. 25. Jan. 05. Dieser Vtr. ist z. Z. der Drucklegung d. W. noch nicht ratifiziert; die hier mitgeteilten Best. sind der Drucks. 543 des deutschen Reichstags (Sess. 03/05) entnommen, welcher dem Vtr. durch Beschluß 22 Feb. 05 (StB. 4713) zugestimmt hat.

Artikel 18.

Die vertragschließenden Theile werden dort, wo an ihren Grenzen un=
mittelbare Schienenverbindungen vorhanden sind und ein Uebergang der
Transportmittel stattfindet, Waaren, welche in vorschriftsmäßig verschließbaren
Wagen eingehen und in denselben Wagen nach einem Orte im Innern be=
fördert werden, an welchem sich ein zur Abfertigung befugtes Zoll= oder
Steueramt befindet, von der Deklaration, Abladung und Revision an der
Grenze, sowie vom Kolloverschluß frei lassen, insofern jene Waaren durch
Uebergabe der Ladungsverzeichnisse und Frachtbriefe zum Eingang ange=
meldet sind.

Waaren, welche in vorschriftsmäßig verschließbaren Eisenbahnwagen
durch das Gebiet eines der vertragschließenden Theile ausgeführt oder nach
dem Gebiete des anderen ohne Umladung durchgeführt werden, sollen von
der Deklaration, Abladung und Revision, sowie vom Kolloverschluß so=
wohl im Innern als an den Grenzen frei bleiben, insofern dieselben durch
Uebergabe der Ladungsverzeichnisse und Frachtbriefe zum Durchgang an=
gemeldet sind.

Die Verwirklichung der vorstehenden Bestimmungen ist jedoch dadurch
bedingt, daß die betheiligten Eisenbahnverwaltungen für das rechtzeitige Ein=
treffen der Wagen mit unverletztem Verschlusse am Abfertigungsamt im
Innern oder am Ausgangsamt verpflichtet seien.

Insoweit von einem der vertragschließenden Theile mit dritten Staaten
in Betreff der Zollabfertigung weitergehende, als die hier aufgeführten Er=
leichterungen vereinbart worden sind, finden diese Erleichterungen auch bei dem
Verkehr mit dem anderen Theile, unter Voraussetzung der Gegenseitigkeit,
Anwendung.

Schlußprot. zu Art. 16 und 18 des Vertrages.

1. Die in den Artikeln 16 und 18 enthaltenen Bestimmungen erstrecken sich
auch auf den Fall, wenn eine Umladung durch Verschiedenheit der Bahngeleise
nöthig wird. Obgleich dieselben auf sonstige Umladungen von Eisenbahntransporten
nicht ausgedehnt werden konnten, so wird doch anerkannt, daß, wo durch sehr
große Entfernung der Auf= und Abladungsorte eine Umladung nöthig wird, die
Ausdehnung jener Begünstigung auf Fälle, wo eine gehörig beaufsichtigte Um=
ladung stattfindet, nicht auszuschließen sei.

(2. Postsendungen.)

3. Man ist darüber einverstanden, daß durch die im zweiten Alinea des
Artikels 18 und die vorstehend unter 2 vereinbarte Befreiung der auf Eisenbahnen
transitirenden Güter und Postsendungen von der zollamtlichen Revision die Aus=
führung einer solchen Revision nicht ausgeschlossen sein soll, wenn Anzeigen oder
begründete Vermuthungen einer beabsichtigten Zollübertretung vorliegen.

4. Für die Zollabfertigung im gegenseitigen Eisenbahnverkehr
und für die Anwendung des Schiffsverschlusses gelten die hierüber
besonders vereinbarten Bestimmungen[2]).

---

[2]) Anm. 1. — Übereink. üb. die Zollabfert. im EisVerkehr An= lage A; ferner: Übereink üb. die | Desinf. der EisWagen Anlage B u. Viehseuchenübereink. Anlage C.

Anlagen zum Handels= und Zollvertrag mit Österreich=Ungarn.

Anlage A (zu Anmerkung 2).
Übereinkommen mit Österreich-Ungarn über die Zollabfertigung im Eisenbahnverkehr. Vom 25. Januar 1905.

I. Güterverkehr.

§ 1. Güterzüge dürfen die Zollgrenze auch zur Nachtzeit, sowie an Sonn= tagen und Festtagen überschreiten.

Jeder aus dem Auslande einfahrende Güterzug muß dem Grenzzollamte nach Maßgabe der beiderseits bestehenden Zollvorschriften, sowie unter Vorlage der vorgeschriebenen Begleitpapiere angemeldet werden.

§ 2. Alle Waren, welche in zollsicher eingerichteten Wagen verladen sind, sollen bei unverletztem zollamtlichen Verschlusse dieser Wagen sowohl bei dem Eingange als bei dem Ausgange der speziellen Deklaration, Abladung, Verwiegung und Revision, sowie dem Kolloverschlusse bei dem Grenzzollamte nicht unterliegen, wenn sie von dem Grenzzollamte an ein anderes Amt zur weiteren Zollbehandlung überwiesen werden.

In betreff der zollsicheren Einrichtung der Wagen sind die auf der Berner Konferenz vom 15. Mai 1886 vereinbarten Vorschriften über die zollsichere Ein= richtung der Eisenbahnwagen im internationalen Verkehre[1]), sowie die etwaigen Abänderungen und Ergänzungen derselben maßgebend.

Füllen die Waren einen Wagen nicht aus, so können sie mit dem Anspruche auf die vorerwähnten Erleichterungen in verschließbare Abteilungen von zollsicher eingerichteten, gedeckt gebauten Wagen oder in abhebbare Kasten oder Körbe, deren Benutzung zuvor von der Zollverwaltung gestattet worden ist, verladen und unter zollamtlichem Verschlusse befördert werden.

Von der Abladung und Verwiegung sollen in der Regel auch die bei dem Grenzzollamte zur endgültigen Zollabfertigung gelangenden zollfreien Waren befreit sein, wenn deren zollordnungsmäßige Revision ohne Abladung durchführ= bar ist.

§ 3. Die im § 2 bezeichneten Erleichterungen sollen ausnahmsweise auch im Falle einer unter zollamtlicher Überwachung stattfindenden Umladung der Güter (von Wagen zu Wagen), ohne daß damit die zollordnungsmäßige Abfertigung verbunden zu werden braucht, zulässig sein:

1. wenn der Übergang der Güterwagen wegen Verschiedenheit der baulichen Einrichtung der anschließenden Eisenbahn nicht möglich ist,

2. wenn die Umladung des Gutes aus anderen Gründen unvermeidlich erscheint.

II. Personen= und Gepäckverkehr.

§ 4. Die im § 1 für die Güterzüge zugestandene Befugnis, die Zollgrenze während der Nacht und an Sonn= und Festtagen zu überschreiten, findet auch auf die Züge mit Personenbeförderung Anwendung.

§ 5. Bei Überschreitung der Zollgrenze darf in den Personenwagen nur Handgepäck der Reisenden untergebracht sein.

---

[1]) Anl. A zu X 2 Anl. A d. W.

§ 6. Das Handgepäck der Reisenden und das eisenbahnmäßig abgefertigte Reisegepäck werden in der Regel bei dem Grenzzollamte revidiert. Jedoch sollen nach Maßgabe des Bedürfnisses des Reiseverkehrs Erleichterungen zugelassen werden. Insbesondere soll nach Tunlichkeit Vorsorge getroffen werden, in einzelnen Relationen die Schlußabfertigung des aufgegebenen Reisegepäcks bei dem Zollamte der Bestimmungsstation zu ermöglichen. Auch wird seitens der Zollverwaltungen Verfügung getroffen werden, daß bei direkt übergehenden Zügen, beziehungsweise Wagen, das Handgepäck der Reisenden in der Grenzstation nach Tunlichkeit in den Wagen selbst revidiert wird.

§ 7. Die Zollabfertigung von Hand= und Reisegepäck soll in der Grenzstation derart beschleunigt werden, daß auch die an ein anderes Zollamt überwiesenen Gepäckstücke, wenn irgendwie tunlich, noch mit dem Anschlußzuge weiterbefördert werden können.

§ 8. Eil= und Frachtgüter, welche mit personenführenden Zügen befördert werden, sind denselben Bedingungen und Förmlichkeiten unterworfen, welche für die mit den Güterzügen beförderten derartigen Gegenstände gelten.

Jedoch sollen verderbliche Eilgüter bei Zügen mit Personenbeförderung vom Grenzzollamte ebenso beschleunigt abgefertigt werden wie Gepäck.

III. Allgemeine Bestimmungen.

§ 9. Die Zollverwaltung jedes der beiderseitigen Zollgebiete wird den Verschluß, welchen die Zollverwaltung des anderen Teiles angelegt hat, für genügend anerkennen, sobald sie sich vergewissert hat, daß derselbe auf die in ihrem Zollgebiete zulässige Art angelegt ist und den verabredeten Bedingungen entspricht. Dieselbe ist aber befugt, soweit sie es für erforderlich erachtet, eine Vervollständigung des Verschlusses vorzunehmen.

§ 10. Inwieweit die Züge unter Begleitung von Zollbeamten gestellt werden sollen, bleibt dem Ermessen der Zollverwaltung jedes der beiden Zollgebiete überlassen.

Den Begleitungsorganen sind in den zu überwachenden Zügen zweckentsprechende Plätze und sofern sie von der Begleitung zurückkehren, Plätze in einem Personenwagen der ihnen gebührenden Klasse unentgeltlich einzuräumen.

§ 11. Die Eisenbahn ist verpflichtet, jede Änderung des Fahrplanes (Fahrordnung) rücksichtlich der die Grenze überschreitenden Züge und deren Anschlußzüge spätestens acht Tage, bevor sie in Wirksamkeit tritt, dem Grenzzollamte und den von der Zollverwaltung etwa noch weiter bezeichneten Zolldienststellen anzuzeigen.

Dagegen sind nicht fahrplanmäßige Züge (Sonder= oder Erfordernißzüge, Züge in mehreren Teilen, Lokomotivfahrten) von der Grenzstation nur dem zuständigen Grenzzollamte schriftlich, und zwar so frühzeitig anzuzeigen, daß die für die Revision und Abfertigung dieser Züge notwendigen Verfügungen seitens des Zollamts noch zeitgerecht getroffen werden können.

§ 12 (inhaltl. wie Art. 19 der Vereinb. mit Belgien, oben a).

§ 13. Die zwischen Österreich=Ungarn und einzelnen deutschen Staaten bestehenden Erleichterungen des Eisenbahnverkehrs sollen, sofern sie weiter gehen als die vorstehenden Bestimmungen, auch ferner aufrecht bleiben.

§ 14. Das gegenwärtige Übereinkommen soll ohne besondere Ratifikation gleichzeitig mit dem heute unterzeichneten Zusatzvertrag zum Handels= und Zollvertrag zwischen Österreich=Ungarn und dem deutschen Reiche vom 6. Dezember 1891 in Kraft treten, und unbeschadet der Änderungen, die in Berücksichtigung neu

53*

hervortretender Bedürfnisse im Einvernehmen der beiderseitigen Regierungen etwa vereinbart werden möchten, während der weiteren Dauer des genannten Handels- und Zollvertrags in Geltung bleiben.

Anlage B (zu Anmerkung 2).
Übereinkommen mit Österreich-Ungarn über die Desinfektion der Eisenbahnviehwagen. Vom 25. Januar 1905.

Art. I. Eisenbahnwagen, in welchen Pferde, Maultiere, Esel, Rindvieh, Schafe, Ziegen, Schweine oder Geflügel befördert worden sind, müssen nebst den zugehörigen Gerätschaften der Eisenbahnverwaltungen vor ihrer weiteren Verwendung nach folgenden Vorschriften gereinigt und desinfiziert werden:

1. (Fast wörtlich wie die deutsche Best. 16. Juli 04, VI 9b Anl. A d. W., § 7 Abs. 1.)

2. Die Desinfektion selbst hat sich, und zwar auch in den Fällen, wo der Wagen nur teilweise beladen war, auf alle Teile des Wagens oder des benutzten Wagenabteils zu erstrecken.

Sie muß bewirkt werden:

a) unter gewöhnlichen Verhältnissen durch Waschen der Fußböden, Decken und Wände mit einer auf mindestens 50 Grad Celsius erhitzten Soda- lauge, zu deren Herstellung wenigstens 2 Kilogramm Soda auf 100 Liter Wasser verwendet sind. Auf Stationen, die mit den erforderlichen Ein- richtungen versehen sind, ist statt der Waschung mit Sodalauge auch die gründlichste Behandlung der Fußböden, Decken und Wände mit Wasserdampf unter Benutzung geeigneter Vorrichtungen zulässig; der zur Verwendung kommende Wasserdampf muß eine Spannung von mindestens zwei Atmo- sphären haben;

b) (Fast wörtlich wie VI 9b Anl. A d. W. § 7 Abs. 2b.)

3. Die verschärfte Art der Desinfektion (2b) ist in der Regel nur auf veterinär-polizeiliche Anordnung, ohne solche Anordnung jedoch auch dann vor- zunehmen, wenn die Wagen zur Beförderung von Klauenvieh von solchen Stationen, in deren Umkreise von 20 Kilometer die Maul- und Klauenseuche herrscht oder noch nicht für erloschen erklärt worden ist, gedient haben. Der zuständigen Ver- waltungsbehörde bleibt vorbehalten, die verschärfte Desinfektion (2b) auch in anderen Fällen anzuordnen, wenn sie es zur Verhütung der Verschleppung der bezeichneten Seuchen für unerläßlich erachtet.

(4, 5, 6 Abs. 1 fast wörtlich wie VI 9b Anl. A d. W. § 7 Abs. 4—6.)

6. Abs. 2. Die zur Beförderung von verpacktem lebenden Geflügel benutzten Wagen sind nur dann den vorstehenden Vorschriften entsprechend zu reinigen und zu desinfizieren, wenn eine Verunreinigung durch Streu, Futter oder Auswurf- stoffe stattgefunden hat.

7. Die vertragschließenden Teile verpflichten sich, Eisenbahnwagen, die zum Transporte von Vieh der im Eingange bezeichneten Art benutzt werden, bei der Beladung oder bei den aus dritten Staaten kommenden Wagen beim Eintritt in ihre Gebiete auf beiden Seiten mit Zetteln von gelber Farbe und mit der Auf- schrift „Zu desinfizieren" zu bekleben. Sofern ein Wagen der verschärften Des- infektion unterzogen werden muß (2b, 3), ist er auf derjenigen Station, wo die Voraussetzungen für diese Art der Desinfektion eintreten oder bekannt werden, mit Zetteln von gelber Farbe mit einem in der Mitte aufgedruckten senkrechten roten Streifen und der Aufschrift „Verschärft zu desinfizieren" zu bekleben. Nach der Desinfektion sind die Zettel zu entfernen und an ihrer Stelle solche von

weißer Farbe mit dem Aufdruck „Desinfiziert am . . . . Stunde . . . . . . in . . . ." anzubringen, die erst bei der Wiederbeladung des Wagens zu beseitigen sind.

Die zur Beförderung von verpacktem lebenden Geflügel benutzten Wagen sind, soweit ihre Reinigung und Desinfektion nach Ziffer 6 Absatz 2 erforderlich ist, auf der Empfangsstation zu bezetteln.

Sollte ein Wagen bei dem Übergang aus den Gebieten des einen Teiles in die des anderen Teiles nicht in der bezeichneten Weise bezettelt sein, so ist dieses auf der Grenzübergangsstation von der übernehmenden Verwaltung nach= zuholen.

8. Leere oder mit anderen Gütern als Vieh der im Eingange bezeichneten Art beladene Eisenbahnwagen, die in die Gebiete eines der vertragschließenden Teile eingehen und äußerlich erkennbar zur Beförderung solchen Viehs benutzt, aber nicht nach den Vorschriften dieses Abkommens gereinigt und desinfiziert worden sind, sind, wenn sie nicht zurückgewiesen werden, nach den Vorschriften dieses Abkommens zu reinigen und zu desinfizieren.

Art. II. Das gegenwärtige Übereinkommen soll ohne besondere Ratifikation gleichzeitig mit dem heute unterzeichneten Viehseuchenübereinkommen in Kraft treten und unbeschadet der Änderungen, die in Berücksichtigung neu hervor= tretender Bedürfnisse im Einvernehmen der beiderseitigen Regierungen etwa ver= einbart werden möchten, während der Dauer des genannten Übereinkommens in Geltung bleiben.

Anlage C (zu Anmerkung 2).
Viehseuchenübereinkommen zwischen dem Deutschen Reich und Österreich-Ungarn. Vom 25. Januar 1905.
(Auszug.)

Art. 1[1]). Der Verkehr mit Tieren einschließlich des Geflügels, mit tierischen Rohstoffen und mit Gegenständen, welche Träger des Ansteckungsstoffs von Tier= seuchen sein können, aus den Gebieten des einen der vertragschließenden Teile nach den Gebieten des anderen kann auf bestimmte Eintrittsstationen beschränkt und dort einer tierärztlichen Kontrolle von seiten jenes Staates, in welchen der Über= tritt stattfindet, unterworfen werden.

Art. 2 Abs. 1[1]). Bei der Einfuhr der im Art. 1 bezeichneten Tiere und Gegenstände aus den Gebieten des einen in oder durch die Gebiete des anderen Teiles ist ein Ursprungszeugnis beizubringen. Dasselbe wird von der Ortsbehörde ausgestellt und ist, sofern es sich auf lebende Tiere bezieht, mit der Bescheinigung eines staatlich angestellten oder von der Staatsbehörde hierzu besonders ermächtigten Tierarztes über die Gesundheit der betreffenden Tiere zu versehen. Ist das Zeugnis nicht in deutscher Sprache ausgefertigt, so ist demselben eine amtlich be= glaubigte deutsche Übersetzung beizufügen. Das Zeugnis muß von solcher Be= schaffenheit sein, daß die Herkunft der Tiere und Gegenstände und der bis zur Eintrittsstation zurückgelegte Weg mit Sicherheit verfolgt werden kann. . . . (Folgen nähere Vorschr. über das Zeugnis.)

Abs. 5. Die Dauer der Gültigkeit der Zeugnisse beträgt acht Tage. Läuft diese Frist während des Transports ab, so muß, damit die Zeugnisse weitere acht Tage gelten, das Vieh von einem staatlich angestellten oder von der Staatsbehörde hierzu besonders ermächtigten Tierarzte neuerdings untersucht und von diesem der Befund auf dem Zeugnisse vermerkt werden.

---

[1]) Hierzu Schlußprot. (unten).

Bei Eisenbahn= und Schifftransporten muß vor der Verladung eine besondere Untersuchung durch einen staatlich angestellten oder von der Staatsbehörde hierzu besonders ermächtigten Tierarzt vorgenommen und der Befund in das Zeugnis eingetragen werden.

Eisenbahn= und Schifftransporte von Geflügel sind jedoch vor der Verladung einer tierärztlichen Untersuchung nur dann zu unterziehen, wenn die für sie beigebrachten tierärztlichen Gesundheitsbescheinigungen vor mehr als drei Tagen ausgestellt sind.

Der Verkehr mit geschmolzenem Talg und Fett, mit fabrikmäßig gewaschener und in geschlossenen Säcken verpackter Wolle, mit in geschlossenen Kisten oder Fässern eingelegten, trockenen oder gesalzenen Därmen ist auch ohne Beibringung von Ursprungszeugnissen gestattet.

Art. 3 Abs. 1¹). Sendungen, die den angeführten Bestimmungen nicht entsprechen, ferner Tiere, die vom Grenztierarzte mit einer ansteckenden Krankheit behaftet oder einer solchen verdächtig befunden werden, endlich Tiere, die mit kranken oder verdächtigen Tieren zusammen befördert oder sonst in Berührung gekommen sind, können an der Eintrittsstation zurückgewiesen werden. . . .

(Art. 4, 5. Verbote u. Beschränkungen der Einfuhr.)

Art. 5 letzter Abs.¹). Die in den Seuchengesetzgebungen der vertragschließenden Teile enthaltenen Vorschriften, welchen zufolge im Falle des Ausbruchs von ansteckenden Tierkrankheiten an oder in der Nähe der Grenze zur Abwehr und Unterdrückung derselben der Verkehr zwischen den beiderseitigen Grenzbezirken, sowie der einen gefährdeten Grenzbezirk transitierende Verkehr besonderen Beschränkungen und Verboten unterworfen werden kann, werden durch das gegenwärtige Abkommen nicht berührt.

Art. 8. Eisenbahnwagen, in welchen Pferde, Maultiere, Esel, Rindvieh, Schafe, Ziegen, Schweine oder Geflügel befördert worden sind, müssen nebst den zugehörigen Gerätschaften der Eisenbahnverwaltungen nach Maßgabe der gleichzeitig mit dem Viehseuchenübereinkommen vereinbarten Bestimmungen gereinigt und desinfiziert werden²).

Die vertragschließenden Theile werden die gemäß Absatz 1 im Bereich eines Teiles vorschriftsmäßig vollzogene Reinigung und Desinfektion als auch für den anderen Teil geltend anerkennen.

Art. 12. Das gegenwärtige Übereinkommen ist bestimmt, das Viehseuchenübereinkommen zwischen den vertragschließenden Teilen vom 6. Dezember 1891 zu ersetzen.

Es soll gleichzeitig mit dem zwischen den vertragschließenden Teilen vereinbarten Zusatzvertrage zu dem bestehenden Handels= und Zollvertrage vom 6. Dezember 1891 in Geltung treten und solange in Wirksamkeit bleiben, als der genannte Handels= und Zollvertrag, auf Grund der im Zusatzvertrage getroffenen Bestimmung über seine fernere Dauer, fortbesteht.

Schlußprotokoll.

1. Die Bestimmungen des Viehseuchenübereinkommens finden nur auf Provenienzen eines der vertragschließenden Teile Anwendung. Die Zulassung von Tieren oder Gegenständen, welche, aus anderen Ländern stammend, durch die Gebiete des einen Teiles zur Ein= oder Durchfuhr in die Gebiete des anderen Teiles gelangen sollen, liegt außerhalb des Rahmens des gegenwärtigen Übereinkommens.

Die direkte Durchfuhr von frischem und zubereitetem Fleische und sonstigen tierischen Rohstoffen in undurchlässiger Verpackung sowie von Häuten, Klauen und

---

¹) Anl. B.

Hörnern in völlig trockenem Zustand aus den Gebieten des einen durch die Gebiete des anderen vertragschließenden Teiles auf der Eisenbahn in plombierten, umschlossenen Waggons oder auf Schiffen in abgesonderten und verwahrten Räumen ist, soweit es sich um Provenienzen eines der vertragschließenden Teile handelt (vgl. Absatz 1), ohne Beschränkungen zulässig.

2. (Ursprungszeugnisse.)

3. Die amtliche Beglaubigung der Übersetzung der nicht in deutscher Sprache ausgefertigten Ursprungszeugnisse ist durch eine zur Führung eines Dienstsiegels befugte Person oder Behörde zu bewirken. Diesen Personen oder Behörden wird bei Eisenbahntransporten der Vorstand der Verladestation zugerechnet.

4. (Renn= oder Trabrennpferde.)

5. (Geflügeltransporte im Grenzverkehre.)

7. Die im Art. 3 des Viehseuchenübereinkommens vorgesehene Zurücksendung wird sich nur auf Tiere erstrecken, die mit den kranken oder verdächtigen Tieren nachweislich in Berührung gekommen sind, insbesondere also auf Tiere, die in einem Eisenbahnwagen oder auf einem Schiffe gleichzeitig befördert oder auf derselben Station und derselben Rampe an einem und demselben Tage ent= oder verladen worden sind.

11. Die Bestimmung im letzten Absatze des Artikels 5 des Viehseuchenübereinkommens erstreckt sich nicht auf den durchgehenden Eisenbahnverkehr in amtlich verschlossenen Waggons; hierbei soll jedoch jede Zuladung von lebendem Vieh, jede Umladung und jede Transportverzögerung im verseuchten Grenzbezirk untersagt sein.

---

d) Handels= und Schiffahrtsvertrag mit Rußland.
Vom $\frac{\text{10. Februar}}{\text{29. Januar}}$ 1894 (RGB. 153).
Artikel 19.

Die beiden vertragschließenden Theile behalten sich das Recht vor, ihre Eisenbahntransporttarife nach eigenem Ermessen zu bestimmen.

Jedoch soll weder hinsichtlich der Beförderungspreise noch hinsichtlich der Zeit und der Art der Abfertigung zwischen den Bewohnern der Gebiete der vertragschließenden Theile ein Unterschied gemacht werden. Insbesondere sollen für die von Rußland nach einer deutschen Station oder durch Deutschland beförderten Gütertransporte auf den deutschen Bahnen keine höheren Tarife angewendet werden, als für gleichartige deutsche oder ausländische Erzeugnisse in derselben Richtung und auf derselben Verkehrsstrecke erhoben werden. Das Gleiche soll auf den russischen Bahnen für Gütersendungen aus Deutschland gelten, welche nach einer russischen Station oder durch Rußland befördert werden.

Ausnahmen von vorstehenden Bestimmungen sollen nur zulässig sein, soweit es sich um Transporte zu ermäßigten Preisen für öffentliche oder milde Zwecke handelt.

Schlußprot. zu Art. 19.

Die vertragschließenden Theile werden einander im Eisenbahntarifwesen, insbesondere durch Herstellung direkter Frachttarife, thunlichst unterstützen. Namentlich sollen solche direkte Frachttarife nach den deutschen Häfen Danzig (Neufahrwasser), Königsberg (Pillau) und Memel zur Vermittelung sowohl der Ausfuhr als auch der Einfuhr nach Rußland den Bedürfnissen des Handels entsprechend eingeführt werden.

Zugleich sollen die Frachtsätze für die im russischen Eisenbahntarif zum Getreide gerechneten Artikel sowie für Flachs und Hanf von den russischen Auf=

gabestationen bis zu den oben erwähnten Häfen nach denjenigen Bestimmungen gebildet und unter die am Transport betheiligten deutschen und russischen Bahnen vertheilt werden, welche für die nach den Häfen Libau und Riga führenden russischen Eisenbahnen jetzt in Kraft sind oder in Kraft treten werden. Die außer den Frachtsätzen erhobenen Zuschläge (Nebengebühren) sollen in gleicher Weise gebildet und der Betrag derselben nach den russischen Vorschriften unter die betheiligten Linien vertheilt werden, wobei man darüber einverstanden ist, daß nur eine einzige Grenzgebühr, die den russischen und den deutschen zur Grenze führenden Bahnen zu gleichen Theilen zufällt, erhoben werden darf.

Diese Verpflichtung bezieht sich nur auf die beiderseitigen Staatsbahnen; doch werden die beiden Regierungen dahin zu wirken suchen, daß die Privatbahnen bei der Tarifbildung und Frachtvertheilung auf ihren Linien die gleichen Grundsätze anwenden. Sollten sich jedoch trotzdem die am Verkehr in einer der bezeichneten Richtungen betheiligten Privatbahnen diesen Grundsätzen der Tarifbildung und Vertheilung nicht unterwerfen, so sollen diese Grundsätze auch für die Staatsbahnen der vertragschließenden Theile nicht mehr bindend sein.

Die zur Zeit bestehenden besonderen Bestimmungen zur Regelung des Wettbewerbs zwischen Königsberg und Danzig bleiben in Kraft.

Schlußprotokoll Vierter Teil. Zu den Zoll-Reglements

§. 8 a[1]). Unbeschadet der besonderen Bestimmungen hinsichtlich der Flußschiffe... werden Fahrzeuge aller Art, einschließlich der zugehörigen Ausrüstungsgegenstände, welche zur Zeit der Einfuhr zur Beförderung von Personen oder Waren dienen und nur aus dieser Veranlassung vorübergehend nach Rußland von Personen eingeführt werden, die den russischen oder deutschen Zollbehörden bekannt sind, von den russischen Behörden ohne Erlegung des Eingangszolls oder Sicherheitsstellung für diesen Zoll eingelassen werden, sofern sich der Führer des Fuhrwerkes verpflichtet, dasselbe binnen einer bestimmten Frist wieder auszuführen. Die schriftliche Ausfertigung der Verpflichtungsscheine soll unentgeltlich und ohne jede Gebührenerhebung erfolgen.

§. 10[1]). Bei der Einfuhr von Waren auf dem Landwege nach Rußland wird keine besondere Deklaration gefordert, sofern die Waren von Frachtbriefen begleitet sind. Es genügt in diesem Falle die Vorzeigung der Frachtbriefe bei dem Eingangsamte. Die Zahl der Pferde und der Fahrzeuge, aus denen sich der Transport zusammensetzt, sowie die Gesamtzahl der Frachtbriefe und der Kolli sind alsdann auf einem der Frachtbriefe zusammenzustellen und es ist diese Angabe von dem leitenden Führer zu unterzeichnen.

§. 11. In Wagen nach Rußland eingeführte Steinkohle soll dort nach dem auf den Frachtbriefen angegebenen Gewichte verzollt werden unter der Voraussetzung, daß dem Frachtbriefe der Wägeschein der Gruben beiliegt.

§. 14. Die Kaiserlich russische Regierung verpflichtet sich, die Bestimmungen der Artikel 15 und 16 der Berner Konvention vom 14. Oktober 1890[2]), welche das Verfügungsrecht des Absenders über seine Sendungen regeln, während der Dauer des gegenwärtigen Vertrags in keiner Weise zu ändern.

§. 19. Falls Schaffner, Maschinisten und sonstige Eisenbahnbedienstete eines der beiden vertragschließenden Theile überführt werden, in den Zügen Schmuggelwaaren in das Gebiet des anderen Theiles eingeführt zu haben, so sollen sie auf Ansuchen der zuständigen Zollbehörden des Rechtes, Bahnzüge nach der Grenze zu begleiten, verlustig gehen.

§. 21. Die Quarantäne-Maßregeln gegen die Einschleppung epidemischer Krankheiten sollen beiderseits auf alle die Grenze überschreitenden Reisenden, je

---

[1]) Zusatzvtr. 28./15. Juli 04 (RGB. 05 S. 35), gültig vom 1. März 06 ab | (RGB. 05 S. 56).
[2]) IntÜb. (VII 4 d. W.).

nach der größeren oder geringeren Ansteckungsgefahr, ohne Unterschied der Nationalität angewandt werden.

§. 22. Es wird beiderseits der Wiederaufnahme von Reisenden, die wegen mangelhafter Reisepässe oder wegen Nichtzahlung von Zollgebühren zurückgewiesen werden, kein Hinderniß entgegengestellt werden; unter den bezeichneten Umständen sollen beiderseits selbst fremde Staatsangehörige wieder aufgenommen werden, zumal in den Fällen, wo sie noch nicht in das Innere des Landes gelangt sind. Die auf beiden Seiten zuständigen Behörden werden sich über die zu ergreifenden Maßregeln verständigen.

(Abf. 2 jüdische Auswanderer.)

---

e) Handels= und Zollvertrag mit der Schweiz. Vom 10. Dezember 1891
(RGB. 92 S. 195)[1]).

Artikel 7.

Zur Förderung der gegenseitigen Handelsbeziehungen werden die vertrag= schließenden Theile die Zollabfertigung im wechselseitigen Verkehr so weit er= leichtern, als sich dies mit der Zollsicherheit verträgt.

Schlußprot. zu Artikel 7 des Vertrages.

3. Die mit den gewöhnlichen kursmäßigen Fahrten der allgemeinen Ver= kehrsanstalten, wie Eisenbahnen, Dampfschiffe, Posten u. s. w., anlangenden Waaren und Reise=Effekten sollen beiderseits jederzeit mit thunlichster Beschleunigung zoll= amtlich abgefertigt werden, und es soll für solche Abfertigungen, welche nicht in die gewöhnlichen Abfertigungsstunden fallen, keinenfalls irgend eine besondere Gebühr erhoben werden.

(4.)

---

f) Zusatzvertrag vom 29. November 1904 zum Handels= und Zollvertrag mit Serbien (RGB. 06 S. 319).

Artikel IX b.

Auf Eisenbahnen soll weder hinsichtlich der Beförderungspreise noch der Zeit und Art der Abfertigung ein Unterschied zwischen den Bewohnern der Gebiete der vertragschließenden Teile gemacht werden. Insbesondere sollen für die aus Serbien nach einer deutschen Station oder durch Deutschland beförderten Gütersendungen auf den deutschen Bahnen keine höheren Tarife angewendet werden, als für gleichartige deutsche oder ausländische Erzeugnisse in derselben Richtung und auf derselben Verkehrsstrecke. Das gleiche soll auf den serbischen Bahnen für Gütersendungen aus Deutschland gelten, die nach einer serbischen Station oder durch Serbien befördert werden.

Ausnahmen sollen nur zulässig sein, soweit es sich um Transporte zu ermäßigten Preisen für öffentliche oder milde Zwecke handelt.

---

¹) Außer den oben mitgeteilten Vorschr. enthält der Vtr. (auf Grund des am 1. März 06 in Kraft tretenden Zusatzvtr. 12. Nov. 04, RGB. 05 S. 319) solche üb. Zollbefreiungen, darunter in Schlußprot. II A 5, 6 zu Art. 2 Be= stimmungen, die fast wörtlich mit § 6 Ziff. 6 bis 8 (ohne Ziff. 8 letzter Abf.) des deutschen ZolltarifG. (X 3 d. W.) übereinstimmen.

Nachträge und Berichtigungen*).

Zu § 8 Anm. 2. Von der Anwendung des G. betr. die Kosten der Prüfung überwachungsbedürftiger Anlagen 8. Juli 05 (GS. 317), sind (nach G. § 6) Anlagen ausgenommen, die der staatlichen Aufsicht nach dem Eisenbahn= oder dem KleinbahnG. unterliegen. — Das U. KGer. 18. Okt. 04 ist auch in EEE. XXI 375 abgdruckt.

Zu § 8 Anm. 2 d. E. 8. Nov. 05 (EVB. 290) betr. Arbeiterausschüsse für die Arbeiter u. Handwerker der Betriebswerkstätten und Gasanstalten.

Zu § 9 Anm. 2 g. Die Unzuständigkeit der Gewerbegerichte für Klagen von Werkstättenarbeitern der Eisen= u. Kleinbahnen wird anerkannt im E. des Handels= u. des Justizmin. 7. Dez. 05 (EVB. 06 S. 29) — wo daraus gefolgert wird, daß die Bahnverwaltungen zu den Kosten der GewGerichte nicht beizutragen haben — u. im U. GewGericht Bielefeld 9. März 05 (Ztschr. f. Kleinb. 06 S. 97).

Zu § 9 Anm. 2 h. Gegen das U. RGer. 22. Sept. 04: Weber in VerZtg. 05 S. 709. — Durch E. 18. Juli 05 (EVB. 212) ist angeordnet, daß Bahn= hofswirtschaften, die innerhalb der Bahnsteigsperre liegen oder bei denen im Verkehr des nichtreisenden Publikums durch andere besondere Ein= richtungen ausgeschlossen sind, als Teile der EisUnternehmung anzusehen sind, daher der GewO. nicht unterliegen und namentlich keiner Konzession nach Gew. § 33 bedürfen, daß dagegen alle übrigen BWirtschaften, soweit sie dem Verkehr des nichtreisenden Publikums dienen, wie andere Schankwirt= schaften zu behandeln, namentlich konzessionspflichtig sind; alle Bahnhofswirte sollen aber verpflichtet werden, die Best. des BR. 23. Jan. 02 über Beschäf= tigung von Gehilfen und Lehrlingen in Gast= und Schankwirtschaften (RGB. 33) u. (hierzu auch E. 14. Juli 05, EVB. 207) die durch GewO. § 120 den GewUnternehmern auferlegten Verpflichtungen betr. Besuch von Fortbildungsschulen durch die Arbeiter zu beachten. — Nach E. d. Min. der geistl. usw. Angeleg., für Handel usw. u. des Innern 25. Juli 05 (EVB. 228) ist der Bahnhofsbuchhandel, soweit er innerhalb der Bahn= steigsperre stattfindet, der GewO. nicht zu unterstellen; dagegen sollen auf den BBuchh. außerhalb der Sperre die für den sonstigen Buchh. geltenden Vorschr. üb. Sonntagsruhe u. Sonntagsheiligung angewendet werden. — Ruhezeiten für das Personal der BBuchhandlungen E. 12. Aug. 05 (EVB. 227).

Zu § 25 Anm. 12 c. Eisenbahnen sind nicht als Deiche, deichähnliche Erhöhungen od. Dämme i. S. des G. zur Verhütung d. Hochwassergefahren 16. Aug. 05 (GS. 342) § 1 anzusehen.

Zu § 27 Anm. 20. E. 29. Juni 05 (EVB. 199) betr. Rückgabe ehemaliger do= mänen= u. forstfiskal. Grundstücke an die Domänen= u. Forstverw.

Zu § 34 Anm. 49 d. Nach BGB. kann der Verzicht auf Ersatz von Schäden, die aus dem Betrieb eines Unternehmens erwachsen, nicht ins Grundbuch ein= getragen werden KGer. 11. März 01 (EVB. 02 S. 58) u. 18. desf. M. (Jahrb. d. Entsch. XXI A. 310). Dazu E. 15. Feb. 02 u. 3. Feb. 03 (EVB. 57 u. 52) u. 10. Aug. 05 (IV A. 5. 163).

---

*) Soweit möglich im Verzeichnis der aufgenommenen Best. u. im alphabet. Sachverzeichnis mitberücksichtigt, u. zwar unter Bezeichnung nicht mit derjen. Seite, auf der der Zusatz usw. abge= druckt ist, sondern mit derjen. Seite des Haupttextes, auf die er sich bezieht. — Abgeschlossen Februar 1906.

Zu §. 35 Anm. 49. Kleinbahnen haften für Schaden durch Funkenflug, u. zwar nach LR. Einl. § 75 u. I 8 § 31; EG. BGB. Art. 109 hat diese Haftung aufrechterhalten RGer. 17. Jan. 05 (EEE. XXI 391).

Zu §. 53 ff. Das Verwaltungsstreitverfahren über eine die Unterhaltung eines Weges betreffende Vf. der WegepolBehörd. darf immer nur den einzelnen Baufall, nicht die Verpflichtung zur Unterhaltung des Weges im allg. betreffen; die öff.-rechtl. Verpflichtung des EisFiskus zur Unterhaltung eines VerbindWeges zum Bahnhof wird nicht schon dadurch berührt, daß nicht mehr der ganze Verkehr nach dem Bahnhof über ihn geht oder daß Wohnhäuser an ihm errichtet werden OB. 30. Nov. 04 (XLVI 289). Wenn eine Straßenbahn durch ihren Betrieb die Sicherheit eines Weges gefährdet u. von der WegepolBehörd. der Wegebaupflichtige wegen Beseitigung der Gefahr in Anspruch genommen wird, so kann letzterer nicht im Streitverfahren verlangen, daß an seiner Stelle die Straßenbahn verurteilt wird; Eisenbahnen haben an der durch ihre Anlage veranlaßten Vermehrung der Wegebaulast nur insoweit teilzunehmen, als die Vermehrung durch Veränderung des Wegekörpers, nicht durch den Bahnbetrieb herbeigeführt wird; auf Kleinbahnen sind die in dieser Beziehung für Eisenbahnen geltenden Grundsätze nicht ohne weiteres anzuwenden, vielmehr tritt eine Kleinbahn, die im Rahmen ihrer Genehmigung einen Weg benutzt, nicht dadurch in den Kreis der Wegeunterhaltungspflichtigen ein, u. Änderungen, die der Betrieb der Kl. an dem diesem Betrieb nicht dienenden Straßenteilen nötig macht, liegen in Ermangelung einer Festsetzung bei der Genehmigung dem Wegebaupflichtigen ob OB. 22. Sept. 04 (XLVI 346).

Zu §. 57 fg. WegeO. für Westpreußen 27. Sept. 05 (GS. 357) § 6 Abs. 1 u. 4 u. § 9 wie WegeO. für Sachsen § 10 Abs. 1, 5 u. 6 u. § 13.

Zu §. 67 Anm. 17. Wenn sich eine Kleinbahn im Straßenbenutzungsvertrage zur Straßenunterhaltung verpflichtet, so ist der hierauf beruhende Anspruch des andern Teiles im Rechtswege verfolgbar; gemäß KleinbG. § 6 Abs. 2 („mangels anderweiter Vereinbarung") richtet sich nach jenem Vtr. auch die öffentlich-rechtliche WUnterhaltungspflicht RGer. 14. Okt. 01 (EEE. XXI 372). — Der Schluß der in Anm. 17 genannten Abhandlung von Fleischmann ist in EEE. XXI 423 abgedruckt.

Zu §. 67 Anm. 18. S. das oben zu §. 53 ff. nachgetragene U. OVG. 22. Sept. 04.

Zu §. 69 Anm. 29. In einem Prozesse der Großen Berliner Straßenbahn gegen die Stadtgemeinde Berlin hat das RGer. durch U. 10. Juli 05 (Arch. 1488, Ztschr. f. Kleinb. 682) folgendes erkannt: Bei Auslegung der Straßenbenutzungsverträge der Kleinbahnen mit den Gemeinden ist das öff. Interesse im Auge zu behalten, von dem die Stadt bei Abschluß des Vtr. geleitet worden ist; deshalb ist die Zulassung von Konkurrenzbahnen statthaft, wenn ein dringendes öff. Interesse deren Betrieb erfordert; die Zulassung ist aber nicht beliebig, sondern beide Teile müssen sich im Zw. die Beschränkungen gefallen lassen, die sich aus dem beiderseitigen, je dem andern Teile bekannten Interesse am Vertragsschluß ergeben; durch den Vtr. an u. für sich wird also nicht schon dem Unternehmer ein gewisses Verkehrsgebiet zur ausschließlichen Ausnutzung übertragen.

Zu §. 70 Anm. 29. Das U. des RGer. 12. Okt. 04 ist in die Entsch. in CivSachen Bd. LIX S. 70 aufgenommen.

Zu §. 75 u. 76 Anm. 47. E. 29. Juni 05 (Ztschr. f. Kleinb. 543) betr. Gütertarife im Übergangsverkehr mit Kleinbahnen, E. 13. Dez. 05 (ENB. 426) betr. Erhebung v. Anschlußfracht an Stelle der Stationsfracht im Verkehr mit Kleinbahnen.

Zu §. 80 Anm. 64. Einräumung eines Erbbaurechts betr. Anlage eines Anschlußgleises RGer. 19. Dez. 04 (EEE. XXI 387).

Zu §. 83. Militärische AusfBest. zur AusfAnw. zum KleinbG. E. 23. Aug. 05 (ENB. 318).

Zu §. 97. In der Seitenüberschrift ist statt „3" zu setzen „4".

Zu §. 98. Polizeiverordnungsrecht des RegPräf. KGer. 6. Feb. 05 (Ztschr. f. Kleinb. 436).

Zu §. 128. Zentralkraftstelle und Bahnhof einer elektrischen Bahn gehören, da ihre Widmung für das Unternehmen äußerlich erkennbar ist, auch ohne Eintragung der Bahn ins Bahngrundbuch zur Bahneinheit; solange diese Eintragung nicht erfolgt ist, können deshalb die Grundstücke, auf denen jene Anlagen errichtet sind, nur nach Erteilung der in BahneinhG. § 5 vorgeschriebenen Bescheinigung der Bahnaufsichtsbehörde rechtsgültig veräußert werden OB. 6. Jan. 05 (Ztschr. f. Kleinb. 488).

Zu §. 158 Anm. 13. Das Verdingungswesen ist neu geregelt durch E. 23. Dez. 05 (EVB. 321).

Zu §. 168 Anm. 43. Bek. 27. Sept. 05 (CB. 294) betr. Nachtrag zum Verzeichnis der den MilAnwärtern vorbehaltenen Stellen.

Zu §. 169 Anm. 46. E. 27. Jan. 06 (EVB. 23) betr. Dienstkleidung der Staatseisenbahnbeamten.

Zu §. 169 Anm. 47. An Stelle der bisher. Grundsätze für die Bemessung der Gehälter der etatsmäß. StEB.-Beamten nach Dienstaltersstufen (FinanzO. XII H. § 1) treten fortan die für alle Staatsdienstzweige geltenden Gehaltsvorschriften E. 17. Aug. 05 (EVB. 231).

Zu §. 184 ff. Beiträge zum EisRecht im Großh. Hessen — z. B. Grundzüge der EisGemeinschaft, Rechtspersönlichkeit der Gemeinschaft, Gerichtskostenfreiheit, staatsrechtl. Stellung der Gemeinschaftsbehörden, Defektenbeschlüsse, Beamtenrecht, Kompetenzkonflikte — in VerZtg. 05 S. 1101, 1117.

Zu §. 210 Anm. 4. Neuestes Verzeichnis der zur Anstellung von MilAnwärtern verpflichteten Privatbahnen Bek. 23. Okt. 05 (CB. 321).

Zu §. 210 Anm. 6 (a. E.). Fortf. des Aufsatzes von Böthke in EEE. XXI 406.

Zu §. 215. AE. 27. Jan. 05 (EVB. 13) betr. Verleihung eines Erinnerungszeichens für 25- od. 40jährige Dienstzeit an die Bediensteten der StEB.; Heff. V. 25. Nov. u. E. 9. Dez. 05 (EVB. 309) betr. Stiftung eines Erinnerungszeichens für Hessische EisBedienstete. — Hessisches Beamtenrecht f. oben bei S. 184.

Zu §. 224 ff. Im Falle § 14 der GebührenO. f. Zeugen usw. (jetzt Bek. 20. Mai 98, RGV. 689) erhalten die als Zeugen od. Sachverständige vor Gericht geladenen Beamten der StEB. Tagegelder u. Reisekosten nach den Sätzen der V. 30. Okt. 76 § 1, 2 (jetzt E. 21. Okt. 97, III 4 a b. V.); Benutzung freier EisFahrt für solche Reisen ist untersagt E. 31. Okt. 84 (EVB. 402, FinanzO. XII S. 41). In Disziplinarsachen gilt dasselbe für Reisen von Beamten der StEB., die als Zeugen od. Sachverständige vernommen werden; dagegen hat der höhere Beamte, der mit Führung der Voruntersuchung beauftragt ist, sowie der Protokollführer von der freien Fahrt Gebrauch zu machen u. ersterer, wenn er zu den Bezirksbeamten gehört, für Reisen innerhalb seines Bezirks nur die Bezirkstagegelder zu beanspruchen E. 16. Feb. 91 (EVB. 20) u. 6. Okt. 05 (EVB. 355).

Zu §. 227 fg. Durch AV. 22. Juli 05 (GS. 323) haben § 3—5 der AV. 12. Okt. 97 eine neue Fassung erhalten. Abweichungen von der bisher. Fassung:

　　a) In § 3 Ziff. 1 sind die Telegrapheninsp. gestrichen.

　　b) § 3 Ziff. 2 lautet jetzt: Eisenbahn-Betriebsingenieure, Werkstättenvorsteher, Kassenkontrolleure und die als Vorsteher der Eisenbahntelegraphenwerkstätten bestellten Beamten, soweit sie zu einem Tagegeldersatze von 12 Mark berechtigt sind . . . 4,5 Mark.

　　c) § 3 Ziff. 3 lautet jetzt: Werkmeister, die den Betriebsinspektionen als telegraphentechnische Beamte zugetheilten sowie die als Vorsteher der Eisenbahntelegraphenwerkstätten bestellten Bahnmeister und Telegraphenmeister . . . 3 Mark.

　　d) § 4 Abf. 1 lautet jetzt: Bahnmeister und Rottenführer haben innerhalb ihres Bezirkes auf Reisekosten und Tagegelder keinen Anspruch. Wenn diese Beamten jedoch mit Zustimmung ihres Vorgesetzten eine Nachtrevision vorgenommen oder Bahnunterhaltungsarbeiten während der Nacht ausgeführt oder beaufsichtigt haben, so erhalten sie nach näherer Bestimmung des Ministers der öffentlichen Arbeiten für jede Nacht, welche sie außerhalb ihres Wohnorts haben zubringen müssen, eine Entschädigung nach folgenden Sätzen: 1. Oberbahnmeister 9 Mark, 2. Bahnmeister 6 Mark, 3. Rottenführer 3 Mark.

e) § 5 Ziff. 2, 3 und 4 lauten jetzt:

2. an Bahnmeister, die neben Wahrnehmung der eigenen Dienstgeschäfte einen benachbarten Bahnmeister vertreten, ohne daß sie außerhalb ihres Wohnorts Wohnung nehmen müssen;

3. an Rottenführer, die in einer Nachbarbahnmeisterei Bahnunterhaltungsarbeiten ausführen, ohne daß sie außerhalb ihres Wohnorts Wohnung nehmen müssen;

4. an Weichensteller, Bahnwärter und Rottenführer, die zur Unterstützung des ihnen vorgesetzten Bahnmeisters mit der Begehung fremder Strecken beauftragt werden;

f) § 5 Ziff. 4 hat die Ziff. 5 erhalten, u. es sind an Stelle der Worte „Quartier zu nehmen genötigt sind" die Worte getreten „Wohnung nehmen müssen".

Hierzu AusfE. 16. Aug. 05 (EVB. 231); ferner E. 18. Okt. 05 (EVB. 277) betr. Reiseentschäd. für Rottenführer.

Zu § 236 Anm. 4. Wie in dem in Anm. 4 angeführten U. entscheidet das RGer. auch in U. 2. März 05 (LX 207).

Zu § 243. Die Bemerkung zwischen § 1 u. § 9, derzufolge das preuß. UnfallfürsorgeG § 1 Abs. 2 bis § 8 mit dem ReichsfürsG. übereinstimmt, ist dahin zu berichtigen, daß in § 5 des ersteren an Stelle des Wortes „reichsgesetzlichen" das Wort „gesetzlichen" getreten ist.

Zu § 248. Für die Festsetzung der Pension eines unfallverletzten Beamten ist nicht der Zeitpunkt des Unfalls, sondern derjenige der Versetzung in den Ruhestand maßgebend RGer. 3. März 05 (LX 215).

Zu § 267 Anm. 7. Zum Eisenbahnbetrieb i. S. GUVG. § 1 gehört auch die Fahrkartenausgabe (Schalterdienst) RGer. 31. März 05 (Arch. 1234, EEE. XXII 65).

Zu § 268. Abkommen zwischen dem Deutschen Reiche und Luxemburg über Unfallversicherung. Vom 2. Sept. 05 (RGB. 753).

Art. 1. Die nach den Unfallversicherungsgesetzen beider Staaten versicherungspflichtigen Betriebe . . folgen . . hinsichtlich derjenigen Personen, welche in einem vorübergehend in das Gebiet des andern Staates übergreifenden Betriebsteile beschäftigt sind, auch für die Dauer dieser Beschäftigung der Unfallversicherung des Staates, in welchem der Sitz des Haupt- oder Gesamtunternehmens gelegen ist . .

Als vorübergehend beschäftigt sind auch das Fahrpersonal, welches in durchgehenden Zügen die Grenze überschreitet, sowie solche Personen anzusehen, welche ohne Wechsel ihres dienstlichen Wohnsitzes in dringenden Fällen zur vertretungsweisen Wahrnehmung des Eisenbahndienstes in dem Gebiete des andern Staates nicht über sechs Monate hinaus abgeordnet werden.

(Art. 2. Entscheidung bei Zweifeln darüber, ob nach Art. 1 die Unfallversich.-Gesetze des einen oder des andern Staates anzuwenden sind. Art. 3. Entscheidung bei Zweifeln darüber, ob ein entschädigungspflichtiger Unfall den Versicherungsträgern in dem einen oder dem andern Staate zur Last fällt. Art. 5. Rechtshilfe. Art. 6. Anwendbarkeit des Abkommens auch auf deutsche Beamte, für die Unfallfürsorge i. S. GUVG. § 7 besteht.)

Zu § 269. Die von land- u. forstwirtschaftl. Berufsgenossenschaften auf eisenbahnfiskal. Pachtgrundstücke gelegten Beiträge trägt der EisFiskus, soweit sie als Zuschläge zur Grundsteuer erhoben werden E. 20. Okt. 03 (EVB. 333).

Zu § 270 Anm. 16. E. 21. Okt. 05 (EVB. 277) betr. Ergänzung der Unfallverhütungsvorschr.

Zu § 272. GUVG. § 135 Abs. 3 bezieht sich auf alle Ersatzansprüche im Verhältnis zwischen dem Unfallverletzten usw. u. dem Betriebsunternehmer, nicht nur auf Fälle vorsätzlicher Unfallverursachung (§ 135 Abs. 1) RGer.

23. Jan. 05 (LX 36). — **Zu § 140.** Der Übergang des Ersatzanspruchs auf die Berufsgenossenschaft vollzieht sich (nach der neuen Fassung des G.) mit seiner Entstehung, für das Verhältnis des Dritten zum Verletzten sind aber die Best. über die Übertragung von Forderungen (BGB. § 407, 412) maßgebend, so daß der gutgläubige Dritte, der ohne Kenntnis des Übergangs an den Verletzten zahlt, hierdurch von seiner Verbindlichkeit frei wird RGer. 26. Jan. 05 (LX 200). — **In Anm.** 24 ist hinter den Worten „tatsächliche Leistung von Entschädigung durch die Berufsgenossenschaft" einzuschalten: „oder doch ordnungsmäßige Feststellung der der letzteren obliegenden Ersatzpflicht".

Zu § 280 Anm. 1. V. 21. Juni 05 (GS. 319) u. E. 18. Okt. 05 (EVB. 276) betr. Vergütung für Baukassenrendanten.

Zu § 287 Anm. 1. E. 23. Sept. 05 (EVB. 345) betr. Nachtrag zu den Frachtstundungsbedingungen.

Zu § 290. Im E. 25. Feb. 02 Abf. 3 Zeile 1 ist statt „Ermäßigung" zu lesen „Ermächtigung".

Zu § 302 Anm. 4. OV. 24. Feb. 05 (Ztschr. f. Kleinb. 613) wendet KommunalabgabenG. § 24 d auch auf Kleinbahnen an.

Zu § 306. Wie durch E. 11. Okt. 05 (EVB. 267) bekannt gegeben wird, hat das OV. durch PlenarU. 28. Juni 05 (entgegen dem U. 1. Mai 02, EVB. 475) entschieden, daß die Kosten für Beschaffen u. Unterhalten der Dienstuniform bei Berechnung des steuerpflichtigen Einkommens der Beamten nicht abzuziehen sind.

Zu § 313 ff. Mit Drucks. 10 für 1905/06 ist dem AH. der Entwurf zu einem Kreis- und Provinzialabgabengesetz vorgelegt worden, demzufolge u. a. zur Aufbringung auch der Kreissteuern nicht mehr die Kreisangehörigen usw. unmittelbar, sondern nur noch die Gemeinden (u. Gutsbezirke) verpflichtet sein sollen.

Zu § 317. Mit Drucks. 10 für 1905/06 ist dem Reichstag der Entwurf eines Gesetzes wegen Änderung des Stempelgesetzes vorgelegt worden, demzufolge u. a. Frachturkunden, z. B. Frachtbriefe u. Gepäckscheine (außer solchen für Reisegepäck), u. Personenfahrkarten einem Reichsstempel unterliegen sollen.

Zu § 327 Anm. 2. U. RGer. 9. Juni 05 (Arch. 1479) weist nach, daß i. S. des EntG. der Eigentumserwerb des Unternehmers durch die Enteignung nicht eine als Zwangskauf zu beurteilende Rechtsübertragung, sondern einen ursprünglichen Erwerb darstellt.

Zu § 328 Anm. 5 b. Auf Grund des Rechts, die zur Abwendung von Gefahren nötigen Maßregeln zu treffen, kann die Polizei vom Hauseigentümer die zur Beseitigung von Feuersgefahr erforderlichen Vorkehrungen am Hause verlangen, auch wenn die Gefahr durch den Betrieb einer Kleinbahn mitverursacht u. die Polizei nach dem KleinbG. berechtigt ist, sich an den Kleinbahnunternehmer zu halten OV. 20. Okt. 05 (Arch. 06 S. 217).

Zu § 337 Anm. 60. E. 3. Okt. 05 (EVB. 263) betr. Unterhaltung u. Bewirtschaftung der Feuerschutzanlagen an Eis. in Waldungen durch die Forstverwaltung. E. 5. Feb. 06 (EVB. 35) betr. Feuerschutzanl. bei Kleinbahnen.

Zu § 340 Anm. 71. Daß eine Einigung über den Gegenstand der Abtretung (EntG. § 16) das Planfeststellungsverfahren entbehrlich macht, wird erneut nachgewiesen von Martini in Arch. 05 S. 1508 ff.

Zu § 354 Anm. 128. Gegen die Annahme Kofftas, daß im Entschädigungsfeststellungsbeschluß auszusprechen sei, ob die Entschädigung zu zahlen oder zu hinterlegen ist, Martini in Arch. 05 S. 1512 ff.

Zu § 361 § 42. Erfolgt der Rücktritt des Unternehmers, nachdem eine Einigung gemäß EntG. § 26 ohne EntschädFeststellBeschluß stattgefunden hat, so ist § 42 sinnentsprechend anzuwenden; Unternehmen i. S. § 42 ist auch die Inanspruchnahme eines einzelnen Grundstücks RGer. 9. Juni 05 (Arch. 1479).

Zu § 366 § 57 Zeile 3. Das Anmerkungszeichen [104] gehört zu dem Worte „Grundstücks". — Das gesetzl. Vorkaufsrecht greift nicht Platz, wenn das Grundstück zwar für das ursprüngliche Unternehmen nicht mehr nötig ist, aber

vom Unternehmer für ein anderes, gleichfalls mit dem Enteignungsrecht aus=
gestattetes Unternehmen freiwillig abgetreten wird RGer. 14. April 05 (LX
374).

Zu § 391. Bei Anwendung von Fluchtlinien G. § 15 können zwei demselben
Eigentümer (hier Fiskus) gehörige, aber durch eine öff. Ortsstraße getrennte
Grundflächen nicht als einheitliches Grundstück behandelt werden, auch wenn sie
durch eine (Eisenbahn=) Überführung verbunden sind; ein Gebäude ist der
Regel nach als an einer Straße liegend zu betrachten, wenn es mit ihr durch
einen zum bebauten Grundstücke gehörigen Privatweg verbunden ist, nicht
aber, wenn die Verbindung durch eine Privatstraße gebildet wird, die zwar
dem Gebäudeeigentümer gehört, aber keinen Bestandteil des Baugrundstücks
bildet u. dazu bestimmt ist, noch andere Grundstücke zugänglich zu machen OVB.
30. Nov. 04 (XLVI 158).

Zu § 403 Anm. 1 s. die oben zu S. 27 u. 337 nachgetragenen E. 29. Juni u.
3. Okt. 05.

Zu § 410. In Bayern (wo RVerf. Art. 42, 43 nicht gelten) ist durch Bek.
13. April 05 (Ges.= u. VerordBl. 251) eine EisBau= u. Betriebs O. für
die Haupt= u. Nebenbahnen Bayerns eingeführt, die mit der BO. im allge=
meinen wörtlich übereinstimmt.

Zu § 430, 446. Die maschinentechnischen Eisenbahnbetriebsingenieure
sind Betriebs= u. Bahnpolizeibeamte E. 21. Aug. 05 (ENB. 318).

Zu Seite 161.

Bekanntmachung des Reichskanzlers, betreffend Bestimmungen über die Befähigung von Eisenbahn-Betriebs- und Polizeibeamten. Vom 8. März 1906 (RGB. 391).[1]

Gemäß dem vom Bundesrat in der Sitzung vom 1. März 1906 auf Grund
der Artikel 42 und 43 der Reichsverfassung gefaßten Beschlusse treten mit dem
1. Mai 1906 an die Stelle der
Bestimmungen über die Befähigung von Eisenbahnbetriebsbeamten vom
5. Juli 1892 und der dazu ergangenen Nachträge
die nachstehenden

Bestimmungen über die Befähigung von Eisenbahn-Betriebs- und Polizeibeamten (B.B.).

A. Allgemeines.

1. Die nachstehenden Bestimmungen enthalten das Mindestmaß der An=
forderungen, denen die im Abschnitte C aufgeführten Beamten in ihrer Eigenschaft
als Betriebs= und Bahnpolizeibeamte[2] genügen müssen. Den Landesaufsichts=
behörden[3] bleibt überlassen, die Anforderungen, die an diese Beamten vom Stand=
punkte des Verkehrs zu stellen sind, festzusetzen.

2. Die selbständige Wahrnehmung der Dienstverrichtungen der in diesen „Be=
stimmungen" aufgeführten Beamten darf nur Personen übertragen werden, die die
dabei bezeichneten Erfordernisse erfüllen.

3. Beamte, denen die Dienstverrichtungen verschiedener Klassen zugleich über=
tragen sind, müssen, auch wenn dieses Verhältnis durch die Amtsbezeichnung nicht
besonders ausgedrückt ist, die Befähigung für sämtliche ihnen übertragenen Dienst=
verrichtungen besitzen.

4. Als Probezeit ist die Zeit der praktischen Ausbildung und Vorbereitung
unter der Überwachung eines zur selbständigen Wahrnehmung des Dienstes be=
fähigten Beamten anzusehen.

---

[1] Quellen: BR. 06 Druckf. 10. — Witte
S. 311 ff. — PrüfO. 1. Dez. 99 (EVB. 347).
Die Best. gelten nur für Haupt= u. Neben=,
nicht für Kleinbahnen; in Bayern bedürfen
sie landesrechtlicher Einführung.
[2] BO. § 45, 74.
[3] VI 3 Anm. 6 d. W.

5. Auf die Offiziere, Beamten und Mannschaften der militärischen Formationen für Eisenbahnzwecke finden die Bestimmungen über das Alter — B 1 — und über die Dauer der vorbereitenden Beschäftigung und Probezeit — C 3 bis 7, 9 bis 18 und 20 — keine Anwendung.

Militäranwärtern, die die Befähigung zum Eisenbahn-Betriebs- und Polizeibeamten bei der Betriebsabteilung der Militäreisenbahn erworben haben, ist beim Eintritte bei einer Eisenbahnverwaltung die vorbereitende Beschäftigung für den gleichen Dienstzweig anzurechnen, wenn nicht im Einzelfalle besondere Gründe dagegen sprechen.

6. Hinsichtlich der unter C 1 bis 18 und 20 aufgeführten Beamten bleibt den Eisenbahnverwaltungen — unbeschadet der Vorschriften über Probezeit oder praktische Beschäftigung — überlassen, wie sie sich die Überzeugung von dem Vorhandensein der Befähigung verschaffen. Die Lokomotivführer haben eine Prüfung vor einem höheren maschinentechnischen und einem betriebstechnischen Beamten abzulegen und die Befähigung zur Führung einer Lokomotive durch Probefahrten unter Aufsicht eines höheren maschinentechnischen Beamten nachzuweisen.

7. Mit Rücksicht auf besondere Verhältnisse kann die Landesaufsichtsbehörde[*]) Beamte bei der Anstellung und beim Aufrücken von einzelnen Erfordernissen entbinden.

8. Bei einfachen Betriebs- und Verkehrsverhältnissen kann die Landesaufsichtsbehörde[*]) zulassen, daß Beamte einer Klasse den Dienst einer anderen Klasse wahrnehmen[4]), auch wenn sie die vorgeschriebenen Erfordernisse nicht erfüllt haben, aber tatsächlich dazu befähigt und mit den in Frage kommenden örtlichen Verhältnissen vertraut sind. Ausgenommen ist der Dienst des Lokomotivführers.

9. Den bei der Unterhaltung und dem Betrieb der Bahn leitenden und beaufsichtigenden Beamten, den Bahnkontrolleuren und Betriebskontrolleuren — B. O. § 45 (1) Ziffer 1 und 2 — und den Anwärtern zu diesen Stellen kann mit Genehmigung der Landesaufsichtsbehörde[*]) die selbständige Wahrnehmung des Dienstes eines der übrigen Betriebsbeamten übertragen werden, auch wenn sie die vorgeschriebenen Erfordernisse nicht erfüllt haben.

10. Wenn bei einer Bahn die Benennung einer Beamtenklasse von der unter C 1 bis 20 gebrauchten abweicht, so ist für die Anwendung der Befähigungsvorschriften nicht die Benennung, sondern die Dienstverrichtung maßgebend.

11. Können bei einer Eisenbahnverwaltung einzelne der nachstehenden Bestimmungen bis zum Zeitpunkt ihres Inkrafttretens nicht durchgeführt werden, so kann die Landesaufsichtsbehörde[*]) mit Zustimmung des Reichs-Eisenbahnamts Fristen bewilligen.

B. Gemeinsame Erfordernisse.

1.[*]) Bei der ersten Zulassung zur selbständigen Wahrnehmung des Dienstes müssen die Eisenbahn-Betriebs- und Polizeibeamten mindestens einundzwanzig Jahre alt sein, dürfen aber das vierzigste Lebensjahr nicht überschritten haben. Invalide dürfen auch nach vollendetem vierzigsten Lebensjahre zum Dienste als Wächter, Pförtner, Bahnsteigschaffner und Schrankenwärter zugelassen werden, ebenso Frauen nach vollendetem vierzigsten Lebensjahre zum Dienste als Schrankenwärter und Haltepunktwärter.

Fachwissenschaftlich gebildeten Maschinentechnikern kann die Ausübung des Heizerdienstes vor vollendetem einundzwanzigsten Lebensjahre gestattet werden.

Sonstige Ausnahmen sind nur mit Genehmigung der Landesaufsichtsbehörde[*]) zulässig.

2.[*]) Die Beamten müssen unbescholten sein; sie müssen die zur Wahrnehmung ihres Dienstes nötige körperliche Rüstigkeit und Gewandtheit und ein ausreichendes Hör-, Seh- und Farbenunterscheidungsvermögen besitzen[6]).

---

[*]) Auch in regelmäßiger Wiederkehr (Begr.).
[b]) E. 13. April 87, 25. März 96 u. 5. Aug. 98 (EBB. 223, 163 u. 199) betr. Untersuchung des Hör-, Seh- u. Farbenunterscheidungsvermögens, E. 27. Feb. 06 (EBB. 60) betr. Untersuchung des Farbensinns.

3. Die Beamten müssen in deutschen und lateinischen Buchstaben Gedrucktes und Geschriebenes lesen, deutsch leserlich schreiben und in dem für ihren Dienst erforderlichen Umfang in den vier Grundarten rechnen können.

4. Die Beamten müssen Fertigkeit im Gebrauche des Fernsprechers besitzen.

5. Jeder Beamte muß die schriftlichen oder gedruckten Anweisungen über seine dienstlichen Obliegenheiten und die seiner Untergebenen kennen.

6. Jeder Eisenbahn-Betriebs- und -Polizeibeamte muß die Eisenbahn-Bau- und Betriebsordnung, die Eisenbahn-Signalordnung mit den für den Bahnbezirk erlassenen Ausführungsbestimmungen, die Eisenbahn-Verkehrsordnung mit ihren Ausführungsbestimmungen und die Militär-Eisenbahn-Ordnung kennen, soweit diese Ordnungen seinen eigenen Dienstkreis und den seiner Untergebenen berühren.

C. Besondere Erfordernisse.

1. Wächter.

Kenntnis der Vorschriften über das Verhalten bei Feuersgefahr und außergewöhnlichen Ereignissen.

2. Pförtner (Stationsdiener) und Bahnsteigschaffner.

(1) Fähigkeit, über einen dienstlichen Vorgang eine verständliche schriftliche Anzeige zu erstatten.

(2) Kenntnis der Eisenbahngeographie des eigenen Bahnbezirkes und der Nachbarbezirke, soweit sie für den Dienst des Pförtners oder Bahnsteigschaffners in Betracht kommt.

(3) Kenntnis des Fahrplans der die Station berührenden Züge mit Personenbeförderung und ihrer Anschlüsse.

(4) Kenntnis der Fahrtausweise und der Ausweise für das Betreten der Bahnsteige.

3. Bremser.

(1) Kenntnis der Wagengattungen und der einzelnen Teile der Wagen, insbesondere der Kuppelungs-, Brems-, Schmier- und Türverschluß-Vorrichtungen und ihrer Behandlungsweise.

(2) Kenntnis der Eigentumsmerkmale der eigenen und der fremden Wagen.

(3) Kenntnis der Vorschriften für den Rangierdienst.

(4) Kenntnis der Vorschriften über das Verhalten bei Unfällen.

(5) Kenntnis der Vorschriften für den Fahrdienst, soweit sie den Dienstkreis des Bremsers berühren.

(6) Kenntnis der Dienstanweisungen für Schaffner, Bahnwärter und Weichensteller, soweit sie den Dienstkreis des Bremsers berühren.

(7)
a) Dreimonatige Beschäftigung im Dienste eines Stations-, Rangier- oder Werkstättenarbeiters oder sechsmonatige Beschäftigung bei der Bahnunterhaltung,

b) zehntägige Ausbildung in einer Werkstatte in den für den Bremserdienst in Betracht kommenden Arbeiten und vierzehntägige Probezeit im Bremserdienste.

Bem. zu (7) a). Militäranwärter sind nur im Dienste eines Rangierarbeiters zu beschäftigen.

4. Wagenwärter.

(1) Fähigkeit, über einen dienstlichen Vorgang eine verständliche schriftliche Anzeige zu erstatten.

(2) Kenntnis der Wagengattungen und der einzelnen Teile der Wagen, insbesondere der Kuppelungs-, Schmier- und Türverschluß-Vorrichtungen, der Achslager, der Heizungs- und Beleuchtungseinrichtungen, der Handbremsen und der im Bahnbezirke vorkommenden durchgehenden Bremsen und der Behandlung dieser Einrichtungen.

(3) Kenntnis der Eigentumsmerkmale der eigenen und der fremden Wagen.

(4) Fähigkeit, die an den Wagen während des Betriebs vorkommenden kleinen Schäden zu beseitigen.

(5) Kenntnis der Vorschriften über das Reinigen, Heizen und Beleuchten der Wagen.

(6) Kenntnis der Vorschriften für den Rangierdienst.

(7) Kenntnis bei Vorschriften über das Verhalten bei Unfällen.

(8) Kenntnis der Vorschriften für den Fahrdienst, soweit sie den Dienstkreis des Wagenwärters berühren.

(9) Kenntnis der Dienstanweisungen für Bremser, Schaffner, Bahnwärter und Weichensteller, soweit sie den Dienstkreis des Wagenwärters berühren.

(10) Fünfmonatige Beschäftigung im Schlosser=, Schmiede=, Tischler= oder Stellmacherhandwerk in einer Wagenwerkstätte und vierzehntägige Probezeit im Bremserdienste.

5. Schaffner.

(1) bis (4) Die unter 3 Ziffer (1) bis (4) bezeichneten Erfordernisse.

(5) Fähigkeit, über einen dienstlichen Vorgang eine verständliche schriftliche Anzeige zu erstatten.

(6) Kenntnis der Eisenbahngeographie des eigenen Bahnbezirkes und der Nachbarbezirke, soweit sie für den Dienst des Schaffners in Betracht kommt.

(7) Kenntnis des Fahrplans der für die Beförderung von Personen bestimmten Züge des eigenen Bahnbezirkes und ihrer Anschlüsse.

(8) Kenntnis der Fahrtausweise und der Ausweise für das Betreten der Bahnsteige.

(9) Fertigkeit im Gebrauche der im Bahnbezirke vorhandenen Vorrichtungen zum Herbeirufen von Hilfe.

(10) Kenntnis der Heizungs= und Beleuchtungseinrichtungen in den Zügen.

(11) Kenntnis der Vorschriften für den Fahrdienst, soweit sie den Dienstkreis des Schaffners berühren.

(12) Kenntnis der Dienstanweisungen für Bremser, Wagenwärter, Zugführer, Bahnwärter, Weichensteller und Lokomotivführer, soweit sie den Dienstkreis des Schaffners berühren.

(13) Dreimonatige Probezeit im Schaffnerdienst und zehntägige Ausbildung in einer Werkstätte in den für den Schaffnerdienst in Betracht kommenden Arbeiten.

Die dreimonatige Probezeit im Schaffnerdienste kann auf eine dreiwöchige ermäßigt werden, wenn eine sechsmonatige Beschäftigung bei der Bahnunterhaltung oder eine dreimonatige im Dienste eines Stations=, Rangier= oder Werkstätten= arbeiters vorausgegangen ist.

Für die zum Bremser= oder Wagenwärterdienst ausgebildeten Anwärter bleibt die Festsetzung einer weiteren Probezeit der Landesaufsichtsbehörde[3]) überlassen.

6. Zugführer.

(1) bis (10) Die unter 3 Ziffer (1) bis (4) und 5 Ziffer (5) bis (10) bezeichneten Erfordernisse.

(11) Allgemeine Kenntnis der Organisation der eigenen Eisenbahnverwaltung.

(12) Kenntnis des Zweckes und der Wirkungsweise der Sicherungseinrichtungen für den Zugverkehr.

(13) Kenntnis der Vorschriften über die Führung der Fahrberichte.

(14) Kenntnis der Vorschriften für den Fahrdienst, soweit sie den Dienstkreis des Zugführers berühren.

(15) Kenntnis der Vorschriften über die Benutzung der Wagen.

(16) Kenntnis der Dienstanweisungen für Bahnwärter, Weichensteller, Vorsteher und Aufseher der Stationen, Heizer, Lokomotivführer und Wagenmeister, soweit sie den Dienstkreis des Zugführers berühren.

(17) Neunmonatige Beschäftigung im Schaffnerdienste nach Darlegung der Befähigung zum Schaffner und dreimonatige Probezeit im Zugführerdienste, wovon mindestens zwei Monate auf den Dienst bei Personenzügen entfallen müssen.

Bem. Beamten, die die Befähigung als Vorsteher eines Bahnhofs — C 15, 16 und 17 — oder als Bahnmeister besitzen, darf der Dienst eines Zugführers, Schaffners oder Bremsers übertragen werden, auch wenn sie die vorgeschriebenen Erfordernisse nicht erfüllt haben.

7. Rangiermeister (Schirrmeister).

(1) bis (3) Die unter 3 Ziffer (1) bis (3) bezeichneten Erfordernisse.

(4) Fähigkeit über einen dienstlichen Vorgang eine verständliche schriftliche Anzeige zu erstatten.

(5) Fertigkeit im Zusammensetzen der Züge.

(6) Kenntnis der Vorschriften über die Beseitigung von Ansteckungsstoffen.

(7) Kenntnis der Vorschriften für den Fahrdienst, soweit sie den Dienstkreis des Rangiermeisters berühren.

(8) Kenntnis der Dienstanweisungen für Bremser, Schaffner, Zugführer, Bahnwärter, Weichensteller, Vorsteher und Aufseher der Stationen, Lokomotivführer und Wagenmeister, soweit sie den Dienstkreis des Rangiermeisters berühren.

(9) Sechsmonatige Beschäftigung im Rangierdienste.

> Bem. Beamte, die die Befähigung als Fahrdienstleiter, Vorsteher oder Aufseher eines Bahnhofs — C 14, 15, 16 und 17 — besitzen, können die Verrichtungen des Rangiermeisters wahrnehmen, auch wenn sie die Anforderung an die praktische Ausbildung — Ziffer 9 — nicht erfüllt haben. Bei einfachen Verhältnissen können die Verrichtungen des Rangiermeisters auch dem Zugführer übertragen werden.

8. Schrankenwärter.

(1) Kenntnis der auf unfahrbaren Gleisstrecken zu treffenden Sicherheits= vorkehrungen.

(2) Kenntnis der Vorschriften über das Verhalten bei Unfällen.

(3) Kenntnis der Handhabung der Läutewerke.

> Bem. Diese Bestimmungen gelten auch für die im Schrankendienste beschäftigten Frauen.

9. Bahnwärter.

(1) Kenntnis aller bei der Unterhaltung des Oberbaues und der Weichen vor= kommenden Arbeiten und der dazu erforderlichen Stoffe, Geräte und ihrer Verwendung.

(2) Kenntnis der in dem Dienstbezirke vorkommenden Arten von Schranken und ihrer Bedienung.

(3) Kenntnis des Zweckes und der Bedienung der Signaleinrichtungen und der Handhabung der Läutewerke.

(4) Fertigkeit im Gebrauche der Vorrichtungen zum Herbeirufen von Hilfe, wenn sie im Dienstbezirke vorhanden sind.

(5) Kenntnis der Vorschriften über die auf unfahrbaren Gleisstrecken zu treffenden Sicherheitsvorkehrungen.

(6) Kenntnis der Vorschriften über das Verhalten bei Unfällen.

(7) Kenntnis der Vorschriften über die Benutzung der Klein= und Arbeitswagen.

(8) Kenntnis der Vorschriften über die Beaufsichtigung und Unterhaltung der Telegraphenleitungen.

(9) Kenntnis der Dienstanweisung für Schrankenwärter.

(10) Kenntnis der Vorschriften für den Fahrdienst, soweit sie den Dienstkreis des Bahnwärters berühren.

(11) a) Dreimonatige Beschäftigung bei der Unterhaltung und Erneuerung des Oberbaues und dreimonatige Beschäftigung im Bahnbewachungs= und Signaldienst einer im Betriebe befindlichen Bahn oder

b) neunmonatige Beschäftigung beim Eisenbahnneubau, wenn der An= wärter sich hierbei mit sämtlichen zum Legen des Oberbaues und der Weichen erforderlichen Arbeiten vertraut gemacht hat, auch während dieser Zeit etwa drei Monate bei dem für Arbeits= und andere Züge eingerichteten Bahnbewachungs= und Signaldienste tätig gewesen ist.

10. Rottenführer.

(1) bis (9) Die unter 9 Ziffer (1) bis (9) bezeichneten Erfordernisse.

(10) Fähigkeit, über einen dienstlichen Vorgang eine verständliche schriftliche Anzeige zu erstatten.

(11) Kenntnis der Vorschriften für den Fahrdienst, soweit sie den Dienstkreis des Rottenführers berühren.

(12) Einjährige Beschäftigung bei der Unterhaltung des Oberbaues einer im Betriebe befindlichen Bahn.

11. Weichensteller.

(1) bis (9) Die unter 9 Ziffer (1) bis (9) bezeichneten Erfordernisse.

(10) Fähigkeit, über einen dienstlichen Vorgang eine verständliche schriftliche Anzeige zu erstatten.

(11) Kenntnis der in dem Bahnbezirke vorkommenden Weichen, Drehscheiben, Schiebebühnen, Brückenwagen, Wasserkrane und ihrer Bedienung.

(12) Kenntnis der Vorschriften für den Rangierdienst.

(13) Kenntnis der Vorschriften für den Fahrdienst, soweit sie den Dienstkreis des Weichenstellers berühren.

(14) Die unter 9 Ziffer (11) a oder b vorgeschriebene Probezeit mit der Maßgabe, daß an Stelle der dreimonatigen Beschäftigung im Bahnbewachungs- und Signaldienst eine dreimonatige Beschäftigung im Weichensteller-, Bahnbewachungs- und Signaldienste tritt.

12. Blockwärter.

(1) Fähigkeit, über einen dienstlichen Vorgang eine verständliche schriftliche Anzeige zu erstatten.

(2) Kenntnis des Zweckes und der Bedienung der Signaleinrichtungen einschließlich der Handhabung der Läutewerke.

(3) Fertigkeit im Gebrauche der Block- und Telegrapheneinrichtungen, mit denen die Blockstelle ausgerüstet ist. Kenntnis der Behandlung dieser Einrichtungen, der zugehörigen Leitungen und des Verfahrens bei Störungen.

(4) Kenntnis der Vorschriften über die auf unfahrbaren Gleisstrecken zu treffenden Sicherheitsvorkehrungen.

(5) Kenntnis der Vorschriften über das Verhalten bei Unfällen.

(6) Kenntnis der Vorschriften für den Fahrdienst, soweit sie den Dienstkreis des Blockwärters berühren.

(7) Kenntnis der Vorschriften über die Benutzung der Klein- und Arbeitswagen.

(8) a) Die unter 9 Ziffer (11) a oder b für Bahnwärter oder unter 11 Ziffer (14) für Weichensteller vorgeschriebene Probezeit mit der Maßgabe, daß hiervon wenigstens vierzehn Tage auf den Dienst auf einer Blockstelle entfallen; oder

b) sechsmonatige Beschäftigung im Weichensteller-, Signal- oder sonstigen Bahnhofdienste mit der Maßgabe, daß hiervon wenigstens vierzehn Tage auf den Dienst auf einer Blockstelle entfallen.

13. Haltepunktwärter.

(1) Fähigkeit, über einen dienstlichen Vorgang eine verständliche schriftliche Anzeige zu erstatten.

(2) Kenntnis der auf unfahrbaren Gleisstrecken zu treffenden Sicherheitsvorkehrungen.

(3) Kenntnis der Vorschriften über das Verhalten bei Unfällen.

(4) Kenntnis der Vorschriften für den Fahrdienst, soweit sie den Dienstkreis des Haltepunktwärters berühren.

(5) Kenntnis der Dienstanweisungen für Bahnwärter, Weichensteller und Zugführer, soweit sie den Dienstkreis des Haltepunktwärters berühren.

(6) Sechsmonatige Beschäftigung im Bahnbewachungs-, Weichensteller- oder sonstigen Bahnhofdienste.

14. Fahrdienstleiter[6]) auf Bahnhöfen.

(1) Fähigkeit, über einen dienstlichen Vorgang eine verständliche schriftliche Anzeige zu erstatten.

_____

[6]) BO. § 51 (1).

(2) Allgemeine Kenntnis des Oberbaues der in dem Dienstbezirke vorkommenden Weichen, Weichensicherungseinrichtungen, Drehscheiben, Schiebebühnen, Brückenwagen, Last- und Wasserkrane und ihrer Bedienung.

(3) Kenntnis und Fertigkeit in der Bedienung der Signaleinrichtungen und der sonstigen zur Sicherung des Betriebs im Dienstbezirke vorhandenen mechanischen und elektrischen Einrichtungen. Kenntnis der Behandlung der elektrischen Apparate, der zugehörigen Leitungen und des Verfahrens bei Störungen.

(4) Fähigkeit, dienstliche Telegramme zu geben und zu lesen.

(5) Kenntnis der Vorschriften über die auf unfahrbaren Gleisstrecken zu treffenden Sicherheitsvorkehrungen.

(6) Kenntnis der Vorschriften über das Verhalten bei Unfällen, Betriebsstörungen und außergewöhnlichen Ereignissen.

(7) Kenntnis der Vorschriften für den Rangierdienst und Fertigkeit im Zusammensetzen der Züge.

(8) Kenntnis der Vorschriften für den Fahrdienst, soweit sie den eigenen Dienstkreis berühren.

(9) Kenntnis der Dienstanweisungen für Bremser, Schaffner, Zugführer, Rangiermeister, Schrankenwärter, Bahnwärter, Weichensteller, Blockwärter, Vorsteher und Aufseher der Stationen und Lokomotivführer, soweit sie den Dienst auf Bahnhöfen berühren.

(10) a) Dreimonatige Beschäftigung im äußeren Bahnhofdienste bei der Fahrdienstleitung, nachdem die Befähigung zum Weichensteller nachgewiesen ist, oder

b) einjährige Beschäftigung im Bahnhofdienste, davon mindestens oder Monate im äußeren Bahnhofdienste bei der Fahrdienstleitung.

15. Vorsteher oder Aufseher kleinerer Bahnhöfe[7]).

(1) bis (9) Die unter 14 Ziffer (1) bis (9) bezeichneten Erfordernisse.

(10) Allgemeine Kenntnis der Organisation der eigenen Eisenbahnverwaltung.

(11) Kenntnis der Eisenbahngeographie des eigenen Bahnbezirkes und der Nachbarbezirke, soweit sie für den Dienst des Vorstehers eines kleineren Bahnhofs in Betracht kommt.

(12) Kenntnis der Eigentumsmerkmale der eigenen und der fremden Wagen sowie der Vorschriften über die Benutzung und Meldung der fremden Wagen.

(13) Kenntnis der Vorschriften über die Beseitigung von Ansteckungsstoffen.

(14) Sechsmonatige Beschäftigung im Bahnhofdienste nach abgelegter Prüfung zum Weichensteller, davon mindestens drei Monate im äußeren Bahnhofdienste bei der Fahrdienstleitung.

Bem. Beamte, die die Befähigung für die Stelle des Vorstehers eines mittleren oder größeren Bahnhofs — C 16 und 17 — besitzen, können den Dienst des Vorstehers oder Aufsehers eines kleineren Bahnhofs selbständig wahrnehmen, auch wenn sie die Anforderungen an die praktische Ausbildung — Ziffer (14) — nicht erfüllt haben.

16. Vorsteher mittlerer Bahnhöfe[8]).

(1) Fähigkeit, einen dienstlichen Vorgang in angemessener Form schriftlich darzustellen.

(2) bis (9) Die unter 14 Ziffer (2) bis (9) bezeichneten Erfordernisse.

(10) Kenntnis der Eisenbahngeographie Deutschlands und der benachbarten Länder.

(11) Kenntnis der Organisation der eigenen Eisenbahnverwaltung und der allgemeinen Vorschriften für ihre Beamten.

(12) Allgemeine Kenntnis der Eisenbahnfahrzeuge. Kenntnis der Eigentumsmerkmale der eigenen und der fremden Wagen sowie der Vorschriften über die Benutzung und Meldung der fremden Wagen.

(13) Kenntnis der Vorschriften über die Beseitigung von Ansteckungsstoffen.

---

[7]) Früher Haltestellenaufseher. | [8]) Früher Stationsaufseher.

(14) Einjährige Beschäftigung im Bahnhofdienste, davon mindestens vier Monate im äußeren Bahnhofdienste bei der Fahrdienstleitung.

17. Vorsteher größerer Bahnhöfe.

(1) bis (13) Die unter 16 Ziffer (1) bis (13) bezeichneten Erfordernisse.

(14) Kenntnis der Verhältnisse der Eisenbahn zur Post=, Telegraphen= und Zollverwaltung.

(15) Zweijährige selbständige Beschäftigung im äußeren Bahnhofdienst auf einem mittleren oder größeren Bahnhofe, davon mindestens sechs Monate als Fahrdienstleiter.

18. Lokomotivheizer.

(1) Kenntnis der Einrichtungen für das Feuern, Speisen, Schmieren und Bremsen der Lokomotiven und Tender.

(2) Fähigkeit, eine fahrende Lokomotive zum Halten zu bringen.

(3) Halbjährige Beschäftigung im Eisenbahndienste.

> Bem. Auf fachwissenschaftlich gebildete Maschinentechniker findet die Vorschrift unter Ziffer (3) keine Anwendung.

19. Lokomotivführer.

(1) Fähigkeit, über einen dienstlichen Vorgang eine verständliche schriftliche Anzeige zu erstatten.

(2) Allgemeine Kenntnis der Eigenschaften und der Behandlung der beim Maschinenbau und im Lokomotivdienste zur Verwendung kommenden Stoffe.

(3) Kenntnis der Lokomotive, ihrer einzelnen Teile und ihrer Behandlung.

(4) Kenntnis der Einrichtung und Handhabung der im Dienstbezirke vor= kommenden Bremsvorrichtungen.

(5) Kenntnis der zu befahrenden Strecken.

(6) Kenntnis der Vorschriften über das Verhalten bei Unfällen, Betriebs= störungen und außergewöhnlichen Ereignissen.

(7) Kenntnis der Vorschriften für den Rangierdienst.

(8) Kenntnis der Vorschriften für den Fahrdienst, soweit sie den Dienstkreis des Lokomotivführers berühren.

(9) Kenntnis der Dienstanweisungen für Bremser, Wagenwärter, Schaffner, Zugführer, Schrankenwärter, Bahnwärter, Weichensteller, Blockwärter, Vorsteher und Aufseher der Stationen, soweit sie den Dienstkreis des Lokomotivführers be= rühren.

(10) Einjährige Beschäftigung als Handwerker in einer Maschinen= oder Schlosserwerkstätte und einjährige Beschäftigung als Lokomotivheizer.

> Bem. Diese Bestimmungen gelten für die Führer von Dampflokomotiven. Die Festsetzung der von den Führern anderer (elektrischer) Lokomotiven zu erfüllenden Erfordernisse bleibt den Landesaufsichtsbehörden[3]) überlassen.

20. Bahnmeister.

(1) Fähigkeit, einen dienstlichen Vorgang in angemessener Form schriftlich darzustellen.

(2) Kenntnis der Berechnung geradliniger ebener Figuren, des Kreises und seiner Teile, des Inhalts und der Oberfläche einfacher ebenflächiger Körper, des Zylinders, des Kegels und der Kugel — ohne Beweisführung —, der Gewölbe und Gewölbflächen und der bei Bauausführungen vorkommenden regelmäßigen Körper nach gegebenen Maßen.

(3) Fähigkeit, Handskizzen, einfache Zeichnungen und Entwürfe mit Massen= und Kostenberechnungen anzufertigen.

(4) Fähigkeit, einfache Flächen= und Höhenmessungen auszuführen und auf= zuzeichnen, und einfache Absteckungen vorzunehmen.

(5) Kenntnis der gebräuchlichsten Baustoffe für Maurer= und Zimmerarbeiten, der Mörtelbereitung und der gewöhnlichen Stein= und Holzverbände.

(6) Kenntnis der Anordnung und Unterhaltung des Eisenbahn-Unter- und Oberbaues und der dazu erforderlichen Stoffe und Geräte.

(7) Kenntnis der Einrichtung, der Bedienung und der Unterhaltung der im Dienstbezirke vorhandenen Signal- und Weichensicherungsanlagen.

(8) Kenntnis der Einrichtung des elektrischen Telegraphen und der im Bahnbezirke vorhandenen Vorrichtungen zum Herbeirufen von Hilfe.

(9) Kenntnis der Organisation der eigenen Eisenbahnverwaltung und der allgemeinen Vorschriften für ihre Beamten.

(10) Kenntnis der Vorschriften über die Beaufsichtigung und Unterhaltung der Telegraphenleitungen.

(11) Kenntnis der Vorschriften über die Führung der Arbeitszüge und über die Benutzung der Klein- und Arbeitswagen.

(12) Kenntnis der Vorschriften über das Verhalten bei Unfällen, Betriebsstörungen und außergewöhnlichen Ereignissen.

(13) Kenntnis der Vorschriften für den Fahrdienst, soweit sie den Dienstkreis des Bahnmeisters berühren.

(14) Kenntnis der Dienstanweisungen für Weichensteller, Zugführer, Vorsteher und Aufseher der Stationen.

(15) Einjährige Beschäftigung beim Bau oder bei der Unterhaltung des Oberbaues einer Bahn. Davon können drei Monate im technischen Bureaudienste zurückgelegt werden.

Zu § 461 Nr. 5. In Bayern ist eine Signalordnung für die Eisenbahnen Bayerns eingeführt durch Bek. 10 Dez. 99 (Bes. u. Verordnbl. 887).

Zu § 468 Anm. 2. Das U. RGer. 20. März 05, demzufolge das BGB einen neuen erweiterten Begriff der „unerlaubten Handlung" aufgestellt hat, die Haftung aus Haftpflichtgesetz § 1 unter diesen Begriff fällt und deshalb für Klagen aus § 1 a. a. O. der Gerichtsstand des § 32 CPO. gegeben ist, wird in Arch. 05 S. 1475 und in Entsch. LX 301 im Wortlaut abgedruckt.

Zu § 469 Anm. 3b. Haftung der Eis. für Schaden, den aus dem Zuge geworfene Gegenstände anrichten RGer. 15. Mai 05 (Arch. 06 S. 209).

Zu § 474 Anm. 9. Verpflichtung des Verletzten, sich ärztlicher Behandlung, u. U. in einer geschlossenen Heilanstalt, zu unterziehen RGer. 13. Feb. 05 (Arch. 06 S. 203).

Zu § 525. Eine Neubearbeitung der Verkehrsordnung ist im Gange; zum 1. April 06 treten einige Änderungen der deutschen Tarife (Teile I) in Kraft.

Zu § 530 Anm. 18. E. 30. Okt. 05 (EVB. 286) betr. Änderung der Dienstgut-BeförderungsO.

Zu § 617. Am 1. Okt. 06 soll ein neues Übereinkommen über die Zulassung von Privatwagen (mit Bedingungen über die Einstellung von Privatwagen u. Dienstvorschrift für die Behandlung von Privatwagen) — Kundmachung 19 des EisVerkehrsverbandes — in Kraft treten.

Zu § 620 u. § 657 (Anm. 148). Die Delegierten zur zweiten Revisionskonferenz haben laut Schlußprotokoll vom 18. Juli 1905 Änderungen der Art. 5—7, 10, 12, 13, 15—18, 24, 40, 45 und 59 des Internationalen Übereinkommens, ferner des Art. 2 des Reglements betr. Errichtung eines Zentralamts, der § 1—3 und 6—9 der Ausführungsbestimmungen, sowie der Anlagen 1, 2 und 4 vereinbart.

Zu Seite 662. (Preußisches) Gesetz, betr. die Bekämpfung übertragbarer Krankheiten. Vom 28. Aug. 05 (GS. 373). In Kraft gesetzt zum 20. Okt. 05 durch V. 10. Okt. 05 (GS. 387).

Abschn. 1 (§ 1—5). Anzeigepflicht (ausgedehnt u. a. auf Diphtherie, Genickstarre, Kinderbettfieber, Ruhr, Scharlach, Tollwut, Typhus).

Abschn. 2 (§ 6. 7). Ermittlung der Krankheit.

Abschn. 3 (§ 8—11). Schutzmaßregeln.

§ 10. Die Verkehrsbeschränkungen aus den §§ 24 und 25 des Reichsgesetzes, betr. die Bekämpfung gemeingefährlicher Krankheiten, finden auf Körnerkrankheit,

Rückfallfieber und Typhus mit der Maßgabe entsprechende Anwendung, daß das Staatsministerium ermächtigt ist, Vorschriften über die zu treffenden Maßnahmen zu beschließen und zu bestimmen, wann und in welchem Umfange dieselben in Vollzug zu setzen sind.

Abschn. 4 (§ 12, 13). Verfahren und Behörden.

§ 12. Die in dem Reichsgesetze, betr. die Bekämpfung gemeingefährlicher Krankheiten, und in dem gegenwärtigen Gesetze den Polizeibehörden überwiesenen Obliegenheiten werden, soweit das gegenwärtige Gesetz nicht ein anderes bestimmt, von den Ortspolizeibehörden wahrgenommen. Der Landrat ist befugt, die Amtsverrichtungen der Ortspolizeibehörden für den einzelnen Fall einer übertragbaren Krankheit zu übernehmen.

Die Zuständigkeit der Landespolizeibehörden auf dem Gebiete der Seuchenbekämpfung wird durch die Bestimmungen des Abs. 1 nicht berührt.

Gegen die Anordnungen der Landespolizeibehörde finden die durch das LVG. gegebenen Rechtsmittel statt.

Die Anfechtung der Anordnungen hat keine aufschiebende Wirkung.

§ 13 Abs. 1. Beamtete Ärzte im Sinne . . (des RG. u. des gegenwärt. G.) sind die Kreisärzte, die Kreisassistenzärzte . ., sowie die Stadtärzte in Stadtkreisen (und) . . . . die als Kommissare . . (höherer Behörden) an Ort und Stelle entsandten Medizinalbeamten.

Abschn. 5 (§ 14—24). Entschädigungen.

Abschn. 6 (§ 25—33). Kosten.

Abschn. 7 (§ 34—36). Strafvorschriften.

Abschn. 8 (§ 37, 38). Schlußbestimmungen.

Zu §. 684 u. 720. Bek. 16. Feb. 06 (RGB. 141) betr. Ergänzung des Militärtarifs (Einfügung einer Ziff. 4, Kraftwagen betr., in die besond. Best. zu III.) u. der MTrO. (Anl. V u. VI).

Zu §. 760 Anm. 1. Auch an Privatanschlußbahnen können Telegraphenanlagen ohne Genehmigung der Postverwaltung errichtet und betrieben werden, wenn diese Anlagen nach dem Ermessen der Eisenbahn-Aufsichtsbehörde für den Betrieb und die Sicherheit der anschließenden Eisenbahnen erforderlich sind; die Anlagen dürfen nur zum Austausch von Mitteilungen über den Bahnbetrieb und das beförderte Gut benutzt werden E. 10. Okt. 05 (ERB. 359).

Zu §. 807 Anm. 11. Mit Drucks. 33 für 1905/06 ist dem Reichstag der Entwurf einer Maß- und Gewichtsordnung vorgelegt worden, demzufolge u. a. alle Meßgeräte, deren sich die Eisenbahnen dem Publikum gegenüber zur Ermittlung der Höhe von Gebühren bedienen, der Eichpflicht unterliegen sollen.

Zu §. 824. Nach G. wegen Abänderung des G. betr. die Statistik des Warenverkehrs 7. Feb. 06 (RGB. 104) soll u. a. künftig die Statistik den größten Teil der Zollausschlüsse mitumfassen und das Verfahren zur Feststellung des Warenwerts umgestaltet werden; die eisenbahnrechtl. Best. des G. 20. Juli 79 sind im wesentl. unverändert geblieben. Neufassung des G. als „Gesetz, betr. die Statistik des Warenverkehrs mit dem Auslande": Bek. 7. Feb. 06 (RGB. 108); hierzu Ausführungsbest. u. Dienstvorschr.: Bek. 9. Feb. 06 (EB. 137).

Zu §. 830 ff. Der Zusatzvtr. zum Handelsvertrag mit Österreich-Ungarn (nebst dem Viehseuchenübereink.) ist in RGB. 06 S. 143 veröffentlicht; E. 3. März 06 (ERB. 62) betr. Viehsübereink. mit Ö.-U. u. Vieheinfuhr aus Dänemark.

Verzeichnis der aufgenommenen Bestimmungen.

(Im Wortlaut aufgenommene Bestimmungen sind gesperrt gedruckt; die Zahlen bezeichnen die Seiten, die eingeklammerten die Anmerkungen. Unter „Nachtrag" wird der Abschnitt „Nachträge und Berichtigungen" (S. 842 ff.) verstanden, hier gibt die zugehörige Zahl diejenige Seite des Haupttextes an, auf die sich der Nachtrag bezieht.)

---

[1]) Nicht aufgenommen sind Vorschr., die nur beiläufig erwähnt werden.

1895.

AusfAnw. 10. Jan. Ziff. 17 — — 160 (18); Ziff. 47, 48 — 164 (32); Ziff. 52 — 167 (42).

E. 17. Jan. — 157 (7).

„ 31. Jan. — 177 (2).

„ 11. Feb. — 8 (2 d).

Bek. 18. Feb. — 276.

Bek. u. E. 2. März — 212.

AV. 4. März — 232 (1).

DA. 12. März — 157 (7).

Bek. 18. März — 261.

E. 31. März — 324 (26).

„ 5. April — 9 (2 d).

„ 5. „ — 331 (26).

„ 19. „ — 169 (46).

„ 22. „ — 75 (47).

„ 22. „ — 541 (45).

„ 25. „ — 78 (57).

„ 30. „ — 308 (26).

„ 11. Mai — 387.

„ 23. Mai — 757 (6).

AE. 1. Juni — 289.

E. 7. „ — 113.

RG. 9. „ — 794 (34).

E. 16. „ — 171 (5), 210 (4).

„ 22. Juni — 289.

G. 25. Juni — 362 (175).

Bek. 27. Juni (Ausz.) — 676.

E. 29. Juni — 42 (69), 69 (28).

„ 3. Juli — 750 (2).

Bek. 4. Juli — 808 (12).

E. 4. Juli — 542 (48).

Zusatzvereinbar. 16. Juli — 504, 620 (1 b), 623 (12, 15); Vollzieh.-Prot. (Ausz.) — 661.

E. 21. Juli — 750 (2).

G. 30. Juli — 310 (37).

StempelG. 31. Juli (Ausz.) — 317.

E. 31. Juli — 72 (38).

BahnpfandG. 19. Aug. — 125 ff.; § 20 bis 26 — 151.

E. 24. Sept. — 448 (67).

„ 26. „ — 257 (9).

„ 8. Okt. — 210 (4).

„ 10. „ — 212 (1).

E. 12. Okt. — 531 (21).

„ 4. Dez. — 447 (61).

„ 14. „ — 167 (41).

„ 18. „ — 156 (4).

„ 19. „ — 157 (8).

1896.

E. 13. Jan. — 66 (16).

„ 18. „ — 8 (2 a).

„ 30. „ — 675 (6).

„ 2. März — 541 (45).

„ 4. „ — 26 (20).

„ 4. „ — 448 (66).

„ 20. „ — 622 (6).

„ 25. „ — 290.

„ 25. „ — 461 (Nachtr.).

„ 14. April — 210 (4).

„ 15. „ — 24 (11), 115, 214 (2).

„ 17. „ — 66 (13).

„ 11. Mai — 492 (6).

„ 18. „ — 446 (57).

„ 22. „ — 158 (11).

„ 27. „ — 26 (15), 209 (1), 211 (10), 214 (4).

Vtr. m. Hessen 23. Juni — 185.

Schlußprot. 23. Juni — 192 (8, 9), 195 ff.

Vtr. 8./9. Juli — 184.

E. 21. Juli — 318 (6).

[1] BGB. 18. Aug. § 31 — 175; § 89[1] — 175; § 164[1], 166[1] — 174; § 254[1] — 474 (9), 35 (50), 473 (9); § 276 — 473 (9); § 278[1] — 175, 35 (50), 537 (34); § 313 — 342 (77); § 616 — 254 (6); § 760 — 479 (25); § 807 — 534 (27); § 823 bis 853 — 468 (2); § 823 — 175; 29 (29 e), 56, 106 (2), 470 (6), 473 (9); § 827 fg. — 473 (9); § 831 — 175, 56, 537 (34); § 832 — 473 (9); § 843 — 479 (25); § 847 — 476 (20); § 868 — 514 (21); § 873 — 343 (77 b); § 903 — 35 (49); § 906 — 34 (49 d), 70 (29); § 907 — 58; § 925 — 343 (77 b); § 978 bis 982 — 608;

Bek. 13. April — 685 (7), 692 (10), 694 fg. (13, 14), 698 (19), 700 (20).
Bayer. Bek. 13. April — 410 (Nachtr.).
Bek. 17. April — 729 (e).
E. 18. April — 422 (23 e).
„ 1. Mai — 10.
„ 9. Mai — 94 (12 a).
„ 9. „ — 328 (7).
RG. 5. Juni (Ausz.) — 486 (8).
E. 6. Juni — 446 (56).
„ 9. „ — 448 (65).
„ 10. „ — 76 (47).
„ 10. „ — 259 (3).
B. 21. „ — 280 (Nachtr.).
E. 29. „ — 27 u. 75 (Nachtr.).
„ 30. „ — 221 (1).
B. 5. Juli — 232 (1).
G. 8. Juli — 8 (Nachtr.).
E. 14. Juli — 9 (Nachtr.).
Schlußprot. 18. Juli — 620 (Nachtr.).
E. 18. Juli — 9 (Nachtr.).
AB. 22. Juli — 227 (Nachtr.).
E. 25. Juli — 9 (Nachtr.).
„ 9. Aug. — 530 (18).
„ 10. „ — 34 (Nachtr.).
„ 12. Aug. — 9 (Nachtr.).
G. 16. „ — 25 („).
E. 16. „ — 227 („).
„ 17. „ — 169 („).
„ 21. „ — 430 („).
„ 22. „ — 750 (1).
„ 23. „ — 83 (Nachtr.).

G. 28. Aug. — 662 (Nachtr.).
Abkommen 2. Sept. — 268 (Nachtr.).
E. 23. Sept. — 287 (Nachtr.).
WegeO. 27. Sept. — 57 (Nachtr.).
Bek. 27. Sept. — 168 (Nachtr.).
E. 1. Okt. — 807 (11).
„ 3. „ — 337 (Nachtr.).
„ 6. „ — 224 („).
B. 10. „ — 662 („).
E. 10. „ — 760 („).
„ 11. „ — 306 („).
„ 18. „ — 227 („), 280 (Nachtr.).
„ 21. Okt. — 270 („).
Bek. 23. Okt. — 210 („).
E. 30. Okt. — 530 („).
„ 8. Nov. — 8 („).
Hess. B. 25. Nov. — 215 (Nachtr.).
E. 7. Dez. — 9 (Nachtr.).
„ 9. „ — 215 („).
„ 13. „ — 75 („).
„ 23. „ — 158 („).

1906.

E. 27. Jan. — 169 (Nachtr.).
„ 5. Feb. — 337 („).
RG. 7. Feb. — 824 („).
Bek. 9. „ — 824 („).
„ 16. „ — 684 („).
E. 27. Feb. — 461 („).
„ 3. März — 830 („).
BefähVorschr. 8. März — 461 (Nachtr.).

Alphabetifches Sachverzeichnis.

(Die Zahlen bezeichnen die Seiten, die eingeklammerten, wo nichts anderes angegeben, die Anmerkungen.
Unter „Nachtrag" wird der Abschnitt „Nachträge und Berichtigungen" (S. 842 ff.) verstanden, hier gibt
die zugehörige Zahl diejenige Seite des Haupttextes an, auf die sich der Nachtrag bezieht.)

A.

Abänderung d. Fluchtlinien 390, d. Fracht= briefs VerkO. 568, 570, IntÜb. 630, d. Gemeindesteuerzuschläge 306, des IntÜb. 656 fg.; f. Änderung, Ver= änderung.

Manban 510 (00).

Abbeftellung v. Sonderzugen 532, Mil= Tarif 733.

Abbruch v. Gebäuden (EntG.) 330 (17).

Aberkennung d. Fähigkeit f. Ämter Bei= ratsG. 182, StGB. (Eif.= od. Telegr= Dienft) 488, Unfallfürf. **239**, 243 (§ 7), 247.

Abfahren d. Güter f. Rollfuhrunter= nehmer, abfahrende Verwaltung (MTrO.) 706.

Abfahrt d. Züge 440 fg., 459, Kleinb. 108; Signal zur A. 467, Verfäumen der A. 539, MilZüge 713, 716; f. Abgang. — Abfahrtftation (MTr= O.) 690, 701, 711.

Abfertigung, direkte 5, 16 (6 b), im Ver= kehr m. Kleinb. 75 (47), Handelsvtr. 826, 829, 831, 830, 841. A. von Gepäck 549, Leichen 559, Tieren 562, MilTransporten 711, MilZügen 712, 716; f. Zollamtliche A.

Abfertigungs-Amt (Zoll) 800 fg., 805. **•Beamte.** Vorbehalt der MilAnw. 168 (43 c, d), Dienft= u. Ruhezeit 221, Reifekosten 228, 231, Handlungs= gehilfen? 507 (2), Zurückftell. v. Waffendienft 742. **•Dienft** 165, 171 (5). **•Gebühr** für Fahrzeuge 550, Leichen 559, im Verkehr m. Kleinb. 75 (47), MilTarif 721, 728, 730, 733. **•Vor= fchriften** 506.

Abfindung m. Kapital (HPfG.) 478 ff.

Abfuhrgebühren 583 fg.

Abgabe der Fahrkarte 540. Abgabe i. S. von Steuer: Zwangsvollftr. in Bahn= einheiten 140, Vtr. m. Hessen 191; f. Eisenbahn=, Kommunal=A.

Abgabeberechtigte Gemeinden 305, 307 (23), Verteilung auf mehrere 308, 010, ubg. Kvulfo 316 (6).

Abgang der Züge: Zeit 531, Fahrkarten= verkauf 535, Mantulkluue 337, f. Zus u. Abgang. — Abgangsftation: Fahrkartenumtaufch ufw. 536 fg., Rückfehr zur A. bei Zugausfall ufw. 544, MilTarif 723.

Abgefonderte Befriedigung d. Bahn= pfandgläubiger 144.

Abhängigkeit, gegenfeit., der Weichen u. Signale 419, **420**, 432, 440, 464.

Abhebbare Behälter (f. Zollgüter) 785, 799 fg., Handelsverträge 827, 834.

Abholen v. Expreßgut 555 fg., Leichen 558 fg., Frachtgut 583, 636 (67).

Abladen. Fahrzeuge 550, Leichen 559, Güter 591 (150), **618**, Übergewicht 574, 632, Gefahr des A. HGB. 520, VerkO. 599, IntÜb. 648; f. Aus= laden, Entladen, Ladefrift. — Abladegebühr 581, 632.

Abläuten 537.

Ablaffen der Züge f. Abfahrt.

Ablehnung v. Sachverftändigen 446 (56).

Ablenkung der Züge 463.

Ablieferung: Fundfachen 253, **608**, feft= genommene Perfonen 447, Fahnen= flüchtige 725; lebende Tiere 562. Güter. Begriff 518 (30), Haftung der Eif. bis zur A. HGB. 509, 518, VerkO. 598, IntÜb. 647, A. an Nicht= berechtigte 519 (32), Verpflichtung zur A. VerkO. 590, IntÜb. 641, Verfah= ren 591, 643, Pfandrecht nach A.

Auswahl, Haftung für richtige A. 56, **175** fg., 595 (159); f. Wahl.

Auswanderer 669, 672 fg.

Auswechslung v. Schienen (HPfG.) 470 (3), Brieftaschen 757, Telegrammen 762.

Ausweichgleis 413 (§ 7 Abf. 7), 416 (§ 14), 419 (§ 21 Abf. 4).

Ausweis der BahnpolBeamten 256, 447 fg., f. Wagenbegleiter 533, Mil=Transporte **702,** 725, Kleinb. 91, Viehbegleiter 562.

Ausweisung aus den Zügen od. Warte=räumen usw. 448 (68), 540.

Auswerfen v. Asche, Funken usw.: Haftung dem Nachbarn gegenüb. 33 (49), Kleinb. 35 (Nachtrag), Haftung nach HPfG. 469 (3 b), Schaden fällt nicht unter EntG. § 31: 355 (135), Schutz der Gebäude 372, Schutzvor=richt. an Lokomot. 104, strafrechtl. Vorgehen gegen LokFührer 439 (46). Ausw. v. Gegenständen aus dem Zuge: Verbot 450, 542, Haftung (HPfG.) 469 (3 b), zollpflicht. Gegen=stände 795.

Auszahlung d. Nachnahmen 585 ff., 637 fg.; f. Zahlung.

Außerdeutsch, Einstell. von a. Wagen in Züge 437.

Außeretatsmäßige Beamte. Anstellung 166, Vorbehalt der MilAnw. 168 (43), Reisekosten 224 (2), **230,** Um=zugskosten 233 ff., Unfallfürs. 238, 243 (§ 4), **245.**

Außergerichtliche Ansprüche im Güter=verkehr 597, 646.

Außergewöhnliche (=ordentliche) Bauart von Eif. 436, Ereignisse (Meldever=fahren) 211 (11), Fälle (Wagenver=wend. MTrO.) 707, Leistungen (MTr=O.) 718, Maschinen (BetrO. f. Kleinb.) 109, Transportgegenstände 567, 622, Transportmittel f. PostZwecke 746 fg., 752 fg., Verkehrsverhältnisse (Liefer=frist) VerkO. 587, 591, IntÜb. 639, Vorkommnisse (EifG. § 14) 29 (28 B f).

Außerpreußische Eisenbahnen (Bahn=einhG.) 149, Gemeinden (Kommunal=abgG.) 309 (30), 310, Staatseisen=bahnen (desgl.) 304 (9), 307 (24), Teilnehmer an den Beiräten 178.

Außervertragliches Verschulden, Haf=tung der Eif. (EifG. § 14) 29 (28 B e), des Fiskus 175 ff.

Auszug aus d. Plane 344, d. Grund=buch **350,** 374, 376.

Automaten 9 (2 h), Diebstahl 484 (3), Fahrkartenverkauf 535 (29).

Avisierung des Expreßguts 555 (80), 556, v. Leichen 559; der Güter VerkO. 591 ff., IntÜb. 643 (90), Beginn der Lieferfrist 587, 639 fg., Abnahme=frist 593 fg., Av. durch Telegraph od. Fernsprecher 559, 591, 594, Av. von Nachnahmen 585, 638.

B.

Badeanstalten (Kommunalabg.) 302 (3).

Baden. Eif. in Hohenzollern 20 (1), 209 (1), MainNeckarb. 207, Bezirks=eifRat 178 (4), Zollausschlüsse 776 (2).

Bahnamtlicher Verschluß 796 (36), 808; f. Bahnseitig.

Bahnanlage: Eisenbahnen 412 ff., Kleinb. 89, 101, Bergwerksbahnen 402 fg. Abnahme f. d.; Beschädigung BO. 449, StGB. 485; Beseitigung 24 (11); Besichtigung 73 (41), 210 (4), 448; Betreten f. d.; EntRecht 348 fg.; Entschädigungsansprüche infolge der B. gegen den Staat 30; Erweiterung 49 (XVI), 294, EntG. 329 (11), 335 (45), 336 (45 a), **348** (104); Ge=nehmigung 23, 61; dem Privatrechts=verkehr entzogen 26 (19); Vollendung 30; öff. od. priv. Wege 53 ff.

Bahnarzt. Behandlung der Beamten 169 (47), 261, Untersuchung der Be=amten 217, der Arbeiter 252, Stempel für Vtr. mit B. 323 (25), Befried. aus der Bahneinheit 139 (77).

Bahnbeschädigung BO. 449, StGB. 485, Anzeige von B. 253.

Bahnbevollmächtigter 689, **691,** 701, 713 fg.

Bahnbewachung 430, Kleinb. 105, Ein=richtung einer B. fällt nicht unter § 14 EntG. 337 (57), Vergütung dafür bei MilTransporten 705, 718, **732.**

Bahndamm. Pflege als Betrieb i. S. GUWG. 267 (7), Entfernung feuer=gefährlicher Gebäude usw. 372 fg.; f. Bahnkörper.

Bahndienst=Personal. Zurückstellung v. Waffendienst 742. =Telegramme auf Reichstelegraphen 762.

Bahneigene Kesselwagen 617.

Bahneigentümer (BahneinheitsG.). Haf=tung bei Nichtverfolgbarkeit dinglicher Rechte 129, Eintragungen ins Bahn=grundbuch 132 fg., Kosten 153, Löschung v. Hypotheken 136, Ver=fügung üb. Bestandteile der Bahn=

Verfahren 369, für Posträume 748.
=Polizei f. Baukonsens. =Rendant
280 (1), 284. =Rechnungen 288.
=Unfallversicherung 273. =Zinsen 45,
299.
Bau- und Betriebs-Inspektor f. Bau-
inspektor. — =Ordnung 410.
Baumfällen, Unfall beim B. 267 (7),
Zulässigkeit bei Vorarbeiten 331.
Baumstämme 449.
Bauschvergütung f. Dienstreisen 229.
Bayern. RVerf. 3, 7, UnfallfürsG.
242, Stempelbefreiung 318 (4), Bau-
u. BetriebsO. 410 (Nachtrag),
SignalO. 461 (Nachtrag), Desin-
fektVorschr. 497, VerkO. 527 (3),
FriedensleistG. 683, MTrO. 685 ff.,
691, 696, EisPostG. 750, G. üb.
TelegrWesen 761.
Beamte. a) **Allgemeines** 215,
HPfG. 468 (1), HGB. (§ 59 ff.) 507
(2); f. Angestellte, Bahnpolizei-,
Betriebs-, Eisenbahn-Beamte.
b) **Staatsbeamte** Beruf. 178,
Beteil. bei Allkrankh. 218 (8), Tagegelder usw. 224 (1), Unfallfürsorge
235 ff., 243 ff., Krankenversich. 259,
InvalVersich. 262, Unfallversich. 269,
HPfG. 477 (20), 481 (26), Kommu-
nalsteuern 306 (mit Nachtrag). Hessische St. f. Hessen.
c) **Staatseisenbahnbeamte**
166 ff., Dienstanw. 157, Beschwerden
157, 162, 217, Besoldung 169 (47),
Haftung d. Staats 174, Hessen u.
Main-Neckarb. 196 ff., 208, gemeinf.
Best. 216, Dienstdauer 221 ff., Reisekosten 224 ff. (mit Nachträgen), Umzugskosten 232 ff., Unfallfürs. 243 ff.,
Umgestaltung der StEB. 250, Kran-
versich. 260 fg., GUVG. 269, HPfG.
468 (1), 470 (5), 474 (10), 477 (20),
481 (26), HGB. 507 (2).
d) **Beamte der Privatbahnen,**
49 (XI), **210** (4, 6), 307 (21), der
Kleinbahnen 77 (§ 34), der Mili-
tärverw. f. Militärbeamte.
Beamten-Pensionskassen der verstaatl.
Eif. 215 (2), Unfallfürs. 249, GUVG.
269 (12), Besteuerung der Beamten
307 (21), HPfG. 477 (20), 478.
Hessen 190, 201 fg. Privatbahnen
49, 210 (4). =Wohnhäuser Planfeststellung 23 (11), Enteignung 349
(104), StraßenherstellKosten 392 (11).
Beanspruchung d. Brücken 452.
Beanstandungen b. d. Zollrevision 800,
810 fg.

Beaufsichtigung von Bahnunterh. u. Betrieb (BefähVorschr.) 461 (Nachtrag),
stillstehender Fahrzeuge 432 [Kleinb.
108], von Handgepäck 546, Tieren
561, MilTransporten 715 fg.; mangelhafte B. 176; f. Aufsicht.
Beauftragte, Verschulden von B. (EisG.
§ 25) 35 (50), B. der MilVerwaltung
711, der TelegrVerw. 768.
Bebauungsplan 389 ff., EntG. 369, Plan-
feststellungsrecht des Min. 392 fg.
Bedarf an Wagen f. MilTransporte
705 fg., an AusrüstGegenständen dafür 707, 738.
Bedarfszüge 444, MilitärB. 694.
Bedeckte Güterwagen 428, Beförd. v.
Leichen 558, Tieren 605 fg., Gütern
VerkO. 579 fg., Tarifvorschr. **618** fg.,
MTrO. 705, 707 fg.; f. Seiten-
türen.
Bedeckung v. Fahrzeugen 551; v. offenen
Güterwagen 436, f. Zollgut VerkO.
583, IntÜb. 635, ZollsichEinricht.
810 fg.; v. Fußböden (MTrO.) 706;
f. Schutzdecke, Wagendecke.
Bedienstete f. Angestellte.
Bedienung der Bremsen 434—437, 441,
443, Kleinb. 106, MTrO. 705, d.
Krane (MTrO.) 710, der Telegraphen
488, 762, der Weichen 106.
Bedingungen d. Genehm. v. Kleinbahnen
86 fg., f. d. Annahme v. Arbeitern 251.
Allgemeine B. für Einführung v.
Kleinb. in Staatsbahnstationen 75 (47),
Wagenübgang auf Kleinbahnen ebda,
Zulassung v. Privatanschlüssen 80 (64),
Verkäufe, Vergebungen v. Arbeiten
usw. b. d. StEB. 158 (13), Be-
nutzung v. Güterwagen auf Neben-
bahnen 422 (23 f), Zollerleichterungen
791. Leichtere B. für internat.
Transporte 623, 631 (47). — f.
Beförderungsbedingungen.
Bedingungsweise zur Beförderung zu-
gelassene Gegenstände: Gepäck 548,
Fahrzeuge 550, Expreßgut 554,
Frachtgut Aufzählung **566**, 580,
IntÜb. 623, nicht bahnlagernd zu
stellen 567, 630, Frachtbrief 568, 572,
IntÜb. 628, Folgen unrichtiger Bezeichnung HGB. 524, VerkO. 575,
603, IntÜb. 631, 651, MTrO. 717;
Kleinbahnen 118.
Bedürfnisse der MilVerwaltung (Beförd.)
685, 714, Vermehrung der B. (HPfG.)
475, 477 fg., Reisebedürfnisse: Beförd.
als Gepäck 548, Zollfreiheit 822, Anstalten zur Befried. der R. (GewO.)

D.

Dach der Wagen (Zoll) 817. — Dach-
aufsatz 819.

Dänemark techn. Einh. 406 (1), IntÜb.
621 (2), zollsich. Einricht. 800 (5).

Damm s. Bahndamm, Deichpolizei.

Dampf-Betrieb (HPfG.) 470 (4); s.
Maschinenbetrieb. -Desinfektion
667, 672 fg., 836. -Druck 426, 429,
Kleinb. 104. -Fähre (HPfG.) 470
(4). -Heizung 706. -Kessel GewO.
8 (2 b), preuß. Anweis. 11; Anlegung
13, Abnahme 31 (27), Untersuchung
14, Verladung 567, 800, 820, D. der
Lokomotiven 8 (2 b), 11, 31 (27),
BO. **426,** 429, Kleinb. 11, **72,** 97,
103 fg., Bergwerke 397, 400, 403.
-Kesselüberwachungsverein 12, 14.
-Lokomotive 426, 439. -Pfeife 426,
SignalO. 466, Signal zum Einsteigen
usw. (VerkO.) 539, 543, Kleinb. 104,
109. -Ramme (HPfG.) 470 (4).
-Schiff (Reisekosten) 226. -Spannung
426. -Straßenbahn (StGB.) 485
(5 a). -Überdruck s. Dampfdruck.
-Wagen als Transportgegenstand 567,
625.

Danzig. EisDir. 155, 182, Verkehr m.
Rußland 839 fg.

Darlehen der EisGesellschaften 26.

Darmstadt, Dienststellen in D. 207 fg.

Datum der Fahrkarte 535.

Datumstempel s. Tagesstempel.

Dauernd s. Beschränkung, Dienstunfähigkeit.

Decke s. Schutzdecke, Wagendecke.

Deckenmiete 551, 580, 619, IntÜb. 634,
MilTarif 733. -Verschluß 800, 820.

Deckung d. Züge 441, 460, des Wagenbedarfs (MTrO.) 706 fg.

Deckungssignal 419 fg., 444, 464.

Defekte **160** (18), 215, 288, 290, Hessen
184 (Nachtrag).

Definitive Anstellung der Beamten der
StEB. 166 fg., Vtr. m. Hessen 199 fg.

Defizit im StaatshaushEtat 291.

Defraudation d. Fahrgeld 540 (43), Zoll
794 ff.

Deichpolizei **25 (12 c** mit Nachtrag), 71
(33), 176.

Deklarant s. Zolldeklarant.

Deklaration EisAbgabe 299; s. Interesse, Zolldeklaration.

Deklarationsschein - Regulativ 790 (29).
-Verkehr 790.

Demolierung der Eis. im Kriege 40.

Denkschrift (Konzessionsantrag) 21 (5).

Depesche s. Telegramm. — Depeschen-
verfälschung 489.

Desinfektion d. PersWagen, Wartesäle
usw. 489 ff., SeuchenG. 662 fg., Pest
usw. 664—674. Viehverkehr. G.
25. Feb. 76 u. AusfVorschr. **491** ff.,
Ort, Zeit u. Verfahren der D. 494 ff.,
500 ff., Ausnahmen 493, Geflügel-
beförd. 497 ff.; ViehseuchenG. 675,
677 fg., RinderpestG. 679, Österreich
836 fg. Militärtransporte 705, 710,
714. Verschärfte D. **493** ff., 499,
500 fg., Österreich 836.

Desinfektions-Anstalt 494, 500. -Ge-
bühren 492, **497,** 499, 502, 562, Mil-
Tarif 726, 728. -Mittel 491, 495,
Österreich 836 fg. -Station 494, 500.

Deutsche Eisenbahnen, einheitl. Einrichtungen 5, 7; D. Reich s. Reich.

Dezernent d. EisDir. 170 ff., 218 (8),
d. Regierung (EntG.) 373 ff.

Diätarisch s. Außeretatsmäßig.

Diäten s. Tagegelder.

Diebstahl 484, als EntlassGrund 257,
Belohnung f. Anzeige 254, 449 (71).

Diener b. Dienstreisen 226.

Dienst, Betriebsunfall im D. (Unfallfürs.) 236, 243, Wahrnehmung des
D. (Arbeiter) 252 ff.

Dienst-Abteil (TelegrBeamte) 769, 773.
-Abzeichen d. Arbeiter 256, Bahnpol-
Beamten 447 fg., 690, Bediensteten
(VerkO.) 528. -Alter d. Hessischen
Beamten 197. -Altersstufen s. Besol-
dungsvorschriften. -Anweisung. Zuständ. des Min. 157, Kenntnis usw.
bei Beamten 216, Arbeitern 252, 258,
Betriebs- u. BahnpolBeamten 430,
446, 461 (Nachtrag), Kleinb. 110,
Zuwiderhandeln HPfG. 473, StGB.
487 (9 c). -Ausübung, Untersagen
ders. 220. -Bezirk d. BahnpolBeamten
447. -Boten b. Beamten der StEB.
219. -Dauer 221 ff., Privatbahnen
210 (4), 221 (1). -Eid. Hessen 199,
Bauaufsichtsbeamte 280, Bahnpol-
beamte 446, b. Privatb. 210 (6),
Kleinb. 99. -Einkommen UnfallfürsG.
236 ff., 243 (§ 1, 2, 4—6), 247 ff.,
Beamte z. D. 250. -Einteilung 221 ff.
-Enthebung 220, 260 fg. -Entlassung
s. d. — -Fahrplan 433. -Gebäude,
Beflaggen 157 (7), Besteuerung 301 fg.
-Gerät (Zolltarif) 823. -Grundstücke,
Übernahme auf andere VerwaltZweige
27 (20), Besteuerung 301 fg. -Gut
530 (18 mit Nachtrag), in MilZügen
696. -habender Stationsbeamter

---

*) S. ferner die mit „Bahn-“ zusammengesetzten Worte, sowie bei den mit „Eisenbahn-“ zusammengesetzten Worten die Grundworte, z. B. statt „Eisenbahnstation“: „Station“.

keine Erörterung im PlanfeſtſtVerf. 346, Dringlichkeit 357, Zahlung ob. Hinterleg. 359 ff., 385 ff., Rücktritt des Unternehmers 361, E. der Nebenberechtigten **335**, 354, 363. Fluchtlinien G. 390 fg., Bergrecht 398 fg.

e) **Verkehrsrecht.** Zuſtänd. d. Verkehrsinſp. 165, E. für Verſäum. d. Abfahrt 539, verſpätete Ankunft d. Gepäcks 553, Verluſt, Verſpätung uſw. von Expreßgut 557. Güter: Rücktritt d. Abſenders HGB. 509, VerkO. 551, 589, IntÜb. 642, Nichtgeſtellung v. Wagen 579, 625 (Ziff. 5 d). — ſ. Beſchädigung, Lieferfriſt, Minderung, Verluſt.

f) **Sonſtiges.** Aufgabe v. Rechten an Teilen d. Bahneinheit **129**, 139, 146, Tarifweſen d. Main=Neckarb. 208, Viehſeuchen G. 675. ſ. Haftung, Schadenserſatz, Vergütung.

Entſchädigungsfeſtſtellungs-Beſchluß 353, 354 (Nachtrag), 359, 361, 377. **=Verfahren** 350 ff., 383.

Entſtehung d. Bahneinheit 126, v. Güterbeſchäd. (Vermutung) HGB. 521, VerkO. 599, IntÜb. 648.

Entwäſſerung 25 (12), 391, 414 (§ 8). — Entwäſſerungsgräben 23 (11).

Entwendung 257; ſ. Diebſtahl.

Entwurf: Betriebsmittel 25, 46, StEV. 158 fg., Fahrplan REVA. 6 (18), Heſſen 203, Poſt 750, Anlagen im Feſtungsrayon 682, Verfügungen d. EiſDir. 172; ſ. Bauentwurf, Plan.

Entziehung des Grundeigentums 327 fg., Fluchtlinien G. 390, der Rechte am Grundeig. 331, des Unterhalts 475.

Entzündliche Gegenſtände. Lagerung 371 ff., Beförd. 436 (Abſ. 3), 565, 623, Mitnahme in PerſWagen 547, Verwend. b. Viehbeförd. 561 fg., 607 fg.; ſ. Selbſtentzündung.

Erbbaurecht ſ. Anſchlußgleiſe 80 (Nachtr.).

Erben. Übergang der Konzeſſion 22 (6), d. Kleinbahngenehm. 85, d. Anſprüche aus HPfG. 475 fg. (12, 19).

Erdſchachtarbeiter (Waffendienſt) 742.

Erforderniſſe ſ. Betriebs= u. Bahnpol.Beamte 461 (Nachtrag).

Erfrieren als Betriebsunfall 469 (3 b), 472 (8).

Erfurt. EiſDir. 155, BezEiſRat 182.

Ergänzung: Bahnanlage (Heſſen) 193, DiſpoſFonds 294, Erleuchtungsmittel (MTrO.) 706, Ladeeinricht. (desgl.) 709, Planfeſtſtellung 347 (99), Tarife 530 (20), 560 (86), 564 (95), VerkO. 528, Wegenetz 55, Zuſtimmung d. WegeunterhaltPflicht. (KleinbG.) **67**, 81 (68), 88.

Erhebliche Verſpätung (MTrO.) 713.

Erhöhung: Grundſtückwert (EntG.) 334, 371, Krankengeld 278, Sicherheit (HPfG.) 481, Standgeld 594, Steuern 313, Tagegeld 230, Tarife REVA. 16 (6 b), EiſG. 36, 38, StEV. 181 (u. U. Geſetz nötig), Main=Neckarb. 208, VerkO. 530.

Erinnerungszeichen 215 (Nachtrag).

Erkennbarkeit d. Widmung f. d. Bahneinheit 128, 131, v. Güterbeſchäd. uſw. HGB. 513, 522, VerkO. 603, IntÜb. 652, v. Verpackungsmängeln HGB. 518, VerkO. 580 fg., 598, IntÜb. 633.

Erkennungsblei ſ. Zollblei.

Erklärung betr. Nichtaviſierung 591, 593; ſ. Frachtbrief.

Erkrankung: Beamte 217, Arbeiter 253; Anzeigepflicht SeuchenG. 662, Viehſeuchen G. 674; E. auf der Reiſe 663, Peſt uſw. 666, 670, 672 fg.; bei Tieren 675 ff.; ſ. Kranke, Krankheit.

Erläuterungsbericht 21 (5).

Erlaß: Bekanntmachung v. Erlaſſen 50, E. v. Nebengebühren u. dgl. 165, 289, v. Verpflichtungen gegenüb. d. Poſtverw. 749, v. Zollgefällen 782, 791, 812, 830; ſ. Niederſchlagung.

Erlaubnis z. Mitfahrt auf d. Lokom. 440, z. Abfahrt 440; ſ. Betreten, Genehmigung. — Erlaubniskarten ſ. Poſtbeamte 757 (6).

Erledigung der Geſchäfte (EiſDir.) 162, d. Begleitzettel uſw. (Zoll) 810 fg.

Erledigungs=Amt (Zoll) 805, 807, 812.

Erleichternde Vorſchriften. BefähVorſchr. 461 (Nachtrag), MTrO. 685, MilTarif 721, Zoll 788, 790, 822, Handelsvtr. 833, 835; ſ. Abweichung, Leichtere.

Erleuchtung ſ. Beleuchtung.

Erlös d. Zwangsvollſtr. 141 fg., der Zwangsliquid. 146, bei Verkauf v. Expreßgut 557, Frachtgut 595, Fundſachen 609.

Erlöſchen d. Konzeſſion 22 (6), d. Genehmigung (Kleinb.) 74, 99, d. Konzeſſion od. Genehm. (BahneinhG.): Aufhören d. Bahneinh. 126, Schließen d. Grundbuchblatts 132, Vf. über Beſtandteile 136, Zwangsvollſtr. 138, 141 (87), **143**, Zwangsliquid. 144, Koſten der Eintragung 153. — E. der

offenen ob. bedeckten Wagen HGB. 520, VerkO. 579, 598, **618**, IntÜb. 647; Angabe des Lieferungsinteresses 522, 601, 650; Antrag auf Zulassung v. Tieren zu bestimmten Zügen 563, auf Duplikat 570, 576; Einverständnis mit einstweil. Verwahrung 577, 625 (Ziff. 5e); Vermerk betr. Firma u. dgl. 571, 628, Zuladungen 574, Wagendecken VerkO. 579, 618 fg., IntÜb. 634, Zollabfertigung 582, 634 fg., Auslagen 583, 636, Zuschlagsfristen 639. Anlagen 570 fg., 627 (31 b), 629. Begleitpapiere f. d.; Zahl der FB. für eine Sendung VerkO. 571 fg., IntÜb. 628, 630. Annahme, Abstempelung f. d.; Haftung f. d. Angaben im FB. 509, 572, 630 fg. Übergabe an den Empfänger HGB. 512, VerkO. 588, 590, IntÜb. 640 fg. Zahlung nach Maßgabe des FB. HGB. 512, VerkO. 590, IntÜb. 642 fg. (88, 92). Voraussetz. der Aktivlegitimation Besitz des FB. 597, 640. Militärsendungen 688, 704, 717, **719**. Zollsendungen: Beigabe des FB. 581 (132), Einsichtnahme durch d. Zollbeamten 784, 802, Übergabe an sie 785, 803, Abfert. auf Grund des FB. 803, 805, Verschluß 786, 805; Handelsvtr. 833, 840. Warenstatistik 825.

Kleinbahnen. Verkehr m. Eis. 75 (47), MilTransporte 92.

f. Durchgehender, Eil-, Internationaler FB.

Frachtbriefduplikat auszustellen im deutschen Verkehr auf Antrag HGB. 517, VerkO. 570, 576, MTrO. 704, im internat. Verkehr stets 633; Ersatz durch Aufnahmeschein 577; rechtl. Bedeutung HGB. 511 (13), 517 (29), VerkO. 576 (120), 588, IntÜb. 633, 640 fg.; Erklärungen im FBD.: vorläuf. Einlagerung 577, Spezifikation frankierter Gebühren 584, 636, Bescheinig. üb. Nachnahmen 585, 638, Vf. des Absenders 588, 640, Vf. bei Transporthindernissen 589, 649; Aktivlegitimation 597, 637, 646.

Frachtbrief-Sendung, Frachtberechnung für d. F. 614 fg. =Stempel 317 (Nachtr.).

Frachtermäßigung f. Ermäßigung.

Frachterstattung f. Erstattung.

Frachtfreie Beförderung (Rückbeförd.) VerkO. 580, 599, Tarifvorschr. 617, 619, MTrO. 708.

Frachtführer 508 ff., ist Kaufmann 507. f. Mehrheit, Verschulden.

Frachtgebühren f. Postsendungen f. Fracht.

Frachtgeschäft 508 ff.

Frachtgut, gewöhnliches (Gegensatz: Eilgut). Frachtbrief VerkO. 569, IntÜb. 626 fg., 629, Auflieferung 578, 625 (Ziff. 5), Lieferfrist 586 fg., 638, Avisierung 591, 643 (90), Frachtberechnung 615; MilGut 700, 730 fg.

Frachtpflichtiges Gewicht d. Privatwagen 617.

Frachtrecht Abschn. VII.

Frachtstundung 287 (1 u. Nachtrag), Stempel 323 (24).

Frachtvergütung (Post) f. Fracht.

Frachtvertrag. Rechtl. Natur, Form 508 (3), 576 (118), Abschluß 576, 633, Rücktritt HGB. 509, VerkO. 563, **589**, IntÜb. 642; f. Anspruch, Gerichtsstand, Klage, Rückgriff.

Frachtzahlung. Verpflichtung 512 (13), 584 (139), des Empfängers HGB. 512, VerkO. 590, IntÜb. 642, Zeit (Zwischen- od. Überwälzung) 584, 636, Gepäck 549, Verpfl. d. Eif. zur Aushänd. des Guts gegen Zahlung HGB. 512, VerkO. 590, IntÜb. 641, Z. nach Maßgabe des Frachtbriefs f. Frachtbrief, Rechtsfolge 513, 603, 651.

Frachtzuschlag. Gepäck 552, Leichen 558, Tiere 563 fg. Güter: Wagenüberlastung od. unricht. Angabe d. Inhalts 574 fg., 631, Haftung f. d. Zuschlag 574 (115), 584 (139); Beförd. in bedeckten Wagen 579, 619; Angabe des Interesses an der Lieferung 584, 601, IntÜb. 650; nachträgl. Vf. d. Absenders 589, 641; MTrO. 718, 729; Handelsvtr. 840.

Frankatur-Rechnung 636 fg. =Vorschüsse 569, **584**, IntÜb. 626, 636.

Frankfurt. EifDir. 155, Hessen usw. 195 (11) fg., 199, 204, Beiräte 179, 182, 208, Verbotsbuch 133.

Frankierung. Expreßgut 555, Tiere 562. Güter. Vermerk im Frachtbrief HGB. 509, VerkO. 569, IntÜb. 626, 629, Zwang zur Fr. 584, 636 fg., Auslegung des FrVermerks 584, Teilfrankaturen VerkO. 569, 584, IntÜb. 637, nachträgl. Fr. 588, 640, Frachtzuschlag f. Angabe d. Interesses 650, Bedeutung des FrVermerks f. d. Frachtzahlungspflicht d. Empfängers 513 (18), 584 (139),

XIX.

Bahnen 187, 189, 770 (1). =irdische TelegrLeitung usw. 123 fg., 769 ff. =**Kante** der Signalstützen 427; s. Schienenoberkante. =**Postdirektion** 750 ff., 762, 764, Kleinb. 78 (58), 89. =**Präsident.** Strombausachen 25 (12c), KleinbSachen 65, 80, 99, Verkehr mit EisDir. 156 (5), 173, Wahl d. Beiratsmitglieder 183, KommissarRegul. 212, GUVG. 279. =**Rechnungskammer** 156 (4), 288. =**Regierungsrat.** VerwaltO. 162 fg., GeschO. f. EisDir. 171, bei EisDir. Mainz 197, 199. =**Verwaltungsgericht** in KleinbSachen 74, 81, Steuersachen 313. =**Wagenlaterne** 427, 465.

Oberste Landes= u. Reichsbehörde 412.

Objektiver Wert (EntG.) 367.

Obligationen s. Schuldverschreibungen.

Obligatorischer Eigentumsübertragungsvertrag 342 (77a).

Obst•Beförderung (Frankaturzwang) 584. =**Moststeuer** 775.

Öffentlicher Dienst, Besteuerung der dem ö. D. gewidm. Grundstücke 301, 316. Fluß s. d. — Gewalt: Schaden in Ausübung der ö. G. 174. Interesse s. d. — Lasten durch d. Enteignung nicht berührt 363 (182), Befried. aus d. Bahneinheit 140, 142. Lehranstalten, Leichentransporte für ö. L. 558. — Offiziere s. d. — Ordnung, Beförd.=Beschränkungen im Interesse der ö. O. HGB. 516, VerkO. 565, 572, IntÜb. 622, 630. Recht: EisG. § 14 gehört dem ö. R. an 28 (28 B). Verdingung 158 fg., 164 (30). Verkehr Kennzeichen f. Eisenbahnen im eng. S. 1, s. Kleinbahnen 63, Wahrung der Interessen des ö. V. bei der KleinGenehm. 66, 93, Staatserwerb v. Kleinb. wegen Bedeutung für den ö. V. 76, Ausschluß bei Privatanschlußbahnen 79, EisAbgabe 298, kein Grundbuchzwang für Grundst. der dem ö. V. dien. Eis. 343 (77b), ö. V. nicht Vorauss. f. Anwend. des HPfG. 470 (4), des StGB. (§ 315 fg.) 485 (5a), wohl aber für Anw. des HGB. 516 (25) u. der VerkO. 527, Verh. d. MilTransporte zum ö.V. 694 fg., 706 fg., 710, Kleinb. 90. Wege s. d. — Wohl. Vorauss. f. d. EntRecht 326. Zweck s. d.

Öffnen: Briefkasten 757, Fenster 427, 542, Schranken 418, 431, Verbot 449, 698, Wagen (Zoll) 799, Wagentüren 427, 439, durch d. Personal 543, Verbot 450, 537, Postbeamte 757, Warteräume 537, Zylinderhähne 109.

Öffnungen in Gebäuden (Feuersgefahr) 372, der Wagentüren 427, in Viehwagen 606, in Wagen f. Zolltransporte 819.

Ölgemälde 510 (9).

Örtlicher Bereich d. Bahnpolizei 31 (43), 447, ö. Dienst b. d. StEB. 163 ff., ö. Verkehr 1, 63, 83.

Österreich. Techn. Verein. 406, Pfändung v. Betriebsmitteln 482 (3), Viehseuchenübereink. 492 (2), 494 (2), 675 (6), **837**, Fahrpreis f. wehrpflicht. Österreicher 533 (26), IntÜb. **620**, 624 (15), 659 (1), Zollkartell 794 (34), **830**, zollsich. Einricht. 800, Handelsvtr. 830.

Ofen•Heizung, Wagen mit O. 436. =**Reinigung** in Zollräumen 784 (9).

Offene (offen gebaute) Wagen, Beförd. v. Gütern in co. W. 579, 618, besondere Gefahr dieser Transportart HGB 590, 591 (45), VerkO. 598, IntÜb. 647, Zollgüter VerkO. 583, 618 fg., IntÜb. 635, EisZollRegul. 800, Vieh 606 fg., MilBeförd 708 fg., zollsichere Einrichtung 819 fg., s. Wagenverschluß. Offene Adresse 628.

Offenlegung des Plans EntG. 345, FluchtlinG. 389 fg., 393, Kleinb. 71.

Offiziere der mil. Formationen f. EisZwecke 430, 447, 461 (Nachtrag), Bahnbetreten u. Beförd. in Güterzügen 449, 698. MTrO.: Telegramme 696, Wahl d. Züge 699, Wagen 706 fg., 712; MilTarif 722 ff., Pferde 727; Unabkömmlichkeit 741 ff.

Oldenburgische Staatseisenbahn. Staatsbahnwagenverband 422 (23e), Gütertarif 564 (95), Reklamationsübereink. 596 (163). Oldenburg=Wilhelmshavener Eis. 156 (2).

Operation (HPfG.) 477 (20).

Optische Signale 462 ff.

Ordnung im Bahngebiet usw. 31 (40), 448, 540, bei MilTransporten 690, 711, Postbeförd. 756, O. d. Wagen (Zollverkehr) 803; s.Öffentliche(O.).

Ordnungs•feindliche Bestrebungen 251 fg. =**Nummer** der Lokomotiven 426, der Wagen 409, 428, b. Zolltransporten 817. =**Strafe** gegen Beamte b. d. StEB. 160 (18), 163 (27), **219** fg., Hessen 200, Privatbahnbeamte 210 (6); O. auf Grund VereinszollO. 796, 816, Warenstatistik 825; gegen d. Liquidator d. Bahneinheit 145.

Einheit 407 ff.; Best. der BO.: Türen 423, 427 (f. auch: Öffnen), Achsen 424, 435, Zug= u. Stoßvorricht. 425, Bremsen 426, 435, Verschluß 427, 439, Fenster 427, 542, Beleucht. u. Heizung 427, 438 fg., MTrO. 705 fg., Anschriften 428, Untersuch. 429, Stellung im Zuge u. Schutzwagen 436 fg.; Reinigung u. Desinf. 489 ff., Pest usw. 667, 672 fg.; besonders gestellte P. 531 fg.; Mitnahme v. Tieren 545; Begleiter b. Vieh usw. 561, 715; Verwend. f. Militärtransporte 705 ff., 734; für Post= zwecke 752, 758 fg.; Zollwesen: Beförd. v. Zollbeamten 785, 801, zoll= sich. Einricht. 785, 799, Zollrevision 804, Handelsvtr. 828 (Art. 9), 834 fg. — f. Mitnahme, Wagen. =Wagen= ausgleichstelle 422 (23). =Züge RVerf. 5; Best. der BO.: Begriff, FahrO. Stärke 433, Bremsen 435, Zusammen= stell., Schutzwagen 436 fg., Güter= beförd. 439, Ein= u. Ausfahrt, Fahr= geschwind. 441, Rangordnung 443; VerkehrsO.: Beförd. v. Expreßgut 555, Leichen 558, Tieren 561, 607, Militärtransporte 699 fg.; Best. der Handelsvtr. 828, 834 fg. — f. Zug.

Pest 539, 661 fg., **664 ff.**

Petroleum, Zollgewicht 806.

Pfändung v. Betriebsmitteln 142, **482,** 644, Haftpflichtrenten 479 (25), Ford. aus d. internat. Transport 644; f. Zwangsvollstreckung.

Pfandrecht an Bahneinheiten **125 (1),** 134 (53), 144 (98), an Haftpflicht= renten 479 (25 a. E.), des Fracht= führers 513 fg., der Eisenbahn 590, 643, Warenstatistik 826; f. Verpfän= dung.

Pferde. Scheuen vor d. Eis. 33 (48), 469 (3 b), 472 (8), 474 (9), StGB. 186 (7). Anschrift an bedeckte Wa= gen 428. DesinfVorschr. 491 fg., 500. Beförderung 560 (86), 564, 605, ViehseuchenG. 674, 677. Militär= TrO.: Beförd. Sonntags 694, Wahl d. Züge 699, 701, Wagen 705 fg., **708,** Ein= u. Ausladen 712 fg., Wa= gendesinf. 714, Bef. außerhalb eines Truppentransp. 717, MilTarif 726 ff., Ausrüst. d. EisWagen 736, 738. Zolltarif 822, Handelsvtr. 836, 838, 840.

Pferde-Bahnen als Kleinbahnen 64 (6), 66 (12), Genehmigung 84, Personal 86, Kreuzung mit Privateisenbahnen

214, GUBG. 267 (7), HPfG. an= wendbar 470 (4), nicht StGB. § 315 fg., 485 (5 a). =**Vormusterung** (MilTarif) 729, 731.

Pflanzungen, Verpachtung der Pf. 165.

Pflegschaft. Übernahme durch Beamte 219, Grundstücke unter Pf. stehender Personen 344 (78), Bestellung eines Pflegers zur Durchführung der Ent= eignung 374.

Pflichten d. Beamten 216 ff., d. Arbeiter 252 ff., d. Betriebs= u. BahnpolBe= amten 430, 446 fg., d. Bediensteten (VerkO.) 528; Arbeitsbehinderung durch staatsbürgerl. Pf. 254; Ver= letzung der Amtspflicht 219, der Ver= tragspflicht (Arbeiter) 251, 255; Ver= nachläss. der Pf. (StGB. § 316, 318) 487 fg.

Pflug, Hinüberschaffen üb. d. Bahn 449.

Pförtner 446, BefähVorschr. 461 (Nach= trag); f. Portier.

Physische Personen als Konzessionäre 21 (6), als Kleinbahnunternehmer 84, Kommunalbesteuerung 304, Kreis= steuern 314.

Plan d. Eis. als Vorausf. d. Konzession 21, d. Kleinbahngenehm. 66, 86 fg., d. EntVerfahrens 339; muß Neben= anlagen (EisG. § 14) enthalten 28 (28 A); f. Bahnen in Hessen 205; Anfert. v. Plänen (StGB.) 157 (7), Mitteilungen aus solchen durch Be= amte 216, Aufstell. durch Beamte d. StGB. f. fremde Bahnen 218; f. TelegrAnlagen (TelWegeG.) 767 fg.; Mitteilung an die Zollbehörden 784 (9). — f. Bauplan, Fluchtlinien= plan, Planfeststellung.

Planfeststellung, vorläufige bei Eisen= bahnen (durch Min.) EisG. (§ 4) 23 ff., StGB. 159, Privatbahnen 46 (VIII 1), **384,** ist maßgebend f. d. allg. Polizeibehörden 51 fg.; öff. Wege 53 ff., Wegeübergänge 60; nicht be= rührt durch FluchtlinG. 390 (6), 392. Kleinbahnen **70 fg.,** 97, **115 fg.,** 121, Privatanschlußbahnen 100, 115. Stempelfreiheit der Erwerbs= verträge über die in den Plan fallen= den Grundstücke 317 (2). Enteig= nungsrecht: Notwendigkeit der P. 339, 384, freiwill. Grundstücksabtre= tung 342 (77), 374, P. maßgebend f. Umfang d. Ent. 348 (104), P. als Vorbereitung f. d. EntVerf. 374 fg. **Endgültige** (förmliche) Planf. im Ent= Verf. 24 (11), **344** ff., einzige Mög=

Berichtigungen zum Sachverzeichnis.

S. 886 bei „Beförderung" letzte Zeile ist statt „Transport" zu lesen „Transport=."
S. 912 bei „Gewicht" letzte Zeile ist „Tara" zu streichen.

Das

„Handbuch der Gesetzgebung in Preußen und dem Deutschen Reich"

zerfällt in folgende Teile:

Die mit *) bezeichneten Bände sind erschienen.

———

Die Bände sind einzeln käuflich.